中国国家标准汇编

481

GB 25741～25745

（2010 年制定）

中国标准出版社　编

中国质检出版社
中国标准出版社
北　京

目　　录

ICS 35.040
L 71

中华人民共和国国家标准

GB/T 25741—2010

信息技术　汉字编码字符集
汉字部首序和笔顺序

Information technology—Chinese ideograms coded character set—Radical order and stroke order of Chinese ideograms

2011-01-14 发布　　2011-06-01 实施

中华人民共和国国家质量监督检验检疫总局
中国国家标准化管理委员会　发布

前　言

本标准的附录A、附录B和附录C是规范性附录。

本标准由中华人民共和国信息产业部提出。

本标准由全国信息技术标准化技术委员会归口。

本标准起草单位：中国电子技术标准化研究所、中华书局、中国人民解放军二炮装备研究院第四研究所。

本标准起草人：魏励、张力伟、王立建、王永平、周济萍、何正安、陈壮、代红。

信息技术 汉字编码字符集
汉字部首序和笔顺序

1 范围

本标准规定了 GB 18030—2005 中双字节编码汉字和汉字部件、四字节编码部分汉字(8139EE39～82358738)共 27 533 个字的排序,包括部首序和笔顺序。

本标准适用于文字信息处理软件或数据库软件的数据项、文件名、人名、地名、书目、大型数据仓库中客户和产品目录等的排序。

本标准也适用于汉字编码字符集之中相应汉字的排序(部首序和笔顺序)。

2 规范性引用文件

下列文件中的条款通过本标准的引用而成为本标准的条款。凡是注日期的引用文件,其随后所有的修改单(不包括勘误的内容)或修订版均不适用于本标准,然而,鼓励根据本标准达成协议的各方研究是否可使用这些文件的最新版本。凡是不注日期的引用文件,其最新版本适用于本标准。

GB 18030—2005 信息技术 中文编码字符集

GB 13000 信息技术 通用多八位编码字符集(UCS)(GB 13000—2010,ISO/IEC 10646:2003,IDT)

《汉字部首表》 教育部、国家语言文字工作委员会 2009 年

《GB 13000.1 字符集汉字部首归部规范》 教育部、国家语言文字工作委员会 2009 年

3 术语和定义

下列术语和定义适用于本标准。

3.1

部首 indexing component

一部分可以成批构字的部件。凡含有某一个部件构成的字在字典中均排列在一起,该部件作为领头单位排在开头,成为查字的依据。

3.2

偏旁 radical

旧指合体字的左右两边(左称“偏”,右称“旁”),现在泛指某些组成部分。如“氵、火、囗”分别是“江、炙、围”的偏旁。

3.3

汉字部件 Chinese character component

汉字构件即汉字的构成单元。由若干笔画组成。如“汉”字有氵和又两个部件,“陪”有阝、立、口三个部件。

3.4

笔画 stroke

构成楷书汉字的最小连笔单位。

3.5

笔形 stroke form

笔画的形状。汉字的基本笔形有一(横)、丨(竖)、丿(撇)、丶(点)、乛(折)五种,分别用序号 1、2、3、

4、5表示。

3.6

笔顺　stroke order

书写汉字时，笔画的次序和方向。

3.7

汉字结构　Chinese character structure

汉字部件构字的方式和规则。最基本的汉字结构可分为独体（结构）和合体（结构）两大类，其中合体结构又可分为左右结构、左中右结构、上下结构、上中下结构、全包围结构、半包围结构等。

3.8

独体字　one-component character

结构上完整一体、不宜拆分的字。如“人、上、石、事”。

注：跟“合体字”相对。

3.9

合体字　compound character

由两个或两个以上的独体字组合而成的字（跟“独体字”相对）。如“新、思、道、固”。

3.10

笔画数　stroke count

构成一个汉字或汉字部件的笔画的数量。

3.11

笔画组合关系　stroke syntagmatic relation

笔画之间的位置关系、比例关系。笔画的位置关系一般可分为相离、相接和相交三种。

3.12

字形　character form

字符的抽象表示形式，汉字字形是指构成方块汉字的二维图形。构成汉字字形的要素是笔画、部件、笔画数、部件数、笔画组合关系及汉字部件的位置关系等。

3.13

字量　character quantity

汉字在一定集合中的数量。

3.14

字序　character order

汉字在一定的集合中按一定规则排列的次序。汉字的字序主要有以下几种：音序（按汉语拼音字母排序）、形序（按汉字的笔画、部首等排序）、频序（按汉字的频度排序）。

4　总体结构

本标准中排序原则包括部首排序原则和笔顺排序原则。

4.1　部首排序原则

4.1.1　部首的种类和数量

部首的种类和数量如下：

a)　主部首201个（依据《汉字部首表》），附列部首136个，见附录A；

b)　附列部首包括繁体部首（如“马”部的“馬”、“龙”部的“龍”）和变形部首（如“手”部的“扌”、“心”部的“忄”），均不另外作为与主部首相对独立的部首；

c) 本标准规定的附列部首，同时适用于更大字量的信息技术中文编码字符集。

4.1.2 提取部首的原则和方法

4.1.2.1 依据字形结构定部

提取部首时主要依据字形的结构，一般不考虑造字本义。

4.1.2.2 逐级切分

合体字提取部首时，采用如下逐级切分法：

a) 首先依据汉字结构的理据性，进行一分为二切分。如“鹏”是从鸟朋声的形声字，切分为朋和鸟，以鸟为部首；“盆”是从皿分声的形声字，切分为分和皿，以皿为部首；“愿”是从心原声的形声字，切分为原和心，以心为部首。

b) 如果一分为二切分后没有部首，再一分为三、一分为四地逐级逐层次进行切分。如“耀”先左右切分为光和翟，没有部首，再把翟上下切分，上下都是部首，优先取上，以羽为部首；“舞”先上下切分，没有部首，再把下边的舛(chuǎn)进行左右切分，其中夕是部首；“疑”先左右切分，没有部首，再把左边进行上下切分，上下都是部首，优先取上，以匕为部首。

c) 切分时把某些常见的特殊组合单元视为一个整体，不随意分割。如“堂、常、棠、掌”切分为尚和土、巾、木、手，分别归土、巾、木、手部；“荣、桊、萤、螢” 切分为艹、龸和木、虫，分别归木或虫部。

4.1.2.3 独体字的归部方法

独体字的归部方法如下：

a) 如果是部首，则归入该部，如“山”归山部、“虫”归虫部。

b) 如果不是部首，则按起笔笔形归部，如“井”归一(横)部、“且”归丨(竖)部、“年”归丿(撇)部、“之”归丶(点)部、“民”归乛(折)部。

4.1.2.4 合体字的归部方法

4.1.2.4.1 包含部首的合体字的处理方法

包含部首的合体字的处理方法如下：

a) 如果由一个部首所构成，则归入该部。如“鸭”归鸟部、“新”归斤部、“吴”归口部、“远”归辶部、“题”归页部。

b) 如果由两个或两个以上的部首所构成，或当字形切分到某一级时出现两个或两个以上的部首，处理方法为：

1) 左右、左中右结构的字，取左不取右，如“鸡”归又部、“利”归禾部、“狱”归犬部(部首外笔画为 6 画)；

2) 上下、上中下结构的字，取上不取下，如 “昏”归氏部、“思”归田部、“牵”归大部；

3) 包围或半包围结构的字，取外不取内，如“国”归囗部、“句”归勹部、“问”归门部、“氧”归气部、“连”归辶部。

c) 如果部首在四角，一般根据字形结构，按左上、左下、右上、右下的顺序取部首，如“疑”归左上角的匕部、“毓”(yù)归左下角的母部、“耀”归右上角的羽部、“赜”归右下角的贝部。

d) 分析不出部首，则按起笔笔形归部。如“奉”归一(横)部、“畅”归丨(竖)部、“卵”归丿(撇)部、“举”归丶(点)部、“甬”归乛(折)部。

4.1.2.4.2 含单笔部首和多笔部首的字的处理方法

单笔部首和多笔部首都有的字，取多笔部首，不取单笔部首。如“灭”归火部，不归一部；“旧”归日部，不归丨部；“系”归糸部，不归丿部；“主”归王部，不归 丶部；“氹”(dàng)和“囡”(náng)分别归水部或田部，不归乛部。

4.1.3 排序方法

4.1.3.1 部首的排列次序

按笔顺序规则排列。

4.1.3.2 同部首的字的排列次序

同部首的字的排列次序如下：

a) 主部首和附列部首所统领的字，一律按部首之外的笔画数和笔顺排序；

b) 当笔画数和笔顺相同时，一般先排左右结构的字，后排上下结构、半包围结构的字；

c) 当字形结构相同时，一般先排主部首的字，后排附列部首的字。

4.2 笔顺排序原则

4.2.1 笔画数规则

汉字笔画数不同时，按笔画数定序，笔画数少的先于笔画数多的。如："王"(4 画)先于"玉"(5 画)，"江"(6 画)先于"汪"(7 画)。

4.2.2 笔顺规则

汉字笔画数相同时，按笔顺逐笔比较笔形定序。汉字笔形分为横(一)竖(丨)撇(丿)点(丶)折(乛)五种，横先于竖，竖先于撇，撇先于点，点先于折。如"二"先于"十"，"十"先于"厂"，"乃"先于"又"，"义"先于"叉"。

4.2.3 主附笔形规则

汉字笔画数、笔顺完全相同时，按主附笔形逐笔比较主附笔形定序。

4.2.4 横、竖、点主附笔形规则

主笔形先于附笔形。

一先于㇀，丨先于亅，丶先于㇏，㇏先于㇈、㇈先于㇂。如："子"先于"孑"，"干"先于"于"，"⺌"先于"尐"，"夕"先于"夂"。

4.2.5 折笔主附笔形规则

依折点数定序，折点少的先于折点多的。如："山"先于"巾"，"化"先于"仉"，"刀"先于"乃"。

折点数相同时，按折笔的起笔笔形横竖撇点顺序定序。如："幻"先于"厷"，"云"先于"弌"。

折点数、起笔笔形都相同时，依该折点笔形横竖撇点顺序比较定序。如："凡"先于"及"。

4.2.6 笔画组合规则

汉字笔画数、笔顺、主附笔形完全相同时，按笔画组合关系逐笔比较定序。

笔画位置关系分为相离、相接和相交。相离先于相接，相接先于相交。如："八"先于"人"，"人"先于"乂"。

同为相接时，依相接的方式定序，首首相接先于尾首相接，尾首相接先于尾尾相接，尾尾相接先于身段被接("目"先于"且")。同为身段被接时，依被接笔画的笔形按横竖撇点折顺序定序("人"先于"入")。

两个整字仅存在某笔画相离位置不同时，上部相离的先于下部相离的，左右相离的先于上下相离的。如："犬"先于"太"，"埒"先于"埓"。

两个整字仅存在笔画长短比例不同时，短长比例的先于长短比例的。如："未"先于"末"，"土"先于"士"。

4.2.7 结构方式规则

汉字笔画数、笔顺、主附笔形、笔画组合关系完全相同时，按结构方式定序。左右结构先于上下结构，左中右结构先于上中下结构，上下结构先于包围结构。如："旼"先于"旻"，"躢"先于"嚚"，"旮"先于"旭"。结构方式相同但整字比例大小不同时，比例小的先于比例大的。如："口"先于"囗"。

汉字定序时，根据汉字的实际字形，按上述规则逐条比较，用前面的规则不能定序时才用后面的规则，用前面的笔画比较不能定序时才用后面的笔画比较，直到完全定序为止。

5 数据格式

5.1 汉字部首序数据格式

序号	字形	部首	部首外笔画数	部首外笔顺	GB 18030 代码	GB 13000 代码

本标准的附录B提供了按部首序规则进行排序的27 533个汉字的具体排序。

5.2 汉字笔顺序数据格式

序号	字形	总笔画数	笔顺	GB 18030代码	GB 13000代码

本标准的附录C提供了按笔顺序规则进行排序的27 533个汉字的具体排序。

附 录 A
（规范性附录）
部首表（201 部）

本部首表中共有 201 部，其中主部首 201 个，附列部首 136 个，按笔画数和笔形的顺序排列如下：

【1 画】

1 一
2 丨（亅）
3 丿
4 丶
5 乛（𠃌、乁、乀、⺄、𠄌、𠃋、乚、乙、𠃍）

【2 画】

6 十
7 厂（⺁）
8 匚（⼖）
9 卜（⺊）
10 冂（⺆）
11 八（丷）
12 人（亻、入）
13 勹
14 儿
15 匕
16 几（⺇）
17 亠
18 冫
19 冖
20 凵
21 卩（㔾）
22 刀（刂、⺈）
23 力
24 又
25 厶
26 廴

【3 画】

27 干（𠆢）
28 工
29 土（士）
30 艹（⺾、艸）
31 寸
32 廾
33 大（⽝）
34 尢（兀、尣、𡯂）
35 弋
36 小（⺌）
37 口
38 囗
39 山
40 巾
41 彳
42 彡
43 夕
44 夂（夊）
45 丬（爿）
46 广
47 门（門）
48 宀
49 辶（辵、⻌）
50 彐（⺕、彑）
51 尸
52 己（已、巳）
53 弓
54 子
55 屮（⺮）
56 女
57 飞（飛）
58 马（馬）
59 幺
60 巛

【4 画】

61 王（玉）
62 无（旡）
63 韦（韋）
64 木（朩）
65 支
66 犬（犭）
67 歹（歺）
68 车（𨐅、車）
69 牙
70 戈
71 比
72 瓦
73 止
74 攴（攵）
75 日（曰、⺜、冃）
76 贝（貝）
77 水（氵、氺）
78 见（見）
79 牛（牜、⺧）
80 手（扌、龵）
81 气（氣）
82 毛
83 长（長、镸）
84 片
85 斤
86 爪（爫）
87 父
88 月（⺝、⺼）
89 氏
90 欠
91 风（風）
92 殳
93 文
94 方
95 火（灬）

96　斗

97　户（戶、戸）

98　心（忄、⺗、⺗）

99　毋（母、毌）

【5画】

100　示（礻、⺬）

101　甘

102　石

103　龙（龍）

104　业

105　目

106　田

107　罒（网、罓、⺳、㓁、罓、冈、[illegible]、罓、网）

108　皿

109　生

110　矢

111　禾

112　白

113　瓜

114　鸟（鳥）

115　疒

116　立

117　穴

118　疋（⺪）

119　皮

120　癶

121　矛

【6画】

122　耒（耒）

123　老（耂）

124　耳

125　臣

126　覀（襾、西）

127　而

128　页（頁）

129　至

130　虍（虎）

131　虫

132　肉

133　缶

134　舌（舌）

135　竹（⺮）

136　臼（臼）

137　自

138　血

139　舟

140　色

141　齐（齊）

142　衣（衤）

143　羊（⺶、⺷、⺶）

144　米

145　聿（⺻、⺻、⺻）

146　艮（艮）

147　羽

148　糸（纟、糹）

【7画】

149　麦（麥）

150　走

151　赤

152　豆

153　酉

154　辰

155　豕

156　卤（鹵）

157　里

158　足（⻊）

159　邑

（阝在右）

160　身

161　釆

162　谷

163　豸

164　龟（龜、龜）

165　角（⻆）

166　言（讠）

167　辛（⾟）

【8画】

168　青（靑）

169　卓

170　雨（⻗）

171　非

172　齿（齒、齒）

173　黾（黽）

174　隹

175　阜

（阝在左）

176　金（钅）

177　鱼（魚、[illegible]）

178　隶

【9画】

179　革

180　面（靣）

181　韭

182　骨

183　香

184　鬼（⿁）

185　食（饣、飠）

186　音

187　首

【10画】

188　髟

189　鬲

190　鬥

191　高（髙、亯）

【11画】

192　黄（黃）

193　麻（麻）

194　鹿

【12画】

195　鼎

196　黑

197　黍

【13画以上】

198　鼓

199　鼠

200　鼻

201　龠

附 录 B
（规范性附录）
汉字部首序

本附录将27 533个汉字按部首序规则进行排序，各个汉字的具体排序如下：

字序	字形	部首	部首外笔画数	部首外笔顺	18030代码	13000代码	字序	字形	部首	部首外笔画数	部首外笔顺	18030代码	13000代码
1	一	一部	0	0	D2BB	04E00	38	丒	一部	3	534	8145	04E12
2	二	一部	1	1	B6FE	04E8C	39	兂	一部	3	535	83B3	05142
3	丅	一部	1	2	8142	04E05	40	𡗗	一部	4	1134	FE6C	0E831
4	丁	一部	1	2	B6A1	04E01	41	丼	一部	4	1324	8153	04E3C
5	丆	一部	1	3	8143	04E06	42	世	一部	4	2215	CAC0	04E16
6	𠂇	一部	1	3	FE51	0E816	43	丗	一部	4	2221	8146	04E17
7	七	一部	1	5	C6DF	04E03	44	卌	一部	4	2222	8563	0534C
8	丂	一部	1	5	8140	04E02	45	朩	一部	4	2444	8230C837	03773
9	三	一部	2	11	C8FD	04E09	46	丙	一部	4	2534	B1FB	04E19
10	亍	一部	2	12	D8A1	04E8D	47	丕	一部	4	3241	D8A7	04E15
11	于	一部	2	12	D3DA	04E8E	48	丛	一部	4	3434	B4D4	04E1B
12	亏	一部	2	15	BFF7	04E8F	49	平	一部	4	4312	C6BD	05E73
13	亐	一部	2	15	8180	04E90	50	东	一部	4	5234	B6AB	04E1C
14	卄	一部	2	22	8560	05344	51	丝	一部	4	5555	CBBF	04E1D
15	才	一部	2	23	B2C5	0624D	52	丠	一部	5	21135	8148	04E20
16	丌	一部	2	32	D8A2	04E0C	53	亚	一部	5	22431	D1C7	04E9A
17	丈	一部	2	34	D5C9	04E08	54	亘	一部	5	25111	D8A8	04E98
18	与	一部	2	51	D3EB	04E0E	55	吏	一部	5	25134	C0F4	0540F
19	㔿	一部	2	52	82309036	0353F	56	再	一部	5	25211	D4D9	0518D
20	㐄	一部	2	52	8139EF33	03404	57	朿	一部	5	25234	9663	0673F
21	万	一部	2	53	CDF2	04E07	58	両	一部	5	25252	8149	04E21
22	亖	一部	3	111	8181	04E96	59	㐁	一部	5	25341	8139EF30	03401
23	丰	一部	3	112	B7E1	04E30	60	亙	一部	5	25441	8183	04E99
24	龶	一部	3	121	FE66	0E82B	61	夹	一部	5	43134	BCD0	05939
25	亓	一部	3	132	D8C1	04E93	62	㐂	一部	5	51515	8139EF31	03402
26	井	一部	3	132	BEAE	04E95	63	夷	一部	5	51534	D2C4	05937
27	夫	一部	3	134	B7F2	0592B	64	丞	一部	5	52534	D8A9	04E1E
28	专	一部	3	154	D7A8	04E13	65	严	一部	6	224313	D1CF	04E25
29	丐	一部	3	215	D8A4	04E10	66	更	一部	6	251134	B8FC	066F4
30	廿	一部	3	221	D8A5	05EFF	67	亜	一部	6	251221	8184	04E9C
31	五	一部	3	251	CEE5	04E94	68	束	一部	6	251234	CAF8	0675F
32	丏	一部	3	255	8144	04E0F	69	两	一部	6	253434	C1BD	04E24
33	卅	一部	3	322	D8A6	05345	70	丽	一部	6	254254	C0F6	04E3D
34	不	一部	3	324	B2BB	04E0D	71	丣	一部	6	321551	814A	04E23
35	丑	一部	3	521	B3F3	04E11	72	夾	一部	6	343434	8A41	0593E
36	㸦	一部	3	524	8231F533	03E26	73	来	一部	6	431234	C0B4	06765
37	屯	一部	3	525	CDCD	05C6F	74	亊	一部	6	435112	817E	04E8A

字序	字形	部首	部首外笔画数	部首外笔顺	18030代码	13000代码
75	奉	一部	7	1134112	B7EE	05949
76	表	一部	7	1213534	B1ED	08868
77	㐩	一部	7	1321132	8139F330	03429
78	㚘	一部	7	1341134	8230B238	03698
79	些	一部	7	2121351	D0A9	04E9B
80	亞	一部	7	2155121	8186	04E9E
81	來	一部	7	2343434	81ED	04F86
82	丧	一部	7	2431534	C9A5	04E27
83	東	一部	7	2511234	967C	06771
84	事	一部	7	2515112	CAC2	04E8B
85	兩	一部	7	2523434	83C9	05169
86	面	一部	7	3252511	EC72	09763
87	疌	一部	7	5112134	AF43	0758C
88	亟	一部	7	5225154	D8BD	04E9F
89	奏	一部	8	11341134	D7E0	0594F
90	甚	一部	8	22111345	C9F5	0751A
91	㪽	一部	8	25113312	82319E33	03ABD
92	柬	一部	8	25431234	BCED	067EC
93	歪	一部	8	32412121	CDE1	06B6A
94	甭	一部	8	32435112	B1C2	0752D
95	昼	一部	8	51342511	D6E7	0663C
96	冓	一部	9	122125211	83DA	05193
97	䘮	一部	9	234341534	8233C632	0462E
98	㒼	一部	10	2212523434	82308335	034BC
99	啬	一部	10	2431252511	D8C4	0556C
100	喪	一部	11	22512511534	86CA	055AA
101	棘	一部	11	25234125234	BCAC	068D8
102	棗	一部	11	25234125234	9797	068D7
103	奡	一部	11	32511113432	8A53	05961
104	㽎	一部	12	221113454535	82329439	03F4E
105	嗇	一部	12	234341252511	86DD	055C7
106	畺	一部	12	251211251211	AE96	0757A
107	爾	一部	13	3425234343434	A096	0723E
108	暨	一部	13	5115415352511	F4DF	066A8
109	㯤	一部	15	234343412343434	8231BB37	03BE4
110	㯥	一部	15	251123412511234	8231BB38	03BE5
111	嚢	一部	17	25124534112213534	87B0	056A2
112	囊	一部	21	2512452512511122135 34	C4D2	056CA
113	丨	丨部	0	0	D8AD	04E28
114	亅	丨部	0	0	817C	04E85
115	丄	丨部	1	1	8141	04E04
116	亇	丨部	2	35	817D	04E87
117	㐃	丨部	2	54	8139EF32	03403
118	中	丨部	3	251	D6D0	04E2D
119	丯	丨部	3	333	814E	04E2F
120	冄	丨部	3	511	83D1	05184
121	内	丨部	3	534	C4DA	05185
122	內	丨部	3	534	83C8	05167
123	予	丨部	3	545	D3E8	04E88
124	禸	丨部	3	554	B662	079B8
125	㐀	丨部	4	1211	8139EE39	03400
126	凸	丨部	4	1251	CDB9	051F8
127	冉	丨部	4	2511	C8BD	05189
128	且	丨部	4	5111	C7D2	04E14
129	申	丨部	4	5112	C9EA	07533
130	曱	丨部	4	5112	95F5	066F1
131	甲	丨部	4	5112	BCD7	07532
132	电	丨部	4	5115	B5E7	07535
133	由	丨部	4	5121	D3C9	07531
134	央	丨部	4	5134	D1EB	0592E
135	史	丨部	4	5134	CAB7	053F2
136	㠯	丨部	4	5151	8230DB35	0382F
137	甴	丨部	4	5211	AE68	07534
138	冊	丨部	4	5221	83D4	0518A
139	凹	丨部	4	5251	B0BC	051F9
140	冎	丨部	4	5525	83D6	0518E
141	㬰	丨部	5	51134	8231A938	03B30
142	曳	丨部	5	51153	D2B7	066F3
143	曲	丨部	5	51221	C7FA	066F2
144	甹	丨部	6	512115	AE6A	07539
145	㽕	丨部	6	512155	82329536	03F55
146	串	丨部	6	512512	B4AE	04E32
147	㕯	丨部	6	534251	82309534	0356F
148	果	丨部	7	5111234	B9FB	0679C
149	畅	丨部	7	5112533	B3A9	07545
150	畁	丨部	7	5121132	AE6E	07541
151	丳	丨部	7	5125132	8150	04E33
152	㐨	丨部	7	5452545	8139F239	03428
153	咼	丨部	7	5525251	864A	054BC
154	临	丨部	8	23142521	C1D9	04E34
155	禺	丨部	8	51125214	D8AE	079BA
156	褁	丨部	11	51112343534	D178	08901
157	朄	丨部	13	5112125431234	9640	06704
158	丿	丿部	0	0	D8AF	04E3F
159	𠂉	丿部	1	1	FE52	0E817
160	㐅	丿部	1	4	8139EF34	03405
161	乂	丿部	1	4	8156	04E42
162	九	丿部	1	5	BEC5	04E5D
163	乇	丿部	2	15	D8B1	04E47
164	川	丿部	2	22	B4A8	05DDD
165	乊	丿部	2	43	8159	04E4A

字序	字形	部首	部首外笔画数	部首外笔顺	18030代码	13000代码	字序	字形	部首	部首外笔画数	部首外笔顺	18030代码	13000代码
166	久	丿部	2	54	BEC3	04E45	212	舉	丿部	15	211152511134112	C565	08209
167	丸	丿部	2	54	CDE8	04E38	213	舋	丿部	19	2112512515114525111	C567	0820B
168	及	丿部	2	54	BCB0	053CA	214	丶	丶部	0	0	D8BC	04E36
169	爻	丿部	3	434	D8B3	0723B	215	义	丶部	2	34	D2E5	04E49
170	乏	丿部	3	454	B7A6	04E4F	216	之	丶部	2	54	D6AE	04E4B
171	匁	丿部	3	534	84F5	05301	217	为	丶部	3	354	CEAA	04E3A
172	丹	丿部	3	541	B5A4	04E39	218	㐧	丶部	3	523	8139F238	03427
173	乌	丿部	3	551	CEDA	04E4C	219	冘	丶部	3	535	83DC	05198
174	失	丿部	4	1134	CAA7	05931	220	㕚	丶部	3	544	82309333	0355A
175	乍	丿部	4	1211	D5A7	04E4D	221	书	丶部	3	552	CAE9	04E66
176	㐌	丿部	4	1525	8139F031	0340C	222	朮	丶部	4	1235	9658	0672E
177	丘	丿部	4	2121	C7F0	04E18	223	犮	丶部	4	1354	A0E3	072AE
178	乎	丿部	4	4312	BAF5	04E4E	224	半	丶部	4	3112	B0EB	0534A
179	乐	丿部	4	5234	C0D6	04E50	225	龹	丶部	5	31134	FE7E	0E843
180	册	丿部	4	5351	B2E1	0518C	226	乓	丶部	5	32121	C5D2	04E53
181	年	丿部	5	11212	C4EA	05E74	227	州	丶部	5	34242	D6DD	05DDE
182	朱	丿部	5	11234	D6EC	06731	228	农	丶部	5	53534	C5A9	0519C
183	乔	丿部	5	13432	C7C7	04E54	229	求	丶部	6	124134	C7F3	06C42
184	乑	丿部	5	23334	815A	04E51	230	甫	丶部	6	125112	B8A6	0752B
185	向	丿部	5	25251	CFF2	05411	231	曵	丶部	6	251153	95F6	066F5
186	囟	丿部	5	25341	D8B6	056DF	232	㡀	丶部	6	325234	8230DD32	03840
187	乒	丿部	5	32121	C6B9	04E52	233	枣	丶部	7	1252344	D4E6	067A3
188	甪	丿部	5	35112	AE66	0752A	234	㕻	丶部	7	1324251	82309636	0357B
189	㐆	丿部	5	35115	8139EF35	03406	235	奍	丶部	7	3113432	8A49	0594D
190	兆	丿部	5	41534	D5D7	05146	236	鼡	丶部	7	4335112	FC93	09F21
191	兎	丿部	6	251354	83B7	0514E	237	㐜	丶部	8	12413435	8139F137	0341C
192	囪	丿部	6	253341	87E8	056EA	238	栆	丶部	8	12512344	96D2	06806
193	囱	丿部	6	253541	B4D1	056F1	239	举	丶部	8	43134112	BED9	04E3E
194	卵	丿部	6	543524	C2D1	05375	240	単	丶部	8	43251112	8567	05358
195	垂	丿部	7	1212211	B4B9	05782	241	彧	丶部	9	125115333	8FAA	05F67
196	乖	丿部	7	1221135	B9D4	04E56	242	巣	丶部	10	4325111234	8E7A	05DE3
197	秉	丿部	7	1511234	B1FC	079C9	243	厳	丶部	15	431351221113134	8597	053B3
198	臾	丿部	7	2151134	F4A7	081FE	244	乛	乛部	0	0	815E	04E5B
199	㸚	丿部	7	4343434	8231F431	03E1A	245	乁	乛部	0	0	8155	04E41
200	乗	丿部	8	11221234	815C	04E57	246	乀	乛部	0	0	8154	04E40
201	重	丿部	8	12511211	D6D8	091CD	247	𠃌	乛部	0	0	FE53	0E818
202	禹	丿部	8	25125214	D3ED	079B9	248	⺄	乛部	0	0	FE54	02E84
203	爼	丿部	8	43425111	A095	0723C	249	乚	乛部	0	0	815D	04E5A
204	甮	丿部	8	53335112	AE67	0752E	250	乙	乛部	0	0	D2D2	04E59
205	胤	丿部	8	55425115	D8B7	080E4	251	刁	乛部	1	1	B5F3	05201
206	埀	丿部	9	122113511	88A7	057C0	252	丩	乛部	1	2	814C	04E29
207	乘	丿部	9	122113534	B3CB	04E58	253	了	乛部	1	2	C1CB	04E86
208	喬	丿部	11	13425125251	86CC	055AC	254	乃	乛部	1	3	C4CB	04E43
209	粤	丿部	11	25431234115	D4C1	07CA4	255	龴	乛部	1	4	FE59	0E81E
210	粵	丿部	12	253431234115	BB9B	07CB5	256	乄	乛部	1	4	8157	04E44
211	睾	丿部	13	2522112143112	D8BA	0777E	257	巜	乛部	1	5	8E77	05DDC

字序	字形	部首	部首外笔画数	部首外笔顺	18030代码	13000代码	字序	字形	部首	部首外笔画数	部首外笔顺	18030代码	13000代码
258	乜	乛部	1	5	D8BF	04E5C	304	承	乛部	7	2111534	B3D0	0627F
259	㐉	乛部	2	12	8139EF38	03409	305	㐛	乛部	7	3213251	8139F136	0341B
260	也	乛部	2	25	D2B2	04E5F	306	虱	乛部	7	3251214	CAAD	08671
261	乞	乛部	2	31	C6F2	04E5E	307	乳	乛部	7	3443521	C8E9	04E73
262	乆	乛部	2	34	8158	04E46	308	乷	乛部	7	4412343	816F	04E77
263	㐇	乛部	2	35	8139EF36	03407	309	䎞	乛部	8	12132511	82338530	0439E
264	习	乛部	2	41	CFB0	04E60	310	乽	乛部	8	12132511	8175	04E7D
265	乡	乛部	2	53	CFE7	04E61	311	㐝	乛部	8	12135251	8139F138	0341D
266	丮	乛部	3	112	814D	04E2E	312	㐞	乛部	8	12211134	8139F139	0341E
267	尹	乛部	3	113	D2FC	05C39	313	乺	乛部	8	33513312	8172	04E7A
268	卐	乛部	3	121	8565	05350	314	㐠	乛部	8	34435215	8139F231	03420
269	乤	乛部	3	124	8161	04E64	315	㫇	乛部	8	41533444	82319F33	03AC7
270	夬	乛部	3	134	89F8	0592C	316	乻	乛部	8	41533444	8173	04E7B
271	弔	乛部	3	152	8F74	05F14	317	乼	乛部	8	44141121	8174	04E7C
272	卍	乛部	3	212	8564	0534D	318	圅	乛部	9	425431121	87F6	05705
273	巴	乛部	3	215	B0CD	05DF4	319	乿	乛部	10	3443554234	8176	04E7F
274	乥	乛部	3	343	8162	04E65	320	㐣	乛部	10	4131251112	8139F234	03423
275	㐏	乛部	4	1251	8139F034	0340F	321	㐢	乛部	10	4413443521	8139F233	03422
276	司	乛部	4	1251	CBBE	053F8	322	亄	乛部	12	121451251431	817B	04E84
277	乬	乛部	4	1515	8167	04E6C	323	舝	乛部	12	215554554152	C572	0821D
278	巪	乛部	4	1515	8E7C	05DEA	324	亂	乛部	12	344354255454	8179	04E82
279	民	乛部	4	1515	C3F1	06C11	325	亃	乛部	12	431234354152	817A	04E83
280	弗	乛部	4	1532	B8A5	05F17	326	㐥	乛部	15	341124312511153	8139F236	03425
281	丱	乛部	4	3221	814F	04E31	327	㐦	乛部	17	32111525111343112	8139F237	03426
282	帇	乛部	5	11252	8E8B	05E07	328	十	十部	0	0	CAAE	05341
283	厾	乛部	5	12154	85A0	053BE	329	千	十部	1	3	C7A7	05343
284	㐓	乛部	5	12512	8139F038	03413	330	卂	十部	1	5	855F	05342
285	乩	乛部	5	21251	D8C0	04E69	331	卆	十部	2	35	8561	05346
286	㐕	乛部	5	25121	8139F130	03415	332	㔹	十部	2	53	82309030	03539
287	乯	乛部	5	34312	816A	04E6F	333	㔺	十部	3	125	82309031	0353A
288	乮	乛部	5	35352	8169	04E6E	334	卉	十部	3	132	BBDC	05349
289	㐑	乛部	5	35444	8139F036	03411	335	古	十部	3	251	B9C5	053E4
290	买	乛部	5	44134	C2F2	04E70	336	卋	十部	4	1221	8562	0534B
291	㐐	乛部	5	53154	8139F035	03410	337	㔻	十部	4	1324	82309032	0353B
292	㔖	乛部	5	53251	82308C35	03516	338	华	十部	4	3235	BBAA	0534E
293	㐒	乛部	5	53251	8139F037	03412	339	协	十部	4	5344	D0AD	0534F
294	乫	乛部	5	53251	8166	04E6B	340	克	十部	5	25135	BFCB	0514B
295	乨	乛部	5	54251	8164	04E68	341	卓	十部	6	212511	D7BF	05353
296	㐖	乛部	6	121251	8139F131	03416	342	直	十部	6	251111	D6B1	076F4
297	戼	乛部	6	151251	91F9	0623C	343	卑	十部	6	325113	B1B0	05351
298	亪	乛部	6	413234	8188	04EAA	344	協	十部	6	535353	8566	05354
299	乲	乛部	6	413534	816B	04E72	345	卖	十部	6	544134	C2F4	05356
300	甬	乛部	6	425112	F0AE	0752C	346	兙	十部	7	2513512	83BE	05159
301	乴	乛部	7	1213312	816C	04E74	347	南	十部	7	2543112	C4CF	05357
302	乶	乛部	7	1251124	816E	04E76	348	真	十部	8	25111134	D5E6	0771F
303	㐚	乛部	7	1251251	8139F135	0341A	349	畞	十部	8	25121354	AE81	0755E

字序	字形	部首	部首外笔画数	部首外笔顺	18030代码	13000代码
350	兛	十部	8	25135312	83BF	0515B
351	卙	十部	9	122111345	8568	05359
352	兝	十部	9	251353453	83C0	0515D
353	博	十部	10	1251124124	B2A9	0535A
354	㐤	十部	10	3525111134	8139F235	03424
355	凖	十部	10	4132411121	83FD	051D6
356	㔼	十部	11	12132411121	82309033	0353C
357	兡	十部	11	25135132511	83C4	05161
358	準	十部	11	44132411121	9CCA	06E96
359	兢	十部	12	251351225135	BEA4	05162
360	嘏	十部	12	251512115154	D8C5	0560F
361	兣	十部	14	25135132511211	83C5	05163
362	㒹	十部	18	251111341225111134	82308332	034B9
363	卛	十部	19	4111251554444554444	8569	0535B
364	矗	十部	22	2511111225111112251111	B4A3	077D7
365	厂	厂部	0	0	B3A7	05382
366	⺁	厂部	0	0	FE50	02E81
367	厅	厂部	2	12	CCFC	05385
368	仄	厂部	2	34	D8C6	04EC4
369	历	厂部	2	53	C0FA	05386
370	反	厂部	2	54	B7B4	053CD
371	厄	厂部	2	55	B6F2	05384
372	厈	厂部	3	112	857B	05388
373	圧	厂部	3	121	8852	05727
374	厉	厂部	3	153	C0F7	05389
375	卮	厂部	3	155	D8B4	0536E
376	厇	厂部	3	315	857A	05387
377	㕃	厂部	4	1132	82309130	03543
378	压	厂部	4	1214	D1B9	0538B
379	后	厂部	4	1251	BAF3	0540E
380	厌	厂部	4	1344	D1E1	0538C
381	厍	厂部	4	1512	D8C7	0538D
382	厊	厂部	4	1523	857C	0538A
383	㕄	厂部	4	1554	82309131	03544
384	㕂	厂部	4	3445	82309039	03542
385	乕	厂部	5	11252	815B	04E55
386	㕆	厂部	5	12251	82309133	03546
387	厐	厂部	5	13534	8580	05390
388	巵	厂部	5	15215	8E81	05DF5
389	兏	厂部	5	21135	83B8	0514F
390	㕅	厂部	5	25112	82309132	03545
391	厑	厂部	5	25135	8581	05391
392	厏	厂部	5	31211	857E	0538F
393	厎	厂部	5	35154	857D	0538E
394	㕇	厂部	5	41431	82309134	03547

字序	字形	部首	部首外笔画数	部首外笔顺	18030代码	13000代码
395	厓	厂部	6	121121	8583	05393
396	质	厂部	6	122534	D6CA	08D28
397	厔	厂部	6	154121	8584	05394
398	厕	厂部	6	253422	B2DE	05395
399	厒	厂部	6	311252	8582	05392
400	㕉	厂部	6	341251	82309136	03549
401	㕈	厂部	6	413534	82309135	03548
402	盾	厂部	7	1225111	B6DC	076FE
403	厙	厂部	7	1251112	8587	05399
404	㕊	厂部	7	1251124	82309137	0354A
405	厖	厂部	7	1353334	8585	05396
406	厘	厂部	7	2511211	C0E5	05398
407	厚	厂部	7	2511521	BAF1	0539A
408	厛	厂部	7	2513312	8588	0539B
409	厗	厂部	7	4143112	8586	05397
410	厝	厂部	8	12212511	D8C8	0539D
411	厞	厂部	8	21112111	858A	0539E
412	虒	厂部	8	21531535	CC8C	08652
413	㕌	厂部	8	25111124	82309139	0354C
414	厜	厂部	8	31212211	8589	0539C
415	㕍	厂部	8	32411121	82309230	0354D
416	原	厂部	8	32511234	D4AD	0539F
417	㕋	厂部	8	34112431	82309138	0354B
418	貭	厂部	9	122511134	D8A0	08CAD
419	厢	厂部	9	123425111	CFE1	053A2
420	厣	厂部	9	134425112	D8C9	053A3
421	厠	厂部	9	251113422	858B	053A0
422	厡	厂部	9	325112534	858C	053A1
423	厩	厂部	9	511541535	BEC7	053A9
424	厫	厂部	10	1121533134	8590	053AB
425	㕎	厂部	10	1215425221	82309231	0354E
426	厧	厂部	10	1225111134	858E	053A7
427	厨	厂部	10	1251431124	B3F8	053A8
428	厦	厂部	10	1325111354	CFC3	053A6
429	厤	厂部	10	3123431234	858D	053A4
430	雁	厂部	10	3232411121	D1E3	096C1
431	厥	厂部	10	4315233534	D8CA	053A5
432	厪	厂部	11	12212511121	858F	053AA
433	厯	厂部	11	12341234544	8593	053AF
434	㕏	厂部	11	12514314412	82309232	0354F
435	鳫	厂部	11	32511154444	F848	09CEB
436	㕑	厂部	12	121251431124	82309234	03551
437	厮	厂部	12	122111343312	D8CB	053AE
438	厲	厂部	12	122251125214	8596	053B2
439	瞂	厂部	12	122511113544	B258	07782
440	厰	厂部	12	243252513134	8594	053B0

字序	字形	部首	部首外笔画数	部首外笔顺	18030代码	13000代码	字序	字形	部首	部首外笔画数	部首外笔顺	18030代码	13000代码
441	厭	厂部	12	251125111344	8592	053AD	485	區	匚部	9	251251251	855E	05340
442	厬	厂部	12	251135424251	8591	053AC	486	匬	匚部	9	341251122	8550	0532C
443	㕐	厂部	12	321511354444	82309233	03550	487	匾	匚部	9	451325122	D8D2	0533E
444	鴈	厂部	13	3232511154444	F865	09D08	488	㔸	匚部	10	3321531535	82308F39	03538
445	厱	厂部	13	3412512513434	8595	053B1	489	㔳	匚部	10	3445115435	82308F34	03533
446	㕒	厂部	13	4311213121534	82309235	03552	490	㔲	匚部	10	3445115435	82308F33	03532
447	㕓	厂部	15	254312114444121	82309236	03553	491	㔴	匚部	11	25121122134	82308F35	03534
448	龎	厂部	16	4143125111515111	FD89	09F8E	492	匯	匚部	11	44132411121	8552	0532F
449	厴	厂部	17	25112511134425112	8598	053B4	493	匲	匚部	12	134251251251	8555	05332
450	㕔	厂部	22	1221111211225221145 44	82309237	03554	494	匱	匚部	12	251212511134	8554	05331
							495	匰	匚部	12	251251251112	8553	05330
451	厵	厂部	28	3251123413325112341 332511234	8599	053B5	496	㔵	匚部	12	515515122134	82308F36	03535
							497	匳	匚部	13	3412512513434	8556	05333
452	匚	匚部	0	0	D8CE	0531A	498	匴	匚部	14	31431425111132	8557	05334
453	匸	匚部	0	0	855B	05338	499	匵	匚部	15	121252212511134	8558	05335
454	区	匚部	2	34	C7F8	0533A	500	匶	匚部	17	12232411121321511	8559	05336
455	匹	匚部	2	35	C6A5	05339	501	匷	匚部	18	251112511132411121	855A	05337
456	巨	匚部	2	51	BEDE	05DE8	502	㔶	匚部	24	414312511123541212511134	82308F37	03536
457	匞	匚部	3	121	8547	0531E							
458	叵	匚部	3	251	D8CF	053F5	503	卜	卜部	0	0	B2B7	0535C
459	匝	匚部	3	252	D4D1	0531D	504	下	卜部	1	1	CFC2	04E0B
460	匛	匚部	3	354	8545	0531B	505	上	卜部	1	1	C9CF	04E0A
461	匜	匚部	3	525	8546	0531C	506	卝	卜部	2	21	856A	0535D
462	匡	匚部	4	1121	BFEF	05321	507	卡	卜部	3	124	BFA8	05361
463	匠	匚部	4	3312	BDB3	05320	508	占	卜部	3	251	D5BC	05360
464	匢	匚部	4	3533	8549	05322	509	卢	卜部	3	513	C2AC	05362
465	匟	匚部	4	4135	8548	0531F	510	贞	卜部	4	2534	D5EA	08D1E
466	匤	匚部	5	11214	854A	05324	511	盀	卜部	5	25221	B09E	076C0
467	㔷	匚部	5	12534	82308F38	03537	512	卣	卜部	5	25511	D8D5	05363
468	匣	匚部	5	25112	CFBB	05323	513	卦	卜部	6	121121	D8D4	05366
469	医	匚部	5	31134	D2BD	0533B	514	㔽	卜部	6	252511	82309034	0353D
470	㔯	匚部	5	35251	82308F30	0352F	515	貞	卜部	7	2511134	D891	08C9E
471	㔰	匚部	5	35424	82308F31	03530	516	卨	卜部	8	25525251	856C	05368
472	匥	匚部	5	54132	854B	05325	517	禼	卜部	9	253412554	B663	079BC
473	匦	匚部	6	152135	D8D0	05326	518	鳪	卜部	11	32511154444	F847	09CEA
474	匼	匚部	6	341251	855C	0533C	519	鼑	卜部	12	251115132125	FC87	09F11
475	匧	匚部	7	1343434	854C	05327	520	冂	冂部	0	0	D8E7	05182
476	匽	匚部	7	2511531	855D	0533D	521	冃	冂部	2	11	83D0	05183
477	匨	匚部	7	5213121	854D	05328	522	円	冂部	2	21	83D2	05186
478	匩	匚部	7	5221121	854E	05329	523	冇	冂部	2	25	83D3	05187
479	匿	匚部	8	12213251	C4E4	0533F	524	冈	冂部	2	34	B8D4	05188
480	匪	匚部	8	21112111	B7CB	0532A	525	用	冂部	3	112	D3C3	07528
481	㔱	匚部	8	32151134	82308F32	03531	526	甩	冂部	3	115	CBA6	07529
482	匫	匚部	8	35332511	854F	0532B	527	䍏	冂部	3	221	8232FB31	0434F
483	匭	匚部	9	125111235	8551	0532D	528	冋	冂部	3	251	83D5	0518B
484	匮	匚部	9	251212534	D8D1	0532E	529	囘	冂部	3	515	87DF	056D8

字序	字形	部首	部首外笔画数	部首外笔顺	18030代码	13000代码	字序	字形	部首	部首外笔画数	部首外笔顺	18030代码	13000代码
530	同	冂部	4	1251	CDAC	0540C	576	冀	八部	14	21135251211221	BCBD	05180
531	㒳	冂部	5	23434	82308236	034B3	577	朆	八部	14	25243125113533	9642	06706
532	冏	冂部	5	34251	83D7	0518F	578	興	八部	14	32112512515111	C564	08208
533	周	冂部	6	121251	D6DC	05468	579	㬟	八部	14	35332524312511	8231A831	03B1F
534	八	八部	0	0	B0CB	0516B	580	㬲	八部	15	125113413425221	8231AA30	03B32
535	丷	八部	0	0	8152	04E37	581	輿	八部	15	321112511125111	DD9B	08F3F
536	䒑	八部	1	1	82339D30	04491	582	冁	八部	16	2511125131221534	D9E6	05181
537	丫	八部	1	2	D1BE	04E2B	583	夔	八部	19	1325111212151534354	D9E7	05914
538	兮	八部	2	15	D9E2	0516E	584	人	人部	0	0	C8CB	04EBA
539	兯	八部	2	52	83CB	0516F	585	亻	人部	0	0	D8E9	04EBB
540	分	八部	2	53	B7D6	05206	586	入	人部	0	0	C8EB	05165
541	公	八部	2	54	B9AB	0516C	587	亼	人部	1	1	8191	04EBC
542	兰	八部	3	111	C0BC	05170	588	个	人部	1	2	B8F6	04E2A
543	㕣	八部	3	251	82309432	03563	589	亽	人部	1	4	8192	04EBD
544	并	八部	4	1132	B2A2	05E76	590	亿	人部	1	5	D2DA	04EBF
545	关	八部	4	1134	B9D8	05173	591	亾	人部	1	5	8193	04EBE
546	共	八部	4	1221	B9B2	05171	592	兦	人部	1	5	83C7	05166
547	䏌	八部	4	2511	82338934	043CC	593	㐈	人部	1	5	8139EF37	03408
548	兴	八部	4	4431	D0CB	05174	594	仁	人部	2	11	C8CA	04EC1
549	弚	八部	4	5152	8F77	05F1A	595	仃	人部	2	12	D8EA	04EC3
550	兌	八部	5	25135	83B6	0514C	596	什	人部	2	12	CAB2	04EC0
551	兑	八部	5	25135	B6D2	05151	597	仐	人部	2	12	8197	04ED0
552	㒷	八部	5	25341	82308330	034B7	598	仆	人部	2	24	C6CD	04EC6
553	兵	八部	5	32121	B1F8	05175	599	介	人部	2	32	BDE9	04ECB
554	㒶	八部	5	32511	82308239	034B6	600	仈	人部	2	34	8194	04EC8
555	弟	八部	5	51523	B5DC	05F1F	601	从	人部	2	34	B4D3	04ECE
556	其	八部	6	122111	C6E4	05176	602	仌	人部	2	34	8195	04ECC
557	並	八部	6	122431	814B	04E26	603	仑	人部	2	35	C2D8	04ED1
558	具	八部	6	251111	BEDF	05177	604	化	人部	2	35	BBAF	05316
559	单	八部	6	251112	B5A5	05355	605	仉	人部	2	35	D8EB	04EC9
560	典	八部	6	251221	B5E4	05178	606	仇	人部	2	35	B3F0	04EC7
561	前	八部	7	1251122	C7B0	0524D	607	仒	人部	2	44	8198	04ED2
562	㒸	八部	7	1353334	82308331	034B8	608	今	人部	2	45	BDF1	04ECA
563	兹	八部	7	1554554	D7C8	05179	609	仂	人部	2	53	D8EC	04EC2
564	总	八部	7	2514544	D7DC	0603B	610	仍	人部	2	53	C8D4	04ECD
565	巺	八部	7	5155151	8E85	05DFA	611	仏	人部	2	54	8196	04ECF
566	㢲	八部	7	5155151	8230E836	038B2	612	仅	人部	2	54	BDF6	04EC5
567	兼	八部	8	15112234	BCE6	0517C	613	以	人部	2	54	D2D4	04EE5
568	釡	八部	8	34112431	E19C	091E1	614	仓	人部	2	55	B2D6	04ED3
569	兽	八部	9	251211251	CADE	0517D	615	仨	人部	3	111	D8ED	04EE8
570	曽	八部	9	251212511	95FB	066FD	616	仠	人部	3	112	819C	04EE0
571	曾	八部	10	2524312511	D4F8	066FE	617	㐵	人部	3	112	8139F432	03435
572	兿	八部	11	11213541154	83CF	0517F	618	仝	人部	3	121	D9DA	04EDD
573	兾	八部	11	25121122134	83CE	0517E	619	仜	人部	3	121	819B	04EDC
574	與	八部	11	32111525111	C563	08207	620	㒰	人部	3	121	82308233	034B0
575	舆	八部	12	321115125111	D3DF	08206	621	仕	人部	3	121	CACB	04ED5

字序	字形	部首	部首外笔画数	部首外笔顺	18030代码	13000代码	字序	字形	部首	部首外笔画数	部首外笔顺	18030代码	13000代码
622	付	人部	3	124	B8B6	04ED8	668	伂	人部	4	1252	81AC	04F02
623	㐲	人部	3	134	8139F339	03432	669	伎	人部	4	1254	BCBF	04F0E
624	仗	人部	3	134	D5CC	04ED7	670	伓	人部	4	1324	81B6	04F13
625	㐳	人部	3	135	8139F430	03433	671	伏	人部	4	1344	B7FC	04F0F
626	仺	人部	3	151	81A8	04EFA	672	㑀	人部	4	1344	8139F533	03440
627	代	人部	3	154	B4FA	04EE3	673	伛	人部	4	1345	D8F1	04F1B
628	仧	人部	3	211	819F	04EE7	674	伖	人部	4	1354	81B9	04F16
629	仩	人部	3	211	81A0	04EE9	675	优	人部	4	1354	D3C5	04F18
630	尒	人部	3	234	8CA9	05C12	676	伌	人部	4	1355	81B4	04F0C
631	仦	人部	3	234	819E	04EE6	677	伡	人部	4	1512	81BC	04F21
632	㐰	人部	3	251	8139F337	03430	678	佢	人部	4	1515	81DA	04F62
633	仚	人部	3	252	8199	04EDA	679	伢	人部	4	1523	D8F3	04F22
634	仙	人部	3	252	CFC9	04ED9	680	伅	人部	4	1525	81AF	04F05
635	屳	人部	3	252	8CDD	05C73	681	伐	人部	4	1534	B7A5	04F10
636	㠳	人部	3	252	8230DB39	03833	682	仳	人部	4	1535	D8F2	04EF3
637	仟	人部	3	312	C7AA	04EDF	683	仾	人部	4	1551	81AA	04EFE
638	仛	人部	3	315	819A	04EDB	684	佤	人部	4	1554	D8F4	04F64
639	仡	人部	3	315	D8EE	04EE1	685	企	人部	4	2121	C6F3	04F01
640	㐱	人部	3	333	8139F338	03431	686	仯	人部	4	2343	81A3	04EEF
641	㐴	人部	3	354	8139F431	03434	687	㒲	人部	4	2511	82308235	034B2
642	㒱	人部	3	354	82308234	034B1	688	仲	人部	4	2512	D6D9	04EF2
643	仫	人部	3	354	D8EF	04EEB	689	㐻	人部	4	2534	8139F438	0343B
644	仢	人部	3	354	819D	04EE2	690	氽	人部	4	2534	D9DB	06C3D
645	伋	人部	3	354	81B3	04F0B	691	㲻	人部	4	2534	8231D131	03CBB
646	们	人部	3	425	C3C7	04EEC	692	汆	人部	4	2534	D9E0	06C46
647	仪	人部	3	434	D2C7	04EEA	693	伣	人部	4	2535	81BD	04F23
648	令	人部	3	454	C1EE	04EE4	694	㐿	人部	4	3112	8139F532	0343F
649	㐶	人部	3	515	8139F433	03436	695	仵	人部	4	3112	D8F5	04EF5
650	仔	人部	3	521	D7D0	04ED4	696	件	人部	4	3112	BCFE	04EF6
651	他	人部	3	525	CBFB	04ED6	697	㐹	人部	4	3115	8139F436	03439
652	㚢	人部	3	531	8230B338	036A2	698	任	人部	4	3121	C8CE	04EFB
653	仞	人部	3	534	D8F0	04EDE	699	㐼	人部	4	3132	8139F439	0343C
654	仭	人部	3	534	81A1	04EED	700	仸	人部	4	3134	81A6	04EF8
655	㐷	人部	3	551	8139F434	03437	701	伤	人部	4	3153	C9CB	04F24
656	仹	人部	4	1112	81A7	04EF9	702	伥	人部	4	3154	D8F6	04F25
657	全	人部	4	1121	C8AB	05168	703	㐺	人部	4	3234	8139F437	0343A
658	仼	人部	4	1121	81A9	04EFC	704	伒	人部	4	3312	81B5	04F12
659	伕	人部	4	1134	81B8	04F15	705	仮	人部	4	3354	81A2	04EEE
660	㐾	人部	4	1135	8139F531	0343E	706	价	人部	4	3432	BCDB	04EF7
661	伟	人部	4	1152	CEB0	04F1F	707	众	人部	4	3434	D6DA	04F17
662	会	人部	4	1154	BBE1	04F1A	708	伦	人部	4	3435	C2D7	04F26
663	伝	人部	4	1154	81BB	04F1D	709	仱	人部	4	3445	81A4	04EF1
664	传	人部	4	1154	B4AB	04F20	710	份	人部	4	3453	B7DD	04EFD
665	休	人部	4	1234	D0DD	04F11	711	伀	人部	4	3454	81AB	04F00
666	合	人部	4	1251	BACF	05408	712	伧	人部	4	3455	D8F7	04F27
667	伍	人部	4	1251	CEE9	04F0D	713	仴	人部	4	3511	81A5	04EF4

字序	字形	部首	部首外笔画数	部首外笔顺	18030代码	13000代码	字序	字形	部首	部首外笔画数	部首外笔顺	18030代码	13000代码
714	伜	人部	4	3512	81BA	04F1C	760	伹	人部	5	25111	81C7	04F39
715	伆	人部	4	3533	81B0	04F06	761	佃	人部	5	25121	B5E8	04F43
716	㐸	人部	4	3534	8139F435	03438	762	伷	人部	5	25121	81C6	04F37
717	㐽	人部	4	3534	8139F530	0343D	763	伸	人部	5	25112	C9EC	04F38
718	伨	人部	4	3541	81BE	04F28	764	伿	人部	5	25134	81CA	04F3F
719	仰	人部	4	3552	D1F6	04EF0	765	佒	人部	5	25134	81D6	04F52
720	伇	人部	4	3554	81B1	04F07	766	㑆	人部	5	25135	8139F539	03446
721	伩	人部	4	4134	81BF	04F29	767	佀	人部	5	25151	81CB	04F40
722	伉	人部	4	4135	D8F8	04F09	768	伵	人部	5	25351	81C5	04F35
723	仿	人部	4	4153	B7C2	04EFF	769	佚	人部	5	31134	D8FD	04F5A
724	伞	人部	4	4312	C9A1	04F1E	770	作	人部	5	31211	D7F7	04F5C
725	伙	人部	4	4334	BBEF	04F19	771	㑅	人部	5	31211	8139F538	03445
726	伪	人部	4	4354	CEB1	04F2A	772	伯	人部	5	32511	B2AE	04F2F
727	伫	人部	4	4451	D8F9	04F2B	773	伱	人部	5	34234	81C3	04F31
728	伔	人部	4	4535	81B7	04F14	774	佡	人部	5	34252	81D9	04F61
729	伈	人部	4	4544	81B2	04F08	775	伶	人部	5	34454	C1E6	04F36
730	伊	人部	4	5113	D2C1	04F0A	776	佣	人部	5	35112	D3B6	04F63
731	伬	人部	4	5134	81C0	04F2C	777	低	人部	5	35154	B5CD	04F4E
732	伄	人部	4	5152	81AE	04F04	778	你	人部	5	35234	C4E3	04F60
733	㠩	人部	4	5325	8230DA39	03829	779	佝	人部	5	35251	D8FE	04F5D
734	似	人部	4	5434	CBC6	04F3C	780	佟	人部	5	35444	D9A1	04F5F
735	伃	人部	4	5452	81AD	04F03	781	㑇	人部	5	35511	FE56	03447
736	佅	人部	5	11234	81CF	04F45	782	佨	人部	5	35515	81DC	04F68
737	佘	人部	5	11234	D9DC	04F58	783	住	人部	5	41121	D7A1	04F4F
738	余	人部	5	11234	D3E0	04F59	784	位	人部	5	41431	CEBB	04F4D
739	佞	人部	5	11531	D8FA	04F5E	785	伭	人部	5	41554	81C1	04F2D
740	佂	人部	5	12121	81CD	04F42	786	伴	人部	5	43112	B0E9	04F34
741	佉	人部	5	12154	81D2	04F49	787	佇	人部	5	44512	81D0	04F47
742	佄	人部	5	12211	81CE	04F44	788	佗	人部	5	44535	D9A2	04F57
743	伳	人部	5	12215	81C4	04F33	789	佖	人部	5	45434	81D8	04F56
744	估	人部	5	12251	B9C0	04F30	790	伺	人部	5	51251	CBC5	04F3A
745	体	人部	5	12341	CCE5	04F53	791	伲	人部	5	51335	D9A3	04F32
746	何	人部	5	12512	BACE	04F55	792	佛	人部	5	51532	B7F0	04F5B
747	㑂	人部	5	12534	8139F535	03442	793	㑁	人部	5	52252	8139F534	03441
748	佐	人部	5	13121	D7F4	04F50	794	㒴	人部	5	52252	82308237	034B4
749	伾	人部	5	13241	81C9	04F3E	795	伮	人部	5	53154	81C2	04F2E
750	佑	人部	5	13251	D3D3	04F51	796	佋	人部	5	53251	81D4	04F4B
751	佦	人部	5	13251	81DB	04F66	797	伽	人部	5	53251	D9A4	04F3D
752	佈	人部	5	13252	81D1	04F48	798	佊	人部	5	53254	81D3	04F4A
753	伻	人部	5	14312	81C8	04F3B	799	佁	人部	5	54251	81CC	04F41
754	佥	人部	5	14431	D9DD	04F65	800	㑄	人部	5	55414	8139F537	03444
755	㑈	人部	5	15234	8139F630	03448	801	㑃	人部	5	55453	8139F536	03443
756	佧	人部	5	21124	D8FB	04F67	802	㑌	人部	6	111215	8139F634	0344C
757	佔	人部	5	21251	81D7	04F54	803	㑍	人部	6	111234	8139F635	0344D
758	攸	人部	5	23134	D8FC	06538	804	佱	人部	6	112121	81E1	04F71
759	但	人部	5	25111	B5AB	04F46	805	侙	人部	6	112154	81F8	04F99

字序	字形	部首	部首外笔画数	部首外笔顺	18030代码	13000代码	字序	字形	部首	部首外笔画数	部首外笔顺	18030代码	13000代码
806	舍	人部	6	112251	C9E1	0820D	852	侐	人部	6	325221	81F2	04F90
807	佀	人部	6	113222	81E9	04F80	853	侜	人部	6	335414	81FA	04F9C
808	佳	人部	6	121121	BCD1	04F73	854	佺	人部	6	341121	81E7	04F7A
809	侍	人部	6	121124	CACC	04F8D	855	侩	人部	6	341154	BFEB	04FA9
810	舎	人部	6	121251	C568	0820E	856	佮	人部	6	341251	81E0	04F6E
811	佶	人部	6	121251	D9A5	04F76	857	佻	人部	6	341534	D9AC	04F7B
812	侤	人部	6	121315	8240	04FA4	858	佾	人部	6	342511	D9AB	04F7E
813	佬	人部	6	121335	C0D0	04F6C	859	佩	人部	6	351252	C5E5	04F69
814	佴	人部	6	122111	D9A6	04F74	860	㑉	人部	6	351354	8139F631	03449
815	供	人部	6	122134	B9A9	04F9B	861	佹	人部	6	351355	81E6	04F79
816	侖	人部	6	125122	81F6	04F96	862	侚	人部	6	352511	81F9	04F9A
817	㑒	人部	6	125134	8139F730	03452	863	佭	人部	6	354152	81DF	04F6D
818	使	人部	6	125134	CAB9	04F7F	864	佲	人部	6	354251	81E2	04F72
819	命	人部	6	125152	C3FC	0547D	865	佫	人部	6	354251	81DE	04F6B
820	侢	人部	6	125211	81FE	04FA2	866	俢	人部	6	354333	8263	04FE2
821	価	人部	6	125221	81FD	04FA1	867	侈	人部	6	354354	B3DE	04F88
822	佰	人部	6	132511	B0DB	04F70	868	㑊	人部	6	413234	8139F632	0344A
823	侑	人部	6	132511	D9A7	04F91	869	侂	人部	6	413315	81EB	04F82
824	侟	人部	6	132521	81FC	04F9F	870	侪	人部	6	413432	D9AD	04FAA
825	侕	人部	6	132522	81F5	04F95	871	佼	人部	6	413434	D9AE	04F7C
826	㑔	人部	6	132534	8139F732	03454	872	依	人部	6	413534	D2C0	04F9D
827	侉	人部	6	134115	D9A8	04F89	873	佽	人部	6	413534	81E8	04F7D
828	例	人部	6	135422	C0FD	04F8B	874	侅	人部	6	415334	81EC	04F85
829	侠	人部	6	143134	CFC0	04FA0	875	侫	人部	6	415531	8241	04FAB
830	侇	人部	6	151534	81EE	04F87	876	佯	人部	6	431112	D1F0	04F6F
831	侥	人部	6	153135	BDC4	04FA5	877	併	人部	6	431132	81E3	04F75
832	侄	人部	6	154121	D6B6	04F84	878	侎	人部	6	431234	81F1	04F8E
833	㑐	人部	6	211234	8139F638	03450	879	籴	人部	6	431234	D9E1	07C74
834	佌	人部	6	212135	81D5	04F4C	880	㑏	人部	6	445124	8139F637	0344F
835	侦	人部	6	212534	D5EC	04FA6	881	侘	人部	6	445315	81F7	04F98
836	侊	人部	6	243135	81EF	04F8A	882	侒	人部	6	445531	81F3	04F92
837	㑋	人部	6	251221	8139F633	0344B	883	侬	人部	6	453534	D9AF	04FAC
838	侣	人部	6	251251	C2C2	04FA3	884	侓	人部	6	511112	81F4	04F93
839	侗	人部	6	251251	B6B1	04F97	885	㑚	人部	6	511352	8139F738	0345A
840	侃	人部	6	251325	D9A9	04F83	886	佷	人部	6	511534	81E4	04F77
841	㑕	人部	6	252354	8139F733	03455	887	侭	人部	6	513444	8242	04FAD
842	佪	人部	6	252511	81DD	04F6A	888	侞	人部	6	531251	81FB	04F9E
843	侧	人部	6	253422	B2E0	04FA7	889	㑓	人部	6	541354	8139F731	03453
844	肏	人部	6	253434	C348	0808F	890	侔	人部	6	543112	D9B0	04F94
845	侏	人部	6	311234	D9AA	04F8F	891	㑎	人部	6	555252	8139F636	0344E
846	侁	人部	6	312135	81EA	04F81	892	俦	人部	7	1113124	D9B1	04FE6
847	侹	人部	6	312154	824B	04FB9	893	㑝	人部	7	1121132	8139F831	0345D
848	佸	人部	6	312251	81E5	04F78	894	㑘	人部	7	1132534	8139F736	03458
849	侨	人部	6	313432	C7C8	04FA8	895	㑜	人部	7	1213312	8139F830	0345C
850	㑖	人部	6	322512	8139F734	03456	896	俾	人部	7	1213521	8250	04FBE
851	㑑	人部	6	325111	8139F639	03451	897	俧	人部	7	1214544	8266	04FE7

字序	字形	部首	部首外笔画数	部首外笔顺	18030代码	13000代码	字序	字形	部首	部首外笔画数	部首外笔顺	18030代码	13000代码
898	御	人部	7	1215452	8139F836	03462	944	俎	人部	7	3425111	D9DE	04FCE
899	佩	人部	7	1221115	8139F737	03459	945	侳	人部	7	3434121	8246	04FB3
900	俨	人部	7	1224313	D9B2	04FE8	946	俗	人部	7	3434251	CBD7	04FD7
901	俅	人部	7	1241344	D9B4	04FC5	947	俘	人部	7	3443521	B7FD	04FD8
902	俼	人部	7	1245521	824E	04FBC	948	俀	人部	7	3443531	8251	04FC0
903	俥	人部	7	1251112	8265	04FE5	949	俛	人部	7	3525135	8261	04FDB
904	俞	人部	7	1251122	D3E1	04FDE	950	俇	人部	7	3531121	8255	04FC7
905	俌	人部	7	1251124	8259	04FCC	951	係	人部	7	3554234	8253	04FC2
906	便	人部	7	1251134	B1E3	04FBF	952	信	人部	7	4111251	D0C5	04FE1
907	兪	人部	7	1251155	83CA	0516A	953	畒	人部	7	4125121	AE79	07552
908	俫	人部	7	1251234	8139F739	0345B	954	侻	人部	7	4325135	824D	04FBB
909	俉	人部	7	1251251	8257	04FC9	955	㑞	人部	7	4334132	8139F832	0345E
910	俸	人部	7	1251431	824A	04FB8	956	俤	人部	7	4351523	8264	04FE4
911	俩	人部	7	1253434	C1A9	04FE9	957	俒	人部	7	4451135	825B	04FD2
912	俪	人部	7	1254254	D9B3	04FEA	958	俕	人部	7	4451234	825E	04FD5
913	侲	人部	7	1311534	8245	04FB2	959	俍	人部	7	4511534	825A	04FCD
914	俖	人部	7	1324251	825F	04FD6	960	侰	人部	7	5113251	8243	04FB0
915	俠	人部	7	1343434	8262	04FE0	961	侵	人部	7	5114554	C7D6	04FB5
916	俫	人部	7	1431234	8267	04FEB	962	御	人部	7	5115452	8139F835	03461
917	俞	人部	7	1521122	8247	04FB4	963	侯	人部	7	5131134	BAEE	04FAF
918	俓	人部	7	1555121	825C	04FD3	964	侷	人部	7	5135251	8249	04FB7
919	㑠	人部	7	2254121	8139F834	03460	965	俑	人部	7	5425112	D9B8	04FD1
920	修	人部	7	2354333	D0DE	04FEE	966	俟	人部	7	5431134	D9B9	04FDF
921	俏	人部	7	2432511	C7CE	04FCF	967	俊	人部	7	5434354	BFA1	04FCA
922	侱	人部	7	2511121	8244	04FB1	968	俸	人部	8	11134112	D9BA	04FF8
923	俣	人部	7	2511134	D9B6	04FE3	969	犬	人部	8	11211121	AB8F	073E1
924	俔	人部	7	2511135	825D	04FD4	970	倵	人部	8	11212154	8297	05035
925	俚	人部	7	2511211	D9B5	04FDA	971	倩	人部	8	11212511	D9BB	05029
926	保	人部	7	2511234	B1A3	04FDD	972	债	人部	8	11212534	D5AE	0503A
927	俜	人部	7	2512115	D9B7	04FDC	973	俵	人部	8	11213534	826C	04FF5
928	促	人部	7	2512134	B4D9	04FC3	974	倀	人部	8	12111534	8274	05000
929	俽	人部	7	2512153	824F	04FBD	975	偖	人部	8	12132511	82AE	05056
930	侶	人部	7	2513251	8248	04FB6	976	倰	人部	8	12134354	8292	05030
931	俁	人部	7	2515134	8252	04FC1	977	倖	人部	8	12143112	8286	05016
932	俋	人部	7	2515215	8258	04FCB	978	俹	人部	8	12155121	826F	04FF9
933	侺	人部	7	2523445	824C	04FBA	979	倛	人部	8	12211134	8288	0501B
934	俈	人部	7	3121251	8256	04FC8	980	倻	人部	8	12211152	829C	0503B
935	俄	人部	7	3121534	B6ED	04FC4	981	借	人部	8	12212511	BDE8	0501F
936	俐	人部	7	3123422	C0FE	04FD0	982	偌	人部	8	12213251	D9BC	0504C
937	俬	人部	7	3123454	8268	04FEC	983	㑤	人部	8	12225121	8139F838	03464
938	侮	人部	7	3155414	CEEA	04FAE	984	偀	人部	8	12225134	829F	05040
939	㑟	人部	7	3212134	8139F833	0345F	985	值	人部	8	12251111	D6B5	0503C
940	㑗	人部	7	3251113	8139F735	03457	986	値	人部	8	12251115	828E	05024
941	俆	人部	7	3411234	8254	04FC6	987	㑣	人部	8	12341234	8139F837	03463
942	俙	人部	7	3413252	8260	04FD9	988	倈	人部	8	12343434	827C	05008
943	俭	人部	7	3414431	BCF3	04FED	989	倯	人部	8	12343454	8291	0502F

字序	字形	部首	部首外笔画数	部首外笔顺	18030代码	13000代码	字序	字形	部首	部首外笔画数	部首外笔顺	18030代码	13000代码
990	倲	人部	8	12511234	8294	05032	1036	倹	人部	8	34125134	829B	05039
991	倳	人部	8	12515112	8295	05033	1037	倄	人部	8	34132511	8278	05004
992	倆	人部	8	12523434	827A	05006	1038	倸	人部	8	34431234	829A	05038
993	倷	人部	8	13411234	8299	05037	1039	㑫	人部	8	34454544	8139F935	0346B
994	倴	人部	8	13412132	8296	05034	1040	倊	人部	8	34544544	827E	0500A
995	倚	人部	8	13412512	D2D0	0501A	1041	倗	人部	8	35113511	8287	05017
996	俺	人部	8	13425115	B0B3	04FFA	1042	俷	人部	8	35115215	826E	04FF7
997	倢	人部	8	15112134	828C	05022	1043	倜	人部	8	35121251	D9C3	0501C
998	倾	人部	8	15132534	C7E3	0503E	1044	倃	人部	8	35424251	8277	05003
999	俴	人部	8	15341534	826B	04FF4	1045	俻	人部	8	35425121	8270	04FFB
1000	倒	人部	8	15412122	B5B9	05012	1046	倞	人部	8	41251234	828A	0501E
1001	俳	人部	8	21112111	D9BD	04FF3	1047	俯	人部	8	41332124	B8A9	04FEF
1002	俶	人部	8	21123454	826D	04FF6	1048	㑪	人部	8	41343211	8139F934	0346A
1003	倬	人部	8	21251112	D9BE	0502C	1049	倅	人部	8	41343412	8279	05005
1004	俿	人部	8	21531535	8273	04FFF	1050	俲	人部	8	41343453	826A	04FF2
1005	條	人部	8	23541234	976C	0689D	1051	倍	人部	8	41431251	B1B6	0500D
1006	倏	人部	8	23541344	D9BF	0500F	1052	倿	人部	8	41431531	829E	0503F
1007	㫦	人部	8	23542511	8231A234	03AE6	1053	倣	人部	8	41533134	828D	05023
1008	脩	人部	8	23542511	C391	08129	1054	俼	人部	8	41542511	8271	04FFC
1009	倐	人部	8	23544334	8282	05010	1055	倦	人部	8	43113455	BEEB	05026
1010	倘	人部	8	24325251	CCC8	05018	1056	倓	人部	8	43344334	8284	05013
1011	俱	人部	8	25111134	BEE3	04FF1	1057	倧	人部	8	44511234	828F	05027
1012	倶	人部	8	25111134	8298	05036	1058	倌	人部	8	44525151	D9C4	0500C
1013	倮	人部	8	25111234	D9C0	0502E	1059	倥	人部	8	44534121	D9C5	05025
1014	倱	人部	8	25111535	8293	05031	1060	倇	人部	8	44535455	827B	05007
1015	倡	人部	8	25112511	B3AB	05021	1061	倉	人部	8	45113251	827D	05009
1016	們	人部	8	25112511	8283	05011	1062	㑦	人部	8	45131344	8139F930	03466
1017	㑥	人部	8	25113533	8139F839	03465	1063	健	人部	8	51111254	BDA1	05065
1018	㑭	人部	8	25121132	8139F937	0346D	1064	倨	人部	8	51312251	D9C6	05028
1019	倎	人部	8	25122134	8281	0500E	1065	倔	人部	8	51352252	BEF3	05014
1020	個	人部	8	25122511	8280	0500B	1066	㑬	人部	8	53112251	8139F936	0346C
1021	候	人部	8	25131134	BAF2	05019	1067	偰	人部	9	111253134	82C4	05070
1022	㑨	人部	8	25131134	8139F932	03468	1068	偆	人部	9	111342511	82A4	05046
1023	㑩	人部	8	25221354	8139F933	03469	1069	偾	人部	9	121222534	D9C7	0507E
1024	倂	人部	8	31133112	8276	05002	1070	偡	人部	9	122111345	82B7	05061
1025	倁	人部	8	31134251	8275	05001	1071	傇	人部	9	122122111	82D4	05087
1026	倕	人部	8	31212211	8285	05015	1072	偞	人部	9	122151234	82B4	0505E
1027	俰	人部	8	31234251	8269	04FF0	1073	䓥	人部	9	122251112	8233A533	044E5
1028	㑧	人部	8	31234521	8139F931	03467	1074	做	人部	9	122513134	D7F6	0505A
1029	倭	人部	8	31234531	D9C1	0502D	1075	㑲	人部	9	122543112	8139FA32	03472
1030	倪	人部	8	32151135	C4DF	0502A	1076	偃	人部	9	125115315	D9C8	05043
1031	倠	人部	8	32411121	828B	05020	1077	偪	人部	9	125125121	82BF	0506A
1032	俾	人部	8	32511312	D9C2	04FFE	1078	偠	人部	9	125221531	82B6	05060
1033	俽	人部	8	33123534	8272	04FFD	1079	㑯	人部	9	132511134	8139F939	0346F
1034	倽	人部	8	34112251	829D	0503D	1080	偭	人部	9	132522111	82C1	0506D
1035	倫	人部	8	34125122	8290	0502B	1081	偄	人部	9	132522134	82A2	05044

字序	字形	部首	部首外笔画数	部首外笔顺	18030代码	13000代码	字序	字形	部首	部首外笔画数	部首外笔顺	18030代码	13000代码
1082	偧	人部	9	134354354	82BC	05067	1128	㑮	人部	9	451251112	8139F938	0346E
1083	偕	人部	9	153532511	D9C9	05055	1129	偏	人部	9	451325122	C6AB	0504F
1084	偝	人部	9	211352511	82B3	0505D	1130	假	人部	9	512115154	BCD9	05047
1085	偵	人部	9	212511134	82C9	05075	1131	偓	人部	9	513154121	82AC	05053
1086	偼	人部	9	215112134	82CD	0507C	1132	偋	人部	9	513431132	82A7	0504B
1087	偗	人部	9	234325111	82AF	05057	1133	偉	人部	9	521251152	82A5	05049
1088	偹	人部	9	235425121	82CB	05079	1134	偦	人部	9	521342511	82BB	05066
1089	偿	人部	9	243451154	B3A5	0507F	1135	㑱	人部	9	545231234	8139FA31	03471
1090	偍	人部	9	251112134	82A8	0504D	1136	㑰	人部	9	551353334	8139FA30	03470
1091	側	人部	9	251113422	82C8	05074	1137	傣	人部	10	1113424134	B4F6	050A3
1092	偒	人部	9	251113533	82AB	05052	1138	傲	人部	10	1121533134	B0C1	050B2
1093	偮	人部	9	251122111	82C2	0506E	1139	傃	人部	10	1121554234	82D1	05083
1094	偶	人部	9	251125214	C5BC	05076	1140	傋	人部	10	1122125211	82D7	0508B
1095	偈	人部	9	251135345	D9CA	05048	1141	舒	人部	10	1122515452	CAE6	08212
1096	偎	人部	9	251211534	D9CB	0504E	1142	傌	人部	10	1211254444	82D8	0508C
1097	偲	人部	9	251214544	82C6	05072	1143	傤	人部	10	1211521534	82EE	050A4
1098	偔	人部	9	251251115	82AD	05054	1144	備	人部	10	1221325112	82E4	05099
1099	偘	人部	9	251251251	82B0	05058	1145	僃	人部	10	1223525112	8346	050C3
1100	偳	人部	9	252132522	82C7	05073	1146	傎	人部	10	1225111134	82D9	0508E
1101	傦	人部	9	255452511	82EF	050A6	1147	㑸	人部	10	1225112512	8139FA37	03478
1102	偛	人部	9	312321511	82B2	0505B	1148	僆	人部	10	1251112454	8349	050C6
1103	偢	人部	9	312344334	82B8	05062	1149	傅	人部	10	1251124124	B8B5	05085
1104	偅	人部	9	312511211	82A3	05045	1150	㑹	人部	10	1251212511	8139FA38	03479
1105	傁	人部	9	321511254	82CF	05081	1151	傈	人部	10	1252211234	C0FC	05088
1106	偟	人部	9	325111121	82B5	0505F	1152	傉	人部	10	1311534124	82D5	05089
1107	傀	人部	9	325113554	BFFE	05080	1153	傆	人部	10	1332511234	82D3	05086
1108	偊	人部	9	325125214	82A6	0504A	1154	傄	人部	10	1344325111	82D2	05084
1109	偱	人部	9	331225111	82C5	05071	1155	偨	人部	10	2121351234	82BD	05068
1110	偫	人部	9	332121124	82C0	0506B	1156	䖺	人部	10	2354251214	8233BA36	045BA
1111	偷	人部	9	341251122	CDB5	05077	1157	翛	人部	10	2354541541	C19B	07FDB
1112	偸	人部	9	341251155	82CA	05078	1158	絛	人部	10	2354554234	BD64	07D5B
1113	偁	人部	9	344325211	82A0	05041	1159	傥	人部	10	2434525135	D9CE	050A5
1114	偩	人部	9	352511134	82BE	05069	1160	傝	人部	10	2511541541	82E8	0509D
1115	偑	人部	9	353251214	82AA	05051	1161	傊	人部	10	2512511134	82D6	0508A
1116	偬	人部	9	353344544	D9CC	0506C	1162	㑶	人部	10	3115431234	8139FA35	03476
1117	偺	人部	9	354242511	82CC	0507A	1163	㑺	人部	10	3241112153	8139FA39	0347A
1118	偯	人部	9	412513534	82C3	0506F	1164	傂	人部	10	3321531535	82D0	05082
1119	停	人部	9	412514512	CDA3	0505C	1165	傘	人部	10	3434343412	82E3	05098
1120	偣	人部	9	414312511	82B9	05063	1166	傜	人部	10	3443311252	82E7	0509C
1121	偐	人部	9	414313333	82A9	05050	1167	傒	人部	10	3443554134	82DD	05092
1122	偙	人部	9	414345252	82B1	05059	1168	傖	人部	10	3445113251	82E1	05096
1123	傞	人部	9	431113121	82E9	0509E	1169	傟	人部	10	3454541541	82EA	0509F
1124	偻	人部	9	431234531	D9CD	0507B	1170	傑	人部	10	3541521234	82DC	05091
1125	偂	人部	9	431251122	82A1	05042	1171	㑳	人部	10	3552335523	FE55	03473
1126	偤	人部	9	431253511	82BA	05064	1172	傠	人部	10	4111251124	82EB	050A0
1127	偽	人部	9	435554444	82CE	0507D	1173	傐	人部	10	4125125251	82DB	05090

字序	字形	部首	部首外笔画数	部首外笔顺	18030代码	13000代码
1174	㑵	人部	10	4134131134	8139FA34	03475
1175	傚	人部	10	4134343134	82E5	0509A
1176	禽	人部	10	4134522554	C7DD	079BD
1177	傏	人部	10	4135112251	82DA	0508F
1178	傡	人部	10	4143141431	82EC	050A1
1179	傍	人部	10	4143454153	B0F8	0508D
1180	傗	人部	10	4155425121	82E2	05097
1181	傔	人部	10	4315112234	82DF	05094
1182	傢	人部	10	4451353334	82ED	050A2
1183	傧	人部	10	4453212134	D9CF	050A7
1184	傛	人部	10	4453434251	82E6	0509B
1185	储	人部	10	4512132511	B4A2	050A8
1186	傓	人部	10	4513541541	82DE	05093
1187	傕	人部	10	4532411121	82E0	05095
1188	㑴	人部	10	5114525254	8139FA33	03474
1189	㑷	人部	10	5425113535	8139FA36	03477
1190	傩	人部	10	5432411121	D9D0	050A9
1191	債	人部	11	11212511134	82F9	050B5
1192	傿	人部	11	12121154444	8342	050BF
1193	㒂	人部	11	12212132511	8139FB37	03482
1194	僅	人部	11	12212511121	8348	050C5
1195	傼	人部	11	12212511134	82FE	050BC
1196	僙	人部	11	12212512134	835A	050D9
1197	僌	人部	11	12511123134	834F	050CC
1198	傳	人部	11	12511214124	82F7	050B3
1199	傮	人部	11	12512212511	82F3	050AE
1200	傴	人部	11	12512512515	82F8	050B4
1201	僉	人部	11	12512513434	834C	050C9
1202	僄	人部	11	12522111234	8347	050C4
1203	會	人部	11	12524312511	95FE	06703
1204	傶	人部	11	13211234534	82FA	050B6
1205	僀	人部	11	13221545252	8343	050C0
1206	傸	人部	11	13434343434	82FC	050B8
1207	傾	人部	11	15132511134	8341	050BE
1208	㑽	人部	11	24345251121	8139FB32	0347D
1209	僂	人部	11	25112512531	8345	050C2
1210	僈	人部	11	25112522154	834B	050C8
1211	㑼	人部	11	25121354251	8139FB31	0347C
1212	㒁	人部	11	25121431121	8139FB36	03481
1213	傫	人部	11	25121554234	82F1	050AB
1214	催	人部	11	25232411121	B4DF	050AC
1215	傰	人部	11	25235113511	82F5	050B0
1216	傷	人部	11	31251113533	82FB	050B7
1217	働	人部	11	31251121153	8350	050CD
1218	鳰	人部	11	32511154444	F84D	09CF0
1219	傻	人部	11	32534134354	C9B5	050BB
1220	傯	人部	11	32535414544	82F4	050AF
1221	傱	人部	11	33234342134	82F6	050B1
1222	僁	人部	11	34312344544	8344	050C1
1223	僋	人部	11	34452511134	834E	050CB
1224	像	人部	11	35251353334	CFF1	050CF
1225	㑾	人部	11	35444111251	8139FB33	0347E
1226	傺	人部	11	35445411234	D9D1	050BA
1227	傭	人部	11	41351125112	82F2	050AD
1228	傽	人部	11	41431251112	8340	050BD
1229	傹	人部	11	41431251135	82FD	050B9
1230	㒀	人部	11	41432512251	8139FB35	03480
1231	㑻	人部	11	44545434252	8139FB30	0347B
1232	㒈	人部	11	51221113134	8139FC33	03488
1233	僇	人部	11	54154134333	834A	050C7
1234	傪	人部	11	54545434333	82F0	050AA
1235	㑿	人部	11	55525111234	8139FB34	0347F
1236	㒃	人部	12	111251113454	8139FB38	03483
1237	僣	人部	12	113411342511	8363	050E3
1238	㒎	人部	12	113421112111	8139FC39	0348E
1239	僥	人部	12	121121121135	8365	050E5
1240	僨	人部	12	121222511134	8366	050E8
1241	僖	人部	12	121251431251	D9D2	050D6
1242	㒓	人部	12	121431112454	8139FD34	03493
1243	僫	人部	12	121551214544	8369	050EB
1244	㒋	人部	12	122111343312	8139FC36	0348B
1245	僛	人部	12	122111343534	835B	050DB
1246	僷	人部	12	122122151234	8370	050F7
1247	㒖	人部	12	122251125214	8139FD37	03496
1248	儆	人部	12	122352513134	D9D3	05106
1249	僡	人部	12	125112144544	8361	050E1
1250	僊	人部	12	125221134515	834D	050CA
1251	僲	人部	12	125221354152	836D	050F2
1252	僳	人部	12	125221431234	CBDB	050F3
1253	僰	人部	12	125234125234	836B	050F0
1254	僚	人部	12	134432511234	C1C5	050DA
1255	僭	人部	12	153515352511	D9D4	050ED
1256	僕	人部	12	224314311134	8357	050D5
1257	僘	人部	12	243252513134	8359	050D8
1258	㒉	人部	12	243452511234	8139FC34	03489
1259	僴	人部	12	251125112511	836E	050F4
1260	僩	人部	12	251125113511	8367	050E9
1261	僓	人部	12	251212511134	8355	050D3
1262	僤	人部	12	251251251112	8364	050E4
1263	㒇	人部	12	311222214444	8139FC32	03487
1264	僑	人部	12	313425125251	8353	050D1
1265	㒐	人部	12	314314352511	8139FD31	03490

字序	字形	部首	部首外笔画数	部首外笔顺	18030代码	13000代码
1266	儁	人部	12	324111212525	8379	05101
1267	僬	人部	12	324111214444	D9D5	050EC
1268	㒆	人部	12	341251541541	8139FC31	03486
1269	僠	人部	12	343123425121	8360	050E0
1270	僞	人部	12	344335554444	835E	050DE
1271	僢	人部	12	344345354152	8362	050E2
1272	㒄	人部	12	354413444444	8139FB39	03484
1273	僦	人部	12	412512341354	D9D6	050E6
1274	㒅	人部	12	413543543534	8139FC30	03485
1275	僮	人部	12	414312511211	D9D7	050EE
1276	僐	人部	12	431112431251	8352	050D0
1277	僯	人部	12	431234354152	836A	050EF
1278	僔	人部	12	431253511124	8356	050D4
1279	僧	人部	12	432524312511	C9AE	050E7
1280	㒌	人部	12	433443344535	8139FC37	0348C
1281	僗	人部	12	433443344553	8358	050D7
1282	㒏	人部	12	445112213444	8139FD30	0348F
1283	僒	人部	12	445345113251	8354	050D2
1284	僱	人部	12	451332411121	836C	050F1
1285	僝	人部	12	513521521521	835D	050DD
1286	僎	人部	12	515515122134	8351	050CE
1287	僜	人部	12	543341251431	835C	050DC
1288	僪	人部	12	545232534251	8368	050EA
1289	㒍	人部	12	545454554234	8139FC38	0348D
1290	僟	人部	12	554554134534	835F	050DF
1291	舖	人部	13	1122511251124	C56D	08216
1292	儎	人部	13	1211251112534	8384	0510E
1293	舗	人部	13	1212511251124	C56E	08217
1294	㒗	人部	13	1221145154121	8139FD38	03497
1295	儚	人部	13	1222522145354	838F	0511A
1296	僸	人部	13	1234123411234	8371	050F8
1297	儊	人部	13	1234123452134	8381	0510A
1298	僵	人部	13	1251211251211	BDA9	050F5
1299	㒘	人部	13	1251255441431	8139FD39	03498
1300	價	人部	13	1252212511134	8372	050F9
1301	㒑	人部	13	1441324111215	8139FD32	03491
1302	儏	人部	13	2135454431234	8385	0510F
1303	㒒	人部	13	2243143111234	8139FD33	03492
1304	鞗	人部	13	2354122125112	EC9B	09797
1305	儅	人部	13	2434525125121	837D	05105
1306	僶	人部	13	2511251211511	836F	050F6
1307	儙	人部	13	2512125151454	838E	05119
1308	僼	人部	13	2512211251431	8374	050FC
1309	儂	人部	13	2512211311534	837A	05102
1310	僺	人部	13	2512512511234	8373	050FA
1311	儇	人部	13	2522112513534	D9D8	05107
1312	㒔	人部	13	2522135251214	8139FD35	03494
1313	僽	人部	13	3123443344544	8375	050FD
1314	㒜	人部	13	3211152511134	8139FE33	0349C
1315	儌	人部	13	3251141533134	8382	0510C
1316	儉	人部	13	3412512513434	8380	05109
1317	儈	人部	13	3412524312511	837E	05108
1318	僾	人部	13	3443454544354	8376	050FE
1319	儍	人部	13	3444445234354	8383	0510D
1320	儋	人部	13	3513344111251	D9D9	0510B
1321	儃	人部	13	4125251125111	837B	05103
1322	億	人部	13	4143125114544	837C	05104
1323	㒕	人部	13	4155332411121	8139FD36	03495
1324	儀	人部	13	4311213121534	8378	05100
1325	僿	人部	13	4451122134121	8377	050FF
1326	僻	人部	13	5132514143112	C6A7	050FB
1327	舘	人部	14	11225144525151	C56F	08218
1328	儓	人部	14	12125145154121	8388	05113
1329	儔	人部	14	12151211251124	8389	05114
1330	㒝	人部	14	12225221134534	8139FE34	0349D
1331	儖	人部	14	12512531425221	838B	05116
1332	儞	人部	14	13425234343434	8393	0511E
1333	儒	人部	14	14524444132522	C8E5	05112
1334	儑	人部	14	25115545544444	8387	05111
1335	儛	人部	14	31122221354152	8390	0511B
1336	㒚	人部	14	34431215114544	8139FE31	0349A
1337	儗	人部	14	35311345452134	838C	05117
1338	儫	人部	14	41251451353334	839F	0512B
1339	儣	人部	14	41312212512134	8397	05123
1340	儕	人部	14	41432533543211	838A	05115
1341	儝	人部	14	43344334451234	8392	0511D
1342	儐	人部	14	44512332511134	8386	05110
1343	儜	人部	14	44545442522112	8391	0511C
1344	儘	人部	14	51121444425221	838D	05118
1345	㒊	人部	14	53421215342121	8139FC35	0348A
1346	㒛	人部	14	54154132411121	8139FE32	0349B
1347	㒙	人部	14	55444432511252	8139FE30	03499
1348	儬	人部	15	112125112511135	83A0	0512C
1349	儧	人部	15	113411342511134	839B	05127
1350	儥	人部	15	121252212511134	8399	05125
1351	儰	人部	15	122344335554444	83A4	05130
1352	優	人部	15	132511454544354	839E	0512A
1353	儢	人部	15	215315251214544	8396	05122
1354	鯈	人部	15	235435251214444	F58D	09BC8
1355	償	人部	15	243452512511134	8394	0511F
1356	儤	人部	15	251112213424134	8398	05124
1357	儩	人部	15	251113425113533	839D	05129

字序	字形	部首	部首外笔画数	部首外笔顺	18030代码	13000代码
1358	儡	人部	15	251212512125121	C0DC	05121
1359	㒞	人部	15	252324111212525	8139FE35	0349E
1360	儨	人部	15	331233122511134	839C	05128
1361	儲	人部	15	411125112132511	83A6	05132
1362	儦	人部	15	413522115354444	839A	05126
1363	儠	人部	15	555253415445445	8395	05120
1364	儮	人部	16	1331234312342121	83A2	0512E
1365	㒠	人部	16	2135454211121111	8139FE37	034A0
1366	儵	人部	16	2354254312114444	83A9	05135
1367	㒟	人部	16	4112112544443534	8139FE36	0349F
1368	儭	人部	16	4143112342511135	83A1	0512D
1369	儱	人部	16	4143125111515111	83A5	05131
1370	儯	人部	16	4311341211254444	83A3	0512F
1371	㒢	人部	17	34125125125125122	8139FE39	034A2
1372	㒡	人部	17	34433112523554234	8139FE38	034A1
1373	儳	人部	17	35251153535251354	83A7	05133
1374	儴	人部	17	41251251112213534	83A8	05134
1375	㒣	人部	17	41332324111214544	82308130	034A3
1376	㒤	人部	18	122111122111122111	82308131	034A4
1377	㒥	人部	18	211121112521251431	82308132	034A5
1378	㒦	人部	18	251212512125121121	82308133	034A6
1379	儶	人部	18	252324111212534251	83AA	05136
1380	㒧	人部	18	413452255432411121	82308134	034A7
1381	儺	人部	19	1221251113432411121	83AE	0513A
1382	朇	人部	19	1252431251132511312	9643	06707
1383	儷	人部	19	1254125441352211535	83AB	05137
1384	儼	人部	19	2512511351221113134	83B0	0513C
1385	儸	人部	19	2522155444432411121	83AC	05138
1386	儹	人部	19	3121353121352511134	83AD	05139
1387	㒨	人部	19	3211325341511134515	82308135	034A8
1388	儻	人部	20	24345251254312114444	83AF	0513B
1389	糴	人部	20	43123454154132411121	BC65	07CF4
1390	儽	人部	21	25121251212512155423 4	83B1	0513D
1391	㒩	人部	21	55135333425121425121 4	82308136	034A9
1392	儾	人部	22	1251245251251112213534	83B2	0513E
1393	㒪	人部	23	12512512512521211353334	82308137	034AA
1394	勹	勹部	0	0	D9E8	052F9
1395	勺	勹部	1	4	C9D7	052FA
1396	勻	勹部	2	11	84F2	052FB
1397	勿	勹部	2	33	CEF0	052FF
1398	勽	勹部	2	34	84F4	052FD
1399	匂	勹部	2	35	84F6	05302
1400	勼	勹部	2	35	84F3	052FC
1401	匀	勹部	2	41	D4C8	05300
1402	勾	勹部	2	54	B9B4	052FE
1403	句	勹部	3	251	BEE4	053E5
1404	匆	勹部	3	334	B4D2	05306
1405	匃	勹部	3	345	84F7	05303
1406	匇	勹部	3	354	84F9	05307
1407	匄	勹部	3	415	84F8	05304
1408	包	勹部	3	515	B0FC	05305
1409	旬	勹部	4	2511	D1AE	065EC
1410	匈	勹部	4	3452	D0D9	05308
1411	灳	勹部	4	4334	9EBE	07073
1412	匉	勹部	5	14312	84FA	05309
1413	䀏	勹部	5	25111	8232A832	0400F
1414	甸	勹部	5	25121	B5E9	07538
1415	畃	勹部	6	251124	AE70	07543
1416	匋	勹部	6	311252	84FC	0530B
1417	匌	勹部	6	341251	84FD	0530C
1418	匊	勹部	6	431234	84FB	0530A
1419	匍	勹部	7	1251124	D9E9	0530D
1420	訇	勹部	7	4111251	D9EA	08A07
1421	匎	勹部	8	13425115	84FE	0530E
1422	芻	勹部	8	52335523	C663	082BB
1423	匒	勹部	9	122341251	8541	05312
1424	匐	勹部	9	125125121	D9EB	05310
1425	㔨	勹部	9	211352511	82308E33	03528
1426	匓	勹部	9	511543554	8542	05313
1427	㔩	勹部	10	1215425221	82308E34	03529
1428	匑	勹部	10	3251113515	8540	05311
1429	㔪	勹部	11	21253444441	82308E35	0352A
1430	匔	勹部	13	3251113251251	8543	05314
1431	儿	儿部	0	0	B6F9	0513F
1432	㒫	儿部	4	1211	82308138	034AB
1433	先	儿部	4	3121	CFC8	05148
1434	兇	儿部	4	3452	83B4	05147
1435	兊	儿部	4	3454	83B5	0514A
1436	児	儿部	5	22511	83B9	05150
1437	兕	儿部	5	25251	D9EE	05155
1438	党	儿部	8	24345251	B5B3	0515A
1439	兜	儿部	9	325113551	B6B5	0515C
1440	兟	儿部	10	3121353121	83C2	0515F
1441	兠	儿部	10	3251121135	83C3	05160
1442	匕	匕部	0	0	D8B0	05315
1443	㔫	匕部	2	13	82308E36	0352B
1444	北	匕部	3	211	B1B1	05317
1445	旨	匕部	4	2511	D6BC	065E8
1446	顷	匕部	6	132534	C7EA	09877

字序	字形	部首	部首外笔画数	部首外笔顺	18030代码	13000代码	字序	字形	部首	部首外笔画数	部首外笔顺	18030代码	13000代码
1447	㔬	匕部	6	251112	82308E37	0352C	1493	亢	亠部	2	35	BFBA	04EA2
1448	眞	匕部	8	25111534	B177	0771E	1494	市	亠部	3	252	CAD0	05E02
1449	鬯	匕部	8	34444452	DBCB	09B2F	1495	玄	亠部	3	554	D0FE	07384
1450	頃	匕部	9	132511134	ED95	09803	1496	㐔	亠部	4	2515	8139F039	03414
1451	㔭	匕部	9	251112134	82308E38	0352D	1497	亦	亠部	4	3234	D2E0	04EA6
1452	匙	匕部	9	251112134	B3D7	05319	1498	交	亠部	4	3434	BDBB	04EA4
1453	匘	匕部	9	555325341	8544	05318	1499	㐫	亠部	4	3452	8139F332	0342B
1454	疑	匕部	12	311345452134	D2C9	07591	1500	产	亠部	4	4313	B2FA	04EA7
1455	䭬	匕部	14	25115551325111	8234CC37	04B6C	1501	㐪	亠部	4	5234	8139F331	0342A
1456	㔮	匕部	19	1221251113454251135	82308E39	0352E	1502	巟	亠部	4	5325	8E78	05DDF
1457	几	几部	0	0	BCB8	051E0	1503	亥	亠部	4	5334	BAA5	04EA5
1458	凣	几部	1	2	8447	051E3	1504	充	亠部	4	5435	B3E4	05145
1459	凢	几部	1	3	8446	051E2	1505	亩	亠部	5	25121	C4B6	04EA9
1460	凡	几部	1	4	B7B2	051E1	1506	亨	亠部	5	25152	BAE0	04EA8
1461	䢳	几部	2	52	82348831	048B3	1507	弃	亠部	5	54132	C6FA	05F03
1462	凤	几部	2	54	B7EF	051E4	1508	㐬	亠部	5	54325	8139F333	0342C
1463	凧	几部	3	252	844A	051E7	1509	京	亠部	6	251234	BEA9	04EAC
1464	凨	几部	4	1154	844B	051E8	1510	享	亠部	6	251521	CFED	04EAB
1465	朵	几部	4	1234	B6E4	06735	1511	㐭	亠部	6	252511	8139F334	0342D
1466	凩	几部	4	1234	844C	051E9	1512	夜	亠部	6	323544	D2B9	0591C
1467	夙	几部	4	1354	D9ED	05919	1513	卒	亠部	6	343412	D7E4	05352
1468	凪	几部	4	2121	844D	051EA	1514	兖	亠部	6	345435	D9F0	05156
1469	㶡	几部	4	4334	8231E830	03DA1	1515	氓	亠部	6	551515	C3A5	06C13
1470	凫	几部	4	4535	D9EC	051EB	1516	亰	亠部	7	2511234	818A	04EB0
1471	凬	几部	5	12511	844E	051EC	1517	㚆	亠部	7	2511354	8230B130	03686
1472	凮	几部	6	132511	844F	051EE	1518	亯	亠部	7	2512511	8189	04EAF
1473	咒	几部	6	251251	D6E4	05492	1519	哀	亠部	7	2513534	B0A7	054C0
1474	凯	几部	6	252515	BFAD	051EF	1520	亭	亠部	7	2514512	CDA4	04EAD
1475	凭	几部	6	323121	C6BE	051ED	1521	亮	亠部	7	2514535	C1C1	04EAE
1476	鳬	几部	7	3251115	F849	09CEC	1522	亱	亠部	7	3225111	818B	04EB1
1477	㓘	几部	9	135411214	82308633	034D8	1523	兗	亠部	7	3425135	83BC	05157
1478	凰	几部	9	325111121	BBCB	051F0	1524	帝	亠部	7	4345252	B5DB	05E1D
1479	棾	几部	10	1234123445	97B3	068FE	1525	玅	亠部	7	5542343	AB51	07385
1480	凱	几部	10	2521251431	8450	051F1	1526	衺	亠部	8	15233534	D07E	0887A
1481	凲	几部	10	4315112234	8451	051F2	1527	衰	亠部	8	25113534	CBA5	08870
1482	焭	几部	10	4334433445	9F7A	0712D	1528	恴	亠部	8	25114544	907A	06074
1483	鳯	几部	11	32511154444	F84C	09CEF	1529	畝	亠部	8	25121354	AE80	0755D
1484	鳳	几部	12	132511154444	F850	09CF3	1530	衷	亠部	8	25123534	D6D4	08877
1485	凴	几部	12	411211254444	8452	051F4	1531	畗	亠部	8	25125121	AE7D	07557
1486	凳	几部	12	543341251431	B5CA	051F3	1532	㖜	亠部	8	25125135	82309939	0359C
1487	䥚	几部	18	251112511134112431	82349837	0495A	1533	亳	亠部	8	25145315	D9F1	04EB3
1488	亠	亠部	0	0	D9EF	04EA0	1534	离	亠部	8	34522554	C0EB	079BB
1489	亡	亠部	1	5	CDF6	04EA1	1535	衮	亠部	8	34543534	D9F2	0886E
1490	卞	亠部	2	24	B1E5	0535E	1536	旁	亠部	8	43454153	C5D4	065C1
1491	亣	亠部	2	32	8187	04EA3	1537	玆	亠部	8	55441554	AB52	07386
1492	六	亠部	2	34	C1F9	0516D	1538	高	亠部	9	221125251	F37B	09AD9

字序	字形	部首	部首外笔画数	部首外笔顺	18030代码	13000代码	字序	字形	部首	部首外笔画数	部首外笔顺	18030代码	13000代码
1539	毫	亠部	9	251453115	BAC1	06BEB	1585	褻	亠部	15	121341213543534	D243	0893B
1540	孰	亠部	9	251521354	CAEB	05B70	1586	䙝	亠部	15	121431123543534	8233CA38	0465D
1541	袠	亠部	9	311343534	D098	088A0	1587	襄	亠部	15	251251112213534	CFE5	08944
1542	袞	亠部	9	342513534	D096	0889E	1588	㐯	亠部	15	251251312342511	8139F336	0342F
1543	袌	亠部	9	355153534	D088	0888C	1589	䥆	亠部	16	2111211134112431	82349638	04946
1544	啇	亠部	9	432512251	8690	05547	1590	嚲	亠部	18	251521251251251112	87BE	056B2
1545	商	亠部	9	432534251	C9CC	05546	1591	亹	亠部	20	32112512515114525111	8190	04EB9
1546	袬	亠部	9	542513534	D140	088AC	1592	䯬	亠部	26	25125251125112251251251112	8234D935	04BEC
1547	袤	亠部	9	545233534	D9F3	088A4							
1548	玈	亠部	9	554313534	AB53	07388	1593	冫	冫部	0	0	D9FB	051AB
1549	率	亠部	9	554413412	C2CA	07387	1594	㓅	冫部	2	12	82308434	034C5
1550	亵	亠部	10	1213543534	D9F4	04EB5	1595	冮	冫部	3	121	83E9	051AE
1551	就	亠部	10	2512341354	BECD	05C31	1596	冯	冫部	3	551	B7EB	051AF
1552	亴	亠部	10	2514512135	818C	04EB4	1597	冴	冫部	4	1523	83EA	051B4
1553	䯧	亠部	10	2514525251	8234D930	04BE7	1598	冱	冫部	4	1551	D9FC	051B1
1554	稁	亠部	10	2514531234	B68E	07A01	1599	冲	冫部	4	2512	B3E5	051B2
1555	㝄	亠部	10	2515211525	8230C430	03744	1600	冰	冫部	4	2534	B1F9	051B0
1556	裒	亠部	10	3215113534	D9F6	088D2	1601	㓇	冫部	4	3134	82308436	034C7
1557	椉	亠部	10	3541521234	97BC	06909	1602	㓆	冫部	4	3435	82308435	034C6
1558	袲	亠部	10	3543543534	D144	088B2	1603	次	冫部	4	3534	B4CE	06B21
1559	棄	亠部	10	5412211234	9789	068C4	1604	决	冫部	4	5134	BEF6	051B3
1560	裏	亠部	11	25112113534	D159	088CF	1605	㓈	冫部	5	13251	82308437	034C8
1561	裏	亠部	11	25112113534	FD9F	0F9E7	1606	冹	冫部	5	13544	83EC	051B9
1562	裛	亠部	11	25152153534	D160	088DB	1607	冻	冫部	5	15234	B6B3	051BB
1563	禀	亠部	11	25251111234	D9F7	07980	1608	况	冫部	5	25135	BFF6	051B5
1564	亶	亠部	11	25251125111	818D	04EB6	1609	冷	冫部	5	34454	C0E4	051B7
1565	稟	亠部	11	25251131234	B741	07A1F	1610	冸	冫部	5	43112	83EB	051B8
1566	㐮	亠部	11	34112213534	8139F335	0342E	1611	冺	冫部	5	51515	83ED	051BA
1567	䘱	亠部	11	34342513534	8233C635	04631	1612	冶	冫部	5	54251	D2B1	051B6
1568	亷	亠部	11	43135112234	818E	04EB7	1613	㓋	冫部	6	122134	82308530	034CB
1569	雍	亠部	11	55332411121	D3BA	096CD	1614	冽	冫部	6	135422	D9FD	051BD
1570	裵	亠部	12	211121113534	D170	088F5	1615	㓊	冫部	6	251251	82308439	034CA
1571	裹	亠部	12	251112343534	B9FC	088F9	1616	冼	冫部	6	312135	D9FE	051BC
1572	豪	亠部	12	251451353334	BAC0	08C6A	1617	㓉	冫部	6	312251	82308438	034C9
1573	褏	亠部	12	351251213534	D185	0890F	1618	㓌	冫部	6	341121	82308531	034CC
1574	褎	亠部	12	351312343534	D184	0890E	1619	冾	冫部	6	341251	83EE	051BE
1575	裦	亠部	12	351545233534	D166	088E6	1620	净	冫部	6	355112	BEBB	051C0
1576	褒	亠部	13	3225112343534	B0FD	08912	1621	㓍	冫部	6	415435	82308532	034CD
1577	褢	亠部	13	3251135543534	D191	08922	1622	冿	冫部	6	511112	83EF	051BF
1578	褭	亠部	14	12112544443534	D199	0892D	1623	凁	冫部	7	1251234	83F0	051C1
1579	㙶	亠部	14	25124345251121	8230AF34	03676	1624	㓏	冫部	7	2534251	82308534	034CF
1580	㝇	亠部	14	25152141251521	8230C433	03747	1625	凃	冫部	7	3411234	83F2	051C3
1581	亸	亠部	14	25152143251112	818F	04EB8	1626	凂	冫部	7	3525135	83F1	051C2
1582	褱	亠部	14	25221241343534	D19C	08931	1627	㓎	冫部	7	5114554	82308533	034CE
1583	襃	亠部	14	35125112343534	D24A	08943	1628	凊	冫部	8	11212511	83F5	051CA
1584	㡣	亠部	14	43452521515111	8230E037	03863	1629	㓐	冫部	8	12134121	82308535	034D0

字序	字形	部首	部首外笔画数	部首外笔顺	18030代码	13000代码	字序	字形	部首	部首外笔画数	部首外笔顺	18030代码	13000代码
1630	凌	冫部	8	12134354	C1E8	051CC	1676	軍	冖部	7	1251112	DC8A	08ECD
1631	㓑	冫部	8	12143112	82308536	034D1	1677	冟	冖部	7	3251135	83E0	0519F
1632	凇	冫部	8	12343454	DAA1	051C7	1678	冦	冖部	8	11352154	83E3	051A6
1633	凍	冫部	8	12511234	83F6	051CD	1679	冡	冖部	8	11353334	83E1	051A1
1634	凄	冫部	8	15112531	C6E0	051C4	1680	冣	冖部	8	12211154	83E2	051A3
1635	凅	冫部	8	25122511	83F3	051C5	1681	冧	冖部	8	12341234	83E4	051A7
1636	准	冫部	8	32411121	D7BC	051C6	1682	冢	冖部	8	13533434	DAA3	051A2
1637	凎	冫部	8	34112431	83F7	051CE	1683	冥	冖部	8	25114134	DAA4	051A5
1638	凈	冫部	8	34435112	83F4	051C8	1684	冤	冖部	8	35251354	D4A9	051A4
1639	凋	冫部	8	35121251	B5F2	051CB	1685	龸	冖部	8	43344334	FE91	0E855
1640	凉	冫部	8	41251234	C1B9	051C9	1686	冨	冖部	9	125125121	83E5	051A8
1641	凉	冫部	8	41251234	FD9D	0F979	1687	辉	冖部	10	2431351512	BBD4	08F89
1642	凑	冫部	9	111341134	B4D5	051D1	1688	幂	冖部	10	2511134252	C3DD	05E42
1643	㓓	冫部	9	122543112	82308538	034D3	1689	㓃	冖部	10	4111251315	82308432	034C3
1644	凐	冫部	9	125221121	83F8	051D0	1690	鼏	冖部	12	251115132125	FC86	09F0F
1645	减	冫部	9	131251534	BCF5	051CF	1691	冩	冖部	12	321511354444	83E6	051A9
1646	飡	冫部	9	344511534	EF7B	098E1	1692	冪	冖部	13	1222511134252	83E7	051AA
1647	馮	冫部	10	1211254444	F154	099AE	1693	輝	冖部	13	2431351251112	DD78	08F1D
1648	凓	冫部	10	1252211234	83FA	051D3	1694	凵	凵部	0	0	DBC9	051F5
1649	㓕	冫部	10	1314334534	82308630	034D5	1695	凶	凵部	2	34	D0D7	051F6
1650	㓖	冫部	10	2511122112	82308631	034D6	1696	击	凵部	3	112	BBF7	051FB
1651	凒	冫部	10	2521251431	83F9	051D2	1697	凷	凵部	3	121	8453	051F7
1652	㓔	冫部	10	3251113124	82308539	034D4	1698	凼	凵部	4	2534	DBCA	051FC
1653	凔	冫部	10	3445113251	83FB	051D4	1699	㓙	凵部	4	4134	82308634	034D9
1654	凕	冫部	10	4525114134	83FC	051D5	1700	画	凵部	6	125121	BBAD	0753B
1655	凗	冫部	11	25232411121	83FE	051D7	1701	函	凵部	6	524134	BAAF	051FD
1656	㓗	冫部	12	111253554234	82308632	034D7	1702	凾	凵部	7	5225154	8454	051FE
1657	凘	冫部	12	122111343312	8440	051D8	1703	㔾	卩部	0	0	82309035	0353E
1658	凚	冫部	13	1234123411234	8442	051DA	1704	⺋	卩部	0	0	FE58	02E8B
1659	凙	冫部	13	2522112143112	8441	051D9	1705	卩	卩部	0	0	DAE0	05369
1660	凛	冫部	13	4125251111234	C1DD	051DB	1706	卫	卩部	1	1	CEC0	0536B
1661	凜	冫部	13	4125251131234	8443	051DC	1707	卪	卩部	1	4	856D	0536A
1662	凞	冫部	14	31251255154444	8444	051DE	1708	卬	卩部	2	35	856E	0536C
1663	凝	冫部	14	35311345452134	C4FD	051DD	1709	印	卩部	3	351	D3A1	05370
1664	凟	冫部	15	121252212511134	8445	051DF	1710	卯	卩部	3	353	C3AE	0536F
1665	冖	冖部	0	0	DAA2	05196	1711	却	卩部	5	12154	C8B4	05374
1666	㓀	冖部	2	24	82308339	034C0	1712	㕀	卩部	5	25121	82309037	03540
1667	冗	冖部	2	35	C8DF	05197	1713	即	卩部	5	51154	BCB4	05373
1668	写	冖部	3	151	D0B4	05199	1714	卲	卩部	5	53251	8570	05372
1669	冚	冖部	3	252	83DD	0519A	1715	㕁	卩部	6	341354	82309038	03541
1670	军	冖部	4	1512	BEFC	0519B	1716	卶	卩部	6	354354	8571	05376
1671	肎	冖部	4	2511	C347	0808E	1717	卷	卩部	6	431134	BEED	05377
1672	冝	冖部	5	25111	83DE	0519D	1718	卺	卩部	6	525341	DAE1	0537A
1673	冞	冖部	6	431234	83DF	0519E	1719	卸	卩部	7	3112121	D0B6	05378
1674	冠	冖部	7	1135124	B9DA	051A0	1720	卽	卩部	7	3251135	8575	0537D
1675	㓂	冖部	7	1135531	82308431	034C2	1721	卿	卩部	8	35351154	C7E4	0537F

字序	字形	部首	部首外笔画数	部首外笔顺	18030代码	13000代码
1722	卾	卩部	9	251251115	8576	0537E
1723	厀	卩部	11	12343424134	8577	05380
1724	厁	卩部	11	34112344412	8578	05381
1725	刀	刀部	0	0	B5B6	05200
1726	刂	刀部	0	0	D8D6	05202
1727	⺈	刀部	0	0	FE57	02E88
1728	刃	刀部	1	4	C8D0	05203
1729	刄	刀部	1	4	8455	05204
1730	厃	刀部	2	13	8579	05383
1731	切	刀部	2	15	C7D0	05207
1732	刈	刀部	2	34	D8D7	05208
1733	刅	刀部	2	44	8456	05205
1734	召	刀部	3	251	D5D9	053EC
1735	刋	刀部	3	313	8458	0520B
1736	刉	刀部	3	315	8457	05209
1737	刍	刀部	3	511	DBBB	0520D
1738	㓞	刀部	4	1112	82308639	034DE
1739	刑	刀部	4	1132	D0CC	05211
1740	㓝	刀部	4	1132	82308638	034DD
1741	刓	刀部	4	1135	845C	05213
1742	危	刀部	4	1355	CEA3	05371
1743	刚	刀部	4	2534	B8D5	0521A
1744	负	刀部	4	2534	B8BA	08D1F
1745	创	刀部	4	3455	B4B4	0521B
1746	刎	刀部	4	3533	D8D8	0520E
1747	刐	刀部	4	3541	845B	05210
1748	争	刀部	4	5112	D5F9	04E89
1749	刔	刀部	4	5134	845D	05214
1750	刕	刀部	4	5353	845E	05215
1751	划	刀部	5	11534	8469	0522C
1752	刧	刀部	5	12154	8467	05227
1753	刦	刀部	5	12154	8466	05226
1754	㓠	刀部	5	21251	82308731	034E0
1755	刞	刀部	5	25111	8460	0521E
1756	奂	刀部	5	25134	DBBC	05942
1757	別	刀部	5	25135	8465	05225
1758	免	刀部	5	25135	C3E2	0514D
1759	别	刀部	5	25153	B1F0	0522B
1760	刪	刀部	5	25221	8468	0522A
1761	刢	刀部	5	34454	8463	05222
1762	删	刀部	5	35351	C9BE	05220
1763	刨	刀部	5	35515	C5D9	05228
1764	判	刀部	5	43113	C5D0	05224
1765	刡	刀部	5	51515	8462	05221
1766	刜	刀部	5	51532	845F	0521C
1767	刟	刀部	5	53251	8461	0521F
1768	刭	刀部	5	54121	D8D9	0522D
1769	刣	刀部	5	54251	8464	05223
1770	刱	刀部	6	113244	846B	05231
1771	刲	刀部	6	121121	846C	05232
1772	㓤	刀部	6	121251	82308735	034E4
1773	刼	刀部	6	121544	846F	0523C
1774	刯	刀部	6	125111	846A	0522F
1775	刺	刀部	6	125234	B4CC	0523A
1776	㓦	刀部	6	132511	82308737	034E6
1777	刳	刀部	6	134115	D8DA	05233
1778	刾	刀部	6	143134	8470	0523E
1779	㓥	刀部	6	243511	82308736	034E5
1780	兔	刀部	6	251354	CDC3	05154
1781	刿	刀部	6	252354	D8DB	0523F
1782	剀	刀部	6	252515	D8DC	05240
1783	制	刀部	6	311252	D6C6	05236
1784	臽	刀部	6	321511	C560	081FD
1785	刽	刀部	6	341154	B9F4	0523D
1786	刹	刀部	6	341234	C9B2	05239
1787	㓣	刀部	6	341251	82308734	034E3
1788	剁	刀部	6	351234	B6E7	05241
1789	㓢	刀部	6	354251	82308733	034E2
1790	刻	刀部	6	415334	BFCC	0523B
1791	券	刀部	6	431134	C8AF	05238
1792	㓪	刀部	6	451154	82308831	034EA
1793	剆	刀部	6	451154	8473	05246
1794	刷	刀部	6	513252	CBA2	05237
1795	刴	刀部	6	531234	846D	05234
1796	荆	刀部	7	1221132	BEA3	08346
1797	剋	刀部	7	1225135	8477	0524B
1798	剌	刀部	7	1251234	D8DD	0524C
1799	矦	刀部	7	1331134	B340	077E6
1800	㓫	刀部	7	1341132	82308832	034EB
1801	㓨	刀部	7	1343434	82308739	034E8
1802	剄	刀部	7	1555121	8471	05244
1803	削	刀部	7	2432511	CFF7	0524A
1804	負	刀部	7	2511134	D893	08CA0
1805	㲋	刀部	7	2511535	8231CC33	03C8B
1806	剈	刀部	7	2512511	8475	05248
1807	剐	刀部	7	2512534	B9D0	05250
1808	奐	刀部	7	2534134	8A4A	05950
1809	剎	刀部	7	3412344	8478	0524E
1810	剑	刀部	7	3414431	BDA3	05251
1811	剉	刀部	7	3434121	8476	05249
1812	㓧	刀部	7	3445251	82308738	034E7
1813	剏	刀部	7	4311324	8479	0524F

字序	字形	部首	部首外笔画数	部首外笔顺	18030代码	13000代码	字序	字形	部首	部首外笔画数	部首外笔顺	18030代码	13000代码
1814	剃	刀部	7	4351523	CCEA	05243	1860	㓹	刀部	10	1343344334	82308936	034F9
1815	剘	刀部	8	12211134	847E	05258	1861	㓺	刀部	10	2153154134	82308937	034FA
1816	剒	刀部	8	12212511	847A	05252	1862	剴	刀部	10	2521251431	8492	05274
1817	㓰	刀部	8	12512152	82308837	034F0	1863	㓻	刀部	10	2522112121	82308938	034FB
1818	剚	刀部	8	12515112	8481	0525A	1864	剩	刀部	10	3122113534	CAA3	05269
1819	剞	刀部	8	13412512	D8DE	0525E	1865	㓷	刀部	10	3251111234	82308934	034F7
1820	剦	刀部	8	13425115	8489	05266	1866	創	刀部	10	3445113251	8493	05275
1821	剢	刀部	8	13533434	8486	05262	1867	割	刀部	10	4451112251	B8EE	05272
1822	剗	刀部	8	15341534	847D	05257	1868	㓸	刀部	10	5515515121	82308935	034F8
1823	剔	刀部	8	25113533	CCDE	05254	1869	剺	刀部	11	11234313413	8498	0527A
1824	奂	刀部	8	25344334	9EF0	070C9	1870	㔈	刀部	11	12221112111	82308B31	03508
1825	剛	刀部	8	25431252	8482	0525B	1871	蒯	刀部	11	12235113511	D8E1	084AF
1826	剮	刀部	8	25525251	848E	0526E	1872	㓼	刀部	11	12343424134	82308939	034FC
1827	剓	刀部	8	31234353	847B	05253	1873	剸	刀部	11	12511214124	8496	05278
1828	剣	刀部	8	34125134	8487	05263	1874	剾	刀部	11	12512512515	849B	0527E
1829	㓮	刀部	8	35121251	82308835	034EE	1875	剽	刀部	11	12522111234	D8E2	0527D
1830	剠	刀部	8	41251234	8485	05260	1876	詹	刀部	11	13344111251	D5B2	08A79
1831	剤	刀部	8	41343211	8488	05264	1877	剻	刀部	11	25235113511	8499	0527B
1832	剖	刀部	8	41431251	C6CA	05256	1878	㓽	刀部	11	25244511234	82308A30	034FD
1833	剙	刀部	8	43113244	8480	05259	1879	鳭	刀部	11	32511154444	F84A	09CED
1834	㓬	刀部	8	43113453	82308833	034EC	1880	麁	刀部	11	41352211535	FB80	09E81
1835	剡	刀部	8	43344334	D8DF	05261	1881	剷	刀部	11	41431331121	8495	05277
1836	剜	刀部	8	44535455	D8E0	0525C	1882	剹	刀部	11	54154134333	8497	05279
1837	剥	刀部	8	51124134	B0FE	05265	1883	剼	刀部	11	54545434333	849A	0527C
1838	剧	刀部	8	51312251	BEE7	05267	1884	剿	刀部	11	55525111234	BDCB	0527F
1839	剟	刀部	8	54545454	8484	0525F	1885	㔄	刀部	12	125221431234	82308A37	03504
1840	剝	刀部	8	55124134	8483	0525D	1886	劂	刀部	12	134315233534	D8E3	05282
1841	㓯	刀部	8	55525121	82308836	034EF	1887	㔆	刀部	12	153515352511	82308A39	03506
1842	剨	刀部	9	111213251	848A	05268	1888	㔀	刀部	12	251141251234	82308A33	03500
1843	㓶	刀部	9	111253134	82308933	034F6	1889	夐	刀部	12	253425111354	89E9	05910
1844	剳	刀部	9	122341251	8491	05273	1890	㓿	刀部	12	312343424134	82308A32	034FF
1845	副	刀部	9	125125121	B8B1	0526F	1891	劄	刀部	12	314314341251	849E	05284
1846	㓴	刀部	9	132522134	82308931	034F4	1892	劁	刀部	12	324111214444	D8E4	05281
1847	㓳	刀部	9	251112134	82308930	034F3	1893	㔂	刀部	12	431234354152	82308A35	03502
1848	㓭	刀部	9	251135345	82308834	034ED	1894	劃	刀部	12	511121251211	849D	05283
1849	㓵	刀部	9	251251115	82308932	034F5	1895	㓾	刀部	12	513241343112	82308A31	034FE
1850	象	刀部	9	251353334	CFF3	08C61	1896	㔉	刀部	12	513325125214	82308B32	03509
1851	剬	刀部	9	252132522	848C	0526C	1897	㔁	刀部	12	543341251431	82308A34	03501
1852	剰	刀部	9	311221234	848F	05270	1898	㔇	刀部	12	543345153554	82308B30	03507
1853	㓱	刀部	9	341251122	82308838	034F1	1899	劀	刀部	12	545232534251	849C	05280
1854	剱	刀部	9	341251344	8490	05271	1900	㔃	刀部	12	554444355215	82308A36	03503
1855	剫	刀部	9	413122154	848B	0526B	1901	劐	刀部	13	1223241112154	D8E5	05290
1856	剪	刀部	9	431251122	BCF4	0526A	1902	劌	刀部	13	2121131233534	84A5	0528C
1857	㓲	刀部	9	451325122	82308839	034F2	1903	劇	刀部	13	2153151353334	84A1	05287
1858	剭	刀部	9	513154121	848D	0526D	1904	劏	刀部	13	2434525125121	84A8	0528F
1859	剶	刀部	9	551353334	8494	05276	1905	劋	刀部	13	2512512511234	84A4	0528B

字序	字形	部首	部首外笔画数	部首外笔顺	18030代码	13000代码
1906	劅	刀部	13	2522135251214	849F	05285
1907	敻	刀部	13	2534251113134	94B8	0657B
1908	劎	刀部	13	3412512513434	84A7	0528E
1909	劍	刀部	13	3412512513434	84A6	0528D
1910	劊	刀部	13	3412524312511	84A3	0528A
1911	劉	刀部	13	3545334112431	84A2	05289
1912	㔊	刀部	13	4125251125111	82308B33	0350A
1913	劆	刀部	13	4134315112234	84A0	05286
1914	㔅	刀部	13	5112322151512	82308A38	03505
1915	劈	刀部	13	5132514143112	C5FC	05288
1916	豫	刀部	13	5452251353334	D4A5	08C6B
1917	㔌	刀部	14	12211154323334	82308B35	0350C
1918	賴	刀部	14	12512342511134	D987	08CF4
1919	㔋	刀部	14	12512531425221	82308B34	0350B
1920	㔍	刀部	14	31431425111132	82308B36	0350D
1921	劒	刀部	14	34125125134344	84AA	05292
1922	劔	刀部	14	34125125134344	84AB	05294
1923	㔏	刀部	15	132511325113251	82308B38	0350F
1924	毚	刀部	15	251153535251354	9AB4	06BDA
1925	劕	刀部	15	331233122511134	84AC	05295
1926	㔑	刀部	16	1223251514143112	82308C30	03511
1927	㔐	刀部	16	3143141211121111	82308B39	03510
1928	㔎	刀部	16	5233251514143112	82308B37	0350E
1929	劖	刀部	17	35251153535251354	84AD	05296
1930	㔒	刀部	18	252324111212534251	82308C31	03512
1931	劗	刀部	19	3121353121352511134	84AE	05297
1932	劘	刀部	19	4131234123421112111	84AF	05298
1933	劚	刀部	21	513241342522135251214	84B1	0529A
1934	劙	刀部	21	551353334251214251214	84B0	05299
1935	釁	刀部	24	32112512515114512535 1134	E185	091C1
1936	力	力部	0	0	C1A6	0529B
1937	劜	力部	1	5	84B2	0529C
1938	办	力部	2	44	B0EC	0529E
1939	劢	力部	3	153	DBBD	052A2
1940	加	力部	3	251	BCD3	052A0
1941	㔓	力部	3	312	82308C32	03513
1942	动	力部	4	1154	B6AF	052A8
1943	劣	力部	4	2343	C1D3	052A3
1944	㔔	力部	4	2515	82308C33	03514
1945	劥	力部	4	4135	84B4	052A5
1946	劦	力部	4	5353	84B5	052A6
1947	劫	力部	5	12154	BDD9	052AB
1948	励	力部	5	13153	C0F8	052B1
1949	助	力部	5	25111	D6FA	052A9
1950	劮	力部	5	31134	84B7	052AE
1951	劬	力部	5	35251	DBBE	052AC
1952	劳	力部	5	44345	84BA	052B4
1953	㔗	力部	5	51532	82308C36	03517
1954	㔘	力部	5	52252	82308C37	03518
1955	努	力部	5	53154	C5AC	052AA
1956	劭	力部	5	53251	DBBF	052AD
1957	劲	力部	5	54121	BEA2	052B2
1958	劻	力部	6	111215	84C1	052BB
1959	劸	力部	6	121121	84BE	052B8
1960	劼	力部	6	121251	84C2	052BC
1961	势	力部	6	121354	CAC6	052BF
1962	㱝	力部	6	135415	8231C738	03C5D
1963	劽	力部	6	135422	84C3	052BD
1964	劶	力部	6	331251	84BC	052B6
1965	効	力部	6	413434	84BF	052B9
1966	劾	力部	6	415334	DBC0	052BE
1967	㔙	力部	6	431132	82308C38	03519
1968	劵	力部	6	431134	84BB	052B5
1969	勆	力部	6	451154	84C9	052C6
1970	劺	力部	6	543112	84C0	052BA
1971	勀	力部	7	1225135	84C4	052C0
1972	勊	力部	7	1225135	84CB	052CA
1973	勃	力部	7	1245521	B2AA	052C3
1974	勅	力部	7	1251234	84C8	052C5
1975	勁	力部	7	1555121	84C5	052C1
1976	勋	力部	7	2512534	D1AB	052CB
1977	勂	力部	7	3121251	84C6	052C2
1978	勄	力部	7	3155414	84C7	052C4
1979	㔜	力部	7	3443521	82308D31	0351C
1980	勉	力部	7	3525135	C3E3	052C9
1981	勈	力部	7	5425112	84CA	052C8
1982	勇	力部	7	5425112	D3C2	052C7
1983	勎	力部	8	12134121	84CE	052CE
1984	勑	力部	8	12343434	84D0	052D1
1985	㔝	力部	8	12523434	82308D32	0351D
1986	哿	力部	8	25112512	DBC1	054FF
1987	㖙	力部	8	25125135	82309936	03599
1988	㔟	力部	8	31121354	82308D34	0351F
1989	㔞	力部	8	31221135	82308D33	0351E
1990	勍	力部	8	41251234	84CD	052CD
1991	勏	力部	8	41431251	84CF	052CF
1992	勌	力部	8	43113455	84CC	052CC
1993	勐	力部	8	52125221	DBC2	052D0
1994	勘	力部	9	122111345	BFB1	052D8

字序	字形	部首	部首外笔画数	部首外笔顺	18030代码	13000代码	字序	字形	部首	部首外笔画数	部首外笔顺	18030代码	13000代码
1995	勚	力部	9	122152534	84D6	052DA	2041	邓	又部	2	52	B5CB	09093
1996	勓	力部	9	153532511	84D1	052D3	2042	夃	又部	2	53	89E0	05903
1997	勖	力部	9	251125111	DBC3	052D6	2043	劝	又部	2	53	C8B0	0529D
1998	㔠	力部	9	251135345	82308D35	03520	2044	双	又部	2	54	CBAB	053CC
1999	動	力部	9	312511211	84D3	052D5	2045	㕛	又部	2	54	82309334	0355B
2000	募	力部	10	1222511134	C4BC	052DF	2046	圣	又部	3	121	CAA5	05723
2001	勛	力部	10	2512511134	84D7	052DB	2047	对	又部	3	124	B6D4	05BF9
2002	㔡	力部	10	3253411535	82308D36	03521	2048	叐	又部	3	313	85A9	053D0
2003	勜	力部	10	3454541541	84D8	052DC	2049	叏	又部	3	512	85A8	053CF
2004	勞	力部	10	4334433445	84DA	052DE	2050	发	又部	3	534	B7A2	053D1
2005	勣	力部	11	11212511134	84DE	052E3	2051	戏	又部	4	1534	CFB7	0620F
2006	勢	力部	11	12134121354	84DD	052E2	2052	㕜	又部	4	2512	82309335	0355C
2007	勤	力部	11	12212511121	C7DA	052E4	2053	观	又部	4	2535	B9DB	089C2
2008	勡	力部	11	12522111234	84DC	052E1	2054	欢	又部	4	3534	BBB6	06B22
2009	嗧	力部	11	25134125122	86ED	055E7	2055	叒	又部	4	5454	85AA	053D2
2010	勧	力部	11	31132411121	84E1	052E7	2056	㕝	又部	5	12251	82309336	0355D
2011	勨	力部	11	35251353334	84E2	052E8	2057	叓	又部	5	12512	85AB	053D3
2012	勠	力部	11	54154134333	84DB	052E0	2058	鸡	又部	5	35451	BCA6	09E21
2013	勦	力部	11	55525111234	84E0	052E6	2059	叔	又部	6	211234	CAE5	053D4
2014	嘉	力部	12	121251431251	BCCE	05609	2060	变	又部	6	412234	B1E4	053D8
2015	勩	力部	12	122152511134	84E3	052E9	2061	艰	又部	6	511534	BCE8	08270
2016	勱	力部	12	122251125214	84EA	052F1	2062	㕞	又部	6	513252	82309337	0355E
2017	勪	力部	12	313425125251	84E4	052EA	2063	叕	又部	6	545454	85AC	053D5
2018	勫	力部	12	343123425121	84E5	052EB	2064	㕟	又部	7	2125122	82309338	0355F
2019	勭	力部	12	414312511211	84E7	052ED	2065	觌	又部	7	2511135	D28B	0898C
2020	勬	力部	12	431134554234	84E6	052EC	2066	叟	又部	7	3215112	DBC5	053DF
2021	勥	力部	12	515251251214	84DF	052E5	2067	叙	又部	7	3411234	D0F0	053D9
2022	㔢	力部	12	554444355215	82308D37	03522	2068	叛	又部	7	4311333	C5D1	053DB
2023	勮	力部	13	2153151353334	84E8	052EE	2069	叚	又部	7	5121151	85AD	053DA
2024	勯	力部	13	4125251125111	84E9	052EF	2070	难	又部	8	32411121	C4D1	096BE
2025	勰	力部	13	5353251214544	DBC4	052F0	2071	叞	又部	8	51311234	85B0	053DE
2026	勵	力部	14	13122251125214	84EE	052F5	2072	㕠	又部	10	4132411121	82309339	03560
2027	勳	力部	14	31254312114444	84EC	052F3	2073	鳮	又部	11	32511154444	F84B	09CEE
2028	㔦	力部	14	43111344511534	82308E31	03526	2074	叠	又部	11	54544525111	B5FE	053E0
2029	勴	力部	15	215315251214544	84ED	052F4	2075	㕢	又部	12	214512511134	82309431	03562
2030	㔣	力部	15	251212512125121	82308D38	03523	2076	㕡	又部	12	214513434251	82309430	03561
2031	㔥	力部	15	252215425113535	82308E30	03525	2077	﨎	又部	12	413432411121	FE42	0FA0E
2032	勶	力部	15	332415425113134	84EF	052F6	2078	䪟	又部	13	1252211121111	8234B832	04A9F
2033	㔤	力部	15	445343123425121	82308D39	03524	2079	叡	又部	14	21451343425111	85B1	053E1
2034	㔧	力部	16	2153152512125221	82308E32	03527	2080	㯩	又部	14	54541234151534	8231BC32	03BE9
2035	勸	力部	17	12225125132411121	84F1	052F8	2081	燮	又部	15	411125143344334	DBC6	071EE
2036	勷	力部	17	41251251112213534	84F0	052F7	2082	雙	又部	16	3241112132411121	EB70	096D9
2037	又	又部	0	0	D3D6	053C8	2083	壡	又部	17	21451343425111121	89C7	058E1
2038	叉	又部	1	4	B2E6	053C9	2084	厶	厶部	0	0	DBCC	053B6
2039	友	又部	2	13	D3D1	053CB	2085	么	厶部	1	3	C3B4	04E48
2040	収	又部	2	52	85A7	053CE	2086	云	厶部	2	11	D4C6	04E91

字序	字形	部首	部首外笔画数	部首外笔顺	18030代码	13000代码
2087	厷	厶部	2	13	859A	053B7
2088	厹	厶部	2	35	859C	053B9
2089	允	厶部	2	35	D4CA	05141
2090	厸	厶部	2	54	859B	053B8
2091	㕕	厶部	2	54	82309238	03555
2092	弁	厶部	3	132	DBCD	05F01
2093	厼	厶部	3	234	859E	053BC
2094	台	厶部	3	251	CCA8	053F0
2095	䏍	厶部	4	2511	82338935	043CD
2096	贠	厶部	4	2534	DA4F	08D20
2097	牟	厶部	4	3112	C4B2	0725F
2098	丢	厶部	4	3121	B6AA	04E22
2099	厽	厶部	4	5454	859F	053BD
2100	县	厶部	5	25111	CFD8	053BF
2101	矣	厶部	5	31134	D2D3	077E3
2102	夋	厶部	5	34354	89E6	0590B
2103	叀	厶部	6	125121	85A1	053C0
2104	叁	厶部	6	134111	C8FE	053C1
2105	参	厶部	6	134333	B2CE	053C2
2106	侌	厶部	6	344511	81F0	04F8C
2107	亝	厶部	6	545411	8185	04E9D
2108	兘	厶部	7	1135251	83BD	05158
2109	貟	厶部	7	2511134	D892	08C9F
2110	畆	厶部	7	4125121	AE72	07546
2111	垒	厶部	7	5454121	C0DD	05792
2112	奙	厶部	8	13425115	8A4D	05959
2113	畚	厶部	8	13425121	DBCE	0755A
2114	能	厶部	8	25113535	C4DC	080FD
2115	䦾	厶部	8	32515135	8234A137	049BE
2116	㕖	厶部	8	54541234	82309239	03556
2117	䏻	厶部	9	251112154	82338E30	043FB
2118	㕗	厶部	9	431121354	82309330	03557
2119	叄	厶部	9	545434111	85A3	053C4
2120	㕘	厶部	9	545434234	82309331	03558
2121	參	厶部	9	545434333	85A2	053C3
2122	軬	厶部	10	1341251112	DD47	08EEC
2123	貵	厶部	10	1342511134	D947	08CB5
2124	叅	厶部	10	5454342444	85A4	053C5
2125	絫	厶部	10	5454554234	BD74	07D6B
2126	叆	厶部	12	115434434513	85A5	053C6
2127	叇	厶部	13	1151124134454	85A6	053C7
2128	㙯	厶部	13	1213412135411	8230AE37	0366F
2129	㕙	厶部	13	3435435251354	82309332	03559
2130	㓄	厶部	13	5454343334535	82308433	034C4
2131	廴	廴部	0	0	DBC8	05EF4
2132	㢟	廴部	3	215	8230E637	0389F
2133	廵	廴部	3	555	8F65	05EF5
2134	廷	廴部	4	3121	CDA2	05EF7
2135	延	廴部	4	3215	D1D3	05EF6
2136	廸	廴部	5	25121	8F66	05EF8
2137	㢠	廴部	5	25251	8230E638	038A0
2138	廹	廴部	5	32511	8F67	05EF9
2139	廼	廴部	6	125351	8F69	05EFC
2140	廻	廴部	6	252511	8F68	05EFB
2141	建	廴部	6	511112	BDA8	05EFA
2142	廽	廴部	7	2522111	8F6A	05EFD
2143	干	干部	0	0	B8C9	05E72
2144	午	干部	1	3	CEE7	05348
2145	刊	干部	2	22	BFAF	0520A
2146	邗	干部	2	52	DAF5	09097
2147	幵	干部	3	113	8ED4	05E75
2148	攼	干部	4	3134	9490	0653C
2149	㶣	干部	4	4334	8231E832	03DA3
2150	㿻	干部	5	25221	8232A632	03FFB
2151	幷	干部	5	31113	8ED5	05E77
2152	顸	干部	6	132534	F1FC	09878
2153	姧	干部	6	531531	8AA7	059E7
2154	䧲	干部	8	32411121	8234A639	049F2
2155	乾	干部	9	122511315	8178	04E81
2156	頇	干部	9	132511134	ED99	09807
2157	鳱	干部	11	32511154444	F84E	09CF1
2158	工	工部	0	0	B9A4	05DE5
2159	㠪	工部	1	1	8230DB30	0382A
2160	左	工部	2	13	D7F3	05DE6
2161	巧	工部	2	15	C7C9	05DE7
2162	㓚	工部	2	22	82308635	034DA
2163	卭	工部	2	52	856F	0536D
2164	邛	工部	2	52	DAF6	0909B
2165	㓛	工部	2	53	82308636	034DB
2166	功	工部	2	53	B9A6	0529F
2167	㣉	工部	3	333	8230EA39	038C9
2168	巩	工部	3	354	B9AE	05DE9
2169	瓨	工部	4	1554	AD98	074E8
2170	巠	工部	4	1555	8E79	05DE0
2171	贡	工部	4	2534	B9B1	08D21
2172	汞	工部	4	2534	B9AF	06C5E
2173	攻	工部	4	3134	B9A5	0653B
2174	巫	工部	4	3434	CED7	05DEB
2175	项	工部	6	132534	CFEE	09879
2176	巬	工部	6	351134	8E7D	05DEC
2177	巭	工部	6	531134	8E7E	05DED
2178	㠬	工部	7	2511134	8230DB32	0382C

字序	字形	部首	部首外笔画数	部首外笔顺	18030代码	13000代码	字序	字形	部首	部首外笔画数	部首外笔顺	18030代码	13000代码
2179	貢	工部	7	2511134	D895	08CA2	2225	垩	土部	4	1135	886A	05756
2180	巭	工部	7	3541134	8230DB31	0382B	2226	坃	土部	4	1135	885F	05743
2181	珏	工部	9	121121121	8230DB33	0382D	2227	坛	土部	4	1154	CCB3	0575B
2182	項	工部	9	132511134	ED97	09805	2228	坏	土部	4	1324	BBB5	0574F
2183	巯	工部	9	544154325	DBCF	05DEF	2229	坜	土部	4	1353	DBDE	0575C
2184	巰	工部	11	15554154325	8E80	05DF0	2230	坉	土部	4	1525	8864	05749
2185	鳿	工部	11	32511154444	8234EB37	04CA8	2231	坒	土部	4	1535	8230A737	03629
2186	贛	工部	12	431224312511	8230DB34	0382E	2232	坘	土部	4	1551	886B	05758
2187	土	土部	0	0	CDC1	0571F	2233	坙	土部	4	1555	886C	05759
2188	士	土部	0	0	CABF	058EB	2234	址	土部	4	2121	D6B7	05740
2189	壬	土部	1	3	C8C9	058EC	2235	坚	土部	4	2254	BCE1	0575A
2190	圡	土部	1	4	884D	05721	2236	坝	土部	4	2534	B0D3	0575D
2191	圠	土部	1	5	884C	05720	2237	㘶	土部	4	2534	8230A736	03628
2192	㐂	土部	1	5	8139F030	0340B	2238	㘸	土部	4	3115	8230A738	0362A
2193	㐁	土部	1	5	8139EF39	0340A	2239	坆	土部	4	3134	8862	05746
2194	圢	土部	2	12	884E	05722	2240	㘯	土部	4	3153	8230A833	0362F
2195	圤	土部	2	24	884F	05724	2241	圻	土部	4	3312	DBDF	0573B
2196	圦	土部	2	34	8851	05726	2242	坂	土部	4	3354	DBE0	05742
2197	圥	土部	2	35	8850	05725	2243	圿	土部	4	3432	885D	0573F
2198	壭	土部	2	52	89D0	058ED	2244	坐	土部	4	3434	D7F8	05750
2199	㘦	土部	2	53	8230A734	03626	2245	坅	土部	4	3445	8861	05745
2200	厺	土部	2	54	C8A5	053BB	2246	坋	土部	4	3453	8865	0574B
2201	圩	土部	3	112	DBD7	05729	2247	坌	土部	4	3453	DBD0	0574C
2202	圬	土部	3	115	DBD8	0572C	2248	坁	土部	4	3515	885E	05741
2203	圭	土部	3	121	B9E7	0572D	2249	圽	土部	4	3533	885C	0573D
2204	圷	土部	3	124	8859	05737	2250	坎	土部	4	3534	BFB2	0574E
2205	寺	土部	3	124	CBC2	05BFA	2251	坍	土部	4	3541	CCAE	0574D
2206	在	土部	3	132	D4DA	05728	2252	均	土部	4	3541	BEF9	05747
2207	圵	土部	3	211	8857	05735	2253	坞	土部	4	3551	CEEB	0575E
2208	吉	土部	3	251	BCAA	05409	2254	坄	土部	4	3554	8860	05744
2209	圸	土部	3	252	885A	05738	2255	㘬	土部	4	3554	8230A830	0362C
2210	圲	土部	3	312	8855	05732	2256	坟	土部	4	4134	B7D8	0575F
2211	圱	土部	3	313	8854	05731	2257	坑	土部	4	4135	BFD3	05751
2212	圫	土部	3	315	8853	0572B	2258	坊	土部	4	4153	B7BB	0574A
2213	圪	土部	3	315	DBD9	0572A	2259	夷	土部	4	4334	9EC3	0707B
2214	圳	土部	3	322	DBDA	05733	2260	㘰	土部	4	4412	8230A834	03630
2215	圴	土部	3	354	8856	05734	2261	売	土部	4	4535	89D3	058F2
2216	圾	土部	3	354	BBF8	0573E	2262	壱	土部	4	4535	89D2	058F1
2217	圹	土部	3	413	DBDB	05739	2263	坈	土部	4	4535	8863	05748
2218	走	土部	3	434	DA5B	08D71	2264	壳	土部	4	4535	BFC7	058F3
2219	圮	土部	3	515	DBDC	0572E	2265	志	土部	4	4544	D6BE	05FD7
2220	圯	土部	3	515	DBDD	0572F	2266	㘮	土部	4	5134	8230A832	0362E
2221	地	土部	3	525	B5D8	05730	2267	块	土部	4	5134	BFE9	05757
2222	场	土部	3	533	B3A1	0573A	2268	声	土部	4	5213	C9F9	058F0
2223	坓	土部	4	1132	8867	05753	2269	坠	土部	4	5234	D7B9	05760
2224	㘫	土部	4	1132	8230A739	0362B	2270	㘧	土部	4	5452	8230A735	03627

字序	字形	部首	部首外笔画数	部首外笔顺	18030代码	13000代码	字序	字形	部首	部首外笔画数	部首外笔顺	18030代码	13000代码
2271	毐	土部	4	5531	9AB1	06BD0	2317	坲	土部	5	51532	8875	05772
2272	㘭	土部	4	5545	8230A831	0362D	2318	坡	土部	5	53254	C6C2	05761
2273	坩	土部	5	12211	DBE1	05769	2319	坮	土部	5	54251	8872	0576E
2274	㘷	土部	5	12234	8230A931	03637	2320	坶	土部	5	55414	DBE9	05776
2275	坷	土部	5	12512	BFC0	05777	2321	坳	土部	5	55453	DBEA	05773
2276	坯	土部	5	13241	C5F7	0576F	2322	垹	土部	6	111352	88A0	057B9
2277	坧	土部	5	13251	8870	05767	2323	型	土部	6	113222	D0CD	0578B
2278	㘵	土部	5	13252	8230A839	03635	2324	壵	土部	6	121121	89D5	058F5
2279	垅	土部	5	13534	DBE2	05785	2325	垚	土部	6	121121	8890	0579A
2280	坺	土部	5	13544	887A	0577A	2326	㘼	土部	6	121315	8230A936	0363C
2281	坪	土部	5	14312	C6BA	0576A	2327	垫	土部	6	121354	B5E6	057AB
2282	㘳	土部	5	21135	8230A837	03633	2328	垬	土部	6	122134	8898	057AC
2283	坫	土部	5	21251	DBE3	0576B	2329	垭	土部	6	122431	DBEB	057AD
2284	垆	土部	5	21513	DBE4	05786	2330	垩	土部	6	122431	DBD1	057A9
2285	坣	土部	5	24345	886E	05763	2331	垣	土部	6	125111	D4AB	057A3
2286	坦	土部	5	25111	CCB9	05766	2332	垮	土部	6	134115	BFE5	057AE
2287	坥	土部	5	25111	886F	05765	2333	垯	土部	6	134454	8899	057AF
2288	坤	土部	5	25112	C0A4	05764	2334	㘸	土部	6	135435	8230A932	03638
2289	块	土部	5	25134	8874	05771	2335	城	土部	6	135534	B3C7	057CE
2290	㘴	土部	5	25134	8230A838	03634	2336	垤	土部	6	154121	DBEC	057A4
2291	㔛	土部	5	25153	82308D30	0351B	2337	垰	土部	6	211124	889A	057B0
2292	㘱	土部	5	25211	8230A835	03631	2338	㘹	土部	6	212135	8230A933	03639
2293	坰	土部	5	25251	8873	05770	2339	垙	土部	6	243135	888F	05799
2294	垇	土部	5	25251	8881	05787	2340	垱	土部	6	243511	889B	057B1
2295	垁	土部	5	31134	8880	05781	2341	垌	土部	6	251251	DBED	0578C
2296	坵	土部	5	32121	8877	05775	2342	㘻	土部	6	251341	8230A935	0363B
2297	坿	土部	5	32124	887D	0577F	2343	壴	土部	6	251431	89D4	058F4
2298	垈	土部	5	32154	8882	05788	2344	垲	土部	6	252515	DBEE	057B2
2299	坼	土部	5	33124	DBE5	0577C	2345	垘	土部	6	321344	888E	05798
2300	坬	土部	5	33544	8871	0576C	2346	㘺	土部	6	321534	8230A934	0363A
2301	坴	土部	5	34121	8876	05774	2347	垡	土部	6	321534	DBD2	057A1
2302	垀	土部	5	34312	887E	05780	2348	埏	土部	6	321554	DBEF	057CF
2303	夌	土部	5	34354	89E7	0590C	2349	垍	土部	6	325111	8885	0578D
2304	坽	土部	5	34454	887B	0577D	2350	垖	土部	6	325151	888C	05796
2305	坻	土部	5	35154	DBE6	0577B	2351	垧	土部	6	325251	DBF0	057A7
2306	坸	土部	5	35251	8878	05778	2352	垢	土部	6	331251	B9B8	057A2
2307	垉	土部	5	35515	8883	05789	2353	垕	土部	6	331251	888B	05795
2308	垃	土部	5	41431	C0AC	05783	2354	垳	土部	6	332112	889C	057B3
2309	幸	土部	5	43112	D0D2	05E78	2355	垥	土部	6	341251	8895	057A5
2310	坢	土部	5	43112	886D	05762	2356	垗	土部	6	341534	888D	05797
2311	坾	土部	5	44512	887C	0577E	2357	垛	土部	6	351234	B6E2	0579B
2312	坹	土部	5	44534	8879	05779	2358	垝	土部	6	351355	8892	0579D
2313	坨	土部	5	44535	DBE7	05768	2359	㘶	土部	6	354152	8230A930	03636
2314	坭	土部	5	51335	DBE8	0576D	2360	垎	土部	6	354251	8886	0578E
2315	㘲	土部	5	51335	8230A836	03632	2361	垑	土部	6	354354	8889	05791
2316	垊	土部	5	51515	8884	0578A	2362	埩	土部	6	355112	88C1	057E9

字序	字形	部首	部首外笔画数	部首外笔顺	18030代码	13000代码	字序	字形	部首	部首外笔画数	部首外笔顺	18030代码	13000代码
2363	埉	土部	6	413452	DBF1	057B4	2409	垙	土部	7	4325135	8230AA32	03642
2364	垐	土部	6	413534	8888	05790	2410	埏	土部	7	4413312	88A4	057BD
2365	垓	土部	6	415334	DBF2	05793	2411	垸	土部	7	4451135	DBF9	057B8
2366	垟	土部	6	431112	8894	0579F	2412	埪	土部	7	4451354	8230AA36	03646
2367	垪	土部	6	431132	8897	057AA	2413	垶	土部	7	4453435	8230AA30	03640
2368	垨	土部	6	445112	8230A938	0363E	2414	埌	土部	7	4511534	88B0	057CC
2369	垨	土部	6	445124	8896	057A8	2415	壶	土部	7	4522431	BAF8	058F6
2370	垞	土部	6	445315	8893	0579E	2416	埐	土部	7	5114554	88B2	057D0
2371	垵	土部	6	445531	889D	057B5	2417	堲	土部	7	5115452	88F4	05832
2372	垏	土部	6	511112	8887	0578F	2418	埇	土部	7	5425112	88AC	057C7
2373	垠	土部	6	511534	DBF3	057A0	2419	埃	土部	7	5431134	B0A3	057C3
2374	埅	土部	6	524153	88AA	057C5	2420	埈	土部	7	5434354	88AD	057C8
2375	垜	土部	6	531234	8891	0579C	2421	埲	土部	8	11134112	88C8	057F2
2376	埾	土部	6	545254	85AF	053DD	2422	婧	土部	8	11212511	88BD	057E5
2377	埑	土部	7	1213312	88B3	057D1	2423	埨	土部	8	12111534	8230AB30	0364A
2378	埖	土部	7	1223235	88B5	057D6	2424	堵	土部	8	12132511	B6C2	05835
2379	埔	土部	7	1251124	C6D2	057D4	2425	埈	土部	8	12134354	88D9	0580E
2380	埂	土部	7	1251134	B9A1	057C2	2426	埡	土部	8	12155121	88BA	057E1
2381	埉	土部	7	1343434	88AE	057C9	2427	堊	土部	8	12155121	88D7	0580A
2382	垪	土部	7	1535121	8230AA34	03644	2428	堪	土部	8	12211134	8230AB31	0364B
2383	埗	土部	7	2121233	88B6	057D7	2429	基	土部	8	12211134	BBF9	057FA
2384	垾	土部	7	2511112	88A5	057BE	2430	堅	土部	8	12211154	88CF	057FE
2385	埕	土部	7	2511121	DBF4	057D5	2431	埴	土部	8	12251111	DBFA	057F4
2386	埕	土部	7	2511121	8230A939	0363F	2432	埜	土部	8	12341234	88B8	057DC
2387	埘	土部	7	2511124	DBF5	057D8	2433	堃	土部	8	12344153	88DA	0580F
2388	埙	土部	7	2511134	88A2	057BB	2434	埬	土部	8	12511234	88C4	057EC
2389	埧	土部	7	2511135	889F	057B7	2435	域	土部	8	12511534	D3F2	057DF
2390	埋	土部	7	2511211	C2F1	057CB	2436	堅	土部	8	12512554	88D4	05805
2391	埰	土部	7	2511234	8230AA35	03645	2437	堐	土部	8	13121121	88DB	05810
2392	埍	土部	7	2512511	88B1	057CD	2438	埼	土部	8	13412512	88CE	057FC
2393	埙	土部	7	2512534	DBF7	057D9	2439	埯	土部	8	13425115	DBFB	057EF
2394	埚	土部	7	2512534	DBF6	057DA	2440	埱	土部	8	13533434	8230AA37	03647
2395	袁	土部	7	2513534	D4AC	08881	2441	堑	土部	8	15213312	C7B5	05811
2396	埁	土部	7	2523445	88A8	057C1	2442	埱	土部	8	21123454	88C7	057F1
2397	埛	土部	7	2534251	88B7	057DB	2443	埬	土部	8	21531535	8230AA38	03648
2398	埆	土部	7	3155414	8230AA31	03641	2444	埫	土部	8	24325251	88C3	057EB
2399	垿	土部	7	3212134	8230AA33	03643	2445	堂	土部	8	24345251	CCC3	05802
2400	垼	土部	7	3323554	88A3	057BC	2446	埧	土部	8	25111134	88BF	057E7
2401	埓	土部	7	3434251	FE43	0FA0F	2447	堁	土部	8	25111234	88D1	05801
2402	埒	土部	7	3443124	DBF8	057D2	2448	堒	土部	8	25111535	88DC	05812
2403	埓	土部	7	3443124	88B4	057D3	2449	場	土部	8	25113533	DBFC	057F8
2404	垺	土部	7	3443521	88A1	057BA	2450	堙	土部	8	25122134	8230AA39	03649
2405	埆	土部	7	3535112	88AB	057C6	2451	堌	土部	8	25122511	88D8	0580C
2406	埄	土部	7	3541112	88A9	057C4	2452	堓	土部	8	25213112	88DD	05813
2407	埿	土部	7	4135452	88A6	057BF	2453	堈	土部	8	25431252	88D5	05808
2408	埣	土部	7	4143112	889E	057B6	2454	堝	土部	8	25525251	88E5	0581D

字序	字形	部首	部首外笔画数	部首外笔顺	18030代码	13000代码	字序	字形	部首	部首外笔画数	部首外笔顺	18030代码	13000代码
2455	埵	土部	8	31212211	88CA	057F5	2501	㙘	土部	9	125221531	8230AC34	03658
2456	堄	土部	8	32151135	88D3	05804	2502	堜	土部	9	125431234	88E4	0581C
2457	堆	土部	8	32411121	B6D1	05806	2503	堶	土部	9	131212511	88F7	05836
2458	埤	土部	8	32511312	DBFD	057E4	2504	堿	土部	9	131251534	8941	0583F
2459	埠	土部	8	32515112	B2BA	057E0	2505	㙎	土部	9	131531534	8230AB34	0364E
2460	埶	土部	8	34121354	88CB	057F6	2506	堧	土部	9	132522134	88EB	05827
2461	埨	土部	8	34125122	88C0	057E8	2507	堦	土部	9	153532511	88EA	05826
2462	埰	土部	8	34431234	88C6	057F0	2508	堤	土部	9	251112134	B5CC	05824
2463	埝	土部	8	34454544	DBFE	057DD	2509	場	土部	9	251113533	88F6	05834
2464	堋	土部	8	35113511	DCA1	0580B	2510	喆	土部	9	251121251	86B4	05586
2465	堍	土部	8	35251354	DCA2	0580D	2511	堣	土部	9	251125214	88E8	05823
2466	埳	土部	8	35321511	88C9	057F3	2512	塭	土部	9	251125221	8965	0586D
2467	埻	土部	8	41251521	88CD	057FB	2513	堨	土部	9	251135345	88EC	05828
2468	埣	土部	8	41343412	88BC	057E3	2514	㙗	土部	9	251211534	8230AC33	03657
2469	培	土部	8	41431251	C5E0	057F9	2515	㙕	土部	9	251212511	8230AC31	03655
2470	堃	土部	8	41534153	88D2	05803	2516	堺	土部	9	251213432	88FB	0583A
2471	堉	土部	8	41542511	88D6	05809	2517	㙒	土部	9	251215452	8230AB38	03652
2472	執	土部	8	43112354	88CC	057F7	2518	堮	土部	9	251251115	88F1	0582E
2473	埢	土部	8	43113455	88BB	057E2	2519	喜	土部	9	251431251	CFB2	0559C
2474	埮	土部	8	43344334	88C5	057EE	2520	㙐	土部	9	252132522	8230AB36	03650
2475	烾	土部	8	43344334	9F55	070FE	2521	塄	土部	9	252214153	DCA8	05844
2476	埿	土部	8	44151335	88D0	057FF	2522	堹	土部	9	312511211	88FA	05839
2477	埞	土部	8	44512134	88B9	057DE	2523	㙏	土部	9	312511354	8230AB35	0364F
2478	埪	土部	8	44534121	88C2	057EA	2524	塅	土部	9	321113554	8946	05845
2479	埦	土部	8	44535455	88BE	057E6	2525	堢	土部	9	322511234	88E7	05822
2480	壸	土部	8	45122431	89D7	058F8	2526	堡	土部	9	322511234	B1A4	05821
2481	壷	土部	8	45251221	89D6	058F7	2527	堭	土部	9	325111121	88F0	0582D
2482	堔	土部	8	45341234	88DE	05814	2528	塊	土部	9	325113554	894B	0584A
2483	㙌	土部	8	51123234	8230AB32	0364C	2529	㙖	土部	9	325125214	8230AC32	03656
2484	埭	土部	8	51124134	DCA4	057ED	2530	㙑	土部	9	325125214	8230AB37	03651
2485	埽	土部	8	51145252	DCA3	057FD	2531	堠	土部	9	325131134	DCA9	05820
2486	堀	土部	8	51352252	DCA5	05800	2532	塠	土部	9	325151454	895B	05860
2487	堕	土部	8	52132511	B6E9	05815	2533	堬	土部	9	341251122	88EF	0582C
2488	㙍	土部	8	54545454	8230AB33	0364D	2534	堫	土部	9	345234354	88EE	0582B
2489	堾	土部	9	111342511	8940	0583E	2535	堸	土部	9	353251214	88F9	05838
2490	㙓	土部	9	121121121	8230AB39	03653	2536	塆	土部	9	412234515	8947	05846
2491	堼	土部	9	121121124	88FD	0583C	2537	堷	土部	9	414312511	88F8	05837
2492	堯	土部	9	121121135	88F2	0582F	2538	報	土部	9	431125254	88F3	05831
2493	堪	土部	9	122111345	BFB0	0582A	2539	堘	土部	9	431134121	88E1	05818
2494	塂	土部	9	122134515	8944	05842	2540	堻	土部	9	441511112	88FC	0583B
2495	堞	土部	9	122151234	DCA6	0581E	2541	堩	土部	9	442125111	88ED	05829
2496	塔	土部	9	122341251	CBFE	05854	2542	塇	土部	9	445125111	8948	05847
2497	塃	土部	9	122415325	8945	05843	2543	堗	土部	9	445341344	88E0	05817
2498	堰	土部	9	125115315	D1DF	05830	2544	堚	土部	9	451251112	88E2	0581A
2499	堛	土部	9	125125121	88E3	0581B	2545	壹	土部	9	451251431	D2BC	058F9
2500	堙	土部	9	125221121	DCA7	05819	2546	壺	土部	9	452155121	89D8	058FA

字序	字形	部首	部首外笔画数	部首外笔顺	18030代码	13000代码	字序	字形	部首	部首外笔画数	部首外笔顺	18030代码	13000代码
2547	㚃	土部	9	453452431	8230B037	03683	2593	塣	土部	10	4412511121	895E	05863
2548	塈	土部	9	511541535	8949	05848	2594	塰	土部	10	4413155414	8968	05870
2549	塀	土部	9	513431132	8942	05840	2595	塗	土部	10	4413411234	8954	05857
2550	塦	土部	9	521251112	8960	05866	2596	塎	土部	10	4453434251	894D	0584E
2551	㙔	土部	9	521251152	8230AC30	03654	2597	塜	土部	10	4511353334	8958	0585C
2552	堳	土部	9	521325111	88F5	05833	2598	㙟	土部	10	4511543511	8230AD31	0365F
2553	壻	土部	9	521342511	89D9	058FB	2599	塱	土部	10	4511543511	8969	05871
2554	堥	土部	9	545233134	88E9	05825	2600	壼	土部	10	4512155121	89DA	058FC
2555	堟	土部	9	551353334	88E6	0581F	2601	塚	土部	10	4513533434	8956	0585A
2556	堖	土部	9	555325341	88DF	05816	2602	塓	土部	10	4525114134	8951	05853
2557	塐	土部	10	1121554234	894F	05850	2603	㙝	土部	10	5353532511	8230AC39	0365D
2558	墷	土部	10	1221122112	89A2	058B7	2604	墕	土部	11	12121154444	8986	05895
2559	塨	土部	10	1221342444	8962	05868	2605	墊	土部	11	12143112354	897C	0588A
2560	塻	土部	10	1222511134	8973	0587B	2606	墈	土部	11	12211134553	897B	05888
2561	墓	土部	10	1222511134	C4B9	05893	2607	墸	土部	11	12212132511	89A3	058B8
2562	填	土部	10	1225111134	CCEE	0586B	2608	墐	土部	11	12212511121	8983	05890
2563	㙛	土部	10	1251124124	8230AC37	0365B	2609	墴	土部	11	12212512134	899F	058B4
2564	塥	土部	10	1251254312	DCAA	05865	2610	㙢	土部	11	12212523434	8230AD34	03662
2565	塛	土部	10	1252211234	8957	0585B	2611	墘	土部	11	12251112315	8989	05898
2566	塬	土部	10	1332511234	DCAB	0586C	2612	墙	土部	11	12431252511	C7BD	05899
2567	塒	土部	10	2511121124	8950	05852	2613	塹	土部	11	12511123312	8971	05879
2568	塌	土部	10	2511541541	CBFA	0584C	2614	塼	土部	11	12511214124	8974	0587C
2569	塤	土部	10	2512511134	895F	05864	2615	塸	土部	11	12512512515	8970	05878
2570	壾	土部	10	2514311515	89DC	058FE	2616	墂	土部	11	12522111234	8977	05882
2571	塏	土部	10	2521251431	894E	0584F	2617	㙠	土部	11	13113453554	8230AD32	03660
2572	堽	土部	10	2522112121	88FE	0583D	2618	墄	土部	11	13211234534	8978	05884
2573	塖	土部	10	3122113534	8953	05856	2619	墆	土部	11	13221545252	8979	05886
2574	塩	土部	10	3125125221	8963	05869	2620	塽	土部	11	13434343434	8975	0587D
2575	㙞	土部	10	3251111234	8230AD30	0365E	2621	墭	土部	11	13553425221	8998	058AD
2576	塮	土部	10	3251113124	8966	0586E	2622	塷	土部	11	21253444441	896F	05877
2577	塢	土部	10	3251154444	895D	05862	2623	墟	土部	11	21531522431	D0E6	0589F
2578	塪	土部	10	3443321511	8964	0586A	2624	㙤	土部	11	21531534312	8230AD36	03664
2579	塕	土部	10	3454541541	8952	05855	2625	墅	土部	11	25112115452	CAFB	05885
2580	塡	土部	10	3525111534	895C	05861	2626	塿	土部	11	25112512531	8976	0587F
2581	塳	土部	10	3541112454	896B	05873	2627	墁	土部	11	25112522154	DCAC	05881
2582	塯	土部	10	3545325121	8967	0586F	2628	墔	土部	11	25232411121	8985	05894
2583	塙	土部	10	4125125251	8955	05859	2629	塴	土部	11	25235113511	896C	05874
2584	墎	土部	10	4125152152	8981	0588E	2630	塲	土部	11	31251113533	896A	05872
2585	塉	土部	10	4134342511	894A	05849	2631	墍	土部	11	32511151535	8980	0588D
2586	塘	土部	10	4135112251	CCC1	05858	2632	䲧	土部	11	32511154444	8234EB36	04CA7
2587	塝	土部	10	4143454153	8959	0585D	2633	㙡	土部	11	33234342134	8230AD33	03661
2588	㙚	土部	10	4311213112	8230AC36	0365A	2634	㙦	土部	11	34112344412	8230AD38	03666
2589	塧	土部	10	4313425221	8961	05867	2635	墖	土部	11	34125125121	8987	05896
2590	塑	土部	10	4315233511	CBDC	05851	2636	塾	土部	11	41251521354	DBD3	0587E
2591	塋	土部	10	4334433445	894C	0584B	2637	墌	土部	11	41312214444	897E	0588C
2592	㙙	土部	10	4411353334	8230AC35	03659	2638	㙥	土部	11	41342513534	8230AD37	03665

字序	字形	部首	部首外笔画数	部首外笔顺	18030代码	13000代码	字序	字形	部首	部首外笔画数	部首外笔顺	18030代码	13000代码
2639	墉	土部	11	41351125112	DCAD	05889	2685	墯	土部	12	442131212511	899A	058AF
2640	塶	土部	11	41352211535	896E	05876	2686	㚄	土部	12	452512152134	8230B038	03684
2641	墇	土部	11	41431251112	897A	05887	2687	墀	土部	12	513241343112	DCAF	05880
2642	境	土部	11	41431251135	BEB3	05883	2688	墱	土部	12	543341251431	899C	058B1
2643	墑	土部	11	41432512251	8984	05891	2689	墢	土部	12	543345153554	898F	058A2
2644	墒	土部	11	41432534251	C9CA	05892	2690	㙨	土部	12	554554134534	8230AE30	03668
2645	増	土部	11	43251212511	8988	05897	2691	壒	土部	13	1221215425221	89B9	058D2
2646	墚	土部	11	44153441234	DCAE	0589A	2692	㙹	土部	13	1222522145354	8230AF37	03679
2647	槖	土部	11	45132511234	9892	069D6	2693	壊	土部	13	1225221413534	89B2	058CA
2648	壽	土部	11	51211251124	89DB	058FD	2694	墻	土部	13	1234341252511	89A6	058BB
2649	墛	土部	11	51311234124	898A	0589B	2695	壄	土部	13	1234545231234	89AD	058C4
2650	㙣	土部	11	51512111534	8230AD35	03663	2696	墼	土部	13	1251112523554	DBD4	058BC
2651	墮	土部	11	52131212511	8999	058AE	2697	壃	土部	13	1251211251211	89AC	058C3
2652	墏	土部	11	52133544124	8982	0588F	2698	㙳	土部	13	1312515344544	8230AF31	03673
2653	墜	土部	11	52431353334	898B	0589C	2699	壉	土部	13	2153151353334	89B1	058C9
2654	墬	土部	11	52551353334	8997	058AC	2700	壋	土部	13	2434525125121	89B3	058CB
2655	墋	土部	11	54545434333	897D	0588B	2701	㙱	土部	13	2511521531535	8230AE39	03671
2656	墝	土部	12	121121121135	898C	0589D	2702	墿	土部	13	2522112143112	89A9	058BF
2657	墳	土部	12	121222511134	899E	058B3	2703	夁	土部	13	2522125122511	89DF	05901
2658	墶	土部	12	121431112454	89A1	058B6	2704	壆	土部	13	3211343451145	89AE	058C6
2659	㙪	土部	12	121451251431	8230AE32	0366A	2705	墽	土部	13	3251141533134	89A7	058BD
2660	㙧	土部	12	122155125121	8230AD39	03667	2706	墾	土部	13	3443533511534	89A8	058BE
2661	㙬	土部	12	123434341344	8230AE34	0366C	2707	㙴	土部	13	3513344111251	8230AF32	03674
2662	墰	土部	12	125221251112	899B	058B0	2708	㙰	土部	13	3535112533112	8230AE38	03670
2663	㙭	土部	12	134315233534	8230AE35	0366D	2709	㙵	土部	13	4125125251121	8230AF33	03675
2664	㙩	土部	12	134432511234	8230AE31	03669	2710	壇	土部	13	4125251125111	89AF	058C7
2665	墵	土部	12	145244441154	89A0	058B5	2711	壈	土部	13	4125251131234	89B0	058C8
2666	墣	土部	12	224314311134	8990	058A3	2712	壌	土部	13	4134112213534	89B4	058CC
2667	䵺	土部	12	251115132125	82358230	04D7A	2713	㙲	土部	13	4155332411121	8230AF30	03672
2668	墹	土部	12	251125112511	89A4	058B9	2714	壅	土部	13	4155332411121	DBD5	058C5
2669	墤	土部	12	251212511134	8991	058A4	2715	壂	土部	13	5131221343554	89AB	058C2
2670	墠	土部	12	251251251112	898D	058A0	2716	壀	土部	13	5132514143112	89AA	058C0
2671	賣	土部	12	252212511134	D975	08CE3	2717	壁	土部	13	5132514143112	B1DA	058C1
2672	墲	土部	12	311222214444	899D	058B2	2718	壔	土部	14	12151211251124	89BB	058D4
2673	墧	土部	12	313425125251	8994	058A7	2719	㙺	土部	14	12512125111345	8230AF38	0367A
2674	㙮	土部	12	314314341251	8230AE36	0366E	2720	壏	土部	14	12512531425221	89B7	058CF
2675	㙫	土部	12	324111211234	8230AE33	0366B	2721	壓	土部	14	13251125111344	89BA	058D3
2676	墺	土部	12	325431234134	89A5	058BA	2722	壐	土部	14	13425234343434	89B8	058D0
2677	墦	土部	12	343123425121	8993	058A6	2723	壖	土部	14	14524444132522	89BC	058D6
2678	墩	土部	12	412515213134	B6D5	058A9	2724	壑	土部	14	21451343425154	DBD6	058D1
2679	墪	土部	12	412515213134	8995	058AA	2725	㙷	土部	14	25115545544444	8230AF35	03677
2680	墥	土部	12	414312511211	8992	058A5	2726	噽	土部	14	25143125113241	8790	0567D
2681	墡	土部	12	431112431251	898E	058A1	2727	壎	土部	14	31254312114444	89B6	058CE
2682	壿	土部	12	431253511124	89DD	058FF	2728	㙸	土部	14	32224314311134	8230AF36	03678
2683	墫	土部	12	431253511124	8996	058AB	2729	壕	土部	14	41251451353334	BABE	058D5
2684	增	土部	12	432524312511	D4F6	0589E	2730	壙	土部	14	41312212512134	89BF	058D9

字序	字形	部首	部首外笔画数	部首外笔顺	18030代码	13000代码	字序	字形	部首	部首外笔画数	部首外笔顺	18030代码	13000代码
2731	壍	土部	14	44112511123312	89B5	058CD	2773	䒒	艹部	2	51	82339D31	04492
2732	壗	土部	14	51121444425221	89BD	058D7	2774	节	艹部	2	52	BDDA	08282
2733	㙽	土部	15	113251113251134	8230B031	0367D	2775	艿	艹部	2	53	DCB5	0827F
2734	嚞	土部	15	251121251121251	87AC	0569E	2776	芀	艹部	2	53	C64B	08280
2735	壝	土部	15	251212511134454	89C3	058DD	2777	艻	艹部	2	53	C649	0827B
2736	㙼	土部	15	251212512125121	8230B030	0367C	2778	芉	艹部	3	112	C651	08289
2737	壘	土部	15	251212512125121	89BE	058D8	2779	芋	艹部	3	112	D3F3	0828B
2738	䜃	土部	15	411125132411121	8233DB33	04703	2780	芈	艹部	3	112	D8C2	08288
2739	㙻	土部	15	413251121134121	8230AF39	0367B	2781	芌	艹部	3	115	C652	0828C
2740	壢	土部	16	1331234312342121	89C8	058E2	2782	芏	艹部	3	121	DCB6	0828F
2741	壚	土部	16	2153152512125221	89C0	058DA	2783	芐	艹部	3	124	C653	08290
2742	壜	土部	16	2511145244441154	89C2	058DC	2784	芖	艹部	3	134	C657	08296
2743	壛	土部	16	2511251135321511	89C1	058DB	2785	芅	艹部	3	154	C64E	08285
2744	嚭	土部	16	2514312511324251	87BA	056AD	2786	䒙	艹部	3	211	82339D38	04499
2745	㙾	土部	16	3211343451145521	8230B032	0367E	2787	䒕	艹部	3	234	82339D34	04495
2746	壞	土部	16	4125221241343534	89C4	058DE	2788	芇	艹部	3	252	C650	08287
2747	壠	土部	16	4143125111515111	89C6	058E0	2789	芊	艹部	3	312	DCB7	0828A
2748	㙿	土部	16	4311213123453534	8230B033	0367F	2790	䒗	艹部	3	315	82339D36	04497
2749	壣	土部	17	12211155455453221	89C9	058E3	2791	芕	艹部	3	354	C656	08295
2750	壦	土部	17	12225125132411121	89CB	058E6	2792	䒘	艹部	3	354	82339D37	04498
2751	壥	土部	17	13254312114444121	89CA	058E5	2793	芍	艹部	3	354	C9D6	0828D
2752	㚀	土部	17	21531512514311534	8230B034	03680	2794	芃	艹部	3	354	C64D	08283
2753	壤	土部	17	41251251112213534	C8C0	058E4	2795	芄	艹部	3	354	DCB9	08284
2754	壧	土部	19	2512511351221113134	89CC	058E7	2796	芨	艹部	3	354	DCB8	082A8
2755	贕	土部	19	3543524252212511134	DA47	08D15	2797	芒	艹部	3	415	C3A2	08292
2756	囏	土部	20	12212511134251431251	87D8	056CF	2798	芝	艹部	3	454	D6A5	0829D
2757	壨	土部	20	25121251212512125121	89CD	058E8	2799	䒖	艹部	3	512	82339D35	04496
2758	㚁	土部	21	121121135121121121135	8230B035	03681	2800	芑	艹部	3	515	DCBB	08291
							2801	芎	艹部	3	515	DCBA	0828E
2759	壩	土部	21	145244441221251123511	89CE	058E9	2802	芓	艹部	3	521	C654	08293
							2803	芆	艹部	3	544	C64F	08286
2760	囍	土部	21	251431251121251431251	87D6	056CD	2804	芗	艹部	3	553	DCBC	08297
							2805	䒠	艹部	4	1112	82339E35	044A0
2761	㚂	土部	22	1251245251251112213534	8230B036	03682	2806	茾	艹部	4	1132	C740	0833E
							2807	芙	艹部	4	1134	DCBD	08299
2762	壪	土部	22	4111251554444554444515	89CF	058EA	2808	芫	艹部	4	1135	DCBE	082AB
2763	艹	艹部	0	0	DCB3	08279	2809	芜	艹部	4	1135	CEDF	0829C
2764	艸	艹部	0	0	C648	08278	2810	苇	艹部	4	1152	CEAD	082C7
2765	龷	艹部	1	1	FE67	0E82C	2811	芸	艹部	4	1154	DCBF	082B8
2766	艺	艹部	1	5	D2D5	0827A	2812	㭉	艹部	4	1234	8231AC33	03B49
2767	艼	艹部	2	12	C64A	0827C	2813	䒥	艹部	4	1252	82339F30	044A5
2768	䒓	艹部	2	15	82339D32	04493	2814	芾	艹部	4	1252	DCC0	082BE
2769	䒔	艹部	2	34	82339D33	04494	2815	芰	艹部	4	1254	DCC1	082B0
2770	艾	艹部	2	34	B0AC	0827E	2816	芣	艹部	4	1324	C65D	082A3
2771	芁	艹部	2	35	C64C	08281	2817	苈	艹部	4	1353	DCC2	082C8
2772	艽	艹部	2	35	DCB4	0827D	2818	苃	艹部	4	1354	C668	082C3

字序	字形	部首	部首外笔画数	部首外笔顺	18030代码	13000代码	字序	字形	部首	部首外笔画数	部首外笔顺	18030代码	13000代码
2819	苊	艹部	4	1355	DCC3	082CA	2865	䒞	艹部	4	4535	82339E33	0449E
2820	苉	艹部	4	1355	C66B	082C9	2866	芯	艹部	4	4544	D0BE	082AF
2821	苣	艹部	4	1515	DCC4	082E3	2867	劳	艹部	4	4553	C0CD	052B3
2822	芽	艹部	4	1523	D1BF	082BD	2868	芛	艹部	4	5113	C659	0829B
2823	芚	艹部	4	1525	C658	0829A	2869	芵	艹部	4	5134	C660	082B5
2824	芘	艹部	4	1535	DCC5	08298	2870	䒡	艹部	4	5152	82339E36	044A1
2825	苆	艹部	4	1553	C66A	082C6	2871	芭	艹部	4	5215	B0C5	082AD
2826	羋	艹部	4	2112	C164	07F8B	2872	芤	艹部	4	5215	DCD2	082A4
2827	芷	艹部	4	2121	DCC6	082B7	2873	苏	艹部	4	5344	CBD5	082CF
2828	䒚	艹部	4	2343	82339D39	0449A	2874	苡	艹部	4	5434	DCD3	082E1
2829	䒤	艹部	4	2511	82339E39	044A4	2875	芧	艹部	4	5452	C65E	082A7
2830	䒣	艹部	4	2511	82339E38	044A3	2876	䒛	艹部	4	5545	82339E30	0449B
2831	芮	艹部	4	2534	DCC7	082AE	2877	䒬	艹部	5	11234	82339F37	044AC
2832	苋	艹部	4	2535	DCC8	082CB	2878	苿	艹部	5	11234	C684	082FF
2833	䒜	艹部	4	3112	82339E31	0449C	2879	茉	艹部	5	11234	DCD4	08309
2834	芞	艹部	4	3115	C65A	0829E	2880	䒧	艹部	5	12154	82339F32	044A7
2835	芼	艹部	4	3115	C664	082BC	2881	苷	艹部	5	12211	DCD5	082F7
2836	芺	艹部	4	3134	C662	082BA	2882	苦	艹部	5	12251	BFE0	082E6
2837	苌	艹部	4	3154	DCC9	082CC	2883	苯	艹部	5	12341	B1BD	082EF
2838	芢	艹部	4	3211	C65C	082A2	2884	苛	艹部	5	12512	BFC1	082DB
2839	花	艹部	4	3235	BBA8	082B1	2885	苪	艹部	5	12534	C675	082EA
2840	芿	艹部	4	3253	C665	082BF	2886	苤	艹部	5	13241	DCD6	082E4
2841	芹	艹部	4	3312	C7DB	082B9	2887	若	艹部	5	13251	C8F4	082E5
2842	苅	艹部	4	3422	C669	082C5	2888	茂	艹部	5	13534	C3AF	08302
2843	芥	艹部	4	3432	BDE6	082A5	2889	茏	艹部	5	13534	DCD7	0830F
2844	苁	艹部	4	3434	DCCA	082C1	2890	茇	艹部	5	13544	DCD8	08307
2845	䒝	艹部	4	3434	82339E32	0449D	2891	苹	艹部	5	14312	C6BB	082F9
2846	芲	艹部	4	3435	C65F	082B2	2892	苝	艹部	5	21135	C670	082DD
2847	芩	艹部	4	3445	DCCB	082A9	2893	苫	艹部	5	21251	C9BB	082EB
2848	芬	艹部	4	3453	B7D2	082AC	2894	苜	艹部	5	25111	DCD9	082DC
2849	䒦	艹部	4	3454	82339F31	044A6	2895	苴	艹部	5	25111	DCDA	082F4
2850	苍	艹部	4	3455	B2D4	082CD	2896	苗	艹部	5	25121	C3E7	082D7
2851	芪	艹部	4	3515	DCCE	082AA	2897	苖	艹部	5	25121	C66D	082D6
2852	芴	艹部	4	3533	DCCC	082B4	2898	英	艹部	5	25134	D3A2	082F1
2853	芡	艹部	4	3534	DCCD	082A1	2899	苢	艹部	5	25151	C671	082E2
2854	䒟	艹部	4	3541	82339E34	0449F	2900	苒	艹部	5	25211	DCDB	082D2
2855	䒢	艹部	4	3552	82339E37	044A2	2901	苘	艹部	5	25251	DCDC	082D8
2856	芟	艹部	4	3554	DCCF	0829F	2902	苬	艹部	5	25341	C676	082EC
2857	芶	艹部	4	3554	C661	082B6	2903	苼	艹部	5	31121	C681	082FC
2858	苄	艹部	4	4124	DCD0	082C4	2904	䒨	艹部	5	31134	82339F33	044A8
2859	芠	艹部	4	4134	C65B	082A0	2905	苵	艹部	5	31134	C67C	082F5
2860	苀	艹部	4	4135	C666	082C0	2906	苲	艹部	5	31211	C67A	082F2
2861	芳	艹部	4	4153	B7BC	082B3	2907	䒩	艹部	5	31234	82339F34	044A9
2862	苂	艹部	4	4334	C667	082C2	2908	茌	艹部	5	32121	DCDD	0830C
2863	苎	艹部	4	4451	DCD1	082CE	2909	茊	艹部	5	32121	C686	0830A
2864	芦	艹部	4	4513	C2AB	082A6	2910	苻	艹部	5	32124	DCDE	082FB

字序	字形	部首	部首外笔画数	部首外笔顺	18030代码	13000代码	字序	字形	部首	部首外笔画数	部首外笔顺	18030代码	13000代码
2911	䒫	艹部	5	32154	82339F36	044AB	2957	茙	艹部	6	113534	C68E	08319
2912	苮	艹部	5	32252	C678	082EE	2958	茥	艹部	6	121121	C697	08325
2913	苩	艹部	5	32511	C674	082E9	2959	䓁	艹部	6	121124	8233A138	044C1
2914	苽	艹部	5	33544	C682	082FD	2960	䓀	艹部	6	121251	8233A137	044C0
2915	苶	艹部	5	34234	C67D	082F6	2961	荖	艹部	6	121335	C74E	08356
2916	苸	艹部	5	34312	C67E	082F8	2962	茿	艹部	6	121354	C741	0833F
2917	苓	艹部	5	34454	DCDF	082D3	2963	羐	艹部	6	121354	C167	07F90
2918	苚	艹部	5	35112	C66F	082DA	2964	茸	艹部	6	122111	C8D7	08338
2919	茚	艹部	5	35152	DCE1	0831A	2965	荁	艹部	6	125111	C742	08341
2920	茋	艹部	5	35154	C687	0830B	2966	茞	艹部	6	125125	C690	0831E
2921	苟	艹部	5	35251	B9B6	082DF	2967	茦	艹部	6	125234	C698	08326
2922	茍	艹部	5	35251	C688	0830D	2968	茜	艹部	6	125351	DCE7	0831C
2923	茐	艹部	5	35334	C689	08310	2969	茬	艹部	6	132121	B2E7	0832C
2924	茆	艹部	5	35352	DCE2	08306	2970	䒴	艹部	6	132511	8233A035	044B4
2925	苳	艹部	5	35444	C67B	082F3	2971	荐	艹部	6	132521	BCF6	08350
2926	茑	艹部	5	35451	DCE0	08311	2972	荋	艹部	6	132522	C748	0834B
2927	茒	艹部	5	35452	C68A	08312	2973	荂	艹部	6	134115	C743	08342
2928	苑	艹部	5	35455	D4B7	082D1	2974	荙	艹部	6	134454	C751	08359
2929	苞	艹部	5	35515	B0FA	082DE	2975	荗	艹部	6	134534	C74F	08357
2930	苙	艹部	5	41431	C66E	082D9	2976	茢	艹部	6	135422	C694	08322
2931	范	艹部	5	44155	B7B6	08303	2977	荿	艹部	6	135534	C75E	0837F
2932	苧	艹部	5	44512	C672	082E7	2978	荚	艹部	6	143134	BCD4	0835A
2933	茓	艹部	5	44534	C68B	08313	2979	荑	艹部	6	151534	DCE8	08351
2934	茔	艹部	5	45121	DCE3	08314	2980	䓉	艹部	6	152352	8233A236	044C9
2935	䒮	艹部	5	45354	82339F39	044AE	2981	荛	艹部	6	153135	DCE9	0835B
2936	䒯	艹部	5	45354	8233A030	044AF	2982	荜	艹部	6	153512	DCEA	0835C
2937	苾	艹部	5	45434	C683	082FE	2983	荎	艹部	6	154121	C74B	0834E
2938	茕	艹部	5	45512	DCE4	08315	2984	茮	艹部	6	211234	C69B	0832E
2939	䒭	艹部	5	51124	82339F38	044AD	2985	茈	艹部	6	212135	DCEB	08308
2940	苨	艹部	5	51335	C673	082E8	2986	茪	艹部	6	243135	C69A	0832A
2941	苠	艹部	5	51515	DCE5	082E0	2987	草	艹部	6	251112	B2DD	08349
2942	苐	艹部	5	51523	C66C	082D0	2988	茰	艹部	6	251134	C69C	08330
2943	茀	艹部	5	51532	C685	08300	2989	䒶	艹部	6	251153	8233A037	044B6
2944	苰	艹部	5	51554	C679	082F0	2990	茧	艹部	6	251214	BCEB	08327
2945	茁	艹部	5	52252	D7C2	08301	2991	䒼	艹部	6	251221	8233A133	044BC
2946	苕	艹部	5	53251	DCE6	082D5	2992	茼	艹部	6	251251	DCED	0833C
2947	茄	艹部	5	53251	C7D1	08304	2993	莒	艹部	6	251251	DCEC	08392
2948	茎	艹部	5	54121	BEA5	0830E	2994	茵	艹部	6	251341	D2F0	08335
2949	䒪	艹部	5	54132	82339F35	044AA	2995	茴	艹部	6	252511	DCEE	08334
2950	苔	艹部	5	54251	CCA6	082D4	2996	䒻	艹部	6	252515	8233A132	044BB
2951	茅	艹部	5	54523	C3A9	08305	2997	荝	艹部	6	253422	C752	0835D
2952	苺	艹部	5	55414	C680	082FA	2998	䒽	艹部	6	253434	8233A134	044BD
2953	苭	艹部	5	55453	C677	082ED	2999	茱	艹部	6	311234	DCEF	08331
2954	䒰	艹部	6	111215	8233A031	044B0	3000	莛	艹部	6	312154	DCF0	0839B
2955	䒹	艹部	6	111234	8233A130	044B9	3001	䒷	艹部	6	312251	8233A038	044B7
2956	荊	艹部	6	113222	C747	0834A	3002	荞	艹部	6	313432	DCF1	0835E

字序	字形	部首	部首外笔画数	部首外笔顺	18030代码	13000代码	字序	字形	部首	部首外笔画数	部首外笔顺	18030代码	13000代码
3003	茠	艹部	6	321234	C692	08320	3049	䒲	艹部	6	531315	8233A033	044B2
3004	茯	艹部	6	321344	DCF2	0832F	3050	䒵	艹部	6	531521	8233A036	044B5
3005	茷	艹部	6	321534	C69E	08337	3051	茘	艹部	6	535353	C68D	08318
3006	莚	艹部	6	321554	C772	0839A	3052	荔	艹部	6	535353	C0F3	08354
3007	茽	艹部	6	322512	C6A0	0833D	3053	荬	艹部	6	544134	DDA4	0836C
3008	荏	艹部	6	323121	DCF3	0834F	3054	荭	艹部	6	551121	DDA6	0836D
3009	䒸	艹部	6	325221	8233A039	044B8	3055	荮	艹部	6	551124	DDA7	0836E
3010	茩	艹部	6	331251	C699	08329	3056	药	艹部	6	551354	D2A9	0836F
3011	荇	艹部	6	332112	DCF4	08347	3057	䒺	艹部	6	554234	8233A131	044BA
3012	荃	艹部	6	341121	DCF5	08343	3058	茲	艹部	6	554554	C69D	08332
3013	荟	艹部	6	341154	DCF6	0835F	3059	䓓	艹部	7	1113124	8233A336	044D3
3014	茶	艹部	6	341234	B2E8	08336	3060	華	艹部	7	1122112	C841	083EF
3015	荅	艹部	6	341251	C745	08345	3061	䓕	艹部	7	1135454	8233A338	044D5
3016	荕	艹部	6	351153	C74D	08355	3062	荴	艹部	7	1211134	C758	08374
3017	䒳	艹部	6	351234	8233A034	044B3	3063	莏	艹部	7	1212343	C76A	0838F
3018	荀	艹部	6	352511	DCF7	08340	3064	䓇	艹部	7	1213234	8233A234	044C7
3019	荈	艹部	6	354152	C746	08348	3065	䓆	艹部	7	1213312	8233A233	044C6
3020	茗	艹部	6	354251	DCF8	08317	3066	䓔	艹部	7	1213521	8233A337	044D4
3021	茖	艹部	6	354251	C68C	08316	3067	莰	艹部	7	1213534	DDA8	083B0
3022	茤	艹部	6	354354	C696	08324	3068	荺	艹部	7	1213541	C75C	0837A
3023	荘	艹部	6	412121	C750	08358	3069	䓌	艹部	7	1214544	8233A239	044CC
3024	荠	艹部	6	413432	DCF9	08360	3070	茝	艹部	7	1225125	C68F	0831D
3025	茭	艹部	6	413434	DCFA	0832D	3071	荰	艹部	7	1234121	C754	08370
3026	茨	艹部	6	413534	B4C4	08328	3072	莕	艹部	7	1234251	C76E	08395
3027	䒾	艹部	6	413534	8233A135	044BE	3073	莁	艹部	7	1234341	C760	08381
3028	荒	艹部	6	415325	BBC4	08352	3074	莍	艹部	7	1241344	C769	0838D
3029	荄	艹部	6	415334	C744	08344	3075	荸	艹部	7	1245521	DDA9	08378
3030	茺	艹部	6	415435	DCFB	0833A	3076	莗	艹部	7	1251112	C770	08397
3031	荓	艹部	6	431132	C74C	08353	3077	莆	艹部	7	1251124	C6CE	08386
3032	茳	艹部	6	441121	DCFC	08333	3078	莄	艹部	7	1251134	C763	08384
3033	茫	艹部	6	441415	C3A3	0832B	3079	䓊	艹部	7	1251251	8233A237	044CA
3034	荡	艹部	6	441533	B5B4	08361	3080	荳	艹部	7	1251431	C757	08373
3035	荢	艹部	6	445112	C753	08362	3081	莤	艹部	7	1253511	C778	083A4
3036	茡	艹部	6	445521	C693	08321	3082	莀	艹部	7	1311534	C75F	08380
3037	荌	艹部	6	445531	C749	0834C	3083	䓏	艹部	7	1324251	8233A332	044CF
3038	荤	艹部	6	451512	BBE7	08364	3084	䓐	艹部	7	1341525	8233A333	044D0
3039	茟	艹部	6	511112	C691	0831F	3085	莢	艹部	7	1343434	C776	083A2
3040	荨	艹部	6	511124	DDA1	08368	3086	莽	艹部	7	1344132	C3A7	083BD
3041	茛	艹部	6	511534	DDA2	0831B	3087	莱	艹部	7	1431234	C0B3	083B1
3042	荩	艹部	6	513444	DDA3	08369	3088	莲	艹部	7	1512454	C1AB	083B2
3043	荪	艹部	6	521234	DDA5	0836A	3089	莖	艹部	7	1555121	C76F	08396
3044	荍	艹部	6	523134	C74A	0834D	3090	荹	艹部	7	2121233	C75B	08379
3045	荫	艹部	6	523511	D2F1	0836B	3091	莦	艹部	7	2432511	C77A	083A6
3046	茻	艹部	6	523522	C69F	0833B	3092	䓍	艹部	7	2511112	8233A330	044CD
3047	䒱	艹部	6	525341	8233A032	044B1	3093	莳	艹部	7	2511124	DDAA	083B3
3048	茹	艹部	6	531251	C8E3	08339	3094	茣	艹部	7	2511134	C695	08323

字序	字形	部首	部首外笔画数	部首外笔顺	18030代码	13000代码	字序	字形	部首	部首外笔画数	部首外笔顺	18030代码	13000代码
3095	莫	艹部	7	2511134	C4AA	083AB	3141	䓅	艹部	7	4413312	8233A232	044C5
3096	莧	艹部	7	2511135	C77B	083A7	3142	䓋	艹部	7	4413515	8233A238	044CB
3097	莇	艹部	7	2511153	C764	08387	3143	莈	艹部	7	4413554	C765	08388
3098	荲	艹部	7	2511211	C756	08372	3144	莐	艹部	7	4414535	C76B	08390
3099	莡	艹部	7	2512134	C775	083A1	3145	莞	艹部	7	4451135	DDB8	0839E
3100	莮	艹部	7	2512153	C77E	083AE	3146	䓖	艹部	7	4453453	FE7B	044D6
3101	莴	艹部	7	2512534	DDAB	083B4	3147	莨	艹部	7	4511534	DDB9	083A8
3102	荶	艹部	7	2513445	C75A	08376	3148	莙	艹部	7	5113251	C771	08399
3103	䓃	艹部	7	2515215	8233A230	044C3	3149	莭	艹部	7	5115452	C77D	083AD
3104	莂	艹部	7	2515322	C761	08382	3150	荱	艹部	7	5133115	C755	08371
3105	莔	艹部	7	2534251	C76D	08394	3151	莊	艹部	7	5213121	C766	0838A
3106	莪	艹部	7	3121534	DDAD	083AA	3152	莻	艹部	7	5325135	C782	083BB
3107	莉	艹部	7	3123422	C0F2	08389	3153	荵	艹部	7	5344544	C759	08375
3108	莠	艹部	7	3123453	DDAC	083A0	3154	荾	艹部	7	5434354	C75D	0837E
3109	莓	艹部	7	3155414	DDAE	08393	3155	莼	艹部	7	5511525	DDBB	083BC
3110	荷	艹部	7	3212512	BAC9	08377	3156	菶	艹部	8	11134112	C845	083F6
3111	莜	艹部	7	3223134	DDAF	0839C	3157	菁	艹部	8	11212511	DDBC	083C1
3112	荋	艹部	7	3231211	C767	0838B	3158	菾	艹部	8	11342444	C84A	083FE
3113	荅	艹部	7	3241431	DDB0	08385	3159	萇	艹部	8	12111534	C84F	08407
3114	莵	艹部	7	3251354	C781	083B5	3160	菝	艹部	8	12113544	DDC3	083DD
3115	菦	艹部	7	3312454	C79B	083E6	3161	菗	艹部	8	12125121	C793	083D7
3116	䓈	艹部	7	3323554	8233A235	044C8	3162	著	艹部	8	12132511	D6F8	08457
3117	荼	艹部	7	3411234	DDB1	0837C	3163	菱	艹部	8	12134354	C1E2	083F1
3118	莃	艹部	7	3413252	C762	08383	3164	菢	艹部	8	12135515	C798	083E2
3119	莶	艹部	7	3414431	DDB2	083B6	3165	菈	艹部	8	12141431	C789	083C8
3120	莝	艹部	7	3434121	C773	0839D	3166	萔	艹部	8	12153251	C856	08414
3121	莩	艹部	7	3443521	DDB3	083A9	3167	萚	艹部	8	12154112	C85B	0841A
3122	荽	艹部	7	3443531	DDB4	0837D	3168	萁	艹部	8	12211134	DDBD	08401
3123	莟	艹部	7	3445251	C774	0839F	3169	菆	艹部	8	12211154	C788	083C6
3124	䓒	艹部	7	3525121	8233A335	044D2	3170	菻	艹部	8	12341234	C848	083FB
3125	莬	艹部	7	3525135	C77C	083AC	3171	䓩	艹部	8	12341254	8233A537	044E9
3126	获	艹部	7	3531344	BBF1	083B7	3172	菥	艹部	8	12343312	DDBE	083E5
3127	莸	艹部	7	3531354	DDB5	083B8	3173	萊	艹部	8	12343434	C852	0840A
3128	䓄	艹部	7	3533312	8233A231	044C4	3174	菘	艹部	8	12343454	DDBF	083D8
3129	荻	艹部	7	3534334	DDB6	0837B	3175	蒁	艹部	8	12344454	C944	08481
3130	莥	艹部	7	3535211	C779	083A5	3176	萙	艹部	8	12344535	C85A	08419
3131	莑	艹部	7	3541112	C76C	08391	3177	堇	艹部	8	12511121	DDC0	05807
3132	䓂	艹部	7	4111251	8233A139	044C2	3178	菫	艹部	8	12511121	C79E	083EB
3133	莘	艹部	7	4143112	DDB7	08398	3179	菄	艹部	8	12511234	C787	083C4
3134	莣	艹部	7	4154544	C777	083A3	3180	菣	艹部	8	12512554	C799	083E3
3135	莌	艹部	7	4325135	C768	0838C	3181	莿	艹部	8	12523422	C784	083BF
3136	䓎	艹部	7	4334354	8233A331	044CE	3182	䓣	艹部	8	12523434	8233A531	044E3
3137	䓑	艹部	7	4411132	8233A334	044D1	3183	萘	艹部	8	13411234	DDC1	08418
3138	莯	艹部	7	4411234	C780	083AF	3184	莾	艹部	8	13412132	C783	083BE
3139	菃	艹部	7	4411515	C786	083C3	3185	䓫	艹部	8	13412512	8233A539	044EB
3140	莎	艹部	7	4412343	C9AF	0838E	3186	菴	艹部	8	13425115	C843	083F4

字序	字形	部首	部首外笔画数	部首外笔顺	18030代码	13000代码	字序	字形	部首	部首外笔画数	部首外笔顺	18030代码	13000代码
3187	萐	艹部	8	15112134	C853	08410	3233	菍	艹部	8	34454544	C78C	083CD
3188	萋	艹部	8	15112531	DDC2	0840B	3234	棻	艹部	8	34531234	97B1	068FB
3189	萅	艹部	8	15252511	C84E	08405	3235	䓗	艹部	8	34544544	8233A339	044D7
3190	菚	艹部	8	15341534	C795	083DA	3236	萠	艹部	8	35113511	C85F	08420
3191	菿	艹部	8	15412122	C84B	083FF	3237	萉	艹部	8	35115215	C851	08409
3192	菲	艹部	8	21112111	B7C6	083F2	3238	菔	艹部	8	35115254	DDCA	083D4
3193	菽	艹部	8	21123454	DDC4	083FD	3239	䓟	艹部	8	35121251	8233A437	044DF
3194	䓬	艹部	8	21251112	8233A630	044EC	3240	菟	艹部	8	35251354	DDCB	083DF
3195	萀	艹部	8	21531535	C84C	08400	3241	萄	艹部	8	35311252	CCD1	08404
3196	萛	艹部	8	25111132	C85C	0841B	3242	萏	艹部	8	35321511	DDCC	0840F
3197	菋	艹部	8	25111234	C78B	083CB	3243	䓤	艹部	8	35334544	8233A532	044E4
3198	菒	艹部	8	25111234	C790	083D2	3244	䓘	艹部	8	35424251	8233A430	044D8
3199	菓	艹部	8	25111234	C791	083D3	3245	菊	艹部	8	35431234	BED5	083CA
3200	萈	艹部	8	25111354	C850	08408	3246	菧	艹部	8	41335154	C79C	083E7
3201	菎	艹部	8	25111535	C78D	083CE	3247	萕	艹部	8	41343211	C857	08415
3202	菖	艹部	8	25112511	DDC5	083D6	3248	萃	艹部	8	41343412	DDCD	08403
3203	菛	艹部	8	25112511	C796	083DB	3249	萒	艹部	8	41345435	C854	08412
3204	萌	艹部	8	25113511	C3C8	0840C	3250	菮	艹部	8	41351134	C840	083EE
3205	䓪	艹部	8	25113533	8233A538	044EA	3251	菩	艹部	8	41431251	C6D0	083E9
3206	䓦	艹部	8	25122134	8233A534	044E6	3252	菨	艹部	8	41431531	C79D	083E8
3207	䓢	艹部	8	25122511	8233A530	044E2	3253	菸	艹部	8	41533444	DDCE	083F8
3208	萜	艹部	8	25221251	DDC6	0841C	3254	菤	艹部	8	43113455	C79A	083E4
3209	萝	艹部	8	25221354	C2DC	0841D	3255	菼	艹部	8	43344334	C849	083FC
3210	菌	艹部	8	25312341	BEFA	083CC	3256	菏	艹部	8	44112512	BACA	083CF
3211	萞	艹部	8	25341535	C85D	0841E	3257	萍	艹部	8	44114312	C6BC	0840D
3212	䓠	艹部	8	25342511	8233A438	044E0	3258	菹	艹部	8	44125111	DDCF	083F9
3213	菵	艹部	8	25431415	C844	083F5	3259	萡	艹部	8	44132511	C860	08421
3214	萵	艹部	8	25525251	C86E	08435	3260	䓜	艹部	8	44135154	8233A434	044DC
3215	䓡	艹部	8	31134251	8233A439	044E1	3261	萢	艹部	8	44135515	C861	08422
3216	菙	艹部	8	31212211	C794	083D9	3262	菬	艹部	8	44153251	C79F	083EC
3217	䓙	艹部	8	31221135	8233A431	044D9	3263	菠	艹部	8	44153254	B2A4	083E0
3218	萂	艹部	8	31234251	C84D	08402	3264	菭	艹部	8	44154251	C7A0	083ED
3219	菞	艹部	8	31234353	C797	083DE	3265	萗	艹部	8	44511234	C859	08417
3220	萟	艹部	8	31234354	C85E	0841F	3266	萣	艹部	8	44512134	C862	08423
3221	萎	艹部	8	31234531	CEAE	0840E	3267	菪	艹部	8	44513251	DDD0	083EA
3222	萸	艹部	8	32151134	DDC7	08438	3268	萓	艹部	8	44525111	C855	08413
3223	萖	艹部	8	32151135	C858	08416	3269	菅	艹部	8	44525151	DDD1	083C5
3224	萑	艹部	8	32411121	DDC8	08411	3270	菀	艹部	8	44535455	DDD2	083C0
3225	雈	艹部	8	32411121	EB66	096C8	3271	蓈	艹部	8	45115452	C976	084C8
3226	萆	艹部	8	32511312	DDC9	08406	3272	䓞	艹部	8	45131344	8233A436	044DE
3227	菂	艹部	8	32511354	C785	083C2	3273	菺	艹部	8	45132511	C847	083FA
3228	䓚	艹部	8	33225111	8233A432	044DA	3274	萧	艹部	8	51123234	CFF4	08427
3229	菳	艹部	8	34112431	C842	083F3	3275	菉	艹部	8	51124134	C78A	083C9
3230	䓭	艹部	8	34123422	8233A631	044ED	3276	菷	艹部	8	51145252	C846	083F7
3231	菕	艹部	8	34125122	C792	083D5	3277	䓛	艹部	8	51352252	8233A433	044DB
3232	菜	艹部	8	34431234	B2CB	083DC	3278	䓝	艹部	8	52125221	8233A435	044DD

字序	字形	部首	部首外笔画数	部首外笔顺	18030代码	13000代码	字序	字形	部首	部首外笔画数	部首外笔顺	18030代码	13000代码
3279	菰	艹部	8	52133544	DDD4	083F0	3325	䓵	艹部	9	251251251	8233A639	044F5
3280	䓧	艹部	8	52251541	8233A535	044E7	3326	蓇	艹部	9	255452511	C975	084C7
3281	菡	艹部	8	52413452	DDD5	083E1	3327	萫	艹部	9	312342511	C865	0842B
3282	萨	艹部	8	52414313	C8F8	08428	3328	萩	艹部	9	312344334	C863	08429
3283	菇	艹部	8	53112251	B9BD	083C7	3329	萪	艹部	9	312344412	C864	0842A
3284	菑	艹部	8	55525121	C78F	083D1	3330	董	艹部	9	312511211	B6AD	08463
3285	葜	艹部	9	111253134	DDD6	0845C	3331	葮	艹部	9	321113554	C898	0846E
3286	萶	艹部	9	111342511	C86F	08436	3332	蓃	艹部	9	321511254	C972	084C3
3287	䓯	艹部	9	112155414	8233A633	044EF	3333	蓚	艹部	9	322354333	C982	084DA
3288	葑	艹部	9	121121124	DDD7	08451	3334	葆	艹部	9	322511234	DDE1	08446
3289	葀	艹部	9	121312251	C876	08440	3335	蒊	艹部	9	323525135	C949	0848A
3290	蒆	艹部	9	121354531	C948	08486	3336	䓲	艹部	9	324325135	8233A636	044F2
3291	葚	艹部	9	122111345	DDD8	0845A	3337	葟	艹部	9	325111121	C88F	0845F
3292	葉	艹部	9	122151234	C87E	08449	3338	葲	艹部	9	325112534	C89B	08472
3293	葫	艹部	9	122513511	BAF9	0846B	3339	蒐	艹部	9	325113554	C94C	08490
3294	萳	艹部	9	122543112	C86C	08433	3340	葠	艹部	9	325114554	C890	08460
3295	葙	艹部	9	123425111	DDD9	08459	3341	葩	艹部	9	325115215	DDE2	08469
3296	葧	艹部	9	124552153	C895	08467	3342	萭	艹部	9	325125214	C867	0842D
3297	䓶	艹部	9	125123422	8233A730	044F6	3343	葔	艹部	9	325131134	C889	08454
3298	葍	艹部	9	125125121	C883	0844D	3344	㗡	艹部	9	325325135	8230A037	035E1
3299	䓰	艹部	9	125221121	8233A634	044F0	3345	葰	艹部	9	325434354	C89A	08470
3300	葽	艹部	9	125221531	C940	0847D	3346	葕	艹部	9	332441112	C88A	08455
3301	萰	艹部	9	125431234	C86A	08430	3347	葎	艹部	9	332511112	C884	0844E
3302	葴	艹部	9	131251534	C89C	08474	3348	䓳	艹部	9	332511534	8233A637	044F3
3303	葳	艹部	9	131531534	DDDA	08473	3349	萮	艹部	9	341251122	C868	0842E
3304	䓴	艹部	9	132522134	8233A638	044F4	3350	葊	艹部	9	341251132	C880	0844A
3305	蒇	艹部	9	132534534	DDDB	08487	3351	葅	艹部	9	343425111	C87B	08445
3306	葢	艹部	9	134425221	C891	08462	3352	萲	艹部	9	344311354	C86B	08432
3307	塟	艹部	9	135435121	895A	0585F	3353	䓹	艹部	9	344511534	8233A733	044F9
3308	葬	艹部	9	135435132	D4E1	0846C	3354	葼	艹部	9	345234354	C8A0	0847C
3309	蒈	艹部	9	153532511	DDDC	08488	3355	葐	艹部	9	345325221	C886	08450
3310	葝	艹部	9	155512153	C88D	0845D	3356	葄	艹部	9	351131211	C87A	08444
3311	葘	艹部	9	155525121	C88C	08458	3357	葋	艹部	9	351135251	C881	0844B
3312	韮	艹部	9	211121111	ED83	097EE	3358	葡	艹部	9	351251124	C6CF	08461
3313	萷	艹部	9	243251122	C870	08437	3359	萯	艹部	9	352511134	C869	0842F
3314	萴	艹部	9	251113422	C86D	08434	3360	葂	艹部	9	352513553	C878	08442
3315	葺	艹部	9	251122111	DDDD	0847A	3361	葻	艹部	9	353251214	C89F	0847B
3316	萺	艹部	9	251125111	C872	0843A	3362	葱	艹部	9	353344544	B4D0	08471
3317	萬	艹部	9	251125214	C866	0842C	3363	葪	艹部	9	353511222	C897	0846A
3318	蒀	艹部	9	251125221	C943	08480	3364	葾	艹部	9	354554544	C941	0847E
3319	葃	艹部	9	251131211	C879	08443	3365	蒋	艹部	9	412354124	BDAF	0848B
3320	葛	艹部	9	251135345	B8F0	0845B	3366	葶	艹部	9	412514512	DDE3	08476
3321	葨	艹部	9	251211534	C896	08468	3367	萻	艹部	9	414312511	C873	0843B
3322	蒉	艹部	9	251212534	DDDE	08489	3368	蒂	艹部	9	414345252	B5D9	08482
3323	葸	艹部	9	251214544	DDDF	08478	3369	葹	艹部	9	415331525	C89E	08479
3324	萼	艹部	9	251251115	DDE0	0843C	3370	蒫	艹部	9	431113121	C963	084AB

字序	字形	部首	部首外笔画数	部首外笔顺	18030代码	13000代码	字序	字形	部首	部首外笔画数	部首外笔顺	18030代码	13000代码
3371	䓺	艹部	9	431121134	8233A734	044FA	3417	蓋	艹部	10	1215425221	C977	084CB
3372	葁	艹部	9	431121531	C877	08441	3418	蒖	艹部	10	1225111134	C952	08496
3373	蒾	艹部	9	431234454	C96F	084BE	3419	蓕	艹部	10	1234121121	C97D	084D5
3374	蒌	艹部	9	431234531	DDE4	0848C	3420	蓒	艹部	10	1251112112	C97B	084D2
3375	葥	艹部	9	431251122	C893	08465	3421	蓮	艹部	10	1251112454	C98F	084EE
3376	蒍	艹部	9	435554444	C94A	0848D	3422	蒪	艹部	10	1251124124	C962	084AA
3377	葓	艹部	9	441122134	C888	08453	3423	䔅	艹部	10	1251212512	8233A835	04505
3378	萿	艹部	9	441312251	C875	0843F	3424	䔎	艹部	10	1251234454	8233A934	0450E
3379	䓷	艹部	9	441332112	8233A731	044F7	3425	蒚	艹部	10	1251254312	C954	0849A
3380	蒎	艹部	9	441333534	DDE5	0848E	3426	䔁	艹部	10	1252211234	8233A831	04501
3381	蒅	艹部	9	441351234	C947	08485	3427	蓛	艹部	10	1252343134	C983	084DB
3382	落	艹部	9	441354251	C2E4	0843D	3428	蓜	艹部	10	1253511515	C984	084DC
3383	蓱	艹部	9	441431132	C991	084F1	3429	蓐	艹部	10	1311534124	DDEA	084D0
3384	葏	艹部	9	441511112	C885	0844F	3430	蒧	艹部	10	1321251534	C95F	084A7
3385	萱	艹部	9	445125111	DDE6	08431	3431	蒝	艹部	10	1332511234	C956	0849D
3386	葖	艹部	9	445341344	C88B	08456	3432	蓫	艹部	10	1353334454	C98D	084EB
3387	蒄	艹部	9	451135124	C946	08484	3433	䓱	艹部	10	2121351234	8233A635	044F1
3388	䓻	艹部	9	451135531	8233A735	044FB	3434	蓝	艹部	10	2231425221	C0B6	084DD
3389	葷	艹部	9	451251112	C89D	08477	3435	蒔	艹部	10	2511121124	C950	08494
3390	萹	艹部	9	451325122	C871	08439	3436	蓽	艹部	10	2511122112	C99C	084FD
3391	䔃	艹部	9	452425111	8233A833	04503	3437	蒷	艹部	10	2512511134	C96C	084B7
3392	蔇	艹部	9	511541535	CA44	08507	3438	蒽	艹部	10	2513414544	DDEC	084BD
3393	葭	艹部	9	512115154	DDE7	0846D	3439	䔇	艹部	10	2521251431	8233A837	04507
3394	葞	艹部	9	515122111	C88E	0845E	3440	夢	艹部	10	2522145354	89F4	05922
3395	葦	艹部	9	521251152	C894	08466	3441	蒕	艹部	10	2534125221	C951	08495
3396	葿	艹部	9	521325111	C942	0847F	3442	蒛	艹部	10	3112525134	C955	0849B
3397	蒢	艹部	9	523411234	C95A	084A2	3443	䔏	艹部	10	3121251454	8233A935	0450F
3398	䓸	艹部	9	531531112	8233A732	044F8	3444	蒩	艹部	10	3123425111	C961	084A9
3399	葌	艹部	9	531531531	C882	0844C	3445	䔉	艹部	10	3123431234	8233A839	04509
3400	萾	艹部	9	535425221	C874	0843E	3446	蒨	艹部	10	3211212511	C960	084A8
3401	葈	艹部	9	542511234	C87D	08448	3447	蓧	艹部	10	3223541234	C989	084E7
3402	葵	艹部	9	543341134	BFFB	08475	3448	蓨	艹部	10	3223542511	C98A	084E8
3403	葇	艹部	9	545231234	C87C	08447	3449	䔀	艹部	10	3231234531	8233A830	04500
3404	䓮	艹部	9	545233134	8233A632	044EE	3450	蒦	艹部	10	3241112154	C95E	084A6
3405	蒃	艹部	9	551353334	C945	08483	3451	蓓	艹部	10	3241431251	DDED	084D3
3406	葒	艹部	9	554444121	C887	08452	3452	䔌	艹部	10	3251113412	8233A932	0450C
3407	葤	艹部	9	554444124	C892	08464	3453	蒠	艹部	10	3251114544	C959	084A0
3408	葯	艹部	9	554444354	C899	0846F	3454	蒒	艹部	10	3251511252	C94E	08492
3409	蓁	艹部	10	1113431234	DDE8	084C1	3455	蓖	艹部	10	3253411535	B1CD	084D6
3410	䔊	艹部	10	1121431132	8233A930	0450A	3456	蓗	艹部	10	3321212134	C97E	084D7
3411	蔜	艹部	10	1121533134	CA54	0851C	3457	蒣	艹部	10	3323411234	C95B	084A3
3412	蒜	艹部	10	1123411234	CBE2	0849C	3458	蒑	艹部	10	3351153554	C94D	08491
3413	蒱	艹部	10	1211251124	C968	084B1	3459	蒰	艹部	10	3354143554	C967	084B0
3414	䔍	艹部	10	1211254444	8233A933	0450D	3460	蓏	艹部	10	3354433544	C97A	084CF
3415	䔈	艹部	10	1212511134	8233A838	04508	3461	蔱	艹部	10	3412343554	CA65	08531
3416	蓍	艹部	10	1213352511	DDE9	084CD	3462	蓌	艹部	10	3434121354	C978	084CC

字序	字形	部首	部首外笔画数	部首外笔顺	18030代码	13000代码
3463	䔄	艹部	10	3443311252	8233A834	04504
3464	蓞	艹部	10	3443321511	C985	084DE
3465	蒵	艹部	10	3443554134	C96A	084B5
3466	蒼	艹部	10	3445113251	C96E	084BC
3467	蓊	艹部	10	3454541541	DDEE	084CA
3468	蓟	艹部	10	3525121122	BCBB	084DF
3469	䔆	艹部	10	3532511211	8233A836	04506
3470	蓬	艹部	10	3541112454	C5EE	084EC
3471	蒥	艹部	10	3545325121	C95D	084A5
3472	蒭	艹部	10	3552335523	C965	084AD
3473	䓽	艹部	10	4111251515	8233A737	044FD
3474	蓤	艹部	10	4112134354	C988	084E4
3475	蓑	艹部	10	4125113534	CBF2	084D1
3476	蒿	艹部	10	4125125251	DDEF	084BF
3477	蓆	艹部	10	4131221252	C974	084C6
3478	蓙	艹部	10	4133434121	C981	084D9
3479	蒺	艹部	10	4134131134	DDF0	084BA
3480	蓠	艹部	10	4134522554	DDF1	084E0
3481	蓘	艹部	10	4134543534	C980	084D8
3482	蓎	艹部	10	4135112251	C979	084CE
3483	蔀	艹部	10	4143125152	C99E	08500
3484	蒟	艹部	10	4143135251	C958	0849F
3485	蒡	艹部	10	4143454153	DDF2	084A1
3486	蓄	艹部	10	4155425121	D0EE	084C4
3487	蓔	艹部	10	4311214444	C97C	084D4
3488	蒹	艹部	10	4315112234	DDF3	084B9
3489	蒴	艹部	10	4315233511	DDF4	084B4
3490	蒲	艹部	10	4411251124	C6D1	084B2
3491	䓾	艹部	10	4412343531	8233A738	044FE
3492	蒞	艹部	10	4413241431	C957	0849E
3493	蒤	艹部	10	4413411234	C95C	084A4
3494	蓅	艹部	10	4414154325	C973	084C5
3495	蒗	艹部	10	4414511534	DDF5	08497
3496	蓡	艹部	10	4415114554	C986	084E1
3497	蓉	艹部	10	4453434251	C8D8	084C9
3498	䔂	艹部	10	4454143112	8233A832	04502
3499	蒙	艹部	10	4511353334	C3C9	08499
3500	蓢	艹部	10	4511543511	C987	084E2
3501	䔗	艹部	10	4524431112	8233AA33	04517
3502	蓂	艹部	10	4525114134	C971	084C2
3503	蒮	艹部	10	4532411121	C966	084AE
3504	蒬	艹部	10	4535251354	C964	084AC
3505	蒻	艹部	10	5154151541	C96D	084BB
3506	䔖	艹部	10	5212134354	8233AA32	04516
3507	蔯	艹部	10	5212511234	CA63	0852F
3508	蓀	艹部	10	5213554234	C970	084C0
3509	蔭	艹部	10	5234451154	CA61	0852D
3510	䔒	艹部	10	5241431251	8233A938	04512
3511	蒸	艹部	10	5253414444	D5F4	084B8
3512	䓼	艹部	10	5311353334	8233A736	044FC
3513	蒘	艹部	10	5312513112	C953	08498
3514	蓪	艹部	10	5425112454	C98C	084EA
3515	䓿	艹部	10	5425431121	8233A739	044FF
3516	蓣	艹部	10	5452132534	DDF7	084E3
3517	蓩	艹部	10	5452335453	C98B	084E9
3518	蒓	艹部	10	5544441525	C94F	08493
3519	䔋	艹部	10	5544442343	8233A931	0450B
3520	蒳	艹部	10	5544442534	C969	084B3
3521	蒶	艹部	10	5544443453	C96B	084B6
3522	蔧	艹部	11	11121112511	CA5D	08527
3523	蔶	艹部	11	11212511134	CA6A	08536
3524	蓵	艹部	11	12115112134	C995	084F5
3525	蔫	艹部	11	12121154444	C4E8	0852B
3526	蓷	艹部	11	12132411121	C997	084F7
3527	蓺	艹部	11	12134121354	C99A	084FA
3528	蓻	艹部	11	12143112354	C99B	084FB
3529	䔜	艹部	11	12211125211	8233AA38	0451C
3530	蓳	艹部	11	12212511121	C993	084F3
3531	䔠	艹部	11	12342432511	8233AB32	04520
3532	䔦	艹部	11	12343155414	8233AB38	04526
3533	蔷	艹部	11	12431252511	C7BE	08537
3534	蔪	艹部	11	12511123312	CA60	0852A
3535	蓴	艹部	11	12511214124	C994	084F4
3536	蓸	艹部	11	12512212511	C998	084F8
3537	䔩	艹部	11	12512343134	8233AC31	04529
3538	蔌	艹部	11	12512343534	DDF8	0850C
3539	蓲	艹部	11	12512512515	C992	084F2
3540	蔈	艹部	11	12522111234	CA45	08508
3541	䔚	艹部	11	13115342511	8233AA36	0451A
3542	蔵	艹部	11	13125125534	CA69	08535
3543	蔕	艹部	11	13221545252	CA4F	08515
3544	䔪	艹部	11	13434343434	8233AC32	0452A
3545	䔛	艹部	11	15132511134	8233AA37	0451B
3546	蓾	艹部	11	21253444441	C99D	084FE
3547	蔖	艹部	11	21531525111	CA50	08516
3548	蔝	艹部	11	25111431234	CA55	0851D
3549	蔄	艹部	11	25112511251	CA41	08504
3550	蔅	艹部	11	25112511531	CA42	08505
3551	蔞	艹部	11	25112512531	CA56	0851E
3552	蔓	艹部	11	25112522154	C2FB	08513
3553	䔬	艹部	11	25121122134	8233AC34	0452C
3554	蔂	艹部	11	25121554234	C9A0	08502

字序	字形	部首	部首外笔画数	部首外笔顺	18030代码	13000代码	字序	字形	部首	部首外笔画数	部首外笔顺	18030代码	13000代码
3555	蔮	艹部	11	25125115341	CA62	0852E	3601	䔐	艹部	11	44115341534	8233A936	04510
3556	蓶	艹部	11	25132411121	C996	084F6	3602	蔋	艹部	11	44121123454	CA48	0850B
3557	蔑	艹部	11	25221134534	C3EF	08511	3603	蔢	艹部	11	44153254531	CA58	08522
3558	甍	艹部	11	25221451554	DDF9	0750D	3604	蔻	艹部	11	44511352154	DEA2	0853B
3559	蔨	艹部	11	25431134551	CA5E	08528	3605	蔲	艹部	11	44511353134	CA66	08532
3560	薖	艹部	11	25525251454	CB50	08596	3606	蔩	艹部	11	44512512134	CA5F	08529
3561	䔘	艹部	11	31125225111	8233AA34	04518	3607	蓿	艹部	11	44532132511	DEA3	084FF
3562	䔧	艹部	11	31234221234	8233AB39	04527	3608	蔤	艹部	11	44545434252	CA5A	08524
3563	䔣	艹部	11	31234223112	8233AB35	04523	3609	蔰	艹部	11	45132515215	CA64	08530
3564	䔟	艹部	11	31234354354	8233AB31	0451F	3610	蔼	艹部	11	45251135345	B0AA	0853C
3565	䔤	艹部	11	32511132511	8233AB36	04524	3611	䔥	艹部	11	51123243134	8233AB37	04525
3566	蔦	艹部	11	32511154444	CA5C	08526	3612	蔒	艹部	11	51132514444	CA4D	08512
3567	蔸	艹部	11	32511355135	DDFA	08538	3613	蔚	艹部	11	51311234124	CEB5	0851A
3568	蔥	艹部	11	32535414544	CA5B	08525	3614	䔫	艹部	11	52121125234	8233AC33	0452B
3569	蓰	艹部	11	33221212134	DDFB	084F0	3615	䔺	艹部	11	52131212511	8233AD38	0453A
3570	蓯	艹部	11	33234342134	C990	084EF	3616	蔣	艹部	11	52133544124	CA59	08523
3571	䔑	艹部	11	34112344412	8233A937	04511	3617	䕃	艹部	11	52341211154	8233AE37	04543
3572	䔙	艹部	11	34112431354	8233AA35	04519	3618	蕯	艹部	11	52354131121	CA94	0856F
3573	蔹	艹部	11	34144313134	DDFC	08539	3619	䔹	艹部	11	52431353334	8233AD37	04539
3574	䔢	艹部	11	34343434115	8233AB34	04522	3620	䕄	艹部	11	52534125221	8233AE38	04544
3575	䔕	艹部	11	35111251124	8233AA31	04515	3621	蓼	艹部	11	54154134333	DEA4	084FC
3576	蔔	艹部	11	35125125121	CA4E	08514	3622	蔘	艹部	11	54545434333	CA51	08518
3577	䔡	艹部	11	35251214444	8233AB33	04521	3623	䔨	艹部	11	55332411121	8233AC30	04528
3578	蕏	艹部	11	35312132511	CA78	0854F	3624	薌	艹部	11	55345115452	CB47	0858C
3579	蔛	艹部	11	35351124412	CA53	0851B	3625	蔠	艹部	11	55444435444	CA57	08520
3580	蔡	艹部	11	35445411234	B2CC	08521	3626	䔷	艹部	12	112111213445	8233AD35	04537
3581	䔓	艹部	11	41112513112	8233A939	04513	3627	䕀	艹部	12	121112343534	8233AE34	04540
3582	蔎	艹部	11	41112513554	CA4A	0850E	3628	蕘	艹部	12	121121121135	CA81	08558
3583	蔗	艹部	11	41312214444	D5E1	08517	3629	蕡	艹部	12	121222511134	CA88	08561
3584	蔴	艹部	11	41312341234	CA68	08534	3630	䔶	艹部	12	121251112134	8233AD34	04536
3585	蓭	艹部	11	41313425115	C98E	084ED	3631	䔱	艹部	12	121251122111	8233AC39	04531
3586	蔉	艹部	11	41342513534	CA46	08509	3632	䔾	艹部	12	121251135345	8233AE32	0453E
3587	蔍	艹部	11	41352211535	CA49	0850D	3633	薘	艹部	12	121431112454	CB52	08598
3588	蔁	艹部	11	41431251112	C99F	08501	3634	蕔	艹部	12	121431125254	CA7D	08554
3589	䔔	艹部	11	41431251135	8233AA30	04514	3635	䔮	艹部	12	122111343312	8233AC36	0452E
3590	蔐	艹部	11	41432512251	CA4C	08510	3636	蕙	艹部	12	125112144544	DEA5	08559
3591	蔏	艹部	11	41432534251	CA4B	0850F	3637	蕈	艹部	12	125221251112	DEA6	08548
3592	蔟	艹部	11	41533131134	DDFD	0851F	3638	蕀	艹部	12	125234125234	CA6D	08540
3593	蔙	艹部	11	41533152134	CA52	08519	3639	䔯	艹部	12	125351112251	8233AC37	0452F
3594	䔞	艹部	11	41554413412	8233AB30	0451E	3640	蕆	艹部	12	132511134534	CA72	08546
3595	蔺	艹部	11	42532411121	DDFE	0853A	3641	蕨	艹部	12	134315233534	DEA7	08568
3596	蔽	艹部	11	43252343134	B1CE	0853D	3642	蕐	艹部	12	134343434112	CA79	08550
3597	蔊	艹部	11	43342511112	CA47	0850A	3643	䔸	艹部	12	134413441344	8233AD36	04538
3598	蔳	艹部	11	44111212511	CA67	08533	3644	蕤	艹部	12	135333431121	DEA8	08564
3599	蔆	艹部	11	44112134354	CA43	08506	3645	蕓	艹部	12	145244441154	CA7C	08553
3600	蕖	艹部	11	44115151234	DEA1	08556	3646	蕥	艹部	12	152332411121	CA8B	08565

字序	字形	部首	部首外笔画数	部首外笔顺	18030代码	13000代码	字序	字形	部首	部首外笔画数	部首外笔顺	18030代码	13000代码
3647	葉	艹部	12	211121111234	8233AE35	04541	3693	蕭	艹部	12	445454425112	8233AC35	0452D
3648	蕜	艹部	12	211121114544	CA84	0855C	3694	蕊	艹部	12	454445444544	C8EF	0854A
3649	蕻	艹部	12	212121212121	CA74	0854B	3695	蕁	艹部	12	511121251124	CA6E	08541
3650	蔾	艹部	12	212135554234	8233AA39	0451D	3696	蘧	艹部	12	512115154454	CA9B	08578
3651	蕞	艹部	12	251112211154	DEA9	0855E	3697	蕴	艹部	12	515251251214	CA40	08503
3652	蕭	艹部	12	251115132125	CB59	085A1	3698	蔬	艹部	12	521214154325	CADF	0852C
3653	蕺	艹部	12	251122111534	DEAA	0857A	3699	蔌	艹部	12	522521123454	8233AD32	04534
3654	蘭	艹部	12	251125111234	8233AD33	04535	3700	蔡	艹部	12	531251554234	CA87	08560
3655	蕌	艹部	12	251125112511	CA75	0854C	3701	蔆	艹部	12	531321511254	8233AE39	04545
3656	蕳	艹部	12	251125112511	CA97	08573	3702	薳	艹部	12	542513234454	8233AE36	04542
3657	蕑	艹部	12	251125113511	CA7A	08551	3703	蕟	艹部	12	543341251431	8233AD30	04532
3658	蕄	艹部	12	251125114544	CA70	08544	3704	蕟	艹部	12	543345153554	CA86	0855F
3659	蕢	艹部	12	251212511134	CA89	08562	3705	蕴	艹部	12	551251125221	D4CC	08574
3660	蕇	艹部	12	251251251112	CA73	08547	3706	蕝	艹部	12	554444355215	CA85	0855D
3661	蕚	艹部	12	251251251115	CA82	0855A	3707	蕬	艹部	12	554444554234	CA91	0856C
3662	蕒	艹部	12	252212511134	CA7B	08552	3708	蕻	艹部	13	1211154122134	DEAE	0857B
3663	瞢	艹部	12	252214525111	DEAB	077A2	3709	蕼	艹部	13	1211154511112	CA9C	0857C
3664	蕪	艹部	12	311222214444	CA8F	0856A	3710	薳	艹部	13	1212513234454	CB65	085B3
3665	蕱	艹部	12	312342432511	CA96	08571	3711	薣	艹部	13	1212514311254	CB5B	085A3
3666	蔾	艹部	12	312343531234	CA6B	0853E	3712	蕼	艹部	13	1214135112251	8233AF35	0454B
3667	蕛	艹部	12	312344351523	CA83	0855B	3713	蕍	艹部	13	1234341251122	8233AF30	04546
3668	蕎	艹部	12	313425125251	CA77	0854E	3714	薔	艹部	13	1234341252511	CB4E	08594
3669	蔦	艹部	12	321511354444	CA93	0856E	3715	薑	艹部	13	1251211251211	CB4B	08591
3670	蕉	艹部	12	324111214444	BDB6	08549	3716	薽	艹部	13	1252211211554	CB6D	085BD
3671	蕁	艹部	12	325431234134	CAA0	08581	3717	薤	艹部	13	1354211121111	DEAF	085A4
3672	蓹	艹部	12	332311212152	C999	084F9	3718	薚	艹部	13	1354251113533	CB54	0859A
3673	蕧	艹部	12	332312511354	CA8D	08567	3719	薞	艹部	13	1354344511534	CB56	0859E
3674	蕦	艹部	12	333132511134	CA8C	08566	3720	蕾	艹部	13	1452444425121	C0D9	0857E
3675	蕃	艹部	12	343123425121	DEAC	08543	3721	蕶	艹部	13	1452444434454	CA99	08576
3676	蔿	艹部	12	344335554444	CA6C	0853F	3722	薉	艹部	13	2121131233534	CB44	08589
3677	蕣	艹部	12	344345354152	CA8A	08563	3723	薒	艹部	13	2135454431234	CB4C	08592
3678	藤	艹部	12	351143113453	CA6F	08542	3724	蕗	艹部	13	2512121354251	CA80	08557
3679	蕕	艹部	12	353431253511	CA7E	08555	3725	薗	艹部	13	2512125132341	CB51	08597
3680	蕵	艹部	12	354344511534	CA98	08575	3726	蕽	艹部	13	2512211311534	CA9D	0857D
3681	蔡	艹部	12	354413444444	8233AD31	04533	3727	薯	艹部	13	2522112132511	CAED	085AF
3682	蔹	艹部	12	412515213134	8233AD39	0453B	3728	蘳	艹部	13	2522112143112	8233AF33	04549
3683	蔍	艹部	12	413325113554	8233AF31	04547	3729	薥	艹部	13	2522135251214	CB5C	085A5
3684	蕫	艹部	12	414312511211	CA90	0856B	3730	薨	艹部	13	2522145135435	DEB0	085A8
3685	蕁	艹部	12	431253511124	8233AE33	0453F	3731	薎	艹部	13	2522145321534	CB49	0858E
3686	蘄	艹部	12	432511123312	DEAD	08572	3732	薙	艹部	13	3113432411121	CB53	08599
3687	蕩	艹部	12	441251113533	CA8E	08569	3733	薐	艹部	13	3123412134354	CB4A	08590
3688	蕅	艹部	12	441251125214	CA71	08545	3734	蕹	艹部	13	3123432411121	8233AF36	0454C
3689	蕰	艹部	12	441251125221	CA95	08570	3735	薭	艹部	13	3123432511312	CB62	085AD
3690	蒍	艹部	12	441251135345	8233AE31	0453D	3736	薫	艹部	13	3125112114444	CB60	085AB
3691	蕍	艹部	12	441341251122	CA76	0854D	3737	薁	艹部	13	3211152511134	CB76	085C7
3692	蕾	艹部	12	445125125121	8233AC38	04530	3738	薬	艹部	13	3251141341234	CB61	085AC

字序	字形	部首	部首外笔画数	部首外笔顺	18030代码	13000代码	字序	字形	部首	部首外笔画数	部首外笔顺	18030代码	13000代码
3739	薂	艹部	13	3251141533134	CB40	08582	3785	藍	艹部	14	12512531425221	CB7B	085CD
3740	薛	艹部	13	3251514143112	D1A6	0859B	3786	䕢	艹部	14	13251431113121	8233B138	04562
3741	薇	艹部	13	3322521353134	DEB1	08587	3787	薾	艹部	14	13425234343434	CB6E	085BE
3742	薟	艹部	13	3412512513434	CB57	0859F	3788	藏	艹部	14	13513125125534	B2D8	085CF
3743	薈	艹部	13	3412524312511	CB43	08588	3789	薷	艹部	14	14524444132522	DEB8	085B7
3744	薆	艹部	13	3443454544354	CB42	08586	3790	薱	艹部	14	22431431121124	CB63	085B1
3745	薍	艹部	13	3443542554545	CB48	0858D	3791	䕎	艹部	14	25111125125121	8233AF38	0454E
3746	﨟	艹部	13	3511251135345	FE48	0FA1F	3792	繤	艹部	14	25111134554234	C046	07E64
3747	薝	艹部	13	3513344111251	CB55	0859D	3793	藈	艹部	14	25111543341134	CB77	085C8
3748	薊	艹部	13	3525121444422	CB45	0858A	3794	䕡	艹部	14	25112511251251	8233B137	04561
3749	薢	艹部	13	3535112533112	CB5A	085A2	3795	䕤	艹部	14	25125125111252	8233B230	04564
3750	薧	艹部	13	4125145135435	CB5E	085A7	3796	雚	艹部	14	25125132411121	EB71	096DA
3751	䕊	艹部	13	4125251125111	8233AF34	0454A	3797	藅	艹部	14	25221411125122	CB74	085C5
3752	薕	艹部	13	4134315112234	CB4F	08595	3798	䠢	艹部	14	25221452512134	8233F736	04822
3753	薦	艹部	13	4135221154444	CB5D	085A6	3799	藒	艹部	14	31234251135345	CB7E	085D2
3754	薋	艹部	13	4135342511134	CB46	0858B	3800	䕝	艹部	14	31234344325211	8233B133	0455D
3755	䕍	艹部	13	4135342534251	8233AF37	0454D	3801	藊	艹部	14	31234451325122	CB78	085CA
3756	薪	艹部	13	4143112343312	D0BD	085AA	3802	薰	艹部	14	31254312114444	DEB9	085B0
3757	薏	艹部	13	4143125114544	DEB2	0858F	3803	舊	艹部	14	32411121321511	C566	0820A
3758	蕹	艹部	13	4155332411121	DEB3	08579	3804	䕗	艹部	14	32511125121132	8233B037	04557
3759	䕏	艹部	13	4311213121534	8233AF39	0454F	3805	䕔	艹部	14	33234112431112	8233B034	04554
3760	薮	艹部	13	4312345313134	DEB4	085AE	3806	薶	艹部	14	34435332511211	CB68	085B6
3761	薠	艹部	13	4334132511134	CB58	085A0	3807	藐	艹部	14	34435333251135	C3EA	085D0
3762	蕿	艹部	13	4334344311354	CA9E	0857F	3808	䕘	艹部	14	34454132511134	8233B038	04558
3763	薄	艹部	13	4411251124124	B1A1	08584	3809	藓	艹部	14	35251211431112	DEBA	085D3
3764	薀	艹部	13	4412534125221	CA9F	08580	3810	藑	艹部	14	35253425111354	CB7D	085D1
3765	薃	艹部	13	4414125125251	CB41	08583	3811	薿	艹部	14	35311345452134	CB6F	085BF
3766	薓	艹部	13	4415114525254	CB4D	08593	3812	雘	艹部	14	35413241112154	EB6F	096D8
3767	䕐	艹部	13	4524125125121	8233B030	04550	3813	䕛	艹部	14	41112511343434	8233B131	0455B
3768	蕭	艹部	13	5112322151512	CA92	0856D	3814	藁	艹部	14	41251252511234	DEBB	085C1
3769	薜	艹部	13	5132514143112	DEB5	0859C	3815	藃	艹部	14	41251252513534	CB72	085C3
3770	䕈	艹部	13	5213122151234	8233AF32	04548	3816	藱	艹部	14	41341325113554	CB99	085F1
3771	䕖	艹部	13	5213554234454	8233B036	04556	3817	薼	艹部	14	41352211535121	CB6C	085BC
3772	薩	艹部	13	5241431331121	CB5F	085A9	3818	藡	艹部	14	41432512251454	CB8B	085E1
3773	薅	艹部	13	5311311534124	DEB6	08585	3819	薺	艹部	14	41432533543211	CB6A	085BA
3774	蕷	艹部	13	5452132511134	CA9A	08577	3820	藀	艹部	14	43344334454334	CB70	085C0
3775	䕑	艹部	13	5544443443531	8233B031	04551	3821	薸	艹部	14	44112522111234	CB69	085B8
3776	藉	艹部	14	11123412212511	BDE5	085C9	3822	䕕	艹部	14	44125112522154	8233B035	04555
3777	䕒	艹部	14	12125143153251	8233B032	04552	3823	薻	艹部	14	44155525111234	CB6B	085BB
3778	薹	艹部	14	12125145154121	DEB7	085B9	3824	藆	艹部	14	44511221343112	CB75	085C6
3779	䕙	艹部	14	12132411121534	8233B039	04559	3825	薲	艹部	14	44512332511134	CB64	085B2
3780	薵	艹部	14	12151211251124	CB67	085B5	3826	䕓	艹部	14	44535445411234	8233B033	04553
3781	藄	艹部	14	12211134554234	CB73	085C4	3827	藌	艹部	14	44545434251214	CB7A	085CC
3782	藂	艹部	14	12211154323334	CB71	085C2	3828	薴	艹部	14	44545442522112	CB66	085B4
3783	䕚	艹部	14	12512125111345	8233B130	0455A	3829	䕣	艹部	14	45234251135345	8233B139	04563
3784	藗	艹部	14	12512343534454	CB82	085D7	3830	藎	艹部	14	51121444425221	CB7C	085CE

字序	字形	部首	部首外笔画数	部首外笔顺	18030代码	13000代码	字序	字形	部首	部首外笔画数	部首外笔顺	18030代码	13000代码
3831	藬	艹部	14	52251212511134	CB94	085EC	3877	䕩	艹部	16	1234134432511234	8233B235	04569
3832	䔼	艹部	14	53453421212121	8233AE30	0453C	3878	藮	艹部	16	1234324111214444	CB96	085EE
3833	藋	艹部	14	54154132411121	CB79	085CB	3879	藾	艹部	16	1251234352511134	CC44	085FE
3834	䕜	艹部	14	54154141343412	8233B132	0455C	3880	䕱	艹部	16	1251431132511134	8233B333	04571
3835	藕	艹部	15	111234251125214	C5BA	085D5	3881	䕯	艹部	16	1252211123433544	8233B331	0456F
3836	藚	艹部	15	121252212511134	CB85	085DA	3882	藶	艹部	16	1331234312342121	CB9E	085F6
3837	藝	艹部	15	121341213541154	CB87	085DD	3883	藿	艹部	16	1452444432411121	DEBD	085FF
3838	爇	艹部	15	121341213544444	A06B	07207	3884	蘎	艹部	16	1452444435115215	CC52	0860E
3839	藲	艹部	15	123412512512515	CB9A	085F2	3885	蘃	艹部	16	2121212121211234	CC48	08603
3840	藖	艹部	15	125125542511134	CB81	085D6	3886	蘋	艹部	16	2121233132511134	CC4F	0860B
3841	藞	艹部	15	132511325113251	CB88	085DE	3887	蘧	艹部	16	2153151353334454	DEBE	08627
3842	藸	艹部	15	135333412132511	CBA0	085F8	3888	蘆	艹部	16	2153152512125221	CC4A	08606
3843	藘	艹部	15	215315251214544	CB83	085D8	3889	藺	艹部	16	2511251132411121	CC41	085FA
3844	䕞	艹部	15	251125114511534	8233B134	0455E	3890	蘄	艹部	16	2512512511123312	CC49	08604
3845	藪	艹部	15	251125125313134	CB92	085EA	3891	蘉	艹部	16	2522145325114554	CC4D	08609
3846	藟	艹部	15	251212512125121	CB89	085DF	3892	蘈	艹部	16	3123435132511134	CC4C	08608
3847	藣	艹部	15	252215425113535	CB8D	085E3	3893	蘒	艹部	16	3123435251125115	CC55	08612
3848	繭	艹部	15	252554444251214	C04F	07E6D	3894	蘓	艹部	16	3123435251214444	CC56	08613
3849	䕧	艹部	15	255452511413434	8233B233	04567	3895	蘍	艹部	16	3125431211444453	CC51	0860D
3850	藜	艹部	15	312343533424134	DEBC	085DC	3896	䕟	艹部	16	3211251251511134	8233B135	0455F
3851	藵	艹部	15	322511234413534	CB9D	085F5	3897	蘅	艹部	16	3323525121134112	DEBF	08605
3852	藠	艹部	15	325113251132511	CB8A	085E0	3898	蘏	艹部	16	3511234132511134	CC53	0860F
3853	藥	艹部	15	325115545541234	CB8E	085E5	3899	䕨	艹部	16	3511431134554234	8233B234	04568
3854	藢	艹部	15	332252111213134	CB8C	085E2	3900	蘇	艹部	16	3525121444431234	CC4B	08607
3855	䕥	艹部	15	343425234343434	8233B231	04565	3901	蘔	艹部	16	3531234132511134	CC57	08614
3856	藤	艹部	15	351143113424134	CCD9	085E4	3902	藹	艹部	16	4111251251135345	CC40	085F9
3857	藰	艹部	15	354533411243122	CB98	085F0	3903	蘐	艹部	16	4111251344311354	CC54	08610
3858	藷	艹部	15	411125112132511	CB9F	085F7	3904	蘑	艹部	16	4131234123413251	C4A2	08611
3859	藳	艹部	15	412512525131234	CB9B	085F3	3905	䕲	艹部	16	4134125251111234	8233B334	04572
3860	藦	艹部	15	413123412343112	CB8F	085E6	3906	藽	艹部	16	4143112342511135	CC43	085FD
3861	藨	艹部	15	413522115354444	CB91	085E8	3907	蘢	艹部	16	4143125111515111	CC64	08622
3862	䕠	艹部	15	413543345153554	8233B136	04560	3908	䕦	艹部	16	4152513511531354	8233B232	04566
3863	藙	艹部	15	414313533343554	CB84	085D9	3909	䕰	艹部	16	4334343123425121	8233B332	04570
3864	藫	艹部	15	441125221251112	CB93	085EB	3910	藻	艹部	16	4412512512511234	D4E5	085FB
3865	藩	艹部	15	441343123425121	B7AA	085E9	3911	䕪	艹部	16	4412522112143112	8233B236	0456A
3866	藔	艹部	15	445134432511234	CB80	085D4	3912	藼	艹部	16	4451112252214544	CC42	085FC
3867	藛	艹部	15	445321511354444	CB86	085DB	3913	蘂	艹部	16	4544454445441234	CC47	08602
3868	藭	艹部	15	445343251113515	CB95	085ED	3914	䕬	艹部	16	5151251211251211	8233B238	0456C
3869	藯	艹部	15	513112341244544	CB97	085EF	3915	蘟	艹部	16	5234431215114544	CC61	0861F
3870	藴	艹部	15	554444251125221	CB9C	085F4	3916	蘊	艹部	16	5544442534125221	CC4E	0860A
3871	藧	艹部	15	554444344311354	CB90	085E7	3917	蘕	艹部	16	5544443541112454	CC58	08615
3872	蘀	艹部	16	1212522112143112	CC45	08600	3918	䕵	艹部	17	12125132511154444	8233B337	04575
3873	䕭	艹部	16	1213412143344334	8233B239	0456D	3919	蘛	艹部	17	12211134541542511	CC5D	0861B
3874	䕮	艹部	16	1214311235431234	8233B330	0456E	3920	蘜	艹部	17	12212511235431234	CC5E	0861C
3875	蘣	艹部	16	1221251213441121	CC65	08623	3921	蘳	艹部	17	12212512134121121	CC73	08633
3876	蘁	艹部	16	1225125112512511	CC46	08601	3922	蘙	艹部	17	13113453554541541	CC5B	08619

字序	字形	部首	部首外笔画数	部首外笔顺	18030代码	13000代码
3923	蘦	艹部	17	14524444251251251	CC68	08626
3924	蘡	艹部	17	25111342511134531	CC63	08621
3925	蘭	艹部	17	25112511125431234	CC6D	0862D
3926	蘮	艹部	17	25221134334433422	CC6E	0862E
3927	䕴	艹部	17	31234324111214444	8233B336	04574
3928	蘶	艹部	17	31234531325113554	CC76	08636
3929	蘩	艹部	17	31554143134554234	DEC0	08629
3930	䕫	艹部	17	32511212151534354	8233B237	0456B
3931	蘤	艹部	17	32511344335554444	CC66	08624
3932	蘌	艹部	17	33231121215211234	CC50	0860C
3933	蘥	艹部	17	34125125125125122	CC67	08625
3934	蘞	艹部	17	34125125134343134	CC60	0861E
3935	蘝	艹部	17	34125125134343534	CC5F	0861D
3936	蘨	艹部	17	34433112523554234	CC69	08628
3937	蘚	艹部	17	35251214444431112	CC5C	0861A
3938	䕶	艹部	17	41112513241112154	8233B338	04576
3939	蘘	艹部	17	41251251112213534	CC5A	08618
3940	䕷	艹部	17	41312341234554234	8233B339	04577
3941	蘪	艹部	17	41352211535431234	CC6A	0862A
3942	蘫	艹部	17	44112512531425221	CC6B	0862B
3943	蘯	艹部	17	44125111353325221	CC6F	0862F
3944	蘗	艹部	17	51325141431121234	CC59	08617
3945	䕳	艹部	17	51513425234343434	8233B335	04573
3946	蘠	艹部	17	52131234341252511	CC62	08620
3947	蘰	艹部	17	55444425112522154	CC70	08630
3948	蘵	艹部	18	122111414312511534	CC75	08635
3949	蘷	艹部	18	132511212151534354	CC77	08637
3950	蘴	艹部	18	211121112521251431	CC74	08634
3951	䕺	艹部	18	224314311212211154	8233B432	0457A
3952	蘲	艹部	18	251212512125121121	CC72	08632
3953	䕸	艹部	18	254312114444121251	8233B430	04578
3954	蘬	艹部	18	325151212151145252	CC6C	0862C
3955	䕹	艹部	18	413434123432411121	8233B431	04579
3956	蘺	艹部	18	413452255432411121	CC79	0863A
3957	蘾	艹部	19	1214125221241343534	CC7C	0863E
3958	䕼	艹部	19	1221251113432411121	8233B434	0457C
3959	蘻	艹部	19	1251112523554554234	CC7A	0863B
3960	蘸	艹部	19	1253511324111214444	D5BA	08638
3961	䕻	艹部	19	1254125441352211535	8233B433	0457B
3962	虁	艹部	19	1325111212151534354	CC80	08641
3963	蘽	艹部	19	2512125121251211234	CC7B	0863D
3964	䕾	艹部	19	2512511351221113134	8233B436	0457E
3965	蘿	艹部	19	2522155444432411121	CC7D	0863F
3966	蘼	艹部	19	4131234123421112111	DEC2	0863C
3967	虀	艹部	19	4143253354211121111	CC7E	08640
3968	蘱	艹部	19	4312341344132511134	CC71	08631
3969	蘹	艹部	19	4424125221241343534	CC78	08639
3970	䕽	艹部	20	25121212522135251214	8233B435	0457D
3971	虄	艹部	20	25121435441431331121	CC83	08644
3972	虅	艹部	20	35114311341211254444	CC84	08645
3973	虃	艹部	20	44134341211121111534	CC82	08643
3974	虇	艹部	20	51512225125132411121	CC86	08647
3975	虉	艹部	21	125125431232511154444	CC88	08649
3976	䖃	艹部	21	132511221325112213251	8233B531	04583
3977	虂	艹部	21	145244442512121354251	CC81	08642
3978	虆	艹部	21	251212512125121554234	CC85	08646
3979	虈	艹部	21	251251132511134251251	CC87	08648
3980	䖀	艹部	21	251251132511134251251	8233B438	04580
3981	䕿	艹部	22	1221251113432511154444	8233B437	0457F
3982	䖁	艹部	22	2511252144143125114544	8233B439	04581
3983	蘒	艹部	22	3123432511255115115341	FE49	0FA20
3984	䖄	艹部	23	12212511134324111214444	8233B532	04584
3985	虊	艹部	23	41112515544445544441234	CC89	0864A
3986	䖂	艹部	23	41112515544445544443112	8233B530	04582
3987	䖆	艹部	24	125351141251251112213534	8233B534	04586
3988	䖅	艹部	24	145244442512512511234341	8233B533	04585
3989	虌	艹部	24	432523431342511251211511	CC8B	0864C
3990	虋	艹部	26	32112512515114512535113453	CC8A	0864B
3991	䖇	艹部	29	12343112521234453444445215333	8233B535	04587
3992	寸	寸部	0	0	B4E7	05BF8
3993	刌	寸部	2	22	8459	0520C
3994	寿	寸部	4	1113	CAD9	05BFF
3995	㝴	寸部	4	1135	8230C838	03774
3996	尀	寸部	5	12515	8C9E	05C00
3997	封	寸部	6	121121	B7E2	05C01
3998	専	寸部	6	125121	8C9F	05C02

字序	字形	部首	部首外笔画数	部首外笔顺	18030代码	13000代码	字序	字形	部首	部首外笔画数	部首外笔顺	18030代码	13000代码
3999	尅	寸部	7	1225135	8CA1	05C05	4045	夽	大部	4	1154	8A40	0593D
4000	尃	寸部	7	1251124	8CA0	05C03	4046	㚓	大部	4	1234	8230B233	03693
4001	㝶	寸部	7	2522135	8230C930	03776	4047	奀	大部	4	1324	8A43	05940
4002	屗	寸部	7	5133115	8CCB	05C57	4048	奁	大部	4	1345	DEC6	05941
4003	專	寸部	8	12511214	8CA3	05C08	4049	奆	大部	4	1515	8A46	05946
4004	尉	寸部	8	51311234	CEBE	05C09	4050	㚒	大部	4	3434	8230B232	03692
4005	尌	寸部	9	121251431	8CA5	05C0C	4051	夿	大部	4	5215	8A42	0593F
4006	尊	寸部	9	431253511	D7F0	05C0A	4052	奈	大部	5	11234	C4CE	05948
4007	㷉	寸部	9	513114334	8231EC30	03DC9	4053	㭐	大部	5	11234	8231AC39	03B50
4008	對	寸部	11	22431431121	8CA6	05C0D	4054	奔	大部	5	12132	B1BC	05954
4009	導	寸部	12	431325111454	8CA7	05C0E	4055	奇	大部	5	12512	C6E6	05947
4010	廾	廾部	0	0	DEC3	05EFE	4056	奌	大部	5	21251	8A48	0594C
4011	开	廾部	1	1	BFAA	05F00	4057	㚗	大部	5	25111	8230B237	03697
4012	升	廾部	1	3	C9FD	05347	4058	奄	大部	5	25115	D1D9	05944
4013	弅	廾部	4	3453	8F6B	05F05	4059	奋	大部	5	25121	B7DC	0594B
4014	弆	廾部	5	12154	8F6C	05F06	4060	奃	大部	5	35154	8A44	05943
4015	弇	廾部	6	341251	8F6D	05F07	4061	奅	大部	5	35352	8A45	05945
4016	弈	廾部	6	413234	DEC4	05F08	4062	㚔	大部	5	43112	8230B234	03694
4017	弉	廾部	7	5213121	8F6E	05F09	4063	㚕	大部	5	51532	8230B235	03695
4018	弊	廾部	11	43252343134	B1D7	05F0A	4064	㚙	大部	5	53251	8230B239	03699
4019	㢡	廾部	11	52133544124	8230E639	038A1	4065	契	大部	6	111253	C6F5	05951
4020	㢣	廾部	12	122352513134	8230E731	038A3	4066	奊	大部	6	121121	8A47	0594A
4021	㢢	廾部	12	243252513134	8230E730	038A2	4067	奎	大部	6	121121	BFFC	0594E
4022	大	大部	0	0	B4F3	05927	4068	耷	大部	6	122111	DEC7	08037
4023	夨	大部	0	0	89F7	05928	4069	㚛	大部	6	352511	8230B331	0369B
4024	天	大部	1	1	CCEC	05929	4070	㚚	大部	6	354251	8230B330	0369A
4025	夭	大部	1	3	D8B2	0592D	4071	奓	大部	6	354354	8A4C	05953
4026	太	大部	1	4	CCAB	0592A	4072	奖	大部	6	412354	BDB1	05956
4027	夳	大部	2	11	89FB	05933	4073	奕	大部	6	413234	DEC8	05955
4028	夲	大部	2	12	89FA	05932	4074	奒	大部	6	415334	8A4B	05952
4029	夰	大部	2	32	89F9	05930	4075	羍	大部	6	431112	C165	07F8D
4030	冭	大部	2	44	83E8	051AD	4076	牵	大部	6	453112	C7A3	07275
4031	头	大部	2	44	CDB7	05934	4077	套	大部	7	1211154	CCD7	05957
4032	㚎	大部	2	52	8230B138	0368E	4078	奘	大部	7	5213121	DECA	05958
4033	夯	大部	2	53	BABB	0592F	4079	㻎	大部	8	11211121	82328831	03ECE
4034	厺	大部	2	54	859D	053BA	4080	匏	大部	8	11535515	DECB	0530F
4035	夸	大部	3	115	BFE4	05938	4081	奢	大部	8	12132511	C9DD	05962
4036	圶	大部	3	121	8858	05736	4082	㚞	大部	8	12341234	8230B334	0369E
4037	夺	大部	3	124	B6E1	0593A	4083	㚜	大部	8	12511534	8230B332	0369C
4038	㚏	大部	3	132	8230B139	0368F	4084	奛	大部	8	25113511	8A4E	0595B
4039	夶	大部	3	134	89FD	05936	4085	㚝	大部	8	32121121	8230B333	0369D
4040	㚐	大部	3	134	8230B230	03690	4086	奞	大部	8	32411121	8A51	0595E
4041	夵	大部	3	234	89FC	05935	4087	爽	大部	8	34343434	CBAC	0723D
4042	夻	大部	3	251	89FE	0593B	4088	奟	大部	8	35113511	8A52	0595F
4043	㞭	大部	3	252	8230CE35	037AD	4089	奝	大部	8	35121251	8A50	0595D
4044	夼	大部	3	322	DEC5	0593C	4090	奤	大部	9	132522111	8A55	05964

字序	字形	部首	部首外笔画数	部首外笔顺	18030代码	13000代码	字序	字形	部首	部首外笔画数	部首外笔顺	18030代码	13000代码
4091	奥	大部	9	325431234	B0C2	05965	4137	䝇	尢部	7	1353334	8233E139	04747
4092	㚟	大部	9	352511535	8230B335	0369F	4138	㞂	尢部	7	3443531	8230CA32	03782
4093	奠	大部	9	431253511	B5EC	05960	4139	㞆	尢部	8	13412512	8230CA36	03786
4094	綔	大部	10	1153554234	BD9C	07D94	4140	㞄	尢部	8	13425115	8230CA34	03784
4095	奧	大部	10	3253431234	8A57	05967	4141	㞅	尢部	8	25111234	8230CA35	03785
4096	奨	大部	10	4123443124	8A58	05968	4142	䪲	尢部	9	132511134	8234BA31	04AB2
4097	㚠	大部	10	4311214444	8230B336	036A0	4143	㞇	尢部	9	251211534	8230CA37	03787
4098	奦	大部	10	5452335453	8A56	05966	4144	尳	尢部	9	255452511	8CBD	05C33
4099	奩	大部	11	12512512515	8A59	05969	4145	尰	尢部	9	312511211	8CBB	05C30
4100	奪	大部	11	32411121124	8A5A	0596A	4146	㞉	尢部	9	431113121	8230CA39	03789
4101	䲪	大部	11	32511154444	8234EB39	04CAA	4147	㞈	尢部	9	451325122	8230CA38	03788
4102	奬	大部	11	52133544124	8A5C	0596C	4148	尴	尢部	10	2231425221	DECF	05C34
4103	奭	大部	12	113251113251	8A5D	0596D	4149	尲	尢部	10	4315112234	8CBC	05C32
4104	樊	大部	12	123434341234	B7AE	06A0A	4150	㞊	尢部	10	5225211234	8230CB30	0378A
4105	奫	大部	12	441322151512	8A5B	0596B	4151	䲫	尢部	11	32511154444	8234EC30	04CAB
4106	㚡	大部	13	1251213412512	8230B337	036A1	4152	尵	尢部	12	251212511134	8CBE	05C35
4107	奯	大部	13	2121131233534	8A5F	0596F	4153	尷	尢部	14	12512531425221	8CC0	05C37
4108	奮	大部	13	3241112125121	8A5E	0596E	4154	尶	尢部	14	12512531425221	8CBF	05C36
4109	奰	大部	15	252212522125221	8A60	05970	4155	弋	弋部	0	0	DFAE	05F0B
4110	奱	大部	19	4111251554444554444	8A61	05971	4156	弌	弋部	1	1	8F6F	05F0C
4111	奲	大部	20	12132511251251251112	8A62	05972	4157	弍	弋部	2	11	8F70	05F0D
4112	尢	尢部	0	0	DECC	05C22	4158	弎	弋部	3	111	8F71	05F0E
4113	兀	尢部	0	0	D8A3	05140	4159	弐	弋部	3	111	8F72	05F10
4114	兀	尢部	0	0	FE40	0FA0C	4160	式	弋部	3	112	CABD	05F0F
4115	尣	尢部	0	0	8CB2	05C23	4161	㢤	弋部	4	1253	8230E732	038A4
4116	元	尢部	1	1	D4AA	05143	4162	忒	弋部	4	4544	DFAF	05FD2
4117	尤	尢部	1	4	D3C8	05C24	4163	武	弋部	5	11212	CEE4	06B66
4118	㝼	尢部	3	112	8230C936	0377C	4164	甙	弋部	5	11221	DFB0	07519
4119	尧	尢部	3	153	D2A2	05C27	4165	鸢	弋部	5	35451	F0B0	09E22
4120	尥	尢部	3	354	DECD	05C25	4166	贰	弋部	6	112534	B7A1	08D30
4121	尦	尢部	3	354	8CB3	05C26	4167	㢥	弋部	6	251251	8230E733	038A5
4122	尪	尢部	4	1121	8CB6	05C2A	4168	貣	弋部	7	2511134	D896	08CA3
4123	尫	尢部	4	1121	8CB7	05C2B	4169	貮	弋部	8	12511134	D940	08CAE
4124	尩	尢部	4	1121	8CB5	05C29	4170	隿	弋部	8	32411121	EB63	096BF
4125	㝽	尢部	4	2534	8230C937	0377D	4171	貳	弋部	9	112511134	D945	08CB3
4126	尬	尢部	4	3432	DECE	05C2C	4172	弑	弋部	9	341234112	DFB1	05F11
4127	尭	尢部	5	12122	8CB8	05C2D	4173	䬥	弋部	9	344511534	8234C536	04B25
4128	㝾	尢部	5	13121	8230C938	0377E	4174	㢦	弋部	10	1251212512	8230E734	038A6
4129	㝿	尢部	5	53254	8230C939	0377F	4175	弒	弋部	10	3412344112	8F73	05F12
4130	㞀	尢部	6	134334	8230CA30	03780	4176	鳶	弋部	11	32511154444	F853	09CF6
4131	㞁	尢部	6	251135	8230CA31	03781	4177	小	小部	0	0	D0A1	05C0F
4132	虺	尢部	6	251214	F2B3	0867A	4178	⺌	小部	0	0	FE5D	02E8C
4133	卼	尢部	6	351355	8574	0537C	4179	少	小部	1	3	C9D9	05C11
4134	尯	尢部	6	351355	8CBA	05C2F	4180	尐	小部	1	4	8CA8	05C10
4135	尮	尢部	6	531234	8CB9	05C2E	4181	尓	小部	2	31	8CAA	05C13
4136	豗	尢部	7	1353334	D859	08C57	4182	尔	小部	2	35	B6FB	05C14

字序	字形	部首	部首外笔画数	部首外笔顺	18030代码	13000代码
4183	⺌	小部	2	45	FE6D	0E832
4184	尕	小部	2	53	E6D8	05C15
4185	尘	小部	3	121	B3BE	05C18
4186	尖	小部	3	134	BCE2	05C16
4187	光	小部	3	135	B9E2	05149
4188	尗	小部	3	211	8CAB	05C17
4189	当	小部	3	511	B5B1	05F53
4190	肖	小部	4	2511	D0A4	08096
4191	㕾	小部	5	25135	82309639	0357E
4192	尙	小部	5	25251	8CAC	05C19
4193	尚	小部	5	25251	C9D0	05C1A
4194	尜	小部	6	134234	E6D9	05C1C
4195	尛	小部	6	234234	8CAD	05C1B
4196	尝	小部	6	451154	B3A2	05C1D
4197	覍	小部	7	2511135	D28C	0898D
4198	㝸	小部	7	3251135	8230C932	03778
4199	雀	小部	8	32411121	C8B8	096C0
4200	尞	小部	9	134432511	8CAE	05C1E
4201	㝹	小部	9	335251354	8230C933	03779
4202	尠	小部	10	1221113453	8CB0	05C20
4203	尟	小部	10	2511121343	8CAF	05C1F
4204	㝺	小部	11	43151122343	8230C934	0377A
4205	㝻	小部	12	122125111213	8230C935	0377B
4206	㒯	小部	13	1351221122112	82308232	034AF
4207	口	口部	0	0	BFDA	053E3
4208	可	口部	2	12	BFC9	053EF
4209	叶	口部	2	12	D2B6	053F6
4210	叮	口部	2	12	B6A3	053EE
4211	右	口部	2	13	D3D2	053F3
4212	号	口部	2	15	BAC5	053F7
4213	卟	口部	2	24	DFB2	0535F
4214	只	口部	2	34	D6BB	053EA
4215	叭	口部	2	34	B0C8	053ED
4216	㕥	口部	2	34	82309434	03565
4217	叺	口部	2	34	85B5	053FA
4218	兄	口部	2	35	D0D6	05144
4219	叱	口部	2	35	DFB3	053F1
4220	叽	口部	2	35	DFB4	053FD
4221	㕤	口部	2	35	82309433	03564
4222	叴	口部	2	35	85B4	053F4
4223	叼	口部	2	51	B5F0	053FC
4224	叫	口部	2	52	BDD0	053EB
4225	叩	口部	2	52	DFB5	053E9
4226	叾	口部	2	52	85B6	053FE
4227	叨	口部	2	53	DFB6	053E8
4228	叧	口部	2	53	85B3	053E7
4229	叻	口部	2	53	DFB7	053FB
4230	另	口部	2	53	C1ED	053E6
4231	叹	口部	2	54	CCBE	053F9
4232	吁	口部	3	112	D3F5	05401
4233	叿	口部	3	121	85B7	053FF
4234	吐	口部	3	121	CDC2	05410
4235	吓	口部	3	124	CFC5	05413
4236	吋	口部	3	124	85BC	0540B
4237	㕦	口部	3	134	82309435	03566
4238	吅	口部	3	251	85BA	05405
4239	吕	口部	3	251	C2C0	05415
4240	吊	口部	3	252	B5F5	0540A
4241	吀	口部	3	312	85B8	05400
4242	吒	口部	3	315	DFB8	05412
4243	吃	口部	3	315	B3D4	05403
4244	㕨	口部	3	354	82309437	03568
4245	吸	口部	3	354	CEFC	05438
4246	吂	口部	3	415	85B9	05402
4247	吖	口部	3	432	DFB9	05416
4248	㕧	口部	3	513	82309436	03567
4249	吇	口部	3	521	85BB	05407
4250	吔	口部	3	525	85BD	05414
4251	吗	口部	3	551	C2F0	05417
4252	吆	口部	3	554	DFBA	05406
4253	㕩	口部	4	1112	82309438	03569
4254	㕵	口部	4	1121	82309630	03575
4255	呈	口部	4	1121	B3CA	05448
4256	咞	口部	4	1132	85FB	0549E
4257	吞	口部	4	1134	CDCC	0541E
4258	吴	口部	4	1134	CEE2	05434
4259	呋	口部	4	1134	DFBB	0544B
4260	呒	口部	4	1135	DFBC	05452
4261	呍	口部	4	1154	85D4	0544D
4262	呓	口部	4	1225	DFBD	05453
4263	㕲	口部	4	1234	82309537	03572
4264	呆	口部	4	1234	B4F4	05446
4265	吾	口部	4	1251	CEE1	0543E
4266	㕶	口部	4	1251	82309631	03576
4267	吱	口部	4	1254	D6A8	05431
4268	否	口部	4	1324	B7F1	05426
4269	吥	口部	4	1324	85C4	05425
4270	吠	口部	4	1344	B7CD	05420
4271	呔	口部	4	1344	DFBE	05454
4272	呕	口部	4	1345	C5BB	05455
4273	呖	口部	4	1353	DFBF	05456
4274	吰	口部	4	1354	85C6	05430

字序	字形	部首	部首外笔画数	部首外笔顺	18030代码	13000代码	字序	字形	部首	部首外笔画数	部首外笔顺	18030代码	13000代码
4275	㕱	口部	4	1354	82309536	03571	4321	呎	口部	4	5134	85D5	0544E
4276	呃	口部	4	1355	DFC0	05443	4322	吷	口部	4	5134	85C9	05437
4277	呀	口部	4	1523	D1BD	05440	4323	呉	口部	4	5134	85D2	05449
4278	吨	口部	4	1525	B6D6	05428	4324	吳	口部	4	5134	85C7	05433
4279	吡	口部	4	1535	DFC1	05421	4325	吲	口部	4	5152	DFC5	05432
4280	咓	口部	4	1554	85F7	05493	4326	吜	口部	4	5211	85C1	0541C
4281	吵	口部	4	2343	B3B3	05435	4327	吧	口部	4	5215	B0C9	05427
4282	肙	口部	4	2511	C34F	08099	4328	吼	口部	4	5215	BAF0	0543C
4283	呗	口部	4	2534	DFC2	05457	4329	呄	口部	4	5312	85CF	05444
4284	员	口部	4	2534	D4B1	05458	4330	㕽	口部	4	5434	82309638	0357D
4285	吶	口部	4	2534	85C8	05436	4331	吮	口部	4	5435	CBB1	0542E
4286	呐	口部	4	2534	C4C5	05450	4332	呩	口部	5	11234	85E1	05469
4287	呙	口部	4	2534	DFC3	05459	4333	味	口部	5	11234	CEB6	05473
4288	吘	口部	4	3112	85BE	05418	4334	咑	口部	5	12112	85F6	05491
4289	吽	口部	4	3112	85CB	0543D	4335	呿	口部	5	12154	85ED	0547F
4290	㕰	口部	4	3115	82309535	03570	4336	咁	口部	5	12211	85EE	05481
4291	呏	口部	4	3132	85D6	0544F	4337	呭	口部	5	12215	85E5	0546D
4292	㕭	口部	4	3134	82309532	0356D	4338	哎	口部	5	12234	B0A5	054CE
4293	呚	口部	4	3134	85D8	0545A	4339	咕	口部	5	12251	B9BE	05495
4294	呑	口部	4	3134	85D7	05451	4340	呠	口部	5	12341	85DC	05460
4295	吪	口部	4	3235	85C5	0542A	4341	呵	口部	5	12512	BAC7	05475
4296	呂	口部	4	3251	85CE	05442	4342	咂	口部	5	12525	DFC6	05482
4297	听	口部	4	3312	CCFD	0542C	4343	咗	口部	5	13121	85F8	05497
4298	吤	口部	4	3432	85C3	05424	4344	呸	口部	5	13241	C5DE	05478
4299	㕮	口部	4	3434	82309533	0356E	4345	咘	口部	5	13252	85F9	05498
4300	吟	口部	4	3445	D2F7	0541F	4346	咙	口部	5	13534	C1FC	05499
4301	含	口部	4	3445	BAAC	0542B	4347	㕹	口部	5	13544	82309634	03579
4302	㕳	口部	4	3452	82309538	03573	4348	呯	口部	5	14312	85E7	0546F
4303	吩	口部	4	3453	B7D4	05429	4349	咔	口部	5	21124	DFC7	05494
4304	㕬	口部	4	3454	82309531	0356C	4350	呫	口部	5	21251	85E3	0546B
4305	呛	口部	4	3455	C7BA	0545B	4351	呾	口部	5	25111	85EC	0547E
4306	吻	口部	4	3533	CEC7	0543B	4352	咀	口部	5	25111	BED7	05480
4307	吹	口部	4	3534	B4B5	05439	4353	呷	口部	5	25112	DFC8	05477
4308	呁	口部	4	3541	85CD	05441	4354	呻	口部	5	25112	C9EB	0547B
4309	呜	口部	4	3551	CED8	0545C	4355	㕺	口部	5	25115	82309635	0357A
4310	吺	口部	4	3554	85CA	0543A	4356	呺	口部	5	25115	85EB	0547A
4311	呅	口部	4	4134	85D0	05445	4357	呮	口部	5	25134	85E6	0546E
4312	吭	口部	4	4135	BFD4	0542D	4358	咉	口部	5	25134	85F3	05489
4313	㕫	口部	4	4153	82309530	0356B	4359	呪	口部	5	25135	85E2	0546A
4314	吙	口部	4	4334	85BF	05419	4360	呥	口部	5	25211	85DF	05465
4315	呌	口部	4	4412	85D3	0544C	4361	呬	口部	5	25351	85E4	0546C
4316	㕪	口部	4	4535	82309439	0356A	4362	呹	口部	5	31134	85EA	05479
4317	㕴	口部	4	4535	82309539	03574	4363	咋	口部	5	31211	D5A6	0548B
4318	吣	口部	4	4544	DFC4	05423	4364	咊	口部	5	31234	85F4	0548A
4319	吚	口部	4	5113	85C0	0541A	4365	咐	口部	5	32124	B8C0	05490
4320	君	口部	4	5113	BEFD	0541B	4366	㕷	口部	5	32511	82309632	03577

字序	字形	部首	部首外笔画数	部首外笔顺	18030代码	13000代码
4367	咃	口部	5	32525	85EF	05483
4368	呱	口部	5	33544	DFC9	05471
4369	呼	口部	5	34312	BAF4	0547C
4370	呤	口部	5	34454	DFCA	05464
4371	呧	口部	5	35154	85E0	05467
4372	呴	口部	5	35251	85E9	05474
4373	㕼	口部	5	35345	82309637	0357C
4374	咎	口部	5	35424	BECC	0548E
4375	咚	口部	5	35444	DFCB	0549A
4376	鸣	口部	5	35451	C3F9	09E23
4377	咆	口部	5	35515	C5D8	05486
4378	㕸	口部	5	41431	82309633	03578
4379	呟	口部	5	41554	85DB	0545F
4380	咛	口部	5	44512	DFCC	0549B
4381	咜	口部	5	44535	85FA	0549C
4382	呝	口部	5	45135	85D9	0545D
4383	咇	口部	5	45434	85F1	05487
4384	咏	口部	5	45534	D3BD	0548F
4385	呞	口部	5	51251	85DA	0545E
4386	呢	口部	5	51335	C4D8	05462
4387	呡	口部	5	51515	85DD	05461
4388	咈	口部	5	51532	85F2	05488
4389	咄	口部	5	52252	DFCD	05484
4390	呶	口部	5	53154	DFCE	05476
4391	咖	口部	5	53251	BFA7	05496
4392	咍	口部	5	54251	85F5	0548D
4393	呣	口部	5	55414	85DE	05463
4394	呦	口部	5	55453	DFCF	05466
4395	咝	口部	5	55551	DFD0	0549D
4396	哐	口部	6	111215	DFD1	054D0
4397	哇	口部	6	121121	CDDB	054C7
4398	咭	口部	6	121251	DFD2	054AD
4399	咾	口部	6	121335	864B	054BE
4400	哋	口部	6	121525	864F	054CB
4401	咡	口部	6	122111	85FE	054A1
4402	咠	口部	6	122111	85FD	054A0
4403	哄	口部	6	122134	BAE5	054C4
4404	哑	口部	6	122431	D1C6	054D1
4405	咺	口部	6	125111	8649	054BA
4406	哂	口部	6	125351	DFD3	054C2
4407	㖅	口部	6	131534	82309736	03585
4408	咟	口部	6	132511	85FC	0549F
4409	哊	口部	6	132511	864E	054CA
4410	㖇	口部	6	132522	82309738	03587
4411	咵	口部	6	134115	8645	054B5
4412	咴	口部	6	134334	DFD4	054B4

字序	字形	部首	部首外笔画数	部首外笔顺	18030代码	13000代码
4413	哒	口部	6	134454	DFD5	054D2
4414	咧	口部	6	135422	DFD6	054A7
4415	咦	口部	6	151534	DFD7	054A6
4416	哓	口部	6	153135	DFD8	054D3
4417	哔	口部	6	153512	DFD9	054D4
4418	咥	口部	6	154121	8641	054A5
4419	呲	口部	6	212135	DFDA	05472
4420	呰	口部	6	212135	85E8	05470
4421	咣	口部	6	243135	DFDB	054A3
4422	咢	口部	6	251115	8640	054A2
4423	㖂	口部	6	251153	82309733	03582
4424	虽	口部	6	251214	CBE4	0867D
4425	㖆	口部	6	251221	82309737	03586
4426	哃	口部	6	251251	864C	054C3
4427	品	口部	6	251251	C6B7	054C1
4428	咽	口部	6	251341	D1CA	054BD
4429	哕	口部	6	252354	DFDC	054D5
4430	哖	口部	6	311212	8650	054D6
4431	咮	口部	6	311234	8642	054AE
4432	咶	口部	6	312251	8646	054B6
4433	咻	口部	6	321234	DFDD	054BB
4434	唌	口部	6	321554	866D	0550C
4435	哗	口部	6	323512	BBA9	054D7
4436	㖌	口部	6	323535	82309833	0358C
4437	咱	口部	6	325111	D4DB	054B1
4438	咿	口部	6	325113	DFDE	054BF
4439	响	口部	6	325251	CFEC	054CD
4440	㖃	口部	6	331251	82309734	03583
4441	哘	口部	6	332112	8651	054D8
4442	哌	口部	6	333534	DFDF	054CC
4443	哙	口部	6	341154	DFE0	054D9
4444	哈	口部	6	341251	B9FE	054C8
4445	㖁	口部	6	341354	82309732	03581
4446	咷	口部	6	341534	8647	054B7
4447	㖉	口部	6	342121	82309830	03589
4448	㖋	口部	6	343235	82309832	0358B
4449	兺	口部	6	345335	83CD	0517A
4450	哚	口部	6	351234	DFE1	054DA
4451	咰	口部	6	352511	8643	054B0
4452	㖎	口部	6	353432	82309835	0358E
4453	哅	口部	6	353452	864D	054C5
4454	哛	口部	6	353453	8652	054DB
4455	咯	口部	6	354251	BFA9	054AF
4456	哆	口部	6	354354	B6DF	054C6
4457	哜	口部	6	413432	DFE2	054DC
4458	咬	口部	6	413434	D2A7	054AC

字序	字形	部首	部首外笔画数	部首外笔顺	18030代码	13000代码	字序	字形	部首	部首外笔画数	部首外笔顺	18030代码	13000代码
4459	咨	口部	6	413534	D7C9	054A8	4505	唊	口部	7	1343434	866B	0550A
4460	咳	口部	6	415334	BFC8	054B3	4506	哤	口部	7	1353334	8657	054E4
4461	咩	口部	6	431112	DFE3	054A9	4507	哶	口部	7	2121112	865F	054F6
4462	咲	口部	6	431134	8644	054B2	4508	哨	口部	7	2432511	C9DA	054E8
4463	咪	口部	6	431234	DFE4	054AA	4509	唢	口部	7	2432534	DFEF	05522
4464	㖄	口部	6	434242	82309735	03584	4510	哻	口部	7	2511112	8663	054FB
4465	咤	口部	6	445315	DFE5	054A4	4511	㖏	口部	7	2511121	82309836	0358F
4466	咹	口部	6	445531	8648	054B9	4512	唄	口部	7	2511134	8668	05504
4467	哝	口部	6	453534	DFE6	054DD	4513	員	口部	7	2511134	8654	054E1
4468	㖀	口部	6	511112	82309731	03580	4514	哯	口部	7	2511135	865A	054EF
4469	㖊	口部	6	511124	82309831	0358A	4515	哩	口部	7	2511211	C1A8	054E9
4470	哪	口部	6	511352	C4C4	054EA	4516	哫	口部	7	2512134	8658	054EB
4471	哏	口部	6	511534	DFE7	054CF	4517	㖞	口部	7	2512534	FE5A	0359E
4472	咫	口部	6	513434	E5EB	054AB	4518	㖐	口部	7	2515113	82309837	03590
4473	巼	口部	6	521535	8E87	05DFC	4519	唈	口部	7	2515215	866A	05508
4474	哞	口部	6	543112	DFE8	054DE	4520	哵	口部	7	2515322	865E	054F5
4475	哟	口部	6	551354	D3B4	054DF	4521	㖗	口部	7	2523445	82309934	03597
4476	哢	口部	7	1121132	8655	054E2	4522	哠	口部	7	3121251	8653	054E0
4477	唛	口部	7	1121354	DFE9	0551B	4523	哦	口部	7	3121534	C5B6	054E6
4478	㖝	口部	7	1123435	82309A30	0359D	4524	唎	口部	7	3123422	866F	0550E
4479	唜	口部	7	1123435	8678	0551C	4525	唀	口部	7	3123453	8665	05500
4480	㖑	口部	7	1132534	82309838	03591	4526	㖚	口部	7	3212435	82309937	0359A
4481	㖔	口部	7	1134251	82309931	03594	4527	哬	口部	7	3212512	8659	054EC
4482	唗	口部	7	1212134	8674	05517	4528	唕	口部	7	3251112	8672	05515
4483	哥	口部	7	1212512	B8E7	054E5	4529	唣	口部	7	3251115	DFF0	05523
4484	唝	口部	7	1212534	8679	0551D	4530	唋	口部	7	3411234	866C	0550B
4485	哧	口部	7	1213234	DFEA	054E7	4531	唏	口部	7	3413252	DFF1	0550F
4486	哲	口部	7	1213312	D5DC	054F2	4532	唑	口部	7	3434121	DFF2	05511
4487	哳	口部	7	1213312	DFEE	054F3	4533	唂	口部	7	3434251	8666	05502
4488	哮	口部	7	1213521	CFF8	054EE	4534	哷	口部	7	3443124	8660	054F7
4489	唞	口部	7	1214412	867A	0551E	4535	哹	口部	7	3443521	8662	054F9
4490	唟	口部	7	1215435	867B	0551F	4536	哸	口部	7	3443531	8661	054F8
4491	㖴	口部	7	1223533	82309C32	035B4	4537	唅	口部	7	3445251	8669	05505
4492	唠	口部	7	1224553	DFEB	05520	4538	唤	口部	7	3525134	BBBD	05524
4493	㖛	口部	7	1225135	82309938	0359B	4539	㒭	口部	7	3525135	82308230	034AD
4494	哱	口部	7	1245521	865C	054F1	4540	唙	口部	7	3534334	8676	05519
4495	唓	口部	7	1251112	8671	05513	4541	唃	口部	7	3535112	8667	05503
4496	哺	口部	7	1251124	B2B8	054FA	4542	㖓	口部	7	3541112	82309930	03593
4497	哽	口部	7	1251134	DFEC	054FD	4543	唁	口部	7	4111251	D1E4	05501
4498	唖	口部	7	1251221	8673	05516	4544	哼	口部	7	4125152	BADF	054FC
4499	唔	口部	7	1251251	DFED	05514	4545	唥	口部	7	4134454	867D	05525
4500	哣	口部	7	1251431	8656	054E3	4546	㖕	口部	7	4143112	82309932	03595
4501	唡	口部	7	1253434	867C	05521	4547	唴	口部	7	4311135	8685	05534
4502	唒	口部	7	1253511	8670	05512	4548	哾	口部	7	4325135	8664	054FE
4503	㖘	口部	7	1311534	82309935	03598	4549	㖒	口部	7	4351523	82309839	03592
4504	唘	口部	7	1325154	8675	05518	4550	唦	口部	7	4412343	867E	05526

字序	字形	部首	部首外笔画数	部首外笔顺	18030代码	13000代码	字序	字形	部首	部首外笔画数	部首外笔顺	18030代码	13000代码
4551	唍	口部	7	4451135	866E	0550D	4597	啅	口部	8	21251112	868F	05545
4552	哰	口部	7	4453112	865B	054F0	4598	唬	口部	8	21531535	BBA3	0552C
4553	哴	口部	7	4511534	865D	054F4	4599	㖵	口部	8	25111134	82309C33	035B5
4554	唚	口部	7	5114554	8677	0551A	4600	啯	口部	8	25112141	86A9	0556F
4555	唧	口部	7	5115452	DFF3	05527	4601	唱	口部	8	25112511	B3AA	05531
4556	啊	口部	7	5212512	B0A1	0554A	4602	唺	口部	8	25122134	868A	0553A
4557	唨	口部	7	5225111	8680	05528	4603	㖯	口部	8	25125135	82309B37	035AF
4558	唉	口部	7	5431134	B0A6	05509	4604	啱	口部	8	25213251	86AB	05571
4559	唆	口部	7	5434354	CBF4	05506	4605	啰	口部	8	25221354	86AA	05570
4560	唪	口部	8	11134112	DFF4	0552A	4606	㖥	口部	8	25312341	82309A37	035A5
4561	啨	口部	8	11212511	86A6	05568	4607	喎	口部	8	25525251	86B7	0558E
4562	啧	口部	8	11212534	DFF5	05567	4608	啎	口部	8	31121251	8695	0554E
4563	㖭	口部	8	11342444	82309B35	035AD	4609	唾	口部	8	31212211	CDD9	0553E
4564	啩	口部	8	12112124	86A7	05569	4610	啝	口部	8	31234251	86A0	0555D
4565	啪	口部	8	12132511	C5BE	0556A	4611	唩	口部	8	31234531	8681	05529
4566	啫	口部	8	12132511	86A8	0556B	4612	唲	口部	8	32151135	8684	05532
4567	㖫	口部	8	12134354	82309B33	035AB	4613	㖬	口部	8	32151154	82309B34	035AC
4568	啦	口部	8	12141431	C0B2	05566	4614	唯	口部	8	32411121	CEA8	0552F
4569	啈	口部	8	12143112	8691	05548	4615	啤	口部	8	32511312	C6A1	05564
4570	啞	口部	8	12155121	86A1	0555E	4616	啲	口部	8	32511354	86AC	05572
4571	唭	口部	8	12211134	8683	0552D	4617	啠	口部	8	33123312	86A3	05560
4572	㖿	口部	8	12211152	82309D33	035BF	4618	啥	口部	8	34112251	C9B6	05565
4573	㖩	口部	8	12211154	82309B31	035A9	4619	唫	口部	8	34112431	8682	0552B
4574	唶	口部	8	12212511	8687	05536	4620	㖮	口部	8	34125122	82309B36	035AE
4575	喏	口部	8	12213251	DFF6	0558F	4621	啋	口部	8	34431234	8692	0554B
4576	喵	口部	8	12225121	DFF7	055B5	4622	㖟	口部	8	34434554	82309A31	0359F
4577	营	口部	8	12245251	D3AA	08425	4623	啂	口部	8	34435215	868E	05542
4578	啚	口部	8	12252511	869E	0555A	4624	唸	口部	8	34454544	8688	05538
4579	啉	口部	8	12341234	DFF8	05549	4625	啁	口部	8	35121251	DFFA	05541
4580	唽	口部	8	12343312	868C	0553D	4626	㖧	口部	8	35152511	82309A39	035A7
4581	唻	口部	8	12343434	868B	0553B	4627	㖰	口部	8	35251251	82309B38	035B0
4582	㖦	口部	8	12511234	82309A38	035A6	4628	啕	口部	8	35311252	DFFB	05555
4583	㖪	口部	8	12511534	82309B32	035AA	4629	啗	口部	8	35321511	869B	05557
4584	啢	口部	8	12523434	86A4	05562	4630	唿	口部	8	35334544	DFFC	0553F
4585	啀	口部	8	13121121	868D	05540	4631	啍	口部	8	41251521	8694	0554D
4586	喐	口部	8	13251152	86B8	05590	4632	㖡	口部	8	41323544	82309A33	035A1
4587	㖠	口部	8	13411234	82309A32	035A0	4633	㖱	口部	8	41323544	82309B39	035B1
4588	喯	口部	8	13412132	86CF	055AF	4634	啐	口部	8	41343412	DFFD	05550
4589	唵	口部	8	13425115	8686	05535	4635	㖣	口部	8	41431251	82309A35	035A3
4590	啄	口部	8	13533434	D7C4	05544	4636	唼	口部	8	41431531	DFFE	0553C
4591	啑	口部	8	15112134	8697	05551	4637	唹	口部	8	41533444	8689	05539
4592	啛	口部	8	15112531	869F	0555B	4638	唷	口部	8	41542511	E0A1	05537
4593	啭	口部	8	15211154	DFF9	0556D	4639	啳	口部	8	43113455	86AD	05573
4594	啡	口部	8	21112111	B7C8	05561	4640	啴	口部	8	43251112	86AE	05574
4595	啃	口部	8	21212511	BFD0	05543	4641	啖	口部	8	43344334	E0A2	05556
4596	啮	口部	8	21213452	C4F6	0556E	4642	㖳	口部	8	44153135	82309C31	035B3

字序	字形	部首	部首外笔画数	部首外笔顺	18030代码	13000代码	字序	字形	部首	部首外笔画数	部首外笔顺	18030代码	13000代码
4643	啵	口部	8	44153254	E0A3	05575	4689	㖷	口部	9	251112134	82309C35	035B7
4644	営	口部	8	44345251	86D3	055B6	4690	啺	口部	9	251113533	86B0	0557A
4645	啶	口部	8	44512134	E0A4	05576	4691	喁	口部	9	251125214	E0AF	05581
4646	啌	口部	8	44534121	8693	0554C	4692	嗢	口部	9	251125221	86EC	055E2
4647	啘	口部	8	44535455	869C	05558	4693	喝	口部	9	251135345	BAC8	0559D
4648	啷	口部	8	45115452	E0A5	05577	4694	喅	口部	9	251141431	86B3	05585
4649	唳	口部	8	45131344	E0A6	05533	4695	喂	口部	9	251211534	CEB9	05582
4650	啔	口部	8	45131534	869A	05554	4696	喟	口部	9	251212511	E0B0	0559F
4651	啓	口部	8	45133134	8699	05553	4697	單	口部	9	251251112	86CE	055AE
4652	啸	口部	8	51123234	D0A5	05578	4698	㗁	口部	9	251251115	82309D35	035C1
4653	㖨	口部	8	51124134	82309B30	035A8	4699	㗊	口部	9	251251251	82309E34	035CA
4654	啹	口部	8	51312251	86AF	05579	4700	㖾	口部	9	251431523	82309D32	035BE
4655	唰	口部	8	51325222	E0A7	05530	4701	喌	口部	9	251434242	86B5	0558C
4656	啒	口部	8	51352252	8698	05552	4702	喘	口部	9	252132522	B4AD	05598
4657	㖤	口部	8	52413452	82309A36	035A4	4703	㗄	口部	9	252214153	82309D38	035C4
4658	啜	口部	8	54545454	E0A8	0555C	4704	嗗	口部	9	255452511	86E5	055D7
4659	喫	口部	9	111253134	86CB	055AB	4705	㗀	口部	9	255455452	82309D34	035C0
4660	㗉	口部	9	111253354	82309E33	035C9	4706	啣	口部	9	311212152	86A5	05563
4661	㖺	口部	9	111342511	82309C38	035BA	4707	㗑	口部	9	311311112	82309F31	035D1
4662	喷	口部	9	121222534	C5E7	055B7	4708	喢	口部	9	312321511	86C3	055A2
4663	㖼	口部	9	122111234	82309D30	035BC	4709	㗍	口部	9	312342511	82309E37	035CD
4664	啿	口部	9	122111345	86B2	0557F	4710	啾	口部	9	312344334	E0B1	0557E
4665	㗆	口部	9	122125112	82309E30	035C6	4711	喠	口部	9	312511211	86C1	055A0
4666	喋	口部	9	122151234	E0A9	0558B	4712	嗖	口部	9	321511254	E0B2	055D6
4667	嗏	口部	9	122341234	86E2	055CF	4713	喺	口部	9	323554234	86D5	055BA
4668	嗒	口部	9	122341251	E0AA	055D2	4714	喤	口部	9	325111121	86C5	055A4
4669	㗅	口部	9	122513511	82309D39	035C5	4715	喞	口部	9	325113552	86C0	0559E
4670	喃	口部	9	122543112	E0AB	05583	4716	喉	口部	9	325131134	BAED	05589
4671	喖	口部	9	123412251	86BC	05596	4717	㗓	口部	9	325151454	82309F33	035D3
4672	喳	口部	9	123425111	D4FB	055B3	4718	喻	口部	9	341251122	D3F7	055BB
4673	喸	口部	9	125112435	86D4	055B8	4719	啽	口部	9	341251132	86B1	0557D
4674	喇	口部	9	125123422	C0AE	05587	4720	喩	口部	9	341251155	86C9	055A9
4675	㖶	口部	9	125221121	82309C34	035B6	4721	喛	口部	9	344311354	86BF	0559B
4676	喓	口部	9	125221531	86BA	05593	4722	喰	口部	9	344511534	86D0	055B0
4677	喊	口部	9	131251534	BAB0	0558A	4723	㖹	口部	9	345325221	82309C37	035B9
4678	喴	口部	9	131531534	86D2	055B4	4724	㗋	口部	9	351331134	82309E35	035CB
4679	㗏	口部	9	132412121	82309E39	035CF	4725	喚	口部	9	352534134	86BE	0559A
4680	㖽	口部	9	132511134	82309D31	035BD	4726	喒	口部	9	354242511	86B9	05592
4681	喱	口部	9	132511211	E0AC	055B1	4727	喼	口部	9	355114544	86D6	055BC
4682	喕	口部	9	132522111	86BB	05595	4728	㗒	口部	9	412513534	82309F32	035D2
4683	喹	口部	9	134121121	E0AD	055B9	4729	喨	口部	9	412514535	86C8	055A8
4684	㗐	口部	9	134425221	82309F30	035D0	4730	喥	口部	9	413122154	86C6	055A5
4685	喈	口部	9	153532511	E0AE	05588	4731	㖢	口部	9	413212135	82309A34	035A2
4686	啙	口部	9	212135251	869D	05559	4732	喑	口部	9	414312511	E0B3	05591
4687	㖸	口部	9	215315151	82309C36	035B8	4733	喭	口部	9	414313333	86CD	055AD
4688	㗂	口部	9	234325111	82309D36	035C2	4734	啼	口部	9	414345252	CCE4	0557C

字序	字形	部首	部首外笔画数	部首外笔顺	18030代码	13000代码	字序	字形	部首	部首外笔画数	部首外笔顺	18030代码	13000代码
4735	啻	口部	9	414345252	E0B4	0557B	4781	喍	口部	10	2121351234	86B6	0558D
4736	善	口部	9	431112431	C9C6	05584	4782	㗔	口部	10	2153154134	82309F34	035D4
4737	嗟	口部	9	431113121	E0B5	055DF	4783	嗩	口部	10	2432511134	86EE	055E9
4738	嗴	口部	9	431113554	86F3	055F4	4784	嗶	口部	10	2511122112	86F4	055F6
4739	喽	口部	9	431234531	E0B6	055BD	4785	嗮	口部	10	2511125351	86F0	055EE
4740	嗞	口部	9	431554554	86EA	055DE	4786	嗣	口部	10	2512251251	CBC3	055E3
4741	喾	口部	9	443453121	E0B7	055BE	4787	嗯	口部	10	2513414544	E0C5	055EF
4742	喧	口部	9	445125111	D0FA	055A7	4788	㗛	口部	10	3143143134	8230A031	035DB
4743	㗌	口部	9	445154121	82309E36	035CC	4789	嗰	口部	10	3225122511	86F1	055F0
4744	喀	口部	9	445354251	BFA6	05580	4790	嗅	口部	10	3251111344	D0E1	055C5
4745	喗	口部	9	451251112	86BD	05597	4791	嗥	口部	10	3251113412	E0C6	055E5
4746	嘅	口部	9	511541535	86FE	05605	4792	嗚	口部	10	3251154444	86E8	055DA
4747	㗇	口部	9	512115154	82309E31	035C7	4793	嗁	口部	10	3321531535	86D9	055C1
4748	喔	口部	9	513154121	E0B8	05594	4794	嗱	口部	10	3412513112	86F2	055F1
4749	㗃	口部	9	515152511	82309D37	035C3	4795	嗲	口部	10	3434354354	E0C7	055F2
4750	喡	口部	9	521251152	86C2	055A1	4796	嗂	口部	10	3443311252	86DA	055C2
4751	㗎	口部	9	532511234	82309E38	035CE	4797	㗖	口部	10	3443321511	82309F36	035D6
4752	㗈	口部	9	542511253	82309E32	035C8	4798	嗳	口部	10	3443451354	E0C8	055F3
4753	㖻	口部	9	545231234	82309C39	035BB	4799	嗘	口部	10	3443554134	86E6	055D8
4754	喙	口部	9	551353334	E0B9	05599	4800	嗆	口部	10	3445113251	86DC	055C6
4755	喲	口部	9	554444354	86D1	055B2	4801	嗡	口部	10	3454541541	CECB	055E1
4756	嗪	口部	10	1113431234	E0BA	055EA	4802	㗙	口部	10	3552335523	82309F39	035D9
4757	嗸	口部	10	1121533134	86F5	055F8	4803	嗃	口部	10	4125125251	86DB	055C3
4758	嗷	口部	10	1121533134	E0BB	055F7	4804	㗥	口部	10	4125152152	8230A131	035E5
4759	嗉	口部	10	1121554234	E0BC	055C9	4805	嗙	口部	10	4143454153	86E7	055D9
4760	㗕	口部	10	1122125211	82309F35	035D5	4806	旕	口部	10	4153344435	94F1	065D5
4761	嗎	口部	10	1211254444	86E1	055CE	4807	㗜	口部	10	4155425121	8230A032	035DC
4762	嗊	口部	10	1212511134	86DF	055CA	4808	㗝	口部	10	4311214444	8230A033	035DD
4763	㗯	口部	10	1213251135	8230A231	035EF	4809	嗌	口部	10	4313425221	E0C9	055CC
4764	嘟	口部	10	1213251152	E0BD	0561F	4810	嗛	口部	10	4315112234	86E9	055DB
4765	嗜	口部	10	1213352511	CAC8	055DC	4811	嗍	口部	10	4315233511	E0CA	055CD
4766	嗑	口部	10	1215425221	E0BE	055D1	4812	嗨	口部	10	4413155414	E0CB	055E8
4767	嗫	口部	10	1221115454	E0BF	055EB	4813	㗟	口部	10	4414112135	8230A035	035DF
4768	嘩	口部	10	1221122112	8757	05629	4814	嗐	口部	10	4451112251	86E3	055D0
4769	嗼	口部	10	1222511134	86F9	055FC	4815	嗤	口部	10	5221251214	E0CD	055E4
4770	嗬	口部	10	1223212512	E0C0	055EC	4816	㗗	口部	10	5332511312	82309F37	035D7
4771	嗔	口部	10	1225111134	E0C1	055D4	4817	嗋	口部	10	5353532511	86E0	055CB
4772	嗭	口部	10	1225111135	86EF	055ED	4818	嗵	口部	10	5425112454	E0CC	055F5
4773	嗦	口部	10	1245554234	E0C2	055E6	4819	嗓	口部	10	5454541234	C9A4	055D3
4774	嗹	口部	10	1251112454	86F6	055F9	4820	辔	口部	10	5511512551	E0CE	08F94
4775	㗘	口部	10	1251124124	82309F38	035D8	4821	嗈	口部	10	5552515215	86DE	055C8
4776	嗝	口部	10	1251254312	E0C3	055DD	4822	嘒	口部	11	11121112511	8747	05612
4777	㗚	口部	10	1252211234	8230A030	035DA	4823	嘖	口部	11	11212511134	874B	05616
4778	嗕	口部	10	1311534124	86E4	055D5	4824	夀	口部	11	11525121124	89DE	05900
4779	嗄	口部	10	1325111354	E0C4	055C4	4825	嘕	口部	11	12121154444	874A	05615
4780	㗞	口部	10	1325153254	8230A034	035DE	4826	嘋	口部	11	12135213134	8743	0560B

字序	字形	部首	部首外笔画数	部首外笔顺	18030代码	13000代码	字序	字形	部首	部首外笔画数	部首外笔顺	18030代码	13000代码
4827	㗦	口部	11	12211135352	8230A132	035E6	4873	㗧	口部	11	44534154121	8230A133	035E7
4828	嘆	口部	11	12212511134	8740	05606	4874	嘧	口部	11	44545434252	E0D7	05627
4829	嘞	口部	11	12212511253	E0CF	0561E	4875	嘨	口部	11	51123243134	8756	05628
4830	㮺	口部	11	12341251251	8231B735	03BBA	4876	噉	口部	11	51221113134	876E	05649
4831	槑	口部	11	12342511234	988E	069D1	4877	㗩	口部	11	54154132511	8230A135	035E9
4832	嘜	口部	11	12343434354	874F	0561C	4878	嘐	口部	11	54154134333	8745	05610
4833	嘈	口部	11	12512212511	E0D0	05608	4879	嘇	口部	11	54545434333	8741	05607
4834	嗽	口部	11	12512343534	CBD4	055FD	4880	㗽	口部	11	55345115452	8230A335	035FD
4835	嘔	口部	11	12512512515	8749	05614	4881	噄	口部	12	111253554234	8769	05644
4836	嘌	口部	11	12522111234	E0D1	0560C	4882	噖	口部	12	112111213445	8777	05656
4837	㗨	口部	11	13113453554	8230A134	035E8	4883	㗺	口部	12	113421112111	8230A332	035FA
4838	㗤	口部	11	13211234534	8230A130	035E4	4884	嘵	口部	12	121121121135	875E	05635
4839	嘁	口部	11	13211234534	E0D2	05601	4885	噴	口部	12	121222511134	878A	05674
4840	㗣	口部	11	13221545252	8230A039	035E3	4886	嘻	口部	12	121251431251	CEFB	0563B
4841	嘎	口部	11	13251111534	B8C2	0560E	4887	嘭	口部	12	121251431333	E0D8	0562D
4842	嘘	口部	11	21531522431	D0EA	05618	4888	噠	口部	12	121431112454	877D	05660
4843	嘑	口部	11	21531534312	8746	05611	4889	噎	口部	12	121451251431	D2AD	0564E
4844	嘡	口部	11	24345251121	8752	05621	4890	噁	口部	12	121551214544	8766	05641
4845	嘢	口部	11	25112115452	8753	05622	4891	嘶	口部	12	122111343312	CBBB	05636
4846	嘍	口部	11	25112512531	8744	0560D	4892	㘃	口部	12	122132514544	8230A431	03603
4847	嘓	口部	11	25125115341	8748	05613	4893	噧	口部	12	122251125214	8783	05667
4848	䑝	口部	11	25145354152	82339738	0445D	4894	噶	口部	12	122251135345	B8C1	05676
4849	嘂	口部	11	25152251251	86FB	05602	4895	嘲	口部	12	122511123511	B3B0	05632
4850	嘊	口部	11	25213121121	8742	0560A	4896	嘾	口部	12	125221251112	8764	0563E
4851	嗺	口部	11	25232411121	86F7	055FA	4897	嘠	口部	12	132511451534	8751	05620
4852	嘣	口部	11	25235113511	E0D4	05623	4898	噘	口部	12	134315233534	E0D9	05658
4853	嘤	口部	11	25342534531	E0D3	05624	4899	嘹	口部	12	134432511234	E0DA	05639
4854	㗻	口部	11	25525251454	8230A333	035FB	4900	噆	口部	12	153515352511	876B	05646
4855	㗢	口部	11	31251121153	8230A038	035E2	4901	㗪	口部	12	212135554234	8230A136	035EA
4856	嘄	口部	11	32511151234	86FD	05604	4902	噛	口部	12	212143123452	8779	0565B
4857	鳴	口部	11	32511154444	F851	09CF4	4903	噓	口部	12	215315225211	8775	05653
4858	噑	口部	11	32511413412	8773	05651	4904	噗	口部	12	224314311134	E0DB	05657
4859	嘥	口部	11	33221212134	8754	05625	4905	嘬	口部	12	251112211154	E0DC	0562C
4860	嘚	口部	11	33225111124	874E	0561A	4906	噐	口部	12	251121251251	8772	05650
4861	㗰	口部	11	33234342134	8230A232	035F0	4907	㗴	口部	12	251125113511	8230A236	035F4
4862	嘦	口部	11	34125221531	8755	05626	4908	嘳	口部	12	251212511134	875D	05633
4863	㗭	口部	11	34312344544	8230A139	035ED	4909	嘽	口部	12	251251251112	8763	0563D
4864	嗿	口部	11	34452511134	86FA	055FF	4910	嘼	口部	12	251251251211	8762	0563C
4865	嘝	口部	11	35351124412	8750	0561D	4911	嘪	口部	12	252212511134	8758	0562A
4866	㗫	口部	11	35445411234	8230A137	035EB	4912	嘿	口部	12	254312114444	BAD9	0563F
4867	嗻	口部	11	41312214444	86F8	055FB	4913	嘸	口部	12	311222214444	8760	05638
4868	嘛	口部	11	41312341234	C2EF	0561B	4914	嘺	口部	12	313425125251	8761	0563A
4869	嘃	口部	11	41351125112	86FC	05603	4915	㗳	口部	12	314314341251	8230A235	035F3
4870	嘀	口部	11	41432512251	E0D6	05600	4916	㘀	口部	12	321511431234	8230A338	03600
4871	嗾	口部	11	41533131134	E0D5	055FE	4917	㗱	口部	12	324111211234	8230A233	035F1
4872	嘙	口部	11	44153254531	874D	05619	4918	噍	口部	12	324111214444	E0DD	0564D

字序	字形	部首	部首外笔画数	部首外笔顺	18030代码	13000代码
4919	㗹	口部	12	324111214544	8230A331	035F9
4920	嘷	口部	12	325111413412	875F	05637
4921	噢	口部	12	325431234134	E0DE	05662
4922	㗸	口部	12	332311252112	8230A330	035F8
4923	噏	口部	12	341251541541	8771	0564F
4924	噃	口部	12	343123425121	8768	05643
4925	噙	口部	12	344134522554	E0DF	05659
4926	噅	口部	12	344335554444	876A	05645
4927	噕	口部	12	344335554444	8776	05655
4928	噜	口部	12	352512112511	E0E0	0565C
4929	嘫	口部	12	354413444444	8759	0562B
4930	噈	口部	12	412512341354	876D	05648
4931	噋	口部	12	412515213134	8770	0564B
4932	噇	口部	12	414312511211	876C	05647
4933	噒	口部	12	431234354152	8774	05652
4934	噂	口部	12	431253511124	8767	05642
4935	噵	口部	12	431325111454	878B	05675
4936	噌	口部	12	432524312511	E0E1	0564C
4937	㗵	口部	12	433443343534	8230A237	035F5
4938	嘮	口部	12	433443344553	875A	0562E
4939	㗷	口部	12	445112212534	8230A239	035F7
4940	噚	口部	12	511121251124	8778	0565A
4941	㗲	口部	12	511121251211	8230A234	035F2
4942	嘱	口部	12	513325125214	D6F6	05631
4943	噀	口部	12	515515122134	8765	05640
4944	噔	口部	12	543341251431	E0E2	05654
4945	㗶	口部	12	543345153554	8230A238	035F6
4946	噊	口部	12	545232534251	876F	0564A
4947	噝	口部	12	554444554234	877A	0565D
4948	嘰	口部	12	554554134534	875C	05630
4949	㗾	口部	13	1221251123235	8230A336	035FE
4950	嚄	口部	13	1223241112154	8797	05684
4951	嚆	口部	13	1224125125251	E0E3	05686
4952	噤	口部	13	1234123411234	E0E4	05664
4953	㘄	口部	13	1234252214153	8230A432	03604
4954	噸	口部	13	1525132511134	878D	05678
4955	噦	口部	13	2121131233534	8782	05666
4956	嘴	口部	13	2121353535112	D7EC	05634
4957	噱	口部	13	2153151353334	E0E5	05671
4958	噳	口部	13	2153152511134	8789	05673
4959	㗼	口部	13	2243143111234	8230A334	035FC
4960	噹	口部	13	2434525125121	878E	05679
4961	㗿	口部	13	2511251112512	8230A337	035FF
4962	器	口部	13	2511344251251	C6F7	05668
4963	噥	口部	13	2512211311534	8781	05665
4964	噪	口部	13	2512512511234	D4EB	0566A
4965	㘁	口部	13	2522112143112	8230A339	03601
4966	噮	口部	13	2522112513534	8785	0566E
4967	嚃	口部	13	2522123344454	8796	05683
4968	噣	口部	13	2522135251214	8780	05663
4969	噬	口部	13	3143141234341	CAC9	0566C
4970	㘉	口部	13	3143145115452	8230A437	03609
4971	噭	口部	13	3251141533134	8784	0566D
4972	噞	口部	13	3412512513434	877B	0565E
4973	噲	口部	13	3412524312511	8788	05672
4974	噯	口部	13	3443454544354	8786	0566F
4975	噡	口部	13	3513344111251	877E	05661
4976	噟	口部	13	4133232411121	877C	0565F
4977	噺	口部	13	4143112343312	878F	0567A
4978	噷	口部	13	4143125113534	878C	05677
4979	噫	口部	13	4143125114544	E0E6	0566B
4980	噰	口部	13	4155332411121	8787	05670
4981	㘂	口部	13	4315545544544	8230A430	03602
4982	營	口部	13	4334433445251	A049	071DF
4983	噻	口部	13	4451122134121	E0E7	0567B
4984	嘯	口部	13	5112322151512	875B	0562F
4985	噼	口部	13	5132514143112	E0E8	0567C
4986	㘆	口部	14	12125145154121	8230A434	03606
4987	嚇	口部	14	12132341213234	8798	05687
4988	嚋	口部	14	12151211251124	879C	0568B
4989	嚏	口部	14	12452512152134	CCE7	0568F
4990	嚂	口部	14	12512531425221	8795	05682
4991	嚈	口部	14	13251125111344	8799	05688
4992	嚅	口部	14	14524444132522	E0E9	05685
4993	嚉	口部	14	22431431121124	879A	05689
4994	嚐	口部	14	24345251352511	879F	05690
4995	嚑	口部	14	31254312114444	87A0	05691
4996	嚊	口部	14	32511125121132	879B	0568A
4997	㘅	口部	14	33234112431112	8230A433	03605
4998	㘈	口部	14	35311345452134	8230A436	03608
4999	嚎	口部	14	41251451353334	BABF	0568E
5000	嚝	口部	14	41312212512134	87AB	0569D
5001	嚒	口部	14	41312341234554	87A1	05692
5002	嚌	口部	14	41432533543211	879D	0568C
5003	㘎	口部	14	42551221113134	FE5C	0360E
5004	㘏	口部	14	43132511145435	8230A532	0360F
5005	㘇	口部	14	43344334451234	8230A435	03607
5006	噾	口部	14	44534414312511	8791	0567E
5007	嚓	口部	14	44535445411234	E0EA	05693
5008	嚀	口部	14	44545442522112	8793	05680
5009	嚍	口部	14	51121444425221	879E	0568D
5010	嚁	口部	14	54154132411121	8794	05681

字序	字形	部首	部首外笔画数	部首外笔顺	18030代码	13000代码
5011	噿	口部	14	54154141343412	8792	0567F
5012	嚖	口部	15	111211125114544	87A4	05696
5013	嚡	口部	15	122125112121121	87AF	056A1
5014	嚔	口部	15	124525121542134	87A2	05694
5015	㘋	口部	15	125125542511134	8230A439	0360B
5016	嚘	口部	15	132511454544354	87A6	05698
5017	㘊	口部	15	145244444111251	8230A438	0360A
5018	嚙	口部	15	212134341343452	87A7	05699
5019	㘌	口部	15	215315135333422	8230A530	0360C
5020	㘍	口部	15	234324111211534	8230A531	0360D
5021	嚗	口部	15	251112213424134	87A5	05697
5022	嚚	口部	15	251125125251251	87A8	0569A
5023	嚣	口部	15	251132534251251	CFF9	056A3
5024	嚜	口部	15	254312114444121	87AA	0569C
5025	嚟	口部	15	312343533424134	87AD	0569F
5026	嚛	口部	15	325115545541234	87A9	0569B
5027	嚕	口部	15	352512144442511	87A3	05695
5028	嚠	口部	15	354533411243122	87AE	056A0
5029	嚤	口部	15	413123412343112	87B1	056A4
5030	㘑	口部	16	1211123451124134	8230A534	03611
5031	㘐	口部	16	1211254444413434	8230A533	03610
5032	嚥	口部	16	1221251211354444	87B2	056A5
5033	嚦	口部	16	1331234312342121	87B3	056A6
5034	嚯	口部	16	1452444432411121	E0EB	056AF
5035	嚬	口部	16	2121233132511134	87B9	056AC
5036	嚧	口部	16	2153152512125221	87B4	056A7
5037	嚪	口部	16	2511251135321511	87B7	056AA
5038	嚴	口部	16	2511351221113134	87C0	056B4
5039	嚰	口部	16	4131234123413251	87BC	056B0
5040	嚫	口部	16	4143112342511135	87B8	056AB
5041	嚨	口部	16	4143125111515111	87B5	056A8
5042	嚩	口部	16	5544441251124124	87B6	056A9
5043	嚽	口部	17	11215331342511134	87C7	056BD
5044	㘕	口部	17	12212512531425221	8230A538	03615
5045	嚾	口部	17	12225125132411121	87C8	056BE
5046	嚿	口部	17	12232411121321511	87C9	056BF
5047	嚱	口部	17	21531512514311534	87BD	056B1
5048	嚶	口部	17	25111342511134531	87C2	056B6
5049	㘓	口部	17	25112511125431234	8230A536	03613
5050	嚺	口部	17	25221431353334454	87C5	056BA
5051	嚸	口部	17	25431211444421251	87C3	056B8
5052	嚹	口部	17	31125221531534312	87C4	056B9
5053	嚳	口部	17	32113434511453121	87BF	056B3
5054	嚼	口部	17	34432522151154124	BDC0	056BC
5055	嚵	口部	17	35251153535251354	87C1	056B5
5056	嚷	口部	17	41251251112213534	C8C2	056B7
5057	㘔	口部	17	44511221342511134	8230A537	03614
5058	囁	口部	18	122111122111122111	87CB	056C1
5059	囈	口部	18	122121341213541154	87D2	056C8
5060	囆	口部	18	122251125214251214	87D0	056C6
5061	囀	口部	18	125111212511214124	87CA	056C0
5062	㘗	口部	18	251112511132411121	8230A630	03617
5063	嚻	口部	18	251132511134251251	87C6	056BB
5064	囂	口部	18	251132511134251251	87CC	056C2
5065	囃	口部	18	413434123432411121	87CD	056C3
5066	囄	口部	18	413452255432411121	87CE	056C4
5067	㘖	口部	18	414313333132511134	8230A539	03616
5068	囌	口部	19	1223525121444431234	87D5	056CC
5069	囇	口部	19	1254125441352211535	87D1	056C7
5070	囎	口部	19	2511134432524312511	87D7	056CE
5071	㘚	口部	19	2511251151221113134	FE5B	0361A
5072	囅	口部	19	2512511125131221534	87CF	056C5
5073	㘙	口部	19	2512511351221113134	8230A632	03619
5074	囉	口部	19	2522155444432411121	87D3	056C9
5075	囋	口部	19	3121353121352511134	87D4	056CB
5076	㘘	口部	19	4111251554444554444	8230A631	03618
5077	轡	口部	19	5544441251112554444	DE5C	08F61
5078	囒	口部	20	12225112511125431234	87DB	056D2
5079	囐	口部	20	21531512512543121344	87D9	056D0
5080	囓	口部	21	111253212134341343452	87DC	056D3
5081	囕	口部	21	125125314252212511135	87DD	056D5
5082	囑	口部	21	513241342522135251214	87DA	056D1
5083	囔	口部	22	1251245251251112213534	E0EC	056D4
5084	㘛	口部	22	3412514143125111515111	8230A633	0361B
5085	㘜	口部	23	32411121411125132411121	8230A634	0361C
5086	囖	口部	25	3143142522155444432411121	87DE	056D6
5087	囗	囗部	0	0	E0ED	056D7
5088	囚	囗部	2	34	C7F4	056DA
5089	囙	囗部	2	51	87E0	056D9
5090	㘞	囗部	2	53	8230A636	0361E
5091	㘝	囗部	2	54	8230A635	0361D
5092	囜	囗部	2	54	87E1	056DC
5093	团	囗部	3	123	CDC5	056E2
5094	団	囗部	3	124	87E2	056E3
5095	㘟	囗部	3	132	8230A637	0361F
5096	因	囗部	3	134	D2F2	056E0

字序	字形	部首	部首外笔画数	部首外笔顺	18030代码	13000代码
5097	回	囗部	3	251	BBD8	056DE
5098	囝	囗部	3	521	E0EE	056DD
5099	囡	囗部	3	531	E0EF	056E1
5100	囯	囗部	4	1121	87EB	056EF
5101	囲	囗部	4	1132	87EC	056F2
5102	园	囗部	4	1135	D4B0	056ED
5103	围	囗部	4	1152	CEA7	056F4
5104	囩	囗部	4	1154	87E7	056E9
5105	困	囗部	4	1234	C0A7	056F0
5106	囨	囗部	4	1324	87E6	056E8
5107	囤	囗部	4	1525	B6DA	056E4
5108	囬	囗部	4	2211	87E9	056EC
5109	囦	囗部	4	2534	87E4	056E6
5110	囮	囗部	4	3235	87EA	056EE
5111	囧	囗部	4	3425	87E5	056E7
5112	囵	囗部	4	3435	E0F0	056F5
5113	囫	囗部	4	3533	E0F1	056EB
5114	囥	囗部	4	4135	87E3	056E5
5115	図	囗部	4	4434	87ED	056F3
5116	国	囗部	5	11214	B9FA	056FD
5117	囸	囗部	5	12121	87F0	056F8
5118	固	囗部	5	12251	B9CC	056FA
5119	㘡	囗部	5	25112	8230A639	03621
5120	囷	囗部	5	31234	87EF	056F7
5121	囶	囗部	5	34121	87EE	056F6
5122	囹	囗部	5	34454	E0F2	056F9
5123	图	囗部	5	35444	CDBC	056FE
5124	㘠	囗部	5	45434	8230A638	03620
5125	囻	囗部	5	51515	87F1	056FB
5126	囼	囗部	5	54251	87F2	056FC
5127	囿	囗部	6	132511	E0F3	056FF
5128	㘢	囗部	6	243135	8230A730	03622
5129	圀	囗部	6	344153	87F3	05700
5130	圃	囗部	7	1251124	C6D4	05703
5131	圄	囗部	7	1251251	E0F4	05704
5132	圂	囗部	7	1353334	87F5	05702
5133	㘣	囗部	7	2512511	8230A731	03623
5134	圆	囗部	7	2512534	D4B2	05706
5135	圁	囗部	7	4111251	87F4	05701
5136	圊	囗部	8	11212511	E0F5	0570A
5137	圉	囗部	8	12143112	E0F6	05709
5138	國	囗部	8	12511534	87F8	0570B
5139	圇	囗部	8	34125122	87F7	05707
5140	圈	囗部	8	43113455	C8A6	05708
5141	圌	囗部	9	252132522	87F9	0570C
5142	圐	囗部	9	252214153	87FD	05710
5143	圏	囗部	9	431134515	87FC	0570F
5144	圍	囗部	9	521251152	87FA	0570D
5145	圎	囗部	9	542511134	87FB	0570E
5146	園	囗部	10	1212513234	8840	05712
5147	圔	囗部	10	1215425221	8842	05714
5148	圑	囗部	10	1251124124	87FE	05711
5149	圓	囗部	10	2512511134	8841	05713
5150	圕	囗部	10	5111212511	8843	05715
5151	團	囗部	11	12511214124	8846	05718
5152	圖	囗部	11	25112252511	8844	05716
5153	圙	囗部	11	34132522111	8847	05719
5154	圗	囗部	11	54122522111	8845	05717
5155	圚	囗部	12	251212511134	8848	0571A
5156	㘤	囗部	12	441322151512	8230A732	03624
5157	圛	囗部	13	2522112143112	8849	0571B
5158	圜	囗部	13	2522112513534	E0F7	0571C
5159	㘥	囗部	17	34433112523554234	8230A733	03625
5160	圝	囗部	19	4111251554444554444	884A	0571D
5161	圞	囗部	23	41112515544445544441234	884B	0571E
5162	山	山部	0	0	C9BD	05C71
5163	屲	山部	1	3	8CDC	05C72
5164	乢	山部	1	5	815F	04E62
5165	亗	山部	2	11	8182	04E97
5166	屵	山部	2	13	8CDF	05C75
5167	㞤	山部	2	34	8230CD36	037A4
5168	㞥	山部	2	34	8230CD37	037A5
5169	㞦	山部	2	35	8230CD38	037A6
5170	邖	山部	2	52	DF8D	09096
5171	屶	山部	2	53	8CE0	05C76
5172	屴	山部	2	53	8CDE	05C74
5173	屷	山部	2	53	8CE1	05C77
5174	㞧	山部	2	53	8230CD39	037A7
5175	屽	山部	3	112	8CE5	05C7D
5176	屸	山部	3	121	8CE2	05C78
5177	㞬	山部	3	121	8230CE34	037AC
5178	屼	山部	3	135	8CE4	05C7C
5179	屿	山部	3	151	D3EC	05C7F
5180	屾	山部	3	252	8CE6	05C7E
5181	岀	山部	3	252	8CE7	05C80
5182	屹	山部	3	315	D2D9	05C79
5183	㞮	山部	3	354	8230CE36	037AE
5184	岁	山部	3	354	CBEA	05C81
5185	㞩	山部	3	354	8230CE31	037A9
5186	岋	山部	3	354	8CEF	05C8B
5187	岌	山部	3	354	E1A7	05C8C

字序	字形	部首	部首外笔画数	部首外笔顺	18030代码	13000代码
5188	㞫	山部	3	454	8230CE33	037AB
5189	屺	山部	3	515	E1A8	05C7A
5190	岂	山部	3	515	C6F1	05C82
5191	㞨	山部	3	521	8230CE30	037A8
5192	屻	山部	3	534	8CE3	05C7B
5193	岃	山部	3	534	8CE8	05C83
5194	岍	山部	4	1132	E1A9	05C8D
5195	岏	山部	4	1135	8CF1	05C8F
5196	岐	山部	4	1254	E1AA	05C90
5197	㞸	山部	4	1324	8230CF36	037B8
5198	岖	山部	4	1345	E1AB	05C96
5199	岠	山部	4	1515	8CF8	05CA0
5200	岈	山部	4	1523	E1AC	05C88
5201	㼘	山部	4	1554	82328F35	03F18
5202	㞱	山部	4	2511	8230CE39	037B1
5203	㞲	山部	4	2512	8230CF30	037B2
5204	岗	山部	4	2534	B8DA	05C97
5205	汖	山部	4	2534	9AFD	06C56
5206	岘	山部	4	2535	E1AD	05C98
5207	㞰	山部	4	3112	8230CE38	037B0
5208	岆	山部	4	3134	8CEB	05C86
5209	岙	山部	4	3134	E1AE	05C99
5210	岓	山部	4	3312	8CF3	05C93
5211	岅	山部	4	3354	8CEA	05C85
5212	岕	山部	4	3432	8CF4	05C95
5213	岑	山部	4	3445	E1AF	05C91
5214	岒	山部	4	3445	8CF2	05C92
5215	岎	山部	4	3453	8CF0	05C8E
5216	岔	山部	4	3453	B2ED	05C94
5217	岄	山部	4	3511	8CE9	05C84
5218	㞴	山部	4	3515	8230CF32	037B4
5219	岉	山部	4	3533	8CED	05C89
5220	㰞	山部	4	3534	8231C135	03C1E
5221	岚	山部	4	3534	E1B0	05C9A
5222	岛	山部	4	3545	B5BA	05C9B
5223	岇	山部	4	3552	8CEC	05C87
5224	㞶	山部	4	4134	8230CF34	037B6
5225	㞵	山部	4	4134	8230CF33	037B5
5226	㞳	山部	4	4412	8230CF31	037B3
5227	岜	山部	4	5215	E1B1	05C9C
5228	岊	山部	4	5215	8CEE	05C8A
5229	㞿	山部	5	12134	8230D033	037BF
5230	岵	山部	5	12251	E1B2	05CB5
5231	㞹	山部	5	12512	8230CF37	037B9
5232	岢	山部	5	12512	E1B3	05CA2
5233	㟁	山部	5	13112	8230D035	037C1
5234	岸	山部	5	13112	B0B6	05CB8
5235	岯	山部	5	13241	8D42	05CAF
5236	岩	山部	5	13251	D1D2	05CA9
5237	岼	山部	5	14312	8D4A	05CBC
5238	岽	山部	5	15234	E1B4	05CBD
5239	㞽	山部	5	15534	8230D031	037BD
5240	岾	山部	5	21251	8D4B	05CBE
5241	岿	山部	5	23511	BFF9	05CBF
5242	岨	山部	5	25111	8CFE	05CA8
5243	岬	山部	5	25112	E1B5	05CAC
5244	㞻	山部	5	25115	8230CF39	037BB
5245	岫	山部	5	25121	E1B6	05CAB
5246	峀	山部	5	25121	8D4C	05CC0
5247	岟	山部	5	25134	8CF7	05C9F
5248	岲	山部	5	25135	8D44	05CB2
5249	㞺	山部	5	31134	8230CF38	037BA
5250	岞	山部	5	31211	8CF6	05C9E
5251	岝	山部	5	31211	8CF5	05C9D
5252	岴	山部	5	32121	8D45	05CB4
5253	岳	山部	5	32121	D4C0	05CB3
5254	岱	山部	5	32154	E1B7	05CB1
5255	岶	山部	5	32511	8D46	05CB6
5256	岭	山部	5	34454	C1EB	05CAD
5257	岺	山部	5	34454	8D48	05CBA
5258	岻	山部	5	35154	8D49	05CBB
5259	岣	山部	5	35251	E1B8	05CA3
5260	峁	山部	5	35352	E1B9	05CC1
5261	峂	山部	5	35444	8D4D	05CC2
5262	岦	山部	5	41431	8CFC	05CA6
5263	峃	山部	5	44345	8D4E	05CC3
5264	岤	山部	5	44534	8CFA	05CA4
5265	岮	山部	5	44535	8D41	05CAE
5266	㟃	山部	5	51251	8230D037	037C3
5267	㞾	山部	5	51335	8230D032	037BE
5268	岷	山部	5	51515	E1BA	05CB7
5269	岪	山部	5	51532	8D40	05CAA
5270	㞼	山部	5	52534	8230D030	037BC
5271	岹	山部	5	53251	8D47	05CB9
5272	岧	山部	5	53251	8CFD	05CA7
5273	岥	山部	5	53254	8CFB	05CA5
5274	峄	山部	5	54112	E1BB	05CC4
5275	峅	山部	5	54132	8D4F	05CC5
5276	㟂	山部	5	55414	8230D036	037C2
5277	岰	山部	5	55453	8D43	05CB0
5278	峙	山部	6	121124	D6C5	05CD9
5279	峔	山部	6	121335	8D5C	05CD4

字序	字形	部首	部首外笔画数	部首外笔顺	18030代码	13000代码	字序	字形	部首	部首外笔画数	部首外笔顺	18030代码	13000代码
5280	岾	山部	6	122415	8230D230	037D0	5326	峷	山部	7	1245521	8230D231	037D1
5281	峘	山部	6	125111	8D60	05CD8	5327	峬	山部	7	1251124	8D6D	05CEC
5282	峟	山部	6	132511	8D66	05CDF	5328	峺	山部	7	1251134	8D79	05CFA
5283	峏	山部	6	132522	8D58	05CCF	5329	峿	山部	7	1251251	8D7D	05CFF
5284	耑	山部	6	132522	C25A	08011	5330	豈	山部	7	1251431	D84D	08C48
5285	峚	山部	6	134121	8D61	05CDA	5331	峽	山部	7	1343434	8D7B	05CFD
5286	炭	山部	6	134334	CCBF	070AD	5332	㟌	山部	7	1353334	8230D136	037CC
5287	峢	山部	6	135422	8D68	05CE2	5333	崃	山部	7	1431234	E1C1	05D03
5288	峛	山部	6	135422	8D62	05CDB	5334	峭	山部	7	2432511	C7CD	05CED
5289	峸	山部	6	135534	8D77	05CF8	5335	峴	山部	7	2511135	8D73	05CF4
5290	峡	山部	6	143134	CFBF	05CE1	5336	㟕	山部	7	2514412	8230D235	037D5
5291	峓	山部	6	151534	8D5B	05CD3	5337	埊	山部	7	2534121	88AF	057CA
5292	峫	山部	6	152352	8D6C	05CEB	5338	峼	山部	7	3121251	8D7A	05CFC
5293	峣	山部	6	153135	8D69	05CE3	5339	峨	山部	7	3121534	B6EB	05CE8
5294	峌	山部	6	154121	8D55	05CCC	5340	峩	山部	7	3121534	8D6B	05CE9
5295	峠	山部	6	211124	8D67	05CE0	5341	峲	山部	7	3123422	8D71	05CF2
5296	峒	山部	6	251251	E1BC	05CD2	5342	峳	山部	7	3223134	8D72	05CF3
5297	峝	山部	6	251251	8D64	05CDD	5343	島	山部	7	3251115	8D75	05CF6
5298	峤	山部	6	313432	E1BD	05CE4	5344	峹	山部	7	3411234	8D78	05CF9
5299	㟆	山部	6	323512	8230D130	037C6	5345	㟓	山部	7	3413252	8230D233	037D3
5300	峊	山部	6	325151	8D54	05CCA	5346	崄	山部	7	3414431	8D81	05D04
5301	峑	山部	6	341121	8D5A	05CD1	5347	㟇	山部	7	3434121	8230D131	037C7
5302	峆	山部	6	341251	8D50	05CC6	5348	峪	山部	7	3434251	D3F8	05CEA
5303	峇	山部	6	341251	8D51	05CC7	5349	㟊	山部	7	3443521	8230D134	037CA
5304	峜	山部	6	342121	8D63	05CDC	5350	㟎	山部	7	3443531	8230D138	037CE
5305	㟅	山部	6	345235	8230D039	037C5	5351	㟏	山部	7	3445251	8230D139	037CF
5306	峗	山部	6	351355	8D5F	05CD7	5352	㟔	山部	7	3445251	8230D234	037D4
5307	峞	山部	6	351355	8D65	05CDE	5353	崅	山部	7	3535112	8D82	05D05
5308	峋	山部	6	352511	E1BE	05CCB	5354	峰	山部	7	3541112	B7E5	05CF0
5309	峉	山部	6	354251	8D53	05CC9	5355	峯	山部	7	3541112	8D6F	05CEF
5310	峈	山部	6	354251	8D52	05CC8	5356	訔	山部	7	4111251	D397	08A14
5311	峥	山部	6	355112	E1BF	05CE5	5357	峷	山部	7	4143112	8D76	05CF7
5312	峦	山部	6	412234	C2CD	05CE6	5358	㟋	山部	7	4325135	8230D135	037CB
5313	峕	山部	6	412511	8D5D	05CD5	5359	峾	山部	7	4413312	8D7C	05CFE
5314	峧	山部	6	413434	8D6A	05CE7	5360	峵	山部	7	4451354	8D74	05CF5
5315	峐	山部	6	415334	8D59	05CD0	5361	㟉	山部	7	4453112	8230D133	037C9
5316	㟄	山部	6	431112	8230D038	037C4	5362	㟍	山部	7	4511534	8230D137	037CD
5317	峖	山部	6	445531	8D5E	05CD6	5363	崀	山部	7	4511534	8D7E	05D00
5318	峍	山部	6	511112	8D56	05CCD	5364	峮	山部	7	5113251	8D6E	05CEE
5319	峎	山部	6	511534	8D57	05CCE	5365	㟒	山部	7	5113251	8230D232	037D2
5320	幽	山部	6	554554	D3C4	05E7D	5366	峻	山部	7	5434354	BEFE	05CFB
5321	㟖	山部	7	1121132	8230D236	037D6	5367	崝	山部	8	11212511	8D94	05D1D
5322	崋	山部	7	1122112	8D86	05D0B	5368	㟛	山部	8	12112211	8230D331	037DB
5323	崁	山部	7	1213534	8D80	05D01	5369	崚	山部	8	12134354	8D92	05D1A
5324	崂	山部	7	1224553	E1C0	05D02	5370	㟙	山部	8	12212511	8230D239	037D9
5325	㟈	山部	7	1241344	8230D132	037C8	5371	崊	山部	8	12341234	8D85	05D0A

字序	字形	部首	部首外笔画数	部首外笔顺	18030代码	13000代码
5372	㟚	山部	8	12341254	8230D330	037DA
5373	崍	山部	8	12343434	8D88	05D0D
5374	㟣	山部	8	12343454	8230D339	037E3
5375	崧	山部	8	12343454	E1C2	05D27
5376	崠	山部	8	12511234	8D96	05D20
5377	崬	山部	8	12511234	8D9E	05D2C
5378	崕	山部	8	13121121	8D8E	05D15
5379	崖	山部	8	13121121	D1C2	05D16
5380	崎	山部	8	13412512	C6E9	05D0E
5381	㟢	山部	8	13412512	8230D338	037E2
5382	崦	山部	8	13425115	E1C3	05D26
5383	崨	山部	8	15112134	8D9B	05D28
5384	崭	山部	8	15213312	D5B8	05D2D
5385	㟞	山部	8	15341534	8230D334	037DE
5386	崐	山部	8	25111535	8D8A	05D10
5387	崑	山部	8	25111535	8D8B	05D11
5388	崓	山部	8	25122511	8D8D	05D13
5389	崮	山部	8	25122511	E1C4	05D2E
5390	崉	山部	8	25342511	8D84	05D09
5391	㟠	山部	8	25431252	8230D336	037E0
5392	崗	山部	8	25431252	8D8F	05D17
5393	崜	山部	8	31212211	8D93	05D1C
5394	崣	山部	8	31234531	8D99	05D23
5395	崔	山部	8	32411121	B4DE	05D14
5396	崥	山部	8	32511312	8D9A	05D25
5397	崯	山部	8	34112431	8D9F	05D2F
5398	崟	山部	8	34112431	8D95	05D1F
5399	崘	山部	8	34125122	8D90	05D18
5400	崙	山部	8	34125122	8D91	05D19
5401	崤	山部	8	34132511	E1C5	05D24
5402	崢	山部	8	34435112	8D98	05D22
5403	㟗	山部	8	34533453	8230D237	037D7
5404	崩	山部	8	35113511	B1C0	05D29
5405	㟘	山部	8	35121251	8230D238	037D8
5406	崏	山部	8	35152511	8D89	05D0F
5407	崞	山部	8	41251521	E1C6	05D1E
5408	崪	山部	8	41343412	8D9C	05D2A
5409	崒	山部	8	41343412	8D8C	05D12
5410	㟝	山部	8	41431251	8230D333	037DD
5411	㟡	山部	8	43113455	8230D337	037E1
5412	崇	山部	8	44511234	B3E7	05D07
5413	崈	山部	8	44511234	8D83	05D08
5414	崆	山部	8	44534121	E1C7	05D06
5415	密	山部	8	44545434	C3DC	05BC6
5416	㟤	山部	8	51124134	8230D430	037E4
5417	崌	山部	8	51312251	8D87	05D0C

字序	字形	部首	部首外笔画数	部首外笔顺	18030代码	13000代码
5418	崛	山部	8	51352252	E1C8	05D1B
5419	崫	山部	8	51352252	8D9D	05D2B
5420	㟜	山部	8	51535234	8230D332	037DC
5421	崡	山部	8	52413452	8D97	05D21
5422	㟥	山部	8	54134333	8230D431	037E5
5423	崰	山部	8	55525121	8DA0	05D30
5424	崶	山部	9	121121124	8DA5	05D36
5425	嵁	山部	9	122111345	8DAE	05D41
5426	嵌	山部	9	122113534	C7B6	05D4C
5427	㟟	山部	9	122134515	8230D335	037DF
5428	㟷	山部	9	122341251	8230D539	037F7
5429	嵘	山部	9	122451234	E1C9	05D58
5430	嵖	山部	9	123425111	8DBF	05D56
5431	嵀	山部	9	123441121	8DAD	05D40
5432	崾	山部	9	125221531	E1CA	05D3E
5433	嵗	山部	9	131233534	8DC0	05D57
5434	嵅	山部	9	131251534	8DB2	05D45
5435	崴	山部	9	131531534	E1CB	05D34
5436	崸	山部	9	132511134	8DA7	05D38
5437	崼	山部	9	251112134	8DAB	05D3C
5438	崱	山部	9	251113422	8DA1	05D31
5439	崵	山部	9	251113533	8DA4	05D35
5440	嵎	山部	9	251125214	8DB7	05D4E
5441	嵑	山部	9	251135345	8DBA	05D51
5442	㟪	山部	9	251211534	8230D436	037EA
5443	嵔	山部	9	251211534	8DBD	05D54
5444	崽	山部	9	251214544	E1CC	05D3D
5445	崿	山部	9	251251115	8DAC	05D3F
5446	㟧	山部	9	251251115	8230D433	037E7
5447	嵓	山部	9	251251251	8DBC	05D53
5448	嵒	山部	9	251251251	8DBB	05D52
5449	喦	山部	9	251251251	86C7	055A6
5450	㟨	山部	9	252132522	8230D434	037E8
5451	嵚	山部	9	311153534	8DC2	05D5A
5452	嵆	山部	9	312341354	8DB3	05D46
5453	嵙	山部	9	312344412	8DC1	05D59
5454	㟬	山部	9	321511254	8230D438	037EC
5455	崲	山部	9	325111121	8DA2	05D32
5456	㟫	山部	9	325112534	8230D437	037EB
5457	㟴	山部	9	325113554	8230D536	037F4
5458	嵬	山部	9	325113554	E1CD	05D6C
5459	崻	山部	9	332121124	8DAA	05D3B
5460	嵂	山部	9	332511112	8DAF	05D42
5461	崳	山部	9	341251122	8DA3	05D33
5462	嵛	山部	9	341251122	E1CE	05D5B
5463	嵈	山部	9	344311354	8DB4	05D48

字序	字形	部首	部首外笔画数	部首外笔顺	18030代码	13000代码	字序	字形	部首	部首外笔画数	部首外笔顺	18030代码	13000代码
5464	嵕	山部	9	345234354	8DBE	05D55	5510	嵪	山部	10	4125125251	8DCF	05D6A
5465	嵏	山部	9	345234354	8DB8	05D4F	5511	嵩	山部	10	4125125251	E1D4	05D69
5466	嵐	山部	9	353251214	8DB9	05D50	5512	嵴	山部	10	4134342511	E1D5	05D74
5467	嵉	山部	9	412514512	8DB5	05D49	5513	嵣	山部	10	4135112251	8DC9	05D63
5468	﨑	山部	9	414312512	FE44	0FA11	5514	嵭	山部	10	4143454153	8DD0	05D6D
5469	嵜	山部	9	414312512	8DC3	05D5C	5515	㟱	山部	10	4311214444	8230D533	037F1
5470	嵃	山部	9	414313333	8DB0	05D43	5516	嵰	山部	10	4315112234	8DD2	05D70
5471	崹	山部	9	414345252	8DA8	05D39	5517	嵤	山部	10	4334433445	8DCA	05D64
5472	崺	山部	9	415331525	8DA9	05D3A	5518	嵱	山部	10	4453434251	8DD3	05D71
5473	嵯	山部	9	431113121	E1CF	05D6F	5519	㟰	山部	10	4525114134	8230D532	037F0
5474	嵳	山部	9	431113121	8DD5	05D73	5520	嵶	山部	10	5154151541	8DD7	05D76
5475	嵄	山部	9	431121134	8DB1	05D44	5521	嶊	山部	11	12132411121	8DEA	05D8A
5476	嵝	山部	9	431234531	E1D0	05D5D	5522	嵿	山部	11	12132511134	8DE0	05D7F
5477	崷	山部	9	431253511	8DA6	05D37	5523	㟹	山部	11	12211135352	8230D631	037F9
5478	嵫	山部	9	431554554	E1D1	05D6B	5524	嶃	山部	11	12511123312	8DE3	05D83
5479	㟮	山部	9	445341344	8230D530	037EE	5525	㟻	山部	11	12511123312	8230D633	037FB
5480	㟯	山部	9	445354251	8230D531	037EF	5526	嶄	山部	11	12511123312	8DE4	05D84
5481	㟦	山部	9	451251112	8230D432	037E6	5527	嶆	山部	11	12512212511	8DE6	05D86
5482	㟭	山部	9	515152511	8230D439	037ED	5528	嶇	山部	11	12512512515	8DE7	05D87
5483	㟩	山部	9	515153134	8230D435	037E9	5529	㟽	山部	11	12522111234	8230D635	037FD
5484	嵋	山部	9	521325111	E1D2	05D4B	5530	嵽	山部	11	13221545252	8DDE	05D7D
5485	嵍	山部	9	545233134	8DB6	05D4D	5531	嶀	山部	11	14524444115	8DE1	05D80
5486	㠂	山部	10	1121533134	8230D730	03802	5532	㠊	山部	11	21531522431	8230D738	0380A
5487	嶅	山部	10	1121533134	8DE5	05D85	5533	嶁	山部	11	25112512531	8DE2	05D81
5488	㟼	山部	10	1121533134	8230D634	037FC	5534	㟺	山部	11	25112512531	8230D632	037FA
5489	㠏	山部	10	1221122112	8230D833	0380F	5535	嶉	山部	11	25132411121	8DE9	05D89
5490	㟿	山部	10	1221344132	8230D637	037FF	5536	嶋	山部	11	32511154444	8DEB	05D8B
5491	嵮	山部	10	1225111134	8DD1	05D6E	5537	嶌	山部	11	32511154444	8DEC	05D8C
5492	㟳	山部	10	1252211234	8230D535	037F3	5538	嵷	山部	11	33234342134	8DD8	05D77
5493	嵟	山部	10	1332411121	8DC5	05D5F	5539	嵸	山部	11	33234342134	8DD9	05D78
5494	㟲	山部	10	1332511234	8230D534	037F2	5540	嶑	山部	11	35251353334	8DF1	05D91
5495	㟶	山部	10	1332511234	8230D538	037F6	5541	嵻	山部	11	41351124134	8DDC	05D7B
5496	輋	山部	10	1341251112	DD66	08F0B	5542	㟾	山部	11	41351125112	8230D636	037FE
5497	嵵	山部	10	2511121124	8DD6	05D75	5543	嶂	山部	11	41431251112	E1D6	05D82
5498	嵦	山部	10	2521251431	8DCC	05D66	5544	嵼	山部	11	41431331121	8DDD	05D7C
5499	㟵	山部	10	2522112121	8230D537	037F5	5545	㠃	山部	11	41432512251	8230D731	03803
5500	嵊	山部	10	3122113534	E1D3	05D4A	5546	嶎	山部	11	51311234124	8DEE	05D8E
5501	嵲	山部	10	3251111234	8DD4	05D72	5547	嶞	山部	11	52131212511	8DFC	05D9E
5502	㟸	山部	10	3251113412	8230D630	037F8	5548	嶈	山部	11	52133544124	8DE8	05D88
5503	嵨	山部	10	3251154444	8DCE	05D68	5549	㠕	山部	11	52325113554	8230D839	03815
5504	嵞	山部	10	3411234252	8DC4	05D5E	5550	嶐	山部	11	52354131121	8DF0	05D90
5505	嵠	山部	10	3443554134	8DC6	05D60	5551	嶍	山部	11	54154132511	8DED	05D8D
5506	嵢	山部	10	3445113251	8DC8	05D62	5552	㠄	山部	11	54154132511	8230D732	03804
5507	嵡	山部	10	3454541541	8DC7	05D61	5553	嵺	山部	11	54154134333	8DDB	05D7A
5508	嵥	山部	10	3541521234	8DCB	05D65	5554	㠁	山部	11	54545434333	8230D639	03801
5509	嵧	山部	10	3545325121	8DCD	05D67	5555	嵾	山部	11	54545434333	8DDF	05D7E

字序	字形	部首	部首外笔画数	部首外笔顺	18030代码	13000代码
5556	嶢	山部	12	121121121135	8E41	05DA2
5557	嶤	山部	12	121121121135	8E43	05DA4
5558	㠌	山部	12	122111343534	8230D830	0380C
5559	嶱	山部	12	122251135345	8E50	05DB1
5560	嶘	山部	12	123415341534	8DF8	05D98
5561	嶏	山部	12	131253511515	8DEF	05D8F
5562	嶥	山部	12	134315233534	8E44	05DA5
5563	嶡	山部	12	134315233534	8E40	05DA1
5564	嶛	山部	12	134432511234	8DFA	05D9B
5565	嶚	山部	12	134432511234	8DF9	05D9A
5566	嶜	山部	12	153515352511	8DFB	05D9C
5567	嶯	山部	12	251122111534	8E4E	05DAF
5568	㠈	山部	12	251125111121	8230D736	03808
5569	㠆	山部	12	251251251112	8230D734	03806
5570	㠋	山部	12	251251251115	8230D739	0380B
5571	嶠	山部	12	313425125251	8DFE	05DA0
5572	㠐	山部	12	313425125251	8230D834	03810
5573	㠎	山部	12	324111211234	8230D832	0380E
5574	㠍	山部	12	324111211234	8230D831	0380D
5575	嶲	山部	12	324111212525	8E51	05DB2
5576	嶕	山部	12	324111214444	8DF5	05D95
5577	嶣	山部	12	324111214444	8E42	05DA3
5578	㠗	山部	12	325431234134	8230D931	03817
5579	嶴	山部	12	325431234134	8E53	05DB4
5580	㠅	山部	12	332312511354	8230D733	03805
5581	嶔	山部	12	341124313534	8DF4	05D94
5582	嶖	山部	12	341251541541	8DF6	05D96
5583	嶓	山部	12	343123425121	8DF3	05D93
5584	㠇	山部	12	412512341354	8230D735	03807
5585	㠉	山部	12	414312511211	8230D737	03809
5586	嶙	山部	12	431234354152	E1D7	05D99
5587	嶟	山部	12	431253511124	8DFD	05D9F
5588	嶒	山部	12	432524312511	8DF2	05D92
5589	嶗	山部	12	433443344553	8DF7	05D97
5590	嵹	山部	12	515251251214	8DDA	05D79
5591	嶝	山部	12	543341251431	E1D8	05D9D
5592	㠛	山部	13	1223241112154	8230D935	0381B
5593	㠓	山部	13	1224511353334	8230D837	03813
5594	㠒	山部	13	1252211123422	8230D836	03812
5595	嶳	山部	13	1353334121121	8E52	05DB3
5596	嶫	山部	13	2243143111234	8E4A	05DAB
5597	嶪	山部	13	2243143111234	8E49	05DAA
5598	嶩	山部	13	2512211311534	8E48	05DA9
5599	嶧	山部	13	2522112143112	8E46	05DA7
5600	嶵	山部	13	2522121112111	8E54	05DB5
5601	㠑	山部	13	2522121112111	8230D835	03811
5602	嶼	山部	13	3211152511134	8E5A	05DBC
5603	㠘	山部	13	3211152511134	8230D932	03818
5604	嶨	山部	13	3211343451145	8E47	05DA8
5605	嶭	山部	13	3251514143112	8E4C	05DAD
5606	嶶	山部	13	3322521353134	8E55	05DB6
5607	嶮	山部	13	3412512513434	8E4D	05DAE
5608	嶦	山部	13	3513344111251	8E45	05DA6
5609	嶰	山部	13	3535112533112	8E4F	05DB0
5610	嶬	山部	13	4311213121534	8E4B	05DAC
5611	㠖	山部	13	4311213121534	8230D930	03816
5612	㠔	山部	13	5132514143112	8230D838	03814
5613	嶻	山部	14	12132411121534	8E59	05DBB
5614	嶹	山部	14	12151211251124	8E57	05DB9
5615	巁	山部	14	13122251125214	8E5F	05DC1
5616	豳	山部	14	13533341353334	E1D9	08C73
5617	嶿	山部	14	14524444132522	8E5D	05DBF
5618	㠚	山部	14	22431431121124	8230D934	0381A
5619	嶾	山部	14	34431215114544	8E5C	05DBE
5620	嶺	山部	14	34454132511134	8E58	05DBA
5621	㠜	山部	14	35311345452134	8230D936	0381C
5622	嶷	山部	14	35311345452134	E1DA	05DB7
5623	嶽	山部	14	35341112511344	8E5B	05DBD
5624	㠙	山部	14	41251451353334	8230D933	03819
5625	嶸	山部	14	43344334451234	8E56	05DB8
5626	㠝	山部	15	113411342511134	8230D937	0381D
5627	巀	山部	15	234324111211534	8E5E	05DC0
5628	㠟	山部	15	312343533424134	8230D939	0381F
5629	巂	山部	15	324111212534251	8E60	05DC2
5630	㠢	山部	15	325113554413534	8230DA32	03822
5631	㠞	山部	15	332252111213134	8230D938	0381E
5632	巅	山部	16	1225111134132534	E1DB	05DC5
5633	㠣	山部	16	1331234312342121	8230DA33	03823
5634	㠠	山部	16	2153152512125221	8230DA30	03820
5635	㠡	山部	16	4112112544443534	8230DA31	03821
5636	巄	山部	16	4143125111515111	8E62	05DC4
5637	巃	山部	16	4143125111515111	8E61	05DC3
5638	巆	山部	16	4334433445251251	8E63	05DC6
5639	巌	山部	16	4431351221113134	8E69	05DCC
5640	巈	山部	17	12212511235431234	8E65	05DC8
5641	巏	山部	17	12225125132411121	8E6B	05DCF
5642	巇	山部	17	21531512514311534	8E64	05DC7
5643	巊	山部	17	25111342511134531	8E67	05DCA
5644	巍	山部	17	31234531325113554	CEA1	05DCD
5645	巉	山部	17	35251153535251354	8E66	05DC9
5646	㠤	山部	17	41251251112213534	8230DA34	03824
5647	㠦	山部	18	211121112521251431	8230DA36	03826

字序	字形	部首	部首外笔画数	部首外笔顺	18030代码	13000代码
5648	㠥	山部	18	251212512125121121	8230DA35	03825
5649	巋	山部	18	325151212151145252	8E68	05DCB
5650	巐	山部	18	412512525125113132	8E6C	05DD0
5651	巔	山部	19	1225111134132511134	8E70	05DD4
5652	巎	山部	19	1325111212151534354	8E6A	05DCE
5653	巗	山部	19	2512511351221113134	8E73	05DD7
5654	巖	山部	19	2512511351221113134	8E72	05DD6
5655	巑	山部	19	3121353121352511134	8E6D	05DD1
5656	巓	山部	19	3525111534132511134	8E6F	05DD3
5657	巒	山部	19	4111251554444554444	8E6E	05DD2
5658	㠧	山部	19	4131234123421112111	8230DA37	03827
5659	巕	山部	19	4313251514143112531	8E71	05DD5
5660	巘	山部	20	21531512512543121344	8E74	05DD8
5661	巚	山部	20	21531512512543121344	8E76	05DDA
5662	巙	山部	21	43132511121215153435 4	8E75	05DD9
5663	㠨	山部	25	12343434123425221511 54124	8230DA38	03828
5664	巾	巾部	0	0	BDED	05DFE
5665	帀	巾部	1	1	8E89	05E00
5666	巿	巾部	1	1	8E88	05DFF
5667	币	巾部	1	3	B1D2	05E01
5668	帄	巾部	2	12	8E8A	05E04
5669	布	巾部	2	13	B2BC	05E03
5670	帅	巾部	2	23	CBA7	05E05
5671	㠲	巾部	2	35	8230DB38	03832
5672	师	巾部	3	231	CAA6	05E08
5673	㠶	巾部	3	335	8230DC32	03836
5674	帆	巾部	3	354	B7AB	05E06
5675	㠷	巾部	3	354	8230DC33	03837
5676	㠵	巾部	3	415	8230DC31	03835
5677	㠴	巾部	3	534	8230DC30	03834
5678	㠸	巾部	4	1134	8230DC34	03838
5679	帏	巾部	4	1152	E0F8	05E0F
5680	㼙	巾部	4	1554	82328F36	03F19
5681	㠺	巾部	4	2343	8230DC36	0383A
5682	帐	巾部	4	3154	D5CA	05E10
5683	㠼	巾部	4	3312	8230DC38	0383C
5684	希	巾部	4	3413	CFA3	05E0C
5685	㠹	巾部	4	3432	8230DC35	03839
5686	帉	巾部	4	3453	8E8C	05E09
5687	帎	巾部	4	4535	8E90	05E0E
5688	帊	巾部	4	5215	8E8D	05E0A
5689	帓	巾部	5	11234	8E92	05E13
5690	帗	巾部	5	13544	8E93	05E17
5691	帖	巾部	5	21251	CCFB	05E16
5692	帜	巾部	5	25134	D6C4	05E1C
5693	帙	巾部	5	31134	E0F9	05E19
5694	帒	巾部	5	32154	8E91	05E12
5695	帕	巾部	5	32511	C5C1	05E15
5696	㠽	巾部	5	35444	8230DC39	0383D
5697	㠾	巾部	5	35455	8230DD30	0383E
5698	帑	巾部	5	53154	E0FB	05E11
5699	帔	巾部	5	53254	E0FA	05E14
5700	帮	巾部	6	111352	B0EF	05E2E
5701	带	巾部	6	122245	B4F8	05E26
5702	帞	巾部	6	132511	8E94	05E1E
5703	㡁	巾部	6	134115	8230DD33	03841
5704	㡂	巾部	6	135422	8230DD34	03842
5705	㠿	巾部	6	212135	8230DD31	0383F
5706	帧	巾部	6	212534	D6A1	05E27
5707	帥	巾部	6	325151	8E9B	05E25
5708	帢	巾部	6	341251	8E98	05E22
5709	㡃	巾部	6	345325	8230DD35	03843
5710	㡄	巾部	6	352511	8230DD36	03844
5711	㡅	巾部	6	354354	8230DD37	03845
5712	帟	巾部	6	413234	8E95	05E1F
5713	㡆	巾部	6	415325	8230DD38	03846
5714	帡	巾部	6	431132	8E97	05E21
5715	帣	巾部	6	431134	8E99	05E23
5716	帤	巾部	6	531251	8E9A	05E24
5717	帱	巾部	7	1113124	E0FC	05E31
5718	㡇	巾部	7	1221115	8230DD39	03847
5719	帯	巾部	7	1222145	8EA1	05E2F
5720	帪	巾部	7	1311534	8E9E	05E2A
5721	帩	巾部	7	2432511	8E9D	05E29
5722	師	巾部	7	3251511	8E9F	05E2B
5723	㡈	巾部	7	3525135	8230DE30	03848
5724	帨	巾部	7	4325135	8E9C	05E28
5725	帬	巾部	7	5113251	8EA0	05E2C
5726	帻	巾部	8	11212534	E0FD	05E3B
5727	帳	巾部	8	12111534	8EA4	05E33
5728	帾	巾部	8	12132511	8EAA	05E3E
5729	帺	巾部	8	12211134	8EA9	05E3A
5730	㡕	巾部	8	12225134	8230DF33	03855
5731	帶	巾部	8	13221545	8EA7	05E36
5732	㡋	巾部	8	13425115	8230DE33	0384B
5733	帴	巾部	8	15341534	8EA5	05E34
5734	常	巾部	8	24345251	B3A3	05E38
5735	帼	巾部	8	25112141	E0FE	05E3C
5736	㡌	巾部	8	25112511	8230DE34	0384C
5737	帲	巾部	8	31133112	8EA3	05E32

字序	字形	部首	部首外笔画数	部首外笔顺	18030代码	13000代码
5738	帷	巾部	8	32411121	E1A1	05E37
5739	㡊	巾部	8	35321511	8230DE32	0384A
5740	帹	巾部	8	41431531	8EA8	05E39
5741	帵	巾部	8	44535455	8EA6	05E35
5742	㡉	巾部	8	51541554	8230DE31	03849
5743	㡎	巾部	8	54134333	8230DE36	0384E
5744	幇	巾部	9	121121124	8EB0	05E47
5745	幉	巾部	9	122151234	8EB2	05E49
5746	㡛	巾部	9	122415325	8230DF39	0385B
5747	幅	巾部	9	125125121	B7F9	05E45
5748	幁	巾部	9	132511134	8EAD	05E41
5749	幀	巾部	9	212511134	8EAC	05E40
5750	帽	巾部	9	251125111	C3B1	05E3D
5751	幆	巾部	9	251135345	8EAF	05E46
5752	㡑	巾部	9	312344334	8230DE39	03851
5753	㡖	巾部	9	312511211	8230DF34	03856
5754	帿	巾部	9	325131134	8EAB	05E3F
5755	㡒	巾部	9	331225111	8230DF30	03852
5756	㡏	巾部	9	341251122	8230DE37	0384F
5757	㡐	巾部	9	431251122	8230DE38	03850
5758	㡓	巾部	9	451251112	8230DF31	03853
5759	幄	巾部	9	513154121	E1A2	05E44
5760	幈	巾部	9	513431132	8EB1	05E48
5761	幃	巾部	9	521251152	8EAE	05E43
5762	㡔	巾部	9	545233134	8230DF32	03854
5763	㡚	巾部	10	1122125211	8230DF38	0385A
5764	幊	巾部	10	1212511134	8EB3	05E4A
5765	幙	巾部	10	1222511134	8EBF	05E59
5766	幕	巾部	10	1222511134	C4BB	05E55
5767	幌	巾部	10	2511243135	BBCF	05E4C
5768	㡙	巾部	10	3253411535	8230DF37	03859
5769	㡗	巾部	10	3321531535	8230DF35	03857
5770	幋	巾部	10	3354143554	8EB4	05E4B
5771	幍	巾部	10	3443321511	8EB5	05E4D
5772	㡝	巾部	10	3541112454	8230E031	0385D
5773	㡘	巾部	10	4315112234	8230DF36	03858
5774	幏	巾部	10	4451353334	8EB7	05E4F
5775	幎	巾部	10	4525114134	8EB6	05E4E
5776	幚	巾部	11	11135232511	8EC0	05E5A
5777	幘	巾部	11	11212511134	8EBE	05E58
5778	㡟	巾部	11	12512212511	8230E033	0385F
5779	幖	巾部	11	12522111234	8EBC	05E56
5780	㡞	巾部	11	25112512531	8230E032	0385E
5781	幔	巾部	11	25112522154	E1A3	05E54
5782	幗	巾部	11	25125115341	8EBD	05E57
5783	幒	巾部	11	32535414544	8EBA	05E52

字序	字形	部首	部首外笔画数	部首外笔顺	18030代码	13000代码
5784	㡜	巾部	11	35445411234	8230E030	0385C
5785	幛	巾部	11	41431251112	E1A4	05E5B
5786	幣	巾部	11	43252343134	8EC5	05E63
5787	幓	巾部	11	54545434333	8EBB	05E53
5788	幩	巾部	12	121222511134	8ECB	05E69
5789	㡡	巾部	12	131251431124	8230E035	03861
5790	幞	巾部	12	224314311134	E1A5	05E5E
5791	幤	巾部	12	243252513134	8EC6	05E64
5792	幥	巾部	12	243452513112	8EC7	05E65
5793	㡢	巾部	12	251125221153	8230E036	03862
5794	幜	巾部	12	251141251234	8EC1	05E5C
5795	幝	巾部	12	251251251112	8EC2	05E5D
5796	幠	巾部	12	311222214444	8EC4	05E60
5797	幡	巾部	12	343123425121	E1A6	05E61
5798	幢	巾部	12	414312511211	B4B1	05E62
5799	幟	巾部	12	414312511534	8EC3	05E5F
5800	㡠	巾部	12	543341251431	8230E034	03860
5801	幪	巾部	13	1224511353334	8ECC	05E6A
5802	㡤	巾部	13	2243143111234	8230E038	03864
5803	幧	巾部	13	2512512511234	8EC9	05E67
5804	幯	巾部	13	3143145115452	8ED1	05E6F
5805	幨	巾部	13	3513344111251	8ECA	05E68
5806	幦	巾部	13	5132514143112	8EC8	05E66
5807	幫	巾部	14	12112112432511	8ECD	05E6B
5808	幬	巾部	14	12151211251124	8ECE	05E6C
5809	幭	巾部	14	12225221134534	8ECF	05E6D
5810	㡥	巾部	14	34431215114544	8230E039	03865
5811	䶓	巾部	14	41432533543211	82358435	04D93
5812	㡦	巾部	14	44512332511134	8230E130	03866
5813	幮	巾部	15	413121251431124	8ED0	05E6E
5814	幰	巾部	16	4451112252214544	8ED2	05E70
5815	幱	巾部	17	25112511125431234	8ED3	05E71
5816	㡨	巾部	17	34341211121111534	8230E132	03868
5817	㡧	巾部	17	44534543341251431	8230E131	03867
5818	㡪	巾部	19	3443513212122515354	8230E134	0386A
5819	㡩	巾部	19	4111251554444554444	8230E133	03869
5820	彳	彳部	0	0	E1DC	05F73
5821	㣔	彳部	2	12	8230EC30	038D4
5822	行	彳部	3	112	D0D0	0884C
5823	㣕	彳部	3	134	8230EC31	038D5
5824	彴	彳部	3	354	8FB0	05F74
5825	彶	彳部	3	354	8FB2	05F76
5826	彵	彳部	3	525	8FB1	05F75
5827	彺	彳部	4	1121	8FB4	05F7A
5828	㣖	彳部	4	1344	8230EC32	038D6
5829	彻	彳部	4	1553	B3B9	05F7B

字序	字形	部首	部首外笔画数	部首外笔顺	18030代码	13000代码	字序	字形	部首	部首外笔画数	部首外笔顺	18030代码	13000代码
5830	彸	彳部	4	3454	8FB3	05F78	5876	㣢	彳部	7	4351523	8230ED34	038E2
5831	役	彳部	4	3554	D2DB	05F79	5877	徣	彳部	8	12212511	8FC8	05FA3
5832	彷	彳部	4	4153	E1DD	05F77	5878	徝	彳部	8	12251111	8FC3	05F9D
5833	㣗	彳部	4	4513	8230EC33	038D7	5879	㣩	彳部	8	12341234	8230EE31	038E9
5834	征	彳部	5	12121	D5F7	05F81	5880	徠	彳部	8	12343434	8FC6	05FA0
5835	徂	彳部	5	25111	E1DE	05F82	5881	術	彳部	8	12344112	D067	08853
5836	㣙	彳部	5	25121	8230EC35	038D9	5882	徛	彳部	8	13412512	8FC2	05F9B
5837	徃	彳部	5	31121	8FB8	05F83	5883	徢	彳部	8	15112134	8FC7	05FA2
5838	彾	彳部	5	34454	8FB6	05F7E	5884	㣤	彳部	8	15341534	8230ED36	038E4
5839	彽	彳部	5	35154	8FB5	05F7D	5885	徘	彳部	8	21112111	C5C7	05F98
5840	㣘	彳部	5	35251	8230EC34	038D8	5886	徙	彳部	8	21212134	E1E3	05F99
5841	往	彳部	5	41121	CDF9	05F80	5887	徜	彳部	8	24325251	E1E4	05F9C
5842	彿	彳部	5	51532	8FB7	05F7F	5888	得	彳部	8	25111124	B5C3	05F97
5843	彼	彳部	5	53254	B1CB	05F7C	5889	衔	彳部	8	31115112	CFCE	08854
5844	径	彳部	5	54121	BEB6	05F84	5890	㣦	彳部	8	31234531	8230ED38	038E6
5845	衎	彳部	6	112112	D062	0884E	5891	㣥	彳部	8	32121124	8230ED37	038E5
5846	㣜	彳部	6	113222	8230EC38	038DC	5892	從	彳部	8	34342134	8FC4	05F9E
5847	㣝	彳部	6	113534	8230EC39	038DD	5893	衑	彳部	8	34454112	D065	08851
5848	徍	彳部	6	121121	8FBA	05F8D	5894	徟	彳部	8	35121251	8FC5	05F9F
5849	待	彳部	6	121124	B4FD	05F85	5895	衒	彳部	8	41554112	D066	08852
5850	㣟	彳部	6	121251	8230ED31	038DF	5896	徖	彳部	8	44511234	8FC0	05F96
5851	徔	彳部	6	122454	8FBF	05F94	5897	徤	彳部	8	51111254	8FC9	05FA4
5852	徆	彳部	6	125351	8FB9	05F86	5898	㣨	彳部	8	53112251	8230EE30	038E8
5853	㣠	彳部	6	235444	8230ED32	038E0	5899	㣧	彳部	8	55425115	8230ED39	038E7
5854	㣚	彳部	6	251251	8230EC36	038DA	5900	街	彳部	9	121121112	BDD6	08857
5855	徊	彳部	6	252511	BBB2	05F8A	5901	衖	彳部	9	122134112	D069	08856
5856	㣡	彳部	6	322512	8230ED33	038E1	5902	㣮	彳部	9	122543112	8230EE36	038EE
5857	㣛	彳部	6	341251	8230EC37	038DB	5903	徚	彳部	9	125431234	8FC1	05F9A
5858	㣞	彳部	6	345435	8230ED30	038DE	5904	徥	彳部	9	251112134	8FCA	05FA5
5859	徇	彳部	6	352511	E1DF	05F87	5905	㣬	彳部	9	251122111	8230EE34	038EC
5860	徉	彳部	6	431112	E1E0	05F89	5906	衕	彳部	9	251251112	D068	08855
5861	衍	彳部	6	441112	D1DC	0884D	5907	御	彳部	9	311212152	D3F9	05FA1
5862	律	彳部	6	511112	C2C9	05F8B	5908	䘖	彳部	9	311252112	8233C338	04616
5863	很	彳部	6	511534	BADC	05F88	5909	㣫	彳部	9	312511211	8230EE33	038EB
5864	後	彳部	6	554354	E1E1	05F8C	5910	復	彳部	9	312511354	8FCD	05FA9
5865	衏	彳部	7	1135112	D063	0884F	5911	徨	彳部	9	325111121	E1E5	05FA8
5866	徒	彳部	7	1212134	CDBD	05F92	5912	循	彳部	9	331225111	D1AD	05FAA
5867	㣣	彳部	7	1343434	8230ED35	038E3	5913	㣪	彳部	9	344311354	8230EE32	038EA
5868	徕	彳部	7	1431234	E1E2	05F95	5914	㣭	彳部	9	345234354	8230EE35	038ED
5869	衐	彳部	7	1515112	D064	08850	5915	徧	彳部	9	451325122	8FCC	05FA7
5870	徑	彳部	7	1555121	8FBD	05F91	5916	徦	彳部	9	512115154	8FCB	05FA6
5871	徏	彳部	7	2121233	8FBC	05F8F	5917	徫	彳部	9	521251152	8FCE	05FAB
5872	徎	彳部	7	2511121	8FBB	05F8E	5918	徰	彳部	10	1212112121	8FD1	05FB0
5873	徐	彳部	7	3411234	D0EC	05F90	5919	䡓	彳部	10	1251112112	8233FC35	04853
5874	䘕	彳部	7	4135112	8233C337	04615	5920	衙	彳部	10	1251251112	D1C3	08859
5875	従	彳部	7	4312134	8FBE	05F93	5921	微	彳部	10	2521353134	CEA2	05FAE

字序	字形	部首	部首外笔画数	部首外笔顺	18030代码	13000代码
5922	衘	彳部	10	3112121112	D06A	08858
5923	徭	彳部	10	3443311252	E1E6	05FAD
5924	徯	彳部	10	3443554134	8FD0	05FAF
5925	䚘	彳部	10	3535112112	8233D036	04698
5926	徬	彳部	10	4143454153	8FCF	05FAC
5927	㣯	彳部	10	5132432511	8230EE37	038EF
5928	㣱	彳部	11	11212511134	8230EE39	038F1
5929	㣴	彳部	11	12212512134	8230EF32	038F4
5930	德	彳部	11	12252214544	8FD4	05FB3
5931	徱	彳部	11	12522111234	8FD2	05FB1
5932	徴	彳部	11	25211213134	8FD5	05FB4
5933	㣲	彳部	11	25212513134	8230EF30	038F2
5934	幑	彳部	11	25212523134	8EB9	05E51
5935	銜	彳部	11	34112431112	E395	0929C
5936	㣰	彳部	11	34312344544	8230EE38	038F0
5937	徶	彳部	11	43252343134	8FD6	05FB6
5938	徺	彳部	12	121121121135	8FD9	05FBA
5939	㣵	彳部	12	121431112454	8230EF33	038F5
5940	衚	彳部	12	122513511112	D06B	0885A
5941	德	彳部	12	122522114544	B5C2	05FB7
5942	徵	彳部	12	252111213134	E1E7	05FB5
5943	㣳	彳部	12	311222214444	8230EF31	038F3
5944	衝	彳部	12	312511211112	D06E	0885D
5945	徸	彳部	12	414312511211	8FD7	05FB8
5946	徹	彳部	12	415425113134	8FD8	05FB9
5947	衜	彳部	12	431325111112	D06D	0885C
5948	徲	彳部	12	513241343112	8FD3	05FB2
5949	衛	彳部	12	521251152112	D06C	0885B
5950	䘘	彳部	13	1121554234112	8233C430	04618
5951	衠	彳部	13	1225111134112	D071	08860
5952	䘗	彳部	13	2521554234112	8233C339	04617
5953	徼	彳部	13	3251141533134	E1E8	05FBC
5954	徻	彳部	13	3412524312511	8FDA	05FBB
5955	衡	彳部	13	3525121134112	BAE2	08861
5956	㣶	彳部	13	4125251125111	8230EF34	038F6
5957	衞	彳部	13	5212511252112	D06F	0885E
5958	衟	彳部	13	5551325111112	D070	0885F
5959	徽	彳部	14	25215542343134	BBD5	05FBD
5960	徾	彳部	14	25241112513134	8FDB	05FBE
5961	鵆	彳部	14	32511154444112	F943	09D46
5962	㣷	彳部	14	44545442522112	8230EF35	038F7
5963	㣸	彳部	16	2243135333431121	8230EF36	038F8
5964	徿	彳部	16	4143125111515111	8FDC	05FBF
5965	䘙	彳部	16	5212511521252112	8233C431	04619
5966	忁	彳部	17	25115225213424134	8FDE	05FC1
5967	忀	彳部	17	41251251112213534	8FDD	05FC0
5968	㣹	彳部	17	41332324111214544	8230EF37	038F9
5969	忂	彳部	18	251112511132411121	8FDF	05FC2
5970	黴	彳部	20	25212543121144443134	FC71	09EF4
5971	衢	彳部	21	251112511132411121112	E1E9	08862
5972	彡	彡部	0	0	E1EA	05F61
5973	形	彡部	4	1132	D0CE	05F62
5974	彤	彡部	4	3541	CDAE	05F64
5975	㢋	彡部	5	11324	8230EB31	038CB
5976	㢌	彡部	5	21251	8230EB32	038CC
5977	㢍	彡部	5	54251	8230EB33	038CD
5978	须	彡部	6	132534	D0EB	0987B
5979	彥	彡部	6	413413	8FA9	05F65
5980	彦	彡部	6	414313	D1E5	05F66
5981	彨	彡部	7	1254254	8FAB	05F68
5982	彬	彡部	8	12341234	B1F2	05F6C
5983	彩	彡部	8	34431234	B2CA	05F69
5984	彫	彡部	8	35121251	8FAC	05F6B
5985	彭	彡部	9	121251431	C5ED	05F6D
5986	須	彡部	9	132511134	ED9A	09808
5987	㢏	彡部	9	134251112	8230EB35	038CF
5988	㢐	彡部	9	325112534	8230EB36	038D0
5989	彮	彡部	10	4453434251	8FAD	05F6E
5990	彯	彡部	11	12522111234	8FAE	05F6F
5991	㢑	彡部	11	41351125112	8230EB37	038D1
5992	彰	彡部	11	41431251112	D5C3	05F70
5993	影	彡部	12	251141251234	D3B0	05F71
5994	㢒	彡部	12	432524312511	8230EB38	038D2
5995	㢓	彡部	13	2135454431234	8230EB39	038D3
5996	虨	彡部	14	21531512341234	CC9E	08668
5997	頾	彡部	15	132511134212135	EE6F	0983E
5998	彲	彡部	19	1254125441352211535	8FAF	05F72
5999	夕	夕部	0	0	CFA6	05915
6000	㚈	夕部	2	12	8230B132	03688
6001	外	夕部	2	24	CDE2	05916
6002	夘	夕部	2	52	89EE	05918
6003	邜	夕部	2	52	DF90	0909C
6004	夗	夕部	2	55	89ED	05917
6005	舛	夕部	3	152	E2B6	0821B
6006	名	夕部	3	251	C3FB	0540D
6007	多	夕部	3	354	B6E0	0591A
6008	斘	夕部	4	4412	94CE	06598
6009	夝	夕部	5	31121	89F0	0591D
6010	㚉	夕部	5	53354	8230B133	03689
6011	㱔	夕部	6	212135	8231C639	03C54
6012	夞	夕部	7	2425135	89F1	0591E

字序	字形	部首	部首外笔画数	部首外笔顺	18030代码	13000代码	字序	字形	部首	部首外笔画数	部首外笔顺	18030代码	13000代码
6013	梦	夕部	8	12341234	C3CE	068A6	6059	妝	丬部	3	531	8A79	0599D
6014	够	夕部	8	35251354	B9BB	0591F	6060	牀	丬部	4	1234	A097	07240
6015	夠	夕部	8	35435251	89F2	05920	6061	狀	丬部	4	1344	A0EE	072C0
6016	飧	夕部	9	344511534	E2B8	098E7	6062	戕	丬部	4	1534	E3DE	06215
6017	夡	夕部	9	354121251	89F3	05921	6063	斨	丬部	4	3312	94D6	065A8
6018	㷇	夕部	9	354134334	8231EB38	03DC7	6064	牁	丬部	5	12512	A098	07241
6019	㚊	夕部	9	354415334	8230B134	0368A	6065	㸛	丬部	5	53251	8231F432	03E1B
6020	㗬	夕部	11	24345251354	8230A138	035EC	6066	将	丬部	6	354124	BDAB	05C06
6021	夥	夕部	11	25111234354	E2B7	05925	6067	牂	丬部	6	431112	A099	07242
6022	㗮	夕部	11	25141351134	8230A230	035EE	6068	將	丬部	7	3544124	8CA2	05C07
6023	舞	夕部	11	31122221152	CEE8	0821E	6069	㸜	丬部	8	44534121	8231F433	03E1C
6024	㚌	夕部	11	35425111234	8230B136	0368C	6070	牃	丬部	9	122151234	A09A	07243
6025	㚋	夕部	11	35435121251	8230B135	0368B	6071	牄	丬部	10	3445113251	A09B	07244
6026	夣	夕部	11	41542522145	89F5	05923	6072	牅	丬部	11	41351125112	A09C	07245
6027	夤	夕部	11	44512512134	E2B9	05924	6073	牆	丬部	13	1234341252511	A09D	07246
6028	夦	夕部	12	122111345354	89F6	05926	6074	广	广部	0	0	B9E3	05E7F
6029	䑞	夕部	13	1433443345152	82339739	0445E	6075	庁	广部	2	12	8ED8	05E81
6030	㚍	夕部	15	354251212511134	8230B137	0368D	6076	庂	广部	2	34	8ED9	05E82
6031	夂	夂部	0	0	E2BA	05902	6077	庀	广部	2	35	E2CF	05E80
6032	夊	夂部	0	0	89E5	0590A	6078	邝	广部	2	52	DAF7	0909D
6033	处	夂部	2	24	B4A6	05904	6079	広	广部	2	54	8EDA	05E83
6034	処	夂部	2	35	8449	051E6	6080	㡰	广部	3	112	8230E230	03870
6035	冬	夂部	2	44	B6AC	051AC	6081	庄	广部	3	121	D7AF	05E84
6036	务	夂部	2	53	CEF1	052A1	6082	庆	广部	3	134	C7EC	05E86
6037	夅	夂部	3	152	89E1	05905	6083	㡯	广部	3	315	8230E139	0386F
6038	各	夂部	3	251	B8F7	05404	6084	庅	广部	3	354	8EDB	05E85
6039	㣊	夂部	3	333	8230EB30	038CA	6085	㡱	广部	3	354	8230E231	03871
6040	夆	夂部	4	1112	89E2	05906	6086	庑	广部	4	1135	E2D0	05E91
6041	条	夂部	4	1234	CCF5	06761	6087	庒	广部	4	1214	8EE1	05E92
6042	备	夂部	5	25121	B1B8	05907	6088	床	广部	4	1234	B4B2	05E8A
6043	㚅	夂部	6	131121	8230B039	03685	6089	庋	广部	4	1254	E2D1	05E8B
6044	复	夂部	6	312511	B8B4	0590D	6090	库	广部	4	1512	BFE2	05E93
6045	㚇	夂部	6	345234	8230B131	03687	6091	庌	广部	4	1523	8EDE	05E8C
6046	变	夂部	6	412234	89E4	05909	6092	庉	广部	4	1525	8EDD	05E89
6047	夈	夂部	6	431234	89E3	05908	6093	㡲	广部	4	1534	8230E232	03872
6048	夏	夂部	7	1325111	CFC4	0590F	6094	庇	广部	4	1535	B1D3	05E87
6049	夎	夂部	7	3434121	89E8	0590E	6095	庍	广部	4	3312	8EDF	05E8D
6050	憂	夂部	12	132511454544	916E	06182	6096	庎	广部	4	3432	8EE0	05E8E
6051	夑	夂部	15	411125143344334	89EA	05911	6097	庈	广部	4	3445	8EDC	05E88
6052	夒	夂部	16	1325111212151534	89EB	05912	6098	㡳	广部	4	3515	8230E233	03873
6053	夓	夂部	16	3211132511151134	89EC	05913	6099	应	广部	4	4431	D3A6	05E94
6054	丬	丬部	0	0	E3DC	04E2C	6100	庐	广部	4	4513	C2AE	05E90
6055	爿	丬部	0	0	E3DD	0723F	6101	応	广部	4	4544	8FEA	05FDC
6056	壮	丬部	3	121	D7B3	058EE	6102	序	广部	4	5452	D0F2	05E8F
6057	壯	丬部	3	121	89D1	058EF	6103	㡷	广部	5	12341	8230E237	03877
6058	妆	丬部	3	531	D7B1	05986	6104	庞	广部	5	13534	C5D3	05E9E

字序	字形	部首	部首外笔画数	部首外笔顺	18030代码	13000代码	字序	字形	部首	部首外笔画数	部首外笔顺	18030代码	13000代码
6105	店	广部	5	21251	B5EA	05E97	6151	㢃	广部	7	4511534	8230E339	03883
6106	㡹	广部	5	25111	8230E239	03879	6152	唐	广部	7	5112251	CCC6	05510
6107	㡺	广部	5	25111	8230E330	0387A	6153	㢌	广部	7	5212512	8230E438	0388C
6108	庘	广部	5	25112	8EE2	05E98	6154	庱	广部	8	12134354	8EF1	05EB1
6109	庙	广部	5	25121	C3ED	05E99	6155	庴	广部	8	12212511	8EF3	05EB4
6110	㡶	广部	5	25134	8230E236	03876	6156	庻	广部	8	12213434	8EF5	05EBB
6111	㡸	广部	5	31211	8230E238	03878	6157	庶	广部	8	12214444	CAFC	05EB6
6112	府	广部	5	32124	B8AE	05E9C	6158	庹	广部	8	12215134	E2D5	05EB9
6113	㡵	广部	5	34454	8230E235	03875	6159	庿	广部	8	12225121	8EF8	05EBF
6114	底	广部	5	35154	B5D7	05E95	6160	㢍	广部	8	12225134	8230E439	0388D
6115	㡻	广部	5	35352	8230E331	0387B	6161	庲	广部	8	12343434	8EF2	05EB2
6116	庝	广部	5	35444	8EE4	05E9D	6162	㢊	广部	8	13412512	8230E436	0388A
6117	庖	广部	5	35515	E2D2	05E96	6163	庵	广部	8	13425115	E2D6	05EB5
6118	㡴	广部	5	41431	8230E234	03874	6164	庼	广部	8	15132534	8EF6	05EBC
6119	庚	广部	5	51134	B8FD	05E9A	6165	䨾	广部	8	21112111	8234AE35	04A3E
6120	废	广部	5	53544	B7CF	05E9F	6166	㢐	广部	8	25525251	8230E532	03890
6121	庤	广部	6	121124	8EE8	05EA4	6167	㢉	广部	8	31234315	8230E435	03889
6122	度	广部	6	122154	B6C8	05EA6	6168	庾	广部	8	32151134	E2D7	05EBE
6123	㢀	广部	6	125234	8230E336	03880	6169	㢋	广部	8	32354354	8230E437	0388B
6124	庢	广部	6	154121	8EE6	05EA2	6170	㢈	广部	8	32411121	8230E434	03888
6125	庛	广部	6	212135	8EE3	05E9B	6171	庳	广部	8	32511312	E2D8	05EB3
6126	㡼	广部	6	251153	8230E332	0387C	6172	庺	广部	8	34541234	8EF4	05EBA
6127	庭	广部	6	312154	CDA5	05EAD	6173	廊	广部	8	45115452	C0C8	05ECA
6128	庥	广部	6	321234	E2D3	05EA5	6174	康	广部	8	51124134	BFB5	05EB7
6129	㢂	广部	6	325151	8230E338	03882	6175	庸	广部	8	51125112	D3B9	05EB8
6130	庣	广部	6	341534	8EE7	05EA3	6176	廂	广部	9	123425111	8EFB	05EC2
6131	㢁	广部	6	354354	8230E337	03881	6177	廁	广部	9	251113422	8EFA	05EC1
6132	庡	广部	6	413534	8EE5	05EA1	6178	庽	广部	9	251125214	8EF7	05EBD
6133	庠	广部	6	431112	E2D4	05EA0	6179	㢎	广部	9	312321511	8230E530	0388E
6134	庰	广部	6	431132	8EF0	05EB0	6180	廋	广部	9	321511254	8F43	05ECB
6135	㡿	广部	6	431523	8230E335	0387F	6181	廆	广部	9	325113554	8F40	05EC6
6136	㡽	广部	6	511112	8230E333	0387D	6182	㢏	广部	9	341251122	8230E531	0388F
6137	㡾	广部	6	511534	8230E334	0387E	6183	廀	广部	9	445433454	8EF9	05EC0
6138	㢅	广部	7	1121132	8230E431	03885	6184	廐	广部	9	511541535	8F48	05ED0
6139	庪	广部	7	1211254	8EEB	05EAA	6185	廄	广部	9	511543554	8EFD	05EC4
6140	庨	广部	7	1213521	8EE9	05EA8	6186	廃	广部	9	543341135	8EFC	05EC3
6141	席	广部	7	1221252	CFAF	05E2D	6187	廒	广部	10	1121533134	E2DA	05ED2
6142	庫	广部	7	1251112	8EEC	05EAB	6188	廅	广部	10	1215425221	8EFE	05EC5
6143	庯	广部	7	1251124	8EEF	05EAF	6189	廈	广部	10	1325111354	8F42	05EC8
6144	㢄	广部	7	1251431	8230E430	03884	6190	䧹	广部	10	3232411121	8234A736	049F9
6145	庮	广部	7	1253511	8EEE	05EAE	6191	㢑	广部	10	3241112112	8230E533	03891
6146	庬	广部	7	1353334	8EED	05EAC	6192	廇	广部	10	3545325121	8F41	05EC7
6147	㢆	广部	7	2511211	8230E432	03886	6193	廓	广部	10	4125152152	C0AA	05ED3
6148	庩	广部	7	3411234	8EEA	05EA9	6194	廍	广部	10	4143125152	8F45	05ECD
6149	座	广部	7	3434121	D7F9	05EA7	6195	廉	广部	10	4315112234	C1AE	05EC9
6150	㢇	广部	7	4111251	8230E433	03887	6196	廌	广部	10	5221154444	8F44	05ECC

字序	字形	部首	部首外笔画数	部首外笔顺	18030代码	13000代码
6197	廕	广部	10	5234451154	8F4A	05ED5
6198	廑	广部	11	12212511121	E2DB	05ED1
6199	廣	广部	11	12212512134	8F56	05EE3
6200	廗	广部	11	13221545252	8F4B	05ED7
6201	㥷	广部	11	13434344544	8230FC31	03977
6202	廎	广部	11	15132511134	8F46	05ECE
6203	㢒	广部	11	21531525111	8230E534	03892
6204	廔	广部	11	25112512531	8F49	05ED4
6205	廙	广部	11	25121122134	8F4D	05ED9
6206	廏	广部	11	32511353554	8F47	05ECF
6207	㢔	广部	11	33234342134	8230E536	03894
6208	廘	广部	11	41352211535	8F4C	05ED8
6209	㢓	广部	11	41431251112	8230E535	03893
6210	廜	广部	11	51312132511	8F4F	05EDC
6211	廖	广部	11	54154134333	C1CE	05ED6
6212	㢕	广部	11	55332411121	8230E537	03895
6213	緳	广部	12	111253554234	BE99	07DF3
6214	廚	广部	12	121251431124	8F4E	05EDA
6215	廝	广部	12	122111343312	8F50	05EDD
6216	廟	广部	12	122511123511	8F52	05EDF
6217	廤	广部	12	125111225135	8F57	05EE4
6218	廠	广部	12	243252513134	8F53	05EE0
6219	廛	广部	12	251121134121	E2DC	05EDB
6220	廡	广部	12	311222214444	8F54	05EE1
6221	㢗	广部	12	313425125251	8230E539	03897
6222	廞	广部	12	341124313534	8F51	05EDE
6223	㢖	广部	12	343123425121	8230E538	03896
6224	㢘	广部	12	431511224444	8230E630	03898
6225	慶	广部	12	522154544354	9163	06176
6226	廢	广部	12	543345153554	8F55	05EE2
6227	㢙	广部	13	1221251112153	8230E631	03899
6228	㢜	广部	13	1221251214544	8230E634	0389C
6229	廧	广部	13	1234341252511	8F5A	05EE7
6230	㢚	广部	13	2153152512153	8230E632	0389A
6231	㢛	广部	13	3412512513434	8230E633	0389B
6232	廥	广部	13	3412524312511	8F58	05EE5
6233	廨	广部	13	3535112533112	E2DD	05EE8
6234	廪	广部	13	4125251111234	E2DE	05EEA
6235	廩	广部	13	4125251131234	8F5B	05EE9
6236	廦	广部	13	5132514143112	8F59	05EE6
6237	廫	广部	15	351154154134333	8F5C	05EEB
6238	廬	广部	16	2153152512125221	8F5D	05EEC
6239	廭	广部	16	3123411212511134	8F5E	05EED
6240	㢝	广部	16	3525121444431234	8230E635	0389D
6241	龐	广部	16	4143125111515111	FD8B	09F90
6242	廰	广部	17	12211112252214544	8F61	05EF0
6243	兤	广部	17	24313512212512134	83C6	05164
6244	廮	广部	17	25111342511134531	8F5F	05EEE
6245	廯	广部	17	35251214444431112	8F60	05EEF
6246	㢞	广部	17	54154125121122134	8230E636	0389E
6247	廱	广部	18	555251521532411121	8F62	05EF1
6248	廲	广部	19	1254125441352211535	8F63	05EF2
6249	廳	广部	22	1221111211225221145 44	8F64	05EF3
6250	门	门部	0	0	C3C5	095E8
6251	門	门部	0	0	E954	09580
6252	闩	门部	1	1	E3C5	095E9
6253	閂	门部	1	1	E956	09582
6254	閁	门部	1	3	E955	09581
6255	閅	门部	2	12	E959	09585
6256	闪	门部	2	34	C9C1	095EA
6257	閃	门部	2	34	E957	09583
6258	閄	门部	2	34	E958	09584
6259	闫	门部	3	111	E3C6	095EB
6260	閆	门部	3	111	E95A	09586
6261	闬	门部	3	112	EA5C	095EC
6262	閈	门部	3	112	E95C	09588
6263	䦌	门部	3	121	82349D31	0498C
6264	闭	门部	3	123	B1D5	095ED
6265	閉	门部	3	123	E95D	09589
6266	閇	门部	3	124	E95B	09587
6267	问	门部	3	251	CECA	095EE
6268	問	门部	3	251	8696	0554F
6269	閊	门部	3	252	E95E	0958A
6270	䦍	门部	3	315	82349D32	0498D
6271	闯	门部	3	551	B4B3	095EF
6272	闰	门部	4	1121	C8F2	095F0
6273	閏	门部	4	1121	E963	0958F
6274	開	门部	4	1132	E95F	0958B
6275	䦎	门部	4	1135	82349D33	0498E
6276	闱	门部	4	1152	E3C7	095F1
6277	闲	门部	4	1234	CFD0	095F2
6278	閑	门部	4	1234	E965	09591
6279	闳	门部	4	1354	E3C8	095F3
6280	閎	门部	4	1354	E962	0958E
6281	閕	门部	4	1523	E969	09595
6282	间	门部	4	2511	BCE4	095F4
6283	間	门部	4	2511	E967	09593
6284	閖	门部	4	2534	E96A	09596
6285	䦐	门部	4	3112	82349D35	04990
6286	閐	门部	4	3115	E964	09590
6287	䦏	门部	4	3432	82349D34	0498F

字序	字形	部首	部首外笔画数	部首外笔顺	18030代码	13000代码	字序	字形	部首	部首外笔画数	部首外笔顺	18030代码	13000代码
6288	閒	门部	4	3511	E966	09592	6334	閦	门部	6	343434	E97A	095A6
6289	闵	门部	4	4134	E3C9	095F5	6335	阁	门部	6	354251	B8F3	09601
6290	閔	门部	4	4134	E968	09594	6336	閣	门部	6	354251	E977	095A3
6291	闶	门部	4	4135	E3CA	095F6	6337	䦶	门部	6	355112	FE8F	049B6
6292	閌	门部	4	4135	E960	0958C	6338	䦛	门部	6	355112	FE8D	0499B
6293	閍	门部	4	4153	E961	0958D	6339	阂	门部	6	415334	BAD2	09602
6294	焛	门部	4	4334	9F69	0711B	6340	閡	门部	6	415334	E975	095A1
6295	閗	门部	4	4412	E96B	09597	6341	䦕	门部	6	431132	82349E30	04995
6296	闷	门部	4	4544	C3C6	095F7	6342	関	门部	6	431134	E976	095A2
6297	悶	门部	4	4544	909E	060B6	6343	䦘	门部	6	511534	82349E33	04998
6298	䦑	门部	4	5134	82349D36	04991	6344	䦝	门部	7	1213234	82349E37	0499D
6299	閠	门部	5	11214	E974	095A0	6345	閳	门部	7	1251112	E988	095B3
6300	閜	门部	5	12512	E970	0959C	6346	䦜	门部	7	1251251	82349E36	0499C
6301	䦒	门部	5	13251	82349D37	04992	6347	閴	门部	7	2511134	E989	095B4
6302	閛	门部	5	14312	E96F	0959B	6348	阃	门部	7	2512341	E3CD	09603
6303	䦓	门部	5	21251	82349D38	04993	6349	閫	门部	7	2512341	E980	095AB
6304	䦔	门部	5	25111	82349D39	04994	6350	閱	门部	7	3425135	E986	095B1
6305	闸	门部	5	25112	D5A2	095F8	6351	䦷	门部	7	3434121	FE8E	049B7
6306	閘	门部	5	25112	E96C	09598	6352	䦟	门部	7	3434121	FE8C	0499F
6307	閝	门部	5	34454	E971	0959D	6353	阄	门部	7	3525115	E3CE	09604
6308	闹	门部	5	41252	C4D6	095F9	6354	訚	门部	7	4111251	D39D	08A1A
6309	閙	门部	5	41252	E96D	09599	6355	誾	门部	7	4111251	D57A	08ABE
6310	閚	门部	5	41431	E96E	0959A	6356	阅	门部	7	4325135	D4C4	09605
6311	閟	门部	5	45434	E973	0959F	6357	閲	门部	7	4325135	E987	095B2
6312	閞	门部	5	54132	E972	0959E	6358	䦞	门部	7	4411121	82349E38	0499E
6313	闺	门部	6	121121	B9EB	095FA	6359	閯	门部	7	4412343	E984	095AF
6314	閨	门部	6	121121	E97C	095A8	6360	阆	门部	7	4511534	E3CF	09606
6315	䦙	门部	6	121124	82349E34	04999	6361	閬	门部	7	4511534	E981	095AC
6316	䦖	门部	6	121251	82349E31	04996	6362	阇	门部	8	12132511	EA5E	09607
6317	闻	门部	6	122111	CEC5	095FB	6363	闍	门部	8	12132511	EA41	095CD
6318	聞	门部	6	122111	C284	0805E	6364	閸	门部	8	12155121	E98D	095B8
6319	閧	门部	6	122134	E97B	095A7	6365	䦫	门部	8	12225134	8234A030	049AB
6320	閪	门部	6	125351	E97E	095AA	6366	䦥	门部	8	12341234	82349F34	049A5
6321	闼	门部	6	134454	E3CB	095FC	6367	䦨	门部	8	12511234	82349F37	049A8
6322	闽	门部	6	251214	C3F6	095FD	6368	阈	门部	8	12511534	E3D0	09608
6323	閩	门部	6	251214	E97D	095A9	6369	閾	门部	8	12511534	E993	095BE
6324	闾	门部	6	251251	E3CC	095FE	6370	阉	门部	8	13425115	D1CB	09609
6325	閭	门部	6	251251	E982	095AD	6371	閹	门部	8	13425115	E98E	095B9
6326	闿	门部	6	252515	EA5D	095FF	6372	䦠	门部	8	13533434	82349E39	049A0
6327	閮	门部	6	312154	E983	095AE	6373	䦩	门部	8	25111354	82349F38	049A9
6328	䦚	门部	6	312251	82349E35	0499A	6374	阊	门部	8	25112511	E3D1	0960A
6329	閰	门部	6	321511	E985	095B0	6375	閶	门部	8	25112511	E98B	095B6
6330	阀	门部	6	321534	B7A7	09600	6376	闁	门部	8	25112511	E996	095C1
6331	閥	门部	6	321534	E979	095A5	6377	閺	门部	8	25114134	E98F	095BA
6332	䦗	门部	6	325221	82349E32	04997	6378	阋	门部	8	32151135	E3D2	0960B
6333	閤	门部	6	341251	E978	095A4	6379	䦧	门部	8	32151135	82349F36	049A7

字序	字形	部首	部首外笔画数	部首外笔顺	18030代码	13000代码	字序	字形	部首	部首外笔画数	部首外笔顺	18030代码	13000代码
6380	閵	门部	8	32411121	E98A	095B5	6426	䦯	门部	10	1541213134	8234A034	049AF
6381	䦦	门部	8	34112431	82349F35	049A6	6427	阘	门部	10	2511541541	EA60	09618
6382	閷	门部	8	34123434	E98C	095B7	6428	闒	门部	10	2511541541	EA46	095D2
6383	阌	门部	8	34434554	E3D3	0960C	6429	闓	门部	10	2521251431	EA47	095D3
6384	閿	门部	8	34434554	E994	095BF	6430	闑	门部	10	3251111234	EA45	095D1
6385	阍	门部	8	35152511	E3D4	0960D	6431	阙	门部	10	4315233534	E3DA	09619
6386	閽	门部	8	35152511	E992	095BD	6432	闕	门部	10	4315233534	EA49	095D5
6387	阎	门部	8	35321511	D1D6	0960E	6433	闗	门部	10	5545544444	EA4B	095D7
6388	閻	门部	8	35321511	E990	095BB	6434	闚	门部	11	11342511135	EA4E	095DA
6389	䦣	门部	8	41431251	82349F32	049A3	6435	闛	门部	11	24345251121	EA4F	095DB
6390	阏	门部	8	41533444	E3D5	0960F	6436	闝	门部	11	25111343134	EA51	095DD
6391	閼	门部	8	41533444	E991	095BC	6437	䦰	门部	11	35251125115	8234A035	049B0
6392	闂	门部	8	43113455	E997	095C2	6438	闙	门部	11	45132513134	EA4D	095D9
6393	阐	门部	8	43251112	B2FB	09610	6439	阚	门部	11	51221113134	E3DB	0961A
6394	䦢	门部	8	44112154	82349F31	049A2	6440	闞	门部	11	51221113134	EA52	095DE
6395	䦡	门部	8	44525151	82349F30	049A1	6441	䦳	门部	11	55345115452	8234A038	049B3
6396	䦤	门部	8	54545454	82349F33	049A4	6442	關	门部	11	55455453221	EA50	095DC
6397	䦬	门部	9	111253134	8234A031	049AC	6443	闥	门部	12	121431112454	EA59	095E5
6398	䦮	门部	9	111342511	8234A033	049AE	6444	闠	门部	12	251212511134	EA54	095E0
6399	闀	门部	9	122134515	E995	095C0	6445	闡	门部	12	251251251112	EA55	095E1
6400	闉	门部	9	125221121	E99E	095C9	6446	闟	门部	12	341251541541	EA53	095DF
6401	闄	门部	9	125221531	E999	095C4	6447	䦱	门部	12	344335554444	8234A036	049B1
6402	阑	门部	9	125431234	C0BB	09611	6448	闧	门部	13	1212513234454	EA5B	095E7
6403	闌	门部	9	125431234	EA40	095CC	6449	闣	门部	13	2434525125121	EA57	095E3
6404	阒	门部	9	251111344	E3D6	09612	6450	闦	门部	13	2512211251431	EA5A	095E6
6405	闃	门部	9	251111344	E998	095C3	6451	䦴	门部	13	2522112143112	8234A039	049B4
6406	闅	门部	9	251112154	E99A	095C5	6452	阛	门部	13	2522112513534	EA61	0961B
6407	䦸	门部	9	251125214	8234A131	049B8	6453	闤	门部	13	2522112513534	EA58	095E4
6408	䦪	门部	9	251135345	82349F39	049AA	6454	䦲	门部	13	3513344111251	8234A037	049B2
6409	阓	门部	9	251212534	EA5F	09613	6455	闢	门部	13	5132514143112	EA56	095E2
6410	闆	门部	9	251251251	E99B	095C6	6456	䦵	门部	14	13425234343434	8234A130	049B5
6411	䦭	门部	9	312342511	8234A032	049AD	6457	宀	宀部	0	0	E5B2	05B80
6412	闎	门部	9	325112534	EA42	095CE	6458	㝉	宀部	1	1	8230C435	03749
6413	闏	门部	9	353251214	EA43	095CF	6459	宁	宀部	2	12	C4FE	05B81
6414	闇	门部	9	414312511	E99C	095C7	6460	它	宀部	2	35	CBFC	05B83
6415	阔	门部	9	441312251	C0AB	09614	6461	宂	宀部	2	35	8C5D	05B82
6416	闊	门部	9	441312251	E99F	095CA	6462	宄	宀部	2	35	E5B3	05B84
6417	闈	门部	9	521251152	E99D	095C8	6463	㝋	宀部	2	52	8230C437	0374B
6418	阕	门部	9	543341134	E3D7	09615	6464	㝊	宀部	2	54	8230C436	0374A
6419	闋	门部	9	543341134	E9A0	095CB	6465	宇	宀部	3	112	D3EE	05B87
6420	闖	门部	10	1211254444	EA4A	095D6	6466	守	宀部	3	124	CAD8	05B88
6421	阖	门部	10	1215425221	E3D8	09616	6467	㝍	宀部	3	151	8230C439	0374D
6422	闔	门部	10	1215425221	EA48	095D4	6468	宅	宀部	3	315	D5AC	05B85
6423	阗	门部	10	1225111134	E3D9	09617	6469	㝌	宀部	3	354	8230C438	0374C
6424	闐	门部	10	1225111134	EA44	095D0	6470	㝎	宀部	3	454	8230C530	0374E
6425	闘	门部	10	1251431124	EA4C	095D8	6471	宆	宀部	3	515	8C5E	05B86

字序	字形	部首	部首外笔画数	部首外笔顺	18030代码	13000代码	字序	字形	部首	部首外笔画数	部首外笔顺	18030代码	13000代码
6472	字	宀部	3	521	D7D6	05B57	6518	宩	宀部	6	431234	8C6A	05BA9
6473	安	宀部	3	531	B0B2	05B89	6519	叜	宀部	6	433454	85AE	053DC
6474	宑	宀部	4	1132	8C63	05B91	6520	㝕	宀部	6	454454	8230C537	03755
6475	完	宀部	4	1135	CDEA	05B8C	6521	害	宀部	7	1112251	BAA6	05BB3
6476	宋	宀部	4	1234	CBCE	05B8B	6522	㝙	宀部	7	1121134	8230C631	03759
6477	宊	宀部	4	1344	8C5F	05B8A	6523	宼	宀部	7	1135531	8C74	05BBC
6478	宏	宀部	4	1354	BAEA	05B8F	6524	宯	宀部	7	1213521	8C6E	05BAF
6479	㲾	宀部	4	2534	8231D134	03CBE	6525	宽	宀部	7	1222535	BFED	05BBD
6480	宐	宀部	4	2541	8C62	05B90	6526	宧	宀部	7	1225125	8C68	05BA7
6481	牢	宀部	4	3112	C0CE	07262	6527	宸	宀部	7	1311534	E5B7	05BB8
6482	宒	宀部	4	3115	8C64	05B92	6528	家	宀部	7	1353334	BCD2	05BB6
6483	宎	宀部	4	3134	8C61	05B8E	6529	宵	宀部	7	2432511	CFFC	05BB5
6484	㝏	宀部	4	3432	8230C531	0374F	6530	宲	宀部	7	2511234	8C70	05BB2
6485	㝐	宀部	4	3454	8230C532	03750	6531	宺	宀部	7	2511325	8C72	05BBA
6486	宍	宀部	4	4134	8C60	05B8D	6532	宴	宀部	7	2511531	D1E7	05BB4
6487	㝑	宀部	4	4153	8230C533	03751	6533	宮	宀部	7	2513251	8C6D	05BAE
6488	灾	宀部	4	4334	D4D6	0707E	6534	宾	宀部	7	3212134	B1F6	05BBE
6489	実	宀部	5	11134	8C67	05B9F	6535	宱	宀部	7	3231211	8C6F	05BB1
6490	宝	宀部	5	11214	B1A6	05B9D	6536	宷	宀部	7	3431234	8C71	05BB7
6491	宗	宀部	5	11234	D7DA	05B97	6537	容	宀部	7	3434251	C8DD	05BB9
6492	定	宀部	5	12134	B6A8	05B9A	6538	㝘	宀部	7	4111251	8230C630	03758
6493	㝒	宀部	5	12251	8230C534	03752	6539	宰	宀部	7	4143112	D4D7	05BB0
6494	宕	宀部	5	13251	E5B4	05B95	6540	㝗	宀部	7	4511534	8230C539	03757
6495	宠	宀部	5	13534	B3E8	05BA0	6541	宭	宀部	7	5113251	8C6C	05BAD
6496	宜	宀部	5	25111	D2CB	05B9C	6542	宻	宀部	7	5443252	8C73	05BBB
6497	审	宀部	5	25112	C9F3	05BA1	6543	寈	宀部	8	11212511	8C78	05BC8
6498	宙	宀部	5	25121	D6E6	05B99	6544	寇	宀部	8	11352154	BFDC	05BC7
6499	官	宀部	5	25151	B9D9	05B98	6545	㝞	宀部	8	12155121	8230C636	0375E
6500	宛	宀部	5	35455	CDF0	05B9B	6546	㝡	宀部	8	12211154	8230C639	03761
6501	宔	宀部	5	41121	8C65	05B94	6547	㝜	宀部	8	12212511	8230C634	0375C
6502	实	宀部	5	44134	CAB5	05B9E	6548	㝝	宀部	8	12341234	8230C635	0375D
6503	宓	宀部	5	45434	E5B5	05B93	6549	㝟	宀部	8	12511135	8230C637	0375F
6504	宖	宀部	5	51554	8C66	05B96	6550	寅	宀部	8	12512134	D2FA	05BC5
6505	宣	宀部	6	125111	D0FB	05BA3	6551	寄	宀部	8	13412512	BCC4	05BC4
6506	宦	宀部	6	125125	BBC2	05BA6	6552	寁	宀部	8	15112134	8C76	05BC1
6507	宥	宀部	6	132511	E5B6	05BA5	6553	寂	宀部	8	21123454	BCC5	05BC2
6508	宬	宀部	6	135534	8C6B	05BAC	6554	㝠	宀部	8	25114134	8230C638	03760
6509	室	宀部	6	154121	CAD2	05BA4	6555	㝛	宀部	8	32125341	8230C633	0375B
6510	宫	宀部	6	251251	B9AC	05BAB	6556	宿	宀部	8	32132511	CBDE	05BBF
6511	宪	宀部	6	312135	CFDC	05BAA	6557	寉	宀部	8	32411121	8C79	05BC9
6512	㝚	宀部	6	321554	8230C632	0375A	6558	寀	宀部	8	34431234	8C75	05BC0
6513	㝓	宀部	6	341251	8230C535	03753	6559	梥	宀部	8	34541234	9773	068A5
6514	宨	宀部	6	341534	8C69	05BA8	6560	寃	宀部	8	35251354	8C77	05BC3
6515	客	宀部	6	354251	BFCD	05BA2	6561	㝣	宀部	9	111253134	8230C731	03763
6516	㝖	宀部	6	354354	8230C538	03756	6562	寒	宀部	9	112213444	BAAE	05BD2
6517	㝔	宀部	6	413434	8230C536	03754	6563	寋	宀部	9	112213455	8C7B	05BCB

字序	字形	部首	部首外笔画数	部首外笔顺	18030代码	13000代码
6564	富	宀部	9	125125121	B8BB	05BCC
6565	寕	宀部	9	132522112	8C82	05BD5
6566	寊	宀部	9	212511134	8C7A	05BCA
6567	寔	宀部	9	251112134	8C81	05BD4
6568	寓	宀部	9	251125214	D4A2	05BD3
6569	寑	宀部	9	325114554	8C80	05BD1
6570	㝢	宀部	9	325125214	8230C730	03762
6571	寏	宀部	9	352534134	8C7E	05BCF
6572	甯	宀部	9	454425112	E5B8	0752F
6573	寍	宀部	9	454425221	8C7C	05BCD
6574	寐	宀部	9	521311234	C3C2	05BD0
6575	寎	宀部	9	521312534	8C7D	05BCE
6576	寚	宀部	10	1121311252	8C87	05BDA
6577	㝤	宀部	10	1122125211	8230C732	03764
6578	塞	宀部	10	1122134121	C8FB	0585E
6579	弿	宀部	10	1122134515	8F8F	05F3F
6580	骞	宀部	10	1122134551	E5B9	09A9E
6581	㝨	宀部	10	1212513534	8230C736	03768
6582	寞	宀部	10	1222511134	C4AF	05BDE
6583	寛	宀部	10	1222511135	8C88	05BDB
6584	寘	宀部	10	1225111134	8C85	05BD8
6585	㝦	宀部	10	3241112153	8230C734	03766
6586	寙	宀部	10	3354433544	8C86	05BD9
6587	寝	宀部	10	4125114554	C7DE	05BDD
6588	寖	宀部	10	4415114554	8C83	05BD6
6589	寗	宀部	10	4543425211	8C84	05BD7
6590	寜	宀部	10	4544252212	8C89	05BDC
6591	㝥	宀部	10	5213431234	8230C733	03765
6592	㝧	宀部	10	5313434121	8230C735	03767
6593	㝬	宀部	11	11122511134	8230C830	0376C
6594	寨	宀部	11	11221341234	D5AF	05BE8
6595	赛	宀部	11	11221342534	C8FC	08D5B
6596	搴	宀部	11	11221343112	E5BA	06434
6597	㥶	宀部	11	11221344544	8230FC30	03976
6598	㝪	宀部	11	12143112354	8230C738	0376A
6599	寬	宀部	11	12225111354	8C92	05BEC
6600	賓	宀部	11	12332511134	D965	08CD3
6601	寡	宀部	11	13251113453	B9D1	05BE1
6602	寠	宀部	11	25112512531	8C8A	05BE0
6603	察	宀部	11	35445411234	B2EC	05BDF
6604	㝩	宀部	11	41351124134	8230C737	03769
6605	寧	宀部	11	45442522112	8C8E	05BE7
6606	寤	宀部	11	52131251251	E5BB	05BE4
6607	賔	宀部	11	52132511134	D966	08CD4
6608	寣	宀部	11	52134111251	8C8C	05BE3
6609	寢	宀部	11	52135114554	8C8B	05BE2
6610	㝫	宀部	11	52354131121	8230C739	0376B
6611	寥	宀部	11	54154134333	C1C8	05BE5
6612	實	宀部	11	55212511134	8C8D	05BE6
6613	寭	宀部	12	125112144544	8C93	05BED
6614	寮	宀部	12	134432511234	E5BC	05BEE
6615	㝯	宀部	12	313425125251	8230C833	0376F
6616	寫	宀部	12	321511354444	8C91	05BEB
6617	寯	宀部	12	324111212525	8C94	05BEF
6618	審	宀部	12	343123425121	8C8F	05BE9
6619	寪	宀部	12	344335554444	8C90	05BEA
6620	㝭	宀部	12	442251131121	8230C831	0376D
6621	㝮	宀部	12	522521123454	8230C832	0376E
6622	憲	宀部	13	1112252214544	9197	061B2
6623	䗙	宀部	13	1122134251214	8233BD37	045D9
6624	褰	宀部	13	1122134413534	E5BD	08930
6625	寰	宀部	13	2522112513534	E5BE	05BF0
6626	䞿	宀部	14	11221341212134	8233ED37	047BF
6627	賽	宀部	14	11221342511134	D990	08CFD
6628	蹇	宀部	14	11221342512134	E5BF	08E47
6629	謇	宀部	14	11221344111251	E5C0	08B07
6630	寲	宀部	14	35311345452134	8C96	05BF2
6631	寱	宀部	14	52133251111234	8C95	05BF1
6632	㝰	宀部	15	325111445344153	8230C834	03770
6633	寳	宀部	16	1121352342511134	8C97	05BF3
6634	䥌	宀部	16	2511251134112431	82349733	0494C
6635	寴	宀部	16	4143112342511135	8C98	05BF4
6636	寵	宀部	16	4143125111515111	8C99	05BF5
6637	寶	宀部	17	11213112522511134	8C9A	05BF6
6638	騫	宀部	17	11221341211254444	F271	09A2B
6639	㝱	宀部	17	52131222522145354	8230C835	03771
6640	鶱	宀部	18	112213432511154444	FA4E	09DB1
6641	寷	宀部	18	211121112521251431	8C9B	05BF7
6642	㝲	宀部	22	5213122252214551145252	8230C836	03772
6643	辶	辶部	0	0	E5C1	08FB6
6644	辵	辶部	0	0	DE75	08FB5
6645	辷	辶部	1	1	DE76	08FB7
6646	辻	辶部	2	12	DE79	08FBB
6647	込	辶部	2	34	DE7A	08FBC
6648	辽	辶部	2	52	C1C9	08FBD
6649	辸	辶部	2	53	DE77	08FB8
6650	辺	辶部	2	53	DE78	08FBA
6651	边	辶部	2	53	B1DF	08FB9
6652	迀	辶部	3	112	DE7C	08FC0
6653	迂	辶部	3	112	D3D8	08FC2
6654	迃	辶部	3	115	DE7D	08FC3

字序	字形	部首	部首外笔画数	部首外笔顺	18030代码	13000代码
6655	过	辶部	3	124	B9FD	08FC7
6656	䢋	辶部	3	132	82348431	0488B
6657	达	辶部	3	134	B4EF	08FBE
6658	迈	辶部	3	153	C2F5	08FC8
6659	辿	辶部	3	252	DE7B	08FBF
6660	迁	辶部	3	312	C7A8	08FC1
6661	迄	辶部	3	315	C6F9	08FC4
6662	﨤	辶部	3	354	FE4C	0FA24
6663	迅	辶部	3	512	D1B8	08FC5
6664	迉	辶部	3	513	DE80	08FC9
6665	䢊	辶部	3	521	82348430	0488A
6666	迆	辶部	3	525	DE7E	08FC6
6667	巡	辶部	3	555	D1B2	05DE1
6668	迋	辶部	4	1121	DE82	08FCB
6669	䢎	辶部	4	1132	82348434	0488E
6670	进	辶部	4	1132	BDF8	08FDB
6671	迗	辶部	4	1134	DE88	08FD7
6672	远	辶部	4	1135	D4B6	08FDC
6673	违	辶部	4	1152	CEA5	08FDD
6674	运	辶部	4	1154	D4CB	08FD0
6675	迊	辶部	4	1252	DE81	08FCA
6676	䢌	辶部	4	1252	82348432	0488C
6677	还	辶部	4	1324	BBB9	08FD8
6678	迖	辶部	4	1344	DE87	08FD6
6679	迏	辶部	4	1344	DE85	08FCF
6680	连	辶部	4	1512	C1AC	08FDE
6681	迓	辶部	4	1523	E5C2	08FD3
6682	迍	辶部	4	1525	DE84	08FCD
6683	迚	辶部	4	2512	DE89	08FDA
6684	迕	辶部	4	3112	E5C3	08FD5
6685	近	辶部	4	3312	BDFC	08FD1
6686	返	辶部	4	3354	B7B5	08FD4
6687	迌	辶部	4	3511	DE83	08FCC
6688	迎	辶部	4	3552	D3AD	08FCE
6689	这	辶部	4	4134	D5E2	08FD9
6690	迒	辶部	4	4135	DE86	08FD2
6691	䢍	辶部	4	4153	82348433	0488D
6692	䢏	辶部	4	4412	82348435	0488F
6693	迟	辶部	4	5134	B3D9	08FDF
6694	迲	辶部	5	12154	DE91	08FF2
6695	迣	辶部	5	12215	DE8C	08FE3
6696	述	辶部	5	12344	CAF6	08FF0
6697	迠	辶部	5	21251	DE8A	08FE0
6698	䢐	辶部	5	25111	82348436	04890
6699	迧	辶部	5	25112	DE8D	08FE7
6700	迪	辶部	5	25121	B5CF	08FEA
6701	迥	辶部	5	25251	E5C4	08FE5
6702	迭	辶部	5	31134	B5FC	08FED
6703	迮	辶部	5	31211	E5C5	08FEE
6704	迤	辶部	5	31525	E5C6	08FE4
6705	迫	辶部	5	32511	C6C8	08FEB
6706	䢑	辶部	5	35154	82348437	04891
6707	迩	辶部	5	35234	E5C7	08FE9
6708	迯	辶部	5	35424	DE8F	08FEF
6709	迬	辶部	5	41121	DE8E	08FEC
6710	迱	辶部	5	44535	DE90	08FF1
6711	迡	辶部	5	51335	DE8B	08FE1
6712	迢	辶部	5	53251	CCF6	08FE2
6713	迦	辶部	5	53251	E5C8	08FE6
6714	迳	辶部	5	54121	E5C9	08FF3
6715	迨	辶部	5	54251	E5CA	08FE8
6716	迼	辶部	6	121251	DE97	08FFC
6717	逇	辶部	6	121525	DE9A	09007
6718	迺	辶部	6	125351	DE95	08FFA
6719	䢕	辶部	6	131534	82348531	04895
6720	迶	辶部	6	132511	DE94	08FF6
6721	迾	辶部	6	135422	DE98	08FFE
6722	䢗	辶部	6	251221	82348533	04897
6723	迵	辶部	6	251251	DE93	08FF5
6724	迴	辶部	6	252511	DE92	08FF4
6725	选	辶部	6	312135	D1A1	09009
6726	适	辶部	6	312251	CACA	09002
6727	追	辶部	6	325151	D7B7	08FFD
6728	逈	辶部	6	325251	DE9B	09008
6729	逅	辶部	6	331251	E5CB	09005
6730	䢔	辶部	6	341251	82348530	04894
6731	逃	辶部	6	341534	CCD3	09003
6732	迿	辶部	6	352511	DE99	08FFF
6733	逄	辶部	6	354152	E5CC	09004
6734	迻	辶部	6	354354	DE96	08FFB
6735	迹	辶部	6	413234	BCA3	08FF9
6736	䢒	辶部	6	413434	82348438	04892
6737	迸	辶部	6	431132	B1C5	08FF8
6738	送	辶部	6	431134	CBCD	09001
6739	迷	辶部	6	431234	C3D4	08FF7
6740	逆	辶部	6	431523	C4E6	09006
6741	䢓	辶部	6	445112	82348439	04893
6742	䢘	辶部	6	445124	82348534	04898
6743	䢖	辶部	6	511112	82348532	04896
6744	退	辶部	6	511534	CDCB	09000
6745	逊	辶部	6	521234	D1B7	0900A
6746	逝	辶部	7	1213312	CAC5	0901D

字序	字形	部首	部首外笔画数	部首外笔顺	18030代码	13000代码	字序	字形	部首	部首外笔画数	部首外笔顺	18030代码	13000代码
6747	逑	辶部	7	1241344	E5CF	09011	6793	逬	辶部	8	31133112	DF4A	0902C
6748	連	辶部	7	1251112	DF42	09023	6794	逶	辶部	8	31234531	E5D4	09036
6749	逋	辶部	7	1251124	E5CD	0900B	6795	進	辶部	8	32411121	DF4D	09032
6750	䢚	辶部	7	1251134	82348536	0489A	6796	週	辶部	8	35121251	DF4C	09031
6751	速	辶部	7	1251234	CBD9	0901F	6797	逸	辶部	8	35251354	D2DD	09038
6752	逜	辶部	7	1251251	DF41	0901C	6798	䢟	辶部	8	41533134	82348631	0489F
6753	逗	辶部	7	1251431	B6BA	09017	6799	逳	辶部	8	41542511	DF4E	09033
6754	逎	辶部	7	1253511	DE9D	0900E	6800	逭	辶部	8	44525151	E5D5	0902D
6755	逦	辶部	7	1254254	E5CE	09026	6801	逯	辶部	8	51124134	E5D6	0902F
6756	逐	辶部	7	1353334	D6F0	09010	6802	逮	辶部	8	51124134	B4FE	0902E
6757	逕	辶部	7	1555121	DE9F	09015	6803	䢜	辶部	8	51145252	82348538	0489C
6758	逌	辶部	7	2125511	DE9C	0900C	6804	逫	辶部	8	54545454	DF49	0902B
6759	逍	辶部	7	2432511	E5D0	0900D	6805	達	辶部	9	121431112	DF5F	09054
6760	逞	辶部	7	2511121	B3D1	0901E	6806	䢡	辶部	9	122151234	82348633	048A1
6761	䢙	辶部	7	2511134	82348535	04899	6807	遖	辶部	9	122543112	DF61	09056
6762	逥	辶部	7	2522111	DF44	09025	6808	逼	辶部	9	125125121	B1C6	0903C
6763	䢛	辶部	7	2534251	82348537	0489B	6809	遀	辶部	9	131212511	DF55	09040
6764	造	辶部	7	3121251	D4EC	09020	6810	遉	辶部	9	212511134	DF5A	09049
6765	透	辶部	7	3123453	CDB8	0900F	6811	遈	辶部	9	251112134	DF59	09048
6766	逓	辶部	7	3311252	DE9E	09013	6812	逿	辶部	9	251113533	DF54	0903F
6767	途	辶部	7	3411234	CDBE	09014	6813	遇	辶部	9	251125214	D3F6	09047
6768	逧	辶部	7	3434251	DF45	09027	6814	遏	辶部	9	251135345	B6F4	0904F
6769	逛	辶部	7	3531121	B9E4	0901B	6815	遗	辶部	9	251212534	D2C5	09057
6770	逖	辶部	7	3534334	E5D1	09016	6816	遌	辶部	9	251251115	DF5D	0904C
6771	逢	辶部	7	3541112	B7EA	09022	6817	遄	辶部	9	252132522	E5D7	09044
6772	這	辶部	7	4111251	DF40	09019	6818	遚	辶部	9	321511254	DF63	0905A
6773	䢠	辶部	7	4334132	82348632	048A0	6819	遑	辶部	9	325111121	E5D8	09051
6774	递	辶部	7	4351523	B5DD	09012	6820	遁	辶部	9	331225111	B6DD	09041
6775	逤	辶部	7	4412343	DF43	09024	6821	逾	辶部	9	341251122	D3E2	0903E
6776	通	辶部	7	5425112	CDA8	0901A	6822	遃	辶部	9	414313333	DF56	09043
6777	逘	辶部	7	5431134	DEA0	09018	6823	遆	辶部	9	414345252	DF58	09046
6778	逡	辶部	7	5434354	E5D2	09021	6824	遊	辶部	9	415331521	DF5B	0904A
6779	逰	辶部	8	12131521	DF4B	09030	6825	遒	辶部	9	431253511	E5D9	09052
6780	逵	辶部	8	12134121	E5D3	09035	6826	道	辶部	9	431325111	B5C0	09053
6781	逹	辶部	8	12143112	DF51	09039	6827	遂	辶部	9	431353334	CBEC	09042
6782	逺	辶部	8	12153234	DF52	0903A	6828	運	辶部	9	451251112	DF5C	0904B
6783	䢝	辶部	8	12155121	82348539	0489D	6829	遍	辶部	9	451325122	B1E9	0904D
6784	逪	辶部	8	12212511	DF48	0902A	6830	遐	辶部	9	512115154	E5DA	09050
6785	逽	辶部	8	12213251	DF53	0903D	6831	遅	辶部	9	513431112	DF57	09045
6786	䢞	辶部	8	12341234	82348630	0489E	6832	違	辶部	9	521251152	DF60	09055
6787	逨	辶部	8	12343434	DF46	09028	6833	遨	辶部	10	1121533134	E5DB	09068
6788	逩	辶部	8	13412132	DF47	09029	6834	遘	辶部	10	1122125211	E5DC	09058
6789	逴	辶部	8	21251112	DF4F	09034	6835	遤	辶部	10	1211254444	DF6A	09064
6790	逷	辶部	8	25113533	DF50	09037	6836	䢥	辶部	10	1212125111	82348637	048A5
6791	逻	辶部	8	25221354	C2DF	0903B	6837	遠	辶部	10	1212513234	DF68	09060
6792	過	辶部	8	25525251	DF5E	0904E	6838	遳	辶部	10	1223434121	DF75	09073

字序	字形	部首	部首外笔画数	部首外笔顺	18030代码	13000代码
6839	遢	辶部	10	2511541541	E5DD	09062
6840	遣	辶部	10	2512125151	C7B2	09063
6841	遝	辶部	10	2522123344	DF65	0905D
6842	䢤	辶部	10	3123412344	82348636	048A4
6843	遞	辶部	10	3321531535	DF66	0905E
6844	遥	辶部	10	3443311252	D2A3	09065
6845	䢢	辶部	10	3445113251	82348634	048A2
6846	䢣	辶部	10	3544111251	82348635	048A3
6847	遙	辶部	10	3544311252	DF62	09059
6848	遛	辶部	10	3545325121	E5DE	0905B
6849	遡	辶部	10	4315233511	DF69	09061
6850	遟	辶部	10	5134143112	DF67	0905F
6851	遜	辶部	10	5213554234	DF64	0905C
6852	遭	辶部	11	12512212511	D4E2	0906D
6853	遫	辶部	11	12512343134	DF6F	0906B
6854	遬	辶部	11	12512343534	DF70	0906C
6855	䢩	辶部	11	12512513134	82348731	048A9
6856	遰	辶部	11	13221545252	DF72	09070
6857	遱	辶部	11	25112512531	DF73	09071
6858	䢨	辶部	11	33234342134	82348730	048A8
6859	遯	辶部	11	35111353334	DF71	0906F
6860	遮	辶部	11	41312214444	D5DA	0906E
6861	遧	辶部	11	41431251112	DF6C	09067
6862	適	辶部	11	41432512251	DF6D	09069
6863	䢦	辶部	11	41554413412	82348638	048A6
6864	䢫	辶部	11	52131212511	82348733	048AB
6865	䢧	辶部	11	54154134333	82348639	048A7
6866	遪	辶部	11	54545434333	DF6E	0906A
6867	遦	辶部	11	55212511134	DF6B	09066
6868	遶	辶部	12	121121121135	DF76	09076
6869	邁	辶部	12	122251125214	DF7E	09081
6870	遷	辶部	12	125221134515	DF77	09077
6871	遼	辶部	12	134432511234	DF7C	0907C
6872	暹	辶部	12	251132411121	E5DF	066B9
6873	遺	辶部	12	251212511134	DF7A	0907A
6874	遻	辶部	12	251251431523	DF7B	0907B
6875	䢪	辶部	12	313425125251	82348732	048AA
6876	䢬	辶部	12	344345354152	82348734	048AC
6877	䢭	辶部	12	431121413534	82348735	048AD
6878	遴	辶部	12	431234354152	E5E0	09074
6879	遵	辶部	12	431253511124	D7F1	09075
6880	遲	辶部	12	513241343112	DF74	09072
6881	選	辶部	12	515515122134	DF78	09078
6882	邆	辶部	12	543341251431	DF82	09086
6883	遹	辶部	12	545232534251	DF79	09079
6884	䢮	辶部	13	1452444425121	82348736	048AE
6885	遽	辶部	13	2153151353334	E5E1	0907D
6886	還	辶部	13	2522112513534	DF80	09084
6887	遾	辶部	13	3143141234341	DF7D	0907E
6888	邀	辶部	13	3251141533134	D1FB	09080
6889	邂	辶部	13	3535112533112	E5E2	09082
6890	邅	辶部	13	4125251125111	DF81	09085
6891	避	辶部	13	5132514143112	B1DC	0907F
6892	邇	辶部	14	13425234343434	DF83	09087
6893	邉	辶部	14	32511144534251	DF84	09089
6894	邈	辶部	14	34435333251135	E5E3	09088
6895	䢯	辶部	14	43344334354152	82348737	048AF
6896	邃	辶部	14	44534431353334	E5E4	09083
6897	䢰	辶部	14	54154132411121	82348738	048B0
6898	䢱	辶部	15	121252212511134	82348739	048B1
6899	邌	辶部	15	312343533424134	DF86	0908C
6900	邊	辶部	15	325111445344153	DF85	0908A
6901	邋	辶部	15	555253415445445	E5E5	0908B
6902	邍	辶部	16	3542512151124134	DF87	0908D
6903	邎	辶部	18	354441112513554234	DF88	0908E
6904	邐	辶部	19	1254125441352211535	DF8A	09090
6905	邏	辶部	19	2522155444432411121	DF89	0908F
6906	䢲	辶部	20	25111251113241112154	82348830	048B2
6907	彐	彐部	0	0	E5E6	05F50
6908	彑	彐部	0	0	8F9F	05F51
6909	互	彐部	1	1	BBA5	04E92
6910	归	彐部	2	23	B9E9	05F52
6911	寻	彐部	3	124	D1B0	05BFB
6912	㚑	彐部	3	134	8230B231	03691
6913	㞪	彐部	3	252	8230CE32	037AA
6914	夛	彐部	3	354	89EF	0591B
6915	灵	彐部	4	4334	C1E9	07075
6916	录	彐部	5	24134	C2BC	05F55
6917	彔	彐部	5	24134	8FA0	05F54
6918	㣇	彐部	5	33252	8230EA37	038C7
6919	帚	彐部	5	45252	D6E3	05E1A
6920	彖	彐部	6	353334	E5E8	05F56
6921	帰	彐部	7	2345252	8EA2	05E30
6922	彗	彐部	8	11121112	E5E7	05F57
6923	尋	彐部	9	121251124	8CA4	05C0B
6924	㝷	彐部	9	121354124	8230C931	03777
6925	彘	彐部	9	153113435	E5E9	05F58
6926	彚	彐部	10	4525111234	8FA2	05F5A
6927	彙	彐部	10	4525111234	8FA1	05F59
6928	㣈	彐部	13	3325255133252	8230EA38	038C8
6929	彛	彐部	13	4312343453132	8FA3	05F5B
6930	彜	彐部	13	4312343453132	8FA4	05F5C

字序	字形	部首	部首外笔画数	部首外笔顺	18030代码	13000代码
6931	彞	彐部	15	431234554234132	8FA5	05F5E
6932	彝	彐部	15	431234554234132	D2CD	05F5D
6933	彟	彐部	16	1241223241112154	8FA6	05F5F
6934	彠	彐部	22	1212511241223241112154	8FA7	05F60
6935	尸	尸部	0	0	CAAC	05C38
6936	尺	尸部	1	4	B3DF	05C3A
6937	尼	尸部	2	35	C4E1	05C3C
6938	尻	尸部	2	35	E5EA	05C3B
6939	凥	尸部	2	35	8448	051E5
6940	㞋	尸部	2	54	8230CB31	0378B
6941	㞍	尸部	3	354	8230CB33	0378D
6942	尽	尸部	3	444	BEA1	05C3D
6943	㞌	尸部	3	521	8230CB32	0378C
6944	层	尸部	4	1154	B2E3	05C42
6945	杘	尸部	4	1234	966F	06758
6946	屁	尸部	4	1535	C6A8	05C41
6947	屃	尸部	4	2534	8CC1	05C43
6948	尿	尸部	4	2534	C4F2	05C3F
6949	尾	尸部	4	3115	CEB2	05C3E
6950	㞏	尸部	4	3454	8230CB35	0378F
6951	㞎	尸部	4	5215	8230CB34	0378E
6952	局	尸部	4	5251	BED6	05C40
6953	屆	尸部	5	12152	8CC3	05C46
6954	屉	尸部	5	12215	CCEB	05C49
6955	居	尸部	5	12251	BED3	05C45
6956	屇	尸部	5	25121	8CC4	05C47
6957	届	尸部	5	25121	BDEC	05C4A
6958	鸤	尸部	5	35451	FB5C	09E24
6959	㞐	尸部	5	41431	8230CB36	03790
6960	屄	尸部	5	44534	8CC2	05C44
6961	屈	尸部	5	52252	C7FC	05C48
6962	㞑	尸部	5	54134	8230CB37	03791
6963	㞖	尸部	6	125234	8230CC32	03796
6964	屍	尸部	6	135435	8CC6	05C4D
6965	屋	尸部	6	154121	CEDD	05C4B
6966	屌	尸部	6	251252	8CC5	05C4C
6967	㞒	尸部	6	325111	8230CB38	03792
6968	㞕	尸部	6	342511	8230CC31	03795
6969	㞓	尸部	6	352511	8230CB39	03793
6970	㞔	尸部	6	354354	8230CC30	03794
6971	屏	尸部	6	431132	C6C1	05C4F
6972	屎	尸部	6	431234	CABA	05C4E
6973	展	尸部	7	1221534	D5B9	05C55
6974	㞗	尸部	7	1241344	8230CC33	03797
6975	屒	尸部	7	1311534	8CC7	05C52
6976	屑	尸部	7	2432511	D0BC	05C51
6977	屓	尸部	7	2511134	8CC8	05C53
6978	屔	尸部	7	3212135	8CC9	05C54
6979	屐	尸部	7	3321254	E5EC	05C50
6980	屖	尸部	7	4143112	8CCA	05C56
6981	屙	尸部	7	5212512	E5ED	05C59
6982	屠	尸部	8	12132511	CDC0	05C60
6983	屚	尸部	8	12524444	8CCD	05C5A
6984	㞘	尸部	8	13533434	8230CC34	03798
6985	屝	尸部	8	21112111	8CD0	05C5D
6986	屛	尸部	8	31133112	8CCE	05C5B
6987	屜	尸部	8	33212215	8CCF	05C5C
6988	屟	尸部	9	122151234	8CD1	05C5F
6989	犀	尸部	9	241343112	CFAC	07280
6990	㞚	尸部	9	312321511	8230CC36	0379A
6991	属	尸部	9	325125214	CAF4	05C5E
6992	㞛	尸部	9	332352511	8230CC37	0379B
6993	䬤	尸部	9	344511534	8234C535	04B24
6994	屡	尸部	9	431234531	C2C5	05C61
6995	孱	尸部	9	521521521	E5EE	05B71
6996	㞝	尸部	11	13211234534	8230CC39	0379D
6997	屢	尸部	11	25112512531	8CD2	05C62
6998	鳲	尸部	11	32511154444	F84F	09CF2
6999	䲩	尸部	11	32511154444	8234EB38	04CA9
7000	屣	尸部	11	33221212134	E5EF	05C63
7001	㞜	尸部	11	33231234531	8230CC38	0379C
7002	㞞	尸部	11	33234342134	8230CD30	0379E
7003	㞠	尸部	12	134432511234	8230CD32	037A0
7004	屧	尸部	12	332122151234	8CD4	05C67
7005	履	尸部	12	332312511354	C2C4	05C65
7006	屦	尸部	12	332431234531	E5F0	05C66
7007	㞟	尸部	12	431253511134	8230CD31	0379F
7008	層	尸部	12	432524312511	8CD3	05C64
7009	屨	尸部	14	33225112512531	8CD5	05C68
7010	屩	尸部	15	332313425125251	8CD6	05C69
7011	屪	尸部	15	445134432511234	8CD7	05C6A
7012	㞡	尸部	16	1211211211213534	8230CD33	037A1
7013	屫	尸部	16	5213313425125251	8CD8	05C6B
7014	屬	尸部	18	241342522135251214	8CD9	05C6C
7015	羼	尸部	18	431112431113431112	E5F1	07FBC
7016	屭	尸部	21	251113425111342511134	8CDA	05C6D
7017	己	己部	0	0	BCBA	05DF1
7018	已	己部	0	0	D2D1	05DF2
7019	巳	己部	0	0	CBC8	05DF3
7020	邔	己部	2	52	DF8C	09094

字序	字形	部首	部首外笔画数	部首外笔顺	18030代码	13000代码	字序	字形	部首	部首外笔画数	部首外笔顺	18030代码	13000代码
7021	导	已部	3	124	B5BC	05BFC	7067	弩	弓部	5	53154	E5F3	05F29
7022	异	已部	3	132	D2EC	05F02	7068	弨	弓部	5	53251	8F80	05F28
7023	㞯	已部	3	252	8230CE37	037AF	7069	㢰	弓部	5	53254	8230E834	038B0
7024	妀	已部	3	531	8A6A	05980	7070	弪	弓部	5	54121	E5F2	05F2A
7025	改	已部	4	3134	B8C4	06539	7071	㢱	弓部	5	54234	8230E835	038B1
7026	攺	已部	4	3134	948F	0653A	7072	弭	弓部	6	122111	E5F4	05F2D
7027	㰝	已部	4	3534	8231C134	03C1D	7073	弫	弓部	6	125125	8F81	05F2B
7028	㱼	已部	4	3554	8231CA38	03C7C	7074	㢶	弓部	6	132511	8230E930	038B6
7029	忌	已部	4	4544	BCC9	05FCC	7075	㢷	弓部	6	252354	8230E931	038B7
7030	巶	已部	5	53251	8E82	05DF6	7076	㢴	弓部	6	253341	8230E838	038B4
7031	㠰	已部	5	53251	8230DB36	03830	7077	㢳	弓部	6	313534	8230E837	038B3
7032	巷	已部	6	122134	CFEF	05DF7	7078	㢵	弓部	6	341251	8230E839	038B5
7033	巻	已部	6	431134	8E86	05DFB	7079	弯	弓部	6	412234	CDE4	05F2F
7034	巹	已部	6	525341	8E84	05DF9	7080	弮	弓部	6	431134	8F83	05F2E
7035	巸	已部	7	1225125	8E83	05DF8	7081	弬	弓部	7	1225125	8F82	05F2C
7036	㠱	已部	8	12211134	8230DB37	03831	7082	弳	弓部	7	1555121	8F86	05F33
7037	䪱	已部	9	132511134	8234BA30	04AB1	7083	弰	弓部	7	2432511	8F84	05F30
7038	巽	已部	9	515122134	D9E3	05DFD	7084	弲	弓部	7	2512511	8F85	05F32
7039	䄐	已部	10	5225211234	8232C138	04110	7085	㢹	弓部	7	4143112	8230E933	038B9
7040	弓	弓部	0	0	B9AD	05F13	7086	弱	弓部	7	4151541	C8F5	05F31
7041	㢧	弓部	1	1	8230E735	038A7	7087	㢼	弓部	7	4325234	8230E936	038BC
7042	弖	弓部	1	1	8F75	05F16	7088	㢸	弓部	7	5153134	8230E932	038B8
7043	引	弓部	1	2	D2FD	05F15	7089	張	弓部	8	12111534	8F88	05F35
7044	弘	弓部	2	54	BAEB	05F18	7090	㢻	弓部	8	31234531	8230E935	038BB
7045	㢨	弓部	3	112	8230E736	038A8	7091	弸	弓部	8	35113511	8F8B	05F38
7046	弙	弓部	3	112	8F76	05F19	7092	弶	弓部	8	41251234	8F89	05F36
7047	㢪	弓部	3	115	8230E738	038AA	7093	弴	弓部	8	41251521	8F87	05F34
7048	㢫	弓部	3	252	8230E739	038AB	7094	㢺	弓部	8	41431531	8230E934	038BA
7049	㢩	弓部	3	354	8230E737	038A9	7095	弹	弓部	8	43251112	B5AF	05F39
7050	弜	弓部	3	515	8F78	05F1C	7096	強	弓部	8	54251214	8F8A	05F37
7051	弛	弓部	3	525	B3DA	05F1B	7097	㢽	弓部	9	122111515	8230E937	038BD
7052	㢬	弓部	4	1354	8230E830	038AC	7098	弽	弓部	9	122151234	8F8D	05F3D
7053	弡	弓部	4	1515	8F7B	05F21	7099	㢾	弓部	9	125221121	8230E938	038BE
7054	㢭	弓部	4	2154	8230E831	038AD	7100	弻	弓部	9	125341515	8F8C	05F3B
7055	张	弓部	4	3154	D5C5	05F20	7101	弼	弓部	9	132511515	E5F6	05F3C
7056	弞	弓部	4	3534	8F7A	05F1E	7102	强	弓部	9	251251214	C7BF	05F3A
7057	弝	弓部	4	5215	8F79	05F1D	7103	㢿	弓部	9	325131134	8230E939	038BF
7058	矤	弓部	5	31134	B2A0	077E4	7104	粥	弓部	9	431234515	D6E0	07CA5
7059	㢮	弓部	5	31525	8230E832	038AE	7105	弾	弓部	9	443251112	8F8E	05F3E
7060	弣	弓部	5	32124	8F7D	05F23	7106	㣁	弓部	10	1221325112	8230EA31	038C1
7061	弧	弓部	5	33544	BBA1	05F27	7107	㣀	弓部	10	1225111134	8230EA30	038C0
7062	弤	弓部	5	35154	8F7E	05F24	7108	彁	弓部	10	1251212512	8F90	05F41
7063	弥	弓部	5	35234	C3D6	05F25	7109	㣂	弓部	10	1251254312	8230EA32	038C2
7064	弦	弓部	5	41554	CFD2	05F26	7110	彃	弓部	10	2511122112	8F92	05F43
7065	㢯	弓部	5	51515	8230E833	038AF	7111	彉	弓部	11	12212512134	8F98	05F49
7066	弢	弓部	5	52254	8F7C	05F22	7112	彄	弓部	11	12512512515	8F93	05F44

字序	字形	部首	部首外笔画数	部首外笔顺	18030代码	13000代码
7113	㣃	弓部	11	41542511515	8230EA33	038C3
7114	彅	弓部	11	43125112253	8F94	05F45
7115	彆	弓部	11	43252343134	8F95	05F46
7116	㣄	弓部	11	44115151234	8230EA34	038C4
7117	㣅	弓部	12	153515352511	8230EA35	038C5
7118	彈	弓部	12	251251251112	8F97	05F48
7119	彊	弓部	13	1251211251211	8F99	05F4A
7120	䰜	弓部	13	1251254312515	8234DE33	04C1C
7121	彋	弓部	13	2522112513534	8F9A	05F4B
7122	彇	弓部	13	5112322151512	8F96	05F47
7123	彌	弓部	14	13425234343434	8F9B	05F4C
7124	彍	弓部	14	41312212512134	8F9C	05F4D
7125	疆	弓部	16	1211251211251211	BDAE	07586
7126	㣆	弓部	18	134252343434341121	8230EA36	038C6
7127	彎	弓部	19	4111251554444554444	8F9D	05F4E
7128	彏	弓部	20	25111251113241112154	8F9E	05F4F
7129	子	子部	0	0	D7D3	05B50
7130	孒	子部	0	0	8C48	05B52
7131	孑	子部	0	0	E6DD	05B51
7132	孓	子部	0	0	E6DE	05B53
7133	孔	子部	1	5	BFD7	05B54
7134	孕	子部	2	53	D4D0	05B55
7135	存	子部	3	132	B4E6	05B58
7136	孙	子部	3	234	CBEF	05B59
7137	孖	子部	3	521	8C49	05B56
7138	孛	子部	4	1245	D8C3	05B5B
7139	孜	子部	4	3134	D7CE	05B5C
7140	㜾	子部	4	3432	8230C334	0373E
7141	孞	子部	4	4544	8C4A	05B5E
7142	㜿	子部	4	5452	8230C335	0373F
7143	孟	子部	5	25221	C3CF	05B5F
7144	孤	子部	5	33544	B9C2	05B64
7145	孢	子部	5	35515	E6DF	05B62
7146	学	子部	5	44345	D1A7	05B66
7147	孠	子部	5	51251	8C4B	05B60
7148	孥	子部	5	53154	E6DB	05B65
7149	孡	子部	5	54251	8C4C	05B61
7150	孧	子部	5	55453	8C4D	05B67
7151	㝁	子部	6	352511	8230C337	03741
7152	孪	子部	6	412234	C2CF	05B6A
7153	孩	子部	6	415334	BAA2	05B69
7154	孨	子部	6	521521	8C4E	05B68
7155	㝂	子部	7	1213312	8230C338	03742
7156	孭	子部	7	2511134	8C50	05B6D
7157	㝃	子部	7	3525135	8230C339	03743
7158	孫	子部	7	3554234	8C4F	05B6B
7159	屘	子部	7	5133115	8CCC	05C58
7160	孲	子部	8	12155121	8C53	05B72
7161	孯	子部	8	12512554	8C52	05B6F
7162	孮	子部	8	44511234	8C51	05B6E
7163	孶	子部	9	122554554	8C55	05B76
7164	孳	子部	9	431554554	E6DC	05B73
7165	孴	子部	10	5215212511	8C54	05B74
7166	孷	子部	11	11234313413	8C56	05B77
7167	㝆	子部	12	121251431251	8230C432	03746
7168	學	子部	13	3211343451145	8C57	05B78
7169	孹	子部	13	5132514143112	8C58	05B79
7170	孺	子部	14	14524444132522	C8E6	05B7A
7171	孻	子部	14	51121444425221	8C59	05B7B
7172	孽	子部	16	1223251514143112	C4F5	05B7D
7173	孼	子部	16	5233251514143112	8C5A	05B7C
7174	孾	子部	17	25111342511134531	8C5B	05B7E
7175	孿	子部	19	4111251554444554444	8C5C	05B7F
7176	㝈	子部	22	4111251554444554444521	8230C434	03748
7177	屮	屮部	0	0	E5F8	05C6E
7178	㞢	屮部	1	1	8230CD34	037A2
7179	出	屮部	2	52	B3F6	051FA
7180	屰	屮部	3	431	8CDB	05C70
7181	㞷	屮部	4	1121	8230CF35	037B7
7182	㞣	屮部	4	3453	8230CD35	037A3
7183	芔	屮部	6	523522	C655	08294
7184	雟	屮部	15	324111212534251	EB76	096DF
7185	女	女部	0	0	C5AE	05973
7186	奵	女部	2	12	8A63	05975
7187	邚	女部	2	52	DF8F	0909A
7188	奶	女部	2	53	C4CC	05976
7189	奴	女部	2	54	C5AB	05974
7190	奸	女部	3	112	BCE9	05978
7191	㚥	女部	3	112	8230B431	036A5
7192	妅	女部	3	121	8A6B	05985
7193	㚦	女部	3	132	8230B432	036A6
7194	㚤	女部	3	154	8230B430	036A4
7195	如	女部	3	251	C8E7	05982
7196	奾	女部	3	252	8A68	0597E
7197	奷	女部	3	312	8A64	05977
7198	奼	女部	3	315	8A67	0597C
7199	奺	女部	3	354	8A65	0597A
7200	妁	女部	3	354	E5F9	05981
7201	奿	女部	3	354	8A69	0597F
7202	㚫	女部	3	354	8230B437	036AB

字序	字形	部首	部首外笔画数	部首外笔顺	18030代码	13000代码	字序	字形	部首	部首外笔画数	部首外笔顺	18030代码	13000代码
7203	㚧	女部	3	413	8230B433	036A7	7249	㚮	女部	4	4535	8230B530	036AE
7204	妄	女部	3	415	CDFD	05984	7250	㣽	女部	4	4544	8230F031	038FD
7205	妇	女部	3	511	B8BE	05987	7251	妜	女部	4	5134	8A78	0599C
7206	㚨	女部	3	512	8230B434	036A8	7252	妞	女部	4	5211	E6A4	0599E
7207	妃	女部	3	515	E5FA	05983	7253	妑	女部	4	5215	8A72	05991
7208	好	女部	3	521	BAC3	0597D	7254	妛	女部	4	5221	8A77	0599B
7209	她	女部	3	525	CBFD	05979	7255	姒	女部	4	5434	E6A6	059D2
7210	奻	女部	3	531	8A66	0597B	7256	妤	女部	4	5452	E6A5	059A4
7211	㚣	女部	3	531	8230B339	036A3	7257	妹	女部	5	11234	C3C3	059B9
7212	妈	女部	3	551	C2E8	05988	7258	妺	女部	5	11234	8A8B	059BA
7213	妦	女部	4	1112	8A7E	059A6	7259	㚽	女部	5	12115	8230B635	036BD
7214	妍	女部	4	1132	E5FB	0598D	7260	姃	女部	5	12121	8A92	059C3
7215	妌	女部	4	1132	8A6E	0598C	7261	姏	女部	5	12211	8A9B	059CF
7216	妋	女部	4	1134	8A6D	0598B	7262	姑	女部	5	12251	B9C3	059D1
7217	妧	女部	4	1135	8A80	059A7	7263	妸	女部	5	12512	8A8A	059B8
7218	妩	女部	4	1135	E5FC	059A9	7264	㚰	女部	5	13241	8230B532	036B0
7219	妘	女部	4	1154	8A75	05998	7265	妬	女部	5	13251	8A81	059AC
7220	姉	女部	4	1252	8A97	059C9	7266	㚴	女部	5	13252	8230B536	036B4
7221	妓	女部	4	1254	BCCB	05993	7267	妭	女部	5	13544	8A82	059AD
7222	妚	女部	4	1324	8A76	0599A	7268	㛁	女部	5	14312	8230B639	036C1
7223	妪	女部	4	1345	E5FD	059AA	7269	妻	女部	5	15112	C6DE	059BB
7224	㚭	女部	4	1354	8230B439	036AD	7270	㚲	女部	5	21251	8230B534	036B2
7225	姖	女部	4	1515	8A9D	059D6	7271	妲	女部	5	25111	E6A7	059B2
7226	妣	女部	4	1535	E5FE	059A3	7272	姐	女部	5	25111	BDE3	059D0
7227	妙	女部	4	2343	C3EE	05999	7273	妽	女部	5	25112	8A8D	059BD
7228	㚩	女部	4	2511	8230B435	036A9	7274	㚼	女部	5	25121	8230B634	036BC
7229	妕	女部	4	2512	8A74	05995	7275	妯	女部	5	25121	E6A8	059AF
7230	妠	女部	4	2534	8A7B	059A0	7276	姎	女部	5	25134	8A9A	059CE
7231	㚪	女部	4	3115	8230B436	036AA	7277	㚾	女部	5	25135	8230B636	036BE
7232	妊	女部	4	3121	C8D1	0598A	7278	㚶	女部	5	25151	8230B538	036B6
7233	妖	女部	4	3134	D1FD	05996	7279	姌	女部	5	25211	8A98	059CC
7234	妡	女部	4	3312	8A7C	059A1	7280	姍	女部	5	25221	8A99	059CD
7235	妎	女部	4	3432	8A6F	0598E	7281	姓	女部	5	31121	D0D5	059D3
7236	妗	女部	4	3445	E6A1	05997	7282	妷	女部	5	31134	8A89	059B7
7237	妢	女部	4	3453	8A7D	059A2	7283	妰	女部	5	31211	8A83	059B0
7238	姂	女部	4	3454	8A91	059C2	7284	姀	女部	5	31234	8A8F	059C0
7239	妐	女部	4	3454	8A71	05990	7285	㚱	女部	5	32121	8230B533	036B1
7240	姊	女部	4	3523	E6A2	059CA	7286	姇	女部	5	32124	8A95	059C7
7241	㚯	女部	4	3534	8230B531	036AF	7287	㚷	女部	5	34234	8230B539	036B7
7242	㚬	女部	4	3541	8230B438	036AC	7288	姈	女部	5	34454	8A96	059C8
7243	妏	女部	4	4134	8A70	0598F	7289	妳	女部	5	35234	8A85	059B3
7244	妔	女部	4	4135	8A73	05994	7290	姁	女部	5	35251	8A90	059C1
7245	妨	女部	4	4153	B7C1	059A8	7291	姗	女部	5	35351	E6A9	059D7
7246	妫	女部	4	4354	E6A3	059AB	7292	㚹	女部	5	35352	8230B631	036B9
7247	妒	女部	4	4513	B6CA	05992	7293	㚵	女部	5	35444	8230B537	036B5
7248	妉	女部	4	4535	8A6C	05989	7294	妴	女部	5	35455	8A86	059B4

字序	字形	部首	部首外笔画数	部首外笔顺	18030代码	13000代码
7295	㛀	女部	5	35511	8230B638	036C0
7296	㚿	女部	5	35515	8230B637	036BF
7297	妵	女部	5	41121	8A87	059B5
7298	妶	女部	5	41554	8A88	059B6
7299	姅	女部	5	43112	8A94	059C5
7300	妼	女部	5	45434	8A8C	059BC
7301	㚸	女部	5	51251	8230B630	036B8
7302	妮	女部	5	51335	C4DD	059AE
7303	姄	女部	5	51515	8A93	059C4
7304	妱	女部	5	53251	8A84	059B1
7305	㚳	女部	5	53251	8230B535	036B3
7306	妿	女部	5	53251	8A8E	059BF
7307	㚺	女部	5	53521	8230B632	036BA
7308	始	女部	5	54251	CABC	059CB
7309	姆	女部	5	55414	C4B7	059C6
7310	㛃	女部	6	111253	8230B731	036C3
7311	姸	女部	6	113112	8AB6	059F8
7312	娀	女部	6	113534	8ABB	05A00
7313	娃	女部	6	121121	CDDE	05A03
7314	姞	女部	6	121251	8AA0	059DE
7315	㛈	女部	6	121315	8230B736	036C8
7316	姥	女部	6	121335	C0D1	059E5
7317	㛅	女部	6	122111	8230B733	036C5
7318	娂	女部	6	122134	8ABC	05A02
7319	娅	女部	6	122431	E6AB	05A05
7320	姮	女部	6	125111	8AAC	059EE
7321	姫	女部	6	125125	8AAA	059EB
7322	㛉	女部	6	125351	8230B737	036C9
7323	姷	女部	6	132511	8AB5	059F7
7324	䎟	女部	6	132522	82338531	0439F
7325	姱	女部	6	134115	8AAF	059F1
7326	姴	女部	6	135422	8AB2	059F4
7327	娍	女部	6	135534	8ABF	05A0D
7328	姨	女部	6	151534	D2CC	059E8
7329	娆	女部	6	153135	E6AC	05A06
7330	姪	女部	6	154121	8AA9	059EA
7331	姕	女部	6	212135	8A9C	059D5
7332	姯	女部	6	243135	8AAD	059EF
7333	姛	女部	6	251251	8A9F	059DB
7334	㛎	女部	6	251251	8230B832	036CE
7335	姻	女部	6	251341	D2F6	059FB
7336	姩	女部	6	311212	8AA8	059E9
7337	姝	女部	6	311234	E6AD	059DD
7338	姺	女部	6	312135	8AB7	059FA
7339	娗	女部	6	312154	8AC7	05A17
7340	姡	女部	6	312251	8AA3	059E1
7341	娇	女部	6	313432	BDBF	05A07
7342	娫	女部	6	321554	8AD4	05A2B
7343	姙	女部	6	323121	8A9E	059D9
7344	姠	女部	6	325251	8AA2	059E0
7345	娰	女部	6	325434	8AD9	05A30
7346	姤	女部	6	331251	8AA5	059E4
7347	㛂	女部	6	335215	8230B730	036C2
7348	姾	女部	6	341121	8ABA	059FE
7349	姶	女部	6	341251	8AB4	059F6
7350	姚	女部	6	341534	D2A6	059DA
7351	㛋	女部	6	342444	8230B739	036CB
7352	㛊	女部	6	351234	8230B738	036CA
7353	姵	女部	6	351252	8AB3	059F5
7354	姽	女部	6	351355	8AB9	059FD
7355	姰	女部	6	352511	8AAE	059F0
7356	姳	女部	6	354251	8AB1	059F3
7357	姼	女部	6	354354	8AB8	059FC
7358	婙	女部	6	355112	8AF8	05A59
7359	娈	女部	6	412234	E6AE	05A08
7360	㛇	女部	6	413121	8230B735	036C7
7361	姣	女部	6	413434	E6AF	059E3
7362	姿	女部	6	413534	D7CB	059FF
7363	㛄	女部	6	413534	8230B732	036C4
7364	姟	女部	6	415334	8AA1	059DF
7365	姘	女部	6	431132	E6B0	059D8
7366	姹	女部	6	445315	E6B1	059F9
7367	姲	女部	6	445531	8AB0	059F2
7368	娜	女部	6	511352	C4C8	05A1C
7369	㛆	女部	6	531234	8230B734	036C6
7370	姦	女部	6	531531	8AA6	059E6
7371	姭	女部	6	535353	8AAB	059ED
7372	姢	女部	6	542511	8AA4	059E2
7373	㛌	女部	6	543112	8230B830	036CC
7374	㛞	女部	7	1121132	8230B938	036DE
7375	娎	女部	7	1213312	8AC0	05A0E
7376	娡	女部	7	1214544	8ACD	05A21
7377	婲	女部	7	1223235	8B4E	05A72
7378	姬	女部	7	1225125	BCA7	059EC
7379	娔	女部	7	1225135	8AC4	05A14
7380	㛏	女部	7	1241344	8230B833	036CF
7381	㛘	女部	7	1245521	8230B932	036D8
7382	㛐	女部	7	1251134	8230B834	036D0
7383	娕	女部	7	1251234	8AC5	05A15
7384	娪	女部	7	1251251	8AD3	05A2A
7385	㛒	女部	7	1251431	8230B836	036D2
7386	㛤	女部	7	1254254	8230BA34	036E4

字序	字形	部首	部首外笔画数	部首外笔顺	18030代码	13000代码	字序	字形	部首	部首外笔画数	部首外笔顺	18030代码	13000代码
7387	娠	女部	7	1311534	C9EF	05A20	7433	娘	女部	7	4511534	C4EF	05A18
7388	娝	女部	7	1324251	8ACB	05A1D	7434	娓	女部	7	5133115	E6B8	05A13
7389	孬	女部	7	1324521	D8AB	05B6C	7435	婀	女部	7	5212512	E6B9	05A40
7390	㛍	女部	7	1343434	8230B831	036CD	7436	娿	女部	7	5212512	8AE3	05A3F
7391	娏	女部	7	1353334	8AC1	05A0F	7437	娤	女部	7	5213121	8ACF	05A24
7392	娙	女部	7	1555121	8AC8	05A19	7438	㛚	女部	7	5425112	8230B934	036DA
7393	㛑	女部	7	2135454	8230B835	036D1	7439	娭	女部	7	5431134	8AD6	05A2D
7394	娋	女部	7	2432511	8ABE	05A0B	7440	㛖	女部	7	5434354	8230B930	036D6
7395	娨	女部	7	2511112	8AD2	05A28	7441	娬	女部	8	11212154	8AD5	05A2C
7396	㛝	女部	7	2511134	8230B937	036DD	7442	婧	女部	8	11212511	E6BA	05A67
7397	娱	女部	7	2511134	D3E9	05A31	7443	婊	女部	8	11213534	E6BB	05A4A
7398	娊	女部	7	2511135	8ABD	05A0A	7444	婖	女部	8	11342444	8AF5	05A56
7399	娌	女部	7	2511211	E6B2	05A0C	7445	媎	女部	8	12132511	8B64	05A8E
7400	娉	女部	7	2512115	E6B3	05A09	7446	㛬	女部	8	12134121	8230BB32	036EC
7401	娖	女部	7	2512134	8AC6	05A16	7447	婈	女部	8	12134354	8AEA	05A48
7402	娚	女部	7	2512153	8AC9	05A1A	7448	婞	女部	8	12143112	8AFC	05A5E
7403	娟	女部	7	2512511	BEEA	05A1F	7449	婭	女部	8	12155121	8B49	05A6D
7404	㛣	女部	7	2512534	8230BA33	036E3	7450	娸	女部	8	12211134	8ADD	05A38
7405	娲	女部	7	2512534	E6B4	05A32	7451	娵	女部	8	12211154	8ADB	05A35
7406	娯	女部	7	2515134	8AD8	05A2F	7452	娶	女部	8	12211154	C8A2	05A36
7407	娛	女部	7	2515134	8ACA	05A1B	7453	㛭	女部	8	12212511	8230BB33	036ED
7408	㛕	女部	7	2515215	8230B839	036D5	7454	婼	女部	8	12213251	8B53	05A7C
7409	娥	女部	7	3121534	B6F0	05A25	7455	媌	女部	8	12225121	8B62	05A8C
7410	娳	女部	7	3123422	8ADA	05A33	7456	媖	女部	8	12225134	8B6B	05A96
7411	㛢	女部	7	3123453	8230BA32	036E2	7457	㛦	女部	8	12341234	8230BA36	036E6
7412	娒	女部	7	3155414	8AC3	05A12	7458	婪	女部	8	12341234	C0B7	05A6A
7413	娦	女部	7	3212134	8AD0	05A26	7459	婡	女部	8	12343434	8B40	05A61
7414	㛜	女部	7	3223134	8230B936	036DC	7460	娻	女部	8	12511234	8AE0	05A3B
7415	㛛	女部	7	3251113	8230B935	036DB	7461	婳	女部	8	12512152	8B4F	05A73
7416	㛓	女部	7	3413252	8230B837	036D3	7462	婜	女部	8	12512554	8AFA	05A5C
7417	㛗	女部	7	3434121	8230B931	036D7	7463	婯	女部	8	12541254	8B4B	05A6F
7418	娐	女部	7	3443521	8AC2	05A10	7464	娾	女部	8	13121121	8AE2	05A3E
7419	娞	女部	7	3443531	8ACC	05A1E	7465	婍	女部	8	13412512	8AED	05A4D
7420	娢	女部	7	3445251	8ACE	05A22	7466	㛪	女部	8	13425115	8230BB30	036EA
7421	㛟	女部	7	3525134	8230B939	036DF	7467	婕	女部	8	15112134	E6BC	05A55
7422	娩	女部	7	3525135	C3E4	05A29	7468	婔	女部	8	21112111	8AF4	05A54
7423	㛔	女部	7	3541112	8230B838	036D4	7469	婌	女部	8	21123454	8AEC	05A4C
7424	娮	女部	7	4111251	8AD7	05A2E	7470	婥	女部	8	21251112	8B43	05A65
7425	㛙	女部	7	4143112	8230B933	036D9	7471	婋	女部	8	21531535	8AEB	05A4B
7426	娴	女部	7	4251234	E6B5	05A34	7472	婐	女部	8	25111234	8AF0	05A50
7427	㛠	女部	7	4252511	8230BA30	036E0	7473	婫	女部	8	25111535	8B47	05A6B
7428	㛨	女部	7	4311135	8230BA38	036E8	7474	娼	女部	8	25112511	E6BD	05A3C
7429	娧	女部	7	4325135	8AD1	05A27	7475	婁	女部	8	25112512	8AE4	05A41
7430	娣	女部	7	4351523	E6B7	05A23	7476	㛫	女部	8	25113533	8230BB31	036EB
7431	娑	女部	7	4412343	E6B6	05A11	7477	婰	女部	8	25122134	8B4C	05A70
7432	㛡	女部	7	4451135	8230BA31	036E1	7478	婟	女部	8	25122511	8AFD	05A5F

字序	字形	部首	部首外笔画数	部首外笔顺	18030代码	13000代码	字序	字形	部首	部首外笔画数	部首外笔顺	18030代码	13000代码
7479	㖲	女部	8	25125135	82309C30	035B2	7525	㜓	女部	9	122341251	8230BF31	03713
7480	婩	女部	8	25213112	8B46	05A69	7526	媩	女部	9	122513511	8B7C	05AA9
7481	㛧	女部	8	25213251	8230BA37	036E7	7527	婻	女部	9	122543112	8B52	05A7B
7482	㛥	女部	8	25342511	8230BA35	036E5	7528	㜁	女部	9	123425111	8230BD33	03701
7483	婴	女部	8	25342534	D3A4	05A74	7529	㜀	女部	9	123425111	8230BD32	03700
7484	媧	女部	8	25525251	8B7A	05AA7	7530	婹	女部	9	125221531	8B51	05A79
7485	娷	女部	8	31212211	8ADC	05A37	7531	媡	女部	9	125431234	8B74	05AA1
7486	婑	女部	8	31234531	8AF1	05A51	7532	媠	女部	9	131212511	8B73	05AA0
7487	婗	女部	8	32151135	8AF6	05A57	7533	㛾	女部	9	131251534	8230BD30	036FE
7488	婎	女部	8	32411121	8AEE	05A4E	7534	媙	女部	9	131531534	8B6E	05A99
7489	婂	女部	8	32511252	8AE5	05A42	7535	㛲	女部	9	132511134	8230BB38	036F2
7490	婢	女部	8	32511312	E6BE	05A62	7536	媔	女部	9	132522111	8B69	05A94
7491	婨	女部	8	34125122	8B45	05A68	7537	媆	女部	9	132522134	8B5C	05A86
7492	婇	女部	8	34431234	8AE9	05A47	7538	㛻	女部	9	134121121	8230BC37	036FB
7493	婬	女部	8	34433121	8B48	05A6C	7539	媘	女部	9	153532511	8B6D	05A98
7494	婤	女部	8	35121251	8B42	05A64	7540	媜	女部	9	212511134	8B6F	05A9C
7495	婚	女部	8	35152511	BBE9	05A5A	7541	媫	女部	9	215112134	8B7D	05AAB
7496	婏	女部	8	35251354	8AEF	05A4F	7542	媞	女部	9	251112134	8B71	05A9E
7497	婅	女部	8	35431234	8AE8	05A45	7543	婸	女部	9	251113533	8B50	05A78
7498	婛	女部	8	41251234	8AF9	05A5B	7544	媢	女部	9	251125111	8B75	05AA2
7499	婄	女部	8	41431251	8AE7	05A44	7545	媀	女部	9	251125214	8B56	05A80
7500	㛩	女部	8	41542511	8230BA39	036E9	7546	媪	女部	9	251125221	E6C1	05AAA
7501	婘	女部	8	43113455	8AF7	05A58	7547	㛱	女部	9	251211534	8230BB37	036F1
7502	婵	女部	8	43251112	E6BF	05A75	7548	媦	女部	9	251212511	8B79	05AA6
7503	婒	女部	8	43344334	8AF2	05A52	7549	媤	女部	9	251214544	8B77	05AA4
7504	婆	女部	8	44153254	C6C5	05A46	7550	媏	女部	9	252132522	8B65	05A8F
7505	婃	女部	8	44511234	8AE6	05A43	7551	㛶	女部	9	252134334	8230BC32	036F6
7506	婝	女部	8	44512134	8AFB	05A5D	7552	㛼	女部	9	312321511	8230BC38	036FC
7507	婶	女部	8	44525112	C9F4	05A76	7553	㛷	女部	9	312341354	8230BC33	036F7
7508	婠	女部	8	44525151	8AFE	05A60	7554	媝	女部	9	312344334	8B70	05A9D
7509	婉	女部	8	44535455	CDF1	05A49	7555	媑	女部	9	312511211	8B67	05A91
7510	嫏	女部	8	45115452	8B99	05ACF	7556	㛹	女部	9	321251134	8230BC35	036F9
7511	娽	女部	8	51124134	8AE1	05A3D	7557	㜒	女部	9	321511132	8230BF30	03712
7512	婦	女部	8	51145252	8B44	05A66	7558	嫂	女部	9	321511254	C9A9	05AC2
7513	婮	女部	8	51312251	8B4A	05A6E	7559	婣	女部	9	322151512	8B41	05A63
7514	娹	女部	8	51541554	8ADE	05A39	7560	媬	女部	9	322511234	8B7E	05AAC
7515	婱	女部	8	51541554	8B4D	05A71	7561	㜃	女部	9	324111251	8230BD35	03703
7516	娺	女部	8	54545454	8ADF	05A3A	7562	媓	女部	9	325111121	8B68	05A93
7517	媋	女部	9	111342511	8B61	05A8B	7563	媿	女部	9	325113554	8B8D	05ABF
7518	㜂	女部	9	121121124	8230BD34	03702	7564	媭	女部	9	333132534	8B80	05AAD
7519	㛸	女部	9	121251431	8230BC34	036F8	7565	媮	女部	9	341251122	8B81	05AAE
7520	媒	女部	9	122111234	C3BD	05A92	7566	媕	女部	9	341251132	8B6A	05A95
7521	媅	女部	9	122111345	8B5B	05A85	7567	婾	女部	9	341251155	8B55	05A7E
7522	媶	女部	9	122122111	8B86	05AB6	7568	媛	女部	9	344311354	E6C2	05A9B
7523	媟	女部	9	122151234	8B72	05A9F	7569	㛵	女部	9	344325211	8230BC31	036F5
7524	㛿	女部	9	122245252	8230BD31	036FF	7570	媍	女部	9	352511134	8B63	05A8D

字序	字形	部首	部首外笔画数	部首外笔顺	18030代码	13000代码	字序	字形	部首	部首外笔画数	部首外笔顺	18030代码	13000代码
7571	㛯	女部	9	352513553	8230BB35	036EF	7617	㜏	女部	10	2512511134	8230BE37	0370F
7572	㜄	女部	9	353251214	8230BD36	03704	7618	㜐	女部	10	2521251431	8230BE38	03710
7573	婷	女部	9	412514512	E6C3	05A77	7619	媺	女部	10	2521353134	8B89	05ABA
7574	媇	女部	9	414311234	8B5D	05A87	7620	媼	女部	10	2534125221	8B8B	05ABC
7575	㛺	女部	9	414312511	8230BC36	036FA	7621	媳	女部	10	3251114544	CFB1	05AB3
7576	媂	女部	9	414345252	8B58	05A82	7622	媲	女部	10	3253411535	E6C7	05AB2
7577	㛳	女部	9	414345252	8230BB39	036F3	7623	媻	女部	10	3354143554	8B8A	05ABB
7578	嫅	女部	9	431113121	8B91	05AC5	7624	媱	女部	10	3443311252	8B84	05AB1
7579	媄	女部	9	431121134	8B5A	05A84	7625	嫍	女部	10	3443321511	8B97	05ACD
7580	㜆	女部	9	431234454	8230BD38	03706	7626	嫒	女部	10	3443451354	E6C8	05AD2
7581	媊	女部	9	431251122	8B60	05A8A	7627	㜎	女部	10	3443554134	8230BE36	0370E
7582	媨	女部	9	431253511	8B7B	05AA8	7628	嫓	女部	10	3525341535	8B9C	05AD3
7583	媯	女部	9	435554444	8B82	05AAF	7629	媹	女部	10	3545325121	8B88	05AB9
7584	媣	女部	9	441351234	8B76	05AA3	7630	媰	女部	10	3552335523	8B83	05AB0
7585	媗	女部	9	445125111	8B6C	05A97	7631	嫉	女部	10	4134131134	BCB5	05AC9
7586	㛽	女部	9	445431234	8230BC39	036FD	7632	㜍	女部	10	4135112251	8230BE35	0370D
7587	㛮	女部	9	445433454	8230BB34	036EE	7633	㜔	女部	10	4143125135	8230BF32	03714
7588	媈	女部	9	451251112	8B5E	05A88	7634	嫎	女部	10	4143454153	8B98	05ACE
7589	媥	女部	9	451325122	8B78	05AA5	7635	㜅	女部	10	4155425121	8230BD37	03705
7590	婽	女部	9	512115154	8B54	05A7D	7636	㜋	女部	10	4313425221	8230BE33	0370B
7591	媉	女部	9	513154121	8B5F	05A89	7637	嫌	女部	10	4315112234	CFD3	05ACC
7592	㛰	女部	9	515152511	8230BB36	036F0	7638	嫈	女部	10	4334433445	8B94	05AC8
7593	媁	女部	9	521251152	8B57	05A81	7639	㜑	女部	10	4411251124	8230BE39	03711
7594	媚	女部	9	521325111	C3C4	05A9A	7640	嫁	女部	10	4451353334	BCDE	05AC1
7595	婿	女部	9	521342511	D0F6	05A7F	7641	嫔	女部	10	4453212134	E6C9	05AD4
7596	媃	女部	9	545231234	8B59	05A83	7642	嫆	女部	10	4453434251	8B92	05AC6
7597	婺	女部	9	545233134	E6C4	05A7A	7643	嫇	女部	10	4525114134	8B93	05AC7
7598	㛴	女部	9	555325341	8230BC30	036F4	7644	㜊	女部	10	5131221534	8230BE32	0370A
7599	嫀	女部	10	1113431234	8B8E	05AC0	7645	嫋	女部	10	5154151541	8B96	05ACB
7600	㜜	女部	10	1121533134	8230C030	0371C	7646	媸	女部	10	5221251214	E6CA	05AB8
7601	嫯	女部	10	1121533134	8BAE	05AEF	7647	㗠	女部	10	5425125135	8230A036	035E0
7602	嫊	女部	10	1121554234	8B95	05ACA	7648	㜈	女部	10	5452335453	8230BE30	03708
7603	媾	女部	10	1122125211	E6C5	05ABE	7649	㜉	女部	10	5552515215	8230BE31	03709
7604	嫟	女部	10	1122132515	8BA4	05ADF	7650	嫧	女部	11	11212511134	8BA8	05AE7
7605	㜇	女部	10	1211214544	8230BD39	03707	7651	嫠	女部	11	11234313413	E6CB	05AE0
7606	媽	女部	10	1211254444	8B8C	05ABD	7652	嫢	女部	11	11342511135	8BA5	05AE2
7607	媴	女部	10	1212513534	8B85	05AB4	7653	嫣	女部	11	12121154444	E6CC	05AE3
7608	嬅	女部	10	1221122112	8BC3	05B05	7654	嫤	女部	11	12212511121	8BA6	05AE4
7609	嫫	女部	10	1222511134	E6C6	05AEB	7655	嫨	女部	11	12212511134	8BA9	05AE8
7610	嫃	女部	10	1225111134	8B8F	05AC3	7656	嫹	女部	11	12212512134	8BB7	05AF9
7611	媐	女部	10	1225125515	8B66	05A90	7657	嫱	女部	11	12431252511	E6CD	05AF1
7612	㜕	女部	10	1251112454	8230BF33	03715	7658	㜞	女部	11	12511123312	8230C032	0371E
7613	媷	女部	10	1311534124	8B87	05AB7	7659	㜛	女部	11	12511123534	8230BF39	0371B
7614	嫑	女部	10	1324125221	8B9B	05AD1	7660	嫥	女部	11	12511214124	8BA7	05AE5
7615	嫄	女部	10	1332511234	8B90	05AC4	7661	㜖	女部	11	12512212511	8230BF34	03716
7616	嫐	女部	10	2512153531	8B9A	05AD0	7662	嫩	女部	11	12512343134	C4DB	05AE9

字序	字形	部首	部首外笔画数	部首外笔顺	18030代码	13000代码	字序	字形	部首	部首外笔画数	部首外笔顺	18030代码	13000代码
7663	嫰	女部	11	12512343534	8BAF	05AF0	7709	嬌	女部	12	313425125251	8BC9	05B0C
7664	嫗	女部	11	12512512515	8B9E	05AD7	7710	嫶	女部	12	324111214444	8BB4	05AF6
7665	嫖	女部	11	12522111234	E6CE	05AD6	7711	㜩	女部	12	325431234134	8230C133	03729
7666	嫛	女部	11	13113453554	8BA1	05ADB	7712	嬃	女部	12	333132511134	8BC1	05B03
7667	嫕	女部	11	13113454544	8B9D	05AD5	7713	嬆	女部	12	341251541541	8BC4	05B06
7668	嫮	女部	11	14524444115	8BAD	05AEE	7714	嬏	女部	12	343123425121	8BCC	05B0F
7669	㜘	女部	11	21531525111	8230BF36	03718	7715	嬀	女部	12	344335554444	8BBE	05B00
7670	嫭	女部	11	21531534312	8BAC	05AED	7716	嬎	女部	12	352513531121	8BCB	05B0E
7671	嫦	女部	11	24345251252	E6CF	05AE6	7717	㜣	女部	12	354413444444	8230C037	03723
7672	㜢	女部	11	25112512531	8230C036	03722	7718	嬂	女部	12	414312511534	8BC0	05B02
7673	嫚	女部	11	25112522154	8BA0	05ADA	7719	嫸	女部	12	431112431251	8BB6	05AF8
7674	嫘	女部	11	25121554234	E6D0	05AD8	7720	嫾	女部	12	431234354152	8BBC	05AFE
7675	㜠	女部	11	25232411121	8230C034	03720	7721	嬘	女部	12	431353334454	8BD3	05B18
7676	㜡	女部	11	33234342134	8230C035	03721	7722	㜦	女部	12	511121251124	8230C130	03726
7677	㜝	女部	11	34451253511	8230C031	0371D	7723	嫿	女部	12	511121251211	8BBD	05AFF
7678	嫬	女部	11	41312214444	8BAB	05AEC	7724	㜨	女部	12	513241343112	8230C132	03728
7679	嫲	女部	11	41312341234	8BB0	05AF2	7725	嬁	女部	12	543341251431	8BBF	05B01
7680	嫝	女部	11	41351124134	8BA2	05ADD	7726	嬳	女部	13	1223241112154	8BED	05B33
7681	嫞	女部	11	41351125112	8BA3	05ADE	7727	嬙	女部	13	1234341252511	8BD4	05B19
7682	㜙	女部	11	41352211535	8230BF37	03719	7728	㜭	女部	13	2434525125121	8230C137	0372D
7683	嫜	女部	11	41431251112	E6D1	05ADC	7729	嬠	女部	13	2512512511234	8BDB	05B20
7684	嫡	女部	11	41432512251	B5D5	05AE1	7730	嬕	女部	13	2522112143112	8BD2	05B15
7685	嫙	女部	11	41533152134	8B9F	05AD9	7731	嬛	女部	13	2522112513534	8BD6	05B1B
7686	嫳	女部	11	43252343134	8BB1	05AF3	7732	嬩	女部	13	3211152511134	8BE4	05B29
7687	㜚	女部	11	44532132511	8230BF38	0371A	7733	嬝	女部	13	3251115413534	8BD8	05B1D
7688	㜟	女部	11	51221113134	8230C033	0371F	7734	嬓	女部	13	3251141533134	8BD0	05B13
7689	嫷	女部	11	52131212511	8BB5	05AF7	7735	㜫	女部	13	3322521353134	8230C135	0372B
7690	嫪	女部	11	54154134333	8BAA	05AEA	7736	嬐	女部	13	3412512513434	8BCD	05B10
7691	㜗	女部	11	54545434333	8230BF35	03717	7737	嬒	女部	13	3412524312511	8BCF	05B12
7692	嬈	女部	12	121121121135	8BC6	05B08	7738	嬡	女部	13	3443454544354	8BDC	05B21
7693	嬉	女部	12	121251431251	E6D2	05B09	7739	㜬	女部	13	3513344111251	8230C136	0372C
7694	嬄	女部	12	121451251431	8BC2	05B04	7740	嬔	女部	13	3525135431121	8BD1	05B14
7695	嬊	女部	12	122125121135	8BC7	05B0A	7741	嬗	女部	13	4125251125111	E6D3	05B17
7696	嬞	女部	12	122312511211	8BD9	05B1E	7742	嬢	女部	13	4134112213534	8BDD	05B22
7697	嫴	女部	12	122514143112	8BB2	05AF4	7743	嬚	女部	13	4134315112234	8BD5	05B1A
7698	㜤	女部	12	125221251112	8230C038	03724	7744	㜪	女部	13	4143112343312	8230C134	0372A
7699	㜧	女部	12	134315233534	8230C131	03727	7745	嬜	女部	13	4143125113534	8BD7	05B1C
7700	嫽	女部	12	134432511234	8BBB	05AFD	7746	嬑	女部	13	4143125114544	8BCE	05B11
7701	嫻	女部	12	251125111234	8BB9	05AFB	7747	嬟	女部	13	4311213121534	8BDA	05B1F
7702	嫺	女部	12	251125113511	8BB8	05AFA	7748	嬨	女部	13	4315545544544	8BE3	05B28
7703	嬇	女部	12	251212511134	8BC5	05B07	7749	嬖	女部	13	5132514143112	E6D4	05B16
7704	嬋	女部	12	251251251112	8BC8	05B0B	7750	嬺	女部	14	11221325154544	8BF2	05B3A
7705	嬍	女部	12	252111213134	8BCA	05B0D	7751	嬯	女部	14	12125145154121	8BEA	05B2F
7706	㜥	女部	12	252212511134	8230C039	03725	7752	嬦	女部	14	12151211251124	8BE1	05B26
7707	嫼	女部	12	254312114444	8BBA	05AFC	7753	㜯	女部	14	12251255154444	8230C139	0372F
7708	嫵	女部	12	311222214444	8BB3	05AF5	7754	㜮	女部	14	12512531425221	8230C138	0372E

字序	字形	部首	部首外笔画数	部首外笔顺	18030代码	13000代码
7755	嬮	女部	14	13251125111344	8BE9	05B2E
7756	嬭	女部	14	13425234343434	8BE8	05B2D
7757	嬬	女部	14	14524444132522	8BE7	05B2C
7758	嬰	女部	14	25111342511134	8BEB	05B30
7759	嬲	女部	14	25121532512153	E6D5	05B32
7760	嬶	女部	14	32511125121132	8BEF	05B36
7761	嬷	女部	14	41312341234354	E6D6	05B37
7762	嬤	女部	14	41312341234554	8BDF	05B24
7763	嬫	女部	14	43344334451234	8BE6	05B2B
7764	嬱	女部	14	44112511123312	8BEC	05B31
7765	嬪	女部	14	44512332511134	8BE5	05B2A
7766	嬣	女部	14	44545442522112	8BDE	05B23
7767	嬧	女部	14	51121444425221	8BE2	05B27
7768	嬥	女部	14	54154132411121	8BE0	05B25
7769	嬵	女部	14	55444432511252	8BEE	05B35
7770	嬻	女部	15	121252212511134	8BF3	05B3B
7771	嬉	女部	15	122252214525111	8230C234	03734
7772	嬫	女部	15	325115545541234	8230C230	03730
7773	嬪	女部	15	331233122511134	8230C231	03731
7774	嬼	女部	15	354533411243122	8BF4	05B3C
7775	嬸	女部	15	445343123425121	8BF0	05B38
7776	嬿	女部	16	1221251211354444	8BF7	05B3F
7777	孽	女部	16	1223251514143112	8230C238	03738
7778	嬾	女部	16	1251234352511134	8BF6	05B3E
7779	嬽	女部	16	2522121252215134	8BF5	05B3D
7780	嬹	女部	16	3211251251511134	8BF1	05B39
7781	嬛	女部	16	4112112544443534	8230C235	03735
7782	嬢	女部	16	4125221241343534	8230C233	03733
7783	嬴	女部	16	4152513511531354	8230C232	03732
7784	孉	女部	17	12225125132411121	8C41	05B49
7785	孀	女部	17	14524444123425111	E6D7	05B40
7786	孁	女部	17	14524444251251251	8BF8	05B41
7787	孆	女部	17	25111342511134531	8BFD	05B46
7788	孄	女部	17	25112511125431234	8BFB	05B44
7789	孂	女部	17	31431451153425221	8BF9	05B42
7790	䶯	女部	17	32511255115115341	82358732	04DAF
7791	孅	女部	17	34341211121111534	8BFC	05B45
7792	嬶	女部	17	35251153535251354	8230C236	03736
7793	孃	女部	17	41251251112213534	8BFA	05B43
7794	嬰	女部	17	51513425234343434	8230C237	03737
7795	嬥	女部	18	251112511132411121	8230C239	03739
7796	孈	女部	18	252324111212534251	8C40	05B48
7797	孇	女部	18	324111213241112154	8BFE	05B47
7798	孋	女部	19	1254125441352211535	8C43	05B4B
7799	孍	女部	19	2512511351221113134	8C45	05B4D
7800	孉	女部	19	3121353121352511134	8230C330	0373A
7801	孌	女部	19	4111251554444554444	8C44	05B4C
7802	孊	女部	19	4131234123421112111	8C42	05B4A
7803	孏	女部	20	12225112511125431234	8C47	05B4F
7804	孎	女部	21	513241342522135251214	8C46	05B4E
7805	嬧	女部	22	2512125121251214525111	8230C332	0373C
7806	孌	女部	23	41112515544445544444544	8230C331	0373B
7807	飞	飞部	0	0	B7C9	098DE
7808	飛	飞部	0	0	EF77	098DB
7809	䬡	飞部	8	12132511	8234C532	04B21
7810	飜	飞部	12	343123425121	EF78	098DC
7811	飝	飞部	18	534335342534335342	EF79	098DD
7812	马	马部	0	0	C2ED	09A6C
7813	馬	马部	0	0	F152	099AC
7814	䭴	马部	2	12	8234CD35	04B74
7815	䣕	马部	2	52	82348B35	048D5
7816	驭	马部	2	54	D4A6	09A6D
7817	馭	马部	2	54	F153	099AD
7818	馯	马部	3	112	F155	099AF
7819	䭶	马部	3	132	8234CD37	04B76
7820	馵	马部	3	132	F15B	099B5
7821	驮	马部	3	134	CDD4	09A6E
7822	馱	马部	3	134	F157	099B1
7823	馲	马部	3	315	F158	099B2
7824	驯	马部	3	322	D1B1	09A6F
7825	馴	马部	3	322	F15A	099B4
7826	馰	马部	3	354	F156	099B0
7827	䭵	马部	3	354	8234CD36	04B75
7828	馺	马部	3	354	F160	099BA
7829	驰	马部	3	525	B3DB	09A70
7830	馳	马部	3	525	F159	099B3
7831	䭼	马部	4	1132	8234CE33	04B7C
7832	馷	马部	4	1252	F15D	099B7
7833	馶	马部	4	1254	F15C	099B6
7834	駄	马部	4	1344	F16A	099C4
7835	䭾	马部	4	1344	8234CE35	04B7E
7836	驱	马部	4	1345	C7FD	09A71
7837	駆	马部	4	1345	F16C	099C6
7838	駀	马部	4	1354	F166	099C0
7839	駏	马部	4	1515	F175	099CF
7840	驲	马部	4	2511	F352	09A72
7841	馹	马部	4	2511	F15F	099B9
7842	馽	马部	4	2512	F163	099BD
7843	䭽	马部	4	3112	8234CE34	04B7D

字序	字形	部首	部首外笔画数	部首外笔顺	18030代码	13000代码	字序	字形	部首	部首外笔画数	部首外笔顺	18030代码	13000代码
7844	䭷	马部	4	3115	8234CD38	04B77	7890	䮄	马部	5	41554	8234CF31	04B84
7845	駇	马部	4	3134	F16D	099C7	7891	驼	马部	5	44535	CDD5	09A7C
7846	馸	马部	4	3312	F15E	099B8	7892	駝	马部	5	44535	F184	099DD
7847	驳	马部	4	3434	B2B5	09A73	7893	駜	马部	5	45434	F183	099DC
7848	䭸	马部	4	3434	8234CD39	04B78	7894	驽	马部	5	53154	E6E5	09A7D
7849	駁	马部	4	3434	F167	099C1	7895	駑	马部	5	53154	F177	099D1
7850	䭻	马部	4	3453	8234CE32	04B7B	7896	驾	马部	5	53251	BCDD	09A7E
7851	駂	马部	4	3512	F168	099C2	7897	駋	马部	5	53251	F171	099CB
7852	䭹	马部	4	3552	8234CE30	04B79	7898	駕	马部	5	53251	F17B	099D5
7853	馼	马部	4	4134	F162	099BC	7899	駊	马部	5	53254	F170	099CA
7854	䭺	马部	4	4135	8234CE31	04B7A	7900	驿	马部	5	54112	E6E4	09A7F
7855	驴	马部	4	4513	C2BF	09A74	7901	䮁	马部	5	54132	8234CE38	04B81
7856	馿	马部	4	4513	F165	099BF	7902	骀	马部	5	54251	E6E6	09A80
7857	馾	马部	4	4535	F164	099BE	7903	駘	马部	5	54251	F17E	099D8
7858	駅	马部	4	5134	F16B	099C5	7904	駥	马部	6	113534	F18C	099E5
7859	駃	马部	4	5134	F169	099C3	7905	駬	马部	6	122111	F193	099EC
7860	馻	马部	4	5435	F161	099BB	7906	䮆	马部	6	132412	8234CF33	04B86
7861	䮃	马部	5	12154	8234CF30	04B83	7907	䮋	马部	6	135422	8234CF38	04B8B
7862	駓	马部	5	13241	F179	099D3	7908	䮊	马部	6	151534	8234CF37	04B8A
7863	䮂	马部	5	13544	8234CE39	04B82	7909	骁	马部	6	153135	E6E7	09A81
7864	駍	马部	5	14312	F173	099CD	7910	駤	马部	6	154121	F18B	099E4
7865	䮅	马部	5	15534	8234CF32	04B85	7911	駫	马部	6	243135	F192	099EB
7866	驵	马部	5	25111	E6E0	09A75	7912	骂	马部	6	251251	C2EE	09A82
7867	駔	马部	5	25111	F17A	099D4	7913	駡	马部	6	251251	F188	099E1
7868	駎	马部	5	25121	F174	099CE	7914	駧	马部	6	251251	F18E	099E7
7869	驶	马部	5	25134	CABB	09A76	7915	骃	马部	6	251341	F353	09A83
7870	駛	马部	5	25134	F182	099DB	7916	駰	马部	6	251341	F197	099F0
7871	駚	马部	5	25134	F181	099DA	7917	駯	马部	6	311234	F196	099EF
7872	駉	马部	5	25251	F16F	099C9	7918	駪	马部	6	312135	F191	099EA
7873	驷	马部	5	25351	E6E1	09A77	7919	骄	马部	6	313432	BDBE	09A84
7874	駟	马部	5	25351	F186	099DF	7920	䮉	马部	6	313534	8234CF36	04B89
7875	䭿	马部	5	31134	8234CE36	04B7F	7921	䮌	马部	6	321234	8234CF39	04B8C
7876	駞	马部	5	31525	F185	099DE	7922	駳	马部	6	321554	F19A	099F3
7877	駈	马部	5	32121	F16E	099C8	7923	骅	马部	6	323512	E6E8	09A85
7878	驸	马部	5	32124	E6E2	09A78	7924	駩	马部	6	341121	F190	099E9
7879	駙	马部	5	32124	F180	099D9	7925	駣	马部	6	341534	F18A	099E3
7880	駗	马部	5	34333	F17D	099D7	7926	駨	马部	6	352511	F18F	099E8
7881	駖	马部	5	34454	F17C	099D6	7927	骆	马部	6	354251	C2E6	09A86
7882	驹	马部	5	35251	BED4	09A79	7928	駱	马部	6	354251	F198	099F1
7883	駒	马部	5	35251	F178	099D2	7929	䮈	马部	6	354354	8234CF35	04B88
7884	駠	马部	5	35352	F187	099E0	7930	駮	马部	6	413434	F195	099EE
7885	駌	马部	5	35455	F172	099CC	7931	䮍	马部	6	413534	8234D030	04B8D
7886	驺	马部	5	35511	E6E3	09A7A	7932	骇	马部	6	415334	BAA7	09A87
7887	䮀	马部	5	35515	8234CE37	04B80	7933	駭	马部	6	415334	F194	099ED
7888	驻	马部	5	41121	D7A4	09A7B	7934	骈	马部	6	431132	E6E9	09A88
7889	駐	马部	5	41121	F176	099D0	7935	駢	马部	6	431132	F189	099E2

字序	字形	部首	部首外笔画数	部首外笔顺	18030代码	13000代码	字序	字形	部首	部首外笔画数	部首外笔顺	18030代码	13000代码
7936	駦	马部	6	431134	F18D	099E6	7982	騉	马部	8	25111535	F24F	09A09
7937	駲	马部	6	434242	F199	099F2	7983	䮖	马部	8	25112511	8234D039	04B96
7938	䯃	马部	6	445531	8234D534	04BC3	7984	䮗	马部	8	25213112	8234D130	04B97
7939	䮇	马部	6	511112	8234CF34	04B87	7985	騧	马部	8	25525251	F26D	09A27
7940	骉	马部	6	551551	F354	09A89	7986	騈	马部	8	31133112	F24E	09A08
7941	駴	马部	7	1132534	F19B	099F4	7987	䮔	马部	8	31212211	8234D037	04B94
7942	䮒	马部	7	1251124	8234D035	04B92	7988	䮘	马部	8	32151135	8234D131	04B98
7943	駷	马部	7	1251234	F19E	099F7	7989	骓	马部	8	32411121	E6ED	09A93
7944	䮏	马部	7	1251251	8234D032	04B8F	7990	騅	马部	8	32411121	F24B	09A05
7945	骊	马部	7	1254254	E6EA	09A8A	7991	騇	马部	8	34112251	F24D	09A07
7946	駵	马部	7	1321551	F19C	099F5	7992	験	马部	8	34125134	F259	09A13
7947	駹	马部	7	1353334	F1A0	099F9	7993	騐	马部	8	34454544	F256	09A10
7948	駻	马部	7	2511112	F241	099FB	7994	騆	马部	8	35121251	F24C	09A06
7949	骋	马部	7	2512115	B3D2	09A8B	7995	騊	马部	8	35311252	F250	09A0A
7950	騁	马部	7	2512115	F247	09A01	7996	骔	马部	8	44511234	F357	09A94
7951	駽	马部	7	2512511	F243	099FD	7997	騌	马部	8	44511234	F252	09A0C
7952	䯄	马部	7	2512534	8234D535	04BC4	7998	騝	马部	8	51111254	F263	09A1D
7953	䮂	马部	7	2515215	82348B36	048D6	7999	骕	马部	8	51123234	F358	09A95
7954	䮐	马部	7	2534251	8234D033	04B90	8000	騄	马部	8	51124134	F24A	09A04
7955	騀	马部	7	3121534	F246	09A00	8001	骖	马部	8	54134333	E6EE	09A96
7956	駼	马部	7	3411234	F242	099FC	8002	騒	马部	8	54251214	F258	09A12
7957	䮎	马部	7	3413252	8234D031	04B8E	8003	䮕	马部	8	54545454	8234D038	04B95
7958	验	马部	7	3414431	D1E9	09A8C	8004	騞	马部	9	111213251	F264	09A1E
7959	䮑	马部	7	3443124	8234D034	04B91	8005	䮞	马部	9	111342511	8234D137	04B9E
7960	骍	马部	7	4143112	F355	09A8D	8006	䮜	马部	9	122151234	8234D135	04B9C
7961	騂	马部	7	4143112	F248	09A02	8007	騲	马部	9	122251112	F278	09A32
7962	駾	马部	7	4325135	F244	099FE	8008	䮠	马部	9	125125121	8234D139	04BA0
7963	駺	马部	7	4511534	F240	099FA	8009	騕	马部	9	125221531	F25B	09A15
7964	骎	马部	7	5114554	F356	09A8E	8010	騠	马部	9	251112134	F266	09A20
7965	駸	马部	7	5114554	F19F	099F8	8011	騔	马部	9	251135345	F25A	09A14
7966	駶	马部	7	5135251	F19D	099F6	8012	騦	马部	9	251214544	F26C	09A26
7967	䮛	马部	7	5232124	8234D134	04B9B	8013	䮩	马部	9	255452511	8234D238	04BA9
7968	騃	马部	7	5431134	F249	09A03	8014	䮢	马部	9	312321511	8234D231	04BA2
7969	骏	马部	7	5434354	BFA5	09A8F	8015	䮡	马部	9	312511354	8234D230	04BA1
7970	駿	马部	7	5434354	F245	099FF	8016	騪	马部	9	321511254	F270	09A2A
7971	䮚	马部	8	12134354	8234D133	04B9A	8017	騜	马部	9	325111121	F262	09A1C
7972	骐	马部	8	12211134	E6EB	09A90	8018	騡	马部	9	325112534	F267	09A21
7973	騏	马部	8	12211134	F255	09A0F	8019	騩	马部	9	325113554	F26F	09A29
7974	騋	马部	8	12343434	F251	09A0B	8020	騟	马部	9	341251122	F265	09A1F
7975	䮙	马部	8	12511534	8234D132	04B99	8021	騣	马部	9	345234354	F269	09A23
7976	骑	马部	8	13412512	C6EF	09A91	8022	颿	马部	9	353251214	EF63	098BF
7977	騎	马部	8	13412512	F254	09A0E	8023	騘	马部	9	353344544	F25E	09A18
7978	騑	马部	8	21112111	F257	09A11	8024	騚	马部	9	431251122	F260	09A1A
7979	䮓	马部	8	21251112	8234D036	04B93	8025	騨	马部	9	443251112	F26E	09A28
7980	骒	马部	8	25111234	E6EC	09A92	8026	䮟	马部	9	445433454	8234D138	04B9F
7981	騍	马部	8	25111234	F253	09A0D	8027	䮝	马部	9	451251112	8234D136	04B9D

字序	字形	部首	部首外笔画数	部首外笔顺	18030代码	13000代码	字序	字形	部首	部首外笔画数	部首外笔顺	18030代码	13000代码
8028	骗	马部	9	451325122	C6AD	09A97	8074	驅	马部	11	12512512515	F28C	09A45
8029	騙	马部	9	451325122	F25F	09A19	8075	骠	马部	11	12522111234	E6F4	09AA0
8030	騗	马部	9	451325122	F25D	09A17	8076	驃	马部	11	12522111234	F28A	09A43
8031	騢	马部	9	512115154	F268	09A22	8077	騻	马部	11	13434343434	F282	09A3B
8032	骘	马部	9	522121233	E6EF	09A98	8078	驉	马部	11	21531522431	F290	09A49
8033	騭	马部	9	522121233	F273	09A2D	8079	䮫	马部	11	25112512531	8234D330	04BAB
8034	騛	马部	9	534335342	F261	09A1B	8080	骡	马部	11	25121554234	C2E2	09AA1
8035	骙	马部	9	543341134	F359	09A99	8081	騾	马部	11	25121554234	F285	09A3E
8036	騤	马部	9	543341134	F26A	09A24	8082	骢	马部	11	32535414544	E6F5	09AA2
8037	骚	马部	9	544251214	C9A7	09A9A	8083	驄	马部	11	32535414544	F28B	09A44
8038	騷	马部	9	544251214	F27D	09A37	8084	䮭	马部	11	34432511135	8234D332	04BAD
8039	騥	马部	9	545231234	F26B	09A25	8085	騼	马部	11	41352211535	F283	09A3C
8040	骛	马部	9	545233134	E6F0	09A9B	8086	騿	马部	11	41431251112	F286	09A3F
8041	騖	马部	9	545233134	F25C	09A16	8087	䮰	马部	11	41432512251	8234D335	04BB0
8042	骜	马部	10	1121533134	E6F1	09A9C	8088	騽	马部	11	54154132511	F284	09A3D
8043	䮯	马部	10	1121533134	8234D334	04BAF	8089	驂	马部	11	54545434333	F289	09A42
8044	驁	马部	10	1121533134	F288	09A41	8090	驍	马部	12	121121121135	F294	09A4D
8045	騳	马部	10	1211254444	F279	09A33	8091	驑	马部	12	122155125121	F298	09A51
8046	䯅	马部	10	1221115454	8234D536	04BC5	8092	驚	马部	12	122352513134	F340	09A5A
8047	驊	马部	10	1221122112	F291	09A4A	8093	驔	马部	12	125221251112	F29B	09A54
8048	蓦	马部	10	1222511134	DDEB	084E6	8094	驒	马部	12	251251251112	F299	09A52
8049	䮬	马部	10	1222511134	8234D331	04BAC	8095	驕	马部	12	313425125251	F29C	09A55
8050	驀	马部	10	1222511134	F287	09A40	8096	䮶	马部	12	324111211234	8234D431	04BB6
8051	䮥	马部	10	1251254312	8234D234	04BA5	8097	䮳	马部	12	343123425121	8234D338	04BB3
8052	騵	马部	10	1332511234	F27B	09A35	8098	驐	马部	12	412515213134	F297	09A50
8053	䮱	马部	10	1353334454	8234D336	04BB1	8099	䮵	马部	12	414312511211	8234D430	04BB5
8054	驆	马部	10	2511122112	F28D	09A46	8100	驎	马部	12	431234354152	F295	09A4E
8055	騴	马部	10	2511445531	F27A	09A34	8101	驓	马部	12	432524312511	F29A	09A53
8056	騬	马部	10	3122113534	F272	09A2C	8102	骣	马部	12	513521521521	E6F6	09AA3
8057	騱	马部	10	3443554134	F277	09A31	8103	驏	马部	12	513521521521	F296	09A4F
8058	䮪	马部	10	3541521234	8234D239	04BAA	8104	䮴	马部	12	543341251431	8234D339	04BB4
8059	骝	马部	10	3545325121	E6F2	09A9D	8105	驋	马部	12	543345153554	F292	09A4B
8060	騮	马部	10	3545325121	F274	09A2E	8106	驈	马部	12	545232534251	F28F	09A48
8061	騶	马部	10	3552335523	F27C	09A36	8107	驖	马部	13	1212511121534	F29D	09A56
8062	䮦	马部	10	4125125251	8234D235	04BA6	8108	䮹	马部	13	2121131233534	8234D434	04BB9
8063	騯	马部	10	4143454153	F275	09A2F	8109	驜	马部	13	2243143111234	F342	09A5C
8064	䮨	马部	10	4454143112	8234D237	04BA8	8110	驛	马部	13	2522112143112	F341	09A5B
8065	骟	马部	10	4513541541	E6F3	09A9F	8111	䮷	马部	13	2522135251214	8234D432	04BB7
8066	騸	马部	10	4513541541	F27E	09A38	8112	䮸	马部	13	3211343451145	8234D433	04BB8
8067	䮤	马部	10	4532411121	8234D233	04BA4	8113	驗	马部	13	3412512513434	F29E	09A57
8068	䮣	马部	10	5454541234	8234D232	04BA3	8114	驙	马部	13	4125251125111	F2A0	09A59
8069	驇	马部	11	12134121354	F28E	09A47	8115	驌	马部	13	5112322151512	F293	09A4C
8070	騺	马部	11	12143112354	F281	09A3A	8116	驝	马部	14	12145132511234	F343	09A5D
8071	騹	马部	11	12212511121	F280	09A39	8117	䮻	马部	14	12151211251124	8234D436	04BBB
8072	䮲	马部	11	12212512134	8234D337	04BB2	8118	骤	马部	14	12211154323334	D6E8	09AA4
8073	䮮	马部	11	12343434354	8234D333	04BAE	8119	驟	马部	14	12211154323334	F345	09A5F

字序	字形	部首	部首外笔画数	部首外笔顺	18030代码	13000代码	字序	字形	部首	部首外笔画数	部首外笔顺	18030代码	13000代码
8120	䮺	马部	14	41432533543211	8234D435	04BBA	8166	玌	王部	1	5	AB55	0738C
8121	䮼	马部	14	43344334354152	8234D437	04BBC	8167	玎	王部	2	12	E7E0	0738E
8122	驞	马部	14	44512332511134	F344	09A5E	8168	㺫	王部	2	22	82328436	03EAB
8123	䮽	马部	15	413522115354444	8234D438	04BBD	8169	㺪	王部	2	24	82328435	03EAA
8124	驠	马部	16	1221251211354444	F346	09A60	8170	玐	王部	2	34	AB58	07390
8125	骥	马部	16	2113525121122134	E6F7	09AA5	8171	兲	王部	2	34	83CC	05172
8126	驥	马部	16	2113525121122134	F34B	09A65	8172	玑	王部	2	35	E7E1	07391
8127	驢	马部	16	2153152512125221	F348	09A62	8173	㺩	王部	2	52	82328434	03EA9
8128	䮾	马部	16	4143125111515111	8234D439	04BBE	8174	玏	王部	2	53	AB57	0738F
8129	驣	马部	16	4311341211254444	F349	09A63	8175	㺨	王部	2	54	82328433	03EA8
8130	驧	马部	17	12212511235431234	F34D	09A67	8176	丟	王部	2	54	8147	04E1F
8131	驩	马部	17	12225125132411121	F34F	09A69	8177	玕	王部	3	112	AB5C	07395
8132	骦	马部	17	14524444123425111	F35A	09AA6	8178	玗	王部	3	112	AB5D	07397
8133	驦	马部	17	14524444123425111	F34C	09A66	8179	㺮	王部	3	115	82328439	03EAE
8134	骧	马部	17	41251251112213534	E6F8	09AA7	8180	玒	王部	3	121	AB59	07392
8135	驤	马部	17	41251251112213534	F34A	09A64	8181	弄	王部	3	132	C5AA	05F04
8136	䮿	马部	17	44511221342512134	8234D530	04BBF	8182	㺯	王部	3	134	82328530	03EAF
8137	䯀	马部	18	122111122111122111	8234D531	04BC0	8183	玙	王部	3	151	AB5F	07399
8138	驨	马部	18	252324111212534251	F34E	09A68	8184	玔	王部	3	322	AB5B	07394
8139	驪	马部	19	1254125441352211535	F350	09A6A	8185	玖	王部	3	354	BEC1	07396
8140	䯁	马部	19	4152513511431112354	8234D532	04BC1	8186	玓	王部	3	354	AB5A	07393
8141	驫	马部	20	12112544441211254444	F351	09A6B	8187	㺬	王部	3	354	82328437	03EAC
8142	幺	幺部	0	0	E7DB	05E7A	8188	玘	王部	3	515	AB5E	07398
8143	幻	幺部	1	5	BBC3	05E7B	8189	㺭	王部	3	521	82328438	03EAD
8144	乣	幺部	1	5	8160	04E63	8190	玚	王部	3	533	AB60	0739A
8145	㓜	幺部	2	53	82308637	034DC	8191	玛	王部	3	551	C2EA	0739B
8146	幼	幺部	2	53	D3D7	05E7C	8192	玤	王部	4	1112	AB67	073A4
8147	㡫	幺部	9	251135345	8230E135	0386B	8193	玨	王部	4	1121	AB6B	073A8
8148	幾	幺部	9	554134534	8ED7	05E7E	8194	玞	王部	4	1134	AB63	0739E
8149	㡬	幺部	9	554135534	8230E136	0386C	8195	玩	王部	4	1135	CDE6	073A9
8150	㡭	幺部	11	55415545545	8230E137	0386D	8196	㒬	王部	4	1135	82308139	034AC
8151	畿	幺部	12	554125121534	E7DC	0757F	8197	玮	王部	4	1152	E7E2	073AE
8152	巛	巛部	0	0	E7DD	05DDB	8198	㺰	王部	4	1252	82328531	03EB0
8153	㜽	巛部	3	521	8230C333	0373D	8199	㺻	王部	4	1252	82328632	03EBB
8154	災	巛部	4	4334	9EC4	0707D	8200	环	王部	4	1324	BBB7	073AF
8155	甾	巛部	5	25121	E7DE	0753E	8201	㺴	王部	4	1344	82328535	03EB4
8156	邕	巛部	7	2515215	E7DF	09095	8202	玡	王部	4	1523	AB65	073A1
8157	巢	巛部	8	25111234	B3B2	05DE2	8203	玭	王部	4	1535	AB6E	073AD
8158	巤	巛部	12	253415445445	8E7B	05DE4	8204	珁	王部	4	1554	AB79	073C1
8159	疀	巛部	13	2512115112134	AE9B	07580	8205	㺳	王部	4	2154	82328534	03EB3
8160	郺	巛部	13	3543542515215	E061	090FA	8206	现	王部	4	2535	CFD6	073B0
8161	王	王部	0	0	CDF5	0738B	8207	玝	王部	4	3112	AB62	0739D
8162	玊	王部	0	0	AB54	0738A	8208	玫	王部	4	3134	C3B5	073AB
8163	玉	王部	0	0	D3F1	07389	8209	㺱	王部	4	3253	82328532	03EB1
8164	玍	王部	1	3	AB56	0738D	8210	玠	王部	4	3432	AB64	073A0
8165	主	王部	1	4	D6F7	04E3B	8211	玪	王部	4	3445	AB6C	073AA

字序	字形	部首	部首外笔画数	部首外笔顺	18030代码	13000代码	字序	字形	部首	部首外笔画数	部首外笔顺	18030代码	13000代码
8212	玢	王部	4	3453	E7E3	073A2	8258	珈	王部	5	53251	E7EC	073C8
8213	玜	王部	4	3454	AB61	0739C	8259	玻	王部	5	53254	B2A3	073BB
8214	玱	王部	4	3455	AB6F	073B1	8260	珎	王部	5	54132	82328630	03EB9
8215	玥	王部	4	3511	AB68	073A5	8261	珆	王部	5	54251	AB7D	073C6
8216	玖	王部	4	3534	82328536	03EB5	8262	珪	王部	6	121121	AB95	073EA
8217	玬	王部	4	3541	AB6D	073AC	8263	珯	王部	6	121335	AB99	073EF
8218	玣	王部	4	4124	AB66	073A3	8264	珥	王部	6	122111	E7ED	073E5
8219	玟	王部	4	4134	E7E4	0739F	8265	珙	王部	6	122134	E7EE	073D9
8220	玔	王部	4	4412	82328537	03EB6	8266	珬	王部	6	131534	AB97	073EC
8221	玦	王部	4	5134	AB69	073A6	8267	珛	王部	6	132511	AB8B	073DB
8222	玐	王部	4	5211	82328533	03EB2	8268	珔	王部	6	132521	AB85	073D4
8223	玧	王部	4	5435	AB6A	073A7	8269	顼	王部	6	132534	E7EF	0987C
8224	珐	王部	5	11214	E7E5	073CF	8270	珹	王部	6	135534	AC41	073F9
8225	珐	王部	5	12154	B7A9	073D0	8271	琊	王部	6	152352	E7F0	0740A
8226	玵	王部	5	12211	AB71	073B5	8272	玼	王部	6	212135	AB75	073BC
8227	玴	王部	5	12215	AB70	073B4	8273	珖	王部	6	243135	AB87	073D6
8228	莹	王部	5	12245	D3A8	083B9	8274	珰	王部	6	243511	AB9A	073F0
8229	球	王部	5	12344	82328538	03EB7	8275	琠	王部	6	251134	82328637	03EC0
8230	珂	王部	5	12512	E7E6	073C2	8276	璺	王部	6	251221	82328730	03EC3
8231	坯	王部	5	13241	82328634	03EBD	8277	珚	王部	6	251341	AB8A	073DA
8232	珑	王部	5	13534	E7E7	073D1	8278	珃	王部	6	252511	82328638	03EC1
8233	玶	王部	5	14312	AB72	073B6	8279	珠	王部	6	311234	D6E9	073E0
8234	玷	王部	5	21251	E7E8	073B7	8280	珤	王部	6	311252	AB92	073E4
8235	珇	王部	5	25111	82328631	03EBA	8281	珽	王部	6	312134	82328731	03EC4
8236	珇	王部	5	25111	AB7E	073C7	8282	珗	王部	6	312135	AB88	073D7
8237	玾	王部	5	25112	AB77	073BE	8283	珽	王部	6	312154	AC45	073FD
8238	珅	王部	5	25112	AB7C	073C5	8284	珦	王部	6	325251	AB93	073E6
8239	玽	王部	5	25211	AB7A	073C3	8285	珩	王部	6	331251	82328735	03EC8
8240	珂	王部	5	25251	82328635	03EBE	8286	珩	王部	6	332112	E7F1	073E9
8241	珄	王部	5	31121	AB7B	073C4	8287	珣	王部	6	335414	AB89	073D8
8242	玳	王部	5	32154	E7E9	073B3	8288	珡	王部	6	341121	82328734	03EC7
8243	垈	王部	5	32354	82328539	03EB8	8289	琀	王部	6	341154	82328732	03EC5
8244	珀	王部	5	32511	E7EA	073C0	8290	珨	王部	6	341251	AB94	073E8
8245	珍	王部	5	34333	D5E4	073CD	8291	珧	王部	6	341534	E7F2	073E7
8246	玲	王部	5	34454	C1E1	073B2	8292	珮	王部	6	351252	AB98	073EE
8247	珎	王部	5	35234	AB82	073CE	8293	珟	王部	6	351354	AB8E	073DF
8248	玺	王部	5	35234	E7F4	073BA	8294	珣	王部	6	352511	AB91	073E3
8249	玽	王部	5	35251	AB76	073BD	8295	珞	王部	6	354251	E7F3	073DE
8250	珊	王部	5	35351	C9BA	073CA	8296	琤	王部	6	355112	AC62	07424
8251	珋	王部	5	35352	AB80	073CB	8297	珓	王部	6	413434	AB84	073D3
8252	珀	王部	5	35515	AB73	073B8	8298	琉	王部	6	415435	AB96	073EB
8253	玹	王部	5	41554	AB74	073B9	8299	珜	王部	6	431112	AB8C	073DC
8254	珌	王部	5	45434	AB81	073CC	8300	班	王部	6	431121	B0E0	073ED
8255	珉	王部	5	51515	E7EB	073C9	8301	琎	王部	6	431132	82328639	03EC2
8256	珽	王部	5	52134	82328633	03EBC	8302	琇	王部	6	443531	AB9B	073F1
8257	珆	王部	5	53251	AB78	073BF	8303	珲	王部	6	451512	E7F5	073F2

字序	字形	部首	部首外笔画数	部首外笔顺	18030代码	13000代码	字序	字形	部首	部首外笔画数	部首外笔顺	18030代码	13000代码
8304	珒	王部	6	511112	AB83	073D2	8350	琴	王部	8	11213445	C7D9	07434
8305	珢	王部	6	511534	AB90	073E2	8351	琵	王部	8	11215215	C5C3	07436
8306	珕	王部	6	535353	AB86	073D5	8352	琽	王部	8	12132511	AC6F	0743D
8307	珝	王部	6	541541	AB8D	073DD	8353	琧	王部	8	12155121	AC63	07427
8308	珛	王部	6	542511	82328733	03EC6	8354	琪	王部	8	12211134	E7F7	0742A
8309	琎	王部	7	1132454	AC51	0740E	8355	瑘	王部	8	12211152	AC88	07458
8310	㻁	王部	7	1225125	82328636	03EBF	8356	㻓	王部	8	12211154	82328836	03ED3
8311	球	王部	7	1241344	C7F2	07403	8357	瑛	王部	8	12225134	E7F8	0745B
8312	㻋	王部	7	1251234	82328738	03ECB	8358	㻤	王部	8	12235251	82328A33	03EE4
8313	琸	王部	7	1251251	AC40	073F8	8359	琳	王部	8	12341234	C1D5	07433
8314	琏	王部	7	1512454	E7F6	0740F	8360	琜	王部	8	12343434	AC5B	0741C
8315	㻉	王部	7	2121233	82328736	03EC9	8361	琙	王部	8	12511534	AC5A	07419
8316	琑	王部	7	2432511	AC52	07411	8362	琦	王部	8	13412512	E7F9	07426
8317	琐	王部	7	2432534	CBF6	07410	8363	琢	王部	8	13533434	D7C1	07422
8318	珵	王部	7	2511121	AB9E	073F5	8364	琖	王部	8	15341534	AC57	07416
8319	㻍	王部	7	2511134	82328830	03ECD	8365	琲	王部	8	21112111	AC69	07432
8320	珼	王部	7	2511134	AC44	073FC	8366	琡	王部	8	21123454	AC60	07421
8321	現	王部	7	2511135	AC46	073FE	8367	琸	王部	8	21251112	AC6B	07438
8322	理	王部	7	2511211	C0ED	07406	8368	琥	王部	8	21531535	E7FA	07425
8323	珿	王部	7	2512134	AC47	073FF	8369	琨	王部	8	25111535	E7FB	07428
8324	琄	王部	7	2512511	AC4B	07404	8370	琩	王部	8	25112511	AC64	07429
8325	琌	王部	7	2523445	AC4F	0740C	8371	琞	王部	8	25113511	AC5D	0741E
8326	珴	王部	7	3121534	AB9D	073F4	8372	㻛	王部	8	25113533	82328934	03EDB
8327	琍	王部	7	3123422	AC50	0740D	8373	琝	王部	8	25114134	AC5C	0741D
8328	琇	王部	7	3123453	AC4C	07407	8374	琠	王部	8	25122134	AC5F	07420
8329	琁	王部	7	3152134	AC49	07401	8375	㻒	王部	8	25312341	82328835	03ED2
8330	珻	王部	7	3155414	AC43	073FB	8376	㻔	王部	8	31212211	82328837	03ED4
8331	㻌	王部	7	3411234	82328739	03ECC	8377	㻑	王部	8	31234521	82328834	03ED1
8332	琋	王部	7	3413252	AC4E	0740B	8378	琟	王部	8	32411121	AC5E	0741F
8333	琈	王部	7	3443521	AC4D	07408	8379	琕	王部	8	32511312	AC56	07415
8334	琀	王部	7	3445251	AC48	07400	8380	琻	王部	8	34112431	AC6E	0743B
8335	㻊	王部	7	3525135	82328737	03ECA	8381	㻜	王部	8	34342134	82328935	03EDC
8336	琒	王部	7	3541112	AC53	07412	8382	㻚	王部	8	35113511	82328933	03EDA
8337	琂	王部	7	4111251	AC4A	07402	8383	琱	王部	8	35121251	AC68	07431
8338	珳	王部	7	4134333	AB9C	073F3	8384	琘	王部	8	35152511	AC59	07418
8339	望	王部	7	4153511	CDFB	0671B	8385	琼	王部	8	41251234	C7ED	0743C
8340	琉	王部	7	4154325	C1F0	07409	8386	斑	王部	8	41341121	B0DF	06591
8341	琷	王部	7	4311135	AC6A	07437	8387	琗	王部	8	41343412	AC58	07417
8342	珶	王部	7	4351523	AB9F	073F6	8388	琣	王部	8	41431251	AC61	07423
8343	琓	王部	7	4451135	AC54	07413	8389	㻙	王部	8	41542511	82328932	03ED9
8344	琅	王部	7	4511534	C0C5	07405	8390	琰	王部	8	43344334	E7FC	07430
8345	珺	王部	7	5113251	AC42	073FA	8391	琺	王部	8	44112154	AC6D	0743A
8346	㻏	王部	7	5114334	82328832	03ECF	8392	琮	王部	8	44511234	E7FD	0742E
8347	㻐	王部	7	5434354	82328833	03ED0	8393	琔	王部	8	44512134	AC55	07414
8348	琫	王部	8	11134112	AC65	0742B	8394	㻘	王部	8	44525112	82328931	03ED8
8349	珷	王部	8	11212154	ABA0	073F7	8395	琯	王部	8	44525151	AC67	0742F

字序	字形	部首	部首外笔画数	部首外笔顺	18030代码	13000代码
8396	琬	王部	8	44535455	E7FE	0742C
8397	瑯	王部	8	45115452	AC98	0746F
8398	琛	王部	8	45341234	E8A1	0741B
8399	琭	王部	8	51124134	AC66	0742D
8400	㻖	王部	8	51124134	82328839	03ED6
8401	琚	王部	8	51312251	E8A2	0741A
8402	㻕	王部	8	51352252	82328838	03ED5
8403	瑃	王部	9	111342511	AC74	07443
8404	瑟	王部	9	112145434	C9AA	0745F
8405	瑇	王部	9	112155414	AC78	07447
8406	聖	王部	9	122111251	C27D	08056
8407	㻣	王部	9	122111345	82328A32	03EE3
8408	㻡	王部	9	122151234	82328A30	03EE1
8409	瑚	王部	9	122513511	BAF7	0745A
8410	㻝	王部	9	125123422	82328936	03EDD
8411	瑓	王部	9	125431234	AC85	07453
8412	㻟	王部	9	131212511	82328938	03EDF
8413	瑊	王部	9	131251534	AC7B	0744A
8414	項	王部	9	132511134	ED9C	0980A
8415	瑌	王部	9	132522134	AC7D	0744C
8416	瑎	王部	9	153532511	AC80	0744E
8417	瑅	王部	9	251112134	AC76	07445
8418	瑒	王部	9	251113533	AC84	07452
8419	瑁	王部	9	251125111	E8A3	07441
8420	㻦	王部	9	251125214	82328A35	03EE6
8421	瑥	王部	9	251125221	AC8F	07465
8422	瑆	王部	9	251131121	AC77	07446
8423	琾	王部	9	251213432	AC70	0743E
8424	瑞	王部	9	252132522	C8F0	0745E
8425	瑖	王部	9	321113554	AC87	07456
8426	瑝	王部	9	325111121	AC89	0745D
8427	瑔	王部	9	325112534	AC86	07454
8428	瑰	王部	9	325113554	B9E5	07470
8429	瑀	王部	9	325125214	AC72	07440
8430	瑜	王部	9	341251122	E8A4	0745C
8431	瑗	王部	9	344311354	E8A5	07457
8432	瑍	王部	9	352534134	AC7E	0744D
8433	㻢	王部	9	415331525	82328A31	03EE2
8434	瑳	王部	9	431113121	AC9B	07473
8435	瑐	王部	9	431251122	AC82	07450
8436	㻥	王部	9	431253511	82328A34	03EE5
8437	瑄	王部	9	445125111	AC75	07444
8438	㻠	王部	9	445341344	82328939	03EE0
8439	瑏	王部	9	445341523	AC81	0744F
8440	琿	王部	9	451251112	AC71	0743F
8441	㻞	王部	9	451325122	82328937	03EDE
8442	瑕	王部	9	512115154	E8A6	07455
8443	瑉	王部	9	515152511	AC7A	07449
8444	瑋	王部	9	521251152	AC7C	0744B
8445	瑂	王部	9	521325111	AC73	07442
8446	瑵	王部	9	544251214	AC9D	07475
8447	瑈	王部	9	545231234	AC79	07448
8448	瑑	王部	9	551353334	AC83	07451
8449	瑙	王部	9	555325341	E8A7	07459
8450	瑧	王部	10	1113431234	AC91	07467
8451	璈	王部	10	1121533134	AD48	07488
8452	瑪	王部	10	1211254444	AC94	0746A
8453	璍	王部	10	1221122112	AD4C	0748D
8454	㻳	王部	10	1223123422	82328B38	03EF3
8455	璓	王部	10	1223123453	AD50	07493
8456	瑹	王部	10	1223411234	AC9F	07479
8457	瑨	王部	10	1224312511	AC92	07468
8458	瑱	王部	10	1225111134	AC99	07471
8459	璉	王部	10	1251112454	AD49	07489
8460	朢	王部	10	1251253511	9652	06722
8461	㻨	王部	10	1251255444	82328A37	03EE8
8462	瑮	王部	10	1252211234	AC97	0746E
8463	瑣	王部	10	2432511134	AC8D	07463
8464	㻫	王部	10	2511122112	82328B30	03EEB
8465	㻪	王部	10	3241112153	82328A39	03EEA
8466	瑦	王部	10	3251154444	AC90	07466
8467	瑡	王部	10	3251511252	AC8B	07461
8468	瑶	王部	10	3443311252	D1FE	07476
8469	瑫	王部	10	3443321511	AC95	0746B
8470	瑷	王部	10	3443451354	E8A8	07477
8471	瑲	王部	10	3445113251	AC9A	07472
8472	㻱	王部	10	3541112454	82328B36	03EF1
8473	㻧	王部	10	3541521234	82328A36	03EE7
8474	瑤	王部	10	3544311252	AC8E	07464
8475	瑠	王部	10	3545325121	AC8A	07460
8476	璃	王部	10	4134522554	C1A7	07483
8477	瑭	王部	10	4135112251	E8A9	0746D
8478	㻩	王部	10	4315112234	82328A38	03EE9
8479	瑩	王部	10	4334433445	AC93	07469
8480	瑬	王部	10	4414154325	AC96	0746C
8481	瑸	王部	10	4453212134	AC9E	07478
8482	瑢	王部	10	4453434251	AC8C	07462
8483	㻰	王部	11	11121112511	82328B35	03EF0
8484	璂	王部	11	12211134121	AD44	07482
8485	瑾	王部	11	12212511121	E8AA	0747E
8486	璜	王部	11	12212512134	E8AB	0749C
8487	璊	王部	11	12212523434	AD4A	0748A

字序	字形	部首	部首外笔画数	部首外笔顺	18030代码	13000代码	字序	字形	部首	部首外笔画数	部首外笔顺	18030代码	13000代码
8488	瑼	王部	11	12511214124	AD41	0747C	8534	璗	王部	12	441251113533	AD54	07497
8489	瑿	王部	11	13113453554	AD43	0747F	8535	璭	王部	12	451251112454	AD65	074AD
8490	㻬	王部	11	14524444115	82328B31	03EEC	8536	璕	王部	12	511121251124	AD52	07495
8491	㻯	王部	11	21531534312	82328B34	03EEF	8537	㻵	王部	12	513521521521	82328C30	03EF5
8492	瑺	王部	11	24345251252	ACA0	0747A	8538	璒	王部	12	543341251431	AD4F	07492
8493	㻲	王部	11	25112512531	82328B37	03EF2	8539	璚	王部	12	545232534251	AD57	0749A
8494	㻴	王部	11	25112522154	82328B39	03EF4	8540	璏	王部	12	551153113435	AD4D	0748F
8495	璀	王部	11	25232411121	E8AD	07480	8541	璣	王部	12	554554134534	AD5E	074A3
8496	璎	王部	11	25342534531	E8AC	0748E	8542	璱	王部	13	1121112145434	AD69	074B1
8497	璡	王部	11	32411121454	AD5C	074A1	8543	瓂	王部	13	1221215425221	AD79	074C2
8498	鳿	王部	11	32511154444	F85C	09CFF	8544	瓁	王部	13	1223241112154	AD78	074C1
8499	璁	王部	11	32535414544	E8AE	07481	8545	璴	王部	13	1234123452134	AD6C	074B4
8500	瑽	王部	11	33234342134	AD42	0747D	8546	璨	王部	13	2135454431234	E8B2	074A8
8501	㻮	王部	11	35445411234	82328B33	03EEE	8547	璩	王部	13	2153151353334	E8B3	074A9
8502	璋	王部	11	41431251112	E8B0	0748B	8548	璫	王部	13	2434525125121	AD63	074AB
8503	璄	王部	11	41431251135	AD45	07484	8549	璐	王部	13	2512121354251	E8B4	07490
8504	璇	王部	11	41533152134	E8AF	07487	8550	璪	王部	13	2512512511234	AD62	074AA
8505	㻭	王部	11	41554413412	82328B32	03EED	8551	環	王部	13	2522112513534	AD68	074B0
8506	璖	王部	11	44115151234	AD53	07496	8552	㻿	王部	13	2522135251214	82328D30	03EFF
8507	璌	王部	11	44512512134	AD4B	0748C	8553	璳	王部	13	3112342511134	AD6B	074B3
8508	璆	王部	11	54154134333	AD47	07486	8554	璵	王部	13	3211152511134	AD6D	074B5
8509	瑻	王部	11	55212511134	AD40	0747B	8555	璬	王部	13	3251141533134	AD64	074AC
8510	璅	王部	11	55525111234	AD46	07485	8556	璯	王部	13	3412524312511	AD67	074AF
8511	㼀	王部	12	121431112454	82328D31	03F00	8557	璦	王部	13	3443454544354	AD61	074A6
8512	璢	王部	12	122155125121	AD5D	074A2	8558	璮	王部	13	4125251125111	AD66	074AE
8513	璥	王部	12	122352513134	AD60	074A5	8559	㻾	王部	13	4155332411121	82328C39	03EFE
8514	璤	王部	12	125112144544	AD5F	074A4	8560	㼁	王部	13	4311213121534	82328D32	03F01
8515	㻼	王部	12	125221251112	82328C37	03EFC	8561	璛	王部	13	5112322151512	AD58	0749B
8516	㻷	王部	12	125234125234	82328C32	03EF7	8562	璧	王部	13	5132514143112	E8B5	074A7
8517	㻹	王部	12	132511353334	82328C34	03EF9	8563	璹	王部	14	12151211251124	AD71	074B9
8518	㻺	王部	12	133123431234	82328C35	03EFA	8564	璼	王部	14	12512531425221	AD73	074BC
8519	璙	王部	12	134432511234	AD56	07499	8565	璽	王部	14	13425234343434	AD74	074BD
8520	㻸	王部	12	153515352511	82328C33	03EF8	8566	瓀	王部	14	14524444132522	AD77	074C0
8521	璞	王部	12	224314311134	E8B1	0749E	8567	璿	王部	14	21451343425111	AD76	074BF
8522	璟	王部	12	251141251234	AD5A	0749F	8568	瓊	王部	14	35253425111354	AD82	074CA
8523	璝	王部	12	251212511134	AD59	0749D	8569	㼅	王部	14	41312212512134	82328D36	03F05
8524	噩	王部	12	251251251251	D8AC	05669	8570	瓋	王部	14	41432512251454	AD83	074CB
8525	璑	王部	12	311222214444	AD4E	07491	8571	璾	王部	14	41432533543211	AD75	074BE
8526	㻶	王部	12	314314511112	82328C31	03EF6	8572	璸	王部	14	44512332511134	AD70	074B8
8527	㼂	王部	12	321115251145	82328D33	03F02	8573	璶	王部	14	51121444425221	AD6E	074B6
8528	㻽	王部	12	324111212525	82328C38	03EFD	8574	瓍	王部	14	52131212511454	AD85	074CD
8529	璠	王部	12	343123425121	AD5B	074A0	8575	璻	王部	14	54154141343412	AD72	074BB
8530	㻻	王部	12	412515213134	82328C36	03EFB	8576	瓉	王部	15	113411342511134	AD81	074C9
8531	璘	王部	12	431234354152	AD55	07498	8577	瓄	王部	15	121252212511134	AD7B	074C4
8532	璲	王部	12	431353334454	AD6A	074B2	8578	璷	王部	15	125112441533134	AD6F	074B7
8533	璔	王部	12	432524312511	AD51	07494	8579	瓇	王部	15	132511454544354	AD7E	074C7

字序	字形	部首	部首外笔画数	部首外笔顺	18030代码	13000代码	字序	字形	部首	部首外笔画数	部首外笔顺	18030代码	13000代码
8580	瓃	王部	15	251212512125121	AD7A	074C3	8626	韑	韦部	6	243135	ED6C	097D1
8581	㼇	王部	15	252324111212525	82328D38	03F07	8627	韐	韦部	6	341251	ED6B	097D0
8582	瓈	王部	15	312343533424134	AD80	074C8	8628	韏	韦部	6	431134	ED6A	097CF
8583	璺	王部	15	321125125151145	E8B7	074BA	8629	䪔	韦部	7	1251124	8234B731	04A94
8584	瓅	王部	15	325115545541234	AD7C	074C5	8630	韒	韦部	7	2432511	ED6D	097D2
8585	瓆	王部	15	331233122511134	AD7D	074C6	8631	韔	韦部	8	12111534	ED6F	097D4
8586	㼆	王部	15	433443344511214	82328D37	03F06	8632	䪕	韦部	8	35431234	8234B732	04A95
8587	㼄	王部	15	554554125121534	82328D35	03F04	8633	韕	韦部	8	41251521	ED70	097D5
8588	㼃	王部	15	555253415445445	82328D34	03F03	8634	韚	韦部	9	122125112	ED75	097DA
8589	瓎	王部	16	1251234352511134	AD86	074CE	8635	韘	韦部	9	122151234	ED73	097D8
8590	瓑	王部	16	1331234312342121	AD89	074D1	8636	韪	韦部	9	251112134	E8B8	097EA
8591	瓐	王部	16	2153152512125221	AD88	074D0	8637	䪘	韦部	9	251112134	8234B735	04A98
8592	瓒	王部	16	3121353121352534	E8B6	074D2	8638	韙	韦部	9	251112134	ED74	097D9
8593	瓌	王部	16	4125221241343534	AD84	074CC	8639	韫	韦部	9	251125221	E8B9	097EB
8594	瓏	王部	16	4143125111515111	AD87	074CF	8640	韞	韦部	9	251125221	ED79	097DE
8595	瓘	王部	17	12225125132411121	AD8F	074D8	8641	䪖	韦部	9	312511354	8234B733	04A96
8596	瓔	王部	17	25111342511134531	AD8B	074D4	8642	韗	韦部	9	451251112	ED72	097D7
8597	瓓	王部	17	25112511125431234	AD8A	074D3	8643	䪗	韦部	9	512115154	8234B734	04A97
8598	瓖	王部	17	41251251112213534	AD8D	074D6	8644	韖	韦部	9	545231234	ED71	097D6
8599	瓕	王部	17	51513425234343434	AD8C	074D5	8645	韝	韦部	10	1122125211	ED78	097DD
8600	瓙	王部	18	121512112511244444	AD90	074D9	8646	韡	韦部	10	1221122112	ED7C	097E1
8601	瓗	王部	18	252324111212534251	AD8E	074D7	8647	韛	韦部	10	1221325112	ED76	097DB
8602	㼈	王部	19	2522155444432411121	82328D39	03F08	8648	䪙	韦部	10	1251124124	8234B736	04A99
8603	瓚	王部	19	3121353121352511134	AD91	074DA	8649	韠	韦部	10	2511122112	ED7B	097E0
8604	瓛	王部	20	21531512512543121344	AD92	074DB	8650	䪚	韦部	10	2511541541	8234B737	04A9A
8605	无	无部	0	0	CEDE	065E0	8651	韟	韦部	10	3251113412	ED7A	097DF
8606	旡	无部	0	0	94FA	065E1	8652	韬	韦部	10	3443321511	E8BA	097EC
8607	兓	无部	4	1535	83BB	05153	8653	韜	韦部	10	3443321511	ED77	097DC
8608	炁	无部	4	4444	9EC5	07081	8654	韢	韦部	12	125112144544	ED7D	097E2
8609	㤅	无部	4	4544	8230F039	03905	8655	䪛	韦部	12	343123425121	8234B738	04A9B
8610	既	无部	5	51154	BCC8	065E2	8656	䪝	韦部	13	1223241112154	8234B830	04A9D
8611	旣	无部	7	3251135	94FB	065E3	8657	韣	韦部	13	2522135251214	ED7E	097E3
8612	旤	无部	8	25525251	94FC	065E4	8658	䪜	韦部	13	3513344111251	8234B739	04A9C
8613	韦	韦部	0	0	CEA4	097E6	8659	韤	韦部	14	12225221134534	ED80	097E4
8614	韋	韦部	0	0	ED66	097CB	8660	韥	韦部	15	121252212511134	ED81	097E5
8615	郼	韦部	2	52	E063	090FC	8661	木	木部	0	0	C4BE	06728
8616	韧	韦部	3	534	C8CD	097E7	8662	朩	木部	0	0	9657	06729
8617	韌	韦部	3	534	ED67	097CC	8663	未	木部	1	1	CEB4	0672A
8618	䪏	韦部	4	2534	8234B636	04A8F	8664	末	木部	1	1	C4A9	0672B
8619	韎	韦部	5	11234	ED69	097CE	8665	本	木部	1	1	B1BE	0672C
8620	韨	韦部	5	13544	ED82	097E8	8666	术	木部	1	4	CAF5	0672F
8621	韍	韦部	5	13544	ED68	097CD	8667	札	木部	1	5	D4FD	0672D
8622	䪓	韦部	5	21251	8234B730	04A93	8668	朰	木部	1	5	9659	06730
8623	䪒	韦部	5	41121	8234B639	04A92	8669	朾	木部	2	12	9662	0673E
8624	䪑	韦部	5	44535	8234B638	04A91	8670	朽	木部	2	15	D0E0	0673D
8625	䪐	韦部	5	45434	8234B637	04A90	8671	朴	木部	2	24	C6D3	06734

字序	字形	部首	部首外笔画数	部首外笔顺	18030代码	13000代码	字序	字形	部首	部首外笔画数	部首外笔顺	18030代码	13000代码
8672	朳	木部	2	34	965B	06733	8718	杍	木部	3	521	966A	0674D
8673	朲	木部	2	34	965A	06732	8719	李	木部	3	521	C0EE	0674E
8674	杁	木部	2	34	9664	06741	8720	杝	木部	3	525	9673	0675D
8675	杀	木部	2	34	C9B1	06740	8721	㭆	木部	3	531	8231AC30	03B46
8676	朼	木部	2	35	9661	0673C	8722	杨	木部	3	533	D1EE	06768
8677	机	木部	2	35	BBFA	0673A	8723	杒	木部	3	534	966B	06752
8678	朹	木部	2	35	965F	06739	8724	杈	木部	3	544	E8BE	06748
8679	杂	木部	2	35	D4D3	06742	8725	杩	木部	3	551	E8BF	06769
8680	朻	木部	2	52	9660	0673B	8726	㭃	木部	3	554	8231AB37	03B43
8681	䢶	木部	2	52	82348834	048B6	8727	㭋	木部	4	1112	8231AC35	03B4B
8682	朷	木部	2	53	965D	06737	8728	枉	木部	4	1121	CDF7	06789
8683	朸	木部	2	53	965E	06738	8729	枅	木部	4	1132	9688	06785
8684	㭁	木部	2	53	8231AB35	03B41	8730	枎	木部	4	1134	968E	0678E
8685	朶	木部	2	53	965C	06736	8731	杬	木部	4	1135	967A	0676C
8686	权	木部	2	54	C8A8	06743	8732	㭏	木部	4	1152	8231AC38	03B4F
8687	㭅	木部	3	111	8231AB39	03B45	8733	枟	木部	4	1154	9697	0679F
8688	杆	木部	3	112	B8CB	06746	8734	林	木部	4	1234	C1D6	06797
8689	杅	木部	3	112	9666	06745	8735	杮	木部	4	1252	967B	0676E
8690	杇	木部	3	115	9667	06747	8736	枝	木部	4	1254	D6A6	0679D
8691	杠	木部	3	121	B8DC	06760	8737	杯	木部	4	1324	B1AD	0676F
8692	杜	木部	3	121	B6C5	0675C	8738	枤	木部	4	1344	969A	067A4
8693	杢	木部	3	121	9674	06762	8739	枢	木部	4	1345	CAE0	067A2
8694	材	木部	3	123	B2C4	06750	8740	枥	木部	4	1353	E8C0	067A5
8695	村	木部	3	124	B4E5	06751	8741	枙	木部	4	1355	9695	06799
8696	杕	木部	3	134	966D	06755	8742	柜	木部	4	1515	96B8	067DC
8697	杖	木部	3	134	D5C8	06756	8743	枒	木部	4	1523	9691	06792
8698	杌	木部	3	135	E8BB	0674C	8744	杶	木部	4	1525	967E	06776
8699	杤	木部	3	153	9676	06764	8745	枇	木部	4	1535	E8C1	06787
8700	杙	木部	3	154	9670	06759	8746	枑	木部	4	1551	9690	06791
8701	㭂	木部	3	234	8231AB36	03B42	8747	杫	木部	4	2121	9679	0676B
8702	杏	木部	3	251	D0D3	0674F	8748	杪	木部	4	2343	E8C2	0676A
8703	杣	木部	3	252	9675	06763	8749	杳	木部	4	2511	E8C3	06773
8704	杄	木部	3	312	9665	06744	8750	枏	木部	4	2511	968F	0678F
8705	杔	木部	3	315	966C	06754	8751	枘	木部	4	2534	E8C4	06798
8706	杚	木部	3	315	9671	0675A	8752	㭎	木部	4	2534	FE68	03B4E
8707	杊	木部	3	322	9668	0674A	8753	枧	木部	4	2535	E8C5	067A7
8708	杉	木部	3	333	C9BC	06749	8754	杵	木部	4	3112	E8C6	06775
8709	杦	木部	3	354	9677	06766	8755	㭌	木部	4	3112	8231AC36	03B4C
8710	杓	木部	3	354	E8BC	06753	8756	杽	木部	4	3112	9684	0677D
8711	杋	木部	3	354	9669	0674B	8757	枆	木部	4	3115	9689	06786
8712	极	木部	3	354	BCAB	06781	8758	枡	木部	4	3132	9699	067A1
8713	杧	木部	3	415	9678	06767	8759	枖	木部	4	3134	9694	06796
8714	杗	木部	3	415	966E	06757	8760	枚	木部	4	3134	C3B6	0679A
8715	㭄	木部	3	512	8231AB38	03B44	8761	枨	木部	4	3154	E8C7	067A8
8716	杞	木部	3	515	E8BD	0675E	8762	㭊	木部	4	3215	8231AC34	03B4A
8717	杛	木部	3	515	9672	0675B	8763	杹	木部	4	3235	9681	06779

字序	字形	部首	部首外笔画数	部首外笔顺	18030代码	13000代码	字序	字形	部首	部首外笔画数	部首外笔顺	18030代码	13000代码
8764	析	木部	4	3312	CEF6	06790	8810	柑	木部	5	12211	B8CC	067D1
8765	枛	木部	4	3324	9696	0679B	8811	枻	木部	5	12215	96A4	067BB
8766	板	木部	4	3354	B0E5	0677F	8812	枼	木部	5	12215	96A5	067BC
8767	枍	木部	4	3415	968D	0678D	8813	荣	木部	5	12245	C8D9	08363
8768	枞	木部	4	3434	E8C8	0679E	8814	枯	木部	5	12251	BFDD	067AF
8769	枔	木部	4	3445	9693	06794	8815	栉	木部	5	12252	E8CE	06809
8770	枌	木部	4	3453	968C	0678C	8816	枾	木部	5	12321	96A7	067BE
8771	松	木部	4	3454	CBC9	0677E	8817	柯	木部	5	12512	BFC2	067EF
8772	枩	木部	4	3454	969C	067A9	8818	柄	木部	5	12534	B1FA	067C4
8773	枀	木部	4	3454	9685	06780	8819	柸	木部	5	13241	96C8	067F8
8774	柉	木部	4	3454	96AF	067C9	8820	柘	木部	5	13251	E8CF	067D8
8775	枪	木部	4	3455	C7B9	067AA	8821	柨	木部	5	13252	96BF	067E8
8776	枂	木部	4	3511	9686	06782	8822	栊	木部	5	13534	E8D0	0680A
8777	枠	木部	4	3512	9698	067A0	8823	柭	木部	5	13544	96C2	067ED
8778	柹	木部	4	3523	96C9	067F9	8824	柩	木部	5	13545	E8D1	067E9
8779	杴	木部	4	3534	967D	06774	8825	枰	木部	5	14312	E8D2	067B0
8780	枫	木部	4	3534	B7E3	067AB	8826	栋	木部	5	15234	B6B0	0680B
8781	枬	木部	4	3541	969D	067AC	8827	枮	木部	5	21251	969E	067AE
8782	枃	木部	4	3541	9687	06783	8828	栌	木部	5	21513	E8D3	0680C
8783	枭	木部	4	3545	E8C9	067AD	8829	柦	木部	5	25111	96BD	067E6
8784	枊	木部	4	3552	968B	0678A	8830	查	木部	5	25111	B2E9	067E5
8785	杸	木部	4	3554	9680	06778	8831	相	木部	5	25111	CFE0	076F8
8786	构	木部	4	3554	B9B9	06784	8832	柤	木部	5	25111	96BC	067E4
8787	㭍	木部	4	4115	8231AC37	03B4D	8833	査	木部	5	25111	96CB	067FB
8788	杭	木部	4	4135	BABC	0676D	8834	柙	木部	5	25112	E8D4	067D9
8789	枋	木部	4	4153	E8CA	0678B	8835	柛	木部	5	25112	B9F1	067DB
8790	枓	木部	4	4412	9692	06793	8836	枵	木部	5	25115	E8D5	067B5
8791	杰	木部	4	4444	BDDC	06770	8837	柚	木部	5	25121	E8D6	067DA
8792	枦	木部	4	4513	969B	067A6	8838	枳	木部	5	25134	E8D7	067B3
8793	枕	木部	4	4535	D5ED	06795	8839	柍	木部	5	25134	96B3	067CD
8794	杺	木部	4	4544	9682	0677A	8840	柷	木部	5	25135	96C7	067F7
8795	㭈	木部	4	5134	8231AC32	03B48	8841	㭒	木部	5	25151	8231AD31	03B52
8796	杻	木部	4	5211	9683	0677B	8842	枴	木部	5	25153	96A1	067B4
8797	杷	木部	4	5215	E8CB	06777	8843	柺	木部	5	25153	96CA	067FA
8798	㭇	木部	4	5435	8231AC31	03B47	8844	柟	木部	5	25211	96B9	067DF
8799	杼	木部	4	5452	E8CC	0677C	8845	㭗	木部	5	25221	8231AD36	03B57
8800	㭑	木部	5	11234	8231AD30	03B51	8846	柵	木部	5	25221	96C5	067F5
8801	枺	木部	5	11234	96A3	067BA	8847	柶	木部	5	25351	96C6	067F6
8802	柰	木部	5	11234	E8CD	067F0	8848	栍	木部	5	31121	96D3	0680D
8803	标	木部	5	11234	B1EA	06807	8849	柣	木部	5	31134	96BB	067E3
8804	栈	木部	5	11534	D5BB	06808	8850	柞	木部	5	31211	D7F5	067DE
8805	柾	木部	5	12121	96CD	067FE	8851	柇	木部	5	31234	96AD	067C7
8806	桒	木部	5	12122	96F8	06852	8852	柂	木部	5	31525	96AA	067C2
8807	枿	木部	5	12132	96A8	067BF	8853	柎	木部	5	32124	96B4	067CE
8808	桏	木部	5	12152	96F7	0684F	8854	㭖	木部	5	32154	8231AD35	03B56
8809	㭕	木部	5	12154	8231AD34	03B55	8855	柋	木部	5	32154	96B1	067CB

字序	字形	部首	部首外笔画数	部首外笔顺	18030代码	13000代码	字序	字形	部首	部首外笔画数	部首外笔顺	18030代码	13000代码
8856	柏	木部	5	32511	B0D8	067CF	8902	柪	木部	5	55453	96C0	067EA
8857	柝	木部	5	33124	E8D8	067DD	8903	框	木部	6	111215	BFF2	06846
8858	栃	木部	5	33153	96D0	06803	8904	栔	木部	6	111253	96D6	06814
8859	栀	木部	5	33155	E8D9	06800	8905	梆	木部	6	111352	B0F0	06886
8860	柧	木部	5	33544	96BE	067E7	8906	桟	木部	6	111534	9743	0685F
8861	柗	木部	5	34251	96B7	067D7	8907	栻	木部	6	112154	96F2	0683B
8862	㭔	木部	5	34312	8231AD33	03B54	8908	柡	木部	6	112534	96BA	067E1
8863	柃	木部	5	34454	E8DA	067C3	8909	栞	木部	6	113112	96DD	0681E
8864	柢	木部	5	35154	E8DC	067E2	8910	㭢	木部	6	113222	8231AE37	03B62
8865	栎	木部	5	35234	E8DD	0680E	8911	㭜	木部	6	113534	8231AE31	03B5C
8866	枸	木部	5	35251	E8DB	067B8	8912	桂	木部	6	121121	B9F0	06842
8867	栅	木部	5	35351	D5A4	06805	8913	㭙	木部	6	121124	8231AD38	03B59
8868	柳	木部	5	35352	C1F8	067F3	8914	枽	木部	6	121221	96A6	067BD
8869	柊	木部	5	35444	96B0	067CA	8915	桔	木部	6	121251	BDDB	06854
8870	㭤	木部	5	35451	8231AE39	03B64	8916	栲	木部	6	121315	E8E0	06832
8871	栁	木部	5	35452	96CE	06801	8917	栳	木部	6	121335	E8E1	06833
8872	桞	木部	5	35452	9742	0685E	8918	栮	木部	6	122111	96EA	0682E
8873	枹	木部	5	35515	96A2	067B9	8919	栱	木部	6	122134	96ED	06831
8874	柱	木部	5	41121	D6F9	067F1	8920	㭟	木部	6	122134	8231AE34	03B5F
8875	柿	木部	5	41252	CAC1	067FF	8921	桠	木部	6	122431	E8E2	06860
8876	柆	木部	5	41431	96AC	067C6	8922	㭝	木部	6	123435	8231AE32	03B5D
8877	栏	木部	5	43111	C0B8	0680F	8923	桓	木部	6	125111	BBB8	06853
8878	柈	木部	5	43112	96AE	067C8	8924	栕	木部	6	125125	96D7	06815
8879	柒	木部	5	44115	C6E2	067D2	8925	栜	木部	6	125234	96DC	0681C
8880	染	木部	5	44135	C8BE	067D3	8926	栖	木部	6	125351	C6DC	06816
8881	栄	木部	5	44345	96D1	06804	8927	栢	木部	6	132511	96E0	06822
8882	柠	木部	5	44512	C4FB	067E0	8928	栯	木部	6	132511	96EB	0682F
8883	柼	木部	5	44534	96CC	067FC	8929	栫	木部	6	132521	96E7	0682B
8884	柁	木部	5	44535	E8DE	067C1	8930	栭	木部	6	132522	96E9	0682D
8885	柲	木部	5	45434	96C4	067F2	8931	桍	木部	6	134115	96F6	0684D
8886	栐	木部	5	45534	96D4	06810	8932	栵	木部	6	135422	96EF	06835
8887	柌	木部	5	51251	96B2	067CC	8933	桋	木部	6	151534	96F5	0684B
8888	柅	木部	5	51335	96AB	067C5	8934	㭨	木部	6	152352	8231AF33	03B68
8889	柫	木部	5	51532	96C1	067EB	8935	桡	木部	6	153135	E8E3	06861
8890	柮	木部	5	52252	96C3	067EE	8936	桎	木部	6	154121	E8E4	0684E
8891	枷	木部	5	53251	BCCF	067B7	8937	桛	木部	6	211124	96FE	0685B
8892	柖	木部	5	53251	96B6	067D6	8938	柴	木部	6	212135	B2F1	067F4
8893	架	木部	5	53251	BCDC	067B6	8939	桌	木部	6	212511	D7C0	0684C
8894	柀	木部	5	53254	96A9	067C0	8940	桢	木部	6	212534	E8E5	06862
8895	柽	木部	5	54121	E8DF	067FD	8941	㭞	木部	6	234353	8231AE33	03B5E
8896	树	木部	5	54124	CAF7	06811	8942	桄	木部	6	243135	E8E6	06844
8897	㭓	木部	5	54132	8231AD32	03B53	8943	档	木部	6	243511	B5B5	06863
8898	枱	木部	5	54251	969F	067B1	8944	栧	木部	6	251153	96E5	06827
8899	枲	木部	5	54251	96A0	067B2	8945	梠	木部	6	251251	976F	068A0
8900	柕	木部	5	54523	96B5	067D5	8946	桐	木部	6	251251	CDA9	06850
8901	栂	木部	5	55414	96CF	06802	8947	栶	木部	6	251341	96F0	06836

字序	字形	部首	部首外笔画数	部首外笔顺	18030代码	13000代码	字序	字形	部首	部首外笔画数	部首外笔顺	18030代码	13000代码
8948	桤	木部	6	252515	E8E7	06864	8994	栚	木部	6	431134	96DA	0681A
8949	株	木部	6	311234	D6EA	0682A	8995	桊	木部	6	431134	E8F0	0684A
8950	㭠	木部	6	312135	8231AE35	03B60	8996	栦	木部	6	434242	96E4	06826
8951	梃	木部	6	312154	E8E8	06883	8997	桜	木部	6	443531	9740	0685C
8952	栝	木部	6	312251	E8E9	0681D	8998	㭦	木部	6	445315	8231AF31	03B66
8953	桥	木部	6	313432	C7C5	06865	8999	桉	木部	6	445531	E8F1	06849
8954	㭚	木部	6	313534	8231AD39	03B5A	9000	案	木部	6	445531	B0B8	06848
8955	栴	木部	6	313541	96EE	06834	9001	桪	木部	6	511124	9744	0686A
8956	栿	木部	6	321344	96F3	0683F	9002	梛	木部	6	511352	976A	0689B
8957	桕	木部	6	321511	E8EA	06855	9003	根	木部	6	511534	B8F9	06839
8958	栰	木部	6	321534	96EC	06830	9004	桗	木部	6	531234	96FA	06857
8959	梴	木部	6	321554	977B	068B4	9005	桇	木部	6	531251	96F4	06847
8960	栣	木部	6	323121	96E1	06823	9006	栛	木部	6	535353	96DB	0681B
8961	栠	木部	6	323121	96DF	06820	9007	栩	木部	6	541541	E8F2	06829
8962	桦	木部	6	323512	E8EB	06866	9008	桙	木部	6	543112	96FC	06859
8963	桘	木部	6	325151	96FB	06858	9009	桑	木部	6	545454	C9A3	06851
8964	桖	木部	6	325221	96F9	06856	9010	桚	木部	6	555354	96FD	0685A
8965	㭡	木部	6	325341	8231AE36	03B61	9011	梼	木部	7	1113124	9783	068BC
8966	桁	木部	6	332112	E8EC	06841	9012	梇	木部	7	1121132	9759	06887
8967	㭛	木部	6	333534	8231AE30	03B5B	9013	械	木部	7	1132534	D0B5	068B0
8968	栓	木部	6	341121	CBA8	06813	9014	梊	木部	7	1213312	975C	0688A
8969	桧	木部	6	341154	E8ED	06867	9015	㭳	木部	7	1213521	8231B034	03B73
8970	㭘	木部	6	341251	8231AD37	03B58	9016	梽	木部	7	1214544	9784	068BD
8971	桃	木部	6	341534	CCD2	06843	9017	㭯	木部	7	1221115	8231B030	03B6F
8972	桅	木部	6	351355	CEA6	06845	9018	椛	木部	7	1223235	97C9	0691B
8973	栺	木部	6	352511	96F1	0683A	9019	㭶	木部	7	1224153	8231B037	03B76
8974	栒	木部	6	352511	96D5	06812	9020	梺	木部	7	1234124	9781	068BA
8975	㭥	木部	6	352534	8231AF30	03B65	9021	梵	木部	7	1234354	E8F3	068B5
8976	桝	木部	6	354152	9741	0685D	9022	椘	木部	7	1234454	97C6	06918
8977	桀	木部	6	354152	E8EE	06840	9023	梂	木部	7	1241344	9757	06882
8978	栙	木部	6	354152	96D9	06819	9024	桲	木部	7	1245521	974B	06872
8979	格	木部	6	354251	B8F1	0683C	9025	㭪	木部	7	1251124	8231AF35	03B6A
8980	栘	木部	6	354354	96D8	06818	9026	㭱	木部	7	1251125	8231B032	03B71
8981	棦	木部	6	355112	97A2	068E6	9027	梗	木部	7	1251134	B9A3	06897
8982	栬	木部	6	355215	96E8	0682C	9028	梀	木部	7	1251234	9756	06880
8983	栾	木部	6	412234	E8EF	0683E	9029	梧	木部	7	1251251	CEE0	068A7
8984	桨	木部	6	412354	BDB0	06868	9030	梪	木部	7	1251431	9775	068AA
8985	栤	木部	6	412534	96E2	06824	9031	梄	木部	7	1253511	9758	06884
8986	桩	木部	6	413121	D7AE	06869	9032	桭	木部	7	1311534	9746	0686D
8987	校	木部	6	413434	D0A3	06821	9033	桺	木部	7	1321551	9750	0687A
8988	栨	木部	6	413534	96E6	06828	9034	桮	木部	7	1324251	9747	0686E
8989	栥	木部	6	413534	96E3	06825	9035	梜	木部	7	1343434	976B	0689C
8990	核	木部	6	415334	BACB	06838	9036	㭬	木部	7	1353334	8231AF37	03B6C
8991	㭣	木部	6	425251	8231AE38	03B63	9037	梾	木部	7	1431234	9785	068BE
8992	样	木部	6	431112	D1F9	06837	9038	梿	木部	7	1512454	9786	068BF
8993	栟	木部	6	431132	96DE	0681F	9039	梐	木部	7	1535121	9761	06890

字序	字形	部首	部首外笔画数	部首外笔顺	18030代码	13000代码	字序	字形	部首	部首外笔画数	部首外笔顺	18030代码	13000代码
9040	桱	木部	7	1555121	974A	06871	9086	梓	木部	7	4143112	E8F7	06893
9041	梷	木部	7	2125154	977D	068B7	9087	梳	木部	7	4154325	CAE1	068B3
9042	㭴	木部	7	2254121	8231B035	03B74	9088	棁	木部	7	4325135	9787	068C1
9043	梢	木部	7	2432511	C9D2	068A2	9089	梯	木部	7	4351523	CCDD	068AF
9044	桿	木部	7	2511112	9755	0687F	9090	渠	木部	7	4411515	C7FE	06E20
9045	桯	木部	7	2511121	9748	0686F	9091	桫	木部	7	4412343	E8F8	0686B
9046	梖	木部	7	2511134	9766	06896	9092	桬	木部	7	4412343	9745	0686C
9047	梘	木部	7	2511135	9767	06898	9093	梁	木部	7	4415344	C1BA	06881
9048	梩	木部	7	2511211	9774	068A9	9094	梡	木部	7	4451135	9770	068A1
9049	梬	木部	7	2512115	9777	068AC	9095	桹	木部	7	4511534	974F	06879
9050	㭷	木部	7	2512153	8231B038	03B77	9096	桾	木部	7	5113251	9754	0687E
9051	梱	木部	7	2512341	9779	068B1	9097	棂	木部	7	5114334	E8F9	068C2
9052	梋	木部	7	2512511	975D	0688B	9098	梫	木部	7	5114554	9776	068AB
9053	梙	木部	7	2512512	9768	06899	9099	楖	木部	7	5115452	97F9	06956
9054	㭭	木部	7	2515322	8231AF38	03B6D	9100	梶	木部	7	5133115	977C	068B6
9055	梣	木部	7	2523445	9771	068A3	9101	梮	木部	7	5135251	9778	068AE
9056	梤	木部	7	2523453	9772	068A4	9102	梞	木部	7	5154544	976D	0689E
9057	梏	木部	7	3121251	E8F4	0688F	9103	梉	木部	7	5213121	975B	06889
9058	梸	木部	7	3123422	977E	068B8	9104	梕	木部	7	5344544	9765	06895
9059	梨	木部	7	3123422	C0E6	068A8	9105	桳	木部	7	5413412	974C	06873
9060	梅	木部	7	3155414	C3B7	06885	9106	桶	木部	7	5425112	CDB0	06876
9061	梹	木部	7	3212134	9780	068B9	9107	梭	木部	7	5434354	CBF3	068AD
9062	梍	木部	7	3251115	975F	0688D	9108	㭮	木部	7	5551354	8231AF39	03B6E
9063	梟	木部	7	3251115	976E	0689F	9109	棒	木部	8	11134112	B0F4	068D2
9064	梎	木部	7	3251135	9760	0688E	9110	琹	木部	8	11211121	AC6C	07439
9065	梻	木部	7	3251532	9782	068BB	9111	棈	木部	8	11212511	978D	068C8
9066	梔	木部	7	3315215	9764	06894	9112	㮇	木部	8	11342444	8231B234	03B87
9067	梌	木部	7	3411234	975E	0688C	9113	椝	木部	8	11342535	97CB	0691D
9068	桸	木部	7	3413252	974E	06878	9114	棖	木部	8	12111534	9796	068D6
9069	检	木部	7	3414431	BCEC	068C0	9115	楮	木部	8	12132511	E8FA	0696E
9070	桼	木部	7	3424134	9752	0687C	9116	棱	木部	8	12134354	C0E2	068F1
9071	梲	木部	7	3425135	977A	068B2	9117	椏	木部	8	12155121	97BF	0690F
9072	㭫	木部	7	3434121	8231AF36	03B6B	9118	棋	木部	8	12211134	C6E5	068CB
9073	桽	木部	7	3434121	9753	0687D	9119	棊	木部	8	12211134	978E	068CA
9074	㭲	木部	7	3434251	8231B033	03B72	9120	椰	木部	8	12211152	D2AC	06930
9075	㭩	木部	7	3443124	8231AF34	03B69	9121	棷	木部	8	12211154	97AF	068F7
9076	桴	木部	7	3443521	E8F5	06874	9122	棸	木部	8	12211154	97B0	068F8
9077	桵	木部	7	3443531	974D	06875	9123	楛	木部	8	12212251	97FC	0695B
9078	梒	木部	7	3445251	9763	06892	9124	棤	木部	8	12212511	97A0	068E4
9079	桰	木部	7	3515251	9749	06870	9125	楉	木部	8	12213251	97ED	06949
9080	㭵	木部	7	3525121	8231B036	03B75	9126	楧	木部	8	12225134	9844	06967
9081	梚	木部	7	3525135	9769	0689A	9127	﨓	木部	8	12232124	FE45	0FA13
9082	梑	木部	7	3534334	9762	06891	9128	植	木部	8	12251111	D6B2	0690D
9083	桷	木部	7	3535112	E8F6	06877	9129	森	木部	8	12341234	C9AD	068EE
9084	桻	木部	7	3541112	9751	0687B	9130	棶	木部	8	12343434	97AE	068F6
9085	梈	木部	7	4125152	975A	06888	9131	棽	木部	8	12343445	97B2	068FD

字序	字形	部首	部首外笔画数	部首外笔顺	18030代码	13000代码	字序	字形	部首	部首外笔画数	部首外笔顺	18030代码	13000代码
9132	棼	木部	8	12343453	E8FB	068FC	9178	棉	木部	8	32511252	C3DE	068C9
9133	棟	木部	8	12511234	979D	068DF	9179	椑	木部	8	32511312	97C0	06911
9134	棫	木部	8	12511534	97A7	068EB	9180	椞	木部	8	33121234	97CC	0691E
9135	椟	木部	8	12544134	E8FC	0691F	9181	棆	木部	8	34125122	978B	068C6
9136	㮋	木部	8	13251152	8231B238	03B8B	9182	検	木部	8	34125134	97CA	0691C
9137	㮈	木部	8	13411234	8231B235	03B88	9183	椧	木部	8	34125152	97D2	06927
9138	椅	木部	8	13412512	D2CE	06905	9184	㮁	木部	8	34132511	8231B138	03B81
9139	㭺	木部	8	13425115	8231B131	03B7A	9185	棥	木部	8	34341234	97A1	068E5
9140	椓	木部	8	13533434	97C1	06913	9186	㮆	木部	8	34431112	8231B233	03B86
9141	棲	木部	8	15112531	97AB	068F2	9187	棌	木部	8	34431234	978F	068CC
9142	椠	木部	8	15213312	E8FD	06920	9188	棯	木部	8	34454544	97AA	068EF
9143	棧	木部	8	15341534	97A3	068E7	9189	椕	木部	8	34531234	97C3	06915
9144	椡	木部	8	15412122	97CD	06921	9190	棇	木部	8	34544544	978C	068C7
9145	棑	木部	8	21112111	9793	068D1	9191	棚	木部	8	35113511	C5EF	068DA
9146	椒	木部	8	21123454	BDB7	06912	9192	棴	木部	8	35115254	97AD	068F4
9147	棹	木部	8	21251112	E8FE	068F9	9193	椆	木部	8	35121251	97B9	06906
9148	椃	木部	8	21531535	97B7	06903	9194	棔	木部	8	35152511	9795	068D4
9149	㭻	木部	8	24325251	8231B132	03B7B	9195	㭸	木部	8	35251354	8231B039	03B78
9150	棠	木部	8	24345251	CCC4	068E0	9196	椈	木部	8	35431234	97BB	06908
9151	棏	木部	8	25111124	9791	068CF	9197	椋	木部	8	41251234	E9A3	0690B
9152	椇	木部	8	25111134	97BA	06907	9198	椁	木部	8	41251521	E9A4	06901
9153	㮂	木部	8	25111134	8231B139	03B82	9199	棭	木部	8	41323544	97A9	068ED
9154	棵	木部	8	25111234	BFC3	068F5	9200	椨	木部	8	41332124	97D3	06928
9155	棍	木部	8	25111535	B9F7	068CD	9201	㭽	木部	8	41335154	8231B134	03B7D
9156	椢	木部	8	25112141	97CE	06922	9202	椊	木部	8	41343412	97BD	0690A
9157	椙	木部	8	25112511	97C7	06919	9203	椩	木部	8	41351134	97D4	06929
9158	椚	木部	8	25112511	97C8	0691A	9204	㮄	木部	8	41354153	8231B231	03B84
9159	㭿	木部	8	25113552	8231B136	03B7F	9205	棓	木部	8	41431251	9794	068D3
9160	椣	木部	8	25122134	97CF	06923	9206	椄	木部	8	41431531	97B8	06904
9161	棝	木部	8	25122511	979B	068DD	9207	棜	木部	8	41533444	979A	068DC
9162	椤	木部	8	25221354	E9A1	06924	9208	棛	木部	8	41542511	9799	068DB
9163	棞	木部	8	25312341	979C	068DE	9209	椦	木部	8	43113453	97D1	06926
9164	㭼	木部	8	25342511	8231B133	03B7C	9210	棬	木部	8	43113455	97A8	068EC
9165	棡	木部	8	25431252	979E	068E1	9211	椪	木部	8	43122431	97D5	0692A
9166	棢	木部	8	25431415	979F	068E2	9212	椫	木部	8	43251112	97D6	0692B
9167	楇	木部	8	25525251	97EB	06947	9213	㮡	木部	8	43341515	8231B530	03BA1
9168	椥	木部	8	31134251	97D0	06925	9214	棪	木部	8	43344334	97A6	068EA
9169	棰	木部	8	31212211	E9A2	068F0	9215	棕	木部	8	44511234	D7D8	068D5
9170	棃	木部	8	31234353	9788	068C3	9216	椗	木部	8	44512134	97C5	06917
9171	㮃	木部	8	31234531	8231B230	03B83	9217	椬	木部	8	44525111	97D7	0692C
9172	棅	木部	8	31511234	978A	068C5	9218	棺	木部	8	44525151	B9D7	068FA
9173	㮉	木部	8	32143134	8231B236	03B89	9219	椌	木部	8	44534121	97BE	0690C
9174	楰	木部	8	32151134	984B	06970	9220	椀	木部	8	44535455	97B5	06900
9175	棿	木部	8	32151135	97B4	068FF	9221	榔	木部	8	45115452	C0C6	06994
9176	椎	木部	8	32411121	D7B5	0690E	9222	棙	木部	8	45131344	9798	068D9
9177	㮅	木部	8	32411121	8231B232	03B85	9223	棨	木部	8	45133134	97A4	068E8

字序	字形	部首	部首外笔画数	部首外笔顺	18030代码	13000代码	字序	字形	部首	部首外笔画数	部首外笔顺	18030代码	13000代码
9224	椖	木部	8	45134153	97C4	06916	9270	楷	木部	9	153532511	BFAC	06977
9225	棎	木部	8	45341234	9790	068CE	9271	楨	木部	9	212511134	9845	06968
9226	楗	木部	8	51111254	E9A5	06957	9272	㮚	木部	9	212534341	8231B433	03B9A
9227	椂	木部	8	51124134	97B6	06902	9273	榄	木部	9	223142535	E9AD	06984
9228	棣	木部	8	51124134	E9A6	068E3	9274	㮐	木部	9	234325111	8231B333	03B90
9229	椐	木部	8	51312251	E9A7	06910	9275	㮛	木部	9	251112134	8231B434	03B9B
9230	㭾	木部	8	51352252	8231B135	03B7E	9276	楊	木部	9	251113533	97EE	0694A
9231	㭹	木部	8	51541554	8231B130	03B79	9277	楫	木部	9	251122111	E9AE	0696B
9232	椭	木部	8	52132511	CDD6	0692D	9278	榅	木部	9	251125221	9858	06985
9233	極	木部	8	52251541	984F	06975	9279	楬	木部	9	251135345	9848	0696C
9234	㮀	木部	8	52413452	8231B137	03B80	9280	椳	木部	9	251211534	97DC	06933
9235	椮	木部	8	54134333	97D8	0692E	9281	楐	木部	9	251213432	97F4	06950
9236	㮊	木部	8	54521234	8231B237	03B8A	9282	楒	木部	9	251214544	97F6	06952
9237	棳	木部	8	54545454	97AC	068F3	9283	㮙	木部	9	251251115	8231B432	03B99
9238	椔	木部	8	55525121	97C2	06914	9284	榀	木部	9	251251251	E9AF	06980
9239	楔	木部	9	111253134	D0A8	06954	9285	楍	木部	9	251251251	97F1	0694D
9240	楱	木部	9	111341134	E9A8	06971	9286	喿	木部	9	251251251	86D7	055BF
9241	椿	木部	9	111342511	B4BB	0693F	9287	椯	木部	9	252132522	97D9	0692F
9242	楳	木部	9	122111234	984D	06973	9288	楞	木部	9	252214153	C0E3	0695E
9243	椹	木部	9	122111345	E9A9	06939	9289	榾	木部	9	255452511	9880	069BE
9244	榵	木部	9	122122111	9878	069B5	9290	榘	木部	9	311341515	E9B0	06998
9245	㮖	木部	9	122125112	8231B339	03B96	9291	㮑	木部	9	312321511	8231B334	03B91
9246	楪	木部	9	122151234	9847	0696A	9292	楿	木部	9	312342511	9855	0697F
9247	㮱	木部	9	122312135	8231B636	03BB1	9293	楸	木部	9	312344334	E9B1	06978
9248	榙	木部	9	122341251	9864	06999	9294	㮔	木部	9	312511211	8231B337	03B94
9249	槆	木部	9	122352511	9887	069C6	9295	椱	木部	9	312511354	97DA	06931
9250	㮠	木部	9	122451234	8231B439	03BA0	9296	椴	木部	9	321113554	E9B2	06934
9251	楜	木部	9	122513511	97FD	0695C	9297	楩	木部	9	321251134	9846	06969
9252	楠	木部	9	122543112	E9AA	06960	9298	㮴	木部	9	321511254	8231B639	03BB4
9253	㮏	木部	9	123411234	8231B332	03B8F	9299	棩	木部	9	322151512	97A5	068E9
9254	楂	木部	9	123425111	E9AB	06942	9300	椺	木部	9	322511234	97E1	0693A
9255	椻	木部	9	125115315	97E2	0693B	9301	楻	木部	9	325111121	9852	0697B
9256	楋	木部	9	125123422	97EF	0694B	9302	楾	木部	9	325112534	9854	0697E
9257	楅	木部	9	125125121	97E9	06945	9303	槐	木部	9	325113554	BBB1	069D0
9258	㮒	木部	9	125221121	8231B335	03B92	9304	楽	木部	9	325114134	9853	0697D
9259	楆	木部	9	125221531	97EA	06946	9305	楀	木部	9	325125214	97E5	06940
9260	楝	木部	9	125431234	E9AC	0695D	9306	㮢	木部	9	325131134	8231B531	03BA2
9261	楕	木部	9	131212511	97F8	06955	9307	槌	木部	9	325151454	E9B3	069CC
9262	椷	木部	9	131251534	97DF	06937	9308	楯	木部	9	331225111	984A	0696F
9263	楲	木部	9	131531534	984C	06972	9309	椼	木部	9	332441112	97E3	0693C
9264	㮎	木部	9	132425221	8231B331	03B8E	9310	榆	木部	9	341251122	D3DC	06986
9265	㮟	木部	9	132511234	8231B438	03B9F	9311	楡	木部	9	341251155	9840	06961
9266	㮌	木部	9	132522111	8231B239	03B8C	9312	㮝	木部	9	343425152	8231B436	03B9D
9267	㮕	木部	9	132522134	8231B338	03B95	9313	楥	木部	9	344311354	9843	06965
9268	楏	木部	9	134121121	97F3	0694F	9314	椶	木部	9	345234354	97DE	06936
9269	㮜	木部	9	152131215	8231B435	03B9C	9315	楓	木部	9	353251214	97F7	06953

字序	字形	部首	部首外笔画数	部首外笔顺	18030代码	13000代码	字序	字形	部首	部首外笔画数	部首外笔顺	18030代码	13000代码
9316	楤	木部	9	353344544	9842	06964	9362	構	木部	10	1122125211	988B	069CB
9317	楟	木部	9	412514512	97FE	0695F	9363	榧	木部	10	1211121115	E9BC	069A7
9318	榳	木部	9	413312154	9877	069B3	9364	榪	木部	10	1211254444	9871	069AA
9319	㮞	木部	9	413534251	8231B437	03B9E	9365	槓	木部	10	1212511134	9890	069D3
9320	楶	木部	9	413534251	9850	06976	9366	榸	木部	10	1212511211	987A	069B8
9321	榇	木部	9	414311234	E9B4	06987	9367	榬	木部	10	1212513534	9872	069AC
9322	楌	木部	9	414313333	97F0	0694C	9368	榰	木部	10	1213352511	9875	069B0
9323	楴	木部	9	414345252	984E	06974	9369	㮪	木部	10	1213541234	8231B539	03BAA
9324	椸	木部	9	415331525	97E0	06938	9370	榼	木部	10	1215425221	987D	069BC
9325	榈	木部	9	425251251	E9B5	06988	9371	樺	木部	10	1221122112	98E5	06A3A
9326	槎	木部	9	431113121	E9B6	069CE	9372	模	木部	10	1222511134	C4A3	06A21
9327	㮸	木部	9	431134454	8231B733	03BB8	9373	樥	木部	10	1223541112	98D5	06A25
9328	楼	木部	9	431234531	C2A5	0697C	9374	榗	木部	10	1224312511	9863	06997
9329	椾	木部	9	431251122	97E4	0693E	9375	槙	木部	10	1225111134	9895	069D9
9330	㮍	木部	9	431251122	8231B330	03B8D	9376	㮦	木部	10	1245554234	8231B535	03BA6
9331	楢	木部	9	431253511	9841	06962	9377	槤	木部	10	1251112454	989D	069E4
9332	㮓	木部	9	442125441	8231B336	03B93	9378	榑	木部	10	1251124124	985F	06991
9333	榉	木部	9	443134112	E9B7	06989	9379	㯈	木部	10	1251234454	8231B839	03BC8
9334	楦	木部	9	445125111	E9B8	06966	9380	槅	木部	10	1251254312	9886	069C5
9335	榁	木部	9	445154121	9856	06981	9381	槚	木部	10	1252212534	9896	069DA
9336	楁	木部	9	445354251	97E6	06941	9382	樮	木部	10	1252214334	98DC	06A2E
9337	楎	木部	9	451251112	97F2	0694E	9383	槈	木部	10	1311534124	9889	069C8
9338	楄	木部	9	451325122	97E8	06944	9384	榎	木部	10	1325111354	985C	0698E
9339	榊	木部	9	452425112	9859	0698A	9385	槗	木部	10	1325125251	9893	069D7
9340	榋	木部	9	511511511	985A	0698B	9386	榞	木部	10	1332511234	9867	0699E
9341	概	木部	9	511541535	B8C5	06982	9387	㯌	木部	10	1353334454	8231B933	03BCC
9342	槩	木部	9	511541535	98A2	069E9	9388	㮷	木部	10	1354352511	8231B732	03BB7
9343	㮣	木部	9	511541535	8231B532	03BA3	9389	㮹	木部	10	1541213134	8231B734	03BB9
9344	椵	木部	9	512115154	97DD	06935	9390	槕	木部	10	2125111234	9891	069D5
9345	楃	木部	9	513154121	97E7	06943	9391	榩	木部	10	2153154134	9870	069A9
9346	椲	木部	9	521251152	97DB	06932	9392	槛	木部	10	2231425221	BCF7	069DB
9347	楣	木部	9	521325111	E9B9	06963	9393	榯	木部	10	2511121124	9874	069AF
9348	楈	木部	9	521342511	97EC	06948	9394	㮿	木部	10	2511122112	8231B830	03BBF
9349	榌	木部	9	534335342	985B	0698C	9395	榥	木部	10	2511243135	986E	069A5
9350	楹	木部	9	535425221	E9BA	06979	9396	榻	木部	10	2511541541	E9BD	069BB
9351	楑	木部	9	543341134	97F5	06951	9397	㮨	木部	10	2512134354	8231B537	03BA8
9352	㮻	木部	9	544251214	8231B736	03BBB	9398	㮯	木部	10	2513533341	8231B634	03BAF
9353	楙	木部	9	545231234	97FB	06959	9399	榿	木部	10	2521251431	9881	069BF
9354	楺	木部	9	545231234	9851	0697A	9400	榲	木部	10	2534125221	9876	069B2
9355	㮘	木部	9	545233134	8231B431	03B98	9401	樤	木部	10	3223541234	98D4	06A24
9356	楘	木部	9	545233134	97FA	06958	9402	樇	木部	10	3223542511	98BC	06A07
9357	㮗	木部	9	545233445	8231B430	03B97	9403	榫	木部	10	3241112112	E9BE	069AB
9358	椽	木部	9	551353334	B4AA	0693D	9404	槜	木部	10	3241112153	9897	069DC
9359	㮮	木部	10	1112533112	8231B633	03BAE	9405	榭	木部	10	3251113124	E9BF	069AD
9360	榛	木部	10	1113431234	E9BB	0699B	9406	槔	木部	10	3251113412	E9C0	069D4
9361	榡	木部	10	1121554234	986A	069A1	9407	㮩	木部	10	3251114544	8231B538	03BA9

字序	字形	部首	部首外笔画数	部首外笔顺	18030代码	13000代码	字序	字形	部首	部首外笔画数	部首外笔顺	18030代码	13000代码
9408	槝	木部	10	3251115252	9898	069DD	9454	㮼	木部	10	4513541541	8231B737	03BBC
9409	㮧	木部	10	3251154444	8231B536	03BA7	9455	榠	木部	10	4525114134	9869	069A0
9410	㮰	木部	10	3253411535	8231B635	03BB0	9456	榷	木部	10	4532411121	C8B6	069B7
9411	榹	木部	10	3321531535	987B	069B9	9457	榓	木部	10	4543425221	9861	06993
9412	㮽	木部	10	3354143554	8231B738	03BBD	9458	榐	木部	10	5131221534	985E	06990
9413	槃	木部	10	3354143554	9884	069C3	9459	榍	木部	10	5132432511	E9C7	0698D
9414	榝	木部	10	3412343554	9866	0699D	9460	榒	木部	10	5154151541	9860	06992
9415	榣	木部	10	3443311252	986C	069A3	9461	樄	木部	10	5212511234	98B9	06A04
9416	槄	木部	10	3443321511	9885	069C4	9462	槂	木部	10	5213554234	9883	069C2
9417	榽	木部	10	3443554134	987E	069BD	9463	㯁	木部	10	5241431251	8231B832	03BC1
9418	槍	木部	10	3445113251	988C	069CD	9464	㮥	木部	10	5413425121	8231B534	03BA5
9419	㮬	木部	10	3454541541	8231B631	03BAC	9465	樋	木部	10	5425112454	98BF	06A0B
9420	㮳	木部	10	3511431134	8231B638	03BB3	9466	㮭	木部	10	5425431121	8231B632	03BAD
9421	槇	木部	10	3525111534	9888	069C7	9467	槡	木部	10	5454541234	989A	069E1
9422	槰	木部	10	3541112454	98A8	069F0	9468	槥	木部	11	11121112511	989E	069E5
9423	榤	木部	10	3541521234	986D	069A4	9469	樁	木部	11	11134321511	98B6	06A01
9424	榴	木部	10	3545325121	C1F1	069B4	9470	樍	木部	11	11212511134	98C1	06A0D
9425	㮲	木部	10	3552335523	8231B637	03BB2	9471	槻	木部	11	11342511135	98B2	069FB
9426	榱	木部	10	4125113534	E9C1	069B1	9472	槼	木部	11	11342511135	98B3	069FC
9427	槁	木部	10	4125125251	E9C2	069C1	9473	㯊	木部	11	12121154444	8231B931	03BCA
9428	槨	木部	10	4125152152	98A1	069E8	9474	槸	木部	11	12134121354	98AF	069F8
9429	槉	木部	10	4134131134	988A	069C9	9475	槷	木部	11	12134121354	98AE	069F7
9430	樆	木部	10	4134522554	98BB	06A06	9476	㯏	木部	11	12152133554	8231B936	03BCF
9431	榶	木部	10	4135112251	9879	069B6	9477	樭	木部	11	12211134121	98DB	06A2D
9432	槞	木部	10	4143125115	9899	069DE	9478	槿	木部	11	12212511121	E9C8	069FF
9433	榜	木部	10	4143454153	B0F1	0699C	9479	横	木部	11	12212512134	BAE1	06A2A
9434	㮵	木部	10	4153313541	8231B730	03BB5	9480	樠	木部	11	12212523434	98D1	06A20
9435	槒	木部	10	4155425121	988F	069D2	9481	橗	木部	11	12225113511	98FD	06A57
9436	様	木部	10	4311212534	9894	069D8	9482	㯣	木部	11	12234531234	8231BB36	03BE3
9437	榚	木部	10	4311214444	9865	0699A	9483	㯜	木部	11	12241343412	8231BA39	03BDC
9438	榏	木部	10	4313425221	985D	0698F	9484	㯄	木部	11	12343315215	8231B835	03BC4
9439	槏	木部	10	4315112234	988D	069CF	9485	㯃	木部	11	12343424134	8231B834	03BC3
9440	㮶	木部	10	4315233511	8231B731	03BB6	9486	樯	木部	11	12431252511	E9C9	06A2F
9441	槊	木部	10	4315233511	E9C3	069CA	9487	槧	木部	11	12511123312	98A0	069E7
9442	榮	木部	10	4334433445	9873	069AE	9488	槫	木部	11	12511214124	98A4	069EB
9443	﨔	木部	10	4431343112	FE46	0FA14	9489	槽	木部	11	12512212511	B2DB	069FD
9444	㮫	木部	10	4451112251	8231B630	03BAB	9490	樕	木部	11	12512343534	98C9	06A15
9445	榢	木部	10	4451353334	986B	069A2	9491	樞	木部	11	12512512515	98D0	06A1E
9446	槟	木部	10	4453212134	E9C4	069DF	9492	樫	木部	11	12512554121	98D9	06A2B
9447	榨	木部	10	4453431211	D5A5	069A8	9493	標	木部	11	12522111234	98CB	06A19
9448	榕	木部	10	4453434251	E9C5	06995	9494	槱	木部	11	12535114444	98A9	069F1
9449	㮤	木部	10	4453434251	8231B533	03BA4	9495	槭	木部	11	13211234534	E9CA	069ED
9450	榟	木部	10	4454143112	9868	0699F	9496	㯂	木部	11	13221545252	8231B833	03BC2
9451	樃	木部	10	4511543511	98B8	06A03	9497	槬	木部	11	13411533544	98A5	069EC
9452	㮾	木部	10	4511543511	8231B739	03BBE	9498	樉	木部	11	13434343434	98BE	06A09
9453	槠	木部	10	4512132511	E9C6	069E0	9499	樗	木部	11	14524444115	E9CB	06A17

字序	字形	部首	部首外笔画数	部首外笔顺	18030代码	13000代码	字序	字形	部首	部首外笔画数	部首外笔顺	18030代码	13000代码
9500	樰	木部	11	14524444511	98DD	06A30	9546	橄	木部	11	51221113134	E9CF	06A44
9501	㯇	木部	11	21112111121	8231B838	03BC7	9547	㯑	木部	11	51512111534	8231B938	03BD1
9502	樐	木部	11	21253444441	98C4	06A10	9548	橢	木部	11	52131212511	9945	06A62
9503	樝	木部	11	21531525111	98CF	06A1D	9549	㯐	木部	11	52131212511	8231B937	03BD0
9504	㯉	木部	11	21531534312	8231B930	03BC9	9550	㯍	木部	11	52133544124	8231B934	03BCD
9505	樘	木部	11	24345251121	E9CC	06A18	9551	槳	木部	11	52133544124	98AA	069F3
9506	樓	木部	11	25112512531	98C7	06A13	9552	槢	木部	11	54154132511	989B	069E2
9507	槾	木部	11	25112522154	98B4	069FE	9553	樛	木部	11	54154134333	98CD	06A1B
9508	樏	木部	11	25121554234	98C3	06A0F	9554	槮	木部	11	54545434333	98A6	069EE
9509	槶	木部	11	25125115341	98AD	069F6	9555	樌	木部	11	55212511134	98C0	06A0C
9510	槵	木部	11	25125124544	98AC	069F5	9556	樔	木部	11	55525111234	98C8	06A14
9511	槯	木部	11	25232411121	98A7	069EF	9557	樲	木部	12	111251113454	98DE	06A32
9512	樱	木部	11	25342534531	D3A3	06A31	9558	㯘	木部	12	121112343534	8231BA35	03BD8
9513	檛	木部	11	25525251454	9974	06A9B	9559	橈	木部	12	121121121135	98EF	06A48
9514	権	木部	11	31132411121	98D8	06A29	9560	樾	木部	12	121213415534	E9D0	06A3E
9515	樦	木部	11	31431441121	98D6	06A26	9561	㯧	木部	12	121213453251	8231BC30	03BE7
9516	樢	木部	11	32511154444	98D2	06A22	9562	橨	木部	12	121222511134	994A	06A68
9517	概	木部	11	32511351535	98A3	069EA	9563	樹	木部	12	121251431124	98E4	06A39
9518	槹	木部	11	32511413412	98B0	069F9	9564	橲	木部	12	121251431251	9953	06A72
9519	樂	木部	11	32511554554	98B7	06A02	9565	橽	木部	12	121431112454	995C	06A7D
9520	樬	木部	11	32535414544	98DA	06A2C	9566	㯛	木部	12	121452155121	8231BA38	03BDB
9521	樅	木部	11	33234342134	98BA	06A05	9567	㯦	木部	12	122111341234	8231BB39	03BE6
9522	樧	木部	11	34123443554	98D7	06A27	9568	㯕	木部	12	122111343312	8231BA32	03BD5
9523	樖	木部	11	34125112512	98CA	06A16	9569	橫	木部	12	122112512134	994D	06A6B
9524	㯒	木部	11	34432511135	8231B939	03BD2	9570	橵	木部	12	122125113134	9956	06A75
9525	橡	木部	11	35251353334	CFF0	06A61	9571	橊	木部	12	122155125121	98F1	06A4A
9526	橥	木部	11	35312132511	E9CD	06A65	9572	㯵	木部	12	122312511211	8231BD34	03BF5
9527	槲	木部	11	35351124412	E9CE	069F2	9573	㯳	木部	12	122352513134	8231BD32	03BF3
9528	㯎	木部	11	41112511234	8231B935	03BCE	9574	檠	木部	12	122352513134	E9D1	06AA0
9529	樜	木部	11	41312214444	98CE	06A1C	9575	檧	木部	12	122353344544	9980	06AA7
9530	㯅	木部	11	41332511312	8231B836	03BC5	9576	橶	木部	12	122511121534	9957	06A76
9531	槺	木部	11	41351124134	98B1	069FA	9577	橭	木部	12	122514143112	994F	06A6D
9532	槦	木部	11	41351125112	989F	069E6	9578	㯖	木部	12	122522114544	8231BA33	03BD6
9533	樚	木部	11	41352211535	98CC	06A1A	9579	樷	木部	12	123412211154	98E2	06A37
9534	樟	木部	11	41431251112	D5C1	06A1F	9580	㯬	木部	12	123451111254	8231BC35	03BEC
9535	樈	木部	11	41431251135	98BD	06A08	9581	㯟	木部	12	123451124134	8231BB32	03BDF
9536	㯆	木部	11	41431331121	8231B837	03BC6	9582	橞	木部	12	125112144544	9942	06A5E
9537	樀	木部	11	41432512251	98B5	06A00	9583	橐	木部	12	125124513251	E9D2	06A50
9538	㯀	木部	11	41533152134	8231B831	03BC0	9584	橝	木部	12	125221251112	9941	06A5D
9539	㯠	木部	11	41554453112	8231BB33	03BE0	9585	㯨	木部	12	125221431234	8231BC31	03BE8
9540	樣	木部	11	43112145534	98D3	06A23	9586	橱	木部	12	131251431124	B3F7	06A71
9541	樑	木部	11	44153441234	98C5	06A11	9587	橛	木部	12	134315233534	E9D3	06A5B
9542	槣	木部	11	44513412512	989C	069E3	9588	橜	木部	12	134315233534	9940	06A5C
9543	樎	木部	11	44532132511	98C2	06A0E	9589	橑	木部	12	134432511234	98F7	06A51
9544	樒	木部	11	44545434252	98C6	06A12	9590	橒	木部	12	145244441154	98F8	06A52
9545	槴	木部	11	45132515215	98AB	069F4	9591	橬	木部	12	153515352511	994E	06A6C

字序	字形	部首	部首外笔画数	部首外笔顺	18030代码	13000代码	字序	字形	部首	部首外笔画数	部首外笔顺	18030代码	13000代码
9592	橴	木部	12	212135554234	9955	06A74	9638	橂	木部	12	431253511134	98EB	06A42
9593	樸	木部	12	224314311134	98E3	06A38	9639	檤	木部	12	431325111454	997C	06AA4
9594	橖	木部	12	243452511234	98FC	06A56	9640	檖	木部	12	431353334454	9970	06A96
9595	橕	木部	12	243452511523	98FB	06A55	9641	橧	木部	12	432524312511	9949	06A67
9596	樶	木部	12	251112211154	98E1	06A36	9642	燊	木部	12	433443344334	9FF6	071CA
9597	檙	木部	12	251115132125	9972	06A99	9643	橩	木部	12	433443344535	994B	06A69
9598	檝	木部	12	251122111534	9976	06A9D	9644	橯	木部	12	433443344553	9951	06A6F
9599	橍	木部	12	251125111121	98F4	06A4D	9645	橣	木部	12	445454425112	9946	06A63
9600	㯗	木部	12	251125111234	8231BA34	03BD7	9646	橤	木部	12	454445444544	9947	06A64
9601	橸	木部	12	251125112511	9959	06A78	9647	樳	木部	12	511121251124	98DF	06A33
9602	橺	木部	12	251125112511	995A	06A7A	9648	樨	木部	12	513241343112	E9D8	06A28
9603	橌	木部	12	251125113511	98F3	06A4C	9649	樼	木部	12	513521521521	98E7	06A3C
9604	樻	木部	12	251212511134	98E6	06A3B	9650	㯢	木部	12	515515122134	8231BB35	03BE2
9605	螙	木部	12	251214251214	CE96	08799	9651	橻	木部	12	521152115211	995B	06A7B
9606	樿	木部	12	251251251112	98E8	06A3F	9652	檃	木部	12	523443121511	9961	06A83
9607	橆	木部	12	311222211234	98EE	06A46	9653	橙	木部	12	543341251431	B3C8	06A59
9608	橅	木部	12	311222214444	98ED	06A45	9654	橃	木部	12	543345153554	98EC	06A43
9609	橇	木部	12	311531153115	C7C1	06A47	9655	橘	木部	12	545232534251	E9D9	06A58
9610	㯔	木部	12	311531153115	8231BA31	03BD4	9656	橼	木部	12	551551353334	E9DA	06A7C
9611	橋	木部	12	313425125251	98F2	06A4B	9657	機	木部	12	554554134534	9943	06A5F
9612	築	木部	12	314314121354	BA42	07BC9	9658	檉	木部	13	1221112511121	9966	06A89
9613	㯚	木部	12	314314341251	8231BA37	03BDA	9659	㯼	木部	13	1221215425221	8231BE31	03BFC
9614	橁	木部	12	314314352511	98EA	06A41	9660	櫣	木部	13	1221251112454	99B9	06AE3
9615	檇	木部	12	324111212525	9964	06A87	9661	檋	木部	13	1221341251112	9968	06A8B
9616	樵	木部	12	324111214444	E9D4	06A35	9662	檴	木部	13	1223241112154	998A	06AB4
9617	橰	木部	12	325111413412	9952	06A70	9663	㯴	木部	13	1224453434251	8231BD33	03BF4
9618	橷	木部	12	325112113535	9958	06A77	9664	檬	木部	13	1224511353334	C3CA	06AAC
9619	㯓	木部	12	341251541541	8231BA30	03BD3	9665	檊	木部	13	1225111234112	9967	06A8A
9620	㯡	木部	12	342413435515	8231BB34	03BE1	9666	㯲	木部	13	1234123411234	8231BD31	03BF2
9621	橎	木部	12	343123425121	98F5	06A4E	9667	檚	木部	13	1234123452134	9973	06A9A
9622	檎	木部	12	344134522554	E9D5	06A8E	9668	檣	木部	13	1234341252511	997B	06AA3
9623	橓	木部	12	344345354152	98F9	06A53	9669	檕	木部	13	1251112523554	996F	06A95
9624	橳	木部	12	351143113453	9954	06A73	9670	橿	木部	13	1251211251211	995E	06A7F
9625	橹	木部	12	352512112511	E9D6	06A79	9671	㯱	木部	13	1251245311252	8231BD30	03BF1
9626	橪	木部	12	354413444444	994C	06A6A	9672	檦	木部	13	1252211123422	997E	06AA6
9627	橮	木部	12	354532511134	9950	06A6E	9673	檟	木部	13	1252212511134	9978	06A9F
9628	橔	木部	12	412515213134	98FA	06A54	9674	檑	木部	13	1452444425121	E9DB	06A91
9629	橠	木部	12	413543543534	9944	06A60	9675	㯪	木部	13	1452444434454	8231BC33	03BEA
9630	橦	木部	12	414312511211	9948	06A66	9676	檅	木部	13	2121131233534	9962	06A85
9631	樴	木部	12	414312511534	98E0	06A34	9677	㯫	木部	13	2153151353334	8231BC34	03BEB
9632	㯙	木部	12	415425113134	8231BA36	03BD9	9678	㯭	木部	13	2153152512153	8231BC36	03BED
9633	橀	木部	12	415432525221	98E9	06A40	9679	檏	木部	13	2243143111234	996B	06A8F
9634	橏	木部	12	431112431251	98F6	06A4F	9680	檔	木部	13	2434525125121	996E	06A94
9635	檨	木部	12	431121413534	9981	06AA8	9681	㯝	木部	13	2512121354251	8231BB30	03BDD
9636	橉	木部	12	431234354152	98F0	06A49	9682	檂	木部	13	2512211311534	9960	06A82
9637	樽	木部	12	431253511124	E9D7	06A3D	9683	橾	木部	13	2512512511234	995D	06A7E

字序	字形	部首	部首外笔画数	部首外笔顺	18030代码	13000代码
9684	檡	木部	13	2522112143112	9979	06AA1
9685	㯰	木部	13	2522112251111	8231BC39	03BF0
9686	檈	木部	13	2522112513534	9965	06A88
9687	檌	木部	13	2522121112111	9969	06A8C
9688	㯮	木部	13	2522135251214	8231BC37	03BEE
9689	櫛	木部	13	3143145115452	99B1	06ADB
9690	檓	木部	13	3215111213554	996D	06A93
9691	櫆	木部	13	3251135544412	999C	06AC6
9692	檪	木部	13	3251141341234	9982	06AAA
9693	檄	木部	13	3251141533134	CFAD	06A84
9694	檢	木部	13	3412512513434	997A	06AA2
9695	檜	木部	13	3412524312511	9975	06A9C
9696	㯶	木部	13	3444445234354	8231BD35	03BF6
9697	檐	木部	13	3513344111251	E9DC	06A90
9698	檞	木部	13	3535112533112	9977	06A9E
9699	㯯	木部	13	3541522511134	8231BC38	03BEF
9700	檩	木部	13	4125251111234	E9DD	06AA9
9701	檀	木部	13	4125251125111	CCB4	06A80
9702	檁	木部	13	4125251131234	995F	06A81
9703	檍	木部	13	4143125114544	996A	06A8D
9704	檥	木部	13	4311213121534	997D	06AA5
9705	檆	木部	13	4334433421251	9963	06A86
9706	橚	木部	13	5112322151512	98FE	06A5A
9707	檘	木部	13	5132514143112	9971	06A98
9708	檗	木部	13	5132514143112	E9DE	06A97
9709	㯞	木部	13	5544442512511	8231BB31	03BDE
9710	檯	木部	14	12125145154121	9985	06AAF
9711	檮	木部	14	12151211251124	9984	06AAE
9712	櫀	木部	14	12211134554234	9996	06AC0
9713	櫙	木部	14	12212512512515	99AF	06AD9
9714	櫗	木部	14	12225221134534	99AD	06AD7
9715	櫒	木部	14	12235445411234	99A8	06AD2
9716	㰈	木部	14	12341251112454	8231BF33	03C08
9717	櫃	木部	14	12512125111345	9999	06AC3
9718	㯾	木部	14	12512212511454	8231BE33	03BFE
9719	㯻	木部	14	12512451353334	8231BE30	03BFB
9720	檻	木部	14	12512531425221	9991	06ABB
9721	㯺	木部	14	12512531425221	8231BD39	03BFA
9722	㯹	木部	14	12522111234124	8231BD38	03BF9
9723	櫉	木部	14	13121251431124	999F	06AC9
9724	櫔	木部	14	13122251125214	99AA	06AD4
9725	檿	木部	14	13251125111344	9995	06ABF
9726	檶	木部	14	13412512512515	998C	06AB6
9727	檷	木部	14	13425234343434	998D	06AB7
9728	檽	木部	14	14524444132522	9993	06ABD
9729	櫚	木部	14	25112511251251	99B0	06ADA
9730	櫊	木部	14	25112511354251	99A0	06ACA
9731	檲	木部	14	25125112141241	9988	06AB2
9732	櫄	木部	14	31254312114444	999A	06AC4
9733	櫡	木部	14	31431412132511	99B7	06AE1
9734	檱	木部	14	31431412211134	9987	06AB1
9735	㯷	木部	14	32224314311134	8231BD36	03BF7
9736	檭	木部	14	34112431511534	9983	06AAD
9737	檼	木部	14	34431215114544	9992	06ABC
9738	檺	木部	14	41251451353334	9990	06ABA
9739	櫎	木部	14	41312212512134	99A4	06ACE
9740	㰅	木部	14	41432512251454	8231BF30	03C05
9741	櫅	木部	14	41432533543211	999B	06AC5
9742	檹	木部	14	41533113412512	998F	06AB9
9743	檾	木部	14	43344334451234	9994	06ABE
9744	檳	木部	14	44512332511134	9989	06AB3
9745	檫	木部	14	44535445411234	E9DF	06AAB
9746	櫁	木部	14	44545434251214	9997	06AC1
9747	檸	木部	14	44545442522112	998E	06AB8
9748	㯽	木部	14	44552132511134	8231BE32	03BFD
9749	㯸	木部	14	51121444425221	8231BD37	03BF8
9750	櫭	木部	14	51154153525111	99C3	06AED
9751	㰐	木部	14	52131212511454	8231C031	03C10
9752	櫇	木部	14	53254132511134	999D	06AC7
9753	櫂	木部	14	54154132411121	9998	06AC2
9754	櫈	木部	14	54334125143135	999E	06AC8
9755	檰	木部	14	55444432511252	9986	06AB0
9756	檵	木部	14	55455415545545	998B	06AB5
9757	櫘	木部	15	111211125114544	99AE	06AD8
9758	櫕	木部	15	113411342511134	99AB	06AD5
9759	㰇	木部	15	121211121111534	8231BF32	03C07
9760	櫝	木部	15	121252212511134	99B3	06ADD
9761	櫵	木部	15	122324111214444	99CB	06AF5
9762	㰆	木部	15	125124521112111	8231BF31	03C06
9763	櫜	木部	15	125124535424251	99B2	06ADC
9764	櫏	木部	15	125221134515454	99A5	06ACF
9765	㰁	木部	15	132511325113251	8231BE36	03C01
9766	櫌	木部	15	132511454544354	99A2	06ACC
9767	櫫	木部	15	135333412132511	99C1	06AEB
9768	櫖	木部	15	215315251214544	99AC	06AD6
9769	㰄	木部	15	251113415341534	8231BE39	03C04
9770	櫢	木部	15	251125125313134	99B8	06AE2
9771	櫑	木部	15	251212512125121	99A7	06AD1
9772	櫐	木部	15	251212512125121	99A6	06AD0
9773	㰎	木部	15	252324111212525	8231BF39	03C0E
9774	㰀	木部	15	312343533424134	8231BE35	03C00
9775	櫤	木部	15	314314431251122	99BA	06AE4

字序	字形	部首	部首外笔画数	部首外笔顺	18030代码	13000代码
9776	櫋	木部	15	325111445344153	99A1	06ACB
9777	㰃	木部	15	325112523554234	8231BE38	03C03
9778	櫟	木部	15	325115545541234	99B5	06ADF
9779	櫍	木部	15	331233122511134	99A3	06ACD
9780	櫓	木部	15	352512144442511	99A9	06AD3
9781	櫧	木部	15	411125112132511	99BD	06AE7
9782	櫥	木部	15	413121251431124	99BB	06AE5
9783	櫦	木部	15	413522154544354	99BC	06AE6
9784	櫠	木部	15	413543345153554	99B6	06AE0
9785	㰂	木部	15	445343123425121	8231BE37	03C02
9786	櫲	木部	15	545235251353334	99C8	06AF2
9787	櫞	木部	15	554444551353334	99B4	06ADE
9788	㯿	木部	15	555253415445445	8231BE34	03BFF
9789	㰊	木部	16	1213412143344334	8231BF35	03C0A
9790	蘖	木部	16	1223251514143112	DEC1	08616
9791	欂	木部	16	1224411251124124	99D8	06B02
9792	櫹	木部	16	1225112322151512	99CF	06AF9
9793	櫮	木部	16	1225125112512511	99C4	06AEE
9794	櫴	木部	16	1251234352511134	99CA	06AF4
9795	㰓	木部	16	1251253142511134	8231C034	03C13
9796	㰖	木部	16	1251253142511135	8231C037	03C16
9797	櫪	木部	16	1331234312342121	99C0	06AEA
9798	㰌	木部	16	1452444432411121	8231BF37	03C0C
9799	㰉	木部	16	1541211113431234	8231BF34	03C09
9800	㰋	木部	16	2121233132511134	8231BF36	03C0B
9801	櫨	木部	16	2153152512125221	99BE	06AE8
9802	櫩	木部	16	2511251135321511	99BF	06AE9
9803	㰏	木部	16	3143144125125251	8231C030	03C0F
9804	櫸	木部	16	3211152511134112	99CE	06AF8
9805	㰒	木部	16	3211343451145521	8231C033	03C12
9806	櫯	木部	16	3525121444431234	99C5	06AEF
9807	櫰	木部	16	4125221241343534	99C6	06AF0
9808	櫬	木部	16	4143112342511135	99C2	06AEC
9809	櫳	木部	16	4143125111515111	99C9	06AF3
9810	㰕	木部	16	4311213123415534	8231C036	03C15
9811	櫿	木部	16	4334433445251251	99D5	06AFF
9812	櫶	木部	16	4451112252214544	99CC	06AF6
9813	㰑	木部	16	4544454445441234	8231C032	03C11
9814	櫱	木部	16	5233251514143112	99C7	06AF1
9815	櫽	木部	16	5234431215114544	99D3	06AFD
9816	䢄	木部	16	5425141431121234	82348334	04884
9817	欌	木部	17	12213513125125534	99E2	06B0C
9818	權	木部	17	12225125132411121	99E0	06B0A
9819	欍	木部	17	12232411121321511	99E3	06B0D
9820	櫺	木部	17	14524444251251251	99D0	06AFA
9821	櫻	木部	17	25111342511134531	99D1	06AFB
9822	欄	木部	17	25112511125431234	99DA	06B04
9823	欁	木部	17	25122113115341234	99D7	06B01
9824	欅	木部	17	32111525111343112	99DB	06B05
9825	櫷	木部	17	32511255115115341	99CD	06AF7
9826	櫼	木部	17	34341211121111534	99D2	06AFC
9827	櫾	木部	17	34433112523554234	99D4	06AFE
9828	欃	木部	17	35251153535251354	99D9	06B03
9829	㰔	木部	17	41112514334433454	8231C035	03C14
9830	欀	木部	17	41251251112213534	99D6	06B00
9831	欇	木部	18	122111122111122111	99DD	06B07
9832	㰛	木部	18	122325115545541234	8231C132	03C1B
9833	㰗	木部	18	132112345342512134	8231C038	03C17
9834	欉	木部	18	224314311212211154	99DF	06B09
9835	欋	木部	18	251112511132411121	99E1	06B0B
9836	欈	木部	18	252324111212534251	99DE	06B08
9837	欆	木部	18	324111213241112154	99DC	06B06
9838	欎	木部	18	343412344551154124	99E4	06B0E
9839	㰚	木部	18	413452255432411121	8231C131	03C1A
9840	㰘	木部	18	551431234554234132	8231C039	03C18
9841	㰙	木部	19	1221251113432411121	8231C130	03C19
9842	㰜	木部	19	1225111134132511134	8231C133	03C1C
9843	欐	木部	19	1254125441352211535	99E6	06B10
9844	欕	木部	19	2512511351221113134	99EB	06B15
9845	欏	木部	19	2522155444432411121	99E5	06B0F
9846	欑	木部	19	3121353121352511134	99E7	06B11
9847	欒	木部	19	4111251554444554444	99E8	06B12
9848	欗	木部	20	12225112511125431234	99ED	06B17
9849	欓	木部	20	24345251254312114444	99E9	06B13
9850	欔	木部	20	25111251113241112154	99EA	06B14
9851	欖	木部	21	125125314252212511135	99EC	06B16
9852	欛	木部	21	145244441221251123511	99F1	06B1B
9853	欙	木部	21	251212512125121554234	99EF	06B19
9854	欝	木部	21	343412342522151154124	99F3	06B1D
9855	欘	木部	21	513241342522135251214	99EE	06B18
9856	欚	木部	21	551353334251214251214	99F0	06B1A
9857	欜	木部	22	1251245251251112213534	99F2	06B1C
9858	鬰	木部	23	34341234453444445215333	F463	09B30
9859	欟	木部	24	122251251324111212511135	99F5	06B1F
9860	欞	木部	24	145244442512512511234341	99F4	06B1E

字序	字形	部首	部首外笔画数	部首外笔顺	18030代码	13000代码
9861	欝	木部	25	3112521234453444445215333	F464	09B31
9862	爨	木部	30	12112544441211254444121125444 4	8234D533	04BC2
9863	支	支部	0	0	D6A7	0652F
9864	攰	支部	2	53	948A	06530
9865	廷	支部	4	3115	8231CC35	03C8D
9866	攱	支部	6	351355	82319737	03A7B
9867	攲	支部	6	354354	82319738	03A7C
9868	翅	支部	6	541541	B3E1	07FC5
9869	攳	支部	7	1251234	82319739	03A7D
9870	攲	支部	8	13412512	948C	06532
9871	攱	支部	8	31212211	82319830	03A7E
9872	雉	支部	8	32411121	8234A731	049F4
9873	頍	支部	9	132511134	ED9F	0980D
9874	鳷	支部	11	32511154444	F854	09CF7
9875	𢻚	支部	12	511121251124	948D	06533
9876	犬	犬部	0	0	C8AE	072AC
9877	犭	犬部	0	0	E1EB	072AD
9878	犰	犬部	2	35	E1EC	072B0
9879	犯	犬部	2	55	B7B8	072AF
9880	犴	犬部	3	112	E1ED	072B4
9881	犲	犬部	3	123	A0E5	072B2
9882	犵	犬部	3	315	A0E7	072B5
9883	犳	犬部	3	354	A0E6	072B3
9884	犱	犬部	3	354	A0E4	072B1
9885	状	犬部	3	412	D7B4	072B6
9886	犷	犬部	3	413	E1EE	072B7
9887	犸	犬部	3	551	E1EF	072B8
9888	狂	犬部	4	1121	BFF1	072C2
9889	狇	犬部	4	1234	A0F1	072C7
9890	犻	犬部	4	1252	A0E9	072BB
9891	犾	犬部	4	1344	A0EC	072BE
9892	㹜	犬部	4	1344	8231FA37	03E5C
9893	犹	犬部	4	1354	D3CC	072B9
9894	犽	犬部	4	1523	A0EB	072BD
9895	㹠	犬部	4	1525	8231FB31	03E60
9896	狆	犬部	4	2512	A0F0	072C6
9897	狈	犬部	4	2534	B1B7	072C8
9898	狅	犬部	4	3121	A0EF	072C5
9899	㹞	犬部	4	3312	8231FA39	03E5E
9900	㹝	犬部	4	3515	8231FA38	03E5D
9901	狁	犬部	4	4124	A0ED	072BF
9902	犺	犬部	4	4135	A0E8	072BA
9903	狄	犬部	4	4334	B5D2	072C4
9904	㹟	犬部	4	5134	8231FB30	03E5F
9905	狃	犬部	4	5211	E1F0	072C3
9906	犼	犬部	4	5215	A0EA	072BC
9907	狁	犬部	4	5435	E1F1	072C1
9908	狋	犬部	5	11234	A0F4	072CB
9909	㹤	犬部	5	12154	8231FB35	03E64
9910	狜	犬部	5	12251	AA40	072DC
9911	狉	犬部	5	13241	A0F2	072C9
9912	狘	犬部	5	15534	A0FC	072D8
9913	狚	犬部	5	25111	A0FD	072DA
9914	狙	犬部	5	25111	BED1	072D9
9915	狎	犬部	5	25112	E1F2	072CE
9916	㹨	犬部	5	25121	8231FB39	03E68
9917	㹧	犬部	5	25134	8231FB38	03E67
9918	狌	犬部	5	31121	A0F5	072CC
9919	狏	犬部	5	31525	A0F6	072CF
9920	狛	犬部	5	32511	A0FE	072DB
9921	狐	犬部	5	33544	BAFC	072D0
9922	狑	犬部	5	34454	A0F7	072D1
9923	狝	犬部	5	35234	AA41	072DD
9924	狗	犬部	5	35251	B9B7	072D7
9925	㹪	犬部	5	35351	8231FC31	03E6A
9926	㹣	犬部	5	35444	8231FB34	03E63
9927	狍	犬部	5	35515	E1F3	072CD
9928	㹥	犬部	5	41121	8231FB36	03E65
9929	㹡	犬部	5	41554	8231FB32	03E61
9930	狞	犬部	5	44512	C4FC	072DE
9931	狖	犬部	5	44534	A0FB	072D6
9932	狔	犬部	5	51335	A0F9	072D4
9933	狒	犬部	5	51532	E1F4	072D2
9934	㹦	犬部	5	53251	8231FB37	03E66
9935	㹢	犬部	5	53251	8231FB33	03E62
9936	狓	犬部	5	53254	A0F8	072D3
9937	㹩	犬部	5	54121	8231FC30	03E69
9938	狕	犬部	5	55453	A0FA	072D5
9939	狨	犬部	6	113534	E1F5	072E8
9940	狤	犬部	6	121251	AA45	072E4
9941	狫	犬部	6	121335	AA4A	072EB
9942	狟	犬部	6	125111	AA42	072DF
9943	㹬	犬部	6	125134	8231FC33	03E6C
9944	㹮	犬部	6	132511	8231FC35	03E6E
9945	狭	犬部	6	143134	CFC1	072ED
9946	㹫	犬部	6	151534	8231FC32	03E6B
9947	狮	犬部	6	231252	CAA8	072EE
9948	㹰	犬部	6	243135	8231FC37	03E70
9949	㹭	犬部	6	251153	8231FC34	03E6D
9950	独	犬部	6	251214	B6C0	072EC

字序	字形	部首	部首外笔画数	部首外笔顺	18030代码	13000代码
9951	哭	犬部	6	251251	BFDE	054ED
9952	狪	犬部	6	251251	AA49	072EA
9953	狦	犬部	6	252211	AA47	072E6
9954	㹶	犬部	6	312154	8231FD33	03E76
9955	狧	犬部	6	312251	AA48	072E7
9956	㹯	犬部	6	321234	8231FC36	03E6F
9957	狿	犬部	6	321554	AA50	072FF
9958	狯	犬部	6	341154	E1F6	072EF
9959	狣	犬部	6	341534	AA44	072E3
9960	狥	犬部	6	352511	AA46	072E5
9961	狢	犬部	6	354251	AA43	072E2
9962	狰	犬部	6	355112	D5F8	072F0
9963	狡	犬部	6	413434	BDC6	072E1
9964	狩	犬部	6	445124	E1F7	072E9
9965	狱	犬部	6	451344	D3FC	072F1
9966	狠	犬部	6	511534	BADD	072E0
9967	狲	犬部	6	521234	E1F8	072F2
9968	狾	犬部	7	1213312	AA4F	072FE
9969	㹲	犬部	7	1213521	8231FC39	03E72
9970	㹴	犬部	7	1251134	8231FD31	03E74
9971	㹳	犬部	7	1251251	8231FD30	03E73
9972	狹	犬部	7	1343434	AA4D	072F9
9973	狵	犬部	7	1353334	AA4B	072F5
9974	狴	犬部	7	1535121	E1F9	072F4
9975	㹵	犬部	7	1555121	8231FD32	03E75
9976	猂	犬部	7	2511112	AA52	07302
9977	狽	犬部	7	2511134	AA4E	072FD
9978	狸	犬部	7	2511211	C0EA	072F8
9979	㹱	犬部	7	2512134	8231FC38	03E71
9980	狷	犬部	7	2512511	E1FA	072F7
9981	猁	犬部	7	3123422	E1FB	07301
9982	㹸	犬部	7	3251135	8231FD35	03E78
9983	狳	犬部	7	3411234	E1FC	072F3
9984	㹷	犬部	7	3413252	8231FD34	03E77
9985	狶	犬部	7	3413252	AA4C	072F6
9986	猃	犬部	7	3414431	E1FD	07303
9987	狺	犬部	7	4111251	E1FE	072FA
9988	猐	犬部	7	4311135	AA5D	07310
9989	猀	犬部	7	4412343	AA51	07300
9990	狼	犬部	7	4511534	C0C7	072FC
9991	峱	犬部	7	5211252	8D70	05CF1
9992	狻	犬部	7	5434354	E2A1	072FB
9993	猜	犬部	8	11212511	B2C2	0731C
9994	猪	犬部	8	12132511	D6ED	0732A
9995	猉	犬部	8	12211134	AA58	07309
9996	猎	犬部	8	12212511	C1D4	0730E
9997	猫	犬部	8	12225121	C3A8	0732B
9998	㺃	犬部	8	12235251	8231FE36	03E83
9999	猍	犬部	8	12343434	AA5B	0730D
10000	猌	犬部	8	12343434	AA5A	0730C
10001	猗	犬部	8	13412512	E2A2	07317
10002	猋	犬部	8	13441344	AA59	0730B
10003	㹽	犬部	8	15341534	8231FE30	03E7D
10004	猅	犬部	8	21112111	AA54	07305
10005	㹿	犬部	8	21251112	8231FE32	03E7F
10006	猇	犬部	8	21531535	AA56	07307
10007	猓	犬部	8	25111234	E2A3	07313
10008	猑	犬部	8	25111535	AA5E	07311
10009	猖	犬部	8	25112511	B2FE	07316
10010	猒	犬部	8	25112511	AA5F	07312
10011	猠	犬部	8	25122134	AA65	07320
10012	猡	犬部	8	25221354	E2A4	07321
10013	㹺	犬部	8	25342511	8231FD37	03E7A
10014	猧	犬部	8	25525251	AA69	07327
10015	猘	犬部	8	31125222	AA61	07318
10016	㹻	犬部	8	31234531	8231FD38	03E7B
10017	猊	犬部	8	32151135	E2A5	0730A
10018	猚	犬部	8	32411121	AA63	0731A
10019	猈	犬部	8	32511312	AA57	07308
10020	猞	犬部	8	34112251	E2A6	0731E
10021	猙	犬部	8	34435112	AA62	07319
10022	㺀	犬部	8	35334544	8231FE33	03E80
10023	㹾	犬部	8	35424251	8231FE31	03E7E
10024	㹼	犬部	8	35431234	8231FD39	03E7C
10025	猄	犬部	8	41251234	AA53	07304
10026	猝	犬部	8	41343412	E2A7	0731D
10027	㹹	犬部	8	41351134	8231FD36	03E79
10028	猟	犬部	8	44335112	AA64	0731F
10029	猔	犬部	8	44511234	AA60	07314
10030	猏	犬部	8	45132511	AA5C	0730F
10031	猕	犬部	8	51535234	E2A8	07315
10032	猛	犬部	8	52125221	C3CD	0731B
10033	猰	犬部	9	111253134	AA6D	07330
10034	猢	犬部	9	122513511	E2A9	07322
10035	献	犬部	9	122543112	CFD7	0732E
10036	猹	犬部	9	123425111	E2AA	07339
10037	㺂	犬部	9	131251534	8231FE35	03E82
10038	猩	犬部	9	251131121	D0C9	07329
10039	猲	犬部	9	251135345	AA6E	07332
10040	猥	犬部	9	251211534	E2AB	07325
10041	猬	犬部	9	251212511	E2AC	0732C
10042	猯	犬部	9	252132522	AA6C	0732F

字序	字形	部首	部首外笔画数	部首外笔顺	18030代码	13000代码	字序	字形	部首	部首外笔画数	部首外笔顺	18030代码	13000代码
10043	猾	犬部	9	255452511	BBAB	0733E	10089	獕	犬部	11	25232411121	AA89	07355
10044	獀	犬部	9	321511254	AA76	07340	10090	獔	犬部	11	32511413412	AA88	07354
10045	猴	犬部	9	325131134	BAEF	07334	10091	獄	犬部	11	41112511344	AA7A	07344
10046	㺄	犬部	9	341251122	8231FE37	03E84	10092	㺎	犬部	11	41351125112	82328137	03E8E
10047	猨	犬部	9	344311354	AA6A	07328	10093	獐	犬部	11	41431251112	E2AF	07350
10048	猣	犬部	9	345234354	AA66	07323	10094	獍	犬部	11	41431251135	E2B0	0734D
10049	㺅	犬部	9	351331134	8231FE38	03E85	10095	獙	犬部	11	43252343134	AA8C	07359
10050	猦	犬部	9	353251214	AA68	07326	10096	獘	犬部	11	43252343134	AA8B	07358
10051	獇	犬部	9	431113554	AA7D	07347	10097	㺖	犬部	11	51221113134	82328235	03E96
10052	猷	犬部	9	431253511	E9E0	07337	10098	獎	犬部	11	52133544124	AA84	0734E
10053	猶	犬部	9	431253511	AA71	07336	10099	㺒	犬部	11	54154134333	82328231	03E92
10054	猵	犬部	9	451325122	AA70	07335	10100	㺑	犬部	11	54545434333	82328230	03E91
10055	㺆	犬部	9	451342534	8231FE39	03E86	10101	㺐	犬部	11	55525111234	82328139	03E90
10056	猳	犬部	9	512115154	AA6F	07333	10102	獟	犬部	12	121121121135	AA92	0735F
10057	猸	犬部	9	521325111	E2AD	07338	10103	獖	犬部	12	121222511134	AA8A	07356
10058	猤	犬部	9	543341134	AA67	07324	10104	㺚	犬部	12	121431112454	82328239	03E9A
10059	猱	犬部	9	545231234	E2AE	07331	10105	獦	犬部	12	122251135345	AA98	07366
10060	猭	犬部	9	551353334	AA6B	0732D	10106	獗	犬部	12	134315233534	E2B1	07357
10061	㺁	犬部	9	555325341	8231FE34	03E81	10107	獠	犬部	12	134432511234	E2B2	07360
10062	獉	犬部	10	1113431234	AA80	07349	10108	獛	犬部	12	224314311134	AA8E	0735B
10063	獓	犬部	10	1121533134	AA87	07353	10109	㺗	犬部	12	251251251112	82328236	03E97
10064	獒	犬部	10	1121533134	E9E1	07352	10110	獢	犬部	12	313425125251	AA94	07362
10065	獁	犬部	10	1211254444	AA77	07341	10111	獡	犬部	12	321511354444	AA93	07361
10066	猿	犬部	10	1212513534	D4B3	0733F	10112	㺘	犬部	12	324111214444	82328237	03E98
10067	獏	犬部	10	1222511134	AA85	0734F	10113	獋	犬部	12	325111413412	AA82	0734B
10068	猼	犬部	10	1251124124	AA74	0733C	10114	㺕	犬部	12	343123425121	82328234	03E95
10069	獂	犬部	10	1332511234	AA78	07342	10115	㺔	犬部	12	344335554444	82328233	03E94
10070	獃	犬部	10	2521251431	AA79	07343	10116	獤	犬部	12	412515213134	AA96	07364
10071	獆	犬部	10	3251113412	AA7C	07346	10117	獞	犬部	12	414312511211	AA91	0735E
10072	獅	犬部	10	3251511252	AA7B	07345	10118	獜	犬部	12	431234354152	AA8F	0735C
10073	猺	犬部	10	3443311252	AA72	0733A	10119	獣	犬部	12	443251211251	AA95	07363
10074	獊	犬部	10	3445113251	AA81	0734A	10120	㺙	犬部	12	445554142534	82328238	03E99
10075	㺋	犬部	10	3454541541	82328134	03E8B	10121	獝	犬部	12	545232534251	AA90	0735D
10076	㺊	犬部	10	4311214544	82328133	03E8A	10122	㺛	犬部	13	1211254444132	82328330	03E9B
10077	獈	犬部	10	4313425221	AA7E	07348	10123	獲	犬部	13	1223241112154	AB40	07372
10078	㺌	犬部	10	4315112234	82328135	03E8C	10124	獴	犬部	13	1224511353334	AB42	07374
10079	㺍	犬部	10	4453212134	82328136	03E8D	10125	獭	犬部	13	1251234352534	CCA1	0736D
10080	猽	犬部	10	4525114134	AA75	0733D	10126	獩	犬部	13	2121131233534	AA9B	07369
10081	猻	犬部	10	5213554234	AA73	0733B	10127	㺜	犬部	13	2512211311534	82328331	03E9C
10082	㺈	犬部	10	5221251214	82328131	03E88	10128	獧	犬部	13	2522112513534	AA99	07367
10083	㺓	犬部	11	11212511134	82328232	03E93	10129	獨	犬部	13	2522135251214	AA9A	07368
10084	獚	犬部	11	12212512134	AA8D	0735A	10130	㺞	犬部	13	3211152511134	82328333	03E9E
10085	㺇	犬部	11	12251251344	82328130	03E87	10131	獥	犬部	13	3251141533134	AA97	07365
10086	獑	犬部	11	12511123312	AA86	07351	10132	獫	犬部	13	3412512513434	AA9D	0736B
10087	㺏	犬部	11	25112512531	82328138	03E8F	10133	獪	犬部	13	3412524312511	AA9C	0736A
10088	獌	犬部	11	25112522154	AA83	0734C	10134	獬	犬部	13	3535112533112	E2B3	0736C

字序	字形	部首	部首外笔画数	部首外笔顺	18030代码	13000代码
10135	㺝	犬部	14	12512531425221	82328332	03E9D
10136	獮	犬部	14	13425234343434	AA9E	0736E
10137	獳	犬部	14	14524444132522	AB41	07373
10138	獯	犬部	14	31254312114444	E2B4	0736F
10139	獷	犬部	14	41312212512134	AB45	07377
10140	獱	犬部	14	44512332511134	AAA0	07371
10141	獰	犬部	14	44545442522112	AA9F	07370
10142	㺟	犬部	14	54154132411121	82328334	03E9F
10143	獶	犬部	15	132511454544354	AB44	07376
10144	獸	犬部	15	251251251211251	AB46	07378
10145	㺠	犬部	15	445343354433544	82328335	03EA0
10146	獵	犬部	15	555253415445445	AB43	07375
10147	獺	犬部	16	1251234352511134	AB48	0737A
10148	㺡	犬部	16	1331234312342121	82328336	03EA1
10149	㺢	犬部	16	1452444432411121	82328337	03EA2
10150	獻	犬部	16	2153151251254312	AB49	0737B
10151	獹	犬部	16	2153152512125221	AB47	07379
10152	㺦	犬部	17	12211155455453221	82328431	03EA6
10153	獾	犬部	17	12225125132411121	E2B5	0737E
10154	㺣	犬部	17	21531512514311534	82328338	03EA3
10155	㺤	犬部	17	34341211121111534	82328339	03EA4
10156	㺥	犬部	17	35251153535251354	82328430	03EA5
10157	獽	犬部	17	41251251112213534	AB4B	0737D
10158	獼	犬部	17	51513425234343434	AB4A	0737C
10159	玂	犬部	19	1222512512511123312	AB4F	07382
10160	獿	犬部	19	1325111212151534354	AB4C	0737F
10161	玁	犬部	19	2512511351221113134	AB4E	07381
10162	玀	犬部	19	2522155444432411121	AB4D	07380
10163	玃	犬部	20	25111251113241112154	AB50	07383
10164	㺧	犬部	21	251251132511134251251	82328432	03EA7
10165	歹	歹部	0	0	B4F5	06B79
10166	歺	歹部	0	0	9A78	06B7A
10167	㱙	歹部	2	15	8231C734	03C59
10168	列	歹部	2	22	C1D0	05217
10169	死	歹部	2	35	CBC0	06B7B
10170	歼	歹部	3	312	BCDF	06B7C
10171	㱛	歹部	4	1354	8231C736	03C5B
10172	㱜	歹部	4	2134	8231C737	03C5C
10173	殀	歹部	4	3134	9A7C	06B80
10174	歽	歹部	4	3312	9A79	06B7D
10175	㱚	歹部	4	3511	8231C735	03C5A
10176	歾	歹部	4	3533	9A7A	06B7E
10177	殁	歹部	4	3554	E9E2	06B81
10178	歿	歹部	4	3554	9A7B	06B7F
10179	残	歹部	5	11534	B2D0	06B8B

字序	字形	部首	部首外笔画数	部首外笔顺	18030代码	13000代码
10180	㱠	歹部	5	12251	8231C831	03C60
10181	殂	歹部	5	25111	E9E3	06B82
10182	殃	歹部	5	25134	D1EA	06B83
10183	殅	歹部	5	31121	9A7D	06B85
10184	殇	歹部	5	31533	E9E4	06B87
10185	殄	歹部	5	34333	E9E5	06B84
10186	㱞	歹部	5	41431	8231C739	03C5E
10187	㱟	歹部	5	53254	8231C830	03C5F
10188	殆	歹部	5	54251	B4F9	06B86
10189	殊	歹部	6	311234	CAE2	06B8A
10190	㱡	歹部	6	312135	8231C832	03C61
10191	殈	歹部	6	325221	9A7E	06B88
10192	殉	歹部	6	352511	D1B3	06B89
10193	肂	歹部	6	511112	C342	08082
10194	殑	歹部	7	1225135	9A84	06B91
10195	殏	歹部	7	1241344	9A82	06B8F
10196	殐	歹部	7	1251234	9A83	06B90
10197	殎	歹部	7	1343434	9A81	06B8E
10198	殌	歹部	7	1555121	9A80	06B8C
10199	殒	歹部	7	2512534	E9E6	06B92
10200	殓	歹部	7	3414431	E9E7	06B93
10201	殍	歹部	7	3443521	E9E8	06B8D
10202	㱣	歹部	7	3443531	8231C834	03C63
10203	㱢	歹部	7	4511534	8231C833	03C62
10204	㱥	歹部	8	12134354	8231C836	03C65
10205	殖	歹部	8	12251111	D6B3	06B96
10206	㱤	歹部	8	12343312	8231C835	03C64
10207	㱩	歹部	8	12544134	8231C930	03C69
10208	㱦	歹部	8	13412512	8231C837	03C66
10209	殗	歹部	8	13425115	9A87	06B97
10210	殘	歹部	8	15341534	9A88	06B98
10211	殙	歹部	8	35152511	9A89	06B99
10212	殕	歹部	8	41431251	9A86	06B95
10213	殚	歹部	8	43251112	E9E9	06B9A
10214	㱨	歹部	8	44512134	8231C839	03C68
10215	㱧	歹部	8	44535455	8231C838	03C67
10216	殔	歹部	8	51124134	9A85	06B94
10217	殛	歹部	8	52251541	E9EA	06B9B
10218	殜	歹部	9	122151234	9A8A	06B9C
10219	㱫	歹部	9	125431234	8231C932	03C6B
10220	殟	歹部	9	251125221	9A8D	06B9F
10221	㱬	歹部	9	251211534	8231C933	03C6C
10222	㱮	歹部	9	251212534	FE69	03C6E
10223	㱭	歹部	9	321113554	8231C934	03C6D
10224	㱱	歹部	9	325113554	8231C937	03C71
10225	飱	歹部	9	344511534	EF8A	098F1

字序	字形	部首	部首外笔画数	部首外笔顺	18030代码	13000代码	字序	字形	部首	部首外笔画数	部首外笔顺	18030代码	13000代码
10226	㱪	歹部	9	515152511	8231C931	03C6A	10272	軑	车部	3	134	DC8D	08ED1
10227	殝	歹部	10	1113431234	9A8B	06B9D	10273	軏	车部	3	135	DC8B	08ECF
10228	㱳	歹部	10	1222511134	8231C939	03C73	10274	軎	车部	3	251	EAA6	08ECE
10229	殞	歹部	10	2512511134	9A8C	06B9E	10275	軕	车部	3	252	DC91	08ED5
10230	㱯	歹部	10	2521251431	8231C935	03C6F	10276	䢀	车部	3	315	82348330	04880
10231	殠	歹部	10	3251111344	9A8E	06BA0	10277	䡅	车部	3	322	8233FB31	04845
10232	㱲	歹部	10	4313425221	8231C938	03C72	10278	軓	车部	3	354	DC8F	08ED3
10233	殡	歹部	10	4453212134	E9EB	06BA1	10279	軐	车部	3	512	DC8C	08ED0
10234	㱰	歹部	10	4454143112	8231C936	03C70	10280	轫	车部	3	534	E9ED	08F6B
10235	㱴	歹部	11	11212511134	8231CA30	03C74	10281	軔	车部	3	534	DC90	08ED4
10236	殣	歹部	11	12212511121	9A90	06BA3	10282	軖	车部	4	1121	DC92	08ED6
10237	殢	歹部	11	13221545252	9A8F	06BA2	10283	䡍	车部	4	1134	8233FB39	0484D
10238	殤	歹部	11	31251113533	9A91	06BA4	10284	䡇	车部	4	1135	8233FB33	04847
10239	殦	歹部	11	32511154444	9A93	06BA6	10285	転	车部	4	1154	DC9E	08EE2
10240	殥	歹部	11	44512512134	9A92	06BA5	10286	转	车部	4	1154	D7AA	08F6C
10241	㱵	歹部	12	121222511134	8231CA31	03C75	10287	䡋	车部	4	1254	8233FB37	0484B
10242	㱶	歹部	12	121251431333	8231CA32	03C76	10288	軚	车部	4	1344	DC96	08EDA
10243	殪	歹部	12	121451251431	E9EC	06BAA	10289	䡌	车部	4	1354	8233FB38	0484C
10244	殩	歹部	12	135454431234	9A96	06BA9	10290	轭	车部	4	1355	E9EE	08F6D
10245	殨	歹部	12	251212511134	9A95	06BA8	10291	軛	车部	4	1355	DC97	08EDB
10246	殫	歹部	12	251251251112	9A97	06BAB	10292	軘	车部	4	1525	DC94	08ED8
10247	㱷	歹部	12	324111211234	8231CA33	03C77	10293	軙	车部	4	2154	DC95	08ED9
10248	殧	歹部	12	412512341354	9A94	06BA7	10294	軜	车部	4	2534	DC98	08EDC
10249	殭	歹部	13	1251211251211	9A99	06BAD	10295	軞	车部	4	3115	DC9A	08EDE
10250	殬	歹部	13	2522112143112	9A98	06BAC	10296	軠	车部	4	3121	DC9C	08EE0
10251	殮	歹部	13	3412512513434	9A9A	06BAE	10297	斩	车部	4	3312	D5B6	065A9
10252	㱸	歹部	13	5132514143112	8231CA34	03C78	10298	斬	车部	4	3312	94D8	065AC
10253	殯	歹部	14	44512332511134	9A9B	06BAF	10299	䡊	车部	4	3354	8233FB36	0484A
10254	殱	歹部	15	121211121111534	9A9D	06BB1	10300	䡈	车部	4	3434	8233FB34	04848
10255	殰	歹部	15	121252212511134	9A9C	06BB0	10301	轮	车部	4	3435	C2D6	08F6E
10256	㱹	歹部	16	1331234312342121	8231CA35	03C79	10302	軡	车部	4	3445	DC9D	08EE1
10257	㱺	歹部	16	2153152512125221	8231CA36	03C7A	10303	䡆	车部	4	3454	8233FB32	04846
10258	殲	歹部	17	34341211121111534	9A9E	06BB2	10304	䢁	车部	4	3511	82348331	04881
10259	㱻	歹部	19	4152513511431112354	8231CA37	03C7B	10305	軝	车部	4	3515	DC99	08EDD
10260	车	车部	0	0	B3B5	08F66	10306	软	车部	4	3534	C8ED	08F6F
10261	車	车部	0	0	DC87	08ECA	10307	軟	车部	4	3534	DC9B	08EDF
10262	轧	车部	1	5	D4FE	08F67	10308	軗	车部	4	3554	DC93	08ED7
10263	軋	车部	1	5	DC88	08ECB	10309	軣	车部	4	4134	DC9F	08EE3
10264	轨	车部	2	35	B9EC	08F68	10310	䡉	车部	4	4135	8233FB35	04849
10265	䡄	车部	2	35	8233FB30	04844	10311	䡎	车部	4	4513	8233FC30	0484E
10266	軌	车部	2	35	DC89	08ECC	10312	轰	车部	4	5454	BAE4	08F70
10267	䡂	车部	2	52	8233FA38	04842	10313	轱	车部	5	12251	E9EF	08F71
10268	䡃	车部	2	53	8233FA39	04843	10314	軲	车部	5	12251	DD4D	08EF2
10269	轩	车部	3	112	D0F9	08F69	10315	轲	车部	5	12512	E9F0	08F72
10270	軒	车部	3	112	DC8E	08ED2	10316	軻	车部	5	12512	DD56	08EFB
10271	轪	车部	3	134	DE61	08F6A	10317	軷	车部	5	13544	DD52	08EF7

字序	字形	部首	部首外笔画数	部首外笔顺	18030代码	13000代码	字序	字形	部首	部首外笔画数	部首外笔顺	18030代码	13000代码
10318	軯	车部	5	14312	DD4A	08EEF	10364	輄	车部	6	243135	DD5F	08F04
10319	軰	车部	5	21135	DD4B	08EF0	10365	轿	车部	6	313432	BDCE	08F7F
10320	轳	车部	5	21513	E9F1	08F73	10366	辀	车部	6	335414	DE62	08F80
10321	䡒	车部	5	25121	8233FC34	04852	10367	輈	车部	6	335414	DD63	08F08
10322	轴	车部	5	25121	D6E1	08F74	10368	辁	车部	6	341121	E9FA	08F81
10323	軸	车部	5	25121	DD53	08EF8	10369	輇	车部	6	341121	DD62	08F07
10324	轵	车部	5	25134	E9F2	08F75	10370	辂	车部	6	354251	E9FB	08F82
10325	軹	车部	5	25134	DD54	08EF9	10371	輅	车部	6	354251	DD60	08F05
10326	軮	车部	5	25134	DD49	08EEE	10372	䡔	车部	6	354354	8233FC36	04854
10327	軦	车部	5	25135	DD41	08EE6	10373	较	车部	6	413434	BDCF	08F83
10328	轶	车部	5	31134	E9F3	08F76	10374	較	车部	6	413434	DD5E	08F03
10329	軼	车部	5	31134	DD57	08EFC	10375	輆	车部	6	415334	DD61	08F06
10330	軵	车部	5	32124	DD50	08EF5	10376	軿	车部	6	431132	DD5A	08EFF
10331	軱	车部	5	33544	DD4C	08EF1	10377	䡕	车部	6	525341	8233FC37	04855
10332	轷	车部	5	34312	E9F5	08F77	10378	辄	车部	7	1221115	E9FC	08F84
10333	軤	车部	5	34312	DCA0	08EE4	10379	輒	车部	7	1221115	DD6D	08F12
10334	轸	车部	5	34333	E9F4	08F78	10380	䡛	车部	7	1251112	8233FD33	0485B
10335	軫	车部	5	34333	DD46	08EEB	10381	辅	车部	7	1251124	B8A8	08F85
10336	軨	车部	5	34454	DD43	08EE8	10382	輔	车部	7	1251124	DD6F	08F14
10337	軧	车部	5	35154	DD42	08EE7	10383	辆	车部	7	1253434	C1BE	08F86
10338	轹	车部	5	35234	E9F6	08F79	10384	輏	车部	7	1253511	DD6A	08F0F
10339	軥	车部	5	35251	DD40	08EE5	10385	輕	车部	7	1555121	DD70	08F15
10340	軳	车部	5	35515	DD4E	08EF3	10386	輎	车部	7	2432511	DD69	08F0E
10341	軴	车部	5	41121	DD4F	08EF4	10387	䡚	车部	7	3251135	8233FD32	0485A
10342	䢂	车部	5	41431	82348332	04882	10388	輍	车部	7	3434251	DD68	08F0D
10343	䡐	车部	5	44535	8233FC32	04850	10389	䡘	车部	7	3525121	8233FD30	04858
10344	軶	车部	5	45135	DD51	08EF6	10390	輓	车部	7	3525135	DD6E	08F13
10345	䡑	车部	5	51515	8233FC33	04851	10391	輐	车部	7	4451135	DD6B	08F10
10346	䡏	车部	5	51554	8233FC31	0484F	10392	䡙	车部	7	4511534	8233FD31	04859
10347	轺	车部	5	53251	E9F7	08F7A	10393	輑	车部	7	5113251	DD6C	08F11
10348	軺	车部	5	53251	DD55	08EFA	10394	輤	车部	8	11212511	DD80	08F24
10349	轻	车部	5	54121	C7E1	08F7B	10395	辇	车部	8	11341134	E9FD	08F87
10350	軽	车部	5	54121	DD58	08EFD	10396	輦	车部	8	11341134	DD82	08F26
10351	軩	车部	5	54251	DD44	08EE9	10397	䡤	车部	8	12132511	8233FE32	04864
10352	軪	车部	5	55453	DD45	08EEA	10398	䡜	车部	8	12134121	8233FD34	0485C
10353	軭	车部	6	111215	DD48	08EED	10399	輘	车部	8	12134354	DD73	08F18
10354	轼	车部	6	112154	E9F8	08F7C	10400	輙	车部	8	12211154	DD74	08F19
10355	軾	车部	6	112154	DD59	08EFE	10401	輛	车部	8	12523434	DD76	08F1B
10356	䡗	车部	6	121354	8233FC39	04857	10402	輢	车部	8	13412512	DD7D	08F22
10357	輁	车部	6	122134	DD5C	08F01	10403	輚	车部	8	15341534	DD75	08F1A
10358	輂	车部	6	122134	DD5D	08F02	10404	輫	车部	8	21112111	DD87	08F2B
10359	輌	车部	6	125252	DD67	08F0C	10405	䡞	车部	8	25111134	8233FD36	0485E
10360	輀	车部	6	132522	DD5B	08F00	10406	輠	车部	8	25111234	DD7B	08F20
10361	䡖	车部	6	134121	8233FC38	04856	10407	辊	车部	8	25111535	B9F5	08F8A
10362	轾	车部	6	154121	E9F9	08F7E	10408	輥	车部	8	25111535	DD81	08F25
10363	輊	车部	6	154121	DD65	08F0A	10409	辋	车部	8	25431415	E9FE	08F8B

字序	字形	部首	部首外笔画数	部首外笔顺	18030代码	13000代码	字序	字形	部首	部首外笔画数	部首外笔顺	18030代码	13000代码
10410	輞	车部	8	25431415	DD79	08F1E	10456	轋	车部	10	1251112454	DE46	08F4B
10411	輧	车部	8	31133112	DD83	08F27	10457	轀	车部	10	2534125221	DD9C	08F40
10412	輗	车部	8	32151135	DD72	08F17	10458	䡧	车部	10	3251154444	8233FE35	04867
10413	䡟	车部	8	32511312	8233FD37	0485F	10459	轁	车部	10	3443321511	DD9D	08F41
10414	輪	车部	8	34125122	DD86	08F2A	10460	䡫	车部	10	3541112454	8233FE39	0486B
10415	輣	车部	8	35113511	DD7E	08F23	10461	䡭	车部	10	4311135211	82348131	0486D
10416	輖	车部	8	35121251	DD71	08F16	10462	辖	车部	10	4451112251	CFBD	08F96
10417	輡	车部	8	35321511	DD7C	08F21	10463	轄	车部	10	4451112251	DDA0	08F44
10418	辌	车部	8	41251234	DE63	08F8C	10464	䡥	车部	10	4453434251	8233FE33	04865
10419	輬	车部	8	41251234	DD88	08F2C	10465	䡪	车部	10	4513541541	8233FE38	0486A
10420	輨	车部	8	44525151	DD84	08F28	10466	辗	车部	10	5131221534	D5B7	08F97
10421	䡝	车部	8	44535455	8233FD35	0485D	10467	輾	车部	10	5131221534	DD9A	08F3E
10422	辍	车部	8	54545454	EAA1	08F8D	10468	輽	车部	10	5413425121	DD99	08F3D
10423	輟	车部	8	54545454	DD7A	08F1F	10469	䡦	车部	10	5454541234	8233FE34	04866
10424	辎	车部	8	55525121	EAA2	08F8E	10470	轊	车部	11	11121112511	DE45	08F4A
10425	輜	车部	8	55525121	DD77	08F1C	10471	䡰	车部	11	12152133554	82348134	04870
10426	辏	车部	9	111341134	EAA3	08F8F	10472	轉	车部	11	12511214124	DE44	08F49
10427	輳	车部	9	111341134	DD8F	08F33	10473	䡱	车部	11	12512512515	82348135	04871
10428	辐	车部	9	125125121	B7F8	08F90	10474	轌	车部	11	14524444511	DE47	08F4C
10429	輻	车部	9	125125121	DD97	08F3B	10475	䡬	车部	11	25112522154	82348130	0486C
10430	輱	车部	9	131251534	DD8D	08F31	10476	䡯	车部	11	32535414544	82348133	0486F
10431	輭	车部	9	132522134	DD89	08F2D	10477	䡮	车部	11	33234342134	82348132	0486E
10432	䡡	车部	9	153532511	8233FD39	04861	10478	辘	车部	11	41352211535	EAA4	08F98
10433	輺	车部	9	155525121	DD96	08F3A	10479	轆	车部	11	41352211535	DE41	08F46
10434	䡠	车部	9	212511134	8233FD38	04860	10480	轇	车部	11	54154134333	DE42	08F47
10435	輰	车部	9	251113533	DD8C	08F30	10481	轈	车部	11	55525111234	DE43	08F48
10436	辑	车部	9	251122111	BCAD	08F91	10482	轒	车部	12	121222511134	DE4D	08F52
10437	輯	车部	9	251122111	DD8B	08F2F	10483	䡳	车部	12	122111343312	82348137	04873
10438	辒	车部	9	251125221	DE64	08F92	10484	轕	车部	12	122251135345	DE50	08F55
10439	輼	车部	9	251125221	DD98	08F3C	10485	轑	车部	12	134432511234	DE4C	08F51
10440	輵	车部	9	251135345	DD91	08F35	10486	轐	车部	12	224314311134	DE4B	08F50
10441	輲	车部	9	252132522	DD8E	08F32	10487	䡲	车部	12	251251251112	82348136	04872
10442	輹	车部	9	312511354	DD95	08F39	10488	轎	车部	12	313425125251	DE49	08F4E
10443	輴	车部	9	331225111	DD90	08F34	10489	轓	车部	12	343123425121	DE4E	08F53
10444	输	车部	9	341251122	CAE4	08F93	10490	䡴	车部	12	414312511211	82348138	04874
10445	輸	车部	9	341251122	DD94	08F38	10491	辙	车部	12	415425113134	D5DE	08F99
10446	輷	车部	9	354111251	DD93	08F37	10492	轍	车部	12	415425113134	DE48	08F4D
10447	䡨	车部	9	431113121	8233FE36	04868	10493	辚	车部	12	431234354152	EAA5	08F9A
10448	輶	车部	9	431253511	DD92	08F36	10494	轔	车部	12	431234354152	DE4F	08F54
10449	䡣	车部	9	451251112	8233FE31	04863	10495	䡵	车部	12	431353334454	82348139	04875
10450	䡢	车部	9	451325122	8233FE30	04862	10496	轏	车部	12	513521521521	DE4A	08F4F
10451	輮	车部	9	545231234	DD8A	08F2E	10497	䡷	车部	13	1221215425221	82348231	04877
10452	轃	车部	10	1113431234	DD9F	08F43	10498	䡸	车部	13	1222522115534	82348232	04878
10453	辕	车部	10	1212513534	D4AF	08F95	10499	轖	车部	13	1234341252511	DE51	08F56
10454	轅	车部	10	1212513534	DE40	08F45	10500	轚	车部	13	1251112523554	DE55	08F5A
10455	䡩	车部	10	1225111134	8233FE37	04869	10501	轗	车部	13	1312515344544	DE52	08F57

字序	字形	部首	部首外笔画数	部首外笔顺	18030代码	13000代码
10502	轘	车部	13	2522112513534	DE53	08F58
10503	轝	车部	13	3211152511134	DE58	08F5D
10504	轙	车部	13	4311213121534	DE54	08F59
10505	䡶	车部	13	5132514143112	82348230	04876
10506	䡹	车部	14	12452512152134	82348233	04879
10507	轟	车部	14	12511121251112	DE5A	08F5F
10508	轞	车部	14	12512531425221	DE59	08F5E
10509	轜	车部	14	14524444132522	DE57	08F5C
10510	轛	车部	14	22431431121124	DE56	08F5B
10511	䡺	车部	15	111211125114544	82348234	0487A
10512	轠	车部	15	251212512125121	DE5B	08F60
10513	䡻	车部	15	325111445344153	82348235	0487B
10514	轢	车部	15	325115545541234	DE5D	08F62
10515	轣	车部	16	1331234312342121	DE5E	08F63
10516	轤	车部	16	2153152512125221	DE5F	08F64
10517	䡼	车部	17	14524444251251251	82348236	0487C
10518	轥	车部	19	1222511251132411121	DE60	08F65
10519	䡽	车部	19	3121353121352511134	82348237	0487D
10520	䡾	车部	20	21531512512543121344	82348238	0487E
10521	䡿	车部	24	14524444251251251123 4341	82348239	0487F
10522	牙	牙部	0	0	D1C0	07259
10523	邪	牙部	2	52	D0B0	090AA
10524	鸦	牙部	5	35451	D1BB	09E26
10525	㸧	牙部	6	511534	8231F534	03E27
10526	牚	牙部	8	24345251	A0AA	0725A
10527	雅	牙部	8	32411121	D1C5	096C5
10528	䪵	牙部	9	132511134	8234BA34	04AB5
10529	鴉	牙部	11	32511154444	F866	09D09
10530	戈	戈部	0	0	B8EA	06208
10531	戋	戈部	1	1	EAA7	0620B
10532	戊	戈部	1	3	CEEC	0620A
10533	戉	戈部	1	5	91E0	06209
10534	㦮	戈部	2	11	82318336	039AE
10535		戈部	2	12	FE76	0E83B
10536	戎	戈部	2	13	C8D6	0620E
10537	划	戈部	2	22	BBAE	05212
10538	戌	戈部	2	31	D0E7	0620C
10539	戍	戈部	2	34	CAF9	0620D
10540	成	戈部	2	35	B3C9	06210
10541	戒	戈部	3	132	BDE4	06212
10542	戓	戈部	3	251	91E1	06213
10543	我	戈部	3	321	CED2	06211
10544	㦯	戈部	3	541	82318337	039AF
10545	㦱	戈部	4	1121	82318339	039B1
10546	㦲	戈部	4	1253	82318430	039B2
10547	戔	戈部	4	1534	91E2	06214
10548	或	戈部	4	2511	BBF2	06216
10549	㦰	戈部	4	3434	82318338	039B0
10550	戗	戈部	4	3455	EAA8	06217
10551	㦳	戈部	5	12121	82318431	039B3
10552	㘽	戈部	5	12121	8230A937	0363D
10553	哉	戈部	5	12251	D4D5	054C9
10554	战	戈部	5	21251	D5BD	06218
10555	咸	戈部	5	31251	CFCC	054B8
10556	威	戈部	5	31531	CDFE	05A01
10557	栽	戈部	6	121234	D4D4	0683D
10558	载	戈部	6	121521	D4D8	08F7D
10559	烖	戈部	6	124334	9EFC	070D6
10560	㦶	戈部	6	154121	82318434	039B6
10561	戙	戈部	6	251251	91E3	06219
10562	㦵	戈部	6	311234	82318433	039B5
10563	烕	戈部	6	314334	9EFB	070D5
10564	㦴	戈部	6	354251	82318432	039B4
10565	戛	戈部	7	1325111	EAA9	0621B
10566	戜	戈部	7	2511121	91E4	0621C
10567	戚	戈部	7	3211234	C6DD	0621A
10568	㦷	戈部	7	5425112	82318435	039B7
10569	臷	戈部	8	12154121	C55C	081F7
10570	蛓	戈部	8	12251214	CD79	086D3
10571	胾	戈部	8	12253434	C375	080FE
10572	裁	戈部	8	12413534	B2C3	088C1
10573	戞	戈部	8	13251145	91E6	0621E
10574	㦸	戈部	8	21251112	82318436	039B8
10575	戢	戈部	8	25122111	EAAB	06222
10576	載	戈部	9	121251112	DD64	08F09
10577	酨	戈部	9	121253511	E150	09168
10578	戡	戈部	9	122111345	EAAC	06221
10579	㦹	戈部	9	251113533	82318437	039B9
10580	戥	戈部	9	251131121	EAAD	06225
10581	戦	戈部	9	443251112	91E9	06226
10582	戤	戈部	9	535425221	EAAE	06224
10583	戣	戈部	9	543341134	91E8	06223
10584	戬	戈部	10	1224312511	EAAF	0622C
10585	截	戈部	10	1232411121	BDD8	0622A
10586	戨	戈部	10	1251212512	91EB	06228
10587	㦺	戈部	10	1311534124	82318438	039BA
10588	戫	戈部	10	1325112511	91ED	0622B
10589	戩	戈部	10	1545412511	91EC	06229
10590	戧	戈部	10	3445113251	91EA	06227
10591	臧	戈部	10	3513125125	EAB0	081E7
10592	㦼	戈部	11	11134321511	82318530	039BC

字序	字形	部首	部首外笔画数	部首外笔顺	18030代码	13000代码	字序	字形	部首	部首外笔画数	部首外笔顺	18030代码	13000代码
10593	韯	戈部	11	12211121111	ED84	097EF	10639	㼜	瓦部	5	25134	82328F39	03F1C
10594	戯	戈部	11	21531522431	91EF	0622F	10640	瓴	瓦部	5	34454	EAB2	074F4
10595	戭	戈部	11	44512512134	91EE	0622D	10641	㼝	瓦部	5	35455	82329030	03F1D
10596	㦻	戈部	11	54154132511	82318439	039BB	10642	㼠	瓦部	5	44515	82329033	03F20
10597	戮	戈部	11	54154134333	C2BE	0622E	10643	瓵	瓦部	5	54251	AE41	074F5
10598	戱	戈部	12	215315225211	91F1	06231	10644	㼤	瓦部	6	111253	82329037	03F24
10599	戰	戈部	12	251251251112	91F0	06230	10645	㼥	瓦部	6	121315	82329038	03F25
10600	戴	戈部	13	1225121122134	B4F7	06234	10646	㼦	瓦部	6	121354	82329039	03F26
10601	䳒	戈部	13	1232511154444	8234EF39	04CD2	10647	㼣	瓦部	6	132511	82329036	03F23
10602	㦽	戈部	13	1325112511555	82318531	039BD	10648	瓸	瓦部	6	132511	AE42	074F8
10603	戲	戈部	13	2153151251431	91F2	06232	10649	㼩	瓦部	6	135534	82329132	03F29
10604	韱	戈部	13	3434211121111	ED86	097F1	10650	㼡	瓦部	6	311234	82329034	03F21
10605	䵧	戈部	14	12254312114444	8234FE31	04D67	10651	瓷	瓦部	6	413534	B4C9	074F7
10606	戳	戈部	14	54154132411121	B4C1	06233	10652	瓶	瓦部	6	431132	C6BF	074F6
10607	戵	戈部	18	251112511132411121	91F3	06235	10653	㼢	瓦部	7	1225125	82329035	03F22
10608	比	比部	0	0	B1C8	06BD4	10654	㼪	瓦部	7	1343434	82329133	03F2A
10609	毕	比部	2	12	B1CF	06BD5	10655	瓼	瓦部	7	2511211	AE46	074FC
10610	坒	比部	3	121	8866	05752	10656	瓹	瓦部	7	2512511	AE43	074F9
10611	枈	比部	4	1234	968A	06788	10657	瓻	瓦部	7	3413252	AE45	074FB
10612	㩺	比部	4	1254	82319736	03A7A	10658	㼨	瓦部	7	3445251	82329131	03F28
10613	毞	比部	4	3115	9AB7	06BDE	10659	㼧	瓦部	7	5425112	82329130	03F27
10614	皆	比部	5	32511	BDD4	07686	10660	㼭	瓦部	8	12121251	82329136	03F2D
10615	毖	比部	5	45434	B1D1	06BD6	10661	㼬	瓦部	8	12143112	82329135	03F2C
10616	㿫	比部	5	53254	8232A436	03FEB	10662	㼯	瓦部	8	12511234	82329138	03F2F
10617	毙	比部	6	135435	B1D0	06BD9	10663	㼮	瓦部	8	15112531	82329137	03F2E
10618	䘡	比部	6	413534	8233C439	04621	10664	瓽	瓦部	8	24345251	AE47	074FD
10619	粊	比部	6	431234	BB81	07C8A	10665	㼫	瓦部	8	25111234	82329134	03F2B
10620	琵	比部	8	11211121	C5FD	07435	10666	甁	瓦部	8	31133112	AE4A	07501
10621	䴡	比部	11	12243135221	8234F731	04D21	10667	甀	瓦部	8	31212211	AE49	07500
10622	瓦	瓦部	0	0	CDDF	074E6	10668	瓾	瓦部	8	31234531	AE48	074FE
10623	瓧	瓦部	2	12	AD97	074E7	10669	㼰	瓦部	8	32511312	82329139	03F30
10624	㼗	瓦部	2	12	82328F34	03F17	10670	瓿	瓦部	8	41431251	EAB3	074FF
10625	邷	瓦部	2	52	DF9C	090B7	10671	㼹	瓦部	9	122415325	82329238	03F39
10626	瓩	瓦部	3	312	AD99	074E9	10672	甄	瓦部	9	125221121	D5E7	07504
10627	㼛	瓦部	4	1132	82328F38	03F1B	10673	甅	瓦部	9	132511211	AE4D	07505
10628	瓯	瓦部	4	1345	EAB1	074EF	10674	㼲	瓦部	9	132522134	82329231	03F32
10629	瓲	瓦部	4	1525	ADA0	074F2	10675	㼱	瓦部	9	211354534	82329230	03F31
10630	瓱	瓦部	4	3115	AD9F	074F1	10676	㼳	瓦部	9	234325111	82329232	03F33
10631	瓪	瓦部	4	3354	AD9A	074EA	10677	㼵	瓦部	9	251112134	82329234	03F35
10632	瓫	瓦部	4	3453	AD9B	074EB	10678	㼴	瓦部	9	251125214	82329233	03F34
10633	瓰	瓦部	4	3453	AD9E	074F0	10679	㼷	瓦部	9	252132522	82329236	03F37
10634	瓮	瓦部	4	3454	CECD	074EE	10680	甃	瓦部	9	312344334	AE4C	07503
10635	㼚	瓦部	4	4135	82328F37	03F1A	10681	㼶	瓦部	9	341251122	82329235	03F36
10636	瓭	瓦部	4	4535	AD9D	074ED	10682	甆	瓦部	9	431554554	AE4E	07506
10637	瓳	瓦部	5	12251	AE40	074F3	10683	甂	瓦部	9	451325122	AE4B	07502
10638	㼞	瓦部	5	14312	82329031	03F1E	10684	甈	瓦部	10	3251111234	AE50	07508

字序	字形	部首	部首外笔画数	部首外笔顺	18030代码	13000代码	字序	字形	部首	部首外笔画数	部首外笔顺	18030代码	13000代码
10685	瓸	瓦部	10	4135112251	82329239	03F3A	10731	岢	止部	5	12512	8231C637	03C52
10686	瓶	瓦部	10	4315112234	AE51	07509	10732	岭	止部	5	34454	8231C638	03C53
10687	甇	瓦部	10	4334433445	AE4F	07507	10733	峙	止部	6	121124	9A6C	06B6D
10688	瓻	瓦部	10	4453434251	82329237	03F38	10734	岾	止部	6	335414	9A6B	06B6C
10689	甎	瓦部	11	12511214124	AE55	0750E	10735	歮	止部	8	21212121	9A6D	06B6E
10690	甌	瓦部	11	12512512515	AE54	0750C	10736	峮	止部	8	32411121	8234A730	049F3
10691	甈	瓦部	11	12522111234	82329331	03F3C	10737	歶	止部	8	35125234	8231B031	03B70
10692	甉	瓦部	11	13434343434	82329332	03F3D	10738	崒	止部	8	41343412	8231C731	03C56
10693	甊	瓦部	11	25112512531	AE52	0750A	10739	峀	止部	8	51145252	8231C730	03C55
10694	甇	瓦部	11	33234342134	82329330	03F3B	10740	歲	止部	9	131233534	9A71	06B72
10695	甋	瓦部	11	41432512251	AE53	0750B	10741	歳	止部	9	131234534	9A72	06B73
10696	甏	瓦部	12	121251431333	EAB4	0750F	10742	歱	止部	9	132511134	ED9B	09809
10697	甚	瓦部	12	122111343312	82329339	03F44	10743	歱	止部	9	312511211	9A70	06B71
10698	甗	瓦部	12	133123431234	82329336	03F41	10744	歷	止部	10	1312341234	9A73	06B74
10699	甒	瓦部	12	311222214444	AE57	07512	10745	嵲	止部	10	3251111344	8231C732	03C57
10700	甑	瓦部	12	341251541541	82329337	03F42	10746	歰	止部	10	5345342121	9A6F	06B70
10701	甐	瓦部	12	343123425121	82329338	03F43	10747	嶘	止部	11	11212511134	9A74	06B75
10702	甔	瓦部	12	414312511211	82329334	03F3F	10748	嶲	止部	11	35251125214	9A75	06B76
10703	甓	瓦部	12	431234354152	AE56	07510	10749	歷	止部	12	133123431234	9A76	06B77
10704	甑	瓦部	12	431253511134	82329335	03F40	10750	歷	止部	14	13251125111344	8231C733	03C58
10705	甑	瓦部	12	432524312511	EAB5	07511	10751	歸	止部	14	32515151145252	9A77	06B78
10706	甄	瓦部	12	543341251431	82329430	03F45	10752	攴	攴部	0	0	EAB7	06534
10707	甗	瓦部	13	2434525125121	82329431	03F46	10753	攵	攴部	0	0	EBB6	06535
10708	甖	瓦部	13	3211343451145	82329432	03F47	10754	攷	攴部	2	15	948E	06537
10709	甗	瓦部	13	3513344111251	AE58	07514	10755	收	攴部	2	52	CAD5	06536
10710	甕	瓦部	13	4155332411121	AE59	07515	10756	攼	攴部	3	112	82319832	03A80
10711	甓	瓦部	13	5132514143112	EAB6	07513	10757	攺	攴部	3	315	82319831	03A7F
10712	甖	瓦部	14	12512531425221	82329434	03F49	10758	攽	攴部	4	3445	82319833	03A81
10713	甖	瓦部	14	25111342511134	AE5A	07516	10759	攽	攴部	4	3453	9491	0653D
10714	甓	瓦部	14	35311345452134	82329433	03F48	10760	政	攴部	5	12121	D5FE	0653F
10715	甗	瓦部	16	2153151251254312	AE5B	07517	10761	故	攴部	5	12251	B9CA	06545
10716	甗	瓦部	17	41112514334433454	82329435	03F4A	10762	攷	攴部	5	12512	82319835	03A83
10717	甗	瓦部	18	145244443545325121	82329437	03F4C	10763	㪅	攴部	5	12534	82319837	03A85
10718	甗	瓦部	19	4111251554444554444	82329436	03F4B	10764	战	攴部	5	21251	9493	06541
10719	止	止部	0	0	D6B9	06B62	10765	攲	攴部	5	35154	82319838	03A86
10720	正	止部	1	1	D5FD	06B63	10766	敏	攴部	5	35251	9494	06542
10721	疋	止部	2	11	8231C634	03C4F	10767	敃	攴部	5	51515	9495	06543
10722	此	止部	2	35	B4CB	06B64	10768	敄	攴部	5	51532	82319836	03A84
10723	武	止部	3	114	8231C635	03C50	10769	敖	攴部	6	112153	B0BD	06556
10724	步	止部	3	233	B2BD	06B65	10770	鼓	攴部	6	121121	82319930	03A88
10725	岁	止部	3	354	8231C636	03C51	10771	敕	攴部	6	125234	9498	06547
10726	歧	止部	4	1254	C6E7	06B67	10772	敊	攴部	6	211234	9499	0654A
10727	歫	止部	4	1515	9A6A	06B6B	10773	敉	攴部	6	312135	82319839	03A87
10728	走	止部	4	2134	9A68	06B68	10774	敆	攴部	6	341251	9497	06546
10729	歩	止部	4	2343	9A69	06B69	10775	敆	攴部	6	341251	82319931	03A89
10730	肯	止部	4	2511	BFCF	080AF	10776	敋	攴部	6	354251	949A	0654B

字序	字形	部首	部首外笔画数	部首外笔顺	18030代码	13000代码	字序	字形	部首	部首外笔画数	部首外笔顺	18030代码	13000代码
10777	效	攴部	6	413434	D0A7	06548	10823	敪	攴部	8	54545454	94AD	0656A
10778	教	攴部	7	1213521	BDCC	06559	10824	𢾁	攴部	9	122111345	82319A39	03A9B
10779	救	攴部	7	1241344	BEC8	06551	10825	𢾇	攴部	9	125431234	82319B31	03A9D
10780	𢽈	攴部	7	1245521	82319935	03A8D	10826	敯	攴部	9	251113533	94AE	0656D
10781	敕	攴部	7	1251234	EBB7	06555	10827	𢾈	攴部	9	251125111	82319B32	03A9E
10782	敔	攴部	7	1251251	94A0	06554	10828	𢾆	攴部	9	252132522	82319B30	03A9C
10783	𢽃	攴部	7	1343434	82319936	03A8E	10829	敮	攴部	9	312321511	94AF	0656E
10784	𢼿	攴部	7	2511112	82319933	03A8B	10830	𢾌	攴部	9	321511254	82319B36	03AA2
10785	敏	攴部	7	3155414	C3F4	0654F	10831	敫	攴部	9	325114153	EBB8	0656B
10786	敒	攴部	7	3225112	949E	06552	10832	𢾉	攴部	9	412512511	82319B33	03A9F
10787	敘	攴部	7	3411234	949B	0654D	10833	数	攴部	9	431234531	CAFD	06570
10788	敍	攴部	7	3411234	94A2	06558	10834	敱	攴部	9	515152511	94B0	0656F
10789	敎	攴部	7	3413521	949C	0654E	10835	𢾒	攴部	10	2511122112	82319B38	03AA4
10790	敛	攴部	7	3414431	C1B2	0655B	10836	敳	攴部	10	2521251431	94B1	06571
10791	敓	攴部	7	3425135	949F	06553	10837	敳	攴部	10	2521251431	94B2	06573
10792	敚	攴部	7	4325135	94A3	0655A	10838	𢾎	攴部	10	4315112234	82319B34	03AA0
10793	敝	攴部	7	4325234	B1D6	0655D	10839	𢾏	攴部	10	4451112251	82319B35	03AA1
10794	啟	攴部	7	4513251	86A2	0555F	10840	敶	攴部	10	5212511234	94B4	06576
10795	𢼽	攴部	7	5113251	82319932	03A8A	10841	敷	攴部	11	12511244153	B7F3	06577
10796	敢	攴部	7	5122111	B8D2	06562	10842	敺	攴部	11	12512512515	94B7	0657A
10797	𢽄	攴部	7	5425112	82319934	03A8C	10843	敹	攴部	11	21453431234	94B6	06579
10798	散	攴部	8	12212511	82319A38	03A9A	10844	𢾓	攴部	11	21531525111	82319B39	03AA5
10799	散	攴部	8	12212511	C9A2	06563	10845	敷	攴部	11	25112512531	94B5	06578
10800	敬	攴部	8	12235251	BEB4	0656C	10846	敵	攴部	11	41432512251	94B3	06575
10801	𢽗	攴部	8	12341234	82319A32	03A94	10847	𢾕	攴部	11	44512512134	82319C30	03AA6
10802	敧	攴部	8	13412512	94AA	06567	10848	𢾚	攴部	12	113421112111	82319C34	03AAA
10803	𢽏	攴部	8	13425115	82319939	03A91	10849	敼	攴部	12	121251431251	94B9	0657C
10804	𢽘	攴部	8	21251112	82319A33	03A95	10850	整	攴部	12	125123412121	D5FB	06574
10805	敞	攴部	8	24325251	B3A8	0655E	10851	敽	攴部	12	313425125251	94BA	0657D
10806	敤	攴部	8	25111234	94A8	06564	10852	敿	攴部	12	313425125251	94BC	0657F
10807	𢽝	攴部	8	25111234	82319A37	03A99	10853	𢾖	攴部	12	341251541541	82319C31	03AA7
10808	敯	攴部	8	25113533	94A7	06561	10854	𢾗	攴部	12	431112431251	82319C32	03AA8
10809	敟	攴部	8	25122134	94A5	0655F	10855	敾	攴部	12	431112431251	94BB	0657E
10810	𢽕	攴部	8	31221115	82319A31	03A93	10856	斁	攴部	13	2522112143112	94BE	06581
10811	𢽔	攴部	8	32151135	82319A30	03A92	10857	斀	攴部	13	2522135251214	94BD	06580
10812	𢽅	攴部	8	32511312	82319937	03A8F	10858	斂	攴部	13	3412512513434	94BF	06582
10813	𢽜	攴部	8	34125134	82319A36	03A98	10859	斃	攴部	13	4325234135435	94C0	06583
10814	敜	攴部	8	34454544	94A4	0655C	10860	𢾙	攴部	13	5112322151512	82319C33	03AA9
10815	敦	攴部	8	41251521	B6D8	06566	10861	𢾛	攴部	14	21451343425111	82319C35	03AAB
10816	𢽛	攴部	8	41431251	82319A35	03A97	10862	㪭	攴部	14	21531535251211	FE92	04CA3
10817	敨	攴部	8	41431251	94AB	06568	10863	斅	攴部	14	25111342511134	D994	08D01
10818	敥	攴部	8	43344334	94A9	06565	10864	𢾜	攴部	14	54154132411121	82319C36	03AAC
10819	敩	攴部	8	44345521	94AC	06569	10865	斄	攴部	15	112341312343434	94C1	06584
10820	𢽆	攴部	8	45131344	82319938	03A90	10866	𢾝	攴部	16	2153152512125221	82319C37	03AAD
10821	𢽙	攴部	8	51124134	82319A34	03A96	10867	斅	攴部	16	3211343451145521	94C2	06585
10822	敠	攴部	8	54545454	94A6	06560	10868	斆	攴部	16	3211343451145521	94C3	06586

字序	字形	部首	部首外笔画数	部首外笔顺	18030代码	13000代码	字序	字形	部首	部首外笔画数	部首外笔顺	18030代码	13000代码
10869	㪮	支部	17	14524444251251251	82319C38	03AAE	10915	旾	日部	4	1525	9549	065FE
10870	䱷	支部	17	21531535251214444	FE96	04C77	10916	昆	日部	4	1535	C0A5	06606
10871	變	支部	19	4111251554444554444	D783	08B8A	10917	昍	日部	4	2511	9552	0660D
10872	日	日部	0	0	C8D5	065E5	10918	昌	日部	4	2511	B2FD	0660C
10873	曰	日部	0	0	D4BB	066F0	10919	冒	日部	4	2511	83D8	05190
10874	旦	日部	1	1	B5A9	065E6	10920	旿	日部	4	3112	954A	065FF
10875	旧	日部	1	2	BEC9	065E7	10921	昇	日部	4	3132	954E	06607
10876	旪	日部	2	12	94FD	065EA	10922	昕	日部	4	3312	EABF	06615
10877	早	日部	2	12	D4E7	065E9	10923	昄	日部	4	3354	954C	06604
10878	㫐	日部	2	35	8231A032	03AD0	10924	昑	日部	4	3445	9554	06611
10879	旯	日部	2	35	EAB9	065EF	10925	昐	日部	4	3453	9553	06610
10880	旮	日部	2	35	EAB8	065EE	10926	昖	日部	4	3454	9556	06616
10881	旭	日部	2	35	D0F1	065ED	10927	明	日部	4	3511	C3F7	0660E
10882	旫	日部	2	53	94FE	065EB	10928	昒	日部	4	3533	9555	06612
10883	㫑	日部	2	53	8231A033	03AD1	10929	易	日部	4	3533	D2D7	06613
10884	旰	日部	3	112	EABA	065F0	10930	曶	日部	4	3533	95F7	066F6
10885	旱	日部	3	112	BAB5	065F1	10931	㫚	日部	4	3533	8231A132	03ADA
10886	旴	日部	3	112	9542	065F4	10932	欥	日部	4	3534	99F6	06B25
10887	圼	日部	3	121	885B	0573C	10933	昀	日部	4	3541	EAC0	06600
10888	时	日部	3	124	CAB1	065F6	10934	昂	日部	4	3552	B0BA	06602
10889	㫒	日部	3	132	8231A034	03AD2	10935	昗	日部	4	4134	9557	06617
10890	旲	日部	3	134	9540	065F2	10936	旼	日部	4	4134	9547	065FC
10891	㫕	日部	3	135	8231A037	03AD5	10937	旻	日部	4	4134	9546	065FB
10892	㫖	日部	3	211	8231A038	03AD6	10938	昉	日部	4	4153	9550	06609
10893	㫔	日部	3	211	8231A036	03AD4	10939	昘	日部	4	4153	9558	06618
10894	旵	日部	3	252	9543	065F5	10940	炚	日部	4	4334	9ED5	0709A
10895	㫓	日部	3	315	8231A035	03AD3	10941	炅	日部	4	4334	EAC1	07085
10896	旳	日部	3	354	9541	065F3	10942	昈	日部	4	4513	954F	06608
10897	昅	日部	3	354	954D	06605	10943	旹	日部	4	5221	9545	065F9
10898	旷	日部	3	413	BFF5	065F7	10944	春	日部	5	11134	B4BA	06625
10899	㫗	日部	3	521	8231A039	03AD7	10945	昧	日部	5	11234	C3C1	06627
10900	妟	日部	3	531	8A7A	0599F	10946	昩	日部	5	11234	9562	06629
10901	旸	日部	3	533	9544	065F8	10947	昰	日部	5	12121	9567	06630
10902	旺	日部	4	1121	CDFA	065FA	10948	㫩	日部	5	12122	8231A237	03AE9
10903	㝵	日部	4	1124	8230C839	03775	10949	是	日部	5	12134	CAC7	0662F
10904	㫙	日部	4	1134	8231A131	03AD9	10950	昻	日部	5	12152	956E	0663B
10905	昋	日部	4	1134	9551	0660B	10951	昮	日部	5	12153	9566	0662E
10906	昊	日部	4	1134	EABB	0660A	10952	㫢	日部	5	12154	8231A230	03AE2
10907	昙	日部	4	1154	EABC	06619	10953	昞	日部	5	12534	955C	0661E
10908	昔	日部	4	1221	CEF4	06614	10954	昺	日部	5	12534	956D	0663A
10909	杲	日部	4	1234	EABD	06772	10955	昦	日部	5	13432	9561	06626
10910	昁	日部	4	1252	954B	06601	10956	昚	日部	5	13443	9559	0661A
10911	㫘	日部	4	1324	8231A130	03AD8	10957	昜	日部	5	13533	955B	0661C
10912	昃	日部	4	1334	EABE	06603	10958	昽	日部	5	13534	956F	0663D
10913	昛	日部	4	1515	955A	0661B	10959	显	日部	5	22431	CFD4	0663E
10914	旽	日部	4	1525	9548	065FD	10960	㫜	日部	5	25111	8231A134	03ADC

字序	字形	部首	部首外笔画数	部首外笔顺	18030代码	13000代码	字序	字形	部首	部首外笔画数	部首外笔顺	18030代码	13000代码
10961	冒	日部	5	25111	C3B0	05192	11007	晓	日部	6	153135	CFFE	06653
10962	㫣	日部	5	25115	8231A231	03AE3	11008	晊	日部	6	154121	9579	0664A
10963	映	日部	5	25134	D3B3	06620	11009	晉	日部	6	154541	9578	06649
10964	㫛	日部	5	25135	8231A133	03ADB	11010	㫮	日部	6	212135	8231A332	03AEE
10965	昷	日部	5	25221	956A	06637	11011	晄	日部	6	243135	9573	06644
10966	甠	日部	5	31121	AE5F	07520	11012	晃	日部	6	243135	BBCE	06643
10967	星	日部	5	31121	D0C7	0661F	11013	冔	日部	6	251112	83DB	05194
10968	昳	日部	5	31134	9569	06633	11014	晍	日部	6	251251	957A	0664D
10969	昨	日部	5	31211	D7F2	06628	11015	晔	日部	6	323512	EACA	06654
10970	昣	日部	5	34333	955F	06623	11016	晌	日部	6	325251	C9CE	0664C
10971	昤	日部	5	34454	9560	06624	11017	晑	日部	6	325251	957D	06651
10972	㫝	日部	5	35154	8231A135	03ADD	11018	晀	日部	6	341534	9571	06640
10973	㫟	日部	5	35251	8231A137	03ADF	11019	晁	日部	6	341534	EACB	06641
10974	昫	日部	5	35251	9564	0662B	11020	㫬	日部	6	352511	8231A330	03AEC
10975	曷	日部	5	35345	EAC2	066F7	11021	曻	日部	6	354152	95FA	066FB
10976	昴	日部	5	35352	EAC4	06634	11022	㫥	日部	6	354251	8231A233	03AE5
10977	昝	日部	5	35424	EAC3	0661D	11023	晈	日部	6	413434	9577	06648
10978	昸	日部	5	35444	956B	06638	11024	晐	日部	6	415334	957C	06650
10979	㫡	日部	5	35444	8231A139	03AE1	11025	㫧	日部	6	431234	8231A235	03AE7
10980	昿	日部	5	41354	9570	0663F	11026	㫨	日部	6	445531	8231A236	03AE8
10981	昱	日部	5	41431	EAC5	06631	11027	晏	日部	6	445531	EACC	0664F
10982	昡	日部	5	41554	955D	06621	11028	晖	日部	6	451512	EACD	06656
10983	㫠	日部	5	43112	8231A138	03AE0	11029	晕	日部	6	451512	D4CE	06655
10984	昹	日部	5	45534	956C	06639	11030	㫱	日部	7	1213234	8231A335	03AF1
10985	㫤	日部	5	45534	8231A232	03AE4	11031	晣	日部	7	1213312	9587	06663
10986	昶	日部	5	45534	EAC6	06636	11032	晢	日部	7	1213312	9586	06662
10987	昵	日部	5	51335	EAC7	06635	11033	㫴	日部	7	1213521	8231A338	03AF4
10988	昬	日部	5	51515	9565	0662C	11034	㫲	日部	7	1245521	8231A336	03AF2
10989	昲	日部	5	51532	9568	06632	11035	晡	日部	7	1251124	EACE	06661
10990	昢	日部	5	52252	955E	06622	11036	曹	日部	7	1251221	B2DC	066F9
10991	㫞	日部	5	52254	8231A136	03ADE	11037	晤	日部	7	1251251	CEEE	06664
10992	昭	日部	5	53251	D5D1	0662D	11038	晨	日部	7	1311534	B3BF	06668
10993	昪	日部	5	54132	9563	0662A	11039	晘	日部	7	2511112	957E	06658
10994	㫪	日部	6	111342	8231A238	03AEA	11040	晛	日部	7	2511135	9581	0665B
10995	晆	日部	6	121121	9575	06646	11041	㫯	日部	7	2511135	8231A333	03AEF
10996	時	日部	6	121124	9572	06642	11042	㒻	日部	7	2511135	82308334	034BB
10997	㫭	日部	6	121124	8231A331	03AED	11043	勗	日部	7	2511153	84D4	052D7
10998	晎	日部	6	122134	957B	0664E	11044	曼	日部	7	2522154	C2FC	066FC
10999	晋	日部	6	122431	BDFA	0664B	11045	晧	日部	7	3121251	9589	06667
11000	㫫	日部	6	122431	8231A239	03AEB	11046	晦	日部	7	3155414	BBDE	06666
11001	晅	日部	6	125111	9574	06645	11047	晞	日部	7	3413252	9584	0665E
11002	曺	日部	6	125121	95F9	066FA	11048	晗	日部	7	3445251	EACF	06657
11003	晒	日部	6	125351	C9B9	06652	11049	㬇	日部	7	3525134	8231A537	03B07
11004	晇	日部	6	134115	9576	06647	11050	晚	日部	7	3525135	CDED	0665A
11005	晠	日部	6	135534	9585	06660	11051	冕	日部	7	3525135	C3E1	05195
11006	晟	日部	6	135534	EAC9	0665F	11052	朚	日部	7	4153511	964D	0671A

字序	字形	部首	部首外笔画数	部首外笔顺	18030代码	13000代码	字序	字形	部首	部首外笔画数	部首外笔顺	18030代码	13000代码
11053	晜	日部	7	4351523	9582	0665C	11099	㒽	日部	8	43113455	82308336	034BD
11054	晥	日部	7	4451135	9588	06665	11100	普	日部	8	43122431	C6D5	0666E
11055	㫰	日部	7	4511534	8231A334	03AF0	11101	晱	日部	8	43344334	958F	06671
11056	晙	日部	7	5434354	9580	06659	11102	晼	日部	8	44535455	9596	0667C
11057	晴	日部	8	11212511	C7E7	06674	11103	晵	日部	8	45133134	9592	06675
11058	替	日部	8	11341134	CCE6	066FF	11104	㫽	日部	8	51124134	8231A437	03AFD
11059	奣	日部	8	11343511	8A54	05963	11105	㫶	日部	8	51145252	8231A430	03AF6
11060	暁	日部	8	12122135	959A	06681	11106	暙	日部	9	111342511	95AB	06699
11061	暏	日部	8	12132511	95A4	0668F	11107	晸	日部	9	121213134	9593	06678
11062	暑	日部	8	12132511	CAEE	06691	11108	暔	日部	9	122543112	95A8	06694
11063	㫷	日部	8	12211134	8231A431	03AF7	11109	暕	日部	9	125431234	95A9	06695
11064	朂	日部	8	12211153	95FD	06702	11110	㬄	日部	9	131213234	8231A534	03B04
11065	最	日部	8	12211154	D7EE	06700	11111	暊	日部	9	132511134	95A0	0668A
11066	暎	日部	8	12225134	95A3	0668E	11112	㬉	日部	9	132522134	8231A539	03B09
11067	晽	日部	8	12341234	9597	0667D	11113	暘	日部	9	251113533	95AA	06698
11068	晰	日部	8	12343312	CEFA	06670	11114	㬂	日部	9	251125214	8231A532	03B02
11069	晳	日部	8	12343312	9591	06673	11115	㬈	日部	9	251125221	8231A538	03B08
11070	量	日部	8	12511211	C1BF	091CF	11116	暒	日部	9	251131121	95A6	06692
11071	晻	日部	8	13425115	9595	0667B	11117	暍	日部	9	251135345	95A2	0668D
11072	㫸	日部	8	15112134	8231A432	03AF8	11118	㬋	日部	9	325131134	8231A631	03B0B
11073	暂	日部	8	15213312	D4DD	06682	11119	暖	日部	9	344311354	C5AF	06696
11074	朁	日部	8	15351535	95FC	06701	11120	㬊	日部	9	344311354	8231A630	03B0A
11075	㫵	日部	8	21112111	8231A339	03AF5	11121	㬌	日部	9	412511234	8231A632	03B0C
11076	暃	日部	8	21112111	959B	06683	11122	暗	日部	9	414312511	B0B5	06697
11077	晫	日部	8	21251112	958C	0666B	11123	暆	日部	9	415331525	959D	06686
11078	㫾	日部	8	24325251	8231A438	03AFE	11124	㒾	日部	9	415331525	82308337	034BE
11079	晿	日部	8	25112511	9598	0667F	11125	暛	日部	9	431113121	95AD	0669B
11080	晶	日部	8	25112511	BEA7	06676	11126	㷖	日部	9	433453251	8231ED33	03DD6
11081	晹	日部	8	25113533	9594	06679	11127	㬁	日部	9	441341251	8231A531	03B01
11082	晪	日部	8	25122134	958B	0666A	11128	暅	日部	9	442125111	959C	06685
11083	㬅	日部	8	25221153	8231A535	03B05	11129	暄	日部	9	445125111	EAD1	06684
11084	㫼	日部	8	31125222	8231A436	03AFC	11130	暉	日部	9	451251112	959F	06689
11085	智	日部	8	31134251	D6C7	0667A	11131	暈	日部	9	451251112	959E	06688
11086	晲	日部	8	32151135	9590	06672	11132	暇	日部	9	512115154	CFBE	06687
11087	㫿	日部	8	32411121	8231A439	03AFF	11133	㬆	日部	9	515152511	8231A536	03B06
11088	暀	日部	8	33241121	9599	06680	11134	暋	日部	9	515153134	95A1	0668B
11089	㫹	日部	8	33513312	8231A433	03AF9	11135	暐	日部	9	521251152	95A5	06690
11090	㫻	日部	8	34125122	8231A435	03AFB	11136	㬃	日部	9	542514334	8231A533	03B03
11091	㫺	日部	8	34343434	8231A434	03AFA	11137	暌	日部	9	543341134	EAD2	0668C
11092	晭	日部	8	35121251	958E	0666D	11138	暓	日部	9	545233134	95A7	06693
11093	晩	日部	8	35252135	958A	06669	11139	暱	日部	10	1122132515	95BF	066B1
11094	晷	日部	8	35424251	EAD0	06677	11140	朅	日部	10	1215435345	9641	06705
11095	晾	日部	8	41251234	C1C0	0667E	11141	曄	日部	10	1221122112	95CF	066C4
11096	景	日部	8	41251234	BEB0	0666F	11142	曅	日部	10	1221122112	95D0	066C5
11097	㬀	日部	8	41251521	8231A530	03B00	11143	㬒	日部	10	1221344132	8231A638	03B12
11098	晬	日部	8	41343412	958D	0666C	11144	暯	日部	10	1222511134	95BD	066AF

字序	字形	部首	部首外笔画数	部首外笔顺	18030代码	13000代码
11145	暮	日部	10	1222511134	C4BA	066AE
11146	暿	日部	10	1224312511	8231A636	03B10
11147	暷	日部	10	1251124124	8231A633	03B0D
11148	暵	日部	10	1251254312	8231A635	03B0F
11149	暦	日部	10	1312341234	95B7	066A6
11150	暢	日部	10	2251113533	95B3	066A2
11151	緄	日部	10	2431351535	8CB1	05C21
11152	嘗	日部	10	2434525135	874C	05617
11153	暥	日部	10	2511445531	95B6	066A5
11154	暟	日部	10	2521251431	95B0	0669F
11155	暣	日部	10	3115431234	95B4	066A3
11156	暞	日部	10	3251111234	95AF	0669E
11157	暤	日部	10	3251113412	95B5	066A4
11158	暚	日部	10	3443311252	95AC	0669A
11159	暧	日部	10	3443451354	EAD3	066A7
11160	暡	日部	10	3454541541	95B2	066A1
11161	暠	日部	10	4125125251	95B1	066A0
11162	暷	日部	10	4125152152	8231A637	03B11
11163	暜	日部	10	4143141431	95AE	0669C
11164	暸	日部	10	4524431112	8231A731	03B15
11165	暝	日部	10	4525114134	EAD4	0669D
11166	㬎	日部	10	5545544444	8231A634	03B0E
11167	暳	日部	11	11121112511	95C1	066B3
11168	暬	日部	11	12134121354	95BB	066AC
11169	暵	日部	11	12212511134	95C2	066B5
11170	暵	日部	11	12212512134	95CD	066C2
11171	暪	日部	11	12212523434	95B9	066AA
11172	暴	日部	11	12213424134	B1A9	066B4
11173	暫	日部	11	12511123312	95BA	066AB
11174	暷	日部	11	12511214124	95C4	066B7
11175	暩	日部	11	12522111234	8231A639	03B13
11176	暭	日部	11	32511413412	95BC	066AD
11177	暰	日部	11	33234342134	95BE	066B0
11178	暩	日部	11	35445411234	95B8	066A9
11179	暲	日部	11	41431251112	95C0	066B2
11180	暶	日部	11	41533152134	95C3	066B6
11181	暼	日部	11	43252343134	95C8	066BC
11182	暻	日部	11	45133134251	8231A732	03B16
11183	暻	日部	11	51124134454	95CE	066C3
11184	暻	日部	11	54154134333	8231A730	03B14
11185	暴	日部	11	55345115452	95DA	066CF
11186	曉	日部	12	121121121135	95D4	066C9
11187	曍	日部	12	121251431251	95CA	066BF
11188	曀	日部	12	121451251431	95CB	066C0
11189	暾	日部	12	122352513134	95DF	066D4
11190	曋	日部	12	125221251112	95D6	066CB
11191	曆	日部	12	133123431234	95D1	066C6
11192	曃	日部	12	134432511234	95C5	066B8
11193	曇	日部	12	145244441154	95D2	066C7
11194	曃	日部	12	154121154121	8231A738	03B1C
11195	暻	日部	12	251141251234	95C7	066BB
11196	曅	日部	12	251251251112	95C6	066BA
11197	曷	日部	12	252251135345	8231A830	03B1E
11198	朁	日部	12	312135312135	8231A939	03B31
11199	曍	日部	12	325111413412	95D8	066CD
11200	暨	日部	12	325111515351	95CC	066C1
11201	曃	日部	12	341251541541	8231A737	03B1B
11202	曃	日部	12	344335554444	8231A735	03B19
11203	曌	日部	12	351144534121	95D7	066CC
11204	暽	日部	12	354413444444	8231A733	03B17
11205	暾	日部	12	412515213134	EAD5	066BE
11206	曈	日部	12	414312511211	95D3	066C8
11207	曒	日部	12	415425113134	8231A736	03B1A
11208	暽	日部	12	431234354152	95C9	066BD
11209	曾	日部	12	432524312511	8231A739	03B1D
11210	曊	日部	12	515322511134	95D5	066CA
11211	曐	日部	13	1221344111251	D663	08B08
11212	曃	日部	13	1223241112154	8231A838	03B26
11213	曚	日部	13	1224511353334	95E4	066DA
11214	曃	日部	13	1452444434454	8231A833	03B21
11215	曗	日部	13	2243143111234	95E2	066D7
11216	曑	日部	13	2511251134333	95DC	066D1
11217	曙	日部	13	2522112132511	CAEF	066D9
11218	曎	日部	13	2522112143112	95D9	066CE
11219	曒	日部	13	3251141533134	95DD	066D2
11220	曖	日部	13	3443454544354	95E1	066D6
11221	曕	日部	13	3513344111251	95E0	066D5
11222	曃	日部	13	3551131344444	8231A832	03B20
11223	曦	日部	13	4311213121534	8231A834	03B22
11224	曃	日部	13	5112322151512	8231A734	03B18
11225	曓	日部	13	5225213412341	95DE	066D3
11226	曃	日部	14	12132341213234	8231A930	03B28
11227	曞	日部	14	13122251125214	95E5	066DE
11228	曘	日部	14	14524444132522	95E3	066D8
11229	曃	日部	14	22431431121124	8231A835	03B23
11230	曡	日部	14	25112511445551	8231A932	03B2A
11231	曃	日部	14	25115545544444	8231A836	03B24
11232	曛	日部	14	31254312114444	EAD6	066DB
11233	曠	日部	14	41312212512134	95E7	066E0
11234	曃	日部	14	52252134431234	8231A837	03B25
11235	曃	日部	14	52252134554234	8231A839	03B27
11236	曜	日部	14	54154132411121	EAD7	066DC

字序	字形	部首	部首外笔画数	部首外笔顺	18030代码	13000代码	字序	字形	部首	部首外笔画数	部首外笔顺	18030代码	13000代码
11237	㬩	日部	15	111211125114544	8231A931	03B29	11282	贩	贝部	4	3354	B7B7	08D29
11238	曝	日部	15	251112213424134	C6D8	066DD	11283	販	贝部	4	3354	D89C	08CA9
11239	曟	日部	15	251125111311534	95E6	066DF	11284	贪	贝部	4	3445	CCB0	08D2A
11240	曡	日部	15	251125114525111	95E8	066E1	11285	貪	贝部	4	3445	D89D	08CAA
11241	曢	日部	15	445134432511234	95E9	066E2	11286	贫	贝部	4	3453	C6B6	08D2B
11242	曣	日部	16	1221251211354444	95EA	066E3	11287	貧	贝部	4	3453	D89A	08CA7
11243	㬫	日部	16	1221251211354444	8231A933	03B2B	11288	贬	贝部	4	3454	B1E1	08D2C
11244	曧	日部	16	1251254312251214	95ED	066E7	11289	貶	贝部	4	3454	D948	08CB6
11245	曤	日部	16	1452444432411121	95EB	066E4	11290	䝧	贝部	4	3541	8233E531	04767
11246	曥	日部	16	2153152512125221	95EC	066E5	11291	购	贝部	4	3554	B9BA	08D2D
11247	䖜	日部	16	2153153521531535	8233B736	0459C	11292	貥	贝部	4	4135	D898	08CA5
11248	曨	日部	16	4143125111515111	95EE	066E8	11293	贮	贝部	4	4451	D6FC	08D2E
11249	曦	日部	16	4311213123415534	EAD8	066E6	11294	贱	贝部	5	11534	BCFA	08D31
11250	㬭	日部	17	34432522151154124	8231A935	03B2D	11295	贲	贝部	5	12122	EADA	08D32
11251	曩	日部	17	41251251112213534	EAD9	066E9	11296	賁	贝部	5	12122	D953	08CC1
11252	㬬	日部	18	251112511132411121	8231A934	03B2C	11297	贳	贝部	5	12215	EADB	08D33
11253	㒿	日部	18	413452255432411121	82308338	034BF	11298	貰	贝部	5	12215	D942	08CB0
11254	㬮	日部	19	1221251113432411121	8231A936	03B2E	11299	贴	贝部	5	21251	CCF9	08D34
11255	曬	日部	19	1254125441352211535	95F1	066EC	11300	貼	贝部	5	21251	D94E	08CBC
11256	曮	日部	19	2512511351221113134	95F3	066EE	11301	贵	贝部	5	25121	B9F3	08D35
11257	曪	日部	19	2522155444432411121	95EF	066EA	11302	貴	贝部	5	25121	D946	08CB4
11258	曫	日部	19	4111251554444554444	95F0	066EB	11303	贶	贝部	5	25135	EADC	08D36
11259	㬯	日部	19	4152513511431112354	8231A937	03B2F	11304	貺	贝部	5	25135	D94C	08CBA
11260	曭	日部	20	24345251254312114444	95F2	066ED	11305	貹	贝部	5	31121	D94B	08CB9
11261	曯	日部	21	513241342522135251214	95F4	066EF	11306	䝫	贝部	5	31211	8233E535	0476B
							11307	䝯	贝部	5	31525	8233E539	0476F
11262	贝	贝部	0	0	B1B4	08D1D	11308	贷	贝部	5	32154	B4FB	08D37
11263	貝	贝部	0	0	D890	08C9D	11309	貸	贝部	5	32154	D94A	08CB8
11264	则	贝部	2	22	D4F2	05219	11310	䝩	贝部	5	34333	8233E533	04769
11265	則	贝部	2	22	8474	05247	11311	貾	贝部	5	35154	D950	08CBE
11266	郥	贝部	2	52	E054	090E5	11312	䝭	贝部	5	35251	8233E537	0476D
11267	财	贝部	3	123	B2C6	08D22	11313	贸	贝部	5	35453	C3B3	08D38
11268	財	贝部	3	123	D894	08CA1	11314	貿	贝部	5	35453	D951	08CBF
11269	貤	贝部	3	525	D897	08CA4	11315	䝬	贝部	5	41121	8233E536	0476C
11270	责	贝部	4	1121	D4F0	08D23	11316	䝮	贝部	5	41554	8233E538	0476E
11271	責	贝部	4	1121	D89F	08CAC	11317	貯	贝部	5	44512	D941	08CAF
11272	貦	贝部	4	1135	D899	08CA6	11318	费	贝部	5	51532	B7D1	08D39
11273	戝	贝部	4	1534	91E5	0621D	11319	費	贝部	5	51532	D94D	08CBB
11274	贤	贝部	4	2254	CFCD	08D24	11320	䝪	贝部	5	52134	8233E534	0476A
11275	䝨	贝部	4	2254	8233E532	04768	11321	贺	贝部	5	53251	BAD8	08D3A
11276	㲘	贝部	4	3115	8231CD36	03C98	11322	賀	贝部	5	53251	D952	08CC0
11277	败	贝部	4	3134	B0DC	08D25	11323	貱	贝部	5	53254	D943	08CB1
11278	敗	贝部	4	3134	94A1	06557	11324	贻	贝部	5	54251	EADD	08D3B
11279	账	贝部	4	3154	D5CB	08D26	11325	貽	贝部	5	54251	D94F	08CBD
11280	货	贝部	4	3235	BBF5	08D27	11326	賎	贝部	6	111534	D960	08CCE
11281	貨	贝部	4	3235	D89B	08CA8	11327	贼	贝部	6	113534	D4F4	08D3C

字序	字形	部首	部首外笔画数	部首外笔顺	18030代码	13000代码
11328	賊	贝部	6	113534	D95C	08CCA
11329	䝰	贝部	6	121124	8233E630	04770
11330	贽	贝部	6	121354	EADE	08D3D
11331	贿	贝部	6	132511	BBDF	08D3F
11332	賄	贝部	6	132511	D956	08CC4
11333	赀	贝部	6	212135	EADF	08D40
11334	貲	贝部	6	212135	D944	08CB2
11335	䞌	贝部	6	312251	8233E837	0478C
11336	赁	贝部	6	323121	C1DE	08D41
11337	賃	贝部	6	323121	D955	08CC3
11338	賉	贝部	6	325221	D95B	08CC9
11339	赂	贝部	6	354251	C2B8	08D42
11340	賂	贝部	6	354251	D954	08CC2
11341	赃	贝部	6	413121	D4DF	08D43
11342	賍	贝部	6	413121	D95F	08CCD
11343	賋	贝部	6	413434	D95D	08CCB
11344	资	贝部	6	413534	D7CA	08D44
11345	資	贝部	6	413534	D959	08CC7
11346	赅	贝部	6	415334	EAE0	08D45
11347	賅	贝部	6	415334	D957	08CC5
11348	賌	贝部	6	415334	D95E	08CCC
11349	賆	贝部	6	431132	D958	08CC6
11350	赆	贝部	6	513444	EAE1	08D46
11351	䝲	贝部	6	513444	8233E632	04772
11352	䝱	贝部	6	535353	8233E631	04771
11353	䝸	贝部	7	1221254	8233E638	04778
11354	赇	贝部	7	1241344	EAE4	08D47
11355	賕	贝部	7	1241344	D967	08CD5
11356	䝵	贝部	7	1251124	8233E635	04775
11357	䝴	贝部	7	1251245	8233E634	04774
11358	赈	贝部	7	1311534	EAE2	08D48
11359	賑	贝部	7	1311534	D963	08CD1
11360	赉	贝部	7	1431234	EAE3	08D49
11361	䝳	贝部	7	2135454	8233E633	04773
11362	賏	贝部	7	2511134	D961	08CCF
11363	賗	贝部	7	2512512	D969	08CD7
11364	赊	贝部	7	3411234	C9DE	08D4A
11365	賒	贝部	7	3411234	D964	08CD2
11366	賖	贝部	7	3411234	D968	08CD6
11367	賘	贝部	7	4131214	D96A	08CD8
11368	賐	贝部	7	5434354	D962	08CD0
11369	赋	贝部	8	11212154	B8B3	08D4B
11370	賦	贝部	8	11212154	D978	08CE6
11371	䝾	贝部	8	11212154	8233E733	0477E
11372	䞍	贝部	8	11212511	FE83	0478D
11373	䝼	贝部	8	11212511	FE82	0477C
11374	賛	贝部	8	11341134	D96D	08CDB
11375	賬	贝部	8	12111534	D97E	08CEC
11376	赌	贝部	8	12132511	B6C4	08D4C
11377	賭	贝部	8	12132511	D980	08CED
11378	賚	贝部	8	12343434	D96C	08CDA
11379	赍	贝部	8	12343445	EAE5	08D4D
11380	賫	贝部	8	12343445	D97D	08CEB
11381	賢	贝部	8	12512554	D974	08CE2
11382	赎	贝部	8	12544134	CAEA	08D4E
11383	䝽	贝部	8	13121121	8233E732	0477D
11384	賤	贝部	8	15341534	D976	08CE4
11385	赏	贝部	8	24345251	C9CD	08D4F
11386	賞	贝部	8	24345251	D970	08CDE
11387	䞎	贝部	8	25112511	8233E838	0478E
11388	赐	贝部	8	25113533	B4CD	08D50
11389	賜	贝部	8	25113533	D96E	08CDC
11390	賟	贝部	8	25122134	D971	08CDF
11391	赑	贝部	8	25342534	DA50	08D51
11392	䝷	贝部	8	31134251	8233E637	04777
11393	䝿	贝部	8	32151134	8233E734	0477F
11394	質	贝部	8	33123312	D97C	08CEA
11395	赒	贝部	8	35121251	DA51	08D52
11396	賙	贝部	8	35121251	D96B	08CD9
11397	䝶	贝部	8	41251234	8233E636	04776
11398	賥	贝部	8	41343412	D977	08CE5
11399	䝺	贝部	8	41344134	8233E730	0477A
11400	赓	贝部	8	41351134	E2D9	08D53
11401	賡	贝部	8	41351134	D973	08CE1
11402	赔	贝部	8	41431251	C5E2	08D54
11403	賠	贝部	8	41431251	D972	08CE0
11404	赕	贝部	8	43344334	EAE6	08D55
11405	賧	贝部	8	43344334	D979	08CE7
11406	賩	贝部	8	44511234	D97B	08CE9
11407	賨	贝部	8	44511234	D97A	08CE8
11408	䝹	贝部	8	44535455	8233E639	04779
11409	賝	贝部	8	45341234	D96F	08CDD
11410	䝻	贝部	8	51312251	8233E731	0477B
11411	䞐	贝部	9	111342511	8233E930	04790
11412	賰	贝部	9	111342511	D983	08CF0
11413	賳	贝部	9	121251534	D986	08CF3
11414	䞁	贝部	9	125115315	8233E736	04781
11415	赖	贝部	9	125123435	C0B5	08D56
11416	䞂	贝部	9	132522134	8233E737	04782
11417	赗	贝部	9	251125111	DA52	08D57
11418	賵	贝部	9	251125111	D988	08CF5
11419	䞏	贝部	9	251214544	8233E839	0478F

字序	字形	部首	部首外笔画数	部首外笔顺	18030代码	13000代码
11420	賲	贝部	9	322511234	D985	08CF2
11421	䞀	贝部	9	325131134	8233E735	04780
11422	賯	贝部	9	352511521	D982	08CEF
11423	䞄	贝部	9	415331525	8233E739	04784
11424	賱	贝部	9	451251112	D984	08CF1
11425	赘	贝部	10	1121533134	D7B8	08D58
11426	贅	贝部	10	1121533134	D998	08D05
11427	購	贝部	10	1122125211	D98F	08CFC
11428	賷	贝部	10	1225125145	D98A	08CF7
11429	赙	贝部	10	1251124124	EAE7	08D59
11430	賻	贝部	10	1251124124	D98E	08CFB
11431	䞅	贝部	10	1311534251	8233E830	04785
11432	䞃	贝部	10	1541213134	8233E738	04783
11433	䞆	贝部	10	2432511134	8233E831	04786
11434	賶	贝部	10	3445113251	D989	08CF6
11435	賹	贝部	10	4313425221	D98C	08CF9
11436	赚	贝部	10	4315112234	D7AC	08D5A
11437	賺	贝部	10	4315112234	D98D	08CFA
11438	䞇	贝部	11	12134121354	8233E832	04787
11439	贄	贝部	11	12143112354	D997	08D04
11440	赜	贝部	11	12251251121	D8D3	08D5C
11441	賾	贝部	11	12251251121	D991	08CFE
11442	贀	贝部	11	13113453554	D993	08D00
11443	贃	贝部	11	25125124544	D996	08D03
11444	鵙	贝部	11	32511154444	F956	09D59
11445	賿	贝部	11	54154134333	D992	08CFF
11446	贂	贝部	11	54545434333	D995	08D02
11447	贎	贝部	12	122251125214	DA40	08D0E
11448	贉	贝部	12	125221251112	D99C	08D09
11449	赝	贝部	12	133232411121	D8CD	08D5D
11450	贋	贝部	12	133232411121	D99E	08D0B
11451	贆	贝部	12	134413441344	D999	08D06
11452	贌	贝部	12	224314311134	D99F	08D0C
11453	赞	贝部	12	312135312135	D4DE	08D5E
11454	贊	贝部	12	312135312135	D99D	08D0A
11455	䞈	贝部	12	344335554444	8233E833	04788
11456	赟	贝部	12	413411212154	DA53	08D5F
11457	贇	贝部	12	413411212154	D99A	08D07
11458	赠	贝部	12	432524312511	D4F9	08D60
11459	贈	贝部	12	432524312511	D99B	08D08
11460	赡	贝部	13	3513344111251	C9C4	08D61
11461	贍	贝部	13	3513344111251	D9A0	08D0D
11462	䞉	贝部	13	4311342511134	8233E834	04789
11463	贒	贝部	14	12512525124544	DA44	08D12
11464	贓	贝部	14	13513125125534	DA45	08D13
11465	贔	贝部	14	25111342511134	DA46	08D14
11466	贐	贝部	14	51121444425221	DA42	08D10
11467	贖	贝部	15	121252212511134	DA48	08D16
11468	贗	贝部	15	133232511154444	DA49	08D17
11469	䞊	贝部	15	215315343425111	8233E835	0478A
11470	贘	贝部	15	243452512511134	DA4A	08D18
11471	䪥	贝部	16	2145154211121111	8234B838	04AA5
11472	贙	贝部	16	2153153521531535	DA4B	08D19
11473	䞋	贝部	16	4143112342511135	8233E836	0478B
11474	贚	贝部	16	4143125111515111	DA4C	08D1A
11475	贜	贝部	17	12213513125125534	DA4E	08D1C
11476	氵	水部	0	0	E3DF	06C35
11477	水	水部	0	0	CBAE	06C34
11478	氺	水部	0	0	9AEC	06C3A
11479	氷	水部	1	4	9AEA	06C37
11480	永	水部	1	4	D3C0	06C38
11481	氶	水部	1	5	9AE9	06C36
11482	㲸	水部	1	5	8231D038	03CB8
11483	氹	水部	1	5	9AEB	06C39
11484	汁	水部	2	12	D6AD	06C41
11485	汀	水部	2	12	CDA1	06C40
11486	汇	水部	2	15	BBE3	06C47
11487	㲺	水部	2	15	8231D130	03CBA
11488	汅	水部	2	15	9AF3	06C45
11489	汃	水部	2	34	9AF1	06C43
11490	汄	水部	2	34	9AF2	06C44
11491	㲼	水部	2	34	8231D132	03CBC
11492	氼	水部	2	34	9AEE	06C3C
11493	㲹	水部	2	35	8231D039	03CB9
11494	氿	水部	2	35	9AF0	06C3F
11495	汈	水部	2	51	9AF4	06C48
11496	氻	水部	2	53	9AED	06C3B
11497	汉	水部	2	54	BABA	06C49
11498	氾	水部	2	55	9AEF	06C3E
11499	汗	水部	3	112	BAB9	06C57
11500	汙	水部	3	112	9B40	06C59
11501	污	水部	3	115	CEDB	06C61
11502	汚	水部	3	115	9B41	06C5A
11503	江	水部	3	121	BDAD	06C5F
11504	汢	水部	3	121	9B42	06C62
11505	坔	水部	3	121	8868	05754
11506	汏	水部	3	134	9AF9	06C4F
11507	呇	水部	3	251	85D1	05447
11508	汕	水部	3	252	C9C7	06C55
11509	汘	水部	3	312	9AFE	06C58
11510	汑	水部	3	315	9AFA	06C51
11511	汔	水部	3	315	E3E0	06C54

字序	字形	部首	部首外笔画数	部首外笔顺	18030代码	13000代码	字序	字形	部首	部首外笔画数	部首外笔顺	18030代码	13000代码
11512	汌	水部	3	322	9AF6	06C4C	11558	沚	水部	4	2121	9B62	06C9A
11513	汐	水部	3	354	CFAB	06C50	11559	沙	水部	4	2343	C9B3	06C99
11514	汣	水部	3	354	9B43	06C63	11560	汨	水部	4	2511	E3E8	06C68
11515	汷	水部	3	354	9B4F	06C77	11561	汩	水部	4	2511	E3E9	06C69
11516	汋	水部	3	354	9AF5	06C4B	11562	沓	水部	4	2511	EDB3	06C93
11517	汎	水部	3	354	9AF8	06C4E	11563	沖	水部	4	2512	9B5F	06C96
11518	汍	水部	3	354	9AF7	06C4D	11564	汭	水部	4	2534	9B49	06C6D
11519	汲	水部	3	354	BCB3	06C72	11565	沝	水部	4	2534	9B64	06C9D
11520	㲿	水部	3	413	8231D135	03CBF	11566	汻	水部	4	3112	9B52	06C7B
11521	汒	水部	3	415	9AFB	06C52	11567	汼	水部	4	3112	9B53	06C7C
11522	汛	水部	3	512	D1B4	06C5B	11568	汽	水部	4	3115	C6FB	06C7D
11523	汜	水部	3	515	E3E1	06C5C	11569	沃	水部	4	3134	CED6	06C83
11524	汓	水部	3	521	9AFC	06C53	11570	㳊	水部	4	3134	8231D236	03CCA
11525	池	水部	3	525	B3D8	06C60	11571	沜	水部	4	3215	9B63	06C9C
11526	汝	水部	3	531	C8EA	06C5D	11572	沎	水部	4	3235	9B5B	06C8E
11527	汤	水部	3	533	CCC0	06C64	11573	沂	水部	4	3312	D2CA	06C82
11528	㲽	水部	3	534	8231D133	03CBD	11574	沠	水部	4	3324	9B66	06CA0
11529	汊	水部	3	544	E3E2	06C4A	11575	汳	水部	4	3354	9B4D	06C73
11530	沣	水部	4	1112	E3E3	06CA3	11576	㳇	水部	4	3434	8231D233	03CC7
11531	汪	水部	4	1121	CDF4	06C6A	11577	沦	水部	4	3435	C2D9	06CA6
11532	汧	水部	4	1132	9B46	06C67	11578	汵	水部	4	3445	9B4E	06C75
11533	汫	水部	4	1132	9B47	06C6B	11579	汹	水部	4	3452	D0DA	06C79
11534	汬	水部	4	1132	9B48	06C6C	11580	汾	水部	4	3453	B7DA	06C7E
11535	沗	水部	4	1134	9B60	06C97	11581	㳂	水部	4	3454	8231D138	03CC2
11536	沅	水部	4	1135	E3E4	06C85	11582	泛	水部	4	3454	B7BA	06CDB
11537	沄	水部	4	1154	9B56	06C84	11583	沧	水部	4	3455	B2D7	06CA7
11538	沐	水部	4	1234	E3E5	06C90	11584	㳉	水部	4	3511	8231D235	03CC9
11539	㳈	水部	4	1235	8231D234	03CC8	11585	㳃	水部	4	3512	8231D139	03CC3
11540	沞	水部	4	1252	9B65	06C9E	11586	汦	水部	4	3515	9B45	06C66
11541	沛	水部	4	1252	C5E6	06C9B	11587	泲	水部	4	3523	9B8B	06CF2
11542	汥	水部	4	1254	9B44	06C65	11588	沕	水部	4	3533	9B5E	06C95
11543	沔	水部	4	1255	E3E6	06C94	11589	㳄	水部	4	3534	8231D230	03CC4
11544	㳅	水部	4	1324	8231D231	03CC5	11590	沨	水部	4	3534	9B68	06CA8
11545	㳁	水部	4	1334	8231D137	03CC1	11591	汮	水部	4	3541	9B4A	06C6E
11546	汱	水部	4	1344	9B4C	06C71	11592	没	水部	4	3554	C3BB	06CA1
11547	汰	水部	4	1344	CCAD	06C70	11593	沒	水部	4	3554	9B5D	06C92
11548	沤	水部	4	1345	C5BD	06CA4	11594	沟	水部	4	3554	B9B5	06C9F
11549	沥	水部	4	1353	C1A4	06CA5	11595	汴	水部	4	4124	E3EA	06C74
11550	汯	水部	4	1354	9B4B	06C6F	11596	汶	水部	4	4134	E3EB	06C76
11551	沋	水部	4	1354	9B59	06C8B	11597	沆	水部	4	4135	E3EC	06C86
11552	洰	水部	4	1515	9BAE	06D30	11598	汸	水部	4	4153	9B50	06C78
11553	沌	水部	4	1525	E3E7	06C8C	11599	沩	水部	4	4354	E3ED	06CA9
11554	㳀	水部	4	1534	8231D136	03CC0	11600	㳆	水部	4	4412	8231D232	03CC6
11555	沘	水部	4	1535	9B61	06C98	11601	沪	水部	4	4513	BBA6	06CAA
11556	沍	水部	4	1551	9B5A	06C8D	11602	沈	水部	4	4535	C9F2	06C88
11557	沏	水部	4	1553	C6E3	06C8F	11603	沉	水部	4	4535	B3C1	06C89

字序	字形	部首	部首外笔画数	部首外笔顺	18030代码	13000代码
11604	沊	水部	4	4535	9B58	06C8A
11605	沁	水部	4	4544	C7DF	06C81
11606	沢	水部	4	5134	9B67	06CA2
11607	決	水部	4	5134	9B51	06C7A
11608	沑	水部	4	5211	9B5C	06C91
11609	泐	水部	4	5253	E3EE	06CD0
11610	泤	水部	4	5434	9B85	06CE4
11611	沇	水部	4	5435	9B57	06C87
11612	汿	水部	4	5452	9B54	06C7F
11613	沀	水部	4	5452	9B55	06C80
11614	泰	水部	5	11134	CCA9	06CF0
11615	沬	水部	5	11234	9B69	06CAC
11616	沫	水部	5	11234	C4AD	06CAB
11617	沶	水部	5	11234	9B6E	06CB6
11618	浅	水部	5	11534	C7B3	06D45
11619	泟	水部	5	12121	9B84	06CDF
11620	泋	水部	5	12132	9B78	06CCB
11621	法	水部	5	12154	B7A8	06CD5
11622	泔	水部	5	12211	E3EF	06CD4
11623	泄	水部	5	12215	D0B9	06CC4
11624	荥	水部	5	12245	DCFE	08365
11625	沽	水部	5	12251	B9C1	06CBD
11626	泍	水部	5	12341	9B79	06CCD
11627	沭	水部	5	12344	E3F0	06CAD
11628	㳐	水部	5	12345	8231D332	03CD0
11629	河	水部	5	12512	BAD3	06CB3
11630	沰	水部	5	13251	9B6B	06CB0
11631	㳓	水部	5	13251	8231D335	03CD3
11632	沯	水部	5	13251	9B6A	06CAF
11633	㳍	水部	5	13252	8231D239	03CCD
11634	㳒	水部	5	13454	8231D334	03CD2
11635	泷	水部	5	13534	E3F1	06CF7
11636	沷	水部	5	13544	9B6F	06CB7
11637	泙	水部	5	14312	9B80	06CD9
11638	泧	水部	5	15534	9B87	06CE7
11639	沾	水部	5	21251	D5B4	06CBE
11640	泸	水部	5	21513	E3F2	06CF8
11641	泹	水部	5	25111	9B8D	06CF9
11642	泪	水部	5	25111	C0E1	06CEA
11643	沮	水部	5	25111	BEDA	06CAE
11644	㳌	水部	5	25112	8231D238	03CCC
11645	沺	水部	5	25121	9B70	06CBA
11646	油	水部	5	25121	D3CD	06CB9
11647	畓	水部	5	25121	AE7A	07553
11648	㳏	水部	5	25134	8231D331	03CCF
11649	泱	水部	5	25134	E3F3	06CF1
11650	況	水部	5	25135	9B72	06CC1
11651	㳑	水部	5	25221	8231D333	03CD1
11652	泴	水部	5	25221	9B8C	06CF4
11653	泂	水部	5	25251	9B73	06CC2
11654	泅	水部	5	25341	C7F6	06CC5
11655	泗	水部	5	25351	E3F4	06CD7
11656	泩	水部	5	31121	9B88	06CE9
11657	泆	水部	5	31134	9B75	06CC6
11658	泎	水部	5	31211	9B7A	06CCE
11659	沲	水部	5	31525	E3F5	06CB2
11660	㳋	水部	5	32121	8231D237	03CCB
11661	泭	水部	5	32124	9B8A	06CED
11662	泊	水部	5	32511	B2B4	06CCA
11663	泝	水部	5	33124	9B83	06CDD
11664	泒	水部	5	33544	9B7D	06CD2
11665	泘	水部	5	34312	9B7E	06CD8
11666	沴	水部	5	34333	9B6C	06CB4
11667	泠	水部	5	34454	E3F6	06CE0
11668	泜	水部	5	35154	9B82	06CDC
11669	沵	水部	5	35234	9B6D	06CB5
11670	泺	水部	5	35234	E3F8	06CFA
11671	沿	水部	5	35251	D1D8	06CBF
11672	泃	水部	5	35251	9B74	06CC3
11673	泖	水部	5	35352	E3F7	06CD6
11674	泈	水部	5	35444	9B77	06CC8
11675	泡	水部	5	35515	C5DD	06CE1
11676	注	水部	5	41121	D7A2	06CE8
11677	泣	水部	5	41431	C6FC	06CE3
11678	泫	水部	5	41554	E3F9	06CEB
11679	㳕	水部	5	43111	8231D337	03CD5
11680	泮	水部	5	43112	E3FA	06CEE
11681	泶	水部	5	44345	EDB4	06CF6
11682	泞	水部	5	44512	C5A2	06CDE
11683	泬	水部	5	44534	9B89	06CEC
11684	沱	水部	5	44535	E3FB	06CB1
11685	泻	水部	5	45151	D0BA	06CFB
11686	泌	水部	5	45434	C3DA	06CCC
11687	泳	水部	5	45534	D3BE	06CF3
11688	泀	水部	5	51251	9B71	06CC0
11689	泥	水部	5	51335	C4E0	06CE5
11690	泦	水部	5	51335	9B86	06CE6
11691	泯	水部	5	51515	E3FD	06CEF
11692	沸	水部	5	51532	B7D0	06CB8
11693	泓	水部	5	51554	E3FC	06CD3
11694	泏	水部	5	52252	9B7B	06CCF
11695	沼	水部	5	53251	D5D3	06CBC

字序	字形	部首	部首外笔画数	部首外笔顺	18030代码	13000代码	字序	字形	部首	部首外笔画数	部首外笔顺	18030代码	13000代码
11696	洳	水部	5	53251	9B76	06CC7	11742	洇	水部	6	251341	E4A6	06D07
11697	波	水部	5	53254	B2A8	06CE2	11743	洄	水部	6	252511	E4A7	06D04
11698	泼	水部	5	53544	C6C3	06CFC	11744	测	水部	6	253422	B2E2	06D4B
11699	泽	水部	5	54112	D4F3	06CFD	11745	洙	水部	6	311234	E4A8	06D19
11700	泾	水部	5	54121	E3FE	06CFE	11746	洗	水部	6	312135	CFB4	06D17
11701	泋	水部	5	54124	8231D336	03CD4	11747	涏	水部	6	312154	9BE0	06D8F
11702	泎	水部	5	54132	8231D330	03CCE	11748	活	水部	6	312251	BBEE	06D3B
11703	治	水部	5	54251	D6CE	06CBB	11749	洊	水部	6	313432	8231D439	03CE2
11704	泑	水部	5	55453	9B7C	06CD1	11750	洂	水部	6	321234	8231D434	03CDC
11705	洭	水部	6	111215	9BAC	06D2D	11751	洑	水部	6	321344	9B9A	06D11
11706	洡	水部	6	111234	9BA4	06D21	11752	沓	水部	6	321511	8231D538	03CEB
11707	洯	水部	6	111253	9BAD	06D2F	11753	洑	水部	6	321534	9BB9	06D4C
11708	洼	水部	6	121121	CDDD	06D3C	11754	涎	水部	6	321554	CFD1	06D8E
11709	洔	水部	6	121124	9B9C	06D14	11755	泬	水部	6	322512	8231D436	03CDE
11710	洁	水部	6	121251	BDE0	06D01	11756	洼	水部	6	323121	8231D435	03CDD
11711	洘	水部	6	121315	9B9F	06D18	11757	洎	水部	6	325111	E4A9	06D0E
11712	洸	水部	6	121335	8231D530	03CE3	11758	洢	水部	6	325113	9BA5	06D22
11713	洱	水部	6	122111	B6FD	06D31	11759	洫	水部	6	325221	E4AA	06D2B
11714	洪	水部	6	122134	BAE9	06D2A	11760	洉	水部	6	331251	9B95	06D09
11715	恭	水部	6	122134	8231D437	03CDF	11761	洐	水部	6	332112	9B99	06D10
11716	洏	水部	6	124454	8231D438	03CE1	11762	派	水部	6	333534	C5C9	06D3E
11717	洹	水部	6	125111	E4A1	06D39	11763	洀	水部	6	335414	9B8F	06D00
11718	洅	水部	6	125211	9B92	06D05	11764	洤	水部	6	341121	9BA7	06D24
11719	洓	水部	6	125234	9B9B	06D13	11765	浍	水部	6	341154	E4AB	06D4D
11720	洒	水部	6	125351	C8F7	06D12	11766	洽	水部	6	341251	C7A2	06D3D
11721	洦	水部	6	132511	9BA8	06D26	11767	洮	水部	6	341534	E4AC	06D2E
11722	洧	水部	6	132511	E4A2	06D27	11768	洕	水部	6	342511	9B9D	06D15
11723	洊	水部	6	132521	9B96	06D0A	11769	洬	水部	6	351354	9BAB	06D2C
11724	洏	水部	6	132522	9B98	06D0F	11770	洈	水部	6	351355	9B94	06D08
11725	洿	水部	6	134115	9BB4	06D3F	11771	洵	水部	6	352511	E4AD	06D35
11726	洃	水部	6	134334	9B91	06D03	11772	洶	水部	6	353452	9BB0	06D36
11727	泷	水部	6	134454	FE6A	03CE0	11773	洚	水部	6	354152	E4AE	06D1A
11728	泧	水部	6	134534	8231D432	03CDA	11774	洺	水部	6	354251	9BB3	06D3A
11729	洌	水部	6	135422	E4A3	06D0C	11775	洛	水部	6	354251	C2E5	06D1B
11730	浃	水部	6	143134	E4A4	06D43	11776	洜	水部	6	354251	9BA0	06D1C
11731	洟	水部	6	151534	9BA2	06D1F	11777	净	水部	6	355112	9BB7	06D44
11732	浇	水部	6	153135	BDBD	06D47	11778	浆	水部	6	412354	BDAC	06D46
11733	洷	水部	6	154121	9BB1	06D37	11779	洂	水部	6	413234	9B90	06D02
11734	泚	水部	6	212135	9B81	06CDA	11780	浏	水部	6	413422	E4AF	06D4F
11735	浈	水部	6	212534	E4A5	06D48	11781	济	水部	6	413432	BCC3	06D4E
11736	浉	水部	6	231252	9BB8	06D49	11782	洨	水部	6	413434	9BA9	06D28
11737	洸	水部	6	243135	9BB2	06D38	11783	浓	水部	6	413534	8231D338	03CD6
11738	洩	水部	6	251153	9BAA	06D29	11784	浐	水部	6	414313	9BBA	06D50
11739	浊	水部	6	251214	D7C7	06D4A	11785	流	水部	6	415435	8231D430	03CD8
11740	油	水部	6	251221	9BB5	06D40	11786	洋	水部	6	431112	D1F3	06D0B
11741	洞	水部	6	251251	B6B4	06D1E	11787	洴	水部	6	431132	9BAF	06D34

字序	字形	部首	部首外笔画数	部首外笔顺	18030代码	13000代码
11788	泆	水部	6	431134	9BB6	06D42
11789	洣	水部	6	431234	9BA6	06D23
11790	洲	水部	6	434242	D6DE	06D32
11791	洝	水部	6	445531	9BA1	06D1D
11792	浑	水部	6	451512	BBEB	06D51
11793	浒	水部	6	453112	E4B0	06D52
11794	浓	水部	6	453534	C5A8	06D53
11795	津	水部	6	511112	BDF2	06D25
11796	浔	水部	6	511124	E4B1	06D54
11797	浿	水部	6	511534	9B8E	06CFF
11798	浕	水部	6	513444	9BBB	06D55
11799	湘	水部	6	522511	8231D634	03CF1
11800	洆	水部	6	525341	9B93	06D06
11801	洳	水部	6	531251	E4B2	06D33
11802	涓	水部	6	542511	8231D431	03CD9
11803	洚	水部	6	543112	9BA3	06D20
11804	泽	水部	6	544121	8231D339	03CD7
11805	涛	水部	7	1113124	CCCE	06D9B
11806	浖	水部	7	1121132	8231D532	03CE5
11807	減	水部	7	1132534	8231D533	03CE6
11808	浾	水部	7	1213234	9BD5	06D7E
11809	浙	水部	7	1213312	D5E3	06D59
11810	涍	水部	7	1213521	9BDF	06D8D
11811	泑	水部	7	1213541	8231D536	03CE9
11812	涜	水部	7	1214535	9BE8	06D9C
11813	浾	水部	7	1221115	8231D534	03CE7
11814	涟	水部	7	1222121	9C5D	06DFD
11815	浘	水部	7	1223235	8231D731	03CF8
11816	涏	水部	7	1223454	8231D739	03D00
11817	涝	水部	7	1224153	9C45	06DD3
11818	涝	水部	7	1224553	C0D4	06D9D
11819	洍	水部	7	1225125	9B97	06D0D
11820	浣	水部	7	1225135	8231D636	03CF3
11821	浵	水部	7	1234333	9BD8	06D81
11822	浗	水部	7	1241344	9BBD	06D57
11823	浡	水部	7	1245521	9BC2	06D61
11824	浦	水部	7	1251124	C6D6	06D66
11825	浭	水部	7	1251134	9BCA	06D6D
11826	涑	水部	7	1251234	E4B3	06D91
11827	浯	水部	7	1251251	E4B4	06D6F
11828	浢	水部	7	1251431	9BC3	06D62
11829	酒	水部	7	1253511	BEC6	09152
11830	浱	水部	7	1311534	9BCC	06D71
11831	涺	水部	7	1324251	8231D537	03CEA
11832	浹	水部	7	1343434	9BD1	06D79
11833	浝	水部	7	1353334	9BC0	06D5D
11834	涞	水部	7	1431234	E4B5	06D9E
11835	涟	水部	7	1512454	C1B0	06D9F
11836	浳	水部	7	1542511	9BCE	06D73
11837	涇	水部	7	1555121	9BDC	06D87
11838	涉	水部	7	2121233	C9E6	06D89
11839	消	水部	7	2432511	CFFB	06D88
11840	涆	水部	7	2511112	9BDB	06D86
11841	浧	水部	7	2511121	9BC6	06D67
11842	涅	水部	7	2511121	C4F9	06D85
11843	洖	水部	7	2511134	9B9E	06D16
11844	涀	水部	7	2511134	9BD6	06D7F
11845	涀	水部	7	2511135	9BD7	06D80
11846	浬	水部	7	2511211	9BC9	06D6C
11847	淉	水部	7	2511234	8231D630	03CED
11848	涠	水部	7	2511521	E4B6	06DA0
11849	湾	水部	7	2512115	9BDA	06D84
11850	浞	水部	7	2512134	E4B7	06D5E
11851	涃	水部	7	2512341	9BD9	06D83
11852	涓	水部	7	2512511	E4B8	06D93
11853	涢	水部	7	2512534	9BE9	06DA2
11854	涡	水部	7	2512534	CED0	06DA1
11855	浥	水部	7	2515215	9BC5	06D65
11856	涔	水部	7	2523445	E4B9	06D94
11857	滔	水部	7	2534251	8231D833	03D04
11858	涧	水部	7	2534251	9BD3	06D7B
11859	浩	水部	7	3121251	BAC6	06D69
11860	涐	水部	7	3121534	9BE1	06D90
11861	浰	水部	7	3123422	9BCB	06D70
11862	淀	水部	7	3152134	8231D539	03CEC
11863	海	水部	7	3155414	BAA3	06D77
11864	浜	水部	7	3212134	E4BA	06D5C
11865	浟	水部	7	3223134	9BC1	06D5F
11866	涖	水部	7	3241431	9BE3	06D96
11867	涂	水部	7	3411234	CDBF	06D82
11868	浠	水部	7	3413252	E4BB	06D60
11869	涗	水部	7	3425135	9BE4	06D97
11870	浴	水部	7	3434251	D4A1	06D74
11871	浖	水部	7	3443124	9BBC	06D56
11872	浮	水部	7	3443521	B8A1	06D6E
11873	涭	水部	7	3443531	9BD4	06D7D
11874	浛	水部	7	3445251	9BBF	06D5B
11875	涣	水部	7	3525134	BBC1	06DA3
11876	浼	水部	7	3525135	E4BC	06D7C
11877	浲	水部	7	3541112	9BCD	06D72
11878	涤	水部	7	3541234	B5D3	06DA4
11879	浵	水部	7	3541333	9BCF	06D75

字序	字形	部首	部首外笔画数	部首外笔顺	18030代码	13000代码	字序	字形	部首	部首外笔画数	部首外笔顺	18030代码	13000代码
11880	淳	水部	7	4125152	9BEA	06DA5	11926	淔	水部	8	12212511	8231D734	03CFB
11881	浾	水部	7	4132444	8231D531	03CE4	11927	满	水部	8	12212512	9C7A	06E2E
11882	浡	水部	7	4143112	8231D632	03CEF	11928	渃	水部	8	12213251	9C63	06E03
11883	济	水部	7	4154132	8231D633	03CF0	11929	湽	水部	8	12225121	9C7E	06E35
11884	流	水部	7	4154325	C1F7	06D41	11930	渶	水部	8	12225134	9C80	06E36
11885	润	水部	7	4251121	C8F3	06DA6	11931	渫	水部	8	12231234	8231DA30	03D15
11886	涧	水部	7	4252511	BDA7	06DA7	11932	渣	水部	8	12251111	9C46	06DD4
11887	浂	水部	7	4311135	8231D737	03CFE	11933	淽	水部	8	12341121	8231D732	03CF9
11888	涚	水部	7	4325135	9BE7	06D9A	11934	淋	水部	8	12341234	C1DC	06DCB
11889	涕	水部	7	4351523	CCE9	06D95	11935	淅	水部	8	12343312	E4C0	06DC5
11890	浶	水部	7	4411344	8231D635	03CF2	11936	淶	水部	8	12343434	9C5A	06DF6
11891	浺	水部	7	4422512	9BD2	06D7A	11937	淞	水部	8	12343454	E4C1	06DDE
11892	浣	水部	7	4451135	E4BD	06D63	11938	涷	水部	8	12511234	9BF2	06DB7
11893	涂	水部	7	4451234	9BC7	06D68	11939	減	水部	8	12511534	9C4D	06DE2
11894	涙	水部	7	4451344	9BDE	06D8B	11940	滚	水部	8	12511534	8231D735	03CFC
11895	浤	水部	7	4451354	9BC4	06D64	11941	渎	水部	8	12544134	E4C2	06E0E
11896	浲	水部	7	4453112	9BD0	06D76	11942	涯	水部	8	13121121	D1C4	06DAF
11897	浪	水部	7	4511534	C0CB	06D6A	11943	淙	水部	8	13411234	8231D933	03D0E
11898	涙	水部	7	4513134	9BE6	06D99	11944	渀	水部	8	13412132	9C60	06E00
11899	浮	水部	7	4534112	9BC8	06D6B	11945	渏	水部	8	13412512	9C6A	06E0F
11900	涒	水部	7	5113251	9BE2	06D92	11946	淹	水部	8	13425115	D1CD	06DF9
11901	浸	水部	7	5114554	BDFE	06D78	11947	涿	水部	8	13533434	E4C3	06DBF
11902	涙	水部	7	5132534	8231D631	03CEE	11948	淒	水部	8	15112531	9C44	06DD2
11903	涘	水部	7	5133115	9BBE	06D58	11949	渐	水部	8	15213312	BDA5	06E10
11904	屚	水部	7	5133115	8230CC35	03799	11950	淺	水部	8	15341534	9C5C	06DFA
11905	涨	水部	7	5153154	D5C7	06DA8	11951	淠	水部	8	21112111	9C64	06E04
11906	涩	水部	7	5342121	C9AC	06DA9	11952	淑	水部	8	21123454	CAE7	06DD1
11907	涊	水部	7	5344544	9BDD	06D8A	11953	涉	水部	8	21212343	9C68	06E09
11908	涌	水部	7	5425112	D3BF	06D8C	11954	渋	水部	8	21214134	9C69	06E0B
11909	涘	水部	7	5431134	9BE5	06D98	11955	淖	水部	8	21251112	C4D7	06DD6
11910	浚	水部	7	5434354	BFA3	06D5A	11956	淲	水部	8	21531535	9C57	06DF2
11911	浵	水部	7	5551354	8231D535	03CE8	11957	淌	水部	8	24325251	CCCA	06DCC
11912	渏	水部	8	11134112	9C41	06DCE	11958	淂	水部	8	25111124	9BFA	06DC2
11913	清	水部	8	11212511	C7E5	06E05	11959	淏	水部	8	25111134	9C42	06DCF
11914	淸	水部	8	11212521	9C5B	06DF8	11960	淉	水部	8	25111234	9BFD	06DC9
11915	渍	水部	8	11212534	D7D5	06E0D	11961	混	水部	8	25111535	BBEC	06DF7
11916	溁	水部	8	11341132	8231D830	03D01	11962	淐	水部	8	25112511	9C43	06DD0
11917	添	水部	8	11342444	CCED	06DFB	11963	渇	水部	8	25113535	9C66	06E07
11918	淂	水部	8	12111534	9BEE	06DB1	11964	淂	水部	8	25114134	9C62	06E02
11919	湖	水部	8	12125211	8231D831	03D02	11965	渊	水部	8	25121132	E4C4	06DE0
11920	游	水部	8	12131521	8231D733	03CFA	11966	淟	水部	8	25122134	9C4C	06DDF
11921	渚	水部	8	12132511	E4BE	06E1A	11967	涸	水部	8	25122511	BAD4	06DB8
11922	淕	水部	8	12134121	9C47	06DD5	11968	渑	水部	8	25125115	E4C5	06E11
11923	淩	水部	8	12134354	9C52	06DE9	11969	渻	水部	8	25342511	9BF8	06DBE
11924	渏	水部	8	12143112	9BEB	06DAC	11970	畓	水部	8	25342511	8231D834	03D05
11925	淇	水部	8	12211134	E4BF	06DC7	11971	淡	水部	8	25342534	9C61	06E01

字序	字形	部首	部首外笔画数	部首外笔顺	18030代码	13000代码	字序	字形	部首	部首外笔画数	部首外笔顺	18030代码	13000代码
11972	㴇	水部	8	25342534	8231D836	03D07	12018	淃	水部	8	43113455	9BFB	06DC3
11973	淼	水部	8	25342534	EDB5	06DFC	12019	湴	水部	8	43122431	9CB0	06E74
11974	渦	水部	8	25525251	9C75	06E26	12020	㴊	水部	8	43152322	8231D839	03D0A
11975	淛	水部	8	31125222	9C4A	06DDB	12021	淡	水部	8	43344334	B5AD	06DE1
11976	涶	水部	8	31212211	9BF1	06DB6	12022	淙	水部	8	44511234	E4C8	06DD9
11977	㳵	水部	8	31234521	8231D638	03CF5	12023	淀	水部	8	44512134	B5ED	06DC0
11978	涹	水部	8	31234531	9BF3	06DB9	12024	渖	水部	8	44525112	E4C9	06E16
11979	㴈	水部	8	32121252	8231D837	03D08	12025	涫	水部	8	44525151	E4CA	06DAB
11980	㳛	水部	8	32151134	8231D433	03CDB	12026	涳	水部	8	44534121	9BEF	06DB3
11981	淣	水部	8	32151135	9C4E	06DE3	12027	涴	水部	8	44535455	9BF0	06DB4
11982	淮	水部	8	32411121	BBB4	06DEE	12028	淧	水部	8	44545434	9C50	06DE7
11983	淿	水部	8	32511252	9C5F	06DFF	12029	淭	水部	8	45131234	9C54	06DED
11984	渒	水部	8	32511312	9C6B	06E12	12030	淚	水部	8	45131344	9C49	06DDA
11985	涻	水部	8	34112251	9BF5	06DBB	12031	㴃	水部	8	45132534	8231D832	03D03
11986	淦	水部	8	34112431	E4C6	06DE6	12032	深	水部	8	45341234	C9EE	06DF1
11987	淪	水部	8	34125122	9C53	06DEA	12033	㳴	水部	8	45434121	8231D637	03CF4
11988	淆	水部	8	34132511	CFFD	06DC6	12034	湕	水部	8	51111254	9C97	06E55
11989	渊	水部	8	34312342	D4A8	06E0A	12035	㴋	水部	8	51123234	8231D930	03D0B
11990	渓	水部	8	34431134	9C6C	06E13	12036	渌	水部	8	51124134	E4CB	06E0C
11991	淫	水部	8	34433121	D2F9	06DEB	12037	㴆	水部	8	51145252	8231D835	03D06
11992	涭	水部	8	34434554	9BEC	06DAD	12038	涺	水部	8	51312251	9BF4	06DBA
11993	淨	水部	8	34435112	9C51	06DE8	12039	涮	水部	8	51325222	E4CC	06DAE
11994	㳶	水部	8	34435215	8231D639	03CF6	12040	淈	水部	8	51352252	9BFC	06DC8
11995	淰	水部	8	34454544	9C56	06DF0	12041	㳽	水部	8	51531234	8231D736	03CFD
11996	淜	水部	8	35113511	9C4B	06DDC	12042	㴍	水部	8	52111534	8231D932	03D0D
11997	淝	水部	8	35115215	E4C7	06DDD	12043	涵	水部	8	52413452	BAAD	06DB5
11998	淍	水部	8	35121251	9C40	06DCD	12044	㴌	水部	8	53112251	8231D931	03D0C
11999	涽	水部	8	35152511	9BF7	06DBD	12045	渗	水部	8	54134333	C9F8	06E17
12000	渔	水部	8	35251211	D3E6	06E14	12046	㴉	水部	8	54545411	8231D838	03D09
12001	淘	水部	8	35311252	CCD4	06DD8	12047	涰	水部	8	54545454	9BED	06DB0
12002	淊	水部	8	35321511	9BFE	06DCA	12048	淥	水部	8	55124134	9C4F	06DE5
12003	㳷	水部	8	35332511	8231D730	03CF7	12049	淄	水部	8	55525121	D7CD	06DC4
12004	淴	水部	8	35334544	9C58	06DF4	12050	湱	水部	9	111213251	9CAD	06E71
12005	淗	水部	8	35431234	9C48	06DD7	12051	湊	水部	9	111341134	9C90	06E4A
12006	涼	水部	8	41251234	9BF6	06DBC	12052	湷	水部	9	111342511	9CB3	06E77
12007	淳	水部	8	41251521	B4BE	06DF3	12053	湗	水部	9	121121124	9C98	06E57
12008	液	水部	8	41323544	D2BA	06DB2	12054	渽	水部	9	121251534	9C85	06E3D
12009	済	水部	8	41343211	9C67	06E08	12055	湁	水部	9	121341251	9C89	06E41
12010	淬	水部	8	41343412	B4E3	06DEC	12056	湈	水部	9	122111234	9C8E	06E48
12011	涪	水部	8	41431251	B8A2	06DAA	12057	湛	水部	9	122111345	D5BF	06E5B
12012	淁	水部	8	41431531	9BF9	06DC1	12058	㴖	水部	9	122125112	8231DA31	03D16
12013	淤	水部	8	41533444	D3D9	06DE4	12059	満	水部	9	122125252	9CBA	06E80
12014	㳿	水部	8	41541234	8231D738	03CFF	12060	港	水部	9	122134515	B8DB	06E2F
12015	淯	水部	8	41542511	9C55	06DEF	12061	渫	水部	9	122151234	E4CD	06E2B
12016	渆	水部	8	43113222	9C65	06E06	12062	滞	水部	9	122245252	D6CD	06EDE
12017	渕	水部	8	43113422	9C6D	06E15	12063	溚	水部	9	122341251	9CCD	06E9A

字序	字形	部首	部首外笔画数	部首外笔顺	18030代码	13000代码	字序	字形	部首	部首外笔画数	部首外笔顺	18030代码	13000代码
12064	溁	水部	9	122451234	9CBB	06E81	12110	溅	水部	9	253411534	BDA6	06E85
12065	湖	水部	9	122513511	BAFE	06E56	12111	滑	水部	9	255452511	BBAC	06ED1
12066	湳	水部	9	122543112	9CAF	06E73	12112	湃	水部	9	311311112	C5C8	06E43
12067	渿	水部	9	123411234	9C87	06E3F	12113	㴙	水部	9	312321511	8231DA34	03D19
12068	渣	水部	9	123425111	D4FC	06E23	12114	㴝	水部	9	312342234	8231DA38	03D1D
12069	湘	水部	9	123425111	CFE6	06E58	12115	㴡	水部	9	312342511	8231DB32	03D21
12070	湐	水部	9	123432511	9C94	06E50	12116	湫	水部	9	312344334	E4D0	06E6B
12071	㴤	水部	9	123441121	8231DB35	03D24	12117	湬	水部	9	312344334	9CA9	06E6C
12072	渤	水部	9	124552153	B2B3	06E24	12118	湩	水部	9	312511211	9CA7	06E69
12073	溂	水部	9	125123422	9CBC	06E82	12119	湼	水部	9	321511121	9CB8	06E7C
12074	湢	水部	9	125125121	9CA0	06E62	12120	溲	水部	9	321511254	E4D1	06EB2
12075	湮	水部	9	125221121	E4CE	06E6E	12121	淵	水部	9	322151512	9C59	06DF5
12076	㴗	水部	9	125221531	8231DA32	03D17	12122	湺	水部	9	322511234	9CB6	06E7A
12077	湅	水部	9	125431234	9C8B	06E45	12123	湟	水部	9	325111121	E4D2	06E5F
12078	減	水部	9	131251534	9C70	06E1B	12124	湶	水部	9	325112534	9CB2	06E76
12079	湏	水部	9	132511134	9C93	06E4F	12125	溾	水部	9	325113554	9CE2	06EBE
12080	湹	水部	9	132511211	9CB5	06E79	12126	渪	水部	9	325125214	9C78	06E2A
12081	㴟	水部	9	132511521	8231DB30	03D1F	12127	溆	水部	9	341123454	E4D3	06E86
12082	湎	水部	9	132522111	E4CF	06E4E	12128	渝	水部	9	341251122	D3E5	06E1D
12083	渜	水部	9	132522134	9C71	06E1C	12129	渰	水部	9	341251132	9C7B	06E30
12084	湝	水部	9	153532511	9C9C	06E5D	12130	湲	水部	9	344311354	9CAE	06E72
12085	湽	水部	9	155525121	9CB9	06E7D	12131	㴞	水部	9	344322511	8231DA39	03D1E
12086	湞	水部	9	212511134	9C9D	06E5E	12132	湌	水部	9	344511534	9C92	06E4C
12087	渻	水部	9	234325111	9C83	06E3B	12133	湓	水部	9	345325221	E4D4	06E53
12088	㴐	水部	9	251111255	8231D935	03D10	12134	渙	水部	9	352534134	9C6F	06E19
12089	湨	水部	9	251111344	9CA6	06E68	12135	渢	水部	9	353251214	9C74	06E22
12090	湜	水部	9	251112134	9C9B	06E5C	12136	渹	水部	9	354111251	9C82	06E39
12091	渺	水部	9	251112343	C3EC	06E3A	12137	湰	水部	9	354131121	9CAC	06E70
12092	測	水部	9	251113422	9C79	06E2C	12138	㴔	水部	9	355114544	8231D939	03D14
12093	湯	水部	9	251113533	9CAB	06E6F	12139	湚	水部	9	355425115	9C9A	06E5A
12094	湒	水部	9	251122111	9C96	06E52	12140	湾	水部	9	412234515	CDE5	06E7E
12095	湿	水部	9	251122431	CAAA	06E7F	12141	湻	水部	9	412512511	9CB7	06E7B
12096	㴘	水部	9	251125111	8231DA33	03D18	12142	渟	水部	9	412514512	9C73	06E1F
12097	湡	水部	9	251125214	9C9F	06E61	12143	湸	水部	9	412514535	9CB4	06E78
12098	温	水部	9	251125221	CEC2	06E29	12144	渡	水部	9	413122154	B6C9	06E21
12099	湦	水部	9	251131121	9CA4	06E66	12145	㴒	水部	9	413234132	8231D937	03D12
12100	渴	水部	9	251135345	BFCA	06E34	12146	湙	水部	9	413234134	9C99	06E59
12101	渨	水部	9	251211534	9C77	06E28	12147	渷	水部	9	413425135	9C81	06E37
12102	渭	水部	9	251212511	CEBC	06E2D	12148	㴑	水部	9	413431523	8231D936	03D11
12103	溃	水部	9	251212534	C0A3	06E83	12149	湆	水部	9	414312511	9C8C	06E46
12104	渱	水部	9	251214121	9C7C	06E31	12150	湇	水部	9	414312511	9C8D	06E47
12105	㴓	水部	9	251214544	8231D938	03D13	12151	渧	水部	9	414345252	9C76	06E27
12106	湂	水部	9	251251115	9C8A	06E42	12152	游	水部	9	415331521	D3CE	06E38
12107	湍	水部	9	252132522	CDC4	06E4D	12153	湤	水部	9	415331525	9CA2	06E64
12108	湠	水部	9	252134334	9C9E	06E60	12154	溠	水部	9	431113121	9CD1	06EA0
12109	溄	水部	9	252354112	9CBD	06E84	12155	溬	水部	9	431113554	9CD9	06EAC

字序	字形	部首	部首外笔画数	部首外笔顺	18030代码	13000代码
12156	渼	水部	9	431121134	9C84	06E3C
12157	湵	水部	9	431121354	9CB1	06E75
12158	㴹	水部	9	431234454	8231DD36	03D39
12159	溇	水部	9	431234531	9CBE	06E87
12160	湔	水部	9	431251122	E4D5	06E54
12161	湭	水部	9	431253511	9CAA	06E6D
12162	渞	水部	9	431325111	9C72	06E1E
12163	㴚	水部	9	431353334	8231DA35	03D1A
12164	滋	水部	9	431554554	D7CC	06ECB
12165	溈	水部	9	435554444	9CBF	06E88
12166	㴣	水部	9	441151534	8231DB34	03D23
12167	㴢	水部	9	441322512	8231DB33	03D22
12168	湉	水部	9	442312251	9C8F	06E49
12169	渲	水部	9	445125111	E4D6	06E32
12170	㴦	水部	9	445251251	8231DB37	03D26
12171	㴏	水部	9	445341121	8231D934	03D0F
12172	湥	水部	9	445341344	9CA3	06E65
12173	渾	水部	9	451251112	9C86	06E3E
12174	㴜	水部	9	451325122	8231DA37	03D1C
12175	㴫	水部	9	511325152	8231DC32	03D2B
12176	溉	水部	9	511541535	B8C8	06E89
12177	溊	水部	9	512115154	9CC0	06E8A
12178	渥	水部	9	513154121	E4D7	06E25
12179	渳	水部	9	515122111	9C7D	06E33
12180	湣	水部	9	515152511	9CA1	06E63
12181	湋	水部	9	521251152	9C91	06E4B
12182	湄	水部	9	521325111	E4D8	06E44
12183	湑	水部	9	521342511	9C95	06E51
12184	㴠	水部	9	522515452	8231DB31	03D20
12185	滁	水部	9	523411234	B3FC	06EC1
12186	溋	水部	9	535425221	9CC1	06E8B
12187	湧	水部	9	542511253	9CA5	06E67
12188	湀	水部	9	543341134	9C88	06E40
12189	溌	水部	9	543341135	9CC2	06E8C
12190	溞	水部	9	544251214	9CD0	06E9E
12191	渘	水部	9	545231234	9C6E	06E18
12192	湪	水部	9	551353334	9CA8	06E6A
12193	滟	水部	10	1112355215	E4D9	06EDF
12194	溙	水部	10	1113424134	9CCC	06E99
12195	溱	水部	10	1113431234	E4DA	06EB1
12196	滶	水部	10	1121533134	9D45	06EF6
12197	溸	水部	10	1121554234	9CDF	06EB8
12198	溝	水部	10	1122125211	9CCF	06E9D
12199	溨	水部	10	1211234534	9CD6	06EA8
12200	溤	水部	10	1211254444	9CD4	06EA4
12201	㴳	水部	10	1211353334	8231DD30	03D33
12202	溒	水部	10	1212513534	9CC6	06E92
12203	溘	水部	10	1215425221	E4DB	06E98
12204	㴷	水部	10	1221114535	8231DD34	03D37
12205	滠	水部	10	1221115454	E4DC	06EE0
12206	澕	水部	10	1221122112	9DBC	06F95
12207	满	水部	10	1221253434	C2FA	06EE1
12208	漭	水部	10	1221344132	E4DD	06F2D
12209	漠	水部	10	1222511134	C4AE	06F20
12210	㵁	水部	10	1224154325	8231DE34	03D41
12211	溍	水部	10	1224312511	9CC3	06E8D
12212	滢	水部	10	1224511214	E4DE	06EE2
12213	滇	水部	10	1225111134	B5E1	06EC7
12214	溎	水部	10	1234121121	9CC4	06E8E
12215	溹	水部	10	1245554234	9CE0	06EB9
12216	漣	水部	10	1251112454	9D69	06F23
12217	溥	水部	10	1251124124	E4DF	06EA5
12218	滒	水部	10	1251212512	9CF0	06ED2
12219	滆	水部	10	1251254312	9CE8	06EC6
12220	㴻	水部	10	1251431124	8231DD38	03D3B
12221	溧	水部	10	1252211234	E4E0	06EA7
12222	溽	水部	10	1311534124	E4E1	06EBD
12223	滣	水部	10	1311534251	9CF7	06EE3
12224	滅	水部	10	1314334534	9CE7	06EC5
12225	滙	水部	10	1324111215	9CF3	06ED9
12226	源	水部	10	1332511234	D4B4	06E90
12227	㴛	水部	10	1541213134	8231DA36	03D1B
12228	溼	水部	10	1554554121	9CE1	06EBC
12229	滤	水部	10	2153154544	C2CB	06EE4
12230	滥	水部	10	2231425221	C0C4	06EE5
12231	溑	水部	10	2432511134	9CC5	06E91
12232	溡	水部	10	2511121124	9CD2	06EA1
12233	滭	水部	10	2511122112	9CFC	06EED
12234	滉	水部	10	2511243135	9CEA	06EC9
12235	㴸	水部	10	2511251134	8231DD35	03D38
12236	溻	水部	10	2511541541	E4E2	06EBB
12237	溭	水部	10	2512134354	9CDA	06EAD
12238	溿	水部	10	2512143112	9CE3	06EBF
12239	溳	水部	10	2512511134	9CDD	06EB3
12240	溷	水部	10	2513533341	E4E3	06EB7
12241	溰	水部	10	2521251431	9CDC	06EB0
12242	溦	水部	10	2521353134	9CD5	06EA6
12243	㴥	水部	10	2522432511	8231DB36	03D25
12244	溫	水部	10	2534125221	9CD8	06EAB
12245	滊	水部	10	3115431234	9CEB	06ECA
12246	溗	水部	10	3122113534	9CCB	06E97
12247	黎	水部	10	3123435334	C0E8	09ECE

字序	字形	部首	部首外笔画数	部首外笔顺	18030代码	13000代码
12248	滗	水部	10	3143143115	E4E4	06ED7
12249	滌	水部	10	3223541234	9CEC	06ECC
12250	滫	水部	10	3223542511	9CFA	06EEB
12251	溣	水部	10	3234125122	9CD3	06EA3
12252	㴪	水部	10	3251111234	8231DC31	03D2A
12253	溴	水部	10	3251111344	E4E5	06EB4
12254	㴬	水部	10	3251113124	8231DC33	03D2C
12255	滜	水部	10	3251113412	9CF5	06EDC
12256	㴧	水部	10	3251114544	8231DB38	03D27
12257	溩	水部	10	3251154444	9CD7	06EA9
12258	溮	水部	10	3251511252	9CDB	06EAE
12259	㴲	水部	10	3321531535	8231DC39	03D32
12260	潃	水部	10	3323542511	9D80	06F43
12261	溵	水部	10	3351153554	9CDE	06EB5
12262	滏	水部	10	3434112431	E4E6	06ECF
12263	滛	水部	10	3443311252	9CF4	06EDB
12264	滔	水部	10	3443321511	CCCF	06ED4
12265	溪	水部	10	3443554134	CFAA	06EAA
12266	滄	水部	10	3445113251	9CE6	06EC4
12267	滃	水部	10	3454541541	9CE5	06EC3
12268	㴯	水部	10	3511352511	8231DC36	03D2F
12269	㴨	水部	10	3511431134	8231DB39	03D28
12270	漨	水部	10	3541112454	9D6D	06F28
12271	滐	水部	10	3541521234	9CEF	06ED0
12272	溜	水部	10	3545325121	C1EF	06E9C
12273	滦	水部	10	4122341234	C2D0	06EE6
12274	滖	水部	10	4125113534	9CF1	06ED6
12275	滈	水部	10	4125125251	9CE9	06EC8
12276	漷	水部	10	4125152152	9D74	06F37
12277	滧	水部	10	4134343134	9CF8	06EE7
12278	漓	水部	10	4134522554	C0EC	06F13
12279	滚	水部	10	4134543534	B9F6	06EDA
12280	溏	水部	10	4135112251	E4E7	06E8F
12281	滝	水部	10	4143125115	9CF6	06EDD
12282	滂	水部	10	4143454153	E4E8	06EC2
12283	滀	水部	10	4155425121	9CE4	06EC0
12284	溔	水部	10	4311214444	9CC8	06E94
12285	溢	水部	10	4313425221	D2E7	06EA2
12286	溓	水部	10	4315112234	9CC7	06E93
12287	溯	水部	10	4315233511	CBDD	06EAF
12288	㴴	水部	10	4334143345	8231DD31	03D34
12289	滎	水部	10	4334433445	9CEE	06ECE
12290	㴺	水部	10	4411343434	8231DD37	03D3A
12291	滨	水部	10	4453212134	B1F5	06EE8
12292	㴱	水部	10	4453413443	8231DC38	03D31
12293	㴭	水部	10	4453425111	8231DC34	03D2D
12294	溛	水部	10	4453433544	9CCE	06E9B
12295	溶	水部	10	4453434251	C8DC	06EB6
12296	滓	水部	10	4454143112	D7D2	06ED3
12297	溕	水部	10	4511353334	9CC9	06E95
12298	溟	水部	10	4525114134	E4E9	06E9F
12299	㴶	水部	10	4532411121	8231DD33	03D36
12300	滘	水部	10	4534121251	9CF2	06ED8
12301	㴵	水部	10	4543425221	8231DD32	03D35
12302	㴮	水部	10	5132432511	8231DC35	03D2E
12303	溺	水部	10	5154151541	C4E7	06EBA
12304	滍	水部	10	5221251214	9CED	06ECD
12305	㴰	水部	10	5425113535	8231DC37	03D30
12306	滩	水部	10	5432411121	CCB2	06EE9
12307	滪	水部	10	5452132534	9CF9	06EEA
12308	㴩	水部	10	5552515215	8231DC30	03D29
12309	漬	水部	11	11212511134	9D6E	06F2C
12310	漦	水部	11	11234313413	9D6B	06F26
12311	漹	水部	11	12121154444	9D76	06F39
12312	㴿	水部	11	12132511134	8231DE32	03D3F
12313	漖	水部	11	12135213134	9D5D	06F16
12314	漐	水部	11	12143112354	9D5A	06F10
12315	漀	水部	11	12152133554	9D4E	06F00
12316	漌	水部	11	12212511121	9D57	06F0C
12317	漢	水部	11	12212511134	9D68	06F22
12318	潢	水部	11	12212512134	E4EA	06F62
12319	滿	水部	11	12212523434	9D4D	06EFF
12320	㵏	水部	11	12241343412	8231DF38	03D4F
12321	潆	水部	11	12245554234	E4EB	06F46
12322	漧	水部	11	12251112315	9D6C	06F27
12323	潇	水部	11	12251123234	E4EC	06F47
12324	漜	水部	11	12341234121	9D63	06F1C
12325	滼	水部	11	12341234354	9D4A	06EFC
12326	漤	水部	11	12341234531	E4ED	06F24
12327	漆	水部	11	12343424134	C6E1	06F06
12328	㴾	水部	11	12455213134	8231DE31	03D3E
12329	漸	水部	11	12511123312	9D75	06F38
12330	㵄	水部	11	12511134534	8231DE37	03D44
12331	漙	水部	11	12511214124	9D60	06F19
12332	漕	水部	11	12512212511	E4EE	06F15
12333	潄	水部	11	12512343134	9D81	06F44
12334	漱	水部	11	12512343534	CAFE	06F31
12335	漚	水部	11	12512512515	9D61	06F1A
12336	漂	水部	11	12522111234	C6AF	06F02
12337	漘	水部	11	13115342511	9D5F	06F18
12338	滯	水部	11	13221545252	9CFE	06EEF
12339	㵔	水部	11	13412132511	8231E033	03D54

字序	字形	部首	部首外笔画数	部首外笔顺	18030代码	13000代码	字序	字形	部首	部首外笔画数	部首外笔顺	18030代码	13000代码
12340	漺	水部	11	13434343434	9D77	06F3A	12386	滽	水部	11	41351125112	9D4B	06EFD
12341	滷	水部	11	21253444441	9D46	06EF7	12387	漉	水部	11	41352211535	E4F5	06F09
12342	滹	水部	11	21531534312	E4EF	06EF9	12388	漳	水部	11	41431251112	D5C4	06F33
12343	滮	水部	11	21531535333	9CFD	06EEE	12389	滰	水部	11	41431251135	9D40	06EF0
12344	漟	水部	11	24345251121	9D66	06F1F	12390	滻	水部	11	41431331121	9D49	06EFB
12345	漊	水部	11	25112512531	9D55	06F0A	12391	滴	水部	11	41432512251	B5CE	06EF4
12346	漫	水部	11	25112522154	C2FE	06F2B	12392	滳	水部	11	41432534251	9D43	06EF3
12347	㵆	水部	11	25113121251	8231DE39	03D46	12393	㵀	水部	11	41533131134	8231DE33	03D40
12348	潩	水部	11	25121122134	9D9D	06F69	12394	漩	水部	11	41533152134	E4F6	06F29
12349	㵃	水部	11	25121444535	8231DE36	03D43	12395	漾	水部	11	43112145534	D1FA	06F3E
12350	漯	水部	11	25121554234	E4F0	06F2F	12396	漛	水部	11	43113424134	9D62	06F1B
12351	漍	水部	11	25125115341	9D58	06F0D	12397	潎	水部	11	43252343134	9D87	06F4E
12352	漶	水部	11	25125124544	E4F1	06F36	12398	㵉	水部	11	44112341234	8231DF32	03D49
12353	漄	水部	11	25213121121	9D51	06F04	12399	㵈	水部	11	44153112251	8231DF31	03D48
12354	潀	水部	11	25221323434	9D7C	06F40	12400	滱	水部	11	44511352154	9D41	06EF1
12355	潈	水部	11	25221353334	9D83	06F48	12401	演	水部	11	44512512134	D1DD	06F14
12356	潉	水部	11	25225111535	9D84	06F49	12402	漃	水部	11	44521123454	9D50	06F03
12357	漼	水部	11	25232411121	9D79	06F3C	12403	㴼	水部	11	44532132511	8231DD39	03D3C
12358	漰	水部	11	25235113511	9D70	06F30	12404	漥	水部	11	44534121121	9D6A	06F25
12359	潂	水部	11	25243122431	9D7E	06F42	12405	潌	水部	11	44534154121	9D86	06F4C
12360	漴	水部	11	25244511234	9D72	06F34	12406	滵	水部	11	44545434252	9D44	06EF5
12361	濄	水部	11	25525251454	9DE3	06FC4	12407	滬	水部	11	45132515215	9CFB	06EEC
12362	潅	水部	11	31132411121	9D82	06F45	12408	澉	水部	11	51221113134	E4F7	06F89
12363	㵇	水部	11	31225112211	8231DF30	03D47	12409	潳	水部	11	51312132511	9DA4	06F73
12364	漡	水部	11	31251113533	9D67	06F21	12410	漏	水部	11	51312524444	C2A9	06F0F
12365	滺	水部	11	32231344544	9D48	06EFA	12411	漲	水部	11	51512111534	9D71	06F32
12366	漑	水部	11	32511351535	9D5B	06F11	12412	漿	水部	11	52133544124	9D7B	06F3F
12367	漗	水部	11	32535414544	9D5E	06F17	12413	漋	水部	11	52354131121	9D56	06F0B
12368	澚	水部	11	32543123415	9DC1	06F9A	12414	漝	水部	11	54154132511	9D64	06F1D
12369	漇	水部	11	33221212134	9D53	06F07	12415	漻	水部	11	54154134333	9D78	06F3B
12370	漎	水部	11	33234342134	9D59	06F0E	12416	滲	水部	11	54545434333	9D42	06EF2
12371	潊	水部	11	34112342154	9D85	06F4A	12417	潍	水部	11	55132411121	CEAB	06F4D
12372	漵	水部	11	34112343134	9D73	06F35	12418	漅	水部	11	55525111234	9D52	06F05
12373	潋	水部	11	34144313134	E4F2	06F4B	12419	潔	水部	12	111253554234	9D8D	06F54
12374	㴽	水部	11	34312344544	8231DE30	03D3D	12420	潖	水部	12	112111215215	9D8F	06F56
12375	漞	水部	11	34432511135	9D65	06F1E	12421	潜	水部	12	113411342511	C7B1	06F5C
12376	㵅	水部	11	34452511134	8231DE38	03D45	12422	澆	水部	12	121121121135	9DB2	06F86
12377	漁	水部	11	35251214444	9D4F	06F01	12423	澒	水部	12	121132511134	9DB9	06F92
12378	潒	水部	11	35251353334	9D8B	06F52	12424	濆	水部	12	121222511134	9DE5	06FC6
12379	潴	水部	11	35312132511	E4F3	06F74	12425	澍	水部	12	121251431124	E4F8	06F8D
12380	漪	水部	11	35313412512	E4F4	06F2A	12426	㵙	水部	12	121251431251	8231E038	03D59
12381	漈	水部	11	35445411234	9D54	06F08	12427	澎	水部	12	121251431333	C5EC	06F8E
12382	滸	水部	11	41112513112	9D47	06EF8	12428	㵭	水部	12	121325114444	8231E238	03D6D
12383	㵂	水部	11	41312214444	8231DE35	03D42	12429	澾	水部	12	121431112454	9DDF	06FBE
12384	滾	水部	11	41342513534	9D4C	06EFE	12430	潱	水部	12	121451251431	9DA3	06F71
12385	漮	水部	11	41351124134	9D6F	06F2E	12431	澌	水部	12	122111343312	E4F9	06F8C

字序	字形	部首	部首外笔画数	部首外笔顺	18030代码	13000代码	字序	字形	部首	部首外笔画数	部首外笔顺	18030代码	13000代码
12432	㵩	水部	12	122122151234	8231E234	03D69	12478	潗	水部	12	324111211234	9D90	06F57
12433	潵	水部	12	122125113134	9DA5	06F75	12479	潐	水部	12	324111214444	9D89	06F50
12434	澑	水部	12	122155125121	9DB8	06F91	12480	澔	水部	12	325113121251	9DBB	06F94
12435	澫	水部	12	122251125214	9DCF	06FAB	12481	潨	水部	12	325221323334	9D9C	06F68
12436	㵧	水部	12	122251135345	8231E232	03D67	12482	澳	水部	12	325431234134	B0C4	06FB3
12437	濍	水部	12	122353344544	9DEB	06FCD	12483	澓	水部	12	332312511354	9DBA	06F93
12438	潮	水部	12	122511123511	B3B1	06F6E	12484	㵌	水部	12	332331225111	8231DF35	03D4C
12439	潹	水部	12	123412341234	9DA8	06F79	12485	澃	水部	12	333132511134	9DB0	06F83
12440	澘	水部	12	123412342511	9DBF	06F98	12486	潝	水部	12	341251541541	9D94	06F5D
12441	潸	水部	12	123412342511	E4FA	06F78	12487	潘	水部	12	343123425121	C5CB	06F58
12442	潓	水部	12	125112144544	9D8C	06F53	12488	㵚	水部	12	343434112431	8231E039	03D5A
12443	潭	水部	12	125221251112	CCB6	06F6D	12489	潙	水部	12	344335554444	9D91	06F59
12444	潥	水部	12	125221431234	9D9A	06F65	12490	澛	水部	12	352512112511	9DC2	06F9B
12445	㵦	水部	12	131212511454	8231E231	03D66	12491	㵗	水部	12	411211254444	8231E036	03D57
12446	㵮	水部	12	134122125112	8231E239	03D6E	12492	潡	水部	12	412515213134	9D97	06F61
12447	㵐	水部	12	134315233534	8231DF39	03D50	12493	潼	水部	12	414312511211	E4FC	06F7C
12448	潦	水部	12	134432511234	C1CA	06F66	12494	澈	水部	12	415425113134	B3BA	06F88
12449	澐	水部	12	145244441154	9DB7	06F90	12495	澜	水部	12	425125431234	C0BD	06F9C
12450	潛	水部	12	153515352511	9D93	06F5B	12496	㵛	水部	12	431112431251	8231E130	03D5B
12451	澁	水部	12	212121212121	9DAE	06F81	12497	潫	水部	12	431134554234	9D9F	06F6B
12452	濐	水部	12	251112132511	9DEE	06FD0	12498	潽	水部	12	431224312511	9DAA	06F7D
12453	㵊	水部	12	251112211154	8231DF33	03D4A	12499	潾	水部	12	431234354152	9DAB	06F7E
12454	濎	水部	12	251115132125	9DEC	06FCE	12500	澊	水部	12	431253511124	9DB4	06F8A
12455	濈	水部	12	251122111534	9DE7	06FC8	12501	澻	水部	12	431353334454	9DDC	06FBB
12456	潤	水部	12	251125111121	9D99	06F64	12502	潧	水部	12	432524312511	9D9B	06F67
12457	澖	水部	12	251125111234	9DBD	06F96	12503	澇	水部	12	433443344553	9DB3	06F87
12458	澗	水部	12	251125112511	9DBE	06F97	12504	㵜	水部	12	441122543112	8231E131	03D5C
12459	㵎	水部	12	251125113511	8231DF37	03D4E	12505	㵓	水部	12	445251112134	8231E032	03D53
12460	潣	水部	12	251125114134	9D98	06F63	12506	澝	水部	12	445454425112	9DC3	06F9D
12461	㵍	水部	12	251125114544	8231DF36	03D4D	12507	潯	水部	12	511121251124	9DA1	06F6F
12462	澋	水部	12	251141251234	9DB5	06F8B	12508	澅	水部	12	511121251211	9DB1	06F85
12463	潰	水部	12	251212511134	9DA2	06F70	12509	漽	水部	12	513241343112	9D7A	06F3D
12464	潬	水部	12	251251251112	9DA0	06F6C	12510	潺	水部	12	513521521521	E4FD	06F7A
12465	澏	水部	12	251251251252	9DB6	06F8F	12511	漒	水部	12	515251251214	9D5C	06F12
12466	澂	水部	12	252111213134	9DAF	06F82	12512	㵒	水部	12	515322511134	8231E031	03D52
12467	㵋	水部	12	252212511134	8231DF34	03D4B	12513	潠	水部	12	515515122134	9D96	06F60
12468	㵘	水部	12	253425342534	8231E037	03D58	12514	㵖	水部	12	531251554234	8231E035	03D56
12469	潶	水部	12	254312114444	9DA6	06F76	12515	㵑	水部	12	532512511134	8231E030	03D51
12470	潿	水部	12	255212511521	9DAC	06F7F	12516	澄	水部	12	543341251431	B3CE	06F84
12471	潕	水部	12	311222214444	9D8E	06F55	12517	潑	水部	12	543345153554	9D8A	06F51
12472	潪	水部	12	311342512511	9D9E	06F6A	12518	潏	水部	12	545232534251	9D88	06F4F
12473	潲	水部	12	312342432511	E4FB	06F72	12519	㵕	水部	12	545454342444	8231E034	03D55
12474	潻	水部	12	312343424134	9DA9	06F7B	12520	濏	水部	13	1121112145434	9DED	06FCF
12475	潷	水部	12	314314511112	9DA7	06F77	12521	濭	水部	13	1221215425221	9E47	06FED
12476	澙	水部	12	321511154444	9DC0	06F99	12522	濗	水部	13	1222511134252	9DF3	06FD7
12477	潟	水部	12	321511354444	9D95	06F5F	12523	濩	水部	13	1223241112154	9E43	06FE9

字序	字形	部首	部首外笔画数	部首外笔顺	18030代码	13000代码	字序	字形	部首	部首外笔画数	部首外笔顺	18030代码	13000代码
12524	澿	水部	13	1223445113251	9E50	06FF8	12570	濅	水部	13	4125251131234	9DC5	06F9F
12525	濛	水部	13	1224511353334	9DF7	06FDB	12571	濂	水部	13	4134315112234	E5A5	06FC2
12526	澣	水部	13	1225111234112	9DC8	06FA3	12572	濟	水部	13	4135342511134	9DD0	06FAC
12527	澿	水部	13	1234123411234	9DE0	06FBF	12573	㵪	水部	13	4135342534251	8231E132	03D5D
12528	濋	水部	13	1234123452134	9DE9	06FCB	12574	澵	水部	13	4143112343312	9DD8	06FB5
12529	濇	水部	13	1234341252511	9DE6	06FC7	12575	澺	水部	13	4143125114544	9DDB	06FBA
12530	瀨	水部	13	1251234352534	E4FE	06FD1	12576	濓	水部	13	4143135112234	9DEF	06FD3
12531	澸	水部	13	1312515344544	9DDA	06FB8	12577	澭	水部	13	4155332411121	9DD1	06FAD
12532	㵢	水部	13	1452444425121	8231E137	03D62	12578	㵪	水部	13	4311214413534	8231E235	03D6A
12533	澪	水部	13	1452444434454	9DCE	06FAA	12579	濨	水部	13	4315545544544	9E42	06FE8
12534	㵡	水部	13	1452444435515	8231E136	03D61	12580	㵠	水部	13	4453451352252	8231E135	03D60
12535	濊	水部	13	2121131233534	9DE8	06FCA	12581	㵥	水部	13	4454543425221	8231E230	03D65
12536	濒	水部	13	2121233132534	B1F4	06FD2	12582	濅	水部	13	4455114525254	9DE4	06FC5
12537	澯	水部	13	2135454431234	9DD3	06FAF	12583	潚	水部	13	5112322151512	9D92	06F5A
12538	濾	水部	13	2153151353334	9DDE	06FBD	12584	澱	水部	13	5131221343554	9DD5	06FB1
12539	澞	水部	13	2153152511134	9DC4	06F9E	12585	澼	水部	13	5132514143112	9DDD	06FBC
12540	澲	水部	13	2243143111234	9DD6	06FB2	12586	㵨	水部	13	5132514143112	8231E233	03D68
12541	澢	水部	13	2434525125121	9DC7	06FA2	12587	㵫	水部	13	5215215212511	8231E236	03D6B
12542	濉	水部	13	2511132411121	E5A1	06FC9	12588	㵤	水部	13	5415411343434	8231E139	03D64
12543	澠	水部	13	2511251211511	9DC6	06FA0	12589	澦	水部	13	5452132511134	9DCB	06FA6
12544	澷	水部	13	2511252214153	9DD9	06FB7	12590	瀞	水部	14	11212511355112	9E73	0701E
12545	㵣	水部	13	2511353453534	8231E138	03D63	12591	濪	水部	14	11212511355215	9E44	06FEA
12546	潞	水部	13	2512121354251	C2BA	06F5E	12592	㵶	水部	14	12132411121534	8231E337	03D76
12547	澧	水部	13	2512211251431	E5A2	06FA7	12593	濲	水部	14	12145312343554	9E4A	06FF2
12548	濃	水部	13	2512211311534	9DE2	06FC3	12594	濤	水部	14	12151211251124	9DFD	06FE4
12549	澡	水部	13	2512512511234	D4E8	06FA1	12595	濝	水部	14	12211134554234	9DF9	06FDD
12550	㵹	水部	13	2521222511134	8231E430	03D79	12596	㵵	水部	14	12211154323334	8231E336	03D75
12551	濖	水部	13	2522112132511	9DF2	06FD6	12597	瀎	水部	14	12225221134534	9E66	0700E
12552	澤	水部	13	2522112143112	9DC9	06FA4	12598	濣	水部	14	12251112344412	9DFC	06FE3
12553	澴	水部	13	2522112513534	9DD7	06FB4	12599	濫	水部	14	12512531425221	9E45	06FEB
12554	濁	水部	13	2522135251214	9DE1	06FC1	12600	㵱	水部	14	12522111234124	8231E332	03D71
12555	㵞	水部	13	3123443344544	8231E133	03D5E	12601	濿	水部	14	13122251125214	9E57	06FFF
12556	濌	水部	13	3125112112511	9DEA	06FCC	12602	濔	水部	14	13425234343434	9DF0	06FD4
12557	澨	水部	13	3143141234341	9DCC	06FA8	12603	㵴	水部	14	13513125125534	8231E335	03D74
12558	瀄	水部	13	3143145115452	9E5C	07004	12604	濡	水部	14	14524444132522	E5A6	06FE1
12559	㵰	水部	13	3211152511134	8231E331	03D70	12605	濬	水部	14	21451343425111	9E46	06FEC
12560	澩	水部	13	3211343451145	9DCD	06FA9	12606	濧	水部	14	22431431121124	9E41	06FE7
12561	激	水部	13	3251141533134	BCA4	06FC0	12607	濹	水部	14	25112114444121	9E51	06FF9
12562	㵟	水部	13	3322521353134	8231E134	03D5F	12608	濶	水部	14	25112511312251	9E4E	06FF6
12563	澰	水部	13	3412512513434	9DD4	06FB0	12609	濕	水部	14	25115545544444	9DF1	06FD5
12564	澮	水部	13	3412524312511	9DD2	06FAE	12610	㵲	水部	14	31122221354152	8231E333	03D72
12565	㵻	水部	13	3511321511254	8231E432	03D7B	12611	㵺	水部	14	31431432511312	8231E431	03D7A
12566	㵬	水部	13	3511535425221	8231E237	03D6C	12612	濮	水部	14	32224314311134	E5A7	06FEE
12567	澹	水部	13	3513344111251	E5A3	06FB9	12613	濞	水部	14	32511125121132	E5A8	06FDE
12568	澥	水部	13	3535112533112	9DCA	06FA5	12614	㵸	水部	14	34125125125122	8231E339	03D78
12569	澶	水部	13	4125251125111	E5A4	06FB6	12615	濦	水部	14	34431215114544	9E40	06FE6

字序	字形	部首	部首外笔画数	部首外笔顺	18030代码	13000代码
12616	瀰	水部	14	35132511154444	8231E330	03D6F
12617	瀪	水部	14	35444512512134	9DFE	06FE5
12618	濠	水部	14	41251451353334	E5A9	06FE0
12619	瀇	水部	14	41312212512134	9E5F	07007
12620	濟	水部	14	41432533543211	9DFA	06FDF
12621	瀁	水部	14	43111344511534	9E59	07001
12622	濼	水部	14	43344334451234	9DF6	06FDA
12623	濴	水部	14	43344334452534	9E4C	06FF4
12624	濙	水部	14	43344334454334	9DF5	06FD9
12625	瀵	水部	14	44112212512134	8231E439	03D82
12626	瀦	水部	14	44112212523434	9E4F	06FF7
12627	濱	水部	14	44512332511134	9E49	06FF1
12628	濘	水部	14	44545442522112	9DF4	06FD8
12629	濵	水部	14	44552132511134	9E4D	06FF5
12630	瀠	水部	14	44554154134333	8231E334	03D73
12631	瀉	水部	14	45321511354444	8231E433	03D7C
12632	濜	水部	14	51121444425221	9DF8	06FDC
12633	瀡	水部	14	52131212511454	9E76	07021
12634	瀆	水部	14	52251212511134	9E53	06FFB
12635	澀	水部	14	53453421212121	9DAD	06F80
12636	濯	水部	14	54154132411121	E5AA	06FEF
12637	澤	水部	14	54154141343412	9DFB	06FE2
12638	灘	水部	14	55444432411121	9E48	06FF0
12639	灝	水部	15	112125112511135	8231E435	03D7E
12640	瀳	水部	15	113411342511134	9E55	06FFD
12641	瀸	水部	15	121211121111534	9E68	07010
12642	瀆	水部	15	121252212511134	9E5E	07006
12643	瀔	水部	15	121451312343554	9E6B	07014
12644	瀵	水部	15	123412212512134	8231E534	03D87
12645	瀒	水部	15	123434341252511	9E69	07012
12646	瀩	水部	15	125125132511134	8231E537	03D8A
12647	瀀	水部	15	132511454544354	9E58	07000
12648	瀦	水部	15	135333412132511	9E7A	07026
12649	濾	水部	15	215315251214544	9E56	06FFE
12650	瀑	水部	15	251112213424134	C6D9	07011
12651	濺	水部	15	251113415341534	9E52	06FFA
12652	瀃	水部	15	251113425113533	9E5B	07003
12653	瀢	水部	15	251212511134454	9E77	07022
12654	瀛	水部	15	251212512125121	8231E434	03D7D
12655	瀍	水部	15	325113251132511	8231E436	03D7F
12656	濼	水部	15	325115545541234	9E54	06FFC
12657	瀓	水部	15	332252111213134	9E6A	07013
12658	瀊	水部	15	335414355425221	9E62	0700A
12659	瀧	水部	15	344312421531535	8231E438	03D81
12660	瀏	水部	15	351154154134333	8231E437	03D80
12661	瀂	水部	15	352512144442511	9E5A	07002
12662	瀏	水部	15	354533411243122	9E67	0700F
12663	瀦	水部	15	411125112132511	8231E533	03D86
12664	瀍	水部	15	413251121134121	9E65	0700D
12665	瀌	水部	15	413522115354444	9E64	0700C
12666	瀅	水部	15	433443344511214	9E5D	07005
12667	瀟	水部	15	441311222214444	8231E530	03D83
12668	瀉	水部	15	445321511354444	9E61	07009
12669	瀋	水部	15	445343123425121	9E63	0700B
12670	瀈	水部	15	541541451251112	9E60	07008
12671	瀫	水部	16	1214515542343554	9E80	0702B
12672	瀳	水部	16	1224135221154444	9E88	07033
12673	瀚	水部	16	1225111234541541	E5AB	0701A
12674	瀟	水部	16	1225112322151512	9E74	0701F
12675	瀭	水部	16	1251112341251122	9E82	0702D
12676	瀬	水部	16	1251234132511134	9E81	0702C
12677	瀨	水部	16	1251234352511134	9E7C	07028
12678	瀜	水部	16	1251254312251214	9E71	0701C
12679	瀝	水部	16	1331234312342121	9E72	0701D
12680	瀮	水部	16	1452444412341234	9E83	0702E
12681	瀖	水部	16	1452444432411121	9E6D	07016
12682	瀕	水部	16	2121233132511134	9E6C	07015
12683	瀣	水部	16	2135454211121111	E5AC	07023
12684	瀘	水部	16	2153152512125221	9E6F	07018
12685	瀯	水部	16	2243135333431121	8231E538	03D8B
12686	瀾	水部	16	2511251135321511	8231E531	03D84
12687	瀼	水部	16	2522112513534454	8231E631	03D8E
12688	潛	水部	16	3121353121352511	9E4B	06FF3
12689	瀕	水部	16	3123435132511134	9E7D	07029
12690	鱉	水部	16	3155414313432511	9E7E	0702A
12691	澩	水部	16	3211343451145521	8231E532	03D85
12692	瀤	水部	16	4125221241343534	9E78	07024
12693	瀙	水部	16	4143112342511135	9E70	07019
12694	瀧	水部	16	4143125111515111	9E7B	07027
12695	瀛	水部	16	4152513511531354	E5AD	0701B
12696	瀅	水部	16	4334433445251214	8231E535	03D88
12697	濸	水部	16	4334433445251251	9E84	0702F
12698	瀠	水部	16	4334433445554234	9E75	07020
12699	瀗	水部	16	4451112252214544	9E6E	07017
12700	瀷	水部	16	5234431215114544	8231E632	03D8F
12701	瀥	水部	16	5415414125125251	9E79	07025
12702	瀻	水部	17	12125121122134534	9E8E	0703B
12703	瀶	水部	17	12211155455453221	8231E539	03D8C
12704	瀘	水部	17	12212512531425221	9E99	07046
12705	瀸	水部	17	12213513125125534	8231E636	03D93
12706	灌	水部	17	12225125132411121	B9E0	0704C
12707	瀶	水部	17	12512531251251251	9E8A	07036

字序	字形	部首	部首外笔画数	部首外笔顺	18030代码	13000代码
12708	灀	水部	17	14524444123425111	9E93	07040
12709	瀴	水部	17	25111342511134531	9E89	07034
12710	瀾	水部	17	25112511125431234	9E91	0703E
12711	灁	水部	17	25112511325112534	9E94	07041
12712	瀱	水部	17	25221134334433422	9E86	07031
12713	瀿	水部	17	31554143134554234	9E92	0703F
12714	瀹	水部	17	34125125125125122	E5AE	07039
12715	瀲	水部	17	34125125134343134	9E87	07032
12716	㶑	水部	17	34125125134343534	8231E634	03D91
12717	瀸	水部	17	34341211121111534	9E8C	07038
12718	灂	水部	17	34432522151154124	9E95	07042
12719	瀺	水部	17	35251153535251354	9E8D	0703A
12720	㶍	水部	17	35251214444431112	8231E630	03D8D
12721	瀼	水部	17	41251251112213534	9E8F	0703C
12722	㶐	水部	17	41332324111214544	8231E633	03D90
12723	瀵	水部	17	43123425121122134	E5AF	07035
12724	瀽	水部	17	44511221342512134	9E90	0703D
12725	瀰	水部	17	51513425234343434	9E85	07030
12726	瀷	水部	17	54154125121122134	9E8B	07037
12727	灄	水部	18	122111122111122111	9E97	07044
12728	灊	水部	18	153515351251254312	9E9D	0704A
12729	灃	水部	18	211121112521251431	9E96	07043
12730	灇	水部	18	224314311212211154	9E9A	07047
12731	灈	水部	18	251112511132411121	9E9B	07048
12732	㶒	水部	18	251125111211254444	8231E635	03D92
12733	灍	水部	18	251125114315233534	9E9F	0704D
12734	灏	水部	18	251141251234132534	E5B0	0704F
12735	灅	水部	18	251212512125121121	9E98	07045
12736	㶔	水部	18	252212522125221134	8231E637	03D94
12737	㶘	水部	18	314314125221251112	8231E731	03D98
12738	㶕	水部	18	314314251125112511	8231E638	03D95
12739	㶗	水部	18	315541455423432511	8231E730	03D97
12740	㶖	水部	18	322354254312114444	8231E639	03D96
12741	灕	水部	18	413452255432411121	9EA6	07055
12742	灋	水部	18	413522115444412154	9E9E	0704B
12743	灐	水部	18	433443344534112431	9EA1	07050
12744	灉	水部	18	555251521532411121	9E9C	07049
12745	灘	水部	19	1221251113432411121	9EA9	07058
12746	㶚	水部	19	1252211221251123511	8231E733	03D9A
12747	灑	水部	19	1254125441352211535	9EA2	07051
12748	灗	水部	19	2512144125251125111	9EA8	07057
12749	灔	水部	19	2512211251431355215	9EA5	07054
12750	灒	水部	19	3121353121352511134	9EA3	07052
12751	灓	水部	19	4111251554444554444	9EA4	07053
12752	灖	水部	19	4131234123421112111	9EA7	07056
12753	㶛	水部	19	4153313211152511134	8231E734	03D9B
12754	㶙	水部	19	4412243135333431121	8231E732	03D99
12755	灡	水部	20	12225112511125431234	9EB1	07061
12756	灙	水部	20	24345251254312114444	9EAA	07059
12757	灛	水部	20	25112511251251251112	9EAC	0705B
12758	灚	水部	20	32113434511452511135	9EAB	0705A
12759	灜	水部	20	41525135112511134354	9EAD	0705C
12760	㶝	水部	20	44141332324111214544	8231E736	03D9D
12761	㶜	水部	20	51343113251343113222	8231E735	03D9C
12762	灠	水部	21	125125314252212511135	9EB0	07060
12763	灞	水部	21	145244441221251123511	E5B1	0705E
12764	灝	水部	21	251141251234132511134	9EAE	0705D
12765	㶞	水部	21	251141251251112213534	8231E737	03D9E
12766	㶟	水部	21	251212512125121554234	8231E738	03D9F
12767	灟	水部	21	513241342522135251214	9EAF	0705F
12768	灢	水部	22	1251245251251112213534	9EB2	07062
12769	灣	水部	22	4111251554444554444515	9EB3	07063
12770	㶠	水部	23	12112544442522112143112	8231E739	03DA0
12771	灦	水部	23	25115545544444132511134	9EB6	07066
12772	灎	水部	23	25122112514311215425221	9EA0	0704E
12773	灤	水部	23	41112515544445544441234	9EB4	07064
12774	灧	水部	24	211121112521251431355215	9EB7	07067
12775	灨	水部	24	414312511123541212511134	9EB8	07068
12776	灩	水部	28	2111211125212514311215425221	9EB9	07069
12777	灪	水部	29	12343112521234453444445215333	9EBA	0706A
12778	见	见部	0	0	BCFB	089C1
12779	見	见部	0	0	D28A	0898B
12780	䙷	见部	3	124	8233CD33	04677
12781	䙸	见部	3	124	8233CD34	04678
12782	觃	见部	3	521	D35F	089C3

字序	字形	部首	部首外笔画数	部首外笔顺	18030代码	13000代码	字序	字形	部首	部首外笔画数	部首外笔顺	18030代码	13000代码
12783	覎	见部	3	521	D28D	0898E	12829	親	见部	9	414311234	D348	089AA
12784	䙹	见部	4	1132	8233CD35	04679	12830	觏	见部	10	1122125211	EAED	089CF
12785	规	见部	4	1134	B9E6	089C4	12831	覯	见部	10	1122125211	D34D	089AF
12786	規	见部	4	1134	D28E	0898F	12832	䚋	见部	10	2512511134	8233CF33	0468B
12787	覔	见部	4	1324	D293	08994	12833	覬	见部	10	2521251431	D34A	089AC
12788	覐	见部	4	3434	D28F	08990	12834	䚌	见部	10	3251113412	8233CF34	0468C
12789	䙻	见部	4	3523	8233CD37	0467B	12835	覫	见部	10	4143454153	D349	089AB
12790	䙿	见部	5	11234	8233CE31	0467F	12836	䚊	见部	10	4313425221	8233CF32	0468A
12791	䙽	见部	5	13443	8233CD39	0467D	12837	覮	见部	10	4334433445	D34C	089AE
12792	觇	见部	5	21251	EAE8	089C7	12838	覭	见部	10	4525114134	D34B	089AD
12793	覘	见部	5	21251	D297	08998	12839	䚎	见部	11	11134321511	8233CF36	0468E
12794	览	见部	5	22314	C0C0	089C8	12840	䚍	见部	11	11212511134	8233CF35	0468D
12795	覙	见部	5	35234	D298	08999	12841	觐	见部	11	12212511121	EAEE	089D0
12796	觉	见部	5	44345	BEF5	089C9	12842	覲	见部	11	12212511121	D350	089B2
12797	覚	见部	5	44345	D299	0899A	12843	覱	见部	11	12511123312	D34F	089B1
12798	䙾	见部	5	44515	8233CE30	0467E	12844	觑	见部	11	21531522431	EAEF	089D1
12799	覕	见部	5	45434	D294	08995	12845	覷	见部	11	21531522431	D355	089B7
12800	覗	见部	5	51251	D296	08997	12846	覰	见部	11	21531525111	D34E	089B0
12801	䙼	见部	5	53251	8233CD38	0467C	12847	観	见部	11	31132411121	D351	089B3
12802	觊	见部	6	252515	EAE9	089CA	12848	䚓	见部	12	125221251112	8233D031	04693
12803	䚁	见部	6	325251	8233CE33	04681	12849	覸	见部	12	251125112511	D356	089B8
12804	覛	见部	6	333534	D29A	0899B	12850	覵	见部	12	251125113511	D353	089B5
12805	覜	见部	6	341534	D29B	0899C	12851	䚑	见部	12	252212511134	8233CF39	04691
12806	覝	见部	7	1124334	D29C	0899D	12852	䚐	见部	12	311342512511	8233CF38	04690
12807	覟	见部	7	1214544	D29E	0899F	12853	覶	见部	12	344354255454	D354	089B6
12808	觋	见部	7	1234341	EAEA	089CB	12854	䚒	见部	12	414312511211	8233D030	04692
12809	覡	见部	7	1234341	D2A0	089A1	12855	䚏	见部	12	431234354152	8233CF37	0468F
12810	䚃	见部	7	2125511	8233CE35	04683	12856	覴	见部	12	543341251431	D352	089B4
12811	覞	见部	7	2511135	D29D	0899E	12857	覻	见部	13	2153151251431	D359	089BB
12812	覠	见部	7	5113251	D29F	089A0	12858	覺	见部	13	3211343451145	D358	089BA
12813	覩	见部	8	12132511	D347	089A9	12859	覹	见部	13	3322521353134	D357	089B9
12814	䚆	见部	8	12225134	8233CE38	04686	12860	覽	见部	14	12512531425221	D35B	089BD
12815	䚅	见部	8	12343434	8233CE37	04685	12861	覼	见部	14	13425234343434	D35A	089BC
12816	觌	见部	8	12544134	EAEB	089CC	12862	䚔	见部	14	44512332511134	8233D032	04694
12817	觍	见部	8	25122134	D360	089CD	12863	覿	见部	15	121252212511134	D35D	089BF
12818	覥	见部	8	25122134	D343	089A5	12864	覾	见部	15	445343123425121	D35C	089BE
12819	覣	见部	8	31234531	D341	089A3	12865	觀	见部	17	12225125132411121	D35E	089C0
12820	覢	见部	8	43344334	D340	089A2	12866	䚕	见部	19	1254125441352211535	8233D033	04695
12821	䚄	见部	8	51124134	8233CE36	04684	12867	䚖	见部	24	145244442512512511234341	8233D034	04696
12822	䚉	见部	9	111253134	8233CF31	04689							
12823	覧	见部	9	125125314	D345	089A7	12868	牛	牛部	0	0	C5A3	0725B
12824	䚈	见部	9	125221121	8233CF30	04688	12869	牜	牛部	0	0	A0AB	0725C
12825	䚇	见部	9	234325111	8233CE39	04687	12870	⺧	牛部	0	0	FE6B	02EA7
12826	覨	见部	9	251251115	D346	089A8	12871	牝	牛部	2	35	EAF2	0725D
12827	觎	见部	9	341251122	EAEC	089CE	12872	㸨	牛部	2	52	8231F535	03E28
12828	覦	见部	9	341251122	D344	089A6	12873	牞	牛部	2	53	A0AC	0725E

字序	字形	部首	部首外笔画数	部首外笔顺	18030代码	13000代码
12874	㸩	牛部	3	112	8231F536	03E29
12875	牡	牛部	3	121	C4B5	07261
12876	告	牛部	3	251	B8E6	0544A
12877	吿	牛部	3	251	85CC	0543F
12878	㸪	牛部	3	322	8231F537	03E2A
12879	牤	牛部	3	415	A0AF	07264
12880	牠	牛部	3	525	A0AD	07260
12881	牣	牛部	3	534	A0AE	07263
12882	㸬	牛部	4	1252	8231F539	03E2C
12883	牫	牛部	4	1534	A0B3	0726B
12884	牪	牛部	4	3112	A0B2	0726A
12885	牦	牛部	4	3115	EAF3	07266
12886	牧	牛部	4	3134	C4C1	07267
12887	㸫	牛部	4	3312	8231F538	03E2B
12888	㸮	牛部	4	3453	8231F631	03E2E
12889	牬	牛部	4	3523	A0B4	0726C
12890	物	牛部	4	3533	CEEF	07269
12891	牨	牛部	4	4135	A0B1	07268
12892	牥	牛部	4	4153	A0B0	07265
12893	㸯	牛部	4	4412	8231F632	03E2F
12894	㸭	牛部	4	5215	8231F630	03E2D
12895	荦	牛部	5	12245	DCFD	08366
12896	牯	牛部	5	12251	EAF4	0726F
12897	牱	牛部	5	12512	A0B7	07271
12898	牰	牛部	5	25121	A0B6	07270
12899	牭	牛部	5	25351	A0B5	0726D
12900	牲	牛部	5	31121	C9FC	07272
12901	㸲	牛部	5	31211	8231F635	03E32
12902	㸱	牛部	5	31525	8231F634	03E31
12903	牮	牛部	5	32154	EAF0	0726E
12904	㸳	牛部	5	34454	8231F636	03E33
12905	牴	牛部	5	35154	A0B9	07274
12906	㸰	牛部	5	44535	8231F633	03E30
12907	牳	牛部	5	55414	A0B8	07273
12908	㸷	牛部	6	111253	8231F730	03E37
12909	特	牛部	6	121124	CCD8	07279
12910	㸵	牛部	6	121251	8231F638	03E35
12911	牺	牛部	6	125351	CEFE	0727A
12912	㸶	牛部	6	251341	8231F639	03E36
12913	㸸	牛部	6	331251	8231F731	03E38
12914	牷	牛部	6	341121	A0BB	07277
12915	䍧	牛部	6	431112	8232FD35	04367
12916	牶	牛部	6	431134	A0BA	07276
12917	牸	牛部	6	445521	A0BC	07278
12918	㸿	牛部	7	1214535	8231F738	03E3F
12919	㹀	牛部	7	1245521	8231F739	03E40
12920	牾	牛部	7	1251251	EAF5	0727E
12921	牻	牛部	7	1353334	A0BD	0727B
12922	牼	牛部	7	1555121	A0BE	0727C
12923	㸽	牛部	7	2511134	8231F736	03E3D
12924	牿	牛部	7	3121251	EAF6	0727F
12925	犁	牛部	7	3123422	C0E7	07281
12926	㸹	牛部	7	3443124	8231F732	03E39
12927	觕	牛部	7	3535112	D363	089D5
12928	㸼	牛部	7	3541112	8231F735	03E3C
12929	牽	牛部	7	4155445	A0BF	0727D
12930	㸺	牛部	7	4412343	8231F733	03E3A
12931	㸾	牛部	7	5344544	8231F737	03E3E
12932	㸻	牛部	7	5431134	8231F734	03E3B
12933	犆	牛部	8	12251111	A0C3	07286
12934	㹂	牛部	8	12512554	8231F831	03E42
12935	犊	牛部	8	12544134	B6BF	0728A
12936	犄	牛部	8	13412512	EAF7	07284
12937	犋	牛部	8	25111134	EAF8	0728B
12938	犅	牛部	8	25431252	A0C2	07285
12939	犇	牛部	8	31213112	A0C4	07287
12940	犂	牛部	8	31234353	A0C0	07282
12941	㹁	牛部	8	41251234	8231F830	03E41
12942	犉	牛部	8	41251521	A0C6	07289
12943	犃	牛部	8	41431251	A0C1	07283
12944	犈	牛部	8	43113455	A0C5	07288
12945	犍	牛部	8	51111254	EAF9	0728D
12946	㹈	牛部	9	112343134	8231F837	03E48
12947	犎	牛部	9	121121124	A0C8	0728E
12948	犑	牛部	9	251111344	A0CA	07291
12949	㹇	牛部	9	251135345	8231F836	03E47
12950	犐	牛部	9	312344412	A0C9	07290
12951	㹋	牛部	9	322354333	8231F930	03E4B
12952	㹅	牛部	9	353344544	8231F834	03E45
12953	㹆	牛部	9	451251112	8231F835	03E46
12954	犏	牛部	9	451325122	EAFA	0728F
12955	犌	牛部	9	512115154	A0C7	0728C
12956	犕	牛部	10	1221325112	A0CD	07295
12957	㹉	牛部	10	1332511234	8231F838	03E49
12958	㹄	牛部	10	2512134354	8231F833	03E44
12959	犔	牛部	10	3115431234	A0CC	07294
12960	犓	牛部	10	3552335523	A0CB	07293
12961	犒	牛部	10	4125125251	EAFB	07292
12962	犖	牛部	10	4334433445	A0CE	07296
12963	犗	牛部	10	4451112251	A0CF	07297
12964	㹊	牛部	10	4532411121	8231F839	03E4A
12965	犛	牛部	11	11234313413	A0D3	0729B

字序	字形	部首	部首外笔画数	部首外笔顺	18030代码	13000代码
12966	犆	牛部	11	12212511121	8231F934	03E4F
12967	犤	牛部	11	25121554234	8231F933	03E4E
12968	犨	牛部	11	33234342134	8231F935	03E50
12969	犜	牛部	11	41431331121	8231F931	03E4C
12970	犞	牛部	11	41432512251	8231F932	03E4D
12971	犚	牛部	11	51311234124	A0D2	0729A
12972	犙	牛部	11	54545434333	A0D1	07299
12973	犋	牛部	12	111251113454	8231F936	03E51
12974	犢	牛部	12	121121121135	8231F938	03E53
12975	犪	牛部	12	224314311134	8231F937	03E52
12976	犞	牛部	12	313425125251	A0D6	0729E
12977	犜	牛部	12	412515213134	A0D4	0729C
12978	犝	牛部	12	414312511211	A0D5	0729D
12979	犟	牛部	12	515251251214	EAF1	0729F
12980	犠	牛部	13	1135132511134	8231FA30	03E55
12981	犡	牛部	13	1251211251211	8231F939	03E54
12982	犧	牛部	13	4311213121534	A0D7	072A0
12983	犨	牛部	13	4311341353334	8231FA31	03E56
12984	犤	牛部	14	12151211251124	8231FA32	03E57
12985	犡	牛部	14	13122251125214	A0D8	072A1
12986	犥	牛部	14	14524444132522	8231FA33	03E58
12987	犢	牛部	15	121252212511134	A0D9	072A2
12988	犦	牛部	15	251112213424134	A0DD	072A6
12989	犤	牛部	15	252215425113535	A0DB	072A4
12990	犥	牛部	15	413522115354444	A0DC	072A5
12991	犣	牛部	15	433443344525111	8231FA34	03E59
12992	犣	牛部	15	555253415445445	A0DA	072A3
12993	犨	牛部	16	3241112132411121	A0DF	072A8
12994	犧	牛部	16	4311213123415534	A0DE	072A7
12995	犪	牛部	16	4334433445251251	8231FA35	03E5A
12996	犩	牛部	17	31234531325113554	A0E0	072A9
12997	犪	牛部	19	1325111212151534354	8231FA36	03E5B
12998	犪	牛部	21	43132511121215153435 4	A0E1	072AA
12999	犫	牛部	23	32411121411125132411121	A0E2	072AB
13000	手	手部	0	0	CAD6	0624B
13001	扌	手部	0	0	DED0	0624C
13002	龵	手部	1	0	FE61	0E826
13003	扎	手部	1	5	D4FA	0624E
13004	打	手部	2	12	B4F2	06253
13005	扑	手部	2	24	C6CB	06251
13006	扒	手部	2	34	B0C7	06252
13007	扖	手部	2	34	9243	06256
13008	扏	手部	2	35	9240	0624F
13009	扣	手部	2	52	82318538	039C4
13010	扚	手部	2	52	82318537	039C3
13011	扨	手部	2	53	82318539	039C5
13012	扐	手部	2	53	9241	06250
13013	扔	手部	2	53	C8D3	06254
13014	劧	手部	2	53	84B6	052A7
13015	扖	手部	2	54	9242	06255
13016	扞	手部	3	112	9249	0625E
13017	扜	手部	3	112	9247	0625C
13018	扝	手部	3	115	9248	0625D
13019	扛	手部	3	121	BFB8	0625B
13020	扗	手部	3	121	9244	06257
13021	扙	手部	3	134	9245	06259
13022	扤	手部	3	135	924E	06264
13023	扣	手部	3	251	BFDB	06263
13024	扫	手部	3	251	82318631	039C7
13025	抻	手部	3	252	82318630	039C6
13026	扦	手部	3	312	C7A4	06266
13027	托	手部	3	315	CDD0	06258
13028	扥	手部	3	315	924F	06265
13029	扢	手部	3	315	924D	06262
13030	扚	手部	3	354	9246	0625A
13031	执	手部	3	354	D6B4	06267
13032	扱	手部	3	354	9251	06271
13033	扩	手部	3	413	C0A9	06269
13034	扪	手部	3	425	DED1	0626A
13035	扫	手部	3	511	C9A8	0626B
13036	扟	手部	3	512	924A	0625F
13037	扫	手部	3	515	82318632	039C8
13038	扡	手部	3	525	924C	06261
13039	扬	手部	3	533	D1EF	0626C
13040	扨	手部	3	534	9250	06268
13041	扠	手部	3	544	924B	06260
13042	抂	手部	4	1121	925B	06282
13043	扶	手部	4	1134	B7F6	06276
13044	抏	手部	4	1135	9265	0628F
13045	抚	手部	4	1135	B8A7	0629A
13046	抎	手部	4	1154	9264	0628E
13047	抟	手部	4	1154	DED2	0629F
13048	抪	手部	4	1252	82318634	039CA
13049	技	手部	4	1254	BCBC	06280
13050	抔	手部	4	1324	9267	06294
13051	抉	手部	4	1344	82318635	039CB
13052	抠	手部	4	1345	BFD9	062A0
13053	抜	手部	4	1354	9269	0629C
13054	抰	手部	4	1354	C8C5	06270
13055	扼	手部	4	1355	B6F3	0627C

字序	字形	部首	部首外笔画数	部首外笔顺	18030代码	13000代码	字序	字形	部首	部首外笔画数	部首外笔顺	18030代码	13000代码
13056	拒	手部	4	1515	BEDC	062D2	13102	扭	手部	4	5211	C5A4	0626D
13057	抚	手部	4	1523	82318638	039CE	13103	把	手部	4	5215	B0D1	0628A
13058	扽	手部	4	1525	9259	0627D	13104	报	手部	4	5254	B1A8	062A5
13059	找	手部	4	1534	D5D2	0627E	13105	拟	手部	4	5434	C4E2	062DF
13060	批	手部	4	1535	C5FA	06279	13106	抭	手部	4	5435	925A	06281
13061	扺	手部	4	1554	82318738	039DA	13107	抒	手部	4	5452	CAE3	06292
13062	扯	手部	4	2121	B3B6	0626F	13108	扨	手部	4	5454	FE65	039D0
13063	抄	手部	4	2343	B3AD	06284	13109	抝	手部	4	5545	926A	0629D
13064	抇	手部	4	2511	925F	06287	13110	拝	手部	5	11112	9285	062DD
13065	抐	手部	4	2534	9266	06290	13111	拜	手部	5	11112	B0DD	062DC
13066	㧅	手部	4	2534	FE62	039CF	13112	抺	手部	5	11234	927B	062BA
13067	扜	手部	4	3112	9268	06299	13113	抹	手部	5	11234	C4A8	062B9
13068	扢	手部	4	3115	82318633	039C9	13114	挚	手部	5	12152	82318936	039ED
13069	托	手部	4	3115	82318636	039CC	13115	抾	手部	5	12154	927C	062BE
13070	抍	手部	4	3132	9263	0628D	13116	拑	手部	5	12211	9283	062D1
13071	扷	手部	4	3134	9255	06277	13117	抴	手部	5	12215	9277	062B4
13072	抙	手部	4	3215	9256	06278	13118	抲	手部	5	12512	9275	062B2
13073	折	手部	4	3312	D5DB	06298	13119	㧟	手部	5	12525	82318830	039DC
13074	抓	手部	4	3324	D7A5	06293	13120	抦	手部	5	12534	926D	062A6
13075	扳	手部	4	3354	B0E2	06273	13121	抷	手部	5	13241	9279	062B7
13076	扴	手部	4	3432	9253	06274	13122	拓	手部	5	13251	CDD8	062D3
13077	抢	手部	4	3435	C2D5	062A1	13123	抪	手部	5	13252	9270	062AA
13078	扲	手部	4	3444	9254	06275	13124	拢	手部	5	13534	C2A3	062E2
13079	扴	手部	4	3445	9252	06272	13125	㧓	手部	5	13534	82318732	039D4
13080	扮	手部	4	3453	B0E7	0626E	13126	拔	手部	5	13544	B0CE	062D4
13081	抸	手部	4	3454	927A	062B8	13127	拋	手部	5	13553	9281	062CB
13082	抡	手部	4	3455	C7C0	062A2	13128	抨	手部	5	14312	C5EA	062A8
13083	抈	手部	4	3511	9260	06288	13129	拣	手部	5	15534	BCF0	062E3
13084	抵	手部	4	3515	9257	0627A	13130	拀	手部	5	21124	9289	062E4
13085	抁	手部	4	3534	9258	0627B	13131	拈	手部	5	21251	C4E9	062C8
13086	抅	手部	4	3541	926C	062A3	13132	挚	手部	5	22314	82318739	039DB
13087	抑	手部	4	3552	D2D6	06291	13133	担	手部	5	25111	B5A3	062C5
13088	抛	手部	4	3553	C5D7	0629B	13134	抯	手部	5	25111	9273	062AF
13089	投	手部	4	3554	CDB6	06295	13135	看	手部	5	25111	BFB4	0770B
13090	抅	手部	4	3554	925D	06285	13136	押	手部	5	25112	D1BA	062BC
13091	抃	手部	4	4124	925C	06283	13137	抻	手部	5	25112	DED3	062BB
13092	抆	手部	4	4134	925E	06286	13138	抽	手部	5	25121	B3E9	062BD
13093	抗	手部	4	4135	BFB9	06297	13139	抧	手部	5	25134	926E	062A7
13094	㧂	手部	4	4153	82318637	039CD	13140	抰	手部	5	25134	9274	062B0
13095	扐	手部	4	4354	82318639	039D1	13141	抭	手部	5	25135	927D	062C0
13096	抖	手部	4	4412	B6B6	06296	13142	拐	手部	5	25153	B9D5	062D0
13097	护	手部	4	4513	BBA4	062A4	13143	抩	手部	5	25211	926F	062A9
13098	抌	手部	4	4535	9262	0628C	13144	抶	手部	5	31134	9278	062B6
13099	抋	手部	4	4544	9261	0628B	13145	拃	手部	5	31211	9280	062C3
13100	択	手部	4	5134	926B	0629E	13146	㧕	手部	5	31354	82318832	039DE
13101	抉	手部	4	5134	BEF1	06289	13147	拖	手部	5	31525	CDCF	062D6

字序	字形	部首	部首外笔画数	部首外笔顺	18030代码	13000代码	字序	字形	部首	部首外笔画数	部首外笔顺	18030代码	13000代码
13148	拞	手部	5	32121	9286	062DE	13194	持	手部	6	121124	B3D6	06301
13149	拊	手部	5	32124	DED4	062CA	13195	拮	手部	6	121251	DED7	062EE
13150	拍	手部	5	32511	C5C4	062CD	13196	拷	手部	6	121315	BFBD	062F7
13151	拆	手部	5	33124	B2F0	062C6	13197	㧯	手部	6	121335	82318938	039EF
13152	㧓	手部	5	33544	82318731	039D3	13198	㧬	手部	6	121354	82318935	039EC
13153	抮	手部	5	34333	9272	062AE	13199	挚	手部	6	121354	D6BF	0631A
13154	拎	手部	5	34454	C1E0	062CE	13200	挕	手部	6	122111	92A1	06315
13155	拥	手部	5	35112	D3B5	062E5	13201	拱	手部	6	122134	B9B0	062F1
13156	抵	手部	5	35154	B5D6	062B5	13202	拲	手部	6	122134	928D	062F2
13157	㧰	手部	5	35234	82318939	039F0	13203	挜	手部	6	122431	92A5	0631C
13158	拘	手部	5	35251	BED0	062D8	13204	挝	手部	6	124454	CECE	0631D
13159	㧕	手部	5	35352	82318733	039D5	13205	挋	手部	6	125125	9299	0630B
13160	拠	手部	5	35435	9287	062E0	13206	拺	手部	6	125234	9291	062FA
13161	抱	手部	5	35515	B1A7	062B1	13207	拪	手部	6	125351	928A	062EA
13162	拄	手部	5	41121	D6F4	062C4	13208	拵	手部	6	132521	928E	062F5
13163	拡	手部	5	41354	9288	062E1	13209	㧫	手部	6	132522	82318934	039EB
13164	拉	手部	5	41431	C0AD	062C9	13210	挎	手部	6	134115	BFE6	0630E
13165	拦	手部	5	43111	C0B9	062E6	13211	拻	手部	6	134334	9292	062FB
13166	拌	手部	5	43112	B0E8	062CC	13212	挞	手部	6	134454	CCA2	0631E
13167	㧟	手部	5	44115	FE63	039DF	13213	挒	手部	6	135422	929E	06312
13168	拧	手部	5	44512	C5A1	062E7	13214	挟	手部	6	143134	D0AE	0631F
13169	㧒	手部	5	44534	82318730	039D2	13215	挗	手部	6	151534	92A2	06317
13170	拕	手部	5	44535	9284	062D5	13216	捓	手部	6	152352	92C0	06353
13171	抭	手部	5	44535	9271	062AD	13217	挠	手部	6	153135	C4D3	06320
13172	㧖	手部	5	45135	82318734	039D6	13218	挃	手部	6	154121	9294	06303
13173	㧙	手部	5	45434	82318737	039D9	13219	挊	手部	6	211124	9298	0630A
13174	抳	手部	5	51335	9276	062B3	13220	㧗	手部	6	212135	82318735	039D7
13175	抿	手部	5	51515	C3F2	062BF	13221	㧘	手部	6	212135	82318736	039D8
13176	拂	手部	5	51532	B7F7	062C2	13222	挘	手部	6	234353	92A3	06318
13177	拙	手部	5	52252	D7BE	062D9	13223	挄	手部	6	243135	9295	06304
13178	拏	手部	5	53154	9282	062CF	13224	挡	手部	6	243511	B5B2	06321
13179	招	手部	5	53251	D5D0	062DB	13225	拽	手部	6	251153	D7A7	062FD
13180	拁	手部	5	53251	927E	062C1	13226	捛	手部	6	251251	92C7	0635B
13181	㧝	手部	5	53251	82318831	039DD	13227	挏	手部	6	251251	929C	0630F
13182	披	手部	5	53254	C5FB	062AB	13228	㧢	手部	6	251341	82318835	039E2
13183	拨	手部	5	53544	B2A6	062E8	13229	㧣	手部	6	311234	82318836	039E3
13184	择	手部	5	54112	D4F1	062E9	13230	㧥	手部	6	312135	82318838	039E5
13185	拚	手部	5	54132	DED5	062DA	13231	挺	手部	6	312154	CDA6	0633A
13186	㧠	手部	5	54234	82318833	039E0	13232	括	手部	6	312251	C0A8	062EC
13187	抬	手部	5	54251	CCA7	062AC	13233	挢	手部	6	313432	DED8	06322
13188	拇	手部	5	55414	C4B4	062C7	13234	㧮	手部	6	321511	82318937	039EE
13189	拗	手部	5	55453	DED6	062D7	13235	挻	手部	6	321554	92B4	0633B
13190	挈	手部	6	111253	EAFC	06308	13236	拰	手部	6	323121	928C	062F0
13191	挷	手部	6	111352	92B2	06337	13237	㧨	手部	6	331251	82318931	039E8
13192	拭	手部	6	112154	CAC3	062ED	13238	振	手部	6	333534	9293	06300
13193	挂	手部	6	121121	B9D2	06302	13239	拴	手部	6	341121	CBA9	062F4

字序	字形	部首	部首外笔画数	部首外笔顺	18030代码	13000代码	字序	字形	部首	部首外笔画数	部首外笔顺	18030代码	13000代码
13240	㧶	手部	6	341251	82318A30	039F1	13286	捂	手部	7	1251251	CEE6	06342
13241	拾	手部	6	341251	CAB0	062FE	13287	振	手部	7	1311534	D5F1	0632F
13242	拿	手部	6	341251	C4C3	062FF	13288	㧻	手部	7	1324251	82318A34	039F5
13243	挑	手部	6	341534	CCF4	06311	13289	挾	手部	7	1343434	92B6	0633E
13244	挆	手部	6	351234	9297	06306	13290	挳	手部	7	1555121	92AE	06333
13245	㧩	手部	6	351252	82318932	039E9	13291	捗	手部	7	2121233	92C3	06357
13246	㧪	手部	6	351355	82318933	039EA	13292	捎	手部	7	2432511	C9D3	0634E
13247	㧦	手部	6	352511	82318839	039E6	13293	捍	手部	7	2511112	BAB4	0634D
13248	指	手部	6	352511	D6B8	06307	13294	挰	手部	7	2511121	92AC	06330
13249	挌	手部	6	354251	929A	0630C	13295	捏	手部	7	2511121	C4F3	0634F
13250	挸	手部	6	354354	928F	062F8	13296	挸	手部	7	2511135	92B3	06338
13251	挣	手部	6	355112	D5F5	06323	13297	捑	手部	7	2511154	92BE	06351
13252	挛	手部	6	412234	C2CE	0631B	13298	捚	手部	7	2511211	92C6	0635A
13253	挤	手部	6	413432	BCB7	06324	13299	捜	手部	7	2511254	92C8	0635C
13254	挍	手部	6	413434	929B	0630D	13300	捉	手部	7	2512134	D7BD	06349
13255	挔	手部	6	413534	92A0	06314	13301	捆	手部	7	2512341	C0A6	06346
13256	㧡	手部	6	415334	82318834	039E1	13302	捐	手部	7	2512511	BEE8	06350
13257	㧤	手部	6	415435	82318837	039E4	13303	损	手部	7	2512534	CBF0	0635F
13258	拼	手部	6	431132	C6B4	062FC	13304	挹	手部	7	2515215	DEDA	06339
13259	拳	手部	6	431134	C8AD	062F3	13305	捌	手部	7	2515322	B0C6	0634C
13260	挙	手部	6	443134	92A4	06319	13306	捁	手部	7	3121251	92B9	06341
13261	挓	手部	6	445315	929F	06313	13307	㧴	手部	7	3121534	82318A33	039F4
13262	挖	手部	6	445345	CDDA	06316	13308	挿	手部	7	3125112	92B7	0633F
13263	按	手部	6	445531	B0B4	06309	13309	挴	手部	7	3155414	92AF	06334
13264	挥	手部	6	451512	BBD3	06325	13310	捠	手部	7	3212134	92CA	06360
13265	挦	手部	6	511124	92A6	06326	13311	㧶	手部	7	3251113	82318A35	039F6
13266	挪	手部	6	511352	C5B2	0632A	13312	捈	手部	7	3411234	92BC	06348
13267	拫	手部	6	511534	928B	062EB	13313	捡	手部	7	3414431	BCF1	06361
13268	拯	手部	6	525341	D5FC	062EF	13314	挩	手部	7	3425135	92A8	06329
13269	挅	手部	6	531234	9296	06305	13315	挫	手部	7	3434121	B4EC	0632B
13270	挐	手部	6	531251	929D	06310	13316	捋	手部	7	3443124	DEDB	0634B
13271	拹	手部	6	535353	9290	062F9	13317	捊	手部	7	3443521	92BD	0634A
13272	挧	手部	6	541541	92A7	06327	13318	挼	手部	7	3443531	92B5	0633C
13273	拶	手部	6	555354	DED9	062F6	13319	换	手部	7	3525134	BBBB	06362
13274	挵	手部	7	1121132	92B0	06335	13320	挽	手部	7	3525135	CDEC	0633D
13275	㧷	手部	7	1134251	82318A36	039F7	13321	捔	手部	7	3535112	92C1	06354
13276	捇	手部	7	1213234	92BB	06347	13322	捀	手部	7	3541112	92B8	06340
13277	㧳	手部	7	1213453	82318A32	039F3	13323	捣	手部	7	3545252	B5B7	06363
13278	㨅	手部	7	1222534	82318C30	03A05	13324	㧸	手部	7	4125152	82318A37	039F8
13279	捞	手部	7	1224553	C0CC	0635E	13325	㧧	手部	7	4154325	82318930	039E7
13280	捄	手部	7	1241344	92BA	06344	13326	捝	手部	7	4325135	92C9	0635D
13281	挬	手部	7	1245521	92A9	0632C	13327	挮	手部	7	4351523	92AB	0632E
13282	捙	手部	7	1251112	92C5	06359	13328	挱	手部	7	4412343	92AD	06331
13283	捕	手部	7	1251124	B2B6	06355	13329	挲	手部	7	4412343	EAFD	06332
13284	挭	手部	7	1251134	92AA	0632D	13330	捖	手部	7	4451135	92C2	06356
13285	捒	手部	7	1251234	92BF	06352	13331	㧲	手部	7	4451234	82318A31	039F2

字序	字形	部首	部首外笔画数	部首外笔顺	18030代码	13000代码	字序	字形	部首	部首外笔画数	部首外笔顺	18030代码	13000代码
13332	捃	手部	7	5113251	DEDC	06343	13378	掍	手部	8	25111535	92E4	0638D
13333	揤	手部	7	5115452	9356	063E4	13379	掴	手部	8	25112141	DEE2	063B4
13334	捤	手部	7	5133115	92CB	06364	13380	捫	手部	8	25112511	92D0	0636B
13335	挶	手部	7	5135251	92B1	06336	13381	掦	手部	8	25113533	92F3	063A6
13336	捅	手部	7	5425112	CDB1	06345	13382	掲	手部	8	25113535	92F7	063B2
13337	挨	手部	7	5431134	B0A4	06328	13383	捵	手部	8	25122134	92D7	06375
13338	捘	手部	7	5434354	92C4	06358	13384	㧽	手部	8	25122511	82318B32	039FD
13339	捧	手部	8	11134112	C5F5	06367	13385	㧺	手部	8	25342511	82318A39	039FA
13340	掅	手部	8	11212511	92E1	06385	13386	掆	手部	8	25431252	92E2	06386
13341	㧼	手部	8	11213534	82318B31	039FC	13387	掱	手部	8	31123112	92F6	063B1
13342	掭	手部	8	11342444	DEDD	063AD	13388	掣	手部	8	31125222	B3B8	063A3
13343	掁	手部	8	12111534	92DE	06381	13389	捶	手部	8	31212211	B4B7	06376
13344	掛	手部	8	12112124	92EC	0639B	13390	捼	手部	8	31234531	92DA	0637C
13345	㨋	手部	8	12132511	82318C36	03A0B	13391	㨀	手部	8	31511234	82318B35	03A00
13346	掕	手部	8	12134354	92E8	06395	13392	捳	手部	8	32121252	92D5	06373
13347	掗	手部	8	12155121	92E9	06397	13393	掜	手部	8	32151135	92ED	0639C
13348	掑	手部	8	12211134	92E5	06391	13394	推	手部	8	32411121	CDC6	063A8
13349	揶	手部	8	12211152	DEDE	063F6	13395	捭	手部	8	32511312	DEE3	0636D
13350	掫	手部	8	12211154	92F4	063AB	13396	掀	手部	8	33123534	CFC6	06380
13351	措	手部	8	12212511	B4EB	063AA	13397	捨	手部	8	34112251	92CE	06368
13352	掿	手部	8	12213251	92FD	063BF	13398	捦	手部	8	34112431	92CD	06366
13353	描	手部	8	12225121	C3E8	063CF	13399	掄	手部	8	34125122	92E0	06384
13354	㨁	手部	8	12251111	82318B36	03A01	13400	掵	手部	8	34125152	92F8	063B5
13355	㨆	手部	8	12341234	82318C31	03A06	13401	㧿	手部	8	34342134	82318B34	039FF
13356	㨂	手部	8	12511234	82318B37	03A02	13402	採	手部	8	34431234	92F1	063A1
13357	掝	手部	8	12511534	92EE	0639D	13403	授	手部	8	34434554	CADA	06388
13358	掔	手部	8	12512554	92E7	06394	13404	掙	手部	8	34435112	92EA	06399
13359	掚	手部	8	12523434	92EB	0639A	13405	捻	手部	8	34454544	C4ED	0637B
13360	捱	手部	8	13121121	DEDF	06371	13406	掰	手部	8	34533112	EAFE	063B0
13361	捺	手部	8	13411234	DEE0	0637A	13407	捴	手部	8	34544544	92D6	06374
13362	捹	手部	8	13412132	92D9	06379	13408	掤	手部	8	35113511	92F2	063A4
13363	掎	手部	8	13412512	DEE1	0638E	13409	㨄	手部	8	35121251	82318B39	03A04
13364	掩	手部	8	13425115	D1DA	063A9	13410	捪	手部	8	35152511	92CF	0636A
13365	㧻	手部	8	13533434	82318B30	039FB	13411	掏	手部	8	35311252	CCCD	0638F
13366	捷	手部	8	15112134	BDDD	06377	13412	掐	手部	8	35321511	C6FE	06390
13367	捿	手部	8	15112531	92DD	0637F	13413	㧾	手部	8	35334544	82318B33	039FE
13368	捯	手部	8	15412122	92D2	0636F	13414	掬	手部	8	35431234	DEE4	063AC
13369	排	手部	8	21112111	C5C5	06392	13415	掠	手部	8	41251234	C2D3	063A0
13370	掓	手部	8	21123454	92E6	06393	13416	㨃	手部	8	41251521	82318B38	03A03
13371	掯	手部	8	21212511	92F5	063AF	13417	掂	手部	8	41321251	B5E0	06382
13372	掉	手部	8	21251112	B5F4	06389	13418	掖	手部	8	41323544	D2B4	06396
13373	掳	手部	8	21531553	C2B0	063B3	13419	捬	手部	8	41332124	92D1	0636C
13374	毮	手部	8	23433115	9AC4	06BEE	13420	掋	手部	8	41335154	92E3	0638B
13375	掌	手部	8	24345251	D5C6	0638C	13421	㨈	手部	8	41343211	82318C33	03A08
13376	㧹	手部	8	25111124	82318A38	039F9	13422	捽	手部	8	41343412	92DB	0637D
13377	捰	手部	8	25111234	92D3	06370	13423	掶	手部	8	41351134	92F9	063B6

字序	字形	部首	部首外笔画数	部首外笔顺	18030代码	13000代码
13424	掊	手部	8	41431251	DEE5	0638A
13425	接	手部	8	41431531	BDD3	063A5
13426	掷	手部	8	43113452	D6C0	063B7
13427	捲	手部	8	43113455	92D4	06372
13428	掽	手部	8	43122431	92FC	063BD
13429	掸	手部	8	43251112	B5A7	063B8
13430	掞	手部	8	43344334	92EF	0639E
13431	㨇	手部	8	44153254	82318C32	03A07
13432	掟	手部	8	44512134	92F0	0639F
13433	捾	手部	8	44525151	92DC	0637E
13434	控	手部	8	44534121	BFD8	063A7
13435	捥	手部	8	44535455	92CC	06365
13436	捩	手部	8	45131344	DEE6	06369
13437	掮	手部	8	45132511	DEE7	063AE
13438	探	手部	8	45341234	CCBD	063A2
13439	揵	手部	8	51111254	9362	063F5
13440	捸	手部	8	51124134	92D8	06378
13441	掃	手部	8	51145252	92DF	06383
13442	据	手部	8	51312251	BEDD	0636E
13443	掘	手部	8	51352252	BEF2	06398
13444	掹	手部	8	52125221	92FA	063B9
13445	掺	手部	8	54134333	B2F4	063BA
13446	掻	手部	8	54251214	92FB	063BB
13447	掇	手部	8	54545454	B6DE	06387
13448	掼	手部	8	55212534	DEE8	063BC
13449	揳	手部	9	111253134	9361	063F3
13450	揍	手部	9	111341134	D7E1	063CD
13451	㨍	手部	9	121121124	82318C38	03A0D
13452	揕	手部	9	122111345	934C	063D5
13453	搑	手部	9	122122111	9372	06411
13454	揲	手部	9	122151234	DEE9	063F2
13455	搽	手部	9	122341234	B2EB	0643D
13456	搭	手部	9	122341251	B4EE	0642D
13457	㨚	手部	9	122352511	82318E31	03A1A
13458	揇	手部	9	122543112	9344	063C7
13459	揸	手部	9	123425111	DEEA	063F8
13460	揠	手部	9	125115315	DEEB	063E0
13461	揦	手部	9	125123422	9358	063E6
13462	揧	手部	9	125123422	9359	063E7
13463	揊	手部	9	125125121	9346	063CA
13464	揀	手部	9	125431234	92FE	063C0
13465	㨊	手部	9	131212511	82318C35	03A0A
13466	㨔	手部	9	131251534	82318D35	03A14
13467	揻	手部	9	131531534	9366	063FB
13468	揅	手部	9	132511132	9343	063C5
13469	揼	手部	9	132512534	9367	063FC
13470	㨎	手部	9	132522134	82318C39	03A0E
13471	㨒	手部	9	134121121	82318D33	03A12
13472	揩	手部	9	153532511	BFAB	063E9
13473	揹	手部	9	211352511	9364	063F9
13474	揁	手部	9	212511134	9340	063C1
13475	㨗	手部	9	215112134	82318D38	03A17
13476	揽	手部	9	223142535	C0BF	063FD
13477	㨘	手部	9	234325111	82318D39	03A18
13478	揱	手部	9	243251122	9360	063F1
13479	提	手部	9	251112134	CCE1	063D0
13480	揚	手部	9	251113533	9350	063DA
13481	揖	手部	9	251122111	D2BE	063D6
13482	揾	手部	9	251125221	9368	063FE
13483	揭	手部	9	251135345	BDD2	063ED
13484	揋	手部	9	251211534	9347	063CB
13485	揌	手部	9	251214544	9348	063CC
13486	揣	手部	9	252132522	B4A7	063E3
13487	㨏	手部	9	252134334	82318D30	03A0F
13488	搰	手部	9	255452511	9387	06430
13489	揿	手部	9	311153534	DEEC	063FF
13490	插	手部	9	312321511	B2E5	063D2
13491	揷	手部	9	312321511	9363	063F7
13492	揪	手部	9	312344334	BEBE	063EA
13493	揫	手部	9	312344334	935B	063EB
13494	揰	手部	9	312511211	935F	063F0
13495	揑	手部	9	321511121	9349	063D1
13496	搜	手部	9	321511254	CBD1	0641C
13497	㨐	手部	9	322511234	82318D31	03A10
13498	揘	手部	9	325111121	934E	063D8
13499	搥	手部	9	325151454	9380	06425
13500	揗	手部	9	331225111	934D	063D7
13501	揄	手部	9	341251122	DEED	063C4
13502	揜	手部	9	341251132	9352	063DC
13503	揺	手部	9	344311252	9365	063FA
13504	援	手部	9	344311354	D4AE	063F4
13505	㨑	手部	9	345234354	82318D32	03A11
13506	搀	手部	9	352513544	B2F3	06400
13507	換	手部	9	352534134	9351	063DB
13508	揔	手部	9	353344544	934B	063D4
13509	揈	手部	9	354111251	9345	063C8
13510	揝	手部	9	354242511	9353	063DD
13511	揨	手部	9	412514512	935A	063E8
13512	㨩	手部	9	413312154	82318F36	03A29
13513	揞	手部	9	414312511	DEEE	063DE
13514	揥	手部	9	414345252	9357	063E5
13515	揓	手部	9	415331525	934A	063D3

字序	字形	部首	部首外笔画数	部首外笔顺	18030代码	13000代码	字序	字形	部首	部首外笔画数	部首外笔顺	18030代码	13000代码
13516	搁	手部	9	425354251	B8E9	06401	13562	搙	手部	10	1311534124	9378	06419
13517	搓	手部	9	431113121	B4EA	06413	13563	搣	手部	10	1314334534	937D	06423
13518	搂	手部	9	431234531	C2A7	06402	13564	[illegible]	手部	10	1324111215	82318F31	03A24
13519	揃	手部	9	431251122	9342	063C3	13565	[illegible]	手部	10	1541213134	82318D37	03A16
13520	揂	手部	9	431253511	9341	063C2	13566	[illegible]	手部	10	2153154134	82318E33	03A1C
13521	搃	手部	9	432514544	9369	06403	13567	摅	手部	10	2153154544	DEF3	06445
13522	揯	手部	9	442125111	936A	06404	13568	[illegible]	手部	10	2231425221	82318F38	03A2B
13523	揰	手部	9	442125441	935E	063EF	13569	[illegible]	手部	10	2511243135	82318F37	03A2A
13524	搅	手部	9	443452535	BDC1	06405	13570	[illegible]	手部	10	2511251134	82318E32	03A1B
13525	揎	手部	9	445125111	DEEF	063CE	13571	搨	手部	10	2511541541	9382	06428
13526	揬	手部	9	445341344	935C	063EC	13572	損	手部	10	2512511134	9370	0640D
13527	[illegible]	手部	9	445343112	82318D34	03A13	13573	摁	手部	10	2513414544	DEF4	06441
13528	揢	手部	9	445354251	9355	063E2	13574	[illegible]	手部	10	2513533341	82318E38	03A21
13529	揮	手部	9	451251112	935D	063EE	13575	[illegible]	手部	10	2521251431	82318E36	03A1F
13530	揙	手部	9	451325122	934F	063D9	13576	摆	手部	10	2522112154	B0DA	06446
13531	摡	手部	9	511541535	93A9	06461	13577	搵	手部	10	2534125221	938B	06435
13532	握	手部	9	513154121	CED5	063E1	13578	携	手部	10	3241112153	D0AF	0643A
13533	摒	手部	9	513431132	DEF0	06452	13579	[illegible]	手部	10	3241112154	82318F33	03A26
13534	[illegible]	手部	9	515152511	82318C34	03A09	13580	搝	手部	10	3251111344	937A	0641D
13535	揟	手部	9	521342511	9354	063DF	13581	搗	手部	10	3251115252	9376	06417
13536	[illegible]	手部	9	535425221	82318D36	03A15	13582	摀	手部	10	3251154444	9393	06440
13537	揆	手部	9	543341134	DEF1	063C6	13583	搋	手部	10	3321531535	DEF5	0640B
13538	搔	手部	9	544251214	C9A6	06414	13584	搬	手部	10	3354143554	B0E1	0642C
13539	揉	手部	9	545231234	C8E0	063C9	13585	搫	手部	10	3354143554	9384	0642B
13540	掾	手部	9	551353334	DEF2	063BE	13586	摋	手部	10	3412343554	9397	0644B
13541	搸	手部	10	1113431234	938E	06438	13587	搿	手部	10	3412513112	EBA1	0643F
13542	摮	手部	10	1121533134	93B3	0646E	13588	搻	手部	10	3412513112	9390	0643B
13543	[illegible]	手部	10	1121554234	82318E35	03A1E	13589	摇	手部	10	3443311252	D2A1	06447
13544	搆	手部	10	1122125211	936B	06406	13590	搯	手部	10	3443321511	9386	0642F
13545	摃	手部	10	1212511134	9395	06443	13591	[illegible]	手部	10	3443554134	82318E30	03A19
13546	[illegible]	手部	10	1212513534	82318F39	03A2C	13592	搶	手部	10	3445113251	938C	06436
13547	搘	手部	10	1213352511	9377	06418	13593	搇	手部	10	3445413534	936C	06407
13548	搕	手部	10	1215425221	9374	06415	13594	[illegible]	手部	10	3454541541	82318F30	03A23
13549	摂	手部	10	1221114134	9394	06442	13595	摓	手部	10	3541112454	939E	06453
13550	摄	手部	10	1221115454	C9E3	06444	13596	搩	手部	10	3541521234	9383	06429
13551	摢	手部	10	1221122112	93E7	064B6	13597	搖	手部	10	3544311252	9375	06416
13552	摸	手部	10	1222511134	C3FE	06478	13598	[illegible]	手部	10	3545325121	82318F35	03A28
13553	摹	手部	10	1222511134	C4A1	06479	13599	搊	手部	10	3552335523	936F	0640A
13554	搢	手部	10	1224312511	937C	06422	13600	搞	手部	10	4125125251	B8E3	0641E
13555	[illegible]	手部	10	1224451234	82319035	03A32	13601	[illegible]	手部	10	4125152152	82319032	03A2F
13556	搷	手部	10	1225111134	938D	06437	13602	摛	手部	10	4134522554	93A4	0645B
13557	摲	手部	10	1251112112	937B	0641F	13603	[illegible]	手部	10	4134543534	82319033	03A30
13558	摙	手部	10	1251112454	93A2	06459	13604	搪	手部	10	4135112251	CCC2	0642A
13559	搏	手部	10	1251124124	B2AB	0640F	13605	搒	手部	10	4143454153	9373	06412
13560	搹	手部	10	1251254312	938F	06439	13606	搐	手部	10	4155425121	B4A4	06410
13561	搮	手部	10	1252211234	9385	0642E	13607	搼	手部	10	4311343112	9391	0643C

字序	字形	部首	部首外笔画数	部首外笔顺	18030代码	13000代码	字序	字形	部首	部首外笔画数	部首外笔顺	18030代码	13000代码
13608	搤	手部	10	4313425221	937E	06424	13654	撦	手部	11	13412132511	93DD	064A6
13609	搛	手部	10	4315112234	DEF6	0641B	13655	摤	手部	11	13434343434	93AC	06464
13610	搠	手部	10	4315233511	DEF7	06420	13656	摴	手部	11	14524444115	93B9	06474
13611	搳	手部	10	4451112251	938A	06433	13657	摣	手部	11	21531525111	93AB	06463
13612	摈	手部	10	4453212134	B1F7	06448	13658	摢	手部	11	21531534312	93AA	06462
13613	搾	手部	10	4453431211	9392	0643E	13659	㩀	手部	11	21531535334	82319139	03A40
13614	搲	手部	10	4453433544	9389	06432	13660	㨿	手部	11	21531535435	82319138	03A3F
13615	搈	手部	10	4453434251	936D	06408	13661	摚	手部	11	24345251121	93A3	0645A
13616	摉	手部	10	4453434354	9396	06449	13662	摟	手部	11	25112512531	93A7	0645F
13617	搧	手部	10	4513541541	9381	06427	13663	摱	手部	11	25112522154	93B6	06471
13618	㨠	手部	10	4525114134	82318E37	03A20	13664	撂	手部	11	25121354251	C1CC	06482
13619	搉	手部	10	4532411121	936E	06409	13665	㨼	手部	11	25121354251	82319135	03A3C
13620	搌	手部	10	5131221534	DEF8	0640C	13666	摞	手部	11	25121554234	DEFB	0645E
13621	㨝	手部	10	5132432511	82318E34	03A1D	13667	摑	手部	11	25125115341	939D	06451
13622	搱	手部	10	5134143112	9388	06431	13668	摧	手部	11	25232411121	B4DD	06467
13623	搦	手部	10	5154151541	DEF9	06426	13669	撄	手部	11	25342534531	DEFC	06484
13624	搎	手部	10	5213554234	9371	0640E	13670	撾	手部	11	25525251454	93EB	064BE
13625	搚	手部	10	5353532511	9379	0641A	13671	摥	手部	11	31251113533	93AD	06465
13626	㨧	手部	10	5413425121	82318F34	03A27	13672	㨶	手部	11	32511154444	82319039	03A36
13627	㨢	手部	10	5425113535	82318E39	03A22	13673	㨮	手部	11	32511355135	82319031	03A2E
13628	摊	手部	10	5432411121	CCAF	0644A	13674	摠	手部	11	32535414544	93A8	06460
13629	搡	手部	10	5454541234	DEFA	06421	13675	摐	手部	11	33234342134	939C	06450
13630	㨥	手部	10	5544442534	82318F32	03A25	13676	摿	手部	11	34414312511	93C1	0647F
13631	㨹	手部	11	11121112511	82319132	03A39	13677	㩂	手部	11	35351124412	82319231	03A42
13632	摏	手部	11	11134321511	939B	0644F	13678	㨱	手部	11	35444111251	82319034	03A31
13633	摫	手部	11	11342511135	93B1	0646B	13679	摖	手部	11	35445411234	93A0	06456
13634	摰	手部	11	12134121354	93B5	06470	13680	摭	手部	11	41312214444	DEFD	0646D
13635	摯	手部	11	12143112354	93B4	0646F	13681	摝	手部	11	41352211535	93A6	0645D
13636	撀	手部	11	12152133554	93C2	06480	13682	摬	手部	11	41431251135	93B2	0646C
13637	擆	手部	11	12212132511	93F0	064C6	13683	摌	手部	11	41431331121	9398	0644C
13638	㨷	手部	11	12212511121	82319130	03A37	13684	摘	手部	11	41432512251	D5AA	06458
13639	撗	手部	11	12212512134	93D1	06497	13685	摔	手部	11	41554413412	CBA4	06454
13640	㨺	手部	11	12212523434	82319133	03A3A	13686	撁	手部	11	41554453112	93C3	06481
13641	㨴	手部	11	12251112315	82319037	03A34	13687	撯	手部	11	43111325111	93E2	064AF
13642	摲	手部	11	12511123312	93B7	06472	13688	㨾	手部	11	43112145534	82319137	03A3E
13643	㨻	手部	11	12511123312	82319134	03A3B	13689	㨵	手部	11	43125112253	82319038	03A35
13644	擊	手部	11	12511123554	93C4	06483	13690	撇	手部	11	43252343134	C6B2	06487
13645	摶	手部	11	12511214124	93BB	06476	13691	撆	手部	11	43252343134	93C5	06486
13646	摗	手部	11	12512343534	93A1	06457	13692	㨳	手部	11	44513412512	82319036	03A33
13647	㨽	手部	11	12512512122	82319136	03A3D	13693	摍	手部	11	44532132511	9399	0644D
13648	摳	手部	11	12512512515	93B8	06473	13694	㩁	手部	11	44532411121	82319230	03A41
13649	摼	手部	11	12512554121	93BE	0647C	13695	㨸	手部	11	44545434252	82319131	03A38
13650	摽	手部	11	12522111234	93BF	0647D	13696	㨭	手部	11	45132515215	82319030	03A2D
13651	摵	手部	11	13211234534	93BA	06475	13697	撖	手部	11	51221113134	DEFE	06496
13652	摕	手部	11	13221545252	939F	06455	13698	撱	手部	11	52131212511	93E3	064B1
13653	摦	手部	11	13411533544	93AE	06466	13699	摪	手部	11	52133544124	93B0	0646A

字序	字形	部首	部首外笔画数	部首外笔顺	18030代码	13000代码	字序	字形	部首	部首外笔画数	部首外笔顺	18030代码	13000代码
13700	摺	手部	11	54154132511	DFA1	0647A	13746	撳	手部	12	341124313534	93E5	064B3
13701	摎	手部	11	54154134333	939A	0644E	13747	㩉	手部	12	341251541541	82319238	03A49
13702	摻	手部	11	54545434333	93BD	0647B	13748	播	手部	12	343123425121	B2A5	064AD
13703	摜	手部	11	55212511134	93A5	0645C	13749	擒	手部	12	344134522554	C7DC	064D2
13704	摷	手部	11	55525111234	93BC	06477	13750	㩊	手部	12	344325221124	82319239	03A4A
13705	撵	手部	12	113411341512	C4EC	064B5	13751	撝	手部	12	344335554444	93D6	0649D
13706	㩑	手部	12	113421112111	82319336	03A51	13752	撸	手部	12	352512112511	DFA3	064B8
13707	撓	手部	12	121121121135	93CF	06493	13753	撚	手部	12	354413444444	93D3	0649A
13708	撷	手部	12	121251132534	DFA2	064B7	13754	㩆	手部	12	412512341354	82319235	03A46
13709	撻	手部	12	121431112454	93E9	064BB	13755	撴	手部	12	412515213134	93E6	064B4
13710	撎	手部	12	121451251431	93CC	0648E	13756	撉	手部	12	412515213134	93C7	06489
13711	撕	手部	12	122111343312	CBBA	06495	13757	撞	手部	12	414312511211	D7B2	0649E
13712	擛	手部	12	122122151234	9440	064DB	13758	撤	手部	12	415425113134	B3B7	064A4
13713	撒	手部	12	122125113134	C8F6	06492	13759	撛	手部	12	431234354152	93D4	0649B
13714	㩅	手部	12	122155125121	82319234	03A45	13760	撙	手部	12	431253511124	DFA4	06499
13715	擖	手部	12	122251135345	93FC	064D6	13761	撈	手部	12	433443344553	93C6	06488
13716	擏	手部	12	122352513134	93F7	064CF	13762	撹	手部	12	443452511135	93E8	064B9
13717	擎	手部	12	122352513134	C7E6	064CE	13763	㩃	手部	12	445112213444	82319232	03A43
13718	撠	手部	12	122511121534	93D8	064A0	13764	撺	手部	12	445342512512	DFA5	064BA
13719	撢	手部	12	125221251112	93DA	064A2	13765	㩈	手部	12	445345113251	82319237	03A48
13720	撅	手部	12	134315233534	BEEF	06485	13766	撏	手部	12	511121251124	93CD	0648F
13721	撩	手部	12	134432511234	C1C3	064A9	13767	㩇	手部	12	511121251211	82319236	03A47
13722	撍	手部	12	153515352511	93CB	0648D	13768	摨	手部	12	513241343112	93AF	06468
13723	撲	手部	12	224314311134	93E4	064B2	13769	摾	手部	12	515251251214	93C0	0647E
13724	撐	手部	12	243452511523	93CE	06490	13770	㩌	手部	12	515322511134	82319331	03A4C
13725	撑	手部	12	243452513112	B3C5	06491	13771	撰	手部	12	515515122134	D7AB	064B0
13726	撮	手部	12	251112211154	B4E9	064AE	13772	撪	手部	12	541341251112	93E0	064AA
13727	擑	手部	12	251122111534	93F8	064D1	13773	撜	手部	12	543341251431	93D5	0649C
13728	撋	手部	12	251125111121	93C9	0648B	13774	撥	手部	12	543345153554	93DC	064A5
13729	㩎	手部	12	251125111344	82319333	03A4E	13775	撡	手部	12	545454342444	93D9	064A1
13730	撊	手部	12	251125113511	93C8	0648A	13776	撧	手部	12	554444355215	93DE	064A7
13731	撔	手部	12	251141251234	93D0	06494	13777	擭	手部	13	1223241112154	944E	064ED
13732	撌	手部	12	251212511134	93CA	0648C	13778	㩚	手部	13	1224511353334	82319435	03A5A
13733	撣	手部	12	251251251112	93DB	064A3	13779	擀	手部	13	1225111234112	DFA6	064C0
13734	㩄	手部	12	252251214544	82319233	03A44	13780	擜	手部	13	1225431121344	9441	064DC
13735	㩏	手部	12	254312114444	82319334	03A4F	13781	㩒	手部	13	1234123411234	82319337	03A52
13736	撫	手部	12	311222214444	93E1	064AB	13782	擊	手部	13	1251112523554	93F4	064CA
13737	撬	手部	12	311531153115	C7CB	064AC	13783	㩖	手部	13	1251211251211	82319431	03A56
13738	撟	手部	12	313425125251	93D7	0649F	13784	撼	手部	13	1312515344544	BAB3	064BC
13739	㩐	手部	12	314314121124	82319335	03A50	13785	擓	手部	13	1441324111215	93F9	064D3
13740	篫	手部	12	314314121354	BA5A	07BEB	13786	擂	手部	13	1452444425121	C0DE	064C2
13741	㩍	手部	12	314314125234	82319332	03A4D	13787	㩕	手部	13	1452444434454	82319430	03A55
13742	撘	手部	12	314314341251	93D2	06498	13788	據	手部	13	2153151353334	93FE	064DA
13743	擕	手部	12	324111212525	93FB	064D5	13789	擄	手部	13	2153152512153	93EF	064C4
13744	撨	手部	12	324111214444	93DF	064A8	13790	擈	手部	13	2243143111234	93F2	064C8
13745	擙	手部	12	325431234134	93FD	064D9	13791	擋	手部	13	2434525125121	93F5	064CB

字序	字形	部首	部首外笔画数	部首外笔顺	18030代码	13000代码	字序	字形	部首	部首外笔画数	部首外笔顺	18030代码	13000代码
13792	擝	手部	13	2511351125221	9442	064DD	13838	㩟	手部	14	44511221341234	82319530	03A5F
13793	擃	手部	13	2512211311534	93EE	064C3	13839	擯	手部	14	44512332511134	9450	064EF
13794	操	手部	13	2512512511234	B2D9	064CD	13840	擦	手部	14	44535445411234	B2C1	064E6
13795	擇	手部	13	2522112143112	93F1	064C7	13841	擰	手部	14	44545442522112	9451	064F0
13796	擐	手部	13	2522112513534	DFA7	064D0	13842	擢	手部	14	54154132411121	DFAA	064E2
13797	擉	手部	13	2522135251214	93F3	064C9	13843	㩨	手部	15	111211125114544	82319539	03A68
13798	㩗	手部	13	2523241112153	82319432	03A57	13844	攆	手部	15	113411341251112	9466	06506
13799	擌	手部	13	3143141343434	93F6	064CC	13845	攅	手部	15	113411342511134	9465	06505
13800	擳	手部	13	3143145115452	9454	064F3	13846	㩥	手部	15	121211121111534	82319536	03A65
13801	擧	手部	13	3211152511134	9448	064E7	13847	擷	手部	15	121251132511134	9458	064F7
13802	㩓	手部	13	3215111213554	82319338	03A53	13848	擹	手部	15	122125111343534	945A	064F9
13803	撽	手部	13	3251141533134	93EA	064BD	13849	攀	手部	15	123434341234134	C5CA	06500
13804	撿	手部	13	3412512513434	93EC	064BF	13850	㩤	手部	15	125112441533134	82319535	03A64
13805	擔	手部	13	3513344111251	93FA	064D4	13851	㩡	手部	15	132511325113251	82319532	03A61
13806	擅	手部	13	4125251125111	C9C3	064C5	13852	擾	手部	15	132511454544354	945F	064FE
13807	擁	手部	13	4155332411121	93ED	064C1	13853	㩬	手部	15	215315224311534	82319633	03A6C
13808	㩘	手部	13	4311213121534	82319433	03A58	13854	攄	手部	15	215315251214544	9464	06504
13809	擞	手部	13	4312345313134	CBD3	064DE	13855	㩧	手部	15	251112213424134	82319538	03A67
13810	㩙	手部	13	4451122134121	82319434	03A59	13856	擻	手部	15	251125125313134	945C	064FB
13811	㩋	手部	13	5112322151512	82319330	03A4B	13857	攂	手部	15	251212512125121	9462	06502
13812	㩔	手部	13	5131221343554	82319339	03A54	13858	擺	手部	15	252215425113535	945B	064FA
13813	擗	手部	13	5132514143112	DFA8	064D7	13859	擶	手部	15	314314431251122	9457	064F6
13814	擘	手部	13	5132514143112	EBA2	064D8	13860	㩦	手部	15	324111212534251	82319537	03A66
13815	擡	手部	14	12125145154121	9445	064E1	13861	擽	手部	15	325115545541234	945E	064FD
13816	擮	手部	14	12132411121534	944F	064EE	13862	㩫	手部	15	331233122511134	82319632	03A6B
13817	擣	手部	14	12151211251124	9446	064E3	13863	擼	手部	15	352512144442511	945D	064FC
13818	㩢	手部	14	12225221134534	82319533	03A62	13864	㩩	手部	15	352534132511134	82319630	03A69
13819	攃	手部	14	12235445411234	9463	06503	13865	擵	手部	15	413123412343112	9456	064F5
13820	㩜	手部	14	12512531425221	82319437	03A5C	13866	㩠	手部	15	413522115354444	82319531	03A60
13821	擥	手部	14	12512531425221	9447	064E5	13867	㩣	手部	15	541541451251112	82319534	03A63
13822	擫	手部	14	13251125111344	944C	064EB	13868	㩪	手部	15	554444132511134	82319631	03A6A
13823	擪	手部	14	13251125111344	944B	064EA	13869	擸	手部	15	555253415445445	9459	064F8
13824	擟	手部	14	13425234343434	9443	064DF	13870	㩰	手部	16	1222512512511234	82319637	03A70
13825	擩	手部	14	14524444132522	944A	064E9	13871	攋	手部	16	1251234352511134	946A	0650B
13826	擱	手部	14	25112511354251	9452	064F1	13872	攊	手部	16	1331234312342121	9469	0650A
13827	㩛	手部	14	25125112141241	82319436	03A5B	13873	攉	手部	16	1452444432411121	DFAB	06509
13828	擤	手部	14	32511125121132	DFA9	064E4	13874	攎	手部	16	2153152512125221	946D	0650E
13829	擨	手部	14	33215315353534	9449	064E8	13875	攌	手部	16	2525221125135341	946B	0650C
13830	擬	手部	14	35311345452134	944D	064EC	13876	攒	手部	16	3121353121352534	D4DC	06512
13831	㩝	手部	14	41251451353334	82319438	03A5D	13877	攑	手部	16	3211152511134112	9470	06511
13832	擴	手部	14	41312212512134	9455	064F4	13878	㩭	手部	16	3211343451145521	82319634	03A6D
13833	擿	手部	14	41432512251454	9460	064FF	13879	攈	手部	16	4135221153531234	9468	06508
13834	擠	手部	14	41432533543211	9444	064E0	13880	攏	手部	16	4143125111515111	946E	0650F
13835	攁	手部	14	43111344511534	9461	06501	13881	攍	手部	16	4152513511531354	946C	0650D
13836	擲	手部	14	43125351113452	9453	064F2	13882	攚	手部	16	4334433445251251	9477	0651A
13837	㩞	手部	14	43344334451234	82319439	03A5E	13883	攇	手部	16	4451112252214544	9467	06507

字序	字形	部首	部首外笔画数	部首外笔顺	18030代码	13000代码
13884	攐	手部	16	4451122134413534	946F	06510
13885	㩲	手部	17	12225125132411121	82319639	03A72
13886	攖	手部	17	25111342511134531	9474	06516
13887	攔	手部	17	25112511125431234	9472	06514
13888	㩯	手部	17	31554143134554234	82319636	03A6F
13889	㩮	手部	17	32111525111343112	82319635	03A6E
13890	攕	手部	17	34341211121111534	9473	06515
13891	㩱	手部	17	34432522151154124	82319638	03A71
13892	攙	手部	17	35251153535251354	9476	06519
13893	攘	手部	17	41251251112213534	C8C1	06518
13894	攗	手部	17	41352211535431234	9475	06517
13895	攓	手部	17	44511221342512134	9471	06513
13896	攝	手部	18	122111122111122111	947A	0651D
13897	㩴	手部	18	251112511132411121	82319730	03A74
13898	攜	手部	18	252324111212534251	9479	0651C
13899	㩳	手部	18	324111213241112154	FE64	03A73
13900	攡	手部	18	413452255432411121	947E	06521
13901	攛	手部	18	445343215115445445	9478	0651B
13902	攤	手部	19	1221251113432411121	9482	06524
13903	攧	手部	19	1225111134132511134	9484	06527
13904	攦	手部	19	1254125441352211535	9483	06526
13905	攞	手部	19	2522155444432411121	947B	0651E
13906	攢	手部	19	3121353121352511134	9480	06522
13907	攣	手部	19	4111251554444554444	9481	06523
13908	攠	手部	19	4131234123421112111	947D	06520
13909	攟	手部	19	4135221153525312341	947C	0651F
13910	㩵	手部	20	21531512512543121344	82319731	03A75
13911	攩	手部	20	24345251254312114444	9486	06529
13912	攫	手部	20	25111251113241112154	BEF0	0652B
13913	㩶	手部	20	31431413425234343434	82319732	03A76
13914	攥	手部	20	31431425111134554234	DFAC	06525
13915	攪	手部	20	32113434511452511135	9487	0652A
13916	㩷	手部	20	44511221341211254444	82319733	03A77
13917	攨	手部	20	44534335443354433544	9485	06528
13918	攬	手部	21	125125314252212511135	9488	0652C
13919	攭	手部	21	551353334251214251214	9489	0652D
13920	攮	手部	22	1251245251251112213534	DFAD	0652E
13921	㩸	手部	22	2512125121251214452541	82319734	03A78
13922	㩹	手部	22	2512125121251214525111	82319735	03A79
13923	气	气部	0	0	C6F8	06C14
13924	氕	气部	1	3	EBAD	06C15
13925	刏	气部	2	22	845A	0520F
13926	氘	气部	2	32	EBAE	06C18
13927	気	气部	2	34	9ADD	06C17
13928	㔕	气部	2	53	82308C34	03515
13929	氖	气部	2	53	C4CA	06C16
13930	氙	气部	3	252	EBAF	06C19
13931	氚	气部	3	322	EBB0	06C1A
13932	㪂	气部	4	2154	82319834	03A82
13933	氜	气部	4	2511	9ADE	06C1C
13934	㲴	气部	4	2512	8231D034	03CB4
13935	氝	气部	4	2534	9ADF	06C1D
13936	氛	气部	4	3453	B7D5	06C1B
13937	㰟	气部	4	3534	8231C136	03C1F
13938	忥	气部	4	4544	8FEF	05FE5
13939	氞	气部	5	12534	9AE0	06C1E
13940	氠	气部	5	25112	9AE1	06C20
13941	氡	气部	5	35444	EBB1	06C21
13942	氟	气部	5	51532	B7FA	06C1F
13943	氢	气部	5	54121	C7E2	06C22
13944	氩	气部	6	122431	EBB2	06C29
13945	氥	气部	6	125351	9AE3	06C25
13946	氤	气部	6	251341	EBB3	06C24
13947	氦	气部	6	415334	BAA4	06C26
13948	氧	气部	6	431112	D1F5	06C27
13949	氣	气部	6	431234	9AE2	06C23
13950	氨	气部	6	445531	B0B1	06C28
13951	氪	气部	7	1225135	EBB4	06C2A
13952	氫	气部	7	1555121	9AE4	06C2B
13953	㲵	气部	7	2432511	8231D035	03CB5
13954	氰	气部	8	11212511	C7E8	06C30
13955	氬	气部	8	12155121	9AE5	06C2C
13956	氭	气部	8	12511234	9AE6	06C2D
13957	氮	气部	8	43344334	B5AA	06C2E
13958	氯	气部	8	51124134	C2C8	06C2F
13959	氱	气部	9	251113533	9AE7	06C31
13960	氲	气部	9	251125221	EBB5	06C32
13961	氳	气部	10	2534125221	9AE8	06C33
13962	㲶	气部	11	21253444441	8231D036	03CB6
13963	㲷	气部	12	251251251112	8231D037	03CB7
13964	㡮	气部	12	554554134534	8230E138	0386E

字序	字形	部首	部首外笔画数	部首外笔顺	18030代码	13000代码
13965	霼	气部	18	145244441154431234	EC55	0973C
13966	毛	毛部	0	0	C3AB	06BDB
13967	㲌	毛部	2	53	8231CC34	03C8C
13968	毜	毛部	3	234	9AB5	06BDC
13969	毝	毛部	3	333	9AB6	06BDD
13970	毟	毛部	4	2343	9AB8	06BDF
13971	㲑	毛部	4	2534	8231CC39	03C91
13972	㲎	毛部	4	3115	8231CC36	03C8E
13973	㲐	毛部	4	3445	8231CC38	03C90
13974	毡	毛部	5	21251	D5B1	06BE1
13975	㲒	毛部	5	35251	8231CD30	03C92
13976	毠	毛部	5	53251	9AB9	06BE0
13977	毧	毛部	6	113534	9ABF	06BE7
13978	毢	毛部	6	125351	9ABA	06BE2
13979	㲓	毛部	6	134534	8231CD31	03C93
13980	毨	毛部	6	312135	9AC0	06BE8
13981	毤	毛部	6	345435	9ABC	06BE4
13982	毥	毛部	6	352511	9ABD	06BE5
13983	毩	毛部	6	431234	9AC1	06BE9
13984	毪	毛部	6	543112	EBA4	06BEA
13985	兞	毛部	7	1225135	83C1	0515E
13986	毬	毛部	7	1241344	9AC2	06BEC
13987	㲖	毛部	7	2432511	8231CD34	03C96
13988	覒	毛部	7	2511135	D291	08992
13989	㲕	毛部	7	3443124	8231CD33	03C95
13990	㲗	毛部	7	3443521	8231CD35	03C97
13991	㲙	毛部	7	4154325	8231CD37	03C99
13992	㲚	毛部	7	4412343	8231CD38	03C9A
13993	㲟	毛部	8	12225134	8231CE33	03C9F
13994	毴	毛部	8	21112111	9AC8	06BF4
13995	㲛	毛部	8	31134251	8231CD39	03C9B
13996	毳	毛部	8	31153115	EBA5	06BF3
13997	㲝	毛部	8	32411121	8231CE31	03C9D
13998	毱	毛部	8	35431234	9AC6	06BF1
13999	㲞	毛部	8	41343412	8231CE32	03C9E
14000	毰	毛部	8	41431251	9AC5	06BF0
14001	㲜	毛部	8	43344334	8231CE30	03C9C
14002	毯	毛部	8	43344334	CCBA	06BEF
14003	毽	毛部	8	51111254	EBA6	06BFD
14004	毵	毛部	8	54134333	EBA7	06BF5
14005	毶	毛部	8	54134333	9AC9	06BF6
14006	毲	毛部	8	54545454	9AC7	06BF2
14007	㲠	毛部	9	112343134	8231CE34	03CA0
14008	㲨	毛部	9	122122111	8231CF32	03CA8
14009	㲡	毛部	9	123411234	8231CE35	03CA1
14010	毻	毛部	9	131212511	9ACD	06BFB
14011	毷	毛部	9	251125111	9ACA	06BF7
14012	毼	毛部	9	251135345	9ACE	06BFC
14013	毸	毛部	9	251214544	9ACB	06BF8
14014	㲣	毛部	9	321511254	8231CE37	03CA3
14015	毹	毛部	9	341251122	EBA8	06BF9
14016	毺	毛部	9	341251122	9ACC	06BFA
14017	㲢	毛部	9	451325122	8231CE36	03CA2
14018	㲧	毛部	9	544251214	8231CF31	03CA7
14019	氁	毛部	10	1222511134	9AD2	06C01
14020	毾	毛部	10	2511541541	9ACF	06BFE
14021	㲩	毛部	10	2511541541	8231CF33	03CA9
14022	㲤	毛部	10	4125113534	8231CE38	03CA4
14023	㲥	毛部	10	4135112251	8231CE39	03CA5
14024	氂	毛部	11	11234313413	9AD3	06C02
14025	氀	毛部	11	25112512531	9AD1	06C00
14026	毿	毛部	11	54545434333	9AD0	06BFF
14027	㲫	毛部	12	224314311134	8231CF35	03CAB
14028	氅	毛部	12	243252513134	EBA9	06C05
14029	㲮	毛部	12	314314341251	8231CF38	03CAE
14030	㲬	毛部	12	324111214444	8231CF36	03CAC
14031	氇	毛部	12	352512112511	EBAA	06C07
14032	氃	毛部	12	414312511211	9AD4	06C03
14033	氆	毛部	12	431224312511	EBAB	06C06
14034	㲭	毛部	12	433443344334	8231CF37	03CAD
14035	㲪	毛部	12	543341251431	8231CF34	03CAA
14036	氄	毛部	12	545232534251	9AD5	06C04
14037	氋	毛部	13	1224511353334	9AD9	06C0B
14038	氉	毛部	13	2512512511234	9AD7	06C09
14039	氈	毛部	13	4125251125111	9AD6	06C08
14040	氊	毛部	13	4125251125111	9AD8	06C0A
14041	㲯	毛部	14	12512531425221	8231CF39	03CAF
14042	㲰	毛部	14	44545442522112	8231D030	03CB0
14043	氌	毛部	15	352512144442511	9ADA	06C0C
14044	㲱	毛部	15	555253415445445	8231D031	03CB1
14045	氍	毛部	18	251112511132411121	EBAC	06C0D
14046	氎	毛部	22	2512125121251214453541	9ADB	06C0E
14047	㲲	毛部	22	2512125121251214525111	8231D032	03CB2
14048	长	长部	0	0	B3A4	0957F
14049	镸	长部	0	0	E94D	09578
14050	長	长部	0	0	E94C	09577
14051	䦇	长部	3	345	82349C36	04987
14052	镹	长部	3	354	E94E	09579
14053	瓺	长部	4	1554	AE44	074FA
14054	镺	长部	4	3134	E94F	0957A

字序	字形	部首	部首外笔画数	部首外笔顺	18030代码	13000代码
14055	𨱾	长部	5	13121	82349C37	04988
14056	𨱿	长部	5	25351	82349C38	04989
14057	镻	长部	5	31134	E950	0957B
14058	𨲀	长部	6	211234	82349C39	0498A
14059	肆	长部	6	511112	CBC1	08086
14060	镼	长部	8	51352252	E951	0957C
14061	𨲠	长部	10	1121533134	82349D30	0498B
14062	镽	长部	12	134432511234	E952	0957D
14063	镾	长部	14	13425234343434	E953	0957E
14064	片	片部	0	0	C6AC	07247
14065	㸙	片部	4	3115	8231CC37	03C8F
14066	㸚	片部	4	3215	8231F435	03E1E
14067	版	片部	4	3354	B0E6	07248
14068	㸝	片部	4	3534	8231F434	03E1D
14069	牉	片部	5	43112	A09E	07249
14070	牊	片部	5	53251	A09F	0724A
14071	㸡	片部	6	311234	8231F438	03E21
14072	㸠	片部	6	341534	8231F437	03E20
14073	㸟	片部	6	352511	8231F436	03E1F
14074	覑	片部	7	2511135	D290	08991
14075	牍	片部	8	12544134	EBB9	0724D
14076	牋	片部	8	15341534	A0A0	0724B
14077	牌	片部	8	32511312	C5C6	0724C
14078	牒	片部	9	122151234	EBBA	07252
14079	牐	片部	9	312321511	A0A3	07250
14080	牏	片部	9	341251122	A0A2	0724F
14081	牎	片部	9	353344544	A0A1	0724E
14082	牑	片部	9	451325122	A0A4	07251
14083	㸢	片部	10	1221325112	8231F439	03E22
14084	牔	片部	10	1251124124	A0A6	07254
14085	牓	片部	10	4143454153	A0A5	07253
14086	牕	片部	11	32535414544	A0A7	07255
14087	牗	片部	11	41351125112	A0A8	07257
14088	牖	片部	11	45131251124	EBBB	07256
14089	㸣	片部	13	2243143111234	8231F530	03E23
14090	牘	片部	15	121252212511134	A0A9	07258
14091	㸥	片部	17	35251153535251354	8231F532	03E25
14092	斤	斤部	0	0	BDEF	065A4
14093	斥	斤部	1	4	B3E2	065A5
14094	邤	斤部	2	52	DF94	090A4
14095	劤	斤部	2	53	84B3	052A4
14096	所	斤部	4	3312	94D5	065A6
14097	欣	斤部	4	3534	D0C0	06B23
14098	㪼	斤部	5	12512	82319E32	03ABC
14099	斪	斤部	5	35251	94D7	065AA
14100	颀	斤部	6	132534	F1FD	09880
14101	㪾	斤部	6	354251	82319E34	03ABE
14102	㪿	斤部	6	523523	82319E35	03ABF
14103	断	斤部	7	4312345	B6CF	065AD
14104	斱	斤部	8	12132511	94DA	065B1
14105	斯	斤部	8	12211134	CBB9	065AF
14106	斮	斤部	8	12212511	94D9	065AE
14107	䖐	斤部	8	21531535	8233B634	04590
14108	㫀	斤部	8	25112511	82319E36	03AC0
14109	頎	斤部	9	132511134	EDA0	0980E
14110	新	斤部	9	414311234	D0C2	065B0
14111	斲	斤部	10	5515515121	94DB	065B2
14112	㫁	斤部	10	5545541355	82319E37	03AC1
14113	斳	斤部	11	12212511121	94DC	065B3
14114	㫂	斤部	11	41312214444	82319E38	03AC2
14115	斴	斤部	12	431234354152	94DD	065B4
14116	斶	斤部	13	2522135251214	94DF	065B6
14117	斵	斤部	13	3545312155121	94DE	065B5
14118	斷	斤部	14	55455415545545	94E0	065B7
14119	斸	斤部	21	51324134252213525121 4	94E1	065B8
14120	爪	爪部	0	0	D7A6	0722A
14121	爫	爪部	0	0	A08D	0722B
14122	㐍	爪部	1	5	8139F032	0340D
14123	坙	爪部	3	121	8869	05755
14124	寽	爪部	3	124	8C9C	05BFD
14125	孚	爪部	3	521	E6DA	05B5A
14126	妥	爪部	3	531	CDD7	059A5
14127	采	爪部	4	1234	B2C9	091C7
14128	㸓	爪部	4	2511	8231F334	03E13
14129	觅	爪部	4	2535	C3D9	089C5
14130	㸒	爪部	4	3121	8231F333	03E12
14131	受	爪部	4	4554	CADC	053D7
14132	爭	爪部	4	5112	A08E	0722D
14133	爬	爪部	4	5215	C5C0	0722C
14134	爰	爪部	5	11354	EBBC	07230
14135	爯	爪部	5	25211	A090	0722F
14136	爮	爪部	5	35515	A08F	0722E
14137	䍃	爪部	6	311252	8232F939	04343
14138	舀	爪部	6	321511	D2A8	08200
14139	爱	爪部	6	451354	B0AE	07231
14140	奚	爪部	6	554134	DEC9	0595A
14141	覓	爪部	7	2511135	D292	08993
14142	爲	爪部	8	35554444	A091	07232
14143	舜	爪部	8	45354152	CBB4	0821C
14144	愛	爪部	9	454544354	90DB	0611B
14145	啎	爪部	9	521354251	86EB	055E0

字序	字形	部首	部首外笔画数	部首外笔顺	18030代码	13000代码	字序	字形	部首	部首外笔画数	部首外笔顺	18030代码	13000代码
14146	𤔡	爪部	10	1215114544	8230FB33	0396F	14192	朊	月部	4	1135	EBC3	0670A
14147	䏿	爪部	10	3241112154	8231F336	03E15	14193	朊	月部	4	1135	82338A31	043D3
14148	孵	爪部	10	3543524521	B7F5	05B75	14194	𦙍	月部	4	1154	FE7A	043DD
14149	𤔔	爪部	10	3555444452	A092	07233	14195	肺	月部	4	1252	B7CE	080BA
14150	𨜬	爪部	11	25125115341	A093	07234	14196	肢	月部	4	1254	D6AB	080A2
14151	爵	爪部	13	2522151154124	BEF4	07235	14197	肧	月部	4	1324	C353	080A7
14152	繇	爪部	13	3112523554234	F4ED	07E47	14198	肰	月部	4	1344	C356	080B0
14153	父	父部	0	0	B8B8	07236	14199	肽	月部	4	1344	EBC4	080BD
14154	爷	父部	2	52	D2AF	07237	14200	肱	月部	4	1354	EBC5	080B1
14155	斧	父部	4	3312	B8AB	065A7	14201	肬	月部	4	1354	C355	080AC
14156	爸	父部	4	5215	B0D6	07238	14202	𦙶	月部	4	1355	82338A36	043D8
14157	爼	父部	5	25111	8231F337	03E16	14203	肫	月部	4	1525	EBC6	080AB
14158	釜	父部	6	112431	B8AA	091DC	14204	肶	月部	4	1535	C359	080B6
14159	㸗	父部	6	251251	8231F338	03E17	14205	肯	月部	4	2145	C35C	080BB
14160	爹	父部	6	354354	B5F9	07239	14206	肾	月部	4	2254	C9F6	080BE
14161	爭	父部	7	2522112	8231F339	03E18	14207	𦙁	月部	4	2343	82338A38	043DA
14162	𤕢	父部	8	12132511	8231F430	03E19	14208	肿	月部	4	2512	D6D7	080BF
14163	爺	父部	8	12211152	A094	0723A	14209	肭	月部	4	2534	EBC7	080AD
14164	月	月部	0	0	D4C2	06708	14210	𦙃	月部	4	3112	8231AA31	03B33
14165	肊	月部	1	5	C345	0808A	14211	𦙣	月部	4	3115	82338A35	043D7
14166	有	月部	2	13	D3D0	06709	14212	𦙤	月部	4	3121	82338A33	043D5
14167	刖	月部	2	22	EBBE	05216	14213	胀	月部	4	3154	D5CD	080C0
14168	肌	月部	2	35	BCA1	0808C	14214	𦙫	月部	4	3215	82338A30	043D2
14169	肍	月部	2	35	C346	0808D	14215	肵	月部	4	3312	C358	080B5
14170	肋	月部	2	53	C0DF	0808B	14216	肸	月部	4	3412	C35A	080B8
14171	肝	月部	3	112	B8CE	0809D	14217	肴	月部	4	3413	EBC8	080B4
14172	肝	月部	3	112	82338937	043CF	14218	肹	月部	4	3415	C35B	080B9
14173	肟	月部	3	115	EBBF	0809F	14219	肣	月部	4	3445	C351	080A3
14174	肛	月部	3	121	B8D8	0809B	14220	朌	月部	4	3453	9644	0670C
14175	肚	月部	3	121	B6C7	0809A	14221	肦	月部	4	3453	C352	080A6
14176	肘	月部	3	124	D6E2	08098	14222	朋	月部	4	3511	C5F3	0670B
14177	肐	月部	3	315	C349	08090	14223	肭	月部	4	3523	C363	080CF
14178	肜	月部	3	333	EBC0	0809C	14224	肳	月部	4	3533	C357	080B3
14179	肑	月部	3	354	C34A	08091	14225	肷	月部	4	3534	EBC9	080B7
14180	𦙀	月部	3	354	82338936	043CE	14226	肍	月部	4	3541	82338A39	043DB
14181	肒	月部	3	354	C34B	08092	14227	股	月部	4	3554	B9C9	080A1
14182	𦘾	月部	3	354	82338B30	043DC	14228	肮	月部	4	4135	B0B9	080AE
14183	肓	月部	3	415	EBC1	08093	14229	肪	月部	4	4153	B7BE	080AA
14184	肞	月部	3	434	C350	0809E	14230	育	月部	4	4154	D3FD	080B2
14185	肔	月部	3	525	C34C	08094	14231	肬	月部	4	4535	82338A37	043D9
14186	肗	月部	3	531	C34E	08097	14232	䏺	月部	4	5134	82338938	043D0
14187	肠	月部	3	533	B3A6	080A0	14233	𦙄	月部	4	5152	82338A34	043D6
14188	肕	月部	3	534	C34D	08095	14234	𦘼	月部	4	5211	82338A32	043D4
14189	肨	月部	4	1112	C354	080A8	14235	肥	月部	4	5215	B7CA	080A5
14190	肼	月部	4	1132	EBC2	080BC	14236	服	月部	4	5254	B7FE	0670D
14191	肤	月部	4	1134	B7F4	080A4	14237	胁	月部	4	5344	D0B2	080C1

字序	字形	部首	部首外笔画数	部首外笔顺	18030代码	13000代码	字序	字形	部首	部首外笔画数	部首外笔顺	18030代码	13000代码
14238	䏞	月部	5	11234	82338B31	043DE	14284	朏	月部	5	52252	9646	0670F
14239	䏡	月部	5	11234	82338B34	043E1	14285	胐	月部	5	52252	C364	080D0
14240	胠	月部	5	12154	C36C	080E0	14286	䏢	月部	5	53254	82338B35	043E2
14241	朑	月部	5	12215	9647	06711	14287	胫	月部	5	54121	EBD6	080EB
14242	䒿	月部	5	12245	8233A136	044BF	14288	胎	月部	5	54251	CCA5	080CE
14243	胡	月部	5	12251	BAFA	080E1	14289	胟	月部	5	55414	C36B	080DF
14244	胢	月部	5	12512	C36D	080E2	14290	胿	月部	6	121121	C376	080FF
14245	胚	月部	5	13241	C5DF	080DA	14291	䏪	月部	6	122111	82338C33	043EA
14246	胧	月部	5	13534	EBCA	080E7	14292	㬴	月部	6	122134	8231AA32	03B34
14247	胈	月部	5	13544	C35F	080C8	14293	胹	月部	6	132522	C373	080F9
14248	胓	月部	5	14312	C367	080D3	14294	胯	月部	6	134115	BFE8	080EF
14249	胨	月部	5	15234	EBCB	080E8	14295	脄	月部	6	134334	C37A	08104
14250	胩	月部	5	21124	EBCC	080E9	14296	胰	月部	6	151534	D2C8	080F0
14251	背	月部	5	21135	B1B3	080CC	14297	胵	月部	6	154121	C371	080F5
14252	胋	月部	5	21251	C362	080CB	14298	胱	月部	6	243135	EBD7	080F1
14253	胪	月部	5	21513	EBCD	080EA	14299	胴	月部	6	251251	EBD8	080F4
14254	胆	月部	5	25111	B5A8	080C6	14300	胭	月部	6	251341	EBD9	080ED
14255	䏣	月部	5	25111	82338B36	043E3	14301	朒	月部	6	253434	9648	06712
14256	胛	月部	5	25112	EBCE	080DB	14302	脌	月部	6	311212	C380	0810C
14257	胂	月部	5	25112	EBCF	080C2	14303	䏭	月部	6	311234	82338C36	043ED
14258	胄	月部	5	25121	EBD0	080C4	14304	脡	月部	6	312154	C389	08121
14259	冑	月部	5	25121	83D9	05191	14305	䏦	月部	6	312251	82338B39	043E6
14260	胑	月部	5	25134	C365	080D1	14306	䏫	月部	6	321234	82338C34	043EB
14261	胦	月部	5	25134	C36F	080E6	14307	脠	月部	6	321554	C388	08120
14262	䏥	月部	5	25211	82338B38	043E5	14308	䏨	月部	6	325151	82338C31	043E8
14263	胜	月部	5	31121	CAA4	080DC	14309	胻	月部	6	332112	C374	080FB
14264	胅	月部	5	31134	C35D	080C5	14310	脈	月部	6	333534	C37D	08108
14265	胙	月部	5	31211	EBD1	080D9	14311	脍	月部	6	341154	EBDA	0810D
14266	胣	月部	5	31525	C36E	080E3	14312	脎	月部	6	341234	EBDB	0810E
14267	胕	月部	5	32124	C369	080D5	14313	䏩	月部	6	341251	82338C32	043E9
14268	胉	月部	5	32511	C360	080C9	14314	朓	月部	6	341534	9649	06713
14269	胍	月部	5	33544	EBD2	080CD	14315	脁	月部	6	341534	C378	08101
14270	胗	月部	5	34333	EBD3	080D7	14316	脆	月部	6	351355	B4E0	08106
14271	朎	月部	5	34454	9645	0670E	14317	脂	月部	6	352511	D6AC	08102
14272	胝	月部	5	35154	EBD5	080DD	14318	胸	月部	6	353452	D0D8	080F8
14273	朐	月部	5	35251	EBD4	06710	14319	胷	月部	6	353452	C372	080F7
14274	胊	月部	5	35251	C361	080CA	14320	胮	月部	6	354152	C370	080EE
14275	胞	月部	5	35515	B0FB	080DE	14321	胳	月部	6	354251	B8EC	080F3
14276	䏠	月部	5	41431	82338B33	043E0	14322	䏧	月部	6	354354	82338C30	043E7
14277	胘	月部	5	41554	C36A	080D8	14323	㬹	月部	6	355112	8231AA37	03B39
14278	胖	月部	5	43112	C5D6	080D6	14324	脃	月部	6	355215	C379	08103
14279	䏟	月部	5	45434	82338B32	043DF	14325	脏	月部	6	413121	D4E0	0810F
14280	脉	月部	5	45534	C2F6	08109	14326	脐	月部	6	413432	C6EA	08110
14281	䏤	月部	5	51251	82338B37	043E4	14327	胶	月部	6	413434	BDBA	080F6
14282	胒	月部	5	51335	C366	080D2	14328	㬵	月部	6	413434	8231AA33	03B35
14283	胇	月部	5	51532	C35E	080C7	14329	脊	月部	6	413434	BCB9	0810A

字序	字形	部首	部首外笔画数	部首外笔顺	18030代码	13000代码	字序	字形	部首	部首外笔画数	部首外笔顺	18030代码	13000代码
14330	脑	月部	6	413452	C4D4	08111	14376	脢	月部	7	3155414	C38A	08122
14331	胲	月部	6	415334	EBDC	080F2	14377	脪	月部	7	3413252	C392	0812A
14332	胖	月部	6	431112	C16E	07F98	14378	脸	月部	7	3414431	C1B3	08138
14333	胼	月部	6	431132	EBDD	080FC	14379	脫	月部	7	3425135	C393	0812B
14334	朕	月部	6	431134	EBDE	06715	14380	脞	月部	7	3434121	EBE2	0811E
14335	脒	月部	6	431234	EBDF	08112	14381	脟	月部	7	3443124	C387	0811F
14336	朔	月部	6	431523	CBB7	06714	14382	脬	月部	7	3443521	EBE3	0812C
14337	胺	月部	6	445531	B0B7	080FA	14383	脮	月部	7	3443531	C395	0812E
14338	朗	月部	6	451154	C0CA	06717	14384	脕	月部	7	3525135	C381	08115
14339	脓	月部	6	453534	C5A7	08113	14385	脗	月部	7	3533251	C382	08117
14340	胥	月部	6	525341	C377	08100	14386	䏺	月部	7	3541112	82338D39	043FA
14341	䏮	月部	6	534134	82338C37	043EE	14387	脝	月部	7	4125152	C386	0811D
14342	脋	月部	6	535353	C37E	0810B	14388	脱	月部	7	4325135	CDD1	08131
14343	脇	月部	6	535353	C37C	08107	14389	䏲	月部	7	4351523	82338D31	043F2
14344	脅	月部	6	535353	C37B	08105	14390	脳	月部	7	4433452	C397	08133
14345	䏬	月部	6	543112	82338C35	043EC	14391	脘	月部	7	4451135	EBE4	08118
14346	䏳	月部	7	1213312	82338D32	043F3	14392	朖	月部	7	4511534	964A	06716
14347	䏯	月部	7	1214544	82338C38	043EF	14393	䐚	月部	7	5115452	82339131	0441A
14348	脚	月部	7	1215452	BDC5	0811A	14394	脲	月部	7	5132534	EBE5	08132
14349	㬸	月部	7	1223235	8231AA36	03B38	14395	䏱	月部	7	5135251	82338D30	043F1
14350	脙	月部	7	1241344	C383	08119	14396	䏰	月部	7	5344544	82338C39	043F0
14351	脖	月部	7	1245521	B2B1	08116	14397	朘	月部	7	5434354	964B	06718
14352	脯	月部	7	1251124	B8AC	0812F	14398	脧	月部	7	5434354	C38F	08127
14353	脨	月部	7	1251234	C390	08128	14399	䏾	月部	8	11134112	82338E33	043FE
14354	䏸	月部	7	1251251	82338D37	043F8	14400	腈	月部	8	11212511	EBE6	08148
14355	脰	月部	7	1251431	C396	08130	14401	腿	月部	8	11213534	C3A0	0813F
14356	脤	月部	7	1311534	C38C	08124	14402	脹	月部	8	12111534	C39B	08139
14357	脴	月部	7	1324251	C398	08134	14403	䐗	月部	8	12132511	82339038	04417
14358	脜	月部	7	1325111	C385	0811C	14404	期	月部	8	12211134	C6DA	0671F
14359	脥	月部	7	1343434	C38D	08125	14405	朞	月部	8	12211134	964F	0671E
14360	豚	月部	7	1353334	EBE0	08C5A	14406	腊	月部	8	12212511	C0B0	0814A
14361	䏵	月部	7	1353334	82338D34	043F5	14407	朠	月部	8	12225134	9650	06720
14362	脦	月部	7	1454454	C38E	08126	14408	䐈	月部	8	12251111	82338F33	04408
14363	䏶	月部	7	1535121	82338D35	043F6	14409	腖	月部	8	12511234	C44C	08156
14364	脛	月部	7	1555121	C384	0811B	14410	腎	月部	8	12512554	C449	0814E
14365	䏴	月部	7	2432511	82338D33	043F4	14411	腼	月部	8	12523434	C39E	0813C
14366	䏷	月部	7	2511112	82338D36	043F7	14412	䐀	月部	8	13412512	82338E35	04400
14367	脭	月部	7	2511121	C394	0812D	14413	腌	月部	8	13425115	EBE7	0814C
14368	脵	月部	7	2511134	C399	08135	14414	䐁	月部	8	13533434	82338E36	04401
14369	䏹	月部	7	2511135	82338D38	043F9	14415	腱	月部	8	15112134	C39D	0813B
14370	䤚	月部	7	2511211	82349234	0491A	14416	䏼	月部	8	15341534	82338E31	043FC
14371	㬷	月部	7	2512341	8231AA35	03B37	14417	腓	月部	8	21112111	EBE8	08153
14372	脶	月部	7	2512534	EBE1	08136	14418	腂	月部	8	25111234	C442	08142
14373	朙	月部	7	2534251	964C	06719	14419	䐊	月部	8	25111535	82338F35	0440A
14374	㬶	月部	7	3121251	8231AA34	03B36	14420	腘	月部	8	25112141	C44E	08158
14375	脷	月部	7	3123422	C39A	08137	14421	腗	月部	8	25121132	C44D	08157

字序	字形	部首	部首外笔画数	部首外笔顺	18030代码	13000代码	字序	字形	部首	部首外笔画数	部首外笔顺	18030代码	13000代码
14422	腆	月部	8	25122134	CCF3	08146	14468	腷	月部	9	125125121	C462	08177
14423	朞	月部	8	25122134	82338F37	0440C	14469	腰	月部	9	125221531	D1FC	08170
14424	腼	月部	8	25312341	82338E38	04403	14470	腽	月部	9	132511134	82339034	04413
14425	腒	月部	8	25525251	C454	08161	14471	腼	月部	9	132522111	EBEF	0817C
14426	腁	月部	8	31133112	C441	08141	14472	腝	月部	9	132522134	C451	0815D
14427	腄	月部	8	31212211	C444	08144	14473	腤	月部	9	134122111	82339132	0441B
14428	腇	月部	8	31234531	C446	08147	14474	膥	月部	9	134354354	82339033	04412
14429	腴	月部	8	32151134	EBE9	08174	14475	腱	月部	9	251112134	82338F39	0440E
14430	脘	月部	8	32151135	C447	08149	14476	腸	月部	9	251113533	C463	08178
14431	脽	月部	8	32411121	C39F	0813D	14477	腽	月部	9	251122111	82339036	04415
14432	脾	月部	8	32511312	C6A2	0813E	14478	腢	月部	9	251125214	C455	08162
14433	腀	月部	8	34125122	C440	08140	14479	腽	月部	9	251125221	EBF0	0817D
14434	脿	月部	8	34431234	82338F31	04406	14480	腥	月部	9	251131121	D0C8	08165
14435	脸	月部	8	34454544	C448	0814D	14481	腸	月部	9	251211534	C45E	08172
14436	膍	月部	8	34544544	82338F36	0440B	14482	腮	月部	9	251214544	C8F9	0816E
14437	脂	月部	8	35321511	82338E39	04404	14483	腭	月部	9	251251115	EBF1	0816D
14438	腦	月部	8	35332511	82338F32	04407	14484	腨	月部	9	252132522	C459	08168
14439	脝	月部	8	41251521	964E	0671C	14485	脉	月部	9	312344334	82339031	04410
14440	腋	月部	8	41323544	D2B8	0814B	14486	腫	月部	9	312511211	C45B	0816B
14441	腑	月部	8	41332124	B8AD	08151	14487	腹	月部	9	312511354	B8B9	08179
14442	脺	月部	8	41343412	C39C	0813A	14488	腶	月部	9	321113554	C461	08176
14443	腤	月部	8	41431251	82338E32	043FD	14489	腹	月部	9	321511254	C466	08184
14444	勝	月部	8	43113453	84D9	052DD	14490	腺	月部	9	325112534	CFD9	0817A
14445	腃	月部	8	43113455	C443	08143	14491	腿	月部	9	325151454	C469	08187
14446	朕	月部	8	43344334	C445	08145	14492	腯	月部	9	331225111	C45D	0816F
14447	腙	月部	8	44511234	EBEA	08159	14493	腧	月部	9	341251122	EBF2	08167
14448	腚	月部	8	44512134	EBEB	0815A	14494	腳	月部	9	343425152	C45F	08173
14449	腔	月部	8	44534121	C7BB	08154	14495	腰	月部	9	344311354	82339039	04418
14450	腕	月部	8	44535455	CDF3	08155	14496	膄	月部	9	345234354	9651	06721
14451	脊	月部	8	45133134	82338E34	043FF	14497	腤	月部	9	414312511	C457	08164
14452	腱	月部	8	51111254	EBEC	08171	14498	腣	月部	9	414345252	C456	08163
14453	腺	月部	8	51124134	82338E37	04402	14499	膳	月部	9	431113121	82339231	04424
14454	腒	月部	8	51312251	C44B	08152	14500	膝	月部	9	431134121	EBF3	0584D
14455	腒	月部	8	51331134	82338F30	04405	14501	滕	月部	9	431134252	8231AA38	03B3A
14456	腏	月部	8	54545454	C44A	0814F	14502	滕	月部	9	431134252	8EB8	05E50
14457	腦	月部	8	55525121	82338F34	04409	14503	螣	月部	9	431134531	EBF4	05AB5
14458	腻	月部	9	111253454	C4E5	0817B	14504	腾	月部	9	431134551	CCDA	0817E
14459	膜	月部	9	111341134	EBED	08160	14505	腟	月部	9	445154121	C453	0815F
14460	腈	月部	9	111342511	82339030	0440F	14506	腪	月部	9	451251112	C45A	0816A
14461	脑	月部	9	121251431	82338F38	0440D	14507	腷	月部	9	451325122	82339035	04414
14462	腜	月部	9	122111234	C450	0815C	14508	腿	月部	9	511534454	CDC8	0817F
14463	腗	月部	9	122125112	82339130	04419	14509	臂	月部	9	511541535	82339337	04434
14464	腜	月部	9	122151234	82339032	04411	14510	腶	月部	9	512115154	C460	08175
14465	朦	月部	9	122415325	8231AA39	03B3B	14511	腥	月部	9	513154121	C44F	0815B
14466	朦	月部	9	122415325	82339137	04420	14512	脲	月部	9	513431234	82339037	04416
14467	腩	月部	9	122543112	EBEE	08169	14513	腬	月部	9	545231234	C45C	0816C

字序	字形	部首	部首外笔画数	部首外笔顺	18030代码	13000代码
14514	腞	月部	9	551353334	C452	0815E
14515	腦	月部	9	555325341	C458	08166
14516	膆	月部	10	1121554234	C468	08186
14517	䐟	月部	10	1122125211	82339136	0441F
14518	䐦	月部	10	1215425221	82339233	04426
14519	膜	月部	10	1222511134	C4A4	0819C
14520	䐜	月部	10	1225111134	82339133	0441C
14521	膊	月部	10	1251124124	B2B2	0818A
14522	膈	月部	10	1251254312	EBF5	08188
14523	䐝	月部	10	2432511134	82339134	0441D
14524	䐣	月部	10	2512511134	82339230	04423
14525	䐩	月部	10	2521251431	82339236	04429
14526	膃	月部	10	2534125221	C465	08183
14527	甧	月部	10	3112131121	AE65	07527
14528	䐰	月部	10	3223542511	82339333	04430
14529	䐪	月部	10	3241112153	82339237	0442A
14530	膍	月部	10	3253411535	C46D	0818D
14531	膎	月部	10	3443554134	C46E	0818E
14532	䐥	月部	10	3454541541	82339232	04425
14533	膖	月部	10	3541112454	C474	08196
14534	䐢	月部	10	3552335523	82339139	04422
14535	䐧	月部	10	4125125251	82339234	04427
14536	膌	月部	10	4134342511	C46C	0818C
14537	膅	月部	10	4135112251	C467	08185
14538	膀	月部	10	4143454153	B0F2	08180
14539	膂	月部	10	4153313534	EBF6	08182
14540	榺	月部	10	4311341234	987C	069BA
14541	膉	月部	10	4313425221	C46A	08189
14542	膁	月部	10	4315112234	C464	08181
14543	膋	月部	10	4334433445	C46B	0818B
14544	膑	月部	10	4453212134	EBF7	08191
14545	䐞	月部	10	5154151541	82339135	0441E
14546	䐵	月部	11	12212512134	82339338	04435
14547	䐽	月部	11	12212523434	82339436	0443D
14548	膵	月部	11	12241343412	C48B	081B5
14549	膝	月部	11	12343424134	CFA5	0819D
14550	膞	月部	11	12511214124	C478	0819E
14551	䐬	月部	11	12512212511	82339239	0442C
14552	膒	月部	11	12512512515	C470	08192
14553	膘	月部	11	12522111234	B1EC	08198
14554	㬾	月部	11	13113453554	8231AB32	03B3E
14555	䐭	月部	11	13221545252	82339330	0442D
14556	㬼	月部	11	13312511354	8231AB30	03B3C
14557	膤	月部	11	14524444511	C47D	081A4
14558	膛	月部	11	24345251121	CCC5	0819B
14559	膢	月部	11	25112512531	C47C	081A2
14560	䐯	月部	11	25121554234	82339332	0442F
14561	膕	月部	11	25125115341	C473	08195
14562	㬽	月部	11	25125125115	8231AB31	03B3D
14563	膗	月部	11	25232411121	C475	08197
14564	膼	月部	11	25525251454	C490	081BC
14565	膓	月部	11	31251113533	C471	08193
14566	䐫	月部	11	33234342134	82339238	0442B
14567	䐳	月部	11	35251214444	82339336	04433
14568	膔	月部	11	41352211535	C472	08194
14569	䐮	月部	11	41431331121	82339331	0442E
14570	䐱	月部	11	41432512251	82339334	04431
14571	膟	月部	11	41554413412	C479	0819F
14572	滕	月部	11	43113424134	EBF8	06ED5
14573	膡	月部	11	43113425111	C47B	081A1
14574	膣	月部	11	44534154121	EBF9	081A3
14575	䐲	月部	11	54154132511	82339335	04432
14576	膠	月部	11	54154134333	C47A	081A0
14577	膷	月部	11	55345115452	C48D	081B7
14578	膩	月部	12	111251113454	C481	081A9
14579	䐼	月部	12	111253554234	82339435	0443C
14580	膮	月部	12	121121121135	C485	081AE
14581	膹	月部	12	121222511134	C48F	081B9
14582	膨	月部	12	121251431333	C5F2	081A8
14583	臈	月部	12	122251135345	C497	081C8
14584	䐻	月部	12	122514143112	82339434	0443B
14585	䐺	月部	12	125221251112	82339433	0443A
14586	膸	月部	12	131212511454	C48E	081B8
14587	膫	月部	12	134432511234	C482	081AB
14588	䐶	月部	12	153515352511	82339339	04436
14589	膶	月部	12	251125111121	C48C	081B6
14590	膭	月部	12	251212511134	C484	081AD
14591	䐷	月部	12	251251251112	82339430	04437
14592	膴	月部	12	311222214444	C48A	081B4
14593	膬	月部	12	311531153115	C483	081AC
14594	臇	月部	12	324111212525	C496	081C7
14595	膲	月部	12	324111214444	C489	081B2
14596	䐿	月部	12	325431234134	82339438	0443F
14597	膰	月部	12	343123425121	C487	081B0
14598	朤	月部	12	351135113511	9654	06724
14599	㬿	月部	12	412515213134	8231AB33	03B3F
14600	朣	月部	12	414312511211	9653	06723
14601	膧	月部	12	414312511211	C480	081A7
14602	膱	月部	12	414312511534	C488	081B1
14603	膪	月部	12	414345252251	EBFA	081AA
14604	嬴	月部	12	415251531354	D9F8	05B34
14605	膳	月部	12	431112431251	C9C5	081B3

字序	字形	部首	部首外笔画数	部首外笔顺	18030代码	13000代码
14606	螣	月部	12	431134251214	CE9F	087A3
14607	縢	月部	12	431134554234	BF67	07E22
14608	膦	月部	12	431234354152	ECA2	081A6
14609	朥	月部	12	433443344553	9655	06725
14610	䐸	月部	12	511121251211	82339431	04438
14611	膙	月部	12	515251251214	C476	08199
14612	膯	月部	12	543341251431	C486	081AF
14613	臌	月部	13	1212514311254	EBFB	081CC
14614	䑅	月部	13	1222522145354	82339534	04445
14615	臒	月部	13	1223241112154	C49F	081D2
14616	朦	月部	13	1224511353334	EBFC	06726
14617	䑃	月部	13	1224511353334	82339532	04443
14618	臄	月部	13	2153151353334	C494	081C4
14619	膿	月部	13	2512211311534	C493	081BF
14620	臊	月部	13	2512512511234	EBFD	081CA
14621	䐾	月部	13	2522112143112	82339437	0443E
14622	臅	月部	13	2522135251214	C495	081C5
14623	㭀	月部	13	3143141234341	8231AB34	03B40
14624	䑂	月部	13	3211152511134	82339531	04442
14625	䑁	月部	13	3211343451145	82339530	04441
14626	臉	月部	13	3412512513434	C498	081C9
14627	膾	月部	13	3412524312511	C492	081BE
14628	膽	月部	13	3513344111251	C491	081BD
14629	膻	月部	13	4125251125111	EBFE	081BB
14630	膺	月部	13	4133232411121	E2DF	081BA
14631	臁	月部	13	4134315112234	ECA1	081C1
14632	臆	月部	13	4143125114544	D2DC	081C6
14633	赢	月部	13	4152512534354	D3AE	08D62
14634	臃	月部	13	4155332411121	D3B7	081C3
14635	賸	月部	13	4311342511134	D98B	08CF8
14636	謄	月部	13	4311344111251	D660	08B04
14637	䐹	月部	13	5112322151512	82339432	04439
14638	臀	月部	13	5131221343554	CDCE	081C0
14639	䑀	月部	13	5132514143112	82339439	04440
14640	臂	月部	13	5132514143112	B1DB	081C2
14641	臓	月部	14	12213125125534	C4A0	081D3
14642	臑	月部	14	14524444132522	C49E	081D1
14643	臐	月部	14	31254312114444	C49D	081D0
14644	䑄	月部	14	32511125121132	82339533	04444
14645	臍	月部	14	41432533543211	C49A	081CD
14646	䇔	月部	14	41525141431354	8232D533	041D4
14647	䊨	月部	14	41525143123435	8232EA35	042A8
14648	䑆	月部	14	43111344511534	82339535	04446
14649	䲢	月部	14	43113435251211	FE97	04CA2
14650	臗	月部	14	44512225111354	C543	081D7
14651	臏	月部	14	44512332511134	C49C	081CF
14652	臎	月部	14	54154141343412	C49B	081CE
14653	臔	月部	15	125125542511134	C540	081D4
14654	䑊	月部	15	251212511134454	82339539	0444A
14655	䑈	月部	15	325115545541234	82339537	04448
14656	䑇	月部	15	331233122511134	82339536	04447
14657	臕	月部	15	413522115354444	C541	081D5
14658	蠃	月部	15	415251251214354	D9F9	08803
14659	羸	月部	15	415251431112354	D9FA	07FB8
14660	臘	月部	15	555253415445445	C544	081D8
14661	臙	月部	16	1221251211354444	C545	081D9
14662	臛	月部	16	1452444432411121	C547	081DB
14663	臚	月部	16	2153152512125221	C546	081DA
14664	臜	月部	16	3121353121352534	C548	081DC
14665	臖	月部	16	3211251251511134	C542	081D6
14666	朧	月部	16	4143125111515111	9656	06727
14667	贏	月部	16	4152512511134354	DA41	08D0F
14668	䑉	月部	16	4152513511531354	82339538	04449
14669	騰	月部	16	4311341211254444	F276	09A30
14670	臟	月部	17	12213513125125534	C54B	081DF
14671	䑏	月部	17	12225125132411121	82339634	0444F
14672	䑍	月部	17	25111342511134531	82339632	0444D
14673	䑌	月部	17	25112511125431234	82339631	0444C
14674	䑎	月部	17	34341211121111534	82339633	0444E
14675	䑋	月部	17	41251251112213534	82339630	0444B
14676	臝	月部	17	41525125111234354	C549	081DD
14677	鰧	月部	17	43113435251214444	F68C	09C27
14678	臞	月部	18	251112511132411121	C54A	081DE
14679	黱	月部	18	431134254312114444	FC6E	09EF1
14680	臢	月部	19	3121353121352511134	C54E	081E2
14681	驘	月部	19	4152511211254444354	F29F	09A58
14682	鸁	月部	20	41525132511154444354	FA9F	09E01
14683	氏	氏部	0	0	CACF	06C0F
14684	氐	氏部	1	4	D8B5	06C10
14685	氒	氏部	2	12	9ADC	06C12
14686	帋	氏部	3	252	8E8E	05E0B
14687	昏	氏部	4	2511	BBE8	0660F
14688	㲳	氏部	6	431134	8231D033	03CB3
14689	欠	欠部	0	0	C7B7	06B20
14690	欤	欠部	3	151	ECA3	06B24
14691	㰢	欠部	4	1132	8231C139	03C22
14692	欧	欠部	4	1345	C5B7	06B27
14693	㰡	欠部	4	3432	8231C138	03C21
14694	欦	欠部	4	3445	99F7	06B26
14695	㰠	欠部	4	4135	8231C137	03C20
14696	㰦	欠部	5	12154	8231C233	03C26
14697	㰥	欠部	5	12215	8231C232	03C25

字序	字形	部首	部首外笔画数	部首外笔顺	18030代码	13000代码
14698	㰤	欠部	5	12512	8231C231	03C24
14699	㰨	欠部	5	25134	8231C235	03C28
14700	欨	欠部	5	35251	99F8	06B28
14701	欪	欠部	5	52252	99FA	06B2A
14702	欩	欠部	5	53251	99F9	06B29
14703	㰧	欠部	5	54251	8231C234	03C27
14704	㰪	欠部	6	121121	8231C237	03C2A
14705	欯	欠部	6	121251	9A40	06B2F
14706	㰭	欠部	6	134115	8231C330	03C2D
14707	㰷	欠部	6	135415	8231C430	03C37
14708	㰣	欠部	6	212115	8231C230	03C23
14709	欭	欠部	6	251341	99FD	06B2D
14710	㰫	欠部	6	312135	8231C238	03C2B
14711	欱	欠部	6	341251	9A42	06B31
14712	㰬	欠部	6	352511	8231C239	03C2C
14713	欬	欠部	6	415334	99FC	06B2C
14714	欮	欠部	6	431523	99FE	06B2E
14715	欴	欠部	6	451154	9A44	06B34
14716	欶	欠部	7	1251234	9A46	06B36
14717	㰰	欠部	7	1343434	8231C333	03C30
14718	欳	欠部	7	2125122	9A43	06B33
14719	欫	欠部	7	3112121	99FB	06B2B
14720	㰱	欠部	7	3125112	8231C334	03C31
14721	欷	欠部	7	3413252	ECA4	06B37
14722	欵	欠部	7	3531134	9A45	06B35
14723	欸	欠部	7	5431134	9A47	06B38
14724	款	欠部	8	12111234	BFEE	06B3E
14725	㰳	欠部	8	12155121	8231C336	03C33
14726	欺	欠部	8	12211134	C6DB	06B3A
14727	㰲	欠部	8	12511534	8231C335	03C32
14728	欹	欠部	8	13412512	ECA5	06B39
14729	歄	欠部	8	25525251	9A4F	06B44
14730	㰸	欠部	8	34125134	8231C431	03C38
14731	欿	欠部	8	35321511	9A4B	06B3F
14732	㰶	欠部	8	35424251	8231C339	03C36
14733	㰵	欠部	8	41343412	8231C338	03C35
14734	㰴	欠部	8	41431251	8231C337	03C34
14735	欻	欠部	8	43344334	9A48	06B3B
14736	欼	欠部	8	54545454	9A49	06B3C
14737	㰼	欠部	9	113434345	8231C435	03C3C
14738	㰻	欠部	9	121251431	8231C434	03C3B
14739	歁	欠部	9	122111345	9A4D	06B41
14740	歀	欠部	9	123411234	9A4C	06B40
14741	㰽	欠部	9	125115315	8231C436	03C3D
14742	歅	欠部	9	125221121	9A50	06B45
14743	㰹	欠部	9	131251534	8231C432	03C39
14744	歇	欠部	9	251135345	D0AA	06B47
14745	歂	欠部	9	252132522	9A4E	06B42
14746	歃	欠部	9	312321511	ECA6	06B43
14747	㰾	欠部	9	325114153	8231C437	03C3E
14748	歈	欠部	9	341251122	9A51	06B48
14749	㰺	欠部	9	512115154	8231C433	03C3A
14750	歌	欠部	10	1251212512	B8E8	06B4C
14751	歍	欠部	10	3251154444	9A54	06B4D
14752	歋	欠部	10	3321531535	9A53	06B4B
14753	㰿	欠部	10	3443554134	8231C438	03C3F
14754	㱀	欠部	10	3552335523	8231C439	03C40
14755	歉	欠部	10	4315112234	C7B8	06B49
14756	㱁	欠部	10	5225211234	8231C530	03C41
14757	歏	欠部	11	12212511121	9A56	06B4F
14758	歎	欠部	11	12212511134	9A55	06B4E
14759	歐	欠部	11	12512512515	9A57	06B50
14760	歔	欠部	11	21531522431	9A5B	06B54
14761	歑	欠部	11	21531534312	9A58	06B51
14762	歓	欠部	11	31132411121	9A5A	06B53
14763	㱃	欠部	11	34451253511	8231C532	03C43
14764	㱂	欠部	11	41351124134	8231C531	03C42
14765	歒	欠部	11	41432512251	9A59	06B52
14766	歕	欠部	12	121222511134	9A5C	06B55
14767	歖	欠部	12	121251431251	9A5D	06B56
14768	㱅	欠部	12	121451251431	8231C534	03C45
14769	歙	欠部	12	341251541541	ECA8	06B59
14770	歚	欠部	12	431112431251	9A60	06B5A
14771	歘	欠部	12	433443344334	9A5F	06B58
14772	㱈	欠部	13	1234123411234	8231C537	03C48
14773	㱇	欠部	13	1234341252511	8231C536	03C47
14774	㱆	欠部	13	2153151251431	8231C535	03C46
14775	㱉	欠部	13	2243143111234	8231C538	03C49
14776	歝	欠部	13	2522112143112	9A63	06B5D
14777	歜	欠部	13	2522135251214	9A62	06B5C
14778	歟	欠部	13	3211152511134	9A65	06B5F
14779	歛	欠部	13	3412512513434	9A61	06B5B
14780	歗	欠部	13	5112322151512	9A5E	06B57
14781	歞	欠部	14	25115545544444	9A64	06B5E
14782	㱊	欠部	15	132511454544354	8231C539	03C4A
14783	歠	欠部	15	545454541253511	9A66	06B60
14784	㦤	欠部	16	1214512514314544	82318236	039A4
14785	㱋	欠部	16	1452444432411121	8231C630	03C4B
14786	歡	欠部	17	12225125132411121	9A67	06B61
14787	㱌	欠部	18	122111122111122111	8231C631	03C4C
14788	㱍	欠部	19	4111251554444554444	8231C632	03C4D
14789	㱎	欠部	21	252212334435251214444	8231C633	03C4E

字序	字形	部首	部首外笔画数	部首外笔顺	18030代码	13000代码	字序	字形	部首	部首外笔画数	部首外笔顺	18030代码	13000代码
14790	风	风部	0	0	B7E7	098CE	14836	颺	风部	9	251113533	EF5E	098BA
14791	風	风部	0	0	EF4C	098A8	14837	䬑	风部	9	251212511	8234C336	04B11
14792	䫸	风部	2	53	8234C131	04AF8	14838	飔	风部	9	251214544	EF74	098D4
14793	䫹	风部	3	121	8234C132	04AF9	14839	颸	风部	9	251214544	EF5C	098B8
14794	颪	风部	3	124	EF4E	098AA	14840	飕	风部	9	321511254	ECAC	098D5
14795	颩	风部	3	333	EF4D	098A9	14841	颼	风部	9	321511254	EF60	098BC
14796	飏	风部	3	533	EF72	098CF	14842	䬖	风部	9	325111121	8234C431	04B16
14797	颫	风部	4	1134	EF4F	098AB	14843	䬔	风部	9	341251122	8234C339	04B14
14798	䫺	风部	4	1354	8234C133	04AFA	14844	䬕	风部	9	353251214	8234C430	04B15
14799	颬	风部	4	1523	EF50	098AC	14845	䬓	风部	9	414312511	8234C338	04B13
14800	䫻	风部	4	2511	8234C134	04AFB	14846	䬒	风部	9	445433454	8234C337	04B12
14801	䫽	风部	4	3115	8234C136	04AFD	14847	颹	风部	9	521251152	EF5D	098B9
14802	䫼	风部	4	5134	8234C135	04AFC	14848	颾	风部	9	544251214	EF62	098BE
14803	颰	风部	5	13544	EF54	098B0	14849	䬚	风部	10	1211254444	8234C435	04B1A
14804	䬂	风部	5	15534	8234C231	04B02	14850	䬛	风部	10	2511122112	8234C436	04B1B
14805	飐	风部	5	21251	EF73	098D0	14851	颽	风部	10	2521251431	EF61	098BD
14806	颭	风部	5	21251	EF51	098AD	14852	飖	风部	10	3443311252	EF75	098D6
14807	飑	风部	5	35515	ECA9	098D1	14853	颻	风部	10	3443311252	EF5F	098BB
14808	颮	风部	5	35515	EF52	098AE	14854	䬙	风部	10	3443311252	8234C434	04B19
14809	䬃	风部	5	41431	8234C232	04B03	14855	飗	风部	10	3545325121	EF76	098D7
14810	䬁	风部	5	44535	8234C230	04B01	14856	飀	风部	10	3545325121	EF64	098C0
14811	䫾	风部	5	45434	8234C137	04AFE	14857	䬘	风部	10	4125125251	8234C433	04B18
14812	䫿	风部	5	53251	8234C138	04AFF	14858	䬜	风部	10	4134522554	8234C437	04B1C
14813	颱	风部	5	54251	EF55	098B1	14859	䬝	风部	11	12212512134	8234C438	04B1D
14814	䬀	风部	5	55453	8234C139	04B00	14860	飘	风部	11	12522111234	C6AE	098D8
14815	䬄	风部	6	131534	8234C233	04B04	14861	飄	风部	11	12522111234	EF68	098C4
14816	颲	风部	6	135422	EF56	098B2	14862	飃	风部	11	12522111234	EF67	098C3
14817	颳	风部	6	312251	EF57	098B3	14863	飁	风部	11	54154132511	EF65	098C1
14818	䬅	风部	6	535353	8234C234	04B05	14864	飂	风部	11	54154134333	EF66	098C2
14819	䬉	风部	7	1213234	8234C238	04B09	14865	飅	风部	12	122155125121	EF69	098C5
14820	䬊	风部	7	1343434	8234C239	04B0A	14866	飙	风部	12	134413441344	ECAD	098D9
14821	颵	风部	7	2432511	EF59	098B5	14867	飆	风部	12	134413441344	EF6A	098C6
14822	䬆	风部	7	3123422	8234C235	04B06	14868	飇	风部	12	134413441344	EF6B	098C7
14823	颴	风部	7	3152134	EF58	098B4	14869	飉	风部	12	134432511234	EF6D	098C9
14824	䬇	风部	7	4325135	8234C236	04B07	14870	飚	风部	12	433443344334	ECAE	098DA
14825	䬈	风部	7	4325135	8234C237	04B08	14871	飊	风部	12	433443344334	EF6E	098CA
14826	䬋	风部	8	12134354	8234C330	04B0B	14872	飈	风部	12	433443344334	EF6C	098C8
14827	檒	风部	8	12341234	996C	06A92	14873	飋	风部	13	1121112145434	EF6F	098CB
14828	䬎	风部	8	12511534	8234C333	04B0E	14874	䬞	风部	14	12151211251124	8234C439	04B1E
14829	飓	风部	8	25111134	ECAB	098D3	14875	䬟	风部	15	354533411243122	8234C530	04B1F
14830	颶	风部	8	25111134	EF5A	098B6	14876	飌	风部	17	12225125132411121	EF70	098CC
14831	䬐	风部	8	31234531	8234C335	04B10	14877	飍	风部	18	353251214353251214	EF71	098CD
14832	䬍	风部	8	35334544	8234C332	04B0D	14878	殳	殳部	0	0	ECAF	06BB3
14833	䬏	风部	8	41431251	8234C334	04B0F	14879	殴	殳部	4	1345	C5B9	06BB4
14834	颷	风部	8	43344334	EF5B	098B7	14880	㱽	殳部	4	4535	8231CA39	03C7D
14835	䬗	风部	9	251113533	8234C432	04B17	14881	段	殳部	5	32111	B6CE	06BB5

字序	字形	部首	部首外笔画数	部首外笔顺	18030代码	13000代码	字序	字形	部首	部首外笔画数	部首外笔顺	18030代码	13000代码
14882	殶	殳部	5	41121	9A9F	06BB6	14928	觳	殳部	13	1214513535112	ECB2	089F3
14883	㱿	殳部	6	121251	8231CB31	03C7F	14929	㲉	殳部	13	1214513543524	8231CC31	03C89
14884	殷	殳部	6	335115	D2F3	06BB7	14930	毉	殳部	14	13113451234341	9AAD	06BC9
14885	殺	殳部	6	341234	9AA2	06BBA	14931	㲊	殳部	14	21451343425111	8231CC32	03C8A
14886	㱾	殳部	6	415334	8231CB30	03C7E	14932	鷇	殳部	17	12145132511154444	FA64	09DC7
14887	殻	殳部	7	1214535	9AA3	06BBB	14933	毊	殳部	19	1215213313425125251	9AAE	06BCA
14888	殸	殳部	7	1215213	9AA0	06BB8	14934	文	文部	0	0	CEC4	06587
14889	殹	殳部	7	1311345	9AA1	06BB9	14935	㐎	文部	1	5	8139F033	0340E
14890	殾	殳部	8	12132511	9AA6	06BBE	14936	刘	文部	2	22	C1F5	05218
14891	殼	殳部	8	12145135	9AA4	06BBC	14937	㪯	文部	3	112	82319C39	03AAF
14892	㲃	殳部	8	21251115	8231CB35	03C83	14938	对	文部	3	124	8C9D	05BFE
14893	㲂	殳部	8	24325251	8231CB34	03C82	14939	吝	文部	3	251	C1DF	0541D
14894	殽	殳部	8	34132511	9AA5	06BBD	14940	彣	文部	3	333	8FA8	05F63
14895	㲁	殳部	8	44534121	8231CB33	03C81	14941	斈	文部	3	521	94C4	06588
14896	㲄	殳部	9	121451121	8231CB36	03C84	14942	斉	文部	4	3211	94C5	06589
14897	嗀	殳部	9	121451251	FE41	0FA0D	14943	忞	文部	4	4544	8FEB	05FDE
14898	嗀	殳部	9	121451251	86D8	055C0	14944	斊	文部	6	122111	94C6	0658A
14899	彀	殳部	9	121451515	ECB0	05F40	14945	斋	文部	6	132522	D5AB	0658B
14900	毂	殳部	9	121451521	ECB1	06BC2	14946	蚉	文部	6	251214	CD50	08689
14901	㝅	殳部	9	121451521	8230C431	03745	14947	㪰	文部	6	431234	82319D30	03AB0
14902	㜌	殳部	9	121451531	8230BE34	0370C	14948	紊	文部	6	554234	CEC9	07D0A
14903	㨌	殳部	9	121453112	82318C37	03A0C	14949	斍	文部	7	2511135	94C7	0658D
14904	毁	殳部	9	321511121	BBD9	06BC1	14950	斎	文部	7	3211234	94C8	0658E
14905	毀	殳部	9	321511121	9AA7	06BC0	14951	㪱	文部	7	3525134	82319D31	03AB1
14906	殿	殳部	9	513122134	B5EE	06BBF	14952	斏	文部	7	4511534	94C9	0658F
14907	瑴	殳部	10	1214511121	AC9C	07474	14953	斌	文部	8	11212154	B1F3	0658C
14908	榖	殳部	10	1214511234	9862	06996	14954	斒	文部	9	451325122	94CA	06592
14909	㺉	殳部	10	1214511344	82328132	03E89	14955	鳼	文部	11	32511154444	F859	09CFC
14910	䐨	殳部	10	1214512511	82339235	04428	14956	鴍	文部	11	32511154444	F86A	09D0D
14911	㷤	殳部	10	1214514334	8231EE37	03DE4	14957	螤	文部	12	251214251134	CEA0	087A4
14912	毄	殳部	10	1251112251	9AA9	06BC4	14958	螡	文部	12	251214251214	CE9D	087A1
14913	㲅	殳部	10	4451112251	8231CB37	03C85	14959	斓	文部	12	425125431234	ECB5	06593
14914	瞉	殳部	11	12145125111	B25D	07789	14960	斔	文部	14	25121432151134	94CB	06594
14915	穀	殳部	11	12145131234	B759	07A40	14961	斕	文部	17	25112511125431234	94CC	06595
14916	毆	殳部	11	12512512515	9AAA	06BC6	14962	䘇	文部	18	251214251214251214	8233C233	04607
14917	毅	殳部	11	41431353334	D2E3	06BC5	14963	斖	文部	20	32112512515114525111	94CD	06596
14918	䍍	殳部	12	121451311252	8232FA39	0434D	14964	方	方部	0	0	B7BD	065B9
14919	糓	殳部	12	121451431234	BC4D	07CD3	14965	㫃	方部	2	34	82319E39	03AC3
14920	縠	殳部	12	121451554234	BF65	07E20	14966	邡	方部	2	52	DAFA	090A1
14921	㲆	殳部	12	121521334454	8231CB38	03C86	14967	瓬	方部	4	1554	AD9C	074EC
14922	㲇	殳部	12	121521335444	8231CB39	03C87	14968	放	方部	4	3134	B7C5	0653E
14923	㲈	殳部	12	121521353251	8231CC30	03C88	14969	斻	方部	4	3135	94E3	065BB
14924	毇	殳部	12	321511431234	9AAB	06BC7	14970	斺	方部	4	3432	94E2	065BA
14925	毈	殳部	12	354352432111	9AAC	06BC8	14971	於	方部	4	3444	ECB6	065BC
14926	轂	殳部	13	1214511251112	DD9E	08F42	14972	㫄	方部	4	4135	82319F30	03AC4
14927	豰	殳部	13	1214511353334	D86D	08C70	14973	斾	方部	5	31252	94E4	065BE

字序	字形	部首	部首外笔画数	部首外笔顺	18030代码	13000代码
14974	斿	方部	5	31521	94E5	065BF
14975	施	方部	5	31525	CAA9	065BD
14976	㫆	方部	5	34234	82319F32	03AC6
14977	㫈	方部	5	34445	82319F34	03AC8
14978	旀	方部	5	54234	94E6	065C0
14979	旆	方部	6	311252	ECB7	065C6
14980	旊	方部	6	311554	94EB	065CA
14981	旄	方部	6	313115	ECB8	065C4
14982	旂	方部	6	313312	94E7	065C2
14983	旅	方部	6	313534	C2C3	065C5
14984	旃	方部	6	313541	ECB9	065C3
14985	㫅	方部	6	341132	82319F31	03AC5
14986	㫉	方部	6	351355	82319F35	03AC9
14987	旉	方部	7	1251124	94EA	065C9
14988	㫌	方部	7	3112121	82319F38	03ACC
14989	㫊	方部	7	3112512	82319F36	03ACA
14990	㫋	方部	7	3125211	82319F37	03ACB
14991	旌	方部	7	3131121	ECBA	065CC
14992	族	方部	7	3131134	D7E5	065CF
14993	旍	方部	7	3134454	94EC	065CD
14994	旎	方部	7	3151335	ECBB	065CE
14995	旋	方部	7	3152134	D0FD	065CB
14996	旇	方部	7	3153254	94E8	065C7
14997	旈	方部	7	4154325	94E9	065C8
14998	旑	方部	8	13412512	94EE	065D1
14999	旐	方部	8	31341534	94ED	065D0
15000	旔	方部	8	51111254	94F0	065D4
15001	旓	方部	9	312432511	94EF	065D3
15002	㫍	方部	9	313223134	82319F39	03ACD
15003	旒	方部	9	314154325	ECBC	065D2
15004	旗	方部	10	3112211134	C6EC	065D7
15005	旖	方部	10	3113412512	ECBD	065D6
15006	㫏	方部	11	31125221531	8231A031	03ACF
15007	㫎	方部	11	31451251112	8231A030	03ACE
15008	鴋	方部	11	32511154444	F868	09D0B
15009	旙	方部	12	343123425121	94F3	065D9
15010	旘	方部	12	414312511534	94F2	065D8
15011	旚	方部	13	3112522111234	94F4	065DA
15012	旛	方部	14	31343123425121	94F5	065DB
15013	旞	方部	14	31431353334454	94F8	065DE
15014	旟	方部	15	313211152511134	94F9	065DF
15015	旝	方部	15	313412524312511	94F7	065DD
15016	旜	方部	15	314125251125111	94F6	065DC
15017	火	火部	0	0	BBF0	0706B
15018	灬	火部	0	0	ECE1	0706C
15019	灭	火部	1	1	C3F0	0706D
15020	灯	火部	2	12	B5C6	0706F
15021	灰	火部	2	13	BBD2	07070
15022	灲	火部	2	22	9EBD	07072
15023	灮	火部	2	35	9EBB	0706E
15024	㶢	火部	2	35	8231E831	03DA2
15025	邩	火部	2	52	DF98	090A9
15026	灱	火部	2	53	9EBC	07071
15027	㶥	火部	3	112	8231E834	03DA5
15028	灴	火部	3	121	9EBF	07074
15029	灶	火部	3	121	D4EE	07076
15030	灷	火部	3	132	9EC0	07077
15031	灿	火部	3	252	B2D3	0707F
15032	灹	火部	3	315	9EC1	07079
15033	㶤	火部	3	354	8231E833	03DA4
15034	灸	火部	3	354	BEC4	07078
15035	灼	火部	3	354	D7C6	0707C
15036	灺	火部	3	525	9EC2	0707A
15037	炀	火部	3	533	ECBE	07080
15038	炐	火部	4	1112	9ED0	07090
15039	烎	火部	4	1132	9EF4	070CE
15040	炜	火部	4	1152	ECBF	0709C
15041	炗	火部	4	1221	9ED3	07097
15042	炑	火部	4	1234	9ED1	07091
15043	炋	火部	4	1324	9ECC	0708B
15044	㶪	火部	4	1324	8231E839	03DAA
15045	㶨	火部	4	1324	8231E837	03DA8
15046	炬	火部	4	1515	BEE6	070AC
15047	炖	火部	4	1525	ECC0	07096
15048	炒	火部	4	2343	B3B4	07092
15049	㶧	火部	4	2534	8231E836	03DA7
15050	炇	火部	4	3134	9ECA	07087
15051	炛	火部	4	3235	9ED6	0709B
15052	炘	火部	4	3312	9ED4	07098
15053	炍	火部	4	3354	9ECE	0708D
15054	炌	火部	4	3432	9ECD	0708C
15055	炃	火部	4	3453	9EC7	07083
15056	炂	火部	4	3454	9EC6	07082
15057	炝	火部	4	3455	ECC1	0709D
15058	炊	火部	4	3534	B4B6	0708A
15059	炙	火部	4	3544	D6CB	07099
15060	炈	火部	4	3554	9ECB	07088
15061	炞	火部	4	4124	9ED7	0709E
15062	炆	火部	4	4134	9EC9	07086
15063	炕	火部	4	4135	BFBB	07095
15064	炏	火部	4	4334	9ECF	0708F
15065	炎	火部	4	4334	D1D7	0708E

字序	字形	部首	部首外笔画数	部首外笔顺	18030代码	13000代码	字序	字形	部首	部首外笔画数	部首外笔顺	18030代码	13000代码
15066	炓	火部	4	4412	9ED2	07093	15112	炪	火部	5	52252	9EE3	070AA
15067	炉	火部	4	4513	C2AF	07089	15113	炤	火部	5	53251	9EDD	070A4
15068	㶩	火部	4	4535	8231E838	03DA9	15114	烃	火部	5	54121	CCFE	070C3
15069	炔	火部	4	5134	C8B2	07094	15115	炲	火部	5	54251	9EE5	070B2
15070	炄	火部	4	5211	9EC8	07084	15116	炱	火部	5	54251	ECC6	070B1
15071	㶦	火部	4	5452	8231E835	03DA6	15117	㶭	火部	5	55453	8231E932	03DAD
15072	㶬	火部	5	11234	8231E931	03DAC	15118	烒	火部	6	112154	9EF8	070D2
15073	炡	火部	5	12121	9EDA	070A1	15119	烓	火部	6	121121	9EF9	070D3
15074	㶰	火部	5	12211	8231E935	03DB0	15120	烤	火部	6	121315	BFBE	070E4
15075	荧	火部	5	12245	D3AB	08367	15121	热	火部	6	121354	C8C8	070ED
15076	㶱	火部	5	12341	8231E936	03DB1	15122	烘	火部	6	122134	BAE6	070D8
15077	炢	火部	5	12344	9EDB	070A2	15123	烡	火部	6	122134	9F44	070E1
15078	炣	火部	5	12512	9EDC	070A3	15124	烵	火部	6	122354	9F4F	070F5
15079	炳	火部	5	12534	B1FE	070B3	15125	烞	火部	6	123424	9F42	070DE
15080	㶮	火部	5	12534	8231E933	03DAE	15126	烜	火部	6	125111	9F40	070DC
15081	炻	火部	5	13251	ECC2	070BB	15127	烥	火部	6	125125	9F47	070E5
15082	㶫	火部	5	13443	8231E930	03DAB	15128	烠	火部	6	132511	9F43	070E0
15083	炦	火部	5	13544	9EDF	070A6	15129	烦	火部	6	132534	B7B3	070E6
15084	炼	火部	5	15534	C1B6	070BC	15130	烣	火部	6	134334	9F46	070E3
15085	炶	火部	5	21251	9EE8	070B6	15131	烮	火部	6	135422	9F49	070EE
15086	点	火部	5	21251	B5E3	070B9	15132	烈	火部	6	135422	C1D2	070C8
15087	炟	火部	5	25111	9ED8	0709F	15133	烧	火部	6	153135	C9D5	070E7
15088	炠	火部	5	25112	9ED9	070A0	15134	烛	火部	6	251214	D6F2	070DB
15089	畑	火部	5	25121	AE78	07551	15135	焒	火部	6	251251	9F66	07112
15090	炽	火部	5	25134	B3E3	070BD	15136	烔	火部	6	251251	9EFA	070D4
15091	炴	火部	5	25134	9EE6	070B4	15137	烟	火部	6	251341	D1CC	070DF
15092	炾	火部	5	25135	9EEA	070BE	15138	烍	火部	6	312135	9EF3	070CD
15093	炯	火部	5	25251	BEBC	070AF	15139	烶	火部	6	312154	9F50	070F6
15094	炸	火部	5	31211	D5A8	070B8	15140	烌	火部	6	321234	9EF2	070CC
15095	秌	火部	5	31234	B66B	079CC	15141	烋	火部	6	321234	9EF1	070CB
15096	炧	火部	5	31525	9EE0	070A7	15142	烻	火部	6	321554	9F53	070FB
15097	炿	火部	5	33541	9EEB	070BF	15143	㶵	火部	6	323121	8231EA30	03DB5
15098	烀	火部	5	34312	ECC3	070C0	15144	烨	火部	6	323512	ECC7	070E8
15099	炩	火部	5	34454	9EE2	070A9	15145	烏	火部	6	325115	9EF5	070CF
15100	㶲	火部	5	35112	8231E937	03DB2	15146	烅	火部	6	325221	9EED	070C5
15101	烁	火部	5	35234	CBB8	070C1	15147	烆	火部	6	332112	9EEE	070C6
15102	㶯	火部	5	35352	8231E934	03DAF	15148	烐	火部	6	335414	9EF6	070D0
15103	炵	火部	5	35444	9EE7	070B5	15149	烇	火部	6	341121	9EEF	070C7
15104	炮	火部	5	35515	C5DA	070AE	15150	烩	火部	6	341154	BBE2	070E9
15105	炰	火部	5	35515	9EE4	070B0	15151	烚	火部	6	341251	9EFE	070DA
15106	炷	火部	5	41121	ECC4	070B7	15152	烑	火部	6	341534	9EF7	070D1
15107	炫	火部	5	41554	ECC5	070AB	15153	㶷	火部	6	352511	8231EA32	03DB7
15108	烂	火部	5	43111	C0C3	070C2	15154	烙	火部	6	354251	C0D3	070D9
15109	為	火部	5	43555	9EE9	070BA	15155	㶴	火部	6	354354	8231E939	03DB4
15110	炨	火部	5	44535	9EE1	070A8	15156	烄	火部	6	413434	9EEC	070C4
15111	炥	火部	5	51532	9EDE	070A5	15157	烗	火部	6	415334	9EFD	070D7

字序	字形	部首	部首外笔画数	部首外笔顺	18030代码	13000代码	字序	字形	部首	部首外笔画数	部首外笔顺	18030代码	13000代码
15158	烊	火部	6	431112	ECC8	070CA	15204	烺	火部	7	4511534	9F52	070FA
15159	烪	火部	6	431134	9F48	070EA	15205	焈	火部	7	4513515	9F5F	07108
15160	烫	火部	6	441533	CCCC	070EB	15206	焄	火部	7	5113251	9F5B	07104
15161	烢	火部	6	445315	9F45	070E2	15207	焗	火部	7	5135251	9F68	07117
15162	㶶	火部	6	453534	8231EA31	03DB6	15208	焋	火部	7	5213121	9F60	0710B
15163	烬	火部	6	513444	BDFD	070EC	15209	焏	火部	7	5225154	9F64	0710F
15164	烝	火部	6	525341	9F41	070DD	15210	㷁	火部	7	5425112	8231EB32	03DC1
15165	㶸	火部	6	535353	8231EA33	03DB8	15211	㶼	火部	7	5431134	8231EA37	03DBC
15166	焘	火部	7	1113124	ECE2	07118	15212	焌	火部	7	5434354	9F61	0710C
15167	㶺	火部	7	1134251	8231EA35	03DBA	15213	㷃	火部	8	12111534	8231EB34	03DC3
15168	焉	火部	7	1212115	D1C9	07109	15214	焼	火部	8	12122135	9F86	0713C
15169	㶹	火部	7	1212534	8231EA34	03DB9	15215	煑	火部	8	12132511	9F97	07151
15170	焃	火部	7	1213234	9F5A	07103	15216	煮	火部	8	12132511	D6F3	0716E
15171	烲	火部	7	1213312	9F4C	070F2	15217	㷅	火部	8	12211154	8231EB36	03DC5
15172	焎	火部	7	1213312	9F63	0710E	15218	焣	火部	8	12211154	9F71	07123
15173	焫	火部	7	1222534	9F78	0712B	15219	焟	火部	8	12212511	9F6D	0711F
15174	㶿	火部	7	1245521	8231EB30	03DBF	15220	煐	火部	8	12225134	9F96	07150
15175	烳	火部	7	1251124	9F4D	070F3	15221	焚	火部	8	12341234	B7D9	0711A
15176	焐	火部	7	1251251	ECC9	07110	15222	㷊	火部	8	12341234	8231EC31	03DCA
15177	烼	火部	7	1353334	9F54	070FC	15223	㷂	火部	8	12512554	8231EB33	03DC2
15178	烴	火部	7	1555121	9F4E	070F4	15224	㷈	火部	8	13425115	8231EB39	03DC8
15179	焇	火部	7	2432511	9F5E	07107	15225	焯	火部	8	21251112	ECCC	0712F
15180	焊	火部	7	2511112	BAB8	0710A	15226	㷄	火部	8	25111234	8231EB35	03DC4
15181	䙺	火部	7	2511135	8233CD36	0467A	15227	煚	火部	8	25111515	9FA0	0715A
15182	焑	火部	7	2512341	9F65	07111	15228	焜	火部	8	25111535	9F6A	0711C
15183	焆	火部	7	2512511	9F5D	07106	15229	焻	火部	8	25112511	9F85	0713B
15184	㶽	火部	7	2512534	8231EA38	03DBD	15230	焸	火部	8	25112511	9F82	07138
15185	焁	火部	7	2513534	9F58	07101	15231	焨	火部	8	25112511	9F75	07128
15186	烱	火部	7	2534251	9F4B	070F1	15232	焺	火部	8	25113132	9F84	0713A
15187	焅	火部	7	3121251	9F5C	07105	15233	焽	火部	8	25113511	9F87	0713D
15188	烸	火部	7	3155414	9F51	070F8	15234	焬	火部	8	25113533	9F79	0712C
15189	焂	火部	7	3223134	9F59	07102	15235	喣	火部	8	25135251	86C4	055A3
15190	烯	火部	7	3413252	CFA9	070EF	15236	焵	火部	8	25431252	9F80	07135
15191	焀	火部	7	3434251	9F57	07100	15237	焹	火部	8	25431415	9F83	07139
15192	烰	火部	7	3443521	9F4A	070F0	15238	煱	火部	8	25525251	9FB0	07171
15193	焓	火部	7	3445251	ECCA	07113	15239	無	火部	8	31122221	9F6F	07121
15194	焔	火部	7	3522511	9F67	07114	15240	焳	火部	8	32411121	9F7D	07133
15195	焕	火部	7	3525134	BBC0	07115	15241	焷	火部	8	32511312	9F81	07137
15196	烽	火部	7	3541112	B7E9	070FD	15242	㷆	火部	8	32515112	8231EB37	03DC6
15197	㶻	火部	7	3541112	8231EA36	03DBB	15243	焮	火部	8	33123534	9F7B	0712E
15198	烿	火部	7	3541333	9F56	070FF	15244	㷍	火部	8	34125122	8231EC34	03DCD
15199	烹	火部	7	4125152	C5EB	070F9	15245	焾	火部	8	34454544	9F88	0713E
15200	焖	火部	7	4254544	ECCB	07116	15246	焧	火部	8	34544544	9F74	07127
15201	㷀	火部	7	4334512	8231EB31	03DC0	15247	焩	火部	8	35113511	9F76	07129
15202	焍	火部	7	4351523	9F62	0710D	15248	焝	火部	8	35152511	9F6B	0711D
15203	烷	火部	7	4451135	CDE9	070F7	15249	焰	火部	8	35321511	D1E6	07130

字序	字形	部首	部首外笔画数	部首外笔顺	18030代码	13000代码
15250	然	火部	8	35441344	C8BB	07136
15251	焞	火部	8	41251521	9F6C	0711E
15252	焲	火部	8	41323544	9F7C	07132
15253	焢	火部	8	41332124	9F72	07124
15254	焠	火部	8	41343412	9F6E	07120
15255	焿	火部	8	41351134	9F89	0713F
15256	焙	火部	8	41431251	B1BA	07119
15257	焴	火部	8	41542511	9F7E	07134
15258	焱	火部	8	43344334	8231EC32	03DCB
15259	焱	火部	8	43344334	ECCD	07131
15260	焢	火部	8	44534121	9F70	07122
15261	焪	火部	8	44534515	9F77	0712A
15262	焥	火部	8	44535455	9F73	07125
15263	煡	火部	8	51111254	9FA5	07161
15264	㶴	火部	8	51145252	8231EC33	03DCC
15265	煀	火部	8	51352252	9F8A	07140
15266	煤	火部	9	122111234	C3BA	07164
15267	煁	火部	9	122111345	9F8B	07141
15268	煂	火部	9	122125112	9F8C	07142
15269	煠	火部	9	122151234	9FA4	07160
15270	煳	火部	9	122513511	ECCE	07173
15271	煵	火部	9	122543112	9FB2	07175
15272	煏	火部	9	125125121	9F95	0714F
15273	煙	火部	9	125221121	9F9F	07159
15274	㷑	火部	9	125221121	8231EC38	03DD1
15275	煉	火部	9	125431234	9F92	07149
15276	煘	火部	9	131251534	9F9E	07158
15277	煩	火部	9	132511134	9FA9	07169
15278	㷞	火部	9	132511521	8231EE31	03DDE
15279	煗	火部	9	132522134	9F9D	07157
15280	煃	火部	9	134121121	9F8D	07143
15281	煯	火部	9	153532511	9FAE	0716F
15282	㷡	火部	9	251111515	8231EE34	03DE1
15283	煶	火部	9	251112134	9FB3	07176
15284	煬	火部	9	251113533	9FAC	0716C
15285	㷒	火部	9	251125214	8231EC39	03DD2
15286	煴	火部	9	251125221	9FB1	07174
15287	煋	火部	9	251131121	9F93	0714B
15288	煦	火部	9	251135251	ECE3	07166
15289	㷎	火部	9	251135345	8231EC35	03DCE
15290	煜	火部	9	251141431	ECCF	0715C
15291	照	火部	9	251153251	D5D5	07167
15292	煨	火部	9	251211534	ECD0	07168
15293	煟	火部	9	251212511	9FA3	0715F
15294	煰	火部	9	251251251	9FAF	07170
15295	煓	火部	9	252132522	9F99	07153
15296	㷏	火部	9	312343112	8231EC36	03DCF
15297	煍	火部	9	312344334	9F94	0714D
15298	煄	火部	9	312511211	9F8E	07144
15299	煅	火部	9	321113554	ECD1	07145
15300	㷐	火部	9	321511121	8231EC37	03DD0
15301	煲	火部	9	322511234	ECD2	07172
15302	㷛	火部	9	322511234	8231ED38	03DDB
15303	煌	火部	9	325111121	BBCD	0714C
15304	㷟	火部	9	325151454	8231EE32	03DDF
15305	㷗	火部	9	325151515	8231ED34	03DD7
15306	煖	火部	9	344311354	9F9C	07156
15307	㷔	火部	9	344322511	8231ED31	03DD4
15308	煥	火部	9	352534134	9FA8	07165
15309	煈	火部	9	353251214	9F91	07148
15310	㷓	火部	9	353344544	8231ED30	03DD3
15311	煞	火部	9	355113134	C9B7	0715E
15312	㷚	火部	9	412514512	8231ED37	03DDA
15313	煷	火部	9	412514535	9FB4	07177
15314	㷜	火部	9	413234134	8231ED39	03DDC
15315	㷢	火部	9	431113121	8231EE35	03DE2
15316	㷙	火部	9	431251122	8231ED36	03DD9
15317	煎	火部	9	431251122	BCE5	0714E
15318	煪	火部	9	431253511	9FAA	0716A
15319	㷕	火部	9	431253511	8231ED32	03DD5
15320	煫	火部	9	431353334	9FAB	0716B
15321	煔	火部	9	433421251	9F9A	07154
15322	煢	火部	9	433445512	9FA6	07162
15323	煊	火部	9	445125111	ECD3	0714A
15324	焴	火部	9	445251251	9FC5	0718D
15325	㷝	火部	9	445341344	8231EE30	03DDD
15326	煇	火部	9	451251112	9F90	07147
15327	煸	火部	9	451325122	ECD4	07178
15328	煺	火部	9	511534454	ECD5	0717A
15329	煆	火部	9	512115154	9F8F	07146
15330	煒	火部	9	521251152	9F98	07152
15331	煝	火部	9	521325111	9FA2	0715D
15332	㷘	火部	9	542511234	8231ED35	03DD8
15333	煣	火部	9	545231234	9FA7	07163
15334	煭	火部	9	555135422	9FAD	0716D
15335	熬	火部	10	1121533134	B0BE	071AC
15336	煹	火部	10	1122125211	9FB5	07179
15337	熕	火部	10	1212511134	9FCB	07195
15338	熆	火部	10	1215425221	9FBF	07186
15339	㷦	火部	10	1221114334	8231EE39	03DE6
15340	燁	火部	10	1221122112	9FEE	071C1
15341	㷬	火部	10	1222511134	8231EF35	03DEC

字序	字形	部首	部首外笔画数	部首外笔顺	18030代码	13000代码
15342	煕	火部	10	1225125515	9F9B	07155
15343	熙	火部	10	1225125515	CEF5	07199
15344	煿	火部	10	1251124124	9FB9	0717F
15345	㷧	火部	10	1332511234	8231EF30	03DE7
15346	熚	火部	10	2511122112	9FCE	0719A
15347	煛	火部	10	2511125111	9FA1	0715B
15348	熀	火部	10	2511243135	9FBA	07180
15349	熌	火部	10	2511251134	9FC4	0718C
15350	熉	火部	10	2512511134	9FC2	07189
15351	煾	火部	10	2513414544	9FB8	0717E
15352	罴	火部	10	2522112154	EEBC	07F74
15353	㷨	火部	10	2523541112	8231EF31	03DE8
15354	熅	火部	10	2534125221	9FBE	07185
15355	熂	火部	10	3115431234	9FBC	07182
15356	㷩	火部	10	3125125515	8231EF32	03DE9
15357	熈	火部	10	3125125515	9FC1	07188
15358	熏	火部	10	3125431211	D1AC	0718F
15359	㷪	火部	10	3241112153	8231EF33	03DEA
15360	熄	火部	10	3251114544	CFA8	07184
15361	熓	火部	10	3251154444	9FCA	07193
15362	熎	火部	10	3443311252	9FC6	0718E
15363	熖	火部	10	3443321511	9FCC	07196
15364	熗	火部	10	3445113251	9FCD	07197
15365	熢	火部	10	3541112454	9FD4	071A2
15366	㷭	火部	10	3541112454	8231EF36	03DED
15367	熘	火部	10	3545325121	ECD6	07198
15368	煼	火部	10	3552335523	9FB7	0717C
15369	熇	火部	10	4125125251	9FC0	07187
15370	㷰	火部	10	4134522554	8231EF39	03DF0
15371	煻	火部	10	4135112251	9FB6	0717B
15372	㷣	火部	10	4311213112	8231EE36	03DE3
15373	熑	火部	10	4315112234	9FC8	07191
15374	㷠	火部	10	4334354152	8231EE33	03DE0
15375	熒	火部	10	4334433445	9FC9	07192
15376	㷥	火部	10	4334525341	8231EE38	03DE5
15377	熔	火部	10	4453434251	C8DB	07194
15378	煽	火部	10	4513541541	C9BF	0717D
15379	熐	火部	10	4525114134	9FC7	07190
15380	熁	火部	10	5353532511	9FBB	07181
15381	熥	火部	10	5425112454	9FD7	071A5
15382	熋	火部	10	5425113535	9FC3	0718B
15383	熊	火部	10	5425113535	D0DC	0718A
15384	熃	火部	10	5452335453	9FBD	07183
15385	熭	火部	11	11121112511	9FDD	071AD
15386	㷯	火部	11	12111134112	8231EF38	03DEF
15387	熱	火部	11	12134121354	9FE1	071B1
15388	㷫	火部	11	12152133554	8231EF34	03DEB
15389	熯	火部	11	12212511134	9FDF	071AF
15390	熿	火部	11	12212512134	9FEC	071BF
15391	㷹	火部	11	12221251112	8231F038	03DF9
15392	㷮	火部	11	12512212511	8231EF37	03DEE
15393	熰	火部	11	12512512515	9FE0	071B0
15394	熞	火部	11	12512554121	9FD2	0719E
15395	熛	火部	11	12522111234	9FCF	0719B
15396	熦	火部	11	23432411121	9FD8	071A6
15397	㷸	火部	11	25111122112	8231F037	03DF8
15398	黙	火部	11	25112111344	FC61	09ED9
15399	熡	火部	11	25112512531	9FD3	071A1
15400	熳	火部	11	25112522154	ECD7	071B3
15401	熼	火部	11	25121122134	9FE9	071BC
15402	熴	火部	11	25225111535	9FE3	071B4
15403	熣	火部	11	25232411121	9FD5	071A3
15404	熪	火部	11	31234354354	9FDB	071AA
15405	㷲	火部	11	31251121153	8231F031	03DF2
15406	勲	火部	11	31251121153	84EB	052F2
15407	䲴	火部	11	32511154444	8234EC39	04CB4
15408	熜	火部	11	32535414544	9FD0	0719C
15409	熧	火部	11	33234342134	9FD9	071A7
15410	熟	火部	11	41251521354	CAEC	0719F
15411	熫	火部	11	41312214444	9FDC	071AB
15412	熝	火部	11	41352211535	9FD1	0719D
15413	熵	火部	11	41432534251	ECD8	071B5
15414	熩	火部	11	45132515215	9FDA	071A9
15415	熨	火部	11	51311234124	ECD9	071A8
15416	熠	火部	11	54154132511	ECDA	071A0
15417	熮	火部	11	54154134333	9FDE	071AE
15418	熤	火部	11	54154141431	9FD6	071A4
15419	㷱	火部	11	54251112154	8231F030	03DF1
15420	燒	火部	12	121121121135	9FFD	071D2
15421	燌	火部	12	121222511134	9FF8	071CC
15422	熺	火部	12	121251431251	9FE7	071BA
15423	熹	火部	12	121251431251	ECE4	071B9
15424	燅	火部	12	121341214334	9FF1	071C5
15425	燵	火部	12	121431112454	A05B	071F5
15426	燍	火部	12	122111343312	9FF9	071CD
15427	㷼	火部	12	122125121135	8231F131	03DFC
15428	燕	火部	12	122125121135	D1E0	071D5
15429	燤	火部	12	122251125214	A04D	071E4
15430	燪	火部	12	122353344544	A051	071EA
15431	燓	火部	12	123434341234	9FFE	071D3
15432	燂	火部	12	125221251112	9FEF	071C2
15433	㷴	火部	12	133123431234	8231F033	03DF4

字序	字形	部首	部首外笔画数	部首外笔顺	18030代码	13000代码	字序	字形	部首	部首外笔画数	部首外笔顺	18030代码	13000代码
15434	㷳	火部	12	133232411121	8231F032	03DF3	15480	㸃	火部	13	2543121121251	8231F138	03E03
15435	燎	火部	12	134432511234	C1C7	071CE	15481	㸅	火部	13	3143145115452	8231F230	03E05
15436	熸	火部	12	153515352511	9FE6	071B8	15482	燢	火部	13	3211343451145	A04B	071E2
15437	熶	火部	12	251112211154	9FE4	071B6	15483	燬	火部	13	3215111213554	A053	071EC
15438	燗	火部	12	251125113511	A041	071D7	15484	燩	火部	13	3251141533134	A050	071E9
15439	燘	火部	12	251125114134	A042	071D8	15485	㷿	火部	13	3412512513434	8231F134	03DFF
15440	燜	火部	12	251125114544	A046	071DC	15486	燴	火部	13	3412524312511	A05A	071F4
15441	燝	火部	12	251141251234	A047	071DD	15487	燰	火部	13	3443454544354	A056	071F0
15442	燀	火部	12	251251251112	9FED	071C0	15488	㸀	火部	13	4125125251121	8231F135	03E00
15443	㷵	火部	12	254312114444	8231F034	03DF5	15489	燷	火部	13	4125251111234	A05D	071F7
15444	㷻	火部	12	311222214444	8231F130	03DFB	15490	燣	火部	13	4125251131234	A04C	071E3
15445	燆	火部	12	313425125251	9FF2	071C6	15491	燫	火部	13	4134315112234	A052	071EB
15446	㷶	火部	12	321221325112	8231F035	03DF6	15492	燱	火部	13	4143125114544	A057	071F1
15447	燞	火部	12	324111213534	A048	071DE	15493	燨	火部	13	4311213121534	A04F	071E8
15448	燋	火部	12	324111214444	9FF7	071CB	15494	熽	火部	13	5112322151512	9FEA	071BD
15449	燠	火部	12	325431234134	ECDB	071E0	15495	燲	火部	13	5353532511134	A058	071F2
15450	熻	火部	12	341251541541	9FE8	071BB	15496	爀	火部	14	12132341213234	A065	07200
15451	燔	火部	12	343123425121	ECDC	071D4	15497	燽	火部	14	12151211251124	A062	071FD
15452	㷺	火部	12	353215113134	8231F039	03DFA	15498	燾	火部	14	12151211251124	A063	071FE
15453	燄	火部	12	353215114334	9FF0	071C4	15499	爁	火部	14	12512531425221	A066	07201
15454	燃	火部	12	354413444444	C8BC	071C3	15500	爄	火部	14	13122251125214	A069	07204
15455	燉	火部	12	412515213134	9FF5	071C9	15501	燹	火部	14	13533341353334	ECDE	071F9
15456	燑	火部	12	414312511211	9FFC	071D1	15502	燸	火部	14	14524444132522	A05E	071F8
15457	熾	火部	12	414312511534	9FEB	071BE	15503	爗	火部	14	25111221122112	A07B	07217
15458	㷽	火部	12	431112431251	8231F132	03DFD	15504	燻	火部	14	31254312114444	A060	071FB
15459	燐	火部	12	431234354152	9FFB	071D0	15505	燺	火部	14	41251252511234	A05F	071FA
15460	燇	火部	12	431253511124	9FF3	071C7	15506	爌	火部	14	41312212512134	A070	0720C
15461	燧	火部	12	431353334454	ECDD	071E7	15507	㸄	火部	14	41432533543211	8231F139	03E04
15462	㸂	火部	12	431353334454	8231F137	03E02	15508	爃	火部	14	43344334451234	A068	07203
15463	熷	火部	12	432524312511	9FE5	071B7	15509	燼	火部	14	51121444425221	A061	071FC
15464	燚	火部	12	433443344334	A044	071DA	15510	燿	火部	14	54154132411121	A064	071FF
15465	燙	火部	12	441251113533	A043	071D9	15511	㸇	火部	15	113411342511134	8231F232	03E07
15466	燖	火部	12	511121251124	A040	071D6	15512	爑	火部	15	122324111214444	A075	07211
15467	㷷	火部	12	515515122134	8231F036	03DF7	15513	爈	火部	15	215315251214544	A06C	07208
15468	燛	火部	12	521521125125	A045	071DB	15514	爆	火部	15	251112213424134	B1AC	07206
15469	燈	火部	12	543341251431	9FF4	071C8	15515	爅	火部	15	254312114444121	A06A	07205
15470	燏	火部	12	545232534251	9FFA	071CF	15516	㸆	火部	15	312125121112111	8231F231	03E06
15471	燯	火部	13	1452444434454	A055	071EF	15517	爂	火部	15	321125125151145	A067	07202
15472	燦	火部	13	2135454431234	A04E	071E6	15518	爍	火部	15	325115545541234	A071	0720D
15473	㷾	火部	13	2153151353334	8231F133	03DFE	15519	爕	火部	15	411125143344334	A079	07215
15474	㸁	火部	13	2243143111234	8231F136	03E01	15520	爊	火部	15	413522115354444	A06E	0720A
15475	燳	火部	13	2511532514444	A059	071F3	15521	㸉	火部	15	414311243344334	8231F234	03E09
15476	燶	火部	13	2512211311534	A05C	071F6	15522	爎	火部	15	445134432511234	A072	0720E
15477	燥	火部	13	2512512511234	D4EF	071E5	15523	爉	火部	15	555253415445445	A06D	07209
15478	燡	火部	13	2522112143112	A04A	071E1	15524	㸊	火部	16	1251234352511134	8231F235	03E0A
15479	燭	火部	13	2522135251214	A054	071ED	15525	爏	火部	16	1331234312342121	A073	0720F

字序	字形	部首	部首外笔画数	部首外笔顺	18030代码	13000代码
15526	燿	火部	16	1452444432411121	8231F237	03E0C
15527	燦	火部	16	2135454344511534	A07C	07218
15528	爐	火部	16	2153152512125221	A074	07210
15529	燗	火部	16	2511251135321511	A077	07213
15530	爋	火部	16	3125431211444453	A06F	0720B
15531	爕	火部	16	3241112132411121	8231F233	03E08
15532	爒	火部	16	3544134432511234	A076	07212
15533	爑	火部	16	3544343123425121	8231F236	03E0B
15534	爖	火部	16	4143125111515111	A07A	07216
15535	爔	火部	16	4311213123415534	A078	07214
15536	爟	火部	17	12225125132411121	A083	0721F
15537	爕	火部	17	21531512514311534	8231F238	03E0D
15538	爛	火部	17	25112511125431234	A080	0721B
15539	爚	火部	17	34125125125125122	A07E	0721A
15540	爝	火部	17	34432522151154124	ECDF	0721D
15541	爙	火部	17	41251251112213534	A07D	07219
15542	爞	火部	18	122111122111122111	8231F239	03E0E
15543	爡	火部	18	122251125214251214	A085	07221
15544	爜	火部	18	224314311212211154	A081	0721C
15545	爠	火部	18	251112511132411121	A084	07220
15546	爞	火部	18	251214251214251214	A082	0721E
15547	爇	火部	19	1221251113432411121	8231F331	03E10
15548	爢	火部	19	4131234123421112111	8231F330	03E0F
15549	爤	火部	20	1222511251112543123 4	A088	07224
15550	爣	火部	20	2434525125431211444 4	A087	07223
15551	爦	火部	21	1251253142522125111 35	A08A	07226
15552	爥	火部	21	5132413425221352512 14	A089	07225
15553	爨	火部	23	3211251251511451234 1234	8231F332	03E11
15554	爧	火部	24	1452444425125125112 34341	A08B	07227
15555	爨	火部	26	3211251251511451234 1234134	ECE0	07228
15556	爩	火部	29	1234311252123445344 4445215333	A08C	07229
15557	斗	斗部	0	0	B6B7	06597
15558	斗	斗部	1	5	82319D32	03AB2
15559	乧	斗部	1	5	8163	04E67
15560	斗	斗部	1	5	82319D33	03AB3
15561	斗	斗部	4	1135	82319D34	03AB4
15562	斗	斗部	5	25135	82309834	0358D
15563	料	斗部	5	43113	82319D35	03AB5
15564	斗	斗部	6	132511	82319D36	03AB6
15565	斘	斗部	6	545445	94CF	0659A

字序	字形	部首	部首外笔画数	部首外笔顺	18030代码	13000代码
15566	斜	斗部	7	3411234	D0B1	0659C
15567	斗	斗部	8	12211134	82319D38	03AB8
15568	斝	斗部	8	25125145	94D0	0659D
15569	斞	斗部	8	32151134	94D1	0659E
15570	斟	斗部	9	122111345	D5E5	0659F
15571	斠	斗部	10	1122125211	94D2	065A0
15572	斗	斗部	11	25112512531	82319D39	03AB9
15573	斗	斗部	13	1342511125111	82319E30	03ABA
15574	斣	斗部	13	2522135251214	94D4	065A3
15575	斗	斗部	19	4111251554444554444	82319E31	03ABB
15576	户	户部	0	0	BBA7	06237
15577	戸	户部	0	0	91F5	06238
15578	戶	户部	0	0	91F4	06236
15579	戹	户部	1	5	91F6	06239
15580	戻	户部	3	134	91F8	0623B
15581	启	户部	3	251	C6F4	0542F
15582	帍	户部	3	252	8E8F	05E0D
15583	户	户部	3	354	82318534	039C0
15584	戺	户部	3	515	91F7	0623A
15585	户	户部	3	525	82318532	039BE
15586	户	户部	4	1234	82318533	039BF
15587	戾	户部	4	1344	ECE5	0623E
15588	肩	户部	4	2511	BCE7	080A9
15589	所	户部	4	3312	CBF9	06240
15590	房	户部	4	4153	B7BF	0623F
15591	戽	户部	4	4412	ECE6	0623D
15592	户	户部	5	12154	82318535	039C1
15593	戾	户部	5	21251	91FA	06242
15594	户	户部	5	25121	82318536	039C2
15595	扁	户部	5	25122	B1E2	06241
15596	扃	户部	5	25251	ECE7	06243
15597	扄	户部	6	325251	91FB	06244
15598	扅	户部	6	354354	91FC	06245
15599	扆	户部	6	413534	91FD	06246
15600	扉	户部	6	511112	C341	08081
15601	扇	户部	6	541541	C9C8	06247
15602	扊	户部	6	554234	8232EC39	042C0
15603	扈	户部	7	2515215	ECE8	06248
15604	扉	户部	8	21112111	ECE9	06249
15605	雇	户部	8	32411121	B9CD	096C7
15606	扊	户部	8	43344334	91FE	0624A
15607	扈	户部	11	32511154444	F855	09CF8
15608	心	心部	0	0	D0C4	05FC3
15609	忄	心部	0	0	E2E0	05FC4
15610	忄	心部	0	0	8230EF38	038FA
15611	⺗	心部	0	0	FE5E	02E97

字序	字形	部首	部首外笔画数	部首外笔顺	18030代码	13000代码	字序	字形	部首	部首外笔画数	部首外笔顺	18030代码	13000代码
15612	必	心部	1	4	B1D8	05FC5	15658	忠	心部	4	2512	D6D2	05FE0
15613	忆	心部	1	5	D2E4	05FC6	15659	忤	心部	4	3112	E2E8	05FE4
15614	忈	心部	2	11	8FE1	05FC8	15660	忾	心部	4	3115	E2E9	05FFE
15615	忊	心部	2	12	8FE2	05FCA	15661	㤇	心部	4	3134	8230F131	03907
15616	㣻	心部	2	34	8230EF39	038FB	15662	怅	心部	4	3154	E2EA	06005
15617	忉	心部	2	53	E2E1	05FC9	15663	忻	心部	4	3312	D0C3	05FFB
15618	忇	心部	2	53	8FE0	05FC7	15664	㤆	心部	4	3354	8230F130	03906
15619	忓	心部	3	112	8FE5	05FD3	15665	忦	心部	4	3432	8FF0	05FE6
15620	忑	心部	3	124	ECFD	05FD1	15666	㤊	心部	4	3434	8230F134	0390A
15621	忖	心部	3	124	E2E2	05FD6	15667	怂	心部	4	3434	CBCB	06002
15622	忕	心部	3	134	8FE7	05FD5	15668	忴	心部	4	3445	8FF8	05FF4
15623	忐	心部	3	211	ECFE	05FD0	15669	念	心部	4	3445	C4EE	05FF5
15624	吢	心部	3	251	85C2	05422	15670	忷	心部	4	3452	8FFA	05FF7
15625	忏	心部	3	312	E2E3	05FCF	15671	㤋	心部	4	3453	8230F135	0390B
15626	忎	心部	3	312	8FE4	05FCE	15672	忿	心部	4	3453	B7DE	05FFF
15627	忔	心部	3	315	8FE6	05FD4	15673	忪	心部	4	3454	E2EC	05FEA
15628	㤀	心部	3	345	8230F034	03900	15674	忩	心部	4	3454	8FF2	05FE9
15629	㣿	心部	3	354	8230F033	038FF	15675	怆	心部	4	3455	E2EB	06006
15630	忛	心部	3	354	8FE9	05FDB	15676	忰	心部	4	3512	8FF5	05FF0
15631	忣	心部	3	354	8FEE	05FE3	15677	忯	心部	4	3515	8FF4	05FEF
15632	㤂	心部	3	354	8230F036	03902	15678	忽	心部	4	3533	BAF6	05FFD
15633	忙	心部	3	415	C3A6	05FD9	15679	忺	心部	4	3534	8FFC	05FFA
15634	忘	心部	3	415	CDFC	05FD8	15680	忭	心部	4	4124	E2ED	05FED
15635	忋	心部	3	515	8FE3	05FCB	15681	忟	心部	4	4134	8FEC	05FDF
15636	忚	心部	3	525	8FE8	05FDA	15682	忼	心部	4	4135	8FFD	05FFC
15637	㣼	心部	3	534	8230F030	038FC	15683	㤃	心部	4	4153	8230F037	03903
15638	忍	心部	3	534	C8CC	05FCD	15684	忱	心部	4	4535	B3C0	05FF1
15639	㣾	心部	3	544	8230F032	038FE	15685	㤈	心部	4	4544	8230F132	03908
15640	忹	心部	4	1121	8FFB	05FF9	15686	快	心部	4	5134	BFEC	05FEB
15641	㤁	心部	4	1134	8230F035	03901	15687	忸	心部	4	5211	E2EE	05FF8
15642	忝	心部	4	1134	E3C3	05FDD	15688	忬	心部	4	5452	8FF3	05FEC
15643	忨	心部	4	1135	8FF1	05FE8	15689	㤗	心部	5	11134	8230F237	03917
15644	怃	心部	4	1135	E2E4	06003	15690	怽	心部	5	11234	905C	0603D
15645	忶	心部	4	1154	8FF9	05FF6	15691	㤍	心部	5	12115	8230F137	0390D
15646	忢	心部	4	1251	8FED	05FE2	15692	怔	心部	5	12121	D5FA	06014
15647	㤄	心部	4	1252	8230F038	03904	15693	怯	心部	5	12154	C7D3	0602F
15648	忮	心部	4	1254	E2E5	05FEE	15694	㤌	心部	5	12211	8230F136	0390C
15649	怀	心部	4	1324	BBB3	06000	15695	怈	心部	5	12215	9040	06008
15650	忲	心部	4	1344	8FF6	05FF2	15696	怙	心部	5	12251	E2EF	06019
15651	态	心部	4	1344	CCAC	06001	15697	怘	心部	5	12251	9048	06018
15652	怄	心部	4	1345	E2E6	06004	15698	㤓	心部	5	12341	8230F233	03913
15653	忧	心部	4	1354	D3C7	05FE7	15699	怵	心部	5	12344	E2F0	06035
15654	怇	心部	4	1515	8FFE	06007	15700	怸	心部	5	12344	9059	06038
15655	㤉	心部	4	1523	8230F133	03909	15701	怷	心部	5	12354	9058	06037
15656	忳	心部	4	1525	8FF7	05FF3	15702	怲	心部	5	12534	9054	06032
15657	忡	心部	4	2512	E2E7	05FE1	15703	怌	心部	5	13241	9043	0600C

字序	字形	部首	部首外笔画数	部首外笔顺	18030代码	13000代码	字序	字形	部首	部首外笔画数	部首外笔顺	18030代码	13000代码
15704	怙	心部	5	13251	8230F231	03911	15750	怶	心部	5	53254	9057	06036
15705	怖	心部	5	13252	B2C0	06016	15751	怿	心部	5	54112	E2F8	0603F
15706	怺	心部	5	13412	8230F232	03912	15752	怪	心部	5	54121	B9D6	0602A
15707	怦	心部	5	14312	E2F1	06026	15753	怼	心部	5	54124	EDA1	0603C
15708	怴	心部	5	15534	9056	06034	15754	怡	心部	5	54251	E2F9	06021
15709	怗	心部	5	21251	9047	06017	15755	怠	心部	5	54251	B5A1	06020
15710	怘	心部	5	21251	8230F230	03910	15756	怮	心部	5	55453	9051	0602E
15711	怛	心部	5	25111	E2F2	0601B	15757	恇	心部	6	111215	9062	06047
15712	怚	心部	5	25111	9049	0601A	15758	恝	心部	6	111253	EDA2	0605D
15713	怞	心部	5	25121	904A	0601E	15759	恜	心部	6	112154	9070	0605C
15714	怾	心部	5	25134	905D	0603E	15760	恸	心部	6	115453	E2FA	06078
15715	快	心部	5	25134	E2F3	0600F	15761	恚	心部	6	121121	8230F437	0392C
15716	怳	心部	5	25135	9055	06033	15762	恚	心部	6	121121	EDA3	0605A
15717	怬	心部	5	25351	904F	0602C	15763	恃	心部	6	121124	CAD1	06043
15718	恩	心部	5	25511	8230F238	03919	15764	恄	心部	6	121251	905F	06044
15719	性	心部	5	31121	D0D4	06027	15765	恅	心部	6	121335	9060	06045
15720	怢	心部	5	31134	904C	06022	15766	恐	心部	6	121354	BFD6	06050
15721	怣	心部	5	31134	904D	06023	15767	恭	心部	6	122134	8230F433	03928
15722	怍	心部	5	31211	E2F4	0600D	15768	恭	心部	6	122134	B9A7	0606D
15723	怎	心部	5	31211	D4F5	0600E	15769	恾	心部	6	122415	907D	0607E
15724	怤	心部	5	32124	8230F234	03914	15770	恶	心部	6	122431	B6F1	06076
15725	怤	心部	5	32124	904E	06024	15771	恒	心部	6	125111	BAE3	06052
15726	怕	心部	5	32511	C5C2	06015	15772	恵	心部	6	125121	907B	06075
15727	怹	心部	5	32525	905A	06039	15773	恓	心部	6	125134	8230F431	03926
15728	怜	心部	5	34454	C1AF	0601C	15774	恓	心部	6	125351	906A	06053
15729	怟	心部	5	35154	904B	0601F	15775	恆	心部	6	125441	9061	06046
15730	怐	心部	5	35251	9044	06010	15776	恹	心部	6	131344	E2FB	06079
15731	怱	心部	5	35334	9053	06031	15777	恠	心部	6	132121	9073	06060
15732	怂	心部	5	35444	8230F139	0390F	15778	恗	心部	6	132511	8230F337	03922
15733	怨	心部	5	35455	D4B9	06028	15779	恴	心部	6	132511	8230F436	0392B
15734	怕	心部	5	35511	FE60	03918	15780	恗	心部	6	134115	906D	06057
15735	急	心部	5	35511	BCB1	06025	15781	恢	心部	6	134334	BBD6	06062
15736	怉	心部	5	35515	9041	06009	15782	恓	心部	6	134534	8230F331	0391C
15737	怰	心部	5	41554	9052	06030	15783	恻	心部	6	135422	8230F336	03921
15738	怑	心部	5	43112	9045	06011	15784	烈	心部	6	135422	8230F335	03920
15739	怡	心部	5	44512	8230F236	03916	15785	恧	心部	6	135455	8230F435	0392A
15740	怭	心部	5	45434	9050	0602D	15786	恞	心部	6	151534	9071	0605E
15741	怺	心部	5	45534	905B	0603A	15787	恎	心部	6	154121	9067	0604E
15742	怩	心部	5	51335	E2F5	06029	15788	恍	心部	6	243135	BBD0	0604D
15743	怋	心部	5	51515	9042	0600B	15789	恞	心部	6	251134	8230F339	03924
15744	怫	心部	5	51532	E2F6	0602B	15790	患	心部	6	251221	8230F334	0391F
15745	怞	心部	5	52252	8230F235	03915	15791	恫	心部	6	251251	B6B2	0606B
15746	怓	心部	5	53154	9046	06013	15792	恩	心部	6	251341	B6F7	06069
15747	怒	心部	5	53154	C5AD	06012	15793	恛	心部	6	252511	906F	0605B
15748	怊	心部	5	53251	E2F7	0600A	15794	恺	心部	6	252515	E2FD	0607A
15749	怓	心部	5	53251	8230F138	0390E	15795	恻	心部	6	253422	E2FC	0607B

字序	字形	部首	部首外笔画数	部首外笔顺	18030代码	13000代码	字序	字形	部首	部首外笔画数	部首外笔顺	18030代码	13000代码
15796	恬	心部	6	312251	CCF1	0606C	15842	㤴	心部	7	1221115	8230F535	03934
15797	㤭	心部	6	313432	8230F438	0392D	15843	㤹	心部	7	1241344	8230F630	03939
15798	恘	心部	6	321234	906E	06058	15844	悖	心部	7	1245521	E3A3	06096
15799	恷	心部	6	321234	907C	06077	15845	悑	心部	7	1251124	908B	06091
15800	㤛	心部	6	323121	8230F330	0391B	15846	悪	心部	7	1251221	9099	060AA
15801	恁	心部	6	323121	EDA5	06041	15847	悚	心部	7	1251234	E3A4	0609A
15802	恤	心部	6	325221	D0F4	06064	15848	悟	心部	7	1251251	CEF2	0609F
15803	恦	心部	6	325251	9076	06066	15849	㤱	心部	7	1251431	8230F532	03931
15804	恖	心部	6	325341	906C	06056	15850	悘	心部	7	1311345	908F	06098
15805	㤧	心部	6	331251	8230F432	03927	15851	㤳	心部	7	1324251	8230F534	03933
15806	㤚	心部	6	332112	8230F239	0391A	15852	悏	心部	7	1343434	9089	0608F
15807	恮	心部	6	341121	9077	0606E	15853	㤲	心部	7	1343434	8230F533	03932
15808	恰	心部	6	341251	C7A1	06070	15854	㤶	心部	7	1353334	8230F537	03936
15809	恡	心部	6	341354	9074	06061	15855	悂	心部	7	1535121	9081	06082
15810	恌	心部	6	341534	9066	0604C	15856	悭	心部	7	2254121	E3A5	060AD
15811	恱	心部	6	345435	9078	06071	15857	悄	心部	7	2432511	C7C4	06084
15812	恑	心部	6	351355	9069	06051	15858	悍	心部	7	2511112	BAB7	0608D
15813	恉	心部	6	352511	9064	06049	15859	悜	心部	7	2511121	9091	0609C
15814	恂	心部	6	352511	E2FE	06042	15860	悮	心部	7	2511134	909A	060AE
15815	恟	心部	6	353452	9072	0605F	15861	悓	心部	7	2511135	908C	06093
15816	恪	心部	6	354251	E3A1	0606A	15862	悬	心部	7	2511154	D0FC	060AC
15817	㤩	心部	6	354251	8230F434	03929	15863	悝	心部	7	2511211	E3A6	0609D
15818	恀	心部	6	354354	905E	06040	15864	悃	心部	7	2512341	E3A7	06083
15819	㓒	心部	6	411534	82308537	034D2	15865	悁	心部	7	2512511	9080	06081
15820	恋	心部	6	412234	C1B5	0604B	15866	患	心部	7	2512512	BBBC	060A3
15821	恔	心部	6	413434	906B	06054	15867	悞	心部	7	2515134	9092	0609E
15822	恼	心部	6	413452	C4D5	0607C	15868	悒	心部	7	2515215	E3A8	06092
15823	恣	心部	6	413534	EDA7	06063	15869	㤯	心部	7	2534251	8230F530	0392F
15824	㤺	心部	6	415325	8230F631	0393A	15870	悎	心部	7	3121251	9088	0608E
15825	㤥	心部	6	415334	8230F430	03925	15871	悧	心部	7	3123422	9097	060A7
15826	㤝	心部	6	415435	8230F332	0391D	15872	悡	心部	7	3123422	9093	060A1
15827	恲	心部	6	431132	9079	06072	15873	悔	心部	7	3155414	BBDA	06094
15828	㤣	心部	6	431132	8230F338	03923	15874	悠	心部	7	3223134	D3C6	060A0
15829	㤞	心部	6	445315	8230F333	0391E	15875	㤰	心部	7	3231211	8230F531	03930
15830	恽	心部	6	451512	E3A2	0607D	15876	您	心部	7	3235234	C4FA	060A8
15831	恨	心部	6	511534	BADE	06068	15877	悤	心部	7	3253541	9095	060A4
15832	恕	心部	6	531251	CBA1	06055	15878	悇	心部	7	3411234	9084	06087
15833	恏	心部	6	531521	9068	0604F	15879	悆	心部	7	3411234	9083	06086
15834	恊	心部	6	535353	9065	0604A	15880	悕	心部	7	3413252	908D	06095
15835	恈	心部	6	543112	9063	06048	15881	悅	心部	7	3425135	9082	06085
15836	㤽	心部	7	1113124	8230F634	0393D	15882	㤷	心部	7	3445251	8230F538	03937
15837	悈	心部	7	1132534	9085	06088	15883	悗	心部	7	3525135	908E	06097
15838	㤸	心部	7	1213234	8230F539	03938	15884	㤮	心部	7	3531121	8230F439	0392E
15839	悊	心部	7	1213312	9086	0608A	15885	悐	心部	7	3534334	908A	06090
15840	悫	心部	7	1214535	EDA8	060AB	15886	㤻	心部	7	3543524	8230F632	0393B
15841	㤼	心部	7	1215453	8230F633	0393C	15887	悙	心部	7	4125152	9090	06099

字序	字形	部首	部首外笔画数	部首外笔顺	18030代码	13000代码	字序	字形	部首	部首外笔画数	部首外笔顺	18030代码	13000代码
15888	悋	心部	7	4134251	9087	0608B	15934	惃	心部	8	25111535	90A8	060C3
15889	悯	心部	7	4254134	C3F5	060AF	15935	㥃	心部	8	25112511	8230F730	03943
15890	悦	心部	7	4325135	D4C3	060A6	15936	惕	心部	8	25113533	CCE8	060D5
15891	悌	心部	7	4351523	E3A9	0608C	15937	惖	心部	8	25113533	90B5	060D6
15892	悩	心部	7	4433452	9098	060A9	15938	㥗	心部	8	25114134	8230F930	03957
15893	悢	心部	7	4511534	9094	060A2	15939	㥏	心部	8	25122134	8230F832	0394F
15894	㤵	心部	7	5213134	8230F536	03935	15940	㥙	心部	8	25124544	8230F932	03959
15895	悀	心部	7	5425112	907E	06080	15941	㥈	心部	8	25221251	8230F735	03948
15896	恿	心部	7	5425112	D3C1	0607F	15942	惘	心部	8	25431415	E3AF	060D8
15897	悛	心部	7	5434354	E3AA	0609B	15943	惣	心部	8	31213533	90BC	060E3
15898	情	心部	8	11212511	C7E9	060C5	15944	惒	心部	8	31234251	90B2	060D2
15899	悿	心部	8	11342444	90A4	060BF	15945	㥎	心部	8	31234353	8230F831	0394E
15900	惬	心部	8	11431345	E3AB	060EC	15946	悸	心部	8	31234521	BCC2	060B8
15901	悵	心部	8	12111534	909D	060B5	15947	㥚	心部	8	32151134	8230F933	0395A
15902	㥩	心部	8	12132511	8230FA38	03969	15948	惥	心部	8	32151134	90BE	060E5
15903	㥄	心部	8	12134354	8230F731	03944	15949	惟	心部	8	32411121	CEA9	060DF
15904	悻	心部	8	12143112	E3AC	060BB	15950	㥋	心部	8	32413534	8230F738	0394B
15905	㥘	心部	8	12154534	8230F931	03958	15951	惞	心部	8	33123534	90B9	060DE
15906	惡	心部	8	12155121	90BA	060E1	15952	惩	心部	8	33212121	B3CD	060E9
15907	㥍	心部	8	12211134	8230F830	0394D	15953	惍	心部	8	34112431	90AE	060CD
15908	惎	心部	8	12211134	90AF	060CE	15954	惀	心部	8	34125122	90A5	060C0
15909	惜	心部	8	12212511	CFA7	060DC	15955	㥐	心部	8	34125152	8230F833	03950
15910	惹	心部	8	12213251	C8C7	060F9	15956	㥒	心部	8	34431234	8230F835	03952
15911	愥	心部	8	12225134	90E1	06125	15957	㥅	心部	8	34434554	8230F732	03945
15912	㥀	心部	8	12251111	8230F637	03940	15958	惗	心部	8	34454544	90B6	060D7
15913	惪	心部	8	12251111	90BF	060EA	15959	㥊	心部	8	35113511	8230F737	0394A
15914	悳	心部	8	12251115	909C	060B3	15960	惆	心部	8	35121251	E3B0	060C6
15915	㥁	心部	8	12252215	8230F638	03941	15961	惛	心部	8	35152511	90B8	060DB
15916	惏	心部	8	12341234	90B0	060CF	15962	惂	心部	8	35321511	90A7	060C2
15917	惁	心部	8	12343312	90A6	060C1	15963	惚	心部	8	35334544	E3B1	060DA
15918	惠	心部	8	12511214	BBDD	060E0	15964	㥖	心部	8	35413454	8230F839	03956
15919	惐	心部	8	12511534	90B1	060D0	15965	惫	心部	8	35425121	B1B9	060EB
15920	惑	心部	8	12511534	BBF3	060D1	15966	㥌	心部	8	35431234	8230F739	0394C
15921	㥑	心部	8	13251145	8230F834	03951	15967	惊	心部	8	41251234	BEAA	060CA
15922	㥓	心部	8	13412512	8230F836	03953	15968	惇	心部	8	41251521	90AA	060C7
15923	㤿	心部	8	13425115	8230F636	0393F	15969	惦	心部	8	41321251	B5EB	060E6
15924	悽	心部	8	15112531	90A2	060BD	15970	悴	心部	8	41343412	E3B2	060B4
15925	惭	心部	8	15213312	B2D1	060ED	15971	㥉	心部	8	41431251	8230F736	03949
15926	㥇	心部	8	15341534	8230F734	03947	15972	㥔	心部	8	41542511	8230F837	03954
15927	悱	心部	8	21112111	E3AD	060B1	15973	惓	心部	8	43113455	90B3	060D3
15928	惄	心部	8	21123454	90A9	060C4	15974	惮	心部	8	43251112	B5AC	060EE
15929	悼	心部	8	21251112	B5BF	060BC	15975	惔	心部	8	43344334	90B4	060D4
15930	惝	心部	8	24325251	E3AE	060DD	15976	㥕	心部	8	43344334	8230F838	03955
15931	㥂	心部	8	25111124	8230F639	03942	15977	惉	心部	8	44121251	90AC	060C9
15932	惧	心部	8	25111134	BEE5	060E7	15978	悰	心部	8	44511234	909B	060B0
15933	惈	心部	8	25111234	90AB	060C8	15979	悺	心部	8	44525151	90A1	060BA

字序	字形	部首	部首外笔画数	部首外笔顺	18030代码	13000代码
15980	悹	心部	8	44525151	90A0	060B9
15981	悾	心部	8	44534121	90A3	060BE
15982	惋	心部	8	44535455	CDEF	060CB
15983	惌	心部	8	44535455	90AD	060CC
15984	悷	心部	8	45131344	909F	060B7
15985	㤾	心部	8	45341234	8230F635	0393E
15986	惢	心部	8	45444544	90BB	060E2
15987	㥆	心部	8	51124134	8230F733	03946
15988	惤	心部	8	51541554	90BD	060E4
15989	㥛	心部	8	52251541	8230F934	0395B
15990	惨	心部	8	54134333	B2D2	060E8
15991	惙	心部	8	54545454	90B7	060D9
15992	惯	心部	8	55212534	B9DF	060EF
15993	惷	心部	9	111342511	90C3	060F7
15994	愜	心部	9	113434345	90DC	0611C
15995	㥦	心部	9	113434345	8230FA35	03966
15996	愤	心部	9	121222534	B7DF	06124
15997	愖	心部	9	122111345	90D7	06116
15998	愅	心部	9	122125112	90CD	06105
15999	惵	心部	9	122151234	90C2	060F5
16000	愺	心部	9	122251112	90F3	0613A
16001	慌	心部	9	122415325	BBC5	0614C
16002	想	心部	9	123425111	CFEB	060F3
16003	愂	心部	9	124552153	90CA	06102
16004	愝	心部	9	125115315	90DD	0611D
16005	愊	心部	9	125125121	90CF	0610A
16006	惰	心部	9	131212511	B6E8	060F0
16007	感	心部	9	131251534	B8D0	0611F
16008	㥧	心部	9	132511134	8230FA36	03967
16009	愐	心部	9	132522111	90D2	06110
16010	愞	心部	9	132522134	90DE	0611E
16011	㥣	心部	9	134121121	8230FA32	03963
16012	惿	心部	9	251112134	90C9	060FF
16013	惻	心部	9	251113422	90C5	060FB
16014	愓	心部	9	251113533	90D5	06113
16015	㥥	心部	9	251125214	8230FA34	03965
16016	愚	心部	9	251125214	D3DE	0611A
16017	愠	心部	9	251125221	E3B3	06120
16018	惺	心部	9	251131121	D0CA	060FA
16019	愒	心部	9	251135345	90D4	06112
16020	愄	心部	9	251211534	90CC	06104
16021	㥜	心部	9	251212511	8230F935	0395C
16022	愦	心部	9	251212534	E3B4	06126
16023	愢	心部	9	251214544	90E0	06122
16024	愕	心部	9	251251115	E3B5	06115
16025	惴	心部	9	252132522	E3B7	060F4
16026	愣	心部	9	252214153	E3B6	06123
16027	愲	心部	9	255452511	90EB	06132
16028	愀	心部	9	312344334	E3B8	06100
16029	愁	心部	9	312344334	B3EE	06101
16030	愎	心部	9	312511354	E3B9	0610E
16031	㥰	心部	9	321511254	8230FB34	03970
16032	惶	心部	9	325111121	BBCC	060F6
16033	愧	心部	9	325113554	C0A2	06127
16034	愆	心部	9	332441112	EDA9	06106
16035	愉	心部	9	341251122	D3E4	06109
16036	愈	心部	9	341251122	D3FA	06108
16037	愋	心部	9	344311354	90D0	0610B
16038	惾	心部	9	345234354	90C8	060FE
16039	惸	心部	9	352511521	90C4	060F8
16040	愌	心部	9	352534134	90D1	0610C
16041	愡	心部	9	353344544	90DF	06121
16042	㥫	心部	9	412512511	8230FB30	0396B
16043	愔	心部	9	414312511	90D6	06114
16044	㥪	心部	9	431234531	8230FA39	0396A
16045	㥢	心部	9	431253511	8230FA31	03962
16046	㥞	心部	9	431353334	8230F937	0395E
16047	慈	心部	9	431554554	B4C8	06148
16048	愃	心部	9	445125111	90CB	06103
16049	愘	心部	9	445354251	90D9	06118
16050	愙	心部	9	445354251	90DA	06119
16051	惲	心部	9	451251112	90C1	060F2
16052	惼	心部	9	451325122	90C6	060FC
16053	慨	心部	9	511541535	BFAE	06168
16054	㥡	心部	9	513351234	8230FA30	03961
16055	㥝	心部	9	515122111	8230F936	0395D
16056	惽	心部	9	515152511	90C7	060FD
16057	愍	心部	9	515153134	EDAA	0610D
16058	愇	心部	9	521251152	90CE	06107
16059	㥠	心部	9	521342511	8230F939	03960
16060	㥨	心部	9	531121121	8230FA37	03968
16061	愑	心部	9	542511253	90D3	06111
16062	慅	心部	9	544251214	90FD	06145
16063	愗	心部	9	545233134	90D8	06117
16064	㥤	心部	9	545233445	8230FA33	03964
16065	㥟	心部	9	551353334	8230F938	0395F
16066	惱	心部	9	555325341	90C0	060F1
16067	㥭	心部	10	1113424134	8230FB32	0396D
16068	慠	心部	10	1121533134	9152	06160
16069	㥿	心部	10	1121533134	8230FC39	0397F
16070	愫	心部	10	1121554234	E3BA	0612B
16071	㥾	心部	10	1122132515	8230FC38	0397E

字序	字形	部首	部首外笔画数	部首外笔顺	18030代码	13000代码	字序	字形	部首	部首外笔画数	部首外笔顺	18030代码	13000代码
16072	慝	心部	10	1122132515	EDAB	0615D	16118	愬	心部	10	4315233511	90E5	0612C
16073	㥱	心部	10	1211121115	8230FB35	03971	16119	慂	心部	10	4415425112	90FA	06142
16074	愩	心部	10	1212511134	90E3	06129	16120	愹	心部	10	4453434251	90F2	06139
16075	慐	心部	10	1212511134	9145	06150	16121	慏	心部	10	4525114134	9144	0614F
16076	愭	心部	10	1213352511	90E6	0612D	16122	愵	心部	10	5154151541	90EE	06135
16077	愨	心部	10	1214513554	90E2	06128	16123	愻	心部	10	5213554234	90F4	0613B
16078	㥺	心部	10	1215425221	8230FC34	0397A	16124	愶	心部	10	5353532511	90EF	06136
16079	慑	心部	10	1221115454	C9E5	06151	16125	態	心部	10	5425113535	9142	0614B
16080	㦊	心部	10	1221122112	8230FE30	0398A	16126	慧	心部	11	11121112511	BBDB	06167
16081	慔	心部	10	1222511134	9148	06154	16127	憃	心部	11	11134321511	916F	06183
16082	慕	心部	10	1222511134	C4BD	06155	16128	㥽	心部	11	11212511134	8230FC37	0397D
16083	慎	心部	10	1225111134	C9F7	0614E	16129	㥼	心部	11	12121154444	8230FC36	0397C
16084	㥲	心部	10	1225111134	8230FB36	03972	16130	慹	心部	11	12143112354	9165	06179
16085	愸	心部	10	1234343453	90F1	06138	16131	慤	心部	11	12145353554	9155	06164
16086	慩	心部	10	1251112454	9158	06169	16132	慬	心部	11	12212511121	915B	0616C
16087	㦁	心部	10	1251112454	8230FD31	03981	16133	慲	心部	11	12212523434	9160	06172
16088	愽	心部	10	1251124124	90F6	0613D	16134	慦	心部	11	12413443134	9157	06166
16089	慄	心部	10	1252211234	90FC	06144	16135	慚	心部	11	12511123312	914D	0615A
16090	㥻	心部	10	1331234534	8230FC35	0397B	16136	慙	心部	11	12511123312	914C	06159
16091	㥳	心部	10	1332511234	8230FB37	03973	16137	慱	心部	11	12511214124	915F	06171
16092	愿	心部	10	1332511234	D4B8	0613F	16138	慒	心部	11	12512212511	9146	06152
16093	愳	心部	10	2511125111	90EC	06133	16139	慗	心部	11	12512343134	914A	06157
16094	愰	心部	10	2511243135	90E9	06130	16140	慪	心部	11	12512512515	9159	0616A
16095	愪	心部	10	2512511134	90E4	0612A	16141	慳	心部	11	12512554121	9161	06173
16096	㥵	心部	10	2513533341	8230FB39	03975	16142	慓	心部	11	12522111234	9147	06153
16097	慁	心部	10	2513533341	90F9	06141	16143	慽	心部	11	13211234534	9169	0617D
16098	愷	心部	10	2521251431	90F0	06137	16144	慼	心部	11	13211234534	9168	0617C
16099	慍	心部	10	2534125221	9143	0614D	16145	㦅	心部	11	13221545252	8230FD35	03985
16100	愾	心部	10	3115431234	90F7	0613E	16146	慸	心部	11	13221545252	9164	06178
16101	慥	心部	10	3121251454	9156	06165	16147	㦋	心部	11	13412132511	8230FE31	0398B
16102	愯	心部	10	3241112154	90E8	0612F	16148	慡	心部	11	13434343434	9153	06161
16103	㥴	心部	10	3321531535	8230FB38	03974	16149	慭	心部	11	14312341344	915C	0616D
16104	慇	心部	10	3351153554	9140	06147	16150	憈	心部	11	21531522431	9174	06188
16105	愮	心部	10	3443311252	90E7	0612E	16151	㦆	心部	11	21531534312	8230FD36	03986
16106	慆	心部	10	3443321511	90FE	06146	16152	憆	心部	11	24345251121	9172	06186
16107	慀	心部	10	3443554134	90F8	06140	16153	㦂	心部	11	24345251252	8230FD32	03982
16108	愴	心部	10	3445113251	90ED	06134	16154	慺	心部	11	25112512531	9166	0617A
16109	慃	心部	10	3454541541	90FB	06143	16155	慢	心部	11	25112522154	C2FD	06162
16110	愼	心部	10	3525111534	90F5	0613C	16156	慖	心部	11	25125115341	9149	06156
16111	㦀	心部	10	3541112454	8230FD30	03980	16157	慛	心部	11	25232411121	914E	0615B
16112	㥮	心部	10	3552335523	FE5F	0396E	16158	憇	心部	11	31225112211	9173	06187
16113	愱	心部	10	4134131134	90EA	06131	16159	慯	心部	11	31251113533	915E	0616F
16114	㥬	心部	10	4143454153	8230FB31	0396C	16160	慟	心部	11	31251121153	9151	0615F
16115	慉	心部	10	4155425121	9141	06149	16161	憅	心部	11	31251121153	9171	06185
16116	㥹	心部	10	4312343453	8230FC33	03979	16162	慜	心部	11	31554143134	914F	0615C
16117	慊	心部	10	4315112234	E3BB	0614A	16163	憁	心部	11	32535414544	916D	06181

字序	字形	部首	部首外笔画数	部首外笔顺	18030代码	13000代码	字序	字形	部首	部首外笔画数	部首外笔顺	18030代码	13000代码
16164	徳	心部	11	33212251111	9170	06184	16210	憚	心部	12	251251251112	9184	0619A
16165	慫	心部	11	33234342134	915A	0616B	16211	𢣏	心部	12	251251431523	8230FE33	0398D
16166	慾	心部	11	34342513534	916A	0617E	16212	𢢿	心部	12	252214111251	8230FE38	03992
16167	憏	心部	11	35445411234	9179	0618F	16213	憮	心部	12	311222214444	9193	061AE
16168	凴	心部	11	41121125132	916B	0617F	16214	𢣐	心部	12	311531153115	8230FE32	0398C
16169	慷	心部	11	41351124134	BFB6	06177	16215	憩	心部	12	312251325111	EDAC	061A9
16170	慵	心部	11	41351125112	E3BC	06175	16216	憍	心部	12	313425125251	9178	0618D
16171	𢡱	心部	11	41352211535	8230FD37	03987	16217	憢	心部	12	314314125234	918A	061A1
16172	慞	心部	11	41431251112	9150	0615E	16218	憊	心部	12	321221325112	9176	0618A
16173	𢡆	心部	11	41431331121	8230FD33	03983	16219	憰	心部	12	324111212525	91AE	061CF
16174	𢡘	心部	11	43112125221	8230FD38	03988	16220	憔	心部	12	324111214444	E3BE	06194
16175	慻	心部	11	43113425111	9167	0617B	16221	懊	心部	12	325431234134	B0C3	061CA
16176	憋	心部	11	43252343134	B1EF	0618B	16222	憌	心部	12	341124313541	9177	0618C
16177	𢡟	心部	11	51221113134	8230FE37	03991	16223	憣	心部	12	343123425121	918C	061A3
16178	憨	心部	11	51221113134	BAA9	061A8	16224	𢣚	心部	12	354413444444	8230FE39	03993
16179	慰	心部	11	51311234124	CEBF	06170	16225	憑	心部	12	411211254444	917B	06191
16180	憜	心部	11	52131212511	9186	0619C	16226	憱	心部	12	412512341354	9196	061B1
16181	𢡽	心部	11	52354131121	82318131	03995	16227	憞	心部	12	412515213134	9187	0619E
16182	慴	心部	11	54154132511	9162	06174	16228	憝	心部	12	412515213134	EDAD	0619D
16183	憀	心部	11	54154134333	916C	06180	16229	憧	心部	12	414312511211	E3BF	061A7
16184	慘	心部	11	54545434333	914B	06158	16230	憐	心部	12	431234354152	917A	06190
16185	慣	心部	11	55212511134	9154	06163	16231	憎	心部	12	432524312511	D4F7	0618E
16186	𢣀	心部	12	111251113454	8230FE36	03990	16232	憦	心部	12	433443344553	918F	061A6
16187	憢	心部	12	121121121135	918B	061A2	16233	憥	心部	12	433443344553	918E	061A5
16188	憤	心部	12	121222511134	918D	061A4	16234	㝵	心部	12	511121251124	9198	061B3
16189	憘	心部	12	121251431251	9182	06198	16235	𢣑	心部	12	511121251211	8230FE34	0398E
16190	憙	心部	12	121251431251	9183	06199	16236	𢢼	心部	12	515515122134	8230FE35	0398F
16191	憉	心部	12	121251431333	9175	06189	16237	憕	心部	12	543341251431	917E	06195
16192	𢢘	心部	12	121451251431	8230FD39	03989	16238	憰	心部	12	545232534251	9195	061B0
16193	懂	心部	12	122312511211	B6AE	061C2	16239	懃	心部	13	1221251112153	91A6	061C4
16194	憗	心部	12	122352513134	91A0	061BC	16240	懃	心部	13	1221251112153	91A5	061C3
16195	懅	心部	12	122353344544	91A1	061BD	16241	懜	心部	13	1222522145354	91B8	061DC
16196	憖	心部	12	123434341344	9180	06196	16242	𢣗	心部	13	1223241112154	82318138	0399C
16197	憗	心部	12	123434343134	9181	06197	16243	懞	心部	13	1224511353334	91BA	061DE
16198	憓	心部	12	125112144544	917D	06193	16244	𢣧	心部	13	1234123411234	82318133	03997
16199	憛	心部	12	125221251112	9185	0619B	16245	憷	心部	13	1234123452134	E3C0	061B7
16200	憟	心部	12	125221431234	9188	0619F	16246	懎	心部	13	1234341252511	91AD	061CE
16201	懕	心部	12	134315233534	9189	061A0	16247	懋	心部	13	1234545231234	EDAE	061CB
16202	憭	心部	12	134432511234	9192	061AD	16248	懒	心部	13	1251234352534	C0C1	061D2
16203	憯	心部	12	153515352511	9194	061AF	16249	憾	心部	13	1312515344544	BAB6	061BE
16204	𢣊	心部	12	251125111344	82318130	03994	16250	懅	心部	13	2153151353334	91A7	061C5
16205	憪	心部	12	251125113511	9190	061AA	16251	憴	心部	13	2511251211511	9199	061B4
16206	憫	心部	12	251125114134	9191	061AB	16252	𢤀	心部	13	2511252144544	82318135	03999
16207	𢣂	心部	12	251125114544	82318132	03996	16253	憹	心部	13	2512211311534	919D	061B9
16208	憬	心部	12	251141251234	E3BD	061AC	16254	懆	心部	13	2512512511234	91A8	061C6
16209	憒	心部	12	251212511134	917C	06192	16255	懌	心部	13	2522112143112	91AB	061CC

字序	字形	部首	部首外笔画数	部首外笔顺	18030代码	13000代码
16256	懁	心部	13	2522112513534	91A4	061C1
16257	㦢	心部	13	3143145115452	82318234	039A2
16258	懙	心部	13	3211152511134	91B5	061D9
16259	㦛	心部	13	3211152511134	82318137	0399B
16260	憿	心部	13	3251141533134	91A2	061BF
16261	㦘	心部	13	3251141533134	82318134	03998
16262	憸	心部	13	3412512513434	919C	061B8
16263	懀	心部	13	3412524312511	91A3	061C0
16264	懓	心部	13	3443454544354	91B0	061D3
16265	懇	心部	13	3443533511534	91A9	061C7
16266	憺	心部	13	3513344111251	919E	061BA
16267	懈	心部	13	3535112533112	D0B8	061C8
16268	懐	心部	13	4125221413534	91AF	061D0
16269	懔	心部	13	4125251111234	E3C1	061D4
16270	憻	心部	13	4125251125111	919F	061BB
16271	懍	心部	13	4125251131234	91AC	061CD
16272	應	心部	13	4133232411121	91AA	061C9
16273	憶	心部	13	4143125114544	919B	061B6
16274	懑	心部	13	4411221253434	EDAF	061D1
16275	憵	心部	13	5132514143112	919A	061B5
16276	隳	心部	13	5213121251134	E3C4	096B3
16277	懛	心部	14	12125145154121	91B7	061DB
16278	懗	心部	14	12132341213234	91B3	061D7
16279	懤	心部	14	12151211251124	91C0	061E4
16280	㦞	心部	14	12151211251124	82318230	0399E
16281	懱	心部	14	12225221134534	91CC	061F1
16282	懥	心部	14	12452512152134	91C1	061E5
16283	懢	心部	14	12512531425221	91BE	061E2
16284	懨	心部	14	13251125111344	91C3	061E8
16285	懕	心部	14	13251125111344	91B1	061D5
16286	懦	心部	14	14524444132522	C5B3	061E6
16287	㦠	心部	14	22431431121124	82318232	039A0
16288	懟	心部	14	22431431121124	91BB	061DF
16289	懖	心部	14	34112431312251	91B2	061D6
16290	懚	心部	14	34431215114544	91B6	061DA
16291	㦟	心部	14	34435332511211	82318231	0399F
16292	㦝	心部	14	34435333251135	82318139	0399D
16293	懝	心部	14	35311345452134	91B9	061DD
16294	懭	心部	14	41312212512134	91C8	061ED
16295	懬	心部	14	41312212512134	91C7	061EC
16296	懡	心部	14	41312341234354	91BD	061E1
16297	懠	心部	14	41432533543211	91BC	061E0
16298	懩	心部	14	43111344511534	91C4	061E9
16299	懣	心部	14	44112212523434	91BF	061E3
16300	懘	心部	14	44113221545252	91B4	061D8
16301	懧	心部	14	44545442522112	91C2	061E7
16302	懳	心部	15	111211125114544	91CE	061F3
16303	懴	心部	15	121211121111534	91CF	061F4
16304	懵	心部	15	122252214525111	E3C2	061F5
16305	懯	心部	15	125112441533134	91CA	061EF
16306	懮	心部	15	132511454544354	91C9	061EE
16307	懪	心部	15	251112213424134	91C5	061EA
16308	㦡	心部	15	325115545541234	82318233	039A1
16309	懫	心部	15	331233122511134	91C6	061EB
16310	懲	心部	15	332252111213134	91CD	061F2
16311	㦣	心部	15	332521251152112	82318235	039A3
16312	懰	心部	15	354533411243122	91CB	061F0
16313	懶	心部	16	1251234352511134	91D0	061F6
16314	懻	心部	16	2113525121122134	91D5	061FB
16315	懸	心部	16	2511112343554234	91D2	061F8
16316	㦦	心部	16	2511251132151135	82318238	039A6
16317	㦧	心部	16	3121353121352511	82318239	039A7
16318	懷	心部	16	4125221241343534	91D1	061F7
16319	㦥	心部	16	4451112252214544	82318237	039A5
16320	㦩	心部	16	5234431215114544	82318331	039A9
16321	懽	心部	17	12225125132411121	91D7	061FD
16322	㦨	心部	17	25112511125431234	82318330	039A8
16323	懺	心部	17	34341211121111534	91D4	061FA
16324	㦪	心部	17	41112514334433454	82318332	039AA
16325	懹	心部	17	41251251112213534	91D3	061F9
16326	懿	心部	18	121451251431413534	DCB2	061FF
16327	懾	心部	18	122111122111122111	91D8	061FE
16328	懼	心部	18	251112511132411121	91D6	061FC
16329	戁	心部	19	1221251113432411121	91DA	06201
16330	㦬	心部	19	2522155444432411121	82318334	039AC
16331	㦫	心部	19	3121353121352511134	82318333	039AB
16332	戀	心部	19	4111251554444554444	91D9	06200
16333	戂	心部	19	4131234123421112111	91DB	06202
16334	戃	心部	20	24345251254312114444	91DC	06203
16335	戄	心部	20	25111251113241112154	91DD	06204
16336	戅	心部	21	414312511121212511134	91DE	06205
16337	戆	心部	21	414312511123541212534	EDB0	06206
16338	㦭	心部	24	14524444251251251123434 1	82318335	039AD
16339	戇	心部	24	41431251112354121251 1134	91DF	06207
16340	毌	毋部	0	0	9AAF	06BCC
16341	毋	毋部	0	0	CEE3	06BCB
16342	母	毋部	0	0	C4B8	06BCD
16343	毎	毋部	2	31	9AB0	06BCE
16344	每	毋部	2	31	C3BF	06BCF

字序	字形	部首	部首外笔画数	部首外笔顺	18030代码	13000代码	字序	字形	部首	部首外笔画数	部首外笔顺	18030代码	13000代码
16345	㝀	母部	3	521	8230C336	03740	16391	祖	示部	5	25111	D7E6	07956
16346	毑	母部	3	525	9AB2	06BD1	16392	神	示部	5	25112	C9F1	0795E
16347	乸	母部	3	525	8170	04E78	16393	䄂	示部	5	25121	8232C034	04102
16348	毒	母部	4	1121	B6BE	06BD2	16394	䄃	示部	5	25134	8232C035	04103
16349	贯	母部	4	2534	B9E1	08D2F	16395	祝	示部	5	25135	D7A3	0795D
16350	袰	母部	6	413534	D143	088B0	16396	祑	示部	5	31134	B577	07951
16351	貫	母部	7	2511134	D89E	08CAB	16397	祚	示部	5	31211	ECF1	0795A
16352	緐	母部	9	313554234	BE75	07DD0	16398	祔	示部	5	32124	B579	07954
16353	毓	母部	9	314154325	D8B9	06BD3	16399	祗	示部	5	35154	ECF3	07957
16354	䳇	母部	11	32511154444	8234EE38	04CC7	16400	祢	示部	5	35234	ECF2	07962
16355	示	示部	0	0	CABE	0793A	16401	祕	示部	5	45434	B57A	07955
16356	礻	示部	0	0	ECEA	0793B	16402	祠	示部	5	51251	ECF4	07960
16357	礼	示部	1	5	C0F1	0793C	16403	祟	示部	5	52252	CBEE	0795F
16358	礼	示部	1	5	FE47	0FA18	16404	祒	示部	5	53251	B578	07952
16359	䃼	示部	2	24	8232BF38	040FC	16405	祮	示部	6	121251	B586	0796E
16360	祁	示部	2	52	C6EE	07941	16406	祬	示部	6	154121	B585	0796C
16361	礽	示部	2	53	B569	0793D	16407	祡	示部	6	212135	B57D	07961
16362	社	示部	3	121	C9E7	0793E	16408	祯	示部	6	212534	ECF5	0796F
16363	礿	示部	3	354	B56A	0793F	16409	䄄	示部	6	251341	8232C036	04104
16364	祀	示部	3	515	ECEB	07940	16410	祩	示部	6	311234	B582	07969
16365	祂	示部	3	525	B56B	07942	16411	䄆	示部	6	312251	8232C038	04106
16366	祃	示部	3	551	B56C	07943	16412	祣	示部	6	313534	B57E	07963
16367	祆	示部	4	1134	ECEC	07946	16413	祫	示部	6	341251	B584	0796B
16368	䃿	示部	4	1134	8232C031	040FF	16414	祧	示部	6	341534	ECF6	07967
16369	祎	示部	4	1152	B574	0794E	16415	祪	示部	6	351355	B583	0796A
16370	䃽	示部	4	1254	8232BF39	040FD	16416	祭	示部	6	354454	BCC0	0796D
16371	䄀	示部	4	1534	8232C032	04100	16417	祥	示部	6	431112	CFE9	07965
16372	䃾	示部	4	1535	8232C030	040FE	16418	䄅	示部	6	431134	8232C037	04105
16373	祉	示部	4	2121	ECED	07949	16419	祤	示部	6	541541	B580	07964
16374	祌	示部	4	2512	B572	0794C	16420	祷	示部	7	1113124	B5BB	07977
16375	视	示部	4	2535	CAD3	089C6	16421	祴	示部	7	1132534	B58B	07974
16376	祍	示部	4	3121	B573	0794D	16422	䄊	示部	7	1214544	8232C132	0410A
16377	祅	示部	4	3134	B56E	07945	16423	䄏	示部	7	1223134	8232C137	0410F
16378	祈	示部	4	3312	C6ED	07948	16424	䄈	示部	7	1251431	8232C130	04108
16379	祄	示部	4	3432	B56D	07944	16425	祳	示部	7	1311534	B58A	07973
16380	祇	示部	4	3515	B56F	07947	16426	䄇	示部	7	2511121	8232C039	04107
16381	祋	示部	4	3554	B571	0794B	16427	祦	示部	7	2511134	B581	07966
16382	祊	示部	4	4153	B570	0794A	16428	視	示部	7	2511135	D295	08996
16383	祙	示部	5	11234	B57C	07959	16429	祵	示部	7	2512341	B58C	07975
16384	祘	示部	5	11234	B57B	07958	16430	祸	示部	7	2512534	BBF6	07978
16385	祛	示部	5	12154	ECEE	0795B	16431	祰	示部	7	3121251	B587	07970
16386	䄁	示部	5	12215	8232C033	04101	16432	䄉	示部	7	3121534	8232C131	04109
16387	祜	示部	5	12251	ECEF	0795C	16433	祱	示部	7	4325135	B588	07971
16388	祏	示部	5	13251	B575	0794F	16434	祶	示部	7	4351523	B58D	07976
16389	祐	示部	5	13251	B576	07950	16435	祲	示部	7	5114554	B589	07972
16390	祓	示部	5	13544	ECF0	07953	16436	禇	示部	8	12132511	B597	07987

字序	字形	部首	部首外笔画数	部首外笔顺	18030代码	13000代码	字序	字形	部首	部首外笔画数	部首外笔顺	18030代码	13000代码
16437	祾	示部	8	12134354	B592	0797E	16483	禝	示部	10	2512134354	B649	0799D
16438	祺	示部	8	12211134	ECF7	0797A	16484	禠	示部	10	3321531535	B64C	079A0
16439	䄍	示部	8	12212511	8232C135	0410D	16485	禞	示部	10	4125125251	B64A	0799E
16440	禃	示部	8	12251111	B595	07983	16486	䄜	示部	10	4134522554	8232C330	0411C
16441	禁	示部	8	12341234	BDFB	07981	16487	禟	示部	10	4135112251	B64B	0799F
16442	䄎	示部	8	13412512	8232C136	0410E	16488	䄘	示部	10	4143454153	8232C236	04118
16443	䄋	示部	8	13425115	8232C133	0410B	16489	禚	示部	10	4311214444	ECFA	0799A
16444	祼	示部	8	25111234	B590	0797C	16490	禜	示部	10	4334433445	B648	0799C
16445	祻	示部	8	25122511	B58F	0797B	16491	䄙	示部	10	4525114134	8232C237	04119
16446	禍	示部	8	25525251	B59C	0798D	16492	䄝	示部	11	11134321511	8232C331	0411D
16447	禆	示部	8	32511312	B596	07986	16493	禥	示部	11	12211134121	B651	079A5
16448	䄒	示部	8	34454544	8232C230	04112	16494	䄚	示部	11	12512212511	8232C238	0411A
16449	禂	示部	8	35121251	B594	07982	16495	䄛	示部	11	25112512531	8232C239	0411B
16450	䄑	示部	8	35152511	8232C139	04111	16496	禩	示部	11	25121122134	B654	079A9
16451	祹	示部	8	35311252	B58E	07979	16497	禤	示部	11	25221541541	B650	079A4
16452	祽	示部	8	41343412	B591	0797D	16498	䄞	示部	11	35445411234	8232C332	0411E
16453	禅	示部	8	43251112	ECF8	07985	16499	禧	示部	12	121251431251	ECFB	079A7
16454	禄	示部	8	51124134	C2BB	07984	16500	禫	示部	12	125221251112	B656	079AB
16455	䄌	示部	8	54545454	8232C134	0410C	16501	禪	示部	12	251251251112	B655	079AA
16456	祿	示部	8	55124134	B593	0797F	16502	䄟	示部	12	311531153115	8232C333	0411F
16457	禊	示部	9	111253134	ECF9	0798A	16503	禦	示部	12	332311212152	B652	079A6
16458	禖	示部	9	122111234	B643	07996	16504	禭	示部	12	431353334454	B658	079AD
16459	福	示部	9	125125121	B8A3	0798F	16505	禨	示部	12	554554134534	B653	079A8
16460	禋	示部	9	125221121	B59A	0798B	16506	禮	示部	13	2512211251431	B659	079AE
16461	禙	示部	9	211352511	B646	07999	16507	禯	示部	13	2512211311534	B65A	079AF
16462	禎	示部	9	212511134	B59D	0798E	16508	禬	示部	13	3412524312511	B657	079AC
16463	禔	示部	9	251112134	B641	07994	16509	䄡	示部	13	3513344111251	8232C335	04121
16464	禓	示部	9	251113533	B640	07993	16510	䄠	示部	13	4125251125111	8232C334	04120
16465	禑	示部	9	251125214	B59F	07991	16511	禱	示部	14	12151211251124	B65C	079B1
16466	禗	示部	9	251214544	B644	07997	16512	禲	示部	14	13122251125214	B65D	079B2
16467	䄕	示部	9	253425121	8232C233	04115	16513	禰	示部	14	13425234343434	B65B	079B0
16468	䄗	示部	9	322151512	8232C235	04117	16514	䄢	示部	14	41432533543211	8232C336	04122
16469	䄓	示部	9	325111121	8232C231	04113	16515	䄣	示部	15	121252212511134	8232C337	04123
16470	䄔	示部	9	325125214	8232C232	04114	16516	䄤	示部	16	1251234352511134	8232C338	04124
16471	䄖	示部	9	341251122	8232C234	04116	16517	禴	示部	17	34125125125125122	B65E	079B4
16472	禐	示部	9	344311354	B59E	07990	16518	禳	示部	17	41251251112213534	ECFC	079B3
16473	禘	示部	9	414345252	B645	07998	16519	禵	示部	18	251112134132511134	B65F	079B5
16474	禉	示部	9	431253511	B599	07989	16520	禶	示部	19	3121353121352511134	B660	079B6
16475	禌	示部	9	431554554	B59B	0798C	16521	禷	示部	19	4312341344132511134	B661	079B7
16476	禈	示部	9	451251112	B598	07988	16522	䄥	示部	24	145244442512512511234341	8232C339	04125
16477	禕	示部	9	521251152	B642	07995							
16478	禒	示部	9	551353334	B5A0	07992	16523	甘	甘部	0	0	B8CA	07518
16479	禡	示部	10	1211254444	B64D	079A1	16524	邯	甘部	2	52	BAAA	090AF
16480	禛	示部	10	1225111134	B647	0799B	16525	某	甘部	4	1234	C4B3	067D0
16481	禣	示部	10	1251124124	B64F	079A3	16526	㽍	甘部	4	1554	82329438	03F4D
16482	禢	示部	10	2511541541	B64E	079A2	16527	甛	甘部	6	312251	AE5C	0751B

字序	字形	部首	部首外笔画数	部首外笔顺	18030代码	13000代码	字序	字形	部首	部首外笔画数	部首外笔顺	18030代码	13000代码
16528	甞	甘部	8	24345251	AE5E	0751E	16574	砚	石部	4	2535	D1E2	0781A
16529	㽏	甘部	9	441341251	82329530	03F4F	16575	㸴	石部	4	3112	8231F637	03E34
16530	㽐	甘部	10	4315112234	82329531	03F50	16576	斫	石部	4	3312	EDBD	065AB
16531	䲺	甘部	11	32511154444	8234ED35	04CBA	16577	砎	石部	4	3432	B356	0780E
16532	㽑	甘部	12	125221251112	82329532	03F51	16578	䂚	石部	4	3434	8232B630	0409A
16533	䗣	甘部	12	251214251214	8233BE37	045E3	16579	砛	石部	4	3445	B35C	0781B
16534	石	石部	0	0	CAAF	077F3	16580	砏	石部	4	3453	B357	0780F
16535	䂖	石部	1	4	8232B536	04096	16581	砭	石部	4	3454	EDBE	0782D
16536	乭	石部	1	5	8168	04E6D	16582	砕	石部	4	3512	B35A	07815
16537	矴	石部	2	12	B347	077F4	16583	砍	石部	4	3534	BFB3	0780D
16538	矵	石部	2	22	B348	077F5	16584	砜	石部	4	3534	EDBF	0781C
16539	䂗	石部	2	35	8232B537	04097	16585	砃	石部	4	3541	B34E	07803
16540	矶	石部	2	35	EDB6	077F6	16586	砓	石部	4	3554	B359	07813
16541	䂙	石部	2	52	8232B539	04099	16587	砇	石部	4	4134	B352	07807
16542	劯	石部	2	53	84B8	052AF	16588	砊	石部	4	4135	B354	0780A
16543	矸	石部	3	112	EDB7	077F8	16589	砄	石部	4	5134	B34F	07804
16544	矼	石部	3	121	B34D	077FC	16590	䂛	石部	4	5452	8232B631	0409B
16545	矹	石部	3	135	B34A	077F9	16591	砡	石部	5	11214	B35F	07821
16546	矺	石部	3	315	B34B	077FA	16592	砞	石部	5	11234	B35D	0781E
16547	矻	石部	3	315	B34C	077FB	16593	砝	石部	5	12154	EDC0	0781D
16548	矽	石部	3	354	CEF9	077FD	16594	砹	石部	5	12234	EDC1	07839
16549	矾	石部	3	354	B7AF	077FE	16595	砵	石部	5	12341	B36A	07835
16550	砐	石部	3	354	B358	07810	16596	砢	石部	5	12512	B360	07822
16551	矿	石部	3	413	BFF3	077FF	16597	砸	石部	5	12525	D4D2	07838
16552	矷	石部	3	521	B349	077F7	16598	砺	石部	5	13153	EDC2	0783A
16553	砀	石部	3	533	EDB8	07800	16599	砳	石部	5	13251	B369	07833
16554	䂘	石部	3	544	8232B538	04098	16600	砰	石部	5	14312	C5E9	07830
16555	码	石部	3	551	C2EB	07801	16601	砧	石部	5	21251	D5E8	07827
16556	䂜	石部	4	1112	8232B632	0409C	16602	砠	石部	5	25111	B35E	07820
16557	砉	石部	4	1112	EDB9	07809	16603	砷	石部	5	25112	C9E9	07837
16558	研	石部	4	1132	D1D0	07814	16604	䂠	石部	5	31134	8232B636	040A0
16559	砆	石部	4	1134	B351	07806	16605	砟	石部	5	31211	EDC4	0781F
16560	砖	石部	4	1154	D7A9	07816	16606	砤	石部	5	31525	B361	07824
16561	䂞	石部	4	1234	8232B634	0409E	16607	䂡	石部	5	32121	8232B637	040A1
16562	砈	石部	4	1355	B353	07808	16608	䂤	石部	5	32124	8232B730	040A4
16563	砗	石部	4	1512	EDBA	07817	16609	砶	石部	5	32511	B36B	07836
16564	砑	石部	4	1523	EDBC	07811	16610	䂨	石部	5	33124	8232B734	040A8
16565	砘	石部	4	1525	EDBB	07818	16611	砼	石部	5	34121	EDC5	0783C
16566	䂝	石部	4	1534	8232B633	0409D	16612	䂦	石部	5	34333	8232B732	040A6
16567	砒	石部	4	1535	C5F8	07812	16613	砱	石部	5	34454	B367	07831
16568	砌	石部	4	1553	C6F6	0780C	16614	砽	石部	5	35112	B36C	0783D
16569	砙	石部	4	1554	B35B	07819	16615	砥	石部	5	35154	EDC6	07825
16570	砋	石部	4	2121	B355	0780B	16616	䂧	石部	5	35234	8232B733	040A7
16571	砂	石部	4	2343	C9B0	07802	16617	砾	石部	5	35234	C0F9	0783E
16572	砅	石部	4	2534	B350	07805	16618	䂢	石部	5	35444	8232B638	040A2
16573	泵	石部	4	2534	B1C3	06CF5	16619	砲	石部	5	35515	B368	07832

字序	字形	部首	部首外笔画数	部首外笔顺	18030代码	13000代码	字序	字形	部首	部首外笔画数	部首外笔顺	18030代码	13000代码
16620	砫	石部	5	41121	B364	0782B	16666	砯	石部	6	413234	B380	0785B
16621	砿	石部	5	41354	B36D	0783F	16667	硛	石部	6	413434	8232B739	040AD
16622	砬	石部	5	41431	EDC7	0782C	16668	硋	石部	6	415334	B376	0784B
16623	砯	石部	5	42534	B366	0782F	16669	硑	石部	6	431132	B379	07851
16624	砣	石部	5	44535	EDC8	07823	16670	硉	石部	6	511112	B374	07849
16625	砨	石部	5	45135	B362	07828	16671	硍	石部	6	511534	B377	0784D
16626	砥	石部	5	51515	8232B731	040A5	16672	硦	石部	7	1121132	B38A	07866
16627	砩	石部	5	51532	EDC9	07829	16673	硕	石部	7	1212534	8232B837	040B5
16628	础	石部	5	52252	B4A1	07840	16674	硳	石部	7	1213234	B392	07873
16629	砮	石部	5	53154	B365	0782E	16675	硩	石部	7	1213312	B38D	07869
16630	砻	石部	5	53251	8232B635	0409F	16676	硣	石部	7	1213521	B387	07863
16631	破	石部	5	53254	C6C6	07834	16677	硰	石部	7	1215453	8232B834	040B2
16632	砼	石部	5	54121	B36E	07841	16678	硑	石部	7	1215453	8232B838	040B6
16633	砪	石部	5	55414	B363	0782A	16679	硴	石部	7	1223235	B393	07874
16634	砻	石部	6	111253	8232B830	040AE	16680	硨	石部	7	1251112	B38C	07868
16635	研	石部	6	113112	B378	0784F	16681	硬	石部	7	1251134	D3B2	0786C
16636	硎	石部	6	113222	EDCA	0784E	16682	硤	石部	7	1343434	B388	07864
16637	硅	石部	6	121121	B9E8	07845	16683	硥	石部	7	1353334	B389	07865
16638	硈	石部	6	121251	B373	07848	16684	硜	石部	7	1555121	B381	0785C
16639	硓	石部	6	121335	B37A	07853	16685	硵	石部	7	2125341	B394	07875
16640	砻	石部	6	121354	8232B738	040AC	16686	硝	石部	7	2432511	CFF5	0785D
16641	硔	石部	6	122134	B37B	07854	16687	硯	石部	7	2511135	B38E	0786F
16642	硭	石部	6	122415	EDCB	0786D	16688	硱	石部	7	2512341	B390	07871
16643	硒	石部	6	125351	CEF8	07852	16689	硶	石部	7	2523445	B395	07876
16644	硕	石部	6	132534	CBB6	07855	16690	硞	石部	7	3121251	B382	0785E
16645	硖	石部	6	143134	EDCC	07856	16691	硪	石部	7	3121534	EDD2	0786A
16646	硗	石部	6	153135	EDCD	07857	16692	硽	石部	7	3123422	8232B832	040B0
16647	砒	石部	6	212135	8232B639	040A3	16693	硢	石部	7	3411234	B386	07862
16648	砦	石部	6	212135	EDCE	07826	16694	硷	石部	7	3414431	BCEF	07877
16649	硄	石部	6	243135	B371	07844	16695	硿	石部	7	3434121	8232B835	040B3
16650	硐	石部	6	251251	EDCF	07850	16696	硲	石部	7	3434251	B391	07872
16651	硇	石部	6	251341	8232B735	040A9	16697	确	石部	7	3535112	C8B7	0786E
16652	硘	石部	6	252511	B37C	07858	16698	硡	石部	7	4111251	8232B836	040B4
16653	硙	石部	6	252515	B37D	07859	16699	硫	石部	7	4154325	C1F2	0786B
16654	硃	石部	6	311234	B370	07843	16700	硟	石部	7	4325135	8232B833	040B1
16655	硚	石部	6	313432	B37E	0785A	16701	硰	石部	7	4412343	B38F	07870
16656	硟	石部	6	321554	B383	0785F	16702	硡	石部	7	4451354	B385	07861
16657	硇	石部	6	325341	EDD0	07847	16703	硍	石部	7	4511534	B384	07860
16658	硂	石部	6	341121	B36F	07842	16704	硧	石部	7	5425112	B38B	07867
16659	硆	石部	6	341251	B372	07846	16705	碔	石部	8	11212154	B449	07894
16660	硁	石部	6	341534	8232B736	040AA	16706	碃	石部	8	11212511	B3A0	07883
16661	硊	石部	6	351355	B375	0784A	16707	碛	石部	8	11212534	EDD3	0789B
16662	硂	石部	6	354152	8232B737	040AB	16708	碾	石部	8	12111534	8232B933	040BB
16663	硌	石部	6	354251	EDD1	0784C	16709	碐	石部	8	12134354	B447	07890
16664	硄	石部	6	355112	B39D	07880	16710	碰	石部	8	12155121	8232B939	040C1
16665	硅	石部	6	413121	8232B831	040AF	16711	碁	石部	8	12211134	8232BA34	040C6

字序	字形	部首	部首外笔画数	部首外笔顺	18030代码	13000代码	字序	字形	部首	部首外笔画数	部首外笔顺	18030代码	13000代码
16712	碁	石部	8	12211134	B39E	07881	16758	硿	石部	8	44534121	B39C	0787F
16713	碏	石部	8	12212511	B446	0788F	16759	碗	石部	8	44535455	CDEB	07897
16714	䃊	石部	8	12225111	8232BA38	040CA	16760	碌	石部	8	51124134	C2B5	0788C
16715	碤	石部	8	12225134	B451	078A4	16761	碜	石部	8	54134333	EDD7	0789C
16716	碄	石部	8	12341234	B440	07884	16762	碶	石部	9	111253134	B45C	078B6
16717	䂾	石部	8	12343434	8232B936	040BE	16763	碧	石部	9	112132511	B1CC	078A7
16718	硹	石部	8	12343454	B397	07879	16764	碡	石部	9	112155414	EDD8	078A1
16719	䂸	石部	8	12511534	8232B930	040B8	16765	碪	石部	9	122111345	B455	078AA
16720	硻	石部	8	12512554	B399	0787B	16766	碟	石部	9	122151234	B5FA	0789F
16721	碕	石部	8	13412512	B44A	07895	16767	碴	石部	9	123425111	B2EA	078B4
16722	硽	石部	8	13425115	B39A	0787D	16768	䃌	石部	9	125221121	8232BB30	040CC
16723	硺	石部	8	13533434	B398	0787A	16769	碱	石部	9	131251534	BCEE	078B1
16724	䃀	石部	8	15112531	8232B938	040C0	16770	碩	石部	9	132511134	B454	078A9
16725	碊	石部	8	15341534	B444	0788A	16771	碝	石部	9	132522134	B44D	0789D
16726	䂽	石部	8	21251112	8232B935	040BD	16772	䃎	石部	9	134354354	8232BB32	040CE
16727	碍	石部	8	25111124	B0AD	0788D	16773	䃈	石部	9	153532511	8232BA36	040C8
16728	䂺	石部	8	25111234	8232B932	040BA	16774	碵	石部	9	212511134	B45B	078B5
16729	䃂	石部	8	25111535	8232BA30	040C2	16775	碮	石部	9	251112134	B459	078AE
16730	碘	石部	8	25122134	B5E2	07898	16776	碭	石部	9	251113533	B458	078AD
16731	碋	石部	8	25212512	B445	0788B	16777	䃏	石部	9	251131121	8232BB33	040CF
16732	硸	石部	8	25213112	B396	07878	16778	碣	石部	9	251135345	EDD9	078A3
16733	碅	石部	8	25312341	B441	07885	16779	碨	石部	9	251211534	B453	078A8
16734	䂿	石部	8	25342511	8232B937	040BF	16780	碞	石部	9	251251251	B44E	0789E
16735	碙	石部	8	25431252	B44C	07899	16781	碳	石部	9	252134334	CCBC	078B3
16736	䃃	石部	8	25431415	8232BA31	040C3	16782	磆	石部	9	255452511	B468	078C6
16737	碢	石部	8	25525251	B450	078A2	16783	碫	石部	9	321113554	B456	078AB
16738	硾	石部	8	31212211	B39B	0787E	16784	磈	石部	9	325113554	B46A	078C8
16739	䂷	石部	8	31221135	8232B839	040B7	16785	磓	石部	9	325151454	B471	078D3
16740	碓	石部	8	32411121	EDD4	07893	16786	碷	石部	9	331225111	B45D	078B7
16741	䃇	石部	8	32511252	8232BA35	040C7	16787	䃋	石部	9	341251122	8232BA39	040CB
16742	碑	石部	8	32511312	B1AE	07891	16788	碸	石部	9	353251214	B45E	078B8
16743	碒	石部	8	34112431	B448	07892	16789	碠	石部	9	412514512	B44F	078A0
16744	碖	石部	8	34125122	B44B	07896	16790	碲	石部	9	414345252	EDDA	078B2
16745	䂼	石部	8	34454544	8232B934	040BC	16791	磋	石部	9	431113121	B4E8	078CB
16746	硼	石部	8	35113511	C5F0	0787C	16792	䃍	石部	9	431353334	8232BB31	040CD
16747	碉	石部	8	35121251	B5EF	07889	16793	磀	石部	9	431523454	B464	078C0
16748	碈	石部	8	35152511	B443	07888	16794	磁	石部	9	431554554	B4C5	078C1
16749	䂹	石部	8	35444334	8232B931	040B9	16795	碹	石部	9	445125111	EDDB	078B9
16750	䃄	石部	8	41251234	8232BA32	040C4	16796	䃔	石部	9	445251251	8232BB38	040D4
16751	碎	石部	8	41343412	CBE9	0788E	16797	䃐	石部	9	445341344	8232BB34	040D0
16752	碚	石部	8	41431251	EDD5	0789A	16798	碦	石部	9	445354251	B452	078A6
16753	碰	石部	8	43122431	C5F6	078B0	16799	碥	石部	9	451325122	EDDC	078A5
16754	䃅	石部	8	43251112	8232BA33	040C5	16800	碬	石部	9	512115154	B457	078AC
16755	碆	石部	8	44153254	B442	07886	16801	䃉	石部	9	515152511	8232BA37	040C9
16756	碂	石部	8	44511234	B39F	07882	16802	碯	石部	9	555325341	B45A	078AF
16757	碇	石部	8	44512134	EDD6	07887	16803	磝	石部	10	1121533134	B478	078DD

字序	字形	部首	部首外笔画数	部首外笔顺	18030代码	13000代码
16804	䃓	石部	10	1122125211	8232BB37	040D3
16805	碼	石部	10	1211254444	B461	078BC
16806	碽	石部	10	1212511134	B462	078BD
16807	磕	石部	10	1215425221	BFC4	078D5
16808	磌	石部	10	1225111134	B46B	078CC
16809	䃛	石部	10	1251112454	8232BC35	040DB
16810	磗	石部	10	1251124124	B473	078D7
16811	䃒	石部	10	1251254312	8232BB36	040D2
16812	磊	石部	10	1325113251	C0DA	078CA
16813	磒	石部	10	2512511134	B470	078D2
16814	磑	石部	10	2521251431	B46F	078D1
16815	䃖	石部	10	3251154444	8232BC30	040D6
16816	磇	石部	10	3253411535	B469	078C7
16817	磃	石部	10	3321531535	B466	078C3
16818	磤	石部	10	3351153554	B480	078E4
16819	䃑	石部	10	3354143554	8232BB35	040D1
16820	磐	石部	10	3354143554	C5CD	078D0
16821	磘	石部	10	3443311252	B474	078D8
16822	磎	石部	10	3443554134	B46D	078CE
16823	磔	石部	10	3541521234	EDDD	078D4
16824	磂	石部	10	3545325121	B465	078C2
16825	碻	石部	10	4125125251	B460	078BB
16826	磙	石部	10	4134543534	EDDE	078D9
16827	磄	石部	10	4135112251	B467	078C4
16828	磅	石部	10	4143454153	B0F5	078C5
16829	磏	石部	10	4315112234	B46E	078CF
16830	䃕	石部	10	4334433445	8232BB39	040D5
16831	磍	石部	10	4451112251	B46C	078CD
16832	確	石部	10	4532411121	B45F	078BA
16833	䃗	石部	10	5112413422	8232BC31	040D7
16834	碾	石部	10	5131221534	C4EB	078BE
16835	碿	石部	10	5132432511	B463	078BF
16836	磉	石部	10	5454541234	EDDF	078C9
16837	磧	石部	11	11212511134	B483	078E7
16838	䃝	石部	11	12135213134	8232BC37	040DD
16839	磬	石部	11	12152133554	EDE0	078EC
16840	磡	石部	11	12211134553	B47C	078E1
16841	磺	石部	11	12212512134	BBC7	078FA
16842	磛	石部	11	12511123312	B476	078DB
16843	磚	石部	11	12511214124	B475	078DA
16844	䃘	石部	11	12512554121	8232BC32	040D8
16845	磦	石部	11	12522111234	B482	078E6
16846	䃜	石部	11	13113453554	8232BC36	040DC
16847	磭	石部	11	13115342511	B487	078ED
16848	磩	石部	11	13211234534	B484	078E9
16849	磢	石部	11	13434343434	B47D	078E2
16850	磠	石部	11	21253444441	B47B	078E0
16851	磥	石部	11	25121554234	B481	078E5
16852	磪	石部	11	25232411121	B485	078EA
16853	磮	石部	11	25234125122	B488	078EE
16854	磞	石部	11	25235113511	B479	078DE
16855	䲽	石部	11	32511154444	8234ED38	04CBD
16856	磫	石部	11	33234342134	B486	078EB
16857	磜	石部	11	35445411234	B477	078DC
16858	䃞	石部	11	41251521354	8232BC38	040DE
16859	䃙	石部	11	41352211535	8232BC33	040D9
16860	䃚	石部	11	41533131134	8232BC34	040DA
16861	䃠	石部	11	41533152134	8232BD30	040E0
16862	磲	石部	11	44115151234	EDE1	078F2
16863	䃧	石部	11	52354131121	8232BD37	040E7
16864	磖	石部	11	54154132511	B472	078D6
16865	磟	石部	11	54154134333	B47A	078DF
16866	磣	石部	11	54545434333	B47E	078E3
16867	磽	石部	12	121121121135	B493	078FD
16868	礂	石部	12	121251431251	B497	07902
16869	䃮	石部	12	121431112454	8232BE34	040EE
16870	䃟	石部	12	122125113134	8232BC39	040DF
16871	礍	石部	12	122251135345	B540	0790D
16872	磹	石部	12	125221251112	B490	078F9
16873	磿	石部	12	133123431234	B495	078FF
16874	䃡	石部	12	153515352511	8232BD31	040E1
16875	礃	石部	12	243452513112	B498	07903
16876	磵	石部	12	251125112511	B48D	078F5
16877	礀	石部	12	251125113511	B496	07900
16878	磾	石部	12	251251251112	B494	078FE
16879	䃬	石部	12	252325113554	8232BE32	040EC
16880	礄	石部	12	313425125251	B499	07904
16881	磶	石部	12	321511354444	B48E	078F6
16882	磼	石部	12	324111211234	B492	078FC
16883	礁	石部	12	324111214444	BDB8	07901
16884	礇	石部	12	325431234134	B49B	07907
16885	䃢	石部	12	341124313534	8232BD32	040E2
16886	磻	石部	12	343123425121	B491	078FB
16887	䃣	石部	12	344335554444	8232BD33	040E3
16888	礅	石部	12	412515213134	EDE2	07905
16889	䃦	石部	12	412515213134	8232BD36	040E6
16890	䃥	石部	12	414312511211	8232BD35	040E5
16891	磰	石部	12	431112431251	B48A	078F0
16892	磷	石部	12	431234354152	C1D7	078F7
16893	磸	石部	12	431253511134	B48F	078F8
16894	礈	石部	12	431353334454	B49C	07908
16895	磳	石部	12	432524312511	B48C	078F3

字序	字形	部首	部首外笔画数	部首外笔顺	18030代码	13000代码
16896	磱	石部	12	433443344553	B48B	078F1
16897	䃨	石部	12	515251251214	8232BD38	040E8
16898	磴	石部	12	543341251431	EDE3	078F4
16899	磯	石部	12	554554134534	B489	078EF
16900	礚	石部	13	1221215425221	B54C	0791A
16901	礡	石部	13	1221251124124	B552	07921
16902	礞	石部	13	1224511353334	EDE6	0791E
16903	礎	石部	13	1234123452134	B541	0790E
16904	礊	石部	13	1251112523554	B49E	0790A
16905	礓	石部	13	1251211251211	EDE4	07913
16906	䃭	石部	13	1312515344544	8232BE33	040ED
16907	礌	石部	13	1452444425121	B4A0	0790C
16908	礏	石部	13	2243143111234	B542	0790F
16909	礑	石部	13	2434525125121	B544	07911
16910	䃩	石部	13	2512211311534	8232BD39	040E9
16911	礋	石部	13	2522112143112	B49F	0790B
16912	礖	石部	13	3211152511134	B548	07916
16913	礜	石部	13	3211152511134	B54E	0791C
16914	礐	石部	13	3211343451145	B543	07910
16915	䃯	石部	13	3251141341234	8232BE35	040EF
16916	礉	石部	13	3251141533134	B49D	07909
16917	礆	石部	13	3412512513434	B49A	07906
16918	䃫	石部	13	3513344111251	8232BE31	040EB
16919	䃪	石部	13	4125251125111	8232BE30	040EA
16920	礒	石部	13	4311213121534	B545	07912
16921	礠	石部	13	4315545544544	B551	07920
16922	䃤	石部	13	5112322151512	8232BD34	040E4
16923	礔	石部	13	5132514143112	B546	07914
16924	礕	石部	13	5132514143112	B547	07915
16925	礟	石部	14	12112544443434	B550	0791F
16926	礣	石部	14	12225221134534	B554	07923
16927	礤	石部	14	12235445411234	EDE5	07924
16928	礛	石部	14	12512531425221	B54D	0791B
16929	礪	石部	14	13122251125214	B55A	0792A
16930	礝	石部	14	14524444132522	B54F	0791D
16931	礘	石部	14	25115545544444	B54A	07918
16932	礙	石部	14	35311345452134	B54B	07919
16933	礦	石部	14	41312212512134	B556	07926
16934	礢	石部	14	43111344511534	B553	07922
16935	礗	石部	14	44512332511134	B549	07917
16936	䃰	石部	14	44535445411234	8232BE36	040F0
16937	䃱	石部	15	121211121111534	8232BE37	040F1
16938	礬	石部	15	123434341234134	B55C	0792C
16939	礥	石部	15	125125542511134	B555	07925
16940	礧	石部	15	251212512125121	B557	07927
16941	礨	石部	15	251212512125121	B558	07928

字序	字形	部首	部首外笔画数	部首外笔顺	18030代码	13000代码
16942	礫	石部	15	325115545541234	B55B	0792B
16943	礩	石部	15	331233122511134	B559	07929
16944	䃲	石部	15	335414355425221	8232BE38	040F2
16945	䃴	石部	15	411125112132511	8232BF30	040F4
16946	䃳	石部	15	555253415445445	8232BE39	040F3
16947	礮	石部	16	1211254444413434	B55E	0792E
16948	礴	石部	16	1224411251124124	EDE7	07934
16949	礰	石部	16	1331234312342121	B560	07930
16950	礭	石部	16	1452444432411121	B55D	0792D
16951	䃵	石部	16	4112112544443534	8232BF31	040F5
16952	䃶	石部	16	4125221241343534	8232BF32	040F6
16953	礳	石部	16	4131234123413251	B563	07933
16954	礲	石部	16	4143125111515111	B562	07932
16955	䃷	石部	16	4152513511531354	8232BF33	040F7
16956	礯	石部	16	4334433445554234	B55F	0792F
16957	礷	石部	17	12212512531425221	B566	07937
16958	礶	石部	17	12225125132411121	B565	07936
16959	礵	石部	17	14524444123425111	B564	07935
16960	䃹	石部	17	25112511125431234	8232BF35	040F9
16961	䃸	石部	17	34341211121111534	8232BF34	040F8
16962	礹	石部	19	2512511351221113134	B568	07939
16963	礸	石部	19	3121353121352511134	B567	07938
16964	䃺	石部	19	4131234123421112111	8232BF36	040FA
16965	䃻	石部	21	145244441221251123511	8232BF37	040FB
16966	龙	龙部	0	0	C1FA	09F99
16967	龍	龙部	0	0	FD88	09F8D
16968	尨	龙部	2	33	8CB4	05C28
16969	垄	龙部	3	121	C2A2	05784
16970	壟	龙部	3	121	89C5	058DF
16971	龏	龙部	3	132	FD8A	09F8F
16972	䶭	龙部	4	1121	82358731	04DAD
16973	䶮	龙部	4	1134	FE9F	04DAE
16974	龑	龙部	4	1134	FD8C	09F91
16975	㰍	龙部	4	1234	8231BF38	03C0D
16976	龒	龙部	5	11234	FD8D	09F92
16977	砻	龙部	5	13251	EDC3	0783B
16978	礱	龙部	5	13251	B561	07931
16979	䶬	龙部	6	112112	82358730	04DAC
16980	聋	龙部	6	122111	C1FB	0804B
16981	聾	龙部	6	122111	C340	0807E
16982	龚	龙部	6	122134	B9A8	09F9A
16983	龔	龙部	6	122134	FD8F	09F94
16984	龓	龙部	6	132511	FD8E	09F93
16985	蠪	龙部	6	251214	D046	0882A
16986	龛	龙部	6	341251	EDE8	09F9B

字序	字形	部首	部首外笔画数	部首外笔顺	18030代码	13000代码
16987	龕	龙部	6	341251	FD90	09F95
16988	袭	龙部	6	413534	CFAE	088AD
16989	襲	龙部	6	413534	D275	08972
16990	詟	龙部	7	4111251	D480	08A5F
16991	讋	龙部	7	4111251	D784	08B8B
16992	驡	龙部	10	1211254444	F347	09A61
16993	鸗	龙部	11	32511154444	FB54	09E17
16994	龖	龙部	16	4143125111515111	FD91	09F96
16995	龗	龙部	17	14524444251251251	FD92	09F97
16996	龘	龙部	32	41431251115151114143125111515111	FD93	09F98
16997	业	业部	0	0	D2B5	04E1A
16998	邺	业部	2	52	DAFE	090BA
16999	丵	业部	5	43112	8151	04E35
17000	菐	业部	7	4311134	C78E	083D0
17001	凿	业部	7	4311252	D4E4	051FF
17002	黹	业部	7	4325234	EDE9	09EF9
17003	業	业部	8	43111234	9849	0696D
17004	彂	业部	8	51531134	8F91	05F42
17005	黺	业部	11	43252343453	FC76	09EFA
17006	黻	业部	12	432523413544	EDEA	09EFB
17007	叢	业部	13	4311212211154	85B2	053E2
17008	黼	业部	14	43252341251124	EDEB	09EFC
17009	目	目部	0	0	C4BF	076EE
17010	盯	目部	2	12	B6A2	076EF
17011	䀎	目部	2	15	8232A831	0400E
17012	盰	目部	3	112	B159	076F0
17013	盱	目部	3	112	EDEC	076F1
17014	䀒	目部	3	312	8232A835	04012
17015	盵	目部	3	315	B15B	076F5
17016	䀐	目部	3	333	8232A833	04010
17017	䀓	目部	3	354	8232A836	04013
17018	盳	目部	3	415	B15A	076F3
17019	盲	目部	3	415	C3A4	076F2
17020	䀔	目部	3	534	8232A837	04014
17021	䀑	目部	3	544	8232A834	04011
17022	盽	目部	4	1112	B160	076FD
17023	䀘	目部	4	1132	8232A931	04018
17024	䀖	目部	4	1134	8232A839	04016
17025	盶	目部	4	1135	B15C	076F6
17026	眃	目部	4	1154	B164	07703
17027	眄	目部	4	1255	EDED	07704
17028	狊	目部	4	1344	A0F3	072CA
17029	眍	目部	4	1345	EDEE	0770D
17030	盹	目部	4	1525	EDEF	076F9
17031	䀝	目部	4	1535	8232A936	0401D

字序	字形	部首	部首外笔画数	部首外笔顺	18030代码	13000代码
17032	䀙	目部	4	1553	8232A932	04019
17033	眇	目部	4	2343	EDF0	07707
17034	省	目部	4	2343	CAA1	07701
17035	眊	目部	4	3115	B167	0770A
17036	盺	目部	4	3312	B15E	076FA
17037	眅	目部	4	3354	B165	07705
17038	盻	目部	4	3415	B15F	076FB
17039	盼	目部	4	3453	C5CE	076FC
17040	眨	目部	4	3454	D5A3	07728
17041	眀	目部	4	3511	B162	07700
17042	眂	目部	4	3515	B163	07702
17043	䀛	目部	4	3533	8232A934	0401B
17044	䀜	目部	4	3533	8232A935	0401C
17045	盷	目部	4	3541	B15D	076F7
17046	䀚	目部	4	3552	8232A933	0401A
17047	盿	目部	4	4134	B161	076FF
17048	眆	目部	4	4153	B166	07706
17049	䀞	目部	4	4412	8232A937	0401E
17050	眈	目部	4	4535	EDF1	07708
17051	䀗	目部	4	5134	8232A930	04017
17052	䀕	目部	4	5152	8232A838	04015
17053	眉	目部	4	5213	C3BC	07709
17054	県	目部	4	5234	B168	0770C
17055	眛	目部	5	11234	B174	0771B
17056	眜	目部	5	11234	B175	0771C
17057	眎	目部	5	11234	B169	0770E
17058	眐	目部	5	12121	B16B	07710
17059	䀦	目部	5	12251	8232AA35	04026
17060	眪	目部	5	12534	B17D	0772A
17061	眘	目部	5	13443	B173	07718
17062	眬	目部	5	13534	B180	0772C
17063	眓	目部	5	15534	B16E	07713
17064	䀡	目部	5	21251	8232AA30	04021
17065	䀠	目部	5	25111	8232A939	04020
17066	眒	目部	5	25112	B16D	07712
17067	眏	目部	5	25134	B16A	0770F
17068	眖	目部	5	25135	B171	07716
17069	䀢	目部	5	31134	8232AA31	04022
17070	眣	目部	5	31134	B179	07723
17071	㸔	目部	5	34313	8231F335	03E14
17072	眕	目部	5	34333	B170	07715
17073	眡	目部	5	35154	B178	07721
17074	䀥	目部	5	35234	8232AA34	04025
17075	眗	目部	5	35251	B172	07717
17076	䀤	目部	5	35424	8232AA33	04024
17077	眢	目部	5	35455	EDF3	07722

字序	字形	部首	部首外笔画数	部首外笔顺	18030代码	13000代码	字序	字形	部首	部首外笔画数	部首外笔顺	18030代码	13000代码
17078	眩	目部	5	41554	D1A3	07729	17124	䀼	目部	7	1311534	8232AC37	0403C
17079	眫	目部	5	43112	B17E	0772B	17125	䀾	目部	7	1325154	8232AC39	0403E
17080	眝	目部	5	44512	B176	0771D	17126	䀹	目部	7	1343434	8232AC34	04039
17081	䀣	目部	5	45434	8232AA32	04023	17127	睐	目部	7	1431234	EDF9	07750
17082	眿	目部	5	45534	B18B	0773F	17128	䀴	目部	7	1555121	8232AB39	04034
17083	眤	目部	5	51335	B17A	07724	17129	睄	目部	7	2432511	B18D	07744
17084	眠	目部	5	51515	C3DF	07720	17130	睅	目部	7	2511112	B18E	07745
17085	䀟	目部	5	51532	8232A938	0401F	17131	睈	目部	7	2511121	B190	07748
17086	眧	目部	5	53251	B17C	07727	17132	睍	目部	7	2511135	B195	0774D
17087	眙	目部	5	54251	EDF4	07719	17133	䀻	目部	7	2512115	8232AC36	0403B
17088	眑	目部	5	55453	B16C	07711	17134	睏	目部	7	2512341	B197	0774F
17089	眶	目部	6	111215	BFF4	07736	17135	睊	目部	7	2512511	B192	0774A
17090	眭	目部	6	121121	EDF5	0772D	17136	睋	目部	7	3121534	B193	0774B
17091	眲	目部	6	122111	B184	07732	17137	䀲	目部	7	3155414	8232AB37	04032
17092	䀧	目部	6	122134	8232AA36	04027	17138	䀺	目部	7	3223134	8232AC35	0403A
17093	眱	目部	6	151534	B183	07731	17139	睎	目部	7	3413252	B196	0774E
17094	眰	目部	6	154121	B182	07730	17140	睑	目部	7	3414431	EDFA	07751
17095	眦	目部	6	212135	EDF6	07726	17141	睉	目部	7	3434121	B191	07749
17096	眥	目部	6	212135	B17B	07725	17142	睂	目部	7	3434213	B18C	07742
17097	眮	目部	6	251251	B181	0772E	17143	䀰	目部	7	3434251	8232AB35	04030
17098	䀨	目部	6	312251	8232AA37	04028	17144	睌	目部	7	3525135	B194	0774C
17099	䀽	目部	6	321554	8232AC38	0403D	17145	䀱	目部	7	3541112	8232AB36	04031
17100	䀪	目部	6	332112	8232AA39	0402A	17146	睇	目部	7	4351523	EDFB	07747
17101	眽	目部	6	333534	B189	0773D	17147	睆	目部	7	4451135	B18F	07746
17102	䀬	目部	6	341121	8232AB31	0402C	17148	䀶	目部	7	4511534	8232AC31	04036
17103	䀫	目部	6	341251	8232AB30	0402B	17149	䀵	目部	7	5431134	8232AC30	04035
17104	眺	目部	6	341534	CCF7	0773A	17150	睃	目部	7	5434354	EDFC	07743
17105	眴	目部	6	352511	B186	07734	17151	睛	目部	8	11212511	BEA6	0775B
17106	眳	目部	6	354251	B185	07733	17152	䁃	目部	8	11213534	8232AD34	04043
17107	䀩	目部	6	354251	8232AA38	04029	17153	睹	目部	8	12132511	B6C3	07779
17108	眵	目部	6	354354	EDF7	07735	17154	睦	目部	8	12134121	C4C0	07766
17109	睁	目部	6	355112	D5F6	07741	17155	睖	目部	8	12134354	B19C	07756
17110	䀮	目部	6	415325	8232AB33	0402E	17156	䁄	目部	8	12143112	8232AD35	04044
17111	䀭	目部	6	415334	8232AB32	0402D	17157	睰	目部	8	12213251	B24B	07770
17112	眻	目部	6	431112	B188	0773B	17158	瞄	目部	8	12225121	C3E9	07784
17113	眹	目部	6	431134	B187	07739	17159	䁐	目部	8	12225134	8232AE37	04050
17114	眷	目部	6	431134	BEEC	07737	17160	睞	目部	8	12343434	B241	0775E
17115	眯	目部	6	431234	C3D0	0772F	17161	䁂	目部	8	12512554	8232AD33	04042
17116	眼	目部	6	511534	D1DB	0773C	17162	睚	目部	8	13121121	EDFD	0775A
17117	眸	目部	6	543112	EDF8	07738	17163	䁆	目部	8	13425115	8232AD37	04046
17118	䀿	目部	7	1213312	8232AD30	0403F	17164	睫	目部	8	15112134	BDDE	0776B
17119	䀸	目部	7	1213312	8232AC33	04038	17165	督	目部	8	21123454	B6BD	07763
17120	䁀	目部	7	1213312	8232AD31	04040	17166	睗	目部	8	25113533	B19D	07757
17121	䀷	目部	7	1215453	8232AC32	04037	17167	睤	目部	8	25121132	B244	07764
17122	䀯	目部	7	1251124	8232AB34	0402F	17168	睓	目部	8	25122134	B199	07753
17123	䀳	目部	7	1251234	8232AB38	04033	17169	睡	目部	8	31212211	CBAF	07761

字序	字形	部首	部首外笔画数	部首外笔顺	18030代码	13000代码	字序	字形	部首	部首外笔画数	部首外笔顺	18030代码	13000代码
17170	瞀	目部	8	31234353	B240	0775D	17216	瞇	目部	9	431234454	B25B	07787
17171	睨	目部	8	32151135	EDFE	07768	17217	瞜	目部	9	431234531	FE6F	04056
17172	睢	目部	8	32411121	EEA1	07762	17218	瞠	目部	9	445125111	B255	0777B
17173	睥	目部	8	32511312	EEA2	07765	17219	暉	目部	9	451251112	B24F	07774
17174	睔	目部	8	34125122	B19A	07754	17220	瞎	目部	9	512115154	B24C	07771
17175	睬	目部	8	34431234	B2C7	0776C	17221	瞃	目部	9	515152511	8232AF32	04055
17176	睜	目部	8	34435112	B1A0	0775C	17222	瞖	目部	9	515153134	B24A	0776F
17177	睭	目部	8	35121251	B248	0776D	17223	睸	目部	9	521325111	B253	07778
17178	睧	目部	8	35152511	B245	07767	17224	睽	目部	9	543341134	EEA5	0777D
17179	晾	目部	8	41251234	8232AD32	04041	17225	瞀	目部	9	545233134	EEA6	07780
17180	睟	目部	8	41343412	B242	0775F	17226	瞘	目部	10	1122132515	8232B037	04065
17181	睠	目部	8	43113455	B243	07760	17227	瞌	目部	10	1215425221	EEA7	0778C
17182	睒	目部	8	43344334	B198	07752	17228	瞱	目部	10	1221122112	B277	077B1
17183	睕	目部	8	44535455	B19B	07755	17229	瞒	目部	10	1221253434	C2F7	07792
17184	睿	目部	8	44545434	8232AD38	04047	17230	瞵	目部	10	1221344132	8232B231	04073
17185	睙	目部	8	45131344	B19F	07759	17231	瞙	目部	10	1222511134	B268	07799
17186	瞖	目部	8	45131534	8232AE30	04049	17232	瞋	目部	10	1225111134	B25F	0778B
17187	瞀	目部	8	45133134	8232AD39	04048	17233	瞐	目部	10	2511125111	B261	07790
17188	睫	目部	8	51111254	B252	07777	17234	睨	目部	10	2511243135	8232AF38	0405C
17189	睩	目部	8	51124134	B246	07769	17235	瞤	目部	10	2511251134	8232B033	04061
17190	瞌	目部	8	52125221	8232AD36	04045	17236	瞜	目部	10	2511445531	8232AF35	04059
17191	瞀	目部	8	54425111	8232AE31	0404A	17237	瞋	目部	10	2512511134	8232AF36	0405A
17192	睶	目部	9	111342511	B251	07776	17238	瞪	目部	10	2521251431	8232AF33	04057
17193	瞰	目部	9	121251534	B250	07775	17239	瞀	目部	10	3434343413	8232B030	0405E
17194	瞸	目部	9	122151234	8232AE32	0404B	17240	瞴	目部	10	3443311252	8232AF34	04058
17195	瞜	目部	9	125221531	8232AE36	0404F	17241	瞈	目部	10	3454541541	B25C	07788
17196	瞚	目部	9	131251534	8232AE34	0404D	17242	瞓	目部	10	4111251322	B262	07793
17197	睦	目部	9	134121121	B24E	07773	17243	瞬	目部	10	4125152152	8232B130	04068
17198	睿	目部	9	214513434	EEA3	0777F	17244	瞝	目部	10	4134522554	B26C	0779D
17199	瞑	目部	9	251111344	B257	07781	17245	瞊	目部	10	4135112251	B25E	0778A
17200	瞇	目部	9	251112134	B256	0777C	17246	瞞	目部	10	4315112234	8232B032	04060
17201	瞗	目部	9	251113533	8232AE38	04051	17247	瞥	目部	10	4334433445	8232AF39	0405D
17202	瞁	目部	9	251122111	8232AE39	04052	17248	瞎	目部	10	4451112251	CFB9	0778E
17203	瞠	目部	9	251131121	B24D	07772	17249	瞑	目部	10	4525114134	EEA8	07791
17204	瞐	目部	9	251212511	8232AE33	0404C	17250	瞶	目部	11	11212511134	B263	07794
17205	瞆	目部	9	251212534	B25A	07786	17251	覤	目部	11	11342511135	B26E	077A1
17206	瞅	目部	9	312344334	B3F2	07785	17252	瞙	目部	11	12212511134	8232B039	04067
17207	瞍	目部	9	321511254	EEA4	0778D	17253	瞞	目部	11	12212523434	B26D	0779E
17208	瞍	目部	9	325113554	8232AF37	0405B	17254	瞒	目部	11	12511123312	8232B132	0406A
17209	睺	目部	9	325131134	B254	0777A	17255	瞕	目部	11	12511214124	8232B035	04063
17210	瞃	目部	9	331225111	B259	07783	17256	瞘	目部	11	12512512515	B267	07798
17211	瞈	目部	9	341251122	B249	0776E	17257	瞟	目部	11	12522111234	EEA9	0779F
17212	暖	目部	9	344311354	8232AF31	04054	17258	瞖	目部	11	13113453554	B265	07796
17213	睃	目部	9	345234354	8232AF30	04053	17259	瞜	目部	11	21531525111	8232B038	04066
17214	睜	目部	9	412514512	8232AE35	0404E	17260	瞠	目部	11	24345251121	EEAA	077A0
17215	瞌	目部	9	431113121	8232B031	0405F	17261	瞜	目部	11	25112512531	B26B	0779C

字序	字形	部首	部首外笔画数	部首外笔顺	18030代码	13000代码
17262	瞣	目部	11	25125124544	B26F	077A3
17263	瞗	目部	11	32511154444	B266	07797
17264	瞛	目部	11	33234342134	B26A	0779B
17265	䁩	目部	11	35251214444	8232B131	04069
17266	瞕	目部	11	41431251112	B264	07795
17267	䁤	目部	11	41432512251	8232B036	04064
17268	䁢	目部	11	41533152134	8232B034	04062
17269	瞥	目部	11	43252343134	C6B3	077A5
17270	瞚	目部	11	44512512134	B269	0779A
17271	瞰	目部	11	51221113134	EEAB	077B0
17272	䁱	目部	12	121121121135	8232B139	04071
17273	䁰	目部	12	121132511134	8232B138	04070
17274	瞦	目部	12	121251431251	B271	077A6
17275	瞸	目部	12	122122151234	B27C	077B8
17276	瞫	目部	12	125221251112	B273	077AB
17277	䁭	目部	12	134413441344	8232B135	0406D
17278	瞭	目部	12	134432511234	B274	077AD
17279	䁮	目部	12	153515352511	8232B136	0406E
17280	瞨	目部	12	224314311134	B272	077A8
17281	瞤	目部	12	251125111121	B270	077A4
17282	瞷	目部	12	251125112511	B27B	077B7
17283	瞯	目部	12	251125113511	B276	077AF
17284	瞶	目部	12	251212511134	B27A	077B6
17285	䁲	目部	12	252212511134	8232B230	04072
17286	䁫	目部	12	254312114444	8232B133	0406B
17287	瞴	目部	12	311222214444	B279	077B4
17288	瞧	目部	12	324111214444	C7C6	077A7
17289	䁯	目部	12	341251541541	8232B137	0406F
17290	瞬	目部	12	344345354152	CBB2	077AC
17291	瞳	目部	12	414312511211	CDAB	077B3
17292	瞮	目部	12	415425113134	B275	077AE
17293	瞵	目部	12	431234354152	EEAC	077B5
17294	䁬	目部	12	432524312511	8232B134	0406C
17295	瞩	目部	12	513325125214	D6F5	077A9
17296	瞪	目部	12	543341251431	B5C9	077AA
17297	瞲	目部	12	545232534251	B278	077B2
17298	矆	目部	13	1223241112154	B288	077C6
17299	矇	目部	13	1224511353334	B289	077C7
17300	瞾	目部	13	2511144534121	B281	077BE
17301	䁸	目部	13	2512211311534	8232B236	04078
17302	矂	目部	13	2512512511234	B284	077C2
17303	䁺	目部	13	2522112143112	8232B238	0407A
17304	䁵	目部	13	2522112513534	8232B233	04075
17305	矁	目部	13	3123443344544	B283	077C1
17306	䁷	目部	13	3211343451145	8232B235	04077
17307	䁶	目部	13	3251141533134	8232B234	04076
17308	矀	目部	13	3322521353134	B282	077C0
17309	瞼	目部	13	3412512513434	B280	077BC
17310	瞺	目部	13	3412524312511	B27E	077BA
17311	瞹	目部	13	3443454544354	B27D	077B9
17312	瞻	目部	13	3513344111251	D5B0	077BB
17313	䁴	目部	13	4125251125111	8232B232	04074
17314	䁹	目部	13	5132514143112	8232B237	04079
17315	䁾	目部	14	12225221134534	8232B332	0407E
17316	矋	目部	14	13122251125214	B28D	077CB
17317	矄	目部	14	31254312114444	B286	077C4
17318	矈	目部	14	32511445344153	B28A	077C8
17319	矎	目部	14	35253425111354	B28F	077CE
17320	矌	目部	14	41312212512134	B28E	077CC
17321	矉	目部	14	44512332511134	B28B	077C9
17322	矃	目部	14	44545442522112	B285	077C3
17323	矅	目部	14	54154132411121	B287	077C5
17324	矊	目部	14	55444432511252	B28C	077CA
17325	矒	目部	15	122252214525111	B293	077D2
17326	矍	目部	15	251113241112154	DBC7	077CD
17327	䁼	目部	15	254312114444121	8232B330	0407C
17328	矏	目部	15	325111445344153	B290	077CF
17329	䁻	目部	15	325115545541234	8232B239	0407B
17330	䁽	目部	15	555253415445445	8232B331	0407D
17331	矐	目部	16	1452444432411121	B291	077D0
17332	矑	目部	16	2153152512125221	B292	077D1
17333	䁿	目部	16	2543121144441344	8232B333	0407F
17334	矓	目部	16	4143125111515111	B294	077D3
17335	䂀	目部	16	4311213123415534	8232B334	04080
17336	矔	目部	17	12225125132411121	B295	077D4
17337	䂃	目部	17	34432522151154124	8232B337	04083
17338	䂁	目部	17	35251153535251354	8232B335	04081
17339	䂂	目部	18	251112511132411121	8232B336	04082
17340	矖	目部	19	1254125441352211535	B297	077D6
17341	矙	目部	19	2511251151221113134	B299	077D9
17342	矕	目部	19	4111251554444554444	B296	077D5
17343	矘	目部	20	24345251254312114444	B298	077D8
17344	䂄	目部	20	25111251113241112154	8232B338	04084
17345	矚	目部	21	513241342522135251214	B29A	077DA
17346	䂅	目部	25	4111251554444554444251214	8232B339	04085
17347	田	田部	0	0	CCEF	07530
17348	甶	田部	1	3	AE69	07536
17349	乪	田部	1	5	8165	04E6A
17350	町	田部	2	12	EEAE	0753A

字序	字形	部首	部首外笔画数	部首外笔顺	18030代码	13000代码	字序	字形	部首	部首外笔画数	部首外笔顺	18030代码	13000代码
17351	甼	田部	2	12	AE6B	0753C	17397	畩	田部	6	413534	AE8A	07569
17352	㽗	田部	2	34	82329538	03F57	17398	畡	田部	6	415334	AE84	07561
17353	㽖	田部	2	53	82329537	03F56	17399	累	田部	6	554234	C0DB	07D2F
17354	男	田部	2	53	C4D0	07537	17400	畴	田部	7	1113124	B3EB	07574
17355	畀	田部	3	132	EEAF	07540	17401	畱	田部	7	1221551	AE91	07571
17356	甽	田部	3	322	AE6C	0753D	17402	㽠	田部	7	1343434	82329637	03F60
17357	畂	田部	3	354	AE6F	07542	17403	畮	田部	7	3155414	AE8E	0756E
17358	甿	田部	3	415	AE6D	0753F	17404	畭	田部	7	3411234	AE8D	0756D
17359	畄	田部	3	443	AE71	07544	17405	畲	田部	7	3411234	EEB4	07572
17360	㚻	田部	3	531	8230B633	036BB	17406	畬	田部	7	3411234	AE8C	0756C
17361	畊	田部	4	1132	AE75	0754A	17407	㽟	田部	7	3443124	82329636	03F5F
17362	畉	田部	4	1134	AE74	07549	17408	塁	田部	7	4134121	8943	05841
17363	畐	田部	4	1251	AE77	07550	17409	畳	田部	7	4525111	AE92	07573
17364	畎	田部	4	1344	EEB0	0754E	17410	畯	田部	7	5434354	AE8F	0756F
17365	畏	田部	4	1534	CEB7	0754F	17411	榃	田部	8	12341234	9857	06983
17366	毗	田部	4	1535	C5FE	06BD7	17412	㽣	田部	8	12511534	82329730	03F63
17367	毘	田部	4	1535	9AB3	06BD8	17413	畸	田部	8	13412512	BBFB	07578
17368	胃	田部	4	2511	CEB8	080C3	17414	㽢	田部	8	13425115	82329639	03F62
17369	㽚	田部	4	3112	82329631	03F5A	17415	當	田部	8	24345251	AE94	07576
17370	畋	田部	4	3134	EEB1	0754B	17416	㽡	田部	8	32511312	82329638	03F61
17371	畈	田部	4	3354	EEB2	07548	17417	㽤	田部	8	35431234	82329731	03F64
17372	畍	田部	4	3432	AE76	0754D	17418	畹	田部	8	44535455	EEB5	07579
17373	界	田部	4	3432	BDE7	0754C	17419	畷	田部	8	54545454	AE95	07577
17374	畇	田部	4	3541	AE73	07547	17420	畼	田部	9	251113533	AE98	0757C
17375	㽘	田部	4	4135	82329539	03F58	17421	畽	田部	9	312511211	AE99	0757D
17376	思	田部	4	4544	CBBC	0601D	17422	㽨	田部	9	431113121	82329735	03F68
17377	㽙	田部	4	5435	82329630	03F59	17423	畻	田部	9	431134121	AE97	0757B
17378	畢	田部	5	12211	AE85	07562	17424	㽧	田部	9	431554554	82329734	03F67
17379	畕	田部	5	25121	AE7B	07555	17425	㥸	田部	9	515154544	8230FC32	03978
17380	畘	田部	5	25211	AE7E	07558	17426	㽥	田部	9	545231234	82329732	03F65
17381	畖	田部	5	33544	AE7C	07556	17427	畾	田部	10	2512125121	AE9A	0757E
17382	畛	田部	5	34333	EEB3	0755B	17428	㽦	田部	10	4334433445	82329733	03F66
17383	畟	田部	5	34354	AE82	0755F	17429	鴫	田部	11	32511154444	F889	09D2B
17384	㽛	田部	5	35251	82329632	03F5B	17430	疂	田部	11	41344525111	AE9D	07582
17385	留	田部	5	35453	C1F4	07559	17431	疁	田部	11	54154134333	AE9C	07581
17386	㽜	田部	5	35455	82329633	03F5C	17432	㽩	田部	11	54545434333	82329736	03F69
17387	畜	田部	5	41554	D0F3	0755C	17433	疃	田部	12	414312511211	EEB6	07583
17388	畔	田部	5	43112	C5CF	07554	17434	疄	田部	12	431234354152	AE9E	07584
17389	畦	田部	6	121121	C6E8	07566	17435	㽪	田部	12	432524312511	82329737	03F6A
17390	畤	田部	6	121124	AE87	07564	17436	疅	田部	13	1251211251211	AE9F	07585
17391	異	田部	6	122134	AE90	07570	17437	㽬	田部	13	1251251211251	82329739	03F6C
17392	㽝	田部	6	135422	82329634	03F5D	17438	㽫	田部	13	4155332411121	82329738	03F6B
17393	㽞	田部	6	251251	82329635	03F5E	17439	疇	田部	14	12151211251124	AEA0	07587
17394	畣	田部	6	341251	AE86	07563	17440	㽭	田部	14	14524444132522	82329830	03F6D
17395	略	田部	6	354251	C2D4	07565	17441	疈	田部	15	125125121431251	AF40	07588
17396	畧	田部	6	354251	AE88	07567	17442	疉	田部	15	251212512145551	AF41	07589

字序	字形	部首	部首外笔画数	部首外笔顺	18030代码	13000代码	字序	字形	部首	部首外笔画数	部首外笔顺	18030代码	13000代码
17443	疊	田部	17	25121251214525111	AF42	0758A	17489	睪	罒部	8	12143112	B247	0776A
17444	㽯	田部	18	252324111212534251	82329832	03F6F	17490	置	罒部	8	12251111	D6C3	07F6E
17445	罒	罒部	0	0	C09F	07F52	17491	罧	罒部	8	12341234	C14B	07F67
17446	罓	罒部	0	0	C0A0	07F53	17492	罭	罒部	8	12511534	C14E	07F6D
17447	⺳	罒部	0	0	FE73	02EB3	17493	䍞	罒部	8	12511534	8232FC36	0435E
17448	㓁	罒部	0	0	82308430	034C1	17494	睘	罒部	8	12513534	B19E	07758
17449	四	罒部	0	0	CBC4	056DB	17495	罨	罒部	8	13425115	EEBB	07F68
17450	网	罒部	0	0	CDF8	07F51	17496	罪	罒部	8	21112111	D7EF	07F6A
17451	䍐	罒部	3	112	8232FB32	04350	17497	罩	罒部	8	21251112	D5D6	07F69
17452	罕	罒部	3	112	BAB1	07F55	17498	䍛	罒部	8	25122511	8232FC33	0435B
17453	䍑	罒部	3	112	8232FB33	04351	17499	䍝	罒部	8	25342511	8232FC35	0435D
17454	岡	罒部	3	252	8CF9	05CA1	17500	䍜	罒部	8	32411121	8232FC34	0435C
17455	罖	罒部	3	344	C140	07F56	17501	蜀	罒部	8	35251214	CAF1	08700
17456	㒺	罒部	3	345	82308333	034BA	17502	罬	罒部	8	54545454	C14D	07F6C
17457	罗	罒部	3	354	C2DE	07F57	17503	罱	罒部	9	122543112	EEBD	07F71
17458	罔	罒部	3	415	D8E8	07F54	17504	罳	罒部	9	251214544	C151	07F73
17459	䍒	罒部	4	1234	8232FB34	04352	17505	䍟	罒部	9	345234354	8232FC37	0435F
17460	罙	罒部	4	1234	C141	07F59	17506	罰	罒部	9	411125122	C150	07F70
17461	罘	罒部	4	1324	EEB7	07F58	17507	罯	罒部	9	414312511	C14F	07F6F
17462	䍔	罒部	4	1354	8232FB36	04354	17508	罵	罒部	10	1211254444	C152	07F75
17463	䍓	罒部	4	1523	8232FB35	04353	17509	瞏	罒部	10	1212513534	B260	0778F
17464	罚	罒部	4	4522	B7A3	07F5A	17510	罼	罒部	10	2511122112	C158	07F7C
17465	罡	罒部	5	12121	EEB8	07F61	17511	罶	罒部	10	3545325121	C153	07F76
17466	罢	罒部	5	12154	B0D5	07F62	17512	罸	罒部	10	4111251124	C155	07F78
17467	罟	罒部	5	12251	EEB9	07F5F	17513	䍠	罒部	10	4134522554	8232FC38	04360
17468	眔	罒部	5	23344	B16F	07714	17514	罷	罒部	10	5425113535	C154	07F77
17469	罝	罒部	5	25111	C144	07F5D	17515	䍡	罒部	11	41352211535	8232FC39	04361
17470	罛	罒部	5	33544	C142	07F5B	17516	罹	罒部	11	44232411121	EEBE	07F79
17471	䍕	罒部	5	35154	8232FB37	04355	17517	罻	罒部	11	51311234124	C157	07F7B
17472	䍖	罒部	5	35515	8232FB38	04356	17518	罺	罒部	11	55525111234	C156	07F7A
17473	罜	罒部	5	41121	C143	07F5C	17519	羁	罒部	12	122125112551	EEBF	07F81
17474	䍗	罒部	5	41554	8232FB39	04357	17520	羀	罒部	12	122155125121	C15B	07F80
17475	罠	罒部	5	51515	C146	07F60	17521	罽	罒部	12	134334433422	C159	07F7D
17476	罞	罒部	5	54523	C145	07F5E	17522	䍢	罒部	12	311222214444	8232FD30	04362
17477	罣	罒部	6	121121	C147	07F63	17523	罿	罒部	12	414312511211	C15A	07F7F
17478	眾	罒部	6	323434	B18A	0773E	17524	罾	罒部	12	432524312511	EEC0	07F7E
17479	䍘	罒部	6	431234	8232FC30	04358	17525	羃	罒部	13	1222511134252	C15D	07F83
17480	買	罒部	7	2511134	D949	08CB7	17526	䍣	罒部	13	1452444425121	8232FD31	04363
17481	罥	罒部	7	2512511	C149	07F65	17527	羂	罒部	13	5544442512511	C15C	07F82
17482	䍙	罒部	7	3155414	8232FC31	04359	17528	䍤	罒部	14	41432533543211	8232FD32	04364
17483	罦	罒部	7	3443521	C14A	07F66	17529	羆	罒部	14	54251135354444	C160	07F86
17484	詈	罒部	7	4111251	EEBA	08A48	17530	羄	罒部	14	55444421251112	C15E	07F84
17485	罤	罒部	7	4351523	C148	07F64	17531	羅	罒部	14	55444432411121	C15F	07F85
17486	䍚	罒部	7	4511534	8232FC32	0435A	17532	䍥	罒部	16	1331234312342121	8232FD33	04365
17487	罫	罒部	8	12112124	C14C	07F6B	17533	羇	罒部	17	12212511213412512	C161	07F87
17488	署	罒部	8	12132511	CAF0	07F72	17534	䍦	罒部	18	413452255432411121	8232FD34	04366

字序	字形	部首	部首外笔画数	部首外笔顺	18030代码	13000代码	字序	字形	部首	部首外笔画数	部首外笔顺	18030代码	13000代码
17535	羈	罒部	19	1221251121211254444	C162	07F88	17581	盦	皿部	11	34451253511	B151	076E6
17536	羉	罒部	19	4111251554444554234	C163	07F89	17582	盩	皿部	12	121431123134	B154	076E9
17537	皿	皿部	0	0	C3F3	076BF	17583	䀉	皿部	12	313425125251	8232A736	04009
17538	盁	皿部	2	53	B09F	076C1	17584	盨	皿部	12	333132511134	B153	076E8
17539	盂	皿部	3	112	D3DB	076C2	17585	盪	皿部	12	441251113533	B155	076EA
17540	㿼	皿部	4	1132	8232A633	03FFC	17586	盬	皿部	13	1251253112251	B157	076EC
17541	盃	皿部	4	1324	B0A0	076C3	17587	盫	皿部	13	3412511253511	B156	076EB
17542	盇	皿部	4	1344	B141	076C7	17588	䀊	皿部	14	44154154134333	8232A737	0400A
17543	盅	皿部	4	2512	D6D1	076C5	17589	盭	皿部	15	554121431123134	B158	076ED
17544	㿽	皿部	4	3415	8232A634	03FFD	17590	䀋	皿部	16	1213121253444441	8232A738	0400B
17545	盆	皿部	4	3453	C5E8	076C6	17591	蠲	皿部	18	431342522135251214	EEC3	08832
17546	盄	皿部	4	5152	B140	076C4	17592	鹽	皿部	19	1251253121253444441	FB7D	09E7D
17547	盈	皿部	4	5354	D3AF	076C8	17593	䀍	皿部	24	414312511123541212511134	8232A830	0400D
17548	盏	皿部	5	11534	D5B5	076CF							
17549	盐	皿部	5	12124	D1CE	076D0	17594	生	生部	0	0	C9FA	0751F
17550	盍	皿部	5	12154	EEC1	076CD	17595	眚	生部	5	25111	EDF2	0771A
17551	盋	皿部	5	13544	B143	076CB	17596	甡	生部	5	31121	AE60	07521
17552	监	皿部	5	22314	BCE0	076D1	17597	產	生部	6	413413	AE61	07522
17553	盎	皿部	5	25134	B0BB	076CE	17598	産	生部	6	414313	AE62	07523
17554	盌	皿部	5	35455	B144	076CC	17599	甦	生部	7	1251134	AE64	07526
17555	益	皿部	5	43134	D2E6	076CA	17600	㽒	生部	7	2512153	82329533	03F52
17556	䀀	皿部	5	44155	8232A637	04000	17601	甥	生部	7	2512153	C9FB	07525
17557	㿾	皿部	5	44512	8232A635	03FFE	17602	㽓	生部	10	3112131121	82329534	03F53
17558	䀁	皿部	6	132511	8232A638	04001	17603	㽔	生部	11	22431353334	82329535	03F54
17559	盔	皿部	6	134334	BFF8	076D4	17604	䲼	生部	11	32511154444	8234ED37	04CBC
17560	盛	皿部	6	135534	CAA2	076DB	17605	曐	生部	12	251125112511	95DB	066D0
17561	盒	皿部	6	341251	BAD0	076D2	17606	㽮	生部	15	251212512125121	82329831	03F6E
17562	盗	皿部	6	413534	B5C1	076D7	17607	矢	矢部	0	0	CAB8	077E2
17563	盓	皿部	6	441112	B145	076D3	17608	知	矢部	3	251	D6AA	077E5
17564	盕	皿部	6	441354	B146	076D5	17609	矩	矢部	4	1515	BED8	077E9
17565	䀂	皿部	6	445531	8232A639	04002	17610	矨	矢部	4	3134	B341	077E8
17566	盚	皿部	7	1241344	B148	076DA	17611	矧	矢部	4	5152	EFF2	077E7
17567	盙	皿部	7	1251124	B147	076D9	17612	䂐	矢部	5	52252	8232B530	04090
17568	盜	皿部	7	4413534	B149	076DC	17613	䂏	矢部	5	53251	8232B439	0408F
17569	䀅	皿部	7	4524121	8232A732	04005	17614	䂒	矢部	6	121251	8232B532	04092
17570	盞	皿部	8	15341534	B14B	076DE	17615	䂑	矢部	6	212135	8232B531	04091
17571	盟	皿部	8	25113511	C3CB	076DF	17616	矫	矢部	6	313432	BDC3	077EB
17572	䀄	皿部	8	44545434	8232A731	04004	17617	矪	矢部	6	335414	B342	077EA
17573	盝	皿部	8	51124134	B14A	076DD	17618	短	矢部	7	1251431	B6CC	077ED
17574	監	皿部	9	125125314	B14F	076E3	17619	䂓	矢部	7	2511135	8232B533	04093
17575	盢	皿部	9	251211344	B14E	076E2	17620	矬	矢部	7	3434121	EFF3	077EC
17576	䀈	皿部	9	511541535	8232A735	04008	17621	䂔	矢部	8	12143112	8232B534	04094
17577	盠	皿部	9	551353334	B14C	076E0	17622	矮	矢部	8	31234531	B0AB	077EE
17578	盤	皿部	10	3354143554	B150	076E4	17623	雉	矢部	8	32411121	EFF4	096C9
17579	䀇	皿部	11	12251311252	8232A734	04007	17624	䂕	矢部	9	551353334	8232B535	04095
17580	盥	皿部	11	32112534511	EEC2	076E5	17625	矯	矢部	12	313425125251	B343	077EF

字序	字形	部首	部首外笔画数	部首外笔顺	18030代码	13000代码	字序	字形	部首	部首外笔画数	部首外笔顺	18030代码	13000代码
17626	矰	矢部	12	432524312511	B344	077F0	17672	秖	禾部	4	3515	B671	079D6
17627	矱	矢部	13	1223241112154	B345	077F1	17673	秭	禾部	4	3523	EFF6	079ED
17628	矲	矢部	15	252215425113535	B346	077F2	17674	秔	禾部	4	4135	B670	079D4
17629	禾	禾部	0	0	BACC	079BE	17675	䄱	禾部	4	4153	8232C531	04131
17630	利	禾部	2	22	C0FB	05229	17676	秋	禾部	4	4334	C7EF	079CB
17631	秂	禾部	2	34	B665	079C2	17677	科	禾部	4	4412	BFC6	079D1
17632	禿	禾部	2	35	B664	079BF	17678	秦	禾部	5	11134	C7D8	079E6
17633	秃	禾部	2	35	CDBA	079C3	17679	秣	禾部	5	11234	EFF7	079E3
17634	䄦	禾部	2	52	8232C430	04126	17680	秙	禾部	5	12251	B673	079D9
17635	䄧	禾部	2	53	8232C431	04127	17681	秫	禾部	5	12344	EFF8	079EB
17636	秀	禾部	2	53	D0E3	079C0	17682	秠	禾部	5	13241	B679	079E0
17637	私	禾部	2	54	CBBD	079C1	17683	䄷	禾部	5	13251	8232C537	04137
17638	秆	禾部	3	112	B8D1	079C6	17684	秡	禾部	5	13544	B67A	079E1
17639	䄨	禾部	3	112	8232C432	04128	17685	秤	禾部	5	14312	B3D3	079E4
17640	䄩	禾部	3	154	8232C433	04129	17686	秥	禾部	5	21251	B67C	079E5
17641	和	禾部	3	251	BACD	0548C	17687	租	禾部	5	25111	D7E2	079DF
17642	㕿	禾部	3	251	82309730	0357F	17688	秞	禾部	5	25121	B678	079DE
17643	秈	禾部	3	252	B669	079C8	17689	积	禾部	5	25134	BBFD	079EF
17644	㟀	禾部	3	252	8230D034	037C0	17690	秧	禾部	5	25134	D1ED	079E7
17645	䄭	禾部	3	312	8232C437	0412D	17691	盉	禾部	5	25221	B142	076C9
17646	秊	禾部	3	312	B66A	079CA	17692	秩	禾部	5	31134	D6C8	079E9
17647	秊	禾部	3	312	FD9E	0F995	17693	秨	禾部	5	31211	B67D	079E8
17648	秅	禾部	3	315	B667	079C5	17694	秝	禾部	5	31234	B677	079DD
17649	䄪	禾部	3	354	8232C434	0412A	17695	䄸	禾部	5	32511	8232C538	04138
17650	秇	禾部	3	354	B668	079C7	17696	䄹	禾部	5	34312	8232C539	04139
17651	䄫	禾部	3	515	8232C435	0412B	17697	秢	禾部	5	34454	B67B	079E2
17652	秄	禾部	3	521	B666	079C4	17698	秪	禾部	5	35154	B67E	079EA
17653	季	禾部	3	521	BCBE	05B63	17699	称	禾部	5	35234	B3C6	079F0
17654	䄬	禾部	3	525	8232C436	0412C	17700	秚	禾部	5	43112	B674	079DA
17655	委	禾部	3	531	CEAF	059D4	17701	秘	禾部	5	45434	C3D8	079D8
17656	䄯	禾部	4	1132	8232C439	0412F	17702	秜	禾部	5	51335	B676	079DC
17657	䄮	禾部	4	1134	8232C438	0412E	17703	䄶	禾部	5	51532	8232C536	04136
17658	秐	禾部	4	1154	B66E	079D0	17704	秛	禾部	5	53254	B675	079DB
17659	䄵	禾部	4	1212	8232C535	04135	17705	秮	禾部	5	54251	B681	079EE
17660	秓	禾部	4	1254	B66F	079D3	17706	䄾	禾部	6	113534	8232C634	0413E
17661	秬	禾部	4	1515	B680	079EC	17707	䅅	禾部	6	121121	8232C731	04145
17662	䄰	禾部	4	1523	8232C530	04130	17708	秲	禾部	6	121124	B683	079F2
17663	秕	禾部	4	1535	EFF5	079D5	17709	秸	禾部	6	121251	BDD5	079F8
17664	䄳	禾部	4	2121	8232C533	04133	17710	䅃	禾部	6	121354	8232C639	04143
17665	秒	禾部	4	2343	C3EB	079D2	17711	䅒	禾部	6	122415	8232C834	04152
17666	种	禾部	4	2512	D6D6	079CD	17712	䅉	禾部	6	122431	8232C735	04149
17667	䄲	禾部	4	2534	8232C532	04132	17713	䄼	禾部	6	125341	8232C632	0413C
17668	秏	禾部	4	3115	B66D	079CF	17714	䄽	禾部	6	125351	8232C633	0413D
17669	秗	禾部	4	3134	B672	079D7	17715	䅀	禾部	6	135422	8232C636	04140
17670	秎	禾部	4	3453	B66C	079CE	17716	䄺	禾部	6	151534	8232C630	0413A
17671	䄴	禾部	4	3511	8232C534	04134	17717	秷	禾部	6	154121	B688	079F7

字序	字形	部首	部首外笔画数	部首外笔顺	18030代码	13000代码
17718	䄬	禾部	6	251153	8232C635	0413F
17719	稆	禾部	6	251251	EFF9	07A06
17720	秱	禾部	6	251251	B682	079F1
17721	秵	禾部	6	251341	B686	079F5
17722	秽	禾部	6	252354	BBE0	079FD
17723	秼	禾部	6	311234	B68B	079FC
17724	䄵	禾部	6	312154	8232C739	0414D
17725	秮	禾部	6	312251	B684	079F3
17726	秹	禾部	6	323121	B689	079F9
17727	秴	禾部	6	341251	B685	079F4
17728	䄮	禾部	6	341534	8232C631	0413B
17729	䄴	禾部	6	354251	8232C638	04142
17730	移	禾部	6	354354	D2C6	079FB
17731	䄲	禾部	6	413315	8232C736	0414A
17732	䄶	禾部	6	413534	8232C732	04146
17733	粢	禾部	6	413534	B687	079F6
17734	桊	禾部	6	431134	8232C734	04148
17735	秺	禾部	6	445315	B68A	079FA
17736	案	禾部	6	445531	8232C637	04141
17737	秾	禾部	6	453534	B68C	079FE
17738	䄰	禾部	6	535353	8232C730	04144
17739	稍	禾部	7	1251124	B68D	079FF
17740	稉	禾部	7	1251134	B693	07A09
17741	嵇	禾部	7	1354252	EFFA	05D47
17742	稍	禾部	7	2432511	C9D4	07A0D
17743	稈	禾部	7	2511112	B692	07A08
17744	程	禾部	7	2511121	B3CC	07A0B
17745	䅐	禾部	7	2511135	8232C832	04150
17746	稇	禾部	7	2512341	B691	07A07
17747	䅌	禾部	7	2512511	8232C738	0414C
17748	䅎	禾部	7	3123453	8232C830	0414E
17749	稌	禾部	7	3411234	B695	07A0C
17750	稀	禾部	7	3413252	CFA1	07A00
17751	稅	禾部	7	3425135	B690	07A05
17752	稃	禾部	7	3443521	EFFB	07A03
17753	䅑	禾部	7	3443531	8232C833	04151
17754	䅋	禾部	7	3525135	8232C737	0414B
17755	䅓	禾部	7	3525154	8232C835	04153
17756	税	禾部	7	4325135	CBB0	07A0E
17757	稊	禾部	7	4351523	B694	07A0A
17758	稂	禾部	7	4511534	EFFC	07A02
17759	䅏	禾部	7	5133115	8232C831	0414F
17760	稄	禾部	7	5434354	B68F	07A04
17761	稑	禾部	8	12134121	B698	07A11
17762	稜	禾部	8	12134354	B6A0	07A1C
17763	稏	禾部	8	12155121	B696	07A0F
17764	稘	禾部	8	12211134	B69D	07A18
17765	稓	禾部	8	12212511	B69A	07A13
17766	䅦	禾部	8	12225121	8232CA33	04166
17767	稙	禾部	8	12251111	B69E	07A19
17768	䅘	禾部	8	12343434	8232C930	04158
17769	稢	禾部	8	12511534	B743	07A22
17770	䅖	禾部	8	13425115	8232C838	04156
17771	䅞	禾部	8	25111124	8232C936	0415E
17772	稞	禾部	8	25111234	EFFD	07A1E
17773	䅙	禾部	8	25111535	8232C931	04159
17774	䅛	禾部	8	25112511	8232C933	0415B
17775	稒	禾部	8	25122511	B699	07A12
17776	稛	禾部	8	25312341	B69F	07A1B
17777	䅜	禾部	8	31212211	8232C934	0415C
17778	䅗	禾部	8	31234531	8232C839	04157
17779	稚	禾部	8	32411121	D6C9	07A1A
17780	稗	禾部	8	32511312	B0DE	07A17
17781	稐	禾部	8	34125122	B697	07A10
17782	稔	禾部	8	34454544	EFFE	07A14
17783	稝	禾部	8	35113511	B740	07A1D
17784	稠	禾部	8	35121251	B3ED	07A20
17785	稤	禾部	8	41251234	B744	07A24
17786	稕	禾部	8	41251521	B69B	07A15
17787	稡	禾部	8	41343412	B742	07A21
17788	稖	禾部	8	41431251	B69C	07A16
17789	䅚	禾部	8	43113455	8232C932	0415A
17790	稥	禾部	8	44442511	B745	07A25
17791	䅝	禾部	8	44534121	8232C935	0415D
17792	䅕	禾部	8	51312251	8232C837	04155
17793	䅟	禾部	8	54134333	FE70	0415F
17794	䅔	禾部	8	55525121	8232C836	04154
17795	稧	禾部	9	111253134	B747	07A27
17796	穁	禾部	9	122122111	B75A	07A41
17797	稫	禾部	9	125125121	B74B	07A2B
17798	䅩	禾部	9	125425134	8232CA36	04169
17799	䅡	禾部	9	132511134	8232C938	04161
17800	稬	禾部	9	132522134	B74C	07A2C
17801	稭	禾部	9	153532511	B74D	07A2D
17802	䅠	禾部	9	251112134	8232C937	04160
17803	䅥	禾部	9	251135345	8232CA32	04165
17804	稩	禾部	9	251212511	B749	07A29
17805	䅢	禾部	9	251212511	8232C939	04162
17806	䅪	禾部	9	251212534	8232CA37	0416A
17807	䅤	禾部	9	312321511	8232CA31	04164
17808	䅨	禾部	9	312342511	8232CA35	04168
17809	種	禾部	9	312511211	B74E	07A2E

字序	字形	部首	部首外笔画数	部首外笔顺	18030代码	13000代码	字序	字形	部首	部首外笔画数	部首外笔顺	18030代码	13000代码
17810	稪	禾部	9	312511354	B74A	07A2A	17856	䅼	禾部	11	25112522154	8232CC35	0417C
17811	䅣	禾部	9	325111121	8232CA30	04163	17857	穓	禾部	11	25121122134	B76A	07A53
17812	稲	禾部	9	344322511	B752	07A32	17858	穒	禾部	11	32511154444	B769	07A52
17813	稱	禾部	9	344325211	B751	07A31	17859	穆	禾部	11	32511234333	C4C2	07A46
17814	稯	禾部	9	345234354	B74F	07A2F	17860	穏	禾部	11	34435114544	B767	07A4F
17815	稳	禾部	9	355114544	CEC8	07A33	17861	穐	禾部	11	35251125115	B768	07A50
17816	䅫	禾部	9	412511234	8232CA38	0416B	17862	穄	禾部	11	35445411234	B75D	07A44
17817	䅧	禾部	9	414312511	8232CA34	04167	17863	穅	禾部	11	41351124134	B75E	07A45
17818	稵	禾部	9	431554554	B754	07A35	17864	穋	禾部	11	54154134333	B763	07A4B
17819	稨	禾部	9	451325122	B748	07A28	17865	穇	禾部	11	54545434333	B75F	07A47
17820	穊	禾部	9	511541535	B762	07A4A	17866	穘	禾部	12	121121121135	B76E	07A58
17821	稦	禾部	9	521251152	B746	07A26	17867	穗	禾部	12	125112144544	CBEB	07A57
17822	稰	禾部	9	521342511	B750	07A30	17868	䅾	禾部	12	153515352511	8232CC37	0417E
17823	䅲	禾部	10	1213352511	8232CB35	04172	17869	穙	禾部	12	224314311134	B76F	07A59
17824	䅿	禾部	10	1221122112	8232CC38	0417F	17870	穝	禾部	12	251112211154	B773	07A5D
17825	䅷	禾部	10	1223411234	8232CC30	04177	17871	䆀	禾部	12	254312114444	8232CC39	04180
17826	䅸	禾部	10	1224143112	8232CC31	04178	17872	穚	禾部	12	313425125251	B770	07A5A
17827	稹	禾部	10	1225111134	F0A1	07A39	17873	穕	禾部	12	324111211234	B76C	07A55
17828	䅴	禾部	10	1245554234	8232CB37	04174	17874	穛	禾部	12	324111214444	B771	07A5B
17829	稶	禾部	10	1251153334	B755	07A36	17875	穞	禾部	12	352512112511	B774	07A5E
17830	穂	禾部	10	1251214544	B75B	07A42	17876	穜	禾部	12	414312511211	B772	07A5C
17831	䅶	禾部	10	1311534124	8232CB39	04176	17877	䆃	禾部	12	431325111454	8232CD32	04183
17832	稽	禾部	10	1354352511	BBFC	07A3D	17878	穟	禾部	12	431353334454	B775	07A5F
17833	稷	禾部	10	2512134354	F0A2	07A37	17879	穉	禾部	12	513241343112	B761	07A49
17834	䅰	禾部	10	2513414544	8232CB33	04170	17880	穖	禾部	12	554554134534	B76D	07A56
17835	䅱	禾部	10	2521251431	8232CB34	04171	17881	穫	禾部	13	1223241112154	B782	07A6B
17836	稻	禾部	10	3443321511	B5BE	07A3B	17882	穡	禾部	13	1234341252511	B777	07A61
17837	䅮	禾部	10	3445113251	8232CB31	0416E	17883	穢	禾部	13	2121131233534	B778	07A62
17838	䅳	禾部	10	3552335523	8232CB36	04173	17884	穠	禾部	13	2512211311534	B776	07A60
17839	稿	禾部	10	4125125251	B8E5	07A3F	17885	䆆	禾部	13	2512512511234	8232CD35	04186
17840	䅻	禾部	10	4134522554	8232CC34	0417B	17886	䆁	禾部	13	2522112143112	8232CD30	04181
17841	䅯	禾部	10	4135112251	8232CB32	0416F	17887	穥	禾部	13	3211152511134	B77B	07A65
17842	䅭	禾部	10	4143454153	8232CB30	0416D	17888	䆇	禾部	13	3532511154444	8232CD36	04187
17843	稸	禾部	10	4155425121	B756	07A38	17889	䆄	禾部	13	4125251125111	8232CD33	04184
17844	䅵	禾部	10	4311214444	8232CB38	04175	17890	穣	禾部	13	4134112213534	B779	07A63
17845	䅬	禾部	10	4313425221	8232CA39	0416C	17891	䆂	禾部	13	4134315112234	8232CD31	04182
17846	稴	禾部	10	4315112234	B753	07A34	17892	䆅	禾部	13	4135342511134	8232CD34	04185
17847	稼	禾部	10	4451353334	BCDA	07A3C	17893	穪	禾部	14	13425234343434	B781	07A6A
17848	穃	禾部	10	4453434251	B75C	07A43	17894	穤	禾部	14	14524444132522	B77A	07A64
17849	稺	禾部	10	5134143112	B757	07A3A	17895	㘒	禾部	14	31251121125135	8230A535	03612
17850	積	禾部	11	11212511134	B765	07A4D	17896	穩	禾部	14	34431215114544	B780	07A69
17851	䅽	禾部	11	12152133554	8232CC36	0417D	17897	穨	禾部	14	35251212511134	B77E	07A68
17852	穔	禾部	11	12212512134	B76B	07A54	17898	穬	禾部	14	41312212512134	B783	07A6C
17853	穑	禾部	11	12431252511	F0A3	07A51	17899	穧	禾部	14	41432533543211	B77D	07A67
17854	䅺	禾部	11	12522111234	8232CC33	0417A	17900	穦	禾部	14	44512332511134	B77C	07A66
17855	䅹	禾部	11	25112512531	8232CC32	04179	17901	穯	禾部	15	122512511252511	B786	07A6F

字序	字形	部首	部首外笔画数	部首外笔顺	18030代码	13000代码
17902	䆉	禾部	15	252215425113535	8232CD38	04189
17903	穭	禾部	15	352512144442511	B784	07A6D
17904	穮	禾部	15	413522115354444	B785	07A6E
17905	䆈	禾部	15	513241343112454	8232CD37	04188
17906	䆊	禾部	16	2113525121122134	8232CD39	0418A
17907	䆌	禾部	16	3123413544111251	8232CE31	0418C
17908	䆍	禾部	16	4143125111515111	8232CE32	0418D
17909	龝	禾部	17	32511255115115341	FD95	09F9D
17910	䆎	禾部	17	34341211121111534	8232CE33	0418E
17911	穱	禾部	17	34432522151154124	B787	07A71
17912	䆋	禾部	17	35251152511511511	8232CE30	0418B
17913	穰	禾部	17	41251251112213534	F0A6	07A70
17914	䆏	禾部	17	43123425121122134	8232CE34	0418F
17915	穲	禾部	19	1254125441352211535	B788	07A72
17916	穳	禾部	19	3121353121352511134	B789	07A73
17917	䆐	禾部	25	1113431234111343123411134	8232CE35	04190
17918	白	白部	0	0	B0D7	0767D
17919	百	白部	1	1	B0D9	0767E
17920	癿	白部	1	5	B06D	0767F
17921	皁	白部	2	12	B06F	07681
17922	皂	白部	2	15	D4ED	07682
17923	㒵	白部	2	34	82308238	034B5
17924	皃	白部	2	35	B070	07683
17925	皀	白部	2	35	B06E	07680
17926	劰	白部	2	53	84B9	052B0
17927	㿝	白部	2	54	8232A332	03FDD
17928	㚖	白部	3	134	8230B236	03696
17929	帛	白部	3	252	B2AF	05E1B
17930	的	白部	3	354	B5C4	07684
17931	皇	白部	4	1121	BBCA	07687
17932	皍	白部	4	1552	B075	0768D
17933	㼟	白部	4	1554	82329032	03F1F
17934	泉	白部	4	2534	C8AA	06CC9
17935	㿞	白部	4	3115	8232A333	03FDE
17936	敀	白部	4	3134	9492	06540
17937	皈	白部	4	3354	F0A7	07688
17938	皅	白部	4	5215	B071	07685
17939	皌	白部	5	11234	B074	0768C
17940	皋	白部	5	13412	B8DE	0768B
17941	畠	白部	5	25121	AE83	07560
17942	㿟	白部	5	32511	8232A334	03FDF
17943	皊	白部	5	34454	B073	0768A
17944	㡍	白部	6	134252	8230DE35	0384D
17945	皉	白部	6	212135	B072	07689
17946	㣎	白部	6	234333	8230EB34	038CE

字序	字形	部首	部首外笔画数	部首外笔顺	18030代码	13000代码
17947	㿠	白部	6	243135	8232A335	03FE0
17948	皑	白部	6	252515	B0A8	07691
17949	㿡	白部	6	341534	8232A336	03FE1
17950	皐	白部	6	413412	B077	07690
17951	皎	白部	6	413434	F0A8	0768E
17952	皏	白部	6	431132	B076	0768F
17953	䎅	白部	6	541541	82338235	04385
17954	皕	白部	7	1325111	B07A	07695
17955	皔	白部	7	2511112	B079	07694
17956	皓	白部	7	3121251	F0A9	07693
17957	皒	白部	7	3121534	B078	07692
17958	皖	白部	7	4451135	CDEE	07696
17959	皘	白部	8	11212511	B07C	07698
17960	皙	白部	8	12343312	F0AA	07699
17961	㿢	白部	8	25113511	8232A337	03FE2
17962	皗	白部	8	35121251	B07B	07697
17963	㿤	白部	9	111342511	8232A339	03FE4
17964	㿣	白部	9	251135345	8232A338	03FE3
17965	魄	白部	9	325113554	C6C7	09B44
17966	皝	白部	10	1121243135	B081	0769D
17967	皣	白部	10	1221122112	B087	076A3
17968	皚	白部	10	2521251431	B07D	0769A
17969	緜	白部	10	2523554234	BE82	07DDC
17970	皞	白部	10	3251113412	B082	0769E
17971	皛	白部	10	3251132511	B07E	0769B
17972	皜	白部	10	4125125251	B080	0769C
17973	㿥	白部	10	4532411121	8232A430	03FE5
17974	皟	白部	11	11212511134	B083	0769F
17975	㿦	白部	11	12152133554	8232A431	03FE6
17976	皠	白部	11	25232411121	B084	076A0
17977	䳆	白部	11	32511154444	8234EE37	04CC6
17978	皡	白部	11	32511413412	B085	076A1
17979	皢	白部	12	121121121135	B086	076A2
17980	皥	白部	12	325111413412	B088	076A5
17981	皤	白部	12	343123425121	F0AB	076A4
17982	皨	白部	13	3251132511121	B08B	076A8
17983	皦	白部	13	3251141533134	B089	076A6
17984	皧	白部	13	3443454544354	B08A	076A7
17985	皩	白部	14	11212511243135	B08C	076A9
17986	㿧	白部	14	12151211251124	8232A432	03FE7
17987	皪	白部	15	325115545541234	B08D	076AA
17988	皫	白部	15	413522115354444	B08E	076AB
17989	㿨	白部	16	1331234312342121	8232A433	03FE8
17990	皬	白部	16	1452444432411121	B08F	076AC
17991	䑟	白部	16	3443453541521121	82339830	0445F
17992	皭	白部	17	34432522151154124	B090	076AD

字序	字形	部首	部首外笔画数	部首外笔顺	18030代码	13000代码
17993	㿩	白部	20	24345251254312114444	8232A434	03FE9
17994	灥	白部	22	2534325112534325112534	9EB5	07065
17995	瓜	瓜部	0	0	B9CF	074DC
17996	瓝	瓜部	3	354	AD93	074DD
17997	㼊	瓜部	4	1525	82328E31	03F0A
17998	㼉	瓜部	4	4535	82328E30	03F09
17999	㼋	瓜部	5	12251	82328E32	03F0B
18000	瓞	瓜部	5	31134	F0AC	074DE
18001	㼌	瓜部	5	33544	82328E33	03F0C
18002	瓟	瓜部	5	35515	AD94	074DF
18003	瓠	瓜部	6	134115	F0AD	074E0
18004	㼎	瓜部	6	413434	82328E35	03F0E
18005	㼏	瓜部	7	3443531	82328E36	03F0F
18006	瓡	瓜部	8	12143112	AD95	074E1
18007	㼑	瓜部	9	125431234	82328E38	03F11
18008	㼒	瓜部	9	251113533	82328E39	03F12
18009	㼔	瓜部	9	251125221	82328F31	03F14
18010	㼐	瓜部	9	451325122	82328E37	03F10
18011	㼓	瓜部	10	4315112234	82328F30	03F13
18012	瓢	瓜部	11	12522111234	C6B0	074E2
18013	㼕	瓜部	13	2434525125121	82328F32	03F15
18014	瓤	瓜部	17	41251251112213534	C8BF	074E4
18015	㼖	瓜部	21	551353334251214251214	82328F33	03F16
18016	鸟	鸟部	0	0	C4F1	09E1F
18017	鳥	鸟部	0	0	F842	09CE5
18018	鳦	鸟部	1	5	F843	09CE6
18019	鳧	鸟部	2	35	F844	09CE7
18020	鸠	鸟部	2	35	F0AF	09E20
18021	鳩	鸟部	2	35	F846	09CE9
18022	䲥	鸟部	2	35	8234EB34	04CA5
18023	鄥	鸟部	2	52	E085	09125
18024	鳨	鸟部	2	53	F845	09CE8
18025	䲦	鸟部	3	134	8234EB35	04CA6
18026	㠀	鸟部	3	252	8230D638	03800
18027	䲯	鸟部	3	354	8234EC34	04CAF
18028	鳵	鸟部	3	512	F852	09CF5
18029	鳽	鸟部	4	1132	F85A	09CFD
18030	鴌	鸟部	4	1134	F869	09D0C
18031	鳺	鸟部	4	1134	F857	09CFA
18032	䲮	鸟部	4	1135	8234EC33	04CAE
18033	䲶	鸟部	4	1135	8234ED31	04CB6
18034	䲰	鸟部	4	1154	8234EC35	04CB0
18035	䲷	鸟部	4	1234	8234ED32	04CB7
18036	䴓	鸟部	4	1252	FE98	04D13
18037	鳾	鸟部	4	1252	F85B	09CFE
18038	鴀	鸟部	4	1324	F85D	09D00
18039	鸥	鸟部	4	1345	C5B8	09E25
18040	鴎	鸟部	4	1345	F86B	09D0E
18041	鴄	鸟部	4	1355	F861	09D04
18042	䲵	鸟部	4	2343	8234ED30	04CB5
18043	鴁	鸟部	4	3134	F85E	09D01
18044	䲸	鸟部	4	3432	8234ED33	04CB8
18045	鳹	鸟部	4	3445	F856	09CF9
18046	鳻	鸟部	4	3453	F858	09CFB
18047	䲲	鸟部	4	3454	8234EC37	04CB2
18048	鴔	鸟部	4	3454	F871	09D14
18049	鸧	鸟部	4	3455	FB5D	09E27
18050	鸨	鸟部	4	3512	F0B1	09E28
18051	鴇	鸟部	4	3512	F864	09D07
18052	䲬	鸟部	4	3515	8234EC31	04CAC
18053	䲭	鸟部	4	3515	8234EC32	04CAD
18054	鴅	鸟部	4	3541	F862	09D05
18055	䲳	鸟部	4	4135	8234EC38	04CB3
18056	䲱	鸟部	4	4153	8234EC36	04CB1
18057	鸩	鸟部	4	4535	F0B2	09E29
18058	鴆	鸟部	4	4535	F863	09D06
18059	鴃	鸟部	4	5134	F860	09D03
18060	鴂	鸟部	4	5134	F85F	09D02
18061	䲾	鸟部	5	12115	8234ED39	04CBE
18062	鴊	鸟部	5	12121	F867	09D0A
18063	鴱	鸟部	5	12234	F88F	09D31
18064	莺	鸟部	5	12245	DDBA	083BA
18065	鸪	鸟部	5	12251	F0B3	09E2A
18066	鴣	鸟部	5	12251	F881	09D23
18067	鴚	鸟部	5	12512	F877	09D1A
18068	䲹	鸟部	5	13241	8234ED34	04CB9
18069	䳊	鸟部	5	13544	8234EF31	04CCA
18070	䳁	鸟部	5	13544	8234EE32	04CC1
18071	鸫	鸟部	5	15234	F0B4	09E2B
18072	鸬	鸟部	5	21513	F0B5	09E2C
18073	鴠	鸟部	5	25111	F87D	09D20
18074	鴡	鸟部	5	25111	F87E	09D21
18075	鸭	鸟部	5	25112	D1BC	09E2D
18076	鴨	鸟部	5	25112	F886	09D28
18077	鸮	鸟部	5	25115	FB5E	09E2E
18078	鴞	鸟部	5	25115	F87B	09D1E
18079	䳅	鸟部	5	25134	8234EE36	04CC5
18080	鸯	鸟部	5	25134	D1EC	09E2F
18081	鴦	鸟部	5	25134	F884	09D26
18082	鴙	鸟部	5	31134	F876	09D19

字序	字形	部首	部首外笔画数	部首外笔顺	18030代码	13000代码	字序	字形	部首	部首外笔画数	部首外笔顺	18030代码	13000代码
18083	鴩	鸟部	5	31134	F887	09D29	18129	鸺	鸟部	6	321234	F0BC	09E3A
18084	䳀	鸟部	5	31134	8234EE31	04CC0	18130	鵂	鸟部	6	321234	F8A0	09D42
18085	鴏	鸟部	5	32154	F86C	09D0F	18131	鵀	鸟部	6	323121	F89E	09D40
18086	鸰	鸟部	5	34454	FB5F	09E30	18132	鴭	鸟部	6	325151	F88B	09D2D
18087	鴒	鸟部	5	34454	F86F	09D12	18133	鸻	鸟部	6	332112	FB61	09E3B
18088	鸱	鸟部	5	35154	F0B7	09E31	18134	鴴	鸟部	6	332112	F892	09D34
18089	鴟	鸟部	5	35154	F87C	09D1F	18135	鸽	鸟部	6	341251	B8EB	09E3D
18090	鸲	鸟部	5	35251	F0B6	09E32	18136	鴿	鸟部	6	341251	F89D	09D3F
18091	鴝	鸟部	5	35251	F87A	09D1D	18137	鴵	鸟部	6	341534	F893	09D35
18092	鴤	鸟部	5	35444	F882	09D24	18138	鴲	鸟部	6	352511	F890	09D32
18093	䳉	鸟部	5	35444	8234EF30	04CC9	18139	鴼	鸟部	6	354251	F89A	09D3C
18094	鸳	鸟部	5	35455	D4A7	09E33	18140	鵅	鸟部	6	354251	F942	09D45
18095	鴛	鸟部	5	35455	F878	09D1B	18141	鸾	鸟部	6	412234	F0BD	09E3E
18096	䳃	鸟部	5	35455	8234EE34	04CC3	18142	鵉	鸟部	6	412234	F946	09D49
18097	䳈	鸟部	5	35515	8234EE39	04CC8	18143	䴔	鸟部	6	413434	FE99	04D14
18098	䲻	鸟部	5	41554	8234ED36	04CBB	18144	鵁	鸟部	6	413434	F89F	09D41
18099	鸴	鸟部	5	44345	FB60	09E34	18145	䙚	鸟部	6	413534	8233CA35	0465A
18100	鴬	鸟部	5	44345	F88A	09D2C	18146	䳐	鸟部	6	413534	8234EF37	04CD0
18101	鴥	鸟部	5	44534	F883	09D25	18147	鵧	鸟部	6	431132	F964	09D67
18102	鴪	鸟部	5	44534	F888	09D2A	18148	鸿	鸟部	6	441121	BAE8	09E3F
18103	鸵	鸟部	5	44535	CDD2	09E35	18149	鴻	鸟部	6	441121	F899	09D3B
18104	鴕	鸟部	5	44535	F872	09D15	18150	鴳	鸟部	6	445531	F891	09D33
18105	鴧	鸟部	5	44535	F885	09D27	18151	鴽	鸟部	6	531251	F89B	09D3D
18106	鴓	鸟部	5	45434	F870	09D13	18152	䳌	鸟部	6	542511	8234EF33	04CCC
18107	鵖	鸟部	5	51154	F953	09D56	18153	鴾	鸟部	6	543112	F89C	09D3E
18108	䲿	鸟部	5	51315	8234EE30	04CBF	18154	䳖	鸟部	7	1221115	8234F033	04CD6
18109	鴖	鸟部	5	51515	F873	09D16	18155	鹀	鸟部	7	1234341	FB63	09E40
18110	鴑	鸟部	5	53154	F86E	09D11	18156	鵐	鸟部	7	1234341	F94D	09D50
18111	䳂	鸟部	5	53251	8234EE33	04CC2	18157	鹁	鸟部	7	1245521	F0BE	09E41
18112	鴐	鸟部	5	53251	F86D	09D10	18158	鵓	鸟部	7	1245521	F950	09D53
18113	鴘	鸟部	5	54132	F875	09D18	18159	鵏	鸟部	7	1251124	F94C	09D4F
18114	鴢	鸟部	5	55453	F880	09D22	18160	鵣	鸟部	7	1251234	F960	09D63
18115	鸶	鸟部	5	55551	F0B8	09E36	18161	鹂	鸟部	7	1254254	F0BF	09E42
18116	䳏	鸟部	6	121121	8234EF36	04CCF	18162	鵊	鸟部	7	1343434	F947	09D4A
18117	鴶	鸟部	6	121251	F894	09D36	18163	鵛	鸟部	7	1555121	F958	09D5B
18118	鸷	鸟部	6	121354	F0BA	09E37	18164	䳚	鸟部	7	2511112	8234F037	04CDA
18119	䳍	鸟部	6	122134	8234EF34	04CCD	18165	䳛	鸟部	7	2511531	8234F038	04CDB
18120	䳑	鸟部	6	132511	8234EF38	04CD1	18166	䳙	鸟部	7	2512115	8234F036	04CD9
18121	鴮	鸟部	6	134115	F88C	09D2E	18167	鹃	鸟部	7	2512511	BEE9	09E43
18122	䴕	鸟部	6	135422	FE9A	04D15	18168	鵑	鸟部	7	2512511	F94E	09D51
18123	鴷	鸟部	6	135422	F895	09D37	18169	鹄	鸟部	7	3121251	F0C0	09E44
18124	鴺	鸟部	6	151534	F898	09D3A	18170	鵠	鸟部	7	3121251	F95D	09D60
18125	䳄	鸟部	6	212115	8234EE35	04CC4	18171	鹅	鸟部	7	3121534	B6EC	09E45
18126	鴜	鸟部	6	212135	F879	09D1C	18172	鵝	鸟部	7	3121534	F95A	09D5D
18127	鵇	鸟部	6	311212	F944	09D47	18173	䳘	鸟部	7	3121534	8234F035	04CD8
18128	鴸	鸟部	6	311234	F896	09D38	18174	鵞	鸟部	7	3121534	F95B	09D5E

字序	字形	部首	部首外笔画数	部首外笔顺	18030代码	13000代码	字序	字形	部首	部首外笔画数	部首外笔顺	18030代码	13000代码
18175	䳗	鸟部	7	3121534	8234F034	04CD7	18221	䳥	鸟部	8	25234454	8234F138	04CE5
18176	鵚	鸟部	7	3123435	F957	09D5A	18222	䳠	鸟部	8	31212211	8234F133	04CE0
18177	鵌	鸟部	7	3411234	F949	09D4C	18223	鵹	鸟部	8	31234353	F976	09D79
18178	䳜	鸟部	7	3411234	8234F039	04CDC	18224	鶂	鸟部	8	32151135	F980	09D82
18179	鵗	鸟部	7	3413252	F954	09D57	18225	鶃	鸟部	8	32151135	F981	09D83
18180	䳕	鸟部	7	3443521	8234F032	04CD5	18226	鵻	鸟部	8	32411121	F978	09D7B
18181	鵎	鸟部	7	3443531	F94B	09D4E	18227	鹎	鸟部	8	32511312	F0C7	09E4E
18182	鵟	鸟部	7	3531121	F95C	09D5F	18228	鵯	鸟部	8	32511312	F96C	09D6F
18183	鹇	鸟部	7	4251234	F0C2	09E47	18229	鵨	鸟部	8	34112251	F965	09D68
18184	鵥	鸟部	7	4311222	F962	09D65	18230	鶏	鸟部	8	34431134	F98D	09D8F
18185	䳤	鸟部	7	4325234	8234F137	04CE4	18231	鹏	鸟部	8	35113511	C5F4	09E4F
18186	鹈	鸟部	7	4351523	F0C3	09E48	18232	鵬	鸟部	8	35113511	F969	09D6C
18187	鵜	鸟部	7	4351523	F959	09D5C	18233	鵩	鸟部	8	35115254	F966	09D69
18188	鵍	鸟部	7	4451135	F94A	09D4D	18234	鵰	鸟部	8	35121251	F96D	09D70
18189	鵘	鸟部	7	5113251	F955	09D58	18235	鵵	鸟部	8	35251354	F972	09D75
18190	䳭	鸟部	7	5115452	8234F236	04CED	18236	鹐	鸟部	8	35321511	FB65	09E50
18191	鵋	鸟部	7	5154544	F948	09D4B	18237	鵮	鸟部	8	35321511	F96B	09D6E
18192	鵔	鸟部	7	5434354	F951	09D54	18238	鵴	鸟部	8	35431234	F971	09D74
18193	鵕	鸟部	7	5434354	F952	09D55	18239	鶁	鸟部	8	41251234	F97E	09D81
18194	䳞	鸟部	8	11134112	8234F131	04CDE	18240	鹑	鸟部	8	41251521	F0C8	09E51
18195	鹉	鸟部	8	11212154	F0C4	09E49	18241	鶉	鸟部	8	41251521	F987	09D89
18196	鵡	鸟部	8	11212154	F95E	09D61	18242	鵺	鸟部	8	41323544	F977	09D7A
18197	鵱	鸟部	8	12134121	F96E	09D71	18243	鹒	鸟部	8	41351134	FB66	09E52
18198	䳣	鸟部	8	12153534	8234F136	04CE3	18244	鶊	鸟部	8	41351134	F988	09D8A
18199	鵶	鸟部	8	12155121	F973	09D76	18245	䳝	鸟部	8	41431251	8234F130	04CDD
18200	䳢	鸟部	8	12211134	8234F135	04CE2	18246	鶑	鸟部	8	43344334	F98F	09D91
18201	鶀	鸟部	8	12211134	F97D	09D80	18247	鶎	鸟部	8	44511234	F98C	09D8E
18202	鹊	鸟部	8	12212511	C8B5	09E4A	18248	鵼	鸟部	8	44534121	F979	09D7C
18203	鵲	鸟部	8	12212511	F96F	09D72	18249	鹓	鸟部	8	44535455	FB67	09E53
18204	鹋	鸟部	8	12225121	F0C5	09E4B	18250	鵷	鸟部	8	44535455	F974	09D77
18205	鶓	鸟部	8	12225121	F991	09D93	18251	鵳	鸟部	8	45132511	F970	09D73
18206	鶧	鸟部	8	12225134	FA44	09DA7	18252	鹔	鸟部	8	51123234	FB68	09E54
18207	鶜	鸟部	8	12254523	F99A	09D9C	18253	鵦	鸟部	8	51124134	F963	09D66
18208	鶆	鸟部	8	12343434	F984	09D86	18254	鶋	鸟部	8	51312251	F989	09D8B
18209	鶐	鸟部	8	12344454	F98E	09D90	18255	鶌	鸟部	8	51352252	F98A	09D8C
18210	鶇	鸟部	8	12511234	F985	09D87	18256	鵽	鸟部	8	54545454	F97A	09D7D
18211	鵸	鸟部	8	13412512	F975	09D78	18257	鶅	鸟部	8	55525121	F983	09D85
18212	鹌	鸟部	8	13425115	F0C6	09E4C	18258	鹕	鸟部	9	122513511	F0C9	09E55
18213	鵪	鸟部	8	13425115	F967	09D6A	18259	鶘	鸟部	9	122513511	F996	09D98
18214	鶈	鸟部	8	15112531	F986	09D88	18260	鶦	鸟部	9	122513511	FA43	09DA6
18215	鵫	鸟部	8	21251112	F968	09D6B	18261	鶠	鸟部	9	125115315	F99E	09DA0
18216	鹍	鸟部	8	25111515	FB64	09E4D	18262	鶒	鸟部	9	125123453	F990	09D92
18217	鵾	鸟部	8	25111515	F97B	09D7E	18263	鶝	鸟部	9	125125121	F99B	09D9D
18218	鵿	鸟部	8	25113132	F97C	09D7F	18264	䳩	鸟部	9	125221531	8234F232	04CE9
18219	䳟	鸟部	8	25113511	8234F132	04CDF	18265	鶫	鸟部	9	125431234	FA48	09DAB
18220	鶍	鸟部	8	25113533	F98B	09D8D	18266	鶛	鸟部	9	153532511	F999	09D9B

字序	字形	部首	部首外笔画数	部首外笔顺	18030代码	13000代码	字序	字形	部首	部首外笔画数	部首外笔顺	18030代码	13000代码
18267	䴗	鸟部	9	251111344	FE9C	04D17	18313	鷎	鸟部	10	3251113412	FA6B	09DCE
18268	鶪	鸟部	9	251111344	FA47	09DAA	18314	鶳	鸟部	10	3251511252	FA50	09DB3
18269	鶗	鸟部	9	251112134	F995	09D97	18315	䴘	鸟部	10	3321531535	FE9D	04D18
18270	鹖	鸟部	9	251135345	FB69	09E56	18316	鷈	鸟部	10	3321531535	FA65	09DC8
18271	鶡	鸟部	9	251135345	F99F	09DA1	18317	鷉	鸟部	10	3321531535	FA66	09DC9
18272	鹗	鸟部	9	251251115	F0CA	09E57	18318	鹞	鸟部	10	3443311252	F0CE	09E5E
18273	鶚	鸟部	9	251251115	F998	09D9A	18319	鷂	鸟部	10	3443311252	FA5F	09DC2
18274	䳪	鸟部	9	252132522	8234F233	04CEA	18320	䳶	鸟部	10	3443554134	8234F335	04CF6
18275	鹙	鸟部	9	312344334	FB6A	09E59	18321	鷄	鸟部	10	3443554134	FA61	09DC4
18276	鶖	鸟部	9	312344334	F994	09D96	18322	鶬	鸟部	10	3445113251	FA49	09DAC
18277	䳯	鸟部	9	312511211	8234F238	04CEF	18323	鹟	鸟部	10	3454541541	FB6C	09E5F
18278	䳰	鸟部	9	322511234	8234F239	04CF0	18324	鶲	鸟部	10	3454541541	FA4F	09DB2
18279	䳨	鸟部	9	325111121	8234F231	04CE8	18325	鷆	鸟部	10	3525111534	FA63	09DC6
18280	䳧	鸟部	9	325131134	8234F230	04CE7	18326	鹠	鸟部	10	3545325121	FB6D	09E60
18281	鶞	鸟部	9	331225111	F99C	09D9E	18327	鶹	鸟部	10	3545325121	FA56	09DB9
18282	鶢	鸟部	9	344311354	F9A0	09DA2	18328	鶵	鸟部	10	3552335523	FA52	09DB5
18283	䳮	鸟部	9	351145534	8234F237	04CEE	18329	鹡	鸟部	10	4134342511	FB6E	09E61
18284	鶙	鸟部	9	414345252	F997	09D99	18330	鶺	鸟部	10	4134342511	FA57	09DBA
18285	鹚	鸟部	9	431554554	F0CB	09E5A	18331	鶶	鸟部	10	4135112251	FA53	09DB6
18286	鷀	鸟部	9	431554554	FA5D	09DC0	18332	鹢	鸟部	10	4313425221	FB6F	09E62
18287	鶿	鸟部	9	431554554	FA5C	09DBF	18333	鷁	鸟部	10	4313425221	FA5E	09DC1
18288	䳦	鸟部	9	445125111	8234F139	04CE6	18334	鹣	鸟部	10	4315112234	F0CF	09E63
18289	鶟	鸟部	9	445341344	F99D	09D9F	18335	鶼	鸟部	10	4315112234	FA59	09DBC
18290	鶤	鸟部	9	451251112	FA41	09DA4	18336	鶯	鸟部	10	4334433445	FA4C	09DAF
18291	鶣	鸟部	9	451325122	FA40	09DA3	18337	鶷	鸟部	10	4451112251	FA54	09DB7
18292	鹛	鸟部	9	521325111	F0CC	09E5B	18338	鹤	鸟部	10	4532411121	BAD7	09E64
18293	鶥	鸟部	9	521325111	FA42	09DA5	18339	鶴	鸟部	10	4532411121	FA51	09DB4
18294	䳫	鸟部	9	543341134	8234F234	04CEB	18340	鶸	鸟部	10	5154151541	FA55	09DB8
18295	鶔	鸟部	9	545231234	F992	09D94	18341	䳳	鸟部	10	5225211234	8234F332	04CF3
18296	鹜	鸟部	9	545233134	F0CD	09E5C	18342	䳱	鸟部	10	5452335453	8234F330	04CF1
18297	鶩	鸟部	9	545233134	FA46	09DA9	18343	鶭	鸟部	10	5544444153	FA4A	09DAD
18298	鶨	鸟部	9	551353334	FA45	09DA8	18344	鷙	鸟部	11	12143112354	FA76	09DD9
18299	鷔	鸟部	10	1121533134	FA71	09DD4	18345	䳻	鸟部	11	12511123312	8234F430	04CFB
18300	鷌	鸟部	10	1211254444	FA69	09DCC	18346	鷒	鸟部	11	12511214124	FA6F	09DD2
18301	䳲	鸟部	10	1211311534	8234F331	04CF2	18347	鷘	鸟部	11	12512343134	FA75	09DD8
18302	鷨	鸟部	10	1221122112	FA86	09DE8	18348	鷗	鸟部	11	12512512515	FA74	09DD7
18303	鷋	鸟部	10	1223411234	FA68	09DCB	18349	䳼	鸟部	11	12512512515	8234F431	04CFC
18304	鷏	鸟部	10	1225111134	FA6C	09DCF	18350	鹥	鸟部	11	13113453554	FB70	09E65
18305	䳵	鸟部	10	1234343453	8234F334	04CF5	18351	鷖	鸟部	11	13113453554	FA73	09DD6
18306	鷅	鸟部	10	1252211234	FA62	09DC5	18352	鷞	鸟部	11	13434343434	FA7B	09DDE
18307	鷝	鸟部	10	2511122112	FA7A	09DDD	18353	鷐	鸟部	11	25111311534	FA6D	09DD0
18308	鷃	鸟部	10	2511445531	FA60	09DC3	18354	鷜	鸟部	11	25112512531	FA79	09DDC
18309	鶰	鸟部	10	2512511134	FA4D	09DB0	18355	鷕	鸟部	11	25132411121	FA72	09DD5
18310	䳴	鸟部	10	2522123344	8234F333	04CF4	18356	䳽	鸟部	11	25232411121	8234F432	04CFD
18311	鶽	鸟部	10	3241112112	FA5A	09DBD	18357	鹦	鸟部	11	25342534531	F0D0	09E66
18312	鷍	鸟部	10	3251111234	FA6A	09DCD	18358	鷑	鸟部	11	31431441431	FA6E	09DD1

字序	字形	部首	部首外笔画数	部首外笔顺	18030代码	13000代码
18359	䳷	鸟部	11	33234342134	8234F336	04CF7
18360	䳺	鸟部	11	34451253511	8234F339	04CFA
18361	䴂	鸟部	11	35251353334	8234F437	04D02
18362	鹧	鸟部	11	41312214444	F0D1	09E67
18363	鷓	鸟部	11	41312214444	FA70	09DD3
18364	鷛	鸟部	11	41351125112	FA78	09DDB
18365	鷟	鸟部	11	41533131134	FA7C	09DDF
18366	鷩	鸟部	11	43252343134	FA87	09DE9
18367	䳹	鸟部	11	44511352154	8234F338	04CF9
18368	鷵	鸟部	11	51312132511	FA93	09DF5
18369	鹨	鸟部	11	54154134333	F0D2	09E68
18370	鷚	鸟部	11	54154134333	FA77	09DDA
18371	䴃	鸟部	12	121121121135	8234F438	04D03
18372	䴅	鸟部	12	121222511134	8234F530	04D05
18373	鷧	鸟部	12	121451251431	FA85	09DE7
18374	鷰	鸟部	12	122125121135	FA8E	09DF0
18375	鷣	鸟部	12	125221251112	FA81	09DE3
18376	鷢	鸟部	12	134315233534	FA80	09DE2
18377	鹩	鸟部	12	134432511234	F0D3	09E69
18378	鷯	鸟部	12	134432511234	FA8D	09DEF
18379	䴆	鸟部	12	224314311134	8234F531	04D06
18380	鷪	鸟部	12	251112511145	FA88	09DEA
18381	鷴	鸟部	12	251125111234	FA92	09DF4
18382	鷼	鸟部	12	251125112511	FA9A	09DFC
18383	鷳	鸟部	12	251125113511	FA91	09DF3
18384	鷤	鸟部	12	251251251112	FA82	09DE4
18385	鷶	鸟部	12	252212511134	FA94	09DF6
18386	鷡	鸟部	12	311222214444	FA7E	09DE1
18387	鷮	鸟部	12	313425125251	FA8C	09DEE
18388	鹪	鸟部	12	324111214444	F0D4	09E6A
18389	鷦	鸟部	12	324111214444	FA84	09DE6
18390	鷱	鸟部	12	325111413412	FA8F	09DF1
18391	䴈	鸟部	12	325431234134	8234F533	04D08
18392	鷭	鸟部	12	343123425121	FA8B	09DED
18393	䴄	鸟部	12	344345354152	8234F439	04D04
18394	䳿	鸟部	12	354413444444	8234F434	04CFF
18395	鹫	鸟部	12	412512341354	F0D5	09E6B
18396	鷲	鸟部	12	412512341354	FA90	09DF2
18397	鷻	鸟部	12	412515213134	FA99	09DFB
18398	䴀	鸟部	12	414312511211	8234F435	04D00
18399	鷷	鸟部	12	431253511124	FA95	09DF7
18400	䴁	鸟部	12	445251125214	8234F436	04D01
18401	䳾	鸟部	12	543341251431	8234F433	04CFE
18402	鹬	鸟部	12	545232534251	F0D6	09E6C
18403	鷸	鸟部	12	545232534251	FA96	09DF8
18404	鷥	鸟部	12	554444554234	FA83	09DE5
18405	鹱	鸟部	13	1223241112154	F0D7	09E71
18406	鸌	鸟部	13	1223241112154	FB49	09E0C
18407	鹲	鸟部	13	1224511353334	FB73	09E72
18408	鸏	鸟部	13	1224511353334	FB4C	09E0F
18409	䴌	鸟部	13	1224511353334	8234F537	04D0C
18410	鸉	鸟部	13	1234251113533	FB46	09E09
18411	䴇	鸟部	13	1452444434454	8234F532	04D07
18412	鸆	鸟部	13	2153152511134	FB43	09E06
18413	鸈	鸟部	13	2243143111234	FB45	09E08
18414	鹭	鸟部	13	2512121354251	F0D8	09E6D
18415	鷺	鸟部	13	2512121354251	FA98	09DFA
18416	鸅	鸟部	13	2522112143112	FB42	09E05
18417	鹮	鸟部	13	2522112513534	FB71	09E6E
18418	䴉	鸟部	13	2522112513534	8234F534	04D09
18419	䴋	鸟部	13	2522112513534	8234F536	04D0B
18420	鸀	鸟部	13	2522135251214	FA9E	09E00
18421	鸒	鸟部	13	3211152511134	FB4F	09E12
18422	鷽	鸟部	13	3211343451145	FA9B	09DFD
18423	鸄	鸟部	13	3251141533134	FB41	09E04
18424	鹯	鸟部	13	4125251125111	FB72	09E6F
18425	鸇	鸟部	13	4125251125111	FB44	09E07
18426	鹰	鸟部	13	4133232411121	D3A5	09E70
18427	鷹	鸟部	13	4133232411121	FA97	09DF9
18428	鷾	鸟部	13	4143125114544	FA9C	09DFE
18429	鸃	鸟部	13	4311213121534	FB40	09E03
18430	䴊	鸟部	13	4311213121534	8234F535	04D0A
18431	㶉	鸟部	13	4413443554134	8231E536	03D89
18432	鸂	鸟部	13	4413443554134	FAA0	09E02
18433	鷫	鸟部	13	5112322151512	FA89	09DEB
18434	䴙	鸟部	13	5132514143112	FE9E	04D19
18435	鸊	鸟部	13	5132514143112	FB47	09E0A
18436	鷿	鸟部	13	5132514143112	FA9D	09DFF
18437	鸍	鸟部	14	13425234343434	FB4A	09E0D
18438	䴍	鸟部	14	25111342511134	8234F538	04D0D
18439	鸎	鸟部	14	25111342511134	FB4B	09E0E
18440	鸑	鸟部	14	35341112511344	FB4E	09E11
18441	鸋	鸟部	14	44545442522112	FB48	09E0B
18442	鸐	鸟部	14	54154132411121	FB4D	09E10
18443	鸔	鸟部	15	251112213424134	FB51	09E14
18444	鸓	鸟部	15	251212512125121	FB50	09E13
18445	䴎	鸟部	15	251212512125121	8234F539	04D0E
18446	䴏	鸟部	16	1221251211354444	8234F630	04D0F
18447	鸖	鸟部	16	1452444432411121	FB53	09E16
18448	鸕	鸟部	16	2153152512125221	FB52	09E15
18449	鹳	鸟部	17	12225125132411121	F0D9	09E73
18450	鸛	鸟部	17	12225125132411121	FB58	09E1B

字序	字形	部首	部首外笔画数	部首外笔顺	18030代码	13000代码
18451	鹴	鸟部	17	14524444123425111	FB74	09E74
18452	鸘	鸟部	17	14524444123425111	FB55	09E18
18453	鸚	鸟部	17	25111342511134531	FB57	09E1A
18454	鸙	鸟部	17	34125125125125122	FB56	09E19
18455	鸜	鸟部	18	251112511132411121	FB59	09E1C
18456	鸝	鸟部	19	1254125441352211535	FB5A	09E1D
18457	鸞	鸟部	19	4111251554444554444	FB5B	09E1E
18458	䴐	鸟部	20	44511213112522511134	8234F631	04D10
18459	䴑	鸟部	22	2512125121251214525111	8234F632	04D11
18460	䴒	鸟部	24	145244442512512511234341	8234F633	04D12
18461	疒	疒部	0	0	F0DA	07592
18462	疔	疒部	2	12	F0DB	07594
18463	㽲	疒部	2	15	82329835	03F72
18464	疕	疒部	2	35	AF48	07595
18465	疗	疒部	2	52	C1C6	07597
18466	㽱	疒部	2	52	82329834	03F71
18467	疖	疒部	2	52	F0DC	07596
18468	疓	疒部	2	53	AF47	07593
18469	㽳	疒部	3	112	82329836	03F73
18470	疞	疒部	3	115	AF4C	0759E
18471	疘	疒部	3	121	AF49	07598
18472	㽵	疒部	3	121	82329838	03F75
18473	疜	疒部	3	124	AF4B	0759C
18474	疛	疒部	3	124	AF4A	0759B
18475	㽴	疒部	3	134	82329837	03F74
18476	疟	疒部	3	151	C5B1	0759F
18477	疠	疒部	3	153	F0DD	075A0
18478	疝	疒部	3	252	F0DE	0759D
18479	疙	疒部	3	315	B8ED	07599
18480	疚	疒部	3	354	BECE	0759A
18481	㽺	疒部	3	354	82329933	03F7A
18482	㽶	疒部	3	515	82329839	03F76
18483	疡	疒部	3	533	D1F1	075A1
18484	㽻	疒部	4	1254	82329934	03F7B
18485	疬	疒部	4	1353	F0DF	075AC
18486	疣	疒部	4	1354	F0E0	075A3
18487	疨	疒部	4	1523	AF50	075A8
18488	疪	疒部	4	1535	AF52	075AA
18489	㽷	疒部	4	2534	82329930	03F77
18490	㽹	疒部	4	3354	82329932	03F79
18491	疥	疒部	4	3432	BDEA	075A5
18492	疭	疒部	4	3434	AF53	075AD
18493	疺	疒部	4	3454	AF56	075BA
18494	疮	疒部	4	3455	B4AF	075AE

字序	字形	部首	部首外笔画数	部首外笔顺	18030代码	13000代码
18495	疩	疒部	4	3512	AF51	075A9
18496	疧	疒部	4	3515	AF4F	075A7
18497	㾅	疒部	4	3523	82329A34	03F85
18498	疯	疒部	4	3534	B7E8	075AF
18499	疫	疒部	4	3554	D2DF	075AB
18500	疢	疒部	4	4334	AF4D	075A2
18501	㽸	疒部	4	4535	82329931	03F78
18502	疦	疒部	4	5134	AF4E	075A6
18503	㽼	疒部	4	5152	82329935	03F7C
18504	疤	疒部	4	5215	B0CC	075A4
18505	症	疒部	5	12121	D6A2	075C7
18506	㾀	疒部	5	12154	82329939	03F80
18507	疳	疒部	5	12211	F0E1	075B3
18508	疶	疒部	5	12215	AF54	075B6
18509	㽽	疒部	5	12251	82329936	03F7D
18510	㾁	疒部	5	12344	82329A30	03F81
18511	疴	疒部	5	12512	F0E2	075B4
18512	病	疒部	5	12534	B2A1	075C5
18513	痁	疒部	5	21251	AF5A	075C1
18514	疸	疒部	5	25111	F0E3	075B8
18515	㾇	疒部	5	25111	82329A36	03F87
18516	疽	疒部	5	25111	BED2	075BD
18517	㾄	疒部	5	25121	82329A33	03F84
18518	疻	疒部	5	25134	AF57	075BB
18519	㾆	疒部	5	25211	82329A35	03F86
18520	㾎	疒部	5	25251	82329B33	03F8E
18521	疾	疒部	5	31134	BCB2	075BE
18522	痄	疒部	5	31211	F0E4	075C4
18523	㾈	疒部	5	32124	82329A37	03F88
18524	㽿	疒部	5	33544	82329938	03F7F
18525	疹	疒部	5	34333	D5EE	075B9
18526	㾉	疒部	5	34454	82329A38	03F89
18527	痈	疒部	5	35112	D3B8	075C8
18528	疷	疒部	5	35154	AF55	075B7
18529	痀	疒部	5	35251	AF59	075C0
18530	疼	疒部	5	35444	CCDB	075BC
18531	疱	疒部	5	35515	F0E5	075B1
18532	疰	疒部	5	41121	F0E6	075B0
18533	痃	疒部	5	41554	F0E7	075C3
18534	㾃	疒部	5	44535	82329A32	03F83
18535	痆	疒部	5	51335	AF5B	075C6
18536	疿	疒部	5	51532	AF58	075BF
18537	㽾	疒部	5	52252	82329937	03F7E
18538	痂	疒部	5	53251	F0E8	075C2
18539	疲	疒部	5	53254	C6A3	075B2
18540	痉	疒部	5	54121	BEB7	075C9

字序	字形	部首	部首外笔画数	部首外笔顺	18030代码	13000代码
18541	㾂	疒部	5	54251	82329A31	03F82
18542	㾏	疒部	6	121121	82329B34	03F8F
18543	痔	疒部	6	121124	D6CC	075D4
18544	痖	疒部	6	122431	F0E9	075D6
18545	㾊	疒部	6	125234	82329A39	03F8A
18546	痏	疒部	6	132511	AF5F	075CF
18547	㾍	疒部	6	132522	82329B32	03F8D
18548	㾐	疒部	6	135422	82329B35	03F90
18549	痍	疒部	6	151534	F0EA	075CD
18550	痓	疒部	6	154121	AF62	075D3
18551	疵	疒部	6	212135	B4C3	075B5
18552	痋	疒部	6	251214	AF5C	075CB
18553	㾔	疒部	6	251251	82329B39	03F94
18554	痌	疒部	6	251251	AF5D	075CC
18555	痐	疒部	6	252511	AF60	075D0
18556	㾌	疒部	6	312135	82329B31	03F8C
18557	㾋	疒部	6	321234	82329B30	03F8B
18558	痊	疒部	6	341121	C8AC	075CA
18559	㾑	疒部	6	341251	82329B36	03F91
18560	痑	疒部	6	354354	AF61	075D1
18561	痎	疒部	6	415334	AF5E	075CE
18562	痒	疒部	6	431112	D1F7	075D2
18563	痕	疒部	6	511534	BADB	075D5
18564	㾒	疒部	6	531251	82329B37	03F92
18565	痚	疒部	7	1213521	AF65	075DA
18566	痣	疒部	7	1214544	F0EB	075E3
18567	㾡	疒部	7	1215452	82329D32	03FA1
18568	痨	疒部	7	1224553	F0EC	075E8
18569	㾝	疒部	7	1251112	82329C38	03F9D
18570	痡	疒部	7	1251124	AF6A	075E1
18571	㾘	疒部	7	1251134	82329C33	03F98
18572	痦	疒部	7	1251251	F0ED	075E6
18573	痘	疒部	7	1251431	B6BB	075D8
18574	㾞	疒部	7	1253511	82329C39	03F9E
18575	痞	疒部	7	1324251	C6A6	075DE
18576	㾜	疒部	7	1343434	82329C37	03F9C
18577	痝	疒部	7	1353334	AF67	075DD
18578	痙	疒部	7	1555121	AF64	075D9
18579	㾟	疒部	7	2121233	82329D30	03F9F
18580	痟	疒部	7	2432511	AF68	075DF
18581	㾖	疒部	7	2511211	82329C31	03F96
18582	痩	疒部	7	2511254	AF6C	075E9
18583	㾓	疒部	7	2512511	82329B38	03F93
18584	痢	疒部	7	3123422	C1A1	075E2
18585	痜	疒部	7	3123435	AF66	075DC
18586	痗	疒部	7	3155414	AF63	075D7
18587	㾙	疒部	7	3413252	82329C34	03F99
18588	痤	疒部	7	3434121	F0EE	075E4
18589	痪	疒部	7	3525134	BBBE	075EA
18590	㾠	疒部	7	3531121	82329D31	03FA0
18591	㾕	疒部	7	4143112	82329C30	03F95
18592	痫	疒部	7	4251234	F0EF	075EB
18593	痥	疒部	7	4325135	AF6B	075E5
18594	痧	疒部	7	4412343	F0F0	075E7
18595	㾗	疒部	7	4511534	82329C32	03F97
18596	㾛	疒部	7	5114554	82329C36	03F9B
18597	痾	疒部	7	5212512	AF7A	075FE
18598	痛	疒部	7	5425112	CDB4	075DB
18599	痠	疒部	7	5434354	AF69	075E0
18600	痮	疒部	8	12111534	AF6F	075EE
18601	瘏	疒部	8	12132511	AF85	0760F
18602	瘂	疒部	8	12155121	AF7B	07602
18603	瘔	疒部	8	12212251	AF89	07614
18604	瘄	疒部	8	12212511	AF7C	07604
18605	痳	疒部	8	12341234	AF72	075F3
18606	㾢	疒部	8	12343434	82329D33	03FA2
18607	痲	疒部	8	12351235	AF71	075F2
18608	㾨	疒部	8	13412512	82329D39	03FA8
18609	痷	疒部	8	13425115	AF75	075F7
18610	瘃	疒部	8	13533434	F0F1	07603
18611	痱	疒部	8	21112111	F0F2	075F1
18612	㾥	疒部	8	21123454	82329D36	03FA5
18613	㾚	疒部	8	21213511	82329C35	03F9A
18614	㾧	疒部	8	25111234	82329D38	03FA7
18615	痬	疒部	8	25113533	AF6D	075EC
18616	痹	疒部	8	25121132	B1D4	075F9
18617	痶	疒部	8	25122134	AF74	075F6
18618	痼	疒部	8	25122511	F0F3	075FC
18619	瘑	疒部	8	25525251	AF86	07611
18620	痸	疒部	8	31125222	AF76	075F8
18621	痴	疒部	8	31134251	B3D5	075F4
18622	㾩	疒部	8	31221135	82329E30	03FA9
18623	痵	疒部	8	31234521	AF73	075F5
18624	痿	疒部	8	31234531	F0F4	075FF
18625	瘐	疒部	8	32151134	F0F5	07610
18626	痽	疒部	8	32411121	AF79	075FD
18627	痺	疒部	8	32511312	AF77	075FA
18628	㾣	疒部	8	34112431	82329D34	03FA3
18629	痭	疒部	8	35113511	AF6E	075ED
18630	痻	疒部	8	35152511	AF78	075FB
18631	瘁	疒部	8	41343412	B4E1	07601
18632	㾦	疒部	8	41431251	82329D37	03FA6

字序	字形	部首	部首外笔画数	部首外笔顺	18030代码	13000代码
18633	瘀	疒部	8	41533444	F0F6	07600
18634	瘅	疒部	8	43251112	F0F7	07605
18635	痰	疒部	8	43344334	CCB5	075F0
18636	痯	疒部	8	44525151	AF70	075EF
18637	㾤	疒部	8	44534121	82329D35	03FA4
18638	㾿	疒部	8	45115452	8232A032	03FBF
18639	瘆	疒部	8	54134333	AF7D	07606
18640	瘈	疒部	9	111253134	AF80	07608
18641	瘎	疒部	9	122111345	AF84	0760E
18642	瘩	疒部	9	122341251	B4F1	07629
18643	㾰	疒部	9	122513511	82329E37	03FB0
18644	㾴	疒部	9	123425111	82329F31	03FB4
18645	瘌	疒部	9	125123422	F0F8	0760C
18646	瘗	疒部	9	143134121	F0F9	07617
18647	㾬	疒部	9	153532511	82329E33	03FAC
18648	瘧	疒部	9	215315151	AF91	07627
18649	㾪	疒部	9	234325111	82329E31	03FAA
18650	瘍	疒部	9	251113533	AF83	0760D
18651	瘟	疒部	9	251125221	CEC1	0761F
18652	㾯	疒部	9	251211534	82329E36	03FAF
18653	㾶	疒部	9	255452511	82329F33	03FB6
18654	㾭	疒部	9	312344334	82329E34	03FAD
18655	瘇	疒部	9	312511211	AF7E	07607
18656	瘦	疒部	9	321511254	CADD	07626
18657	㾮	疒部	9	325111121	82329E35	03FAE
18658	瘣	疒部	9	325113554	AF90	07623
18659	瘊	疒部	9	325131134	F0FA	0760A
18660	㾽	疒部	9	325151454	8232A030	03FBD
18661	瘉	疒部	9	341251122	AF81	07609
18662	瘓	疒部	9	352534134	AF88	07613
18663	瘋	疒部	9	353251214	AF82	0760B
18664	㾵	疒部	9	411125112	82329F32	03FB5
18665	㾳	疒部	9	413534531	82329F30	03FB3
18666	瘖	疒部	9	414312511	AF8A	07616
18667	瘥	疒部	9	431113121	F0FB	07625
18668	瘘	疒部	9	431234531	F0FC	07618
18669	瘒	疒部	9	451251112	AF87	07612
18670	㾫	疒部	9	451325122	82329E32	03FAB
18671	㾼	疒部	9	511534454	82329F39	03FBC
18672	瘕	疒部	9	512115154	F0FD	07615
18673	㾻	疒部	9	523411234	82329F38	03FBB
18674	㾱	疒部	9	543341135	82329E38	03FB1
18675	瘙	疒部	9	544251214	F0FE	07619
18676	瘛	疒部	10	1112534544	F1A1	0761B
18677	㿀	疒部	10	1121431121	8232A033	03FC0
18678	㾲	疒部	10	1121533134	82329E39	03FB2
18679	㾺	疒部	10	1211254444	82329F37	03FBA
18680	瘼	疒部	10	1222511134	F1A2	0763C
18681	瘨	疒部	10	1225111134	AF92	07628
18682	瘞	疒部	10	1343434121	AF8E	0761E
18683	㾹	疒部	10	2121351234	82329F36	03FB9
18684	瘝	疒部	10	2522123344	AF8D	0761D
18685	㿁	疒部	10	3251113412	8232A034	03FC1
18686	瘪	疒部	10	3251113435	B1F1	0762A
18687	瘜	疒部	10	3251114544	AF8C	0761C
18688	㾷	疒部	10	3321531535	82329F34	03FB7
18689	瘢	疒部	10	3354143554	F1A3	07622
18690	瘡	疒部	10	3445113251	AF8F	07621
18691	瘤	疒部	10	3545325121	C1F6	07624
18692	㾸	疒部	10	4125125251	82329F35	03FB8
18693	瘠	疒部	10	4134342511	F1A4	07620
18694	㾾	疒部	10	4315112234	8232A031	03FBE
18695	瘚	疒部	10	4315233534	AF8B	0761A
18696	癊	疒部	10	5234451154	B045	0764A
18697	瘫	疒部	10	5432411121	CCB1	0762B
18698	瘽	疒部	11	12212511121	AF9D	0763D
18699	癀	疒部	11	12212512134	F1A5	07640
18700	瘷	疒部	11	12512343134	AF99	07637
18701	瘶	疒部	11	12512343534	AF98	07636
18702	瘭	疒部	11	12522111234	F1A6	0762D
18703	㿄	疒部	11	13113453554	8232A037	03FC4
18704	㿃	疒部	11	13221545252	8232A036	03FC3
18705	瘱	疒部	11	13434344544	AF96	07631
18706	瘻	疒部	11	25112512531	AF9C	0763B
18707	瘰	疒部	11	25121554234	F1A7	07630
18708	㿂	疒部	11	25211213134	8232A035	03FC2
18709	瘿	疒部	11	25342534531	F1A8	0763F
18710	㿆	疒部	11	31234413534	8232A039	03FC6
18711	㿅	疒部	11	33221212134	8232A038	03FC5
18712	瘲	疒部	11	33234342134	AF97	07632
18713	瘹	疒部	11	34112431354	AF9A	07639
18714	瘵	疒部	11	35445411234	F1A9	07635
18715	瘴	疒部	11	41431251112	D5CE	07634
18716	瘯	疒部	11	41533131134	AF95	0762F
18717	瘺	疒部	11	51312524444	AF9B	0763A
18718	瘬	疒部	11	51512111534	AF93	0762C
18719	癃	疒部	11	52354131121	F1AA	07643
18720	瘾	疒部	11	52355114544	F1AB	0763E
18721	瘸	疒部	11	53251253434	C8B3	07638
18722	㿇	疒部	11	54154132511	8232A130	03FC7
18723	瘳	疒部	11	54154134333	F1AC	07633
18724	瘮	疒部	11	54545434333	AF94	0762E

字序	字形	部首	部首外笔画数	部首外笔顺	18030代码	13000代码
18725	㿈	疒部	11	55332411121	8232A131	03FC8
18726	癍	疒部	12	112141341121	F1AD	0764D
18727	㿎	疒部	12	121222511134	8232A137	03FCE
18728	癋	疒部	12	121551214544	B046	0764B
18729	癅	疒部	12	122155125121	B040	07645
18730	癘	疒部	12	122251125214	B04F	07658
18731	療	疒部	12	134432511234	AF9F	07642
18732	㿊	疒部	12	153515352511	8232A133	03FCA
18733	癎	疒部	12	251125112511	B047	0764E
18734	癇	疒部	12	251125113511	B042	07647
18735	㿉	疒部	12	251212511134	8232A132	03FC9
18736	癉	疒部	12	251251251112	B044	07649
18737	癌	疒部	12	251251251252	B0A9	0764C
18738	癄	疒部	12	324111214444	AFA0	07644
18739	癁	疒部	12	332312511354	AF9E	07641
18740	癆	疒部	12	433443344553	B041	07646
18741	癈	疒部	12	543345153554	B043	07648
18742	㿐	疒部	13	1212134354354	8232A139	03FD0
18743	癞	疒部	13	1251234352534	F1AE	0765E
18744	癗	疒部	13	1452444425121	B04E	07657
18745	癑	疒部	13	2512211311534	B04A	07651
18746	㿋	疒部	13	2512512511234	8232A134	03FCB
18747	癏	疒部	13	2522112513534	B048	0764F
18748	癤	疒部	13	3143145115452	B058	07664
18749	癙	疒部	13	3215115445445	B050	07659
18750	癓	疒部	13	3322521353134	B04C	07653
18751	癒	疒部	13	3412511224544	B04B	07652
18752	㿌	疒部	13	3412512513434	8232A135	03FCC
18753	癐	疒部	13	3412524312511	B049	07650
18754	癚	疒部	13	3513344111251	B051	0765A
18755	㿍	疒部	13	3535112533112	8232A136	03FCD
18756	癝	疒部	13	4125251111234	B053	0765D
18757	癛	疒部	13	4125251131234	B052	0765B
18758	癔	疒部	13	4143125114544	F1AF	07654
18759	癕	疒部	13	4155332411121	B04D	07655
18760	㿏	疒部	13	5113251431112	8232A138	03FCF
18761	癜	疒部	13	5131221343554	F1B0	0765C
18762	癖	疒部	13	5132514143112	F1B1	07656
18763	㿒	疒部	14	12151211251124	8232A231	03FD2
18764	㿓	疒部	14	13434342512134	8232A232	03FD3
18765	癟	疒部	14	32511134125122	B054	0765F
18766	癣	疒部	14	35251211431112	D1A2	07663
18767	癡	疒部	14	35311345452134	B056	07661
18768	癠	疒部	14	41432533543211	B055	07660
18769	癢	疒部	14	43111344511534	B057	07662
18770	㿑	疒部	14	54154132411121	8232A230	03FD1
18771	㿔	疒部	15	251212512125121	8232A233	03FD4
18772	癦	疒部	15	254312114444121	B05A	07666
18773	癥	疒部	15	332252111213134	B059	07665
18774	癫	疒部	16	1225111134132534	F1B2	0766B
18775	癩	疒部	16	1251234352511134	B05D	07669
18776	癧	疒部	16	1331234312342121	B05B	07667
18777	癨	疒部	16	1452444432411121	B05C	07668
18778	㿖	疒部	16	2153152512125221	8232A235	03FD6
18779	㿕	疒部	16	2511251135321511	8232A234	03FD5
18780	癪	疒部	16	3123411212511134	B05E	0766A
18781	㿗	疒部	16	3123435132511134	8232A236	03FD7
18782	㿘	疒部	16	4334433445251251	8232A237	03FD8
18783	癮	疒部	16	5234431215114544	B061	0766E
18784	癭	疒部	17	25111342511134531	B060	0766D
18785	癬	疒部	17	35251214444431112	B05F	0766C
18786	癯	疒部	18	251112511132411121	F1B3	0766F
18787	㿙	疒部	18	252212522125221134	8232A238	03FD9
18788	癰	疒部	18	555251521532411121	B062	07670
18789	癱	疒部	19	1221251113432411121	B063	07671
18790	癲	疒部	19	1225111134132511134	B064	07672
18791	㿛	疒部	19	1254125441352211535	8232A330	03FDB
18792	㿚	疒部	19	2522155444432411121	8232A239	03FDA
18793	癳	疒部	21	251212512125121554234	B065	07673
18794	㿜	疒部	23	32511134125125125125122	8232A331	03FDC
18795	癴	疒部	23	41112515544445544443112	B066	07674
18796	癵	疒部	25	4111251554444554444253434	B067	07675
18797	立	立部	0	0	C1A2	07ACB
18798	䇂	立部	1	2	8232D335	041C2
18799	竍	立部	2	12	B862	07ACD
18800	竌	立部	2	35	B861	07ACC
18801	竎	立部	3	132	B863	07ACE
18802	咅	立部	3	251	85F0	05485
18803	竏	立部	3	312	B864	07ACF
18804	䇄	立部	3	315	8232D337	041C4
18805	䇃	立部	3	515	8232D336	041C3
18806	妾	立部	3	531	E6AA	059BE
18807	亲	立部	4	1234	C7D7	04EB2
18808	攱	立部	4	1254	948B	06531
18809	竑	立部	4	1354	B866	07AD1
18810	䇅	立部	4	1534	8232D338	041C5
18811	竖	立部	4	2254	CAFA	07AD6
18812	竗	立部	4	2343	B86B	07AD7
18813	竒	立部	4	2512	B867	07AD2

字序	字形	部首	部首外笔画数	部首外笔顺	18030代码	13000代码	字序	字形	部首	部首外笔画数	部首外笔顺	18030代码	13000代码
18814	竓	立部	4	3115	B868	07AD3	18860	竮	立部	9	513431132	B87A	07AEE
18815	竔	立部	4	3132	B869	07AD4	18861	竱	立部	11	12511214124	B87C	07AF1
18816	竕	立部	4	3453	B86A	07AD5	18862	鴗	立部	11	32511154444	F874	09D17
18817	飒	立部	4	3534	ECAA	098D2	18863	𥪯	立部	12	333132511134	8232D532	041D3
18818	竐	立部	4	3554	B865	07AD0	18864	竴	立部	12	431253511124	B880	07AF4
18819	𥩟	立部	4	4412	8232D339	041C6	18865	竲	立部	12	432524312511	B87D	07AF2
18820	𥩠	立部	5	13251	8232D432	041C9	18866	竳	立部	12	543341251431	B87E	07AF3
18821	站	立部	5	21251	D5BE	07AD9	18867	竵	立部	13	1251152254312	B881	07AF5
18822	竜	立部	5	25115	B86F	07ADC	18868	䇅	立部	14	14524444132522	8232D534	041D5
18823	竞	立部	5	25135	BEBA	07ADE	18869	竷	立部	15	251112354152354	B883	07AF7
18824	竛	立部	5	34454	B86E	07ADB	18870	競	立部	15	251354143125135	B882	07AF6
18825	竘	立部	5	35251	B86C	07AD8	18871	贑	立部	16	2511121212511134	DA43	08D11
18826	竑	立部	5	41354	8232D433	041CA	18872	赣	立部	16	2511123541212534	B8D3	08D63
18827	竝	立部	5	41431	B870	07ADD	18873	竸	立部	17	25113541431251135	B884	07AF8
18828	竚	立部	5	44512	B86D	07ADA	18874	贛	立部	19	2511123541212511134	DA4D	08D1B
18829	𥩳	立部	5	51515	8232D430	041C7	18875	穴	穴部	0	0	D1A8	07A74
18830	𥩲	立部	5	54121	8232D431	041C8	18876	穵	穴部	1	5	B78A	07A75
18831	竡	立部	6	132511	B871	07AE1	18877	𥤢	穴部	2	12	8232CE36	04191
18832	章	立部	6	251112	D5C2	07AE0	18878	究	穴部	2	35	BEBF	07A76
18833	竟	立部	6	251135	BEB9	07ADF	18879	穷	穴部	2	53	C7EE	07A77
18834	豙	立部	6	353334	D85B	08C59	18880	穻	穴部	3	112	B78B	07A7B
18835	𥩺	立部	6	354354	8232D434	041CB	18881	空	穴部	3	121	BFD5	07A7A
18836	竫	立部	6	355112	B878	07AEB	18882	帘	穴部	3	252	C1B1	05E18
18837	翊	立部	6	541541	F1B4	07FCA	18883	穸	穴部	3	354	F1B6	07A78
18838	竦	立部	7	1251234	F1B5	07AE6	18884	𥤥	穴部	3	354	8232CE37	04192
18839	𥪂	立部	7	2432511	8232D435	041CC	18885	穹	穴部	3	515	F1B7	07A79
18840	童	立部	7	2511211	CDAF	07AE5	18886	穽	穴部	4	1132	B78D	07A7D
18841	𥪃	立部	7	2512134	8232D436	041CD	18887	穼	穴部	4	1234	B78C	07A7C
18842	竧	立部	7	3251113	B874	07AE7	18888	突	穴部	4	1344	CDBB	07A81
18843	竤	立部	7	4451354	B873	07AE4	18889	𥥉	穴部	4	1354	8232CF31	04196
18844	竢	立部	7	5431134	B872	07AE2	18890	穿	穴部	4	1523	B4A9	07A7F
18845	竣	立部	7	5434354	BFA2	07AE3	18891	窀	穴部	4	1525	F1B8	07A80
18846	靖	立部	8	11212511	BEB8	09756	18892	窃	穴部	4	1553	C7D4	07A83
18847	䇓	立部	8	12212511	8232D437	041CE	18893	𥥆	穴部	4	2512	8232CE39	04194
18848	竪	立部	8	12512554	B877	07AEA	18894	窂	穴部	4	3112	B78F	07A82
18849	竨	立部	8	21251112	B875	07AE8	18895	穾	穴部	4	3134	B78E	07A7E
18850	𥪕	立部	8	32511312	8232D530	041D1	18896	窆	穴部	4	3454	F1B9	07A86
18851	𥪋	立部	8	41251521	8232D438	041CF	18897	𥥍	穴部	4	5134	8232CF30	04195
18852	竩	立部	8	44525111	B876	07AE9	18898	𥥈	穴部	4	5435	8232CE38	04193
18853	𥪑	立部	8	51124134	8232D439	041D0	18899	窍	穴部	5	12115	C7CF	07A8D
18854	竰	立部	9	132511211	B87B	07AF0	18900	𥥛	穴部	5	12121	8232CF34	04199
18855	竭	立部	9	251135345	BDDF	07AED	18901	窉	穴部	5	12534	B792	07A89
18856	端	立部	9	252132522	B6CB	07AEF	18902	窅	穴部	5	25111	B790	07A85
18857	竬	立部	9	325125214	B879	07AEC	18903	𥥚	穴部	5	25112	8232CF33	04198
18858	颯	立部	9	353251214	EF53	098AF	18904	𥥙	穴部	5	25152	8232CF32	04197
18859	𥪮	立部	9	511541535	8232D531	041D2	18905	窄	穴部	5	31211	D5AD	07A84

字序	字形	部首	部首外笔画数	部首外笔顺	18030代码	13000代码
18906	窊	穴部	5	33544	B793	07A8A
18907	窌	穴部	5	35352	B795	07A8C
18908	窎	穴部	5	35451	B796	07A8E
18909	窇	穴部	5	35515	B791	07A87
18910	窋	穴部	5	52252	B794	07A8B
18911	窈	穴部	5	55453	F1BA	07A88
18912	窐	穴部	6	121121	B798	07A90
18913	䆠	穴部	6	125125	8232D031	041A0
18914	䆜	穴部	6	132511	8232CF37	0419C
18915	窚	穴部	6	135534	B79C	07A9A
18916	窒	穴部	6	154121	D6CF	07A92
18917	䆞	穴部	6	251135	8232CF39	0419E
18918	䆚	穴部	6	251251	8232CF35	0419A
18919	䆛	穴部	6	251315	8232CF36	0419B
18920	窑	穴部	6	311252	D2A4	07A91
18921	䆝	穴部	6	325221	8232CF38	0419D
18922	䆟	穴部	6	341251	8232D030	0419F
18923	窕	穴部	6	341534	F1BB	07A95
18924	窔	穴部	6	413434	B79A	07A94
18925	窏	穴部	6	441112	B797	07A8F
18926	窓	穴部	6	544544	B799	07A93
18927	窛	穴部	7	1135531	B79D	07A9B
18928	窙	穴部	7	1213521	B79B	07A99
18929	䆢	穴部	7	1215134	8232D033	041A2
18930	䆣	穴部	7	1311534	8232D034	041A3
18931	䆥	穴部	7	1353334	8232D036	041A5
18932	窜	穴部	7	2512512	B4DC	07A9C
18933	窝	穴部	7	2512534	CED1	07A9D
18934	窖	穴部	7	3121251	BDD1	07A96
18935	䆤	穴部	7	3251113	8232D035	041A4
18936	窗	穴部	7	3253541	B4B0	07A97
18937	䆡	穴部	7	4511534	8232D032	041A1
18938	窘	穴部	7	5113251	BEBD	07A98
18939	窥	穴部	8	11342535	BFFA	07AA5
18940	窢	穴部	8	12511534	B7A0	07AA2
18941	窦	穴部	8	12544134	F1BC	07AA6
18942	窧	穴部	8	21251112	B842	07AA7
18943	䆨	穴部	8	25111134	8232D039	041A8
18944	䆩	穴部	8	25111134	8232D130	041A9
18945	窠	穴部	8	25111234	F1BD	07AA0
18946	窤	穴部	8	25111535	B841	07AA4
18947	窩	穴部	8	25525251	B843	07AA9
18948	䆧	穴部	8	31234531	8232D038	041A7
18949	窞	穴部	8	35321511	B79E	07A9E
18950	窣	穴部	8	41343412	B840	07AA3
18951	䆦	穴部	8	43344334	8232D037	041A6
18952	窟	穴部	8	51352252	BFDF	07A9F
18953	窡	穴部	8	54545454	B79F	07AA1
18954	窫	穴部	9	111253134	B845	07AAB
18955	䆪	穴部	9	243135121	8232D131	041AA
18956	窬	穴部	9	341251122	F1BE	07AAC
18957	䆫	穴部	9	353344544	8232D132	041AB
18958	窨	穴部	9	414312511	F1BF	07AA8
18959	窭	穴部	9	431234531	F1C0	07AAD
18960	窪	穴部	9	441121121	B844	07AAA
18961	窴	穴部	10	1225111134	B84B	07AB4
18962	䆭	穴部	10	1251112112	8232D134	041AD
18963	䆳	穴部	10	1353334454	8232D230	041B3
18964	䆬	穴部	10	2512511134	8232D133	041AC
18965	窱	穴部	10	3223541234	B849	07AB1
18966	窮	穴部	10	3251113515	B846	07AAE
18967	窳	穴部	10	3354433544	F1C1	07AB3
18968	窰	穴部	10	3443311252	B848	07AB0
18969	窯	穴部	10	4311214444	B847	07AAF
18970	窲	穴部	10	4312344412	B84A	07AB2
18971	䆮	穴部	10	4415114554	8232D135	041AE
18972	窺	穴部	11	11342511135	B851	07ABA
18973	窷	穴部	11	12211135352	B84E	07AB7
18974	䆰	穴部	11	12512512515	8232D137	041B0
18975	窶	穴部	11	25112512531	B84D	07AB6
18976	䆼	穴部	11	25525251454	8232D239	041BC
18977	窵	穴部	11	32511154444	B84C	07AB5
18978	窻	穴部	11	32535414544	B852	07ABB
18979	窸	穴部	11	34312344544	B84F	07AB8
18980	䆴	穴部	11	35251125115	8232D231	041B4
18981	窽	穴部	11	35311343534	B854	07ABD
18982	䆲	穴部	11	41351124134	8232D139	041B2
18983	䆱	穴部	11	44143344334	8232D138	041B1
18984	䆻	穴部	11	51221113134	8232D238	041BB
18985	窹	穴部	11	52131251251	B850	07AB9
18986	窿	穴部	11	52354131121	C1FE	07ABF
18987	䆯	穴部	11	54545454531	8232D136	041AF
18988	窼	穴部	11	55525111234	B853	07ABC
18989	窾	穴部	12	121112343534	B855	07ABE
18990	竀	穴部	12	121212511135	B856	07AC0
18991	竃	穴部	12	121251125115	B859	07AC3
18992	竂	穴部	12	134432511234	B858	07AC2
18993	竁	穴部	12	311531153115	B857	07AC1
18994	䆶	穴部	12	324111214444	8232D233	041B6
18995	䆺	穴部	12	343123425121	8232D237	041BA
18996	䆹	穴部	12	414312511211	8232D236	041B9
18997	䆵	穴部	12	432524312511	8232D232	041B5

字序	字形	部首	部首外笔画数	部首外笔顺	18030代码	13000代码	字序	字形	部首	部首外笔画数	部首外笔顺	18030代码	13000代码
18998	䆸	穴部	12	543341251431	8232D235	041B8	19044	頗	皮部	9	132511134	EE48	09817
18999	䆷	穴部	12	545232534251	8232D234	041B7	19045	㿵	皮部	9	132522134	8232A536	03FF5
19000	䆽	穴部	13	2153151353334	8232D330	041BD	19046	㿴	皮部	9	134122111	8232A535	03FF4
19001	竄	穴部	13	3215115445445	B85A	07AC4	19047	㿷	皮部	9	431113121	8232A538	03FF7
19002	竆	穴部	13	3251113251251	B85C	07AC6	19048	皸	皮部	9	451251112	B097	076B8
19003	竅	穴部	13	3251141533134	B85B	07AC5	19049	皹	皮部	9	451251112	B098	076B9
19004	䆾	穴部	14	12512531425221	8232D331	041BE	19050	皺	皮部	10	3552335523	B099	076BA
19005	䆿	穴部	14	52133251111234	8232D332	041BF	19051	㿶	皮部	10	4143454153	8232A537	03FF6
19006	竇	穴部	15	121252212511134	B85D	07AC7	19052	皻	皮部	11	21531525111	B09A	076BB
19007	䇀	穴部	15	122125112122111	8232D333	041C0	19053	㿸	皮部	11	25112522154	8232A539	03FF8
19008	竈	穴部	16	1212511251211511	B85E	07AC8	19054	㿹	皮部	12	121431112454	8232A630	03FF9
19009	竉	穴部	16	4143125111515111	B85F	07AC9	19055	皼	皮部	12	121451251431	B09B	076BC
19010	竊	穴部	17	34312342125342554	B860	07ACA	19056	皽	皮部	13	4125251125111	B09C	076BD
19011	䇁	穴部	17	35251214444431112	8232D334	041C1	19057	皾	皮部	15	121252212511134	B09D	076BE
19012	疋	疋部	0	0	F1E2	0758B	19058	㿺	皮部	15	251112213424134	8232A631	03FFA
19013	⺪	疋部	0	0	FE6E	02EAA	19059	癶	癶部	0	0	B068	07676
19014	胥	疋部	4	2511	F1E3	080E5	19060	癷	癶部	3	112	B069	07677
19015	疍	疋部	5	25111	AF44	0758D	19061	癸	癶部	4	1134	B9EF	07678
19016	㿿	疋部	5	25221	8232A636	03FFF	19062	発	癶部	4	1135	B06B	0767A
19017	蛋	疋部	6	251214	B5B0	086CB	19063	癹	癶部	4	3554	B06A	07679
19018	疎	疋部	7	1251234	AF45	0758E	19064	登	癶部	7	1251431	B5C7	0767B
19019	疏	疋部	7	4154325	CAE8	0758F	19065	發	癶部	7	5153554	B06C	0767C
19020	楚	疋部	8	12341234	B3FE	0695A	19066	矛	矛部	0	0	C3AC	077DB
19021	㽰	疋部	8	35113511	82329833	03F70	19067	䂆	矛部	3	354	8232B430	04086
19022	疐	疋部	9	124525121	AF46	07590	19068	柔	矛部	4	1234	C8E1	067D4
19023	皮	皮部	0	0	C6A4	076AE	19069	敄	矛部	4	3134	9496	06544
19024	㓟	皮部	2	22	82308730	034DF	19070	矜	矛部	4	3445	F1E6	077DC
19025	皯	皮部	3	112	B091	076AF	19071	䂇	矛部	4	5211	8232B431	04087
19026	㿪	皮部	3	354	8232A435	03FEA	19072	矝	矛部	5	34454	B29B	077DD
19027	㿬	皮部	4	5215	8232A437	03FEC	19073	務	矛部	5	35453	84D5	052D9
19028	㿮	皮部	5	25134	8232A439	03FEE	19074	䂈	矛部	6	251214	8232B432	04088
19029	㿭	皮部	5	33124	8232A438	03FED	19075	䖥	矛部	6	251214	8233B835	045A5
19030	皱	皮部	5	35511	D6E5	076B1	19076	矟	矛部	7	2432511	B29D	077DF
19031	皰	皮部	5	35515	B092	076B0	19077	矞	矛部	7	2534251	B29C	077DE
19032	颇	皮部	6	132534	C6C4	09887	19078	矠	矛部	8	12212511	B29E	077E0
19033	㿯	皮部	6	341251	8232A530	03FEF	19079	䂉	矛部	9	325131134	8232B433	04089
19034	㿰	皮部	6	413434	8232A531	03FF0	19080	䂊	矛部	11	35251353334	8232B434	0408A
19035	皲	皮部	6	451521	F1E4	076B2	19081	䂋	矛部	12	122511521234	8232B435	0408B
19036	㿱	皮部	7	1213312	8232A532	03FF1	19082	蟊	矛部	12	251214251214	F3B1	087CA
19037	皳	皮部	7	1241344	B093	076B3	19083	䂌	矛部	12	414312511211	8232B436	0408C
19038	皴	皮部	7	5434354	F1E5	076B4	19084	䂍	矛部	15	251112213424134	8232B437	0408D
19039	皵	皮部	8	12212511	B094	076B5	19085	䂎	矛部	19	3121353121352511134	8232B438	0408E
19040	㿲	皮部	8	13412512	8232A533	03FF2	19086	矡	矛部	20	25111251113241112154	B29F	077E1
19041	㿳	皮部	8	55525121	8232A534	03FF3	19087	耒	耒部	0	0	F1E7	08012
19042	皷	皮部	9	121251431	B096	076B7	19088	耓	耒部	2	12	C25B	08013
19043	皶	皮部	9	123425111	B095	076B6	19089	䣂	耒部	2	52	82348936	048C2

字序	字形	部首	部首外笔画数	部首外笔顺	18030代码	13000代码
19090	䎢	耒部	3	315	82338534	043A2
19091	耔	耒部	3	521	F1E8	08014
19092	耕	耒部	4	1132	B8FB	08015
19093	耘	耒部	4	1154	D4C5	08018
19094	耟	耒部	4	1515	C260	0801F
19095	耖	耒部	4	2343	F1E9	08016
19096	耗	耒部	4	3115	BAC4	08017
19097	耙	耒部	4	5215	B0D2	08019
19098	䎣	耒部	4	5434	82338535	043A3
19099	耝	耒部	5	25111	C25E	0801D
19100	耜	耒部	5	25151	F1EA	0801C
19101	㼍	耒部	5	33544	82328E34	03F0D
19102	耞	耒部	5	53251	C25F	0801E
19103	耚	耒部	5	53254	C25C	0801A
19104	耛	耒部	5	54251	C25D	0801B
19105	耠	耒部	6	341251	F1EB	08020
19106	耢	耒部	7	1224553	F1EC	08022
19107	耡	耒部	7	2511153	C261	08021
19108	䎥	耒部	7	3434251	82338537	043A5
19109	䎤	耒部	7	5135251	82338536	043A4
19110	耤	耒部	8	12212511	C263	08024
19111	䎨	耒部	8	13425115	82338630	043A8
19112	耥	耒部	8	24325251	F1ED	08025
19113	䎪	耒部	8	25111124	82338632	043AA
19114	耣	耒部	8	34125122	C262	08023
19115	䎧	耒部	8	41431251	82338539	043A7
19116	䎦	耒部	8	43344334	82338538	043A6
19117	䎩	耒部	8	55525121	82338631	043A9
19118	頛	耒部	9	132511134	EE4C	0981B
19119	耦	耒部	9	251125214	F1EE	08026
19120	䎫	耒部	9	345234354	82338633	043AB
19121	耧	耒部	9	431234531	F1EF	08027
19122	耩	耒部	10	1122125211	F1F0	08029
19123	耨	耒部	10	1311534124	F1F1	08028
19124	䎬	耒部	10	2522112154	FE78	043AC
19125	䎭	耒部	10	3121251454	82338634	043AD
19126	耪	耒部	10	4143454153	C5D5	0802A
19127	耫	耒部	11	11212511134	C264	0802B
19128	䎯	耒部	11	12212511134	82338636	043AF
19129	耬	耒部	11	25112512531	C265	0802C
19130	䎮	耒部	11	41432512251	82338635	043AE
19131	䎰	耒部	12	122125113312	82338637	043B0
19132	耮	耒部	12	433443344553	C267	0802E
19133	耭	耒部	12	554554134534	C266	0802D
19134	耯	耒部	13	1223241112154	C268	0802F
19135	耰	耒部	15	132511454544354	C269	08030
19136	䎱	耒部	15	252215425113535	FE77	043B1
19137	耲	耒部	16	4125221241343534	C26A	08032
19138	耱	耒部	16	4131234123413251	F1F2	08031
19139	老	老部	0	0	C0CF	08001
19140	耂	老部	0	0	C253	08002
19141	㐗	老部	1	5	8139F132	03417
19142	考	老部	2	15	BFBC	08003
19143	㖈	老部	3	251	82309739	03588
19144	䎛	老部	3	251	82338437	0439B
19145	耉	老部	3	251	C256	08009
19146	㠻	老部	3	252	8230DC37	0383B
19147	孝	老部	3	521	D0A2	05B5D
19148	者	老部	4	2511	D5DF	08005
19149	耆	老部	4	2511	EAC8	08006
19150	耄	老部	4	3115	EBA3	08004
19151	耇	老部	5	35251	C254	08007
19152	耈	老部	5	35251	C255	08008
19153	䎜	老部	6	121335	82338438	0439C
19154	耊	老部	6	154121	C257	0800A
19155	耋	老部	6	154121	F1F3	0800B
19156	䎝	老部	6	541541	82338439	0439D
19157	䳓	老部	11	32511154444	8234F030	04CD3
19158	耳	耳部	0	0	B6FA	08033
19159	耴	耳部	1	5	C26B	08034
19160	䎲	耳部	1	5	82338638	043B2
19161	耵	耳部	2	12	F1F4	08035
19162	刵	耳部	2	22	846E	05235
19163	耶	耳部	2	52	D2AE	08036
19164	取	耳部	2	54	C8A1	053D6
19165	䎴	耳部	4	1132	82338730	043B4
19166	耺	耳部	4	1154	C26D	0803A
19167	耾	耳部	4	1354	C26F	0803E
19168	聀	耳部	4	1534	C270	08040
19169	耻	耳部	4	2121	B3DC	0803B
19170	耼	耳部	4	2511	C26E	0803C
19171	毦	耳部	4	3115	9ABE	06BE6
19172	耸	耳部	4	3434	CBCA	08038
19173	耹	耳部	4	3445	C26C	08039
19174	聁	耳部	4	3453	C271	08041
19175	䎳	耳部	4	3511	82338639	043B3
19176	耿	耳部	4	4334	B9A2	0803F
19177	耽	耳部	4	4535	B5A2	0803D
19178	恥	耳部	4	4544	9075	06065
19179	聂	耳部	4	5454	C4F4	08042
19180	聇	耳部	5	12121	C274	08047
19181	䎶	耳部	5	25112	82338732	043B6

字序	字形	部首	部首外笔画数	部首外笔顺	18030代码	13000代码
19182	职	耳部	5	25134	D6B0	0804C
19183	聃	耳部	5	25211	F1F5	08043
19184	聅	耳部	5	31134	C273	08045
19185	聄	耳部	5	34333	C272	08044
19186	聆	耳部	5	34454	F1F6	08046
19187	聊	耳部	5	35352	C1C4	0804A
19188	聍	耳部	5	44512	F1F7	0804D
19189	䎵	耳部	5	45434	82338731	043B5
19190	聉	耳部	5	52252	C276	08049
19191	聈	耳部	5	55453	C275	08048
19192	聐	耳部	6	121251	C279	08050
19193	聓	耳部	6	121354	C27B	08053
19194	聑	耳部	6	122111	C27A	08051
19195	聏	耳部	6	132522	C278	0804F
19196	䎷	耳部	6	311234	82338733	043B7
19197	聒	耳部	6	312251	F1F8	08052
19198	聎	耳部	6	341534	C277	0804E
19199	聠	耳部	6	431132	C286	08060
19200	联	耳部	6	431134	C1AA	08054
19201	䎸	耳部	7	1251251	82338734	043B8
19202	聗	耳部	7	1343434	C27E	08057
19203	聘	耳部	7	2512115	C6B8	08058
19204	聕	耳部	7	3121251	C27C	08055
19205	聙	耳部	8	11212511	C280	08059
19206	聝	耳部	8	12511534	C283	0805D
19207	䎺	耳部	8	31125222	82338736	043BA
19208	聟	耳部	8	31134251	C285	0805F
19209	聣	耳部	8	32151135	C289	08063
19210	聛	耳部	8	32511312	C281	0805B
19211	䎾	耳部	8	34125122	82338830	043BE
19212	聡	耳部	8	34544544	C287	08061
19213	䎻	耳部	8	35121251	82338737	043BB
19214	䎽	耳部	8	35152511	82338739	043BD
19215	聢	耳部	8	44512134	C288	08062
19216	聜	耳部	8	44534121	C282	0805C
19217	䎼	耳部	8	51124134	82338738	043BC
19218	聚	耳部	8	54323334	BEDB	0805A
19219	䏀	耳部	9	125123422	82338832	043C0
19220	聩	耳部	9	251212534	F1F9	08069
19221	䎿	耳部	9	312344334	82338831	043BF
19222	䏂	耳部	9	321511254	82338834	043C2
19223	聭	耳部	9	325113554	C291	0806D
19224	聥	耳部	9	325125214	C28B	08065
19225	聦	耳部	9	353344544	C28C	08066
19226	聤	耳部	9	412514512	C28A	08064
19227	聪	耳部	9	432514544	B4CF	0806A
19228	聧	耳部	9	543341134	C28D	08067
19229	聨	耳部	9	554554132	C28E	08068
19230	聫	耳部	9	554554134	C28F	0806B
19231	聱	耳部	10	1121533134	F1FA	08071
19232	聬	耳部	10	3454541541	C290	0806C
19233	䏁	耳部	10	4454143112	82338833	043C1
19234	䏃	耳部	10	4525114134	82338835	043C3
19235	聮	耳部	10	5545544444	C292	0806E
19236	聲	耳部	11	12152133554	C295	08072
19237	聴	耳部	11	12252214544	C297	08074
19238	䏆	耳部	11	12512212511	82338838	043C6
19239	䏇	耳部	11	12522111234	82338839	043C7
19240	鵈	耳部	11	32511154444	F945	09D48
19241	聰	耳部	11	32535414544	C294	08070
19242	聳	耳部	11	33234342134	C296	08073
19243	䏅	耳部	11	35445411234	82338837	043C5
19244	䏄	耳部	11	44534154121	82338836	043C4
19245	聯	耳部	11	55455453221	C293	0806F
19246	聶	耳部	12	122111122111	C299	08076
19247	聵	耳部	12	251212511134	C298	08075
19248	職	耳部	12	414312511534	C29A	08077
19249	䏈	耳部	12	554444554234	82338930	043C8
19250	聸	耳部	13	3513344111251	C29B	08078
19251	聼	耳部	13	5122522114544	C29F	0807C
19252	䏉	耳部	14	25115545544444	82338931	043C9
19253	聻	耳部	14	44112511123312	C29E	0807B
19254	聺	耳部	14	44535445411234	C29D	0807A
19255	聹	耳部	14	44545442522112	C29C	08079
19256	聽	耳部	16	1121122522114544	C2A0	0807D
19257	䏊	耳部	16	4143125111515111	82338932	043CA
19258	臣	臣部	0	0	B3BC	081E3
19259	卧	臣部	2	24	CED4	05367
19260	臥	臣部	2	34	C550	081E5
19261	䢻	臣部	2	52	82348839	048BB
19262	臤	臣部	2	54	C54F	081E4
19263	䑐	臣部	5	31234	82339635	04450
19264	臦	臣部	6	521521	C551	081E6
19265	䛗	臣部	7	4111251	8233D639	046D7
19266	頣	臣部	9	132511134	EE54	09823
19267	臨	臣部	11	31251251251	C552	081E8
19268	臩	臣部	11	52152113432	C553	081E9
19269	䑑	臣部	12	224314311134	82339636	04451
19270	覀	襾部	0	0	D282	08980
19271	襾	襾部	0	0	D281	0897E
19272	西	襾部	0	0	CEF7	0897F
19273	垔	襾部	3	121	888A	05794

字序	字形	部首	部首外笔画数	部首外笔顺	18030代码	13000代码	字序	字形	部首	部首外笔画数	部首外笔顺	18030代码	13000代码
19274	䙲	西部	3	134	8233CC38	04672	19320	頓	页部	4	1525	EE44	09813
19275	要	西部	3	531	D2AA	08981	19321	颁	页部	4	3453	B0E4	09881
19276	栗	西部	4	1234	C0F5	06817	19322	頒	页部	4	3453	EE43	09812
19277	贾	西部	4	2534	BCD6	08D3E	19323	颂	页部	4	3454	CBCC	09882
19278	覂	西部	4	3454	D283	08982	19324	頌	页部	4	3454	ED9E	0980C
19279	䙳	西部	4	4334	8233CC39	04673	19325	颃	页部	4	4135	F1FE	09883
19280	票	西部	5	11234	C6B1	07968	19326	頏	页部	4	4135	EE40	0980F
19281	㶾	西部	5	14334	8231EA39	03DBE	19327	䪴	页部	4	4535	8234BA33	04AB4
19282	䅇	西部	5	31234	8232C733	04147	19328	䪳	页部	4	5113	8234BA32	04AB3
19283	䙵	西部	6	121121	8233CD31	04675	19329	预	页部	4	5452	D4A4	09884
19284	䙴	西部	6	134515	8233CD30	04674	19330	預	页部	4	5452	EE41	09810
19285	覃	西部	6	251112	F1FB	08983	19331	頙	页部	5	12121	EE4A	09819
19286	覄	西部	6	321344	D284	08984	19332	䪺	页部	5	12154	8234BA39	04ABA
19287	粟	西部	6	431234	CBDA	07C9F	19333	䪹	页部	5	13241	8234BA38	04AB9
19288	䙶	西部	6	453534	8233CD32	04676	19334	頕	页部	5	21251	EE46	09815
19289	賈	西部	7	2511134	D95A	08CC8	19335	颅	页部	5	21513	C2AD	09885
19290	覅	西部	7	5313533	D285	08985	19336	䪶	页部	5	25111	8234BA35	04AB6
19291	覆	西部	12	332312511354	B8B2	08986	19337	䪽	页部	5	25115	8234BB32	04ABD
19292	覇	西部	13	1221251123511	D286	08987	19338	頔	页部	5	25121	EE45	09814
19293	覈	西部	13	3251141533134	D287	08988	19339	䪾	页部	5	34333	8234BB33	04ABE
19294	覉	西部	17	12212511213412512	D288	08989	19340	领	页部	5	34454	C1EC	09886
19295	䊲	西部	17	43123441431331121	8232EB35	042B2	19341	領	页部	5	34454	EE49	09818
19296	覊	西部	19	1221251121211254444	D289	0898A	19342	䪷	页部	5	35251	8234BA36	04AB7
19297	而	而部	0	0	B6F8	0800C	19343	頖	页部	5	43113	EE47	09816
19298	耐	而部	3	124	C4CD	08010	19344	䫀	页部	5	51154	8234BB35	04AC0
19299	耎	而部	3	134	C258	0800E	19345	䪸	页部	5	51515	8234BA37	04AB8
19300	耏	而部	3	333	C259	0800F	19346	䪼	页部	5	52252	8234BB31	04ABC
19301	䎠	而部	3	354	82338532	043A0	19347	颈	页部	5	54121	BEB1	09888
19302	耍	而部	3	531	CBA3	0800D	19348	頚	页部	5	54121	EE4B	0981A
19303	䎡	而部	4	4334	82338533	043A1	19349	䪻	页部	5	54132	8234BB30	04ABB
19304	恧	而部	4	4544	EDA4	06067	19350	颉	页部	6	121251	F2A1	09889
19305	㐡	而部	5	35134	8139F232	03421	19351	頡	页部	6	121251	EE52	09821
19306	鸸	而部	5	35451	F0B9	09E38	19352	䫆	页部	6	135534	8234BC31	04AC6
19307	鴯	而部	11	32511154444	F88D	09D2F	19353	颊	页部	6	143134	BCD5	0988A
19308	页	页部	0	0	D2B3	09875	19354	頬	页部	6	143134	EE5D	0982C
19309	頁	页部	0	0	ED93	09801	19355	颋	页部	6	312154	EF46	0988B
19310	顶	页部	2	12	B6A5	09876	19356	頲	页部	6	312154	EE63	09832
19311	頂	页部	2	12	ED94	09802	19357	頧	页部	6	325151	EE58	09827
19312	頄	页部	2	35	ED96	09804	19358	䪿	页部	6	325341	8234BB34	04ABF
19313	顺	页部	3	322	CBB3	0987A	19359	颌	页部	6	341251	F2A2	0988C
19314	順	页部	3	322	ED98	09806	19360	頜	页部	6	341251	EE4D	0981C
19315	顽	页部	4	1135	CDE7	0987D	19361	頫	页部	6	341534	EE5C	0982B
19316	頑	页部	4	1135	EE42	09811	19362	㯋	页部	6	351234	8231B932	03BCB
19317	顾	页部	4	1355	B9CB	0987E	19363	頠	页部	6	351355	EE51	09820
19318	頋	页部	4	1355	ED9D	0980B	19364	颍	页部	6	352534	F2A3	0988D
19319	顿	页部	4	1525	B6D9	0987F	19365	潁	页部	6	352534	9D7D	06F41

字序	字形	部首	部首外笔画数	部首外笔顺	18030代码	13000代码
19366	頟	页部	6	354251	EE50	0981F
19367	颎	页部	6	354334	EF47	0988E
19368	熲	页部	6	354334	9FE2	071B2
19369	䫂	页部	6	354354	8234BB37	04AC2
19370	頝	页部	6	413434	EE4E	0981D
19371	颏	页部	6	415334	F2A4	0988F
19372	頦	页部	6	415334	EE57	09826
19373	頩	页部	6	431132	EE5A	09829
19374	頞	页部	6	445531	EE4F	0981E
19375	颐	页部	7	1225125	D2C3	09890
19376	頤	页部	7	1225125	EE55	09824
19377	頼	页部	7	1251234	EE6D	0983C
19378	䫊	页部	7	1324251	8234BC35	04ACA
19379	頰	页部	7	1343434	EE61	09830
19380	頸	页部	7	1555121	EE69	09838
19381	频	页部	7	2121233	C6B5	09891
19382	頻	页部	7	2121233	EE6C	0983B
19383	頥	页部	7	2125125	EE56	09825
19384	䫈	页部	7	2523445	8234BC33	04AC8
19385	颒	页部	7	2534132	EF48	09892
19386	頮	页部	7	2534132	EE5F	0982E
19387	頶	页部	7	3121251	EE67	09836
19388	颓	页部	7	3123435	CDC7	09893
19389	頹	页部	7	3123435	EE6A	09839
19390	頽	页部	7	3123435	EE6E	0983D
19391	頺	页部	7	3123453	EE6B	0983A
19392	䫇	页部	7	3332511	8234BC32	04AC7
19393	頱	页部	7	3443124	EE62	09831
19394	颔	页部	7	3445251	F2A5	09894
19395	頷	页部	7	3445251	EE68	09837
19396	颕	页部	7	3511234	EF49	09895
19397	頴	页部	7	3511234	EE65	09834
19398	颖	页部	7	3531234	D3B1	09896
19399	穎	页部	7	3531234	B766	07A4E
19400	頯	页部	7	3544132	EE60	0982F
19401	䫄	页部	7	4325135	8234BB39	04AC4
19402	䫅	页部	7	4451234	8234BC30	04AC5
19403	頵	页部	7	5113251	EE66	09835
19404	䫏	页部	8	12211134	8234BD30	04ACF
19405	䫐	页部	8	12341234	8234BD31	04AD0
19406	顂	页部	8	12343434	EE73	09842
19407	䫑	页部	8	13412512	8234BD32	04AD1
19408	颗	页部	8	25111234	BFC5	09897
19409	顆	页部	8	25111234	EE77	09846
19410	䫚	页部	8	25525251	8234BE31	04ADA
19411	䫋	页部	8	31234531	8234BC36	04ACB
19412	䫌	页部	8	32511312	8234BC37	04ACC
19413	䫒	页部	8	35152511	8234BD33	04AD2
19414	顈	页部	8	35554234	EE79	09848
19415	顇	页部	8	41343412	EE78	09847
19416	䫓	页部	8	41431251	8234BD34	04AD3
19417	顃	页部	8	43344334	EE74	09843
19418	顁	页部	8	44512134	EE72	09841
19419	顅	页部	8	45132511	EE76	09845
19420	顄	页部	8	52413452	EE75	09844
19421	䫎	页部	8	54545454	8234BC39	04ACE
19422	䫔	页部	9	111253134	8234BD35	04AD4
19423	䫙	页部	9	121221234	8234BE30	04AD9
19424	䫖	页部	9	122111345	8234BD37	04AD6
19425	顑	页部	9	131251534	EE83	09851
19426	题	页部	9	251112134	CCE2	09898
19427	題	页部	9	251112134	EE7D	0984C
19428	顕	页部	9	251122431	EE87	09855
19429	颙	页部	9	251125214	EF4A	09899
19430	顒	页部	9	251125214	EE84	09852
19431	䫘	页部	9	251135345	8234BD39	04AD8
19432	顋	页部	9	251214544	EE7C	0984B
19433	颚	页部	9	251251115	F2A6	0989A
19434	顎	页部	9	251251115	EE80	0984E
19435	颛	页部	9	252132522	F2A7	0989B
19436	顓	页部	9	252132522	EE85	09853
19437	䫜	页部	9	255455452	8234BE33	04ADC
19438	䫛	页部	9	325131134	8234BE32	04ADB
19439	頿	页部	9	333212115	EE70	0983F
19440	顏	页部	9	413413333	EE81	0984F
19441	颜	页部	9	414313333	D1D5	0989C
19442	顔	页部	9	414313333	EE86	09854
19443	䫕	页部	9	414345252	8234BD36	04AD5
19444	额	页部	9	445354251	B6EE	0989D
19445	額	页部	9	445354251	EE7E	0984D
19446	顐	页部	9	451251112	EE82	09850
19447	䫗	页部	9	512115154	8234BD38	04AD7
19448	䫨	页部	10	1121533134	8234BF35	04AE8
19449	顜	页部	10	1122125211	EE8E	0985C
19450	䫦	页部	10	1215425221	8234BF33	04AE6
19451	颞	页部	10	1221115454	F2A8	0989E
19452	颟	页部	10	1221253434	F2A9	0989F
19453	颠	页部	10	1225111134	B5DF	098A0
19454	顛	页部	10	1225111134	EE8D	0985B
19455	願	页部	10	1332511234	EE8A	09858
19456	䫟	页部	10	2512511134	8234BE36	04ADF
19457	顗	页部	10	2521251431	EE89	09857

字序	字形	部首	部首外笔画数	部首外笔顺	18030代码	13000代码
19458	䫧	页部	10	3251113412	8234BF34	04AE7
19459	顖	页部	10	3253414544	EE88	09856
19460	䫢	页部	10	3321531535	8234BE39	04AE2
19461	䫠	页部	10	3331324251	8234BE37	04AE0
19462	䫣	页部	10	3443554134	8234BF30	04AE3
19463	顚	页部	10	3525111534	EE8C	0985A
19464	䫞	页部	10	4311214444	8234BE35	04ADE
19465	類	页部	10	4312341344	EE90	0985E
19466	䫡	页部	10	4315112234	8234BE38	04AE1
19467	䫤	页部	10	4525114134	8234BF31	04AE4
19468	颡	页部	10	5454541234	F2AA	098A1
19469	顙	页部	10	5454541234	EE8B	09859
19470	顢	页部	11	12212523434	EE94	09862
19471	顠	页部	11	12522111234	EE92	09860
19472	顣	页部	11	13211234534	EE95	09863
19473	䫪	页部	11	13434343434	8234BF37	04AEA
19474	䫫	页部	11	25112512531	8234BF38	04AEB
19475	顡	页部	11	41431353334	EE93	09861
19476	顟	页部	11	54154134333	EE91	0985F
19477	䫩	页部	11	54545434333	8234BF36	04AE9
19478	顤	页部	12	121121121135	EE96	09864
19479	顨	页部	12	132511134132	EE9A	09868
19480	䫱	页部	12	132522132522	8234C034	04AF1
19481	䫬	页部	12	153515352511	8234BF39	04AEC
19482	颢	页部	12	251141251234	F2AB	098A2
19483	顥	页部	12	251141251234	EE97	09865
19484	䫭	页部	12	251212511134	8234C030	04AED
19485	顦	页部	12	324111214444	EE98	09866
19486	䫯	页部	12	415313412512	8234C032	04AEF
19487	䫰	页部	12	431234354152	8234C033	04AF0
19488	颣	页部	12	431234554234	EF4B	098A3
19489	纇	页部	12	431234554234	C068	07E87
19490	顧	页部	12	451332411121	EE99	09867
19491	䫮	页部	12	511121251124	8234C031	04AEE
19492	顭	页部	13	1222522145354	EE9F	0986D
19493	䫴	页部	13	1234123411234	8234C037	04AF4
19494	䫲	页部	13	1312515344544	8234C035	04AF2
19495	顪	页部	13	2121131233534	EE9C	0986A
19496	䫳	页部	13	2522135251214	8234C036	04AF3
19497	顩	页部	13	3412512513434	EE9B	09869
19498	颤	页部	13	4125251125111	B2FC	098A4
19499	顫	页部	13	4125251125111	EE9D	0986B
19500	颥	页部	14	14524444132522	F2AC	098A5
19501	顬	页部	14	14524444132522	EE9E	0986C
19502	顯	页部	14	25115545544444	EF40	0986F
19503	顮	页部	14	44512332511134	EEA0	0986E
19504	䫶	页部	15	123434341234134	8234C039	04AF6
19505	颦	页部	15	212123332511312	F2AD	098A6
19506	顰	页部	15	212123332511312	EF41	09870
19507	䫵	页部	15	325111445344153	8234C038	04AF5
19508	䫷	页部	16	1225125112512511	8234C130	04AF7
19509	顱	页部	16	2153152512125221	EF42	09871
19510	顲	页部	16	4334433441252511	EF43	09872
19511	颧	页部	17	12225125132411121	C8A7	098A7
19512	顴	页部	17	12225125132411121	EF45	09874
19513	顳	页部	18	122111122111122111	EF44	09873
19514	至	至部	0	0	D6C1	081F3
19515	到	至部	2	22	B5BD	05230
19516	郅	至部	2	52	DBA4	090C5
19517	䑒	至部	3	534	82339637	04452
19518	致	至部	4	3134	D6C2	081F4
19519	臶	至部	6	132521	C55B	081F6
19520	臹	至部	6	135534	C55E	081F9
19521	臸	至部	6	154121	C55D	081F8
19522	臵	至部	6	354251	C55A	081F5
19523	䑓	至部	7	1221145	82339638	04453
19524	臺	至部	8	12125145	C55F	081FA
19525	臻	至部	10	1113431234	D5E9	081FB
19526	鵄	至部	11	32511154444	F941	09D44
19527	䶍	至部	14	32511125121132	82358339	04D8D
19528	虍	虍部	0	0	F2AE	0864D
19529	虎	虍部	0	0	BBA2	0864E
19530	䖌	虍部	2	22	8233B630	0458C
19531	䖋	虍部	2	34	8233B539	0458B
19532	䖊	虍部	2	34	8233B538	0458A
19533	䖈	虍部	2	35	8233B536	04588
19534	虓	虍部	2	35	CC8D	08653
19535	虏	虍部	2	53	C2B2	0864F
19536	䖉	虍部	3	112	8233B537	04589
19537	虐	虍部	3	151	C5B0	08650
19538	彪	虍部	3	333	B1EB	05F6A
19539	䖑	虍部	4	2511	8233B635	04591
19540	䖍	虍部	4	3134	8233B631	0458D
19541	虝	虍部	4	3533	CC95	0865D
19542	虔	虍部	4	4134	F2AF	08654
19543	虑	虍部	4	4544	C2C7	08651
19544	䖔	虍部	5	12154	8233B638	04594
19545	甝	虍部	5	12211	AE5D	0751D
19546	虚	虍部	5	22431	D0E9	0865A
19547	虘	虍部	5	25111	CC91	08658
19548	䖕	虍部	5	25111	8233B639	04595
19549	䖖	虍部	5	25112	8233B730	04596

字序	字形	部首	部首外笔画数	部首外笔顺	18030代码	13000代码	字序	字形	部首	部首外笔画数	部首外笔顺	18030代码	13000代码
19550	虣	虍部	5	25115	CC96	0865F	19596	虲	虫部	3	124	8233B738	0459E
19551	虘	虍部	5	32121	CC90	08657	19597	蚃	虫部	3	153	F2B2	0867F
19552	虖	虍部	5	34312	CC8F	08656	19598	虴	虫部	3	315	CD45	08674
19553	虙	虍部	5	35334	8233B633	0458F	19599	虼	虫部	3	315	F2B4	0867C
19554	處	虍部	5	35435	CC8E	08655	19600	虳	虫部	3	354	CD44	08673
19555	虙	虍部	5	45434	CC92	08659	19601	蚒	虫部	3	354	8233B830	045A0
19556	虤	虍部	5	52252	8233B637	04593	19602	虻	虫部	3	415	F2B5	0867B
19557	虛	虍部	6	225211	CC93	0865B	19603	蝱	虫部	3	415	8233B739	0459F
19558	虠	虍部	6	413434	CC97	08660	19604	蚁	虫部	3	434	D2CF	08681
19559	虗	虍部	7	1251431	8233B636	04592	19605	虸	虫部	3	521	CD49	08678
19560	豦	虍部	7	1353334	D865	08C66	19606	虵	虫部	3	525	CD46	08675
19561	虡	虍部	7	2243134	CC98	08661	19607	蚤	虫部	3	544	D4E9	086A4
19562	虞	虍部	7	2511134	D3DD	0865E	19608	蚂	虫部	3	551	C2EC	08682
19563	覤	虍部	7	2511135	D342	089A4	19609	蚃	虫部	3	553	CD4A	08683
19564	虜	虍部	7	2512153	CC94	0865C	19610	蚌	虫部	4	1112	B0F6	0868C
19565	虢	虍部	7	3443124	EBBD	08662	19611	蚟	虫部	4	1121	CD5E	0869F
19566	虣	虍部	8	11212154	CC99	08663	19612	蚈	虫部	4	1132	CD4F	08688
19567	虦	虍部	8	15341534	CC9C	08666	19613	蚕	虫部	4	1134	B2CF	08695
19568	虥	虍部	8	15341534	CC9B	08665	19614	蚨	虫部	4	1134	F2B6	086A8
19569	虤	虍部	8	21531535	CC9A	08664	19615	蚖	虫部	4	1135	CD57	08696
19570	虪	虍部	8	32411121	EB69	096D0	19616	蚞	虫部	4	1234	CD5D	0869E
19571	虩	虍部	8	35251354	8233B732	04598	19617	蚑	虫部	4	1254	CD54	08691
19572	虧	虍部	9	131251534	8233B731	04597	19618	蚘	虫部	4	1354	CD59	08698
19573	膚	虍部	9	251212511	C477	0819A	19619	蚅	虫部	4	1355	CD4C	08685
19574	慮	虍部	9	251214544	915D	0616E	19620	蚷	虫部	4	1515	CD69	086B7
19575	颵	虍部	9	353251214	8234C331	04B0C	19621	蚜	虫部	4	1523	D1C1	0869C
19576	虪	虍部	10	1245554234	8233B735	0459B	19622	蚍	虫部	4	1535	F2B7	0868D
19577	虪	虍部	10	1251252433	8233B733	04599	19623	蚒	虫部	4	2343	8233B832	045A2
19578	虪	虍部	10	1251254312	F465	09B33	19624	蚎	虫部	4	2511	CD51	0868E
19579	虩	虍部	10	2432511234	CC9F	08669	19625	蚦	虫部	4	2511	CD63	086A6
19580	盧	虍部	10	2512125221	B152	076E7	19626	蚛	虫部	4	2512	CD5C	0869B
19581	虪	虍部	10	3251154444	8233B734	0459A	19627	蚋	虫部	4	2534	F2B8	0868B
19582	虧	虍部	11	32411121115	CC9D	08667	19628	蚬	虫部	4	2535	F2B9	086AC
19583	虪	虍部	18	32235425431211444 4	CCA0	0866A	19629	蚝	虫部	4	3115	F2BA	0869D
19584	虫	虫部	0	0	B3E6	0866B	19630	蚚	虫部	4	3312	CD5B	0869A
19585	虭	虫部	1	3	8233B737	0459D	19631	蚔	虫部	4	3324	8233B833	045A3
19586	虬	虫部	1	5	F2B0	0866C	19632	蚧	虫部	4	3432	F2BB	086A7
19587	虰	虫部	2	12	CD42	08670	19633	蚊	虫部	4	3434	CD62	086A5
19588	虲	虫部	2	24	CD43	08672	19634	蚙	虫部	4	3445	CD5A	08699
19589	虮	虫部	2	35	F2B1	0866E	19635	蚡	虫部	4	3453	CD60	086A1
19590	虯	虫部	2	52	CD41	0866F	19636	蚠	虫部	4	3453	CD5F	086A0
19591	虭	虫部	2	53	CD40	0866D	19637	蚣	虫部	4	3454	F2BC	086A3
19592	虷	虫部	3	112	CD48	08677	19638	蚏	虫部	4	3511	CD52	0868F
19593	虶	虫部	3	112	CD47	08676	19639	蚔	虫部	4	3515	CD56	08694
19594	虹	虫部	3	121	BAE7	08679	19640	蚊	虫部	4	3534	8231C236	03C29
19595	虾	虫部	3	124	CFBA	0867E	19641	蚒	虫部	4	3541	CD55	08692

字序	字形	部首	部首外笔画数	部首外笔顺	18030代码	13000代码	字序	字形	部首	部首外笔画数	部首外笔顺	18030代码	13000代码
19642	蚐	虫部	4	3541	CD53	08690	19688	蛇	虫部	5	44535	C9DF	086C7
19643	蚊	虫部	4	4134	CEC3	0868A	19689	䖩	虫部	5	45434	8233B839	045A9
19644	蚢	虫部	4	4135	CD61	086A2	19690	蚭	虫部	5	51335	CD65	086AD
19645	蚄	虫部	4	4153	CD4B	08684	19691	䖦	虫部	5	52252	8233B836	045A6
19646	蚪	虫部	4	4412	F2BD	086AA	19692	蛁	虫部	5	53251	CD71	086C1
19647	蚇	虫部	4	5134	CD4E	08687	19693	蚾	虫部	5	53254	CD6F	086BE
19648	蚗	虫部	4	5134	CD58	08697	19694	蛏	虫部	5	54121	F2C9	086CF
19649	蚓	虫部	4	5152	F2BE	08693	19695	蚴	虫部	5	55453	F2CA	086B4
19650	䖡	虫部	4	5211	8233B831	045A1	19696	䖱	虫部	6	111215	8233B937	045B1
19651	蚆	虫部	4	5215	CD4D	08686	19697	蛪	虫部	6	111253	CD89	086EA
19652	蚩	虫部	4	5221	F2BF	086A9	19698	䖯	虫部	6	121121	8233B935	045AF
19653	蚶	虫部	5	12211	F2C0	086B6	19699	蛙	虫部	6	121121	CDDC	086D9
19654	萤	虫部	5	12245	D3A9	08424	19700	蛣	虫部	6	121251	CD84	086E3
19655	蛄	虫部	5	12251	F2C1	086C4	19701	蛯	虫部	6	121335	CD8C	086EF
19656	蚻	虫部	5	12345	CD6C	086BB	19702	蛩	虫部	6	121354	F2CB	086E9
19657	蚵	虫部	5	12512	F2C2	086B5	19703	蛰	虫部	6	121354	D5DD	086F0
19658	蛃	虫部	5	12534	CD73	086C3	19704	蛬	虫部	6	122134	CD8B	086EC
19659	蛎	虫部	5	13153	F2C3	086CE	19705	蛨	虫部	6	132511	CD88	086E8
19660	蚽	虫部	5	13241	CD6E	086BD	19706	蛕	虫部	6	132511	CD7A	086D5
19661	䖨	虫部	5	13251	8233B838	045A8	19707	蛚	虫部	6	135422	CD7D	086DA
19662	蛂	虫部	5	13544	CD72	086C2	19708	蛱	虫部	6	143134	F2CC	086F1
19663	蚲	虫部	5	14312	CD67	086B2	19709	蛦	虫部	6	151534	CD86	086E6
19664	蛅	虫部	5	21251	CD74	086C5	19710	蛲	虫部	6	153135	F2CD	086F2
19665	䖧	虫部	5	25111	8233B837	045A7	19711	蛭	虫部	6	154121	F2CE	086ED
19666	蛆	虫部	5	25111	C7F9	086C6	19712	䖪	虫部	6	212135	8233B930	045AA
19667	䖬	虫部	5	25112	8233B932	045AC	19713	蛳	虫部	6	231252	F2CF	086F3
19668	蚰	虫部	5	25121	F2C4	086B0	19714	䖵	虫部	6	251214	8233BA31	045B5
19669	蚺	虫部	5	25211	F2C5	086BA	19715	蛐	虫部	6	251221	F2D0	086D0
19670	蛊	虫部	5	25221	B9C6	086CA	19716	蛔	虫部	6	252511	BBD7	086D4
19671	﨡	虫部	5	31121	FE4A	0FA21	19717	蛧	虫部	6	253434	CD87	086E7
19672	蛈	虫部	5	31134	CD75	086C8	19718	蛛	虫部	6	311234	D6EB	086DB
19673	蚱	虫部	5	31211	F2C6	086B1	19719	蜓	虫部	6	312154	F2D1	08713
19674	蚯	虫部	5	32121	F2C7	086AF	19720	蛞	虫部	6	312251	F2D2	086DE
19675	蚹	虫部	5	32124	CD6B	086B9	19721	蜒	虫部	6	321554	D1D1	08712
19676	蚮	虫部	5	32154	CD66	086AE	19722	蜑	虫部	6	321554	CD9E	08711
19677	蚸	虫部	5	33124	CD6A	086B8	19723	蛜	虫部	6	325113	CD7E	086DC
19678	蛌	虫部	5	33544	CD76	086CC	19724	蛗	虫部	6	325151	CD7C	086D7
19679	䖫	虫部	5	34112	8233B931	045AB	19725	䖮	虫部	6	325251	8233B934	045AE
19680	蛉	虫部	5	34454	F2C8	086C9	19726	䖰	虫部	6	333534	8233B936	045B0
19681	蚳	虫部	5	35154	CD68	086B3	19727	蛤	虫部	6	341251	B8F2	086E4
19682	蚼	虫部	5	35251	CD6D	086BC	19728	䖴	虫部	6	341534	8233BA30	045B4
19683	䖤	虫部	5	35455	8233B834	045A4	19729	蛫	虫部	6	351355	CD8A	086EB
19684	蚫	虫部	5	35515	CD64	086AB	19730	䖲	虫部	6	352511	8233B938	045B2
19685	蛀	虫部	5	41121	D6FB	086C0	19731	蛒	虫部	6	354251	CD78	086D2
19686	蚿	虫部	5	41554	CD70	086BF	19732	蛥	虫部	6	354354	CD85	086E5
19687	蛍	虫部	5	44345	CD77	086CD	19733	蛮	虫部	6	412234	C2F9	086EE

字序	字形	部首	部首外笔画数	部首外笔顺	18030代码	13000代码	字序	字形	部首	部首外笔画数	部首外笔顺	18030代码	13000代码
19734	蛴	虫部	6	413432	F2D3	086F4	19780	䖻	虫部	7	4154325	8233BA37	045BB
19735	蛟	虫部	6	413434	F2D4	086DF	19781	蜣	虫部	7	4311135	F2DE	08723
19736	蛘	虫部	6	431112	F2D5	086D8	19782	蜕	虫部	7	4325135	CDC9	08715
19737	蛢	虫部	6	431132	CD83	086E2	19783	䖾	虫部	7	4451135	8233BB30	045BE
19738	䖭	虫部	6	431134	8233B933	045AD	19784	蜋	虫部	7	4511534	CD99	0870B
19739	䖳	虫部	6	445315	8233B939	045B3	19785	蝍	虫部	7	5115452	CE61	0874D
19740	蛝	虫部	6	511534	CD80	086DD	19786	蛹	虫部	7	5425112	D3BC	086F9
19741	蛠	虫部	6	535353	CD81	086E0	19787	蜯	虫部	8	11134112	CE4D	0872F
19742	蛡	虫部	6	541541	CD82	086E1	19788	蜻	虫部	8	11212511	F2DF	0873B
19743	蛑	虫部	6	543112	F2D6	086D1	19789	蝅	虫部	8	11341134	CE5D	08745
19744	蜇	虫部	7	1213312	F2D8	08707	19790	䗅	虫部	8	12111534	8233BB37	045C5
19745	䖼	虫部	7	1215452	8233BA38	045BC	19791	蝫	虫部	8	12132511	CE77	0876B
19746	蜐	虫部	7	1215453	CD9D	08710	19792	䗀	虫部	8	12134354	8233BB32	045C0
19747	蜹	虫部	7	1222534	CE54	08739	19793	蝁	虫部	8	12155121	CE59	08741
19748	蛷	虫部	7	1241344	CD8F	086F7	19794	蜞	虫部	8	12211134	F2E0	0871E
19749	蛼	虫部	7	1251112	CD92	086FC	19795	蜝	虫部	8	12211134	CE42	0871D
19750	蜅	虫部	7	1251124	CD97	08705	19796	蜡	虫部	8	12212511	C0AF	08721
19751	蜄	虫部	7	1311534	CD96	08704	19797	蝧	虫部	8	12225134	CE73	08767
19752	蛺	虫部	7	1343434	CD90	086FA	19798	蜥	虫部	8	12343312	F2E1	08725
19753	䖶	虫部	7	1353334	8233BA32	045B6	19799	蜤	虫部	8	12343312	CE45	08724
19754	蛖	虫部	7	1353334	CD7B	086D6	19800	蜙	虫部	8	12343454	CE40	08719
19755	蜌	虫部	7	1535121	CD9A	0870C	19801	蝀	虫部	8	12511234	CE58	08740
19756	蛵	虫部	7	1555121	CD8D	086F5	19802	蜮	虫部	8	12511534	F2E2	0872E
19757	䖹	虫部	7	2121112	8233BA35	045B9	19803	蜸	虫部	8	12512554	CE53	08738
19758	蝆	虫部	7	2121112	CE5E	08746	19804	蜽	虫部	8	12523434	CE57	0873D
19759	蛸	虫部	7	2432511	F2D9	086F8	19805	䗁	虫部	8	13412512	8233BB33	045C1
19760	蜈	虫部	7	2511134	F2DA	08708	19806	蜨	虫部	8	15112134	CE48	08728
19761	蛽	虫部	7	2511134	CD93	086FD	19807	䗃	虫部	8	15341534	8233BB35	045C3
19762	蜆	虫部	7	2511135	CD98	08706	19808	䗂	虫部	8	21531535	8233BB34	045C2
19763	蜎	虫部	7	2512511	CD9B	0870E	19809	蜾	虫部	8	25111234	F2E4	0873E
19764	蜗	虫部	7	2512534	CECF	08717	19810	蜫	虫部	8	25111535	CE4A	0872B
19765	蜖	虫部	7	2522111	CDA0	08716	19811	蝈	虫部	8	25112141	F2E5	08748
19766	蛾	虫部	7	3121534	B6EA	086FE	19812	䗉	虫部	8	25112511	8233BC31	045C9
19767	䖸	虫部	7	3121534	8233BA34	045B8	19813	蜴	虫部	8	25113533	F2E6	08734
19768	蜊	虫部	7	3123422	F2DB	0870A	19814	蝇	虫部	8	25125115	D3AC	08747
19769	䖽	虫部	7	3123422	8233BA39	045BD	19815	蜠	虫部	8	25312341	CE44	08720
19770	蜏	虫部	7	3123453	CD9C	0870F	19816	蝄	虫部	8	25431415	CE5C	08744
19771	蜁	虫部	7	3152134	CD95	08701	19817	蝸	虫部	8	25525251	CE81	08778
19772	蜍	虫部	7	3411234	F2DC	0870D	19818	蜘	虫部	8	31134251	D6A9	08718
19773	䖷	虫部	7	3413252	8233BA33	045B7	19819	䖿	虫部	8	31234353	8233BB31	045BF
19774	蛻	虫部	7	3425135	CD91	086FB	19820	蜲	虫部	8	31234531	CE4F	08732
19775	蛶	虫部	7	3443124	CD8E	086F6	19821	蜺	虫部	8	32151135	CE55	0873A
19776	蜉	虫部	7	3443521	F2DD	08709	19822	蝂	虫部	8	32153354	CE5A	08742
19777	蛿	虫部	7	3445251	CD94	086FF	19823	蜼	虫部	8	32411121	CE56	0873C
19778	蜔	虫部	7	3525121	CD9F	08714	19824	蜱	虫部	8	32511312	F2E7	08731
19779	蜂	虫部	7	3541112	B7E4	08702	19825	蜦	虫部	8	34125122	CE46	08726

字序	字形	部首	部首外笔画数	部首外笔顺	18030代码	13000代码
19826	䗄	虫部	8	34343312	8233BB36	045C4
19827	蜰	虫部	8	35115215	CE4E	08730
19828	蜩	虫部	8	35121251	F2E8	08729
19829	蜪	虫部	8	35311252	CE49	0872A
19830	蜭	虫部	8	35321511	CE4C	0872D
19831	䗇	虫部	8	35431234	8233BB39	045C7
19832	蜳	虫部	8	41251521	CE50	08733
19833	蜶	虫部	8	41343412	CE52	08736
19834	䗈	虫部	8	41525111	8233BC30	045C8
19835	蜟	虫部	8	41542511	CE43	0871F
19836	蜷	虫部	8	43113455	F2E9	08737
19837	䗒	虫部	8	43122431	8233BD30	045D2
19838	蝉	虫部	8	43251112	B2F5	08749
19839	䗊	虫部	8	43344334	8233BC32	045CA
19840	蝋	虫部	8	44335112	CE60	0874B
19841	蝊	虫部	8	44512134	CE5F	0874A
19842	䗆	虫部	8	44525151	8233BB38	045C6
19843	蜿	虫部	8	44535455	F2EA	0873F
19844	䗕	虫部	8	44535455	8233BD33	045D5
19845	蜜	虫部	8	44545434	C3DB	0871C
19846	螂	虫部	8	45115452	F2EB	08782
19847	蜧	虫部	8	45131344	CE47	08727
19848	蜛	虫部	8	51312251	CE41	0871B
19849	蜢	虫部	8	52125221	F2EC	08722
19850	蜬	虫部	8	52413452	CE4B	0872C
19851	蝃	虫部	8	54545454	CE5B	08743
19852	蝽	虫部	9	111342511	F2ED	0877D
19853	蝳	虫部	9	112155414	CE7D	08773
19854	䗋	虫部	9	122111234	8233BC33	045CB
19855	蝶	虫部	9	122151234	B5FB	08776
19856	䗖	虫部	9	122245252	8233BD34	045D6
19857	蝾	虫部	9	122451234	F2EE	0877E
19858	蝴	虫部	9	122513511	BAFB	08774
19859	蝻	虫部	9	122543112	F2EF	0877B
19860	蝘	虫部	9	125115315	CE69	08758
19861	蝲	虫部	9	125123422	CE7C	08772
19862	蝠	虫部	9	125125121	F2F0	08760
19863	䗎	虫部	9	125221121	8233BC36	045CE
19864	蝛	虫部	9	131531534	CE6B	0875B
19865	蝢	虫部	9	132511134	CE71	08762
19866	蝒	虫部	9	132522111	CE65	08752
19867	蝡	虫部	9	132522134	CE70	08761
19868	蝰	虫部	9	134121121	F2F1	08770
19869	蝔	虫部	9	153532511	CE66	08754
19870	蝭	虫部	9	251112134	CE79	0876D
19871	蝪	虫部	9	251113533	CE76	0876A
19872	蝐	虫部	9	251125111	CE63	08750
19873	蝿	虫部	9	251125115	CE84	0877F
19874	蝹	虫部	9	251125221	CE82	08779
19875	䗌	虫部	9	251131121	8233BC34	045CC
19876	蝎	虫部	9	251135345	D0AB	0874E
19877	䗑	虫部	9	251141431	8233BC39	045D1
19878	蝟	虫部	9	251212511	CE6F	0875F
19879	螖	虫部	9	255452511	CE94	08796
19880	蝵	虫部	9	312344334	CE7E	08775
19881	蝌	虫部	9	312344412	F2F2	0874C
19882	蝩	虫部	9	312511211	CE75	08769
19883	蝮	虫部	9	312511354	F2F3	0876E
19884	螋	虫部	9	321511254	F2F4	0878B
19885	蜵	虫部	9	322151512	CE51	08735
19886	蝗	虫部	9	325111121	BBC8	08757
19887	螝	虫部	9	325113554	CE9A	0879D
19888	蝺	虫部	9	325125214	CE83	0877A
19889	䗔	虫部	9	325131134	8233BD32	045D4
19890	蝓	虫部	9	341251122	F2F5	08753
19891	蝯	虫部	9	344311354	CE7A	0876F
19892	蝬	虫部	9	345234354	CE78	0876C
19893	蝜	虫部	9	352511134	CE6C	0875C
19894	䗓	虫部	9	353344544	8233BD31	045D3
19895	螀	虫部	9	412354124	CE85	08780
19896	蝏	虫部	9	412514512	CE62	0874F
19897	蝷	虫部	9	413431523	CE80	08777
19898	蝱	虫部	9	415251214	CE7B	08771
19899	蝣	虫部	9	415331521	F2F6	08763
19900	䗐	虫部	9	415331525	8233BC38	045D0
19901	蝼	虫部	9	431234531	F2F7	0877C
19902	蝤	虫部	9	431253511	F2F8	08764
19903	螆	虫部	9	431554554	CE88	08786
19904	蝖	虫部	9	445125111	CE68	08756
19905	䗏	虫部	9	445433454	8233BC37	045CF
19906	蝙	虫部	9	451325122	F2F9	08759
19907	䗝	虫部	9	452425112	8233BE31	045DD
19908	螁	虫部	9	511534454	CE86	08781
19909	蝦	虫部	9	512115154	CE72	08766
19910	蝨	虫部	9	512251214	CE74	08768
19911	蝞	虫部	9	521325111	CE6E	0875E
19912	蝑	虫部	9	521342511	CE64	08751
19913	蝚	虫部	9	545231234	CE6A	0875A
19914	蝥	虫部	9	545233134	F2FA	08765
19915	蝝	虫部	9	551353334	CE6D	0875D
19916	䗍	虫部	9	551353334	8233BC35	045CD
19917	螓	虫部	10	1113431234	F2FB	08793

字序	字形	部首	部首外笔画数	部首外笔顺	18030代码	13000代码	字序	字形	部首	部首外笔画数	部首外笔顺	18030代码	13000代码
19918	螯	虫部	10	1121533134	F2FC	087AF	19964	蟄	虫部	11	12143112354	CF55	087C4
19919	螓	虫部	10	1121554234	CF41	087A6	19965	螼	虫部	11	12212511121	CF4F	087BC
19920	䗞	虫部	10	1134251214	8233BE32	045DE	19966	蟥	虫部	11	12212512134	F3A8	087E5
19921	螞	虫部	10	1211254444	CE9B	0879E	19967	蟎	虫部	11	12212523434	CF5C	087CE
19922	螧	虫部	10	1213352511	CF42	087A7	19968	蠎	虫部	11	12213412132	CF91	0880E
19923	螜	虫部	10	1214513554	CE99	0879C	19969	蟏	虫部	11	12251123234	CF5D	087CF
19924	䗘	虫部	10	1215425221	8233BD36	045D8	19970	螹	虫部	11	12511123312	CF4D	087B9
19925	螨	虫部	10	1221253434	F2FD	087A8	19971	螬	虫部	11	12512212511	F3A9	087AC
19926	蟒	虫部	10	1221344132	F2FE	087D2	19972	螵	虫部	11	12522111234	F3AA	087B5
19927	蟆	虫部	10	1222511134	F3A1	087C6	19973	䗟	虫部	11	13113453554	8233BE33	045DF
19928	蟇	虫部	10	1222511134	CF57	087C7	19974	䗩	虫部	11	13211234534	8233BF33	045E9
19929	䗚	虫部	10	1251124124	8233BD38	045DA	19975	螮	虫部	11	13221545252	CF45	087AE
19930	螎	虫部	10	1251254312	CE8D	0878E	19976	䗮	虫部	11	13434343434	8233BF38	045EE
19931	螈	虫部	10	1332511234	F3A2	08788	19977	螳	虫部	11	24345251121	F3AB	087B3
19932	螶	虫部	10	1515251214	CF4A	087B6	19978	蟐	虫部	11	24345251252	CF5E	087D0
19933	螘	虫部	10	2521251431	CE95	08798	19979	螻	虫部	11	25112512531	CF4E	087BB
19934	䗢	虫部	10	3121251454	8233BE36	045E2	19980	蟃	虫部	11	25112522154	CF54	087C3
19935	䗗	虫部	10	3143141132	8233BD35	045D7	19981	螺	虫部	11	25121554234	C2DD	087BA
19936	螩	虫部	10	3223541234	CF43	087A9	19982	蟈	虫部	11	25125115341	CF58	087C8
19937	䗛	虫部	10	3223542511	8233BD39	045DB	19983	䗭	虫部	11	25125124544	8233BF37	045ED
19938	螑	虫部	10	3251111344	CE90	08791	19984	蟍	虫部	11	31234221234	CF5B	087CD
19939	螅	虫部	10	3251114544	F3A3	08785	19985	䗯	虫部	11	32411121454	8233BF39	045EF
19940	螐	虫部	10	3251154444	CE8F	08790	19986	蟂	虫部	11	32511151234	CF53	087C2
19941	螄	虫部	10	3251511252	CE87	08784	19987	䳋	虫部	11	32511154444	8234EF32	04CCB
19942	螕	虫部	10	3253411535	CE93	08795	19988	蟌	虫部	11	32535414544	CF5A	087CC
19943	螔	虫部	10	3321531535	CE92	08794	19989	䗥	虫部	11	33234342134	8233BE39	045E5
19944	螌	虫部	10	3354143554	CE8C	0878C	19990	蟋	虫部	11	34312344544	F3AC	087CB
19945	螇	虫部	10	3443554134	CE89	08787	19991	螸	虫部	11	34342513534	CF4C	087B8
19946	螥	虫部	10	3445113251	CF40	087A5	19992	䗨	虫部	11	35251214444	8233BF32	045E8
19947	螉	虫部	10	3454541541	CE8A	08789	19993	蟓	虫部	11	35251353334	F3AD	087D3
19948	䗦	虫部	10	3541112454	8233BF30	045E6	19994	螽	虫部	11	35444251214	F3AE	087BD
19949	䗬	虫部	10	3541112454	8233BF36	045EC	19995	蟅	虫部	11	41312214444	CF56	087C5
19950	䗜	虫部	10	3545325121	8233BE30	045DC	19996	䗪	虫部	11	41312214444	8233BF34	045EA
19951	螏	虫部	10	4134131134	CE8E	0878F	19997	䗫	虫部	11	41312341234	8233BF35	045EB
19952	螭	虫部	10	4134522554	F3A4	087AD	19998	螷	虫部	11	41332511312	CF4B	087B7
19953	螗	虫部	10	4135112251	F3A5	08797	19999	䗧	虫部	11	41351124134	8233BF31	045E7
19954	螃	虫部	10	4143454153	F3A6	08783	20000	䗤	虫部	11	41351125112	8233BE38	045E4
19955	螠	虫部	10	4313425221	CE9C	087A0	20001	螰	虫部	11	41352211535	CF46	087B0
19956	螊	虫部	10	4315112234	CE8B	0878A	20002	蟑	虫部	11	41431251112	F3AF	087D1
19957	螢	虫部	10	4334433445	CE9E	087A2	20003	螪	虫部	11	41432534251	CF44	087AA
19958	螛	虫部	10	4451112251	CE98	0879B	20004	䗠	虫部	11	41533152134	8233BE34	045E0
19959	螟	虫部	10	4525114134	C3F8	0879F	20005	蟀	虫部	11	41554413412	F3B0	087C0
19960	螴	虫部	10	5212511234	CF49	087B4	20006	蟞	虫部	11	43252343134	CF68	087DE
19961	螚	虫部	10	5425113535	CE97	0879A	20007	蟝	虫部	11	44115151234	CF67	087DD
19962	䗡	虫部	11	12121154444	8233BE35	045E1	20008	螾	虫部	11	44512512134	CF50	087BE
19963	螫	虫部	11	12132343134	F3A7	087AB	20009	螲	虫部	11	44534154121	CF48	087B2

字序	字形	部首	部首外笔画数	部首外笔顺	18030代码	13000代码
20010	螱	虫部	11	51311234124	CF47	087B1
20011	蟁	虫部	11	51515251214	CF52	087C1
20012	螿	虫部	11	52133544124	CF51	087BF
20013	蟉	虫部	11	54154134333	CF59	087C9
20014	䗰	虫部	11	55212511134	8233C030	045F0
20015	蠁	虫部	11	55345115452	CF86	08801
20016	蟯	虫部	12	121121121135	CF75	087EF
20017	蟦	虫部	12	121222511134	CF6E	087E6
20018	蟢	虫部	12	121251431251	CF6B	087E2
20019	蟛	虫部	12	121251431333	F3B2	087DB
20020	蟚	虫部	12	121251431333	CF65	087DA
20021	蟽	虫部	12	121431112454	CF83	087FD
20022	蟖	虫部	12	122111343312	CF61	087D6
20023	蟴	虫部	12	122111343312	CF7A	087F4
20024	蠂	虫部	12	122122151234	CF87	08802
20025	蠇	虫部	12	122251125214	CF8B	08807
20026	蠆	虫部	12	122251125214	CF8A	08806
20027	䗶	虫部	12	122251135345	8233C036	045F6
20028	蟼	虫部	12	122352513134	CF82	087FC
20029	蟪	虫部	12	125112144544	F3B3	087EA
20030	蟗	虫部	12	125124552252	CF62	087D7
20031	蟫	虫部	12	125221251112	CF72	087EB
20032	蟵	虫部	12	131251431124	CF7B	087F5
20033	蟩	虫部	12	134315233534	CF71	087E9
20034	蟨	虫部	12	134315233534	CF70	087E8
20035	蟟	虫部	12	134432511234	CF69	087DF
20036	䗱	虫部	12	224314311134	8233C031	045F1
20037	蟲	虫部	12	251214251214	CF78	087F2
20038	蟬	虫部	12	251251251112	CF73	087EC
20039	蟔	虫部	12	254312114444	CF5F	087D4
20040	蟱	虫部	12	311222214444	CF77	087F1
20041	蟜	虫部	12	313425125251	CF66	087DC
20042	䗴	虫部	12	314314312154	8233C034	045F4
20043	蟘	虫部	12	321542511134	CF63	087D8
20044	䗺	虫部	12	321554251214	8233C130	045FA
20045	蟭	虫部	12	324111214444	CF74	087ED
20046	蟠	虫部	12	343123425121	F3B4	087E0
20047	蠄	虫部	12	344134522554	CF88	08804
20048	蟡	虫部	12	344335554444	CF6A	087E1
20049	蟙	虫部	12	414312511534	CF64	087D9
20050	蟮	虫部	12	431112431251	F3B5	087EE
20051	䗲	虫部	12	431234354152	8233C032	045F2
20052	蟧	虫部	12	433443344553	CF6F	087E7
20053	蟳	虫部	12	511121251124	CF79	087F3
20054	蟤	虫部	12	515515122134	CF6D	087E4
20055	䗳	虫部	12	543341251431	8233C033	045F3
20056	蟣	虫部	12	554554134534	CF6C	087E3
20057	蟶	虫部	13	1221112511121	CF7C	087F6
20058	蠖	虫部	13	1223241112154	F3B6	08816
20059	蠓	虫部	13	1224511353334	F3B7	08813
20060	蟿	虫部	13	1251112523554	CF84	087FF
20061	䗵	虫部	13	1251211251211	8233C035	045F5
20062	蟕	虫部	13	2121353535112	CF60	087D5
20063	蟷	虫部	13	2434525125121	CF7D	087F7
20064	蠈	虫部	13	2511134113534	CF8C	08808
20065	蠅	虫部	13	2511251211511	CF89	08805
20066	蠍	虫部	13	2511353453534	CF90	0880D
20067	蠌	虫部	13	2522112143112	CF8F	0880C
20068	蠉	虫部	13	2522112513534	CF8D	08809
20069	蠋	虫部	13	2522135251214	CF8E	0880B
20070	䗻	虫部	13	3143145115452	8233C131	045FB
20071	蠞	虫部	13	3143145115452	CF9D	0881E
20072	蟾	虫部	13	3513344111251	F3B8	087FE
20073	蠏	虫部	13	3535112533112	CF92	0880F
20074	蟹	虫部	13	3535112533112	D0B7	087F9
20075	蟺	虫部	13	4125251125111	CF80	087FA
20076	蠊	虫部	13	4134315112234	F3B9	0880A
20077	蠀	虫部	13	4135342511134	CF85	08800
20078	䗷	虫部	13	4143125114544	8233C037	045F7
20079	䗸	虫部	13	4155332411121	8233C038	045F8
20080	蟻	虫部	13	4311213121534	CF81	087FB
20081	䗹	虫部	13	4315545544544	8233C039	045F9
20082	蟰	虫部	13	5112322151512	CF76	087F0
20083	蠘	虫部	14	12132411121534	CF98	08818
20084	䘁	虫部	14	12132411121534	8233C137	04601
20085	䘄	虫部	14	12132511251214	8233C230	04604
20086	蠚	虫部	14	12213251251214	CF9A	0881A
20087	蠛	虫部	14	12225221134534	F3BA	0881B
20088	蠣	虫部	14	13122251125214	CFA0	08823
20089	蠒	虫部	14	13425234343434	CF95	08812
20090	蠕	虫部	14	14524444132522	C8E4	08815
20091	䗾	虫部	14	25115545544444	8233C134	045FE
20092	䗼	虫部	14	31254312114444	8233C132	045FC
20093	蠔	虫部	14	41251451353334	CF96	08814
20094	蠐	虫部	14	41432533543211	CF93	08810
20095	蠑	虫部	14	43344334451234	CF94	08811
20096	蠙	虫部	14	44512332511134	CF99	08819
20097	䗿	虫部	14	44545442522112	8233C135	045FF
20098	蠗	虫部	14	54154132411121	CF97	08817
20099	䗽	虫部	14	55444432411121	8233C133	045FD
20100	蠢	虫部	15	111342511251214	B4C0	08822
20101	䘂	虫部	15	121211121111534	8233C138	04602

字序	字形	部首	部首外笔画数	部首外笔顺	18030代码	13000代码
20102	蠜	虫部	15	123434341234134	CF9B	0881C
20103	蠕	虫部	15	251212512125121	CF9C	0881D
20104	螺	虫部	15	254312114444121	8233C139	04603
20105	蠡	虫部	15	344353322251214	D047	0882B
20106	蠩	虫部	15	411125112132511	D045	08829
20107	蠤	虫部	15	431253511251214	D040	08824
20108	蠢	虫部	15	551353334251214	F3BB	08821
20109	蠟	虫部	15	555253415445445	CF9E	0881F
20110	蠠	虫部	16	1122132515251214	8233C238	0460C
20111	蠢	虫部	16	1134251214251214	8233C235	04609
20112	蠧	虫部	16	1214513251251214	D043	08827
20113	蠴	虫部	16	1222522112132511	D04F	08834
20114	蠨	虫部	16	1225112322151512	D044	08828
20115	蠣	虫部	16	1312225112521453	8233C234	04608
20116	蠦	虫部	16	2153152512125221	D042	08826
20117	蠭	虫部	16	3541112454251214	D049	0882D
20118	蠬	虫部	16	4143125111515111	D048	0882C
20119	蠕	虫部	16	4451112252214544	8233C232	04606
20120	蠥	虫部	16	5233251514143112	D041	08825
20121	蠪	虫部	16	5425113535251214	8233C231	04605
20122	蠸	虫部	17	12225125132411121	D053	08838
20123	蠮	虫部	17	13113453554541541	D04A	0882E
20124	蠳	虫部	17	25111342511134531	D04E	08833
20125	蠱	虫部	17	25121425121425221	D04D	08831
20126	蠘	虫部	17	31431425221134534	8233C236	0460A
20127	蠘	虫部	17	34341211121111534	8233C237	0460B
20128	蠰	虫部	17	41251251112213534	D04C	08830
20129	蠯	虫部	17	41332511312251214	D04B	0882F
20130	蠺	虫部	18	113411342511251214	D054	0883A
20131	蠹	虫部	18	122251125214251214	8233C239	0460D
20132	蠹	虫部	18	125124513251251214	F3BC	08839
20133	蠶	虫部	18	153515352511251214	D051	08836
20134	蠷	虫部	18	251112511132411121	D052	08837
20135	蠵	虫部	18	252324111212534251	D050	08835
20136	蠿	虫部	18	335441353334251214	AD96	074E5
20137	蠻	虫部	19	4111251554444554444	D055	0883B
20138	蠼	虫部	20	25111251113241112154	F3BD	0883C
20139	蠽	虫部	21	234324111211534251214	D056	0883D
20140	蠾	虫部	21	513241342522135251214	D057	0883E
20141	蠿	虫部	21	554554155455421251214	D058	0883F
20142	蠻	虫部	22	4111251554444554444515	8233C330	0460E
20143	肉	肉部	0	0	C8E2	08089
20144	肏	肉部	4	3544	82338939	043D1
20145	胬	肉部	5	53154	E6C0	080EC
20146	胔	肉部	6	212135	C368	080D4
20147	脔	肉部	6	412234	D9F5	08114
20148	腐	肉部	8	41332124	B8AF	08150
20149	膐	肉部	10	4143253354	82339138	04421
20150	膂	肉部	10	4153313534	C46F	08190
20151	膥	肉部	11	11234135534	C47E	081A5
20152	臀	肉部	13	5131221343554	C499	081CB
20153	臡	肉部	19	1221251113432411121	C54D	081E1
20154	臠	肉部	19	4111251554444554444	C54C	081E0
20155	缶	缶部	0	0	F3BE	07F36
20156	缸	缶部	2	22	82308732	034E1
20157	缷	缶部	2	52	C08B	07F37
20158	缻	缶部	3	112	8232F938	04342
20159	缸	缶部	3	121	B8D7	07F38
20160	缻	缶部	4	1554	C08D	07F3B
20161	缼	缶部	4	3454	8232FA33	04347
20162	缼	缶部	4	3534	C08E	07F3C
20163	缹	缶部	4	4444	C08C	07F39
20164	缺	缶部	4	5134	C8B1	07F3A
20165	萡	缶部	5	12245	8233A536	044E8
20166	缽	缶部	5	12341	C08F	07F3D
20167	缾	缶部	5	14312	8232FA34	04348
20168	缿	缶部	5	21251	8232FA30	04344
20169	䍉	缶部	5	25134	8232FA35	04349
20170	䍅	缶部	5	34454	8232FA31	04345
20171	䍆	缶部	5	44512	8232FA32	04346
20172	缿	缶部	6	331251	C091	07F3F
20173	罀	缶部	6	341534	C092	07F40
20174	䍊	缶部	6	413434	8232FA36	0434A
20175	缾	缶部	6	431132	C090	07F3E
20176	罂	缶部	8	25342534	F3BF	07F42
20177	罁	缶部	8	25431252	C093	07F41
20178	䍋	缶部	8	31212211	8232FA37	0434B
20179	䍌	缶部	8	41431251	8232FA38	0434C
20180	罃	缶部	10	4334433445	C094	07F43
20181	罄	缶部	11	12152133554	F3C0	07F44
20182	罅	缶部	11	21531534312	F3C1	07F45
20183	罆	缶部	11	55212511134	C095	07F46
20184	罈	缶部	12	125221251112	C097	07F48
20185	罉	缶部	12	243452513112	C098	07F49
20186	罇	缶部	12	431253511124	C096	07F47
20187	罊	缶部	13	1251112523554	C099	07F4A
20188	罋	缶部	13	4155332411121	C09A	07F4B
20189	罌	缶部	14	25111342511134	C09B	07F4C

字序	字形	部首	部首外笔画数	部首外笔顺	18030代码	13000代码	字序	字形	部首	部首外笔画数	部首外笔顺	18030代码	13000代码
20190	罍	缶部	15	251212512125121	C09C	07F4D	20236	䇘	竹部	4	1551	8232D537	041D8
20191	䍎	缶部	16	1224135221154444	8232FB30	0434E	20237	䇛	竹部	4	2121	8232D630	041DB
20192	罏	缶部	16	2153152512125221	C09E	07F4F	20238	笍	竹部	4	2534	B88F	07B0D
20193	罎	缶部	16	2511145244441154	C09D	07F4E	20239	笕	竹部	4	2535	F3C8	07B15
20194	罐	缶部	17	12225125132411121	B9DE	07F50	20240	笔	竹部	4	3115	B1CA	07B14
20195	舌	舌部	0	0	C9E0	0820C	20241	笑	竹部	4	3134	D0A6	07B11
20196	乱	舌部	1	5	C2D2	04E71	20242	䇚	竹部	4	3224	8232D539	041DA
20197	刮	舌部	2	22	B9CE	0522E	20243	笊	竹部	4	3324	F3C9	07B0A
20198	舏	舌部	2	52	C569	0820F	20244	笅	竹部	4	3434	B88B	07B05
20199	㔚	舌部	2	53	82308C39	0351A	20245	笒	竹部	4	3445	B892	07B12
20200	䑙	舌部	4	2511	82339734	04459	20246	䇗	竹部	4	3454	8232D536	041D7
20201	敌	舌部	4	3134	B5D0	0654C	20247	笫	竹部	4	3523	F3CA	07B2B
20202	䑚	舌部	4	3511	82339735	0445A	20248	笏	竹部	4	3533	F3CB	07B0F
20203	舐	舌部	4	3515	F3C2	08210	20249	䇜	竹部	4	3534	8232D631	041DC
20204	甜	舌部	5	12211	CCF0	0751C	20250	笉	竹部	4	3541	B88D	07B09
20205	舑	舌部	5	25211	C56A	08211	20251	笇	竹部	4	4124	B88C	07B07
20206	䑛	舌部	5	35154	82339736	0445B	20252	笐	竹部	4	4135	B891	07B10
20207	鸹	舌部	5	35451	F0BB	09E39	20253	笋	竹部	4	5113	CBF1	07B0B
20208	辞	舌部	7	4143112	B4C7	08F9E	20254	䇙	竹部	4	5152	8232D538	041D9
20209	舔	舌部	8	11342444	CCF2	08214	20255	笆	竹部	4	5215	B0CA	07B06
20210	舓	舌部	8	25113533	C56B	08213	20256	笖	竹部	4	5434	B894	07B16
20211	舕	舌部	8	43344334	C56C	08215	20257	笺	竹部	5	11534	BCE3	07B3A
20212	䑜	舌部	9	122151234	82339737	0445C	20258	䇥	竹部	5	12121	8232D730	041E5
20213	頢	舌部	9	132511134	EE53	09822	20259	笻	竹部	5	12152	B948	07B3B
20214	鴰	舌部	11	32511154444	F88E	09D30	20260	筇	竹部	5	12152	F3CC	07B47
20215	舙	舌部	12	312251312251	C570	08219	20261	䇞	竹部	5	12211	8232D633	041DE
20216	舚	舌部	13	3513344111251	C571	0821A	20262	笹	竹部	5	12215	B947	07B39
20217	竹	竹部	0	0	D6F1	07AF9	20263	䇢	竹部	5	12251	8232D637	041E2
20218	⺮	竹部	0	0	FE71	02EAE	20264	笨	竹部	5	12341	B1BF	07B28
20219	竺	竹部	2	11	F3C3	07AFA	20265	笴	竹部	5	12512	B943	07B34
20220	竻	竹部	2	53	B885	07AFB	20266	笸	竹部	5	12515	F3CD	07B38
20221	竿	竹部	3	112	B8CD	07AFF	20267	䇤	竹部	5	12534	8232D639	041E4
20222	竽	竹部	3	112	F3C4	07AFD	20268	笼	竹部	5	13534	C1FD	07B3C
20223	笁	竹部	3	121	B889	07B01	20269	笘	竹部	5	21251	B896	07B18
20224	䇖	竹部	3	353	8232D535	041D6	20270	笪	竹部	5	25111	F3CE	07B2A
20225	竼	竹部	3	354	B886	07AFC	20271	笡	竹部	5	25111	B89B	07B21
20226	笂	竹部	3	354	B88A	07B02	20272	笚	竹部	5	25112	B897	07B1A
20227	笈	竹部	3	354	F3C5	07B08	20273	笛	竹部	5	25121	B5D1	07B1B
20228	笀	竹部	3	415	B888	07B00	20274	䇦	竹部	5	25134	8232D731	041E6
20229	竾	竹部	3	525	B887	07AFE	20275	笽	竹部	5	25221	B949	07B3D
20230	笃	竹部	3	551	F3C6	07B03	20276	笝	竹部	5	25541	B899	07B1D
20231	笄	竹部	4	1132	F3C7	07B04	20277	笙	竹部	5	31121	F3CF	07B19
20232	笎	竹部	4	1135	B890	07B0E	20278	笶	竹部	5	31134	B945	07B36
20233	笌	竹部	4	1523	B88E	07B0C	20279	笮	竹部	5	31211	F3D0	07B2E
20234	䇝	竹部	4	1534	8232D632	041DD	20280	符	竹部	5	32124	B7FB	07B26
20235	笓	竹部	4	1535	B893	07B13	20281	笩	竹部	5	32154	B89F	07B29

字序	字形	部首	部首外笔画数	部首外笔顺	18030代码	13000代码	字序	字形	部首	部首外笔画数	部首外笔顺	18030代码	13000代码
20282	笟	竹部	5	33544	B89A	07B1F	20328	筒	竹部	6	251251	CDB2	07B52
20283	䇣	竹部	5	34234	8232D638	041E3	20329	筃	竹部	6	251341	B94E	07B43
20284	笭	竹部	5	34454	B8A0	07B2D	20330	䇱	竹部	6	253541	8232D832	041F1
20285	笱	竹部	5	35251	F3D1	07B31	20331	䇬	竹部	6	311234	8232D737	041EC
20286	笧	竹部	5	35351	B89E	07B27	20332	筅	竹部	6	312135	F3DA	07B45
20287	笷	竹部	5	35352	B946	07B37	20333	筳	竹部	6	312154	B96A	07B73
20288	笗	竹部	5	35444	B895	07B17	20334	筈	竹部	6	312251	B951	07B48
20289	䇟	竹部	5	35453	8232D634	041DF	20335	筏	竹部	6	321534	B7A4	07B4F
20290	笣	竹部	5	35515	B89D	07B23	20336	筵	竹部	6	321554	F3DB	07B75
20291	䇠	竹部	5	41121	8232D635	041E0	20337	筗	竹部	6	322512	B957	07B57
20292	笠	竹部	5	41431	F3D2	07B20	20338	䇮	竹部	6	323121	8232D739	041EE
20293	笵	竹部	5	44155	B944	07B35	20339	筕	竹部	6	332112	B956	07B55
20294	䇡	竹部	5	44512	8232D636	041E1	20340	筌	竹部	6	341121	F3DC	07B4C
20295	笥	竹部	5	51251	F3D3	07B25	20341	答	竹部	6	341251	B4F0	07B54
20296	笢	竹部	5	51515	B89C	07B22	20342	筄	竹部	6	341534	B94F	07B44
20297	第	竹部	5	51523	B5DA	07B2C	20343	筋	竹部	6	351153	BDEE	07B4B
20298	笰	竹部	5	51532	B941	07B30	20344	筍	竹部	6	352511	B953	07B4D
20299	笜	竹部	5	52252	B898	07B1C	20345	䇨	竹部	6	354152	8232D733	041E8
20300	笮	竹部	5	53154	B940	07B2E	20346	笿	竹部	6	354251	B94A	07B3F
20301	笤	竹部	5	53251	F3D4	07B24	20347	筝	竹部	6	355112	F3DD	07B5D
20302	笳	竹部	5	53251	F3D5	07B33	20348	筊	竹部	6	413434	B952	07B4A
20303	笾	竹部	5	53454	F3D6	07B3E	20349	䈂	竹部	6	431132	8232D939	04202
20304	笲	竹部	5	54132	B942	07B32	20350	筂	竹部	6	441525	B94D	07B42
20305	笞	竹部	5	54251	F3D7	07B1E	20351	筆	竹部	6	511112	B950	07B46
20306	筐	竹部	6	111215	BFF0	07B50	20352	䇰	竹部	6	525341	8232D831	041F0
20307	筙	竹部	6	111234	B958	07B59	20353	筎	竹部	6	531251	B954	07B4E
20308	䇳	竹部	6	111534	8232D834	041F3	20354	筺	竹部	7	1112145	B96E	07B7A
20309	筓	竹部	6	113112	B955	07B53	20355	筹	竹部	7	1113124	B3EF	07B79
20310	筀	竹部	6	121121	B94B	07B40	20356	筭	竹部	7	1121132	B967	07B6D
20311	等	竹部	6	121124	B5C8	07B49	20357	䇽	竹部	7	1213312	8232D934	041FD
20312	筘	竹部	6	121251	F3D8	07B58	20358	筠	竹部	7	1213541	F3DE	07B60
20313	䇭	竹部	6	121335	8232D738	041ED	20359	筢	竹部	7	1215215	F3E1	07B62
20314	筑	竹部	6	121354	D6FE	07B51	20360	䇫	竹部	7	1225125	8232D736	041EB
20315	䇯	竹部	6	122111	8232D830	041EF	20361	筮	竹部	7	1234341	F3DF	07B6E
20316	策	竹部	6	125234	B2DF	07B56	20362	筪	竹部	7	1251125	B964	07B6A
20317	䇧	竹部	6	125341	8232D732	041E7	20363	筻	竹部	7	1251134	F3E0	07B7B
20318	䇴	竹部	6	125351	8232D835	041F4	20364	䇿	竹部	7	1251234	8232D936	041FF
20319	筬	竹部	6	135534	B966	07B6C	20365	䇺	竹部	7	1251431	8232D931	041FA
20320	䇲	竹部	6	143134	8232D833	041F2	20366	筴	竹部	7	1343434	B96B	07B74
20321	筚	竹部	6	153512	F3D9	07B5A	20367	筲	竹部	7	2432511	F3E2	07B72
20322	䇪	竹部	6	154121	8232D735	041EA	20368	筸	竹部	7	2511112	B96D	07B78
20323	筛	竹部	6	231252	C9B8	07B5B	20369	䇸	竹部	7	2511121	8232D839	041F8
20324	筜	竹部	6	243511	B959	07B5C	20370	筽	竹部	7	2511134	B970	07B7D
20325	䇩	竹部	6	251153	8232D734	041E9	20371	筫	竹部	7	2511134	B965	07B6B
20326	筁	竹部	6	251221	B94C	07B41	20372	筧	竹部	7	2511135	B961	07B67
20327	筥	竹部	6	251251	B95F	07B65	20373	筯	竹部	7	2511153	B968	07B6F

字序	字形	部首	部首外笔画数	部首外笔顺	18030代码	13000代码	字序	字形	部首	部首外笔画数	部首外笔顺	18030代码	13000代码
20374	筼	竹部	7	2512534	B96F	07B7C	20420	算	竹部	8	25111132	CBE3	07B97
20375	䇼	竹部	7	2515215	8232D933	041FC	20421	箟	竹部	8	25111535	B989	07B9F
20376	䇷	竹部	7	2515322	8232D838	041F7	20422	箅	竹部	8	25121132	F3EB	07B85
20377	䈀	竹部	7	2522122	8232D937	04200	20423	箇	竹部	8	25122511	B977	07B87
20378	筶	竹部	7	3121251	B96C	07B76	20424	箩	竹部	8	25221354	C2E1	07BA9
20379	筣	竹部	7	3123422	B95D	07B63	20425	箘	竹部	8	25312341	B984	07B98
20380	筱	竹部	7	3223134	F3E3	07B71	20426	箆	竹部	8	25341535	B976	07B86
20381	筰	竹部	7	3231211	B969	07B70	20427	䈋	竹部	8	25342511	8232DA38	0420B
20382	筡	竹部	7	3411234	B95C	07B61	20428	䈑	竹部	8	25525251	8232DB34	04211
20383	签	竹部	7	3414431	C7A9	07B7E	20429	箠	竹部	8	31212211	B98A	07BA0
20384	筟	竹部	7	3443521	B95B	07B5F	20430	箄	竹部	8	32511312	B975	07B84
20385	筨	竹部	7	3445251	B962	07B68	20431	箚	竹部	8	34125122	B986	07B9A
20386	䇶	竹部	7	3535112	8232D837	041F6	20432	䈁	竹部	8	34125122	8232D938	04201
20387	筿	竹部	7	3541234	B971	07B7F	20433	箏	竹部	8	34435112	B97E	07B8F
20388	䇾	竹部	7	4111251	8232D935	041FE	20434	䈈	竹部	8	35115215	8232DA35	04208
20389	简	竹部	7	4252511	BCF2	07B80	20435	箙	竹部	8	35115254	B985	07B99
20390	䇵	竹部	7	4413312	8232D836	041F5	20436	箤	竹部	8	41343412	B98C	07BA4
20391	筷	竹部	7	4425134	BFEA	07B77	20437	箁	竹部	8	41431251	B972	07B81
20392	筦	竹部	7	4451135	B960	07B66	20438	䈉	竹部	8	41431531	8232DA36	04209
20393	筞	竹部	7	4451234	B95A	07B5E	20439	䈍	竹部	8	41525111	8232DB30	0420D
20394	筤	竹部	7	4511534	B95E	07B64	20440	箊	竹部	8	41533444	B97A	07B8A
20395	䇹	竹部	7	5113251	8232D930	041F9	20441	箞	竹部	8	43113455	B988	07B9E
20396	節	竹部	7	5115452	B99D	07BC0	20442	箪	竹部	8	43251112	F3EC	07BAA
20397	䇻	竹部	7	5133115	8232D932	041FB	20443	䈌	竹部	8	44125111	8232DA39	0420C
20398	筩	竹部	7	5425112	B963	07B69	20444	箔	竹部	8	44132511	B2AD	07B94
20399	箐	竹部	8	11212511	F3E4	07B90	20445	䈃	竹部	8	44153251	8232DA30	04203
20400	箦	竹部	8	11212534	F3E5	07BA6	20446	箥	竹部	8	44153254	B98D	07BA5
20401	箧	竹部	8	11431345	F3E6	07BA7	20447	箈	竹部	8	44154251	B978	07B88
20402	箝	竹部	8	12112211	F3E9	07B9D	20448	管	竹部	8	44525151	B9DC	07BA1
20403	箍	竹部	8	12112525	B9BF	07B8D	20449	箜	竹部	8	44534121	F3ED	07B9C
20404	箉	竹部	8	12125153	B979	07B89	20450	箢	竹部	8	44535455	F3EE	07BA2
20405	箸	竹部	8	12132511	F3E7	07BB8	20451	䈆	竹部	8	45131344	8232DA33	04206
20406	䈊	竹部	8	12134354	8232DA37	0420A	20452	箫	竹部	8	51123234	F3EF	07BAB
20407	箨	竹部	8	12154112	F3EA	07BA8	20453	箓	竹部	8	51124134	B982	07B93
20408	箕	竹部	8	12211134	BBFE	07B95	20454	箒	竹部	8	51145252	B981	07B92
20409	箃	竹部	8	12211154	B974	07B83	20455	箛	竹部	8	52133544	B987	07B9B
20410	箬	竹部	8	12213251	F3E8	07BAC	20456	䈄	竹部	8	52413452	8232DA31	04204
20411	箖	竹部	8	12341234	B983	07B96	20457	䈨	竹部	8	52511534	8232DD37	04228
20412	箂	竹部	8	12343434	B973	07B82	20458	箺	竹部	9	111342511	B997	07BBA
20413	䈅	竹部	8	12511534	8232DA32	04205	20459	篋	竹部	9	113434345	BA44	07BCB
20414	箣	竹部	8	12523422	B98B	07BA3	20460	篈	竹部	9	121121124	BA41	07BC8
20415	箑	竹部	8	15112134	B980	07B91	20461	䈣	竹部	9	121213134	8232DD32	04223
20416	箋	竹部	8	15341534	B97B	07B8B	20462	篏	竹部	9	122113534	BA47	07BCF
20417	箌	竹部	8	15412122	B97C	07B8C	20463	䈎	竹部	9	122151234	8232DB31	0420E
20418	䈇	竹部	8	21251112	8232DA34	04207	20464	箶	竹部	9	122513511	B994	07BB6
20419	箎	竹部	8	21531535	B97D	07B8E	20465	䈒	竹部	9	122543112	8232DB35	04212

字序	字形	部首	部首外笔画数	部首外笔顺	18030代码	13000代码	字序	字形	部首	部首外笔画数	部首外笔顺	18030代码	13000代码
20466	䈤	竹部	9	123412211	8232DD33	04224	20512	箳	竹部	9	513431132	B992	07BB3
20467	篐	竹部	9	123412525	BA48	07BD0	20513	篃	竹部	9	521325111	B99F	07BC3
20468	箱	竹部	9	123425111	CFE4	07BB1	20514	䈝	竹部	9	521342511	8232DC36	0421D
20469	範	竹部	9	125111255	B9A0	07BC4	20515	篨	竹部	9	523411234	BA58	07BE8
20470	䈏	竹部	9	125125121	8232DB32	0420F	20516	䈢	竹部	9	542511234	8232DD31	04222
20471	箴	竹部	9	131251534	F3F0	07BB4	20517	䈚	竹部	9	542514544	8232DC33	0421A
20472	䈛	竹部	9	212522154	8232DC34	0421B	20518	篆	竹部	9	551353334	D7AD	07BC6
20473	箵	竹部	9	234325111	B993	07BB5	20519	䈙	竹部	9	554444124	8232DC32	04219
20474	箾	竹部	9	243251122	B99B	07BBE	20520	箹	竹部	9	554444354	B996	07BB9
20475	䈕	竹部	9	251112134	8232DB38	04215	20521	篝	竹部	10	1122125211	F3F4	07BDD
20476	篎	竹部	9	251112343	BA46	07BCE	20522	篚	竹部	10	1211121115	F3F5	07BDA
20477	䈟	竹部	9	251113422	8232DC38	0421F	20523	篤	竹部	10	1211254444	BA56	07BE4
20478	箿	竹部	9	251122111	B99C	07BBF	20524	䈰	竹部	10	1212432511	8232DE35	04230
20479	篂	竹部	9	251131121	B99E	07BC2	20525	篢	竹部	10	1212511134	BA54	07BE2
20480	䈓	竹部	9	251135345	8232DB36	04213	20526	篕	竹部	10	1215425221	BA4B	07BD5
20481	篑	竹部	9	251212534	F3F1	07BD1	20527	䈯	竹部	10	1225111134	8232DE34	0422F
20482	篅	竹部	9	252132522	BA40	07BC5	20528	䈷	竹部	10	1234354251	8232DF32	04237
20483	篍	竹部	9	312344334	BA45	07BCD	20529	䈪	竹部	10	1251254312	8232DD39	0422A
20484	䈖	竹部	9	312344412	8232DB39	04216	20530	篥	竹部	10	1252211234	F3F6	07BE5
20485	箽	竹部	9	312511211	B99A	07BBD	20531	篴	竹部	10	1353334454	BA61	07BF4
20486	箯	竹部	9	321251134	B98F	07BAF	20532	篮	竹部	10	2231425221	C0BA	07BEE
20487	篁	竹部	9	325111121	F3F2	07BC1	20533	篡	竹部	10	2511113454	B4DB	07BE1
20488	䈭	竹部	9	325113554	8232DE32	0422D	20534	篹	竹部	10	2511113455	BA65	07BF9
20489	䈜	竹部	9	325114554	8232DC35	0421C	20535	篳	竹部	10	2511122112	BA60	07BF3
20490	篌	竹部	9	325131134	F3F3	07BCC	20536	䈳	竹部	10	2511541541	8232DE38	04233
20491	䈗	竹部	9	325434354	8232DC30	04217	20537	篔	竹部	10	2512511134	BA4A	07BD4
20492	箻	竹部	9	332511112	B998	07BBB	20538	篯	竹部	10	3111511534	BA5D	07BEF
20493	䈩	竹部	9	341443122	8232DD38	04229	20539	簉	竹部	10	3121251454	BA72	07C09
20494	䈠	竹部	9	344311354	8232DC39	04220	20540	篟	竹部	10	3211212511	BA52	07BDF
20495	篒	竹部	9	344511534	BA49	07BD2	20541	篠	竹部	10	3223541234	BA53	07BE0
20496	䈦	竹部	9	345234354	8232DD35	04226	20542	篗	竹部	10	3241112154	BA4D	07BD7
20497	箰	竹部	9	352511521	B990	07BB0	20543	篩	竹部	10	3251511252	BA59	07BE9
20498	䈡	竹部	9	353344544	8232DD30	04221	20544	篦	竹部	10	3253411535	F3F7	07BE6
20499	䈥	竹部	9	353511253	8232DD34	04225	20545	篪	竹部	10	3321531535	F3F8	07BEA
20500	䈞	竹部	9	412512511	8232DC37	0421E	20546	䈲	竹部	10	3354143554	8232DE37	04232
20501	箷	竹部	9	415331525	B995	07BB7	20547	䈱	竹部	10	3443321511	8232DE36	04231
20502	篓	竹部	9	431234531	C2A8	07BD3	20548	篬	竹部	10	3445113251	BA5B	07BEC
20503	箭	竹部	9	431251122	BCFD	07BAD	20549	䈵	竹部	10	3454541541	8232DF30	04235
20504	䈘	竹部	9	431554554	8232DC31	04218	20550	篷	竹部	10	3541112454	C5F1	07BF7
20505	篊	竹部	9	441122134	BA43	07BCA	20551	篘	竹部	10	3552335523	BA4E	07BD8
20506	箲	竹部	9	441312135	B991	07BB2	20552	簑	竹部	10	4125113534	BA77	07C11
20507	䈐	竹部	9	442134334	8232DB33	04210	20553	篙	竹部	10	4125125251	B8DD	07BD9
20508	箮	竹部	9	445125111	B98E	07BAE	20554	篱	竹部	10	4134522554	C0E9	07BF1
20509	篇	竹部	9	451325122	C6AA	07BC7	20555	篖	竹部	10	4135112251	BA4C	07BD6
20510	䈔	竹部	9	512115154	8232DB37	04214	20556	篭	竹部	10	4143125115	BA5C	07BED
20511	箼	竹部	9	513154121	B999	07BBC	20557	篰	竹部	10	4143125152	BA5E	07BF0

字序	字形	部首	部首外笔画数	部首外笔顺	18030代码	13000代码	字序	字形	部首	部首外笔画数	部首外笔顺	18030代码	13000代码
20558	䈮	竹部	10	4143135251	8232DE33	0422E	20604	簏	竹部	11	41352211535	F3FC	07C0F
20559	篣	竹部	10	4143454153	BA55	07BE3	20605	簅	竹部	11	41431331121	BA6F	07C05
20560	䈴	竹部	10	4315112234	8232DE39	04234	20606	簇	竹部	11	41533131134	B4D8	07C07
20561	䈬	竹部	10	4411251124	8232DE31	0422C	20607	簖	竹部	11	43123453312	F3FD	07C16
20562	篞	竹部	10	4412511121	BA51	07BDE	20608	簗	竹部	11	44153441234	BA7C	07C17
20563	䈶	竹部	10	4453434251	8232DF31	04236	20609	簆	竹部	11	44511352154	BA70	07C06
20564	䈿	竹部	10	4525114134	8232E030	0423F	20610	䈹	竹部	11	44532132511	8232DF34	04239
20565	篧	竹部	10	4532411121	BA57	07BE7	20611	䈼	竹部	11	44545434252	8232DF37	0423C
20566	篛	竹部	10	5154151541	BA4F	07BDB	20612	簄	竹部	11	45132515215	BA6E	07C04
20567	䉄	竹部	10	5212134354	8232E035	04244	20613	簘	竹部	11	51123243134	BA7D	07C18
20568	篜	竹部	10	5253414444	BA50	07BDC	20614	簋	竹部	11	51153425221	F3FE	07C0B
20569	䈫	竹部	10	5544442534	8232DE30	0422B	20615	簈	竹部	11	51331133112	BA71	07C08
20570	篲	竹部	11	11121112511	BA5F	07BF2	20616	䉃	竹部	11	52133544124	8232E034	04243
20571	簀	竹部	11	11212511134	BA6A	07C00	20617	䉌	竹部	11	52431353334	8232E133	0424C
20572	簎	竹部	11	12112212511	BA75	07C0E	20618	篸	竹部	11	54545434333	BA64	07BF8
20573	篶	竹部	11	12121154444	BA63	07BF6	20619	䈺	竹部	11	55444435444	8232DF35	0423A
20574	篺	竹部	11	12132511312	BA66	07BFA	20620	簮	竹部	12	113411342511	BA90	07C2E
20575	䉅	竹部	11	12143112354	8232E036	04245	20621	䉗	竹部	12	121251122111	8232E234	04257
20576	簊	竹部	11	12211134121	BA73	07C0A	20622	簙	竹部	12	121251124124	BA7E	07C19
20577	䉁	竹部	11	12211134454	8232E032	04241	20623	簛	竹部	12	122111343312	BA81	07C1B
20578	䉇	竹部	11	12211134522	8232E038	04247	20624	䉈	竹部	12	122125113134	8232E039	04248
20579	䈽	竹部	11	12212511121	8232DF38	0423D	20625	簯	竹部	12	123412211134	BA91	07C2F
20580	簕	竹部	11	12212511253	BA7B	07C15	20626	䉓	竹部	12	123425111234	8232E230	04253
20581	簧	竹部	11	12212512134	BBC9	07C27	20627	簭	竹部	12	123434134251	BA8F	07C2D
20582	䈾	竹部	11	12342432511	8232DF39	0423E	20628	䉘	竹部	12	123444511234	8232E235	04258
20583	簐	竹部	11	12511123534	BA76	07C10	20629	䉐	竹部	12	125111212251	8232E137	04250
20584	篿	竹部	11	12511214124	BA69	07BFF	20630	䉖	竹部	12	125111234454	8232E233	04256
20585	簌	竹部	11	12512343534	F3F9	07C0C	20631	簠	竹部	12	125112425221	BA85	07C20
20586	篻	竹部	11	12522111234	BA67	07BFB	20632	簟	竹部	12	125221251112	F4A1	07C1F
20587	簒	竹部	11	25111134354	BA78	07C12	20633	簝	竹部	12	134432511234	BA83	07C1D
20588	簍	竹部	11	25112512531	BA74	07C0D	20634	䉔	竹部	12	135415341534	8232E231	04254
20589	䉂	竹部	11	25121554234	8232E033	04242	20635	䉙	竹部	12	145244441154	8232E236	04259
20590	簂	竹部	11	25125115341	BA6C	07C02	20636	簪	竹部	12	153515352511	F4A2	07C2A
20591	篾	竹部	11	25221134534	F3FA	07BFE	20637	䉎	竹部	12	243452511234	8232E135	0424E
20592	䉚	竹部	11	25221451554	8232E237	0425A	20638	簡	竹部	12	251125112511	BA86	07C21
20593	簻	竹部	11	25525251454	BA9C	07C3B	20639	簢	竹部	12	251125114134	BA87	07C22
20594	簃	竹部	11	31234354354	BA6D	07C03	20640	䉍	竹部	12	251125114544	8232E134	0424D
20595	䉆	竹部	11	32511154444	8232E037	04246	20641	簣	竹部	12	251212511134	BA88	07C23
20596	篼	竹部	11	32511355135	F3FB	07BFC	20642	簞	竹部	12	251251251112	BA84	07C1E
20597	簁	竹部	11	33221212134	BA6B	07C01	20643	簚	竹部	12	252211252534	BA80	07C1A
20598	篵	竹部	11	33234342134	BA62	07BF5	20644	簤	竹部	12	252212511134	BA89	07C24
20599	䈻	竹部	11	35111251124	8232DF36	0423B	20645	䉑	竹部	12	311222214444	8232E138	04251
20600	簓	竹部	11	35121251333	BA79	07C13	20646	簥	竹部	12	313425125251	BA8A	07C25
20601	䈸	竹部	11	35351124412	8232DF33	04238	20647	䉣	竹部	12	321511354444	8232E336	04263
20602	簔	竹部	11	41112213534	BA7A	07C14	20648	簰	竹部	12	321532511312	BA92	07C30
20603	䉀	竹部	11	41312214444	8232E031	04240	20649	䉛	竹部	12	325431234134	8232E238	0425B

字序	字形	部首	部首外笔画数	部首外笔顺	18030代码	13000代码	字序	字形	部首	部首外笔画数	部首外笔顺	18030代码	13000代码
20650	篽	竹部	12	332311212152	BA68	07BFD	20696	籕	竹部	14	12343545325121	BB51	07C55
20651	䉒	竹部	12	343123425121	8232E139	04252	20697	籄	竹部	14	12512125111345	BB41	07C44
20652	䈧	竹部	12	344335554444	8232DD36	04227	20698	籃	竹部	14	12512531425221	BB40	07C43
20653	簲	竹部	12	351132511312	BA94	07C32	20699	籋	竹部	14	13425234343434	BB48	07C4B
20654	䉉	竹部	12	353511233544	8232E130	04249	20700	纂	竹部	14	25111134554234	D7EB	07E82
20655	簱	竹部	12	415312211134	BA93	07C31	20701	籎	竹部	14	35311345452134	BB4A	07C4E
20656	䉕	竹部	12	432524312511	8232E232	04255	20702	籇	竹部	14	41251451353334	BB44	07C47
20657	簩	竹部	12	433443344553	BA8C	07C29	20703	籏	竹部	14	41533112211134	BB4B	07C4F
20658	簜	竹部	12	441251113533	BA82	07C1C	20704	籊	竹部	14	54154132411121	BB47	07C4A
20659	簶	竹部	12	452451124134	BA98	07C36	20705	籒	竹部	15	121122155125121	BB4E	07C52
20660	簨	竹部	12	515515122134	BA8B	07C28	20706	籖	竹部	15	121211121111534	BB52	07C56
20661	䉋	竹部	12	531521325111	8232E132	0424B	20707	䉩	竹部	15	123412512512515	8232E432	04269
20662	䉊	竹部	12	541341251112	8232E131	0424A	20708	䉯	竹部	15	125125542511134	8232E438	0426F
20663	簦	竹部	12	543341251431	F4A3	07C26	20709	䉦	竹部	15	125221134515454	8232E339	04266
20664	簼	竹部	13	1211122125211	BA9D	07C3C	20710	籑	竹部	15	251111344511534	BB4D	07C51
20665	䉟	竹部	13	1213241112154	8232E332	0425F	20711	籔	竹部	15	251125125313134	BB50	07C54
20666	籀	竹部	13	1213545325121	F4A6	07C40	20712	䉪	竹部	15	251212512125121	8232E433	0426A
20667	簸	竹部	13	1221113453254	F4A4	07C38	20713	䉰	竹部	15	255452511413434	8232E439	04270
20668	籆	竹部	13	1223241112154	BB43	07C46	20714	䉫	竹部	15	312343533424134	8232E434	0426B
20669	簳	竹部	13	1225111234112	BA95	07C33	20715	籐	竹部	15	351143113424134	BB4C	07C50
20670	䉢	竹部	13	1234341252511	8232E335	04262	20716	䉧	竹部	15	354533411243122	8232E430	04267
20671	簵	竹部	13	1251112354251	BA97	07C35	20717	䉬	竹部	15	413543345153554	8232E435	0426C
20672	籁	竹部	13	1251234352534	F4A5	07C41	20718	䉨	竹部	15	414313533343554	8232E431	04268
20673	籈	竹部	13	1252211211554	BB45	07C48	20719	籓	竹部	15	441343123425121	BB4F	07C53
20674	䉞	竹部	13	1312515344544	8232E331	0425E	20720	䉭	竹部	15	555253415445445	8232E436	0426D
20675	簴	竹部	13	2153152243134	BA96	07C34	20721	籜	竹部	16	1212522112143112	BB58	07C5C
20676	簹	竹部	13	2434525125121	BA9A	07C39	20722	籡	竹部	16	1213412512513434	BB5D	07C61
20677	簬	竹部	13	2512121354251	BA8E	07C2C	20723	籟	竹部	16	1251234352511134	BB5B	07C5F
20678	䉜	竹部	13	3113432411121	8232E239	0425C	20724	籗	竹部	16	1452444432411121	BB53	07C57
20679	籅	竹部	13	3211152511134	BB42	07C45	20725	籧	竹部	16	2153151353334454	BB63	07C67
20680	䉠	竹部	13	3322521353134	8232E333	04260	20726	籚	竹部	16	2153152512125221	BB56	07C5A
20681	簽	竹部	13	3412512513434	BA9E	07C3D	20727	䉮	竹部	16	2511251132411121	8232E437	0426E
20682	籂	竹部	13	3445115431252	BAA0	07C42	20728	籛	竹部	16	3411243115341534	BB57	07C5B
20683	簷	竹部	13	3513344111251	BA99	07C37	20729	籙	竹部	16	3411243151124134	BB55	07C59
20684	䉏	竹部	13	3535112533112	8232E136	0424F	20730	籘	竹部	16	3511431134554234	BB54	07C58
20685	䉡	竹部	13	4125251125111	8232E334	04261	20731	籠	竹部	16	4143125111515111	BB5C	07C60
20686	簾	竹部	13	4134315112234	BA9F	07C3E	20732	籝	竹部	16	4152513511531354	BB59	07C5D
20687	䉝	竹部	13	4311213121534	8232E330	0425D	20733	䉱	竹部	16	4523412512512515	8232E530	04271
20688	䉤	竹部	13	4312345313134	8232E337	04264	20734	䉵	竹部	17	25111134344511534	8232E534	04275
20689	簿	竹部	13	4411251124124	B2BE	07C3F	20735	籣	竹部	17	25112511125431234	BB5F	07C63
20690	簺	竹部	13	4451122134121	BA9B	07C3A	20736	籞	竹部	17	33231121215211234	BB5A	07C5E
20691	簫	竹部	13	5112322151512	BA8D	07C2B	20737	籦	竹部	17	34112431312511211	BB62	07C66
20692	籍	竹部	14	11123412212511	BCAE	07C4D	20738	籥	竹部	17	34125125125125122	BB61	07C65
20693	籉	竹部	14	12125145154121	BB46	07C49	20739	籢	竹部	17	34125125134343134	BB5E	07C62
20694	䉥	竹部	14	12132535414544	8232E338	04265	20740	籨	竹部	17	34125125134343534	BB64	07C68
20695	籌	竹部	14	12151211251124	BB49	07C4C	20741	籤	竹部	17	34341211121111534	BB60	07C64

字序	字形	部首	部首外笔画数	部首外笔顺	18030代码	13000代码
20742	䉳	竹部	17	35251214444431112	8232E532	04273
20743	䉴	竹部	17	41251251112213534	8232E533	04274
20744	䉲	竹部	17	51513425234343434	8232E531	04272
20745	䉶	竹部	18	324111213241112154	8232E535	04276
20746	籩	竹部	18	325111445344153454	BB65	07C69
20747	籬	竹部	18	413452255432411121	BB68	07C6C
20748	籪	竹部	18	554554155455453312	BB66	07C6A
20749	籭	竹部	19	1254125441352211535	BB69	07C6D
20750	䉷	竹部	19	2512511351221113134	8232E536	04277
20751	籮	竹部	19	2522155444432411121	BB6A	07C6E
20752	籫	竹部	19	3121353121352511134	BB67	07C6B
20753	䵵	竹部	20	25111134254312114444	82358135	04D75
20754	籰	竹部	20	25111251113241112154	BB6C	07C70
20755	籯	竹部	20	41525135112511134354	BB6B	07C6F
20756	䉸	竹部	21	414311341112514143112	8232E537	04278
20757	䉹	竹部	24	145244442512512511234341	8232E538	04279
20758	籱	竹部	24	145244443241112132411121	BB6D	07C71
20759	籲	竹部	26	34125125125125122132511134	BB6E	07C72
20760	臼	臼部	0	0	BECA	081FC
20761	兒	臼部	2	35	83BA	05152
20762	舁	臼部	3	132	F4A8	08201
20763	帠	臼部	3	252	8E96	05E20
20764	臿	臼部	3	312	C561	081FF
20765	䑔	臼部	4	1252	82339639	04454
20766	舂	臼部	5	11134	F4A9	08202
20767	䑕	臼部	5	35112	82339730	04455
20768	舃	臼部	6	154444	C562	08203
20769	舄	臼部	6	354444	F4AA	08204
20770	䊆	臼部	6	431234	8232E731	04286
20771	䢅	臼部	7	1311534	82348335	04885
20772	舅	臼部	7	2512153	BECB	08205
20773	䑖	臼部	8	15112134	82339731	04456
20774	䑗	臼部	9	251113533	82339732	04457
20775	䑘	臼部	9	431113121	82339733	04458
20776	䳎	臼部	11	32511154444	8234EF35	04CCE
20777	䳔	臼部	11	32511154444	8234F031	04CD4
20778	自	自部	0	0	D7D4	081EA
20779	臫	自部	1	5	C554	081EB
20780	郋	自部	2	52	E045	090CB
20781	臬	自部	4	1234	F4AB	081EC
20782	臭	自部	4	1344	B3F4	081ED
20783	息	自部	4	4544	CFA2	0606F
20784	臰	自部	6	135435	C557	081F0
20785	臮	自部	6	323434	C555	081EE
20786	臯	自部	6	413412	C556	081EF
20787	辠	自部	7	4143112	DE66	08FA0
20788	䫁	自部	9	132511134	8234BB36	04AC1
20789	臱	自部	9	445344153	C558	081F1
20790	臲	自部	10	1234351355	C559	081F2
20791	血	血部	0	0	D1AA	08840
20792	卹	血部	2	52	8572	05379
20793	䘏	血部	2	52	8233C331	0460F
20794	衁	血部	3	415	D059	08841
20795	衂	血部	3	534	D05A	08842
20796	衃	血部	4	1324	D05B	08843
20797	欰	血部	4	3534	9A41	06B30
20798	衄	血部	4	5211	F4AC	08844
20799	䘐	血部	4	5344	8233C332	04610
20800	衅	血部	5	43112	D0C6	08845
20801	䘑	血部	5	45534	8233C333	04611
20802	衈	血部	6	122111	D05E	08848
20803	衆	血部	6	323334	D05C	08846
20804	衇	血部	6	333534	D05D	08847
20805	衉	血部	6	354251	D05F	08849
20806	䘒	血部	7	5434354	8233C334	04612
20807	䘓	血部	8	35321511	8233C335	04613
20808	䘔	血部	9	445354251	8233C336	04614
20809	衊	血部	14	12225221134534	D060	0884A
20810	衋	血部	18	511112132511132511	D061	0884B
20811	舟	舟部	0	0	D6DB	0821F
20812	䑠	舟部	2	52	82339831	04460
20813	郍	舟部	2	52	E047	090CD
20814	舠	舟部	2	53	C573	08220
20815	舡	舟部	3	121	F4AD	08221
20816	䑢	舟部	3	135	82339833	04462
20817	舢	舟部	3	252	F4AE	08222
20818	䑣	舟部	3	333	82339834	04463
20819	舤	舟部	3	354	C574	08224
20820	䑥	舟部	3	354	82339836	04465
20821	舣	舟部	3	434	F4AF	08223
20822	䑡	舟部	3	544	82339832	04461
20823	㭧	舟部	4	1234	8231AF32	03B67
20824	舦	舟部	4	1344	C576	08226
20825	舭	舟部	4	1535	F4B0	0822D
20826	舯	舟部	4	2512	F4B1	0822F
20827	舰	舟部	4	2535	BDA2	08230

字序	字形	部首	部首外笔画数	部首外笔顺	18030代码	13000代码
20828	舨	舟部	4	3354	F4B2	08228
20829	舧	舟部	4	3354	C577	08227
20830	䑤	舟部	4	3445	82339835	04464
20831	舩	舟部	4	3454	C578	08229
20832	舱	舟部	4	3455	B2D5	08231
20833	般	舟部	4	3554	B0E3	0822C
20834	航	舟部	4	4135	BABD	0822A
20835	舫	舟部	4	4153	F4B3	0822B
20836	舮	舟部	4	4513	C579	0822E
20837	舥	舟部	4	5215	C575	08225
20838	䑩	舟部	5	12251	82339930	04469
20839	舸	舟部	5	12512	F4B4	08238
20840	舻	舟部	5	21513	F4B5	0823B
20841	舺	舟部	5	25112	C57B	0823A
20842	舳	舟部	5	25121	F4B6	08233
20843	盘	舟部	5	25221	C5CC	076D8
20844	舴	舟部	5	31211	F4B7	08234
20845	䑨	舟部	5	31525	82339839	04468
20846	䑧	舟部	5	32124	82339838	04467
20847	舶	舟部	5	32511	B2B0	08236
20848	舲	舟部	5	34454	C57A	08232
20849	船	舟部	5	35251	B4AC	08239
20850	䑦	舟部	5	35251	82339837	04466
20851	鸼	舟部	5	35451	FB62	09E3C
20852	舷	舟部	5	41554	CFCF	08237
20853	舵	舟部	5	44535	B6E6	08235
20854	舼	舟部	6	122134	C57C	0823C
20855	舾	舟部	6	125351	F4B8	0823E
20856	舿	舟部	6	134115	C57E	0823F
20857	艇	舟部	6	312154	CDA7	08247
20858	䑪	舟部	6	341251	82339931	0446A
20859	䑬	舟部	6	341534	82339933	0446C
20860	舽	舟部	6	354152	C57D	0823D
20861	䑫	舟部	6	431132	82339932	0446B
20862	䑭	舟部	6	441121	82339934	0446D
20863	䑮	舟部	6	531234	82339935	0446E
20864	䎇	舟部	6	541541	82338237	04387
20865	䑰	舟部	7	2121233	82339937	04470
20866	艄	舟部	7	2432511	F4B9	08244
20867	䚀	舟部	7	2511135	8233CE32	04680
20868	艃	舟部	7	2511211	C583	08243
20869	艁	舟部	7	3121251	C581	08241
20870	艅	舟部	7	3411234	C584	08245
20871	艀	舟部	7	3443521	C580	08240
20872	艂	舟部	7	3541112	C582	08242
20873	艈	舟部	7	4154325	C586	08248

字序	字形	部首	部首外笔画数	部首外笔顺	18030代码	13000代码
20874	䑯	舟部	7	4351523	82339936	0446F
20875	艆	舟部	7	4511534	C585	08246
20876	艉	舟部	7	5133115	F4BA	08249
20877	䑶	舟部	8	11212511	82339A33	04476
20878	䑴	舟部	8	12211134	82339A31	04474
20879	䑲	舟部	8	21251112	82339939	04472
20880	䑵	舟部	8	25112511	82339A32	04475
20881	艊	舟部	8	32511252	C587	0824A
20882	䑳	舟部	8	34125122	82339A30	04473
20883	艌	舟部	8	34454544	C588	0824C
20884	䑸	舟部	8	44511234	82339A35	04478
20885	䑱	舟部	8	44535455	82339938	04471
20886	䑷	舟部	8	45132511	82339A34	04477
20887	艍	舟部	8	51312251	C589	0824D
20888	艋	舟部	8	52125221	F4BB	0824B
20889	艓	舟部	9	122151234	C58E	08253
20890	艒	舟部	9	251125111	C58D	08252
20891	艘	舟部	9	321511254	CBD2	08258
20892	艎	舟部	9	325111121	C58A	0824E
20893	艐	舟部	9	345234354	C58B	08250
20894	䑺	舟部	9	353251214	82339A37	0447A
20895	艔	舟部	9	413122154	C58F	08254
20896	䑻	舟部	9	415331521	82339A38	0447B
20897	艖	舟部	9	431113121	C591	08256
20898	艏	舟部	9	431325111	F4BC	0824F
20899	䑹	舟部	9	445433454	82339A36	04479
20900	艑	舟部	9	451325122	C58C	08251
20901	䑽	舟部	10	2511541541	82339B30	0447D
20902	䒃	舟部	10	3121251454	82339B36	04483
20903	䑾	舟部	10	3241112154	82339B31	0447E
20904	艙	舟部	10	3445113251	C593	08259
20905	䑼	舟部	10	3552335523	82339A39	0447C
20906	艕	舟部	10	4143454153	C590	08255
20907	艗	舟部	10	4313425221	C592	08257
20908	艚	舟部	11	12512212511	F4BD	0825A
20909	艜	舟部	11	13221545252	C595	0825C
20910	艝	舟部	11	14524444511	C596	0825D
20911	艛	舟部	11	25112512531	C594	0825B
20912	䒀	舟部	11	31431432124	82339B33	04480
20913	鵃	舟部	11	32511154444	F940	09D43
20914	䒅	舟部	11	43113425111	82339B38	04485
20915	䑿	舟部	11	44532132511	82339B32	0447F
20916	䒄	舟部	11	45125125121	82339B37	04484
20917	䒂	舟部	11	52133544124	82339B35	04482
20918	䒁	舟部	11	54154132511	82339B34	04481
20919	䒈	舟部	12	121222511134	82339C31	04488

字序	字形	部首	部首外笔画数	部首外笔顺	18030代码	13000代码	字序	字形	部首	部首外笔画数	部首外笔顺	18030代码	13000代码
20920	艥	舟部	12	251122111534	C59D	08265	20966	衤	衣部	2	12	8233C432	0461A
20921	艞	舟部	12	314314341534	C597	0825E	20967	补	衣部	2	24	B2B9	08865
20922	艟	舟部	12	414312511211	F4BE	0825F	20968	机	衣部	2	35	8233C433	0461B
20923	艡	舟部	12	415425113134	82339B39	04486	20969	初	衣部	2	53	B3F5	0521D
20924	艢	舟部	12	445125125121	82339C30	04487	20970	衦	衣部	3	112	D072	08866
20925	艠	舟部	12	543341251431	C598	08260	20971	衧	衣部	3	112	D073	08867
20926	艧	舟部	13	1223241112154	C59F	08267	20972	衬	衣部	3	124	B3C4	0886C
20927	艨	舟部	13	1224511353334	F4BF	08268	20973	衩	衣部	3	154	8233C435	0461D
20928	艢	舟部	13	1234341252511	C59A	08262	20974	衶	衣部	3	252	8233C434	0461C
20929	艣	舟部	13	2153152512153	C59B	08263	20975	衫	衣部	3	333	C9C0	0886B
20930	艡	舟部	13	2434525125121	C599	08261	20976	衱	衣部	3	354	D077	08871
20931	艤	舟部	13	4311213121534	C59C	08264	20977	衪	衣部	3	525	D074	0886A
20932	艦	舟部	14	12512531425221	C59E	08266	20978	衩	衣部	3	544	F1C3	08869
20933	艥	舟部	14	31122221354152	82339C32	04489	20979	衭	衣部	3	551	8233C436	0461E
20934	艩	舟部	14	41432533543211	C5A0	08269	20980	袂	衣部	4	1134	D075	0886D
20935	艪	舟部	15	352512144442511	C640	0826A	20981	袆	衣部	4	1152	D084	08886
20936	艫	舟部	16	2153152512125221	C641	0826B	20982	衼	衣部	4	1254	D081	0887C
20937	艬	舟部	17	35251153535251354	C642	0826C	20983	衱	衣部	4	1334	8233C438	04620
20938	艭	舟部	17	43113435251214444	8234E935	04C8D	20984	袈	衣部	4	1553	D083	08883
20939	艭	舟部	18	324111213241112154	C643	0826D	20985	袓	衣部	4	2511	D07A	08875
20940	色	色部	0	0	C9AB	08272	20986	衵	衣部	4	2511	D080	0887B
20941	艳	色部	4	1112	D1DE	08273	20987	衶	衣部	4	2512	D07B	08876
20942	弛	色部	4	3415	82339C33	0448A	20988	衲	衣部	4	2534	F1C4	08872
20943	艴	色部	5	25134	82339C34	0448B	20989	衽	衣部	4	3121	F1C5	0887D
20944	艴	色部	5	51532	E5F5	08274	20990	袄	衣部	4	3134	B0C0	08884
20945	艵	色部	6	431132	C645	08275	20991	衸	衣部	4	3432	D07C	08878
20946	艶	色部	10	1221344132	82339C37	0448E	20992	衾	衣部	4	3445	F4C0	0887E
20947	艷	色部	10	4143454153	82339C36	0448D	20993	衿	衣部	4	3445	F1C6	0887F
20948	艷	色部	10	4525114134	82339C35	0448C	20994	衯	衣部	4	3453	D076	0886F
20949	艷	色部	12	432524312511	82339C38	0448F	20995	衳	衣部	4	3454	D078	08873
20950	艷	色部	13	2512211251431	C646	08276	20996	衹	衣部	4	3515	D07D	08879
20951	艷	色部	15	122252214525111	82339C39	04490	20997	衻	衣部	4	3541	D085	08887
20952	艷	色部	18	211121112521251431	C647	08277	20998	衸	衣部	4	3541	D082	08880
20953	齐	齐部	0	0	C6EB	09F50	20999	袅	衣部	4	3545	F4C1	08885
20954	齊	齐部	0	0	FD52	09F4A	21000	衭	衣部	4	4535	D079	08874
20955	剂	齐部	2	22	BCC1	05242	21001	袂	衣部	4	5134	F1C7	08882
20956	劑	齐部	2	22	84A9	05291	21002	衶	衣部	4	5152	8233C437	0461F
20957	齋	齐部	3	234	FD53	09F4B	21003	袜	衣部	5	11234	CDE0	0889C
20958	齌	齐部	3	531	82358434	04D92	21004	袪	衣部	5	12154	D0A0	088AA
20959	齍	齐部	4	4334	FD54	09F4C	21005	袣	衣部	5	12215	D09A	088A3
20960	齎	齐部	5	25221	FD55	09F4D	21006	袜	衣部	5	12344	8233C532	04624
20961	齎	齐部	7	2511134	FD56	09F4E	21007	袔	衣部	5	12512	D08E	08894
20962	齑	齐部	9	211121111	ECB4	09F51	21008	袏	衣部	5	13121	D08A	0888F
20963	齏	齐部	9	211121111	FD57	09F4F	21009	袥	衣部	5	13251	D09B	088A5
20964	衣	衣部	0	0	D2C2	08863	21010	被	衣部	5	13544	D093	0889A
20965	衤	衣部	0	0	F1C2	08864	21011	袩	衣部	5	21251	D09F	088A9

字序	字形	部首	部首外笔画数	部首外笔顺	18030代码	13000代码	字序	字形	部首	部首外笔画数	部首外笔顺	18030代码	13000代码
21012	袒	衣部	5	25111	CCBB	08892	21058	袵	衣部	6	323121	D147	088B5
21013	袓	衣部	5	25111	D08D	08893	21059	裇	衣部	6	325221	D153	088C7
21014	䘥	衣部	5	25112	8233C533	04625	21060	裄	衣部	6	332112	D152	088C4
21015	袖	衣部	5	25121	D0E4	08896	21061	袷	衣部	6	341251	F1CA	088B7
21016	䘧	衣部	5	25134	8233C535	04627	21062	䘩	衣部	6	352511	8233C537	04629
21017	袡	衣部	5	25211	D099	088A1	21063	袶	衣部	6	354152	D148	088B6
21018	袟	衣部	5	31134	D097	0889F	21064	袼	衣部	6	354251	F1CB	088BC
21019	袮	衣部	5	31234	D141	088AE	21065	袳	衣部	6	354354	D145	088B3
21020	袘	衣部	5	31525	D091	08898	21066	装	衣部	6	412121	D7B0	088C5
21021	袝	衣部	5	32124	D095	0889D	21067	䘨	衣部	6	413434	8233C536	04628
21022	袋	衣部	5	32154	B4FC	0888B	21068	䘪	衣部	6	415435	8233C538	0462A
21023	袙	衣部	5	32511	D092	08899	21069	裈	衣部	6	451512	D154	088C8
21024	袗	衣部	5	34333	D090	08897	21070	裉	衣部	6	511534	F1CC	088C9
21025	袊	衣部	5	34454	D087	0888A	21071	䘫	衣部	6	531251	8233C539	0462B
21026	袛	衣部	5	35154	D094	0889B	21072	袽	衣部	6	531251	D14D	088BD
21027	袧	衣部	5	35251	D09D	088A7	21073	裓	衣部	7	1132534	D15C	088D3
21028	袍	衣部	5	35515	C5DB	0888D	21074	裚	衣部	7	1213312	D15F	088DA
21029	袨	衣部	5	41554	D09E	088A8	21075	裘	衣部	7	1241344	F4C3	088D8
21030	袢	衣部	5	43112	F1C8	088A2	21076	補	衣部	7	1251124	D161	088DC
21031	䘢	衣部	5	44512	8233C530	04622	21077	裋	衣部	7	1251431	D156	088CB
21032	袕	衣部	5	44534	D08F	08895	21078	裖	衣部	7	1311534	D15D	088D6
21033	袉	衣部	5	44535	D086	08889	21079	裌	衣部	7	1343434	D157	088CC
21034	袐	衣部	5	45434	D08B	08890	21080	裢	衣部	7	1512454	F1CD	088E2
21035	䘦	衣部	5	51335	8233C534	04626	21081	䘯	衣部	7	2432511	8233C633	0462F
21036	袦	衣部	5	52252	D09C	088A6	21082	裎	衣部	7	2511121	F1CE	088CE
21037	袈	衣部	5	53251	F4C2	08888	21083	裡	衣部	7	2511211	D165	088E1
21038	袑	衣部	5	53251	D08C	08891	21084	裍	衣部	7	2512341	D158	088CD
21039	被	衣部	5	53254	B1BB	088AB	21085	裐	衣部	7	2512511	D15A	088D0
21040	袯	衣部	5	53544	D142	088AF	21086	裔	衣部	7	2534251	D2E1	088D4
21041	袎	衣部	5	55453	D089	0888E	21087	裑	衣部	7	3251113	D15B	088D1
21042	䘬	衣部	6	113534	8233C630	0462C	21088	裊	衣部	7	3251115	D155	088CA
21043	袿	衣部	6	121121	D14F	088BF	21089	裣	衣部	7	3414431	F1CF	088E3
21044	袺	衣部	6	121251	D14B	088BA	21090	裕	衣部	7	3434251	D4A3	088D5
21045	袹	衣部	6	132511	D14A	088B9	21091	裤	衣部	7	4131512	BFE3	088E4
21046	袸	衣部	6	132521	D149	088B8	21092	裗	衣部	7	4154325	D15E	088D7
21047	袻	衣部	6	132522	D14C	088BB	21093	裥	衣部	7	4252511	F1D0	088E5
21048	袴	衣部	6	134115	D146	088B4	21094	裞	衣部	7	4325135	D163	088DE
21049	裂	衣部	6	135422	C1D1	088C2	21095	䘷	衣部	7	4325234	8233C731	04637
21050	䘭	衣部	6	154121	8233C631	0462D	21096	裟	衣部	7	4412343	F4C4	088DF
21051	裃	衣部	6	211124	D151	088C3	21097	裠	衣部	7	5113251	D164	088E0
21052	䘣	衣部	6	212135	8233C531	04623	21098	裙	衣部	7	5113251	C8B9	088D9
21053	裆	衣部	6	243511	F1C9	088C6	21099	䘲	衣部	7	5114554	8233C636	04632
21054	裀	衣部	6	251341	D150	088C0	21100	裝	衣部	7	5213121	D162	088DD
21055	袾	衣部	6	311234	D14E	088BE	21101	裱	衣部	8	11213534	F1D1	088F1
21056	袱	衣部	6	321344	B8A4	088B1	21102	褂	衣部	8	12112124	B9D3	08902
21057	䘰	衣部	6	321554	8233C634	04630	21103	褚	衣部	8	12132511	F1D2	0891A

字序	字形	部首	部首外笔画数	部首外笔顺	18030代码	13000代码	字序	字形	部首	部首外笔画数	部首外笔顺	18030代码	13000代码
21104	裬	衣部	8	12134354	D16B	088EC	21150	䙇	衣部	9	132522134	8233C837	04647
21105	褀	衣部	8	12211134	D177	08900	21151	褙	衣部	9	211352511	F1D8	08919
21106	䘴	衣部	8	12343454	8233C638	04634	21152	褆	衣部	9	251112134	D17C	08906
21107	裲	衣部	8	12523434	D16F	088F2	21153	褞	衣部	9	251125221	D18E	0891E
21108	裿	衣部	8	13412512	D176	088FF	21154	褐	衣部	9	251135345	BAD6	08910
21109	裺	衣部	8	13425115	D173	088FA	21155	䙌	衣部	9	251212534	FE7D	0464C
21110	褄	衣部	8	15112531	D17A	08904	21156	褍	衣部	9	252132522	D183	0890D
21111	䙁	衣部	8	15341534	8233C831	04641	21157	䙄	衣部	9	312321511	8233C834	04644
21112	裶	衣部	8	21112111	D171	088F6	21158	褈	衣部	9	312511211	D17E	08908
21113	裻	衣部	8	21123454	D174	088FB	21159	複	衣部	9	312511354	D17D	08907
21114	褃	衣部	8	21212511	D179	08903	21160	裫	衣部	9	322151512	D16A	088EB
21115	裭	衣部	8	21531535	D16C	088ED	21161	褓	衣部	9	322511234	F1D9	08913
21116	裳	衣部	8	24345251	C9D1	088F3	21162	䙈	衣部	9	325131134	8233C838	04648
21117	裸	衣部	8	25111234	C2E3	088F8	21163	䙉	衣部	9	331225111	8233C839	04649
21118	裩	衣部	8	25111535	D168	088E9	21164	褕	衣部	9	341251122	D188	08915
21119	裮	衣部	8	25112511	D16D	088EE	21165	褑	衣部	9	344311354	D186	08911
21120	裼	衣部	8	25113533	F1D3	088FC	21166	褜	衣部	9	351135515	D18C	0891C
21121	製	衣部	8	31125222	D175	088FD	21167	褅	衣部	9	414345252	D17B	08905
21122	䘽	衣部	8	32151135	8233C737	0463D	21168	褨	衣部	9	431113121	D196	08928
21123	裨	衣部	8	32511312	F1D4	088E8	21169	褛	衣部	9	431234531	F1DA	0891B
21124	䘳	衣部	8	34112431	8233C637	04633	21170	褝	衣部	9	443251112	D18D	0891D
21125	䙂	衣部	8	34544544	8233C832	04642	21171	䙋	衣部	9	445125111	8233C931	0464B
21126	䙀	衣部	8	35113511	8233C830	04640	21172	褌	衣部	9	451251112	D182	0890C
21127	裯	衣部	8	35121251	D16E	088EF	21173	褊	衣部	9	451325122	F1DB	0890A
21128	裪	衣部	8	35311252	D169	088EA	21174	褪	衣部	9	511534454	CDCA	0892A
21129	䘸	衣部	8	41323544	8233C732	04638	21175	褘	衣部	9	521251152	D18B	08918
21130	䘹	衣部	8	41343412	8233C733	04639	21176	䙍	衣部	9	534335342	8233C932	0464D
21131	䘻	衣部	8	41542511	8233C735	0463B	21177	䙆	衣部	9	543341134	8233C836	04646
21132	裷	衣部	8	43113455	D172	088F7	21178	褖	衣部	9	551353334	D189	08916
21133	裧	衣部	8	43344334	D167	088E7	21179	褠	衣部	10	1122125211	D190	08920
21134	䘺	衣部	8	44512134	8233C734	0463A	21180	褤	衣部	10	1212513534	D193	08924
21135	䘾	衣部	8	44525151	8233C738	0463E	21181	褧	衣部	10	1221114334	D195	08927
21136	䘼	衣部	8	44535455	8233C736	0463C	21182	褳	衣部	10	1251112454	D19E	08933
21137	䘵	衣部	8	51124134	8233C639	04635	21183	䙏	衣部	10	1251124124	8233C934	0464F
21138	裾	衣部	8	51312251	F1D5	088FE	21184	䙐	衣部	10	1251254312	8233C935	04650
21139	䘿	衣部	8	51352252	8233C739	0463F	21185	褥	衣部	10	1311534124	C8EC	08925
21140	䘶	衣部	8	52413452	8233C730	04636	21186	褴	衣部	10	2231425221	F1DC	08934
21141	裰	衣部	8	54545454	F1D6	088F0	21187	襅	衣部	10	2511122112	D24B	08945
21142	褉	衣部	9	111253134	D180	08909	21188	褟	衣部	10	2511541541	D18F	0891F
21143	褋	衣部	9	122151234	D181	0890B	21189	䙓	衣部	10	2522112154	8233C938	04653
21144	䙊	衣部	9	122245252	8233C930	0464A	21190	褫	衣部	10	3321531535	F1DD	0892B
21145	褡	衣部	9	122341251	F1D7	08921	21191	褩	衣部	10	3354143554	D197	08929
21146	褗	衣部	9	125115315	D18A	08917	21192	䙎	衣部	10	3443554134	8233C933	0464E
21147	褔	衣部	9	125125121	D187	08914	21193	䙜	衣部	10	3541112454	8233CA37	0465C
21148	䙅	衣部	9	125221531	8233C835	04645	21194	䙑	衣部	10	4125113534	8233C936	04651
21149	䙃	衣部	9	131212511	8233C833	04643	21195	褯	衣部	10	4131221252	D19B	0892F

字序	字形	部首	部首外笔画数	部首外笔顺	18030代码	13000代码	字序	字形	部首	部首外笔画数	部首外笔顺	18030代码	13000代码
21196	褲	衣部	10	4131251112	D19D	08932	21242	䙙	衣部	12	513241343112	8233CA34	04659
21197	褵	衣部	10	4134522554	D19F	08935	21243	襁	衣部	12	515251251214	F1DF	08941
21198	䙒	衣部	10	4155425121	8233C937	04652	21244	襈	衣部	12	515515122134	D24E	08948
21199	褮	衣部	10	4334433445	D19A	0892E	21245	䙞	衣部	12	543341251431	8233CA39	0465E
21200	褣	衣部	10	4453434251	D192	08923	21246	襏	衣部	12	543345153554	D255	0894F
21201	褦	衣部	10	5425113535	D194	08926	21247	䙦	衣部	13	1222522145354	8233CB36	04666
21202	褬	衣部	10	5454541234	D198	0892C	21248	䙩	衣部	13	1224511353334	8233CB39	04669
21203	襀	衣部	11	11212511134	D248	08940	21249	襟	衣部	13	1234123411234	BDF3	0895F
21204	褹	衣部	11	12134121354	D241	08939	21250	䙥	衣部	13	1452444434454	8233CB35	04665
21205	褺	衣部	11	12143112354	D242	0893A	21251	襠	衣部	13	2434525125121	D264	08960
21206	襔	衣部	11	12212523434	D25A	08954	21252	襛	衣部	13	2512211311534	D261	0895B
21207	褿	衣部	11	12512212511	D247	0893F	21253	襙	衣部	13	2512512511234	D25F	08959
21208	䙔	衣部	11	12512512515	8233C939	04654	21254	襗	衣部	13	2522112143112	D25D	08957
21209	褾	衣部	11	12522111234	D246	0893E	21255	襡	衣部	13	2522135251214	D265	08961
21210	䙘	衣部	11	13211234534	8233CA33	04658	21256	襝	衣部	13	3412512513434	D263	0895D
21211	褸	衣部	11	25112512531	D240	08938	21257	襘	衣部	13	3412524312511	D25E	08958
21212	䙖	衣部	11	25235113511	8233CA31	04656	21258	襜	衣部	13	3513344111251	D262	0895C
21213	䙤	衣部	11	25525251454	8233CB34	04664	21259	襢	衣部	13	4125251125111	D266	08962
21214	褷	衣部	11	33221212134	D1A0	08937	21260	襞	衣部	13	5132514143112	F4C5	0895E
21215	䙕	衣部	11	33234342134	8233CA30	04655	21261	襪	衣部	14	12225221134534	D26D	0896A
21216	襐	衣部	11	35251353334	D256	08950	21262	襤	衣部	14	12512531425221	D268	08964
21217	䙛	衣部	11	41342513534	8233CA36	0465B	21263	襧	衣部	14	13425234343434	D26A	08967
21218	䙗	衣部	11	41432512251	8233CA32	04657	21264	襦	衣部	14	14524444132522	F1E0	08966
21219	襒	衣部	11	43252343134	D258	08952	21265	襨	衣部	14	22431431121124	D26B	08968
21220	褽	衣部	11	51311234124	D245	0893D	21266	䙨	衣部	14	25111234413534	8233CB38	04668
21221	褶	衣部	11	54154132511	F1DE	08936	21267	䙧	衣部	14	31254312114444	8233CB37	04667
21222	襂	衣部	11	54545434333	D249	08942	21268	襥	衣部	14	32224314311134	D269	08965
21223	䙣	衣部	12	113421112111	8233CB33	04663	21269	襣	衣部	14	32511125121132	D267	08963
21224	襓	衣部	12	121121121135	D259	08953	21270	襫	衣部	15	113251113251134	D26E	0896B
21225	褼	衣部	12	125221134515	D244	0893C	21271	襭	衣部	15	121251132511134	D270	0896D
21226	襋	衣部	12	125234125234	D251	0894B	21272	襩	衣部	15	121252212511134	D26C	08969
21227	䙠	衣部	12	134315233534	8233CB31	04660	21273	䙪	衣部	15	123434341234134	8233CC30	0466A
21228	襆	衣部	12	224314311134	D24C	08946	21274	襮	衣部	15	251112213424134	D271	0896E
21229	襊	衣部	12	251112211154	D250	0894A	21275	襬	衣部	15	252215425113535	D26F	0896C
21230	襇	衣部	12	251125112511	D24D	08947	21276	襰	衣部	16	1251234352511134	D273	08970
21231	襉	衣部	12	251125113511	D24F	08949	21277	䙫	衣部	16	2113525121122134	8233CC31	0466B
21232	䙡	衣部	12	251212511134	FE7C	04661	21278	襯	衣部	16	4143112342511135	D272	0896F
21233	襌	衣部	12	251251251112	D252	0894C	21279	襱	衣部	16	4143125111515111	D274	08971
21234	䙟	衣部	12	255212511521	8233CB30	0465F	21280	襶	衣部	17	12125121122134534	D279	08976
21235	襍	衣部	12	324111211234	D253	0894D	21281	䙮	衣部	17	12225125132411121	8233CC34	0466E
21236	襖	衣部	12	325431234134	D25C	08956	21282	䙬	衣部	17	25111342511134531	8233CC32	0466C
21237	襎	衣部	12	343123425121	D254	0894E	21283	襴	衣部	17	25112511125431234	D277	08974
21238	襕	衣部	12	425125431234	D25B	08955	21284	襷	衣部	17	32111525111343112	D27A	08977
21239	襚	衣部	12	431353334454	D260	0895A	21285	襳	衣部	17	34341211121111534	D276	08973
21240	䙢	衣部	12	432524312511	8233CB32	04662	21286	䙭	衣部	17	44511221342512134	8233CC33	0466D
21241	襑	衣部	12	511121251124	D257	08951	21287	襵	衣部	18	122111122111122111	D278	08975

字序	字形	部首	部首外笔画数	部首外笔顺	18030代码	13000代码	字序	字形	部首	部首外笔画数	部首外笔顺	18030代码	13000代码
21288	襼	衣部	18	122121341213541154	D27E	0897C	21333	𦍮	羊部	6	341534	8232FE32	0436E
21289	襺	衣部	18	122252554444251214	D27D	0897A	21334	𦍯	羊部	6	351355	8232FE33	0436F
21290	𧞔	衣部	18	132112345342512134	8233CC35	0466F	21335	𦍵	羊部	6	355112	8232FE39	04375
21291	𧞤	衣部	18	413452255432411121	8233CC36	04670	21336	羡	羊部	6	413534	CFDB	07FA1
21292	襻	衣部	19	1234343412341343112	F1E1	0897B	21337	翔	羊部	6	541541	CFE8	07FD4
21293	襹	衣部	19	1254125441352211535	D27C	08979	21338	羥	羊部	7	1555121	C175	07FA5
21294	襸	衣部	19	3121353121352511134	D27B	08978	21339	義	羊部	7	3121534	C178	07FA9
21295	襽	衣部	20	12225112511125431234	D280	0897D	21340	𦍱	羊部	7	3411234	8232FE35	04371
21296	𧞼	衣部	21	513241342522135251214	8233CC37	04671	21341	羨	羊部	7	4413534	C177	07FA8
							21342	羦	羊部	7	4451135	C176	07FA6
21297	羊	羊部	0	0	D1F2	07F8A	21343	羪	羊部	7	4511534	C179	07FAA
21298	⺷	羊部	0	0	FE75	02EB7	21344	群	羊部	7	5113251	C8BA	07FA4
21299	⺶	羊部	0	0	FE74	02EB6	21345	羣	羊部	7	5113251	C174	07FA3
21300	羌	羊部	1	5	C7BC	07F8C	21346	羧	羊部	7	5434354	F4C8	07FA7
21301	劷	羊部	2	53	84BD	052B7	21347	𦍶	羊部	8	12511234	82338130	04376
21302	差	羊部	3	121	B2EE	05DEE	21348	𦍴	羊部	8	31234531	8232FE38	04374
21303	美	羊部	3	134	C3C0	07F8E	21349	𦍲	羊部	8	32151135	8232FE36	04372
21304	羏	羊部	3	333	C166	07F8F	21350	鲝	羊部	8	35251211	F78F	09C9D
21305	羑	羊部	3	354	C168	07F91	21351	養	羊部	8	44511534	F042	0990A
21306	养	羊部	3	432	D1F8	0517B	21352	羫	羊部	8	44534121	C17A	07FAB
21307	姜	羊部	3	531	BDAA	059DC	21353	𦍳	羊部	8	54545454	8232FE37	04373
21308	羗	羊部	3	554	C16D	07F97	21354	羬	羊部	9	131251534	C17B	07FAC
21309	𦍨	羊部	4	1252	8232FD36	04368	21355	羯	羊部	9	251135345	F4C9	07FAF
21310	𦍩	羊部	4	3134	8232FD37	04369	21356	羰	羊部	9	252134334	F4CA	07FB0
21311	羒	羊部	4	3453	C169	07F92	21357	羭	羊部	9	341251122	C17C	07FAD
21312	羖	羊部	4	3554	C16C	07F96	21358	羮	羊部	9	444411134	C17D	07FAE
21313	羙	羊部	4	4334	C16F	07F99	21359	𦍷	羊部	9	521251152	82338131	04377
21314	羔	羊部	4	4444	B8E1	07F94	21360	𦍸	羊部	10	1251124124	82338132	04378
21315	恙	羊部	4	4544	EDA6	06059	21361	羱	羊部	10	1332511234	C17E	07FB1
21316	羞	羊部	4	5211	D0DF	07F9E	21362	羲	羊部	10	3123415534	F4CB	07FB2
21317	羓	羊部	4	5215	C16A	07F93	21363	𦍹	羊部	10	3251111344	82338133	04379
21318	𦍪	羊部	5	11234	8232FD38	0436A	21364	𦍺	羊部	11	25125124544	82338134	0437A
21319	𦍬	羊部	5	14312	8232FE30	0436C	21365	鴹	羊部	11	32511154444	F897	09D39
21320	着	羊部	5	25111	D7C5	07740	21366	鮺	羊部	11	35251214444	F57E	09BBA
21321	盖	羊部	5	25221	B8C7	076D6	21367	羵	羊部	12	121222511134	C182	07FB5
21322	羚	羊部	5	34454	C1E7	07F9A	21368	𦍼	羊部	12	153515352511	82338136	0437C
21323	羝	羊部	5	35154	F4C6	07F9D	21369	羳	羊部	12	343123425121	C180	07FB3
21324	羜	羊部	5	44512	C171	07F9C	21370	羴	羊部	12	431113431112	C181	07FB4
21325	𦍫	羊部	5	44535	8232FD39	0436B	21371	𦍻	羊部	12	515515122134	82338135	0437B
21326	羕	羊部	5	45534	C16B	07F95	21372	羷	羊部	13	3412512513434	C184	07FB7
21327	羛	羊部	5	51532	C170	07F9B	21373	羶	羊部	13	4125251125111	C183	07FB6
21328	羟	羊部	5	54121	F4C7	07F9F	21374	羹	羊部	13	4444431121134	B8FE	07FB9
21329	𦍭	羊部	5	55414	8232FE31	0436D	21375	羺	羊部	14	14524444132522	C185	07FBA
21330	羢	羊部	6	113534	C173	07FA2	21376	譱	羊部	14	41112514111251	D769	08B71
21331	羠	羊部	6	151534	C172	07FA0	21377	羻	羊部	15	413522154544354	C186	07FBB
21332	𦍰	羊部	6	251341	8232FE34	04370	21378	𦍽	羊部	16	1331234312342121	82338137	0437D

字序	字形	部首	部首外笔画数	部首外笔顺	18030代码	13000代码	字序	字形	部首	部首外笔画数	部首外笔顺	18030代码	13000代码
21379	米	米部	0	0	C3D7	07C73	21425	粚	米部	5	31525	BB8C	07C9A
21380	㐘	米部	1	5	8139F133	03418	21426	粕	米部	5	32511	C6C9	07C95
21381	籵	米部	2	12	BB6F	07C75	21427	䉿	米部	5	34312	8232E634	0427F
21382	籶	米部	2	35	BB70	07C76	21428	粣	米部	5	35351	BB90	07CA3
21383	䉺	米部	3	121	8232E539	0427A	21429	粒	米部	5	41431	C1A3	07C92
21384	籿	米部	3	124	BB76	07C7F	21430	䉽	米部	5	43112	8232E632	0427D
21385	类	米部	3	134	C0E0	07C7B	21431	粜	米部	5	52252	F4D0	07C9C
21386	粀	米部	3	134	BB77	07C80	21432	粩	米部	6	121335	BB94	07CA9
21387	籼	米部	3	252	F4CC	07C7C	21433	䊄	米部	6	121354	8232E639	04284
21388	粁	米部	3	312	BB78	07C81	21434	粠	米部	6	122134	BB8E	07CA0
21389	籷	米部	3	315	BB71	07C77	21435	粪	米部	6	122134	B7E0	07CAA
21390	籺	米部	3	315	BB74	07C7A	21436	䊂	米部	6	125234	8232E637	04282
21391	粂	米部	3	354	BB79	07C82	21437	粞	米部	6	125351	F4D1	07C9E
21392	籸	米部	3	512	BB72	07C78	21438	粨	米部	6	132511	BB93	07CA8
21393	籽	米部	3	521	D7D1	07C7D	21439	粫	米部	6	132522	BB95	07CAB
21394	籹	米部	3	531	BB73	07C79	21440	粬	米部	6	251221	BB96	07CAC
21395	娄	米部	3	531	C2A6	05A04	21441	粡	米部	6	251251	BB8F	07CA1
21396	籾	米部	3	534	BB75	07C7E	21442	䊁	米部	6	312135	8232E636	04281
21397	粏	米部	4	1344	BB86	07C8F	21443	粭	米部	6	341251	BB97	07CAD
21398	粔	米部	4	1515	BB89	07C94	21444	䊃	米部	6	351252	8232E638	04283
21399	粃	米部	4	1535	BB7A	07C83	21445	粦	米部	6	354152	BB91	07CA6
21400	粆	米部	4	2343	BB7D	07C86	21446	䊅	米部	6	354251	8232E730	04285
21401	粍	米部	4	3115	BB84	07C8D	21447	粧	米部	6	413121	BB92	07CA7
21402	敉	米部	4	3134	F4CD	06549	21448	粢	米部	6	413534	F4D2	07CA2
21403	䉼	米部	4	3312	8232E631	0427C	21449	糀	米部	7	1223235	BC41	07CC0
21404	粄	米部	4	3354	BB7B	07C84	21450	䊇	米部	7	1251124	8232E732	04287
21405	粉	米部	4	3453	B7DB	07C89	21451	粳	米部	7	1251134	BEAC	07CB3
21406	粋	米部	4	3512	BB82	07C8B	21452	粲	米部	7	2135454	F4D3	07CB2
21407	䉻	米部	4	3515	8232E630	0427B	21453	粯	米部	7	2511135	BB98	07CAF
21408	粅	米部	4	3533	BB7C	07C85	21454	粴	米部	7	2511211	BB9A	07CB4
21409	粇	米部	4	4135	BB7E	07C87	21455	䊈	米部	7	3155414	8232E733	04288
21410	料	米部	4	4412	C1CF	06599	21456	粰	米部	7	3443521	BB99	07CB0
21411	粐	米部	4	4513	BB87	07C90	21457	䊌	米部	7	4131535	8232E737	0428C
21412	粎	米部	4	5134	BB85	07C8E	21458	粱	米部	7	4415344	C1BB	07CB1
21413	粌	米部	4	5152	BB83	07C8C	21459	䊉	米部	7	4451234	8232E734	04289
21414	粈	米部	4	5211	BB80	07C88	21460	粮	米部	7	4511534	C1B8	07CAE
21415	粑	米部	4	5215	F4CE	07C91	21461	䊊	米部	7	5133115	8232E735	0428A
21416	粖	米部	5	11234	BB8A	07C96	21462	䊋	米部	7	5213121	8232E736	0428B
21417	粓	米部	5	12211	BB88	07C93	21463	精	米部	8	11212511	BEAB	07CBE
21418	䊀	米部	5	12251	8232E635	04280	21464	粻	米部	8	12111534	BBA0	07CBB
21419	粝	米部	5	13153	F4CF	07C9D	21465	粸	米部	8	12211134	BB9E	07CB8
21420	䉾	米部	5	21135	8232E633	0427E	21466	䊔	米部	8	12225134	8232E835	04294
21421	粘	米部	5	21251	D5B3	07C98	21467	䊑	米部	8	24325251	8232E832	04291
21422	粗	米部	5	25111	B4D6	07C97	21468	粿	米部	8	25111234	BC40	07CBF
21423	粙	米部	5	25121	BB8B	07C99	21469	䊐	米部	8	25111535	8232E831	04290
21424	畨	米部	5	25121	AE89	07568	21470	䊍	米部	8	31234353	8232E738	0428D

字序	字形	部首	部首外笔画数	部首外笔顺	18030代码	13000代码	字序	字形	部首	部首外笔画数	部首外笔顺	18030代码	13000代码
21471	䊒	米部	8	32411121	8232E833	04292	21517	䊟	米部	11	12212523434	8232E936	0429F
21472	粺	米部	8	32511312	BB9F	07CBA	21518	䊜	米部	11	12511214124	8232E933	0429C
21473	粼	米部	8	35415255	F4D4	07CBC	21519	糟	米部	11	12512212511	D4E3	07CDF
21474	粷	米部	8	35431234	BB9D	07CB7	21520	糛	米部	11	24345251121	BC51	07CDB
21475	粹	米部	8	41343412	B4E2	07CB9	21521	䊡	米部	11	25112522154	8232E938	042A1
21476	䊎	米部	8	43113455	8232E739	0428E	21522	糞	米部	11	25121122134	BC53	07CDE
21477	䊏	米部	8	43344334	8232E830	0428F	21523	䊝	米部	11	34312344544	8232E934	0429D
21478	粽	米部	8	44511234	F4D5	07CBD	21524	糠	米部	11	41351124134	BFB7	07CE0
21479	䊕	米部	8	51111254	8232E836	04295	21525	麊	米部	11	41352211535	FB86	09E8A
21480	粶	米部	8	51124134	BB9C	07CB6	21526	糡	米部	11	41431251135	BC54	07CE1
21481	糁	米部	8	54134333	F4D6	07CC1	21527	䊞	米部	11	41432512251	8232E935	0429E
21482	糂	米部	9	122111345	BC42	07CC2	21528	䊢	米部	11	52133544124	8232E939	042A2
21483	糊	米部	9	122513511	BAFD	07CCA	21529	糝	米部	11	54545434333	BC52	07CDD
21484	䊖	米部	9	122543112	8232E837	04296	21530	糦	米部	12	121251431251	BC59	07CE6
21485	䊙	米部	9	132511132	8232E930	04299	21531	䊦	米部	12	121451251431	8232EA33	042A6
21486	頪	米部	9	132511134	EE5B	0982A	21532	糤	米部	12	122125113134	BC57	07CE4
21487	糎	米部	9	132511211	BC48	07CCE	21533	䊪	米部	12	122251125214	8232EA37	042AA
21488	糆	米部	9	132522111	BC45	07CC6	21534	䊤	米部	12	125221251112	8232EA31	042A4
21489	䊓	米部	9	251112134	8232E834	04293	21535	糥	米部	12	132522132522	BC58	07CE5
21490	糃	米部	9	251113533	BC43	07CC3	21536	糣	米部	12	153515352511	BC56	07CE3
21491	䊘	米部	9	251212511	8232E839	04298	21537	糧	米部	12	251112511211	BC5A	07CE7
21492	䊗	米部	9	325111121	8232E838	04297	21538	䊩	米部	12	343123425121	8232EA36	042A9
21493	糇	米部	9	325131134	F4D7	07CC7	21539	糨	米部	12	515251251214	F4DD	07CE8
21494	䊚	米部	9	325151454	8232E931	0429A	21540	䊧	米部	12	515322511134	8232EA34	042A7
21495	糉	米部	9	345234354	BC46	07CC9	21541	糬	米部	13	2522112132511	BC5E	07CEC
21496	糌	米部	9	354242511	F4D8	07CCC	21542	糫	米部	13	2522112513534	BC5D	07CEB
21497	糋	米部	9	431251122	BC47	07CCB	21543	䊫	米部	13	2522121112111	8232EA38	042AB
21498	糍	米部	9	431554554	F4D9	07CCD	21544	䊬	米部	13	3123425111234	8232EA39	042AC
21499	糄	米部	9	451325122	BC44	07CC4	21545	糩	米部	13	3412524312511	BC5B	07CE9
21500	䊠	米部	9	511541535	8232E937	042A0	21546	糭	米部	13	3444445234354	BC5F	07CED
21501	糈	米部	9	521342511	F4DA	07CC8	21547	䊥	米部	13	5112322151512	8232EA32	042A5
21502	糔	米部	9	544251214	BC4E	07CD4	21548	糪	米部	13	5132514143112	BC5C	07CEA
21503	糅	米部	9	545231234	F4DB	07CC5	21549	䊭	米部	14	12151211251124	8232EB30	042AD
21504	糒	米部	10	1221325112	BC4C	07CD2	21550	糮	米部	14	12512531425221	BC60	07CEE
21505	糢	米部	10	1222511134	BC55	07CE2	21551	糲	米部	14	13122251125214	BC63	07CF2
21506	糚	米部	10	1225213121	BC50	07CDA	21552	糯	米部	14	14524444132522	C5B4	07CEF
21507	糐	米部	10	1251124124	BC4A	07CD0	21553	糰	米部	14	25125112141241	BC61	07CF0
21508	糙	米部	10	3121251454	B2DA	07CD9	21554	䊯	米部	14	41312212512134	8232EB32	042AF
21509	糗	米部	10	3251111344	F4DC	07CD7	21555	䊮	米部	14	54154132411121	8232EB31	042AE
21510	䊛	米部	10	3412343554	8232E932	0429B	21556	䊰	米部	15	411125112132511	8232EB33	042B0
21511	糖	米部	10	4135112251	CCC7	07CD6	21557	糵	米部	16	1223251514143112	BC66	07CF5
21512	糕	米部	10	4311214444	B8E2	07CD5	21558	糱	米部	16	5233251514143112	BC62	07CF1
21513	糘	米部	10	4451353334	BC4F	07CD8	21559	䊱	米部	17	34341211121111534	8232EB34	042B1
21514	糏	米部	10	5132432511	BC49	07CCF	21560	䊴	米部	19	3143143412512513434	8232EB37	042B4
21515	糑	米部	10	5154151541	BC4B	07CD1	21561	䊳	米部	19	4131234123421112111	8232EB36	042B3
21516	䊣	米部	11	12212512134	8232EA30	042A3	21562	糶	米部	19	5225254154132411121	BC67	07CF6

字序	字形	部首	部首外笔画数	部首外笔顺	18030代码	13000代码	字序	字形	部首	部首外笔画数	部首外笔顺	18030代码	13000代码
21563	糷	米部	20	12225112511125431234	BC68	07CF7	21609	習	羽部	5	32511	C195	07FD2
21564	糳	米部	20	22431431123215113554	BC64	07CF3	21610	翏	羽部	5	34333	C192	07FCF
21565	聿	聿部	0	0	EDB2	0807F	21611	翎	羽部	5	34454	F4E1	07FCE
21566	肀	聿部	0	0	EDB1	08080	21612	䎆	羽部	5	34454	82338236	04386
21567	⺻	聿部	0	0	FE79	02EBB	21613	翑	羽部	5	35251	C194	07FD1
21568	書	聿部	4	2511	95F8	066F8	21614	䎂	羽部	5	35515	82338232	04382
21569	肃	聿部	4	3234	CBE0	08083	21615	翋	羽部	5	41431	C190	07FCB
21570	㶳	聿部	4	4334	8231E938	03DB3	21616	翌	羽部	5	41431	D2EE	07FCC
21571	晝	聿部	5	25111	9583	0665D	21617	䎄	羽部	5	53251	82338234	04384
21572	畫	聿部	6	251211	AE8B	0756B	21618	翍	羽部	5	53254	C191	07FCD
21573	畵	聿部	7	2512152	AE93	07575	21619	翓	羽部	6	121251	C196	07FD3
21574	粛	聿部	7	3243134	BB8D	07C9B	21620	䎉	羽部	6	134534	82338239	04389
21575	肄	聿部	7	3531134	D2DE	08084	21621	翘	羽部	6	153135	C7CC	07FD8
21576	肈	聿部	8	45131534	C344	08088	21622	䎈	羽部	6	251153	82338238	04388
21577	肇	聿部	8	45133134	D5D8	08087	21623	翙	羽部	6	252354	C199	07FD9
21578	肅	聿部	9	322151512	C343	08085	21624	翖	羽部	6	341251	C197	07FD6
21579	䏋	聿部	9	344544515	82338933	043CB	21625	翕	羽部	6	341251	F4E2	07FD5
21580	䀆	聿部	9	433425221	8232A733	04006	21626	䎊	羽部	6	354251	82338330	0438A
21581	盡	聿部	9	444425221	B14D	076E1	21627	翗	羽部	6	354354	C198	07FD7
21582	賮	聿部	11	44442511134	D981	08CEE	21628	翚	羽部	6	451512	C19A	07FDA
21583	䀌	聿部	18	511112132511132511	8232A739	0400C	21629	䎎	羽部	7	1221115	82338334	0438E
21584	艮	艮部	0	0	F4DE	0826E	21630	䎍	羽部	7	1251124	82338333	0438D
21585	良	艮部	1	4	C1BC	0826F	21631	翜	羽部	7	1343434	C19C	07FDC
21586	垦	艮部	3	121	BFD1	057A6	21632	䎌	羽部	7	2512134	82338332	0438C
21587	恳	艮部	4	4544	BFD2	06073	21633	䎋	羽部	7	3121251	82338331	0438B
21588	艱	艮部	11	12212511134	C644	08271	21634	䎏	羽部	7	3445251	82338335	0438F
21589	羽	羽部	0	0	D3F0	07FBD	21635	翝	羽部	7	4451354	C19D	07FDD
21590	䣁	羽部	2	52	82348935	048C1	21636	翥	羽部	8	12132511	F4E3	07FE5
21591	羾	羽部	3	121	C187	07FBE	21637	䎒	羽部	8	15341534	82338338	04392
21592	羿	羽部	3	132	F4E0	07FBF	21638	翤	羽部	8	25125122	C240	07FE4
21593	䍿	羽部	4	1121	82338139	0437F	21639	䎓	羽部	8	25342511	82338339	04393
21594	䍾	羽部	4	1132	82338138	0437E	21640	翟	羽部	8	32411121	B5D4	07FDF
21595	翄	羽部	4	1254	C18B	07FC4	21641	翢	羽部	8	35121251	C19F	07FE2
21596	翃	羽部	4	1354	C18A	07FC3	21642	翞	羽部	8	41251234	C19E	07FDE
21597	翀	羽部	4	2512	C188	07FC0	21643	翠	羽部	8	41343412	B4E4	07FE0
21598	毣	羽部	4	3115	9ABB	06BE3	21644	翣	羽部	8	41431531	C1A0	07FE3
21599	翂	羽部	4	3453	C189	07FC2	21645	䎑	羽部	8	51124134	82338337	04391
21600	翁	羽部	4	3454	CECC	07FC1	21646	頨	羽部	9	132511134	EE59	09828
21601	翆	羽部	4	3512	C18C	07FC6	21647	翨	羽部	9	251112134	C242	07FE8
21602	䎁	羽部	5	12251	82338231	04381	21648	翫	羽部	9	325111135	C244	07FEB
21603	翉	羽部	5	12341	C18F	07FC9	21649	翭	羽部	9	325131134	C246	07FED
21604	翇	羽部	5	13544	C18D	07FC7	21650	翪	羽部	9	345234354	C243	07FEA
21605	䎀	羽部	5	15534	82338230	04380	21651	翦	羽部	9	431251122	F4E5	07FE6
21606	翈	羽部	5	25112	C18E	07FC8	21652	翧	羽部	9	445125111	C241	07FE7
21607	䎃	羽部	5	25211	82338233	04383	21653	翬	羽部	9	451251112	C245	07FEC
21608	翐	羽部	5	31134	C193	07FD0	21654	翩	羽部	9	451325122	F4E6	07FE9

字序	字形	部首	部首外笔画数	部首外笔顺	18030代码	13000代码
21655	翴	羽部	10	1251112454	C249	07FF4
21656	䎔	羽部	10	1251124124	82338430	04394
21657	翱	羽部	10	3251113412	B0BF	07FF1
21658	翯	羽部	10	4125125251	C247	07FEF
21659	䎕	羽部	10	4334433445	82338431	04395
21660	翲	羽部	11	12522111234	C248	07FF2
21661	翳	羽部	11	13113453554	F4E8	07FF3
21662	翼	羽部	11	25121122134	D2ED	07FFC
21663	翵	羽部	11	32511154444	C24A	07FF5
21664	翶	羽部	11	32511413412	C24B	07FF6
21665	翹	羽部	12	121121121135	C24E	07FF9
21666	翸	羽部	12	121222511134	C24D	07FF8
21667	䎗	羽部	12	313425125251	82338433	04397
21668	翺	羽部	12	325111413412	C24F	07FFA
21669	翻	羽部	12	343123425121	B7AD	07FFB
21670	翷	羽部	12	431234354152	C24C	07FF7
21671	䎖	羽部	12	432524312511	82338432	04396
21672	翽	羽部	13	2121131233534	C250	07FFD
21673	翾	羽部	13	2522112513534	C251	07FFE
21674	䎘	羽部	13	5112322151512	82338434	04398
21675	翿	羽部	14	12151211251124	C252	07FFF
21676	耀	羽部	14	24313532411121	D2AB	08000
21677	䎙	羽部	14	44512332511134	82338435	04399
21678	䎚	羽部	15	111211125114544	82338436	0439A
21679	纟	糸部	0	0	E6F9	07E9F
21680	糹	糸部	0	0	BC69	07CF9
21681	糸	糸部	0	0	F4E9	07CF8
21682	系	糸部	1	3	CFB5	07CFB
21683	糺	糸部	1	5	BC6A	07CFA
21684	糽	糸部	2	12	BC6C	07CFD
21685	䊵	糸部	2	35	8232EB38	042B5
21686	纠	糸部	2	52	BEC0	07EA0
21687	糾	糸部	2	52	BC6D	07CFE
21688	糿	糸部	2	53	BC6E	07CFF
21689	糼	糸部	2	53	BC6B	07CFC
21690	纡	糸部	3	112	E6FA	07EA1
21691	紆	糸部	3	112	BC75	07D06
21692	䊸	糸部	3	115	8232EC31	042B8
21693	红	糸部	3	121	BAEC	07EA2
21694	紅	糸部	3	121	BC74	07D05
21695	䌶	糸部	3	123	8232F837	04336
21696	䊷	糸部	3	123	8232EC30	042B7
21697	纣	糸部	3	124	E6FB	07EA3
21698	紂	糸部	3	124	BC71	07D02
21699	纤	糸部	3	312	CFCB	07EA4
21700	䊹	糸部	3	312	8232EC32	042B9
21701	纥	糸部	3	315	E6FC	07EA5
21702	紇	糸部	3	315	BC76	07D07
21703	紃	糸部	3	322	BC72	07D03
21704	约	糸部	3	354	D4BC	07EA6
21705	約	糸部	3	354	BC73	07D04
21706	纨	糸部	3	354	E6FD	07EA8
21707	紈	糸部	3	354	BC77	07D08
21708	级	糸部	3	354	BCB6	07EA7
21709	級	糸部	3	354	BC89	07D1A
21710	纩	糸部	3	413	E6FE	07EA9
21711	纪	糸部	3	515	BCCD	07EAA
21712	紀	糸部	3	515	BC6F	07D00
21713	䊶	糸部	3	525	8232EB39	042B6
21714	纫	糸部	3	534	C8D2	07EAB
21715	紉	糸部	3	534	BC78	07D09
21716	紁	糸部	3	544	BC70	07D01
21717	素	糸部	4	1121	CBD8	07D20
21718	䊿	糸部	4	1134	8232EC38	042BF
21719	纬	糸部	4	1152	CEB3	07EAC
21720	纭	糸部	4	1154	E7A1	07EAD
21721	紜	糸部	4	1154	BC8B	07D1C
21722	䌸	糸部	4	1154	8232F838	04338
21723	紥	糸部	4	1215	BC92	07D25
21724	䊾	糸部	4	1234	8232EC37	042BE
21725	索	糸部	4	1245	CBF7	07D22
21726	紑	糸部	4	1324	BC80	07D11
21727	紎	糸部	4	1344	BC7C	07D0E
21728	纮	糸部	4	1354	C080	07EAE
21729	紘	糸部	4	1354	BC87	07D18
21730	紌	糸部	4	1354	BC7A	07D0C
21731	䋌	糸部	4	1515	8232EE31	042CC
21732	纯	糸部	4	1525	B4BF	07EAF
21733	純	糸部	4	1525	BC83	07D14
21734	纰	糸部	4	1535	E7A2	07EB0
21735	紕	糸部	4	1535	BC84	07D15
21736	䊺	糸部	4	1551	8232EC33	042BA
21737	䊼	糸部	4	2121	8232EC35	042BC
21738	紧	糸部	4	2254	BDF4	07D27
21739	纱	糸部	4	2343	C9B4	07EB1
21740	紗	糸部	4	2343	BC86	07D17
21741	纳	糸部	4	2534	C4C9	07EB3
21742	納	糸部	4	2534	BC7B	07D0D
21743	纲	糸部	4	2534	B8D9	07EB2
21744	䋄	糸部	4	2534	8232ED33	042C4
21745	䋅	糸部	4	3112	8232ED34	042C5
21746	䋃	糸部	4	3115	8232ED32	042C3

字序	字形	部首	部首外笔画数	部首外笔顺	18030代码	13000代码
21747	纴	糸部	4	3121	C081	07EB4
21748	紝	糸部	4	3121	BC8C	07D1D
21749	紤	糸部	4	3312	BC91	07D24
21750	紒	糸部	4	3432	BC81	07D12
21751	纵	糸部	4	3434	D7DD	07EB5
21752	[illegible]	糸部	4	3434	8232ED31	042C2
21753	纶	糸部	4	3435	C2DA	07EB6
21754	紟	糸部	4	3445	BC8E	07D1F
21755	纷	糸部	4	3453	B7D7	07EB7
21756	紛	糸部	4	3453	BC8A	07D1B
21757	紣	糸部	4	3512	BC90	07D23
21758	纸	糸部	4	3515	D6BD	07EB8
21759	紙	糸部	4	3515	BC88	07D19
21760	[illegible]	糸部	4	3534	8232EC34	042BB
21761	纹	糸部	4	4134	CEC6	07EB9
21762	紋	糸部	4	4134	BC79	07D0B
21763	[illegible]	糸部	4	4135	8232ED30	042C1
21764	纺	糸部	4	4153	B7C4	07EBA
21765	紡	糸部	4	4153	BC8F	07D21
21766	紏	糸部	4	4412	BC7D	07D0F
21767	[illegible]	糸部	4	4451	C082	07EBB
21768	[illegible]	糸部	4	4513	8232ED35	042C6
21769	紞	糸部	4	4535	BC8D	07D1E
21770	[illegible]	糸部	4	5134	8232ED36	042C7
21771	[illegible]	糸部	4	5134	8232EC36	042BD
21772	纼	糸部	4	5152	C083	07EBC
21773	紖	糸部	4	5152	BC85	07D16
21774	纽	糸部	4	5211	C5A6	07EBD
21775	紐	糸部	4	5211	BC7E	07D10
21776	紦	糸部	4	5215	BC93	07D26
21777	纾	糸部	4	5452	E7A3	07EBE
21778	紓	糸部	4	5452	BC82	07D13
21779	线	糸部	5	11534	CFDF	07EBF
21780	[illegible]	糸部	5	12121	8232ED39	042CA
21781	紶	糸部	5	12154	BCA0	07D36
21782	绀	糸部	5	12211	E7A4	07EC0
21783	紺	糸部	5	12211	BD43	07D3A
21784	绁	糸部	5	12215	E7A5	07EC1
21785	紲	糸部	5	12215	BC9C	07D32
21786	萦	糸部	5	12245	DDD3	08426
21787	絉	糸部	5	12341	BD53	07D4A
21788	絊	糸部	5	12344	BD52	07D49
21789	紮	糸部	5	12345	BC99	07D2E
21790	[illegible]	糸部	5	12512	8232EE32	042CD
21791	[illegible]	糸部	5	12534	8232EE36	042D1
21792	[illegible]	糸部	5	13241	8232EE39	042D4
21793	绂	糸部	5	13544	E7A6	07EC2
21794	紱	糸部	5	13544	BC9B	07D31
21795	练	糸部	5	15534	C1B7	07EC3
21796	[illegible]	糸部	5	15534	8232EE35	042D0
21797	[illegible]	糸部	5	25111	8232EE33	042CE
21798	组	糸部	5	25111	D7E9	07EC4
21799	組	糸部	5	25111	BD4D	07D44
21800	绅	糸部	5	25112	C9F0	07EC5
21801	紳	糸部	5	25112	BC9D	07D33
21802	细	糸部	5	25121	CFB8	07EC6
21803	細	糸部	5	25121	BC9A	07D30
21804	䌷	糸部	5	25121	FE72	04337
21805	紬	糸部	5	25121	BC97	07D2C
21806	织	糸部	5	25134	D6AF	07EC7
21807	[illegible]	糸部	5	25134	BD44	07D3B
21808	[illegible]	糸部	5	25251	8232F839	04339
21809	絧	糸部	5	25251	BD4E	07D45
21810	紩	糸部	5	31134	BC95	07D29
21811	[illegible]	糸部	5	31211	8232EE34	042CF
21812	絁	糸部	5	31525	BD4A	07D41
21813	紨	糸部	5	32124	BC94	07D28
21814	絈	糸部	5	32511	BD51	07D48
21815	紾	糸部	5	34333	BD47	07D3E
21816	紷	糸部	5	34454	BD40	07D37
21817	絇	糸部	5	35251	BD50	07D47
21818	终	糸部	5	35444	D6D5	07EC8
21819	終	糸部	5	35444	BD4B	07D42
21820	绉	糸部	5	35511	E7A7	07EC9
21821	[illegible]	糸部	5	35511	8232EE38	042D3
21822	紸	糸部	5	41121	BD41	07D38
21823	紘	糸部	5	41354	BD54	07D4B
21824	絃	糸部	5	41554	BD4C	07D43
21825	绊	糸部	5	43112	B0ED	07ECA
21826	絆	糸部	5	43112	BD4F	07D46
21827	紵	糸部	5	44512	BC9F	07D35
21828	[illegible]	糸部	5	44534	8232ED38	042C9
21829	紽	糸部	5	44535	BD46	07D3D
21830	[illegible]	糸部	5	51515	8232EE30	042CB
21831	绋	糸部	5	51532	E7A8	07ECB
21832	紼	糸部	5	51532	BD45	07D3C
21833	紭	糸部	5	51554	BC98	07D2D
21834	绌	糸部	5	52252	E7A9	07ECC
21835	絀	糸部	5	52252	BD49	07D40
21836	[illegible]	糸部	5	53154	8232ED37	042C8
21837	绍	糸部	5	53251	C9DC	07ECD
21838	紹	糸部	5	53251	BD42	07D39

字序	字形	部首	部首外笔画数	部首外笔顺	18030代码	13000代码	字序	字形	部首	部首外笔画数	部首外笔顺	18030代码	13000代码
21839	紴	糸部	5	53254	BC9E	07D34	21885	䋕	糸部	6	323121	8232EF30	042D5
21840	绎	糸部	5	54112	D2EF	07ECE	21886	绗	糸部	6	332112	E7AC	07ED7
21841	经	糸部	5	54121	BEAD	07ECF	21887	絎	糸部	6	332112	BD57	07D4E
21842	経	糸部	5	54121	BD55	07D4C	21888	絟	糸部	6	341121	BD68	07D5F
21843	绐	糸部	5	54251	E7AA	07ED0	21889	绘	糸部	6	341154	BBE6	07ED8
21844	紿	糸部	5	54251	BD48	07D3F	21890	絵	糸部	6	341154	BD7D	07D75
21845	䋒	糸部	5	54523	8232EE37	042D2	21891	给	糸部	6	341251	B8F8	07ED9
21846	䋘	糸部	6	111234	8232EF33	042D8	21892	給	糸部	6	341251	BD6F	07D66
21847	絜	糸部	6	111253	BD65	07D5C	21893	絩	糸部	6	341534	BD72	07D69
21848	绑	糸部	6	111352	B0F3	07ED1	21894	绚	糸部	6	352511	D1A4	07EDA
21849	綁	糸部	6	111352	BD89	07D81	21895	絢	糸部	6	352511	BD6B	07D62
21850	绒	糸部	6	113534	C8DE	07ED2	21896	绛	糸部	6	354152	E7AD	07EDB
21851	絨	糸部	6	113534	BD71	07D68	21897	絳	糸部	6	354152	BD7B	07D73
21852	絓	糸部	6	121121	BD5C	07D53	21898	络	糸部	6	354251	C2E7	07EDC
21853	结	糸部	6	121251	BDE1	07ED3	21899	絡	糸部	6	354251	BD6A	07D61
21854	結	糸部	6	121251	BD59	07D50	21900	䋫	糸部	6	355112	8232F132	042EB
21855	絷	糸部	6	121354	F4EA	07D77	21901	绝	糸部	6	355215	BEF8	07EDD
21856	䌺	糸部	6	122111	8232F930	0433A	21902	絶	糸部	6	355215	BD7E	07D76
21857	䋙	糸部	6	122111	8232EF34	042D9	21903	绞	糸部	6	413434	BDCA	07EDE
21858	絙	糸部	6	125111	BD62	07D59	21904	絞	糸部	6	413434	BD67	07D5E
21859	䋗	糸部	6	125125	8232EF32	042D7	21905	絘	糸部	6	413534	BD61	07D58
21860	絤	糸部	6	125351	BD6D	07D64	21906	絯	糸部	6	415334	BD77	07D6F
21861	絚	糸部	6	125441	BD63	07D5A	21907	统	糸部	6	415435	CDB3	07EDF
21862	絔	糸部	6	132511	BD5D	07D54	21908	統	糸部	6	415435	BD79	07D71
21863	絠	糸部	6	132511	BD69	07D60	21909	絴	糸部	6	431112	BD7C	07D74
21864	绔	糸部	6	134115	E7AB	07ED4	21910	絣	糸部	6	431132	BD6C	07D63
21865	絝	糸部	6	134115	BD66	07D5D	21911	絭	糸部	6	431134	BD76	07D6D
21866	絾	糸部	6	135534	BD86	07D7E	21912	䋛	糸部	6	431234	8232EF36	042DB
21867	绕	糸部	6	153135	C8C6	07ED5	21913	絒	糸部	6	434242	BD5B	07D52
21868	绖	糸部	6	154121	C084	07ED6	21914	䋝	糸部	6	443531	8232EF38	042DD
21869	絰	糸部	6	154121	BD78	07D70	21915	䋜	糸部	6	451354	8232EF37	042DC
21870	紪	糸部	6	212135	BC96	07D2A	21916	䋖	糸部	6	511112	8232EF31	042D6
21871	紫	糸部	6	212135	D7CF	07D2B	21917	絮	糸部	6	531251	D0F5	07D6E
21872	絖	糸部	6	243135	BD5F	07D56	21918	絕	糸部	6	535215	BD5E	07D55
21873	絏	糸部	6	251153	BD58	07D4F	21919	䌻	糸部	6	541541	8232F931	0433B
21874	絽	糸部	6	251251	BD85	07D7D	21920	䋚	糸部	6	541541	8232EF35	042DA
21875	絧	糸部	6	251251	BD70	07D67	21921	絲	糸部	6	554234	BD7A	07D72
21876	絪	糸部	6	251341	BD73	07D6A	21922	䋤	糸部	7	1121354	8232F035	042E4
21877	絗	糸部	6	252511	BD60	07D57	21923	䋢	糸部	7	1213312	8232F033	042E2
21878	䋞	糸部	6	253434	8232EF39	042DE	21924	続	糸部	7	1214535	BE41	07D9A
21879	絑	糸部	6	311234	BD5A	07D51	21925	綕	糸部	7	1214544	BD9D	07D95
21880	綎	糸部	6	312154	BD96	07D8E	21926	絿	糸部	7	1241344	BD87	07D7F
21881	絬	糸部	6	312251	BD75	07D6C	21927	綍	糸部	7	1245521	BD95	07D8D
21882	絥	糸部	6	321344	BD6E	07D65	21928	䋠	糸部	7	1251124	8232F031	042E0
21883	綖	糸部	6	321554	BD9E	07D96	21929	绠	糸部	7	1251134	E7AE	07EE0
21884	絍	糸部	6	323121	BD56	07D4D	21930	綆	糸部	7	1251134	BD8E	07D86

字序	字形	部首	部首外笔画数	部首外笔顺	18030代码	13000代码	字序	字形	部首	部首外笔画数	部首外笔顺	18030代码	13000代码
21931	綀	糸部	7	1251234	BD88	07D80	21977	绫	糸部	8	12134354	E7B1	07EEB
21932	綇	糸部	7	1253511	BD8F	07D87	21978	綾	糸部	8	12134354	BE63	07DBE
21933	綊	糸部	7	1343434	BD92	07D8A	21979	緈	糸部	8	12143112	BE6D	07DC8
21934	經	糸部	7	1555121	BD9B	07D93	21980	綨	糸部	8	12211134	BE4E	07DA8
21935	绡	糸部	7	2432511	E7AF	07EE1	21981	綦	糸部	8	12211134	F4EB	07DA6
21936	綃	糸部	7	2432511	BD8B	07D83	21982	緅	糸部	8	12211154	BE6A	07DC5
21937	絸	糸部	7	2511135	BD80	07D78	21983	緢	糸部	8	12225121	BE88	07DE2
21938	䋥	糸部	7	2511211	8232F036	042E5	21984	绬	糸部	8	12225134	C086	07EEC
21939	綑	糸部	7	2512341	BD99	07D91	21985	緓	糸部	8	12225134	BE78	07DD3
21940	绢	糸部	7	2512511	BEEE	07EE2	21986	綝	糸部	8	12341234	BE44	07D9D
21941	絹	糸部	7	2512511	BD81	07D79	21987	䋱	糸部	8	12343434	8232F138	042F1
21942	綗	糸部	7	2534251	BD9F	07D97	21988	緎	糸部	8	12511534	BE73	07DCE
21943	绣	糸部	7	3123453	D0E5	07EE3	21989	緊	糸部	8	12512554	BE6F	07DCA
21944	綉	糸部	7	3123453	BD91	07D89	21990	緉	糸部	8	12523434	BE6E	07DC9
21945	䋦	糸部	7	3155414	8232F037	042E6	21991	续	糸部	8	12544134	D0F8	07EED
21946	䋣	糸部	7	3155414	8232F034	042E3	21992	绮	糸部	8	13412512	E7B2	07EEE
21947	䋡	糸部	7	3411234	8232F032	042E1	21993	綺	糸部	8	13412512	BE5F	07DBA
21948	絺	糸部	7	3413252	BD82	07D7A	21994	緁	糸部	8	15112134	BE66	07DC1
21949	绤	糸部	7	3434251	C085	07EE4	21995	緀	糸部	8	15112531	BE65	07DC0
21950	綌	糸部	7	3434251	BD94	07D8C	21996	綫	糸部	8	15341534	BE51	07DAB
21951	綒	糸部	7	3443521	BD9A	07D92	21997	绯	糸部	8	21112111	E7B3	07EEF
21952	绥	糸部	7	3443531	CBE7	07EE5	21998	緋	糸部	8	21112111	BE70	07DCB
21953	綏	糸部	7	3443531	BD97	07D8F	21999	绰	糸部	8	21251112	B4C2	07EF0
21954	絼	糸部	7	3443533	BD84	07D7C	22000	綽	糸部	8	21251112	BE62	07DBD
21955	絻	糸部	7	3525135	BD83	07D7B	22001	绱	糸部	8	24325251	E7B4	07EF1
21956	綘	糸部	7	3541112	BDA0	07D98	22002	緔	糸部	8	24325251	BE79	07DD4
21957	绦	糸部	7	3541234	CCD0	07EE6	22003	䋰	糸部	8	25111134	8232F137	042F0
21958	綂	糸部	7	4125135	BD8A	07D82	22004	綶	糸部	8	25111234	BE5B	07DB6
21959	继	糸部	7	4312345	BCCC	07EE7	22005	绲	糸部	8	25111535	E7B5	07EF2
21960	継	糸部	7	4312345	BE40	07D99	22006	緄	糸部	8	25111535	BE69	07DC4
21961	䌼	糸部	7	4325135	8232F932	0433C	22007	緆	糸部	8	25113533	BE6B	07DC6
21962	綐	糸部	7	4325135	BD98	07D90	22008	綥	糸部	8	25121132	BE4C	07DA5
21963	绨	糸部	7	4351523	E7B0	07EE8	22009	绳	糸部	8	25125115	C9FE	07EF3
21964	綈	糸部	7	4351523	BD90	07D88	22010	䋲	糸部	8	25125115	8232F139	042F2
21965	綄	糸部	7	4451135	BD8C	07D84	22011	綱	糸部	8	25431252	BE56	07DB1
21966	綋	糸部	7	4451354	BD93	07D8B	22012	網	糸部	8	25431415	BE57	07DB2
21967	綅	糸部	7	5114554	BD8D	07D85	22013	緺	糸部	8	25525251	BEA0	07DFA
21968	䋟	糸部	7	5154544	8232F030	042DF	22014	缍	糸部	8	31212211	E7B6	07F0D
21969	䋪	糸部	7	5212512	8232F131	042EA	22015	綞	糸部	8	31212211	BE45	07D9E
21970	綤	糸部	7	5325152	BE4B	07DA4	22016	緌	糸部	8	31234531	BE71	07DCC
21971	綛	糸部	7	5344544	BE42	07D9B	22017	䋩	糸部	8	32151135	8232F130	042E9
21972	綪	糸部	8	11212511	BE50	07DAA	22018	维	糸部	8	32411121	CEAC	07EF4
21973	绩	糸部	8	11212534	BCA8	07EE9	22019	維	糸部	8	32411121	BE53	07DAD
21974	䋬	糸部	8	11342444	8232F133	042EC	22020	绵	糸部	8	32511252	C3E0	07EF5
21975	绪	糸部	8	12132511	D0F7	07EEA	22021	綿	糸部	8	32511252	BE64	07DBF
21976	緒	糸部	8	12132511	BE77	07DD2	22022	綼	糸部	8	32511312	BE61	07DBC

字序	字形	部首	部首外笔画数	部首外笔顺	18030代码	13000代码	字序	字形	部首	部首外笔画数	部首外笔顺	18030代码	13000代码
22023	䋮	糸部	8	34112431	8232F135	042EE	22069	縙	糸部	9	122122111	BF5E	07E19
22024	綸	糸部	8	34125122	BE5D	07DB8	22070	缂	糸部	9	122125112	E7BC	07F02
22025	緃	糸部	8	34342134	BE68	07DC3	22071	緙	糸部	9	122125112	BE7E	07DD9
22026	䌽	糸部	8	34431234	8232F933	0433D	22072	緤	糸部	9	122151234	BE8A	07DE4
22027	綵	糸部	8	34431234	BE5A	07DB5	22073	䌋	糸部	9	122341251	8232F434	0430B
22028	绶	糸部	8	34434554	E7B7	07EF6	22074	䌾	糸部	9	122543112	8232F934	0433E
22029	綬	糸部	8	34434554	BE52	07DAC	22075	䋻	糸部	9	122543112	8232F238	042FB
22030	総	糸部	8	34544544	BE74	07DCF	22076	缃	糸部	9	123425111	E7BD	07F03
22031	绷	糸部	8	35113511	B1C1	07EF7	22077	緗	糸部	9	123425111	BE7C	07DD7
22032	綳	糸部	8	35113511	BE58	07DB3	22078	䌿	糸部	9	125125121	8232F935	0433F
22033	绸	糸部	8	35121251	B3F1	07EF8	22079	䋹	糸部	9	125125121	8232F236	042F9
22034	綢	糸部	8	35121251	BE49	07DA2	22080	緸	糸部	9	125221121	BE9E	07DF8
22035	緍	糸部	8	35152511	BE72	07DCD	22081	䌁	糸部	9	125221531	8232F334	04301
22036	绹	糸部	8	35311252	C087	07EF9	22082	䌄	糸部	9	125342154	8232F337	04304
22037	綯	糸部	8	35311252	BE54	07DAF	22083	練	糸部	9	125431234	BE9A	07DF4
22038	绺	糸部	8	35424251	E7B8	07EFA	22084	缄	糸部	9	131251534	BCEA	07F04
22039	綹	糸部	8	35424251	BE5E	07DB9	22085	緘	糸部	9	131251534	BE7D	07DD8
22040	綡	糸部	8	41251234	BE48	07DA1	22086	縅	糸部	9	131531534	BF4A	07E05
22041	綧	糸部	8	41251521	BE4D	07DA7	22087	䋶	糸部	9	132511134	8232F233	042F6
22042	緕	糸部	8	41343211	BE7A	07DD5	22088	緾	糸部	9	132511211	BF43	07DFE
22043	綷	糸部	8	41343412	BE5C	07DB7	22089	缅	糸部	9	132522111	C3E5	07F05
22044	䋨	糸部	8	41431251	8232F039	042E8	22090	緬	糸部	9	132522111	BE92	07DEC
22045	䋭	糸部	8	41542511	8232F134	042ED	22091	緛	糸部	9	132522134	BE81	07DDB
22046	绻	糸部	8	43113455	E7B9	07EFB	22092	䋾	糸部	9	134354354	8232F331	042FE
22047	綣	糸部	8	43113455	BE4A	07DA3	22093	䋳	糸部	9	211352511	8232F230	042F3
22048	緂	糸部	8	43344334	BE67	07DC2	22094	緽	糸部	9	212511134	BF42	07DFD
22049	综	糸部	8	44511234	D7DB	07EFC	22095	缆	糸部	9	223142535	C0C2	07F06
22050	綜	糸部	8	44511234	BE43	07D9C	22096	䌃	糸部	9	243251122	8232F336	04303
22051	绽	糸部	8	44512134	D5C0	07EFD	22097	缇	糸部	9	251112134	E7BE	07F07
22052	綻	糸部	8	44512134	BE60	07DBB	22098	緹	糸部	9	251112134	BE9F	07DF9
22053	绾	糸部	8	44525151	E7BA	07EFE	22099	缈	糸部	9	251112343	E7BF	07F08
22054	綰	糸部	8	44525151	BE55	07DB0	22100	緲	糸部	9	251112343	BE98	07DF2
22055	綩	糸部	8	44535455	BE4F	07DA9	22101	缉	糸部	9	251122111	BCA9	07F09
22056	綟	糸部	8	45131344	BE46	07D9F	22102	緝	糸部	9	251122111	BE83	07DDD
22057	䋯	糸部	8	45131534	8232F136	042EF	22103	縄	糸部	9	251125115	BF49	07E04
22058	綮	糸部	8	45133134	F4EC	07DAE	22104	缊	糸部	9	251125221	C088	07F0A
22059	绿	糸部	8	51124134	C2CC	07EFF	22105	緼	糸部	9	251125221	BF41	07DFC
22060	緑	糸部	8	51124134	BE76	07DD1	22106	䋵	糸部	9	251135345	8232F232	042F5
22061	䋧	糸部	8	51312251	8232F038	042E7	22107	䋿	糸部	9	251211534	8232F332	042FF
22062	缀	糸部	8	54545454	D7BA	07F00	22108	緭	糸部	9	251212511	BE93	07DED
22063	綴	糸部	8	54545454	BE59	07DB4	22109	缋	糸部	9	251212534	E7C0	07F0B
22064	綠	糸部	8	55124134	BE47	07DA0	22110	缌	糸部	9	251214544	E7C1	07F0C
22065	缁	糸部	8	55525121	E7BB	07F01	22111	緦	糸部	9	251214544	BE8C	07DE6
22066	緇	糸部	8	55525121	BE6C	07DC7	22112	縎	糸部	9	255452511	BF53	07E0E
22067	䋽	糸部	9	121121124	8232F330	042FD	22113	䋺	糸部	9	312344334	8232F237	042FA
22068	緖	糸部	9	121325114	BE7B	07DD6	22114	䌀	糸部	9	312344412	8232F333	04300

字序	字形	部首	部首外笔画数	部首外笔顺	18030代码	13000代码	字序	字形	部首	部首外笔画数	部首外笔顺	18030代码	13000代码
22115	緟	糸部	9	312511211	BE85	07DDF	22161	𦃄	糸部	10	1113431234	BF6A	07E25
22116	緮	糸部	9	312511354	BE94	07DEE	22162	縤	糸部	10	1121554234	BF69	07E24
22117	缎	糸部	9	321113554	B6D0	07F0E	22163	縸	糸部	10	1222511134	BF7D	07E38
22118	緞	糸部	9	321113554	BE84	07DDE	22164	缙	糸部	10	1224312511	E7C6	07F19
22119	缏	糸部	9	321251134	E7C2	07F0F	22165	縉	糸部	10	1224312511	BF4E	07E09
22120	緶	糸部	9	321251134	BE9C	07DF6	22166	缜	糸部	10	1225111134	E7C7	07F1C
22121	緥	糸部	9	322511234	BE8B	07DE5	22167	縝	糸部	10	1225111134	BF62	07E1D
22122	缐	糸部	9	325112534	C089	07F10	22168	𦂳	糸部	10	1245554234	8232F430	04307
22123	線	糸部	9	325112534	BE80	07DDA	22169	縺	糸部	10	1251112454	BF80	07E3A
22124	䌼	糸部	9	325113554	8232F339	04306	22170	缚	糸部	10	1251124124	B8BF	07F1A
22125	缑	糸部	9	325131134	E7C3	07F11	22171	縛	糸部	10	1251124124	BF60	07E1B
22126	緱	糸部	9	325131134	BE97	07DF1	22172	缛	糸部	10	1311534124	E7C8	07F1B
22127	缒	糸部	9	325151454	E7C4	07F12	22173	縟	糸部	10	1311534124	BF64	07E1F
22128	縋	糸部	9	325151454	BF50	07E0B	22174	縓	糸部	10	1332511234	BF58	07E13
22129	𫄷	糸部	9	331225111	8232F235	042F8	22175	緻	糸部	10	1541213134	BF40	07DFB
22130	緰	糸部	9	341251122	BE96	07DF0	22176	𬘴	糸部	10	2231425221	8232F936	04340
22131	缓	糸部	9	344311354	BBBA	07F13	22177	縣	糸部	10	2511112343	BF68	07E23
22132	緩	糸部	9	344311354	BE8F	07DE9	22178	縪	糸部	10	2511122112	BF6F	07E2A
22133	緵	糸部	9	345234354	BE9B	07DF5	22179	縨	糸部	10	2511243135	BF6D	07E28
22134	總	糸部	9	353344544	BE91	07DEB	22180	䌈	糸部	10	2511541541	8232F431	04308
22135	缔	糸部	9	414345252	B5DE	07F14	22181	縜	糸部	10	2512511134	BF61	07E1C
22136	締	糸部	9	414345252	BE86	07DE0	22182	𦄂	糸部	10	2522112121	8232F432	04309
22137	縒	糸部	9	431113121	BF57	07E12	22183	縕	糸部	10	2534125221	BF5A	07E15
22138	缕	糸部	9	431234531	C2C6	07F15	22184	縧	糸部	10	3223541234	BF6C	07E27
22139	緧	糸部	9	431253511	BE8D	07DE7	22185	縦	糸部	10	3324312134	BF6B	07E26
22140	縌	糸部	9	431523454	BF51	07E0C	22186	繄	糸部	10	3354143554	BF54	07E0F
22141	総	糸部	9	432514544	BF47	07E02	22187	繇	糸部	10	3443311252	8232F433	0430A
22142	緪	糸部	9	442125111	BF4B	07E06	22188	縚	糸部	10	3443321511	BF5F	07E1A
22143	縆	糸部	9	442125441	BE90	07DEA	22189	縘	糸部	10	3443554134	BF5D	07E18
22144	縇	糸部	9	445125111	BF4C	07E07	22190	缝	糸部	10	3541112454	B7EC	07F1D
22145	緷	糸部	9	451251112	BE9D	07DF7	22191	縫	糸部	10	3541112454	BF70	07E2B
22146	编	糸部	9	451325122	B1E0	07F16	22192	縐	糸部	10	3552335523	BF55	07E10
22147	編	糸部	9	451325122	BE8E	07DE8	22193	缞	糸部	10	4125113534	C08A	07F1E
22148	縁	糸部	9	511353334	BF46	07E01	22194	縗	糸部	10	4125113534	BF5C	07E17
22149	縀	糸部	9	512115154	BF45	07E00	22195	缟	糸部	10	4125125251	E7C9	07F1F
22150	𦂷	糸部	9	513154121	8232F335	04302	22196	縞	糸部	10	4125125251	BF63	07E1E
22151	缗	糸部	9	515152511	E7C5	07F17	22197	缠	糸部	10	4132511211	B2F8	07F20
22152	緡	糸部	9	515152511	BE87	07DE1	22198	缡	糸部	10	4134522554	E7CA	07F21
22153	緯	糸部	9	521251152	BE95	07DEF	22199	縭	糸部	10	4134522554	BF72	07E2D
22154	緍	糸部	9	521342511	BF48	07E03	22200	𫄤	糸部	10	4135112251	8232F338	04305
22155	𦄷	糸部	9	535425221	8232F239	042FC	22201	縍	糸部	10	4143454153	BF52	07E0D
22156	緫	糸部	9	542514544	BF44	07DFF	22202	缢	糸部	10	4313425221	E7CB	07F22
22157	緑	糸部	9	545231234	8232F231	042F4	22203	縊	糸部	10	4313425221	BF4F	07E0A
22158	綮	糸部	9	545233134	8232F234	042F7	22204	缣	糸部	10	4315112234	E7CC	07F23
22159	缘	糸部	9	551353334	D4B5	07F18	22205	縑	糸部	10	4315112234	BF56	07E11
22160	緣	糸部	9	551353334	BE89	07DE3	22206	縈	糸部	10	4334433445	BF4D	07E08

字序	字形	部首	部首外笔画数	部首外笔顺	18030代码	13000代码
22207	縖	糸部	10	4451112251	BF5B	07E16
22208	缤	糸部	10	4453212134	E7CD	07F24
22209	縡	糸部	10	4454143112	BF66	07E21
22210	縔	糸部	10	5454541234	BF59	07E14
22211	績	糸部	11	11212511134	BF83	07E3E
22212	繊	糸部	11	12122431534	BF8D	07E4A
22213	縶	糸部	11	12143112354	BF7B	07E36
22214	䌍	糸部	11	12212511121	8232F436	0430D
22215	䌙	糸部	11	12212512134	8232F538	04319
22216	繋	糸部	11	12511123554	BF8E	07E4B
22217	縳	糸部	11	12511214124	BF78	07E33
22218	䌔	糸部	11	12512512515	8232F533	04314
22219	䌑	糸部	11	12512554121	8232F530	04311
22220	缥	糸部	11	12522111234	E7CE	07F25
22221	縹	糸部	11	12522111234	BF7E	07E39
22222	繄	糸部	11	13113453554	BF88	07E44
22223	縬	糸部	11	13211234534	BF71	07E2C
22224	繉	糸部	11	25111341534	BF8C	07E49
22225	縷	糸部	11	25112512531	BF7C	07E37
22226	缦	糸部	11	25112522154	E7CF	07F26
22227	縵	糸部	11	25112522154	BF7A	07E35
22228	䌎	糸部	11	25121354251	8232F437	0430E
22229	缧	糸部	11	25121554234	E7D0	07F27
22230	縲	糸部	11	25121554234	BF77	07E32
22231	繀	糸部	11	25232411121	BF85	07E40
22232	繃	糸部	11	25235113511	BF87	07E43
22233	缨	糸部	11	25342534531	D3A7	07F28
22234	繁	糸部	11	31554143134	B7B1	07E41
22235	䌓	糸部	11	31554143554	8232F532	04313
22236	繌	糸部	11	32534134354	BF8F	07E4C
22237	總	糸部	11	32535414544	BF82	07E3D
22238	縰	糸部	11	33221212134	BF75	07E30
22239	縱	糸部	11	33234342134	BF76	07E31
22240	䌐	糸部	11	34432511135	8232F439	04310
22241	縩	糸部	11	35445411234	BF6E	07E29
22242	䌕	糸部	11	41312341234	8232F534	04315
22243	䌒	糸部	11	41352211535	8232F531	04312
22244	縼	糸部	11	41533152134	BF81	07E3C
22245	繂	糸部	11	41554413412	BF86	07E42
22246	縴	糸部	11	41554453112	BF79	07E34
22247	䌘	糸部	11	43252343134	8232F537	04318
22248	縯	糸部	11	44512512134	BF74	07E2F
22249	缩	糸部	11	44532132511	CBF5	07F29
22250	縮	糸部	11	44532132511	BF73	07E2E
22251	䌏	糸部	11	44545434252	8232F438	0430F
22252	繍	糸部	11	51123243134	BF90	07E4D
22253	繈	糸部	11	51554251214	BF8B	07E48
22254	䌌	糸部	11	54154132511	8232F435	0430C
22255	缪	糸部	11	54154134333	E7D1	07F2A
22256	繆	糸部	11	54154134333	BF8A	07E46
22257	縿	糸部	11	54545434333	BF84	07E3F
22258	缫	糸部	11	55525111234	E7D2	07F2B
22259	繅	糸部	11	55525111234	BF89	07E45
22260	繛	糸部	12	112121251112	BF9E	07E5B
22261	繞	糸部	12	121121121135	C040	07E5E
22262	缬	糸部	12	121251132534	E7D3	07F2C
22263	繥	糸部	12	121251431251	C047	07E65
22264	繨	糸部	12	121431112454	C04A	07E68
22265	繖	糸部	12	122125113134	BF99	07E56
22266	繱	糸部	12	122353344544	C053	07E71
22267	繐	糸部	12	125112144544	BF93	07E50
22268	䌚	糸部	12	125221431234	8232F539	0431A
22269	缭	糸部	12	134432511234	E7D4	07F2D
22270	繚	糸部	12	134432511234	BF9D	07E5A
22271	繧	糸部	12	145244441154	C049	07E67
22272	繓	糸部	12	251112211154	BF96	07E53
22273	繝	糸部	12	251125113511	BFA0	07E5D
22274	繢	糸部	12	251212511134	C044	07E62
22275	繟	糸部	12	251251251112	C041	07E5F
22276	䌗	糸部	12	311222214444	8232F536	04317
22277	繑	糸部	12	313425125251	BF94	07E51
22278	䌖	糸部	12	324111211234	8232F535	04316
22279	繙	糸部	12	343123425121	BF9C	07E59
22280	繎	糸部	12	354413444444	BF91	07E4E
22281	織	糸部	12	414312511534	BF97	07E54
22282	缮	糸部	12	431112431251	C9C9	07F2E
22283	繕	糸部	12	431112431251	BF98	07E55
22284	繗	糸部	12	431234354152	BF9A	07E57
22285	繜	糸部	12	431253511124	BF9F	07E5C
22286	䍁	糸部	12	431353334454	8232F937	04341
22287	繸	糸部	12	431353334454	C05A	07E78
22288	缯	糸部	12	432524312511	E7D5	07F2F
22289	繒	糸部	12	432524312511	BF95	07E52
22290	繠	糸部	12	454445444544	C042	07E60
22291	繣	糸部	12	511121251211	C045	07E63
22292	繦	糸部	12	515251251214	C048	07E66
22293	繏	糸部	12	515515122134	BF92	07E4F
22294	繘	糸部	12	545232534251	BF9B	07E58
22295	纄	糸部	13	1223541112454	C065	07E84
22296	䌝	糸部	13	1234123411234	8232F632	0431D
22297	繬	糸部	13	1234341252511	C04E	07E6C
22298	繫	糸部	13	1251112523554	C04D	07E6B

字序	字形	部首	部首外笔画数	部首外笔顺	18030代码	13000代码
22299	缰	糸部	13	1251211251211	E7D6	07F30
22300	繮	糸部	13	1251211251211	C050	07E6E
22301	䌠	糸部	13	1312515343534	8232F635	04320
22302	䌢	糸部	13	1452444434454	8232F637	04322
22303	䌜	糸部	13	2243143111234	8232F631	0431C
22304	繩	糸部	13	2511251211511	C04B	07E69
22305	缱	糸部	13	2512125151454	E7D7	07F31
22306	繾	糸部	13	2512125151454	C060	07E7E
22307	䌡	糸部	13	2512211251431	8232F636	04321
22308	繷	糸部	13	2512211311534	C059	07E77
22309	缲	糸部	13	2512512511234	E7D8	07F32
22310	繰	糸部	13	2512512511234	C052	07E70
22311	繹	糸部	13	2522112143112	C05B	07E79
22312	缳	糸部	13	2522112513534	E7D9	07F33
22313	繯	糸部	13	2522112513534	C051	07E6F
22314	缴	糸部	13	3251141533134	BDC9	07F34
22315	繳	糸部	13	3251141533134	C055	07E73
22316	䌞	糸部	13	3412512513434	8232F633	0431E
22317	繪	糸部	13	3412524312511	C04C	07E6A
22318	繲	糸部	13	3535112533112	C054	07E72
22319	繺	糸部	13	3551131344444	C05C	07E7A
22320	䜌	糸部	13	4111251554444	8233DC32	0470C
22321		糸部	13	4111251554444	FEA0	0E864
22322	繵	糸部	13	4125251125111	C057	07E75
22323	繶	糸部	13	4143125114544	C058	07E76
22324	繡	糸部	13	5112322151512	C043	07E61
22325	䌟	糸部	13	5132514143112	8232F634	0431F
22326	繴	糸部	13	5132514143112	C056	07E74
22327	䌧	糸部	14	12151211251124	8232F732	04327
22328	䌩	糸部	14	12225221134534	8232F734	04329
22329	䌨	糸部	14	12235445411234	8232F733	04328
22330	繿	糸部	14	12512531425221	C061	07E7F
22331	䌤	糸部	14	13425234343434	8232F639	04324
22332	繻	糸部	14	14524444132522	C05D	07E7B
22333	纁	糸部	14	31254312114444	C063	07E81
22334	䌣	糸部	14	31431444525151	8232F638	04323
22335	纀	糸部	14	32224314311134	C062	07E80
22336	䌥	糸部	14	34431215114544	8232F730	04325
22337	纊	糸部	14	41312212512134	C06B	07E8A
22338	纃	糸部	14	41432533543211	C064	07E83
22339	繽	糸部	14	44512332511134	C05F	07E7D
22340	䌦	糸部	14	54154132411121	8232F731	04326
22341	繼	糸部	14	55455415545545	C05E	07E7C
22342	纉	糸部	15	113411342511134	C06A	07E89
22343	纎	糸部	15	121211121111534	C06F	07E8E
22344	纈	糸部	15	121251132511134	C069	07E88
22345	續	糸部	15	121252212511134	C06D	07E8C
22346	䌭	糸部	15	122324111214444	8232F738	0432D
22347	纋	糸部	15	132511454544354	C06C	07E8B
22348	纍	糸部	15	251212512125121	C06E	07E8D
22349	纆	糸部	15	254312114444121	C067	07E86
22350	纅	糸部	15	325115545541234	C066	07E85
22351	纏	糸部	15	413251121134121	C070	07E8F
22352	纐	糸部	15	413434132511134	C071	07E90
22353	䌫	糸部	16	1251253142511135	8232F736	0432B
22354	纒	糸部	16	1325112114444121	C073	07E92
22355	纑	糸部	16	2153152512125221	C072	07E91
22356	䌪	糸部	16	2511251135321511	8232F735	0432A
22357	缵	糸部	16	3121353121352534	E7DA	07F35
22358	䌬	糸部	16	4143125111515111	8232F737	0432C
22359	䌯	糸部	17	12225125132411121	8232F830	0432F
22360	䌲	糸部	17	12231254312114444	8232F833	04332
22361	䌮	糸部	17	14524444123425111	8232F739	0432E
22362	纓	糸部	17	25111342511134531	C074	07E93
22363	纖	糸部	17	34341211121111534	C077	07E96
22364	纔	糸部	17	35251153535251354	C075	07E94
22365	纕	糸部	17	41251251112213534	C076	07E95
22366	䌰	糸部	18	122111122111122111	8232F831	04330
22367	纗	糸部	18	252324111212534251	C078	07E97
22368	䌱	糸部	18	415251351141431354	8232F832	04331
22369	纛	糸部	19	1121554142511112343	F4EE	07E9B
22370	纚	糸部	19	1254125441352211535	C07B	07E9A
22371	䌳	糸部	19	1342523434343411214	8232F834	04333
22372	纙	糸部	19	2522155444432411121	C07A	07E99
22373	纘	糸部	19	3121353121352511134	C079	07E98
22374	䌴	糸部	19	4152513511431112354	8232F835	04334
22375	纜	糸部	21	125125314252212511135	C07C	07E9C
22376	纝	糸部	21	251212512125121554234	C07D	07E9D
22377	䌵	糸部	21	513241342522135251214	8232F836	04335
22378	纞	糸部	23	41112515544445544444544	C07E	07E9E
22379	麦	麦部	0	0	C2F3	09EA6
22380	麥	麦部	0	0	FB9C	09EA5
22381	䴭	麦部	3	123	8234F833	04D2D
22382	䴬	麦部	3	154	8234F832	04D2C
22383	䴮	麦部	3	252	8234F834	04D2E
22384	麧	麦部	3	315	FB9D	09EA7
22385	麸	麦部	4	1134	F4EF	09EB8
22386	麩	麦部	4	1134	FB9F	09EA9
22387	麫	麦部	4	1215	FC40	09EAB

字序	字形	部首	部首外笔画数	部首外笔顺	18030代码	13000代码	字序	字形	部首	部首外笔画数	部首外笔顺	18030代码	13000代码
22388	麪	麦部	4	1255	FBA0	09EAA	22434	䞗	走部	3	123	8233E937	04797
22389	䴰	麦部	4	1534	8234F836	04D30	22435	䞖	走部	3	154	8233E936	04796
22390	麨	麦部	4	2343	FB9E	09EA8	22436	赸	走部	3	252	DA5D	08D78
22391	䴯	麦部	4	3533	8234F835	04D2F	22437	䞘	走部	3	315	8233E938	04798
22392	䴲	麦部	5	11234	8234F838	04D32	22438	起	走部	3	515	C6F0	08D77
22393	麮	麦部	5	12154	FC43	09EAE	22439	䞙	走部	4	1252	8233E939	04799
22394	䴴	麦部	5	21251	8234F930	04D34	22440	䞚	走部	4	1254	8233EA30	0479A
22395	麭	麦部	5	35515	FC42	09EAD	22441	䞛	走部	4	1255	8233EA31	0479B
22396	䴳	麦部	5	44534	8234F839	04D33	22442	䞜	走部	4	1324	8233EA32	0479C
22397	䴱	麦部	5	44535	8234F837	04D31	22443	赻	走部	4	2343	DA60	08D7B
22398	麬	麦部	5	53254	FC41	09EAC	22444	赾	走部	4	3312	DA63	08D7E
22399	麯	麦部	6	251221	FC44	09EAF	22445	赺	走部	4	3445	DA5F	08D7A
22400	䴵	麦部	6	431132	8234F931	04D35	22446	赿	走部	4	3515	DA64	08D7F
22401	麰	麦部	6	543112	FC45	09EB0	22447	趀	走部	4	3523	DA65	08D80
22402	麱	麦部	7	1251124	FC46	09EB1	22448	赼	走部	4	3534	DA61	08D7C
22403	麲	麦部	7	2511135	FC47	09EB2	22449	赹	走部	4	3541	DA5E	08D79
22404	䴸	麦部	7	3443521	8234F934	04D38	22450	﨣	走部	4	4412	FE4B	0FA23
22405	䴶	麦部	7	3541112	8234F932	04D36	22451	赽	走部	4	5134	DA62	08D7D
22406	䴷	麦部	7	4451135	8234F933	04D37	22452	䞝	走部	5	11214	8233EA33	0479D
22407	麳	麦部	8	12343434	FC48	09EB3	22453	䞠	走部	5	13251	8233EA36	047A0
22408	䴼	麦部	8	15341534	8234F938	04D3C	22454	越	走部	5	15534	D4BD	08D8A
22409	䴹	麦部	8	25111234	8234F935	04D39	22455	趈	走部	5	21251	DA6A	08D88
22410	䴻	麦部	8	31234353	8234F937	04D3B	22456	䞡	走部	5	25111	8233EA37	047A1
22411	䴽	麦部	8	32511312	8234F939	04D3D	22457	趄	走部	5	25111	F4F2	08D84
22412	麹	麦部	8	35431234	FC4C	09EB9	22458	趃	走部	5	31134	DA67	08D83
22413	麴	麦部	8	35431234	F4F0	09EB4	22459	䞢	走部	5	31211	8233EA38	047A2
22414	䴺	麦部	8	41431251	8234F936	04D3A	22460	䞟	走部	5	32511	8233EA35	0479F
22415	麺	麦部	9	132522111	FC4D	09EBA	22461	䞣	走部	5	33124	8233EA39	047A3
22416	麵	麦部	9	132522111	FC49	09EB5	22462	趁	走部	5	34333	B3C3	08D81
22417	䴾	麦部	9	431113121	8234FA30	04D3E	22463	趆	走部	5	35154	DA68	08D86
22418	䵅	麦部	10	1121533134	8234FA37	04D45	22464	趂	走部	5	35234	DA66	08D82
22419	䵀	麦部	10	2432511134	8234FA32	04D40	22465	䞤	走部	5	35251	8233EB30	047A4
22420	麶	麦部	10	4134522554	FC4A	09EB6	22466	趋	走部	5	35511	C7F7	08D8B
22421	䴿	麦部	10	4511353334	8234FA31	04D3F	22467	趇	走部	5	41431	DA69	08D87
22422	䵃	麦部	11	12212512134	8234FA35	04D43	22468	䞞	走部	5	51532	8233EA34	0479E
22423	䵂	麦部	11	41432512251	8234FA34	04D42	22469	趉	走部	5	52252	DA6B	08D89
22424	䵁	麦部	11	52133544124	8234FA33	04D41	22470	超	走部	5	53251	B3AC	08D85
22425	䵆	麦部	13	1224511353334	8234FA38	04D46	22471	䞨	走部	6	121121	8233EB34	047A8
22426	䵄	麦部	13	2512211251431	8234FA36	04D44	22472	趌	走部	6	121251	DA6C	08D8C
22427	麷	麦部	18	211121112521251431	FC4B	09EB7	22473	䞥	走部	6	132511	8233EB31	047A5
22428	走	走部	0	0	D7DF	08D70	22474	䞪	走部	6	133125	8233EB36	047AA
22429	赴	走部	2	24	B8B0	08D74	22475	趔	走部	6	135422	F4F3	08D94
22430	赵	走部	2	34	D5D4	08D75	22476	趎	走部	6	311234	DA6E	08D8E
22431	赳	走部	2	52	F4F1	08D73	22477	趏	走部	6	312251	DA6F	08D8F
22432	赲	走部	2	53	DA5C	08D72	22478	䞧	走部	6	331251	8233EB33	047A7
22433	赶	走部	3	112	B8CF	08D76	22479	䞩	走部	6	341251	8233EB35	047A9

字序	字形	部首	部首外笔画数	部首外笔顺	18030代码	13000代码	字序	字形	部首	部首外笔画数	部首外笔顺	18030代码	13000代码
22480	趒	走部	6	341534	DA71	08D92	22526	䞾	走部	10	3321531535	8233ED36	047BE
22481	趓	走部	6	351234	DA72	08D93	22527	趨	走部	10	3552335523	DA85	08DA8
22482	䞦	走部	6	354251	8233EB32	047A6	22528	䟄	走部	11	11212511134	8233EE32	047C4
22483	趍	走部	6	354354	DA6D	08D8D	22529	趪	走部	11	12212512134	DA87	08DAA
22484	趑	走部	6	413534	F4F4	08D91	22530	䟅	走部	11	12511123312	8233EE33	047C5
22485	趐	走部	6	541541	DA70	08D90	22531	䟂	走部	11	25112522154	8233EE30	047C2
22486	䞰	走部	7	1213234	8233EC32	047B0	22532	趩	走部	11	25121122134	DA86	08DA9
22487	趚	走部	7	1251234	DA78	08D9A	22533	䟃	走部	11	54545434333	8233EE31	047C3
22488	趙	走部	7	2432511	DA77	08D99	22534	䟁	走部	11	55525111234	8233ED39	047C1
22489	趕	走部	7	2511112	DA73	08D95	22535	趬	走部	12	121121121135	DA89	08DAC
22490	趗	走部	7	2512134	DA75	08D97	22536	趫	走部	12	313425125251	DA88	08DAB
22491	䞲	走部	7	3121534	8233EC34	047B2	22537	趭	走部	12	324111214444	DA8A	08DAD
22492	䞬	走部	7	3123453	8233EB38	047AC	22538	䟇	走部	12	554554134534	8233EE35	047C7
22493	䞮	走部	7	3411234	8233EC30	047AE	22539	䟈	走部	13	1212511121534	8233EE36	047C8
22494	趖	走部	7	3434121	DA74	08D96	22540	䟊	走部	13	2153151353334	8233EE38	047CA
22495	䞱	走部	7	3434251	8233EC33	047B1	22541	趮	走部	13	2512512511234	DA8B	08DAE
22496	䞯	走部	7	3443521	8233EC31	047AF	22542	䟉	走部	13	2522135251214	8233EE37	047C9
22497	䞫	走部	7	5113251	8233EB37	047AB	22543	䟋	走部	13	3513344111251	8233EE39	047CB
22498	趘	走部	7	5133115	DA76	08D98	22544	䟌	走部	14	12132411121534	8233EF30	047CC
22499	䞭	走部	7	5434354	8233EB39	047AD	22545	趰	走部	14	13425234343434	DA8D	08DB0
22500	䞸	走部	8	11234251	8233ED30	047B8	22546	趯	走部	14	54154132411121	DA8C	08DAF
22501	趣	走部	8	12211154	C8A4	08DA3	22547	䟎	走部	15	113411342511134	8233EF32	047CE
22502	趞	走部	8	12212511	DA7C	08D9E	22548	䟍	走部	15	325111445344153	8233EF31	047CD
22503	趠	走部	8	21251112	DA7D	08DA0	22549	䟏	走部	15	325115545541234	8233EF33	047CF
22504	趟	走部	8	24325251	CCCB	08D9F	22550	䟐	走部	16	1331234312342121	8233EF34	047D0
22505	䞶	走部	8	25113533	8233EC38	047B6	22551	趱	走部	16	3121353121352534	F4F5	08DB1
22506	趡	走部	8	32411121	DA7E	08DA1	22552	䟒	走部	17	12225125132411121	8233EF36	047D2
22507	趛	走部	8	34112431	DA79	08D9B	22553	䟑	走部	17	34125125125125122	8233EF35	047D1
22508	趝	走部	8	34454544	DA7B	08D9D	22554	趲	走部	19	3121353121352511134	DA8E	08DB2
22509	䞴	走部	8	35121251	8233EC36	047B4	22555	赤	赤部	0	0	B3E0	08D64
22510	趜	走部	8	35431234	DA7A	08D9C	22556	郝	赤部	2	52	BAC2	090DD
22511	䞳	走部	8	41431251	8233EC35	047B3	22557	䞑	赤部	3	121	8233E931	04791
22512	趤	走部	8	44513251	DA81	08DA4	22558	赦	赤部	4	3134	C9E2	08D66
22513	趢	走部	8	51124134	DA80	08DA2	22559	赥	赤部	4	3534	DA54	08D65
22514	䞷	走部	8	51352252	8233EC39	047B7	22560	赧	赤部	4	5254	F4F6	08D67
22515	䞵	走部	8	54545454	8233EC37	047B5	22561	赪	赤部	6	212534	DA57	08D6A
22516	趧	走部	9	251112134	DA84	08DA7	22562	赨	赤部	6	251214	DA55	08D68
22517	䞹	走部	9	325111121	8233ED31	047B9	22563	䞒	赤部	6	251251	8233E932	04792
22518	䞺	走部	9	331225111	8233ED32	047BA	22564	赩	赤部	6	355215	DA56	08D69
22519	趦	走部	9	413534251	DA83	08DA6	22565	赫	赤部	7	1213234	BAD5	08D6B
22520	䟀	走部	9	431113121	8233ED38	047C0	22566	䞓	赤部	7	1555121	8233E933	04793
22521	趥	走部	9	431253511	DA82	08DA5	22567	䚂	赤部	7	2511135	8233CE34	04682
22522	䞻	走部	9	542511253	8233ED33	047BB	22568	䞔	赤部	7	5133115	8233E934	04794
22523	䞼	走部	9	551353334	8233ED34	047BC	22569	赭	赤部	8	12132511	F4F7	08D6D
22524	䞽	走部	10	1245554234	8233ED35	047BD	22570	頳	赤部	9	132511134	EE64	09833
22525	䟆	走部	10	2511122112	8233EE34	047C6	22571	赬	赤部	9	212511134	DA58	08D6C

字序	字形	部首	部首外笔画数	部首外笔顺	18030代码	13000代码	字序	字形	部首	部首外笔画数	部首外笔顺	18030代码	13000代码
22572	赧	赤部	9	512115154	DA59	08D6E	22617	酋	酉部	2	43	C7F5	0914B
22573	赯	赤部	10	4135112251	DA5A	08D6F	22618	酛	酉部	2	53	82348D32	048E6
22574	赨	赤部	14	14524444132522	8233E935	04795	22619	酐	酉部	3	112	F4FB	09150
22575	豆	豆部	0	0	B6B9	08C46	22620	酑	酉部	3	112	E143	09151
22576	豈	豆部	1	5	8233DF39	04733	22621	酎	酉部	3	124	F4FC	0914E
22577	豊	豆部	1	5	8139F134	03419	22622	酟	酉部	3	154	82348D33	048E7
22578	剅	豆部	2	22	8472	05245	22623	酕	酉部	3	315	82348D34	048E8
22579	郖	豆部	2	52	E04B	090D6	22624	酌	酉部	3	354	D7C3	0914C
22580	豇	豆部	3	121	F4F8	08C47	22625	配	酉部	3	515	C5E4	0914D
22581	豉	豆部	4	1254	F4F9	08C49	22626	酏	酉部	3	525	F4FD	0914F
22582	豉	豆部	4	2154	8233E030	04734	22627	酜	酉部	4	1134	E14B	0915C
22583	豍	豆部	4	3115	9AC3	06BED	22628	酛	酉部	4	1135	E14A	0915B
22584	歅	豆部	4	3534	8231C332	03C2F	22629	酝	酉部	4	1154	D4CD	0915D
22585	豇	豆部	4	4412	82319D37	03AB7	22630	醂	酉部	4	1252	82348D36	048EA
22586	皷	豆部	5	53254	8233E031	04735	22631	酦	酉部	4	1254	82348D37	048EB
22587	豊	豆部	6	251221	D84E	08C4A	22632	酞	酉部	4	1344	82348D39	048ED
22588	豨	豆部	6	354152	8233E032	04736	22633	酞	酉部	4	1344	CCAA	0915E
22589	登	豆部	6	354454	D84F	08C4B	22634	酤	酉部	4	1515	82348E32	048F0
22590	豏	豆部	7	1251234	8233E035	04739	22635	酡	酉部	4	1525	82348D35	048E9
22591	豋	豆部	7	5114554	8233E033	04737	22636	酦	酉部	4	1534	82348D38	048EC
22592	豗	豆部	7	5133115	8233E034	04738	22637	酕	酉部	4	3115	E146	09155
22593	豬	豆部	8	12212511	8233E036	0473A	22638	酓	酉部	4	3445	E144	09153
22594	豎	豆部	8	12512554	D851	08C4E	22639	酗	酉部	4	3452	D0EF	09157
22595	豍	豆部	8	32511312	D850	08C4D	22640	酚	酉部	4	3453	B7D3	0915A
22596	豌	豆部	8	44535455	CDE3	08C4C	22641	醉	酉部	4	3512	E145	09154
22597	豎	豆部	9	125125314	8233E131	0473F	22642	酘	酉部	4	3554	E148	09158
22598	頭	豆部	9	132511134	EE5E	0982D	22643	酙	酉部	4	4412	E149	09159
22599	豉	豆部	9	251112134	8233E037	0473B	22644	酖	酉部	4	4535	E147	09156
22600	豱	豆部	9	341251122	8233E039	0473D	22645	酣	酉部	5	12211	BAA8	09163
22601	豬	豆部	9	414312511	8233E130	0473E	22646	莤	酉部	5	12245	C94B	0848F
22602	豋	豆部	9	545233134	8233E038	0473C	22647	酤	酉部	5	12251	F4FE	09164
22603	豎	豆部	10	1251253554	8233E134	04742	22648	酮	酉部	5	12512	E14D	09160
22604	豳	豆部	10	3545325121	8233E132	04740	22649	酦	酉部	5	13544	82348E30	048EE
22605	豏	豆部	10	4315112234	D852	08C4F	22650	酟	酉部	5	21251	E14C	0915F
22606	豋	豆部	10	4334433445	8233E133	04741	22651	酟	酉部	5	25111	82348E31	048EF
22607	豐	豆部	11	21112111252	D853	08C50	22652	酢	酉部	5	31211	F5A1	09162
22608	豑	豆部	13	2512214351523	D854	08C51	22653	酥	酉部	5	31234	CBD6	09165
22609	豒	豆部	14	25115545544444	8233E135	04743	22654	酌	酉部	5	35251	82348E33	048F1
22610	豑	豆部	18	211121112524351523	D855	08C52	22655	酡	酉部	5	44535	F5A2	09161
22611	豓	豆部	18	324111213241112154	8233E136	04744	22656	酮	酉部	5	51251	82348E35	048F3
22612	豔	豆部	20	21112111252134425221	D856	08C53	22657	酦	酉部	5	53544	E14E	09166
22613	豓	豆部	21	211121111252121542521	D857	08C54	22658	酧	酉部	5	54132	82348E34	048F2
							22659	酣	酉部	6	122111	82348E37	048F5
22614	酉	酉部	0	0	D3CF	09149	22660	酭	酉部	6	132511	E152	0916D
22615	酊	酉部	2	12	F4FA	0914A	22661	酮	酉部	6	251251	CDAA	0916E
22616	酏	酉部	2	35	82348D31	048E5	22662	酴	酉部	6	311234	82348E39	048F7

字序	字形	部首	部首外笔画数	部首外笔顺	18030代码	13000代码	字序	字形	部首	部首外笔画数	部首外笔顺	18030代码	13000代码
22663	酰	酉部	6	312135	F5A3	09170	22709	醊	酉部	8	54545454	E15E	0918A
22664	䣶	酉部	6	312251	82348E38	048F6	22710	䤂	酉部	9	122111234	82349030	04902
22665	䣹	酉部	6	321534	82348F31	048F9	22711	䤁	酉部	9	122111345	82348F39	04901
22666	䣸	酉部	6	323121	82348F30	048F8	22712	䤊	酉部	9	122122111	82349038	0490A
22667	酫	酉部	6	341121	E151	0916B	22713	醛	酉部	9	122341121	C8A9	0919B
22668	䣴	酉部	6	345235	82348E36	048F4	22714	醐	酉部	9	122513511	F5AD	09190
22669	酯	酉部	6	352511	F5A5	0916F	22715	醎	酉部	9	131251534	E15F	0918E
22670	酩	酉部	6	354251	F5A4	09169	22716	䤄	酉部	9	132522111	82349032	04904
22671	酪	酉部	6	354251	C0D2	0916A	22717	醍	酉部	9	251112134	F5AE	0918D
22672	酱	酉部	6	412354	BDB4	09171	22718	醖	酉部	9	251125221	E164	09196
22673	酬	酉部	6	434242	B3EA	0916C	22719	醒	酉部	9	251131121	D0D1	09192
22674	酧	酉部	6	445124	E14F	09167	22720	醔	酉部	9	312344334	E162	09194
22675	酵	酉部	7	1213521	BDCD	09175	22721	醙	酉部	9	321511254	E167	09199
22676	酽	酉部	7	1224313	F5A6	0917D	22722	醜	酉部	9	325113554	E168	0919C
22677	酺	酉部	7	1251124	E154	0917A	22723	䤅	酉部	9	341251122	82349033	04905
22678	酾	酉部	7	1254254	F5A7	0917E	22724	䤈	酉部	9	341525221	82349036	04908
22679	酲	酉部	7	2511121	F5A8	09172	22725	醕	酉部	9	412512511	E163	09195
22680	䣺	酉部	7	2512511	82348F32	048FA	22726	䤃	酉部	9	414312511	82349031	04903
22681	酷	酉部	7	3121251	BFE1	09177	22727	醝	酉部	9	431113121	E169	0919D
22682	酶	酉部	7	3155414	C3B8	09176	22728	醚	酉部	9	431234454	C3D1	0919A
22683	酴	酉部	7	3411234	F5A9	09174	22729	䤇	酉部	9	445343454	82349035	04907
22684	酹	酉部	7	3443124	F5AA	09179	22730	醓	酉部	9	453525221	E161	09193
22685	酻	酉部	7	3443521	E155	0917B	22731	醑	酉部	9	521342511	F5AF	09191
22686	䣻	酉部	7	3445251	82348F33	048FB	22732	䤆	酉部	9	543341134	82349034	04906
22687	酼	酉部	7	4154325	E156	0917C	22733	醗	酉部	9	543341135	E165	09197
22688	酿	酉部	7	4511534	C4F0	0917F	22734	醘	酉部	10	1215425221	E166	09198
22689	酸	酉部	7	5434354	CBE1	09178	22735	醢	酉部	10	1325125221	F5B0	091A2
22690	酳	酉部	7	5542511	E153	09173	22736	醠	酉部	10	2513425221	E16C	091A0
22691	䣿	酉部	8	11225221	82348F37	048FF	22737	醞	酉部	10	2534125221	E16A	0919E
22692	醏	酉部	8	12132511	E160	0918F	22738	䤌	酉部	10	3445113251	82349130	0490C
22693	醋	酉部	8	12212511	B4D7	0918B	22739	醤	酉部	10	4123443124	E16E	091A4
22694	䤀	酉部	8	12213251	82348F38	04900	22740	醨	酉部	10	4134522554	E172	091A8
22695	醂	酉部	8	12341234	E159	09182	22741	醣	酉部	10	4135112251	F5B1	091A3
22696	醃	酉部	8	13425115	E15A	09183	22742	䤋	酉部	10	4312511534	82349039	0490B
22697	醆	酉部	8	15341534	E15C	09186	22743	醟	酉部	10	4334433445	E16B	0919F
22698	醌	酉部	8	25111535	F5AB	0918C	22744	醡	酉部	10	4453431211	E16D	091A1
22699	䣽	酉部	8	31134251	82348F35	048FD	22745	䤉	酉部	10	4543425221	82349037	04909
22700	醀	酉部	8	32411121	E157	09180	22746	䤑	酉部	11	12212512134	82349135	04911
22701	醄	酉部	8	35311252	E15B	09184	22747	䤍	酉部	11	12212523434	82349131	0490D
22702	䣼	酉部	8	41251234	82348F34	048FC	22748	醩	酉部	11	12512212511	E173	091A9
22703	醇	酉部	8	41251521	B4BC	09187	22749	醧	酉部	11	12512512515	E171	091A7
22704	醉	酉部	8	41343412	D7ED	09189	22750	醥	酉部	11	12522111234	E16F	091A5
22705	醅	酉部	8	41431251	F5AC	09185	22751	醫	酉部	11	13113453554	E174	091AB
22706	醈	酉部	8	43344334	E15D	09188	22752	醬	酉部	11	52133544124	E175	091AC
22707	䣾	酉部	8	44525111	82348F36	048FE	22753	醪	酉部	11	54154134333	F5B2	091AA
22708	醁	酉部	8	51124134	E158	09181	22754	醦	酉部	11	54545434333	E170	091A6

字序	字形	部首	部首外笔画数	部首外笔顺	18030代码	13000代码	字序	字形	部首	部首外笔画数	部首外笔顺	18030代码	13000代码
22755	醰	酉部	12	125221251112	E176	091B0	22800	農	辰部	6	251221	DE72	08FB2
22756	䤐	酉部	12	153515352511	82349134	04910	22801	䢆	辰部	7	4535124	82348336	04886
22757	䤏	酉部	12	211121113112	82349133	0490F	22802	辳	辰部	8	12341234	DE73	08FB3
22758	醭	酉部	12	224314311134	F5B3	091AD	22803	䢇	辰部	8	44535124	82348337	04887
22759	醮	酉部	12	324111214444	F5B4	091AE	22804	䫃	辰部	9	132511134	8234BB38	04AC3
22760	醯	酉部	12	415432525221	F5B5	091AF	22805	辴	辰部	12	251251251112	DE74	08FB4
22761	醱	酉部	12	543345153554	E177	091B1	22806	䢉	辰部	13	3211325341511	82348339	04889
22762	䤎	酉部	12	545232534251	82349132	0490E	22807	䢈	辰部	13	3412524312511	82348338	04888
22763	䤒	酉部	12	554554134534	82349136	04912	22808	豕	豕部	0	0	F5B9	08C55
22764	䤓	酉部	13	1224511353334	82349137	04913	22809	豖	豕部	1	4	D858	08C56
22765	醵	酉部	13	2153151353334	F5B6	091B5	22810	䝅	豕部	3	121	8233E137	04745
22766	醴	酉部	13	2512211251431	F5B7	091B4	22811	豜	豕部	4	1132	D85D	08C5C
22767	醲	酉部	13	2512211311534	E178	091B2	22812	㒮	豕部	4	1135	82308231	034AE
22768	醳	酉部	13	2522112143112	E179	091B3	22813	豘	豕部	4	1525	D85A	08C58
22769	醶	酉部	13	3412512513434	E17A	091B6	22814	䝆	豕部	4	3533	8233E138	04746
22770	醸	酉部	13	4134112213534	E17C	091B8	22815	豛	豕部	4	3554	D85C	08C5B
22771	醷	酉部	13	4143125114544	E17B	091B7	22816	豝	豕部	4	5215	D85E	08C5D
22772	醻	酉部	14	12151211251124	E17E	091BB	22817	豠	豕部	5	25111	D861	08C60
22773	醹	酉部	14	14524444132522	E17D	091B9	22818	䀃	豕部	5	25221	8232A730	04003
22774	醺	酉部	14	31254312114444	F5B8	091BA	22819	甤	豕部	5	31121	AE63	07524
22775	䤔	酉部	14	44112511123312	82349138	04914	22820	䝈	豕部	5	33155	8233E230	04748
22776	䤖	酉部	15	251112213424134	82349230	04916	22821	豞	豕部	5	35251	D85F	08C5E
22777	䤕	酉部	15	325115545541234	82349139	04915	22822	豟	豕部	5	45135	D860	08C5F
22778	醼	酉部	16	1221251211354444	E180	091BC	22823	豣	豕部	6	113112	D862	08C63
22779	醽	酉部	17	14524444251251251	E181	091BD	22824	䝉	豕部	6	224345	8233E231	04749
22780	䤘	酉部	17	34341211121111534	82349232	04918	22825	豥	豕部	6	415334	D864	08C65
22781	釂	酉部	17	34432522151154124	E186	091C2	22826	豢	豕部	6	431134	BBBF	08C62
22782	釀	酉部	17	41251251112213534	E184	091C0	22827	豤	豕部	6	511534	D863	08C64
22783	醾	酉部	17	41312341234431234	E182	091BE	22828	豧	豕部	7	1251124	D866	08C67
22784	醿	酉部	17	41312341234554234	E183	091BF	22829	豩	豕部	7	1353334	D868	08C69
22785	䤗	酉部	17	41431251112354152	82349231	04917	22830	豨	豕部	7	3413252	D867	08C68
22786	釃	酉部	19	1254125441352211535	E187	091C3	22831	豬	豕部	8	12132511	D869	08C6C
22787	釅	酉部	19	2512511351221113134	E189	091C5	22832	䝊	豕部	8	15112134	8233E232	0474A
22788	釄	酉部	19	4131234123421112111	E188	091C4	22833	䝋	豕部	8	44511234	8233E233	0474B
22789	䤙	酉部	21	551353334251214251214	82349233	04919	22834	䝌	豕部	8	54545454	8233E234	0474C
							22835	豮	豕部	9	121222534	D86B	08C6E
22790	辰	辰部	0	0	B3BD	08FB0	22836	豱	豕部	9	251125221	D86E	08C71
22791	䣅	辰部	2	52	82348939	048C5	22837	䝎	豕部	9	252132522	8233E236	0474E
22792	辱	辰部	3	124	C8E8	08FB1	22838	䝍	豕部	9	451251112	8233E235	0474D
22793	唇	辰部	3	251	B4BD	05507	22839	豭	豕部	9	512115154	D86A	08C6D
22794	㫳	辰部	4	2511	8231A337	03AF3	22840	豲	豕部	10	1332511234	D86F	08C72
22795	脣	辰部	4	2511	C38B	08123	22841	豯	豕部	10	3443554134	D86C	08C6F
22796	敐	辰部	4	3134	949D	06550	22842	䝏	豕部	11	25112512531	8233E237	0474F
22797	㰮	辰部	4	3534	8231C331	03C2E	22843	豵	豕部	11	33234342134	D871	08C75
22798	㲀	辰部	4	3554	8231CB32	03C80	22844	豴	豕部	11	41432512251	D870	08C74
22799	蜃	辰部	6	251214	F2D7	08703	22845	䝐	豕部	11	52131212511	8233E238	04750

字序	字形	部首	部首外笔画数	部首外笔顺	18030代码	13000代码	字序	字形	部首	部首外笔画数	部首外笔顺	18030代码	13000代码
22846	豶	豕部	12	121222511134	D872	08C76	22892	䟙	足部	4	1553	8233F033	047D9
22847	豷	豕部	12	121451251431	D873	08C77	22893	趾	足部	4	2121	D6BA	08DBE
22848	蟸	豕部	12	251214251214	CF7E	087F8	22894	䟞	足部	4	2343	8233F038	047DE
22849	䝑	豕部	12	414312511211	8233E239	04751	22895	䟜	足部	4	2534	8233F036	047DC
22850	䝒	豕部	14	12211154323334	8233E330	04752	22896	跃	足部	4	3134	D4BE	08DC3
22851	䝓	豕部	15	555253415445445	8233E331	04753	22897	趻	足部	4	3445	DA92	08DBB
22852	䝔	豕部	17	12225125132411121	8233E332	04754	22898	䟪	足部	4	3454	8233F230	047EA
22853	䝕	豕部	18	122111122111122111	8233E333	04755	22899	跄	足部	4	3455	F5C4	08DC4
22854	卤	卤部	0	0	C2B1	05364	22900	跀	足部	4	3511	DA94	08DC0
22855	鹵	卤部	0	0	FB75	09E75	22901	䟗	足部	4	3515	8233F031	047D7
22856	卥	卤部	1	3	856B	05365	22902	䟝	足部	4	3554	8233F037	047DD
22857	鹶	卤部	4	3445	FB76	09E76	22903	䟘	足部	4	4135	8233F032	047D8
22858	䴚	卤部	4	4135	8234F634	04D1A	22904	趽	足部	4	4153	DA93	08DBD
22859	鹷	卤部	5	34454	FB77	09E77	22905	趹	足部	4	5134	DA91	08DB9
22860	䴛	卤部	7	2432511	8234F635	04D1B	22906	跁	足部	4	5215	DA95	08DC1
22861	鹸	卤部	8	34125134	FB78	09E78	22907	跊	足部	5	11234	DA9B	08DCA
22862	鹹	卤部	9	131251534	FB79	09E79	22908	践	足部	5	11534	BCF9	08DF5
22863	䴜	卤部	9	325113554	8234F636	04D1C	22909	䟩	足部	5	12154	8233F139	047E9
22864	鹾	卤部	9	431113121	F5BA	09E7E	22910	跇	足部	5	12215	DA98	08DC7
22865	鹺	卤部	9	431113121	FB7A	09E7A	22911	跍	足部	5	12251	DA9C	08DCD
22866	鹻	卤部	10	4315112234	FB7B	09E7B	22912	䟣	足部	5	12344	8233F133	047E3
22867	䴝	卤部	12	251112211154	8234F637	04D1D	22913	跒	足部	5	12512	DA9E	08DD2
22868	鹼	卤部	13	3412512513434	FB7C	09E7C	22914	跖	足部	5	13251	F5C5	08DD6
22869	䴞	卤部	14	54154132411121	8234F638	04D1E	22915	跋	足部	5	13544	B0CF	08DCB
22870	里	里部	0	0	C0EF	091CC	22916	䟠	足部	5	15534	8233F130	047E0
22871	黒	里部	4	4444	FC5C	09ED2	22917	跕	足部	5	21251	DB40	08DD5
22872	野	里部	4	5452	D2B0	091CE	22918	䟫	足部	5	24345	8233F231	047EB
22873	釐	里部	11	11234313413	E18D	091D0	22919	跙	足部	5	25111	DB42	08DD9
22874	足	足部	0	0	D7E3	08DB3	22920	䟧	足部	5	25121	8233F137	047E7
22875	⻊	足部	0	0	FE84	02ECA	22921	跌	足部	5	31134	B5F8	08DCC
22876	䟓	足部	2	12	8233EF37	047D3	22922	䟭	足部	5	31211	8233F233	047ED
22877	䟔	足部	2	24	8233EF38	047D4	22923	䟦	足部	5	31354	8233F136	047E6
22878	趴	足部	2	34	C5BF	08DB4	22924	䟬	足部	5	32121	8233F232	047EC
22879	趶	足部	3	112	DA8F	08DB6	22925	跗	足部	5	32124	F5C6	08DD7
22880	趸	足部	3	153	F5BB	08DB8	22926	跅	足部	5	33124	DA97	08DC5
22881	䟖	足部	3	252	8233F030	047D6	22927	䟟	足部	5	33124	8233F039	047DF
22882	趷	足部	3	315	DA90	08DB7	22928	跈	足部	5	34333	DA99	08DC8
22883	趵	足部	3	354	F5C0	08DB5	22929	跉	足部	5	34454	DA9A	08DC9
22884	趿	足部	3	354	F5C1	08DBF	22930	䟡	足部	5	35154	8233F131	047E1
22885	䟕	足部	3	544	8233EF39	047D5	22931	䟢	足部	5	35234	8233F132	047E2
22886	䟚	足部	4	1132	8233F034	047DA	22932	跞	足部	5	35234	F5C8	08DDE
22887	趼	足部	4	1132	F5C2	08DBC	22933	跔	足部	5	35251	DAA0	08DD4
22888	趺	足部	4	1134	F5C3	08DBA	22934	跚	足部	5	35351	F5C7	08DDA
22889	䟛	足部	4	1252	8233F035	047DB	22935	跑	足部	5	35515	C5DC	08DD1
22890	跂	足部	4	1254	DA96	08DC2	22936	跓	足部	5	41121	DA9F	08DD3
22891	距	足部	4	1515	BEE0	08DDD	22937	跘	足部	5	43112	DB41	08DD8

字序	字形	部首	部首外笔画数	部首外笔顺	18030代码	13000代码	字序	字形	部首	部首外笔画数	部首外笔顺	18030代码	13000代码
22938	跎	足部	5	44535	F5C9	08DCE	22984	䟷	足部	7	1213312	8233F333	047F7
22939	䟤	足部	5	45434	8233F134	047E4	22985	踅	足部	7	1213312	F5BD	08E05
22940	跜	足部	5	51335	DB43	08DDC	22986	踍	足部	7	1213521	DB5E	08E0D
22941	䟨	足部	5	51515	8233F138	047E8	22987	踋	足部	7	1215452	DB5D	08E0B
22942	跏	足部	5	53251	F5CA	08DCF	22988	踂	足部	7	1221115	DB57	08E02
22943	跛	足部	5	53254	F5CB	08DDB	22989	䟵	足部	7	1241344	8233F331	047F5
22944	跆	足部	5	54251	F5CC	08DC6	22990	踈	足部	7	1251234	DB5C	08E08
22945	䟥	足部	5	54523	8233F135	047E5	22991	䟴	足部	7	1311534	8233F330	047F4
22946	跬	足部	6	121121	F5CD	08DEC	22992	踎	足部	7	1324251	DB5F	08E0E
22947	跱	足部	6	121124	DB4E	08DF1	22993	踁	足部	7	1555121	DB56	08E01
22948	跫	足部	6	121354	F5BC	08DEB	22994	踄	足部	7	2121233	DB59	08E04
22949	䟱	足部	6	125234	8233F237	047F1	22995	踃	足部	7	2432511	DB58	08E03
22950	跴	足部	6	125351	DB50	08DF4	22996	䟺	足部	7	2511134	8233F336	047FA
22951	跨	足部	6	134115	BFE7	08DE8	22997	踀	足部	7	2512134	DB55	08E00
22952	跶	足部	6	134454	DB51	08DF6	22998	踇	足部	7	3155414	DB5B	08E07
22953	跠	足部	6	151534	DB44	08DE0	22999	跾	足部	7	3223134	DB53	08DFE
22954	跷	足部	6	153135	F5CE	08DF7	23000	䟻	足部	7	3411234	8233F337	047FB
22955	跸	足部	6	153512	F5CF	08DF8	23001	䟶	足部	7	3434121	8233F332	047F6
22956	跮	足部	6	154121	DB4C	08DEE	23002	䟹	足部	7	3443124	8233F335	047F9
22957	跐	足部	6	212135	DA9D	08DD0	23003	䟸	足部	7	3544132	8233F334	047F8
22958	跩	足部	6	251153	DB4A	08DE9	23004	䟽	足部	7	4154325	8233F339	047FD
22959	跦	足部	6	311234	DB48	08DE6	23005	踉	足部	7	4511534	F5D4	08E09
22960	跣	足部	6	312135	F5D0	08DE3	23006	跼	足部	7	5135251	DB52	08DFC
22961	䟯	足部	6	312251	8233F235	047EF	23007	跽	足部	7	5154544	F5D5	08DFD
22962	跹	足部	6	312454	F5D1	08DF9	23008	踊	足部	7	5425112	D3BB	08E0A
22963	䟮	足部	6	321344	8233F234	047EE	23009	踆	足部	7	5434354	DB5A	08E06
22964	䟰	足部	6	332112	8233F236	047F0	23010	䟼	足部	8	11212154	8233F338	047FC
22965	跧	足部	6	341121	DB49	08DE7	23011	䠆	足部	8	12111534	8233F438	04806
22966	跲	足部	6	341251	DB4F	08DF2	23012	踷	足部	8	12132511	DB7A	08E37
22967	跳	足部	6	341534	CCF8	08DF3	23013	踛	足部	8	12134121	DB6A	08E1B
22968	跺	足部	6	351234	B6E5	08DFA	23014	踜	足部	8	12134354	DB6B	08E1C
22969	跪	足部	6	351355	B9F2	08DEA	23015	踑	足部	8	12211134	DB61	08E11
22970	跭	足部	6	354152	DB4B	08DED	23016	踙	足部	8	12211154	DB68	08E19
22971	路	足部	6	354251	C2B7	08DEF	23017	踖	足部	8	12212511	DB65	08E16
22972	跢	足部	6	354354	DB46	08DE2	23018	蹃	足部	8	12213251	DB81	08E43
22973	踭	足部	6	355112	DB74	08E2D	23019	䠂	足部	8	12341234	8233F434	04802
22974	跡	足部	6	413234	DB45	08DE1	23020	䠃	足部	8	12523434	8233F435	04803
22975	跻	足部	6	413432	F5D2	08DFB	23021	踦	足部	8	13412512	DB70	08E26
22976	跤	足部	6	413434	F5D3	08DE4	23022	踕	足部	8	15112134	DB64	08E15
22977	䟲	足部	6	415435	8233F238	047F2	23023	踐	足部	8	15341534	DB60	08E10
22978	跰	足部	6	431132	DB4D	08DF0	23024	䠊	足部	8	21112111	8233F532	0480A
22979	跟	足部	6	511534	B8FA	08DDF	23025	踧	足部	8	21123454	DB71	08E27
22980	跥	足部	6	531234	DB47	08DE5	23026	踔	足部	8	21251112	F5D6	08E14
22981	䟳	足部	6	541541	8233F239	047F3	23027	䠀	足部	8	24325251	8233F432	04800
22982	踌	足部	7	1113124	B3EC	08E0C	23028	踝	足部	8	25111234	F5D7	08E1D
22983	跿	足部	7	1212134	DB54	08DFF	23029	踢	足部	8	25113533	CCDF	08E22

字序	字形	部首	部首外笔画数	部首外笔顺	18030代码	13000代码	字序	字形	部首	部首外笔画数	部首外笔顺	18030代码	13000代码
23030	䠄	足部	8	25122134	8233F436	04804	23076	踽	足部	9	325125214	F5E1	08E3D
23031	䠅	足部	8	25312341	8233F437	04805	23077	踲	足部	9	331225111	DB76	08E32
23032	踏	足部	8	25342511	CCA4	08E0F	23078	踰	足部	9	341251122	DB75	08E30
23033	䠌	足部	8	25342511	8233F534	0480C	23079	踱	足部	9	413122154	F5E2	08E31
23034	踻	足部	8	25525251	DB7C	08E3B	23080	䠖	足部	9	413534251	8233F634	04816
23035	踟	足部	8	31134251	F5D8	08E1F	23081	蹄	足部	9	414345252	CCE3	08E44
23036	踒	足部	8	31234531	DB62	08E12	23082	蹉	足部	9	431113121	F5E3	08E49
23037	踓	足部	8	32411121	DB63	08E13	23083	䠓	足部	9	431253511	8233F631	04813
23038	䠋	足部	8	32511312	8233F533	0480B	23084	䠔	足部	9	431353334	8233F632	04814
23039	踬	足部	8	33122534	F5D9	08E2C	23085	蹁	足部	9	451325122	F5E4	08E41
23040	踚	足部	8	34125122	DB69	08E1A	23086	蹆	足部	9	511534454	DB83	08E46
23041	踨	足部	8	34342134	DB72	08E28	23087	䠍	足部	9	512115154	8233F535	0480D
23042	踩	足部	8	34431234	B2C8	08E29	23088	䠎	足部	9	513154121	8233F536	0480E
23043	踗	足部	8	34454544	DB66	08E17	23089	踴	足部	9	542511253	DB78	08E34
23044	踘	足部	8	35431234	DB67	08E18	23090	䠏	足部	9	543341134	8233F537	0480F
23045	踮	足部	8	41321251	F5DA	08E2E	23091	蹂	足部	9	545231234	F5E5	08E42
23046	踤	足部	8	41343412	DB6E	08E24	23092	蹑	足部	10	1221115454	F5E6	08E51
23047	踣	足部	8	41431251	F5DB	08E23	23093	蹒	足部	10	1221253434	F5E7	08E52
23048	踥	足部	8	41431531	DB6F	08E25	23094	蹎	足部	10	1225111134	DB86	08E4E
23049	踯	足部	8	43113452	F5DC	08E2F	23095	蹥	足部	10	1251112454	DB9A	08E65
23050	踡	足部	8	43113455	DB6D	08E21	23096	䠕	足部	10	2121351234	8233F633	04815
23051	踫	足部	8	43122431	DB73	08E2B	23097	蹕	足部	10	2511122112	DB8B	08E55
23052	踪	足部	8	44511234	D7D9	08E2A	23098	蹋	足部	10	2511541541	CCA3	08E4B
23053	䠉	足部	8	44525151	8233F531	04809	23099	䠝	足部	10	2512511134	8233F731	0481D
23054	踠	足部	8	44535455	DB6C	08E20	23100	䠗	足部	10	3251111344	8233F635	04817
23055	踺	足部	8	51111254	F5DD	08E3A	23101	䠘	足部	10	3253411535	8233F636	04818
23056	䟿	足部	8	51124134	8233F431	047FF	23102	蹏	足部	10	3321531535	DB87	08E4F
23057	䠈	足部	8	51124134	8233F530	04808	23103	䠛	足部	10	3443311252	8233F639	0481B
23058	踞	足部	8	51312251	BEE1	08E1E	23104	蹈	足部	10	3443321511	B5B8	08E48
23059	䠇	足部	8	51352252	8233F439	04807	23105	蹊	足部	10	3443554134	F5E8	08E4A
23060	䠁	足部	8	54545411	8233F433	04801	23106	蹌	足部	10	3445113251	DB84	08E4C
23061	䟾	足部	8	54545454	8233F430	047FE	23107	蹓	足部	10	3545325121	DB89	08E53
23062	踳	足部	9	111342511	DB77	08E33	23108	蹐	足部	10	4134342511	DB88	08E50
23063	踸	足部	9	122111345	DB7B	08E38	23109	䠙	足部	10	4143454153	8233F637	04819
23064	䠜	足部	9	122122111	8233F730	0481C	23110	䠚	足部	10	4453433544	8233F638	0481A
23065	蹀	足部	9	122151234	F5DE	08E40	23111	蹍	足部	10	5131221534	DB85	08E4D
23066	䠒	足部	9	122513511	8233F630	04812	23112	蹖	足部	11	11134321511	DB8C	08E56
23067	蹅	足部	9	123425111	DB82	08E45	23113	蹟	足部	11	11212511134	DB94	08E5F
23068	踾	足部	9	125125121	DB7E	08E3E	23114	䠟	足部	11	12143112354	8233F733	0481F
23069	䠑	足部	9	134121121	8233F539	04811	23115	躇	足部	11	12212132511	B3F9	08E87
23070	䠐	足部	9	251111344	8233F538	04810	23116	蹣	足部	11	12212523434	DB98	08E63
23071	踶	足部	9	251112134	DB79	08E36	23117	蹔	足部	11	12511123312	DB8A	08E54
23072	踼	足部	9	251113533	DB7D	08E3C	23118	蹧	足部	11	12512212511	DB9B	08E67
23073	踹	足部	9	252132522	F5DF	08E39	23119	䠞	足部	11	13211234534	8233F732	0481E
23074	踿	足部	9	312344334	DB80	08E3F	23120	蹙	足部	11	13211234534	F5BE	08E59
23075	踵	足部	9	312511211	F5E0	08E35	23121	蹛	足部	11	13221545252	DB90	08E5B

字序	字形	部首	部首外笔画数	部首外笔顺	18030代码	13000代码	字序	字形	部首	部首外笔画数	部首外笔顺	18030代码	13000代码
23122	䠠	足部	11	13221545252	8233F734	04820	23168	躆	足部	13	2153151353334	DC4D	08E86
23123	蹞	足部	11	15132511134	DB93	08E5E	23169	躁	足部	13	2512512511234	D4EA	08E81
23124	䠡	足部	11	21531525111	8233F735	04821	23170	躅	足部	13	2522135251214	F5EE	08E85
23125	蹚	足部	11	24345251121	DB8F	08E5A	23171	躈	足部	13	3251141533134	DC4E	08E88
23126	蹦	足部	11	25235113511	B1C4	08E66	23172	䠨	足部	13	3513344111251	8233F832	04828
23127	蹝	足部	11	33221212134	DB92	08E5D	23173	躃	足部	13	5132514143112	DC4B	08E83
23128	蹤	足部	11	33234342134	DB99	08E64	23174	躄	足部	13	5132514143112	DC4C	08E84
23129	蹠	足部	11	41312214444	DB95	08E60	23175	躊	足部	14	12151211251124	DC50	08E8A
23130	蹗	足部	11	41352211535	DB8D	08E57	23176	䠫	足部	14	12211154323334	8233F835	0482B
23131	蹢	足部	11	41432512251	DB97	08E62	23177	躏	足部	14	12242532411121	F5EF	08E8F
23132	䠥	足部	11	43252343134	8233F739	04825	23178	躎	足部	14	13425234343434	DC54	08E8E
23133	蹩	足部	11	43252343134	F5BF	08E69	23179	躌	足部	14	31122221354152	DC52	08E8C
23134	蹜	足部	11	44532132511	DB91	08E5C	23180	躋	足部	14	41432533543211	DC51	08E8B
23135	䠧	足部	11	51312132511	8233F831	04827	23181	躑	足部	14	43125351113452	DC55	08E91
23136	蹡	足部	11	52133544124	DB96	08E61	23182	躍	足部	14	54154132411121	DC53	08E8D
23137	蹘	足部	11	54154134333	DB8E	08E58	23183	䠬	足部	14	54334125143152	8233F836	0482C
23138	躀	足部	11	55212511134	DC49	08E80	23184	䠪	足部	14	55455415545545	8233F834	0482A
23139	蹺	足部	12	121121121135	DC45	08E7A	23185	躚	足部	15	125221134515454	DC5D	08E9A
23140	躂	足部	12	121431112454	DC4A	08E82	23186	躒	足部	15	325115545541234	DC56	08E92
23141	躉	足部	12	122251125214	DC4F	08E89	23187	躓	足部	15	331233122511134	DC57	08E93
23142	蹮	足部	12	125221134515	DB9F	08E6E	23188	躗	足部	15	332521251152112	DC5A	08E97
23143	蹰	足部	12	131251431124	F5E9	08E70	23189	躕	足部	15	413121251431124	DC58	08E95
23144	蹶	足部	12	134315233534	F5EA	08E76	23190	躔	足部	15	413251121134121	F5F0	08E94
23145	蹷	足部	12	134315233534	DC42	08E77	23191	躖	足部	15	554554155455421	DC59	08E96
23146	蹽	足部	12	134432511234	DC47	08E7D	23192	躐	足部	15	555253415445445	F5F1	08E90
23147	蹼	足部	12	224314311134	F5EB	08E7C	23193	躠	足部	16	1223251514143112	DC61	08EA0
23148	蹪	足部	12	251212511134	DB9D	08E6A	23194	䠭	足部	16	1251234352511134	8233F837	0482D
23149	䠤	足部	12	251251251112	8233F738	04824	23195	躙	足部	16	2511251132411121	DC5C	08E99
23150	䠦	足部	12	311342512511	8233F830	04826	23196	躜	足部	16	3121353121352534	F5F2	08E9C
23151	蹻	足部	12	313425125251	DC46	08E7B	23197	躛	足部	16	3325212511252112	DC5E	08E9B
23152	蹹	足部	12	341251541541	DC44	08E79	23198	躘	足部	16	4143125111515111	DC5B	08E98
23153	蹯	足部	12	343123425121	F5EC	08E6F	23199	䠮	足部	16	4311341211254444	8233F838	0482E
23154	蹨	足部	12	354413444444	DB9C	08E68	23200	躤	足部	17	12211123412212511	DC65	08EA4
23155	蹴	足部	12	412512341354	F5ED	08E74	23201	䠰	足部	17	12225125132411121	8233F930	04830
23156	蹵	足部	12	412512341354	DC41	08E75	23202	躝	足部	17	25112511125431234	DC5F	08E9D
23157	蹾	足部	12	412515213134	DC48	08E7E	23203	䠯	足部	17	34125125125125122	8233F839	0482F
23158	蹱	足部	12	414312511211	DBA0	08E71	23204	躞	足部	17	41112514334433454	F5F3	08E9E
23159	蹸	足部	12	431234354152	DC43	08E78	23205	躟	足部	17	41251251112213534	DC60	08E9F
23160	蹲	足部	12	431253511124	B6D7	08E72	23206	躡	足部	18	122111122111122111	DC62	08EA1
23161	蹭	足部	12	432524312511	B2E4	08E6D	23207	躣	足部	18	251112511132411121	DC64	08EA3
23162	蹿	足部	12	445342512512	B4DA	08E7F	23208	躢	足部	18	251125112511541541	DC63	08EA2
23163	䠣	足部	12	515515122134	8233F737	04823	23209	躥	足部	18	445343215115445445	DC66	08EA5
23164	蹬	足部	12	543341251431	B5C5	08E6C	23210	躪	足部	19	1222511251132411121	DC6B	08EAA
23165	蹳	足部	12	543345153554	DC40	08E73	23211	躧	足部	19	1254125441352211535	DC68	08EA7
23166	蹫	足部	12	545232534251	DB9E	08E6B	23212	躦	足部	19	3121353121352511134	DC67	08EA6
23167	䠩	足部	13	2121131233534	8233F833	04829	23213	躩	足部	20	25111251113241112154	DC6A	08EA9

字序	字形	部首	部首外笔画数	部首外笔顺	18030代码	13000代码
23214	躨	足部	21	43132511121215153435 4	DC69	08EA8
23215	䠱	足部	21	51324134252213525121 4	8233F931	04831
23216	邑	邑部	0	0	D2D8	09091
23217	邒	邑部	2	12	DF8B	09092
23218	邘	邑部	3	112	DF8E	09098
23219	䢴	邑部	3	313	82348832	048B4
23220	邙	邑部	3	415	DAF8	09099
23221	邦	邑部	4	1113	B0EE	090A6
23222	邫	邑部	4	1113	DF99	090AB
23223	邢	邑部	4	1132	D0CF	090A2
23224	邞	邑部	4	1134	DF91	0909E
23225	邧	邑部	4	1135	DF96	090A7
23226	䢵	邑部	4	1154	82348833	048B5
23227	䢹	邑部	4	1515	82348837	048B9
23228	邨	邑部	4	1525	DF97	090A8
23229	邠	邑部	4	3453	DF93	090A0
23230	䢷	邑部	4	3541	82348835	048B7
23231	邬	邑部	4	3551	DAF9	090AC
23232	邟	邑部	4	4135	DF92	0909F
23233	邥	邑部	4	4535	DF95	090A5
23234	那	邑部	4	5113	C4C7	090A3
23235	邴	邑部	5	12534	DAFB	090B4
23236	邳	邑部	5	13241	DAFC	090B3
23237	邶	邑部	5	21115	DAFD	090B6
23238	䢸	邑部	5	25111	82348836	048B8
23239	邮	邑部	5	25121	D3CA	090AE
23240	邱	邑部	5	32121	C7F1	090B1
23241	邻	邑部	5	34454	C1DA	090BB
23242	邸	邑部	5	35154	DBA1	090B8
23243	邭	邑部	5	35251	DF9A	090AD
23244	邹	邑部	5	35511	D7DE	090B9
23245	邲	邑部	5	45434	DF9B	090B2
23246	䢺	邑部	5	52252	82348838	048BA
23247	邵	邑部	5	53251	C9DB	090B5
23248	邰	邑部	5	54251	DBA2	090B0
23249	邼	邑部	6	111215	DF9D	090BC
23250	郉	邑部	6	113112	E044	090C9
23251	邽	邑部	6	121121	DF9E	090BD
23252	郌	邑部	6	121121	E046	090CC
23253	邿	邑部	6	121124	DF9F	090BF
23254	郆	邑部	6	121251	E042	090C6
23255	䢼	邑部	6	122134	82348930	048BC
23256	䢽	邑部	6	122134	82348931	048BD
23257	郁	邑部	6	132511	D3F4	090C1
23258	郀	邑部	6	134115	DFA0	090C0
23259	郕	邑部	6	135534	E04A	090D5
23260	郏	邑部	6	143134	DBA3	090CF
23261	郘	邑部	6	251251	E04C	090D8
23262	邾	邑部	6	311234	DBA5	090BE
23263	䢾	邑部	6	312135	82348932	048BE
23264	郔	邑部	6	321554	E049	090D4
23265	郈	邑部	6	331251	E043	090C8
23266	郐	邑部	6	341154	DBA6	090D0
23267	郃	邑部	6	341251	E041	090C3
23268	郄	邑部	6	341354	DBA7	090C4
23269	䣀	邑部	6	351355	82348934	048C0
23270	郇	邑部	6	352511	DBA8	090C7
23271	郊	邑部	6	413434	BDBC	090CA
23272	郂	邑部	6	415334	E040	090C2
23273	郱	邑部	6	431132	E05A	090F1
23274	郑	邑部	6	431134	D6A3	090D1
23275	䢿	邑部	6	445531	82348933	048BF
23276	郎	邑部	6	451154	C0C9	090CE
23277	郒	邑部	6	451154	E048	090D2
23278	郓	邑部	6	451521	DBA9	090D3
23279	䣇	邑部	7	1241344	82348A31	048C7
23280	郣	邑部	7	1245521	E052	090E3
23281	郙	邑部	7	1251124	E04D	090D9
23282	郠	邑部	7	1251134	E051	090E0
23283	郚	邑部	7	1251251	E04E	090DA
23284	郦	邑部	7	1254254	DBAA	090E6
23285	郟	邑部	7	1343434	E050	090DF
23286	䣆	邑部	7	1555121	82348A30	048C6
23287	郢	邑部	7	2511121	DBAB	090E2
23288	郧	邑部	7	2512534	D4C7	090E7
23289	䣈	邑部	7	2515215	82348A32	048C8
23290	䣃	邑部	7	3112121	82348937	048C3
23291	郜	邑部	7	3121251	DBAC	090DC
23292	䣄	邑部	7	3411234	82348938	048C4
23293	郗	邑部	7	3413252	DBAD	090D7
23294	郛	邑部	7	3443521	DBAE	090DB
23295	䣉	邑部	7	4412343	82348A33	048C9
23296	郞	邑部	7	4511534	E04F	090DE
23297	郎	邑部	7	4511534	FD9C	0F92C
23298	郡	邑部	7	5113251	BFA4	090E1
23299	都	邑部	8	12132511	B6BC	090FD
23300	郰	邑部	8	12211154	E059	090F0
23301	鄀	邑部	8	12213251	E065	09100
23302	䣐	邑部	8	12225134	82348B30	048D0
23303	郴	邑部	8	12341234	B3BB	090F4

字序	字形	部首	部首外笔画数	部首外笔顺	18030代码	13000代码	字序	字形	部首	部首外笔画数	部首外笔顺	18030代码	13000代码
23304	郲	邑部	8	12343434	E05B	090F2	23350	郿	邑部	10	4135112251	E06F	0910C
23305	郁	邑部	8	13425115	82348A37	048CD	23351	鄗	邑部	10	4155425121	E073	09110
23306	郪	邑部	8	15112531	E056	090EA	23352	鄍	邑部	10	4525114134	E070	0910D
23307	郶	邑部	8	24325251	82348A34	048CA	23353	鄉	邑部	10	5533251135	E078	09115
23308	郵	邑部	8	31212211	E05D	090F5	23354	鄢	邑部	11	12121154444	DBB3	09122
23309	俌	邑部	8	32122134	82348A39	048CF	23355	鄞	邑部	11	12212511121	DBB4	0911E
23310	郳	邑部	8	32151135	E05C	090F3	23356	鄀	邑部	11	12343424134	82348C31	048DB
23311	郫	邑部	8	32511312	DBAF	090EB	23357	鄟	邑部	11	12511214124	E081	0911F
23312	郗	邑部	8	34132511	E055	090E9	23358	鄠	邑部	11	14524444115	E082	09120
23313	郛	邑部	8	34431234	82348A35	048CB	23359	鄘	邑部	11	21531525111	82348C32	048DC
23314	郮	邑部	8	35121251	E058	090EE	23360	鄧	邑部	11	24345251121	82348B38	048D8
23315	郭	邑部	8	41251521	B9F9	090ED	23361	鄙	邑部	11	25112252511	B1C9	09119
23316	廊	邑部	8	41335154	82348A36	048CC	23362	鄛	邑部	11	25112512531	82348C30	048DA
23317	部	邑部	8	41431251	B2BF	090E8	23363	鄤	邑部	11	25112522154	E084	09124
23318	郶	邑部	8	41431251	E05E	090F6	23364	鄘	邑部	11	25235113511	82348B39	048D9
23319	郸	邑部	8	43251112	B5A6	090F8	23365	鄡	邑部	11	32511151234	E083	09121
23320	郯	邑部	8	43344334	DBB0	090EF	23366	鄜	邑部	11	41351125112	E07B	09118
23321	郷	邑部	8	55351154	E05F	090F7	23367	鄣	邑部	11	41431251112	DBB5	09123
23322	郺	邑部	8	55525121	82348A38	048CE	23368	鄨	邑部	11	43252343134	E088	09128
23323	郾	邑部	9	125115315	DBB1	090FE	23369	鄝	邑部	11	51312132511	82348C33	048DD
23324	鄄	邑部	9	125221121	DBB2	09104	23370	鄝	邑部	11	54154134333	E080	0911D
23325	鄏	邑部	9	132511211	82348B31	048D1	23371	鄛	邑部	11	55525111234	E07D	0911B
23326	鄁	邑部	9	211352511	E066	09101	23372	鄐	邑部	12	113411342511	82348C36	048E0
23327	鄓	邑部	9	251111344	E060	090F9	23373	鄮	邑部	12	153515352511	82348C35	048DF
23328	鄙	邑部	9	251115555	E062	090FB	23374	鄲	邑部	12	251251251112	E090	09132
23329	鄖	邑部	9	251212534	82348B32	048D2	23375	鄵	邑部	12	251251431523	82348C34	048DE
23330	鄂	邑部	9	251251115	B6F5	09102	23376	鄦	邑部	12	311222214444	E086	09126
23331	郹	邑部	9	321511254	E06E	0910B	23377	鄱	邑部	12	343123425121	DBB6	09131
23332	鄅	邑部	9	325125214	E068	09105	23378	鄬	邑部	12	344335554444	E08C	0912C
23333	鄇	邑部	9	325131134	E06A	09107	23379	鄮	邑部	12	354532511134	E08E	0912E
23334	鄃	邑部	9	341251122	E067	09103	23380	鄯	邑部	12	431112431251	DBB7	0912F
23335	鄆	邑部	9	451251112	E069	09106	23381	鄰	邑部	12	431234354152	E08F	09130
23336	郿	邑部	9	521325111	E064	090FF	23382	鄭	邑部	12	431253511134	E08D	0912D
23337	鄈	邑部	9	543341134	E06B	09108	23383	鄫	邑部	12	432524312511	E08B	0912B
23338	鄊	邑部	9	553122111	E06D	0910A	23384	鄩	邑部	12	511121251124	E089	09129
23339	鄉	邑部	9	553451154	E06C	09109	23385	鄪	邑部	12	515322511134	E08A	0912A
23340	鄚	邑部	10	1222511134	E07C	0911A	23386	鄧	邑部	12	543341251431	E087	09127
23341	鄑	邑部	10	1224312511	E074	09111	23387	鄸	邑部	13	1222522145354	E096	09138
23342	鄏	邑部	10	1311534124	E072	0910F	23388	鄴	邑部	13	2243143111234	E092	09134
23343	鄖	邑部	10	2432511134	82348B34	048D4	23389	鄳	邑部	13	2511251211511	E091	09133
23344	鄖	邑部	10	2512511134	E079	09116	23390	鄷	邑部	13	2512211251431	E095	09137
23345	鄓	邑部	10	3251111344	E076	09113	23391	鄵	邑部	13	2512512511234	E093	09135
23346	鄔	邑部	10	3251113412	82348B37	048D7	23392	鄶	邑部	13	3412524312511	E094	09136
23347	鄎	邑部	10	3251114544	E071	0910E	23393	鄯	邑部	13	4311213121534	82348C37	048E1
23348	鄔	邑部	10	3251154444	E077	09114	23394	鄹	邑部	14	11123412212511	82348C38	048E2
23349	鄒	邑部	10	3552335523	E075	09112	23395	鄹	邑部	14	12211154323334	DBB8	09139

字序	字形	部首	部首外笔画数	部首外笔顺	18030代码	13000代码
23396	鄺	邑部	14	41312212512134	E097	0913A
23397	鄻	邑部	15	113411341251112	E098	0913B
23398	鄼	邑部	15	113411342511134	E099	0913C
23399	鄿	邑部	15	122251251251112	E09C	0913F
23400	鄾	邑部	15	132511454544354	E09B	0913E
23401	鄽	邑部	15	413251121134121	E09A	0913D
23402	嚮	邑部	15	553451154325251	87BB	056AE
23403	酀	邑部	16	1221251211354444	E09D	09140
23404	酂	邑部	16	3121353121352534	E09F	09142
23405	酄	邑部	17	12225125132411121	E0A0	09144
23406	酃	邑部	17	14524444251251251	DBB9	09143
23407	酁	邑部	17	35251153535251354	E09E	09141
23408	酆	邑部	18	211121112521251431	DBBA	09146
23409	酅	邑部	18	252324111212534251	E140	09145
23410	酈	邑部	19	1254125441352211535	E142	09148
23411	酇	邑部	19	3121353121352511134	E141	09147
23412	䣣	邑部	20	24345251254312114444	82348C39	048E3
23413	䣤	邑部	20	25111251113241112154	82348D30	048E4
23414	身	身部	0	0	C9ED	08EAB
23415	射	身部	3	124	C9E4	05C04
23416	躬	身部	3	515	B9AA	08EAC
23417	躯	身部	4	1345	C7FB	08EAF
23418	躮	身部	4	3453	DC6D	08EAE
23419	躭	身部	4	4535	DC6C	08EAD
23420	躰	身部	5	12341	DC6E	08EB0
23421	䠶	身部	5	31134	8233F936	04836
23422	䠵	身部	5	32124	8233F935	04835
23423	䠲	身部	5	34454	8233F932	04832
23424	䠴	身部	5	41431	8233F934	04834
23425	䠳	身部	5	52252	8233F933	04833
23426	䠸	身部	6	134115	8233F938	04838
23427	躳	身部	6	251251	DC70	08EB3
23428	䠷	身部	6	341534	8233F937	04837
23429	躲	身部	6	351234	B6E3	08EB2
23430	䠹	身部	6	415334	8233F939	04839
23431	䠺	身部	6	425251	8233FA30	0483A
23432	躱	身部	6	531234	DC6F	08EB1
23433	躴	身部	7	4511534	DC71	08EB4
23434	躵	身部	7	5344544	DC72	08EB5
23435	躼	身部	8	12111534	DC78	08EBC
23436	躸	身部	8	13412512	DC75	08EB8
23437	躺	身部	8	24325251	CCC9	08EBA
23438	躶	身部	8	25111234	DC73	08EB6
23439	躷	身部	8	31234531	DC74	08EB7
23440	躹	身部	8	35431234	DC76	08EB9
23441	躻	身部	8	44534121	DC77	08EBB
23442	䠻	身部	8	44534515	8233FA31	0483B
23443	躽	身部	9	125115315	DC79	08EBD
23444	䠼	身部	9	341251122	8233FA32	0483C
23445	躾	身部	9	431121134	DC7A	08EBE
23446	䠾	身部	10	2511251134	8233FA34	0483E
23447	䠽	身部	10	2521251431	8233FA33	0483D
23448	軀	身部	11	12512512515	DC7C	08EC0
23449	軁	身部	11	25112512531	DC7D	08EC1
23450	鵢	身部	11	32511154444	F95F	09D62
23451	躿	身部	11	41351124134	DC7B	08EBF
23452	軅	身部	12	133232411121	DC82	08EC5
23453	䠿	身部	12	251212511134	8233FA35	0483F
23454	軃	身部	12	251251251112	DC80	08EC3
23455	軄	身部	12	414312511534	DC81	08EC4
23456	軂	身部	12	433443344553	DC7E	08EC2
23457	軆	身部	13	2512211251431	DC83	08EC6
23458	䡀	身部	13	4125251125111	8233FA36	04840
23459	軇	身部	14	12151211251124	DC84	08EC7
23460	䡁	身部	16	4143125111515111	8233FA37	04841
23461	軈	身部	17	41332324111214544	DC85	08EC8
23462	軉	身部	20	44511213112522511134	DC86	08EC9
23463	釆	釆部	0	0	E18A	091C6
23464	悉	釆部	4	4544	CFA4	06089
23465	釈	釆部	4	5134	E18B	091C8
23466	釉	釆部	5	25121	D3D4	091C9
23467	番	釆部	5	25121	B7AC	0756A
23468	释	釆部	5	54112	CACD	091CA
23469	䎹	釆部	6	122111	82338735	043B9
23470	䧽	釆部	8	32411121	8234A830	049FD
23471	釋	釆部	13	2522112143112	E18C	091CB
23472	谷	谷部	0	0	B9C8	08C37
23473	䜪	谷部	2	35	8233DF30	0472A
23474	卻	谷部	2	52	8573	0537B
23475	郤	谷部	2	52	E053	090E4
23476	䜫	谷部	3	121	8233DF31	0472B
23477	谸	谷部	3	313	D840	08C38
23478	谹	谷部	4	1354	D841	08C39
23479	㞃	谷部	4	1354	8230CA33	03783
23480	谺	谷部	4	1523	D842	08C3A
23481	欲	谷部	4	3534	D3FB	06B32
23482	谻	谷部	4	5113	D843	08C3B
23483	䜭	谷部	5	21451	8233DF33	0472D
23484	䜬	谷部	5	25121	8233DF32	0472C
23485	鹆	谷部	5	35451	F0C1	09E46
23486	谼	谷部	6	122134	D844	08C3C
23487	谽	谷部	7	3445251	D845	08C3D

字序	字形	部首	部首外笔画数	部首外笔顺	18030代码	13000代码	字序	字形	部首	部首外笔画数	部首外笔顺	18030代码	13000代码
23488	䜮	谷部	7	4453112	8233DF34	0472E	23534	貎	豸部	8	32151135	D883	08C8E
23489	䜯	谷部	8	35431234	8233DF35	0472F	23535	貏	豸部	8	32511312	D884	08C8F
23490	谾	谷部	8	44534121	D846	08C3E	23536	䝟	豸部	9	111253134	8233E433	0475F
23491	䜰	谷部	10	3251113412	8233DF36	04730	23537	䫉	豸部	9	132511134	8234BC34	04AC9
23492	豀	谷部	10	3443554134	D848	08C40	23538	貒	豸部	9	252132522	D887	08C92
23493	谿	谷部	10	3443554134	D847	08C3F	23539	貐	豸部	9	341251122	D885	08C90
23494	豁	谷部	10	4451112251	BBED	08C41	23540	貑	豸部	9	512115154	D886	08C91
23495	䜱	谷部	11	25112522154	8233DF37	04731	23541	貘	豸部	10	1222511134	F5F8	08C98
23496	鵒	谷部	11	32511154444	F94F	09D52	23542	䝠	豸部	10	1332511234	8233E434	04760
23497	豃	谷部	11	51221113134	D84A	08C43	23543	貔	豸部	10	3253411535	F5F9	08C94
23498	豂	谷部	11	54154134333	D849	08C42	23544	貕	豸部	10	3443554134	D889	08C95
23499	豄	谷部	15	121252212511134	D84B	08C44	23545	貖	豸部	10	4313425221	D88A	08C96
23500	䜲	谷部	15	555253415445445	8233DF38	04732	23546	䝡	豸部	11	12212523434	8233E435	04761
23501	豅	谷部	16	4143125111515111	D84C	08C45	23547	貙	豸部	11	12512512515	D88C	08C99
23502	豸	豸部	0	0	F5F4	08C78	23548	貗	豸部	11	25112512531	D88B	08C97
23503	豻	豸部	3	112	D874	08C7B	23549	䝢	豸部	11	25112522154	8233E436	04762
23504	豺	豸部	3	123	B2F2	08C7A	23550	䝣	豸部	11	44115151234	8233E437	04763
23505	豹	豸部	3	354	B1AA	08C79	23551	䝤	豸部	12	134432511234	8233E438	04764
23506	䝗	豸部	4	1234	8233E335	04757	23552	貚	豸部	12	251251251112	D88D	08C9A
23507	䝙	豸部	4	1345	8233E337	04759	23553	䝥	豸部	12	325111413412	8233E439	04765
23508	豼	豸部	4	1535	D875	08C7C	23554	䝦	豸部	12	325221323334	8233E530	04766
23509	豽	豸部	4	2534	D876	08C7D	23555	貛	豸部	17	12225125132411121	D88E	08C9B
23510	䝖	豸部	4	3324	8233E334	04756	23556	貜	豸部	20	25111251113241112154	D88F	08C9C
23511	䝘	豸部	4	3554	8233E336	04758	23557	龟	龟部	0	0	B9EA	09F9F
23512	豾	豸部	5	13241	D877	08C7E	23558	龜	龟部	0	0	FD94	09F9C
23513	貃	豸部	5	32511	D87B	08C83	23559	亀	龟部	4	2511	8177	04E80
23514	豿	豸部	5	35251	D878	08C7F	23560	䶰	龟部	4	3115	82358733	04DB0
23515	貁	豸部	5	44534	D87A	08C81	23561	䶲	龟部	5	25211	82358735	04DB2
23516	䝚	豸部	5	51335	8233E338	0475A	23562	䶱	龟部	5	35444	82358734	04DB1
23517	貀	豸部	5	52252	D879	08C80	23563	龞	龟部	11	43252343134	FD96	09F9E
23518	貂	豸部	5	53251	F5F5	08C82	23564	角	角部	0	0	BDC7	089D2
23519	䝛	豸部	5	53254	8233E339	0475B	23565	㓩	角部	2	22	82308830	034E9
23520	貆	豸部	6	125111	D87D	08C86	23566	觓	角部	2	52	D361	089D3
23521	貊	豸部	6	132511	F5F6	08C8A	23567	觔	角部	2	53	D362	089D4
23522	貅	豸部	6	321234	F5F7	08C85	23568	觙	角部	3	354	D366	089D9
23523	貈	豸部	6	335414	D880	08C88	23569	觘	角部	4	2343	D365	089D8
23524	貉	豸部	6	354251	BAD1	08C89	23570	䚗	角部	4	3454	8233D035	04697
23525	貄	豸部	6	511112	D87C	08C84	23571	觗	角部	4	3515	D364	089D7
23526	貇	豸部	6	511534	D87E	08C87	23572	斛	角部	4	4412	F5FA	0659B
23527	貋	豸部	7	2511112	D881	08C8B	23573	觖	角部	4	5134	F5FB	089D6
23528	貍	豸部	7	2511211	D882	08C8D	23574	觛	角部	5	25111	D367	089DB
23529	貌	豸部	7	3251135	C3B2	08C8C	23575	觞	角部	5	31533	F5FC	089DE
23530	䝜	豸部	7	5434354	8233E430	0475C	23576	觚	角部	5	33544	F5FD	089DA
23531	貓	豸部	8	12225121	D888	08C93	23577	觝	角部	5	35154	D368	089DD
23532	䝝	豸部	8	13412512	8233E431	0475D	23578	觢	角部	6	111253	D36C	089E2
23533	䝞	豸部	8	21531535	8233E432	0475E	23579	觟	角部	6	121121	D369	089DF

字序	字形	部首	部首外笔画数	部首外笔顺	18030代码	13000代码	字序	字形	部首	部首外笔画数	部首外笔顺	18030代码	13000代码
23580	觛	角部	6	125111	8233D037	04699	23626	觼	角部	14	35253425111354	D381	089FC
23581	觜	角部	6	212135	F5FE	089DC	23627	觺	角部	14	35311345452134	D37E	089FA
23582	觥	角部	6	243135	F6A1	089E5	23628	觽	角部	15	252324111212525	D382	089FD
23583	触	角部	6	251214	B4A5	089E6	23629	觻	角部	15	325115545541234	D380	089FB
23584	𧢲	角部	6	312135	8233D038	0469A	23630	觾	角部	16	1221251211354444	D383	089FE
23585	觤	角部	6	351355	D36D	089E4	23631	𧤭	角部	17	12225125132411121	8233D237	046AD
23586	觡	角部	6	354251	D36B	089E1	23632	觿	角部	18	252324111212534251	D384	089FF
23587	觧	角部	6	431112	D36E	089E7	23633	讠	言部	0	0	DAA5	08BA0
23588	觠	角部	6	431134	D36A	089E0	23634	訁	言部	0	0	D385	08A01
23589	解	角部	6	533112	BDE2	089E3	23635	言	言部	0	0	D1D4	08A00
23590	觨	角部	7	1212534	D36F	089E8	23636	计	言部	2	12	BCC6	08BA1
23591	觩	角部	7	1241344	D370	089E9	23637	計	言部	2	12	D38B	08A08
23592	觫	角部	7	1251234	F6A2	089EB	23638	订	言部	2	12	B6A9	08BA2
23593	𧢼	角部	7	3121251	8233D039	0469B	23639	訂	言部	2	12	D386	08A02
23594	觪	角部	7	4143112	D371	089EA	23640	𧥞	言部	2	22	8233D239	046AF
23595	觰	角部	8	12132511	D375	089F0	23641	讣	言部	2	24	B8BC	08BA3
23596	𧢾	角部	8	12343434	8233D132	0469E	23642	訃	言部	2	24	D387	08A03
23597	觭	角部	8	13412512	D373	089ED	23643	认	言部	2	34	C8CF	08BA4
23598	𧢿	角部	8	25111124	8233D133	0469F	23644	𧥢	言部	2	35	8233D330	046B0
23599	𧣀	角部	8	25111535	8233D134	046A0	23645	讥	言部	2	35	BCA5	08BA5
23600	觬	角部	8	32151135	D372	089EC	23646	訅	言部	2	35	D389	08A05
23601	𧢼	角部	8	32511312	8233D130	0469C	23647	訄	言部	2	35	D388	08A04
23602	𧢽	角部	8	41343412	8233D131	0469D	23648	訆	言部	2	52	D38A	08A06
23603	觯	角部	8	43251112	F6A3	089EF	23649	𧥠	言部	2	53	8233D238	046AE
23604	觮	角部	8	51124134	D374	089EE	23650	讦	言部	3	112	DAA6	08BA6
23605	𧣂	角部	9	122151234	8233D136	046A2	23651	訐	言部	3	112	D393	08A10
23606	觱	角部	9	131251534	D376	089F1	23652	訏	言部	3	112	D392	08A0F
23607	𧣃	角部	9	251112134	8233D137	046A3	23653	讧	言部	3	121	DAA7	08BA7
23608	𧣄	角部	9	251125214	8233D138	046A4	23654	訌	言部	3	121	D38F	08A0C
23609	𧣁	角部	9	251214544	8233D135	046A1	23655	讨	言部	3	124	CCD6	08BA8
23610	𧣆	角部	10	3321531535	8233D230	046A6	23656	討	言部	3	124	D391	08A0E
23611	觲	角部	10	4311213112	D377	089F2	23657	让	言部	3	211	C8C3	08BA9
23612	𧣅	角部	10	5154151541	8233D139	046A5	23658	𧥣	言部	3	234	8233D331	046B1
23613	觵	角部	11	12212512134	D379	089F5	23659	讪	言部	3	252	DAA8	08BAA
23614	觴	角部	11	31251113533	D378	089F4	23660	訕	言部	3	252	D398	08A15
23615	鵤	角部	11	32511154444	F961	09D64	23661	讬	言部	3	315	D799	08BAC
23616	𧣇	角部	11	54154134333	8233D231	046A7	23662	託	言部	3	315	D39A	08A17
23617	觶	角部	12	251251251112	D37A	089F6	23663	讫	言部	3	315	C6FD	08BAB
23618	𧣉	角部	12	313425125251	8233D233	046A9	23664	訖	言部	3	315	D399	08A16
23619	觹	角部	12	324111212525	D37D	089F9	23665	训	言部	3	322	D1B5	08BAD
23620	𧣌	角部	12	431234354152	8233D236	046AC	23666	訓	言部	3	322	D396	08A13
23621	𧣈	角部	12	543345153554	8233D232	046A8	23667	𧥤	言部	3	333	8233D332	046B2
23622	𧣊	角部	13	2522112513534	8233D234	046AA	23668	訋	言部	3	354	D38E	08A0B
23623	觸	角部	13	2522135251214	D37C	089F8	23669	訉	言部	3	354	D38C	08A09
23624	觷	角部	13	3211343451145	D37B	089F7	23670	訙	言部	3	354	D39C	08A19
23625	𧣋	角部	13	3251141533134	8233D235	046AB	23671	訯	言部	3	354	D451	08A2F

字序	字形	部首	部首外笔画数	部首外笔顺	18030代码	13000代码
23672	议	言部	3	434	D2E9	08BAE
23673	讯	言部	3	512	D1B6	08BAF
23674	訊	言部	3	512	D38D	08A0A
23675	记	言部	3	515	BCC7	08BB0
23676	記	言部	3	515	D39B	08A18
23677	訑	言部	3	525	D394	08A11
23678	讱	言部	3	534	D79A	08BB1
23679	訒	言部	3	534	D395	08A12
23680	訍	言部	3	544	D390	08A0D
23681	讲	言部	4	1132	BDB2	08BB2
23682	訮	言部	4	1132	D450	08A2E
23683	䚶	言部	4	1134	8233D336	046B6
23684	䛃	言部	4	1135	8233D439	046C3
23685	讳	言部	4	1152	BBE4	08BB3
23686	䚳	言部	4	1254	8233D333	046B3
23687	讴	言部	4	1345	DAA9	08BB4
23688	訧	言部	4	1354	D449	08A27
23689	讵	言部	4	1515	DAAA	08BB5
23690	詎	言部	4	1515	D46E	08A4E
23691	讶	言部	4	1523	D1C8	08BB6
23692	訝	言部	4	1523	D3A0	08A1D
23693	訰	言部	4	1525	D452	08A30
23694	䚹	言部	4	1535	8233D339	046B9
23695	訨	言部	4	2121	D44A	08A28
23696	訬	言部	4	2343	D44E	08A2C
23697	䛁	言部	4	2511	8233D437	046C1
23698	訲	言部	4	2512	D454	08A32
23699	讷	言部	4	2534	DAAB	08BB7
23700	訥	言部	4	2534	D447	08A25
23701	许	言部	4	3112	D0ED	08BB8
23702	許	言部	4	3112	D453	08A31
23703	䚽	言部	4	3115	8233D433	046BD
23704	䚾	言部	4	3121	8233D434	046BE
23705	䛂	言部	4	3132	8233D438	046C2
23706	訞	言部	4	3134	D440	08A1E
23707	䚺	言部	4	3134	8233D430	046BA
23708	讹	言部	4	3235	B6EF	08BB9
23709	訛	言部	4	3235	D39E	08A1B
23710	䜣	言部	4	3312	FE80	04723
23711	訢	言部	4	3312	D444	08A22
23712	䛀	言部	4	3354	8233D436	046C0
23713	䚷	言部	4	3415	8233D337	046B7
23714	䚸	言部	4	3432	8233D338	046B8
23715	訤	言部	4	3434	D446	08A24
23716	论	言部	4	3435	C2DB	08BBA
23717	訡	言部	4	3445	D443	08A21
23718	讻	言部	4	3452	D79B	08BBB
23719	訩	言部	4	3452	D44B	08A29
23720	訜	言部	4	3453	D39F	08A1C
23721	讼	言部	4	3454	CBCF	08BBC
23722	訟	言部	4	3454	D441	08A1F
23723	䚴	言部	4	3511	8233D334	046B4
23724	讽	言部	4	3534	B7ED	08BBD
23725	䚿	言部	4	3534	8233D435	046BF
23726	䚻	言部	4	3544	8233D431	046BB
23727	设	言部	4	3554	C9E8	08BBE
23728	設	言部	4	3554	D44F	08A2D
23729	访	言部	4	4153	B7C3	08BBF
23730	訪	言部	4	4153	D44C	08A2A
23731	䚵	言部	4	4412	8233D335	046B5
23732	訦	言部	4	4535	D448	08A26
23733	訫	言部	4	4544	D44D	08A2B
23734	悥	言部	4	4544	9096	060A5
23735	訳	言部	4	5134	D455	08A33
23736	诀	言部	4	5134	BEF7	08BC0
23737	訣	言部	4	5134	D445	08A23
23738	訠	言部	4	5152	D442	08A20
23739	䚼	言部	4	5211	8233D432	046BC
23740	䛒	言部	5	12115	8233D634	046D2
23741	证	言部	5	12121	D6A4	08BC1
23742	証	言部	5	12121	D45E	08A3C
23743	詓	言部	5	12154	D473	08A53
23744	詌	言部	5	12211	D46C	08A4C
23745	詍	言部	5	12215	D46D	08A4D
23746	诂	言部	5	12251	DAAC	08BC2
23747	詁	言部	5	12251	D462	08A41
23748	訹	言部	5	12344	D45B	08A39
23749	诃	言部	5	12512	DAAD	08BC3
23750	訶	言部	5	12512	D458	08A36
23751	䛋	言部	5	13534	8233D537	046CB
23752	詙	言部	5	13544	D479	08A59
23753	评	言部	5	14312	C6C0	08BC4
23754	評	言部	5	14312	D475	08A55
23755	詀	言部	5	21251	D461	08A40
23756	䛓	言部	5	22314	8233D635	046D3
23757	詚	言部	5	25111	D47A	08A5A
23758	诅	言部	5	25111	D7E7	08BC5
23759	詛	言部	5	25111	D47B	08A5B
23760	䛅	言部	5	25112	8233D531	046C5
23761	訷	言部	5	25112	D459	08A37
23762	䛆	言部	5	25121	8233D532	046C6
23763	识	言部	5	25134	CAB6	08BC6

字序	字形	部首	部首外笔画数	部首外笔顺	18030代码	13000代码
23764	䛊	言部	5	25134	8233D536	046CA
23765	詇	言部	5	25134	D468	08A47
23766	詋	言部	5	25135	D46B	08A4B
23767	诇	言部	5	25251	D79C	08BC7
23768	詗	言部	5	25251	D477	08A57
23769	訵	言部	5	25351	D457	08A35
23770	䛈	言部	5	31134	8233D534	046C8
23771	詄	言部	5	31134	D465	08A44
23772	诈	言部	5	31211	D5A9	08BC8
23773	詐	言部	5	31211	D470	08A50
23774	訸	言部	5	31234	D45A	08A38
23775	詂	言部	5	32124	D463	08A42
23776	诉	言部	5	33124	CBDF	08BC9
23777	訴	言部	5	33124	D456	08A34
23778	诊	言部	5	34333	D5EF	08BCA
23779	診	言部	5	34333	D45C	08A3A
23780	詅	言部	5	34454	D466	08A45
23781	诋	言部	5	35154	DAAE	08BCB
23782	詆	言部	5	35154	D467	08A46
23783	䛇	言部	5	35251	8233D533	046C7
23784	訽	言部	5	35251	D45F	08A3D
23785	䛄	言部	5	35455	8233D530	046C4
23786	诌	言部	5	35511	D6DF	08BCC
23787	䛌	言部	5	35515	8233D538	046CC
23788	註	言部	5	41121	D45D	08A3B
23789	詃	言部	5	41554	D464	08A43
23790	詊	言部	5	43112	D46A	08A4A
23791	詝	言部	5	44512	D47D	08A5D
23792	䛎	言部	5	44534	8233D630	046CE
23793	詑	言部	5	44535	D471	08A51
23794	䛑	言部	5	45434	8233D633	046D1
23795	詠	言部	5	45534	D481	08A60
23796	词	言部	5	51251	B4CA	08BCD
23797	詞	言部	5	51251	D47E	08A5E
23798	䛐	言部	5	51251	8233D632	046D0
23799	䛏	言部	5	51335	8233D631	046CF
23800	䛉	言部	5	51515	8233D535	046C9
23801	䛍	言部	5	51532	8233D539	046CD
23802	诎	言部	5	52252	DAB0	08BCE
23803	詘	言部	5	52252	D478	08A58
23804	詜	言部	5	52254	D47C	08A5C
23805	詉	言部	5	53154	D469	08A49
23806	诏	言部	5	53251	DAAF	08BCF
23807	詔	言部	5	53251	D474	08A54
23808	诐	言部	5	53254	D79D	08BD0
23809	詖	言部	5	53254	D476	08A56
23810	译	言部	5	54112	D2EB	08BD1
23811	诒	言部	5	54251	DAB1	08BD2
23812	詒	言部	5	54251	D472	08A52
23813	詏	言部	5	55453	D46F	08A4F
23814	诓	言部	6	111215	DAB2	08BD3
23815	誆	言部	6	111215	D545	08A86
23816	诔	言部	6	111234	DAB3	08BD4
23817	誄	言部	6	111234	D543	08A84
23818	䛚	言部	6	111253	8233D732	046DA
23819	试	言部	6	112154	CAD4	08BD5
23820	試	言部	6	112154	D487	08A66
23821	詽	言部	6	113112	D49D	08A7D
23822	诖	言部	6	121121	DAB4	08BD6
23823	詿	言部	6	121121	D49F	08A7F
23824	诗	言部	6	121124	CAAB	08BD7
23825	詩	言部	6	121124	D48A	08A69
23826	诘	言部	6	121251	DAB5	08BD8
23827	詰	言部	6	121251	D491	08A70
23828	誀	言部	6	122111	D4A0	08A80
23829	䜤	言部	6	122134	8233DE35	04724
23830	詴	言部	6	132511	D495	08A74
23831	䛔	言部	6	132522	8233D636	046D4
23832	誇	言部	6	134115	D546	08A87
23833	该	言部	6	134334	DAB6	08BD9
23834	該	言部	6	134334	D49C	08A7C
23835	诚	言部	6	135534	B3CF	08BDA
23836	誠	言部	6	135534	D55C	08AA0
23837	誈	言部	6	154121	D547	08A88
23838	訿	言部	6	212135	D460	08A3F
23839	訾	言部	6	212135	F6A4	08A3E
23840	䛕	言部	6	251134	8233D637	046D5
23841	䛖	言部	6	251153	8233D638	046D6
23842	詷	言部	6	251251	D498	08A77
23843	䛛	言部	6	252511	8233D733	046DB
23844	诛	言部	6	311234	D6EF	08BDB
23845	誅	言部	6	311234	D544	08A85
23846	诜	言部	6	312135	DAB7	08BDC
23847	詵	言部	6	312135	D496	08A75
23848	誔	言部	6	312154	D550	08A94
23849	话	言部	6	312251	BBB0	08BDD
23850	話	言部	6	312251	D492	08A71
23851	䛙	言部	6	321234	8233D731	046D9
23852	诞	言部	6	321554	B5AE	08BDE
23853	誕	言部	6	321554	D551	08A95
23854	䛘	言部	6	323121	8233D730	046D8
23855	詯	言部	6	325111	D490	08A6F

字序	字形	部首	部首外笔画数	部首外笔顺	18030代码	13000代码	字序	字形	部首	部首外笔画数	部首外笔顺	18030代码	13000代码
23856	䛜	言部	6	325341	8233D734	046DC	23902	誣	言部	7	1234341	D55F	08AA3
23857	诟	言部	6	331251	DAB8	08BDF	23903	誖	言部	7	1245521	D552	08A96
23858	詬	言部	6	331251	D48D	08A6C	23904	誧	言部	7	1251124	D563	08AA7
23859	诠	言部	6	341121	DAB9	08BE0	23905	誎	言部	7	1251234	D54B	08A8E
23860	詮	言部	6	341121	D48F	08A6E	23906	语	言部	7	1251251	D3EF	08BED
23861	詥	言部	6	341251	D486	08A65	23907	語	言部	7	1251251	D55A	08A9E
23862	誂	言部	6	341534	D541	08A82	23908	䛠	言部	7	1251431	8233D738	046E0
23863	詤	言部	6	345325	D485	08A64	23909	誫	言部	7	1311534	D567	08AAB
23864	诡	言部	6	351355	B9EE	08BE1	23910	䛟	言部	7	1343434	8233D737	046DF
23865	詭	言部	6	351355	D48E	08A6D	23911	誙	言部	7	1555121	D555	08A99
23866	诣	言部	6	352511	D2E8	08BE3	23912	诮	言部	7	2432511	DABD	08BEE
23867	詣	言部	6	352511	D484	08A63	23913	誚	言部	7	2432511	D556	08A9A
23868	询	言部	6	352511	D1AF	08BE2	23914	䛞	言部	7	2511112	8233D736	046DE
23869	詢	言部	6	352511	D483	08A62	23915	误	言部	7	2511134	CEF3	08BEF
23870	詾	言部	6	353452	D49E	08A7E	23916	誤	言部	7	2511134	D560	08AA4
23871	詺	言部	6	354251	D49A	08A7A	23917	誢	言部	7	2511135	D55E	08AA2
23872	詻	言部	6	354251	D49B	08A7B	23918	䜥	言部	7	2511154	8233DE36	04725
23873	誃	言部	6	354354	D542	08A83	23919	䛣	言部	7	2512115	8233D831	046E3
23874	詧	言部	6	354454	D488	08A67	23920	䛤	言部	7	2512134	8233D832	046E4
23875	诤	言部	6	355112	DABA	08BE4	23921	诰	言部	7	3121251	DABE	08BF0
23876	諍	言部	6	355112	D58A	08ACD	23922	誥	言部	7	3121251	D561	08AA5
23877	詨	言部	6	413434	D489	08A68	23923	誐	言部	7	3121534	D54D	08A90
23878	该	言部	6	415334	B8C3	08BE5	23924	誗	言部	7	3123422	D553	08A97
23879	該	言部	6	415334	D493	08A72	23925	䛢	言部	7	3123435	8233D830	046E2
23880	详	言部	6	431112	CFEA	08BE6	23926	诱	言部	7	3123453	D3D5	08BF1
23881	詳	言部	6	431112	D494	08A73	23927	誘	言部	7	3123453	D554	08A98
23882	誁	言部	6	431132	D540	08A81	23928	诲	言部	7	3155414	BBE5	08BF2
23883	誊	言部	6	431134	CCDC	08A8A	23929	誨	言部	7	3155414	D564	08AA8
23884	詸	言部	6	431234	D499	08A78	23930	䛥	言部	7	3413252	8233D833	046E5
23885	詶	言部	6	434242	D497	08A76	23931	説	言部	7	3425135	D566	08AAA
23886	誉	言部	6	443134	D3FE	08A89	23932	䛦	言部	7	3434251	8233D834	046E6
23887	诧	言部	6	445315	B2EF	08BE7	23933	誝	言部	7	3445251	D559	08A9D
23888	詫	言部	6	445315	D48C	08A6B	23934	䛡	言部	7	3515251	8233D739	046E1
23889	诨	言部	6	451512	DABB	08BE8	23935	诳	言部	7	3531121	DABF	08BF3
23890	詪	言部	6	511534	D48B	08A6A	23936	誑	言部	7	3531121	D54E	08A91
23891	诩	言部	6	541541	DABC	08BE9	23937	誩	言部	7	4111251	D565	08AA9
23892	詡	言部	6	541541	D482	08A61	23938	䛨	言部	7	4143112	8233D836	046E8
23893	诪	言部	7	1113124	D79E	08BEA	23939	䛧	言部	7	4312345	8233D835	046E7
23894	诚	言部	7	1132534	BDEB	08BEB	23940	说	言部	7	4325135	CBB5	08BF4
23895	誡	言部	7	1132534	D55D	08AA1	23941	說	言部	7	4325135	D568	08AAC
23896	誓	言部	7	1213312	CAC4	08A93	23942	誏	言部	7	4511534	D54C	08A8F
23897	誟	言部	7	1213521	D55B	08A9F	23943	誛	言部	7	5114554	D557	08A9B
23898	読	言部	7	1214535	D569	08AAD	23944	誋	言部	7	5154544	D548	08A8B
23899	誌	言部	7	1214544	D549	08A8C	23945	䛝	言部	7	5211252	8233D735	046DD
23900	誮	言部	7	1223235	D56A	08AAE	23946	認	言部	7	5344544	D54A	08A8D
23901	诬	言部	7	1234341	CEDC	08BEC	23947	诵	言部	7	5425112	CBD0	08BF5

字序	字形	部首	部首外笔画数	部首外笔顺	18030代码	13000代码	字序	字形	部首	部首外笔画数	部首外笔顺	18030代码	13000代码
23948	誦	言部	7	5425112	D562	08AA6	23994	諛	言部	8	32151134	D598	08ADB
23949	诶	言部	7	5431134	DAC0	08BF6	23995	誽	言部	8	32151135	D579	08ABD
23950	誒	言部	7	5431134	D54F	08A92	23996	諐	言部	8	32251325	D58D	08AD0
23951	誜	言部	7	5434354	D558	08A9C	23997	谁	言部	8	32411121	CBAD	08C01
23952	䛶	言部	8	11121234	8233DA30	046F6	23998	誰	言部	8	32411121	D56C	08AB0
23953	请	言部	8	11212511	C7EB	08BF7	23999	䛲	言部	8	32511252	8233D936	046F2
23954	請	言部	8	11212511	D588	08ACB	24000	諀	言部	8	32511312	D57C	08AC0
23955	諘	言部	8	11213534	D595	08AD8	24001	論	言部	8	34125122	D593	08AD6
23956	䛫	言部	8	12111534	8233D839	046EB	24002	誵	言部	8	34132511	D571	08AB5
23957	诸	言部	8	12132511	D6EE	08BF8	24003	䛵	言部	8	34434554	8233D939	046F5
23958	諸	言部	8	12132511	D654	08AF8	24004	谂	言部	8	34454544	DAC5	08C02
23959	䛭	言部	8	12143112	8233D931	046ED	24005	諗	言部	8	34454544	D594	08AD7
23960	䛩	言部	8	12155121	8233D837	046E9	24006	调	言部	8	35121251	B5F7	08C03
23961	諆	言部	8	12211134	D583	08AC6	24007	調	言部	8	35121251	D57B	08ABF
23962	諅	言部	8	12211134	D582	08AC5	24008	諙	言部	8	35152511	D596	08AD9
23963	诹	言部	8	12211154	DAC1	08BF9	24009	䛬	言部	8	35311252	8233D930	046EC
23964	諏	言部	8	12211154	D58C	08ACF	24010	谄	言部	8	35321511	DAC6	08C04
23965	諎	言部	8	12212511	D58B	08ACE	24011	諂	言部	8	35321511	D57E	08AC2
23966	诺	言部	8	12213251	C5B5	08BFA	24012	䛮	言部	8	35424251	8233D932	046EE
23967	諾	言部	8	12213251	D65A	08AFE	24013	諊	言部	8	35431234	D587	08ACA
23968	諃	言部	8	12341234	D580	08AC3	24014	谅	言部	8	41251234	C1C2	08C05
23969	誺	言部	8	12343434	D576	08ABA	24015	諒	言部	8	41251234	D58F	08AD2
23970	諌	言部	8	12511234	D589	08ACC	24016	谆	言部	8	41251521	D7BB	08C06
23971	读	言部	8	12544134	B6C1	08BFB	24017	諄	言部	8	41251521	D581	08AC4
23972	䛴	言部	8	13412512	8233D938	046F4	24018	䛸	言部	8	41321251	8233DA32	046F8
23973	䛳	言部	8	13425115	8233D937	046F3	24019	谇	言部	8	41343412	DAC7	08C07
23974	诼	言部	8	13533434	DAC2	08BFC	24020	誶	言部	8	41343412	D572	08AB6
23975	諑	言部	8	13533434	D58E	08AD1	24021	諩	言部	8	43122431	D645	08AE9
23976	誱	言部	8	15112134	D56D	08AB1	24022	谈	言部	8	43344334	CCB8	08C08
23977	諓	言部	8	15341534	D590	08AD3	24023	談	言部	8	43344334	D584	08AC7
23978	诽	言部	8	21112111	B7CC	08BFD	24024	誴	言部	8	44511234	D570	08AB4
23979	誹	言部	8	21112111	D575	08AB9	24025	諚	言部	8	44512134	D597	08ADA
23980	諔	言部	8	21123454	D591	08AD4	24026	谊	言部	8	44525111	D2EA	08C0A
23981	諕	言部	8	21531535	D592	08AD5	24027	誼	言部	8	44525111	D578	08ABC
23982	课	言部	8	25111234	BFCE	08BFE	24028	谉	言部	8	44525112	D79F	08C09
23983	課	言部	8	25111234	D56E	08AB2	24029	䛪	言部	8	44534515	8233D838	046EA
23984	䛰	言部	8	25111535	8233D934	046F0	24030	䛷	言部	8	44535455	8233DA31	046F7
23985	誯	言部	8	25112511	D56B	08AAF	24031	䛯	言部	8	51312251	8233D933	046EF
23986	䛱	言部	8	25124544	8233D935	046F1	24032	誳	言部	8	51352252	D56F	08AB3
23987	誻	言部	8	25342511	D577	08ABB	24033	誸	言部	8	51541554	D574	08AB8
23988	誷	言部	8	25431415	D573	08AB7	24034	諁	言部	8	54545454	D57D	08AC1
23989	諣	言部	8	25525251	D5A0	08AE3	24035	䜁	言部	9	121121514	8233DB31	04701
23990	諈	言部	8	31212211	D585	08AC8	24036	谋	言部	9	122111234	C4B1	08C0B
23991	诿	言部	8	31234531	DAC3	08BFF	24037	謀	言部	9	122111234	D65C	08B00
23992	諉	言部	8	31234531	D586	08AC9	24038	谌	言部	9	122111345	DAC8	08C0C
23993	谀	言部	8	32151134	DAC4	08C00	24039	諶	言部	9	122111345	D652	08AF6

字序	字形	部首	部首外笔画数	部首外笔顺	18030代码	13000代码	字序	字形	部首	部首外笔画数	部首外笔顺	18030代码	13000代码
24040	諽	言部	9	122125112	D659	08AFD	24086	諮	言部	9	413534251	D64A	08AEE
24041	谍	言部	9	122151234	B5FD	08C0D	24087	谙	言部	9	414312511	DACF	08C19
24042	諜	言部	9	122151234	D599	08ADC	24088	諳	言部	9	414312511	D64F	08AF3
24043	䜦	言部	9	122352511	8233DE37	04726	24089	谚	言部	9	414313333	D1E8	08C1A
24044	谎	言部	9	122415325	BBD1	08C0E	24090	諺	言部	9	414313333	D656	08AFA
24045	謊	言部	9	122415325	D665	08B0A	24091	谛	言部	9	414345252	DAD0	08C1B
24046	諵	言部	9	122543112	D651	08AF5	24092	諦	言部	9	414345252	D642	08AE6
24047	諨	言部	9	125125121	D644	08AE8	24093	谜	言部	9	431234454	C3D5	08C1C
24048	諲	言部	9	125221121	D64E	08AF2	24094	謎	言部	9	431234454	D669	08B0E
24049	谏	言部	9	125431234	DAC9	08C0F	24095	諠	言部	9	445125111	D59D	08AE0
24050	諫	言部	9	125431234	D647	08AEB	24096	諢	言部	9	451251112	D59F	08AE2
24051	諴	言部	9	131251534	D650	08AF4	24097	谝	言部	9	451325122	DAD2	08C1D
24052	谐	言部	9	153532511	D0B3	08C10	24098	諞	言部	9	451325122	D59B	08ADE
24053	諧	言部	9	153532511	D643	08AE7	24099	諱	言部	9	521251152	D64D	08AF1
24054	谑	言部	9	215315151	DACA	08C11	24100	谞	言部	9	521342511	D7A0	08C1E
24055	謔	言部	9	215315151	D66F	08B14	24101	諝	言部	9	521342511	D59A	08ADD
24056	諟	言部	9	251112134	D59C	08ADF	24102	䛹	言部	9	551353334	8233DA33	046F9
24057	諹	言部	9	251113533	D655	08AF9	24103	謸	言部	10	1121533134	D693	08B38
24058	諿	言部	9	251122111	D65B	08AFF	24104	謷	言部	10	1121533134	D692	08B37
24059	謃	言部	9	251131121	D65F	08B03	24105	䛾	言部	10	1121554234	8233DA38	046FE
24060	谒	言部	9	251135345	DACB	08C12	24106	講	言部	10	1122125211	D676	08B1B
24061	謁	言部	9	251135345	D65D	08B01	24107	譁	言部	10	1221122112	D69C	08B41
24062	谓	言部	9	251212511	CEBD	08C13	24108	谟	言部	10	1222511134	DAD3	08C1F
24063	謂	言部	9	251212511	D65E	08B02	24109	謨	言部	10	1222511134	D683	08B28
24064	䛺	言部	9	251213432	8233DA34	046FA	24110	謩	言部	10	1222511134	D684	08B29
24065	諰	言部	9	251214544	D64C	08AF0	24111	謓	言部	10	1225111134	D66E	08B13
24066	谔	言部	9	251251115	DACC	08C14	24112	謰	言部	10	1251112454	D68B	08B30
24067	諤	言部	9	251251115	D640	08AE4	24113	謌	言部	10	1251212512	D667	08B0C
24068	諯	言部	9	252132522	D64B	08AEF	24114	䛿	言部	10	1251254312	8233DA39	046FF
24069	䛽	言部	9	312321511	8233DA37	046FD	24115	謜	言部	10	1332511234	D677	08B1C
24070	諬	言部	9	312341354	D648	08AEC	24116	谠	言部	10	2434525135	DAD4	08C20
24071	諥	言部	9	312511211	D641	08AE5	24117	谡	言部	10	2512134354	DAD5	08C21
24072	䛼	言部	9	321511121	8233DA36	046FC	24118	謖	言部	10	2512134354	D671	08B16
24073	謏	言部	9	321511254	D66A	08B0F	24119	謢	言部	10	3241112154	D67D	08B22
24074	諻	言部	9	325111121	D657	08AFB	24120	谢	言部	10	3251113124	D0BB	08C22
24075	謉	言部	9	325113554	D664	08B09	24121	謝	言部	10	3251113124	D678	08B1D
24076	䛻	言部	9	331225111	8233DA35	046FB	24122	䜂	言部	10	3251113412	8233DB32	04702
24077	谕	言部	9	341251122	DACD	08C15	24123	謕	言部	10	3321531535	D670	08B15
24078	諭	言部	9	341251122	D649	08AED	24124	谣	言部	10	3443311252	D2A5	08C23
24079	諡	言部	9	341525221	D59E	08AE1	24125	謡	言部	10	3443311252	D67C	08B21
24080	谖	言部	9	344311354	DACE	08C16	24126	謟	言部	10	3443321511	D67A	08B1F
24081	諼	言部	9	344311354	D658	08AFC	24127	謑	言部	10	3443554134	D66C	08B11
24082	谗	言部	9	352513544	B2F7	08C17	24128	謒	言部	10	3445113251	D66D	08B12
24083	諷	言部	9	353251214	D653	08AF7	24129	謋	言部	10	3541521234	D666	08B0B
24084	諪	言部	9	412514512	D646	08AEA	24130	謠	言部	10	3544311252	D67B	08B20
24085	谘	言部	9	413534251	DAD1	08C18	24131	謅	言部	10	3552335523	D661	08B05

字序	字形	部首	部首外笔画数	部首外笔顺	18030代码	13000代码
24132	謞	言部	10	4125125251	D679	08B1E
24133	謧	言部	10	4134522554	D682	08B27
24134	䜇	言部	10	4134543534	8233DB37	04707
24135	谤	言部	10	4143454153	B0F9	08C24
24136	謗	言部	10	4143454153	D672	08B17
24137	谥	言部	10	4313425221	DAD6	08C25
24138	謚	言部	10	4313425221	D675	08B1A
24139	谦	言部	10	4315112234	C7AB	08C26
24140	謙	言部	10	4315112234	D674	08B19
24141	謍	言部	10	4334433445	D668	08B0D
24142	謆	言部	10	4513541541	D662	08B06
24143	谧	言部	10	4543425221	DAD7	08C27
24144	謐	言部	10	4543425221	D66B	08B10
24145	謘	言部	10	5134143112	D673	08B18
24146	䜧	言部	10	5345342121	8233DE38	04727
24147	䜀	言部	10	5345342121	8233DB30	04700
24148	謮	言部	11	11212511134	D689	08B2E
24149	謺	言部	11	12143112354	D695	08B3A
24150	謦	言部	11	12152133554	F6A5	08B26
24151	谨	言部	11	12212511121	BDF7	08C28
24152	謹	言部	11	12212511121	D694	08B39
24153	䜉	言部	11	12343424134	8233DB39	04709
24154	䜊	言部	11	12512212511	8233DC30	0470A
24155	謳	言部	11	12512512515	D68E	08B33
24156	謤	言部	11	12522111234	D680	08B24
24157	譇	言部	11	13412132511	D741	08B47
24158	謣	言部	11	14524444115	D67E	08B23
24159	譃	言部	11	21531522431	D69E	08B43
24160	謯	言部	11	21531525111	D68A	08B2F
24161	謼	言部	11	21531534312	D697	08B3C
24162	謱	言部	11	25112512531	D68C	08B31
24163	谩	言部	11	25112522154	C3A1	08C29
24164	謾	言部	11	25112522154	D699	08B3E
24165	䜨	言部	11	25125124544	8233DE39	04728
24166	䜅	言部	11	25232411121	8233DB35	04705
24167	謻	言部	11	31234354354	D696	08B3B
24168	謥	言部	11	32535414544	D681	08B25
24169	䌛	言部	11	35443554234	8232F630	0431B
24170	謶	言部	11	41312214444	D691	08B36
24171	谪	言部	11	41432512251	DAD8	08C2A
24172	謫	言部	11	41432512251	D686	08B2B
24173	謪	言部	11	41432534251	D685	08B2A
24174	谫	言部	11	43125112253	DAD9	08C2B
24175	謭	言部	11	43125112253	D688	08B2D
24176	譀	言部	11	51221113134	D69B	08B40
24177	䜏	言部	11	52131212511	8233DC35	0470F
24178	䜐	言部	11	52131212511	8233DC36	04710
24179	謵	言部	11	54154132511	D690	08B35
24180	谬	言部	11	54154134333	C3FD	08C2C
24181	謬	言部	11	54154134333	D687	08B2C
24182	謲	言部	11	54545434333	D68D	08B32
24183	謴	言部	11	55212511134	D68F	08B34
24184	䜈	言部	11	55525111234	8233DB38	04708
24185	譛	言部	12	113411342511	D755	08B5B
24186	譊	言部	12	121121121135	D744	08B4A
24187	譆	言部	12	121251431251	D740	08B46
24188	䜑	言部	12	121551214544	8233DC37	04711
24189	䜓	言部	12	122122151234	8233DC39	04713
24190	䜕	言部	12	122251125214	8233DD31	04715
24191	譪	言部	12	122251135345	D763	08B6A
24192	䜘	言部	12	122352513134	8233DD34	04718
24193	警	言部	12	122352513134	BEAF	08B66
24194	謿	言部	12	122511123511	D69A	08B3F
24195	譓	言部	12	125112144544	D74D	08B53
24196	谭	言部	12	125221251112	CCB7	08C2D
24197	譚	言部	12	125221251112	D754	08B5A
24198	䜔	言部	12	131212511454	8233DD30	04714
24199	䜍	言部	12	134432511234	8233DC33	0470D
24200	谮	言部	12	153515352511	DADA	08C2E
24201	譖	言部	12	153515352511	D750	08B56
24202	譋	言部	12	251125113511	D745	08B4B
24203	䜋	言部	12	251212511134	8233DC31	0470B
24204	譂	言部	12	251251251112	D69D	08B42
24205	譕	言部	12	311222214444	D74F	08B55
24206	譑	言部	12	313425125251	D74B	08B51
24207	譗	言部	12	314314341251	D751	08B57
24208	谯	言部	12	324111214444	DADB	08C2F
24209	譙	言部	12	324111214444	D753	08B59
24210	䜒	言部	12	325431234134	8233DC38	04712
24211	譒	言部	12	343123425121	D74C	08B52
24212	譌	言部	12	344335554444	D746	08B4C
24213	譈	言部	12	412515213134	D742	08B48
24214	識	言部	12	414312511534	D752	08B58
24215	谰	言部	12	425125431234	C0BE	08C30
24216	谱	言部	12	431224312511	C6D7	08C31
24217	譜	言部	12	431224312511	D756	08B5C
24218	譐	言部	12	431253511124	D74A	08B50
24219	譢	言部	12	431353334454	D75C	08B62
24220	譄	言部	12	432524312511	D69F	08B44
24221	䜎	言部	12	433443344553	8233DC34	0470E
24222	䜄	言部	12	513241343112	8233DB34	04704
24223	謽	言部	12	515251251214	D698	08B3D

字序	字形	部首	部首外笔画数	部首外笔顺	18030代码	13000代码	字序	字形	部首	部首外笔画数	部首外笔顺	18030代码	13000代码
24224	譔	言部	12	515515122134	D74E	08B54	24270	䜋	言部	14	41432533543211	8233DE30	0471E
24225	證	言部	12	543341251431	D743	08B49	24271	譅	言部	14	53453421212121	D6A0	08B45
24226	谲	言部	12	545232534251	DADC	08C32	24272	𧮳	言部	14	55455415545545	8233DD39	0471D
24227	譎	言部	12	545232534251	D748	08B4E	24273	譿	言部	15	111211125114544	D777	08B7F
24228	譏	言部	12	554554134534	D749	08B4F	24274	讃	言部	15	113411342511134	D77B	08B83
24229	護	言部	13	1223241112154	D76F	08B77	24275	䜟	言部	15	121211121111534	8233DE31	0471F
24230	谳	言部	13	1225431121344	DADD	08C33	24276	讀	言部	15	121252212511134	D778	08B80
24231	䜖	言部	13	1252212511134	8233DD32	04716	24277	䜡	言部	15	132511454544354	8233DE33	04721
24232	䜗	言部	13	1312515344544	8233DD33	04717	24278	讉	言部	15	251212511134454	D782	08B89
24233	譡	言部	13	2434525125121	D75B	08B61	24279	讄	言部	15	251212512125121	D77C	08B84
24234	譝	言部	13	2511251211511	D757	08B5D	24280	䜠	言部	15	331233122511134	8233DE32	04720
24235	谴	言部	13	2512125151454	C7B4	08C34	24281	讆	言部	15	332521251152112	D77E	08B86
24236	譴	言部	13	2512125151454	D76C	08B74	24282	讁	言部	15	431251122541541	D776	08B7E
24237	譨	言部	13	2512211311534	D761	08B68	24283	讅	言部	15	445343123425121	D77D	08B85
24238	譟	言部	13	2512512511234	D759	08B5F	24284	䜩	言部	16	1221251211354444	FE81	04729
24239	譯	言部	13	2522112143112	D767	08B6F	24285	讌	言部	16	1221251211354444	D785	08B8C
24240	譞	言部	13	2522112513534	D758	08B5E	24286	讍	言部	16	1225125112512511	D786	08B8D
24241	䜚	言部	13	2522123344454	8233DD36	0471A	24287	讈	言部	16	1331234312342121	D781	08B88
24242	譽	言部	13	3211152511134	D775	08B7D	24288	讇	言部	16	2511251135321511	D780	08B87
24243	譭	言部	13	3215111213554	D765	08B6D	24289	讐	言部	16	3241112132411121	D789	08B90
24244	譤	言部	13	3251141533134	D75E	08B64	24290	讏	言部	16	3325212511252112	D788	08B8F
24245	譥	言部	13	3251141533134	D75F	08B65	24291	䜢	言部	16	4451112252214544	8233DE34	04722
24246	譣	言部	13	3412512513434	D75D	08B63	24292	讔	言部	16	5234431215114544	D78D	08B94
24247	譮	言部	13	3412524312511	D766	08B6E	24293	讙	言部	17	12225125132411121	D792	08B99
24248	谵	言部	13	3513344111251	DADE	08C35	24294	讕	言部	17	25112511125431234	D78E	08B95
24249	譫	言部	13	3513344111251	D764	08B6B	24295	讑	言部	17	34125125125125122	D78A	08B91
24250	譠	言部	13	4125251125111	D75A	08B60	24296	谶	言部	17	34341211121111534	DADF	08C36
24251	譍	言部	13	4133232411121	D747	08B4D	24297	讖	言部	17	34341211121111534	D78F	08B96
24252	譲	言部	13	4134112213534	D76A	08B72	24298	讒	言部	17	35251153535251354	D78B	08B92
24253	譧	言部	13	4134315112234	D760	08B67	24299	讓	言部	17	41251251112213534	D78C	08B93
24254	譩	言部	13	4143125114544	D762	08B69	24300	讘	言部	18	122111122111122111	D791	08B98
24255	議	言部	13	4311213121534	D768	08B70	24301	讛	言部	18	122121341213541154	D794	08B9B
24256	譬	言部	13	5132514143112	C6A9	08B6C	24302	讗	言部	18	252324111212534251	D790	08B97
24257	譸	言部	14	12151211251124	D770	08B78	24303	讝	言部	19	2512511351221113134	D796	08B9D
24258	譼	言部	14	12512531425221	D774	08B7C	24304	讚	言部	19	3121353121352511134	D793	08B9A
24259	譳	言部	14	14524444132522	D76B	08B73	24305	讞	言部	20	21531512512543121344	D797	08B9E
24260	䜜	言部	14	21451343425111	8233DD38	0471C	24306	讜	言部	20	24345251254312114444	D795	08B9C
24261	譵	言部	14	22431431121124	D76D	08B75	24307	讟	言部	22	1212522125111344111251	D798	08B9F
24262	譻	言部	14	25111342511134	D773	08B7B							
24263	䜙	言部	14	25115545544444	8233DD35	04719	24308	辛	辛部	0	0	D0C1	08F9B
24264	䜛	言部	14	35251353525135	8233DD37	0471B	24309	乵	辛部	1	5	816D	04E75
24265	讂	言部	14	35253425111354	D77A	08B82	24310	㖔	辛部	3	251	82309933	03596
24266	譺	言部	14	35311345452134	D772	08B7A	24311	㲔	辛部	4	3115	8231CD32	03C94
24267	譶	言部	14	41112514111251	D76E	08B76	24312	辜	辛部	5	12251	B9BC	08F9C
24268	譹	言部	14	41251451353334	D771	08B79	24313	辝	辛部	5	54251	DE65	08F9D
24269	讁	言部	14	41432512251454	D779	08B81	24314	辟	辛部	6	513251	B1D9	08F9F

字序	字形	部首	部首外笔画数	部首外笔顺	18030代码	13000代码	字序	字形	部首	部首外笔画数	部首外笔顺	18030代码	13000代码
24315	辢	辛部	7	1251234	DE68	08FA2	24361	斡	龺部	6	344412	CED3	065A1
24316	辣	辛部	7	1251234	C0B1	08FA3	24362	䎐	龺部	6	541541	82338336	04390
24317	辡	辛部	7	4143113	DE67	08FA1	24363	螒	龺部	8	34251214	CE91	08792
24318	辤	辛部	8	34434554	DE69	08FA4	24364	翰	龺部	8	34541541	BAB2	07FF0
24319	䢃	辛部	8	51325134	82348333	04883	24365	韓	龺部	9	521251152	ED6E	097D3
24320	辨	辛部	9	414311343	B1E6	08FA8	24366	雗	龺部	10	3132411121	EB6E	096D7
24321	辩	辛部	9	414311345	B1E7	08FA9	24367	䮧	龺部	12	341211254444	8234D236	04BA7
24322	辧	辛部	9	414311353	DE6C	08FA7	24368	鶾	龺部	13	3132511154444	FA5B	09DBE
24323	辦	辛部	9	414311353	DE6B	08FA6	24369	雨	雨部	0	0	D3EA	096E8
24324	辥	辛部	9	523325151	DE6A	08FA5	24370	雩	雨部	3	115	F6A7	096E9
24325	辪	辛部	10	2121325151	DE6D	08FAA	24371	雫	雨部	3	124	EB7E	096EB
24326	㵷	辛部	10	4143113441	8231E338	03D77	24372	䨋	雨部	3	315	8234A934	04A0B
24327	辫	辛部	10	4143113551	B1E8	08FAB	24373	雭	雨部	3	354	EB81	096ED
24328	㸤	辛部	11	41431133215	8231F531	03E24	24374	雪	雨部	3	511	D1A9	096EA
24329	辬	辛部	11	41431134134	DE6E	08FAC	24375	䨍	雨部	4	1132	8234A936	04A0D
24330	㦚	辛部	11	41431134544	82318136	0399A	24376	䨌	雨部	4	1135	8234A935	04A0C
24331	辭	辛部	12	344354255454	DE6F	08FAD	24377	雲	雨部	4	1154	EB85	096F2
24332	瓣	辛部	12	414311333544	B0EA	074E3	24378	雬	雨部	4	1234	EB80	096EC
24333	辮	辛部	13	4143113554234	DE70	08FAE	24379	雳	雨部	4	1353	F6A8	096F3
24334	辯	辛部	14	41431134111251	DE71	08FAF	24380	雮	雨部	4	3115	EB82	096EE
24335	青	青部	0	0	C7E0	09752	24381	雰	雨部	4	3453	EB83	096F0
24336	靑	青部	0	0	EC69	09751	24382	雯	雨部	4	4134	F6A9	096EF
24337	郬	青部	2	52	E057	090EC	24383	雱	雨部	4	4153	EB84	096F1
24338	靓	青部	4	2535	F6A6	09753	24384	雸	雨部	5	12211	EB88	096F8
24339	靔	青部	4	3115	EC6A	09754	24385	雼	雨部	5	13251	EB8B	096FC
24340	靕	青部	5	12121	EC6B	09755	24386	電	雨部	5	25115	EB8A	096FB
24341	䴖	青部	5	35451	FE9B	04D16	24387	雷	雨部	5	25121	C0D7	096F7
24342	靗	青部	6	243135	EC6C	09757	24388	雵	雨部	5	25134	EB87	096F5
24343	静	青部	6	355112	BEB2	09759	24389	雽	雨部	5	34312	EB8C	096FD
24344	靘	青部	6	355215	EC6D	09758	24390	零	雨部	5	34454	C1E3	096F6
24345	靚	青部	7	2511135	EC6E	0975A	24391	雾	雨部	5	35453	CEED	096FE
24346	靜	青部	8	34435112	EC6F	0975C	24392	雹	雨部	5	35515	B1A2	096F9
24347	靛	青部	8	44512134	B5E5	0975B	24393	雴	雨部	5	41431	EB86	096F4
24348	靝	青部	10	3115431234	EC70	0975D	24394	䨎	雨部	5	51554	8234A937	04A0E
24349	鶄	青部	11	32511154444	F982	09D84	24395	雺	雨部	5	54523	EB89	096FA
24350	䨼	青部	13	1223241112154	8234AE33	04A3C	24396	䨖	雨部	6	132511	8234AA35	04A16
24351	龺	龺部	0	0	FE90	0E854	24397	需	雨部	6	132522	D0E8	09700
24352	乹	龺部	1	5	8171	04E79	24398	䨑	雨部	6	151534	8234AA30	04A11
24353	倝	龺部	2	34	8289	0501D	24399	䨔	雨部	6	243135	8234AA33	04A14
24354	乾	龺部	3	315	C7AC	04E7E	24400	䨓	雨部	6	252511	8234AA32	04A13
24355	韩	龺部	4	1152	BAAB	097E9	24401	霆	雨部	6	312154	F6AA	09706
24356	戟	龺部	4	1534	EAAA	0621F	24402	䨐	雨部	6	341251	8234A939	04A10
24357	朝	龺部	4	3511	B3AF	0671D	24403	雿	雨部	6	341534	EB8D	096FF
24358	幹	龺部	5	34112	8ED6	05E79	24404	霁	雨部	6	413432	F6AB	09701
24359	榦	龺部	6	341234	986F	069A6	24405	䨏	雨部	6	413534	8234A938	04A0F
24360	㲦	龺部	6	343115	8231CF30	03CA6	24406	䨕	雨部	6	441112	8234AA34	04A15

字序	字形	部首	部首外笔画数	部首外笔顺	18030代码	13000代码	字序	字形	部首	部首外笔画数	部首外笔顺	18030代码	13000代码
24407	䨒	雨部	6	541541	8234AA31	04A12	24453	霛	雨部	9	515515515	EB9D	0971B
24408	霊	雨部	7	1122431	EB91	0970A	24454	䬠	雨部	9	534335342	8234C531	04B20
24409	震	雨部	7	1311534	D5F0	09707	24455	霚	雨部	9	545233134	EB9C	0971A
24410	霄	雨部	7	2432511	CFF6	09704	24456	䨪	雨部	10	1212511211	8234AC35	04A2A
24411	䨘	雨部	7	2511135	8234AA37	04A18	24457	霣	雨部	10	2512511134	EC42	09723
24412	霉	雨部	7	3155414	C3B9	09709	24458	䨥	雨部	10	3241112154	8234AC30	04A25
24413	䨗	雨部	7	3443521	8234AA36	04A17	24459	霢	雨部	10	3511333534	EC41	09722
24414	霅	雨部	7	4111251	EB90	09705	24460	霤	雨部	10	3545325121	EC43	09724
24415	霂	雨部	7	4411234	EB8E	09702	24461	霩	雨部	10	4125152152	EC48	09729
24416	霈	雨部	7	4411252	F6AC	09708	24462	䨧	雨部	10	4143134454	8234AC32	04A27
24417	䨙	雨部	7	4413121	8234AA38	04A19	24463	䨦	雨部	10	4143454153	8234AC31	04A26
24418	霃	雨部	7	4414535	EB8F	09703	24464	霥	雨部	10	4511353334	EC44	09725
24419	䨝	雨部	8	11212511	8234AB32	04A1D	24465	䨯	雨部	10	5212511234	8234AD30	04A2F
24420	霕	雨部	8	11541525	EB98	09715	24466	霧	雨部	10	5452335453	EC46	09727
24421	霒	雨部	8	11543445	EB96	09712	24467	䨮	雨部	11	11121112511	8234AC39	04A2E
24422	霙	雨部	8	12225134	EB9B	09719	24468	䨭	雨部	11	11542432511	8234AC38	04A2D
24423	霖	雨部	8	12341234	C1D8	09716	24469	霦	雨部	11	12341234333	EC45	09726
24424	䨛	雨部	8	12343312	8234AB30	04A1B	24470	䨫	雨部	11	12343434354	8234AC36	04A2B
24425	霋	雨部	8	15112531	EB92	0970B	24471	霬	雨部	11	25121122134	EC4A	0972C
24426	霏	雨部	8	21112111	F6AD	0970F	24472	䨬	雨部	11	44112341234	8234AC37	04A2C
24427	䨤	雨部	8	25121454	8234AB39	04A24	24473	霪	雨部	11	44134433121	F6AF	0972A
24428	霓	雨部	8	32151135	C4DE	09713	24474	霭	雨部	11	45251135345	F6B0	0972D
24429	霍	雨部	8	32411121	BBF4	0970D	24475	霨	雨部	11	51311234124	EC47	09728
24430	䨜	雨部	8	35113511	8234AB31	04A1C	24476	霳	雨部	11	52354131121	EC4E	09733
24431	霌	雨部	8	35121251	EB93	0970C	24477	霫	雨部	11	54154132511	EC49	0972B
24432	䨚	雨部	8	35334544	8234AA39	04A1A	24478	霰	雨部	12	122125113134	F6B1	09730
24433	霎	雨部	8	41431531	F6AE	0970E	24479	霵	雨部	12	251122111534	EC50	09735
24434	霑	雨部	8	44121251	EB95	09711	24480	䨱	雨部	12	332312511354	8234AD32	04A31
24435	霗	雨部	8	44134454	EB99	09717	24481	霮	雨部	12	441122111345	EC4B	0972E
24436	霔	雨部	8	44141121	EB97	09714	24482	䨰	雨部	12	441122125112	8234AD31	04A30
24437	霐	雨部	8	44151554	EB94	09710	24483	霯	雨部	12	543341251431	EC4C	0972F
24438	䨡	雨部	8	52413452	8234AB36	04A21	24484	霱	雨部	12	545232534251	EC4D	09731
24439	䨢	雨部	9	122111345	8234AB37	04A22	24485	霸	雨部	13	1221251123511	B0D4	09738
24440	䨣	雨部	9	122125112	8234AB38	04A23	24486	靀	雨部	13	1224511353334	EC58	09740
24441	霜	雨部	9	123425111	CBAA	0971C	24487	霷	雨部	13	2511251113533	EC52	09737
24442	䨠	雨部	9	251135345	8234AB35	04A20	24488	露	雨部	13	2512121354251	C2B6	09732
24443	霝	雨部	9	251251251	EB9E	0971D	24489	霻	雨部	13	2512211251431	EC54	0973B
24444	䨞	雨部	9	325125214	8234AB33	04A1E	24490	霺	雨部	13	3322521353134	EC53	0973A
24445	䨨	雨部	9	325151454	8234AC33	04A28	24491	霶	雨部	13	4414143454153	EC51	09736
24446	霡	雨部	9	351145534	EC40	09721	24492	霹	雨部	13	5132514143112	C5F9	09739
24447	霠	雨部	9	414313445	EBA0	09720	24493	霿	雨部	13	5452335425111	EC57	0973F
24448	䨟	雨部	9	441121121	8234AB34	04A1F	24494	䨲	雨部	14	13252235251354	8234AD33	04A32
24449	霟	雨部	9	441122134	EB9F	0971F	24495	䨴	雨部	14	22431431121124	8234AD35	04A34
24450	霘	雨部	9	441251251	EB9A	09718	24496	䨳	雨部	14	25111352511135	8234AD34	04A33
24451	䨩	雨部	9	452425112	8234AC34	04A29	24497	霾	雨部	14	34435332511211	F6B2	0973E
24452	霞	雨部	9	512115154	CFBC	0971E	24498	霽	雨部	14	41432533543211	EC56	0973D

字序	字形	部首	部首外笔画数	部首外笔顺	18030代码	13000代码
24499	䨶	雨部	14	54251115132125	8234AD37	04A36
24500	靆	雨部	15	115451124134454	EC5E	09746
24501	靁	雨部	15	251212512125121	EC59	09741
24502	䨵	雨部	15	441125221251112	8234AD36	04A35
24503	靅	雨部	16	1154515322511134	EC5D	09745
24504	䨷	雨部	16	1234123425112154	8234AD38	04A37
24505	靂	雨部	16	1331234312342121	EC5A	09742
24506	靈	雨部	16	2512512511234341	EC60	09748
24507	靃	雨部	16	3241112132411121	EC5B	09743
24508	靄	雨部	16	4111251251135345	EC5C	09744
24509	靇	雨部	16	4143125111515111	EC5F	09747
24510	䨸	雨部	16	5234431215114544	8234AD39	04A38
24511	靉	雨部	17	11543443454544354	EC61	09749
24512	靊	雨部	18	211121112521251431	EC62	0974A
24513	䨹	雨部	18	322354254312114444	8234AE30	04A39
24514	靍	雨部	19	3241112132511154444	EC65	0974D
24515	靎	雨部	19	3411243132511154444	EC66	0974E
24516	靋	雨部	19	4411331234312342121	EC63	0974B
24517	靌	雨部	19	4451121352342511134	EC64	0974C
24518	靏	雨部	21	453241112132511154444	EC67	0974F
24519	䨺	雨部	28	1154145244441154145244441154	8234AE31	04A3A
24520	靐	雨部	31	2512114524444251211452444425121	EC68	09750
24521	䨻	雨部	44	25121145244442512114524444251211452444425121	8234AE32	04A3B
24522	非	非部	0	0	B7C7	0975E
24523	㐟	非部	1	5	8139F230	0341F
24524	剕	非部	2	22	847C	05255
24525	奜	非部	3	134	8A4F	0595C
24526	䨽	非部	3	515	8234AE34	04A3D
24527	婓	非部	3	531	8AF3	05A53
24528	䨿	非部	4	1134	8234AE36	04A3F
24529	棐	非部	4	1234	9792	068D0
24530	猆	非部	4	1344	AA55	07306
24531	辈	非部	4	1512	B1B2	08F88
24532	㹃	非部	4	3112	8231F832	03E43
24533	靟	非部	4	3115	EC71	0975F
24534	斐	非部	4	4134	ECB3	06590
24535	悲	非部	4	4544	B1AF	060B2
24536	㻗	非部	5	11214	82328930	03ED7
24537	蜚	非部	6	251214	F2E3	0871A
24538	裴	非部	6	413534	C5E1	088F4
24539	翡	非部	6	541541	F4E4	07FE1
24540	輩	非部	7	1251112	DD85	08F29
24541	䩀	非部	7	2511134	8234AE37	04A40
24542	靠	非部	7	3121251	BFBF	09760
24543	䫍	非部	9	132511134	8234BC38	04ACD
24544	餥	非部	9	344511534	F05B	09925
24545	䩁	非部	12	311531153115	8234AE38	04A41
24546	齿	齿部	0	0	B3DD	09F7F
24547	齒	齿部	0	0	FD58	09F52
24548	歯	齿部	0	0	9A6E	06B6F
24549	齓	齿部	1	5	FD59	09F53
24550	龀	齿部	2	35	F6B3	09F80
24551	齔	齿部	2	35	FD5A	09F54
24552	龁	齿部	3	315	FD86	09F81
24553	齕	齿部	3	315	FD5B	09F55
24554	䶔	齿部	3	525	82358436	04D94
24555	䶙	齿部	4	1515	82358531	04D99
24556	齖	齿部	4	1523	FD5C	09F56
24557	龂	齿部	4	3312	FD87	09F82
24558	齗	齿部	4	3312	FD5D	09F57
24559	齘	齿部	4	3432	FD5E	09F58
24560	䶖	齿部	4	3445	82358438	04D96
24561	䶕	齿部	4	5215	82358437	04D95
24562	齛	齿部	5	12215	FD61	09F5B
24563	䶗	齿部	5	12512	82358439	04D97
24564	龃	齿部	5	25111	F6B4	09F83
24565	齟	齿部	5	25111	FD65	09F5F
24566	齞	齿部	5	25134	FD64	09F5E
24567	齚	齿部	5	31211	FD60	09F5A
24568	龄	齿部	5	34454	C1E4	09F84
24569	齡	齿部	5	34454	FD67	09F61
24570	齢	齿部	5	34454	FD68	09F62
24571	齣	齿部	5	35251	FD69	09F63
24572	龅	齿部	5	35515	F6B5	09F85
24573	齙	齿部	5	35515	FD5F	09F59
24574	䶘	齿部	5	41431	82358530	04D98
24575	龆	齿部	5	53251	F6B6	09F86
24576	齠	齿部	5	53251	FD66	09F60
24577	齝	齿部	5	54251	FD63	09F5D
24578	齧	齿部	6	111253	FD6D	09F67
24579	䶛	齿部	6	135422	82358533	04D9B
24580	龇	齿部	6	212135	F6B7	09F87
24581	齜	齿部	6	212135	FD62	09F5C
24582	齥	齿部	6	251153	FD6B	09F65
24583	䶚	齿部	6	251214	82358532	04D9A
24584	齨	齿部	6	321511	FD6E	09F68
24585	齩	齿部	6	413434	FD6F	09F69
24586	齤	齿部	6	431134	FD6A	09F64

字序	字形	部首	部首外笔画数	部首外笔顺	18030代码	13000代码	字序	字形	部首	部首外笔画数	部首外笔顺	18030代码	13000代码
24587	龈	齿部	6	511534	F6B8	09F88	24633	黿	黾部	4	1135	FC78	09EFF
24588	齦	齿部	6	511534	FD6C	09F66	24634	鼀	黾部	5	12134	FC79	09F00
24589	龉	齿部	7	1251251	F6B9	09F89	24635	鼁	黾部	5	12154	FC7A	09F01
24590	齬	齿部	7	1251251	FD72	09F6C	24636	鼌	黾部	5	25111	FC85	09F0C
24591	䶝	齿部	7	1343434	82358535	04D9D	24637	鼂	黾部	5	25111	FC7B	09F02
24592	龊	齿部	7	2512134	F6BA	09F8A	24638	䵶	黾部	5	35251	82358136	04D76
24593	齪	齿部	7	2512134	FD70	09F6A	24639	䵷	黾部	6	121121	82358137	04D77
24594	齫	齿部	7	2512341	FD71	09F6B	24640	鼃	黾部	6	121121	FC7C	09F03
24595	䶜	齿部	7	3121251	82358534	04D9C	24641	鼄	黾部	6	311234	FC7D	09F04
24596	䶞	齿部	8	12211134	82358536	04D9E	24642	鼅	黾部	8	31134251	FC7E	09F05
24597	齱	齿部	8	12211154	FD77	09F71	24643	䵸	黾部	9	312344334	82358138	04D78
24598	齰	齿部	8	12212511	FD76	09F70	24644	鼇	黾部	10	1121533134	FC81	09F07
24599	齮	齿部	8	13412512	FD74	09F6E	24645	鼆	黾部	10	4525114134	FC80	09F06
24600	齯	齿部	8	32151135	FD75	09F6F	24646	䵹	黾部	11	31134251112	82358139	04D79
24601	齭	齿部	8	33513312	FD73	09F6D	24647	鼈	黾部	11	43252343134	FC82	09F08
24602	䶟	齿部	8	35321511	82358537	04D9F	24648	鼍	黾部	12	251251251211	F6BE	09F0D
24603	䶢	齿部	9	131251534	82358630	04DA2	24649	鼉	黾部	12	251251251211	FC83	09F09
24604	䶠	齿部	9	131251534	82358538	04DA0	24650	鼊	黾部	13	5132514143112	FC84	09F0A
24605	䶡	齿部	9	251113422	82358539	04DA1	24651	隹	隹部	0	0	F6BF	096B9
24606	齵	齿部	9	251125214	FD7B	09F75	24652	隼	隹部	2	12	F6C0	096BC
24607	齶	齿部	9	251251115	FD7C	09F76	24653	䧱	隹部	2	35	8234A638	049F1
24608	䶤	齿部	9	255452511	82358632	04DA4	24654	隺	隹部	2	45	EB61	096BA
24609	龋	齿部	9	325125214	C8A3	09F8B	24655	隽	隹部	2	53	F6C1	096BD
24610	齲	齿部	9	325125214	FD78	09F72	24656	隻	隹部	2	54	EB62	096BB
24611	齴	齿部	9	414313333	FD7A	09F74	24657	售	隹部	3	251	CADB	0552E
24612	齹	齿部	9	431113121	FD80	09F79	24658	雃	隹部	4	1132	EB65	096C3
24613	齳	齿部	9	451251112	FD79	09F73	24659	集	隹部	4	1234	BCAF	096C6
24614	龌	齿部	9	513154121	F6BB	09F8C	24660	雄	隹部	4	1354	D0DB	096C4
24615	齷	齿部	9	513154121	FD7D	09F77	24661	雋	隹部	4	2525	EB68	096CB
24616	齻	齿部	10	1225111134	FD82	09F7B	24662	雂	隹部	4	3445	EB64	096C2
24617	䶣	齿部	10	2521251431	82358631	04DA3	24663	䧶	隹部	4	4134	8234A733	049F6
24618	齺	齿部	10	3552335523	FD81	09F7A	24664	焦	隹部	4	4444	BDB9	07126
24619	齸	齿部	10	4313425221	FD7E	09F78	24665	䧵	隹部	4	4535	8234A732	049F5
24620	䶦	齿部	11	11212511134	82358634	04DA6	24666	䧸	隹部	5	12251	8234A735	049F8
24621	䶥	齿部	11	21531525111	82358633	04DA5	24667	䧺	隹部	5	13251	8234A737	049FA
24622	䶧	齿部	12	121121121135	82358635	04DA7	24668	雎	隹部	5	25111	F6C2	096CE
24623	齽	齿部	13	1234123411234	FD84	09F7D	24669	雊	隹部	5	35251	EB67	096CA
24624	齼	齿部	13	1234123452134	FD83	09F7C	24670	䧷	隹部	5	35444	8234A734	049F7
24625	䶨	齿部	13	3412512513434	82358636	04DA8	24671	雏	隹部	5	35511	B3FB	096CF
24626	䶪	齿部	14	12132411121534	82358638	04DAA	24672	雌	隹部	6	212115	B4C6	096CC
24627	䶩	齿部	14	41432533543211	82358637	04DA9	24673	䧻	隹部	6	341251	8234A738	049FB
24628	䶫	齿部	19	2512511351221113134	82358639	04DAB	24674	雑	隹部	6	351234	EB6A	096D1
24629	齾	齿部	20	21531512512543121344	FD85	09F7E	24675	雒	隹部	6	354251	F6C3	096D2
24630	黾	黾部	0	0	F6BC	09EFE	24676	䧼	隹部	7	3121251	8234A739	049FC
24631	黽	黾部	0	0	FC77	09EFD	24677	雓	隹部	7	3411234	EB6B	096D3
24632	鼋	黾部	4	1135	F6BD	09F0B	24678	䧿	隹部	8	12212511	8234A832	049FF

字序	字形	部首	部首外笔画数	部首外笔顺	18030代码	13000代码
24679	雔	隹部	8	32411121	EB6C	096D4
24680	䧾	隹部	8	34112251	8234A831	049FE
24681	䨀	隹部	8	34431234	8234A833	04A00
24682	雕	隹部	8	35121251	B5F1	096D5
24683	顀	隹部	9	132511134	EE71	09840
24684	雖	隹部	9	251251214	EB6D	096D6
24685	䨂	隹部	9	312344334	8234A835	04A02
24686	䨁	隹部	9	545233134	8234A834	04A01
24687	瞿	隹部	10	2511125111	F6C4	077BF
24688	䨃	隹部	10	2511445531	8234A836	04A03
24689	雞	隹部	10	3443554134	EB75	096DE
24690	雛	隹部	10	3552335523	EB72	096DB
24691	雜	隹部	10	4134341234	EB73	096DC
24692	離	隹部	10	4134522554	EB78	096E2
24693	雠	隹部	10	4532411121	F6C5	096E0
24694	雝	隹部	10	5552515215	EB74	096DD
24695	難	隹部	11	12212511134	EB79	096E3
24696	䳡	隹部	11	32511154444	8234F134	04CE1
24697	䨄	隹部	11	34451253511	8234A837	04A04
24698	䨆	隹部	11	43252343134	8234A839	04A06
24699	雡	隹部	11	54154134333	EB77	096E1
24700	䨅	隹部	12	134432511234	8234A838	04A05
24701	䨇	隹部	12	543241112154	8234A930	04A07
24702	雤	隹部	13	3211343451145	EB7A	096E4
24703	䨈	隹部	14	44512332511134	8234A931	04A08
24704	讎	隹部	15	411125132411121	D787	08B8E
24705	雦	隹部	16	3241112132411121	EB7C	096E6
24706	雥	隹部	16	3241112132411121	EB7B	096E5
24707	䨉	隹部	17	25111342511134531	8234A932	04A09
24708	雧	隹部	20	32411121324111211234	EB7D	096E7
24709	䨊	隹部	25	324111213241112132215151 2	8234A933	04A0A
24710	阝	阜部	0	0	DAE2	0961D
24711	阜	阜部	0	0	B8B7	0961C
24712	䦹	阜部	2	12	8234A132	049B9
24713	䦺	阜部	2	12	8234A133	049BA
24714	队	阜部	2	34	B6D3	0961F
24715	阞	阜部	2	53	EA62	0961E
24716	阢	阜部	3	135	DAE3	09622
24717	阡	阜部	3	312	DAE4	09621
24718	阣	阜部	3	315	EA64	09623
24719	阠	阜部	3	512	EA63	09620
24720	䦻	阜部	3	521	8234A134	049BB
24721	阤	阜部	3	525	EA65	09624
24722	阱	阜部	4	1132	DAE5	09631
24723	阮	阜部	4	1135	C8EE	0962E
24724	阫	阜部	4	1324	EA6B	0962B
24725	䧀	阜部	4	1354	8234A139	049C0
24726	阨	阜部	4	1355	EA69	09628
24727	阵	阜部	4	1512	D5F3	09635
24728	阰	阜部	4	1535	EA6F	09630
24729	阯	阜部	4	2121	EA6E	0962F
24730	阳	阜部	4	2511	D1F4	09633
24731	䦿	阜部	4	2512	8234A138	049BF
24732	阥	阜部	4	2534	EA66	09625
24733	阩	阜部	4	3132	EA6A	09629
24734	阪	阜部	4	3354	DAE6	0962A
24735	阶	阜部	4	3432	BDD7	09636
24736	阴	阜部	4	3511	D2F5	09634
24737	阬	阜部	4	4135	EA6C	0962C
24738	防	阜部	4	4153	B7C0	09632
24739	阦	阜部	4	4334	EA67	09626
24740	阧	阜部	4	4412	EA68	09627
24741	䦼	阜部	4	5134	8234A135	049BC
24742	阭	阜部	4	5435	EA6D	0962D
24743	䦽	阜部	4	5452	8234A136	049BD
24744	际	阜部	5	11234	BCCA	09645
24745	陆	阜部	5	11252	C2BD	09646
24746	阷	阜部	5	12121	EA70	09637
24747	阹	阜部	5	12154	EA72	09639
24748	阿	阜部	5	12512	B0A2	0963F
24749	陃	阜部	5	12534	EA76	09643
24750	陇	阜部	5	13534	C2A4	09647
24751	陈	阜部	5	15234	B3C2	09648
24752	阽	阜部	5	21251	DAE7	0963D
24753	阻	阜部	5	25111	D7E8	0963B
24754	䧃	阜部	5	25121	8234A232	049C3
24755	阼	阜部	5	31211	DAE8	0963C
24756	陁	阜部	5	31525	EA75	09641
24757	附	阜部	5	32124	B8BD	09644
24758	阾	阜部	5	34454	EA74	0963E
24759	阺	阜部	5	35154	EA73	0963A
24760	䧁	阜部	5	35251	8234A230	049C1
24761	陀	阜部	5	44535	CDD3	09640
24762	阸	阜部	5	45135	EA71	09638
24763	䧂	阜部	5	53251	8234A231	049C2
24764	陂	阜部	5	53254	DAE9	09642
24765	陉	阜部	5	54121	DAEA	09649
24766	䧆	阜部	6	122134	8234A235	049C6
24767	陋	阜部	6	125345	C2AA	0964B
24768	䧈	阜部	6	125351	8234A237	049C8
24769	陌	阜部	6	132511	C4B0	0964C

字序	字形	部首	部首外笔画数	部首外笔顺	18030代码	13000代码	字序	字形	部首	部首外笔画数	部首外笔顺	18030代码	13000代码
24770	陏	阜部	6	132511	EA79	0964F	24816	䧕	阜部	8	12511534	8234A430	049D5
24771	陑	阜部	6	132522	EA7A	09651	24817	陭	阜部	8	13412512	EA8B	0966D
24772	陓	阜部	6	134115	EA7C	09653	24818	䧖	阜部	8	15341534	8234A431	049D6
24773	陕	阜部	6	143134	C9C2	09655	24819	陫	阜部	8	21112111	EA8A	0966B
24774	䧅	阜部	6	151534	8234A234	049C5	24820	䖎	阜部	8	21531535	8233B632	0458E
24775	陎	阜部	6	311234	EA78	0964E	24821	陲	阜部	8	31212211	DAEF	09672
24776	陒	阜部	6	351355	EA7B	09652	24822	陹	阜部	8	31322511	EA92	09679
24777	降	阜部	6	354152	BDB5	0964D	24823	陮	阜部	8	32411121	EA8C	0966E
24778	䧄	阜部	6	354251	8234A233	049C4	24824	陴	阜部	8	32511312	DAF0	09674
24779	陊	阜部	6	354354	EA77	0964A	24825	陯	阜部	8	34125122	EA8D	0966F
24780	䧇	阜部	6	413534	8234A236	049C7	24826	険	阜部	8	34125134	EA93	0967A
24781	陔	阜部	6	415334	DAEB	09654	24827	陰	阜部	8	34451154	EA8E	09670
24782	限	阜部	6	511534	CFDE	09650	24828	䧔	阜部	8	34454544	8234A339	049D4
24783	陦	阜部	7	1113124	EA89	09666	24829	䧓	阜部	8	35121251	8234A338	049D3
24784	陡	阜部	7	1212134	B6B8	09661	24830	陶	阜部	8	35311252	CCD5	09676
24785	陣	阜部	7	1251112	EA87	09663	24831	陷	阜部	8	35321511	CFDD	09677
24786	陠	阜部	7	1251124	EA86	09660	24832	陱	阜部	8	35431234	EA8F	09671
24787	陙	阜部	7	1311534	EA81	09659	24833	䧐	阜部	8	41251521	8234A335	049D0
24788	陜	阜部	7	1343434	EA83	0965C	24834	陪	阜部	8	41431251	C5E3	0966A
24789	陝	阜部	7	1343434	EA84	0965D	24835	䧑	阜部	8	44512134	8234A336	049D1
24790	陛	阜部	7	1535121	B1DD	0965B	24836	陿	阜部	9	113434345	EA98	0967F
24791	陘	阜部	7	1555121	EA80	09658	24837	隁	阜部	9	125115315	EA9A	09681
24792	陟	阜部	7	2121233	DAEC	0965F	24838	陻	阜部	9	125221121	EA94	0967B
24793	陗	阜部	7	2432511	EA7E	09657	24839	隋	阜部	9	131212511	CBE5	0968B
24794	陧	阜部	7	2511121	DAED	09667	24840	隇	阜部	9	131531534	EA9E	09687
24795	䧋	阜部	7	2511135	8234A330	049CB	24841	顊	阜部	9	132511134	EE7B	0984A
24796	䧉	阜部	7	2511211	8234A238	049C9	24842	随	阜部	9	132511454	CBE6	0968F
24797	䧎	阜部	7	2512511	8234A333	049CE	24843	陾	阜部	9	132522134	EA97	0967E
24798	陨	阜部	7	2512534	D4C9	09668	24844	階	阜部	9	153532511	EB41	0968E
24799	䧊	阜部	7	3121251	8234A239	049CA	24845	隄	阜部	9	251112134	EA9D	09684
24800	陞	阜部	7	3132121	EA85	0965E	24846	陽	阜部	9	251113533	EA96	0967D
24801	除	阜部	7	3411234	B3FD	09664	24847	隅	阜部	9	251125214	D3E7	09685
24802	险	阜部	7	3414431	CFD5	09669	24848	隈	阜部	9	251211534	DAF1	09688
24803	䧍	阜部	7	3434251	8234A332	049CD	24849	䧙	阜部	9	252342444	8234A434	049D9
24804	䧌	阜部	7	3443531	8234A331	049CC	24850	隀	阜部	9	312511211	EA99	09680
24805	陥	阜部	7	3522511	EA88	09665	24851	䧗	阜部	9	312511354	8234A432	049D7
24806	䧏	阜部	7	3541112	8234A334	049CF	24852	隉	阜部	9	321511121	EA9F	09689
24807	院	阜部	7	4451135	D4BA	09662	24853	隍	阜部	9	325111121	DAF2	0968D
24808	陖	阜部	7	5434354	EA7D	09656	24854	隗	阜部	9	325113554	DAF3	09697
24809	陚	阜部	8	11212154	EA82	0965A	24855	隂	阜部	9	341211154	EA9B	09682
24810	陼	阜部	8	12132511	EA95	0967C	24856	隃	阜部	9	341251122	EA9C	09683
24811	陸	阜部	8	12134121	EA91	09678	24857	隆	阜部	9	354131121	C2A1	09686
24812	陵	阜部	8	12134354	C1EA	09675	24858	隐	阜部	9	355114544	D2FE	09690
24813	陬	阜部	8	12211154	DAEE	0966C	24859	隌	阜部	9	414312511	EB40	0968C
24814	䧒	阜部	8	12343434	8234A337	049D2	24860	隊	阜部	9	431353334	EAA0	0968A
24815	陳	阜部	8	12511234	EA90	09673	24861	䧘	阜部	9	551353334	8234A433	049D8

字序	字形	部首	部首外笔画数	部首外笔顺	18030代码	13000代码
24862	隞	阜部	10	1121533134	EB4A	0969E
24863	䧞	阜部	10	1211254444	8234A439	049DE
24864	隔	阜部	10	1251254312	B8F4	09694
24865	隓	阜部	10	1312113121	EB44	09693
24866	隙	阜部	10	2342511234	CFB6	09699
24867	隕	阜部	10	2512511134	EB45	09695
24868	隑	阜部	10	2521251431	EB42	09691
24869	﨩	阜部	10	3251115252	FE4F	0FA29
24870	隖	阜部	10	3251154444	EB46	09696
24871	䧟	阜部	10	3443321511	8234A530	049DF
24872	䧚	阜部	10	4125125251	8234A435	049DA
24873	䧜	阜部	10	4135112251	8234A437	049DC
24874	䧛	阜部	10	4143454153	8234A436	049DB
24875	隘	阜部	10	4313425221	B0AF	09698
24876	隒	阜部	10	4315112234	EB43	09692
24877	䧝	阜部	10	5221251214	8234A438	049DD
24878	䧠	阜部	11	12511214124	8234A531	049E0
24879	䧢	阜部	11	12512512515	8234A533	049E2
24880	䧣	阜部	11	12522111234	8234A534	049E3
24881	隚	阜部	11	24345251121	EB47	0969A
24882	隝	阜部	11	32511154444	EB49	0969D
24883	隠	阜部	11	34435114544	EB4C	096A0
24884	際	阜部	11	35445411234	EB48	0969B
24885	䧡	阜部	11	41351125112	8234A532	049E1
24886	障	阜部	11	41431251112	D5CF	0969C
24887	隡	阜部	11	41431331121	EB4D	096A1
24888	䧩	阜部	11	51221113134	8234A630	049E9
24889	隟	阜部	11	55525111234	EB4B	0969F
24890	隢	阜部	12	121121121135	EB4E	096A2
24891	隫	阜部	12	121222511134	EB56	096AB
24892	䧥	阜部	12	125112144544	8234A536	049E5
24893	隨	阜部	12	131212511454	EB53	096A8
24894	䧤	阜部	12	224314311134	8234A535	049E4
24895	隤	阜部	12	251212511134	EB50	096A4
24896	䘀	阜部	12	251214251214	8233C136	04600
24897	隩	阜部	12	325431234134	EB54	096A9
24898	䧦	阜部	12	344335554444	8234A537	049E6
24899	隣	阜部	12	431234354152	EB4F	096A3
24900	隣	阜部	12	431234354152	FDA0	0F9F1
24901	隧	阜部	12	431353334454	CBED	096A7
24902	隥	阜部	12	543341251431	EB51	096A5
24903	䧨	阜部	13	2243143111234	8234A539	049E8
24904	險	阜部	13	3412512513434	EB55	096AA
24905	䧪	阜部	13	4131343434531	8234A631	049EA
24906	䧧	阜部	13	4311213121534	8234A538	049E7
24907	隦	阜部	13	5132514143112	EB52	096A6
24908	隯	阜部	14	12151211251124	EB5A	096AF
24909	隬	阜部	14	13425234343434	EB57	096AC
24910	隭	阜部	14	14524444132522	EB58	096AD
24911	隲	阜部	14	23431211254444	EB5C	096B2
24912	隰	阜部	14	25115545544444	DAF4	096B0
24913	䧭	阜部	14	32534444414544	8234A634	049ED
24914	隱	阜部	14	34431215114544	EB5B	096B1
24915	䧫	阜部	14	41251451353334	8234A632	049EB
24916	隮	阜部	14	41432533543211	EB59	096AE
24917	䧬	阜部	14	44512332511134	8234A633	049EC
24918	隴	阜部	16	4143125111515111	EB5D	096B4
24919	䧮	阜部	16	4451112252214544	8234A635	049EE
24920	隵	阜部	17	21531512514311534	EB5E	096B5
24921	䧯	阜部	17	35251153535251354	8234A636	049EF
24922	䧰	阜部	18	352512144443554234	8234A637	049F0
24923	钅	金部	0	0	EEC4	09485
24924	釒	金部	0	0	E18E	091D2
24925	金	金部	0	0	BDF0	091D1
24926	钆	金部	1	5	EEC5	09486
24927	釓	金部	1	5	E18F	091D3
24928	钇	金部	1	5	EEC6	09487
24929	釔	金部	1	5	E190	091D4
24930	针	金部	2	12	D5EB	09488
24931	針	金部	2	12	E198	091DD
24932	钉	金部	2	12	B6A4	09489
24933	釘	金部	2	12	E194	091D8
24934	钊	金部	2	22	EEC8	0948A
24935	釗	金部	2	22	E193	091D7
24936	钋	金部	2	24	EEC7	0948B
24937	釙	金部	2	24	E195	091D9
24938	釟	金部	2	34	E19A	091DF
24939	釞	金部	2	34	E199	091DE
24940	釠	金部	2	35	E19B	091E0
24941	釚	金部	2	35	E196	091DA
24942	钌	金部	2	52	EEC9	0948C
24943	釕	金部	2	52	E191	091D5
24944	䤛	金部	2	52	82349235	0491B
24945	釖	金部	2	53	E192	091D6
24946	釛	金部	2	53	E197	091DB
24947	釢	金部	2	53	E19D	091E2
24948	釬	金部	3	112	E246	091EC
24949	釪	金部	3	112	E244	091EA
24950	釫	金部	3	115	E245	091EB
24951	钍	金部	3	121	EECA	0948D
24952	釭	金部	3	121	E247	091ED
24953	釷	金部	3	121	E251	091F7

字序	字形	部首	部首外笔画数	部首外笔顺	18030代码	13000代码	字序	字形	部首	部首外笔画数	部首外笔顺	18030代码	13000代码
24954	釮	金部	3	123	E248	091EE	25000	鈜	金部	4	1354	E276	0921C
24955	釱	金部	3	134	E24B	091F1	25001	䤞	金部	4	1354	82349238	0491E
24956	釴	金部	3	154	E24E	091F4	25002	鈪	金部	4	1355	E285	0922A
24957	釥	金部	3	234	E1A0	091E5	25003	钜	金部	4	1515	EED2	0949C
24958	釦	金部	3	251	E240	091E6	25004	鉅	金部	4	1515	E2A0	09245
24959	钎	金部	3	312	C7A5	0948E	25005	䥺	金部	4	1523	FE86	0497A
24960	釺	金部	3	312	E254	091FA	25006	釾	金部	4	1523	E258	091FE
24961	䤜	金部	3	315	82349236	0491C	25007	钝	金部	4	1525	B6DB	0949D
24962	釳	金部	3	315	E24D	091F3	25008	鈍	金部	4	1525	E267	0920D
24963	钏	金部	3	322	EECB	0948F	25009	鈛	金部	4	1534	E275	0921B
24964	釧	金部	3	322	E241	091E7	25010	鈚	金部	4	1535	E274	0921A
24965	钐	金部	3	333	EECC	09490	25011	䤠	金部	4	2121	82349330	04920
24966	釤	金部	3	333	E19F	091E4	25012	鈙	金部	4	2154	E273	09219
24967	釸	金部	3	354	E252	091F8	25013	钞	金部	4	2343	B3AE	0949E
24968	钓	金部	3	354	B5F6	09493	25014	鈔	金部	4	2343	E26E	09214
24969	釣	金部	3	354	E19E	091E3	25015	鈤	金部	4	2511	E27E	09224
24970	钒	金部	3	354	B7B0	09492	25016	钟	金部	4	2512	D6D3	0949F
24971	釩	金部	3	354	E243	091E9	25017	鈡	金部	4	2512	E27B	09221
24972	釻	金部	3	354	E255	091FB	25018	钡	金部	4	2534	B1B5	094A1
24973	钑	金部	3	354	E895	09491	25019	钢	金部	4	2534	B8D6	094A2
24974	鈒	金部	3	354	E26C	09212	25020	钠	金部	4	2534	C4C6	094A0
24975	釯	金部	3	415	E249	091EF	25021	鈉	金部	4	2534	E263	09209
24976	钔	金部	3	425	EECD	09494	25022	淾	金部	4	2534	9C5E	06DFE
24977	釲	金部	3	515	E24C	091F2	25023	鈝	金部	4	3112	E277	0921D
24978	釨	金部	3	521	E242	091E8	25024	鈓	金部	4	3121	E26D	09213
24979	釶	金部	3	525	E250	091F6	25025	鈋	金部	4	3235	E265	0920B
24980	钕	金部	3	531	EECF	09495	25026	釿	金部	4	3312	E259	091FF
24981	釹	金部	3	531	E253	091F9	25027	釽	金部	4	3324	E257	091FD
24982	钖	金部	3	533	E896	09496	25028	钣	金部	4	3354	EED3	094A3
24983	釰	金部	3	534	E24A	091F0	25029	鈑	金部	4	3354	E26B	09211
24984	釼	金部	3	534	E256	091FC	25030	钤	金部	4	3445	EED4	094A4
24985	钗	金部	3	544	EECE	09497	25031	鈐	金部	4	3445	E26A	09210
24986	釵	金部	3	544	E24F	091F5	25032	鈖	金部	4	3453	E270	09216
24987	钘	金部	4	1132	E897	09498	25033	鈆	金部	4	3454	E260	09206
24988	鈃	金部	4	1132	E25D	09203	25034	钥	金部	4	3511	D4BF	094A5
24989	鈇	金部	4	1134	E261	09207	25035	鈅	金部	4	3511	E25F	09205
24990	鈨	金部	4	1135	E283	09228	25036	䥼	金部	4	3533	82349C30	0497C
24991	䥻	金部	4	1135	82349B39	0497B	25037	钦	金部	4	3534	C7D5	094A6
24992	钙	金部	4	1215	B8C6	09499	25038	欽	金部	4	3534	9A4A	06B3D
24993	鈣	金部	4	1215	E27D	09223	25039	钧	金部	4	3541	BEFB	094A7
24994	鈢	金部	4	1234	E27C	09222	25040	鈞	金部	4	3541	E278	0921E
24995	鈘	金部	4	1254	E272	09218	25041	钨	金部	4	3551	CED9	094A8
24996	钚	金部	4	1324	EED0	0949A	25042	䤝	金部	4	3552	82349237	0491D
24997	鈈	金部	4	1324	E262	09208	25043	钩	金部	4	3554	B9B3	094A9
24998	钛	金部	4	1344	EED1	0949B	25044	鈎	金部	4	3554	E268	0920E
24999	鈦	金部	4	1344	E281	09226	25045	鈠	金部	4	3554	E27A	09220

字序	字形	部首	部首外笔画数	部首外笔顺	18030代码	13000代码	字序	字形	部首	部首外笔画数	部首外笔顺	18030代码	13000代码
25046	鈫	金部	4	4134	E286	0922B	25092	鉐	金部	5	13251	E34A	09250
25047	钪	金部	4	4135	EED6	094AA	25093	钸	金部	5	13252	EEDF	094B8
25048	鈧	金部	4	4135	E282	09227	25094	鈽	金部	5	13252	E298	0923D
25049	钫	金部	4	4153	EED5	094AB	25095	钹	金部	5	13544	EEE0	094B9
25050	鈁	金部	4	4153	E25B	09201	25096	鈸	金部	5	13544	E293	09238
25051	钬	金部	4	4334	EED8	094AC	25097	钺	金部	5	15534	EEE1	094BA
25052	鈥	金部	4	4334	E280	09225	25098	鉞	金部	5	15534	E358	0925E
25053	钭	金部	4	4412	EED7	094AD	25099	鉲	金部	5	21124	E36C	09272
25054	鈄	金部	4	4412	E25E	09204	25100	鉳	金部	5	21135	E36D	09273
25055	鈩	金部	4	4513	E284	09229	25101	钻	金部	5	21251	D7EA	094BB
25056	鈂	金部	4	4535	E25C	09202	25102	鉆	金部	5	21251	E340	09246
25057	䤟	金部	4	4535	82349239	0491F	25103	鉴	金部	5	22314	BCF8	09274
25058	鈊	金部	4	4544	E264	0920A	25104	钽	金部	5	25111	EEE3	094BD
25059	鈬	金部	4	5134	E287	0922C	25105	鉭	金部	5	25111	E367	0926D
25060	鈌	金部	4	5134	E266	0920C	25106	钼	金部	5	25111	EEE2	094BC
25061	鈏	金部	4	5152	E269	0920F	25107	鉬	金部	5	25111	E366	0926C
25062	鈟	金部	4	5152	E279	0921F	25108	鉏	金部	5	25111	E349	0924F
25063	钮	金部	4	5211	C5A5	094AE	25109	钾	金部	5	25112	BCD8	094BE
25064	鈕	金部	4	5211	E26F	09215	25110	鉀	金部	5	25112	E29B	09240
25065	钯	金部	4	5215	EED9	094AF	25111	鉮	金部	5	25112	E368	0926E
25066	鈀	金部	4	5215	E25A	09200	25112	钿	金部	5	25121	EEE4	094BF
25067	鉯	金部	4	5434	E369	0926F	25113	鈿	金部	5	25121	E29A	0923F
25068	鈗	金部	4	5435	E271	09217	25114	铀	金部	5	25121	D3CB	094C0
25069	钰	金部	5	11214	EEDA	094B0	25115	鈾	金部	5	25121	E299	0923E
25070	鈺	金部	5	11214	E295	0923A	25116	鉙	金部	5	25134	E353	09259
25071	钱	金部	5	11534	C7AE	094B1	25117	鉂	金部	5	25134	E29D	09242
25072	钲	金部	5	12121	EEDB	094B2	25118	鉠	金部	5	25134	E35A	09260
25073	鉦	金部	5	12121	E360	09266	25119	鈻	金部	5	25151	E296	0923B
25074	鉣	金部	5	12154	E35D	09263	25120	䤢	金部	5	25153	82349332	04922
25075	钳	金部	5	12211	C7AF	094B3	25121	䤡	金部	5	25211	82349331	04921
25076	鉗	金部	5	12211	E351	09257	25122	鉎	金部	5	31121	E348	0924E
25077	鉪	金部	5	12215	E364	0926A	25123	鉃	金部	5	31134	E29E	09243
25078	銰	金部	5	12234	E447	092B0	25124	铁	金部	5	31134	CCFA	094C1
25079	蓥	金部	5	12245	DDF6	084E5	25125	鉄	金部	5	31134	E29F	09244
25080	钴	金部	5	12251	EEDC	094B4	25126	鈼	金部	5	31211	E297	0923C
25081	鈷	金部	5	12251	E292	09237	25127	鉌	金部	5	31234	E346	0924C
25082	钵	金部	5	12341	B2A7	094B5	25128	鉓	金部	5	31252	E34D	09253
25083	鉢	金部	5	12341	E35C	09262	25129	鉇	金部	5	31525	E341	09247
25084	鉥	金部	5	12344	E35F	09265	25130	鉜	金部	5	32124	E356	0925C
25085	钶	金部	5	12512	EEDD	094B6	25131	铂	金部	5	32511	B2AC	094C2
25086	鈳	金部	5	12512	E28E	09233	25132	鉑	金部	5	32511	E34B	09251
25087	钷	金部	5	12515	EEDE	094B7	25133	䥿	金部	5	33153	82349C32	0497F
25088	鉕	金部	5	12515	E34F	09255	25134	鈲	金部	5	33544	E28D	09232
25089	鉔	金部	5	12525	E34E	09254	25135	鉩	金部	5	34234	E363	09269
25090	鈵	金部	5	12534	E290	09235	25136	䤣	金部	5	34312	82349333	04923
25091	鉟	金部	5	13241	E359	0925F	25137	鉁	金部	5	34333	E29C	09241

字序	字形	部首	部首外笔画数	部首外笔顺	18030代码	13000代码	字序	字形	部首	部首外笔画数	部首外笔顺	18030代码	13000代码
25138	铃	金部	5	34454	C1E5	094C3	25184	铏	金部	6	113222	E899	094CF
25139	鈴	金部	5	34454	E28F	09234	25185	鉶	金部	6	113222	E36F	09276
25140	铄	金部	5	35234	EEE5	094C4	25186	銈	金部	6	121121	E382	09288
25141	鉨	金部	5	35234	E362	09268	25187	銡	金部	6	121251	E39A	092A1
25142	铅	金部	5	35251	C7A6	094C5	25188	铐	金部	6	121315	EEED	094D0
25143	鉛	金部	5	35251	E355	0925B	25189	銬	金部	6	121315	E444	092AC
25144	鉤	金部	5	35251	E35E	09264	25190	铑	金部	6	121335	EEEE	094D1
25145	銏	金部	5	35351	E388	0928F	25191	銠	金部	6	121335	E399	092A0
25146	铆	金部	5	35352	C3AD	094C6	25192	銎	金部	6	121354	F6C6	0928E
25147	鉚	金部	5	35352	E354	0925A	25193	铒	金部	6	122111	EEEF	094D2
25148	鉖	金部	5	35444	E350	09256	25194	鉺	金部	6	122111	E373	0927A
25149	铇	金部	5	35515	E898	094C7	25195	鉷	金部	6	122134	E370	09277
25150	鉋	金部	5	35515	E345	0924B	25196	铓	金部	6	122415	E89A	094D3
25151	鉒	金部	5	41121	E34C	09252	25197	鋩	金部	6	122415	E480	092E9
25152	铈	金部	5	41252	EEE6	094C8	25198	铔	金部	6	122431	E89B	094D4
25153	鈰	金部	5	41252	E28B	09230	25199	銊	金部	6	131534	E384	0928A
25154	鉱	金部	5	41354	E36B	09271	25200	銔	金部	6	132412	E38D	09294
25155	鉝	金部	5	41431	E357	0925D	25201	銆	金部	6	132511	E380	09286
25156	铉	金部	5	41554	EEE7	094C9	25202	铕	金部	6	132511	EEF0	094D5
25157	鉉	金部	5	41554	E343	09249	25203	銪	金部	6	132511	E442	092AA
25158	鉡	金部	5	43112	E35B	09261	25204	銌	金部	6	132521	E386	0928C
25159	铊	金部	5	44535	EEE8	094CA	25205	銙	金部	6	134115	E392	09299
25160	鉈	金部	5	44535	E342	09248	25206	銐	金部	6	135422	E389	09290
25161	䥾	金部	5	45151	82349C31	0497E	25207	铖	金部	6	135534	EEF1	094D6
25162	铋	金部	5	45434	EEE9	094CB	25208	鋮	金部	6	135534	E485	092EE
25163	鉍	金部	5	45434	E347	0924D	25209	铗	金部	6	143134	EEF2	094D7
25164	鉰	金部	5	51251	E36A	09270	25210	銕	金部	6	151534	E38E	09295
25165	铌	金部	5	51335	EEEA	094CC	25211	铘	金部	6	152352	EEF4	094D8
25166	鈮	金部	5	51335	E289	0922E	25212	鋣	金部	6	152352	E479	092E3
25167	鈱	金部	5	51515	E28C	09231	25213	铙	金部	6	153135	EEF3	094D9
25168	鉘	金部	5	51532	E352	09258	25214	铚	金部	6	154121	E89C	094DA
25169	鈯	金部	5	52252	E28A	0922F	25215	銍	金部	6	154121	E387	0928D
25170	鉊	金部	5	53251	E344	0924A	25216	鈭	金部	6	212135	E288	0922D
25171	鉫	金部	5	53251	E365	0926B	25217	銧	金部	6	243135	E3A0	092A7
25172	铍	金部	5	53254	EEEB	094CD	25218	铛	金部	6	243511	EEF5	094DB
25173	鈹	金部	5	53254	E294	09239	25219	鉵	金部	6	251214	E36E	09275
25174	䥽	金部	5	53544	FE87	0497D	25220	铜	金部	6	251251	CDAD	094DC
25175	铎	金部	5	54112	EEEC	094CE	25221	銅	金部	6	251251	E37E	09285
25176	鈶	金部	5	54251	E291	09236	25222	铝	金部	6	251251	C2C1	094DD
25177	鉧	金部	5	55414	E361	09267	25223	鋁	金部	6	251251	E458	092C1
25178	銇	金部	6	111234	E381	09287	25224	铞	金部	6	251252	EEF6	094DE
25179	䦁	金部	6	111352	82349C34	04981	25225	銱	金部	6	251252	E448	092B1
25180	銭	金部	6	111534	E445	092AD	25226	铟	金部	6	251341	EEF7	094DF
25181	鉽	金部	6	112154	E376	0927D	25227	銦	金部	6	251341	E39F	092A6
25182	銢	金部	6	112534	E39B	092A2	25228	銟	金部	6	252252	E398	0929F
25183	銒	金部	6	113112	E38B	09292	25229	䤧	金部	6	252511	82349337	04927

字序	字形	部首	部首外笔画数	部首外笔顺	18030代码	13000代码	字序	字形	部首	部首外笔画数	部首外笔顺	18030代码	13000代码
25230	铠	金部	6	252515	EEF8	094E0	25276	䤤	金部	6	415334	82349334	04924
25231	铡	金部	6	253422	D5A1	094E1	25277	铳	金部	6	415435	EFA5	094F3
25232	铢	金部	6	311234	EEF9	094E2	25278	銃	金部	6	415435	E37C	09283
25233	銖	金部	6	311234	E38F	09296	25279	鉼	金部	6	431132	E375	0927C
25234	铣	金部	6	312135	CFB3	094E3	25280	銤	金部	6	431234	E39D	092A4
25235	銑	金部	6	312135	E38A	09291	25281	銂	金部	6	434242	E37B	09282
25236	铥	金部	6	312154	EEFB	094E5	25282	铴	金部	6	441533	EFA6	094F4
25237	銩	金部	6	312154	E441	092A9	25283	䤩	金部	6	445315	82349339	04929
25238	铤	金部	6	312154	EEFA	094E4	25284	铵	金部	6	445531	EFA7	094F5
25239	鋌	金部	6	312154	E462	092CC	25285	銨	金部	6	445531	E440	092A8
25240	铦	金部	6	312251	E89D	094E6	25286	銉	金部	6	511112	E383	09289
25241	銛	金部	6	312251	E394	0929B	25287	银	金部	6	511534	D2F8	094F6
25242	銝	金部	6	321234	E396	0929D	25288	銀	金部	6	511534	E379	09280
25243	䤦	金部	6	321534	82349336	04926	25289	铷	金部	6	531251	EFA8	094F7
25244	鋋	金部	6	321554	E461	092CB	25290	銣	金部	6	531251	E39C	092A3
25245	銋	金部	6	323121	E385	0928B	25291	䦀	金部	6	541541	82349C33	04980
25246	铧	金部	6	323512	EEFC	094E7	25292	鉾	金部	6	543112	E377	0927E
25247	銄	金部	6	325251	E37D	09284	25293	銯	金部	6	554234	E446	092AF
25248	銗	金部	6	331251	E390	09297	25294	铸	金部	7	1113124	D6FD	094F8
25249	䤨	金部	6	333534	82349338	04928	25295	鋳	金部	7	1113124	E48A	092F3
25250	铨	金部	6	341121	EEFD	094E8	25296	䤯	金部	7	1132333	82349435	0492F
25251	銓	金部	6	341121	E38C	09293	25297	銾	金部	7	1212534	E455	092BE
25252	铩	金部	6	341234	EFA1	094E9	25298	䤲	金部	7	1213234	82349438	04932
25253	铪	金部	6	341251	EEFE	094EA	25299	銴	金部	7	1213312	E44B	092B4
25254	鉿	金部	6	341251	E378	0927F	25300	鋬	金部	7	1213354	E483	092EC
25255	铫	金部	6	341534	EFA2	094EB	25301	﨧	金部	7	1213521	FE4D	0FA27
25256	銚	金部	6	341534	E393	0929A	25302	䤰	金部	7	1213534	82349436	04930
25257	䤪	金部	6	351234	82349430	0492A	25303	鋆	金部	7	1213541	E45D	092C6
25258	䤥	金部	6	351355	82349335	04925	25304	鋕	金部	7	1214544	E46B	092D5
25259	銁	金部	6	352511	E37A	09281	25305	銸	金部	7	1221115	E44F	092B8
25260	銞	金部	6	352511	E397	0929E	25306	錵	金部	7	1223235	E56B	09335
25261	铭	金部	6	354251	C3FA	094ED	25307	錺	金部	7	1224153	E570	0933A
25262	銘	金部	6	354251	E391	09298	25308	铹	金部	7	1224553	EFA9	094F9
25263	铬	金部	6	354251	B8F5	094EC	25309	鋴	金部	7	1225135	E48B	092F4
25264	鉻	金部	6	354251	E374	0927B	25310	銶	金部	7	1241344	E44D	092B6
25265	鉹	金部	6	354354	E372	09279	25311	鋍	金部	7	1245521	E463	092CD
25266	铮	金部	6	355112	EFA3	094EE	25312	铺	金部	7	1251124	C6CC	094FA
25267	錚	金部	6	355112	E550	0931A	25313	鋪	金部	7	1251124	E481	092EA
25268	铯	金部	6	355215	EFA4	094EF	25314	鋉	金部	7	1251234	E45F	092C9
25269	銫	金部	6	355215	E443	092AB	25315	铻	金部	7	1251251	E89E	094FB
25270	銮	金部	6	412234	F6C7	092AE	25316	鋙	金部	7	1251251	E46F	092D9
25271	铰	金部	6	413434	BDC2	094F0	25317	鋀	金部	7	1251431	E457	092C0
25272	鉸	金部	6	413434	E371	09278	25318	鋠	金部	7	1311534	E476	092E0
25273	铱	金部	6	413534	D2BF	094F1	25319	鋏	金部	7	1343434	E465	092CF
25274	銥	金部	6	413534	E39E	092A5	25320	铼	金部	7	1431234	EFAA	094FC
25275	铲	金部	6	414313	B2F9	094F2	25321	鋄	金部	7	1433454	E45B	092C4

字序	字形	部首	部首外笔画数	部首外笔顺	18030代码	13000代码	字序	字形	部首	部首外笔画数	部首外笔顺	18030代码	13000代码
25322	铽	金部	7	1454454	EFAB	094FD	25368	鋖	金部	7	3443531	E46C	092D6
25323	鋱	金部	7	1454454	E488	092F1	25369	鋡	金部	7	3445251	E477	092E1
25324	链	金部	7	1512454	C1B4	094FE	25370	銽	金部	7	3515251	E454	092BD
25325	鋞	金部	7	1555121	E474	092DE	25371	鋔	金部	7	3525135	E46A	092D4
25326	䤮	金部	7	2121233	82349434	0492E	25372	锋	金部	7	3541112	B7E6	0950B
25327	铿	金部	7	2254121	EFAC	094FF	25373	鋒	金部	7	3541112	E468	092D2
25328	销	金部	7	2432511	CFFA	09500	25374	锌	金部	7	4143112	D0BF	0950C
25329	銷	金部	7	2432511	E44E	092B7	25375	鋅	金部	7	4143112	E45C	092C5
25330	锁	金部	7	2432534	CBF8	09501	25376	锍	金部	7	4154325	EFB3	0950D
25331	銲	金部	7	2511112	E449	092B2	25377	鋶	金部	7	4154325	E48D	092F6
25332	锃	金部	7	2511121	EFAD	09503	25378	锎	金部	7	4251132	EFB4	0950E
25333	鋥	金部	7	2511121	E47B	092E5	25379	锏	金部	7	4252511	EFB5	0950F
25334	鋘	金部	7	2511134	E46E	092D8	25380	錓	金部	7	4311135	E549	09313
25335	鋇	金部	7	2511134	E45E	092C7	25381	锐	金部	7	4325135	C8F1	09510
25336	鋧	金部	7	2511135	E47D	092E7	25382	鋭	金部	7	4325135	E484	092ED
25337	锄	金部	7	2511153	B3FA	09504	25383	锑	金部	7	4351523	CCE0	09511
25338	鋤	金部	7	2511153	E47A	092E4	25384	銻	金部	7	4351523	E452	092BB
25339	锂	金部	7	2511211	EFAE	09502	25385	䤬	金部	7	4412343	82349432	0492C
25340	鋰	金部	7	2511211	E487	092F0	25386	鋈	金部	7	4413134	F6C8	092C8
25341	鋜	金部	7	2512134	E472	092DC	25387	鋎	金部	7	4451135	E464	092CE
25342	鋗	金部	7	2512511	E46D	092D7	25388	鋐	金部	7	4451354	E466	092D0
25343	鋛	金部	7	2512512	E471	092DB	25389	锒	金部	7	4511534	EFB6	09512
25344	锅	金部	7	2512534	B9F8	09505	25390	鋃	金部	7	4511534	E45A	092C3
25345	䤱	金部	7	2523312	82349437	04931	25391	锓	金部	7	5114554	EFB7	09513
25346	䤫	金部	7	2523445	82349431	0492B	25392	鋟	金部	7	5114554	E475	092DF
25347	锆	金部	7	3121251	EFAF	09506	25393	锔	金部	7	5135251	EFB8	09514
25348	鋯	金部	7	3121251	E486	092EF	25394	鋦	金部	7	5135251	E47C	092E6
25349	锇	金部	7	3121534	EFB0	09507	25395	锕	金部	7	5212512	EFB9	09515
25350	鋨	金部	7	3121534	E47E	092E8	25396	錒	金部	7	5212512	E548	09312
25351	鋓	金部	7	3123422	E469	092D3	25397	銺	金部	7	5213121	E451	092BA
25352	鋫	金部	7	3123422	E482	092EB	25398	銿	金部	7	5425112	E456	092BF
25353	鋵	金部	7	3123435	E48C	092F5	25399	鋑	金部	7	5434354	E467	092D1
25354	锈	金部	7	3123453	D0E2	09508	25400	錱	金部	8	11211121	E567	09331
25355	銹	金部	7	3123453	E450	092B9	25401	錻	金部	8	11212154	E571	0933B
25356	鋂	金部	7	3155414	E459	092C2	25402	锖	金部	8	11212511	EFBA	09516
25357	鋲	金部	7	3212134	E489	092F2	25403	錆	金部	8	11212511	E49D	09306
25358	鋚	金部	7	3223134	E470	092DA	25404	錶	金部	8	11213534	E56C	09336
25359	銵	金部	7	3251113	E44C	092B5	25405	鋹	金部	8	12111534	E490	092F9
25360	䤭	金部	7	3413252	82349433	0492D	25406	锗	金部	8	12132511	D5E0	09517
25361	銳	金部	7	3425135	E44A	092B3	25407	鍺	金部	8	12132511	E64E	0937A
25362	锉	金部	7	3434121	EFB1	09509	25408	錴	金部	8	12134121	E56A	09334
25363	銼	金部	7	3434121	E453	092BC	25409	錂	金部	8	12134354	E499	09302
25364	鋊	金部	7	3434251	E460	092CA	25410	﨨	金部	8	12143112	FE4E	0FA28
25365	锊	金部	7	3443124	EFB2	0950A	25411	錏	金部	8	12155121	E545	0930F
25366	鋝	金部	7	3443124	E473	092DD	25412	錤	金部	8	12211134	E55A	09324
25367	鋢	金部	7	3443521	E478	092E2	25413	鎁	金部	8	12211152	E655	09381

字序	字形	部首	部首外笔画数	部首外笔顺	18030代码	13000代码	字序	字形	部首	部首外笔画数	部首外笔顺	18030代码	13000代码
25414	鋷	金部	8	12211154	E48E	092F7	25460	鍺	金部	8	25342511	E54A	09314
25415	错	金部	8	12212511	B4ED	09519	25461	錮	金部	8	25431252	E493	092FC
25416	錯	金部	8	12212511	E565	0932F	25462	鍋	金部	8	25525251	E581	0934B
25417	锘	金部	8	12213251	EFBB	09518	25463	锤	金部	8	31212211	B4B8	09524
25418	鍩	金部	8	12213251	E59F	09369	25464	錘	金部	8	31212211	E54E	09318
25419	锚	金部	8	12225121	C3AA	0951A	25465	鋫	金部	8	31234353	E49C	09305
25420	錨	金部	8	12225121	E55E	09328	25466	錗	金部	8	31234531	E54D	09317
25421	锳	金部	8	12225134	E941	09533	25467	锥	金部	8	32411121	D7B6	09525
25422	鍈	金部	8	12225134	E57D	09348	25468	錐	金部	8	32411121	E546	09310
25423	錇	金部	8	12253251	E599	09363	25469	锦	金部	8	32511252	BDF5	09526
25424	錸	金部	8	12343434	E56E	09338	25470	錦	金部	8	32511252	E55C	09326
25425	鉥	金部	8	12344444	E566	09330	25471	錍	金部	8	32511312	E543	0930D
25426	錬	金部	8	12511125	E56D	09337	25472	锧	金部	8	33122534	E940	09527
25427	錬	金部	8	12511234	E562	0932C	25473	锨	金部	8	33123534	CFC7	09528
25428	鋻	金部	8	12512554	E492	092FB	25474	鍁	金部	8	33123534	E576	09341
25429	鍄	金部	8	13411234	E572	0933C	25475	錀	金部	8	34112431	E577	09342
25430	锛	金部	8	13412132	EFBC	0951B	25476	錀	金部	8	34125122	E497	09300
25431	錛	金部	8	13412132	E551	0931B	25477	錜	金部	8	34454544	E552	0931C
25432	锜	金部	8	13412512	E89F	0951C	25478	錋	金部	8	35113511	E541	0930B
25433	錡	金部	8	13412512	E557	09321	25479	錭	金部	8	35121251	E563	0932D
25434	鍦	金部	8	13425115	82349532	04936	25480	鍎	金部	8	35152511	E4A0	09309
25435	錗	金部	8	14334354	E573	0933D	25481	錮	金部	8	35311252	E495	092FE
25436	鏨	金部	8	15213312	F6C9	0933E	25482	錎	金部	8	35321511	E544	0930E
25437	錢	金部	8	15341534	E558	09322	25483	锪	金部	8	35334544	EFC1	0952A
25438	錊	金部	8	21112111	82349531	04935	25484	鍃	金部	8	35334544	E578	09343
25439	鋻	金部	8	21123454	E54C	09316	25485	鍄	金部	8	41251234	E579	09344
25440	錆	金部	8	21212511	E56F	09339	25486	錞	金部	8	41251521	E554	0931E
25441	錞	金部	8	21251112	E494	092FD	25487	鍍	金部	8	41323544	82349439	04933
25442	錿	金部	8	21531535	E574	0933F	25488	錊	金部	8	41343412	E540	0930A
25443	鍋	金部	8	24325251	E496	092FF	25489	锫	金部	8	41431251	EFC2	0952B
25444	锝	金部	8	25111124	EFBD	0951D	25490	錇	金部	8	41431251	E49E	09307
25445	鍀	金部	8	25111124	E575	09340	25491	錥	金部	8	41542511	E55B	09325
25446	锞	金部	8	25111234	EFBE	0951E	25492	锩	金部	8	43113455	EFC3	09529
25447	錁	金部	8	25111234	E498	09301	25493	錈	金部	8	43113455	E49F	09308
25448	锟	金部	8	25111535	EFBF	0951F	25494	锬	金部	8	43344334	EFC4	0952C
25449	錕	金部	8	25111535	E54B	09315	25495	錟	金部	8	43344334	E555	0931F
25450	锠	金部	8	25112511	E8A0	09520	25496	鉱	金部	8	44112154	E57A	09345
25451	錩	金部	8	25112511	E55F	09329	25497	鍌	金部	8	44153254	E49A	09303
25452	鍆	金部	8	25112511	E57B	09346	25498	錝	金部	8	44511234	E553	0931D
25453	锡	金部	8	25113533	CEFD	09521	25499	锭	金部	8	44512134	B6A7	0952D
25454	錫	金部	8	25113533	E561	0932B	25500	錠	金部	8	44512134	E556	09320
25455	鍈	金部	8	25122134	E560	0932A	25501	錧	金部	8	44525151	E55D	09327
25456	锢	金部	8	25122511	EFC0	09522	25502	鋺	金部	8	44535455	E491	092FA
25457	錮	金部	8	25122511	E564	0932E	25503	鄊	金部	8	45115452	E683	093AF
25458	錍	金部	8	25213112	E542	0930C	25504	錑	金部	8	45131344	E547	09311
25459	锣	金部	8	25221354	C2E0	09523	25505	键	金部	8	51111254	BCFC	0952E

字序	字形	部首	部首外笔画数	部首外笔顺	18030代码	13000代码	字序	字形	部首	部首外笔画数	部首外笔顺	18030代码	13000代码
25506	鍵	金部	8	51111254	E649	09375	25552	鍤	金部	9	312321511	E59A	09364
25507	録	金部	8	51124134	E568	09332	25553	锹	金部	9	312344334	C7C2	09539
25508	锯	金部	8	51312251	BEE2	0952F	25554	鍬	金部	9	312344334	E640	0936C
25509	鋸	金部	8	51312251	E48F	092F8	25555	鍫	金部	9	312344334	E5A0	0936B
25510	锰	金部	8	52125221	C3CC	09530	25556	锺	金部	9	312511211	EFF1	0953A
25511	錳	金部	8	52125221	E569	09333	25557	鍾	金部	9	312511211	E652	0937E
25512	鋡	金部	8	52413452	82349530	04934	25558	鍑	金部	9	312511354	E587	09351
25513	錣	金部	8	54545454	E559	09323	25559	锻	金部	9	321113554	B6CD	0953B
25514	錄	金部	8	55124134	E49B	09304	25560	鍛	金部	9	321113554	E591	0935B
25515	锱	金部	8	55525121	EFC5	09531	25561	锼	金部	9	321511254	EFCB	0953C
25516	錙	金部	8	55525121	E54F	09319	25562	鎪	金部	9	321511254	E67D	093AA
25517	锲	金部	9	111253134	EFC6	09532	25563	鎀	金部	9	322354333	E654	09380
25518	鍥	金部	9	111253134	E59B	09365	25564	锽	金部	9	325111121	E942	0953D
25519	鍖	金部	9	122111345	E58C	09356	25565	鍠	金部	9	325111121	E596	09360
25520	鍱	金部	9	122151234	E645	09371	25566	鎳	金部	9	325112534	82349538	0493C
25521	鎝	金部	9	122341251	E670	0939D	25567	鍭	金部	9	325131134	E641	0936D
25522	鍸	金部	9	122513511	E64C	09378	25568	鎚	金部	9	325151454	E66D	0939A
25523	鍡	金部	9	125115315	82349533	04937	25569	鍎	金部	9	331225111	E584	0934E
25524	鍢	金部	9	125125121	E598	09362	25570	鍮	金部	9	341251122	E642	0936E
25525	鍳	金部	9	125125314	E647	09373	25571	锾	金部	9	344311354	EFCC	0953E
25526	鍊	金部	9	125431234	E580	0934A	25572	鍰	金部	9	344311354	E644	09370
25527	鍧	金部	9	131212511	82349537	0493B	25573	鍐	金部	9	345234354	E586	09350
25528	鍼	金部	9	131251534	E650	0937C	25574	鍯	金部	9	353344544	E643	0936F
25529	鍞	金部	9	132511134	EE7A	09849	25575	鍧	金部	9	354111251	E59D	09367
25530	鍦	金部	9	132513312	82349536	0493A	25576	锵	金部	9	412354124	EFCF	09535
25531	鍷	金部	9	134121121	E64B	09377	25577	锿	金部	9	412513534	EFCD	0953F
25532	锴	金部	9	153532511	EFC7	09534	25578	鎄	金部	9	412513534	E658	09384
25533	鍇	金部	9	153532511	E57C	09347	25579	镀	金部	9	413122154	B6C6	09540
25534	鑑	金部	9	155525121	E653	0937F	25580	鍍	金部	9	413122154	E583	0934D
25535	鎮	金部	9	212511134	E594	0935E	25581	鍗	金部	9	414345252	E58D	09357
25536	鍉	金部	9	251112134	E57E	09349	25582	鍦	金部	9	415331525	E59C	09366
25537	鍘	金部	9	251113422	E58E	09358	25583	鎈	金部	9	431113121	E65C	09388
25538	鍚	金部	9	251113533	E590	0935A	25584	镁	金部	9	431121134	C3BE	09541
25539	鍓	金部	9	251122111	E589	09353	25585	鎂	金部	9	431121134	E656	09382
25540	鍝	金部	9	251125214	E593	0935D	25586	鎹	金部	9	431134454	E68D	093B9
25541	鎾	金部	9	251125221	E692	093BE	25587	镂	金部	9	431234531	EFCE	09542
25542	鍟	金部	9	251131121	E595	0935F	25588	鎆	金部	9	431251122	E65A	09386
25543	鍻	金部	9	251135345	E64F	0937B	25589	镃	金部	9	431554554	E943	09543
25544	鍡	金部	9	251211534	E597	09361	25590	鎡	金部	9	431554554	E674	093A1
25545	鎅	金部	9	251213432	E659	09385	25591	鍙	金部	9	441122134	E58F	09359
25546	锶	金部	9	251214544	EFC8	09536	25592	鍌	金部	9	441312135	E582	0934C
25547	鍶	金部	9	251214544	E64A	09376	25593	鎃	金部	9	441333534	E657	09383
25548	锷	金部	9	251251115	EFC9	09537	25594	鍹	金部	9	445125111	E64D	09379
25549	鍔	金部	9	251251115	E58A	09354	25595	鍐	金部	9	445433454	82349535	04939
25550	鍴	金部	9	252132522	E648	09374	25596	鍕	金部	9	451251112	E58B	09355
25551	锸	金部	9	312321511	EFCA	09538	25597	鍽	金部	9	451325122	E651	0937D

字序	字形	部首	部首外笔画数	部首外笔顺	18030代码	13000代码	字序	字形	部首	部首外笔画数	部首外笔顺	18030代码	13000代码
25598	鎺	金部	9	452425111	E68E	093BA	25644	鏅	金部	10	3223542511	E699	093C5
25599	鍜	金部	9	512115154	E592	0935C	25645	鎨	金部	10	3241112112	E67B	093A8
25600	鍲	金部	9	515152511	E646	09372	25646	镌	金部	10	3241112153	EFD4	0954C
25601	镄	金部	9	515322534	EFD0	09544	25647	鎸	金部	10	3241112153	E68C	093B8
25602	鍏	金部	9	521251152	E585	0934F	25648	镍	金部	10	3251111234	C4F8	0954D
25603	镅	金部	9	521325111	EFD1	09545	25649	鎳	金部	10	3251111234	E687	093B3
25604	鎇	金部	9	521325111	E65B	09387	25650	鎴	金部	10	3251114544	E688	093B4
25605	鍨	金部	9	543341134	E59E	09368	25651	鎢	金部	10	3251154444	E675	093A2
25606	鍒	金部	9	545231234	E588	09352	25652	鎞	金部	10	3253411535	E671	0939E
25607	鍪	金部	9	545233134	F6CA	0936A	25653	鎫	金部	10	3253434354	E67E	093AB
25608	䤸	金部	9	551353334	82349534	04938	25654	鎜	金部	10	3354143554	E66F	0939C
25609	䤿	金部	10	1112533112	82349631	0493F	25655	鎩	金部	10	3412343554	E67C	093A9
25610	鏊	金部	10	1121533134	F6CB	093CA	25656	镎	金部	10	3412513112	EFD5	0954E
25611	䥅	金部	10	1211211121	82349637	04945	25657	鎿	金部	10	3412513112	E693	093BF
25612	鎷	金部	10	1211254444	E68B	093B7	25658	鎐	金部	10	3443311252	E663	09390
25613	鎱	金部	10	1212513534	E685	093B1	25659	䤾	金部	10	3443321511	82349630	0493E
25614	鎑	金部	10	1215425221	E664	09391	25660	鎗	金部	10	3445113251	E66A	09397
25615	镊	金部	10	1221115454	C4F7	0954A	25661	鎓	金部	10	3454541541	E666	09393
25616	鏵	金部	10	1221122112	E766	093F5	25662	鎭	金部	10	3525111534	E681	093AD
25617	䥈	金部	10	1221344132	82349639	04948	25663	鏠	金部	10	3541112454	E751	093E0
25618	镆	金部	10	1222511134	EFD2	09546	25664	镏	金部	10	3545325121	EFD6	0954F
25619	鏌	金部	10	1222511134	E69F	093CC	25665	鎦	金部	10	3545325121	E679	093A6
25620	镇	金部	10	1225111134	D5F2	09547	25666	镐	金部	10	4125125251	B8E4	09550
25621	鎮	金部	10	1225111134	E682	093AE	25667	鎬	金部	10	4125125251	E680	093AC
25622	鎍	金部	10	1245554234	E661	0938D	25668	鎕	金部	10	4135112251	E668	09395
25623	鏈	金部	10	1251112454	E69C	093C8	25669	镑	金部	10	4143454153	B0F7	09551
25624	镈	金部	10	1251124124	E944	09548	25670	鎊	金部	10	4143454153	E65E	0938A
25625	鎛	金部	10	1251124124	E66E	0939B	25671	镒	金部	10	4313425221	EFD7	09552
25626	鎶	金部	10	1251212512	E68A	093B6	25672	鎰	金部	10	4313425221	E684	093B0
25627	镉	金部	10	1251254312	EFD3	09549	25673	鎌	金部	10	4315112234	E660	0938C
25628	鎘	金部	10	1251254312	E66B	09398	25674	鎙	金部	10	4315233511	E66C	09399
25629	鎒	金部	10	1311534124	E665	09392	25675	鎣	金部	10	4334433445	E676	093A3
25630	䥄	金部	10	1312212511	82349636	04944	25676	鎏	金部	10	4414154325	F6CC	0938F
25631	鎼	金部	10	2153153112	E690	093BC	25677	鎋	金部	10	4451112251	E65F	0938B
25632	鎖	金部	10	2432511134	E669	09396	25678	镓	金部	10	4451353334	EFD8	09553
25633	镋	金部	10	2434525135	E945	0954B	25679	鎵	金部	10	4451353334	E689	093B5
25634	鎲	金部	10	2434525135	E686	093B2	25680	镔	金部	10	4453212134	EFD9	09554
25635	鏎	金部	10	2511122112	E740	093CE	25681	镕	金部	10	4453434251	E946	09555
25636	鎤	金部	10	2511243135	E677	093A4	25682	鎔	金部	10	4453434251	E667	09394
25637	鎉	金部	10	2511541541	E65D	09389	25683	䥂	金部	10	4511353334	82349634	04942
25638	鎧	金部	10	2521251431	E67A	093A7	25684	䦂	金部	10	4513541541	FE88	04982
25639	鎠	金部	10	2522112121	E673	093A0	25685	䥇	金部	10	4513541541	FE85	04947
25640	䤽	金部	10	2522123344	82349539	0493D	25686	䥃	金部	10	4532411121	82349635	04943
25641	鎽	金部	10	2523541112	E691	093BD	25687	䥀	金部	10	5221251214	82349632	04940
25642	鎎	金部	10	3115431234	E662	0938E	25688	䥁	金部	10	5425431121	82349633	04941
25643	鎥	金部	10	3223541234	E678	093A5	25689	䥐	金部	10	5452335453	82349737	04950

字序	字形	部首	部首外笔画数	部首外笔顺	18030代码	13000代码	字序	字形	部首	部首外笔画数	部首外笔顺	18030代码	13000代码
25690	鎟	金部	10	5454541234	E672	0939F	25736	鏮	金部	11	41351124134	E75F	093EE
25691	鎻	金部	10	5552511134	E68F	093BB	25737	镛	金部	11	41351125112	EFDE	0955B
25692	鏏	金部	11	11121112511	E741	093CF	25738	鏞	金部	11	41351125112	E74F	093DE
25693	䥊	金部	11	11212511134	82349731	0494A	25739	鏕	金部	11	41352211535	E747	093D5
25694	䥍	金部	11	12143112354	82349734	0494D	25740	鏱	金部	11	41431251112	E762	093F1
25695	鏧	金部	11	12152133554	E758	093E7	25741	镜	金部	11	41431251135	BEB5	0955C
25696	䥓	金部	11	12211134121	82349830	04953	25742	鏡	金部	11	41431251135	E752	093E1
25697	䦃	金部	11	12212132511	FE89	04983	25743	鏟	金部	11	41431331121	E750	093DF
25698	鐯	金部	11	12212132511	E840	0942F	25744	镝	金部	11	41432512251	EFE1	0955D
25699	鐄	金部	11	12212512134	E775	09404	25745	鏑	金部	11	41432512251	E743	093D1
25700	鏋	金部	11	12212523434	E69E	093CB	25746	镞	金部	11	41533131134	EFDF	0955E
25701	䥑	金部	11	12343434354	82349738	04951	25747	鏃	金部	11	41533131134	E697	093C3
25702	鏩	金部	11	12511123312	E75A	093E9	25748	镟	金部	11	41533152134	EFE0	0955F
25703	鏨	金部	11	12511123312	E759	093E8	25749	鏇	金部	11	41533152134	E69B	093C7
25704	鏄	金部	11	12511214124	E698	093C4	25750	鏲	金部	11	41554453112	E763	093F2
25705	鏪	金部	11	12512212511	E75B	093EA	25751	䥕	金部	11	43252343134	82349832	04955
25706	鏉	金部	11	12512343534	E69D	093C9	25752	鐅	金部	11	43252343134	E776	09405
25707	鏂	金部	11	12512512515	E696	093C2	25753	鏔	金部	11	44512512134	E746	093D4
25708	鏗	金部	11	12512554121	E748	093D7	25754	鏥	金部	11	44532132511	E756	093E5
25709	镖	金部	11	12522111234	EFDA	09556	25755	䥉	金部	11	44535251354	82349730	04949
25710	鏢	金部	11	12522111234	E753	093E2	25756	鏘	金部	11	52133544124	E749	093D8
25711	䥎	金部	11	13115342511	82349735	0494E	25757	鐊	金部	11	52251113533	E77B	0940A
25712	鏚	金部	11	13211234534	E74B	093DA	25758	䥙	金部	11	52431353334	82349836	04959
25713	鏯	金部	11	13434343434	E760	093EF	25759	鐆	金部	11	52431353334	E777	09406
25714	鏀	金部	11	21253444441	E694	093C0	25760	镠	金部	11	54154134333	E948	09560
25715	鏬	金部	11	21531534312	E75D	093EC	25761	鏐	金部	11	54154134333	E742	093D0
25716	镗	金部	11	24345251121	EFDB	09557	25762	鏒	金部	11	54545434333	E744	093D2
25717	鏜	金部	11	24345251121	E74D	093DC	25763	鏆	金部	11	55212511134	E69A	093C6
25718	鏛	金部	11	24345251252	E74C	093DB	25764	鏁	金部	11	55525111234	E695	093C1
25719	鏤	金部	11	25112512531	E755	093E4	25765	䥛	金部	12	111253554234	82349838	0495B
25720	镘	金部	11	25112522154	EFDC	09558	25766	鐟	金部	12	113411342511	E791	0941F
25721	鏝	金部	11	25112522154	E74E	093DD	25767	䥗	金部	12	121112343534	82349834	04957
25722	镙	金部	11	25121554234	EFDD	09559	25768	鐃	金部	12	121121121135	E774	09403
25723	鏍	金部	11	25121554234	E6A0	093CD	25769	鐼	金部	12	121222511134	E84D	0943C
25724	鏙	金部	11	25232411121	E74A	093D9	25770	䥟	金部	12	121251135345	82349932	0495F
25725	镚	金部	11	25235113511	E947	0955A	25771	鐡	金部	12	121251431534	E793	09421
25726	鏰	金部	11	25235113511	E761	093F0	25772	鐽	金部	12	121431112454	E84E	0943D
25727	鐹	金部	11	25525251454	E84A	09439	25773	鐚	金部	12	121551214544	E78C	0941A
25728	鏫	金部	11	31234221234	E75C	093EB	25774	鐁	金部	12	122111343312	E772	09401
25729	鵭	金部	11	32511154444	F96A	09D6D	25775	鐷	金部	12	122122151234	E848	09437
25730	鏓	金部	11	32535414544	E745	093D3	25776	鏾	金部	12	122125113134	E76F	093FE
25731	鏦	金部	11	33234342134	E757	093E6	25777	䥠	金部	12	122131251534	82349933	04960
25732	鏭	金部	11	34312344544	E75E	093ED	25778	鐂	金部	12	122155125121	E773	09402
25733	鐌	金部	11	35251353334	E77D	0940C	25779	鐢	金部	12	123434341234	E794	09422
25734	䥋	金部	11	41251524444	82349732	0494B	25780	䦄	金部	12	125112143534	82349C35	04984
25735	鏣	金部	11	41312214444	E754	093E3	25781	鏸	金部	12	125112144544	E769	093F8

字序	字形	部首	部首外笔画数	部首外笔顺	18030代码	13000代码
25782	镡	金部	12	125221251112	EFE2	09561
25783	鐔	金部	12	125221251112	E786	09414
25784	䥔	金部	12	125221431234	82349831	04954
25785	䥦	金部	12	131212511454	82349939	04966
25786	镢	金部	12	134315233534	EFE3	09562
25787	鐝	金部	12	134315233534	E78F	0941D
25788	镣	金部	12	134432511234	C1CD	09563
25789	鐐	金部	12	134432511234	E782	09410
25790	鐕	金部	12	153515352511	E787	09415
25791	镤	金部	12	224314311134	EFE4	09564
25792	鏷	金部	12	224314311134	E768	093F7
25793	鏿	金部	12	243452511234	E770	093FF
25794	鐣	金部	12	243452513112	E795	09423
25795	鐤	金部	12	251115132125	E796	09424
25796	鐦	金部	12	251125111132	E798	09426
25797	䥜	金部	12	251125111234	82349839	0495C
25798	鐧	金部	12	251125112511	E799	09427
25799	鐗	金部	12	251125113511	E789	09417
25800	鐛	金部	12	251141251234	E78D	0941B
25801	鐀	金部	12	251212511134	E771	09400
25802	鐈	金部	12	313425125251	E779	09408
25803	鏼	金部	12	314314125234	E76D	093FC
25804	鏶	金部	12	324111211234	E767	093F6
25805	鐫	金部	12	324111212525	E79D	0942B
25806	鐎	金部	12	324111214444	E780	0940E
25807	鐭	金部	12	325431234134	E79F	0942D
25808	䥏	金部	12	332311212152	82349736	0494F
25809	鐇	金部	12	343123425121	E778	09407
25810	䥘	金部	12	343434342511	82349835	04958
25811	镥	金部	12	352512112511	EFE5	09565
25812	镦	金部	12	412515213134	EFE6	09566
25813	鐓	金部	12	412515213134	E785	09413
25814	鐜	金部	12	412515213134	E78E	0941C
25815	鐘	金部	12	414312511211	E78A	09418
25816	镧	金部	12	425125431234	EFE7	09567
25817	䦅	金部	12	431112431251	FE8A	04985
25818	鐥	金部	12	431112431251	E797	09425
25819	镨	金部	12	431224312511	EFE8	09568
25820	鐠	金部	12	431224312511	E792	09420
25821	鏻	金部	12	431234354152	E76C	093FB
25822	鐏	金部	12	431253511124	E781	0940F
25823	䥖	金部	12	431253511134	82349833	04956
25824	鐩	金部	12	431353334454	E79B	09429
25825	鏳	金部	12	432524312511	E764	093F3
25826	鐒	金部	12	433443344553	E784	09412
25827	鐋	金部	12	441251113533	E77C	0940B
25828	镩	金部	12	445342512512	EFE9	09569
25829	鐞	金部	12	511121251124	E790	0941E
25830	镪	金部	12	515251251214	EFEA	0956A
25831	鏹	金部	12	515251251214	E76A	093F9
25832	䥒	金部	12	515251251214	82349739	04952
25833	鐨	金部	12	515322511134	E79A	09428
25834	鐉	金部	12	515515122134	E77A	09409
25835	镫	金部	12	543341251431	EFEB	0956B
25836	鐙	金部	12	543341251431	E78B	09419
25837	鏺	金部	12	543345153554	E76B	093FA
25838	鐍	金部	12	545232534251	E77E	0940D
25839	鐑	金部	12	554444121251	E783	09411
25840	鐖	金部	12	554554134534	E788	09416
25841	鐵	金部	13	1212511121534	E846	09435
25842	鑉	金部	13	1221215425221	E859	09449
25843	䥬	金部	13	1221251124124	82349A35	0496C
25844	镬	金部	13	1223241112154	EFEC	0956C
25845	鑊	金部	13	1223241112154	E85A	0944A
25846	鑝	金部	13	1223541112454	E86D	0945D
25847	镭	金部	13	1452444425121	C0D8	0956D
25848	鐳	金部	13	1452444425121	E844	09433
25849	䥤	金部	13	1452444435515	82349937	04964
25850	鐬	金部	13	2121131233534	E79E	0942C
25851	鐻	金部	13	2153151353334	E84C	0943B
25852	鐪	金部	13	2153152512153	E79C	0942A
25853	鐺	金部	13	2434525125121	E84B	0943A
25854	鏴	金部	13	2512121354251	E765	093F4
25855	鑓	金部	13	2512125151454	E863	09453
25856	鐰	金部	13	2512512511234	E841	09430
25857	鐸	金部	13	2522112143112	E849	09438
25858	镮	金部	13	2522112513534	E949	0956E
25859	鐶	金部	13	2522112513534	E847	09436
25860	镯	金部	13	2522135251214	EFED	0956F
25861	鐲	金部	13	2522135251214	E843	09432
25862	䥣	金部	13	3215111213554	82349936	04963
25863	䥡	金部	13	3215122151234	82349934	04961
25864	䥞	金部	13	3251141533134	82349931	0495E
25865	䥩	金部	13	3322521353134	82349A32	04969
25866	鐱	金部	13	3412512513434	E842	09431
25867	鑀	金部	13	3443454544354	E850	09440
25868	鑁	金部	13	3444445234354	E851	09441
25869	镰	金部	13	4134315112234	C1AD	09570
25870	鐮	金部	13	4134315112234	E7A0	0942E
25871	䥝	金部	13	4135221153535	82349930	0495D
25872	镱	金部	13	4143125114544	EFEE	09571
25873	鐿	金部	13	4143125114544	E84F	0943F

字序	字形	部首	部首外笔画数	部首外笔顺	18030代码	13000代码
25874	䥥	金部	13	4143135112234	82349938	04965
25875	鏽	金部	13	5112322151512	E76E	093FD
25876	鐴	金部	13	5132514143112	E845	09434
25877	鐾	金部	13	5132514143112	F6CD	0943E
25878	䥫	金部	14	12132411121534	82349A34	0496B
25879	鑄	金部	14	12151211251124	E854	09444
25880	鑖	金部	14	12225221134534	E866	09456
25881	䥭	金部	14	12413441241344	82349A36	0496D
25882	鑋	金部	14	12511121555121	E85B	0944B
25883	鑎	金部	14	12512125111345	E85E	0944E
25884	鑑	金部	14	12512531425221	E861	09451
25885	鑒	金部	14	12512531425221	E862	09452
25886	䥮	金部	14	12522112512552	82349A37	0496E
25887	鑈	金部	14	13425234343434	E858	09448
25888	鑐	金部	14	14524444132522	E860	09450
25889	䥧	金部	14	21451343425111	82349A30	04967
25890	鑆	金部	14	22431431121124	E856	09446
25891	鑍	金部	14	25111342511134	E85D	0944D
25892	䥨	金部	14	25112511251251	82349A31	04968
25893	䥪	金部	14	25115545544444	82349A33	0496A
25894	鑂	金部	14	31254312114444	E852	09442
25895	鑛	金部	14	41312212512134	E86B	0945B
25896	鑇	金部	14	41432533543211	E857	09447
25897	鑅	金部	14	43344334451234	E855	09445
25898	鑧	金部	14	44512225111354	E877	09467
25899	鑌	金部	14	44512332511134	E85C	0944C
25900	镲	金部	14	44535445411234	EFEF	09572
25901	鑔	金部	14	44535445411234	E864	09454
25902	鑏	金部	14	44545442522112	E85F	0944F
25903	鑃	金部	14	54154132411121	E853	09443
25904	鑚	金部	15	113411342511134	E86A	0945A
25905	鑟	金部	15	121252212511134	E86F	0945F
25906	䥲	金部	15	125125125153534	82349B31	04972
25907	鑦	金部	15	125125542511134	E876	09466
25908	䥳	金部	15	132511454544354	82349B32	04973
25909	鑡	金部	15	212134341343452	E871	09461
25910	鑢	金部	15	215315251214544	E872	09462
25911	鑜	金部	15	243452512511134	E86C	0945C
25912	鑤	金部	15	251112213424134	E874	09464
25913	鑘	金部	15	251212512125121	E868	09458
25914	䥯	金部	15	252215425113535	82349A38	0496F
25915	䥴	金部	15	252324111212525	82349B33	04974
25916	鑙	金部	15	312341354352511	E869	09459
25917	鑗	金部	15	312343533424134	E867	09457
25918	鑠	金部	15	325115545541234	E870	09460
25919	鑕	金部	15	331233122511134	E865	09455
25920	鑥	金部	15	352512144442511	E875	09465
25921	镳	金部	15	413522115354444	EFF0	09573
25922	鑣	金部	15	413522115354444	E873	09463
25923	䥰	金部	15	415251214251214	82349A39	04970
25924	䥱	金部	15	445321511354444	82349B30	04971
25925	镴	金部	15	555253415445445	E94A	09574
25926	鑞	金部	15	555253415445445	E86E	0945E
25927	鑮	金部	16	1224411251124124	E87D	0946E
25928	鑩	金部	16	1225125112512511	E879	09469
25929	鑬	金部	16	1251253142511135	E87B	0946C
25930	䥶	金部	16	1331234312342121	82349B35	04976
25931	鑪	金部	16	2153152512125221	E87A	0946A
25932	䥵	金部	16	2511121121121135	82349B34	04975
25933	䥷	金部	16	3143142511113222	82349B36	04977
25934	鑫	金部	16	3411243134112431	F6CE	0946B
25935	鑨	金部	16	4143125111515111	E878	09468
25936	鑶	金部	17	12213513125125534	E886	09476
25937	鑵	金部	17	12225125132411121	E885	09475
25938	鑭	金部	17	25112511125431234	E87C	0946D
25939	鑰	金部	17	34125125125125122	E880	09470
25940	鑯	金部	17	34341211121111534	E87E	0946F
25941	镵	金部	17	35251153535251354	E94B	09575
25942	鑱	金部	17	35251153535251354	E881	09471
25943	镶	金部	17	41251251112213534	CFE2	09576
25944	鑲	金部	17	41251251112213534	E882	09472
25945	鑳	金部	17	44511221342512134	E883	09473
25946	䥸	金部	17	51513425234343434	82349B37	04978
25947	鑷	金部	18	122111122111122111	E887	09477
25948	鑺	金部	18	251112511132411121	E88A	0947A
25949	鑸	金部	18	251212512125121121	E888	09478
25950	鑴	金部	18	252324111212534251	E884	09474
25951	鑹	金部	18	445343215115445445	E889	09479
25952	鑻	金部	19	1234343412341343112	E88B	0947B
25953	鑼	金部	19	2522155444432411121	E88C	0947C
25954	鑽	金部	19	3121353121352511134	E88D	0947D
25955	鑾	金部	19	4111251554444554444	E88E	0947E
25956	钄	金部	20	12225112511125431234	E894	09484
25957	钀	金部	20	21531512512543121344	E890	09480
25958	鑿	金部	20	22431431123215113554	E88F	0947F
25959	钂	金部	20	24345251254312114444	E892	09482
25960	䦆	金部	20	25111251113241112154	FE8B	04986
25961	钁	金部	20	25111251113241112154	E891	09481
25962	䥹	金部	21	111253212134341343452	82349B38	04979
25963	钃	金部	21	513241342522135251214	E893	09483

字序	字形	部首	部首外笔画数	部首外笔顺	18030代码	13000代码
25964	鱼	鱼部	0	0	D3E3	09C7C
25965	魚	鱼部	0	0	F47E	09B5A
25966	䰲	鱼部	1	5	8234E035	04C32
25967	䰳	鱼部	2	12	8234E036	04C33
25968	魝	鱼部	2	22	F482	09B5D
25969	魜	鱼部	2	34	F481	09B5C
25970	魞	鱼部	2	34	F483	09B5E
25971	鱽	鱼部	2	53	F781	09C7D
25972	魛	鱼部	2	53	F480	09B5B
25973	魟	鱼部	3	121	F484	09B5F
25974	魠	鱼部	3	315	F485	09B60
25975	䰴	鱼部	3	315	8234E037	04C34
25976	魡	鱼部	3	354	F486	09B61
25977	魥	鱼部	3	354	F48A	09B65
25978	䰶	鱼部	3	415	8234E039	04C36
25979	鱾	鱼部	3	515	F782	09C7E
25980	魢	鱼部	3	515	F487	09B62
25981	䰵	鱼部	3	521	8234E038	04C35
25982	䰷	鱼部	4	1112	8234E130	04C37
25983	魭	鱼部	4	1135	F492	09B6D
25984	魳	鱼部	4	1252	F498	09B73
25985	䰽	鱼部	4	1252	8234E136	04C3D
25986	鱿	鱼部	4	1354	F6CF	09C7F
25987	魷	鱼部	4	1354	F49C	09B77
25988	鮔	鱼部	4	1515	F558	09B94
25989	鲀	鱼部	4	1525	F783	09C80
25990	魨	鱼部	4	1525	F48D	09B68
25991	䰹	鱼部	4	1534	8234E132	04C39
25992	魮	鱼部	4	1535	F493	09B6E
25993	魱	鱼部	4	1551	F496	09B71
25994	魦	鱼部	4	2343	F48B	09B66
25995	鲁	鱼部	4	2511	C2B3	09C81
25996	魯	鱼部	4	2511	F494	09B6F
25997	魶	鱼部	4	2534	F49B	09B76
25998	魹	鱼部	4	3115	F49E	09B79
25999	䰻	鱼部	4	3134	8234E134	04C3B
26000	魸	鱼部	4	3215	F49D	09B78
26001	魤	鱼部	4	3235	F489	09B64
26002	䰺	鱼部	4	3312	8234E133	04C3A
26003	魬	鱼部	4	3354	F491	09B6C
26004	魪	鱼部	4	3432	F48F	09B6A
26005	䰼	鱼部	4	3445	8234E135	04C3C
26006	魵	鱼部	4	3453	F49A	09B75
26007	䰸	鱼部	4	3454	8234E131	04C38
26008	䲝	鱼部	4	3455	8234EB31	04C9D
26009	魩	鱼部	4	3533	F48E	09B69
26010	魰	鱼部	4	4134	F495	09B70
26011	魧	鱼部	4	4135	F48C	09B67
26012	鲂	鱼部	4	4153	F6D0	09C82
26013	魴	鱼部	4	4153	F499	09B74
26014	魲	鱼部	4	4513	F497	09B72
26015	魫	鱼部	4	4535	F490	09B6B
26016	鲃	鱼部	4	5215	F784	09C83
26017	䰾	鱼部	4	5215	8234E137	04C3E
26018	魣	鱼部	4	5452	F488	09B63
26019	鮇	鱼部	5	11234	F54B	09B87
26020	䱅	鱼部	5	11234	8234E234	04C45
26021	䱈	鱼部	5	11234	8234E237	04C48
26022	魼	鱼部	5	12154	F540	09B7C
26023	魽	鱼部	5	12211	F541	09B7D
26024	鮕	鱼部	5	12251	F559	09B95
26025	䱁	鱼部	5	12341	8234E230	04C41
26026	鲄	鱼部	5	12512	F785	09C84
26027	魺	鱼部	5	12512	F49F	09B7A
26028	魾	鱼部	5	13241	F542	09B7E
26029	鮖	鱼部	5	13251	F55A	09B96
26030	鲅	鱼部	5	13544	F6D1	09C85
26031	鮁	鱼部	5	13544	F545	09B81
26032	鲆	鱼部	5	14312	F6D2	09C86
26033	鮃	鱼部	5	14312	F547	09B83
26034	鲇	鱼部	5	21251	F6D3	09C87
26035	鮎	鱼部	5	21251	F552	09B8E
26036	鲈	鱼部	5	21513	F6D4	09C88
26037	䱇	鱼部	5	25111	8234E236	04C47
26038	䱉	鱼部	5	25111	8234E238	04C49
26039	魻	鱼部	5	25112	F4A0	09B7B
26040	鲉	鱼部	5	25121	F786	09C89
26041	鮋	鱼部	5	25121	F54F	09B8B
26042	䱀	鱼部	5	25134	8234E139	04C40
26043	鮂	鱼部	5	25341	F546	09B82
26044	鮏	鱼部	5	31121	F553	09B8F
26045	䱃	鱼部	5	31134	8234E232	04C43
26046	鲊	鱼部	5	31211	F787	09C8A
26047	鮓	鱼部	5	31211	F557	09B93
26048	稣	鱼部	5	31234	F6D5	07A23
26049	穌	鱼部	5	31234	B764	07A4C
26050	䰿	鱼部	5	31525	8234E138	04C3F
26051	鲋	鱼部	5	32124	F6D6	09C8B
26052	鮒	鱼部	5	32124	F556	09B92
26053	鮘	鱼部	5	32154	F55C	09B98
26054	鲌	鱼部	5	32511	F788	09C8C
26055	鮊	鱼部	5	32511	F54E	09B8A

字序	字形	部首	部首外笔画数	部首外笔顺	18030代码	13000代码	字序	字形	部首	部首外笔画数	部首外笔顺	18030代码	13000代码
26056	䱄	鱼部	5	33544	8234E233	04C44	26102	䱓	鱼部	6	312154	8234E338	04C53
26057	魿	鱼部	5	34454	F543	09B7F	26103	鮴	鱼部	6	321234	F578	09BB4
26058	䲟	鱼部	5	35152	FE93	04C9F	26104	鮲	鱼部	6	321344	F576	09BB2
26059	鮣	鱼部	5	35152	F567	09BA3	26105	鯅	鱼部	6	321554	F58A	09BC5
26060	鮈	鱼部	5	35251	F54C	09B88	26106	鲘	鱼部	6	331251	F78D	09C98
26061	鮗	鱼部	5	35444	F55B	09B97	26107	鮜	鱼部	6	331251	F560	09B9C
26062	鲍	鱼部	5	35515	B1AB	09C8D	26108	鲙	鱼部	6	341154	F78E	09C99
26063	鮑	鱼部	5	35515	F555	09B91	26109	鮯	鱼部	6	341251	F573	09BAF
26064	䲞	鱼部	5	41431	8234EB32	04C9E	26110	鮡	鱼部	6	341534	F565	09BA1
26065	鮌	鱼部	5	41554	F550	09B8C	26111	鮠	鱼部	6	351355	F564	09BA0
26066	鲎	鱼部	5	44345	F6D7	09C8E	26112	鮨	鱼部	6	352511	F56C	09BA8
26067	鮀	鱼部	5	44535	F544	09B80	26113	鮥	鱼部	6	354251	F569	09BA5
26068	鮅	鱼部	5	45434	F549	09B85	26114	䱢	鱼部	6	355112	8234E533	04C62
26069	鮄	鱼部	5	51532	F548	09B84	26115	鲚	鱼部	6	413432	F6DD	09C9A
26070	鮉	鱼部	5	53251	F54D	09B89	26116	鲛	鱼部	6	413434	F6DE	09C9B
26071	鲏	鱼部	5	53254	F789	09C8F	26117	鮫	鱼部	6	413434	F56F	09BAB
26072	鮍	鱼部	5	53254	F551	09B8D	26118	鲜	鱼部	6	431112	CFCA	09C9C
26073	䱆	鱼部	5	53521	8234E235	04C46	26119	鮮	鱼部	6	431112	F572	09BAE
26074	鲐	鱼部	5	54251	F6D8	09C90	26120	鮩	鱼部	6	431132	F56D	09BA9
26075	鮐	鱼部	5	54251	F554	09B90	26121	鲞	鱼部	6	431134	F6DF	09C9E
26076	䱂	鱼部	5	55453	8234E231	04C42	26122	鮝	鱼部	6	431134	F561	09B9D
26077	鲑	鱼部	6	121121	F6D9	09C91	26123	䱊	鱼部	6	431234	8234E239	04C4A
26078	鮭	鱼部	6	121121	F571	09BAD	26124	鮟	鱼部	6	445531	F563	09B9F
26079	鲒	鱼部	6	121251	F6DA	09C92	26125	鲟	鱼部	6	511124	F6E0	09C9F
26080	鮚	鱼部	6	121251	F55E	09B9A	26126	鮙	鱼部	6	541541	F55D	09B99
26081	鲓	鱼部	6	121315	F78A	09C93	26127	鯐	鱼部	7	1212134	F595	09BD0
26082	鮳	鱼部	6	121315	F577	09BB3	26128	䱑	鱼部	7	1213312	8234E336	04C51
26083	鮱	鱼部	6	121335	F575	09BB1	26129	鮿	鱼部	7	1221115	F584	09BBF
26084	䱋	鱼部	6	122134	8234E330	04C4B	26130	䱌	鱼部	7	1225125	8234E331	04C4C
26085	䱎	鱼部	6	125111	8234E333	04C4E	26131	鯄	鱼部	7	1241344	F589	09BC4
26086	䱍	鱼部	6	125441	8234E332	04C4D	26132	鯆	鱼部	7	1251124	F58B	09BC6
26087	鲔	鱼部	6	132511	F6DB	09C94	26133	鲠	鱼部	7	1251134	F6E1	09CA0
26088	鮪	鱼部	6	132511	F56E	09BAA	26134	鯁	鱼部	7	1251134	F586	09BC1
26089	鲕	鱼部	6	132522	F6DC	09C95	26135	鯃	鱼部	7	1251251	F588	09BC3
26090	鮞	鱼部	6	132522	F562	09B9E	26136	䱏	鱼部	7	1251431	8234E334	04C4F
26091	鮬	鱼部	6	134115	F570	09BAC	26137	鯂	鱼部	7	1253511	F587	09BC2
26092	鮤	鱼部	6	135422	F568	09BA4	26138	鲡	鱼部	7	1254254	F6E2	09CA1
26093	鯎	鱼部	6	135534	F593	09BCE	26139	䱖	鱼部	7	1315251	8234E431	04C56
26094	鮧	鱼部	6	151534	F56B	09BA7	26140	鲢	鱼部	7	1512454	F6E3	09CA2
26095	鮛	鱼部	6	211234	F55F	09B9B	26141	䱗	鱼部	7	2135454	8234E432	04C57
26096	鮆	鱼部	6	212135	F54A	09B86	26142	鲣	鱼部	7	2254121	F6E4	09CA3
26097	鲖	鱼部	6	251251	F78B	09C96	26143	鮹	鱼部	7	2432511	F57D	09BB9
26098	鮦	鱼部	6	251251	F56A	09BA6	26144	鲥	鱼部	7	2511124	F6E5	09CA5
26099	鮰	鱼部	6	252511	F574	09BB0	26145	鲤	鱼部	7	2511211	C0F0	09CA4
26100	鲗	鱼部	6	253422	F78C	09C97	26146	鯉	鱼部	7	2511211	F58E	09BC9
26101	鮢	鱼部	6	311234	F566	09BA2	26147	䱒	鱼部	7	2515215	8234E337	04C52

字序	字形	部首	部首外笔画数	部首外笔顺	18030代码	13000代码	字序	字形	部首	部首外笔画数	部首外笔顺	18030代码	13000代码
26148	鯌	鱼部	7	3121251	F591	09BCC	26194	䱛	鱼部	8	12511534	8234E436	04C5B
26149	鯏	鱼部	7	3123422	F594	09BCF	26195	䱨	鱼部	8	12523422	8234E539	04C68
26150	䱘	鱼部	7	3123422	8234E433	04C58	26196	䱞	鱼部	8	13411234	8234E439	04C5E
26151	䱕	鱼部	7	3155414	8234E430	04C55	26197	䱠	鱼部	8	15341534	8234E531	04C60
26152	䱔	鱼部	7	3223134	8234E339	04C54	26198	鲱	鱼部	8	21112111	F6EE	09CB1
26153	鯓	鱼部	7	3251113	F598	09BD3	26199	鯡	鱼部	8	21112111	F645	09BE1
26154	鮽	鱼部	7	3411234	F582	09BBD	26200	䱙	鱼部	8	21123454	8234E434	04C59
26155	鯑	鱼部	7	3413252	F596	09BD1	26201	鯱	鱼部	8	21531535	F655	09BF1
26156	䱐	鱼部	7	3443521	8234E335	04C50	26202	鲲	鱼部	8	25111535	F6EF	09CB2
26157	鮾	鱼部	7	3443531	F583	09BBE	26203	鯤	鱼部	8	25111535	F648	09BE4
26158	鮸	鱼部	7	3525135	F57C	09BB8	26204	鲳	鱼部	8	25112511	F6F0	09CB3
26159	鲦	鱼部	7	3541234	F6E6	09CA6	26205	鯧	鱼部	8	25112511	F64B	09BE7
26160	鲧	鱼部	7	3554234	F6E7	09CA7	26206	鯣	鱼部	8	25113533	F647	09BE3
26161	鯀	鱼部	7	3554234	F585	09BC0	26207	鲴	鱼部	8	25122511	F6F1	09CB4
26162	鯍	鱼部	7	4154325	F592	09BCD	26208	鯝	鱼部	8	25122511	F641	09BDD
26163	鯗	鱼部	7	4311134	F59C	09BD7	26209	䱩	鱼部	8	25431415	8234E630	04C69
26164	鮵	鱼部	7	4325135	F579	09BB5	26210	鯯	鱼部	8	31125222	F653	09BEF
26165	鮷	鱼部	7	4351523	F57B	09BB7	26211	䱥	鱼部	8	31125222	8234E536	04C65
26166	鲨	鱼部	7	4412343	F6E8	09CA8	26212	鯬	鱼部	8	31234353	F650	09BEC
26167	鯋	鱼部	7	4412343	F590	09BCB	26213	鯚	鱼部	8	31234521	F59F	09BDA
26168	鯊	鱼部	7	4412343	F58F	09BCA	26214	鯘	鱼部	8	31234531	F59D	09BD8
26169	鲩	鱼部	7	4451135	F6E9	09CA9	26215	鲵	鱼部	8	32151135	F6F2	09CB5
26170	鯇	鱼部	7	4451135	F58C	09BC7	26216	鯢	鱼部	8	32151135	F646	09BE2
26171	鲪	鱼部	7	5113251	F790	09CAA	26217	䱦	鱼部	8	32411121	8234E537	04C66
26172	鮶	鱼部	7	5113251	F57A	09BB6	26218	䱝	鱼部	8	32511312	8234E438	04C5D
26173	鮼	鱼部	7	5114554	F581	09BBC	26219	鯩	鱼部	8	34125122	F64D	09BE9
26174	鲫	鱼部	7	5115452	F6EA	09CAB	26220	鲶	鱼部	8	34454544	F6F3	09CB6
26175	鯽	鱼部	7	5115452	F661	09BFD	26221	鯰	鱼部	8	34454544	F654	09BF0
26176	鲬	鱼部	7	5425112	F791	09CAC	26222	鲷	鱼部	8	35121251	F6F4	09CB7
26177	鯒	鱼部	7	5425112	F597	09BD2	26223	鯛	鱼部	8	35121251	F5A0	09BDB
26178	鮻	鱼部	7	5434354	F580	09BBB	26224	䱤	鱼部	8	35321511	8234E535	04C64
26179	鲭	鱼部	8	11212511	F6EB	09CAD	26225	鯦	鱼部	8	35424251	F64A	09BE6
26180	鯖	鱼部	8	11212511	F59B	09BD6	26226	䱡	鱼部	8	35431234	8234E532	04C61
26181	䱪	鱼部	8	11213534	8234E631	04C6A	26227	鲸	鱼部	8	41251234	BEA8	09CB8
26182	鯺	鱼部	8	12132511	F65E	09BFA	26228	鯨	鱼部	8	41251234	F64C	09BE8
26183	鯥	鱼部	8	12134121	F649	09BE5	26229	鯙	鱼部	8	41251521	F59E	09BD9
26184	鲮	鱼部	8	12134354	F6EC	09CAE	26230	鯳	鱼部	8	41335154	F657	09BF3
26185	鯪	鱼部	8	12134354	F64E	09BEA	26231	䱣	鱼部	8	41343412	8234E534	04C63
26186	鲯	鱼部	8	12211134	F792	09CAF	26232	鯜	鱼部	8	41431531	F640	09BDC
26187	鯕	鱼部	8	12211134	F59A	09BD5	26233	鯲	鱼部	8	41533444	F656	09BF2
26188	鲰	鱼部	8	12211154	F6ED	09CB0	26234	䱧	鱼部	8	43113455	8234E538	04C67
26189	鯫	鱼部	8	12211154	F64F	09BEB	26235	鯮	鱼部	8	44511234	F652	09BEE
26190	䱜	鱼部	8	12212511	8234E437	04C5C	26236	䱶	鱼部	8	45115452	8234E733	04C76
26191	鰙	鱼部	8	12213251	F67D	09C19	26237	鰎	鱼部	8	51111254	F672	09C0E
26192	鯠	鱼部	8	12343434	F644	09BE0	26238	䱚	鱼部	8	51124134	8234E435	04C5A
26193	鯟	鱼部	8	12511234	F643	09BDF	26239	鯞	鱼部	8	51145252	F642	09BDE

字序	字形	部首	部首外笔画数	部首外笔顺	18030代码	13000代码	字序	字形	部首	部首外笔画数	部首外笔顺	18030代码	13000代码
26240	䱟	鱼部	8	51312251	8234E530	04C5F	26286	鯾	鱼部	9	321251134	F662	09BFE
26241	鯭	鱼部	8	52125221	F651	09BED	26287	䱸	鱼部	9	321511254	8234E734	04C78
26242	鲺	鱼部	8	53251214	F6F5	09CBA	26288	鳇	鱼部	9	325111121	F6FC	09CC7
26243	鯴	鱼部	8	53251214	F658	09BF4	26289	鰉	鱼部	9	325111121	F66D	09C09
26244	鲹	鱼部	8	54134333	F793	09CB9	26290	鳈	鱼部	9	325112534	F799	09CC8
26245	鯵	鱼部	8	54134333	F659	09BF5	26291	鰁	鱼部	9	325112534	F665	09C01
26246	鲻	鱼部	8	55525121	F6F6	09CBB	26292	鯸	鱼部	9	325131134	F65C	09BF8
26247	鯔	鱼部	8	55525121	F599	09BD4	26293	鰀	鱼部	9	344311354	F664	09C00
26248	䱮	鱼部	9	111253134	8234E635	04C6E	26294	鯼	鱼部	9	345234354	F660	09BFC
26249	䲠	鱼部	9	111342511	FE94	04CA0	26295	鳉	鱼部	9	412354124	F79A	09CC9
26250	鰆	鱼部	9	111342511	F66A	09C06	26296	䱱	鱼部	9	414345252	8234E638	04C71
26251	鲼	鱼部	9	121222534	F6F7	09CBC	26297	䱹	鱼部	9	431113121	8234E735	04C79
26252	鲽	鱼部	9	122151234	F6F8	09CBD	26298	䲡	鱼部	9	431253511	FE95	04CA1
26253	鰈	鱼部	9	122151234	F66C	09C08	26299	鰌	鱼部	9	431253511	F670	09C0C
26254	鰗	鱼部	9	122513511	F67B	09C17	26300	鰦	鱼部	9	431554554	F68B	09C26
26255	鰋	鱼部	9	125115315	F66F	09C0B	26301	䱴	鱼部	9	442125111	8234E731	04C74
26256	鯻	鱼部	9	125123422	F65F	09BFB	26302	䱭	鱼部	9	442125441	8234E634	04C6D
26257	䱫	鱼部	9	125123422	8234E632	04C6B	26303	鰚	鱼部	9	445125111	F67E	09C1A
26258	鲾	鱼部	9	125125121	F794	09CBE	26304	鰘	鱼部	9	445154121	F67C	09C18
26259	鰏	鱼部	9	125125121	F673	09C0F	26305	鯶	鱼部	9	451251112	F65A	09BF6
26260	鰊	鱼部	9	125431234	F66E	09C0A	26306	鳊	鱼部	9	451325122	F6FD	09CCA
26261	鰖	鱼部	9	131212511	F67A	09C16	26307	鯿	鱼部	9	451325122	F663	09BFF
26262	鰔	鱼部	9	131251534	F678	09C14	26308	鰰	鱼部	9	452425112	F695	09C30
26263	鰄	鱼部	9	131531534	F668	09C04	26309	鱀	鱼部	9	511541535	F744	09C40
26264	䱳	鱼部	9	132511211	8234E730	04C73	26310	鰕	鱼部	9	512115154	F679	09C15
26265	鲿	鱼部	9	243451154	F795	09CBF	26311	䱬	鱼部	9	521342511	8234E633	04C6C
26266	鳀	鱼部	9	251112134	F796	09CC0	26312	鳋	鱼部	9	544251214	F6FE	09CCB
26267	鯷	鱼部	9	251112134	F65B	09BF7	26313	鰠	鱼部	9	544251214	F685	09C20
26268	鰂	鱼部	9	251113422	F666	09C02	26314	鰇	鱼部	9	545231234	F66B	09C07
26269	鰑	鱼部	9	251113533	F675	09C11	26315	䱯	鱼部	9	545233134	8234E636	04C6F
26270	鰅	鱼部	9	251125214	F669	09C05	26316	䱲	鱼部	9	551353334	8234E639	04C72
26271	鳁	鱼部	9	251125221	F797	09CC1	26317	鳌	鱼部	10	1121533134	F7A1	09CCC
26272	鰛	鱼部	9	251125221	F680	09C1B	26318	鰲	鱼部	10	1121533134	F697	09C32
26273	鯹	鱼部	9	251131121	F65D	09BF9	26319	鰢	鱼部	10	1211254444	F687	09C22
26274	鳂	鱼部	9	251211534	F798	09CC2	26320	鳍	鱼部	10	1213352511	F7A2	09CCD
26275	鰃	鱼部	9	251211534	F667	09C03	26321	鰭	鱼部	10	1213352511	F692	09C2D
26276	鳃	鱼部	9	251214544	C8FA	09CC3	26322	鰪	鱼部	10	1215425221	F68F	09C2A
26277	鰓	鱼部	9	251214544	F677	09C13	26323	鰱	鱼部	10	1251112454	F696	09C31
26278	鳄	鱼部	9	251251115	F6F9	09CC4	26324	䲇	鱼部	10	1251234454	8234E839	04C87
26279	鰐	鱼部	9	251251115	F674	09C10	26325	鱁	鱼部	10	1353334454	F745	09C41
26280	䱻	鱼部	9	255452511	8234E737	04C7B	26326	鰬	鱼部	10	2153154134	F691	09C2C
26281	鳅	鱼部	9	312344334	F6FA	09CC5	26327	鰣	鱼部	10	2511121124	F688	09C23
26282	鰍	鱼部	9	312344334	F671	09C0D	26328	鳎	鱼部	10	2511541541	F7A3	09CCE
26283	䱰	鱼部	9	312511211	8234E637	04C70	26329	鰨	鱼部	10	2511541541	F68D	09C28
26284	鳆	鱼部	9	312511354	F6FB	09CC6	26330	䱺	鱼部	10	2521251431	8234E736	04C7A
26285	鰒	鱼部	9	312511354	F676	09C12	26331	鳏	鱼部	10	2522123344	F7A4	09CCF

字序	字形	部首	部首外笔画数	部首外笔顺	18030代码	13000代码	字序	字形	部首	部首外笔画数	部首外笔顺	18030代码	13000代码
26332	鰥	鱼部	10	2522123344	F68A	09C25	26378	鰶	鱼部	11	35445411234	F69B	09C36
26333	鰮	鱼部	10	2534125221	F693	09C2E	26379	䲈	鱼部	11	41312341234	8234E930	04C88
26334	鰷	鱼部	10	3223541234	F69C	09C37	26380	鱇	鱼部	11	41351124134	F74B	09C47
26335	鰞	鱼部	10	3251154444	F683	09C1E	26381	鳙	鱼部	11	41351125112	F7AB	09CD9
26336	鰤	鱼部	10	3251511252	F689	09C24	26382	鱅	鱼部	11	41351125112	F749	09C45
26337	鳐	鱼部	10	3443311252	F7A5	09CD0	26383	鱆	鱼部	11	41431251112	F74A	09C46
26338	鰩	鱼部	10	3443311252	F68E	09C29	26384	䲂	鱼部	11	41533152134	8234E834	04C82
26339	䱽	鱼部	10	3445113251	8234E739	04C7D	26385	鳖	鱼部	11	43252343134	B1EE	09CD6
26340	䱵	鱼部	10	3454541541	8234E732	04C75	26386	鱉	鱼部	11	43252343134	F74D	09C49
26341	鰡	鱼部	10	3545325121	F686	09C21	26387	䲎	鱼部	11	51221113134	8234E936	04C8E
26342	鰝	鱼部	10	4125125251	F682	09C1D	26388	鳚	鱼部	11	51311234124	F79D	09CDA
26343	鳑	鱼部	10	4143454153	F79B	09CD1	26389	䲁	鱼部	11	51311234124	8234E833	04C81
26344	鰟	鱼部	10	4143454153	F684	09C1F	26390	䲊	鱼部	11	52131212511	8234E932	04C8A
26345	鱃	鱼部	10	4311135211	F747	09C43	26391	鱂	鱼部	11	52133544124	F746	09C42
26346	鳒	鱼部	10	4315112234	F79C	09CD2	26392	鳛	鱼部	11	54154132511	F79E	09CDB
26347	鰜	鱼部	10	4315112234	F681	09C1C	26393	鰼	鱼部	11	54154132511	F740	09C3C
26348	䲤	鱼部	10	4411253511	8234EB33	04CA4	26394	鰺	鱼部	11	54545434333	F69F	09C3A
26349	鰫	鱼部	10	4453434251	F690	09C2B	26395	鱜	鱼部	11	55345115452	F760	09C5C
26350	䱼	鱼部	10	5131221534	8234E738	04C7C	26396	䲃	鱼部	11	55525111234	8234E835	04C83
26351	鰯	鱼部	10	5154151541	F694	09C2F	26397	䲋	鱼部	12	113411342511	8234E933	04C8B
26352	鰿	鱼部	11	11212511134	F743	09C3F	26398	䲌	鱼部	12	121112343534	8234E934	04C8C
26353	䲅	鱼部	11	11342511135	8234E837	04C85	26399	鱙	鱼部	12	121121121135	F75D	09C59
26354	䲀	鱼部	11	12143112354	8234E832	04C80	26400	鱝	鱼部	12	121222511134	F761	09C5D
26355	鳓	鱼部	11	12212511253	F7A6	09CD3	26401	鱚	鱼部	12	121251431251	F75E	09C5A
26356	鰳	鱼部	11	12212511253	F698	09C33	26402	䲉	鱼部	12	122111343312	8234E931	04C89
26357	鱑	鱼部	11	12212512134	F755	09C51	26403	鱏	鱼部	12	125221251112	F753	09C4F
26358	䱿	鱼部	11	12511123312	8234E831	04C7F	26404	鳜	鱼部	12	134315233534	F7AC	09CDC
26359	鱄	鱼部	11	12511214124	F748	09C44	26405	鱖	鱼部	12	134315233534	F75A	09C56
26360	鰽	鱼部	11	12512212511	F741	09C3D	26406	鱪	鱼部	12	251112132511	F76E	09C6A
26361	鰸	鱼部	11	12512512515	F69D	09C38	26407	鱓	鱼部	12	251251251112	F757	09C53
26362	鰹	鱼部	11	12512554121	F69E	09C39	26408	鱎	鱼部	12	313425125251	F752	09C4E
26363	鳔	鱼部	11	12522111234	F7A7	09CD4	26409	鱕	鱼部	12	343123425121	F759	09C55
26364	鰾	鱼部	11	12522111234	F742	09C3E	26410	鳝	鱼部	12	431112431251	F7AD	09CDD
26365	鳕	鱼部	11	14524444511	F7A8	09CD5	26411	鱔	鱼部	12	431112431251	F758	09C54
26366	鱈	鱼部	11	14524444511	F74C	09C48	26412	䲕	鱼部	12	431224312511	8234EA33	04C95
26367	鱋	鱼部	11	21531522431	F74F	09C4B	26413	鳞	鱼部	12	431234354152	C1DB	09CDE
26368	䱾	鱼部	11	25112512531	8234E830	04C7E	26414	鱗	鱼部	12	431234354152	F75B	09C57
26369	鳗	鱼部	11	25112522154	F7A9	09CD7	26415	鳟	鱼部	12	431253511124	F7AE	09CDF
26370	鰻	鱼部	11	25112522154	F6A0	09C3B	26416	鱒	鱼部	12	431253511124	F756	09C52
26371	鳘	鱼部	11	31554143134	F7AA	09CD8	26417	鱛	鱼部	12	432524312511	F75F	09C5B
26372	䲄	鱼部	11	31554143134	8234E836	04C84	26418	䲏	鱼部	12	433443344553	8234E937	04C8F
26373	鰵	鱼部	11	31554143134	F69A	09C35	26419	鱘	鱼部	12	511121251124	F75C	09C58
26374	鷠	鱼部	11	32511154444	FA7D	09DE0	26420	鱍	鱼部	12	543345153554	F751	09C4D
26375	鰴	鱼部	11	33225213134	F699	09C34	26421	鱊	鱼部	12	545232534251	F74E	09C4A
26376	䲆	鱼部	11	35251214444	8234E838	04C86	26422	鳠	鱼部	13	1223241112154	F79F	09CE0
26377	鱌	鱼部	11	35251353334	F750	09C4C	26423	鱯	鱼部	13	1223241112154	F773	09C6F

字序	字形	部首	部首外笔画数	部首外笔顺	18030代码	13000代码
26424	䲔	鱼部	13	1251211251211	8234EA32	04C94
26425	鳡	鱼部	13	1312515344544	F7A0	09CE1
26426	鱤	鱼部	13	1312515344544	F768	09C64
26427	鱩	鱼部	13	1452444425121	F76D	09C69
26428	鱥	鱼部	13	2121131233534	F769	09C65
26429	䲐	鱼部	13	2153152512153	8234E938	04C90
26430	鱡	鱼部	13	2511134113534	F765	09C61
26431	鱦	鱼部	13	2511251211511	F76A	09C66
26432	鳢	鱼部	13	2512211251431	F7AF	09CE2
26433	鱧	鱼部	13	2512211251431	F76B	09C67
26434	鱢	鱼部	13	2512512511234	F766	09C62
26435	鱰	鱼部	13	2522112132511	F774	09C70
26436	鱞	鱼部	13	2522112513534	F762	09C5E
26437	䲙	鱼部	13	3143145115452	8234EA37	04C99
26438	鱮	鱼部	13	3211152511134	F772	09C6E
26439	鱟	鱼部	13	3211343451145	F763	09C5F
26440	䲓	鱼部	13	3412512513434	8234EA31	04C93
26441	鱠	鱼部	13	3412524312511	F764	09C60
26442	鱫	鱼部	13	3443454544354	F76F	09C6B
26443	䲒	鱼部	13	3535112533112	8234EA30	04C92
26444	鳣	鱼部	13	4125251125111	F840	09CE3
26445	鱣	鱼部	13	4125251125111	F767	09C63
26446	䲑	鱼部	13	4311213121534	8234E939	04C91
26447	鱐	鱼部	13	5112322151512	F754	09C50
26448	䲖	鱼部	14	12151211251124	8234EA34	04C96
26449	鱴	鱼部	14	12225221134534	F778	09C74
26450	鱱	鱼部	14	13122251125214	F775	09C71
26451	鱬	鱼部	14	14524444132522	F770	09C6C
26452	鱨	鱼部	14	24345251352511	F76C	09C68
26453	鳤	鱼部	14	31431444525151	F841	09CE4
26454	䲘	鱼部	14	31431444525151	8234EA36	04C98
26455	䲗	鱼部	14	33234112431112	8234EA35	04C97
26456	鱭	鱼部	14	41432533543211	F771	09C6D
26457	鱶	鱼部	14	43111344511534	F77A	09C76
26458	䲛	鱼部	15	122252214525111	8234EA39	04C9B
26459	鱵	鱼部	15	314314131251534	F779	09C75
26460	鱳	鱼部	15	325115545541234	F777	09C73
26461	鱲	鱼部	15	555253415445445	F776	09C72
26462	鱷	鱼部	16	1225125112512511	F77B	09C77
26463	䲚	鱼部	16	1251234352511134	8234EA38	04C9A
26464	鱸	鱼部	16	2153152512125221	F77C	09C78
26465	鱹	鱼部	17	12225125132411121	F77D	09C79
26466	鱺	鱼部	19	1254125441352211535	F77E	09C7A
26467	鱻	鱼部	22	3525121444435251214444	F780	09C7B
26468	䲜	鱼部	33	352512144443525121444435251214444	8234EB30	04C9C
26469	隶	隶部	0	0	C1A5	096B6
26470	隷	隶部	8	12111234	EB5F	096B7
26471	隸	隶部	9	123411234	EB60	096B8
26472	霴	隶部	12	145244441154	EC4F	09734
26473	革	革部	0	0	B8EF	09769
26474	靪	革部	2	12	EC77	0976A
26475	勒	革部	2	53	C0D5	052D2
26476	靬	革部	3	112	EC79	0976C
26477	䩒	革部	3	112	8234B035	04A52
26478	靯	革部	3	121	EC7C	0976F
26479	靰	革部	3	135	EC7D	09770
26480	䩐	革部	3	315	8234B033	04A50
26481	靮	革部	3	354	EC7B	0976E
26482	靸	革部	3	354	EC83	09778
26483	䩑	革部	3	515	8234B034	04A51
26484	靭	革部	3	534	EC7A	0976D
26485	靱	革部	3	534	EC7E	09771
26486	靫	革部	3	544	EC78	0976B
26487	䩘	革部	4	1554	8234B131	04A58
26488	䩖	革部	4	2343	8234B039	04A56
26489	靹	革部	4	2534	EC84	09779
26490	靴	革部	4	3235	D1A5	09774
26491	靳	革部	4	3312	BDF9	09773
26492	靲	革部	4	3445	EC80	09772
26493	䩗	革部	4	3511	8234B130	04A57
26494	䩕	革部	4	3552	8234B038	04A55
26495	䩔	革部	4	3554	8234B037	04A54
26496	䩓	革部	4	3554	8234B036	04A53
26497	靷	革部	4	5152	EC82	09777
26498	靵	革部	4	5211	EC81	09775
26499	靶	革部	4	5215	B0D0	09776
26500	靺	革部	5	11234	EC85	0977A
26501	靾	革部	5	12215	EC88	0977E
26502	鞆	革部	5	12534	EC8F	09786
26503	䩞	革部	5	21251	8234B137	04A5E
26504	靼	革部	5	25111	F7B0	0977C
26505	靻	革部	5	25111	EC86	0977B
26506	䩜	革部	5	25121	8234B135	04A5C
26507	鞅	革部	5	25134	F7B1	09785
26508	鞂	革部	5	31234	EC8C	09782
26509	䩝	革部	5	33544	8234B136	04A5D
26510	䩚	革部	5	35154	8234B133	04A5A
26511	鞄	革部	5	35515	EC8E	09784
26512	䩙	革部	5	41554	8234B132	04A59

字序	字形	部首	部首外笔画数	部首外笔顺	18030代码	13000代码
26513	靽	革部	5	43112	EC87	0977D
26514	䩛	革部	5	45434	8234B134	04A5B
26515	鞃	革部	5	51554	EC8D	09783
26516	鞀	革部	5	53251	EC8A	09780
26517	鞁	革部	5	53254	EC8B	09781
26518	靿	革部	5	55453	EC89	0977F
26519	鞋	革部	6	121121	D0AC	0978B
26520	鞊	革部	6	121251	EC93	0978A
26521	鞏	革部	6	121354	EC96	0978F
26522	鞑	革部	6	134454	F7B2	09791
26523	䩟	革部	6	151534	8234B138	04A5F
26524	鞐	革部	6	211124	EC97	09790
26525	鞇	革部	6	251341	EC90	09787
26526	䩠	革部	6	312154	8234B139	04A60
26527	鞒	革部	6	313432	F7B3	09792
26528	䩥	革部	6	321554	8234B234	04A65
26529	鞈	革部	6	341251	EC91	09788
26530	鞉	革部	6	341534	EC92	09789
26531	鞍	革部	6	445531	B0B0	0978D
26532	鞌	革部	6	445531	EC94	0978C
26533	鞎	革部	6	511534	EC95	0978E
26534	䩢	革部	7	1213312	8234B231	04A62
26535	鞕	革部	7	1251134	EC99	09795
26536	䩡	革部	7	1343434	8234B230	04A61
26537	鞘	革部	7	2432511	C7CA	09798
26538	鞓	革部	7	2511121	EC98	09793
26539	䩤	革部	7	2511135	8234B233	04A64
26540	鞙	革部	7	2512511	EC9C	09799
26541	䩦	革部	7	3223134	8234B235	04A66
26542	䩣	革部	7	3411234	8234B232	04A63
26543	鞖	革部	7	3443531	EC9A	09796
26544	鞔	革部	7	3525135	F7B4	09794
26545	䩧	革部	7	4111251	8234B236	04A67
26546	䩬	革部	8	11134112	8234B331	04A6C
26547	䩨	革部	8	12111534	8234B237	04A68
26548	鞡	革部	8	12141431	ED42	097A1
26549	䩫	革部	8	12523434	8234B330	04A6B
26550	䩭	革部	8	13412512	8234B332	04A6D
26551	鞝	革部	8	24325251	ECA0	0979D
26552	鞜	革部	8	25342511	EC9F	0979C
26553	鞞	革部	8	32511312	ED40	0979E
26554	鞠	革部	8	35431234	BECF	097A0
26555	鞟	革部	8	41251521	ED41	0979F
26556	鞛	革部	8	41431251	EC9E	0979B
26557	䩪	革部	8	44525151	8234B239	04A6A
26558	鞚	革部	8	44534121	EC9D	0979A
26559	䩩	革部	8	44535455	8234B238	04A69
26560	鞬	革部	8	51111254	ED4B	097AC
26561	䩮	革部	8	51124134	8234B333	04A6E
26562	䩯	革部	8	52251541	8234B334	04A6F
26563	鞤	革部	9	121121124	ED44	097A4
26564	䩸	革部	9	122122111	8234B433	04A78
26565	鞯	革部	9	122132521	F7B5	097AF
26566	鞢	革部	9	122151234	ED43	097A2
26567	鞳	革部	9	122341251	ED4F	097B3
26568	䩴	革部	9	122513511	8234B339	04A74
26569	鞩	革部	9	243251122	ED49	097A9
26570	鞮	革部	9	251112134	ED4C	097AE
26571	䩰	革部	9	251122111	8234B335	04A70
26572	鞰	革部	9	251125221	ED4D	097B0
26573	鞨	革部	9	251135345	ED48	097A8
26574	鞦	革部	9	312344334	ED46	097A6
26575	鞭	革部	9	321251134	B1DE	097AD
26576	䩱	革部	9	341251122	8234B336	04A71
26577	鞥	革部	9	341251132	ED45	097A5
26578	鞫	革部	9	354111251	F7B6	097AB
26579	䩲	革部	9	413122154	8234B337	04A72
26580	鞧	革部	9	431253511	ED47	097A7
26581	䩳	革部	9	445433454	8234B338	04A73
26582	䩵	革部	9	451251112	8234B430	04A75
26583	鞣	革部	9	545231234	F7B7	097A3
26584	鞪	革部	9	545233134	ED4A	097AA
26585	鞲	革部	10	1122125211	F7B8	097B2
26586	䩻	革部	10	1211254444	8234B436	04A7B
26587	鞾	革部	10	1221122112	ED59	097BE
26588	鞴	革部	10	1221325112	F7B9	097B4
26589	䩹	革部	10	1251254312	8234B434	04A79
26590	鞸	革部	10	2511122112	ED53	097B8
26591	鞶	革部	10	3354143554	ED51	097B6
26592	鞱	革部	10	3443321511	ED4E	097B1
26593	鞵	革部	10	3443554134	ED50	097B5
26594	䩺	革部	10	3454541541	8234B435	04A7A
26595	䩼	革部	10	3541112454	8234B437	04A7C
26596	鞹	革部	10	4125152152	ED54	097B9
26597	䩷	革部	10	4143454153	8234B432	04A77
26598	䩶	革部	10	5221251214	8234B431	04A76
26599	䪄	革部	11	12212512134	8234B535	04A84
26600	䩽	革部	11	12512512515	8234B438	04A7D
26601	鞺	革部	11	24345251121	ED55	097BA
26602	鞻	革部	11	25112512531	ED56	097BB
26603	䳬	革部	11	32511154444	8234F235	04CEC
26604	䩾	革部	11	41312214444	8234B439	04A7E

字序	字形	部首	部首外笔画数	部首外笔顺	18030代码	13000代码
26605	䩿	革部	12	121222511134	8234B530	04A7F
26606	韃	革部	12	121431112454	ED5E	097C3
26607	䪂	革部	12	125234125234	8234B533	04A82
26608	䪁	革部	12	224314311134	8234B532	04A81
26609	鞼	革部	12	251212511134	ED57	097BC
26610	鞽	革部	12	313425125251	ED58	097BD
26611	䪃	革部	12	412515213134	8234B534	04A83
26612	䪀	革部	12	445251514544	8234B531	04A80
26613	鞿	革部	12	554554134534	ED5A	097BF
26614	䪇	革部	13	1221251124124	8234B538	04A87
26615	韄	革部	13	1223241112154	ED5F	097C4
26616	韁	革部	13	1251211251211	ED5C	097C1
26617	䪈	革部	13	2512125151454	8234B539	04A88
26618	䪆	革部	13	2512211251431	8234B537	04A86
26619	䪅	革部	13	2522135251214	8234B536	04A85
26620	韂	革部	13	3513344111251	ED5D	097C2
26621	韀	革部	13	4135221154444	ED5B	097C0
26622	韈	革部	14	12225221134534	ED63	097C8
26623	韅	革部	14	25115545544444	ED60	097C5
26624	韇	革部	15	121252212511134	ED62	097C7
26625	韆	革部	15	125221134515454	ED61	097C6
26626	䪋	革部	15	251212511134454	8234B632	04A8B
26627	䪉	革部	15	555253415445445	8234B630	04A89
26628	韉	革部	16	1224135221154444	ED64	097C9
26629	䪊	革部	16	4143125111515111	8234B631	04A8A
26630	䪍	革部	17	25112511125431234	8234B634	04A8D
26631	䪌	革部	17	35251153535251354	8234B633	04A8C
26632	䪎	革部	18	252324111212534251	8234B635	04A8E
26633	韊	革部	20	12225112511125431234	ED65	097CA
26634	面	面部	0	0	C3E6	09762
26635	勔	面部	2	53	84D2	052D4
26636	䩃	面部	4	1535	8234AF30	04A43
26637	䩄	面部	4	2535	8234AF31	04A44
26638	䩂	面部	4	3445	8234AE39	04A42
26639	䩇	面部	5	21251	8234AF34	04A47
26640	䩆	面部	5	31211	8234AF33	04A46
26641	靤	面部	5	35515	EC73	09764
26642	䩅	面部	5	53254	8234AF32	04A45
26643	靥	面部	6	131344	D8CC	09765
26644	䩉	面部	7	1251124	8234AF36	04A49
26645	靦	面部	7	2511135	EC74	09766
26646	䩈	面部	7	3155414	8234AF35	04A48
26647	䩊	面部	8	44535455	8234AF37	04A4A
26648	䩋	面部	11	41312341234	8234AF38	04A4B
26649	䩍	面部	12	134432511234	8234B030	04A4D
26650	靧	面部	12	251212511134	EC75	09767

字序	字形	部首	部首外笔画数	部首外笔顺	18030代码	13000代码
26651	蠠	面部	12	251214251214	CF9F	08820
26652	䩌	面部	12	324111214444	8234AF39	04A4C
26653	䩎	面部	13	3412512513434	8234B031	04A4E
26654	䩏	面部	14	12225221134534	8234B032	04A4F
26655	靨	面部	14	13251125111344	EC76	09768
26656	韭	韭部	0	0	BEC2	097ED
26657	䪞	韭部	4	1134	8234B831	04A9E
26658	韰	韭部	7	2135454	ED85	097F0
26659	䪠	韭部	8	35233534	8234B833	04AA0
26660	䪢	韭部	10	3523413534	8234B835	04AA2
26661	䪡	韭部	10	3523413534	8234B834	04AA1
26662	韲	韭部	10	4143253354	ED87	097F2
26663	䪣	韭部	11	12523413534	8234B836	04AA3
26664	䪤	韭部	12	343123425121	8234B837	04AA4
26665	骨	骨部	0	0	B9C7	09AA8
26666	䯆	骨部	1	5	8234D537	04BC6
26667	骩	骨部	2	35	F35B	09AA9
26668	䯇	骨部	2	53	8234D538	04BC7
26669	骭	骨部	3	112	F35F	09AAD
26670	骬	骨部	3	112	F35E	09AAC
26671	骮	骨部	3	154	F360	09AAE
26672	骪	骨部	3	354	F35C	09AAA
26673	骫	骨部	3	354	F35D	09AAB
26674	䯈	骨部	4	1135	8234D539	04BC8
26675	骱	骨部	4	3432	F7BA	09AB1
26676	䯉	骨部	4	3534	8234D630	04BC9
26677	骰	骨部	4	3554	F7BB	09AB0
26678	骯	骨部	4	4135	F361	09AAF
26679	骷	骨部	5	12251	F7BC	09AB7
26680	骵	骨部	5	12341	F365	09AB5
26681	䯊	骨部	5	12512	8234D631	04BCA
26682	䯋	骨部	5	13544	8234D632	04BCB
26683	䯎	骨部	5	34112	8234D635	04BCE
26684	䯍	骨部	5	34454	8234D634	04BCD
26685	骶	骨部	5	35154	F7BE	09AB6
26686	鹘	骨部	5	35451	F7BD	09E58
26687	骲	骨部	5	35515	F362	09AB2
26688	䯌	骨部	5	51335	8234D633	04BCC
26689	骳	骨部	5	53254	F363	09AB3
26690	䯓	骨部	6	121121	8234D730	04BD3
26691	骻	骨部	6	134115	F367	09ABB
26692	骴	骨部	6	212135	F364	09AB4
26693	䯑	骨部	6	243135	8234D638	04BD1
26694	䯐	骨部	6	253434	8234D637	04BD0
26695	䯕	骨部	6	312154	8234D732	04BD5
26696	䯏	骨部	6	312251	8234D636	04BCF

字序	字形	部首	部首外笔画数	部首外笔顺	18030代码	13000代码
26697	骺	骨部	6	331251	F7BF	09ABA
26698	䯒	骨部	6	332112	8234D639	04BD2
26699	骼	骨部	6	354251	F7C0	09ABC
26700	骹	骨部	6	413434	F366	09AB9
26701	骸	骨部	6	415334	BAA1	09AB8
26702	骿	骨部	6	431132	F36A	09ABF
26703	䯔	骨部	6	445315	8234D731	04BD4
26704	䯙	骨部	7	1251124	8234D736	04BD9
26705	骾	骨部	7	1251134	F369	09ABE
26706	䯗	骨部	7	1535121	8234D734	04BD7
26707	骽	骨部	7	3443531	F368	09ABD
26708	䯘	骨部	7	4451135	8234D735	04BD8
26709	䯖	骨部	7	4511534	8234D733	04BD6
26710	䯚	骨部	7	5542511	8234D737	04BDA
26711	髁	骨部	8	25111234	F7C1	09AC1
26712	䯜	骨部	8	25113533	8234D739	04BDC
26713	䯞	骨部	8	25525251	8234D831	04BDE
26714	髀	骨部	8	32511312	F7C2	09AC0
26715	䯛	骨部	8	44535455	8234D738	04BDB
26716	䯝	骨部	9	131212511	8234D830	04BDD
26717	顝	骨部	9	132511134	EE8F	0985D
26718	髄	骨部	9	132511454	F36C	09AC4
26719	髃	骨部	9	251125214	F36B	09AC3
26720	䯠	骨部	9	251125221	8234D833	04BE0
26721	髊	骨部	9	431113121	F371	09ACA
26722	髅	骨部	9	431234531	F7C3	09AC5
26723	䯟	骨部	9	431353334	8234D832	04BDF
26724	髂	骨部	9	445354251	F7C4	09AC2
26725	髆	骨部	10	1251124124	F36D	09AC6
26726	髇	骨部	10	4125125251	F36E	09AC7
26727	髈	骨部	10	4143454153	F36F	09AC8
26728	䯡	骨部	10	4315112234	8234D834	04BE1
26729	髋	骨部	10	4451222535	F7C5	09ACB
26730	髌	骨部	10	4453212134	F7C6	09ACC
26731	髉	骨部	10	4532411121	F370	09AC9
26732	髏	骨部	11	25112512531	F374	09ACF
26733	鶻	骨部	11	32511154444	FA58	09DBB
26734	髍	骨部	11	41312341234	F372	09ACD
26735	髎	骨部	11	54154134333	F373	09ACE
26736	髐	骨部	12	121121121135	F375	09AD0
26737	髒	骨部	12	122135435132	F376	09AD2
26738	髓	骨部	12	131212511454	CBE8	09AD3
26739	䯣	骨部	12	251212511134	8234D836	04BE3
26740	體	骨部	13	2512211251431	F377	09AD4
26741	髑	骨部	13	2522135251214	F7C7	09AD1
26742	䯤	骨部	13	3412524312511	8234D837	04BE4
26743	䯦	骨部	14	12225221134534	8234D839	04BE6
26744	䯥	骨部	14	25115545544444	8234D838	04BE5
26745	髖	骨部	14	44512225111354	F379	09AD6
26746	髕	骨部	14	44512332511134	F378	09AD5
26747	髗	骨部	16	2153152512125221	F37A	09AD7
26748	香	香部	0	0	CFE3	09999
26749	馚	香部	4	3453	F142	0999A
26750	馛	香部	5	13544	F143	0999B
26751	馝	香部	5	45434	F145	0999D
26752	馜	香部	5	51335	F144	0999C
26753	䭯	香部	5	52252	8234CD30	04B6F
26754	馞	香部	7	1245521	F146	0999E
26755	馟	香部	7	3443521	F147	0999F
26756	馠	香部	7	3445251	F148	099A0
26757	䭱	香部	7	4325234	8234CD32	04B71
26758	䭰	香部	8	11134112	8234CD31	04B70
26759	䭲	香部	8	13412512	8234CD33	04B72
26760	馣	香部	8	13425115	F14B	099A3
26761	馢	香部	8	15341534	F14A	099A2
26762	馡	香部	8	21112111	F149	099A1
26763	䫝	香部	9	132511134	8234BE34	04ADD
26764	馧	香部	9	251125221	F14E	099A7
26765	馤	香部	9	251135345	F14C	099A4
26766	馥	香部	9	312511354	F0A5	099A5
26767	馦	香部	10	4315112234	F14D	099A6
26768	馨	香部	11	12152133554	DCB0	099A8
26769	馩	香部	12	121222511134	F14F	099A9
26770	馪	香部	14	44512332511134	F150	099AA
26771	䭳	香部	17	31234531325113554	8234CD34	04B73
26772	馫	香部	18	312342511312342511	F151	099AB
26773	鬼	鬼部	0	0	B9ED	09B3C
26774	鬽	鬼部	3	333	F46D	09B3D
26775	魂	鬼部	4	1154	BBEA	09B42
26776	䰟	鬼部	4	1154	8234DE36	04C1F
26777	鬾	鬼部	4	1254	F46E	09B3E
26778	鬿	鬼部	4	3312	F46F	09B3F
26779	魀	鬼部	4	3432	F470	09B40
26780	魁	鬼部	4	4412	BFFD	09B41
26781	魅	鬼部	5	11234	F7C8	09B45
26782	魃	鬼部	5	13544	F7C9	09B43
26783	魆	鬼部	5	15534	F471	09B46
26784	䰠	鬼部	5	25112	8234DE37	04C20
26785	䰡	鬼部	5	31134	8234DE38	04C21
26786	魇	鬼部	6	131344	F7CA	09B47
26787	䰣	鬼部	6	253434	8234DF30	04C23
26788	䰢	鬼部	6	332112	8234DE39	04C22

字序	字形	部首	部首外笔画数	部首外笔顺	18030代码	13000代码	字序	字形	部首	部首外笔画数	部首外笔顺	18030代码	13000代码
26789	魉	鬼部	7	1253434	F7CB	09B49	26834	饧	食部	3	533	E2BC	09967
26790	魈	鬼部	7	2432511	F7CC	09B48	26835	飨	食部	3	553	F7CF	098E8
26791	䰩	鬼部	8	12132511	8234DF36	04C29	26836	䬧	食部	4	1135	8234C538	04B27
26792	魌	鬼部	8	12211134	F474	09B4C	26837	䬪	食部	4	1324	8234C631	04B2A
26793	䰤	鬼部	8	12511234	8234DF31	04C24	26838	䬩	食部	4	1324	8234C630	04B29
26794	䰥	鬼部	8	12511534	8234DF32	04C25	26839	饨	食部	4	1525	E2BD	09968
26795	魊	鬼部	8	12511534	F472	09B4A	26840	飩	食部	4	1525	EF82	098E9
26796	魎	鬼部	8	12523434	F475	09B4E	26841	饩	食部	4	3115	E2BE	09969
26797	䰧	鬼部	8	21531535	8234DF34	04C27	26842	饪	食部	4	3121	E2BF	0996A
26798	魍	鬼部	8	25431415	F7CD	09B4D	26843	飪	食部	4	3121	EF83	098EA
26799	魏	鬼部	8	31234531	CEBA	09B4F	26844	饫	食部	4	3134	E2C0	0996B
26800	魋	鬼部	8	32411121	F473	09B4B	26845	飫	食部	4	3134	EF84	098EB
26801	䰦	鬼部	8	32511312	8234DF33	04C26	26846	饬	食部	4	3153	E2C1	0996C
26802	䫥	鬼部	9	132511134	8234BF32	04AE5	26847	飭	食部	4	3153	EF86	098ED
26803	䰨	鬼部	9	521325111	8234DF35	04C28	26848	饭	食部	4	3354	B7B9	0996D
26804	魓	鬼部	10	2511122112	F478	09B53	26849	飯	食部	4	3354	EF88	098EF
26805	䰪	鬼部	10	4134342511	8234DF37	04C2A	26850	饮	食部	4	3534	D2FB	0996E
26806	魑	鬼部	10	4134522554	F7CE	09B51	26851	飲	食部	4	3534	EF8B	098F2
26807	魐	鬼部	10	4315112234	F476	09B50	26852	飮	食部	4	3534	EF87	098EE
26808	魒	鬼部	11	12522111234	F477	09B52	26853	䬨	食部	4	3535	8234C539	04B28
26809	魖	鬼部	11	21531522431	F47A	09B56	26854	䬦	食部	4	3554	8234C537	04B26
26810	䰫	鬼部	12	121121121135	8234DF38	04C2B	26855	飰	食部	4	4124	EF89	098F0
26811	䰭	鬼部	12	132522132522	8234E030	04C2D	26856	飬	食部	4	4311	EF85	098EC
26812	䰬	鬼部	12	545232534251	8234DF39	04C2C	26857	䬮	食部	4	5434	8234C635	04B2E
26813	魕	鬼部	12	554554134534	F479	09B55	26858	䬴	食部	5	11234	8234C731	04B34
26814	䰮	鬼部	13	4311213121534	8234E031	04C2E	26859	饯	食部	5	11534	BDA4	0996F
26815	魗	鬼部	14	12151211251124	F47B	09B57	26860	餀	食部	5	12234	EF99	09900
26816	魘	鬼部	14	13251125111344	F47C	09B58	26861	䬱	食部	5	12341	8234C638	04B31
26817	䰰	鬼部	14	14524444132522	8234E033	04C30	26862	䬯	食部	5	21251	8234C636	04B2F
26818	䰯	鬼部	14	35311345452134	8234E032	04C2F	26863	飷	食部	5	25111	EF90	098F7
26819	魙	鬼部	14	44112511123312	F47D	09B59	26864	飸	食部	5	25115	EF91	098F8
26820	䰱	鬼部	24	1452444425125125112 34341	8234E034	04C31	26865	䬬	食部	5	25134	8234C633	04B2C
							26866	䬭	食部	5	25153	8234C634	04B2D
26821	饣	食部	0	0	E2BB	09963	26867	飵	食部	5	31211	EF8E	098F5
26822	飠	食部	0	0	EF7A	098E0	26868	饰	食部	5	31252	CACE	09970
26823	食	食部	0	0	CAB3	098DF	26869	飾	食部	5	31252	EF97	098FE
26824	饤	食部	2	12	F097	09964	26870	飻	食部	5	34333	EF94	098FB
26825	飣	食部	2	12	EF7D	098E3	26871	䬫	食部	5	35154	8234C632	04B2B
26826	飤	食部	2	34	EF7E	098E4	26872	䬲	食部	5	35251	8234C639	04B32
26827	饥	食部	2	35	BCA2	09965	26873	飹	食部	5	35352	EF92	098F9
26828	飢	食部	2	35	EF7C	098E2	26874	饱	食部	5	35515	B1A5	09971
26829	䬢	食部	2	53	8234C533	04B22	26875	飽	食部	5	35515	EF96	098FD
26830	飦	食部	3	112	EF81	098E6	26876	飳	食部	5	41121	EF8C	098F3
26831	饦	食部	3	315	F098	09966	26877	䬳	食部	5	43112	8234C730	04B33
26832	飥	食部	3	315	EF80	098E5	26878	飶	食部	5	45434	EF8F	098F6
26833	䬣	食部	3	315	8234C534	04B23	26879	饲	食部	5	51251	CBC7	09972

字序	字形	部首	部首外笔画数	部首外笔顺	18030代码	13000代码	字序	字形	部首	部首外笔画数	部首外笔顺	18030代码	13000代码
26880	飼	食部	5	51251	EF95	098FC	26926	餖	食部	7	1251431	F04C	09916
26881	饳	食部	5	52252	F099	09973	26927	餐	食部	7	2135454	B2CD	09910
26882	飿	食部	5	52252	EF98	098FF	26928	䬼	食部	7	2512511	8234C739	04B3C
26883	䬰	食部	5	53251	8234C637	04B30	26929	䭂	食部	7	2515215	8234C835	04B42
26884	饴	食部	5	54251	E2C2	09974	26930	饿	食部	7	3121534	B6F6	0997F
26885	飴	食部	5	54251	EF8D	098F4	26931	餓	食部	7	3121534	F049	09913
26886	䬻	食部	6	111534	8234C738	04B3B	26932	馀	食部	7	3411234	E2C5	09980
26887	饵	食部	6	122111	B6FC	09975	26933	餘	食部	7	3411234	F04E	09918
26888	餌	食部	6	122111	F044	0990C	26934	餙	食部	7	3413252	F04F	09919
26889	餍	食部	6	131344	F7D0	0990D	26935	馁	食部	7	3443531	C4D9	09981
26890	䬸	食部	6	135454	8234C735	04B38	26936	餒	食部	7	3443531	F048	09912
26891	饶	食部	6	153135	C8C4	09976	26937	䬽	食部	7	4325135	8234C830	04B3D
26892	䬹	食部	6	154121	8234C736	04B39	26938	䬾	食部	7	4351523	8234C831	04B3E
26893	飺	食部	6	212135	EF93	098FA	26939	䬿	食部	7	5133115	8234C832	04B3F
26894	蚀	食部	6	251214	CAB4	08680	26940	馂	食部	7	5434354	F09E	09982
26895	蝕	食部	6	251214	CE67	08755	26941	餕	食部	7	5434354	F04B	09915
26896	餇	食部	6	251251	EFA0	09907	26942	餦	食部	8	12111534	F05C	09926
26897	餂	食部	6	312251	EF9B	09902	26943	䭊	食部	8	12225134	8234C933	04B4A
26898	餁	食部	6	323121	EF9A	09901	26944	䭆	食部	8	12512524	8234C839	04B46
26899	饷	食部	6	325251	E2C3	09977	26945	䭄	食部	8	12515112	8234C837	04B44
26900	餉	食部	6	325251	F041	09909	26946	餴	食部	8	13412132	F069	09934
26901	饸	食部	6	341251	F09A	09978	26947	餣	食部	8	13425115	F059	09923
26902	餄	食部	6	341251	EF9D	09904	26948	餞	食部	8	15341534	F054	0991E
26903	餆	食部	6	341534	EF9F	09906	26949	馃	食部	8	25111234	F09F	09983
26904	饹	食部	6	354251	F09B	09979	26950	餜	食部	8	25111234	F052	0991C
26905	餎	食部	6	354251	F045	0990E	26951	馄	食部	8	25111535	E2C6	09984
26906	䬷	食部	6	354354	8234C734	04B37	26952	餛	食部	8	25111535	F051	0991B
26907	饺	食部	6	413434	BDC8	0997A	26953	䭅	食部	8	25122511	8234C838	04B45
26908	餃	食部	6	413434	EF9C	09903	26954	餠	食部	8	31133112	F056	09920
26909	饻	食部	6	413534	F09C	0997B	26955	餧	食部	8	31234531	F05D	09927
26910	餏	食部	6	413534	F046	0990F	26956	餚	食部	8	34132511	F050	0991A
26911	餈	食部	6	413534	F040	09908	26957	餩	食部	8	34415334	F05F	09929
26912	䬵	食部	6	415334	8234C732	04B35	26958	䭃	食部	8	34454544	8234C836	04B43
26913	䬺	食部	6	431112	8234C737	04B3A	26959	䭇	食部	8	35121251	8234C930	04B47
26914	饼	食部	6	431132	B1FD	0997C	26960	馅	食部	8	35321511	CFDA	09985
26915	餅	食部	6	431132	EF9E	09905	26961	餡	食部	8	35321511	F057	09921
26916	養	食部	6	431134	F043	0990B	26962	餢	食部	8	41431251	F058	09922
26917	䬶	食部	6	511534	8234C733	04B36	26963	餤	食部	8	43344334	F05A	09924
26918	䭀	食部	6	512454	8234C833	04B40	26964	馆	食部	8	44525151	B9DD	09986
26919	䭁	食部	7	1213312	8234C834	04B41	26965	館	食部	8	44525151	F05E	09928
26920	餝	食部	7	1224153	F053	0991D	26966	䭈	食部	8	51111254	8234C931	04B48
26921	饽	食部	7	1245521	E2C4	0997D	26967	餟	食部	8	54545454	F055	0991F
26922	餑	食部	7	1245521	F047	09911	26968	䭍	食部	9	112125221	8234C936	04B4D
26923	餔	食部	7	1251124	F04A	09914	26969	䭎	食部	9	122151234	8234C937	04B4E
26924	餗	食部	7	1251234	F04D	09917	26970	餬	食部	9	122513511	F062	0992C
26925	饾	食部	7	1251431	F09D	0997E	26971	䭌	食部	9	122513511	8234C935	04B4C

字序	字形	部首	部首外笔画数	部首外笔顺	18030代码	13000代码	字序	字形	部首	部首外笔画数	部首外笔顺	18030代码	13000代码
26972	馇	食部	9	123425111	E2C7	09987	27018	䭕	食部	11	12511123312	8234CA34	04B55
26973	餷	食部	9	123425111	F06C	09937	27019	饇	食部	11	12512512515	F07C	09947
26974	䭉	食部	9	131212511	8234C932	04B49	27020	饄	食部	11	24345251121	F079	09944
26975	餪	食部	9	132522134	F060	0992A	27021	馒	食部	11	25112522154	C2F8	09992
26976	餮	食部	9	135434333	F7D1	0992E	27022	饅	食部	11	25112522154	F07A	09945
26977	餳	食部	9	251113533	F068	09933	27023	䭖	食部	11	41312214444	8234CA35	04B56
26978	饂	食部	9	251125221	F077	09942	27024	䭗	食部	11	41431251135	8234CA36	04B57
26979	餲	食部	9	251135345	F067	09932	27025	䭛	食部	11	51221113134	8234CB30	04B5B
26980	餵	食部	9	251211534	F06A	09935	27026	饏	食部	11	51221113134	F085	0994F
26981	馈	食部	9	251212534	C0A1	09988	27027	饗	食部	11	55345115452	F08B	09957
26982	馉	食部	9	255452511	F0A0	09989	27028	饒	食部	12	121121121135	F088	09952
26983	餶	食部	9	255452511	F06B	09936	27029	饙	食部	12	121222511134	F08D	09959
26984	馊	食部	9	321511254	E2C8	0998A	27030	饎	食部	12	121251431251	F084	0994E
26985	餿	食部	9	321511254	F074	0993F	27031	饐	食部	12	121451251431	F086	09950
26986	䭋	食部	9	322511234	8234C934	04B4B	27032	䭟	食部	12	122122151234	8234CB34	04B5F
26987	餭	食部	9	325111121	F063	0992D	27033	馓	食部	12	122125113134	E2CC	09993
26988	餽	食部	9	325113554	F072	0993D	27034	饊	食部	12	122125113134	F080	0994A
26989	餱	食部	9	325131134	F066	09931	27035	䭜	食部	12	134432511234	8234CB31	04B5C
26990	䭔	食部	9	325151454	8234CA33	04B54	27036	䭙	食部	12	153515352511	8234CA38	04B59
26991	餰	食部	9	332441112	F065	09930	27037	饓	食部	12	243452511234	F089	09953
26992	馋	食部	9	352513544	B2F6	0998B	27038	䭪	食部	12	251112511211	8234CC35	04B6A
26993	餸	食部	9	431134454	F06D	09938	27039	䭘	食部	12	251141251234	8234CA37	04B58
26994	餫	食部	9	451251112	F061	0992B	27040	饋	食部	12	251212511134	F081	0994B
26995	䭏	食部	9	451325122	8234C938	04B4F	27041	䭚	食部	12	414312511211	8234CA39	04B5A
26996	餯	食部	9	551353334	F064	0992F	27042	饍	食部	12	431112431251	F083	0994D
26997	馌	食部	10	1215425221	F140	0998C	27043	馔	食部	12	515515122134	E2CD	09994
26998	饁	食部	10	1215425221	F076	09941	27044	饌	食部	12	515515122134	F082	0994C
26999	馍	食部	10	1222511134	E2C9	0998D	27045	饑	食部	12	554554134534	F087	09951
27000	饃	食部	10	1222511134	F078	09943	27046	饚	食部	13	1221215425221	F08E	0995A
27001	馎	食部	10	1251124124	F141	0998E	27047	饛	食部	13	1224511353334	F08F	0995B
27002	餺	食部	10	1251124124	F06F	0993A	27048	饖	食部	13	2121131233534	F08A	09956
27003	饆	食部	10	2511122112	F07B	09946	27049	饕	食部	13	2511521531535	F7D2	09955
27004	䭓	食部	10	2521251431	8234CA32	04B53	27050	䭤	食部	13	2512125151454	8234CB39	04B64
27005	餼	食部	10	3115431234	F071	0993C	27051	䭞	食部	13	2522112143112	8234CB33	04B5E
27006	䭒	食部	10	3251114544	8234CA31	04B52	27052	䭝	食部	13	3412524312511	8234CB32	04B5D
27007	饀	食部	10	3443321511	F075	09940	27053	饘	食部	13	4125251125111	F08C	09958
27008	馏	食部	10	3545325121	C1F3	0998F	27054	䭠	食部	13	4134315112234	8234CB35	04B60
27009	餾	食部	10	3545325121	F073	0993E	27055	饔	食部	13	4155332411121	F7D3	09954
27010	餹	食部	10	4135112251	F06E	09939	27056	饜	食部	14	13251125111344	F090	0995C
27011	馐	食部	10	4311135211	E2CA	09990	27057	䭡	食部	14	34431215114544	8234CB36	04B61
27012	饈	食部	10	4311135211	F07D	09948	27058	䭣	食部	14	41432533543211	8234CB38	04B63
27013	餻	食部	10	4311214444	F070	0993B	27059	䭥	食部	14	43111344511534	8234CC30	04B65
27014	䭐	食部	10	4311214544	8234C939	04B50	27060	䭢	食部	14	44545442522112	8234CB37	04B62
27015	䭑	食部	10	4315112234	8234CA30	04B51	27061	䭦	食部	16	1224411251124124	8234CC31	04B66
27016	馑	食部	11	12212511121	E2CB	09991	27062	饝	食部	16	4131234123413251	F091	0995D
27017	饉	食部	11	12212511121	F07E	09949	27063	饞	食部	17	35251153535251354	F092	0995E

字序	字形	部首	部首外笔画数	部首外笔顺	18030代码	13000代码
27064	饟	食部	17	41251251112213534	F093	0995F
27065	䭧	食部	17	41312341234554234	8234CC32	04B67
27066	䭨	食部	18	252324111212534251	8234CC33	04B68
27067	饠	食部	19	2522155444432411121	F094	09960
27068	饡	食部	19	3121353121352511134	F095	09961
27069	䭩	食部	19	4131234123421112111	8234CC34	04B69
27070	馕	食部	22	1251245251251112213534	E2CE	09995
27071	饢	食部	22	1251245251251112213534	F096	09962
27072	音	音部	0	0	D2F4	097F3
27073	䪦	音部	3	121	8234B839	04AA6
27074	䪨	音部	3	354	8234B931	04AA8
27075	䪧	音部	3	525	8234B930	04AA7
27076	戠	音部	3	534	91E7	06220
27077	韴	音部	4	1252	ED88	097F4
27078	䪩	音部	4	3445	8234B932	04AA9
27079	歆	音部	4	3534	ECA7	06B46
27080	韵	音部	4	3541	D4CF	097F5
27081	意	音部	4	4544	D2E2	0610F
27082	韷	音部	5	52252	ED89	097F7
27083	韶	音部	5	53251	C9D8	097F6
27084	䪪	音部	5	53251	8234B933	04AAA
27085	䪬	音部	7	1245521	8234B935	04AAC
27086	䪫	音部	7	1555121	8234B934	04AAB
27087	韸	音部	7	3541112	ED8A	097F8
27088	韺	音部	8	12225134	ED8C	097FA
27089	韹	音部	9	325111121	ED8B	097F9
27090	䪭	音部	9	414312511	8234B936	04AAD
27091	韻	音部	10	2512511134	ED8D	097FB
27092	韼	音部	10	3541112454	ED8E	097FC
27093	䪮	音部	10	3552335523	8234B937	04AAE
27094	䪯	音部	10	4334433445	8234B938	04AAF
27095	韾	音部	11	12152133554	ED90	097FE
27096	鶕	音部	11	32511154444	F993	09D95
27097	韽	音部	11	34451253511	ED8F	097FD
27098	響	音部	11	55345115452	ED91	097FF
27099	頀	音部	13	1223241112154	ED92	09800
27100	䪰	音部	13	4143125114544	8234B939	04AB0
27101	首	首部	0	0	CAD7	09996
27102	馗	首部	2	35	D8B8	09997
27103	䭫	首部	6	352511	8234CC36	04B6B
27104	馘	首部	8	12511534	D9E5	09998
27105	䭭	首部	9	132511134	8234CC38	04B6D
27106	髟	髟部	0	0	F7D4	09ADF
27107	髠	髟部	2	35	F382	09AE0

字序	字形	部首	部首外笔画数	部首外笔顺	18030代码	13000代码
27108	䯮	髟部	2	53	8234D937	04BEE
27109	䯭	髟部	2	54	8234D936	04BED
27110	髡	髟部	3	135	F7D5	09AE1
27111	髢	髟部	3	525	F383	09AE2
27112	髨	髟部	4	1135	F388	09AE8
27113	髤	髟部	4	1234	F385	09AE4
27114	髩	髟部	4	1255	F389	09AE9
27115	䯱	髟部	4	1324	8234DA30	04BF1
27116	髪	髟部	4	1354	F38A	09AEA
27117	䯯	髟部	4	2343	8234D938	04BEF
27118	髥	髟部	4	2511	F386	09AE5
27119	髦	髟部	4	3115	F7D6	09AE6
27120	䯰	髟部	4	3432	8234D939	04BF0
27121	䯳	髟部	4	3454	8234DA32	04BF3
27122	䯴	髟部	4	3554	8234DA33	04BF4
27123	髣	髟部	4	4153	F384	09AE3
27124	髧	髟部	4	4535	F387	09AE7
27125	䯲	髟部	4	5215	8234DA31	04BF2
27126	䯵	髟部	5	12132	8234DA34	04BF5
27127	髰	髟部	5	12215	F38D	09AF0
27128	髬	髟部	5	13241	F38B	09AEC
27129	髮	髟部	5	13544	F38C	09AEE
27130	䯶	髟部	5	25111	8234DA35	04BF6
27131	髯	髟部	5	25211	F7D7	09AEF
27132	髱	髟部	5	35515	F38E	09AF1
27133	髴	髟部	5	51532	F391	09AF4
27134	髫	髟部	5	53251	F7D8	09AEB
27135	髲	髟部	5	53254	F38F	09AF2
27136	髳	髟部	5	54523	F390	09AF3
27137	䯷	髟部	6	113534	8234DA36	04BF7
27138	髻	髟部	6	121251	F7D9	09AFB
27139	髶	髟部	6	122111	F393	09AF6
27140	髸	髟部	6	122134	F395	09AF8
27141	髵	髟部	6	132522	F392	09AF5
27142	髭	髟部	6	212135	F7DA	09AED
27143	髷	髟部	6	251221	F394	09AF7
27144	髺	髟部	6	312251	F396	09AFA
27145	髹	髟部	6	321234	F7DB	09AF9
27146	鬇	髟部	6	355112	F440	09B07
27147	䯸	髟部	6	413534	8234DA37	04BF8
27148	髾	髟部	7	2432511	F399	09AFE
27149	䯻	髟部	7	3121251	8234DB30	04BFB
27150	鬁	髟部	7	3123422	F39C	09B01
27151	鬂	髟部	7	3212134	F39D	09B02
27152	髽	髟部	7	3434121	F398	09AFD
27153	䯺	髟部	7	3515251	8234DA39	04BFA

字序	字形	部首	部首外笔画数	部首外笔顺	18030代码	13000代码	字序	字形	部首	部首外笔画数	部首外笔顺	18030代码	13000代码
27154	䯼	髟部	7	3534334	8234DB31	04BFC	27200	䰎	髟部	12	251212511134	8234DC39	04C0E
27155	髼	髟部	7	3541112	F397	09AFC	27201	鬛	髟部	12	253415445445	F451	09B1B
27156	鬀	髟部	7	4351523	F39B	09B00	27202	鬚	髟部	12	333132511134	F450	09B1A
27157	髿	髟部	7	4412343	F39A	09AFF	27203	鬙	髟部	12	432524312511	F44F	09B19
27158	䯹	髟部	7	5114554	8234DA38	04BF9	27204	䰒	髟部	13	1224511353334	8234DD33	04C12
27159	䰇	髟部	8	12132511	8234DC32	04C07	27205	鬞	髟部	13	2512211311534	F454	09B1E
27160	鬆	髟部	8	12343454	F3A0	09B06	27206	鬟	髟部	13	2522112513534	F7DF	09B1F
27161	鬄	髟部	8	25113533	F39E	09B04	27207	鬠	髟部	13	3412524312511	F455	09B20
27162	䰀	髟部	8	31234531	8234DB35	04C00	27208	䰏	髟部	14	12132411121534	8234DD30	04C0F
27163	䰂	髟部	8	34431234	8234DB37	04C02	27209	䰐	髟部	14	12512531425221	8234DD31	04C10
27164	鬅	髟部	8	35113511	F39F	09B05	27210	䰑	髟部	14	14524444132522	8234DD32	04C11
27165	䯾	髟部	8	35121251	8234DB33	04BFE	27211	鬢	髟部	14	44512332511134	F457	09B22
27166	䯿	髟部	8	41343412	8234DB34	04BFF	27212	鬡	髟部	14	44545442522112	F456	09B21
27167	䯽	髟部	8	41431251	8234DB32	04BFD	27213	䰓	髟部	15	325111445344153	8234DD34	04C13
27168	鬈	髟部	8	43113455	F7DC	09B08	27214	䰔	髟部	15	335414355425221	8234DD35	04C14
27169	䰃	髟部	8	43122431	8234DB38	04C03	27215	鬣	髟部	15	555253415445445	F7E0	09B23
27170	鬃	髟部	8	44511234	D7D7	09B03	27216	䰕	髟部	16	2153152512125221	8234DD36	04C15
27171	䰁	髟部	8	51124134	8234DB36	04C01	27217	鬤	髟部	17	41251251112213534	F458	09B24
27172	鬊	髟部	9	111342511	F442	09B0A	27218	䰖	髟部	19	3121353121352511134	8234DD37	04C16
27173	鬍	髟部	9	122513511	F445	09B0D	27219	鬲	鬲部	0	0	D8AA	09B32
27174	鬎	髟部	9	125123422	F446	09B0E	27220	䣓	鬲部	2	52	82348B33	048D3
27175	鬌	髟部	9	131212511	F444	09B0C	27221	䰙	鬲部	4	1254	8234DE30	04C19
27176	䰅	髟部	9	132511134	8234DC30	04C05	27222	䰛	鬲部	4	1554	8234DE32	04C1B
27177	䰄	髟部	9	251214544	8234DB39	04C04	27223	䰚	鬲部	4	4134	8234DE31	04C1A
27178	鬏	髟部	9	312344334	F7DD	09B0F	27224	鹝	鬲部	5	35451	FB6B	09E5D
27179	鬉	髟部	9	345234354	F441	09B09	27225	融	鬲部	6	251214	C8DA	0878D
27180	䰈	髟部	9	431113121	8234DC33	04C08	27226	翮	鬲部	6	541541	F4E7	07FEE
27181	鬋	髟部	9	431251122	F443	09B0B	27227	鬴	鬲部	7	1251124	F466	09B34
27182	䭮	髟部	9	431325111	8234CC39	04B6E	27228	鬶	鬲部	8	11342535	F468	09B36
27183	䰆	髟部	9	545231234	8234DC31	04C06	27229	鬵	鬲部	8	15351535	F467	09B35
27184	鬐	髟部	10	1213352511	F447	09B10	27230	鞷	鬲部	9	122125112	ED52	097B7
27185	鬕	髟部	10	1222511134	F44B	09B15	27231	鬷	鬲部	9	345234354	F469	09B37
27186	鬒	髟部	10	1225111134	F449	09B12	27232	鬸	鬲部	10	3545325121	F46A	09B38
27187	䰊	髟部	10	1251124124	8234DC35	04C0A	27233	鬹	鬲部	11	11342511135	F46B	09B39
27188	䰋	髟部	10	2511445531	8234DC36	04C0B	27234	鬺	鬲部	11	31251113533	F46C	09B3A
27189	䰉	髟部	10	3354143554	8234DC34	04C09	27235	鷊	鬲部	11	32511154444	FA67	09DCA
27190	鬔	髟部	10	3541112454	F44A	09B14	27236	䰝	鬲部	12	432524312511	8234DE34	04C1D
27191	鬑	髟部	10	4315112234	F448	09B11	27237	鬻	鬲部	12	515431234515	E5F7	09B3B
27192	鬓	髟部	10	4453212134	F7DE	09B13	27238	䰞	鬲部	14	51512132511515	8234DE35	04C1E
27193	鬗	髟部	11	12212523434	F44D	09B17	27239	鬥	鬥部	0	0	F459	09B25
27194	䰍	髟部	11	12343424134	8234DC38	04C0D	27240	鬦	鬥部	4	4412	F45A	09B26
27195	鬘	髟部	11	25112522154	F44E	09B18	27241	鬧	鬥部	5	41252	F45B	09B27
27196	䰌	髟部	11	33234342134	8234DC37	04C0C	27242	鬨	鬥部	6	122134	F45C	09B28
27197	鬖	髟部	11	54545434333	F44C	09B16	27243	鬩	鬥部	8	32151135	F45D	09B29
27198	鬝	髟部	12	251125112511	F453	09B1D	27244	鬪	鬥部	10	1251431124	F45E	09B2A
27199	鬜	髟部	12	251125113511	F452	09B1C	27245	䰗	鬥部	10	3525125115	8234DD38	04C17

字序	字形	部首	部首外笔画数	部首外笔顺	18030代码	13000代码	字序	字形	部首	部首外笔画数	部首外笔顺	18030代码	13000代码
27246	鬫	鬥部	11	51221113134	F45F	09B2B	27292	麽	麻部	3	354	F7E1	09EBD
27247	䰘	鬥部	11	54154134333	8234DD39	04C18	27293	麼	麻部	3	554	FC4E	09EBC
27248	鬭	鬥部	14	55155151213312	F461	09B2D	27294	犘	麻部	4	3112	A0D0	07298
27249	鬬	鬥部	15	352155151213312	F460	09B2C	27295	摩	麻部	4	3112	C4A6	06469
27250	鬮	鬥部	17	32511255115115341	F462	09B2E	27296	麾	麻部	4	3115	F7E2	09EBE
27251	高	高部	0	0	B8DF	09AD8	27297	䵇	麻部	4	3134	8234FA39	04D47
27252	鄗	高部	2	52	E07A	09117	27298	㦄	麻部	4	4544	8230FD34	03984
27253	㙜	高部	3	121	8230AC38	0365C	27299	磨	麻部	5	13251	C4A5	078E8
27254	䯨	高部	3	134	8234D931	04BE8	27300	穈	麻部	5	31234	B760	07A48
27255	槀	高部	4	1234	9882	069C0	27301	麿	麻部	6	251251	FC4F	09EBF
27256	敲	高部	4	2154	C7C3	06572	27302	糜	麻部	6	431234	C3D3	07CDC
27257	膏	高部	4	2511	B8E0	0818F	27303	縻	麻部	6	554234	F7E3	07E3B
27258	㪣	高部	4	3134	82319B37	03AA3	27304	䜆	麻部	7	4111251	8233DB36	04706
27259	歊	高部	4	3534	9A52	06B4A	27305	黀	麻部	8	12211154	FC50	09EC0
27260	毃	高部	4	3554	9AA8	06BC3	27306	靡	麻部	8	21112111	C3D2	09761
27261	髚	高部	4	4135	F37C	09ADA	27307	䯢	麻部	9	255452511	8234D835	04BE2
27262	䯩	高部	4	5215	8234D932	04BE9	27308	黁	麻部	9	312342511	FC51	09EC1
27263	稾	高部	5	31234	B758	07A3E	27309	魔	麻部	9	325113554	C4A7	09B54
27264	髛	高部	5	51335	F37D	09ADB	27310	䵈	麻部	9	332554354	8234FB30	04D48
27265	髜	高部	8	25113132	F37E	09ADC	27311	䵉	麻部	9	341251122	8234FB31	04D49
27266	䯪	高部	9	132511134	8234D933	04BEA	27312	䳸	麻部	11	32511154444	8234F337	04CF8
27267	鶮	高部	11	32511154444	FA4B	09DAE	27313	黂	麻部	12	121222511134	FC52	09EC2
27268	䯫	高部	12	251141251234	8234D934	04BEB	27314	爢	麻部	12	211121114444	A086	07222
27269	髝	高部	12	433443344553	F380	09ADD	27315	鹿	鹿部	0	0	C2B9	09E7F
27270	髞	高部	13	2512512511234	F381	09ADE	27316	麀	鹿部	2	35	FB7E	09E80
27271	黄	黄部	0	0	BBC6	09EC4	27317	麂	鹿部	2	35	F7E4	09E82
27272	黃	黄部	0	0	FC53	09EC3	27318	鄜	鹿部	2	52	E07E	0911C
27273	黅	黄部	4	3445	FC54	09EC5	27319	塵	鹿部	3	121	896D	05875
27274	䵊	黄部	4	3541	8234FB32	04D4A	27320	䴟	鹿部	3	354	8234F639	04D1F
27275	斢	黄部	4	4412	94D3	065A2	27321	䴢	鹿部	4	1234	8234F732	04D22
27276	黆	黄部	4	4535	FC55	09EC6	27322	㼾	鹿部	4	1554	82329333	03F3E
27277	黇	黄部	5	21251	FC56	09EC7	27323	䴠	鹿部	4	3134	8234F730	04D20
27278	黈	黄部	5	41121	FC57	09EC8	27324	麄	鹿部	4	3453	FB82	09E84
27279	黉	黄部	5	44345	D9E4	09EC9	27325	麃	鹿部	4	4444	FB81	09E83
27280	黊	黄部	6	121121	FC58	09ECA	27326	麆	鹿部	5	25111	FB84	09E86
27281	䵋	黄部	6	132511	8234FB33	04D4B	27327	䴤	鹿部	5	31121	8234F734	04D24
27282	黋	黄部	6	243135	FC59	09ECB	27328	麇	鹿部	5	31234	F7E5	09E87
27283	䵌	黄部	7	1343434	8234FB34	04D4C	27329	䴣	鹿部	5	34312	8234F733	04D23
27284	䵍	黄部	8	41251521	8234FB35	04D4D	27330	麅	鹿部	5	35515	FB83	09E85
27285	䵎	黄部	9	252132522	8234FB36	04D4E	27331	麈	鹿部	5	41121	F7E6	09E88
27286	鷬	黄部	11	32511154444	FA8A	09DEC	27332	䴥	鹿部	5	53251	8234F735	04D25
27287	䵏	黄部	11	54154134333	8234FB37	04D4F	27333	麉	鹿部	6	112112	FB85	09E89
27288	䵐	黄部	12	251251251112	8234FB38	04D50	27334	麋	鹿部	6	431234	F7E7	09E8B
27289	黌	黄部	13	3211343451145	FC5A	09ECC	27335	麎	鹿部	7	1311534	FB89	09E8E
27290	麻	麻部	0	0	C2E9	09EBB	27336	麌	鹿部	7	2511134	FB87	09E8C
27291	塺	麻部	3	121	8972	0587A	27337	䴦	鹿部	7	4111251	8234F736	04D26

字序	字形	部首	部首外笔画数	部首外笔顺	18030代码	13000代码
27338	麐	鹿部	7	4134251	FB8B	09E90
27339	麍	鹿部	7	4154325	FB88	09E8D
27340	麏	鹿部	7	5113251	FB8A	09E8F
27341	麒	鹿部	8	12211134	F7E8	09E92
27342	麓	鹿部	8	12341234	C2B4	09E93
27343	麗	鹿部	8	12541254	FB90	09E97
27344	麕	鹿部	8	25312341	FB8E	09E95
27345	䴧	鹿部	8	31234531	8234F737	04D27
27346	麑	鹿部	8	32151135	FB8C	09E91
27347	鏖	鹿部	8	34112431	F7E9	093D6
27348	麔	鹿部	8	35424251	FB8D	09E94
27349	麖	鹿部	8	41251234	FB8F	09E96
27350	麙	鹿部	9	131251534	FB92	09E99
27351	麘	鹿部	9	312342511	FB91	09E98
27352	麚	鹿部	9	512115154	FB93	09E9A
27353	麛	鹿部	9	515122111	FB94	09E9B
27354	麜	鹿部	10	1252211234	FB95	09E9C
27355	䴨	鹿部	10	1332511234	8234F738	04D28
27356	麝	鹿部	10	3251113124	F7EA	09E9D
27357	䴩	鹿部	11	12522111234	8234F739	04D29
27358	麞	鹿部	11	41431251112	FB96	09E9E
27359	麟	鹿部	12	431234354152	F7EB	09E9F
27360	䴪	鹿部	12	452451124134	8234F830	04D2A
27361	麠	鹿部	13	1251211251211	FB97	09EA0
27362	䴫	鹿部	13	1452444434454	8234F831	04D2B
27363	麡	鹿部	14	41432533543211	FB98	09EA1
27364	麢	鹿部	17	14524444251251251	FB99	09EA2
27365	麣	鹿部	19	2512511351221113134	FB9A	09EA3
27366	麤	鹿部	22	4135221151541352211535	FB9B	09EA4
27367	鼎	鼎部	0	0	B6A6	09F0E
27368	鼐	鼎部	2	53	D8BE	09F10
27369	鼒	鼎部	3	123	FC88	09F12
27370	䵻	鼎部	11	11121112511	82358231	04D7B
27371	䵼	鼎部	11	52133544124	82358232	04D7C
27372	黑	黑部	0	0	BADA	09ED1
27373	䵝	黑部	1	5	8234FD31	04D5D
27374	䵞	黑部	2	22	8234FD32	04D5E
27375	䵟	黑部	3	112	8234FD33	04D5F
27376	墨	黑部	3	121	C4AB	058A8
27377	黓	黑部	3	154	FC5D	09ED3
27378	䵠	黑部	3	354	8234FD34	04D60
27379	䵤	黑部	4	1132	8234FD38	04D64
27380	䵡	黑部	4	1134	8234FD35	04D61
27381	默	黑部	4	1344	C4AC	09ED8
27382	黗	黑部	4	1525	FC60	09ED7
27383	黖	黑部	4	1535	FC5F	09ED6
27384	黔	黑部	4	3445	C7AD	09ED4
27385	㱄	黑部	4	3534	8231C533	03C44
27386	黕	黑部	4	4535	FC5E	09ED5
27387	䵢	黑部	5	11234	8234FD36	04D62
27388	黚	黑部	5	12211	FC62	09EDA
27389	點	黑部	5	21251	FC63	09EDE
27390	䵣	黑部	5	25111	8234FD37	04D63
27391	黛	黑部	5	32154	F7EC	09EDB
27392	黜	黑部	5	52252	F7ED	09EDC
27393	黝	黑部	5	55453	F7EE	09EDD
27394	黠	黑部	6	121251	F7EF	09EE0
27395	黡	黑部	6	131344	FC64	09EE1
27396	黟	黑部	6	354354	F7F0	09EDF
27397	䵥	黑部	6	355215	8234FD39	04D65
27398	䵦	黑部	6	441112	8234FE30	04D66
27399	䵨	黑部	7	1353334	8234FE32	04D68
27400	䵩	黑部	7	3123422	8234FE33	04D69
27401	黣	黑部	7	3155414	FC65	09EE3
27402	黢	黑部	7	5434354	F7F1	09EE2
27403	䵭	黑部	8	12132511	8234FE37	04D6D
27404	黩	黑部	8	12544134	F7F2	09EE9
27405	黤	黑部	8	13425115	FC66	09EE4
27406	黨	黑部	8	24345251	FC68	09EE8
27407	䵪	黑部	8	25111535	8234FE34	04D6A
27408	䵬	黑部	8	25342511	8234FE36	04D6C
27409	黧	黑部	8	31234353	F7F3	09EE7
27410	黥	黑部	8	41251234	F7F4	09EE5
27411	黦	黑部	8	44535455	FC67	09EE6
27412	䵫	黑部	8	44535455	8234FE35	04D6B
27413	黪	黑部	8	54134333	F7F5	09EEA
27414	黮	黑部	9	122111345	FC6C	09EEE
27415	黫	黑部	9	125221121	FC69	09EEB
27416	黬	黑部	9	131251534	FC6A	09EEC
27417	䵮	黑部	9	251113533	8234FE38	04D6E
27418	䵯	黑部	9	312511211	8234FE39	04D6F
27419	黭	黑部	9	341251132	FC6B	09EED
27420	黯	黑部	9	414312511	F7F6	09EEF
27421	黰	黑部	10	1225111134	FC6D	09EF0
27422	黳	黑部	11	13113453554	FC70	09EF3
27423	䵰	黑部	11	31251113533	82358130	04D70
27424	黲	黑部	11	54545434333	FC6F	09EF2
27425	䵱	黑部	12	121251431251	82358131	04D71
27426	䵴	黑部	13	2511251211511	82358134	04D74
27427	䵲	黑部	13	2512512511234	82358132	04D72
27428	䵳	黑部	13	3412524312511	82358133	04D73

字序	字形	部首	部首外笔画数	部首外笔顺	18030代码	13000代码	字序	字形	部首	部首外笔画数	部首外笔顺	18030代码	13000代码
27429	黵	黑部	13	3513344111251	FC72	09EF5	27475	鼥	鼠部	5	13544	FC96	09F25
27430	黶	黑部	14	13251125111344	FC73	09EF6	27476	䶄	鼠部	5	14312	82358330	04D84
27431	黷	黑部	15	121252212511134	FC74	09EF7	27477	鼬	鼠部	5	25121	F7F8	09F2C
27432	黸	黑部	16	2153152512125221	FC75	09EF8	27478	鼪	鼠部	5	31121	FC9B	09F2A
27433	黍	黍部	0	0	CAF2	09ECD	27479	鼩	鼠部	5	35251	FC9A	09F29
27434	䵑	黍部	3	534	8234FB39	04D51	27480	鼨	鼠部	5	35444	FC99	09F28
27435	䵒	黍部	4	2511	8234FC30	04D52	27481	鼧	鼠部	5	44535	FC98	09F27
27436	䵓	黍部	4	3112	8234FC31	04D53	27482	鼦	鼠部	5	53251	FC97	09F26
27437	黏	黍部	5	21251	F0A4	09ECF	27483	鼭	鼠部	6	121124	FC9D	09F2D
27438	䵔	黍部	8	12511234	8234FC32	04D54	27484	鼮	鼠部	6	312154	FC9E	09F2E
27439	䵖	黍部	8	12512554	8234FC34	04D56	27485	䶅	鼠部	6	354251	82358331	04D85
27440	䵕	黍部	8	51312251	8234FC33	04D55	27486	鼯	鼠部	7	1251251	F7F9	09F2F
27441	䵗	黍部	9	125125121	8234FC35	04D57	27487	鼰	鼠部	7	2511134	FC9F	09F30
27442	䵙	黍部	9	134354354	8234FC37	04D59	27488	鼱	鼠部	8	11212511	FCA0	09F31
27443	䵘	黍部	9	251113533	8234FC36	04D58	27489	䶆	鼠部	8	32411121	82358332	04D86
27444	䵚	黍部	10	3443321511	8234FC38	04D5A	27490	鼴	鼠部	9	125115315	FD42	09F34
27445	黐	黍部	10	4134522554	FC5B	09ED0	27491	鼳	鼠部	9	251111344	FD41	09F33
27446	䵛	黍部	11	12512554121	8234FC39	04D5B	27492	䶇	鼠部	9	251212511	82358333	04D87
27447	䵜	黍部	13	2512211311534	8234FD30	04D5C	27493	鼵	鼠部	9	445341344	FD43	09F35
27448	鼓	鼓部	0	0	B9C4	09F13	27494	鼲	鼠部	9	451251112	FD40	09F32
27449	鼔	鼓部	0	0	FC89	09F14	27495	䶈	鼠部	10	1251124124	82358334	04D88
27450	鼖	鼓部	5	12122	FC8B	09F16	27496	鼹	鼠部	10	2511445531	F7FA	09F39
27451	䵽	鼓部	5	12154	82358233	04D7D	27497	鼶	鼠部	10	3321531535	FD44	09F36
27452	䵿	鼓部	5	21251	82358235	04D7F	27498	鼷	鼠部	10	3443554134	F7FB	09F37
27453	瞽	鼓部	5	25111	EEAD	077BD	27499	䶉	鼠部	10	3545325121	82358335	04D89
27454	䵾	鼓部	5	32124	82358234	04D7E	27500	鼸	鼠部	10	4315112234	FD45	09F38
27455	鼕	鼓部	5	35444	FC8A	09F15	27501	鼺	鼠部	15	251212512125121	FD46	09F3A
27456	䶀	鼓部	6	341251	82358236	04D80	27502	鼻	鼻部	0	0	B1C7	09F3B
27457	鼗	鼓部	6	341534	D8BB	09F17	27503	劓	鼻部	2	22	D8E6	05293
27458	鼚	鼓部	8	12111534	FC8D	09F1A	27504	鼽	鼻部	2	35	F7FC	09F3D
27459	䶁	鼓部	8	25342511	82358237	04D81	27505	鼼	鼻部	2	52	FD47	09F3C
27460	鼙	鼓部	8	32511312	DCB1	09F19	27506	鼾	鼻部	3	112	F7FD	09F3E
27461	䥢	鼓部	8	34112431	82349935	04962	27507	鼿	鼻部	3	135	FD48	09F3F
27462	鼛	鼓部	8	35424251	FC8E	09F1B	27508	䶋	鼻部	3	354	82358337	04D8B
27463	鼘	鼓部	9	322151512	FC8C	09F18	27509	齀	鼻部	4	1554	FD49	09F40
27464	鼜	鼓部	9	544251214	FC8F	09F1C	27510	䶊	鼻部	4	5211	82358336	04D8A
27465	鼞	鼓部	11	24345251121	FC91	09F1E	27511	齁	鼻部	5	35251	FD4A	09F41
27466	鼝	鼓部	12	441322151512	FC90	09F1D	27512	䶌	鼻部	5	35515	82358338	04D8C
27467	鼟	鼓部	12	543341251431	FC92	09F1F	27513	䶎	鼻部	6	341251	82358430	04D8E
27468	鼠	鼠部	0	0	CAF3	09F20	27514	䶏	鼻部	7	4351523	82358431	04D8F
27469	䶂	鼠部	3	354	82358238	04D82	27515	齂	鼻部	8	51124134	FD4B	09F42
27470	鼣	鼠部	4	1344	FC94	09F23	27516	齄	鼻部	9	123425111	F7FE	09F44
27471	䶃	鼠部	4	3445	82358239	04D83	27517	齃	鼻部	9	251135345	FD4C	09F43
27472	鼢	鼠部	4	3453	F7F7	09F22	27518	齅	鼻部	10	3251111344	FD4D	09F45
27473	鼤	鼠部	4	4134	FC95	09F24	27519	齆	鼻部	10	5552515215	FD4E	09F46
27474	鼫	鼠部	5	13251	FC9C	09F2B	27520	齇	鼻部	11	21531525111	FD4F	09F47

字序	字形	部首	部首外笔画数	部首外笔顺	18030代码	13000代码
27521	齈	鼻部	13	2512211311534	FD50	09F48
27522	䶐	鼻部	13	3412524312511	82358432	04D90
27523	䶑	鼻部	15	124525121542134	82358433	04D91
27524	齉	鼻部	22	1251245251251112213534	FD51	09F49
27525	龠	龠部	0	0	D9DF	09FA0
27526	龡	龠部	4	3534	FD97	09FA1
27527	䶳	龠部	4	4135	82358736	04DB3
27528	龢	龠部	5	31234	FD98	09FA2
27529	䶴	龠部	8	43343534	82358737	04DB4
27530	龣	龠部	8	51124134	FD99	09FA3
27531	龥	龠部	9	132511134	FD9B	09FA5
27532	龤	龠部	9	153532511	FD9A	09FA4
27533	䶵	龠部	10	3321531535	82358738	04DB5

附 录 C
（规范性附录）
汉字笔顺序

本附录将 27 533 个汉字按笔顺序规则进行排序，各个汉字的具体排序如下：

序号	字形	笔数	笔顺	18030代码	13000代码
1	一	1	1	D2BB	04E00
2	丨	1	2	D8AD	04E28
3	亅	1	2	817C	04E85
4	丿	1	3	D8AF	04E3F
5	丶	1	4	D8BC	04E36
6	乛	1	5	815E	04E5B
7	乁	1	5	8155	04E41
8	乀	1	5	8154	04E40
9	𠃍	1	5	FE53	E818
10	⺄	1	5	FE54	2E84
11	乚	1	5	815D	04E5A
12	乙	1	5	D2D2	04E59
13	二	2	11	B6FE	04E8C
14	丅	2	12	8142	04E05
15	十	2	12	CAAE	05341
16	丁	2	12	B6A1	04E01
17	厂	2	13	B3A7	05382
18	丆	2	13	8143	04E06
19	𠂇	2	13	FE51	E816
20	匚	2	15	D8CE	0531A
21	匸	2	15	855B	05338
22	七	2	15	C6DF	04E03
23	丂	2	15	8140	04E02
24	丄	2	21	8141	04E04
25	刂	2	22	D8D6	05202
26	卜	2	24	B2B7	0535C
27	冂	2	25	D8E7	05182
28	𠂉	2	31	FE52	E817
29	亻	2	32	D8E9	04EBB
30	⺁	2	33	FE50	2E81
31	八	2	34	B0CB	0516B
32	人	2	34	C8CB	04EBA
33	入	2	34	C8EB	05165
34	㐅	2	34	8139EF34	03405
35	乂	2	34	8156	04E42
36	⺈	2	35	FE57	2E88
37	勹	2	35	D9E8	052F9
38	儿	2	35	B6F9	0513F
39	匕	2	35	D8B0	05315
40	几	2	35	BCB8	051E0
41	九	2	35	BEC5	04E5D
42	亠	2	41	D9EF	04EA0
43	冫	2	41	D9FB	051AB
44	丷	2	43	8152	04E37
45	冖	2	45	DAA2	05196
46	讠	2	45	DAA5	08BA0
47	刁	2	51	B5F3	05201
48	凵	2	52	DBC9	051F5
49	丩	2	52	814C	04E29
50	卩	2	52	DAE0	05369
51	了	2	52	C1CB	04E86
52	阝	2	52	DAE2	0961D
53	刀	2	53	B5B6	05200
54	力	2	53	C1A6	0529B
55	乃	2	53	C4CB	04E43
56	龴	2	54	FE59	E81E
57	厶	2	54	DBCC	053B6
58	又	2	54	D3D6	053C8
59	乄	2	54	8157	04E44
60	廴	2	54	DBC8	05EF4
61	巛	2	55	8E77	05DDC
62	㔾	2	55	82309035	0353E
63	⺋	2	55	FE58	2E8B
64	乜	2	55	D8BF	04E5C
65	三	3	111	C8FD	04E09
66	亍	3	112	D8A1	04E8D
67	干	3	112	B8C9	05E72
68	于	3	112	D3DA	04E8E
69	亏	3	115	BFF7	04E8F
70	亐	3	115	8180	04E90
71	工	3	121	B9A4	05DE5
72	土	3	121	CDC1	0571F

序号	字形	笔数	笔顺	18030代码	13000代码	序号	字形	笔数	笔顺	18030代码	13000代码
73	士	3	121	CABF	058EB	116	㐈	3	345	8139EF37	03408
74	扌	3	121	DED0	0624C	117	亇	3	352	817D	04E87
75	艹	3	122	DCB3	08279	118	犭	3	353	E1EB	072AD
76	卄	3	122	8560	05344	119	夕	3	354	CFA6	05915
77	才	3	123	B2C5	0624D	120	么	3	354	C3B4	04E48
78	下	3	124	CFC2	04E0B	121	久	3	354	BEC3	04E45
79	寸	3	124	B4E7	05BF8	122	夂	3	354	E2BA	05902
80	㐉	3	125	8139EF38	03409	123	夊	3	354	89E5	0590A
81	丌	3	132	D8A2	04E0C	124	勺	3	354	C9D7	052FA
82	廾	3	132	DEC3	05EFE	125	凡	3	354	B7B2	051E1
83	大	3	134	B4F3	05927	126	丸	3	354	CDE8	04E38
84	丈	3	134	D5C9	04E08	127	及	3	354	BCB0	053CA
85	兀	3	135	D8A3	05140	128	㐇	3	355	8139EF36	03407
86	兀	3	135	FE40	0FA0C	129	饣	3	355	E2BB	09963
87	尢	3	135	DECC	05C22	130	丬	3	412	E3DC	04E2C
88	与	3	151	D3EB	04E0E	131	广	3	413	B9E3	05E7F
89	㔿	3	152	82309036	0353F	132	亡	3	415	CDF6	04EA1
90	㐄	3	152	8139EF33	03404	133	门	3	425	C3C5	095E8
91	万	3	153	CDF2	04E07	134	䒑	3	431	82339D30	04491
92	弋	3	154	DFAE	05F0B	135	丫	3	432	D1BE	04E2B
93	夨	3	154	89F7	05928	136	义	3	434	D2E5	04E49
94	上	3	211	C9CF	04E0A	137	氵	3	441	E3DF	06C35
95	小	3	234	D0A1	05C0F	138	忄	3	442	E2E0	05FC4
96	凣	3	235	8447	051E3	139	宀	3	445	E5B2	05B80
97	⺌	3	243	FE5D	2E8C	140	之	3	454	D6AE	04E4B
98	口	3	251	BFDA	053E3	141	辶	3	454	E5C1	08FB6
99	囗	3	251	E0ED	056D7	142	彐	3	511	E5E6	05F50
100	山	3	252	C9BD	05C71	143	卂	3	512	855F	05342
101	巾	3	252	BDED	05DFE	144	尸	3	513	CAAC	05C38
102	千	3	312	C7A7	05343	145	己	3	515	BCBA	05DF1
103	乇	3	315	D8B1	04E47	146	已	3	515	D2D1	05DF2
104	乞	3	315	C6F2	04E5E	147	巳	3	515	CBC8	05DF3
105	川	3	322	B4A8	05DDD	148	弓	3	515	B9AD	05F13
106	亿	3	325	D2DA	04EBF	149	卫	3	521	CEC0	0536B
107	彳	3	332	E1DC	05F73	150	孒	3	521	8C48	05B52
108	彡	3	333	E1EA	05F61	151	子	3	521	D7D3	05B50
109	凢	3	335	8446	051E2	152	孑	3	521	E6DD	05B51
110	亼	3	341	8191	04EBC	153	屮	3	522	E5F8	05C6E
111	个	3	342	B8F6	04E2A	154	卪	3	524	856D	0536A
112	乊	3	343	8159	04E4A	155	孓	3	524	E6DE	05B53
113	亽	3	344	8192	04EBD	156	也	3	525	D2B2	04E5F
114	亾	3	345	8193	04EBE	157	女	3	531	C5AE	05973
115	兦	3	345	83C7	05166	158	乆	3	534	8158	04E46

序号	字形	笔数	笔顺	18030 代码	13000 代码	序号	字形	笔数	笔顺	18030 代码	13000 代码
159	刃	3	534	C8D0	05203	202	帀	4	1252	8E89	05E00
160	飞	3	534	B7C9	098DE	203	巿	4	1252	8E88	05DFF
161	刄	3	534	8455	05204	204	邒	4	1252	DF8B	09092
162	劜	3	535	84B2	0529C	205	㔹	4	1253	82309030	03539
163	习	3	541	CFB0	04E60	206	支	4	1254	D6A7	0652F
164	㐃	3	542	8139EF32	03403	207	丏	4	1255	8144	04E0F
165	叉	3	544	B2E6	053C9	208	厅	4	1312	CCFC	05385
166	彑	3	551	8F9F	05F51	209	卅	4	1322	D8A6	05345
167	纟	3	551	E6F9	07E9F	210	不	4	1324	B2BB	04E0D
168	马	3	551	C2ED	09A6C	211	冇	4	1325	83D3	05187
169	乡	3	553	CFE7	04E61	212	仄	4	1334	D8C6	04EC4
170	幺	3	554	E7DB	05E7A	213	犬	4	1344	C8AE	072AC
171	巛	3	555	E7DD	05DDB	214	太	4	1344	CCAB	0592A
172	亖	4	1111	8181	04E96	215	区	4	1345	C7F8	0533A
173	丰	4	1112	B7E1	04E30	216	历	4	1353	C0FA	05386
174	王	4	1121	CDF5	0738B	217	㔫	4	1353	82308E36	0352B
175	龶	4	1121	FE66	E82B	218	厷	4	1354	859A	053B7
176	亓	4	1132	D8C1	04E93	219	友	4	1354	D3D1	053CB
177	开	4	1132	BFAA	05F00	220	尤	4	1354	D3C8	05C24
178	井	4	1132	BEAE	04E95	221	歹	4	1354	B4F5	06B79
179	天	4	1134	CCEC	05929	222	厄	4	1355	B6F2	05384
180	夫	4	1134	B7F2	0592B	223	匹	4	1355	C6A5	05339
181	元	4	1135	D4AA	05143	224	辷	4	1454	DE76	08FB7
182	无	4	1135	CEDE	065E0	225	车	4	1512	B3B5	08F66
183	韦	4	1152	CEA4	097E6	226	戸	4	1513	91F5	06238
184	云	4	1154	D4C6	04E91	227	巨	4	1515	BEDE	05DE8
185	弌	4	1154	8F6F	05F0C	228	牙	4	1523	D1C0	07259
186	专	4	1154	D7A8	04E13	229	㸦	4	1524	8231F533	03E26
187	㠪	4	1211	8230DB30	0382A	230	屯	4	1525	CDCD	05C6F
188	耂	4	1213	C253	08002	231	戈	4	1534	B8EA	06208
189	圡	4	1214	884D	05721	232	兂	4	1535	83B3	05142
190	圠	4	1215	884C	05720	233	比	4	1535	B1C8	06BD4
191	扎	4	1215	D4FA	0624E	234	旡	4	1535	94FA	065E1
192	丐	4	1215	D8A4	04E10	235	互	4	1551	BBA5	04E92
193	㐋	4	1215	8139F030	0340B	236	切	4	1553	C7D0	05207
194	㐊	4	1215	8139EF39	0340A	237	瓦	4	1554	CDDF	074E6
195	廿	4	1221	D8A5	05EFF	238	卝	4	2121	856A	0535D
196	龷	4	1221	FE67	E82C	239	止	4	2121	D6B9	06B62
197	艺	4	1225	D2D5	0827A	240	攴	4	2154	EAB7	06534
198	木	4	1234	C4BE	06728	241	少	4	2343	C9D9	05C11
199	朩	4	1234	9657	06729	242	⺗	4	2344	FE5E	2E97
200	乤	4	1245	8161	04E64	243	尐	4	2344	8CA8	05C10
201	五	4	1251	CEE5	04E94	244	冃	4	2511	83D0	05183

序号	字形	笔数	笔顺	18030代码	13000代码	序号	字形	笔数	笔顺	18030代码	13000代码
245	日	4	2511	C8D5	065E5	288	爪	4	3324	D7A6	0722A
246	曰	4	2511	D4BB	066F0	289	丯	4	3332	814E	04E2F
247	冄	4	2511	83D1	05184	290	戶	4	3351	91F4	06236
248	中	4	2512	D6D0	04E2D	291	反	4	3354	B7B4	053CD
249	円	4	2521	83D2	05186	292	仐	4	3412	8197	04ED0
250	乢	4	2525	815F	04E62	293	兮	4	3415	D9E2	0516E
251	贝	4	2534	B1B4	08D1D	294	刈	4	3422	D8D7	05208
252	冈	4	2534	B8D4	05188	295	介	4	3432	BDE9	04ECB
253	罓	4	2534	C0A0	07F53	296	从	4	3434	B4D3	04ECE
254	内	4	2534	C4DA	05185	297	父	4	3434	B8B8	07236
255	內	4	2534	83C8	05167	298	仌	4	3434	8195	04ECC
256	水	4	2534	CBAE	06C34	299	爻	4	3434	D8B3	0723B
257	见	4	2535	BCFB	089C1	300	乥	4	3435	8162	04E65
258	禸	4	2554	B662	079B8	301	仑	4	3435	C2D8	04ED1
259	午	4	3112	CEE7	05348	302	尣	4	3435	8CB2	05C23
260	牛	4	3112	C5A3	0725B	303	爫	4	3443	A08D	0722B
261	手	4	3112	CAD6	0624B	304	仒	4	3444	8198	04ED2
262	龵	4	3113	FE61	E826	305	今	4	3445	BDF1	04ECA
263	气	4	3115	C6F8	06C14	306	凶	4	3452	D0D7	051F6
264	毛	4	3115	C3AB	06BDB	307	分	4	3453	B7D6	05206
265	壬	4	3121	C8C9	058EC	308	乏	4	3454	B7A6	04E4F
266	⺧	4	3121	FE6B	2EA7	309	公	4	3454	B9AB	0516C
267	牜	4	3121	A0AB	0725C	310	仓	4	3455	B2D6	04ED3
268	升	4	3132	C9FD	05347	311	勻	4	3511	84F2	052FB
269	攵	4	3134	EBB6	06535	312	月	4	3511	D4C2	06708
270	夭	4	3134	D8B2	0592D	313	卆	4	3512	8561	05346
271	长	4	3154	B3A4	0957F	314	厃	4	3513	8579	05383
272	仁	4	3211	C8CA	04EC1	315	氏	4	3515	CACF	06C0F
273	仃	4	3212	D8EA	04EC3	316	勿	4	3533	CEF0	052FF
274	什	4	3212	CAB2	04EC0	317	欠	4	3534	C7B7	06B20
275	片	4	3215	C6AC	07247	318	勽	4	3534	84F4	052FD
276	仆	4	3224	C6CD	04EC6	319	匁	4	3534	84F5	05301
277	仈	4	3234	8194	04EC8	320	风	4	3534	B7E7	098CE
278	化	4	3235	BBAF	05316	321	匂	4	3535	84F6	05302
279	仉	4	3235	D8EB	04EC9	322	勼	4	3535	84F3	052FC
280	仇	4	3235	B3F0	04EC7	323	丹	4	3541	B5A4	04E39
281	屲	4	3252	8CDC	05C72	324	匀	4	3541	D4C8	05300
282	币	4	3252	B1D2	05E01	325	乌	4	3551	CEDA	04E4C
283	仂	4	3253	D8EC	04EC2	326	卬	4	3552	856E	0536C
284	仍	4	3253	C8D4	04ECD	327	䢳	4	3552	82348831	048B3
285	仏	4	3254	8196	04ECF	328	殳	4	3554	ECAF	06BB3
286	仅	4	3254	BDF6	04EC5	329	勾	4	3554	B9B4	052FE
287	斤	4	3312	BDEF	065A4	330	凤	4	3554	B7EF	051E4

序号	字形	笔数	笔顺	18030代码	13000代码	序号	字形	笔数	笔顺	18030代码	13000代码
331	厹	4	3554	859C	053B9	374	卍	4	5212	8564	0534D
332	汀	4	4112	82308434	034C5	375	䦹	4	5212	8234A132	049B9
333	卞	4	4124	B1E5	0535E	376	䦺	4	5212	8234A133	049BA
334	亣	4	4132	8187	04EA3	377	爿	4	5213	E3DD	0723F
335	六	4	4134	C1F9	0516D	378	巴	4	5215	B0CD	05DF4
336	文	4	4134	CEC4	06587	379	孔	4	5215	BFD7	05B54
337	亢	4	4135	BFBA	04EA2	380	㞢	4	5221	8230CD34	037A2
338	方	4	4153	B7BD	065B9	381	队	4	5234	B6D3	0961F
339	闩	4	4251	E3C5	095E9	382	防	4	5253	EA62	0961E
340	火	4	4334	BBF0	0706B	383	収	4	5254	85A7	053CE
341	兯	4	4352	83CB	0516F	384	丒	4	5341	8145	04E12
342	为	4	4354	CEAA	04E3A	385	刅	4	5344	8456	05205
343	斗	4	4412	B6B7	06597	386	办	4	5344	B0EC	0529E
344	㲸	4	4415	8231D038	03CB8	387	夃	4	5354	89E0	05903
345	忆	4	4425	D2E4	05FC6	388	以	4	5434	D2D4	04EE5
346	㣺	4	4442	8230EF38	038FA	389	允	4	5435	D4CA	05141
347	灬	4	4444	ECE1	0706C	390	㕚	4	5444	82309333	0355A
348	㝉	4	4451	8230C435	03749	391	予	4	5452	D3E8	04E88
349	计	4	4512	BCC6	08BA1	392	邓	4	5452	B5CB	09093
350	订	4	4512	B6A9	08BA2	393	劝	4	5453	C8B0	0529D
351	户	4	4513	BBA7	06237	394	双	4	5454	CBAB	053CC
352	㐧	4	4523	8139F238	03427	395	㕛	4	5454	82309334	0355B
353	㓀	4	4524	82308339	034C0	396	厸	4	5454	859B	053B8
354	礻	4	4524	ECEA	0793B	397	㕕	4	5454	82309238	03555
355	讣	4	4524	B8BC	08BA3	398	毌	4	5521	9AAF	06BCC
356	㓁	4	4534	82308430	034C1	399	书	4	5524	CAE9	04E66
357	认	4	4534	C8CF	08BA4	400	毋	4	5531	CEE3	06BCB
358	⺳	4	4535	FE73	2EB3	401	幻	4	5545	BBC3	05E7B
359	冘	4	4535	83DC	05198	402	乣	4	5545	8160	04E63
360	冗	4	4535	C8DF	05197	403		5	11134	FE6C	E831
361	讥	4	4535	BCA5	08BA5	404	式	5	11154	8F70	05F0D
362	心	4	4544	D0C4	05FC3	405	玊	5	11214	AB54	0738A
363	肀	4	5112	EDB1	08080	406	玉	5	11214	D3F1	07389
364	丮	4	5112	814D	04E2E	407	匞	5	11215	8547	0531E
365	尹	4	5113	D2FC	05C39	408	玌	5	11215	AB55	0738C
366	卐	4	5121	8565	05350	409	刊	5	11222	BFAF	0520A
367	尺	4	5134	B3DF	05C3A	410	未	5	11234	CEB4	0672A
368	夬	4	5134	89F8	0592C	411	示	5	11234	CABE	0793A
369	㢧	4	5151	8230E735	038A7	412	末	5	11234	C4A9	0672B
370	弖	4	5151	8F75	05F16	413	击	5	11252	BBF7	051FB
371	引	4	5152	D2FD	05F15	414	邗	5	11252	DAF5	09097
372	弔	4	5152	8F74	05F14	415	邘	5	11252	DF8E	09098
373	丑	4	5211	B3F3	04E11	416	丼	5	11324	8153	04E3C

序号	字形	笔数	笔顺	18030代码	13000代码	序号	字形	笔数	笔顺	18030代码	13000代码
417	戋	5	11534	EAA7	0620B	460	艻	5	12253	C649	0827B
418	圢	5	12112	884E	05722	461	本	5	12341	B1BE	0672C
419	打	5	12112	B4F2	06253	462	术	5	12344	CAF5	0672F
420	巧	5	12115	C7C9	05DE7	463	札	5	12345	D4FD	0672D
421	正	5	12121	D5FD	06B63	464	朰	5	12345	9659	06730
422	㓚	5	12122	82308635	034DA	465	朮	5	12354	9658	0672E
423	圤	5	12124	884F	05724	466	刌	5	12422	8459	0520C
424	扑	5	12124	C6CB	06251	467	㝳	5	12444	8230C837	03773
425	卉	5	12132	BBDC	05349	468	辻	5	12454	DE79	08FBB
426	圦	5	12134	8851	05726	469	可	5	12512	BFC9	053EF
427	扒	5	12134	B0C7	06252	470	㐏	5	12515	8139F034	0340F
428	扖	5	12134	9243	06256	471	叵	5	12515	D8CF	053F5
429	圥	5	12135	8850	05725	472	匝	5	12525	D4D1	0531D
430	扏	5	12135	9240	0624F	473	丙	5	12534	B1FB	04E19
431	凷	5	12152	8453	051F7	474	厈	5	13112	857B	05388
432	卭	5	12152	856F	0536D	475	圧	5	13121	8852	05727
433	壭	5	12152	89D0	058ED	476	左	5	13121	D7F3	05DE6
434	㧄	5	12152	82318538	039C4	477	厉	5	13153	C0F7	05389
435	㧃	5	12152	82318537	039C3	478	丕	5	13241	D8A7	04E15
436	邛	5	12152	DAF6	0909B	479	石	5	13251	CAAF	077F3
437	㓛	5	12153	82308636	034DB	480	右	5	13251	D3D2	053F3
438	功	5	12153	B9A6	0529F	481	布	5	13252	B2BC	05E03
439	㘦	5	12153	8230A734	03626	482	厇	5	13315	857A	05387
440	㧅	5	12153	82318539	039C5	483	夳	5	13411	89FB	05933
441	扐	5	12153	9241	06250	484	夲	5	13412	89FA	05932
442	扔	5	12153	C8D3	06254	485	夰	5	13432	89F9	05930
443	去	5	12154	C8A5	053BB	486	冭	5	13444	83E8	051AD
444	払	5	12154	9242	06255	487	㚎	5	13452	8230B138	0368E
445	甘	5	12211	B8CA	07518	488	夯	5	13453	BABB	0592F
446	艼	5	12212	C64A	0827C	489	厺	5	13454	859D	053BA
447	世	5	12215	CAC0	04E16	490	龙	5	13534	C1FA	09F99
448	䒓	5	12215	82339D32	04493	491	戊	5	13534	CEEC	0620A
449	丗	5	12221	8146	04E17	492	犮	5	13544	A0E3	072AE
450	卌	5	12222	8563	0534C	493	匛	5	13545	8545	0531B
451	䒔	5	12234	82339D33	04494	494	平	5	14312	C6BD	05E73
452	艾	5	12234	B0AC	0827E	495	灭	5	14334	C3F0	0706D
453	芁	5	12235	C64C	08281	496	乬	5	15155	8167	04E6C
454	艽	5	12235	DCB4	0827D	497	巪	5	15155	8E7C	05DEA
455	古	5	12251	B9C5	053E4	498	轧	5	15215	D4FE	08F67
456	䒒	5	12251	82339D31	04492	499	东	5	15234	B6AB	04E1C
457	节	5	12252	BDDA	08282	500	匜	5	15255	8546	0531C
458	艿	5	12253	DCB5	0827F	501	劢	5	15353	DBBD	052A2
459	芀	5	12253	C64B	08280	502	戉	5	15534	91E0	06209

序号	字形	笔数	笔顺	18030代码	13000代码	序号	字形	笔数	笔顺	18030代码	13000代码
503	卡	5	21124	BFA8	05361	546	叧	5	25153	85B3	053E7
504	仧	5	21134	819F	04EE7	547	叻	5	25153	DFB7	053FB
505	北	5	21135	B1B1	05317	548	另	5	25153	C1ED	053E6
506	㐀	5	21211	8139EE39	03400	549	叹	5	25154	CCBE	053F9
507	凸	5	21251	CDB9	051F8	550	甴	5	25211	AE68	07534
508	占	5	21251	D5BC	05360	551	亗	5	25211	8182	04E97
509	歺	5	21354	9A78	06B7A	552	冉	5	25211	C8BD	05189
510	卢	5	21513	C2AC	05362	553	帄	5	25212	8E8A	05E04
511	㢟	5	21554	8230E637	0389F	554	屵	5	25213	8CDF	05C75
512	业	5	22431	D2B5	04E1A	555	罒	5	25221	C09F	07F52
513	旧	5	22511	BEC9	065E7	556	皿	5	25221	C3F3	076BF
514	帅	5	23252	CBA7	05E05	557	䍏	5	25221	8232FB31	0434F
515	归	5	23511	B9E9	05F52	558	冊	5	25221	83D4	0518A
516	氺	5	24134	9AEC	06C3A	559	㞤	5	25234	8230CD36	037A4
517	龸	5	24345	FE6D	E832	560	㞥	5	25234	8230CD37	037A5
518	且	5	25111	C7D2	04E14	561	㠲	5	25235	8230DB38	03832
519	旦	5	25111	B5A9	065E6	562	㞦	5	25235	8230CD38	037A6
520	目	5	25111	C4BF	076EE	563	凹	5	25251	B0BC	051F9
521	申	5	25112	C9EA	07533	564	冋	5	25251	83D5	0518B
522	叶	5	25112	D2B6	053F6	565	邮	5	25252	DF8D	09096
523	曱	5	25112	95F5	066F1	566	屶	5	25253	8CE0	05C76
524	甲	5	25112	BCD7	07532	567	屴	5	25253	8CDE	05C74
525	叮	5	25112	B6A3	053EE	568	屷	5	25253	8CE1	05C77
526	号	5	25115	BAC5	053F7	569	㞧	5	25253	8230CD39	037A7
527	电	5	25115	B5E7	07535	570	囚	5	25341	C7F4	056DA
528	田	5	25121	CCEF	07530	571	四	5	25351	CBC4	056DB
529	由	5	25121	D3C9	07531	572	囙	5	25511	87E0	056D9
530	卟	5	25124	DFB2	0535F	573	囘	5	25515	87DF	056D8
531	只	5	25134	D6BB	053EA	574	冎	5	25525	83D6	0518E
532	叭	5	25134	B0C8	053ED	575	㘞	5	25531	8230A636	0361E
533	㕥	5	25134	82309434	03565	576	㘝	5	25541	8230A635	0361D
534	叺	5	25134	85B5	053FA	577	囜	5	25541	87E1	056DC
535	央	5	25134	D1EB	0592E	578	钅	5	31115	EEC4	09485
536	史	5	25134	CAB7	053F2	579	玍	5	31121	AB56	0738D
537	兄	5	25135	D0D6	05144	580	生	5	31121	C9FA	0751F
538	叱	5	25135	DFB3	053F1	581	矢	5	31134	CAB8	077E2
539	叽	5	25135	DFB4	053FD	582	失	5	31134	CAA7	05931
540	㕤	5	25135	82309433	03564	583	氕	5	31153	EBAD	06C15
541	叼	5	25151	B5F0	053FC	584	乍	5	31211	D5A7	04E4D
542	㠯	5	25151	8230DB35	0382F	585	禾	5	31234	BACC	079BE
543	叫	5	25152	BDD0	053EB	586	尓	5	31234	8CAA	05C13
544	叩	5	25152	DFB5	053E9	587	㔓	5	31253	82308C32	03513
545	叨	5	25153	DFB6	053E8	588	刋	5	31322	8458	0520B

序号	字形	笔数	笔顺	18030代码	13000代码
589	䢴	5	31352	82348832	048B4
590	叐	5	31354	85A9	053D0
591	刉	5	31522	8457	05209
592	㐌	5	31525	8139F031	0340C
593	仨	5	32111	D8ED	04EE8
594	仠	5	32112	819C	04EE0
595	㐵	5	32112	8139F432	03435
596	仜	5	32121	819B	04EDC
597	仕	5	32121	CACB	04ED5
598	丘	5	32121	C7F0	04E18
599	付	5	32124	B8B6	04ED8
600	仗	5	32124	D5CC	04ED7
601	㐲	5	32134	8139F339	03432
602	㐳	5	32135	8139F430	03433
603	代	5	32154	B4FA	04EE3
604	仩	5	32211	81A0	04EE9
605	仦	5	32234	819E	04EE6
606	㐰	5	32251	8139F337	03430
607	仙	5	32252	CFC9	04ED9
608	仟	5	32312	C7AA	04EDF
609	仛	5	32315	819A	04EDB
610	仡	5	32315	D8EE	04EE1
611	㐴	5	32354	8139F431	03434
612	仫	5	32354	D8EF	04EEB
613	仢	5	32354	819D	04EE2
614	伋	5	32354	81B3	04F0B
615	们	5	32425	C3C7	04EEC
616	仪	5	32434	D2C7	04EEA
617	白	5	32511	B0D7	0767D
618	㐶	5	32515	8139F433	03436
619	仔	5	32521	D7D0	04ED4
620	他	5	32525	CBFB	04ED6
621	㚢	5	32531	8230B338	036A2
622	仞	5	32534	D8F0	04EDE
623	仭	5	32534	81A1	04EED
624	㐷	5	32551	8139F434	03437
625	斥	5	33124	B3E2	065A5
626	卮	5	33155	D8B4	0536E
627	㣔	5	33212	8230EC30	038D4
628	瓜	5	33544	B9CF	074DC
629	仺	5	34115	81A8	04EFA
630	仝	5	34121	D9DA	04EDD
631	㒰	5	34121	82308233	034B0
632	尒	5	34234	8CA9	05C12
633	㕣	5	34251	82309432	03563
634	仚	5	34252	8199	04EDA
635	屳	5	34252	8CDD	05C73
636	㠳	5	34252	8230DB39	03833
637	乎	5	34312	BAF5	04E4E
638	㐱	5	34333	8139F338	03431
639	丛	5	34341	B4D4	04E1B
640	㒱	5	34354	82308234	034B1
641	㐍	5	34435	8139F032	0340D
642	令	5	34454	C1EE	04EE4
643	込	5	34454	DE7A	08FBC
644	用	5	35112	D3C3	07528
645	甩	5	35115	CBA6	07529
646	肊	5	35115	C345	0808A
647	印	5	35152	D3A1	05370
648	氐	5	35154	D8B5	06C10
649	尔	5	35234	B6FB	05C14
650	乐	5	35234	C0D6	04E50
651	句	5	35251	BEE4	053E5
652	叴	5	35251	85B4	053F4
653	凧	5	35252	844A	051E7
654	匆	5	35334	B4D2	05306
655	犰	5	35335	E1EC	072B0
656	匃	5	35345	84F7	05303
657	册	5	35351	B2E1	0518C
658	卯	5	35352	C3AE	0536F
659	匇	5	35354	84F9	05307
660	犯	5	35355	B7B8	072AF
661	㚈	5	35412	8230B132	03688
662	匄	5	35415	84F8	05304
663	外	5	35424	CDE2	05916
664	处	5	35424	B4A6	05904
665	処	5	35435	8449	051E6
666	冬	5	35444	B6AC	051AC
667	鸟	5	35451	C4F1	09E1F
668	夘	5	35452	89EE	05918
669	邜	5	35452	DF90	0909C
670	务	5	35453	CEF1	052A1
671	夗	5	35455	89ED	05917
672	刍	5	35511	DBBB	0520D
673	饤	5	35512	F097	09964
674	包	5	35515	B0FC	05305

序号	字形	笔数	笔顺	18030代码	13000代码	序号	字形	笔数	笔顺	18030代码	13000代码
675	饥	5	35535	BCA2	09965	718	宂	5	44535	8C5D	05B82
676	主	5	41121	D6F7	04E3B	719	宄	5	44535	E5B3	05B84
677	冮	5	41121	83E9	051AE	720	㝋	5	44552	8230C437	0374B
678	市	5	41252	CAD0	05E02	721	㝊	5	44554	8230C436	0374A
679	庁	5	41312	8ED8	05E81	722	讧	5	45121	DAA7	08BA7
680	広	5	41334	8ED9	05E82	723	讦	5	45112	DAA6	08BA6
681	庀	5	41335	E2CF	05E80	724	讨	5	45124	CCD6	08BA8
682	疒	5	41341	F0DA	07592	725	戹	5	45135	91F6	06239
683	㐎	5	41345	8139F033	0340E	726	写	5	45151	D0B4	05199
684	邝	5	41352	DAF7	0909D	727	让	5	45211	C8C3	08BA9
685	広	5	41354	8EDA	05E83	728	衤	5	45234	F1C2	08864
686	立	5	41431	C1A2	07ACB	729	礼	5	45245	C0F1	0793C
687	冯	5	41551	B7EB	051AF	730	冚	5	45252	83DD	0519A
688	邙	5	41552	DAF8	09099	731	讪	5	45252	DAA8	08BAA
689	玄	5	41554	D0FE	07384	732	讬	5	45315	D799	08BAC
690	闪	5	42534	C9C1	095EA	733	讫	5	45315	C6FD	08BAB
691	氷	5	42534	9AEA	06C37	734	训	5	45322	D1B5	08BAD
692	兰	5	43111	C0BC	05170	735	必	5	45434	B1D8	05FC5
693	半	5	43112	B0EB	0534A	736	议	5	45434	D2E9	08BAE
694	汁	5	44112	D6AD	06C41	737	讯	5	45512	D1B6	08BAF
695	汀	5	44112	CDA1	06C40	738	记	5	45515	BCC7	08BB0
696	汇	5	44115	BBE3	06C47	739	永	5	45534	D3C0	06C38
697	㲺	5	44115	8231D130	03CBA	740	讱	5	45534	D79A	08BB1
698	汅	5	44115	9AF3	06C45	741	⺻	5	51121	FE79	2EBB
699	㪲	5	44125	82319D32	03AB2	742	司	5	51251	CBBE	053F8
700	乧	5	44125	8163	04E67	743	叏	5	51254	85A8	053CF
701	㪳	5	44125	82319D33	03AB3	744	尻	5	51335	E5EA	05C3B
702	汃	5	44134	9AF1	06C43	745	尼	5	51335	C4E1	05C3C
703	汄	5	44134	9AF2	06C44	746	凥	5	51335	8448	051E5
704	㲼	5	44134	8231D132	03CBC	747	㞋	5	51354	8230CB31	0378B
705	头	5	44134	CDB7	05934	748	民	5	51515	C3F1	06C11
706	㲹	5	44135	8231D039	03CB9	749	弗	5	51532	B8A5	05F17
707	氿	5	44135	9AF0	06C3F	750	邔	5	51552	DF8C	09094
708	汈	5	44151	9AF4	06C48	751	弘	5	51554	BAEB	05F18
709	氻	5	44153	9AED	06C3B	752	⺪	5	52121	FE6E	2EAA
710	汉	5	44154	BABA	06C49	753	疋	5	52134	F1E2	0758B
711	氾	5	44155	9AEF	06C3E	754	阢	5	52135	DAE3	09622
712	忊	5	44212	8FE2	05FCA	755	叾	5	52251	85B6	053FE
713	忉	5	44253	E2E1	05FC9	756	出	5	52252	B3F6	051FA
714	忇	5	44253	8FE0	05FC7	757	阡	5	52312	DAE4	09621
715	宁	5	44512	C4FE	05B81	758	阣	5	52315	EA64	09623
716	穴	5	44534	D1A8	07A74	759	辽	5	52454	C1C9	08FBD
717	它	5	44535	CBFC	05B83	760	阠	5	52512	EA63	09620

序号	字形	笔数	笔顺	18030代码	13000代码	序号	字形	笔数	笔顺	18030代码	13000代码
761	䦻	5	52521	8234A134	049BB	804	兲	6	112134	83CC	05172
762	阤	5	52525	EA65	09624	805	玐	6	112134	AB58	07390
763	氹	5	52534	9AEB	06C39	806	玑	6	112135	E7E1	07391
764	氶	5	52534	9AE9	06C36	807	㺩	6	112152	82328434	03EA9
765	奵	5	53112	8A63	05975	808	玏	6	112153	AB57	0738F
766	邚	5	53152	DF8F	0909A	809	㺨	6	112154	82328433	03EA8
767	奶	5	53153	C4CC	05976	810	丟	6	112154	8147	04E1F
768	奴	5	53154	C5AB	05974	811	式	6	112154	CABD	05F0F
769	丱	5	53221	814F	04E31	812	礼	6	112345	FE47	0FA18
770	尕	5	53234	E6D8	05C15	813	迀	6	112454	DE7C	08FC0
771	召	5	53251	D5D9	053EC	814	迂	6	112454	D3D8	08FC2
772	加	5	53251	BCD3	052A0	815	幵	6	113112	8ED4	05E75
773	皮	5	53254	C6A4	076AE	816	㓝	6	113222	82308638	034DD
774	辸	5	53454	DE77	08FB8	817	刑	6	113222	D0CC	05211
775	辺	5	53454	DE78	08FBA	818	邢	6	113252	D0CF	090A2
776	边	5	53454	B1DF	08FB9	819	邞	6	113452	DF91	0909E
777	孕	5	53521	D4D0	05B55	820	刓	6	113522	845C	05213
778	发	5	53544	B7A2	053D1	821	戎	6	113534	C8D6	0620E
779	圣	5	54121	CAA5	05723	822	邧	6	113552	DF96	090A7
780	对	5	54124	B6D4	05BF9	823	忈	6	114544	8FE1	05FC8
781	弁	5	54132	DBCD	05F01	824	䢵	6	115452	82348833	048B5
782	厼	5	54234	859E	053BC	825	动	6	115453	B6AF	052A8
783	台	5	54251	CCA8	053F0	826	迃	6	115454	DE7D	08FC3
784	癶	5	54334	B068	07676	827	扞	6	121112	9249	0625E
785	矛	5	54523	C3AC	077DB	828	圩	6	121112	DBD7	05729
786	纠	5	55152	BEC0	07EA0	829	扜	6	121112	9247	0625C
787	驭	5	55154	D4A6	09A6D	830	扝	6	121115	9248	0625D
788	母	5	55414	C4B8	06BCD	831	圬	6	121115	DBD8	0572C
789	幼	5	55453	D3D7	05E7C	832	圭	6	121121	B9E7	0572D
790	㓜	5	55453	82308637	034DC	833	扛	6	121121	BFB8	0625B
791	丝	5	55551	CBBF	04E1D	834	扗	6	121121	9244	06257
792	廵	5	55554	8F65	05EF5	835	圷	6	121124	8859	05737
793	弎	6	111154	8F71	05F0E	836	寺	6	121124	CBC2	05BFA
794	弐	6	111154	8F72	05F10	837	扙	6	121134	9245	06259
795	匡	6	111215	BFEF	05321	838	㒫	6	121135	82308138	034AB
796	耒	6	111234	F1E7	08012	839	扤	6	121135	924E	06264
797	㓞	6	111253	82308639	034DE	840	圵	6	121211	8857	05735
798	邦	6	111352	B0EE	090A6	841	卋	6	121221	8562	0534B
799	㦮	6	111534	82318336	039AE	842	吉	6	121251	BCAA	05409
800	㱏	6	112121	8231C634	03C4F	843	扣	6	121251	BFDB	06263
801	玎	6	112112	E7E0	0738E	844	㧇	6	121251	82318631	039C7
802	㺫	6	112122	82328436	03EAB	845	圸	6	121252	885A	05738
803	㺪	6	112124	82328435	03EAA	846	㧆	6	121252	82318630	039C6

序号	字形	笔数	笔顺	18030代码	13000代码
847	圲	6	121312	8855	05732
848	扦	6	121312	C7A4	06266
849	圫	6	121315	8853	0572B
850	圪	6	121315	DBD9	0572A
851	托	6	121315	CDD0	06258
852	扥	6	121315	924F	06265
853	扢	6	121315	924D	06262
854	考	6	121315	BFBC	08003
855	圳	6	121322	DBDA	05733
856	㣉	6	121333	8230EA39	038C9
857	老	6	121335	C0CF	08001
858	圴	6	121354	8856	05734
859	扚	6	121354	9246	0625A
860	巩	6	121354	B9AE	05DE9
861	圾	6	121354	BBF8	0573E
862	执	6	121354	D6B4	06267
863	扱	6	121354	9251	06271
864	圹	6	121413	DBDB	05739
865	扩	6	121413	C0A9	06269
866	扪	6	121425	DED1	0626A
867	赱	6	121434	DA5B	08D71
868	扫	6	121511	C9A8	0626B
869	扟	6	121512	924A	0625F
870	㔺	6	121512	82309031	0353A
871	圮	6	121515	DBDC	0572E
872	圯	6	121515	DBDD	0572F
873	㧈	6	121515	82318632	039C8
874	地	6	121525	B5D8	05730
875	扡	6	121525	924C	06261
876	场	6	121533	B3A1	0573A
877	扬	6	121533	D1EF	0626C
878		6	121534	FE76	E83B
879	扨	6	121534	9250	06268
880	扠	6	121544	924B	06260
881	㼗	6	121554	82328F34	03F17
882	耳	6	122111	B6FA	08033
883	芉	6	122112	C651	08289
884	芋	6	122112	D3F3	0828B
885	芌	6	122115	C652	0828C
886	芏	6	122121	DCB6	0828F
887	节	6	122124	C653	08290
888	共	6	122134	B9B2	05171
889	芖	6	122134	C657	08296
890	芅	6	122154	C64E	08285
891	䒙	6	122211	82339D38	04499
892	䒕	6	122234	82339D34	04495
893	芇	6	122252	C650	08287
894	芊	6	122312	DCB7	0828A
895	䒗	6	122315	82339D36	04497
896	芕	6	122354	C656	08295
897	䒘	6	122354	82339D37	04498
898	芍	6	122354	C9D6	0828D
899	芃	6	122354	C64D	08283
900	芄	6	122354	DCB9	08284
901	芨	6	122354	DCB8	082A8
902	芒	6	122415	C3A2	08292
903	亚	6	122431	D1C7	04E9A
904	芝	6	122454	D6A5	0829D
905	䒖	6	122512	82339D35	04496
906	芑	6	122515	DCBB	08291
907	芎	6	122515	DCBA	0828E
908	芓	6	122521	C654	08293
909	芆	6	122544	C64F	08286
910	芗	6	122553	DCBC	08297
911	朾	6	123412	9662	0673E
912	朽	6	123415	D0E0	0673D
913	朴	6	123424	C6D3	06734
914	朳	6	123434	965B	06733
915	朲	6	123434	965A	06732
916	杁	6	123434	9664	06741
917	朼	6	123435	9661	0673C
918	机	6	123435	BBFA	0673A
919	朹	6	123435	965F	06739
920	朻	6	123452	9660	0673B
921	䢶	6	123452	82348834	048B6
922	朷	6	123453	965D	06737
923	朸	6	123453	965E	06738
924	㭁	6	123453	8231AB35	03B41
925	权	6	123454	C8A8	06743
926	过	6	124454	B9FD	08FC7
927	亘	6	125111	D8A8	04E98
928	臣	6	125125	B3BC	081E3
929	㐓	6	125125	8139F038	03413
930	吏	6	125134	C0F4	0540F
931	再	6	125211	D4D9	0518D
932	覀	6	125221	D281	0897E

序号	字形	笔数	笔顺	18030代码	13000代码	序号	字形	笔数	笔顺	18030代码	13000代码
933	覀	6	125221	D282	08980	976	歺	6	135415	8231C734	03C59
934	朿	6	125234	9663	0673F	977	列	6	135422	C1D0	05217
935	両	6	125252	8149	04E21	978	死	6	135435	CBC0	06B7B
936	㐁	6	125341	8139EF30	03401	979	成	6	135534	B3C9	06210
937	协	6	125344	D0AD	0534F	980	匟	6	141355	8548	0531F
938	西	6	125351	CEF7	0897F	981	夹	6	143134	BCD0	05939
939	亙	6	125441	8183	04E99	982	㐂	6	151515	8139EF31	03402
940	劥	6	125453	948A	06530	983	夷	6	151534	D2C4	05937
941	厈	6	131132	82309130	03543	984	邛	6	151552	82348837	048B9
942	压	6	131214	D1B9	0538B	985	轨	6	152135	B9EC	08F68
943	厌	6	131344	D1E1	0538C	986	邪	6	152352	D0B0	090AA
944	厍	6	131512	D8C7	0538D	987	邨	6	152552	DF97	090A8
945	厊	6	131523	857C	0538A	988	攷	6	153134	948E	06537
946	戌	6	131534	D0E7	0620C	989	尧	6	153135	D2A2	05C27
947	厷	6	131554	82309131	03544	990	划	6	153422	BBAE	05212
948	在	6	132121	D4DA	05728	991	迈	6	153454	C2F5	08FC8
949	丕	6	132412	82309032	0353B	992	毕	6	153512	B1CF	06BD5
950	迊	6	132454	82348431	0488B	993	至	6	154121	D6C1	081F3
951	百	6	132511	B0D9	0767E	994	砒	6	155412	AD97	074E7
952	有	6	132511	D3D0	06709	995	邷	6	155452	DF9C	090B7
953	石	6	132514	8232B536	04096	996	尗	6	211234	8CAB	05C17
954	亖	6	132515	8168	04E6D	997	北	6	211351	8148	04E20
955	存	6	132521	B4E6	05B58	998	此	6	212135	B4CB	06B64
956	而	6	132522	B6F8	0800C	999	乩	6	212515	D8C0	04E69
957	页	6	132534	D2B3	09875	1000	贞	6	212534	D5EA	08D1E
958	匠	6	133125	BDB3	05320	1001	虍	6	215315	F2AE	0864D
959	厗	6	133445	82309039	03542	1002	师	6	231252	CAA6	05E08
960	夸	6	134115	BFE4	05938	1003	尘	6	234121	B3BE	05C18
961	夳	6	134121	8858	05736	1004	尖	6	234134	BCE2	05C16
962	夺	6	134124	B6E1	0593A	1005	劣	6	234353	C1D3	052A3
963	奔	6	134132	8230B139	0368F	1006	光	6	243135	B9E2	05149
964	夶	6	134134	89FD	05936	1007	当	6	243511	B5B1	05F53
965	㚐	6	134134	8230B230	03690	1008	叶	6	251112	94FD	065EA
966	夵	6	134234	89FC	05935	1009	早	6	251112	D4E7	065E9
967	夻	6	134251	89FE	0593B	1010	吁	6	251112	D3F5	05401
968	㞭	6	134252	8230CE35	037AD	1011	叿	6	251121	85B7	053FF
969	夼	6	134322	DEC5	0593C	1012	吐	6	251121	CDC2	05410
970	灰	6	134334	BBD2	07070	1013	吓	6	251124	CFC5	05413
971	达	6	134454	B4EF	08FBE	1014	吋	6	251124	85BC	0540B
972	戍	6	134534	CAF9	0620D	1015	吴	6	251134	82309435	03566
973	尪	6	135112	8230C936	0377C	1016	臾	6	251134	8231A938	03B30
974	匜	6	135335	8549	05322	1017	㫀	6	251135	8231A032	03AD0
975	尥	6	135354	DECD	05C25	1018	旯	6	251135	EAB9	065EF

序号	字形	笔数	笔顺	18030代码	13000代码	序号	字形	笔数	笔顺	18030代码	13000代码
1019	曳	6	251153	D2B7	066F3	1062	㞫	6	252454	8230CE33	037AB
1020	旫	6	251153	94FE	065EB	1063	回	6	252511	BBD8	056DE
1021	㫑	6	251153	8231A033	03AD1	1064	屺	6	252515	E1A8	05C7A
1022	虫	6	251214	B3E6	0866B	1065	岂	6	252515	C6F1	05C82
1023	㐕	6	251215	8139F130	03415	1066	㞨	6	252521	8230CE30	037A8
1024	曲	6	251221	C7FA	066F2	1067	屻	6	252534	8CE3	05C7B
1025	团	6	251231	CDC5	056E2	1068	岃	6	252534	8CE8	05C83
1026	団	6	251241	87E2	056E3	1069	㠴	6	252534	8230DC30	03834
1027	吅	6	251251	85BA	05405	1070	则	6	253422	D4F2	05219
1028	吕	6	251251	C2C0	05415	1071	刚	6	253422	B8D5	0521A
1029	同	6	251251	CDAC	0540C	1072	肉	6	253434	C8E2	08089
1030	吊	6	251252	B5F5	0540A	1073	网	6	253434	CDF8	07F51
1031	㕜	6	251254	82309335	0355C	1074	氼	6	253434	9AEE	06C3C
1032	吁	6	251312	85B8	05400	1075	凼	6	253452	DBCA	051FC
1033	吒	6	251315	DFB8	05412	1076	囝	6	255211	E0EE	056DD
1034	吃	6	251315	B3D4	05403	1077	囡	6	255311	E0EF	056E1
1035	㘟	6	251321	8230A637	0361F	1078	钆	6	311155	EEC5	09486
1036	因	6	251341	D2F2	056E0	1079	钇	6	311155	EEC6	09487
1037	㕨	6	251354	82309437	03568	1080	年	6	311212	C4EA	05E74
1038	吸	6	251354	CEFC	05438	1081	朱	6	311234	D6EC	06731
1039	吖	6	251432	DFB9	05416	1082	缶	6	311252	F3BE	07F36
1040	㕧	6	251513	82309436	03567	1083	劧	6	311253	84B6	052A7
1041	吇	6	251521	85BB	05407	1084	刏	6	311522	845A	0520F
1042	吔	6	251525	85BD	05414	1085	氘	6	311532	EBAE	06C18
1043	吗	6	251551	C2F0	05417	1086	気	6	311534	9ADD	06C17
1044	吆	6	251554	DFBA	05406	1087	㔕	6	311553	82308C34	03515
1045	屽	6	252112	8CE5	05C7D	1088	氖	6	311553	C4CA	06C16
1046	屸	6	252121	8CE2	05C78	1089	㲌	6	311553	8231CC34	03C8C
1047	㞬	6	252121	8230CE34	037AC	1090	先	6	312135	CFC8	05148
1048	屼	6	252135	8CE4	05C7C	1091	牝	6	312135	EAF2	0725D
1049	屿	6	252151	D3EC	05C7F	1092	㸨	6	312152	8231F535	03E28
1050	屾	6	252252	8CE6	05C7E	1093	牞	6	312153	A0AC	0725E
1051	出	6	252252	8CE7	05C80	1094	丢	6	312154	B6AA	04E22
1052	屹	6	252315	D2D9	05C79	1095	廷	6	312154	CDA2	05EF7
1053	㠶	6	252335	8230DC32	03836	1096	舌	6	312251	C9E0	0820C
1054	㞮	6	252354	8230CE36	037AE	1097	竹	6	312312	D6F1	07AF9
1055	岁	6	252354	CBEA	05C81	1098	迁	6	312454	C7A8	08FC1
1056	㞩	6	252354	8230CE31	037A9	1099	圱	6	313121	8854	05731
1057	岋	6	252354	8CEF	05C8B	1100	乔	6	313432	C7C7	04E54
1058	岌	6	252354	E1A7	05C8C	1101	⺮	6	314314	FE71	2EAE
1059	帆	6	252354	B7AB	05E06	1102	迄	6	315454	C6F9	08FC4
1060	㠷	6	252354	8230DC33	03837	1103	毎	6	315521	9AB0	06BCE
1061	辿	6	252454	DE7B	08FBF	1104	仹	6	321112	81A7	04EF9

序号	字形	笔数	笔顺	18030代码	13000代码
1105	仼	6	321121	81A9	04EFC
1106	伕	6	321134	81B8	04F15
1107	㐾	6	321135	8139F531	0343E
1108	伟	6	321152	CEB0	04F1F
1109	伝	6	321154	81BB	04F1D
1110	传	6	321154	B4AB	04F20
1111	乒	6	321213	C6B9	04E52
1112	乓	6	321214	C5D2	04E53
1113	休	6	321234	D0DD	04F11
1114	伍	6	321251	CEE9	04F0D
1115	伂	6	321252	81AC	04F02
1116	伎	6	321254	BCBF	04F0E
1117	伓	6	321324	81B6	04F13
1118	伏	6	321344	B7FC	04F0F
1119	㑀	6	321344	8139F533	03440
1120	伛	6	321345	D8F1	04F1B
1121	伖	6	321354	81B9	04F16
1122	优	6	321354	D3C5	04F18
1123	伌	6	321355	81B4	04F0C
1124	臼	6	321511	BECA	081FC
1125	伡	6	321512	81BC	04F21
1126	佢	6	321515	81DA	04F62
1127	伢	6	321523	D8F3	04F22
1128	伅	6	321525	81AF	04F05
1129	伐	6	321534	B7A5	04F10
1130	仳	6	321535	D8F2	04EF3
1131	仾	6	321551	81AA	04EFE
1132	佤	6	321554	D8F4	04F64
1133	延	6	321554	D1D3	05EF6
1134	仯	6	322343	81A3	04EEF
1135	仲	6	322512	D6D9	04EF2
1136	㐻	6	322534	8139F438	0343B
1137	㲻	6	322534	8231D131	03CBB
1138	伣	6	322535	81BD	04F23
1139	仵	6	323112	D8F5	04EF5
1140	件	6	323112	BCFE	04EF6
1141	㐿	6	323112	8139F532	0343F
1142	㐹	6	323115	8139F436	03439
1143	任	6	323121	C8CE	04EFB
1144	㐼	6	323132	8139F439	0343C
1145	仸	6	323134	81A6	04EF8
1146	伤	6	323153	C9CB	04F24
1147	伥	6	323154	D8F6	04F25
1148	㐺	6	323234	8139F437	0343A
1149	伒	6	323312	81B5	04F12
1150	乑	6	323334	815A	04E51
1151	仮	6	323354	81A2	04EEE
1152	价	6	323432	BCDB	04EF7
1153	伦	6	323435	C2D7	04F26
1154	仱	6	323445	81A4	04EF1
1155	份	6	323453	B7DD	04EFD
1156	伀	6	323454	81AB	04F00
1157	伧	6	323455	D8F7	04F27
1158	仴	6	323511	81A5	04EF4
1159	华	6	323512	BBAA	0534E
1160	伜	6	323512	81BA	04F1C
1161	伆	6	323533	81B0	04F06
1162	㐸	6	323534	8139F435	03438
1163	㐽	6	323534	8139F530	0343D
1164	伨	6	323541	81BE	04F28
1165	仰	6	323552	D1F6	04EF0
1166	伇	6	323554	81B1	04F07
1167	伩	6	324134	81BF	04F29
1168	伉	6	324135	D8F8	04F09
1169	仿	6	324153	B7C2	04EFF
1170	伙	6	324334	BBEF	04F19
1171	伪	6	324354	CEB1	04F2A
1172	伫	6	324451	D8F9	04F2B
1173	伔	6	324535	81B7	04F14
1174	伈	6	324544	81B2	04F08
1175	自	6	325111	D7D4	081EA
1176	伊	6	325113	D2C1	04F0A
1177	癿	6	325115	B06D	0767F
1178	甶	6	325121	AE69	07536
1179	伬	6	325134	81C0	04F2C
1180	伄	6	325152	81AE	04F04
1181	血	6	325221	D1AA	08840
1182	向	6	325251	CFF2	05411
1183	囟	6	325341	D8B6	056DF
1184	似	6	325434	CBC6	04F3C
1185	伃	6	325452	81AD	04F03
1186	后	6	331251	BAF3	0540E
1187	邤	6	331252	DF94	090A4
1188	劤	6	331253	84B3	052A4
1189	行	6	332112	D0D0	0884C
1190	㣕	6	332134	8230EC31	038D5

序号	字形	笔数	笔顺	18030代码	13000代码	序号	字形	笔数	笔顺	18030代码	13000代码
1191	彴	6	332354	8FB0	05F74	1234	犴	6	353112	E1ED	072B4
1192	彶	6	332354	8FB2	05F76	1235	犲	6	353123	A0E5	072B2
1193	彵	6	332525	8FB1	05F75	1236	犵	6	353315	A0E7	072B5
1194	甪	6	335112	AE66	0752A	1237	刎	6	353322	D8D8	0520E
1195	㐆	6	335115	8139EF35	03406	1238	犳	6	353354	A0E6	072B3
1196	舟	6	335414	D6DB	0821F	1239	犱	6	353354	A0E4	072B1
1197	全	6	341121	C8AB	05168	1240	犷	6	353413	E1EE	072B7
1198	会	6	341154	BBE1	04F1A	1241	匈	6	353453	D0D9	05308
1199	杀	6	341234	C9B1	06740	1242	乮	6	353525	8169	04E6E
1200	合	6	341251	BACF	05408	1243	犸	6	353551	E1EF	072B8
1201	兆	6	341534	D5D7	05146	1244	刐	6	354122	845B	05210
1202	企	6	342121	C6F3	04F01	1245	舛	6	354152	E2B6	0821B
1203	䏌	6	342511	82338934	043CC	1246	夅	6	354152	89E1	05905
1204	㒲	6	342511	82308235	034B2	1247	䢷	6	354152	82348835	048B7
1205	氽	6	342534	D9DB	06C3D	1248	名	6	354251	C3FB	0540D
1206	汆	6	342534	D9E0	06C46	1249	各	6	354251	B8F7	05404
1207	乯	6	343125	816A	04E6F	1250	㣊	6	354333	8230EB30	038CA
1208	众	6	343434	D6DA	04F17	1251	灳	6	354334	9EBE	07073
1209	爷	6	343452	D2AF	07237	1252	㶡	6	354334	8231E830	03DA1
1210	伞	6	344312	C9A1	04F1E	1253	多	6	354354	B6E0	0591A
1211	㣻	6	344544	8230EF39	038FB	1254	㐑	6	354445	8139F036	03411
1212	兇	6	345235	83B4	05147	1255	﨤	6	354454	FE4C	0FA24
1213	㠩	6	345325	8230DA39	03829	1256	奿	6	354531	8A69	0597F
1214	邠	6	345352	DF93	090A0	1257	凫	6	354535	D9EC	051EB
1215	兊	6	345435	83B5	0514A	1258	争	6	355112	D5F9	04E89
1216	创	6	345522	B4B4	0521B	1259	邬	6	355152	DAF9	090AC
1217	刖	6	351122	EBBE	05216	1260	色	6	355215	C9AB	08272
1218	肌	6	351135	BCA1	0808C	1261	饦	6	355315	F098	09966
1219	肍	6	351135	C346	0808D	1262	饧	6	355533	E2BC	09967
1220	肋	6	351153	C0DF	0808B	1263	冴	6	411523	83EA	051B4
1221	凨	6	351154	844B	051E8	1264	冱	6	411551	D9FC	051B1
1222	朵	6	351234	B6E4	06735	1265	壮	6	412121	D7B3	058EE
1223	凩	6	351234	844C	051E9	1266	冲	6	412512	B3E5	051B2
1224	杂	6	351234	D4D3	06742	1267	㐔	6	412515	8139F039	03414
1225	夙	6	351354	D9ED	05919	1268	妆	6	412531	D7B1	05986
1226	危	6	351355	CEA3	05371	1269	冰	6	412534	B1F9	051B0
1227	氒	6	351512	9ADC	06C12	1270	㡰	6	413112	8230E230	03870
1228	凪	6	352121	844D	051EA	1271	庄	6	413121	D7AF	05E84
1229	旬	6	352511	D1AE	065EC	1272	庆	6	413134	C7EC	05E86
1230	旨	6	352511	D6BC	065E8	1273	㓇	6	413134	82308436	034C7
1231	旮	6	352511	EAB8	065EE	1274	亦	6	413234	D2E0	04EA6
1232	旭	6	352511	D0F1	065ED	1275	㡯	6	413315	8230E139	0386F
1233	负	6	352534	B8BA	08D1F	1276	庅	6	413354	8EDB	05E85

序号	字形	笔数	笔顺	18030代码	13000代码	序号	字形	笔数	笔顺	18030代码	13000代码
1277	庆	6	413354	8230E231	03871	1320	弟	6	435152	8F77	05F1A
1278	刘	6	413422	C1F5	05218	1321	汗	6	441112	BAB9	06C57
1279	齐	6	413432	C6EB	09F50	1322	汙	6	441112	9B40	06C59
1280	交	6	413434	BDBB	04EA4	1323	污	6	441115	CEDB	06C61
1281	㐼	6	413435	82308435	034C6	1324	汚	6	441115	9B41	06C5A
1282	㐫	6	413452	8139F332	0342B	1325	江	6	441121	BDAD	06C5F
1283	㓙	6	413452	82308634	034D9	1326	汢	6	441121	9B42	06C62
1284	次	6	413534	B4CE	06B21	1327	汏	6	441134	9AF9	06C4F
1285	衣	6	413534	D2C2	08863	1328	汕	6	441252	C9C7	06C55
1286	邟	6	413552	DF92	0909F	1329	汘	6	441312	9AFE	06C58
1287	劥	6	413553	84B4	052A5	1330	汑	6	441315	9AFA	06C51
1288	辛	6	414312	8232D335	041C2	1331	汔	6	441315	E3E0	06C54
1289	产	6	414313	B2FA	04EA7	1332	汌	6	441322	9AF6	06C4C
1290	决	6	415134	BEF6	051B3	1333	汐	6	441354	CFAB	06C50
1291	㐪	6	415234	8139F331	0342A	1334	汣	6	441354	9B43	06C63
1292	吂	6	415251	85B9	05402	1335	汷	6	441354	9B4F	06C77
1293	㠵	6	415252	8230DC31	03835	1336	汋	6	441354	9AF5	06C4B
1294	巟	6	415325	8E78	05DDF	1337	汍	6	441354	9AF7	06C4D
1295	亥	6	415334	BAA5	04EA5	1338	汎	6	441354	9AF8	06C4E
1296	㫃	6	415334	82319E39	03AC3	1339	汲	6	441354	BCB3	06C72
1297	邡	6	415352	DAFA	090A1	1340	㲿	6	441413	8231D135	03CBF
1298	充	6	415435	B3E4	05145	1341	汒	6	441415	9AFB	06C52
1299	妄	6	415531	CDFD	05984	1342	汛	6	441512	D1B4	06C5B
1300	闫	6	425111	E3C6	095EB	1343	汜	6	441515	E3E1	06C5C
1301	闬	6	425112	EA5C	095EC	1344	汓	6	441521	9AFC	06C53
1302	闭	6	425123	B1D5	095ED	1345	池	6	441525	B3D8	06C60
1303	问	6	425251	CECA	095EE	1346	汝	6	441531	C8EA	06C5D
1304	闯	6	425551	B4B3	095EF	1347	汤	6	441533	CCC0	06C64
1305	羊	6	431112	D1F2	07F8A	1348	㲽	6	441534	8231D133	03CBD
1306	⺶	6	431113	FE74	2EB6	1349	汊	6	441544	E3E2	06C4A
1307	⺷	6	431121	FE75	2EB7	1350	忓	6	442112	8FE5	05FD3
1308	并	6	431132	B2A2	05E76	1351	忖	6	442124	E2E2	05FD6
1309	䜣	6	431134	FE7E	E843	1352	忕	6	442134	8FE7	05FD5
1310	关	6	431134	B9D8	05173	1353	忏	6	442312	E2E3	05FCF
1311	米	6	431234	C3D7	07C73	1354	忔	6	442315	8FE6	05FD4
1312	屰	6	431523	8CDB	05C70	1355	㣿	6	442354	8230F033	038FF
1313	灯	6	433412	B5C6	0706F	1356	忛	6	442354	8FE9	05FDB
1314	灲	6	433422	9EBD	07072	1357	忣	6	442354	8FEE	05FE3
1315	灮	6	433435	9EBB	0706E	1358	忙	6	442415	C3A6	05FD9
1316	㶢	6	433435	8231E831	03DA2	1359	忋	6	442515	8FE3	05FCB
1317	邩	6	433452	DF98	090A9	1360	忚	6	442525	8FE8	05FDA
1318	灱	6	433453	9EBC	07071	1361	㣼	6	442534	8230F030	038FC
1319	州	6	434242	D6DD	05DDE	1362	㣾	6	442544	8230F032	038FE

序号	字形	笔数	笔顺	18030代码	13000代码
1363	兴	6	443134	D0CB	05174
1364	宇	6	445112	D3EE	05B87
1365	守	6	445124	CAD8	05B88
1366	穹	6	445151	8230C439	0374D
1367	宅	6	445315	D5AC	05B85
1368	空	6	445345	B78A	07A75
1369	穴	6	445354	8230C438	0374C
1370	乏	6	445454	8230C530	0374E
1371	宫	6	445515	8C5E	05B86
1372	字	6	445521	D7D6	05B57
1373	安	6	445531	B0B2	05B89
1374	讲	6	451132	BDB2	08BB2
1375	讳	6	451152	BBE4	08BB3
1376	讴	6	451345	DAA9	08BB4
1377	军	6	451512	BEFC	0519B
1378	讵	6	451515	DAAA	08BB5
1379	讶	6	451523	D1C8	08BB6
1380	补	6	452424	8232BF38	040FC
1381	祁	6	452452	C6EE	07941
1382	礽	6	452453	B569	0793D
1383	肓	6	452511	C347	0808E
1384	讷	6	452534	DAAB	08BB7
1385	许	6	453112	D0ED	08BB8
1386	讹	6	453235	B6EF	08BB9
1387	䜣	6	453312	FE80	04723
1388	论	6	453435	C2DB	08BBA
1389	讻	6	453452	D79B	08BBB
1390	讼	6	453454	CBCF	08BBC
1391	农	6	453534	C5A9	0519C
1392	讽	6	453534	B7ED	08BBD
1393	邡	6	453552	DF95	090A5
1394	设	6	453554	C9E8	08BBE
1395	访	6	454153	B7C3	08BBF
1396	诀	6	455134	BEF7	08BC0
1397	聿	6	511112	EDB2	0807F
1398	寻	6	511124	D1B0	05BFB
1399	灵	6	511134	8230B231	03691
1400	帇	6	511252	8E8B	05E07
1401	弖	6	511252	8230CE32	037AA
1402	那	6	511352	C4C7	090A3
1403	彐	6	511354	89EF	0591B
1404	艮	6	511534	F4DE	0826E
1405	乩	6	512154	85A0	053BE
1406	迅	6	512454	D1B8	08FC5
1407	尿	6	513354	8230CB33	0378D
1408	刔	6	513422	845D	05214
1409	尽	6	513444	BEA1	05C3D
1410	迟	6	513454	DE80	08FC9
1411	厚	6	513521	8230CB32	0378C
1412	犴	6	515112	8230E736	038A8
1413	犴	6	515112	8F76	05F19
1414	㢪	6	515115	8230E738	038AA
1415	导	6	515124	B5BC	05BFC
1416	异	6	515132	D2EC	05F02
1417	㞤	6	515252	8230CE37	037AF
1418	弘	6	515252	8230E739	038AB
1419	㢩	6	515354	8230E737	038A9
1420	弜	6	515515	8F78	05F1C
1421	弛	6	515525	B3DA	05F1B
1422	改	6	515531	8A6A	05980
1423	阱	6	521132	DAE5	09631
1424	阮	6	521135	C8EE	0962E
1425	孙	6	521234	CBEF	05B59
1426	阫	6	521324	EA6B	0962B
1427	阬	6	521354	8234A139	049C0
1428	阨	6	521355	EA69	09628
1429	迂	6	521454	82348430	0488A
1430	阵	6	521512	D5F3	09635
1431	孖	6	521521	8C49	05B56
1432	阰	6	521535	EA6F	09630
1433	阯	6	522121	EA6E	0962F
1434	阳	6	522511	D1F4	09633
1435	阷	6	522512	8234A138	049BF
1436	阥	6	522534	EA66	09625
1437	阩	6	523132	EA6A	09629
1438	收	6	523134	CAD5	06536
1439	阪	6	523354	DAE6	0962A
1440	阶	6	523432	BDD7	09636
1441	阴	6	523511	D2F5	09634
1442	艸	6	523522	C648	08278
1443	阬	6	524135	EA6C	0962C
1444	防	6	524153	B7C0	09632
1445	阦	6	524334	EA67	09626
1446	阧	6	524412	EA68	09627
1447	乪	6	525121	8165	04E6A
1448	陕	6	525134	8234A135	049BC

序号	字形	笔数	笔顺	18030代码	13000代码	序号	字形	笔数	笔顺	18030代码	13000代码
1449	丞	6	525341	D8A9	04E1E	1492	厽	6	545454	859F	053BD
1450	阮	6	525435	EA6D	0962D	1493	纡	6	551112	E6FA	07EA1
1451	阝	6	525452	8234A136	049BD	1494	红	6	551121	BAEC	07EA2
1452	迆	6	525454	DE7E	08FC6	1495	纣	6	551123	8232F837	04336
1453	奸	6	531112	BCE9	05978	1496	纣	6	551124	E6FB	07EA3
1454	好	6	531112	8230B431	036A5	1497	驮	6	551134	CDD4	09A6E
1455	妅	6	531121	8A6B	05985	1498	纤	6	551312	CFCB	07EA4
1456	妍	6	531132	8230B432	036A6	1499	纥	6	551315	E6FC	07EA5
1457	妩	6	531154	8230B430	036A4	1500	驯	6	551322	D1B1	09A6F
1458	朶	6	531234	965C	06736	1501	纨	6	551354	E6FD	07EA8
1459	如	6	531251	C8E7	05982	1502	约	6	551354	D4BC	07EA6
1460	妯	6	531252	8A68	0597E	1503	级	6	551354	BCB6	07EA7
1461	奸	6	531312	8A64	05977	1504	纩	6	551413	E6FE	07EA9
1462	奼	6	531315	8A67	0597C	1505	纪	6	551515	BCCD	07EAA
1463	妚	6	531354	8A65	0597A	1506	驰	6	551525	B3DB	09A70
1464	妁	6	531354	E5F9	05981	1507	纫	6	551534	C8D2	07EAB
1465	姒	6	531354	8230B437	036AB	1508	系	6	554234	F4E9	07CF8
1466	妒	6	531413	8230B433	036A7	1509	糸	6	554444	BC69	07CF9
1467	妇	6	531511	B8BE	05987	1510	巡	6	555454	D1B2	05DE1
1468	娍	6	531512	8230B434	036A8	1511	孚	6	555521	8230C333	0373D
1469	妃	6	531515	E5FA	05983	1512	国	7	1112145	854A	05324
1470	好	6	531521	BAC3	0597D	1513	寿	7	1113124	CAD9	05BFF
1471	她	6	531525	CBFD	05979	1514	玕	7	1121112	AB5C	07395
1472	妏	6	531531	8A66	0597B	1515	玗	7	1121112	AB5D	07397
1473	妥	6	531531	8230B339	036A3	1516	玝	7	1121115	82328439	03EAE
1474	㐌	6	531545	8139F035	03410	1517	玒	7	1121121	AB59	07392
1475	妈	6	531551	C2E8	05988	1518	弄	7	1121132	C5AA	05F04
1476	㔖	6	532515	82308C35	03516	1519	美	7	1121134	82328530	03EAF
1477	㐒	6	532515	8139F037	03412	1520	玙	7	1121151	AB5F	07399
1478	乭	6	532515	8166	04E6B	1521	武	7	1121214	8231C635	03C50
1479	㔔	6	532515	82308C33	03514	1522	玔	7	1121322	AB5B	07394
1480	劦	6	535353	845E	05215	1523	玖	7	1121354	BEC1	07396
1481	劦	6	535353	84B5	052A6	1524	麦	7	1121354	C2F3	09EA6
1482	戏	6	541534	CFB7	0620F	1525	玓	7	1121354	AB5A	07393
1483	羽	6	541541	D3F0	07FBD	1526	玐	7	1121354	82328437	03EAC
1484	肓	6	542511	82338935	043CD	1527	迋	7	1121454	DE82	08FCB
1485	乱	6	542515	8164	04E68	1528	玘	7	1121515	AB5E	07398
1486	负	6	542534	DA4F	08D20	1529	玗	7	1121521	82328438	03EAD
1487	观	6	542535	B9DB	089C2	1530	玚	7	1121533	AB60	0739A
1488	牟	6	543112	C4B2	0725F	1531	玛	7	1121551	C2EA	0739B
1489	欢	6	543534	BBB6	06B22	1532	玫	7	1123134	9490	0653C
1490	买	6	544134	C2F2	04E70	1533	玫	7	1123134	82319832	03A80
1491	叒	6	545454	85AA	053D2	1534	夭	7	1124334	8231E832	03DA3

序号	字形	笔数	笔顺	18030代码	13000代码	序号	字形	笔数	笔顺	18030代码	13000代码
1535	匧	7	1125345	82308F38	03537	1578	玐	7	1211554	AD98	074E8
1536	茥	7	1132121	8867	05753	1579	扻	7	1211554	82318738	039DA
1537	形	7	1132333	D0CE	05F62	1580	址	7	1212121	D6B7	05740
1538	迓	7	1132454	82348434	0488E	1581	扯	7	1212121	B3B6	0626F
1539	进	7	1132454	BDF8	08FDB	1582	走	7	1212134	D7DF	08D70
1540	戒	7	1132534	BDE4	06212	1583	抄	7	1212343	B3AD	06284
1541	吞	7	1134251	CDCC	0541E	1584	扣	7	1212511	925F	06287
1542	迗	7	1134454	DE88	08FD7	1585	乱	7	1212515	8139F131	03416
1543	垩	7	1135121	886A	05756	1586	贡	7	1212534	B9B1	08D21
1544	冠	7	1135124	8230C838	03774	1587	坝	7	1212534	B0D3	0575D
1545	远	7	1135454	D4B6	08FDC	1588	扨	7	1212534	FE62	039CF
1546	违	7	1152454	CEA5	08FDD	1589	坳	7	1212534	8230A736	03628
1547	韧	7	1152534	C8CD	097E7	1590	抐	7	1212534	9266	06290
1548	划	7	1153422	8469	0522C	1591	汞	7	1212534	B9AF	06C5E
1549	运	7	1154454	D4CB	08FD0	1592	抙	7	1213112	9268	06299
1550	扛	7	1211121	925B	06282	1593	扢	7	1213115	82318633	039C9
1551	坓	7	1211132	8230A739	0362B	1594	坉	7	1213115	8230A738	0362A
1552	扶	7	1211134	B7F6	06276	1595	托	7	1213115	82318636	039CC
1553	坃	7	1211135	885F	05743	1596	抍	7	1213132	9263	0628D
1554	抏	7	1211135	9265	0628F	1597	攻	7	1213134	B9A5	0653B
1555	抚	7	1211135	B8A7	0629A	1598	坆	7	1213134	8862	05746
1556	镸	7	1211154	E94D	09578	1599	扷	7	1213134	9255	06277
1557	坛	7	1211154	CCB3	0575B	1600	坊	7	1213153	8230A833	0362F
1558	抎	7	1211154	9264	0628E	1601	抸	7	1213215	9256	06278
1559	抟	7	1211154	DED2	0629F	1602	赤	7	1213234	B3E0	08D64
1560	抪	7	1211252	82318634	039CA	1603	者	7	1213252	8230DC37	0383B
1561	技	7	1211254	BCBC	06280	1604	圻	7	1213312	DBDF	0573B
1562	坏	7	1211324	BBB5	0574F	1605	折	7	1213312	D5DB	06298
1563	抔	7	1211324	9267	06294	1606	抓	7	1213324	D7A5	06293
1564	抶	7	1211344	82318635	039CB	1607	坂	7	1213354	DBE0	05742
1565	抠	7	1211345	BFD9	062A0	1608	扳	7	1213354	B0E2	06273
1566	坜	7	1211353	DBDE	0575C	1609	老	7	1213355	8139F132	03417
1567	抜	7	1211354	9269	0629C	1610	坋	7	1213432	885D	0573F
1568	扰	7	1211354	C8C5	06270	1611	扴	7	1213432	9253	06274
1569	扼	7	1211355	B6F3	0627C	1612	抡	7	1213435	C2D5	062A1
1570	拒	7	1211515	BEDC	062D2	1613	拎	7	1213444	9254	06275
1571	扨	7	1211523	82318638	039CE	1614	坽	7	1213445	8861	05745
1572	坉	7	1211525	8864	05749	1615	抢	7	1213445	9252	06272
1573	扽	7	1211525	9259	0627D	1616	坌	7	1213453	8865	0574B
1574	找	7	1211534	D5D2	0627E	1617	扮	7	1213453	B0E7	0626E
1575	坒	7	1211535	8230A737	03629	1618	抸	7	1213454	927A	062B8
1576	批	7	1211535	C5FA	06279	1619	抢	7	1213455	C7C0	062A2
1577	坘	7	1211551	886B	05758	1620	捐	7	1213511	9260	06288

序号	字形	笔数	笔顺	18030 代码	13000 代码
1621	坻	7	1213515	885E	05741
1622	扺	7	1213515	9257	0627A
1623	孝	7	1213521	D0A2	05B5D
1624	圽	7	1213533	885C	0573D
1625	坎	7	1213534	BFB2	0574E
1626	扻	7	1213534	9258	0627B
1627	坍	7	1213541	CCAE	0574D
1628	均	7	1213541	BEF9	05747
1629	抣	7	1213541	926C	062A3
1630	坞	7	1213551	CEEB	0575E
1631	抑	7	1213552	D2D6	06291
1632	抛	7	1213553	C5D7	0629B
1633	坄	7	1213554	8860	05744
1634	㘬	7	1213554	8230A830	0362C
1635	投	7	1213554	CDB6	06295
1636	抅	7	1213554	925D	06285
1637	抃	7	1214124	925C	06283
1638	坟	7	1214134	B7D8	0575F
1639	抆	7	1214134	925E	06286
1640	坑	7	1214135	BFD3	05751
1641	抗	7	1214135	BFB9	06297
1642	坊	7	1214153	B7BB	0574A
1643	㧍	7	1214153	82318637	039CD
1644	灻	7	1214334	9EC3	0707B
1645	㧑	7	1214354	82318639	039D1
1646	㘰	7	1214412	8230A834	03630
1647	抖	7	1214412	B6B6	06296
1648	护	7	1214513	BBA4	062A4
1649	売	7	1214535	89D3	058F2
1650	壱	7	1214535	89D2	058F1
1651	壳	7	1214535	BFC7	058F3
1652	坈	7	1214535	8863	05748
1653	抌	7	1214535	9262	0628C
1654	志	7	1214544	D6BE	05FD7
1655	抋	7	1214544	9261	0628B
1656	㘮	7	1215134	8230A832	0362E
1657	块	7	1215134	BFE9	05757
1658	択	7	1215134	926B	0629E
1659	抉	7	1215134	BEF1	06289
1660	扭	7	1215211	C5A4	0626D
1661	声	7	1215213	C9F9	058F0
1662	把	7	1215215	B0D1	0628A
1663	报	7	1215254	B1A8	062A5
1664	㢤	7	1215354	8230E732	038A4
1665	刦	7	1215422	8466	05226
1666	拟	7	1215434	C4E2	062DF
1667	抁	7	1215435	925A	06281
1668	却	7	1215452	C8B4	05374
1669	㘧	7	1215452	8230A735	03627
1670	抒	7	1215452	CAE3	06292
1671	刧	7	1215453	8467	05227
1672	劫	7	1215453	BDD9	052AB
1673	㧐	7	1215454	FE65	039D0
1674	毐	7	1215531	9AB1	06BD0
1675	㘭	7	1215545	8230A831	0362D
1676	抝	7	1215545	926A	0629D
1677	䒠	7	1221112	82339E35	044A0
1678	耴	7	1221115	C26B	08034
1679	䎲	7	1221115	82338638	043B2
1680	茾	7	1221132	C740	0833E
1681	芙	7	1221134	DCBD	08299
1682	芫	7	1221135	DCBE	082AB
1683	芜	7	1221135	CEDF	0829C
1684	苇	7	1221152	CEAD	082C7
1685	邯	7	1221152	BAAA	090AF
1686	芸	7	1221154	DCBF	082B8
1687	㭉	7	1221234	8231AC33	03B49
1688	䒥	7	1221252	82339F30	044A5
1689	芾	7	1221252	DCC0	082BE
1690	芰	7	1221254	DCC1	082B0
1691	芣	7	1221324	C65D	082A3
1692	苈	7	1221353	DCC2	082C8
1693	苃	7	1221354	C668	082C3
1694	苊	7	1221355	DCC3	082CA
1695	苉	7	1221355	C66B	082C9
1696	苣	7	1221515	DCC4	082E3
1697	芽	7	1221523	D1BF	082BD
1698	芚	7	1221525	C658	0829A
1699	芘	7	1221535	DCC5	08298
1700	苆	7	1221553	C66A	082C6
1701	芷	7	1222121	DCC6	082B7
1702	䒚	7	1222343	82339D39	0449A
1703	䒤	7	1222511	82339E39	044A4
1704	䒣	7	1222511	82339E38	044A3
1705	芮	7	1222534	DCC7	082AE
1706	苋	7	1222535	DCC8	082CB

序号	字形	笔数	笔顺	18030代码	13000代码	序号	字形	笔数	笔顺	18030代码	13000代码
1707	䒜	7	1223112	82339E31	0449C	1750	苏	7	1225344	CBD5	082CF
1708	芞	7	1223115	C65A	0829E	1751	苡	7	1225434	DCD3	082E1
1709	芼	7	1223115	C664	082BC	1752	芧	7	1225452	C65E	082A7
1710	芺	7	1223134	C662	082BA	1753	䒛	7	1225545	82339E30	0449B
1711	苌	7	1223154	DCC9	082CC	1754	㭅	7	1234111	8231AB39	03B45
1712	芢	7	1223211	C65C	082A2	1755	杆	7	1234112	B8CB	06746
1713	花	7	1223235	BBA8	082B1	1756	杅	7	1234112	9666	06745
1714	芿	7	1223253	C665	082BF	1757	杇	7	1234115	9667	06747
1715	芹	7	1223312	C7DB	082B9	1758	杠	7	1234121	B8DC	06760
1716	苅	7	1223422	C669	082C5	1759	杜	7	1234121	B6C5	0675C
1717	芥	7	1223432	BDE6	082A5	1760	杢	7	1234121	9674	06762
1718	苁	7	1223434	DCCA	082C1	1761	材	7	1234123	B2C4	06750
1719	䒝	7	1223434	82339E32	0449D	1762	村	7	1234124	B4E5	06751
1720	芲	7	1223435	C65F	082B2	1763	杕	7	1234134	966D	06755
1721	芩	7	1223445	DCCB	082A9	1764	杖	7	1234134	D5C8	06756
1722	芬	7	1223453	B7D2	082AC	1765	杌	7	1234135	E8BB	0674C
1723	䒦	7	1223454	82339F31	044A6	1766	杤	7	1234153	9676	06764
1724	苍	7	1223455	B2D4	082CD	1767	杙	7	1234154	9670	06759
1725	芪	7	1223515	DCCE	082AA	1768	㭂	7	1234234	8231AB36	03B42
1726	芴	7	1223533	DCCC	082B4	1769	杏	7	1234251	D0D3	0674F
1727	芡	7	1223534	DCCD	082A1	1770	杣	7	1234252	9675	06763
1728	䒟	7	1223541	82339E34	0449F	1771	杄	7	1234312	9665	06744
1729	䒢	7	1223552	82339E37	044A2	1772	杔	7	1234315	966C	06754
1730	芟	7	1223554	DCCF	0829F	1773	杚	7	1234315	9671	0675A
1731	芶	7	1223554	C661	082B6	1774	杊	7	1234322	9668	0674A
1732	苄	7	1224124	DCD0	082C4	1775	杉	7	1234333	C9BC	06749
1733	芠	7	1224134	C65B	082A0	1776	巫	7	1234341	CED7	05DEB
1734	苀	7	1224135	C666	082C0	1777	杦	7	1234354	9677	06766
1735	芳	7	1224153	B7BC	082B3	1778	杓	7	1234354	E8BC	06753
1736	严	7	1224313	D1CF	04E25	1779	杋	7	1234354	9669	0674B
1737	苂	7	1224334	C667	082C2	1780	极	7	1234354	BCAB	06781
1738	苎	7	1224451	DCD1	082CE	1781	杧	7	1234415	9678	06767
1739	芦	7	1224513	C2AB	082A6	1782	㭄	7	1234512	8231AB38	03B44
1740	䒞	7	1224535	82339E33	0449E	1783	杞	7	1234515	E8BD	0675E
1741	芯	7	1224544	D0BE	082AF	1784	杛	7	1234515	9672	0675B
1742	劳	7	1224553	C0CD	052B3	1785	杍	7	1234521	966A	0674D
1743	芛	7	1225113	C659	0829B	1786	李	7	1234521	C0EE	0674E
1744	芵	7	1225134	C660	082B5	1787	杝	7	1234525	9673	0675D
1745	克	7	1225135	BFCB	0514B	1788	杨	7	1234533	D1EE	06768
1746	䒡	7	1225152	82339E36	044A1	1789	杒	7	1234534	966B	06752
1747	㕝	7	1225154	82309336	0355D	1790	杈	7	1234544	E8BE	06748
1748	芭	7	1225215	B0C5	082AD	1791	杩	7	1234551	E8BF	06769
1749	芤	7	1225215	DCD2	082A4	1792	㭃	7	1234554	8231AB37	03B43

序号	字形	笔数	笔顺	18030代码	13000代码
1793	求	7	1241344	C7F3	06C42
1794	忑	7	1244544	ECFD	05FD1
1795	孛	7	1245521	D8C3	05B5B
1796	車	7	1251112	DC87	08ECA
1797	甫	7	1251124	B8A6	0752B
1798	匣	7	1251125	CFBB	05323
1799	更	7	1251134	B8FC	066F4
1800	亜	7	1251221	8184	04E9C
1801	束	7	1251234	CAF8	0675F
1802	吾	7	1251251	CEE1	0543E
1803	叓	7	1251254	85AB	053D3
1804	豆	7	1251431	B6B9	08C46
1805	戓	7	1251534	91E1	06213
1806	迊	7	1252454	DE81	08FCA
1807	䢌	7	1252454	82348432	0488C
1808	两	7	1253434	C1BD	04E24
1809	邴	7	1253452	DAFB	090B4
1810	酉	7	1253511	D3CF	09149
1811	丽	7	1254254	C0F6	04E3D
1812	医	7	1311345	D2BD	0533B
1813	辰	7	1311534	B3BD	08FB0
1814	㕆	7	1312251	82309133	03546
1815	厐	7	1313534	8580	05390
1816	励	7	1315353	C0F8	052B1
1817	兏	7	1321135	83B8	0514F
1818	丣	7	1321551	814A	04E23
1819	奀	7	1324134	8A43	05940
1820	邳	7	1324152	DAFC	090B3
1821	否	7	1324251	B7F1	05426
1822	还	7	1324454	BBB9	08FD8
1823	㕅	7	1325112	82309132	03545
1824	矴	7	1325112	B347	077F4
1825	矵	7	1325122	B348	077F5
1826	厑	7	1325135	8581	05391
1827	䂗	7	1325135	8232B537	04097
1828	矶	7	1325135	EDB6	077F6
1829	䂙	7	1325152	8232B539	04099
1830	劯	7	1325153	84B8	052AF
1831	厏	7	1331211	857E	0538F
1832	厎	7	1335154	857D	0538E
1833	夽	7	1341154	8A40	0593D
1834	㚓	7	1341234	8230B233	03693
1835	奁	7	1341345	DEC6	05941
1836	㕇	7	1341431	82309134	03547
1837	奆	7	1341515	8A46	05946
1838	夾	7	1343434	8A41	0593E
1839	㚒	7	1343434	8230B232	03692
1840	迖	7	1344454	DE87	08FD6
1841	迏	7	1344454	DE85	08FCF
1842	夿	7	1345215	8A42	0593F
1843	尪	7	1351121	8CB6	05C2A
1844	尫	7	1351121	8CB7	05C2B
1845	㔯	7	1352515	82308F30	0352F
1846	㝽	7	1352534	8230C937	0377D
1847	豕	7	1353334	F5B9	08C55
1848	尨	7	1353334	8CB4	05C28
1849	尬	7	1353432	DECE	05C2C
1850	㔰	7	1354245	82308F31	03530
1851	歼	7	1354312	BCDF	06B7C
1852	来	7	1431234	C0B4	06765
1853	亊	7	1435112	817E	04E8A
1854	忒	7	1454454	DFAF	05FD2
1855	连	7	1512454	C1AC	08FDE
1856	欤	7	1513534	ECA3	06B24
1857	轩	7	1521112	D0F9	08F69
1858	轪	7	1521134	DE61	08F6A
1859	䢀	7	1521315	82348330	04880
1860	轫	7	1521534	E9ED	08F6B
1861	迓	7	1523454	E5C2	08FD3
1862	迍	7	1525454	DE84	08FCD
1863	坒	7	1535121	8866	05752
1864	匥	7	1541325	854B	05325
1865	㦯	7	1541534	82318337	039AF
1866	瓩	7	1554312	AD99	074E9
1867	巠	7	1555121	8E79	05DE0
1868	坙	7	1555121	886C	05759
1869	邶	7	2111552	DAFD	090B6
1870	㫖	7	2112511	8231A038	03AD6
1871	志	7	2114544	ECFE	05FD0
1872	芈	7	2121112	D8C2	08288
1873	步	7	2121233	B2BD	06B65
1874	㱑	7	2121354	8231C636	03C51
1875	㓠	7	2125122	82308731	034E0
1876	卤	7	2125341	C2B1	05364
1877	卣	7	2125511	D8D5	05363
1878	邺	7	2243152	DAFE	090BA

序号	字形	笔数	笔顺	18030代码	13000代码	序号	字形	笔数	笔顺	18030代码	13000代码
1879	児	7	2251135	83B9	05150	1922	园	7	2511351	D4B0	056ED
1880	坚	7	2254121	BCE1	0575A	1923	呖	7	2511353	DFBF	05456
1881	忐	7	2425221	B09E	076C0	1924	呟	7	2511354	85C6	05430
1882	肖	7	2432511	D0A4	08096	1925	旳	7	2511354	9541	065F3
1883	咔	7	2511112	82309438	03569	1926	吮	7	2511354	82309536	03571
1884	旰	7	2511112	EABA	065F0	1927	昅	7	2511354	954D	06605
1885	旱	7	2511112	BAB5	065F1	1928	呃	7	2511355	DFC0	05443
1886	旴	7	2511112	9542	065F4	1929	旷	7	2511413	BFF5	065F7
1887	町	7	2511112	B6A2	076EF	1930	围	7	2511521	CEA7	056F4
1888	旴	7	2511115	8232A831	0400E	1931	旱	7	2511521	8231A039	03AD7
1889	吁	7	2511121	82309630	03575	1932	呀	7	2511523	D1BD	05440
1890	呈	7	2511121	B3CA	05448	1933	吨	7	2511525	B6D6	05428
1891	星	7	2511121	885B	0573C	1934	旻	7	2511531	8A7A	0599F
1892	則	7	2511122	8460	0521E	1935	旸	7	2511533	9544	065F8
1893	时	7	2511124	CAB1	065F6	1936	曳	7	2511534	95F6	066F5
1894	呏	7	2511132	85FB	0549E	1937	吡	7	2511535	DFC1	05421
1895	昇	7	2511132	8231A034	03AD2	1938	囥	7	2511541	87E7	056E9
1896	貝	7	2511134	D890	08C9D	1939	呃	7	2511554	85F7	05493
1897	吴	7	2511134	CEE2	05434	1940	町	7	2512112	EEAE	0753A
1898	呋	7	2511134	DFBB	0544B	1941	甼	7	2512112	AE6B	0753C
1899	旲	7	2511134	9540	065F2	1942	甹	7	2512115	AE6A	07539
1900	呒	7	2511135	DFBC	05452	1943	⻊	7	2512121	FE84	2ECA
1901	旯	7	2511135	8231A037	03AD5	1944	足	7	2512134	D7E3	08DB3
1902	見	7	2511135	D28A	0898B	1945	㽗	7	2512134	82329538	03F57
1903	邭	7	2511152	82348836	048B8	1946	虬	7	2512145	F2B0	0866C
1904	助	7	2511153	D6FA	052A9	1947	邮	7	2512152	D3CA	090AE
1905	呍	7	2511154	85D4	0544D	1948	㽖	7	2512153	82329537	03F56
1906	县	7	2511154	CFD8	053BF	1949	男	7	2512153	C4D0	07537
1907	国	7	2511211	87EB	056EF	1950	廸	7	2512154	8F66	05EF8
1908	㫔	7	2511211	8231A036	03AD4	1951	㕀	7	2512155	82309037	03540
1909	里	7	2511211	C0EF	091CC	1952	㽕	7	2512155	82329536	03F55
1910	呓	7	2511225	DFBD	05453	1953	困	7	2512341	C0A7	056F0
1911	㕲	7	2511234	82309537	03572	1954	吵	7	2512343	B3B3	05435
1912	呆	7	2511234	B4F4	05446	1955	迪	7	2512454	DE89	08FDA
1913	㕶	7	2511251	82309631	03576	1956	肙	7	2512511	C34F	08099
1914	昆	7	2511252	9543	065F5	1957	串	7	2512512	B4AE	04E32
1915	吱	7	2511254	D6A8	05431	1958	呗	7	2512534	DFC2	05457
1916	㫓	7	2511315	8231A035	03AD3	1959	员	7	2512534	D4B1	05458
1917	囲	7	2511321	87EC	056F2	1960	呐	7	2512534	85C8	05436
1918	吥	7	2511324	85C4	05425	1961	呐	7	2512534	C4C5	05450
1919	吠	7	2511344	B7CD	05420	1962	呙	7	2512534	DFC3	05459
1920	呔	7	2511344	DFBE	05454	1963	吘	7	2513112	85BE	05418
1921	呕	7	2511345	C5BB	05455	1964	吽	7	2513112	85CB	0543D

序号	字形	笔数	笔顺	18030代码	13000代码	序号	字形	笔数	笔顺	18030代码	13000代码
1965	吒	7	2513115	82309535	03570	2008	岍	7	2521132	E1A9	05C8D
1966	呏	7	2513132	85D6	0544F	2009	帓	7	2521134	8230DC34	03838
1967	呹	7	2513134	82309532	0356D	2010	岏	7	2521135	8CF1	05C8F
1968	呔	7	2513134	85D8	0545A	2011	帏	7	2521152	E0F8	05E0F
1969	呲	7	2513235	85C5	0542A	2012	岐	7	2521254	E1AA	05C90
1970	困	7	2513241	87E6	056E8	2013	岽	7	2521324	8230CF36	037B8
1971	吕	7	2513251	85CE	05442	2014	岖	7	2521345	E1AB	05C96
1972	听	7	2513312	CCFD	0542C	2015	岠	7	2521515	8CF8	05CA0
1973	吩	7	2513432	85C3	05424	2016	岈	7	2521523	E1AC	05C88
1974	呅	7	2513434	82309533	0356E	2017	岻	7	2521554	82328F35	03F18
1975	吟	7	2513445	D2F7	0541F	2018	帪	7	2521554	82328F36	03F19
1976	呐	7	2513452	82309538	03573	2019	田	7	2522111	87E9	056EC
1977	吩	7	2513453	B7D4	05429	2020	删	7	2522122	8468	0522A
1978	吣	7	2513454	82309531	0356C	2021	帒	7	2522343	8230DC36	0383A
1979	呛	7	2513455	C7BA	0545B	2022	岂	7	2522511	8230CE39	037B1
1980	别	7	2513522	8465	05225	2023	岬	7	2522512	8230CF30	037B2
1981	吻	7	2513533	CEC7	0543B	2024	岗	7	2522534	B8DA	05C97
1982	吹	7	2513534	B4B5	05439	2025	宋	7	2522534	9AFD	06C56
1983	呁	7	2513541	85CD	05441	2026	岘	7	2522535	E1AD	05C98
1984	呜	7	2513551	CED8	0545C	2027	岓	7	2523112	8230CE38	037B0
1985	吺	7	2513554	85CA	0543A	2028	岆	7	2523134	8CEB	05C86
1986	哎	7	2514134	85D0	05445	2029	帐	7	2523154	D5CA	05E10
1987	吭	7	2514135	BFD4	0542D	2030	岓	7	2523312	8CF3	05C93
1988	访	7	2514153	82309530	0356B	2031	帄	7	2523312	8230DC38	0383C
1989	吙	7	2514334	85BF	05419	2032	岅	7	2523354	8CEA	05C85
1990	吣	7	2514412	85D3	0544C	2033	岕	7	2523432	8CF4	05C95
1991	呔	7	2514535	82309439	0356A	2034	帉	7	2523432	8230DC35	03839
1992	吭	7	2514535	82309539	03574	2035	冈	7	2523434	82308236	034B3
1993	吣	7	2514544	DFC4	05423	2036	岑	7	2523445	E1AF	05C91
1994	呷	7	2515113	85C0	0541A	2037	岭	7	2523445	8CF2	05C92
1995	呎	7	2515134	85D5	0544E	2038	岎	7	2523453	8CF0	05C8E
1996	映	7	2515134	85C9	05437	2039	帉	7	2523453	8E8C	05E09
1997	吳	7	2515134	85D2	05449	2040	岄	7	2523511	8CE9	05C84
1998	吴	7	2515134	85C7	05433	2041	岻	7	2523515	8230CF32	037B4
1999	吲	7	2515152	DFC5	05432	2042	岉	7	2523533	8CED	05C89
2000	呫	7	2515211	85C1	0541C	2043	岆	7	2523534	8231C135	03C1E
2001	吧	7	2515215	B0C9	05427	2044	岚	7	2523534	E1B0	05C9A
2002	吼	7	2515215	BAF0	0543C	2045	岂	7	2523552	8CEC	05C87
2003	邑	7	2515215	D2D8	09091	2046	岐	7	2524134	8230CF34	037B6
2004	囤	7	2515251	B6DA	056E4	2047	岁	7	2524134	8230CF33	037B5
2005	别	7	2515322	B1F0	0522B	2048	岭	7	2524412	8230CF31	037B3
2006	叫	7	2515434	82309638	0357D	2049	帎	7	2524535	8E90	05E0E
2007	吮	7	2515435	CBB1	0542E	2050	兕	7	2525135	D9EE	05155

序号	字形	笔数	笔顺	18030代码	13000代码
2051	㢠	7	2525154	8230E638	038A0
2052	岜	7	2525215	E1B1	05C9C
2053	帊	7	2525215	8E8D	05E0A
2054	囦	7	2525341	87E4	056E6
2055	囮	7	2532351	87EA	056EE
2056	坔	7	2534121	8868	05754
2057	财	7	2534123	B2C6	08D22
2058	㒷	7	2534134	82308330	034B7
2059	囧	7	2534251	87E5	056E7
2060	冏	7	2534251	83D7	0518F
2061	㕯	7	2534251	82309534	0356F
2062	呇	7	2534251	85D1	05447
2063	囵	7	2534351	E0F0	056F5
2064	囫	7	2535331	E0F1	056EB
2065	觃	7	2535521	D35F	089C3
2066	园	7	2541351	87E3	056E5
2067	図	7	2544341	87ED	056F3
2068	针	7	3111512	D5EB	09488
2069	钉	7	3111512	B6A4	09489
2070	钊	7	3111522	EEC8	0948A
2071	钋	7	3111524	EEC7	0948B
2072	钌	7	3111552	EEC9	0948C
2073	吿	7	3112251	85CC	0543F
2074	迕	7	3112454	E5C3	08FD5
2075	劮	7	3113453	84B7	052AE
2076	毜	7	3115234	9AB5	06BDC
2077	氙	7	3115252	EBAF	06C19
2078	氚	7	3115322	EBB0	06C1A
2079	毝	7	3115333	9AB6	06BDD
2080	㸩	7	3121112	8231F536	03E29
2081	牡	7	3121121	C4B5	07261
2082	告	7	3121251	B8E6	0544A
2083	㸪	7	3121322	8231F537	03E2A
2084	牤	7	3121415	A0AF	07264
2085	牠	7	3121525	A0AD	07260
2086	牣	7	3121534	A0AE	07263
2087	我	7	3121534	CED2	06211
2088	乱	7	3122515	C2D2	04E71
2089	利	7	3123422	C0FB	05229
2090	秂	7	3123434	B665	079C2
2091	禿	7	3123435	B664	079BF
2092	秃	7	3123435	CDBA	079C3
2093	䄦	7	3123452	8232C430	04126
2094	䄧	7	3123453	8232C431	04127
2095	秀	7	3123453	D0E3	079C0
2096	私	7	3123454	CBBD	079C1
2097	忎	7	3124544	8FE4	05FCE
2098	呑	7	3134251	85D7	05451
2099	岙	7	3134252	E1AE	05C99
2100	㩿	7	3153134	82319831	03A7F
2101	每	7	3155414	C3BF	06BCF
2102	佅	7	3211234	81CF	04F45
2103	佞	7	3211531	D8FA	04F5E
2104	佂	7	3212121	81CD	04F42
2105	兵	7	3212134	B1F8	05175
2106	邱	7	3212152	C7F1	090B1
2107	佉	7	3212154	81D2	04F49
2108	佄	7	3212211	81CE	04F44
2109	伳	7	3212215	81C4	04F33
2110	估	7	3212251	B9C0	04F30
2111	体	7	3212341	CCE5	04F53
2112	何	7	3212512	BACE	04F55
2113	㑂	7	3212534	8139F535	03442
2114	佐	7	3213121	D7F4	04F50
2115	伾	7	3213241	81C9	04F3E
2116	佑	7	3213251	D3D3	04F51
2117	佦	7	3213251	81DB	04F66
2118	佈	7	3213252	81D1	04F48
2119	伻	7	3214312	81C8	04F3B
2120	㑈	7	3215234	8139F630	03448
2121	佧	7	3221124	D8FB	04F67
2122	佔	7	3221251	81D7	04F54
2123	攸	7	3223134	D8FC	06538
2124	但	7	3225111	B5AB	04F46
2125	伹	7	3225111	81C7	04F39
2126	伸	7	3225112	C9EC	04F38
2127	佃	7	3225121	B5E8	04F43
2128	伷	7	3225121	81C6	04F37
2129	伿	7	3225134	81CA	04F3F
2130	佒	7	3225134	81D6	04F52
2131	㑆	7	3225135	8139F539	03446
2132	佀	7	3225151	81CB	04F40
2133	伵	7	3225351	81C5	04F35
2134	佚	7	3231134	D8FD	04F5A
2135	作	7	3231211	D7F7	04F5C
2136	㑅	7	3231211	8139F538	03445

序号	字形	笔数	笔顺	18030代码	13000代码	序号	字形	笔数	笔顺	18030代码	13000代码
2137	伯	7	3232511	B2AE	04F2F	2180	乕	7	3311252	815B	04E55
2138	伱	7	3234234	81C3	04F31	2181	近	7	3312454	BDFC	08FD1
2139	佡	7	3234252	81D9	04F61	2182	巵	7	3315215	8E81	05DF5
2140	伶	7	3234454	C1E6	04F36	2183	彺	7	3321121	8FB4	05F7A
2141	佣	7	3235112	D3B6	04F63	2184	㣖	7	3321344	8230EC32	038D6
2142	低	7	3235154	B5CD	04F4E	2185	彻	7	3321553	B3B9	05F7B
2143	你	7	3235234	C4E3	04F60	2186	彸	7	3323454	8FB3	05F78
2144	佝	7	3235251	D8FE	04F5D	2187	役	7	3323554	D2DB	05F79
2145	佟	7	3235444	D9A1	04F5F	2188	坐	7	3324121	8869	05755
2146	㑇	7	3235511	FE56	03447	2189	彷	7	3324153	E1DD	05F77
2147	佨	7	3235515	81DC	04F68	2190	㣗	7	3324513	8230EC33	038D7
2148	住	7	3241121	D7A1	04F4F	2191	辵	7	3332134	DE75	08FB5
2149	位	7	3241431	CEBB	04F4D	2192	返	7	3354454	B7B5	08FD4
2150	伭	7	3241554	81C1	04F2D	2193	佘	7	3411234	D9DC	04F58
2151	伴	7	3243112	B0E9	04F34	2194	余	7	3411234	D3E0	04F59
2152	佇	7	3244512	81D0	04F47	2195	希	7	3413252	CFA3	05E0C
2153	佗	7	3244535	D9A2	04F57	2196	佥	7	3414431	D9DD	04F65
2154	佖	7	3245434	81D8	04F56	2197	兌	7	3425135	83B6	0514C
2155	阜	7	3251112	B06F	07681	2198	采	7	3431234	E18A	091C6
2156	身	7	3251113	C9ED	08EAB	2199	㒶	7	3432511	82308239	034B6
2157	皂	7	3251115	D4ED	07682	2200	坐	7	3434121	D7F8	05750
2158	釓	7	3251115	C554	081EB	2201	谷	7	3434251	B9C8	08C37
2159	㒵	7	3251134	82308238	034B5	2202	岶	7	3435354	8CB3	05C26
2160	皃	7	3251135	B070	07683	2203	孚	7	3443124	8C9C	05BFD
2161	皀	7	3251135	B06E	07680	2204	孚	7	3443521	E6DA	05B5A
2162	劬	7	3251153	84B9	052B0	2205	妥	7	3443531	CDD7	059A5
2163	㿝	7	3251154	8232A332	03FDD	2206	豸	7	3443533	F5F4	08C78
2164	廹	7	3251154	8F67	05EF9	2207	含	7	3445251	BAAC	0542B
2165	䖝	7	3251214	8233B737	0459D	2208	剑	7	3445422	8463	05222
2166	伺	7	3251251	CBC5	04F3A	2209	邻	7	3445452	C1DA	090BB
2167	伲	7	3251335	D9A3	04F32	2210	㒴	7	3452252	82308237	034B4
2168	兎	7	3251354	83B7	0514E	2211	坌	7	3453121	DBD0	0574C
2169	佛	7	3251532	B7F0	04F5B	2212	弅	7	3453132	8F6B	05F05
2170	㑁	7	3252252	8139F534	03441	2213	岔	7	3453252	B2ED	05C94
2171	伮	7	3253154	81C2	04F2E	2214	㤀	7	3454544	8230F034	03900
2172	佋	7	3253251	81D4	04F4B	2215	肝	7	3511112	B8CE	0809D
2173	伽	7	3253251	D9A4	04F3D	2216	䏏	7	3511112	82338937	043CF
2174	佊	7	3253254	81D3	04F4A	2217	肟	7	3511115	EBBF	0809F
2175	囪	7	3253341	87E8	056EA	2218	肛	7	3511121	B8D8	0809B
2176	囱	7	3253541	B4D1	056F1	2219	肚	7	3511121	B6C7	0809A
2177	佁	7	3254251	81CC	04F41	2220	肘	7	3511124	D6E2	08098
2178	㑄	7	3255414	8139F537	03444	2221	肐	7	3511315	C349	08090
2179	㑃	7	3255453	8139F536	03443	2222	肜	7	3511333	EBC0	0809C

序号	字形	笔数	笔顺	18030代码	13000代码	序号	字形	笔数	笔顺	18030代码	13000代码
2223	肑	7	3511354	C34A	08091	2266	鸠	7	3535451	F0AF	09E20
2224	肒	7	3511354	82338936	043CE	2267	夆	7	3541112	89E2	05906
2225	肭	7	3511354	C34B	08092	2268	条	7	3541234	CCF5	06761
2226	朊	7	3511354	82338B30	043DC	2269	彤	7	3541333	CDAE	05F64
2227	肞	7	3511434	C350	0809E	2270	卵	7	3543524	C2D1	05375
2228	迌	7	3511454	DE83	08FCC	2271	灸	7	3544334	BEC4	07078
2229	肔	7	3511525	C34C	08094	2272	殀	7	3544412	94CE	06598
2230	肗	7	3511531	C34E	08097	2273	㤂	7	3544544	8230F036	03902
2231	肠	7	3511533	B3A6	080A0	2274	岛	7	3545252	B5BA	05C9B
2232	肕	7	3511534	C34D	08095	2275	邹	7	3551152	D7DE	090B9
2233	凬	7	3512511	844E	051EC	2276	刨	7	3551522	C5D9	05228
2234	匉	7	3514312	84FA	05309	2277	饨	7	3551525	E2BD	09968
2235	帋	7	3515252	8E8E	05E0B	2278	迎	7	3552454	D3AD	08FCE
2236	邸	7	3515452	DBA1	090B8	2279	饩	7	3553115	E2BE	09969
2237	㐏	7	3525111	8232A832	0400F	2280	饪	7	3553125	E2BF	0996A
2238	龟	7	3525115	B9EA	09F9F	2281	饫	7	3553134	E2C0	0996B
2239	甸	7	3525121	B5E9	07538	2282	饬	7	3553153	E2C1	0996C
2240	奂	7	3525134	DBBC	05942	2283	饭	7	3553354	B7B9	0996D
2241	免	7	3525135	C3E2	0514D	2284	饮	7	3553534	D2FB	0996E
2242	郇	7	3525152	DF9A	090AD	2285	系	7	3554234	CFB5	07CFB
2243	劬	7	3525153	DBBE	052AC	2286	訁	7	4111251	D385	08A01
2244	狂	7	3531121	BFF1	072C2	2287	言	7	4111251	D1D4	08A00
2245	狇	7	3531234	A0F1	072C7	2288	㓈	7	4113251	82308437	034C8
2246	犻	7	3531252	A0E9	072BB	2289	冹	7	4113544	83EC	051B9
2247	犾	7	3531344	A0EC	072BE	2290	冻	7	4115234	B6B3	051BB
2248	犹	7	3531354	D3CC	072B9	2291	状	7	4121344	D7B4	072B6
2249	犽	7	3531523	A0EB	072BD	2292	亩	7	4125121	C4B6	04EA9
2250	㹠	7	3531525	8231FB31	03E60	2293	况	7	4125135	BFF6	051B5
2251	狆	7	3532512	A0F0	072C6	2294	亨	7	4125152	BAE0	04EA8
2252	狈	7	3532534	B1B7	072C8	2295	庑	7	4131135	E2D0	05E91
2253	狅	7	3533121	A0EF	072C5	2296	庒	7	4131214	8EE1	05E92
2254	㹞	7	3533312	8231FA39	03E5E	2297	床	7	4131234	B4B2	05E8A
2255	㹝	7	3533515	8231FA38	03E5D	2298	庋	7	4131254	E2D1	05E8B
2256	犿	7	3534124	A0ED	072BF	2299	库	7	4131512	BFE2	05E93
2257	犺	7	3534135	A0E8	072BA	2300	庌	7	4131523	8EDE	05E8C
2258	狄	7	3534334	B5D2	072C4	2301	庉	7	4131525	8EDD	05E89
2259	飏	7	3534533	EF72	098CF	2302	㡲	7	4131534	8230E232	03872
2260	角	7	3535112	BDC7	089D2	2303	庇	7	4131535	B1D3	05E87
2261	删	7	3535122	C9BE	05220	2304	亪	7	4132345	8188	04EAA
2262	㹟	7	3535134	8231FB30	03E5F	2305	庍	7	4133312	8EDF	05E8D
2263	狃	7	3535211	E1F0	072C3	2306	庎	7	4133432	8EE0	05E8E
2264	犼	7	3535215	A0EA	072BC	2307	庈	7	4133445	8EDC	05E88
2265	狁	7	3535435	E1F1	072C1	2308	㡳	7	4133515	8230E233	03873

序号	字形	笔数	笔顺	18030代码	13000代码	序号	字形	笔数	笔顺	18030代码	13000代码
2309	疔	7	4134112	F0DB	07594	2352	兑	7	4325135	B6D2	05151
2310	㪯	7	4134112	82319C39	03AAF	2353	㡀	7	4325234	8230DD32	03840
2311	疞	7	4134115	82329835	03F72	2354	㶥	7	4334112	8231E834	03DA5
2312	对	7	4134124	8C9D	05BFE	2355	灴	7	4334121	9EBF	07074
2313	疕	7	4134135	AF48	07595	2356	灶	7	4334121	D4EE	07076
2314	疗	7	4134152	C1C6	07597	2357	灷	7	4334132	9EC0	07077
2315	㽱	7	4134152	82329834	03F71	2358	灿	7	4334252	B2D3	0707F
2316	疖	7	4134152	F0DC	07596	2359	灹	7	4334315	9EC1	07079
2317	疓	7	4134153	AF47	07593	2360	㶤	7	4334354	8231E833	03DA4
2318	吝	7	4134251	C1DF	0541D	2361	灼	7	4334354	D7C6	0707C
2319	彣	7	4134333	8FA8	05F63	2362	炚	7	4334525	9EC2	0707A
2320	应	7	4134431	D3A6	05E94	2363	炀	7	4334533	ECBE	07080
2321	这	7	4134454	D5E2	08FD9	2364	弟	7	4351523	B5DC	05F1F
2322	冷	7	4134454	C0E4	051B7	2365	沣	7	4411112	E3E3	06CA3
2323	庐	7	4134513	C2AE	05E90	2366	汪	7	4411121	CDF4	06C6A
2324	斈	7	4134521	94C4	06588	2367	汧	7	4411132	9B46	06C67
2325	応	7	4134544	8FEA	05FDC	2368	汫	7	4411132	9B47	06C6B
2326	乲	7	4135345	816B	04E72	2369	沅	7	4411135	E3E4	06C85
2327	序	7	4135452	D0F2	05E8F	2370	沄	7	4411154	9B56	06C84
2328	迒	7	4135454	DE86	08FD2	2371	沐	7	4411234	E3E5	06C90
2329	竍	7	4143112	B862	07ACD	2372	㳈	7	4411235	8231D234	03CC8
2330	辛	7	4143112	D0C1	08F9B	2373	沞	7	4411252	9B65	06C9E
2331	冸	7	4143112	83EB	051B8	2374	沛	7	4411252	C5E6	06C9B
2332	竌	7	4143135	B861	07ACC	2375	汥	7	4411254	9B44	06C65
2333	杗	7	4151234	966E	06757	2376	沔	7	4411255	E3E6	06C94
2334	冺	7	4151515	83ED	051BA	2377	㳅	7	4411324	8231D231	03CC5
2335	肓	7	4152511	EBC1	08093	2378	㳁	7	4411334	8231D137	03CC1
2336	䢍	7	4153454	82348433	0488D	2379	汱	7	4411344	9B4C	06C71
2337	弃	7	4154132	C6FA	05F03	2380	汰	7	4411344	CCAD	06C70
2338	冶	7	4154251	D2B1	051B6	2381	沤	7	4411345	C5BD	06CA4
2339	㐬	7	4154325	8139F333	0342C	2382	沥	7	4411353	C1A4	06CA5
2340	忘	7	4154544	CDFC	05FD8	2383	汯	7	4411354	9B4B	06C6F
2341	闰	7	4251121	C8F2	095F0	2384	沋	7	4411354	9B59	06C8B
2342	闱	7	4251152	E3C7	095F1	2385	洰	7	4411515	9BAE	06D30
2343	闲	7	4251234	CFD0	095F2	2386	沌	7	4411525	E3E7	06C8C
2344	闳	7	4251354	E3C8	095F3	2387	㳀	7	4411534	8231D136	03CC0
2345	间	7	4252511	BCE4	095F4	2388	沘	7	4411535	9B61	06C98
2346	闵	7	4254134	E3C9	095F5	2389	沍	7	4411551	9B5A	06C8D
2347	闶	7	4254135	E3CA	095F6	2390	沏	7	4411553	C6E3	06C8F
2348	闷	7	4254544	C3C6	095F7	2391	沚	7	4412121	9B62	06C9A
2349	羌	7	4311135	C7BC	07F8C	2392	沙	7	4412343	C9B3	06C99
2350	判	7	4311322	C5D0	05224	2393	䢏	7	4412454	82348435	0488F
2351	㐘	7	4312345	8139F133	03418	2394	汩	7	4412511	E3E9	06C69

序号	字形	笔数	笔顺	18030代码	13000代码	序号	字形	笔数	笔顺	18030代码	13000代码
2395	汨	7	4412511	E3E8	06C68	2438	泱	7	4415134	9B51	06C7A
2396	冲	7	4412512	9B5F	06C96	2439	沑	7	4415211	9B5C	06C91
2397	汭	7	4412534	9B49	06C6D	2440	泐	7	4415253	E3EE	06CD0
2398	汻	7	4413112	9B52	06C7B	2441	泤	7	4415434	9B85	06CE4
2399	汼	7	4413112	9B53	06C7C	2442	沇	7	4415435	9B57	06C87
2400	汽	7	4413115	C6FB	06C7D	2443	汿	7	4415452	9B54	06C7F
2401	汳	7	4413134	8231D236	03CCA	2444	忹	7	4421121	8FFB	05FF9
2402	沃	7	4413134	CED6	06C83	2445	忨	7	4421135	8FF1	05FE8
2403	沜	7	4413215	9B63	06C9C	2446	怃	7	4421135	E2E4	06003
2404	沎	7	4413235	9B5B	06C8E	2447	忶	7	4421154	8FF9	05FF6
2405	沂	7	4413312	D2CA	06C82	2448	㤄	7	4421252	8230F038	03904
2406	沠	7	4413324	9B66	06CA0	2449	忮	7	4421254	E2E5	05FEE
2407	汳	7	4413354	9B4D	06C73	2450	怀	7	4421324	BBB3	06000
2408	㳇	7	4413434	8231D233	03CC7	2451	忲	7	4421344	8FF6	05FF2
2409	沦	7	4413435	C2D9	06CA6	2452	怄	7	4421345	E2E6	06004
2410	汵	7	4413445	9B4E	06C75	2453	忧	7	4421354	D3C7	05FE7
2411	汹	7	4413452	D0DA	06C79	2454	怇	7	4421515	8FFE	06007
2412	汾	7	4413453	B7DA	06C7E	2455	㤉	7	4421523	8230F133	03909
2413	泛	7	4413454	B7BA	06CDB	2456	忳	7	4421525	8FF7	05FF3
2414	㳂	7	4413454	8231D138	03CC2	2457	忡	7	4422512	E2E7	05FE1
2415	沧	7	4413455	B2D7	06CA7	2458	忤	7	4423112	E2E8	05FE4
2416	㳉	7	4413511	8231D235	03CC9	2459	忾	7	4423115	E2E9	05FFE
2417	㳃	7	4413512	8231D139	03CC3	2460	㤇	7	4423134	8230F131	03907
2418	汦	7	4413515	9B45	06C66	2461	怅	7	4423154	E2EA	06005
2419	沲	7	4413523	9B8B	06CF2	2462	忻	7	4423312	D0C3	05FFB
2420	沕	7	4413533	9B5E	06C95	2463	㤆	7	4423354	8230F130	03906
2421	㳄	7	4413534	8231D230	03CC4	2464	忦	7	4423432	8FF0	05FE6
2422	沨	7	4413534	9B68	06CA8	2465	㤊	7	4423434	8230F134	0390A
2423	汮	7	4413541	9B4A	06C6E	2466	怜	7	4423445	8FF8	05FF4
2424	沒	7	4413554	9B5D	06C92	2467	忷	7	4423452	8FFA	05FF7
2425	没	7	4413554	C3BB	06CA1	2468	㤋	7	4423453	8230F135	0390B
2426	沟	7	4413554	B9B5	06C9F	2469	忪	7	4423454	E2EC	05FEA
2427	汴	7	4414124	E3EA	06C74	2470	怆	7	4423455	E2EB	06006
2428	汶	7	4414134	E3EB	06C76	2471	忰	7	4423512	8FF5	05FF0
2429	沆	7	4414135	E3EC	06C86	2472	忯	7	4423515	8FF4	05FEF
2430	汸	7	4414153	9B50	06C78	2473	忺	7	4423534	8FFC	05FFA
2431	沩	7	4414354	E3ED	06CA9	2474	忭	7	4424124	E2ED	05FED
2432	㳆	7	4414412	8231D232	03CC6	2475	忟	7	4424134	8FEC	05FDF
2433	沪	7	4414513	BBA6	06CAA	2476	忼	7	4424135	8FFD	05FFC
2434	沈	7	4414535	C9F2	06C88	2477	㤃	7	4424153	8230F037	03903
2435	沉	7	4414535	B3C1	06C89	2478	忱	7	4424535	B3C0	05FF1
2436	沁	7	4414544	C7DF	06C81	2479	㤈	7	4424544	8230F132	03908
2437	沢	7	4415134	9B67	06CA2	2480	快	7	4425134	BFEC	05FEB

序号	字形	笔数	笔顺	18030代码	13000代码	序号	字形	笔数	笔顺	18030代码	13000代码
2481	忸	7	4425211	E2EE	05FF8	2524	诇	7	4525251	D79C	08BC7
2482	忬	7	4425452	8FF3	05FEC	2525	诈	7	4531211	D5A9	08BC8
2483	劳	7	4434553	84BA	052B4	2526	诉	7	4533124	CBDF	08BC9
2484	宑	7	4451132	8C63	05B91	2527	罕	7	4534112	BAB1	07F55
2485	完	7	4451135	CDEA	05B8C	2528	诊	7	4534333	D5EF	08BCA
2486	宋	7	4451234	CBCE	05B8B	2529	诋	7	4535154	DAAE	08BCB
2487	宊	7	4451344	8C5F	05B8A	2530	诌	7	4535511	D6DF	08BCC
2488	宏	7	4451354	BAEA	05B8F	2531	郊	7	4543452	DF9B	090B2
2489	㳻	7	4452534	8231D134	03CBE	2532	启	7	4544251	85C2	05422
2490	宐	7	4452541	8C62	05B90	2533	词	7	4551251	B4CA	08BCD
2491	牢	7	4453112	C0CE	07262	2534	诎	7	4552252	DAB0	08BCE
2492	宒	7	4453115	8C64	05B92	2535	诏	7	4553251	DAAF	08BCF
2493	宎	7	4453134	8C61	05B8E	2536	诐	7	4553254	D79D	08BD0
2494	䆑	7	4453412	8232CE36	04191	2537	译	7	4554112	D2EB	08BD1
2495	㝏	7	4453432	8230C531	0374F	2538	诒	7	4554251	DAB1	08BD2
2496	究	7	4453435	BEBF	07A76	2539	君	7	5113251	BEFD	0541B
2497	穷	7	4453453	C7EE	07A77	2540	灵	7	5114334	C1E9	07075
2498	㝐	7	4453454	8230C532	03750	2541	即	7	5115452	BCB4	05373
2499	宍	7	4454134	8C60	05B8D	2542	层	7	5131154	B2E3	05C42
2500	㝑	7	4454153	8230C533	03751	2543	屎	7	5131234	966F	06758
2501	灾	7	4454334	D4D6	0707E	2544	屁	7	5131535	C6A8	05C41
2502	良	7	4511534	C1BC	0826F	2545	屃	7	5132534	8CC1	05C43
2503	证	7	4512121	D6A4	08BC1	2546	尿	7	5132534	C4F2	05C3F
2504	诂	7	4512251	DAAC	08BC2	2547	尾	7	5133115	CEB2	05C3E
2505	诃	7	4512512	DAAD	08BC3	2548	㞏	7	5133454	8230CB35	0378F
2506	戾	7	4513134	91F8	0623B	2549	迟	7	5134454	B3D9	08FDF
2507	启	7	4513251	C6F4	0542F	2550	㞎	7	5135215	8230CB34	0378E
2508	庎	7	4513252	8E8F	05E0D	2551	局	7	5135251	BED6	05C40
2509	㧀	7	4513354	82318534	039C0	2552	戼	7	5151251	91F9	0623C
2510	戺	7	4513515	91F7	0623A	2553	弦	7	5151354	8230E830	038AC
2511	㦾	7	4513525	82318532	039BE	2554	弡	7	5151515	8F7B	05F21
2512	评	7	4514312	C6C0	08BC4	2555	刡	7	5151522	8462	05221
2513	补	7	4523424	B2B9	08865	2556	弢	7	5152154	8230E831	038AD
2514	䘛	7	4523435	8233C433	0461B	2557	改	7	5153134	B8C4	06539
2515	初	7	4523453	B3F5	0521D	2558	攺	7	5153134	948F	0653A
2516	社	7	4524121	C9E7	0793E	2559	张	7	5153154	D5C5	05F20
2517	礿	7	4524354	B56A	0793F	2560	刜	7	5153222	845F	0521C
2518	祀	7	4524515	ECEB	07940	2561	㔗	7	5153253	82308C36	03517
2519	祂	7	4524525	B56B	07942	2562	㰝	7	5153534	8231C134	03C1D
2520	祃	7	4524551	B56C	07943	2563	弞	7	5153534	8F7A	05F1E
2521	冝	7	4525111	83DE	0519D	2564	㱼	7	5153554	8231CA38	03C7C
2522	诅	7	4525111	D7E7	08BC5	2565	忌	7	5154544	BCC9	05FCC
2523	识	7	4525134	CAB6	08BC6	2566	弝	7	5155215	8F79	05F1D

序号	字形	笔数	笔顺	18030代码	13000代码	序号	字形	笔数	笔顺	18030代码	13000代码
2567	际	7	5211234	BCCA	09645	2610	姉	7	5311252	8A97	059C9
2568	陆	7	5211252	C2BD	09646	2611	妓	7	5311254	BCCB	05993
2569	阰	7	5212121	EA70	09637	2612	姉	7	5311324	8A76	0599A
2570	陆	7	5212154	EA72	09639	2613	妪	7	5311345	E5FD	059AA
2571	阿	7	5212512	B0A2	0963F	2614	妩	7	5311354	8230B439	036AD
2572	陃	7	5212534	EA76	09643	2615	姖	7	5311515	8A9D	059D6
2573	壮	7	5213121	89D1	058EF	2616	妣	7	5311535	E5FE	059A3
2574	孜	7	5213134	D7CE	05B5C	2617	启	7	5312251	85CF	05444
2575	孙	7	5213432	8230C334	0373E	2618	妙	7	5312343	C3EE	05999
2576	妝	7	5213531	8A79	0599D	2619	娟	7	5312511	8230B435	036A9
2577	陇	7	5213534	C2A4	09647	2620	妕	7	5312512	8A74	05995
2578	丞	7	5214544	8C4A	05B5E	2621	妠	7	5312534	8A7B	059A0
2579	陈	7	5215234	B3C2	09648	2622	姙	7	5313115	8230B436	036AA
2580	岊	7	5215252	8CEE	05C8A	2623	妊	7	5313121	C8D1	0598A
2581	孖	7	5215452	8230C335	0373F	2624	妖	7	5313134	D1FD	05996
2582	圭	7	5221121	8230CF35	037B7	2625	妡	7	5313312	8A7C	059A1
2583	阽	7	5221251	DAE7	0963D	2626	妎	7	5313432	8A6F	0598E
2584	妛	7	5221531	8A77	0599B	2627	妗	7	5313445	E6A1	05997
2585	岕	7	5223453	8230CD35	037A3	2628	妢	7	5313453	8A7D	059A2
2586	阻	7	5225111	D7E8	0963B	2629	妷	7	5313454	8A91	059C2
2587	阳	7	5225121	8234A232	049C3	2630	妐	7	5313454	8A71	05990
2588	邮	7	5225252	82348838	048BA	2631	姊	7	5313523	E6A2	059CA
2589	助	7	5225253	82308C37	03518	2632	飒	7	5313534	8230B531	036AF
2590	阼	7	5231211	DAE8	0963C	2633	妁	7	5313541	8230B438	036AC
2591	陁	7	5231525	EA75	09641	2634	妏	7	5314134	8A70	0598F
2592	附	7	5232124	B8BD	09644	2635	妔	7	5314135	8A73	05994
2593	坠	7	5234121	D7B9	05760	2636	妨	7	5314153	B7C1	059A8
2594	呤	7	5234454	EA74	0963E	2637	妫	7	5314354	E6A3	059AB
2595	陙	7	5235154	EA73	0963A	2638	妒	7	5314513	B6CA	05992
2596	陶	7	5235251	8234A230	049C1	2639	妉	7	5314535	8A6C	05989
2597	陀	7	5244535	CDD3	09640	2640	妧	7	5314535	8230B530	036AE
2598	陂	7	5245135	EA71	09638	2641	怒	7	5314544	8230F031	038FD
2599	陷	7	5253251	8234A231	049C2	2642	妜	7	5315134	8A78	0599C
2600	陂	7	5253254	DAE9	09642	2643	妞	7	5315211	E6A4	0599E
2601	陉	7	5254121	DAEA	09649	2644	妃	7	5315215	8A72	05991
2602	妦	7	5311112	8A7E	059A6	2645	姒	7	5315434	E6A6	059D2
2603	妍	7	5311132	E5FB	0598D	2646	妤	7	5315452	E6A5	059A4
2604	妌	7	5311132	8A6E	0598C	2647	努	7	5315453	C5AC	052AA
2605	妋	7	5311134	8A6D	0598B	2648	刟	7	5325122	8461	0521F
2606	妧	7	5311135	8A80	059A7	2649	卲	7	5325152	8570	05372
2607	妩	7	5311135	E5FC	059A9	2650	邵	7	5325152	C9DB	090B5
2608	妘	7	5311154	8A75	05998	2651	劭	7	5325153	DBBF	052AD
2609	枀	7	5311234	8231AC30	03B46	2652	盈	7	5325221	B09F	076C1

序号	字形	笔数	笔顺	18030代码	13000代码
2653	㓟	7	5325422	82308730	034DF
2654	忍	7	5344544	C8CC	05FCD
2655	到	7	5412122	D8D9	0522D
2656	劲	7	5412153	BEA2	052B2
2657	甬	7	5425112	F0AE	0752C
2658	刣	7	5425122	8464	05223
2659	邰	7	5425152	DBA2	090B0
2660	矣	7	5431134	D2D3	077E3
2661	夋	7	5434354	89E6	0590B
2662	鸡	7	5435451	BCA6	09E21
2663	纬	7	5511152	CEB3	07EAC
2664	纭	7	5511154	E7A1	07EAD
2665	䌸	7	5511154	8232F838	04338
2666	驱	7	5511345	C7FD	09A71
2667	纮	7	5511354	C080	07EAE
2668	纯	7	5511525	B4BF	07EAF
2669	纰	7	5511535	E7A2	07EB0
2670	纱	7	5512343	C9B4	07EB1
2671	驲	7	5512511	F352	09A72
2672	纲	7	5512534	B8D9	07EB2
2673	纳	7	5512534	C4C9	07EB3
2674	纴	7	5513121	C081	07EB4
2675	纵	7	5513434	D7DD	07EB5
2676	驳	7	5513434	B2B5	09A73
2677	纶	7	5513435	C2DA	07EB6
2678	纷	7	5513453	B7D7	07EB7
2679	纸	7	5513515	D6BD	07EB8
2680	纹	7	5514134	CEC6	07EB9
2681	纺	7	5514153	B7C4	07EBA
2682	纻	7	5514451	C082	07EBB
2683	驴	7	5514513	C2BF	09A74
2684	纼	7	5515152	C083	07EBC
2685	纽	7	5515211	C5A6	07EBD
2686	纾	7	5515452	E7A3	07EBE
2687	糺	7	5544445	BC6A	07CFA
2688	災	7	5554334	9EC4	0707D
2689	㦱	8	11121534	82318339	039B1
2690	邼	8	11121552	DF9D	090BC
2691	劻	8	11121553	84C1	052BB
2692	耓	8	11123412	C25B	08013
2693	䣂	8	11123452	82348936	048C2
2694	奉	8	11134112	B7EE	05949
2695	玤	8	11211112	AB67	073A4
2696	玨	8	11211121	AB6B	073A8
2697	玞	8	11211134	AB63	0739E
2698	玩	8	11211135	CDE6	073A9
2699	玮	8	11211152	E7E2	073AE
2700	㺰	8	11211252	82328531	03EB0
2701	㺻	8	11211252	82328632	03EBB
2702	环	8	11211324	BBB7	073AF
2703	㺴	8	11211344	82328535	03EB4
2704	玡	8	11211523	AB65	073A1
2705	玭	8	11211535	AB6E	073AD
2706	珁	8	11211554	AB79	073C1
2707	武	8	11212154	CEE4	06B66
2708	㺳	8	11212154	82328534	03EB3
2709	青	8	11212511	C7E0	09752
2710	青	8	11212521	EC69	09751
2711	责	8	11212534	D4F0	08D23
2712	现	8	11212535	CFD6	073B0
2713	玝	8	11213112	AB62	0739D
2714	玫	8	11213134	C3B5	073AB
2715	玠	8	11213432	AB64	073A0
2716	玲	8	11213445	AB6C	073AA
2717	玢	8	11213453	E7E3	073A2
2718	玜	8	11213454	AB61	0739C
2719	玱	8	11213455	AB6F	073B1
2720	玥	8	11213511	AB68	073A5
2721	㺵	8	11213534	82328536	03EB5
2722	表	8	11213534	B1ED	08868
2723	玬	8	11213541	AB6D	073AC
2724	玣	8	11214124	AB66	073A3
2725	玟	8	11214134	E7E4	0739F
2726	㺶	8	11214412	82328537	03EB6
2727	玦	8	11215134	AB69	073A6
2728	㺲	8	11215211	82328533	03EB2
2729	玧	8	11215435	AB6A	073A7
2730	甙	8	11221154	DFB0	07519
2731	㿻	8	11225221	8232A632	03FFB
2732	盂	8	11225221	D3DB	076C2
2733	郉	8	11311252	E044	090C9
2734	㐩	8	11321132	8139F330	03429
2735	㼛	8	11321554	82328F38	03F1B
2736	汬	8	11322534	9B48	06C6C
2737	㰢	8	11323534	8231C139	03C22
2738	㣋	8	11324333	8230EB31	038CB

序号	字形	笔数	笔顺	18030代码	13000代码	序号	字形	笔数	笔顺	18030代码	13000代码
2739	灰	8	11324334	9EF4	070CE	2782	耍	8	12115531	8230B635	036BD
2740	㧈	8	11325344	846B	05231	2783	拣	8	12115534	BCF0	062E3
2741	㚟	8	11341134	8230B238	03698	2784	抃	8	12121124	9289	062E4
2742	忝	8	11342444	E3C3	05FDD	2785	坫	8	12121251	DBE3	0576B
2743	昋	8	11342511	9551	0660B	2786	拈	8	12121251	C4E9	062C8
2744	规	8	11342535	B9E6	089C4	2787	坾	8	12121513	DBE4	05786
2745	忲	8	11344544	8230F035	03901	2788	尭	8	12122135	8CB8	05C2D
2746	廷	8	11351121	82308139	034AC	2789	坦	8	12125111	CCB9	05766
2747	匑	8	11354153	82319F30	03AC4	2790	坥	8	12125111	886F	05765
2748	㪻	8	11354412	82319D34	03AB4	2791	担	8	12125111	B5A3	062C5
2749	瓯	8	11521355	D8D0	05326	2792	抯	8	12125111	9273	062AF
2750	拜	8	12111112	9285	062DD	2793	坤	8	12125112	C0A4	05764
2751	抹	8	12111234	927B	062BA	2794	押	8	12125112	D1BA	062BC
2752	抹	8	12111234	C4A8	062B9	2795	抻	8	12125112	DED3	062BB
2753	長	8	12111534	E94C	09577	2796	抽	8	12125121	B3E9	062BD
2754	刲	8	12112122	846C	05232	2797	㓤	8	12125122	82308735	034E4
2755	卦	8	12112124	D8D4	05366	2798	坱	8	12125134	8874	05771
2756	邽	8	12112152	DF9E	090BD	2799	抧	8	12125134	926E	062A7
2757	劼	8	12112153	84BE	052B8	2800	抰	8	12125134	9274	062B0
2758	扶	8	12112154	927C	062BE	2801	抲	8	12125135	927D	062C0
2759	坩	8	12112211	DBE1	05769	2802	邯	8	12125152	E042	090C6
2760	拑	8	12112211	9283	062D1	2803	劸	8	12125153	84C2	052BC
2761	抴	8	12112215	9277	062B4	2804	㔛	8	12125153	82308D30	0351B
2762	坺	8	12112234	8230A931	03637	2805	拐	8	12125153	B9D5	062D0
2763	郝	8	12112452	DF9F	090BF	2806	坍	8	12125211	8230A835	03631
2764	坷	8	12112512	BFC0	05777	2807	抩	8	12125211	926F	062A9
2765	抲	8	12112512	9275	062B2	2808	坰	8	12125251	8873	05770
2766	㧜	8	12112525	82318830	039DC	2809	坳	8	12125251	8881	05787
2767	抦	8	12112534	926D	062A6	2810	坁	8	12131134	8880	05781
2768	抷	8	12113241	9279	062B7	2811	抶	8	12131134	9278	062B6
2769	坯	8	12113241	C5F7	0576F	2812	拃	8	12131211	9280	062C3
2770	坧	8	12113251	8870	05767	2813	扳	8	12131354	82318832	039DE
2771	拓	8	12113251	CDD8	062D3	2814	拖	8	12131525	CDCF	062D6
2772	㘵	8	12113252	8230A839	03635	2815	坵	8	12132121	8877	05775
2773	抪	8	12113252	9270	062AA	2816	拞	8	12132121	9286	062DE
2774	垅	8	12113534	DBE2	05785	2817	坿	8	12132124	887D	0577F
2775	拢	8	12113534	C2A3	062E2	2818	拊	8	12132124	DED4	062CA
2776	㧔	8	12113534	82318732	039D4	2819	者	8	12132511	D5DF	08005
2777	坺	8	12113544	887A	0577A	2820	拍	8	12132511	C5C4	062CD
2778	拔	8	12113544	B0CE	062D4	2821	顶	8	12132534	B6A5	09876
2779	抛	8	12113553	9281	062CB	2822	坼	8	12133124	DBE5	0577C
2780	坪	8	12114312	C6BA	0576A	2823	拆	8	12133124	B2F0	062C6
2781	抨	8	12114312	C5EA	062A8	2824	哲	8	12133125	816C	04E74

序号	字形	笔数	笔顺	18030代码	13000代码
2825	坬	8	12133544	8871	0576C
2826	㧓	8	12133544	82318731	039D3
2827	坴	8	12134121	8876	05774
2828	垀	8	12134312	887E	05780
2829	抮	8	12134333	9272	062AE
2830	夌	8	12134354	89E7	0590C
2831	坽	8	12134454	887B	0577D
2832	拎	8	12134454	C1E0	062CE
2833	拥	8	12135112	D3B5	062E5
2834	坻	8	12135154	DBE6	0577B
2835	抵	8	12135154	B5D6	062B5
2836	㧰	8	12135234	82318939	039F0
2837	坸	8	12135251	8878	05778
2838	拘	8	12135251	BED0	062D8
2839	㧕	8	12135352	82318733	039D5
2840	拠	8	12135435	9287	062E0
2841	势	8	12135453	CAC6	052BF
2842	垉	8	12135515	8883	05789
2843	抱	8	12135515	B1A7	062B1
2844	拄	8	12141121	D6F4	062C4
2845	拡	8	12141354	9288	062E1
2846	垃	8	12141431	C0AC	05783
2847	拉	8	12141431	C0AD	062C9
2848	拦	8	12143111	C0B9	062E6
2849	幸	8	12143112	D0D2	05E78
2850	坢	8	12143112	886D	05762
2851	拌	8	12143112	B0E8	062CC
2852	㧟	8	12144115	FE63	039DF
2853	坾	8	12144512	887C	0577E
2854	拧	8	12144512	C5A1	062E7
2855	坹	8	12144534	8879	05779
2856	㧒	8	12144534	82318730	039D2
2857	坨	8	12144535	DBE7	05768
2858	拕	8	12144535	9284	062D5
2859	抭	8	12144535	9271	062AD
2860	㧖	8	12145135	82318734	039D6
2861	㧙	8	12145434	82318737	039D9
2862	坭	8	12151335	DBE8	0576D
2863	抳	8	12151335	9276	062B3
2864	㘲	8	12151335	8230A836	03632
2865	垊	8	12151515	8884	0578A
2866	抿	8	12151515	C3F2	062BF
2867	坲	8	12151532	8875	05772

序号	字形	笔数	笔顺	18030代码	13000代码
2868	拂	8	12151532	B7F7	062C2
2869	拙	8	12152252	D7BE	062D9
2870	招	8	12153251	D5D0	062DB
2871	拁	8	12153251	927E	062C1
2872	坡	8	12153254	C6C2	05761
2873	披	8	12153254	C5FB	062AB
2874	㦲	8	12153534	82318430	039B2
2875	拨	8	12153544	B2A6	062E8
2876	择	8	12154112	D4F1	062E9
2877	弆	8	12154132	8F6C	05F06
2878	拚	8	12154132	DED5	062DA
2879	㧠	8	12154234	82318833	039E0
2880	坮	8	12154251	8872	0576E
2881	抬	8	12154251	CCA7	062AC
2882	迲	8	12154454	DE91	08FF2
2883	刼	8	12154534	846F	0523C
2884	亞	8	12155121	8186	04E9E
2885	坶	8	12155414	DBE9	05776
2886	拇	8	12155414	C4B4	062C7
2887	坳	8	12155453	DBEA	05773
2888	拗	8	12155453	DED6	062D7
2889	耵	8	12211112	F1F4	08035
2890	刵	8	12211122	846E	05235
2891	其	8	12211134	C6E4	05176
2892	耶	8	12211152	D2AE	08036
2893	取	8	12211154	C8A1	053D6
2894	䒬	8	12211234	82339F37	044AC
2895	苿	8	12211234	C684	082FF
2896	茉	8	12211234	DCD4	08309
2897	䒧	8	12212154	82339F32	044A7
2898	苷	8	12212211	DCD5	082F7
2899	苦	8	12212251	BFE0	082E6
2900	苯	8	12212341	B1BD	082EF
2901	昔	8	12212511	CEF4	06614
2902	苛	8	12212512	BFC1	082DB
2903	苪	8	12212534	C675	082EA
2904	苤	8	12213241	DCD6	082E4
2905	若	8	12213251	C8F4	082E5
2906	䢼	8	12213452	82348930	048BC
2907	茂	8	12213534	C3AF	08302
2908	茏	8	12213534	DCD7	0830F
2909	茇	8	12213544	DCD8	08307
2910	苹	8	12214312	C6BB	082F9

序号	字形	笔数	笔顺	18030代码	13000代码	序号	字形	笔数	笔顺	18030代码	13000代码
2911	茇	8	12214334	9ED3	07097	2954	茔	8	12245121	DCE3	08314
2912	迣	8	12215454	DE8C	08FE3	2955	茕	8	12245354	82339F39	044AE
2913	花	8	12221135	C670	082DD	2956	茔	8	12245354	8233A030	044AF
2914	苫	8	12221251	C9BB	082EB	2957	苾	8	12245434	C683	082FE
2915	苜	8	12225111	DCD9	082DC	2958	茔	8	12245512	DCE4	08315
2916	苴	8	12225111	DCDA	082F4	2959	直	8	12251111	D6B1	076F4
2917	苗	8	12225121	C3E7	082D7	2960	卓	8	12251112	FE90	E854
2918	苖	8	12225121	C66D	082D6	2961	荨	8	12251124	82339F38	044AD
2919	英	8	12225134	D3A2	082F1	2962	苨	8	12251335	C673	082E8
2920	苢	8	12225151	C671	082E2	2963	苠	8	12251515	DCE5	082E0
2921	苒	8	12225211	DCDB	082D2	2964	苐	8	12251523	C66C	082D0
2922	苘	8	12225251	DCDC	082D8	2965	茀	8	12251532	C685	08300
2923	茵	8	12225341	C676	082EC	2966	苰	8	12251554	C679	082F0
2924	茌	8	12231121	C681	082FC	2967	茁	8	12252252	D7C2	08301
2925	茓	8	12231134	82339F33	044A8	2968	苕	8	12253251	DCE6	082D5
2926	茓	8	12231134	C67C	082F5	2969	茄	8	12253251	C7D1	08304
2927	苲	8	12231211	C67A	082F2	2970	茎	8	12254121	BEA5	0830E
2928	茉	8	12231234	82339F34	044A9	2971	荞	8	12254132	82339F35	044AA
2929	茌	8	12232121	DCDD	0830C	2972	苔	8	12254251	CCA6	082D4
2930	茊	8	12232121	C686	0830A	2973	茅	8	12254523	C3A9	08305
2931	苻	8	12232124	DCDE	082FB	2974	莓	8	12255414	C680	082FA
2932	芲	8	12232154	82339F36	044AB	2975	茐	8	12255453	C677	082ED
2933	茄	8	12232252	C678	082EE	2976	柈	8	12341112	8231AC35	03B4B
2934	苩	8	12232511	C674	082E9	2977	枉	8	12341121	CDF7	06789
2935	苽	8	12233544	C682	082FD	2978	枅	8	12341132	9688	06785
2936	茶	8	12234234	C67D	082F6	2979	枎	8	12341134	968E	0678E
2937	荸	8	12234312	C67E	082F8	2980	杭	8	12341135	967A	0676C
2938	苓	8	12234454	DCDF	082D3	2981	柹	8	12341152	8231AC38	03B4F
2939	苚	8	12235112	C66F	082DA	2982	枟	8	12341154	9697	0679F
2940	茚	8	12235152	DCE1	0831A	2983	林	8	12341234	C1D6	06797
2941	茋	8	12235154	C687	0830B	2984	柿	8	12341252	967B	0676E
2942	苟	8	12235251	B9B6	082DF	2985	枝	8	12341254	D6A6	0679D
2943	茐	8	12235334	C689	08310	2986	杯	8	12341324	B1AD	0676F
2944	茆	8	12235352	DCE2	08306	2987	杕	8	12341344	969A	067A4
2945	苳	8	12235444	C67B	082F3	2988	枢	8	12341345	CAE0	067A2
2946	茑	8	12235451	DCE0	08311	2989	枥	8	12341353	E8C0	067A5
2947	茒	8	12235452	C68A	08312	2990	枙	8	12341355	9695	06799
2948	苑	8	12235455	D4B7	082D1	2991	柜	8	12341515	96B8	067DB
2949	苞	8	12235515	B0FA	082DE	2992	枒	8	12341523	9691	06792
2950	苙	8	12241431	C66E	082D9	2993	杶	8	12341525	967E	06776
2951	范	8	12244155	B7B6	08303	2994	枇	8	12341535	E8C1	06787
2952	苧	8	12244512	C672	082E7	2995	枑	8	12341551	9690	06791
2953	茓	8	12244534	C68B	08313	2996	杜	8	12342121	9679	0676B

序号	字形	笔数	笔顺	18030代码	13000代码	序号	字形	笔数	笔顺	18030代码	13000代码
2997	杪	8	12342343	E8C2	0676A	3040	枦	8	12344513	969B	067A6
2998	杳	8	12342511	E8C3	06773	3041	枕	8	12344535	D5ED	06795
2999	枏	8	12342511	968F	0678F	3042	枚	8	12344544	9682	0677A
3000	柄	8	12342534	E8C4	06798	3043	㭈	8	12345134	8231AC32	03B48
3001	㭎	8	12342534	FE68	03B4E	3044	杻	8	12345211	9683	0677B
3002	枧	8	12342535	E8C5	067A7	3045	杷	8	12345215	E8CB	06777
3003	杵	8	12343112	E8C6	06775	3046	㭇	8	12345435	8231AC31	03B47
3004	㭌	8	12343112	8231AC36	03B4C	3047	杼	8	12345452	E8CC	0677C
3005	杽	8	12343112	9684	0677D	3048	丧	8	12431534	C9A5	04E27
3006	枆	8	12343115	9689	06786	3049	剅	8	12511122	846A	0522F
3007	枡	8	12343132	9699	067A1	3050	軋	8	12511125	DC88	08ECB
3008	枚	8	12343134	C3B6	0679A	3051	東	8	12511234	967C	06771
3009	枖	8	12343134	9694	06796	3052	乶	8	12511245	816E	04E76
3010	枨	8	12343154	E8C7	067A8	3053	或	8	12511534	BBF2	06216
3011	㭊	8	12343215	8231AC34	03B4A	3054	画	8	12512152	BBAD	0753B
3012	枇	8	12343235	9681	06779	3055	叀	8	12512154	85A1	053C0
3013	析	8	12343312	CEF6	06790	3056	㐚	8	12512515	8139F135	0341A
3014	枛	8	12343324	9696	0679B	3057	卧	8	12512524	CED4	05367
3015	板	8	12343354	B0E5	0677F	3058	臥	8	12512534	C550	081E5
3016	枍	8	12343415	968D	0678D	3059	邸	8	12512552	82348839	048BB
3017	來	8	12343434	81ED	04F86	3060	臤	8	12512554	C54F	081E4
3018	枞	8	12343434	E8C8	0679E	3061	䜳	8	12514315	8233DF39	04733
3019	枔	8	12343445	9693	06794	3062	㐙	8	12514315	8139F134	03419
3020	枌	8	12343453	968C	0678C	3063	忢	8	12514544	8FED	05FE2
3021	柉	8	12343454	96AF	067C9	3064	事	8	12515112	CAC2	04E8B
3022	松	8	12343454	CBC9	0677E	3065	尀	8	12515124	8C9E	05C00
3023	枩	8	12343454	969C	067A9	3066	刺	8	12523422	B4CC	0523A
3024	枪	8	12343455	C7B9	067AA	3067	兩	8	12523434	83C9	05169
3025	枂	8	12343511	9686	06782	3068	枣	8	12523444	D4E6	067A3
3026	枠	8	12343512	9698	067A0	3069	雨	8	12524444	D3EA	096E8
3027	柹	8	12343523	96C9	067F9	3070	廼	8	12535154	8F69	05EFC
3028	杴	8	12343534	967D	06774	3071	協	8	12535353	8566	05354
3029	枫	8	12343534	B7E3	067AB	3072	㰍	8	12543115	8231CC35	03C8D
3030	枬	8	12343541	969D	067AC	3073	卖	8	12544134	C2F4	05356
3031	枃	8	12343541	9687	06783	3074	匤	8	13121121	8583	05393
3032	枊	8	12343552	968B	0678A	3075	匥	8	13154121	8584	05394
3033	枀	8	12343554	9680	06778	3076	㫘	8	13242511	8231A130	03AD8
3034	构	8	12343554	B9B9	06784	3077	㶪	8	13244334	8231E839	03DAA
3035	杭	8	12344135	BABC	0676D	3078	㶨	8	13244444	8231E837	03DA8
3036	枋	8	12344153	E8CA	0678B	3079	矸	8	13251112	EDB7	077F8
3037	枓	8	12344412	9692	06793	3080	矼	8	13251121	B34D	077FC
3038	杰	8	12344444	BDDC	06770	3081	㓦	8	13251122	82308737	034E6
3039	述	8	12344454	CAF6	08FF0	3082	矹	8	13251135	B34A	077F9

序号	字形	笔数	笔顺	18030代码	13000代码	序号	字形	笔数	笔顺	18030代码	13000代码
3083	郁	8	13251152	D3F4	090C1	3126	歽	8	13543312	9A79	06B7D
3084	矺	8	13251315	B34B	077FA	3127	㱚	8	13543511	8231C735	03C5A
3085	矻	8	13251315	B34C	077FB	3128	歾	8	13543533	9A7A	06B7E
3086	矽	8	13251354	CEF9	077FD	3129	歿	8	13543554	9A7B	06B7F
3087	矾	8	13251354	B7AF	077FE	3130	殁	8	13543554	E9E2	06B81
3088	砐	8	13251354	B358	07810	3131	㝿	8	13553254	8230C939	0377F
3089	矿	8	13251413	BFF3	077FF	3132	郕	8	13553452	E04A	090D5
3090	矷	8	13251521	B349	077F7	3133	刾	8	14313422	8470	0523E
3091	砀	8	13251533	EDB8	07800	3134	郏	8	14313452	DBA3	090CF
3092	䂘	8	13251544	8232B538	04098	3135	疌	8	15112134	AF43	0758C
3093	码	8	13251551	C2EB	07801	3136	妻	8	15112531	C6DE	059BB
3094	面	8	13252511	EC72	09763	3137	轰	8	15125454	BAE4	08F70
3095	厕	8	13253422	B2DE	05395	3138	顷	8	15132534	C7EA	09877
3096	厒	8	13311252	8582	05392	3139	㩺	8	15151254	82319736	03A7A
3097	㕉	8	13341251	82309136	03549	3140	转	8	15211154	D7AA	08F6C
3098	奈	8	13411234	C4CE	05948	3141	轭	8	15211355	E9EE	08F6D
3099	㭐	8	13411234	8231AC39	03B50	3142	斩	8	15213312	D5B6	065A9
3100	刳	8	13411522	D8DA	05233	3143	轮	8	15213435	C2D6	08F6E
3101	郀	8	13411552	DFA0	090C0	3144	䢁	8	15213511	82348331	04881
3102	奔	8	13412132	B1BC	05954	3145	软	8	15213534	C8ED	08F6F
3103	奇	8	13412512	C6E6	05947	3146	旾	8	15252511	9549	065FE
3104	匼	8	13412515	855C	0533C	3147	戔	8	15341534	91E2	06214
3105	㕈	8	13413534	82309135	03548	3148	枈	8	15351234	968A	06788
3106	㚗	8	13425111	8230B237	03697	3149	兓	8	15351535	83BB	05153
3107	奄	8	13425115	D1D9	05944	3150	毞	8	15353115	9AB7	06BDE
3108	奋	8	13425121	B7DC	0594B	3151	炁	8	15354444	9EC5	07081
3109	奃	8	13435154	8A44	05943	3152	㤅	8	15354544	8230F039	03905
3110	奅	8	13435351	8A45	05945	3153	到	8	15412122	B5BD	05230
3111	㹜	8	13441344	8231FA37	03E5C	3154	郅	8	15412152	DBA4	090C5
3112	㚔	8	13443112	8230B234	03694	3155	鸢	8	15435451	F0B0	09E22
3113	态	8	13444544	CCAC	06001	3156	瓲	8	15541525	ADA0	074F2
3114	㚕	8	13451532	8230B235	03695	3157	瓱	8	15543115	AD9F	074F1
3115	瓯	8	13451554	EAB1	074EF	3158	瓪	8	15543354	AD9A	074EA
3116	欧	8	13453534	C5B7	06B27	3159	瓰	8	15543453	AD9E	074F0
3117	殴	8	13453554	C5B9	06BB4	3160	非	8	21112111	B7C7	0975E
3118	㝾	8	13513121	8230C938	0377E	3161	叔	8	21123454	CAE5	053D4
3119	豖	8	13533434	D858	08C56	3162	㘳	8	21135121	8230A837	03633
3120	垄	8	13534121	C2A2	05784	3163	歧	8	21211254	C6E7	06B67
3121	㱛	8	13541354	8231C736	03C5B	3164	歫	8	21211515	9A6A	06B6B
3122	㱝	8	13541553	8231C738	03C5D	3165	歨	8	21212134	9A68	06B68
3123	㱜	8	13542134	8231C737	03C5C	3166	步	8	21212343	9A69	06B69
3124	劽	8	13542253	84C3	052BD	3167	肯	8	21212511	BFCF	080AF
3125	殀	8	13543134	9A7C	06B80	3168	齿	8	21213452	B3DD	09F7F

序号	字形	笔数	笔顺	18030代码	13000代码	序号	字形	笔数	笔顺	18030代码	13000代码
3169	些	8	21213511	D0A9	04E9B	3212	昆	8	25111535	C0A5	06606
3170	芈	8	21221112	C164	07F8B	3213	䀠	8	25111544	8232A834	04011
3171	卓	8	21251112	D7BF	05353	3214	哘	8	25112112	85F6	05491
3172	桌	8	21251134	8A48	0594C	3215	国	8	25112141	B9FA	056FD
3173	彭	8	21251333	8230EB32	038CC	3216	咗	8	25112154	85ED	0547F
3174	逍	8	21251454	DE8A	08FE0	3217	咁	8	25112211	85EE	05481
3175	卣	8	21252511	82309034	0353D	3218	哶	8	25112215	85E5	0546D
3176	卤	8	21253341	856B	05365	3219	哎	8	25112234	B0A5	054CE
3177	肯	8	21452511	C35C	080BB	3220	咕	8	25112251	B9BE	05495
3178	虎	8	21531535	BBA2	0864E	3221	咊	8	25112341	85DC	05460
3179	虐	8	21531535	8233B536	04588	3222	畃	8	25112354	AE70	07543
3180	虏	8	21531553	C2B2	0864F	3223	迪	8	25112454	DE8D	08FE7
3181	肾	8	22542511	C9F6	080BE	3224	門	8	25112511	E954	09580
3182	贤	8	22542534	CFCD	08D24	3225	冒	8	25112511	83D8	05190
3183	㞜	8	23425135	82309639	0357E	3226	昍	8	25112511	9552	0660D
3184	尚	8	23425251	8CAC	05C19	3227	昌	8	25112511	B2FD	0660C
3185	耄	8	23433115	9AB8	06BDF	3228	呵	8	25112512	BAC7	05475
3186	尚	8	24325251	C9D0	05C1A	3229	哂	8	25112525	DFC6	05482
3187	坐	8	24345121	886E	05763	3230	畅	8	25112533	B3A9	07545
3188	刭	8	24351122	82308736	034E5	3231	昨	8	25113112	954A	065FF
3189	盱	8	25111112	B159	076F0	3232	咗	8	25113121	85F8	05497
3190	盰	8	25111112	EDEC	076F1	3233	昇	8	25113132	954E	06607
3191	旺	8	25111121	CDFA	065FA	3234	呸	8	25113241	C5DE	05478
3192	㝵	8	25111124	8230C839	03775	3235	咘	8	25113252	85F9	05498
3193	昊	8	25111134	EABB	0660A	3236	昕	8	25113312	EABF	06615
3194	昳	8	25111134	8231A131	03AD9	3237	昄	8	25113354	954C	06604
3195	具	8	25111134	BEDF	05177	3238	昑	8	25113445	9554	06611
3196	昙	8	25111154	EABC	06619	3239	昐	8	25113453	9553	06610
3197	哷	8	25111234	85E1	05469	3240	昖	8	25113454	9556	06616
3198	味	8	25111234	CEB6	05473	3241	明	8	25113511	C3F7	0660E
3199	杲	8	25111234	EABD	06772	3242	昒	8	25113533	9555	06612
3200	果	8	25111234	B9FB	0679C	3243	易	8	25113533	D2D7	06613
3201	昁	8	25111252	954B	06601	3244	咙	8	25113534	C1FC	05499
3202	䀒	8	25111312	8232A835	04012	3245	欥	8	25113534	99F6	06B25
3203	盵	8	25111315	B15B	076F5	3246	昀	8	25113541	EAC0	06600
3204	䀐	8	25111333	8232A833	04010	3247	㕹	8	25113544	82309634	03579
3205	昃	8	25111334	EABE	06603	3248	昂	8	25113552	B0BA	06602
3206	䀓	8	25111354	8232A836	04013	3249	昗	8	25114134	9557	06617
3207	盳	8	25111415	B15A	076F3	3250	旼	8	25114134	9547	065FC
3208	䢐	8	25111454	82348436	04890	3251	旻	8	25114134	9546	065FB
3209	昛	8	25111515	955A	0661B	3252	昉	8	25114153	9550	06609
3210	旽	8	25111525	9548	065FD	3253	昘	8	25114153	9558	06618
3211	䀔	8	25111534	8232A837	04014	3254	呼	8	25114312	85E7	0546F

序号	字形	笔数	笔顺	18030代码	13000代码	序号	字形	笔数	笔顺	18030代码	13000代码
3255	昳	8	25114334	9ED5	0709A	3298	坐	8	25134121	8230A838	03634
3256	炅	8	25114334	EAC1	07085	3299	呼	8	25134312	BAF4	0547C
3257	昈	8	25114513	954F	06608	3300	呤	8	25134454	DFCA	05464
3258	咔	8	25121124	DFC7	05494	3301	呧	8	25135154	85E0	05467
3259	畀	8	25121132	AE6E	07541	3302	呴	8	25135251	85E9	05474
3260	畁	8	25121132	EEAF	07540	3303	㕭	8	25135345	82309637	0357C
3261	囯	8	25121211	87F0	056F8	3304	咚	8	25135444	DFCB	0549A
3262	呫	8	25121251	85E3	0546B	3305	鸣	8	25135451	C3F9	09E23
3263	甽	8	25121322	AE6C	0753D	3306	咆	8	25135515	C5D8	05486
3264	畂	8	25121354	AE6F	07542	3307	㕸	8	25141431	82309633	03578
3265	虰	8	25121412	CD42	08670	3308	呟	8	25141554	85DB	0545F
3266	甿	8	25121415	AE6D	0753F	3309	咛	8	25144512	DFCC	0549B
3267	虲	8	25121424	CD43	08672	3310	咜	8	25144535	85FA	0549C
3268	虮	8	25121435	F2B1	0866E	3311	呝	8	25145135	85D9	0545D
3269	虯	8	25121452	CD41	0866F	3312	咇	8	25145434	85F1	05487
3270	虭	8	25121453	CD40	0866D	3313	咏	8	25145534	D3BD	0548F
3271	迪	8	25121454	B5CF	08FEA	3314	呞	8	25151251	85DA	0545E
3272	㚻	8	25121531	8230B633	036BB	3315	呢	8	25151335	C4D8	05462
3273	典	8	25122134	B5E4	05178	3316	呡	8	25151515	85DD	05461
3274	固	8	25122511	B9CC	056FA	3317	咈	8	25151532	85F2	05488
3275	忠	8	25124544	D6D2	05FE0	3318	咄	8	25152252	DFCD	05484
3276	咞	8	25125111	85EC	0547E	3319	呶	8	25153154	DFCE	05476
3277	咀	8	25125111	BED7	05480	3320	咖	8	25153251	BFA7	05496
3278	呷	8	25125112	DFC8	05477	3321	咍	8	25154251	85F5	0548D
3279	呻	8	25125112	C9EB	0547B	3322	呣	8	25155414	85DE	05463
3280	㕺	8	25125115	82309635	0357A	3323	呦	8	25155453	DFCF	05466
3281	呺	8	25125115	85EB	0547A	3324	咝	8	25155551	DFD0	0549D
3282	黾	8	25125115	F6BC	09EFE	3325	帓	8	25211234	8E92	05E13
3283	冑	8	25125132	8150	04E33	3326	㞿	8	25212134	8230D033	037BF
3284	呮	8	25125134	85E6	0546E	3327	岵	8	25212251	E1B2	05CB5
3285	咉	8	25125134	85F3	05489	3328	㞹	8	25212512	8230CF37	037B9
3286	咒	8	25125135	D6E4	05492	3329	岢	8	25212512	E1B3	05CA2
3287	呪	8	25125135	85E2	0546A	3330	㟁	8	25213112	8230D035	037C1
3288	邵	8	25125152	E04C	090D8	3331	岸	8	25213112	B0B6	05CB8
3289	呥	8	25125211	85DF	05465	3332	岯	8	25213241	8D42	05CAF
3290	呬	8	25125351	85E4	0546C	3333	岩	8	25213251	D1D2	05CA9
3291	咹	8	25131134	85EA	05479	3334	帗	8	25213544	8E93	05E17
3292	咋	8	25131211	D5A6	0548B	3335	岼	8	25214312	8D4A	05CBC
3293	咊	8	25131234	85F4	0548A	3336	岽	8	25215234	E1B4	05CBD
3294	咐	8	25132124	B8C0	05490	3337	㞽	8	25215534	8230D031	037BD
3295	㕷	8	25132511	82309632	03577	3338	䍐	8	25221112	8232FB32	04350
3296	咃	8	25132525	85EF	05483	3339	岾	8	25221251	8D4B	05CBE
3297	呱	8	25133544	DFC9	05471	3340	帖	8	25221251	CCFB	05E16

序号	字形	笔数	笔顺	18030代码	13000代码	序号	字形	笔数	笔顺	18030代码	13000代码
3341	罖	8	25221344	C140	07F56	3384	峅	8	25254132	8D4F	05CC5
3342	罗	8	25221354	C2DE	07F57	3385	㟂	8	25255414	8230D036	037C2
3343	岿	8	25223511	BFF9	05CBF	3386	岰	8	25255453	8D43	05CB0
3344	岨	8	25225111	8CFE	05CA8	3387	囷	8	25312341	87EF	056F7
3345	岬	8	25225112	E1B5	05CAC	3388	囶	8	25341211	87EE	056F6
3346	㞻	8	25225115	8230CF39	037BB	3389	沓	8	25342511	EDB3	06C93
3347	岫	8	25225121	E1B6	05CAB	3390	沝	8	25342534	9B64	06C9D
3348	峀	8	25225121	8D4C	05CC0	3391	败	8	25343134	B0DC	08D25
3349	岟	8	25225134	8CF7	05C9F	3392	账	8	25343154	D5CB	08D26
3350	帜	8	25225134	D6C4	05E1C	3393	贩	8	25343354	B7B7	08D29
3351	岲	8	25225135	8D44	05CB2	3394	贬	8	25343454	B1E1	08D2C
3352	㞺	8	25231134	8230CF38	037BA	3395	购	8	25343554	B9BA	08D2D
3353	帙	8	25231134	E0F9	05E19	3396	贮	8	25344451	D6FC	08D2E
3354	岞	8	25231211	8CF6	05C9E	3397	囹	8	25344541	E0F2	056F9
3355	岝	8	25231211	8CF5	05C9D	3398	沀	8	25345452	9B55	06C80
3356	岴	8	25232121	8D45	05CB4	3399	图	8	25354441	CDBC	056FE
3357	岶	8	25232511	8D46	05CB6	3400	岡	8	25431252	8CF9	05CA1
3358	帕	8	25232511	C5C1	05E15	3401	㒺	8	25431345	82308333	034BA
3359	岭	8	25234454	C1EB	05CAD	3402	罔	8	25431415	D8E8	07F54
3360	岺	8	25234454	8D48	05CBA	3403	㘠	8	25454341	8230A638	03620
3361	岻	8	25235154	8D49	05CBB	3404	囻	8	25515151	87F1	056FB
3362	岣	8	25235251	E1B8	05CA3	3405	咼	8	25525251	864A	054BC
3363	峁	8	25235352	E1B9	05CC1	3406	囼	8	25542511	87F2	056FC
3364	刿	8	25235422	D8DB	0523F	3407	钍	8	31115121	EECA	0948D
3365	峂	8	25235444	8D4D	05CC2	3408	钎	8	31115312	C7A5	0948E
3366	㠽	8	25235444	8230DC39	0383D	3409	钏	8	31115322	EECB	0948F
3367	岦	8	25241431	8CFC	05CA6	3410	钐	8	31115333	EECC	09490
3368	岤	8	25244534	8CFA	05CA4	3411	钓	8	31115354	B5F6	09493
3369	岮	8	25244535	8D41	05CAE	3412	钒	8	31115354	B7B0	09492
3370	㘡	8	25251121	8230A639	03621	3413	钑	8	31115354	E895	09491
3371	廻	8	25251154	8F68	05EFB	3414	钔	8	31115425	EECD	09494
3372	㟃	8	25251251	8230D037	037C3	3415	钕	8	31115531	EECF	09495
3373	㞾	8	25251335	8230D032	037BE	3416	钖	8	31115533	E896	09496
3374	迥	8	25251454	E5C4	08FE5	3417	钗	8	31115544	EECE	09497
3375	岷	8	25251515	E1BA	05CB7	3418	邾	8	31123452	DBA5	090BE
3376	剀	8	25251522	D8DC	05240	3419	制	8	31125222	D6C6	05236
3377	岪	8	25251532	8D40	05CAA	3420	㓡	8	31125222	82308732	034E1
3378	凯	8	25251535	BFAD	051EF	3421	缷	8	31125252	C08B	07F37
3379	岹	8	25253251	8D47	05CB9	3422	幷	8	31133112	8ED5	05E77
3380	岧	8	25253251	8CFD	05CA7	3423	知	8	31134251	D6AA	077E5
3381	岥	8	25253254	8CFB	05CA5	3424	迭	8	31134454	B5FC	08FED
3382	帔	8	25253254	E0FA	05E14	3425	㪂	8	31152154	82319834	03A82
3383	峄	8	25254112	E1BB	05CC4	3426	氜	8	31152511	9ADE	06C1C

序号	字形	笔数	笔顺	18030代码	13000代码	序号	字形	笔数	笔顺	18030代码	13000代码
3427	㲴	8	31152512	8231D034	03CB4	3470	季	8	31234521	BCBE	05B63
3428	氝	8	31152534	9ADF	06C1D	3471	䄬	8	31234525	8232C436	0412C
3429	㲑	8	31152534	8231CC39	03C91	3472	委	8	31234531	CEAF	059D4
3430	㲎	8	31153115	8231CC36	03C8E	3473	竺	8	31431411	F3C3	07AFA
3431	㲐	8	31153445	8231CC38	03C90	3474	竻	8	31431453	B885	07AFB
3432	氛	8	31153453	B7D5	06C1B	3475	秉	8	31511234	B1FC	079C9
3433	㰟	8	31153534	8231C136	03C1F	3476	迤	8	31525454	E5C6	08FE4
3434	忥	8	31154544	8FEF	05FE5	3477	㑌	8	32111215	8139F634	0344C
3435	㸬	8	31211252	8231F539	03E2C	3478	㑍	8	32111234	8139F635	0344D
3436	迮	8	31211454	E5C5	08FEE	3479	侙	8	32112154	81F8	04F99
3437	牫	8	31211534	A0B3	0726B	3480	侀	8	32113222	81E9	04F80
3438	垂	8	31212211	B4B9	05782	3481	佳	8	32121121	BCD1	04F73
3439	牪	8	31213112	A0B2	0726A	3482	侍	8	32121124	CACC	04F8D
3440	牦	8	31213115	EAF3	07266	3483	佶	8	32121251	D9A5	04F76
3441	牧	8	31213134	C4C1	07267	3484	岳	8	32121252	D4C0	05CB3
3442	㸫	8	31213312	8231F538	03E2B	3485	侤	8	32121315	8240	04FA4
3443	㸮	8	31213453	8231F631	03E2E	3486	佬	8	32121335	C0D0	04F6C
3444	牬	8	31213523	A0B4	0726C	3487	佴	8	32122111	D9A6	04F74
3445	物	8	31213533	CEEF	07269	3488	供	8	32122134	B9A9	04F9B
3446	䢾	8	31213552	82348932	048BE	3489	姇	8	32124531	8A95	059C7
3447	牨	8	31214135	A0B1	07268	3490	使	8	32125134	CAB9	04F7F
3448	牥	8	31214153	A0B0	07265	3491	侢	8	32125211	81FE	04FA2
3449	㸯	8	31214412	8231F632	03E2F	3492	価	8	32125221	81FD	04FA1
3450	㸭	8	31215215	8231F630	03E2D	3493	佰	8	32132511	B0DB	04F70
3451	乖	8	31221135	B9D4	04E56	3494	侑	8	32132511	D9A7	04F91
3452	刮	8	31225122	B9CE	0522E	3495	㐛	8	32132515	8139F136	0341B
3453	舏	8	31225152	C569	0820F	3496	侟	8	32132521	81FC	04F9F
3454	㔚	8	31225153	82308C39	0351A	3497	侕	8	32132522	81F5	04F95
3455	秆	8	31234112	B8D1	079C6	3498	㑔	8	32132534	8139F732	03454
3456	䄨	8	31234112	8232C432	04128	3499	侉	8	32134115	D9A8	04F89
3457	䄩	8	31234154	8232C433	04129	3500	例	8	32135422	C0FD	04F8B
3458	和	8	31234251	BACD	0548C	3501	侠	8	32143134	CFC0	04FA0
3459	㕿	8	31234251	82309730	0357F	3502	臾	8	32151134	F4A7	081FE
3460	秈	8	31234252	B669	079C8	3503	兒	8	32151135	83BA	05152
3461	㟀	8	31234252	8230D034	037C0	3504	侇	8	32151534	81EE	04F87
3462	䄭	8	31234312	8232C437	0412D	3505	㲏	8	32153115	8231CC37	03C8F
3463	秊	8	31234312	B66A	079CA	3506	侥	8	32153135	BDC4	04FA5
3464	秊	8	31234312	FD9E	0F995	3507	㸞	8	32153215	8231F435	03E1E
3465	秅	8	31234315	B667	079C5	3508	版	8	32153354	B0E6	07248
3466	䄪	8	31234354	8232C434	0412A	3509	㸝	8	32153534	8231F434	03E1D
3467	秇	8	31234354	B668	079C7	3510	侄	8	32154121	D6B6	04F84
3468	䄫	8	31234515	8232C435	0412B	3511	垈	8	32154121	8882	05788
3469	秄	8	31234521	B666	079C4	3512	岱	8	32154252	E1B7	05CB1

序号	字形	笔数	笔顺	18030代码	13000代码
3513	帒	8	32154252	8E91	05E12
3514	郔	8	32155452	E049	090D4
3515	㑐	8	32211234	8139F638	03450
3516	佌	8	32212135	81D5	04F4C
3517	侦	8	32212534	D5EC	04FA6
3518	侊	8	32243135	81EF	04F8A
3519	㑋	8	32251221	8139F633	0344B
3520	侣	8	32251251	C2C2	04FA3
3521	侗	8	32251251	B6B1	04F97
3522	侃	8	32251325	D9A9	04F83
3523	㑕	8	32252354	8139F733	03455
3524	佪	8	32252511	81DD	04F6A
3525	侧	8	32253422	B2E0	04FA7
3526	侏	8	32311234	D9AA	04F8F
3527	侁	8	32312135	81EA	04F81
3528	凭	8	32312135	C6BE	051ED
3529	侹	8	32312154	824B	04FB9
3530	佸	8	32312251	81E5	04F78
3531	侨	8	32313432	C7C8	04FA8
3532	㑖	8	32322512	8139F734	03456
3533	㑑	8	32325111	8139F639	03451
3534	侐	8	32325221	81F2	04F90
3535	侜	8	32335414	81FA	04F9C
3536	佺	8	32341121	81E7	04F7A
3537	侩	8	32341154	BFEB	04FA9
3538	佮	8	32341251	81E0	04F6E
3539	佻	8	32341534	D9AC	04F7B
3540	佾	8	32342511	D9AB	04F7E
3541	佩	8	32351252	C5E5	04F69
3542	㑉	8	32351354	8139F631	03449
3543	佹	8	32351355	81E6	04F79
3544	侚	8	32352511	81F9	04F9A
3545	货	8	32352534	BBF5	08D27
3546	佭	8	32354152	81DF	04F6D
3547	佲	8	32354251	81E2	04F72
3548	佫	8	32354251	81DE	04F6B
3549	俢	8	32354333	8263	04FE2
3550	侈	8	32354354	B3DE	04F88
3551	隹	8	32411121	F6BF	096B9
3552	㑊	8	32413234	8139F632	0344A
3553	侂	8	32413315	81EB	04F82
3554	侪	8	32413432	D9AD	04FAA
3555	佼	8	32413434	D9AE	04F7C
3556	依	8	32413534	D2C0	04F9D
3557	佽	8	32413534	81E8	04F7D
3558	侅	8	32415334	81EC	04F85
3559	侫	8	32415531	8241	04FAB
3560	佯	8	32431112	D1F0	04F6F
3561	併	8	32431132	81E3	04F75
3562	侎	8	32431234	81F1	04F8E
3563	㑏	8	32445124	8139F637	0344F
3564	侘	8	32445315	81F7	04F98
3565	侒	8	32445531	81F3	04F92
3566	侬	8	32453534	D9AF	04FAC
3567	侓	8	32511112	81F4	04F93
3568	㚖	8	32511134	8230B236	03696
3569	郋	8	32511152	E045	090CB
3570	帛	8	32511252	B2AF	05E1B
3571	卑	8	32511312	B1B0	05351
3572	㑚	8	32511352	8139F738	0345A
3573	的	8	32511354	B5C4	07684
3574	迫	8	32511454	C6C8	08FEB
3575	佷	8	32511534	81E4	04F77
3576	侭	8	32513444	8242	04FAD
3577	阜	8	32515112	B8B7	0961C
3578	卹	8	32522152	8572	05379
3579	䘏	8	32522152	8233C331	0460F
3580	侞	8	32531251	81FB	04F9E
3581	㑓	8	32541354	8139F731	03453
3582	侔	8	32543112	D9B0	04F94
3583	㑎	8	32555252	8139F636	0344E
3584	质	8	33122534	D6CA	08D28
3585	所	8	33123312	94D5	065A6
3586	欣	8	33123534	D0C0	06B23
3587	郈	8	33125152	E043	090C8
3588	励	8	33125153	84BC	052B6
3589	征	8	33212121	D5F7	05F81
3590	徂	8	33225111	E1DE	05F82
3591	㣙	8	33225121	8230EC35	038D9
3592	徃	8	33231121	8FB8	05F83
3593	彾	8	33234454	8FB6	05F7E
3594	彽	8	33235154	8FB5	05F7D
3595	㣘	8	33235251	8230EC34	038D8
3596	往	8	33241121	CDF9	05F80
3597	爬	8	33245215	C5C0	0722C
3598	彿	8	33251532	8FB7	05F7F

序号	字形	笔数	笔顺	18030代码	13000代码	序号	字形	笔数	笔顺	18030代码	13000代码
3599	彼	8	33253254	B1CB	05F7C	3642	欱	8	34453534	99F7	06B26
3600	径	8	33254121	BEB6	05F84	3643	念	8	34454544	C4EE	05FF5
3601	所	8	33513312	CBF9	06240	3644	瓫	8	34531554	AD9B	074EB
3602	䑠	8	33541452	82339831	04460	3645	贫	8	34532534	C6B6	08D2B
3603	郍	8	33541452	E047	090CD	3646	攽	8	34533134	9491	0653D
3604	舠	8	33541453	C573	08220	3647	炃	8	34534334	9EC7	07083
3605	瓝	8	33544354	AD93	074DD	3648	忿	8	34534544	B7DE	05FFF
3606	佱	8	34112121	81E1	04F71	3649	枀	8	34541234	9685	06780
3607	舍	8	34112251	C9E1	0820D	3650	瓮	8	34541554	CECD	074EE
3608	金	8	34112431	BDF0	091D1	3651	忩	8	34544544	8FF2	05FE9
3609	釒	8	34112431	E18E	091D2	3652	戗	8	34551534	EAA8	06217
3610	剑	8	34115422	B9F4	0523D	3653	肨	8	35111112	C354	080A8
3611	郐	8	34115452	DBA6	090D0	3654	肼	8	35111132	EBC2	080BC
3612	舎	8	34121251	C568	0820E	3655	肤	8	35111134	B7F4	080A4
3613	刹	8	34123422	C9B2	05239	3656	朊	8	35111135	EBC3	0670A
3614	侖	8	34125122	81F6	04F96	3657	䏝	8	35111154	FE7A	043DD
3615	㓣	8	34125122	82308734	034E3	3658	肺	8	35111252	B7CE	080BA
3616	㑒	8	34125134	8139F730	03452	3659	肢	8	35111254	D6AB	080A2
3617	命	8	34125152	C3FC	0547D	3660	肧	8	35111324	C353	080A7
3618	郃	8	34125152	E041	090C3	3661	肰	8	35111344	C356	080B0
3619	肴	8	34132511	EBC8	080B4	3662	肽	8	35111344	EBC4	080BD
3620	㕁	8	34135452	82309038	03541	3663	肱	8	35111354	EBC5	080B1
3621	郄	8	34135452	DBA7	090C4	3664	肬	8	35111354	C355	080AC
3622	肏	8	34253434	C348	0808F	3665	䏘	8	35111355	82338A36	043D8
3623	㰡	8	34323534	8231C138	03C21	3666	肫	8	35111525	EBC6	080AB
3624	㦰	8	34341534	82318338	039B0	3667	肶	8	35111535	C359	080B6
3625	斧	8	34343312	B8AB	065A7	3668	䏚	8	35112343	82338A38	043DA
3626	㸚	8	34343434	8231F431	03E1A	3669	肿	8	35112512	D6D7	080BF
3627	怂	8	34344544	CBCB	06002	3670	肭	8	35112534	EBC7	080AD
3628	爸	8	34345215	B0D6	07238	3671	㬳	8	35113112	8231AA31	03B33
3629	尩	8	34351121	8CB5	05C29	3672	䏗	8	35113115	82338A35	043D7
3630	籴	8	34431234	D9E1	07C74	3673	䏕	8	35113121	82338A33	043D5
3631	采	8	34431234	B2C9	091C7	3674	胀	8	35113154	D5CD	080C0
3632	㸓	8	34432511	8231F334	03E13	3675	䏒	8	35113215	82338A30	043D2
3633	觅	8	34432535	C3D9	089C5	3676	肵	8	35113312	C358	080B5
3634	㸒	8	34433121	8231F333	03E12	3677	肸	8	35113412	C35A	080B8
3635	受	8	34434554	CADC	053D7	3678	肹	8	35113415	C35B	080B9
3636	爭	8	34435112	A08E	0722D	3679	肣	8	35113445	C351	080A3
3637	乳	8	34435215	C8E9	04E73	3680	朌	8	35113453	9644	0670C
3638	侌	8	34451154	81F0	04F8C	3681	朋	8	35113511	C5F3	0670B
3639	飠	8	34451154	EF7A	098E0	3682	胏	8	35113523	C363	080CF
3640	㪁	8	34452154	82319833	03A81	3683	肳	8	35113533	C357	080B3
3641	贪	8	34452534	CCB0	08D2A	3684	肷	8	35113534	EBC9	080B7

序号	字形	笔数	笔顺	18030代码	13000代码	序号	字形	笔数	笔顺	18030代码	13000代码
3685	䏛	8	35113541	82338A39	043DB	3728	狗	8	35335251	B9B7	072D7
3686	股	8	35113554	B9C9	080A1	3729	㹪	8	35335351	8231FC31	03E6A
3687	肮	8	35114135	B0B9	080AE	3730	㹣	8	35335444	8231FB34	03E63
3688	肪	8	35114153	B7BE	080AA	3731	狍	8	35335515	E1F3	072CD
3689	䏙	8	35114535	82338A37	043D9	3732	㹥	8	35341121	8231FB36	03E65
3690	䏐	8	35115134	82338938	043D0	3733	匌	8	35341251	84FD	0530C
3691	䏖	8	35115152	82338A34	043D6	3734	㹡	8	35341554	8231FB32	03E61
3692	䏔	8	35115211	82338A32	043D4	3735	狞	8	35344512	C4FC	072DE
3693	肥	8	35115215	B7CA	080A5	3736	狖	8	35344534	A0FB	072D6
3694	服	8	35115254	B7FE	0670D	3737	狔	8	35351335	A0F9	072D4
3695	胁	8	35115344	D0B2	080C1	3738	狒	8	35351532	E1F4	072D2
3696	周	8	35121251	D6DC	05468	3739	㹢	8	35353251	8231FB33	03E62
3697	剁	8	35123422	B6E7	05241	3740	㹦	8	35353251	8231FB37	03E66
3698	凮	8	35132511	844F	051EE	3741	狓	8	35353254	A0F8	072D3
3699	䣀	8	35135552	82348934	048C0	3742	㹩	8	35354121	8231FC30	03E69
3700	昏	8	35152511	BBE8	0660F	3743	狕	8	35355453	A0FA	072D5
3701	䢑	8	35154454	82348437	04891	3744	䏓	8	35411135	82338A31	043D3
3702	迩	8	35234454	E5C7	08FE9	3745	肦	8	35413453	C352	080A6
3703	㔬	8	35251112	82308E37	0352C	3746	咎	8	35424251	BECC	0548E
3704	郇	8	35251152	DBA8	090C7	3747	迯	8	35424454	DE8F	08FEF
3705	鱼	8	35251211	D3E3	09C7C	3748	备	8	35425121	B1B8	05907
3706	兔	8	35251354	CDC3	05154	3749	㓢	8	35425122	82308733	034E2
3707	狋	8	35311234	A0F4	072CB	3750	夝	8	35431121	89F0	0591D
3708	匋	8	35311252	84FC	0530B	3751	匊	8	35431234	84FB	0530A
3709	㹤	8	35312154	8231FB35	03E64	3752	卶	8	35435452	8571	05376
3710	狜	8	35312251	AA40	072DC	3753	炙	8	35444334	D6CB	07099
3711	狉	8	35313241	A0F2	072C9	3754	枭	8	35451234	E8C9	067AD
3712	狘	8	35315534	A0FC	072D8	3755	㠾	8	35455252	8230DD30	0383E
3713	臽	8	35321511	C560	081FD	3756	妴	8	35455531	8A86	059B4
3714	狚	8	35325111	A0FD	072DA	3757	饯	8	35511534	BDA4	0996F
3715	狙	8	35325111	BED1	072D9	3758	饰	8	35531252	CACE	09970
3716	狎	8	35325112	E1F2	072CE	3759	饱	8	35535515	B1A5	09971
3717	㹨	8	35325121	8231FB39	03E68	3760	饲	8	35551251	CBC7	09972
3718	㹧	8	35325134	8231FB38	03E67	3761	饳	8	35552252	F099	09973
3719	狌	8	35331121	A0F5	072CC	3762	饴	8	35554251	E2C2	09974
3720	狏	8	35331525	A0F6	072CF	3763	迬	8	41121454	DE8E	08FEC
3721	狛	8	35332511	A0FE	072DB	3764	㓋	8	41122134	82308530	034CB
3722	曶	8	35332511	95F7	066F6	3765	冽	8	41135422	D9FD	051BD
3723	㫚	8	35332511	8231A132	03ADA	3766	㭍	8	41151234	8231AC37	03B4D
3724	狐	8	35333544	BAFC	072D0	3767	变	8	41223454	B1E4	053D8
3725	狑	8	35334454	A0F7	072D1	3768	京	8	41251234	BEA9	04EAC
3726	忽	8	35334544	BAF6	05FFD	3769	㓊	8	41251251	82308439	034CA
3727	狝	8	35335234	AA41	072DD	3770	享	8	41251521	CFED	04EAB

序号	字形	笔数	笔顺	18030代码	13000代码
3771	㐭	8	41252511	8139F334	0342D
3772	冼	8	41312135	D9FE	051BC
3773	㓉	8	41312251	82308438	034C9
3774	㡷	8	41312341	8230E237	03877
3775	庞	8	41313534	C5D3	05E9E
3776	店	8	41321251	B5EA	05E97
3777	夜	8	41323544	D2B9	0591C
3778	㕻	8	41324251	82309636	0357B
3779	㡹	8	41325111	8230E239	03879
3780	㡺	8	41325111	8230E330	0387A
3781	庘	8	41325112	8EE2	05E98
3782	庙	8	41325121	C3ED	05E99
3783	㡶	8	41325134	8230E236	03876
3784	㡸	8	41331211	8230E238	03878
3785	府	8	41332124	B8AE	05E9C
3786	㡵	8	41334454	8230E235	03875
3787	底	8	41335154	B5D7	05E95
3788	㡻	8	41335352	8230E331	0387B
3789	庝	8	41335444	8EE4	05E9D
3790	庖	8	41335515	E2D2	05E96
3791	㽳	8	41341112	82329836	03F73
3792	疞	8	41341115	AF4C	0759E
3793	疘	8	41341121	AF49	07598
3794	㽵	8	41341121	82329838	03F75
3795	㓌	8	41341121	82308531	034CC
3796	疜	8	41341124	AF4B	0759C
3797	疛	8	41341124	AF4A	0759B
3798	㽴	8	41341134	82329837	03F74
3799	疟	8	41341151	C5B1	0759F
3800	疠	8	41341153	F0DD	075A0
3801	冽	8	41341251	83EE	051BE
3802	疝	8	41341252	F0DE	0759D
3803	疙	8	41341315	B8ED	07599
3804	疚	8	41341354	BECE	0759A
3805	㽺	8	41341354	82329933	03F7A
3806	㡴	8	41341431	8230E234	03874
3807	㽶	8	41341515	82329839	03F76
3808	疡	8	41341533	D1F1	075A1
3809	斉	8	41343211	94C5	06589
3810	剂	8	41343222	BCC1	05242
3811	卒	8	41343412	D7E4	05352
3812	郊	8	41343452	BDBC	090CA
3813	効	8	41343453	84BF	052B9
3814	忞	8	41344544	8FEB	05FDE
3815	兖	8	41345435	D9F0	05156
3816	庚	8	41351134	B8FD	05E9A
3817	㼚	8	41351554	82328F37	03F1A
3818	䘚	8	41353412	8233C432	0461A
3819	㰠	8	41353534	8231C137	03C20
3820	废	8	41353544	B7CF	05E9F
3821	净	8	41355112	BEBB	051C0
3822	㓍	8	41415434	82308532	034CD
3823	乵	8	41431125	816D	04E75
3824	竎	8	41431132	B863	07ACE
3825	咅	8	41431251	85F0	05485
3826	竏	8	41431312	B864	07ACF
3827	䇄	8	41431315	8232D337	041C4
3828	䇃	8	41431515	8232D336	041C3
3829	妾	8	41431531	E6AA	059BE
3830	冿	8	41511112	83EF	051BF
3831	盲	8	41525111	C3A4	076F2
3832	瓬	8	41531554	AD9C	074EC
3833	放	8	41533134	B7C5	0653E
3834	斻	8	41533135	94E3	065BB
3835	刻	8	41533422	BFCC	0523B
3836	斺	8	41533432	94E2	065BA
3837	於	8	41533444	ECB6	065BC
3838	郂	8	41533452	E040	090C2
3839	劾	8	41533453	DBC0	052BE
3840	肓	8	41542511	D3FD	080B2
3841	氓	8	41551515	C3A5	06C13
3842	闸	8	42525112	D5A2	095F8
3843	闹	8	42541252	C4D6	095F9
3844	劷	8	43111353	84BD	052B7
3845	郱	8	43113252	E05A	090F1
3846	㔙	8	43113253	82308C38	03519
3847	奍	8	43113432	8A49	0594D
3848	郑	8	43113452	D6A3	090D1
3849	券	8	43113453	C8AF	05238
3850	劵	8	43113453	84BB	052B5
3851	卷	8	43113455	BEED	05377
3852	並	8	43122431	814B	04E26
3853	籵	8	43123412	BB6F	07C75
3854	籶	8	43123435	BB70	07C76
3855	单	8	43251112	B5A5	05355
3856	炐	8	43341112	9ED0	07090

序号	字形	笔数	笔顺	18030代码	13000代码	序号	字形	笔数	笔顺	18030代码	13000代码
3857	炜	8	43341152	ECBF	0709C	3900	㳍	8	44113252	8231D239	03CCD
3858	炑	8	43341234	9ED1	07091	3901	㳒	8	44113454	8231D334	03CD2
3859	炋	8	43341324	9ECC	0708B	3902	泷	8	44113534	E3F1	06CF7
3860	炬	8	43341515	BEE6	070AC	3903	沷	8	44113544	9B6F	06CB7
3861	炖	8	43341525	ECC0	07096	3904	泙	8	44114312	9B80	06CD9
3862	炒	8	43342343	B3B4	07092	3905	泧	8	44115534	9B87	06CE7
3863	㶧	8	43342534	8231E836	03DA7	3906	沾	8	44121251	D5B4	06CBE
3864	炇	8	43343134	9ECA	07087	3907	泸	8	44121513	E3F2	06CF8
3865	炛	8	43343235	9ED6	0709B	3908	乷	8	44123435	816F	04E77
3866	炘	8	43343312	9ED4	07098	3909	泹	8	44125111	9B8D	06CF9
3867	炍	8	43343354	9ECE	0708D	3910	泪	8	44125111	C0E1	06CEA
3868	炌	8	43343432	9ECD	0708C	3911	沮	8	44125111	BEDA	06CAE
3869	炂	8	43343454	9EC6	07082	3912	沺	8	44125121	9B70	06CBA
3870	炝	8	43343455	ECC1	0709D	3913	㳌	8	44125112	8231D238	03CCC
3871	炊	8	43343534	B4B6	0708A	3914	油	8	44125121	D3CD	06CB9
3872	炈	8	43343554	9ECB	07088	3915	泱	8	44125134	E3F3	06CF1
3873	炞	8	43344124	9ED7	0709E	3916	㳏	8	44125134	8231D331	03CCF
3874	炆	8	43344134	9EC9	07086	3917	況	8	44125135	9B72	06CC1
3875	炕	8	43344135	BFBB	07095	3918	㳑	8	44125221	8231D333	03CD1
3876	炏	8	43344334	9ECF	0708F	3919	泂	8	44125251	9B73	06CC2
3877	炎	8	43344334	D1D7	0708E	3920	泅	8	44125341	C7F6	06CC5
3878	炓	8	43344412	9ED2	07093	3921	泗	8	44125351	E3F4	06CD7
3879	炉	8	43344513	C2AF	07089	3922	泩	8	44131121	9B88	06CE9
3880	㶩	8	43344535	8231E838	03DA9	3923	泆	8	44131134	9B75	06CC6
3881	炔	8	43345134	C8B2	07094	3924	泎	8	44131211	9B7A	06CCE
3882	炄	8	43345211	9EC8	07084	3925	沲	8	44131525	E3F5	06CB2
3883	㶦	8	43345452	8231E835	03DA6	3926	㳋	8	44132121	8231D237	03CCB
3884	沬	8	44111234	9B69	06CAC	3927	泭	8	44132124	9B8A	06CED
3885	沫	8	44111234	C4AD	06CAB	3928	泊	8	44132511	B2B4	06CCA
3886	沶	8	44111234	9B6E	06CB6	3929	泝	8	44133124	9B83	06CDD
3887	浅	8	44111534	C7B3	06D45	3930	泒	8	44133544	9B7D	06CD2
3888	泟	8	44112121	9B84	06CDF	3931	泘	8	44134312	9B7E	06CD8
3889	泋	8	44112132	9B78	06CCB	3932	沴	8	44134333	9B6C	06CB4
3890	法	8	44112154	B7A8	06CD5	3933	泠	8	44134454	E3F6	06CE0
3891	泔	8	44112211	E3EF	06CD4	3934	泜	8	44135154	9B82	06CDC
3892	泄	8	44112215	D0B9	06CC4	3935	沵	8	44135234	9B6D	06CB5
3893	沽	8	44112251	B9C1	06CBD	3936	泺	8	44135234	E3F8	06CFA
3894	泍	8	44112341	9B79	06CCD	3937	沿	8	44135251	D1D8	06CBF
3895	沭	8	44112344	E3F0	06CAD	3938	泃	8	44135251	9B74	06CC3
3896	㳐	8	44112345	8231D332	03CD0	3939	泖	8	44135352	E3F7	06CD6
3897	河	8	44112512	BAD3	06CB3	3940	泈	8	44135444	9B77	06CC8
3898	沰	8	44113251	9B6B	06CB0	3941	泡	8	44135515	C5DD	06CE1
3899	㳓	8	44113251	8231D335	03CD3	3942	注	8	44141121	D7A2	06CE8

序号	字形	笔数	笔顺	18030代码	13000代码	序号	字形	笔数	笔顺	18030代码	13000代码
3943	泣	8	44141431	C6FC	06CE3	3986	怚	8	44225111	E2F2	0601B
3944	泫	8	44141554	E3F9	06CEB	3987	怛	8	44225111	9049	0601A
3945	泶	8	44143111	8231D337	03CD5	3988	怞	8	44225121	904A	0601E
3946	泮	8	44143112	E3FA	06CEE	3989	怾	8	44225134	905D	0603E
3947	泞	8	44144512	C5A2	06CDE	3990	怏	8	44225134	E2F3	0600F
3948	泬	8	44144534	9B89	06CEC	3991	怳	8	44225135	9055	06033
3949	沱	8	44144535	E3FB	06CB1	3992	怬	8	44225351	904F	0602C
3950	泻	8	44145151	D0BA	06CFB	3993	性	8	44231121	D0D4	06027
3951	泌	8	44145434	C3DA	06CCC	3994	怢	8	44231134	904C	06022
3952	泳	8	44145534	D3BE	06CF3	3995	怍	8	44231211	E2F4	0600D
3953	泀	8	44151251	9B71	06CC0	3996	怤	8	44232124	8230F234	03914
3954	泥	8	44151335	C4E0	06CE5	3997	怕	8	44232511	C5C2	06015
3955	泦	8	44151335	9B86	06CE6	3998	怜	8	44234454	C1AF	0601C
3956	泯	8	44151515	E3FD	06CEF	3999	怟	8	44235154	904B	0601F
3957	沸	8	44151532	B7D0	06CB8	4000	怐	8	44235251	9044	06010
3958	泓	8	44151554	E3FC	06CD3	4001	㤏	8	44235444	8230F139	0390F
3959	泏	8	44152252	9B7B	06CCF	4002	㤘	8	44235511	FE60	03918
3960	沼	8	44153251	D5D3	06CBC	4003	怉	8	44235515	9041	06009
3961	泇	8	44153251	9B76	06CC7	4004	怰	8	44241554	9052	06030
3962	波	8	44153254	B2A8	06CE2	4005	怑	8	44243112	9045	06011
3963	泼	8	44153544	C6C3	06CFC	4006	㤖	8	44244512	8230F236	03916
3964	泽	8	44154112	D4F3	06CFD	4007	怭	8	44245434	9050	0602D
3965	泾	8	44154121	E3FE	06CFE	4008	怺	8	44245534	905B	0603A
3966	㳔	8	44154124	8231D336	03CD4	4009	怩	8	44251335	E2F5	06029
3967	㳎	8	44154132	8231D330	03CCE	4010	怋	8	44251515	9042	0600B
3968	治	8	44154251	D6CE	06CBB	4011	怫	8	44251532	E2F6	0602B
3969	泑	8	44155453	9B7C	06CD1	4012	㤕	8	44252252	8230F235	03915
3970	怽	8	44211234	905C	0603D	4013	怓	8	44253154	9046	06013
3971	怔	8	44212121	D5FA	06014	4014	怊	8	44253251	E2F7	0600A
3972	怯	8	44212154	C7D3	0602F	4015	怶	8	44253254	9057	06036
3973	㤌	8	44212211	8230F136	0390C	4016	怿	8	44254112	E2F8	0603F
3974	怈	8	44212215	9040	06008	4017	怪	8	44254121	B9D6	0602A
3975	怙	8	44212251	E2EF	06019	4018	怡	8	44254251	E2F9	06021
3976	㤓	8	44212341	8230F233	03913	4019	怮	8	44255453	9051	0602E
3977	怵	8	44212344	E2F0	06035	4020	畄	8	44325121	AE71	07544
3978	怲	8	44212534	9054	06032	4021	鼡	8	44335112	FC93	09F21
3979	怌	8	44213241	9043	0600C	4022	岦	8	44345252	8D4E	05CC3
3980	㤑	8	44213251	8230F231	03911	4023	学	8	44345521	D1A7	05B66
3981	怖	8	44213252	B2C0	06016	4024	实	8	44511134	8C67	05B9F
3982	㤒	8	44213412	8230F232	03912	4025	宝	8	44511214	B1A6	05B9D
3983	怦	8	44214312	E2F1	06026	4026	宗	8	44511234	D7DA	05B97
3984	怴	8	44215534	9056	06034	4027	定	8	44512134	B6A8	05B9A
3985	怗	8	44221251	9047	06017	4028	㝒	8	44512251	8230C534	03752

序号	字形	笔数	笔顺	18030代码	13000代码
4029	宕	8	44513251	E5B4	05B95
4030	宠	8	44513534	B3E8	05BA0
4031	宜	8	44525111	D2CB	05B9C
4032	审	8	44525112	C9F3	05BA1
4033	宙	8	44525121	D6E6	05B99
4034	官	8	44525151	B9D9	05B98
4035	穻	8	44534112	B78B	07A7B
4036	空	8	44534121	BFD5	07A7A
4037	帘	8	44534252	C1B1	05E18
4038	穸	8	44534354	F1B6	07A78
4039	䆒	8	44534354	8232CE37	04192
4040	穹	8	44534515	F1B7	07A79
4041	逭	8	44535454	DE90	08FF1
4042	宛	8	44535455	CDF0	05B9B
4043	宔	8	44541121	8C65	05B94
4044	实	8	44544134	CAB5	05B9E
4045	宓	8	44545434	E5B5	05B93
4046	宖	8	44551554	8C66	05B96
4047	䢿	8	44553152	82348933	048BF
4048	诓	8	45111215	DAB2	08BD3
4049	诔	8	45111234	DAB3	08BD4
4050	试	8	45112154	CAD4	08BD5
4051	剆	8	45115422	8473	05246
4052	郎	8	45115452	C0C9	090CE
4053	㓪	8	45115453	82308831	034EA
4054	勆	8	45115453	84C9	052C6
4055	诖	8	45121121	DAB4	08BD6
4056	诗	8	45121124	CAAB	08BD7
4057	诘	8	45121251	DAB5	08BD8
4058	䜤	8	45122134	8233DE35	04724
4059	㦿	8	45131234	82318533	039BF
4060	戾	8	45131344	ECE5	0623E
4061	肩	8	45132511	BCE7	080A9
4062	房	8	45134153	B7BF	0623F
4063	诙	8	45134334	DAB6	08BD9
4064	戽	8	45134412	ECE6	0623D
4065	诚	8	45135534	B3CF	08BDA
4066	郓	8	45152152	DBA9	090D3
4067	衦	8	45234112	D072	08866
4068	衧	8	45234112	D073	08867
4069	衬	8	45234124	B3C4	0886C
4070	䘝	8	45234154	8233C435	0461D
4071	䘜	8	45234252	8233C434	0461C
4072	衫	8	45234333	C9C0	0886B
4073	衱	8	45234354	D077	08871
4074	衪	8	45234525	D074	0886A
4075	衩	8	45234544	F1C3	08869
4076	䘞	8	45234551	8233C436	0461E
4077	祆	8	45241134	ECEC	07946
4078	䃿	8	45241134	8232C031	040FF
4079	祎	8	45241152	B574	0794E
4080	䃽	8	45241254	8232BF39	040FD
4081	䄀	8	45241534	8232C032	04100
4082	䃾	8	45241535	8232C030	040FE
4083	祉	8	45242121	ECED	07949
4084	祌	8	45242512	B572	0794C
4085	视	8	45242535	CAD3	089C6
4086	祍	8	45243121	B573	0794D
4087	祅	8	45243134	B56E	07945
4088	祈	8	45243312	C6ED	07948
4089	祄	8	45243432	B56D	07944
4090	祇	8	45243515	B56F	07947
4091	祋	8	45243554	B571	0794B
4092	祊	8	45244153	B570	0794A
4093	诛	8	45311234	D6EF	08BDB
4094	诜	8	45312135	DAB7	08BDC
4095	话	8	45312251	BBB0	08BDD
4096	诞	8	45321554	B5AE	08BDE
4097	诟	8	45331251	DAB8	08BDF
4098	诠	8	45341121	DAB9	08BE0
4099	罙	8	45341234	C141	07F59
4100	诡	8	45351355	B9EE	08BE1
4101	瓬	8	45351554	AD9D	074ED
4102	询	8	45352511	D1AF	08BE2
4103	诣	8	45352511	D2E8	08BE3
4104	沊	8	45352534	9B58	06C8A
4105	㱽	8	45353554	8231CA39	03C7D
4106	诤	8	45355112	DABA	08BE4
4107	该	8	45415334	B8C3	08BE5
4108	详	8	45431112	CFEA	08BE6
4109	冞	8	45431234	83DF	0519E
4110	诧	8	45445315	B2EF	08BE7
4111	诨	8	45451512	DABB	08BE8
4112	诩	8	45541541	DABC	08BE9
4113	建	8	51111254	BDA8	05EFA
4114	肃	8	51123234	CBE0	08083

序号	字形	笔数	笔顺	18030代码	13000代码	序号	字形	笔数	笔顺	18030代码	13000代码
4115	录	8	51124134	C2BC	05F55	4158	陓	8	52134115	EA7C	09653
4116	隶	8	51124134	C1A5	096B6	4159	孢	8	52135515	E6DF	05B62
4117	帚	8	51145252	D6E3	05E1A	4160	陕	8	52143134	C9C2	09655
4118	孠	8	51251521	8C4B	05B60	4161	䧅	8	52151534	8234A234	049C5
4119	㞑	8	51311115	8230CB37	03791	4162	孡	8	52154251	8C4C	05B61
4120	届	8	51312152	8CC3	05C46	4163	昚	8	52212511	9545	065F9
4121	屉	8	51312215	CCEB	05C49	4164	亟	8	52251541	D8BD	04E9F
4122	居	8	51312251	BED3	05C45	4165	陎	8	52311234	EA78	0964E
4123	屇	8	51325121	8CC4	05C47	4166	陒	8	52351355	EA7B	09652
4124	届	8	51325121	BDEC	05C4A	4167	降	8	52354152	BDB5	0964D
4125	刷	8	51325222	CBA2	05237	4168	䧄	8	52354251	8234A233	049C4
4126	㕞	8	51325254	82309337	0355E	4169	陊	8	52354354	EA77	0964A
4127	鸤	8	51335451	FB5C	09E24	4170	函	8	52413452	BAAF	051FD
4128	迡	8	51335454	DE8B	08FE1	4171	䧇	8	52413534	8234A236	049C7
4129	㞐	8	51341431	8230CB36	03790	4172	陔	8	52415334	DAEB	09654
4130	屄	8	51344534	8CC2	05C44	4173	限	8	52511534	CFDE	09650
4131	屈	8	51352252	C7FC	05C48	4174	卺	8	52534155	DAE1	0537A
4132	矤	8	51531134	B2A0	077E4	4175	㞼	8	52534252	8230D030	037BC
4133	㢮	8	51531525	8230E832	038AE	4176	乸	8	52555414	8170	04E78
4134	弣	8	51532124	8F7D	05F23	4177	妹	8	53111234	C3C3	059B9
4135	弧	8	51533544	BBA1	05F27	4178	妺	8	53111234	8A8B	059BA
4136	弤	8	51535154	8F7E	05F24	4179	姃	8	53112121	8A92	059C3
4137	弥	8	51535234	C3D6	05F25	4180	姏	8	53112211	8A9B	059CF
4138	弦	8	51541554	CFD2	05F26	4181	姑	8	53112251	B9C3	059D1
4139	㢯	8	51551515	8230E833	038AF	4182	妸	8	53112512	8A8A	059B8
4140	弢	8	51552254	8F7C	05F22	4183	㚰	8	53113241	8230B532	036B0
4141	弨	8	51553251	8F80	05F28	4184	妬	8	53113251	8A81	059AC
4142	㢰	8	51553254	8230E834	038B0	4185	㚴	8	53113252	8230B536	036B4
4143	弪	8	51554121	E5F2	05F2A	4186	妭	8	53113544	8A82	059AD
4144	㢱	8	51554234	8230E835	038B1	4187	㛁	8	53114312	8230B639	036C1
4145	承	8	52111534	B3D0	0627F	4188	㚲	8	53121251	8230B534	036B2
4146	䧆	8	52122134	8234A235	049C6	4189	刴	8	53123422	846D	05234
4147	孟	8	52125221	C3CF	05B5F	4190	妲	8	53125111	E6A7	059B2
4148	陋	8	52125345	C2AA	0964B	4191	姐	8	53125111	BDE3	059D0
4149	䧈	8	52125351	8234A237	049C8	4192	妽	8	53125112	8A8D	059BD
4150	牀	8	52131234	A097	07240	4193	㚼	8	53125121	8230B634	036BC
4151	状	8	52131344	A0EE	072C0	4194	妯	8	53125121	E6A8	059AF
4152	戕	8	52131534	E3DE	06215	4195	姎	8	53125134	8A9A	059CE
4153	陌	8	52132511	C4B0	0964C	4196	㚾	8	53125135	8230B636	036BE
4154	陏	8	52132511	EA79	0964F	4197	㚶	8	53125151	8230B538	036B6
4155	陑	8	52132522	EA7A	09651	4198	姌	8	53125211	8A98	059CC
4156	斨	8	52133312	94D6	065A8	4199	姍	8	53125221	8A99	059CD
4157	孤	8	52133544	B9C2	05B64	4200	姓	8	53131121	D0D5	059D3

序号	字形	笔数	笔顺	18030代码	13000代码
4201	妷	8	53131134	8A89	059B7
4202	妰	8	53131211	8A83	059B0
4203	姀	8	53131234	8A8F	059C0
4204	㚱	8	53132121	8230B533	036B1
4205	㚷	8	53134234	8230B539	036B7
4206	姈	8	53134454	8A96	059C8
4207	妳	8	53135234	8A85	059B3
4208	姁	8	53135251	8A90	059C1
4209	姗	8	53135351	E6A9	059D7
4210	㚹	8	53135352	8230B631	036B9
4211	㚵	8	53135444	8230B537	036B5
4212	㛀	8	53135511	8230B638	036C0
4213	㚿	8	53135515	8230B637	036BF
4214	妵	8	53141121	8A87	059B5
4215	妶	8	53141554	8A88	059B6
4216	姅	8	53143112	8A94	059C5
4217	妼	8	53145434	8A8C	059BC
4218	㚸	8	53151251	8230B630	036B8
4219	妮	8	53151335	C4DD	059AE
4220	姄	8	53151515	8A93	059C4
4221	妱	8	53153251	8A84	059B1
4222	㚳	8	53153251	8230B535	036B3
4223	㚺	8	53153521	8230B632	036BA
4224	始	8	53154251	CABC	059CB
4225	帑	8	53154252	E0FB	05E11
4226	弩	8	53154515	E5F3	05F29
4227	孥	8	53154521	E6DB	05B65
4228	驽	8	53154551	E6E5	09A7D
4229	姆	8	53155414	C4B7	059C6
4230	㚙	8	53251134	8230B239	03699
4231	虱	8	53251214	CAAD	08671
4232	迢	8	53251454	CCF6	08FE2
4233	迦	8	53251454	E5C8	08FE6
4234	巶	8	53251515	8E82	05DF6
4235	㠰	8	53251515	8230DB36	03830
4236	妿	8	53251531	8A8E	059BF
4237	驾	8	53251551	BCDD	09A7E
4238	皯	8	53254112	B091	076AF
4239	㿪	8	53254354	8232A435	03FEA
4240	㚉	8	53354354	8230B133	03689
4241	迳	8	54121454	E5C9	08FF3
4242	叁	8	54134111	C8FE	053C1
4243	参	8	54134333	B2CE	053C2
4244	䣁	8	54154152	82348935	048C1
4245	㣍	8	54251333	8230EB33	038CD
4246	迨	8	54251454	E5CA	08FE8
4247	劺	8	54311253	84C0	052BA
4248	癷	8	54334112	B069	07677
4249	艰	8	54511534	BCE8	08270
4250	䂆	8	54523354	8232B430	04086
4251	㐨	8	54525452	8139F239	03428
4252	亝	8	54545411	8185	04E9D
4253	叕	8	54545454	85AC	053D5
4254	线	8	55111534	CFDF	07EBF
4255	绀	8	55112211	E7A4	07EC0
4256	绁	8	55112215	E7A5	07EC1
4257	绂	8	55113544	E7A6	07EC2
4258	练	8	55115534	C1B7	07EC3
4259	彔	8	55124134	8FA0	05F54
4260	驵	8	55125111	E6E0	09A75
4261	组	8	55125111	D7E9	07EC4
4262	绅	8	55125112	C9F0	07EC5
4263	䌷	8	55125121	FE72	04337
4264	细	8	55125121	CFB8	07EC6
4265	织	8	55125134	D6AF	07EC7
4266	驶	8	55125134	CABB	09A76
4267	䌹	8	55125251	8232F839	04339
4268	驷	8	55125351	E6E1	09A77
4269	驸	8	55132124	E6E2	09A78
4270	㣇	8	55133252	8230EA37	038C7
4271	驹	8	55135251	BED4	09A79
4272	终	8	55135444	D6D5	07EC8
4273	绉	8	55135511	E7A7	07EC9
4274	驺	8	55135511	E6E3	09A7A
4275	驻	8	55141121	D7A4	09A7B
4276	绊	8	55143112	B0ED	07ECA
4277	驼	8	55144535	CDD5	09A7C
4278	绋	8	55151532	E7A8	07ECB
4279	绌	8	55152252	E7A9	07ECC
4280	绍	8	55153251	C9DC	07ECD
4281	驿	8	55154112	E6E4	09A7F
4282	经	8	55154121	BEAD	07ECF
4283	绎	8	55154112	D2EF	07ECE
4284	骀	8	55154251	E6E6	09A80
4285	绐	8	55154251	E7AA	07ED0
4286	贯	8	55212534	B9E1	08D2F

序号	字形	笔数	笔顺	18030代码	13000代码	序号	字形	笔数	笔顺	18030代码	13000代码
4287	㲋	8	55414521	8230C336	03740	4330	珊	9	112135351	C9BA	073CA
4288	驰	8	55414525	9AB2	06BD1	4331	珋	9	112135352	AB80	073CB
4289	紅	8	55444412	BC6C	07CFD	4332	玸	9	112135515	AB73	073B8
4290	䊵	8	55444435	8232EB38	042B5	4333	玹	9	112141554	AB74	073B9
4291	糾	8	55444452	BC6D	07CFE	4334	珌	9	112145434	AB81	073CC
4292	紀	8	55444453	BC6E	07CFF	4335	珉	9	112151515	E7EB	073C9
4293	紇	8	55444453	BC6B	07CFC	4336	㺼	9	112152134	82328633	03EBC
4294	孥	8	55453521	8C4D	05B67	4337	玿	9	112153251	AB78	073BF
4295	甾	8	55525121	E7DE	0753E	4338	珈	9	112153251	E7EC	073C8
4296	砉	9	111213251	EDB9	07809	4339	玻	9	112153254	B2A3	073BB
4297	䎢	9	111234315	82338534	043A2	4340	㺹	9	112154132	82328630	03EB9
4298	耔	9	111234521	F1E8	08014	4341	珆	9	112154251	AB7D	073C6
4299	契	9	111253134	C6F5	05951	4342	毒	9	112155414	B6BE	06BD2
4300	贰	9	111253454	B7A1	08D30	4343	型	9	113222121	D0CD	0578B
4301	㛃	9	111253531	8230B731	036C3	4344	㿼	9	113225221	8232A633	03FFC
4302	奏	9	111341134	D7E0	0594F	4345	泰	9	113424134	9B60	06C97
4303	㤗	9	111342444	8230F237	03917	4346	匧	9	113434345	854C	05327
4304	春	9	111342511	B4BA	06625	4347	垍	9	113554251	83BD	05158
4305	帮	9	111352252	B0EF	05E2E	4348	韨	9	115213544	ED82	097E8
4306	珏	9	112111214	E7E5	073CF	4349	垀	9	121111352	88A0	057B9
4307	珐	9	112112154	B7A9	073D0	4350	挷	9	121111352	92B2	06337
4308	玵	9	112112211	AB71	073B5	4351	拭	9	121112154	CAC3	062ED
4309	玴	9	112112215	AB70	073B4	4352	壵	9	121121121	89D5	058F5
4310	㺷	9	112112344	82328538	03EB7	4353	垚	9	121121121	8890	0579A
4311	珂	9	112112512	E7E6	073C2	4354	挂	9	121121121	B9D2	06302
4312	㺽	9	112113241	82328634	03EBD	4355	封	9	121121124	B7E2	05C01
4313	珑	9	112113534	E7E7	073D1	4356	持	9	121121124	B3D6	06301
4314	玶	9	112114312	AB72	073B6	4357	奊	9	121121154	8A47	0594A
4315	玷	9	112121251	E7E8	073B7	4358	拮	9	121121251	DED7	062EE
4316	㺺	9	112125111	82328631	03EBA	4359	㘼	9	121121315	8230A936	0363C
4317	珇	9	112125111	AB7E	073C7	4360	拷	9	121121315	BFBD	062F7
4318	玾	9	112125112	AB77	073BE	4361	㧯	9	121121335	82318938	039EF
4319	珅	9	112125112	AB7C	073C5	4362	㦳	9	121121534	82318431	039B3
4320	珃	9	112125211	AB7A	073C3	4363	㘽	9	121121534	8230A937	0363D
4321	㺾	9	112125251	82328635	03EBE	4364	挕	9	121122111	92A1	06315
4322	珄	9	112131121	AB7B	073C4	4365	垬	9	121122134	8898	057AC
4323	玳	9	112132154	E7E9	073B3	4366	拱	9	121122134	B9B0	062F1
4324	珀	9	112132511	E7EA	073C0	4367	垭	9	121122431	DBEB	057AD
4325	顸	9	112132534	F1FC	09878	4368	挜	9	121122431	92A5	0631C
4326	珍	9	112134333	D5E4	073CD	4369	挝	9	121124454	CECE	0631D
4327	玲	9	112134454	C1E1	073B2	4370	垣	9	121125111	D4AB	057A3
4328	珎	9	112135234	AB82	073CE	4371	挋	9	121125125	9299	0630B
4329	珣	9	112135251	AB76	073BD	4372	挺	9	121125234	9291	062FA

序号	字形	笔数	笔顺	18030代码	13000代码	序号	字形	笔数	笔顺	18030代码	13000代码
4373	掭	9	121125351	928A	062EA	4416	挆	9	121311234	82318836	039E3
4374	拵	9	121132521	928E	062F5	4417	挄	9	121312135	82318838	039E5
4375	揷	9	121132522	82318934	039EB	4418	挺	9	121312154	CDA6	0633A
4376	项	9	121132534	CFEE	09879	4419	括	9	121312251	C0A8	062EC
4377	垮	9	121134115	BFE5	057AE	4420	拹	9	121313432	DED8	06322
4378	挎	9	121134115	BFE6	0630E	4421	垘	9	121321344	888E	05798
4379	挟	9	121134334	9292	062FB	4422	拍	9	121321511	82318937	039EE
4380	垯	9	121134454	8899	057AF	4423	城	9	121321534	8230A934	0363A
4381	挞	9	121134454	CCA2	0631E	4424	埏	9	121321554	DBEF	057CF
4382	挒	9	121135422	929E	06312	4425	挻	9	121321554	92B4	0633B
4383	城	9	121135534	B3C7	057CE	4426	拰	9	121323121	928C	062F0
4384	挟	9	121143134	D0AE	0631F	4427	郝	9	121323452	BAC2	090DD
4385	挗	9	121151534	92A2	06317	4428	垍	9	121325111	8885	0578D
4386	挪	9	121152352	92C0	06353	4429	耇	9	121325115	82338530	0439E
4387	挠	9	121153135	C4D3	06320	4430	耆	9	121325115	8175	04E7D
4388	垤	9	121154121	DBEC	057A4	4431	垖	9	121325151	888C	05796
4389	挃	9	121154121	9294	06303	4432	垧	9	121325251	DBF0	057A7
4390	恧	9	121154544	8230F137	0390D	4433	垢	9	121331251	B9B8	057A2
4391	垰	9	121211124	889A	057B0	4434	掂	9	121331251	82318931	039E8
4392	挊	9	121211124	9298	0630A	4435	垳	9	121332112	889C	057B3
4393	挑	9	121212135	82318735	039D7	4436	振	9	121333534	9293	06300
4394	政	9	121213134	D5FE	0653F	4437	耇	9	121335251	C254	08007
4395	赴	9	121213424	B8B0	08D74	4438	耉	9	121335251	82309739	03588
4396	赵	9	121213434	D5D4	08D75	4439	耉	9	121335251	82338437	0439B
4397	赳	9	121213452	F4F1	08D73	4440	耈	9	121335251	C256	08009
4398	赲	9	121213453	DA5C	08D72	4441	拴	9	121341121	CBA9	062F4
4399	㕖	9	121222511	8231A237	03AE9	4442	垥	9	121341251	8895	057A5
4400	贲	9	121222534	EADA	08D32	4443	拾	9	121341251	CAB0	062FE
4401	捞	9	121234353	92A3	06318	4444	垗	9	121341534	888D	05797
4402	垙	9	121243135	888F	05799	4445	挑	9	121341534	CCF4	06311
4403	挄	9	121243135	9295	06304	4446	巺	9	121351134	8E7D	05DEC
4404	垱	9	121243511	889B	057B1	4447	垛	9	121351234	B6E2	0579B
4405	挡	9	121243511	B5B2	06321	4448	挆	9	121351234	9297	06306
4406	拽	9	121251153	D7A7	062FD	4449	㧟	9	121351252	82318932	039E9
4407	垌	9	121251251	DBED	0578C	4450	垝	9	121351355	8892	0579D
4408	挹	9	121251251	92C7	0635B	4451	挽	9	121351355	82318933	039EA
4409	挏	9	121251251	929C	0630F	4452	拘	9	121352511	82318839	039E6
4410	捆	9	121251341	82318835	039E2	4453	指	9	121352511	D6B8	06307
4411	垇	9	121251341	8230A935	0363B	4454	㧝	9	121352515	8139F138	0341D
4412	壴	9	121251431	89D4	058F4	4455	垫	9	121354121	B5E6	057AB
4413	逜	9	121251454	DE97	08FFC	4456	垎	9	121354251	8886	0578E
4414	哉	9	121251534	D4D5	054C9	4457	挌	9	121354251	929A	0630C
4415	垲	9	121252515	DBEE	057B2	4458	垑	9	121354354	8889	05791

序号	字形	笔数	笔顺	18030代码	13000代码	序号	字形	笔数	笔顺	18030代码	13000代码
4459	拸	9	121354354	928F	062F8	4502	荆	9	122113222	BEA3	08346
4460	垶	9	121355112	88C1	057E9	4503	荊	9	122113222	C747	0834A
4461	挣	9	121355112	D5F5	06323	4504	茙	9	122113534	C68E	08319
4462	挤	9	121413432	BCB7	06324	4505	堇	9	122121121	C697	08325
4463	挍	9	121413434	929B	0630D	4506	荨	9	122121124	8233A138	044C1
4464	垴	9	121413452	DBF1	057B4	4507	苦	9	122121251	8233A137	044C0
4465	挔	9	121413534	92A0	06314	4508	荖	9	122121335	C74E	08356
4466	垓	9	121415334	DBF2	05793	4509	茿	9	122121354	C741	0833F
4467	挖	9	121415334	82318834	039E1	4510	茸	9	122122111	C8D7	08338
4468	㧡	9	121415435	82318837	039E4	4511	荁	9	122125111	C742	08341
4469	垟	9	121431112	8894	0579F	4512	革	9	122125112	B8EF	09769
4470	垪	9	121431132	8897	057AA	4513	茵	9	122125125	C690	0831E
4471	拼	9	121431132	C6B4	062FC	4514	莄	9	122125234	C698	08326
4472	垨	9	121445112	8230A938	0363E	4515	茜	9	122125351	DCE7	0831C
4473	垨	9	121445124	8896	057A8	4516	茬	9	122132121	B2E7	0832C
4474	垞	9	121445315	8893	0579E	4517	荇	9	122132511	8233A035	044B4
4475	挓	9	121445315	929F	06313	4518	荐	9	122132521	BCF6	08350
4476	挖	9	121445345	CDDA	06316	4519	荋	9	122132522	C748	0834B
4477	垵	9	121445531	889D	057B5	4520	荂	9	122134115	C743	08342
4478	按	9	121445531	B0B4	06309	4521	莛	9	122134454	C751	08359
4479	挥	9	121451512	BBD3	06325	4522	巷	9	122134515	CFEF	05DF7
4480	垏	9	121511112	8887	0578F	4523	茷	9	122134534	C74F	08357
4481	挦	9	121511124	92A6	06326	4524	荊	9	122135422	C694	08322
4482	挪	9	121511352	C5B2	0632A	4525	莀	9	122135534	C75E	0837F
4483	垠	9	121511534	DBF3	057A0	4526	荚	9	122143134	BCD4	0835A
4484	拫	9	121511534	928B	062EB	4527	枼	9	122151234	96A5	067BC
4485	挐	9	121523112	82318936	039ED	4528	荑	9	122151534	DCE8	08351
4486	拯	9	121525341	D5FC	062EF	4529	茀	9	122152352	8233A236	044C9
4487	迣	9	121525454	DE9A	09007	4530	贯	9	122152534	EADB	08D33
4488	奊	9	121531134	8E7E	05DED	4531	荛	9	122153135	DCE9	0835B
4489	垛	9	121531234	8891	0579C	4532	荜	9	122153512	DCEA	0835C
4490	採	9	121531234	9296	06305	4533	欳	9	122153534	8231C232	03C25
4491	拹	9	121535353	9290	062F9	4534	茎	9	122154121	C74B	0834E
4492	挧	9	121541541	92A7	06327	4535	茉	9	122211234	C69B	0832E
4493	㰸	9	121543534	8231C233	03C26	4536	茈	9	122212135	DCEB	08308
4494	垔	9	121545254	85AF	053DD	4537	茪	9	122243135	C69A	0832A
4495	拶	9	121555354	DED9	062F6	4538	带	9	122245252	B4F8	05E26
4496	䒰	9	122111215	8233A031	044B0	4539	草	9	122251112	B2DD	08349
4497	某	9	122111234	C4B3	067D0	4540	茰	9	122251134	C69C	08330
4498	䒹	9	122111234	8233A130	044B9	4541	䒶	9	122251153	8233A037	044B6
4499	甚	9	122111345	C9F5	0751A	4542	茧	9	122251214	BCEB	08327
4500	㐞	9	122111345	8139F139	0341E	4543	䒼	9	122251221	8233A133	044BC
4501	㽍	9	122111554	82329438	03F4D	4544	茼	9	122251251	DCED	0833C

序号	字形	笔数	笔顺	18030代码	13000代码
4545	莒	9	122251251	DCEC	08392
4546	茵	9	122251341	D2F0	08335
4547	茴	9	122252511	DCEE	08334
4548	䒻	9	122252515	8233A132	044BB
4549	荝	9	122253422	C752	0835D
4550	䒽	9	122253434	8233A134	044BD
4551	茱	9	122311234	DCEF	08331
4552	莛	9	122312154	DCF0	0839B
4553	䒷	9	122312251	8233A038	044B7
4554	荞	9	122313432	DCF1	0835E
4555	茠	9	122321234	C692	08320
4556	茯	9	122321344	DCF2	0832F
4557	茷	9	122321534	C69E	08337
4558	莚	9	122321554	C772	0839A
4559	茽	9	122322512	C6A0	0833D
4560	荏	9	122323121	DCF3	0834F
4561	䒸	9	122325221	8233A039	044B8
4562	茩	9	122331251	C699	08329
4563	荇	9	122332112	DCF4	08347
4564	荃	9	122341121	DCF5	08343
4565	荟	9	122341154	DCF6	0835F
4566	茶	9	122341234	B2E8	08336
4567	荅	9	122341251	C745	08345
4568	荕	9	122351153	C74D	08355
4569	䒳	9	122351234	8233A034	044B3
4570	荀	9	122352511	DCF7	08340
4571	荈	9	122354152	C746	08348
4572	茗	9	122354251	DCF8	08317
4573	茖	9	122354251	C68C	08316
4574	茤	9	122354354	C696	08324
4575	荘	9	122412121	C750	08358
4576	荠	9	122413432	DCF9	08360
4577	茭	9	122413434	DCFA	0832D
4578	茨	9	122413534	B4C4	08328
4579	䒾	9	122413534	8233A135	044BE
4580	荒	9	122415325	BBC4	08352
4581	荄	9	122415334	C744	08344
4582	茺	9	122415435	DCFB	0833A
4583	垩	9	122431121	DBD1	057A9
4584	荓	9	122431132	C74C	08353
4585	茳	9	122441121	DCFC	08333
4586	茫	9	122441415	C3A3	0832B
4587	荡	9	122441533	B5B4	08361
4588	荢	9	122445112	C753	08362
4589	茡	9	122445521	C693	08321
4590	荌	9	122445531	C749	0834C
4591	荣	9	122451234	C8D9	08363
4592	荤	9	122451512	BBE7	08364
4593	䒿	9	122452511	8233A136	044BF
4594	荥	9	122452534	DCFE	08365
4595	荦	9	122453112	DCFD	08366
4596	荧	9	122454334	D3AB	08367
4597	茟	9	122511112	C691	0831F
4598	荨	9	122511124	DDA1	08368
4599	乹	9	122511125	8171	04E79
4600	茛	9	122511534	DDA2	0831B
4601	瓳	9	122511554	AE40	074F3
4602	故	9	122513134	B9CA	06545
4603	荩	9	122513444	DDA3	08369
4604	胡	9	122513511	BAFA	080E1
4605	兙	9	122513512	83BE	05159
4606	剋	9	122513522	8477	0524B
4607	勀	9	122513553	84C4	052C0
4608	勊	9	122513553	84CB	052CA
4609	怘	9	122514544	9048	06018
4610	荪	9	122521234	DDA5	0836A
4611	荍	9	122523134	C74A	0834D
4612	荫	9	122523511	D2F1	0836B
4613	䒱	9	122525341	8233A032	044B1
4614	茹	9	122531251	C8E3	08339
4615	䒲	9	122531315	8233A033	044B2
4616	䒵	9	122531521	8233A036	044B5
4617	茘	9	122535353	C68D	08318
4618	荔	9	122535353	C0F3	08354
4619	南	9	122543112	C4CF	05357
4620	荬	9	122544134	DDA4	0836C
4621	荭	9	122551121	DDA6	0836D
4622	荮	9	122551124	DDA7	0836E
4623	药	9	122551354	D2A9	0836F
4624	䒺	9	122554234	8233A131	044BA
4625	茲	9	122554554	C69D	08332
4626	标	9	123411234	B1EA	06807
4627	㭑	9	123411234	8231AD30	03B51
4628	枺	9	123411234	96A3	067BA
4629	柰	9	123411234	E8CD	067F0
4630	栈	9	123411534	D5BB	06808

序号	字形	笔数	笔顺	18030代码	13000代码
4631	柾	9	123412121	96CD	067FE
4632	枿	9	123412132	96A8	067BF
4633	桏	9	123412152	96F7	0684F
4634	㭕	9	123412154	8231AD34	03B55
4635	柑	9	123412211	B8CC	067D1
4636	枻	9	123412215	96A4	067BB
4637	枯	9	123412251	BFDD	067AF
4638	栉	9	123412252	E8CE	06809
4639	枾	9	123412321	96A7	067BE
4640	柯	9	123412512	BFC2	067EF
4641	柄	9	123412534	B1FA	067C4
4642	柸	9	123413241	96C8	067F8
4643	柘	9	123413251	E8CF	067D8
4644	柨	9	123413252	96BF	067E8
4645	栊	9	123413534	E8D0	0680A
4646	柭	9	123413544	96C2	067ED
4647	柩	9	123413545	E8D1	067E9
4648	枰	9	123414312	E8D2	067B0
4649	栋	9	123415234	B6B0	0680B
4650	桒	9	123421234	96F8	06852
4651	枮	9	123421251	969E	067AE
4652	栌	9	123421513	E8D3	0680C
4653	柦	9	123425111	96BD	067E6
4654	相	9	123425111	CFE0	076F8
4655	柤	9	123425111	96BC	067E4
4656	查	9	123425111	B2E9	067E5
4657	査	9	123425111	96CB	067FB
4658	柙	9	123425112	E8D4	067D9
4659	柜	9	123425112	B9F1	067DC
4660	枵	9	123425115	E8D5	067B5
4661	柚	9	123425121	E8D6	067DA
4662	枳	9	123425134	E8D7	067B3
4663	柍	9	123425134	96B3	067CD
4664	柷	9	123425135	96C7	067F7
4665	㭒	9	123425151	8231AD31	03B52
4666	枴	9	123425153	96A1	067B4
4667	柺	9	123425153	96CA	067FA
4668	柟	9	123425211	96B9	067DF
4669	㭗	9	123425221	8231AD36	03B57
4670	柵	9	123425221	96C5	067F5
4671	柶	9	123425351	96C6	067F6
4672	栍	9	123431121	96D3	0680D
4673	柣	9	123431134	96BB	067E3
4674	柞	9	123431211	D7F5	067DE
4675	柇	9	123431234	96AD	067C7
4676	柂	9	123431525	96AA	067C2
4677	柎	9	123432124	96B4	067CE
4678	㭖	9	123432154	8231AD35	03B56
4679	柏	9	123432511	B0D8	067CF
4680	柝	9	123433124	E8D8	067DD
4681	栃	9	123433153	96D0	06803
4682	栀	9	123433155	E8D9	06800
4683	柧	9	123433544	96BE	067E7
4684	柗	9	123434251	96B7	067D7
4685	㭔	9	123434312	8231AD33	03B54
4686	柃	9	123434454	E8DA	067C3
4687	柢	9	123435154	E8DC	067E2
4688	栎	9	123435234	E8DD	0680E
4689	枸	9	123435251	E8DB	067B8
4690	栅	9	123435351	D5A4	06805
4691	柳	9	123435352	C1F8	067F3
4692	柊	9	123435444	96B0	067CA
4693	㭤	9	123435451	8231AE39	03B64
4694	栁	9	123435452	96CE	06801
4695	桞	9	123435452	9742	0685E
4696	枹	9	123435515	96A2	067B9
4697	柱	9	123441121	D6F9	067F1
4698	柿	9	123441252	CAC1	067FF
4699	柆	9	123441431	96AC	067C6
4700	栏	9	123443111	C0B8	0680F
4701	柈	9	123443112	96AE	067C8
4702	柠	9	123444512	C4FB	067E0
4703	柼	9	123444534	96CC	067FC
4704	柁	9	123444535	E8DE	067C1
4705	态	9	123444544	9059	06038
4706	柲	9	123445434	96C4	067F2
4707	栐	9	123445534	96D4	06810
4708	柌	9	123451251	96B2	067CC
4709	柅	9	123451335	96AB	067C5
4710	柫	9	123451532	96C1	067EB
4711	柮	9	123452252	96C3	067EE
4712	柖	9	123453251	96B6	067D6
4713	枷	9	123453251	BCCF	067B7
4714	柀	9	123453254	96A9	067C0
4715	柽	9	123454121	E8DF	067FD
4716	树	9	123454124	CAF7	06811

序号	字形	笔数	笔顺	18030代码	13000代码
4717	㭓	9	123454132	8231AD32	03B53
4718	枱	9	123454251	969F	067B1
4719	柕	9	123454523	96B5	067D5
4720	栂	9	123455414	96CF	06802
4721	柪	9	123455453	96C0	067EA
4722	怷	9	123544544	9058	06037
4723	㐜	9	124134435	8139F137	0341C
4724	䣇	9	124134452	82348A31	048C7
4725	郣	9	124552152	E052	090E3
4726	勃	9	124552153	B2AA	052C3
4727	䡄	9	125111235	8233FB30	04844
4728	軌	9	125111235	DC89	08ECC
4729	䡂	9	125111252	8233FA38	04842
4730	䡃	9	125111253	8233FA39	04843
4731	郙	9	125112452	E04D	090D9
4732	㪽	9	125113312	82319E33	03ABD
4733	郠	9	125113452	E051	090E0
4734	匽	9	125115315	855D	0533D
4735	専	9	125121124	8C9F	05C02
4736	㪃	9	125122154	82319835	03A83
4737	㪼	9	125123312	82319E32	03ABC
4738	剌	9	125123422	D8DD	0524C
4739	栆	9	125123444	96D2	06806
4740	勅	9	125123453	84C8	052C5
4741	㰤	9	125123534	8231C231	03C24
4742	畐	9	125125121	AE77	07550
4743	郚	9	125125152	E04E	090DA
4744	剅	9	125143122	8472	05245
4745	郖	9	125143152	E04B	090D6
4746	垔	9	125221121	888A	05794
4747	䙲	9	125221134	8233CC38	04672
4748	要	9	125221531	D2AA	08981
4749	䴓	9	125235451	FE98	04D13
4750	㪅	9	125342154	82319837	03A85
4751	㶮	9	125344334	8231E933	03DAE
4752	酊	9	125351112	F4FA	0914A
4753	䣥	9	125351135	82348D31	048E5
4754	䣦	9	125351153	82348D32	048E6
4755	迺	9	125351454	DE95	08FFA
4756	郦	9	125425452	DBAA	090E6
4757	柬	9	125431234	BCED	067EC
4758	䣅	9	131153452	82348939	048C5
4759	厙	9	131251112	8587	05399
4760	㕊	9	131251124	82309137	0354A
4761	咸	9	131251534	CFCC	054B8
4762	厖	9	131353334	8585	05396
4763	威	9	131531534	CDFE	05A01
4764	䢕	9	131534454	82348531	04895
4765	歪	9	132412121	CDE1	06B6A
4766	盃	9	132425221	B0A0	076C3
4767	甭	9	132435112	B1C2	0752D
4768	䂜	9	132511112	8232B632	0409C
4769	研	9	132511132	D1D0	07814
4770	砆	9	132511134	B351	07806
4771	頁	9	132511134	ED93	09801
4772	砖	9	132511154	D7A9	07816
4773	厘	9	132511211	C0E5	05398
4774	䂞	9	132511234	8232B634	0409E
4775	砈	9	132511355	B353	07808
4776	迶	9	132511454	DE94	08FF6
4777	砗	9	132511512	EDBA	07817
4778	厚	9	132511521	BAF1	0539A
4779	砑	9	132511523	EDBC	07811
4780	砘	9	132511525	EDBB	07818
4781	䂝	9	132511534	8232B633	0409D
4782	砒	9	132511535	C5F8	07812
4783	砌	9	132511553	C6F6	0780C
4784	砙	9	132511554	B35B	07819
4785	砋	9	132512121	B355	0780B
4786	砂	9	132512343	C9B0	07802
4787	砅	9	132512534	B350	07805
4788	泵	9	132512534	B1C3	06CF5
4789	砚	9	132512535	D1E2	0781A
4790	㸴	9	132513112	8231F637	03E34
4791	厛	9	132513312	8588	0539B
4792	斫	9	132513312	EDBD	065AB
4793	砎	9	132513432	B356	0780E
4794	䂚	9	132513434	8232B630	0409A
4795	砛	9	132513445	B35C	0781B
4796	砏	9	132513453	B357	0780F
4797	砭	9	132513454	EDBE	0782D
4798	砕	9	132513512	B35A	07815
4799	砍	9	132513534	BFB3	0780D
4800	砜	9	132513534	EDBF	0781C
4801	砃	9	132513541	B34E	07803
4802	砓	9	132513554	B359	07813

序号	字形	笔数	笔顺	18030代码	13000代码	序号	字形	笔数	笔顺	18030代码	13000代码
4803	砇	9	132514134	B352	07807	4846	㱞	9	135441431	8231C739	03C5E
4804	砊	9	132514135	B354	0780A	4847	㱟	9	135453254	8231C830	03C5F
4805	砄	9	132515143	B34F	07804	4848	殆	9	135454251	B4F9	06B86
4806	䂛	9	132515452	8232B631	0409B	4849	尮	9	135531234	8CB9	05C2E
4807	面	9	132522111	C3E6	09762	4850	㼞	9	143121554	82329031	03F1E
4808	耐	9	132522124	C4CD	08010	4851	轱	9	152112251	E9EF	08F71
4809	耎	9	132522134	C258	0800E	4852	轲	9	152112512	E9F0	08F72
4810	耏	9	132522333	C259	0800F	4853	轳	9	152121513	E9F1	08F73
4811	耍	9	132522531	CBA3	0800D	4854	轴	9	152125121	D6E1	08F74
4812	㓫	9	134113222	82308832	034EB	4855	轵	9	152125134	E9F2	08F75
4813	奎	9	134121121	BFFC	0594E	4856	轶	9	152131134	E9F3	08F76
4814	耷	9	134122111	DEC7	08037	4857	匨	9	152131215	854D	05328
4815	厗	9	134143112	8586	05397	4858	轷	9	152134312	E9F5	08F77
4816	㓨	9	134343422	82308739	034E8	4859	轸	9	152134333	E9F4	08F78
4817	郟	9	134343452	E050	090DF	4860	轹	9	152135234	E9F6	08F79
4818	㚛	9	134352511	8230B331	0369B	4861	䢂	9	152141431	82348332	04882
4819	㚚	9	134354251	8230B330	0369A	4862	轺	9	152153251	E9F7	08F7A
4820	奓	9	134354354	8A4C	05953	4863	轻	9	152154121	C7E1	08F7B
4821	奒	9	134415334	8A4B	05952	4864	匩	9	152211215	854E	05329
4822	盇	9	134425221	B141	076C7	4865	鸦	9	152335451	D1BB	09E26
4823	羍	9	134431112	C165	07F8D	4866	㼊	9	152533544	82328E31	03F0A
4824	昚	9	134432511	9559	0661A	4867	虿	9	153251214	F2B2	0867F
4825	㶫	9	134434334	8231E930	03DAB	4868	皆	9	153532511	BDD4	07686
4826	牵	9	134453112	C7A3	07275	4869	毖	9	153545434	B1D1	06BD6
4827	鸥	9	134535451	C5B8	09E25	4870	㿫	9	153553254	8232A436	03FEB
4828	㞀	9	135134334	8230CA30	03780	4871	䑒	9	154121534	82339637	04452
4829	㞁	9	135251135	8230CA31	03781	4872	剄	9	155512122	8471	05244
4830	虺	9	135251214	F2B3	0867A	4873	䣆	9	155512152	82348A30	048C6
4831	卼	9	135251355	8574	0537C	4874	勁	9	155512153	84C5	052C1
4832	䶭	9	135341121	82358731	04DAD	4875	韭	9	211121111	BEC2	097ED
4833	䶮	9	135341134	FE9F	04DAE	4876	㐟	9	211121115	8139F230	0341F
4834	尯	9	135351355	8CBA	05C2F	4877	背	9	211352511	B1B3	080CC
4835	残	9	135411534	B2D0	06B8B	4878	㱒	9	212112512	8231C637	03C52
4836	㱠	9	135412251	8231C831	03C60	4879	㱓	9	212134454	8231C638	03C53
4837	㡂	9	135422252	8230DD34	03842	4880	㘹	9	212135121	8230A933	03639
4838	迾	9	135422454	DE98	08FFE	4881	茍	9	212135251	C688	0830D
4839	姴	9	135422531	8AB2	059F4	4882	呰	9	212135251	85E8	05470
4840	殂	9	135425111	E9E3	06B82	4883	㠿	9	212135252	8230DD31	0383F
4841	殃	9	135425134	D1EA	06B83	4884	㱔	9	212135354	8231C639	03C54
4842	殅	9	135431121	9A7D	06B85	4885	姕	9	212135531	8A9C	059D5
4843	殇	9	135431533	E9E4	06B87	4886	貞	9	212511134	D891	08C9E
4844	殄	9	135434333	E9E5	06B84	4887	战	9	212511534	D5BD	06218
4845	㘸	9	135435121	8230A932	03638	4888	敁	9	212512154	9493	06541

序号	字形	笔数	笔顺	18030代码	13000代码
4889	㕟	9	212512254	82309338	0355F
4890	觇	9	212512535	EAE8	089C7
4891	点	9	212514444	B5E3	070B9
4892	㤐	9	212514544	8230F230	03910
4893	䖉	9	215315112	8233B537	04589
4894	虐	9	215315151	C5B0	08650
4895	䖍	9	215315354	8233B631	0458D
4896	临	9	223142521	C1D9	04E34
4897	览	9	223142535	C0C0	089C8
4898	㧛	9	223143112	82318739	039DB
4899	竖	9	225441431	CAFA	07AD6
4900	尜	9	234134234	E6D9	05C1C
4901	尛	9	234234234	8CAD	05C1B
4902	省	9	234325111	CAA1	07701
4903	削	9	243251122	CFF7	0524A
4904	尝	9	243451154	B3A2	05C1D
4905	盽	9	251111112	B160	076FD
4906	䀘	9	251111132	8232A931	04018
4907	䀖	9	251111134	8232A839	04016
4908	盶	9	251111135	B15C	076F6
4909	眃	9	251111154	B164	07703
4910	哐	9	251111215	DFD1	054D0
4911	昧	9	251111234	C3C1	06627
4912	昩	9	251111234	9562	06629
4913	眄	9	251111255	EDED	07704
4914	狊	9	251111344	A0F3	072CA
4915	眍	9	251111345	EDEE	0770D
4916	盹	9	251111525	EDEF	076F9
4917	䀝	9	251111535	8232A936	0401D
4918	䀙	9	251111553	8232A932	04019
4919	昰	9	251112121	9567	06630
4920	是	9	251112134	CAC7	0662F
4921	昻	9	251112152	956E	0663B
4922	郢	9	251112152	DBAB	090E2
4923	昮	9	251112153	9566	0662E
4924	㫢	9	251112154	8231A230	03AE2
4925	眇	9	251112343	EDF0	07707
4926	昞	9	251112534	955C	0661E
4927	昺	9	251112534	956D	0663A
4928	眊	9	251113115	B167	0770A
4929	盺	9	251113312	B15E	076FA
4930	眅	9	251113354	B165	07705
4931	盻	9	251113415	B15F	076FB
4932	則	9	251113422	8474	05247
4933	昦	9	251113432	9561	06626
4934	郥	9	251113452	E054	090E5
4935	盼	9	251113453	C5CE	076FC
4936	眨	9	251113454	D5A3	07728
4937	眀	9	251113511	B162	07700
4938	眂	9	251113515	B163	07702
4939	昜	9	251113533	955B	0661C
4940	䀛	9	251113533	8232A934	0401B
4941	昽	9	251113534	956F	0663D
4942	盷	9	251113541	B15D	076F7
4943	䀚	9	251113552	8232A933	0401A
4944	盿	9	251114134	B161	076FF
4945	眆	9	251114153	B166	07706
4946	䀞	9	251114412	8232A937	0401E
4947	眈	9	251114535	EDF1	07708
4948	䀗	9	251115134	8232A930	04017
4949	䀕	9	251115152	8232A838	04015
4950	県	9	251115234	B168	0770C
4951	哇	9	251121121	CDDB	054C7
4952	咭	9	251121251	DFD2	054AD
4953	咾	9	251121335	864B	054BE
4954	哋	9	251121525	864F	054CB
4955	咠	9	251122111	85FD	054A0
4956	咡	9	251122111	85FE	054A1
4957	哄	9	251122134	BAE5	054C4
4958	哑	9	251122431	D1C6	054D1
4959	显	9	251122431	CFD4	0663E
4960	冒	9	251125111	C3B0	05192
4961	咺	9	251125111	8649	054BA
4962	㫜	9	251125111	8231A134	03ADC
4963	閂	9	251125111	E956	09582
4964	閁	9	251125113	E955	09581
4965	㫣	9	251125115	8231A231	03AE3
4966	映	9	251125134	D3B3	06620
4967	㫛	9	251125135	8231A133	03ADB
4968	禺	9	251125214	D8AE	079BA
4969	昷	9	251125221	956A	06637
4970	哂	9	251125351	DFD3	054C2
4971	甠	9	251131121	AE5F	07520
4972	星	9	251131121	D0C7	0661F
4973	昳	9	251131134	9569	06633
4974	昨	9	251131211	D7F2	06628

序号	字形	笔数	笔顺	18030代码	13000代码	序号	字形	笔数	笔顺	18030代码	13000代码
4975	㖅	9	251131534	82309736	03585	5018	冑	9	251212511	83D9	05191
4976	咟	9	251132511	85FC	0549F	5019	胄	9	251212511	EBD0	080C4
4977	哊	9	251132511	864E	054CA	5020	胃	9	251212511	CEB8	080C3
4978	㖇	9	251132522	82309738	03587	5021	贵	9	251212534	B9F3	08D35
4979	咵	9	251134115	8645	054B5	5022	㽚	9	251213112	82329631	03F5A
4980	昣	9	251134333	955F	06623	5023	畋	9	251213134	EEB1	0754B
4981	咴	9	251134334	DFD4	054B4	5024	畈	9	251213354	EEB2	07548
4982	哒	9	251134454	DFD5	054D2	5025	畍	9	251213432	AE76	0754D
4983	昤	9	251134454	9560	06624	5026	界	9	251213432	BDE7	0754C
4984	㫝	9	251135154	8231A135	03ADD	5027	畇	9	251213541	AE73	07547
4985	昫	9	251135251	9564	0662B	5028	虷	9	251214112	CD48	08677
4986	㫟	9	251135251	8231A137	03ADF	5029	虶	9	251214112	CD47	08676
4987	曷	9	251135345	EAC2	066F7	5030	虹	9	251214121	BAE7	08679
4988	昴	9	251135352	EAC4	06634	5031	虾	9	251214124	CFBA	0867E
4989	咧	9	251135422	DFD6	054A7	5032	䖞	9	251214124	8233B738	0459E
4990	昸	9	251135444	956B	06638	5033	㽘	9	251214135	82329539	03F58
4991	㫡	9	251135444	8231A139	03AE1	5034	虽	9	251214214	CBE4	0867D
4992	昿	9	251141354	9570	0663F	5035	虴	9	251214315	CD45	08674
4993	昱	9	251141431	EAC5	06631	5036	虼	9	251214315	F2B4	0867C
4994	昡	9	251141554	955D	06621	5037	虳	9	251214354	CD44	08673
4995	㫠	9	251143112	8231A138	03AE0	5038	䖠	9	251214354	8233B830	045A0
4996	昹	9	251145534	956C	06639	5039	虻	9	251214415	F2B5	0867B
4997	㫤	9	251145534	8231A232	03AE4	5040	蚁	9	251214434	D2CF	08681
4998	昵	9	251151335	EAC7	06635	5041	虸	9	251214521	CD49	08678
4999	昲	9	251151532	9568	06632	5042	虵	9	251214525	CD46	08675
5000	咦	9	251151534	DFD7	054A6	5043	思	9	251214544	CBBC	0601D
5001	昢	9	251152252	955E	06622	5044	蚂	9	251214551	C2EC	08682
5002	㫞	9	251152254	8231A136	03ADE	5045	㽙	9	251215435	82329630	03F59
5003	哓	9	251153135	DFD8	054D3	5046	䢗	9	251221454	82348533	04897
5004	昭	9	251153251	D5D1	0662D	5047	盅	9	251225221	D6D1	076C5
5005	哔	9	251153512	DFD9	054D4	5048	咣	9	251243135	DFDB	054A3
5006	咥	9	251154121	8641	054A5	5049	咢	9	251251115	8640	054A2
5007	昪	9	251154132	9563	0662A	5050	削	9	251251122	8475	05248
5008	畊	9	251211132	AE75	0754A	5051	㖂	9	251251153	82309733	03582
5009	畉	9	251211134	AE74	07549	5052	㢥	9	251251154	8230E733	038A5
5010	畎	9	251211344	EEB0	0754E	5053	㖆	9	251251221	82309737	03586
5011	畏	9	251211534	CEB7	0754F	5054	哃	9	251251251	864C	054C3
5012	毗	9	251211535	C5FE	06BD7	5055	品	9	251251251	C6B7	054C1
5013	毘	9	251211535	9AB3	06BD8	5056	咽	9	251251341	D1CA	054BD
5014	䟓	9	251212112	8233EF37	047D3	5057	迵	9	251251454	DE93	08FF5
5015	䟔	9	251212124	8233EF38	047D4	5058	骂	9	251251551	C2EE	09A82
5016	趴	9	251212134	C5BF	08DB4	5059	哕	9	251252354	DFDC	054D5
5017	呲	9	251212135	DFDA	05472	5060	剐	9	251253422	B9D0	05250

序号	字形	笔数	笔顺	18030代码	13000代码	序号	字形	笔数	笔顺	18030代码	13000代码
5061	郧	9	251253452	D4C7	090E7	5104	哞	9	251543112	DFE8	054DE
5062	勋	9	251253453	D1AB	052CB	5105	哟	9	251551354	D3B4	054DF
5063	哖	9	251311212	8650	054D6	5106	峙	9	252121124	D6C5	05CD9
5064	咮	9	251311234	8642	054AE	5107	峔	9	252121335	8D5C	05CD4
5065	咶	9	251312251	8646	054B6	5108	㟐	9	252122415	8230D230	037D0
5066	咻	9	251321234	DFDD	054BB	5109	峘	9	252125111	8D60	05CD8
5067	唌	9	251321554	866D	0550C	5110	峟	9	252132511	8D66	05CDF
5068	哗	9	251323512	BBA9	054D7	5111	帞	9	252132511	8E94	05E1E
5069	咱	9	251325111	D4DB	054B1	5112	峏	9	252132522	8D58	05CCF
5070	囿	9	251325111	E0F3	056FF	5113	耑	9	252132522	C25A	08011
5071	咿	9	251325113	DFDE	054BF	5114	㡁	9	252134115	8230DD33	03841
5072	响	9	251325251	CFEC	054CD	5115	峚	9	252134121	8D61	05CDA
5073	㖃	9	251331251	82309734	03583	5116	炭	9	252134334	CCBF	070AD
5074	哘	9	251332112	8651	054D8	5117	峢	9	252135422	8D68	05CE2
5075	哌	9	251333534	DFDF	054CC	5118	峛	9	252135422	8D62	05CDB
5076	哙	9	251341154	DFE0	054D9	5119	峸	9	252135534	8D77	05CF8
5077	哈	9	251341251	B9FE	054C8	5120	峡	9	252143134	CFBF	05CE1
5078	㖁	9	251341354	82309732	03581	5121	峓	9	252151534	8D5B	05CD3
5079	咷	9	251341534	8647	054B7	5122	峫	9	252152352	8D6C	05CEB
5080	㼜	9	251341554	82328F39	03F1C	5123	峣	9	252153135	8D69	05CE3
5081	㖉	9	251342121	82309830	03589	5124	峌	9	252154121	8D55	05CCC
5082	㰨	9	251343534	8231C235	03C28	5125	峠	9	252211124	8D67	05CE0
5083	哚	9	251351234	DFE1	054DA	5126	廽	9	252211154	8F6A	05EFD
5084	咰	9	251352511	8643	054B0	5127	䍒	9	252211234	8232FB34	04352
5085	㖎	9	251353432	82309835	0358E	5128	罘	9	252211324	EEB7	07F58
5086	哅	9	251353452	864D	054C5	5129	䍔	9	252211354	8232FB36	04354
5087	哛	9	251353453	8652	054DB	5130	䍓	9	252211523	8232FB35	04353
5088	咯	9	251354251	BFA9	054AF	5131	帧	9	252212534	D6A1	05E27
5089	哆	9	251354354	B6DF	054C6	5132	罚	9	252214522	B7A3	07F5A
5090	哜	9	251413432	DFE2	054DC	5133	峒	9	252251251	E1BC	05CD2
5091	咬	9	251413434	D2A7	054AC	5134	峝	9	252251251	8D64	05CDD
5092	咳	9	251415334	BFC8	054B3	5135	峤	9	252313432	E1BD	05CE4
5093	咩	9	251431112	DFE3	054A9	5136	㟆	9	252323512	8230D130	037C6
5094	咲	9	251431134	8644	054B2	5137	峑	9	252341121	8D5A	05CD1
5095	咪	9	251431234	DFE4	054AA	5138	峆	9	252341251	8D50	05CC6
5096	㖄	9	251434242	82309735	03584	5139	峇	9	252341251	8D51	05CC7
5097	咤	9	251445315	. DFE5	054A4	5140	帢	9	252341251	8E98	05E22
5098	咹	9	251445531	8648	054B9	5141	峜	9	252342121	8D63	05CDC
5099	哝	9	251453534	DFE6	054DD	5142	㟅	9	252345235	8230D039	037C5
5100	㖀	9	251511112	82309731	03580	5143	㡃	9	252345325	8230DD35	03843
5101	㖊	9	251511124	82309831	0358A	5144	峗	9	252351355	8D5F	05CD7
5102	哪	9	251511352	C4C4	054EA	5145	峞	9	252351355	8D65	05CDE
5103	哏	9	251511534	DFE7	054CF	5146	峋	9	252352511	E1BE	05CCB

序号	字形	笔数	笔顺	18030 代码	13000 代码
5147	峋	9	252352511	8230DD36	03844
5148	峈	9	252354251	8D52	05CC8
5149	峉	9	252354251	8D53	05CC9
5150	峌	9	252354354	8230DD37	03845
5151	峥	9	252355112	E1BF	05CE5
5152	峕	9	252412511	8D5D	05CD5
5153	峧	9	252413434	8D6A	05CE7
5154	㠕	9	252415325	8230DD38	03846
5155	峐	9	252415334	8D59	05CD0
5156	㟄	9	252431112	8230D038	037C4
5157	帡	9	252431132	8E97	05E21
5158	囲	9	252431351	8230A730	03622
5159	峖	9	252445531	8D5E	05CD6
5160	峍	9	252511112	8D56	05CCD
5161	迴	9	252511454	DE92	08FF4
5162	峎	9	252511534	8D57	05CCE
5163	贱	9	253411534	BCFA	08D31
5164	砦	9	253413251	9B6A	06CAF
5165	贴	9	253421251	CCF9	08D34
5166	畓	9	253425121	AE7A	07553
5167	贶	9	253425135	EADC	08D36
5168	盁	9	253425221	9B8C	06CF4
5169	罕	9	253434112	8232FB33	04351
5170	圀	9	253441531	87F3	05700
5171	贻	9	253454251	EADD	08D3B
5172	恩	9	255114544	8230F238	03919
5173	骨	9	255452511	B9C7	09AA8
5174	幽	9	255455452	D3C4	05E7D
5175	钘	9	311151132	E897	09498
5176	钍	9	311151135	82349B39	0497B
5177	钙	9	311151215	B8C6	09499
5178	钚	9	311151324	EED0	0949A
5179	钛	9	311151344	EED1	0949B
5180	钜	9	311151515	EED2	0949C
5181	钘	9	311151523	FE86	0497A
5182	钝	9	311151525	B6DB	0949D
5183	钞	9	311152343	B3AE	0949E
5184	钟	9	311152512	D6D3	0949F
5185	钡	9	311152534	B1B5	094A1
5186	钢	9	311152534	B8D6	094A2
5187	钠	9	311152534	C4C6	094A0
5188	钣	9	311153354	EED3	094A3
5189	钤	9	311153445	EED4	094A4

序号	字形	笔数	笔顺	18030 代码	13000 代码
5190	钥	9	311153511	D4BF	094A5
5191	钧	9	311153533	82349C30	0497C
5192	钦	9	311153534	C7D5	094A6
5193	钧	9	311153541	BEFB	094A7
5194	钨	9	311153551	CED9	094A8
5195	钩	9	311153554	B9B3	094A9
5196	钪	9	311154135	EED6	094AA
5197	钫	9	311154153	EED5	094AB
5198	钬	9	311154334	EED8	094AC
5199	钭	9	311154412	EED7	094AD
5200	钮	9	311155211	C5A5	094AE
5201	钯	9	311155215	EED9	094AF
5202	卸	9	311212152	D0B6	05378
5203	郐	9	311212152	82348937	048C3
5204	乘	9	311221234	815C	04E57
5205	䍂	9	311252112	8232F938	04342
5206	缸	9	311252121	B8D7	07F38
5207	拜	9	311311112	B0DD	062DC
5208	看	9	311325111	BFB4	0770B
5209	矩	9	311341515	BED8	077E9
5210	矨	9	311343134	B341	077E8
5211	恷	9	311344544	904D	06023
5212	矧	9	311345152	EFF2	077E7
5213	氞	9	311512534	9AE0	06C1E
5214	毡	9	311521251	D5B1	06BE1
5215	氠	9	311525112	9AE1	06C20
5216	氡	9	311535444	EBB1	06C21
5217	氟	9	311551532	B7FA	06C1F
5218	氢	9	311554121	C7E2	06C22
5219	牯	9	312112251	EAF4	0726F
5220	牱	9	312112512	A0B7	07271
5221	怎	9	312114544	D4F5	0600E
5222	轴	9	312125121	A0B6	07270
5223	部	9	312125152	DBAC	090DC
5224	勂	9	312125153	84C6	052C2
5225	牭	9	312125351	A0B5	0726D
5226	牲	9	312131121	C9FC	07272
5227	牸	9	312131211	8231F635	03E32
5228	牨	9	312131525	8231F634	03E31
5229	牷	9	312134454	8231F636	03E33
5230	牴	9	312135154	A0B9	07274
5231	选	9	312135454	D1A1	09009
5232	牠	9	312144535	8231F633	03E30

序号	字形	笔数	笔顺	18030代码	13000代码	序号	字形	笔数	笔顺	18030代码	13000代码
5233	牳	9	312155414	A0B8	07273	5276	㑜	9	321213312	8139F830	0345C
5234	适	9	312251454	CACA	09002	5277	侾	9	321213521	8250	04FBE
5235	臿	9	312321511	C561	081FF	5278	俧	9	321214544	8266	04FE7
5236	䄯	9	312341132	8232C439	0412F	5279	㑢	9	321215452	8139F836	03462
5237	䄮	9	312341134	8232C438	0412E	5280	㑙	9	321221115	8139F737	03459
5238	秐	9	312341154	B66E	079D0	5281	俨	9	321224313	D9B2	04FE8
5239	䄵	9	312341212	8232C535	04135	5282	俅	9	321241344	D9B4	04FC5
5240	秓	9	312341254	B66F	079D3	5283	怤	9	321244544	904E	06024
5241	秬	9	312341515	B680	079EC	5284	侼	9	321245521	824E	04FBC
5242	䄰	9	312341523	8232C530	04130	5285	俥	9	321251112	8265	04FE5
5243	秕	9	312341535	EFF5	079D5	5286	俌	9	321251124	8259	04FCC
5244	䄳	9	312342121	8232C533	04133	5287	便	9	321251134	B1E3	04FBF
5245	秒	9	312342343	C3EB	079D2	5288	㑛	9	321251234	8139F739	0345B
5246	香	9	312342511	CFE3	09999	5289	俉	9	321251251	8257	04FC9
5247	种	9	312342512	D6D6	079CD	5290	侸	9	321251431	824A	04FB8
5248	䄲	9	312342534	8232C532	04132	5291	俩	9	321253434	C1A9	04FE9
5249	秏	9	312343115	B66D	079CF	5292	俪	9	321254254	D9B3	04FEA
5250	秗	9	312343134	B672	079D7	5293	侲	9	321311534	8245	04FB2
5251	秎	9	312343453	B66C	079CE	5294	俖	9	321324251	825F	04FD6
5252	䄴	9	312343511	8232C534	04134	5295	俠	9	321343434	8262	04FE0
5253	秖	9	312343515	B671	079D6	5296	俫	9	321431234	8267	04FEB
5254	秭	9	312343523	EFF6	079ED	5297	舁	9	321511132	F4A8	08201
5255	秔	9	312344135	B670	079D4	5298	帠	9	321511252	8E96	05E20
5256	䄱	9	312344153	8232C531	04131	5299	叟	9	321511254	DBC5	053DF
5257	秋	9	312344334	C7EF	079CB	5300	垡	9	321534121	DBD2	057A1
5258	科	9	312344412	BFC6	079D1	5301	柋	9	321541234	96B1	067CB
5259	重	9	312511211	D6D8	091CD	5302	贷	9	321542534	B4FB	08D37
5260	复	9	312511354	B8B4	0590D	5303	牉	9	321543112	A09E	07249
5261	竿	9	314314112	B8CD	07AFF	5304	牮	9	321543112	EAF0	0726E
5262	竽	9	314314112	F3C4	07AFD	5305	牊	9	321553251	A09F	0724A
5263	笁	9	314314121	B889	07B01	5306	俓	9	321555121	825C	04FD3
5264	䇖	9	314314353	8232D535	041D6	5307	顺	9	322132534	CBB3	0987A
5265	竼	9	314314354	B886	07AFC	5308	㑠	9	322254121	8139F834	03460
5266	笂	9	314314354	B88A	07B02	5309	修	9	322354333	D0DE	04FEE
5267	笈	9	314314354	F3C5	07B08	5310	俏	9	322432511	C7CE	04FCF
5268	笀	9	314314415	B888	07B00	5311	侱	9	322511121	8244	04FB1
5269	竾	9	314314525	B887	07AFE	5312	俣	9	322511134	D9B6	04FE3
5270	笃	9	314314551	F3C6	07B03	5313	俔	9	322511135	825D	04FD4
5271	勄	9	315541453	84C7	052C4	5314	俚	9	322511211	D9B5	04FDA
5272	俦	9	321113124	D9B1	04FE6	5315	保	9	322511234	B1A3	04FDD
5273	段	9	321113554	B6CE	06BB5	5316	俜	9	322512115	D9B7	04FDC
5274	㑝	9	321121132	8139F831	0345D	5317	促	9	322512134	B4D9	04FC3
5275	㑘	9	321132534	8139F736	03458	5318	侽	9	322512153	824F	04FBD

序号	字形	笔数	笔顺	18030代码	13000代码
5319	侣	9	322513251	8248	04FB6
5320	俁	9	322515134	8252	04FC1
5321	俋	9	322515215	8258	04FCB
5322	俜	9	322523445	824C	04FBA
5323	俈	9	323121251	8256	04FC8
5324	俄	9	323121534	B6ED	04FC4
5325	俐	9	323123422	C0FE	04FD0
5326	俬	9	323123454	8268	04FEC
5327	侮	9	323155414	CEEA	04FAE
5328	㑟	9	323212134	8139F833	0345F
5329	㑗	9	323251113	8139F735	03457
5330	俆	9	323411234	8254	04FC6
5331	俙	9	323413252	8260	04FD9
5332	俭	9	323414431	BCF3	04FED
5333	侳	9	323434121	8246	04FB3
5334	俗	9	323434251	CBD7	04FD7
5335	俘	9	323443521	B7FD	04FD8
5336	俀	9	323443531	8251	04FC0
5337	俛	9	323525135	8261	04FDB
5338	㖌	9	323525135	82309833	0358C
5339	俇	9	323531121	8255	04FC7
5340	係	9	323554234	8253	04FC2
5341	信	9	324111251	D0C5	04FE1
5342	俛	9	324325135	824D	04FBB
5343	㑞	9	324334132	8139F832	0345E
5344	俤	9	324351523	8264	04FE4
5345	俒	9	324451135	825B	04FD2
5346	俕	9	324451234	825E	04FD5
5347	俍	9	324511534	825A	04FCD
5348	皇	9	325111121	BBCA	07687
5349	鳬	9	325111535	F849	09CEC
5350	皍	9	325111552	B075	0768D
5351	㼟	9	325111554	82329032	03F1F
5352	泉	9	325112534	C8AA	06CC9
5353	㿞	9	325113115	8232A333	03FDE
5354	敀	9	325113134	9492	06540
5355	俰	9	325113251	8243	04FB0
5356	皈	9	325113354	F0A7	07688
5357	卽	9	325113552	8575	0537D
5358	鬼	9	325113554	B9ED	09B3C
5359	侵	9	325114554	C7D6	04FB5
5360	皅	9	325115215	B071	07685
5361	㑡	9	325115452	8139F835	03461
5362	禹	9	325125214	D3ED	079B9
5363	侯	9	325131134	BAEE	04FAF
5364	侷	9	325135251	8249	04FB7
5365	峊	9	325151252	8D54	05CCA
5366	帥	9	325151252	8E9B	05E25
5367	追	9	325151454	D7B7	08FFD
5368	衂	9	325221534	D05A	08842
5369	逈	9	325251454	DE9B	09008
5370	怹	9	325254544	905A	06039
5371	㺱	9	325311214	82328532	03EB1
5372	俑	9	325425112	D9B8	04FD1
5373	俟	9	325431134	D9B9	04FDF
5374	俊	9	325434354	BFA1	04FCA
5375	盾	9	331225111	B6DC	076FE
5376	垕	9	331251121	888B	05795
5377	逅	9	331251454	E5CB	09005
5378	衎	9	332112112	D062	0884E
5379	㣜	9	332113222	8230EC38	038DC
5380	㣝	9	332113534	8230EC39	038DD
5381	徍	9	332121121	8FBA	05F8D
5382	待	9	332121124	B4FD	05F85
5383	㣟	9	332121251	8230ED31	038DF
5384	徔	9	332122454	8FBF	05F94
5385	徆	9	332125351	8FB9	05F86
5386	㣠	9	332235444	8230ED32	038E0
5387	㣚	9	332251251	8230EC36	038DA
5388	徊	9	332252511	BBB2	05F8A
5389	㣡	9	332322512	8230ED33	038E1
5390	㣛	9	332341251	8230EC37	038DB
5391	㣞	9	332345435	8230ED30	038DE
5392	徇	9	332352511	E1DF	05F87
5393	徉	9	332431112	E1E0	05F89
5394	爮	9	332435515	A08F	0722E
5395	衍	9	332441112	D1DC	0884D
5396	律	9	332511112	C2C9	05F8B
5397	很	9	332511534	BADC	05F88
5398	後	9	332554354	E1E1	05F8C
5399	须	9	333132534	D0EB	0987B
5400	乺	9	335133125	8172	04E7A
5401	舡	9	335414121	F4AD	08221
5402	䑢	9	335414135	82339833	04462
5403	舢	9	335414252	F4AE	08222
5404	䑣	9	335414333	82339834	04463

序号	字形	笔数	笔顺	18030代码	13000代码
5405	舤	9	335414354	C574	08224
5406	䑥	9	335414354	82339836	04465
5407	舣	9	335414434	F4AF	08223
5408	䑡	9	335414544	82339832	04461
5409	㼉	9	335444535	82328E30	03F09
5410	䣄	9	341123452	82348938	048C4
5411	叙	9	341123454	D0F0	053D9
5412	釓	9	341124315	E18F	091D3
5413	釔	9	341124315	E190	091D4
5414	剎	9	341234422	8478	0524E
5415	俞	9	341251122	D3E1	04FDE
5416	弇	9	341251132	8F6D	05F07
5417	兪	9	341251155	83CA	0516A
5418	䢔	9	341251454	82348530	04894
5419	郗	9	341325252	DBAD	090D7
5420	剑	9	341443122	BDA3	05251
5421	侴	9	341521122	8247	04FB4
5422	㿽	9	341525221	8232A634	03FFD
5423	逃	9	341534454	CCD3	09003
5424	㖋	9	343225135	82309832	0358B
5425	剉	9	343412122	8476	05249
5426	俎	9	343425111	D9DE	04FCE
5427	㸖	9	343425111	8231F337	03E16
5428	爼	9	343425111	A095	0723C
5429	䜪	9	343425135	8233DF30	0472A
5430	卻	9	343425152	8573	0537B
5431	郤	9	343425152	E053	090E4
5432	爰	9	344311354	EBBC	07230
5433	爯	9	344325211	A090	0722F
5434	郛	9	344352152	DBAE	090DB
5435	㔜	9	344352153	82308D31	0351C
5436	㐠	9	344352155	8139F231	03420
5437	食	9	344511534	CAB3	098DF
5438	㓧	9	344525122	82308738	034E7
5439	瓴	9	344541554	EAB2	074F4
5440	㚇	9	345234354	8230B131	03687
5441	兺	9	345325135	83CD	0517A
5442	盆	9	345325221	C5E8	076C6
5443	鸧	9	345535451	FB5D	09E27
5444	䏡	9	351111234	82338B34	043E1
5445	䏞	9	351111234	82338B31	043DE
5446	胠	9	351112154	C36C	080E0
5447	朑	9	351112215	9647	06711
5448	胢	9	351112512	C36D	080E2
5449	胚	9	351113241	C5DF	080DA
5450	胧	9	351113534	EBCA	080E7
5451	胈	9	351113544	C35F	080C8
5452	胓	9	351114312	C367	080D3
5453	胨	9	351115234	EBCB	080E8
5454	胩	9	351121124	EBCC	080E9
5455	胋	9	351121251	C362	080CB
5456	胪	9	351121513	EBCD	080EA
5457	胆	9	351125111	B5A8	080C6
5458	䏣	9	351125111	82338B36	043E3
5459	胛	9	351125112	EBCE	080DB
5460	胂	9	351125112	EBCF	080C2
5461	胑	9	351125134	C365	080D1
5462	胦	9	351125134	C36F	080E6
5463	䏥	9	351125211	82338B38	043E5
5464	胜	9	351131121	CAA4	080DC
5465	胅	9	351131134	C35D	080C5
5466	胙	9	351131211	EBD1	080D9
5467	胣	9	351131525	C36E	080E3
5468	胕	9	351132124	C369	080D5
5469	胉	9	351132511	C360	080C9
5470	胍	9	351133544	EBD2	080CD
5471	胗	9	351134333	EBD3	080D7
5472	朎	9	351134454	9645	0670E
5473	胝	9	351135154	EBD5	080DD
5474	朐	9	351135251	EBD4	06710
5475	胞	9	351135515	B0FB	080DE
5476	䏠	9	351141431	82338B33	043E0
5477	胘	9	351141554	C36A	080D8
5478	胖	9	351143112	C5D6	080D6
5479	䏟	9	351145434	82338B32	043DF
5480	脉	9	351145534	C2F6	08109
5481	䏤	9	351151251	82338B37	043E4
5482	胒	9	351151335	C366	080D2
5483	胇	9	351151532	C35E	080C7
5484	朏	9	351152252	9646	0670F
5485	䏢	9	351153254	82338B35	043E2
5486	胫	9	351154121	EBD6	080EB
5487	胎	9	351154251	CCA5	080CE
5488	胟	9	351155414	C36B	080DF
5489	鸨	9	351235451	F0B1	09E28
5490	匍	9	351251124	D9E9	0530D

序号	字形	笔数	笔顺	18030代码	13000代码	序号	字形	笔数	笔顺	18030代码	13000代码
5491	矦	9	351331134	B340	077E6	5534	狱	9	353451344	D3FC	072F1
5492	㪆	9	351542154	82319838	03A86	5535	㓩	9	353511222	82308830	034E9
5493	負	9	352511134	D893	08CA0	5536	觓	9	353511252	D361	089D3
5494	迿	9	352511454	DE99	08FFF	5537	觔	9	353511253	D362	089D4
5495	㝁	9	352511521	8230C337	03741	5538	狠	9	353511534	BADD	072E0
5496	㲋	9	352511535	8231CC33	03C8B	5539	狲	9	353521234	E1F8	072F2
5497	㲒	9	352513115	8231CD30	03C92	5540	訇	9	354111251	D9EA	08A07
5498	敂	9	352513134	9494	06542	5541	訄	9	354111251	D388	08A04
5499	斪	9	352513312	94D7	065AA	5542	㚅	9	354131121	8230B039	03685
5500	欨	9	352513534	99F8	06B28	5543	䎠	9	354132522	82338532	043A0
5501	勉	9	352513553	C3E3	052C9	5544	胊	9	354135251	C361	080CA
5502	奐	9	352534134	8A4A	05950	5545	㘶	9	354152121	8230A930	03636
5503	狨	9	353113534	E1F5	072E8	5546	胐	9	354152252	C364	080D0
5504	狤	9	353121251	AA45	072E4	5547	逄	9	354152454	E5CC	09004
5505	狫	9	353121335	AA4A	072EB	5548	昝	9	354242511	EAC3	0661D
5506	狟	9	353125111	AA42	072DF	5549	迻	9	354354454	DE96	08FFB
5507	㹬	9	353125134	8231FC33	03E6C	5550	粂	9	354431234	BB79	07C82
5508	㹮	9	353132511	8231FC35	03E6E	5551	夈	9	354431234	89E3	05908
5509	狭	9	353143134	CFC1	072ED	5552	贸	9	354532534	C3B3	08D38
5510	㹫	9	353151534	8231FC32	03E6B	5553	㼝	9	354551554	82329030	03F1D
5511	狮	9	353231252	CAA8	072EE	5554	怨	9	354554544	D4B9	06028
5512	㹰	9	353243135	8231FC37	03E70	5555	急	9	355114544	BCB1	06025
5513	㹭	9	353251153	8231FC34	03E6D	5556	饵	9	355122111	B6FC	09975
5514	独	9	353251214	B6C0	072EC	5557	饶	9	355153135	C8C4	09976
5515	風	9	353251214	EF4C	098A8	5558	炰	9	355154444	9EE4	070B0
5516	狪	9	353251251	AA49	072EA	5559	蚀	9	355251214	CAB4	08680
5517	狦	9	353252211	AA47	072E6	5560	饷	9	355325251	E2C3	09977
5518	㹶	9	353312154	8231FD33	03E76	5561	饸	9	355341251	F09A	09978
5519	狧	9	353312251	AA48	072E7	5562	饹	9	355354251	F09B	09979
5520	㹯	9	353321234	8231FC36	03E6F	5563	饺	9	355413434	BDC8	0997A
5521	狿	9	353321554	AA50	072FF	5564	饻	9	355413534	F09C	0997B
5522	䀜	9	353325111	8232A935	0401C	5565	胤	9	355425115	D8B7	080E4
5523	甮	9	353335112	AE67	0752E	5566	饼	9	355431132	B1FD	0997C
5524	狯	9	353341154	E1F6	072EF	5567	計	9	411125112	D38B	08A08
5525	狣	9	353341534	AA44	072E3	5568	訂	9	411125112	D386	08A02
5526	怱	9	353344544	9053	06031	5569	䚯	9	411125122	8233D239	046AF
5527	狥	9	353352511	AA46	072E5	5570	訃	9	411125124	D387	08A03
5528	狢	9	353354251	AA43	072E2	5571	䚰	9	411125135	8233D330	046B0
5529	狰	9	353355112	D5F8	072F0	5572	訅	9	411125135	D389	08A05
5530	狡	9	353413434	BDC6	072E1	5573	訆	9	411125152	D38A	08A06
5531	飐	9	353421251	EF73	098D0	5574	䚮	9	411125153	8233D238	046AE
5532	飑	9	353435515	ECA9	098D1	5575	殶	9	411213554	9A9F	06BB6
5533	狩	9	353445124	E1F7	072E9	5576	凁	9	411251234	83F0	051C1

序号	字形	笔数	笔顺	18030代码	13000代码	序号	字形	笔数	笔顺	18030代码	13000代码
5577	峦	9	412234252	C2CD	05CE6	5620	疺	9	413413454	AF56	075BA
5578	変	9	412234354	89E4	05909	5621	疮	9	413413455	B4AF	075AE
5579	弯	9	412234515	CDE4	05F2F	5622	疩	9	413413512	AF51	075A9
5580	孪	9	412234521	C2CF	05B6A	5623	疧	9	413413515	AF4F	075A7
5581	娈	9	412234531	E6AE	05A08	5624	㾅	9	413413523	82329A34	03F85
5582	将	9	412354124	BDAB	05C06	5625	庡	9	413413534	8EE5	05EA1
5583	奖	9	412354134	BDB1	05956	5626	疯	9	413413534	B7E8	075AF
5584	亰	9	412511234	818A	04EB0	5627	疫	9	413413554	D2DF	075AB
5585	㚆	9	412511354	8230B130	03686	5628	疢	9	413414334	AF4D	075A2
5586	畒	9	412512134	AE79	07552	5629	㽸	9	413414535	82329931	03F78
5587	畆	9	412512154	AE72	07546	5630	疦	9	413415134	AF4E	075A6
5588	亯	9	412512511	8189	04EAF	5631	㽼	9	413415152	82329935	03F7C
5589	哀	9	412513534	B0A7	054C0	5632	疤	9	413415215	B0CC	075A4
5590	亭	9	412514512	CDA4	04EAD	5633	兗	9	413425135	83BC	05157
5591	亮	9	412514535	C1C1	04EAE	5634	庠	9	413431112	E2D4	05EA0
5592	㳏	9	412534251	82308534	034CF	5635	庰	9	413431132	8EF0	05EB0
5593	庤	9	413121124	8EE8	05EA4	5636	㡿	9	413431523	8230E335	0387F
5594	度	9	413122154	B6C8	05EA6	5637	䢒	9	413434454	82348438	04892
5595	㢀	9	413125234	8230E336	03880	5638	㡽	9	413511112	8230E333	0387D
5596	庢	9	413154121	8EE6	05EA2	5639	㡾	9	413511534	8230E334	0387E
5597	庛	9	413212135	8EE3	05E9B	5640	凂	9	413525135	83F1	051C2
5598	亱	9	413225111	818B	04EB1	5641	坐	9	413534121	8888	05790
5599	弈	9	413234132	DEC4	05F08	5642	咨	9	413534251	D7C9	054A8
5600	奕	9	413234134	DEC8	05955	5643	姿	9	413534531	D7CB	059FF
5601	帟	9	413234252	8E95	05E1F	5644	亲	9	414311234	C7D7	04EB2
5602	迹	9	413234454	BCA3	08FF9	5645	攱	9	414311254	948B	06531
5603	㡼	9	413251153	8230E332	0387C	5646	竑	9	414311354	B866	07AD1
5604	庭	9	413312154	CDA5	05EAD	5647	䇅	9	414311534	8232D338	041C5
5605	庥	9	413321234	E2D3	05EA5	5648	竗	9	414312343	B86B	07AD7
5606	㢂	9	413325151	8230E338	03882	5649	音	9	414312511	D2F4	097F3
5607	庣	9	413341534	8EE7	05EA3	5650	竒	9	414312512	B867	07AD2
5608	㢁	9	413354354	8230E337	03881	5651	竓	9	414313115	B868	07AD3
5609	凃	9	413411234	83F2	051C3	5652	竔	9	414313132	B869	07AD4
5610	㽻	9	413411254	82329934	03F7B	5653	彦	9	414313333	D1E5	05F66
5611	疬	9	413411353	F0DF	075AC	5654	竕	9	414313453	B86A	07AD5
5612	疣	9	413411354	F0E0	075A3	5655	飒	9	414313534	ECAA	098D2
5613	疨	9	413411523	AF50	075A8	5656	竐	9	414313554	B865	07AD0
5614	疪	9	413411535	AF52	075AA	5657	䇆	9	414314412	8232D339	041C6
5615	㽷	9	413412534	82329930	03F77	5658	帝	9	414345252	B5DB	05E1D
5616	彥	9	413413333	8FA9	05F65	5659	㳎	9	415114554	82308533	034CE
5617	㽹	9	413413354	82329932	03F79	5660	䖟	9	415251214	8233B739	0459F
5618	疥	9	413413432	BDEA	075A5	5661	衁	9	415325221	D059	08841
5619	疭	9	413413434	AF53	075AD	5662	施	9	415331252	94E4	065BE

序号	字形	笔数	笔顺	18030代码	13000代码	序号	字形	笔数	笔顺	18030代码	13000代码
5663	斿	9	415331521	94E5	065BF	5706	籽	9	431234521	D7D1	07C7D
5664	施	9	415331525	CAA9	065BD	5707	籹	9	431234531	BB73	07C79
5665	㫆	9	415334234	82319F32	03AC6	5708	娄	9	431234531	C2A6	05A04
5666	㫇	9	415334445	82319F33	03AC7	5709	籾	9	431234534	BB75	07C7E
5667	乻	9	415334445	8173	04E7B	5710	前	9	431251122	C7B0	0524D
5668	㫈	9	415334445	82319F34	03AC8	5711	酋	9	431253511	C7F5	0914B
5669	旀	9	415354234	94E6	065C0	5712	首	9	431325111	CAD7	09996
5670	玅	9	415542343	AB51	07385	5713	㒸	9	431353334	82308331	034B8
5671	闺	9	425121121	B9EB	095FA	5714	逆	9	431523454	C4E6	09006
5672	闻	9	425122111	CEC5	095FB	5715	兹	9	431554554	D7C8	05179
5673	闼	9	425134454	E3CB	095FC	5716	总	9	432514544	D7DC	0603B
5674	闽	9	425251214	C3F6	095FD	5717	㶬	9	433411234	8231E931	03DAC
5675	闾	9	425251251	E3CC	095FE	5718	炡	9	433412121	9EDA	070A1
5676	闿	9	425252515	EA5D	095FF	5719	㶰	9	433412211	8231E935	03DB0
5677	阀	9	425321534	B7A7	09600	5720	㶱	9	433412341	8231E936	03DB1
5678	阁	9	425354251	B8F3	09601	5721	炢	9	433412344	9EDB	070A2
5679	䦶	9	425355112	FE8F	049B6	5722	炣	9	433412512	9EDC	070A3
5680	阂	9	425415334	BAD2	09602	5723	炳	9	433412534	B1FE	070B3
5681	差	9	431113121	B2EE	05DEE	5724	炻	9	433413251	ECC2	070BB
5682	羏	9	431113333	C166	07F8F	5725	炦	9	433413544	9EDF	070A6
5683	养	9	431113432	D1F8	0517B	5726	炼	9	433415534	C1B6	070BC
5684	羗	9	431113554	C16D	07F97	5727	炶	9	433421251	9EE8	070B6
5685	美	9	431121134	C3C0	07F8E	5728	炟	9	433425111	9ED8	0709F
5686	羑	9	431121354	C168	07F91	5729	炠	9	433425112	9ED9	070A0
5687	姜	9	431121531	BDAA	059DC	5730	畑	9	433425121	AE78	07551
5688	迸	9	431132454	B1C5	08FF8	5731	炽	9	433425134	B3E3	070BD
5689	剏	9	431132534	8479	0524F	5732	炴	9	433425134	9EE6	070B4
5690	叛	9	431133354	C5D1	053DB	5733	炾	9	433425135	9EEA	070BE
5691	帣	9	431134252	8E99	05E23	5734	炯	9	433425251	BEBC	070AF
5692	㪵	9	431134412	82319D35	03AB5	5735	炸	9	433431211	D5A8	070B8
5693	送	9	431134454	CBCD	09001	5736	秌	9	433431234	B66B	079CC
5694	巻	9	431134515	8E86	05DFB	5737	炧	9	433431525	9EE0	070A7
5695	弮	9	431134515	8F83	05F2E	5738	炿	9	433433541	9EEB	070BF
5696	䉺	9	431234121	8232E539	0427A	5739	烀	9	433434312	ECC3	070C0
5697	籿	9	431234124	BB76	07C7F	5740	炩	9	433434454	9EE2	070A9
5698	类	9	431234134	C0E0	07C7B	5741	㶲	9	433435112	8231E937	03DB2
5699	粀	9	431234134	BB77	07C80	5742	烁	9	433435234	CBB8	070C1
5700	籼	9	431234252	F4CC	07C7C	5743	㶯	9	433435352	8231E934	03DAF
5701	粁	9	431234312	BB78	07C81	5744	炵	9	433435444	9EE7	070B5
5702	籷	9	431234315	BB71	07C77	5745	炮	9	433435515	C5DA	070AE
5703	籺	9	431234315	BB74	07C7A	5746	炷	9	433441121	ECC4	070B7
5704	迷	9	431234454	C3D4	08FF7	5747	炫	9	433441554	ECC5	070AB
5705	籸	9	431234512	BB72	07C78	5748	烂	9	433443111	C0C3	070C2

序号	字形	笔数	笔顺	18030代码	13000代码	序号	字形	笔数	笔顺	18030代码	13000代码
5749	炧	9	433444535	9EE1	070A8	5792	浊	9	441251214	D7C7	06D4A
5750	炥	9	433451532	9EDE	070A5	5793	油	9	441251221	9BB5	06D40
5751	炪	9	433452252	9EE3	070AA	5794	洞	9	441251251	B6B4	06D1E
5752	炤	9	433453251	9EDD	070A4	5795	洇	9	441251341	E4A6	06D07
5753	烃	9	433454121	CCFE	070C3	5796	洄	9	441252511	E4A7	06D04
5754	炲	9	433454251	9EE5	070B2	5797	测	9	441253422	B2E2	06D4B
5755	㶭	9	433455453	8231E932	03DAD	5798	洙	9	441311234	E4A8	06D19
5756	剃	9	435152322	CCEA	05243	5799	洗	9	441312135	CFB4	06D17
5757	為	9	435554444	9EE9	070BA	5800	涏	9	441312154	9BE0	06D8F
5758	洭	9	441111215	9BAC	06D2D	5801	活	9	441312251	BBEE	06D3B
5759	洡	9	441111234	9BA4	06D21	5802	㳢	9	441313432	8231D439	03CE2
5760	洼	9	441121121	CDDD	06D3C	5803	㳜	9	441321234	8231D434	03CDC
5761	洔	9	441121124	9B9C	06D14	5804	洑	9	441321344	9B9A	06D11
5762	洁	9	441121251	BDE0	06D01	5805	洌	9	441321534	9BB9	06D4C
5763	洘	9	441121315	9B9F	06D18	5806	涎	9	441321554	CFD1	06D8E
5764	㳣	9	441121335	8231D530	03CE3	5807	㳞	9	441322512	8231D436	03CDE
5765	洱	9	441122111	B6FD	06D31	5808	㳝	9	441323121	8231D435	03CDD
5766	洪	9	441122134	BAE9	06D2A	5809	洎	9	441325111	E4A9	06D0E
5767	㳡	9	441124454	8231D438	03CE1	5810	洢	9	441325113	9BA5	06D22
5768	洹	9	441125111	E4A1	06D39	5811	洫	9	441325221	E4AA	06D2B
5769	洅	9	441125211	9B92	06D05	5812	洉	9	441331251	9B95	06D09
5770	洓	9	441125234	9B9B	06D13	5813	洐	9	441332112	9B99	06D10
5771	洒	9	441125351	C8F7	06D12	5814	派	9	441333534	C5C9	06D3E
5772	洦	9	441132511	9BA8	06D26	5815	洀	9	441335414	9B8F	06D00
5773	洧	9	441132511	E4A2	06D27	5816	洤	9	441341121	9BA7	06D24
5774	洊	9	441132521	9B96	06D0A	5817	浍	9	441341154	E4AB	06D4D
5775	洏	9	441132522	9B98	06D0F	5818	洽	9	441341251	C7A2	06D3D
5776	洿	9	441134115	9BB4	06D3F	5819	洮	9	441341534	E4AC	06D2E
5777	洃	9	441134334	9B91	06D03	5820	洕	9	441342511	9B9D	06D15
5778	㳠	9	441134454	FE6A	03CE0	5821	染	9	441351234	C8BE	067D3
5779	㳚	9	441134534	8231D432	03CDA	5822	洬	9	441351354	9BAB	06D2C
5780	洌	9	441135422	E4A3	06D0C	5823	洈	9	441351355	9B94	06D08
5781	浃	9	441143134	E4A4	06D43	5824	洵	9	441352511	E4AD	06D35
5782	柒	9	441151234	C6E2	067D2	5825	洶	9	441353452	9BB0	06D36
5783	洟	9	441151534	9BA2	06D1F	5826	洚	9	441354152	E4AE	06D1A
5784	浇	9	441153135	BDBD	06D47	5827	洺	9	441354251	9BB3	06D3A
5785	洷	9	441154121	9BB1	06D37	5828	洛	9	441354251	C2E5	06D1B
5786	泚	9	441212135	9B81	06CDA	5829	浄	9	441355112	9BB7	06D44
5787	浈	9	441212534	E4A5	06D48	5830	乷	9	441411215	8174	04E7C
5788	㖍	9	441225135	82309834	0358D	5831	洂	9	441413234	9B90	06D02
5789	浉	9	441231252	9BB8	06D49	5832	浏	9	441413422	E4AF	06D4F
5790	洸	9	441243135	9BB2	06D38	5833	济	9	441413432	BCC3	06D4E
5791	洩	9	441251153	9BAA	06D29	5834	洨	9	441413434	9BA9	06D28

序号	字形	笔数	笔顺	18030代码	13000代码
5835	浓	9	441413534	8231D338	03CD6
5836	浐	9	441414313	9BBA	06D50
5837	流	9	441415435	8231D430	03CD8
5838	洋	9	441431112	D1F3	06D0B
5839	洴	9	441431132	9BAF	06D34
5840	浂	9	441431134	9BB6	06D42
5841	洣	9	441431234	9BA6	06D23
5842	洲	9	441434242	D6DE	06D32
5843	洝	9	441445531	9BA1	06D1D
5844	浑	9	441451512	BBEB	06D51
5845	浒	9	441453112	E4B0	06D52
5846	浓	9	441453534	C5A8	06D53
5847	津	9	441511112	BDF2	06D25
5848	浔	9	441511124	E4B1	06D54
5849	浪	9	441511534	9B8E	06CFF
5850	浕	9	441513444	9BBB	06D55
5851	湘	9	441522511	8231D634	03CF1
5852	涿	9	441525341	9B93	06D06
5853	洳	9	441531251	E4B2	06D33
5854	涓	9	441542511	8231D431	03CD9
5855	浲	9	441543112	9BA3	06D20
5856	泾	9	441544121	8231D339	03CD7
5857	恇	9	442111215	9062	06047
5858	忒	9	442112154	9070	0605C
5859	恸	9	442115453	E2FA	06078
5860	恇	9	442121121	8230F437	0392C
5861	恃	9	442121124	CAD1	06043
5862	恄	9	442121251	905F	06044
5863	恅	9	442121335	9060	06045
5864	恭	9	442122134	8230F433	03928
5865	悈	9	442122415	907D	0607E
5866	恒	9	442125111	BAE3	06052
5867	恲	9	442125134	8230F431	03926
5868	恓	9	442125351	906A	06053
5869	恆	9	442125441	9061	06046
5870	恹	9	442131344	E2FB	06079
5871	恠	9	442132121	9073	06060
5872	恈	9	442132511	8230F337	03922
5873	恗	9	442134115	906D	06057
5874	恢	9	442134334	BBD6	06062
5875	恷	9	442134534	8230F331	0391C
5876	例	9	442135422	8230F336	03921
5877	恞	9	442151534	9071	0605E
5878	恠	9	442154121	9067	0604E
5879	恍	9	442243135	BBD0	0604D
5880	恟	9	442251134	8230F339	03924
5881	恫	9	442251251	B6B2	0606B
5882	恛	9	442252511	906F	0605B
5883	恺	9	442252515	E2FD	0607A
5884	恻	9	442253422	E2FC	0607B
5885	恬	9	442312251	CCF1	0606C
5886	恃	9	442313432	8230F438	0392D
5887	恷	9	442321234	906E	06058
5888	恁	9	442323121	8230F330	0391B
5889	恤	9	442325221	D0F4	06064
5890	恦	9	442325251	9076	06066
5891	恄	9	442331251	8230F432	03927
5892	恆	9	442332112	8230F239	0391A
5893	恮	9	442341121	9077	0606E
5894	恰	9	442341251	C7A1	06070
5895	恡	9	442341354	9074	06061
5896	恌	9	442341534	9066	0604C
5897	恱	9	442345435	9078	06071
5898	恑	9	442351355	9069	06051
5899	恂	9	442352511	E2FE	06042
5900	恉	9	442352511	9064	06049
5901	恟	9	442353452	9072	0605F
5902	恪	9	442354251	E3A1	0606A
5903	恀	9	442354354	905E	06040
5904	恔	9	442413434	906B	06054
5905	恼	9	442413452	C4D5	0607C
5906	恾	9	442415325	8230F631	0393A
5907	核	9	442415334	8230F430	03925
5908	恍	9	442415435	8230F332	0391D
5909	恲	9	442431132	9079	06072
5910	恾	9	442445315	8230F333	0391E
5911	恽	9	442451512	E3A2	0607D
5912	恨	9	442511534	BADE	06068
5913	恊	9	442535353	9065	0604A
5914	恈	9	442543112	9063	06048
5915	举	9	443134112	BED9	04E3E
5916	单	9	443251112	8567	05358
5917	桊	9	443451234	96D1	06804
5918	泶	9	443452534	EDB4	06CF6
5919	觉	9	443452535	BEF5	089C9
5920	迲	9	445112454	82348439	04893

序号	字形	笔数	笔顺	18030代码	13000代码
5921	䢘	9	445124454	82348534	04898
5922	宣	9	445125111	D0FB	05BA3
5923	宦	9	445125125	BBC2	05BA6
5924	宥	9	445132511	E5B6	05BA5
5925	宬	9	445135534	8C6B	05BAC
5926	㼠	9	445151554	82329033	03F20
5927	室	9	445154121	CAD2	05BA4
5928	宫	9	445251251	B9AC	05BAB
5929	宪	9	445312135	CFDC	05BAA
5930	㝚	9	445321554	8230C632	0375A
5931	穽	9	445341132	B78D	07A7D
5932	穼	9	445341234	B78C	07A7C
5933	㝓	9	445341251	8230C535	03753
5934	突	9	445341344	CDBB	07A81
5935	䆖	9	445341354	8232CF31	04196
5936	穿	9	445341523	B4A9	07A7F
5937	窀	9	445341525	F1B8	07A80
5938	宨	9	445341534	8C69	05BA8
5939	窃	9	445341553	C7D4	07A83
5940	䆔	9	445342512	8232CE39	04194
5941	窂	9	445343112	B78F	07A82
5942	穾	9	445343134	B78E	07A7E
5943	窆	9	445343454	F1B9	07A86
5944	䆕	9	445345134	8232CF30	04195
5945	䆓	9	445345435	8232CE38	04193
5946	客	9	445354251	BFCD	05BA2
5947	㝖	9	445354354	8230C538	03756
5948	㝔	9	445413434	8230C536	03754
5949	宩	9	445431234	8C6A	05BA9
5950	叜	9	445433454	85AE	053DC
5951	㝕	9	445454454	8230C537	03755
5952	诪	9	451113124	D79E	08BEA
5953	诫	9	451132534	BDEB	08BEB
5954	冠	9	451135124	B9DA	051A0
5955	㓂	9	451135531	82308431	034C2
5956	郞	9	451153452	E04F	090DE
5957	郎	9	451153452	FD9C	0F92C
5958	诬	9	451234341	CEDC	08BEC
5959	軍	9	451251112	DC8A	08ECD
5960	语	9	451251251	D3EF	08BED
5961	㧁	9	451312154	82318535	039C1
5962	扂	9	451321251	91FA	06242
5963	㧂	9	451325121	82318536	039C2
5964	扁	9	451325122	B1E2	06241
5965	扃	9	451325251	ECE7	06243
5966	衭	9	452341134	D075	0886D
5967	袆	9	452341152	D084	08886
5968	衼	9	452341254	D081	0887C
5969	䘠	9	452341334	8233C438	04620
5970	衵	9	452342511	D07A	08875
5971	衻	9	452342511	D080	0887B
5972	衶	9	452342512	D07B	08876
5973	衲	9	452342534	F1C4	08872
5974	衽	9	452343121	F1C5	0887D
5975	袄	9	452343134	B0C0	08884
5976	衸	9	452343432	D07C	08878
5977	衿	9	452343445	F1C6	0887F
5978	衯	9	452343453	D076	0886F
5979	衳	9	452343454	D078	08873
5980	衹	9	452343515	D07D	08879
5981	袇	9	452343541	D085	08887
5982	袀	9	452343541	D082	08880
5983	衴	9	452344535	D079	08874
5984	袂	9	452345134	F1C7	08882
5985	䘟	9	452345152	8233C437	0461F
5986	祙	9	452411234	B57C	07959
5987	祛	9	452412154	ECEE	0795B
5988	䄁	9	452412215	8232C033	04101
5989	祜	9	452412251	ECEF	0795C
5990	祏	9	452413251	B575	0794F
5991	祐	9	452413251	B576	07950
5992	祓	9	452413544	ECF0	07953
5993	祖	9	452425111	D7E6	07956
5994	神	9	452425112	C9F1	0795E
5995	䄂	9	452425121	8232C034	04102
5996	䄃	9	452425134	8232C035	04103
5997	祝	9	452425135	D7A3	0795D
5998	祑	9	452431134	B577	07951
5999	祚	9	452431211	ECF1	0795A
6000	祔	9	452432124	B579	07954
6001	诮	9	452432511	DABD	08BEE
6002	祗	9	452435154	ECF3	07957
6003	祢	9	452435234	ECF2	07962
6004	祕	9	452445434	B57A	07955
6005	祠	9	452451251	ECF4	07960
6006	祒	9	452453251	B578	07952

序号	字形	笔数	笔顺	18030代码	13000代码	序号	字形	笔数	笔顺	18030代码	13000代码
6007	误	9	452511134	CEF3	08BEF	6050	㢲	9	515515134	8230E836	038B2
6008	䜥	9	452511154	8233DE36	04725	6051	陦	9	521113124	EA89	09666
6009	诰	9	453121251	DABE	08BF0	6052	陡	9	521212134	B6B8	09661
6010	诱	9	453123453	D3D5	08BF1	6053	逊	9	521234454	D1B7	0900A
6011	诲	9	453155414	BBE5	08BF2	6054	陣	9	521251112	EA87	09663
6012	冟	9	453251135	83E0	0519F	6055	陠	9	521251124	EA86	09660
6013	诳	9	453531121	DABF	08BF3	6056	韋	9	521251152	ED66	097CB
6014	鸩	9	453535451	F0B2	09E29	6057	陙	9	521311534	EA81	09659
6015	说	9	454325135	CBB5	08BF4	6058	牁	9	521312512	A098	07241
6016	昶	9	455342511	EAC6	06636	6059	眉	9	521325111	C3BC	07709
6017	诵	9	455425112	CBD0	08BF5	6060	胥	9	521342511	F1E3	080E5
6018	诶	9	455431134	DAC0	08BF6	6061	陜	9	521343434	EA83	0965C
6019	䢖	9	511112454	82348532	04896	6062	陝	9	521343434	EA84	0965D
6020	郡	9	511325152	BFA4	090E1	6063	㸛	9	521353251	8231F432	03E1B
6021	垦	9	511534121	BFD1	057A6	6064	孩	9	521415334	BAA2	05B69
6022	退	9	511534454	CDCB	09000	6065	孨	9	521521521	8C4E	05B68
6023	既	9	511541535	BCC8	065E2	6066	巼	9	521525135	8E87	05DFC
6024	叚	9	512115154	85AD	053DA	6067	陛	9	521535121	B1DD	0965B
6025	㞖	9	513125234	8230CC32	03796	6068	陘	9	521555121	EA80	09658
6026	屍	9	513135435	8CC6	05C4D	6069	陟	9	522121233	DAEC	0965F
6027	屋	9	513154121	CEDD	05C4B	6070	陗	9	522432511	EA7E	09657
6028	屌	9	513251252	8CC5	05C4C	6071	陧	9	522511121	DAED	09667
6029	㞒	9	513325111	8230CB38	03792	6072	䧋	9	522511135	8234A330	049CB
6030	㞕	9	513342511	8230CC31	03795	6073	䧉	9	522511211	8234A238	049C9
6031	㞓	9	513352511	8230CB39	03793	6074	䧎	9	522512511	8234A333	049CE
6032	㞔	9	513354354	8230CC30	03794	6075	陨	9	522512534	D4C9	09668
6033	昼	9	513425111	D6E7	0663C	6076	函	9	522515452	8454	051FE
6034	咫	9	513425134	E5EB	054AB	6077	芔	9	522523522	C655	08294
6035	屏	9	513431132	C6C1	05C4F	6078	欪	9	522523534	99FA	06B2A
6036	屎	9	513431234	CABA	05C4E	6079	䧊	9	523121251	8234A239	049CA
6037	弭	9	515122111	E5F4	05F2D	6080	陞	9	523132121	EA85	0965E
6038	弫	9	515125125	8F81	05F2B	6081	除	9	523411234	B3FD	09664
6039	㢶	9	515132511	8230E930	038B6	6082	险	9	523414431	CFD5	09669
6040	昬	9	515152511	9565	0662C	6083	䧍	9	523434251	8234A332	049CD
6041	敃	9	515153134	9495	06543	6084	䧌	9	523443531	8234A331	049CC
6042	盄	9	515225221	B140	076C4	6085	陥	9	523522511	EA88	09665
6043	㢷	9	515252354	8230E931	038B7	6086	䧏	9	523541112	8234A334	049CF
6044	㢴	9	515253341	8230E838	038B4	6087	埅	9	524153121	88AA	057C5
6045	㢳	9	515313534	8230E837	038B3	6088	院	9	524451135	D4BA	09662
6046	费	9	515322534	B7D1	08D39	6089	巹	9	525341515	8E84	05DF9
6047	㪄	9	515323134	82319836	03A84	6090	陖	9	525434354	EA7D	09656
6048	㢵	9	515341251	8230E839	038B5	6091	姸	9	531113112	8AB6	059F8
6049	巺	9	515515134	8E85	05DFA	6092	娀	9	531113534	8ABB	05A00

序号	字形	笔数	笔顺	18030代码	13000代码	序号	字形	笔数	笔顺	18030代码	13000代码
6093	娃	9	531121121	CDDE	05A03	6136	夠	9	531354354	8AB8	059FC
6094	姑	9	531121251	8AA0	059DE	6137	姈	9	531355112	8AF8	05A59
6095	姱	9	531121315	8230B736	036C8	6138	姙	9	531413121	8230B735	036C7
6096	姥	9	531121335	C0D1	059E5	6139	姣	9	531413434	E6AF	059E3
6097	娸	9	531122111	8230B733	036C5	6140	㛄	9	531413534	8230B732	036C4
6098	娂	9	531122134	8ABC	05A02	6141	姟	9	531415334	8AA1	059DF
6099	娅	9	531122431	E6AB	05A05	6142	姘	9	531431132	E6B0	059D8
6100	姮	9	531125111	8AAC	059EE	6143	姹	9	531445315	E6B1	059F9
6101	姫	9	531125125	8AAA	059EB	6144	姲	9	531445531	8AB0	059F2
6102	㛉	9	531125351	8230B737	036C9	6145	娜	9	531511352	C4C8	05A1C
6103	姷	9	531132511	8AB5	059F7	6146	姧	9	531531112	8AA7	059E7
6104	㛟	9	531132522	82338531	0439F	6147	㛆	9	531531234	8230B734	036C6
6105	姱	9	531134115	8AAF	059F1	6148	姦	9	531531531	8AA6	059E6
6106	娍	9	531135534	8ABF	05A0D	6149	姢	9	531542511	8AA4	059E2
6107	姨	9	531151534	D2CC	059E8	6150	㛌	9	531543112	8230B830	036CC
6108	娆	9	531153135	E6AC	05A06	6151	拏	9	531543112	9282	062CF
6109	姪	9	531154121	8AA9	059EA	6152	怒	9	531544544	C5AD	06012
6110	姯	9	531243135	8AAD	059EF	6153	架	9	532511234	BCDC	067B6
6111	姛	9	531251251	8A9F	059DB	6154	贺	9	532512534	BAD8	08D3A
6112	㛎	9	531251251	8230B832	036CE	6155	挐	9	532513112	82318831	039DD
6113	帤	9	531251252	8E9A	05E24	6156	毠	9	532513115	9AB9	06BE0
6114	姻	9	531251341	D2F6	059FB	6157	欩	9	532513534	99F9	06B29
6115	姩	9	531311212	8AA8	059E9	6158	㤎	9	532514544	8230F138	0390E
6116	姝	9	531311234	E6AD	059DD	6159	䏬	9	532545215	8232A437	03FEC
6117	姺	9	531312135	8AB7	059FA	6160	飛	9	534335342	EF77	098DB
6118	娗	9	531312154	8AC7	05A17	6161	姭	9	535353531	8AAB	059ED
6119	姡	9	531312251	8AA3	059E1	6162	盈	9	535425221	D3AF	076C8
6120	娇	9	531313432	BDBF	05A07	6163	怼	9	541244544	EDA1	0603C
6121	娫	9	531321554	8AD4	05A2B	6164	羾	9	541541121	C187	07FBE
6122	姙	9	531323121	8A9E	059D9	6165	羿	9	541541132	F4E0	07FBF
6123	姠	9	531325251	8AA2	059E0	6166	負	9	542511134	D892	08C9F
6124	娰	9	531325434	8AD9	05A30	6167	觃	9	542511135	D28B	0898C
6125	姤	9	531331251	8AA5	059E4	6168	枲	9	542511234	96A0	067B2
6126	㛂	9	531335215	8230B730	036C2	6169	勈	9	542511253	84CA	052C8
6127	姾	9	531341121	8ABA	059FE	6170	勇	9	542511253	D3C2	052C7
6128	姶	9	531341251	8AB4	059F6	6171	瓴	9	542511554	AE41	074F5
6129	姚	9	531341534	D2A6	059DA	6172	㰧	9	542513534	8231C234	03C27
6130	㛋	9	531342444	8230B739	036CB	6173	炱	9	542514334	ECC6	070B1
6131	㛊	9	531351234	8230B738	036CA	6174	怠	9	542514544	B5A1	06020
6132	姵	9	531351252	8AB3	059F5	6175	癸	9	543341134	B9EF	07678
6133	姽	9	531351355	8AB9	059FD	6176	発	9	543341135	B06B	0767A
6134	姰	9	531352511	8AAE	059F0	6177	登	9	543343554	B06A	07679
6135	姳	9	531354251	8AB1	059F3	6178	蚤	9	544251214	D4E9	086A4

序号	字形	笔数	笔顺	18030代码	13000代码
6179	柔	9	545231234	C8E1	067D4
6180	敄	9	545233134	9496	06544
6181	矜	9	545233445	F1E6	077DC
6182	䂇	9	545235211	8232B431	04087
6183	垒	9	545454121	C0DD	05792
6184	绑	9	551111352	B0F3	07ED1
6185	绒	9	551113534	C8DE	07ED2
6186	结	9	551121251	BDE1	07ED3
6187	䌺	9	551122111	8232F930	0433A
6188	绔	9	551134115	E7AB	07ED4
6189	骁	9	551153135	E6E7	09A81
6190	绕	9	551153135	C8C6	07ED5
6191	绖	9	551154121	C084	07ED6
6192	骃	9	551251341	F353	09A83
6193	骄	9	551313432	BDBE	09A84
6194	骅	9	551323512	E6E8	09A85
6195	绗	9	551332112	E7AC	07ED7
6196	绘	9	551341154	BBE6	07ED8
6197	给	9	551341251	B8F8	07ED9
6198	绚	9	551352511	D1A4	07EDA
6199	彖	9	551353334	E5E8	05F56
6200	绛	9	551354152	E7AD	07EDB
6201	骆	9	551354251	C2E6	09A86
6202	络	9	551354251	C2E7	07EDC
6203	绝	9	551355215	BEF8	07EDD
6204	绞	9	551413434	BDCA	07EDE
6205	骇	9	551415334	BAA7	09A87
6206	统	9	551415435	CDB3	07EDF
6207	骈	9	551431132	E6E9	09A88
6208	䯃	9	551445531	8234D534	04BC3
6209	䌻	9	551541541	8232F931	0433B
6210	骉	9	551551551	F354	09A89
6211	蚤	9	553251214	CD4A	08683
6212	紆	9	554444112	BC75	07D06
6213	䊸	9	554444115	8232EC31	042B8
6214	紅	9	554444121	BC74	07D05
6215	䊷	9	554444123	8232EC30	042B7
6216	紂	9	554444124	BC71	07D02
6217	䊹	9	554444312	8232EC32	042B9
6218	紇	9	554444315	BC76	07D07
6219	紃	9	554444322	BC72	07D03
6220	約	9	554444354	BC73	07D04
6221	紈	9	554444354	BC77	07D08
6222	級	9	554444354	BC89	07D1A
6223	紀	9	554444515	BC6F	07D00
6224	䊶	9	554444525	8232EB39	042B6
6225	紉	9	554444534	BC78	07D09
6226	紁	9	554444544	BC70	07D01
6227	耕	10	1112341132	B8FB	08015
6228	耘	10	1112341154	D4C5	08018
6229	耟	10	1112341515	C260	0801F
6230	耖	10	1112342343	F1E9	08016
6231	耗	10	1112343115	BAC4	08017
6232	耙	10	1112345215	B0D2	08019
6233	䎣	10	1112345434	82338535	043A3
6234	艳	10	1112355215	D1DE	08273
6235	栔	10	1112531234	96D6	06814
6236	㼤	10	1112531554	82329037	03F24
6237	洯	10	1112532534	9BAD	06D2F
6238	㸷	10	1112533112	8231F730	03E37
6239	挈	10	1112533112	EAFC	06308
6240	恝	10	1112534544	EDA2	0605D
6241	㫪	10	1113422511	8231A238	03AEA
6242	泰	10	1113424134	CCA9	06CF0
6243	秦	10	1113431234	C7D8	079E6
6244	珡	10	1121112134	AB8F	073E1
6245	珪	10	1121121121	AB95	073EA
6246	珯	10	1121121335	AB99	073EF
6247	珥	10	1121122111	E7ED	073E5
6248	珙	10	1121122134	E7EE	073D9
6249	珬	10	1121131534	AB97	073EC
6250	珛	10	1121132511	AB8B	073DB
6251	珔	10	1121132521	AB85	073D4
6252	顼	10	1121132534	E7EF	0987C
6253	珹	10	1121135534	AC41	073F9
6254	琊	10	1121152352	E7F0	0740A
6255	玼	10	1121212135	AB75	073BC
6256	珖	10	1121243135	AB87	073D6
6257	珰	10	1121243511	AB9A	073F0
6258	㻀	10	1121251134	82328637	03EC0
6259	郬	10	1121251152	E057	090EC
6260	珚	10	1121251341	AB8A	073DA
6261	㻁	10	1121252511	82328638	03EC1
6262	珠	10	1121311234	D6E9	073E0
6263	珤	10	1121311252	AB92	073E4
6264	㻄	10	1121312134	82328731	03EC4

序号	字形	笔数	笔顺	18030代码	13000代码	序号	字形	笔数	笔顺	18030代码	13000代码
6265	珗	10	1121312135	AB88	073D7	6308	髟	10	1211154333	F7D4	09ADF
6266	珽	10	1121312154	AC45	073FD	6309	瓲	10	1211154345	82349C36	04987
6267	珦	10	1121325251	AB93	073E6	6310	欯	10	1211154354	E94E	09579
6268	珫	10	1121331251	82328735	03EC8	6311	盍	10	1211212154	82319930	03A88
6269	珩	10	1121332112	E7F1	073E9	6312	掭	10	1211213234	92BB	06347
6270	珘	10	1121335414	AB89	073D8	6313	欯	10	1211213534	8231C237	03C2A
6271	琣	10	1121341121	82328734	03EC7	6314	恚	10	1211214544	EDA3	0605A
6272	琀	10	1121341154	82328732	03EC5	6315	掚	10	1211222534	82318C30	03A05
6273	玲	10	1121341251	AB94	073E8	6316	埖	10	1211223235	88B5	057D6
6274	珧	10	1121341534	E7F2	073E7	6317	捞	10	1211224553	C0CC	0635E
6275	珮	10	1121351252	AB98	073EE	6318	栽	10	1211234534	D4D4	0683D
6276	珟	10	1121351354	AB8E	073DF	6319	捄	10	1211241344	92BA	06344
6277	珣	10	1121352511	AB91	073E3	6320	挬	10	1211245521	92A9	0632C
6278	珞	10	1121354251	E7F3	073DE	6321	捙	10	1211251112	92C5	06359
6279	琤	10	1121355112	AC62	07424	6322	埔	10	1211251124	C6D2	057D4
6280	珓	10	1121413434	AB84	073D3	6323	捕	10	1211251124	B2B6	06355
6281	琉	10	1121415435	AB96	073EB	6324	埂	10	1211251134	B9A1	057C2
6282	珜	10	1121431112	AB8C	073DC	6325	挭	10	1211251134	92AA	0632D
6283	班	10	1121431121	B0E0	073ED	6326	捒	10	1211251234	92BF	06352
6284	琣	10	1121431132	82328639	03EC2	6327	捂	10	1211251251	CEE6	06342
6285	珱	10	1121443531	AB9B	073F1	6328	馬	10	1211254444	F152	099AC
6286	珲	10	1121451512	E7F5	073F2	6329	振	10	1211311534	D5F1	0632F
6287	珒	10	1121511112	AB83	073D2	6330	捁	10	1211324251	82318A34	039F5
6288	珢	10	1121511534	AB90	073E2	6331	埉	10	1211343434	88AE	057C9
6289	敖	10	1121533134	B0BD	06556	6332	挾	10	1211343434	92B6	0633E
6290	珕	10	1121535353	AB86	073D5	6333	载	10	1211521534	D4D8	08F7D
6291	珝	10	1121541541	AB8D	073DD	6334	埕	10	1211535121	8230AA34	03644
6292	琑	10	1121542511	82328733	03EC6	6335	挳	10	1211555121	92AE	06333
6293	素	10	1121554234	CBD8	07D20	6336	埗	10	1212121233	88B6	057D7
6294	蕃	10	1122125211	83DA	05193	6337	捗	10	1212121233	92C3	06357
6295	匿	10	1122132515	C4E4	0533F	6338	赶	10	1212134112	B8CF	08D76
6296	祘	10	1123411234	B57B	07958	6339	赳	10	1212134123	8233E937	04797
6297	尭	10	1123425135	82309A30	0359D	6340	赿	10	1212134154	8233E936	04796
6298	尭	10	1123425135	8678	0551C	6341	赸	10	1212134252	DA5D	08D78
6299	栞	10	1131121234	96DD	0681E	6342	赾	10	1212134315	8233E938	04798
6300	翑	10	1132541541	82338138	0437E	6343	起	10	1212134515	C6F0	08D77
6301	蚕	10	1134251214	B2CF	08695	6344	栔	10	1212211234	96A6	067BD
6302	顽	10	1135132534	CDE7	0987D	6345	盐	10	1212425221	D1CE	076D0
6303	盏	10	1153425221	D5B5	076CF	6346	捎	10	1212432511	C9D3	0634E
6304	戜	10	1154121534	82318434	039B6	6347	埕	10	1212511112	88A5	057BE
6305	匪	10	1211121115	B7CB	0532A	6348	捍	10	1212511112	BAB4	0634D
6306	拼	10	1211121132	92B0	06335	6349	埕	10	1212511121	DBF4	057D5
6307	捂	10	1211134251	82318A36	039F7	6350	埕	10	1212511121	8230A939	0363F

序号	字形	笔数	笔顺	18030代码	13000代码
6351	捏	10	1212511121	92AC	06330
6352	捏	10	1212511121	C4F3	0634F
6353	埘	10	1212511124	DBF5	057D8
6354	罢	10	1212511134	8230DB32	0382C
6355	貢	10	1212511134	D895	08CA2
6356	埧	10	1212511134	88A2	057BB
6357	垷	10	1212511135	889F	057B7
6358	挸	10	1212511135	92B3	06338
6359	揑	10	1212511154	92BE	06351
6360	埋	10	1212511211	C2F1	057CB
6361	捚	10	1212511211	92C6	0635A
6362	垛	10	1212511234	8230AA35	03645
6363	捜	10	1212511254	92C8	0635C
6364	捉	10	1212512134	D7BD	06349
6365	捆	10	1212512341	C0A6	06346
6366	埍	10	1212512511	88B1	057CD
6367	捐	10	1212512511	BEE8	06350
6368	埙	10	1212512534	DBF7	057D9
6369	埚	10	1212512534	DBF6	057DA
6370	损	10	1212512534	CBF0	0635F
6371	敨	10	1212513534	9A40	06B2F
6372	袁	10	1212513534	D4AC	08881
6373	散	10	1212513554	8231CB31	03C7F
6374	挹	10	1212515215	DEDA	06339
6375	捌	10	1212515322	B0C6	0634C
6376	垮	10	1212523445	88A8	057C1
6377	埛	10	1212534251	88B7	057DB
6378	捁	10	1213121251	92B9	06341
6379	莪	10	1213121534	82318A33	039F4
6380	捙	10	1213125112	92B7	0633F
6381	瓶	10	1213151554	82329038	03F25
6382	耊	10	1213154121	C257	0800A
6383	堷	10	1213155414	8230AA31	03641
6384	挴	10	1213155414	92AF	06334
6385	垹	10	1213212134	8230AA33	03643
6386	拆	10	1213212134	92CA	06360
6387	紅	10	1213234121	8233E931	04791
6388	捎	10	1213251113	82318A35	039F6
6389	都	10	1213251152	B6BC	090FD
6390	堑	10	1213312121	88B3	057D1
6391	哲	10	1213312251	D5DC	054F2
6392	逝	10	1213312454	CAC5	0901D
6393	娎	10	1213312531	8AC0	05A0E
6394	耆	10	1213352511	EAC8	08006
6395	耄	10	1213353115	EBA3	08004
6396	捈	10	1213411234	92BC	06348
6397	勎	10	1213412153	84CE	052CE
6398	捡	10	1213414431	BCF1	06361
6399	捝	10	1213425135	92A8	06329
6400	挫	10	1213434121	B4EC	0632B
6401	埪	10	1213434251	FE43	0FA0F
6402	埒	10	1213443124	DBF8	057D2
6403	埓	10	1213443124	88B4	057D3
6404	捋	10	1213443124	DEDB	0634B
6405	垺	10	1213443521	88A1	057BA
6406	捊	10	1213443521	92BD	0634A
6407	捘	10	1213443531	92B5	0633C
6408	换	10	1213525134	BBBB	06362
6409	挽	10	1213525135	CDEC	0633D
6410	埆	10	1213535112	88AB	057C6
6411	捔	10	1213535112	92C1	06354
6412	垶	10	1213541112	88A9	057C4
6413	捀	10	1213541112	92B8	06340
6414	罢	10	1213541134	8230DB31	0382B
6415	瓷	10	1213541554	82329039	03F26
6416	贽	10	1213542534	EADE	08D3D
6417	孪	10	1213543112	82318935	039EC
6418	挚	10	1213543112	D6BF	0631A
6419	热	10	1213544444	C8C8	070ED
6420	恐	10	1213544544	BFD6	06050
6421	捣	10	1213545252	B5B7	06363
6422	捧	10	1214125152	82318A37	039F8
6423	埣	10	1214135452	88A6	057BF
6424	垶	10	1214143112	889E	057B6
6425	捬	10	1214154325	82318930	039E7
6426	埞	10	1214325135	8230AA32	03642
6427	捝	10	1214325135	92C9	0635D
6428	烖	10	1214334534	9EFC	070D6
6429	捤	10	1214351523	92AB	0632E
6430	挱	10	1214412343	92AD	06331
6431	垸	10	1214451135	DBF9	057B8
6432	捖	10	1214451135	92C2	06356
6433	抹	10	1214451234	82318A31	039F2
6434	埱	10	1214451354	8230AA36	03646
6435	埦	10	1214453435	8230AA30	03640
6436	埌	10	1214511534	88B0	057CC

序号	字形	笔数	笔顺	18030代码	13000代码
6437	壶	10	1214522431	BAF8	058F6
6438	捃	10	1215113251	DEDC	06343
6439	埐	10	1215114554	88B2	057D0
6440	揤	10	1215115452	9356	063E4
6441	捤	10	1215133115	92CB	06364
6442	挶	10	1215135251	92B1	06336
6443	埇	10	1215425112	88AC	057C7
6444	捅	10	1215425112	CDB1	06345
6445	壸	10	1215425135	867B	0551F
6446	盍	10	1215425221	EEC1	076CD
6447	埃	10	1215431134	B0A3	057C3
6448	挨	10	1215431134	B0A4	06328
6449	埈	10	1215434354	88AD	057C8
6450	捘	10	1215434354	92C4	06358
6451	紥	10	1215554234	BC92	07D25
6452	䎴	10	1221111132	82338730	043B4
6453	耺	10	1221111154	C26D	0803A
6454	耾	10	1221111354	C26F	0803E
6455	聀	10	1221111534	C270	08040
6456	耻	10	1221112121	B3DC	0803B
6457	耼	10	1221112511	C26E	0803C
6458	毦	10	1221113115	9ABE	06BE6
6459	䓓	10	1221113124	8233A336	044D3
6460	剘	10	1221113422	847E	05258
6461	耹	10	1221113445	C26C	08039
6462	聁	10	1221113453	C271	08041
6463	䎳	10	1221113511	82338639	043B3
6464	耿	10	1221114334	B9A2	0803F
6465	耽	10	1221114535	B5A2	0803D
6466	恥	10	1221114544	9075	06065
6467	郰	10	1221115452	E059	090F0
6468	聂	10	1221115454	C4F4	08042
6469	華	10	1221122112	C841	083EF
6470	䓕	10	1221135454	8233A338	044D5
6471	茷	10	1221211134	C758	08374
6472	莏	10	1221212343	C76A	0838F
6473	䓇	10	1221213234	8233A234	044C7
6474	䓆	10	1221213312	8233A233	044C6
6475	䓔	10	1221213521	8233A337	044D4
6476	莰	10	1221213534	DDA8	083B0
6477	荺	10	1221213541	C75C	0837A
6478	䓌	10	1221214544	8233A239	044CC
6479	茝	10	1221225125	C68F	0831D
6480	荰	10	1221234121	C754	08370
6481	莕	10	1221234251	C76E	08395
6482	莁	10	1221234341	C760	08381
6483	莍	10	1221241344	C769	0838D
6484	荸	10	1221245521	DDA9	08378
6485	莗	10	1221251112	C770	08397
6486	剒	10	1221251122	847A	05252
6487	莆	10	1221251124	C6CE	08386
6488	莄	10	1221251134	C763	08384
6489	䓊	10	1221251251	8233A237	044CA
6490	荳	10	1221251431	C757	08373
6491	莤	10	1221253511	C778	083A4
6492	莀	10	1221311534	C75F	08380
6493	䓏	10	1221324251	8233A332	044CF
6494	鄀	10	1221325152	E065	09100
6495	㭟	10	1221341234	8231AE34	03B5F
6496	䓐	10	1221341525	8233A333	044D0
6497	恭	10	1221342444	B9A7	0606D
6498	拲	10	1221343112	928D	062F2
6499	莢	10	1221343434	C776	083A2
6500	莽	10	1221344132	C3A7	083BD
6501	莱	10	1221431234	C0B3	083B1
6502	莲	10	1221512454	C1AB	083B2
6503	莖	10	1221555121	C76F	08396
6504	荹	10	1222121233	C75B	08379
6505	帯	10	1222145252	8EA1	05E2F
6506	莦	10	1222432511	C77A	083A6
6507	䓍	10	1222511112	8233A330	044CD
6508	莳	10	1222511124	DDAA	083B3
6509	茣	10	1222511134	C695	08323
6510	莫	10	1222511134	C4AA	083AB
6511	莧	10	1222511135	C77B	083A7
6512	莇	10	1222511153	C764	08387
6513	荲	10	1222511211	C756	08372
6514	莡	10	1222512134	C775	083A1
6515	莮	10	1222512153	C77E	083AE
6516	莴	10	1222512534	DDAB	083B4
6517	荶	10	1222513445	C75A	08376
6518	䣐	10	1222513452	82348B30	048D0
6519	䓃	10	1222515215	8233A230	044C3
6520	莂	10	1222515322	C761	08382
6521	莔	10	1222534251	C76D	08394
6522	莪	10	1223121534	DDAD	083AA

序号	字形	笔数	笔顺	18030代码	13000代码
6523	莉	10	1223123422	C0F2	08389
6524	莠	10	1223123453	DDAC	083A0
6525	莓	10	1223155414	DDAE	08393
6526	荷	10	1223212512	BAC9	08377
6527	莜	10	1223223134	DDAF	0839C
6528	莋	10	1223231211	C767	0838B
6529	莅	10	1223241431	DDB0	08385
6530	莵	10	1223251354	C781	083B5
6531	莚	10	1223312454	C79B	083E6
6532	葰	10	1223323554	8233A235	044C8
6533	荼	10	1223411234	DDB1	0837C
6534	莃	10	1223413252	C762	08383
6535	莶	10	1223414431	DDB2	083B6
6536	莝	10	1223434121	C773	0839D
6537	莩	10	1223443521	DDB3	083A9
6538	荽	10	1223443531	DDB4	0837D
6539	莟	10	1223445251	C774	0839F
6540	蓟	10	1223525121	8233A335	044D2
6541	莬	10	1223525135	C77C	083AC
6542	获	10	1223531344	BBF1	083B7
6543	莸	10	1223531354	DDB5	083B8
6544	蕲	10	1223533312	8233A231	044C4
6545	获	10	1223534334	DDB6	0837B
6546	莥	10	1223535211	C779	083A5
6547	荃	10	1223541112	C76C	08391
6548	菩	10	1224111251	8233A139	044C2
6549	莘	10	1224143112	DDB7	08398
6550	莣	10	1224154544	C777	083A3
6551	晋	10	1224312511	BDFA	0664B
6552	恶	10	1224314544	B6F1	06076
6553	莌	10	1224325135	C768	0838C
6554	莂	10	1224334354	8233A331	044CE
6555	蒋	10	1224411132	8233A334	044D1
6556	莯	10	1224411234	C780	083AF
6557	莗	10	1224411515	C786	083C3
6558	莎	10	1224412343	C9AF	0838E
6559	荠	10	1224413312	8233A232	044C5
6560	莀	10	1224413515	8233A238	044CB
6561	莈	10	1224413554	C765	08388
6562	莐	10	1224414535	C76B	08390
6563	莞	10	1224451135	DDB8	0839E
6564	莮	10	1224453453	FE7B	044D6
6565	莹	10	1224511214	D3A8	083B9
6566	莨	10	1224511534	DDB9	083A8
6567	莺	10	1224535451	DDBA	083BA
6568	真	10	1225111134	D5E6	0771F
6569	軏	10	1225111234	8289	0501D
6570	莙	10	1225113251	C771	08399
6571	莭	10	1225115452	C77D	083AD
6572	畞	10	1225121354	AE81	0755E
6573	虍	10	1225125135	82309938	0359B
6574	配	10	1225125515	8E83	05DF8
6575	莀	10	1225133115	C755	08371
6576	瓳	10	1225133544	82328E32	03F0B
6577	尅	10	1225135124	8CA1	05C05
6578	兓	10	1225135312	83BF	0515B
6579	鸪	10	1225135451	F0B3	09E2A
6580	莊	10	1225213121	C766	0838A
6581	莻	10	1225325135	C782	083BB
6582	莵	10	1225344544	C759	08375
6583	荾	10	1225434354	C75D	0837E
6584	莼	10	1225511525	DDBB	083BC
6585	框	10	1234111215	BFF2	06846
6586	梆	10	1234111352	B0F0	06886
6587	栈	10	1234111534	9743	0685F
6588	栻	10	1234112154	96F2	0683B
6589	桡	10	1234112534	96BA	067E1
6590	椨	10	1234113222	8231AE37	03B62
6591	械	10	1234113534	8231AE31	03B5C
6592	桂	10	1234121121	B9F0	06842
6593	桍	10	1234121124	8231AD38	03B59
6594	桔	10	1234121251	BDDB	06854
6595	栲	10	1234121315	E8E0	06832
6596	栳	10	1234121335	E8E1	06833
6597	桓	10	1234122111	96EA	0682E
6598	栱	10	1234122134	96ED	06831
6599	桠	10	1234122431	E8E2	06860
6600	桊	10	1234123435	8231AE32	03B5D
6601	郴	10	1234123452	B3BB	090F4
6602	桓	10	1234125111	BBB8	06853
6603	柩	10	1234125125	96D7	06815
6604	栜	10	1234125234	96DC	0681C
6605	栖	10	1234125351	C6DC	06816
6606	栢	10	1234132511	96E0	06822
6607	栯	10	1234132511	96EB	0682F
6608	栫	10	1234132521	96E7	0682B

序号	字形	笔数	笔顺	18030代码	13000代码
6609	栭	10	1234132522	96E9	0682D
6610	桍	10	1234134115	96F6	0684D
6611	栵	10	1234135422	96EF	06835
6612	桋	10	1234151534	96F5	0684B
6613	梆	10	1234152352	8231AF33	03B68
6614	桡	10	1234153135	E8E3	06861
6615	桎	10	1234154121	E8E4	0684E
6616	桛	10	1234211124	96FE	0685B
6617	桢	10	1234212534	E8E5	06862
6618	梻	10	1234234353	8231AE33	03B5E
6619	桄	10	1234243135	E8E6	06844
6620	档	10	1234243511	B5B5	06863
6621	栧	10	1234251153	96E5	06827
6622	桐	10	1234251251	CDA9	06850
6623	梠	10	1234251251	976F	068A0
6624	栶	10	1234251341	96F0	06836
6625	桤	10	1234252515	E8E7	06864
6626	株	10	1234311234	D6EA	0682A
6627	梳	10	1234312135	8231AE35	03B60
6628	梃	10	1234312154	E8E8	06883
6629	栝	10	1234312251	E8E9	0681D
6630	桥	10	1234313432	C7C5	06865
6631	栎	10	1234313534	8231AD39	03B5A
6632	栴	10	1234313541	96EE	06834
6633	栿	10	1234321344	96F3	0683F
6634	柏	10	1234321511	E8EA	06855
6635	栰	10	1234321534	96EC	06830
6636	梴	10	1234321554	977B	068B4
6637	桯	10	1234323121	96E1	06823
6638	桦	10	1234323512	E8EB	06866
6639	桘	10	1234325151	96FB	06858
6640	桖	10	1234325221	96F9	06856
6641	桅	10	1234325341	8231AE36	03B61
6642	桁	10	1234332112	E8EC	06841
6643	桭	10	1234333534	8231AE30	03B5B
6644	栓	10	1234341121	CBA8	06813
6645	桧	10	1234341154	E8ED	06867
6646	桸	10	1234341251	8231AD37	03B58
6647	丧	10	1234341534	8233C632	0462E
6648	桃	10	1234341534	CCD2	06843
6649	郲	10	1234343452	E05B	090F2
6650	勑	10	1234343453	84D0	052D1
6651	桅	10	1234351355	CEA6	06845
6652	栺	10	1234352511	96F1	0683A
6653	栒	10	1234352511	96D5	06812
6654	梎	10	1234352534	8231AF30	03B65
6655	桻	10	1234354152	96D9	06819
6656	桝	10	1234354152	9741	0685D
6657	格	10	1234354251	B8F1	0683C
6658	栘	10	1234354354	96D8	06818
6659	桙	10	1234355112	97A2	068E6
6660	桅	10	1234355215	96E8	0682C
6661	梾	10	1234412534	96E2	06824
6662	桩	10	1234413121	D7AE	06869
6663	校	10	1234413434	D0A3	06821
6664	栨	10	1234413534	96E6	06828
6665	核	10	1234415334	BACB	06838
6666	桐	10	1234425251	8231AE38	03B63
6667	样	10	1234431112	D1F9	06837
6668	栟	10	1234431132	96DE	0681F
6669	栚	10	1234431134	96DA	0681A
6670	栦	10	1234434242	96E4	06826
6671	桜	10	1234443531	9740	0685C
6672	桖	10	1234445315	8231AF31	03B66
6673	桉	10	1234445531	E8F1	06849
6674	桪	10	1234511124	9744	0686A
6675	梛	10	1234511352	976A	0689B
6676	根	10	1234511534	B8F9	06839
6677	桗	10	1234531234	96FA	06857
6678	栛	10	1234535353	96DB	0681B
6679	栩	10	1234541541	E8F2	06829
6680	桙	10	1234543112	96FC	06859
6681	桚	10	1234555354	96FD	0685A
6682	逑	10	1241344454	E5CF	09011
6683	索	10	1245554234	CBF7	07D22
6684	軒	10	1251112112	DC8E	08ED2
6685	軑	10	1251112134	DC8D	08ED1
6686	軏	10	1251112135	DC8B	08ECF
6687	軎	10	1251112251	EAA6	08ECE
6688	軕	10	1251112252	DC91	08ED5
6689	𨐅	10	1251112322	8233FB31	04845
6690	軓	10	1251112354	DC8F	08ED3
6691	連	10	1251112454	DF42	09023
6692	軐	10	1251112512	DC8C	08ED0
6693	軔	10	1251112534	DC90	08ED4
6694	専	10	1251124124	8CA0	05C03

序号	字形	笔数	笔顺	18030代码	13000代码
6695	逋	10	1251124454	E5CD	0900B
6696	䢚	10	1251134454	82348536	0489A
6697	彧	10	1251153334	8FAA	05F67
6698	曺	10	1251212511	95F9	066FA
6699	哥	10	1251212512	B8E7	054E5
6700	恵	10	1251214544	907B	06075
6701	㓰	10	1251215222	82308837	034F0
6702	速	10	1251234454	CBD9	0901F
6703	逜	10	1251251454	DF41	0901C
6704	鬲	10	1251254312	D8AA	09B32
6705	㔝	10	1251343453	82308D32	0351D
6706	豇	10	1251431121	F4F8	08C47
6707	逗	10	1251431454	B6BA	09017
6708	剚	10	1251511222	8481	0525A
6709	栗	10	1252211234	C0F5	06817
6710	贾	10	1252212534	BCD6	08D3E
6711	覂	10	1252213454	D283	08982
6712	䙳	10	1252214334	8233CC39	04673
6713	敇	10	1252343134	9498	06547
6714	酐	10	1253511112	F4FB	09150
6715	酑	10	1253511112	E143	09151
6716	酎	10	1253511124	F4FC	0914E
6717	䣧	10	1253511154	82348D33	048E7
6718	䣨	10	1253511315	82348D34	048E8
6719	酌	10	1253511354	D7C3	0914C
6720	逎	10	1253511454	DE9D	0900E
6721	配	10	1253511515	C5E4	0914D
6722	酏	10	1253511525	F4FD	0914F
6723	彨	10	1254254333	8FAB	05F68
6724	逦	10	1254254454	E5CE	09026
6725	翅	10	1254541541	B3E1	07FC5
6726	辱	10	1311534124	C8E8	08FB1
6727	唇	10	1311534251	B4BD	05507
6728	厝	10	1312212511	D8C8	0539D
6729	烕	10	1314334534	9EFB	070D5
6730	厞	10	1321112111	858A	0539E
6731	㔱	10	1321511345	82308F32	03531
6732	孬	10	1324531521	D8AB	05B6C
6733	㕌	10	1325111124	82309139	0354C
6734	砡	10	1325111214	B35F	07821
6735	砞	10	1325111234	B35D	0781E
6736	夏	10	1325111354	CFC4	0590F
6737	㼣	10	1325111554	82329036	03F23
6738	砝	10	1325112154	EDC0	0781D
6739	砹	10	1325112234	EDC1	07839
6740	砵	10	1325112341	B36A	07835
6741	砢	10	1325112512	B360	07822
6742	砸	10	1325112525	D4D2	07838
6743	砺	10	1325113153	EDC2	0783A
6744	砳	10	1325113251	B369	07833
6745	砰	10	1325114312	C5E9	07830
6746	㪶	10	1325114412	82319D36	03AB6
6747	㤫	10	1325114544	8230F436	0392B
6748	砧	10	1325121251	D5E8	07827
6749	砠	10	1325125111	B35E	07820
6750	砷	10	1325125112	C9E9	07837
6751	䂠	10	1325131134	8232B636	040A0
6752	砟	10	1325131211	EDC4	0781F
6753	砤	10	1325131525	B361	07824
6754	䂡	10	1325132121	8232B637	040A1
6755	䂤	10	1325132124	8232B730	040A4
6756	砶	10	1325132511	B36B	07836
6757	䂨	10	1325133124	8232B734	040A8
6758	砼	10	1325134121	EDC5	0783C
6759	䂦	10	1325134333	8232B732	040A6
6760	砱	10	1325134454	B367	07831
6761	砽	10	1325135112	B36C	0783D
6762	砥	10	1325135154	EDC6	07825
6763	䂧	10	1325135234	8232B733	040A7
6764	砾	10	1325135234	C0F9	0783E
6765	䂢	10	1325135444	8232B638	040A2
6766	砲	10	1325135515	B368	07832
6767	砫	10	1325141121	B364	0782B
6768	砿	10	1325141354	B36D	0783F
6769	砬	10	1325141431	EDC7	0782C
6770	砯	10	1325142534	B366	0782F
6771	砣	10	1325144535	EDC8	07823
6772	砨	10	1325145135	B362	07828
6773	䂥	10	1325151515	8232B731	040A5
6774	砩	10	1325151532	EDC9	07829
6775	础	10	1325152252	B4A1	07840
6776	破	10	1325153254	C6C6	07834
6777	硁	10	1325154121	B36E	07841
6778	唘	10	1325154251	8675	05518
6779	砪	10	1325155414	B363	0782A
6780	䎡	10	1325224334	82338533	043A1

序号	字形	笔数	笔顺	18030代码	13000代码
6781	恧	10	1325224544	EDA4	06067
6782	厜	10	1331212211	8589	0539C
6783	厓	10	1332411121	82309230	0354D
6784	原	10	1332511234	D4AD	0539F
6785	盁	10	1334112431	82309138	0354B
6786	欸	10	1341153534	8231C330	03C2D
6787	套	10	1341211154	CCD7	05957
6788	剞	10	1341251222	D8DE	0525E
6789	剷	10	1342511522	8489	05266
6790	郁	10	1342511552	82348A37	048CD
6791	昚	10	1344325111	B173	07718
6792	厬	10	1351353334	D859	08C57
6793	匽	10	1353325115	854F	0532B
6794	豜	10	1353334121	8233E137	04745
6795	逐	10	1353334454	D6F0	09010
6796	剢	10	1353343422	8486	05262
6797	砻	10	1353413251	EDC3	0783B
6798	烎	10	1353443531	8230CA32	03782
6799	裂	10	1354224334	9F49	070EE
6800	烈	10	1354224444	C1D2	070C8
6801	㤠	10	1354224544	8230F335	03920
6802	殸	10	1354251534	82318432	039B4
6803	殊	10	1354311234	CAE2	06B8A
6804	殑	10	1354312135	8231C832	03C61
6805	殈	10	1354325221	9A7E	06B88
6806	欢	10	1354351534	8231C430	03C37
6807	殉	10	1354352511	D1B3	06B89
6808	盇	10	1354425221	B143	076CB
6809	肂	10	1354511112	C342	08082
6810	翃	10	1354541541	C18A	07FC3
6811	㤪	10	1354554544	8230F435	0392A
6812	顾	10	1355132534	B9CB	0987E
6813	戚	10	1355341554	82329132	03F29
6814	鄞	10	1511253152	E056	090EA
6815	轼	10	1521112154	E9F8	08F7C
6816	轾	10	1521154121	E9F9	08F7E
6817	轿	10	1521313432	BDCE	08F7F
6818	辀	10	1521335414	DE62	08F80
6819	辁	10	1521341121	E9FA	08F81
6820	辂	10	1521354251	E9FB	08F82
6821	较	10	1521413434	BDCF	08F83
6822	鸫	10	1523435451	F0B4	09E2B
6823	豣	10	1523511534	8231F534	03E27
6824	顿	10	1525132534	B6D9	0987F
6825	趸	10	1532512134	F5BB	08DB8
6826	剗	10	1534153422	847D	05257
6827	毙	10	1535135435	B1D0	06BD9
6828	装	10	1535413534	8233C439	04621
6829	栥	10	1535431234	BB81	07C8A
6830	致	10	1541213134	D6C2	081F4
6831	貣	10	1542511134	D896	08CA3
6832	晉	10	1545412511	9578	06649
6833	裂	10	1553413534	D083	08883
6834	硘	10	1554132511	AE42	074F8
6835	逕	10	1555121454	DE9F	09015
6836	剕	10	2111211122	847C	05255
6837	門	10	2112111212	F459	09B25
6838	敊	10	2112342154	9499	0654A
6839	峙	10	2121121124	9A6C	06B6D
6840	荚	10	2121121354	C167	07F90
6841	耇	10	2121335414	9A6B	06B6C
6842	龇	10	2121345235	F6B3	09F80
6843	柴	10	2121351234	B2F1	067F4
6844	皆	10	2121352511	8231A332	03AEE
6845	赀	10	2121352534	EADF	08D40
6846	辈	10	2121353112	82318736	039D8
6847	歁	10	2121353534	8231C230	03C23
6848	桌	10	2125111234	D7C0	0684C
6849	逌	10	2125511454	DE9C	0900C
6850	禼	10	2125525251	856C	05368
6851	婺	10	2135454531	8230B835	036D1
6852	鸬	10	2151335451	F0B5	09E2C
6853	虘	10	2153153522	8233B630	0458C
6854	虒	10	2153153534	8233B539	0458B
6855	虔	10	2153154134	F2AF	08654
6856	虑	10	2153154544	C2C7	08651
6857	监	10	2231425221	BCE0	076D1
6858	丵	10	2243143112	8151	04E35
6859	紧	10	2254554234	BDF4	07D27
6860	覍	10	2342511135	D28C	0898D
6861	覚	10	2343251135	8230C932	03778
6862	帰	10	2351145252	8EA2	05E30
6863	逍	10	2432511454	E5D0	0900D
6864	郸	10	2432525152	82348A34	048CA
6865	党	10	2434525135	B5B3	0515A
6866	眎	10	2511111234	B169	0770E

序号	字形	笔数	笔顺	18030代码	13000代码
6867	昧	10	2511111234	B174	0771B
6868	昹	10	2511111234	B175	0771C
6869	眐	10	2511112121	B16B	07710
6870	眪	10	2511112251	8232AA35	04026
6871	眪	10	2511112534	B17D	0772A
6872	眬	10	2511113534	B180	0772C
6873	眡	10	2511115534	B16E	07713
6874	哇	10	2511121121	9575	06646
6875	時	10	2511121124	9572	06642
6876	㫗	10	2511121124	8231A331	03AED
6877	唠	10	2511121132	8655	054E2
6878	眝	10	2511121251	8232AA30	04021
6879	唛	10	2511121354	DFE9	0551B
6880	逞	10	2511121454	B3D1	0901E
6881	畢	10	2511122112	AE85	07562
6882	晎	10	2511122134	957B	0664E
6883	㬂	10	2511122431	8231A239	03AEB
6884	晅	10	2511125111	9574	06645
6885	䀠	10	2511125111	8232A939	04020
6886	眒	10	2511125112	B16D	07712
6887	映	10	2511125134	B16A	0770F
6888	睨	10	2511125135	B171	07716
6889	晒	10	2511125351	C9B9	06652
6890	眹	10	2511131134	8232AA31	04022
6891	眣	10	2511131134	B179	07723
6892	喊	10	2511132534	82309838	03591
6893	晇	10	2511134115	9576	06647
6894	財	10	2511134123	D894	08CA1
6895	唔	10	2511134251	82309931	03594
6896	眕	10	2511134333	B170	07715
6897	退	10	2511134454	82348535	04899
6898	貤	10	2511134525	D897	08CA4
6899	㬱	10	2511135124	8233CD33	04677
6900	財	10	2511135124	8233CD34	04678
6901	眂	10	2511135154	B178	07721
6902	眎	10	2511135234	8232AA34	04025
6903	眗	10	2511135251	B172	07717
6904	覎	10	2511135521	D28D	0898E
6905	晠	10	2511135534	9585	06660
6906	晟	10	2511135534	EAC9	0665F
6907	眩	10	2511141554	D1A3	07729
6908	眫	10	2511143112	B17E	0772B
6909	眝	10	2511144512	B176	0771D
6910	眍	10	2511145434	8232AA32	04023
6911	眿	10	2511145534	B18B	0773F
6912	眤	10	2511151335	B17A	07724
6913	眠	10	2511151515	C3DF	07720
6914	眜	10	2511151532	8232A938	0401F
6915	晓	10	2511153135	CFFE	06653
6916	昭	10	2511153251	B17C	07727
6917	晊	10	2511154121	9579	0664A
6918	眙	10	2511154251	EDF4	07719
6919	眑	10	2511155453	B16C	07711
6920	哇	10	2511212134	8674	05517
6921	唝	10	2511212534	8679	0551D
6922	哧	10	2511213234	DFEA	054E7
6923	唽	10	2511213312	DFEE	054F3
6924	哮	10	2511213521	CFF8	054EE
6925	唞	10	2511214412	867A	0551E
6926	㖨	10	2511223533	82309C32	035B4
6927	唠	10	2511224553	DFEB	05520
6928	鸭	10	2511235451	D1BC	09E2D
6929	晄	10	2511243135	9573	06644
6930	晃	10	2511243135	BBCE	06643
6931	哱	10	2511245521	865C	054F1
6932	唓	10	2511251112	8671	05513
6933	烏	10	2511251112	83DB	05194
6934	閂	10	2511251112	E959	09585
6935	哺	10	2511251124	B2B8	054FA
6936	哽	10	2511251134	DFEC	054FD
6937	閄	10	2511251134	E958	09584
6938	閃	10	2511251134	E957	09583
6939	唖	10	2511251221	8673	05516
6940	晍	10	2511251251	957A	0664D
6941	唔	10	2511251251	DFED	05514
6942	哣	10	2511251431	8656	054E3
6943	唡	10	2511253434	867C	05521
6944	唒	10	2511253511	8670	05512
6945	㖘	10	2511311534	82309935	03598
6946	晔	10	2511323512	EACA	06654
6947	晌	10	2511325251	C9CE	0664C
6948	㬅	10	2511325251	957D	06651
6949	晀	10	2511341534	9571	06640
6950	晁	10	2511341534	EACB	06641
6951	唊	10	2511343434	866B	0550A
6952	㫬	10	2511352511	8231A330	03AEC

序号	字形	笔数	笔顺	18030代码	13000代码	序号	字形	笔数	笔顺	18030代码	13000代码
6953	剔	10	2511353322	CCDE	05254	6996	畔	10	2512143112	C5CF	07554
6954	哤	10	2511353334	8657	054E4	6997	蚝	10	2512143115	F2BA	0869D
6955	昪	10	2511354152	95FA	066FB	6998	蚚	10	2512143312	CD5B	0869A
6956	晗	10	2511354251	8231A233	03AE5	6999	蚸	10	2512143324	8233B833	045A3
6957	晈	10	2511413434	9577	06648	7000	蚡	10	2512143432	F2BB	086A7
6958	晐	10	2511415334	957C	06650	7001	蚥	10	2512143434	CD62	086A5
6959	杲	10	2511431234	8231A235	03AE7	7002	蚙	10	2512143445	CD5A	08699
6960	晵	10	2511445531	8231A236	03AE8	7003	蚡	10	2512143453	CD60	086A1
6961	晏	10	2511445531	EACC	0664F	7004	蚣	10	2512143454	F2BC	086A3
6962	晖	10	2511451512	EACD	06656	7005	蚏	10	2512143511	CD52	0868F
6963	晕	10	2511451512	D4CE	06655	7006	蚔	10	2512143515	CD56	08694
6964	鸮	10	2511535451	FB5E	09E2E	7007	蚧	10	2512143534	8231C236	03C29
6965	哔	10	2512121112	865F	054F6	7008	蚐	10	2512143541	CD53	08690
6966	趼	10	2512121112	DA8F	08DB6	7009	蚒	10	2512143541	CD55	08692
6967	跚	10	2512121252	8233F030	047D6	7010	蚊	10	2512144134	CEC3	0868A
6968	趷	10	2512121315	DA90	08DB7	7011	蚢	10	2512144135	CD61	086A2
6969	趵	10	2512121354	F5C0	08DB5	7012	蚄	10	2512144153	CD4B	08684
6970	趿	10	2512121354	F5C1	08DBF	7013	蚪	10	2512144412	F2BD	086AA
6971	跃	10	2512121544	8233EF39	047D5	7014	蚇	10	2512145134	CD4E	08687
6972	畕	10	2512125121	AE7B	07555	7015	蚗	10	2512145134	CD58	08697
6973	畘	10	2512125211	AE7E	07558	7016	蚓	10	2512145152	F2BE	08693
6974	瓝	10	2512133544	AE7C	07556	7017	蚰	10	2512145211	8233B831	045A1
6975	畛	10	2512134333	EEB3	0755B	7018	蚆	10	2512145215	CD4D	08686
6976	畟	10	2512134354	AE82	0755F	7019	患	10	2512214544	8230F334	0391F
6977	畇	10	2512135251	82329632	03F5B	7020	哨	10	2512432511	C9DA	054E8
6978	蚌	10	2512141112	B0F6	0868C	7021	唝	10	2512432534	DFEF	05522
6979	蚟	10	2512141121	CD5E	0869F	7022	哻	10	2512511112	8663	054FB
6980	蚈	10	2512141132	CD4F	08688	7023	唣	10	2512511121	82309836	0358F
6981	蚨	10	2512141134	F2B6	086A8	7024	唄	10	2512511134	8668	05504
6982	蚖	10	2512141135	CD57	08696	7025	員	10	2512511134	8654	054E1
6983	蚞	10	2512141234	CD5D	0869E	7026	哯	10	2512511135	865A	054EF
6984	蚑	10	2512141254	CD54	08691	7027	哩	10	2512511211	C1A8	054E9
6985	蚘	10	2512141354	CD59	08698	7028	圃	10	2512511241	C6D4	05703
6986	蚅	10	2512141355	CD4C	08685	7029	哭	10	2512511344	BFDE	054ED
6987	蚷	10	2512141515	CD69	086B7	7030	戙	10	2512511534	91E3	06219
6988	蚜	10	2512141523	D1C1	0869C	7031	哫	10	2512512134	8658	054EB
6989	蚍	10	2512141535	F2B7	0868D	7032	圄	10	2512512511	E0F4	05704
6990	蚸	10	2512142343	8233B832	045A2	7033	哵	10	2512512534	FE5A	0359E
6991	蚎	10	2512142511	CD51	0868E	7034	畀	10	2512515113	82309837	03590
6992	蚦	10	2512142511	CD63	086A6	7035	唈	10	2512515215	866A	05508
6993	蚛	10	2512142512	CD5C	0869B	7036	哵	10	2512515322	865E	054F5
6994	蚋	10	2512142534	F2B8	0868B	7037	哆	10	2512523445	82309934	03597
6995	蚬	10	2512142535	F2B9	086AC	7038	哠	10	2513121251	8653	054E0

序号	字形	笔数	笔顺	18030代码	13000代码	序号	字形	笔数	笔顺	18030代码	13000代码
7039	哦	10	2513121534	C5B6	054E6	7082	峿	10	2521121132	8230D236	037D6
7040	唎	10	2513123422	866F	0550E	7083	峚	10	2521122112	8D86	05D0B
7041	唀	10	2513124453	8665	05500	7084	峁	10	2521213534	8D80	05D01
7042	啊	10	2513212512	8659	054EC	7085	帺	10	2521221115	8230DD39	03847
7043	啍	10	2513251112	8672	05515	7086	崂	10	2521224553	E1C0	05D02
7044	唣	10	2513251115	DFF0	05523	7087	峸	10	2521241344	8230D132	037C8
7045	唋	10	2513411234	866C	0550B	7088	峷	10	2521245521	8230D231	037D1
7046	唏	10	2513413252	DFF1	0550F	7089	峬	10	2521251124	8D6D	05CEC
7047	欭	10	2513413534	99FD	06B2D	7090	峺	10	2521251134	8D79	05CFA
7048	恩	10	2513414544	B6F7	06069	7091	峿	10	2521251251	8D7D	05CFF
7049	盎	10	2513425221	B0BB	076CE	7092	豈	10	2521251431	D84D	08C48
7050	唑	10	2513434121	DFF2	05511	7093	帪	10	2521311534	8E9E	05E2A
7051	唂	10	2513434251	8666	05502	7094	峽	10	2521343434	8D7B	05CFD
7052	鸯	10	2513435451	D1EC	09E2F	7095	峳	10	2521353334	8230D136	037CC
7053	哷	10	2513443124	8660	054F7	7096	崃	10	2521431234	E1C1	05D03
7054	哹	10	2513443521	8662	054F9	7097	迴	10	2522111454	DF44	09025
7055	哸	10	2513443531	8661	054F8	7098	罡	10	2522112121	EEB8	07F61
7056	唅	10	2513445251	8669	05505	7099	罢	10	2522112154	B0D5	07F62
7057	娍	10	2513453254	8232A439	03FEE	7100	罟	10	2522112251	EEB9	07F5F
7058	唤	10	2513525134	BBBD	05524	7101	罛	10	2522123344	B16F	07714
7059	哵	10	2513525135	82308230	034AD	7102	罝	10	2522125111	C144	07F5D
7060	圂	10	2513533341	87F5	05702	7103	罛	10	2522133544	C142	07F5B
7061	啾	10	2513534334	8676	05519	7104	罖	10	2522135124	8230C930	03776
7062	唃	10	2513535112	8667	05503	7105	罠	10	2522135154	8232FB37	04355
7063	唪	10	2513541112	82309930	03593	7106	罨	10	2522135515	8232FB38	04356
7064	唁	10	2514111251	D1E4	05501	7107	罜	10	2522141121	C143	07F5C
7065	哼	10	2514125152	BADF	054FC	7108	罢	10	2522141554	8232FB39	04357
7066	唥	10	2514134454	867D	05525	7109	罠	10	2522151515	C146	07F60
7067	唘	10	2514143112	82309932	03595	7110	罞	10	2522154523	C145	07F5E
7068	哓	10	2514311135	8685	05534	7111	峭	10	2522432511	C7CD	05CED
7069	唲	10	2514325135	8664	054FE	7112	帩	10	2522432511	8E9D	05E29
7070	唻	10	2514351523	82309839	03592	7113	峴	10	2522511135	8D73	05CF4
7071	哕	10	2514412343	867E	05526	7114	峕	10	2522514412	8230D235	037D5
7072	唍	10	2514451135	866E	0550D	7115	埊	10	2522534121	88AF	057CA
7073	哶	10	2514453112	865B	054F0	7116	峼	10	2523121251	8D7A	05CFC
7074	哴	10	2514511534	865D	054F4	7117	峨	10	2523121534	B6EB	05CE8
7075	唚	10	2515114554	8677	0551A	7118	峩	10	2523121534	8D6B	05CE9
7076	唧	10	2515115452	DFF3	05527	7119	峲	10	2523123422	8D71	05CF2
7077	啊	10	2515212512	B0A1	0554A	7120	峳	10	2523223134	8D72	05CF3
7078	唨	10	2515225111	8680	05528	7121	㟓	10	2523413252	8230D233	037D3
7079	唉	10	2515431134	B0A6	05509	7122	崄	10	2523414431	8D81	05D04
7080	唆	10	2515434354	CBF4	05506	7123	㟇	10	2523434121	8230D131	037C7
7081	帱	10	2521113124	E0FC	05E31	7124	峪	10	2523434251	D3F8	05CEA

序号	字形	笔数	笔顺	18030代码	13000代码	序号	字形	笔数	笔顺	18030代码	13000代码
7125	㟊	10	2523443521	8230D134	037CA	7168	钸	10	3111513252	EEDF	094B8
7126	㟎	10	2523443531	8230D138	037CE	7169	钹	10	3111513544	EEE0	094B9
7127	㟏	10	2523445251	8230D139	037CF	7170	钺	10	3111515534	EEE1	094BA
7128	㟔	10	2523445251	8230D234	037D4	7171	钻	10	3111521251	D7EA	094BB
7129	㡈	10	2523525135	8230DE30	03848	7172	钽	10	3111525111	EEE3	094BD
7130	崅	10	2523535112	8D82	05D05	7173	钼	10	3111525111	EEE2	094BC
7131	峰	10	2523541112	B7E5	05CF0	7174	钾	10	3111525112	BCD8	094BE
7132	峯	10	2523541112	8D6F	05CEF	7175	钿	10	3111525121	EEE4	094BF
7133	訔	10	2524111251	D397	08A14	7176	铀	10	3111525121	D3CB	094C0
7134	峷	10	2524143112	8D76	05CF7	7177	铁	10	3111531134	CCFA	094C1
7135	㟋	10	2524325135	8230D135	037CB	7178	铂	10	3111532511	B2AC	094C2
7136	帨	10	2524325135	8E9C	05E28	7179	䥿	10	3111533153	82349C32	0497F
7137	峵	10	2524451354	8D74	05CF5	7180	铃	10	3111534454	C1E5	094C3
7138	㟉	10	2524453112	8230D133	037C9	7181	铄	10	3111535234	EEE5	094C4
7139	㟍	10	2524511534	8230D137	037CD	7182	铅	10	3111535251	C7A6	094C5
7140	崀	10	2524511534	8D7E	05D00	7183	铆	10	3111535352	C3AD	094C6
7141	峮	10	2525113251	8D6E	05CEE	7184	铇	10	3111535515	E898	094C7
7142	㟒	10	2525113251	8230D232	037D2	7185	铈	10	3111541252	EEE6	094C8
7143	㘣	10	2525125111	8230A731	03623	7186	铉	10	3111541554	EEE7	094C9
7144	圆	10	2525125341	D4B2	05706	7187	铊	10	3111544535	EEE8	094CA
7145	觊	10	2525152535	EAE9	089CA	7188	䥾	10	3111545151	82349C31	0497E
7146	峻	10	2525434354	BEFE	05CFB	7189	铋	10	3111545434	EEE9	094CB
7147	贼	10	2534113534	D4F4	08D3C	7190	铌	10	3111551335	EEEA	094CC
7148	贿	10	2534132511	BBDF	08D3F	7191	铍	10	3111553254	EEEB	094CD
7149	䢛	10	2534251454	82348537	0489B	7192	䥽	10	3111553544	FE87	0497D
7150	䞌	10	2534312251	8233E837	0478C	7193	铎	10	3111554112	EEEC	094CE
7151	㳫	10	2534321511	8231D538	03CEB	7194	眚	10	3112125111	EDF2	0771A
7152	赂	10	2534354251	C2B8	08D42	7195	甡	10	3112131121	AE60	07521
7153	赃	10	2534413121	D4DF	08D43	7196	㔟	10	3112135453	82308D34	0351F
7154	赅	10	2534415334	EAE0	08D45	7197	㦵	10	3112341534	82318433	039B5
7155	赆	10	2534513444	EAE1	08D46	7198	㼡	10	3112341554	82329034	03F21
7156	圁	10	2541112511	87F4	05701	7199	缻	10	3112521554	C08D	07F3B
7157	剛	10	2543125222	8482	0525B	7200	䍇	10	3112523454	8232FA33	04347
7158	剮	10	2552525122	848E	0526E	7201	缼	10	3112523534	C08E	07F3C
7159	䯆	10	2554525115	8234D537	04BC6	7202	缹	10	3112524444	C08C	07F39
7160	钰	10	3111511214	EEDA	094B0	7203	缺	10	3112525134	C8B1	07F3A
7161	钱	10	3111511534	C7AE	094B1	7204	䂐	10	3113452252	8232B530	04090
7162	钲	10	3111512121	EEDB	094B2	7205	䂏	10	3113453251	8232B439	0408F
7163	钳	10	3111512211	C7AF	094B3	7206	毧	10	3115113534	9ABF	06BE7
7164	钴	10	3111512251	EEDC	094B4	7207	氩	10	3115122431	EBB2	06C29
7165	钵	10	3111512341	B2A7	094B5	7208	氥	10	3115125351	9AE3	06C25
7166	钶	10	3111512512	EEDD	094B6	7209	毢	10	3115125351	9ABA	06BE2
7167	钷	10	3111512515	EEDE	094B7	7210	㲓	10	3115134534	8231CD31	03C93

序号	字形	笔数	笔顺	18030代码	13000代码	序号	字形	笔数	笔顺	18030代码	13000代码
7211	氥	10	3115251341	EBB3	06C24	7254	秝	10	3123431234	B677	079DD
7212	毧	10	3115312135	9AC0	06BE8	7255	秥	10	3123432511	8232C538	04138
7213	毥	10	3115352511	9ABD	06BE5	7256	秊	10	3123434312	8232C539	04139
7214	氦	10	3115415334	BAA4	06C26	7257	秢	10	3123434454	B67B	079E2
7215	氧	10	3115431112	D1F5	06C27	7258	秪	10	3123435154	B67E	079EA
7216	氣	10	3115431234	9AE2	06C23	7259	称	10	3123435234	B3C6	079F0
7217	毩	10	3115431234	9AC1	06BE9	7260	勢	10	3123435353	847B	05253
7218	氨	10	3115445531	B0B1	06C28	7261	秚	10	3123443112	B674	079DA
7219	毪	10	3115543112	EBA4	06BEA	7262	秘	10	3123445434	C3D8	079D8
7220	特	10	3121121124	CCD8	07279	7263	秜	10	3123451335	B676	079DC
7221	牿	10	3121121251	8231F638	03E35	7264	䄶	10	3123451532	8232C536	04136
7222	牺	10	3121125341	CEFE	0727A	7265	秛	10	3123453254	B675	079DB
7223	郵	10	3121221152	E05D	090F5	7266	透	10	3123453454	CDB8	0900F
7224	犹	10	3121251341	8231F639	03E36	7267	秮	10	3123454251	B681	079EE
7225	造	10	3121251454	D4EC	09020	7268	䂸	10	3133434251	D840	08C38
7226	牾	10	3121331251	8231F731	03E38	7269	笄	10	3143141132	F3C7	07B04
7227	牷	10	3121341121	A0BB	07277	7270	笎	10	3143141135	B890	07B0E
7228	敉	10	3121353134	82319839	03A87	7271	笌	10	3143141523	B88E	07B0C
7229	欤	10	3121353534	8231C238	03C2B	7272	笺	10	3143141534	8232D632	041DD
7230	牂	10	3121431112	8232FD35	04367	7273	笓	10	3143141535	B893	07B13
7231	牸	10	3121445521	A0BC	07278	7274	笠	10	3143141551	8232D537	041D8
7232	垂	10	3122113511	88A7	057C0	7275	笁	10	3143142121	8232D630	041DB
7233	乘	10	3122113534	B3CB	04E58	7276	笍	10	3143142534	B88F	07B0D
7234	勑	10	3122113553	82308D33	0351E	7277	笕	10	3143142535	F3C8	07B15
7235	甜	10	3122512511	82339734	04459	7278	笔	10	3143143115	B1CA	07B14
7236	敌	10	3122513134	B5D0	0654C	7279	笑	10	3143143134	D0A6	07B11
7237	甛	10	3122513511	82339735	0445A	7280	笊	10	3143143224	8232D539	041DA
7238	舐	10	3122513515	F3C2	08210	7281	笊	10	3143143324	F3C9	07B0A
7239	秣	10	3123411234	EFF7	079E3	7282	笅	10	3143143434	B88B	07B05
7240	秥	10	3123412251	B673	079D9	7283	笒	10	3143143445	B892	07B12
7241	秫	10	3123412344	EFF8	079EB	7284	笞	10	3143143454	8232D536	041D7
7242	秠	10	3123413241	B679	079E0	7285	第	10	3143143523	F3CA	07B2B
7243	秳	10	3123413251	8232C537	04137	7286	笏	10	3143143533	F3CB	07B0F
7244	秡	10	3123413544	B67A	079E1	7287	笶	10	3143143534	8232D631	041DC
7245	秤	10	3123414312	B3D3	079E4	7288	笉	10	3143143541	B88D	07B09
7246	秥	10	3123421251	B67C	079E5	7289	笇	10	3143144124	B88C	07B07
7247	租	10	3123425111	D7E2	079DF	7290	笐	10	3143144135	B891	07B10
7248	秞	10	3123425121	B678	079DE	7291	笋	10	3143145113	CBF1	07B0B
7249	积	10	3123425134	BBFD	079EF	7292	笥	10	3143145152	8232D538	041D9
7250	秧	10	3123425134	D1ED	079E7	7293	笆	10	3143145215	B0CA	07B06
7251	盉	10	3123425221	B142	076C9	7294	笖	10	3143145434	B894	07B16
7252	秩	10	3123431134	D6C8	079E9	7295	俸	10	3211134112	D9BA	04FF8
7253	秨	10	3123431211	B67D	079E8	7296	偀	10	3211212154	8297	05035

序号	字形	笔数	笔顺	18030代码	13000代码	序号	字形	笔数	笔顺	18030代码	13000代码
7297	倩	10	3211212511	D9BB	05029	7340	俿	10	3221531535	8273	04FFF
7298	债	10	3211212534	D5AE	0503A	7341	娦	10	3223134531	8230B936	036DC
7299	俵	10	3211213534	826C	04FF5	7342	倐	10	3223541234	976C	0689D
7300	倀	10	3212111534	8274	05000	7343	倏	10	3223541344	D9BF	0500F
7301	偖	10	3212132511	82AE	05056	7344	㑦	10	3223542511	8231A234	03AE6
7302	倰	10	3212134354	8292	05030	7345	脩	10	3223542511	C391	08129
7303	倖	10	3212143112	8286	05016	7346	倐	10	3223544334	8282	05010
7304	屔	10	3212151335	8CC9	05C54	7347	倘	10	3224325251	CCC8	05018
7305	俹	10	3212155121	826F	04FF9	7348	俱	10	3225111134	BEE3	04FF1
7306	倛	10	3212211134	8288	0501B	7349	倶	10	3225111134	8298	05036
7307	倻	10	3212211152	829C	0503B	7350	倮	10	3225111234	D9C0	0502E
7308	借	10	3212212511	BDE8	0501F	7351	倱	10	3225111535	8293	05031
7309	偌	10	3212213251	D9BC	0504C	7352	倡	10	3225112511	B3AB	05021
7310	䣏	10	3212213452	82348A39	048CF	7353	們	10	3225112511	8283	05011
7311	㑤	10	3212225121	8139F838	03464	7354	㑥	10	3225113533	8139F839	03465
7312	偀	10	3212225134	829F	05040	7355	㑭	10	3225121132	8139F937	0346D
7313	值	10	3212251111	D6B5	0503C	7356	倎	10	3225122134	8281	0500E
7314	値	10	3212251115	828E	05024	7357	個	10	3225122511	8280	0500B
7315	㑣	10	3212341234	8139F837	03463	7358	候	10	3225131134	BAF2	05019
7316	倈	10	3212343434	827C	05008	7359	㑨	10	3225131134	8139F932	03468
7317	倯	10	3212343454	8291	0502F	7360	㑩	10	3225221354	8139F933	03469
7318	烋	10	3212344444	9EF1	070CB	7361	倂	10	3231133112	8276	05002
7319	恷	10	3212344544	907C	06077	7362	倁	10	3231134251	8275	05001
7320	㖚	10	3212425135	82309937	0359A	7363	梊	10	3231211234	96DF	06820
7321	倲	10	3212511234	8294	05032	7364	倕	10	3231212211	8285	05015
7322	倳	10	3212515112	8295	05033	7365	赁	10	3231212534	C1DE	08D41
7323	倆	10	3212523434	827A	05006	7366	㶵	10	3231214444	8231EA30	03DB5
7324	倷	10	3213411234	8299	05037	7367	恁	10	3231214544	EDA5	06041
7325	倴	10	3213412132	8296	05034	7368	俰	10	3231234251	8269	04FF0
7326	倚	10	3213412512	D2D0	0501A	7369	㑧	10	3231234521	8139F931	03467
7327	俺	10	3213425115	B0B3	04FFA	7370	倭	10	3231234531	D9C1	0502D
7328	䑔	10	3215111252	82339639	04454	7371	倪	10	3232151135	C4DF	0502A
7329	倢	10	3215112134	828C	05022	7372	倠	10	3232411121	828B	05020
7330	郳	10	3215113552	E05C	090F3	7373	俾	10	3232511312	D9C2	04FFE
7331	倾	10	3215132534	C7E3	0503E	7374	俽	10	3233123534	8272	04FFD
7332	㸡	10	3215311234	8231F438	03E21	7375	倽	10	3234112251	829D	0503D
7333	俴	10	3215341534	826B	04FF4	7376	倫	10	3234125122	8290	0502B
7334	㸠	10	3215341534	8231F437	03E20	7377	倹	10	3234125134	829B	05039
7335	㸟	10	3215352511	8231F436	03E1F	7378	倄	10	3234132511	8278	05004
7336	倒	10	3215412122	B5B9	05012	7379	倸	10	3234431234	829A	05038
7337	俳	10	3221112111	D9BD	04FF3	7380	㑫	10	3234454544	8139F935	0346B
7338	俶	10	3221123454	826D	04FF6	7381	倊	10	3234544544	827E	0500A
7339	倬	10	3221251112	D9BE	0502C	7382	倗	10	3235113511	8287	05017

序号	字形	笔数	笔顺	18030代码	13000代码
7383	俷	10	3235115215	826E	04FF7
7384	倜	10	3235121251	D9C3	0501C
7385	㺸	10	3235411214	82328539	03EB8
7386	倃	10	3235424251	8277	05003
7387	俻	10	3235425121	8270	04FFB
7388	隼	10	3241112112	F6C0	096BC
7389	隽	10	3241112153	F6C1	096BD
7390	隻	10	3241112154	EB62	096BB
7391	倞	10	3241251234	828A	0501E
7392	俯	10	3241332124	B8A9	04FEF
7393	㑪	10	3241343211	8139F934	0346A
7394	倅	10	3241343412	8279	05005
7395	俲	10	3241343453	826A	04FF2
7396	倍	10	3241431251	B1B6	0500D
7397	倿	10	3241431531	829E	0503F
7398	倣	10	3241533134	828D	05023
7399	俼	10	3241542511	8271	04FFC
7400	倦	10	3243113455	BEEB	05026
7401	倓	10	3243344334	8284	05013
7402	倧	10	3244511234	828F	05027
7403	倌	10	3244525151	D9C4	0500C
7404	倥	10	3244534121	D9C5	05025
7405	倇	10	3244535455	827B	05007
7406	㑦	10	3245131344	8139F930	03466
7407	皌	10	3251111234	B074	0768C
7408	臬	10	3251111234	F4AB	081EC
7409	健	10	3251111254	BDA1	05065
7410	臭	10	3251111344	B3F4	081ED
7411	射	10	3251113124	C9E4	05C04
7412	皋	10	3251113412	B8DE	0768B
7413	躬	10	3251113515	B9AA	08EAC
7414	息	10	3251114544	CFA2	0606F
7415	島	10	3251115252	8D75	05CF6
7416	畠	10	3251125121	AE83	07560
7417	郫	10	3251131252	DBAF	090EB
7418	㿟	10	3251132511	8232A334	03FDF
7419	皊	10	3251134454	B073	0768A
7420	烏	10	3251154444	9EF5	070CF
7421	倨	10	3251312251	D9C6	05028
7422	倔	10	3251352252	BEF3	05014
7423	師	10	3251511252	8E9F	05E2B
7424	䦾	10	3251515435	8234A137	049BE
7425	衃	10	3252211324	D05B	08843
7426	欰	10	3252213534	9A41	06B30
7427	衄	10	3252215211	F4AC	08844
7428	䘐	10	3252215344	8233C332	04610
7429	㑬	10	3253112251	8139F936	0346C
7430	恖	10	3253414544	906C	06056
7431	逓	10	3311252454	DE9E	09013
7432	颀	10	3312132534	F1FD	09880
7433	㿭	10	3312453254	8232A438	03FED
7434	衏	10	3321135112	D063	0884F
7435	徒	10	3321212134	CDBD	05F92
7436	㣣	10	3321343434	8230ED35	038E3
7437	徕	10	3321431234	E1E2	05F95
7438	衐	10	3321515112	D064	08850
7439	虒	10	3321531535	CC8C	08652
7440	徑	10	3321555121	8FBD	05F91
7441	徏	10	3322121233	8FBC	05F8F
7442	徎	10	3322511121	8FBB	05F8E
7443	徐	10	3323411234	D0EC	05F90
7444	垼	10	3323554121	88A3	057BC
7445	䘕	10	3324135112	8233C337	04615
7446	従	10	3324312134	8FBE	05F93
7447	㣢	10	3324351523	8230ED34	038E2
7448	殷	10	3351153554	D2F3	06BB7
7449	㭧	10	3354141234	8231AF32	03B67
7450	舦	10	3354141344	C576	08226
7451	舭	10	3354141535	F4B0	0822D
7452	舯	10	3354142512	F4B1	0822F
7453	舰	10	3354142535	BDA2	08230
7454	舨	10	3354143354	F4B2	08228
7455	舧	10	3354143354	C577	08227
7456	䑤	10	3354143445	82339835	04464
7457	舩	10	3354143454	C578	08229
7458	舱	10	3354143455	B2D5	08231
7459	般	10	3354143554	B0E3	0822C
7460	航	10	3354144135	BABD	0822A
7461	舫	10	3354144153	F4B3	0822B
7462	舮	10	3354144513	C579	0822E
7463	舥	10	3354145215	C575	08225
7464	瓞	10	3354431134	F0AC	074DE
7465	㼌	10	3354433544	82328E33	03F0C
7466	瓟	10	3354435515	AD94	074DF
7467	峹	10	3411234252	8D78	05CF9
7468	途	10	3411234454	CDBE	09014

序号	字形	笔数	笔顺	18030代码	13000代码
7469	針	10	3411243112	E198	091DD
7470	釘	10	3411243112	E194	091D8
7471	釗	10	3411243122	E193	091D7
7472	釙	10	3411243124	E195	091D9
7473	釟	10	3411243134	E19A	091DF
7474	釞	10	3411243134	E199	091DE
7475	釠	10	3411243135	E19B	091E0
7476	釚	10	3411243135	E196	091DA
7477	䤛	10	3411243152	82349235	0491B
7478	釕	10	3411243152	E191	091D5
7479	釖	10	3411243153	E192	091D6
7480	釛	10	3411243153	E197	091DB
7481	釢	10	3411243153	E19D	091E2
7482	殺	10	3412343554	9AA2	06BBA
7483	敆	10	3412512154	9497	06546
7484	㧱	10	3412513112	82318A30	039F1
7485	拿	10	3412513112	C4C3	062FF
7486	㪉	10	3412513134	82319931	03A89
7487	剣	10	3412513422	8487	05263
7488	欱	10	3412513534	9A42	06B31
7489	郩	10	3413251152	E055	090E9
7490	䒊	10	3415355215	82339C33	0448A
7491	䖊	10	3421531535	8233B538	0458A
7492	㸔	10	3431325111	8231F335	03E14
7493	釡	10	3434112431	E19C	091E1
7494	釜	10	3434112431	B8AA	091DC
7495	夎	10	3434121354	89E8	0590E
7496	耸	10	3434122111	CBCA	08038
7497	䜫	10	3434251121	8233DF31	0472B
7498	㸗	10	3434251251	8231F338	03E17
7499	逧	10	3434251454	DF45	09027
7500	爹	10	3434354354	B5F9	07239
7501	䣋	10	3443123452	82348A35	048CB
7502	䍃	10	3443311252	8232F939	04343
7503	舀	10	3443321511	D2A8	08200
7504	爱	10	3443451354	B0AE	07231
7505	豻	10	3443533112	D874	08C7B
7506	豺	10	3443533123	B2F2	08C7A
7507	豹	10	3443533354	B1AA	08C79
7508	奚	10	3443554134	DEC9	0595A
7509	鬯	10	3444445235	DBCB	09B2F
7510	倉	10	3445113251	827D	05009
7511	飣	10	3445115412	EF7D	098E3
7512	飤	10	3445115434	EF7E	098E4
7513	飢	10	3445115435	EF7C	098E2
7514	䬢	10	3445115453	8234C533	04B22
7515	衾	10	3445413534	F4C0	0887E
7516	鸰	10	3445435451	FB5F	09E30
7517	颁	10	3453132534	B0E4	09881
7518	蚠	10	3453251214	CD5F	086A0
7519	颂	10	3454132534	CBCC	09882
7520	毤	10	3454353115	9ABC	06BE4
7521	翁	10	3454541541	CECC	07FC1
7522	胿	10	3511121121	C376	080FF
7523	䏪	10	3511122111	82338C33	043EA
7524	㬴	10	3511122134	8231AA32	03B34
7525	胹	10	3511132522	C373	080F9
7526	胯	10	3511134115	BFE8	080EF
7527	脄	10	3511134334	C37A	08104
7528	胰	10	3511151534	D2C8	080F0
7529	胵	10	3511154121	C371	080F5
7530	胱	10	3511243135	EBD7	080F1
7531	胴	10	3511251251	EBD8	080F4
7532	胭	10	3511251341	EBD9	080ED
7533	朒	10	3511253434	9648	06712
7534	脌	10	3511311212	C380	0810C
7535	䏭	10	3511311234	82338C36	043ED
7536	脡	10	3511312154	C389	08121
7537	䏦	10	3511312251	82338B39	043E6
7538	䏫	10	3511321234	82338C34	043EB
7539	脠	10	3511321554	C388	08120
7540	䏨	10	3511325151	82338C31	043E8
7541	胻	10	3511332112	C374	080FB
7542	脈	10	3511333534	C37D	08108
7543	脍	10	3511341154	EBDA	0810D
7544	脎	10	3511341234	EBDB	0810E
7545	䏩	10	3511341251	82338C32	043E9
7546	朓	10	3511341534	9649	06713
7547	脆	10	3511351355	B4E0	08106
7548	脂	10	3511352511	D6AC	08102
7549	胸	10	3511353452	D0D8	080F8
7550	胮	10	3511354152	C370	080EE
7551	胳	10	3511354251	B8EC	080F3
7552	䏧	10	3511354354	82338C30	043E7
7553	㬹	10	3511355112	8231AA37	03B39
7554	脃	10	3511355215	C379	08103

序号	字形	笔数	笔顺	18030代码	13000代码
7555	脏	10	3511413121	D4E0	0810F
7556	脐	10	3511413432	C6EA	08110
7557	胶	10	3511413434	BDBA	080F6
7558	㬵	10	3511413434	8231AA33	03B35
7559	脑	10	3511413452	C4D4	08111
7560	胲	10	3511415334	EBDC	080F2
7561	羘	10	3511431112	C16E	07F98
7562	胼	10	3511431132	EBDD	080FC
7563	朕	10	3511431134	EBDE	06715
7564	脒	10	3511431234	EBDF	08112
7565	胺	10	3511445531	B0B7	080FA
7566	脓	10	3511453534	C5A7	08113
7567	䏮	10	3511534134	82338C37	043EE
7568	脇	10	3511535353	C37C	08107
7569	䏬	10	3511543112	82338C35	043EC
7570	㓮	10	3512125122	82308835	034EE
7571	郮	10	3512125152	E058	090EE
7572	匎	10	3513425115	84FE	0530E
7573	㩻	10	3513551254	82319737	03A7B
7574	㲳	10	3515431134	8231D033	03CB3
7575	鸱	10	3515435451	F0B7	09E31
7576	虓	10	3521531535	CC8D	08653
7577	玺	10	3523411214	E7F4	073BA
7578	眞	10	3525111534	B177	0771E
7579	㰬	10	3525113534	8231C239	03C2C
7580	鱽	10	3525121153	F781	09C7D
7581	鸲	10	3525135451	F0B6	09E32
7582	烉	10	3525344334	9EF0	070C9
7583	逛	10	3531121454	B9E4	0901B
7584	狾	10	3531213312	AA4F	072FE
7585	㹲	10	3531213521	8231FC39	03E72
7586	㹴	10	3531251134	8231FD31	03E74
7587	㹳	10	3531251251	8231FD30	03E73
7588	狹	10	3531343434	AA4D	072F9
7589	狵	10	3531353334	AA4B	072F5
7590	狴	10	3531535121	E1F9	072F4
7591	㹵	10	3531555121	8231FD32	03E75
7592	䧱	10	3532411121	8234A638	049F1
7593	猂	10	3532511112	AA52	07302
7594	狽	10	3532511134	AA4E	072FD
7595	狸	10	3532511211	C0EA	072F8
7596	㹱	10	3532512134	8231FC38	03E71
7597	狷	10	3532512511	E1FA	072F7
7598	猁	10	3533123422	E1FB	07301
7599	㹸	10	3533251135	8231FD35	03E78
7600	狳	10	3533411234	E1FC	072F3
7601	狶	10	3533413252	AA4C	072F6
7602	猃	10	3533414431	E1FD	07303
7603	狺	10	3534111251	E1FE	072FA
7604	猐	10	3534311135	AA5D	07310
7605	逖	10	3534334454	E5D1	09016
7606	猀	10	3534412343	AA51	07300
7607	狼	10	3534511534	C0C7	072FC
7608	胷	10	3534522511	C372	080F7
7609	觙	10	3535112354	D366	089D9
7610	卿	10	3535115452	C7E4	0537F
7611	峱	10	3535211252	8D70	05CF1
7612	狻	10	3535434354	E2A1	072FB
7613	逢	10	3541112454	B7EA	09022
7614	脁	10	3541341534	C378	08101
7615	桀	10	3541521234	E8EE	06840
7616	䀤	10	3542425111	8232AA33	04024
7617	夞	10	3542425135	89F1	0591E
7618	洜	10	3542512534	9BA0	06D1C
7619	敋	10	3542513134	949A	0654B
7620	㪾	10	3542513312	82319E34	03ABE
7621	㤩	10	3542514544	8230F434	03929
7622	㩼	10	3543541254	82319738	03A7C
7623	䏑	10	3544253434	82338939	043D1
7624	鸵	10	3545144535	CDD2	09E35
7625	留	10	3545325121	C1F4	07559
7626	袅	10	3545413534	F4C1	08885
7627	眢	10	3545525111	EDF3	07722
7628	㽜	10	3545525121	82329633	03F5C
7629	盌	10	3545525221	B144	076CC
7630	鸳	10	3545535451	D4A7	09E33
7631	皱	10	3551153254	D6E5	076B1
7632	饽	10	3551245521	E2C4	0997D
7633	饾	10	3551251431	F09D	0997E
7634	芻	10	3552335523	C663	082BB
7635	饿	10	3553121534	B6F6	0997F
7636	馀	10	3553411234	E2C5	09980
7637	馁	10	3553443531	C4D9	09981
7638	馂	10	3555434354	F09E	09982
7639	凊	10	4111212511	83F5	051CA
7640	訐	10	4111251112	D393	08A10

序号	字形	笔数	笔顺	18030代码	13000代码	序号	字形	笔数	笔顺	18030代码	13000代码
7641	訏	10	4111251112	D392	08A0F	7684	郭	10	4125152152	B9F9	090ED
7642	訌	10	4111251121	D38F	08A0C	7685	㢅	10	4131121132	8230E431	03885
7643	討	10	4111251124	D391	08A0E	7686	庪	10	4131211254	8EEB	05EAA
7644	䚱	10	4111251234	8233D331	046B1	7687	庨	10	4131213521	8EE9	05EA8
7645	訕	10	4111251252	D398	08A15	7688	席	10	4131221252	CFAF	05E2D
7646	託	10	4111251315	D39A	08A17	7689	庫	10	4131251112	8EEC	05EAB
7647	訖	10	4111251315	D399	08A16	7690	庯	10	4131251124	8EEF	05EAF
7648	訓	10	4111251322	D396	08A13	7691	㢄	10	4131251431	8230E430	03884
7649	䚲	10	4111251333	8233D332	046B2	7692	庮	10	4131253511	8EEE	05EAE
7650	訋	10	4111251354	D38E	08A0B	7693	庬	10	4131353334	8EED	05EAC
7651	訉	10	4111251354	D38C	08A09	7694	准	10	4132411121	D7BC	051C6
7652	訙	10	4111251354	D39C	08A19	7695	㢆	10	4132511211	8230E432	03886
7653	訯	10	4111251354	D451	08A2F	7696	庩	10	4133411234	8EEA	05EA9
7654	這	10	4111251454	DF40	09019	7697	座	10	4133434121	D7F9	05EA7
7655	訊	10	4111251512	D38D	08A0A	7698	䣌	10	4133515452	82348A36	048CC
7656	記	10	4111251515	D39B	08A18	7699	㢇	10	4134111251	8230E433	03887
7657	訑	10	4111251525	D394	08A11	7700	症	10	4134112121	D6A2	075C7
7658	訒	10	4111251534	D395	08A12	7701	㾀	10	4134112154	82329939	03F80
7659	訍	10	4111251544	D390	08A0D	7702	疳	10	4134112211	F0E1	075B3
7660	㓐	10	4112134121	82308535	034D0	7703	疶	10	4134112215	AF54	075B6
7661	凌	10	4112134354	C1E8	051CC	7704	㽽	10	4134112251	82329936	03F7D
7662	㓑	10	4112143112	82308536	034D1	7705	㾁	10	4134112344	82329A30	03F81
7663	凇	10	4112343454	DAA1	051C7	7706	凃	10	4134112431	83F7	051CE
7664	凍	10	4112511234	83F6	051CD	7707	疴	10	4134112512	F0E2	075B4
7665	凄	10	4115112531	C6E0	051C4	7708	病	10	4134112534	B2A1	075C5
7666	衺	10	4115233534	D07E	0887A	7709	痁	10	4134121251	AF5A	075C1
7667	㓒	10	4115342444	82308537	034D2	7710	斊	10	4134122111	94C6	0658A
7668	栾	10	4122341234	E8EF	0683E	7711	疸	10	4134125111	F0E3	075B8
7669	挛	10	4122343112	C2CE	0631B	7712	㾇	10	4134125111	82329A36	03F87
7670	恋	10	4122344544	C1B5	0604B	7713	疽	10	4134125111	BED2	075BD
7671	桨	10	4123541234	BDB0	06868	7714	㾄	10	4134125121	82329A33	03F84
7672	浆	10	4123542534	BDAC	06D46	7715	疻	10	4134125134	AF57	075BB
7673	衰	10	4125113534	CBA5	08870	7716	㾆	10	4134125211	82329A35	03F86
7674	恴	10	4125114544	907A	06074	7717	㾎	10	4134125251	82329B33	03F8E
7675	畝	10	4125121354	AE80	0755D	7718	疾	10	4134131134	BCB2	075BE
7676	凅	10	4125122511	83F3	051C5	7719	痄	10	4134131211	F0E4	075C4
7677	剠	10	4125123422	8485	05260	7720	㾈	10	4134132124	82329A37	03F88
7678	勍	10	4125123453	84CD	052CD	7721	斋	10	4134132522	D5AB	0658B
7679	衷	10	4125123534	D6D4	08877	7722	㽿	10	4134133544	82329938	03F7F
7680	畗	10	4125125121	AE7D	07557	7723	疹	10	4134134333	D5EE	075B9
7681	㖜	10	4125125135	82309939	0359C	7724	㾉	10	4134134454	82329A38	03F89
7682	高	10	4125125251	B8DF	09AD8	7725	痈	10	4134135112	D3B8	075C8
7683	亳	10	4125145315	D9F1	04EB3	7726	疷	10	4134135154	AF55	075B7

序号	字形	笔数	笔顺	18030代码	13000代码	序号	字形	笔数	笔顺	18030代码	13000代码
7727	痀	10	4134135251	AF59	075C0	7770	竑	10	4143141354	8232D433	041CA
7728	疼	10	4134135444	CCDB	075BC	7771	竝	10	4143141431	B870	07ADD
7729	疱	10	4134135515	F0E5	075B1	7772	竚	10	4143144512	B86D	07ADA
7730	疰	10	4134141121	F0E6	075B0	7773	竦	10	4143151515	8232D430	041C7
7731	痃	10	4134141554	F0E7	075C3	7774	竓	10	4143154121	8232D431	041C8
7732	疟	10	4134144535	82329A32	03F83	7775	旁	10	4143454153	C5D4	065C1
7733	痆	10	4134151335	AF5B	075C6	7776	旆	10	4153311252	ECB7	065C6
7734	疿	10	4134151532	AF58	075BF	7777	旊	10	4153311554	94EB	065CA
7735	疶	10	4134152252	82329937	03F7E	7778	旄	10	4153313115	ECB8	065C4
7736	痂	10	4134153251	F0E8	075C2	7779	旂	10	4153313312	94E7	065C2
7737	疲	10	4134153254	C6A3	075B2	7780	旅	10	4153313534	C2C3	065C5
7738	痉	10	4134154121	BEB7	075C9	7781	旃	10	4153313541	ECB9	065C3
7739	疻	10	4134154251	82329A31	03F82	7782	旕	10	4153341132	82319F31	03AC5
7740	蚤	10	4134251214	CD50	08689	7783	欬	10	4153343534	99FC	06B2C
7741	剤	10	4134321122	8488	05264	7784	毅	10	4153343554	8231CB30	03C7E
7742	脊	10	4134342511	BCB9	0810A	7785	旎	10	4153351355	82319F35	03AC9
7743	效	10	4134343134	D0A7	06548	7786	畜	10	4155425121	D0F3	0755C
7744	桼	10	4134431234	82319D30	03AB0	7787	玆	10	4155441554	AB52	07386
7745	凈	10	4134435112	83F4	051C8	7788	阃	10	4252512341	E3CD	09603
7746	庡	10	4134511534	8230E339	03883	7789	闱	10	4253434121	FE8E	049B7
7747	离	10	4134522554	C0EB	079BB	7790	阄	10	4253525115	E3CE	09604
7748	衮	10	4134543534	D9F2	0886E	7791	阊	10	4254111251	D39D	08A1A
7749	紊	10	4134554234	CEC9	07D0A	7792	阅	10	4254325135	D4C4	09605
7750	唐	10	4135112251	CCC6	05510	7793	阆	10	4254511534	E3CF	09606
7751	凋	10	4135121251	B5F2	051CB	7794	羐	10	4311131252	8232FD36	04368
7752	颃	10	4135132534	F1FE	09883	7795	敉	10	4311133134	8232FD37	04369
7753	庼	10	4135212512	8230E438	0388C	7796	羒	10	4311133453	C169	07F92
7754	桊	10	4135341234	96E3	06825	7797	羖	10	4311133554	C16C	07F96
7755	瓷	10	4135341554	B4C9	074F7	7798	羞	10	4311135211	D0DF	07F9E
7756	资	10	4135342534	D7CA	08D44	7799	羓	10	4311135215	C16A	07F93
7757	恣	10	4135344544	EDA7	06063	7800	美	10	4311214334	C16F	07F99
7758	涼	10	4141251234	C1B9	051C9	7801	羔	10	4311214444	B8E1	07F94
7759	凉	10	4141251234	FD9D	0F979	7802	恙	10	4311214544	EDA6	06059
7760	啇	10	4143112251	82309933	03596	7803	瓶	10	4311321554	C6BF	074F6
7761	竡	10	4143113251	8232D432	041C9	7804	恙	10	4311324544	8230F338	03923
7762	站	10	4143121251	D5BE	07AD9	7805	剙	10	4311325344	8480	05259
7763	竜	10	4143125115	B86F	07ADC	7806	桊	10	4311341234	E8F0	0684A
7764	剖	10	4143125122	C6CA	05256	7807	拳	10	4311343112	A0BA	07276
7765	竞	10	4143125135	BEBA	07ADE	7808	拳	10	4311343112	C8AD	062F3
7766	部	10	4143125152	B2BF	090E8	7809	剶	10	4311345322	82308833	034EC
7767	勏	10	4143125153	84CF	052CF	7810	勬	10	4311345553	84CC	052CC
7768	竛	10	4143134454	B86E	07ADB	7811	粀	10	4312341344	BB86	07C8F
7769	竘	10	4143135251	B86C	07AD8	7812	粔	10	4312341515	BB89	07C94

序号	字形	笔数	笔顺	18030代码	13000代码
7813	粃	10	4312341535	BB7A	07C83
7814	粆	10	4312342343	BB7D	07C86
7815	粍	10	4312343115	BB84	07C8D
7816	敉	10	4312343134	F4CD	06549
7817	䉼	10	4312343312	8232E631	0427C
7818	粄	10	4312343354	BB7B	07C84
7819	粉	10	4312343453	B7DB	07C89
7820	粋	10	4312343512	BB82	07C8B
7821	䉻	10	4312343515	8232E630	0427B
7822	粅	10	4312343533	BB7C	07C85
7823	粇	10	4312344135	BB7E	07C87
7824	料	10	4312344412	C1CF	06599
7825	粐	10	4312344513	BB87	07C90
7826	粎	10	4312345134	BB85	07C8E
7827	粌	10	4312345152	BB83	07C8C
7828	粈	10	4312345211	BB80	07C88
7829	粑	10	4312345215	F4CE	07C91
7830	益	10	4313425221	D2E6	076CA
7831	兼	10	4315112234	BCE6	0517C
7832	朔	10	4315233511	CBB7	06714
7833	欮	10	4315233534	99FE	06B2E
7834	郸	10	4325111252	B5A6	090F8
7835	烒	10	4334112154	9EF8	070D2
7836	烓	10	4334121121	9EF9	070D3
7837	烤	10	4334121315	BFBE	070E4
7838	烘	10	4334122134	BAE6	070D8
7839	烡	10	4334122134	9F44	070E1
7840	烵	10	4334122354	9F4F	070F5
7841	烞	10	4334123424	9F42	070DE
7842	烜	10	4334125111	9F40	070DC
7843	烥	10	4334125125	9F47	070E5
7844	䢠	10	4334132454	82348632	048A0
7845	烠	10	4334132511	9F43	070E0
7846	烦	10	4334132534	B7B3	070E6
7847	烣	10	4334134334	9F46	070E3
7848	烧	10	4334153135	C9D5	070E7
7849	烛	10	4334251214	D6F2	070DB
7850	焒	10	4334251251	9F66	07112
7851	烔	10	4334251251	9EFA	070D4
7852	烟	10	4334251341	D1CC	070DF
7853	烍	10	4334312135	9EF3	070CD
7854	烶	10	4334312154	9F50	070F6
7855	烌	10	4334321234	9EF2	070CC
7856	烻	10	4334321554	9F53	070FB
7857	烨	10	4334323512	ECC7	070E8
7858	烅	10	4334325221	9EED	070C5
7859	烆	10	4334332112	9EEE	070C6
7860	烐	10	4334335414	9EF6	070D0
7861	烇	10	4334341121	9EEF	070C7
7862	烩	10	4334341154	BBE2	070E9
7863	烚	10	4334341251	9EFE	070DA
7864	烑	10	4334341534	9EF7	070D1
7865	㶷	10	4334352511	8231EA32	03DB7
7866	烙	10	4334354251	C0D3	070D9
7867	㶴	10	4334354354	8231E939	03DB4
7868	烄	10	4334413434	9EEC	070C4
7869	烗	10	4334415334	9EFD	070D7
7870	烊	10	4334431112	ECC8	070CA
7871	烪	10	4334431134	9F48	070EA
7872	剡	10	4334433422	D8DF	05261
7873	炏	10	4334433445	FE91	E855
7874	郯	10	4334433452	DBB0	090EF
7875	烢	10	4334445315	9F45	070E2
7876	㶶	10	4334453534	8231EA31	03DB6
7877	烬	10	4334513444	BDFD	070EC
7878	㶸	10	4334535353	8231EA33	03DB8
7879	递	10	4351523454	B5DD	09012
7880	涛	10	4411113124	CCCE	06D9B
7881	㳥	10	4411121132	8231D532	03CE5
7882	㳦	10	4411132534	8231D533	03CE6
7883	浾	10	4411213234	9BD5	06D7E
7884	浙	10	4411213312	D5E3	06D59
7885	涍	10	4411213521	9BDF	06D8D
7886	㳩	10	4411213541	8231D536	03CE9
7887	涜	10	4411214535	9BE8	06D9C
7888	㳧	10	4411221115	8231D534	03CE7
7889	淽	10	4411222121	9C5D	06DFD
7890	㳸	10	4411223235	8231D731	03CF8
7891	㴀	10	4411223454	8231D739	03D00
7892	淓	10	4411224153	9C45	06DD3
7893	涝	10	4411224553	C0D4	06D9D
7894	洍	10	4411225125	9B97	06D0D
7895	㳳	10	4411225135	8231D636	03CF3
7896	涁	10	4411234333	9BD8	06D81
7897	浗	10	4411241344	9BBD	06D57
7898	浡	10	4411245521	9BC2	06D61

序号	字形	笔数	笔顺	18030代码	13000代码	序号	字形	笔数	笔顺	18030代码	13000代码
7899	浦	10	4411251124	C6D6	06D66	7942	浟	10	4413223134	9BC1	06D5F
7900	浭	10	4411251134	9BCA	06D6D	7943	涖	10	4413241431	9BE3	06D96
7901	涑	10	4411251234	E4B3	06D91	7944	垽	10	4413312121	88A4	057BD
7902	浯	10	4411251251	E4B4	06D6F	7945	峾	10	4413312252	8D7C	05CFE
7903	浢	10	4411251431	9BC3	06D62	7946	涂	10	4413411234	CDBF	06D82
7904	酒	10	4411253511	BEC6	09152	7947	浠	10	4413413252	E4BB	06D60
7905	浱	10	4411311534	9BCC	06D71	7948	涗	10	4413425135	9BE4	06D97
7906	㳪	10	4411324251	8231D537	03CEA	7949	浴	10	4413434251	D4A1	06D74
7907	浹	10	4411343434	9BD1	06D79	7950	浖	10	4413443124	9BBC	06D56
7908	浝	10	4411353334	9BC0	06D5D	7951	浮	10	4413443521	B8A1	06D6E
7909	涞	10	4411431234	E4B5	06D9E	7952	浽	10	4413443531	9BD4	06D7D
7910	涟	10	4411512454	C1B0	06D9F	7953	浛	10	4413445251	9BBF	06D5B
7911	浳	10	4411542511	9BCE	06D73	7954	涣	10	4413525134	BBC1	06DA3
7912	涇	10	4411555121	9BDC	06D87	7955	浼	10	4413525135	E4BC	06D7C
7913	涉	10	4412121233	C9E6	06D89	7956	浲	10	4413541112	9BCD	06D72
7914	逤	10	4412343454	DF43	09024	7957	涤	10	4413541234	B5D3	06DA4
7915	娑	10	4412343531	E6B6	05A11	7958	浵	10	4413541333	9BCF	06D75
7916	消	10	4412432511	CFFB	06D88	7959	涥	10	4414125152	9BEA	06DA5
7917	涆	10	4412511112	9BDB	06D86	7960	㳤	10	4414132444	8231D531	03CE4
7918	浧	10	4412511121	9BC6	06D67	7961	㳯	10	4414143112	8231D632	03CEF
7919	涅	10	4412511121	C4F9	06D85	7962	㳰	10	4414154132	8231D633	03CF0
7920	浿	10	4412511134	9BD6	06D7F	7963	流	10	4414154325	C1F7	06D41
7921	洖	10	4412511134	9B9E	06D16	7964	润	10	4414251121	C8F3	06DA6
7922	涀	10	4412511135	9BD7	06D80	7965	涧	10	4414252511	BDA7	06DA7
7923	浬	10	4412511211	9BC9	06D6C	7966	㳾	10	4414311135	8231D737	03CFE
7924	㳭	10	4412511234	8231D630	03CED	7967	涚	10	4414325135	9BE7	06D9A
7925	涠	10	4412511521	E4B6	06DA0	7968	涕	10	4414351523	CCE9	06D95
7926	涄	10	4412512115	9BDA	06D84	7969	㳲	10	4414411344	8231D635	03CF2
7927	浞	10	4412512134	E4B7	06D5E	7970	浺	10	4414422512	9BD2	06D7A
7928	涃	10	4412512341	9BD9	06D83	7971	浣	10	4414451135	E4BD	06D63
7929	涓	10	4412512511	E4B8	06D93	7972	浨	10	4414451234	9BC7	06D68
7930	涢	10	4412512534	9BE9	06DA2	7973	涋	10	4414451344	9BDE	06D8B
7931	涡	10	4412512534	CED0	06DA1	7974	浤	10	4414451354	9BC4	06D64
7932	浥	10	4412515215	9BC5	06D65	7975	浶	10	4414453112	9BD0	06D76
7933	涔	10	4412523445	E4B9	06D94	7976	浪	10	4414511534	C0CB	06D6A
7934	浻	10	4412534251	9BD3	06D7B	7977	涙	10	4414513134	9BE6	06D99
7935	㴄	10	4412534251	8231D833	03D04	7978	浫	10	4414534112	9BC8	06D6B
7936	浩	10	4413121251	BAC6	06D69	7979	涒	10	4415113251	9BE2	06D92
7937	涐	10	4413121534	9BE1	06D90	7980	浸	10	4415114554	BDFE	06D78
7938	浰	10	4413123422	9BCB	06D70	7981	㳮	10	4415132534	8231D631	03CEE
7939	㳬	10	4413152134	8231D539	03CEC	7982	浘	10	4415133115	9BBE	06D58
7940	海	10	4413155414	BAA3	06D77	7983	涨	10	4415153154	D5C7	06DA8
7941	浜	10	4413212134	E4BA	06D5C	7984	烫	10	4415334334	CCCC	070EB

序号	字形	笔数	笔顺	18030代码	13000代码	序号	字形	笔数	笔顺	18030代码	13000代码
7985	涩	10	4415342121	C9AC	06DA9	8028	悋	10	4424134251	9087	0608B
7986	涊	10	4415344544	9BDD	06D8A	8029	悯	10	4424254134	C3F5	060AF
7987	涌	10	4415425112	D3BF	06D8C	8030	悦	10	4424325135	D4C3	060A6
7988	涘	10	4415431134	9BE5	06D98	8031	悌	10	4424351523	E3A9	0608C
7989	浚	10	4415434354	BFA3	06D5A	8032	悩	10	4424433452	9098	060A9
7990	䀀	10	4415525221	8232A637	04000	8033	悢	10	4424511534	9094	060A2
7991	㳨	10	4415551354	8231D535	03CE8	8034	悀	10	4425425112	907E	06080
7992	㤽	10	4421113124	8230F634	0393D	8035	悛	10	4425434354	E3AA	0609B
7993	悈	10	4421132534	9085	06088	8036	挙	10	4431343112	92A4	06319
7994	㤸	10	4421213234	8230F539	03938	8037	鸴	10	4434535451	FB60	09E34
7995	㤼	10	4421215453	8230F633	0393C	8038	害	10	4451112251	BAA6	05BB3
7996	㤴	10	4421221115	8230F535	03934	8039	㝙	10	4451121134	8230C631	03759
7997	㤹	10	4421241344	8230F630	03939	8040	宼	10	4451135531	8C74	05BBC
7998	悖	10	4421245521	E3A3	06096	8041	宯	10	4451213521	8C6E	05BAF
7999	悑	10	4421251124	908B	06091	8042	宽	10	4451222535	BFED	05BBD
8000	悚	10	4421251234	E3A4	0609A	8043	宧	10	4451225125	8C68	05BA7
8001	悟	10	4421251251	CEF2	0609F	8044	㿾	10	4451225221	8232A635	03FFE
8002	㤱	10	4421251431	8230F532	03931	8045	宸	10	4451311534	E5B7	05BB8
8003	㤳	10	4421324251	8230F534	03933	8046	家	10	4451353334	BCD2	05BB6
8004	悏	10	4421343434	9089	0608F	8047	宵	10	4452432511	CFFC	05BB5
8005	㤶	10	4421353334	8230F537	03936	8048	宲	10	4452511234	8C70	05BB2
8006	悂	10	4421535121	9081	06082	8049	宺	10	4452511325	8C72	05BBA
8007	悭	10	4422254121	E3A5	060AD	8050	宴	10	4452511531	D1E7	05BB4
8008	悄	10	4422432511	C7C4	06084	8051	宮	10	4452513251	8C6D	05BAE
8009	悍	10	4422511112	BAB7	0608D	8052	宾	10	4453212134	B1F6	05BBE
8010	悜	10	4422511121	9091	0609C	8053	宱	10	4453231211	8C6F	05BB1
8011	悮	10	4422511134	909A	060AE	8054	窍	10	4453412115	C7CF	07A8D
8012	悓	10	4422511135	908C	06093	8055	䆙	10	4453412121	8232CF34	04199
8013	悝	10	4422511211	E3A6	0609D	8056	窉	10	4453412534	B792	07A89
8014	悃	10	4422512341	E3A7	06083	8057	窅	10	4453425111	B790	07A85
8015	悁	10	4422512511	9080	06081	8058	䆘	10	4453425112	8232CF33	04198
8016	悞	10	4422515134	9092	0609E	8059	䆗	10	4453425152	8232CF32	04197
8017	悒	10	4422515215	E3A8	06092	8060	窄	10	4453431211	D5AD	07A84
8018	㤯	10	4422534251	8230F530	0392F	8061	宷	10	4453431234	8C71	05BB7
8019	悎	10	4423121251	9088	0608E	8062	窊	10	4453433544	B793	07A8A
8020	悧	10	4423123422	9097	060A7	8063	容	10	4453434251	C8DD	05BB9
8021	悔	10	4423155414	BBDA	06094	8064	窌	10	4453435352	B795	07A8C
8022	悇	10	4423411234	9084	06087	8065	窎	10	4453435451	B796	07A8E
8023	悕	10	4423413252	908D	06095	8066	窇	10	4453435515	B791	07A87
8024	悅	10	4423425135	9082	06085	8067	窋	10	4453452252	B794	07A8B
8025	㤷	10	4423445251	8230F538	03937	8068	窈	10	4453455453	F1BA	07A88
8026	悗	10	4423525135	908E	06097	8069	剜	10	4453545522	D8E0	0525C
8027	悙	10	4424125152	9090	06099	8070	㝘	10	4454111251	8230C630	03758

序号	字形	笔数	笔顺	18030代码	13000代码	序号	字形	笔数	笔顺	18030代码	13000代码
8071	宰	10	4454143112	D4D7	05BB0	8114	袝	10	4523432124	D095	0889D
8072	宧	10	4454511534	8230C539	03757	8115	袙	10	4523432511	D092	08899
8073	宭	10	4455113251	8C6C	05BAD	8116	袗	10	4523434333	D090	08897
8074	案	10	4455311234	B0B8	06848	8117	衿	10	4523434454	D087	0888A
8075	窖	10	4455443252	8C73	05BBB	8118	袛	10	4523435154	D094	0889B
8076	请	10	4511212511	C7EB	08BF7	8119	袧	10	4523435251	D09D	088A7
8077	冦	10	4511352154	83E3	051A6	8120	袍	10	4523435515	C5DB	0888D
8078	冢	10	4511353334	83E1	051A1	8121	袨	10	4523441554	D09E	088A8
8079	朗	10	4511543511	C0CA	06717	8122	袢	10	4523443112	F1C8	088A2
8080	欴	10	4511543534	9A44	06B34	8123	衸	10	4523444512	8233C530	04622
8081	诸	10	4512132511	D6EE	08BF8	8124	袕	10	4523444534	D08F	08895
8082	冣	10	4512211154	83E2	051A3	8125	袉	10	4523444535	D086	08889
8083	诹	10	4512211154	DAC1	08BF9	8126	袐	10	4523445434	D08B	08890
8084	诺	10	4512213251	C5B5	08BFA	8127	衹	10	4523451335	8233C534	04626
8085	冧	10	4512341234	83E4	051A7	8128	袦	10	4523452252	D09C	088A6
8086	读	10	4512544134	B6C1	08BFB	8129	袑	10	4523453251	D08C	08891
8087	扇	10	4513325251	91FB	06244	8130	被	10	4523453254	B1BB	088AB
8088	扅	10	4513354354	91FC	06245	8131	袯	10	4523453544	D142	088AF
8089	扆	10	4513413534	91FD	06246	8132	袎	10	4523455453	D089	0888E
8090	庫	10	4513511112	C341	08081	8133	祮	10	4524121251	B586	0796E
8091	冡	10	4513533434	DAA3	051A2	8134	祬	10	4524154121	B585	0796C
8092	诼	10	4513533434	DAC2	08BFC	8135	祯	10	4524212534	ECF5	0796F
8093	扇	10	4513541541	C9C8	06247	8136	䄄	10	4524251341	8232C036	04104
8094	䋀	10	4513554234	8232EC39	042C0	8137	祩	10	4524311234	B582	07969
8095	诽	10	4521112111	B7CC	08BFD	8138	䄆	10	4524312251	8232C038	04106
8096	袜	10	4523411234	CDE0	0889C	8139	祣	10	4524313534	B57E	07963
8097	袪	10	4523412154	D0A0	088AA	8140	祫	10	4524341251	B584	0796B
8098	袣	10	4523412215	D09A	088A3	8141	祧	10	4524341534	ECF6	07967
8099	䘤	10	4523412344	8233C532	04624	8142	祪	10	4524351355	B583	0796A
8100	袔	10	4523412512	D08E	08894	8143	祥	10	4524431112	CFE9	07965
8101	袏	10	4523413121	D08A	0888F	8144	祤	10	4524541541	B580	07964
8102	袥	10	4523413251	D09B	088A5	8145	课	10	4525111234	BFCE	08BFE
8103	袚	10	4523413544	D093	0889A	8146	冥	10	4525114134	DAA4	051A5
8104	袩	10	4523421251	D09F	088A9	8147	诿	10	4531234531	DAC3	08BFF
8105	袒	10	4523425111	CCBB	08892	8148	谀	10	4532151134	DAC4	08C00
8106	袓	10	4523425111	D08D	08893	8149	隺	10	4532411121	EB61	096BA
8107	䘥	10	4523425112	8233C533	04625	8150	谁	10	4532411121	CBAD	08C01
8108	袖	10	4523425121	D0E4	08896	8151	谂	10	4534454544	DAC5	08C02
8109	䘧	10	4523425134	8233C535	04627	8152	调	10	4535121251	B5F7	08C03
8110	袡	10	4523425211	D099	088A1	8153	冤	10	4535251354	D4A9	051A4
8111	袟	10	4523431134	D097	0889F	8154	谄	10	4535321511	DAC6	08C04
8112	袮	10	4523431234	D141	088AE	8155	谅	10	4541251234	C1C2	08C05
8113	袘	10	4523431525	D091	08898	8156	谆	10	4541251521	D7BB	08C06

序号	字形	笔数	笔顺	18030代码	13000代码	序号	字形	笔数	笔顺	18030代码	13000代码
8157	谇	10	4541343412	DAC7	08C07	8200	婁	10	5213121134	DECA	05958
8158	谈	10	4543344334	CCB8	08C08	8201	娄	10	5213121531	8ACF	05A24
8159	谊	10	4544525111	D2EA	08C0A	8202	陭	10	5213412512	EA8B	0966D
8160	谉	10	4544525112	D79F	08C09	8203	晋	10	5213425111	AF44	0758D
8161	隶	10	5111124334	8231E938	03DB3	8204	盉	10	5213425221	8232A636	03FFF
8162	書	10	5111212511	95F8	066F8	8205	牂	10	5213431112	A099	07242
8163	剥	10	5112413422	B0FE	05265	8206	娩	10	5213525135	8230C339	03743
8164	帬	10	5113251252	8EA0	05E2C	8207	孫	10	5213554234	8C4F	05B6B
8165	恳	10	5115344544	BFD2	06073	8208	陵	10	5215341534	8234A431	049D6
8166	塈	10	5115452121	88F4	05832	8209	陫	10	5221112111	EA8A	0966B
8167	叞	10	5131123454	85B0	053DE	8210	蚩	10	5221251214	F2BF	086A9
8168	展	10	5131221534	D5B9	05C55	8211	虒	10	5221531535	8233B632	0458E
8169	剧	10	5131225122	BEE7	05267	8212	祟	10	5225211234	CBEE	0795F
8170	屎	10	5131241344	8230CC33	03797	8213	陲	10	5231212211	DAEF	09672
8171	屒	10	5131311534	8CC7	05C52	8214	陹	10	5231322511	EA92	09679
8172	屑	10	5132432511	D0BC	05C51	8215	陮	10	5232411121	EA8C	0966E
8173	屓	10	5132511134	8CC8	05C53	8216	陴	10	5232511312	DAF0	09674
8174	屗	10	5133115124	8CCB	05C57	8217	陯	10	5234125122	EA8D	0966F
8175	屘	10	5133115521	8CCC	05C58	8218	険	10	5234125134	EA93	0967A
8176	屐	10	5133321254	E5EC	05C50	8219	陰	10	5234451154	EA8E	09670
8177	屖	10	5134143112	8CCA	05C56	8220	䧔	10	5234454544	8234A339	049D4
8178	屙	10	5135212512	E5ED	05C59	8221	䧓	10	5235121251	8234A338	049D3
8179	弬	10	5151225125	8F82	05F2C	8222	㪿	10	5235233312	82319E35	03ABF
8180	弳	10	5151555121	8F86	05F33	8223	陶	10	5235311252	CCD5	09676
8181	弰	10	5152432511	8F84	05F30	8224	陷	10	5235321511	CFDD	09677
8182	弲	10	5152512511	8F85	05F32	8225	陱	10	5235431234	EA8F	09671
8183	㢹	10	5154143112	8230E933	038B9	8226	䧐	10	5241251521	8234A335	049D0
8184	弱	10	5154151541	C8F5	05F31	8227	陪	10	5241431251	C5E3	0966A
8185	㢼	10	5154325234	8230E936	038BC	8228	䧑	10	5244512134	8234A336	049D1
8186	㢸	10	5155153134	8230E932	038B8	8229	胥	10	5253412511	C377	08100
8187	陚	10	5211212154	EA82	0965A	8230	烝	10	5253414444	9F41	070DD
8188	㝂	10	5211213312	8230C338	03742	8231	㛞	10	5311121132	8230B938	036DE
8189	陼	10	5212132511	EA95	0967C	8232	娡	10	5311214544	8ACD	05A21
8190	陸	10	5212134121	EA91	09678	8233	婲	10	5311223235	8B4E	05A72
8191	陵	10	5212134354	C1EA	09675	8234	姬	10	5311225125	BCA7	059EC
8192	陬	10	5212211154	DAEE	0966C	8235	娔	10	5311225135	8AC4	05A14
8193	䧒	10	5212343434	8234A337	049D2	8236	㛏	10	5311241344	8230B833	036CF
8194	孭	10	5212511134	8C50	05B6D	8237	㛘	10	5311245521	8230B932	036D8
8195	陳	10	5212511234	EA90	09673	8238	㛐	10	5311251134	8230B834	036D0
8196	䧕	10	5212511534	8234A430	049D5	8239	娕	10	5311251234	8AC5	05A15
8197	娿	10	5212512531	8AE3	05A3F	8240	娪	10	5311251251	8AD3	05A2A
8198	勐	10	5212522153	DBC2	052D0	8241	㛒	10	5311251431	8230B836	036D2
8199	弉	10	5213121132	8F6E	05F09	8242	㛤	10	5311254254	8230BA34	036E4

序号	字形	笔数	笔顺	18030代码	13000代码	序号	字形	笔数	笔顺	18030代码	13000代码
8243	娠	10	5311311534	C9EF	05A20	8286	娣	10	5314351523	E6B7	05A23
8244	娝	10	5311324251	8ACB	05A1D	8287	㛡	10	5314451135	8230BA31	036E1
8245	㛍	10	5311343434	8230B831	036CD	8288	娘	10	5314511534	C4EF	05A18
8246	娏	10	5311353334	8AC1	05A0F	8289	娓	10	5315133115	E6B8	05A13
8247	娙	10	5311555121	8AC8	05A19	8290	婀	10	5315212512	E6B9	05A40
8248	娋	10	5312432511	8ABE	05A0B	8291	恏	10	5315214544	9068	0604F
8249	娨	10	5312511112	8AD2	05A28	8292	砮	10	5315413251	B365	0782E
8250	娱	10	5312511134	D3E9	05A31	8293	㛚	10	5315425112	8230B934	036DA
8251	㛝	10	5312511134	8230B937	036DD	8294	娭	10	5315431134	8AD6	05A2D
8252	娊	10	5312511135	8ABD	05A0A	8295	㛖	10	5315434354	8230B930	036D6
8253	娌	10	5312511211	E6B2	05A0C	8296	哿	10	5325112512	DBC1	054FF
8254	桇	10	5312511234	96F4	06847	8297	䂟	10	5325113251	8232B635	0409F
8255	娉	10	5312512115	E6B3	05A09	8298	㖙	10	5325125135	82309936	03599
8256	娖	10	5312512134	8AC6	05A16	8299	皰	10	5325435515	B092	076B0
8257	娚	10	5312512153	8AC9	05A1A	8300	脋	10	5353532511	C37E	0810B
8258	娟	10	5312512511	BEEA	05A1F	8301	脅	10	5353532511	C37B	08105
8259	㛣	10	5312512534	8230BA33	036E3	8302	奙	10	5413425115	8A4D	05959
8260	娲	10	5312512534	E6B4	05A32	8303	畚	10	5413425121	DBCE	0755A
8261	挐	10	5312513112	929D	06310	8304	䍿	10	5415411121	82338139	0437F
8262	恕	10	5312514544	CBA1	06055	8305	翄	10	5415411254	C18B	07FC4
8263	娯	10	5312515134	8AD8	05A2F	8306	翀	10	5415412512	C188	07FC0
8264	娛	10	5312515134	8ACA	05A1B	8307	毣	10	5415413115	9ABB	06BE3
8265	㛕	10	5312515215	8230B839	036D5	8308	翂	10	5415413453	C189	07FC2
8266	娥	10	5313121534	B6F0	05A25	8309	翆	10	5415413512	C18C	07FC6
8267	娳	10	5313123422	8ADA	05A33	8310	通	10	5425112454	CDA8	0901A
8268	㛢	10	5313123453	8230BA32	036E2	8311	能	10	5425113535	C4DC	080FD
8269	娒	10	5313155414	8AC3	05A12	8312	圅	10	5425431121	87F6	05705
8270	娦	10	5313212134	8AD0	05A26	8313	逘	10	5431134454	DEA0	09018
8271	㛛	10	5313251113	8230B935	036DB	8314	难	10	5432411121	C4D1	096BE
8272	㛓	10	5313413252	8230B837	036D3	8315	逡	10	5434354454	E5D2	09021
8273	㛗	10	5313434121	8230B931	036D7	8316	预	10	5452132534	D4A4	09884
8274	娐	10	5313443521	8AC2	05A10	8317	矝	10	5452334454	B29B	077DD
8275	娞	10	5313443531	8ACC	05A1E	8318	務	10	5452335453	84D5	052D9
8276	娢	10	5313445251	8ACE	05A22	8319	斚	10	5454454412	94CF	0659A
8277	㛟	10	5313525134	8230B939	036DF	8320	桑	10	5454541234	C9A3	06851
8278	娩	10	5313525135	C3E4	05A29	8321	㕖	10	5454541234	82309239	03556
8279	㛔	10	5313541112	8230B838	036D4	8322	剟	10	5454545422	8484	0525F
8280	娮	10	5314111251	8AD7	05A2E	8323	绠	10	5511251134	E7AE	07EE0
8281	㛙	10	5314143112	8230B933	036D9	8324	骊	10	5511254254	E6EA	09A8A
8282	娴	10	5314251234	E6B5	05A34	8325	剝	10	5512413422	8483	0525D
8283	㛠	10	5314252511	8230BA30	036E0	8326	绡	10	5512432511	E7AF	07EE1
8284	㛨	10	5314311135	8230BA38	036E8	8327	骋	10	5512512115	B3D2	09A8B
8285	娧	10	5314325135	8AD1	05A27	8328	绢	10	5512512511	BEEE	07EE2

序号	字形	笔数	笔顺	18030代码	13000代码
8329	䯄	10	5512512534	8234D535	04BC4
8330	绣	10	5513123453	D0E5	07EE3
8331	验	10	5513414431	D1E9	09A8C
8332	绤	10	5513434251	C085	07EE4
8333	绥	10	5513443531	CBE7	07EE5
8334	绦	10	5513541234	CCD0	07EE6
8335	骍	10	5514143112	F355	09A8D
8336	继	10	5514312345	BCCC	07EE7
8337	䌼	10	5514325135	8232F932	0433C
8338	绨	10	5514351523	E7B0	07EE8
8339	骎	10	5515114554	F356	09A8E
8340	骏	10	5515434354	BFA5	09A8F
8341	郷	10	5535115452	E05F	090F7
8342	䊿	10	5544441134	8232EC38	042BF
8343	紜	10	5544441154	BC8B	07D1C
8344	䊾	10	5544441234	8232EC37	042BE
8345	紑	10	5544441324	BC80	07D11
8346	紎	10	5544441344	BC7C	07D0E
8347	紘	10	5544441354	BC87	07D18
8348	紌	10	5544441354	BC7A	07D0C
8349	䋌	10	5544441515	8232EE31	042CC
8350	純	10	5544441525	BC83	07D14
8351	紕	10	5544441535	BC84	07D15
8352	䊺	10	5544441551	8232EC33	042BA
8353	䊼	10	5544442121	8232EC35	042BC
8354	紗	10	5544442343	BC86	07D17
8355	納	10	5544442534	BC7B	07D0D
8356	䋄	10	5544442534	8232ED33	042C4
8357	䋅	10	5544443112	8232ED34	042C5
8358	䋃	10	5544443115	8232ED32	042C3
8359	紝	10	5544443121	BC8C	07D1D
8360	紤	10	5544443312	BC91	07D24
8361	紒	10	5544443432	BC81	07D12
8362	䋂	10	5544443434	8232ED31	042C2
8363	紟	10	5544443445	BC8E	07D1F
8364	紛	10	5544443453	BC8A	07D1B
8365	紣	10	5544443512	BC90	07D23
8366	紙	10	5544443515	BC88	07D19
8367	䊻	10	5544443534	8232EC34	042BB
8368	紋	10	5544444134	BC79	07D0B
8369	䋁	10	5544444135	8232ED30	042C1
8370	紡	10	5544444153	BC8F	07D21
8371	紏	10	5544444412	BC7D	07D0F
8372	䋆	10	5544444513	8232ED35	042C6
8373	紞	10	5544444535	BC8D	07D1E
8374	䋇	10	5544445134	8232ED36	042C7
8375	䊽	10	5544445134	8232EC36	042BD
8376	紖	10	5544445152	BC85	07D16
8377	紐	10	5544445211	BC7E	07D10
8378	紦	10	5544445215	BC93	07D26
8379	紓	10	5544445452	BC82	07D13
8380	㓯	10	5552512122	82308836	034EF
8381	䣎	10	5552512152	82348A38	048CE
8382	邕	10	5552515215	E7DF	09095
8383	鸶	10	5555135451	F0B8	09E36
8384	彗	11	11121112511	E5E7	05F57
8385	剨	11	11121325122	848A	05268
8386	耝	11	11123425111	C25E	0801D
8387	耜	11	11123425151	F1EA	0801C
8388	㼍	11	11123433544	82328E34	03F0D
8389	耞	11	11123453251	C25F	0801E
8390	耚	11	11123453254	C25C	0801A
8391	耛	11	11123454251	C25D	0801B
8392	䂮	11	11125313251	8232B830	040AE
8393	㓶	11	11125313422	82308933	034F6
8394	焘	11	11131244444	ECE2	07118
8395	邫	11	11132515215	DF99	090AB
8396	舂	11	11134321511	F4A9	08202
8397	琎	11	11211132454	AC51	0740E
8398	㺿	11	11211225125	82328636	03EBF
8399	球	11	11211241344	C7F2	07403
8400	㻋	11	11211251234	82328738	03ECB
8401	珸	11	11211251251	AC40	073F8
8402	琏	11	11211512454	E7F6	0740F
8403	㻉	11	11212121233	82328736	03EC9
8404	琑	11	11212432511	AC52	07411
8405	琐	11	11212432534	CBF6	07410
8406	珵	11	11212511121	AB9E	073F5
8407	珼	11	11212511134	AC44	073FC
8408	㻍	11	11212511134	82328830	03ECD
8409	責	11	11212511134	D89F	08CAC
8410	現	11	11212511135	AC46	073FE
8411	理	11	11212511211	C0ED	07406
8412	珿	11	11212512134	AC47	073FF
8413	琄	11	11212512511	AC4B	07404
8414	琌	11	11212523445	AC4F	0740C

序号	字形	笔数	笔顺	18030代码	13000代码	序号	字形	笔数	笔顺	18030代码	13000代码
8415	珴	11	11213121534	AB9D	073F4	8458	埡	11	12112155121	88BA	057E1
8416	琍	11	11213123422	AC50	0740D	8459	掗	11	12112155121	92E9	06397
8417	琇	11	11213123453	AC4C	07407	8460	娸	11	12112211134	8230AB31	0364B
8418	琁	11	11213152134	AC49	07401	8461	掑	11	12112211134	92E5	06391
8419	珻	11	11213155414	AC43	073FB	8462	揶	11	12112211152	DEDE	063F6
8420	琜	11	11213411234	82328739	03ECC	8463	掫	11	12112211154	92F4	063AB
8421	琋	11	11213413252	AC4E	0740B	8464	措	11	12112212511	B4EB	063AA
8422	琈	11	11213443521	AC4D	07408	8465	掿	11	12112213251	92FD	063BF
8423	琀	11	11213445251	AC48	07400	8466	描	11	12112225121	C3E8	063CF
8424	琓	11	11213525135	82328737	03ECA	8467	埴	11	12112251111	DBFA	057F4
8425	琒	11	11213541112	AC53	07412	8468	㨁	11	12112251111	82318B36	03A01
8426	麸	11	11213541134	F4EF	09EB8	8469	㨆	11	12112341234	82318C31	03A06
8427	琂	11	11214111251	AC4A	07402	8470	埬	11	12112511234	88C4	057EC
8428	琰	11	11214134333	AB9C	073F3	8471	㨂	11	12112511234	82318B37	03A02
8429	琉	11	11214154325	C1F0	07409	8472	域	11	12112511534	D3F2	057DF
8430	琷	11	11214311135	AC6A	07437	8473	掝	11	12112511534	92EE	0639D
8431	珶	11	11214351523	AB9F	073F6	8474	掚	11	12112523434	92EB	0639A
8432	琓	11	11214451135	AC54	07413	8475	堐	11	12113121121	88DB	05810
8433	琅	11	11214511534	C0C5	07405	8476	捱	11	12113121121	DEDF	06371
8434	珺	11	11215113251	AC42	073FA	8477	捺	11	12113411234	DEE0	0637A
8435	琭	11	11215114334	82328832	03ECF	8478	捹	11	12113412132	92D9	06379
8436	琝	11	11215434354	82328833	03ED0	8479	埼	11	12113412512	88CE	057FC
8437	琟	11	11232411121	8234A639	049F2	8480	掎	11	12113412512	DEE1	0638E
8438	匭	11	11251112355	8551	0532D	8481	埯	11	12113425115	DBFB	057EF
8439	貳	11	11251113454	D940	08CAE	8482	掩	11	12113425115	D1DA	063A9
8440	䙹	11	11322511135	8233CD35	04679	8483	㙇	11	12113533434	8230AA37	03647
8441	規	11	11342511135	D28E	0898F	8484	㧻	11	12113533434	82318B30	039FB
8442	㒮	11	11351353334	82308231	034AE	8485	捷	11	12115112134	BDDD	06377
8443	埲	11	12111134112	88C8	057F2	8486	捿	11	12115112531	92DD	0637F
8444	捧	11	12111134112	C5F5	06367	8487	捯	11	12115412122	92D2	0636F
8445	埥	11	12111212511	88BD	057E5	8488	排	11	12121112111	C5C5	06392
8446	掅	11	12111212511	92E1	06385	8489	埱	11	12121123454	88C7	057F1
8447	㧼	11	12111213534	82318B31	039FC	8490	掓	11	12121123454	92E6	06393
8448	掭	11	12111342444	DEDD	063AD	8491	焉	11	12121154444	D1C9	07109
8449	瓻	11	12111541554	AE44	074FA	8492	掯	11	12121212511	92F5	063AF
8450	跃	11	12111543134	E94F	0957A	8493	掉	11	12121251112	B5F4	06389
8451	㙊	11	12112111534	8230AB30	0364A	8494	䞙	11	12121341252	8233E939	04799
8452	掁	11	12112111534	92DE	06381	8495	䞚	11	12121341254	8233EA30	0479A
8453	掛	11	12112112124	92EC	0639B	8496	䞛	11	12121341255	8233EA31	0479B
8454	堵	11	12112132511	B6C2	05835	8497	䞜	11	12121341324	8233EA32	0479C
8455	㨋	11	12112132511	82318C36	03A0B	8498	赻	11	12121342343	DA60	08D7B
8456	堎	11	12112134354	88D9	0580E	8499	赾	11	12121343312	DA63	08D7E
8457	掕	11	12112134354	92E8	06395	8500	赺	11	12121343445	DA5F	08D7A

序号	字形	笔数	笔顺	18030代码	13000代码	序号	字形	笔数	笔顺	18030代码	13000代码
8501	赿	11	12121343515	DA64	08D7F	8544	頂	11	12132511134	ED94	09802
8502	趀	11	12121343523	DA65	08D80	8545	埤	11	12132511312	DBFD	057E4
8503	赼	11	12121343534	DA61	08D7C	8546	捭	11	12132511312	DEE3	0636D
8504	赹	11	12121343541	DA5E	08D79	8547	埠	11	12132515112	B2BA	057E0
8505	﨣	11	12121344412	FE4B	0FA23	8548	梊	11	12133121234	975C	0688A
8506	赽	11	12121345134	DA62	08D7D	8549	晢	11	12133122511	9586	06662
8507	㙈	11	12121531535	8230AA38	03648	8550	掀	11	12133123534	CFC6	06380
8508	掳	11	12121531553	C2B0	063B3	8551	烲	11	12133124334	9F4C	070F2
8509	毮	11	12123433115	9AC4	06BEE	8552	焎	11	12133124444	9F63	0710E
8510	埫	11	12124325251	88C3	057EB	8553	悊	11	12133124544	9086	0608A
8511	㧹	11	12125111124	82318A38	039F9	8554	耈	11	12133535251	C255	08008
8512	埧	11	12125111134	88BF	057E7	8555	捨	11	12134112251	92CE	06368
8513	堁	11	12125111234	88D1	05801	8556	捦	11	12134112431	92CD	06366
8514	捰	11	12125111234	92D3	06370	8557	埶	11	12134121354	88CB	057F6
8515	堒	11	12125111535	88DC	05812	8558	逵	11	12134121454	E5D3	09035
8516	掍	11	12125111535	92E4	0638D	8559	埨	11	12134125122	88C0	057E8
8517	掴	11	12125112141	DEE2	063B4	8560	掄	11	12134125122	92E0	06384
8518	捫	11	12125112511	92D0	0636B	8561	掵	11	12134125152	92F8	063B5
8519	埸	11	12125113533	DBFC	057F8	8562	㧿	11	12134342134	82318B34	039FF
8520	掦	11	12125113533	92F3	063A6	8563	埰	11	12134431234	88C6	057F0
8521	掲	11	12125113535	92F7	063B2	8564	採	11	12134431234	92F1	063A1
8522	㙉	11	12125122134	8230AA39	03649	8565	授	11	12134434554	CADA	06388
8523	捵	11	12125122134	92D7	06375	8566	掙	11	12134435112	92EA	06399
8524	堌	11	12125122511	88D8	0580C	8567	埝	11	12134454544	DBFE	057DD
8525	㧽	11	12125122511	82318B32	039FD	8568	捻	11	12134454544	C4ED	0637B
8526	堓	11	12125213112	88DD	05813	8569	㧳	11	12134533112	82318A32	039F3
8527	㧺	11	12125342511	82318A39	039FA	8570	捴	11	12134544544	92D6	06374
8528	堈	11	12125431252	88D5	05808	8571	堋	11	12135113511	DCA1	0580B
8529	掆	11	12125431252	92E2	06386	8572	掤	11	12135113511	92F2	063A4
8530	堝	11	12125525251	88E5	0581D	8573	㨄	11	12135121251	82318B39	03A04
8531	埵	11	12131212211	88CA	057F5	8574	捪	11	12135152511	92CF	0636A
8532	捶	11	12131212211	B4B7	06376	8575	教	11	12135213134	BDCC	06559
8533	捼	11	12131234531	92DA	0637C	8576	堍	11	12135251354	DCA2	0580D
8534	㨀	11	12131511234	82318B35	03A00	8577	掏	11	12135311252	CCCD	0638F
8535	逰	11	12131521454	DF4B	09030	8578	埳	11	12135321511	88C9	057F3
8536	捳	11	12132121252	92D5	06373	8579	掐	11	12135321511	C6FE	06390
8537	堄	11	12132151135	88D3	05804	8580	㧾	11	12135334544	82318B33	039FE
8538	掜	11	12132151135	92ED	0639C	8581	䂬	11	12135413251	8232B738	040AC
8539	赦	11	12132343134	C9E2	08D66	8582	䅃	11	12135431234	8232C639	04143
8540	赥	11	12132343534	DA54	08D65	8583	掬	11	12135431234	DEE4	063AC
8541	赧	11	12132345254	F4F6	08D67	8584	鸷	11	12135435451	F0BA	09E37
8542	堆	11	12132411121	B6D1	05806	8585	掠	11	12141251234	C2D3	063A0
8543	推	11	12132411121	CDC6	063A8	8586	埻	11	12141251521	88CD	057FB

序号	字形	笔数	笔顺	18030代码	13000代码
8587	㨃	11	12141251521	82318B38	03A03
8588	掂	11	12141321251	B5E0	06382
8589	掖	11	12141323544	D2B4	06396
8590	捬	11	12141332124	92D1	0636C
8591	掋	11	12141335154	92E3	0638B
8592	㨈	11	12141343211	82318C33	03A08
8593	埣	11	12141343412	88BC	057E3
8594	捽	11	12141343412	92DB	0637D
8595	掶	11	12141351134	92F9	063B6
8596	培	11	12141431251	C5E0	057F9
8597	掊	11	12141431251	DEE5	0638A
8598	接	11	12141431531	BDD3	063A5
8599	埥	11	12141542511	88D6	05809
8600	執	11	12143112354	88CC	057F7
8601	逹	11	12143112454	DF51	09039
8602	掷	11	12143113452	D6C0	063B7
8603	埢	11	12143113455	88BB	057E2
8604	捲	11	12143113455	92D4	06372
8605	掽	11	12143122431	92FC	063BD
8606	掸	11	12143251112	B5A7	063B8
8607	埮	11	12143344334	88C5	057EE
8608	掞	11	12143344334	92EF	0639E
8609	埞	11	12144512134	88B9	057DE
8610	掟	11	12144512134	92F0	0639F
8611	捾	11	12144525151	92DC	0637E
8612	埪	11	12144534121	88C2	057EA
8613	控	11	12144534121	BFD8	063A7
8614	埦	11	12144535455	88BE	057E6
8615	捥	11	12144535455	92CC	06365
8616	壸	11	12145122431	89D7	058F8
8617	捩	11	12145131344	DEE6	06369
8618	掮	11	12145132511	DEE7	063AE
8619	壷	11	12145251221	89D6	058F7
8620	堔	11	12145341234	88DE	05814
8621	探	11	12145341234	CCBD	063A2
8622	殻	11	12145353554	9AA3	06BBB
8623	悫	11	12145354544	EDA8	060AB
8624	揵	11	12151111254	9362	063F5
8625	㙌	11	12151123234	8230AB32	0364C
8626	埭	11	12151124134	DCA4	057ED
8627	捸	11	12151124134	92D8	06378
8628	埽	11	12151145252	DCA3	057FD
8629	掃	11	12151145252	92DF	06383

序号	字形	笔数	笔顺	18030代码	13000代码
8630	据	11	12151312251	BEDD	0636E
8631	堀	11	12151352252	DCA5	05800
8632	掘	11	12151352252	BEF2	06398
8633	掹	11	12152125221	92FA	063B9
8634	殸	11	12152133554	9AA0	06BB8
8635	逺	11	12153234454	DF52	0903A
8636	掺	11	12154134333	B2F4	063BA
8637	掻	11	12154251214	92FB	063BB
8638	㙍	11	12154545454	8230AB33	0364D
8639	掇	11	12154545454	B6DE	06387
8640	堊	11	12155121121	88D7	0580A
8641	䢝	11	12155121454	82348539	0489D
8642	掼	11	12155212534	DEE8	063BC
8643	聇	11	12211112121	C274	08047
8644	䎶	11	12211125112	82338732	043B6
8645	职	11	12211125134	D6B0	0804C
8646	聃	11	12211125211	F1F5	08043
8647	聅	11	12211131134	C273	08045
8648	菶	11	12211134112	C845	083F6
8649	基	11	12211134121	BBF9	057FA
8650	聄	11	12211134333	C272	08044
8651	聆	11	12211134454	F1F6	08046
8652	卙	11	12211134512	8568	05359
8653	勘	11	12211134553	BFB1	052D8
8654	聊	11	12211135352	C1C4	0804A
8655	聍	11	12211144512	F1F7	0804D
8656	䎵	11	12211145434	82338731	043B5
8657	聉	11	12211152252	C276	08049
8658	堅	11	12211154121	88CF	057FE
8659	娶	11	12211154531	C8A2	05A36
8660	聈	11	12211155453	C275	08048
8661	菁	11	12211212511	DDBC	083C1
8662	甛	11	12211312251	AE5C	0751B
8663	菾	11	12211342444	C84A	083FE
8664	萇	11	12212111534	C84F	08407
8665	菝	11	12212113544	DDC3	083DD
8666	菗	11	12212125121	C793	083D7
8667	著	11	12212132511	D6F8	08457
8668	菱	11	12212134354	C1E2	083F1
8669	菢	11	12212135515	C798	083E2
8670	菈	11	12212141431	C789	083C8
8671	萔	11	12212153251	C856	08414
8672	萚	11	12212154112	C85B	0841A

序号	字形	笔数	笔顺	18030代码	13000代码
8673	萁	11	12212211134	DDBD	08401
8674	菆	11	12212211154	C788	083C6
8675	菻	11	12212341234	C848	083FB
8676	䓩	11	12212341254	8233A537	044E9
8677	菥	11	12212343312	DDBE	083E5
8678	萊	11	12212343434	C852	0840A
8679	菘	11	12212343454	DDBF	083D8
8680	蒁	11	12212344454	C944	08481
8681	萙	11	12212344535	C85A	08419
8682	堇	11	12212511121	DDC0	05807
8683	菫	11	12212511121	C79E	083EB
8684	靪	11	12212511212	EC77	0976A
8685	菄	11	12212511234	C787	083C4
8686	勒	11	12212511253	C0D5	052D2
8687	逪	11	12212511454	DF48	0902A
8688	黄	11	12212512134	BBC6	09EC4
8689	菣	11	12212512554	C799	083E3
8690	莿	11	12212523422	C784	083BF
8691	㒼	11	12212523434	82308335	034BC
8692	䓣	11	12212523434	8233A531	044E3
8693	逽	11	12213251454	DF53	0903D
8694	萘	11	12213411234	DDC1	08418
8695	莾	11	12213412132	C783	083BE
8696	䓫	11	12213412512	8233A539	044EB
8697	㳟	11	12213424134	8231D437	03CDF
8698	菴	11	12213425115	C843	083F4
8699	萐	11	12215112134	C853	08410
8700	萋	11	12215112531	DDC2	0840B
8701	萅	11	12215252511	C84E	08405
8702	勚	11	12215253453	84D6	052DA
8703	菚	11	12215341534	C795	083DA
8704	菿	11	12215412122	C84B	083FF
8705	菲	11	12221112111	B7C6	083F2
8706	菽	11	12221123454	DDC4	083FD
8707	䓬	11	12221251112	8233A630	044EC
8708	萀	11	12221531535	C84C	08400
8709	萛	11	12225111132	C85C	0841B
8710	菋	11	12225111234	C78B	083CB
8711	菒	11	12225111234	C790	083D2
8712	菓	11	12225111234	C791	083D3
8713	萈	11	12225111354	C850	08408
8714	菎	11	12225111535	C78D	083CE
8715	菖	11	12225112511	DDC5	083D6
8716	菛	11	12225112511	C796	083DB
8717	萌	11	12225113511	C3C8	0840C
8718	䓪	11	12225113533	8233A538	044EA
8719	䓦	11	12225122134	8233A534	044E6
8720	䓢	11	12225122511	8233A530	044E2
8721	萜	11	12225221251	DDC6	0841C
8722	萝	11	12225221354	C2DC	0841D
8723	菌	11	12225312341	BEFA	083CC
8724	萞	11	12225341535	C85D	0841E
8725	䓠	11	12225342511	8233A438	044E0
8726	菵	11	12225431415	C844	083F5
8727	萵	11	12225525251	C86E	08435
8728	䓡	11	12231134251	8233A439	044E1
8729	菙	11	12231212211	C794	083D9
8730	䓙	11	12231221135	8233A431	044D9
8731	萂	11	12231234251	C84D	08402
8732	菞	11	12231234353	C797	083DE
8733	萎	11	12231234531	CEAE	0840E
8734	萟	11	12231254354	C85E	0841F
8735	萸	11	12232151134	DDC7	08438
8736	萖	11	12232151135	C858	08416
8737	萑	11	12232411121	DDC8	08411
8738	萆	11	12232511312	DDC9	08406
8739	菂	11	12232511354	C785	083C2
8740	䓚	11	12233225111	8233A432	044DA
8741	菳	11	12234112431	C842	083F3
8742	䓭	11	12234123422	8233A631	044ED
8743	剳	11	12234125122	8491	05273
8744	菕	11	12234125122	C792	083D5
8745	菜	11	12234431234	B2CB	083DC
8746	菍	11	12234454544	C78C	083CD
8747	棻	11	12234531234	97B1	068FB
8748	䓗	11	12234544544	8233A339	044D7
8749	萠	11	12235113511	C85F	08420
8750	萉	11	12235115215	C851	08409
8751	菔	11	12235115254	DDCA	083D4
8752	䓟	11	12235121251	8233A437	044DF
8753	菟	11	12235251354	DDCB	083DF
8754	萄	11	12235311252	CCD1	08404
8755	萏	11	12235321511	DDCC	0840F
8756	䓤	11	12235334544	8233A532	044E4
8757	䓘	11	12235424251	8233A430	044D8
8758	菊	11	12235431234	BED5	083CA

序号	字形	笔数	笔顺	18030代码	13000代码
8759	菧	11	12241335154	C79C	083E7
8760	萕	11	12241343211	C857	08415
8761	萃	11	12241343412	DDCD	08403
8762	萒	11	12241345435	C854	08412
8763	菮	11	12241351134	C840	083EE
8764	菩	11	12241431251	C6D0	083E9
8765	菨	11	12241431531	C79D	083E8
8766	菸	11	12241533444	DDCE	083F8
8767	菤	11	12243113455	C79A	083E4
8768	菼	11	12243344334	C849	083FC
8769	菏	11	12244112512	BACA	083CF
8770	萍	11	12244114312	C6BC	0840D
8771	菹	11	12244125111	DDCF	083F9
8772	萡	11	12244132511	C860	08421
8773	䓜	11	12244135154	8233A434	044DC
8774	萢	11	12244135515	C861	08422
8775	菬	11	12244153251	C79F	083EC
8776	菠	11	12244153254	B2A4	083E0
8777	菭	11	12244154251	C7A0	083ED
8778	萗	11	12244511234	C859	08417
8779	萣	11	12244512134	C862	08423
8780	菪	11	12244513251	DDD0	083EA
8781	萓	11	12244525111	C855	08413
8782	菅	11	12244525151	DDD1	083C5
8783	菀	11	12244535455	DDD2	083C0
8784	蓈	11	12245115452	C976	084C8
8785	䓞	11	12245131344	8233A436	044DE
8786	菺	11	12245132511	C847	083FA
8787	萤	11	12245251214	D3A9	08424
8788	营	11	12245251251	D3AA	08425
8789	䓨	11	12245311252	8233A536	044E8
8790	萦	11	12245554234	DDD3	08426
8791	乾	11	12251112315	C7AC	04E7E
8792	萧	11	12251123234	CFF4	08427
8793	菉	11	12251124134	C78A	083C9
8794	菷	11	12251145252	C846	083F7
8795	㼢	11	12251251554	82329035	03F22
8796	䓛	11	12251352252	8233A433	044DB
8797	兞	11	12251353115	83C1	0515E
8798	兝	11	12251353453	83C0	0515D
8799	䎁	11	12251541541	82338231	04381
8800	䓝	11	12252125221	8233A435	044DD
8801	菰	11	12252133544	DDD4	083F0
8802	䓧	11	12252251541	8233A535	044E7
8803	菡	11	12252413452	DDD5	083E1
8804	萨	11	12252414313	C8F8	08428
8805	菇	11	12253112251	B9BD	083C7
8806	菑	11	12255525121	C78F	083D1
8807	梼	11	12341113124	9783	068BC
8808	梇	11	12341121132	9759	06887
8809	械	11	12341132534	D0B5	068B0
8810	㭳	11	12341213521	8231B034	03B73
8811	梽	11	12341214544	9784	068BD
8812	㭯	11	12341221115	8231B030	03B6F
8813	椛	11	12341223235	97C9	0691B
8814	㭶	11	12341224153	8231B037	03B76
8815	埜	11	12341234121	88B8	057DC
8816	梺	11	12341234124	9781	068BA
8817	彬	11	12341234333	B1F2	05F6C
8818	梦	11	12341234354	C3CE	068A6
8819	梵	11	12341234354	E8F3	068B5
8820	椘	11	12341234454	97C6	06918
8821	䢞	11	12341234454	82348630	0489E
8822	婪	11	12341234531	C0B7	05A6A
8823	梂	11	12341241344	9757	06882
8824	桲	11	12341245521	974B	06872
8825	㭪	11	12341251124	8231AF35	03B6A
8826	㭱	11	12341251125	8231B032	03B71
8827	梗	11	12341251134	B9A3	06897
8828	梀	11	12341251234	9756	06880
8829	梧	11	12341251251	CEE0	068A7
8830	梪	11	12341251431	9775	068AA
8831	梄	11	12341253511	9758	06884
8832	㟚	11	12341254252	8230D330	037DA
8833	桭	11	12341311534	9746	0686D
8834	桺	11	12341321551	9750	0687A
8835	桮	11	12341324251	9747	0686E
8836	梜	11	12341343434	976B	0689C
8837	㭬	11	12341353334	8231AF37	03B6C
8838	梾	11	12341431234	9785	068BE
8839	梿	11	12341512454	9786	068BF
8840	梐	11	12341535121	9761	06890
8841	翉	11	12341541541	C18F	07FC9
8842	桱	11	12341555121	974A	06871
8843	㭴	11	12342254121	8231B035	03B74
8844	梢	11	12342432511	C9D2	068A2

序号	字形	笔数	笔顺	18030代码	13000代码	序号	字形	笔数	笔顺	18030代码	13000代码
8845	桿	11	12342511112	9755	0687F	8888	梓	11	12344143112	E8F7	06893
8846	桯	11	12342511121	9748	0686F	8889	堏	11	12344153121	88DA	0580F
8847	梖	11	12342511134	9766	06896	8890	梳	11	12344154325	CAE1	068B3
8848	梘	11	12342511135	9767	06898	8891	棁	11	12344325135	9787	068C1
8849	梩	11	12342511211	9774	068A9	8892	梯	11	12344351523	CCDD	068AF
8850	梬	11	12342512115	9777	068AC	8893	桫	11	12344412343	E8F8	0686B
8851	㭷	11	12342512153	8231B038	03B77	8894	梡	11	12344451135	9770	068A1
8852	梱	11	12342512341	9779	068B1	8895	桹	11	12344511534	974F	06879
8853	梋	11	12342512511	975D	0688B	8896	桾	11	12345113251	9754	0687E
8854	梙	11	12342512512	9768	06899	8897	棂	11	12345114334	E8F9	068C2
8855	㭭	11	12342515322	8231AF38	03B6D	8898	梫	11	12345114554	9776	068AB
8856	梣	11	12342523445	9771	068A3	8899	楖	11	12345115452	97F9	06956
8857	梤	11	12342523453	9772	068A4	8900	梶	11	12345133115	977C	068B6
8858	梏	11	12343121251	E8F4	0688F	8901	梮	11	12345135251	9778	068AE
8859	梸	11	12343123422	977E	068B8	8902	梞	11	12345154544	976D	0689E
8860	梅	11	12343155414	C3B7	06885	8903	梉	11	12345213121	975B	06889
8861	梹	11	12343212134	9780	068B9	8904	蚻	11	12345251214	CD6C	086BB
8862	梍	11	12343251115	975F	0688D	8905	梕	11	12345344544	9765	06895
8863	梎	11	12343251135	9760	0688E	8906	桳	11	12345413512	974C	06873
8864	梻	11	12343251532	9782	068BB	8907	桶	11	12345425112	CDB0	06876
8865	梔	11	12343315215	9764	06894	8908	梭	11	12345434354	CBF3	068AD
8866	梌	11	12343411234	975E	0688C	8909	㭮	11	12345551354	8231AF39	03B6E
8867	觋	11	12343412535	EAEA	089CB	8910	紮	11	12345554234	BC99	07D2E
8868	桸	11	12343413252	974E	06878	8911	救	11	12413443134	BEC8	06551
8869	检	11	12343414431	BCEC	068C0	8912	啬	11	12431252511	D8C4	0556C
8870	桼	11	12343424134	9752	0687C	8913	㪍	11	12455213134	82319935	03A8D
8871	梲	11	12343425135	977A	068B2	8914	軖	11	12511121121	DC92	08ED6
8872	㭫	11	12343434121	8231AF36	03B6B	8915	䡍	11	12511121134	8233FB39	0484D
8873	桽	11	12343434121	9753	0687D	8916	䡇	11	12511121135	8233FB33	04847
8874	㭲	11	12343434251	8231B033	03B72	8917	転	11	12511121154	DC9E	08EE2
8875	麥	11	12343434354	FB9C	09EA5	8918	䡋	11	12511121254	8233FB37	0484B
8876	逨	11	12343434454	DF46	09028	8919	軚	11	12511121344	DC96	08EDA
8877	㭩	11	12343443124	8231AF34	03B69	8920	䡌	11	12511121354	8233FB38	0484C
8878	桴	11	12343443521	E8F5	06874	8921	軛	11	12511121355	DC97	08EDB
8879	桵	11	12343443531	974D	06875	8922	軘	11	12511121525	DC94	08ED8
8880	梒	11	12343445251	9763	06892	8923	戜	11	12511121534	91E4	0621C
8881	桰	11	12343515251	9749	06870	8924	軙	11	12511122154	DC95	08ED9
8882	㭵	11	12343525121	8231B036	03B75	8925	軜	11	12511122534	DC98	08EDC
8883	梚	11	12343525135	9769	0689A	8926	軞	11	12511123115	DC9A	08EDE
8884	梑	11	12343534334	9762	06891	8927	軠	11	12511123121	DC9C	08EE0
8885	桷	11	12343535112	E8F6	06877	8928	斬	11	12511123312	94D8	065AC
8886	桻	11	12343541112	9751	0687B	8929	䡊	11	12511123354	8233FB36	0484A
8887	梈	11	12344125152	975A	06888	8930	䡈	11	12511123434	8233FB34	04848

序号	字形	笔数	笔顺	18030代码	13000代码	序号	字形	笔数	笔顺	18030代码	13000代码
8931	軡	11	12511123445	DC9D	08EE1	8974	酕	11	12535113115	E146	09155
8932	䡆	11	12511123454	8233FB32	04846	8975	酗	11	12535113452	D0EF	09157
8933	軝	11	12511123515	DC99	08EDD	8976	酚	11	12535113453	B7D3	0915A
8934	軟	11	12511123534	DC9B	08EDF	8977	酔	11	12535113512	E145	09154
8935	軗	11	12511123554	DC93	08ED7	8978	酘	11	12535113554	E148	09158
8936	軣	11	12511124134	DC9F	08EE3	8979	酙	11	12535114412	E149	09159
8937	䡉	11	12511124135	8233FB35	04849	8980	酖	11	12535114535	E147	09156
8938	䡎	11	12511124513	8233FC30	0484E	8981	婯	11	12541254531	8B4B	05A6F
8939	専	11	12511214124	8CA3	05C08	8982	殹	11	13113453554	9AA1	06BB9
8940	旉	11	12511244153	94EA	065C9	8983	悘	11	13113454544	908F	06098
8941	郾	11	12511531552	DBB1	090FE	8984	㫳	11	13115342511	8231A337	03AF3
8942	匮	11	12512125345	D8D1	0532E	8985	脣	11	13115342511	C38B	08123
8943	曹	11	12512212511	B2DC	066F9	8986	敐	11	13115343134	949D	06550
8944	悪	11	12512214544	9099	060AA	8987	㰮	11	13115343534	8231C331	03C2E
8945	㩽	11	12512341254	82319739	03A7D	8988	㲀	11	13115343554	8231CB32	03C80
8946	敕	11	12512343134	EBB7	06555	8989	厢	11	13123425111	CFE1	053A2
8947	欶	11	12512343534	9A46	06B36	8990	厣	11	13134425112	D8C9	053A3
8948	副	11	12512512122	B8B1	0526F	8991	戚	11	13211234534	C6DD	0621A
8949	區	11	12512512515	855E	05340	8992	帶	11	13221545252	8EA7	05E36
8950	敔	11	12512513134	94A0	06554	8993	覔	11	13242511135	D293	08994
8951	䑐	11	12512531234	82339635	04450	8994	戛	11	13251111534	EAA9	0621B
8952	堅	11	12512554121	88D4	05805	8995	硏	11	13251113112	B378	0784F
8953	孯	11	12512554521	8C52	05B6F	8996	硎	11	13251113222	EDCA	0784E
8954	婜	11	12512554531	8AFA	05A5C	8997	厠	11	13251113422	858B	053A0
8955	豉	11	12514311254	F4F9	08C49	8998	硅	11	13251121121	B9E8	07845
8956	䜴	11	12514312154	8233E030	04734	8999	䣑	11	13251121152	82348B31	048D1
8957	毭	11	12514313115	9AC3	06BED	9000	硈	11	13251121251	B373	07848
8958	㰯	11	12514313534	8231C332	03C2F	9001	硓	11	13251121335	B37A	07853
8959	㪷	11	12514314412	82319D37	03AB7	9002	硔	11	13251122134	B37B	07854
8960	票	11	12522111234	C6B1	07968	9003	硭	11	13251122415	EDCB	0786D
8961	鄄	11	12522112152	DBB2	09104	9004	䀁	11	13251125221	8232A638	04001
8962	㶾	11	12522114334	8231EA39	03DBE	9005	硒	11	13251125351	CEF8	07852
8963	䅇	11	12522131234	8232C733	04147	9006	硕	11	13251132534	CBB6	07855
8964	酜	11	12535111134	E14B	0915C	9007	硖	11	13251143134	EDCC	07856
8965	酛	11	12535111135	E14A	0915B	9008	硗	11	13251153135	EDCD	07857
8966	酝	11	12535111154	D4CD	0915D	9009	䂣	11	13251212135	8232B639	040A3
8967	䣪	11	12535111252	82348D36	048EA	9010	硄	11	13251243135	B371	07844
8968	䣫	11	12535111254	82348D37	048EB	9011	硐	11	13251251251	EDCF	07850
8969	䣭	11	12535111344	82348D39	048ED	9012	䂩	11	13251251341	8232B735	040A9
8970	酞	11	12535111344	CCAA	0915E	9013	硘	11	13251252511	B37C	07858
8971	䣰	11	12535111515	82348E32	048F0	9014	硙	11	13251252515	B37D	07859
8972	䣩	11	12535111525	82348D35	048E9	9015	硃	11	13251311234	B370	07843
8973	䣬	11	12535111534	82348D38	048EC	9016	硚	11	13251313432	B37E	0785A

序号	字形	笔数	笔顺	18030代码	13000代码	序号	字形	笔数	笔顺	18030代码	13000代码
9017	硟	11	13251321554	B383	0785F	9060	豜	11	13533341132	D85D	08C5C
9018	硇	11	13251325341	EDD0	07847	9061	豘	11	13533341525	D85A	08C58
9019	硂	11	13251341121	B36F	07842	9062	豛	11	13533343554	D85C	08C5B
9020	硆	11	13251341251	B372	07846	9063	豝	11	13533345215	D85E	08C5D
9021	䂪	11	13251341534	8232B736	040AA	9064	聋	11	13534122111	C1FB	0804B
9022	硊	11	13251351355	B375	0784A	9065	龚	11	13534122134	B9A8	09F9A
9023	䂫	11	13251354152	8232B737	040AB	9066	袭	11	13534413534	CFAE	088AD
9024	硌	11	13251354251	EDD1	0784C	9067	殑	11	13541225135	9A84	06B91
9025	碀	11	13251355112	B39D	07880	9068	殏	11	13541241344	9A82	06B8F
9026	䂯	11	13251413121	8232B831	040AF	9069	殐	11	13541251234	9A83	06B90
9027	硛	11	13251413234	B380	0785B	9070	殎	11	13541343434	9A81	06B8E
9028	䂭	11	13251413434	8232B739	040AD	9071	殌	11	13541555121	9A80	06B8C
9029	硋	11	13251415334	B376	0784B	9072	㽝	11	13542225121	82329634	03F5D
9030	硑	11	13251431132	B379	07851	9073	䴕	11	13542235451	FE9A	04D15
9031	硉	11	13251511112	B374	07849	9074	殒	11	13542512534	E9E6	06B92
9032	硍	11	13251511534	B377	0784D	9075	殓	11	13543414431	E9E7	06B93
9033	勔	11	13252211153	84D2	052D4	9076	殍	11	13543443521	E9E8	06B8D
9034	㓴	11	13252213422	82308931	034F4	9077	㱣	11	13543443531	8231C834	03C63
9035	鸸	11	13252235451	F0B9	09E38	9078	㱢	11	13544511534	8231C833	03C62
9036	厡	11	13325112534	858C	053A1	9079	盛	11	13553425221	CAA2	076DB
9037	㻎	11	13411211121	82328831	03ECE	9080	赉	11	14312342534	EAE3	08D49
9038	瓠	11	13411533544	F0AD	074E0	9081	匾	11	14513251225	D8D2	0533E
9039	匏	11	13411535515	DECB	0530F	9082	雩	11	14524444115	F6A7	096E9
9040	逩	11	13412132454	DF47	09029	9083	雫	11	14524444124	EB7E	096EB
9041	奢	11	13412132511	C9DD	05962	9084	䨋	11	14524444315	8234A934	04A0B
9042	㚞	11	13412341234	8230B334	0369E	9085	雭	11	14524444354	EB81	096ED
9043	匬	11	13412511225	8550	0532C	9086	雪	11	14524444511	D1A9	096EA
9044	㚜	11	13412511534	8230B332	0369C	9087	頃	11	15132511134	ED95	09803
9045	奛	11	13425113511	8A4E	0595B	9088	辄	11	15211221115	E9FC	08F84
9046	㚝	11	13432121121	8230B333	0369D	9089	辅	11	15211251124	B8A8	08F85
9047	奞	11	13432411121	8A51	0595E	9090	辆	11	15211253434	C1BE	08F86
9048	盔	11	13433425221	BFF8	076D4	9091	堑	11	15213312121	C7B5	05811
9049	㼪	11	13434341554	82329133	03F2A	9092	㔭	11	15251112134	82308E38	0352D
9050	㪎	11	13434342154	82319936	03A8E	9093	勓	11	15353251153	84D1	052D3
9051	爽	11	13434343434	CBAC	0723D	9094	隿	11	15432411121	EB63	096BF
9052	㰰	11	13434343534	8231C333	03C30	9095	瓼	11	15542511211	AE46	074FC
9053	㤲	11	13434344544	8230F533	03932	9096	奜	11	21112111134	8A4F	0595C
9054	奟	11	13435113511	8A52	0595F	9097	䨽	11	21112111515	8234AE34	04A3D
9055	奝	11	13435121251	8A50	0595D	9098	婓	11	21112111531	8AF3	05A53
9056	厩	11	13511541535	BEC7	053A9	9099	鄁	11	21135251152	E066	09101
9057	㞆	11	13513412512	8230CA36	03786	9100	䉾	11	21135431234	8232E633	0427E
9058	㞄	11	13513425115	8230CA34	03784	9101	龁	11	21213452315	FD86	09F81
9059	㞅	11	13525111234	8230CA35	03785	9102	祡	11	21213511234	B57D	07961

序号	字形	笔数	笔顺	18030代码	13000代码	序号	字形	笔数	笔顺	18030代码	13000代码
9103	砦	11	21213513251	EDCE	07826	9146	晨	11	25111311534	B3BF	06668
9104	訾	11	21213525111	B17B	07725	9147	晧	11	25111312251	8232AA37	04028
9105	逴	11	21251112454	DF4F	09034	9148	眡	11	25111321554	8232AC38	0403D
9106	啟	11	21251223534	9A43	06B33	9149	眑	11	25111332112	8232AA39	0402A
9107	桌	11	21251541234	977D	068B7	9150	眽	11	25111333534	B189	0773D
9108	禼	11	21253412554	B663	079BC	9151	晗	11	25111341121	8232AB31	0402C
9109	鹵	11	21253444441	FB75	09E75	9152	眖	11	25111341135	D899	08CA6
9110	颅	11	21513132534	C2AD	09885	9153	晗	11	25111341251	8232AB30	0402B
9111	虚	11	21531522431	D0E9	0865A	9154	眺	11	25111341534	CCF7	0773A
9112	虘	11	21531525111	CC91	08658	9155	戝	11	25111341534	91E5	0621D
9113	虗	11	21531532121	CC90	08657	9156	㖞	11	25111342444	82309B35	035AD
9114	虖	11	21531534312	CC8F	08656	9157	毦	11	25111343115	8231CD36	03C98
9115	彪	11	21531535333	B1EB	05F6A	9158	敗	11	25111343134	94A1	06557
9116	虙	11	21531535334	8233B633	0458F	9159	販	11	25111343354	D89C	08CA9
9117	處	11	21531535435	CC8E	08655	9160	貶	11	25111343454	D948	08CB6
9118	虙	11	21531545434	CC92	08659	9161	䝧	11	25111343541	8233E531	04767
9119	賢	11	22542511134	8233E532	04768	9162	貥	11	25111344135	D898	08CA5
9120	雀	11	23432411121	C8B8	096C0	9163	眗	11	25111352511	B186	07734
9121	㴛	11	23453345352	8230D237	037D7	9164	貶	11	25111353434	D28F	08990
9122	毻	11	24325113115	8231CD34	03C96	9165	眳	11	25111354251	B185	07733
9123	堂	11	24345251121	CCC3	05802	9166	晗	11	25111354251	8232AA38	04029
9124	常	11	24345251252	B3A3	05E38	9167	眵	11	25111354354	EDF7	07735
9125	眶	11	25111111215	BFF4	07736	9168	睁	11	25111355112	D5F6	07741
9126	眭	11	25111121121	EDF5	0772D	9169	晭	11	25111415325	8232AB33	0402E
9127	眲	11	25111122111	B184	07732	9170	晐	11	25111415334	8232AB32	0402D
9128	晎	11	25111122134	8232AA36	04027	9171	眻	11	25111431112	B188	0773B
9129	㪋	11	25111122154	82319933	03A8B	9172	眹	11	25111431134	B187	07739
9130	唪	11	25111134112	DFF4	0552A	9173	眯	11	25111431234	C3D0	0772F
9131	郹	11	25111134452	E060	090F9	9174	眼	11	25111511534	D1DB	0773C
9132	眱	11	25111151534	B183	07731	9175	眸	11	25111543112	EDF8	07738
9133	眰	11	25111154121	B182	07730	9176	悬	11	25111544544	D0FC	060AC
9134	眦	11	25111212135	EDF6	07726	9177	鄍	11	25111555552	E062	090FB
9135	啨	11	25111212511	86A6	05568	9178	啩	11	25112112124	86A7	05569
9136	啧	11	25111212534	DFF5	05567	9179	黒	11	25112114444	FC5C	09ED2
9137	㬱	11	25111213234	8231A335	03AF1	9180	野	11	25112115452	D2B0	091CE
9138	晣	11	25111213312	9587	06663	9181	圊	11	25112125111	E0F5	0570A
9139	㓳	11	25111213422	82308930	034F3	9182	啪	11	25112132511	C5BE	0556A
9140	匙	11	25111213435	B3D7	05319	9183	啫	11	25112132511	86A8	0556B
9141	㬴	11	25111213521	8231A338	03AF4	9184	唛	11	25112134354	82309B33	035AB
9142	㬲	11	25111245521	8231A336	03AF2	9185	啦	11	25112141431	C0B2	05566
9143	晡	11	25111251124	EACE	06661	9186	啈	11	25112143112	8691	05548
9144	眮	11	25111251251	B181	0772E	9187	啞	11	25112155121	86A1	0555E
9145	晤	11	25111251251	CEEE	06664	9188	啭	11	25112211134	8683	0552D

序号	字形	笔数	笔顺	18030代码	13000代码	序号	字形	笔数	笔顺	18030代码	13000代码
9189	㖿	11	25112211152	82309D33	035BF	9232	㓭	11	25113534522	82308834	034ED
9190	㖩	11	25112211154	82309B31	035A9	9233	㔠	11	25113534553	82308D35	03520
9191	唶	11	25112212511	8687	05536	9234	晜	11	25114351523	9582	0665C
9192	喏	11	25112213251	DFF6	0558F	9235	晥	11	25114451135	9588	06665
9193	喵	11	25112225121	DFF7	055B5	9236	㫰	11	25114511534	8231A334	03AF0
9194	啚	11	25112252511	869E	0555A	9237	啑	11	25115112134	8697	05551
9195	啉	11	25112341234	DFF8	05549	9238	啛	11	25115112531	869F	0555B
9196	唽	11	25112343312	868C	0553D	9239	啭	11	25115211154	DFF9	0556D
9197	唻	11	25112343434	868B	0553B	9240	晙	11	25115434354	9580	06659
9198	閆	11	25112511111	E95A	09586	9241	啡	11	25121112111	B7C8	05561
9199	閈	11	25112511112	E95C	09588	9242	畦	11	25121121121	C6E8	07566
9200	晘	11	25112511112	957E	06658	9243	畤	11	25121121124	AE87	07564
9201	䦌	11	25112511121	82349D31	0498C	9244	異	11	25121122134	AE90	07570
9202	閉	11	25112511123	E95D	09589	9245	䟚	11	25121211132	8233F034	047DA
9203	閇	11	25112511124	E95B	09587	9246	趼	11	25121211132	F5C2	08DBC
9204	晛	11	25112511135	9581	0665B	9247	趺	11	25121211134	F5C3	08DBA
9205	㒻	11	25112511135	82308334	034BB	9248	䟛	11	25121211252	8233F035	047DB
9206	㫯	11	25112511135	8231A333	03AEF	9249	跂	11	25121211254	DA96	08DC2
9207	勖	11	25112511153	DBC3	052D6	9250	距	11	25121211515	BEE0	08DDD
9208	勗	11	25112511153	84D4	052D7	9251	䟙	11	25121211553	8233F033	047D9
9209	㖦	11	25112511234	82309A38	035A6	9252	趾	11	25121212121	D6BA	08DBE
9210	問	11	25112511251	8696	0554F	9253	䟞	11	25121212343	8233F038	047DE
9211	閊	11	25112511252	E95E	0958A	9254	啃	11	25121212511	BFD0	05543
9212	䦍	11	25112511315	82349D32	0498D	9255	䟜	11	25121212534	8233F036	047DC
9213	㖪	11	25112511534	82309B32	035AA	9256	跃	11	25121213134	D4BE	08DC3
9214	婁	11	25112512531	8AE4	05A41	9257	趻	11	25121213445	DA92	08DBB
9215	曼	11	25112522154	C2FC	066FC	9258	啮	11	25121213452	C4F6	0556E
9216	啢	11	25112523434	86A4	05562	9259	䟪	11	25121213454	8233F230	047EA
9217	翈	11	25112541541	C18E	07FC8	9260	跄	11	25121213455	F5C4	08DC4
9218	啀	11	25113121121	868D	05540	9261	跀	11	25121213511	DA94	08DC0
9219	晧	11	25113121251	9589	06667	9262	䟗	11	25121213515	8233F031	047D7
9220	晦	11	25113155414	BBDE	06666	9263	䟝	11	25121213554	8233F037	047DD
9221	喐	11	25113251152	86B8	05590	9264	䟘	11	25121214135	8233F032	047D8
9222	㖠	11	25113411234	82309A32	035A0	9265	趽	11	25121214153	DA93	08DBD
9223	喯	11	25113412132	86CF	055AF	9266	趹	11	25121215134	DA91	08DB9
9224	晞	11	25113413252	9584	0665E	9267	跁	11	25121215215	DA95	08DC1
9225	唵	11	25113425115	8686	05535	9268	啅	11	25121251112	868F	05545
9226	晗	11	25113445251	EACF	06657	9269	䣒	11	25121253452	82348B32	048D2
9227	㬇	11	25113525134	8231A537	03B07	9270	略	11	25121354251	C2D4	07565
9228	晚	11	25113525135	CDED	0665A	9271	畧	11	25121354251	AE88	07567
9229	冕	11	25113525135	C3E1	05195	9272	蚶	11	25121412211	F2C0	086B6
9230	啄	11	25113533434	D7C4	05544	9273	蛄	11	25121412251	F2C1	086C4
9231	逷	11	25113533454	DF50	09037	9274	蚵	11	25121412512	F2C2	086B5

序号	字形	笔数	笔顺	18030代码	13000代码	序号	字形	笔数	笔顺	18030代码	13000代码
9275	蛃	11	25121412534	CD73	086C3	9318	剻	11	25125111522	82308932	034F5
9276	蛎	11	25121413153	F2C3	086CE	9319	鄂	11	25125111552	8576	0537E
9277	蚽	11	25121413241	CD6E	086BD	9320	鄂	11	25125111552	B6F5	09102
9278	蛨	11	25121413251	8233B838	045A8	9321	甂	11	25125111554	AE43	074F9
9279	眬	11	25121413534	AE8A	07569	9322	啯	11	25125112141	86A9	0556F
9280	蛂	11	25121413544	CD72	086C2	9323	唱	11	25125112511	B3AA	05531
9281	蚲	11	25121414312	CD67	086B2	9324	國	11	25125115341	87F8	0570B
9282	畡	11	25121415334	AE84	07561	9325	唺	11	25125122134	868A	0553A
9283	蛅	11	25121421251	CD74	086C5	9326	患	11	25125124544	BBBC	060A3
9284	蛆	11	25121425111	8233B837	045A7	9327	罶	11	25125125121	82329635	03F5E
9285	蛆	11	25121425111	C7F9	086C6	9328	崑	11	25125125135	82309B37	035AF
9286	蛐	11	25121425112	8233B932	045AC	9329	啱	11	25125213251	86AB	05571
9287	蚰	11	25121425121	F2C4	086B0	9330	啰	11	25125221354	86AA	05570
9288	蚺	11	25121425211	F2C5	086BA	9331	啯	11	25125312341	82309A37	035A5
9289	蛊	11	25121425221	B9C6	086CA	9332	喎	11	25125525251	86B7	0558E
9290	蛀	11	25121431121	FE4A	0FA21	9333	唾	11	25131212211	CDD9	0553E
9291	圉	11	25121431121	E0F6	05709	9334	啝	11	25131234251	86A0	0555D
9292	蛈	11	25121431134	CD75	086C8	9335	唼	11	25131234531	8681	05529
9293	蚱	11	25121431211	F2C6	086B1	9336	唲	11	25132151135	8684	05532
9294	蚯	11	25121432121	F2C7	086AF	9337	啺	11	25132151154	82309B34	035AC
9295	蚹	11	25121432124	CD6B	086B9	9338	唯	11	25132411121	CEA8	0552F
9296	蚮	11	25121432154	CD66	086AE	9339	啤	11	25132511312	C6A1	05564
9297	蚸	11	25121433124	CD6A	086B8	9340	啲	11	25132511354	86AC	05572
9298	蛌	11	25121433544	CD76	086CC	9341	啥	11	25134112251	C9B6	05565
9299	蚿	11	25121434112	8233B931	045AB	9342	唫	11	25134112431	8682	0552B
9300	蛉	11	25121434454	F2C8	086C9	9343	喻	11	25134125122	82309B36	035AE
9301	蚳	11	25121435154	CD68	086B3	9344	皅	11	25134355215	82339C34	0448B
9302	蚼	11	25121435251	CD6D	086BC	9345	啋	11	25134431234	8692	0554B
9303	蚫	11	25121435515	CD64	086AB	9346	啜	11	25134434554	82309A31	0359F
9304	蛀	11	25121441121	D6FB	086C0	9347	啂	11	25134435215	868E	05542
9305	蚿	11	25121441554	CD70	086BF	9348	唸	11	25134454544	8688	05538
9306	蛇	11	25121444535	C9DF	086C7	9349	啁	11	25135121251	DFFA	05541
9307	蛪	11	25121445434	8233B839	045A9	9350	唔	11	25135152511	82309A39	035A7
9308	蚭	11	25121451335	CD65	086AD	9351	啃	11	25135251251	82309B38	035B0
9309	蚰	11	25121452252	8233B836	045A6	9352	啕	11	25135311252	DFFB	05555
9310	蛁	11	25121453251	CD71	086C1	9353	啗	11	25135321511	869B	05557
9311	蚾	11	25121453254	CD6F	086BE	9354	啰	11	25135334544	DFFC	0553F
9312	蛏	11	25121454121	F2C9	086CF	9355	炎	11	25135344334	9F58	07101
9313	蚴	11	25121455453	F2CA	086B4	9356	啍	11	25141251521	8694	0554D
9314	唬	11	25121531534	BBA3	0552C	9357	啵	11	25141323544	82309A33	035A1
9315	累	11	25121554234	C0DB	07D2F	9358	啐	11	25141343412	DFFD	05550
9316	豊	11	25122111214	82328730	03EC3	9359	啼	11	25141431251	82309A35	035A3
9317	唄	11	25125111134	82309C33	035B5	9360	唼	11	25141431531	DFFE	0553C

序号	字形	笔数	笔顺	18030代码	13000代码
9361	唹	11	25141533444	8689	05539
9362	唷	11	25141542511	E0A1	05537
9363	啳	11	25143113455	86AD	05573
9364	啴	11	25143251112	86AE	05574
9365	啖	11	25143344334	E0A2	05556
9366	啵	11	25144153254	E0A3	05575
9367	啶	11	25144512134	E0A4	05576
9368	啌	11	25144534121	8693	0554C
9369	啘	11	25144535455	869C	05558
9370	啷	11	25145115452	E0A5	05577
9371	唳	11	25145131344	E0A6	05533
9372	啸	11	25151123234	D0A5	05578
9373	㖨	11	25151124134	82309B30	035A8
9374	啹	11	25151312251	86AF	05579
9375	唰	11	25151325222	E0A7	05530
9376	啒	11	25151352252	8698	05552
9377	㖤	11	25152413452	82309A36	035A4
9378	啜	11	25154545454	E0A8	0555C
9379	崝	11	25211212511	8D94	05D1D
9380	帻	11	25211212534	E0FD	05E3B
9381	䎃	11	25211541541	82338233	04383
9382	帳	11	25212111534	8EA4	05E33
9383	㟛	11	25212112211	8230D331	037DB
9384	帾	11	25212132511	8EAA	05E3E
9385	崚	11	25212134354	8D92	05D1A
9386	帺	11	25212211134	8EA9	05E3A
9387	㟙	11	25212212511	8230D239	037D9
9388	㟟	11	25212213455	8230D335	037DF
9389	㡕	11	25212225134	8230DF33	03855
9390	崊	11	25212341234	8D85	05D0A
9391	崍	11	25212343434	8D88	05D0D
9392	㟣	11	25212343454	8230D339	037E3
9393	崧	11	25212343454	E1C2	05D27
9394	崠	11	25212511234	8D96	05D20
9395	崬	11	25212511234	8D9E	05D2C
9396	崕	11	25213121121	8D8E	05D15
9397	崖	11	25213121121	D1C2	05D16
9398	剬	11	25213252222	848C	0526C
9399	崎	11	25213412512	C6E9	05D0E
9400	㟢	11	25213412512	8230D338	037E2
9401	崦	11	25213425115	E1C3	05D26
9402	㡋	11	25213425115	8230DE33	0384B
9403	崨	11	25215112134	8D9B	05D28
9404	崭	11	25215213312	D5B8	05D2D
9405	㟞	11	25215341534	8230D334	037DE
9406	帴	11	25215341534	8EA5	05E34
9407	罣	11	25221121121	C147	07F63
9408	眾	11	25221323434	B18A	0773E
9409	逻	11	25221354454	C2DF	0903B
9410	䍘	11	25221431234	8232FC30	04358
9411	崐	11	25225111535	8D8A	05D10
9412	崑	11	25225111535	8D8B	05D11
9413	帼	11	25225112141	E0FE	05E3C
9414	㡌	11	25225112511	8230DE34	0384C
9415	崓	11	25225122511	8D8D	05D13
9416	崮	11	25225122511	E1C4	05D2E
9417	崉	11	25225342511	8D84	05D09
9418	㟠	11	25225431252	8230D336	037E0
9419	崗	11	25225431252	8D8F	05D17
9420	帲	11	25231133112	8EA3	05E32
9421	崜	11	25231212211	8D93	05D1C
9422	崣	11	25231234531	8D99	05D23
9423	崔	11	25232411121	B4DE	05D14
9424	帷	11	25232411121	E1A1	05E37
9425	崥	11	25232511312	8D9A	05D25
9426	崯	11	25234112431	8D9F	05D2F
9427	崟	11	25234112431	8D95	05D1F
9428	崘	11	25234125122	8D90	05D18
9429	崙	11	25234125122	8D91	05D19
9430	崤	11	25234132511	E1C5	05D24
9431	崢	11	25234435112	8D98	05D22
9432	崩	11	25235113511	B1C0	05D29
9433	㟘	11	25235121251	8230D238	037D8
9434	崏	11	25235152511	8D89	05D0F
9435	㡊	11	25235321511	8230DE32	0384A
9436	崞	11	25241251521	E1C6	05D1E
9437	崪	11	25241343412	8D9C	05D2A
9438	崒	11	25241343412	8D8C	05D12
9439	㟝	11	25241431251	8230D333	037DD
9440	帹	11	25241431531	8EA8	05E39
9441	㟡	11	25243113455	8230D337	037E1
9442	崇	11	25244511234	B3E7	05D07
9443	崆	11	25244534121	E1C7	05D06
9444	帵	11	25244535455	8EA6	05E35
9445	㟤	11	25251124134	8230D430	037E4
9446	崌	11	25251312251	8D87	05D0C

序号	字形	笔数	笔顺	18030代码	13000代码	序号	字形	笔数	笔顺	18030代码	13000代码
9447	崛	11	25251352252	E1C8	05D1B	9490	铧	11	31115323512	EEFC	094E7
9448	崫	11	25251352252	8D9D	05D2B	9491	铨	11	31115341121	EEFD	094E8
9449	峲	11	25251535234	8230D332	037DC	9492	铩	11	31115341234	EFA1	094E9
9450	崂	11	25251541554	8230DE31	03849	9493	铪	11	31115341251	EEFE	094EA
9451	崡	11	25252413452	8D97	05D21	9494	铫	11	31115341534	EFA2	094EB
9452	嵾	11	25254134333	8230D431	037E5	9495	铭	11	31115354251	C3FA	094ED
9453	嵾	11	25254134333	8230DE36	0384E	9496	铬	11	31115354251	B8F5	094EC
9454	崰	11	25255525121	8DA0	05D30	9497	铮	11	31115355112	EFA3	094EE
9455	赇	11	25341241344	EAE4	08D47	9498	铯	11	31115355215	EFA4	094EF
9456	圇	11	25341251221	87F7	05707	9499	铰	11	31115413434	BDC2	094F0
9457	赈	11	25341311534	EAE2	08D48	9500	铱	11	31115413534	D2BF	094F1
9458	睏	11	25342513511	964C	06719	9501	铲	11	31115414313	B2F9	094F2
9459	婴	11	25342534531	D3A4	05A74	9502	铳	11	31115415435	EFA5	094F3
9460	赊	11	25343411234	C9DE	08D4A	9503	铴	11	31115441533	EFA6	094F4
9461	圈	11	25431134551	C8A6	05708	9504	铵	11	31115445531	EFA7	094F5
9462	過	11	25525251454	DF5E	0904E	9505	银	11	31115511534	D2F8	094F6
9463	骫	11	25545251135	F35B	09AA9	9506	铷	11	31115531251	EFA8	094F7
9464	骯	11	25545251153	8234D538	04BC7	9507	钢	11	31115541541	82349C33	04980
9465	铘	11	31115111352	82349C34	04981	9508	欽	11	31121213534	99FB	06B2B
9466	铏	11	31115113222	E899	094CF	9509	悟	11	31121251251	8695	0554E
9467	铸	11	31115121315	EEED	094D0	9510	剩	11	31122123422	848F	05270
9468	铑	11	31115121335	EEEE	094D1	9511	缽	11	31125212341	C08F	07F3D
9469	铒	11	31115122111	EEEF	094D2	9512	鉀	11	31125214312	8232FA34	04348
9470	铓	11	31115122415	E89A	094D3	9513	鉆	11	31125221251	8232FA30	04344
9471	铔	11	31115122431	E89B	094D4	9514	鉙	11	31125225134	8232FA35	04349
9472	铕	11	31115132511	EEF0	094D5	9515	鈴	11	31125234454	8232FA31	04345
9473	铖	11	31115135534	EEF1	094D6	9516	鈴	11	31125244512	8232FA32	04346
9474	铗	11	31115143134	EEF2	094D7	9517	进	11	31133112454	DF4A	0902C
9475	铘	11	31115152352	EEF4	094D8	9518	結	11	31134121251	8232B532	04092
9476	铙	11	31115153135	EEF3	094D9	9519	矹	11	31134212135	8232B531	04091
9477	铚	11	31115154121	E89C	094DA	9520	矫	11	31134313432	BDC3	077EB
9478	铛	11	31115243511	EEF5	094DB	9521	矪	11	31134335414	B342	077EA
9479	铝	11	31115251251	C2C1	094DD	9522	氪	11	31151225135	EBB4	06C2A
9480	铜	11	31115251251	CDAD	094DC	9523	毬	11	31151241344	9AC2	06BEC
9481	铞	11	31115251252	EEF6	094DE	9524	氫	11	31151555121	9AE4	06C2B
9482	铟	11	31115251341	EEF7	094DF	9525	氰	11	31152432511	8231D035	03CB5
9483	铠	11	31115252515	EEF8	094E0	9526	現	11	31152511135	D291	08992
9484	铡	11	31115253422	D5A1	094E1	9527	毓	11	31154154325	8231CD37	03C99
9485	铢	11	31115311234	EEF9	094E2	9528	犹	11	31211214535	8231F738	03E3F
9486	铣	11	31115312135	CFB3	094E3	9529	牸	11	31211245521	8231F739	03E40
9487	铥	11	31115312154	EEFB	094E5	9530	牾	11	31211251251	EAF5	0727E
9488	铤	11	31115312154	EEFA	094E4	9531	牻	11	31211353334	A0BD	0727B
9489	铦	11	31115312251	E89D	094E6	9532	牼	11	31211555121	A0BE	0727C

序号	字形	笔数	笔顺	18030代码	13000代码
9533	㸽	11	31212511134	8231F736	03E3D
9534	牿	11	31213121251	EAF6	0727F
9535	㸹	11	31213443124	8231F732	03E39
9536	觕	11	31213535112	D363	089D5
9537	㸼	11	31213541112	8231F735	03E3C
9538	㸾	11	31215344544	8231F737	03E3E
9539	㸻	11	31215431134	8231F734	03E3B
9540	甜	11	31225112211	CCF0	0751C
9541	舑	11	31225125211	C56A	08211
9542	䑛	11	31225135154	82339736	0445B
9543	鸹	11	31225135451	F0BB	09E39
9544	䄾	11	31234113534	8232C634	0413E
9545	䅅	11	31234121121	8232C731	04145
9546	秲	11	31234121124	B683	079F2
9547	秸	11	31234121251	BDD5	079F8
9548	䅒	11	31234122415	8232C834	04152
9549	䅉	11	31234122431	8232C735	04149
9550	䄼	11	31234125341	8232C632	0413C
9551	䄽	11	31234125351	8232C633	0413D
9552	䅀	11	31234135422	8232C636	04140
9553	䄺	11	31234151534	8232C630	0413A
9554	秷	11	31234154121	B688	079F7
9555	梨	11	31234221234	C0E6	068A8
9556	犁	11	31234223112	C0E7	07281
9557	恝	11	31234224544	9093	060A1
9558	䄿	11	31234251153	8232C635	0413F
9559	秱	11	31234251251	B682	079F1
9560	稆	11	31234251251	EFF9	07A06
9561	秵	11	31234251341	B686	079F5
9562	秽	11	31234252354	BBE0	079FD
9563	秼	11	31234311234	B68B	079FC
9564	䅍	11	31234312154	8232C739	0414D
9565	秳	11	31234312251	B684	079F3
9566	秹	11	31234323121	B689	079F9
9567	秴	11	31234341251	B685	079F4
9568	䄻	11	31234341534	8232C631	0413B
9569	䅂	11	31234354251	8232C638	04142
9570	移	11	31234354354	D2C6	079FB
9571	䅊	11	31234413315	8232C736	0414A
9572	䅆	11	31234413534	8232C732	04146
9573	秺	11	31234445315	B68A	079FA
9574	秾	11	31234453534	B68C	079FE
9575	透	11	31234531454	E5D4	09036
9576	䅄	11	31234535353	8232C730	04144
9577	動	11	31251121153	84D3	052D5
9578	㰱	11	31251123534	8231C334	03C31
9579	笺	11	31431411534	BCE3	07B3A
9580	䇥	11	31431412121	8232D730	041E5
9581	筇	11	31431412152	F3CC	07B47
9582	笻	11	31431412152	B948	07B3B
9583	䇞	11	31431412211	8232D633	041DE
9584	笹	11	31431412215	B947	07B39
9585	䇢	11	31431412251	8232D637	041E2
9586	笨	11	31431412341	B1BF	07B28
9587	笴	11	31431412512	B943	07B34
9588	笸	11	31431412515	F3CD	07B38
9589	䇤	11	31431412534	8232D639	041E4
9590	笼	11	31431413534	C1FD	07B3C
9591	笘	11	31431421251	B896	07B18
9592	笪	11	31431425111	F3CE	07B2A
9593	笡	11	31431425111	B89B	07B21
9594	笚	11	31431425112	B897	07B1A
9595	笛	11	31431425121	B5D1	07B1B
9596	䇦	11	31431425134	8232D731	041E6
9597	笽	11	31431425221	B949	07B3D
9598	笝	11	31431425541	B899	07B1D
9599	笙	11	31431431121	F3CF	07B19
9600	笶	11	31431431134	B945	07B36
9601	笮	11	31431431211	F3D0	07B2E
9602	符	11	31431432124	B7FB	07B26
9603	笩	11	31431432154	B89F	07B29
9604	笟	11	31431433544	B89A	07B1F
9605	䇣	11	31431434234	8232D638	041E3
9606	笭	11	31431434454	B8A0	07B2D
9607	笱	11	31431435251	F3D1	07B31
9608	笧	11	31431435351	B89E	07B27
9609	笷	11	31431435352	B946	07B37
9610	笗	11	31431435444	B895	07B17
9611	䇟	11	31431435453	8232D634	041DF
9612	笣	11	31431435515	B89D	07B23
9613	䇠	11	31431441121	8232D635	041E0
9614	笠	11	31431441431	F3D2	07B20
9615	笵	11	31431444155	B944	07B35
9616	䇡	11	31431444512	8232D636	041E1
9617	笥	11	31431451251	F3D3	07B25
9618	笢	11	31431451515	B89C	07B22

序号	字形	笔数	笔顺	18030代码	13000代码	序号	字形	笔数	笔顺	18030代码	13000代码
9619	第	11	31431451523	B5DA	07B2C	9662	敒	11	32251123134	949E	06552
9620	笰	11	31431451532	B941	07B30	9663	偶	11	32251125214	C5BC	05076
9621	笜	11	31431452252	B898	07B1C	9664	偈	11	32251135345	D9CA	05048
9622	笯	11	31431453154	B940	07B2F	9665	偎	11	32251211534	D9CB	0504E
9623	笤	11	31431453251	F3D4	07B24	9666	偲	11	32251214544	82C6	05072
9624	笳	11	31431453251	F3D5	07B33	9667	偔	11	32251251251	82AD	05054
9625	笾	11	31431453454	F3D6	07B3E	9668	偘	11	32251251251	82B0	05058
9626	笲	11	31431454132	B942	07B32	9669	偳	11	32252132522	82C7	05073
9627	笞	11	31431454251	F3D7	07B1E	9670	傦	11	32255452511	82EF	050A6
9628	敏	11	31554143134	C3F4	0654F	9671	㤰	11	32312114544	8230F531	03930
9629	偰	11	32111253134	82C4	05070	9672	偛	11	32312321511	82B2	0505B
9630	偆	11	32111342511	82A4	05046	9673	偢	11	32312344334	82B8	05062
9631	偾	11	32121222534	D9C7	0507E	9674	偅	11	32312511211	82A3	05045
9632	偡	11	32122111345	82B7	05061	9675	傁	11	32321531535	82CF	05081
9633	傇	11	32122122111	82D4	05087	9676	偟	11	32325111121	82B5	0505F
9634	偞	11	32122151234	82B4	0505E	9677	傀	11	32325113554	BFFE	05080
9635	做	11	32122513134	D7F6	0505A	9678	偊	11	32325125214	82A6	0504A
9636	㑲	11	32122543112	8139FA32	03472	9679	偱	11	32331225111	82C5	05071
9637	鸺	11	32123435451	F0BC	09E3A	9680	偫	11	32332121124	82C0	0506B
9638	偃	11	32125115315	D9C8	05043	9681	偷	11	32341251122	CDB5	05077
9639	偪	11	32125125121	82BF	0506A	9682	偸	11	32341251155	82CA	05078
9640	偠	11	32125221531	82B6	05060	9683	偁	11	32344325211	82A0	05041
9641	㑯	11	32132511134	8139F939	0346F	9684	您	11	32352344544	C4FA	060A8
9642	偭	11	32132522111	82C1	0506D	9685	偩	11	32352511134	82BE	05069
9643	偄	11	32132522134	82A2	05044	9686	貨	11	32352511134	D89B	08CA8
9644	偧	11	32134354354	82BC	05067	9687	偑	11	32353251214	82AA	05051
9645	鄋	11	32151125452	E06E	0910B	9688	偬	11	32353344544	D9CC	0506C
9646	䑕	11	32151135112	82339730	04455	9689	偺	11	32354242511	82CC	0507A
9647	覑	11	32152511135	D290	08991	9690	售	11	32411121251	CADB	0552E
9648	偕	11	32153532511	D9C9	05055	9691	進	11	32411121454	DF4D	09032
9649	袋	11	32154413534	B4FC	0888B	9692	偯	11	32412513534	82C3	0506F
9650	偝	11	32211352511	82B3	0505D	9693	停	11	32412514512	CDA3	0505C
9651	偵	11	32212511134	82C9	05075	9694	偣	11	32414312511	82B9	05063
9652	偼	11	32215112134	82CD	0507C	9695	偐	11	32414313333	82A9	05050
9653	焂	11	32231344334	9F59	07102	9696	偙	11	32414345252	82B1	05059
9654	悠	11	32231344544	D3C6	060A0	9697	傞	11	32431113121	82E9	0509E
9655	偗	11	32234325111	82AF	05057	9698	偻	11	32431234531	D9CD	0507B
9656	偹	11	32235425121	82CB	05079	9699	偂	11	32431251122	82A1	05042
9657	偿	11	32243451154	B3A5	0507F	9700	偤	11	32431253511	82BA	05064
9658	偍	11	32251112134	82A8	0504D	9701	偽	11	32435554444	82CE	0507D
9659	側	11	32251113422	82C8	05074	9702	㑮	11	32451251112	8139F938	0346E
9660	偒	11	32251113533	82AB	05052	9703	偏	11	32451325122	C6AB	0504F
9661	偮	11	32251122111	82C2	0506E	9704	躯	11	32511131345	C7FB	08EAF

序号	字形	笔数	笔顺	18030代码	13000代码
9705	躮	11	32511133453	DC6D	08EAE
9706	㡍	11	32511134252	8230DE35	0384D
9707	躭	11	32511134535	DC6C	08EAD
9708	梟	11	32511151234	976E	0689F
9709	鳥	11	32511154444	F842	09CE5
9710	皉	11	32511212135	B072	07689
9711	㣎	11	32511234333	8230EB34	038CE
9712	㿠	11	32511243135	8232A335	03FE0
9713	皑	11	32511252515	B0A8	07691
9714	㿡	11	32511341534	8232A336	03FE1
9715	旣	11	32511351535	94FB	065E3
9716	兜	11	32511355135	B6B5	0515C
9717	皐	11	32511413412	B077	07690
9718	皎	11	32511413434	F0A8	0768E
9719	皏	11	32511431132	B076	0768F
9720	䎅	11	32511541541	82338235	04385
9721	假	11	32512115154	BCD9	05047
9722	鄅	11	32512521452	E068	09105
9723	鄇	11	32513113452	E06A	09107
9724	偓	11	32513154121	82AC	05053
9725	偋	11	32513431132	82A7	0504B
9726	偉	11	32521251152	82A5	05049
9727	偦	11	32521342511	82BB	05066
9728	衅	11	32522143112	D0C6	08845
9729	䘑	11	32522145534	8233C333	04611
9730	悤	11	32535414544	9095	060A4
9731	㑱	11	32545231234	8139FA31	03471
9732	㑰	11	32551353334	8139FA30	03470
9733	貭	11	33122511134	D8A0	08CAD
9734	啠	11	33123312251	86A3	05560
9735	鸻	11	33211235451	FB61	09E3B
9736	徣	11	33212212511	8FC8	05FA3
9737	徝	11	33212251111	8FC3	05F9D
9738	㣩	11	33212341234	8230EE31	038E9
9739	徠	11	33212343434	8FC6	05FA0
9740	術	11	33212344112	D067	08853
9741	徛	11	33213412512	8FC2	05F9B
9742	徢	11	33215112134	8FC7	05FA2
9743	㣤	11	33215341534	8230ED36	038E4
9744	徘	11	33221112111	C5C7	05F98
9745	徙	11	33221212134	E1E3	05F99
9746	徜	11	33224325251	E1E4	05F9C
9747	得	11	33225111124	B5C3	05F97
9748	衔	11	33231115112	CFCE	08854
9749	㣦	11	33231234531	8230ED38	038E6
9750	㣥	11	33232121124	8230ED37	038E5
9751	從	11	33234342134	8FC4	05F9E
9752	衑	11	33234454112	D065	08851
9753	徟	11	33235121251	8FC5	05F9F
9754	衒	11	33241554112	D066	08852
9755	徖	11	33244511234	8FC0	05F96
9756	徤	11	33251111254	8FC9	05FA4
9757	㣨	11	33253112251	8230EE30	038E8
9758	㣧	11	33255425115	8230ED39	038E7
9759	䑩	11	33541412251	82339930	04469
9760	舸	11	33541412512	F4B4	08238
9761	舻	11	33541421513	F4B5	0823B
9762	舺	11	33541425112	C57B	0823A
9763	舳	11	33541425121	F4B6	08233
9764	盘	11	33541425221	C5CC	076D8
9765	舴	11	33541431211	F4B7	08234
9766	䑨	11	33541431525	82339839	04468
9767	䑧	11	33541432124	82339838	04467
9768	舶	11	33541432511	B2B0	08236
9769	舲	11	33541434454	C57A	08232
9770	船	11	33541435251	B4AC	08239
9771	䑦	11	33541435251	82339837	04466
9772	鸼	11	33541435451	FB62	09E3C
9773	舷	11	33541441554	CFCF	08237
9774	舵	11	33541444535	B6E6	08235
9775	㼎	11	33544413434	82328E35	03F0E
9776	敍	11	34112342154	949B	0654D
9777	敘	11	34112343134	94A2	06558
9778	斜	11	34112344412	D0B1	0659C
9779	悆	11	34112344544	9083	06086
9780	釬	11	34112431112	E246	091EC
9781	釪	11	34112431112	E244	091EA
9782	釫	11	34112431115	E245	091EB
9783	釭	11	34112431121	E247	091ED
9784	釷	11	34112431121	E251	091F7
9785	釮	11	34112431123	E248	091EE
9786	釱	11	34112431134	E24B	091F1
9787	釴	11	34112431154	E24E	091F4
9788	釥	11	34112431234	E1A0	091E5
9789	釦	11	34112431251	E240	091E6
9790	釺	11	34112431312	E254	091FA

序号	字形	笔数	笔顺	18030代码	13000代码	序号	字形	笔数	笔顺	18030代码	13000代码
9791	鉇	11	34112431315	E24D	091F3	9834	覓	11	34432511135	D292	08993
9792	釾	11	34112431315	82349236	0491C	9835	毻	11	34435213115	8231CD35	03C97
9793	釧	11	34112431322	E241	091E7	9836	豿	11	34435331234	8233E335	04757
9794	釤	11	34112431333	E19F	091E4	9837	貙	11	34435331345	8233E337	04759
9795	釣	11	34112431354	E19E	091E3	9838	貀	11	34435331535	D875	08C7C
9796	鈔	11	34112431354	E252	091F8	9839	貁	11	34435332534	D876	08C7D
9797	釩	11	34112431354	E243	091E9	9840	貑	11	34435333324	8233E334	04756
9798	鈌	11	34112431354	E255	091FB	9841	豰	11	34435333554	8233E336	04758
9799	鈒	11	34112431354	E26C	09212	9842	亃	11	34435542345	8176	04E7F
9800	釯	11	34112431415	E249	091EF	9843	飦	11	34451154112	EF81	098E6
9801	釲	11	34112431515	E24C	091F2	9844	飥	11	34451154315	EF80	098E5
9802	釨	11	34112431521	E242	091E8	9845	飣	11	34451154315	8234C534	04B23
9803	鈍	11	34112431525	E250	091F6	9846	畬	11	34451253511	E144	09153
9804	鈙	11	34112431531	E253	091F9	9847	貪	11	34452511134	D89D	08CAA
9805	釰	11	34112431534	E24A	091F0	9848	瓾	11	34452511554	82329131	03F28
9806	鈕	11	34112431534	E256	091FC	9849	领	11	34454132534	C1EC	09886
9807	釵	11	34112431544	E24F	091F5	9850	翎	11	34454541541	F4E1	07FCE
9808	傘	11	34122251112	8233A533	044E5	9851	貧	11	34532511134	D89A	08CA7
9809	劊	11	34125112222	82308838	034F1	9852	脌	11	35111213312	82338D32	043F3
9810	鄶	11	34125112252	E067	09103	9853	脃	11	35111214544	82338C38	043EF
9811	龛	11	34125113534	EDE8	09F9B	9854	脚	11	35111215452	BDC5	0811A
9812	龠	11	34125125121	AE86	07563	9855	朧	11	35111223235	8231AA36	03B38
9813	盒	11	34125125221	BAD0	076D2	9856	脉	11	35111241344	C383	08119
9814	劎	11	34125134534	8490	05271	9857	脖	11	35111245521	B2B1	08116
9815	鸽	11	34125135451	B8EB	09E3D	9858	脯	11	35111251124	B8AC	0812F
9816	叟	11	34125153254	8232A530	03FEF	9859	脨	11	35111251234	C390	08128
9817	秝	11	34132521344	8231FD34	03E77	9860	脴	11	35111251251	82338D37	043F8
9818	甀	11	34132521554	AE45	074FB	9861	脰	11	35111251431	C396	08130
9819	欷	11	34132523534	ECA4	06B37	9862	脤	11	35111311534	C38C	08124
9820	教	11	34135213134	949C	0654E	9863	脴	11	35111324251	C398	08134
9821	敛	11	34144313134	C1B2	0655B	9864	脜	11	35111325111	C385	0811C
9822	敓	11	34251353134	949F	06553	9865	脥	11	35111343434	C38D	08125
9823	悉	11	34312344544	CFA4	06089	9866	豚	11	35111353334	EBE0	08C5A
9824	积	11	34312345134	E18B	091C8	9867	朧	11	35111353334	82338D34	043F5
9825	舷	11	34342511354	D841	08C39	9868	脦	11	35111454454	C38E	08126
9826	欲	11	34342511354	8230CA33	03783	9869	脭	11	35111535121	82338D35	043F6
9827	谺	11	34342511523	D842	08C3A	9870	脛	11	35111555121	C384	0811B
9828	欲	11	34342513534	D3FB	06B32	9871	脋	11	35112432511	82338D33	043F4
9829	谻	11	34342515113	D843	08C3B	9872	腹	11	35112511112	82338D36	043F7
9830	耸	11	34342522112	8231F339	03E18	9873	脭	11	35112511121	C394	0812D
9831	徭	11	34351353334	8233E139	04747	9874	脵	11	35112511134	C399	08135
9832	彩	11	34431234333	B2CA	05F69	9875	脦	11	35112511135	82338D38	043F9
9833	毯	11	34431243115	8231CD33	03C95	9876	脾	11	35112511211	82349234	0491A

序号	字形	笔数	笔顺	18030代码	13000代码	序号	字形	笔数	笔顺	18030代码	13000代码
9877	胭	11	35112512341	8231AA35	03B37	9920	欸	11	35311343534	9A45	06B35
9878	腡	11	35112512534	EBE1	08136	9921	猪	11	35312132511	D6ED	0732A
9879	胳	11	35113121251	8231AA34	03B36	9922	猉	11	35312211134	AA58	07309
9880	脷	11	35113123422	C39A	08137	9923	猎	11	35312212511	C1D4	0730E
9881	脢	11	35113155414	C38A	08122	9924	猫	11	35312225121	C3A8	0732B
9882	脪	11	35113413252	C392	0812A	9925	猗	11	35312235251	8231FE36	03E83
9883	脸	11	35113414431	C1B3	08138	9926	猍	11	35312343434	AA5B	0730D
9884	脱	11	35113425135	C393	0812B	9927	猗	11	35313412512	E2A2	07317
9885	脞	11	35113434121	EBE2	0811E	9928	猣	11	35315341534	8231FE30	03E7D
9886	脟	11	35113443124	C387	0811F	9929	猅	11	35321112111	AA54	07305
9887	脬	11	35113443521	EBE3	0812C	9930	猈	11	35321251112	8231FE32	03E7F
9888	脮	11	35113443531	C395	0812E	9931	猇	11	35321531535	AA56	07307
9889	脕	11	35113525135	C381	08115	9932	凰	11	35325111121	BBCB	051F0
9890	脗	11	35113533251	C382	08117	9933	猓	11	35325111234	E2A3	07313
9891	胮	11	35113541112	82338D39	043FA	9934	猑	11	35325111535	AA5E	07311
9892	脝	11	35114125152	C386	0811D	9935	猖	11	35325112511	B2FE	07316
9893	脱	11	35114325135	CDD1	08131	9936	颶	11	35325121453	8234C131	04AF8
9894	脲	11	35114351523	82338D31	043F2	9937	猠	11	35325122134	AA65	07320
9895	脑	11	35114433452	C397	08133	9938	猡	11	35325221354	E2A4	07321
9896	脘	11	35114451135	EBE4	08118	9939	猪	11	35325342511	8231FD37	03E7A
9897	脼	11	35114511534	964A	06716	9940	猧	11	35325525251	AA69	07327
9898	脚	11	35115115452	82339131	0441A	9941	猘	11	35331125222	AA61	07318
9899	脲	11	35115132534	EBE5	08132	9942	猤	11	35331234531	8231FD38	03E7B
9900	脶	11	35115135251	82338D30	043F1	9943	豢	11	35331353334	8233E138	04746
9901	脃	11	35115344544	82338C39	043F0	9944	猊	11	35332151135	E2A5	0730A
9902	脧	11	35115434354	964B	06718	9945	猚	11	35332411121	AA63	0731A
9903	彫	11	35121251333	8FAC	05F6B	9946	猈	11	35332511312	AA57	07308
9904	週	11	35121251454	DF4C	09031	9947	猞	11	35334112251	E2A6	0731E
9905	匒	11	35122341251	8541	05312	9948	猙	11	35334435112	AA62	07319
9906	匐	11	35125125121	D9EB	05310	9949	猔	11	35335334544	8231FE33	03E80
9907	頄	11	35132511134	ED96	09804	9950	猎	11	35335424251	8231FE31	03E7E
9908	膕	11	35132522134	8139F232	03421	9951	猗	11	35335431234	8231FD39	03E7C
9909	凰	11	35135411214	82308633	034D8	9952	猄	11	35341251234	AA53	07304
9910	匔	11	35211352511	82308E33	03528	9953	猝	11	35341343412	E2A7	0731D
9911	覙	11	35232511135	8233CD37	0467B	9954	猰	11	35341351134	8231FD36	03E79
9912	亀	11	35251125115	8177	04E80	9955	愁	11	35343344544	908A	06090
9913	魤	11	35251211515	F782	09C7E	9956	猟	11	35344335112	AA64	0731F
9914	魚	11	35251214444	F47E	09B5A	9957	猔	11	35344511234	AA60	07314
9915	象	11	35251353334	CFF3	08C61	9958	猏	11	35345132511	AA5C	0730F
9916	够	11	35251354354	B9BB	0591F	9959	舻	11	35351122343	D365	089D8
9917	逸	11	35251354454	D2DD	09038	9960	舩	11	35351123454	8233D035	04697
9918	猜	11	35311212511	B2C2	0731C	9961	觝	11	35351123515	D364	089D7
9919	惩	11	35311214544	8230F439	0392E	9962	斛	11	35351124412	F5FA	0659B

序号	字形	笔数	笔顺	18030代码	13000代码
9963	觖	11	35351125134	F5FB	089D6
9964	猕	11	35351535234	E2A8	07315
9965	猛	11	35352125221	C3CD	0731B
9966	㶻	11	35411124444	8231EA36	03DBB
9967	脧	11	35415434354	C38F	08127
9968	馗	11	35431325111	D8B8	09997
9969	㤻	11	35435244544	8230F632	0393B
9970	夠	11	35435435251	89F2	05920
9971	䚻	11	35444111251	8233D431	046BB
9972	祭	11	35445411234	BCC0	0796D
9973	䖤	11	35455251214	8233B834	045A4
9974	匓	11	35511543554	8542	05313
9975	馃	11	35525111234	F09F	09983
9976	馄	11	35525111535	E2C6	09984
9977	馅	11	35535321511	CFDA	09985
9978	馆	11	35544525151	B9DD	09986
9979	匘	11	35555325341	8544	05318
9980	凑	11	41111341134	B4D5	051D1
9981	訮	11	41112511132	D450	08A2E
9982	䚶	11	41112511134	8233D336	046B6
9983	䛃	11	41112511135	8233D439	046C3
9984	䚳	11	41112511254	8233D333	046B3
9985	訧	11	41112511354	D449	08A27
9986	詎	11	41112511515	D46E	08A4E
9987	訝	11	41112511523	D3A0	08A1D
9988	訰	11	41112511525	D452	08A30
9989	䚹	11	41112511535	8233D339	046B9
9990	訨	11	41112512121	D44A	08A28
9991	訬	11	41112512343	D44E	08A2C
9992	䛁	11	41112512511	8233D437	046C1
9993	訲	11	41112512512	D454	08A32
9994	訥	11	41112512534	D447	08A25
9995	許	11	41112513112	D453	08A31
9996	䚽	11	41112513115	8233D433	046BD
9997	䚾	11	41112513121	8233D434	046BE
9998	䛂	11	41112513132	8233D438	046C2
9999	訞	11	41112513134	D440	08A1E
10000	䚺	11	41112513134	8233D430	046BA
10001	訛	11	41112513235	D39E	08A1B
10002	訢	11	41112513312	D444	08A22
10003	䛀	11	41112513354	8233D436	046C0
10004	䚷	11	41112513415	8233D337	046B7
10005	䚸	11	41112513432	8233D338	046B8
10006	設	11	41112513434	D446	08A24
10007	訡	11	41112513445	D443	08A21
10008	訩	11	41112513452	D44B	08A29
10009	訜	11	41112513453	D39F	08A1C
10010	訟	11	41112513454	D441	08A1F
10011	䚴	11	41112513511	8233D334	046B4
10012	䚿	11	41112513534	8233D435	046BF
10013	設	11	41112513554	D44F	08A2D
10014	訪	11	41112514153	D44C	08A2A
10015	䚵	11	41112514412	8233D335	046B5
10016	訦	11	41112514535	D448	08A26
10017	訫	11	41112514544	D44D	08A2B
10018	悥	11	41112514544	9096	060A5
10019	訳	11	41112515134	D455	08A33
10020	訣	11	41112515134	D445	08A23
10021	訠	11	41112515152	D442	08A20
10022	䚼	11	41112515211	8233D432	046BC
10023	㓓	11	41122543112	82308538	034D3
10024	凐	11	41125221121	83F8	051D0
10025	减	11	41131251534	BCF5	051CF
10026	髙	11	41221125251	F37B	09AD9
10027	鸾	11	41223435451	F0BD	09E3E
10028	毫	11	41251453115	BAC1	06BEB
10029	孰	11	41251521354	CAEB	05B70
10030	烹	11	41251524444	C5EB	070F9
10031	袠	11	41311343534	D098	088A0
10032	庱	11	41312134354	8EF1	05EB1
10033	庴	11	41312212511	8EF3	05EB4
10034	庻	11	41312213434	8EF5	05EBB
10035	庶	11	41312214444	CAFC	05EB6
10036	庹	11	41312215134	E2D5	05EB9
10037	剫	11	41312215422	848B	0526B
10038	庿	11	41312225121	8EF8	05EBF
10039	㢍	11	41312225134	8230E439	0388D
10040	麻	11	41312341234	C2E9	09EBB
10041	庲	11	41312343434	8EF2	05EB2
10042	㐣	11	41312511125	8139F234	03423
10043	㢊	11	41313412512	8230E436	0388A
10044	庵	11	41313425115	E2D6	05EB5
10045	庼	11	41315132534	8EF6	05EBC
10046	䨾	11	41321112111	8234AE35	04A3E
10047	㖱	11	41323544251	82309B39	035B1
10048	㢐	11	41325525251	8230E532	03890

序号	字形	笔数	笔顺	18030代码	13000代码
10049	㢉	11	41331234315	8230E435	03889
10050	庾	11	41332151134	E2D7	05EBE
10051	㢋	11	41332354354	8230E437	0388B
10052	㢈	11	41332411121	8230E434	03888
10053	庳	11	41332511312	E2D8	05EB3
10054	庺	11	41334541234	8EF4	05EBA
10055	㾏	11	41341121121	82329B34	03F8F
10056	痔	11	41341121124	D6CC	075D4
10057	痖	11	41341122431	F0E9	075D6
10058	㾊	11	41341125234	82329A39	03F8A
10059	痏	11	41341132511	AF5F	075CF
10060	㾍	11	41341132522	82329B32	03F8D
10061	㾐	11	41341135422	82329B35	03F90
10062	痍	11	41341151534	F0EA	075CD
10063	痓	11	41341154121	AF62	075D3
10064	疵	11	41341212135	B4C3	075B5
10065	痋	11	41341251214	AF5C	075CB
10066	㾔	11	41341251251	82329B39	03F94
10067	痌	11	41341251251	AF5D	075CC
10068	痐	11	41341252511	AF60	075D0
10069	㾌	11	41341312135	82329B31	03F8C
10070	㾋	11	41341321234	82329B30	03F8B
10071	產	11	41341331121	AE61	07522
10072	痊	11	41341341121	C8AC	075CA
10073	㾑	11	41341341251	82329B36	03F91
10074	痑	11	41341354354	AF61	075D1
10075	痎	11	41341415334	AF5E	075CE
10076	痒	11	41341431112	D1F7	075D2
10077	痕	11	41341511534	BADB	075D5
10078	㾒	11	41341531251	82329B37	03F92
10079	斍	11	41342511135	94C7	0658D
10080	袞	11	41342513534	D096	0889E
10081	斎	11	41343211234	94C8	0658E
10082	䴔	11	41343435451	FE99	04D14
10083	㿰	11	41343453254	8232A531	03FF0
10084	㪱	11	41343525134	82319D31	03AB1
10085	飡	11	41344511534	EF7B	098E1
10086	斏	11	41344511534	94C9	0658F
10087	廊	11	41345115452	C0C8	05ECA
10088	康	11	41351124134	BFB5	05EB7
10089	庸	11	41351125112	D3B9	05EB8
10090	鹿	11	41352211535	C2B9	09E7F
10091	盗	11	41353425221	B5C1	076D7
10092	秶	11	41353431234	B687	079F6
10093	袌	11	41355153534	D088	0888C
10094	㲔	11	41431123115	8231CD32	03C94
10095	竡	11	41431132511	B871	07AE1
10096	章	11	41431251112	D5C2	07AE0
10097	竟	11	41431251135	BEB9	07ADF
10098	産	11	41431331121	AE62	07523
10099	豙	11	41431353334	D85B	08C59
10100	䇋	11	41431354354	8232D434	041CB
10101	竫	11	41431355112	B878	07AEB
10102	翊	11	41431541541	F1B4	07FCA
10103	商	11	41432512251	8690	05547
10104	啇	11	41432534251	C9CC	05546
10105	朚	11	41525113511	964D	0671A
10106	㫌	11	41533112121	82319F38	03ACC
10107	㫊	11	41533112512	82319F36	03ACA
10108	㫋	11	41533125211	82319F37	03ACB
10109	旌	11	41533131121	ECBA	065CC
10110	族	11	41533131134	D7E5	065CF
10111	旍	11	41533134454	94EC	065CD
10112	䢟	11	41533134454	82348631	0489F
10113	旎	11	41533151335	ECBB	065CE
10114	旋	11	41533152134	D0FD	065CB
10115	旇	11	41533153254	94E8	065C7
10116	堃	11	41534153121	88D2	05803
10117	旈	11	41534154325	94E9	065C8
10118	望	11	41535111121	CDFB	0671B
10119	逳	11	41542511454	DF4E	09033
10120	袬	11	41542513534	D140	088AC
10121	袤	11	41545233534	D9F3	088A4
10122	玈	11	41554313534	AB53	07388
10123	率	11	41554413412	C2CA	07387
10124	牽	11	41554453112	A0BF	0727D
10125	阇	11	42512132511	EA5E	09607
10126	阈	11	42512511534	E3D0	09608
10127	阉	11	42513425115	D1CB	09609
10128	阊	11	42525112511	E3D1	0960A
10129	阋	11	42532151135	E3D2	0960B
10130	阌	11	42534434554	E3D3	0960C
10131	阍	11	42535152511	E3D4	0960D
10132	阎	11	42535321511	D1D6	0960E
10133	阏	11	42541533444	E3D5	0960F
10134	阐	11	42543251112	B2FB	09610

序号	字形	笔数	笔顺	18030代码	13000代码	序号	字形	笔数	笔顺	18030代码	13000代码
10135	羘	11	43111311234	8232FD38	0436A	10178	烼	11	43341353334	9F54	070FC
10136	羚	11	43111314312	8232FE30	0436C	10179	焈	11	43341555121	9F4E	070F4
10137	着	11	43111325111	D7C5	07740	10180	焇	11	43342432511	9F5E	07107
10138	羚	11	43111334454	C1E7	07F9A	10181	焊	11	43342511112	BAB8	0710A
10139	羝	11	43111335154	F4C6	07F9D	10182	焜	11	43342511135	8233CD36	0467A
10140	羜	11	43111344512	C171	07F9C	10183	烟	11	43342512341	9F65	07111
10141	羛	11	43111344535	8232FD39	0436B	10184	焆	11	43342512511	9F5D	07106
10142	羟	11	43111354121	F4C7	07F9F	10185	焗	11	43342512534	8231EA38	03DBD
10143	羛	11	43111355144	8232FE31	0436D	10186	烱	11	43342534251	9F4B	070F1
10144	盖	11	43112125221	B8C7	076D6	10187	焅	11	43343121251	9F5C	07105
10145	兝	11	43112135454	82309330	03557	10188	烸	11	43343155414	9F51	070F8
10146	羕	11	43112145534	C16B	07F95	10189	烯	11	43343413252	CFA9	070EF
10147	羛	11	43112151532	C170	07F9B	10190	焀	11	43343434251	9F57	07100
10148	桊	11	43113411234	8232C037	04105	10191	烰	11	43343443521	9F4A	070F0
10149	眷	11	43113425111	BEEC	07737	10192	焓	11	43343445251	ECCA	07113
10150	桊	11	43113431234	8232C734	04148	10193	焰	11	43343522511	9F67	07114
10151	粖	11	43123411234	BB8A	07C96	10194	焕	11	43343525134	BBC0	07115
10152	粓	11	43123412211	BB88	07C93	10195	烽	11	43343541112	B7E9	070FD
10153	粘	11	43123412251	8232E635	04280	10196	烿	11	43343541333	9F56	070FF
10154	粝	11	43123413153	F4CF	07C9D	10197	焖	11	43344254544	ECCB	07116
10155	粘	11	43123421251	D5B3	07C98	10198	烾	11	43344334121	9F55	070FE
10156	粗	11	43123425111	B4D6	07C97	10199	焎	11	43344334512	8231EB31	03DC0
10157	粙	11	43123425121	BB8B	07C99	10200	焍	11	43344351523	9F62	0710D
10158	畨	11	43123425121	AE89	07568	10201	烷	11	43344451135	CDE9	070F7
10159	粚	11	43123431525	BB8C	07C9A	10202	烺	11	43344511534	9F52	070FA
10160	粕	11	43123432511	C6C9	07C95	10203	焗	11	43345135251	9F68	07117
10161	粰	11	43123434312	8232E634	0427F	10204	焧	11	43345425112	8231EB32	03DC1
10162	粣	11	43123435351	BB90	07CA3	10205	焌	11	43345431134	8231EA37	03DBC
10163	粒	11	43123441431	C1A3	07C92	10206	焌	11	43345434354	9F61	0710C
10164	粁	11	43123443112	8232E632	0427D	10207	浾	11	44111134112	9C41	06DCE
10165	断	11	43123453312	B6CF	065AD	10208	清	11	44111212511	C7E5	06E05
10166	剪	11	43125112253	BCF4	0526A	10209	渍	11	44111212521	9C5B	06DF8
10167	兽	11	43251211251	CADE	0517D	10210	渍	11	44111212534	D7D5	06E0D
10168	曾	11	43251212511	95FB	066FD	10211	盁	11	44111225221	B145	076D3
10169	敚	11	43251353134	94A3	0655A	10212	渀	11	44111341132	8231D830	03D01
10170	敝	11	43252343134	B1D6	0655D	10213	添	11	44111342444	CCED	06DFB
10171	焐	11	43341134251	8231EA35	03DBA	10214	深	11	44112111534	9BEE	06DB1
10172	烁	11	43341212534	8231EA34	03DB9	10215	沖	11	44112125211	8231D831	03D02
10173	烼	11	43341213234	9F5A	07103	10216	游	11	44112131521	8231D733	03CFA
10174	焫	11	43341222534	9F78	0712B	10217	渚	11	44112132511	E4BE	06E1A
10175	焞	11	43341245521	8231EB30	03DBF	10218	淕	11	44112134121	9C47	06DD5
10176	焩	11	43341251124	9F4D	070F3	10219	淩	11	44112134354	9C52	06DE9
10177	焐	11	43341251251	ECC9	07110	10220	鸿	11	44112135451	BAE8	09E3F

序号	字形	笔数	笔顺	18030代码	13000代码	序号	字形	笔数	笔顺	18030代码	13000代码
10221	涬	11	44112143112	9BEB	06DAC	10264	渴	11	44125113535	9C66	06E07
10222	淇	11	44112211134	E4BF	06DC7	10265	渂	11	44125114134	9C62	06E02
10223	湝	11	44112212511	8231D734	03CFB	10266	淠	11	44125121132	E4C4	06DE0
10224	渮	11	44112212512	9C7A	06E2E	10267	淟	11	44125122134	9C4C	06DDF
10225	渃	11	44112213251	9C63	06E03	10268	涸	11	44125122511	BAD4	06DB8
10226	渵	11	44112225121	9C7E	06E35	10269	渑	11	44125125115	E4C5	06E11
10227	渶	11	44112225134	9C80	06E36	10270	涾	11	44125342511	9BF8	06DBE
10228	㴕	11	44112231234	8231DA30	03D15	10271	渁	11	44125342534	9C61	06E01
10229	淔	11	44112251111	9C46	06DD4	10272	渦	11	44125525251	9C75	06E26
10230	㳹	11	44112341121	8231D732	03CF9	10273	淛	11	44131125222	9C4A	06DDB
10231	淋	11	44112341234	C1DC	06DCB	10274	涶	11	44131212211	9BF1	06DB6
10232	淅	11	44112343312	E4C0	06DC5	10275	㳵	11	44131234521	8231D638	03CF5
10233	淶	11	44112343434	9C5A	06DF6	10276	涹	11	44131234531	9BF3	06DB9
10234	淞	11	44112343454	E4C1	06DDE	10277	㴈	11	44132121252	8231D837	03D08
10235	涷	11	44112511234	9BF2	06DB7	10278	㳛	11	44132151134	8231D433	03CDB
10236	減	11	44112511534	9C4D	06DE2	10279	淣	11	44132151135	9C4E	06DE3
10237	渎	11	44112544134	E4C2	06E0E	10280	淮	11	44132411121	BBB4	06DEE
10238	涯	11	44113121121	D1C4	06DAF	10281	淿	11	44132511252	9C5F	06DFF
10239	㴎	11	44113411234	8231D933	03D0E	10282	渒	11	44132511312	9C6B	06E12
10240	渀	11	44113412132	9C60	06E00	10283	涻	11	44134112251	9BF5	06DBB
10241	渏	11	44113412512	9C6A	06E0F	10284	淦	11	44134112431	E4C6	06DE6
10242	淹	11	44113425115	D1CD	06DF9	10285	淪	11	44134125122	9C53	06DEA
10243	涿	11	44113533434	E4C3	06DBF	10286	淆	11	44134132511	CFFD	06DC6
10244	淒	11	44115112531	9C44	06DD2	10287	渊	11	44134312342	D4A8	06E0A
10245	渠	11	44115151234	C7FE	06E20	10288	渓	11	44134431134	9C6C	06E13
10246	渐	11	44115213312	BDA5	06E10	10289	淫	11	44134433121	D2F9	06DEB
10247	淺	11	44115341534	9C5C	06DFA	10290	涭	11	44134434554	9BEC	06DAD
10248	渄	11	44121112111	9C64	06E04	10291	淨	11	44134435112	9C51	06DE8
10249	淑	11	44121123454	CAE7	06DD1	10292	氹	11	44134435215	8139F233	03422
10250	涉	11	44121212343	9C68	06E09	10293	㳶	11	44134435215	8231D639	03CF6
10251	渋	11	44121214134	9C69	06E0B	10294	淰	11	44134454544	9C56	06DF0
10252	淖	11	44121251112	C4D7	06DD6	10295	淜	11	44135113511	9C4B	06DDC
10253	淲	11	44121531535	9C57	06DF2	10296	淝	11	44135115215	E4C7	06DDD
10254	梁	11	44123431234	9745	0686C	10297	淍	11	44135121251	9C40	06DCD
10255	㸺	11	44123433112	8231F733	03E3A	10298	涽	11	44135152511	9BF7	06DBD
10256	掌	11	44123433112	EAFD	06332	10299	渔	11	44135251211	D3E6	06E14
10257	㲚	11	44123433115	8231CD38	03C9A	10300	淘	11	44135311252	CCD4	06DD8
10258	淌	11	44124325251	CCCA	06DCC	10301	淊	11	44135321511	9BFE	06DCA
10259	淂	11	44125111124	9BFA	06DC2	10302	㳷	11	44135332511	8231D730	03CF7
10260	淏	11	44125111134	9C42	06DCF	10303	淴	11	44135334544	9C58	06DF4
10261	淉	11	44125111234	9BFD	06DC9	10304	盗	11	44135425221	B146	076D5
10262	混	11	44125111535	BBEC	06DF7	10305	淗	11	44135431234	9C48	06DD7
10263	淐	11	44125112511	9C43	06DD0	10306	涼	11	44141251234	9BF6	06DBC

序号	字形	笔数	笔顺	18030代码	13000代码
10307	淳	11	44141251521	B4BE	06DF3
10308	液	11	44141323544	D2BA	06DB2
10309	済	11	44141343211	9C67	06E08
10310	淬	11	44141343412	B4E3	06DEC
10311	涪	11	44141431251	B8A2	06DAA
10312	淁	11	44141431531	9BF9	06DC1
10313	淤	11	44141533444	D3D9	06DE4
10314	㳿	11	44141541234	8231D738	03CFF
10315	淯	11	44141542511	9C55	06DEF
10316	渆	11	44143113222	9C65	06E06
10317	渕	11	44143113422	9C6D	06E15
10318	淃	11	44143113455	9BFB	06DC3
10319	湴	11	44143122431	9CB0	06E74
10320	㴊	11	44143152322	8231D839	03D0A
10321	淡	11	44143344334	B5AD	06DE1
10322	淙	11	44144511234	E4C8	06DD9
10323	淀	11	44144512134	B5ED	06DC0
10324	渖	11	44144525112	E4C9	06E16
10325	涫	11	44144525151	E4CA	06DAB
10326	涳	11	44144534121	9BEF	06DB3
10327	涴	11	44144535455	9BF0	06DB4
10328	淧	11	44144545434	9C50	06DE7
10329	淭	11	44145131234	9C54	06DED
10330	淚	11	44145131344	9C49	06DDA
10331	㴃	11	44145132534	8231D832	03D03
10332	深	11	44145341234	C9EE	06DF1
10333	㳴	11	44145434121	8231D637	03CF4
10334	湕	11	44151111254	9C97	06E55
10335	㴋	11	44151123234	8231D930	03D0B
10336	渌	11	44151124134	E4CB	06E0C
10337	㴆	11	44151145252	8231D835	03D06
10338	涺	11	44151312251	9BF4	06DBA
10339	涮	11	44151325222	E4CC	06DAE
10340	埿	11	44151335121	88D0	057FF
10341	淈	11	44151352252	9BFC	06DC8
10342	㳽	11	44151531234	8231D736	03CFD
10343	㴍	11	44152111534	8231D932	03D0D
10344	涵	11	44152413452	BAAD	06DB5
10345	㴌	11	44153112251	8231D931	03D0C
10346	㖳	11	44153125135	82309C31	035B3
10347	婆	11	44153254531	C6C5	05A46
10348	梁	11	44153441234	C1BA	06881
10349	渗	11	44154134333	C9F8	06E17
10350	㴉	11	44154545411	8231D838	03D09
10351	涰	11	44154545454	9BED	06DB0
10352	淥	11	44155124134	9C4F	06DE5
10353	淄	11	44155525121	D7CD	06DC4
10354	情	11	44211212511	C7E9	060C5
10355	悿	11	44211342444	90A4	060BF
10356	惬	11	44211431345	E3AB	060EC
10357	悵	11	44212111534	909D	060B5
10358	㥩	11	44212132511	8230FA38	03969
10359	㥄	11	44212134354	8230F731	03944
10360	悻	11	44212143112	E3AC	060BB
10361	㥘	11	44212154534	8230F931	03958
10362	㥍	11	44212211134	8230F830	0394D
10363	惜	11	44212212511	CFA7	060DC
10364	愥	11	44212225134	90E1	06125
10365	㥀	11	44212251111	8230F637	03940
10366	惏	11	44212341234	90B0	060CF
10367	惐	11	44212511534	90B1	060D0
10368	㥓	11	44213412512	8230F836	03953
10369	㤿	11	44213425115	8230F636	0393F
10370	悽	11	44215112531	90A2	060BD
10371	惭	11	44215213312	B2D1	060ED
10372	㥇	11	44215341534	8230F734	03947
10373	悱	11	44221112111	E3AD	060B1
10374	悼	11	44221251112	B5BF	060BC
10375	惝	11	44224325251	E3AE	060DD
10376	㥂	11	44225111124	8230F639	03942
10377	惧	11	44225111134	BEE5	060E7
10378	惈	11	44225111234	90AB	060C8
10379	惃	11	44225111535	90A8	060C3
10380	㥃	11	44225112511	8230F730	03943
10381	惕	11	44225113533	CCE8	060D5
10382	㥗	11	44225114134	8230F930	03957
10383	㥏	11	44225122134	8230F832	0394F
10384	㥙	11	44225124544	8230F932	03959
10385	惘	11	44225431415	E3AF	060D8
10386	悸	11	44231234521	BCC2	060B8
10387	㥚	11	44232151134	8230F933	0395A
10388	惟	11	44232411121	CEA9	060DF
10389	惞	11	44233123534	90B9	060DE
10390	惍	11	44234112431	90AE	060CD
10391	惀	11	44234125122	90A5	060C0
10392	㥒	11	44234431234	8230F835	03952

序号	字形	笔数	笔顺	18030代码	13000代码	序号	字形	笔数	笔顺	18030代码	13000代码
10393	悛	11	44234434554	8230F732	03945	10436	寂	11	44521123454	BCC5	05BC2
10394	惍	11	44234454544	90B6	060D7	10437	㝠	11	44525114134	8230C638	03760
10395	㥊	11	44235113511	8230F737	0394A	10438	逭	11	44525151454	E5D5	0902D
10396	惆	11	44235121251	E3B0	060C6	10439	㝛	11	44532125341	8230C633	0375B
10397	惛	11	44235152511	90B8	060DB	10440	宿	11	44532132511	CBDE	05BBF
10398	惂	11	44235321511	90A7	060C2	10441	寉	11	44532411121	8C79	05BC9
10399	惚	11	44235334544	E3B1	060DA	10442	窐	11	44534121121	B798	07A90
10400	㥌	11	44235431234	8230F739	0394C	10443	䆠	11	44534125125	8232D031	041A0
10401	惊	11	44241251234	BEAA	060CA	10444	䆜	11	44534132511	8232CF37	0419C
10402	惇	11	44241251521	90AA	060C7	10445	窚	11	44534135534	B79C	07A9A
10403	惦	11	44241321251	B5EB	060E6	10446	窒	11	44534154121	D6CF	07A92
10404	悴	11	44241343412	E3B2	060B4	10447	䆞	11	44534251135	8232CF39	0419E
10405	㥉	11	44241431251	8230F736	03949	10448	䆚	11	44534251251	8232CF35	0419A
10406	㥔	11	44241542511	8230F837	03954	10449	䆛	11	44534251315	8232CF36	0419B
10407	惓	11	44243113455	90B3	060D3	10450	窑	11	44534311252	D2A4	07A91
10408	惮	11	44243251112	B5AC	060EE	10451	䆝	11	44534325221	8232CF38	0419D
10409	惔	11	44243344334	90B4	060D4	10452	䆟	11	44534341251	8232D030	0419F
10410	悰	11	44244511234	909B	060B0	10453	窕	11	44534341534	F1BB	07A95
10411	悺	11	44244525151	90A1	060BA	10454	窔	11	44534413434	B79A	07A94
10412	悾	11	44244534121	90A3	060BE	10455	寀	11	44534431234	8C75	05BC0
10413	惋	11	44244535455	CDEF	060CB	10456	窏	11	44534441112	B797	07A8F
10414	悷	11	44245131344	909F	060B7	10457	梥	11	44534541234	9773	068A5
10415	㤾	11	44245341234	8230F635	0393E	10458	窓	11	44534544544	B799	07A93
10416	㥆	11	44251124134	8230F733	03946	10459	寃	11	44535251354	8C77	05BC3
10417	惤	11	44251541554	90BD	060E4	10460	密	11	44545434252	C3DC	05BC6
10418	㥛	11	44252251541	8230F934	0395B	10461	䀂	11	44553125221	8232A639	04002
10419	惨	11	44254134333	B2D2	060E8	10462	䅁	11	44553131234	8232C637	04141
10420	惙	11	44254545454	90B7	060D9	10463	谋	11	45122111234	C4B1	08C0B
10421	惯	11	44255212534	B9DF	060EF	10464	谌	11	45122111345	DAC8	08C0C
10422	巢	11	44325111234	8E7A	05DE3	10465	谍	11	45122151234	B5FD	08C0D
10423	蛍	11	44345251214	CD77	086CD	10466	䜦	11	45122352511	8233DE37	04726
10424	営	11	44345251251	86D3	055B6	10467	谎	11	45122415325	BBD1	08C0E
10425	寈	11	44511212511	8C78	05BC8	10468	鄆	11	45125111252	E069	09106
10426	崈	11	44511234252	8D83	05D08	10469	冨	11	45125125121	83E5	051A8
10427	寇	11	44511352154	BFDC	05BC7	10470	谏	11	45125431234	DAC9	08C0F
10428	㝞	11	44512155121	8230C636	0375E	10471	啔	11	45131534251	869A	05554
10429	㝡	11	44512211154	8230C639	03761	10472	㓲	11	45132512222	82308839	034F2
10430	㝜	11	44512212511	8230C634	0375C	10473	啟	11	45132513134	86A2	0555F
10431	㝝	11	44512341234	8230C635	0375D	10474	扈	11	45132515215	ECE8	06248
10432	㝟	11	44512511135	8230C637	0375F	10475	啓	11	45133134251	8699	05553
10433	寅	11	44512512134	D2FA	05BC5	10476	焈	11	45135154334	9F5F	07108
10434	寄	11	44513412512	BCC4	05BC4	10477	皲	11	45152153254	F1E4	076B2
10435	寁	11	44515112134	8C76	05BC1	10478	谐	11	45153532511	D0B3	08C10

序号	字形	笔数	笔顺	18030代码	13000代码	序号	字形	笔数	笔顺	18030代码	13000代码
10479	谑	11	45215315151	DACA	08C11	10522	裃	11	45244351523	B58D	07976
10480	祴	11	45234113534	8233C630	0462C	10523	祲	11	45245114554	B589	07972
10481	袿	11	45234121121	D14F	088BF	10524	谒	11	45251135345	DACB	08C12
10482	袺	11	45234121251	D14B	088BA	10525	谓	11	45251212511	CEBD	08C13
10483	袹	11	45234132511	D14A	088B9	10526	谔	11	45251251115	DACC	08C14
10484	袸	11	45234132521	D149	088B8	10527	谕	11	45341251122	DACD	08C15
10485	裲	11	45234132522	D14C	088BB	10528	谖	11	45344311354	DACE	08C16
10486	袴	11	45234134115	D146	088B4	10529	谗	11	45352513544	B2F7	08C17
10487	裈	11	45234154121	8233C631	0462D	10530	谘	11	45413534251	DAD1	08C18
10488	袾	11	45234211124	D151	088C3	10531	谙	11	45414312511	DACF	08C19
10489	衱	11	45234212135	8233C531	04623	10532	谚	11	45414313333	D1E8	08C1A
10490	裆	11	45234243511	F1C9	088C6	10533	谛	11	45414345252	DAD0	08C1B
10491	裀	11	45234251341	D150	088C0	10534	谜	11	45431234454	C3D5	08C1C
10492	袾	11	45234311234	D14E	088BE	10535	谝	11	45454325122	DAD2	08C1D
10493	袱	11	45234321344	B8A4	088B1	10536	谞	11	45521342511	D7A0	08C1E
10494	裇	11	45234321554	8233C634	04630	10537	晝	11	51112125111	9583	0665D
10495	裃	11	45234323121	D147	088B5	10538	肃	11	51123243134	BB8D	07C9B
10496	袖	11	45234325221	D153	088C7	10539	逯	11	51124134454	E5D6	0902F
10497	裄	11	45234332112	D152	088C4	10540	逮	11	51124134454	B4FE	0902E
10498	袷	11	45234341251	F1CA	088B7	10541	敁	11	51132512154	82319932	03A8A
10499	裀	11	45234352511	8233C537	04629	10542	君	11	51132514444	9F5B	07104
10500	袶	11	45234354152	D148	088B6	10543	逿	11	51145252454	82348538	0489C
10501	袼	11	45234354251	F1CB	088BC	10544	敢	11	51221113134	B8D2	06562
10502	袳	11	45234354354	D145	088B3	10545	尉	11	51311234124	CEBE	05C09
10503	袎	11	45234413434	8233C536	04628	10546	屠	11	51312132511	CDC0	05C60
10504	袮	11	45234415435	8233C538	0462A	10547	屚	11	51312524444	8CCD	05C5A
10505	裈	11	45234451512	D154	088C8	10548	屐	11	51313533434	8230CC34	03798
10506	裉	11	45234511534	F1CC	088C9	10549	剧	11	51315412122	848D	0526D
10507	袈	11	45234531251	D14D	088BD	10550	屝	11	51321112111	8CD0	05C5D
10508	祷	11	45241113124	B5BB	07977	10551	屏	11	51331133112	8CCE	05C5B
10509	祴	11	45241132534	B58B	07974	10552	屡	11	51331152534	8230CC35	03799
10510	祮	11	45241214544	8232C132	0410A	10553	屜	11	51333212215	8CCF	05C5C
10511	祑	11	45241223134	8232C137	0410F	10554	張	11	51512111534	8F88	05F35
10512	祖	11	45241251431	8232C130	04108	10555	弢	11	51512211134	8230DB37	03831
10513	祳	11	45241311534	B58A	07973	10556	弫	11	51531234531	8230E935	038BB
10514	祯	11	45242511121	8232C039	04107	10557	艴	11	51532355215	E5F5	08274
10515	祦	11	45242511134	B581	07966	10558	弸	11	51535113511	8F8B	05F38
10516	視	11	45242511135	D295	08996	10559	弶	11	51541251234	8F89	05F36
10517	裍	11	45242512341	B58C	07975	10560	弴	11	51541251521	8F87	05F34
10518	祸	11	45242512534	BBF6	07978	10561	弽	11	51541431531	8230E934	038BA
10519	祰	11	45243121251	B587	07970	10562	婺	11	51541554531	8B4D	05A71
10520	裓	11	45243121534	8232C131	04109	10563	弹	11	51543251112	B5AF	05F39
10521	祱	11	45244325135	B588	07971	10564	強	11	51554251214	8F8A	05F37

序号	字形	笔数	笔顺	18030代码	13000代码	序号	字形	笔数	笔顺	18030代码	13000代码
10565	陘	11	52112155121	8C53	05B72	10608	婞	11	53112143112	8AFC	05A5E
10566	陙	11	52113434345	EA98	0967F	10609	婭	11	53112155121	8B49	05A6D
10567	郰	11	52125115252	E063	090FC	10610	娸	11	53112211134	8ADD	05A38
10568	隁	11	52125115315	EA9A	09681	10611	娵	11	53112211154	8ADB	05A35
10569	陻	11	52125221121	EA94	0967B	10612	㛭	11	53112212511	8230BB33	036ED
10570	隋	11	52131212511	CBE5	0968B	10613	婼	11	53112213251	8B53	05A7C
10571	焋	11	52131214334	9F60	0710B	10614	媌	11	53112225121	8B62	05A8C
10572	㤵	11	52131344544	8230F536	03935	10615	媖	11	53112225134	8B6B	05A96
10573	隇	11	52131531534	EA9E	09687	10616	㛦	11	53112341234	8230BA36	036E6
10574	堕	11	52132511121	B6E9	05815	10617	婡	11	53112343434	8B40	05A61
10575	郿	11	52132511152	E064	090FF	10618	婻	11	53112511234	8AE0	05A3B
10576	随	11	52132511454	CBE6	0968F	10619	婳	11	53112512152	8B4F	05A73
10577	陾	11	52132522134	EA97	0967E	10620	婾	11	53113121121	8AE2	05A3E
10578	將	11	52133544124	8CA2	05C07	10621	婍	11	53113412512	8AED	05A4D
10579	蛋	11	52134251214	B5B0	086CB	10622	㛪	11	53113425115	8230BB30	036EA
10580	孮	11	52144511234	8C51	05B6E	10623	婕	11	53115112134	E6BC	05A55
10581	隌	11	52153532511	EB41	0968E	10624	婔	11	53121112111	8AF4	05A54
10582	隄	11	52251112134	EA9D	09684	10625	婌	11	53121123454	8AEC	05A4C
10583	陽	11	52251113533	EA96	0967D	10626	婥	11	53121251112	8B43	05A65
10584	隅	11	52251125214	D3E7	09685	10627	婋	11	53121531535	8AEB	05A4B
10585	隈	11	52251211534	DAF1	09688	10628	婐	11	53125111234	8AF0	05A50
10586	焏	11	52251544444	9F64	0710F	10629	婫	11	53125111535	8B47	05A6B
10587	䒙	11	52252342444	8234A434	049D9	10630	婼	11	53125112511	E6BD	05A3C
10588	粜	11	52252431234	F4D0	07C9C	10631	㛫	11	53125113533	8230BB31	036EB
10589	陲	11	52312511211	EA99	09680	10632	婰	11	53125122134	8B4C	05A70
10590	䒗	11	52312511354	8234A432	049D7	10633	婟	11	53125122511	8AFD	05A5F
10591	隉	11	52321511121	EA9F	09689	10634	㖲	11	53125125135	82309C30	035B2
10592	隍	11	52325111121	DAF2	0968D	10635	婩	11	53125213112	8B46	05A69
10593	隗	11	52325113554	DAF3	09697	10636	㛧	11	53125213251	8230BA37	036E7
10594	隂	11	52341211154	EA9B	09682	10637	㛥	11	53125342511	8230BA35	036E5
10595	隃	11	52341251122	EA9C	09683	10638	媧	11	53125525251	8B7A	05AA7
10596	隆	11	52354131121	C2A1	09686	10639	婷	11	53131212211	8ADC	05A37
10597	隐	11	52355114544	D2FE	09690	10640	婑	11	53131234531	8AF1	05A51
10598	隌	11	52414312511	EB40	0968C	10641	婗	11	53132151135	8AF6	05A57
10599	隊	11	52431353334	EAA0	0968A	10642	婎	11	53132411121	8AEE	05A4E
10600	䒘	11	52551353334	8234A433	049D8	10643	婂	11	53132511252	8AE5	05A42
10601	娬	11	53111212154	8AD5	05A2C	10644	婢	11	53132511312	E6BE	05A62
10602	婧	11	53111212511	E6BA	05A67	10645	婨	11	53134125122	8B45	05A68
10603	婊	11	53111213534	E6BB	05A4A	10646	婇	11	53134431234	8AE9	05A47
10604	婖	11	53111342444	8AF5	05A56	10647	婬	11	53134433121	8B48	05A6C
10605	媎	11	53112132511	8B64	05A8E	10648	婤	11	53135121251	8B42	05A64
10606	㛬	11	53112134121	8230BB32	036EC	10649	婚	11	53135152511	BBE9	05A5A
10607	婈	11	53112134354	8AEA	05A48	10650	婏	11	53135251354	8AEF	05A4F

序号	字形	笔数	笔顺	18030代码	13000代码
10651	婳	11	53135431234	8AE8	05A45
10652	婛	11	53141251234	8AF9	05A5B
10653	婄	11	53141431251	8AE7	05A44
10654	婝	11	53141542511	8230BA39	036E9
10655	婘	11	53143113455	8AF7	05A58
10656	婵	11	53143251112	E6BF	05A75
10657	婒	11	53143344334	8AF2	05A52
10658	婃	11	53144511234	8AE6	05A43
10659	婝	11	53144512134	8AFB	05A5D
10660	婶	11	53144525112	C9F4	05A76
10661	婠	11	53144525151	8AFE	05A60
10662	婉	11	53144535455	CDF1	05A49
10663	嫏	11	53145115452	8B99	05ACF
10664	娽	11	53151124134	8AE1	05A3D
10665	婦	11	53151145252	8B44	05A66
10666	婮	11	53151312251	8B4A	05A6E
10667	婹	11	53151541554	8ADE	05A39
10668	豞	11	53154253434	E6C0	080EC
10669	婤	11	53154545454	8ADF	05A3A
10670	綤	11	53154554234	8232ED37	042C8
10671	袈	11	53251413534	F4C2	08888
10672	弻	11	53251541541	82338234	04384
10673	颇	11	53254132534	C6C4	09887
10674	颈	11	54121132534	BEB1	09888
10675	翇	11	54154113544	C18D	07FC7
10676	翍	11	54154115534	82338230	04380
10677	翐	11	54154131134	C193	07FD0
10678	習	11	54154132511	C195	07FD2
10679	翏	11	54154134333	C192	07FCF
10680	翆	11	54154134454	82338236	04386
10681	翑	11	54154135251	C194	07FD1
10682	翝	11	54154135515	82338232	04382
10683	翋	11	54154141431	C190	07FCB
10684	翌	11	54154141431	D2EE	07FCC
10685	翍	11	54154153254	C191	07FCD
10686	䏻	11	54251112154	82338E30	043FB
10687	㦷	11	54251121534	82318435	039B7
10688	瓻	11	54251121554	82329130	03F27
10689	敌	11	54251122154	82319934	03A8C
10690	恿	11	54251124544	D3C1	0607F
10691	欸	11	54311343534	9A47	06B38
10692	郯	11	54334113452	E06B	09108
10693	䂈	11	54523251214	8232B432	04088
10694	䖥	11	54523251214	8233B835	045A5
10695	叁	11	54545434111	85A3	053C4
10696	㕘	11	54545434234	82309331	03558
10697	参	11	54545434333	85A2	053C3
10698	逫	11	54545454454	DF49	0902B
10699	绩	11	55111212534	BCA8	07EE9
10700	绪	11	55112132511	D0F7	07EEA
10701	绫	11	55112134354	E7B1	07EEB
10702	骐	11	55112211134	E6EB	09A90
10703	绬	11	55112225134	C086	07EEC
10704	续	11	55112544134	D0F8	07EED
10705	骑	11	55113412512	C6EF	09A91
10706	绮	11	55113412512	E7B2	07EEE
10707	绯	11	55121112111	E7B3	07EEF
10708	绰	11	55121251112	B4C2	07EF0
10709	绱	11	55124325251	E7B4	07EF1
10710	骒	11	55125111234	E6EC	09A92
10711	绲	11	55125111535	E7B5	07EF2
10712	绳	11	55125125115	C9FE	07EF3
10713	绳	11	55131212211	E7B6	07F0D
10714	骓	11	55132411121	E6ED	09A93
10715	维	11	55132411121	CEAC	07EF4
10716	绵	11	55132511252	C3E0	07EF5
10717	䌽	11	55134431234	8232F933	0433D
10718	绶	11	55134434554	E7B7	07EF6
10719	绷	11	55135113511	B1C1	07EF7
10720	绸	11	55135121251	B3F1	07EF8
10721	绹	11	55135311252	C087	07EF9
10722	剶	11	55135333422	8494	05276
10723	绺	11	55135424251	E7B8	07EFA
10724	绻	11	55143113455	E7B9	07EFB
10725	骔	11	55144511234	F357	09A94
10726	综	11	55144511234	D7DB	07EFC
10727	绽	11	55144512134	D5C0	07EFD
10728	绾	11	55144525151	E7BA	07EFE
10729	骕	11	55151123234	F358	09A95
10730	绿	11	55151124134	C2CC	07EFF
10731	骖	11	55154134333	E6EE	09A96
10732	缀	11	55154545454	D7BA	07F00
10733	缁	11	55155525121	E7BB	07F01
10734	貫	11	55212511134	D89E	08CAB
10735	郷	11	55312211152	E06D	0910A
10736	鄉	11	55345115452	E06C	09109

序号	字形	笔数	笔顺	18030代码	13000代码	序号	字形	笔数	笔顺	18030代码	13000代码
10737	裴	11	55414413534	D143	088B0	10780	給	11	55444454251	BD48	07D3F
10738	紝	11	55444412121	8232ED39	042CA	10781	絘	11	55444454523	8232EE37	042D2
10739	紶	11	55444412154	BCA0	07D36	10782	巢	11	55525111234	B3B2	05DE2
10740	紺	11	55444412211	BD43	07D3A	10783	粭	12	111234341251	F1EB	08020
10741	紲	11	55444412215	BC9C	07D32	10784	貳	12	111251113454	D945	08CB3
10742	絊	11	55444412341	BD53	07D4A	10785	蝨	12	111253251214	CD89	086EA
10743	絉	11	55444412344	BD52	07D49	10786	㗉	12	111253354251	82309E33	035C9
10744	絅	11	55444412512	8232EE32	042CD	10787	絜	12	111253554234	BD65	07D5C
10745	絒	11	55444412534	8232EE36	042D1	10788	琫	12	112111134112	AC65	0742B
10746	紑	11	55444413241	8232EE39	042D4	10789	琹	12	112111211234	AC6C	07439
10747	紱	11	55444413544	BC9B	07D31	10790	琵	12	112111211535	C5FD	07435
10748	絨	11	55444415534	8232EE35	042D0	10791	琷	12	112111212154	ABA0	073F7
10749	組	11	55444425111	8232EE33	042CE	10792	琴	12	112111213445	C7D9	07434
10750	組	11	55444425111	BD4D	07D44	10793	琶	12	112111215215	C5C3	07436
10751	紳	11	55444425112	BC9D	07D33	10794	琽	12	112112132511	AC6F	0743D
10752	細	11	55444425121	BC9A	07D30	10795	琪	12	112112211134	E7F7	0742A
10753	紬	11	55444425121	BC97	07D2C	10796	琊	12	112112211152	AC88	07458
10754	紻	11	55444425134	BD44	07D3B	10797	㻓	12	112112211154	82328836	03ED3
10755	絅	11	55444425251	BD4E	07D45	10798	瑛	12	112112225134	E7F8	0745B
10756	紩	11	55444431134	BC95	07D29	10799	㻤	12	112112235251	82328A33	03EE4
10757	䋏	11	55444431211	8232EE34	042CF	10800	琳	12	112112341234	C1D5	07433
10758	絁	11	55444431525	BD4A	07D41	10801	琜	12	112112343434	AC5B	0741C
10759	紨	11	55444432124	BC94	07D28	10802	琙	12	112112511534	AC5A	07419
10760	絈	11	55444432511	BD51	07D48	10803	琦	12	112113412512	E7F9	07426
10761	紾	11	55444434333	BD47	07D3E	10804	琢	12	112113533434	D7C1	07422
10762	紷	11	55444434454	BD40	07D37	10805	琖	12	112115341534	AC57	07416
10763	絇	11	55444435251	BD50	07D47	10806	琲	12	112121112111	AC69	07432
10764	終	11	55444435444	BD4B	07D42	10807	琡	12	112121123454	AC60	07421
10765	絘	11	55444435511	8232EE38	042D3	10808	琸	12	112121251112	AC6B	07438
10766	紸	11	55444441121	BD41	07D38	10809	琥	12	112121531535	E7FA	07425
10767	紘	11	55444441354	BD54	07D4B	10810	琨	12	112125111535	E7FB	07428
10768	絃	11	55444441554	BD4C	07D43	10811	琩	12	112125112511	AC64	07429
10769	絆	11	55444443113	BD4F	07D46	10812	靓	12	112125112535	F6A6	09753
10770	紵	11	55444444512	BC9F	07D35	10813	靔	12	112125113115	EC6A	09754
10771	紋	11	55444444534	8232ED38	042C9	10814	㻛	12	112125113533	82328934	03EDB
10772	紽	11	55444444535	BD46	07D3D	10815	琝	12	112125114134	AC5C	0741D
10773	紙	11	55444451515	8232EE30	042CB	10816	琠	12	112125122134	AC5F	07420
10774	紼	11	55444451532	BD45	07D3C	10817	㻒	12	112125312341	82328835	03ED2
10775	紭	11	55444451554	BC98	07D2D	10818	㻔	12	112131212211	82328837	03ED4
10776	絀	11	55444452252	BD49	07D40	10819	㻑	12	112131234521	82328834	03ED1
10777	紹	11	55444453251	BD42	07D39	10820	琟	12	112132411121	AC5E	0741F
10778	紴	11	55444453254	BC9E	07D34	10821	頊	12	112132511134	ED99	09807
10779	経	11	55444454121	BD55	07D4C	10822	琕	12	112132511312	AC56	07415

序号	字形	笔数	笔顺	18030代码	13000代码	序号	字形	笔数	笔顺	18030代码	13000代码
10823	琻	12	112134112431	AC6E	0743B	10866	堯	12	121121121135	88F2	0582F
10824	琒	12	112134342134	82328935	03EDC	10867	堼	12	121121124121	88FD	0583C
10825	琡	12	112135113511	82328933	03EDA	10868	葑	12	121121124252	8EB0	05E47
10826	琱	12	112135121251	AC68	07431	10869	婁	12	121121124531	8230BD34	03702
10827	琘	12	112135152511	AC59	07418	10870	韭	12	121121251214	8233B935	045AF
10828	琼	12	112141251234	C7ED	0743C	10871	堪	12	121122111345	BFB0	0582A
10829	斑	12	112141341121	B0DF	06591	10872	揕	12	121122111345	934C	063D5
10830	琗	12	112141343413	AC58	07417	10873	揖	12	121122122111	9372	06411
10831	琣	12	112141431251	AC61	07423	10874	埢	12	121122134515	8944	05842
10832	琦	12	112141542511	82328932	03ED9	10875	堞	12	121122151234	DCA6	0581E
10833	琰	12	112143344334	E7FC	07430	10876	揲	12	121122151234	DEE9	063F2
10834	琺	12	112144112154	AC6D	0743A	10877	搽	12	121122341234	B2EB	0643D
10835	琮	12	112144511234	E7FD	0742E	10878	塔	12	121122341251	CBFE	05854
10836	琔	12	112144512134	AC55	07414	10879	搭	12	121122341251	B4EE	0642D
10837	琙	12	112144525112	82328931	03ED8	10880	揹	12	121122352511	82318E31	03A1A
10838	琯	12	112144525151	AC67	0742F	10881	堏	12	121122415325	8945	05843
10839	琬	12	112144535455	E7FE	0742C	10882	揇	12	121122543112	9344	063C7
10840	瑯	12	112145115452	AC98	0746F	10883	揸	12	121123425111	DEEA	063F8
10841	琛	12	112145341234	E8A1	0741B	10884	堰	12	121125115315	D1DF	05830
10842	琭	12	112151124134	AC66	0742D	10885	揠	12	121125115315	DEEB	063E0
10843	球	12	112151124134	82328839	03ED6	10886	揦	12	121125123422	9358	063E6
10844	琚	12	112151312251	E8A2	0741A	10887	堛	12	121125125121	88E3	0581B
10845	琚	12	112151352252	82328838	03ED5	10888	揊	12	121125125121	9346	063CA
10846	覘	12	112342511135	8233CE31	0467F	10889	堙	12	121125221121	DCA7	05819
10847	雁	12	113232411121	EB65	096C3	10890	堧	12	121125221531	8230AC34	03658
10848	犂	12	113411341512	E9FD	08F87	10891	埬	12	121125431234	88E4	0581C
10849	替	12	113411342511	CCE6	066FF	10892	揀	12	121125431234	92FE	063C0
10850	乖	12	113421112111	8234AE36	04A3F	10893	垦	12	121125444412	8234CD35	04B74
10851	奣	12	113425113511	8A54	05963	10894	鄢	12	121125444452	82348B35	048D5
10852	棃	12	113425351234	97CB	0691D	10895	馭	12	121125444454	F153	099AD
10853	鼋	12	113525125115	F6BD	09F0B	10896	堉	12	121131212511	88F7	05836
10854	揳	12	121111253134	9361	063F3	10897	揹	12	121131212511	82318C35	03A0A
10855	揍	12	121111341134	D7E1	063CD	10898	堿	12	121131251534	8941	0583F
10856	堾	12	121111342511	8940	0583E	10899	摵	12	121131251534	82318D35	03A14
10857	款	12	121112343534	BFEE	06B3E	10900	堿	12	121131531534	8230AB34	0364E
10858	跍	12	121115413121	82349C37	04988	10901	摵	12	121131531534	9366	063FB
10859	趣	12	121115425351	82349C38	04989	10902	項	12	121132511134	ED97	09805
10860	趹	12	121115431134	E950	0957B	10903	搮	12	121132512534	9367	063FC
10861	髡	12	121115433335	F382	09AE0	10904	堧	12	121132522134	88EB	05827
10862	髥	12	121115433353	8234D937	04BEE	10905	揳	12	121132522134	82318C39	03A0E
10863	髲	12	121115433354	8234D936	04BED	10906	搓	12	121134121121	82318D33	03A12
10864	珏	12	121121121121	8230DB33	0382D	10907	堦	12	121153532511	88EA	05826
10865	垚	12	121121121121	8230AB39	03653	10908	揩	12	121153532511	BFAB	063E9

序号	字形	笔数	笔顺	18030代码	13000代码	序号	字形	笔数	笔顺	18030代码	13000代码
10909	䜴	12	121154111251	8233D634	046D2	10952	堨	12	121251212511	8230AC31	03655
10910	载	12	121154121534	C55C	081F7	10953	堺	12	121251213432	88FB	0583A
10911	揹	12	121211352511	9364	063F9	10954	裁	12	121251214534	CD79	086D3
10912	揁	12	121212511134	9340	063C1	10955	揌	12	121251214544	9348	063CC
10913	䓰	12	121212511554	82329136	03F2D	10956	堮	12	121251251115	88F1	0582E
10914	赶	12	121213411214	8233EA33	0479D	10957	尌	12	121251431124	8CA5	05C0C
10915	趆	12	121213413251	8233EA36	047A0	10958	喜	12	121251431251	CFB2	0559C
10916	越	12	121213415534	D4BD	08D8A	10959	彭	12	121251431333	C5ED	05F6D
10917	趈	12	121213421251	DA6A	08D88	10960	翓	12	121251541541	C196	07FD3
10918	䞡	12	121213425111	8233EA37	047A1	10961	堶	12	121252132522	8230AB36	03650
10919	趄	12	121213425111	F4F2	08D84	10962	揣	12	121252132522	B4A7	063E3
10920	趃	12	121213431134	DA67	08D83	10963	㨏	12	121252134334	82318D30	03A0F
10921	䞢	12	121213431211	8233EA38	047A2	10964	塄	12	121252214153	DCA8	05844
10922	䞟	12	121213432511	8233EA35	0479F	10965	䃾	12	121253434534	C375	080FE
10923	䞣	12	121213433124	8233EA39	047A3	10966	搰	12	121255452511	9387	06430
10924	趁	12	121213434333	B3C3	08D81	10967	揿	12	121311153534	DEEC	063FF
10925	趆	12	121213435154	DA68	08D86	10968	插	12	121312321511	B2E5	063D2
10926	趂	12	121213435234	DA66	08D82	10969	揷	12	121312321511	9363	063F7
10927	䞤	12	121213435251	8233EB30	047A4	10970	揪	12	121312344334	BEBE	063EA
10928	趋	12	121213435511	C7F7	08D8B	10971	堹	12	121312511211	88FA	05839
10929	趇	12	121213441431	DA69	08D87	10972	揰	12	121312511211	935F	063F0
10930	䞞	12	121213451532	8233EA34	0479E	10973	㙏	12	121312511354	8230AB35	0364F
10931	趉	12	121213452252	DA6B	08D89	10974	䎜	12	121315121335	82338438	0439C
10932	超	12	121213453251	B3AC	08D85	10975	塅	12	121321113554	8946	05845
10933	㨗	12	121215112134	82318D38	03A17	10976	揑	12	121321511121	9349	063D1
10934	賁	12	121222511134	D953	08CC1	10977	搜	12	121321511254	CBD1	0641C
10935	揽	12	121223142535	C0BF	063FD	10978	堢	12	121322511234	88E7	05822
10936	㨘	12	121234325111	82318D39	03A18	10979	㨐	12	121322511234	82318D31	03A10
10937	堤	12	121251112134	B5CC	05824	10980	堭	12	121325111121	88F0	0582D
10938	提	12	121251112134	CCE1	063D0	10981	揘	12	121325111121	934E	063D8
10939	場	12	121251113533	88F6	05834	10982	斱	12	121325113312	94DA	065B1
10940	揚	12	121251113533	9350	063DA	10983	塊	12	121325113554	894B	0584A
10941	喆	12	121251121251	86B4	05586	10984	殾	12	121325113554	9AA6	06BBE
10942	揖	12	121251122111	D2BE	063D6	10985	煑	12	121325114334	9F97	07151
10943	博	12	121251124124	B2A9	0535A	10986	煮	12	121325114444	D6F3	0716E
10944	堣	12	121251125214	88E8	05823	10987	㙖	12	121325125214	8230AC32	03656
10945	塭	12	121251125221	8965	0586D	10988	堠	12	121325131134	DCA9	05820
10946	揾	12	121251125221	9368	063FE	10989	塠	12	121325151454	895B	05860
10947	颉	12	121251132534	F2A1	09889	10990	搥	12	121325151454	9380	06425
10948	堨	12	121251135345	88EC	05828	10991	哲	12	121331213251	B38D	07869
10949	揭	12	121251135345	BDD2	063ED	10992	䀸	12	121331225111	8232AC33	04038
10950	㙗	12	121251211534	8230AC33	03657	10993	揗	12	121331225111	934D	063D7
10951	揋	12	121251211534	9347	063CB	10994	㿱	12	121331253254	8232A532	03FF1

序号	字形	笔数	笔顺	18030代码	13000代码
10995	臺	12	121335154121	F1F3	0800B
10996	耉	12	121335541541	82338439	0439D
10997	堬	12	121341251122	88EF	0582C
10998	揄	12	121341251122	DEED	063C4
10999	揜	12	121341251132	9352	063DC
11000	揺	12	121344311252	9365	063FA
11001	援	12	121344311354	D4AE	063F4
11002	堘	12	121345234354	88EE	0582B
11003	搿	12	121345234354	82318D32	03A11
11004	挽	12	121352513544	B2F3	06400
11005	換	12	121352534134	9351	063DB
11006	堸	12	121353251214	88F9	05838
11007	揔	12	121353344544	934B	063D4
11008	掏	12	121354111251	9345	063C8
11009	聋	12	121354122111	C27B	08053
11010	揝	12	121354242511	9353	063DD
11011	蛩	12	121354251214	F2CB	086E9
11012	蛰	12	121354251214	D5DD	086F0
11013	粱	12	121354431234	8232E639	04284
11014	絷	12	121354554234	F4EA	07D77
11015	塆	12	121412234515	8947	05846
11016	揨	12	121412514512	935A	063E8
11017	掟	12	121413312154	82318F36	03A29
11018	裁	12	121413534534	B2C3	088C1
11019	培	12	121414312511	88F8	05837
11020	揞	12	121414312511	DEEE	063DE
11021	揥	12	121414345252	9357	063E5
11022	揓	12	121415331525	934A	063D3
11023	搁	12	121425354251	B8E9	06401
11024	逹	12	121431112454	DF5F	09054
11025	搓	12	121431113121	B4EA	06413
11026	皸	12	121431121554	82329135	03F2C
11027	報	12	121431125254	88F3	05831
11028	堘	12	121431134121	88E1	05818
11029	搂	12	121431234531	C2A7	06402
11030	揃	12	121431251122	9342	063C3
11031	揂	12	121431253511	9341	063C2
11032	揔	12	121432514544	9369	06403
11033	堩	12	121442125111	88ED	05829
11034	揯	12	121442125111	936A	06404
11035	揰	12	121442125441	935E	063EF
11036	搅	12	121443452535	BDC1	06405
11037	堭	12	121445125111	8948	05847
11038	揎	12	121445125111	DEEF	063CE
11039	堗	12	121445341344	88E0	05817
11040	揬	12	121445341344	935C	063EC
11041	揓	12	121445343112	82318D34	03A13
11042	搭	12	121445354251	9355	063E2
11043	堚	12	121451251112	88E2	0581A
11044	揮	12	121451251112	935D	063EE
11045	壹	12	121451251431	D2BC	058F9
11046	揙	12	121451325122	934F	063D9
11047	嗀	12	121451353554	9AA4	06BBC
11048	壶	12	121452155121	89D8	058FA
11049	壼	12	121453452431	8230B037	03683
11050	摡	12	121511541535	93A9	06461
11051	握	12	121513154121	CED5	063E1
11052	塀	12	121513431132	8942	05840
11053	摒	12	121513431132	DEF0	06452
11054	搢	12	121515152511	82318C34	03A09
11055	堭	12	121521251152	8230AC30	03654
11056	堳	12	121521325111	88F5	05833
11057	堵	12	121521342511	89D9	058FB
11058	揟	12	121521342511	9354	063DF
11059	搵	12	121535425221	82318D36	03A15
11060	揆	12	121543341134	DEF1	063C6
11061	搔	12	121544251214	C9A6	06414
11062	揉	12	121545231234	C8E0	063C9
11063	碧	12	121545313251	8232B834	040B2
11064	欧	12	121551213534	8231C336	03C33
11065	惡	12	121551214544	90BA	060E1
11066	塚	12	121551353334	88E6	0581F
11067	掾	12	121551353334	DEF2	063BE
11068	堖	12	121555325341	88DF	05816
11069	聒	12	122111121251	C279	08050
11070	聑	12	122111122111	C27A	08051
11071	聏	12	122111132522	C278	0804F
11072	蕢	12	122111253134	DDD6	0845C
11073	聀	12	122111311234	82338733	043B7
11074	聒	12	122111312251	F1F8	08052
11075	棊	12	122111341234	978E	068CA
11076	聎	12	122111341534	C277	0804E
11077	萶	12	122111342511	C86F	08436
11078	朞	12	122111342511	8231A431	03AF7
11079	朞	12	122111342511	964F	0671E
11080	斯	12	122111343312	CBB9	065AF

序号	字形	笔数	笔顺	18030代码	13000代码	序号	字形	笔数	笔顺	18030代码	13000代码
11081	期	12	122111343511	C6DA	0671F	11124	蒧	12	122132534534	DDDB	08487
11082	欺	12	122111343534	C6DB	06B3A	11125	蛬	12	122134251214	CD8B	086EC
11083	斟	12	122111344412	82319D38	03AB8	11126	蒰	12	122134425221	C891	08462
11084	惎	12	122111344544	90AF	060CE	11127	塟	12	122135435121	895A	0585F
11085	聠	12	122111431132	C286	08060	11128	葬	12	122135435132	D4E1	0846C
11086	联	12	122111431134	C1AA	08054	11129	䢡	12	122151234454	82348633	048A1
11087	棸	12	122111541234	97B0	068F8	11130	貰	12	122152511134	D942	08CB0
11088	㷅	12	122111544334	8231EB36	03DC5	11131	蒈	12	122153532511	DDDC	08488
11089	焣	12	122111544444	9F71	07123	11132	畱	12	122155125121	AE91	07571
11090	䓯	12	122112155414	8233A633	044EF	11133	葝	12	122155512153	C88D	0845D
11091	黃	12	122112512134	FC53	09EC3	11134	葘	12	122155525121	C88C	08458
11092	葑	12	122121121124	DDD7	08451	11135	韭	12	122211121111	ED83	097EE
11093	葀	12	122121312251	C876	08440	11136	萷	12	122243251122	C870	08437
11094	蒆	12	122121354531	C948	08486	11137	萴	12	122251113422	C86D	08434
11095	葚	12	122122111345	DDD8	0845A	11138	鄚	12	122251113452	E07C	0911A
11096	葉	12	122122151234	C87E	08449	11139	募	12	122251113453	C4BC	052DF
11097	葫	12	122122513511	BAF9	0846B	11140	蒊	12	122251122111	DDDD	0847A
11098	萳	12	122122543112	C86C	08433	11141	萺	12	122251125111	C872	0843A
11099	葙	12	122123425111	DDD9	08459	11142	萬	12	122251125214	C866	0842C
11100	葧	12	122124552153	C895	08467	11143	蒀	12	122251125221	C943	08480
11101	靬	12	122125112112	EC79	0976C	11144	葃	12	122251131211	C879	08443
11102	䩒	12	122125112112	8234B035	04A52	11145	葛	12	122251135345	B8F0	0845B
11103	靯	12	122125112121	EC7C	0976F	11146	葨	12	122251211534	C896	08468
11104	靰	12	122125112135	EC7D	09770	11147	蒉	12	122251212534	DDDE	08489
11105	䩐	12	122125112315	8234B033	04A50	11148	葸	12	122251214544	DDDF	08478
11106	靮	12	122125112354	EC7B	0976E	11149	萼	12	122251251115	DDE0	0843C
11107	靸	12	122125112354	EC83	09778	11150	䓵	12	122251251251	8233A639	044F5
11108	䩑	12	122125112515	8234B034	04A51	11151	㲟	12	122251343115	8231CE33	03C9F
11109	靭	12	122125112534	EC7A	0976D	11152	蓇	12	122255452511	C975	084C7
11110	靱	12	122125112534	EC7E	09771	11153	萫	12	122312342511	C865	0842B
11111	靫	12	122125112544	EC78	0976B	11154	萩	12	122312344334	C863	08429
11112	㪚	12	122125113134	82319A38	03A9A	11155	萪	12	122312344412	C864	0842A
11113	散	12	122125113134	C9A2	06563	11156	葍	12	122312511211	B6AD	08463
11114	斮	12	122125113312	94D9	065AE	11157	葮	12	122321113554	C898	0846E
11115	䓶	12	122125123422	8233A730	044F6	11158	蓃	12	122321511254	C972	084C3
11116	葍	12	122125125121	C883	0844D	11159	蓚	12	122322354333	C982	084DA
11117	䓰	12	122125221121	8233A634	044F0	11160	葆	12	122322511234	DDE1	08446
11118	葽	12	122125221531	C940	0847D	11161	蒊	12	122323525135	C949	0848A
11119	萰	12	122125431234	C86A	08430	11162	䓲	12	122324325135	8233A636	044F2
11120	葴	12	122131251534	C89C	08474	11163	葟	12	122325111121	C88F	0845F
11121	葳	12	122131531534	DDDA	08473	11164	葲	12	122325112534	C89B	08472
11122	惹	12	122132514544	C8C7	060F9	11165	蒐	12	122325113554	C94C	08490
11123	䓴	12	122132522134	8233A638	044F4	11166	葠	12	122325114554	C890	08460

序号	字形	笔数	笔顺	18030代码	13000代码	序号	字形	笔数	笔顺	18030代码	13000代码
11167	葩	12	122325115215	DDE2	08469	11210	落	12	122441354251	C2E4	0843D
11168	萬	12	122325125214	C867	0842D	11211	蓱	12	122441431132	C991	084F1
11169	葔	12	122325131134	C889	08454	11212	葎	12	122441511112	C885	0844F
11170	蓜	12	122325325135	8230A037	035E1	11213	萱	12	122445125111	DDE6	08431
11171	葰	12	122325434354	C89A	08470	11214	葖	12	122445341344	C88B	08456
11172	葕	12	122332441112	C88A	08455	11215	蒄	12	122451135124	C946	08484
11173	葎	12	122332511112	C884	0844E	11216	蔻	12	122451135531	8233A735	044FB
11174	葨	12	122332511534	8233A637	044F3	11217	董	12	122451251112	C89D	08477
11175	蓊	12	122341251122	C868	0842E	11218	蒏	12	122451253511	C94B	0848F
11176	葊	12	122341251132	C880	0844A	11219	萹	12	122451325122	C871	08439
11177	葅	12	122343425111	C87B	08445	11220	蕷	12	122452425111	8233A833	04503
11178	萲	12	122344311354	C86B	08432	11221	乾	12	122511112315	8178	04E81
11179	蒼	12	122344511534	8233A733	044F9	11222	悳	12	122511114544	90BF	060EA
11180	葼	12	122345234354	C8A0	0847C	11223	韩	12	122511121152	BAAB	097E9
11181	葐	12	122345325221	C886	08450	11224	戟	12	122511121534	EAAA	0621F
11182	葄	12	122351131211	C87A	08444	11225	朝	12	122511123511	B3AF	0671D
11183	葡	12	122351251124	C6CF	08461	11226	悳	12	122511154544	909C	060B3
11184	葯	12	122352511134	C869	0842F	11227	蔇	12	122511541535	CA44	08507
11185	敬	12	122352513134	BEB4	0656C	11228	葭	12	122512115154	DDE7	0846D
11186	葂	12	122352513553	C878	08442	11229	喪	12	122512511534	86CA	055AA
11187	葻	12	122353251214	C89F	0847B	11230	辜	12	122514143112	B9BC	08F9C
11188	葱	12	122353344544	B4D0	08471	11231	葞	12	122515122111	C88E	0845E
11189	葪	12	122353511222	C897	0846A	11232	葦	12	122521251152	C894	08466
11190	葋	12	122354135251	C881	0844B	11233	葿	12	122521325111	C942	0847F
11191	葾	12	122354554544	C941	0847E	11234	悳	12	122522154544	8230F638	03941
11192	蒋	12	122412354124	BDAF	0848B	11235	蒢	12	122523411234	C95A	084A2
11193	葶	12	122412514512	DDE3	08476	11236	蓸	12	122531531112	8233A732	044F8
11194	萻	12	122414312511	C873	0843B	11237	葌	12	122531531531	C882	0844C
11195	蒂	12	122414345252	B5D9	08482	11238	萾	12	122535425221	C874	0843E
11196	葹	12	122415331525	C89E	08479	11239	葈	12	122542511234	C87D	08448
11197	蒫	12	122431113121	C963	084AB	11240	遖	12	122543112454	DF61	09056
11198	葓	12	122431121134	8233A734	044FA	11241	葵	12	122543341134	BFFB	08475
11199	萁	12	122431121531	C877	08441	11242	葇	12	122545231234	C87C	08447
11200	蒾	12	122431234454	C96F	084BE	11243	蒮	12	122545233134	8233A632	044EE
11201	蒌	12	122431234531	DDE4	0848C	11244	蒃	12	122551353334	C945	08483
11202	葥	12	122431251122	C893	08465	11245	葒	12	122554444121	C887	08452
11203	鄗	12	122431251152	E074	09111	11246	葤	12	122554444124	C892	08464
11204	蒍	12	122435554444	C94A	0848D	11247	葯	12	122554444354	C899	0846F
11205	葓	12	122441122134	C888	08453	11248	孳	12	122554554521	8C55	05B76
11206	萿	12	122441312251	C875	0843F	11249	棒	12	123411134112	B0F4	068D2
11207	蔳	12	122441332112	8233A731	044F7	11250	棈	12	123411212511	978D	068C8
11208	蒎	12	122441333534	DDE5	0848E	11251	㮇	12	123411342444	8231B234	03B87
11209	葉	12	122441351234	C947	08485	11252	㮄	12	123411354153	8231B231	03B84

序号	字形	笔数	笔顺	18030代码	13000代码	序号	字形	笔数	笔顺	18030代码	13000代码
11253	棖	12	123412111534	9796	068D6	11296	椚	12	123425112511	97C8	0691A
11254	楮	12	123412132511	E8FA	0696E	11297	㭿	12	123425113552	8231B136	03B7F
11255	棱	12	123412134354	C0E2	068F1	11298	椣	12	123425122134	97CF	06923
11256	椏	12	123412155121	97BF	0690F	11299	棝	12	123425122511	979B	068DD
11257	棋	12	123412211134	C6E5	068CB	11300	椤	12	123425221354	E9A1	06924
11258	椰	12	123412211152	D2AC	06930	11301	棞	12	123425312341	979C	068DE
11259	棷	12	123412211154	97AF	068F7	11302	㭼	12	123425342511	8231B133	03B7C
11260	楛	12	123412212251	97FC	0695B	11303	棡	12	123425431252	979E	068E1
11261	棤	12	123412212511	97A0	068E4	11304	棢	12	123425431415	979F	068E2
11262	楉	12	123412213251	97ED	06949	11305	楇	12	123425525251	97EB	06947
11263	楧	12	123412225134	9844	06967	11306	椥	12	123431134251	97D0	06925
11264	﨓	12	123412232124	FE45	0FA13	11307	棰	12	123431212211	E9A2	068F0
11265	植	12	123412251111	D6B2	0690D	11308	㮃	12	123431234531	8231B230	03B83
11266	森	12	123412341234	C9AD	068EE	11309	棅	12	123431511234	978A	068C5
11267	㪔	12	123412342154	82319A32	03A94	11310	㮉	12	123432143134	8231B236	03B89
11268	棶	12	123412343434	97AE	068F6	11311	楰	12	123432151134	984B	06970
11269	棽	12	123412343445	97B2	068FD	11312	棿	12	123432151135	97B4	068FF
11270	棼	12	123412343453	E8FB	068FC	11313	椎	12	123432411121	D7B5	0690E
11271	焚	12	123412344334	B7D9	0711A	11314	㮅	12	123432411121	8231B232	03B85
11272	㷊	12	123412344444	8231EC31	03DCA	11315	棉	12	123432511252	C3DE	068C9
11273	棾	12	123412344535	97B3	068FE	11316	椑	12	123432511312	97C0	06911
11274	棟	12	123412511234	979D	068DF	11317	椞	12	123433121234	97CC	0691E
11275	棫	12	123412511534	97A7	068EB	11318	晳	12	123433122511	9591	06673
11276	椟	12	123412544134	E8FC	0691F	11319	惁	12	123433124544	90A6	060C1
11277	㮋	12	123413251152	8231B238	03B8B	11320	棆	12	123434125122	978B	068C6
11278	㮈	12	123413411234	8231B235	03B88	11321	検	12	123434125134	97CA	0691C
11279	椅	12	123413412512	D2CE	06905	11322	椧	12	123434125152	97D2	06927
11280	㭺	12	123413425115	8231B131	03B7A	11323	㮁	12	123434132511	8231B138	03B81
11281	椓	12	123413533434	97C1	06913	11324	鹐	12	123434135451	FB63	09E40
11282	棲	12	123415112531	97AB	068F2	11325	棥	12	123434341234	97A1	068E5
11283	棧	12	123415341534	97A3	068E7	11326	猌	12	123434341344	AA5A	0730C
11284	椡	12	123415412122	97CD	06921	11327	㮆	12	123434431112	8231B233	03B86
11285	棑	12	123421112111	9793	068D1	11328	棌	12	123434431234	978F	068CC
11286	椒	12	123421123454	BDB7	06912	11329	赍	12	123434452534	EAE5	08D4D
11287	棹	12	123421251112	E8FE	068F9	11330	棯	12	123434454544	97AA	068EF
11288	椃	12	123421531535	97B7	06903	11331	椕	12	123434531234	97C3	06915
11289	㭻	12	123424325251	8231B132	03B7B	11332	棇	12	123434544544	978C	068C7
11290	棏	12	123425111124	9791	068CF	11333	棚	12	123435113511	C5EF	068DA
11291	椇	12	123425111134	97BA	06907	11334	棴	12	123435115254	97AD	068F4
11292	棵	12	123425111234	BFC3	068F5	11335	椆	12	123435121251	97B9	06906
11293	棍	12	123425111535	B9F7	068CD	11336	棔	12	123435152511	9795	068D4
11294	椢	12	123425112141	97CE	06922	11337	㭸	12	123435251354	8231B039	03B78
11295	椙	12	123425112511	97C7	06919	11338	椈	12	123435431234	97BB	06908

序号	字形	笔数	笔顺	18030代码	13000代码
11339	椋	12	123441251234	E9A3	0690B
11340	椁	12	123441251521	E9A4	06901
11341	棭	12	123441323544	97A9	068ED
11342	椨	12	123441332124	97D3	06928
11343	榹	12	123441335154	8231B134	03B7D
11344	椊	12	123441343412	97BD	0690A
11345	椩	12	123441351134	97D4	06929
11346	棓	12	123441431251	9794	068D3
11347	椄	12	123441431531	97B8	06904
11348	棜	12	123441533444	979A	068DC
11349	棛	12	123441542511	9799	068DB
11350	椦	12	123443113453	97D1	06926
11351	棬	12	123443113455	97A8	068EC
11352	椪	12	123443122431	97D5	0692A
11353	椫	12	123443251112	97D6	0692B
11354	棪	12	123443344334	97A6	068EA
11355	棕	12	123444511234	D7D8	068D5
11356	椗	12	123444512134	97C5	06917
11357	椬	12	123444525111	97D7	0692C
11358	棺	12	123444525151	B9D7	068FA
11359	椌	12	123444534121	97BE	0690C
11360	椀	12	123444535455	97B5	06900
11361	榔	12	123445115452	C0C6	06994
11362	棙	12	123445131344	9798	068D9
11363	椖	12	123445134153	97C4	06916
11364	棎	12	123445341234	9790	068CE
11365	楗	12	123451111254	E9A5	06957
11366	椂	12	123451124134	97B6	06902
11367	棣	12	123451124134	E9A6	068E3
11368	椐	12	123451312251	E9A7	06910
11369	楅	12	123451352252	8231B135	03B7E
11370	榅	12	123451541554	8231B130	03B79
11371	椭	12	123452132511	CDD6	0692D
11372	極	12	123452251541	984F	06975
11373	椢	12	123452413452	8231B137	03B80
11374	椮	12	123454134333	97D8	0692E
11375	栤	12	123454521234	8231B237	03B8A
11376	椺	12	123454545454	97AC	068F3
11377	椔	12	123455525121	97C2	06914
11378	盏	12	124134425221	B148	076DA
11379	皼	12	124134453254	B093	076B3
11380	亃	12	124353251214	EF4E	098AA
11381	鹁	12	124552135451	F0BE	09E41
11382	軲	12	125111212251	DD4D	08EF2
11383	軻	12	125111212512	DD56	08EFB
11384	軷	12	125111213544	DD52	08EF7
11385	軯	12	125111214312	DD4A	08EEF
11386	軸	12	125111225121	8233FC34	04852
11387	軸	12	125111225121	DD53	08EF8
11388	軹	12	125111225134	DD54	08EF9
11389	軮	12	125111225134	DD49	08EEE
11390	軦	12	125111225135	DD41	08EE6
11391	軼	12	125111231134	DD57	08EFC
11392	軵	12	125111232124	DD50	08EF5
11393	軱	12	125111233544	DD4C	08EF1
11394	軤	12	125111234312	DCA0	08EE4
11395	軫	12	125111234333	DD46	08EEB
11396	軨	12	125111234454	DD43	08EE8
11397	軧	12	125111235154	DD42	08EE7
11398	軥	12	125111235251	DD40	08EE5
11399	軳	12	125111235515	DD4E	08EF3
11400	軴	12	125111241121	DD4F	08EF4
11401	蛇	12	125111244535	8233FC32	04850
11402	軶	12	125111245135	DD51	08EF6
11403	軝	12	125111251515	8233FC33	04851
11404	軧	12	125111251554	8233FC31	0484F
11405	軺	12	125111253251	DD55	08EFA
11406	軽	12	125111254121	DD58	08EFD
11407	軩	12	125111254251	DD44	08EE9
11408	軪	12	125111255453	DD45	08EEA
11409	惠	12	125112144544	BBDD	060E0
11410	甎	12	125112341554	82329138	03F2F
11411	虖	12	125112425135	86D4	055B8
11412	萬	12	125112425221	B147	076D9
11413	甦	12	125113431121	AE64	07526
11414	逮	12	125115342534	8231D735	03CFC
11415	歀	12	125115343534	8231C335	03C32
11416	惑	12	125115344544	BBF3	060D1
11417	逼	12	125125121454	B1C6	0903C
11418	鄏	12	125125431252	82348B33	048D3
11419	腎	12	125125542511	C449	0814E
11420	堅	12	125125543112	8231F831	03E42
11421	掔	12	125125543112	92E7	06394
11422	臤	12	125125544334	8231EB33	03DC2
11423	皷	12	125143153254	8233E031	04735
11424	垔	12	125221121121	8233CD31	04675

序号	字形	笔数	笔顺	18030代码	13000代码	序号	字形	笔数	笔顺	18030代码	13000代码
11425	覀	12	125221134515	8233CD30	04674	11468	悹	12	132511454544	8230F834	03951
11426	覃	12	125221251112	F1FB	08983	11469	硜	12	132511555121	B381	0785C
11427	覄	12	125221321344	D284	08984	11470	硧	12	132512125341	B394	07875
11428	粟	12	125221431234	CBDA	07C9F	11471	硝	12	132512432511	CFF5	0785D
11429	棘	12	125234125234	BCAC	068D8	11472	硯	12	132512511135	B38E	0786F
11430	棗	12	125234125234	9797	068D7	11473	硱	12	132512512341	B390	07871
11431	酣	12	125351112211	BAA8	09163	11474	硶	12	132512523445	B395	07876
11432	酤	12	125351112251	F4FE	09164	11475	硞	12	132513121251	B382	0785E
11433	酠	12	125351112512	E14D	09160	11476	硪	12	132513121534	EDD2	0786A
11434	䣮	12	125351113544	82348E30	048EE	11477	䂰	12	132513123422	8232B832	040B0
11435	酟	12	125351121251	E14C	0915F	11478	硢	12	132513411234	B386	07862
11436	䣯	12	125351125111	82348E31	048EF	11479	硷	12	132513414431	BCEF	07877
11437	酢	12	125351131211	F5A1	09162	11480	䂳	12	132513434121	8232B835	040B3
11438	酥	12	125351131234	CBD6	09165	11481	硲	12	132513434251	B391	07872
11439	䣱	12	125351135251	82348E33	048F1	11482	确	12	132513535112	C8B7	0786E
11440	酡	12	125351144535	F5A2	09161	11483	䂴	12	132514111251	8232B836	040B4
11441	䣳	12	125351151251	82348E35	048F3	11484	硫	12	132514154325	C1F2	0786B
11442	酦	12	125351153544	E14E	09166	11485	䂱	12	132514325135	8232B833	040B1
11443	䣲	12	125351154132	82348E34	048F2	11486	硡	12	132514451354	B385	07861
11444	䙶	12	125351453534	8233CD32	04676	11487	硠	12	132514511534	B384	07860
11445	鹂	12	125425435451	F0BF	09E42	11488	䀾	12	132515425111	8232AC39	0403E
11446	䧴	12	125432411121	8234A731	049F4	11489	硧	12	132515425112	B38B	07867
11447	觌	12	125441342535	EAEB	089CC	11490	厤	12	133123431234	858D	053A4
11448	厫	12	131121533134	8590	053AB	11491	㔸	12	133215315355	82308F39	03538
11449	鄏	12	131153412452	E072	0910F	11492	雁	12	133232411121	D1E3	096C1
11450	遀	12	131212511454	DF55	09040	11493	攲	12	134125121254	948C	06532
11451	㕎	12	131215425221	82309231	0354E	11494	敧	12	134125122154	94AA	06567
11452	厧	12	131225111134	858E	053A7	11495	欹	12	134125123534	ECA5	06B39
11453	厨	12	131251431124	B3F8	053A8	11496	奤	12	134132522111	8A55	05964
11454	厦	12	131325111354	CFC3	053A6	11497	彰	12	134251112333	8230EB35	038CF
11455	奡	12	132511113432	8A53	05961	11498	㺑	12	134251152154	82319939	03A91
11456	硦	12	132511121132	B38A	07866	11499	厥	12	134315233534	D8CA	053A5
11457	硕	12	132511132511	B07A	07695	11500	㓹	12	134334433422	82308936	034F9
11458	䂵	12	132511212534	8232B837	040B5	11501	猋	12	134413441344	AA59	0730B
11459	硳	12	132511213234	B392	07873	11502	䙽	12	134432511135	8233CD39	0467D
11460	硣	12	132511213521	B387	07863	11503	尞	12	134432511234	8CAE	05C1E
11461	䂶	12	132511215453	8232B838	040B6	11504	㔳	12	134451154355	82308F34	03533
11462	硴	12	132511223235	B393	07874	11505	㔲	12	134451154355	82308F33	03532
11463	硨	12	132511251112	B38C	07868	11506	䪲	12	135132511134	8234BA31	04AB2
11464	硬	12	132511251134	D3B2	0786C	11507	㞇	12	135251211534	8230CA37	03787
11465	硤	12	132511343434	B388	07864	11508	尳	12	135255452511	8CBD	05C33
11466	硥	12	132511353334	B389	07865	11509	尰	12	135312511211	8CBB	05C30
11467	憂	12	132511451534	91E6	0621E	11510	豠	12	135333425111	D861	08C60

序号	字形	笔数	笔顺	18030代码	13000代码
11511	䀃	12	135333425221	8232A730	04003
11512	甤	12	135333431121	AE63	07524
11513	䝈	12	135333433155	8233E230	04748
11514	豞	12	135333435251	D85F	08C5E
11515	豟	12	135333445135	D860	08C5F
11516	詟	12	135344111251	D480	08A5F
11517	㱥	12	135412134354	8231C836	03C65
11518	殖	12	135412251111	D6B3	06B96
11519	㱤	12	135412343312	8231C835	03C64
11520	㱩	12	135412544134	8231C930	03C69
11521	㱦	12	135413412512	8231C837	03C66
11522	殗	12	135413425115	9A87	06B97
11523	殘	12	135415341534	9A88	06B98
11524	裂	12	135422413534	C1D1	088C2
11525	㞉	12	135431113121	8230CA39	03789
11526	雄	12	135432411121	D0DB	096C4
11527	殙	12	135435152511	9A89	06B99
11528	殕	12	135441431251	9A86	06B95
11529	殚	12	135443251112	E9E9	06B9A
11530	㱨	12	135444512134	8231C839	03C68
11531	㱧	12	135444535455	8231C838	03C67
11532	殔	12	135451124134	9A85	06B94
11533	㞈	12	135451325122	8230CA38	03788
11534	殛	12	135452251541	E9EA	06B9B
11535	颊	12	143134132534	BCD5	0988A
11536	䨍	12	145244441132	8234A936	04A0D
11537	䨌	12	145244441135	8234A935	04A0C
11538	雲	12	145244441154	EB85	096F2
11539	雬	12	145244441234	EB80	096EC
11540	雳	12	145244441353	F6A8	096F3
11541	雮	12	145244443115	EB82	096EE
11542	雰	12	145244443453	EB83	096F0
11543	雯	12	145244444134	F6A9	096EF
11544	雱	12	145244444153	EB84	096F1
11545	㼮	12	151125311554	82329137	03F2E
11546	辊	12	152125111535	B9F5	08F8A
11547	辋	12	152125431415	E9FE	08F8B
11548	椠	12	152133121234	E8FD	06920
11549	暂	12	152133122511	D4DD	06682
11550	辌	12	152141251234	DE63	08F8C
11551	辍	12	152154545454	EAA1	08F8D
11552	辎	12	152155525121	EAA2	08F8E
11553	雅	12	152332411121	D1C5	096C5

序号	字形	笔数	笔顺	18030代码	13000代码
11554	翘	12	153135541541	C7CC	07FD8
11555	朁	12	153515352511	95FC	06701
11556	臶	12	154121132521	C55B	081F6
11557	臹	12	154121135534	C55E	081F9
11558	臸	12	154121154121	C55D	081F8
11559	臵	12	154121354251	C55A	081F5
11560	䬥	12	154344511534	8234C536	04B25
11561	棐	12	211121111234	9792	068D0
11562	猆	12	211121111344	AA55	07306
11563	辈	12	211121111512	B1B2	08F88
11564	㹃	12	211121113112	8231F832	03E43
11565	靟	12	211121113115	EC71	0975F
11566	斐	12	211121114134	ECB3	06590
11567	悲	12	211121114544	B1AF	060B2
11568	惄	12	211234544544	90A9	060C4
11569	軰	12	211351251112	DD4B	08EF0
11570	歮	12	212121212121	9A6D	06B6E
11571	雈	12	212132411121	EB66	096C8
11572	䧳	12	212132411121	8234A730	049F3
11573	龂	12	212134523312	FD87	09F82
11574	㭰	12	212135125234	8231B031	03B70
11575	䖪	12	212135251214	8233B930	045AA
11576	啙	12	212135251251	869D	05559
11577	胔	12	212135253434	C368	080D4
11578	紫	12	212135554234	D7CF	07D2B
11579	㱖	12	212141343412	8231C731	03C56
11580	歯	12	212143123452	9A6E	06B6F
11581	㱕	12	212151145252	8231C730	03C55
11582	㦸	12	212511121534	82318436	039B8
11583	㪕	12	212511122154	82319A33	03A95
11584	遉	12	212511134454	DF5A	09049
11585	㲃	12	212511153554	8231CB35	03C83
11586	覘	12	212512511135	D297	08998
11587	䜭	12	214513434251	8233DF33	0472D
11588	虛	12	215315225211	CC93	0865B
11589	䖑	12	215315352511	8233B635	04591
11590	虝	12	215315353533	CC95	0865D
11591	㓺	12	215315413422	82308937	034FA
11592	䛓	12	223144111251	8233D635	046D3
11593	菐	12	224314311134	C78E	083D0
11594	凿	12	224314311252	D4E4	051FF
11595	黹	12	224314325234	EDE9	09EF9
11596	㝹	12	234335251354	8230C933	03779

序号	字形	笔数	笔顺	18030代码	13000代码	序号	字形	笔数	笔顺	18030代码	13000代码
11597	辉	12	243135451512	BBD4	08F89	11640	睊	12	251112512511	B192	0774A
11598	鄖	12	243251113452	82348B34	048D4	11641	睋	12	251113121534	B193	0774B
11599	敞	12	243252513134	B3A8	0655E	11642	晦	12	251113155414	8232AB37	04032
11600	般	12	243252513554	8231CB34	03C82	11643	睎	12	251113413252	B196	0774E
11601	棠	12	243452511234	CCC4	068E0	11644	睑	12	251113414431	EDFA	07751
11602	掌	12	243452511523	A0AA	0725A	11645	貼	12	251113421251	D94E	08CBC
11603	赏	12	243452511554	AE47	074FD	11646	晻	12	251113425115	9595	0667B
11604	党	12	243452512134	8233F231	047EB	11647	貺	12	251113425135	D94C	08CBA
11605	赏	12	243452512534	C9CD	08D4F	11648	貹	12	251113431121	D94B	08CB9
11606	掌	12	243452513112	D5C6	0638C	11649	貯	12	251113431211	8233E535	0476B
11607	晴	12	251111212511	C7E7	06674	11650	貤	12	251113431525	8233E539	0476F
11608	晰	12	251111213312	8232AD30	0403F	11651	睉	12	251113434121	B191	07749
11609	昇	12	251111213312	8232AD31	04040	11652	睔	12	251113434251	8232AB35	04030
11610	勘	12	251111215453	8232AC32	04037	11653	昣	12	251113434333	8233E533	04769
11611	晡	12	251111251124	8232AB34	0402F	11654	貾	12	251113435154	D950	08CBE
11612	睐	12	251111251234	8232AB38	04033	11655	昫	12	251113435251	8233E537	0476D
11613	喫	12	251111253134	86CB	055AB	11656	貹	12	251113441121	8233E536	0476C
11614	賑	12	251111311534	8232AC37	0403C	11657	眩	12	251113441554	8233E538	0476E
11615	暴	12	251111341234	8231B139	03B82	11658	貯	12	251113444512	D941	08CAF
11616	啨	12	251111342511	82309C38	035BA	11659	貶	12	251113452134	8233E534	0476A
11617	睞	12	251111343434	8232AC34	04039	11660	敗	12	251113453254	D943	08CB1
11618	睐	12	251111431234	EDF9	07750	11661	貽	12	251113454251	D94F	08CBD
11619	睅	12	251111555121	8232AB39	04034	11662	晩	12	251113525135	B194	0774C
11620	曉	12	251112122135	959A	06681	11663	遏	12	251113533454	DF54	0903F
11621	睹	12	251112132511	95A4	0668F	11664	睁	12	251113541112	8232AB36	04031
11622	暑	12	251112132511	CAEE	06691	11665	睇	12	251114351523	EDFB	07747
11623	遈	12	251112134454	DF59	09048	11666	睆	12	251114451135	B18F	07746
11624	最	12	251112211153	95FD	06702	11667	眼	12	251114511534	8232AC31	04036
11625	最	12	251112211154	D7EE	06700	11668	睫	12	251115112134	8231A432	03AF8
11626	暵	12	251112225134	95A3	0668E	11669	鼎	12	251115132125	B6A6	09F0E
11627	晽	12	251112341234	9597	0667D	11670	睘	12	251115154334	9FA0	0715A
11628	甁	12	251112341554	82329134	03F2B	11671	睺	12	251115431134	8232AC30	04035
11629	斀	12	251112342154	94A8	06564	11672	睃	12	251115434354	EDFC	07743
11630	敹	12	251112343134	82319A37	03A99	11673	睢	12	251121112111	8231A339	03AF5
11631	晰	12	251112343312	CEFA	06670	11674	暃	12	251121112111	959B	06683
11632	裹	12	251112343534	D178	08901	11675	喷	12	251121222534	C5E7	055B7
11633	睄	12	251112432511	B18D	07744	11676	暭	12	251121251112	958C	0666B
11634	睅	12	251112511112	B18E	07745	11677	啺	12	251122111234	82309D30	035BC
11635	睉	12	251112511121	B190	07748	11678	喒	12	251122111345	86B2	0557F
11636	睍	12	251112511135	B195	0774D	11679	戢	12	251122111534	EAAB	06222
11637	量	12	251112511211	C1BF	091CF	11680	嚾	12	251122125112	82309E30	035C6
11638	聘	12	251112512115	8232AC36	0403B	11681	喋	12	251122151234	E0A9	0558B
11639	睏	12	251112512341	B197	0774F	11682	嗏	12	251122341234	86E2	055CF

序号	字形	笔数	笔顺	18030代码	13000代码	序号	字形	笔数	笔顺	18030代码	13000代码
11683	嗒	12	251122341251	E0AA	055D2	11726	㖽	12	251132511134	82309D31	035BD
11684	㗅	12	251122513511	82309D39	035C5	11727	喱	12	251132511211	E0AC	055B1
11685	喃	12	251122543112	E0AB	05583	11728	喕	12	251132522111	86BB	05595
11686	喖	12	251123412251	86BC	05596	11729	暀	12	251133241121	9599	06680
11687	喳	12	251123425111	D4FB	055B3	11730	㫹	12	251133513312	8231A433	03AF9
11688	㫾	12	251124325251	8231A438	03AFE	11731	喹	12	251134121121	E0AD	055B9
11689	閏	12	251125111121	E963	0958F	11732	㫻	12	251134125122	8231A435	03AFB
11690	開	12	251125111132	E95F	0958B	11733	㗐	12	251134425221	82309F30	035D0
11691	䦎	12	251125111135	82349D33	0498E	11734	焽	12	251135114334	9F87	0713D
11692	閑	12	251125111234	E965	09591	11735	晭	12	251135121251	958E	0666D
11693	猒	12	251125111344	AA5F	07312	11736	晩	12	251135252135	958A	06669
11694	閎	12	251125111354	E962	0958E	11737	敡	12	251135332154	94A7	06561
11695	閕	12	251125111523	E969	09595	11738	惖	12	251135334544	90B5	060D6
11696	晿	12	251125112511	9598	0667F	11739	遏	12	251135345454	B6F4	0904F
11697	晶	12	251125112511	BEA7	06676	11740	晷	12	251135424251	EAD0	06677
11698	間	12	251125112511	E967	09593	11741	晾	12	251141251234	C1C0	0667E
11699	閖	12	251125112534	E96A	09596	11742	景	12	251141251234	BEB0	0666F
11700	䦐	12	251125113112	82349D35	04990	11743	㬀	12	251141251521	8231A530	03B00
11701	閐	12	251125113115	E964	09590	11744	晬	12	251141343412	958D	0666C
11702	㫀	12	251125113312	82319E36	03AC0	11745	㒽	12	251143113455	82308336	034BD
11703	䦏	12	251125113432	82349D34	0498F	11746	晱	12	251143344334	958F	06671
11704	閒	12	251125113511	E966	09592	11747	晼	12	251144535455	9596	0667C
11705	晹	12	251125113533	9594	06679	11748	㫽	12	251151124134	8231A437	03AFD
11706	閔	12	251125114134	E968	09594	11749	㫶	12	251151145252	8231A430	03AF6
11707	閌	12	251125114135	E960	0958C	11750	喈	12	251153532511	E0AE	05588
11708	閍	12	251125114153	E961	0958D	11751	畴	12	251211113124	B3EB	07574
11709	焸	12	251125114334	9F82	07138	11752	㽠	12	251211343434	82329637	03F60
11710	焛	12	251125114334	9F69	0711B	11753	跊	12	251212111234	DA9B	08DCA
11711	閗	12	251125114412	E96B	09597	11754	践	12	251212111534	BCF9	08DF5
11712	悶	12	251125114544	909E	060B6	11755	䟩	12	251212112154	8233F139	047E9
11713	䦑	12	251125115134	82349D36	04991	11756	跇	12	251212112215	DA98	08DC7
11714	晪	12	251125122134	958B	0666A	11757	跍	12	251212112251	DA9C	08DCD
11715	喇	12	251125123422	C0AE	05587	11758	䟣	12	251212112344	8233F133	047E3
11716	遇	12	251125214454	D3F6	09047	11759	跒	12	251212112512	DA9E	08DD2
11717	㖶	12	251125221121	82309C34	035B6	11760	跖	12	251212113251	F5C5	08DD6
11718	㬅	12	251125221153	8231A535	03B05	11761	跋	12	251212113544	B0CF	08DCB
11719	喓	12	251125221531	86BA	05593	11762	䟠	12	251212115534	8233F130	047E0
11720	㫼	12	251131125222	8231A436	03AFC	11763	跕	12	251212121251	DB40	08DD5
11721	喊	12	251131251534	BAB0	0558A	11764	跙	12	251212125111	DB42	08DD9
11722	喴	12	251131531534	86D2	055B4	11765	䟧	12	251212125121	8233F137	047E7
11723	晲	12	251132151135	9590	06672	11766	跌	12	251212131134	B5F8	08DCC
11724	㫿	12	251132411121	8231A439	03AFF	11767	䟭	12	251212131211	8233F233	047ED
11725	㗏	12	251132412121	82309E39	035CF	11768	䟦	12	251212131354	8233F136	047E6

序号	字形	笔数	笔顺	18030代码	13000代码	序号	字形	笔数	笔顺	18030代码	13000代码
11769	距	12	251212132121	8233F232	047EC	11812	蛛	12	251214311234	D6EB	086DB
11770	跗	12	251212132124	F5C6	08DD7	11813	蜓	12	251214312154	F2D1	08713
11771	跅	12	251212133124	DA97	08DC5	11814	蛞	12	251214312251	F2D2	086DE
11772	跈	12	251212134333	DA99	08DC8	11815	蜒	12	251214321554	D1D1	08712
11773	跉	12	251212134454	DA9A	08DC9	11816	蚺	12	251214325113	CD7E	086DC
11774	跞	12	251212135154	8233F131	047E1	11817	蛔	12	251214325251	8233B934	045AE
11775	跡	12	251212135234	8233F132	047E2	11818	蛎	12	251214333534	8233B936	045B0
11776	跞	12	251212135234	F5C8	08DDE	11819	蛤	12	251214341251	B8F2	086E4
11777	跔	12	251212135251	DAA0	08DD4	11820	蛜	12	251214341534	8233BA30	045B4
11778	跚	12	251212135351	F5C7	08DDA	11821	蛫	12	251214351355	CD8A	086EB
11779	跑	12	251212135515	C5DC	08DD1	11822	蛔	12	251214352511	8233B938	045B2
11780	跓	12	251212141121	DA9F	08DD3	11823	蛒	12	251214354251	CD78	086D2
11781	跘	12	251212143112	DB41	08DD8	11824	蛥	12	251214354354	CD85	086E5
11782	跎	12	251212144535	F5C9	08DCE	11825	蛴	12	251214413432	F2D3	086F4
11783	跳	12	251212145434	8233F134	047E4	11826	蛟	12	251214413434	F2D4	086DF
11784	跜	12	251212151335	DB43	08DDC	11827	蛘	12	251214431112	F2D5	086D8
11785	跟	12	251212151515	8233F138	047E8	11828	蛢	12	251214431132	CD83	086E2
11786	跏	12	251212153251	F5CA	08DCF	11829	蛇	12	251214445315	8233B939	045B3
11787	跛	12	251212153254	F5CB	08DDB	11830	蛝	12	251214511534	CD80	086DD
11788	跆	12	251212154251	F5CC	08DC6	11831	畳	12	251214525111	AE92	07573
11789	跻	12	251212154523	8233F135	047E5	11832	蛠	12	251214535353	CD81	086E0
11790	貴	12	251212511134	D946	08CB4	11833	蛡	12	251214541541	CD82	086E1
11791	遗	12	251212534454	D2C5	09057	11834	蛑	12	251214543112	F2D6	086D1
11792	畮	12	251213155414	AE8E	0756E	11835	噓	12	251215315151	82309C36	035B8
11793	畭	12	251213411234	AE8D	0756D	11836	胜	12	251215331121	82329533	03F52
11794	畤	12	251213443124	82329636	03F5F	11837	畯	12	251215434354	AE8F	0756F
11795	蛵	12	251214111215	8233B937	045B1	11838	墅	12	251215452121	8230AB38	03652
11796	蛙	12	251214121121	CDDC	086D9	11839	眷	12	251221342511	82338F37	0440C
11797	蛄	12	251214121251	CD84	086E3	11840	觇	12	251221342535	D360	089CD
11798	蛯	12	251214121335	CD8C	086EF	11841	敷	12	251221343134	94A5	0655F
11799	蛨	12	251214132511	CD88	086E8	11842	啫	12	251234325111	82309D36	035C2
11800	蛕	12	251214132511	CD7A	086D5	11843	啹	12	251251112134	82309C35	035B7
11801	塁	12	251214134121	8943	05841	11844	郹	12	251251113452	E079	09116
11802	蛚	12	251214135422	CD7D	086DA	11845	勛	12	251251113453	84D7	052DB
11803	蛱	12	251214143134	F2CC	086F1	11846	喝	12	251251113533	86B0	0557A
11804	蛦	12	251214151534	CD86	086E6	11847	遻	12	251251115454	DF5D	0904C
11805	蛲	12	251214153135	F2CD	086F2	11848	喁	12	251251125214	E0AF	05581
11806	蛭	12	251214154121	F2CE	086ED	11849	喢	12	251251125221	86EC	055E2
11807	蛳	12	251214231252	F2CF	086F3	11850	喝	12	251251135345	BAC8	0559D
11808	蚀	12	251214251214	8233BA31	045B5	11851	鹃	12	251251135451	BEE9	09E43
11809	蛐	12	251214251221	F2D0	086D0	11852	喅	12	251251141431	86B3	05585
11810	蛔	12	251214252511	BBD7	086D4	11853	喂	12	251251211534	CEB9	05582
11811	蜩	12	251214253434	CD87	086E7	11854	喟	12	251251212511	E0B0	0559F

序号	字形	笔数	笔顺	18030 代码	13000 代码	序号	字形	笔数	笔顺	18030 代码	13000 代码
11855	單	12	251251251112	86CE	055AE	11898	嗴	12	251431113554	86F3	055F4
11856	㗁	12	251251251115	82309D35	035C1	11899	喽	12	251431234531	E0B6	055BD
11857	㗊	12	251251251251	82309E34	035CA	11900	嗞	12	251431554554	86EA	055DE
11858	嵒	12	251251251252	8DBB	05D52	11901	喧	12	251445125111	D0FA	055A7
11859	喦	12	251251251252	86C7	055A6	11902	㗌	12	251445154121	82309E36	035CC
11860	㖾	12	251251431523	82309D32	035BE	11903	喀	12	251445354251	BFA6	05580
11861	喌	12	251251434242	86B5	0558C	11904	喗	12	251451251112	86BD	05597
11862	斝	12	251251454412	94D0	0659D	11905	嘅	12	251511541535	86FE	05605
11863	喘	12	251252132522	B4AD	05598	11906	㗇	12	251512115154	82309E31	035C7
11864	㗄	12	251252214153	82309D38	035C4	11907	喔	12	251513154121	E0B8	05594
11865	嗗	12	251255452511	86E5	055D7	11908	㗃	12	251515152511	82309D37	035C3
11866	㗀	12	251255455452	82309D34	035C0	11909	喡	12	251521251152	86C2	055A1
11867	啣	12	251311212152	86A5	05563	11910	㗎	12	251532511234	82309E38	035CE
11868	㗑	12	251311311112	82309F31	035D1	11911	㗈	12	251542511253	82309E32	035C8
11869	喢	12	251312321511	86C3	055A2	11912	㖻	12	251545231234	82309C39	035BB
11870	㗍	12	251312342511	82309E37	035CD	11913	喙	12	251551353334	E0B9	05599
11871	啾	12	251312344334	E0B1	0557E	11914	喲	12	251554444354	86D1	055B2
11872	喠	12	251312511211	86C1	055A0	11915	崶	12	252121121124	8DA5	05D36
11873	嗖	12	251321511254	E0B2	055D6	11916	嵁	12	252122111345	8DAE	05D41
11874	喺	12	251323554234	86D5	055BA	11917	嵌	12	252122113534	C7B6	05D4C
11875	喤	12	251325111121	86C5	055A4	11918	幉	12	252122151234	8EB2	05E49
11876	喞	12	251325113552	86C0	0559E	11919	㟷	12	252122341251	8230D539	037F7
11877	喉	12	251325131134	BAED	05589	11920	㡛	12	252122415325	8230DF39	0385B
11878	㗓	12	251325151454	82309F33	035D3	11921	嵘	12	252122451234	E1C9	05D58
11879	喻	12	251341251122	D3F7	055BB	11922	嵖	12	252123425111	8DBF	05D56
11880	啽	12	251341251132	86B1	0557D	11923	嵀	12	252123441121	8DAD	05D40
11881	喩	12	251341251155	86C9	055A9	11924	幅	12	252125125121	B7F9	05E45
11882	喛	12	251344311354	86BF	0559B	11925	剴	12	252125143122	8492	05274
11883	喰	12	251344511534	86D0	055B0	11926	凱	12	252125143135	8450	051F1
11884	㖹	12	251345325221	82309C37	035B9	11927	崾	12	252125221531	E1CA	05D3E
11885	㗋	12	251351331134	82309E35	035CB	11928	嵗	12	252131233534	8DC0	05D57
11886	喣	12	251352514444	86C4	055A3	11929	嵅	12	252131251534	8DB2	05D45
11887	喚	12	251352534134	86BE	0559A	11930	崴	12	252131531534	E1CB	05D34
11888	喒	12	251354242511	86B9	05592	11931	崸	12	252132511134	8DA7	05D38
11889	喼	12	251355114544	86D6	055BC	11932	幁	12	252132511134	8EAD	05E41
11890	㗒	12	251412513534	82309F32	035D2	11933	遄	12	252132522454	E5D7	09044
11891	喨	12	251412514535	86C8	055A8	11934	㓻	12	252211212122	82308938	034FB
11892	喥	12	251413122154	86C6	055A5	11935	幀	12	252212511134	8EAC	05E40
11893	㖢	12	251413212135	82309A34	035A2	11936	買	12	252212511134	D949	08CB7
11894	喑	12	251414312511	E0B3	05591	11937	罥	12	252212512511	C149	07F65
11895	喭	12	251414313333	86CD	055AD	11938	㥈	12	252212514544	8230F735	03948
11896	啼	12	251414345252	CCE4	0557C	11939	䍙	12	252213155414	8232FC31	04359
11897	嗟	12	251431113121	E0B5	055DF	11940	罦	12	252213443521	C14A	07F66

序号	字形	笔数	笔顺	18030代码	13000代码	序号	字形	笔数	笔顺	18030代码	13000代码
11941	詈	12	252214111251	EEBA	08A48	11984	嵯	12	252431113121	E1CF	05D6F
11942	罿	12	252214351523	C148	07F64	11985	嵳	12	252431113121	8DD5	05D73
11943	罝	12	252214511534	8232FC32	0435A	11986	嵄	12	252431121134	8DB1	05D44
11944	崼	12	252251112134	8DAB	05D3C	11987	嵝	12	252431234531	E1D0	05D5D
11945	崱	12	252251113422	8DA1	05D31	11988	幓	12	252431251122	8230DE38	03850
11946	崵	12	252251113533	8DA4	05D35	11989	崷	12	252431253511	8DA6	05D37
11947	帽	12	252251125111	C3B1	05E3D	11990	嵫	12	252431554554	E1D1	05D6B
11948	嵎	12	252251125214	8DB7	05D4E	11991	㟮	12	252445341344	8230D530	037EE
11949	嵑	12	252251135345	8DBA	05D51	11992	㟯	12	252445354251	8230D531	037EF
11950	幆	12	252251135345	8EAF	05E46	11993	㟦	12	252451251112	8230D432	037E6
11951	㟪	12	252251211534	8230D436	037EA	11994	㡓	12	252451251112	8230DF31	03853
11952	嵔	12	252251211534	8DBD	05D54	11995	幄	12	252513154121	E1A2	05E44
11953	崽	12	252251214544	E1CC	05D3D	11996	幈	12	252513431132	8EB1	05E48
11954	崿	12	252251251115	8DAC	05D3F	11997	㟭	12	252515152511	8230D439	037ED
11955	㟧	12	252251251115	8230D433	037E7	11998	幃	12	252521251152	8EAE	05E43
11956	嵓	12	252251251251	8DBC	05D53	11999	嵋	12	252521325111	E1D2	05D4B
11957	㟨	12	252252132522	8230D434	037E8	12000	圌	12	252521325221	87F9	0570C
11958	嵚	12	252311153534	8DC2	05D5A	12001	圐	12	252522141531	87FD	05710
11959	嵙	12	252312344412	8DC1	05D59	12002	赋	12	253411212154	B8B3	08D4B
11960	㡖	12	252312511211	8230DF34	03856	12003	䞍	12	253411212511	FE83	0478D
11961	㟬	12	252321511254	8230D438	037EC	12004	赌	12	253412132511	B6C4	08D4C
11962	崲	12	252325111121	8DA2	05D32	12005	赎	12	253412544134	CAEA	08D4E
11963	㟫	12	252325112534	8230D437	037EB	12006	䞎	12	253425112511	8233E838	0478E
11964	㟴	12	252325113554	8230D536	037F4	12007	赐	12	253425113533	B4CD	08D50
11965	嵬	12	252325113554	E1CD	05D6C	12008	㴅	12	253425342511	8231D834	03D05
11966	帿	12	252325131134	8EAB	05E3F	12009	赑	12	253425342534	DA50	08D51
11967	㡒	12	252331225111	8230DF30	03852	12010	㴇	12	253425342534	8231D836	03D07
11968	崻	12	252332121124	8DAA	05D3B	12011	淼	12	253425342534	EDB5	06DFC
11969	嵂	12	252332511112	8DAF	05D42	12012	赒	12	253435121251	DA51	08D52
11970	崳	12	252341251122	8DA3	05D33	12013	赔	12	253441431251	C5E2	08D54
11971	嵛	12	252341251122	E1CE	05D5B	12014	赕	12	253443344334	EAE6	08D55
11972	㡏	12	252341251122	8230DE37	0384F	12015	圏	12	254311345151	87FC	0570F
11973	嵈	12	252344311354	8DB4	05D48	12016	黑	12	254312114444	BADA	09ED1
11974	嵕	12	252345234354	8DBE	05D55	12017	圍	12	255212511521	87FA	0570D
11975	嵏	12	252345234354	8DB8	05D4F	12018	晆	12	255252511535	94FC	065E4
11976	嵐	12	252353251214	8DB9	05D50	12019	歄	12	255252513534	9A4F	06B44
11977	翙	12	252354541541	C199	07FD9	12020	圎	12	255425111341	87FB	0570E
11978	嵉	12	252412514512	8DB5	05D49	12021	骭	12	255452511112	F35F	09AAD
11979	嵛	12	252414312512	FE44	0FA11	12022	骬	12	255452511112	F35E	09AAC
11980	嵜	12	252414312512	8DC3	05D5C	12023	骮	12	255452511154	F360	09AAE
11981	嵃	12	252414313333	8DB0	05D43	12024	骪	12	255452511354	F35C	09AAA
11982	崹	12	252414345252	8DA8	05D39	12025	骫	12	255452511354	F35D	09AAB
11983	崺	12	252415331525	8DA9	05D3A	12026	铸	12	311151113124	D6FD	094F8

序号	字形	笔数	笔顺	18030代码	13000代码	序号	字形	笔数	笔顺	18030代码	13000代码
12027	锈	12	311151224553	EFA9	094F9	12070	氅	12	311342513115	8231CD39	03C9B
12028	铺	12	311151251124	C6CC	094FA	12071	矬	12	311343434121	EFF3	077EC
12029	铻	12	311151251251	E89E	094FB	12072	氰	12	311511212511	C7E8	06C30
12030	铼	12	311151431234	EFAA	094FC	12073	氬	12	311512155121	9AE5	06C2C
12031	铽	12	311151454454	EFAB	094FD	12074	氭	12	311512511234	9AE6	06C2D
12032	链	12	311151512454	C1B4	094FE	12075	毴	12	311521112111	9AC8	06BF4
12033	铿	12	311152254121	EFAC	094FF	12076	毳	12	311531153115	EBA5	06BF3
12034	销	12	311152432511	CFFA	09500	12077	毪	12	311532411121	8231CE31	03C9D
12035	锁	12	311152432534	CBF8	09501	12078	毱	12	311535431234	9AC6	06BF1
12036	锃	12	311152511121	EFAD	09503	12079	毰	12	311541431251	9AC5	06BF0
12037	锄	12	311152511153	B3FA	09504	12080	氮	12	311543344334	B5AA	06C2E
12038	锂	12	311152511211	EFAE	09502	12081	毯	12	311543344334	CCBA	06BEF
12039	锅	12	311152512534	B9F8	09505	12082	毽	12	311551111254	EBA6	06BFD
12040	锆	12	311153121251	EFAF	09506	12083	氯	12	311551124134	C2C8	06C2F
12041	锇	12	311153121534	EFB0	09507	12084	毶	12	311554134333	9AC9	06BF6
12042	锈	12	311153123453	D0E2	09508	12085	犆	12	312112251111	A0C3	07286
12043	锉	12	311153434121	EFB1	09509	12086	犊	12	312112544134	B6BF	0728A
12044	锊	12	311153443124	EFB2	0950A	12087	犄	12	312113412512	EAF7	07284
12045	锋	12	311153541112	B7E6	0950B	12088	鞁	12	312122111254	82319830	03A7E
12046	锌	12	311154143112	D0BF	0950C	12089	瓶	12	312122111554	AE49	07500
12047	锍	12	311154154325	EFB3	0950D	12090	犋	12	312125111134	EAF8	0728B
12048	锎	12	311154251132	EFB4	0950E	12091	鹄	12	312125135451	F0C0	09E44
12049	锏	12	311154252511	EFB5	0950F	12092	犅	12	312125431252	A0C2	07285
12050	锐	12	311154325135	C8F1	09510	12093	犹	12	312135312135	83C2	0515F
12051	锑	12	311154351523	CCE0	09511	12094	惣	12	312135334544	90BC	060E3
12052	银	12	311154511534	EFB6	09512	12095	犉	12	312141251234	8231F830	03E41
12053	锓	12	311155114554	EFB7	09513	12096	犉	12	312141251521	A0C6	07289
12054	锔	12	311155135251	EFB8	09514	12097	犃	12	312141431251	A0C1	07283
12055	锕	12	311155212512	EFB9	09515	12098	犈	12	312143113455	A0C5	07288
12056	甥	12	311212512153	C9FB	07525	12099	犍	12	312151111254	EAF9	0728D
12057	無	12	311222214444	9F6F	07121	12100	鹅	12	312153435451	B6EC	09E45
12058	舜	12	311231123112	92F6	063B1	12101	颋	12	312154132534	EF46	0988B
12059	犇	12	311231213112	A0C4	07287	12102	稢	12	312211352154	82319A31	03A93
12060	掣	12	311252223112	B3B8	063A3	12103	剩	12	312211353422	CAA3	05269
12061	缻	12	311252331251	C091	07F3F	12104	稍	12	312341251124	B68D	079FF
12062	铫	12	311252341534	C092	07F40	12105	稉	12	312341251134	B693	07A09
12063	皎	12	311252413434	8232FA36	0434A	12106	嵇	12	312341354252	EFFA	05D47
12064	缾	12	311252431132	C090	07F3E	12107	嵆	12	312341354252	8DB3	05D46
12065	瓶	12	311331121554	AE4A	07501	12108	嫠	12	312341354531	8230BC33	036F7
12066	掰	12	311334533112	EAFE	063B0	12109	稍	12	312342432511	C9D4	07A0D
12067	短	12	311341251431	B6CC	077ED	12110	稈	12	312342511112	B692	07A08
12068	覝	12	311342511135	8232B533	04093	12111	程	12	312342511121	B3CC	07A0B
12069	智	12	311342512511	D6C7	0667A	12112	稅	12	312342511135	8232C832	04150

序号	字形	笔数	笔顺	18030代码	13000代码
12113	稇	12	312342512341	B691	07A07
12114	䅌	12	312342512511	8232C738	0414C
12115	惒	12	312342514544	90B2	060D2
12116	䅎	12	312343123453	8232C830	0414E
12117	稌	12	312343411234	B695	07A0C
12118	稀	12	312343413252	CFA1	07A00
12119	黍	12	312343424134	CAF2	09ECD
12120	稅	12	312343425135	B690	07A05
12121	稃	12	312343443521	EFFB	07A03
12122	䅑	12	312343443531	8232C833	04151
12123	䅋	12	312343525135	8232C737	0414B
12124	䅓	12	312343525154	8232C835	04153
12125	棃	12	312343531234	9788	068C3
12126	犂	12	312343533112	A0C0	07282
12127	㥎	12	312343534544	8230F831	0394E
12128	税	12	312344325135	CBB0	07A0E
12129	㡑	12	312344334252	8230DE39	03851
12130	婝	12	312344334531	8B70	05A9D
12131	稊	12	312344351523	B694	07A0A
12132	稂	12	312344511534	EFFC	07A02
12133	䅏	12	312345133115	8232C831	0414F
12134	瓾	12	312345311554	AE48	074FE
12135	稄	12	312345434354	B68F	07A04
12136	喬	12	313425125251	86CC	055AC
12137	筐	12	314314111215	BFF0	07B50
12138	筙	12	314314111234	B958	07B59
12139	䇳	12	314314111534	8232D834	041F3
12140	筓	12	314314113112	B955	07B53
12141	筀	12	314314121121	B94B	07B40
12142	等	12	314314121124	B5C8	07B49
12143	筘	12	314314121251	F3D8	07B58
12144	䇭	12	314314121335	8232D738	041ED
12145	筑	12	314314121354	D6FE	07B51
12146	䇯	12	314314122111	8232D830	041EF
12147	策	12	314314125234	B2DF	07B56
12148	䇧	12	314314125341	8232D732	041E7
12149	䇴	12	314314125351	8232D835	041F4
12150	筬	12	314314135534	B966	07B6C
12151	䇲	12	314314143134	8232D833	041F2
12152	筚	12	314314153512	F3D9	07B5A
12153	䇪	12	314314154121	8232D735	041EA
12154	筛	12	314314231252	C9B8	07B5B
12155	筜	12	314314243511	B959	07B5C
12156	䇩	12	314314251153	8232D734	041E9
12157	筁	12	314314251221	B94C	07B41
12158	筒	12	314314251251	CDB2	07B52
12159	筥	12	314314251251	B95F	07B65
12160	筃	12	314314251341	B94E	07B43
12161	䇱	12	314314253541	8232D832	041F1
12162	䇬	12	314314311234	8232D737	041EC
12163	筅	12	314314312135	F3DA	07B45
12164	筳	12	314314312154	B96A	07B73
12165	筈	12	314314312251	B951	07B48
12166	筏	12	314314321534	B7A4	07B4F
12167	筵	12	314314321554	F3DB	07B75
12168	筗	12	314314322512	B957	07B57
12169	䇮	12	314314323121	8232D739	041EE
12170	筕	12	314314332112	B956	07B55
12171	筌	12	314314341121	F3DC	07B4C
12172	答	12	314314341251	B4F0	07B54
12173	筄	12	314314341534	B94F	07B44
12174	筋	12	314314351153	BDEE	07B4B
12175	筍	12	314314352511	B953	07B4D
12176	䇨	12	314314354152	8232D733	041E8
12177	笿	12	314314354251	B94A	07B3F
12178	筝	12	314314355112	F3DD	07B5D
12179	筊	12	314314413434	B952	07B4A
12180	䈂	12	314314431132	8232D939	04202
12181	筂	12	314314441525	B94D	07B42
12182	筆	12	314314511112	B950	07B46
12183	䇰	12	314314525341	8232D831	041F0
12184	筎	12	314314531251	B954	07B4E
12185	傣	12	321113424134	B4F6	050A3
12186	傲	12	321121533134	B0C1	050B2
12187	傃	12	321121554234	82D1	05083
12188	傋	12	321122125211	82D7	0508B
12189	傌	12	321211254444	82D8	0508C
12190	傤	12	321211521534	82EE	050A4
12191	備	12	321221325112	82E4	05099
12192	僃	12	321223525112	8346	050C3
12193	傎	12	321225111134	82D9	0508E
12194	㑸	12	321225112512	8139FA37	03478
12195	僆	12	321251112454	8349	050C6
12196	傅	12	321251124124	B8B5	05085
12197	傈	12	321252211234	C0FC	05088
12198	傉	12	321311534124	82D5	05089

序号	字形	笔数	笔顺	18030代码	13000代码
12199	傆	12	321332511234	82D3	05086
12200	傄	12	321344325111	82D2	05084
12201	舃	12	321511154444	C562	08203
12202	遚	12	321511254454	DF63	0905A
12203	斞	12	321511344412	94D1	0659E
12204	惥	12	321511344544	90BE	060E5
12205	㪒	12	321511352154	82319A30	03A92
12206	舄	12	321511354444	F4AA	08204
12207	䊆	12	321511431234	8232E731	04286
12208	牍	12	321512544134	EBB9	0724D
12209	牋	12	321515341534	A0A0	0724B
12210	牌	12	321532511312	C5C6	0724C
12211	貸	12	321542511134	D94A	08CB8
12212	蜑	12	321554251214	CD9E	08711
12213	偨	12	322121351234	82BD	05068
12214	順	12	322132511134	ED98	09806
12215	䀺	12	322313425111	8232AC35	0403A
12216	䖺	12	322354251214	8233BA36	045BA
12217	翛	12	322354541541	C19B	07FDB
12218	絛	12	322354554234	BD64	07D5B
12219	傥	12	322434525135	D9CE	050A5
12220	堡	12	322511234121	B1A4	05821
12221	傝	12	322511541541	82E8	0509D
12222	傊	12	322512511134	82D6	0508A
12223	㑶	12	323115431234	8139FA35	03476
12224	䋕	12	323121554234	8232EF30	042D5
12225	㑺	12	323241112153	8139FA39	0347A
12226	傂	12	323321531535	82D0	05082
12227	傜	12	323443311252	82E7	0509C
12228	傒	12	323443554134	82DD	05092
12229	傖	12	323445113251	82E1	05096
12230	傟	12	323454541541	82EA	0509F
12231	傑	12	323541521234	82DC	05091
12232	㑳	12	323552335523	FE55	03473
12233	集	12	324111211234	BCAF	096C6
12234	雋	12	324111212525	EB68	096CB
12235	䧶	12	324111214134	8234A733	049F6
12236	焦	12	324111214444	BDB9	07126
12237	傠	12	324111251124	82EB	050A0
12238	傐	12	324125125251	82DB	05090
12239	㑵	12	324134131134	8139FA34	03475
12240	傚	12	324134343134	82E5	0509A
12241	傏	12	324135112251	82DA	0508F
12242	㥋	12	324135344544	8230F738	0394B
12243	傡	12	324143141431	82EC	050A1
12244	傍	12	324143454153	B0F8	0508D
12245	傗	12	324155425121	82E2	05097
12246	傔	12	324315112234	82DF	05094
12247	傢	12	324451353334	82ED	050A2
12248	傧	12	324453212124	D9CF	050A7
12249	傛	12	324453434251	82E6	0509B
12250	储	12	324512132511	B4A2	050A8
12251	傓	12	324513541541	82DE	05093
12252	傕	12	324532411121	82E0	05095
12253	遑	12	325111121454	E5D8	09051
12254	㓷	12	325111123422	82308934	034F7
12255	鄓	12	325111134452	E076	09113
12256	臰	12	325111135435	C557	081F0
12257	躰	12	325111312341	DC6E	08EB0
12258	臮	12	325111323434	C555	081EE
12259	䠶	12	325111331134	8233F936	04836
12260	䠵	12	325111332124	8233F935	04835
12261	䠲	12	325111334454	8233F932	04832
12262	䣗	12	325111341252	82348B37	048D7
12263	䠴	12	325111341431	8233F934	04834
12264	䠳	12	325111352252	8233F933	04833
12265	臯	12	325111413412	C556	081EF
12266	鄎	12	325111454452	E071	0910E
12267	鳦	12	325111544445	F843	09CE6
12268	兠	12	325112113535	83C3	05160
12269	皔	12	325112511112	B079	07694
12270	㣐	12	325112534333	8230EB36	038D0
12271	皓	12	325113121251	F0A9	07693
12272	皒	12	325113121534	B078	07692
12273	㼰	12	325113121554	82329139	03F30
12274	㪏	12	325113122154	82319937	03A8F
12275	鬽	12	325113554333	F46D	09B3D
12276	皖	12	325114451135	CDEE	07696
12277	㑴	12	325114525254	8139FA33	03474
12278	鄔	12	325115444452	E077	09114
12279	㙑	12	325125214121	8230AB37	03651
12280	蛗	12	325151251214	CD7C	086D7
12281	衈	12	325221122111	D05E	08848
12282	衆	12	325221323334	D05C	08846
12283	衇	12	325221333534	D05D	08847
12284	衉	12	325221354251	D05F	08849

序号	字形	笔数	笔顺	18030代码	13000代码	序号	字形	笔数	笔顺	18030代码	13000代码
12285	勧	12	325341153553	82308D36	03521	12328	鈃	12	341124311132	E25D	09203
12286	傩	12	325425113535	8139FA36	03477	12329	鈇	12	341124311134	E261	09207
12287	粤	12	325431234115	D4C1	07CA4	12330	鈗	12	341124311135	E283	09228
12288	奥	12	325431234134	B0C2	05965	12331	鈣	12	341124311215	E27D	09223
12289	傩	12	325432411121	D9D0	050A9	12332	鉢	12	341124311234	E27C	09222
12290	虓	12	331221531535	8233B634	04590	12333	鈙	12	341124311254	E272	09218
12291	遁	12	331225111454	B6DD	09041	12334	鈈	12	341124311324	E262	09208
12292	屣	12	331242512134	8233F039	047DF	12335	鈦	12	341124311344	E281	09226
12293	街	12	332121121112	BDD6	08857	12336	鈜	12	341124311354	E276	0921C
12294	惩	12	332121214544	B3CD	060E9	12337	鈂	12	341124311354	82349238	0491E
12295	衖	12	332122134112	D069	08856	12338	鈪	12	341124311355	E285	0922A
12296	徧	12	332122543112	8230EE36	038EE	12339	鉅	12	341124311515	E2A0	09245
12297	徕	12	332125431234	8FC1	05F9A	12340	鈃	12	341124311523	E258	091FE
12298	徥	12	332251112134	8FCA	05FA5	12341	鈍	12	341124311525	E267	0920D
12299	徣	12	332251122111	8230EE34	038EC	12342	鈛	12	341124311534	E275	0921B
12300	衕	12	332251251112	D068	08855	12343	鈚	12	341124311535	E274	0921A
12301	御	12	332311212152	D3F9	05FA1	12344	鉦	12	341124312121	82349330	04920
12302	衙	12	332311252112	8233C338	04616	12345	鈘	12	341124312154	E273	09219
12303	徸	12	332312511211	8230EE33	038EB	12346	鈔	12	341124312343	E26E	09214
12304	復	12	332312511354	8FCD	05FA9	12347	鉏	12	341124312511	E27E	09224
12305	徨	12	332325111121	E1E5	05FA8	12348	鈡	12	341124312512	E27B	09221
12306	循	12	332331225111	D1AD	05FAA	12349	鈉	12	341124312534	E263	09209
12307	徲	12	332344311354	8230EE32	038EA	12350	釆	12	341124312534	9C5E	06DFE
12308	徶	12	332345234354	8230EE35	038ED	12351	鈃	12	341124313112	E277	0921D
12309	徧	12	332451325122	8FCC	05FA7	12352	鈓	12	341124313121	E26D	09213
12310	徦	12	332512115154	8FCB	05FA6	12353	鈋	12	341124313235	E265	0920B
12311	徫	12	332521251152	8FCE	05FAB	12354	鈃	12	341124313312	E259	091FF
12312	須	12	333132511134	ED9A	09808	12355	鈲	12	341124313324	E257	091FD
12313	媭	12	333132534531	8B80	05AAD	12356	鈑	12	341124313354	E26B	09211
12314	舼	12	335414122134	C57C	0823C	12357	鈴	12	341124313445	E26A	09210
12315	艇	12	335414125351	F4B8	0823E	12358	鈖	12	341124313453	E270	09216
12316	艕	12	335414134115	C57E	0823F	12359	鈆	12	341124313454	E260	09206
12317	艇	12	335414312154	CDA7	08247	12360	鈅	12	341124313511	E25F	09205
12318	舩	12	335414341251	82339931	0446A	12361	欽	12	341124313534	9A4A	06B3D
12319	舭	12	335414341534	82339933	0446C	12362	鈎	12	341124313541	E278	0921E
12320	艂	12	335414354152	C57D	0823D	12363	鉚	12	341124313552	82349237	0491D
12321	艃	12	335414431132	82339932	0446B	12364	鈒	12	341124313554	E27A	09220
12322	舡	12	335414441121	82339934	0446D	12365	鈎	12	341124313554	E268	0920E
12323	艊	12	335414531234	82339935	0446E	12366	鈫	12	341124314134	E286	0922B
12324	艄	12	335414541541	82338237	04387	12367	鈧	12	341124314135	E282	09227
12325	舒	12	341122515452	CAE6	08212	12368	鈁	12	341124314153	E25B	09201
12326	畬	12	341123425121	EEB4	07572	12369	鈥	12	341124314334	E280	09225
12327	畲	12	341123425121	AE8C	0756C	12370	鈄	12	341124314412	E25E	09204

序号	字形	笔数	笔顺	18030代码	13000代码
12371	鈩	12	341124314513	E284	09229
12372	鈂	12	341124314535	E25C	09202
12373	䤟	12	341124314535	82349239	0491F
12374	鈊	12	341124314544	E264	0920A
12375	鈬	12	341124315134	E287	0922C
12376	鈌	12	341124315134	E266	0920C
12377	鈏	12	341124315152	E269	0920F
12378	鈟	12	341124315152	E279	0921F
12379	鈕	12	341124315211	E26F	09215
12380	鈀	12	341124315215	E25A	09200
12381	鉯	12	341124315434	E369	0926F
12382	鈗	12	341124315435	E271	09217
12383	弑	12	341234112154	DFB1	05F11
12384	逾	12	341251122454	D3E2	0903E
12385	颌	12	341251132534	F2A2	0988C
12386	㑹	12	341251212511	8139FA38	03479
12387	㪘	12	341251343134	82319A36	03A98
12388	㰸	12	341251343534	8231C431	03C38
12389	㥐	12	341251524544	8230F833	03950
12390	翕	12	341251541541	F4E2	07FD5
12391	翖	12	341251541541	C197	07FD6
12392	殽	12	341325113554	9AA5	06BBD
12393	釉	12	343123425121	D3D4	091C9
12394	番	12	343123425121	B7AC	0756A
12395	释	12	343123454112	CACD	091CA
12396	㸙	12	343412132511	8231F430	03E19
12397	爺	12	343412211152	A094	0723A
12398	睂	12	343421325111	B18C	07742
12399	䜬	12	343425125121	8233DF32	0472C
12400	鹆	12	343425135451	F0C1	09E46
12401	㫺	12	343434342511	8231A434	03AFA
12402	傘	12	343434343412	82E3	05098
12403	禽	12	344134522554	C7DD	079BD
12404	爲	12	344335554444	A091	07232
12405	舜	12	344345354152	CBB4	0821C
12406	㼏	12	344353133544	82328E36	03F0F
12407	豾	12	344353313241	D877	08C7E
12408	貃	12	344353332511	D87B	08C83
12409	豿	12	344353335251	D878	08C7F
12410	貁	12	344353344534	D87A	08C81
12411	䝚	12	344353351335	8233E338	0475A
12412	貀	12	344353352252	D879	08C80
12413	貂	12	344353353251	F5F5	08C82
12414	䝛	12	344353353254	8233E339	0475B
12415	創	12	344511325122	8493	05275
12416	䬧	12	344511541135	8234C538	04B27
12417	䬪	12	344511541324	8234C631	04B2A
12418	飩	12	344511541525	EF82	098E9
12419	飪	12	344511543121	EF83	098EA
12420	飫	12	344511543134	EF84	098EB
12421	飭	12	344511543135	EF86	098ED
12422	飯	12	344511543354	EF88	098EF
12423	飲	12	344511543534	EF8B	098F2
12424	䬨	12	344511543535	8234C539	04B28
12425	䬦	12	344511543554	8234C537	04B26
12426	飰	12	344511544124	EF89	098F0
12427	䬮	12	344511545434	8234C635	04B2E
12428	雂	12	344532411121	EB64	096C2
12429	敜	12	344545443134	94A4	0655C
12430	勜	12	345454154153	84D8	052DC
12431	䏾	12	351111134112	82338E33	043FE
12432	腈	12	351111212511	EBE6	08148
12433	脿	12	351111213534	C3A0	0813F
12434	脹	12	351112111534	C39B	08139
12435	䐗	12	351112132511	82339038	04417
12436	腊	12	351112212511	C0B0	0814A
12437	朠	12	351112225134	9650	06720
12438	䐈	12	351112251111	82338F33	04408
12439	腖	12	351112511234	C44C	08156
12440	脼	12	351112523434	C39E	0813C
12441	䐀	12	351113412512	82338E35	04400
12442	腌	12	351113425115	EBE7	0814C
12443	䐁	12	351113533434	82338E36	04401
12444	脻	12	351115112134	C39D	0813B
12445	䏼	12	351115341534	82338E31	043FC
12446	腓	12	351121112111	EBE8	08153
12447	腂	12	351125111234	C442	08142
12448	䐊	12	351125111535	82338F35	0440A
12449	腘	12	351125112141	C44E	08158
12450	腗	12	351125121132	C44D	08157
12451	腆	12	351125122134	CCF3	08146
12452	䐃	12	351125312341	82338E38	04403
12453	腡	12	351125525251	C454	08161
12454	腁	12	351131133112	C441	08141
12455	腄	12	351131212211	C444	08144
12456	腇	12	351131234531	C446	08147

序号	字形	笔数	笔顺	18030代码	13000代码
12457	腴	12	351132151134	EBE9	08174
12458	脘	12	351132151135	C447	08149
12459	腓	12	351132411121	C39F	0813D
12460	脾	12	351132511312	C6A2	0813E
12461	腀	12	351134125122	C440	08140
12462	脎	12	351134431234	82338F31	04406
12463	脍	12	351134454544	C448	0814D
12464	腍	12	351134544544	82338F36	0440B
12465	脂	12	351135321511	82338E39	04404
12466	脳	12	351135332511	82338F32	04407
12467	脝	12	351141251521	964E	0671C
12468	腋	12	351141323544	D2B8	0814B
12469	腑	12	351141332124	B8AD	08151
12470	脺	12	351141343412	C39C	0813A
12471	腤	12	351141431251	82338E32	043FD
12472	勝	12	351143113453	84D9	052DD
12473	腃	12	351143113455	C443	08143
12474	腅	12	351143344334	C445	08145
12475	腙	12	351144511234	EBEA	08159
12476	腚	12	351144512134	EBEB	0815A
12477	腔	12	351144534121	C7BB	08154
12478	腕	12	351144535455	CDF3	08155
12479	腱	12	351151111254	EBEC	08171
12480	腂	12	351151124134	82338E37	04402
12481	腒	12	351151312251	C44B	08152
12482	腄	12	351151331134	82338F30	04405
12483	腏	12	351154545454	C44A	0814F
12484	腦	12	351155525121	82338F34	04409
12485	㓻	12	351215425221	82308E34	03529
12486	㨪	12	351225111134	8139F235	03424
12487	覛	12	352342511135	D298	08999
12488	臭	12	352511535134	8230B335	0369F
12489	鱿	12	352512111354	F6CF	09C7F
12490	鲀	12	352512111525	F783	09C80
12491	鲁	12	352512112511	C2B3	09C81
12492	鲶	12	352512113455	8234EB31	04C9D
12493	鲂	12	352512114153	F6D0	09C82
12494	鲃	12	352512115215	F784	09C83
12495	䲠	12	352512144445	8234E035	04C32
12496	颍	12	352534132534	F2A3	0988D
12497	猰	12	353111253134	AA6D	07330
12498	猢	12	353122513511	E2A9	07322
12499	猹	12	353123425111	E2AA	07339
12500	㺂	12	353131251534	8231FE35	03E82
12501	歆	12	353215113534	9A4B	06B3F
12502	鉰	12	353251113515	8540	05311
12503	猩	12	353251131121	D0C9	07329
12504	猲	12	353251135345	AA6E	07332
12505	猥	12	353251211534	E2AB	07325
12506	猬	12	353251212511	E2AC	0732C
12507	䫹	12	353251214121	8234C132	04AF9
12508	飑	12	353251214333	EF4D	098A9
12509	猯	12	353252132522	AA6C	0732F
12510	猾	12	353255452511	BBAB	0733E
12511	獀	12	353321511254	AA76	07340
12512	猴	12	353325131134	BAEF	07334
12513	㺄	12	353341251122	8231FE37	03E84
12514	猨	12	353344311354	AA6A	07328
12515	猣	12	353345234354	AA66	07323
12516	㺅	12	353351331134	8231FE38	03E85
12517	猦	12	353353251214	AA68	07326
12518	飓	12	353425111134	ECAB	098D3
12519	獇	12	353431113554	AA7D	07347
12520	猶	12	353431253511	AA71	07336
12521	猵	12	353451325122	AA70	07335
12522	㺆	12	353451342534	8231FE39	03E86
12523	觛	12	353511225111	D367	089DB
12524	觞	12	353511231533	F5FC	089DE
12525	觚	12	353511233544	F5FD	089DA
12526	觝	12	353511235154	D368	089DD
12527	猳	12	353512115154	AA6F	07333
12528	猸	12	353521325111	E2AD	07338
12529	猤	12	353543341134	AA67	07324
12530	猱	12	353545231234	E2AE	07331
12531	猭	12	353551353334	AA6B	0732D
12532	㺁	12	353555325341	8231FE34	03E81
12533	㥖	12	354134544544	8230F839	03956
12534	㰶	12	354242513534	8231C339	03C36
12535	惫	12	354251214544	B1B9	060EB
12536	䎊	12	354251541541	82338330	0438A
12537	凲	12	354315112234	8451	051F2
12538	颎	12	354334132534	EF47	0988E
12539	飧	12	354344511534	E2B8	098E7
12540	夡	12	354354121251	89F3	05921
12541	㷇	12	354354134334	8231EB38	03DC7
12542	㚊	12	354354415334	8230B134	0368A

序号	字形	笔数	笔顺	18030代码	13000代码	序号	字形	笔数	笔顺	18030代码	13000代码
12543	翗	12	354354541541	C198	07FD7	12586	註	12	411125141121	D45D	08A3B
12544	然	12	354413444444	C8BB	07136	12587	詃	12	411125141554	D464	08A43
12545	貿	12	354532511134	D951	08CBF	12588	詊	12	411125143112	D46A	08A4A
12546	馇	12	355123425111	E2C7	09987	12589	詝	12	411125144512	D47D	08A5D
12547	鄒	12	355233552352	E075	09112	12590	䛎	12	411125144534	8233D630	046CE
12548	馈	12	355251212534	C0A1	09988	12591	詑	12	411125144535	D471	08A51
12549	馉	12	355255452511	F0A0	09989	12592	䛑	12	411125145434	8233D633	046D1
12550	馊	12	355321511254	E2C8	0998A	12593	詠	12	411125145534	D481	08A60
12551	馋	12	355352513544	B2F6	0998B	12594	詞	12	411125151251	D47E	08A5E
12552	証	12	411125112121	D45E	08A3C	12595	䛏	12	411125151335	8233D631	046CF
12553	詓	12	411125112154	D473	08A53	12596	䛉	12	411125151515	8233D535	046C9
12554	詌	12	411125112211	D46C	08A4C	12597	䛍	12	411125151532	8233D539	046CD
12555	詍	12	411125112215	D46D	08A4D	12598	詘	12	411125152252	D478	08A58
12556	詁	12	411125112251	D462	08A41	12599	詜	12	411125152254	D47C	08A5C
12557	詸	12	411125112344	D45B	08A39	12600	詉	12	411125153154	D469	08A49
12558	訶	12	411125112512	D458	08A36	12601	詔	12	411125153251	D474	08A54
12559	䛋	12	411125113534	8233D537	046CB	12602	詖	12	411125153254	D476	08A56
12560	詙	12	411125113544	D479	08A59	12603	詒	12	411125154251	D472	08A52
12561	評	12	411125114312	D475	08A55	12604	詏	12	411125155453	D46F	08A4F
12562	詀	12	411125121251	D461	08A40	12605	馮	12	411211254444	F154	099AE
12563	詚	12	411125125111	D47A	08A5A	12606	亵	12	411213543534	D9F4	04EB5
12564	詛	12	411125125111	D47B	08A5B	12607	凓	12	411252211234	83FA	051D3
12565	䛅	12	411125125112	8233D531	046C5	12608	㓕	12	411314334534	82308630	034D5
12566	詷	12	411125125112	D459	08A37	12609	装	12	412121413534	D7B0	088C5
12567	䛆	12	411125125121	8233D532	046C6	12610	蛮	12	412234251214	C2F9	086EE
12568	䛊	12	411125125134	8233D536	046CA	12611	脔	12	412234253434	D9F5	08114
12569	詇	12	411125125134	D468	08A47	12612	㓖	12	412511122112	82308631	034D6
12570	詋	12	411125125135	D46B	08A4B	12613	就	12	412512341354	BECD	05C31
12571	詗	12	411125125251	D477	08A57	12614	鄗	12	412512525152	E07A	09117
12572	訵	12	411125125351	D457	08A35	12615	亴	12	412514512135	818C	04EB4
12573	䛈	12	411125131134	8233D534	046C8	12616	䯧	12	412514525251	8234D930	04BE7
12574	詄	12	411125131134	D465	08A44	12617	稾	12	412514531234	B68E	07A01
12575	詐	12	411125131211	D470	08A50	12618	㝄	12	412515211525	8230C430	03744
12576	訸	12	411125131234	D45A	08A38	12619	敦	12	412515213134	B6D8	06566
12577	詂	12	411125132124	D463	08A42	12620	凒	12	412521251431	83F9	051D2
12578	訴	12	411125133124	D456	08A34	12621	廂	12	413123425111	8EFB	05EC2
12579	診	12	411125134333	D45C	08A3A	12622	裒	12	413215113534	D9F6	088D2
12580	詅	12	411125134454	D466	08A45	12623	凖	12	413241112112	83FD	051D6
12581	詆	12	411125135154	D467	08A46	12624	㕠	12	413241112154	82309339	03560
12582	䛇	12	411125135251	8233D533	046C7	12625	㓔	12	413251113124	82308539	034D4
12583	詢	12	411125135251	D45F	08A3D	12626	廁	12	413251113422	8EFA	05EC1
12584	䛄	12	411125135455	8233D530	046C4	12627	廽	12	413251125214	8EF7	05EBD
12585	䛌	12	411125135515	8233D538	046CC	12628	㢎	12	413312321511	8230E530	0388E

序号	字形	笔数	笔顺	18030代码	13000代码
12629	焤	12	413321244334	9F72	07124
12630	廋	12	413321511254	8F43	05ECB
12631	廆	12	413325113554	8F40	05EC6
12632	㢏	12	413341251122	8230E531	0388F
12633	斌	12	413411212154	B1F3	0658C
12634	痚	12	413411213521	AF65	075DA
12635	痣	12	413411214544	F0EB	075E3
12636	㾡	12	413411215452	82329D32	03FA1
12637	痨	12	413411224553	F0EC	075E8
12638	㾝	12	413411251112	82329C38	03F9D
12639	痡	12	413411251124	AF6A	075E1
12640	㾘	12	413411251134	82329C33	03F98
12641	痦	12	413411251251	F0ED	075E6
12642	痘	12	413411251431	B6BB	075D8
12643	㾞	12	413411253511	82329C39	03F9E
12644	痞	12	413411324251	C6A6	075DE
12645	㾜	12	413411343434	82329C37	03F9C
12646	痝	12	413411353334	AF67	075DD
12647	痙	12	413411555121	AF64	075D9
12648	㾟	12	413412121233	82329D30	03F9F
12649	痟	12	413412432511	AF68	075DF
12650	㾖	12	413412511211	82329C31	03F96
12651	痩	12	413412511254	AF6C	075E9
12652	㾓	12	413412512511	82329B38	03F93
12653	痢	12	413413123422	C1A1	075E2
12654	痜	12	413413123435	AF66	075DC
12655	痗	12	413413155414	AF63	075D7
12656	㾙	12	413413413252	82329C34	03F99
12657	痤	12	413413434121	F0EE	075E4
12658	痪	12	413413525134	BBBE	075EA
12659	㾠	12	413413531121	82329D31	03FA0
12660	㾕	12	413414143112	82329C30	03F95
12661	痫	12	413414251234	F0EF	075EB
12662	痥	12	413414325135	AF6B	075E5
12663	痧	12	413414412343	F0F0	075E7
12664	㾗	12	413414511534	82329C32	03F97
12665	㾛	12	413415114554	82329C36	03F9B
12666	痾	12	413415212512	AF7A	075FE
12667	痛	12	413415425112	CDB4	075DB
12668	痠	12	413415434354	AF69	075E0
12669	㲞	12	413434123115	8231CE32	03C9E
12670	㰵	12	413434123534	8231C338	03C35
12671	凔	12	413445113251	83FB	051D4
12672	廀	12	413445433454	8EF9	05EC0
12673	鄌	12	413511225152	E06F	0910C
12674	赓	12	413511342534	E2D9	08D53
12675	廐	12	413511541535	8F48	05ED0
12676	廄	12	413511543554	8EFD	05EC4
12677	粢	12	413534431234	F4D2	07CA2
12678	椉	12	413541521234	97BC	06909
12679	廃	12	413543341135	8EFC	05EC3
12680	袲	12	413543543534	D144	088B2
12681	竦	12	414311251234	F1B5	07AE6
12682	䇌	12	414312432511	8232D435	041CC
12683	䪦	12	414312511121	8234B839	04AA6
12684	童	12	414312511211	CDAF	07AE5
12685	䪨	12	414312511354	8234B931	04AA8
12686	䪧	12	414312511525	8234B930	04AA7
12687	戠	12	414312511534	91E7	06220
12688	瓿	12	414312511554	EAB3	074FF
12689	䇍	12	414312512134	8232D436	041CD
12690	㪗	12	414312512154	82319A35	03A97
12691	敨	12	414312513134	94AB	06568
12692	㰴	12	414312513534	8231C337	03C34
12693	竧	12	414313251113	B874	07AE7
12694	遃	12	414313333454	DF56	09043
12695	竤	12	414314451354	B873	07AE4
12696	竢	12	414315431134	B872	07AE2
12697	竣	12	414315434354	BFA2	07AE3
12698	啻	12	414345252251	E0B4	0557B
12699	遆	12	414345252454	DF58	09046
12700	㛳	12	414345252531	8230BB39	036F3
12701	凕	12	414525114134	83FC	051D5
12702	旑	12	415313412512	94EE	065D1
12703	旐	12	415331341534	94ED	065D0
12704	遊	12	415331521454	DF5B	0904A
12705	颏	12	415334132534	F2A4	0988F
12706	旔	12	415351111254	94F0	065D4
12707	棄	12	415412211234	9789	068C4
12708	鄐	12	415542512152	E073	09110
12709	鹇	12	425123435451	F0C2	09E47
12710	阑	12	425125431234	C0BB	09611
12711	阒	12	425251111344	E3D6	09612
12712	䦸	12	425251125214	8234A131	049B8
12713	阓	12	425251212534	EA5F	09613
12714	阔	12	425441312251	C0AB	09614

序号	字形	笔数	笔顺	18030代码	13000代码	序号	字形	笔数	笔顺	18030代码	13000代码
12715	阌	12	425543341134	E3D7	09615	12758	㷄	12	433425111234	8231EB35	03DC4
12716	善	12	431112431251	C9C6	05584	12759	焜	12	433425111535	9F6A	0711C
12717	羢	12	431113113534	C173	07FA2	12760	焻	12	433425112511	9F85	0713B
12718	羠	12	431113151534	C172	07FA0	12761	焨	12	433425112511	9F75	07128
12719	䍰	12	431113251341	8232FE34	04370	12762	焺	12	433425113132	9F84	0713A
12720	䍮	12	431113341534	8232FE32	0436E	12763	焬	12	433425113533	9F79	0712C
12721	䍯	12	431113351355	8232FE33	0436F	12764	焵	12	433425431252	9F80	07135
12722	䍵	12	431113355112	8232FE39	04375	12765	焹	12	433425431415	9F83	07139
12723	翔	12	431113541541	CFE8	07FD4	12766	煱	12	433425525251	9FB0	07171
12724	羡	12	431121413534	CFDB	07FA1	12767	焳	12	433432411121	9F7D	07133
12725	艵	12	431132355215	C645	08275	12768	焷	12	433432511312	9F81	07137
12726	䖭	12	431134251214	8233B933	045AD	12769	㷆	12	433432515112	8231EB37	03DC6
12727	絭	12	431134554234	BD76	07D6D	12770	焮	12	433433123534	9F7B	0712E
12728	普	12	431224312511	C6D5	0666E	12771	㷍	12	433434125122	8231EC34	03DCD
12729	粩	12	431234121335	BB94	07CA9	12772	焾	12	433434454544	9F88	0713E
12730	粠	12	431234122134	BB8E	07CA0	12773	焧	12	433434544544	9F74	07127
12731	粪	12	431234122134	B7E0	07CAA	12774	焩	12	433435113511	9F76	07129
12732	䊂	12	431234125234	8232E637	04282	12775	焝	12	433435152511	9F6B	0711D
12733	粞	12	431234125351	F4D1	07C9E	12776	焰	12	433435321511	D1E6	07130
12734	粨	12	431234132511	BB93	07CA8	12777	焞	12	433441251521	9F6C	0711E
12735	粫	12	431234132522	BB95	07CAB	12778	焲	12	433441323544	9F7C	07132
12736	粬	12	431234251221	BB96	07CAC	12779	焠	12	433441343412	9F6E	07120
12737	粡	12	431234251251	BB8F	07CA1	12780	焿	12	433441351134	9F89	0713F
12738	䊁	12	431234312135	8232E636	04281	12781	焙	12	433441431251	B1BA	07119
12739	粭	12	431234341251	BB97	07CAD	12782	焴	12	433441542511	9F7E	07134
12740	䊃	12	431234351252	8232E638	04283	12783	敥	12	433443342154	94A9	06565
12741	粦	12	431234354152	BB91	07CA6	12784	㲜	12	433443343115	8231CE30	03C9C
12742	䊅	12	431234354251	8232E730	04285	12785	欻	12	433443343534	9A48	06B3B
12743	粧	12	431234413121	BB92	07CA7	12786	㷋	12	433443344334	8231EC32	03DCB
12744	尊	12	431253511124	D7F0	05C0A	12787	焱	12	433443344334	ECCD	07131
12745	奠	12	431253511134	B5EC	05960	12788	焭	12	433443344535	9F7A	0712D
12746	遒	12	431253511454	E5D9	09052	12789	㥕	12	433443344544	8230F838	03955
12747	道	12	431325111454	B5C0	09053	12790	勞	12	433443344553	84DA	052DE
12748	遂	12	431353334454	CBEC	09042	12791	焢	12	433444534121	9F70	07122
12749	孳	12	431554554521	E6DC	05B73	12792	焪	12	433444534515	9F77	0712A
12750	曾	12	432524312511	D4F8	066FE	12793	焥	12	433444535455	9F73	07125
12751	㷃	12	433412111534	8231EB34	03DC3	12794	煡	12	433451111254	9FA5	07161
12752	焼	12	433412122135	9F86	0713C	12795	㷌	12	433451145252	8231EC33	03DCC
12753	焟	12	433412212511	9F6D	0711F	12796	煀	12	433451352252	9F8A	07140
12754	煐	12	433412225134	9F96	07150	12797	鹈	12	435152335451	F0C3	09E48
12755	㷈	12	433413425115	8231EB39	03DC8	12798	湱	12	441111213251	9CAD	06E71
12756	㮡	12	433415151234	8231B530	03BA1	12799	湊	12	441111341134	9C90	06E4A
12757	焯	12	433421251112	ECCC	0712F	12800	湷	12	441111342511	9CB3	06E77

序号	字形	笔数	笔顺	18030代码	13000代码	序号	字形	笔数	笔顺	18030代码	13000代码
12801	澍	12	441121121124	9C98	06E57	12844	湒	12	441251122111	9C96	06E52
12802	溨	12	441121251534	9C85	06E3D	12845	湿	12	441251122431	CAAA	06E7F
12803	湁	12	441121341251	9C89	06E41	12846	湒	12	441251125111	8231DA33	03D18
12804	湈	12	441122111234	9C8E	06E48	12847	湡	12	441251125214	9C9F	06E61
12805	湛	12	441122111345	D5BF	06E5B	12848	温	12	441251125221	CEC2	06E29
12806	湂	12	441122125112	8231DA31	03D16	12849	湦	12	441251131121	9CA4	06E66
12807	満	12	441122125252	9CBA	06E80	12850	渴	12	441251135345	BFCA	06E34
12808	港	12	441122134515	B8DB	06E2F	12851	渨	12	441251211534	9C77	06E28
12809	渫	12	441122151234	E4CD	06E2B	12852	渭	12	441251212511	CEBC	06E2D
12810	滞	12	441122245252	D6CD	06EDE	12853	溃	12	441251212534	C0A3	06E83
12811	溚	12	441122341251	9CCD	06E9A	12854	渱	12	441251214121	9C7C	06E31
12812	溁	12	441122451234	9CBB	06E81	12855	湈	12	441251214544	8231D938	03D13
12813	湖	12	441122513511	BAFE	06E56	12856	湾	12	441251251115	9C8A	06E42
12814	湳	12	441122543112	9CAF	06E73	12857	湍	12	441252132522	CDC4	06E4D
12815	湪	12	441123411234	9C87	06E3F	12858	湠	12	441252134334	9C9E	06E60
12816	渣	12	441123425111	D4FC	06E23	12859	溄	12	441252354112	9CBD	06E84
12817	湘	12	441123425111	CFE6	06E58	12860	溅	12	441253411534	BDA6	06E85
12818	湐	12	441123432511	9C94	06E50	12861	滑	12	441255452511	BBAC	06ED1
12819	㴤	12	441123441121	8231DB35	03D24	12862	湃	12	441311311112	C5C8	06E43
12820	渤	12	441124552153	B2B3	06E24	12863	㴙	12	441312321511	8231DA34	03D19
12821	溂	12	441125123422	9CBC	06E82	12864	㴡	12	441312342511	8231DB32	03D21
12822	湢	12	441125125121	9CA0	06E62	12865	湫	12	441312344334	E4D0	06E6B
12823	湮	12	441125221121	E4CE	06E6E	12866	湩	12	441312511211	9CA7	06E69
12824	㴗	12	441125221531	8231DA32	03D17	12867	湼	12	441321511121	9CB8	06E7C
12825	湅	12	441125431234	9C8B	06E45	12868	溲	12	441321511254	E4D1	06EB2
12826	減	12	441131251534	9C70	06E1B	12869	淵	12	441322151512	9C59	06DF5
12827	湏	12	441132511134	9C93	06E4F	12870	湺	12	441322511234	9CB6	06E7A
12828	湹	12	441132511211	9CB5	06E79	12871	湟	12	441325111121	E4D2	06E5F
12829	㴟	12	441132511521	8231DB30	03D1F	12872	湶	12	441325112534	9CB2	06E76
12830	湎	12	441132522111	E4CF	06E4E	12873	溾	12	441325113554	9CE2	06EBE
12831	渜	12	441132522134	9C71	06E1C	12874	渪	12	441325125214	9C78	06E2A
12832	湝	12	441153532511	9C9C	06E5D	12875	溆	12	441341123454	E4D3	06E86
12833	湽	12	441155525121	9CB9	06E7D	12876	渝	12	441341251122	D3E5	06E1D
12834	湞	12	441212511134	9C9D	06E5E	12877	渰	12	441341251132	9C7B	06E30
12835	惉	12	441212514544	90AC	060C9	12878	湲	12	441344311354	9CAE	06E72
12836	砦	12	441234313251	B38F	07870	12879	㴞	12	441344322511	8231DA39	03D1E
12837	湻	12	441234325111	9C83	06E3B	12880	湌	12	441344511534	9C92	06E4C
12838	㴐	12	441251111255	8231D935	03D10	12881	溢	12	441345325221	E4D4	06E53
12839	湨	12	441251111344	9CA6	06E68	12882	渙	12	441352534134	9C6F	06E19
12840	湜	12	441251112134	9C9B	06E5C	12883	渢	12	441353251214	9C74	06E22
12841	渺	12	441251112343	C3EC	06E3A	12884	盜	12	441353425221	B149	076DC
12842	測	12	441251113422	9C79	06E2C	12885	渹	12	441354111251	9C82	06E39
12843	湯	12	441251113533	9CAB	06E6F	12886	湰	12	441354131121	9CAC	06E70

序号	字形	笔数	笔顺	18030代码	13000代码	序号	字形	笔数	笔顺	18030代码	13000代码
12887	㴔	12	441355114544	8231D939	03D14	12930	湣	12	441515152511	9CA1	06E63
12888	湚	12	441355425115	9C9A	06E5A	12931	湋	12	441521251152	9C91	06E4B
12889	湾	12	441412234515	CDE5	06E7E	12932	湄	12	441521325111	E4D8	06E44
12890	湻	12	441412512511	9CB7	06E7B	12933	湑	12	441521342511	9C95	06E51
12891	渟	12	441412514512	9C73	06E1F	12934	㴠	12	441522515452	8231DB31	03D20
12892	湸	12	441412514535	9CB4	06E78	12935	滁	12	441523411234	B3FC	06EC1
12893	渡	12	441413122154	B6C9	06E21	12936	㨇	12	441532543112	82318C32	03A07
12894	㴒	12	441413234132	8231D937	03D12	12937	溋	12	441535425221	9CC1	06E8B
12895	湙	12	441413254134	9C99	06E59	12938	湧	12	441542511253	9CA5	06E67
12896	渷	12	441413425135	9C81	06E37	12939	湀	12	441543341134	9C88	06E40
12897	㴑	12	441413431523	8231D936	03D11	12940	溌	12	441543341135	9CC2	06E8C
12898	湆	12	441414312511	9C8C	06E46	12941	溞	12	441544251214	9CD0	06E9E
12899	湇	12	441414312511	9C8D	06E47	12942	渘	12	441545231234	9C6E	06E18
12900	渧	12	441414345252	9C76	06E27	12943	湪	12	441551353334	9CA8	06E6A
12901	游	12	441415331521	D3CE	06E38	12944	惬	12	442113434345	90DC	0611C
12902	湤	12	441415331525	9CA2	06E64	12945	愤	12	442121222534	B7DF	06124
12903	溠	12	441431113121	9CD1	06EA0	12946	愖	12	442122111345	90D7	06116
12904	溬	12	441431113554	9CD9	06EAC	12947	愅	12	442122125112	90CD	06105
12905	渼	12	441431121134	9C84	06E3C	12948	惵	12	442122151234	90C2	060F5
12906	湵	12	441431121354	9CB1	06E75	12949	愺	12	442122251112	90F3	0613A
12907	㴹	12	441431234454	8231DD36	03D39	12950	慌	12	442122415325	BBC5	0614C
12908	溇	12	441431234531	9CBE	06E87	12951	愝	12	442125115315	90DD	0611D
12909	湔	12	441431251122	E4D5	06E54	12952	愊	12	442125125121	90CF	0610A
12910	湭	12	441431253511	9CAA	06E6D	12953	惰	12	442131212511	B6E8	060F0
12911	渞	12	441431325111	9C72	06E1E	12954	㥧	12	442132511134	8230FA36	03967
12912	㴚	12	441431353334	8231DA35	03D1A	12955	愐	12	442132522111	90D2	06110
12913	滋	12	441431554554	D7CC	06ECB	12956	愞	12	442132522134	90DE	0611E
12914	溈	12	441435554444	9CBF	06E88	12957	惿	12	442251112134	90C9	060FF
12915	㴣	12	441441151534	8231DB34	03D23	12958	恻	12	442251113422	90C5	060FB
12916	㴢	12	441441322512	8231DB33	03D22	12959	愓	12	442251113533	90D5	06113
12917	湉	12	441442312251	9C8F	06E49	12960	㥥	12	442251125214	8230FA34	03965
12918	渲	12	441445125111	E4D6	06E32	12961	愠	12	442251125221	E3B3	06120
12919	㴦	12	441445251251	8231DB37	03D26	12962	惺	12	442251131121	D0CA	060FA
12920	㴏	12	441445341121	8231D934	03D0F	12963	愒	12	442251135345	90D4	06112
12921	湥	12	441445341344	9CA3	06E65	12964	愄	12	442251211534	90CC	06104
12922	渾	12	441451251112	9C86	06E3E	12965	㥜	12	442251212511	8230F935	0395C
12923	㴜	12	441451325122	8231DA37	03D1C	12966	愦	12	442251212534	E3B4	06126
12924	堻	12	441511112121	88FC	0583B	12967	愢	12	442251214544	90E0	06122
12925	㴫	12	441511325152	8231DC32	03D2B	12968	愕	12	442251251115	E3B5	06115
12926	溉	12	441511541535	B8C8	06E89	12969	惴	12	442252132522	E3B7	060F4
12927	溊	12	441512115154	9CC0	06E8A	12970	愣	12	442252214153	E3B6	06123
12928	渥	12	441513154121	E4D7	06E25	12971	愲	12	442255452511	90EB	06132
12929	渳	12	441515122111	9C7D	06E33	12972	愀	12	442312344334	E3B8	06100

序号	字形	笔数	笔顺	18030代码	13000代码	序号	字形	笔数	笔顺	18030代码	13000代码
12973	愎	12	442312511354	E3B9	0610E	13016	寑	12	445325114554	8C80	05BD1
12974	㥰	12	442321511254	8230FB34	03970	13017	㝢	12	445325125214	8230C730	03762
12975	惶	12	442325111121	BBCC	060F6	13018	窛	12	445341135531	B79D	07A9B
12976	愧	12	442325113554	C0A2	06127	13019	窙	12	445341213521	B79B	07A99
12977	愉	12	442341251122	D3E4	06109	13020	㲁	12	445341213554	8231CB33	03C81
12978	愋	12	442344311354	90D0	0610B	13021	䆢	12	445341215134	8232D033	041A2
12979	惾	12	442345234354	90C8	060FE	13022	䆣	12	445341311534	8232D034	041A3
12980	惸	12	442352511521	90C4	060F8	13023	䆥	12	445341353334	8232D036	041A5
12981	愌	12	442352534134	90D1	0610C	13024	窜	12	445342512512	B4DC	07A9C
12982	愡	12	442353344544	90DF	06121	13025	窝	12	445342512534	CED1	07A9D
12983	㥫	12	442412512511	8230FB30	0396B	13026	窖	12	445343121251	BDD1	07A96
12984	愔	12	442414312511	90D6	06114	13027	䆤	12	445343251113	8232D035	041A4
12985	㥪	12	442431234531	8230FA39	0396A	13028	窗	12	445343253541	B4B0	07A97
12986	㥢	12	442431253511	8230FA31	03962	13029	䆡	12	445344511534	8232D032	041A1
12987	㥞	12	442431353334	8230F937	0395E	13030	窘	12	445345113251	BEBD	07A98
12988	愃	12	442445125111	90CB	06103	13031	寏	12	445352534134	8C7E	05BCF
12989	愘	12	442445354251	90D9	06118	13032	惌	12	445354554544	90AD	060CC
12990	惲	12	442451251112	90C1	060F2	13033	甯	12	445454425112	E5B8	0752F
12991	惼	12	442451325122	90C6	060FC	13034	寍	12	445454425221	8C7C	05BCD
12992	慨	12	442511541535	BFAE	06168	13035	寐	12	445521311234	C3C2	05BD0
12993	㥡	12	442513351234	8230FA30	03961	13036	寎	12	445521312534	8C7D	05BCE
12994	㥝	12	442515122111	8230F936	0395D	13037	谟	12	451222511134	DAD3	08C1F
12995	惽	12	442515152511	90C7	060FD	13038	運	12	451251112454	DF5C	0904B
12996	愇	12	442521251152	90CE	06107	13039	㪐	12	451313442154	82319938	03A90
12997	㥠	12	442521342511	8230F939	03960	13040	扉	12	451321112111	ECE9	06249
12998	愑	12	442542511253	90D3	06111	13041	遍	12	451325122454	B1E9	0904D
12999	慅	12	442544251214	90FD	06145	13042	棨	12	451331341234	97A4	068E8
13000	㥟	12	442551353334	8230F938	0395F	13043	晵	12	451331342511	9592	06675
13001	惱	12	442555325341	90C0	060F1	13044	䏿	12	451331342511	82338E34	043FF
13002	覚	12	443452511135	D299	0899A	13045	雇	12	451332411121	B9CD	096C7
13003	喾	12	443453121251	E0B7	055BE	13046	扊	12	451343344334	91FE	0624A
13004	敩	12	443455213134	94AC	06569	13047	䋜	12	451354554234	8232EF37	042DC
13005	割	12	445111225122	B8EE	05272	13048	裓	12	452341132534	D15C	088D3
13006	㝣	12	445111253134	8230C731	03763	13049	補	12	452341251124	D161	088DC
13007	寒	12	445112213444	BAAE	05BD2	13050	裋	12	452341251431	D156	088CB
13008	寋	12	445112213455	8C7B	05BCB	13051	裖	12	452341311534	D15D	088D6
13009	富	12	445125125121	B8BB	05BCC	13052	裌	12	452341343434	D157	088CC
13010	寕	12	445132522112	8C82	05BD5	13053	裢	12	452341512454	F1CD	088E2
13011	䙾	12	445152511135	8233CE30	0467E	13054	䘯	12	452342432511	8233C633	0462F
13012	寊	12	445212511134	8C7A	05BCA	13055	裎	12	452342511121	F1CE	088CE
13013	寔	12	445251112134	8C81	05BD4	13056	裡	12	452342511211	D165	088E1
13014	寓	12	445251125214	D4A2	05BD3	13057	裍	12	452342512341	D158	088CD
13015	悹	12	445251514544	90A0	060B9	13058	裐	12	452342512511	D15A	088D0

序号	字形	笔数	笔顺	18030代码	13000代码
13059	裑	12	452343251113	D15B	088D1
13060	裣	12	452343414431	F1CF	088E3
13061	裕	12	452343434251	D4A3	088D5
13062	裤	12	452344131512	BFE3	088E4
13063	裗	12	452344154325	D15E	088D7
13064	裥	12	452344252511	F1D0	088E5
13065	裞	12	452344325135	D163	088DE
13066	䘷	12	452344325234	8233C731	04637
13067	裙	12	452345113251	C8B9	088D9
13068	䘲	12	452345114554	8233C636	04632
13069	䀅	12	452412125221	8232A732	04005
13070	禇	12	452412132511	B597	07987
13071	祾	12	452412134354	B592	0797E
13072	祺	12	452412211134	ECF7	0797A
13073	䄍	12	452412212511	8232C135	0410D
13074	禃	12	452412251111	B595	07983
13075	䄎	12	452413412512	8232C136	0410E
13076	䄋	12	452413425115	8232C133	0410B
13077	祼	12	452425111234	B590	0797C
13078	祻	12	452425122511	B58F	0797B
13079	禍	12	452425525251	B59C	0798D
13080	禆	12	452432511312	B596	07986
13081	䄒	12	452434454544	8232C230	04112
13082	谠	12	452434525135	DAD4	08C20
13083	禂	12	452435121251	B594	07982
13084	䄑	12	452435152511	8232C139	04111
13085	祹	12	452435311252	B58E	07979
13086	祽	12	452441343412	B591	0797D
13087	禅	12	452443251112	ECF8	07985
13088	禄	12	452451124134	C2BB	07984
13089	䄌	12	452454545454	8232C134	0410C
13090	祿	12	452455124134	B593	0797F
13091	幂	12	452511134252	C3DD	05E42
13092	鄍	12	452511413452	E070	0910D
13093	谡	12	452512134354	DAD5	08C21
13094	谢	12	453251113124	D0BB	08C22
13095	谣	12	453443311252	D2A5	08C23
13096	䧵	12	453532411121	8234A732	049F5
13097	㓃	12	454111251315	82308432	034C3
13098	谤	12	454143454153	B0F9	08C24
13099	谥	12	454313425221	DAD6	08C25
13100	谦	12	454315112234	C7AB	08C26
13101	覕	12	454342511135	D294	08995
13102	惢	12	454445444544	90BB	060E2
13103	谧	12	454543425221	DAD7	08C27
13104	䜧	12	455345342121	8233DE38	04727
13105	尋	12	511121251124	8CA4	05C0B
13106	畫	12	511121251211	AE8B	0756B
13107	㝷	12	511121354124	8230C931	03777
13108	㪖	12	511241342154	82319A34	03A96
13109	塈	12	511541535121	8949	05848
13110	遐	12	512115154454	E5DA	09050
13111	覗	12	512512511135	D296	08997
13112	䛐	12	512514111251	8233D632	046D0
13113	㷉	12	513114334124	8231EC30	03DC9
13114	屟	12	513122151234	8CD1	05C5F
13115	犀	12	513241343112	CFAC	07280
13116	㞚	12	513312321511	8230CC36	0379A
13117	属	12	513325125214	CAF4	05C5E
13118	㞛	12	513332352511	8230CC37	0379B
13119	䬤	12	513344511534	8234C535	04B24
13120	遅	12	513431112454	DF57	09045
13121	屡	12	513431234531	C2C5	05C61
13122	孱	12	513521521521	E5EE	05B71
13123	㢽	12	515122111515	8230E937	038BD
13124	弽	12	515122151234	8F8D	05F3D
13125	㢾	12	515125221121	8230E938	038BE
13126	弻	12	515125341515	8F8C	05F3B
13127	䪱	12	515132511134	8234BA30	04AB1
13128	弼	12	515132511515	E5F6	05F3C
13129	㟩	12	515153134252	8230D435	037E9
13130	强	12	515251251214	C7BF	05F3A
13131	費	12	515322511134	D94D	08CBB
13132	㢿	12	515325131134	8230E939	038BF
13133	粥	12	515431234515	D6E0	07CA5
13134	弾	12	515443251112	8F8E	05F3E
13135	巽	12	515515122134	D9E3	05DFD
13136	隞	12	521121533134	EB4A	0969E
13137	疎	12	521211251234	AF45	0758E
13138	䧞	12	521211254444	8234A439	049DE
13139	疏	12	521214154325	CAE8	0758F
13140	塦	12	521251112121	8960	05866
13141	違	12	521251152454	DF60	09055
13142	韌	12	521251152534	ED67	097CC
13143	隔	12	521251254312	B8F4	09694
13144	隓	12	521312113121	EB44	09693

序号	字形	笔数	笔顺	18030代码	13000代码	序号	字形	笔数	笔顺	18030代码	13000代码
13145	椌	12	521344534121	8231F433	03E1C	13188	媧	12	531251125214	8B56	05A80
13146	噩	12	521521125125	C551	081E6	13189	媪	12	531251125221	E6C1	05AAA
13147	鹭	12	522121233551	E6EF	09A98	13190	娘	12	531251211534	8230BB37	036F1
13148	隙	12	522342511234	CFB6	09699	13191	娟	12	531251212511	8B79	05AA6
13149	隕	12	522512511134	EB45	09695	13192	媤	12	531251214544	8B77	05AA4
13150	隑	12	522521251431	EB42	09691	13193	㲰	12	531251413534	8233C539	0462B
13151	隝	12	523251115252	FE4F	0FA29	13194	絮	12	531251554234	D0F5	07D6E
13152	隖	12	523251154444	EB46	09696	13195	媏	12	531252132522	8B65	05A8F
13153	陷	12	523443321511	8234A530	049DF	13196	嫉	12	531252134334	8230BC32	036F6
13154	鬥	12	523522523522	C69F	0833B	13197	婳	12	531312321511	8230BC38	036FC
13155	隔	12	524125125251	8234A435	049DA	13198	媑	12	531312511211	8B67	05A91
13156	隚	12	524135112251	8234A437	049DC	13199	娷	12	531321251134	8230BC35	036F9
13157	隚	12	524143454153	8234A436	049DB	13200	婷	12	531321511132	8230BF30	03712
13158	隘	12	524313425221	B0AF	09698	13201	嫂	12	531321511254	C9A9	05AC2
13159	隒	12	524315112234	EB43	09692	13202	媚	12	531322151512	8B41	05A63
13160	隡	12	525221251214	8234A438	049DD	13203	媬	12	531322511234	8B7E	05AAC
13161	媋	12	531111342511	8B61	05A8B	13204	媗	12	531324111251	8230BD35	03703
13162	嫱	12	531121251431	8230BC34	036F8	13205	媓	12	531325111121	8B68	05A93
13163	媒	12	531122111234	C3BD	05A92	13206	媿	12	531325113554	8B8D	05ABF
13164	媅	12	531122111345	8B5B	05A85	13207	媮	12	531341251122	8B81	05AAE
13165	媶	12	531122122111	8B86	05AB6	13208	媕	12	531341251132	8B6A	05A95
13166	媟	12	531122151234	8B72	05A9F	13209	媥	12	531341251155	8B55	05A7E
13167	婞	12	531122245252	8230BD31	036FF	13210	媛	12	531344311354	E6C2	05A9B
13168	嫏	12	531122341251	8230BF31	03713	13211	媷	12	531344325211	8230BC31	036F5
13169	媩	12	531122513511	8B7C	05AA9	13212	媍	12	531352511134	8B63	05A8D
13170	媻	12	531122543112	8B52	05A7B	13213	嫐	12	531352513553	8230BB35	036EF
13171	媩	12	531123425111	8230BD32	03700	13214	嫗	12	531353251214	8230BD36	03704
13172	媗	12	531123425111	8230BD33	03701	13215	婷	12	531412514512	E6C3	05A77
13173	媊	12	531125221531	8B51	05A79	13216	媇	12	531414311234	8B5D	05A87
13174	媡	12	531125431234	8B74	05AA1	13217	媂	12	531414312511	8230BC36	036FA
13175	媠	12	531131212511	8B73	05AA0	13218	媂	12	531414345252	8B58	05A82
13176	娍	12	531131251534	8230BD30	036FE	13219	媄	12	531431113121	8B91	05AC5
13177	媙	12	531131531534	8B6E	05A99	13220	媄	12	531431121134	8B5A	05A84
13178	媜	12	531132511134	8230BB38	036F2	13221	媣	12	531431234454	8230BD38	03706
13179	媔	12	531132522111	8B69	05A94	13222	媊	12	531431251122	8B60	05A8A
13180	媆	12	531132522134	8B5C	05A86	13223	媨	12	531431253511	8B7B	05AA8
13181	媑	12	531134121121	8230BC37	036FB	13224	嫣	12	531435554444	8B82	05AAF
13182	媘	12	531153532511	8B6D	05A98	13225	媣	12	531441351234	8B76	05AA3
13183	媜	12	531212511134	8B6F	05A9C	13226	媗	12	531445125111	8B6C	05A97
13184	婕	12	531215112134	8B7D	05AAB	13227	媡	12	531445431234	8230BC39	036FD
13185	媞	12	531251112134	8B71	05A9E	13228	媖	12	531445433454	8230BB34	036EE
13186	婸	12	531251113533	8B50	05A78	13229	媈	12	531451251112	8B5E	05A88
13187	媢	12	531251125111	8B75	05AA2	13230	媥	12	531451325122	8B78	05AA5

序号	字形	笔数	笔顺	18030代码	13000代码	序号	字形	笔数	笔顺	18030代码	13000代码
13231	婽	12	531512115154	8B54	05A7D	13274	缈	12	551251112343	E7BF	07F08
13232	媉	12	531513154121	8B5F	05A89	13275	缉	12	551251122111	BCA9	07F09
13233	㛰	12	531515152511	8230BB36	036F0	13276	缊	12	551251125221	C088	07F0A
13234	媁	12	531521251152	8B57	05A81	13277	缋	12	551251212534	E7C0	07F0B
13235	媚	12	531521325111	C3C4	05A9A	13278	缌	12	551251214544	E7C1	07F0C
13236	婿	12	531521342511	D0F6	05A7F	13279	缎	12	551321113554	B6D0	07F0E
13237	媃	12	531545231234	8B59	05A83	13280	缏	12	551321251134	E7C2	07F0F
13238	㛴	12	531555325341	8230BC30	036F4	13281	缐	12	551325112534	C089	07F10
13239	賀	12	532512511134	D952	08CC0	13282	缑	12	551325131134	E7C3	07F11
13240	䙼	12	532512511135	8233CD38	0467C	13283	缒	12	551325151454	E7C4	07F12
13241	巯	12	541214154325	DBCF	05DEF	13284	缓	12	551344311354	BBBA	07F13
13242	軬	12	541341251112	DD47	08EEC	13285	缔	12	551414345252	B5DE	07F14
13243	貵	12	541342511134	D947	08CB5	13286	缕	12	551431234531	C2C6	07F15
13244	毵	12	541343333115	EBA7	06BF5	13287	骗	12	551451325122	C6AD	09A97
13245	䎉	12	541541134534	82338239	04389	13288	编	12	551451325122	B1E0	07F16
13246	䎈	12	541541251153	82338238	04388	13289	缗	12	551515152511	E7C5	07F17
13247	翚	12	541541451512	C19A	07FDA	13290	骙	12	551543341134	F359	09A99
13248	辝	12	542514143112	DE65	08F9D	13291	骚	12	551544251214	C9A7	09A9A
13249	登	12	543341251431	B5C7	0767B	13292	缘	12	551551353334	D4B5	07F18
13250	發	12	543345153554	B06C	0767C	13293	㓸	12	551551512122	82308935	034F8
13251	皴	12	543435453254	F1E5	076B4	13294	鄕	12	553325113552	E078	09115
13252	矟	12	545232432511	B29D	077DF	13295	飨	12	553344511534	F7CF	098E8
13253	矞	12	545232534251	B29C	077DE	13296	㡫	12	554251135345	8230E135	0386B
13254	堥	12	545233134121	88E9	05825	13297	䋘	12	554444111234	8232EF33	042D8
13255	嵍	12	545233134252	8DB6	05D4D	13298	綁	12	554444111352	BD89	07D81
13256	㡔	12	545233134252	8230DF32	03854	13299	絨	12	554444113534	BD71	07D68
13257	婺	12	545233134531	E6C4	05A7A	13300	絓	12	554444121121	BD5C	07D53
13258	骛	12	545233134551	E6F0	09A9B	13301	結	12	554444121251	BD59	07D50
13259	叅	12	545454342444	85A4	053C5	13302	䋙	12	554444122111	8232EF34	042D9
13260	敠	12	545454542154	94A6	06560	13303	絙	12	554444125111	BD62	07D59
13261	毲	12	545454543115	9AC7	06BF2	13304	䋗	12	554444125125	8232EF32	042D7
13262	敪	12	545454543134	94AD	0656A	13305	絤	12	554444125351	BD6D	07D64
13263	欼	12	545454543534	9A49	06B3C	13306	絚	12	554444125441	BD63	07D5A
13264	絫	12	545454554234	BD74	07D6B	13307	絔	12	554444132511	BD5D	07D54
13265	缂	12	551122125112	E7BC	07F02	13308	絠	12	554444132511	BD69	07D60
13266	䌾	12	551122543112	8232F934	0433E	13309	絝	12	554444134115	BD66	07D5D
13267	缃	12	551123425111	E7BD	07F03	13310	絾	12	554444135534	BD86	07D7E
13268	䌿	12	551125125121	8232F935	0433F	13311	絰	12	554444154121	BD78	07D70
13269	缄	12	551131251534	BCEA	07F04	13312	紪	12	554444212135	BC96	07D2A
13270	缅	12	551132522111	C3E5	07F05	13313	絖	12	554444243135	BD5F	07D56
13271	彘	12	551153113435	E5E9	05F58	13314	絏	12	554444251153	BD58	07D4F
13272	缆	12	551223142535	C0C2	07F06	13315	絧	12	554444251251	BD70	07D67
13273	缇	12	551251112134	E7BE	07F07	13316	絽	12	554444251251	BD85	07D7D

序号	字形	笔数	笔顺	18030代码	13000代码	序号	字形	笔数	笔顺	18030代码	13000代码
13317	絪	12	554444251341	BD73	07D6A	13360	琫	13	1121112155414	AC78	07447
13318	絗	12	554444252511	BD60	07D57	13361	琪	13	1121122111345	82328A32	03EE3
13319	絅	12	554444253434	8232EF39	042DE	13362	瑮	13	1121122151234	82328A30	03EE1
13320	絑	12	554444311234	BD5A	07D51	13363	瑚	13	1121122513511	BAF7	0745A
13321	綎	12	554444312154	BD96	07D8E	13364	瑓	13	1121125123422	82328936	03EDD
13322	絬	12	554444312251	BD75	07D6C	13365	瑓	13	1121125431234	AC85	07453
13323	絥	12	554444321344	BD6E	07D65	13366	琦	13	1121131212511	82328938	03EDF
13324	綖	12	554444321554	BD9E	07D96	13367	瑊	13	1121131251534	AC7B	0744A
13325	絍	12	554444323121	BD56	07D4D	13368	頊	13	1121132511134	ED9C	0980A
13326	絎	12	554444332112	BD57	07D4E	13369	瑛	13	1121132522134	AC7D	0744C
13327	絟	12	554444341121	BD68	07D5F	13370	瑎	13	1121153532511	AC80	0744E
13328	絵	12	554444341154	BD7D	07D75	13371	鹉	13	1121215435451	F0C4	09E49
13329	給	12	554444341251	BD6F	07D66	13372	瑅	13	1121251112134	AC76	07445
13330	絩	12	554444341534	BD72	07D69	13373	勣	13	1121251113453	84DE	052E3
13331	絢	12	554444352511	BD6B	07D62	13374	瑒	13	1121251113533	AC84	07452
13332	絳	12	554444354152	BD7B	07D73	13375	瑁	13	1121251125111	E8A3	07441
13333	絡	12	554444354251	BD6A	07D61	13376	瑀	13	1121251125214	82328A35	03EE6
13334	絳	12	554444355112	8232F132	042EB	13377	瑥	13	1121251125221	AC8F	07465
13335	絶	12	554444355215	BD7E	07D76	13378	瑆	13	1121251131121	AC77	07446
13336	絞	12	554444413434	BD67	07D5E	13379	鹊	13	1121251135451	FE9B	04D16
13337	絘	12	554444413534	BD61	07D58	13380	瑘	13	1121251213432	AC70	0743E
13338	絯	12	554444415334	BD77	07D6F	13381	瑞	13	1121252132522	C8F0	0745E
13339	統	12	554444415435	BD79	07D71	13382	瑖	13	1121321113554	AC87	07456
13340	絴	12	554444431112	BD7C	07D74	13383	瑝	13	1121325111121	AC89	0745D
13341	絣	12	554444431132	BD6C	07D63	13384	瑔	13	1121325112534	AC86	07454
13342	絉	12	554444431234	8232EF36	042DB	13385	瑰	13	1121325113554	B9E5	07470
13343	絒	12	554444434242	BD5B	07D52	13386	瑀	13	1121325125214	AC72	07440
13344	綏	12	554444443531	8232EF38	042DD	13387	瑜	13	1121341251122	E8A4	0745C
13345	緈	12	554444511112	8232EF31	042D6	13388	瑗	13	1121344311354	E8A5	07457
13346	絕	12	554444535215	BD5E	07D55	13389	瑍	13	1121352534134	AC7E	0744D
13347	綗	12	554444541541	8232EF35	042DA	13390	琬	13	1121415331525	82328A31	03EE2
13348	絲	12	554444554234	BD7A	07D72	13391	瑳	13	1121431113121	AC9B	07473
13349	幾	12	554554134534	8ED7	05E7E	13392	瑜	13	1121431251122	AC82	07450
13350	幾	12	554554135534	8230E136	0386C	13393	瑠	13	1121431253511	82328A34	03EE5
13351	耪	13	1112341224553	F1EC	08022	13394	瑄	13	1121445125111	AC75	07444
13352	耡	13	1112342511153	C261	08021	13395	瑛	13	1121445341344	82328939	03EE0
13353	裕	13	1112343434251	82338537	043A5	13396	瑏	13	1121445341523	AC81	0744F
13354	耨	13	1112345135251	82338536	043A4	13397	琿	13	1121451251112	AC71	0743F
13355	䎘	13	1112533535112	D36C	089E2	13398	瑞	13	1121451325122	82328937	03EDE
13356	誓	13	1112534111251	8233D732	046DA	13399	瑕	13	1121512115154	E8A6	07455
13357	惷	13	1113425114544	90C3	060F7	13400	瑠	13	1121515152511	AC7A	07449
13358	瑃	13	1121111342511	AC74	07443	13401	瑋	13	1121521251152	AC7C	0744B
13359	瑟	13	1121112145434	C9AA	0745F	13402	瑂	13	1121521325111	AC73	07442

序号	字形	笔数	笔顺	18030代码	13000代码
13403	嗸	13	1121533134251	86F5	055F8
13404	嶅	13	1121533134252	8DE5	05D85
13405	遨	13	1121533134454	E5DB	09068
13406	嫯	13	1121533134531	8BAE	05AEF
13407	骜	13	1121533134551	E6F1	09A9C
13408	瑵	13	1121544251214	AC9D	07475
13409	瑈	13	1121545231234	AC79	07448
13410	瑑	13	1121551353334	AC83	07451
13411	䋤	13	1121554234354	8232F035	042E4
13412	瑙	13	1121555325341	E8A7	07459
13413	遘	13	1122125211454	E5DC	09058
13414	剺	13	1123431341353	8498	0527A
13415	㹈	13	1123431343112	8231F837	03E48
13416	㲠	13	1123431343115	8231CE34	03CA0
13417	䪞	13	1134211121111	8234B831	04A9E
13418	㰼	13	1134343453534	8231C435	03C3C
13419	㥦	13	1134343454544	8230FA35	03966
13420	頑	13	1135132511134	EE42	09811
13421	韫	13	1152251125221	E8B9	097EB
13422	魂	13	1154325113554	BBEA	09B42
13423	䰟	13	1154325113554	8234DE36	04C1F
13424	搸	13	1211113431234	938E	06438
13425	塐	13	1211121554234	894F	05850
13426	㨞	13	1211121554234	82318E35	03A1E
13427	搆	13	1211122125211	936B	06406
13428	䦊	13	1211154211234	82349C39	0498A
13429	髡	13	1211154333135	F7D5	09AE1
13430	髢	13	1211154333525	F383	09AE2
13431	肆	13	1211154511112	CBC1	08086
13432	犎	13	1211211243112	A0C8	0728E
13433	㨍	13	1211211243112	82318C38	03A0D
13434	摃	13	1211212511134	9395	06443
13435	㨬	13	1211212513534	82318F39	03A2C
13436	郌	13	1211212515215	E046	090CC
13437	搘	13	1211213352511	9377	06418
13438	搕	13	1211215425221	9374	06415
13439	摂	13	1211221114134	9394	06442
13440	摄	13	1211221115454	C9E3	06444
13441	墷	13	1211221122112	89A2	058B7
13442	撶	13	1211221122112	93E7	064B6
13443	塨	13	1211221342444	8962	05868
13444	塻	13	1211222511134	8973	0587B
13445	摸	13	1211222511134	C3FE	06478
13446	搢	13	1211224312511	937C	06422
13447	㨲	13	1211224451234	82319035	03A32
13448	填	13	1211225111134	CCEE	0586B
13449	搷	13	1211225111134	938D	06437
13450	搟	13	1211251112112	937B	0641F
13451	摙	13	1211251112454	93A2	06459
13452	載	13	1211251112534	DD64	08F09
13453	㙛	13	1211251124124	8230AC37	0365B
13454	搏	13	1211251124124	B2AB	0640F
13455	塥	13	1211251254312	DCAA	05865
13456	搹	13	1211251254312	938F	06439
13457	塛	13	1211252211234	8957	0585B
13458	搮	13	1211252211234	9385	0642E
13459	酨	13	1211253511534	E150	09168
13460	馯	13	1211254444112	F155	099AF
13461	䭶	13	1211254444132	8234CD37	04B76
13462	馵	13	1211254444132	F15B	099B5
13463	馱	13	1211254444134	F157	099B1
13464	馲	13	1211254444315	F158	099B2
13465	馴	13	1211254444322	F15A	099B4
13466	馰	13	1211254444354	F156	099B0
13467	䭵	13	1211254444354	8234CD36	04B75
13468	馺	13	1211254444354	F160	099BA
13469	遤	13	1211254444454	DF6A	09064
13470	馳	13	1211254444525	F159	099B3
13471	搙	13	1211311534124	9378	06419
13472	搣	13	1211314334534	937D	06423
13473	㨤	13	1211324111215	82318F31	03A24
13474	塬	13	1211332511234	DCAB	0586C
13475	㨖	13	1211541213134	82318D37	03A16
13476	靕	13	1212111212511	EC6B	09755
13477	鄢	13	1212115444452	DBB3	09122
13478	䢥	13	1212125111454	82348637	048A5
13479	䞨	13	1212134121121	8233EB34	047A8
13480	趌	13	1212134121251	DA6C	08D8C
13481	䞥	13	1212134132511	8233EB31	047A5
13482	䞪	13	1212134133125	8233EB36	047AA
13483	趔	13	1212134135422	F4F3	08D94
13484	趎	13	1212134311234	DA6E	08D8E
13485	趏	13	1212134312251	DA6F	08D8F
13486	䞧	13	1212134331251	8233EB33	047A7
13487	䞩	13	1212134341251	8233EB35	047A9
13488	趒	13	1212134341534	DA71	08D92

序号	字形	笔数	笔顺	18030代码	13000代码
13489	趓	13	1212134351234	DA72	08D93
13490	䞦	13	1212134354251	8233EB32	047A6
13491	趍	13	1212134354354	DA6D	08D8D
13492	趑	13	1212134413534	F4F4	08D91
13493	趐	13	1212134541541	DA70	08D90
13494	㨜	13	1212153154134	82318E33	03A1C
13495	摅	13	1212153154544	DEF3	06445
13496	㨫	13	1212231425221	82318F38	03A2B
13497	塒	13	1212511121124	8950	05852
13498	㨪	13	1212511243135	82318F37	03A2A
13499	㨛	13	1212511251134	82318E32	03A1B
13500	搨	13	1212511541541	9382	06428
13501	塌	13	1212511541541	CBFA	0584C
13502	塤	13	1212512511134	895F	05864
13503	損	13	1212512511134	9370	0640D
13504	遠	13	1212513234454	DF68	09060
13505	摁	13	1212513414544	DEF4	06441
13506	㨡	13	1212513533341	82318E38	03A21
13507	鼓	13	1212514311254	B9C4	09F13
13508	壾	13	1212514311515	89DC	058FE
13509	鼔	13	1212514312154	FC89	09F14
13510	㰻	13	1212514313534	8231C434	03C3B
13511	塏	13	1212521251431	894E	0584F
13512	㨟	13	1212521251431	82318E36	03A1F
13513	堽	13	1212522112121	88FE	0583D
13514	摆	13	1212522112154	B0DA	06446
13515	搵	13	1212534125221	938B	06435
13516	塖	13	1213122113534	8953	05856
13517	塩	13	1213125125221	8963	05869
13518	赪	13	1213234212534	DA57	08D6A
13519	赨	13	1213234251214	DA55	08D68
13520	䞒	13	1213234251251	8233E932	04792
13521	赩	13	1213234355215	DA56	08D69
13522	㔼	13	1213241112112	82309033	0353C
13523	携	13	1213241112153	D0AF	0643A
13524	㨦	13	1213241112154	82318F33	03A26
13525	㙞	13	1213251111234	8230AD30	0365E
13526	搝	13	1213251111344	937A	0641D
13527	塮	13	1213251113124	8966	0586E
13528	搗	13	1213251115252	9376	06417
13529	㗯	13	1213251125135	8230A231	035EF
13530	塢	13	1213251154444	895D	05862
13531	摀	13	1213251154444	9393	06440
13532	蜇	13	1213312251214	F2D8	08707
13533	裚	13	1213312413534	D15F	088DA
13534	䋢	13	1213312554234	8232F033	042E2
13535	搋	13	1213321531535	DEF5	0640B
13536	搬	13	1213354143554	B0E1	0642C
13537	勢	13	1213412135453	84DD	052E2
13538	摋	13	1213412343554	9397	0644B
13539	摇	13	1213443311252	D2A1	06447
13540	塪	13	1213443321511	8964	0586A
13541	搯	13	1213443321511	9386	0642F
13542	㨙	13	1213443554134	82318E30	03A19
13543	搶	13	1213445113251	938C	06436
13544	搇	13	1213445413534	936C	06407
13545	塕	13	1213454541541	8952	05855
13546	㨣	13	1213454541541	82318F30	03A23
13547	塡	13	1213525111534	895C	05861
13548	塳	13	1213541112454	896B	05873
13549	摓	13	1213541112454	939E	06453
13550	䡗	13	1213541251112	8233FC39	04857
13551	搩	13	1213541521234	9383	06429
13552	跫	13	1213542512134	F5BC	08DEB
13553	搖	13	1213544311252	9375	06416
13554	塯	13	1213545325121	8967	0586F
13555	㨨	13	1213545325121	82318F35	03A28
13556	搊	13	1213552335523	936F	0640A
13557	塙	13	1214125125251	8955	05859
13558	搞	13	1214125125251	B8E3	0641E
13559	墎	13	1214125152152	8981	0588E
13560	㨯	13	1214125152152	82319032	03A2F
13561	塉	13	1214134312511	894A	05849
13562	摛	13	1214134522554	93A4	0645B
13563	㨰	13	1214134543534	82319033	03A30
13564	塘	13	1214135112251	CCC1	05858
13565	搪	13	1214135112251	CCC2	0642A
13566	塝	13	1214143454153	8959	0585D
13567	搒	13	1214143454153	9373	06412
13568	搐	13	1214155425121	B4A4	06410
13569	㙚	13	1214311123112	8230AC36	0365A
13570	瓡	13	1214311233544	AD95	074E1
13571	搼	13	1214311343112	9391	0643C
13572	塧	13	1214313425221	8961	05867
13573	搤	13	1214313425221	937E	06424
13574	搛	13	1214315112234	DEF6	0641B

序号	字形	笔数	笔顺	18030代码	13000代码
13575	搠	13	1214315233511	DEF7	06420
13576	搳	13	1214451112251	938A	06433
13577	摈	13	1214453212134	B1F7	06448
13578	搾	13	1214453431211	9392	0643E
13579	搲	13	1214453433544	9389	06432
13580	塎	13	1214453434251	894D	0584E
13581	搈	13	1214453434251	936D	06408
13582	摉	13	1214453434354	9396	06449
13583	㲄	13	1214511213554	8231CB36	03C84
13584	塜	13	1214511353334	8958	0585C
13585	㙟	13	1214511543511	8230AD31	0365F
13586	壼	13	1214512155121	89DA	058FC
13587	嗀	13	1214512513554	86D8	055C0
13588	嗀	13	1214512513554	FE41	0FA0D
13589	亄	13	1214512514315	817B	04E84
13590	塚	13	1214513533434	8956	0585A
13591	搧	13	1214513541541	9381	06427
13592	彀	13	1214515153554	ECB0	05F40
13593	毂	13	1214515213554	ECB1	06BC2
13594	㝅	13	1214515213554	8230C431	03745
13595	㜌	13	1214515313554	8230BE34	0370C
13596	塓	13	1214525114134	8951	05853
13597	㨠	13	1214525114134	82318E37	03A20
13598	㨌	13	1214531123554	82318C37	03A0C
13599	搉	13	1214532411121	936E	06409
13600	搌	13	1215131221534	DEF8	0640C
13601	㨝	13	1215132432511	82318E34	03A1D
13602	搱	13	1215134143112	9388	06431
13603	搦	13	1215154151541	DEF9	06426
13604	搎	13	1215213554234	9371	0640E
13605	㙝	13	1215353532511	8230AC39	0365D
13606	搚	13	1215353532511	9379	0641A
13607	㨧	13	1215413425121	82318F34	03A27
13608	䖔	13	1215421531535	8233B638	04594
13609	㨢	13	1215425113535	82318E39	03A22
13610	摊	13	1215432411121	CCAF	0644A
13611	搡	13	1215454541234	DEFA	06421
13612	琧	13	1215512111214	AC63	07427
13613	㨥	13	1215544442534	82318F32	03A25
13614	䎸	13	1221111251251	82338734	043B8
13615	聗	13	1221111343434	C27E	08057
13616	聖	13	1221112511121	C27D	08056
13617	聘	13	1221112512115	C6B8	08058
13618	聕	13	1221113121251	C27C	08055
13619	碁	13	1221113413251	B39E	07881
13620	蓁	13	1221113431234	DDE8	084C1
13621	戡	13	1221113451534	EAAC	06221
13622	㪛	13	1221113452154	82319A39	03A9B
13623	尠	13	1221113452343	8CB0	05C20
13624	歁	13	1221113453534	9A4D	06B41
13625	斟	13	1221113454412	D5E5	0659F
13626	㽎	13	1221113454535	82329439	03F4E
13627	䔊	13	1221121431132	8233A930	0450A
13628	蔜	13	1221121533134	CA54	0851C
13629	蒜	13	1221123411234	CBE2	0849C
13630	䑓	13	1221145154121	82339638	04453
13631	蒱	13	1221211251124	C968	084B1
13632	䔍	13	1221211254444	8233A933	0450D
13633	䔈	13	1221212511134	8233A838	04508
13634	蓍	13	1221213352511	DDE9	084CD
13635	蓋	13	1221215425221	C977	084CB
13636	㲨	13	1221221113115	8231CF32	03CA8
13637	蒖	13	1221225111134	C952	08496
13638	蓕	13	1221234121121	C97D	084D5
13639	蓒	13	1221251112112	C97B	084D2
13640	鄞	13	1221251112152	DBB4	0911E
13641	勤	13	1221251112153	C7DA	052E4
13642	蓮	13	1221251112454	C98F	084EE
13643	䩘	13	1221251121554	8234B131	04A58
13644	䩖	13	1221251122343	8234B039	04A56
13645	靹	13	1221251122534	EC84	09779
13646	靴	13	1221251123235	D1A5	09774
13647	靳	13	1221251123312	BDF9	09773
13648	靲	13	1221251123445	EC80	09772
13649	䩗	13	1221251123511	8234B130	04A57
13650	䩕	13	1221251123552	8234B038	04A55
13651	䩓	13	1221251123554	8234B036	04A53
13652	䩔	13	1221251123554	8234B037	04A54
13653	蒪	13	1221251124124	C962	084AA
13654	靷	13	1221251125152	EC82	09777
13655	靵	13	1221251125211	EC81	09775
13656	靶	13	1221251125215	B0D0	09776
13657	鹊	13	1221251135451	C8B5	09E4A
13658	皵	13	1221251153254	B094	076B5
13659	䔅	13	1221251212512	8233A835	04505
13660	䔎	13	1221251234454	8233A934	0450E

序号	字形	笔数	笔顺	18030代码	13000代码	序号	字形	笔数	笔顺	18030代码	13000代码
13661	蒚	13	1221251254312	C954	0849A	13704	蕔	13	1223412343554	CA65	08531
13662	莱	13	1221252211234	8233A831	04501	13705	蓌	13	1223434121354	C978	084CC
13663	蔌	13	1221252343134	C983	084DB	13706	蓮	13	1223434121454	DF75	09073
13664	蓜	13	1221253511515	C984	084DC	13707	蓞	13	1223443311252	8233A834	04504
13665	蓐	13	1221311534124	DDEA	084D0	13708	蓞	13	1223443321511	C985	084DE
13666	蒧	13	1221321251534	C95F	084A7	13709	蒵	13	1223443554134	C96A	084B5
13667	蒝	13	1221332511234	C956	0849D	13710	蒼	13	1223445113251	C96E	084BC
13668	輂	13	1221341251112	DD5D	08F02	13711	蓊	13	1223454541541	DDEE	084CA
13669	巷	13	1221342515215	82348931	048BD	13712	蒯	13	1223511351122	D8E1	084AF
13670	蓫	13	1221353334454	C98D	084EB	13713	蓟	13	1223525121122	BCBB	084DF
13671	荆	13	1222111211122	82308B31	03508	13714	蕕	13	1223532511211	8233A836	04506
13672	菒	13	1222121351234	8233A635	044F1	13715	蓬	13	1223541112454	C5EE	084EC
13673	蓝	13	1222231425221	C0B6	084DD	13716	蒥	13	1223545325121	C95D	084A5
13674	蒔	13	1222511121124	C950	08494	13717	蒭	13	1223552335523	C965	084AD
13675	蓽	13	1222511122112	C99C	084FD	13718	蓜	13	1224111251515	8233A737	044FD
13676	墓	13	1222511134121	C4B9	05893	13719	蓤	13	1224112134354	C988	084E4
13677	幕	13	1222511134252	C4BB	05E55	13720	蓑	13	1224125113534	CBF2	084D1
13678	蓦	13	1222511134551	DDEB	084E6	13721	蒿	13	1224125125251	DDEF	084BF
13679	鹋	13	1222512135451	F0C5	09E4B	13722	蓆	13	1224131221252	C974	084C6
13680	蒷	13	1222512511134	C96C	084B7	13723	蓙	13	1224133434121	C981	084D9
13681	蒽	13	1222513414544	DDEC	084BD	13724	蒺	13	1224134131134	DDF0	084BA
13682	荳	13	1222521251431	8233A837	04507	13725	蓠	13	1224134522554	DDF1	084E0
13683	夢	13	1222522145354	89F4	05922	13726	蓘	13	1224134543534	C980	084D8
13684	蒕	13	1222534125221	C951	08495	13727	蒎	13	1224135112251	C979	084CE
13685	蒛	13	1223112525134	C955	0849B	13728	蔀	13	1224143125152	C99E	08500
13686	莲	13	1223121251454	8233A935	0450F	13729	蒟	13	1224143135251	C958	0849F
13687	蒩	13	1223123425111	C961	084A9	13730	蒡	13	1224143454153	DDF2	084A1
13688	蕛	13	1223123431234	8233A839	04509	13731	瓶	13	1224153251554	82329238	03F39
13689	蒨	13	1223211212511	C960	084A8	13732	蓄	13	1224155425121	D0EE	084C4
13690	蓧	13	1223223541234	C989	084E7	13733	蓔	13	1224311214444	C97C	084D4
13691	蓨	13	1223223542511	C98A	084E8	13734	蒹	13	1224315112234	DDF3	084B9
13692	萎	13	1223231234531	8233A830	04500	13735	蒴	13	1224315233511	DDF4	084B4
13693	蒦	13	1223241112154	C95E	084A6	13736	蒲	13	1224411251124	C6D1	084B2
13694	蓓	13	1223241431251	DDED	084D3	13737	蔆	13	1224412343531	8233A738	044FE
13695	莫	13	1223251113412	8233A932	0450C	13738	蒞	13	1224413241431	C957	0849E
13696	蒠	13	1223251114544	C959	084A0	13739	蒤	13	1224413411234	C95C	084A4
13697	蒒	13	1223251511252	C94E	08492	13740	蓅	13	1224414154325	C973	084C5
13698	蓖	13	1223253411535	B1CD	084D6	13741	蒗	13	1224414511534	DDF5	08497
13699	蓗	13	1223321212134	C97E	084D7	13742	蓡	13	1224415114554	C986	084E1
13700	蒣	13	1223323411234	C95B	084A3	13743	蓉	13	1224453434251	C8D8	084C9
13701	蒑	13	1223351153554	C94D	08491	13744	萻	13	1224454143112	8233A832	04502
13702	蒰	13	1223354143554	C967	084B0	13745	蒙	13	1224511353334	C3C9	08499
13703	蓏	13	1223354433544	C97A	084CF	13746	蓢	13	1224511543511	C987	084E2

序号	字形	笔数	笔顺	18030代码	13000代码
13747	莽	13	1224524431112	8233AA33	04517
13748	莫	13	1224525114134	C971	084C2
13749	蒮	13	1224532411121	C966	084AE
13750	蓥	13	1224534112431	DDF6	084E5
13751	蒐	13	1224535251354	C964	084AC
13752	蒀	13	1225111125135	86EF	055ED
13753	榦	13	1225111234112	8ED6	05E79
13754	颐	13	1225125132534	D2C3	09890
13755	嬰	13	1225125515531	8B66	05A90
13756	雄	13	1225132411121	8234A735	049F8
13757	瓡	13	1225135132511	83C4	05161
13758	蒻	13	1225154151541	C96D	084BB
13759	蔆	13	1225212134354	8233AA32	04516
13760	蔯	13	1225212511234	CA63	0852F
13761	蓀	13	1225213554234	C970	084C0
13762	蔭	13	1225234451154	CA61	0852D
13763	蓓	13	1225241431251	8233A938	04512
13764	蒸	13	1225253414444	D5F4	084B8
13765	蒗	13	1225311353334	8233A736	044FC
13766	蓙	13	1225312513112	C953	08498
13767	蒲	13	1225425112454	C98C	084EA
13768	蓪	13	1225425431121	8233A739	044FF
13769	献	13	1225431121344	CFD7	0732E
13770	蓣	13	1225452132534	DDF7	084E3
13771	蓩	13	1225452335453	C98B	084E9
13772	蒓	13	1225544441525	C94F	08493
13773	蔋	13	1225544442343	8233A931	0450B
13774	蒳	13	1225544442534	C969	084B3
13775	蒶	13	1225544443453	C96B	084B6
13776	楔	13	1234111253134	D0A8	06954
13777	椿	13	1234111341134	E9A8	06971
13778	椿	13	1234111342511	B4BB	0693F
13779	毷	13	1234112343115	8231CE35	03CA1
13780	款	13	1234112343534	9A4C	06B40
13781	楳	13	1234122111234	984D	06973
13782	椹	13	1234122111345	E9A9	06939
13783	楫	13	1234122122111	9878	069B5
13784	榵	13	1234122125112	8231B339	03B96
13785	楪	13	1234122151234	9847	0696A
13786	椛	13	1234122312135	8231B636	03BB1
13787	楛	13	1234122341251	9864	06999
13788	椼	13	1234122352511	9887	069C6
13789	楪	13	1234122451234	8231B439	03BA0
13790	椆	13	1234122513511	97FD	0695C
13791	楠	13	1234122543112	E9AA	06960
13792	榇	13	1234123411234	8231B332	03B8F
13793	禁	13	1234123411234	BDFB	07981
13794	楂	13	1234123425111	E9AB	06942
13795	楷	13	1234123425121	9857	06983
13796	楚	13	1234123452134	B3FE	0695A
13797	椻	13	1234125115315	97E2	0693B
13798	楋	13	1234125123422	97EF	0694B
13799	楅	13	1234125125121	97E9	06945
13800	㮄	13	1234125221121	8231B335	03B92
13801	楆	13	1234125221531	97EA	06946
13802	楝	13	1234125431234	E9AC	0695D
13803	楕	13	1234131212511	97F8	06955
13804	楲	13	1234131251534	97DF	06937
13805	楲	13	1234131531534	984C	06972
13806	榅	13	1234132425221	8231B331	03B8E
13807	楙	13	1234132511234	8231B438	03B9F
13808	楄	13	1234132522111	8231B239	03B8C
13809	楰	13	1234132522134	8231B338	03B95
13810	楏	13	1234134121121	97F3	0694F
13811	榧	13	1234152131215	8231B435	03B9C
13812	楷	13	1234153532511	BFAC	06977
13813	桢	13	1234212511134	9845	06968
13814	榄	13	1234223142535	E9AD	06984
13815	楮	13	1234234325111	8231B333	03B90
13816	楻	13	1234251112134	8231B434	03B9B
13817	楊	13	1234251113533	97EE	0694A
13818	想	13	1234251114544	CFEB	060F3
13819	楫	13	1234251122111	E9AE	0696B
13820	榀	13	1234251125221	9858	06985
13821	楬	13	1234251135345	9848	0696C
13822	椳	13	1234251211534	97DC	06933
13823	楞	13	1234251213432	97F4	06950
13824	楒	13	1234251214544	97F6	06952
13825	㮙	13	1234251251115	8231B432	03B99
13826	榀	13	1234251251251	E9AF	06980
13827	畓	13	1234251251251	97F1	0694D
13828	椯	13	1234252132522	97D9	0692F
13829	楞	13	1234252214153	C0E3	0695E
13830	榾	13	1234255452511	9880	069BE
13831	㮑	13	1234312321511	8231B334	03B91
13832	楿	13	1234312342511	9855	0697F

序号	字形	笔数	笔顺	18030代码	13000代码
13833	楸	13	1234312344334	E9B1	06978
13834	㮔	13	1234312511211	8231B337	03B94
13835	椱	13	1234312511354	97DA	06931
13836	椴	13	1234321113554	E9B2	06934
13837	楩	13	1234321251134	9846	06969
13838	㮴	13	1234321511254	8231B639	03BB4
13839	棩	13	1234322151512	97A5	068E9
13840	椺	13	1234322511234	97E1	0693A
13841	楻	13	1234325111121	9852	0697B
13842	楾	13	1234325112534	9854	0697E
13843	槐	13	1234325113554	BBB1	069D0
13844	楀	13	1234325125214	97E5	06940
13845	㮢	13	1234325131134	8231B531	03BA2
13846	槌	13	1234325151454	E9B3	069CC
13847	楯	13	1234331225111	984A	0696F
13848	皙	13	1234331232511	F0AA	07699
13849	椼	13	1234332441112	97E3	0693C
13850	榆	13	1234341251122	D3DC	06986
13851	楡	13	1234341251155	9840	06961
13852	嗇	13	1234341252511	86DD	055C7
13853	㓼	13	1234342413422	82308939	034FC
13854	厀	13	1234342413452	8577	05380
13855	䣛	13	1234342413452	82348C31	048DB
13856	㮝	13	1234343425152	8231B436	03B9D
13857	楥	13	1234344311354	9843	06965
13858	椶	13	1234345234354	97DE	06936
13859	楓	13	1234353251214	97F7	06953
13860	楤	13	1234353344544	9842	06964
13861	楟	13	1234412514512	97FE	0695F
13862	榳	13	1234413312154	9877	069B3
13863	㮞	13	1234413534251	8231B437	03B9E
13864	榇	13	1234414311234	E9B4	06987
13865	楌	13	1234414313333	97F0	0694C
13866	楴	13	1234414345252	984E	06974
13867	椸	13	1234415331525	97E0	06938
13868	榈	13	1234425251251	E9B5	06988
13869	槎	13	1234431113121	E9B6	069CE
13870	㮸	13	1234431134454	8231B733	03BB8
13871	楼	13	1234431234531	C2A5	0697C
13872	椾	13	1234431251122	97E4	0693E
13873	楢	13	1234431253511	9841	06962
13874	㮓	13	1234442125441	8231B336	03B93
13875	榉	13	1234443134112	E9B7	06989
13876	楦	13	1234445125111	E9B8	06966
13877	榁	13	1234445154121	9856	06981
13878	楁	13	1234445354251	97E6	06941
13879	楎	13	1234451251112	97F2	0694E
13880	楄	13	1234451325122	97E8	06944
13881	榊	13	1234452425112	9859	0698A
13882	榋	13	1234511511511	985A	0698B
13883	概	13	1234511541535	B8C5	06982
13884	椵	13	1234512115154	97DD	06935
13885	楃	13	1234513154121	97E7	06943
13886	椲	13	1234521251152	97DB	06932
13887	楣	13	1234521325111	E9B9	06963
13888	楈	13	1234521342511	97EC	06948
13889	榌	13	1234534335342	985B	0698C
13890	楹	13	1234535425221	E9BA	06979
13891	楑	13	1234543341134	97F5	06951
13892	㮻	13	1234544251214	8231B736	03BBB
13893	楙	13	1234545231234	97FB	06959
13894	楺	13	1234545231234	9851	0697A
13895	㮘	13	1234545233134	8231B431	03B98
13896	椽	13	1234551353334	B4AA	0693D
13897	裘	13	1241344413534	F4C3	088D8
13898	愂	13	1245521534544	90CA	06102
13899	軭	13	1251112111215	DD48	08EED
13900	軾	13	1251112112154	DD59	08EFE
13901	輁	13	1251112122134	DD5C	08F01
13902	輌	13	1251112125252	DD67	08F0C
13903	輀	13	1251112132522	DD5B	08F00
13904	䡖	13	1251112134121	8233FC38	04856
13905	輊	13	1251112154121	DD65	08F0A
13906	輄	13	1251112243135	DD5F	08F04
13907	輈	13	1251112335414	DD63	08F08
13908	輇	13	1251112341121	DD62	08F07
13909	輅	13	1251112354251	DD60	08F05
13910	䡔	13	1251112354354	8233FC36	04854
13911	較	13	1251112413434	DD5E	08F03
13912	輆	13	1251112415334	DD61	08F06
13913	軿	13	1251112431132	DD5A	08EFF
13914	䡕	13	1251112525341	8233FC37	04855
13915	剸	13	1251121412422	8496	05278
13916	鄟	13	1251121412452	E081	0911F
13917	㰽	13	1251153153534	8231C436	03C3D
13918	㔴	13	1251211221345	82308F35	03534

序号	字形	笔数	笔顺	18030代码	13000代码	序号	字形	笔数	笔顺	18030代码	13000代码
13919	覃	13	1251211251211	AE96	0757A	13962	碛	13	1325111212534	EDD3	0789B
13920	哥	13	1251212512154	8230E734	038A6	13963	砮	13	1325111323112	9343	063C5
13921	犁	13	1251234223112	9359	063E7	13964	碝	13	1325112111534	8232B933	040BB
13922	赖	13	1251234352534	C0B5	08D56	13965	稜	13	1325112134354	B447	07890
13923	副	13	1251251251522	849B	0527E	13966	碰	13	1325112155121	8232B939	040C1
13924	賠	13	1251254111251	8233D639	046D7	13967	碁	13	1325112211134	8232BA34	040C6
13925	磬	13	1251255413251	B399	0787B	13968	碏	13	1325112212511	B446	0788F
13926	晵	13	1251255425111	8232AD33	04042	13969	碪	13	1325112225111	8232BA38	040CA
13927	竪	13	1251255441431	B877	07AEA	13970	碤	13	1325112225134	B451	078A4
13928	蹄	13	1251431354152	8233E032	04736	13971	碄	13	1325112341234	B440	07884
13929	剽	13	1252211123422	D8E2	0527D	13972	碠	13	1325112343434	8232B936	040BE
13930	勡	13	1252211123453	84DC	052E1	13973	碰	13	1325112343454	B397	07879
13931	甄	13	1252211211554	D5E7	07504	13974	碱	13	1325112511534	8232B930	040B8
13932	歅	13	1252211213534	9A50	06B45	13975	碕	13	1325113412512	B44A	07895
13933	賈	13	1252212511134	D95A	08CC8	13976	碒	13	1325113425115	B39A	0787D
13934	勡	13	1252215313533	D285	08985	13977	碌	13	1325113533434	B398	0787A
13935	酮	13	1253511122111	82348E37	048F5	13978	碊	13	1325115112531	8232B938	040C0
13936	酭	13	1253511132511	E152	0916D	13979	碊	13	1325115341534	B444	0788A
13937	酮	13	1253511251251	CDAA	0916E	13980	碑	13	1325121251112	8232B935	040BD
13938	酥	13	1253511311234	82348E39	048F7	13981	碍	13	1325125111124	B0AD	0788D
13939	酰	13	1253511312135	F5A3	09170	13982	碟	13	1325125111234	8232B932	040BA
13940	酟	13	1253511312251	82348E38	048F6	13983	碮	13	1325125111535	8232BA30	040C2
13941	酰	13	1253511321534	82348F31	048F9	13984	碘	13	1325125122134	B5E2	07898
13942	醛	13	1253511341121	E151	0916B	13985	碉	13	1325125212512	B445	0788B
13943	酰	13	1253511345235	82348E36	048F4	13986	碑	13	1325125213112	B396	07878
13944	酯	13	1253511352511	F5A5	0916F	13987	硒	13	1325125312341	B441	07885
13945	酪	13	1253511354251	F5A4	09169	13988	碏	13	1325125342511	8232B937	040BF
13946	酪	13	1253511354251	C0D2	0916A	13989	碉	13	1325125431252	B44C	07899
13947	酬	13	1253511434242	B3EA	0916C	13990	碉	13	1325125431415	8232BA31	040C3
13948	酹	13	1253511445124	E14F	09167	13991	碣	13	1325125525251	B450	078A2
13949	頍	13	1254132511134	ED9F	0980D	13992	硾	13	1325131212211	B39B	0787E
13950	敕	13	1254312342154	82319B31	03A9D	13993	硚	13	1325131221135	8232B839	040B7
13951	蜃	13	1311534251214	F2D7	08703	13994	碓	13	1325132411121	EDD4	07893
13952	能	13	1312125113115	9ACD	06BFB	13995	碓	13	1325132411121	8234A737	049FA
13953	厘	13	1312212511121	858F	053AA	13996	碻	13	1325132511252	8232BA35	040C7
13954	厯	13	1312341234544	8593	053AF	13997	碑	13	1325132511312	B1AE	07891
13955	厨	13	1312514314412	82309232	0354F	13998	硷	13	1325134112431	B448	07892
13956	㰹	13	1312515343534	8231C432	03C39	13999	碖	13	1325134125122	B44B	07896
13957	感	13	1312515344544	B8D0	0611F	14000	硷	13	1325134454544	8232B934	040BC
13958	戞	13	1324125221531	8B9B	05AD1	14001	硼	13	1325135113511	C5F0	0787C
13959	㿤	13	1324344511534	8234C630	04B29	14002	碉	13	1325135121251	B5EF	07889
13960	碱	13	1325111212154	B449	07894	14003	碈	13	1325135152511	B443	07888
13961	碃	13	1325111212511	B3A0	07883	14004	碌	13	1325135444334	8232B931	040B9

序号	字形	笔数	笔顺	18030代码	13000代码	序号	字形	笔数	笔顺	18030代码	13000代码
14005	䃄	13	1325141251234	8232BA32	040C4	14048	雵	13	1452444425134	EB87	096F5
14006	碎	13	1325141343412	CBE9	0788E	14049	雽	13	1452444434312	EB8C	096FD
14007	碚	13	1325141431251	EDD5	0789A	14050	零	13	1452444434454	C1E3	096F6
14008	碰	13	1325143122431	C5F6	078B0	14051	雾	13	1452444435453	CEED	096FE
14009	䃅	13	1325143251112	8232BA33	040C5	14052	雹	13	1452444435515	B1A2	096F9
14010	碂	13	1325144511234	B39F	07882	14053	雴	13	1452444441431	EB86	096F4
14011	碇	13	1325144512134	EDD6	07887	14054	䨎	13	1452444451554	8234A937	04A0E
14012	硿	13	1325144534121	B39C	0787F	14055	雺	13	1452444454523	EB89	096FA
14013	碗	13	1325144535455	CDEB	07897	14056	辏	13	1521111341134	EAA3	08F8F
14014	碌	13	1325151124134	C2B5	0788C	14057	辐	13	1521125125121	B7F8	08F90
14015	碜	13	1325154134333	EDD7	0789C	14058	辑	13	1521251122111	BCAD	08F91
14016	䩃	13	1325221111535	8234AF30	04A43	14059	辒	13	1521251125221	DE64	08F92
14017	䩄	13	1325221112535	8234AF31	04A44	14060	输	13	1521341251122	CAE4	08F93
14018	䩂	13	1325221113445	8234AE39	04A42	14061	䪵	13	1523132511134	8234BA34	04AB5
14019	伲	13	1325221341554	82329231	03F32	14062	頓	13	1525132511134	EE44	09813
14020	鳫	13	1332511154444	F848	09CEB	14063	盞	13	1534153425221	B14B	076DE
14021	綔	13	1341153554234	BD9C	07D94	14064	甅	13	1554132511211	AE4D	07505
14022	㥣	13	1341211214544	8230FA32	03963	14065	㻗	13	2111211111214	82328930	03ED7
14023	㿲	13	1341251253254	8232A533	03FF2	14066	督	13	2112345425111	B6BD	07763
14024	鹌	13	1342511535451	F0C6	09E4C	14067	㼱	13	2113545341554	82329230	03F31
14025	㚠	13	1344311214444	8230B336	036A0	14068	歲	13	2121131233534	9A71	06B72
14026	尴	13	1352231425221	DECF	05C34	14069	歳	13	2121131234534	9A72	06B73
14027	豣	13	1353334113112	D862	08C63	14070	頉	13	2121132511134	ED9B	09809
14028	豥	13	1353334415334	D864	08C65	14071	频	13	2121233132534	C6B5	09891
14029	豤	13	1353334511534	D863	08C64	14072	歱	13	2121312511211	9A70	06B71
14030	殜	13	1354122151234	9A8A	06B9C	14073	龃	13	2121345225111	F6B4	09F83
14031	㱫	13	1354125431234	8231C932	03C6B	14074	龄	13	2121345234454	C1E4	09F84
14032	殟	13	1354251125221	9A8D	06B9F	14075	龅	13	2121345235515	F6B5	09F85
14033	㱬	13	1354251211534	8231C933	03C6C	14076	龆	13	2121345253251	F6B6	09F86
14034	㱮	13	1354251212534	FE69	03C6E	14077	貲	13	2121352511134	D944	08CB2
14035	尲	13	1354315112234	8CBC	05C32	14078	觜	13	2121353535112	F5FE	089DC
14036	㱭	13	1354321113554	8231C934	03C6D	14079	訾	13	2121354111251	F6A4	08A3E
14037	㱱	13	1354325113554	8231C937	03C71	14080	㮚	13	2125343411234	8231B433	03B9A
14038	飱	13	1354344511534	EF8A	098F1	14081	粲	13	2135454431234	F4D3	07CB2
14039	䫺	13	1354353251214	8234C133	04AFA	14082	䖒	13	2153151251431	8233B636	04592
14040	㱪	13	1354515152511	8231C931	03C6A	14083	豦	13	2153151353334	D865	08C66
14041	頋	13	1355132511134	ED9D	0980B	14084	虡	13	2153152243134	CC98	08661
14042	匯	13	1441324111215	8552	0532F	14085	虞	13	2153152511134	D3DD	0865E
14043	鄠	13	1452444411552	E082	09120	14086	䣜	13	2153152511152	82348C32	048DC
14044	雸	13	1452444412211	EB88	096F8	14087	虜	13	2153152512153	CC94	0865C
14045	雼	13	1452444413251	EB8B	096FC	14088	甝	13	2153153512211	AE5D	0751D
14046	電	13	1452444425115	EB8A	096FB	14089	䖕	13	2153153525111	8233B639	04595
14047	雷	13	1452444425121	C0D7	096F7	14090	䖖	13	2153153525112	8233B730	04596

序号	字形	笔数	笔顺	18030代码	13000代码
14091	鉴	13	2231434112431	BCF8	09274
14092	業	13	2243143111234	9849	0696D
14093	彂	13	2243151531134	8F91	05F42
14094	䝉	13	2243451353334	8233E231	04749
14095	㼳	13	2343251111554	82329232	03F33
14096	鳪	13	2432511154444	F847	09CEA
14097	揱	13	2432511223112	9360	063F1
14098	䣘	13	2434525112152	82348B38	048D8
14099	甞	13	2434525112211	AE5E	0751E
14100	當	13	2434525125121	AE94	07576
14101	睛	13	2511111212511	BEA6	0775B
14102	䁃	13	2511111213534	8232AD34	04043
14103	暙	13	2511111342511	95AB	06699
14104	睹	13	2511112132511	B6C3	07779
14105	睦	13	2511112134121	C4C0	07766
14106	睖	13	2511112134354	B19C	07756
14107	䁄	13	2511112143112	8232AD35	04044
14108	睰	13	2511112213251	B24B	07770
14109	瞄	13	2511112225121	C3E9	07784
14110	䁐	13	2511112225134	8232AE37	04050
14111	睞	13	2511112343434	B241	0775E
14112	睚	13	2511113121121	EDFD	0775A
14113	䁆	13	2511113425115	8232AD37	04046
14114	嗪	13	2511113431234	E0BA	055EA
14115	睫	13	2511115112134	BDDE	0776B
14116	㷡	13	2511115154334	8231EE34	03DE1
14117	晸	13	2511121213134	9593	06678
14118	韪	13	2511121341152	E8B8	097EA
14119	㼵	13	2511121341554	82329234	03F35
14120	尟	13	2511121342343	8CAF	05C1F
14121	嗷	13	2511121533134	E0BB	055F7
14122	嗉	13	2511121554234	E0BC	055C9
14123	㗕	13	2511122125211	82309F35	035D5
14124	暔	13	2511122543112	95A8	06694
14125	睗	13	2511125113533	B19D	07757
14126	睤	13	2511125121132	B244	07764
14127	睓	13	2511125122134	B199	07753
14128	鼌	13	2511125125115	FC85	09F0C
14129	暕	13	2511125431234	95A9	06695
14130	睡	13	2511131212211	CBAF	07761
14131	㬄	13	2511131213234	8231A534	03B04
14132	睨	13	2511132151135	EDFE	07768
14133	睢	13	2511132411121	EEA1	07762
14134	雎	13	2511132411121	F6C2	096CE
14135	暊	13	2511132511134	95A0	0668A
14136	睥	13	2511132511312	EEA2	07765
14137	㬉	13	2511132522134	8231A539	03B09
14138	賎	13	2511134111534	D960	08CCE
14139	賊	13	2511134113534	D95C	08CCA
14140	䝰	13	2511134121124	8233E630	04770
14141	睔	13	2511134125122	B19A	07754
14142	賄	13	2511134132511	D956	08CC4
14143	賉	13	2511134325221	D95B	08CC9
14144	賂	13	2511134354251	D954	08CC2
14145	賍	13	2511134413121	D95F	08CCD
14146	賋	13	2511134413434	D95D	08CCB
14147	賅	13	2511134415334	D957	08CC5
14148	賆	13	2511134431132	D958	08CC6
14149	睬	13	2511134431234	B2C7	0776C
14150	睜	13	2511134435112	B1A0	0775C
14151	䝲	13	2511134513444	8233E632	04772
14152	睭	13	2511135121251	B248	0776D
14153	睧	13	2511135132511	B245	07767
14154	㦹	13	2511135331534	82318437	039B9
14155	敭	13	2511135333134	94AE	0656D
14156	䁁	13	2511141251234	8232AD32	04041
14157	睟	13	2511141343412	B242	0775F
14158	睠	13	2511143113455	B243	07760
14159	睒	13	2511143344334	B198	07752
14160	睕	13	2511144535455	B19B	07755
14161	睙	13	2511145131344	B19F	07759
14162	睷	13	2511151111254	B252	07777
14163	睩	13	2511151124134	B246	07769
14164	鹍	13	2511151535451	FB64	09E4D
14165	䁅	13	2511152125221	8232AD36	04045
14166	䁊	13	2511154425111	8232AE31	0404A
14167	嗎	13	2511211254444	86E1	055CE
14168	嗊	13	2511212511134	86DF	055CA
14169	嘟	13	2511213251152	E0BD	0561F
14170	嗜	13	2511213352511	CAC8	055DC
14171	嗑	13	2511215425221	E0BE	055D1
14172	嗫	13	2511221115454	E0BF	055EB
14173	嘩	13	2511221122112	8757	05629
14174	嗼	13	2511222511134	86F9	055FC
14175	嗬	13	2511223212512	E0C0	055EC
14176	嗔	13	2511225111134	E0C1	055D4

序号	字形	笔数	笔顺	18030代码	13000代码	序号	字形	笔数	笔顺	18030代码	13000代码
14177	鄙	13	2511225251152	B1C9	09119	14220	㬌	13	2511412511234	8231A632	03B0C
14178	嗦	13	2511245554234	E0C2	055E6	14221	暗	13	2511414312511	B0B5	06697
14179	閠	13	2511251111214	E974	095A0	14222	暆	13	2511415331525	959D	06686
14180	㪞	13	2511251112154	82319B32	03A9E	14223	㒾	13	2511415331525	82308337	034BE
14181	嗹	13	2511251112454	86F6	055F9	14224	暛	13	2511431113121	95AD	0669B
14182	閜	13	2511251112512	E970	0959C	14225	㷖	13	2511433453251	8231ED33	03DD6
14183	毷	13	2511251113115	9ACA	06BF7	14226	㬁	13	2511441341251	8231A531	03B01
14184	䦒	13	2511251113251	82349D37	04992	14227	暅	13	2511442125111	959C	06685
14185	暘	13	2511251113533	95AA	06698	14228	暄	13	2511445125111	EAD1	06684
14186	閛	13	2511251114312	E96F	0959B	14229	暉	13	2511451251112	959F	06689
14187	㗘	13	2511251124124	82309F38	035D8	14230	暈	13	2511451251112	959E	06688
14188	䦔	13	2511251125111	82349D39	04994	14231	暇	13	2511512115154	CFBE	06687
14189	閘	13	2511251125112	E96C	09598	14232	㬆	13	2511515152511	8231A536	03B06
14190	㬂	13	2511251125214	8231A532	03B02	14233	暐	13	2511521251152	95A5	06690
14191	㬈	13	2511251125221	8231A538	03B08	14234	號	13	2511521531535	CC96	0865F
14192	䦓	13	2511251125251	82349D38	04993	14235	照	13	2511532514444	D5D5	07167
14193	暒	13	2511251131121	95A6	06692	14236	遢	13	2511541541454	E5DD	09062
14194	閝	13	2511251134454	E971	0959D	14237	㬃	13	2511542514334	8231A533	03B03
14195	暍	13	2511251135345	95A2	0668D	14238	暌	13	2511543341134	EAD2	0668C
14196	閙	13	2511251141252	E96D	09599	14239	㽣	13	2512112511534	82329730	03F63
14197	閚	13	2511251141431	E96E	0959A	14240	畸	13	2512113412512	BBFB	07578
14198	閟	13	2511251145434	E973	0959F	14241	㽢	13	2512113425115	82329639	03F62
14199	閞	13	2511251154132	E972	0959E	14242	跬	13	2512121121121	F5CD	08DEC
14200	黽	13	2511251211511	FC77	09EFD	14243	跱	13	2512121121124	DB4E	08DF1
14201	䣚	13	2511251253152	82348C30	048DA	14244	䟱	13	2512121125234	8233F237	047F1
14202	嗝	13	2511251254312	E0C3	055DD	14245	跴	13	2512121125351	DB50	08DF4
14203	㼴	13	2511252141554	82329233	03F34	14246	跨	13	2512121134115	BFE7	08DE8
14204	愚	13	2511252144544	D3DE	0611A	14247	跶	13	2512121134454	DB51	08DF6
14205	㗚	13	2511252211234	8230A030	035DA	14248	跠	13	2512121151534	DB44	08DE0
14206	鄤	13	2511252215452	E084	09124	14249	跷	13	2512121153135	F5CE	08DF7
14207	戥	13	2511311211534	EAAD	06225	14250	跸	13	2512121153512	F5CF	08DF8
14208	嗕	13	2511311534124	86E4	055D5	14251	跮	13	2512121154121	DB4C	08DEE
14209	嗄	13	2511325111354	E0C4	055C4	14252	跐	13	2512121212135	DA9D	08DD0
14210	㬋	13	2511325131134	8231A631	03B0B	14253	跩	13	2512121251153	DB4A	08DE9
14211	㗞	13	2511325153254	8230A034	035DE	14254	跦	13	2512121311234	DB48	08DE6
14212	暖	13	2511344311354	C5AF	06696	14255	跣	13	2512121312135	F5D0	08DE3
14213	㬊	13	2511344311354	8231A630	03B0A	14256	䟯	13	2512121312251	8233F235	047EF
14214	琞	13	2511351111214	AC5D	0741E	14257	跹	13	2512121312454	F5D1	08DF9
14215	盟	13	2511351125221	C3CB	076DF	14258	䟮	13	2512121321344	8233F234	047EE
14216	㿢	13	2511351132511	8232A337	03FE2	14259	䟰	13	2512121332112	8233F236	047F0
14217	煦	13	2511352514444	ECE3	07166	14260	跧	13	2512121341121	DB49	08DE7
14218	毼	13	2511353453115	9ACE	06BFC	14261	跲	13	2512121341251	DB4F	08DF2
14219	歇	13	2511353453534	D0AA	06B47	14262	跳	13	2512121341534	CCF8	08DF3

序号	字形	笔数	笔顺	18030代码	13000代码
14263	跺	13	2512121351234	B6E5	08DFA
14264	喍	13	2512121351234	86B6	0558D
14265	跪	13	2512121351355	B9F2	08DEA
14266	跭	13	2512121354152	DB4B	08DED
14267	路	13	2512121354251	C2B7	08DEF
14268	跢	13	2512121354354	DB46	08DE2
14269	踭	13	2512121355112	DB74	08E2D
14270	跡	13	2512121413234	DB45	08DE1
14271	跻	13	2512121413432	F5D2	08DFB
14272	跤	13	2512121413434	F5D3	08DE4
14273	䟲	13	2512121415435	8233F238	047F2
14274	跰	13	2512121431132	DB4D	08DF0
14275	跟	13	2512121511534	B8FA	08DDF
14276	跥	13	2512121531234	DB47	08DE5
14277	園	13	2512125132341	8840	05712
14278	遣	13	2512125151454	C7B2	09063
14279	㽡	13	2512132511312	82329638	03F61
14280	䟳	13	2512134541541	8233F239	047F3
14281	㽤	13	2512135431234	82329731	03F64
14282	䖼	13	2512141215452	8233BA38	045BC
14283	蜐	13	2512141215453	CD9D	08710
14284	蜹	13	2512141222534	CE54	08739
14285	蛷	13	2512141241344	CD8F	086F7
14286	蛼	13	2512141251112	CD92	086FC
14287	蜅	13	2512141251124	CD97	08705
14288	蜄	13	2512141311534	CD96	08704
14289	蛺	13	2512141343434	CD90	086FA
14290	䖶	13	2512141353334	8233BA32	045B6
14291	蛖	13	2512141353334	CD7B	086D6
14292	蜌	13	2512141535121	CD9A	0870C
14293	蛵	13	2512141555121	CD8D	086F5
14294	䖹	13	2512142121112	8233BA35	045B9
14295	蝆	13	2512142121112	CE5E	08746
14296	蛸	13	2512142432511	F2D9	086F8
14297	蛽	13	2512142511134	CD93	086FD
14298	蜈	13	2512142511135	F2DA	08708
14299	蜆	13	2512142511135	CD98	08706
14300	蜎	13	2512142512511	CD9B	0870E
14301	蜗	13	2512142512534	CECF	08717
14302	蜖	13	2512142522111	CDA0	08716
14303	蛾	13	2512143121534	B6EA	086FE
14304	蜊	13	2512143123422	F2DB	0870A
14305	蜏	13	2512143123453	CD9C	0870F
14306	蜁	13	2512143152134	CD95	08701
14307	蜍	13	2512143411234	F2DC	0870D
14308	䖷	13	2512143413252	8233BA33	045B7
14309	蛻	13	2512143425135	CD91	086FB
14310	蛶	13	2512143443124	CD8E	086F6
14311	蜉	13	2512143443521	F2DD	08709
14312	蛿	13	2512143445251	CD94	086FF
14313	蜔	13	2512143525121	CD9F	08714
14314	蜂	13	2512143541112	B7E4	08702
14315	䖻	13	2512144154325	8233BA37	045BB
14316	蜣	13	2512144311135	F2DE	08723
14317	蜕	13	2512144325135	CDC9	08715
14318	䖾	13	2512144451135	8233BB30	045BE
14319	蜋	13	2512144511534	CD99	0870B
14320	畹	13	2512144535455	EEB5	07579
14321	蝍	13	2512145115452	CE61	0874D
14322	蛹	13	2512145425112	D3BC	086F9
14323	㗔	13	2512153154134	82309F34	035D4
14324	圔	13	2512154252211	8842	05714
14325	畷	13	2512154545454	AE95	07577
14326	豊	13	2512211251431	D84E	08C4A
14327	農	13	2512211311534	DE72	08FB2
14328	嗩	13	2512432511134	86EE	055E9
14329	嗶	13	2512511122112	86F4	055F6
14330	嗮	13	2512511125351	86F0	055EE
14331	團	13	2512511241241	87FE	05711
14332	嗣	13	2512512251251	CBC3	055E3
14333	喿	13	2512512511234	86D7	055BF
14334	嗯	13	2512513441544	E0C5	055EF
14335	㗛	13	2513143143134	8230A031	035DB
14336	嗰	13	2513225122511	86F1	055F0
14337	嗅	13	2513251111344	D0E1	055C5
14338	嗥	13	2513251113412	E0C6	055E5
14339	嗚	13	2513251154444	86E8	055DA
14340	嗁	13	2513321531535	86D9	055C1
14341	嗱	13	2513412513112	86F2	055F1
14342	嗲	13	2513434354354	E0C7	055F2
14343	嗂	13	2513443311252	86DA	055C2
14344	㗖	13	2513443321511	82309F36	035D6
14345	嗳	13	2513443451354	E0C8	055F3
14346	嗘	13	2513443554134	86E6	055D8
14347	嗆	13	2513445113251	86DC	055C6
14348	嗡	13	2513454541541	CECB	055E1

序号	字形	笔数	笔顺	18030代码	13000代码
14349	㗙	13	2513552335523	82309F39	035D9
14350	嗃	13	2514125125251	86DB	055C3
14351	㗥	13	2514125152152	8230A131	035E5
14352	嗙	13	2514143454153	86E7	055D9
14353	㗜	13	2514155425121	8230A032	035DC
14354	㗝	13	2514311214444	8230A033	035DD
14355	嗌	13	2514313425221	E0C9	055CC
14356	嗛	13	2514315112234	86E9	055DB
14357	嗍	13	2514315233511	E0CA	055CD
14358	嗨	13	2514413155414	E0CB	055E8
14359	嗐	13	2514451112251	86E3	055D0
14360	嗤	13	2515221251214	E0CD	055E4
14361	㗗	13	2515332511312	82309F37	035D7
14362	嗋	13	2515353532511	86E0	055CB
14363	嗵	13	2515425112454	E0CC	055F5
14364	嗓	13	2515454541234	C9A4	055D3
14365	嗈	13	2515552515215	86DE	055C8
14366	㠂	13	2521121533134	8230D730	03802
14367	㟼	13	2521121533134	8230D634	037FC
14368	㡚	13	2521122125211	8230DF38	0385A
14369	幊	13	2521212511134	8EB3	05E4A
14370	㠏	13	2521221122112	8230D833	0380F
14371	㟿	13	2521221344132	8230D637	037FF
14372	幙	13	2521222511134	8EBF	05E59
14373	嵮	13	2521225111134	8DD1	05D6E
14374	㟳	13	2521252211234	8230D535	037F3
14375	㼷	13	2521325221554	82329236	03F37
14376	㪜	13	2521325222154	82319B30	03A9C
14377	歂	13	2521325223534	9A4E	06B42
14378	嵟	13	2521332511121	8DC5	05D5F
14379	㟲	13	2521332511234	8230D534	037F2
14380	㟶	13	2521332511234	8230D538	037F6
14381	輋	13	2521341251112	DD66	08F0B
14382	罫	13	2522112112124	C14C	07F6B
14383	署	13	2522112132511	CAF0	07F72
14384	睪	13	2522112143112	B247	0776A
14385	置	13	2522112251111	D6C3	07F6E
14386	罧	13	2522112341234	C14B	07F67
14387	罭	13	2522112511534	C14E	07F6D
14388	睘	13	2522112513534	B19E	07758
14389	罨	13	2522113425115	EEBB	07F68
14390	罪	13	2522121112111	D7EF	07F6A
14391	罩	13	2522121251112	D5D6	07F69
14392	遝	13	2522123344454	DF65	0905D
14393	䍛	13	2522125122511	8232FC33	0435B
14394	䍝	13	2522125342511	8232FC35	0435D
14395	䍜	13	2522132411121	8232FC34	0435C
14396	蜀	13	2522135251214	CAF1	08700
14397	罬	13	2522154545454	C14D	07F6C
14398	嵵	13	2522511121124	8DD6	05D75
14399	幌	13	2522511243135	BBCF	05E4C
14400	嵦	13	2522521251431	8DCC	05D66
14401	㟵	13	2522522112121	8230D537	037F5
14402	嵊	13	2523122113534	E1D3	05D4A
14403	嵲	13	2523251111234	8DD4	05D72
14404	㟸	13	2523251113412	8230D630	037F8
14405	嵨	13	2523251154444	8DCE	05D68
14406	㡙	13	2523253411535	8230DF37	03859
14407	㡗	13	2523321531535	8230DF35	03857
14408	幍	13	2523443321511	8EB5	05E4D
14409	嵠	13	2523443554134	8DC6	05D60
14410	嵢	13	2523445113251	8DC8	05D62
14411	嵡	13	2523454541541	8DC7	05D61
14412	剻	13	2523511351122	8499	0527B
14413	䣙	13	2523511351152	82348B39	048D9
14414	㡝	13	2523541112454	8230E031	0385D
14415	嵥	13	2523541524234	8DCB	05D65
14416	嵧	13	2523545325121	8DCD	05D67
14417	嵪	13	2524125125251	8DCF	05D6A
14418	嵩	13	2524125125251	E1D4	05D69
14419	嵴	13	2524134342511	E1D5	05D74
14420	嵣	13	2524135112251	8DC9	05D63
14421	嵭	13	2524143454153	8DD0	05D6D
14422	㟱	13	2524311214444	8230D533	037F1
14423	嵰	13	2524315112234	8DD2	05D70
14424	㡘	13	2524315112234	8230DF36	03858
14425	㓽	13	2524451123422	82308A30	034FD
14426	幏	13	2524451353334	8EB7	05E4F
14427	嵱	13	2524453434251	8DD3	05D71
14428	㟰	13	2524525114134	8230D532	037F0
14429	幎	13	2524525114134	8EB6	05E4E
14430	圓	13	2525125111341	8841	05713
14431	嵶	13	2525154151541	8DD7	05D76
14432	䞐	13	2534111342511	8233E930	04790
14433	颒	13	2534132132534	EF48	09892
14434	赗	13	2534251125111	DA52	08D57

序号	字形	笔数	笔顺	18030代码	13000代码
14435	䞏	13	2534251214544	8233E839	0478F
14436	䵝	13	2543121144445	8234FD31	04D5D
14437	圕	13	2551112125111	8843	05715
14438	䯈	13	2554525111135	8234D539	04BC8
14439	骱	13	2554525113432	F7BA	09AB1
14440	䯉	13	2554525113534	8234D630	04BC9
14441	骰	13	2554525113554	F7BB	09AB0
14442	骯	13	2554525114135	F361	09AAF
14443	锖	13	3111511212511	EFBA	09516
14444	锗	13	3111512132511	D5E0	09517
14445	错	13	3111512212511	B4ED	09519
14446	锘	13	3111512213251	EFBB	09518
14447	锚	13	3111512225121	C3AA	0951A
14448	锳	13	3111512225134	E941	09533
14449	锛	13	3111513412132	EFBC	0951B
14450	锜	13	3111513412512	E89F	0951C
14451	锝	13	3111525111124	EFBD	0951D
14452	锞	13	3111525111234	EFBE	0951E
14453	锟	13	3111525111535	EFBF	0951F
14454	锠	13	3111525112511	E8A0	09520
14455	锡	13	3111525113533	CEFD	09521
14456	锢	13	3111525122511	EFC0	09522
14457	锣	13	3111525221354	C2E0	09523
14458	锤	13	3111531212211	B4B8	09524
14459	锥	13	3111532411121	D7B6	09525
14460	锦	13	3111532511252	BDF5	09526
14461	锧	13	3111533122534	E940	09527
14462	锨	13	3111533123534	CFC7	09528
14463	锪	13	3111535334544	EFC1	0952A
14464	锫	13	3111541431251	EFC2	0952B
14465	锩	13	3111543113455	EFC3	09529
14466	锬	13	3111543344334	EFC4	0952C
14467	锭	13	3111544512134	B6A7	0952D
14468	键	13	3111551111254	BCFC	0952E
14469	锯	13	3111551312251	BEE2	0952F
14470	锰	13	3111552125221	C3CC	09530
14471	锱	13	3111555525121	EFC5	09531
14472	勧	13	3113241112153	84E1	052E7
14473	䂔	13	3113412143112	8232B534	04094
14474	榘	13	3113415151234	E9B0	06998
14475	矮	13	3113431234531	B0AB	077EE
14476	雉	13	3113432411121	EFF4	096C9
14477	氱	13	3115251113533	9AE7	06C31
14478	氲	13	3115251125221	EBB5	06C32
14479	毸	13	3115251214544	9ACB	06BF8
14480	毺	13	3115341251122	9ACC	06BFA
14481	㲧	13	3115544251214	8231CF31	03CA7
14482	犑	13	3121251111344	A0CA	07291
14483	㹇	13	3121251135345	8231F836	03E47
14484	䎋	13	3121251541541	82338331	0438B
14485	犐	13	3121312344412	A0C9	07290
14486	㹋	13	3121322354333	8231F930	03E4B
14487	㹅	13	3121353344544	8231F834	03E45
14488	㹆	13	3121451251112	8231F835	03E46
14489	犏	13	3121451325122	EAFA	0728F
14490	犌	13	3121512115154	A0C7	0728C
14491	䖸	13	3121534251214	8233BA34	045B8
14492	辞	13	3122514143112	B4C7	08F9E
14493	敮	13	3123215112154	94AF	0656E
14494	歃	13	3123215113534	ECA6	06B43
14495	稑	13	3123412134121	B698	07A11
14496	稜	13	3123412134354	B6A0	07A1C
14497	稏	13	3123412155121	B696	07A0F
14498	稘	13	3123412211134	B69D	07A18
14499	稓	13	3123412212511	B69A	07A13
14500	䅦	13	3123412225121	8232CA33	04166
14501	稙	13	3123412251111	B69E	07A19
14502	䅘	13	3123412343434	8232C930	04158
14503	䢤	13	3123412344454	82348636	048A4
14504	稢	13	3123412511534	B743	07A22
14505	䅖	13	3123413425115	8232C838	04156
14506	䖽	13	3123422251214	8233BA39	045BD
14507	䅞	13	3123425111124	8232C936	0415E
14508	稞	13	3123425111234	EFFD	07A1E
14509	䅙	13	3123425111535	8232C931	04159
14510	䅛	13	3123425112511	8232C933	0415B
14511	馚	13	3123425113453	F142	0999A
14512	稒	13	3123425122511	B699	07A12
14513	稛	13	3123425312341	B69F	07A1B
14514	㷏	13	3123431124334	8231EC36	03DCF
14515	䅜	13	3123431212211	8232C934	0415C
14516	䅗	13	3123431234531	8232C839	04157
14517	稚	13	3123432411121	D6C9	07A1A
14518	稗	13	3123432511312	B0DE	07A17
14519	稐	13	3123434125122	B697	07A10
14520	稔	13	3123434454544	EFFE	07A14

序号	字形	笔数	笔顺	18030代码	13000代码	序号	字形	笔数	笔顺	18030代码	13000代码
14521	䅲	13	3123435113511	B740	07A1D	14564	筱	13	3143143223134	F3E3	07B71
14522	稠	13	3123435121251	B3ED	07A20	14565	筰	13	3143143231211	B969	07B70
14523	颓	13	3123435132534	CDC7	09893	14566	筡	13	3143143411234	B95C	07B61
14524	稓	13	3123435325111	B240	0775D	14567	签	13	3143143414431	C7A9	07B7E
14525	稤	13	3123441251234	B744	07A24	14568	筟	13	3143143443521	B95B	07B5F
14526	稕	13	3123441251521	B69B	07A15	14569	筨	13	3143143445251	B962	07B68
14527	稡	13	3123441343412	B742	07A21	14570	𥰭	13	3143143535112	8232D837	041F6
14528	稖	13	3123441431251	B69C	07A16	14571	𥰮	13	3143143535122	8232D937	04200
14529	䅚	13	3123443113455	8232C932	0415A	14572	筿	13	3143143541234	B971	07B7F
14530	𥝃	13	3123443341554	AE4C	07503	14573	𥰾	13	3143144111251	8232D935	041FE
14531	黎	13	3123443342534	9CA9	06E6C	14574	简	13	3143144252511	BCF2	07B80
14532	掱	13	3123443343112	935B	063EB	14575	𥰵	13	3143144413312	8232D836	041F5
14533	愁	13	3123443344544	B3EE	06101	14576	筷	13	3143144425134	BFEA	07B77
14534	香	13	3123444442511	B745	07A25	14577	筦	13	3143144451135	B960	07B66
14535	䅝	13	3123444534121	8232C935	0415D	14578	筞	13	3143144451234	B95A	07B5E
14536	䅕	13	3123451312251	8232C837	04155	14579	筤	13	3143144511534	B95E	07B64
14537	䅟	13	3123454134333	FE70	0415F	14580	𥰹	13	3143145113251	8232D930	041F9
14538	稲	13	3123455525121	8232C836	04154	14581	節	13	3143145115452	B99D	07BC0
14539	筺	13	3143141112145	B96E	07B7A	14582	𥰻	13	3143145133115	8232D932	041FB
14540	筹	13	3143141113124	B3EF	07B79	14583	筩	13	3143145425112	B963	07B69
14541	筭	13	3143141121132	B967	07B6D	14584	䋣	13	3155414554234	8232F034	042E3
14542	𥰽	13	3143141213312	8232D934	041FD	14585	與	13	3211152511134	C563	08207
14543	筠	13	3143141213541	F3DE	07B60	14586	債	13	3211212511134	82F9	050B5
14544	筢	13	3143141215215	F3E1	07B62	14587	傿	13	3212121154444	8342	050BF
14545	䇫	13	3143141225125	8232D736	041EB	14588	㒂	13	3212212132511	8139FB37	03482
14546	筮	13	3143141234341	F3DF	07B6E	14589	僅	13	3212212511121	8348	050C5
14547	筪	13	3143141251125	B964	07B6A	14590	傼	13	3212212511134	82FE	050BC
14548	筻	13	3143141251134	F3E0	07B7B	14591	僙	13	3212212512134	835A	050D9
14549	䇿	13	3143141251234	8232D936	041FF	14592	僌	13	3212511123134	834F	050CC
14550	䇺	13	3143141251431	8232D931	041FA	14593	傳	13	3212511214124	82F7	050B3
14551	筴	13	3143141343434	B96B	07B74	14594	傮	13	3212512212511	82F3	050AE
14552	筲	13	3143142432511	F3E2	07B72	14595	傴	13	3212512512515	82F8	050B4
14553	筸	13	3143142511112	B96D	07B78	14596	僄	13	3212522111234	8347	050C4
14554	䇸	13	3143142511121	8232D839	041F8	14597	傶	13	3213211234534	82FA	050B6
14555	筫	13	3143142511134	B965	07B6B	14598	僀	13	3213221545252	8343	050C0
14556	筽	13	3143142511134	B970	07B7D	14599	傸	13	3213434343434	82FC	050B8
14557	筧	13	3143142511135	B961	07B67	14600	毁	13	3215111213554	BBD9	06BC1
14558	筯	13	3143142511153	B968	07B6F	14601	毀	13	3215111213554	9AA7	06BC0
14559	筼	13	3143142512534	B96F	07B7C	14602	䢅	13	3215111311534	82348335	04885
14560	䇼	13	3143142515215	8232D933	041FC	14603	舅	13	3215112512153	BECB	08205
14561	䇷	13	3143142515322	8232D838	041F7	14604	㪢	13	3215112542154	82319B36	03AA2
14562	筶	13	3143143121251	B96C	07B76	14605	㲣	13	3215112543115	8231CE37	03CA3
14563	筣	13	3143143123422	B95D	07B63	14606	鼠	13	3215115445445	CAF3	09F20

序号	字形	笔数	笔顺	18030代码	13000代码	序号	字形	笔数	笔顺	18030代码	13000代码
14607	牒	13	3215122151234	EBBA	07252	14650	裊	13	3251115413534	D155	088CA
14608	傾	13	3215132511134	8341	050BE	14651	鳧	13	3251115444435	F844	09CE7
14609	牐	13	3215312321511	A0A3	07250	14652	鄥	13	3251115444452	E085	09125
14610	牏	13	3215341251122	A0A2	0724F	14653	鳨	13	3251115444453	F845	09CE8
14611	牎	13	3215353344544	A0A1	0724E	14654	鹎	13	3251131235451	F0C7	09E4E
14612	牑	13	3215451325122	A0A4	07251	14655	皗	13	3251135121251	B07B	07697
14613	㑽	13	3224345251121	8139FB32	0347D	14656	鬾	13	3251135541254	F46E	09B3E
14614	煲	13	3225112344334	ECD2	07172	14657	鬿	13	3251135543312	F46F	09B3F
14615	㷛	13	3225112344444	8231ED38	03DDB	14658	魀	13	3251135543432	F470	09B40
14616	僂	13	3225112512531	8345	050C2	14659	魁	13	3251135544412	BFFD	09B41
14617	僈	13	3225112522154	834B	050C8	14660	楽	13	3251141341234	9853	0697D
14618	㑼	13	3225121354251	8139FB31	0347C	14661	敫	13	3251141533134	EBB8	0656B
14619	㒁	13	3225121431121	8139FB36	03481	14662	㰾	13	3251141533534	8231C437	03C3E
14620	傫	13	3225121554234	82F1	050AB	14663	㒈	13	3251221113134	8139FC33	03488
14621	催	13	3225232411121	B4DF	050AC	14664	㷗	13	3251515154334	8231ED34	03DD7
14622	傰	13	3225235113511	82F5	050B0	14665	䘒	13	3252215434354	8233C334	04612
14623	䣸	13	3231211253511	82348F30	048F8	14666	䚁	13	3252512511135	8233CE33	04681
14624	賃	13	3231212511134	D955	08CC3	14667	粵	13	3253431234115	BB9B	07CB5
14625	傷	13	3231251113533	82FB	050B7	14668	奧	13	3253431234134	8A57	05967
14626	働	13	3231251121153	8350	050CD	14669	僇	13	3254154134333	834A	050C7
14627	傻	13	3232534134354	C9B5	050BB	14670	傪	13	3254545434333	82F0	050AA
14628	傯	13	3232535414544	82F4	050AF	14671	㑿	13	3255525111234	8139FB34	0347F
14629	傱	13	3233234342134	82F6	050B1	14672	頎	13	3312132511134	EDA0	0980E
14630	僁	13	3234312344544	8344	050C1	14673	徰	13	3321212112121	8FD1	05FB0
14631	僋	13	3234452511134	834E	050CB	14674	䡓	13	3321251112112	8233FC35	04853
14632	像	13	3235251353334	CFF1	050CF	14675	衙	13	3321251251112	D1C3	08859
14633	㑾	13	3235444111251	8139FB33	0347E	14676	遞	13	3321531535454	DF66	0905E
14634	傺	13	3235445411234	D9D1	050BA	14677	微	13	3322521353134	CEA2	05FAE
14635	傭	13	3241351125112	82F2	050AD	14678	衘	13	3323112121112	D06A	08858
14636	傽	13	3241431251112	8340	050BD	14679	徭	13	3323443311252	E1E6	05FAD
14637	傹	13	3241431251135	82FD	050B9	14680	徯	13	3323443554134	8FD0	05FAF
14638	㒀	13	3241432512251	8139FB35	03480	14681	䚘	13	3323535112112	8233D036	04698
14639	㑻	13	3244545434252	8139FB30	0347B	14682	徬	13	3324143454153	8FCF	05FAC
14640	皘	13	3251111212511	B07C	07698	14683	愆	13	3324411124544	EDA9	06106
14641	䠸	13	3251113134115	8233F938	04838	14684	㣯	13	3325132432511	8230EE37	038EF
14642	躳	13	3251113251251	DC70	08EB3	14685	覛	13	3335342511135	D29A	0899B
14643	䠷	13	3251113341534	8233F937	04837	14686	䑰	13	3354142121233	82339937	04470
14644	躲	13	3251113351234	B6E3	08EB2	14687	艄	13	3354142411211	F4B9	08244
14645	䠹	13	3251113415334	8233F939	04839	14688	䚀	13	3354142511135	8233CE32	04680
14646	䠺	13	3251113425251	8233FA30	0483A	14689	艃	13	3354142511211	C583	08243
14647	躱	13	3251113531234	DC6F	08EB1	14690	艁	13	3354143121251	C581	08241
14648	辠	13	3251114143112	DE66	08FA0	14691	艅	13	3354143411234	C584	08245
14649	鄡	13	3251115123452	E083	09121	14692	艀	13	3354143443521	C580	08240

序号	字形	笔数	笔顺	18030代码	13000代码	序号	字形	笔数	笔顺	18030代码	13000代码
14693	艂	13	3354143541112	C582	08242	14736	銈	13	3411243131121	E348	0924E
14694	艒	13	3354143554252	8EB4	05E4B	14737	鉄	13	3411243131134	E29E	09243
14695	艖	13	3354143554531	8B8A	05ABB	14738	鈇	13	3411243131134	E29F	09244
14696	航	13	3354144154325	C586	08248	14739	鉡	13	3411243131211	E297	0923C
14697	艕	13	3354144351523	82339936	0446F	14740	銇	13	3411243131234	E346	0924C
14698	艆	13	3354144511534	C585	08246	14741	鉓	13	3411243131252	E34D	09253
14699	艉	13	3354145133115	F4BA	08249	14742	鉇	13	3411243131525	E341	09247
14700	禽	13	3411234252252	8DC4	05D5E	14743	鉜	13	3411243132124	E356	0925C
14701	斜	13	3411234441252	8578	05381	14744	鉑	13	3411243132511	E34B	09251
14702	鉅	13	3411243111214	E295	0923A	14745	鉘	13	3411243133544	E28D	09232
14703	鉦	13	3411243112121	E360	09266	14746	鉩	13	3411243134234	E363	09269
14704	鉣	13	3411243112154	E35D	09263	14747	鋝	13	3411243134312	82349333	04923
14705	鉗	13	3411243112211	E351	09257	14748	鉁	13	3411243134333	E29C	09241
14706	鉪	13	3411243112215	E364	0926A	14749	鈴	13	3411243134454	E28F	09234
14707	鈸	13	3411243112234	E447	092B0	14750	鉨	13	3411243135234	E362	09268
14708	鈷	13	3411243112251	E292	09237	14751	鉛	13	3411243135251	E355	0925B
14709	鉢	13	3411243112341	E35C	09262	14752	鉤	13	3411243135251	E35E	09264
14710	鉥	13	3411243112344	E35F	09265	14753	鉶	13	3411243135351	E388	0928F
14711	鉰	13	3411243112512	E28E	09233	14754	鉚	13	3411243135352	E354	0925A
14712	鉕	13	3411243112515	E34F	09255	14755	鉖	13	3411243135444	E350	09256
14713	鉔	13	3411243112525	E34E	09254	14756	鉋	13	3411243135515	E345	0924B
14714	鈵	13	3411243112534	E290	09235	14757	鉒	13	3411243141121	E34C	09252
14715	鉟	13	3411243113241	E359	0925F	14758	鈰	13	3411243141252	E28B	09230
14716	鉐	13	3411243113251	E34A	09250	14759	鉱	13	3411243141354	E36B	09271
14717	鉓	13	3411243113252	E298	0923D	14760	鉝	13	3411243141431	E357	0925D
14718	鈸	13	3411243113544	E293	09238	14761	鉉	13	3411243141554	E343	09249
14719	鉞	13	3411243115534	E358	0925E	14762	鉡	13	3411243143112	E35B	09261
14720	鉡	13	3411243121124	E36C	09272	14763	鉈	13	3411243144535	E342	09248
14721	鉳	13	3411243121135	E36D	09273	14764	鉍	13	3411243145434	E347	0924D
14722	鉆	13	3411243121251	E340	09246	14765	銅	13	3411243151251	E36A	09270
14723	鉅	13	3411243125111	E367	0926D	14766	鈮	13	3411243151335	E289	0922E
14724	鉬	13	3411243125111	E366	0926C	14767	鋸	13	3411243151515	E28C	09231
14725	鉏	13	3411243125111	E349	0924F	14768	鉮	13	3411243151532	E352	09258
14726	鉀	13	3411243125112	E29B	09240	14769	鈯	13	3411243152252	E28A	0922F
14727	鉮	13	3411243125112	E368	0926E	14770	鉊	13	3411243153251	E344	0924A
14728	鈿	13	3411243125121	E29A	0923F	14771	鉫	13	3411243153251	E365	0926B
14729	鈾	13	3411243125121	E299	0923E	14772	鈹	13	3411243153254	E294	09239
14730	鉙	13	3411243125134	E353	09259	14773	鉛	13	3411243154251	E291	09236
14731	鉠	13	3411243125134	E29D	09242	14774	鉧	13	3411243155414	E361	09267
14732	鉠	13	3411243125134	E35A	09260	14775	粖	13	3412344112154	8F73	05F12
14733	鋁	13	3411243125151	E296	0923B	14776	飯	13	3412511221554	82329235	03F36
14734	鍚	13	3411243125153	82349332	04922	14777	飽	13	3412511222535	EAEC	089CE
14735	鉮	13	3411243125211	82349331	04921	14778	飳	13	3412511223115	EBA8	06BF9

序号	字形	笔数	笔顺	18030代码	13000代码	序号	字形	笔数	笔顺	18030代码	13000代码
14779	歈	13	3412511223534	9A51	06B48	14822	頒	13	3453132511134	EE43	09812
14780	愈	13	3412511224544	D3FA	06108	14823	頌	13	3454132511134	ED9E	0980C
14781	僉	13	3412512513434	834C	050C9	14824	腻	13	3511111253454	C4E5	0817B
14782	會	13	3412524312511	95FE	06703	14825	腠	13	3511111341134	EBED	08160
14783	覑	13	3415342511135	D29B	0899C	14826	腤	13	3511111342511	82339030	0440F
14784	沓	13	3431234122111	82338735	043B9	14827	脑	13	3511121251431	82338F38	0440D
14785	鳰	13	3432511154444	F84D	09CF0	14828	腜	13	3511122111234	C450	0815C
14786	徙	13	3434251122134	D844	08C3C	14829	腓	13	3511122125112	82339130	04419
14787	遥	13	3443311252454	D2A3	09065	14830	腜	13	3511122151234	82339032	04411
14788	愛	13	3443454544354	90DB	0611B	14831	腨	13	3511122415325	8231AA39	03B3B
14789	貉	13	3443521354251	86EB	055E0	14832	朊	13	3511122415325	82339137	04420
14790	貆	13	3443533125111	D87D	08C86	14833	腩	13	3511122543112	EBEE	08169
14791	貊	13	3443533132511	F5F6	08C8A	14834	腷	13	3511125125121	C462	08177
14792	貅	13	3443533321234	F5F7	08C85	14835	腰	13	3511125221531	D1FC	08170
14793	貐	13	3443533335414	D880	08C88	14836	腜	13	3511132511134	82339034	04413
14794	貉	13	3443533354251	BAD1	08C89	14837	腼	13	3511132522111	EBEF	0817C
14795	貄	13	3443533511112	D87C	08C84	14838	腝	13	3511132522134	C451	0815D
14796	貇	13	3443533511534	D87E	08C87	14839	腟	13	3511134122111	82339132	0441B
14797	亂	13	3443542554545	8179	04E82	14840	膠	13	3511134354354	82339033	04412
14798	飲	13	3445112113534	EF87	098EE	14841	颖	13	3511234132534	EF49	09895
14799	湌	13	3445113251454	82348634	048A2	14842	腿	13	3511251112134	82338F39	0440E
14800	飫	13	3445115411234	8234C731	04B34	14843	腸	13	3511251113533	C463	08178
14801	飯	13	3445115412234	EF99	09900	14844	腒	13	3511251122111	82339036	04415
14802	飸	13	3445115412341	8234C638	04B31	14845	腢	13	3511251125214	C455	08162
14803	飴	13	3445115421251	8234C636	04B2F	14846	腽	13	3511251125221	EBF0	0817D
14804	飷	13	3445115425111	EF90	098F7	14847	腥	13	3511251131121	D0C8	08165
14805	飲	13	3445115425134	8234C633	04B2C	14848	腸	13	3511251211534	C45E	08172
14806	飵	13	3445115431211	EF8E	098F5	14849	腮	13	3511251214544	C8F9	0816E
14807	飾	13	3445115431252	EF97	098FE	14850	腭	13	3511251251115	EBF1	0816D
14808	飻	13	3445115434333	EF94	098FB	14851	腨	13	3511252132522	C459	08168
14809	飶	13	3445115435154	8234C632	04B2B	14852	脉	13	3511312344334	82339031	04410
14810	飽	13	3445115435251	8234C639	04B32	14853	腫	13	3511312511211	C45B	0816B
14811	飹	13	3445115435352	EF92	098F9	14854	腹	13	3511312511354	B8B9	08179
14812	飽	13	3445115435515	EF96	098FD	14855	腶	13	3511321113554	C461	08176
14813	飳	13	3445115441121	EF8C	098F3	14856	腴	13	3511321511254	C466	08184
14814	餅	13	3445115443112	8234C730	04B33	14857	腺	13	3511325112534	CFD9	0817A
14815	飶	13	3445115445434	EF8F	098F6	14858	腿	13	3511325151454	C469	08187
14816	飼	13	3445115451251	EF95	098FC	14859	腯	13	3511331225111	C45D	0816F
14817	飿	13	3445115452252	EF98	098FF	14860	腧	13	3511341251122	EBF2	08167
14818	飷	13	3445115453251	8234C637	04B30	14861	腳	13	3511343425152	C45F	08173
14819	飴	13	3445115454251	EF8D	098F4	14862	腰	13	3511344311354	82339039	04418
14820	颔	13	3445251132534	F2A5	09894	14863	腠	13	3511345234354	9651	06721
14821	翎	13	3445251541541	82338335	0438F	14864	鹏	13	3511351135451	C5F4	09E4F

序号	字形	笔数	笔顺	18030代码	13000代码	序号	字形	笔数	笔顺	18030代码	13000代码
14865	㽰	13	3511351152134	82329833	03F70	14908	獉	13	3531113431234	AA80	07349
14866	腤	13	3511414312511	C457	08164	14909	獓	13	3531121533134	AA87	07353
14867	腣	13	3511414345252	C456	08163	14910	肄	13	3531134511112	D2DE	08084
14868	䐤	13	3511431113121	82339231	04424	14911	獁	13	3531211254444	AA77	07341
14869	塍	13	3511431134121	EBF3	0584D	14912	猿	13	3531212513534	D4B3	0733F
14870	㬺	13	3511431134252	8231AA38	03B3A	14913	獏	13	3531222511134	AA85	0734F
14871	幐	13	3511431134252	8EB8	05E50	14914	颖	13	3531234132534	D3B1	09896
14872	媵	13	3511431134531	EBF4	05AB5	14915	猼	13	3531251124124	AA74	0733C
14873	腾	13	3511431134551	CCDA	0817E	14916	獂	13	3531332511234	AA78	07342
14874	腟	13	3511445154121	C453	0815F	14917	鹐	13	3532151135451	FB65	09E50
14875	腪	13	3511451251112	C45A	0816A	14918	鳯	13	3532511154444	F84C	09CEF
14876	䐔	13	3511451325122	82339035	04414	14919	鳩	13	3532511154444	F846	09CE9
14877	腿	13	3511511534454	CDC8	0817F	14920	䲥	13	3532511154444	8234EB34	04CA5
14878	腵	13	3511512115154	C460	08175	14921	颫	13	3532512141134	EF4F	098AB
14879	腛	13	3511513154121	C44F	0815B	14922	颬	13	3532512141523	EF50	098AC
14880	䐖	13	3511513431234	82339037	04416	14923	䫻	13	3532512142511	8234C134	04AFB
14881	腬	13	3511545231234	C45C	0816C	14924	䫽	13	3532512143115	8234C136	04AFD
14882	腞	13	3511551353334	C452	0815E	14925	䫼	13	3532512145134	8234C135	04AFC
14883	腦	13	3511555325341	C458	08166	14926	獆	13	3533251113412	AA7C	07346
14884	詹	13	3513344111251	D5B2	08A79	14927	獅	13	3533251511252	AA7B	07345
14885	㔪	13	3521253444441	82308E35	0352A	14928	猺	13	3533443311252	AA72	0733A
14886	鲄	13	3525121112512	F785	09C84	14929	獊	13	3533445113251	AA81	0734A
14887	鲅	13	3525121113544	F6D1	09C85	14930	㺋	13	3533454541541	82328134	03E8B
14888	鲆	13	3525121114312	F6D2	09C86	14931	飔	13	3534251214544	EF74	098D4
14889	鲇	13	3525121121251	F6D3	09C87	14932	㺊	13	3534311214544	82328133	03E8A
14890	鲈	13	3525121121513	F6D4	09C88	14933	獈	13	3534313425221	AA7E	07348
14891	鲉	13	3525121125121	F786	09C89	14934	㺌	13	3534315112234	82328135	03E8C
14892	鲊	13	3525121131211	F787	09C8A	14935	飕	13	3534321511254	ECAC	098D5
14893	稣	13	3525121131234	F6D5	07A23	14936	㺍	13	3534453212134	82328136	03E8D
14894	鲋	13	3525121132124	F6D6	09C8B	14937	猽	13	3534525114134	AA75	0733D
14895	鲌	13	3525121132511	F788	09C8C	14938	觟	13	3535112121121	D369	089DF
14896	䲟	13	3525121135152	FE93	04C9F	14939	䚙	13	3535112125111	8233D037	04699
14897	鲍	13	3525121135515	B1AB	09C8D	14940	觥	13	3535112243135	F6A1	089E5
14898	䲞	13	3525121141431	8234EB32	04C9E	14941	触	13	3535112251214	B4A5	089E6
14899	鲏	13	3525121153254	F789	09C8F	14942	䚚	13	3535112312135	8233D038	0469A
14900	鲐	13	3525121154251	F6D8	09C90	14943	觤	13	3535112351355	D36D	089E4
14901	䰳	13	3525121444412	8234E036	04C33	14944	觡	13	3535112354251	D36B	089E1
14902	魝	13	3525121444422	F482	09B5D	14945	觧	13	3535112431112	D36E	089E7
14903	魜	13	3525121444434	F481	09B5C	14946	解	13	3535112533112	BDE2	089E3
14904	魞	13	3525121444434	F483	09B5E	14947	猻	13	3535213554234	AA73	0733B
14905	魛	13	3525121444453	F480	09B5B	14948	㺈	13	3535221251214	82328131	03E88
14906	雊	13	3525132411121	EB67	096CA	14949	麁	13	3541352211535	FB80	09E81
14907	勨	13	3525135333453	84E2	052E8	14950	䢣	13	3544111251454	82348635	048A3

序号	字形	笔数	笔顺	18030代码	13000代码	序号	字形	笔数	笔顺	18030代码	13000代码
14951	遙	13	3544311252454	DF62	09059	14994	詸	13	4111251341534	D541	08A82
14952	雒	13	3544432411121	8234A734	049F7	14995	詤	13	4111251345325	D485	08A64
14953	登	13	3544541251431	D84F	08C4B	14996	詭	13	4111251351355	D48E	08A6D
14954	詧	13	3544544111251	D488	08A67	14997	詣	13	4111251352511	D484	08A63
14955	遛	13	3545325121454	E5DE	0905B	14998	詢	13	4111251352511	D483	08A62
14956	煞	13	3551131344444	C9B7	0715E	14999	詾	13	4111251353452	D49E	08A7E
14957	雏	13	3551132411121	B3FB	096CF	15000	詺	13	4111251354251	D49A	08A7A
14958	馌	13	3551215425221	F140	0998C	15001	詻	13	4111251354251	D49B	08A7B
14959	馍	13	3551222511134	E2C9	0998D	15002	誃	13	4111251354354	D542	08A83
14960	馎	13	3551251124124	F141	0998E	15003	諍	13	4111251355112	D58A	08ACD
14961	馏	13	3553545325121	C1F3	0998F	15004	詨	13	4111251413434	D489	08A68
14962	馐	13	3554311135211	E2CA	09990	15005	該	13	4111251415334	D493	08A72
14963	誆	13	4111251111215	D545	08A86	15006	詳	13	4111251431112	D494	08A73
14964	誄	13	4111251111234	D543	08A84	15007	誁	13	4111251431132	D540	08A81
14965	試	13	4111251112154	D487	08A66	15008	詸	13	4111251431234	D499	08A78
14966	詽	13	4111251113112	D49D	08A7D	15009	詶	13	4111251434242	D497	08A76
14967	詿	13	4111251121121	D49F	08A7F	15010	詫	13	4111251445315	D48C	08A6B
14968	詩	13	4111251121124	D48A	08A69	15011	詪	13	4111251511534	D48B	08A6A
14969	詰	13	4111251121251	D491	08A70	15012	詡	13	4111251541541	D482	08A61
14970	誀	13	4111251122111	D4A0	08A80	15013	奨	13	4123443124134	8A58	05968
14971	詴	13	4111251132511	D495	08A74	15014	酱	13	4123541253511	BDB4	09171
14972	䛔	13	4111251132522	8233D636	046D4	15015	裏	13	4125112113534	D159	088CF
14973	誇	13	4111251134115	D546	08A87	15016	裏	13	4125112113534	FD9F	0F9E7
14974	詼	13	4111251134334	D49C	08A7C	15017	㪟	13	4125125113134	82319B33	03A9F
14975	誠	13	4111251135534	D55C	08AA0	15018	㙜	13	4125125251121	8230AC38	0365C
14976	誈	13	4111251154121	D547	08A88	15019	䯨	13	4125125251134	8234D931	04BE8
14977	訿	13	4111251212135	D460	08A3F	15020	鹑	13	4125152135451	F0C8	09E51
14978	䛕	13	4111251251134	8233D637	046D5	15021	裛	13	4125152153534	D160	088DB
14979	䛖	13	4111251251153	8233D638	046D6	15022	凗	13	4125232411121	83FE	051D7
14980	詷	13	4111251251251	D498	08A77	15023	禀	13	4125251111234	D9F7	07980
14981	䛛	13	4111251252511	8233D733	046DB	15024	亶	13	4125251125111	818D	04EB6
14982	誅	13	4111251311234	D544	08A85	15025	稟	13	4125251131234	B741	07A1F
14983	詵	13	4111251312135	D496	08A75	15026	廒	13	4131121533134	E2DA	05ED2
14984	誔	13	4111251312154	D550	08A94	15027	廅	13	4131215425221	8EFE	05EC5
14985	話	13	4111251312251	D492	08A71	15028	廈	13	4131325111354	8F42	05EC8
14986	䛙	13	4111251321234	8233D731	046D9	15029	䧹	13	4133232411121	8234A736	049F9
14987	誕	13	4111251321554	D551	08A95	15030	㢑	13	4133241112112	8230E533	03891
14988	䛘	13	4111251323121	8233D730	046D8	15031	廇	13	4133545325121	8F41	05EC7
14989	詯	13	4111251325111	D490	08A6F	15032	痮	13	4134112111534	AF6F	075EE
14990	䛜	13	4111251325341	8233D734	046DC	15033	瘏	13	4134112132511	AF85	0760F
14991	詬	13	4111251331251	D48D	08A6C	15034	瘂	13	4134112155121	AF7B	07602
14992	詮	13	4111251341121	D48F	08A6E	15035	瘔	13	4134112212251	AF89	07614
14993	詥	13	4111251341251	D486	08A65	15036	瘄	13	4134112212511	AF7C	07604

序号	字形	笔数	笔顺	18030代码	13000代码
15037	㐮	13	4134112213534	8139F335	0342E
15038	痳	13	4134112341234	AF72	075F3
15039	痲	13	4134112341235	AF71	075F2
15040	㾢	13	4134112343434	82329D33	03FA2
15041	㾨	13	4134113412512	82329D39	03FA8
15042	痷	13	4134113425115	AF75	075F7
15043	瘃	13	4134113533434	F0F1	07603
15044	痱	13	4134121112111	F0F2	075F1
15045	㾥	13	4134121123454	82329D36	03FA5
15046	㾚	13	4134121213511	82329C35	03F9A
15047	㾧	13	4134125111234	82329D38	03FA7
15048	痬	13	4134125113533	AF6D	075EC
15049	痹	13	4134125121132	B1D4	075F9
15050	痶	13	4134125122134	AF74	075F6
15051	痼	13	4134125122511	F0F3	075FC
15052	廓	13	4134125152152	C0AA	05ED3
15053	瘑	13	4134125525251	AF86	07611
15054	痸	13	4134131125222	AF76	075F8
15055	痴	13	4134131134251	B3D5	075F4
15056	㾩	13	4134131221135	82329E30	03FA9
15057	痵	13	4134131234521	AF73	075F5
15058	痿	13	4134131234531	F0F4	075FF
15059	瘐	13	4134132151134	F0F5	07610
15060	痽	13	4134132411121	AF79	075FD
15061	痺	13	4134132511312	AF77	075FA
15062	㾣	13	4134134112431	82329D34	03FA3
15063	痭	13	4134135113511	AF6E	075ED
15064	痻	13	4134135152511	AF78	075FB
15065	瘁	13	4134141343412	B4E1	07601
15066	㾦	13	4134141431251	82329D37	03FA6
15067	瘀	13	4134141533444	F0F6	07600
15068	廍	13	4134143125152	8F45	05ECD
15069	瘅	13	4134143251112	F0F7	07605
15070	痰	13	4134143344334	CCB5	075F0
15071	痯	13	4134144525151	AF70	075EF
15072	㾤	13	4134144534121	82329D35	03FA4
15073	㾿	13	4134145115452	8232A032	03FBF
15074	瘆	13	4134154134333	AF7D	07606
15075	廉	13	4134315112234	C1AE	05EC9
15076	䘱	13	4134342513534	8233C635	04631
15077	斒	13	4134451325122	94CA	06592
15078	鄘	13	4135112511252	E07B	09118
15079	鹒	13	4135113435451	FB66	09E52

序号	字形	笔数	笔顺	18030代码	13000代码
15080	頏	13	4135132511134	EE40	0980F
15081	鄜	13	4135221151552	E07E	0911C
15082	麀	13	4135221153535	FB7E	09E80
15083	麂	13	4135221153535	F7E4	09E82
15084	廌	13	4135221154444	8F44	05ECC
15085	廕	13	4135234451154	8F4A	05ED5
15086	資	13	4135342511134	D959	08CC7
15087	楶	13	4135342511234	9850	06976
15088	裔	13	4135342534251	D2E1	088D4
15089	靖	13	4143111212511	BEB8	09756
15090	䇎	13	4143112212511	8232D437	041CE
15091	新	13	4143112343312	D0C2	065B0
15092	竨	13	4143121251112	B875	07AE8
15093	韴	13	4143125111252	ED88	097F4
15094	鄣	13	4143125111252	DBB5	09123
15095	䪩	13	4143125113445	8234B932	04AA9
15096	歆	13	4143125113534	ECA7	06B46
15097	韵	13	4143125113541	D4CF	097F5
15098	意	13	4143125114544	D2E2	0610F
15099	䇑	13	4143132511312	8232D530	041D1
15100	剷	13	4143133112122	8495	05277
15101	亷	13	4143135112234	818E	04EB7
15102	䇏	13	4143141251521	8232D438	041CF
15103	竩	13	4143144525111	B876	07AE9
15104	䇐	13	4143151124134	8232D439	041D0
15105	旓	13	4153312432511	94EF	065D3
15106	㫍	13	4153313223134	82319F39	03ACD
15107	旒	13	4153314154325	ECBC	065D2
15108	賌	13	4153342511134	D95E	08CCC
15109	旕	13	4153344425135	94F1	065D5
15110	雍	13	4155332411121	D3BA	096CD
15111	閖	13	4251215425221	E3D8	09616
15112	閗	13	4251225111134	E3D9	09617
15113	閘	13	4252511541541	EA60	09618
15114	閙	13	4254315233534	E3DA	09619
15115	㷢	13	4311131214334	8231EE35	03DE2
15116	羥	13	4311131555121	C175	07FA5
15117	䍱	13	4311133411234	8232FE35	04371
15118	羦	13	4311134451135	C176	07FA6
15119	羪	13	4311134511534	C179	07FAA
15120	羧	13	4311135434354	F4C8	07FA7
15121	義	13	4311213121534	C178	07FA9
15122	兿	13	4311213541154	83CF	0517F

序号	字形	笔数	笔顺	18030代码	13000代码	序号	字形	笔数	笔顺	18030代码	13000代码
15123	羡	13	4311214413534	C177	07FA8	15166	熇	13	4334153532511	9FAE	0716F
15124	豢	13	4311341353334	BBBF	08C62	15167	煶	13	4334251112134	9FB3	07176
15125	豨	13	4311343535112	D36A	089E0	15168	煬	13	4334251113533	9FAC	0716C
15126	誊	13	4311344111251	CCDC	08A8A	15169	㶶	13	4334251125214	8231EC39	03DD2
15127	豢	13	4311344511534	EF85	098EC	15170	煴	13	4334251125221	9FB1	07174
15128	粃	13	4312341223235	BC41	07CC0	15171	煋	13	4334251131121	9F93	0714B
15129	䊇	13	4312341251124	8232E732	04287	15172	㷎	13	4334251135345	8231EC35	03DCE
15130	粳	13	4312341251134	BEAC	07CB3	15173	煜	13	4334251141431	ECCF	0715C
15131	粯	13	4312342511135	BB98	07CAF	15174	煨	13	4334251211534	ECD0	07168
15132	粴	13	4312342511211	BB9A	07CB4	15175	焆	13	4334251212511	9FA3	0715F
15133	䊈	13	4312343155414	8232E733	04288	15176	煰	13	4334251251251	9FAF	07170
15134	粰	13	4312343443521	BB99	07CB0	15177	煓	13	4334252132522	9F99	07153
15135	䎃	13	4312343541525	817A	04E83	15178	煍	13	4334312344334	9F94	0714D
15136	䊌	13	4312344131535	8232E737	0428C	15179	煄	13	4334312511211	9F8E	07144
15137	䊉	13	4312344451234	8232E734	04289	15180	煅	13	4334321113554	ECD1	07145
15138	粮	13	4312344511534	C1B8	07CAE	15181	㷐	13	4334321511121	8231EC37	03DD0
15139	䊊	13	4312345133115	8232E735	0428A	15182	煌	13	4334325111121	BBCD	0714C
15140	䊋	13	4312345213121	8232E736	0428B	15183	㷟	13	4334325151454	8231EE32	03DDF
15141	数	13	4312345313134	CAFD	06570	15184	煖	13	4334344311354	9F9C	07156
15142	㮍	13	4312511221234	8231B330	03B8D	15185	㷔	13	4334344322511	8231ED31	03DD4
15143	煎	13	4312511224444	BCE5	0714E	15186	煥	13	4334352534134	9FA8	07165
15144	猷	13	4312535111344	E9E0	07337	15187	煈	13	4334353251214	9F91	07148
15145	㷕	13	4312535114334	8231ED32	03DD5	15188	㷓	13	4334353344544	8231ED30	03DD3
15146	塑	13	4315233511121	CBDC	05851	15189	㷚	13	4334412514512	8231ED37	03DDA
15147	遡	13	4315233511454	DF69	09061	15190	熄	13	4334412514535	9FB4	07177
15148	蕬	13	4315545541554	AE4E	07506	15191	㷜	13	4334413234134	8231ED39	03DDC
15149	慈	13	4315545544544	B4C8	06148	15192	㷙	13	4334431251122	8231ED36	03DD9
15150	巽	13	4325121122134	83CE	0517E	15193	煪	13	4334431253511	9FAA	0716A
15151	煤	13	4334122111234	C3BA	07164	15194	煫	13	4334431353334	9FAB	0716B
15152	煁	13	4334122111345	9F8B	07141	15195	煔	13	4334433421251	9F9A	07154
15153	煂	13	4334122125112	9F8C	07142	15196	塋	13	4334433445121	894C	0584B
15154	煠	13	4334122151234	9FA4	07160	15197	嵤	13	4334433445252	8DCA	05D64
15155	煳	13	4334122513511	ECCE	07173	15198	煢	13	4334433445512	9FA6	07162
15156	煵	13	4334122543112	9FB2	07175	15199	嫈	13	4334433445531	8B94	05AC8
15157	煏	13	4334125125121	9F95	0714F	15200	煊	13	4334445125111	ECD3	0714A
15158	煙	13	4334125221121	9F9F	07159	15201	熍	13	4334445251251	9FC5	0718D
15159	㷑	13	4334125221121	8231EC38	03DD1	15202	㷝	13	4334445341344	8231EE30	03DDD
15160	煉	13	4334125431234	9F92	07149	15203	煇	13	4334451251112	9F90	07147
15161	㺆	13	4334131251534	9F9E	07158	15204	煸	13	4334451325122	ECD4	07178
15162	煩	13	4334132511134	9FA9	07169	15205	煺	13	4334511534454	ECD5	0717A
15163	㷞	13	4334132511521	8231EE31	03DDE	15206	煆	13	4334512115154	9F8F	07146
15164	煗	13	4334132522134	9F9D	07157	15207	煒	13	4334521251152	9F98	07152
15165	煃	13	4334134121121	9F8D	07143	15208	煝	13	4334521325111	9FA2	0715D

序号	字形	笔数	笔顺	18030代码	13000代码
15209	熄	13	4334542511234	8231ED35	03DD8
15210	煣	13	4334545231234	9FA7	07163
15211	浼	13	4411112355215	E4D9	06EDF
15212	溙	13	4411113424134	9CCC	06E99
15213	溱	13	4411113431234	E4DA	06EB1
15214	滶	13	4411121533134	9D45	06EF6
15215	溸	13	4411121554234	9CDF	06EB8
15216	溝	13	4411122125211	9CCF	06E9D
15217	溨	13	4411211234534	9CD6	06EA8
15218	馮	13	4411211254444	9CD4	06EA4
15219	滝	13	4411211353334	8231DD30	03D33
15220	溒	13	4411212513534	9CC6	06E92
15221	溘	13	4411215425221	E4DB	06E98
15222	㵗	13	4411221114535	8231DD34	03D37
15223	滠	13	4411221115454	E4DC	06EE0
15224	澕	13	4411221122112	9DBC	06F95
15225	满	13	4411221253434	C2FA	06EE1
15226	漭	13	4411221344132	E4DD	06F2D
15227	漠	13	4411222511134	C4AE	06F20
15228	㵡	13	4411224154325	8231DE34	03D41
15229	滍	13	4411224312511	9CC3	06E8D
15230	滢	13	4411224511214	E4DE	06EE2
15231	滇	13	4411225111134	B5E1	06EC7
15232	溎	13	4411234121121	9CC4	06E8E
15233	溹	13	4411245554234	9CE0	06EB9
15234	漣	13	4411251112454	9D69	06F23
15235	溥	13	4411251124124	E4DF	06EA5
15236	㜕	13	4411251124531	8230BE39	03711
15237	滒	13	4411251212512	9CF0	06ED2
15238	滆	13	4411251254312	9CE8	06EC6
15239	㴻	13	4411251431124	8231DD38	03D3B
15240	溧	13	4411252211234	E4E0	06EA7
15241	溽	13	4411311534124	E4E1	06EBD
15242	滣	13	4411311534251	9CF7	06EE3
15243	滅	13	4411314334534	9CE7	06EC5
15244	滙	13	4411324111215	9CF3	06ED9
15245	源	13	4411332511234	D4B4	06E90
15246	塗	13	4411353334121	8230AC35	03659
15247	㴛	13	4411541213134	8231DA36	03D1B
15248	滗	13	4411554554121	9CE1	06EBC
15249	滤	13	4412153154544	C2CB	06EE4
15250	滥	13	4412231425221	C0C4	06EE5
15251	裟	13	4412343413534	F4C4	088DF
15252	溃	13	4412432511134	9CC5	06E91
15253	堻	13	4412511121121	895E	05863
15254	溡	13	4412511121124	9CD2	06EA1
15255	滭	13	4412511122112	9CFC	06EED
15256	滉	13	4412511243135	9CEA	06EC9
15257	㴸	13	4412511251134	8231DD35	03D38
15258	溻	13	4412511541541	E4E2	06EBB
15259	溭	13	4412512134354	9CDA	06EAD
15260	溿	13	4412512143112	9CE3	06EBF
15261	溳	13	4412512511134	9CDD	06EB3
15262	溷	13	4412513533341	E4E3	06EB7
15263	溰	13	4412521251431	9CDC	06EB0
15264	溦	13	4412521353134	9CD5	06EA6
15265	㴥	13	4412522432511	8231DB36	03D25
15266	溫	13	4412534125221	9CD8	06EAB
15267	滊	13	4413115431234	9CEB	06ECA
15268	溗	13	4413122113534	9CCB	06E97
15269	滗	13	4413143143115	E4E4	06ED7
15270	塰	13	4413155414121	8968	05870
15271	滌	13	4413223541234	9CEC	06ECC
15272	滫	13	4413223542511	9CFA	06EEB
15273	溣	13	4413234125122	9CD3	06EA3
15274	準	13	4413241112112	9CCA	06E96
15275	㴪	13	4413251111234	8231DC31	03D2A
15276	溴	13	4413251111344	E4E5	06EB4
15277	㴬	13	4413251113124	8231DC33	03D2C
15278	滜	13	4413251113412	9CF5	06EDC
15279	㴧	13	4413251114544	8231DB38	03D27
15280	溩	13	4413251154444	9CD7	06EA9
15281	溮	13	4413251511252	9CDB	06EAE
15282	㴲	13	4413321531535	8231DC39	03D32
15283	潃	13	4413323542511	9D80	06F43
15284	溵	13	4413351153554	9CDE	06EB5
15285	塗	13	4413411234121	8954	05857
15286	滏	13	4413434112431	E4E6	06ECF
15287	滛	13	4413443311252	9CF4	06EDB
15288	滔	13	4413443321511	CCCF	06ED4
15289	溪	13	4413443554134	CFAA	06EAA
15290	滄	13	4413445113251	9CE6	06EC4
15291	滃	13	4413454541541	9CE5	06EC3
15292	㴯	13	4413511352511	8231DC36	03D2F
15293	㴨	13	4413511431134	8231DB39	03D28
15294	漨	13	4413541112454	9D6D	06F28

序号	字形	笔数	笔顺	18030代码	13000代码	序号	字形	笔数	笔顺	18030代码	13000代码
15295	滐	13	4413541521234	9CEF	06ED0	15338	㥾	13	4421122132515	8230FC38	0397E
15296	溜	13	4413545325121	C1EF	06E9C	15339	㥱	13	4421211121115	8230FB35	03971
15297	㗟	13	4414112125135	8230A035	035DF	15340	愩	13	4421212511134	90E3	06129
15298	滦	13	4414122341234	C2D0	06EE6	15341	愭	13	4421213352511	90E6	0612D
15299	滖	13	4414125113534	9CF1	06ED6	15342	㥺	13	4421215425221	8230FC34	0397A
15300	滈	13	4414125125251	9CE9	06EC8	15343	慑	13	4421221115454	C9E5	06151
15301	漷	13	4414125152152	9D74	06F37	15344	㦊	13	4421221122112	8230FE30	0398A
15302	滧	13	4414134343134	9CF8	06EE7	15345	慔	13	4421222511134	9148	06154
15303	漓	13	4414134522554	C0EC	06F13	15346	慎	13	4421225111134	C9F7	0614E
15304	滚	13	4414134543534	B9F6	06EDA	15347	慩	13	4421251112454	9158	06169
15305	溏	13	4414135112251	E4E7	06E8F	15348	愽	13	4421251124124	90F6	0613D
15306	滝	13	4414143125115	9CF6	06EDD	15349	慄	13	4421252211234	90FC	06144
15307	滂	13	4414143454153	E4E8	06EC2	15350	㥳	13	4421332511234	8230FB37	03973
15308	滀	13	4414155425121	9CE4	06EC0	15351	愰	13	4422511243135	90E9	06130
15309	溔	13	4414311214444	9CC8	06E94	15352	愪	13	4422512511134	90E4	0612A
15310	溢	13	4414313425221	D2E7	06EA2	15353	㥵	13	4422513533341	8230FB39	03975
15311	溓	13	4414315112234	9CC7	06E93	15354	愷	13	4422521251431	90F0	06137
15312	溯	13	4414315233511	CBDD	06EAF	15355	慍	13	4422534125221	9143	0614D
15313	㴴	13	4414334143345	8231DD31	03D34	15356	愾	13	4423115431234	90F7	0613E
15314	㴺	13	4414411343434	8231DD37	03D3A	15357	慥	13	4423121251454	9156	06165
15315	滨	13	4414453212134	B1F5	06EE8	15358	愯	13	4423241112154	90E8	0612F
15316	㴱	13	4414453413443	8231DC38	03D31	15359	㥴	13	4423321531535	8230FB38	03974
15317	㴭	13	4414453425111	8231DC34	03D2D	15360	愮	13	4423443311252	90E7	0612E
15318	溛	13	4414453433544	9CCE	06E9B	15361	慆	13	4423443321511	90FE	06146
15319	溶	13	4414453434251	C8DC	06EB6	15362	慀	13	4423443554134	90F8	06140
15320	滓	13	4414454143112	D7D2	06ED3	15363	愴	13	4423445113251	90ED	06134
15321	溕	13	4414511353334	9CC9	06E95	15364	慃	13	4423454541541	90FB	06143
15322	溟	13	4414525114134	E4E9	06E9F	15365	愼	13	4423525111534	90F5	0613C
15323	㴶	13	4414532411121	8231DD33	03D36	15366	㦀	13	4423541112454	8230FD30	03980
15324	滘	13	4414534121251	9CF2	06ED8	15367	㥮	13	4423552335523	FE5F	0396E
15325	㴵	13	4414543425221	8231DD32	03D35	15368	愱	13	4424134131134	90EA	06131
15326	㴮	13	4415132432511	8231DC35	03D2E	15369	㥬	13	4424143454153	8230FB31	0396C
15327	溺	13	4415154151541	C4E7	06EBA	15370	慉	13	4424155425121	9141	06149
15328	滍	13	4415221251214	9CED	06ECD	15371	慊	13	4424315112234	E3BB	0614A
15329	碆	13	4415325413251	B442	07886	15372	愹	13	4424453434251	90F2	06139
15330	粱	13	4415344431234	C1BB	07CB1	15373	慏	13	4424525114134	9144	0614F
15331	㴰	13	4415425113535	8231DC37	03D30	15374	愵	13	4425154151541	90EE	06135
15332	滩	13	4415432411121	CCB2	06EE9	15375	愶	13	4425353532511	90EF	06136
15333	滪	13	4415452132534	9CF9	06EEA	15376	誉	13	4431344111251	D3FE	08A89
15334	㴩	13	4415552515215	8231DC30	03D29	15377	戦	13	4432511121534	91E9	06226
15335	㥭	13	4421113424134	8230FB32	0396D	15378	鲎	13	4434535251211	F6D7	09C8E
15336	慠	13	4421121533134	9152	06160	15379	寚	13	4451121311252	8C87	05BDA
15337	愫	13	4421121554234	E3BA	0612B	15380	㝤	13	4451122125211	8230C732	03764

序号	字形	笔数	笔顺	18030代码	13000代码
15381	塞	13	4451122134121	C8FB	0585E
15382	弿	13	4451122134515	8F8F	05F3F
15383	骞	13	4451122134551	E5B9	09A9E
15384	㝨	13	4451212513534	8230C736	03768
15385	寞	13	4451222511134	C4AF	05BDE
15386	寛	13	4451222511135	8C88	05BDB
15387	寘	13	4451225111134	8C85	05BD8
15388	翝	13	4451354541541	C19D	07FDD
15389	㝦	13	4453241112153	8230C734	03766
15390	寙	13	4453354433544	8C86	05BD9
15391	窥	13	4453411342535	BFFA	07AA5
15392	窢	13	4453412511534	B7A0	07AA2
15393	窦	13	4453412544134	F1BC	07AA6
15394	窧	13	4453421251112	B842	07AA7
15395	䆨	13	4453425111134	8232D039	041A8
15396	䆩	13	4453425111134	8232D130	041A9
15397	窠	13	4453425111234	F1BD	07AA0
15398	窤	13	4453425111535	B841	07AA4
15399	窩	13	4453425525251	B843	07AA9
15400	䆧	13	4453431234531	8232D038	041A7
15401	彮	13	4453434251333	8FAD	05F6E
15402	窞	13	4453435321511	B79E	07A9E
15403	窣	13	4453441343412	B840	07AA3
15404	䆦	13	4453443344334	8232D037	041A6
15405	窟	13	4453451352252	BFDF	07A9F
15406	窡	13	4453454545454	B79F	07AA1
15407	愙	13	4453542514544	90DA	06119
15408	鹓	13	4453545535451	FB67	09E53
15409	寝	13	4454125114554	C7DE	05BDD
15410	寖	13	4454415114554	8C83	05BD6
15411	䁇	13	4454543425111	8232AD38	04047
15412	寗	13	4454543425211	8C84	05BD7
15413	䀄	13	4454543425221	8232A731	04004
15414	寜	13	4454544252212	8C89	05BDC
15415	㝥	13	4455213431234	8230C733	03765
15416	㝧	13	4455313434121	8230C735	03767
15417	郒	13	4511542515215	E048	090D2
15418	塱	13	4511543511121	8969	05871
15419	谨	13	4512212511121	BDF7	08C28
15420	䁉	13	4513153425111	8232AE30	04049
15421	甂	13	4513251221554	AE4B	07502
15422	㲢	13	4513251223115	8231CE36	03CA2
15423	䁈	13	4513313425111	8232AD39	04048
15424	裱	13	4523411213534	F1D1	088F1
15425	褂	13	4523412112124	B9D3	08902
15426	褚	13	4523412132511	F1D2	0891A
15427	裬	13	4523412134354	D16B	088EC
15428	褀	13	4523412211134	D177	08900
15429	䘴	13	4523412343454	8233C638	04634
15430	裲	13	4523412523434	D16F	088F2
15431	裿	13	4523413412512	D176	088FF
15432	裺	13	4523413425115	D173	088FA
15433	褄	13	4523415112531	D17A	08904
15434	䙁	13	4523415341534	8233C831	04641
15435	裶	13	4523421112111	D171	088F6
15436	褃	13	4523421212511	D179	08903
15437	裭	13	4523421531535	D16C	088ED
15438	裸	13	4523425111234	C2E3	088F8
15439	裩	13	4523425111535	D168	088E9
15440	裮	13	4523425112511	D16D	088EE
15441	裼	13	4523425113533	F1D3	088FC
15442	䘽	13	4523432151135	8233C737	0463D
15443	裨	13	4523432511312	F1D4	088E8
15444	䘳	13	4523434112431	8233C637	04633
15445	䙂	13	4523434544544	8233C832	04642
15446	䙀	13	4523435113511	8233C830	04640
15447	裯	13	4523435121251	D16E	088EF
15448	裪	13	4523435311252	D169	088EA
15449	䘸	13	4523441323544	8233C732	04638
15450	䘹	13	4523441343412	8233C733	04639
15451	䘻	13	4523441542511	8233C735	0463B
15452	裷	13	4523443113455	D172	088F7
15453	裧	13	4523443344334	D167	088E7
15454	䘺	13	4523444512134	8233C734	0463A
15455	䘾	13	4523444525151	8233C738	0463E
15456	䘼	13	4523444535455	8233C736	0463C
15457	䘵	13	4523451124134	8233C639	04635
15458	裾	13	4523451312251	F1D5	088FE
15459	䘿	13	4523451352252	8233C739	0463F
15460	䘶	13	4523452413452	8233C730	04636
15461	裰	13	4523454545454	F1D6	088F0
15462	禊	13	4524111253134	ECF9	0798A
15463	禖	13	4524122111234	B643	07996
15464	福	13	4524125125121	B8A3	0798F
15465	禋	13	4524125221121	B59A	0798B
15466	禙	13	4524211352511	B646	07999

序号	字形	笔数	笔顺	18030 代码	13000 代码	序号	字形	笔数	笔顺	18030 代码	13000 代码
15467	禎	13	4524212511134	B59D	0798E	15510	㣂	13	5151251254312	8230EA32	038C2
15468	禔	13	4524251112134	B641	07994	15511	敯	13	5151525112154	94B0	0656F
15469	禓	13	4524251113533	B640	07993	15512	暋	13	5151531342511	95A1	0668B
15470	禑	13	4524251125214	B59F	07991	15513	愍	13	5151531344544	EDAA	0610D
15471	禗	13	4524251214544	B644	07997	15514	彃	13	5152511122112	8F92	05F43
15472	䄕	13	4524253425121	8232C233	04115	15515	䧠	13	5212511214124	8234A531	049E0
15473	䄗	13	4524322151512	8232C235	04117	15516	䪏	13	5212511522534	8234B636	04A8F
15474	䄓	13	4524325111121	8232C231	04113	15517	䧢	13	5212512512515	8234A533	049E2
15475	䄔	13	4524325125214	8232C232	04114	15518	䧣	13	5212522111234	8234A534	049E3
15476	䄖	13	4524341251122	8232C234	04116	15519	裝	13	5213121413534	D162	088DD
15477	禐	13	4524344311354	B59E	07990	15520	牃	13	5213122151234	A09A	07243
15478	禘	13	4524414345252	B645	07998	15521	遜	13	5213554234454	DF64	0905C
15479	禉	13	4524431253511	B599	07989	15522	孴	13	5215215212511	8C54	05B74
15480	禌	13	4524431554554	B59B	0798C	15523	舝	13	5215554554152	C572	0821D
15481	禈	13	4524451251112	B598	07988	15524	隚	13	5224345251121	EB47	0969A
15482	禕	13	4524521251152	B642	07995	15525	㞊	13	5225211234135	8230CB30	0378A
15483	禒	13	4524551353334	B5A0	07992	15526	䄐	13	5225211234515	8232C138	04110
15484	谩	13	4525112522154	C3A1	08C29	15527	䖓	13	5225221531535	8233B637	04593
15485	䜨	13	4525125124544	8233DE39	04728	15528	隝	13	5232511154444	EB49	0969D
15486	䪴	13	4535132511134	8234BA33	04AB4	15529	隠	13	5234435114544	EB4C	096A0
15487	谪	13	4541432512251	DAD8	08C2A	15530	際	13	5235445411234	EB48	0969B
15488	谫	13	4543125112253	DAD9	08C2B	15531	䧡	13	5241351125112	8234A532	049E1
15489	谬	13	4554154134333	C3FD	08C2C	15532	障	13	5241431251112	D5CF	0969C
15490	畵	13	5111212512152	AE93	07575	15533	隡	13	5241431331121	EB4D	096A1
15491	肅	13	5112322151512	C343	08085	15534	䧩	13	5251221113134	8234A630	049E9
15492	鹔	13	5112323435451	FB68	09E54	15535	隟	13	5255525111234	EB4B	0969F
15493	䏋	13	5112344544515	82338933	043CB	15536	嫀	13	5311113431234	8B8E	05AC0
15494	盝	13	5112413425221	B14A	076DD	15537	㜜	13	5311121533134	8230C030	0371C
15495	䪳	13	5113132511134	8234BA32	04AB3	15538	嫊	13	5311121554234	8B95	05ACA
15496	裠	13	5113251413534	D164	088E0	15539	媾	13	5311122125211	E6C5	05ABE
15497	群	13	5113251431112	C8BA	07FA4	15540	嫟	13	5311122132515	8BA4	05ADF
15498	羣	13	5113251431112	C174	07FA3	15541	㜇	13	5311211214544	8230BD39	03707
15499	彚	13	5114525111234	8FA2	05F5A	15542	㥨	13	5311211214544	8230FA37	03968
15500	㮣	13	5115415351234	8231B532	03BA3	15543	媽	13	5311211254444	8B8C	05ABD
15501	䐴	13	5115415352511	82339337	04434	15544	媴	13	5311212513534	8B85	05AB4
15502	㰺	13	5121151543534	8231C433	03C3A	15545	嬅	13	5311221122112	8BC3	05B05
15503	䣝	13	5131213251152	82348C33	048DD	15546	嫫	13	5311222511134	E6C6	05AEB
15504	殿	13	5131221343554	B5EE	06BBF	15547	嫃	13	5311225111134	8B8F	05AC3
15505	辟	13	5132514143112	B1D9	08F9F	15548	㜕	13	5311251112454	8230BF33	03715
15506	遟	13	5134143112454	DF67	0905F	15549	媷	13	5311311534124	8B87	05AB7
15507	㣁	13	5151221325112	8230EA31	038C1	15550	嫄	13	5311332511234	8B90	05AC4
15508	㣀	13	5151225111134	8230EA30	038C0	15551	嫐	13	5312512153531	8B9A	05AD0
15509	彁	13	5151251212512	8F90	05F41	15552	㜏	13	5312512511134	8230BE37	0370F

序号	字形	笔数	笔顺	18030代码	13000代码	序号	字形	笔数	笔顺	18030代码	13000代码
15553	㜐	13	5312521251431	8230BE38	03710	15596	預	13	5452132511134	EE41	09810
15554	媺	13	5312521353134	8B89	05ABA	15597	矠	13	5452312212511	B29E	077E0
15555	媼	13	5312534125221	8B8B	05ABC	15598	楘	13	5452331341234	97FA	06958
15556	媳	13	5313251114544	CFB1	05AB3	15599	暓	13	5452331342511	95A7	06693
15557	媲	13	5313253411535	E6C7	05AB2	15600	愗	13	5452331344544	90D8	06117
15558	媱	13	5313443311252	8B84	05AB1	15601	㮗	13	5452334451234	8231B430	03B97
15559	嫍	13	5313443321511	8B97	05ACD	15602	㥤	13	5452334454544	8230FA33	03964
15560	嫒	13	5313443451354	E6C8	05AD2	15603	奦	13	5452335453134	8A56	05966
15561	㜎	13	5313443554134	8230BE36	0370E	15604	㜈	13	5452335453531	8230BE30	03708
15562	嫓	13	5313525341535	8B9C	05AD3	15605	剼	13	5454543433322	849A	0527C
15563	媹	13	5313545325121	8B88	05AB9	15606	叠	13	5454544525111	B5FE	053E0
15564	媰	13	5313552335523	8B83	05AB0	15607	䯅	13	5511221115454	8234D536	04BC5
15565	嫉	13	5314134131134	BCB5	05AC9	15608	缙	13	5511224312511	E7C6	07F19
15566	㜍	13	5314135112251	8230BE35	0370D	15609	缜	13	5511225111134	E7C7	07F1C
15567	㜔	13	5314143125135	8230BF32	03714	15610	缚	13	5511251124124	B8BF	07F1A
15568	嫎	13	5314143454153	8B98	05ACE	15611	缛	13	5511311534124	E7C8	07F1B
15569	㜅	13	5314155425121	8230BD37	03705	15612	辔	13	5511512551251	E0CE	08F94
15570	㜋	13	5314313425221	8230BE33	0370B	15613	䍀	13	5512231425221	8232F936	04340
15571	嫌	13	5314315112234	CFD3	05ACC	15614	缝	13	5513541112454	B7EC	07F1D
15572	嫁	13	5314451353334	BCDE	05AC1	15615	骝	13	5513545325121	E6F2	09A9D
15573	嫔	13	5314453212134	E6C9	05AD4	15616	缞	13	5514125113534	C08A	07F1E
15574	嫆	13	5314453434251	8B92	05AC6	15617	缟	13	5514125125251	E7C9	07F1F
15575	嫇	13	5314525114134	8B93	05AC7	15618	缠	13	5514132511211	B2F8	07F20
15576	㜊	13	5315131221534	8230BE32	0370A	15619	缡	13	5514134522554	E7CA	07F21
15577	嫋	13	5315154151541	8B96	05ACB	15620	缢	13	5514313425221	E7CB	07F22
15578	媸	13	5315331251214	E6CA	05AB8	15621	缣	13	5514315112234	E7CC	07F23
15579	㗠	13	5315425125135	8230A036	035E0	15622	缤	13	5514453212134	E7CD	07F24
15580	㜉	13	5315552515215	8230BE31	03709	15623	骟	13	5514513541541	E6F3	09A9F
15581	嗧	13	5325134125122	86ED	055E7	15624	彙	13	5514525111234	8FA1	05F59
15582	綤	13	5325152554234	BE4B	07DA4	15625	続	13	5544441214534	BE41	07D9A
15583	㿳	13	5325455525121	8232A534	03FF3	15626	綕	13	5544441214544	BD9D	07D95
15584	鳭	13	5332511154444	F84A	09CED	15627	絿	13	5544441241344	BD87	07D7F
15585	䝱	13	5353532511134	8233E631	04771	15628	綍	13	5544441245521	BD95	07D8D
15586	戤	13	5354252211534	EAAE	06224	15629	䋠	13	5544441251124	8232F031	042E0
15587	䎎	13	5415411221115	82338334	0438E	15630	綆	13	5544441251134	BD8E	07D86
15588	䎍	13	5415411251124	82338333	0438D	15631	綀	13	5544441251234	BD88	07D80
15589	翜	13	5415411343434	C19C	07FDC	15632	綇	13	5544441253511	BD8F	07D87
15590	䎌	13	5415412512134	82338332	0438C	15633	綊	13	5544441343434	BD92	07D8A
15591	剹	13	5415413433322	8497	05279	15634	經	13	5544441555121	BD9B	07D93
15592	鄝	13	5415413433352	E080	0911D	15635	綃	13	5544442432511	BD8B	07D83
15593	勠	13	5415413433353	84DB	052E0	15636	絸	13	5544442511135	BD80	07D78
15594	鳮	13	5432511154444	F84B	09CEE	15637	䋥	13	5544442511211	8232F036	042E5
15595	戣	13	5433411341534	91E8	06223	15638	綑	13	5544442512341	BD99	07D91

序号	字形	笔数	笔顺	18030代码	13000代码	序号	字形	笔数	笔顺	18030代码	13000代码
15639	絹	13	5544442512511	BD81	07D79	15682	瑱	14	11211225111134	AC99	07471
15640	絅	13	5544442534251	BD9F	07D97	15683	璉	14	11211251112454	AD49	07489
15641	綉	13	5544443123453	BD91	07D89	15684	瑮	14	11211252211234	AC97	0746E
15642	綯	13	5544443155414	8232F037	042E6	15685	瑣	14	11212432511134	AC8D	07463
15643	綵	13	5544443411234	8232F032	042E1	15686	瓕	14	11212511122112	82328B30	03EEB
15644	絺	13	5544443413252	BD82	07D7A	15687	靔	14	11212511243135	EC6C	09757
15645	綌	13	5544443434251	BD94	07D8C	15688	静	14	11212511355112	BEB2	09759
15646	綒	13	5544443443521	BD9A	07D92	15689	靘	14	11212511355215	EC6D	09758
15647	綏	13	5544443443531	BD97	07D8F	15690	瑪	14	11213241112153	82328A39	03EEA
15648	綒	13	5544443443533	BD84	07D7C	15691	碧	14	11213251113251	B1CC	078A7
15649	絻	13	5544443525135	BD83	07D7B	15692	瑦	14	11213251154444	AC90	07466
15650	綘	13	5544443541112	BDA0	07D98	15693	瑡	14	11213251511252	AC8B	07461
15651	綂	13	5544444125135	BD8A	07D82	15694	瑶	14	11213443311252	D1FE	07476
15652	継	13	5544444312345	BE40	07D99	15695	瑫	14	11213443321511	AC95	0746B
15653	綐	13	5544444325135	BD98	07D90	15696	瑷	14	11213443451354	E8A8	07477
15654	綈	13	5544444351523	BD90	07D88	15697	瑲	14	11213445113251	AC9A	07472
15655	綄	13	5544444451135	BD8C	07D84	15698	瓄	14	11213541112454	82328B36	03EF1
15656	綋	13	5544444451354	BD93	07D8B	15699	璨	14	11213541521234	82328A36	03EE7
15657	綅	13	5544445114554	BD8D	07D85	15700	瑤	14	11213544311252	AC8E	07464
15658	緫	13	5544445154544	8232F030	042DF	15701	瑠	14	11213545325121	AC8A	07460
15659	綗	13	5544445212512	8232F131	042EA	15702	璃	14	11214134522554	C1A7	07483
15660	緫	13	5544445344544	BE42	07D9B	15703	瑭	14	11214135112251	E8A9	0746D
15661	熱	13	5551354224444	9FAD	0716D	15704	瑊	14	11214315112234	82328A38	03EE9
15662	剿	13	5552511123422	BDCB	0527F	15705	瑸	14	11214453212134	AC9E	07478
15663	鄛	13	5552511123452	E07D	0911B	15706	瑢	14	11214453434251	AC8C	07462
15664	勦	13	5552511123453	84E0	052E6	15707	獒	14	11215331341344	E9E1	07352
15665	耤	14	11123412212511	C263	08024	15708	赘	14	11215331342534	D7B8	08D58
15666	耷	14	11123413425115	82338630	043A8	15709	摮	14	11215331343112	93B3	0646E
15667	耥	14	11123424325251	F1ED	08025	15710	熬	14	11215331344444	B0BE	071AC
15668	耨	14	11123425111124	82338632	043AA	15711	慜	14	11215331344544	8230FC39	0397F
15669	耣	14	11123434125122	C262	08023	15712	靚	14	11221252112535	EAED	089CF
15670	耠	14	11123441431251	82338539	043A7	15713	斠	14	11221252114412	94D2	065A0
15671	耧	14	11123443344334	82338538	043A6	15714	慝	14	11221325154544	EDAB	0615D
15672	耫	14	11123455525121	82338631	043A9	15715	鳽	14	11232511154444	F84E	09CF1
15673	幫	14	11135232511252	8EC0	05E5A	15716	孷	14	11234313413521	8C56	05B77
15674	瑧	14	11211113431234	AC91	07467	15717	嫠	14	11234313413531	E6CB	05AE0
15675	璈	14	11211121533134	AD48	07488	15718	覎	14	11243342511135	D29C	0899D
15676	瑪	14	11211211254444	AC94	0746A	15719	郹	14	11341134251152	82348C36	048E0
15677	璍	14	11211221122112	AD4C	0748D	15720	蜸	14	11341134251214	CE5D	08745
15678	瓈	14	11211223123422	82328B38	03EF3	15721	嫛	14	11342511135531	8BA5	05AE2
15679	璓	14	11211223123453	AD50	07493	15722	匲	14	11342512512515	8555	05332
15680	瑹	14	11211223411234	AC9F	07479	15723	韬	14	11523443321511	E8BA	097EC
15681	瑨	14	11211224312511	AC92	07468	15724	壽	14	11525121251124	89DE	05900

序号	字形	笔数	笔顺	18030代码	13000代码
15725	叆	14	11543443451354	85A5	053C6
15726	㨹	14	12111121112511	82319132	03A39
15727	摏	14	12111134321511	939B	0644F
15728	摫	14	12111342511135	93B1	0646B
15729	髨	14	12111543331135	F388	09AE8
15730	髤	14	12111543331234	F385	09AE4
15731	髩	14	12111543331255	F389	09AE9
15732	䯱	14	12111543331324	8234DA30	04BF1
15733	髪	14	12111543331354	F38A	09AEA
15734	䯯	14	12111543332343	8234D938	04BEF
15735	髥	14	12111543332511	F386	09AE5
15736	髦	14	12111543333115	F7D6	09AE6
15737	䯰	14	12111543333432	8234D939	04BF0
15738	䯳	14	12111543333454	8234DA32	04BF3
15739	䯴	14	12111543333554	8234DA33	04BF4
15740	髣	14	12111543334153	F384	09AE3
15741	髧	14	12111543334535	F387	09AE7
15742	䯲	14	12111543335215	8234DA31	04BF2
15743	墕	14	12112121154444	8986	05895
15744	墈	14	12112211134553	897B	05888
15745	墸	14	12112212132511	89A3	058B8
15746	擆	14	12112212132511	93F0	064C6
15747	墐	14	12112212511121	8983	05890
15748	㨷	14	12112212511121	82319130	03A37
15749	撗	14	12112212512134	93D1	06497
15750	墴	14	12112212512134	899F	058B4
15751	㙢	14	12112212523434	8230AD34	03662
15752	㨺	14	12112212523434	82319133	03A3A
15753	墘	14	12112251112315	8989	05898
15754	㨴	14	12112251112315	82319037	03A34
15755	墙	14	12112431252511	C7BD	05899
15756	摲	14	12112511123312	93B7	06472
15757	摶	14	12112511214124	93BB	06476
15758	塼	14	12112511214124	8974	0587C
15759	摗	14	12112512343534	93A1	06457
15760	㨽	14	12112512512122	82319136	03A3D
15761	塸	14	12112512512515	8970	05878
15762	摳	14	12112512512515	93B8	06473
15763	摼	14	12112512554121	93BE	0647C
15764	摽	14	12112522111234	93BF	0647D
15765	墂	14	12112522111234	8977	05882
15766	䭼	14	12112544441132	8234CE33	04B7C
15767	馷	14	12112544441252	F15D	099B7
15768	馶	14	12112544441254	F15C	099B6
15769	駄	14	12112544441344	F16A	099C4
15770	䭾	14	12112544441344	8234CE35	04B7E
15771	駆	14	12112544441345	F16C	099C6
15772	駀	14	12112544441354	F166	099C0
15773	駏	14	12112544441515	F175	099CF
15774	馹	14	12112544442511	F15F	099B9
15775	馽	14	12112544442512	F163	099BD
15776	䭽	14	12112544443112	8234CE34	04B7D
15777	䭷	14	12112544443115	8234CD38	04B77
15778	駇	14	12112544443134	F16D	099C7
15779	馸	14	12112544443312	F15E	099B8
15780	䭸	14	12112544443434	8234CD39	04B78
15781	駁	14	12112544443434	F167	099C1
15782	䭻	14	12112544443453	8234CE32	04B7B
15783	䭹	14	12112544443552	8234CE30	04B79
15784	馼	14	12112544444134	F162	099BC
15785	䭺	14	12112544444135	8234CE31	04B7A
15786	馿	14	12112544444513	F165	099BF
15787	馾	14	12112544444535	F164	099BE
15788	駃	14	12112544445134	F169	099C3
15789	駅	14	12112544445134	F16B	099C5
15790	馻	14	12112544445435	F161	099BB
15791	墄	14	12113211234534	8978	05884
15792	摵	14	12113211234534	93BA	06475
15793	摕	14	12113221545252	939F	06455
15794	墆	14	12113221545252	8979	05886
15795	摦	14	12113411533544	93AE	06466
15796	撦	14	12113412132511	93DD	064A6
15797	塽	14	12113434343434	8975	0587D
15798	摤	14	12113434343434	93AC	06464
15799	墭	14	12113553425221	8998	058AD
15800	摴	14	12114524444115	93B9	06474
15801	頙	14	12121132511134	EE4A	09819
15802	塷	14	12121253444441	896F	05877
15803	䞰	14	12121341213234	8233EC32	047B0
15804	趚	14	12121341251234	DA78	08D9A
15805	趙	14	12121342432511	DA77	08D99
15806	趕	14	12121342511112	DA73	08D95
15807	趗	14	12121342512134	DA75	08D97
15808	䞲	14	12121343121534	8233EC34	047B2
15809	䞬	14	12121343123453	8233EB38	047AC
15810	䞮	14	12121343411234	8233EC30	047AE

序号	字形	笔数	笔顺	18030代码	13000代码
15811	赿	14	12121343434121	DA74	08D96
15812	趦	14	12121343434251	8233EC33	047B1
15813	趕	14	12121343443521	8233EC31	047AF
15814	趙	14	12121345113251	8233EB37	047AB
15815	趗	14	12121345133115	DA76	08D98
15816	趁	14	12121345434354	8233EB39	047AD
15817	墟	14	12121531522431	D0E6	0589F
15818	攄	14	12121531525111	93AB	06463
15819	墉	14	12121531534312	8230AD36	03664
15820	摢	14	12121531534312	93AA	06462
15821	攎	14	12121531535334	82319139	03A40
15822	攍	14	12121531535435	82319138	03A3F
15823	撐	14	12124345251121	93A3	0645A
15824	惪	14	12125111344544	9145	06150
15825	摟	14	12125112512531	93A7	0645F
15826	塿	14	12125112512531	8976	0587F
15827	摱	14	12125112522154	93B6	06471
15828	墁	14	12125112522154	DCAC	05881
15829	摺	14	12125121354251	C1CC	06482
15830	摞	14	12125121554234	DEFB	0645E
15831	摑	14	12125125115341	939D	06451
15832	嘉	14	12125143153251	BCCE	05609
15833	皷	14	12125143153254	B096	076B7
15834	臺	14	12125145154121	C55F	081FA
15835	墔	14	12125232411121	8985	05894
15836	摧	14	12125232411121	B4DD	06467
15837	塴	14	12125235113511	896C	05874
15838	攖	14	12125342534531	DEFC	06484
15839	撾	14	12125525251454	93EB	064BE
15840	摥	14	12131251113533	93AD	06465
15841	塲	14	12131251113533	896A	05872
15842	赫	14	12132341213234	BAD5	08D6B
15843	赳	14	12132341555121	8233E933	04793
15844	䚂	14	12132342511135	8233CE34	04682
15845	赲	14	12132345133115	8233E934	04794
15846	截	14	12132411121534	BDD8	0622A
15847	䲧	14	12132511154444	8234EB37	04CA8
15848	䲦	14	12132511154444	8234EB36	04CA7
15849	搗	14	12132511154444	82319039	03A36
15850	摨	14	12132511355135	82319031	03A2E
15851	翥	14	12132511541541	F4E3	07FE5
15852	摠	14	12132535414544	93A8	06460
15853	踅	14	12133122512134	F5BD	08E05
15854	誓	14	12133124111251	CAC4	08A93
15855	塒	14	12133234342134	8230AD33	03661
15856	摐	14	12133234342134	939C	06450
15857	墖	14	12134125125121	8987	05896
15858	撿	14	12134414312511	93C1	0647F
15859	摲	14	12135251124412	82319231	03A42
15860	銎	14	12135434112431	F6C6	0928E
15861	搭	14	12135444111251	82319034	03A31
15862	摖	14	12135445411234	93A0	06456
15863	墉	14	12141312214444	897E	0588C
15864	摭	14	12141312214444	DEFD	0646D
15865	壞	14	12141342513534	8230AD37	03665
15866	墉	14	12141351125112	DCAD	05889
15867	墉	14	12141352211535	896E	05876
15868	摝	14	12141352211535	93A6	0645D
15869	墇	14	12141431251112	897A	05887
15870	境	14	12141431251135	BEB3	05883
15871	摬	14	12141431251135	93B2	0646C
15872	摌	14	12141431331121	9398	0644C
15873	墒	14	12141432512251	8984	05891
15874	摘	14	12141432512251	D5AA	06458
15875	墒	14	12141432534251	C9CA	05892
15876	摔	14	12141554413412	CBA4	06454
15877	摔	14	12141554453112	93C3	06481
15878	擠	14	12143111325111	93E2	064AF
15879	搓	14	12143112145534	82319137	03A3E
15880	墊	14	12143112354121	897C	0588A
15881	撈	14	12143125112253	82319038	03A35
15882	增	14	12143251212511	8988	05897
15883	撇	14	12143252343134	C6B2	06487
15884	墚	14	12144153441234	DCAE	0589A
15885	搞	14	12144513412512	82319036	03A33
15886	摍	14	12144532132511	9399	0644D
15887	摧	14	12144532411121	82319230	03A41
15888	摿	14	12144545434252	82319131	03A38
15889	榖	14	12145111213554	AC9C	07474
15890	穀	14	12145112343554	9862	06996
15891	彀	14	12145113443554	82328132	03E89
15892	㲄	14	12145125113554	82339235	04428
15893	橐	14	12145132511234	9892	069D6
15894	摅	14	12145132515215	82319030	03A2D
15895	慤	14	12145135544544	90E2	06128
15896	穀	14	12145143343554	8231EE37	03DE4

序号	字形	笔数	笔顺	18030代码	13000代码	序号	字形	笔数	笔顺	18030代码	13000代码
15897	覟	14	12145442511135	D29E	0899F	15940	蔷	14	12212431252511	C7BE	08537
15898	壽	14	12151211251124	89DB	058FD	15941	蔪	14	12212511123312	CA60	0852A
15899	撖	14	12151221113134	DEFE	06496	15942	靺	14	12212511211234	EC85	0977A
15900	墛	14	12151311234124	898A	0589B	15943	靾	14	12212511212215	EC88	0977E
15901	㙣	14	12151512111534	8230AD35	03663	15944	鞆	14	12212511212534	EC8F	09786
15902	撱	14	12152131212511	93E3	064B1	15945	蓴	14	12212511214124	C994	084F4
15903	摪	14	12152133544124	93B0	0646A	15946	䩞	14	12212511221251	8234B137	04A5E
15904	䪺	14	12154132511134	8234BA39	04ABA	15947	靼	14	12212511225111	F7B0	0977C
15905	摺	14	12154154132511	DFA1	0647A	15948	靻	14	12212511225111	EC86	0977B
15906	摎	14	12154154134333	939A	0644E	15949	䩜	14	12212511225121	8234B135	04A5C
15907	朅	14	12154251135345	9641	06705	15950	鞅	14	12212511225134	F7B1	09785
15908	墋	14	12154545434333	897D	0588B	15951	鞂	14	12212511231234	EC8C	09782
15909	摻	14	12154545434333	93BD	0647B	15952	䩝	14	12212511233544	8234B136	04A5D
15910	蝁	14	12155121251214	CE59	08741	15953	䩚	14	12212511235154	8234B133	04A5A
15911	摜	14	12155212511134	93A5	0645C	15954	鞄	14	12212511235515	EC8E	09784
15912	摷	14	12155525111234	93BC	06477	15955	䩙	14	12212511241554	8234B132	04A59
15913	聙	14	12211111212511	C280	08059	15956	靽	14	12212511243112	EC87	0977D
15914	聝	14	12211112511534	C283	0805D	15957	䩛	14	12212511245434	8234B134	04A5B
15915	蔧	14	12211121112511	CA5D	08527	15958	鞃	14	12212511251554	EC8D	09783
15916	䎺	14	12211131125222	82338736	043BA	15959	鞀	14	12212511253251	EC8A	09780
15917	聣	14	12211132151135	C289	08063	15960	鞁	14	12212511253254	EC8B	09781
15918	聛	14	12211132511312	C281	0805B	15961	靿	14	12212511255453	EC89	0977F
15919	䎾	14	12211134125122	82338830	043BE	15962	蓸	14	12212512212511	C998	084F8
15920	蜝	14	12211134251214	CE42	0871D	15963	䔩	14	12212512343134	8233AC31	04529
15921	聡	14	12211134544544	C287	08061	15964	蔌	14	12212512343534	DDF8	0850C
15922	綦	14	12211134554234	F4EB	07DA6	15965	蓲	14	12212512512515	C992	084F2
15923	䎻	14	12211135121251	82338737	043BB	15966	蔈	14	12212522111234	CA45	08508
15924	䎽	14	12211135152511	82338739	043BD	15967	䔚	14	12213115342511	8233AA36	0451A
15925	㷦	14	12211143344444	8231EE39	03DE6	15968	蔵	14	12213125125534	CA69	08535
15926	聢	14	12211144512134	C288	08062	15969	蔕	14	12213221545252	CA4F	08515
15927	聜	14	12211144534121	C282	0805C	15970	䔪	14	12213434343434	8233AC32	0452A
15928	䎼	14	12211151124134	82338738	043BC	15971	䔛	14	12215132511134	8233AA37	0451B
15929	聚	14	12211154323334	BEDB	0805A	15972	勩	14	12215251113453	84E3	052E9
15930	蔶	14	12211212511134	CA6A	08536	15973	蓾	14	12221253444441	C99D	084FE
15931	蓵	14	12212115112134	C995	084F5	15974	蔖	14	12221531525111	CA50	08516
15932	蔫	14	12212121154444	C4E8	0852B	15975	㱳	14	12225111341354	8231C939	03C73
15933	蓷	14	12212132411121	C997	084F7	15976	慕	14	12225111342444	C4BD	06155
15934	蓺	14	12212134121354	C99A	084FA	15977	暮	14	12225111342511	C4BA	066AE
15935	蓻	14	12212143112354	C99B	084FB	15978	摹	14	12225111343112	C4A1	06479
15936	䔜	14	12212211125211	8233AA38	0451C	15979	蔝	14	12225111431234	CA55	0851D
15937	蓳	14	12212212511121	C993	084F3	15980	蔄	14	12225112511251	CA41	08504
15938	䔠	14	12212342432511	8233AB32	04520	15981	蔅	14	12225112511531	CA42	08505
15939	䔦	14	12212343155414	8233AB38	04526	15982	蔞	14	12225112512531	CA56	0851E

序号	字形	笔数	笔顺	18030代码	13000代码
15983	勱	14	12225112521453	84EA	052F1
15984	蔓	14	12225112522154	C2FB	08513
15985	䔬	14	12225121122134	8233AC34	0452C
15986	蔂	14	12225121554234	C9A0	08502
15987	蔮	14	12225125115341	CA62	0852E
15988	蓶	14	12225132411121	C996	084F6
15989	蔑	14	12225221134534	C3EF	08511
15990	甍	14	12225221451554	DDF9	0750D
15991	蔨	14	12225431134551	CA5E	08528
15992	薖	14	12225525251454	CB50	08596
15993	䔘	14	12231125225111	8233AA34	04518
15994	䔧	14	12231234221234	8233AB39	04527
15995	䔣	14	12231234223112	8233AB35	04523
15996	䔟	14	12231234354354	8233AB31	0451F
15997	䔤	14	12232511132511	8233AB36	04524
15998	蔦	14	12232511154444	CA5C	08526
15999	蔸	14	12232511355135	DDFA	08538
16000	蔥	14	12232535414544	CA5B	08525
16001	蓰	14	12233221212134	DDFB	084F0
16002	蓯	14	12233234342134	C990	084EF
16003	䔑	14	12234112344412	8233A937	04511
16004	䔙	14	12234112431354	8233AA35	04519
16005	蔹	14	12234144313134	DDFC	08539
16006	䔢	14	12234343434115	8233AB34	04522
16007	䔕	14	12235111251124	8233AA31	04515
16008	蔔	14	12235125125121	CA4E	08514
16009	䔡	14	12235251214444	8233AB33	04521
16010	蕏	14	12235312132511	CA78	0854F
16011	蔛	14	12235351124412	CA53	0851B
16012	蔡	14	12235445411234	B2CC	08521
16013	䔓	14	12241112513112	8233A939	04513
16014	蔎	14	12241112513554	CA4A	0850E
16015	蔗	14	12241312214444	D5E1	08517
16016	蔴	14	12241312341234	CA68	08534
16017	蓭	14	12241313425115	C98E	084ED
16018	蔉	14	12241342513534	CA46	08509
16019	蔍	14	12241352211535	CA49	0850D
16020	蔁	14	12241431251112	C99F	08501
16021	䔔	14	12241431251135	8233AA30	04514
16022	蔐	14	12241432512251	CA4C	08510
16023	蔏	14	12241432534251	CA4B	0850F
16024	蔟	14	12241533131134	DDFD	0851F
16025	蔙	14	12241533152134	CA52	08519
16026	䔞	14	12241554413412	8233AB30	0451E
16027	蔺	14	12242532411121	DDFE	0853A
16028	戬	14	12243125111534	EAAF	0622C
16029	蔽	14	12243252343134	B1CE	0853D
16030	蔊	14	12243342511112	CA47	0850A
16031	蔳	14	12244111212511	CA67	08533
16032	蔆	14	12244112134354	CA43	08506
16033	蕖	14	12244115151234	DEA1	08556
16034	䔐	14	12244115341534	8233A936	04510
16035	蔋	14	12244121123454	CA48	0850B
16036	蔢	14	12244153254531	CA58	08522
16037	蔻	14	12244511352154	DEA2	0853B
16038	蔲	14	12244511353134	CA66	08532
16039	蔩	14	12244512512134	CA5F	08529
16040	蓿	14	12244532132511	DEA3	084FF
16041	蔤	14	12244545434252	CA5A	08524
16042	蔰	14	12245132515215	CA64	08530
16043	蔼	14	12245251135345	B0AA	0853C
16044	㥲	14	12251111344544	8230FB36	03972
16045	榦	14	12251112341234	986F	069A6
16046	㲦	14	12251112343115	8231CF30	03CA6
16047	斡	14	12251112344412	CED3	065A1
16048	䎐	14	12251112541541	82338336	04390
16049	䔥	14	12251123243134	8233AB37	04525
16050	蔒	14	12251132514444	CA4D	08512
16051	煕	14	12251255154444	9F9B	07155
16052	熙	14	12251255154444	CEF5	07199
16053	蔚	14	12251311234124	CEB5	0851A
16054	鹕	14	12251351135451	F0C9	09E55
16055	兢	14	12251351225135	BEA4	05162
16056	嘏	14	12251512115154	D8C5	0560F
16057	䔫	14	12252121125234	8233AC33	0452B
16058	䔺	14	12252131212511	8233AD38	0453A
16059	蔣	14	12252133544124	CA59	08523
16060	䕃	14	12252341211154	8233AE37	04543
16061	蕯	14	12252354131121	CA94	0856F
16062	䔹	14	12252431353334	8233AD37	04539
16063	䕄	14	12252534125221	8233AE38	04544
16064	蓼	14	12254154134333	DEA4	084FC
16065	蔘	14	12254545434333	CA51	08518
16066	䔨	14	12255332411121	8233AC30	04528
16067	薌	14	12255345115452	CB47	0858C
16068	蔠	14	12255444435444	CA57	08520

序号	字形	笔数	笔顺	18030代码	13000代码	序号	字形	笔数	笔顺	18030代码	13000代码
16069	槕	14	12341112533112	8231B633	03BAE	16112	榅	14	12342534125221	9876	069B2
16070	榛	14	12341113431234	E9BB	0699B	16113	樇	14	12343223541234	98D4	06A24
16071	榡	14	12341121554234	986A	069A1	16114	樇	14	12343223542511	98BC	06A07
16072	構	14	12341122125211	988B	069CB	16115	榫	14	12343241112112	E9BE	069AB
16073	榧	14	12341211121115	E9BC	069A7	16116	榪	14	12343241112153	9897	069DC
16074	榪	14	12341211254444	9871	069AA	16117	榭	14	12343251113124	E9BF	069AD
16075	槓	14	12341212511134	9890	069D3	16118	榫	14	12343251113412	E9C0	069D4
16076	榸	14	12341212511211	987A	069B8	16119	槵	14	12343251114544	8231B538	03BA9
16077	榬	14	12341212513534	9872	069AC	16120	槝	14	12343251115252	9898	069DD
16078	榰	14	12341213352511	9875	069B0	16121	榪	14	12343251154444	8231B536	03BA7
16079	槑	14	12341213541234	8231B539	03BAA	16122	槐	14	12343253411535	8231B635	03BB0
16080	榼	14	12341215425221	987D	069BC	16123	蜇	14	12343312251214	CE45	08724
16081	榫	14	12341221122112	98E5	06A3A	16124	榹	14	12343321531535	987B	069B9
16082	模	14	12341222511134	C4A3	06A21	16125	槃	14	12343354143554	8231B738	03BBD
16083	樥	14	12341223541112	98D5	06A25	16126	榝	14	12343412343554	9866	0699D
16084	槢	14	12341224312511	9863	06997	16127	覡	14	12343412511135	D2A0	089A1
16085	槙	14	12341225111134	9895	069D9	16128	麩	14	12343434354123	8234F833	04D2D
16086	榛	14	12341245554234	8231B535	03BA6	16129	麩	14	12343434354154	8234F832	04D2C
16087	槌	14	12341251112454	989D	069E4	16130	麫	14	12343434354252	8234F834	04D2E
16088	榑	14	12341251124124	985F	06991	16131	麧	14	12343434354315	FB9D	09EA7
16089	槤	14	12341251234454	8231B839	03BC8	16132	愸	14	12343434534544	90F1	06138
16090	樆	14	12341251251251	8231B735	03BBA	16133	榣	14	12343443311252	986C	069A3
16091	槅	14	12341251254312	9886	069C5	16134	榣	14	12343443321511	9885	069C4
16092	槚	14	12341252212534	9896	069DA	16135	榽	14	12343443554134	987E	069BD
16093	樮	14	12341252214334	98DC	06A2E	16136	槍	14	12343445113251	988C	069CD
16094	槈	14	12341311534124	9889	069C8	16137	榆	14	12343454541541	8231B631	03BAC
16095	榎	14	12341325111354	985C	0698E	16138	槭	14	12343511431134	8231B638	03BB3
16096	槗	14	12341325125251	9893	069D7	16139	槇	14	12343525111534	9888	069C7
16097	榞	14	12341332511234	9867	0699E	16140	槰	14	12343541112454	98A8	069F0
16098	樦	14	12341353334454	8231B933	03BCC	16141	槤	14	12343541521234	986D	069A4
16099	槍	14	12341354352511	8231B732	03BB7	16142	榴	14	12343545325121	C1F1	069B4
16100	樹	14	12341541213134	8231B734	03BB9	16143	樃	14	12343552335523	8231B637	03BB2
16101	槕	14	12342125111234	9891	069D5	16144	榱	14	12344125113534	E9C1	069B1
16102	榩	14	12342153154134	9870	069A9	16145	槁	14	12344125125251	E9C2	069C1
16103	檻	14	12342231425221	BCF7	069DB	16146	槨	14	12344125152152	98A1	069E8
16104	槯	14	12342511121124	9874	069AF	16147	槉	14	12344134131134	988A	069C9
16105	樺	14	12342511122112	8231B830	03BBF	16148	樆	14	12344134522554	98BB	06A06
16106	皶	14	12342511153254	B095	076B6	16149	榶	14	12344135112251	9879	069B6
16107	槥	14	12342511243135	986E	069A5	16150	槞	14	12344143125115	9899	069DE
16108	榻	14	12342511541541	E9BD	069BB	16151	榜	14	12344143454153	B0F1	0699C
16109	樱	14	12342512134354	8231B537	03BA8	16152	榭	14	12344153313541	8231B730	03BB5
16110	槶	14	12342513533341	8231B634	03BAF	16153	榰	14	12344155425121	988F	069D2
16111	榿	14	12342521251431	9881	069BF	16154	様	14	12344311212534	9894	069D8

序号	字形	笔数	笔顺	18030代码	13000代码
16155	榚	14	12344311214444	9865	0699A
16156	榏	14	12344313425221	985D	0698F
16157	槏	14	12344315112234	988D	069CF
16158	㮶	14	12344315233511	8231B731	03BB6
16159	﨔	14	12344431343112	FE46	0FA14
16160	㮫	14	12344451112251	8231B630	03BAB
16161	榢	14	12344451353334	986B	069A2
16162	槟	14	12344453212134	E9C4	069DF
16163	榨	14	12344453431211	D5A5	069A8
16164	榕	14	12344453434251	E9C5	06995
16165	榟	14	12344454143112	9868	0699F
16166	樃	14	12344511543511	98B8	06A03
16167	槠	14	12344512132511	E9C6	069E0
16168	㮼	14	12344513541541	8231B737	03BBC
16169	榠	14	12344525114134	9869	069A0
16170	榷	14	12344532411121	C8B6	069B7
16171	榓	14	12344543425221	9861	06993
16172	榐	14	12345131221534	985E	06990
16173	榍	14	12345132432511	E9C7	0698D
16174	榒	14	12345154151541	9860	06992
16175	樄	14	12345212511234	98B9	06A04
16176	槂	14	12345213554234	9883	069C2
16177	㯁	14	12345241431251	8231B832	03BC1
16178	㮥	14	12345413425121	8231B534	03BA5
16179	樋	14	12345425112454	98BF	06A0B
16180	㮭	14	12345425431121	8231B632	03BAD
16181	槡	14	12345454541234	989A	069E1
16182	疐	14	12452512152134	AF46	07590
16183	輒	14	12511121221115	DD6D	08F12
16184	䡛	14	12511121251112	8233FD33	0485B
16185	輔	14	12511121251124	DD6F	08F14
16186	輏	14	12511121253511	DD6A	08F0F
16187	輕	14	12511121555121	DD70	08F15
16188	輎	14	12511122432511	DD69	08F0E
16189	毄	14	12511122513554	9AA9	06BC4
16190	䡚	14	12511123251135	8233FD32	0485A
16191	塹	14	12511123312121	8971	05879
16192	㟻	14	12511123312252	8230D633	037FB
16193	㜞	14	12511123312531	8230C032	0371E
16194	輍	14	12511123434251	DD68	08F0D
16195	䡘	14	12511123525121	8233FD30	04858
16196	輓	14	12511123525135	DD6E	08F13
16197	輐	14	12511124451135	DD6B	08F10
16198	䡙	14	12511124511534	8233FD31	04859
16199	㦁	14	12511124544544	8230FD31	03981
16200	輑	14	12511125113251	DD6C	08F11
16201	匱	14	12512125111345	8554	05331
16202	戨	14	12512125121534	91EB	06228
16203	歌	14	12512125123534	B8E8	06B4C
16204	遭	14	12512212511454	D4E2	0906D
16205	遫	14	12512343134454	DF6F	0906B
16206	遬	14	12512343534454	DF70	0906C
16207	辢	14	12512344143112	DE68	08FA2
16208	䝴	14	12512452511134	8233E634	04774
16209	匰	14	12512512511125	8553	05330
16210	䢩	14	12512513134454	82348731	048A9
16211	監	14	12512531425221	B14F	076E3
16212	朢	14	12512535111121	9652	06722
16213	䰙	14	12512543121254	8234DE30	04C19
16214	䰛	14	12512543121554	8234DE32	04C1B
16215	䰚	14	12512543124134	8234DE31	04C1A
16216	蜸	14	12512554251214	CE53	08738
16217	㻨	14	12512554411214	82328A37	03EE8
16218	緊	14	12512554554234	BE6F	07DCA
16219	䜹	14	12514311251234	8233E035	04739
16220	䜷	14	12514315114554	8233E033	04737
16221	䜸	14	12514315133115	8233E034	04738
16222	彯	14	12522111234333	8FAE	05F6F
16223	㔄	14	12522143123422	82308A37	03504
16224	僰	14	12523412523434	836B	050F0
16225	酵	14	12535111213521	BDCD	09175
16226	酽	14	12535111224313	F5A6	0917D
16227	酺	14	12535111251124	E154	0917A
16228	酾	14	12535111254254	F5A7	0917E
16229	酲	14	12535112511121	F5A8	09172
16230	䣺	14	12535112512511	82348F32	048FA
16231	酷	14	12535113121251	BFE1	09177
16232	酶	14	12535113155414	C3B8	09176
16233	酴	14	12535113411234	F5A9	09174
16234	酹	14	12535113443124	F5AA	09179
16235	酻	14	12535113443521	E155	0917B
16236	䣻	14	12535113445251	82348F33	048FB
16237	酼	14	12535114154325	E156	0917C
16238	酿	14	12535114511534	C4F0	0917F
16239	酸	14	12535115434354	CBE1	09178
16240	酳	14	12535115542511	E153	09173

序号	字形	笔数	笔顺	18030代码	13000代码	序号	字形	笔数	笔顺	18030代码	13000代码
16241	瓤	14	12543123433544	82328E38	03F11	16284	碸	14	13251353251214	B45E	078B8
16242	堅	14	13113453554121	8230AD32	03660	16285	碠	14	13251412514512	B44F	078A0
16243	嘗	14	13113453554251	8230A134	035E8	16286	碲	14	13251414345252	EDDA	078B2
16244	嬖	14	13113453554531	8BA1	05ADB	16287	磋	14	13251431113121	B4E8	078CB
16245	戚	14	13115341241534	82318438	039BA	16288	碊	14	13251431353334	8232BB31	040CD
16246	厨	14	13121251431124	82309234	03551	16289	磓	14	13251431523454	B464	078C0
16247	厮	14	13122111343312	D8CB	053AE	16290	磁	14	13251431554554	B4C5	078C1
16248	厲	14	13122251125214	8596	053B2	16291	碹	14	13251445125111	EDDB	078B9
16249	歷	14	13123412342121	9A73	06B74	16292	碚	14	13251445251251	8232BB38	040D4
16250	曆	14	13123412342511	95B7	066A6	16293	碤	14	13251445341344	8232BB34	040D0
16251	蹙	14	13211234534251	8230A130	035E4	16294	碦	14	13251445354251	B452	078A6
16252	䜾	14	13211234534513	8230CC39	0379D	16295	碥	14	13251451325122	EDDC	078A5
16253	遭	14	13221545252454	DF72	09070	16296	碬	14	13251512115154	B457	078AC
16254	頙	14	13241132511134	8234BA38	04AB9	16297	碿	14	13251515152511	8232BA37	040C9
16255	厰	14	13243252513134	8594	053B0	16298	磂	14	13251555325341	B45A	078AF
16256	碶	14	13251111253134	B45C	078B6	16299	黏	14	13252211121251	8234AF34	04A47
16257	碡	14	13251112155414	EDD8	078A1	16300	酢	14	13252211131211	8234AF33	04A46
16258	鹹	14	13251112511534	91ED	0622B	16301	靤	14	13252211135515	EC73	09764
16259	彭	14	13251113434333	8234BB33	04ABE	16302	皶	14	13252211153254	8234AF32	04A45
16260	碁	14	13251122111345	B455	078AA	16303	感	14	13312345344544	8230FC35	0397B
16261	碟	14	13251122151234	B5FA	0789F	16304	厲	14	13321511354444	82309233	03550
16262	碴	14	13251123425111	B2EA	078B4	16305	愿	14	13325112344544	D4B8	0613F
16263	厭	14	13251125111344	8592	053AD	16306	皶	14	13412211153254	8232A535	03FF4
16264	磠	14	13251125221121	8232BB30	040CC	16307	奩	14	13412512512515	8A59	05969
16265	碱	14	13251131251534	BCEE	078B1	16308	爾	14	13425234343434	A096	0723E
16266	碩	14	13251132511134	B454	078A9	16309	劂	14	13431523353422	D8E3	05282
16267	碝	14	13251132522134	B44D	0789D	16310	奪	14	13432411121124	8A5A	0596A
16268	碜	14	13251134354354	8232BB32	040CE	16311	鳺	14	13432511154444	8234EB39	04CAA
16269	厬	14	13251135424251	8591	053AC	16312	臧	14	13513125125534	EAB0	081E7
16270	碏	14	13251153532511	8232BA36	040C8	16313	鳹	14	13532511154444	8234EC30	04CAB
16271	磌	14	13251212511134	B45B	078B5	16314	豧	14	13533341251124	D866	08C67
16272	碮	14	13251251112134	B459	078AE	16315	豩	14	13533341353334	D868	08C69
16273	碭	14	13251251113533	B458	078AD	16316	豨	14	13533343413252	D867	08C68
16274	碮	14	13251251131121	8232BB33	040CF	16317	臻	14	13541113431234	9A8B	06B9D
16275	碣	14	13251251135345	EDD9	078A3	16318	翌	14	13542234112431	E389	09290
16276	碨	14	13251251211534	B453	078A8	16319	殞	14	13542512511134	9A8C	06B9E
16277	碳	14	13251252134334	CCBC	078B3	16320	殪	14	13542521251431	8231C935	03C6F
16278	硝	14	13251255452511	B468	078C6	16321	殠	14	13543251111344	9A8E	06BA0
16279	碫	14	13251321113554	B456	078AB	16322	殟	14	13544313425221	8231C938	03C72
16280	磈	14	13251325113554	B46A	078C8	16323	殯	14	13544453212134	E9EB	06BA1
16281	磓	14	13251325151454	B471	078D3	16324	殚	14	13544454143112	8231C936	03C70
16282	碷	14	13251331225111	B45D	078B7	16325	霄	14	14524444132511	8234AA35	04A16
16283	碖	14	13251341251122	8232BA39	040CB	16326	需	14	14524444132522	D0E8	09700

序号	字形	笔数	笔顺	18030代码	13000代码
16327	䨑	14	14524444151534	8234AA30	04A11
16328	䨔	14	14524444243135	8234AA33	04A14
16329	䨓	14	14524444252511	8234AA32	04A13
16330	霆	14	14524444312154	F6AA	09706
16331	䨐	14	14524444341251	8234A939	04A10
16332	雿	14	14524444341534	EB8D	096FF
16333	霁	14	14524444413432	F6AB	09701
16334	䨏	14	14524444413534	8234A938	04A0F
16335	䨕	14	14524444441112	8234AA34	04A15
16336	䨒	14	14524444541541	8234AA31	04A12
16337	㔵	14	15155151221345	82308F36	03535
16338	辕	14	15211212513534	D4AF	08F95
16339	辖	14	15214451112251	CFBD	08F96
16340	辗	14	15215131221534	D5B7	08F97
16341	㔆	14	15351535251122	82308A39	03506
16342	䣟	14	15351535251152	82348C35	048DF
16343	鳶	14	15432511154444	F853	09CF6
16344	戩	14	15454125111534	91EC	06229
16345	巰	14	15551214154325	8E80	05DF0
16346	蜚	14	21112111251214	F2E3	0871A
16347	裴	14	21112111413534	C5E1	088F4
16348	翡	14	21112111541541	F4E4	07FE1
16349	鬦	14	21121112124412	F45A	09B26
16350	裻	14	21123454413534	D174	088FB
16351	雌	14	21211532411121	B4C6	096CC
16352	㱗	14	21213251111344	8231C732	03C57
16353	龇	14	21213452212135	F6B7	09F87
16354	龈	14	21213452511534	F6B8	09F88
16355	鈭	14	21213534112431	E288	0922D
16356	鼑	14	21251115132125	FC87	09F11
16357	頕	14	21251132511134	EE46	09815
16358	䚃	14	21255112511135	8233CE35	04683
16359	䝳	14	21354532511134	8233E633	04773
16360	㕢	14	21451251113454	82309431	03562
16361	睿	14	21451343425111	EEA3	0777F
16362	㕡	14	21451343425154	82309430	03561
16363	雐	14	21531532411121	EB69	096D0
16364	對	14	22431431121124	8CA6	05C0D
16365	尡	14	24313525111535	8CB1	05C21
16366	䆪	14	24313544534121	8232D131	041AA
16367	嘗	14	24345251352511	874C	05617
16368	㗬	14	24345251354354	8230A138	035EC
16369	裳	14	24345251413534	C9D1	088F3
16370	睶	14	25111111342511	B251	07776
16371	嘒	14	25111121112511	8747	05612
16372	睵	14	25111121251534	B250	07775
16373	暱	14	25111122132515	95BF	066B1
16374	䁋	14	25111122151234	8232AE32	0404B
16375	䁏	14	25111125221531	8232AE36	0404F
16376	䁍	14	25111131251534	8232AE34	0404D
16377	䪶	14	25111132511134	8234BA35	04AB6
16378	睳	14	25111134121121	B24E	07773
16379	䴗	14	25111134435451	FE9C	04D17
16380	䋰	14	25111134554234	8232F137	042F0
16381	嘖	14	25111212511134	874B	05616
16382	曄	14	25111221122112	95CF	066C4
16383	曅	14	25111221122112	95D0	066C5
16384	㪤	14	25111221123134	82319B38	03AA4
16385	㬒	14	25111221344132	8231A638	03B12
16386	暯	14	25111222511134	95BD	066AF
16387	㬐	14	25111224312511	8231A636	03B10
16388	颗	14	25111234132534	BFC5	09897
16389	夥	14	25111234354354	E2B7	05925
16390	瞁	14	25111251111344	B257	07781
16391	睼	14	25111251112134	B256	0777C
16392	䁑	14	25111251113533	8232AE38	04051
16393	煛	14	25111251114334	9FA1	0715B
16394	愳	14	25111251114544	90EC	06133
16395	䁒	14	25111251122111	8232AE39	04052
16396	㬍	14	25111251124124	8231A633	03B0D
16397	睲	14	25111251131121	B24D	07772
16398	䁌	14	25111251212511	8232AE33	0404C
16399	瞆	14	25111251212534	B25A	07786
16400	㬏	14	25111251254312	8231A635	03B0F
16401	瞅	14	25111312344334	B3F2	07785
16402	瞍	14	25111321511254	EEA4	0778D
16403	䁛	14	25111325113554	8232AF37	0405B
16404	睺	14	25111325131134	B254	0777A
16405	瞃	14	25111331225111	B259	07783
16406	䝸	14	25111341221254	8233E638	04778
16407	賕	14	25111341241344	D967	08CD5
16408	睮	14	25111341251122	B249	0776E
16409	䝵	14	25111341251124	8233E635	04775
16410	賑	14	25111341311534	D963	08CD1
16411	賏	14	25111342511134	D961	08CCF
16412	賗	14	25111342512512	D969	08CD7

序号	字形	笔数	笔顺	18030代码	13000代码
16413	賖	14	25111343411234	D968	08CD6
16414	賒	14	25111343411234	D964	08CD2
16415	賘	14	25111344131214	D96A	08CD8
16416	䁔	14	25111344311354	8232AF31	04054
16417	䁓	14	25111345234354	8232AF30	04053
16418	賐	14	25111345434354	D962	08CD0
16419	覞	14	25111352511135	D29D	0899E
16420	䁎	14	25111412514512	8232AE35	0404E
16421	䁟	14	25111431113121	8232B031	0405F
16422	瞇	14	25111431234454	B25B	07787
16423	䁖	14	25111431234531	FE6F	04056
16424	睻	14	25111445125111	B255	0777B
16425	睴	14	25111451251112	B24F	07774
16426	睱	14	25111512115154	B24C	07771
16427	䁕	14	25111515152511	8232AF32	04055
16428	睸	14	25111521325111	B253	07778
16429	睽	14	25111543341134	EEA5	0777D
16430	墅	14	25112115452121	CAFB	05885
16431	嘕	14	25112121154444	874A	05615
16432	朄	14	25112125431234	9640	06704
16433	嘋	14	25112153213134	8743	0560B
16434	㗦	14	25112211135352	8230A132	035E6
16435	嘆	14	25112212511134	8740	05606
16436	嘞	14	25112212511253	E0CF	0561E
16437	暢	14	25112251113533	95B3	066A2
16438	嘜	14	25112343434354	874F	0561C
16439	閨	14	25112511121121	E97C	095A8
16440	䦙	14	25112511121124	82349E34	04999
16441	䦖	14	25112511121251	82349E31	04996
16442	聞	14	25112511122111	C284	0805E
16443	閧	14	25112511122134	E97B	095A7
16444	閪	14	25112511125351	E97E	095AA
16445	閩	14	25112511251214	E97D	095A9
16446	閭	14	25112511251251	E982	095AD
16447	閮	14	25112511312154	E983	095AE
16448	䦚	14	25112511312251	82349E35	0499A
16449	閰	14	25112511321511	E985	095B0
16450	閥	14	25112511321534	E979	095A5
16451	䦗	14	25112511325221	82349E32	04997
16452	閤	14	25112511341251	E978	095A4
16453	閦	14	25112511343434	E97A	095A6
16454	閣	14	25112511354251	E977	095A3
16455	䦛	14	25112511355112	FE8D	0499B
16456	閡	14	25112511415334	E975	095A1
16457	䦕	14	25112511431132	82349E30	04995
16458	関	14	25112511431134	E976	095A2
16459	暥	14	25112511445531	95B6	066A5
16460	䦘	14	25112511511534	82349E33	04998
16461	嘈	14	25112512212511	E0D0	05608
16462	嗽	14	25112512343534	CBD4	055FD
16463	嘔	14	25112512512515	8749	05614
16464	遱	14	25112512531454	DF73	09071
16465	暟	14	25112521251431	95B0	0669F
16466	嘌	14	25112522111234	E0D1	0560C
16467	㼔	14	25112522133544	82328F31	03F14
16468	暣	14	25113115431234	95B4	066A3
16469	嘁	14	25113211234534	E0D2	05601
16470	㗣	14	25113221545252	8230A039	035E3
16471	暞	14	25113251111234	95AF	0669E
16472	嘎	14	25113251111534	B8C2	0560E
16473	暤	14	25113251113412	95B5	066A4
16474	暚	14	25113443311252	95AC	0669A
16475	暧	14	25113443451354	EAD3	066A7
16476	暡	14	25113454541541	95B2	066A1
16477	鹖	14	25113534535451	FB69	09E56
16478	㔀	14	25114125123422	82308A33	03500
16479	暠	14	25114125125251	95B1	066A0
16480	㬑	14	25114125152152	8231A637	03B11
16481	㬕	14	25114524431112	8231A731	03B15
16482	暝	14	25114525114134	EAD4	0669D
16483	䪽	14	25115132511134	8234BB32	04ABD
16484	飸	14	25115344511534	EF91	098F8
16485	毾	14	25115415413115	9ACF	06BFE
16486	㬎	14	25115545544444	8231A634	03B0E
16487	頔	14	25121132511134	EE45	09814
16488	監	14	25121134425221	B14E	076E2
16489	踌	14	25121211113124	B3EC	08E0C
16490	跿	14	25121211212134	DB54	08DFF
16491	䟷	14	25121211213312	8233F333	047F7
16492	踍	14	25121211213521	DB5E	08E0D
16493	踋	14	25121211215452	DB5D	08E0B
16494	踂	14	25121211221115	DB57	08E02
16495	䟵	14	25121211241344	8233F331	047F5
16496	踈	14	25121211251234	DB5C	08E08
16497	䟴	14	25121211311534	8233F330	047F4
16498	踎	14	25121211324251	DB5F	08E0E

序号	字形	笔数	笔顺	18030代码	13000代码
16499	踁	14	25121211555121	DB56	08E01
16500	踄	14	25121212121233	DB59	08E04
16501	踃	14	25121212432511	DB58	08E03
16502	踀	14	25121212511134	8233F336	047FA
16503	踀	14	25121212512134	DB55	08E00
16504	踇	14	25121213155414	DB5B	08E07
16505	踪	14	25121213411234	8233F337	047FB
16506	踓	14	25121213434121	8233F332	047F6
16507	踂	14	25121213443124	8233F335	047F9
16508	跻	14	25121213544132	8233F334	047F8
16509	踈	14	25121214154325	8233F339	047FD
16510	踉	14	25121214511534	F5D4	08E09
16511	踻	14	25121215135251	DB52	08DFC
16512	踞	14	25121215154544	F5D5	08DFD
16513	踊	14	25121215425112	D3BB	08E0A
16514	踆	14	25121215434354	DB5A	08E06
16515	暘	14	25121251113533	AE98	0757C
16516	暛	14	25121312511211	AE99	0757D
16517	蜯	14	25121411134112	CE4D	0872F
16518	蜻	14	25121411212511	F2DF	0873B
16519	蜄	14	25121412111534	8233BB37	045C5
16520	蝫	14	25121412132511	CE77	0876B
16521	蜨	14	25121412134354	8233BB32	045C0
16522	蜞	14	25121412211134	F2E0	0871E
16523	蜡	14	25121412212511	C0AF	08721
16524	蝧	14	25121412225134	CE73	08767
16525	蜥	14	25121412343312	F2E1	08725
16526	蜙	14	25121412343454	CE40	08719
16527	蝀	14	25121412511234	CE58	08740
16528	蜮	14	25121412511534	F2E2	0872E
16529	蜽	14	25121412523434	CE57	0873D
16530	蜻	14	25121413412512	8233BB33	045C1
16531	蜨	14	25121415112134	CE48	08728
16532	蜷	14	25121415341534	8233BB35	045C3
16533	蜳	14	25121421531535	8233BB34	045C2
16534	蜾	14	25121425111234	F2E4	0873E
16535	蜫	14	25121425111535	CE4A	0872B
16536	蝈	14	25121425112141	F2E5	08748
16537	蜎	14	25121425112511	8233BC31	045C9
16538	蜴	14	25121425113533	F2E6	08734
16539	蝇	14	25121425125115	D3AC	08747
16540	蜖	14	25121425312341	CE44	08720
16541	蜩	14	25121425431415	CE5C	08744
16542	蜗	14	25121425525251	CE81	08778
16543	暛	14	25121431113121	82329735	03F68
16544	睐	14	25121431134121	AE97	0757B
16545	蜘	14	25121431134251	D6A9	08718
16546	蜲	14	25121431234531	CE4F	08732
16547	暡	14	25121431554554	82329734	03F67
16548	蜺	14	25121432151135	CE55	0873A
16549	蝂	14	25121432153354	CE5A	08742
16550	蜼	14	25121432411121	CE56	0873C
16551	蜱	14	25121432511312	F2E7	08731
16552	蜦	14	25121434125122	CE46	08726
16553	蛴	14	25121434343312	8233BB36	045C4
16554	蜩	14	25121435121251	F2E8	08729
16555	蜪	14	25121435311252	CE49	0872A
16556	蜭	14	25121435321511	CE4C	0872D
16557	蜹	14	25121435431234	8233BB39	045C7
16558	蜳	14	25121441251521	CE50	08733
16559	蜶	14	25121441343412	CE52	08736
16560	蜣	14	25121441525111	8233BC30	045C8
16561	蜻	14	25121441542511	CE43	0871F
16562	蜷	14	25121443113455	F2E9	08737
16563	蜿	14	25121443122431	8233BD30	045D2
16564	蝉	14	25121443251112	B2F5	08749
16565	蜷	14	25121443344334	8233BC32	045CA
16566	蜿	14	25121444335112	CE60	0874B
16567	蝊	14	25121444512134	CE5F	0874A
16568	蝖	14	25121444525151	8233BB38	045C6
16569	蜿	14	25121444535455	F2EA	0873F
16570	螂	14	25121445115452	F2EB	08782
16571	蜧	14	25121445131344	CE47	08727
16572	蜛	14	25121451312251	CE41	0871B
16573	蜢	14	25121452125221	F2EC	08722
16574	蜬	14	25121452413452	CE4B	0872C
16575	蝃	14	25121454545454	CE5B	08743
16576	嘘	14	25121531522431	D0EA	05618
16577	嘑	14	25121531534312	8746	05611
16578	暛	14	25121545231234	82329732	03F65
16579	嘡	14	25124345251121	8752	05621
16580	鹗	14	25125111535451	F0CA	09E57
16581	嘢	14	25125112115452	8753	05622
16582	團	14	25125112141241	8846	05718
16583	槑	14	25125112341234	988E	069D1
16584	嘍	14	25125112512531	8744	0560D

序号	字形	笔数	笔顺	18030代码	13000代码	序号	字形	笔数	笔顺	18030代码	13000代码
16585	翩	14	25125122541541	C240	07FE4	16628	嚩	14	25212211135352	8230D631	037F9
16586	鄲	14	25125125111252	E090	09132	16629	嶃	14	25212511123312	8DE3	05D83
16587	碞	14	25125125113251	B44E	0789E	16630	嶄	14	25212511123312	8DE4	05D84
16588	嘓	14	25125125115341	8748	05613	16631	嶆	14	25212512212511	8DE6	05D86
16589	鄸	14	25125143152352	82348C34	048DE	16632	幒	14	25212512212511	8230E033	0385F
16590	舜	14	25125145354152	82339738	0445D	16633	嶇	14	25212512512515	8DE7	05D87
16591	鴖	14	25125152251251	86FB	05602	16634	獃	14	25212514311344	AA79	07343
16592	嘊	14	25125213121121	8742	0560A	16635	敱	14	25212514312154	94B1	06571
16593	嘪	14	25125232411121	86F7	055FA	16636	敳	14	25212514313134	94B2	06573
16594	嘣	14	25125235113511	E0D4	05623	16637	嶫	14	25212522111234	8230D635	037FD
16595	嘤	14	25125342534531	E0D3	05624	16638	幖	14	25212522111234	8EBC	05E56
16596	嗵	14	25125525251454	8230A333	035FB	16639	嵽	14	25213221545252	8DDE	05D7D
16597	嘞	14	25131251121153	8230A038	035E2	16640	嶀	14	25214524444115	8DE1	05D80
16598	嘄	14	25132511151234	86FD	05604	16641	罴	14	25221121544444	EEBC	07F74
16599	鳴	14	25132511154444	F851	09CF4	16642	罱	14	25221122543112	EEBD	07F71
16600	嘷	14	25132511413412	8773	05651	16643	罳	14	25221251214544	C151	07F73
16601	嘥	14	25133221212134	8754	05625	16644	䍟	14	25221345234354	8232FC37	0435F
16602	嘚	14	25133225111124	874E	0561A	16645	罰	14	25221411125122	C150	07F70
16603	㗰	14	25133234342134	8230A232	035F0	16646	署	14	25221414312511	C14F	07F6F
16604	𡡡	14	25134125112531	8755	05626	16647	㠊	14	25221531522431	8230D738	0380A
16605	㗭	14	25134312344544	8230A139	035ED	16648	嶁	14	25225112512531	8DE2	05D81
16606	嗿	14	25134452511134	86FA	055FF	16649	㟺	14	25225112512531	8230D632	037FA
16607	慁	14	25135333414544	90F9	06141	16650	㡞	14	25225112512531	8230E032	0385E
16608	嘝	14	25135351124412	8750	0561D	16651	幔	14	25225112522154	E1A3	05E54
16609	㗫	14	25135445411234	8230A137	035EB	16652	幗	14	25225125115341	8EBD	05E57
16610	嗻	14	25141312214444	86F8	055FB	16653	嶉	14	25225132511121	8DE9	05D89
16611	嘛	14	25141312341234	C2EF	0561B	16654	嶌	14	25232511154444	8DEC	05D8C
16612	嘃	14	25141351125112	86FC	05603	16655	嶋	14	25232511154444	8DEB	05D8B
16613	嘀	14	25141432512251	E0D6	05600	16656	幒	14	25232535414544	8EBA	05E52
16614	嗾	14	25141533131134	E0D5	055FE	16657	嵷	14	25233134342134	8DD8	05D77
16615	嘙	14	25144153254531	874D	05619	16658	嵸	14	25233234343134	8DD9	05D78
16616	㗧	14	25144534154121	8230A133	035E7	16659	嶑	14	25235251353334	8DF1	05D91
16617	嘧	14	25144545434252	E0D7	05627	16660	㡜	14	25235445411234	8230E030	0385C
16618	嘨	14	25151123243134	8756	05628	16661	嵻	14	25241351124134	8DDC	05D7B
16619	噉	14	25151221113134	876E	05649	16662	㟾	14	25241351125112	8230D636	037FE
16620	䣈	14	25152152515215	82348A32	048C8	16663	嶂	14	25241431251112	E1D6	05D82
16621	䬭	14	25153344511534	8234C634	04B2D	16664	幛	14	25241431251112	E1A4	05E5B
16622	㗩	14	25154154132511	8230A135	035E9	16665	嵼	14	25241431331121	8DDD	05D7C
16623	嘐	14	25154154134333	8745	05610	16666	㠃	14	25241432512251	8230D731	03803
16624	嘇	14	25154545434333	8741	05607	16667	圖	14	25251122525111	8844	05716
16625	幘	14	25211212511134	8EBE	05E58	16668	嶎	14	25251311234124	8DEE	05D8E
16626	嶊	14	25212132411121	8DEA	05D8A	16669	嶈	14	25252133544124	8DE8	05D88
16627	嵿	14	25212132511134	8DE0	05D7F	16670	㠕	14	25252325113554	8230D839	03815

序号	字形	笔数	笔顺	18030代码	13000代码
16671	嶐	14	25252354131121	8DF0	05D90
16672	嶍	14	25254154132511	8DED	05D8D
16673	㠄	14	25254154132511	8230D732	03804
16674	嵺	14	25254154134333	8DDB	05D7A
16675	幓	14	25254545434333	8EBB	05E53
16676	㠁	14	25254545434333	8230D639	03801
16677	嵾	14	25254545434333	8DDF	05D7E
16678	赙	14	25341251124124	EAE7	08D59
16679	圙	14	25341325221111	8847	05719
16680	罂	14	25342534311252	F3BF	07F42
16681	䍞	14	25343412511534	8232FC36	0435E
16682	赚	14	25344315112234	D7AC	08D5A
16683	䵞	14	25431211444422	8234FD32	04D5E
16684	圗	14	25541225221111	8845	05717
16685	骷	14	25545251112251	F7BC	09AB7
16686	骵	14	25545251112341	F365	09AB5
16687	䯊	14	25545251112512	8234D631	04BCA
16688	䯋	14	25545251113544	8234D632	04BCB
16689	䯎	14	25545251134112	8234D635	04BCE
16690	䯍	14	25545251134454	8234D634	04BCD
16691	骶	14	25545251135154	F7BE	09AB6
16692	鹘	14	25545251135451	F7BD	09E58
16693	骲	14	25545251135515	F362	09AB2
16694	䯌	14	25545251151335	8234D633	04BCC
16695	骳	14	25545251153254	F363	09AB3
16696	锲	14	31115111253134	EFC6	09532
16697	锴	14	31115153532511	EFC7	09534
16698	锶	14	31115251214544	EFC8	09536
16699	锷	14	31115251251115	EFC9	09537
16700	锸	14	31115312321511	EFCA	09538
16701	锹	14	31115312344334	C7C2	09539
16702	锺	14	31115312511211	EFF1	0953A
16703	锻	14	31115321113554	B6CD	0953B
16704	锼	14	31115321511254	EFCB	0953C
16705	锽	14	31115325111121	E942	0953D
16706	锾	14	31115344311354	EFCC	0953E
16707	锵	14	31115412354124	EFCF	09535
16708	锿	14	31115412513534	EFCD	0953F
16709	镀	14	31115413122154	B6C6	09540
16710	镁	14	31115431121134	C3BE	09541
16711	镂	14	31115431234531	EFCE	09542
16712	镃	14	31115431554554	E943	09543
16713	镄	14	31115515322534	EFD0	09544
16714	镅	14	31115521325111	EFD1	09545
16715	甧	14	31121311212511	AE65	07527
16716	舞	14	31122221354152	CEE8	0821E
16717	鄦	14	31122221444452	E086	09126
16718	製	14	31125222413534	D175	088FD
16719	罁	14	31125225431252	C093	07F41
16720	䍋	14	31125231212211	8232FA37	0434B
16721	䍌	14	31125241431251	8232FA38	0434C
16722	搿	14	31133412513112	EBA1	0643F
16723	聟	14	31134251122111	C285	0805F
16724	䂕	14	31134551353334	8232B535	04095
16725	氁	14	31151222511134	9AD2	06C01
16726	㲩	14	31152511541541	8231CF33	03CA9
16727	氳	14	31152534125221	9AE8	06C33
16728	犕	14	31211221325112	A0CD	07295
16729	㹉	14	31211332511234	8231F838	03E49
16730	㹄	14	31212512134354	8231F833	03E44
16731	犔	14	31213115431234	A0CC	07294
16732	犓	14	31213552335523	A0CB	07293
16733	犒	14	31214125125251	EAFB	07292
16734	犗	14	31214451112251	A0CF	07297
16735	㹊	14	31214532411121	8231F839	03E4A
16736	舔	14	31225111342444	CCF2	08214
16737	舓	14	31225125113533	C56B	08213
16738	舕	14	31225143344334	C56C	08215
16739	稧	14	31234111253134	B747	07A27
16740	穁	14	31234122122111	B75A	07A41
16741	稫	14	31234125125121	B74B	07A2B
16742	䅩	14	31234125425134	8232CA36	04169
16743	䅡	14	31234132511134	8232C938	04161
16744	稬	14	31234132522134	B74C	07A2C
16745	稭	14	31234153532511	B74D	07A2D
16746	㴝	14	31234223424134	8231DA38	03D1D
16747	䅠	14	31234251112134	8232C937	04160
16748	馛	14	31234251113544	F143	0999B
16749	䅥	14	31234251135345	8232CA32	04165
16750	馝	14	31234251145434	F145	0999D
16751	馜	14	31234251151335	F144	0999C
16752	䭯	14	31234251152252	8234CD30	04B6F
16753	稩	14	31234251212511	B749	07A29
16754	䅢	14	31234251212511	8232C939	04162
16755	䅪	14	31234251212534	8232CA37	0416A
16756	䅤	14	31234312321511	8232CA31	04164

序号	字形	笔数	笔顺	18030代码	13000代码
16757	䅨	14	31234312342511	8232CA35	04168
16758	種	14	31234312511211	B74E	07A2E
16759	稪	14	31234312511354	B74A	07A2A
16760	䅣	14	31234325111121	8232CA30	04163
16761	㓿	14	31234342413422	82308A32	034FF
16762	稲	14	31234344322511	B752	07A32
16763	稱	14	31234344325211	B751	07A31
16764	稯	14	31234345234354	B74F	07A2F
16765	䖿	14	31234353251214	8233BB31	045BF
16766	䊍	14	31234353431234	8232E738	0428D
16767	稳	14	31234355114544	CEC8	07A33
16768	䅫	14	31234412511234	8232CA38	0416B
16769	䅧	14	31234414312511	8232CA34	04167
16770	稵	14	31234431554554	B754	07A35
16771	鹙	14	31234433435451	FB6A	09E59
16772	稨	14	31234451325122	B748	07A28
16773	穊	14	31234511541535	B762	07A4A
16774	稦	14	31234521251152	B746	07A26
16775	稰	14	31234521342511	B750	07A30
16776	㷩	14	31251255154334	8231EF32	03DE9
16777	熈	14	31251255154444	9FC1	07188
16778	熏	14	31254312114444	D1AC	0718F
16779	勪	14	31342512525153	84E4	052EA
16780	箐	14	31431411212511	F3E4	07B90
16781	箦	14	31431411212534	F3E5	07BA6
16782	箧	14	31431411431345	F3E6	07BA7
16783	箝	14	31431412112211	F3E9	07B9D
16784	箍	14	31431412112525	B9BF	07B8D
16785	箉	14	31431412125153	B979	07B89
16786	箸	14	31431412132511	F3E7	07BB8
16787	䈊	14	31431412134354	8232DA37	0420A
16788	箨	14	31431412154112	F3EA	07BA8
16789	箕	14	31431412211134	BBFE	07B95
16790	箃	14	31431412211154	B974	07B83
16791	箬	14	31431412213251	F3E8	07BAC
16792	箖	14	31431412341234	B983	07B96
16793	箂	14	31431412343434	B973	07B82
16794	䈅	14	31431412511534	8232DA32	04205
16795	箣	14	31431412523422	B98B	07BA3
16796	箑	14	31431415112134	B980	07B91
16797	箋	14	31431415341534	B97B	07B8B
16798	箌	14	31431415412122	B97C	07B8C
16799	䈇	14	31431421251112	8232DA34	04207
16800	箎	14	31431421531535	B97D	07B8E
16801	算	14	31431425111132	CBE3	07B97
16802	箟	14	31431425111535	B989	07B9F
16803	箅	14	31431425121132	F3EB	07B85
16804	箇	14	31431425122511	B977	07B87
16805	箩	14	31431425221354	C2E1	07BA9
16806	箘	14	31431425312341	B984	07B98
16807	箆	14	31431425341535	B976	07B86
16808	䈋	14	31431425342511	8232DA38	0420B
16809	䈑	14	31431425525251	8232DB34	04211
16810	箠	14	31431431212211	B98A	07BA0
16811	箄	14	31431432511312	B975	07B84
16812	箚	14	31431434125122	B986	07B9A
16813	劄	14	31431434125122	849E	05284
16814	䈁	14	31431434125122	8232D938	04201
16815	箏	14	31431434435112	B97E	07B8F
16816	䈈	14	31431435115215	8232DA35	04208
16817	箙	14	31431435115254	B985	07B99
16818	箤	14	31431441343412	B98C	07BA4
16819	箁	14	31431441431251	B972	07B81
16820	䈉	14	31431441431531	8232DA36	04209
16821	䈍	14	31431441525111	8232DB30	0420D
16822	箊	14	31431441533444	B97A	07B8A
16823	箞	14	31431443113455	B988	07B9E
16824	箪	14	31431443251112	F3EC	07BAA
16825	䈌	14	31431444125111	8232DA39	0420C
16826	箔	14	31431444132511	B2AD	07B94
16827	䈃	14	31431444153251	8232DA30	04203
16828	箥	14	31431444153254	B98D	07BA5
16829	箈	14	31431444154251	B978	07B88
16830	管	14	31431444525151	B9DC	07BA1
16831	箜	14	31431444534121	F3ED	07B9C
16832	箢	14	31431444535455	F3EE	07BA2
16833	䈆	14	31431445131344	8232DA33	04206
16834	箫	14	31431451123234	F3EF	07BAB
16835	箓	14	31431451124134	B982	07B93
16836	箒	14	31431451145252	B981	07B92
16837	箛	14	31431452133544	B987	07B9B
16838	䈄	14	31431452413452	8232DA31	04204
16839	䈨	14	31431452511534	8232DD37	04228
16840	緐	14	31554143554234	BE75	07DD0
16841	毓	14	31554144154325	D8B9	06BD3
16842	㒃	14	32111251113454	8139FB38	03483

序号	字形	笔数	笔顺	18030代码	13000代码	序号	字形	笔数	笔顺	18030代码	13000代码
16843	舆	14	32111512511134	D3DF	08206	16886	㒅	14	32413543543534	8139FC30	03485
16844	僣	14	32113411342511	8363	050E3	16887	僮	14	32414312511211	D9D7	050EE
16845	㒎	14	32113421112111	8139FC39	0348E	16888	僐	14	32431112431251	8352	050D0
16846	僥	14	32121121121135	8365	050E5	16889	僯	14	32431234354152	836A	050EF
16847	僨	14	32121222511134	8366	050E8	16890	僔	14	32431253511124	8356	050D4
16848	僖	14	32121251431251	D9D2	050D6	16891	僧	14	32432524312511	C9AE	050E7
16849	㒓	14	32121431112454	8139FD34	03493	16892	㒌	14	32433443344535	8139FC37	0348C
16850	僫	14	32121551214544	8369	050EB	16893	僗	14	32433443344553	8358	050D7
16851	㒋	14	32122111343312	8139FC36	0348B	16894	㒏	14	32445112213444	8139FD30	0348F
16852	僛	14	32122111343534	835B	050DB	16895	僒	14	32445345113251	8354	050D2
16853	僷	14	32122122151234	8370	050F7	16896	僱	14	32451332411121	836C	050F1
16854	㒖	14	32122251125214	8139FD37	03496	16897	㿤	14	32511111342511	8232A339	03FE4
16855	儆	14	32122352513134	D9D3	05106	16898	甈	14	32511112341554	AE50	07508
16856	僡	14	32125112144544	8361	050E1	16899	鼻	14	32511125121132	B1C7	09F3B
16857	僊	14	32125221134515	834D	050CA	16900	躴	14	32511134511534	DC71	08EB4
16858	僲	14	32125221354152	836D	050F2	16901	躵	14	32511135344544	DC72	08EB5
16859	僳	14	32125221431243	CBDB	050F3	16902	墍	14	32511151535121	8980	0588D
16860	僚	14	32134432511234	C1C5	050DA	16903	䲦	14	32511154444134	8234EB35	04CA6
16861	䑖	14	32151115112134	82339731	04456	16904	㠀	14	32511154444252	8230D638	03800
16862	㸢	14	32151221325112	8231F439	03E22	16905	㿣	14	32511251135345	8232A338	03FE3
16863	牔	14	32151251124124	A0A6	07254	16906	魄	14	32511325113554	C6C7	09B44
16864	僭	14	32153515352511	D9D4	050ED	16907	魅	14	32511355411234	F7C8	09B45
16865	牓	14	32154143454153	A0A5	07253	16908	魃	14	32511355413544	F7C9	09B43
16866	僕	14	32224314311134	8357	050D5	16909	魆	14	32511355415534	F471	09B46
16867	跾	14	32231342512134	DB53	08DFE	16910	䰠	14	32511355425112	8234DE37	04C20
16868	僘	14	32243252513134	8359	050D8	16911	䰡	14	32511355431134	8234DE38	04C21
16869	㒉	14	32243452511234	8139FC34	03489	16912	歍	14	32511544443534	9A54	06B4D
16870	僴	14	32251125112511	836E	050F4	16913	僝	14	32513521521521	835D	050DD
16871	僩	14	32251125113511	8367	050E9	16914	僎	14	32515515122134	8351	050CE
16872	僓	14	32251212511134	8355	050D3	16915	睾	14	32522112143112	D8BA	0777E
16873	僤	14	32251251251112	8364	050E4	16916	䘓	14	32522135321511	8233C335	04613
16874	㒇	14	32311222214444	8139FC32	03487	16917	僜	14	32543341251431	835C	050DC
16875	僑	14	32313425125251	8353	050D1	16918	僪	14	32545232534251	8368	050EA
16876	㒐	14	32314314352511	8139FD31	03490	16919	㒍	14	32545454554234	8139FC38	0348D
16877	儁	14	32324111212525	8379	05101	16920	僟	14	32554554134534	835F	050DF
16878	僬	14	32324111214444	D9D5	050EC	16921	瞂	14	33122511113544	B258	07782
16879	㒆	14	32341251541541	8139FC31	03486	16922	㣱	14	33211212511134	8230EE39	038F1
16880	僠	14	32343123425121	8360	050E0	16923	㣴	14	33212212512134	8230EF32	038F4
16881	僞	14	32344335554444	835E	050DE	16924	德	14	33212252214544	8FD4	05FB3
16882	僢	14	32344345354152	8362	050E2	16925	徱	14	33212522111234	8FD2	05FB1
16883	㒄	14	32354413444444	8139FB39	03484	16926	歋	14	33215315353534	9A53	06B4B
16884	劁	14	32411121444422	D8E4	05281	16927	徴	14	33225211213134	8FD5	05FB4
16885	僦	14	32412512341354	D9D6	050E6	16928	㣲	14	33225212513134	8230EF30	038F2

序号	字形	笔数	笔顺	18030代码	13000代码	序号	字形	笔数	笔顺	18030代码	13000代码
16929	徾	14	33225212523134	8EB9	05E51	16972	銕	14	34112431151534	E38E	09295
16930	銜	14	33234112431112	E395	0929C	16973	鋣	14	34112431152352	E479	092E3
16931	㣯	14	33234312344544	8230EE38	038F0	16974	銍	14	34112431154121	E387	0928D
16932	䢨	14	33234342134454	82348730	048A8	16975	銧	14	34112431243135	E3A0	092A7
16933	㸕	14	33243241112154	8231F336	03E15	16976	蝕	14	34112431251214	E36E	09275
16934	徹	14	33243252343134	8FD6	05FB6	16977	銅	14	34112431251251	E37E	09285
16935	慇	14	33511535544544	9140	06147	16978	鋁	14	34112431251251	E458	092C1
16936	䑶	14	33541411212511	82339A33	04476	16979	鍋	14	34112431251252	E448	092B1
16937	䑴	14	33541412211134	82339A31	04474	16980	銦	14	34112431251341	E39F	092A6
16938	䑲	14	33541421251112	82339939	04472	16981	鉮	14	34112431252252	E398	0929F
16939	䑵	14	33541425112511	82339A32	04475	16982	䤧	14	34112431252511	82349337	04927
16940	艑	14	33541432511252	C587	0824A	16983	銖	14	34112431311234	E38F	09296
16941	䑳	14	33541434125122	82339A30	04473	16984	銑	14	34112431312135	E38A	09291
16942	艌	14	33541434454544	C588	0824C	16985	銩	14	34112431312154	E441	092A9
16943	槃	14	33541435541234	9884	069C3	16986	鋌	14	34112431312154	E462	092CC
16944	擎	14	33541435543112	9384	0642B	16987	銛	14	34112431312251	E394	0929B
16945	䑸	14	33541444511234	82339A35	04478	16988	鉥	14	34112431321234	E396	0929D
16946	䑱	14	33541444535455	82339938	04471	16989	䤦	14	34112431321534	82349336	04926
16947	䑷	14	33541445132511	82339A34	04477	16990	鋋	14	34112431321554	E461	092CB
16948	艍	14	33541451312251	C589	0824D	16991	鉒	14	34112431323121	E385	0928B
16949	艋	14	33541452125221	F4BB	0824B	16992	銄	14	34112431325251	E37D	09284
16950	㼒	14	33544251113533	82328E39	03F12	16993	銽	14	34112431331251	E390	09297
16951	㙦	14	34112344412121	8230AD38	03666	16994	䤨	14	34112431333534	82349338	04928
16952	銇	14	34112431111234	E381	09287	16995	銓	14	34112431341121	E38C	09293
16953	銭	14	34112431111534	E445	092AD	16996	鉿	14	34112431341251	E378	0927F
16954	鉽	14	34112431112154	E376	0927D	16997	銚	14	34112431341534	E393	0929A
16955	銢	14	34112431112534	E39B	092A2	16998	䤪	14	34112431351234	82349430	0492A
16956	鉂	14	34112431113112	E37B	09282	16999	䤥	14	34112431351355	82349335	04925
16957	鉶	14	34112431113222	E36F	09276	17000	銁	14	34112431352511	E37A	09281
16958	銈	14	34112431121121	E382	09288	17001	銘	14	34112431354251	E391	09298
16959	銡	14	34112431121251	E39A	092A1	17002	鉻	14	34112431354251	E374	0927B
16960	銬	14	34112431121315	E444	092AC	17003	鉹	14	34112431354354	E372	09279
16961	銠	14	34112431121335	E399	092A0	17004	錚	14	34112431355112	E550	0931A
16962	鉺	14	34112431122111	E373	0927A	17005	銫	14	34112431355215	E443	092AB
16963	鉷	14	34112431122134	E370	09277	17006	鉸	14	34112431413434	E371	09278
16964	鋩	14	34112431122415	E480	092E9	17007	銥	14	34112431413534	E39E	092A5
16965	鉞	14	34112431131534	E384	0928A	17008	䤤	14	34112431415334	82349334	04924
16966	銔	14	34112431132412	E38D	09294	17009	銃	14	34112431415435	E37C	09283
16967	銆	14	34112431132511	E380	09286	17010	鉼	14	34112431431132	E375	0927C
16968	銪	14	34112431132511	E442	092AA	17011	銤	14	34112431431234	E39D	092A4
16969	銌	14	34112431132521	E386	0928C	17012	銒	14	34112431434242	E38B	09292
16970	銙	14	34112431134115	E392	09299	17013	䤩	14	34112431445315	82349339	04929
16971	鋮	14	34112431135534	E485	092EE	17014	銨	14	34112431445531	E440	092A8

序号	字形	笔数	笔顺	18030代码	13000代码	序号	字形	笔数	笔顺	18030代码	13000代码
17015	銉	14	34112431511112	E383	09289	17058	膉	14	35111215425221	82339233	04426
17016	銀	14	34112431511534	E379	09280	17059	膜	14	35111222511134	C4A4	0819C
17017	鉫	14	34112431531251	E39C	092A3	17060	膹	14	35111225111134	82339133	0441C
17018	鉼	14	34112431543112	E377	0927E	17061	膊	14	35111251124124	B2B2	0818A
17019	鋐	14	34112431554234	E446	092AF	17062	膈	14	35111251254312	EBF5	08188
17020	龣	14	34125131123112	9390	0643B	17063	遯	14	35111353334454	DF71	0906F
17021	雂	14	34125132411121	8234A738	049FB	17064	膭	14	35112432511134	82339134	0441D
17022	鄱	14	34312342512152	DBB6	09131	17065	膶	14	35112512511134	82339230	04423
17023	勫	14	34312342512153	84E5	052EB	17066	膸	14	35112521251431	82339236	04429
17024	谽	14	34342513445251	D845	08C3D	17067	膃	14	35112534125221	C465	08183
17025	谻	14	34342514453112	8233DF34	0472E	17068	膾	14	35113223542511	82339333	04430
17026	悹	14	34431215114544	8230FB33	0396F	17069	膱	14	35113241112153	82339237	0442A
17027	飖	14	34433112523534	EF75	098D6	17070	膔	14	35113253411535	C46D	0818D
17028	孴	14	34433555444452	A092	07233	17071	膎	14	35113443554134	C46E	0818E
17029	鄹	14	34433555444452	E08C	0912C	17072	膉	14	35113454541541	82339232	04425
17030	貋	14	34435332511112	D881	08C8B	17073	膖	14	35113541112454	C474	08196
17031	貍	14	34435332511211	D882	08C8D	17074	膠	14	35113552335523	82339139	04422
17032	貌	14	34435333251135	C3B2	08C8C	17075	膈	14	35114125125251	82339234	04427
17033	貜	14	34435335434354	8233E430	0475C	17076	膌	14	35114134342511	C46C	0818C
17034	歀	14	34435541343534	8231C438	03C3F	17077	膅	14	35114135112251	C467	08185
17035	飷	14	34451132511534	91EA	06227	17078	膀	14	35114143454153	B0F2	08180
17036	餞	14	34451154111534	8234C738	04B3B	17079	膝	14	35114311341234	987C	069BA
17037	餌	14	34451154122111	F044	0990C	17080	膉	14	35114313425221	C46A	08189
17038	餁	14	34451154154121	8234C736	04B39	17081	膁	14	35114315112234	C464	08181
17039	蝕	14	34451154251214	CE67	08755	17082	膑	14	35114453212134	EBF7	08191
17040	餇	14	34451154251251	EFA0	09907	17083	膬	14	35115154151541	82339135	0441E
17041	餂	14	34451154312251	EF9B	09902	17084	蜸	14	35115215251214	CE4E	08730
17042	餁	14	34451154323121	EF9A	09901	17085	鳾	14	35121211254444	F168	099C2
17043	餉	14	34451154325251	F041	09909	17086	翢	14	35121251541541	C19F	07FE2
17044	餄	14	34451154341251	EF9D	09904	17087	雒	14	35123432411121	EB6A	096D1
17045	餆	14	34451154341534	EF9F	09906	17088	鳳	14	35132511154444	F850	09CF3
17046	餎	14	34451154354251	F045	0990E	17089	頒	14	35251132511134	8234BA36	04AB7
17047	餕	14	34451154354354	8234C734	04B37	17090	鋫	14	35251134112431	E397	0929E
17048	餃	14	34451154413434	EF9C	09903	17091	鮭	14	35251211121121	F6D9	09C91
17049	餏	14	34451154413534	F046	0990F	17092	鮚	14	35251211121251	F6DA	09C92
17050	餩	14	34451154415334	8234C732	04B35	17093	鮓	14	35251211121315	F78A	09C93
17051	餁	14	34451154431112	8234C737	04B3A	17094	鮪	14	35251211132511	F6DB	09C94
17052	餅	14	34451154431132	EF9E	09905	17095	鮞	14	35251211132522	F6DC	09C95
17053	餀	14	34451154511534	8234C733	04B36	17096	鮦	14	35251211251251	F78B	09C96
17054	飿	14	34451154512454	8234C833	04B40	17097	鮗	14	35251211253422	F78C	09C97
17055	領	14	34454132511134	EE49	09818	17098	鮨	14	35251211331251	F78D	09C98
17056	膆	14	35111121554234	C468	08186	17099	鮘	14	35251211341154	F78E	09C99
17057	膧	14	35111122125211	82339136	0441F	17100	鮐	14	35251211413432	F6DD	09C9A

序号	字形	笔数	笔顺	18030代码	13000代码	序号	字形	笔数	笔顺	18030代码	13000代码
17101	鮫	14	35251211413434	F6DE	09C9B	17144	獤	14	35351221113134	82328235	03E96
17102	鮮	14	35251211431112	CFCA	09C9C	17145	獶	14	35354154134333	82328231	03E92
17103	鮟	14	35251211511124	F6E0	09C9F	17146	獴	14	35354545434333	82328230	03E91
17104	魟	14	35251214444121	F484	09B5F	17147	獯	14	35355525111234	82328139	03E90
17105	魠	14	35251214444315	F485	09B60	17148	㹭	14	35411124544334	8231EF36	03DED
17106	䰴	14	35251214444315	8234E037	04C34	17149	雒	14	35425132411121	F6C3	096D2
17107	魡	14	35251214444354	F486	09B61	17150	㗮	14	35425141351134	8230A230	035EE
17108	魥	14	35251214444354	F48A	09B65	17151	䲯	14	35432511154444	8234EC34	04CAF
17109	䰶	14	35251214444415	8234E039	04C36	17152	孵	14	35435243443521	B7F5	05B75
17110	魢	14	35251214444515	F487	09B62	17153	㛌	14	35435425111234	8230B136	0368C
17111	䰵	14	35251214444521	8234E038	04C35	17154	㚋	14	35435435121251	8230B135	0368B
17112	夐	14	35253425111354	89E9	05910	17155	夤	14	35444512512134	E2B9	05924
17113	㺓	14	35311212511134	82328232	03E93	17156	鄮	14	35453251113452	E08E	0912E
17114	疑	14	35311345452134	D2C9	07591	17157	僅	14	35512212511121	E2CB	09991
17115	㺚	14	35312143112454	82328239	03E9A	17158	㱀	14	35523355233534	8231C439	03C40
17116	獚	14	35312212512134	AA8D	0735A	17159	馒	14	35525112522154	C2F8	09992
17117	㺇	14	35312251251344	82328130	03E87	17160	㓗	14	41111253554234	82308632	034D7
17118	獑	14	35312511123312	AA86	07351	17161	誡	14	41112511132534	D55D	08AA1
17119	㺏	14	35325112512531	82328138	03E8F	17162	誟	14	41112511213521	D55B	08A9F
17120	獌	14	35325112522154	AA83	0734C	17163	読	14	41112511214535	D569	08AAD
17121	颰	14	35325121413544	EF54	098B0	17164	誌	14	41112511214544	D549	08A8C
17122	䬂	14	35325121415534	8234C231	04B02	17165	誮	14	41112511223235	D56A	08AAE
17123	颭	14	35325121421251	EF51	098AD	17166	誣	14	41112511234341	D55F	08AA3
17124	颮	14	35325121435515	EF52	098AE	17167	誖	14	41112511245521	D552	08A96
17125	䬃	14	35325121441431	8234C232	04B03	17168	誧	14	41112511251124	D563	08AA7
17126	䬁	14	35325121444535	8234C230	04B01	17169	誎	14	41112511251234	D54B	08A8E
17127	䫾	14	35325121445434	8234C137	04AFE	17170	語	14	41112511251251	D55A	08A9E
17128	䫿	14	35325121453251	8234C138	04AFF	17171	䛠	14	41112511251431	8233D738	046E0
17129	颱	14	35325121454251	EF55	098B1	17172	誫	14	41112511311534	D567	08AAB
17130	䬀	14	35325121455453	8234C139	04B00	17173	䛟	14	41112511343434	8233D737	046DF
17131	獕	14	35325232411121	AA89	07355	17174	誙	14	41112511555121	D555	08A99
17132	獔	14	35332511413412	AA88	07354	17175	誚	14	41112512432511	D556	08A9A
17133	獄	14	35341112511344	AA7A	07344	17176	䛞	14	41112512511112	8233D736	046DE
17134	㺎	14	35341351125112	82328137	03E8E	17177	誤	14	41112512511134	D560	08AA4
17135	獐	14	35341431251112	E2AF	07350	17178	誢	14	41112512511135	D55E	08AA2
17136	獍	14	35341431251135	E2B0	0734D	17179	䛣	14	41112512512115	8233D831	046E3
17137	獙	14	35343252343134	AA8C	07359	17180	䛤	14	41112512512134	8233D832	046E4
17138	飃	14	35343545325121	EF76	098D7	17181	誥	14	41112513121251	D561	08AA5
17139	觨	14	35351121212534	D36F	089E8	17182	誐	14	41112513121534	D54D	08A90
17140	觩	14	35351121241344	D370	089E9	17183	誗	14	41112513123422	D553	08A97
17141	觫	14	35351121251234	F6A2	089EB	17184	䛢	14	41112513123435	8233D830	046E2
17142	䚛	14	35351123121251	8233D039	0469B	17185	誘	14	41112513123453	D554	08A98
17143	解	14	35351124143112	D371	089EA	17186	誨	14	41112513155414	D564	08AA8

序号	字形	笔数	笔顺	18030代码	13000代码
17187	䛥	14	41112513413252	8233D833	046E5
17188	說	14	41112513425135	D566	08AAA
17189	䛦	14	41112513434251	8233D834	046E6
17190	誝	14	41112513445251	D559	08A9D
17191	䛡	14	41112513515251	8233D739	046E1
17192	誑	14	41112513531121	D54E	08A91
17193	誩	14	41112514111251	D565	08AA9
17194	䛨	14	41112514143112	8233D836	046E8
17195	䛧	14	41112514312345	8233D835	046E7
17196	説	14	41112514325135	D568	08AAC
17197	誏	14	41112514511534	D54C	08A8F
17198	誛	14	41112515114554	D557	08A9B
17199	誋	14	41112515154544	D548	08A8B
17200	䛝	14	41112515211252	8233D735	046DD
17201	認	14	41112515344544	D54A	08A8D
17202	誦	14	41112515425112	D562	08AA6
17203	誒	14	41112515431134	D54F	08A92
17204	誜	14	41112515434354	D558	08A9C
17205	凴	14	41121125444435	8452	051F4
17206	凘	14	41122111343312	8440	051D8
17207	裵	14	41211121113534	D170	088F5
17208	銮	14	41223434112431	F6C7	092AE
17209	裹	14	41251112343534	B9FC	088F9
17210	㲤	14	41251135343115	8231CE38	03CA4
17211	槀	14	41251252511234	9882	069C0
17212	敲	14	41251252512154	C7C3	06572
17213	㪣	14	41251252513134	82319B37	03AA3
17214	歊	14	41251252513534	9A52	06B4A
17215	毃	14	41251252513554	9AA8	06BC3
17216	髚	14	41251252514135	F37C	09ADA
17217	䯩	14	41251252515215	8234D932	04BE9
17218	豪	14	41251451353334	BAC0	08C6A
17219	膏	14	41251452512511	B8E0	0818F
17220	塾	14	41251521354121	DBD3	0587E
17221	廑	14	41312212511121	E2DB	05ED1
17222	廣	14	41312212512134	8F56	05EE3
17223	遮	14	41312214444454	D5DA	0906E
17224	塺	14	41312341234121	8972	0587A
17225	麽	14	41312341234354	F7E1	09EBD
17226	麼	14	41312341234554	FC4E	09EBC
17227	廗	14	41313221545252	8F4B	05ED7
17228	㥷	14	41313434344544	8230FC31	03977
17229	廎	14	41315132511134	8F46	05ECE
17230	㢒	14	41321531525111	8230E534	03892
17231	廔	14	41325112512531	8F49	05ED4
17232	廙	14	41325121122134	8F4D	05ED9
17233	腐	14	41332124253434	B8AF	08150
17234	廏	14	41332511353554	8F47	05ECF
17235	㢔	14	41333234342134	8230E536	03894
17236	瘈	14	41341111253134	AF80	07608
17237	瘎	14	41341122111345	AF84	0760E
17238	瘩	14	41341122341251	B4F1	07629
17239	㾰	14	41341122513511	82329E37	03FB0
17240	㾴	14	41341123425111	82329F31	03FB4
17241	瘌	14	41341125123422	F0F8	0760C
17242	瘗	14	41341143134121	F0F9	07617
17243	㾬	14	41341153532511	82329E33	03FAC
17244	瘧	14	41341215315151	AF91	07627
17245	㾪	14	41341234325111	82329E31	03FAA
17246	瘍	14	41341251113533	AF83	0760D
17247	瘟	14	41341251125221	CEC1	0761F
17248	㾯	14	41341251211534	82329E36	03FAF
17249	㾶	14	41341255452511	82329F33	03FB6
17250	㾭	14	41341312344334	82329E34	03FAD
17251	瘇	14	41341312511211	AF7E	07607
17252	瘦	14	41341321511254	CADD	07626
17253	㾮	14	41341325111121	82329E35	03FAE
17254	瘣	14	41341325113554	AF90	07623
17255	瘊	14	41341325131134	F0FA	0760A
17256	㾽	14	41341325151454	8232A030	03FBD
17257	瘉	14	41341341251122	AF81	07609
17258	廘	14	41341352211535	8F4C	05ED8
17259	瘓	14	41341352534134	AF88	07613
17260	瘋	14	41341353251214	AF82	0760B
17261	㾵	14	41341411125112	82329F32	03FB5
17262	㾳	14	41341413534531	82329F30	03FB3
17263	瘖	14	41341414312511	AF8A	07616
17264	瘥	14	41341431113121	F0FB	07625
17265	瘘	14	41341431234531	F0FC	07618
17266	㢓	14	41341431251112	8230E535	03893
17267	瘒	14	41341451251112	AF87	07612
17268	㾫	14	41341451325122	82329E32	03FAB
17269	㾼	14	41341511534454	82329F39	03FBC
17270	瘕	14	41341512115154	F0FD	07615
17271	㾻	14	41341523411234	82329F38	03FBB
17272	㾱	14	41341543341135	82329E38	03FB1

序号	字形	笔数	笔顺	18030代码	13000代码	序号	字形	笔数	笔顺	18030代码	13000代码
17273	瘙	14	41341544251214	F0FE	07619	17316	羫	14	43111344534121	C17A	07FAB
17274	﨎	14	41343241112154	FE42	0FA0E	17317	䍳	14	43111354545454	8232FE37	04373
17275	虠	14	41343421531535	CC97	08660	17318	頖	14	43113132511134	EE47	09816
17276	㼺	14	41351122511554	82329239	03F3A	17319	鲞	14	43113435251211	F6DF	09C9E
17277	㲥	14	41351122513115	8231CE39	03CA5	17320	勬	14	43113455423453	84E6	052EC
17278	㣑	14	41351125112333	8230EB37	038D1	17321	精	14	43123411212511	BEAB	07CBE
17279	褏	14	41351251213534	D185	0890F	17322	粻	14	43123412111534	BBA0	07CBB
17280	廜	14	41351312132511	8F4F	05EDC	17323	粸	14	43123412211134	BB9E	07CB8
17281	褎	14	41351312343534	D184	0890E	17324	䊔	14	43123412225134	8232E835	04294
17282	裦	14	41351545233534	D166	088E6	17325	䊑	14	43123424325251	8232E832	04291
17283	塵	14	41352211535121	896D	05875	17326	粿	14	43123425111234	BC40	07CBF
17284	䴟	14	41352211535354	8234F639	04D1F	17327	䊐	14	43123425111535	8232E831	04290
17285	廖	14	41354154134333	C1CE	05ED6	17328	䊒	14	43123432411121	8232E833	04292
17286	㢕	14	41355332411121	8230E537	03895	17329	粺	14	43123432511312	BB9F	07CBA
17287	辣	14	41431131251234	C0B1	08FA3	17330	㥹	14	43123434534544	8230FC33	03979
17288	竰	14	41431132511211	B87B	07AF0	17331	㔂	14	43123435415222	82308A35	03502
17289	辡	14	41431134143112	DE67	08FA1	17332	鄰	14	43123435415252	E08F	09130
17290	彰	14	41431251112333	D5C3	05F70	17333	粼	14	43123435415255	F4D4	07CBC
17291	遧	14	41431251112454	DF6C	09067	17334	粷	14	43123435431234	BB9D	07CB7
17292	勭	14	41431251121153	84E7	052ED	17335	粹	14	43123441343412	B4E2	07CB9
17293	竭	14	41431251135345	BDDF	07AED	17336	䊎	14	43123443113455	8232E739	0428E
17294	韷	14	41431251152252	ED89	097F7	17337	䊏	14	43123443344334	8232E830	0428F
17295	韶	14	41431251153251	C9D8	097F6	17338	粽	14	43123444511234	F4D5	07CBD
17296	端	14	41431252132522	B6CB	07AEF	17339	䊕	14	43123451111254	8232E836	04295
17297	竬	14	41431325125214	B879	07AEC	17340	粶	14	43123451124134	BB9C	07CB6
17298	颯	14	41431353251214	EF53	098AF	17341	糁	14	43123454134333	F4D6	07CC1
17299	暜	14	41431414312511	95AE	0669C	17342	鄭	14	43125351113452	E08D	0912D
17300	竮	14	41431513431132	B87A	07AEE	17343	甉	14	43151122341554	AE51	07509
17301	適	14	41432512251454	DF6D	09069	17344	㪠	14	43151122342154	82319B34	03AA0
17302	齊	14	41432533543211	FD52	09F4A	17345	㝺	14	43151122342343	8230C934	0377A
17303	旗	14	41533112211134	C6EC	065D7	17346	歉	14	43151122343534	C7B8	06B49
17304	旖	14	41533113412512	ECBD	065D6	17347	槊	14	43152335111234	E9C3	069CA
17305	膂	14	41533135342511	EBF6	08182	17348	愬	14	43152335114544	90E5	0612C
17306	夣	14	41542522145354	89F5	05923	17349	鹚	14	43155455435451	F0CB	09E5A
17307	䢦	14	41554413412454	82348638	048A6	17350	弊	14	43252343134132	B1D7	05F0A
17308	阚	14	42551221113134	E3DB	0961A	17351	幣	14	43252343134252	8EC5	05E63
17309	鄯	14	43111243125152	DBB7	0912F	17352	彆	14	43252343134515	8F95	05F46
17310	㿷	14	43111312153254	8232A538	03FF7	17353	嫳	14	43252343134531	8BB1	05AF3
17311	䍶	14	43111312511234	82338130	04376	17354	鄫	14	43252431251152	E08B	0912B
17312	䍴	14	43111331234531	8232FE38	04374	17355	煹	14	43341122125211	9FB5	07179
17313	䍲	14	43111332151135	8232FE36	04372	17356	熕	14	43341212511134	9FCB	07195
17314	鲝	14	43111335251211	F78F	09C9D	17357	熆	14	43341215425221	9FBF	07186
17315	養	14	43111344511534	F042	0990A	17358	燁	14	43341221122112	9FEE	071C1

序号	字形	笔数	笔顺	18030代码	13000代码	序号	字形	笔数	笔顺	18030代码	13000代码
17359	㷬	14	43341222511134	8231EF35	03DEC	17402	漢	14	44112212511134	9D68	06F22
17360	煿	14	43341251124124	9FB9	0717F	17403	潢	14	44112212512134	E4EA	06F62
17361	㷧	14	43341332511234	8231EF30	03DE7	17404	滿	14	44112212523434	9D4D	06EFF
17362	熚	14	43342511122112	9FCE	0719A	17405	㵏	14	44112241343412	8231DF38	03D4F
17363	熀	14	43342511243135	9FBA	07180	17406	潆	14	44112245554234	E4EB	06F46
17364	熌	14	43342511251134	9FC4	0718C	17407	漧	14	44112251112315	9D6C	06F27
17365	熉	14	43342512511134	9FC2	07189	17408	潇	14	44112251123234	E4EC	06F47
17366	煾	14	43342513414544	9FB8	0717E	17409	漜	14	44112341234121	9D63	06F1C
17367	㷨	14	43342523541112	8231EF31	03DE8	17410	滼	14	44112341234354	9D4A	06EFC
17368	熅	14	43342534125221	9FBE	07185	17411	漤	14	44112341234531	E4ED	06F24
17369	熂	14	43343115431234	9FBC	07182	17412	漆	14	44112343424134	C6E1	06F06
17370	㷪	14	43343241112153	8231EF33	03DEA	17413	㴾	14	44112455213134	8231DE31	03D3E
17371	熄	14	43343251114544	CFA8	07184	17414	漸	14	44112511123312	9D75	06F38
17372	熓	14	43343251154444	9FCA	07193	17415	㵄	14	44112511134534	8231DE37	03D44
17373	熎	14	43343443311252	9FC6	0718E	17416	漙	14	44112511214124	9D60	06F19
17374	熖	14	43343443321511	9FCC	07196	17417	漕	14	44112512212511	E4EE	06F15
17375	熗	14	43343445113251	9FCD	07197	17418	潄	14	44112512343134	9D81	06F44
17376	熢	14	43343541112454	9FD4	071A2	17419	漱	14	44112512343534	CAFE	06F31
17377	熘	14	43343545325121	ECD6	07198	17420	漚	14	44112512512515	9D61	06F1A
17378	煼	14	43343552335523	9FB7	0717C	17421	漂	14	44112522111234	C6AF	06F02
17379	熇	14	43344125125251	9FC0	07187	17422	漘	14	44113115342511	9D5F	06F18
17380	㷰	14	43344134522554	8231EF39	03DF0	17423	滯	14	44113221545252	9CFE	06EEF
17381	煻	14	43344135112251	9FB6	0717B	17424	㵔	14	44113412132511	8231E033	03D54
17382	㷣	14	43344311123112	8231EE36	03DE3	17425	漺	14	44113434343434	9D77	06F3A
17383	熑	14	43344315112234	9FC8	07191	17426	滷	14	44121253444441	9D46	06EF7
17384	㷠	14	43344334354152	8231EE33	03DE0	17427	滹	14	44121531534312	E4EF	06EF9
17385	榮	14	43344334451234	9873	069AE	17428	滮	14	44121531535333	9CFD	06EEE
17386	甇	14	43344334451554	AE4F	07507	17429	䣉	14	44123432515215	82348A33	048C9
17387	膋	14	43344334452511	C46B	0818B	17430	漟	14	44124345251121	9D66	06F1F
17388	滎	14	43344334452534	9CEE	06ECE	17431	漊	14	44125112512531	9D55	06F0A
17389	犖	14	43344334453112	A0CE	07296	17432	漫	14	44125112522154	C2FE	06F2B
17390	熒	14	43344334454334	9FC9	07192	17433	㵆	14	44125113121251	8231DE39	03D46
17391	㷥	14	43344334525341	8231EE38	03DE5	17434	潩	14	44125121122134	9D9D	06F69
17392	熔	14	43344453434251	C8DB	07194	17435	㵃	14	44125121444535	8231DE36	03D43
17393	煽	14	43344513541541	C9BF	0717D	17436	漯	14	44125121554234	E4F0	06F2F
17394	熐	14	43344525114134	9FC7	07190	17437	漍	14	44125125115341	9D58	06F0D
17395	熁	14	43345353532511	9FBB	07181	17438	漶	14	44125125124544	E4F1	06F36
17396	熥	14	43345425112454	9FD7	071A5	17439	漄	14	44125213121121	9D51	06F04
17397	漬	14	44111212511134	9D6E	06F2C	17440	潀	14	44125221323434	9D7C	06F40
17398	漹	14	44112121154444	9D76	06F39	17441	潈	14	44125221353334	9D83	06F48
17399	㴿	14	44112132511134	8231DE32	03D3F	17442	潉	14	44125225111535	9D84	06F49
17400	漖	14	44112135213134	9D5D	06F16	17443	漼	14	44125232411121	9D79	06F3C
17401	漌	14	44112212511121	9D57	06F0C	17444	漰	14	44125235113511	9D70	06F30

序号	字形	笔数	笔顺	18030代码	13000代码	序号	字形	笔数	笔顺	18030代码	13000代码
17445	潂	14	44125243122431	9D7E	06F42	17488	演	14	44144512512134	D1DD	06F14
17446	漴	14	44125244511234	9D72	06F34	17489	漃	14	44144521123454	9D50	06F03
17447	濄	14	44125525251454	9DE3	06FC4	17490	㴼	14	44144532132511	8231DD39	03D3C
17448	潅	14	44131132411121	9D82	06F45	17491	漥	14	44144534121121	9D6A	06F25
17449	㵇	14	44131225112211	8231DF30	03D47	17492	潌	14	44144534154121	9D86	06F4C
17450	漡	14	44131251113533	9D67	06F21	17493	滵	14	44144545434252	9D44	06EF5
17451	滺	14	44132231344544	9D48	06EFA	17494	滬	14	44145132515215	9CFB	06EEC
17452	漑	14	44132511351535	9D5B	06F11	17495	澉	14	44151221113134	E4F7	06F89
17453	漗	14	44132535414544	9D5E	06F17	17496	潳	14	44151312132511	9DA4	06F73
17454	澚	14	44132543123415	9DC1	06F9A	17497	漏	14	44151312524444	C2A9	06F0F
17455	漇	14	44133221212134	9D53	06F07	17498	漲	14	44151512111534	9D71	06F32
17456	漎	14	44133234342134	9D59	06F0E	17499	漋	14	44152354131121	9D56	06F0B
17457	潊	14	44134112342154	9D85	06F4A	17500	漝	14	44154154132511	9D64	06F1D
17458	漵	14	44134112343134	9D73	06F35	17501	漻	14	44154154134333	9D78	06F3B
17459	㽏	14	44134125112211	82329530	03F4F	17502	慂	14	44154251124544	90FA	06142
17460	潋	14	44134144313134	E4F2	06F4B	17503	滲	14	44154545434333	9D42	06EF2
17461	㴽	14	44134312344544	8231DE30	03D3D	17504	潍	14	44155132411121	CEAB	06F4D
17462	漞	14	44134432511135	9D65	06F1E	17505	漅	14	44155525111234	9D52	06F05
17463	㵅	14	44134452511134	8231DE38	03D45	17506	㥽	14	44211212511134	8230FC37	0397D
17464	漁	14	44135251214444	9D4F	06F01	17507	㥼	14	44212121154444	8230FC36	0397C
17465	潒	14	44135251353334	9D8B	06F52	17508	慬	14	44212212511121	915B	0616C
17466	潴	14	44135312132511	E4F3	06F74	17509	慲	14	44212212523434	9160	06172
17467	漪	14	44135313412512	E4F4	06F2A	17510	慚	14	44212511123312	914D	0615A
17468	漈	14	44135445411234	9D54	06F08	17511	慱	14	44212511214124	915F	06171
17469	滸	14	44141112513112	9D47	06EF8	17512	慒	14	44212512212511	9146	06152
17470	㵂	14	44141312214444	8231DE35	03D42	17513	慪	14	44212512512515	9159	0616A
17471	滾	14	44141342513534	9D4C	06EFE	17514	慳	14	44212512554121	9161	06173
17472	漮	14	44141351124134	9D6F	06F2E	17515	慓	14	44212522111234	9147	06153
17473	滽	14	44141351125112	9D4B	06EFD	17516	慽	14	44213211234534	9169	0617D
17474	漉	14	44141352211535	E4F5	06F09	17517	㦅	14	44213221545252	8230FD35	03985
17475	漳	14	44141431251112	D5C4	06F33	17518	㦋	14	44213412132511	8230FE31	0398B
17476	滰	14	44141431251135	9D40	06EF0	17519	慡	14	44213434343434	9153	06161
17477	滻	14	44141431331121	9D49	06EFB	17520	憈	14	44221531522431	9174	06188
17478	滴	14	44141432512251	B5CE	06EF4	17521	㦆	14	44221531534312	8230FD36	03986
17479	滳	14	44141432534251	9D43	06EF3	17522	憆	14	44224345251121	9172	06186
17480	㵀	14	44141533131134	8231DE33	03D40	17523	慺	14	44225112512531	9166	0617A
17481	漩	14	44141533152134	E4F6	06F29	17524	慢	14	44225112522154	C2FD	06162
17482	漾	14	44143112145534	D1FA	06F3E	17525	慖	14	44225125115341	9149	06156
17483	漛	14	44143113424134	9D62	06F1B	17526	慛	14	44225232411121	914E	0615B
17484	潎	14	44143252343134	9D87	06F4E	17527	慯	14	44231251113533	915E	0616F
17485	㵉	14	44144112341234	8231DF32	03D49	17528	慟	14	44231251121153	9151	0615F
17486	㵈	14	44144153112251	8231DF31	03D48	17529	憁	14	44232535414544	916D	06181
17487	滱	14	44144511352154	9D41	06EF1	17530	憏	14	44235445411234	9179	0618F

序号	字形	笔数	笔顺	18030代码	13000代码	序号	字形	笔数	笔顺	18030代码	13000代码
17531	慷	14	44241351124134	BFB6	06177	17574	㝫	14	44552354131121	8230C739	0376B
17532	慵	14	44241351125112	E3BC	06175	17575	寥	14	44554154134333	C1C8	05BE5
17533	㦇	14	44241352211535	8230FD37	03987	17576	實	14	44555212511134	8C8D	05BE6
17534	慞	14	44241431251112	9150	0615E	17577	㮾	14	45115435111234	8231B739	03BBE
17535	㦃	14	44241431331121	8230FD33	03983	17578	皸	14	45125111253254	B097	076B8
17536	㦈	14	44243112125221	8230FD38	03988	17579	谭	14	45125221251112	CCB7	08C2D
17537	慻	14	44243113425111	9167	0617B	17580	肈	14	45131534511112	C344	08088
17538	㦑	14	44251221113134	8230FE37	03991	17581	䋯	14	45131534554234	8232F136	042EF
17539	憜	14	44252131212511	9186	0619C	17582	㼐	14	45132512233544	82328E37	03F10
17540	㦕	14	44252354131121	82318131	03995	17583	肇	14	45133134511112	D5D8	08087
17541	慴	14	44254154132511	9162	06174	17584	綮	14	45133134554234	F4EC	07DAE
17542	憀	14	44254154134333	916C	06180	17585	谮	14	45153515352511	DADA	08C2E
17543	慘	14	44254545434333	914B	06158	17586	褉	14	45234111253134	D180	08909
17544	慣	14	44255212511134	9154	06163	17587	褋	14	45234122151234	D181	0890B
17545	㝬	14	44511122511134	8230C830	0376C	17588	䙊	14	45234122245252	8233C930	0464A
17546	㪡	14	44511122512154	82319B35	03AA1	17589	褡	14	45234122341251	F1D7	08921
17547	㲅	14	44511122513554	8231CB37	03C85	17590	褗	14	45234125115315	D18A	08917
17548	寨	14	44511221341234	D5AF	05BE8	17591	褔	14	45234125125121	D187	08914
17549	赛	14	44511221342534	C8FC	08D5B	17592	䙅	14	45234125221531	8233C835	04645
17550	搴	14	44511221343112	E5BA	06434	17593	䙃	14	45234131212511	8233C833	04643
17551	㥶	14	44511221344544	8230FC30	03976	17594	䙇	14	45234132522134	8233C837	04647
17552	㝪	14	44512143112354	8230C738	0376A	17595	褙	14	45234211352511	F1D8	08919
17553	寬	14	44512225111354	8C92	05BEC	17596	褆	14	45234251112134	D17C	08906
17554	賓	14	44512332511134	D965	08CD3	17597	褞	14	45234251125221	D18E	0891E
17555	寡	14	44513251113453	B9D1	05BE1	17598	褐	14	45234251135345	BAD6	08910
17556	寠	14	44525112512531	8C8A	05BE0	17599	䙌	14	45234251212534	FE7D	0464C
17557	窫	14	44534111253134	B845	07AAB	17600	褍	14	45234252132522	D183	0890D
17558	窬	14	44534341251122	F1BE	07AAC	17601	䙄	14	45234312321511	8233C834	04644
17559	㮤	14	44534342511234	8231B533	03BA4	17602	褈	14	45234312511211	D17E	08908
17560	㼸	14	44534342511554	82329237	03F38	17603	複	14	45234312511354	D17D	08907
17561	䆫	14	44534353344544	8232D132	041AB	17604	裫	14	45234322151512	D16A	088EB
17562	窨	14	44534414312511	F1BF	07AA8	17605	褓	14	45234322511234	F1D9	08913
17563	窭	14	44534431234531	F1C0	07AAD	17606	䙈	14	45234325131134	8233C838	04648
17564	窪	14	44534441121121	B844	07AAA	17607	䙉	14	45234331225111	8233C839	04649
17565	察	14	44535445411234	B2EC	05BDF	17608	褕	14	45234341251122	D188	08915
17566	䗕	14	44535455251214	8233BD33	045D5	17609	褑	14	45234344311354	D186	08911
17567	㝩	14	44541351124134	8230C737	03769	17610	褅	14	45234414345252	D17B	08905
17568	蜜	14	44545434251214	C3DB	0871C	17611	褨	14	45234431113121	D196	08928
17569	寧	14	44545442522112	8C8E	05BE7	17612	褛	14	45234431234531	F1DA	0891B
17570	寤	14	44552131251251	E5BB	05BE4	17613	褝	14	45234443251112	D18D	0891D
17571	賔	14	44552132511134	D966	08CD4	17614	䙋	14	45234445125111	8233C931	0464B
17572	寣	14	44552134111251	8C8C	05BE3	17615	褌	14	45234451251112	D182	0890C
17573	寢	14	44552135114554	8C8B	05BE2	17616	褊	14	45234451325122	F1DB	0890A

序号	字形	笔数	笔顺	18030代码	13000代码
17617	褪	14	45234511534454	CDCA	0892A
17618	褘	14	45234521251152	D18B	08918
17619	䙍	14	45234534335342	8233C932	0464D
17620	䙆	14	45234543341134	8233C836	04646
17621	褖	14	45234551353334	D189	08916
17622	禡	14	45241211254444	B64D	079A1
17623	禛	14	45241225111134	B647	0799B
17624	禣	14	45241251124124	B64F	079A3
17625	禢	14	45242511541541	B64E	079A2
17626	禝	14	45242512134354	B649	0799D
17627	禠	14	45243321531535	B64C	079A0
17628	禞	14	45244125125251	B64A	0799E
17629	䄜	14	45244134522554	8232C330	0411C
17630	禟	14	45244135112251	B64B	0799F
17631	䄘	14	45244143454153	8232C236	04118
17632	禚	14	45244311214444	ECFA	0799A
17633	䄙	14	45244525114134	8232C237	04119
17634	鼏	14	45251115132125	FC86	09F0F
17635	冩	14	45321511354444	83E6	051A9
17636	谯	14	45324111214444	DADB	08C2F
17637	䢆	14	45351311534124	82348336	04886
17638	谰	14	45425125431234	C0BE	08C30
17639	谱	14	45431224312511	C6D7	08C31
17640	谲	14	45545232534251	DADC	08C32
17641	鄩	14	51112125112452	E089	09129
17642	劃	14	51112125121122	849D	05283
17643	䀆	14	51121433425221	8232A733	04006
17644	盡	14	51121444425221	B14D	076E1
17645	覠	14	51132512511135	D29F	089A0
17646	䫀	14	51154132511134	8234BB35	04AC0
17647	暨	14	51154153525111	F4DF	066A8
17648	䀈	14	51154153525221	8232A735	04008
17649	䇒	14	51154153541431	8232D531	041D2
17650	鳵	14	51232511154444	F852	09CF5
17651	㓾	14	51324134311222	82308A31	034FE
17652	屢	14	51325112512531	8CD2	05C62
17653	鳲	14	51332511154444	F84F	09CF2
17654	䲩	14	51332511154444	8234EB38	04CA9
17655	㔉	14	51332512521422	82308B32	03509
17656	屣	14	51333221212134	E5EF	05C63
17657	㞜	14	51333231234531	8230CC38	0379C
17658	㞞	14	51333234342134	8230CD30	0379E
17659	彉	14	51512212512134	8F98	05F49
17660	彄	14	51512512512515	8F93	05F44
17661	䪸	14	51515132511134	8234BA37	04AB8
17662	㥸	14	51515251214544	8230FC32	03978
17663	睯	14	51515313425111	B24A	0776F
17664	勥	14	51525125121453	84DF	052E5
17665	鄪	14	51532251113452	E08A	0912A
17666	㣃	14	51541542511515	8230EA33	038C3
17667	彅	14	51543125112253	8F94	05F45
17668	㣄	14	51544115151234	8230EA34	038C4
17669	隢	14	52121121121135	EB4E	096A2
17670	隫	14	52121222511134	EB56	096AB
17671	䧥	14	52125112144544	8234A536	049E5
17672	敶	14	52125112343134	94B4	06576
17673	韎	14	52125115211234	ED69	097CE
17674	韍	14	52125115213544	ED68	097CD
17675	䪓	14	52125115221251	8234B730	04A93
17676	䪒	14	52125115241121	8234B639	04A92
17677	䪑	14	52125115244535	8234B638	04A91
17678	䪐	14	52125115245434	8234B637	04A90
17679	墮	14	52131212511121	8999	058AE
17680	嶞	14	52131212511252	8DFC	05D9E
17681	隨	14	52131212511454	EB53	096A8
17682	䢫	14	52131212511454	82348733	048AB
17683	鹛	14	52132511135451	F0CC	09E5B
17684	牄	14	52133445113251	A09B	07244
17685	墏	14	52133544124121	8982	0588F
17686	㢡	14	52133544124132	8230E639	038A1
17687	奬	14	52133544124134	8A5C	0596C
17688	愻	14	52135542344544	90F4	0613B
17689	䧤	14	52224314311134	8234A535	049E4
17690	隤	14	52251212511134	EB50	096A4
17691	㱁	14	52252112343534	8231C530	03C41
17692	䪼	14	52252132511134	8234BB31	04ABC
17693	隩	14	52325431234134	EB54	096A9
17694	䧦	14	52344335554444	8234A537	049E6
17695	隣	14	52431234354152	FDA0	0F9F1
17696	隣	14	52431234354152	EB4F	096A3
17697	墜	14	52431353334121	898B	0589C
17698	隧	14	52431353334454	CBED	096A7
17699	隥	14	52543341251431	EB51	096A5
17700	墬	14	52551353334121	8997	058AC
17701	嫧	14	53111212511134	8BA8	05AE7
17702	嫣	14	53112121154444	E6CC	05AE3

序号	字形	笔数	笔顺	18030代码	13000代码
17703	嫤	14	53112212511121	8BA6	05AE4
17704	嫨	14	53112212511134	8BA9	05AE8
17705	嫹	14	53112212512134	8BB7	05AF9
17706	嫱	14	53112431252511	E6CD	05AF1
17707	㜛	14	53112511123534	8230BF39	0371B
17708	嫥	14	53112511214124	8BA7	05AE5
17709	㜖	14	53112512212511	8230BF34	03716
17710	嫩	14	53112512343134	C4DB	05AE9
17711	嫰	14	53112512343534	8BAF	05AF0
17712	嫗	14	53112512512515	8B9E	05AD7
17713	嫖	14	53112522111234	E6CE	05AD6
17714	嫕	14	53113113454544	8B9D	05AD5
17715	嫮	14	53114524444115	8BAD	05AEE
17716	㜘	14	53121531525111	8230BF36	03718
17717	嫭	14	53121531534312	8BAC	05AED
17718	嫦	14	53124345251252	E6CF	05AE6
17719	㜢	14	53125112512531	8230C036	03722
17720	嫚	14	53125112522154	8BA0	05ADA
17721	嫘	14	53125121554234	E6D0	05AD8
17722	㜠	14	53125232411121	8230C034	03720
17723	㜡	14	53133234342134	8230C035	03721
17724	㜝	14	53134451253511	8230C031	0371D
17725	嫬	14	53141312214444	8BAB	05AEC
17726	嫲	14	53141312341234	8BB0	05AF2
17727	嫝	14	53141351124134	8BA2	05ADD
17728	嫞	14	53141351125112	8BA3	05ADE
17729	㜙	14	53141352211535	8230BF37	03719
17730	嫜	14	53141431251112	E6D1	05ADC
17731	嫡	14	53141432512251	B5D5	05AE1
17732	嫙	14	53141533152134	8B9F	05AD9
17733	㜚	14	53144532132511	8230BF38	0371A
17734	㜟	14	53151221113134	8230C033	0371F
17735	嫷	14	53152131212511	8BB5	05AF7
17736	嫪	14	53154154134333	8BAA	05AEA
17737	㜗	14	53154545434333	8230BF35	03717
17738	鼐	14	53251115132125	D8BE	09F10
17739	䪪	14	53251414312511	8234B933	04AAA
17740	頗	14	53254132511134	EE48	09817
17741	㿵	14	53254132522134	8232A536	03FF5
17742	皹	14	53254451251112	B098	076B9
17743	歰	14	53453421212121	9A6F	06B70
17744	頚	14	54121132511134	EE4B	0981A
17745	䪻	14	54132132511134	8234BB30	04ABB
17746	䎒	14	54154115341534	82338338	04392
17747	䎓	14	54154125342511	82338339	04393
17748	翟	14	54154132411121	B5D4	07FDF
17749	䢧	14	54154134333454	82348639	048A7
17750	翞	14	54154141251234	C19E	07FDE
17751	翠	14	54154141343412	B4E4	07FE0
17752	翣	14	54154141431531	C1A0	07FE3
17753	䎑	14	54154151124134	82338337	04391
17754	熋	14	54251135354334	9FC3	0718B
17755	熊	14	54251135354444	D0DC	0718A
17756	態	14	54251135354544	9142	0614B
17757	㔁	14	54334125143122	82308A34	03501
17758	凳	14	54334125143135	B5CA	051F3
17759	鄧	14	54334125143152	E087	09127
17760	㔇	14	54334515355422	82308B30	03507
17761	劀	14	54523253425122	849C	05280
17762	瞀	14	54523313425111	EEA6	07780
17763	鹜	14	54523313435451	F0CD	09E5C
17764	䂉	14	54523325131134	8232B433	04089
17765	熃	14	54523354534334	9FBD	07183
17766	遪	14	54545434333454	DF6E	0906A
17767	骠	14	55112522111234	E6F4	09AA0
17768	缥	14	55112522111234	E7CE	07F25
17769	缦	14	55125112522154	E7CF	07F26
17770	骡	14	55125121554234	C2E2	09AA1
17771	缧	14	55125121554234	E7D0	07F27
17772	缨	14	55125342534531	D3A7	07F28
17773	骢	14	55132535414544	E6F5	09AA2
17774	盠	14	55135333425221	B14C	076E0
17775	缩	14	55144532132511	CBF5	07F29
17776	缪	14	55154154134333	E7D1	07F2A
17777	斲	14	55155151213312	94DB	065B2
17778	缫	14	55155525111234	E7D2	07F2B
17779	遦	14	55212511134454	DF6B	09066
17780	㗽	14	55345115452251	8230A335	035FD
17781	綪	14	55444411212511	BE50	07DAA
17782	䋬	14	55444411342444	8232F133	042EC
17783	緒	14	55444412132511	BE77	07DD2
17784	綾	14	55444412134354	BE63	07DBE
17785	緈	14	55444412143112	BE6D	07DC8
17786	綨	14	55444412211134	BE4E	07DA8
17787	緅	14	55444412211154	BE6A	07DC5
17788	緢	14	55444412225121	BE88	07DE2

序号	字形	笔数	笔顺	18030代码	13000代码
17789	緓	14	55444412225134	BE78	07DD3
17790	綝	14	55444412341234	BE44	07D9D
17791	䋱	14	55444412343434	8232F138	042F1
17792	緎	14	55444412511534	BE73	07DCE
17793	緉	14	55444412523434	BE6E	07DC9
17794	綺	14	55444413412512	BE5F	07DBA
17795	緁	14	55444415112134	BE66	07DC1
17796	緀	14	55444415112531	BE65	07DC0
17797	綫	14	55444415341534	BE51	07DAB
17798	緋	14	55444421112111	BE70	07DCB
17799	綽	14	55444421251112	BE62	07DBD
17800	緔	14	55444424325251	BE79	07DD4
17801	綶	14	55444425111234	BE5B	07DB6
17802	緄	14	55444425111535	BE69	07DC4
17803	緆	14	55444425113533	BE6B	07DC6
17804	綥	14	55444425121132	BE4C	07DA5
17805	䋲	14	55444425125115	8232F139	042F2
17806	綱	14	55444425431252	BE56	07DB1
17807	網	14	55444425431415	BE57	07DB2
17808	緺	14	55444425525251	BEA0	07DFA
17809	綞	14	55444431212211	BE45	07D9E
17810	緌	14	55444431234531	BE71	07DCC
17811	䋩	14	55444432151135	8232F130	042E9
17812	維	14	55444432411121	BE53	07DAD
17813	綿	14	55444432511252	BE64	07DBF
17814	綼	14	55444432511312	BE61	07DBC
17815	䋮	14	55444434112431	8232F135	042EE
17816	綸	14	55444434125122	BE5D	07DB8
17817	緃	14	55444434342134	BE68	07DC3
17818	綵	14	55444434431234	BE5A	07DB5
17819	綬	14	55444434434554	BE52	07DAC
17820	総	14	55444434544544	BE74	07DCF
17821	綳	14	55444435113511	BE58	07DB3
17822	綢	14	55444435121251	BE49	07DA2
17823	緍	14	55444435152511	BE72	07DCD
17824	綯	14	55444435311252	BE54	07DAF
17825	綹	14	55444435424251	BE5E	07DB9
17826	㔃	14	55444435521553	82308A36	03503
17827	綡	14	55444441251234	BE48	07DA1
17828	綧	14	55444441251521	BE4D	07DA7
17829	緕	14	55444441343211	BE7A	07DD5
17830	綷	14	55444441343412	BE5C	07DB7
17831	䋨	14	55444441431251	8232F039	042E8
17832	䋭	14	55444441542511	8232F134	042ED
17833	綣	14	55444443113455	BE4A	07DA3
17834	緂	14	55444443344334	BE67	07DC2
17835	綜	14	55444444511234	BE43	07D9C
17836	綻	14	55444444512134	BE60	07DBB
17837	綰	14	55444444525151	BE55	07DB0
17838	綩	14	55444444535455	BE4F	07DA9
17839	綟	14	55444445131344	BE46	07D9F
17840	緑	14	55444451124134	BE76	07DD1
17841	䋧	14	55444451312251	8232F038	042E7
17842	㔢	14	55444453521553	82308D37	03522
17843	綴	14	55444454545454	BE59	07DB4
17844	綠	14	55444455124134	BE47	07DA0
17845	緇	14	55444455525121	BE6C	07DC7
17846	㫁	14	55455413553312	82319E37	03AC1
17847	㡭	14	55455415545545	8230E137	0386D
17848	熭	15	111211125114334	9FDD	071AD
17849	慧	15	111211125114544	BBDB	06167
17850	頛	15	111234132511134	EE4C	0981B
17851	耦	15	111234251125214	F1EE	08026
17852	䎫	15	111234345234354	82338633	043AB
17853	耧	15	111234431234531	F1EF	08027
17854	㦼	15	111343215111534	82318530	039BC
17855	憃	15	111343215114544	916F	06183
17856	㻰	15	112111121112511	82328B35	03EF0
17857	璂	15	112112211134121	AD44	07482
17858	瑾	15	112112212511121	E8AA	0747E
17859	璜	15	112112212512134	E8AB	0749C
17860	璊	15	112112212523434	AD4A	0748A
17861	瑼	15	112112511214124	AD41	0747C
17862	㻬	15	112114524444115	82328B31	03EEC
17863	㻯	15	112121531534312	82328B34	03EEF
17864	䝾	15	112121542511134	8233E733	0477E
17865	瑺	15	112124345251252	ACA0	0747A
17866	靚	15	112125112511135	EC6E	0975A
17867	㻲	15	112125112512531	82328B37	03EF2
17868	㻴	15	112125112522154	82328B39	03EF4
17869	璀	15	112125232411121	E8AD	07480
17870	璎	15	112125342534531	E8AC	0748E
17871	璡	15	112132411121454	AD5C	074A1
17872	鳿	15	112132511154444	F85C	09CFF
17873	璁	15	112132535414544	E8AE	07481
17874	瑽	15	112133234342134	AD42	0747D

序号	字形	笔数	笔顺	18030代码	13000代码	序号	字形	笔数	笔顺	18030代码	13000代码
17875	麹	15	112135435431234	FC4C	09EB9	17918	擜	15	121121251132534	DFA2	064B7
17876	璨	15	112135445411234	82328B33	03EEE	17919	墶	15	121121431112454	89A1	058B6
17877	璋	15	112141431251112	E8B0	0748B	17920	撻	15	121121431112454	93E9	064BB
17878	璄	15	112141431251135	AD45	07484	17921	墻	15	121121451251431	8230AE32	0366A
17879	璇	15	112141533152134	E8AF	07487	17922	擅	15	121121451251431	93CC	0648E
17880	珶	15	112141554413412	82328B32	03EED	17923	撕	15	121122111343312	CBBA	06495
17881	璖	15	112144115151234	AD53	07496	17924	撲	15	121122122151234	9440	064DB
17882	璌	15	112144512512134	AD4B	0748C	17925	撒	15	121122125113134	C8F6	06492
17883	璆	15	112154154134333	AD47	07486	17926	墦	15	121122155125121	8230AD39	03667
17884	璻	15	112155212511134	AD40	0747B	17927	播	15	121122155125121	82319234	03A45
17885	璅	15	112155525111234	AD46	07485	17928	擖	15	121122251135345	93FC	064D6
17886	絷	15	112343134132534	9D6B	06F26	17929	擞	15	121122352513134	93F7	064CF
17887	犛	15	112343134133112	A0D3	0729B	17930	撖	15	121122511121534	93D8	064A0
17888	氂	15	112343134133115	9AD3	06C02	17931	墰	15	121125221251112	899B	058B0
17889	鳵	15	113232511154444	F85A	09CFD	17932	撢	15	121125221251112	93DA	064A2
17890	奭	15	113251113251134	8A5D	0596D	17933	駐	15	121125444412154	8234CF30	04B83
17891	韡	15	113411341251112	DD82	08F26	17934	駓	15	121125444413241	F179	099D3
17892	賛	15	113411342511134	D96D	08CDB	17935	駇	15	121125444413544	8234CE39	04B82
17893	槷	15	113425111351234	98B3	069FC	17936	駍	15	121125444414312	F173	099CD
17894	鷟	15	113432511154444	F869	09D0C	17937	駥	15	121125444415534	8234CF32	04B85
17895	鳿	15	113532511154444	8234EC33	04CAE	17938	駔	15	121125444425111	F17A	099D4
17896	鳶	15	113532511154444	8234ED31	04CB6	17939	駎	15	121125444425121	F174	099CE
17897	鳷	15	113432511154444	F857	09CFA	17940	駛	15	121125444425134	F182	099DB
17898	鳱	15	115432511154444	8234EC35	04CB0	17941	駚	15	121125444425134	F181	099DA
17899	磿	15	115451124134454	85A6	053C7	17942	駉	15	121125444425251	F16F	099C9
17900	撵	15	121113411341512	C4EC	064B5	17943	駟	15	121125444425351	F186	099DF
17901	撔	15	121113421112111	82319336	03A51	17944	駃	15	121125444431134	8234CE36	04B7F
17902	髴	15	121115433312132	8234DA34	04BF5	17945	駞	15	121125444431525	F185	099DE
17903	髰	15	121115433312215	F38D	09AF0	17946	駈	15	121125444432121	F16E	099C8
17904	髬	15	121115433313241	F38B	09AEC	17947	駙	15	121125444432124	F180	099D9
17905	髮	15	121115433313544	F38C	09AEE	17948	駗	15	121125444434333	F17D	099D7
17906	髶	15	121115433325111	8234DA35	04BF6	17949	駖	15	121125444434454	F17C	099D6
17907	髯	15	121115433325211	F7D7	09AEF	17950	駒	15	121125444435251	F178	099D2
17908	髱	15	121115433335515	F38E	09AF1	17951	駠	15	121125444435352	F187	099E0
17909	髴	15	121115433351532	F391	09AF4	17952	駒	15	121125444435515	8234CE37	04B80
17910	髫	15	121115433353251	F7D8	09AEB	17953	駐	15	121125444441121	F176	099D0
17911	髲	15	121115433353254	F38F	09AF2	17954	駭	15	121125444441554	8234CF31	04B84
17912	髳	15	121115433354523	F390	09AF3	17955	駝	15	121125444444535	F184	099DD
17913	堀	15	121115451352252	E951	0957C	17956	駜	15	121125444445434	F183	099DC
17914	墝	15	121121121121135	898C	0589D	17957	駋	15	121125444453251	F171	099CB
17915	撓	15	121121121121135	93CF	06493	17958	駊	15	121125444453254	F170	099CA
17916	遶	15	121121121135454	DF76	09076	17959	駘	15	121125444454132	8234CE38	04B81
17917	墳	15	121121222511134	899E	058B3	17960	駘	15	121125444454251	F17E	099D8

序号	字形	笔数	笔顺	18030代码	13000代码	序号	字形	笔数	笔顺	18030代码	13000代码
17961	撅	15	121134315233534	BEEF	06485	18004	墲	15	121311222214444	899D	058B2
17962	㙭	15	121134315233534	8230AE35	0366D	18005	撫	15	121311222214444	93E1	064AB
17963	㙩	15	121134432511234	8230AE31	03669	18006	撬	15	121311531153115	C7CB	064AC
17964	撩	15	121134432511234	C1C3	064A9	18007	墧	15	121313425125251	8994	058A7
17965	墵	15	121145244441154	89A0	058B5	18008	撟	15	121313425125251	93D7	0649F
17966	撍	15	121153515352511	93CB	0648D	18009	㩐	15	121314314121124	82319335	03A50
17967	韯	15	121211121111534	ED84	097EF	18010	㩍	15	121314314125234	82319332	03A4D
17968	䞸	15	121213411234251	8233ED30	047B8	18011	㙮	15	121314314341251	8230AE36	0366E
17969	趣	15	121213412211154	C8A4	08DA3	18012	撘	15	121314314341251	93D2	06498
17970	趞	15	121213412212511	DA7C	08D9E	18013	赭	15	121323412132511	F4F7	08D6D
17971	趠	15	121213421251112	DA7D	08DA0	18014	㙫	15	121324111211234	8230AE33	0366B
17972	趟	15	121213424325251	CCCB	08D9F	18015	擕	15	121324111212525	93FB	064D5
17973	䞶	15	121213425113533	8233EC38	047B6	18016	撨	15	121324111214444	93DF	064A8
17974	趡	15	121213432411121	DA7E	08DA1	18017	䡤	15	121325111251112	8233FE32	04864
17975	趛	15	121213434112431	DA79	08D9B	18018	覩	15	121325112511135	D347	089A9
17976	趝	15	121213434454544	DA7B	08D9D	18019	墺	15	121325431234134	89A5	058BA
17977	䞴	15	121213435121251	8233EC36	047B4	18020	擙	15	121325431234134	93FD	064D9
17978	趜	15	121213435431234	DA7A	08D9C	18021	銴	15	121331234112431	E44B	092B4
17979	䞳	15	121213441431251	8233EC35	047B3	18022	鋬	15	121335434112431	E483	092EC
17980	趤	15	121213444513251	DA81	08DA4	18023	撳	15	121341124313534	93E5	064B3
17981	趢	15	121213451124134	DA80	08DA2	18024	㙯	15	121341213541154	8230AE37	0366F
17982	䞷	15	121213451352252	8233EC39	047B7	18025	槷	15	121341213541234	98AE	069F7
17983	䞵	15	121213454545454	8233EC37	047B5	18026	暬	15	121341213542511	95BB	066AC
17984	墣	15	121224314311134	8990	058A3	18027	摰	15	121341213543112	93B5	06470
17985	撲	15	121224314311134	93E4	064B2	18028	熱	15	121341213544444	9FE1	071B1
17986	撐	15	121243452511523	93CE	06490	18029	㩉	15	121341251541541	82319238	03A49
17987	撑	15	121243452513112	B3C5	06491	18030	墦	15	121343123425121	8993	058A6
17988	撮	15	121251112211154	B4E9	064AE	18031	播	15	121343123425121	B2A5	064AD
17989	䵺	15	121251115132125	82358230	04D7A	18032	擒	15	121344134522554	C7DC	064D2
17990	擑	15	121251122111534	93F8	064D1	18033	㩊	15	121344325221124	82319239	03A4A
17991	撋	15	121251125111121	93C9	0648B	18034	撝	15	121344335554444	93D6	0649D
17992	㩎	15	121251125111344	82319333	03A4E	18035	撸	15	121352512112511	DFA3	064B8
17993	墹	15	121251125112511	89A4	058B9	18036	䤰	15	121353434112431	82349436	04930
17994	撊	15	121251125113511	93C8	0648A	18037	鞏	15	121354122125112	EC96	0978F
17995	頡	15	121251132511134	EE52	09821	18038	鋆	15	121354134112431	E45D	092C6
17996	撔	15	121251141251234	93D0	06494	18039	撚	15	121354413444444	93D3	0649A
17997	墤	15	121251212511134	8991	058A4	18040	㩆	15	121412512341354	82319235	03A46
17998	撌	15	121251212511134	93CA	0648C	18041	墩	15	121412515213134	B6D5	058A9
17999	墠	15	121251251251112	898D	058A0	18042	撴	15	121412515213134	93E6	064B4
18000	撣	15	121251251251112	93DB	064A3	18043	墥	15	121414312511211	8992	058A5
18001	賣	15	121252212511134	D975	08CE3	18044	撞	15	121414312511211	D7B2	0649E
18002	㩄	15	121252251214544	82319233	03A44	18045	撤	15	121415425113134	B3B7	064A4
18003	㩏	15	121254312114444	82319334	03A4F	18046	墡	15	121431112431251	898E	058A1

序号	字形	笔数	笔顺	18030代码	13000代码	序号	字形	笔数	笔顺	18030代码	13000代码
18047	槷	15	121431123542534	9D5A	06F10	18090	鬡	15	122111345354354	89F6	05926
18048	摯	15	121431123543112	93B4	0646F	18091	聰	15	122111353344544	C28C	08066
18049	慹	15	121431123544544	9165	06179	18092	聤	15	122111412514512	C28A	08064
18050	撛	15	121431234354152	93D4	0649B	18093	聡	15	122111432514544	B4CF	0806A
18051	墫	15	121431253511124	89DD	058FF	18094	聧	15	122111543341134	C28D	08067
18052	墫	15	121431253511124	8996	058AB	18095	聨	15	122111554554132	C28E	08068
18053	撙	15	121431253511124	DFA4	06499	18096	聫	15	122111554554134	C28F	0806B
18054	增	15	121432524312511	D4F6	0589E	18097	蕠	15	122112111213445	8233AD35	04537
18055	撈	15	121433443344553	93C6	06488	18098	䥶	15	122114315112234	82329531	03F50
18056	撹	15	121443452511135	93E8	064B9	18099	䕀	15	122121112343534	8233AE34	04540
18057	㩃	15	121445112213444	82319232	03A43	18100	蕘	15	122121121121135	CA81	08558
18058	撺	15	121445342512512	DFA5	064BA	18101	蕡	15	122121222511134	CA88	08561
18059	㩈	15	121445345113251	82319237	03A48	18102	䔶	15	122121251112134	8233AD34	04536
18060	瞉	15	121451251113554	B25D	07789	18103	䔱	15	122121251122111	8233AC39	04531
18061	穀	15	121451312343554	B759	07A40	18104	䔾	15	122121251135345	8233AE32	0453E
18062	㚄	15	121452512152134	8230B038	03684	18105	蓬	15	122121431112454	CB52	08598
18063	慤	15	121453535544544	9155	06164	18106	蕔	15	122121431125254	CA7D	08554
18064	撏	15	121511121251124	93CD	0648F	18107	䔮	15	122122111343312	8233AC36	0452E
18065	㩇	15	121511121251211	82319236	03A47	18108	㝻	15	122125111212343	8230C935	0377B
18066	墀	15	121513241343112	DCAF	05880	18109	觐	15	122125111212535	EAEE	089D0
18067	撨	15	121513241343112	93AF	06468	18110	斳	15	122125111213312	94DC	065B3
18068	撾	15	121515251251214	93C0	0647E	18111	歏	15	122125111213534	9A56	06B4F
18069	㩌	15	121515322511134	82319331	03A4C	18112	歎	15	122125111343534	9A55	06B4E
18070	撰	15	121515515122134	D7AB	064B0	18113	鞋	15	122125112121121	D0AC	0978B
18071	㯏	15	121521335541234	8231B936	03BCF	18114	鞊	15	122125112121251	EC93	0978A
18072	漀	15	121521335542534	9D4E	06F00	18115	鞑	15	122125112134454	F7B2	09791
18073	擊	15	121521335543112	93C2	06480	18116	蕙	15	122125112144544	DEA5	08559
18074	㷫	15	121521335544334	8231EF34	03DEB	18117	䩟	15	122125112151534	8234B138	04A5F
18075	撪	15	121541341251112	93E0	064AA	18118	鞐	15	122125112211124	EC97	09790
18076	墱	15	121543341251431	899C	058B1	18119	鞇	15	122125112251341	EC90	09787
18077	撜	15	121543341251431	93D5	0649C	18120	䩠	15	122125112312154	8234B139	04A60
18078	墢	15	121543345153554	898F	058A2	18121	鞒	15	122125112313432	F7B3	09792
18079	撥	15	121543345153554	93DC	064A5	18122	䩥	15	122125112321554	8234B234	04A65
18080	撡	15	121545454342444	93D9	064A1	18123	鞈	15	122125112341251	EC91	09788
18081	撧	15	121554444355215	93DE	064A7	18124	鞉	15	122125112341534	EC92	09789
18082	㙨	15	121554554134534	8230AE30	03668	18125	鞍	15	122125112445531	B0B0	0978D
18083	䏀	15	122111125123422	82338832	043C0	18126	鞎	15	122125112511534	EC95	0978E
18084	聩	15	122111251212534	F1F9	08069	18127	嬊	15	122125121135531	8BC7	05B0A
18085	䎿	15	122111312344334	82338831	043BF	18128	黅	15	122125121343445	FC54	09EC5
18086	䏂	15	122111321511254	82338834	043C2	18129	斢	15	122125121344412	94D3	065A2
18087	聭	15	122111325113554	C291	0806D	18130	黆	15	122125121344535	FC55	09EC6
18088	聥	15	122111325125214	C28B	08065	18131	蕈	15	122125221251112	DEA6	08548
18089	諅	15	122111344111251	D582	08AC5	18132	蕀	15	122125234125234	CA6D	08540

序号	字形	笔数	笔顺	18030代码	13000代码	序号	字形	笔数	笔顺	18030代码	13000代码
18133	蒩	15	122125351112251	8233AC37	0452F	18176	蕂	15	122351143113453	CA6F	08542
18134	蕆	15	122132511134534	CA72	08546	18177	蔽	15	122352513134132	8230E731	038A3
18135	蕨	15	122134315233534	DEA7	08568	18178	蕕	15	122353431253511	CA7E	08555
18136	蕐	15	122134343434112	CA79	08550	18179	蕵	15	122354344511534	CA98	08575
18137	蕣	15	122134413441344	8233AD36	04538	18180	蕎	15	122354413444444	8233AD31	04533
18138	蕤	15	122135333431121	DEA8	08564	18181	蕜	15	122412515213134	8233AD39	0453B
18139	蕓	15	122145244441154	CA7C	08553	18182	蕸	15	122413325113554	8233AF31	04547
18140	蕥	15	122152332411121	CA8B	08565	18183	蕫	15	122414312511211	CA90	0856B
18141	蕖	15	122211121111234	8233AE35	04541	18184	蕁	15	122431253511124	8233AE33	0453F
18142	蕜	15	122211121114544	CA84	0855C	18185	蘼	15	122431352211535	8234F731	04D21
18143	蕔	15	122212121212121	CA74	0854B	18186	蕲	15	122432511123312	DEAD	08572
18144	蕠	15	122212135554234	8233AA39	0451D	18187	蕩	15	122441251113533	CA8E	08569
18145	蕞	15	122251112211154	DEA9	0855E	18188	蕅	15	122441251125214	CA71	08545
18146	蕭	15	122251115132125	CB59	085A1	18189	蕰	15	122441251125221	CA95	08570
18147	蕺	15	122251122111534	DEAA	0857A	18190	蕩	15	122441251135345	8233AE31	0453D
18148	蕑	15	122251125111234	8233AD33	04535	18191	蕍	15	122441341251122	CA76	0854D
18149	蕌	15	122251125112511	CA75	0854C	18192	蕾	15	122445125125121	8233AC38	04530
18150	蕳	15	122251125112511	CA97	08573	18193	蕭	15	122445454425112	8233AC35	0452D
18151	蕑	15	122251125113511	CA7A	08551	18194	蕊	15	122454445444544	C8EF	0854A
18152	蕄	15	122251125114544	CA70	08544	18195	蕁	15	122511121251124	CA6E	08541
18153	蕙	15	122251125214454	DF7E	09081	18196	蕸	15	122512115154454	CA9B	08578
18154	蕢	15	122251212511134	CA89	08562	18197	賾	15	122512511212534	D8D3	08D5C
18155	蕇	15	122251251251112	CA73	08547	18198	蕅	15	122515251251214	CA40	08503
18156	蕚	15	122251251251115	CA82	0855A	18199	蔬	15	122521214154325	CADF	0852C
18157	䒤	15	122251342511135	8233CE38	04686	18200	蕳	15	122522521123454	8233AD32	04534
18158	蕢	15	122252212511134	CA7B	08552	18201	蕠	15	122531251554234	CA87	08560
18159	蕾	15	122252214525111	DEAB	077A2	18202	蕿	15	122531321511254	8233AE39	04545
18160	鄚	15	122252214535452	E096	09138	18203	蘧	15	122542513234454	8233AE36	04542
18161	蕪	15	122311222214444	CA8F	0856A	18204	蕟	15	122543341251431	8233AD30	04532
18162	蕱	15	122312342432511	CA96	08571	18205	蕟	15	122543345153554	CA86	0855F
18163	蕠	15	122312343531234	CA6B	0853E	18206	蕴	15	122551251125221	D4CC	08574
18164	蕛	15	122312344351523	CA83	0855B	18207	蕝	15	122554444355215	CA85	0855D
18165	蕎	15	122313425125251	CA77	0854E	18208	蕬	15	122554444554234	CA91	0856C
18166	蔦	15	122321511354444	CA93	0856E	18209	鬴	15	123251115132125	FC88	09F12
18167	蕉	15	122324111214444	BDB6	08549	18210	槽	15	123411121112511	989E	069E5
18168	劁	15	122324111215422	D8E5	05290	18211	椿	15	123411134321511	98B6	06A01
18169	蕟	15	122325431234134	CAA0	08581	18212	樍	15	123411212511134	98C1	06A0D
18170	蕸	15	122332311212152	C999	084F9	18213	槻	15	123411342511135	98B2	069FB
18171	蕧	15	122332312511354	CA8D	08567	18214	樢	15	123412121154444	8231B931	03BCA
18172	蕦	15	122333132511134	CA8C	08566	18215	槸	15	123412134121354	98AF	069F8
18173	蕃	15	122343123425121	DEAC	08543	18216	樭	15	123412211134121	98DB	06A2D
18174	蔦	15	122344335554444	CA6C	0853F	18217	槿	15	123412212511121	E9C8	069FF
18175	蕣	15	122344345354152	CA8A	08563	18218	横	15	123412212512134	BAE1	06A2A

序号	字形	笔数	笔顺	18030代码	13000代码
18219	樠	15	123412212523434	98D1	06A20
18220	樤	15	123412225113511	98FD	06A57
18221	㰌	15	123412234531234	8231BB36	03BE3
18222	㯽	15	123412241343412	8231BA39	03BDC
18223	麓	15	123412341311534	DE73	08FB3
18224	楚	15	123412342512134	8233F434	04802
18225	䕷	15	123412343315215	8231B835	03BC4
18226	㯿	15	123412343424134	8231B834	03BC3
18227	樯	15	123412431252511	E9C9	06A2F
18228	樗	15	123412511214124	98A4	069EB
18229	槽	15	123412512212511	B2DB	069FD
18230	槬	15	123412512343534	98C9	06A15
18231	樞	15	123412512512515	98D0	06A1E
18232	樫	15	123412512554121	98D9	06A2B
18233	標	15	123412522111234	98CB	06A19
18234	槱	15	123412535114444	98A9	069F1
18235	槭	15	123413211234534	E9CA	069ED
18236	㯂	15	123413221545252	8231B833	03BC2
18237	㰁	15	123413411533544	98A5	069EC
18238	樉	15	123413434343434	98BE	06A09
18239	樗	15	123414524444115	E9CB	06A17
18240	樰	15	123414524444511	98DD	06A30
18241	㯆	15	123421112111121	8231B838	03BC7
18242	樐	15	123421253444441	98C4	06A10
18243	樝	15	123421531525111	98CF	06A1D
18244	㯈	15	123421531534312	8231B930	03BC9
18245	樘	15	123424345251121	E9CC	06A18
18246	樓	15	123425112512531	98C7	06A13
18247	槾	15	123425112522154	98B4	069FE
18248	樏	15	123425121554234	98C3	06A0F
18249	槶	15	123425125115341	98AD	069F6
18250	槵	15	123425125124544	98AC	069F5
18251	榷	15	123425232411121	98A7	069EF
18252	樱	15	123425342534531	D3A3	06A31
18253	樚	15	123425525251454	9974	06A9B
18254	権	15	123431132411121	98D8	06A29
18255	樦	15	123431431441121	98D6	06A26
18256	樢	15	123432511154444	98D2	06A22
18257	槪	15	123432511351535	98A3	069EA
18258	槹	15	123432511413412	98B0	069F9
18259	樬	15	123432535414544	98DA	06A2C
18260	樅	15	123433234342134	98BA	06A05
18261	樧	15	123434123443554	98D7	06A27
18262	樊	15	123434341234134	B7AE	06A0A
18263	㭬	15	123434341344121	8230AE34	0366C
18264	賚	15	123434342511134	D96C	08CDA
18265	䞅	15	123434342511135	8233CE37	04685
18266	麸	15	123434343541134	FB9F	09EA9
18267	麫	15	123434343541215	FC40	09EAB
18268	麪	15	123434343541255	FBA0	09EAA
18269	䴰	15	123434343541534	8234F836	04D30
18270	麨	15	123434343542343	FB9E	09EA8
18271	䴯	15	123434343543533	8234F835	04D2F
18272	㯒	15	123434432511135	8231B939	03BD2
18273	賫	15	123434452511134	D97D	08CEB
18274	橡	15	123435251353334	CFF0	06A61
18275	槲	15	123435351124412	E9CE	069F2
18276	㯎	15	123441112511234	8231B935	03BCE
18277	樜	15	123441312214444	98CE	06A1C
18278	㯅	15	123441332511312	8231B836	03BC5
18279	槺	15	123441351124134	98B1	069FA
18280	槦	15	123441351125112	989F	069E6
18281	樚	15	123441352211535	98CC	06A1A
18282	樟	15	123441431251112	D5C1	06A1F
18283	樈	15	123441431251135	98BD	06A08
18284	㯆	15	123441431331121	8231B837	03BC6
18285	樀	15	123441432512251	98B5	06A00
18286	㯀	15	123441533152134	8231B831	03BC0
18287	㯠	15	123441554453112	8231BB33	03BE0
18288	樣	15	123443112145534	98D3	06A23
18289	樑	15	123444153441234	98C5	06A11
18290	椅	15	123444513412512	989C	069E3
18291	樎	15	123444532132511	98C2	06A0E
18292	樒	15	123444545434252	98C6	06A12
18293	槴	15	123445132515215	98AB	069F4
18294	橄	15	123451221113134	E9CF	06A44
18295	㯑	15	123451512111534	8231B938	03BD1
18296	橢	15	123452131212511	9945	06A62
18297	㯍	15	123452133544124	8231B934	03BCD
18298	槢	15	123454154132511	989B	069E2
18299	樛	15	123454154134333	98CD	06A1B
18300	槮	15	123454545434333	98A6	069EE
18301	樌	15	123455212511134	98C0	06A0C
18302	樔	15	123455525111234	98C8	06A14
18303	慭	15	124134431344544	9157	06166
18304	輤	15	125111211212511	DD80	08F24

序号	字形	笔数	笔顺	18030代码	13000代码	序号	字形	笔数	笔顺	18030代码	13000代码
18305	輊	15	125111212134121	8233FD34	0485C	18348	遷	15	125221134515454	DF77	09077
18306	輘	15	125111212134354	DD73	08F18	18349	鳾	15	125232511154444	F85B	09CFE
18307	輙	15	125111212211154	DD74	08F19	18350	艂	15	125254211121111	8234B832	04A9F
18308	輛	15	125111212523434	DD76	08F1B	18351	醖	15	125351111225221	82348F37	048FF
18309	輢	15	125111213412512	DD7D	08F22	18352	醏	15	125351112132511	E160	0918F
18310	輚	15	125111215341534	DD75	08F1A	18353	醋	15	125351112212511	B4D7	0918B
18311	輫	15	125111221112111	DD87	08F2B	18354	醅	15	125351112213251	82348F38	04900
18312	輠	15	125111225111234	DD7B	08F20	18355	醂	15	125351112341234	E159	09182
18313	輥	15	125111225111535	DD81	08F25	18356	醃	15	125351113425115	E15A	09183
18314	輞	15	125111225431415	DD79	08F1E	18357	醆	15	125351115341534	E15C	09186
18315	輧	15	125111231133112	DD83	08F27	18358	醌	15	125351125111535	F5AB	0918C
18316	輗	15	125111232151135	DD72	08F17	18359	醀	15	125351132411121	E157	09180
18317	輟	15	125111232511312	8233FD37	0485F	18360	醄	15	125351135311252	E15B	09184
18318	槧	15	125111233121234	98A0	069E7	18361	醇	15	125351141251234	82348F34	048FC
18319	暫	15	125111233122511	95BA	066AB	18362	醇	15	125351141251521	B4BC	09187
18320	塹	15	125111233123112	82319134	03A3B	18363	醉	15	125351141343412	D7ED	09189
18321	慙	15	125111233124544	914C	06159	18364	醅	15	125351141431251	F5AC	09185
18322	輪	15	125111234125122	DD86	08F2A	18365	醈	15	125351143344334	E15D	09188
18323	輣	15	125111235113511	DD7E	08F23	18366	醕	15	125351144525111	82348F36	048FE
18324	輖	15	125111235121251	DD71	08F16	18367	醁	15	125351151124134	E158	09181
18325	輡	15	125111235321511	DD7C	08F21	18368	醊	15	125351154545454	E15E	0918A
18326	擊	15	125111235543112	93C4	06483	18369	鳷	15	125432511154444	F854	09CF7
18327	輬	15	125111241251234	DD88	08F2C	18370	瞖	15	131134535542511	8231AB32	03B3E
18328	輨	15	125111244525151	DD84	08F28	18371	靨	15	131344132522111	D8CC	09765
18329	輐	15	125111244535455	8233FD35	0485D	18372	魇	15	131344325113554	F7CA	09B47
18330	輟	15	125111254545454	DD7A	08F1F	18373	餍	15	131344344511534	F7D0	0990D
18331	輜	15	125111255525121	DD77	08F1C	18374	慼	15	132112345344544	9168	0617C
18332	甎	15	125112141241554	AE55	0750E	18375	慸	15	132215452524544	9164	06178
18333	敷	15	125112441533134	B7F3	06577	18376	鴀	15	132432511154444	F85D	09D00
18334	慦	15	125123431344544	914A	06157	18377	磝	15	132511121533134	B478	078DD
18335	甌	15	125125125151554	AE54	0750C	18378	䃳	15	132511122125211	8232BB37	040D3
18336	敺	15	125125125152154	94B7	0657A	18379	䊙	15	132511132431234	8232E930	04299
18337	歐	15	125125125153534	9A57	06B50	18380	碼	15	132511211254444	B461	078BC
18338	毆	15	125125125153554	9AAA	06BC6	18381	碽	15	132511212511134	B462	078BD
18339	頤	15	125125132511134	EE54	09823	18382	磕	15	132511215425221	BFC4	078D5
18340	鹝	15	125125431235451	FB6B	09E5D	18383	磌	15	132511225111134	B46B	078CC
18341	豎	15	125125541251431	D851	08C4E	18384	䃛	15	132511251112454	8232BC35	040DB
18342	賢	15	125125542511134	D974	08CE2	18385	磗	15	132511251124124	B473	078D7
18343	䜺	15	125143112212511	8233E036	0473A	18386	䃒	15	132511251254312	8232BB36	040D2
18344	豍	15	125143132511312	D850	08C4D	18387	㬼	15	132511312511354	8231AB30	03B3C
18345	豌	15	125143144535455	CDE3	08C4C	18388	磊	15	132511325113251	C0DA	078CA
18346	㼼	15	125221112341554	82329331	03F3C	18389	憂	15	132511454544354	916E	06182
18347	飘	15	125221112343534	C6AE	098D8	18390	磒	15	132512512511134	B470	078D2

序号	字形	笔数	笔顺	18030代码	13000代码
18391	磑	15	132512521251431	B46F	078D1
18392	䃖	15	132513251154444	8232BC30	040D6
18393	磇	15	132513253411535	B469	078C7
18394	磃	15	132513321531535	B466	078C3
18395	磤	15	132513351153554	B480	078E4
18396	䃑	15	132513354143554	8232BB35	040D1
18397	磘	15	132513443311252	B474	078D8
18398	磎	15	132513443554134	B46D	078CE
18399	磔	15	132513541521234	EDDD	078D4
18400	磂	15	132513545325121	B465	078C2
18401	碻	15	132514125125251	B460	078BB
18402	磙	15	132514134543534	EDDE	078D9
18403	磄	15	132514135112251	B467	078C4
18404	磅	15	132514143454153	B0F5	078C5
18405	磏	15	132514315112234	B46E	078CF
18406	磍	15	132514451112251	B46C	078CD
18407	確	15	132514532411121	B45F	078BA
18408	䃗	15	132515112413422	8232BC31	040D7
18409	碾	15	132515131221534	C4EB	078BE
18410	碿	15	132515132432511	B463	078BF
18411	磉	15	132515454541234	EDDF	078C9
18412	鴈	15	133232511154444	F865	09D08
18413	厱	15	133412512513434	8595	053B1
18414	匳	15	134125125134345	8556	05333
18415	㕒	15	134311213121534	82309235	03552
18416	㼽	15	134343434341554	82329332	03F3D
18417	遼	15	134432511234454	DF7C	0907C
18418	奫	15	134441322151512	8A5B	0596B
18419	鴎	15	134532511154444	F86B	09D0E
18420	尵	15	135251212511134	8CBE	05C35
18421	豬	15	135333412132511	D869	08C6C
18422	䝊	15	135333415112134	8233E232	0474A
18423	䝋	15	135333444511234	8233E233	0474B
18424	䝌	15	135333454545454	8233E234	0474C
18425	㱴	15	135411212511134	8231CA30	03C74
18426	殣	15	135412212511121	9A90	06BA3
18427	殢	15	135413221545252	9A8F	06BA2
18428	殤	15	135431251113533	9A91	06BA4
18429	殦	15	135432511154444	9A93	06BA6
18430	殥	15	135444512512134	9A92	06BA5
18431	䬸	15	135454344511534	8234C735	04B38
18432	鴄	15	135532511154444	F861	09D04
18433	䫆	15	135534132511134	8234BC31	04AC6
18434	慭	15	143123413444544	915C	0616D
18435	頬	15	143134132511134	EE5D	0982C
18436	霊	15	145244441122431	EB91	0970A
18437	震	15	145244441311534	D5F0	09707
18438	霄	15	145244442432511	CFF6	09704
18439	䨘	15	145244442511135	8234AA37	04A18
18440	霉	15	145244443155414	C3B9	09709
18441	䨗	15	145244443443521	8234AA36	04A17
18442	霅	15	145244444111251	EB90	09705
18443	霂	15	145244444411234	EB8E	09702
18444	霈	15	145244444411252	F6AC	09708
18445	䨙	15	145244444413121	8234AA38	04A19
18446	霃	15	145244444414535	EB8F	09703
18447	辘	15	152141352211535	EAA4	08F98
18448	鴉	15	152332511154444	F866	09D09
18449	輩	15	211121111251112	DD85	08F29
18450	䩀	15	211121112511134	8234AE37	04A40
18451	鬧	15	211211121241252	F45B	09B27
18452	歵	15	212111212511134	9A74	06B75
18453	劌	15	212113123353422	84A5	0528C
18454	齒	15	212134341343452	FD58	09F52
18455	龉	15	212134521251251	F6B9	09F89
18456	龊	15	212134522512134	F6BA	09F8A
18457	歶	15	212135251125214	9A75	06B76
18458	飺	15	212135344511534	EF93	098FA
18459	鹶	15	212534444413445	FB76	09E76
18460	䴚	15	212534444414135	8234F634	04D1A
18461	敹	15	214534312343134	94B6	06579
18462	䖗	15	215315131251534	8233B731	04597
18463	劇	15	215315135333422	84A1	05287
18464	勮	15	215315135333453	84E8	052EE
18465	戯	15	215315224311534	91EF	0622F
18466	觑	15	215315224312535	EAEF	089D1
18467	歔	15	215315224313534	9A5B	06B54
18468	㪥	15	215315251112154	82319B39	03AA5
18469	膚	15	215315251212511	C477	0819A
18470	慮	15	215315251214544	915D	0616E
18471	歑	15	215315343123534	9A58	06B51
18472	覤	15	215315352511135	D342	089A4
18473	鄴	15	224314311123452	E092	09134
18474	䲵	15	234332511154444	8234ED30	04CB5
18475	輝	15	243135451251112	DD78	08F1D
18476	韑	15	243135521251152	ED6C	097D1

序号	字形	笔数	笔顺	18030代码	13000代码
18477	㢢	15	243252513134132	8230E730	038A2
18478	幤	15	243252513134252	8EC6	05E64
18479	賞	15	243452512511134	D970	08CDE
18480	劏	15	243452512512122	84A8	0528F
18481	㦂	15	243452512524544	8230FD32	03982
18482	暳	15	251111121112511	95C1	066B3
18483	䁥	15	251111122132515	8232B037	04065
18484	瞌	15	251111215425221	EEA7	0778C
18485	瞱	15	251111221122112	B277	077B1
18486	瞒	15	251111221253434	C2F7	07792
18487	䁳	15	251111221344132	8232B231	04073
18488	瞙	15	251111222511134	B268	07799
18489	瞋	15	251111225111134	B25F	0778B
18490	噄	15	251111253554234	8769	05644
18491	䡞	15	251111341251112	8233FD36	0485E
18492	噖	15	251112111213445	8777	05656
18493	题	15	251112134132534	CCE2	09898
18494	暵	15	251112212511134	95C2	066B5
18495	曂	15	251112212512134	95CD	066C2
18496	暪	15	251112212523434	95B9	066AA
18497	暴	15	251112213424134	B1A9	066B4
18498	瞐	15	251112511125111	B261	07790
18499	暷	15	251112511214124	95C4	066B7
18500	䁜	15	251112511243135	8232AF38	0405C
18501	䁡	15	251112511251134	8232B033	04061
18502	䁙	15	251112511445531	8232AF35	04059
18503	䁚	15	251112512511134	8232AF36	0405A
18504	䁗	15	251112521251431	8232AF33	04057
18505	㬓	15	251112522111234	8231A639	03B13
18506	賦	15	251113411212154	D978	08CE6
18507	䝼	15	251113411212511	FE82	0477C
18508	賬	15	251113412111534	D97E	08CEC
18509	賭	15	251113412132511	D980	08CED
18510	䝽	15	251113413121121	8233E732	0477D
18511	賤	15	251113415341534	D976	08CE4
18512	㗺	15	251113421112111	8230A332	035FA
18513	賜	15	251113425113533	D96E	08CDC
18514	賟	15	251113425122134	D971	08CDF
18515	賙	15	251113435121251	D96B	08CD9
18516	䝶	15	251113441251234	8233E636	04776
18517	賥	15	251113441343412	D977	08CE5
18518	賠	15	251113441431251	D972	08CE0
18519	䁘	15	251113443311252	8232AF34	04058
18520	賧	15	251113443344334	D979	08CE7
18521	賩	15	251113444511234	D97B	08CE9
18522	䝹	15	251113444535455	8233E639	04779
18523	賝	15	251113445341234	D96F	08CDD
18524	䝻	15	251113451312251	8233E731	0477B
18525	瞈	15	251113454541541	B25C	07788
18526	瞓	15	251114111251322	B262	07793
18527	䁨	15	251114125152152	8232B130	04068
18528	瞝	15	251114134522554	B26C	0779D
18529	瞊	15	251114135112251	B25E	0778A
18530	䁠	15	251114315112234	8232B032	04060
18531	瞎	15	251114451112251	CFB9	0778E
18532	瞑	15	251114525114134	EEA8	07791
18533	默	15	251121113444444	FC61	09ED9
18534	嘵	15	251121121121135	875E	05635
18535	噴	15	251121222511134	878A	05674
18536	嘻	15	251121251431251	CEFB	0563B
18537	嘭	15	251121251431333	E0D8	0562D
18538	噠	15	251121431112454	877D	05660
18539	噎	15	251121451251431	D2AD	0564E
18540	噁	15	251121551214544	8766	05641
18541	嘶	15	251122111343312	CBBB	05636
18542	㘃	15	251122132514544	8230A431	03603
18543	噧	15	251122251125214	8783	05667
18544	噶	15	251122251135345	B8C1	05676
18545	嘲	15	251122511123511	B3B0	05632
18546	䦝	15	251125111213234	82349E37	0499D
18547	閳	15	251125111251112	E988	095B3
18548	䦜	15	251125111251251	82349E36	0499C
18549	閴	15	251125112511134	E989	095B4
18550	閫	15	251125112512341	E980	095AB
18551	閱	15	251125113425135	E986	095B1
18552	䦟	15	251125113434121	FE8C	0499F
18553	誾	15	251125114111251	D57A	08ABE
18554	閲	15	251125114325135	E987	095B2
18555	䦞	15	251125114411121	82349E38	0499E
18556	閯	15	251125114412343	E984	095AF
18557	閬	15	251125114511534	E981	095AC
18558	鄳	15	251125121151152	E091	09133
18559	甊	15	251125125311554	AE52	0750A
18560	氀	15	251125125313115	9AD1	06C00
18561	數	15	251125125313134	94B5	06578
18562	㪹	15	251125125314412	82319D39	03AB9

序号	字形	笔数	笔顺	18030代码	13000代码	序号	字形	笔数	笔顺	18030代码	13000代码
18563	颙	15	251125214132534	EF4A	09899	18606	踀	15	251212132411121	DB63	08E13
18564	嘾	15	251125221251112	8764	0563E	18607	踋	15	251212132511312	8233F533	0480B
18565	暹	15	251132411121454	E5DF	066B9	18608	踬	15	251212133122534	F5D9	08E2C
18566	暤	15	251132511413412	95BC	066AD	18609	踚	15	251212134125122	DB69	08E1A
18567	嘎	15	251132511451534	8751	05620	18610	踨	15	251212134342134	DB72	08E28
18568	暰	15	251133234342134	95BE	066B0	18611	踩	15	251212134431234	B2C8	08E29
18569	噘	15	251134315233534	E0D9	05658	18612	踗	15	251212134454544	DB66	08E17
18570	嘹	15	251134432511234	E0DA	05639	18613	踘	15	251212135431234	DB67	08E18
18571	暩	15	251135445411234	95B8	066A9	18614	𬨣	15	251212135554234	8230A136	035EA
18572	影	15	251141251234333	D3B0	05F71	18615	踮	15	251212141321251	F5DA	08E2E
18573	暲	15	251141431251112	95C0	066B2	18616	踤	15	251212141343421	DB6E	08E24
18574	暶	15	251141533152134	95C3	066B6	18617	踣	15	251212141431251	F5DB	08E23
18575	䁖	15	251145133134251	8231A732	03B16	18618	踥	15	251212141431531	DB6F	08E25
18576	暻	15	251151124134454	95CE	066C3	18619	踯	15	251212143113452	F5DC	08E2F
18577	噆	15	251153515352511	876B	05646	18620	踡	15	251212143113455	DB6D	08E21
18578	䁔	15	251154154134333	8231A730	03B14	18621	踫	15	251212143122431	DB73	08E2B
18579	曟	15	251155345115452	95DA	066CF	18622	噗	15	251212143123452	8779	0565B
18580	䟷	15	251212111212154	8233F338	047FC	18623	踪	15	251212144511234	D7D9	08E2A
18581	䠆	15	251212112111534	8233F438	04806	18624	踾	15	251212144525151	8233F531	04809
18582	踷	15	251212112132511	DB7A	08E37	18625	踠	15	251212144535455	DB6C	08E20
18583	踛	15	251212112134121	DB6A	08E1B	18626	踺	15	251212151111254	F5DD	08E3A
18584	踜	15	251212112134354	DB6B	08E1C	18627	䠈	15	251212151124134	8233F530	04808
18585	踑	15	251212112211134	DB61	08E11	18628	䟿	15	251212151124134	8233F431	047FF
18586	踙	15	251212112211154	DB68	08E19	18629	踞	15	251212151312251	BEE1	08E1E
18587	踖	15	251212112212511	DB65	08E16	18630	䠇	15	251212151352252	8233F439	04807
18588	蹃	15	251212112213251	DB81	08E43	18631	䠁	15	251212154545411	8233F433	04801
18589	䠃	15	251212112523434	8233F435	04803	18632	䟾	15	251212154545454	8233F430	047FE
18590	踦	15	251212113412512	DB70	08E26	18633	遺	15	251212511134454	DF7A	0907A
18591	踕	15	251212115112134	DB64	08E15	18634	晶	15	251212512125121	AE9A	0757E
18592	踐	15	251212115341534	DB60	08E10	18635	𬀩	15	251213542513112	82319135	03A3C
18593	䠊	15	251212121112111	8233F532	0480A	18636	蝽	15	251214111342511	F2ED	0877D
18594	踧	15	251212121123454	DB71	08E27	18637	蝳	15	251214112155414	CE7D	08773
18595	踔	15	251212121251112	F5D6	08E14	18638	䗋	15	251214122111234	8233BC33	045CB
18596	䠀	15	251212124325251	8233F432	04800	18639	蝶	15	251214122151234	B5FB	08776
18597	踝	15	251212125111234	F5D7	08E1D	18640	䗖	15	251214122245252	8233BD34	045D6
18598	踢	15	251212125113533	CCDF	08E22	18641	蝾	15	251214122451234	F2EE	0877E
18599	䠄	15	251212125122134	8233F436	04804	18642	蝴	15	251214122513511	BAFB	08774
18600	䠅	15	251212125312341	8233F437	04805	18643	蝻	15	251214122543112	F2EF	0877B
18601	踏	15	251212125342511	CCA4	08E0F	18644	蝘	15	251214125115315	CE69	08758
18602	䠌	15	251212125342511	8233F534	0480C	18645	蝲	15	251214125123422	CE7C	08772
18603	踻	15	251212125525251	DB7C	08E3B	18646	蝠	15	251214125125121	F2F0	08760
18604	踟	15	251212131134251	F5D8	08E1F	18647	䗎	15	251214125221121	8233BC36	045CE
18605	踒	15	251212131234531	DB62	08E12	18648	蝛	15	251214131531534	CE6B	0875B

序号	字形	笔数	笔顺	18030代码	13000代码
18649	蝢	15	251214132511134	CE71	08762
18650	蝒	15	251214132522111	CE65	08752
18651	蝡	15	251214132522134	CE70	08761
18652	蝰	15	251214134121121	F2F1	08770
18653	蝔	15	251214153532511	CE66	08754
18654	蝭	15	251214251112134	CE79	0876D
18655	蝪	15	251214251113533	CE76	0876A
18656	蝐	15	251214251125111	CE63	08750
18657	蝿	15	251214251125115	CE84	0877F
18658	蝹	15	251214251125221	CE82	08779
18659	䗌	15	251214251131121	8233BC34	045CC
18660	蝎	15	251214251135345	D0AB	0874E
18661	䗑	15	251214251141431	8233BC39	045D1
18662	蝟	15	251214251212511	CE6F	0875F
18663	螖	15	251214255452511	CE94	08796
18664	蝌	15	251214312344412	F2F2	0874C
18665	蝩	15	251214312511211	CE75	08769
18666	蝮	15	251214312511354	F2F3	0876E
18667	螋	15	251214321511254	F2F4	0878B
18668	蜵	15	251214322151512	CE51	08735
18669	蝗	15	251214325111121	BBC8	08757
18670	螝	15	251214325113554	CE9A	0879D
18671	蝺	15	251214325125214	CE83	0877A
18672	䗔	15	251214325131134	8233BD32	045D4
18673	蝓	15	251214341251122	F2F5	08753
18674	蝯	15	251214344311354	CE7A	0876F
18675	蝬	15	251214345234354	CE78	0876C
18676	蝜	15	251214352511134	CE6C	0875C
18677	䗓	15	251214353344544	8233BD31	045D3
18678	蝏	15	251214412514512	CE62	0874F
18679	蝷	15	251214413431523	CE80	08777
18680	蝣	15	251214415331521	F2F6	08763
18681	蝼	15	251214431234531	F2F7	0877C
18682	蝤	15	251214431253511	F2F8	08764
18683	螆	15	251214431554554	CE88	08786
18684	蝖	15	251214445125111	CE68	08756
18685	䗏	15	251214445433454	8233BC37	045CF
18686	蝙	15	251214451325122	F2F9	08759
18687	螁	15	251214511534454	CE86	08781
18688	蝦	15	251214512115154	CE72	08766
18689	蝞	15	251214521325111	CE6E	0875E
18690	蝑	15	251214521342511	CE64	08751
18691	蝚	15	251214545231234	CE6A	0875A
18692	蝝	15	251214551353334	CE6D	0875D
18693	噓	15	251215315225211	8775	05653
18694	鄷	15	251221125143152	E095	09137
18695	覥	15	251221342511135	D343	089A5
18696	噗	15	251224314311134	E0DB	05657
18697	嘬	15	251251112211154	E0DC	0562C
18698	颚	15	251251115132534	F2A6	0989A
18699	噐	15	251251121251251	8772	05650
18700	㗴	15	251251125113511	8230A236	035F4
18701	爴	15	251251153413324	A093	07234
18702	嘳	15	251251212511134	875D	05633
18703	劋	15	251251251123422	84A4	0528B
18704	鄵	15	251251251123452	E093	09135
18705	嘼	15	251251251211251	8762	0563C
18706	嘽	15	251251251251112	8763	0563D
18707	遻	15	251251431523454	DF7B	0907B
18708	嘪	15	251252212511134	8758	0562A
18709	嘿	15	251254312114444	BAD9	0563F
18710	嘸	15	251311222214444	8760	05638
18711	嘺	15	251313425125251	8761	0563A
18712	㗳	15	251314314341251	8230A235	035F3
18713	㘀	15	251321511431234	8230A338	03600
18714	㗱	15	251324111211234	8230A233	035F1
18715	噍	15	251324111214444	E0DD	0564D
18716	㗹	15	251324111214544	8230A331	035F9
18717	嘷	15	251325111413412	875F	05637
18718	噢	15	251325431234134	E0DE	05662
18719	㗸	15	251332311252112	8230A330	035F8
18720	噏	15	251341251541541	8771	0564F
18721	噃	15	251343123425121	8768	05643
18722	噙	15	251344134522554	E0DF	05659
18723	噅	15	251344335554444	876A	05645
18724	噜	15	251352512112511	E0E0	0565C
18725	嘫	15	251354413444444	8759	0562B
18726	噈	15	251412512341354	876D	05648
18727	噋	15	251412515213134	8770	0564B
18728	噇	15	251414312511211	876C	05647
18729	噒	15	251431234354152	8774	05652
18730	噂	15	251431253511124	8767	05642
18731	噌	15	251432524312511	E0E1	0564C
18732	㗵	15	251433443343534	8230A237	035F5
18733	嘮	15	251433443344553	875A	0562E
18734	噚	15	251511121251124	8778	0565A

序号	字形	笔数	笔顺	18030代码	13000代码
18735	㗲	15	251511121251211	8230A234	035F2
18736	嘱	15	251513325125214	D6F6	05631
18737	噀	15	251515515122134	8765	05640
18738	噔	15	251543341251431	E0E2	05654
18739	㗶	15	251543345153554	8230A238	035F6
18740	噊	15	251545232534251	876F	0564A
18741	噝	15	251554444554234	877A	0565D
18742	嘰	15	251554554134534	875C	05630
18743	嶢	15	252121121121135	8E41	05DA2
18744	嶤	15	252121121121135	8E43	05DA4
18745	幩	15	252121222511134	8ECB	05E69
18746	㠌	15	252122111343534	8230D830	0380C
18747	嶱	15	252122251135345	8E50	05DB1
18748	嶘	15	252123415341534	8DF8	05D98
18749	㡡	15	252131251431124	8230E035	03861
18750	嶏	15	252131253511515	8DEF	05D8F
18751	颥	15	252132522132534	F2A7	0989B
18752	嶥	15	252134315233534	8E44	05DA5
18753	嶡	15	252134315233534	8E40	05DA1
18754	嶛	15	252134432511234	8DFA	05D9B
18755	嶚	15	252134432511234	8DF9	05D9A
18756	嶜	15	252153515352511	8DFB	05D9C
18757	罵	15	252211211254444	C152	07F75
18758	瞏	15	252211212513534	B260	0778F
18759	罼	15	252212511122112	C158	07F7C
18760	劅	15	252213525121422	849F	05285
18761	罶	15	252213545325121	C153	07F76
18762	罸	15	252214111251124	C155	07F78
18763	䍠	15	252214134522554	8232FC38	04360
18764	罷	15	252215425113535	C154	07F77
18765	幞	15	252224314311134	E1A5	05E5E
18766	幥	15	252243452513112	8EC7	05E65
18767	嶯	15	252251122111534	8E4E	05DAF
18768	㠈	15	252251125111121	8230D736	03808
18769	㡢	15	252251125221153	8230E036	03862
18770	幜	15	252251141251234	8EC1	05E5C
18771	㠆	15	252251251251112	8230D734	03806
18772	幝	15	252251251251112	8EC2	05E5D
18773	㠋	15	252251251251115	8230D739	0380B
18774	幠	15	252311222214444	8EC4	05E60
18775	嶠	15	252313425125251	8DFE	05DA0
18776	㠐	15	252313425125251	8230D834	03810
18777	㠎	15	252324111211234	8230D832	0380E
18778	㠍	15	252324111211234	8230D831	0380D
18779	嶲	15	252324111212525	8E51	05DB2
18780	嶕	15	252324111214444	8DF5	05D95
18781	嶣	15	252324111214444	8E42	05DA3
18782	㠗	15	252325431234134	8230D931	03817
18783	㠅	15	252332312511354	8230D733	03805
18784	嶔	15	252341124313534	8DF4	05D94
18785	嶖	15	252341251541541	8DF6	05D96
18786	嶓	15	252343123425121	8DF3	05D93
18787	幡	15	252343123425121	E1A6	05E61
18788	㠇	15	252412512341354	8230D735	03807
18789	㠉	15	252414312511211	8230D737	03809
18790	幢	15	252414312511211	B4B1	05E62
18791	幟	15	252414312511534	8EC3	05E5F
18792	嶙	15	252431234354152	E1D7	05D99
18793	嶟	15	252431253511124	8DFD	05D9F
18794	嶒	15	252432524312511	8DF2	05D92
18795	嶗	15	252433443344553	8DF7	05D97
18796	圚	15	252512125111341	8848	0571A
18797	崹	15	252515251251214	8DDA	05D79
18798	嶝	15	252543341251431	E1D8	05D9D
18799	㡠	15	252543341251431	8230E034	03860
18800	䵟	15	254312114444112	8234FD33	04D5F
18801	墨	15	254312114444121	C4AB	058A8
18802	黓	15	254312114444154	FC5D	09ED3
18803	䵠	15	254312114444354	8234FD34	04D60
18804	㘤	15	254413221515121	8230A732	03624
18805	䯓	15	255452511121121	8234D730	04BD3
18806	骻	15	255452511134115	F367	09ABB
18807	骴	15	255452511212135	F364	09AB4
18808	䯑	15	255452511243135	8234D638	04BD1
18809	䯐	15	255452511253434	8234D637	04BD0
18810	䯕	15	255452511312154	8234D732	04BD5
18811	䯏	15	255452511312251	8234D636	04BCF
18812	骺	15	255452511331251	F7BF	09ABA
18813	䯒	15	255452511332112	8234D639	04BD2
18814	骼	15	255452511354251	F7C0	09ABC
18815	骹	15	255452511413434	F366	09AB9
18816	骸	15	255452511415334	BAA1	09AB8
18817	骿	15	255452511431132	F36A	09ABF
18818	䯔	15	255452511445315	8234D731	04BD4
18819	镪	15	311151221115454	C4F7	0954A
18820	镆	15	311151222511134	EFD2	09546

序号	字形	笔数	笔顺	18030代码	13000代码	序号	字形	笔数	笔顺	18030代码	13000代码
18821	镇	15	311151225111134	D5F2	09547	18864	穗	15	312342513414544	8232CB33	04170
18822	鏄	15	311151251124124	E944	09548	18865	稽	15	312342521251431	8232CB34	04171
18823	镉	15	311151251254312	EFD3	09549	18866	黎	15	312343424134534	8234FB39	04D51
18824	锐	15	311152434525135	E945	0954B	18867	稻	15	312343443321511	B5BE	07A3B
18825	镌	15	311153241112153	EFD4	0954C	18868	穃	15	312343445113251	8232CB31	0416E
18826	镍	15	311153251111234	C4F8	0954D	18869	黎	15	312343533424134	C0E8	09ECE
18827	镎	15	311153412513112	EFD5	0954E	18870	稳	15	312343552335523	8232CB36	04173
18828	镏	15	311153545325121	EFD6	0954F	18871	稿	15	312344125125251	B8E5	07A3F
18829	镐	15	311154125125251	B8E4	09550	18872	穒	15	312344134522554	8232CC34	0417B
18830	镑	15	311154143454153	B0F7	09551	18873	穅	15	312344135112251	8232CB32	0416F
18831	镒	15	311154313425221	EFD7	09552	18874	穃	15	312344143454153	8232CB30	0416D
18832	镓	15	311154451353334	EFD8	09553	18875	稸	15	312344155425121	B756	07A38
18833	镔	15	311154453212134	EFD9	09554	18876	穮	15	312344311214444	8232CB38	04175
18834	镕	15	311154453434251	E946	09555	18877	穑	15	312344313425221	8232CA39	0416C
18835	鎘	15	311154513541541	FE88	04982	18878	穛	15	312344315112234	B753	07A34
18836	螶	15	311213112131121	82329534	03F53	18879	螯	15	312344334251214	CE7E	08775
18837	歊	15	311324111213534	9A5A	06B53	18880	稼	15	312344451353334	BCDA	07A3C
18838	䜾	15	311342511253511	82348F35	048FD	18881	榕	15	312344453434251	B75C	07A43
18839	賀	15	311342512511134	8233E637	04777	18882	稺	15	312345134143112	B757	07A3A
18840	氭	15	311521253444441	8231D036	03CB6	18883	覣	15	312345312511135	D341	089A3
18841	㹏	15	312112212511121	8231F934	03E4F	18884	勲	15	312511211534444	84EB	052F2
18842	靠	15	312125121112111	BFBF	09760	18885	勳	15	312511211534544	9171	06185
18843	㹎	15	312125121554234	8231F933	03E4E	18886	遚	15	313425125251454	82348732	048AA
18844	䧼	15	312125132411121	8234A739	049FC	18887	鴰	15	313432511154444	F85E	09D01
18845	㹌	15	312141431331121	8231F931	03E4C	18888	箺	15	314314111342511	B997	07BBA
18846	㹍	15	312141432512251	8231F932	03E4D	18889	篋	15	314314113434345	BA44	07BCB
18847	頲	15	312154132511134	EE63	09832	18890	篈	15	314314121121124	BA41	07BC8
18848	慘	15	312154545434333	A0D1	07299	18891	䈲	15	314314121213134	8232DD32	04223
18849	慸	15	312251122114544	9173	06187	18892	篏	15	314314122113534	BA47	07BCF
18850	䑜	15	312251122151234	82339737	0445C	18893	䈎	15	314314122151234	8232DB31	0420E
18851	頣	15	312251132511134	EE53	09822	18894	箶	15	314314122513511	B994	07BB6
18852	䅲	15	312341213352511	8232CB35	04172	18895	䈒	15	314314122543112	8232DB35	04212
18853	䅿	15	312341221122112	8232CC38	0417F	18896	䈤	15	314314123412211	8232DD33	04224
18854	䅷	15	312341223411234	8232CC30	04177	18897	篐	15	314314123412525	BA48	07BD0
18855	䅸	15	312341224143112	8232CC31	04178	18898	箱	15	314314123425111	CFE4	07BB1
18856	稹	15	312341225111134	F0A1	07A39	18899	範	15	314314125111255	B9A0	07BC4
18857	䅴	15	312341245554234	8232CB37	04174	18900	䈏	15	314314125125121	8232DB32	0420F
18858	稶	15	312341251153334	B755	07A36	18901	箴	15	314314131251534	F3F0	07BB4
18859	穂	15	312341251214544	B75B	07A42	18902	䈛	15	314314212512253	8232DC34	0421B
18860	䅶	15	312341311534124	8232CB39	04176	18903	箵	15	314314234325111	B993	07BB5
18861	稽	15	312341354352511	BBFC	07A3D	18904	箾	15	314314243251122	B99B	07BBE
18862	犂	15	312342234112431	E482	092EB	18905	䈕	15	314314251112134	8232DB38	04215
18863	稷	15	312342512134354	F0A2	07A37	18906	篎	15	314314251112343	BA46	07BCE

序号	字形	笔数	笔顺	18030代码	13000代码	序号	字形	笔数	笔顺	18030代码	13000代码
18907	箾	15	314314251113422	8232DC38	0421F	18950	篘	15	314314554444354	B996	07BB9
18908	篂	15	314314251122111	B99C	07BBF	18951	慦	15	315541431344544	914F	0615C
18909	篁	15	314314251131121	B99E	07BC2	18952	儎	15	321211251112534	8384	0510E
18910	篙	15	314314251135345	8232DB36	04213	18953	㒗	15	321221145154121	8139FD38	03497
18911	篑	15	314314251212534	F3F1	07BD1	18954	儚	15	321222522145354	838F	0511A
18912	篅	15	314314252132522	BA40	07BC5	18955	僸	15	321234123411234	8371	050F8
18913	篍	15	314314312344334	BA45	07BCD	18956	儊	15	321234123452134	8381	0510A
18914	䈖	15	314314312344412	8232DB39	04216	18957	僵	15	321251211251211	BDA9	050F5
18915	篽	15	314314312511211	B99A	07BBD	18958	㒘	15	321251255441431	8139FD39	03498
18916	箯	15	314314321251134	B98F	07BAF	18959	價	15	321252212511134	8372	050F9
18917	篁	15	314314325111121	F3F2	07BC1	18960	㒑	15	321441324111215	8139FD32	03491
18918	篼	15	314314325113554	8232DE32	0422D	18961	暘	15	321511251113533	82339732	04457
18919	䈜	15	314314325114554	8232DC35	0421C	18962	賨	15	321511342511134	8233E734	0477F
18920	篌	15	314314325131134	F3F3	07BCC	18963	暛	15	321511431113121	82339733	04458
18921	䈗	15	314314325434354	8232DC30	04217	18964	牕	15	321532535414544	A0A7	07255
18922	篻	15	314314332511112	B998	07BBB	18965	牗	15	321541351125112	A0A8	07257
18923	䈩	15	314314341443122	8232DD38	04229	18966	牖	15	321545131251124	EBBB	07256
18924	䈠	15	314314344311354	8232DC39	04220	18967	儏	15	322135454431234	8385	0510F
18925	篒	15	314314344511534	BA49	07BD2	18968	㒒	15	322243143111234	8139FD33	03492
18926	䈦	15	314314345234354	8232DD35	04226	18969	鋈	15	322313434112431	E470	092DA
18927	篰	15	314314352511521	B990	07BB0	18970	鞗	15	322354122125112	EC9B	09797
18928	䈡	15	314314353344544	8232DD30	04221	18971	儅	15	322434525125121	837D	05105
18929	䈥	15	314314353511253	8232DD34	04225	18972	僶	15	322511251211511	836F	050F6
18930	䈞	15	314314412512511	8232DC37	0421E	18973	儙	15	322512125151454	838E	05119
18931	篷	15	314314415331525	B995	07BB7	18974	僼	15	322512211251431	8374	050FC
18932	篓	15	314314431234531	C2A8	07BD3	18975	儂	15	322512211311534	837A	05102
18933	箭	15	314314431251122	BCFD	07BAD	18976	僺	15	322512512511234	8373	050FA
18934	䈘	15	314314431554554	8232DC31	04218	18977	㒐	15	322513254111251	D58D	08AD0
18935	篊	15	314314441122134	BA43	07BCA	18978	儇	15	322522112513534	D9D8	05107
18936	篲	15	314314441312135	B991	07BB2	18979	㒔	15	322522135251214	8139FD35	03494
18937	䈐	15	314314442134334	8232DB33	04210	18980	僽	15	323123443344544	8375	050FD
18938	篮	15	314314445125111	B98E	07BAE	18981	㒜	15	323211152511134	8139FE33	0349C
18939	篇	15	314314451325122	C6AA	07BC7	18982	儌	15	323251141533134	8382	0510C
18940	䈔	15	314314512115154	8232DB37	04214	18983	儉	15	323412512513434	8380	05109
18941	篼	15	314314513154121	B999	07BBC	18984	儈	15	323412524312511	837E	05108
18942	篳	15	314314513431132	B992	07BB3	18985	僾	15	323443454544354	8376	050FE
18943	篃	15	314314521325111	B99F	07BC3	18986	儍	15	323444445234354	8383	0510D
18944	䈝	15	314314521342511	8232DC36	0421D	18987	儋	15	323513344111251	D9D9	0510B
18945	篨	15	314314523411234	BA58	07BE8	18988	儃	15	324125251125111	837B	05103
18946	䈢	15	314314542511234	8232DD31	04222	18989	億	15	324143125114544	837C	05104
18947	䈚	15	314314542514544	8232DC33	0421A	18990	㒕	15	324155332411121	8139FD36	03495
18948	篆	15	314314551353334	D7AD	07BC6	18991	儀	15	324311213121534	8378	05100
18949	䈙	15	314314554444124	8232DC32	04219	18992	僿	15	324451122134121	8377	050FF

序号	字形	笔数	笔顺	18030代码	13000代码	序号	字形	笔数	笔顺	18030代码	13000代码
18993	皝	15	325111121243135	B081	0769D	19036	熧	15	332343421344334	9FD9	071A7
18994	䫁	15	325111132511134	8234BB36	04AC1	19037	慫	15	332343421344544	915A	0616B
18995	皣	15	325111221122112	B087	076A3	19038	徸	15	332414312511211	8FD7	05FB8
18996	躼	15	325111312111534	DC78	08EBC	19039	徹	15	332415425113134	8FD8	05FB9
18997	躸	15	325111313412512	DC75	08EB8	19040	衜	15	332431325111112	D06D	0885C
18998	躺	15	325111324325251	CCC9	08EBA	19041	徲	15	332513241343112	8FD3	05FB2
18999	躶	15	325111325111234	DC73	08EB6	19042	衛	15	332521251152112	D06C	0885B
19000	躷	15	325111331234531	DC74	08EB7	19043	嬃	15	333132511134531	8BC1	05B03
19001	躹	15	325111335431234	DC76	08EB9	19044	艓	15	335414122151234	C58E	08253
19002	躻	15	325111344534121	DC77	08EBB	19045	艒	15	335414251125111	C58D	08252
19003	䠻	15	325111344534515	8233FA31	0483B	19046	艘	15	335414321511254	CBD2	08258
19004	臱	15	325111445344153	C558	081F1	19047	艎	15	335414325111121	C58A	0824E
19005	槩	15	325111515351234	98A2	069E9	19048	艐	15	335414345234354	C58B	08250
19006	䲷	15	325111544441234	8234ED32	04CB7	19049	䑺	15	335414353251214	82339A37	0447A
19007	䲬	15	325111544443515	8234EC31	04CAC	19050	磐	15	335414355413251	C5CD	078D0
19008	䲱	15	325111544444153	8234EC36	04CB1	19051	盤	15	335414355425221	B150	076E4
19009	鴃	15	325111544445134	F860	09D03	19052	艔	15	335414413122154	C58F	08254
19010	皚	15	325112521251431	B07D	0769A	19053	䑻	15	335414415331521	82339A38	0447B
19011	緜	15	325112523554234	BE82	07DDC	19054	艖	15	335414431113121	C591	08256
19012	皞	15	325113251113412	B082	0769E	19055	艏	15	335414431325111	F4BC	0824F
19013	皛	15	325113251132511	B07E	0769B	19056	䑹	15	335414445433454	82339A36	04479
19014	䰣	15	325113554253434	8234DF30	04C23	19057	艑	15	335414451325122	C58C	08251
19015	䰢	15	325113554332112	8234DE39	04C22	19058	㼓	15	335444315112234	82328F30	03F13
19016	皜	15	325114125125251	B080	0769C	19059	舖	15	341122511251124	C56D	08216
19017	㿥	15	325114532411121	8232A430	03FE5	19060	雓	15	341123432411121	EB6B	096D3
19018	樂	15	325115545541234	98B7	06A02	19061	鋳	15	341124311113124	E48A	092F3
19019	僻	15	325132514143112	C6A7	050FB	19062	䤯	15	341124311132333	82349435	0492F
19020	頧	15	325151132511134	EE58	09827	19063	銾	15	341124311212534	E455	092BE
19021	䘔	15	325221445354251	8233C336	04614	19064	䤲	15	341124311213234	82349438	04932
19022	䪿	15	325341132511134	8234BB34	04ABF	19065	﨧	15	341124311213521	FE4D	0FA27
19023	嶴	15	325431234134252	8E53	05DB4	19066	鋕	15	341124311214544	E46B	092D5
19024	質	15	331233122511134	D97C	08CEA	19067	銸	15	341124311221115	E44F	092B8
19025	徺	15	332121121121135	8FD9	05FBA	19068	錵	15	341124311223235	E56B	09335
19026	㣵	15	332121431112454	8230EF33	038F5	19069	錺	15	341124311224153	E570	0933A
19027	憄	15	332122511114544	9170	06184	19070	鋴	15	341124311225135	E48B	092F4
19028	衚	15	332122513511112	D06B	0885A	19071	銶	15	341124311241344	E44D	092B6
19029	德	15	332122522114544	B5C2	05FB7	19072	鋍	15	341124311245521	E463	092CD
19030	䴘	15	332153153535451	FE9D	04D18	19073	鋪	15	341124311251124	E481	092EA
19031	徵	15	332252111213134	E1E7	05FB5	19074	鋉	15	341124311251234	E45F	092C9
19032	㣳	15	332311222214444	8230EF31	038F3	19075	鋙	15	341124311251251	E46F	092D9
19033	衝	15	332312511211112	D06E	0885D	19076	鋀	15	341124311251431	E457	092C0
19034	㼻	15	332343421341554	82329330	03F3B	19077	鋠	15	341124311311534	E476	092E0
19035	㹐	15	332343421343112	8231F935	03E50	19078	鋏	15	341124311343434	E465	092CF

序号	字形	笔数	笔顺	18030代码	13000代码	序号	字形	笔数	笔顺	18030代码	13000代码
19079	鋄	15	341124311433454	E45B	092C4	19122	鋐	15	341124314451354	E466	092D0
19080	鋱	15	341124311454454	E488	092F1	19123	鋃	15	341124314511534	E45A	092C3
19081	鋞	15	341124311555121	E474	092DE	19124	鋟	15	341124315114554	E475	092DF
19082	䤮	15	341124312121233	82349434	0492E	19125	鋦	15	341124315135251	E47C	092E6
19083	銷	15	341124312432511	E44E	092B7	19126	錒	15	341124315212512	E548	09312
19084	銲	15	341124312511112	E449	092B2	19127	銿	15	341124315425112	E456	092BF
19085	鋥	15	341124312511121	E47B	092E5	19128	鋑	15	341124315434354	E467	092D1
19086	鋇	15	341124312511134	E45E	092C7	19129	舗	15	341212511251124	C56E	08217
19087	鋘	15	341124312511134	E46E	092D8	19130	樖	15	341251123412512	98CA	06A16
19088	鋧	15	341124312511135	E47D	092E7	19131	頜	15	341251132511134	EE4D	0981C
19089	鋤	15	341124312511153	E47A	092E4	19132	劍	15	341251251343422	84A6	0528D
19090	鋰	15	341124312511211	E487	092F0	19133	劎	15	341251251343453	84A7	0528E
19091	鋜	15	341124312512134	E472	092DC	19134	劊	15	341252431251122	84A3	0528A
19092	鋗	15	341124312512511	E46D	092D7	19135	鄶	15	341252431251152	E094	09136
19093	鋛	15	341124312512512	E471	092DB	19136	頫	15	341534132511134	EE5C	0982B
19094	䤱	15	341124312523312	82349437	04931	19137	䧽	15	343123432411121	8234A830	049FD
19095	䤫	15	341124312523445	82349431	0492B	19138	䲸	15	343232511154444	8234ED33	04CB8
19096	鋯	15	341124313121251	E486	092EF	19139	慾	15	343425135344544	916A	0617E
19097	鋨	15	341124313121534	E47E	092E8	19140	䜯	15	343425135431234	8233DF35	0472F
19098	鋓	15	341124313123422	E469	092D3	19141	谾	15	343425144534121	D846	08C3E
19099	鋵	15	341124313123435	E48C	092F5	19142	䁞	15	343434341325111	8232B030	0405E
19100	銹	15	341124313123453	E450	092B9	19143	虢	15	344312421531535	EBBD	08662
19101	鋂	15	341124313155414	E459	092C2	19144	鹞	15	344331125235451	F0CE	09E5E
19102	鋲	15	341124313212134	E489	092F2	19145	噕	15	344335554444251	8776	05655
19103	銵	15	341124313251113	E44C	092B5	19146	䢬	15	344345354152454	82348734	048AC
19104	䤭	15	341124313413252	82349433	0492D	19147	辤	15	344345544143112	DE69	08FA4
19105	銳	15	341124313425135	E44A	092B3	19148	貓	15	344353312225121	D888	08C93
19106	銼	15	341124313434121	E453	092BC	19149	䝝	15	344353313412512	8233E431	0475D
19107	鋊	15	341124313434251	E460	092CA	19150	䝞	15	344353321531535	8233E432	0475E
19108	鋝	15	341124313443124	E473	092DD	19151	貎	15	344353332151135	D883	08C8E
19109	鋢	15	341124313443521	E478	092E2	19152	貏	15	344353332511312	D884	08C8F
19110	鋖	15	341124313443531	E46C	092D6	19153	餝	15	344511541224153	F053	0991D
19111	鋡	15	341124313445251	E477	092E1	19154	餑	15	344511541245521	F047	09911
19112	銽	15	341124313515251	E454	092BD	19155	餔	15	344511541251124	F04A	09914
19113	鋔	15	341124313525135	E46A	092D4	19156	餗	15	344511541251234	F04D	09917
19114	鋒	15	341124313541112	E468	092D2	19157	餖	15	344511541251431	F04C	09916
19115	鋅	15	341124314143112	E45C	092C5	19158	䬼	15	344511542512511	8234C739	04B3C
19116	鋶	15	341124314154325	E48D	092F6	19159	䭂	15	344511542515215	8234C835	04B42
19117	錓	15	341124314311135	E549	09313	19160	餓	15	344511543121534	F049	09913
19118	鋭	15	341124314325135	E484	092ED	19161	餘	15	344511543411234	F04E	09918
19119	銻	15	341124314351523	E452	092BB	19162	餙	15	344511543413252	F04F	09919
19120	䤬	15	341124314412343	82349432	0492C	19163	餒	15	344511543443531	F048	09912
19121	鋎	15	341124314451135	E464	092CE	19164	䬽	15	344511544325135	8234C830	04B3D

序号	字形	笔数	笔顺	18030代码	13000代码
19165	䬾	15	344511544351523	8234C831	04B3E
19166	䬿	15	344511545133115	8234C832	04B3F
19167	餕	15	344511545434354	F04B	09915
19168	㱃	15	344512535113534	8231C532	03C43
19169	鳹	15	344532511154444	F856	09CF9
19170	鳻	15	345332511154444	F858	09CFB
19171	麄	15	345341352211535	FB82	09E84
19172	鴔	15	345432511154444	F871	09D14
19173	䲲	15	345432511154444	8234EC37	04CB2
19174	鹟	15	345454154135451	FB6C	09E5F
19175	䐵	15	351112212512134	82339338	04435
19176	䐽	15	351112212523434	82339436	0443D
19177	膵	15	351112241343412	C48B	081B5
19178	膝	15	351112343424134	CFA5	0819D
19179	膞	15	351112511214124	C478	0819E
19180	䐬	15	351112512212511	82339239	0442C
19181	膒	15	351112512512515	C470	08192
19182	膘	15	351112522111234	B1EC	08198
19183	䐭	15	351113221545252	82339330	0442D
19184	膤	15	351114524444511	C47D	081A4
19185	膛	15	351124345251121	CCC5	0819B
19186	膢	15	351125112512531	C47C	081A2
19187	䐯	15	351125121554234	82339332	0442F
19188	膕	15	351125125115341	C473	08195
19189	㬽	15	351125125125115	8231AB31	03B3D
19190	膗	15	351125232411121	C475	08197
19191	膼	15	351125525251454	C490	081BC
19192	膓	15	351131251113533	C471	08193
19193	䐫	15	351133234342134	82339238	0442B
19194	䐳	15	351135251214444	82339336	04433
19195	褜	15	351135515413534	D18C	0891C
19196	膔	15	351141352211535	C472	08194
19197	䐮	15	351141431331121	82339331	0442E
19198	䐱	15	351141432512251	82339334	04431
19199	膟	15	351141554413412	C479	0819F
19200	滕	15	351143113424134	EBF8	06ED5
19201	膡	15	351143113425111	C47B	081A1
19202	膣	15	351144534154121	EBF9	081A3
19203	䐲	15	351154154132511	82339335	04432
19204	膠	15	351154154134333	C47A	081A0
19205	膷	15	351155345115452	C48D	081B7
19206	鴇	15	351232511154444	F864	09D07
19207	㯋	15	351234132511134	8231B932	03BCB
19208	頠	15	351355132511134	EE51	09820
19209	★䲭	15	351532511154444	8234EC32	04CAD
19210	䭫	15	352511431325111	8234CC36	04B6B
19211	鲠	15	352512111251134	F6E1	09CA0
19212	鲡	15	352512111254254	F6E2	09CA1
19213	鲢	15	352512111512454	F6E3	09CA2
19214	鲣	15	352512112254121	F6E4	09CA3
19215	鲥	15	352512112511124	F6E5	09CA5
19216	鲤	15	352512112511211	C0F0	09CA4
19217	鲦	15	352512113541234	F6E6	09CA6
19218	鲧	15	352512113554234	F6E7	09CA7
19219	鲩	15	352512114451135	F6E9	09CA9
19220	鲪	15	352512115113251	F790	09CAA
19221	鲫	15	352512115115452	F6EA	09CAB
19222	鲬	15	352512115425112	F791	09CAC
19223	䰷	15	352512144441112	8234E130	04C37
19224	魭	15	352512144441135	F492	09B6D
19225	魳	15	352512144441252	F498	09B73
19226	䰽	15	352512144441252	8234E136	04C3D
19227	魷	15	352512144441354	F49C	09B77
19228	鮔	15	352512144441515	F558	09B94
19229	魨	15	352512144441525	F48D	09B68
19230	䰹	15	352512144441534	8234E132	04C39
19231	魮	15	352512144441535	F493	09B6E
19232	魱	15	352512144441551	F496	09B71
19233	魦	15	352512144442343	F48B	09B66
19234	魯	15	352512144442511	F494	09B6F
19235	魶	15	352512144442534	F49B	09B76
19236	魹	15	352512144443115	F49E	09B79
19237	䰻	15	352512144443134	8234E134	04C3B
19238	魸	15	352512144443215	F49D	09B78
19239	魤	15	352512144443235	F489	09B64
19240	䰺	15	352512144443312	8234E133	04C3A
19241	魬	15	352512144443354	F491	09B6C
19242	魪	15	352512144443432	F48F	09B6A
19243	䰼	15	352512144443445	8234E135	04C3C
19244	魵	15	352512144443453	F49A	09B75
19245	䰸	15	352512144443454	8234E131	04C38
19246	魩	15	352512144443533	F48E	09B69
19247	魰	15	352512144444134	F495	09B70
19248	魧	15	352512144444135	F48C	09B67
19249	魴	15	352512144444153	F499	09B74
19250	魲	15	352512144444513	F497	09B72

序号	字形	笔数	笔顺	18030代码	13000代码	序号	字形	笔数	笔顺	18030代码	13000代码
19251	魷	15	352512144444535	F490	09B6B	19294	須	15	354354132511134	8234BB37	04AC2
19252	鲃	15	352512144445215	8234E137	04C3E	19295	鹘	15	354532512135451	FB6D	09E60
19253	鲆	15	352512144445452	F488	09B63	19296	劉	15	354533411243122	84A2	05289
19254	潁	15	352534132511134	9D7D	06F41	19297	駑	15	354551211254444	F172	099CC
19255	夐	15	352534251113134	94B8	0657B	19298	饊	15	355122125113134	E2CC	09993
19256	獟	15	353121121121135	AA92	0735F	19299	皺	15	355233552353254	B099	076BA
19257	獖	15	353121222511134	AA8A	07356	19300	饄	15	355251112511211	8234CC35	04B6A
19258	獇	15	353121325111234	E9CD	06A65	19301	馔	15	355515515122134	E2CD	09994
19259	獦	15	353122251135345	AA98	07366	19302	諌	15	411125111121234	8233DA30	046F6
19260	獗	15	353134315233534	E2B1	07357	19303	請	15	411125111212511	D588	08ACB
19261	獠	15	353134432511234	E2B2	07360	19304	諒	15	411125111213534	D595	08AD8
19262	獛	15	353224314311134	AA8E	0735B	19305	諔	15	411125112111534	8233D839	046EB
19263	𤢖	15	353251113251251	8543	05314	19306	諸	15	411125112132511	D654	08AF8
19264	颷	15	353251214131534	8234C233	04B04	19307	諱	15	411125112143112	8233D931	046ED
19265	颲	15	353251214135422	EF56	098B2	19308	誫	15	411125112155121	8233D837	046E9
19266	颳	15	353251214312251	EF57	098B3	19309	諆	15	411125112211134	D583	08AC6
19267	颸	15	353251214535353	8234C234	04B05	19310	諏	15	411125112211154	D58C	08ACF
19268	㺔	15	353251251251112	82328236	03E97	19311	諎	15	411125112212511	D58B	08ACE
19269	獢	15	353313425125251	AA94	07362	19312	諾	15	411125112213251	D65A	08AFE
19270	獡	15	353321511354444	AA93	07361	19313	諃	15	411125112341234	D580	08AC3
19271	㺘	15	353324111214444	82328237	03E98	19314	諺	15	411125112343434	D576	08ABA
19272	獋	15	353325111413412	AA82	0734B	19315	諌	15	411125112511234	D589	08ACC
19273	㺕	15	353343123425121	82328234	03E95	19316	諭	15	411125113412512	8233D938	046F4
19274	㺔	15	353344335554444	82328233	03E94	19317	諭	15	411125113425115	8233D937	046F3
19275	獤	15	353412515213134	AA96	07364	19318	諑	15	411125113533434	D58E	08AD1
19276	獞	15	353414312511211	AA91	0735E	19319	諱	15	411125115112134	D56D	08AB1
19277	獜	15	353431234354152	AA8F	0735C	19320	諓	15	411125115341534	D590	08AD3
19278	㺙	15	353445554142534	82328238	03E99	19321	誹	15	411125121112111	D575	08AB9
19279	觰	15	353511212132511	D375	089F0	19322	諔	15	411125121123454	D591	08AD4
19280	觫	15	353511212343434	8233D132	0469E	19323	諕	15	411125121531535	D592	08AD5
19281	觭	15	353511213412512	D373	089ED	19324	課	15	411125125111234	D56E	08AB2
19282	觪	15	353511225111124	8233D133	0469F	19325	諀	15	411125125111535	8233D934	046F0
19283	觬	15	353511225111535	8233D134	046A0	19326	諂	15	411125125112511	D56B	08AAF
19284	觬	15	353511232151135	D372	089EC	19327	諚	15	411125125124544	8233D935	046F1
19285	觯	15	353511232511312	8233D130	0469C	19328	諸	15	411125125342511	D577	08ABB
19286	觪	15	353511241343412	8233D131	0469D	19329	調	15	411125125431415	D573	08AB7
19287	觶	15	353511243251112	F6A3	089EF	19330	諣	15	411125125525251	D5A0	08AE3
19288	觮	15	353511251124134	D374	089EE	19331	誰	15	411125131212211	D585	08AC8
19289	獝	15	353545232534251	AA90	0735D	19332	諉	15	411125131234531	D586	08AC9
19290	膹	15	354112212512134	8234FB32	04D4A	19333	諛	15	411125132151134	D598	08ADB
19291	鵃	15	354132511154444	F862	09D05	19334	說	15	411125132151135	D579	08ABD
19292	頟	15	354251132511134	EE50	0981F	19335	誰	15	411125132411121	D56C	08AB0
19293	頞	15	354334132511134	9FE2	071B2	19336	諦	15	411125132511252	8233D936	046F2

序号	字形	笔数	笔顺	18030代码	13000代码
19337	諀	15	411125132511312	D57C	08AC0
19338	論	15	411125134125122	D593	08AD6
19339	誵	15	411125134132511	D571	08AB5
19340	䛵	15	411125134434554	8233D939	046F5
19341	諗	15	411125134454544	D594	08AD7
19342	調	15	411125135121251	D57B	08ABF
19343	諙	15	411125135152511	D596	08AD9
19344	䛬	15	411125135311252	8233D930	046EC
19345	諂	15	411125135321511	D57E	08AC2
19346	䛮	15	411125135424251	8233D932	046EE
19347	諊	15	411125135431234	D587	08ACA
19348	諒	15	411125141251234	D58F	08AD2
19349	諄	15	411125141251521	D581	08AC4
19350	䛸	15	411125141321251	8233DA32	046F8
19351	誶	15	411125141343412	D572	08AB6
19352	諩	15	411125143122431	D645	08AE9
19353	談	15	411125143344334	D584	08AC7
19354	誴	15	411125144511234	D570	08AB4
19355	諚	15	411125144512134	D597	08ADA
19356	誼	15	411125144525111	D578	08ABC
19357	䛪	15	411125144534515	8233D838	046EA
19358	䛷	15	411125144535455	8233DA31	046F7
19359	䛯	15	411125151312251	8233D933	046EF
19360	誳	15	411125151352252	D56F	08AB3
19361	誸	15	411125151541554	D574	08AB8
19362	諁	15	411125154545454	D57D	08AC1
19363	慿	15	411211251324544	916B	0617F
19364	凚	15	411234123411234	8442	051DA
19365	螀	15	412354124251214	CE85	08780
19366	稾	15	412512525131234	B758	07A3E
19367	髛	15	412512525151335	F37D	09ADB
19368	墪	15	412515213134121	8995	058AA
19369	熟	15	412515213544444	CAEC	0719F
19370	凙	15	412522112143112	8441	051D9
19371	㔊	15	412525112511122	82308B33	0350A
19372	勯	15	412525112511153	84E9	052EF
19373	緳	15	413111253554234	BE99	07DF3
19374	廚	15	413121251431124	8F4E	05EDA
19375	廝	15	413122111343312	8F50	05EDD
19376	㫂	15	413122144443312	82319E38	03AC2
19377	廟	15	413122511123511	8F52	05EDF
19378	犘	15	413123412343112	A0D0	07298
19379	摩	15	413123412343112	C4A6	06469
19380	麾	15	413123412343115	F7E2	09EBE
19381	䵇	15	413123412343134	8234FA39	04D47
19382	㦄	15	413123412344544	8230FD34	03984
19383	廤	15	413125111225135	8F57	05EE4
19384	褒	15	413225112343534	B0FD	08912
19385	廠	15	413243252513134	8F53	05EE0
19386	廛	15	413251121134121	E2DC	05EDB
19387	褢	15	413251135543534	D191	08922
19388	廡	15	413311222214444	8F54	05EE1
19389	㢗	15	413313425125251	8230E539	03897
19390	廞	15	413341124313534	8F51	05EDE
19391	㢖	15	413343123425121	8230E538	03896
19392	瘛	15	413411112534544	F1A1	0761B
19393	㿀	15	413411121431121	8232A033	03FC0
19394	㾲	15	413411121533134	82329E39	03FB2
19395	㾺	15	413411211254444	82329F37	03FBA
19396	瘼	15	413411222511134	F1A2	0763C
19397	瘨	15	413411225111134	AF92	07628
19398	瘞	15	413411343434121	AF8E	0761E
19399	㾹	15	413412121351234	82329F36	03FB9
19400	瘝	15	413412522123344	AF8D	0761D
19401	㿁	15	413413251113412	8232A034	03FC1
19402	瘪	15	413413251113435	B1F1	0762A
19403	瘜	15	413413251114544	AF8C	0761C
19404	㾷	15	413413321531535	82329F34	03FB7
19405	瘢	15	413413354143554	F1A3	07622
19406	瘡	15	413413445113251	AF8F	07621
19407	瘤	15	413413545325121	C1F6	07624
19408	㾸	15	413414125125251	82329F35	03FB8
19409	瘠	15	413414134342511	F1A4	07620
19410	㾾	15	413414315112234	8232A031	03FBE
19411	瘚	15	413414315233534	AF8B	0761A
19412	癊	15	413415234451154	B045	0764A
19413	瘫	15	413415432411121	CCB1	0762B
19414	劆	15	413431511223422	84A0	05286
19415	㢘	15	413431511224444	8230E630	03898
19416	齑	15	413432211121111	ECB4	09F51
19417	鳼	15	413432511154444	F859	09CFC
19418	鴍	15	413432511154444	F86A	09D0D
19419	頝	15	413434132511134	EE4E	0981D
19420	鹡	15	413434251135451	FB6E	09E61
19421	䝺	15	413441342511134	8233E730	0477A
19422	㱂	15	413511241343534	8231C531	03C42

序号	字形	笔数	笔顺	18030代码	13000代码
19423	賡	15	413511342511134	D973	08CE1
19424	䴢	15	413522115351234	8234F732	04D22
19425	㼾	15	413522115351554	82329333	03F3E
19426	䴠	15	413522115353134	8234F730	04D20
19427	麃	15	413522115354444	FB81	09E83
19428	慶	15	413522154544354	9163	06176
19429	䲳	15	413532511154444	8234EC38	04CB3
19430	餈	15	413534344511534	F040	09908
19431	廢	15	413543345153554	8F55	05EE2
19432	凛	15	414125251111234	C1DD	051DB
19433	凜	15	414125251131234	8443	051DC
19434	郶	15	414312512515215	E05E	090F6
19435	颜	15	414313333132534	D1D5	0989C
19436	毅	15	414313533343554	D2E3	06BC5
19437	甋	15	414325122511554	AE53	0750B
19438	敵	15	414325122513134	94B3	06575
19439	歒	15	414325122513534	9A59	06B52
19440	㿶	15	414345415353254	8232A537	03FF6
19441	蝱	15	415251214251214	CE7B	08771
19442	㫏	15	415331125221531	8231A031	03ACF
19443	㫎	15	415331451251112	8231A030	03ACE
19444	䗐	15	415331525251214	8233BC38	045D0
19445	鴋	15	415332511154444	F868	09D0B
19446	頦	15	415334132511134	EE57	09826
19447	羬	15	431113131251534	C17B	07FAC
19448	羯	15	431113251135345	F4C9	07FAF
19449	羰	15	431113252134334	F4CA	07FB0
19450	羭	15	431113341251122	C17C	07FAD
19451	䍷	15	431113521251152	82338131	04377
19452	䣡	15	431121312153452	82348C37	048E1
19453	䢭	15	431121413534454	82348735	048AD
19454	羮	15	431121444411134	C17D	07FAE
19455	頩	15	431132132511134	EE5A	09829
19456	養	15	431134344511534	F043	0990B
19457	韏	15	431134521251152	ED6A	097CF
19458	㠮	15	431224312511121	8230DB34	0382E
19459	糂	15	431234122111345	BC42	07CC2
19460	糊	15	431234122513511	BAFD	07CCA
19461	䊖	15	431234122543112	8232E837	04296
19462	頪	15	431234132511134	EE5B	0982A
19463	糎	15	431234132511211	BC48	07CCE
19464	糆	15	431234132522111	BC45	07CC6
19465	䊓	15	431234251112134	8232E834	04293
19466	糃	15	431234251113533	BC43	07CC3
19467	䊘	15	431234251212511	8232E839	04298
19468	䊗	15	431234325111121	8232E838	04297
19469	糇	15	431234325131134	F4D7	07CC7
19470	䊚	15	431234325151454	8232E931	0429A
19471	糉	15	431234345234354	BC46	07CC9
19472	遴	15	431234354152454	E5E0	09074
19473	糌	15	431234354242511	F4D8	07CCC
19474	糋	15	431234431251122	BC47	07CCB
19475	糍	15	431234431554554	F4D9	07CCD
19476	糄	15	431234451325122	BC44	07CC4
19477	糈	15	431234521342511	F4DA	07CC8
19478	糔	15	431234544251214	BC4E	07CD4
19479	糅	15	431234545231234	F4DB	07CC5
19480	翦	15	431251122541541	F4E5	07FE6
19481	遵	15	431253511124454	D7F1	09075
19482	導	15	431325111454124	8CA7	05C0E
19483	噵	15	431325111454251	878B	05675
19484	鹢	15	431342522135451	FB6F	09E62
19485	鹣	15	431511223435451	F0CF	09E63
19486	獘	15	432523431341344	AA8B	07358
19487	暼	15	432523431342511	95C8	066BC
19488	撆	15	432523431343112	93C5	06486
19489	憋	15	432523431344544	B1EF	0618B
19490	㣒	15	432524312511333	8230EB38	038D2
19491	㷯	15	433412111134112	8231EF38	03DEF
19492	熯	15	433412212511134	9FDF	071AF
19493	熿	15	433412212512134	9FEC	071BF
19494	㷹	15	433412221251112	8231F038	03DF9
19495	㷮	15	433412512212511	8231EF37	03DEE
19496	熰	15	433412512512515	9FE0	071B0
19497	熞	15	433412512554121	9FD2	0719E
19498	熛	15	433412522111234	9FCF	0719B
19499	熦	15	433423432411121	9FD8	071A6
19500	㷸	15	433425111122112	8231F037	03DF8
19501	熡	15	433425112512531	9FD3	071A1
19502	熳	15	433425112522154	ECD7	071B3
19503	熼	15	433425121122134	9FE9	071BC
19504	熴	15	433425225111535	9FE3	071B4
19505	熣	15	433425232411121	9FD5	071A3
19506	熪	15	433431234354354	9FDB	071AA
19507	㷲	15	433431251121153	8231F031	03DF2
19508	䲴	15	433432511154444	8234EC39	04CB4

序号	字形	笔数	笔顺	18030代码	13000代码	序号	字形	笔数	笔顺	18030代码	13000代码
19509	熜	15	433432535414544	9FD0	0719C	19552	潦	15	441134432511234	C1CA	06F66
19510	熫	15	433441312214444	9FDC	071AB	19553	澐	15	441145244441154	9DB7	06F90
19511	熝	15	433441352211535	9FD1	0719D	19554	潛	15	441153515352511	9D93	06F5B
19512	熵	15	433441432534251	ECD8	071B5	19555	澁	15	441212121212121	9DAE	06F81
19513	覢	15	433443342511135	D340	089A2	19556	鲨	15	441234335251211	F6E8	09CA8
19514	瑩	15	433443344511214	AC93	07469	19557	濐	15	441251112132511	9DEE	06FD0
19515	禜	15	433443344511234	B648	0799C	19558	㵊	15	441251112211154	8231DF33	03D4A
19516	䃕	15	433443344513251	8232BB39	040D5	19559	濎	15	441251115132125	9DEC	06FCE
19517	䁝	15	433443344525111	8232AF39	0405D	19560	濈	15	441251122111534	9DE7	06FC8
19518	㽦	15	433443344525121	82329733	03F66	19561	潤	15	441251125111121	9D99	06F64
19519	熩	15	433445132515215	9FDA	071A9	19562	澖	15	441251125111234	9DBD	06F96
19520	熠	15	433454154132511	ECDA	071A0	19563	澗	15	441251125112511	9DBE	06F97
19521	熮	15	433454154134344	9FDE	071AE	19564	㵎	15	441251125113511	8231DF37	03D4E
19522	熤	15	433454154141431	9FD6	071A4	19565	潣	15	441251125114134	9D98	06F63
19523	潔	15	441111253554234	9D8D	06F54	19566	㵍	15	441251125114544	8231DF36	03D4D
19524	潖	15	441112111215215	9D8F	06F56	19567	澋	15	441251141251234	9DB5	06F8B
19525	潜	15	441113411342511	C7B1	06F5C	19568	潰	15	441251212511134	9DA2	06F70
19526	澆	15	441121121121135	9DB2	06F86	19569	潬	15	441251251251112	9DA0	06F6C
19527	澒	15	441121132511134	9DB9	06F92	19570	澏	15	441251251251252	9DB6	06F8F
19528	濆	15	441121222511134	9DE5	06FC6	19571	澂	15	441252111213134	9DAF	06F82
19529	澍	15	441121251431124	E4F8	06F8D	19572	㵋	15	441252212511134	8231DF34	03D4B
19530	㵙	15	441121251431251	8231E038	03D59	19573	潶	15	441254312114444	9DA6	06F76
19531	澎	15	441121251431333	C5EC	06F8E	19574	潿	15	441255212511521	9DAC	06F7F
19532	㵭	15	441121325114444	8231E238	03D6D	19575	潕	15	441311222214444	9D8E	06F55
19533	澾	15	441121431112454	9DDF	06FBE	19576	潪	15	441311342512511	9D9E	06F6A
19534	潱	15	441121451251431	9DA3	06F71	19577	潲	15	441312342432511	E4FB	06F72
19535	澌	15	441122111343312	E4F9	06F8C	19578	潻	15	441312343424134	9DA9	06F7B
19536	㵩	15	441122122151234	8231E234	03D69	19579	鋈	15	441313434112431	F6C8	092C8
19537	潵	15	441122125113134	9DA5	06F75	19580	潷	15	441314314511112	9DA7	06F77
19538	澑	15	441122155125121	9DB8	06F91	19581	澙	15	441321511154444	9DC0	06F99
19539	澫	15	441122251125214	9DCF	06FAB	19582	潟	15	441321511354444	9D95	06F5F
19540	㵧	15	441122251135345	8231E232	03D67	19583	潗	15	441324111211234	9D90	06F57
19541	濍	15	441122353344544	9DEB	06FCD	19584	潐	15	441324111214444	9D89	06F50
19542	潮	15	441122511123511	B3B1	06F6E	19585	澔	15	441325113121251	9DBB	06F94
19543	潹	15	441123412341234	9DA8	06F79	19586	潨	15	441325221323334	9D9C	06F68
19544	潸	15	441123412342511	E4FA	06F78	19587	澳	15	441325431234134	B0C4	06FB3
19545	澘	15	441123412342511	9DBF	06F98	19588	澓	15	441332312511354	9DBA	06F93
19546	潓	15	441125112144544	9D8C	06F53	19589	㵌	15	441332331225111	8231DF35	03D4C
19547	潭	15	441125221251112	CCB6	06F6D	19590	潝	15	441341251541541	9D94	06F5D
19548	潥	15	441125221431234	9D9A	06F65	19591	潘	15	441343123425121	C5CB	06F58
19549	㵦	15	441131212511454	8231E231	03D66	19592	㵚	15	441343434112431	8231E039	03D5A
19550	㵮	15	441134122125112	8231E239	03D6E	19593	潙	15	441344335554444	9D91	06F59
19551	㵐	15	441134315233534	8231DF39	03D50	19594	澛	15	441352512112511	9DC2	06F9B

序号	字形	笔数	笔顺	18030代码	13000代码
19595	潋	15	441412515213134	9D97	06F61
19596	潼	15	441414312511211	E4FC	06F7C
19597	澈	15	441415425113134	B3BA	06F88
19598	滏	15	441415432511214	AC96	0746C
19599	澜	15	441425125431234	C0BD	06F9C
19600	澅	15	441431112431251	8231E130	03D5B
19601	潆	15	441431134554234	9D9F	06F6B
19602	潽	15	441431224312511	9DAA	06F7D
19603	潾	15	441431234354152	9DAB	06F7E
19604	澊	15	441431253511124	9DB4	06F8A
19605	澻	15	441431353334454	9DDC	06FBB
19606	潧	15	441432524312511	9D9B	06F67
19607	澇	15	441433443344553	9DB3	06F87
19608	澝	15	441441122543112	8231E131	03D5C
19609	澓	15	441445251112134	8231E032	03D53
19610	澝	15	441445454425112	9DC3	06F9D
19611	潯	15	441511121251124	9DA1	06F6F
19612	澅	15	441511121251211	9DB1	06F85
19613	澼	15	441513241343112	9D7A	06F3D
19614	潺	15	441513521521521	E4FD	06F7A
19615	潒	15	441515251251214	9D5C	06F12
19616	澝	15	441515322511134	8231E031	03D52
19617	潠	15	441515515122134	9D96	06F60
19618	潔	15	441531251554234	8231E035	03D56
19619	澴	15	441532512511134	8231E030	03D51
19620	澄	15	441543341251431	B3CE	06F84
19621	潑	15	441543345153554	9D8A	06F51
19622	潏	15	441545232534251	9D88	06F4F
19623	漆	15	441545454342444	8231E034	03D55
19624	憓	15	442111251113454	8230FE36	03990
19625	憢	15	442121121121135	918B	061A2
19626	憒	15	442121222511134	918D	061A4
19627	憘	15	442121251431251	9182	06198
19628	憉	15	442121251431333	9175	06189
19629	懄	15	442121451251431	8230FD39	03989
19630	懂	15	442122312511211	B6AE	061C2
19631	懑	15	442122353344544	91A1	061BD
19632	憓	15	442125112144544	917D	06193
19633	憛	15	442125221251112	9185	0619B
19634	憟	15	442125221431234	9188	0619F
19635	愰	15	442131212511121	899A	058AF
19636	憭	15	442134432511234	9192	061AD
19637	憯	15	442153515352511	9194	061AF
19638	憪	15	442251125113511	9190	061AA
19639	憫	15	442251125114134	9191	061AB
19640	憪	15	442251125114544	82318132	03996
19641	憬	15	442251141251234	E3BD	061AC
19642	憒	15	442251212511134	917C	06192
19643	憚	15	442251251251112	9184	0619A
19644	憣	15	442251251431523	8230FE33	0398D
19645	憆	15	442252214111251	8230FE38	03992
19646	憮	15	442311222214444	9193	061AE
19647	憍	15	442313425125251	9178	0618D
19648	懔	15	442314314125234	918A	061A1
19649	憰	15	442324111212525	91AE	061CF
19650	憔	15	442324111214444	E3BE	06194
19651	懊	15	442325431234134	B0C3	061CA
19652	憣	15	442343123425121	918C	061A3
19653	憐	15	442354413444444	8230FE39	03993
19654	憱	15	442412512341354	9196	061B1
19655	憞	15	442412515213134	9187	0619E
19656	憧	15	442414312511211	E3BF	061A7
19657	憐	15	442431234354152	917A	06190
19658	憎	15	442432524312511	D4F7	0618E
19659	憦	15	442433443344553	918F	061A6
19660	憳	15	442511121251124	9198	061B3
19661	憻	15	442511121251211	8230FE34	0398E
19662	憆	15	442515515122134	8230FE35	0398F
19663	憕	15	442543341251431	917E	06195
19664	憰	15	442545232534251	9195	061B0
19665	賓	15	445112342511134	D97A	08CE8
19666	翧	15	445125111541541	C241	07FE7
19667	寭	15	445125112144544	8C93	05BED
19668	戭	15	445125121341534	91EE	0622D
19669	敹	15	445125121343134	82319C30	03AA6
19670	寮	15	445134432511234	E5BC	05BEE
19671	寯	15	445313425125251	8230C833	0376F
19672	寫	15	445321511354444	8C91	05BEB
19673	寯	15	445324111212525	8C94	05BEF
19674	窴	15	445341225111134	B84B	07AB4
19675	䆷	15	445341251112112	8232D134	041AD
19676	窸	15	445341353334454	8232D230	041B3
19677	䆶	15	445342512511134	8232D133	041AC
19678	審	15	445343123425121	8C8F	05BE9
19679	窱	15	445343223542134	B849	07AB1
19680	窮	15	445343251113515	B846	07AAE

序号	字形	笔数	笔顺	18030代码	13000代码	序号	字形	笔数	笔顺	18030代码	13000代码
19681	窳	15	445343354433544	F1C1	07AB3	19724	禤	15	452425221541541	B650	079A4
19682	窰	15	445343443311252	B848	07AB0	19725	䄞	15	452435445411234	8232C332	0411E
19683	窯	15	445344311214444	B847	07AAF	19726	谴	15	452512125151454	C7B4	08C34
19684	窲	15	445344312344412	B84A	07AB2	19727	鹤	15	453241112135451	BAD7	09E64
19685	寪	15	445344335554444	8C90	05BEA	19728	谵	15	453513344111251	DADE	08C35
19686	䆮	15	445344415114554	8232D135	041AE	19729	鴆	15	453532511154444	F863	09D06
19687	䢇	15	445351311534124	82348337	04887	19730	㔅	15	511232215151222	82308A38	03505
19688	额	15	445354251132534	B6EE	0989D	19731	䚄	15	511241342511135	8233CE36	04684
19689	㝭	15	445442251131121	8230C831	0376D	19732	䊠	15	511541535431234	8232E937	042A0
19690	㝮	15	445522521123454	8230C832	0376E	19733	憨	15	512211131344544	BAA9	061A8
19691	鞌	15	445531122125112	EC94	0978C	19734	蝨	15	512251214251214	CE74	08768
19692	頞	15	445531132511134	EE4F	0981E	19735	犚	15	513112341243112	A0D2	0729A
19693	冪	15	451222511134252	83E7	051AA	19736	熨	15	513112341244334	ECD9	071A8
19694	谳	15	451225431121344	DADD	08C33	19737	慰	15	513112341244544	CEBF	06170
19695	翩	15	451325122541541	F4E6	07FE9	19738	㞠	15	513134432511234	8230CD32	037A0
19696	鳸	15	451332511154444	F855	09CF8	19739	遲	15	513241343112454	DF74	09072
19697	褠	15	452341122125211	D190	08920	19740	䢃	15	513251414311234	82348333	04883
19698	褤	15	452341212513534	D193	08924	19741	劈	15	513251414311253	C5FC	05288
19699	褳	15	452341251112454	D19E	08933	19742	屧	15	513332122151234	8CD4	05C67
19700	䙏	15	452341251124124	8233C934	0464F	19743	履	15	513332312511354	C2C4	05C65
19701	䙐	15	452341251254312	8233C935	04650	19744	屦	15	513332431234531	E5F0	05C66
19702	褥	15	452341311534124	C8EC	08925	19745	㞟	15	513431253511134	8230CD31	0379F
19703	褴	15	452342231425221	F1DC	08934	19746	鴂	15	513432511154444	F85F	09D02
19704	襅	15	452342511122112	D24B	08945	19747	層	15	513432524312511	8CD3	05C64
19705	褟	15	452342511541541	D18F	0891F	19748	㣅	15	515153515352511	8230EA35	038C5
19706	䙓	15	452342522112154	8233C938	04653	19749	彈	15	515251251251112	8F97	05F48
19707	褫	15	452343321531535	F1DD	0892B	19750	選	15	515515122134454	DF78	09078
19708	䙎	15	452343443554134	8233C933	0464E	19751	㝆	15	521121251431251	8230C432	03746
19709	䙜	15	452343541112454	8233CA37	0465C	19752	韐	15	521251152341251	ED6B	097D0
19710	䙑	15	452344125113534	8233C936	04651	19753	㯐	15	521312125111234	8231B937	03BD0
19711	褯	15	452344131221252	D19B	0892F	19754	銺	15	521312134112431	E451	092BA
19712	褲	15	452344131251112	D19D	08932	19755	槳	15	521335441241234	98AA	069F3
19713	褵	15	452344134522554	D19F	08935	19756	獎	15	521335441241344	AA84	0734E
19714	䙒	15	452344155425121	8233C937	04652	19757	漿	15	521335441242534	9D7B	06F3F
19715	褣	15	452344453434251	D192	08923	19758	牅	15	521341351125112	A09C	07245
19716	褦	15	452345425113535	D194	08926	19759	䧨	15	522243143111234	8234A539	049E8
19717	褬	15	452345454541234	D198	0892C	19760	險	15	523412512513434	EB55	096AA
19718	䄝	15	452411134321511	8232C331	0411D	19761	䧪	15	524131343434531	8234A631	049EA
19719	禥	15	452412211134121	B651	079A5	19762	䧧	15	524311213121534	8234A538	049E7
19720	䄚	15	452412512212511	8232C238	0411A	19763	隦	15	525132514143112	EB52	096A6
19721	䗝	15	452425112251214	8233BE31	045DD	19764	嬈	15	531121121121135	8BC6	05B08
19722	䄛	15	452425112512531	8232C239	0411B	19765	嬉	15	531121251431251	E6D2	05B09
19723	禩	15	452425121122134	B654	079A9	19766	嬄	15	531121451251431	8BC2	05B04

序号	字形	笔数	笔顺	18030代码	13000代码
19767	嬞	15	531122312511211	8BD9	05B1E
19768	嫴	15	531122514143112	8BB2	05AF4
19769	㜤	15	531125221251112	8230C038	03724
19770	㜧	15	531134315233534	8230C131	03727
19771	嫽	15	531134432511234	8BBB	05AFD
19772	嫻	15	531251125111234	8BB9	05AFB
19773	嫺	15	531251125113511	8BB8	05AFA
19774	嬇	15	531251212511134	8BC5	05B07
19775	嬋	15	531251251251112	8BC8	05B0B
19776	嬍	15	531252111213134	8BCA	05B0D
19777	㜥	15	531252212511134	8230C039	03725
19778	嫼	15	531254312114444	8BBA	05AFC
19779	嫵	15	531311222214444	8BB3	05AF5
19780	嬌	15	531313425125251	8BC9	05B0C
19781	嫶	15	531324111214444	8BB4	05AF6
19782	㜩	15	531325431234134	8230C133	03729
19783	嬆	15	531341251541541	8BC4	05B06
19784	嬏	15	531343123425121	8BCC	05B0F
19785	嬀	15	531344335554444	8BBE	05B00
19786	嬎	15	531352513531121	8BCB	05B0E
19787	㜣	15	531354413444444	8230C037	03723
19788	嬂	15	531414312511534	8BC0	05B02
19789	嫸	15	531431112431251	8BB6	05AF8
19790	嫾	15	531431234354152	8BBC	05AFE
19791	嬘	15	531431353334454	8BD3	05B18
19792	㜦	15	531511121251124	8230C130	03726
19793	嫿	15	531511121251211	8BBD	05AFF
19794	㜨	15	531513241343112	8230C132	03728
19795	駑	15	531541211254444	F177	099D1
19796	嬁	15	531543341251431	8BBF	05B01
19797	駕	15	532511211254444	F17B	099D5
19798	勰	15	535353251214544	DBC4	052F0
19799	頨	15	541541132511134	EE59	09828
19800	翨	15	541541251112134	C242	07FE8
19801	翫	15	541541325111135	C244	07FEB
19802	㦻	15	541541325111534	82318439	039BB
19803	翭	15	541541325131134	C246	07FED
19804	戮	15	541541343331534	C2BE	0622E
19805	翪	15	541541345234354	C243	07FEA
19806	翬	15	541541451251112	C245	07FEC
19807	㷱	15	542511121544444	8231F030	03DF1
19808	邆	15	543341251431454	DF82	09086
19809	㕙	15	543435435251354	82309332	03559
19810	遹	15	545232534251454	DF79	09079
19811	蝥	15	545233134251214	F2FA	08765
19812	䋷	15	545233134554234	8232F234	042F7
19813	豫	15	545235251353334	D4A5	08C6B
19814	毿	15	545454343333115	9AD0	06BFF
19815	㓄	15	545454343334535	82308433	034C4
19816	缬	15	551121251132534	E7D3	07F2C
19817	缭	15	551134432511234	E7D4	07F2D
19818	䗍	15	551353334251214	8233BC35	045CD
19819	缮	15	551431112431251	C9C9	07F2E
19820	䍁	15	551431353334454	8232F937	04341
19821	缯	15	551432524312511	E7D5	07F2F
19822	骣	15	551513521521521	E6F6	09AA3
19823	䋽	15	554444121121124	8232F330	042FD
19824	緖	15	554444121342511	BE7B	07DD6
19825	縙	15	554444122122111	BF5E	07E19
19826	緙	15	554444122125122	BE7E	07DD9
19827	緤	15	554444122151234	BE8A	07DE4
19828	䌋	15	554444122341251	8232F434	0430B
19829	䋻	15	554444122543112	8232F238	042FB
19830	緗	15	554444123425111	BE7C	07DD7
19831	䋹	15	554444125125121	8232F236	042F9
19832	緸	15	554444125221121	BE9E	07DF8
19833	䌁	15	554444125221531	8232F334	04301
19834	䌄	15	554444125342154	8232F337	04304
19835	練	15	554444125431234	BE9A	07DF4
19836	緘	15	554444131251534	BE7D	07DD8
19837	縅	15	554444131531534	BF4A	07E05
19838	䋶	15	554444132511134	8232F233	042F6
19839	緾	15	554444132511211	BF43	07DFE
19840	緬	15	554444132522111	BE92	07DEC
19841	緛	15	554444132522134	BE81	07DDB
19842	䋾	15	554444134354354	8232F331	042FE
19843	䋳	15	554444211352511	8232F230	042F3
19844	緽	15	554444212511134	BF42	07DFD
19845	䌃	15	554444243251122	8232F336	04303
19846	緹	15	554444251112134	BE9F	07DF9
19847	緲	15	554444251112343	BE98	07DF2
19848	緝	15	554444251122111	BE83	07DDD
19849	縄	15	554444251125115	BF49	07E04
19850	緼	15	554444251125221	BF41	07DFC
19851	䋵	15	554444251135345	8232F232	042F5
19852	䋿	15	554444251211534	8232F332	042FF

序号	字形	笔数	笔顺	18030代码	13000代码	序号	字形	笔数	笔顺	18030代码	13000代码
19853	緝	15	554444251212511	BE93	07DED	19896	耨	16	1112341311534124	F1F1	08028
19854	緦	15	554444251214544	BE8C	07DE6	19897	耬	16	1112342522112154	FE78	043AC
19855	緭	15	554444255452511	BF53	07E0E	19898	耭	16	1112343121251454	82338634	043AD
19856	緂	15	554444312344334	8232F237	042FA	19899	耪	16	1112344143454153	C5D5	0802A
19857	緋	15	554444312344412	8232F333	04300	19900	覫	16	1112531342511135	8233CF31	04689
19858	緟	15	554444312511211	BE85	07DDF	19901	璉	16	1121121431112454	82328D31	03F00
19859	緮	15	554444312511354	BE94	07DEE	19902	璢	16	1121122155125121	AD5D	074A2
19860	緞	15	554444321113554	BE84	07DDE	19903	璥	16	1121122352513134	AD60	074A5
19861	緶	15	554444321251134	BE9C	07DF6	19904	璤	16	1121125112144544	AD5F	074A4
19862	緥	15	554444322511234	BE8B	07DE5	19905	璭	16	1121125221251112	82328C37	03EFC
19863	線	15	554444325112534	BE80	07DDA	19906	璘	16	1121125234125234	82328C32	03EF7
19864	緦	15	554444325113554	8232F339	04306	19907	璙	16	1121134432511234	AD56	07499
19865	緱	15	554444325131134	BE97	07DF1	19908	璠	16	1121153515352511	82328C33	03EF8
19866	縋	15	554444325151454	BF50	07E0B	19909	虦	16	1121215421531535	CC99	08663
19867	緗	15	554444331225111	8232F235	042F8	19910	璞	16	1121224314311134	E8B1	0749E
19868	緰	15	554444341251122	BE96	07DF0	19911	靜	16	1121251134435112	EC6F	0975C
19869	緩	15	554444344311354	BE8F	07DE9	19912	璟	16	1121251141251234	AD5A	0749F
19870	緵	15	554444345234354	BE9B	07DF5	19913	靛	16	1121251144512134	B5E5	0975B
19871	緫	15	554444353344544	BE91	07DEB	19914	璝	16	1121251212511134	AD59	0749D
19872	締	15	554444414345252	BE86	07DE0	19915	璑	16	1121311222214444	AD4E	07491
19873	縒	15	554444431113121	BF57	07E12	19916	璡	16	1121314314511112	82328C31	03EF6
19874	緧	15	554444431253511	BE8D	07DE7	19917	璃	16	1121324111212525	82328C38	03EFD
19875	縌	15	554444431523454	BF51	07E0C	19918	璠	16	1121343123425121	AD5B	074A0
19876	総	15	554444432514544	BF47	07E02	19919	麵	16	1121354132522111	FC4D	09EBA
19877	緼	15	554444442125111	BF4B	07E06	19920	璥	16	1121412515213134	82328C36	03EFB
19878	緪	15	554444442135441	BE90	07DEA	19921	璘	16	1121431234354152	AD55	07498
19879	縇	15	554444445125111	BF4C	07E07	19922	璲	16	1121431353334454	AD6A	074B2
19880	緷	15	554444451251112	BE9D	07DF7	19923	璔	16	1121432524312511	AD51	07494
19881	編	15	554444451325122	BE8E	07DE8	19924	璭	16	1121451251112454	AD65	074AD
19882	縁	15	554444511353334	BF46	07E01	19925	璕	16	1121511121251124	AD52	07495
19883	縀	15	554444512115154	BF45	07E00	19926	瑻	16	1121513521521521	82328C30	03EF5
19884	緹	15	554444513154121	8232F335	04302	19927	聱	16	1121533134122111	F1FA	08071
19885	縎	15	554444515152511	BE87	07DE1	19928	螯	16	1121533134251214	F2FC	087AF
19886	緯	15	554444521251152	BE95	07DEF	19929	璒	16	1121543341251431	AD4F	07492
19887	縃	15	554444521342511	BF48	07E03	19930	璚	16	1121545232534251	AD57	0749A
19888	縕	15	554444535425221	8232F239	042FC	19931	璏	16	1121551153113435	AD4D	0748F
19889	緿	15	554444542514544	BF44	07DFF	19932	璣	16	1121554554134534	AD5E	074A3
19890	緌	15	554444545231234	8232F231	042F4	19933	熏	16	1132254312114444	8234FD38	04D64
19891	緣	15	554444551353334	BE89	07DE3	19934	敿	16	1134211121112154	82319C34	03AAA
19892	畿	15	554554125121534	E7DC	0757F	19935	蝨	16	1134251214251214	8233BE32	045DE
19893	巤	15	555253415445445	8E7B	05DE4	19936	熏	16	1134254312114444	8234FD35	04D61
19894	耩	16	1112341122125211	F1F0	08029	19937	隸	16	1211123451124134	EB5F	096B7
19895	耮	16	1112341221251152	82348C38	048E2	19938	髮	16	1211154333113534	8234DA36	04BF7

序号	字形	笔数	笔顺	18030代码	13000代码	序号	字形	笔数	笔顺	18030代码	13000代码
19939	髻	16	1211154333121251	F7D9	09AFB	19982	駢	16	1211254444431132	F189	099E2
19940	髶	16	1211154333122111	F393	09AF6	19983	駲	16	1211254444434242	F199	099F2
19941	髸	16	1211154333122134	F395	09AF8	19984	䮇	16	1211254444511112	8234CF34	04B87
19942	髵	16	1211154333132522	F392	09AF5	19985	㙳	16	1211312515344544	8230AF31	03673
19943	髭	16	1211154333212135	F7DA	09AED	19986	撼	16	1211312515344544	BAB3	064BC
19944	髷	16	1211154333251221	F394	09AF7	19987	擓	16	1211441324111215	93F9	064D3
19945	髺	16	1211154333312251	F396	09AFA	19988	擂	16	1211452444425121	C0DE	064C2
19946	髹	16	1211154333321234	F7DB	09AF9	19989	㩕	16	1211452444434454	82319430	03A55
19947	鬇	16	1211154333355112	F440	09B07	19990	䲾	16	1211532511154444	8234ED39	04CBE
19948	䯸	16	1211154333413534	8234DA37	04BF8	19991	鴊	16	1212132511154444	F867	09D0A
19949	壒	16	1211221215425221	89B9	058D2	19992	趧	16	1212134251112134	DA84	08DA7
19950	㙹	16	1211222522145354	8230AF37	03679	19993	䞹	16	1212134325111121	8233ED31	047B9
19951	擭	16	1211223241112154	944E	064ED	19994	䞺	16	1212134331225111	8233ED32	047BA
19952	㩚	16	1211224511353334	82319435	03A5A	19995	趦	16	1212134413534251	DA83	08DA6
19953	擀	16	1211225111234112	DFA6	064C0	19996	䟀	16	1212134431113121	8233ED38	047C0
19954	壊	16	1211225221413534	89B2	058CA	19997	趥	16	1212134431253511	DA82	08DA5
19955	擜	16	1211225431121344	9441	064DC	19998	䞻	16	1212134542511253	8233ED33	047BB
19956	㩒	16	1211234123411234	82319337	03A52	19999	䞼	16	1212134551353334	8233ED34	047BC
19957	墻	16	1211234341252511	89A6	058BB	20000	壉	16	1212153151353334	89B1	058C9
19958	壃	16	1211251211251211	89AC	058C3	20001	據	16	1212153151353334	93FE	064DA
19959	㩖	16	1211251211251211	82319431	03A56	20002	擄	16	1212153152512153	93EF	064C4
19960	駥	16	1211254444113534	F18C	099E5	20003	歕	16	1212225111343534	9A5C	06B55
19961	駬	16	1211254444122111	F193	099EC	20004	擈	16	1212243143111234	93F2	064C8
19962	䮆	16	1211254444132412	8234CF33	04B86	20005	壋	16	1212434525125121	89B3	058CB
19963	䮋	16	1211254444135422	8234CF38	04B8B	20006	擋	16	1212434525125121	93F5	064CB
19964	䮊	16	1211254444151534	8234CF37	04B8A	20007	擝	16	1212511351125221	9442	064DD
19965	駤	16	1211254444154121	F18B	099E4	20008	擃	16	1212512211311534	93EE	064C3
19966	駫	16	1211254444243135	F192	099EB	20009	操	16	1212512512511234	B2D9	064CD
19967	駧	16	1211254444251251	F18E	099E7	20010	敼	16	1212514312512154	94B9	0657C
19968	駰	16	1211254444251341	F197	099F0	20011	歖	16	1212514312513534	9A5D	06B56
19969	駯	16	1211254444311234	F196	099EF	20012	熹	16	1212514312514444	ECE4	071B9
19970	駪	16	1211254444312135	F191	099EA	20013	憙	16	1212514312514544	9183	06199
19971	䮉	16	1211254444313534	8234CF36	04B89	20014	甏	16	1212514313331554	EAB4	0750F
19972	䮌	16	1211254444321234	8234CF39	04B8C	20015	墿	16	1212522112143112	89A9	058BF
19973	駳	16	1211254444321554	F19A	099F3	20016	擇	16	1212522112143112	93F1	064C7
19974	駩	16	1211254444341121	F190	099E9	20017	擐	16	1212522112513534	DFA7	064D0
19975	駣	16	1211254444341534	F18A	099E3	20018	夁	16	1212522125122511	89DF	05901
19976	駨	16	1211254444352511	F18F	099E8	20019	擉	16	1212522135251214	93F3	064C9
19977	駱	16	1211254444354251	F198	099F1	20020	㩗	16	1212523241112153	82319432	03A57
19978	䮈	16	1211254444354354	8234CF35	04B88	20021	擌	16	1213143141343434	93F6	064CC
19979	駮	16	1211254444413434	F195	099EE	20022	擳	16	1213143145115452	9454	064F3
19980	䮍	16	1211254444413534	8234D030	04B8D	20023	頳	16	1213234132511134	EE64	09833
19981	駭	16	1211254444415334	F194	099ED	20024	赬	16	1213234212511134	DA58	08D6C

序号	字形	笔数	笔顺	18030代码	13000代码
20025	赮	16	1213234512115154	DA59	08D6E
20026	墽	16	1213251141533134	89A7	058BD
20027	撽	16	1213251141533134	93EA	064BD
20028	䭁	16	1213312344511534	8234C834	04B41
20029	燅	16	1213412143344334	9FF1	071C5
20030	撿	16	1213412512513434	93EC	064BF
20031	㙴	16	1213513344111251	8230AF32	03674
20032	擔	16	1213513344111251	93FA	064D4
20033	㙵	16	1214125125251121	8230AF33	03675
20034	壇	16	1214125251125111	89AF	058C7
20035	擅	16	1214125251125111	C9C3	064C5
20036	壈	16	1214125251131234	89B0	058C8
20037	壌	16	1214134112213534	89B4	058CC
20038	㙲	16	1214155332411121	8230AF30	03672
20039	擁	16	1214155332411121	93ED	064C1
20040	㩘	16	1214311213121534	82319433	03A58
20041	擞	16	1214312345313134	CBD3	064DE
20042	㩙	16	1214451122134121	82319434	03A59
20043	㱅	16	1214512514313534	8231C534	03C45
20044	䍍	16	1214513112523554	8232FA39	0434D
20045	螜	16	1214513554251214	CE99	0879C
20046	糓	16	1214514312343554	BC4D	07CD3
20047	縠	16	1214515542343554	BF65	07E20
20048	㩋	16	1215112322151512	82319330	03A4B
20049	㩔	16	1215131221343554	82319339	03A54
20050	壀	16	1215132514143112	89AA	058C0
20051	擗	16	1215132514143112	DFA8	064D7
20052	磬	16	1215213355413251	EDE0	078EC
20053	䅽	16	1215213355431234	8232CC36	0417D
20054	㿦	16	1215213355432511	8232A431	03FE6
20055	㲆	16	1215213355434454	8231CB38	03C86
20056	㲇	16	1215213355435444	8231CB39	03C87
20057	㲈	16	1215213355453251	8231CC30	03C88
20058	㽄	16	1221113433121554	82329339	03F44
20059	聬	16	1221113454541541	C290	0806C
20060	褧	16	1221114334413534	D195	08927
20061	䏁	16	1221114454143112	82338833	043C1
20062	䏃	16	1221114525114134	82338835	043C3
20063	㔌	16	1221115432333422	82308B35	0350C
20064	鄹	16	1221115432333452	DBB8	09139
20065	颞	16	1221115454132534	F2A8	0989E
20066	聮	16	1221115545544444	C292	0806E
20067	䲺	16	1221132511154444	8234ED35	04CBA
20068	蕻	16	1221211154122134	DEAE	0857B
20069	蕼	16	1221211154511112	CA9C	0857C
20070	薳	16	1221212513234454	CB65	085B3
20071	薣	16	1221212514311254	CB5B	085A3
20072	䕋	16	1221214135112251	8233AF35	0454B
20073	䕆	16	1221234341251122	8233AF30	04546
20074	薔	16	1221234341252511	CB4E	08594
20075	䩢	16	1221251121213312	8234B231	04A62
20076	鞕	16	1221251121251134	EC99	09795
20077	䩡	16	1221251121343434	8234B230	04A61
20078	鞘	16	1221251122432511	C7CA	09798
20079	鞓	16	1221251122511121	EC98	09793
20080	䩤	16	1221251122511135	8234B233	04A64
20081	鞙	16	1221251122512511	EC9C	09799
20082	䩣	16	1221251123411234	8234B232	04A63
20083	鞖	16	1221251123443531	EC9A	09796
20084	鞔	16	1221251123525135	F7B4	09794
20085	䩧	16	1221251124111251	8234B236	04A67
20086	䧿	16	1221251132411121	8234A832	049FF
20087	薑	16	1221251211251211	CB4B	08591
20088	㷼	16	1221251211354334	8231F131	03DFC
20089	燕	16	1221251211354444	D1E0	071D5
20090	黇	16	1221251213421251	FC56	09EC7
20091	黈	16	1221251213441121	FC57	09EC8
20092	薽	16	1221252211211554	CB6D	085BD
20093	颟	16	1221253434132534	F2A9	0989F
20094	䒎	16	1221344132355215	82339C37	0448E
20095	薤	16	1221354211121111	DEAF	085A4
20096	薚	16	1221354251113533	CB54	0859A
20097	薞	16	1221354344511534	CB56	0859E
20098	蕾	16	1221452444425121	C0D9	0857E
20099	蕶	16	1221452444434454	CA99	08576
20100	薉	16	1222121131233534	CB44	08589
20101	薒	16	1222135454431234	CB4C	08592
20102	蟇	16	1222511134251214	CF57	087C7
20103	蕗	16	1222512121354251	CA80	08557
20104	薗	16	1222512125132341	CB51	08597
20105	蕽	16	1222512211311534	CA9D	0857D
20106	薯	16	1222522112132511	CAED	085AF
20107	䕉	16	1222522112143112	8233AF33	04549
20108	薥	16	1222522135251214	CB5C	085A5
20109	薨	16	1222522145135435	DEB0	085A8
20110	薎	16	1222522145321534	CB49	0858E

序号	字形	笔数	笔顺	18030代码	13000代码
20111	薙	16	1223113432411121	CB53	08599
20112	薐	16	1223123412134354	CB4A	08590
20113	䕌	16	1223123432411121	8233AF36	0454C
20114	薭	16	1223123432511312	CB62	085AD
20115	薫	16	1223125112114444	CB60	085AB
20116	藇	16	1223211152511134	CB76	085C7
20117	薬	16	1223251141341234	CB61	085AC
20118	薂	16	1223251141533134	CB40	08582
20119	薛	16	1223251514143112	D1A6	0859B
20120	薇	16	1223322521353134	DEB1	08587
20121	薟	16	1223412512513434	CB57	0859F
20122	薈	16	1223412524312511	CB43	08588
20123	鴱	16	1223432511154444	F88F	09D31
20124	薆	16	1223443454544354	CB42	08586
20125	薍	16	1223443542554545	CB48	0858D
20126	﨟	16	1223511251135345	FE48	0FA1F
20127	薝	16	1223513344111251	CB55	0859D
20128	薊	16	1223525121444422	CB45	0858A
20129	檠	16	1223525131341234	E9D1	06AA0
20130	擎	16	1223525131343112	C7E6	064CE
20131	憼	16	1223525131344544	91A0	061BC
20132	薢	16	1223535112533112	CB5A	085A2
20133	薧	16	1224125145135435	CB5E	085A7
20134	䕊	16	1224125251125111	8233AF34	0454A
20135	薕	16	1224134315112234	CB4F	08595
20136	薦	16	1224135221154444	CB5D	085A6
20137	薋	16	1224135342511134	CB46	0858B
20138	䕍	16	1224135342534251	8233AF37	0454D
20139	薪	16	1224143112343312	D0BD	085AA
20140	薏	16	1224143125114544	DEB2	0858F
20141	蕹	16	1224155332411121	DEB3	08579
20142	䕏	16	1224311213121534	8233AF39	0454F
20143	薮	16	1224312345313134	DEB4	085AE
20144	薠	16	1224334132511134	CB58	085A0
20145	蕿	16	1224334344311354	CA9E	0857F
20146	薄	16	1224411251124124	B1A1	08584
20147	薀	16	1224412534125221	CA9F	08580
20148	薃	16	1224414125125251	CB41	08583
20149	薓	16	1224415114525254	CB4D	08593
20150	䕐	16	1224524125125121	8233B030	04550
20151	颠	16	1225111134132534	B5DF	098A0
20152	螒	16	1225111234251214	CE91	08792
20153	翰	16	1225111234541541	BAB2	07FF0
20154	蕭	16	1225112322151512	CA92	0856D
20155	噩	16	1225125112512511	D8AC	05669
20156	頤	16	1225125132511134	EE55	09824
20157	䀇	16	1225131125225221	8232A734	04007
20158	鴣	16	1225132511154444	F881	09D23
20159	薜	16	1225132514143112	DEB5	0859C
20160	兣	16	1225135132511211	83C5	05163
20161	䕈	16	1225213122151234	8233AF32	04548
20162	䕖	16	1225213554234454	8233B036	04556
20163	薩	16	1225241431331121	CB5F	085A9
20164	薅	16	1225311311534124	DEB6	08585
20165	蕷	16	1225452132511134	CA9A	08577
20166	䕑	16	1225544443443513	8233B031	04551
20167	樲	16	1234111251113454	98DE	06A32
20168	㯘	16	1234121112343534	8231BA35	03BD8
20169	橈	16	1234121121121135	98EF	06A48
20170	樾	16	1234121213415534	E9D0	06A3E
20171	㯧	16	1234121213453251	8231BC30	03BE7
20172	橨	16	1234121222511134	994A	06A68
20173	樹	16	1234121251431124	98E4	06A39
20174	橲	16	1234121251431251	9953	06A72
20175	橽	16	1234121431112454	995C	06A7D
20176	㯛	16	1234121452155121	8231BA38	03BDB
20177	㯦	16	1234122111341234	8231BB39	03BE6
20178	㯕	16	1234122111343312	8231BA32	03BD5
20179	橫	16	1234122112512134	994D	06A6B
20180	橵	16	1234122125113134	9956	06A75
20181	橊	16	1234122155125121	98F1	06A4A
20182	㯵	16	1234122312511211	8231BD34	03BF5
20183	㯳	16	1234122352513134	8231BD32	03BF3
20184	檧	16	1234122353344544	9980	06AA7
20185	橶	16	1234122511121534	9957	06A76
20186	橭	16	1234122514143112	994F	06A6D
20187	㯖	16	1234122522114544	8231BA33	03BD6
20188	樷	16	1234123412211154	98E2	06A37
20189	㯬	16	1234123451111254	8231BC35	03BEC
20190	㯟	16	1234123451124134	8231BB32	03BDF
20191	橞	16	1234125112144544	9942	06A5E
20192	橝	16	1234125221251112	9941	06A5D
20193	㯨	16	1234125221431234	8231BC31	03BE8
20194	橱	16	1234131251431124	B3F7	06A71
20195	橛	16	1234134315233534	E9D3	06A5B
20196	橑	16	1234134432511234	98F7	06A51

序号	字形	笔数	笔顺	18030代码	13000代码
20197	橒	16	1234145244441154	98F8	06A52
20198	橬	16	1234153515352511	994E	06A6C
20199	橴	16	1234212135554234	9955	06A74
20200	樸	16	1234224314311134	98E3	06A38
20201	橖	16	1234243452511234	98FC	06A56
20202	橕	16	1234243452511523	98FB	06A55
20203	樶	16	1234251112211154	98E1	06A36
20204	檙	16	1234251115132125	9972	06A99
20205	檝	16	1234251122111534	9976	06A9D
20206	橍	16	1234251125111121	98F4	06A4D
20207	㯗	16	1234251125111234	8231BA34	03BD7
20208	橸	16	1234251125112511	9959	06A78
20209	橺	16	1234251125112511	995A	06A7A
20210	橌	16	1234251125113511	98F3	06A4C
20211	樻	16	1234251212511134	98E6	06A3B
20212	螙	16	1234251214251214	CE96	08799
20213	樿	16	1234251251251112	98E8	06A3F
20214	橅	16	1234311222214444	98ED	06A45
20215	橇	16	1234311531153115	C7C1	06A47
20216	橋	16	1234313425125251	98F2	06A4B
20217	㯚	16	1234314314341251	8231BA37	03BDA
20218	橁	16	1234314314352511	98EA	06A41
20219	檇	16	1234324111212525	9964	06A87
20220	樵	16	1234324111214444	E9D4	06A35
20221	橰	16	1234325111413412	9952	06A70
20222	橷	16	1234325112113535	9958	06A77
20223	㯓	16	1234341251541541	8231BA30	03BD3
20224	㯡	16	1234342413435515	8231BB34	03BE1
20225	橎	16	1234343123425121	98F5	06A4E
20226	㯤	16	1234343412343434	8231BB37	03BE4
20227	燓	16	1234343412344334	9FFE	071D3
20228	憖	16	1234343413444544	9180	06196
20229	憗	16	1234343431344544	9181	06197
20230	䴲	16	1234343435411234	8234F838	04D32
20231	麮	16	1234343435412154	FC43	09EAE
20232	䴴	16	1234343435421251	8234F930	04D34
20233	麭	16	1234343435435515	FC42	09EAD
20234	䴳	16	1234343435444534	8234F839	04D33
20235	䴱	16	1234343435444535	8234F837	04D31
20236	麬	16	1234343435453254	FC41	09EAC
20237	檎	16	1234344134522554	E9D5	06A8E
20238	橓	16	1234344345354152	98F9	06A53
20239	橳	16	1234351143113453	9954	06A73
20240	橹	16	1234352512112511	E9D6	06A79
20241	橪	16	1234354413444444	994C	06A6A
20242	橮	16	1234354532511134	9950	06A6E
20243	橔	16	1234412515213134	98FA	06A54
20244	橠	16	1234413543543534	9944	06A60
20245	橦	16	1234414312511211	9948	06A66
20246	樴	16	1234414312511534	98E0	06A34
20247	㯙	16	1234415425113134	8231BA36	03BD9
20248	橀	16	1234415432525221	98E9	06A40
20249	橏	16	1234431112431251	98F6	06A4F
20250	檨	16	1234431121413534	9981	06AA8
20251	橉	16	1234431234354152	98F0	06A49
20252	樽	16	1234431253511124	E9D7	06A3D
20253	橂	16	1234431253511134	98EB	06A42
20254	檤	16	1234431325111454	997C	06AA4
20255	檖	16	1234431353334454	9970	06A96
20256	橧	16	1234432524312511	9949	06A67
20257	橩	16	1234433443344535	994B	06A69
20258	橯	16	1234433443344553	9951	06A6F
20259	橣	16	1234445454425112	9946	06A63
20260	樳	16	1234511121251124	98DF	06A33
20261	樨	16	1234513241343112	E9D8	06A28
20262	樼	16	1234513521521521	98E7	06A3C
20263	㯢	16	1234515515122134	8231BB35	03BE2
20264	橻	16	1234521152115211	995B	06A7B
20265	橙	16	1234543341251431	B3C8	06A59
20266	橃	16	1234543345153554	98EC	06A43
20267	壄	16	1234545231234121	89AD	058C4
20268	橘	16	1234545232534251	E9D9	06A58
20269	橼	16	1234551551353334	E9DA	06A7C
20270	機	16	1234554554134534	9943	06A5F
20271	輳	16	1251112111341134	DD8F	08F33
20272	輻	16	1251112125125121	DD97	08F3B
20273	輱	16	1251112131251534	DD8D	08F31
20274	輭	16	1251112132522134	DD89	08F2D
20275	䡡	16	1251112153532511	8233FD39	04861
20276	輺	16	1251112155525121	DD96	08F3A
20277	䡠	16	1251112212511134	8233FD38	04860
20278	輰	16	1251112251113533	DD8C	08F30
20279	輯	16	1251112251122111	DD8B	08F2F
20280	輼	16	1251112251125221	DD98	08F3C
20281	輵	16	1251112251135345	DD91	08F35
20282	輲	16	1251112252132522	DD8E	08F32

序号	字形	笔数	笔顺	18030代码	13000代码	序号	字形	笔数	笔顺	18030代码	13000代码
20283	輹	16	1251112312511354	DD95	08F39	20326	醝	16	1253511431113121	E169	0919D
20284	磛	16	1251112331213251	B476	078DB	20327	醚	16	1253511431234454	C3D1	0919A
20285	輴	16	1251112331225111	DD90	08F34	20328	䤇	16	1253511445433454	82349035	04907
20286	輸	16	1251112341251122	DD94	08F38	20329	醓	16	1253511453525221	E161	09193
20287	輷	16	1251112354111251	DD93	08F37	20330	醑	16	1253511521342511	F5AF	09191
20288	輶	16	1251112431253511	DD92	08F36	20331	䤆	16	1253511543341134	82349034	04906
20289	䡣	16	1251112451251112	8233FE31	04863	20332	醗	16	1253511543341135	E165	09197
20290	䡢	16	1251112451325122	8233FE30	04862	20333	攳	16	1254511121251124	948D	06533
20291	墼	16	1251112523554121	DBD4	058BC	20334	瑿	16	1311345355411214	AD43	0747F
20292	輮	16	1251112545231234	DD8A	08F2E	20335	䃜	16	1311345355413251	8232BC36	040DC
20293	㯥	16	1251123412511234	8231BB38	03BE5	20336	瞖	16	1311345355425111	B265	07796
20294	頼	16	1251234132511134	EE6D	0983C	20337	鹥	16	1311345355435451	FB70	09E65
20295	整	16	1251234313412121	D5FB	06574	20338	䫃	16	1311534132511134	8234BB38	04AC3
20296	賴	16	1251234352511134	D987	08CF4	20339	勵	16	1312225112521453	84EE	052F5
20297	橐	16	1251245132511234	E9D2	06A50	20340	觱	16	1312515343535112	D376	089F1
20298	䜿	16	1251253141251431	8233E131	0473F	20341	匴	16	1314314251111325	8557	05334
20299	覧	16	1251253142511135	D345	089A7	20342	䲹	16	1324132511154444	8234ED34	04CB9
20300	㔋	16	1251253142522122	82308B34	0350B	20343	䫊	16	1324251132511134	8234BC35	04ACA
20301	融	16	1251254312251214	C8DA	0878D	20344	磧	16	1325111212511134	B483	078E7
20302	翮	16	1251254312541541	F4E7	07FEE	20345	䃝	16	1325112135213134	8232BC37	040DD
20303	鋻	16	1251255434112431	E492	092FB	20346	䃮	16	1325112143112454	8232BE34	040EE
20304	頭	16	1251431132511134	EE5E	0982D	20347	磡	16	1325112211134553	B47C	078E1
20305	䜻	16	1251431251112134	8233E037	0473B	20348	磺	16	1325112212512134	BBC7	078FA
20306	䜽	16	1251431341251122	8233E039	0473D	20349	磚	16	1325112511214124	B475	078DA
20307	䜾	16	1251431414312511	8233E130	0473E	20350	䃘	16	1325112512554121	8232BC32	040D8
20308	瓢	16	1252211123433544	C6B0	074E2	20351	磦	16	1325112522111234	B482	078E6
20309	䚈	16	1252211212511135	8233CF30	04688	20352	磭	16	1325113115342511	B487	078ED
20310	䤂	16	1253511122111234	82349030	04902	20353	磩	16	1325113211234534	B484	078E9
20311	䤁	16	1253511122111345	82348F39	04901	20354	磢	16	1325113434343434	B47D	078E2
20312	䤊	16	1253511122122111	82349038	0490A	20355	磠	16	1325121253444441	B47B	078E0
20313	醛	16	1253511122341121	C8A9	0919B	20356	磥	16	1325125121554234	B481	078E5
20314	醐	16	1253511122513511	F5AD	09190	20357	磪	16	1325125232411121	B485	078EA
20315	醎	16	1253511131251534	E15F	0918E	20358	磮	16	1325125234125122	B488	078EE
20316	䤄	16	1253511132522111	82349032	04904	20359	磞	16	1325125235113511	B479	078DE
20317	醍	16	1253511251112134	F5AE	0918D	20360	䲽	16	1325132511154444	8234ED38	04CBD
20318	醖	16	1253511251125221	E164	09196	20361	磫	16	1325133234342134	B486	078EB
20319	醒	16	1253511251131121	D0D1	09192	20362	磜	16	1325135445411234	B477	078DC
20320	醙	16	1253511321511254	E167	09199	20363	䃙	16	1325141352211535	8232BC33	040D9
20321	醜	16	1253511325113554	E168	0919C	20364	䃚	16	1325141533131134	8232BC34	040DA
20322	䤅	16	1253511341251122	82349033	04905	20365	䃠	16	1325141533152134	8232BD30	040E0
20323	䤈	16	1253511341525221	82349036	04908	20366	磲	16	1325144115151234	EDE1	078F2
20324	醕	16	1253511412512511	E163	09195	20367	磖	16	1325154154132511	B472	078D6
20325	䤃	16	1253511414312511	82349031	04903	20368	磟	16	1325154154134333	B47A	078DF

序号	字形	笔数	笔顺	18030代码	13000代码
20369	磣	16	1325154545434333	B47E	078E3
20370	䩉	16	1325221111251124	8234AF36	04A49
20371	靦	16	1325221112511135	EC74	09766
20372	䩈	16	1325221113155414	8234AF35	04A48
20373	㽁	16	1331234312341554	82329336	03F41
20374	歷	16	1331234312342121	9A76	06B77
20375	曆	16	1331234312342511	95D1	066C6
20376	㷴	16	1331234312344334	8231F033	03DF4
20377	贗	16	1332324111212534	D8CD	08D5D
20378	㷳	16	1332324111214334	8231F032	03DF3
20379	㚡	16	1341251213412512	8230B337	036A1
20380	奯	16	1342121131233534	8A5F	0596F
20381	橜	16	1343152335341234	9940	06A5C
20382	憠	16	1343152335344544	9189	061A0
20383	奮	16	1343241112125121	8A5E	0596E
20384	頰	16	1343434132511134	EE61	09830
20385	飙	16	1344134413443534	ECAD	098D9
20386	豮	16	1353334121222534	D86B	08C6E
20387	豱	16	1353334251125221	D86E	08C71
20388	䝎	16	1353334252132522	8233E236	0474E
20389	䝍	16	1353334451251112	8233E235	0474D
20390	豭	16	1353334512115154	D86A	08C6D
20391	㱵	16	1354121222511134	8231CA31	03C75
20392	㱶	16	1354121251431333	8231CA32	03C76
20393	殪	16	1354121451251431	E9EC	06BAA
20394	殩	16	1354135454431234	9A96	06BA9
20395	殨	16	1354251212511134	9A95	06BA8
20396	殫	16	1354251251251112	9A97	06BAB
20397	㱷	16	1354324111211234	8231CA33	03C77
20398	殧	16	1354412512341354	9A94	06BA7
20399	䳊	16	1354432511154444	8234EF31	04CCA
20400	䑞	16	1433443345354152	82339739	0445E
20401	䨝	16	1452444411212511	8234AB32	04A1D
20402	霕	16	1452444411541525	EB98	09715
20403	霒	16	1452444411543445	EB96	09712
20404	霙	16	1452444412225134	EB9B	09719
20405	霖	16	1452444412341234	C1D8	09716
20406	䨛	16	1452444412343312	8234AB30	04A1B
20407	霋	16	1452444415112531	EB92	0970B
20408	霏	16	1452444421112111	F6AD	0970F
20409	䨤	16	1452444425121454	8234AB39	04A24
20410	䢮	16	1452444425121454	82348736	048AE
20411	霓	16	1452444432151135	C4DE	09713
20412	霍	16	1452444432411121	BBF4	0970D
20413	䨜	16	1452444435113511	8234AB31	04A1C
20414	霌	16	1452444435121251	EB93	0970C
20415	䨚	16	1452444435334544	8234AA39	04A1A
20416	霎	16	1452444441431531	F6AE	0970E
20417	霑	16	1452444444121251	EB95	09711
20418	霗	16	1452444444134454	EB99	09717
20419	霔	16	1452444444141121	EB97	09714
20420	霐	16	1452444444151554	EB94	09710
20421	䨡	16	1452444452413452	8234AB36	04A21
20422	螶	16	1515251214251214	CF4A	087B6
20423	錾	16	1521331234112431	F6C9	0933E
20424	辙	16	1521415425113134	D5DE	08F99
20425	辚	16	1521431234354152	EAA5	08F9A
20426	虦	16	1534153421531535	CC9C	08666
20427	臻	16	1541211113431234	D5E9	081FB
20428	㬜	16	1541211541212511	8231A738	03B1C
20429	頸	16	1555121132511134	EE69	09838
20430	鬨	16	2112111212122134	F45C	09B28
20431	錖	16	2112345434112431	E54C	09316
20432	冀	16	2113525121122134	BCBD	05180
20433	頻	16	2121233132511134	EE6C	0983B
20434	齓	16	2121343413434525	FD59	09F53
20435	頥	16	2125125132511134	EE56	09825
20436	鹾	16	2125341431113121	F5BA	09E7E
20437	鹷	16	2125344444134454	FB77	09E77
20438	韰	16	2135454211121111	ED85	097F0
20439	餐	16	2135454344511534	B2CD	09910
20440	㣓	16	2135454431234333	8230EB39	038D3
20441	叡	16	2145134342511154	85B1	053E1
20442	鬳	16	2153151251254312	F465	09B33
20443	遽	16	2153151353334454	E5E1	0907D
20444	戱	16	2153152253111534	91F1	06231
20445	皻	16	2153152511153254	B09A	076BB
20446	盧	16	2153152512125221	B152	076E7
20447	虥	16	2153153515341534	CC9B	08665
20448	虤	16	2153153521531535	CC9A	08664
20449	䖘	16	2153153535251354	8233B732	04598
20450	㽔	16	2243135333431121	82329535	03F54
20451	㲫	16	2243143111343115	8231CF35	03CAB
20452	黺	16	2243143252343453	FC76	09EFA
20453	䚇	16	2343251112511135	8233CE39	04687
20454	㒯	16	2431351221122112	82308232	034AF

序号	字形	笔数	笔顺	18030代码	13000代码	序号	字形	笔数	笔顺	18030代码	13000代码
20455	氅	16	2432525131343115	EBA9	06C05	20498	噤	16	2511234123411234	E0E4	05664
20456	瞔	16	2511111212511134	B263	07794	20499	㘄	16	2511234252214153	8230A432	03604
20457	瞡	16	2511111342511135	B26E	077A1	20500	闍	16	2511251112132511	EA41	095CD
20458	䁧	16	2511112212511134	8232B039	04067	20501	閸	16	2511251112155121	E98D	095B8
20459	瞞	16	2511112212523434	B26D	0779E	20502	䦫	16	2511251112225134	8234A030	049AB
20460	縣	16	2511112343554234	BF68	07E23	20503	䦥	16	2511251112341234	82349F34	049A5
20461	䁪	16	2511112511123312	8232B132	0406A	20504	䦨	16	2511251112511234	82349F37	049A8
20462	䁣	16	2511112511214124	8232B035	04063	20505	閾	16	2511251112511534	E993	095BE
20463	瞘	16	2511112512512515	B267	07798	20506	閹	16	2511251113425115	E98E	095B9
20464	瞟	16	2511112522111234	EEA9	0779F	20507	㦔	16	2511251113444544	82318130	03994
20465	曉	16	2511121121121135	95D4	066C9	20508	䦠	16	2511251113533434	82349E39	049A0
20466	暿	16	2511121251431251	95CA	066BF	20509	䦩	16	2511251125111354	82349F38	049A9
20467	曀	16	2511121451251431	95CB	066C0	20510	閶	16	2511251125112511	E98B	095B6
20468	䁦	16	2511121531525111	8232B038	04066	20511	闁	16	2511251125112511	E996	095C1
20469	曔	16	2511122352513134	95DF	066D4	20512	閺	16	2511251125114134	E98F	095BA
20470	瞠	16	2511124345251121	EEAA	077A0	20513	䦧	16	2511251132151135	82349F36	049A7
20471	瞜	16	2511125112512531	B26B	0779C	20514	閵	16	2511251132411121	E98A	095B5
20472	瞣	16	2511125125124544	B26F	077A3	20515	䦦	16	2511251134112431	82349F35	049A6
20473	曋	16	2511125221251112	95D6	066CB	20516	閿	16	2511251134434554	E994	095BF
20474	瞗	16	2511132511154444	B266	07797	20517	閽	16	2511251135152511	E992	095BD
20475	鴠	16	2511132511154444	F87D	09D20	20518	閻	16	2511251135321511	E990	095BB
20476	鴡	16	2511132511154444	F87E	09D21	20519	暻	16	2511251141251234	95C7	066BB
20477	瞛	16	2511133234342134	B26A	0779B	20520	䦣	16	2511251141431251	82349F32	049A3
20478	賰	16	2511134111342511	D983	08CF0	20521	閼	16	2511251141533444	E991	095BC
20479	賳	16	2511134121251534	D986	08CF3	20522	闂	16	2511251143113455	E997	095C2
20480	䞁	16	2511134125115315	8233E736	04781	20523	䦢	16	2511251144112154	82349F31	049A2
20481	䞂	16	2511134132522134	8233E737	04782	20524	䦡	16	2511251144525151	82349F30	049A1
20482	賵	16	2511134251125111	D988	08CF5	20525	䦤	16	2511251154545454	82349F33	049A4
20483	䞀	16	2511134325131134	8233E735	04780	20526	暺	16	2511251251251112	95C6	066BA
20484	賯	16	2511134352511521	D982	08CEF	20527	㬞	16	2511252251135345	8231A830	03B1E
20485	暸	16	2511134432511234	95C5	066B8	20528	曍	16	2511325111413412	95D8	066CD
20486	賱	16	2511134451251112	D984	08CF1	20529	㬛	16	2511341251541541	8231A737	03B1B
20487	䁩	16	2511135251214444	8232B131	04069	20530	㬙	16	2511344335554444	8231A735	03B19
20488	瞕	16	2511141431251112	B264	07795	20531	曌	16	2511351144534121	95D7	066CC
20489	䁤	16	2511141432512251	8232B036	04064	20532	㬗	16	2511354413444444	8231A733	03B17
20490	䁢	16	2511141533152134	8232B034	04062	20533	暾	16	2511412515213134	EAD5	066BE
20491	瞚	16	2511144512512134	B269	0779A	20534	曈	16	2511414312511211	95D3	066C8
20492	曇	16	2511145244441154	95D2	066C7	20535	㬚	16	2511415425113134	8231A736	03B1A
20493	瞰	16	2511151221113134	EEAB	077B0	20536	暽	16	2511431234354152	95C9	066BD
20494	㗾	16	2511221251123235	8230A336	035FE	20537	㬝	16	2511432524312511	8231A739	03B1D
20495	嚄	16	2511223241112154	8797	05684	20538	曊	16	2511515322511134	95D5	066CA
20496	嚆	16	2511224125125251	E0E3	05686	20539	㙱	16	2511521531535121	8230AE39	03671
20497	鴨	16	2511232511154444	F886	09D28	20540	噸	16	2511525132511134	878D	05678

序号	字形	笔数	笔顺	18030代码	13000代码
20541	鴞	16	2511532511154444	F87B	09D1E
20542	踳	16	2512121111342511	DB77	08E33
20543	踸	16	2512121122111345	DB7B	08E38
20544	䠜	16	2512121122122111	8233F730	0481C
20545	蹀	16	2512121122151234	F5DE	08E40
20546	䠒	16	2512121122513511	8233F630	04812
20547	蹅	16	2512121123425111	DB82	08E45
20548	踾	16	2512121125125121	DB7E	08E3E
20549	噦	16	2512121131233534	8782	05666
20550	䠑	16	2512121134121121	8233F539	04811
20551	䠐	16	2512121251111344	8233F538	04810
20552	踶	16	2512121251112134	DB79	08E36
20553	踼	16	2512121251113533	DB7D	08E3C
20554	踹	16	2512121252132522	F5DF	08E39
20555	踿	16	2512121312344334	DB80	08E3F
20556	踵	16	2512121312511211	F5E0	08E35
20557	踽	16	2512121325125214	F5E1	08E3D
20558	踲	16	2512121331225111	DB76	08E32
20559	踰	16	2512121341251122	DB75	08E30
20560	嘴	16	2512121353535112	D7EC	05634
20561	踱	16	2512121413122154	F5E2	08E31
20562	䠖	16	2512121413534251	8233F634	04816
20563	蹄	16	2512121414345252	CCE3	08E44
20564	蹉	16	2512121431113121	F5E3	08E49
20565	䠓	16	2512121431253511	8233F631	04813
20566	䠔	16	2512121431353334	8233F632	04814
20567	蹁	16	2512121451325122	F5E4	08E41
20568	蹆	16	2512121511534454	DB83	08E46
20569	䠍	16	2512121512115154	8233F535	0480D
20570	䠎	16	2512121513154121	8233F536	0480E
20571	踴	16	2512121542511253	DB78	08E34
20572	䠏	16	2512121543341134	8233F537	0480F
20573	蹂	16	2512121545231234	F5E5	08E42
20574	鴫	16	2512132511154444	F889	09D2B
20575	螓	16	2512141113431234	F2FB	08793
20576	螦	16	2512141121554234	CF41	087A6
20577	螞	16	2512141211254444	CE9B	0879E
20578	螧	16	2512141213352511	CF42	087A7
20579	䗘	16	2512141215425221	8233BD36	045D8
20580	螨	16	2512141221253434	F2FD	087A8
20581	蟒	16	2512141221344132	F2FE	087D2
20582	蟆	16	2512141222511134	F3A1	087C6
20583	䗚	16	2512141251124124	8233BD38	045DA
20584	螎	16	2512141251254312	CE8D	0878E
20585	螈	16	2512141332511234	F3A2	08788
20586	疂	16	2512141344525111	AE9D	07582
20587	螘	16	2512142521251431	CE95	08798
20588	䗢	16	2512143121251454	8233BE36	045E2
20589	䗗	16	2512143143141132	8233BD35	045D7
20590	螩	16	2512143223541234	CF43	087A9
20591	䗛	16	2512143223542511	8233BD39	045DB
20592	螑	16	2512143251111344	CE90	08791
20593	螅	16	2512143251114544	F3A3	08785
20594	螐	16	2512143251154444	CE8F	08790
20595	螄	16	2512143251511252	CE87	08784
20596	螕	16	2512143253411535	CE93	08795
20597	螔	16	2512143321531535	CE92	08794
20598	螇	16	2512143443554134	CE89	08787
20599	螥	16	2512143445113251	CF40	087A5
20600	螉	16	2512143454541541	CE8A	08789
20601	䗦	16	2512143541112454	8233BF30	045E6
20602	䗜	16	2512143545325121	8233BE30	045DC
20603	螏	16	2512144134131134	CE8E	0878F
20604	螭	16	2512144134522554	F3A4	087AD
20605	螗	16	2512144135112251	F3A5	08797
20606	螃	16	2512144143454153	F3A6	08783
20607	螠	16	2512144313425221	CE9C	087A0
20608	螊	16	2512144315112234	CE8B	0878A
20609	螛	16	2512144451112251	CE98	0879B
20610	螟	16	2512144525114134	C3F8	0879F
20611	噱	16	2512153151353334	E0E5	05671
20612	噳	16	2512153152511134	8789	05673
20613	疁	16	2512154154134333	AE9C	07581
20614	㽩	16	2512154545434333	82329736	03F69
20615	㗼	16	2512243143111234	8230A334	035FC
20616	噹	16	2512434525125121	878E	05679
20617	覨	16	2512511152511135	D346	089A8
20618	駡	16	2512511211254444	F188	099E1
20619	㗿	16	2512511251112512	8230A337	035FF
20620	器	16	2512511344251251	C6F7	05668
20621	噥	16	2512512211311534	8781	05665
20622	戰	16	2512512511121534	91F0	06230
20623	噪	16	2512512512511234	D4EB	0566A
20624	㘁	16	2512522112143112	8230A339	03601
20625	噮	16	2512522112513534	8785	0566E
20626	嚃	16	2512522123344454	8796	05683

序号	字形	笔数	笔顺	18030代码	13000代码
20627	噣	16	2512522135251214	8780	05663
20628	噬	16	2513143141234341	CAC9	0566C
20629	㗱	16	2513143145115452	8230A437	03609
20630	噭	16	2513251141533134	8784	0566D
20631	噞	16	2513412512513434	877B	0565E
20632	噲	16	2513412524312511	8788	05672
20633	鸙	16	2513432511154444	F884	09D26
20634	噯	16	2513443454544354	8786	0566F
20635	噡	16	2513513344111251	877E	05661
20636	噺	16	2514143112343312	878F	0567A
20637	噷	16	2514143125113534	878C	05677
20638	噫	16	2514143125114544	E0E6	0566B
20639	噰	16	2514155332411121	8787	05670
20640	㘂	16	2514315545544544	8230A430	03602
20641	噻	16	2514451122134121	E0E7	0567B
20642	嘯	16	2515112322151512	875B	0562F
20643	噼	16	2515132514143112	E0E8	0567C
20644	㠛	16	2521223241112154	8230D935	0381B
20645	㠓	16	2521224511353334	8230D837	03813
20646	幪	16	2521224511353334	8ECC	05E6A
20647	㠒	16	2521252211123422	8230D836	03812
20648	嶳	16	2521353334121121	8E52	05DB3
20649	還	16	2522112513534454	DF80	09084
20650	䍡	16	2522141352211535	8232FC39	04361
20651	罹	16	2522144232411121	EEBE	07F79
20652	罻	16	2522151311234124	C157	07F7B
20653	罺	16	2522155525111234	C156	07F7A
20654	嶫	16	2522243143111234	8E4A	05DAB
20655	嶪	16	2522243143111234	8E49	05DAA
20656	㡤	16	2522243143111234	8230E038	03864
20657	嶩	16	2522512211311534	8E48	05DA9
20658	幧	16	2522512512511234	8EC9	05E67
20659	嶧	16	2522522112143112	8E46	05DA7
20660	嶵	16	2522522121112111	8E54	05DB5
20661	㠑	16	2522522121112111	8230D835	03811
20662	幯	16	2523143145115452	8ED1	05E6F
20663	嶼	16	2523211152511134	8E5A	05DBC
20664	㠘	16	2523211152511134	8230D932	03818
20665	嶭	16	2523251514143112	8E4C	05DAD
20666	嶶	16	2523322521353134	8E55	05DB6
20667	嶮	16	2523412512513434	8E4D	05DAE
20668	䫈	16	2523445132511134	8234BC33	04AC8
20669	嶦	16	2523513344111251	8E45	05DA6
20670	幨	16	2523513344111251	8ECA	05E68
20671	嶰	16	2523535112533112	8E4F	05DB0
20672	嶬	16	2524311213121534	8E4B	05DAC
20673	㠖	16	2524311213121534	8230D930	03816
20674	㠔	16	2525132514143112	8230D838	03814
20675	圛	16	2525221121431121	8849	0571B
20676	圜	16	2525221125135341	E0F7	0571C
20677	頮	16	2534132132511134	EE5F	0982E
20678	㵘	16	2534253425342534	8231E037	03D58
20679	鹦	16	2534253453135451	F0D0	09E66
20680	赠	16	2534432524312511	D4F9	08D60
20681	默	16	2543121144441344	C4AC	09ED8
20682	黗	16	2543121144441525	FC60	09ED7
20683	黖	16	2543121144441535	FC5F	09ED6
20684	黔	16	2543121144443445	C7AD	09ED4
20685	㱄	16	2543121144443534	8231C533	03C44
20686	黕	16	2543121144444535	FC5E	09ED5
20687	䯙	16	2554525111251124	8234D736	04BD9
20688	骾	16	2554525111251134	F369	09ABE
20689	䯗	16	2554525111535121	8234D734	04BD7
20690	骽	16	2554525113443531	F368	09ABD
20691	䯘	16	2554525114451135	8234D735	04BD8
20692	䯖	16	2554525114511534	8234D733	04BD6
20693	䯚	16	2554525115542511	8234D737	04BDA
20694	䦃	16	3111512212132511	FE89	04983
20695	镖	16	3111512522111234	EFDA	09556
20696	镗	16	3111524345251121	EFDB	09557
20697	镘	16	3111525112522154	EFDC	09558
20698	镙	16	3111525121554234	EFDD	09559
20699	镚	16	3111525235113511	E947	0955A
20700	镛	16	3111541351125112	EFDE	0955B
20701	镜	16	3111541431251135	BEB5	0955C
20702	镝	16	3111541432512251	EFE1	0955D
20703	镞	16	3111541533131134	EFDF	0955E
20704	镟	16	3111541533152134	EFE0	0955F
20705	镠	16	3111554154134333	E948	09560
20706	䳏	16	3112132511154444	8234ED37	04CBC
20707	橆	16	3112222112341234	98EE	06A46
20708	甒	16	3112222144441554	AE57	07512
20709	鴙	16	3113432511154444	F876	09D19
20710	鴩	16	3113432511154444	F887	09D29
20711	㲷	16	3115251251251112	8231D037	03CB7
20712	㯔	16	3115311531151234	8231BA31	03BD4

序号	字形	笔数	笔顺	18030代码	13000代码
20713	㦌	16	3115311531154544	8230FE32	0398C
20714	㲮	16	3115314314341251	8231CF38	03CAE
20715	氇	16	3115352512112511	EBAA	06C07
20716	氆	16	3115431224312511	EBAB	06C06
20717	㹑	16	3121111251113454	8231F936	03E51
20718	㹓	16	3121121121121135	8231F938	03E53
20719	㹒	16	3121224314311134	8231F937	03E52
20720	頶	16	3121251132511134	EE67	09836
20721	犞	16	3121313425125251	A0D6	0729E
20722	㬱	16	3121353121352511	8231A939	03B31
20723	赞	16	3121353121352534	D4DE	08D5E
20724	犜	16	3121412515213134	A0D4	0729C
20725	犝	16	3121414312511211	A0D5	0729D
20726	憩	16	3122513251114544	EDAC	061A9
20727	積	16	3123411212511134	B765	07A4D
20728	穔	16	3123412212512134	B76B	07A54
20729	穑	16	3123412431252511	F0A3	07A51
20730	䅺	16	3123412522111234	8232CC33	0417A
20731	諬	16	3123413544111251	D648	08AEC
20732	馞	16	3123425111245521	F146	0999E
20733	䅹	16	3123425112512531	8232CC32	04179
20734	䅼	16	3123425112522154	8232CC35	0417C
20735	馟	16	3123425113443521	F147	0999F
20736	馠	16	3123425113445251	F148	099A0
20737	䭱	16	3123425114325234	8234CD32	04B71
20738	穓	16	3123425121122134	B76A	07A53
20739	穒	16	3123432511154444	B769	07A52
20740	穆	16	3123432511234333	C4C2	07A46
20741	䵒	16	3123434241342511	8234FC30	04D52
20742	䵓	16	3123434241343112	8234FC31	04D53
20743	穏	16	3123434435114544	B767	07A4F
20744	頹	16	3123435132511134	EE6A	09839
20745	頽	16	3123435132511134	EE6E	0983D
20746	穐	16	3123435251125115	B768	07A50
20747	錅	16	3123435334112431	E49C	09305
20748	穄	16	3123435445411234	B75D	07A44
20749	穅	16	3123441351124134	B75E	07A45
20750	醔	16	3123443341253511	E162	09194
20751	頺	16	3123453132511134	EE6B	0983A
20752	穋	16	3123454154134333	B763	07A4B
20753	穇	16	3123454545434333	B75F	07A47
20754	勳	16	3125431211444453	84EC	052F3
20755	敽	16	3134251252512154	94BA	0657D
20756	敿	16	3134251252513134	94BC	0657F
20757	篝	16	3143141122125211	F3F4	07BDD
20758	篚	16	3143141211121115	F3F5	07BDA
20759	篤	16	3143141211254444	BA56	07BE4
20760	䈰	16	3143141212432511	8232DE35	04230
20761	篢	16	3143141212511134	BA54	07BE2
20762	築	16	3143141213541234	BA42	07BC9
20763	篫	16	3143141213543112	BA5A	07BEB
20764	篕	16	3143141215425221	BA4B	07BD5
20765	䈯	16	3143141225111134	8232DE34	0422F
20766	遾	16	3143141234341454	DF7D	0907E
20767	䈷	16	3143141234354251	8232DF32	04237
20768	䈪	16	3143141251254312	8232DD39	0422A
20769	篥	16	3143141252211234	F3F6	07BE5
20770	篴	16	3143141353334454	BA61	07BF4
20771	篮	16	3143142231425221	C0BA	07BEE
20772	㔍	16	3143142511113222	82308B36	0350D
20773	篡	16	3143142511113454	B4DB	07BE1
20774	篹	16	3143142511113455	BA65	07BF9
20775	篳	16	3143142511122112	BA60	07BF3
20776	䈳	16	3143142511541541	8232DE38	04233
20777	篔	16	3143142512511134	BA4A	07BD4
20778	篯	16	3143143111511534	BA5D	07BEF
20779	簉	16	3143143121251454	BA72	07C09
20780	篟	16	3143143211212511	BA52	07BDF
20781	篠	16	3143143223541234	BA53	07BE0
20782	篗	16	3143143241112154	BA4D	07BD7
20783	篩	16	3143143251511252	BA59	07BE9
20784	篦	16	3143143253411535	F3F7	07BE6
20785	篪	16	3143143321531535	F3F8	07BEA
20786	䈲	16	3143143354143554	8232DE37	04232
20787	䈱	16	3143143443321511	8232DE36	04231
20788	篬	16	3143143445113251	BA5B	07BEC
20789	䈵	16	3143143454541541	8232DF30	04235
20790	篷	16	3143143541112454	C5F1	07BF7
20791	篘	16	3143143552335523	BA4E	07BD8
20792	簑	16	3143144125113534	BA77	07C11
20793	篙	16	3143144125125251	B8DD	07BD9
20794	篱	16	3143144134522554	C0E9	07BF1
20795	篖	16	3143144135112251	BA4C	07BD6
20796	篭	16	3143144143125115	BA5C	07BED
20797	篰	16	3143144143125152	BA5E	07BF0
20798	䈮	16	3143144143135251	8232DE33	0422E

序号	字形	笔数	笔顺	18030代码	13000代码	序号	字形	笔数	笔顺	18030代码	13000代码
20799	篣	16	3143144143454153	BA55	07BE3	20842	骴	16	3251111234351355	C559	081F2
20800	篨	16	3143144315112234	8232DE39	04234	20843	剻	16	3251112512113222	D8E6	05293
20801	篟	16	3143144411251124	8232DE31	0422C	20844	骲	16	3251112512113235	F7FC	09F3D
20802	篁	16	3143144412511121	BA51	07BDE	20845	骵	16	3251112512113252	FD47	09F3C
20803	簅	16	3143144453434251	8232DF31	04236	20846	軀	16	3251113125115315	DC79	08EBD
20804	篢	16	3143144525114134	8232E030	0423F	20847	軈	16	3251113341251122	8233FA32	0483C
20805	篧	16	3143144532411121	BA57	07BE7	20848	翱	16	3251113412541541	B0BF	07FF1
20806	篛	16	3143145154151541	BA4F	07BDB	20849	躾	16	3251113431121134	DC7A	08EBE
20807	篋	16	3143145212134354	8232E035	04244	20850	暨	16	3251115153525111	95CC	066C1
20808	篜	16	3143145253414444	BA50	07BDC	20851	駉	16	3251115444412512	F877	09D1A
20809	篛	16	3143145544442534	8232DE30	0422B	20852	鴃	16	3251115444413544	8234EE32	04CC1
20810	舉	16	3211152511134112	C565	08209	20853	鴃	16	3251115444425134	8234EE36	04CC5
20811	興	16	3211251251511134	C564	08208	20854	鴃	16	3251115444431134	8234EE31	04CC0
20812	盥	16	3211253451125221	EEC2	076E5	20855	鴆	16	3251115444432154	F86C	09D0F
20813	壆	16	3211343451145121	89AE	058C6	20856	鴕	16	3251115444435444	F882	09D24
20814	嶨	16	3211343451145252	8E47	05DA8	20857	鳧	16	3251115444435455	8234EE34	04CC3
20815	學	16	3211343451145521	8C57	05B78	20858	鮑	16	3251115444435515	8234EE39	04CC8
20816	儓	16	3212125145154121	8388	05113	20859	鴥	16	3251115444444534	F883	09D25
20817	儔	16	3212151211251124	8389	05114	20860	鴕	16	3251115444444535	F872	09D15
20818	熊	16	3212213251124444	8231F035	03DF6	20861	儘	16	3251121444425221	838D	05118
20819	憊	16	3212213251124544	9176	0618A	20862	睢	16	3251125232411121	B084	076A0
20820	儀	16	3212225221134534	8139FE34	0349D	20863	鴫	16	3251132511154444	8234EE37	04CC6
20821	儖	16	3212512531425221	838B	05116	20864	皞	16	3251132511413412	B085	076A1
20822	儞	16	3213425234343434	8393	0511E	20865	魎	16	3251135541253434	F7CB	09B49
20823	儒	16	3214524444132522	C8E5	05112	20866	魈	16	3251135542432511	F7CC	09B48
20824	斅	16	3215114312343554	9AAB	06BC7	20867	邀	16	3251141533134454	D1FB	09080
20825	鼢	16	3215115445445354	82358238	04D82	20868	儸	16	3253421215342121	8139FC35	0348A
20826	肇	16	3223134122125112	8234B235	04A66	20869	儺	16	3254154132411121	8139FE32	0349B
20827	賛	16	3225112342511134	D985	08CF2	20870	緜	16	3255444432511252	8139FE30	03499
20828	儑	16	3225115545544444	8387	05111	20871	衟	16	3321121554234112	8233C430	04618
20829	僻	16	3231122221354152	8390	0511B	20872	衠	16	3321225111134112	D071	08860
20830	儚	16	3234431215114544	8139FE31	0349A	20873	衜	16	3322521554234112	8233C339	04617
20831	儗	16	3235311345452134	838C	05117	20874	徼	16	3323251141533134	E1E8	05FBC
20832	雔	16	3241112132411121	EB6C	096D4	20875	徻	16	3323412524312511	8FDA	05FBB
20833	鮲	16	3241112135344444	A048	071DE	20876	衡	16	3323525121134112	BAE2	08861
20834	毨	16	3241112144443115	8231CF36	03CAC	20877	徸	16	3324125251125111	8230EF34	038F6
20835	儫	16	3241251451353334	839F	0512B	20878	衞	16	3325212511252112	D06F	0885E
20836	儣	16	3241312212512134	8397	05123	20879	衟	16	3325551325111112	D070	0885F
20837	儕	16	3241432533543211	838A	05115	20880	豱	16	3331325111342534	9DB0	06F83
20838	儝	16	3243344334451234	8392	0511D	20881	顩	16	3332511132511134	8234BC32	04AC7
20839	儐	16	3244512332511134	8386	05110	20882	艒	16	3354142511541541	82339B30	0447D
20840	儜	16	3244545442522112	8391	0511C	20883	艖	16	3354143121251454	82339B36	04483
20841	皟	16	3251111212511134	B083	0769F	20884	艘	16	3354143241112154	82339B31	0447E

序号	字形	笔数	笔顺	18030代码	13000代码
20885	艙	16	3354143445113251	C593	08259
20886	䑼	16	3354143552335523	82339A39	0447C
20887	螌	16	3354143554251214	CE8C	0878C
20888	褩	16	3354143554413534	D197	08929
20889	縏	16	3354143554554234	BF54	07E0F
20890	艕	16	3354144143454153	C590	08255
20891	艗	16	3354144313425221	C592	08257
20892	䧾	16	3411225132411121	8234A831	049FE
20893	舘	16	3411225144525151	C56F	08218
20894	錱	16	3411243111211121	E567	09331
20895	錻	16	3411243111212154	E571	0933B
20896	錆	16	3411243111212511	E49D	09306
20897	錶	16	3411243111213534	E56C	09336
20898	鋹	16	3411243112111534	E490	092F9
20899	鍺	16	3411243112132511	E64E	0937A
20900	錴	16	3411243112134121	E56A	09334
20901	錂	16	3411243112134354	E499	09302
20902	﨨	16	3411243112143112	FE4E	0FA28
20903	錏	16	3411243112155121	E545	0930F
20904	錤	16	3411243112211134	E55A	09324
20905	鎁	16	3411243112211152	E655	09381
20906	鋷	16	3411243112211154	E48E	092F7
20907	錯	16	3411243112212511	E565	0932F
20908	鍩	16	3411243112213251	E59F	09369
20909	錨	16	3411243112225121	E55E	09328
20910	鍈	16	3411243112225134	E57D	09348
20911	鍣	16	3411243112253251	E599	09363
20912	錸	16	3411243112343434	E56E	09338
20913	錰	16	3411243112344444	E566	09330
20914	錷	16	3411243112511125	E56D	09337
20915	錬	16	3411243112511234	E562	0932C
20916	錼	16	3411243113411234	E572	0933C
20917	錛	16	3411243113412132	E551	0931B
20918	錡	16	3411243113412512	E557	09321
20919	䤶	16	3411243113425115	82349532	04936
20920	錽	16	3411243114334354	E573	0933D
20921	錢	16	3411243115341534	E558	09322
20922	䤵	16	3411243121112111	82349531	04935
20923	錹	16	3411243121212511	E56F	09339
20924	鋽	16	3411243121251112	E494	092FD
20925	錿	16	3411243121531535	E574	0933F
20926	鋿	16	3411243124325251	E496	092FF
20927	鍀	16	3411243125111124	E575	09340
20928	錁	16	3411243125111234	E498	09301
20929	錕	16	3411243125111535	E54B	09315
20930	㐥	16	3411243125111535	8139F236	03425
20931	錩	16	3411243125112511	E55F	09329
20932	鍆	16	3411243125112511	E57B	09346
20933	錫	16	3411243125113533	E561	0932B
20934	錪	16	3411243125122134	E560	0932A
20935	錮	16	3411243125122511	E564	0932E
20936	錌	16	3411243125213112	E542	0930C
20937	錔	16	3411243125342511	E54A	09314
20938	鋼	16	3411243125431252	E493	092FC
20939	鍋	16	3411243125525251	E581	0934B
20940	錘	16	3411243131212211	E54E	09318
20941	錗	16	3411243131234531	E54D	09317
20942	錐	16	3411243132411121	E546	09310
20943	錦	16	3411243132511252	E55C	09326
20944	錍	16	3411243132511312	E543	0930D
20945	鍁	16	3411243133123534	E576	09341
20946	鍂	16	3411243134112431	E577	09342
20947	錀	16	3411243134125122	E497	09300
20948	錜	16	3411243134454544	E552	0931C
20949	錋	16	3411243135113511	E541	0930B
20950	錭	16	3411243135121251	E563	0932D
20951	錉	16	3411243135152511	E4A0	09309
20952	鋾	16	3411243135311252	E495	092FE
20953	錎	16	3411243135321511	E544	0930E
20954	鍃	16	3411243135334544	E578	09343
20955	憌	16	3411243135414544	9177	0618C
20956	鍄	16	3411243141251234	E579	09344
20957	錞	16	3411243141251521	E554	0931E
20958	䤳	16	3411243141323544	82349439	04933
20959	錊	16	3411243141343412	E540	0930A
20960	錇	16	3411243141431251	E49E	09307
20961	錥	16	3411243141542511	E55B	09325
20962	錈	16	3411243143113455	E49F	09308
20963	錟	16	3411243143344334	E555	0931F
20964	鍅	16	3411243144112154	E57A	09345
20965	錝	16	3411243144511234	E553	0931D
20966	錠	16	3411243144512134	E556	09320
20967	錧	16	3411243144525151	E55D	09327
20968	鋺	16	3411243144535455	E491	092FA
20969	鎯	16	3411243145115452	E683	093AF
20970	錑	16	3411243145131344	E547	09311

序号	字形	笔数	笔顺	18030代码	13000代码
20971	鍵	16	3411243151111254	E649	09375
20972	録	16	3411243151124134	E568	09332
20973	鋸	16	3411243151312251	E48F	092F8
20974	錳	16	3411243152125221	E569	09333
20975	䤴	16	3411243152413452	82349530	04934
20976	錣	16	3411243154545454	E559	09323
20977	錄	16	3411243155124134	E49B	09304
20978	錙	16	3411243155525121	E54F	09319
20979	閷	16	3412342511251134	E98C	095B7
20980	覦	16	3412511222511135	D344	089A6
20981	劒	16	3412512513434534	84AA	05292
20982	劔	16	3412512513434534	84AB	05294
20983	㽂	16	3412515415411554	82329337	03F42
20984	㪧	16	3412515415412154	82319C31	03AA7
20985	歙	16	3412515415413534	ECA8	06B59
20986	㽃	16	3431234251211554	82329338	03F43
20987	䨀	16	3443123432411121	8234A833	04A00
20988	頱	16	3443124132511134	EE62	09831
20989	䝟	16	3443533111253134	8233E433	0475F
20990	䫉	16	3443533132511134	8234BC34	04AC9
20991	貒	16	3443533252132522	D887	08C92
20992	貐	16	3443533341251122	D885	08C90
20993	墾	16	3443533511534121	89A8	058BE
20994	貑	16	3443533512115154	D886	08C91
20995	餦	16	3445115412111534	F05C	09926
20996	䭊	16	3445115412225134	8234C933	04B4A
20997	䭄	16	3445115412515112	8234C837	04B44
20998	餴	16	3445115413412132	F069	09934
20999	餣	16	3445115413425115	F059	09923
21000	餞	16	3445115415341534	F054	0991E
21001	餜	16	3445115425111234	F052	0991C
21002	餛	16	3445115425111535	F051	0991B
21003	䭅	16	3445115425122511	8234C838	04B45
21004	餠	16	3445115431133112	F056	09920
21005	餧	16	3445115431234531	F05D	09927
21006	餚	16	3445115434132511	F050	0991A
21007	餩	16	3445115434415334	F05F	09929
21008	䭃	16	3445115434454544	8234C836	04B43
21009	䭇	16	3445115435121251	8234C930	04B47
21010	餡	16	3445115435321511	F057	09921
21011	餢	16	3445115441431251	F058	09922
21012	餤	16	3445115443344334	F05A	09924
21013	館	16	3445115444525151	F05E	09928
21014	䭈	16	3445115451111254	8234C931	04B48
21015	餟	16	3445115454545454	F055	0991F
21016	盦	16	3445125351125221	B151	076E6
21017	頷	16	3445251132511134	EE68	09837
21018	鴒	16	3445432511154444	F86F	09D12
21019	膩	16	3511111251113454	C481	081A9
21020	䐼	16	3511111253554234	82339435	0443C
21021	膮	16	3511121121121135	C485	081AE
21022	膹	16	3511121222511134	C48F	081B9
21023	膨	16	3511121251431333	C5F2	081A8
21024	臈	16	3511122251135345	C497	081C8
21025	䐻	16	3511122514143112	82339434	0443B
21026	䐺	16	3511125221251112	82339433	0443A
21027	膸	16	3511131212511454	C48E	081B8
21028	膫	16	3511134432511234	C482	081AB
21029	䐶	16	3511153515352511	82339339	04436
21030	頴	16	3511234132511134	EE65	09834
21031	膶	16	3511251125111121	C48C	081B6
21032	膭	16	3511251212511134	C484	081AD
21033	䐷	16	3511251251251112	82339430	04437
21034	膴	16	3511311222214444	C48A	081B4
21035	膬	16	3511311531153115	C483	081AC
21036	臇	16	3511324111212525	C496	081C7
21037	膲	16	3511324111214444	C489	081B2
21038	䐿	16	3511325431234134	82339438	0443F
21039	膰	16	3511343123425121	C487	081B0
21040	朤	16	3511351135113511	9654	06724
21041	㬿	16	3511412515213134	8231AB33	03B3F
21042	朣	16	3511414312511211	9653	06723
21043	膱	16	3511414312511534	C488	081B1
21044	膪	16	3511414345252251	EBFA	081AA
21045	膳	16	3511431112431251	C9C5	081B3
21046	螣	16	3511431134251214	CE9F	087A3
21047	縢	16	3511431134554234	BF67	07E22
21048	膦	16	3511431234354152	ECA2	081A6
21049	朥	16	3511433443344553	9655	06725
21050	䐸	16	3511511121251211	82339431	04438
21051	膙	16	3511515251251214	C476	08199
21052	膯	16	3511543341251431	C486	081AF
21053	雕	16	3512125132411121	B5F1	096D5
21054	鴟	16	3515432511154444	F87C	09D1F
21055	䭬	16	3525115551325111	8234CC37	04B6C
21056	鲭	16	3525121111212511	F6EB	09CAD

序号	字形	笔数	笔顺	18030代码	13000代码	序号	字形	笔数	笔顺	18030代码	13000代码
21057	鲮	16	3525121112134354	F6EC	09CAE	21100	鮣	16	3525121444435152	F567	09BA3
21058	鲯	16	3525121112211134	F792	09CAF	21101	鮈	16	3525121444435251	F54C	09B88
21059	鲰	16	3525121112211154	F6ED	09CB0	21102	鮗	16	3525121444435444	F55B	09B97
21060	鲱	16	3525121121112111	F6EE	09CB1	21103	鮑	16	3525121444435515	F555	09B91
21061	鲲	16	3525121125111535	F6EF	09CB2	21104	鮌	16	3525121444441554	F550	09B8C
21062	鲳	16	3525121125112511	F6F0	09CB3	21105	鮀	16	3525121444444535	F544	09B80
21063	鲴	16	3525121125122511	F6F1	09CB4	21106	鮅	16	3525121444445343	F549	09B85
21064	鲵	16	3525121132151135	F6F2	09CB5	21107	鮄	16	3525121444451532	F548	09B84
21065	鲶	16	3525121134454544	F6F3	09CB6	21108	鮉	16	3525121444453251	F54D	09B89
21066	鲷	16	3525121135121251	F6F4	09CB7	21109	鮍	16	3525121444453254	F551	09B8D
21067	鲸	16	3525121141251234	BEA8	09CB8	21110	䱆	16	3525121444453521	8234E235	04C46
21068	鲺	16	3525121153251214	F6F5	09CBA	21111	鮐	16	3525121444454251	F554	09B90
21069	鲹	16	3525121154134333	F793	09CB9	21112	䱂	16	3525121444455453	8234E231	04C42
21070	鲻	16	3525121155525121	F6F6	09CBB	21113	鴝	16	3525132511154444	F87A	09D1D
21071	䱈	16	3525121444411234	8234E237	04C48	21114	㺛	16	3531211254444132	82328330	03E9B
21072	鮇	16	3525121444411234	F54B	09B87	21115	獲	16	3531223241112154	AB40	07372
21073	䱅	16	3525121444411234	8234E234	04C45	21116	獴	16	3531224511353334	AB42	07374
21074	魼	16	3525121444412154	F540	09B7C	21117	穎	16	3531234132511134	B766	07A4E
21075	魽	16	3525121444412211	F541	09B7D	21118	獭	16	3531251234352534	CCA1	0736D
21076	鮕	16	3525121444412251	F559	09B95	21119	獩	16	3532121131233534	AA9B	07369
21077	䱁	16	3525121444412341	8234E230	04C41	21120	㷺	16	3532151131344334	8231F039	03DFA
21078	魺	16	3525121444412512	F49F	09B7A	21121	燄	16	3532151143344334	9FF0	071C4
21079	魾	16	3525121444413241	F542	09B7E	21122	䬉	16	3532512141213234	8234C238	04B09
21080	鮖	16	3525121444413251	F55A	09B96	21123	䬊	16	3532512141343434	8234C239	04B0A
21081	鮁	16	3525121444413544	F545	09B81	21124	颵	16	3532512142432511	EF59	098B5
21082	鮃	16	3525121444414312	F547	09B83	21125	䬆	16	3532512143123422	8234C235	04B06
21083	鮎	16	3525121444421251	F552	09B8E	21126	颴	16	3532512143152134	EF58	098B4
21084	䱇	16	3525121444425111	8234E236	04C47	21127	䬈	16	3532512144325135	8234C237	04B08
21085	䱉	16	3525121444425111	8234E238	04C49	21128	㺜	16	3532512211311534	82328331	03E9C
21086	魻	16	3525121444425112	F4A0	09B7B	21129	獧	16	3532522112513534	AA99	07367
21087	鮋	16	3525121444425121	F54F	09B8B	21130	獨	16	3532522135251214	AA9A	07368
21088	䱀	16	3525121444425134	8234E139	04C40	21131	㺞	16	3533211152511134	82328333	03E9E
21089	鮂	16	3525121444425341	F546	09B82	21132	獥	16	3533251141533134	AA97	07365
21090	鮏	16	3525121444431121	F553	09B8F	21133	獫	16	3533412512513434	AA9D	0736B
21091	䱃	16	3525121444431134	8234E232	04C43	21134	獪	16	3533412524312511	AA9C	0736A
21092	鮓	16	3525121444431211	F557	09B93	21135	㬟	16	3533432524312511	8231A831	03B1F
21093	穌	16	3525121444431234	B764	07A4C	21136	獬	16	3533535112533112	E2B3	0736C
21094	䰿	16	3525121444431525	8234E138	04C3F	21137	飚	16	3534433443344334	ECAE	098DA
21095	鮒	16	3525121444432124	F556	09B92	21138	䚢	16	3535112122151234	8233D136	046A2
21096	鮘	16	3525121444432154	F55C	09B98	21139	䚣	16	3535112251112134	8233D137	046A3
21097	鮊	16	3525121444432511	F54E	09B8A	21140	䚤	16	3535112251125214	8233D138	046A4
21098	䱄	16	3525121444433544	8234E233	04C44	21141	䚡	16	3535112251214544	8233D135	046A1
21099	魿	16	3525121444434454	F543	09B7F	21142	㙰	16	3535112533112121	8230AE38	03670

序号	字形	笔数	笔顺	18030代码	13000代码	序号	字形	笔数	笔顺	18030代码	13000代码
21143	邂	16	3535112533112454	E5E2	09082	21186	諮	16	4111251413534251	D64A	08AEE
21144	䗬	16	3541112454251214	8233BF36	045EC	21187	諳	16	4111251414312511	D64F	08AF3
21145	膧	16	3541414312511211	C480	081A7	21188	諺	16	4111251414313333	D656	08AFA
21146	毈	16	3543524321113554	9AAC	06BC8	21189	諦	16	4111251414345252	D642	08AE6
21147	郺	16	3543545552515215	E061	090FA	21190	謎	16	4111251431234454	D669	08B0E
21148	頯	16	3544132132511134	EE60	0982F	21191	諠	16	4111251445125111	D59D	08AE0
21149	䳉	16	3544432511154444	8234EF30	04CC9	21192	諢	16	4111251451251112	D59F	08AE2
21150	鴛	16	3545532511154444	F878	09D1B	21193	諞	16	4111251451325122	D59B	08ADE
21151	䜁	16	4111251121121514	8233DB31	04701	21194	諱	16	4111251521251152	D64D	08AF1
21152	謀	16	4111251122111234	D65C	08B00	21195	諝	16	4111251521342511	D59A	08ADD
21153	諶	16	4111251122111345	D652	08AF6	21196	䛹	16	4111251551353334	8233DA33	046F9
21154	諽	16	4111251122125112	D659	08AFD	21197	㵗	16	4112112544442534	8231E036	03D57
21155	諜	16	4111251122151234	D599	08ADC	21198	褭	16	4112112544443534	D199	0892D
21156	謊	16	4111251122415325	D665	08B0A	21199	憑	16	4112112544444544	917B	06191
21157	諵	16	4111251122543112	D651	08AF5	21200	㙶	16	4125124345251121	8230AF34	03676
21158	諨	16	4111251125125121	D644	08AE8	21201	撉	16	4125152131343112	93C7	06489
21159	諲	16	4111251125221121	D64E	08AF2	21202	憝	16	4125152131344544	EDAD	0619D
21160	諫	16	4111251125431234	D647	08AEB	21203	䃞	16	4125152135413251	8232BC38	040DE
21161	諴	16	4111251131251534	D650	08AF4	21204	㝇	16	4125152141251521	8230C433	03747
21162	諧	16	4111251153532511	D643	08AE7	21205	亸	16	4125152143251112	818F	04EB8
21163	謔	16	4111251215315151	D66F	08B14	21206	褱	16	4125221241343534	D19C	08931
21164	諟	16	4111251251112134	D59C	08ADF	21207	邅	16	4125251125111454	DF81	09085
21165	諹	16	4111251251113533	D655	08AF9	21208	㢙	16	4131221251112153	8230E631	03899
21166	諿	16	4111251251122111	D65B	08AFF	21209	鄘	16	4131221251213452	E097	0913A
21167	謃	16	4111251251131121	D65F	08B03	21210	㢜	16	4131221251214544	8230E634	0389C
21168	謁	16	4111251251135345	D65D	08B01	21211	鹧	16	4131221444435451	F0D1	09E67
21169	謂	16	4111251251212511	D65E	08B02	21212	磨	16	4131234123413251	C4A5	078E8
21170	䛺	16	4111251251213432	8233DA34	046FA	21213	穈	16	4131234123431234	B760	07A48
21171	諰	16	4111251251214544	D64C	08AF0	21214	廧	16	4131234341252511	8F5A	05EE7
21172	諤	16	4111251251251115	D640	08AE4	21215	凞	16	4131251255154444	8444	051DE
21173	諯	16	4111251252132522	D64B	08AEF	21216	㢚	16	4132153152512153	8230E632	0389A
21174	䛽	16	4111251312321511	8233DA37	046FD	21217	噟	16	4133232411121251	877C	0565F
21175	諥	16	4111251312511211	D641	08AE5	21218	㢛	16	4133412512513434	8230E633	0389B
21176	䛼	16	4111251321511121	8233DA36	046FC	21219	廥	16	4133412524312511	8F58	05EE5
21177	謏	16	4111251321511254	D66A	08B0F	21220	廨	16	4133535112533112	E2DD	05EE8
21178	諻	16	4111251325111121	D657	08AFB	21221	赟	16	4134112121542534	DA53	08D5F
21179	謉	16	4111251325113554	D664	08B09	21222	瘽	16	4134112212511121	AF9D	0763D
21180	䛻	16	4111251331225111	8233DA35	046FB	21223	癀	16	4134112212512134	F1A5	07640
21181	諭	16	4111251341251122	D649	08AED	21224	瘷	16	4134112512343134	AF99	07637
21182	諡	16	4111251341525221	D59E	08AE1	21225	瘶	16	4134112512343534	AF98	07636
21183	諼	16	4111251344311354	D658	08AFC	21226	瘭	16	4134112522111234	F1A6	0762D
21184	諷	16	4111251353251214	D653	08AF7	21227	㿄	16	4134113113453554	8232A037	03FC4
21185	諪	16	4111251412514512	D646	08AEA	21228	㿃	16	4134113221545252	8232A036	03FC3

序号	字形	笔数	笔顺	18030代码	13000代码
21229	瘱	16	4134113434344544	AF96	07631
21230	瘻	16	4134125112512531	AF9C	0763B
21231	瘰	16	4134125121554234	F1A7	07630
21232	瘢	16	4134125211213134	8232A035	03FC2
21233	廩	16	4134125251111234	E2DE	05EEA
21234	廪	16	4134125251131234	8F5B	05EE9
21235	瘿	16	4134125342534531	F1A8	0763F
21236	瘰	16	4134131234413534	8232A039	03FC6
21237	㿅	16	4134133221212134	8232A038	03FC5
21238	瘲	16	4134133234342134	AF97	07632
21239	瘹	16	4134134112431354	AF9A	07639
21240	瘵	16	4134135445411234	F1A9	07635
21241	瘴	16	4134141431251112	D5CE	07634
21242	瘯	16	4134141533131134	AF95	0762F
21243	瘺	16	4134151312524444	AF9B	0763A
21244	瘬	16	4134151512111534	AF93	0762C
21245	癃	16	4134152354131121	F1AA	07643
21246	瘾	16	4134152355114544	F1AB	0763E
21247	瘸	16	4134153251253434	C8B3	07638
21248	㿇	16	4134154154132511	8232A130	03FC7
21249	瘳	16	4134154154134333	F1AC	07633
21250	瘮	16	4134154545434333	AF94	0762E
21251	㿈	16	4134155332411121	8232A131	03FC8
21252	䞤	16	4134251214251134	CEA0	087A4
21253	螡	16	4134251214251214	CE9D	087A1
21254	瀾	16	4134425125431234	ECB5	06593
21255	褒	16	4135125112343534	D24A	08943
21256	廦	16	4135132514143112	8F59	05EE6
21257	麈	16	4135221153525111	FB84	09E86
21258	䴤	16	4135221153531121	8234F734	04D24
21259	麇	16	4135221153531234	F7E5	09E87
21260	䴣	16	4135221153534312	8234F733	04D23
21261	麅	16	4135221153535515	FB83	09E85
21262	麈	16	4135221153541121	F7E6	09E88
21263	䴥	16	4135221153553251	8234F735	04D25
21264	凝	16	4135311345452134	C4FD	051DD
21265	親	16	4143112342511135	D348	089AA
21266	㜪	16	4143112343312531	8230C134	0372A
21267	竴	16	4143112511214124	B87C	07AF1
21268	辨	16	4143113434143112	B1E6	08FA8
21269	辩	16	4143113454143112	B1E7	08FA9
21270	辧	16	4143113534143112	DE6C	08FA7
21271	辦	16	4143113534143112	DE6B	08FA6
21272	䪬	16	4143125111245521	8234B935	04AAC
21273	龍	16	4143125111515111	FD88	09F8D
21274	䪫	16	4143125111555121	8234B934	04AAB
21275	㼿	16	4143125112111554	82329334	03F3F
21276	氃	16	4143125112113115	9AD4	06C03
21277	嬜	16	4143125113534531	8BD7	05B1C
21278	韸	16	4143125113541112	ED8A	097F8
21279	鴗	16	4143132511154444	F874	09D17
21280	䐡	16	4143253354253434	82339138	04421
21281	劑	16	4143253354321122	84A9	05291
21282	㡣	16	4143452521515111	8230E037	03863
21283	䒍	16	4143454153355215	82339C36	0448D
21284	嬴	16	4152513511531354	D9F8	05B34
21285	膐	16	4153313534253434	C46F	08190
21286	䞄	16	4153315252511134	8233E739	04784
21287	旛	16	4153343123425121	94F3	065D9
21288	旘	16	4153414312511534	94F2	065D8
21289	壅	16	4155332411121121	DBD5	058C5
21290	䲻	16	4155432511154444	8234ED36	04CBB
21291	闠	16	4252522112513534	EA61	0961B
21292	㪨	16	4311124312512154	82319C32	03AA8
21293	敼	16	4311124312513134	94BB	0657E
21294	歚	16	4311124312513534	9A60	06B5A
21295	䡨	16	4311131211251112	8233FE36	04868
21296	䍸	16	4311131251124124	82338132	04378
21297	羱	16	4311131332511234	C17E	07FB1
21298	䍹	16	4311133251111344	82338133	04379
21299	㔦	16	4311134451153453	82308E31	03526
21300	羲	16	4311213123415534	F4CB	07FB2
21301	鶱	16	4311341211254444	F18D	099E6
21302	糒	16	4312341221325112	BC4C	07CD2
21303	糢	16	4312341222511134	BC55	07CE2
21304	糚	16	4312341225213121	BC50	07CDA
21305	糐	16	4312341251124124	BC4A	07CD0
21306	糙	16	4312343121251454	B2DA	07CD9
21307	糗	16	4312343251111344	F4DC	07CD7
21308	䊛	16	4312343412343554	8232E932	0429B
21309	甐	16	4312343541521554	AE56	07510
21310	斴	16	4312343541523312	94DD	065B4
21311	糖	16	4312344135112251	CCC7	07CD6
21312	糕	16	4312344311214444	B8E2	07CD5
21313	糘	16	4312344451353334	BC4F	07CD8
21314	糏	16	4312345132432511	BC49	07CCF

序号	字形	笔数	笔顺	18030代码	13000代码
21315	糊	16	4312345154151541	BC4B	07CD1
21316	甗	16	4312535111341554	82329335	03F40
21317	谿	16	4313533344544334	8231F137	03E02
21318	頫	16	4325135132511134	8234BB39	04AC4
21319	飒	16	4325135353251214	8234C236	04B07
21320	瞥	16	4325234313425111	C6B3	077A5
21321	甑	16	4325243125111554	EAB5	07511
21322	勫	16	4325243125113533	9642	06706
21323	燒	16	4334121121121135	9FFD	071D2
21324	燌	16	4334121222511134	9FF8	071CC
21325	熺	16	4334121251431251	9FE7	071BA
21326	燵	16	4334121431112454	A05B	071F5
21327	燍	16	4334122111343312	9FF9	071CD
21328	燤	16	4334122251125214	A04D	071E4
21329	燪	16	4334122353344544	A051	071EA
21330	燂	16	4334125221251112	9FEF	071C2
21331	燎	16	4334134432511234	C1C7	071CE
21332	熸	16	4334153515352511	9FE6	071B8
21333	熶	16	4334251112211154	9FE4	071B6
21334	燗	16	4334251125113511	A041	071D7
21335	燘	16	4334251125114134	A042	071D8
21336	燜	16	4334251125114544	A046	071DC
21337	燝	16	4334251141251234	A047	071DD
21338	燀	16	4334251251251112	9FED	071C0
21339	㷵	16	4334254312114444	8231F034	03DF5
21340	㷻	16	4334311222214444	8231F130	03DFB
21341	燆	16	4334313425125251	9FF2	071C6
21342	燋	16	4334324111214444	9FF7	071CB
21343	燠	16	4334325431234134	ECDB	071E0
21344	熻	16	4334341251541541	9FE8	071BB
21345	燔	16	4334343123425121	ECDC	071D4
21346	燃	16	4334354413444444	C8BC	071C3
21347	燉	16	4334412515213134	9FF5	071C9
21348	燑	16	4334414312511211	9FFC	071D1
21349	熾	16	4334414312511534	9FEB	071BE
21350	㷽	16	4334431112431251	8231F132	03DFD
21351	燐	16	4334431234354152	9FFB	071D0
21352	燇	16	4334431253511124	9FF3	071C7
21353	燧	16	4334431353334454	ECDD	071E7
21354	熷	16	4334432524312511	9FE5	071B7
21355	燊	16	4334433443341234	9FF6	071CA
21356	㲭	16	4334433443343115	8231CF37	03CAD
21357	歘	16	4334433443343534	9A5F	06B58
21358	燚	16	4334433443344334	A044	071DA
21359	螢	16	4334433445251214	CE9E	087A2
21360	營	16	4334433445251251	A049	071DF
21361	罃	16	4334433445311252	C094	07F43
21362	褮	16	4334433445413534	D19A	0892E
21363	憥	16	4334433445534544	918E	061A5
21364	䎕	16	4334433445541541	82338431	04395
21365	縈	16	4334433445554234	BF4D	07E08
21366	燖	16	4334511121251124	A040	071D6
21367	㷷	16	4334515515122134	8231F036	03DF7
21368	燈	16	4334543341251431	9FF4	071C8
21369	燏	16	4334545232534251	9FFA	071CF
21370	濏	16	4411121112145434	9DED	06FCF
21371	濭	16	4411221215425221	9E47	06FED
21372	濗	16	4411222511134252	9DF3	06FD7
21373	濩	16	4411223241112154	9E43	06FE9
21374	濸	16	4411223445113251	9E50	06FF8
21375	濛	16	4411224511353334	9DF7	06FDB
21376	澣	16	4411225111234112	9DC8	06FA3
21377	澿	16	4411234123411234	9DE0	06FBF
21378	濋	16	4411234123452134	9DE9	06FCB
21379	濇	16	4411234341252511	9DE6	06FC7
21380	濑	16	4411251234352534	E4FE	06FD1
21381	澸	16	4411312515344544	9DDA	06FB8
21382	㵢	16	4411452444425121	8231E137	03D62
21383	澪	16	4411452444434454	9DCE	06FAA
21384	㵡	16	4411452444435515	8231E136	03D61
21385	濊	16	4412121131233534	9DE8	06FCA
21386	濒	16	4412121233132534	B1F4	06FD2
21387	澯	16	4412135454431234	9DD3	06FAF
21388	濽	16	4412153151353334	9DDE	06FBD
21389	澞	16	4412153152511134	9DC4	06F9E
21390	澲	16	4412243143111234	9DD6	06FB2
21391	澢	16	4412434525125121	9DC7	06FA2
21392	濉	16	4412511132411121	E5A1	06FC9
21393	燙	16	4412511135334334	A043	071D9
21394	澠	16	4412511251211511	9DC6	06FA0
21395	澷	16	4412511252214153	9DD9	06FB7
21396	㵣	16	4412511353453534	8231E138	03D63
21397	潞	16	4412512121354251	C2BA	06F5E
21398	澧	16	4412512211251431	E5A2	06FA7
21399	濃	16	4412512211311534	9DE2	06FC3
21400	澡	16	4412512512511234	D4E8	06FA1

序号	字形	笔数	笔顺	18030代码	13000代码	序号	字形	笔数	笔顺	18030代码	13000代码
21401	㵹	16	4412521222511134	8231E430	03D79	21444	憷	16	4421234123452134	E3C0	061B7
21402	濖	16	4412522112132511	9DF2	06FD6	21445	懎	16	4421234341252511	91AD	061CE
21403	澤	16	4412522112143112	9DC9	06FA4	21446	懒	16	4421251234352534	C0C1	061D2
21404	澴	16	4412522112513534	9DD7	06FB4	21447	憾	16	4421312515344544	BAB6	061BE
21405	濁	16	4412522135251214	9DE1	06FC1	21448	懅	16	4422153151353334	91A7	061C5
21406	㵞	16	4413123443344544	8231E133	03D5E	21449	憴	16	4422511251211511	9199	061B4
21407	澨	16	4413143141234341	9DCC	06FA8	21450	㦙	16	4422511252144544	82318135	03999
21408	瀄	16	4413143145115452	9E5C	07004	21451	憹	16	4422512211311534	919D	061B9
21409	㵰	16	4413211152511134	8231E331	03D70	21452	懆	16	4422512512511234	91A8	061C6
21410	激	16	4413251141533134	BCA4	06FC0	21453	懌	16	4422522112143112	91AB	061CC
21411	㵟	16	4413322521353134	8231E134	03D5F	21454	懁	16	4422522112513534	91A4	061C1
21412	澰	16	4413412512513434	9DD4	06FB0	21455	㦢	16	4423143145115452	82318234	039A2
21413	澮	16	4413412524312511	9DD2	06FAE	21456	懙	16	4423211152511134	91B5	061D9
21414	㵻	16	4413511321511254	8231E432	03D7B	21457	憿	16	4423251141533134	91A2	061BF
21415	㵬	16	4413511535425221	8231E237	03D6C	21458	憸	16	4423412512513434	919C	061B8
21416	澹	16	4413513344111251	E5A3	06FB9	21459	懀	16	4423412524312511	91A3	061C0
21417	澥	16	4413535112533112	9DCA	06FA5	21460	懓	16	4423443454544354	91B0	061D3
21418	澶	16	4414125251125111	E5A4	06FB6	21461	憺	16	4423513344111251	919E	061BA
21419	澟	16	4414125251131234	9DC5	06F9F	21462	懈	16	4423535112533112	D0B8	061C8
21420	濂	16	4414134315112234	E5A5	06FC2	21463	懐	16	4424125221413534	91AF	061D0
21421	澬	16	4414135342511134	9DD0	06FAC	21464	懔	16	4424125251111234	E3C1	061D4
21422	㵝	16	4414135342534251	8231E132	03D5D	21465	憻	16	4424125251125111	919F	061BB
21423	澵	16	4414143112343312	9DD8	06FB5	21466	懍	16	4424125251131234	91AC	061CD
21424	澺	16	4414143125114544	9DDB	06FBA	21467	憶	16	4424143125114544	919B	061B6
21425	濓	16	4414143135112234	9DEF	06FD3	21468	厳	16	4431351221113134	8597	053B3
21426	澭	16	4414155332411121	9DD1	06FAD	21469	獣	16	4432512112511344	AA95	07363
21427	㵪	16	4414311214413534	8231E235	03D6A	21470	黉	16	4434512212512134	D9E4	09EC9
21428	濨	16	4414315545544544	9E42	06FE8	21471	鴬	16	4434532511154444	F88A	09D2C
21429	㵠	16	4414453451352252	8231E135	03D60	21472	憲	16	4451112252214544	9197	061B2
21430	㵥	16	4414454543425221	8231E230	03D65	21473	䗙	16	4451122134251214	8233BD37	045D9
21431	濅	16	4414455114525254	9DE4	06FC5	21474	褰	16	4451122134413534	E5BD	08930
21432	潚	16	4415112322151512	9D92	06F5A	21475	䫅	16	4451234132511134	8234BC30	04AC5
21433	澱	16	4415131221343554	9DD5	06FB1	21476	寰	16	4452522112513534	E5BE	05BF0
21434	澼	16	4415132514143112	9DDD	06FBC	21477	窺	16	4453411342511135	B851	07ABA
21435	㵫	16	4415215215212511	8231E236	03D6B	21478	窷	16	4453412211135352	B84E	07AB7
21436	錃	16	4415325434112431	E49A	09303	21479	䆰	16	4453412512512515	8232D137	041B0
21437	㵤	16	4415415411343434	8231E139	03D64	21480	窶	16	4453425112512531	B84D	07AB6
21438	澦	16	4415452132511134	9DCB	06FA6	21481	䆼	16	4453425525251454	8232D239	041BC
21439	懄	16	4421221251112153	91A6	061C4	21482	鴪	16	4453432511154444	F888	09D2A
21440	懜	16	4421222522145354	91B8	061DC	21483	窵	16	4453432511154444	B84C	07AB5
21441	㦜	16	4421223241112154	82318138	0399C	21484	窻	16	4453432535414544	B852	07ABB
21442	懞	16	4421224511353334	91BA	061DE	21485	窸	16	4453434312344544	B84F	07AB8
21443	㦗	16	4421234123411234	82318133	03997	21486	䆴	16	4453435251125115	8232D231	041B4

序号	字形	笔数	笔顺	18030代码	13000代码	序号	字形	笔数	笔顺	18030代码	13000代码
21487	窾	16	4453435311343534	B854	07ABD	21530	避	16	5132514143112454	B1DC	0907F
21488	寱	16	4453441351124134	8232D139	041B2	21531	嬖	16	5132514143112521	8C58	05B79
21489	竂	16	4453444143344334	8232D138	041B1	21532	嬖	16	5132514143112531	E6D4	05B16
21490	竅	16	4453451221113134	8232D238	041BB	21533	彊	16	5151251211251211	8F99	05F4A
21491	窟	16	4453452131251251	B850	07AB9	21534	彌	16	5151251254312515	8234DE33	04C1C
21492	窿	16	4453452354131121	C1FE	07ABF	21535	鴟	16	5151532511154444	F873	09D16
21493	窶	16	4453454545454531	8232D136	041AF	21536	犟	16	5152512512143112	EAF1	0729F
21494	窼	16	4453455525111234	B853	07ABC	21537	彋	16	5152522112513534	8F9A	05F4B
21495	鴧	16	4453532511154444	F885	09D27	21538	彇	16	5155112322151512	8F96	05F47
21496	褈	16	4523411212511134	D248	08940	21539	隮	16	5212151211251124	EB5A	096AF
21497	襒	16	4523412134121354	D241	08939	21540	蹵	16	5212511234251214	CF49	087B4
21498	褳	16	4523412212523434	D25A	08954	21541	韛	16	5212511521251124	8234B731	04A94
21499	褿	16	4523412512212511	D247	0893F	21542	韒	16	5212511522432511	ED6D	097D2
21500	福	16	4523412512512515	8233C939	04654	21543	隬	16	5213425234343434	EB57	096AC
21501	褾	16	4523412522111234	D246	0893E	21544	隭	16	5214524444132522	EB58	096AD
21502	褫	16	4523413211234534	8233CA33	04658	21545	娶	16	5215211251254334	A045	071DB
21503	褸	16	4523425112512531	D240	08938	21546	隲	16	5223431211254444	EB5C	096B2
21504	褹	16	4523425235113511	8233CA31	04656	21547	隰	16	5225115545544444	DAF4	096B0
21505	禍	16	4523425525251454	8233CB34	04664	21548	隱	16	5232534444414544	8234A634	049ED
21506	褷	16	4523433221212134	D1A0	08937	21549	辥	16	5233251514143112	DE6A	08FA5
21507	褣	16	4523433234342134	8233CA30	04655	21550	檃	16	5234431215111234	9961	06A83
21508	襐	16	4523435251353334	D256	08950	21551	隱	16	5234431215114544	EB5B	096B1
21509	褮	16	4523441342513534	8233CA36	0465B	21552	蹔	16	5235413112113251	8232BD37	040E7
21510	褵	16	4523441432512251	8233CA32	04657	21553	隊	16	5241251451353334	8234A632	049EB
21511	襒	16	4523443252343134	D258	08952	21554	隮	16	5241432533543211	EB59	096AE
21512	褶	16	4523454154132511	F1DE	08936	21555	隫	16	5244512332511134	8234A633	049EC
21513	襂	16	4523454545434333	D249	08942	21556	嫹	16	5311223241112154	8BED	05B33
21514	禧	16	4524121251431251	ECFB	079A7	21557	嬙	16	5311234341252511	8BD4	05B19
21515	禫	16	4524125221251112	B656	079AB	21558	嬉	16	5312434525125121	8230C137	0372D
21516	禪	16	4524251251251112	B655	079AA	21559	嫖	16	5312512512511234	8BDB	05B20
21517	禭	16	4524431353334454	B658	079AD	21560	嬕	16	5312522112143112	8BD2	05B15
21518	禨	16	4524554554134534	B653	079A8	21561	嬛	16	5312522112513534	8BD6	05B1B
21519	豓	16	4525114134355215	82339C35	0448C	21562	嫫	16	5313211152511134	8BE4	05B29
21520	鴗	16	4543432511154444	F870	09D13	21563	嬝	16	5313251115413534	8BD8	05B1D
21521	檠	16	4544454445441234	9947	06A64	21564	嫐	16	5313251141533134	8BD0	05B13
21522	賷	16	5112144442511134	D981	08CEE	21565	嬓	16	5313322521353134	8230C135	0372B
21523	頵	16	5113251132511134	EE66	09835	21566	嬐	16	5313412512513434	8BCD	05B10
21524	彝	16	5114312343453132	8FA3	05F5B	21567	嬒	16	5313412524312511	8BCF	05B12
21525	鴖	16	5115432511154444	F953	09D56	21568	嬡	16	5313443454544354	8BDC	05B21
21526	壂	16	5131221343554121	89AB	058C2	21569	嬋	16	5313513344111251	8230C136	0372C
21527	鴟	16	5131532511154444	8234EE30	04CBF	21570	嬔	16	5313525135431121	8BD1	05B14
21528	壁	16	5132514143112121	B1DA	058C1	21571	嬗	16	5314125251125111	E6D3	05B17
21529	憵	16	5132514143112252	8EC8	05E66	21572	嬢	16	5314134112213534	8BDD	05B22

序号	字形	笔数	笔顺	18030代码	13000代码
21573	嬚	16	5314134315112234	8BD5	05B1A
21574	嬑	16	5314143125114544	8BCE	05B11
21575	嬟	16	5314311213121534	8BDA	05B1F
21576	嬨	16	5314315545544544	8BE3	05B28
21577	鴑	16	5315432511154444	F86E	09D11
21578	㜼	16	5315454544525111	8230C332	0373C
21579	䳂	16	5325132511154444	8234EE33	04CC2
21580	鴐	16	5325132511154444	F86D	09D10
21581	㿸	16	5325425112522154	8232A539	03FF8
21582	鴘	16	5413232511154444	F875	09D18
21583	翴	16	5415411251112454	C249	07FF4
21584	䎔	16	5415411251124124	82338430	04394
21585	鹨	16	5415413433335451	F0D2	09E68
21586	翯	16	5415414125125251	C247	07FEF
21587	螚	16	5425113535251214	CE97	0879A
21588	㽅	16	5433412514311554	82329430	03F45
21589	㲪	16	5433412514313115	8231CF34	03CAA
21590	氄	16	5452325342513115	9AD5	06C04
21591	䜼	16	5452331341251431	8233E038	0473C
21592	䂊	16	5452335251353334	8232B434	0408A
21593	颡	16	5454541234132534	F2AA	098A1
21594	㯩	16	5454541234151534	8231BC32	03BE9
21595	缰	16	5511251211251211	E7D6	07F30
21596	缱	16	5512512125151454	E7D7	07F31
21597	缲	16	5512512512511234	E7D8	07F32
21598	缳	16	5512522112513534	E7D9	07F33
21599	缴	16	5513251141533134	BDC9	07F34
21600	㣈	16	5513325255133252	8230EA38	038C8
21601	彜	16	5514312343453132	8FA4	05F5C
21602	䳇	16	5541432511154444	8234EE38	04CC7
21603	縥	16	5544441113431234	BF6A	07E25
21604	縤	16	5544441121554234	BF69	07E24
21605	縸	16	5544441222511134	BF7D	07E38
21606	縉	16	5544441224312511	BF4E	07E09
21607	縝	16	5544441225111134	BF62	07E1D
21608	䌇	16	5544441245554234	8232F430	04307
21609	縺	16	5544441251112454	BF80	07E3A
21610	縛	16	5544441251124124	BF60	07E1B
21611	縟	16	5544441311534124	BF64	07E1F
21612	縓	16	5544441332511234	BF58	07E13
21613	緻	16	5544441541213134	BF40	07DFB
21614	縪	16	5544442511122112	BF6F	07E2A
21615	縨	16	5544442511243135	BF6D	07E28
21616	䌈	16	5544442511541541	8232F431	04308
21617	縜	16	5544442512511134	BF61	07E1C
21618	䌉	16	5544442522112121	8232F432	04309
21619	縕	16	5544442534125221	BF5A	07E15
21620	縧	16	5544443223541234	BF6C	07E27
21621	縦	16	5544443324312134	BF6B	07E26
21622	䌊	16	5544443443311252	8232F433	0430A
21623	縚	16	5544443443321511	BF5F	07E1A
21624	縘	16	5544443443554134	BF5D	07E18
21625	縫	16	5544443541112454	BF70	07E2B
21626	縐	16	5544443552335523	BF55	07E10
21627	縗	16	5544444125113534	BF5C	07E17
21628	縞	16	5544444125125251	BF63	07E1E
21629	縭	16	5544444134522554	BF72	07E2D
21630	䌅	16	5544444135112251	8232F338	04305
21631	縍	16	5544444143454153	BF52	07E0D
21632	縊	16	5544444313425221	BF4F	07E0A
21633	縑	16	5544444315112234	BF56	07E11
21634	縖	16	5544444451112251	BF5B	07E16
21635	縡	16	5544444454143112	BF66	07E21
21636	縔	16	5544445454541234	BF59	07E14
21637	鴢	16	5545332511154444	F880	09D22
21638	㡮	16	5545541345343115	8230E138	0386E
21639	疀	16	5552512115112134	AE9B	07580
21640	耫	17	11123411212511134	C264	0802B
21641	䎯	17	11123412212511134	82338636	043AF
21642	耬	17	11123425112512531	C265	0802C
21643	䎮	17	11123441432512251	82338635	043AE
21644	璱	17	11211121112145434	AD69	074B1
21645	瓂	17	11211221215425221	AD79	074C2
21646	瓁	17	11211223241112154	AD78	074C1
21647	璴	17	11211234123452134	AD6C	074B4
21648	麉	17	11211241352211535	FB85	09E89
21649	璨	17	11212135454431234	E8B2	074A8
21650	璩	17	11212153151353334	E8B3	074A9
21651	璫	17	11212434525125121	AD63	074AB
21652	璐	17	11212512121354251	E8B4	07490
21653	璪	17	11212512512511234	AD62	074AA
21654	環	17	11212522112513534	AD68	074B0
21655	匵	17	11212522125111345	8558	05335
21656	㻿	17	11212522135251214	82328D30	03EFF
21657	璳	17	11213112342511134	AD6B	074B3
21658	璵	17	11213211152511134	AD6D	074B5

序号	字形	笔数	笔顺	18030代码	13000代码
21659	璥	17	11213251141533134	AD64	074AC
21660	璚	17	11213412524312511	AD67	074AF
21661	璦	17	11213443454544354	AD61	074A6
21662	璮	17	11214125251125111	AD66	074AE
21663	瓛	17	11214311213121534	82328D32	03F01
21664	璛	17	11215112322151512	AD58	0749B
21665	贅	17	11215331342511134	D998	08D05
21666	謷	17	11215331344111251	D692	08B37
21667	覯	17	11221252112511135	D34D	089AF
21668	麰	17	11234135534253434	C47E	081A5
21669	鄬	17	11341134125111252	E098	0913B
21670	鄸	17	11341134251113452	E099	0913C
21671	璭	17	11351325111343112	8231FA30	03E55
21672	黿	17	11352511251211511	FC78	09EFF
21673	璥	17	12111541121533134	82349D30	0498B
21674	髾	17	12111543332432511	F399	09AFE
21675	髻	17	12111543333121251	8234DB30	04BFB
21676	鬁	17	12111543333123422	F39C	09B01
21677	鬂	17	12111543333212134	F39D	09B02
21678	髽	17	12111543333434121	F398	09AFD
21679	髺	17	12111543333515251	8234DA39	04BFA
21680	鬆	17	12111543333534334	8234DB31	04BFC
21681	髼	17	12111543333541112	F397	09AFC
21682	鬀	17	12111543334351523	F39B	09B00
21683	髿	17	12111543334412343	F39A	09AFF
21684	鬉	17	12111543335114554	8234DA38	04BF9
21685	幫	17	12112112432511252	8ECD	05E6B
21686	擡	17	12112125145154121	9445	064E1
21687	擮	17	12112132411121534	944F	064EE
21688	鴶	17	12112132511154444	8234EF36	04CCF
21689	壔	17	12112151211251124	89BB	058D4
21690	擣	17	12112151211251124	9446	064E3
21691	攡	17	12112225221134534	82319533	03A62
21692	擦	17	12112235445411234	9463	06503
21693	壇	17	12112512125111345	8230AF38	0367A
21694	壏	17	12112512531425221	89B7	058CF
21695	擥	17	12112512531425221	82319437	03A5C
21696	騃	17	12112544441132534	F19B	099F4
21697	騞	17	12112544441251124	8234D035	04B92
21698	騂	17	12112544441251234	F19E	099F7
21699	騈	17	12112544441251251	8234D032	04B8F
21700	騁	17	12112544441321551	F19C	099F5
21701	騀	17	12112544441353334	F1A0	099F9
21702	騍	17	12112544442511112	F241	099FB
21703	騁	17	12112544442512115	F247	09A01
21704	騉	17	12112544442512511	F243	099FD
21705	騟	17	12112544442515215	82348B36	048D6
21706	騆	17	12112544442534251	8234D033	04B90
21707	騋	17	12112544443121534	F246	09A00
21708	騇	17	12112544443411234	F242	099FC
21709	騑	17	12112544443413252	8234D031	04B8E
21710	騂	17	12112544443443124	8234D034	04B91
21711	騂	17	12112544444143112	F248	09A02
21712	駾	17	12112544444325135	F244	099FE
21713	騉	17	12112544444511534	F240	099FA
21714	騣	17	12112544445114554	F19F	099F8
21715	騙	17	12112544445135251	F19D	099F6
21716	騑	17	12112544445232124	8234D134	04B9B
21717	騃	17	12112544445431134	F249	09A03
21718	駿	17	12112544445434354	F245	099FF
21719	擨	17	12113251125111344	944C	064EB
21720	擟	17	12113425234343434	9443	064DF
21721	壖	17	12114524444132522	89BC	058D6
21722	擩	17	12114524444132522	944A	064E9
21723	趚	17	12121341245554234	8233ED35	047BD
21724	趕	17	12121342511122112	8233EE34	047C6
21725	趚	17	12121343321531535	8233ED36	047BE
21726	趨	17	12121343552335523	DA85	08DA8
21727	擱	17	12125112511354251	9452	064F1
21728	壉	17	12125115545544444	8230AF35	03677
21729	戴	17	12125121122134534	B4F7	06234
21730	擅	17	12125125112141241	82319436	03A5B
21731	鵠	17	12125132511154444	F894	09D36
21732	鼞	17	12125143125113241	8790	0567D
21733	壎	17	12131254312114444	89B6	058CE
21734	擈	17	12132224314311134	8230AF36	03678
21735	磬	17	12132343134251214	F3A7	087AB
21736	赯	17	12132344135112251	DA5A	08D6F
21737	擤	17	12132511125121132	DFA9	064E4
21738	鴜	17	12132511154444534	8234EF39	04CD2
21739	魏	17	12132511325113554	8234DF36	04C29
21740	纛	17	12132511534335342	8234C532	04B21
21741	擮	17	12133215315353534	9449	064E8
21742	鴔	17	12133532511154444	8234F030	04CD3
21743	擬	17	12135311345452134	944D	064EC
21744	壕	17	12141251451353334	BABE	058D5

序号	字形	笔数	笔顺	18030代码	13000代码
21745	㩝	17	12141251451353334	82319438	03A5D
21746	壙	17	12141312212512134	89BF	058D9
21747	擴	17	12141312212512134	9455	064F4
21748	擿	17	12141432512251454	9460	064FF
21749	擠	17	12141432533543211	9444	064E0
21750	攁	17	12143111344511534	9461	06501
21751	盩	17	12143112313425221	B154	076E9
21752	蟄	17	12143112354251214	CF55	087C4
21753	褺	17	12143112354413534	D242	0893A
21754	縶	17	12143112354554234	BF7B	07E36
21755	擲	17	12143125351113452	9453	064F2
21756	㩞	17	12143344334451234	82319439	03A5E
21757	㩟	17	12144511221341234	82319530	03A5F
21758	擯	17	12144512332511134	9450	064EF
21759	擦	17	12144535445411234	B2C1	064E6
21760	擰	17	12144545442522112	9451	064F0
21761	轂	17	12145112511123554	DD9E	08F42
21762	豰	17	12145113533343554	D86D	08C70
21763	皼	17	12145125143153254	B09B	076BC
21764	觳	17	12145135351123554	ECB2	089F3
21765	㲉	17	12145135435243554	8231CC31	03C89
21766	壗	17	12151121444425221	89BD	058D7
21767	聲	17	12152133554122111	C295	08072
21768	罄	17	12152133554311252	F3C0	07F44
21769	擢	17	12154154132411121	DFAA	064E2
21770	聴	17	12211112252214544	C297	08074
21771	䏆	17	12211112512212511	82338838	043C6
21772	䏇	17	12211112522111234	82338839	043C7
21773	藉	17	12211123412212511	BDE5	085C9
21774	㽑	17	12211125221251112	82329532	03F51
21775	鵈	17	12211132511154444	F945	09D48
21776	聰	17	12211132535414544	C294	08070
21777	䫏	17	12211134132511134	8234BD30	04ACF
21778	䏅	17	12211135445411234	82338837	043C5
21779	䏄	17	12211144534154121	82338836	043C4
21780	聯	17	12211155455453221	C293	0806F
21781	䗣	17	12211251214251214	8233BE37	045E3
21782	䕒	17	12212125143153251	8233B032	04552
21783	薹	17	12212125145154121	DEB7	085B9
21784	䕙	17	12212132411121534	8233B039	04559
21785	薵	17	12212151211251124	CB67	085B5
21786	藄	17	12212211134554234	CB73	085C4
21787	藂	17	12212211154323334	CB71	085C2

序号	字形	笔数	笔顺	18030代码	13000代码
21788	懃	17	12212511121534544	91A5	061C3
21789	艱	17	12212511134511534	C644	08271
21790	䩬	17	12212511211134112	8234B331	04A6C
21791	䩨	17	12212511212111534	8234B237	04A68
21792	鞡	17	12212511212141431	ED42	097A1
21793	䩫	17	12212511212523434	8234B330	04A6B
21794	䩭	17	12212511213412512	8234B332	04A6D
21795	鞝	17	12212511224325251	ECA0	0979D
21796	鞜	17	12212511225342511	EC9F	0979C
21797	鞞	17	12212511232511312	ED40	0979E
21798	鞠	17	12212511235431234	BECF	097A0
21799	鞟	17	12212511241251521	ED41	0979F
21800	鞛	17	12212511241431251	EC9E	0979B
21801	䩪	17	12212511244525151	8234B239	04A6A
21802	鞚	17	12212511244534121	EC9D	0979A
21803	䩩	17	12212511244535455	8234B238	04A69
21804	鞬	17	12212511251111254	ED4B	097AC
21805	䩮	17	12212511251124134	8234B333	04A6E
21806	䩯	17	12212511252251541	8234B334	04A6F
21807	䕚	17	12212512125111345	8233B130	0455A
21808	黊	17	12212512134121121	FC58	09ECA
21809	䵋	17	12212512134132511	8234FB33	04D4B
21810	藗	17	12212512343534454	CB82	085D7
21811	藍	17	12212512531425221	CB7B	085CD
21812	䕢	17	12213251431113121	8233B138	04562
21813	薾	17	12213425234343434	CB6E	085BE
21814	䳍	17	12213432511154444	8234EF34	04CCD
21815	藏	17	12213513125125534	B2D8	085CF
21816	薷	17	12214524444132522	DEB8	085B7
21817	薱	17	12222431431121124	CB63	085B1
21818	䕎	17	12225111125125121	8233AF38	0454E
21819	繤	17	12225111134554234	C046	07E64
21820	謩	17	12225111344111251	D684	08B29
21821	藈	17	12225111543341134	CB77	085C8
21822	䕡	17	12225112511251251	8233B137	04561
21823	䕤	17	12225125125111252	8233B230	04564
21824	鄿	17	12225125125111252	E09C	0913F
21825	雚	17	12225125132411121	EB71	096DA
21826	藅	17	12225221411125122	CB74	085C5
21827	䠢	17	12225221452512134	8233F736	04822
21828	藒	17	12231234251135345	CB7E	085D2
21829	䕝	17	12231234344325211	8233B133	0455D
21830	藊	17	12231234451325122	CB78	085CA

序号	字形	笔数	笔顺	18030代码	13000代码	序号	字形	笔数	笔顺	18030代码	13000代码
21831	薫	17	12231254312114444	DEB9	085B0	21874	檬	17	12341224511353334	C3CA	06AAC
21832	舊	17	12232411121321511	C566	0820A	21875	榦	17	12341225111234112	9967	06A8A
21833	蒪	17	12232511125121132	8233B037	04557	21876	歀	17	12341234112343534	8231C537	03C48
21834	蕎	17	12233234112431112	8233B034	04554	21877	㯲	17	12341234123411234	8231BD31	03BF2
21835	蕹	17	12234435332511211	CB68	085B6	21878	楚	17	12341234123452134	9973	06A9A
21836	藐	17	12234435333251135	C3EA	085D0	21879	頳	17	12341234132511134	8234BD31	04AD0
21837	蕷	17	12234454132511134	8233B038	04558	21880	檣	17	12341234341252511	997B	06AA3
21838	薛	17	12235251211431112	DEBA	085D3	21881	㯰	17	12341234353251214	996C	06A92
21839	藑	17	12235253425111354	CB7D	085D1	21882	橿	17	12341251211251211	995E	06A7F
21840	藄	17	12235311345452134	CB6F	085BF	21883	檦	17	12341252211123422	997E	06AA6
21841	蕻	17	12241112511343434	8233B131	0455B	21884	檟	17	12341252212511134	9978	06A9F
21842	薁	17	12241251252511234	DEBB	085C1	21885	檑	17	12341452444425121	E9DB	06A91
21843	蔵	17	12241251252513534	CB72	085C3	21886	㯪	17	12341452444434454	8231BC33	03BEA
21844	薱	17	12241341325113554	CB99	085F1	21887	檅	17	12342121131233534	9962	06A85
21845	藼	17	12241352211535121	CB6C	085BC	21888	㯫	17	12342153151353334	8231BC34	03BEB
21846	薡	17	12241432512251454	CB8B	085E1	21889	㯭	17	12342153152512153	8231BC36	03BED
21847	薺	17	12241432533543211	CB6A	085BA	21890	樸	17	12342243143111234	996B	06A8F
21848	薀	17	12243344334454334	CB70	085C0	21891	檔	17	12342434525125121	996E	06A94
21849	薸	17	12244112522111234	CB69	085B8	21892	㮽	17	12342512121354251	8231BB30	03BDD
21850	蕿	17	12244125112522154	8233B035	04555	21893	檂	17	12342512211311534	9960	06A82
21851	薻	17	12244155525111234	CB6B	085BB	21894	橾	17	12342512512511234	995D	06A7E
21852	薆	17	12244511221343112	CB75	085C6	21895	檡	17	12342522112143112	9979	06AA1
21853	薲	17	12244512332511134	CB64	085B2	21896	㯰	17	12342522112251111	8231BC39	03BF0
21854	蔡	17	12244535445411234	8233B033	04553	21897	檈	17	12342522112513534	9965	06A88
21855	蟗	17	12244545434251214	CB7A	085CC	21898	檌	17	12342522121112111	9969	06A8C
21856	薴	17	12244545442522112	CB66	085B4	21899	㯮	17	12342522135251214	8231BC37	03BEE
21857	鬏	17	12245113533343115	9AD9	06C0B	21900	櫛	17	12343143145115452	99B1	06ADB
21858	藹	17	12245234251135345	8233B139	04563	21901	檓	17	12343215111213554	996D	06A93
21859	韓	17	12251112521251152	ED6E	097D3	21902	櫆	17	12343251135544412	999C	06AC6
21860	薵	17	12251121444425221	CB7C	085CE	21903	檪	17	12343251141341234	9982	06AAA
21861	䆢	17	12251152545231234	8232B435	0408B	21904	檄	17	12343251141533134	CFAD	06A84
21862	賷	17	12251251452511134	D98A	08CF7	21905	檢	17	12343412512513434	997A	06AA2
21863	藬	17	12252251212511134	CB94	085EC	21906	檜	17	12343412524312511	9975	06A9C
21864	蘂	17	12253453421212121	8233AE30	0453C	21907	歛	17	12343412525113534	8231C536	03C47
21865	藋	17	12254154132411121	CB79	085CB	21908	頼	17	12343434132511134	EE73	09842
21866	蕠	17	12254154141343412	8233B132	0455C	21909	麯	17	12343434354251221	FC44	09EAF
21867	隸	17	12341123451124134	EB60	096B8	21910	䴵	17	12343434354431132	8234F931	04D35
21868	檉	17	12341221112511121	9966	06A89	21911	麰	17	12343434354543112	FC45	09EB0
21869	㯼	17	12341221215425221	8231BE31	03BFC	21912	㯶	17	12343444445234354	8231BD35	03BF6
21870	櫣	17	12341221251112454	99B9	06AE3	21913	檐	17	12343513344111251	E9DC	06A90
21871	橚	17	12341221341251112	9968	06A8B	21914	檞	17	12343535112533112	9977	06A9E
21872	檴	17	12341223241112154	998A	06AB4	21915	㯯	17	12343541522511134	8231BC38	03BEF
21873	㯴	17	12341224453434251	8231BD33	03BF4	21916	檩	17	12344125251111234	E9DD	06AA9

序号	字形	笔数	笔顺	18030代码	13000代码	序号	字形	笔数	笔顺	18030代码	13000代码
21917	檀	17	12344125251125111	CCB4	06A80	21960	䤌	17	12535113445113251	82349130	0490C
21918	檁	17	12344125251131234	995F	06A81	21961	醨	17	12535114134522554	E172	091A8
21919	檍	17	12344143125114544	996A	06A8D	21962	醣	17	12535114135112251	F5B1	091A3
21920	檥	17	12344311213121534	997D	06AA5	21963	醡	17	12535114453431211	E16D	091A1
21921	檆	17	12344334433421251	9963	06A86	21964	䤉	17	12535114543425221	82349037	04909
21922	橚	17	12345112322151512	98FE	06A5A	21965	䗟	17	13113453554251214	8233BE33	045DF
21923	檘	17	12345132514143112	9971	06A98	21966	翳	17	13113453554541541	F4E8	07FF3
21924	懋	17	12345452312344544	EDAE	061CB	21967	繄	17	13113453554554234	BF88	07E44
21925	㯞	17	12345544442512511	8231BB31	03BDE	21968	㦽	17	13251112511555534	82318531	039BD
21926	轃	17	12511121113431234	DD9F	08F43	21969	磽	17	13251121121121135	B493	078FD
21927	轅	17	12511121212513534	DE40	08F45	21970	礂	17	13251121251431251	B497	07902
21928	䡩	17	12511121225111134	8233FE37	04869	21971	䃟	17	13251122125113134	8232BC39	040DF
21929	轋	17	12511121251112454	DE46	08F4B	21972	礍	17	13251122251135345	B540	0790D
21930	轀	17	12511122534125221	DD9C	08F40	21973	壓	17	13251125111344121	89BA	058D3
21931	䡧	17	12511123251154444	8233FE35	04867	21974	嬮	17	13251125111344531	8BE9	05B2E
21932	轁	17	12511123443321511	DD9D	08F41	21975	磹	17	13251125221251112	B490	078F9
21933	䡫	17	12511123541112454	8233FE39	0486B	21976	䳑	17	13251132511154444	8234EF38	04CD1
21934	繋	17	12511123554554234	BF8E	07E4B	21977	㔏	17	13251132511325122	82308B38	0350F
21935	䡭	17	12511124311135211	82348131	0486D	21978	㻹	17	13251135333411214	82328C34	03EF9
21936	轄	17	12511124451112251	DDA0	08F44	21979	鄾	17	13251145454435452	E09B	0913E
21937	䡥	17	12511124453434251	8233FE33	04865	21980	䃡	17	13251153515352511	8232BD31	040E1
21938	䡪	17	12511124513541541	8233FE38	0486A	21981	礃	17	13251243452513112	B498	07903
21939	輾	17	12511125131221534	DD9A	08F3E	21982	磵	17	13251251125112511	B48D	078F5
21940	檕	17	12511125135541234	996F	06A95	21983	礀	17	13251251125113511	B496	07900
21941	擊	17	12511125235543112	93F4	064CA	21984	磾	17	13251251251251112	B494	078FE
21942	輿	17	12511125413425121	DD99	08F3D	21985	䃬	17	13251252325113554	8232BE32	040EC
21943	䡦	17	12511125454541234	8233FE34	04866	21986	礄	17	13251313425125251	B499	07904
21944	䰤	17	12511234325113554	8234DF31	04C24	21987	磶	17	13251321511354444	B48E	078F6
21945	㬲	17	12511344313425221	8231AA30	03B32	21988	磼	17	13251324111211234	B492	078FC
21946	䰥	17	12511534325113554	8234DF32	04C25	21989	礁	17	13251324111214444	BDB8	07901
21947	㯱	17	12512453112521234	8231BD30	03BF1	21990	礇	17	13251325431234134	B49B	07907
21948	䭆	17	12512524344511534	8234C839	04B46	21991	䃢	17	13251341124313534	8232BD32	040E2
21949	臨	17	12512531251251251	C552	081E8	21992	磻	17	13251343123425121	B491	078FB
21950	鍳	17	12512531434112431	E647	09373	21993	䃣	17	13251344335554444	8232BD33	040E3
21951	䝂	17	12512535541251431	8233E134	04742	21994	礅	17	13251412515213134	EDE2	07905
21952	鬴	17	12512543121251124	F466	09B34	21995	䃥	17	13251414312511211	8232BD35	040E5
21953	䝀	17	12514313545325121	8233E132	04740	21996	磰	17	13251431112431251	B48A	078F0
21954	豏	17	12514314315112234	D852	08C4F	21997	磷	17	13251431234354152	C1D7	078F7
21955	翲	17	12522111234541541	C248	07FF2	21998	磸	17	13251431253511134	B48F	078F8
21956	醘	17	12535111215425221	E166	09198	21999	礈	17	13251431353334454	B49C	07908
21957	醢	17	12535111325125221	F5B0	091A2	22000	磳	17	13251432524312511	B48C	078F3
21958	醠	17	12535112513425221	E16C	091A0	22001	磱	17	13251433443344553	B48B	078F1
21959	醞	17	12535112534125221	E16A	0919E	22002	䃨	17	13251515251251214	8232BD38	040E8

序号	字形	笔数	笔顺	18030代码	13000代码
22003	磴	17	13251543341251341	EDE3	078F4
22004	磯	17	13251554554134534	B489	078EF
22005	豌	17	13252211144535455	8234AF37	04A4A
22006	鴯	17	13252232511154444	F88D	09D2F
22007	壓	17	13254312114444121	82309236	03553
22008	歷	17	13312343123411214	82328C35	03EFA
22009	曆	17	13312343123413251	B495	078FF
22010	鴉	17	13411532511154444	F88C	09D2E
22011	頔	17	13412512132511134	8234BD32	04AD1
22012	鶇	17	13425111251114412	82319E30	03ABA
22013	壐	17	13425234343434121	89B8	058D0
22014	邇	17	13425234343434454	DF83	09087
22015	鵓	17	13443251123435451	F0D3	09E69
22016	艦	17	13512512531425221	8CC0	05C37
22017	尷	17	13512512531425221	8CBF	05C36
22018	貘	17	13533341332511234	D86F	08C72
22019	豯	17	13533343443554134	D86C	08C6F
22020	殭	17	13541251211251211	9A99	06BAD
22021	鴷	17	13542232511154444	F895	09D37
22022	烈	17	13542235251214444	F568	09BA4
22023	殬	17	13542522112143112	9A98	06BAC
22024	殮	17	13543412512513434	9A9A	06BAE
22025	殲	17	13545132514143112	8231CA34	03C78
22026	霬	17	14524444122111345	8234AB37	04A22
22027	霮	17	14524444122125112	8234AB38	04A23
22028	霜	17	14524444123425111	CBAA	0971C
22029	霭	17	14524444251135345	8234AB35	04A20
22030	霝	17	14524444251251251	EB9E	0971D
22031	霗	17	14524444325125214	8234AB33	04A1E
22032	霻	17	14524444325151454	8234AC33	04A28
22033	霡	17	14524444351145534	EC40	09721
22034	霠	17	14524444414313445	EBA0	09720
22035	霆	17	14524444441121121	8234AB34	04A1F
22036	霟	17	14524444441122134	EB9F	0971F
22037	霘	17	14524444441251251	EB9A	09718
22038	霠	17	14524444452425112	8234AC34	04A29
22039	霞	17	14524444512115154	CFBC	0971E
22040	霛	17	14524444515515515	EB9D	0971B
22041	霏	17	14524444534335342	8234C531	04B20
22042	霚	17	14524444545233134	EB9C	0971A
22043	鵝	17	15153432511154444	F898	09D3A
22044	鵄	17	15412132511154444	F941	09D44
22045	頡	17	21112111132511134	8234BC38	04ACD
22046	蔞	17	21112111344511534	F05B	09925
22047	辪	17	21213251514143112	DE6D	08FAA
22048	齓	17	21213434134345235	FD5A	09F54
22049	齲	17	21213452325125214	C8A3	09F8B
22050	齷	17	21213452513154121	F6BB	09F8C
22051	鵃	17	21213532511154444	8234EE35	04CC4
22052	鵟	17	21213532511154444	F879	09D1C
22053	鯊	17	21213535251214444	F54A	09B86
22054	齡	17	21214312345234454	FD68	09F62
22055	幽	17	21353334135333452	E1D9	08C73
22056	壑	17	21451343425154121	DBD6	058D1
22057	虨	17	21531512341234333	CC9E	08668
22058	戲	17	21531512514311534	91F2	06232
22059	歔	17	21531512514313534	8231C535	03C46
22060	勮	17	21531525121454453	84ED	052F4
22061	虧	17	21531532411121115	CC9D	08667
22062	颮	17	21531535353251214	8234C331	04B0C
22063	歗	17	22431431112343534	8231C538	03C49
22064	黻	17	22431432523413544	EDEA	09EFB
22065	黷	17	24313512212512134	FC59	09ECB
22066	甗	17	24345251251211554	82329431	03F46
22067	曉	17	25111121121121135	8232B139	04071
22068	顒	17	25111121132511134	8232B138	04070
22069	瞦	17	25111121251431251	B271	077A6
22070	瞸	17	25111122122151234	B27C	077B8
22071	瞫	17	25111125221251112	B273	077AB
22072	瞵	17	25111134413441344	8232B135	0406D
22073	瞭	17	25111134432511234	B274	077AD
22074	曆	17	25111153515352511	8232B136	0406E
22075	暑	17	25111221344111251	D663	08B08
22076	矆	17	25111223241112154	8231A838	03B26
22077	瞨	17	25111224314311134	B272	077A8
22078	矇	17	25111224511353334	95E4	066DA
22079	顆	17	25111234132511134	EE77	09846
22080	瞤	17	25111251125111121	B270	077A4
22081	瞷	17	25111251125112511	B27B	077B7
22082	瞯	17	25111251125113511	B276	077AF
22083	瞶	17	25111251212511134	B27A	077B6
22084	瞏	17	25111252212511134	8232B230	04072
22085	瞟	17	25111254312114444	8232B133	0406B
22086	瞴	17	25111311222214444	B279	077B4
22087	瞧	17	25111324111214444	C7C6	077A7
22088	購	17	25111341122125211	D98F	08CFC

序号	字形	笔数	笔顺	18030代码	13000代码	序号	字形	笔数	笔顺	18030代码	13000代码
22089	賻	17	25111341251124124	D98E	08CFB	22132	曙	17	25112522112132511	CAEF	066D9
22090	䁯	17	25111341251541541	8232B137	0406F	22133	曎	17	25112522112143112	95D9	066CE
22091	䞅	17	25111341311534251	8233E830	04785	22134	嚈	17	25113251125111344	8799	05688
22092	䞃	17	25111341541213134	8233E738	04783	22135	曒	17	25113251141533134	95DD	066D2
22093	䞆	17	25111342432511134	8233E831	04786	22136	曖	17	25113443454544354	95E1	066D6
22094	嬰	17	25111342511134531	8BEB	05B30	22137	曕	17	25113513344111251	95E0	066D5
22095	賶	17	25111343445113251	D989	08CF6	22138	㬠	17	25113551131344444	8231A832	03B20
22096	賹	17	25111344313425221	D98C	08CF9	22139	㬢	17	25114311213121534	8231A834	03B22
22097	賺	17	25111344315112234	D98D	08CFA	22140	嚅	17	25114524444132522	E0E9	05685
22098	瞬	17	25111344345354152	CBB2	077AC	22141	㬘	17	25115112322151512	8231A734	03B18
22099	瞳	17	25111414312511211	CDAB	077B3	22142	曓	17	25115225213413412	95DE	066D3
22100	瞮	17	25111415425113134	B275	077AE	22143	蹑	17	25121211221115454	F5E6	08E51
22101	瞵	17	25111431234354152	EEAC	077B5	22144	蹒	17	25121211221253434	F5E7	08E52
22102	䁬	17	25111432524312511	8232B134	0406C	22145	蹎	17	25121211225111134	DB86	08E4E
22103	㬡	17	25111452444434454	8231A833	03B21	22146	蹥	17	25121211251112454	DB9A	08E65
22104	瞩	17	25111513325125214	D6F5	077A9	22147	䠕	17	25121212121351234	8233F633	04815
22105	瞪	17	25111543341251431	B5C9	077AA	22148	蹕	17	25121212511122112	DB8B	08E55
22106	瞲	17	25111545232534251	B278	077B2	22149	蹋	17	25121212511541541	CCA3	08E4B
22107	㘆	17	25112125145154121	8230A434	03606	22150	䠝	17	25121212512511134	8233F731	0481D
22108	嚇	17	25112132341213234	8798	05687	22151	䠗	17	25121213251111344	8233F635	04817
22109	嚋	17	25112151211251124	879C	0568B	22152	䠘	17	25121213253411535	8233F636	04818
22110	曗	17	25112243143111234	95E2	066D7	22153	蹏	17	25121213321531535	DB87	08E4F
22111	嚏	17	25112452512152134	CCE7	0568F	22154	䠛	17	25121213443311252	8233F639	0481B
22112	䦬	17	25112511111253134	8234A031	049AC	22155	蹈	17	25121213443321511	B5B8	08E48
22113	䦮	17	25112511111342511	8234A033	049AE	22156	蹊	17	25121213443554134	F5E8	08E4A
22114	闀	17	25112511122134515	E995	095C0	22157	蹌	17	25121213445113251	DB84	08E4C
22115	闉	17	25112511125221121	E99E	095C9	22158	蹓	17	25121213545325121	DB89	08E53
22116	闄	17	25112511125221531	E999	095C4	22159	蹐	17	25121214134342511	DB88	08E50
22117	闌	17	25112511125431234	EA40	095CC	22160	䠙	17	25121214143454153	8233F637	04819
22118	闃	17	25112511251111344	E998	095C3	22161	䠚	17	25121214453433544	8233F638	0481A
22119	闅	17	25112511251112154	E99A	095C5	22162	蹍	17	25121215131221534	DB85	08E4D
22120	曐	17	25112511251131121	95DB	066D0	22163	㔣	17	25121251212512153	82308D38	03523
22121	曑	17	25112511251134333	95DC	066D1	22164	䌎	17	25121354251554234	8232F437	0430E
22122	䦪	17	25112511251135345	82349F39	049AA	22165	䗡	17	25121412121154444	8233BE35	045E1
22123	闆	17	25112511251251251	E99B	095C6	22166	螼	17	25121412212511121	CF4F	087BC
22124	䦭	17	25112511312342511	8234A032	049AD	22167	蟥	17	25121412212512134	F3A8	087E5
22125	闎	17	25112511325112534	EA42	095CE	22168	蟎	17	25121412212523434	CF5C	087CE
22126	闏	17	25112511353251214	EA43	095CF	22169	蠎	17	25121412213412132	CF91	0880E
22127	闇	17	25112511414312511	E99C	095C7	22170	蟏	17	25121412251123234	CF5D	087CF
22128	闊	17	25112511441312251	E99F	095CA	22171	螹	17	25121412511123312	CF4D	087B9
22129	闈	17	25112511521251152	E99D	095C8	22172	螬	17	25121412512212511	F3A9	087AC
22130	闋	17	25112511543341134	E9A0	095CB	22173	螵	17	25121412522111234	F3AA	087B5
22131	嚂	17	25112512531425221	8795	05682	22174	䗩	17	25121413211234534	8233BF33	045E9

序号	字形	笔数	笔顺	18030代码	13000代码	序号	字形	笔数	笔顺	18030代码	13000代码
22175	蟦	17	25121413221545252	CF45	087AE	22218	嶷	17	25135311345452134	8230A436	03608
22176	蟯	17	25121413434343434	8233BF38	045EE	22219	嚎	17	25141251451353334	BABF	0568E
22177	疃	17	25121414312511211	EEB6	07583	22220	嚝	17	25141312212512134	87AB	0569D
22178	蝗	17	25121424345251121	F3AB	087B3	22221	嚒	17	25141312341234554	87A1	05692
22179	蟐	17	25121424345251252	CF5E	087D0	22222	嚌	17	25141432533543211	879D	0568C
22180	螻	17	25121425112512531	CF4E	087BB	22223	嘓	17	25142551221113134	FE5C	0360E
22181	蟃	17	25121425112522154	CF54	087C3	22224	嗓	17	25143344334451234	8230A435	03607
22182	螺	17	25121425121554234	C2DD	087BA	22225	嚌	17	25144511221342534	8230A239	035F7
22183	蟈	17	25121425125115341	CF58	087C8	22226	嚐	17	25144534414312511	8791	0567E
22184	螅	17	25121425125124544	8233BF37	045ED	22227	嚓	17	25144535445411234	E0EA	05693
22185	蜾	17	25121431234221234	CF5B	087CD	22228	嚀	17	25144545442522112	8793	05680
22186	疄	17	25121431234354152	AE9E	07584	22229	嚧	17	25151121444425221	879E	0568D
22187	蜼	17	25121432411121454	8233BF39	045EF	22230	嚁	17	25154154132411121	8794	05681
22188	螑	17	25121432511151234	CF53	087C2	22231	嚟	17	25154154141343412	8792	0567F
22189	蝺	17	25121432511154444	8234EF32	04CCB	22232	巇	17	25212132411121534	8E59	05DBB
22190	曾	17	25121432524312511	82329737	03F6A	22233	嶹	17	25212151211251124	8E57	05DB9
22191	蟌	17	25121432535414544	CF5A	087CC	22234	幬	17	25212151211251124	8ECE	05E6C
22192	蹤	17	25121433234342134	8233BE39	045E5	22235	幭	17	25212225221134534	8ECF	05E6D
22193	蟋	17	25121434312344544	F3AC	087CB	22236	覬	17	25212514312511135	D34A	089AC
22194	蝕	17	25121435251214444	8233BF32	045E8	22237	嵻	17	25213122251125214	8E5F	05DC1
22195	蟓	17	25121435251353334	F3AD	087D3	22238	嶿	17	25214524444132522	8E5D	05DBF
22196	蟅	17	25121441312214444	CF56	087C5	22239	斁	17	25221121431123134	94BE	06581
22197	蟵	17	25121441312341234	8233BF35	045EB	22240	歜	17	25221121431123534	9A63	06B5D
22198	蝚	17	25121441351124134	8233BF31	045E7	22241	羁	17	25221122125112551	EEBF	07F81
22199	蟰	17	25121441351125112	8233BE38	045E4	22242	罽	17	25221134334433422	C159	07F7D
22200	螰	17	25121441352211535	CF46	087B0	22243	羆	17	25221311222214444	8232FD30	04362
22201	蟑	17	25121441431251112	F3AF	087D1	22244	斀	17	25221352512142154	94BD	06580
22202	螭	17	25121441432534251	CF44	087AA	22245	歜	17	25221352512143534	9A62	06B5C
22203	蟀	17	25121441554413412	F3B0	087C0	22246	斣	17	25221352512144412	94D4	065A3
22204	蝶	17	25121444115151234	CF67	087DD	22247	罿	17	25221414312511211	C15A	07F7F
22205	蟆	17	25121444512512134	CF50	087BE	22248	罾	17	25221432524312511	EEC0	07F7E
22206	螲	17	25121444534154121	CF48	087B2	22249	勴	17	25221542511353553	82308E30	03525
22207	蟉	17	25121454154134333	CF59	087C9	22250	嶎	17	25222431431121124	8230D934	0381A
22208	蟦	17	25121455212511134	8233C030	045F0	22251	嶾	17	25234431215114544	8E5C	05DBE
22209	嬲	17	25121535312512153	E6D5	05B32	22252	嶾	17	25234431215114544	8230E039	03865
22210	嚉	17	25122431431121124	879A	05689	22253	嶺	17	25234454132511134	8E58	05DBA
22211	嚐	17	25124345251352511	879F	05690	22254	嶷	17	25235311345452134	8230D936	0381C
22212	覞	17	25125111342511135	8233CF33	0468B	22255	嶷	17	25235311345452134	E1DA	05DB7
22213	雖	17	25125121432411121	EB6D	096D6	22256	嶽	17	25235341112511344	8E5B	05DBD
22214	氉	17	25125125112343115	9AD7	06C09	22257	嶸	17	25241251451353334	8230D933	03819
22215	嚏	17	25131254312114444	87A0	05691	22258	嶂	17	25241432533543211	82358435	04D93
22216	嚊	17	25132511125121132	879B	0568A	22259	嶸	17	25243344334451234	8E56	05DB8
22217	嚙	17	25133234112431112	8230A433	03605	22260	幘	17	25244512332511134	8230E130	03866

序号	字形	笔数	笔顺	18030代码	13000代码
22261	赡	17	25343513344111251	C9C4	08D61
22262	㸃	17	25431211212514444	8231F138	03E03
22263	䵢	17	25431211444411234	8234FD36	04D62
22264	黚	17	25431211444412211	FC62	09EDA
22265	點	17	25431211444421251	FC63	09EDE
22266	䵣	17	25431211444425111	8234FD37	04D63
22267	黜	17	25431211444452252	F7ED	09EDC
22268	黝	17	25431211444455453	F7EE	09EDD
22269	䫚	17	25525251132511134	8234BE31	04ADA
22270	髁	17	25545251125111234	F7C1	09AC1
22271	䯜	17	25545251125113533	8234D739	04BDC
22272	䯞	17	25545251125525251	8234D831	04BDE
22273	髀	17	25545251132511312	F7C2	09AC0
22274	䯛	17	25545251144535455	8234D738	04BDB
22275	䦄	17	31115125112143534	82349C35	04984
22276	镡	17	31115125221251112	EFE2	09561
22277	镢	17	31115134315233534	EFE3	09562
22278	镣	17	31115134432511234	C1CD	09563
22279	镤	17	31115224314311134	EFE4	09564
22280	镥	17	31115352512112511	EFE5	09565
22281	镦	17	31115412515213134	EFE6	09566
22282	镧	17	31115425125431234	EFE7	09567
22283	䦅	17	31115431112431251	FE8A	04985
22284	镨	17	31115431224312511	EFE8	09568
22285	镩	17	31115445342512512	EFE9	09569
22286	镪	17	31115515251251214	EFEA	0956A
22287	镫	17	31115543341251431	EFEB	0956B
22288	鵇	17	31121232511154444	F944	09D47
22289	鴸	17	31123432511154444	F896	09D38
22290	罅	17	31125221531534312	F3C1	07F45
22291	罆	17	31125255212511134	C095	07F46
22292	矯	17	31134313425125251	B343	077EF
22293	矰	17	31134432524312511	B344	077F0
22294	䄟	17	31153115311511234	8232C333	0411F
22295	氊	17	31154125251125111	9AD8	06C0A
22296	㹔	17	31211251211251211	8231F939	03E54
22297	犠	17	31214311213121534	A0D7	072A0
22298	㹖	17	31214311341353334	8231FA31	03E56
22299	鴰	17	31225132511154444	F88E	09D30
22300	穘	17	31234121121121135	B76E	07A58
22301	穗	17	31234125112144544	CBEB	07A57
22302	䅾	17	31234153515352511	8232CC37	0417E
22303	穙	17	31234224314311134	B76F	07A59
22304	䭰	17	31234251111134112	8234CD31	04B70
22305	穝	17	31234251112211154	B773	07A5D
22306	䭲	17	31234251113412512	8234CD33	04B72
22307	馣	17	31234251113425115	F14B	099A3
22308	馢	17	31234251115341534	F14A	099A2
22309	馡	17	31234251121112111	F149	099A1
22310	䆀	17	31234254312114444	8232CC39	04180
22311	穚	17	31234313425125251	B770	07A5A
22312	穕	17	31234324111211234	B76C	07A55
22313	穛	17	31234324111214444	B771	07A5B
22314	黏	17	31234342413421251	F0A4	09ECF
22315	穞	17	31234352512112511	B774	07A5E
22316	穜	17	31234414312511211	B772	07A5C
22317	穟	17	31234431353334454	B775	07A5F
22318	䨂	17	31234433432411121	8234A835	04A02
22319	鍫	17	31234433434112431	E5A0	0936B
22320	穉	17	31234513241343112	B761	07A49
22321	䫋	17	31234531132511134	8234BC36	04ACB
22322	魏	17	31234531325113554	CEBA	09B4F
22323	穖	17	31234554554134534	B76D	07A56
22324	濌	17	31251121125342511	9DEA	06FCC
22325	䀉	17	31342512525125221	8232A736	04009
22326	篲	17	31431411121112511	BA5F	07BF2
22327	簀	17	31431411212511134	BA6A	07C00
22328	簎	17	31431412112212511	BA75	07C0E
22329	篶	17	31431412121154444	BA63	07BF6
22330	篺	17	31431412132511312	BA66	07BFA
22331	䉅	17	31431412143112354	8232E036	04245
22332	簊	17	31431412211134121	BA73	07C0A
22333	䉁	17	31431412211134454	8232E032	04241
22334	䉇	17	31431412211134522	8232E038	04247
22335	䈽	17	31431412212511121	8232DF38	0423D
22336	簕	17	31431412212511253	BA7B	07C15
22337	簧	17	31431412212512134	BBC9	07C27
22338	䈾	17	31431412342432511	8232DF39	0423E
22339	簐	17	31431412511123534	BA76	07C10
22340	篿	17	31431412511214124	BA69	07BFF
22341	簌	17	31431412512343534	F3F9	07C0C
22342	篻	17	31431412522111234	BA67	07BFB
22343	簒	17	31431425111134354	BA78	07C12
22344	簍	17	31431425112512531	BA74	07C0D
22345	䉂	17	31431425121554234	8232E033	04242
22346	簂	17	31431425125115341	BA6C	07C02

序号	字形	笔数	笔顺	18030代码	13000代码
22347	篾	17	31431425221134534	F3FA	07BFE
22348	篢	17	31431425221451554	8232E237	0425A
22349	篰	17	31431425525251454	BA9C	07C3B
22350	簃	17	31431431234354354	BA6D	07C03
22351	篙	17	31431432511154444	8232E037	04246
22352	篼	17	31431432511355135	F3FB	07BFC
22353	簁	17	31431433221212134	BA6B	07C01
22354	簇	17	31431433234342134	BA62	07BF5
22355	篇	17	31431435111251124	8232DF36	0423B
22356	簓	17	31431435121251333	BA79	07C13
22357	篺	17	31431435351124412	8232DF33	04238
22358	簔	17	31431441112213534	BA7A	07C14
22359	篤	17	31431441312214444	8232E031	04240
22360	簏	17	31431441352211535	F3FC	07C0F
22361	簅	17	31431441431331121	BA6F	07C05
22362	簇	17	31431441533131134	B4D8	07C07
22363	簖	17	31431443123453312	F3FD	07C16
22364	簗	17	31431444153441234	BA7C	07C17
22365	篾	17	31431444511352154	BA70	07C06
22366	箸	17	31431444532132511	8232DF34	04239
22367	篸	17	31431444545434252	8232DF37	0423C
22368	篭	17	31431445132515215	BA6E	07C04
22369	簫	17	31431451123243134	BA7D	07C18
22370	簋	17	31431451153425221	F3FE	07C0B
22371	簈	17	31431451331133112	BA71	07C08
22372	篰	17	31431452133544124	8232E034	04243
22373	篠	17	31431452431353334	8232E133	0424C
22374	篸	17	31431454545434333	BA64	07BF8
22375	篾	17	31431455444435444	8232DF35	0423A
22376	繁	17	31554143134554234	B7B1	07E41
22377	繁	17	31554143554554234	8232F532	04313
22378	輿	17	32111251112511134	DD9B	08F3F
22379	舉	17	32111525111343112	9448	064E7
22380	斆	17	32111525111343534	9A65	06B5F
22381	嶨	17	32111525111344544	82318137	0399B
22382	壆	17	32111525114511214	82328D33	03F02
22383	儭	17	32112125112511135	83A0	0512C
22384	儥	17	32113411342511134	839B	05127
22385	嚳	17	32113434511451554	82329432	03F47
22386	嚳	17	32113434511452511	82339530	04441
22387	嚳	17	32113434511452534	9DCD	06FA9
22388	爂	17	32113434511454334	A04B	071E2
22389	儧	17	32121252212511134	8399	05125
22390	儁	17	32122344335554444	83A4	05130
22391	鵂	17	32123432511154444	F8A0	09D42
22392	優	17	32132511454544354	839E	0512A
22393	擊	17	32151112135543112	82319338	03A53
22394	鴭	17	32151132511154444	8234EF35	04CCE
22395	鳥	17	32151132511154444	8234F031	04CD4
22396	鼣	17	32151154454451344	FC94	09F23
22397	齡	17	32151154454453445	82358239	04D83
22398	鼢	17	32151154454453453	F7F7	09F22
22399	鼤	17	32151154454454134	FC95	09F24
22400	牒	17	32152243143111234	8231F530	03E23
22401	黛	17	32154254312114444	F7EC	09EDB
22402	儢	17	32215315251214544	8396	05122
22403	鯈	17	32235435251214444	F58D	09BC8
22404	償	17	32243452512511134	8394	0511F
22405	儤	17	32251112213424134	8398	05124
22406	儩	17	32251113425113533	839D	05129
22407	儡	17	32251212512125121	C0DC	05121
22408	㒞	17	32252324111212525	8139FE35	0349E
22409	鵀	17	32312132511154444	F89E	09D40
22410	儨	17	32331233122511134	839C	05128
22411	顀	17	32411121132511134	EE71	09840
22412	鹪	17	32411121444435451	F0D4	09E6A
22413	儲	17	32411125112132511	83A6	05132
22414	儦	17	32413522115354444	839A	05126
22415	皢	17	32511121121121135	B086	076A2
22416	鼾	17	32511125121132112	F7FD	09F3E
22417	鼿	17	32511125121132135	FD48	09F3F
22418	齋	17	32511125121132354	82358337	04D8B
22419	躙	17	32511132511251134	8233FA34	0483E
22420	軆	17	32511132521251431	8233FA33	0483D
22421	覲	17	32511134122511135	8233CF34	0468C
22422	邊	17	32511144534251454	DF84	09089
22423	鵖	17	32511154444354251	F89A	09D3C
22424	褭	17	32511154444413534	8233CA35	0465A
22425	龜	17	32511255115115341	FD94	09F9C
22426	頓	17	32511312132511134	8234BC37	04ACC
22427	皥	17	32511325111413412	B088	076A5
22428	皤	17	32511343123425121	F0AB	076A4
22429	魋	17	32511355412211134	F474	09B4C
22430	魊	17	32511355412511534	F472	09B4A
22431	魎	17	32511355412523434	F475	09B4E
22432	魑	17	32511355421531535	8234DF34	04C27

序号	字形	笔数	笔顺	18030代码	13000代码	序号	字形	笔数	笔顺	18030代码	13000代码
22433	魍	17	32511355425431415	F7CD	09B4D	22476	鍷	17	34112431134121121	E64B	09377
22434	魋	17	32511355432411121	F473	09B4B	22477	鍇	17	34112431153532511	E57C	09347
22435	䰦	17	32511355432511312	8234DF33	04C26	22478	鍿	17	34112431155525121	E653	0937F
22436	翶	17	32511413412541541	C24B	07FF6	22479	鍞	17	34112431212511134	E594	0935E
22437	㦘	17	32511415331344544	82318134	03998	22480	鍉	17	34112431251112134	E57E	09349
22438	顊	17	32515112132511134	EE7B	0984A	22481	鍘	17	34112431251113422	E58E	09358
22439	鴭	17	32515132511154444	F88B	09D2D	22482	鍚	17	34112431251113535	E590	0935A
22440	儠	17	32555253415445445	8395	05120	22483	鍓	17	34112431251122111	E589	09353
22441	斶	17	33122522135251214	94DF	065B6	22484	鍝	17	34112431251125214	E593	0935D
22442	劕	17	33123312251113422	84AC	05295	22485	鎾	17	34112431251125221	E692	093BE
22443	鴴	17	33211232511154444	F892	09D34	22486	鍟	17	34112431251131121	E595	0935F
22444	徽	17	33225215542343134	BBD5	05FBD	22487	鍻	17	34112431251135345	E64F	0937B
22445	徾	17	33225241112513134	8FDB	05FBE	22488	鍡	17	34112431251211534	E597	09361
22446	禦	17	33231121215211234	B652	079A6	22489	鎅	17	34112431251213432	E659	09385
22447	鵆	17	33232511154444112	F943	09D46	22490	鍶	17	34112431251214544	E64A	09376
22448	聳	17	33234342134122111	C296	08073	22491	鍔	17	34112431251251115	E58A	09354
22449	勶	17	33241542511313453	84EF	052F6	22492	鍴	17	34112431252132522	E648	09374
22450	㣷	17	33244545442522112	8230EF35	038F7	22493	鍤	17	34112431312321511	E59A	09364
22451	盨	17	33313251113425221	B153	076E8	22494	鍬	17	34112431312344334	E640	0936C
22452	䇓	17	33313251113441431	8232D532	041D3	22495	鍾	17	34112431312511211	E652	0937E
22453	艚	17	33541412512212511	F4BD	0825A	22496	鍑	17	34112431312511354	E587	09351
22454	艜	17	33541413221545252	C595	0825C	22497	鍛	17	34112431321113554	E591	0935B
22455	艝	17	33541414524444511	C596	0825D	22498	鎪	17	34112431321511254	E67D	093AA
22456	艛	17	33541425112512531	C594	0825B	22499	鎀	17	34112431322354333	E654	09380
22457	䒀	17	33541431431432124	82339B33	04480	22500	鍠	17	34112431325111121	E596	09360
22458	鵃	17	33541432511154444	F940	09D43	22501	䤼	17	34112431325112534	82349538	0493C
22459	䒅	17	33541443113425111	82339B38	04485	22502	鍭	17	34112431325131134	E641	0936D
22460	䑿	17	33541444532132511	82339B32	0447F	22503	鎚	17	34112431325151454	E66D	0939A
22461	䒄	17	33541445125125121	82339B37	04484	22504	鍎	17	34112431331225111	E584	0934E
22462	䒂	17	33541452133544124	82339B35	04482	22505	鍮	17	34112431341251122	E642	0936E
22463	䒁	17	33541454154132511	82339B34	04481	22506	鍰	17	34112431344311354	E644	09370
22464	鍥	17	34112431111253134	E59B	09365	22507	鍐	17	34112431345234354	E586	09350
22465	鍖	17	34112431122111345	E58C	09356	22508	鍯	17	34112431353344544	E643	0936F
22466	鍱	17	34112431122151234	E645	09371	22509	鍧	17	34112431354111251	E59D	09367
22467	鎝	17	34112431122341251	E670	0939D	22510	鎄	17	34112431412513534	E658	09384
22468	鍸	17	34112431122513511	E64C	09378	22511	鍍	17	34112431413122154	E583	0934D
22469	䤷	17	34112431125115315	82349533	04937	22512	鍗	17	34112431414345252	E58D	09357
22470	鍢	17	34112431125125121	E598	09362	22513	鍦	17	34112431415331525	E59C	09366
22471	鍊	17	34112431125431234	E580	0934A	22514	鎈	17	34112431431113121	E65C	09388
22472	䤻	17	34112431131212511	82349537	0493B	22515	鎂	17	34112431431121134	E656	09382
22473	鍼	17	34112431131251534	E650	0937C	22516	鎹	17	34112431431134454	E68D	093B9
22474	顉	17	34112431132511134	EE7A	09849	22517	鎆	17	34112431431251122	E65A	09386
22475	䤺	17	34112431132513312	82349536	0493A	22518	鎡	17	34112431431554554	E674	093A1

序号	字形	笔数	笔顺	18030代码	13000代码	序号	字形	笔数	笔顺	18030代码	13000代码
22519	鎃	17	34112431441333534	E657	09383	22562	餿	17	34451154321511254	F074	0993F
22520	鍹	17	34112431445125111	E64D	09379	22563	餜	17	34451154322511234	8234C934	04B4B
22521	鍷	17	34112431445433454	82349535	04939	22564	餭	17	34451154325111121	F063	0992D
22522	鍕	17	34112431451251112	E58B	09355	22565	餽	17	34451154325113554	F072	0993D
22523	鍽	17	34112431451325122	E651	0937D	22566	餱	17	34451154325131134	F066	09931
22524	鎺	17	34112431452425111	E68E	093BA	22567	餢	17	34451154325151454	8234CA33	04B54
22525	鍜	17	34112431512115154	E592	0935C	22568	餰	17	34451154332441112	F065	09930
22526	鍲	17	34112431515152511	E646	09372	22569	餸	17	34451154431134454	F06D	09938
22527	鍏	17	34112431521251152	E585	0934F	22570	餫	17	34451154451251112	F061	0992B
22528	鎇	17	34112431521325111	E65B	09387	22571	餶	17	34451154451325122	8234C938	04B4F
22529	鍨	17	34112431543341134	E59E	09368	22572	餯	17	34451154551353334	F064	0992F
22530	鍒	17	34112431545231234	E588	09352	22573	臓	17	35111212514311254	EBFB	081CC
22531	鎵	17	34112431551353334	82349534	04938	22574	膨	17	35111222522145354	82339534	04445
22532	龠	17	34125125125125122	D9DF	09FA0	22575	臒	17	35111223241112154	C49F	081D2
22533	斂	17	34125125134343134	94BF	06582	22576	朦	17	35111224511353334	EBFC	06726
22534	歛	17	34125125134343534	9A61	06B5B	22577	朦	17	35111224511353334	82339532	04443
22535	鴒	17	34125132511154444	F89D	09D3F	22578	臄	17	35112153151353334	C494	081C4
22536	鵃	17	34153432511154444	F893	09D35	22579	膿	17	35112512211311534	C493	081BF
22537	韱	17	34341211121111534	ED86	097F1	22580	臊	17	35112512512511234	EBFD	081CA
22538	徫	17	34342513251113412	8233DF36	04730	22581	臎	17	35112522112143112	82339437	0443E
22539	徯	17	34342513443554134	D848	08C40	22582	臅	17	35112522135251214	C495	081C5
22540	螸	17	34342513534251214	CF4C	087B8	22583	朧	17	35113143141234341	8231AB34	03B40
22541	爵	17	34432522151154124	BEF4	07235	22584	腆	17	35113211152511134	82339531	04442
22542	繇	17	34433112523554234	F4ED	07E47	22585	臉	17	35113412512513434	C498	081C9
22543	貘	17	34435331222511134	F5F8	08C98	22586	膾	17	35113412524312511	C492	081BE
22544	貒	17	34435331332511234	8233E434	04760	22587	膽	17	35113513344111251	C491	081BD
22545	邈	17	34435333251135454	E5E3	09088	22588	膻	17	35114125251125111	EBFE	081BB
22546	貔	17	34435333253411535	F5F9	08C94	22589	臁	17	35114134315112234	ECA1	081C1
22547	貕	17	34435333443554134	D889	08C95	22590	臆	17	35114143125114544	D2DC	081C6
22548	貖	17	34435334313425221	D88A	08C96	22591	臃	17	35114155332411121	D3B7	081C3
22549	懇	17	34435335115344544	91A9	061C7	22592	賸	17	35114311342511134	D98B	08CF8
22550	谿	17	34435541343434251	D847	08C3F	22593	謄	17	35114311344111251	D660	08B04
22551	餷	17	34451154112125221	8234C936	04B4D	22594	臃	17	35115112322151512	82339432	04439
22552	餜	17	34451154122151234	8234C937	04B4E	22595	臋	17	35115132514143112	82339439	04440
22553	餬	17	34451154122513511	F062	0992C	22596	甑	17	35133441112511554	AE58	07514
22554	餷	17	34451154123425111	F06C	09937	22597	頣	17	35152511132511134	8234BD33	04AD2
22555	餚	17	34451154131212511	8234C932	04B49	22598	鼇	17	35233534211121111	8234B833	04AA0
22556	餪	17	34451154132522134	F060	0992A	22599	鵗	17	35251132511154444	F890	09D32
22557	餳	17	34451154251113533	F068	09933	22600	龜	17	35251153535251354	9AB4	06BDA
22558	餾	17	34451154251125221	F077	09942	22601	鰆	17	35251211111342511	FE94	04CA0
22559	餲	17	34451154251135345	F067	09932	22602	鰿	17	35251211121222534	F6F7	09CBC
22560	餵	17	34451154251211534	F06A	09935	22603	鰈	17	35251211122151234	F6F8	09CBD
22561	餶	17	34451154255452511	F06B	09936	22604	鰏	17	35251211125125121	F794	09CBE

序号	字形	笔数	笔顺	18030代码	13000代码	序号	字形	笔数	笔顺	18030代码	13000代码
22605	鲿	17	35251211243451153	F795	09CBF	22648	鮩	17	35251214444431132	F56D	09BA9
22606	鳀	17	35251211251112134	F796	09CC0	22649	䱊	17	35251214444431234	8234E239	04C4A
22607	鳁	17	35251211251125221	F797	09CC1	22650	鮟	17	35251214444445531	F563	09B9F
22608	鳂	17	35251211251211534	F798	09CC2	22651	鮙	17	35251214444541541	F55D	09B99
22609	鳃	17	35251211251214544	C8FA	09CC3	22652	㺝	17	35312512531425221	82328332	03E9D
22610	鳄	17	35251211251251115	F6F9	09CC4	22653	獮	17	35313425234343434	AA9E	0736E
22611	鳅	17	35251211312344334	F6FA	09CC5	22654	獳	17	35314524444132522	AB41	07373
22612	鳆	17	35251211312511354	F6FB	09CC6	22655	䬋	17	35325121412134354	8234C330	04B0B
22613	鳇	17	35251211325111121	F6FC	09CC7	22656	䬎	17	35325121412511534	8234C333	04B0E
22614	鳈	17	35251211325112534	F799	09CC8	22657	颶	17	35325121425111134	EF5A	098B6
22615	鳉	17	35251211412354124	F79A	09CC9	22658	䬐	17	35325121431234531	8234C335	04B10
22616	䲡	17	35251211431253511	FE95	04CA1	22659	䬍	17	35325121435334544	8234C332	04B0D
22617	鳊	17	35251211451325122	F6FD	09CCA	22660	䬏	17	35325121441431251	8234C334	04B0F
22618	鳋	17	35251211544251214	F6FE	09CCB	22661	颷	17	35325121443344334	EF5B	098B7
22619	鮭	17	35251214444121121	F571	09BAD	22662	獯	17	35331254312114444	E2B4	0736F
22620	鮚	17	35251214444121251	F55E	09B9A	22663	獷	17	35341312212512134	AB45	07377
22621	鮳	17	35251214444121315	F577	09BB3	22664	獱	17	35344512332511134	AAA0	07371
22622	鮱	17	35251214444121335	F575	09BB1	22665	獰	17	35344545442522112	AA9F	07370
22623	䱋	17	35251214444122134	8234E330	04C4B	22666	䚦	17	35351123321531535	8233D230	046A6
22624	䱎	17	35251214444125111	8234E333	04C4E	22667	觲	17	35351124311213112	D377	089F2
22625	䱍	17	35251214444125441	8234E332	04C4D	22668	䚥	17	35351125154151541	8233D139	046A5
22626	鮪	17	35251214444132511	F56E	09BAA	22669	㺟	17	35354154132411121	82328334	03E9F
22627	鮞	17	35251214444132522	F562	09B9E	22670	雘	17	35411223241112154	EB6F	096D8
22628	鮬	17	35251214444134115	F570	09BAC	22671	鵅	17	35425132511154444	F942	09D45
22629	鯎	17	35251214444135534	F593	09BCE	22672	螽	17	35444251214251214	F3AE	087BD
22630	鮧	17	35251214444151534	F56B	09BA7	22673	斵	17	35453121551213312	94DE	065B5
22631	鮛	17	35251214444211234	F55F	09B9B	22674	顈	17	35554234132511134	EE79	09848
22632	鮦	17	35251214444251251	F56A	09BA6	22675	謸	17	41112511121533134	D693	08B38
22633	鮰	17	35251214444252511	F574	09BB0	22676	䛾	17	41112511121554234	8233DA38	046FE
22634	鮢	17	35251214444311234	F566	09BA2	22677	講	17	41112511122125211	D676	08B1B
22635	䱓	17	35251214444312154	8234E338	04C53	22678	譁	17	41112511221122112	D69C	08B41
22636	鮴	17	35251214444321234	F578	09BB4	22679	謨	17	41112511222511134	D683	08B28
22637	鮲	17	35251214444321344	F576	09BB2	22680	謓	17	41112511225111134	D66E	08B13
22638	鯅	17	35251214444321554	F58A	09BC5	22681	謰	17	41112511251112454	D68B	08B30
22639	鮜	17	35251214444331251	F560	09B9C	22682	謌	17	41112511251212512	D667	08B0C
22640	鮯	17	35251214444341251	F573	09BAF	22683	䛿	17	41112511251254312	8233DA39	046FF
22641	鮡	17	35251214444341534	F565	09BA1	22684	謜	17	41112511332511234	D677	08B1C
22642	鮠	17	35251214444351355	F564	09BA0	22685	謖	17	41112512512134354	D671	08B16
22643	鮨	17	35251214444352511	F56C	09BA8	22686	謢	17	41112513241112154	D67D	08B22
22644	鮥	17	35251214444354251	F569	09BA5	22687	謝	17	41112513251113124	D678	08B1D
22645	䱢	17	35251214444355112	8234E533	04C62	22688	䜂	17	41112513251113412	8233DB32	04702
22646	鮫	17	35251214444413434	F56F	09BAB	22689	謕	17	41112513321531535	D670	08B15
22647	鮮	17	35251214444431112	F572	09BAE	22690	謡	17	41112513443311252	D67C	08B21

序号	字形	笔数	笔顺	18030代码	13000代码
22691	謟	17	41112513443321511	D67A	08B1F
22692	謑	17	41112513443554134	D66C	08B11
22693	謒	17	41112513445113251	D66D	08B12
22694	謋	17	41112513541521234	D666	08B0B
22695	謠	17	41112513544311252	D67B	08B20
22696	謅	17	41112513552335523	D661	08B05
22697	謞	17	41112514125125251	D679	08B1E
22698	謧	17	41112514134522554	D682	08B27
22699	䜇	17	41112514134543534	8233DB37	04707
22700	謗	17	41112514143454153	D672	08B17
22701	謚	17	41112514313425221	D675	08B1A
22702	謙	17	41112514315112234	D674	08B19
22703	燮	17	41112514334433454	DBC6	071EE
22704	謆	17	41112514513541541	D662	08B06
22705	謐	17	41112514543425221	D66B	08B10
22706	謘	17	41112515134143112	D673	08B18
22707	䜀	17	41112515345342121	8233DB30	04700
22708	濆	17	41121252212511134	8445	051DF
22709	褻	17	41121341213543534	D243	0893B
22710	䙝	17	41121431123543534	8233CA38	0465D
22711	鵉	17	41223432511154444	F946	09D49
22712	醬	17	41234431241253511	E16E	091A4
22713	鹫	17	41251234135435451	F0D5	09E6B
22714	襄	17	41251251112213534	CFE5	08944
22715	㐯	17	41251251312342511	8139F336	0342F
22716	䃦	17	41251521313413251	8232BD36	040E6
22717	氈	17	41252511251113115	9AD6	06C08
22718	䗪	17	41312214444251214	8233BF34	045EA
22719	麿	17	41312341234251251	FC4F	09EBF
22720	糜	17	41312341234431234	C3D3	07CDC
22721	縻	17	41312341234554234	F7E3	07E3B
22722	鄘	17	41325112113412152	E09A	0913D
22723	膺	17	41332324111212511	E2DF	081BA
22724	應	17	41332324111214544	91AA	061C9
22725	螷	17	41332511312251214	CF4B	087B7
22726	癍	17	41341112141341121	F1AD	0764D
22727	㿎	17	41341121222511134	8232A137	03FCE
22728	癋	17	41341121551214544	B046	0764B
22729	瘤	17	41341122155125121	B040	07645
22730	癘	17	41341122251125214	B04F	07658
22731	療	17	41341134432511234	AF9F	07642
22732	㿊	17	41341153515352511	8232A133	03FCA
22733	癎	17	41341251125112511	B047	0764E
22734	癇	17	41341251125113511	B042	07647
22735	㿉	17	41341251212511134	8232A132	03FC9
22736	癉	17	41341251251251112	B044	07649
22737	癌	17	41341251251251252	B0A9	0764C
22738	癄	17	41341324111214444	AFA0	07644
22739	癁	17	41341332312511354	AF9E	07641
22740	癆	17	41341433443344553	B041	07646
22741	癈	17	41341543345153554	B043	07648
22742	頟	17	41343412132511134	EE78	09847
22743	鵁	17	41343432511154444	F89F	09D41
22744	麋	17	41352211535431234	F7E7	09E8B
22745	鵉	17	41353432511154444	8234EF37	04CD0
22746	辬	17	41431134414143112	8231E338	03D77
22747	辫	17	41431135514143112	B1E8	08FAB
22748	韺	17	41431251112225134	ED8C	097FA
22749	䫓	17	41431251132511134	8234BD34	04AD3
22750	竴	17	41431431253511124	B880	07AF4
22751	竲	17	41431432524312511	B87D	07AF2
22752	竳	17	41431543341251431	B87E	07AF3
22753	齋	17	41432533543211234	FD53	09F4B
22754	䶒	17	41432533543211531	82358434	04D92
22755	覫	17	41434541532511135	D349	089AB
22756	贏	17	41525135112534354	D3AE	08D62
22757	旚	17	41533112522111234	94F4	065DA
22758	䗠	17	41533152134251214	8233BE34	045E0
22759	甕	17	41553324111211554	AE59	07515
22760	䍺	17	43111325125124544	82338134	0437A
22761	鴹	17	43111332511154444	F897	09D39
22762	鮺	17	43111335251214444	F57E	09BBA
22763	鵧	17	43111323251154444	F964	09D67
22764	鮝	17	43113435251214444	F561	09B9D
22765	䊣	17	43123412212512134	8232EA30	042A3
22766	䊟	17	43123412212523434	8232E936	0429F
22767	䊜	17	43123412511214124	8232E933	0429C
22768	糟	17	43123412512212511	D4E3	07CDF
22769	糛	17	43123424345251121	BC51	07CDB
22770	䊡	17	43123425112522154	8232E938	042A1
22771	糞	17	43123425121122134	BC53	07CDE
22772	䊝	17	43123434312344544	8232E934	0429D
22773	糠	17	43123441351124134	BFB7	07CE0
22774	麊	17	43123441352211535	FB86	09E8A
22775	糡	17	43123441431251135	BC54	07CE1
22776	䊞	17	43123441432512251	8232E935	0429E

序号	字形	笔数	笔顺	18030代码	13000代码	序号	字形	笔数	笔顺	18030代码	13000代码
22777	糝	17	43123454545434333	BC52	07CDD	22820	濤	17	44112151211251124	9DFD	06FE4
22778	䤋	17	43125351112511534	82349039	0490B	22821	濝	17	44112211134554234	9DF9	06FDD
22779	馘	17	43132511112511534	D9E5	09998	22822	㵵	17	44112211154323334	8231E336	03D75
22780	㘏	17	43132511145425135	8230A532	0360F	22823	懑	17	44112212534344544	EDAF	061D1
22781	䆃	17	43132511145431234	8232CD32	04183	22824	鍙	17	44112213434112431	E58F	09359
22782	䚊	17	43134252212511135	8233CF32	0468A	22825	瀎	17	44112225221134534	9E66	0700E
22783	斃	17	43252343134135435	94C0	06583	22826	濣	17	44112251112344412	9DFC	06FE3
22784	蟞	17	43252343134251214	CF68	087DE	22827	壍	17	44112511123312121	89B5	058CD
22785	䌘	17	43252343134554234	8232F537	04318	22828	嬱	17	44112511123312531	8BEC	05B31
22786	燯	17	43341452444434454	A055	071EF	22829	濫	17	44112512531425221	9E45	06FEB
22787	燦	17	43342135454431234	A04E	071E6	22830	㵱	17	44112522111234124	8231E332	03D71
22788	㷾	17	43342153151353334	8231F133	03DFE	22831	濿	17	44113122251125214	9E57	06FFF
22789	㸁	17	43342243143111234	8231F136	03E01	22832	濔	17	44113425234343434	9DF0	06FD4
22790	燳	17	43342511532514444	A059	071F3	22833	㵴	17	44113513125125534	8231E335	03D74
22791	燶	17	43342512211311534	A05C	071F6	22834	濡	17	44114524444132522	E5A6	06FE1
22792	燥	17	43342512512511234	D4EF	071E5	22835	濬	17	44121451343125111	9E46	06FEC
22793	燡	17	43342522112143112	A04A	071E1	22836	濧	17	44122431431121124	9E41	06FE7
22794	燭	17	43342522135251214	A054	071ED	22837	璗	17	44125111353311214	AD54	07497
22795	㸅	17	43343143145115452	8231F230	03E05	22838	盪	17	44125111353325221	B155	076EA
22796	燬	17	43343215111213554	A053	071EC	22839	濹	17	44125112114444121	9E51	06FF9
22797	燩	17	43343251141533134	A050	071E9	22840	濶	17	44125112511312251	9E4E	06FF6
22798	㷿	17	43343412512513434	8231F134	03DFF	22841	濕	17	44125115545544444	9DF1	06FD5
22799	燴	17	43343412524312511	A05A	071F4	22842	㵲	17	44131122221354152	8231E333	03D72
22800	燰	17	43343443454544354	A056	071F0	22843	鍌	17	44131213534112431	E582	0934C
22801	㸀	17	43344125125251121	8231F135	03E00	22844	㵺	17	44131431432511312	8231E431	03D7A
22802	燷	17	43344125251111234	A05D	071F7	22845	濮	17	44132224314311134	E5A7	06FEE
22803	燣	17	43344125251131234	A04C	071E3	22846	濞	17	44132511125121132	E5A8	06FDE
22804	燫	17	43344134315112234	A052	071EB	22847	㵸	17	44134125125125122	8231E339	03D78
22805	燱	17	43344143125114544	A057	071F1	22848	濦	17	44134431215114544	9E40	06FE6
22806	燨	17	43344311213121534	A04F	071E8	22849	㵯	17	44135132511154444	8231E330	03D6F
22807	顃	17	43344334132511134	EE74	09843	22850	濥	17	44135444512512134	9DFE	06FE5
22808	䢯	17	43344334354152454	82348737	048AF	22851	濠	17	44141251451353334	E5A9	06FE0
22809	䝁	17	43344334451251431	8233E133	04741	22852	瀇	17	44141312212512134	9E5F	07007
22810	醟	17	43344334451253511	E16B	0919F	22853	濟	17	44141432533543211	9DFA	06FDF
22811	覮	17	43344334452511135	D34C	089AE	22854	瀁	17	44143111344511534	9E59	07001
22812	謍	17	43344334454111251	D668	08B0D	22855	濚	17	44143344334451234	9DF6	06FDA
22813	熽	17	43345112322151512	9FEA	071BD	22856	濴	17	44143344334452534	9E4C	06FF4
22814	燲	17	43345353532511134	A058	071F2	22857	濙	17	44143344334454334	9DF5	06FD9
22815	瀞	17	44111212511355112	9E73	0701E	22858	㶂	17	44144112212512134	8231E439	03D82
22816	濪	17	44111212511355215	9E44	06FEA	22859	濱	17	44144512332511134	9E49	06FF1
22817	㵶	17	44112132411121534	8231E337	03D76	22860	濘	17	44144545442522112	9DF4	06FD8
22818	鴻	17	44112132511154444	F899	09D3B	22861	濵	17	44144552132511134	9E4D	06FF5
22819	濲	17	44112145312343554	9E4A	06FF2	22862	㵳	17	44144554154134333	8231E334	03D73

序号	字形	笔数	笔顺	18030代码	13000代码	序号	字形	笔数	笔顺	18030代码	13000代码
22863	㵼	17	44145321511354444	8231E433	03D7C	22906	寲	17	44535311345452134	8C96	05BF2
22864	濜	17	44151121444425221	9DF8	06FDC	22907	寱	17	44552133251111234	8C95	05BF1
22865	瀡	17	44152131212511454	9E76	07021	22908	鴳	17	44553132511154444	F891	09D33
22866	濻	17	44152251212511134	9E53	06FFB	22909	顅	17	45132511132511134	EE76	09845
22867	澀	17	44153453421212121	9DAD	06F80	22910	䙣	17	45234113421112111	8233CB33	04663
22868	濯	17	44154154132411121	E5AA	06FEF	22911	襓	17	45234121121121135	D259	08953
22869	濢	17	44154154141343412	9DFB	06FE2	22912	褼	17	45234125221134515	D244	0893C
22870	濰	17	44155444432411121	9E48	06FF0	22913	襋	17	45234125234125234	D251	0894B
22871	懛	17	44212125145154121	91B7	061DB	22914	䙠	17	45234134315233534	8233CB31	04660
22872	懗	17	44212132341213234	91B3	061D7	22915	襆	17	45234224314311134	D24C	08946
22873	懤	17	44212151211251124	91C0	061E4	22916	襊	17	45234251112211154	D250	0894A
22874	懱	17	44212225221134534	91CC	061F1	22917	襇	17	45234251125112511	D24D	08947
22875	懥	17	44212452512152134	91C1	061E5	22918	襉	17	45234251125113511	D24F	08949
22876	懢	17	44212512531425221	91BE	061E2	22919	䙡	17	45234251212511134	FE7C	04661
22877	懨	17	44213251125111344	91C3	061E8	22920	襌	17	45234251251251112	D252	0894C
22878	懦	17	44214524444132522	C5B3	061E6	22921	䙟	17	45234255212511521	8233CB30	0465F
22879	㦠	17	44222431431121124	82318232	039A0	22922	襍	17	45234324111211234	D253	0894D
22880	懚	17	44234431215114544	91B6	061DA	22923	襖	17	45234325431234134	D25C	08956
22881	懝	17	44235311345452134	91B9	061DD	22924	襎	17	45234343123425121	D254	0894E
22882	懭	17	44241312212512134	91C8	061ED	22925	襕	17	45234425125431234	D25B	08955
22883	懡	17	44241312341234354	91BD	061E1	22926	襚	17	45234431353334454	D260	0895A
22884	懠	17	44241432533543211	91BC	061E0	22927	䙢	17	45234432524312511	8233CB32	04662
22885	懩	17	44243111344511534	91C4	061E9	22928	襑	17	45234511121251124	D257	08951
22886	懧	17	44244545442522112	91C2	061E7	22929	䙙	17	45234513241343112	8233CA34	04659
22887	豁	17	44511122513434251	BBED	08C41	22930	襁	17	45234515251251214	F1DF	08941
22888	䞿	17	44511221341212134	8233ED37	047BF	22931	襈	17	45234515515122134	D24E	08948
22889	賽	17	44511221342511134	D990	08CFD	22932	䙞	17	45234543341251431	8233CA39	0465E
22890	蹇	17	44511221342512134	E5BF	08E47	22933	襏	17	45234543345153554	D255	0894F
22891	謇	17	44511221344111251	E5C0	08B07	22934	禮	17	45242512211251431	B659	079AE
22892	顁	17	44512134132511134	EE72	09841	22935	禯	17	45242512211311534	B65A	079AF
22893	窾	17	44534121112343534	B855	07ABE	22936	禬	17	45243412524312511	B657	079AC
22894	竀	17	44534121212511135	B856	07AC0	22937	䄡	17	45243513344111251	8232C335	04121
22895	竃	17	44534121251125115	B859	07AC3	22938	䄠	17	45244125251125111	8232C334	04120
22896	竂	17	44534134432511234	B858	07AC2	22939	覭	17	45251141342511135	D34B	089AD
22897	竁	17	44534311531153115	B857	07AC1	22940	㪩	17	51123221515122154	82319C33	03AA9
22898	㔤	17	44534312342512153	82308D39	03524	22941	歗	17	51123221515123534	9A5E	06B57
22899	䆶	17	44534324111214444	8232D233	041B6	22942	螱	17	51311234124251214	CF47	087B1
22900	䆺	17	44534343123425121	8232D237	041BA	22943	褽	17	51311234124413534	D245	0893D
22901	䆹	17	44534414312511211	8232D236	041B9	22944	臀	17	51312213435542511	CDCE	081C0
22902	邃	17	44534431353334454	E5E4	09083	22945	檗	17	51325141431121234	E9DE	06A97
22903	䆵	17	44534432524312511	8232D232	041B5	22946	甓	17	51325141431121554	EAB6	07513
22904	䆸	17	44534543341251431	8232D235	041B8	22947	臂	17	51325141431122511	B1DB	081C2
22905	䆷	17	44534545232534251	8232D234	041B7	22948	㵨	17	51325141431122534	8231E233	03D68

序号	字形	笔数	笔顺	18030代码	13000代码	序号	字形	笔数	笔顺	18030代码	13000代码
22949	擘	17	51325141431123112	EBA2	064D8	22992	鍪	17	54523313434112431	F6CA	0936A
22950	憵	17	51325141431124544	919A	061B5	22993	䂌	17	54523414312511211	8232B436	0408C
22951	屨	17	51333225112512531	8CD5	05C68	22994	㲲	17	54545445251113115	8231D032	03CB2
22952	彌	17	51513425234343434	8F9B	05F4C	22995	䫎	17	54545454132511134	8234BC39	04ACE
22953	蟁	17	51515251214251214	CF52	087C1	22996	骤	17	55112211154323334	D6E8	09AA4
22954	彍	17	51541312212512134	8F9C	05F4D	22997	蠁	17	55345115452251214	CF86	08801
22955	孺	17	52114524444132522	C8E6	05B7A	22998	嚮	17	55345115452325251	87BB	056AE
22956	韔	17	52125115212111534	ED6F	097D4	22999	績	17	55444411212511134	BF83	07E3E
22957	䪕	17	52125115235431234	8234B732	04A95	23000	繊	17	55444412122431534	BF8D	07E4A
22958	韕	17	52125115241251521	ED70	097D5	23001	䌍	17	55444412212511121	8232F436	0430D
22959	隳	17	52131212511342444	E3C4	096B3	23002	䌙	17	55444412212512134	8232F538	04319
22960	牆	17	52131234341252511	A09D	07246	23003	縳	17	55444412511214124	BF78	07E33
22961	螿	17	52133544124251214	CF51	087BF	23004	䌔	17	55444412512512515	8232F533	04314
22962	䊢	17	52133544124431234	8232E939	042A2	23005	䌑	17	55444412512554121	8232F530	04311
22963	孻	17	52151121444425221	8C59	05B7B	23006	縹	17	55444412522111234	BF7E	07E39
22964	臩	17	52152112512513432	C553	081E9	23007	縬	17	55444413211234534	BF71	07E2C
22965	顄	17	52413452132511134	EE75	09844	23008	繉	17	55444425111341534	BF8C	07E49
22966	嬺	17	53111221325154544	8BF2	05B3A	23009	縷	17	55444425112512531	BF7C	07E37
22967	嬯	17	53112125145154121	8BEA	05B2F	23010	縵	17	55444425112522154	BF7A	07E35
22968	嬦	17	53112151211251124	8BE1	05B26	23011	縲	17	55444425121554234	BF77	07E32
22969	㜯	17	53112251255154444	8230C139	0372F	23012	繀	17	55444425232411121	BF85	07E40
22970	㜮	17	53112512531425221	8230C138	0372E	23013	繃	17	55444425235113511	BF87	07E43
22971	嬭	17	53113425234343434	8BE8	05B2D	23014	繌	17	55444432534134354	BF8F	07E4C
22972	嬬	17	53114524444132522	8BE7	05B2C	23015	總	17	55444432535414544	BF82	07E3D
22973	鴽	17	53125132511154444	F89B	09D3D	23016	縰	17	55444433221212134	BF75	07E30
22974	嬶	17	53132511125121132	8BEF	05B36	23017	縱	17	55444433234342134	BF76	07E31
22975	嬷	17	53141312341234354	E6D6	05B37	23018	䌐	17	55444434432511135	8232F439	04310
22976	嬤	17	53141312341234554	8BDF	05B24	23019	縩	17	55444435445411234	BF6E	07E29
22977	嬫	17	53143344334451234	8BE6	05B2B	23020	䌕	17	55444441312341234	8232F534	04315
22978	嬪	17	53144512332511134	8BE5	05B2A	23021	䌒	17	55444441352211535	8232F531	04312
22979	嬣	17	53144545442522112	8BDE	05B23	23022	縼	17	55444441533152134	BF81	07E3C
22980	嬧	17	53151121444425221	8BE2	05B27	23023	繂	17	55444441554413412	BF86	07E42
22981	嬥	17	53154154132411121	8BE0	05B25	23024	縴	17	55444441554453112	BF79	07E34
22982	嬵	17	53155111132511252	8BEE	05B35	23025	縯	17	55444444512512134	BF74	07E2F
22983	㿹	17	53254121431112454	8232A630	03FF9	23026	縮	17	55444444532132511	BF73	07E2E
22984	翼	17	54154125121122134	D2ED	07FFC	23027	䌏	17	55444444545434252	8232F438	0430F
22985	䢰	17	54154132411121454	82348738	048B0	23028	繍	17	55444451123243134	BF90	07E4D
22986	翵	17	54154132511154444	C24A	07FF5	23029	繈	17	55444451554251214	BF8B	07E48
22987	䳌	17	54251132511154444	8234EF33	04CCC	23030	䌌	17	55444454154132511	8232F435	0430C
22988	鴾	17	54311232511154444	F89C	09D3E	23031	繆	17	55444454154134333	BF8A	07E46
22989	蟊	17	54523251214251214	F3B1	087CA	23032	縿	17	55444454545434333	BF84	07E3F
22990	鹬	17	54523253425135451	F0D6	09E6C	23033	繅	17	55444455525111234	BF89	07E45
22991	䨁	17	54523313432411121	8234A834	04A01	23034	䎰	18	111234122125113312	82338637	043B0

序号	字形	笔数	笔顺	18030代码	13000代码
23035	榜	18	111234433443344553	C267	0802E
23036	檰	18	111234554554134534	C266	0802D
23037	頖	18	111253134132511134	8234BD35	04AD4
23038	覾	18	111343215112511135	8233CF36	0468E
23039	璹	18	112112151211251124	AD71	074B9
23040	瓂	18	112112512531425221	AD73	074BC
23041	瓀	18	112114524444132522	AD77	074C0
23042	璿	18	112121451343425111	AD76	074BF
23043	覿	18	112125111342511135	8233CF35	0468D
23044	鷏	18	112125113115431234	EC70	0975D
23045	瓊	18	112135253425111354	AD82	074CA
23046	瓆	18	112141312212512134	82328D36	03F05
23047	璹	18	112141432512251454	AD83	074CB
23048	璾	18	112141432533543211	AD75	074BE
23049	瓆	18	112144512332511134	AD70	074B8
23050	瓂	18	112151121444425221	AD6E	074B6
23051	瓏	18	112152131212511454	AD85	074CD
23052	鏊	18	112153313434112431	F6CB	093CA
23053	鼇	18	112153313435251211	F7A1	09CCC
23054	璽	18	112154154141343412	AD72	074BB
23055	韡	18	112155423421251112	BF9E	07E5B
23056	韰	18	112343134132511211	E18D	091D0
23057	鬵	18	113425351251254312	F468	09B36
23058	擕	18	121111211125114544	82319539	03A68
23059	壞	18	121113251113251134	8230B031	0367D
23060	攆	18	121113411341251112	9466	06506
23061	攢	18	121113411342511134	9465	06505
23062	鬠	18	121115433312132511	8234DC32	04C07
23063	鬆	18	121115433312343454	F3A0	09B06
23064	鬄	18	121115433325113533	F39E	09B04
23065	鬉	18	121115433331234531	8234DB35	04C00
23066	鬃	18	121115433334431234	8234DB37	04C02
23067	鬅	18	121115433335113511	F39F	09B05
23068	鬍	18	121115433335121251	8234DB33	04BFE
23069	鬑	18	121115433341343412	8234DB34	04BFF
23070	鬠	18	121115433341431251	8234DB32	04BFD
23071	鬈	18	121115433343113455	F7DC	09B08
23072	鬘	18	121115433343122431	8234DB38	04C03
23073	鬃	18	121115433344511234	D7D7	09B03
23074	鬏	18	121115433351124134	8234DB36	04C01
23075	鏊	18	121121112134112431	82349637	04945
23076	翹	18	121121121135541541	C24E	07FF9
23077	鞤	18	121121124122125112	ED44	097A4
23078	擑	18	121121211121111534	82319536	03A65
23079	擷	18	121121251132511134	9458	064F7
23080	擻	18	121122125111343534	945A	064F9
23081	擻	18	121125112441533134	82319535	03A64
23082	駿	18	121125444412134354	8234D133	04B9A
23083	騏	18	121125444412211134	F255	09A0F
23084	騋	18	121125444412343434	F251	09A0B
23085	騀	18	121125444412511534	8234D132	04B99
23086	騎	18	121125444413412512	F254	09A0E
23087	騑	18	121125444421112111	F257	09A11
23088	騲	18	121125444421251112	8234D036	04B93
23089	騍	18	121125444425111234	F253	09A0D
23090	騉	18	121125444425111353	F24F	09A09
23091	騆	18	121125444425112511	8234D039	04B96
23092	騂	18	121125444425213112	8234D130	04B97
23093	騧	18	121125444425525251	F26D	09A27
23094	騈	18	121125444431133112	F24E	09A08
23095	騒	18	121125444431212211	8234D037	04B94
23096	駹	18	121125444432151135	8234D131	04B98
23097	騅	18	121125444432411121	F24B	09A05
23098	騇	18	121125444434112251	F24D	09A07
23099	騐	18	121125444434125134	F259	09A13
23100	騐	18	121125444434454544	F256	09A10
23101	騆	18	121125444435121251	F24C	09A06
23102	騊	18	121125444435311252	F250	09A0A
23103	騌	18	121125444444511234	F252	09A0C
23104	騝	18	121125444451111254	F263	09A1D
23105	騄	18	121125444451124134	F24A	09A04
23106	騷	18	121125444454251214	F258	09A12
23107	騣	18	121125444454545454	8234D038	04B95
23108	擩	18	121132511325113251	82319532	03A61
23109	擾	18	121132511454544354	945F	064FE
23110	趪	18	121213411212511134	8233EE32	047C4
23111	趲	18	121213412212512134	DA87	08DAA
23112	趬	18	121213425112522154	8233EE30	047C2
23113	趩	18	121213425121122134	DA86	08DA9
23114	趁	18	121213454545434333	8233EE31	047C3
23115	趭	18	121213455525111234	8233ED39	047C1
23116	擜	18	121215315224311534	82319633	03A6C
23117	擄	18	121215315251214544	9464	06504
23118	鼖	18	121221212514311254	FC8B	09F16
23119	頼	18	121221234132511134	8234BE30	04AD9
23120	翧	18	121222511134541541	C24D	07FF8

序号	字形	笔数	笔顺	18030代码	13000代码	序号	字形	笔数	笔顺	18030代码	13000代码
23121	㩧	18	121251112213424134	82319538	03A67	23164	藚	18	122121252212511134	CB85	085DA
23122	嚞	18	121251121251121251	87AC	0569E	23165	藝	18	122121341213541154	CB87	085DD
23123	擻	18	121251125125313134	945C	064FB	23166	爇	18	122121341213544444	A06B	07207
23124	壝	18	121251212511134454	89C3	058DD	23167	藲	18	122123412512512515	CB9A	085F2
23125	㙼	18	121251212512125121	8230B030	0367C	23168	覲	18	122125111212511135	D350	089B2
23126	攂	18	121251212512125121	9462	06502	23169	䩸	18	122125112122122111	8234B433	04A78
23127	䵽	18	121251431125412154	82358233	04D7D	23170	鞯	18	122125112122132521	F7B5	097AF
23128	䵿	18	121251431125421251	82358235	04D7F	23171	鞢	18	122125112122151234	ED43	097A2
23129	瞽	18	121251431125425111	EEAD	077BD	23172	鞳	18	122125112122341251	ED4F	097B3
23130	鼕	18	121251431125435444	FC8A	09F15	23173	䩴	18	122125112122513511	8234B339	04A74
23131	蟚	18	121251431333251214	CF65	087DA	23174	鞩	18	122125112243251122	ED49	097A9
23132	䢱	18	121252212511134454	82348739	048B1	23175	鞮	18	122125112251112134	ED4C	097AE
23133	擺	18	121252215425113535	945B	064FA	23176	䩰	18	122125112251122111	8234B335	04A70
23134	䵧	18	121254312114444534	8234FE31	04D67	23177	鞰	18	122125112251125221	ED4D	097B0
23135	擶	18	121314314431251122	9457	064F6	23178	鞨	18	122125112251135345	ED48	097A8
23136	㩦	18	121324111212534251	82319537	03A66	23179	鞦	18	122125112312344334	ED46	097A6
23137	擽	18	121325115545541234	945E	064FD	23180	鞭	18	122125112321251134	B1DE	097AD
23138	㩫	18	121331233122511134	82319632	03A6B	23181	䩱	18	122125112341251122	8234B336	04A71
23139	䞇	18	121341213542511134	8233E832	04787	23182	鞥	18	122125112341251132	ED45	097A5
23140	鼀	18	121342511251211511	FC79	09F00	23183	鞫	18	122125112354111251	F7B6	097AB
23141	擼	18	121352512144442511	945D	064FC	23184	䩲	18	122125112413122154	8234B337	04A72
23142	㩩	18	121352534132511134	82319630	03A69	23185	鞧	18	122125112431253511	ED47	097A7
23143	擵	18	121413123412343112	9456	064F5	23186	䩳	18	122125112445433454	8234B338	04A73
23144	㙻	18	121413251121134121	8230AF39	0367B	23187	䩵	18	122125112451251112	8234B430	04A75
23145	㩠	18	121413522115354444	82319531	03A60	23188	鞣	18	122125112545231234	F7B7	097A3
23146	贄	18	121431123542511134	D997	08D04	23189	酀	18	122125121135444452	E09D	09140
23147	䠟	18	121431123542512134	8233F733	0481F	23190	䵌	18	122125121341343434	8234FB34	04D4C
23148	謺	18	121431123544111251	D695	08B3A	23191	藖	18	122125125542511134	CB81	085D6
23149	燾	18	121512112511244444	A063	071FE	23192	藞	18	122132511325113251	CB88	085DE
23150	㦞	18	121512112511244544	82318230	0399E	23193	藸	18	122135333412132511	CBA0	085F8
23151	䡰	18	121521335541251112	82348134	04870	23194	藘	18	122215315251214544	CB83	085D8
23152	謦	18	121521335544111251	F6A5	08B26	23195	䕞	18	122251125114511534	8233B134	0455E
23153	㩣	18	121541541451251112	82319534	03A63	23196	藪	18	122251125125313134	CB92	085EA
23154	鼁	18	121542511251211511	FC7A	09F01	23197	蠆	18	122251125214251214	CF8A	08806
23155	㩪	18	121554444132511134	82319631	03A6A	23198	藟	18	122251212512125121	CB89	085DF
23156	擸	18	121555253415445445	9459	064F8	23199	藣	18	122252215425113535	CB8D	085E3
23157	聶	18	122111122111122111	C299	08076	23200	繭	18	122252554444251214	C04F	07E6D
23158	藕	18	122111234251125214	C5BA	085D5	23201	䕧	18	122255452511413434	8233B233	04567
23159	聵	18	122111251212511134	C298	08075	23202	藜	18	122312343533424134	DEBC	085DC
23160	蟴	18	122111343312251214	CF7A	087F4	23203	藵	18	122322511234413534	CB9D	085F5
23161	䫖	18	122111345132511134	8234BD37	04AD6	23204	藠	18	122325113251132511	CB8A	085E0
23162	職	18	122111414312511534	C29A	08077	23205	藥	18	122325115545541234	CB8E	085E5
23163	䏈	18	122111554444554234	82338930	043C8	23206	㔑	18	122325151414311253	82308C30	03511

序号	字形	笔数	笔顺	18030代码	13000代码	序号	字形	笔数	笔顺	18030代码	13000代码
23207	藢	18	122332252111213134	CB8C	085E2	23250	櫡	18	123431431412132511	99B7	06AE1
23208	䕥	18	122343425234343434	8233B231	04565	23251	檱	18	123431431412211134	9987	06AB1
23209	藤	18	122351143113424134	CCD9	085E4	23252	㯷	18	123432224314311134	8231BD36	03BF7
23210	蟼	18	122352513134251214	CF82	087FC	23253	檭	18	123434112431511534	9983	06AAD
23211	藰	18	122354533411243122	CB98	085F0	23254	鵐	18	123434132511154444	F94D	09D50
23212	藷	18	122411125112132511	CB9F	085F7	23255	麱	18	123434343541251124	FC46	09EB1
23213	藳	18	122412512525131234	CB9B	085F3	23256	麲	18	123434343542511135	FC47	09EB2
23214	藦	18	122413123412343112	CB8F	085E6	23257	䴸	18	123434343543443521	8234F934	04D38
23215	藨	18	122413522115354444	CB91	085E8	23258	䴶	18	123434343543541112	8234F932	04D36
23216	䕠	18	122413543345153554	8233B136	04560	23259	䴷	18	123434343544451135	8234F933	04D37
23217	藙	18	122414313533343554	CB84	085D9	23260	檼	18	123434431215114544	9992	06ABC
23218	藫	18	122441125221251112	CB93	085EB	23261	檺	18	123441251451353334	9990	06ABA
23219	藩	18	122441343123425121	B7AA	085E9	23262	櫎	18	123441312212512134	99A4	06ACE
23220	藔	18	122445134432511234	CB80	085D4	23263	㰅	18	123441432512251454	8231BF30	03C05
23221	藛	18	122445321511354444	CB86	085DB	23264	櫅	18	123441432533543211	999B	06AC5
23222	藭	18	122445343251113515	CB95	085ED	23265	檹	18	123441533113412512	998F	06AB9
23223	鹲	18	122451135333435451	FB73	09E72	23266	檳	18	123444512332511134	9989	06AB3
23224	雗	18	122511123132411121	EB6E	096D7	23267	檫	18	123444535445411234	E9DF	06AAB
23225	賾	18	122512511212511134	D991	08CFE	23268	櫁	18	123444545434251214	9997	06AC1
23226	藯	18	122513112341244544	CB97	085EF	23269	檸	18	123444545442522112	998E	06AB8
23227	䭌	18	122513511344511534	8234C935	04B4C	23270	㯽	18	123444552132511134	8231BE32	03BFD
23228	藴	18	122554444251125221	CB9C	085F4	23271	㯸	18	123451121444425221	8231BD37	03BF8
23229	藧	18	122554444344311354	CB90	085E7	23272	櫭	18	123451154153525111	99C3	06AED
23230	檯	18	123412125145154121	9985	06AAF	23273	㰐	18	123452131212511454	8231C031	03C10
23231	檮	18	123412151211251124	9984	06AAE	23274	櫇	18	123453254132511134	999D	06AC7
23232	櫀	18	123412211134554234	9996	06AC0	23275	櫂	18	123454154132411121	9998	06AC2
23233	櫙	18	123412212512512515	99AF	06AD9	23276	櫈	18	123454334125143135	999E	06AC8
23234	櫗	18	123412225221134534	99AD	06AD7	23277	檰	18	123455444432511252	9986	06AB0
23235	櫒	18	123412235445411234	99A8	06AD2	23278	檵	18	123455455415545545	998B	06AB5
23236	㰈	18	123412341251112454	8231BF33	03C08	23279	鵓	18	124552132511154444	F950	09D53
23237	櫃	18	123412512125111345	9999	06AC3	23280	轊	18	125111211121112511	DE45	08F4A
23238	㯾	18	123412512212511454	8231BE33	03BFE	23281	轉	18	125111212511214124	DE44	08F49
23239	檻	18	123412512531425221	9991	06ABB	23282	䡱	18	125111212512512515	82348135	04871
23240	㯹	18	123412522111234124	8231BD38	03BF9	23283	轌	18	125111214524444511	DE47	08F4C
23241	櫉	18	123413121251431124	999F	06AC9	23284	䡬	18	125111225112522154	82348130	0486C
23242	櫔	18	123413122251125214	99AA	06AD4	23285	䡯	18	125111232535414544	82348133	0486F
23243	檶	18	123413412512512515	998C	06AB6	23286	䟅	18	125111233121212134	8233EE33	047C5
23244	檷	18	123413425234343434	998D	06AB7	23287	覱	18	125111233122511135	D34F	089B1
23245	檽	18	123414524444132522	9993	06ABD	23288	蹔	18	125111233122512134	DB8A	08E54
23246	櫚	18	123425112511251251	99B0	06ADA	23289	䡮	18	125111233234342134	82348132	0486E
23247	櫊	18	123425112511354251	99A0	06ACA	23290	轆	18	125111241352211535	DE41	08F46
23248	檲	18	123425125112141241	9988	06AB2	23291	礊	18	125111252355413251	B49E	0790A
23249	櫄	18	123431254312114444	999A	06AC4	23292	轇	18	125111254154134333	DE42	08F47

序号	字形	笔数	笔顺	18030代码	13000代码
23293	轈	18	125111255525111234	DE43	08F48
23294	鵏	18	125112432511154444	F94C	09D4F
23295	鵣	18	125123432511154444	F960	09D63
23296	㯻	18	125124513533341234	8231BE30	03BFB
23297	嚢	18	125124534112213534	87B0	056A2
23298	蟗	18	125124552252251214	CF62	087D7
23299	㽬	18	125125121125125121	82329739	03F6C
23300	䑑	18	125125224314311134	82339636	04451
23301	䖙	18	125125243321531535	8233B733	04599
23302	盬	18	125125311225125221	B157	076EC
23303	㯺	18	125125314252211234	8231BD39	03BFA
23304	㽉	18	125125314252211554	82329434	03F49
23305	擥	18	125125314252213112	9447	064E5
23306	㲯	18	125125314252213115	8231CF39	03CAF
23307	覆	18	125221332312511354	B8B2	08986
23308	䤑	18	125351112212512134	82349135	04911
23309	䤍	18	125351112212523434	82349131	0490D
23310	醩	18	125351112512212511	E173	091A9
23311	醧	18	125351112512512515	E171	091A7
23312	醥	18	125351112522111234	E16F	091A5
23313	醪	18	125351154154134333	F5B2	091AA
23314	醦	18	125351154545434333	E170	091A6
23315	毉	18	131134535541234341	9AAD	06BC9
23316	醫	18	131134535541253511	E174	091AB
23317	贀	18	131134535542511134	D993	08D00
23318	顑	18	131251534132511134	EE83	09851
23319	黡	18	131344254312114444	FC64	09EE1
23320	蹙	18	132112345342512134	F5BE	08E59
23321	䠠	18	132215452522512134	8233F734	04820
23322	礚	18	132511221215425221	B54C	0791A
23323	礡	18	132511221251124124	B552	07921
23324	礞	18	132511224511353334	EDE6	0791E
23325	礎	18	132511234123452134	B541	0790E
23326	檿	18	132511251113441234	9995	06ABF
23327	㱘	18	132511251113442121	8231C733	03C58
23328	擪	18	132511251113443112	944B	064EA
23329	懕	18	132511251113444544	91B1	061D5
23330	礓	18	132511251211251211	EDE4	07913
23331	䃭	18	132511312515344544	8232BE33	040ED
23332	礌	18	132511452444425121	B4A0	0790C
23333	礏	18	132512243143111234	B542	0790F
23334	礑	18	132512434525125121	B544	07911
23335	䃩	18	132512512211311534	8232BD39	040E9
23336	礋	18	132512522112143112	B49F	0790B
23337	礖	18	132513211152511134	B548	07916
23338	䃯	18	132513251141341234	8232BE35	040EF
23339	礉	18	132513251141533134	B49D	07909
23340	礆	18	132513412512513434	B49A	07906
23341	䃫	18	132513513344111251	8232BE31	040EB
23342	䃪	18	132514125251125111	8232BE30	040EA
23343	礒	18	132514311213121534	B545	07912
23344	礠	18	132514315545544544	B551	07920
23345	䃤	18	132515112322151512	8232BD34	040E4
23346	礔	18	132515132514143112	B546	07914
23347	龎	18	134143125111515111	FD89	09F8E
23348	蟨	18	134315233534251214	CF70	087E8
23349	鵊	18	134343432511154444	F947	09D4A
23350	燹	18	135333413533344334	ECDE	071F9
23351	䝏	18	135333425112512531	8233E237	0474F
23352	豵	18	135333433234342134	D871	08C75
23353	豴	18	135333441432512251	D870	08C74
23354	䝐	18	135333452131212511	8233E238	04750
23355	餮	18	135434333344511534	F7D1	0992E
23356	殯	18	135444512332511134	9A9B	06BAF
23357	䨪	18	145244441212511211	8234AC35	04A2A
23358	霣	18	145244442512511134	EC42	09723
23359	䨥	18	145244443241112154	8234AC30	04A25
23360	霢	18	145244443511333534	EC41	09722
23361	霤	18	145244443545325121	EC43	09724
23362	霩	18	145244444125152152	EC48	09729
23363	䨧	18	145244444143134454	8234AC32	04A27
23364	䨦	18	145244444143454153	8234AC31	04A26
23365	霥	18	145244444511353334	EC44	09725
23366	䨯	18	145244445212511234	8234AD30	04A2F
23367	霧	18	145244445452335453	EC46	09727
23368	鬵	18	153515351251254312	F467	09B35
23369	鵛	18	155512132511154444	F958	09D5B
23370	豐	18	211121112521251431	D853	08C50
23371	鬩	18	211211121232151135	F45D	09B29
23372	齕	18	212134341343452315	FD5B	09F55
23373	䶔	18	212134341343452525	82358436	04D94
23374	䴛	18	212534444412432511	8234F635	04D1B
23375	䱗	18	213545435251214444	8234E432	04C57
23376	㪫	18	214513434251112154	82319C35	03AAB
23377	㲊	18	214513434251113554	8231CC32	03C8A
23378	覷	18	215315224312511135	D355	089B7

序号	字形	笔数	笔顺	18030代码	13000代码
23379	觑	18	215315251112511135	D34E	089B0
23380	勴	18	215315251212522153	82308E32	03527
23381	麃	18	215315351245554234	8233B735	0459B
23382	戲	18	215315352512113134	FE92	04CA3
23383	鳿	18	215315353251154444	8233B734	0459A
23384	對	18	224314311211244544	91BB	061DF
23385	叢	18	224314311212211154	85B2	053E2
23386	虢	18	234251123421531535	CC9F	08669
23387	斪	18	243452512512133544	82328F32	03F15
23388	噎	18	251111211125114544	87A4	05696
23389	矆	18	251111223241112154	B288	077C6
23390	矇	18	251111224511353334	B289	077C7
23391	鶡	18	251111232511154444	8234F037	04CDA
23392	嚇	18	251112132341213234	8231A930	03B28
23393	題	18	251112134132511134	EE7D	0984C
23394	躂	18	251112134521251152	ED74	097D9
23395	瞿	18	251112511132411121	F6C4	077BF
23396	壘	18	251112511144534121	B281	077BE
23397	鼂	18	251112511251211511	FC7B	09F02
23398	矇	18	251112512211311534	8232B236	04078
23399	矂	18	251112512512511234	B284	077C2
23400	睪	18	251112522112143112	8232B238	0407A
23401	瞏	18	251112522112513534	8232B233	04075
23402	曞	18	251113122251125214	95E5	066DE
23403	瞾	18	251113123443344544	B283	077C1
23404	瞰	18	251113251141533134	8232B234	04076
23405	瞰	18	251113322521353134	B282	077C0
23406	瞼	18	251113412512513434	B280	077BC
23407	瞺	18	251113412524312511	B27E	077BA
23408	罷	18	251113425111341554	AE5A	07516
23409	敳	18	251113425111343134	D994	08D01
23410	贃	18	251113425125124544	D996	08D03
23411	鵙	18	251113432511154444	F956	09D59
23412	曖	18	251113443454544354	B27D	077B9
23413	賿	18	251113454154134333	D992	08CFF
23414	賿	18	251113454545434333	D995	08D02
23415	瞻	18	251113513344111251	D5B0	077BB
23416	颽	18	251113533353251214	8234C432	04B17
23417	疃	18	251114125251125111	8232B232	04074
23418	嚅	18	251114524444132522	95E3	066D8
23419	瞲	18	251115132514143112	8232B237	04079
23420	嗤	18	251122125112121121	87AF	056A1
23421	顯	18	251122431132511134	EE87	09855
23422	暩	18	251122431431121124	8231A835	03B23
23423	嚏	18	251124525121542134	87A2	05694
23424	闖	18	251125111211254444	EA4A	095D6
23425	闉	18	251125111215425221	EA48	095D4
23426	闐	18	251125111225111134	EA44	095D0
23427	闘	18	251125111251431124	EA4C	095D8
23428	闋	18	251125111541213134	8234A034	049AF
23429	曡	18	251125112511445551	8231A932	03B2A
23430	闢	18	251125112511541541	EA46	095D2
23431	闓	18	251125112521251431	EA47	095D3
23432	闑	18	251125113251111234	EA45	095D1
23433	闕	18	251125114315233534	EA49	095D5
23434	曬	18	251125115545544444	8231A836	03B24
23435	闗	18	251125115545544444	EA4B	095D7
23436	嚽	18	251125125542511134	8230A439	0360B
23437	顒	18	251125214132511134	EE84	09852
23438	曛	18	251131254312114444	EAD6	066DB
23439	嚘	18	251132511454544354	87A6	05698
23440	顥	18	251135345132511134	8234BD39	04AD8
23441	顥	18	251141251234132534	F2AB	098A2
23442	曠	18	251141312212512134	95E7	066E0
23443	雝	18	251144553132411121	8234A836	04A03
23444	嚅	18	251145244444111251	8230A438	0360A
23445	暴	18	251152252134431234	8231A837	03B25
23446	纂	18	251152252134554234	8231A839	03B27
23447	鴞	18	251153132511154444	8234F038	04CDB
23448	曜	18	251154154132411121	EAD7	066DC
23449	歇	18	251155455444443534	9A64	06B5E
23450	疅	18	251211251211251211	AE9F	07585
23451	鶚	18	251211532511154444	8234F036	04CD9
23452	蹐	18	251212111134321511	DB8C	08E56
23453	蹟	18	251212111212511134	DB94	08E5F
23454	蹡	18	251212112212132511	B3F9	08E87
23455	蹣	18	251212112212523434	DB98	08E63
23456	蹧	18	251212112512212511	DB9B	08E67
23457	蹠	18	251212113211234534	8233F732	0481E
23458	蹛	18	251212113221545252	DB90	08E5B
23459	蹞	18	251212115132511134	DB93	08E5E
23460	蹠	18	251212121531525111	8233F735	04821
23461	蹬	18	251212124345251121	DB8F	08E5A
23462	蹦	18	251212125235113511	B1C4	08E66
23463	蹝	18	251212133221212134	DB92	08E5D
23464	蹤	18	251212133234342134	DB99	08E64

序号	字形	笔数	笔顺	18030代码	13000代码
23465	嚙	18	251212134341343452	87A7	05699
23466	鹭	18	251212135425135451	F0D8	09E6D
23467	蹠	18	251212141312214444	DB95	08E60
23468	蹗	18	251212141352211535	DB8D	08E57
23469	蹢	18	251212141432512251	DB97	08E62
23470	䠥	18	251212143252343134	8233F739	04825
23471	蹜	18	251212144532132511	DB91	08E5C
23472	䠧	18	251212151312132511	8233F831	04827
23473	蹡	18	251212152133544124	DB96	08E61
23474	蹘	18	251212154154134333	DB8E	08E58
23475	躀	18	251212155212511134	DC49	08E80
23476	壘	18	251212512125121121	89BE	058D8
23477	蟯	18	251214121121121135	CF75	087EF
23478	蟦	18	251214121222511134	CF6E	087E6
23479	蟢	18	251214121251431251	CF6B	087E2
23480	蟛	18	251214121251431333	F3B2	087DB
23481	蟽	18	251214121431112454	CF83	087FD
23482	蟖	18	251214122111343312	CF61	087D6
23483	蠂	18	251214122122151234	CF87	08802
23484	蠇	18	251214122251125214	CF8B	08807
23485	䗶	18	251214122251135345	8233C036	045F6
23486	蟪	18	251214125112144544	F3B3	087EA
23487	蟫	18	251214125221251112	CF72	087EB
23488	蟵	18	251214131251431124	CF7B	087F5
23489	蟩	18	251214134315233534	CF71	087E9
23490	蟟	18	251214134432511234	CF69	087DF
23491	䗱	18	251214224314311134	8233C031	045F1
23492	蟲	18	251214251214251214	CF78	087F2
23493	蟬	18	251214251251251112	CF73	087EC
23494	蟔	18	251214254312114444	CF5F	087D4
23495	蟱	18	251214311222214444	CF77	087F1
23496	蟜	18	251214313425125251	CF66	087DC
23497	䗴	18	251214314314312154	8233C034	045F4
23498	蟘	18	251214321542511134	CF63	087D8
23499	蟭	18	251214324111214444	CF74	087ED
23500	蟠	18	251214343123425121	F3B4	087E0
23501	蠄	18	251214344134522554	CF88	08804
23502	蟡	18	251214344335554444	CF6A	087E1
23503	蟙	18	251214414312511534	CF64	087D9
23504	蟮	18	251214431112431251	F3B5	087EE
23505	䗲	18	251214431234354152	8233C032	045F2
23506	蟧	18	251214433443344553	CF6F	087E7
23507	蟳	18	251214511121251124	CF79	087F3

序号	字形	笔数	笔顺	18030代码	13000代码
23508	蟤	18	251214515515122134	CF6D	087E4
23509	䗳	18	251214543341251431	8233C033	045F3
23510	顒	18	251214544132511134	EE7C	0984B
23511	蟣	18	251214554554134534	CF6C	087E3
23512	㘌	18	251215315135333422	8230A530	0360C
23513	㘍	18	251234324111211534	8230A531	0360D
23514	嚗	18	251251112213424134	87A5	05697
23515	顎	18	251251115132511134	EE80	0984E
23516	嚚	18	251251125125251251	87A8	0569A
23517	鵑	18	251251132511154444	F94E	09D51
23518	嚣	18	251251132534251251	CFF9	056A3
23519	嚜	18	251254312114444121	87AA	0569C
23520	嚟	18	251312343533424134	87AD	0569F
23521	嚛	18	251325115545541234	87A9	0569B
23522	嚕	18	251352512144442511	87A3	05695
23523	嚠	18	251354533411243122	87AE	056A0
23524	嚤	18	251413123412343112	87B1	056A4
23525	㠝	18	252113411342511134	8230D937	0381D
23526	顓	18	252132522132511134	EE85	09853
23527	羃	18	252211222511134252	C15D	07F83
23528	鹮	18	252211251353435451	FB71	09E6E
23529	䍣	18	252211452444425121	8232FD31	04363
23530	奰	18	252212522125221134	8A60	05970
23531	罂	18	252215544442512511	C15C	07F82
23532	巀	18	252234324111211534	8E5E	05DC0
23533	㠟	18	252312343533424134	8230D939	0381F
23534	巂	18	252324111212534251	8E60	05DC2
23535	㠢	18	252325113554413534	8230DA32	03822
23536	幮	18	252413121251431124	8ED0	05E6E
23537	罀	18	253434122155125121	C15B	07F80
23538	濷	18	253444112212523434	9E4F	06FF7
23539	黠	18	254312114444121251	F7EF	09EE0
23540	黟	18	254312114444354354	F7F0	09EDF
23541	䵥	18	254312114444355215	8234FD39	04D65
23542	䵦	18	254312114444441112	8234FE30	04D66
23543	䯝	18	255452511131212511	8234D830	04BDD
23544	顖	18	255452511132511134	EE8F	0985D
23545	髄	18	255452511132511454	F36C	09AC4
23546	髃	18	255452511251125214	F36B	09AC3
23547	䯠	18	255452511251125221	8234D833	04BE0
23548	髊	18	255452511431113121	F371	09ACA
23549	髅	18	255452511431234531	F7C3	09AC5
23550	䯟	18	255452511431353334	8234D832	04BDF

序号	字形	笔数	笔顺	18030代码	13000代码	序号	字形	笔数	笔顺	18030代码	13000代码
23551	髂	18	255452511445354251	F7C4	09AC2	23594	䉗	18	314314121251122111	8232E234	04257
23552	䫜	18	255455452132511134	8234BE33	04ADC	23595	簙	18	314314121251124124	BA7E	07C19
23553	镬	18	311151223241112154	EFEC	0956C	23596	簛	18	314314122111343312	BA81	07C1B
23554	镭	18	311151452444425121	C0D8	0956D	23597	䉈	18	314314122125113134	8232E039	04248
23555	镮	18	311152522112513534	E949	0956E	23598	簯	18	314314123412211134	BA91	07C2F
23556	镯	18	311152522135251214	EFED	0956F	23599	䉓	18	314314123425111234	8232E230	04253
23557	镰	18	311154134315112234	C1AD	09570	23600	簭	18	314314123434134251	BA8F	07C2D
23558	镱	18	311154143125114544	EFEE	09571	23601	䉘	18	314314123444511234	8232E235	04258
23559	罈	18	311252125221251112	C097	07F48	23602	䉐	18	314314125111212251	8232E137	04250
23560	罉	18	311252243452513112	C098	07F49	23603	䉖	18	314314125111234454	8232E233	04256
23561	罇	18	311252431253511124	C096	07F47	23604	簠	18	314314125112425221	BA85	07C20
23562	観	18	311324111212511135	D351	089B3	23605	簟	18	314314125221251112	F4A1	07C1F
23563	矱	18	311341223241112154	B345	077F1	23606	簝	18	314314134432511234	BA83	07C1D
23564	㹗	18	312112151211251124	8231FA32	03E57	23607	䉔	18	314314135415341534	8232E231	04254
23565	犡	18	312113122251125214	A0D8	072A1	23608	䉙	18	314314145244441154	8232E236	04259
23566	㹘	18	312114524444132522	8231FA33	03E58	23609	簪	18	314314153515352511	F4A2	07C2A
23567	鵠	18	312125132511154444	F95D	09D60	23610	䉎	18	314314243452511234	8232E135	0424E
23568	酂	18	312135312135253452	E09F	09142	23611	簡	18	314314251125112511	BA86	07C21
23569	鵝	18	312153432511154444	F95A	09D5D	23612	簢	18	314314251125114134	BA87	07C22
23570	鵞	18	312153432511154444	F95B	09D5E	23613	䉍	18	314314251125114544	8232E134	0424D
23571	舙	18	312251312251312251	C570	08219	23614	簣	18	314314251212511134	BA88	07C23
23572	穫	18	312341223241112154	B782	07A6B	23615	簞	18	314314251251251112	BA84	07C1E
23573	穡	18	312341234341252511	B777	07A61	23616	簚	18	314314252211252534	BA80	07C1A
23574	穢	18	312342121131233534	B778	07A62	23617	簤	18	314314252212511134	BA89	07C24
23575	䱘	18	312342235251214444	8234E433	04C58	23618	䉑	18	314314311222214444	8232E138	04251
23576	䫝	18	312342511132511134	8234BE34	04ADD	23619	簥	18	314314313425125251	BA8A	07C25
23577	馧	18	312342511251125221	F14E	099A7	23620	䉣	18	314314321511354444	8232E336	04263
23578	馤	18	312342511251135345	F14C	099A4	23621	簰	18	314314321532511312	BA92	07C30
23579	馥	18	312342511312511354	F0A5	099A5	23622	䉛	18	314314325431234134	8232E238	0425B
23580	穠	18	312342512211311534	B776	07A60	23623	篽	18	314314332311212152	BA68	07BFD
23581	䆆	18	312342512512511234	8232CD35	04186	23624	䉒	18	314314343123425121	8232E139	04252
23582	䆁	18	312342522112143112	8232CD30	04181	23625	䈧	18	314314344335554444	8232DD36	04227
23583	穥	18	312343211152511134	B77B	07A65	23626	簲	18	314314351132511312	BA94	07C32
23584	鵚	18	312343532511154444	F957	09D5A	23627	䉉	18	314314353511233544	8232E130	04249
23585	䆇	18	312343532511154444	8232CD36	04187	23628	簱	18	314314415312211134	BA93	07C31
23586	邌	18	312343533424134454	DF86	0908C	23629	䉕	18	314314432524312511	8232E232	04255
23587	䆄	18	312344125251125111	8232CD33	04184	23630	簩	18	314314433443344553	BA8C	07C29
23588	穣	18	312344134112213534	B779	07A63	23631	簜	18	314314441251113533	BA82	07C1C
23589	䆂	18	312344134315112234	8232CD31	04182	23632	簶	18	314314452451124134	BA98	07C36
23590	䆅	18	312344135342511134	8232CD34	04185	23633	簨	18	314314515515122134	BA8B	07C28
23591	䎗	18	313425125251541541	82338433	04397	23634	䉋	18	314314531521325111	8232E132	0424B
23592	簮	18	314314113411342511	BA90	07C2E	23635	䉊	18	314314541341251112	8232E131	0424A
23593	㔐	18	314314121112111122	82308B39	03510	23636	簦	18	314314543341251431	F4A3	07C26

序号	字形	笔数	笔顺	18030代码	13000代码
23637	礜	18	321115251113413251	B54E	0791C
23638	㐦	18	321115251113431125	8139F237	03426
23639	礐	18	321134345114513251	B543	07910
23640	䁷	18	321134345114525111	8232B235	04077
23641	䵾	18	321241212514311254	82358234	04D7E
23642	儮	18	321331234312342121	83A2	0512E
23643	鼫	18	321511544544513251	FC9C	09F2B
23644	鼥	18	321511544544513544	FC96	09F25
23645	䶄	18	321511544544514312	82358330	04D84
23646	鼬	18	321511544544525121	F7F8	09F2C
23647	鼪	18	321511544544531121	FC9B	09F2A
23648	鼩	18	321511544544535251	FC9A	09F29
23649	鼨	18	321511544544535444	FC99	09F28
23650	鼧	18	321511544544544535	FC98	09F27
23651	鼦	18	321511544544553251	FC97	09F26
23652	䗺	18	321554251214251214	8233C130	045FA
23653	㒠	18	322135454211121111	8139FE37	034A0
23654	鎥	18	322354123434112431	E678	093A5
23655	儵	18	322354254312114444	83A9	05135
23656	雙	18	324111213241112154	EB70	096D9
23657	雠	18	324111214532411121	F6C5	096E0
23658	㒟	18	324112112544443534	8139FE36	0349F
23659	儭	18	324143112342511135	83A1	0512D
23660	儱	18	324143125111515111	83A5	05131
23661	儯	18	324311341211254444	83A3	0512F
23662	鼀	18	325111251211321554	FD49	09F40
23663	䶊	18	325111251211325211	82358336	04D8A
23664	軀	18	325111312512512515	DC7C	08EC0
23665	軁	18	325111325112512531	DC7D	08EC1
23666	鵢	18	325111332511154444	F95F	09D62
23667	躿	18	325111341351124134	DC7B	08EBF
23668	翺	18	325111413412541541	C24F	07FFA
23669	邊	18	325111445344153454	DF85	0908A
23670	䳖	18	325111544441221115	8234F033	04CD6
23671	䳘	18	325111544443121534	8234F035	04CD8
23672	䳗	18	325111544443121534	8234F034	04CD7
23673	鵌	18	325111544443411234	F949	09D4C
23674	鵔	18	325111544445434354	F951	09D54
23675	皨	18	325113251132511121	B08B	076A8
23676	皦	18	325113251141533134	B089	076A6
23677	皧	18	325113443454544354	B08A	076A7
23678	䫥	18	325113554132511134	8234BF32	04AE5
23679	䰨	18	325113554521325111	8234DF35	04C28
23680	䫛	18	325131134132511134	8234BE32	04ADB
23681	歸	18	325151212151145252	9A77	06B78
23682	㠞	18	332252111213134252	8230D938	0381E
23683	頾	18	333132511134212135	EE6F	0983E
23684	頿	18	333212115132511134	EE70	0983F
23685	䒈	18	335414121222511134	82339C31	04488
23686	艥	18	335414251122111534	C59D	08265
23687	艞	18	335414314314341534	C597	0825E
23688	鎜	18	335414355434112431	E66F	0939C
23689	艟	18	335414414312511211	F4BE	0825F
23690	䒆	18	335414415425113134	82339B39	04486
23691	䒇	18	335414445125125121	82339C30	04487
23692	艠	18	335414543341251431	C598	08260
23693	䳜	18	341123432511154444	8234F039	04CDC
23694	䤿	18	341124311112533112	82349631	0493F
23695	鎷	18	341124311211254444	E68B	093B7
23696	鎱	18	341124311212513534	E685	093B1
23697	鎑	18	341124311215425221	E664	09391
23698	鏵	18	341124311221122112	E766	093F5
23699	䥈	18	341124311221344132	82349639	04948
23700	鏌	18	341124311222511134	E69F	093CC
23701	鎮	18	341124311225111134	E682	093AE
23702	鎍	18	341124311245554234	E661	0938D
23703	鏈	18	341124311251112454	E69C	093C8
23704	鎛	18	341124311251124124	E66E	0939B
23705	鎶	18	341124311251212512	E68A	093B6
23706	鎘	18	341124311251254312	E66B	09398
23707	鎒	18	341124311311534124	E665	09392
23708	䥄	18	341124311312212511	82349636	04944
23709	鎼	18	341124312153153112	E690	093BC
23710	鎖	18	341124312432511134	E669	09396
23711	鎲	18	341124312434525135	E686	093B2
23712	鏎	18	341124312511122112	E740	093CE
23713	鎤	18	341124312511243135	E677	093A4
23714	鎉	18	341124312511541541	E65D	09389
23715	鎧	18	341124312521251431	E67A	093A7
23716	鎠	18	341124312522112121	E673	093A0
23717	䤽	18	341124312522123344	82349539	0493D
23718	鎽	18	341124312523541112	E691	093BD
23719	鎎	18	341124313115431234	E662	0938E
23720	懖	18	341124313122514544	91B2	061D6
23721	鏅	18	341124313223542511	E699	093C5
23722	鎨	18	341124313241112112	E67B	093A8

序号	字形	笔数	笔顺	18030代码	13000代码	序号	字形	笔数	笔顺	18030代码	13000代码
23723	鎸	18	341124313241112153	E68C	093B8	23766	貗	18	344353325112512531	D88B	08C97
23724	鎳	18	341124313251111234	E687	093B3	23767	䝢	18	344353325112522154	8233E436	04762
23725	鎴	18	341124313251114544	E688	093B4	23768	㦝	18	344353332511354544	82318139	0399D
23726	鎢	18	341124313251154444	E675	093A2	23769	䝣	18	344353344115151234	8233E437	04763
23727	鎞	18	341124313253411535	E671	0939E	23770	雞	18	344355413432411121	EB75	096DE
23728	鎫	18	341124313253434354	E67E	093AB	23771	饁	18	344511541215425221	F076	09941
23729	鎩	18	341124313412343554	E67C	093A9	23772	饃	18	344511541222511134	F078	09943
23730	鎿	18	341124313412513112	E693	093BF	23773	餺	18	344511541251124124	F06F	0993A
23731	鎐	18	341124313443311252	E663	09390	23774	饆	18	344511542511122112	F07B	09946
23732	䤾	18	341124313443321511	82349630	0493E	23775	䭓	18	344511542521251431	8234CA32	04B53
23733	鎗	18	341124313445113251	E66A	09397	23776	餼	18	344511543115431234	F071	0993C
23734	鎓	18	341124313454541541	E666	09393	23777	䭒	18	344511543251114544	8234CA31	04B52
23735	鎭	18	341124313525111534	E681	093AD	23778	饀	18	344511543443321511	F075	09940
23736	鏠	18	341124313541112454	E751	093E0	23779	餾	18	344511543545325121	F073	0993E
23737	鎦	18	341124313545325121	E679	093A6	23780	餹	18	344511544135112251	F06E	09939
23738	鎬	18	341124314125125251	E680	093AC	23781	饈	18	344511544311135211	F07D	09948
23739	鎕	18	341124314135112251	E668	09395	23782	餻	18	344511544311214444	F070	0993B
23740	鎊	18	341124314143454153	E65E	0938A	23783	䭐	18	344511544311214544	8234C939	04B50
23741	鎰	18	341124314313425221	E684	093B0	23784	䭑	18	344511544315112234	8234CA30	04B51
23742	鎌	18	341124314315112234	E660	0938C	23785	臓	18	351112213125125534	C4A0	081D3
23743	鎙	18	341124314315233511	E66C	09399	23786	臑	18	351114524444132522	C49E	081D1
23744	鎋	18	341124314451112251	E65F	0938B	23787	臐	18	351131254312114444	C49D	081D0
23745	鎵	18	341124314451353334	E689	093B5	23788	䑄	18	351132511125121132	82339533	04444
23746	鎔	18	341124314453434251	E667	09394	23789	臍	18	351141432533543211	C49A	081CD
23747	䥂	18	341124314511353334	82349634	04942	23790	䑆	18	351143111344511534	82339535	04446
23748	䥇	18	341124314513541541	FE85	04947	23791	䲢	18	351143113435251211	FE97	04CA2
23749	䥃	18	341124314532411121	82349635	04943	23792	臗	18	351144512225111354	C543	081D7
23750	䥀	18	341124315221251214	82349632	04940	23793	臏	18	351144512332511134	C49C	081CF
23751	䥁	18	341124315425431121	82349633	04941	23794	臎	18	351154154141343412	C49B	081CE
23752	鎟	18	341124315454541234	E672	0939F	23795	鳍	18	352512111213352511	F7A2	09CCD
23753	鎻	18	341124315552511134	E68F	093BB	23796	鳎	18	352512112511541541	F7A3	09CCE
23754	盫	18	341251125351125221	B156	076EB	23797	鳏	18	352512112522123344	F7A4	09CCF
23755	鵗	18	341325232511154444	F954	09D57	23798	鳐	18	352512113443311252	F7A5	09CD0
23756	翻	18	343123425121541541	B7AD	07FFB	23799	鳑	18	352512114143454153	F79B	09CD1
23757	䜱	18	343425125112522154	8233DF37	04731	23800	鳒	18	352512114315112234	F79C	09CD2
23758	鵒	18	343425132511154444	F94F	09D52	23801	䲤	18	352512114411253511	8234EB33	04CA4
23759	豃	18	343425151221113134	D84A	08C43	23802	鯐	18	352512144441212134	F595	09BD0
23760	豂	18	343425154154134333	D849	08C42	23803	䱑	18	352512144441213312	8234E336	04C51
23761	䳕	18	344352132511154444	8234F032	04CD5	23804	鮿	18	352512144441221115	F584	09BBF
23762	鵎	18	344353132511154444	F94B	09D4E	23805	䱌	18	352512144441225125	8234E331	04C4C
23763	䝡	18	344353312212523434	8233E435	04761	23806	鯄	18	352512144441241344	F589	09BC4
23764	貙	18	344353312512512515	D88C	08C99	23807	鯆	18	352512144441251124	F58B	09BC6
23765	㦟	18	344353325112114544	82318231	0399F	23808	鯁	18	352512144441251134	F586	09BC1

序号	字形	笔数	笔顺	18030代码	13000代码	序号	字形	笔数	笔顺	18030代码	13000代码
23809	鯃	18	352512144441251251	F588	09BC3	23852	㺠	18	353445343354433544	82328335	03EA0
23810	䱏	18	352512144441251431	8234E334	04C4F	23853	觵	18	353511212212512134	D379	089F5
23811	鯂	18	352512144441253511	F587	09BC2	23854	觴	18	353511231251113533	D378	089F4
23812	䱖	18	352512144441315251	8234E431	04C56	23855	鵤	18	353511232511154444	F961	09D64
23813	鮹	18	352512144442432511	F57D	09BB9	23856	䚧	18	353511254154134333	8233D231	046A7
23814	鯉	18	352512144442511211	F58E	09BC9	23857	獵	18	353555253415445445	AB43	07375
23815	䱒	18	352512144442515215	8234E337	04C52	23858	㚍	18	354354251212511134	8230B137	0368D
23816	鯌	18	352512144443121251	F591	09BCC	23859	䌛	18	354441112513554234	8232F630	0431B
23817	鯏	18	352512144443123422	F594	09BCF	23860	鹱	18	354511223241112154	F0D7	09E71
23818	䱕	18	352512144443155414	8234E430	04C55	23861	雛	18	355233552332411121	EB72	096DB
23819	䱔	18	352512144443223134	8234E339	04C54	23862	謮	18	411125111212511134	D689	08B2E
23820	鯓	18	352512144443251113	F598	09BD3	23863	謹	18	411125112212511121	D694	08B39
23821	鮽	18	352512144443411234	F582	09BBD	23864	䜉	18	411125112343424134	8233DB39	04709
23822	鯑	18	352512144443413252	F596	09BD1	23865	䜊	18	411125112512212511	8233DC30	0470A
23823	䱐	18	352512144443443521	8234E335	04C50	23866	謳	18	411125112512512515	D68E	08B33
23824	鮾	18	352512144443443531	F583	09BBE	23867	謤	18	411125112522111234	D680	08B24
23825	鮸	18	352512144443525135	F57C	09BB8	23868	譇	18	411125113412132511	D741	08B47
23826	鯀	18	352512144443554234	F585	09BC0	23869	謣	18	411125114524444115	D67E	08B23
23827	鯍	18	352512144444154325	F592	09BCD	23870	譃	18	411125121531522431	D69E	08B43
23828	鮵	18	352512144444325135	F579	09BB5	23871	謯	18	411125121531525111	D68A	08B2F
23829	鮷	18	352512144444351523	F57B	09BB7	23872	謼	18	411125121531534312	D697	08B3C
23830	鯋	18	352512144444412343	F590	09BCB	23873	謱	18	411125125112512531	D68C	08B31
23831	鯇	18	352512144444451135	F58C	09BC7	23874	謾	18	411125125112522154	D699	08B3E
23832	鮶	18	352512144445113251	F57A	09BB6	23875	䜅	18	411125125232411121	8233DB35	04705
23833	鮼	18	352512144445114554	F581	09BBC	23876	謻	18	411125131234354354	D696	08B3B
23834	鯽	18	352512144445115452	F661	09BFD	23877	䜃	18	411125132411121121	8233DB33	04703
23835	鯒	18	352512144445425112	F597	09BD2	23878	謥	18	411125132535414544	D681	08B25
23836	鮻	18	352512144445434354	F580	09BBB	23879	謶	18	411125141312214444	D691	08B36
23837	䵶	18	352512511251211511	82358136	04D76	23880	謫	18	411125141432512251	D686	08B2B
23838	鵟	18	353112132511154444	F95C	09D5F	23881	謪	18	411125141432534251	D685	08B2A
23839	㽈	18	353113454521341554	82329433	03F48	23882	謭	18	411125143125112253	D688	08B2D
23840	獶	18	353132511454544354	AB44	07376	23883	夑	18	411125143344334354	89EA	05911
23841	颺	18	353251214251113533	EF5E	098BA	23884	譀	18	411125151221113134	D69B	08B40
23842	䬑	18	353251214251212511	8234C336	04B11	23885	䜏	18	411125152131212511	8233DC35	0470F
23843	颸	18	353251214251214544	EF5C	098B8	23886	謵	18	411125154154132511	D690	08B35
23844	颼	18	353251214321511254	EF60	098BC	23887	謬	18	411125154154134333	D687	08B2C
23845	䬖	18	353251214325111121	8234C431	04B16	23888	謲	18	411125154545434333	D68D	08B32
23846	䬔	18	353251214341251122	8234C339	04B14	23889	謴	18	411125155212511134	D68F	08B34
23847	䬕	18	353251214353251214	8234C430	04B15	23890	䜈	18	411125155525111234	8233DB38	04708
23848	䬓	18	353251214414312511	8234C338	04B13	23891	䥆	18	412111211134112431	82349638	04946
23849	䬒	18	353251214445433454	8234C337	04B12	23892	髜	18	412512525125113132	F37E	09ADC
23850	颹	18	353251214521251152	EF5D	098B9	23893	鹯	18	412525112511135451	FB72	09E6F
23851	颾	18	353251214544251214	EF62	098BE	23894	皽	18	412525112511153254	B09C	076BD

序号	字形	笔数	笔顺	18030代码	13000代码	序号	字形	笔数	笔顺	18030代码	13000代码
23895	懬	18	413122125121344544	91C7	061EC	23938	䫕	18	414345252132511134	8234BD36	04AD5
23896	䜆	18	413123412344111251	8233DB36	04706	23939	䇔	18	415251351141431354	8232D533	041D4
23897	鹰	18	413323241112135451	D3A5	09E70	23940	䊨	18	415251351143123435	8232EA35	042A8
23898	廫	18	413351154154134333	8F5C	05EEB	23941	旛	18	415331343123425121	94F5	065DB
23899	㿐	18	413411212134354354	8232A139	03FD0	23942	旞	18	415331431353334454	94F8	065DE
23900	癞	18	413411251234352534	F1AE	0765E	23943	㻾	18	415533241112111214	82328C39	03EFE
23901	癗	18	413411452444425121	B04E	07657	23944	㽫	18	415533241112125121	82329738	03F6B
23902	癑	18	413412512211311534	B04A	07651	23945	羴	18	431112431113431112	C181	07FB4
23903	㿋	18	413412512512511234	8232A134	03FCB	23946	羵	18	431113121222511134	C182	07FB5
23904	癏	18	413412522112513534	B048	0764F	23947	䍼	18	431113153515352511	82338136	0437C
23905	癤	18	413413143145445452	B058	07664	23948	羳	18	431113343123425121	C180	07FB3
23906	癙	18	413413215115445445	B050	07659	23949	鯗	18	431113435251214444	F59C	09BD7
23907	癓	18	413413322521353134	B04C	07653	23950	䍻	18	431113515515122134	82338135	0437B
23908	顏	18	413413333132511134	EE81	0984F	23951	鵥	18	431122232511154444	F962	09D65
23909	癒	18	413413412511224544	B04B	07652	23952	糦	18	431234121251431251	BC59	07CE6
23910	㿌	18	413413412512513434	8232A135	03FCC	23953	䊦	18	431234121451251431	8232EA33	042A6
23911	癐	18	413413412524312511	B049	07650	23954	糤	18	431234122125113134	BC57	07CE4
23912	癚	18	413413513344111251	B051	0765A	23955	䊪	18	431234122251125214	8232EA37	042AA
23913	㿍	18	413413535112533112	8232A136	03FCD	23956	䊤	18	431234125221251112	8232EA31	042A4
23914	癝	18	413414125251111234	B053	0765D	23957	糥	18	431234132522132522	BC58	07CE5
23915	癛	18	413414125251131234	B052	0765B	23958	糣	18	431234153515352511	BC56	07CE3
23916	癔	18	413414143125114544	F1AF	07654	23959	糧	18	431234251112511211	BC5A	07CE7
23917	癕	18	413414155332411121	B04D	07655	23960	䊩	18	431234343123425121	8232EA36	042A9
23918	㿏	18	413415113251431112	8232A138	03FCF	23961	翷	18	431234354152541541	C24C	07FF7
23919	癜	18	413415131221343554	F1B0	0765C	23962	糨	18	431234515251251214	F4DD	07CE8
23920	癖	18	413415132514143112	F1B1	07656	23963	䊧	18	431234515322511134	8232EA34	042A7
23921	斔	18	413425121432151134	94CB	06594	23964	颣	18	431234554234132534	EF4B	098A3
23922	雜	18	413434123432411121	EB73	096DC	23965	䭭	18	431325111132511134	8234CC38	04B6D
23923	離	18	413452255432411121	EB78	096E2	23966	冁	18	432511125131221534	D9E6	05181
23924	麎	18	413522115351311534	FB89	09E8E	23967	蹩	18	432523431342512134	F5BF	08E69
23925	麌	18	413522115352511134	FB87	09E8C	23968	鄨	18	432523431342515215	E088	09128
23926	䴦	18	413522115354111251	8234F736	04D26	23969	䳤	18	432523432511154444	8234F137	04CE4
23927	麐	18	413522115354134251	FB8B	09E90	23970	䒏	18	432524312511355215	82339C38	0448F
23928	麍	18	413522115354154325	FB88	09E8D	23971	䎖	18	432524312511541541	82338432	04396
23929	麏	18	413522115355113251	FB8A	09E8F	23972	爀	18	433412132341213234	A065	07200
23930	竵	18	414311251152254312	B881	07AF5	23973	燽	18	433412151211251124	A062	071FD
23931	㸤	18	414311332154143112	8231F531	03E24	23974	爁	18	433412512531425221	A066	07201
23932	辬	18	414311341344143112	DE6E	08FAC	23975	爄	18	433413122251125214	A069	07204
23933	㦚	18	414311345444143112	82318136	0399A	23976	燸	18	433414524444132522	A05E	071F8
23934	韹	18	414312511325111121	ED8B	097F9	23977	爗	18	433425111221122112	A07B	07217
23935	䪭	18	414312511414312511	8234B936	04AAD	23978	燻	18	433431254312114444	A060	071FB
23936	顔	18	414313333132511134	EE86	09854	23979	燺	18	433441251252511234	A05F	071FA
23937	齌	18	414325335432114334	FD54	09F4C	23980	爌	18	433441312212512134	A070	0720C

序号	字形	笔数	笔顺	18030代码	13000代码	序号	字形	笔数	笔顺	18030代码	13000代码
23981	㸄	18	433441432533543211	8231F139	03E04	24024	懳	18	442111211125114544	91CE	061F3
23982	爃	18	433443344334451234	A068	07203	24025	懴	18	442121211121111534	91CF	061F4
23983	檾	18	433443344512341234	9994	06ABE	24026	懵	18	442122252214525111	E3C2	061F5
23984	鎣	18	433443344534112431	E676	093A3	24027	懮	18	442132511454544354	91C9	061EE
23985	燼	18	433451121444425221	A061	071FC	24028	懪	18	442251112213424134	91C5	061EA
23986	燿	18	433454154132411121	A064	071FF	24029	㦡	18	442325115545541234	82318233	039A1
23987	鵜	18	435152332511154444	F959	09D5C	24030	懫	18	442331233122511134	91C6	061EB
23988	㵾	18	441112125112511135	8231E435	03D7E	24031	懰	18	442354533411243122	91CB	061F0
23989	濽	18	441113411342511134	9E55	06FFD	24032	鵍	18	445113532511154444	F94A	09D4D
23990	瀐	18	441121211121111534	9E68	07010	24033	㝰	18	445325111445344153	8230C834	03770
23991	瀆	18	441121252212511134	9E5E	07006	24034	䆽	18	445342153151353334	8232D330	041BD
23992	瀔	18	441121451312343554	9E6B	07014	24035	竄	18	445343215115445445	B85A	07AC4
23993	懣	18	441122125234344544	91BF	061E3	24036	竆	18	445343251113251251	B85C	07AC6
23994	瀒	18	441123434341252511	9E69	07012	24037	竅	18	445343251141533134	B85B	07AC5
23995	㶊	18	441125125132511134	8231E537	03D8A	24038	額	18	445354251132511134	EE7E	0984D
23996	懘	18	441132215452524544	91B4	061D8	24039	㲰	18	445454425221123115	8231D030	03CB0
23997	瀀	18	441132511454544354	9E58	07000	24040	䜩	18	451221251211354444	FE81	04729
23998	瀦	18	441135333412132511	9E7A	07026	24041	顐	18	451251112132511134	EE82	09850
23999	濾	18	441215315251214544	9E56	06FFE	24042	䙦	18	452341222522145354	8233CB36	04666
24000	鯊	18	441234335251214444	F58F	09BCA	24043	䙩	18	452341224511353334	8233CB39	04669
24001	瀑	18	441251112213424134	C6D9	07011	24044	襟	18	452341234123411234	BDF3	0895F
24002	濺	18	441251113415341534	9E52	06FFA	24045	䙥	18	452341452444434454	8233CB35	04665
24003	瀃	18	441251113425113533	9E5B	07003	24046	襠	18	452342434525125121	D264	08960
24004	瀢	18	441251212511134454	9E77	07022	24047	襛	18	452342512211311534	D261	0895B
24005	㵽	18	441251212512125121	8231E434	03D7D	24048	襙	18	452342512512511234	D25F	08959
24006	㵿	18	441325113251132511	8231E436	03D7F	24049	襗	18	452342522112143112	D25D	08957
24007	濼	18	441325115545541234	9E54	06FFC	24050	襡	18	452342522135251214	D265	08961
24008	瀓	18	441332252111213134	9E6A	07013	24051	襝	18	452343412512513434	D263	0895D
24009	瀊	18	441335414355425221	9E62	0700A	24052	襘	18	452343412524312511	D25E	08958
24010	㶁	18	441344312421531535	8231E438	03D81	24053	襜	18	452343513344111251	D262	0895C
24011	㶉	18	441344355413435451	8231E536	03D89	24054	襢	18	452344125251125111	D266	08962
24012	㶀	18	441351154154134333	8231E437	03D80	24055	禱	18	452412151211251124	B65C	079B1
24013	瀂	18	441352512144442511	9E5A	07002	24056	禲	18	452413122251125214	B65D	079B2
24014	瀏	18	441354533411243122	9E67	0700F	24057	禰	18	452413425234343434	B65B	079B0
24015	㶆	18	441411125112132511	8231E533	03D86	24058	䄢	18	452441432533543211	8232C336	04122
24016	瀍	18	441413251121134121	9E65	0700D	24059	繠	18	454445444544554234	C042	07E60
24017	瀌	18	441413522115354444	9E64	0700C	24060	鵘	18	511325132511154444	F955	09D58
24018	鎏	18	441415432534112431	F6CC	0938F	24061	彞	18	511431234554234132	8FA5	05F5E
24019	瀅	18	441433443344511214	9E5D	07005	24062	䳭	18	511545232511154444	8234F236	04CED
24020	㶃	18	441441311222214444	8231E530	03D83	24063	䫗	18	512115154132511134	8234BD38	04AD7
24021	瀉	18	441445321511354444	9E61	07009	24064	璧	18	513251414311211214	E8B5	074A7
24022	瀋	18	441445343123425121	9E63	0700B	24065	礕	18	513251414311213251	B547	07915
24023	瀈	18	441541541451251112	9E60	07008	24066	䴙	18	513251414311235451	FE9E	04D19

序号	字形	笔数	笔顺	18030代码	13000代码
24067	屩	18	513332313425125251	8CD6	05C69
24068	屪	18	513445134432511234	8CD7	05C6A
24069	鳿	18	515454432511154444	F948	09D4B
24070	韚	18	521251152122125112	ED75	097DA
24071	韘	18	521251152122151234	ED73	097D8
24072	䪘	18	521251152251112134	8234B735	04A98
24073	韞	18	521251152251125221	ED79	097DE
24074	䪖	18	521251152312511354	8234B733	04A96
24075	韗	18	521251152451251112	ED72	097D7
24076	䪗	18	521251152512115154	8234B734	04A97
24077	韖	18	521251152545231234	ED71	097D6
24078	䜐	18	521312125114111251	8233DC36	04710
24079	醬	18	521335441241253511	E175	091AC
24080	雟	18	523324111212534251	EB76	096DF
24081	㔎	18	523325151414311253	82308B37	0350E
24082	隴	18	524143125111515111	EB5D	096B4
24083	䧮	18	524451112252214544	8234A635	049EE
24084	嬻	18	531121252212511134	8BF3	05B3B
24085	㜴	18	531122252214525111	8230C234	03734
24086	㜰	18	531325115545541234	8230C230	03730
24087	㜱	18	531331233122511134	8230C231	03731
24088	嬼	18	531354533411243122	8BF4	05B3C
24089	嬸	18	531445343123425121	8BF0	05B38
24090	㪬	18	541541324111212154	82319C36	03AAC
24091	戳	18	541541325111211534	B4C1	06233
24092	鵕	18	543435432511154444	F952	09D55
24093	鞪	18	545233134122125112	ED4A	097AA
24094	䥐	18	545233545334112431	82349737	04950
24095	彝	18	551431234554234132	D2CD	05F5D
24096	繞	18	554444121121121135	C040	07E5E
24097	繥	18	554444121251431251	C047	07E65
24098	繨	18	554444121431112454	C04A	07E68
24099	繖	18	554444122125113134	BF99	07E56
24100	繱	18	554444122353344544	C053	07E71
24101	繐	18	554444125112144544	BF93	07E50
24102	䌚	18	554444125221431234	8232F539	0431A
24103	繚	18	554444134432511234	BF9D	07E5A
24104	繧	18	554444145244441154	C049	07E67
24105	繓	18	554444251112211154	BF96	07E53
24106	繝	18	554444251125113511	BFA0	07E5D
24107	繢	18	554444251212511134	C044	07E62
24108	繟	18	554444251251251112	C041	07E5F
24109	䌗	18	554444311222214444	8232F536	04317
24110	繑	18	554444313425125251	BF94	07E51
24111	䌖	18	554444324111211234	8232F535	04316
24112	繙	18	554444343123425121	BF9C	07E59
24113	繎	18	554444354413444444	BF91	07E4E
24114	織	18	554444414312511534	BF97	07E54
24115	繕	18	554444431112431251	BF98	07E55
24116	繗	18	554444431234354152	BF9A	07E57
24117	繜	18	554444431253511124	BF9F	07E5C
24118	繸	18	554444431353334454	C05A	07E78
24119	繒	18	554444432524312511	BF95	07E52
24120	繣	18	554444511121251211	C045	07E63
24121	繦	18	554444515251251214	C048	07E66
24122	繏	18	554444515515122134	BF92	07E4F
24123	繘	18	554444545232534251	BF9B	07E58
24124	斷	18	554554155455453312	94E0	065B7
24125	雝	18	555251521532411121	EB74	096DD
24126	邋	18	555253415445445454	E5E5	0908B
24127	耯	19	111234122324112154	C268	0802F
24128	䳞	19	111341123251115444 4	8234F131	04CDE
24129	瓉	19	1121113411342511134	AD81	074C9
24130	瓄	19	1121121252212511134	AD7B	074C4
24131	璷	19	1121125112441533134	AD6F	074B7
24132	瓇	19	1121132511454544354	AD7E	074C7
24133	鵡	19	1121215432511154444	F95E	09D61
24134	鶄	19	1121251132511154444	F982	09D84
24135	瓃	19	1121251212512125121	AD7A	074C3
24136	㼇	19	1121252324111212525	82328D38	03F07
24137	瓈	19	1121312343533424134	AD80	074C8
24138	瓅	19	1121325115545541234	AD7C	074C5
24139	瓆	19	1121331233122511134	AD7D	074C6
24140	㼆	19	1121433443344511214	82328D37	03F06
24141	䫨	19	1121533134132511134	8234BF35	04AE8
24142	㼄	19	1121554554125121534	82328D35	03F04
24143	㼃	19	1121555253415445445	82328D34	03F03
24144	顜	19	1122125211132511134	EE8E	0985C
24145	匶	19	1122324111213215115	8559	05336
24146	斄	19	1123431341312343434	94C1	06584
24147	镽	19	1211154134432511234	E952	0957D
24148	鬊	19	1211154333111342511	F442	09B0A
24149	鬍	19	1211154333122513511	F445	09B0D
24150	鬎	19	1211154333125123422	F446	09B0E
24151	鬌	19	1211154333131212511	F444	09B0C
24152	䰅	19	1211154333132511134	8234DC30	04C05

序号	字形	笔数	笔顺	18030代码	13000代码	序号	字形	笔数	笔顺	18030代码	13000代码
24153	䰄	19	1211154333251214544	8234DB39	04C04	24196	攉	19	1211452444432411121	DFAB	06509
24154	鬏	19	1211154333312344334	F7DD	09B0F	24197	趬	19	1212134121121121135	DA89	08DAC
24155	鬉	19	1211154333345234354	F441	09B09	24198	趫	19	1212134313425125251	DA88	08DAB
24156	䰈	19	1211154333431113121	8234DC33	04C08	24199	趭	19	1212134324111214444	DA8A	08DAD
24157	鬋	19	1211154333431251122	F443	09B0B	24200	䟇	19	1212134554554134534	8233EE35	047C7
24158	䭮	19	1211154333431325111	8234CC39	04B6E	24201	壚	19	1212153152512125221	89C0	058DA
24159	䰆	19	1211154333545231234	8234DC31	04C06	24202	攎	19	1212153152512125221	946D	0650E
24160	䵷	19	1211212511251211511	82358137	04D77	24203	壜	19	1212511145244441154	89C2	058DC
24161	鼃	19	1211212511251211511	FC7C	09F03	24204	壛	19	1212511251135321511	89C1	058DB
24162	㩰	19	1211222512512511234	82319637	03A70	24205	䶀	19	1212514311254341251	82358236	04D80
24163	攋	19	1211251234352511134	946A	0650B	24206	嚭	19	1212514312511324251	87BA	056AD
24164	騞	19	1211254444111213251	F264	09A1E	24207	攌	19	1212525221125135341	946B	0650C
24165	䮞	19	1211254444111342511	8234D137	04B9E	24208	攒	19	1213121353121352534	D4DC	06512
24166	䮜	19	1211254444122151234	8234D135	04B9C	24209	攑	19	1213211152511134112	9470	06511
24167	騲	19	1211254444122251112	F278	09A32	24210	㙾	19	1213211343451145521	8230B032	0367E
24168	䮠	19	1211254444125125121	8234D139	04BA0	24211	㩭	19	1213211343451145521	82319634	03A6D
24169	騕	19	1211254444125221531	F25B	09A15	24212	鵱	19	1213412132511154444	F96E	09D71
24170	騠	19	1211254444251112134	F266	09A20	24213	壞	19	1214125221241343534	89C4	058DE
24171	騔	19	1211254444251135345	F25A	09A14	24214	攈	19	1214135221153531234	9468	06508
24172	騦	19	1211254444251214544	F26C	09A26	24215	壠	19	1214143125111515111	89C6	058E0
24173	䮩	19	1211254444255452511	8234D238	04BA9	24216	攏	19	1214143125111515111	946E	0650F
24174	䮢	19	1211254444312321511	8234D231	04BA2	24217	攍	19	1214152513511531354	946C	0650D
24175	䮡	19	1211254444312511354	8234D230	04BA1	24218	㙿	19	1214311213123453534	8230B033	0367F
24176	騪	19	1211254444321511254	F270	09A2A	24219	䥍	19	1214311235434112431	82349734	0494D
24177	騜	19	1211254444325111121	F262	09A1C	24220	攚	19	1214334433445251251	9477	0651A
24178	騡	19	1211254444325112534	F267	09A21	24221	攇	19	1214451112252214544	9467	06507
24179	騩	19	1211254444325113554	F26F	09A29	24222	攐	19	1214451122134413534	946F	06510
24180	騟	19	1211254444341251122	F265	09A1F	24223	鏧	19	1215213355434112431	E758	093E7
24181	騣	19	1211254444345234354	F269	09A23	24224	䳣	19	1215353432511154444	8234F136	04CE3
24182	颿	19	1211254444353251214	EF63	098BF	24225	䫦	19	1215425221132511134	8234BF33	04AE6
24183	騘	19	1211254444353344544	F25E	09A18	24226	鵶	19	1215512132511154444	F973	09D76
24184	騚	19	1211254444431251122	F260	09A1A	24227	䳢	19	1221113432511154444	8234F135	04CE2
24185	騨	19	1211254444443251112	F26E	09A28	24228	聸	19	1221113513344111251	C29B	08078
24186	䮟	19	1211254444445433454	8234D138	04B9F	24229	蘀	19	1221212522112143112	CC45	08600
24187	䮝	19	1211254444451251112	8234D136	04B9D	24230	䕭	19	1221213412143344334	8233B239	0456D
24188	騙	19	1211254444451325122	F25F	09A19	24231	䕮	19	1221214311235431234	8233B330	0456E
24189	騢	19	1211254444512115154	F268	09A22	24232	蘣	19	1221221251213441121	CC65	08623
24190	騛	19	1211254444534335342	F261	09A1B	24233	蘁	19	1221225125112512511	CC46	08601
24191	騤	19	1211254444543341134	F26A	09A24	24234	䕩	19	1221234134432511234	8233B235	04569
24192	騷	19	1211254444544251214	F27D	09A37	24235	藮	19	1221234324111214444	CB96	085EE
24193	騥	19	1211254444545231234	F26B	09A25	24236	難	19	1221251113432411121	EB79	096E3
24194	壢	19	1211331234312342121	89C8	058E2	24237	鞲	19	1221251121122125211	F7B8	097B2
24195	攊	19	1211331234312342121	9469	0650A	24238	䩻	19	1221251121211254444	8234B436	04A7B

序号	字形	笔数	笔顺	18030代码	13000代码
24239	鞾	19	1221251121221122112	ED59	097BE
24240	鞴	19	1221251121221325112	F7B9	097B4
24241	䩹	19	1221251121251254312	8234B434	04A79
24242	鞸	19	1221251122511122112	ED53	097B8
24243	鞱	19	1221251123443321511	ED4E	097B1
24244	鞵	19	1221251123443554134	ED50	097B5
24245	䩺	19	1221251123454541541	8234B435	04A7A
24246	䩼	19	1221251123541112454	8234B437	04A7C
24247	鞹	19	1221251124125152152	ED54	097B9
24248	䩷	19	1221251124143454153	8234B432	04A77
24249	䩶	19	1221251125221251214	8234B431	04A76
24250	鵲	19	1221251132511154444	F96F	09D72
24251	䵍	19	1221251213441251521	8234FB35	04D4D
24252	藾	19	1221251234352511134	CC44	085FE
24253	䕱	19	1221251431132511134	8233B333	04571
24254	䕯	19	1221252211123433544	8233B331	0456F
24255	藶	19	1221331234312342121	CB9E	085F6
24256	藿	19	1221452444432411121	DEBD	085FF
24257	蘎	19	1221452444435115215	CC52	0860E
24258	蘃	19	1222121212121211234	CC48	08603
24259	蘋	19	1222121233132511134	CC4F	0860B
24260	蘧	19	1222153151353334454	DEBE	08627
24261	蘆	19	1222153152512125221	CC4A	08606
24262	藺	19	1222511251132411121	CC41	085FA
24263	躉	19	1222511252142512134	DC4F	08E89
24264	鶓	19	1222512132511154444	F991	09D93
24265	蘄	19	1222512512511123312	CC49	08604
24266	酄	19	1222512513241112152	E0A0	09144
24267	勸	19	1222512513241112153	84F1	052F8
24268	鶧	19	1222513432511154444	FA44	09DA7
24269	蘉	19	1222522145325114554	CC4D	08609
24270	蘈	19	1223123435132511134	CC4C	08608
24271	蘒	19	1223123435251125115	CC55	08612
24272	蘓	19	1223123435251214444	CC56	08613
24273	蘍	19	1223125431211444453	CC51	0860D
24274	䕟	19	1223211251251511134	8233B135	0455F
24275	孽	19	1223251514143112521	C4F5	05B7D
24276	㜸	19	1223251514143112531	8230C238	03738
24277	蘅	19	1223323525121134112	DEBF	08605
24278	蘏	19	1223511234132511134	CC53	0860F
24279	䕨	19	1223511431134554234	8233B234	04568
24280	蘇	19	1223525121444431234	CC4B	08607
24281	警	19	1223525131344111251	BEAF	08B66
24282	蘔	19	1223531234132511134	CC57	08614
24283	藹	19	1224111251251135345	CC40	085F9
24284	蘐	19	1224111251344311354	CC54	08610
24285	蘑	19	1224131234123413251	C4A2	08611
24286	䕲	19	1224134125251111234	8233B334	04572
24287	藽	19	1224143112342511135	CC43	085FD
24288	蘢	19	1224143125111515111	CC64	08622
24289	䕦	19	1224152513511531354	8233B232	04566
24290	䕰	19	1224334343123425121	8233B332	04570
24291	藻	19	1224412512512511234	D4E5	085FB
24292	䕪	19	1224412522112143112	8233B236	0456A
24293	藼	19	1224451112252214544	CC42	085FC
24294	蘂	19	1224544454445441234	CC47	08602
24295	顛	19	1225111134132511134	EE8D	0985B
24296	䕬	19	1225151251211251211	8233B238	0456C
24297	蘟	19	1225234431215114544	CC61	0861F
24298	鶜	19	1225452332511154444	F99A	09D9C
24299	蘊	19	1225544442534125221	CC4E	0860A
24300	蘕	19	1225544443541112454	CC58	08615
24301	櫘	19	1234111211125114544	99AE	06AD8
24302	櫕	19	1234113411342511134	99AB	06AD5
24303	㰇	19	1234121211121111534	8231BF32	03C07
24304	櫝	19	1234121252212511134	99B3	06ADD
24305	櫵	19	1234122324111214444	99CB	06AF5
24306	麓	19	1234123441352211535	C2B4	09E93
24307	櫏	19	1234125221134515454	99A5	06ACF
24308	㰁	19	1234132511325113251	8231BE36	03C01
24309	櫌	19	1234132511454544354	99A2	06ACC
24310	櫖	19	1234215315251214544	99AC	06AD6
24311	㰄	19	1234251113415341534	8231BE39	03C04
24312	櫢	19	1234251125125313134	99B8	06AE2
24313	櫑	19	1234251212512125121	99A7	06AD1
24314	㰎	19	1234252324111212525	8231BF39	03C0E
24315	㰀	19	1234312343533424134	8231BE35	03C00
24316	櫤	19	1234314314431251122	99BA	06AE4
24317	櫋	19	1234325111445344153	99A1	06ACB
24318	㰃	19	1234325112523554234	8231BE38	03C03
24319	櫟	19	1234325115545541234	99B5	06ADF
24320	櫍	19	1234331233122511134	99A3	06ACD
24321	攀	19	1234343412341343112	C5CA	06500
24322	鶆	19	1234343432511154444	F984	09D86
24323	麳	19	1234343435412343434	FC48	09EB3
24324	䴼	19	1234343435415341534	8234F938	04D3C

序号	字形	笔数	笔顺	18030代码	13000代码
24325	䴹	19	1234343435425111234	8234F935	04D39
24326	䴽	19	1234343435432511312	8234F939	04D3D
24327	麴	19	1234343435435431234	F4F0	09EB4
24328	䴺	19	1234343435441431251	8234F936	04D3A
24329	櫓	19	1234352512144442511	99A9	06AD3
24330	櫧	19	1234411125112132511	99BD	06AE7
24331	櫥	19	1234413121251431124	99BB	06AE5
24332	櫦	19	1234413522154544354	99BC	06AE6
24333	櫠	19	1234413543345153554	99B6	06AE0
24334	㰂	19	1234445343123425121	8231BE37	03C02
24335	鵐	19	1234445432511154444	F98E	09D90
24336	櫲	19	1234545235251353334	99C8	06AF2
24337	櫞	19	1234554444551353334	99B4	06ADE
24338	㯿	19	1234555253415445445	8231BE34	03BFF
24339	轒	19	1251112121222511134	DE4D	08F52
24340	䡳	19	1251112122111343312	82348137	04873
24341	轕	19	1251112122251135345	DE50	08F55
24342	轑	19	1251112134432511234	DE4C	08F51
24343	轐	19	1251112224314311134	DE4B	08F50
24344	䡲	19	1251112251251251112	82348136	04872
24345	轎	19	1251112313425125251	DE49	08F4E
24346	鏨	19	1251112331234112431	E759	093E8
24347	轓	19	1251112343123425121	DE4E	08F53
24348	䡴	19	1251112414312511211	82348138	04874
24349	轍	19	1251112415425113134	DE48	08F4D
24350	轔	19	1251112431234354152	DE4F	08F54
24351	䡵	19	1251112431353334454	82348139	04875
24352	轏	19	1251112513521521521	DE4A	08F4F
24353	蟿	19	1251112523554251214	CF84	087FF
24354	罊	19	1251112523554311252	C099	07F4A
24355	繫	19	1251112523554554234	C04D	07E6B
24356	鶇	19	1251123432511154444	F985	09D87
24357	懯	19	1251124415331344544	91CA	061EF
24358	㰆	19	1251245211121111234	8231BF31	03C06
24359	櫜	19	1251245354242511234	99B2	06ADC
24360	鞷	19	1251254312122125112	ED52	097B7
24361	鬷	19	1251254312345234354	F469	09B37
24362	覇	19	1252211221251123511	D286	08987
24363	䚓	19	1252212511122511135	8233D031	04693
24364	覈	19	1252213251141533134	D287	08988
24365	醰	19	1253511125221251112	E176	091B0
24366	䤐	19	1253511153515352511	82349134	04910
24367	䤏	19	1253511211121113112	82349133	0490F
24368	醭	19	1253511224314311134	F5B3	091AD
24369	醮	19	1253511324111214444	F5B4	091AE
24370	醯	19	1253511415432525221	F5B5	091AF
24371	醱	19	1253511543345153554	E177	091B1
24372	䤎	19	1253511545232534251	82349132	0490E
24373	䤒	19	1253511554554134534	82349136	04912
24374	麗	19	1254125441352211535	FB90	09E97
24375	䌠	19	1312515343534554234	8232F635	04320
24376	夒	19	1325111212151534354	89EB	05912
24377	礟	19	1325112112544443434	B550	0791F
24378	礣	19	1325112225221134534	B554	07923
24379	礤	19	1325112235445411234	EDE5	07924
24380	厴	19	1325112511134425112	8598	053B4
24381	礛	19	1325112512531425221	B54D	0791B
24382	礪	19	1325113122251125214	B55A	0792A
24383	礝	19	1325114524444132522	B54F	0791D
24384	㱊	19	1325114545443543534	8231C539	03C4A
24385	礘	19	1325125115545544444	B54A	07918
24386	礙	19	1325135311345452134	B54B	07919
24387	礢	19	1325143111344511534	B553	07922
24388	礗	19	1325144512332511134	B549	07917
24389	䃰	19	1325144535445411234	8232BE36	040F0
24390	贋	19	1332324111212511134	D99E	08D0B
24391	願	19	1332511234132511134	EE8A	09858
24392	鵸	19	1341251232511154444	F975	09D78
24393	鵪	19	1342511532511154444	F967	09D6A
24394	璽	19	1342523434343411214	AD74	074BD
24395	蹷	19	1343152335342512134	DC42	08E77
24396	礦	19	1352141312212512134	B556	07926
24397	豶	19	1353334121222511134	D872	08C76
24398	櫫	19	1353334121325111234	99C1	06AEB
24399	豷	19	1353334121451251431	D873	08C77
24400	蟸	19	1353334251214251214	CF7E	087F8
24401	䝑	19	1353334414312511211	8233E239	04751
24402	殱	19	1354121211121111534	9A9D	06BB1
24403	殰	19	1354121252212511134	9A9C	06BB0
24404	䨮	19	1452444411121112511	8234AC39	04A2E
24405	䨭	19	1452444411542432511	8234AC38	04A2D
24406	霦	19	1452444412341234333	EC45	09726
24407	䨫	19	1452444412343434354	8234AC36	04A2B
24408	霬	19	1452444425121122134	EC4A	0972C
24409	酃	19	1452444425125125152	DBB9	09143
24410	䨬	19	1452444444112341234	8234AC37	04A2C

序号	字形	笔数	笔顺	18030代码	13000代码	序号	字形	笔数	笔顺	18030代码	13000代码
24411	霳	19	1452444444134433121	F6AF	0972A	24454	闞	19	2511251125111343134	EA51	095DD
24412	霱	19	1452444445251135345	F6B0	0972D	24455	覸	19	2511251125112511135	D356	089B8
24413	霨	19	1452444451311234124	EC47	09728	24456	曡	19	2511251125114525111	95E8	066E1
24414	霳	19	1452444452354131121	EC4E	09733	24457	覵	19	2511251135112511135	D353	089B5
24415	霫	19	1452444454154132511	EC49	0972B	24458	䦰	19	2511251135251125115	8234A035	049B0
24416	鶈	19	1511253132511154444	F986	09D88	24459	闙	19	2511251145132513134	EA4D	095D9
24417	翽	19	2121131233534541541	C250	07FFD	24460	闞	19	2511251151221113134	EA52	095DE
24418	䶙	19	2121343413434521515	82358531	04D99	24461	䦳	19	2511251155345115452	8234A038	049B3
24419	齖	19	2121343413434521523	FD5C	09F56	24462	闘	19	2511251155455453221	EA50	095DC
24420	齗	19	2121343413434523312	FD5D	09F57	24463	嚦	19	2511331234312342121	87B3	056A6
24421	齘	19	2121343413434523432	FD5E	09F58	24464	䳟	19	2511351132511154444	8234F132	04CDF
24422	䶖	19	2121343413434523445	82358438	04D96	24465	鶍	19	2511353332511154444	F98B	09D8D
24423	䶕	19	2121343413434525215	82358437	04D95	24466	曢	19	2511445134432511234	95E9	066E2
24424	鵫	19	2125111232511154444	F968	09D6B	24467	嚯	19	2511452444432411121	E0EB	056AF
24425	鹸	19	2125344444134125134	FB78	09E78	24468	疇	19	2512112151211251124	AEA0	07587
24426	壡	19	2145134342511154121	89C7	058E1	24469	㽭	19	2512114524444132522	82329830	03F6D
24427	黼	19	2243143252341251124	EDEB	09EFC	24470	蹺	19	2512121121121121135	DC45	08E7A
24428	㬩	19	2511111211125114544	8231A931	03B29	24471	躂	19	2512121121431112454	DC4A	08E82
24429	䁾	19	2511112225221134534	8232B332	0407E	24472	蹮	19	2512121125221134515	DB9F	08E6E
24430	矋	19	2511113122251125214	B28D	077CB	24473	蹰	19	2512121131251431124	F5E9	08E70
24431	矄	19	2511131254312114444	B286	077C4	24474	蹶	19	2512121134315233534	F5EA	08E76
24432	矈	19	2511132511445344153	B28A	077C8	24475	蹽	19	2512121134432511234	DC47	08E7D
24433	蠈	19	2511134113534251214	CF8C	08808	24476	蹼	19	2512121224314311134	F5EB	08E7C
24434	贎	19	2511134122251125214	DA40	08D0E	24477	嚬	19	2512121233132511134	87B9	056AC
24435	贉	19	2511134125221251112	D99C	08D09	24478	蹪	19	2512121251212511134	DB9D	08E6A
24436	贆	19	2511134134413441344	D999	08D06	24479	䠤	19	2512121251251251112	8233F738	04824
24437	贌	19	2511134224314311134	D99F	08D0C	24480	䠦	19	2512121311342512511	8233F830	04826
24438	䞈	19	2511134344335554444	8233E833	04788	24481	蹻	19	2512121313425125251	DC46	08E7B
24439	贈	19	2511134432524312511	D99B	08D08	24482	蹹	19	2512121341251541541	DC44	08E79
24440	矎	19	2511135253425111354	B28F	077CE	24483	蹯	19	2512121343123425121	F5EC	08E6F
24441	矌	19	2511141312212512134	B28E	077CC	24484	蹨	19	2512121354413444444	DB9C	08E68
24442	矉	19	2511144512332511134	B28B	077C9	24485	蹴	19	2512121412512341354	F5ED	08E74
24443	矃	19	2511144545442522112	B285	077C3	24486	蹾	19	2512121412515213134	DC48	08E7E
24444	鵾	19	2511151532511154444	F97B	09D7E	24487	蹱	19	2512121414312511211	DBA0	08E71
24445	矅	19	2511154154132411121	B287	077C5	24488	蹸	19	2512121431234354152	DC43	08E78
24446	矊	19	2511155444432511252	B28C	077CA	24489	蹲	19	2512121431253511124	B6D7	08E72
24447	㘑	19	2511211123451124134	8230A534	03611	24490	蹭	19	2512121432524312511	B2E4	08E6D
24448	㘐	19	2511211254444413434	8230A533	03610	24491	蹿	19	2512121445342512512	B4DA	08E7F
24449	嚥	19	2511221251211354444	87B2	056A5	24492	䠣	19	2512121515515122134	8233F737	04823
24450	闚	19	2511251111342511135	EA4E	095DA	24493	蹬	19	2512121543341251431	B5C5	08E6C
24451	曝	19	2511251112213424134	C6D8	066DD	24494	蹳	19	2512121543345153554	DC40	08E73
24452	闛	19	2511251124345251121	EA4F	095DB	24495	蹫	19	2512121545232534251	DB9E	08E6B
24453	曟	19	2511251125111311534	95E6	066DF	24496	櫐	19	2512125121251211234	99A6	06AD0

序号	字形	笔数	笔顺	18030代码	13000代码
24497	蟶	19	2512141221112511121	CF7C	087F6
24498	蠖	19	2512141223241112154	F3B6	08816
24499	蠓	19	2512141224511353334	F3B7	08813
24500	䗵	19	2512141251211251211	8233C035	045F5
24501	蟕	19	2512142121353535112	CF60	087D5
24502	蟷	19	2512142431525125121	CF7D	087F7
24503	蠅	19	2512142511251211511	CF89	08805
24504	蠍	19	2512142511353453534	CF90	0880D
24505	蠌	19	2512142522112143112	CF8F	0880C
24506	蠉	19	2512142522112513534	CF8D	08809
24507	蠋	19	2512142522135251214	CF8E	0880B
24508	䗻	19	2512143143145115452	8233C131	045FB
24509	蟾	19	2512143513344111251	F3B8	087FE
24510	蠏	19	2512143535112533112	CF92	0880F
24511	蟺	19	2512144125251125111	CF80	087FA
24512	蠊	19	2512144134315112234	F3B9	0880A
24513	蠀	19	2512144135342511134	CF85	08800
24514	䗷	19	2512144143125114544	8233C037	045F7
24515	蟻	19	2512144311213121534	CF81	087FB
24516	䗹	19	2512144315545544544	8233C039	045F9
24517	蟰	19	2512145112322151512	CF76	087F0
24518	嚧	19	2512153152512125221	87B4	056A7
24519	艶	19	2512211251431355215	C646	08276
24520	䫟	19	2512511134132511134	8234BE36	04ADF
24521	嚪	19	2512511251135321511	87B7	056AA
24522	嚴	19	2512511351221113134	87C0	056B4
24523	辴	19	2512512511121311534	DE74	08FB4
24524	獸	19	2512512512112511344	AB46	07378
24525	嚰	19	2514131234123413251	87BC	056B0
24526	嚫	19	2514143112342511135	87B8	056AB
24527	嚨	19	2514143125111515111	87B5	056A8
24528	嚩	19	2515544441251124124	87B6	056A9
24529	巅	19	2521225111134132534	E1DB	05DC5
24530	顗	19	2521251431132511134	EE89	09857
24531	颽	19	2521251431353251214	EF61	098BD
24532	㠣	19	2521331234312342121	8230DA33	03823
24533	翾	19	2522112513534541541	C251	07FFE
24534	䚑	19	2522125111342511135	8233CF39	04691
24535	䍤	19	2522141432533543211	8232FD32	04364
24536	㠠	19	2522153152512125221	8230DA30	03820
24537	羆	19	2522154251135354444	C160	07F86
24538	羄	19	2522155444421251112	C15E	07F84
24539	羅	19	2522155444432411121	C15F	07F85
24540	䳥	19	2523445432511154444	8234F138	04CE5
24541	㠡	19	2524112112544443534	8230DA31	03821
24542	巄	19	2524143125111515111	8E62	05DC4
24543	巃	19	2524143125111515111	8E61	05DC3
24544	巆	19	2524334433445251251	8E63	05DC6
24545	巌	19	2524431351221113134	8E69	05DCC
24546	幰	19	2524451112252214544	8ED2	05E70
24547	䵨	19	2543121144441353334	8234FE32	04D68
24548	黣	19	2543121144443155414	FC65	09EE3
24549	黢	19	2543121144445434354	F7F1	09EE2
24550	髆	19	2554525111251124124	F36D	09AC6
24551	髇	19	2554525114125125251	F36E	09AC7
24552	髈	19	2554525114143454153	F36F	09AC8
24553	䯡	19	2554525114315112234	8234D834	04BE1
24554	髋	19	2554525114451222535	F7C5	09ACB
24555	髌	19	2554525114453212134	F7C6	09ACC
24556	髉	19	2554525114532411121	F370	09AC9
24557	镲	19	3111544535445411234	EFEF	09572
24558	鼄	19	3112342511251211511	FC7D	09F04
24559	䱥	19	3112522235251214444	8234E536	04C65
24560	䚐	19	3113425125112511135	8233CF38	04690
24561	氌	19	3115352512144442511	9ADA	06C0C
24562	㲱	19	3115555253415445445	8231D031	03CB1
24563	犢	19	3121121252212511134	A0D9	072A2
24564	䳠	19	3121221132511154444	8234F133	04CE0
24565	犦	19	3121251112213424134	A0DD	072A6
24566	犤	19	3121252215425113535	A0DB	072A4
24567	贊	19	3121353121352511134	D99D	08D0A
24568	犥	19	3121413522115354444	A0DC	072A5
24569	㹙	19	3121433443344525111	8231FA34	03E59
24570	犣	19	3121555253415445445	A0DA	072A3
24571	舚	19	3122513513344111251	C571	0821A
24572	穪	19	3123413425234343434	B781	07A6A
24573	穤	19	3123414524444132522	B77A	07A64
24574	䵩	19	3123422254312114444	8234FE33	04D69
24575	䊬	19	3123425111234431234	8232EA39	042AC
24576	馦	19	3123425114315112234	F14D	099A6
24577	㘒	19	3123431251121125135	8230A535	03612
24578	穩	19	3123434431215114544	B780	07A69
24579	穨	19	3123435251212511134	B77E	07A68
24580	䴻	19	3123435312343434354	8234F937	04D3B
24581	鵹	19	3123435332511154444	F976	09D79
24582	鯬	19	3123435335251214444	F650	09BEC

序号	字形	笔数	笔顺	18030代码	13000代码
24583	穬	19	3123441312212512134	B783	07A6C
24584	穧	19	3123441432533543211	B77D	07A67
24585	穦	19	3123444512332511134	B77C	07A66
24586	簼	19	3143141211122125211	BA9D	07C3C
24587	䉟	19	3143141213241112154	8232E332	0425F
24588	籀	19	3143141213545325121	F4A6	07C40
24589	簸	19	3143141221113453254	F4A4	07C38
24590	籆	19	3143141223241112154	BB43	07C46
24591	簳	19	3143141225111234112	BA95	07C33
24592	䉢	19	3143141234341252511	8232E335	04262
24593	簵	19	3143141251112354251	BA97	07C35
24594	籁	19	3143141251234352534	F4A5	07C41
24595	籈	19	3143141252211211554	BB45	07C48
24596	䉞	19	3143141312515344544	8232E331	0425E
24597	簴	19	3143142153152243134	BA96	07C34
24598	簹	19	3143142434525125121	BA9A	07C39
24599	簬	19	3143142512121354251	BA8E	07C2C
24600	䉜	19	3143143113432411121	8232E239	0425C
24601	籅	19	3143143211152511134	BB42	07C45
24602	䉠	19	3143143322521353134	8232E333	04260
24603	簽	19	3143143412512513434	BA9E	07C3D
24604	籂	19	3143143445115431252	BAA0	07C42
24605	簷	19	3143143513344111251	BA99	07C37
24606	䉏	19	3143143535112533112	8232E136	0424F
24607	䉡	19	3143144125251125111	8232E334	04261
24608	簾	19	3143144134315112234	BA9F	07C3E
24609	䉝	19	3143144311213121534	8232E330	0425D
24610	䉤	19	3143144312345313134	8232E337	04264
24611	簿	19	3143144411251124124	B2BE	07C3F
24612	簺	19	3143144451122134121	BA9B	07C3A
24613	簫	19	3143145112322151512	BA8D	07C2B
24614	蠞	19	3143145115452251214	CF9D	0881E
24615	鳘	19	3155414313435251211	F7AA	09CD8
24616	夓	19	3211132511151134354	89EC	05913
24617	爂	19	3211251251511454334	A067	07202
24618	鶂	19	3215113532511154444	F980	09D82
24619	鼭	19	3215115445445121124	FC9D	09F2D
24620	鼮	19	3215115445445312154	FC9E	09F2E
24621	䶅	19	3215115445445354251	82358331	04D85
24622	牘	19	3215121252212511134	A0A9	07258
24623	㒢	19	3234125125125125122	8139FE39	034A2
24624	㒡	19	3234433112523554234	8139FE38	034A1
24625	儳	19	3235251153535251354	83A7	05133
24626	䳡	19	3241112132511154444	8234F134	04CE1
24627	儴	19	3241251251112213534	83A8	05134
24628	㒣	19	3241332324111214544	82308130	034A3
24629	皩	19	3251111212511243135	B08C	076A9
24630	㿧	19	3251112151211251124	8232A432	03FE7
24631	齁	19	3251112512113235251	FD4A	09F41
24632	䶌	19	3251112512113235515	82358338	04D8C
24633	軅	19	3251113133232411121	DC82	08EC5
24634	䠿	19	3251113251212511134	8233FA35	0483F
24635	軃	19	3251113251251251112	DC80	08EC3
24636	䫧	19	3251113412132511134	8234BF34	04AE7
24637	軄	19	3251113414312511534	DC81	08EC4
24638	軂	19	3251113433443344553	DC7E	08EC2
24639	鶀	19	3251115444412211134	F97D	09D80
24640	鵿	19	3251115444425113132	F97C	09D7F
24641	鶃	19	3251115444432151135	F981	09D83
24642	鵻	19	3251115444432411121	F978	09D7B
24643	鵦	19	3251115444451124134	F963	09D66
24644	鵯	19	3251131232511154444	F96C	09D6F
24645	魓	19	3251135542511122112	F478	09B53
24646	魑	19	3251135544134522554	F7CE	09B51
24647	魐	19	3251135544315112234	F476	09B50
24648	顖	19	3253414544132511134	EE88	09856
24649	䫢	19	3321531535132511134	8234BE39	04AE2
24650	㣸	19	3322243135333431121	8230EF36	038F8
24651	懲	19	3322521112131344544	91CD	061F2
24652	徿	19	3324143125111515111	8FDC	05FBF
24653	㦣	19	3325212511521124544	82318235	039A3
24654	䘙	19	3325212511521252112	8233C431	04619
24655	䫠	19	3331324251132511134	8234BE37	04AE0
24656	艧	19	3354141223241112154	C59F	08267
24657	艨	19	3354141224511353334	F4BF	08268
24658	艢	19	3354141234341252511	C59A	08262
24659	艣	19	3354142153152512153	C59B	08263
24660	艡	19	3354142434525125121	C599	08261
24661	鞶	19	3354143554122125112	ED51	097B6
24662	艤	19	3354144311213121534	C59C	08264
24663	鵨	19	3411225132511154444	F965	09D68
24664	鏏	19	3411243111121112511	E741	093CF
24665	䥊	19	3411243111212511134	82349731	0494A
24666	䥓	19	3411243112211134121	82349830	04953
24667	鐯	19	3411243112212132511	E840	0942F
24668	鐄	19	3411243112212512134	E775	09404

序号	字形	笔数	笔顺	18030代码	13000代码
24669	鏋	19	3411243112212523434	E69E	093CB
24670	䥑	19	3411243112343434354	82349738	04951
24671	鏩	19	3411243112511123312	E75A	093E9
24672	鏄	19	3411243112511214124	E698	093C4
24673	鏪	19	3411243112512212511	E75B	093EA
24674	鏉	19	3411243112512343534	E69D	093C9
24675	鏂	19	3411243112512512515	E696	093C2
24676	鏗	19	3411243112512554121	E748	093D7
24677	鏢	19	3411243112522111234	E753	093E2
24678	䥎	19	3411243113115342511	82349735	0494E
24679	鏚	19	3411243113211234534	E74B	093DA
24680	鏯	19	3411243113434343434	E760	093EF
24681	鏀	19	3411243121253444441	E694	093C0
24682	鏬	19	3411243121531534312	E75D	093EC
24683	鏜	19	3411243124345251121	E74D	093DC
24684	鏛	19	3411243124345251252	E74C	093DB
24685	鏤	19	3411243125112512531	E755	093E4
24686	鏝	19	3411243125112522154	E74E	093DD
24687	鏍	19	3411243125121554234	E6A0	093CD
24688	鏙	19	3411243125232411121	E74A	093D9
24689	鏰	19	3411243125235113511	E761	093F0
24690	鐹	19	3411243125525251454	E84A	09439
24691	鏫	19	3411243131234221234	E75C	093EB
24692	鵭	19	3411243132511154444	F96A	09D6D
24693	鏓	19	3411243132535414544	E745	093D3
24694	鏦	19	3411243133234342134	E757	093E6
24695	鏭	19	3411243134312344544	E75E	093ED
24696	鐌	19	3411243135251353334	E77D	0940C
24697	䥋	19	3411243141251524444	82349732	0494B
24698	鏣	19	3411243141312214444	E754	093E3
24699	鏮	19	3411243141351124134	E75F	093EE
24700	鏞	19	3411243141351125112	E74F	093DE
24701	鏕	19	3411243141352211535	E747	093D5
24702	鏱	19	3411243141431251112	E762	093F1
24703	鏡	19	3411243141431251135	E752	093E1
24704	鏟	19	3411243141431331121	E750	093DF
24705	鏑	19	3411243141432512251	E743	093D1
24706	鏃	19	3411243141533131134	E697	093C3
24707	鏇	19	3411243141533152134	E69B	093C7
24708	鏲	19	3411243141554453112	E763	093F2
24709	䥕	19	3411243143252343134	82349832	04955
24710	鏔	19	3411243144512512134	E746	093D4
24711	鏥	19	3411243144532132511	E756	093E5
24712	䥉	19	3411243144535251354	82349730	04949
24713	鏘	19	3411243152133544124	E749	093D8
24714	鐊	19	3411243152251113533	E77B	0940A
24715	䥙	19	3411243152431353334	82349836	04959
24716	鏐	19	3411243154154134333	E742	093D0
24717	鏒	19	3411243154545434333	E744	093D2
24718	鏆	19	3411243155212511134	E69A	093C6
24719	鏁	19	3411243155525111234	E695	093C1
24720	鼗	19	3415341212514311254	D8BB	09F17
24721	鶏	19	3443113432511154444	F98D	09D8F
24722	颻	19	3443311252353251214	EF5F	098BB
24723	䝤	19	3443533134432511234	8233E438	04764
24724	貚	19	3443533251251251112	D88D	08C9A
24725	䝥	19	3443533325111413412	8233E439	04765
24726	䝦	19	3443533325221323334	8233E530	04766
24727	覶	19	3443542554542511135	D354	089B6
24728	辭	19	3443542554544143112	DE6F	08FAD
24729	䫣	19	3443554134132511134	8234BF30	04AE3
24730	饉	19	3445115412212511121	F07E	09949
24731	饇	19	3445115412512512515	F07C	09947
24732	饄	19	3445115424345251121	F079	09944
24733	饅	19	3445115425112522154	F07A	09945
24734	䭖	19	3445115441312214444	8234CA35	04B56
24735	䭗	19	3445115441431251135	8234CA36	04B57
24736	䭛	19	3445115451221113134	8234CB30	04B5B
24737	䨄	19	3445125351132411121	8234A837	04A04
24738	臔	19	3511125125542511134	C540	081D4
24739	䑊	19	3511251212511134454	82339539	0444A
24740	䑈	19	3511325115545541234	82339537	04448
24741	䑇	19	3511331233122511134	82339536	04447
24742	鵬	19	3511351132511154444	F969	09D6C
24743	臕	19	3511413522115354444	C541	081D5
24744	鵩	19	3511525432511154444	F966	09D69
24745	臘	19	3511555253415445445	C544	081D8
24746	鵰	19	3512125132511154444	F96D	09D70
24747	䪡	19	3523413534211121111	8234B834	04AA1
24748	䪢	19	3523413534211121111	8234B835	04AA2
24749	顚	19	3525111534132511134	EE8C	0985A
24750	劖	19	3525115353525135422	84AD	05296
24751	酁	19	3525115353525135452	E09E	09141
24752	鳓	19	3525121112212511253	F7A6	09CD3
24753	鳔	19	3525121112522111234	F7A7	09CD4
24754	鳕	19	3525121114524444511	F7A8	09CD5

序号	字形	笔数	笔顺	18030代码	13000代码
24755	鳗	19	3525121125112522154	F7A9	09CD7
24756	鳙	19	3525121141351125112	F7AB	09CD9
24757	鳚	19	3525121151311234124	F79D	09CDA
24758	鳛	19	3525121154154132511	F79E	09CDB
24759	鯖	19	3525121444411212511	F59B	09BD6
24760	䱪	19	3525121444411213534	8234E631	04C6A
24761	鯺	19	3525121444412132511	F65E	09BFA
24762	鯥	19	3525121444412134121	F649	09BE5
24763	鯪	19	3525121444412134354	F64E	09BEA
24764	鯕	19	3525121444412211134	F59A	09BD5
24765	鯫	19	3525121444412211154	F64F	09BEB
24766	䱜	19	3525121444412212511	8234E437	04C5C
24767	鰙	19	3525121444412213251	F67D	09C19
24768	鯠	19	3525121444412343434	F644	09BE0
24769	鯟	19	3525121444412511234	F643	09BDF
24770	䱛	19	3525121444412511534	8234E436	04C5B
24771	䱨	19	3525121444412523422	8234E539	04C68
24772	䱞	19	3525121444413411234	8234E439	04C5E
24773	䱠	19	3525121444415341534	8234E531	04C60
24774	鯡	19	3525121444421112111	F645	09BE1
24775	䱙	19	3525121444421123454	8234E434	04C59
24776	鯱	19	3525121444421531535	F655	09BF1
24777	鯤	19	3525121444425111535	F648	09BE4
24778	鯧	19	3525121444425112511	F64B	09BE7
24779	鯣	19	3525121444425113533	F647	09BE3
24780	鯝	19	3525121444425122511	F641	09BDD
24781	䱩	19	3525121444425431415	8234E630	04C69
24782	鯯	19	3525121444431125222	F653	09BEF
24783	鯚	19	3525121444431234521	F59F	09BDA
24784	鯘	19	3525121444431234531	F59D	09BD8
24785	鯢	19	3525121444432151135	F646	09BE2
24786	䱦	19	3525121444432411121	8234E537	04C66
24787	䱝	19	3525121444432511312	8234E438	04C5D
24788	鯩	19	3525121444434125122	F64D	09BE9
24789	鯰	19	3525121444434454544	F654	09BF0
24790	鯛	19	3525121444435121251	F5A0	09BDB
24791	䱤	19	3525121444435321511	8234E535	04C64
24792	鯦	19	3525121444435424251	F64A	09BE6
24793	䱡	19	3525121444435431234	8234E532	04C61
24794	鯨	19	3525121444441251234	F64C	09BE8
24795	鯙	19	3525121444441251521	F59E	09BD9
24796	鯳	19	3525121444441335154	F657	09BF3
24797	䱣	19	3525121444441343412	8234E534	04C63
24798	鯜	19	3525121444441431531	F640	09BDC
24799	鯲	19	3525121444441533444	F656	09BF2
24800	䱧	19	3525121444443113455	8234E538	04C67
24801	鯮	19	3525121444444511234	F652	09BEE
24802	䱶	19	3525121444445115452	8234E733	04C76
24803	鰎	19	3525121444451111254	F672	09C0E
24804	䱚	19	3525121444451124134	8234E435	04C5A
24805	鯞	19	3525121444451145252	F642	09BDE
24806	䱟	19	3525121444451312251	8234E530	04C5F
24807	鯭	19	3525121444452125221	F651	09BED
24808	鯴	19	3525121444453251214	F658	09BF4
24809	鯵	19	3525121444454134333	F659	09BF5
24810	鯔	19	3525121444455525121	F599	09BD4
24811	鵵	19	3525135432511154444	F972	09D75
24812	獺	19	3531251234352511134	AB48	0737A
24813	㺡	19	3531331234312342121	82328336	03EA1
24814	㺢	19	3531452444432411121	82328337	03EA2
24815	鵮	19	3532151132511154444	F96B	09D6E
24816	獹	19	3532153152512125221	AB47	07379
24817	䬚	19	3532512141211254444	8234C435	04B1A
24818	䬛	19	3532512142511122112	8234C436	04B1B
24819	䬙	19	3532512143443311252	8234C434	04B19
24820	飀	19	3532512143545325121	EF64	098C0
24821	䬘	19	3532512144125125251	8234C433	04B18
24822	䬜	19	3532512144134522554	8234C437	04B1C
24823	觶	19	3535112251251251112	D37A	089F6
24824	䚩	19	3535112313425125251	8233D233	046A9
24825	觹	19	3535112324111212525	D37D	089F9
24826	䚬	19	3535112431234354152	8233D236	046AC
24827	蟹	19	3535112533112251214	D0B7	087F9
24828	䚨	19	3535112543345153554	8233D232	046A8
24829	邍	19	3542512151124134454	DF87	0908D
24830	鵴	19	3543123432511154444	F971	09D74
24831	譛	19	4111251113411342511	D755	08B5B
24832	譊	19	4111251121121121135	D744	08B4A
24833	譆	19	4111251121251431251	D740	08B46
24834	䜑	19	4111251121551214544	8233DC37	04711
24835	䜓	19	4111251122122151234	8233DC39	04713
24836	䜕	19	4111251122251125214	8233DD31	04715
24837	譪	19	4111251122251135345	D763	08B6A
24838	䜘	19	4111251122352513134	8233DD34	04718
24839	謿	19	4111251122511123511	D69A	08B3F
24840	譓	19	4111251125112144544	D74D	08B53

序号	字形	笔数	笔顺	18030代码	13000代码	序号	字形	笔数	笔顺	18030代码	13000代码
24841	譚	19	4111251125221251112	D754	08B5A	24884	癟	19	4134132511134125122	B054	0765F
24842	䜔	19	4111251131212511454	8233DD30	04714	24885	癣	19	4134135251211431112	D1A2	07663
24843	䜍	19	4111251134432511234	8233DC33	0470D	24886	癡	19	4134135311345452134	B056	07661
24844	譖	19	4111251153515352511	D750	08B56	24887	癠	19	4134141432533543211	B055	07660
24845	譋	19	4111251251125113511	D745	08B4B	24888	癢	19	4134143111344511534	B057	07662
24846	䜋	19	4111251251212511134	8233DC31	0470B	24889	龐	19	4134143125111515111	FD8B	09F90
24847	譂	19	4111251251251251112	D69D	08B42	24890	㿑	19	4134154154132411121	8232A230	03FD1
24848	譕	19	4111251311222214444	D74F	08B55	24891	䰪	19	4134342511325113554	8234DF37	04C2A
24849	譑	19	4111251313425125251	D74B	08B51	24892	鶊	19	4135113432511154444	F988	09D8A
24850	譗	19	4111251314314341251	D751	08B57	24893	麒	19	4135221151512211134	F7E8	09E92
24851	譙	19	4111251324111214444	D753	08B59	24894	麕	19	4135221153525312341	FB8E	09E95
24852	䜒	19	4111251325431234134	8233DC38	04712	24895	䴧	19	4135221153531234531	8234F737	04D27
24853	譒	19	4111251343123425121	D74C	08B52	24896	麑	19	4135221153532151135	FB8C	09E91
24854	譌	19	4111251344335554444	D746	08B4C	24897	鏖	19	4135221153534112431	F7E9	093D6
24855	譈	19	4111251412515213134	D742	08B48	24898	麔	19	4135221153535424251	FB8D	09E94
24856	識	19	4111251414312511534	D752	08B58	24899	麖	19	4135221153541251234	FB8F	09E96
24857	譜	19	4111251431224312511	D756	08B5C	24900	瓣	19	4143113335444143112	B0EA	074E3
24858	譐	19	4111251431253511124	D74A	08B50	24901	䇕	19	4143114524444132522	8232D534	041D5
24859	譢	19	4111251431353334454	D75C	08B62	24902	壟	19	4143125111515111121	89C5	058DF
24860	譄	19	4111251432524312511	D69F	08B44	24903	龏	19	4143125111515111132	FD8A	09F8F
24861	爕	19	4111251433443344334	A079	07215	24904	䚒	19	4143125112112511135	8233D030	04692
24862	䜎	19	4111251433443344553	8233DC34	0470E	24905	韻	19	4143125112512511134	ED8D	097FB
24863	䜄	19	4111251513241343112	8233DB34	04704	24906	韼	19	4143125113541112454	ED8E	097FC
24864	譔	19	4111251515515122134	D74E	08B54	24907	䪮	19	4143125113552335523	8234B937	04AAE
24865	證	19	4111251543341251431	D743	08B49	24908	䳝	19	4143125132511154444	8234F130	04CDD
24866	譎	19	4111251545232534251	D748	08B4E	24909	韲	19	4143253354211121111	ED87	097F2
24867	䜌	19	4111251554444554444	FEA0	E864	24910	齍	19	4143253354321125221	FD55	09F4D
24868	譏	19	4111251554554134534	D749	08B4F	24911	蠃	19	4152513511251214354	D9F9	08803
24869	躵	19	4125123413542512134	DC41	08E75	24912	羸	19	4152513511431112354	D9FA	07FB8
24870	鶁	19	4125123432511154444	F97E	09D81	24913	旟	19	4153313211152511134	94F9	065DF
24871	勷	19	4125125111221353453	84F0	052F7	24914	旝	19	4153313412524312511	94F7	065DD
24872	䯪	19	4125125251132511134	8234D933	04BEA	24915	旜	19	4153314125251125111	94F6	065DC
24873	鶉	19	4125152132511154444	F987	09D89	24916	䗸	19	4155332411121251214	8233C038	045F8
24874	颤	19	4125251125111132534	B2FC	098A4	24917	罋	19	4155332411121311252	C09A	07F4B
24875	黀	19	4131234123412211154	FC50	09EC0	24918	羷	19	4311133412512513434	C184	07FB7
24876	靡	19	4131234123421112111	C3D2	09761	24919	羶	19	4311134125251125111	C183	07FB6
24877	廬	19	4132153152512125221	8F5D	05EEC	24920	䫞	19	4311214444132511134	8234BE35	04ADE
24878	鵺	19	4132354432511154444	F977	09D7A	24921	羹	19	4311214444431121134	B8FE	07FB9
24879	廭	19	4133123411212511134	8F5E	05EED	24922	類	19	4312341344132511134	EE90	0985E
24880	㢝	19	4133525121444431234	8230E635	0389D	24923	糬	19	4312342522112132511	BC5E	07CEC
24881	贇	19	4134112121542511134	D99A	08D07	24924	糫	19	4312342522112513534	BC5D	07CEB
24882	㿒	19	4134112151211251124	8232A231	03FD2	24925	䊫	19	4312342522121112111	8232EA38	042AB
24883	㿓	19	4134113434342512134	8232A232	03FD3	24926	糩	19	4312343412524312511	BC5B	07CE9

序号	字形	笔数	笔顺	18030代码	13000代码
24927	糭	19	4312343444445234354	BC5F	07CED
24928	䚏	19	4312343541522511135	8233CF37	0468F
24929	䊥	19	4312345112322151512	8232EA32	042A5
24930	䫡	19	4315112234132511134	8234BE38	04AE1
24931	䨆	19	4325234313432411121	8234A839	04A06
24932	鐅	19	4325234313434112431	E776	09405
24933	鳖	19	4325234313435251211	B1EE	09CD6
24934	㸇	19	4334113411342511134	8231F232	03E07
24935	爑	19	4334122324111214444	A075	07211
24936	爈	19	4334215315251214544	A06C	07208
24937	爆	19	4334251112213424134	B1AC	07206
24938	爅	19	4334254312114444121	A06A	07205
24939	㸆	19	4334312125121112111	8231F231	03E06
24940	爍	19	4334325115545541234	A071	0720D
24941	爊	19	4334413522115354444	A06E	0720A
24942	㸉	19	4334414311243344334	8231F234	03E09
24943	鶑	19	4334433432511154444	F98F	09D91
24944	䪯	19	4334433445414312511	8234B938	04AAF
24945	爎	19	4334445134432511234	A072	0720E
24946	爉	19	4334555253415445445	A06D	07209
24947	瀫	19	4411214515542343554	9E80	0702B
24948	瀳	19	4411224135221154444	9E88	07033
24949	瀚	19	4411225111234541541	E5AB	0701A
24950	瀟	19	4411225112322151512	9E74	0701F
24951	㶇	19	4411234122112512134	8231E534	03D87
24952	瀭	19	4411251112341251122	9E82	0702D
24953	瀬	19	4411251234132511134	9E81	0702C
24954	瀨	19	4411251234352511134	9E7C	07028
24955	瀜	19	4411251254312251214	9E71	0701C
24956	瀝	19	4411331234312342121	9E72	0701D
24957	瀮	19	4411452444412341234	9E83	0702E
24958	瀖	19	4411452444432411121	9E6D	07016
24959	瀕	19	4412121233132511134	9E6C	07015
24960	瀣	19	4412135454211121111	E5AC	07023
24961	瀘	19	4412153152512125221	9E6F	07018
24962	㶋	19	4412243135333431121	8231E538	03D8B
24963	㶄	19	4412511251135321511	8231E531	03D84
24964	㶎	19	4412522112513534454	8231E631	03D8E
24965	濳	19	4413121353121352511	9E4B	06FF3
24966	瀩	19	4413123435132511134	9E7D	07029
24967	㶅	19	4413211343451145521	8231E532	03D85
24968	瀤	19	4414125221241343534	9E78	07024
24969	瀙	19	4414143112342511135	9E70	07019
24970	瀧	19	4414143125111515111	9E7B	07027
24971	瀛	19	4414152513511531354	E5AD	0701B
24972	㶈	19	4414334433445251214	8231E535	03D88
24973	瀯	19	4414334433445251251	9E84	0702F
24974	瀠	19	4414334433445554234	9E75	07020
24975	瀗	19	4414451112252214544	9E6E	07017
24976	㶏	19	4415234431215114544	8231E632	03D8F
24977	䀊	19	4415415413433325221	8232A737	0400A
24978	瀥	19	4415415414125125251	9E79	07025
24979	懶	19	4421251234352511134	91D0	061F6
24980	懻	19	4422113525121122134	91D5	061FB
24981	㦦	19	4422511251132151135	82318238	039A6
24982	㦧	19	4423121353121352511	82318239	039A7
24983	懷	19	4424125221241343534	91D1	061F7
24984	㦥	19	4424451112252214544	82318237	039A5
24985	㦩	19	4425234431215114544	82318331	039A9
24986	寳	19	4451121352342511134	8C97	05BF3
24987	鶎	19	4451123432511154444	F98C	09D8E
24988	䥌	19	4452511251134112431	82349733	0494C
24989	鵼	19	4453412132511154444	F979	09D7C
24990	䆾	19	4453412512531425221	8232D331	041BE
24991	䆿	19	4453452133251111234	8232D332	041BF
24992	鵷	19	4453545532511154444	F974	09D77
24993	寴	19	4454143112342511135	8C98	05BF4
24994	寵	19	4454143125111515111	8C99	05BF5
24995	鵳	19	4513251132511154444	F970	09D73
24996	騗	19	4513251221211254444	F25D	09A17
24997	襪	19	4523412225221134534	D26D	0896A
24998	襤	19	4523412512531425221	D268	08964
24999	襧	19	4523413425234343434	D26A	08967
25000	襦	19	4523414524444132522	F1E0	08966
25001	襨	19	4523422431431121124	D26B	08968
25002	䙨	19	4523425111234413534	8233CB38	04668
25003	䙧	19	4523431254312114444	8233CB37	04667
25004	襥	19	4523432224314311134	D269	08965
25005	襣	19	4523432511125121132	D267	08963
25006	䄣	19	4524121252212511134	8232C337	04123
25007	䫤	19	4525114134132511134	8234BF31	04AE4
25008	谶	19	4534341211121111534	DADF	08C36
25009	彟	19	5111241223241112154	8FA6	05F5F
25010	䎘	19	5112322151512541541	82338434	04398
25011	聼	19	5122111122522114544	C29F	0807C
25012	㞡	19	5131211211211213534	8230CD33	037A1

序号	字形	笔数	笔顺	18030代码	13000代码	序号	字形	笔数	笔顺	18030代码	13000代码
25013	臋	19	5131221343554253434	C499	081CB	25056	繩	19	5544442511251211511	C04B	07E69
25014	鶋	19	5131225132511154444	F989	09D8B	25057	繾	19	5544442512125151454	C060	07E7E
25015	襞	19	5132514143112413534	F4C5	0895E	25058	䌡	19	5544442512211251431	8232F636	04321
25016	糪	19	5132514143112431234	BC5C	07CEA	25059	繷	19	5544442512211311534	C059	07E77
25017	繴	19	5132514143112554234	C056	07E74	25060	繰	19	5544442512512511234	C052	07E70
25018	屫	19	5135213313425125251	8CD8	05C6B	25061	繹	19	5544442522112143112	C05B	07E79
25019	鶌	19	5135225232511154444	F98A	09D8C	25062	繯	19	5544442522112513534	C051	07E6F
25020	疆	19	5151211251211251211	BDAE	07586	25063	繳	19	5544443251141533134	C055	07E73
25021	譬	19	5152512512144111251	D698	08B3D	25064	䌞	19	5544443412512513434	8232F633	0431E
25022	韝	19	5212511521122125211	ED78	097DD	25065	繪	19	5544443412524312511	C04C	07E6A
25023	韡	19	5212511521221122112	ED7C	097E1	25066	繲	19	5544443535112533112	C054	07E72
25024	韛	19	5212511521221325112	ED76	097DB	25067	繺	19	5544443551131344444	C05C	07E7A
25025	䪙	19	5212511521251124124	8234B736	04A99	25068	䜌	19	5544444111251554444	8233DC32	0470C
25026	韠	19	5212511522511122112	ED7B	097E0	25069	繵	19	5544444125251125111	C057	07E75
25027	䪚	19	5212511522511541541	8234B737	04A9A	25070	繶	19	5544444143125114544	C058	07E76
25028	韟	19	5212511523251113412	ED7A	097DF	25071	繡	19	5544445112322151512	C043	07E61
25029	韜	19	5212511523443321511	ED77	097DC	25072	䌟	19	5544445132514143112	8232F634	0431F
25030	騭	19	5221212331211254444	F273	09A2D	25073	鶅	19	5552512132511154444	F983	09D85
25031	隵	19	5221531512514311534	EB5E	096B5	25074	瓎	20	11211251234352511134	AD86	074CE
25032	孼	19	5233251514143112521	8C5A	05B7C	25075	瓑	20	11211331234312342121	AD89	074D1
25033	䧯	19	5235251153535251354	8234A636	049EF	25076	瓐	20	11212153152512125221	AD88	074D0
25034	鐆	19	5243135333434112431	E777	09406	25077	瓒	20	11213121353121352534	E8B6	074D2
25035	嬿	19	5311221251211354444	8BF7	05B3F	25078	瓌	20	11214125221241343534	AD84	074CC
25036	嬾	19	5311251234352511134	8BF6	05B3E	25079	瓏	20	11214143125111515111	AD87	074CF
25037	嬽	19	5312522121252215134	8BF5	05B3D	25080	驁	20	11215331341211254444	F288	09A41
25038	嬹	19	5313211251251511134	8BF1	05B39	25081	鬐	20	12111543331213352511	F447	09B10
25039	㜵	19	5314112112544443534	8230C235	03735	25082	鬕	20	12111543331222511134	F44B	09B15
25040	㜳	19	5314125221241343534	8230C233	03733	25083	鬒	20	12111543331225111134	F449	09B12
25041	㜲	19	5314152513511531354	8230C232	03732	25084	䰊	20	12111543331251124124	8234DC35	04C0A
25042	雡	19	5415413433332411121	EB77	096E1	25085	䰋	20	12111543332511445531	8234DC36	04C0B
25043	覴	19	5433412514312511135	D352	089B4	25086	䰉	20	12111543333354143554	8234DC34	04C09
25044	騖	19	5452331341211254444	F25C	09A16	25087	鬔	20	12111543333541112454	F44A	09B14
25045	顙	19	5454541234132511134	EE8B	09859	25088	鬑	20	12111543334315112234	F448	09B11
25046	歠	19	5454545412535113534	9A66	06B60	25089	鬓	20	12111543334453212134	F7DE	09B13
25047	鵽	19	5454545432511154444	F97A	09D7D	25090	壣	20	12112211155455453221	89C9	058E3
25048	骥	19	5512113525121122134	E6F7	09AA5	25091	壦	20	12112225125132411121	89CB	058E6
25049	缵	19	5513121353121352534	E7DA	07F35	25092	㩲	20	12112225125132411121	82319639	03A72
25050	纄	19	5544441223541112454	C065	07E84	25093	䮯	20	12112544441121533134	8234D334	04BAF
25051	䌝	19	5544441234123411234	8232F632	0431D	25094	騳	20	12112544441211254444	F279	09A33
25052	繬	19	5544441234341252511	C04E	07E6C	25095	驊	20	12112544441221122112	F291	09A4A
25053	繮	19	5544441251211251211	C050	07E6E	25096	䮬	20	12112544441222511134	8234D331	04BAC
25054	䌢	19	5544441452444434454	8232F637	04322	25097	䮥	20	12112544441251254312	8234D234	04BA5
25055	䌜	19	5544442243143111234	8232F631	0431C	25098	騵	20	12112544441332511234	F27B	09A35

序号	字形	笔数	笔顺	18030代码	13000代码	序号	字形	笔数	笔顺	18030代码	13000代码
25099	䮱	20	12112544441353334454	8234D336	04BB1	25142	蘛	20	12212211134541542511	CC5D	0861B
25100	驆	20	12112544442511122112	F28D	09A46	25143	蘜	20	12212212511235431234	CC5E	0861C
25101	騴	20	12112544442511445531	F27A	09A34	25144	蘳	20	12212212512134121121	CC73	08633
25102	騬	20	12112544443122113534	F272	09A2C	25145	䪄	20	12212511212212512134	8234B535	04A84
25103	騱	20	12112544443443554134	F277	09A31	25146	䩽	20	12212511212512512515	8234B438	04A7D
25104	䮪	20	12112544443541521234	8234D239	04BAA	25147	鞺	20	12212511224345251121	ED55	097BA
25105	騮	20	12112544443545325121	F274	09A2E	25148	鞻	20	12212511225112512531	ED56	097BB
25106	騶	20	12112544443552335523	F27C	09A36	25149	䳬	20	12212511232511154444	8234F235	04CEC
25107	䮦	20	12112544444125125251	8234D235	04BA6	25150	䩾	20	12212511241312214444	8234B439	04A7E
25108	騯	20	12112544444143454153	F275	09A2F	25151	㬫	20	12212512113544442511	8231A933	03B2B
25109	䮨	20	12112544444454143112	8234D237	04BA8	25152	䵎	20	12212512134252132522	8234FB36	04D4E
25110	騸	20	12112544444513541541	F27E	09A38	25153	顢	20	12212523434132511134	EE94	09862
25111	䮤	20	12112544444532411121	8234D233	04BA4	25154	蘙	20	12213113453554541541	CC5B	08619
25112	䮣	20	12112544445454541234	8234D232	04BA3	25155	蠚	20	12213251251214251214	CF9A	0881A
25113	壥	20	12113254312114444121	89CA	058E5	25156	蘦	20	12214524444251251251	CC68	08626
25114	䟈	20	12121341212511121534	8233EE36	047C8	25157	驀	20	12225111341211254444	F287	09A40
25115	䟊	20	12121342153151353334	8233EE38	047CA	25158	蘡	20	12225111342511134531	CC63	08621
25116	趮	20	12121342512512511234	DA8B	08DAE	25159	蘭	20	12225112511125431234	CC6D	0862D
25117	䟉	20	12121342522135251214	8233EE37	047C9	25160	蘮	20	12225221134334433422	CC6E	0862E
25118	䟋	20	12121343513344111251	8233EE39	047CB	25161	䕴	20	12231234324111214444	8233B336	04574
25119	㚀	20	12121531512514311534	8230B034	03680	25162	蘶	20	12231234531325113554	CC76	08636
25120	攖	20	12125111342511134531	9474	06516	25163	蘩	20	12231554143134554234	DEC0	08629
25121	攔	20	12125112511125431234	9472	06514	25164	䕫	20	12232511212151534354	8233B237	0456B
25122	皾	20	12125221251113453254	B09D	076BE	25165	蘤	20	12232511344335554444	CC66	08624
25123	㩯	20	12131554143134554234	82319636	03A6F	25166	蘖	20	12232515141431121234	DEC1	08616
25124	㩮	20	12132111525111343112	82319635	03A6E	25167	蘌	20	12233231121215211234	CC50	0860C
25125	䘁	20	12132411121534251214	8233C137	04601	25168	蘥	20	12234125125125125122	CC67	08625
25126	䘄	20	12132511251214251214	8233C230	04604	25169	蘞	20	12234125125134343134	CC60	0861E
25127	攕	20	12134341211121111534	9473	06515	25170	蘝	20	12234125125134343534	CC5F	0861D
25128	㩱	20	12134432522151154124	82319638	03A71	25171	蘨	20	12234433112523554234	CC69	08628
25129	攙	20	12135251153535251354	9476	06519	25172	蘚	20	12235251214444431112	CC5C	0861A
25130	壤	20	12141251251112213534	C8C0	058E4	25173	䕶	20	12241112513241112154	8233B338	04576
25131	攘	20	12141251251112213534	C8C1	06518	25174	蘘	20	12241251251112213534	CC5A	08618
25132	攗	20	12141352211535431234	9475	06517	25175	䕷	20	12241312341234554234	8233B339	04577
25133	攓	20	12144511221342512134	9471	06513	25176	蘪	20	12241352211535431234	CC6A	0862A
25134	㦤	20	12145125143135344544	82318236	039A4	25177	蘫	20	12244112512531425221	CC6B	0862B
25135	翿	20	12151211251124541541	C252	07FFF	25178	蘯	20	12244125111353325221	CC6F	0862F
25136	馨	20	12152133554312342511	DCB0	099A8	25179	㒹	20	12251111341225111134	82308332	034B9
25137	韾	20	12152133554414312511	ED90	097FE	25180	䮧	20	12251112341211254444	8234D236	04BA7
25138	䏉	20	12211125115545544444	82338931	043C9	25181	蘗	20	12251325141431121234	CC59	08617
25139	聺	20	12211144535445411234	C29D	0807A	25182	鶘	20	12251351132511154444	F996	09D98
25140	聹	20	12211144545442522112	C29C	08079	25183	鶦	20	12251351132511154444	FA43	09DA6
25141	䕵	20	12212125132511154444	8233B337	04575	25184	䕳	20	12251513425234343434	8233B335	04573

序号	字形	笔数	笔顺	18030代码	13000代码	序号	字形	笔数	笔顺	18030代码	13000代码
25185	蘠	20	12252131234341252511	CC62	08620	25228	鶝	20	12512512132511154444	F99B	09D9D
25186	蘰	20	12255444425112522154	CC70	08630	25229	疈	20	12512512143125125121	AF40	07588
25187	㰊	20	12341213412143344334	8231BF35	03C0A	25230	鬸	20	12512543123545325121	F46A	09B38
25188	欂	20	12341224411251124124	99D8	06B02	25231	䵖	20	12512554312343424134	8234FC34	04D56
25189	櫹	20	12341225112322151512	99CF	06AF9	25232	顠	20	12522111234132511134	EE92	09860
25190	櫮	20	12341225125112512511	99C4	06AEE	25233	飄	20	12522111234353251214	EF68	098C4
25191	櫴	20	12341251234352511134	99CA	06AF4	25234	䳩	20	12522153132511154444	8234F232	04CE9
25192	㰓	20	12341251253142511134	8231C034	03C13	25235	䪣	20	12523413534211121111	8234B836	04AA3
25193	㰖	20	12341251253142511135	8231C037	03C16	25236	䤓	20	12535111224511353334	82349137	04913
25194	櫪	20	12341331234312342121	99C0	06AEA	25237	醵	20	12535112153151353334	F5B6	091B5
25195	㰌	20	12341452444432411121	8231BF37	03C0C	25238	醴	20	12535112512211251431	F5B7	091B4
25196	㰉	20	12341541211113431234	8231BF34	03C09	25239	醲	20	12535112512211311534	E178	091B2
25197	㰋	20	12342121233132511134	8231BF36	03C0B	25240	醳	20	12535112522112143112	E179	091B3
25198	櫨	20	12342153152512125221	99BE	06AE8	25241	醶	20	12535113412512513434	E17A	091B6
25199	櫩	20	12342511251135321511	99BF	06AE9	25242	醸	20	12535114134112213534	E17C	091B8
25200	㰏	20	12343143144125125251	8231C030	03C0F	25243	醷	20	12535114143125114544	E17B	091B7
25201	櫸	20	12343211152511134112	99CE	06AF8	25244	鶫	20	12543123432511154444	FA48	09DAB
25202	㰒	20	12343211343451145521	8231C033	03C12	25245	䢈	20	13115343412524312511	82348338	04888
25203	礬	20	12343434123413413251	B55C	0792C	25246	顣	20	13211234534132511134	EE95	09863
25204	鐢	20	12343434123434112431	E794	09422	25247	䃱	20	13251121211121111534	8232BE37	040F1
25205	麵	20	12343434354132522111	FC49	09EB5	25248	礥	20	13251125125542511134	B555	07925
25206	䴾	20	12343434354431113121	8234FA30	04D3E	25249	礧	20	13251251212512125121	B557	07927
25207	櫯	20	12343525121444431234	99C5	06AEF	25250	礫	20	13251325115545541234	B55B	0792B
25208	櫰	20	12344125221241343534	99C6	06AF0	25251	礩	20	13251331233122511134	B559	07929
25209	櫬	20	12344143112342511135	99C2	06AEC	25252	䃲	20	13251335414355425221	8232BE38	040F2
25210	櫳	20	12344143125111515111	99C9	06AF3	25253	䃴	20	13251411125112132511	8232BF30	040F4
25211	㰕	20	12344311213123415534	8231C036	03C15	25254	䃳	20	13251555253415445445	8232BE39	040F3
25212	櫿	20	12344334433445251251	99D5	06AFF	25255	䩋	20	13252211141312341234	8234AF38	04A4B
25213	櫶	20	12344451112252214544	99CC	06AF6	25256	蠒	20	13425234343434251214	CF95	08812
25214	㰑	20	12344544454445441234	8231C032	03C11	25257	䫪	20	13434343434132511134	8234BF37	04AEA
25215	䡷	20	12511121221215425221	82348231	04877	25258	䨅	20	13443251123432411121	8234A838	04A05
25216	䡸	20	12511121222522115534	82348232	04878	25259	㱹	20	13541331234312342121	8231CA35	03C79
25217	轖	20	12511121234341252511	DE51	08F56	25260	㱺	20	13542153152512125221	8231CA36	03C7A
25218	轗	20	12511121312515344544	DE52	08F57	25261	霴	20	14524444115451124134	EC4F	09734
25219	轘	20	12511122522112513534	DE53	08F58	25262	霰	20	14524444122125113134	F6B1	09730
25220	䭕	20	12511123312344511534	8234CA34	04B55	25263	颥	20	14524444132522132534	F2AC	098A5
25221	轙	20	12511124311213121534	DE54	08F59	25264	霵	20	14524444251122111534	EC50	09735
25222	匷	20	12511125111324111215	855A	05337	25265	孁	20	14524444251251251531	8BF8	05B41
25223	䡶	20	12511125132514143112	82348230	04876	25266	㱋	20	14524444324111213534	8231C630	03C4B
25224	轚	20	12511125235541251112	DE55	08F5A	25267	䨱	20	14524444332312511354	8234AD32	04A31
25225	鶠	20	12511531532511154444	F99E	09DA0	25268	霮	20	14524444441122111345	EC4B	0972E
25226	䱫	20	12512342235251214444	8234E632	04C6B	25269	䨰	20	14524444441122125112	8234AD31	04A30
25227	鶒	20	12512345332511154444	F990	09D92	25270	霯	20	14524444543341251431	EC4C	0972F

序号	字形	笔数	笔顺	18030代码	13000代码
25271	霱	20	14524444545232534251	EC4D	09731
25272	鶛	20	15353251132511154444	F999	09D9B
25273	䶍	20	15412132511125121132	82358339	04D8D
25274	酆	20	21112111252125143152	DBBA	09146
25275	䩁	20	21112111311531153115	8234AE38	04A41
25276	鬪	20	21121112121251431124	F45E	09B2A
25277	䰗	20	21121112123525125115	8234DD38	04C17
25278	齛	20	21213434134345212215	FD61	09F5B
25279	䶗	20	21213434134345212512	82358439	04D97
25280	齟	20	21213434134345225111	FD65	09F5F
25281	齞	20	21213434134345225134	FD64	09F5E
25282	齚	20	21213434134345231211	FD60	09F5A
25283	齡	20	21213434134345234454	FD67	09F61
25284	齣	20	21213434134345235251	FD69	09F63
25285	齙	20	21213434134345235515	FD5F	09F59
25286	䶘	20	21213434134345241431	82358530	04D98
25287	齠	20	21213434134345253251	FD66	09F60
25288	齝	20	21213434134345254251	FD63	09F5D
25289	鹹	20	21253444441131251534	FB79	09E79
25290	䴜	20	21253444441325113554	8234F636	04D1C
25291	鹺	20	21253444441431113121	FB7A	09E7A
25292	獻	20	21531512512543121344	AB49	0737B
25293	甗	20	21531512512543121554	AE5B	07517
25294	覻	20	21531512514312511135	D359	089BB
25295	㪭	20	21531525121252212154	82319C37	03AAD
25296	䖜	20	21531535215315352511	8233B736	0459C
25297	兤	20	24313541312212512134	83C6	05164
25298	耀	20	24313554154132411121	D2AB	08000
25299	黨	20	24345251254312114444	FC68	09EE8
25300	矒	20	25111122252214525111	B293	077D2
25301	懸	20	25111123435542344544	91D2	061F8
25302	鶪	20	25111344325111154444	FA47	09DAA
25303	鶗	20	25111213432511154444	F995	09D97
25304	嚽	20	25111215331342511134	87C7	056BD
25305	曣	20	25111221251211354444	95EA	066E3
25306	㿺	20	25111221342413453254	8232A631	03FFA
25307	矍	20	25111251113241112154	DBC7	077CD
25308	曧	20	25111251254312251214	95ED	066E7
25309	䁼	20	25111254312114444121	8232B330	0407C
25310	矏	20	25111325111445344153	B290	077CF
25311	䁻	20	25111325115545541234	8232B239	0407B
25312	罌	20	25111342511134311252	C09B	07F4C
25313	贍	20	25111343513344111251	D9A0	08D0D
25314	䞉	20	25111344311342511134	8233E834	04789
25315	覹	20	25111353322521353134	D357	089B9
25316	曤	20	25111452444432411121	95EB	066E4
25317	䁽	20	25111555253415445445	8232B331	0407D
25318	曥	20	25112153152512125221	95EC	066E5
25319	㘕	20	25112212512531425221	8230A538	03615
25320	嚾	20	25112225125132411121	87C8	056BE
25321	嚿	20	25112232411121321511	87C9	056BF
25322	闥	20	25112511121431112454	EA59	095E5
25323	闠	20	25112511251212511134	EA54	095E0
25324	闡	20	25112511251251251112	EA55	095E1
25325	闟	20	25112511341251541541	EA53	095DF
25326	䦱	20	25112511344335554444	8234A036	049B1
25327	䫫	20	25112512531132511134	8234BF38	04AEB
25328	鶡	20	25113534532511154444	F99F	09DA1
25329	曨	20	25114143125111515111	95EE	066E8
25330	曦	20	25114311213123415534	EAD8	066E6
25331	䠩	20	25121212121131233534	8233F833	04829
25332	躆	20	25121212153151353334	DC4D	08E86
25333	躁	20	25121212512512511234	D4EA	08E81
25334	躅	20	25121212522135251214	F5EE	08E85
25335	躈	20	25121213251141533134	DC4E	08E88
25336	䠨	20	25121213513344111251	8233F832	04828
25337	躃	20	25121215132514143112	DC4B	08E83
25338	礨	20	25121251212512113251	B558	07928
25339	㽮	20	25121251212512131121	82329831	03F6E
25340	疉	20	25121251212512145551	AF41	07589
25341	蠘	20	25121412132411121534	CF98	08818
25342	蠛	20	25121412225221134534	F3BA	0881B
25343	蠣	20	25121413122251125214	CFA0	08823
25344	蠕	20	25121414524444132522	C8E4	08815
25345	䗾	20	25121425115545544444	8233C134	045FE
25346	䗼	20	25121431254312114444	8233C132	045FC
25347	蠔	20	25121441251451353334	CF96	08814
25348	蠐	20	25121441432533543211	CF93	08810
25349	蠑	20	25121443344334451234	CF94	08811
25350	蠙	20	25121444512332511134	CF99	08819
25351	䗿	20	25121444545442522112	8233C135	045FF
25352	蠗	20	25121454154132411121	CF97	08817
25353	嚱	20	25121531512514311534	87BD	056B1
25354	豑	20	25122112514314351523	D854	08C51
25355	嚶	20	25125111342511134531	87C2	056B6
25356	鶚	20	25125111532511154444	F998	09D9A

序号	字形	笔数	笔顺	18030代码	13000代码	序号	字形	笔数	笔顺	18030代码	13000代码
25357	㘓	20	25125112511125431234	8230A536	03613	25400	䵕	20	31234342413451312251	8234FC33	04D55
25358	鼍	20	25125125121125125115	F6BE	09F0D	25401	穭	20	31234352512144442511	B784	07A6D
25359	嚺	20	25125221431353334454	87C5	056BA	25402	黧	20	31234353254312114444	F7F3	09EE7
25360	嚸	20	25125431211444421251	87C3	056B8	25403	穮	20	31234413522115354444	B785	07A6E
25361	嚹	20	25131125221531534312	87C4	056B9	25404	鶖	20	31234433432511154444	F994	09D96
25362	嚼	20	25134432522151154124	BDC0	056BC	25405	䆈	20	31234513241343112454	8232CD37	04188
25363	嚵	20	25135251153535251354	87C1	056B5	25406	䳯	20	31251121132511154444	8234F238	04CEF
25364	嚷	20	25141251251112213534	C8C2	056B7	25407	籍	20	31431411123412212511	BCAE	07C4D
25365	㘔	20	25144511221342511134	8230A537	03614	25408	籉	20	31431412125145154121	BB46	07C49
25366	巈	20	25212212511235431234	8E65	05DC8	25409	䉥	20	31431412132535414544	8232E338	04265
25367	巏	20	25212225125132411121	8E6B	05DCF	25410	籌	20	31431412151211251124	BB49	07C4C
25368	䳪	20	25213252232511154444	8234F233	04CEA	25411	籕	20	31431412343545325121	BB51	07C55
25369	巇	20	25221531512514311534	8E64	05DC7	25412	籄	20	31431412512125111345	BB41	07C44
25370	巊	20	25225111342511134531	8E67	05DCA	25413	籃	20	31431412512531425221	BB40	07C43
25371	幱	20	25225112511125431234	8ED3	05E71	25414	籋	20	31431413425234343434	BB48	07C4B
25372	巍	20	25231234531325113554	CEA1	05DCD	25415	纂	20	31431425111134554234	D7EB	07E82
25373	㔒	20	25232411121253425122	82308C31	03512	25416	籎	20	31431435311345452134	BB4A	07C4E
25374	酅	20	25232411121253425152	E140	09145	25417	籇	20	31431441251451353334	BB44	07C47
25375	㡨	20	25234341211121111534	8230E132	03868	25418	籏	20	31431441533112211134	BB4B	07C4F
25376	巉	20	25235251153535251354	8E66	05DC9	25419	籊	20	31431454154132411121	BB47	07C4A
25377	㠤	20	25241251251112213534	8230DA34	03824	25420	瀪	20	31554143134325112534	9E7E	0702A
25378	㡧	20	25244534543341251431	8230E131	03867	25421	轝	20	32111525111341251112	DE58	08F5D
25379	㘥	20	25344331125235542341	8230A733	03625	25422	譽	20	32111525111344111251	D775	08B7D
25380	䵭	20	25431211444412132511	8234FE37	04D6D	25423	臖	20	32112512515111342511	C542	081D6
25381	黩	20	25431211444412544134	F7F2	09EE9	25424	璺	20	32112512515114511214	E8B7	074BA
25382	黤	20	25431211444413425115	FC66	09EE4	25425	舋	20	32112512515114525111	C567	0820B
25383	䵪	20	25431211444425111535	8234FE34	04D6A	25426	䢉	20	32113253415111311534	82348339	04889
25384	䵬	20	25431211444425342511	8234FE36	04D6C	25427	覺	20	32113434511452511135	D358	089BA
25385	黥	20	25431211444441251234	F7F4	09EE5	25428	嚳	20	32113434511453121251	87BF	056B3
25386	黦	20	25431211444444535455	FC67	09EE6	25429	觷	20	32113434511453535112	D37B	089F7
25387	黪	20	25431211444454134333	F7F5	09EEA	25430	斅	20	32113434511455212154	94C2	06585
25388	髏	20	25545251125112512531	F374	09ACF	25431	斆	20	32113434511455213134	94C3	06586
25389	鶻	20	25545251132511154444	FA58	09DBB	25432	㒤	20	32122111122111122111	82308131	034A4
25390	髍	20	25545251141312341234	F372	09ACD	25433	鼯	20	32151154454451251251	F7F9	09F2F
25391	髎	20	25545251154154134333	F373	09ACE	25434	鼰	20	32151154454452511134	FC9F	09F30
25392	镳	20	31115413522115354444	EFF0	09573	25435	㒥	20	32211121112521251431	82308132	034A5
25393	镴	20	31115555253415445445	E94A	09574	25436	䳰	20	32251123432511154444	8234F239	04CF0
25394	矲	20	31134252215425113535	B346	077F2	25437	㒦	20	32251212512125121121	82308133	034A6
25395	犧	20	31214311213123415534	A0DE	072A7	25438	儶	20	32252324111211534251	83AA	05136
25396	㹚	20	31214334433445251251	8231FA35	03E5A	25439	犨	20	32411121324111213112	A0DF	072A8
25397	穯	20	31234122512511252511	B786	07A6F	25440	㸈	20	32411121324111214334	8231F233	03E08
25398	䆉	20	31234252215425113535	8232CD38	04189	25441	䨇	20	32411121543241112154	8234A930	04A07
25399	䵔	20	31234342413412511234	8234FC32	04D54	25442	㒧	20	32413452255432411121	82308134	034A7

序号	字形	笔数	笔顺	18030 代码	13000 代码
25443	鵖	20	32511112132511154444	8234F231	04CE8
25444	齃	20	32511125121132341251	82358430	04D8E
25445	軆	20	32511132512211251431	DC83	08EC6
25446	軇	20	32511134125251125111	8233FA36	04840
25447	鯸	20	32511154444325131134	8234F230	04CE7
25448	皪	20	32511325115545541234	B08D	076AA
25449	魒	20	32511355412522111234	F477	09B52
25450	魖	20	32511355421531522431	F47A	09B56
25451	皫	20	32511413522115354444	B08E	076AB
25452	鷔	20	32511415331343535112	8233D235	046AB
25453	譥	20	32511415331344111251	D75F	08B65
25454	𧔥	20	32515112251214251214	8233C136	04600
25455	巇	20	32522112225221134534	D060	0884A
25456	鶣	20	33122511132511154444	F99C	09D9E
25457	𢕟	20	33225115225213424134	8FDE	05FC1
25458	𢕾	20	33241251251112213534	8FDD	05FC0
25459	㣤	20	33241332324111214544	8230EF37	038F9
25460	貕	20	33255435441312341234	8234FB30	04D48
25461	艦	20	33541412512531425221	C59E	08266
25462	䒉	20	33541431122221354152	82339C32	04489
25463	艩	20	33541441432533543211	C5A0	08269
25464	鏍	20	34112431111253554234	82349838	0495B
25465	鐟	20	34112431113411342511	E791	0941F
25466	鏉	20	34112431121112343534	82349834	04957
25467	鐃	20	34112431121121121135	E774	09403
25468	鐀	20	34112431121222511134	E84D	0943C
25469	鐑	20	34112431121251135345	82349932	0495F
25470	鐵	20	34112431121251431534	E793	09421
25471	鍷	20	34112431121431112454	E84E	0943D
25472	鏢	20	34112431121551214544	E78C	0941A
25473	鏩	20	34112431122111343312	E772	09401
25474	鐷	20	34112431122122151234	E848	09437
25475	鐓	20	34112431122125113134	E76F	093FE
25476	鐡	20	34112431122131251534	82349933	04960
25477	鐳	20	34112431122155125121	E773	09402
25478	鏸	20	34112431125112144544	E769	093F8
25479	鐔	20	34112431125221251112	E786	09414
25480	鏢	20	34112431125221431234	82349831	04954
25481	鐿	20	34112431131212511454	82349939	04966
25482	鐝	20	34112431134315233534	E78F	0941D
25483	鐐	20	34112431134432511234	E782	09410
25484	鐕	20	34112431153515352511	E787	09415
25485	鏷	20	34112431224314311134	E768	093F7
25486	鏿	20	34112431243452511234	E770	093FF
25487	鐣	20	34112431243452513112	E795	09423
25488	鐤	20	34112431251115132125	E796	09424
25489	鐦	20	34112431251125111132	E798	09426
25490	鐗	20	34112431251125111234	82349839	0495C
25491	鐧	20	34112431251125112511	E799	09427
25492	鐗	20	34112431251125113511	E789	09417
25493	鐛	20	34112431251141251234	E78D	0941B
25494	鐀	20	34112431251212511134	E771	09400
25495	鐈	20	34112431313425125251	E779	09408
25496	鏼	20	34112431314314125234	E76D	093FC
25497	鏶	20	34112431324111211234	E767	093F6
25498	鐫	20	34112431324111212525	E79D	0942B
25499	鐎	20	34112431324111214444	E780	0940E
25500	鐭	20	34112431325431234134	E79F	0942D
25501	鑈	20	34112431332311212152	82349736	0494F
25502	鐇	20	34112431343123425121	E778	09407
25503	鐘	20	34112431343434342511	82349835	04958
25504	鐓	20	34112431412515213134	E785	09413
25505	鐘	20	34112431414312511211	E78A	09418
25506	鐥	20	34112431431112431251	E797	09425
25507	鐠	20	34112431431224312511	E792	09420
25508	鏻	20	34112431431234354152	E76C	093FB
25509	鐏	20	34112431431253511124	E781	0940F
25510	鐏	20	34112431431253511134	82349833	04956
25511	鐩	20	34112431431353334454	E79B	09429
25512	鐕	20	34112431432524312511	E764	093F3
25513	鐒	20	34112431433443344553	E784	09412
25514	鐊	20	34112431441251113533	E77C	0940B
25515	鐞	20	34112431511121251124	E790	0941E
25516	鏹	20	34112431515251251214	E76A	093F9
25517	鑋	20	34112431515251251214	82349739	04952
25518	鐨	20	34112431515322511134	E79A	09428
25519	鐉	20	34112431515515122134	E77A	09409
25520	鐙	20	34112431543341251431	E78B	09419
25521	鐙	20	34112431543345153554	E76B	093FA
25522	鐍	20	34112431545232534251	E77E	0940D
25523	鐑	20	34112431554444121251	E783	09411
25524	鐖	20	34112431554554134534	E788	09416
25525	釋	20	34312342522112143112	E18C	091CB
25526	鶵	20	34431135432511154444	F9A0	09DA2
25527	饒	20	34451154121121121135	F088	09952
25528	饋	20	34451154121222511134	F08D	09959

序号	字形	笔数	笔顺	18030 代码	13000 代码
25529	饎	20	34451154121251431251	F084	0994E
25530	饐	20	34451154121451251431	F086	09950
25531	䭟	20	34451154122122151234	8234CB34	04B5F
25532	饊	20	34451154122125113134	F080	0994A
25533	䭜	20	34451154134432511234	8234CB31	04B5C
25534	䭙	20	34451154153515352511	8234CA38	04B59
25535	饓	20	34451154243452511234	F089	09953
25536	䭘	20	34451154251141251234	8234CA37	04B58
25537	饋	20	34451154251212511134	F081	0994B
25538	䭚	20	34451154414312511211	8234CA39	04B5A
25539	饍	20	34451154431112431251	F083	0994D
25540	饌	20	34451154515515122134	F082	0994C
25541	饑	20	34451154554554134534	F087	09951
25542	韽	20	34451253511414312511	ED8F	097FD
25543	臙	20	35111221251211354444	C545	081D9
25544	臛	20	35111452444432411121	C547	081DB
25545	臚	20	35112153152512125221	C546	081DA
25546	臜	20	35113121353121352534	C548	081DC
25547	朧	20	35114143125111515111	9656	06727
25548	䑉	20	35114152513511531354	82339538	04449
25549	騰	20	35114311341211254444	F276	09A30
25550	䳮	20	35114553432511154444	8234F237	04CEE
25551	䥚	20	35251112511134112431	82349837	0495A
25552	鳜	20	35251211134315233534	F7AC	09CDC
25553	鳝	20	35251211431112431251	F7AD	09CDD
25554	鳞	20	35251211431234354152	C1DB	09CDE
25555	鳟	20	35251211431253511124	F7AE	09CDF
25556	䱮	20	35251214444111253134	8234E635	04C6E
25557	鰆	20	35251214444111342511	F66A	09C06
25558	鰈	20	35251214444122151234	F66C	09C08
25559	鰗	20	35251214444122513511	F67B	09C17
25560	鰋	20	35251214444125115315	F66F	09C0B
25561	鯻	20	35251214444125123422	F65F	09BFB
25562	鰏	20	35251214444125125121	F673	09C0F
25563	鰊	20	35251214444125431234	F66E	09C0A
25564	鰖	20	35251214444131212511	F67A	09C16
25565	鰔	20	35251214444131251534	F678	09C14
25566	鰄	20	35251214444131531534	F668	09C04
25567	䱳	20	35251214444132511211	8234E730	04C73
25568	鯷	20	35251214444251112134	F65B	09BF7
25569	鰂	20	35251214444251113422	F666	09C02
25570	鰑	20	35251214444251113533	F675	09C11
25571	鰅	20	35251214444251125214	F669	09C05
25572	鰛	20	35251214444251125221	F680	09C1B
25573	鯹	20	35251214444251131121	F65D	09BF9
25574	鰃	20	35251214444251211534	F667	09C03
25575	鰓	20	35251214444251214544	F677	09C13
25576	鰐	20	35251214444251251115	F674	09C10
25577	䱻	20	35251214444255452511	8234E737	04C7B
25578	鰍	20	35251214444312344334	F671	09C0D
25579	䱰	20	35251214444312511211	8234E637	04C70
25580	鰒	20	35251214444312511354	F676	09C12
25581	鯾	20	35251214444321251134	F662	09BFE
25582	䱸	20	35251214444321511254	8234E734	04C78
25583	鰉	20	35251214444325111121	F66D	09C09
25584	鰁	20	35251214444325112534	F665	09C01
25585	鯸	20	35251214444325131134	F65C	09BF8
25586	鰀	20	35251214444344311354	F664	09C00
25587	鯼	20	35251214444345234354	F660	09BFC
25588	䱱	20	35251214444414345252	8234E638	04C71
25589	䱹	20	35251214444431113121	8234E735	04C79
25590	鰌	20	35251214444431253511	F670	09C0C
25591	鰦	20	35251214444431554554	F68B	09C26
25592	䱴	20	35251214444442125111	8234E731	04C74
25593	䱭	20	35251214444442125441	8234E634	04C6D
25594	鰚	20	35251214444445125111	F67E	09C1A
25595	鰘	20	35251214444445154121	F67C	09C18
25596	鯶	20	35251214444451251112	F65A	09BF6
25597	鯿	20	35251214444451325122	F663	09BFF
25598	鰰	20	35251214444452425112	F695	09C30
25599	鰕	20	35251214444512115154	F679	09C15
25600	䱬	20	35251214444521342511	8234E633	04C6C
25601	鰠	20	35251214444544251214	F685	09C20
25602	鰇	20	35251214444545231234	F66B	09C07
25603	䱲	20	35251214444551353334	8234E639	04C72
25604	㺦	20	35312211155455453221	82328431	03EA6
25605	獾	20	35312225125132411121	E2B5	0737E
25606	㺣	20	35321531512514311534	82328338	03EA3
25607	䬝	20	35325121412212512134	8234C438	04B1D
25608	飃	20	35325121412522111234	EF67	098C3
25609	飂	20	35325121454154134333	EF66	098C2
25610	㺤	20	35334341211121111534	82328339	03EA4
25611	㺥	20	35335251153535251354	82328430	03EA5
25612	獽	20	35341251251112213534	AB4B	0737D
25613	䚪	20	35351122522112513534	8233D234	046AA
25614	觸	20	35351122522135251214	D37C	089F8

序号	字形	笔数	笔顺	18030代码	13000代码	序号	字形	笔数	笔顺	18030代码	13000代码
25615	玁	20	35351513425234343434	AB4A	0737C	25658	䕭	20	41431251112354152354	B883	07AF7
25616	獠	20	35444334134432511234	A076	07212	25659	龑	20	41431251115151111134	FD8C	09F91
25617	䝨	20	35444334343123425121	8231F236	03E0B	25660	龒	20	41431251115151111234	8231BF38	03C0D
25618	護	20	41112511223241112154	D76F	08B77	25661	鶁	20	41431251132511154444	F993	09D95
25619	讀	20	41112511252212511134	8233DD32	04716	25662	競	20	41431251354143125135	B882	07AF6
25620	譀	20	41112511312515344544	8233DD33	04717	25663	顮	20	41431353334132511134	EE93	09861
25621	譒	20	41112512434525125121	D75B	08B61	25664	鶙	20	41434525232511154444	F997	09D99
25622	譝	20	41112512511251211511	D757	08B5D	25665	贏	20	41525135112511134354	DA41	08D0F
25623	譴	20	41112512512125151454	D76C	08B74	25666	譱	20	43111241112514111251	D769	08B71
25624	譨	20	41112512512211311534	D761	08B68	25667	糯	20	43111314524444132522	C185	07FBA
25625	譟	20	41112512512512511234	D759	08B5F	25668	䊭	20	43123412151211251124	8232EB30	042AD
25626	譯	20	41112512522112143112	D767	08B6F	25669	糮	20	43123412512531425221	BC60	07CEE
25627	譞	20	41112512522112513534	D758	08B5E	25670	糲	20	43123413122251125214	BC63	07CF2
25628	䜚	20	41112512522123344454	8233DD36	0471A	25671	糯	20	43123414524444132522	C5B4	07CEF
25629	譭	20	41112513215111213554	D765	08B6D	25672	糰	20	43123425125112141241	BC61	07CF0
25630	譤	20	41112513251141533134	D75E	08B64	25673	䊯	20	43123441312212512134	8232EB32	042AF
25631	譣	20	41112513412512513434	D75D	08B63	25674	䊮	20	43123454154132411121	8232EB31	042AE
25632	譮	20	41112513412524312511	D766	08B6E	25675	鷀	20	43155455432511154444	FA5D	09DC0
25633	譫	20	41112513513344111251	D764	08B6B	25676	鶿	20	43155455432511154444	FA5C	09DBF
25634	譠	20	41112514125251125111	D75A	08B60	25677	燗	20	43341251234352511134	8231F235	03E0A
25635	譲	20	41112514134112213534	D76A	08B72	25678	爏	20	43341331234312342121	A073	0720F
25636	譧	20	41112514134315112234	D760	08B67	25679	丌	20	43341452444432411121	8231F237	03E0C
25637	譩	20	41112514143125114544	D762	08B69	25680	爘	20	43342135454344511534	A07C	07218
25638	議	20	41112514311213121534	D768	08B70	25681	爐	20	43342153152512125221	A074	07210
25639	彃	20	41251521251251251112	87BE	056B2	25682	爓	20	43342511251135321511	A077	07213
25640	鏊	20	41251521313434112431	E78E	0941C	25683	爋	20	43343125431211444453	A06F	0720B
25641	廳	20	41312211112252214544	8F61	05EF0	25684	爖	20	43344143125111515111	A07A	07216
25642	䯢	20	41312341234255452511	8234D835	04BE2	25685	爔	20	43344311213123415534	A078	07214
25643	麐	20	41312341234312342511	FC51	09EC1	25686	瀻	20	44112125121122134534	9E8E	0703B
25644	魔	20	41312341234325113554	C4A7	09B54	25687	瀌	20	44112211155455453221	8231E539	03D8C
25645	䵉	20	41312341234341251122	8234FB31	04D49	25688	灆	20	44112212512531425221	9E99	07046
25646	廮	20	41325111342511134531	8F5F	05EEE	25689	瀓	20	44112213513125125534	8231E636	03D93
25647	膺	20	41332324111214111251	D747	08B4D	25690	灌	20	44112225125132411121	B9E0	0704C
25648	廯	20	41335251214444431112	8F60	05EEF	25691	豐	20	44112511123312122111	C29E	0807B
25649	瘟	20	41341251212512125121	8232A233	03FD4	25692	瀶	20	44112512531251251251	9E8A	07036
25650	癦	20	41341254312114444121	B05A	07666	25693	灀	20	44114524444123425111	9E93	07040
25651	癥	20	41341332252111213134	B059	07665	25694	瀴	20	44125111342511134531	9E89	07034
25652	麙	20	41352211535131251534	FB92	09E99	25695	瀾	20	44125112511125431234	9E91	0703E
25653	麘	20	41352211535312342511	FB91	09E98	25696	灁	20	44125112511325112534	9E94	07041
25654	麚	20	41352211535512115154	FB93	09E9A	25697	瀱	20	44125221134334433422	9E86	07031
25655	麛	20	41352211535515122111	FB94	09E9B	25698	瀿	20	44131554143134551234	9E92	0703F
25656	䢞	20	41354154125121122134	8230E636	0389E	25699	瀹	20	44134125125125125122	E5AE	07039
25657	辮	20	41431135542344143112	DE70	08FAE	25700	瀲	20	44134125125134343134	9E87	07032

序号	字形	笔数	笔顺	18030代码	13000代码
25701	㶑	20	44134125125134343534	8231E634	03D91
25702	瀸	20	44134341211121111534	9E8C	07038
25703	灂	20	44134432522151154124	9E95	07042
25704	瀺	20	44135251153535251354	9E8D	0703A
25705	㶍	20	44135251214444431112	8231E630	03D8D
25706	瀼	20	44141251251112213534	9E8F	0703C
25707	㶐	20	44141332324111214544	8231E633	03D90
25708	瀵	20	44143123425121122134	E5AF	07035
25709	瀽	20	44144511221342512134	9E90	0703D
25710	瀰	20	44151513425234343434	9E85	07030
25711	瀷	20	44154154125121122134	9E8B	07037
25712	懽	20	44212225125132411121	91D7	061FD
25713	㦨	20	44225112511125431234	82318330	039A8
25714	懺	20	44234341211121111534	91D4	061FA
25715	㦪	20	44241112514334433454	82318332	039AA
25716	懹	20	44241251251112213534	91D3	061F9
25717	寶	20	44511213112522511134	8C9A	05BF6
25718	騫	20	44511221341211254444	F271	09A2B
25719	䎙	20	44512332511134541541	82338435	04399
25720	䳦	20	44512511132511154444	8234F139	04CE6
25721	竇	20	44534121252212511134	B85D	07AC7
25722	䇀	20	44534122125112122111	8232D333	041C0
25723	鶟	20	44534134432511154444	F99D	09D9F
25724	䵫	20	44535455254312114444	8234FE35	04D6B
25725	㝱	20	44552131222522145354	8230C835	03771
25726	鶤	20	45125111232511154444	FA41	09DA4
25727	鶣	20	45132512232511154444	FA40	09DA3
25728	襫	20	45234113251113251134	D26E	0896B
25729	襭	20	45234121251132511134	D270	0896D
25730	襩	20	45234121252212511134	D26C	08969
25731	襮	20	45234251112213424134	D271	0896E
25732	襬	20	45234252215425113535	D26F	0896C
25733	䄤	20	45241251234352511134	8232C338	04124
25734	鱀	20	51154153535251214444	F744	09C40
25735	饏	20	51221113134344511534	F085	0994F
25736	躄	20	51325141431122512134	DC4C	08E84
25737	譬	20	51325141431124111251	. C6A9	08B6C
25738	㜷	20	51513425234343434531	8230C237	03737
25739	孾	20	52125111342511134531	8C5B	05B7E
25740	鶥	20	52132511132511154444	FA42	09DA5
25741	櫱	20	52332515141431121234	99C7	06AF1
25742	櫽	20	52344312151145441234	99D3	06AFD
25743	䧰	20	52352512144443554234	8234A637	049F0
25744	孉	20	53112225125132411121	8C41	05B49
25745	孀	20	53114524444123435111	E6D7	05B40
25746	孆	20	53125111342511134531	8BFD	05B46
25747	孄	20	53125112511125431234	8BFB	05B44
25748	孂	20	53131431451153425221	8BF9	05B42
25749	䶯	20	53132511255115115341	82358732	04DAF
25750	孅	20	53134341211121111534	8BFC	05B45
25751	㜶	20	53135251153535251354	8230C236	03736
25752	孃	20	53141251251112213534	8BFA	05B43
25753	飁	20	54154132511353251214	EF65	098C1
25754	顟	20	54154134333132511134	EE91	0985F
25755	䢄	20	54251123441431121234	82348334	04884
25756	䳫	20	54334113432511154444	8234F234	04CEB
25757	鶔	20	54523123432511154444	F992	09D94
25758	䂍	20	54523251112213424134	8232B437	0408D
25759	鶩	20	54523313432511154444	FA46	09DA9
25760	䱯	20	54523313435251214444	8234E636	04C6F
25761	䫩	20	54545434333132511134	8234BF36	04AE9
25762	骦	20	55114524444123425111	F35A	09AA6
25763	鶨	20	55135333432511154444	FA45	09DA8
25764	骧	20	55141251251112213534	E6F8	09AA7
25765	饗	20	55345115452344511534	F08B	09957
25766	響	20	55345115452414312511	ED91	097FF
25767	盭	20	55412143112313425221	B158	076ED
25768	䌧	20	55444412151211251124	8232F732	04327
25769	䌩	20	55444412225221134534	8232F734	04329
25770	䌨	20	55444412235445411234	8232F733	04328
25771	繿	20	55444412512531425221	C061	07E7F
25772	䌤	20	55444413425234343434	8232F639	04324
25773	繻	20	55444414524444132522	C05D	07E7B
25774	纁	20	55444431254312114444	C063	07E81
25775	䌣	20	55444431431444525151	8232F638	04323
25776	纀	20	55444432224314311134	C062	07E80
25777	䗽	20	55444432411121251214	8233C133	045FD
25778	䌥	20	55444434431215114544	8232F730	04325
25779	纊	20	55444441312212512134	C06B	07E8A
25780	纃	20	55444441432533543211	C064	07E83
25781	繽	20	55444444512332511134	C05F	07E7D
25782	䌦	20	55444454154132411121	8232F731	04326
25783	繼	20	55444455455415545545	C05E	07E7C
25784	耰	21	11123413251145454354	C269	08030
25785	䎱	21	111234252215425113535	FE77	043B1
25786	齧	21	111253212134341343452	FD6D	09F67

序号	字形	笔数	笔顺	18030代码	13000代码
25787	蠢	21	111342511251214251214	B4C0	08822
25788	瓘	21	112112225125132411121	AD8F	074D8
25789	䨼	21	112125111223241112154	8234AE33	04A3C
25790	瓔	21	112125111342511134531	AD8B	074D4
25791	瓓	21	112125112511125431234	AD8A	074D3
25792	瓖	21	112141251251112213534	AD8D	074D6
25793	䵅	21	112153313412343434354	8234FA37	04D45
25794	鷔	21	112153313432511154444	FA71	09DD4
25795	鰲	21	112153313435251214444	F697	09C32
25796	鬹	21	113425111351251254312	F46B	09B39
25797	镾	21	121115413425234343434	E953	0957E
25798	鬗	21	121115433312212523434	F44D	09B17
25799	䰍	21	121115433312343424134	8234DC38	04C0D
25800	鬘	21	121115433325112522154	F44E	09B18
25801	䰌	21	121115433333234342134	8234DC37	04C0C
25802	鬖	21	121115433354545434333	F44C	09B16
25803	顤	21	121121121135132511134	EE96	09864
25804	攝	21	121122111122111122111	947A	0651D
25805	騹	21	121125444412212511121	F280	09A39
25806	䮲	21	121125444412212512134	8234D337	04BB2
25807	䮮	21	121125444412343434354	8234D333	04BAE
25808	驅	21	121125444412512512515	F28C	09A45
25809	驃	21	121125444412522111234	F28A	09A43
25810	騻	21	121125444413434343434	F282	09A3B
25811	驉	21	121125444421531522431	F290	09A49
25812	䮫	21	121125444425112512531	8234D330	04BAB
25813	騾	21	121125444425121554234	F285	09A3E
25814	驄	21	121125444432535414544	F28B	09A44
25815	䮭	21	121125444434432511135	8234D332	04BAD
25816	騼	21	121125444441352211535	F283	09A3C
25817	騿	21	121125444441431251112	F286	09A3F
25818	䮰	21	121125444441432512251	8234D335	04BB0
25819	騽	21	121125444454154132511	F284	09A3D
25820	驂	21	121125444454545434333	F289	09A42
25821	䳲	21	121131153432511154444	8234F331	04CF2
25822	䟌	21	121213412132411121534	8233EF30	047CC
25823	趰	21	121213413425234343434	DA8D	08DB0
25824	趯	21	121213454154132411121	DA8C	08DAF
25825	㩴	21	121251112511132411121	82319730	03A74
25826	鼚	21	121251431125412111534	FC8D	09F1A
25827	䶁	21	121251431125425342511	82358237	04D81
25828	鼙	21	121251431125432511312	DCB1	09F19
25829	䥢	21	121251431125434112431	82349935	04962
25830	鼛	21	121251431125435424251	FC8E	09F1B
25831	攜	21	121252324111212534251	9479	0651C
25832	䀋	21	121312125344444125221	8232A738	0400B
25833	䞕	21	121323414524444132522	8233E935	04795
25834	㩳	21	121324111213241112154	FE64	03A73
25835	驇	21	121341213541211254444	F28E	09A47
25836	攡	21	121413452255432411121	947E	06521
25837	騺	21	121431123541211254444	F281	09A3A
25838	攛	21	121445343215115445445	9478	0651B
25839	鷇	21	121451325111544443554	FA64	09DC7
25840	鷨	21	122112211232511154444	FA86	09DE8
25841	蘵	21	122122111414312511534	CC75	08635
25842	㔮	21	122125111345425113535	82308E39	0352E
25843	䩿	21	122125112121222511134	8234B530	04A7F
25844	韃	21	122125112121431112454	ED5E	097C3
25845	䪂	21	122125112125234125234	8234B533	04A82
25846	䪁	21	122125112224314311134	8234B532	04A81
25847	鞼	21	122125112251212511134	ED57	097BC
25848	鞽	21	122125112313425125251	ED58	097BD
25849	䪃	21	122125112412515213134	8234B534	04A83
25850	䪀	21	122125112445251514544	8234B531	04A80
25851	鞿	21	122125112554554134534	ED5A	097BF
25852	蘷	21	122132511212151534354	CC77	08637
25853	蘴	21	122211121112521251431	CC74	08634
25854	䕺	21	122224314311212211154	8233B432	0457A
25855	蘲	21	122251212512125121121	CC72	08632
25856	歡	21	122251251324111213534	9A67	06B61
25857	䒐	21	122252214525111355215	82339C39	04490
25858	䕸	21	122254312114444121251	8233B430	04578
25859	蘬	21	122325151212151145252	CC6C	0862C
25860	鷋	21	122341123432511154444	FA68	09DCB
25861	䕹	21	122413434123432411121	8233B431	04579
25862	蘺	21	122413452255432411121	CC79	0863A
25863	鷏	21	122511113432511154444	FA6C	09DCF
25864	鶾	21	122511123132511154444	FA5B	09DBE
25865	欌	21	123412213513125125534	99E2	06B0C
25866	權	21	123412225125132411121	99E0	06B0A
25867	欍	21	123412232411121321511	99E3	06B0D
25868	櫺	21	123414524444251251251	99D0	06AFA
25869	櫻	21	123425111342511134531	99D1	06AFB
25870	欄	21	123425112511125431234	99DA	06B04
25871	欁	21	123425122113115341234	99D7	06B01
25872	欅	21	123432111525111343112	99DB	06B05

序号	字形	笔数	笔顺	18030代码	13000代码
25873	櫘	21	123432511255115115341	99CD	06AF7
25874	櫼	21	123434341211121111534	99D2	06AFC
25875	蠜	21	123434341234134251214	CF9B	0881C
25876	襻	21	123434341234134413534	8233CC30	0466A
25877	䵀	21	123434343542432511134	8234FA32	04D40
25878	黐	21	123434343544134522554	FC4A	09EB6
25879	䴿	21	123434343544511353334	8234FA31	04D3F
25880	䳵	21	123434345332511154444	8234F334	04CF5
25881	櫾	21	123434433112523554234	99D4	06AFE
25882	欃	21	123435251153535251354	99D9	06B03
25883	㰔	21	123441112514334433454	8231C035	03C14
25884	欀	21	123441251251112213534	99D6	06B00
25885	䡹	21	125111212452512152134	82348233	04879
25886	轟	21	125111212511121251112	DE5A	08F5F
25887	轞	21	125111212512531425221	DE59	08F5E
25888	轜	21	125111214524444132522	DE57	08F5C
25889	轛	21	125111222431431121124	DE56	08F5B
25890	贒	21	125125251245442511134	DA44	08D12
25891	覽	21	125125314252212511135	D35B	089BD
25892	譼	21	125125314252214111251	D774	08B7C
25893	鬺	21	125125431231251113533	F46C	09B3A
25894	鷊	21	125125431232511154444	FA67	09DCA
25895	䝃	21	125143125115545544444	8233E135	04743
25896	鷅	21	125221123432511154444	FA62	09DC5
25897	醻	21	125351112151211251124	E17E	091BB
25898	醹	21	125351114524444132522	E17D	091B9
25899	醺	21	125351131254312114444	F5B8	091BA
25900	酈	21	125412544135221153552	E142	09148
25901	顨	21	132511134132511134132	EE9A	09868
25902	䫰	21	132511134431234354152	8234C033	04AF0
25903	礮	21	132511211254444413434	B55E	0792E
25904	礴	21	132511224411251124124	EDE7	07934
25905	礰	21	132511331234312342121	B560	07930
25906	礭	21	132511452444432411121	B55D	0792D
25907	䃵	21	132514112112544443534	8232BF31	040F5
25908	䃶	21	132514125221241343534	8232BF32	040F6
25909	礳	21	132514131234123413251	B563	07933
25910	礲	21	132514143125111515111	B562	07932
25911	䃷	21	132514152513511531354	8232BF33	040F7
25912	礯	21	132514334433445554234	B55F	0792F
25913	䩍	21	132522111134432511234	8234B030	04A4D
25914	靧	21	132522111251212511134	EC75	09767
25915	蠠	21	132522111251214251214	CF9F	08820
25916	䩌	21	132522111324111214444	8234AF39	04A4C
25917	䫱	21	132522132522132511134	8234C034	04AF1
25918	䰭	21	132522132522325113554	8234E030	04C2D
25919	覼	21	134252343434342511135	D35A	089BC
25920	飆	21	134413441344353251214	EF6A	098C6
25921	䝒	21	135333412211154323334	8233E330	04752
25922	䶛	21	135422212134341343452	82358533	04D9B
25923	殲	21	135434341211121111534	9A9E	06BB2
25924	霸	21	145244441221251123511	B0D4	09738
25925	靀	21	145244441224511353334	EC58	09740
25926	霷	21	145244442511251113533	EC52	09737
25927	露	21	145244442512121354251	C2B6	09732
25928	霻	21	145244442512211251431	EC54	0973B
25929	㪮	21	145244442512512512154	82319C38	03AAE
25930	霺	21	145244443322521353134	EC53	0973A
25931	霶	21	145244444414143454153	EC51	09736
25932	霹	21	145244445132514143112	C5F9	09739
25933	霿	21	145244445452335425111	EC57	0973F
25934	䫬	21	153515352511132511134	8234BF39	04AEC
25935	䪤	21	211121111343123425121	8234B837	04AA4
25936	鬫	21	211211121251221113134	F45F	09B2B
25937	䰘	21	211211121254154134333	8234DD39	04C18
25938	颦	21	212123313253432511312	F2AD	098A6
25939	齜	21	212134341343452212135	FD62	09F5C
25940	齥	21	212134341343452251153	FD6B	09F65
25941	䶚	21	212134341343452251214	82358532	04D9A
25942	齨	21	212134341343452321511	FD6E	09F68
25943	齩	21	212134341343452413434	FD6F	09F69
25944	齦	21	212134341343452511534	FD6C	09F66
25945	鹻	21	212534444414315112234	FB7B	09E7B
25946	䱷	21	215315352512144443134	FE96	04C77
25947	矐	21	251111452444432411121	B291	077D0
25948	矑	21	251112153152512125221	B292	077D1
25949	鷝	21	251112211232511154444	FA7A	09DDD
25950	贓	21	251113413513125125534	DA45	08D13
25951	贔	21	251113425111342511134	DA46	08D14
25952	譻	21	251113425111344111251	D773	08B7B
25953	贐	21	251113451121444425221	DA42	08D10
25954	矓	21	251114143125111515111	B294	077D3
25955	䂀	21	251114311213123415534	8232B334	04080
25956	囁	21	251122111122111122111	87CB	056C1
25957	囈	21	251122121341213541154	87D2	056C8
25958	囆	21	251122251125214251214	87D0	056C6

序号	字形	笔数	笔顺	18030代码	13000代码
25959	囀	21	251125111212511214124	87CA	056C0
25960	闧	21	251125111212513234454	EA5B	095E7
25961	闣	21	251125112434525125121	EA57	095E3
25962	闦	21	251125112512211251431	EA5A	095E6
25963	䦴	21	251125112522112143112	8234A039	049B4
25964	闤	21	251125112522112513534	EA58	095E4
25965	䦲	21	251125113513344111251	8234A037	049B2
25966	闢	21	251125115132514143112	EA56	095E2
25967	㬭	21	251134432522151154124	8231A935	03B2D
25968	顥	21	251141251234132511134	EE97	09865
25969	曩	21	251141251251112213534	EAD9	066E9
25970	鷃	21	251144553132511154444	FA60	09DC3
25971	躊	21	251212112151211251124	DC50	08E8A
25972	䠫	21	251212112211154323334	8233F835	0482B
25973	躏	21	251212112242532411121	F5EF	08E8F
25974	躎	21	251212113425234343434	DC54	08E8E
25975	躌	21	251212131122221354152	DC52	08E8C
25976	躋	21	251212141432533543211	DC51	08E8B
25977	躑	21	251212143125351113452	DC55	08E91
25978	躍	21	251212154154132411121	DC53	08E8D
25979	䠬	21	251212154334125143152	8233F836	0482C
25980	䠪	21	251212155455415545545	8233F834	0482A
25981	䫭	21	251212511134132511134	8234C030	04AED
25982	罍	21	251212512125121311252	C09C	07F4D
25983	纍	21	251212512125121554234	C06E	07E8D
25984	䘂	21	251214121211121111534	8233C138	04602
25985	蠝	21	251214251212512125121	CF9C	0881D
25986	䘃	21	251214254312114444121	8233C139	04603
25987	蠩	21	251214411125112132511	D045	08829
25988	蠟	21	251214555253415445445	CF9E	0881F
25989	㘗	21	251251112511132411121	8230A630	03617
25990	鶰	21	251251113432511154444	FA4D	09DB0
25991	囂	21	251251132511134251251	87CC	056C2
25992	嚻	21	251251132511134251251	87C6	056BB
25993	囃	21	251413434123432411121	87CD	056C3
25994	囄	21	251413452255432411121	87CE	056C4
25995	㘖	21	251414313333132511134	8230A539	03616
25996	㠦	21	252211121112521251431	8230DA36	03826
25997	䍥	21	252211331234312342121	8232FD33	04365
25998	䳴	21	252212334432511154444	8234F333	04CF4
25999	㠥	21	252251212512125121121	8230DA35	03825
26000	巋	21	252325151212151145252	8E68	05DCB
26001	巐	21	252412512525125113132	8E6C	05DD0
26002	黮	21	254312114444122111345	FC6C	09EEE
26003	黫	21	254312114444125221121	FC69	09EEB
26004	黬	21	254312114444131251534	FC6A	09EEC
26005	䁿	21	254312114444134425111	8232B333	0407F
26006	䵮	21	254312114444251113533	8234FE38	04D6E
26007	䵯	21	254312114444312511211	8234FE39	04D6F
26008	黭	21	254312114444341251132	FC6B	09EED
26009	黯	21	254312114444414312511	F7F6	09EEF
26010	髐	21	255452511121121121135	F375	09AD0
26011	髒	21	255452511122135435132	F376	09AD2
26012	髓	21	255452511131212511454	CBE8	09AD3
26013	䯣	21	255452511251212511134	8234D836	04BE3
26014	鼅	21	311342512511251211511	FC7E	09F05
26015	劗	21	312135312135251113422	84AE	05297
26016	酇	21	312135312135251113452	E141	09147
26017	䆊	21	312342113525121122134	8232CD39	0418A
26018	馩	21	312342511121222511134	F14F	099A9
26019	䆌	21	312343123413544111251	8232CE31	0418C
26020	䵗	21	312343424134125125121	8234FC35	04D57
26021	䵙	21	312343424134134354354	8234FC37	04D59
26022	䵘	21	312343424134251113533	8234FC36	04D58
26023	䆍	21	312344143125111515111	8232CE32	0418D
26024	犩	21	312345313251135543112	A0E0	072A9
26025	籒	21	314314121122155125121	BB4E	07C52
26026	籖	21	314314121211121111534	BB52	07C56
26027	䉩	21	314314123412512512515	8232E432	04269
26028	䉯	21	314314125125542511134	8232E438	0426F
26029	䉦	21	314314125221134515454	8232E339	04266
26030	籑	21	314314251111344511534	BB4D	07C51
26031	籔	21	314314251125125313134	BB50	07C54
26032	䉪	21	314314251212512125121	8232E433	0426A
26033	䉰	21	314314255452511413434	8232E439	04270
26034	䉫	21	314314312343533424134	8232E434	0426B
26035	籐	21	314314351143113424134	BB4C	07C50
26036	䉧	21	314314354533411243122	8232E430	04267
26037	䉬	21	314314413543345153554	8232E435	0426C
26038	䉨	21	314314414313533343554	8232E431	04268
26039	籓	21	314314441343123425121	BB4F	07C53
26040	䉭	21	314314555253415445445	8232E436	0426D
26041	雤	21	321134345114532411121	EB7A	096E4
26042	儺	21	321221251113432411121	83AE	0513A
26043	儷	21	321254125441352211535	83AB	05137
26044	䥣	21	321511121355434112431	82349936	04963

序号	字形	笔数	笔顺	18030代码	13000代码	序号	字形	笔数	笔顺	18030代码	13000代码
26045	齱	21	321511544544511212511	FCA0	09F31	26088	䥞	21	341124313251141533134	82349931	0495E
26046	䶆	21	321511544544532411121	82358332	04D86	26089	䥩	21	341124313322521353134	82349A32	04969
26047	㸥	21	321535251153535251354	8231F532	03E25	26090	鐱	21	341124313412512513434	E842	09431
26048	儼	21	322512511351221113134	83B0	0513C	26091	鑀	21	341124313443454544354	E850	09440
26049	儸	21	322522155444432411121	83AC	05138	26092	鑁	21	341124313444445234354	E851	09441
26050	儹	21	323121353121352511134	83AD	05139	26093	鐮	21	341124314134315112234	E7A0	0942E
26051	㒨	21	323211325341511134515	82308135	034A8	26094	䥝	21	341124314135221153535	82349930	0495D
26052	鶽	21	324111211232511154444	FA5A	09DBD	26095	鐿	21	341124314143125114544	E84F	0943F
26053	顦	21	324111214444132511134	EE98	09866	26096	䥥	21	341124314143135112234	82349938	04965
26054	鷍	21	325111123432511154444	FA6A	09DCD	26097	鏽	21	341124315112322151512	E76E	093FD
26055	軇	21	325111312151211251124	DC84	08EC7	26098	鐴	21	341124315132514143112	E845	09434
26056	㿨	21	325111331234312342121	8232A433	03FE8	26099	龡	21	341251251251251223534	FD97	09FA1
26057	鷎	21	325111341232511154444	FA6B	09DCE	26100	䶳	21	341251251251251224135	82358736	04DB3
26058	皬	21	325111452444432411121	B08F	076AC	26101	朇	21	341252431251132511312	9643	06707
26059	鷌	21	325111544441211254444	FA69	09DCC	26102	馜	21	343123425121534335342	EF78	098DC
26060	鶳	21	325111544443251511252	FA50	09DB3	26103	鷂	21	344331125232511154444	FA5F	09DC2
26061	鷈	21	325111544443321531535	FA65	09DC8	26104	䑟	21	344345354152325111121	82339830	0445F
26062	䳶	21	325111544443443554134	8234F335	04CF6	26105	蠫	21	344353322251214251214	D047	0882B
26063	䶰	21	325112551151153413115	82358733	04DB0	26106	鷄	21	344355413432511154444	FA61	09DC4
26064	䰫	21	325113554121121121135	8234DF38	04C2B	26107	鶬	21	344511325132511154444	FA49	09DAC
26065	䰬	21	325113554545232534251	8234DF39	04C2C	26108	饚	21	344511541221215425221	F08E	0995A
26066	魕	21	325113554554554134534	F479	09B55	26109	饛	21	344511541224511353334	F08F	0995B
26067	鷉	21	332153153532511154444	FA66	09DC9	26110	饖	21	344511542121131233534	F08A	09956
26068	忂	21	332251112511132411121	8FDF	05FC2	26111	䭤	21	344511542512125151454	8234CB39	04B64
26069	艪	21	335414352512144442511	C640	0826A	26112	䭞	21	344511542522112143112	8234CB33	04B5E
26070	鐵	21	341124311212511121534	E846	09435	26113	䭝	21	344511543412524312511	8234CB32	04B5D
26071	鑉	21	341124311221215425221	E859	09449	26114	饘	21	344511544125251125111	F08C	09958
26072	䥬	21	341124311221251124124	82349A35	0496C	26115	䭠	21	344511544134315112234	8234CB35	04B60
26073	鑊	21	341124311223241112154	E85A	0944A	26116	鶲	21	345454154132511154444	FA4F	09DB2
26074	鑝	21	341124311223541112454	E86D	0945D	26117	臟	21	351112213513125125534	C54B	081DF
26075	鐳	21	341124311452444425121	E844	09433	26118	䑏	21	351112225125132411121	82339634	0444F
26076	䥤	21	341124311452444435515	82349937	04964	26119	䑍	21	351125111342511134531	82339632	0444D
26077	鐬	21	341124312121131233534	E79E	0942C	26120	䑌	21	351125112511125431234	82339631	0444C
26078	鐻	21	341124312153151353334	E84C	0943B	26121	䑎	21	351134341211121111534	82339633	0444E
26079	鐪	21	341124312153152512153	E79C	0942A	26122	䑋	21	351141251251112213534	82339630	0444B
26080	鐺	21	341124312434525125121	E84B	0943A	26123	鰧	21	351143113435251214444	F68C	09C27
26081	鏴	21	341124312512121354251	E765	093F4	26124	鷆	21	352511153432511154444	FA63	09DC6
26082	鑓	21	341124312512125151454	E863	09453	26125	鳠	21	352512111223241112154	F79F	09CE0
26083	鐰	21	341124312512512511234	E841	09430	26126	鳡	21	352512111312515344544	F7A0	09CE1
26084	鐸	21	341124312522112143112	E849	09438	26127	鳢	21	352512112512211251431	F7AF	09CE2
26085	鐶	21	341124312522112513534	E847	09436	26128	鳣	21	352512114125251125111	F840	09CE3
26086	鐲	21	341124312522135251214	E843	09432	26129	鰢	21	352512144441211254444	F687	09C22
26087	䥡	21	341124313215122151234	82349934	04961	26130	鰭	21	352512144441213352511	F692	09C2D

序号	字形	笔数	笔顺	18030代码	13000代码	序号	字形	笔数	笔顺	18030代码	13000代码
26131	鰪	21	352512144441215425221	F68F	09C2A	26174	讁	21	411125141432512251454	D779	08B81
26132	鰱	21	352512144441251112454	F696	09C31	26175	䜞	21	411125141432533543211	8233DE30	0471E
26133	䲇	21	352512144441251234454	8234E839	04C87	26176	㽊	21	411125143344334541554	82329435	03F4A
26134	鱁	21	352512144441353334454	F745	09C41	26177	譅	21	411125153453421212121	D6A0	08B45
26135	鰬	21	352512144442153154134	F691	09C2C	26178	卛	21	411125155444455444412	8569	0535B
26136	鰣	21	352512144442511121124	F688	09C23	26179	䜝	21	411125155455415545545	8233DD39	0471D
26137	鰨	21	352512144442511541541	F68D	09C28	26180	鶮	21	412512525132511154444	FA4B	09DAE
26138	䱺	21	352512144442521251431	8234E736	04C7A	26181	劘	21	413123412342111211122	84AF	05298
26139	鰥	21	352512144442522123344	F68A	09C25	26182	癫	21	413411225111134132534	F1B2	0766B
26140	鰮	21	352512144442534125221	F693	09C2E	26183	癩	21	413411251234352511134	B05D	07669
26141	鰷	21	352512144443223541234	F69C	09C37	26184	癧	21	413411331234312342121	B05B	07667
26142	鰞	21	352512144443251154444	F683	09C1E	26185	癨	21	413411452444432411121	B05C	07668
26143	鰤	21	352512144443251511252	F689	09C24	26186	㿖	21	413412153152512125221	8232A235	03FD6
26144	鰩	21	352512144443443311252	F68E	09C29	26187	㿕	21	413412511251135321511	8232A234	03FD5
26145	䱽	21	352512144443445113251	8234E739	04C7D	26188	癪	21	413413123411212511134	B05E	0766A
26146	䱵	21	352512144443454541541	8234E732	04C75	26189	㿗	21	413413123435132511134	8232A236	03FD7
26147	鰡	21	352512144443545325121	F686	09C21	26190	㿘	21	413414334433445251251	8232A237	03FD8
26148	鰝	21	352512144444125125251	F682	09C1D	26191	癮	21	413415234431215114544	B061	0766E
26149	鰟	21	352512144444143454153	F684	09C1F	26192	斕	21	413425112511125431234	94CC	06595
26150	鱃	21	352512144444311135211	F747	09C43	26193	鶺	21	413434251132511154444	FA57	09DBA
26151	鰜	21	352512144444315112234	F681	09C1C	26194	鶶	21	413511225132511154444	FA53	09DB6
26152	鰫	21	352512144444453434251	F690	09C2B	26195	麜	21	413522115351252211234	FB95	09E9C
26153	䱼	21	352512144445131221534	8234E738	04C7C	26196	䴨	21	413522115351332511234	8234F738	04D28
26154	鰯	21	352512144445154151541	F694	09C2F	26197	麝	21	413522115353251113124	F7EA	09E9D
26155	觺	21	353113454521343535112	D37E	089FA	26198	廱	21	413555251521532411121	8F62	05EF1
26156	飅	21	353251214122155125121	EF69	098C5	26199	辯	21	414311341112514143112	DE71	08FAF
26157	飇	21	353251214134413441344	EF6B	098C7	26200	贑	21	414312511121212511134	DA43	08D11
26158	飉	21	353251214134432511234	EF6D	098C9	26201	赣	21	414312511123541212534	B8D3	08D63
26159	飈	21	353251214433443344334	EF6C	098C8	26202	龒	21	414312511151511111234	FD8D	09F92
26160	觼	21	353511235253425111354	D381	089FC	26203	礱	21	414312511151511113251	B561	07931
26161	邎	21	354441112513554234454	DF88	0908E	26204	齎	21	414325335432112511134	FD56	09F4E
26162	鶹	21	354532512132511154444	FA56	09DB9	26205	臝	21	415251351125111234354	C549	081DD
26163	鶵	21	355233552332511154444	FA52	09DB5	26206	䫯	21	415313412512132511134	8234C032	04AEF
26164	譸	21	411125112151211251124	D770	08B78	26207	羻	21	431113413522154544354	C186	07FBB
26165	譳	21	411125114524444132522	D76B	08B73	26208	齤	21	431134212134341343452	FD6A	09F64
26166	䜜	21	411125121451343425111	8233DD38	0471C	26209	䊰	21	431234411125112132511	8232EB33	042B0
26167	譵	21	411125122431431121124	D76D	08B75	26210	纇	21	431234554234132511134	C068	07E87
26168	䜙	21	411125125115545544444	8233DD35	04719	26211	蠤	21	431253511251214251214	D040	08824
26169	䜛	21	411125135251353525135	8233DD37	0471B	26212	夔	21	431325111212151534354	D9E7	05914
26170	讂	21	411125135253425111354	D77A	08B82	26213	鷁	21	431342522132511154444	FA5E	09DC1
26171	譺	21	411125135311345452134	D772	08B7A	26214	鶼	21	431511223432511154444	FA59	09DBC
26172	譶	21	411125141112514111251	D76E	08B76	26215	爟	21	433412225125132411121	A083	0721F
26173	譹	21	411125141251451353334	D771	08B79	26216	㸍	21	433421531512514311534	8231F238	03E0D

序号	字形	笔数	笔顺	18030代码	13000代码
26217	爛	21	433425112511125431234	A080	0721B
26218	爚	21	433434125125125125122	A07E	0721A
26219	爝	21	433434432522151154124	ECDF	0721D
26220	爙	21	433441251251112213534	A07D	07219
26221	飊	21	433443344334353251214	EF6E	098CA
26222	鶯	21	433443344532511154444	FA4C	09DAF
26223	䶏	21	435152332511125121132	82358431	04D8F
26224	灄	21	441122111122111122111	9E97	07044
26225	䤔	21	441125111233121253511	82349138	04914
26226	灊	21	441153515351251254312	9E9D	0704A
26227	灃	21	441211121112521251431	9E96	07043
26228	灇	21	441224314311212211154	9E9A	07047
26229	灈	21	441251112511132411121	9E9B	07048
26230	㶒	21	441251125111211254444	8231E635	03D92
26231	灍	21	441251125114315233534	9E9F	0704D
26232	灏	21	441251141251234132534	E5B0	0704F
26233	灅	21	441251212512125121121	9E98	07045
26234	㶔	21	441252212522125221134	8231E637	03D94
26235	㶘	21	441314314125221251112	8231E731	03D98
26236	㶕	21	441314314251125112511	8231E638	03D95
26237	㶖	21	441322354254312114444	8231E639	03D96
26238	灕	21	441413452255432411121	9EA6	07055
26239	灋	21	441413522115444412154	9E9E	0704B
26240	灐	21	441433443344534112431	9EA1	07050
26241	灉	21	441555251521532411121	9E9C	07049
26242	懾	21	442122111122111122111	91D8	061FE
26243	懼	21	442251112511132411121	91D6	061FC
26244	鶷	21	445111225132511154444	FA54	09DB7
26245	鶱	21	445112213432511154444	FA4E	09DB1
26246	䚔	21	445123325111342511135	8233D032	04694
26247	寷	21	445211121112521251431	8C9B	05BF7
26248	竈	21	445341212511251211511	B85E	07AC8
26249	竉	21	445344143125111515111	B85F	07AC9
26250	顧	21	451332411121132511134	EE99	09867
26251	襰	21	452341251234352511134	D273	08970
26252	䙫	21	452342113525121122134	8233CC31	0466B
26253	襯	21	452344143112342511135	D272	0896F
26254	襱	21	452344143125111515111	D274	08971
26255	禴	21	452434125125125125122	B65E	079B4
26256	禳	21	452441251251112213534	ECFC	079B3
26257	鶴	21	453241112132511154444	FA51	09DB4
26258	䫮	21	511121251124132511134	8234C031	04AEE
26259	屬	21	513241342522135251214	8CD9	05C6C

序号	字形	笔数	笔顺	18030代码	13000代码
26260	鐾	21	513251414311234112431	F6CD	0943E
26261	羼	21	513431112431113431112	E5F1	07FBC
26262	㣆	21	515134252343434341121	8230EA36	038C6
26263	鶸	21	515415154132511154444	FA55	09DB8
26264	韢	21	521251152125112144544	ED7D	097E2
26265	䪛	21	521251152343123425121	8234B738	04A9B
26266	䳳	21	522521123432511154444	8234F332	04CF3
26267	㜹	21	531251112511132411121	8230C239	03739
26268	孈	21	531252324111212534251	8C40	05B48
26269	孇	21	531324111213241112154	8BFE	05B47
26270	䎚	21	541541111211125114544	82338436	0439A
26271	䳱	21	545233545332511154444	8234F330	04CF1
26272	蠡	21	551353334251214251214	F3BB	08821
26273	纉	21	554444113411342511134	C06A	07E89
26274	纎	21	554444121211121111534	C06F	07E8E
26275	纈	21	554444121251132511134	C069	07E88
26276	續	21	554444121252212511134	C06D	07E8C
26277	䌭	21	554444122324111214444	8232F738	0432D
26278	纋	21	554444132511454544354	C06C	07E8B
26279	纆	21	554444254312114444121	C067	07E86
26280	纅	21	554444325115545541234	C066	07E85
26281	纏	21	554444413251121134121	C070	07E8F
26282	纐	21	554444413434132511134	C071	07E90
26283	鶭	21	554444415332511154444	FA4A	09DAD
26284	耲	22	1112344125221241343534	C26A	08032
26285	耱	22	1112344131234123413251	F1F2	08031
26286	瓙	22	1121121512112511244444	AD90	074D9
26287	䶬	22	1121124143125111515111	82358730	04DAC
26288	瓗	22	1121252324111212534251	AD8E	074D7
26289	䘌	22	1122132515251214251214	8233C238	0460C
26290	䘉	22	1134251214251214251214	8233C235	04609
26291	鬝	22	1211154333251125112511	F453	09B1D
26292	鬜	22	1211154333251125113511	F452	09B1C
26293	䰎	22	1211154333251212511134	8234DC39	04C0E
26294	鬛	22	1211154333253415445445	F451	09B1B
26295	鬚	22	1211154333333132511134	F450	09B1A
26296	鬙	22	1211154333432524312511	F44F	09B19
26297	攤	22	1211221251113432411121	9482	06524
26298	攧	22	1211225111134132511134	9484	06527
26299	攦	22	1211254125441352211535	9483	06526
26300	驍	22	1211254444121121121135	F294	09A4D
26301	驑	22	1211254444122155125121	F298	09A51
26302	驔	22	1211254444125221251112	F29B	09A54

序号	字形	笔数	笔顺	18030代码	13000代码
26303	驒	22	1211254444251251251112	F299	09A52
26304	驕	22	1211254444313425125251	F29C	09A55
26305	䮶	22	1211254444324111211234	8234D431	04BB6
26306	䮳	22	1211254444343123425121	8234D338	04BB3
26307	驐	22	1211254444412515213134	F297	09A50
26308	䮵	22	1211254444414312511211	8234D430	04BB5
26309	驎	22	1211254444431234354152	F295	09A4E
26310	驓	22	1211254444432524312511	F29A	09A53
26311	驏	22	1211254444513521521521	F296	09A4F
26312	䮴	22	1211254444543341251431	8234D339	04BB4
26313	驋	22	1211254444543345153554	F292	09A4B
26314	驈	22	1211254444545232534251	F28F	09A48
26315	䟎	22	1212134113411342511134	8233EF32	047CE
26316	䟍	22	1212134325111445344153	8233EF31	047CD
26317	䟏	22	1212134325115545541234	8233EF33	047CF
26318	壧	22	1212512511351221113134	89CC	058E7
26319	鼘	22	1212514311254322151512	FC8C	09F18
26320	鼜	22	1212514311254544251214	FC8F	09F1C
26321	覿	22	1212522125111342511135	D35D	089BF
26322	攞	22	1212522155444432411121	947B	0651E
26323	攢	22	1213121353121352511134	9480	06522
26324	攠	22	1214131234123421112111	947D	06520
26325	攟	22	1214135221153525312341	947C	0651F
26326	鷙	22	1214311235432511154444	FA76	09DD9
26327	䲀	22	1214311235435251214444	8234E832	04C80
26328	懿	22	1214512514314135344544	DCB2	061FF
26329	蠧	22	1214513251251214251214	D043	08827
26330	聽	22	1221111121122522114544	C2A0	0807D
26331	㱌	22	1221111221111221113534	8231C631	03C4C
26332	䏊	22	1221114143125111515111	82338932	043CA
26333	蘾	22	1221214125221241343534	CC7C	0863E
26334	䕼	22	1221221251113432411121	8233B434	0457C
26335	蘻	22	1221251112523554554234	CC7A	0863B
26336	䪇	22	1221251121221251124124	8234B538	04A87
26337	韄	22	1221251121223241112154	ED5F	097C4
26338	韁	22	1221251121251211251211	ED5C	097C1
26339	䪈	22	1221251122512125151454	8234B539	04A88
26340	䪆	22	1221251122512211251431	8234B537	04A86
26341	䪅	22	1221251122522135251214	8234B536	04A85
26342	韂	22	1221251123513344111251	ED5D	097C2
26343	韀	22	1221251124135221154444	ED5B	097C0
26344	鷬	22	1221251213432511154444	FA8A	09DEC
26345	䵏	22	1221251213454154134333	8234FB37	04D4F
26346	蘸	22	1221253511324111214444	D5BA	08638
26347	䕻	22	1221254125441352211535	8233B433	0457B
26348	蘽	22	1222512125121251211234	CC7B	0863D
26349	䕾	22	1222512511351221113134	8233B436	0457E
26350	鹳	22	1222512513241112135451	F0D9	09E73
26351	顭	22	1222522145354132511134	EE9F	0986D
26352	蘿	22	1222522155444432411121	CC7D	0863F
26353	糵	22	1223151514143112431234	BC66	07CF5
26354	驚	22	1223525131341211254444	F340	09A5A
26355	蘼	22	1224131234123421112111	DEC2	0863C
26356	虀	22	1224143253354211121111	CC7E	08640
26357	蘱	22	1224312341344132511134	CC71	08631
26358	蘹	22	1224424125221241343534	CC78	08639
26359	欇	22	1234122111122111122111	99DD	06B07
26360	㰛	22	1234122325115545541234	8231C132	03C1B
26361	䫴	22	1234123411234132511134	8234C037	04AF4
26362	㰗	22	1234132112345342512134	8231C038	03C17
26363	欉	22	1234224314311212211154	99DF	06B09
26364	欋	22	1234251112511132411121	99E1	06B0B
26365	欈	22	1234252324111212534251	99DE	06B08
26366	欆	22	1234324111213241112154	99DC	06B06
26367	欎	22	1234343412344551154124	99E4	06B0E
26368	䵃	22	1234343435412212512134	8234FA35	04D43
26369	䵂	22	1234343435441432512251	8234FA34	04D42
26370	䵁	22	1234343435452133544124	8234FA33	04D41
26371	㰚	22	1234413452255432411121	8231C131	03C1A
26372	㰘	22	1234551431234554234132	8231C039	03C18
26373	䥭	22	1241344124134434112431	82349A36	0496D
26374	䡺	22	1251112111211125114544	82348234	0487A
26375	鑋	22	1251112155512134112431	E85B	0944B
26376	轠	22	1251112251212512125121	DE5B	08F60
26377	䡻	22	1251112325111445344153	82348235	0487B
26378	轢	22	1251112325115545541234	DE5D	08F62
26379	䳻	22	1251112331232511154444	8234F430	04CFB
26380	鷒	22	1251121412432511154444	FA6F	09DD2
26381	鷘	22	1251234313432511154444	FA75	09DD8
26382	囊	22	1251245251251112213534	C4D2	056CA
26383	鷗	22	1251251251532511154444	FA74	09DD7
26384	鑒	22	1251253142522134112431	E862	09452
26385	䰝	22	1251254312432524312511	8234DE34	04C1D
26386	䤖	22	1253511251112213424134	82349230	04916
26387	䤕	22	1253511325115545541234	82349139	04915
26388	邐	22	1254125441352211535454	DF8A	09090

序号	字形	笔数	笔顺	18030代码	13000代码	序号	字形	笔数	笔顺	18030代码	13000代码
26389	彲	22	1254125441353311535333	8FAF	05F72	26432	鷜	22	2511251253132511154444	FA79	09DDC
26390	鷖	22	1311345355432511154444	FA73	09DD6	26433	囇	22	2511254125441352211535	87D1	056C7
26391	䫲	22	1312515344544132511134	8234C035	04AF2	26434	䯫	22	2511412512344125125251	8234D934	04BEB
26392	礷	22	1325112212512531425221	B566	07937	26435	㒿	22	2511413452255432411121	82308338	034BF
26393	礶	22	1325112225125132411121	B565	07936	26436	饕	22	2511521531535344511534	F7D2	09955
26394	龓	22	1325114143125111515111	FD8E	09F93	26437	躚	22	2512121125221134515454	DC5D	08E9A
26395	礵	22	1325114524444123425111	B564	07935	26438	躒	22	2512121325115545541234	DC56	08E92
26396	䃹	22	1325125112511125431234	8232BF35	040F9	26439	躓	22	2512121331233122511134	DC57	08E93
26397	䃸	22	1325134341211121111534	8232BF34	040F8	26440	躕	22	2512121413121251431124	DC58	08E95
26398	䩎	22	1325221113412512513434	8234B031	04A4E	26441	躔	22	2512121413251121134121	F5F0	08E94
26399	贗	22	1332325111544442511134	DA49	08D17	26442	躖	22	2512121554554155455421	DC59	08E96
26400	鷞	22	1343434343432511154444	FA7B	09DDE	26443	躐	22	2512121555253415445445	F5F1	08E90
26401	䝓	22	1353334555253415445445	8233E331	04753	26444	疊	22	2512125121251214525111	AF42	0758A
26402	霼	22	1452444411543115431234	EC55	0973C	26445	蠴	22	2512141222522112132511	D04F	08834
26403	鹴	22	1452444412342511135451	FB74	09E74	26446	蠨	22	2512141225112322151512	D044	08828
26404	䨲	22	1452444413252235251354	8234AD33	04A32	26447	䘈	22	2512141312225112521453	8233C234	04608
26405	䨴	22	1452444422431431121124	8234AD35	04A34	26448	蠦	22	2512142153152512125221	D042	08826
26406	䨳	22	1452444425111352511135	8234AD34	04A33	26449	蠬	22	2512144143125111515111	D048	0882C
26407	霾	22	1452444434435332511211	F6B2	0973E	26450	䘆	22	2512144451112252214544	8233C232	04606
26408	㽌	22	1452444435453251211554	82329437	03F4C	26451	囎	22	2512511134432524312511	87D7	056CE
26409	霽	22	1452444441432533543211	EC56	0973D	26452	㘚	22	2512511251151221113134	FE5B	0361A
26410	䨶	22	1452444454251115132125	8234AD37	04A36	26453	囅	22	2512512511125131221534	87CF	056C5
26411	顪	22	2121131233534132511134	EE9C	0986A	26454	㘙	22	2512512511351221113134	8230A632	03619
26412	齬	22	2121343413434521251251	FD72	09F6C	26455	囉	22	2512522155444432411121	87D3	056C9
26413	䶝	22	2121343413434521343434	82358535	04D9D	26456	囋	22	2513121353121444431234	87D4	056CB
26414	齪	22	2121343413434522512134	FD70	09F6A	26457	鷕	22	2513241112132511154444	FA72	09DD5
26415	齫	22	2121343413434522512341	FD71	09F6B	26458	䶲	22	2521132511255115115341	82358735	04DB2
26416	䶜	22	2121343413434523121251	82358534	04D9C	26459	巔	22	2521225111134132511134	8E70	05DD4
26417	䣣	22	2434525125431211444452	82348C39	048E3	26460	巎	22	2521325111212151534354	8E6A	05DCE
26418	矔	22	2511112225125132411121	B295	077D4	26461	羇	22	2522112212511213412512	C161	07F87
26419	戵	22	2511125111324111211534	91F3	06235	26462	䫳	22	2522135251214132511134	8234C036	04AF3
26420	氍	22	2511125111324111213115	EBAC	06C0D	26463	邏	22	2522155444432411121454	DF89	0908F
26421	䣤	22	2511125111324111215452	82348D30	048E4	26464	巗	22	2522512511351221113134	8E73	05DD7
26422	鷐	22	2511131153432511154444	FA6D	09DD0	26465	巖	22	2522512511351221113134	8E72	05DD6
26423	贖	22	2511134121252212511134	DA48	08D16	26466	巑	22	2523121353121352511134	8E6D	05DD1
26424	䞊	22	2511134215315343425111	8233E835	0478A	26467	䳽	22	2523241112132511154444	8234F432	04CFD
26425	贘	22	2511134243452512511134	DA4A	08D18	26468	㡪	22	2523443513212122515354	8230E134	0386A
26426	鑍	22	2511134251113434112431	E85D	0944D	26469	巓	22	2523525111534132511134	8E6F	05DD3
26427	䂃	22	2511134432522151154124	8232B337	04083	26470	㠧	22	2524131234123421112111	8230DA37	03827
26428	䂁	22	2511135251153535251354	8232B335	04081	26471	巕	22	2524313251514143112531	8E71	05DD5
26429	囌	22	2511223525121444431234	87D5	056CC	26472	圝	22	2541112515544445544441	884A	0571D
26430	㬬	22	2511251112511132411121	8231A934	03B2C	26473	黰	22	2543121144441225111134	FC6D	09EF0
26431	䦵	22	2511251113425234343434	8234A130	049B5	26474	體	22	2554525112512211251431	F377	09AD4

序号	字形	笔数	笔顺	18030代码	13000代码	序号	字形	笔数	笔顺	18030代码	13000代码
26475	髑	22	2554525112522135251214	F7C7	09AD1	26518	鰴	22	3322521352512144443134	F699	09C34
26476	䯤	22	2554525113412524312511	8234D837	04BE4	26519	䳷	22	3323434213432511154444	8234F336	04CF7
26477	镵	22	3111535251153535251354	E94B	09575	26520	躗	22	3325212511521122512134	DC5A	08E97
26478	镶	22	3111541251251112213534	CFE2	09576	26521	讆	22	3325212511521124111251	D77E	08B86
26479	䍎	22	3112521224135221154444	8232FB30	0434E	26522	艫	22	3354142153152512125221	C641	0826B
26480	罏	22	3112522153152512125221	C09E	07F4F	26523	䥫	22	3411243112132411121534	82349A34	0496B
26481	罎	22	3112522511145244441154	C09D	07F4E	26524	鑄	22	3411243112151211251124	E854	09444
26482	龝	22	3123432511255115115341	FD95	09F9D	26525	鑖	22	3411243112225221134534	E866	09456
26483	䵚	22	3123434241343443321511	8234FC38	04D5A	26526	鑎	22	3411243112512125111345	E85E	0944E
26484	黐	22	3123434241344134522554	FC5B	09ED0	26527	鑑	22	3411243112512531425221	E861	09451
26485	䆎	22	3123434341211121111534	8232CE33	0418E	26528	䥮	22	3411243112522112512552	82349A37	0496E
26486	穱	22	3123434432522151154124	B787	07A71	26529	鑈	22	3411243113425234343434	E858	09448
26487	䆋	22	3123435251152511511511	8232CE30	0418B	26530	鑐	22	3411243114524444132522	E860	09450
26488	穰	22	3123441251251112213534	F0A6	07A70	26531	䥧	22	3411243121451343425111	82349A30	04967
26489	䆏	22	3123443123425121122134	8232CE34	0418F	26532	鑆	22	3411243122431431121124	E856	09446
26490	䵸	22	3123443342511251211511	82358138	04D78	26533	䥨	22	3411243125112511251251	82349A31	04968
26491	籜	22	3143141212522112143112	BB58	07C5C	26534	䥪	22	3411243125115545544444	82349A33	0496A
26492	籡	22	3143141213412512513434	BB5D	07C61	26535	鑂	22	3411243131254312114444	E852	09442
26493	籟	22	3143141251234352511134	BB5B	07C5F	26536	鑛	22	3411243141312212512134	E86B	0945B
26494	籗	22	3143141452444432411121	BB53	07C57	26537	鑇	22	3411243141432533543211	E857	09447
26495	籧	22	3143142153151353334454	BB63	07C67	26538	鑅	22	3411243143344334451234	E855	09445
26496	籚	22	3143142153152512125221	BB56	07C5A	26539	鑧	22	3411243144512225111354	E877	09467
26497	䉮	22	3143142511251132411121	8232E437	0426E	26540	鑌	22	3411243144512332511134	E85C	0944C
26498	籛	22	3143143411243115341534	BB57	07C5B	26541	鑔	22	3411243144535445411234	E864	09454
26499	籙	22	3143143411243151124134	BB55	07C59	26542	鑏	22	3411243144545442522112	E85F	0944F
26500	籘	22	3143143511431134554234	BB54	07C58	26543	鑃	22	3411243154154132411121	E853	09443
26501	籠	22	3143144143125111515111	BB5C	07C60	26544	龢	22	3412512512512512231234	FD98	09FA2
26502	鷑	22	3143144143132511154444	FA6E	09DD1	26545	顩	22	3412512513434132511134	EE9B	09869
26503	籝	22	3143144152513511531354	BB59	07C5D	26546	龕	22	3412514143125111515111	FD90	09F95
26504	䉱	22	3143144523412512512515	8232E530	04271	26547	豄	22	3434251121252212511134	D84B	08C44
26505	鰵	22	3155414313435251214444	F69A	09C35	26548	䜲	22	3434251555253415445445	8233DF38	04732
26506	㶗	22	3155414554234325112534	8231E730	03D97	26549	糴	22	3443123454154132411121	BC65	07CF4
26507	鼴	22	3215115445445125115315	FD42	09F34	26550	䭡	22	3445115434431215114544	8234CB36	04B61
26508	鼳	22	3215115445445251111344	FD41	09F33	26551	䭣	22	3445115441432533543211	8234CB38	04B63
26509	䶇	22	3215115445445251212511	82358333	04D87	26552	䭥	22	3445115443111344511534	8234CC30	04B65
26510	鼵	22	3215115445445445341344	FD43	09F35	26553	䭢	22	3445115444545442522112	8234CB37	04B62
26511	鼲	22	3215115445445451251112	FD40	09F32	26554	䳺	22	3445125351132511154444	8234F339	04CFA
26512	儻	22	3224345251254312114444	83AF	0513B	26555	臞	22	3511251112511132411121	C54A	081DE
26513	齂	22	3251112512113251124134	FD4B	09F42	26556	黱	22	3511431134254312114444	FC6E	09EF1
26514	䳼	22	3251115444412512512515	8234F431	04CFC	26557	鳤	22	3525121131431444525151	F841	09CE4
26515	䳹	22	3251115444444511352154	8234F338	04CF9	26558	鰿	22	3525121444411212511134	F743	09C3F
26516	皭	22	3251134432522151154124	B090	076AD	26559	䲅	22	3525121444411342511135	8234E837	04C85
26517	䰮	22	3251135544311213121534	8234E031	04C2E	26560	鰳	22	3525121444412212511253	F698	09C33

序号	字形	笔数	笔顺	18030代码	13000代码	序号	字形	笔数	笔顺	18030代码	13000代码
26561	鱑	22	3525121444412212512134	F755	09C51	26604	讀	22	4111251121252212511134	D778	08B80
26562	䱿	22	3525121444412511123312	8234E831	04C7F	26605	䜡	22	4111251132511454544354	8233DE33	04721
26563	鱄	22	3525121444412511214124	F748	09C44	26606	讉	22	4111251251212511134454	D782	08B89
26564	鰽	22	3525121444412512212511	F741	09C3D	26607	讄	22	4111251251212512125121	D77C	08B84
26565	鰸	22	3525121444412512512515	F69D	09C38	26608	䜠	22	4111251331233122511134	8233DE32	04720
26566	鰹	22	3525121444412512554121	F69E	09C39	26609	譾	22	4111251431251122541541	D776	08B7E
26567	鰾	22	3525121444412522111234	F742	09C3E	26610	讅	22	4111251445343123425121	D77D	08B85
26568	鱈	22	3525121444414524444511	F74C	09C48	26611	奱	22	4111251554444554444134	8A61	05971
26569	鱋	22	3525121444421531522431	F74F	09C4B	26612	㘘	22	4111251554444554444251	8230A631	03618
26570	䱾	22	3525121444425112512531	8234E830	04C7E	26613	巒	22	4111251554444554444252	8E6E	05DD2
26571	鰻	22	3525121444425112522154	F6A0	09C3B	26614	㡩	22	4111251554444554444252	8230E133	03869
26572	䲄	22	3525121444431554143134	8234E836	04C84	26615	彎	22	4111251554444554444515	8F9D	05F4E
26573	鷠	22	3525121444432511154444	FA7D	09DE0	26616	孿	22	4111251554444554444521	8C5C	05B7F
26574	䲆	22	3525121444435251214444	8234E838	04C86	26617	孌	22	4111251554444554444531	8C44	05B4C
26575	鱌	22	3525121444435251353334	F750	09C4C	26618	瓤	22	4125125111221353433544	C8BF	074E4
26576	鰶	22	3525121444435445411234	F69B	09C36	26619	髝	22	4125125251433443344553	F380	09ADD
26577	䲈	22	3525121444441312341234	8234E930	04C88	26620	顫	22	4125251125111132511134	EE9D	0986B
26578	鱇	22	3525121444441351124134	F74B	09C47	26621	鷓	22	4131221444432511154444	FA70	09DD3
26579	鱅	22	3525121444441351125112	F749	09C45	26622	䳸	22	4131234123432511154444	8234F337	04CF8
26580	鱆	22	3525121444441431251112	F74A	09C46	26623	廲	22	4131254125441352211535	8F63	05EF2
26581	䲂	22	3525121444441533152134	8234E834	04C82	26624	亹	22	4132112512515114525111	8190	04EB9
26582	䲎	22	3525121444451221113134	8234E936	04C8E	26625	癭	22	4134125111342511134531	B060	0766D
26583	䲁	22	3525121444451311234124	8234E833	04C81	26626	癬	22	4134135251214444431112	B05F	0766C
26584	䲊	22	3525121444452131212511	8234E932	04C8A	26627	䘇	22	4134251214251214251214	8233C233	04607
26585	鱂	22	3525121444452133544124	F746	09C42	26628	鷛	22	4135112511232511154444	FA78	09DDB
26586	鰼	22	3525121444454154132511	F740	09C3C	26629	䴩	22	4135221153512522111234	8234F739	04D29
26587	鰺	22	3525121444454545434333	F69F	09C3A	26630	麞	22	4135221153541431251112	FB96	09E9E
26588	鱜	22	3525121444455345115452	F760	09C5C	26631	頀	22	4143125111223241112154	ED92	09800
26589	䲃	22	3525121444455525111234	8234E835	04C83	26632	聾	22	4143125111515111122111	C340	0807E
26590	䴂	22	3525135333432511154444	8234F437	04D02	26633	龔	22	4143125111515111122134	FD8F	09F94
26591	玂	22	3531222512512511123312	AB4F	07382	26634	蠪	22	4143125111515111251214	D046	0882A
26592	獿	22	3531325111212151534354	AB4C	0737F	26635	襲	22	4143125111515111413534	D275	08972
26593	飋	22	3532512141121112145434	EF6F	098CB	26636	競	22	4143125113541431251135	B884	07AF8
26594	玁	22	3532512511351221113134	AB4E	07381	26637	䪰	22	4143125114143125114544	8234B939	04AB0
26595	玀	22	3532522155444432411121	AB4D	07380	26638	鷟	22	4153313113432511154444	FA7C	09DDF
26596	觽	22	3535112252324111212525	D382	089FD	26639	饔	22	4155332411121344511534	F7D3	09954
26597	觻	22	3535112325115545541234	D380	089FB	26640	䍽	22	4311131331234312342121	82338137	0437D
26598	蠭	22	3541112454251214251214	D049	0882D	26641	鷩	22	4325234313432511154444	FA87	09DE9
26599	贕	22	3543524121252212511134	DA47	08D15	26642	鱉	22	4325234313435251214444	F74D	09C49
26600	䶱	22	3544432511255115115341	82358734	04DB1	26643	㸎	22	4334122111122111122111	8231F239	03E0E
26601	譿	22	4111251111211125114544	D777	08B7F	26644	爡	22	4334122251125214251214	A085	07221
26602	讃	22	4111251113411342511134	D77B	08B83	26645	爜	22	4334224314311212211154	A081	0721C
26603	䜟	22	4111251121211121111534	8233DE31	0471F	26646	爠	22	4334251112511132411121	A084	07220

序号	字形	笔数	笔顺	18030代码	13000代码
26647	爈	22	4334251214251214251214	A082	0721E
26648	灘	22	4411221251113432411121	9EA9	07058
26649	灞	22	4411252211221251123511	8231E733	03D9A
26650	灑	22	4411254125441352211535	9EA2	07051
26651	灗	22	4412512144125251125111	9EA8	07057
26652	灔	22	4412512211251431355215	9EA5	07054
26653	灒	22	4413121353121352511134	9EA3	07052
26654	灖	22	4414131234123421112111	9EA7	07056
26655	灋	22	4414153313211152511134	8231E734	03D9B
26656	灙	22	4414412243135333431121	8231E732	03D99
26657	㦬	22	4422522155444432411121	82318334	039AC
26658	㦫	22	4423121353121352511134	82318333	039AB
26659	懡	22	4424131234123421112111	91DB	06202
26660	䨈	22	4451233251113432411121	8234A931	04A08
26661	覾	22	4453431234251212511135	D35C	089BE
26662	竊	22	4453434312342125342554	B860	07ACA
26663	䇁	22	4453435251214444431112	8232D334	041C1
26664	襶	22	4523412125121122134534	D279	08976
26665	䙮	22	4523412225125132411121	8233CC34	0466E
26666	䙬	22	4523425111342511134531	8233CC32	0466C
26667	襴	22	4523425112511125431234	D277	08974
26668	襷	22	4523432111525111343112	D27A	08977
26669	襳	22	4523434341211121111534	D276	08973
26670	䙭	22	4523444511221342512134	8233CC33	0466D
26671	禶	22	4524251112134132511134	B65F	079B5
26672	䀌	22	5111213251113251125221	8232A739	0400C
26673	鷵	22	5131213251132511154444	FA93	09DF5
26674	瓕	22	5151342523434343411214	AD8C	074D5
26675	鬻	22	5154312345151251254312	E5F7	09B3B
26676	䪝	22	5212511521223241112154	8234B830	04A9D
26677	韣	22	5212511522522135251214	ED7E	097E3
26678	䪜	22	5212511523513344111251	8234B739	04A9C
26679	蠥	22	5233251514143112251214	D041	08825
26680	糱	22	5233251514143112431234	BC62	07CF1
26681	孋	22	5311254125441352211535	8C43	05B4B
26682	孍	22	5312512511351221113134	8C45	05B4D
26683	㜺	22	5313121353121352511134	8230C330	0373A
26684	孊	22	5314131234123421112111	8C42	05B4A
26685	鷚	22	5415413433332511154444	FA77	09DDA
26686	䘅	22	5425113535251214251214	8233C231	04605
26687	轡	22	5544441251112554444251	DE5C	08F61
26688	䐫	22	5544441251253142511135	8232F736	0432B
26689	纒	22	5544441325112114444121	C073	07E92
26690	纑	22	5544442153152512125221	C072	07E91
26691	䐪	22	5544442511251135321511	8232F735	0432A
26692	䐬	22	5544444143125111515111	8232F737	0432C
26693	㽈	23	11212522155444432411121	82328D39	03F08
26694	瓚	23	11213121353121352511134	AD91	074DA
26695	龗	23	11215331342511251211511	FC81	09F07
26696	䰒	23	12111543331224511353334	8234DD33	04C12
26697	鬞	23	12111543332512211311534	F454	09B1E
26698	鬟	23	12111543332522112513534	F7DF	09B1F
26699	鬠	23	12111543333412524312511	F455	09B20
26700	䴃	23	12112112113532511154444	8234F438	04D03
26701	驖	23	12112544441212511121534	F29D	09A56
26702	䮹	23	12112544442121131233534	8234D434	04BB9
26703	驜	23	12112544442243143111234	F342	09A5C
26704	驛	23	12112544442522112143112	F341	09A5B
26705	䮷	23	12112544442522135251214	8234D432	04BB7
26706	驗	23	12112544443412512513434	F29E	09A57
26707	驙	23	12112544444125251125111	F2A0	09A59
26708	驌	23	12112544445112322151512	F293	09A4C
26709	䟐	23	12121341331234312342121	8233EF34	047D0
26710	趲	23	12121343121353121352534	F4F5	08DB1
26711	㩵	23	12121531512512543121344	82319731	03A75
26712	䴅	23	12122251113432511154444	8234F530	04D05
26713	攩	23	12124345251254312114444	9486	06529
26714	攫	23	12125111251113241112154	BEF0	0652B
26715	㩶	23	12131431413425234343434	82319732	03A76
26716	攥	23	12131431425111134554234	DFAC	06525
26717	攪	23	12132113434511452511135	9487	0652A
26718	㩷	23	12144511221341211254444	82319733	03A77
26719	攨	23	12144534335443354433544	9485	06528
26720	鷧	23	12145125143132511154444	FA85	09DE7
26721	魗	23	12151211251124325113554	F47B	09B57
26722	馨	23	12152133554313425125251	9AAE	06BCA
26723	囏	23	12212511134121251431251	87D8	056CF
26724	㸐	23	12212511134324111214444	8231F331	03E10
26725	戁	23	12212511134324111214544	91DA	06201
26726	韈	23	12212511212225221134534	ED63	097C8
26727	韅	23	12212511225115545544444	ED60	097C5
26728	鷰	23	12212512113532511154444	FA8E	09DF0
26729	䵐	23	12212512134251251251112	8234FB38	04D50
26730	䕽	23	12225121212522135251214	8233B435	0457D
26731	虄	23	12225121435441431331121	CC83	08644
26732	颧	23	12225125132411121132534	C8A7	098A7

序号	字形	笔数	笔顺	18030代码	13000代码	序号	字形	笔数	笔顺	18030代码	13000代码
26733	躠	23	12232515141431122512134	DC61	08EA0	26776	䂂	23	25111251112511132411121	8232B336	04082
26734	虅	23	12235114311341211254444	CC84	08645	26777	䢲	23	25111251113241112154454	82348830	048B2
26735	虃	23	12244134341211121111534	CC82	08643	26778	鷪	23	25111251114532511154444	FA88	09DEA
26736	虇	23	12251512225125132411121	CC86	08647	26779	曬	23	25111254125441352211535	95F1	066EC
26737	㰙	23	12341221251113432411121	8231C130	03C19	26780	䞋	23	25111344143112342511135	8233E836	0478B
26738	㰜	23	12341225111134132511134	8231C133	03C1C	26781	贚	23	25111344143125111515111	DA4C	08D1A
26739	欐	23	12341254125441352211535	99E6	06B10	26782	䵻	23	25111513212511121112511	82358231	04D7B
26740	欕	23	12342512511351221113134	99EB	06B15	26783	囒	23	25112225112511125431234	87DB	056D2
26741	欏	23	12342522155444432411121	99E5	06B0F	26784	鷴	23	25112511123432511154444	FA92	09DF4
26742	欑	23	12343121353121352511134	99E7	06B11	26785	鷼	23	25112511251132511154444	FA9A	09DFC
26743	轣	23	12511121331234312342121	DE5E	08F63	26786	鷳	23	25112511351132511154444	FA91	09DF3
26744	轤	23	12511122153152512125221	DE5F	08F64	26787	曮	23	25112512511351221113134	95F3	066EE
26745	覉	23	12522112212511213412512	D288	08989	26788	曪	23	25112522155444432411121	95EF	066EA
26746	鷣	23	12522125111232511154444	FA81	09DE3	26789	㬯	23	25114152513511431112354	8231A937	03B2F
26747	䊲	23	12522143123441431331121	8232EB35	042B2	26790	顯	23	25115545544444132511134	EF40	0986F
26748	醼	23	12535111221251211354444	E180	091BC	26791	䠭	23	25121211251234352511134	8233F837	0482D
26749	黳	23	13113453554254312114444	FC70	09EF3	26792	躙	23	25121212511251132411121	DC5C	08E99
26750	靨	23	13251125111344132522111	EC76	09768	26793	躜	23	25121213121353121352534	F5F2	08E9C
26751	魘	23	13251125111344325113554	F47C	09B58	26794	躘	23	25121214143125111515111	DC5B	08E98
26752	饜	23	13251125111344344511534	F090	0995C	26795	䠮	23	25121214311341211254444	8233F838	0482E
26753	䩏	23	13252211112225221134534	8234B032	04A4F	26796	壨	23	25121251212512125121121	89CD	058E8
26754	奲	23	13412132511251251251112	8A62	05972	26797	㽯	23	25121252324111212534251	82329832	03F6F
26755	鷢	23	13431523353432511154444	FA80	09DE2	26798	蠸	23	25121412225125132411121	D053	08838
26756	鷯	23	13443251123432511154444	FA8D	09DEF	26799	蠮	23	25121413113453554541541	D04A	0882E
26757	㱻	23	13544152513511431112354	8231CA37	03C7B	26800	蠳	23	25121425111342511134531	D04E	08833
26758	靆	23	14524444115451124134454	EC5E	09746	26801	蠱	23	25121425121425121425221	D04D	08831
26759	顬	23	14524444132522132511134	EE9E	0986C	26802	䘊	23	25121431431425221134534	8233C236	0460A
26760	䰰	23	14524444132522325113554	8234E033	04C30	26803	䘋	23	25121434341211121111534	8233C237	0460B
26761	靁	23	14524444251212512125121	EC59	09741	26804	蠰	23	25121441251251112213534	D04C	08830
26762	䨵	23	14524444441125221251112	8234AD36	04A35	26805	囐	23	25121531512512543121344	87D9	056D0
26763	虁	23	21211325111212151534354	CC80	08641	26806	鷤	23	25125125111232511154444	FA82	09DE4
26764	䶞	23	21213434134345212211134	82358536	04D9E	26807	鷶	23	25221251113432511154444	FA94	09DF6
26765	齱	23	21213434134345212211154	FD77	09F71	26808	䍦	23	25221413452255432411121	8232FD34	04366
26766	齰	23	21213434134345212212511	FD76	09F70	26809	巘	23	25221531512512543121344	8E74	05DD8
26767	齮	23	21213434134345213412512	FD74	09F6E	26810	巚	23	25221531512512543121344	8E76	05DDA
26768	齯	23	21213434134345232151135	FD75	09F6F	26811	䵰	23	25431211444431251113533	82358130	04D70
26769	齭	23	21213434134345233513312	FD73	09F6D	26812	黲	23	25431211444454545434333	FC6F	09EF2
26770	䶟	23	21213434134345235321511	82358537	04D9F	26813	䯦	23	25545251112225221134534	8234D839	04BE6
26771	䴝	23	21253444441251112211154	8234F637	04D1D	26814	䯥	23	25545251125115545544444	8234D838	04BE5
26772	䪥	23	21451251113454211121111	8234B838	04AA5	26815	髖	23	25545251144512225111354	F379	09AD6
26773	贙	23	21531535215315352511134	DA4B	08D19	26816	髕	23	25545251144512332511134	F378	09AD5
26774	䴆	23	22431431113432511154444	8234F531	04D06	26817	鷡	23	31122221444432511154444	FA7E	09DE1
26775	㬮	23	25111221251113432411121	8231A936	03B2E	26818	罐	23	31125212225125132411121	B9DE	07F50

序号	字形	笔数	笔顺	18030代码	13000代码	序号	字形	笔数	笔顺	18030代码	13000代码
26819	㹛	23	31211325111212151534354	8231FA36	03E5B	26862	䥳	23	34112431132511454544354	82349B32	04973
26820	馪	23	31234251144512332511134	F150	099AA	26863	鑡	23	34112431212134341343452	E871	09461
26821	䵛	23	31234342413412512554121	8234FC39	04D5B	26864	鑢	23	34112431215315251214544	E872	09462
26822	鷮	23	31342512525132511154444	FA8C	09DEE	26865	鑜	23	34112431243452512511134	E86C	0945C
26823	䉵	23	31431425111134344511534	8232E534	04275	26866	鑤	23	34112431251112213424134	E874	09464
26824	籣	23	31431425112511125431234	BB5F	07C63	26867	鑘	23	34112431251212512125121	E868	09458
26825	籞	23	31431433231121215211234	BB5A	07C5E	26868	䥯	23	34112431252215425113535	82349A38	0496F
26826	籦	23	31431434112431312511211	BB62	07C66	26869	䥴	23	34112431252324111212525	82349B33	04974
26827	籥	23	31431434125125125125122	BB61	07C65	26870	鑙	23	34112431312341354352511	E869	09459
26828	籢	23	31431434125125134343134	BB5E	07C62	26871	鑗	23	34112431312343533424134	E867	09457
26829	籨	23	31431434125125134343534	BB64	07C68	26872	鑠	23	34112431325115545541234	E870	09460
26830	籤	23	31431434341211121111534	BB60	07C64	26873	鑕	23	34112431331233122511134	E865	09455
26831	䉳	23	31431435251214444431112	8232E532	04273	26874	鑥	23	34112431352512144442511	E875	09465
26832	䉴	23	31431441251251112213534	8232E533	04274	26875	鑣	23	34112431413522115354444	E873	09463
26833	䉲	23	31431451513425234343434	8232E531	04272	26876	䥰	23	34112431415251214251214	82349A39	04970
26834	䮸	23	32113434511451211254444	8234D433	04BB8	26877	䥱	23	34112431445321511354444	82349B30	04971
26835	䶈	23	32151154454451251124124	82358334	04D88	26878	鑞	23	34112431555253415445445	E86E	0945E
26836	鼹	23	32151154454452511445531	F7FA	09F39	26879	鷭	23	34312342512132511154444	FA8B	09DED
26837	鼶	23	32151154454453321531535	FD44	09F36	26880	豅	23	34342514143125111515111	D84C	08C45
26838	鼷	23	32151154454453443554134	F7FB	09F37	26881	䴄	23	34434535415232511154444	8234F439	04D04
26839	䶉	23	32151154454453545325121	82358335	04D89	26882	臢	23	35113121353121352511134	C54E	081E2
26840	鼸	23	32151154454454315112234	FD45	09F38	26883	䲋	23	35251214444113411342511	8234E933	04C8B
26841	儽	23	32251212512125121554234	83B1	0513D	26884	䲌	23	35251214444121112343534	8234E934	04C8C
26842	讐	23	32411121324111214111251	D789	08B90	26885	鱙	23	35251214444121121121135	F75D	09C59
26843	讎	23	32411121411125132411121	D787	08B8E	26886	鱝	23	35251214444121222511134	F761	09C5D
26844	鷦	23	32411121444432511154444	FA84	09DE6	26887	鱚	23	35251214444121251431251	F75E	09C5A
26845	齄	23	32511125121132123425111	F7FE	09F44	26888	䲉	23	35251214444122111343312	8234E931	04C89
26846	齃	23	32511125121132251135345	FD4C	09F43	26889	鱏	23	35251214444125221251112	F753	09C4F
26847	䡁	23	32511134143125111515111	8233FA37	04841	26890	鱖	23	35251214444134315233534	F75A	09C56
26848	鷱	23	32511141341232511154444	FA8F	09DF1	26891	鱪	23	35251214444251112132511	F76E	09C6A
26849	鷻	23	32511154444412515213134	FA99	09DFB	26892	鱓	23	35251214444251251251112	F757	09C53
26850	䰯	23	32511355435311345452134	8234E032	04C2F	26893	鱎	23	35251214444313425125251	F752	09C4E
26851	䴈	23	32543123413432511154444	8234F533	04D08	26894	鱕	23	35251214444343123425121	F759	09C55
26852	㒩	23	32551353334251214251214	82308136	034A9	26895	鱔	23	35251214444431112431251	F758	09C54
26853	黴	23	33225212543121144443134	FC71	09EF4	26896	䲕	23	35251214444431224312511	8234EA33	04C95
26854	躛	23	33252125112521122512134	DC5E	08E9B	26897	鱗	23	35251214444431234354152	F75B	09C57
26855	讏	23	33252125112521124111251	D788	08B8F	26898	鱒	23	35251214444431253511124	F756	09C52
26856	艬	23	33541435251153535251354	C642	0826C	26899	鱛	23	35251214444432524312511	F75F	09C5B
26857	䲍	23	33541443113435251214444	8234E935	04C8D	26900	䲏	23	35251214444433443344553	8234E937	04C8F
26858	鑚	23	34112431113411342511134	E86A	0945A	26901	鱘	23	35251214444511121251124	F75C	09C58
26859	鑟	23	34112431121252212511134	E86F	0945F	26902	鱍	23	35251214444543345153554	F751	09C4D
26860	䥲	23	34112431125125125153534	82349B31	04972	26903	鱊	23	35251214444545232534251	F74E	09C4A
26861	鑦	23	34112431125125542511134	E876	09466	26904	玃	23	35325111251113241112154	AB50	07383

序号	字形	笔数	笔顺	18030代码	13000代码
26905	䬞	23	35325121412151211251124	8234C439	04B1E
26906	觾	23	35351121221251211354444	D383	089FE
26907	䳿	23	35441344444432511154444	8234F434	04CFF
26908	讌	23	41112511221251211354444	D785	08B8C
26909	讍	23	41112511225125112512511	D786	08B8D
26910	讈	23	41112511331234312342121	D781	08B88
26911	讇	23	41112512511251135321511	D780	08B87
26912	䜢	23	41112514451112252214544	8233DE34	04722
26913	讔	23	41112515234431215114544	D78D	08B94
26914	欒	23	41112515544445544441234	99E8	06B12
26915	㽋	23	41112515544445544441554	82329436	03F4B
26916	曫	23	41112515544445544442511	95F0	066EB
26917	灓	23	41112515544445544442534	9EA4	07053
26918	攣	23	41112515544445544443112	9481	06523
26919	變	23	41112515544445544443134	D783	08B8A
26920	㱍	23	41112515544445544443534	8231C632	03C4D
26921	㪻	23	41112515544445544444412	82319E31	03ABB
26922	戀	23	41112515544445544444544	91D9	06200
26923	鷲	23	41251234135432511154444	FA90	09DF2
26924	髞	23	41251252512512512511234	F381	09ADE
26925	黂	23	41312341234121222511134	FC52	09EC2
26926	㸏	23	41312341234211121114334	8231F330	03E0F
26927	爢	23	41312341234211121114444	A086	07222
26928	蠯	23	41332511312251214251214	D04B	0882F
26929	癯	23	41341251112511132411121	F1B3	0766F
26930	㿙	23	41341252212522125221134	8232A238	03FD9
26931	癰	23	41341555251521532411121	B062	07670
26932	麟	23	41352211515431234354152	F7EB	09E9F
26933	䴪	23	41352211535452451124134	8234F830	04D2A
26934	讋	23	41431251115151114111251	D784	08B8B
26935	䴀	23	41431251121132511154444	8234F435	04D00
26936	齏	23	41432533543211211121111	FD57	09F4F
26937	驘	23	41525135111211254444354	F29F	09A58
26938	䊱	23	43123434341211121111534	8232EB34	042B1
26939	鷷	23	43125351112432511154444	FA95	09DF7
26940	蠲	23	43134252212522135251214	EEC3	08832
26941	灡	23	44112225112511125431234	9EB1	07061
26942	魙	23	44112511123312325113554	F47D	09B59
26943	灙	23	44124345251254312114444	9EAA	07059
26944	灛	23	44125112511251251251112	9EAC	0705B
26945	灚	23	44132113434511452511135	9EAB	0705A
26946	灜	23	44141525135112511134354	9EAD	0705C
26947	㶝	23	44144141332324111214544	8231E736	03D9D
26948	㶜	23	44151343113251343113222	8231E735	03D9C
26949	戃	23	44224345251254312114444	91DC	06203
26950	戄	23	44225111251113241112154	91DD	06204
26951	顮	23	44512332511134132511134	EEA0	0986E
26952	䴁	23	44525112521432511154444	8234F436	04D01
26953	襵	23	45234122111122111122111	D278	08975
26954	襼	23	45234122121341213541154	D27E	0897C
26955	襺	23	45234122252554444251214	D27D	0897A
26956	䙯	23	45234132112345342512134	8233CC35	0466F
26957	䙰	23	45234413452255432411121	8233CC36	04670
26958	禶	23	45243121353121352511134	B660	079B6
26959	禷	23	45244312341344132511134	B661	079B7
26960	鼆	23	45251141342511251211511	FC80	09F06
26961	劚	23	51324134252213525121422	84B1	0529A
26962	彏	23	51525111251113241112154	8F9E	05F4F
26963	韤	23	52125115212225221134534	ED80	097E4
26964	䵼	23	52133544124251115132125	82358232	04D7C
26965	孏	23	53112225112511125431234	8C47	05B4F
26966	䳾	23	54334125143132511154444	8234F433	04CFE
26967	鷸	23	54523253425132511154444	FA96	09DF8
26968	劙	23	55135333425121425121422	84B0	05299
26969	䌯	23	55444412225125132411121	8232F830	0432F
26970	䌲	23	55444412231254312114444	8232F833	04332
26971	䌮	23	55444414524444123425111	8232F739	0432E
26972	纓	23	55444425111342511134531	C074	07E93
26973	纖	23	55444434341211121111534	C077	07E96
26974	纔	23	55444435251153535251354	C075	07E94
26975	纕	23	55444441251251112213534	C076	07E95
26976	鷥	23	55444455423432511154444	FA83	09DE5
26977	瓛	24	112121531512512543121344	AD92	074DB
26978	蠺	24	113411342511251214251214	D054	0883A
26979	䰏	24	121115433312132411121534	8234DD30	04C0F
26980	䰐	24	121115433312512531425221	8234DD31	04C10
26981	䰑	24	121115433314524444132522	8234DD32	04C11
26982	鬢	24	121115433344512332511134	F457	09B22
26983	鬡	24	121115433344545442522112	F456	09B21
26984	㚁	24	121121121135121121121135	8230B035	03681
26985	攬	24	121125125314252212511135	9488	0652C
26986	驝	24	121125444412145132511234	F343	09A5D
26987	䮻	24	121125444412151211251124	8234D436	04BBB
26988	驟	24	121125444412211154323334	F345	09A5F
26989	䮺	24	121125444441432533543211	8234D435	04BBA
26990	䮼	24	121125444443344334354152	8234D437	04BBC

序号	字形	笔数	笔顺	18030代码	13000代码
26991	驞	24	121125444444512332511134	F344	09A5E
26992	壩	24	121145244441221251123511	89CE	058E9
26993	䟒	24	121213412225125132411121	8233EF36	047D2
26994	䟑	24	121213434125125125125122	8233EF35	047D1
26995	鼞	24	121251431125424341251121	FC91	09F1E
26996	囍	24	121251431251121251431251	87D6	056CD
26997	攭	24	121551353334251214251214	9489	0652D
26998	韇	24	122125112121252212511134	ED62	097C7
26999	韆	24	122125112125221134515454	ED61	097C6
27000	䪋	24	122125112251212511134454	8234B632	04A8B
27001	䪉	24	122125112555253415445445	8234B630	04A89
27002	虉	24	122125125431232511154444	CC88	08649
27003	䖃	24	122132511221325112213251	8233B531	04583
27004	虂	24	122145244442512121354251	CC81	08642
27005	䘍	24	122251125214251214251214	8233C239	0460D
27006	虆	24	122251212512125121554234	CC85	08646
27007	䖀	24	122251251132511134251251	8233B438	04580
27008	虈	24	122251251132511134251251	CC87	08648
27009	觀	24	122251251324111212511135	D35E	089C0
27010	鸏	24	122451135333432511154444	FB4C	09E0F
27011	矗	24	122511111225111112251111	B4A3	077D7
27012	欗	24	123412225112511125431234	99ED	06B17
27013	欓	24	123424345251254312114444	99E9	06B13
27014	欔	24	123425111251113241112154	99EA	06B14
27015	鸉	24	123425111353332511154444	FB46	09E09
27016	䫶	24	123434341234134132511134	8234C039	04AF6
27017	䵆	24	123434343541224511353334	8234FA38	04D46
27018	䵄	24	123434343542512211251431	8234FA36	04D44
27019	䡼	24	125111214524444251251251	82348236	0487C
27020	蠹	24	125124513251251214251214	F3BC	08839
27021	鹽	24	125125312125344444125221	FB7D	09E7D
27022	醽	24	125351114524444251251251	E181	091BD
27023	䤘	24	125351134341211121111534	82349232	04918
27024	釂	24	125351134432522151154124	E186	091C2
27025	釀	24	125351141251251112213534	E184	091C0
27026	醾	24	125351141312341234431234	E182	091BE
27027	醿	24	125351141312341234554234	E183	091BF
27028	㕔	24	131221111121122522114544	82309237	03554
27029	䶠	24	131251534212134341343452	82358538	04DA0
27030	礹	24	132512512511351221113134	B568	07939
27031	礸	24	132513121353121352511134	B567	07938
27032	䃺	24	132514131234123421112111	8232BF36	040FA
27033	䝔	24	135333412225125132411121	8233E332	04754
27034	靅	24	145244441154515322511134	EC5D	09745
27035	䨷	24	145244441234123425112154	8234AD38	04A37
27036	靂	24	145244441331234312342121	EC5A	09742
27037	靈	24	145244442512512511234341	EC60	09748
27038	靃	24	145244443241112132411121	EC5B	09743
27039	䴇	24	145244443445432511154444	8234F532	04D07
27040	靄	24	145244444111251251135345	EC5C	09744
27041	靇	24	145244444143125111515111	EC5F	09747
27042	䨸	24	145244445234431215114544	8234AD39	04A38
27043	蠶	24	153515352511251214251214	D051	08836
27044	艷	24	211121112521251431355215	C647	08277
27045	鬭	24	211211121255155151213312	F461	09B2D
27046	顰	24	212123313251113432511312	EF41	09870
27047	䶢	24	212134341343452131251534	82358630	04DA2
27048	䶡	24	212134341343452251113422	82358539	04DA1
27049	齵	24	212134341343452251125214	FD7B	09F75
27050	齶	24	212134341343452251251115	FD7C	09F76
27051	䶤	24	212134341343452255452511	82358632	04DA4
27052	齲	24	212134341343452325125214	FD78	09F72
27053	齴	24	212134341343452414313333	FD7A	09F74
27054	齳	24	212134341343452451251112	FD79	09F73
27055	齷	24	212134341343452513154121	FD7D	09F77
27056	鹼	24	212534444413412512513434	FB7C	09E7C
27057	鸆	24	215315251113432511154444	FB43	09E06
27058	鸈	24	224314311123432511154444	FB45	09E08
27059	囓	24	251111253212134341343452	87DC	056D3
27060	矖	24	251111254125441352211535	B297	077D6
27061	矙	24	251112511251151221113134	B299	077D9
27062	贜	24	251113412213513125125534	DA4E	08D1C
27063	曭	24	251124345251254312114444	95F2	066ED
27064	囕	24	251125125314252212511135	87DD	056D5
27065	躤	24	251212112211123412212511	DC65	08EA4
27066	䠰	24	251212112225125132411121	8233F930	04830
27067	躝	24	251212125112511125431234	DC5F	08E9D
27068	䠯	24	251212134125125125125122	8233F839	0482F
27069	鷺	24	251212135425132511154444	FA98	09DFA
27070	躞	24	251212141112514334433454	F5F3	08E9E
27071	躟	24	251212141251251112213534	DC60	08E9F
27072	蠷	24	251214251112511132411121	D052	08837
27073	蠵	24	251214252324111212534251	D050	08835
27074	囑	24	251513241342522135251214	87DA	056D1
27075	鸅	24	252211214311232511154444	FB42	09E05
27076	羈	24	252211221251121211254444	C162	07F88

序号	字形	笔数	笔顺	18030代码	13000代码
27077	䴉	24	252211251353432511154444	8234F534	04D09
27078	鸀	24	252213525121432511154444	FA9E	09E00
27079	羉	24	252214111251554444554234	C163	07F89
27080	巙	24	252431325111212151534354	8E75	05DD9
27081	䵱	24	254312114444121251431251	82358131	04D71
27082	䵹	24	311342511122511251211511	82358139	04D79
27083	穲	24	312341254125441352211535	B788	07A72
27084	穳	24	312343121353121352511134	B789	07A73
27085	䉶	24	314314324111213241112154	8232E535	04276
27086	籩	24	314314325111445344153454	BB65	07C69
27087	籬	24	314314413452255432411121	BB68	07C6C
27088	籪	24	314314554554155455453312	BB66	07C6A
27089	鸒	24	321115251113432511154444	FB4F	09E12
27090	黌	24	321134345114512212512134	FC5A	09ECC
27091	鷽	24	321134345114532511154444	FA9B	09DFD
27092	鱟	24	321134345114535251214444	F763	09C5F
27093	儾	24	321251245251251112213534	83B2	0513E
27094	雦	24	324111213241112132411121	EB7C	096E6
27095	雥	24	324111213241112132411121	EB7B	096E5
27096	齅	24	325111251211323251111344	FD4D	09F45
27097	齆	24	325111251211325552515215	FD4E	09F46
27098	軈	24	325111341332324111214544	DC85	08EC8
27099	䫵	24	325111445344153132511134	8234C038	04AF5
27100	鸌	24	325111544441223241112154	FB49	09E0C
27101	䴌	24	325111544441224511353334	8234F537	04D0C
27102	䴋	24	3251115444442522112513534	8234F536	04D0B
27103	鸃	24	325111544444311213121534	FB40	09E03
27104	鸄	24	325114153313432511154444	FB41	09E04
27105	衢	24	332251112511132411121112	E1E9	08862
27106	艭	24	335414324111213241112154	C643	0826D
27107	瓥	24	335441353334251214251214	AD96	074E5
27108	鑮	24	341124311224411251124124	E87D	0946E
27109	鑩	24	341124311251251122512511	E879	09469
27110	鑬	24	341124311251253142511135	E87B	0946C
27111	䥶	24	341124311331234312342121	82349B35	04976
27112	鑪	24	341124312153152512125221	E87A	0946A
27113	䥵	24	341124312511121121121135	82349B34	04975
27114	䥷	24	341124313143142511113222	82349B36	04977
27115	鑫	24	341124313411243134112431	F6CE	0946B
27116	鑨	24	341124314143125111515111	E878	09468
27117	貛	24	344353312225125132411121	D88E	08C9B
27118	䭦	24	344511541224411251124124	8234CC31	04B66
27119	饝	24	344511544131234123413251	F091	0995D
27120	鱯	24	352512144441223241112154	F773	09C6F
27121	䲔	24	352512144441251211251211	8234EA32	04C94
27122	鱤	24	352512144441312515344544	F768	09C64
27123	鱩	24	352512144441452444425121	F76D	09C69
27124	鱥	24	352512144442121131233534	F769	09C65
27125	䲐	24	352512144442153152512153	8234E938	04C90
27126	鱡	24	352512144442511134113534	F765	09C61
27127	鱦	24	352512144442511251211511	F76A	09C66
27128	鱧	24	352512144442512211251431	F76B	09C67
27129	鱢	24	352512144442512512511234	F766	09C62
27130	鱰	24	352512144442522112132511	F774	09C70
27131	鱞	24	352512144442522112513534	F762	09C5E
27132	䲙	24	352512144443143145115452	8234EA37	04C99
27133	鱮	24	352512144443211152511134	F772	09C6E
27134	䲓	24	352512144443412512513434	8234EA31	04C93
27135	鱠	24	352512144443412524312511	F764	09C60
27136	鱫	24	352512144443443454544354	F76F	09C6B
27137	䲒	24	352512144443535112533112	8234EA30	04C92
27138	鱣	24	352512144444125251125111	F767	09C63
27139	䲑	24	352512144444311213121534	8234E939	04C91
27140	鱐	24	352512144445112322151512	F754	09C50
27141	䬟	24	353251214354533411243122	8234C530	04B1F
27142	㺧	24	353251251132511134251251	82328432	03EA7
27143	䚭	24	353511212225125132411121	8233D237	046AD
27144	讙	24	411125112225125132411121	D792	08B99
27145	讕	24	411125125112511125431234	D78E	08B95
27146	讑	24	411125134125125125125122	D78A	08B91
27147	讖	24	411125134341211121111534	D78F	08B96
27148	讒	24	411125135251153535251354	D78B	08B92
27149	讓	24	411125141251251112213534	D78C	08B93
27150	矕	24	411125155444455444425111	B296	077D5
27151	鸇	24	412525112511132511154444	FB44	09E07
27152	鷹	24	413323241112132511154444	FA97	09DF9
27153	癱	24	413411221251113432411121	B063	07671
27154	癲	24	413411225111134132511134	B064	07672
27155	㿛	24	413411254125441352211535	8232A330	03FDB
27156	㿚	24	413412522155444432411121	8232A239	03FDA
27157	斖	24	413432112512515114525111	94CD	06596
27158	麠	24	413522115351251211251211	FB97	09EA0
27159	䴫	24	413522115351452444434454	8234F831	04D2B
27160	贛	24	414312511123541212511134	DA4D	08D1B
27161	䤗	24	414312511123541521253511	82349231	04917
27162	鷾	24	414312511454432511154444	FA9C	09DFE

序号	字形	笔数	笔顺	18030代码	13000代码
27163	贏	24	415251351132511154444354	FA9F	09E01
27164	齹	24	431113121212134341343452	FD80	09F79
27165	鶁	24	431121312153432511154444	8234F535	04D0A
27166	鼈	24	432523431342511251211511	FC82	09F08
27167	爤	24	433412225112511125431234	A088	07224
27168	爣	24	433424345251254312114444	A087	07223
27169	灒	24	441125125314252212511135	9EB0	07060
27170	灞	24	441145244441221251123511	E5B1	0705E
27171	灝	24	441251141251234132511134	9EAE	0705D
27172	瀼	24	441251141251251112213534	8231E737	03D9E
27173	灅	24	441251212512125121554234	8231E738	03D9F
27174	鸂	24	441344355413432511154444	FAA0	09E02
27175	灟	24	441513241342522135251214	9EAF	0705F
27176	襻	24	452341234343412341343112	F1E1	0897B
27177	襹	24	452341254125441352211535	D27C	08979
27178	襸	24	452343121353121352511134	D27B	08978
27179	蠹	24	511121325111325113252 21	D061	0884B
27180	鷫	24	511232215151232511154444	FA89	09DEB
27181	屭	24	513251113425111342511134	8CDA	05C6D
27182	鸊	24	513251414311232511154444	FB47	09E0A
27183	鷿	24	513251414311232511154444	FA9D	09DFF
27184	鬻	24	515121325115151251254312	8234DE35	04C1E
27185	韥	24	521251152121252212511134	ED81	097E5
27186	孎	24	531513241342522135251214	8C46	05B4E
27187	䂎	24	545233121353121352511134	8232B438	0408E
27188	䴑	24	545454452511132511154444	8234F632	04D11
27189	䌰	24	554444122111122111122111	8232F831	04330
27190	纗	24	554444252324111212534251	C078	07E97
27191	䌱	24	554444415251351141431354	8232F832	04331
27192	纛	25	11215541425111123435542 34	F4EE	07E9B
27193	䰓	25	12111543333251114453441 53	8234DD34	04C13
27194	䰔	25	12111543333354143554252 21	8234DD35	04C14
27195	鬣	25	12111543335552534154454 45	F7E0	09B23
27196	㚂	25	12112512452512511122135 34	8230B036	03682
27197	攮	25	12112512452512511122135 34	DFAD	0652E
27198	䯽	25	12112544444135221153544 44	8234D438	04BBD
27199	㩸	25	12125121251212512144525 41	82319734	03A78
27200	㩹	25	12125121251212512145251 11	82319735	03A79
27201	鼟	25	12125143112545433412514 31	FC92	09F1F
27202	墥	25	12141112515544445544445 15	89CF	058EA
27203	䕏	25	12212212511134325111544 44	8233B437	0457F
27204	虋	25	12212511134324111212534 34	C54D	081E1
27205	韉	25	12212511212241352211544 44	ED64	097C9
27206	䪊	25	12212511241431251115151 11	8234B631	04A8A
27207	䖁	25	12225112521441431251145 44	8233B439	04581
27208	䕠	25	12231234325112551151153 41	FE49	0FA20
27209	䫷	25	12251251125125111325111 34	8234C130	04AF7
27210	欖	25	12341251253142522125111 35	99EC	06B16
27211	欛	25	12341452444412212511235 11	99F1	06B1B
27212	欙	25	12342512125121251215542 34	99EF	06B19
27213	欝	25	12343434123425221511541 24	99F3	06B1D
27214	欘	25	12345132413425221352512 14	99EE	06B18
27215	欚	25	12345513533342512142512 14	99F0	06B1A
27216	䝄	25	12514313241112132411121 54	8233E136	04744
27217	覊	25	12522112212511212112544 44	D289	0898A
27218	鸍	25	13425234343434325111544 44	FB4A	09E0D
27219	䝕	25	13533341221111221111221 11	8233E333	04755
27220	靉	25	14524444115434434545443 54	EC61	09749
27221	鱅	25	21112111252125143143515 23	D855	08C52
27222	鬬	25	21121112123521551512133 12	F460	09B2C
27223	齻	25	21213434134345212251111 34	FD82	09F7B
27224	䶣	25	21213434134345225212514 31	82358631	04DA3
27225	齺	25	21213434134345235523355 23	FD81	09F7A
27226	齸	25	21213434134345243134252 21	FD7E	09F78
27227	䴞	25	21253444441541541324111 21	8234F638	04D1E

序号	字形	笔数	笔顺	18030代码	13000代码
27228	顱	25	2153152512125221132511134	EF42	09871
27229	矘	25	2511124345251254312114444	B298	077D8
27230	䂄	25	2511125111251113241112154	8232B338	04084
27231	䴍	25	2511134251113432511154444	8234F538	04D0D
27232	鸎	25	2511134251113432511154444	FB4B	09E0E
27233	䨉	25	2511134251113453132411121	8234A932	04A09
27234	囔	25	2511251245251251112213534	E0EC	056D4
27235	曯	25	2511513241342522135251214	95F4	066EF
27236	躡	25	2512121122111122111122111	DC62	08EA1
27237	躣	25	2512121251112511132411121	DC64	08EA3
27238	躢	25	2512121251125112511541541	DC63	08EA2
27239	躥	25	2512121445343215115445445	DC66	08EA5
27240	鼉	25	2512512512112511251211511	FC83	09F09
27241	㘛	25	2513412514143125111515111	8230A633	0361B
27242	㱎	25	2522123344352512144443534	8231C633	03C4E
27243	䵴	25	2543121144442511251211511	82358134	04D74
27244	䵲	25	2543121144442512512511234	82358132	04D72
27245	䵳	25	2543121144443412524312511	82358133	04D73
27246	黵	25	2543121144443513344111251	FC72	09EF5
27247	髗	25	2554525112153152512125221	F37A	09AD7
27248	䦆	25	3111525111251113241112154	FE8B	04986
27249	犪	25	3121431325111212151534354	A0E1	072AA
27250	䵜	25	3123434241342512211311534	8234FD30	04D5C
27251	籭	25	3143141254125441352211535	BB69	07C6D
27252	䉷	25	3143142512511351221113134	8232E536	04277
27253	籮	25	3143142522155444432411121	BB6A	07C6E
27254	籫	25	3143143121353121352511134	BB67	07C6B
27255	齇	25	3251112512113221531525111	FD4F	09F47
27256	㿩	25	3251124345251254312114444	8232A434	03FE9
27257	鑶	25	3411243112213513125125534	E886	09476
27258	鑵	25	3411243112225125132411121	E885	09475
27259	鑭	25	3411243125112511125431234	E87C	0946D
27260	鑰	25	3411243134125125125125122	E880	09470
27261	鑯	25	3411243134341211121111534	E87E	0946F
27262	鑱	25	3411243135251153535251354	E881	09471
27263	鑲	25	3411243141251251112213534	E882	09472
27264	鑳	25	3411243144511221342512134	E883	09473
27265	龣	25	3412512512512512251124134	FD99	09FA3
27266	㒪	25	3412512512512521211353334	82308137	034AA
27267	饞	25	3445115435251153535251354	F092	0995E
27268	饟	25	3445115441251251112213534	F093	0995F
27269	䭧	25	3445115441312341234554234	8234CC32	04B67
27270	䲖	25	3525121444412151211251124	8234EA34	04C96
27271	鱴	25	3525121444412225221134534	F778	09C74
27272	鱱	25	3525121444413122251125214	F775	09C71
27273	鱬	25	3525121444414524444132522	F770	09C6C
27274	鱨	25	3525121444424345251352511	F76C	09C68
27275	䲘	25	3525121444431431444525151	8234EA36	04C98
27276	䲗	25	3525121444433234112431112	8234EA35	04C97
27277	鱭	25	3525121444441432533543211	F771	09C6D
27278	鱶	25	3525121444443111344511534	F77A	09C76
27279	鸑	25	3534111251134432511154444	FB4E	09E11
27280	觿	25	3535112252324111212534251	D384	089FF
27281	馕	25	3551251245251251112213534	E2CE	09995

序号	字形	笔数	笔顺	18030代码	13000代码
27282	讘	25	4111251122111122111122111	D791	08B98
27283	讛	25	4111251122121341213541154	D794	08B9B
27284	讗	25	4111251252324111212534251	D790	08B97
27285	蠻	25	4111251554444554444251214	D055	0883B
27286	臠	25	4111251554444554444253434	C54C	081E0
27287	㝈	25	4111251554444554444521521	8230C434	03748
27288	廳	25	4131221111121122522114544	8F64	05EF3
27289	麡	25	4135221153541432533543211	FB98	09EA1
27290	戅	25	4143125111212125111344544	91DE	06205
27291	戆	25	4143125111235412125344544	EDB0	06206
27292	䊴	25	4312343143143412512513434	8232EB37	042B4
27293	䊳	25	4312344131234123421112111	8232EB36	042B3
27294	爦	25	4334125125314252212511134	A08A	07226
27295	䶴	25	4334353434125125125125122	82358737	04DB4
27296	顲	25	4334433441252511132511134	EF43	09872
27297	爥	25	4334513241342522135251214	A089	07225
27298	灢	25	4411251245251251112213534	9EB2	07062
27299	鼝	25	4413221515121212514311254	FC90	09F1D
27300	灣	25	4414111251554444554444515	9EB3	07063
27301	鸋	25	4454544252211232511154444	FB48	09E0B
27302	㝲	25	4455213122252214551145252	8230C836	03772
27303	襽	25	4523412225112511125431234	D280	0897D
27304	彠	25	5111212511241223241112154	8FA7	05F60
27305	斸	25	5132413425221352512143312	94E1	065B8
27306	䥸	25	5151342523434343434112431	82349B37	04978
27307	糶	25	5225243123454154132411121	BC67	07CF6
27308	鸐	25	5415413241112132511154444	FB4D	09E10
27309	矡	25	5452325111251113241112154	B29F	077E1
27310	纚	25	5544441254125441352211535	C07B	07E9A
27311	䌳	25	5544441342523434343411214	8232F834	04333
27312	纙	25	5544442522155444432411121	C07A	07E99
27313	纘	25	5544443121353121352511134	C079	07E98
27314	䌴	25	5544444152513511431112354	8232F835	04334
27315	䰕	26	12111543332153152512125221	8234DD36	04C15
27316	驠	26	12112544441221251211354444	F346	09A60
27317	驥	26	12112544442113525121122134	F34B	09A65
27318	驢	26	12112544442153152512125221	F348	09A62
27319	䮾	26	12112544444143125111515111	8234D439	04BBE
27320	驣	26	12112544444311341211254444	F349	09A63
27321	趲	26	12121343121353121352511134	DA8E	08DB2
27322	䖄	26	12212212511134324111214444	8233B532	04584
27323	䪍	26	12212511225112511125431234	8234B634	04A8D
27324	䪌	26	12212511235251153535251354	8234B633	04A8C
27325	顴	26	12225125132411121132511134	EF45	09874
27326	飌	26	12225125132411121353251214	EF70	098CC
27327	虊	26	12241112515544445544441234	CC89	0864A
27328	䖂	26	12241112515544445544443112	8233B530	04582
27329	欜	26	12341251245251251112213534	99F2	06B1C
27330	轥	26	12511121222511251132411121	DE60	08F65
27331	䡽	26	12511123121353121352511134	82348237	0487D
27332	釃	26	12535111254125441352211535	E187	091C3
27333	釅	26	12535112512511351221113134	E189	091C5
27334	釄	26	12535114131234123421112111	E188	091C4
27335	䚕	26	12541254413522115352511135	8233D033	04695

序号	字形	笔数	笔顺	18030代码	13000代码
27336	黶	26	13251125111344254312114444	FC73	09EF6
27337	䃻	26	13251145244441221251123511	8232BF37	040FB
27338	㔶	26	14143125111235412125111345	82308F37	03536
27339	靊	26	14524444211121112521251431	EC62	0974A
27340	䨹	26	14524444322354254312114444	8234AE30	04A39
27341	䶦	26	21213434134345211212511134	82358634	04DA6
27342	䶥	26	21213434134345221531525111	82358633	04DA5
27343	虪	26	21531535322354254312114444	CCA0	0866A
27344	糳	26	22431431123215113554431234	BC64	07CF3
27345	矚	26	25111513241342522135251214	B29A	077DA
27346	躪	26	25121211222511251132411121	DC6B	08EAA
27347	躧	26	25121211254125441352211535	DC68	08EA7
27348	躦	26	25121213121353121352511134	DC67	08EA6
27349	鸓	26	25121251212512132511154444	FB50	09E13
27350	䴎	26	25121251212512132511154444	8234F539	04D0E
27351	氎	26	25121251212512144535413115	9ADB	06C0E
27352	蠼	26	25121425111251113241112154	F3BD	0883C
27353	圞	26	25411125155444455444412341	884B	0571E
27354	䭳	26	31234531325113554312342511	8234CD34	04B73
27355	䵵	26	31431425111134254312114444	82358135	04D75
27356	籰	26	31431425111251113241112154	BB6C	07C70
27357	籯	26	31431441525135112511134354	BB6B	07C6F
27358	釁	26	32112512515114512535113453	E185	091C1
27359	㘜	26	32411121411125132411121251	8230A634	0361C
27360	鸔	26	32511154444251112213424134	FB51	09E14
27361	㼖	26	33544551353334251214251214	82328F33	03F16
27362	鑷	26	34112431122111122111122111	E887	09477
27363	鑺	26	34112431251112511132411121	E88A	0947A
27364	鑸	26	34112431251212512125121121	E888	09478
27365	鑴	26	34112431252324111212534251	E884	09474
27366	鑹	26	34112431445343215115445445	E889	09479
27367	龥	26	34125125125125122132511134	FD9B	09FA5
27368	龤	26	34125125125125122153532511	FD9A	09FA4
27369	䭨	26	34451154252324111212534251	8234CC33	04B68
27370	䲛	26	35251214444122252214525111	8234EA39	04C9B
27371	鱵	26	35251214444314314131251534	F779	09C75
27372	鱳	26	35251214444325115545541234	F777	09C73
27373	鱲	26	35251214444555253415445445	F776	09C72
27374	讝	26	41112512512511351221113134	D796	08B9D
27375	讚	26	41112513121353121352511134	D793	08B9A
27376	癳	26	41341251212512125121554234	B065	07673
27377	驡	26	41431251115151111211254444	F347	09A61
27378	糷	26	43123412225112511125431234	BC68	07CF7
27379	㶠	26	44112112544442522112143112	8231E739	03DA0
27380	灦	26	44125115545544444132511134	9EB6	07066
27381	灎	26	44125122112514311215425221	9EA0	0704E
27382	灤	26	44141112515544445544441234	9EB4	07064
27383	䙱	26	45234513241342522135251214	8233CC37	04671
27384	鼊	26	51325141431122511251211511	FC84	09F0A
27385	㜻	26	53141112515544445544444544	8230C331	0373B
27386	鬤	27	121115433341251251112213534	F458	09B24
27387	驧	27	121125444412212511235431234	F34D	09A67
27388	驩	27	121125444412225125132411121	F34F	09A69
27389	驦	27	121125444414524444123425111	F34C	09A66

序号	字形	笔数	笔顺	18030代码	13000代码
27390	驤	27	12112544444125125111221 3534	F34A	09A64
27391	䮿	27	12112544444451122134251 2134	8234D530	04BBF
27392	顳	27	12211112211112211113251 1134	EF44	09873
27393	䪎	27	12212511225232411121253 4251	8234B635	04A8E
27394	䴏	27	12212512113544443251115 4444	8234F630	04D0F
27395	䖆	27	12212535114125125111221 3534	8233B534	04586
27396	䖅	27	12214524444251251251123 4341	8233B533	04585
27397	虌	27	12243252343134251125121 1511	CC8B	0864C
27398	鬰	27	12343434123445344444521 5333	F463	09B30
27399	䡾	27	12511122153151251254312 1344	82348238	0487E
27400	鸖	27	14524444324111213251115 4444	FB53	09E16
27401	靍	27	14524444324111213251115 4444	EC65	0974D
27402	靎	27	14524444341124313251115 4444	EC66	0974E
27403	靋	27	14524444441133123431234 2121	EC63	0974B
27404	靌	27	14524444445112135234251 1134	EC64	0974C
27405	豓	27	21112111252125143113442 5221	D856	08C53
27406	鬮	27	21121111212325112551151 1 5341	F462	09B2E
27407	䶧	27	21213434134345212112112 1135	82358635	04DA7
27408	鸕	27	21531525121252213251115 4444	FB52	09E15
27409	蠽	27	23432411121153425121425 1214	D056	0883D
27410	躩	27	25121212511125111324111 2154	DC6A	08EA9
27411	蠾	27	25121451324134252213525 1214	D057	0883E
27412	黷	27	25431211444412125221251 1134	FC74	09EF7
27413	馫	27	31234251131234251131234 2511	F151	099AB
27414	䉸	27	31431441431134111251414 3112	8232E537	04278
27415	㸑	27	32112512515114512341234 4334	8231F332	03E11
27416	犫	27	32411121411125132411121 3112	A0E2	072AB
27417	齈	27	32511125121132251221131 1534	FD50	09F48
27418	䶐	27	32511125121132341252431 2511	82358432	04D90
27419	軉	27	32511134451121344252251 1134	DC86	08EC9
27420	灥	27	32511253432511253432511 2534	9EB5	07065
27421	鑻	27	34112431123434341234134 3112	E88B	0947B
27422	鑼	27	34112431252215544443241 1121	E88C	0947C
27423	鑽	27	34112431312135312135251 1134	E88D	0947D
27424	䶵	27	34125125125125122332153 1535	82358738	04DB5
27425	貜	27	34435332511125111324111 2154	D88F	08C9C
27426	饠	27	34451154252215544443241 1121	F094	09960
27427	饡	27	34451154312135312135251 1134	F095	09961
27428	䭩	27	34451154413123412342111 2111	8234CC34	04B69
27429	鱷	27	35251214444122512511251 2511	F77B	09C77
27430	䲚	27	35251214444125123435251 1134	8234EA38	04C9A
27431	鱸	27	35251214444215315251212 5221	F77C	09C78
27432	飍	27	35325121435325121435325 1214	EF71	098CD
27433	讞	27	41112512153151251254312 1344	D797	08B9E
27434	讜	27	41112512434525125431211 4444	D795	08B9C
27435	鑾	27	41112515544445544443411 2431	E88E	0947E
27436	鸗	27	41431251115151113251115 4444	FB54	09E17
27437	灧	27	44121112111252125143135 5215	9EB7	07067
27438	灨	27	44141431251112354121251 1134	9EB8	07068
27439	㦭	27	44214524444251251251123 4341	82318335	039AD
27440	飝	27	53433534253433534253433 5342	EF79	098DD
27441	纜	27	55444412512531425221251 1135	C07C	07E9C
27442	纝	27	55444425121251212512155 4234	C07D	07E9D
27443	䌵	27	55444451324134252213525 1214	8232F836	04335

序号	字形	笔数	笔顺	18030代码	13000代码
27444	蠿	27	5545541554554212512142 51214	D058	0883F
27445	䯀	28	1211254444122111122111 122111	8234D531	04BC0
27446	驨	28	1211254444252324111212 534251	F34E	09A68
27447	鸛	28	1222512513241112132511 154444	FB58	09E1B
27448	欟	28	1234122251251324111212 511135	99F5	06B1F
27449	欞	28	1234145244442512512511 234341	99F4	06B1E
27450	䤙	28	1253511551353333425121 4251214	82349233	04919
27451	鸘	28	1452444412342511132511 154444	FB55	09E18
27452	豔	28	2111211125212514311215 425221	D857	08C54
27453	齽	28	2121343413434521234123 411234	FD84	09F7D
27454	齼	28	2121343413434521234123 452134	FD83	09F7C
27455	䶨	28	2121343413434523412512 513434	82358636	04DA8
27456	鑿	28	2243143112321511355434 112431	E88F	0947F
27457	鸚	28	2511134251113453132511 154444	FB57	09E1A
27458	躨	28	2512121431325111212151 534354	DC69	08EA8
27459	䠱	28	2512121513241342522135 251214	8233F931	04831
27460	䘎	28	2512144111251554444554 444515	8233C330	0460E
27461	囖	28	2513143142522155444432 411121	87DE	056D6
27462	㠨	28	2521234343412342522151 154124	8230DA38	03828
27463	黸	28	2543121144442153152512 125221	FC75	09EF8
27464	鼺	28	3215115445445251212512 125121	FD46	09F3A
27465	雧	28	3241112132411121324111 211234	EB7D	096E7
27466	钄	28	3411243112225112511125 431234	E894	09484
27467	钀	28	3411243121531512512543 121344	E890	09480
27468	钂	28	3411243124345251254312 114444	E892	09482
27469	钁	28	3411243125111251113241 112154	E891	09481
27470	鸙	28	3412512512512512232511 154444	FB56	09E19
27471	鱹	28	3525121444412225125132 411121	F77D	09C79
27472	䯬	28	4125125251125112251251 251112	8234D935	04BEC
27473	㿜	28	4134132511134125125125 125122	8232A331	03FDC
27474	癴	28	4134141112515544445544 443112	B066	07674
27475	麢	28	4135221153514524444251 251251	FB99	09EA2
27476	戇	28	4143125111235412125111 344544	91DF	06207
27477	龞	28	4325234313432511255115 115341	FD96	09F9E
27478	爧	28	4334145244442512512511 234341	A08B	07227
27479	䄥	28	4524145244442512512511 234341	8232C339	04125
27480	䰖	29	1211154333312135312135 2511134	8234DD37	04C16
27481	驪	29	1211254444125412544135 2211535	F350	09A6A
27482	䯁	29	1211254444415251351143 1112354	8234D532	04BC1
27483	韊	29	1221251121222511251112 5431234	ED65	097CA
27484	虋	29	1223211251251511451253 5113453	CC8A	0864B
27485	鬱	29	1234311252123445344444 5215333	F464	09B31
27486	麷	29	1234343435421112111252 1251431	FC4B	09EB7
27487	靏	29	1452444445324111213251 1154444	EC67	0974F
27488	䶪	29	2121343413434521213241 1121534	82358638	04DAA
27489	䶩	29	2121343413434524143253 3543211	82358637	04DA9
27490	鸜	29	2511125111324111213251 1154444	FB59	09E1C
27491	䶑	29	3251112512113212452512 1542134	82358433	04D91
27492	䥹	29	3411243111125321213434 1343452	82349B38	04979
27493	钃	29	3411243151324134252213 5251214	E893	09483
27494	讟	29	4111251121252212511134 4111251	D798	08B9F
27495	䀍	29	4143125111235412125111 3425221	8232A830	0400D
27496	纞	29	5544444111251554444554 4444544	C07E	07E9E
27497	䆐	30	1113431234111343123411 13431234	8232CE35	04190

序号	字形	笔数	笔顺	18030代码	13000代码
27498	驫	30	12112544441211254444121 1254444	F351	09A6B
27499	鸝	30	12541254413522115353251 1154444	FB5A	09E1D
27500	厵	30	13325112341332511234133 2511234	8599	053B5
27501	䂅	30	25111411125155444455444 4251214	8232B339	04085
27502	䉹	30	31431414524444251251251 1234341	8232E538	04279
27503	籱	30	31431414524444324111213 2411121	BB6D	07C71
27504	爨	30	32112512515114512341234 1344334	ECE0	07228
27505	饢	30	34451154125124525125111 2213534	F096	09962
27506	鱺	30	35251214444125412544135 2211535	F77E	09C7A
27507	鸞	30	41112515544445544443251 1154444	FB5B	09E1E
27508	癵	30	41341411125155444455444 4253434	B067	07675
27509	麣	30	41352211515251251135122 1113134	FB9A	09EA3
27510	䡿	31	12511121452444425125125 11234341	82348239	0487F
27511	䚖	31	14524444251251251123434 12511135	8233D034	04696
27512	灩	31	44121112111252125143112 15425221	9EB9	07069
27513	䴐	31	44511213112522511134325 11154444	8234F631	04D10
27514	䖇	32	12212343112521234453444 445215333	8233B535	04587
27515	籲	32	31431434125125125125122 132511134	BB6E	07C72
27516	龖	32	41431251115151114143125 111515111	FD91	09F96
27517	灪	32	44112343112521234453444 445215333	9EBA	0706A
27518	䰱	33	14524444251251251123434 1325113554	8234E034	04C31
27519	龗	33	14524444251251251414312 5111515111	FD92	09F97
27520	䨊	33	32411121324111213241112 1322151512	8234A933	04A0A
27521	鱻	33	35251214444352512144443 5251214444	F780	09C7B
27522	麤	33	41352211535413522115154 1352211535	FB9B	09EA4
27523	爩	33	43341234311252123445344 4445215333	A08C	07229
27524	䯂	34	12112544441211254444121 12544441234	8234D533	04BC2
27525	䶫	34	21213434134345225125113 51221113134	82358639	04DAB
27526	䴒	35	14524444251251251123434 132511154444	8234F633	04D12
27527	齾	35	21531512512543121344212 134341343452	FD85	09F7E
27528	䨺	36	14524444115414524444115 4145244441154	8234AE31	04A3A
27529	齉	36	32511125121132125124525 1251112213534	FD51	09F49
27530	靐	39	14524444251211452444425 1211452444425121	EC68	09750
27531	䲜	44	35251214444352512144443 525121444435251214444	8234EB30	04C9C
27532	龘	48	41431251115151114143125 11151511141431251115151 11	FD93	09F98
27533	䨻	52	14524444251211452444425 12114524444251211452444 425121	8234AE32	04A3B

ICS 17.160
J 04

中华人民共和国国家标准

GB/T 25742.1—2010/ISO 13374-1:2003

机器状态监测与诊断 数据处理、通信与表示 第1部分：一般指南

Condition monitoring and diagnostics of machines—Data processing, communication and presentation—Part 1: General guidelines

(ISO 13374-1:2003, IDT)

2010-12-23 发布　　2011-06-01 实施

中华人民共和国国家质量监督检验检疫总局
中国国家标准化管理委员会　发布

前　言

GB/T 25742《机器状态监测与诊断　数据处理、通信与表示》由四个部分组成：

——第1部分：一般指南；

——第2部分：数据处理要求；

——第3部分：通信要求；

——第4部分：表示要求。

本部分为GB/T 25742—2010的第1部分。

本部分等同采用ISO 13374-1:2003《机器状态监测与诊断　数据处理、通信与表示　第1部分：一般指南》(英文版)。

为便于使用，本部分对ISO 13374-1:2003作了如下编辑性修改：

a) 用"本部分"代替"国际标准ISO 13374-1:2003的本部分"；

b) 用小数点"."代替作为小数点的逗号","；

c) 删除了国际标准的前言；

d) 参考文献中的部分国际标准改为与其等同的国家标准。

本部分的附录A是资料性附录。

本部分由全国机械振动、冲击与状态监测标准化技术委员会(SAC/TC 53)归口。

本部分起草单位：浙江大学、中国石油化工股份有限公司九江分公司。

本部分主要起草人：陈章位、陈锋、胡彦超、赵玉刚、李海英。

引　言

目前所使用的机器状态监测和诊断的程序软件不易进行数据交换，或在无集成扩展接口的情况下进行即插即用模式操作，这使得集成系统和为用户提供统一的机器状态评价很困难。GB/T 25742 目的是为开放软件规范提供一个基本要求，允许各种软件包在无特定平台及硬件协议的情况下对机器状态监测数据和信息进行处理、交换以及显示。

可扩展标记语言（XML）是互联网联盟（W3C）的一个项目，其规范的发展由 W3C 的 XML 工作组管理。XML 是一种公共格式，由标准通用置标语言（SGML）编写（详见 GB/T 14814—1993[1]），用于定义不同电子文档结构的描述。规范 1.0 版本已于 1998 年被 W3C 接受为推荐规范。W3C 的推荐表示该规范是稳定的、有助于互联网的互用性，且已经由 W3C 全体会员审查通过，W3C 全体会员希望该规范能够被学术、工业和研究机构采用。该规范可以通过提供更具灵活性和适用性信息辨识来增强互联网的功能。

机器状态监测与诊断　数据处理、通信与表示　第1部分:一般指南

1　范围

GB/T 25742的本部分规定了为机器状态监测与诊断信息的数据处理、通信与表示的软件规范制定的一般指南。

注:本部分的以后部分将提出数据处理、通信与表示的具体软件规范要求。

2　数据处理

2.1　概述

为了解析状态监测的数据,需要对相关的数据进行处理和分析。技术的协同组合应能确定可能的故障原因和严重程度,并以积极主动的方式为机器操作和维修提供依据。

为了成功执行状态监测,手动或自动都推荐图1所示的数据处理和信息流。数据流开始于顶端,即由监测设备的各种检测器指定监测配置数据,一直到供操作人员和设备维修采取措施的数据。当信息流由数据采集进行到建议生成的时候,前面处理模块的数据需要传送到下一个处理模块,同时附加的信息需要传送到外部设备或从外部设备传送进来。同样,随着数据转化为信息,还需要标准技术显示和简单的图形描述。数据流从数据采集开始到复杂的预测任务,直到产生建议和推荐措施(其中之一也许是监测过程本身的修正)。

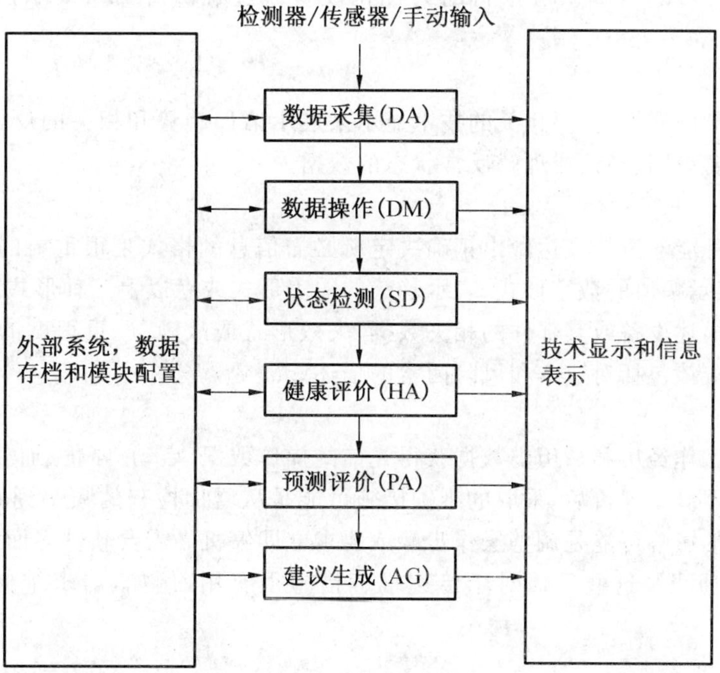

图1　数据处理和信息流模块

2.2　数据处理模块

2.2.1　机器状态评价处理模块

机器状态评价可以分为六个不同的、分层处理的模块,前三个为技术性模块,是针对某种特定技术

需要信号处理和数据分析的功能。以下是最常用的机器状态监测与诊断使用技术：

——轴位移监测；

——轴承振动监测；

——基于摩擦学监测；

——红外热成像监测；

——性能监测；

——声学监测；

——电机电流监测。

具体技术模块及应该具备功能如下：

a) 数据采集模块(DA)：把传感器输出转换为表示物理量和相关信息数字参数(例如时间、校准、数据性质、所用数据采集器、检测器配置)。

b) 数据操作模块(DM)：执行信号分析，计算有意义的描述符，从原始测量数据得出虚拟检测器的读数。

c) 状态检测模块 (SD)：为正常基线“目标”的创立和维修提供便利，每当采集到新的数据时检索是否反常，并测定反常范围及数据的归属(例如“预警”或“报警”)。

后三个模块通常结合监测技术来评价机器当前的健康状态、预测未来故障、为操作和维修人员提供推荐措施的步骤。这三个模块及其支持的功能如下：

d) 健康评价模块(HA)：考虑所有的状态信息，诊断设备的任何故障，评价设备或过程当前的健康状态。

e) 预测评价模块(PA)：基于当前健康评估、设备和(或)过程设计使用载荷以及预测剩余寿命确定未来的健康状态、失效模式。

f) 建议生成模块(AG)：提供可执行的为优化设备或过程的寿命所要求的维修和操作改变的信息。

2.2.2 技术显示

为了便于资深人员的分析，需要相关的技术显示来展示诸如趋势和相关的反常区域数据。这些显示为分析人员提供需要识别、确认或理解反常状态的数据。

2.2.3 信息表示

把数据转换成一种能够清楚表达做出正确决定所必需信息的格式是很重要的。这里有几种格式，例如文字描述形式、表示幅值的数字形式、表示趋势的图表形式或者以上三种形式的组合。

该信息应该包括描述设备或其部件的相关数据、失效形式或故障、严重程度的估计、状态的预测和推荐采取的措施。还应该包括对成本和风险因素的描述。

2.2.4 外部系统

从维修系统重获工作经历和从历史数据获得先前的操作数据(启动/停止/加载)对机器健康评价是很重要的。得到对机器健康评价后，采取的维护措施可能是从增加检查的频率到修理或更换损坏的机器或零件。而对操作的影响可能是调整操作步骤或要求立即停机。需要软件界面实现管理系统和操作控制系统之间的快速通讯。这些界面对于传达推荐措施很有用，例如，请求维修或是请求改变操作方式。

2.2.5 数据存档

数据存档是机器监测程序所有模块中的一个重要特点。以前的数据趋势可以用于统计相关性分析。为了精确，应该审查核实以前的健康状态评价和根本原因信息。

2.2.6 模块配置

每个数据处理模块都需要配置信息，有些是静态信息，而有些在系统操作中会有动态变化，例如：数据采集模块(DA)的配置可能包括测量监测位置、传感器方向和相对位置、监测频度、传感器设置数据和校准参数等信息。

2.3 概念信息模式

2.3.1 概述

概念信息模式定义为相关机器及状态监测信息的单个集成，其对于任何一单个数据应用是等效的，而且独立于数据的物理存储和访问方式。概念模式的主要目的是为数据的含义和关系提供一个一致的定义，它可以被用来集合、分享和管理数据的完整性。这种信息模式是各种数据元素位置的蓝图，目前有如下几种信息模式的格式。

文件描述模式的格式在科学编程界已经使用多年。这种用于为 ASCⅡ或二进制文件映射的格式，能够从一台计算机系统导出或者从外部导入一台计算机系统。这种模式完整的描述已经出版，它规定了文件中包含的数据字段，这些 ASCⅡ或二进制字段相对于其他字段精确的位置，以及每个字段精确的数据格式(例如浮点数、整数、字符、各种字符串)。

关系信息模式的格式是关系型数据库管理系统的定义语言，这种关系型方法类似于定义了如下几个方面的蓝图：

——各种存储数据的“空间名称”(或表格)；

——这些空间中的数据“内容”(或列)；

——每个数据列的具体数据格式(例如浮点数、整数、字符、各种字符串等)；

——一个数据列是否可能为空(或非空)；

——定义每个数据行的唯一的“键”(主键)。

一个表格可以通过包含一个“参考”(外部键)与另一个表格关联。

可扩展标记语言(XML)是互联网联盟(W3C)的一个项目，其规范的发展由 W3C 的 XML 工作组管理。XML 是用标准通用置标语言(SGML)编写的(详见 GB/T 14814—1993[1])，其目的是定义不同电子文档结构。XML 之所以称为可扩展语言，是因为它不像超文本标记语言(HTML)那样，一种单一的、预先定义的、固定格式的标记语言；XML 实际上是一种“元语言”(描述其他语言的语言)，它允许人们为各种不同种类的文档设计自己的标记语言。XML 采用 GB 13000.1—1993[2] 中规定的国家标准的 31 位字符指令集，包括了大部分的人类语言(和一些非人类的语言)。目前 XML 与 Unicode 是一致的，并且设计成为 Unicode 的父集。XML 的目标是更简单、更直接在互联网上应用 SGML；SGML 使得定义文档类型、编写管理由 SGML 定义的文档、在网上传输共享文档变得容易。XML 定义了一种非常简单的 SGML 形式，该形式在 XML 规范里有详细说明，其目标是使得一般的 SGML 能够像目前的 HTML 一样在互联网上运用、接受和处理。由于这个原因，XML 设计成一种可简单执行的语言，并且与 SGML 和 HTML 兼容。

2001 年，W3C 把 XML 模式作为该组织的推荐模式发布，XML 模式定义了共享标志词汇、使用这些词汇的 XML 文档结构，提供了词汇和文档与语义关联方式。通过在 XML 中引入数据类型，XML 模式增加了在数据交换系统中的应用。XML 允许编程者决定一个文档的哪些部分可能有效，或是指定一个文档模式可应用的部分。此外，由于 XML 模式本身是 XML 文档，它们可以用 XML 编写工具来管理。

目前在计算机工业中软件对象信息模式应用越来越广泛。软件“对象”用一个对象定义语言来定义，包括其外部特性、运算、唯一的键、可用的数据属性、数据类型、关系等等。统一建模语言(UML)已经称为软件工业的主要建模语言，对象管理组织(OMG)采用了 UML 作为其标准建模语言。

注：OMG 已经把 UML 规范作为公共可用规范(PAS)提交给 ISO。

2.3.2 信息模式需求

不论选择哪种信息模式格式，为了保持顺从性该模式应定义一组最小数据元，此外还应包括一系列供选用的元素的列表。

为了支持不同厂商提供的多个状态监测模块之间的数据通信，需要一个独立于厂商的、开放的机器状态监测信息模式结构作为基本框架,该框架可以用在各种通信方式中。

信息模式独立于厂商是很重要的。许多厂商和用户已经用了各种不同的方法来存储机器状态监测的数据。一个开放的信息模式允许整合许多的机器信息源,支持对等数据库,允许用户定义的查询条目,运用标准时间标记和工程单位。这种模式应该支持唯一的、站点标识符和数据库或数据源标识符,以此来区分在不同的物理位置取得的数据。该模式也应该支持对于父子层次中装有机器设备的工厂部门(服务部门位置)唯一的、全系统标识符。该模式支持唯一的资产标识符,以允许层次中的个体部分监测和追踪。该模式应该指定存储站点的基本框架、站点数据库、过程或机器部分的信息、资产铭牌数据、模型或零件信息、测量位置、数据测量源、传感器、订单清单和报警信息。在数据层面,该模式应该支持如下格式:历史单一值数值数据结构通信、快速傅立叶变换(FFT)谱数据、恒百分比带宽(CPB)谱、时间波形、基于采样的测试数据、热成像和大的二进制对象。通过采用公历和基于 GB/T 7408—2005[3] 的词汇表示,该模式可支持及时反馈到一个具体实例的日期和时间表示法。

为了实现普通机器设备类型、测量位置类型、方位等通信,一套标准参考条目应该包括一组通用代码和所需各种语言的相关文本。结构应该允许每个数据库建立和维护额外的参考表格条目,以允许最大的灵活性。附录 A 提供了一个支持这种结构公用的 XML 模式例子。

3 数据通信格式及交换信息方法

3.1 通信方法

3.1.1 概述

根据以上的信息模式,各种不同的通讯方法都可以用来分配已经格式化的数据。所用方法应该符合应用的要求。

3.1.2 数据文件导出/导入处理器

数据文件导出器中的数据通讯方法要求数据提供方使用用户定义的过滤器和选项生成具有特定信息模式格式的数据文件。如果选用文件描述信息模式,就不需要额外的文件语法规范。如果选用关系型或对象型信息模式,就需要指定导出数据文件语法。那么,这种方法还需要一个数据文件导入器把数据导入到另一个目标系统。

3.1.3 远程数据库访问客户机/服务器

远程数据库访问(RDA)是一种用来访问远程关系型数据库或者类似于关系型数据库的通信协议(详见 ISO/IEC 9579[4])。RDA 用来访问分布于网络中大量混合平台上的数据。RDA 采用客户机/服务器模式,其中客户机利用发行的 RDA 语言来监视或者控制服务器。

3.1.4 结构化查询语言客户机/服务器

结构化查询语言(SQL)是一种关系型数据库访问语言(详见 ISO/IEC 9075[5])。SQL 把数据库组织为一系列表格。表格是一个数据集合,该集合由固定数目的列和可变数目的行组成。SQL 标准定义了一种语法,用于将 SQL 语句植入几种计算机编程语言。数据源能够建立一个 SQL 服务器,客户机请求可以通过 SQL 语言来查询该服务器。

3.1.5 制造信息规范客户机/服务器

制造信息规范(MMS)(详见 GB/T 16720.1—2005[6])提供大量用于分布式系统的实时监测和控制服务,它为计算机之间准实时传输过程数据定义了编码规则、语法以及句法。MMS 用的是客户机/服务器的模型,其中客户机用来监视或者控制服务器。服务器属性是通过虚拟制造设备(VMD)建模。由于该标准注重数据访问,MMS 的各类访问服务和支持这些服务的数据模式应作为参考。

3.1.6 可扩展标记语言客户机/服务器

可扩展标记语言(XML)是 ISO 的标准通用置标语言(SGML)的一个子集,现广泛应用于互联网。XML 提供了一种标准,依据该标准各种不同信息的内容结构,从简单到复杂,皆能标记,以便通过互联网/内部网在各种不同的计算机平台之间传送。

基于相同XML模式的XML文档能在程序之间、甚至不同的操作系统之间以及机器之间传送。在一台机器上运行的XML客户机程序能够向网络上另一台计算机上运行的XML信息服务器程序发送XML请求，并以计算机能识别的格式接收它所需要的信息。

用XML编码遗留数据能够不加改变地通过局域网或者互联网传输，一旦数据传输到客户机上，就可以被编辑、操作或以不同方式显示，无需重新访问服务器。

XML可以在互联网上开放地交换商务信息。当独立于厂商的XML模式和与GB/T 25742保持一致的协议获得认可后，它也可以用于在计算机网络上交换维修和可靠性信息。附录A是一个公开的用于状态监测和诊断的XML客户机/服务器规范的例子。

3.1.7 公共对象请求代理体系结构和界面定义语言

公共对象请求代理体系结构(CORBA)交互平台是一个国际认可的、针对软件的、对象与对象通信的标准(详见ISO/IEC 19500-2[7])，该标准包括一个对象请求代理(ORB)。该规范在开放式分布处理上遵从GB/T 18714.1—2002[8]。

CORBA通信规范用界面定义语言(IDL)编写(ISO/IEC 14750[9])，它允许编写独立于任何编程语言的界面。IDL中指定部分公布了它们提供的服务、支持方法、相关参数、属性、错误句柄以及与其他部分的继承关系。

3.2 通信方法选择指南

3.2.1 数据访问方法

数据文件中的数据通信方法要求文件服务器和客户机通过采用一系列用户定义的筛选器和选项形成来处理特定信息模式格式的物理数据文件。这种方法适用于需要把大量信息从一个系统传输到另一个系统、或者目标系统离线的情况。

关系型请求客户机/服务器中的数据通信方法(如RDA和SQL)要求：数据提供方能够为结构化查询语言(SQL)的用户自定义的查询语句提供一个具有某个最小级支撑的调用级接口。这种数据通信方法由关系型模式直接支持。为了支持这种关系型查询方式，文件描述模式应该通过重新映射把数据文件用关系模式表示。同样，为了支持这种关系型查询语言，对象信息模式也需要转化为关系型模式。

内存驻留式通信服务器中的数据通信方法(如MMS)要求：为了能够确认数据请求并把结果数据包发送给请求端，数据提供方需要创建一台可以识别已定义协议的通信服务器。在文件描述模式格式中，需要给每个即将传输的数据元分配一个数据元标识符，并且有与之保持一致的数据筛选器方法。在关系型模式格式中，被请求的表格和列的名字应该随行筛选器信息一起传输。在对象模式格式中，被请求对象的类别和属性随对象类别和属性筛选信息一起传输。

基于XML客户机/服务器的数据通信方法要求：基于概念信息模式的标准词汇表创建一个能支持客户机和服务器之间信息传输的XML模式或文档类型定义(DTD)。而为了支持这种方法，文件描述、关系型和对象型模式都需要根据XML元素并通过重新映射来描述各自的内容。

最后，软件对象客户机/服务器中的数据通信方法要求：数据提供方能够为一种预定义对象请求语言创建能响应拥有某一最小级支撑的远程对象调用级接口的软件对象。而为了支持这种对象请求服务器方法，文件描述模式和关系型模式都需要根据一个对象模型并通过重新映射来描述各自的内容。软件对象模式的格式直接支持这种数据通信的方法。

3.2.2 其他方面

在选择数据通信和数据访问方法时也应该考虑以下几个问题：

——网络通信对错误侦测和修复、闲置计时器、重传输、检查码、重排序和运算时限的需求；

——向上一级通信模块报告错误；

——状态监测数据源扫描速率和生成分析程序所需的时间分辨率；

——操作系统环境和网络平台。

4 数据表示和显示的格式

4.1 概述

用户界面需要提供直观、智能且自适应的方法以从分布的数据源访问设备状态监测数据。分析者需要用户界面能够支持他们的诊断分析能力、辅助他们确定设备将来的健康状态，并且帮助他们生成和传输推荐的操作。操作者和管理者需要能辅助他们在下一次操作或维修行动中作出最优化决定的信息显示。

4.2 确定工作流程步骤

为了确定终端用户的数据表示和显示的格式，需要确定工作流程和状态监测每个阶段所需要的信息。

机器状态监测是搜集包括振动、温度、压力、电气特性、声发射以及反映机器运行状态其他各种参数。记录这些参数的量级并与以前记录的“基线”数据、预设报警或停机值相比较。由于这些数据的变化经常预示一些对机器健康不利的异常在发展，需要对它们仔细地观测，此外，这些参数变化的快慢也反映了机器状态的危险程度。

在确定这些参数确实是变化以后，下一步要确定机器的健康状态，这包括机器健康指数和可能原因或任何问题原因。

机器健康评价涉及对信息更深层次的分析、以及应用已有技术确定某些参数变化的原因。此外各种参数之间的内部联系也是很重要的考虑因素。一个典型的参数之间内部联系的例子，例如轴承的异常发热和润滑油中颗粒的增多。一般地，分析者以复杂而全面的振动原形开始分析，它可以提供关于机器特性的许多信息。这些分析方法包括确定振动峰值频率的频率分析、建立相位之间的关系、分析轴心轨迹以及建立因果关系等。这些信息通常可以揭示转子不平衡、不对中、零件松动、轴承或齿轮磨损或者共振等故障。全面的诊断分析还包括载荷量级、速度、流体流量、流体循环波动等过程参数，提供清晰有益信息的方式给出诊断结果是很重要的。诊断分析包括各种工具(例如振动分析、热成像分析、基于摩擦学的分析)。有不同振动分析方法，包括时域波形、恒百分比带宽(CPB)谱、快速傅立叶变换(FFT)、轨迹、升速/降速分析、小波分析、传递函数和相干函数分析。同样地，基于摩擦学的分析包括磨损颗粒、光谱和铁谱测试。

一旦诊断出故障原因，预测评价可以预估出该机器的期望寿命。预测就是分析当前机器状态的数据和诊断信息以推断出该机器可能的未来状态、行为和性能。预测可以通过载荷量级、操作温度、压力和其他过程参数的变化进行修正。

预测涉及到设计、可靠性、可用性和可维护性计算，因此需要采集这些方面的数据。此外，与诊断故障的原因不同，对机器未来故障进展的预测需要提前知道未来机器将要执行的任务，这就需要在作出推断和预报之前搜集该机器以前任务和累积任务的参数，以及状态和性能参数。下面是预测分析的几个例子：

——分析轴承的剩余寿命(L10)；

——锅炉的蠕变-疲劳损伤预测；

——动态应力-强度平均失效前时间。

最后，所有这些信息都有助于措施的推荐，这些措施是基于有用信息数据，运用大量智能方法得到的。

4.3 通用信息显示结构

4.3.1 概述

三体模式结构广泛应用于开发多数据库应用程序的多用户表示。该结构目的是将数据逻辑关系定义和程序中的其他对象从某些特定数据库管理数据的方法以及程序与用户交流的手段中分离出来。如图 2 所示，该结构中的三体模式分别为内部模式、概念模式及外部模式。其中，内部模式对应各种数据源固有的格式,外部模式对应终端用户观察到的数据。可以开发多个外部模式来克服二体模式法的映射缺陷。2.3 中描述的概念模式是企业中数据的单个集成定义,其对于任何一个数据应用程序等效,而且与数据的物理存储和访问方式无关。

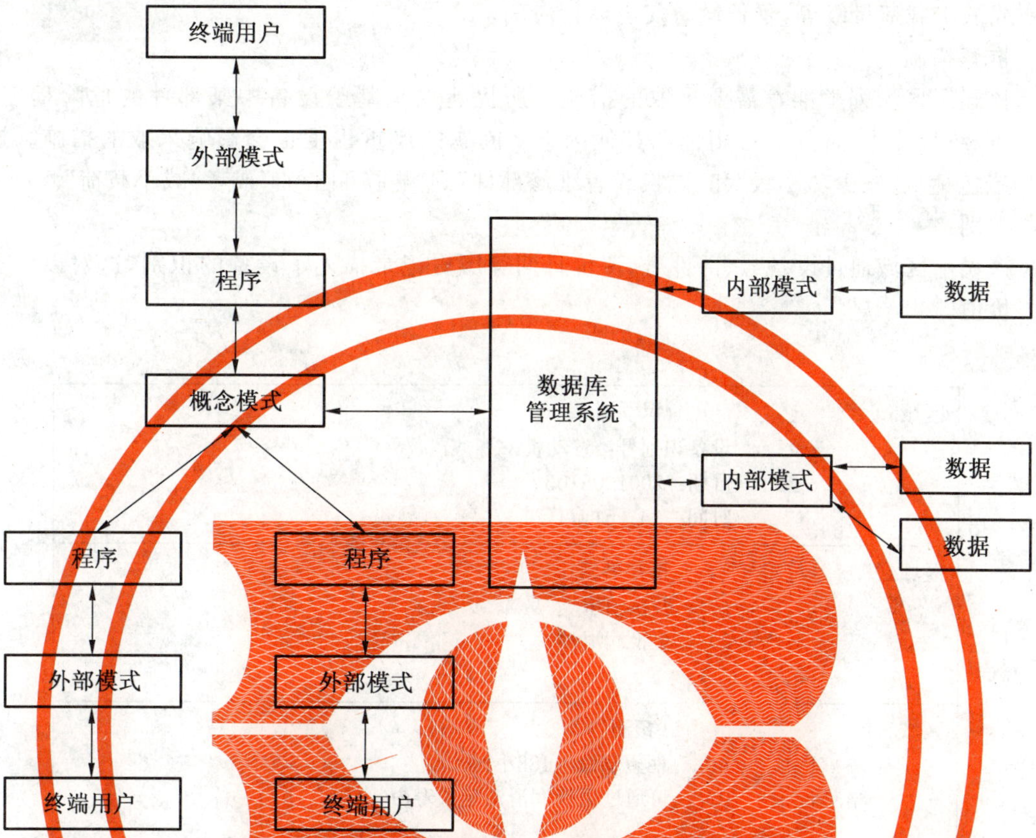

图 2 三体模式结构

4.3.2 显示格式

应该为具体应用程序开发定制显示格式。为了让终端用户对状态有一个快速的了解,对大多数用户而言,可以把显示分为五个不同区域,随后的多窗口可以显示更详细的附加数据。图 3 和图 4 分别是一个飞机发动机和一个蒸汽锅炉状态监测程序的显示部分的例子。下面简要介绍一下这五个显示区域:

a) 状态监测

该区域是用来表示对象监测状态的具体状态信息。趋势性数据(例如飞机发动机的振幅与飞行时间和过程性能与时间,锅炉复合累积损伤与累积运行时间)可以和对应的反常区域一起显示。所有信息应该以让观察者能够快速了解每种情况下的异常程度的方式显示。

b) 健康评价

在人工或自动分析结果基础上,该显示区域概括了机器健康状态和诊断的结果。可以显示一个从 0(完全失效)到 10(全新)的健康指数。对于往复式机器或旋转机器,可以通过振动分析结果评估和表示不对中、不平衡、轴承故障(例如剥落)等现象。对于压力容器,除了可以评估蠕变-疲劳损伤累积的百分比及其速率,还可以评估依据锅炉损伤分析得出的传感器误差。

c) 预测

该显示区域包含具体的预测信息。如设备在目前状态下连续运行,可能在到达预测的运行时刻失效。但是,如果设备以不同的状态运行,计划的安全运行时间可能增加。和其他设备一起考虑,可以得出不同的操作策略(例如可以设置不同的升速率),每个升速率都有它的优缺点,例如,高升速率策略可能给设备加上不良的最大应力或累积损伤,这些考虑是由机构维护和运行策略决定的。类似地,已知运行状态,例如接触载荷角度、润滑、转速、载荷周期,可以通过统计寿命分析(L10)估计出推力轴承的剩余寿命。如前所述,通过改变某些运行状态,例如润滑或减少载荷量级等,延长设备安全运行时间。

d) 推荐措施

该显示区域列举推荐需要采取的措施。所提建议是基于设备中某部件的危险程度、运行成本、维修成本、备件的可用性和其他因素。问题的严重程度也会影响采取的措施。推荐的措施包括从“减少功率级”和“更换或者维修部件”到“更换润滑油”或者“减小载荷”。

e) 识别

该显示区域通过设备号、部件号、评价日期等历史记录描述了设备的识别,这对以后具有参考价值。

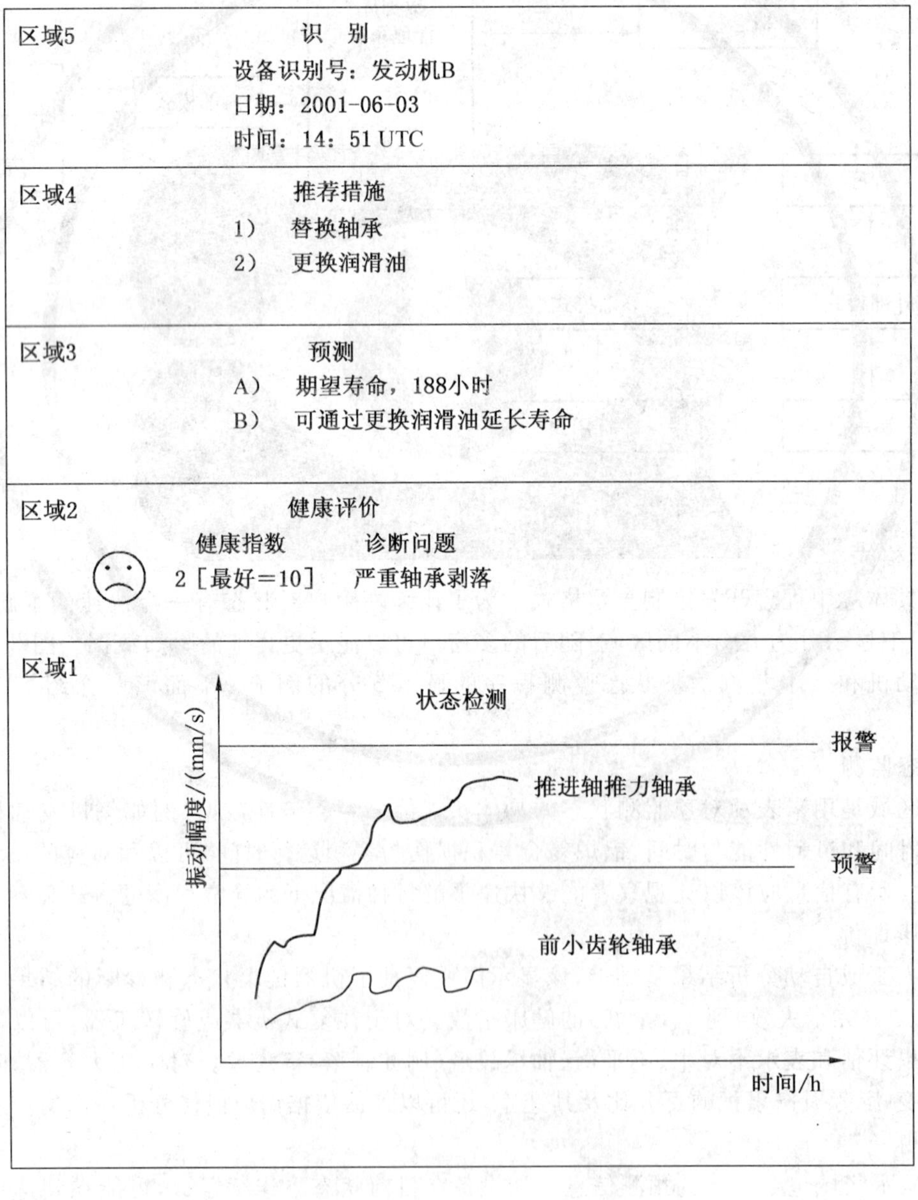

图3 飞机发动机显示示例

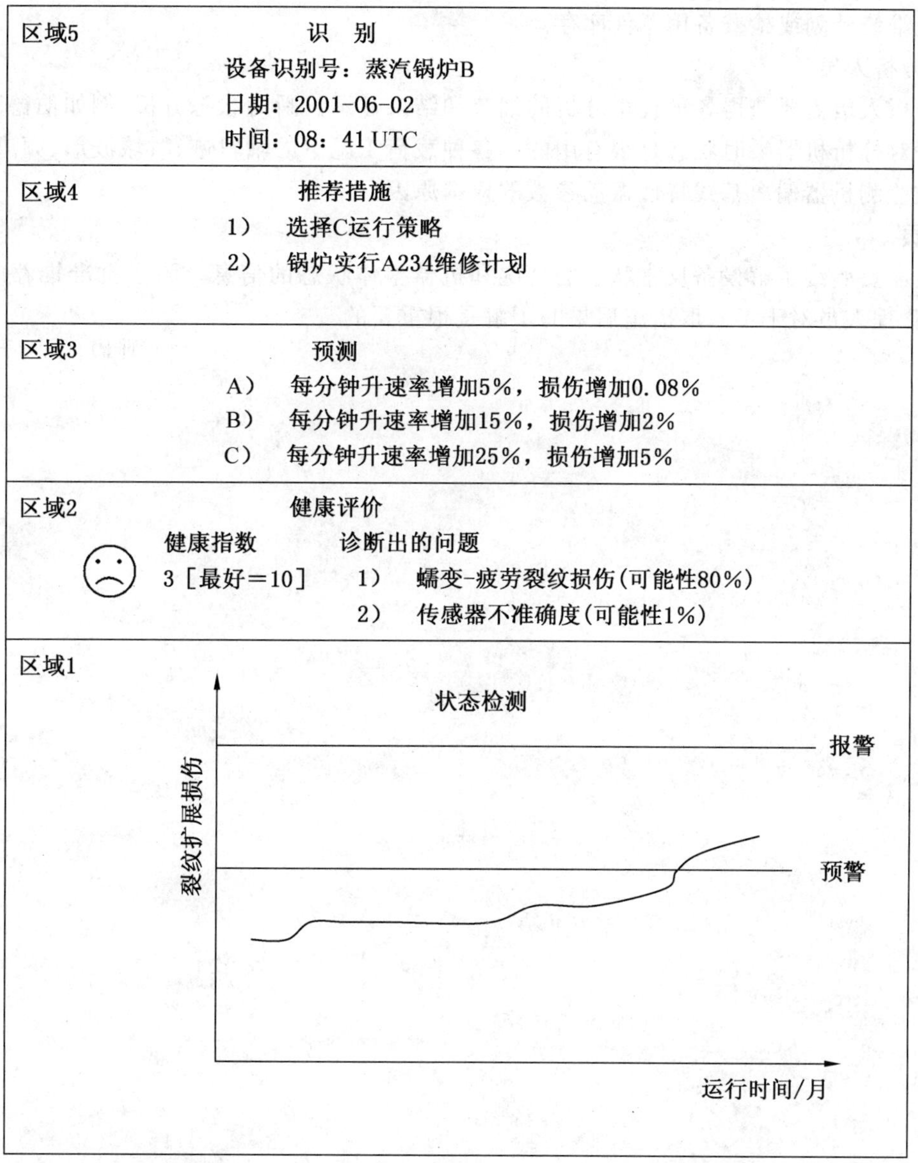

图4 蒸汽锅炉显示示例

5 负责人员

5.1 引言

依据指定的责任，状态监测和诊断信息的表达应该与承担相应职责的人员相适应。许多情况下，信息显示会被5.2～5.5中所列指的四类人员使用。

5.2 操作员

对操作员来说，只需显示最关键、最紧急的报警信息。显示的信息指示设备操作员或者操作经理如何采取紧急措施，比如降低负荷、降低温度或者关闭设备来避免灾难性失效。

5.3 操作工程师

对操作工程师来说，应该结合实时过程数据库的信息对机器状态监测数据进行审阅。为了状态评价，该操作信息对于了解当前涉及系统故障的后果是很重要的。例如，对一台汽轮机来说，振动增大可能表明进口和出口之间的蒸汽状态的差异。对同一台机器的同一个运行模式，在类似的动力杠杆角和二个特定的周期内，轴功率降低或轴转速降低说明发动机性能减弱。操作工程师就需要告诉维修计划的制定者制定维修计划或检查备用零件库存。

5.4 可靠性分析人员

可靠性分析人员需要获得各种技术分析的细节和结果显示。瞬时状态分析，例如伯德图、奈奎斯特图和瀑布图等对分析机器瞬时状态是很有用的。各种载荷工况下的轴轨迹、时域波形、频谱和相位信息有助于确定被监测机器偏离基线特性振动参数的根本原因。

5.5 管理人员

管理人员需要始终了解设备反常状态的情况和机器整体状态的信息。为了批准推荐的措施，包括人员或资金，管理人员对于不采取措施后果的了解是很重要的。

附 录 A
（资料性附录）
机器信息管理开放系统联盟(MIMOSA)规范

A.1 概述

机器信息管理开放系统联盟(MIMOSA)是一个由代表工业生产、加工和制造设备的用户以及供应商、系统集成商、操作者、控制和维修信息的技术和服务提供商成员组成的非营利性组织。

A.2 通用关系型信息模式(CRIS)规范

该联盟的一个主要关注点是提供推荐规范和协议来统一取自状态监测系统、计算机化的维修管理系统、控制系统和操作日志的机器数据，以此来实现公司提供制作通用的机器信息管理系统。MIMOSA 发布了一个称为通用关系型信息模式(CRIS)的概念模式，该模式可以在网站 http://www.mimosa.org 免费下载。CRIS 的版本 1 和版本 2 都符合本标准中规定的指南，并且已经在状态监测工业中成功应用。

A.3 Tech-XML 规范

MIMOSA 发布了一套基于 CRIS 的客户机和服务器 XML 模式界面的定义，称为 Tech-XML 客户机和 Tech-XML 服务器规范。这些规范允许机器信息计算机系统在没有特定协议的情况下通过 XML 相互通信。这些规范可以在 MIMOSA 的网站 http://www.mimosa.org 免费下载。

参 考 文 献

[1] GB/T 14814—1993 信息处理 文本和办公系统 标准通用置标语言(SGML).

[2] GB 13000.1—1993(所有部分) 信息技术 通用多八位编码字符集(UCS) 第一部分:体系结构与基本多文种平面.

[3] GB/T 7408—2005 数据元和交换格式 信息交换 日期和时间表示法(ISO 8601:2000,IDT).

[4] ISO/IEC 9579:2000 Information technology—Remote database access for SQL with security enhancement.

[5] ISO/IEC 9075 (all parts) Information technology—Database languages—SQL.

[6] GB/T 16720.1—2005 工业自动化系统制造报文规范 第1部分:服务定义(ISO/IEC 9506,IDT).

GB/T 16720.2—2005 工业自动化系统制造报文规范 第2部分:协议规范(ISO/IEC 9506,IDT).

GB/T 16720.3—1996 工业自动化系统制造报文规范 第3部分:工业机器人伴同标准 (idt ISO/IEC 9506).

GB/T 16720.4—1998 工业自动化系统制造报文规范 第4部分:数值控制用伴同标准 (idt ISO/IEC 9506).

[7] ISO/IEC 19500-2 Information technology—Open Distributed Processing—Part 2:Genera/Inter-ORB Protocol(GIOP)/Internet Inter-ORB Protocol (IIOP).

[8] GB/T 18714.1—2002 信息技术 开放分布式处理 参考模型 第1部分:概述 (idt ISO/IEC 10746-1:1998).

GB/T 18714.2—2002 信息技术 开放分布式处理 参考模型 第2部分:基本概念 (idt ISO/IEC 10746-2:1998).

GB/T 18714.3—2003 信息技术 开放分布式处理 参考模型 第3部分:体系结构(ISO/IEC 10746-3:1998,IDT).

[9] ISO/IEC 14750:1999 Information technology—Open Distributed Processing—Interface Definition Language Condition monitoring and diagnostic standards.

[10] GB/T 20921—2007 机器状态监测与诊断 词汇(ISO 13372:2004,IDT)

[11] GB/T 19873.1—2005 机器状态监测与诊断 振动状态监测 第1部分:总则(ISO 13373-1:2002,IDT).

[12] GB/T 22394—2008 机器状态监测与诊断 振动状态监测的一般指南(ISO 13379:2003,IDT).

[13] GB/T 20471—2006 机器状态监测与诊断 基于应用性能参数的一般指南(ISO 13380:2002,IDT).

[14] GB/T 23713.1—2009 机器状态监测与诊断 预测 第1部分:一般指南(ISO 13381-1:2004,IDT).

[15] ISO 14830-1 Condition monitoring and diagnostics of machines—Tribology-based monitoring and diagnostics—Part 1:General guidelines.

[16] GB/T 22393—2008 机器状态监测与诊断 一般指南 (ISO 17359:2003,IDT).

[17] GB/T 23718.1—2009 机器状态监测与诊断 人员培训与认证的要求 第1部分:对认证机构和认证过程的要求(ISO 18436-1:2004,IDT).

[18] GB/T 23718.2—2009 机器状态监测与诊断 人员培训与认证的要求 第2部分:振动分析(ISO 18436-2:2003,IDT).

ICS 25.200
J 36

GB

中华人民共和国国家标准

GB/T 25743—2010

钢件深冷处理

Cryogenic treatment of steel parts

2010-12-23 发布　　　　2011-06-01 实施

中华人民共和国国家质量监督检验检疫总局
中国国家标准化管理委员会　发布

前 言

本标准的附录 A 是资料性附录。

本标准由全国热处理标准化技术委员会(SAC/TC 75)提出并归口。

本标准负责起草单位:上海市机械制造工艺研究所有限公司。

本标准参加起草单位:天津市热处理研究所有限公司、广东世创金属科技有限公司。

本标准主要起草人:蔡红、叶俭、卢军、任颂赞、宋宝敬、董小虹、邢志松、刘香国、石江龙、梁航、刘树仁。

钢 件 深 冷 处 理

1 范围

本标准规定了钢件淬火后深冷处理的适用钢种、设备、工艺、品质检验及安全卫生要求等。

本标准适用于钢件的淬火后或淬火回火后的深冷处理。

2 规范性引用文件

下列文件中的条款通过本标准的引用而成为本标准的条款。凡是注日期的引用文件，其随后所有的修改单(不包括勘误的内容)或修订版均不适用于本标准，然而，鼓励根据本标准达成协议的各方研究是否可使用这些文件的最新版本。凡是不注日期的引用文件，其最新版本适用于本标准。

GB/T 230.1 金属材料 洛氏硬度试验 第1部分:试验方法(A、B、C、D、E、F、G、H、K、N、T标尺)(GB/T 230.1—2009,ISO 6508-1:2005,MOD)

GB/T 1222 弹簧钢

GB/T 1298 碳素工具钢(GB/T 1298—2008,ASTM A686:1992,NEQ)

GB/T 1299 合金工具钢(GB/T 1299—2000,neq ASTM A681:1994)

GB/T 3077 合金结构钢(GB/T 3077—1999,neq DIN EN 10083-1:1991)

GB/T 5216 保证淬透性结构钢

GB/T 7232 金属热处理工艺术语

GB/T 9452 热处理炉有效加热区测定方法

GB/T 9943 高速工具钢(GB/T 9943—2008,ISO 4957:1999,NEQ)

GB/T 13324 热处理设备术语

GB 15735 金属热处理生产过程安全卫生要求

GB/T 15822.2 无损检测 磁粉检测 第2部分:检测介质(GB/T 15822.2—2005,ISO 9934-2:2002,IDT)

GB/T 18254 高碳铬轴承钢

GB/T 20878 不锈钢和耐热钢 牌号及化学成分

3 术语和定义

GB/T 7232、GB/T 13324中确立的以及下列术语和定义适用于本标准。

3.1

待深冷处理件 parts for cryogenic treatment

经过适当的前期热处理后准备进行深冷处理的工件。

3.2

深冷件 parts after cryogenic treatment

经过深冷处理的工件。

4 待深冷处理件

4.1 常用材料

深冷处理工艺的常用钢材见表1。

表 1　深冷处理常用钢材

类　　别	标　　准
碳素工具钢	GB/T 1298 所列牌号
弹簧钢	GB/T 1222 所列牌号
高碳铬轴承钢	GB/T 18254 所列牌号
不锈钢和耐热钢	GB/T 20878 中的马氏体型不锈钢
合金工具钢	GB/T 1299 所列牌号
高速工具钢	GB/T 9943 所列牌号
渗碳钢、碳氮共渗钢	GB/T 3077、GB/T 5216 中可用于渗碳、碳氮共渗牌号

4.2　待处理工件(原始状态)的前期热处理工艺

4.2.1　可根据工件最终的综合性能要求选取不同的前期处理工艺。

4.2.1.1　对形状一般的工件,可进行前期淬火,冷至室温后及时进行深冷处理。

4.2.1.2　对形状复杂的工件,可进行前期淬火＋回火,冷至室温后及时进行深冷处理。

4.2.2　前期热处理工艺可包括淬火、渗碳或碳氮共渗＋淬火、回火。

5　深冷处理设备

5.1　深冷处理设备应配备温度测定及温度自动控制与记录装置。

5.2　采用机械式制冷的深冷处理设备,其工作温度在室温至－80 ℃连续可调,控温精度不低于±1.5 ℃。

5.3　采用液氮式制冷的深冷处理设备,其工作温度在室温至－190 ℃连续可调,控温精度不低于±1.5 ℃。深冷箱内有效冷却区按 GB/T 9452 测定,其温度偏差不得超过±5 ℃。

5.4　深冷处理设备在降温及回温过程中应能控制变温速度,变温速度范围要求见表 2。

表 2　深冷处理设备变温速度范围要求　　℃ · min^{-1}

降温速度	回温速度
0.5～6.0	2.0～10.0

6　深冷处理

6.1　处理前准备

6.1.1　待深冷处理件不应有脱碳,并保证表面清洁。

6.1.2　选用工艺装备,检查冷却设备、控制仪器、冷却介质及管路系统。

6.1.3　根据需要可随炉安放供检测的试样。试样的材料和前期热处理条件应与待深冷处理件相同。

6.2　装炉

6.2.1　使用工装时,应预先检查其安全性能,并去除油污。

6.2.2　工件应置于深冷处理设备的有效冷却区内,装炉方式应满足均匀冷却的要求。

6.3　深冷处理工艺

6.3.1　深冷处理一般在前期热处理后及时进行。

6.3.2　常用深冷处理工艺见表 3。

6.3.3　深冷件回温速度一般控制在 2.0 ℃ · min^{-1}～10.0 ℃ · min^{-1} 范围内。

6.3.4　深冷件一般回温至室温后出深冷处理设备,按工艺要求也可直接出深冷处理设备,在空气中自然回温。

6.3.5　深冷处理次数一般为一次。

表 3 常用深冷处理工艺

性能要求	工件形状	降温速度 ℃·min^{-1}	深冷处理温度 ℃	深冷保温时间 h
提高硬度、耐磨性（一般）	一般形状	2.5～6.0	−70～−100	1～2
	复杂形状	0.5～2.5		
提高硬度、耐磨性（特殊）	一般形状	2.5～6.0	−120～−190	1～4
	复杂形状	0.5～2.5		
提高尺寸稳定性（一般）	一般形状	2.5～6.0	−70～−100	1～2
	复杂形状	0.5～2.5		
提高尺寸稳定性（特殊）	一般形状	2.5～6.0	−120～−150	1～4
	复杂形状	0.5～2.5		

7 深冷件的后处理

7.1 应去除深冷件表面的冷凝水分。

7.2 深冷件应及时回火，回火工艺及参数按工件性能要求而定。

8 品质要求及品质检验

8.1 外观

深冷件表面不能出现裂纹及影响使用的划痕等缺陷。外观检验采用目测或按 GB/T 15822.2 的规定执行。

8.2 硬度

深冷件表面硬度检测应在规定部位进行。深冷处理前后硬度差检测应在相邻部位进行。硬度检验方法按 GB/T 230.1 执行。

8.3 畸变

深冷件畸变应不影响后续加工及使用，具体畸变量允许范围及测量方法由合同双方协商确定。

8.4 残留奥氏体

8.5 工件深冷处理后，若要进行残留奥氏体的测定，可采用 X 射线衍射法或金相法。

9 检验设备

所用磁粉探伤仪、硬度计等检验设备应有计量部门颁发的合格证书，并在有效期内使用。

10 安全卫生与劳动保护要求

10.1 深冷处理设备使用的液氮装置应有相关合格证书，并按相应的规程操作。

10.2 深冷处理过程中，严禁用手直接接触工件。

10.3 深冷处理过程的安全卫生与劳动保护应符合 GB 15735 的有关规定。

11 记录及产品报告单

11.1 工件前期热处理主要工艺参数、检测数据以及工件深冷处理主要工艺参数、检测数据等应有完整的记录，记录的保存期应符合相关的管理要求。

11.2 产品报告单应包括下列内容：

——工件的名称和图号；

——工件的材料牌号；
——单件质量及数量；
——工件前期热处理工艺；
——品质检测结果；
——操作者姓名或代号；
——品质检验员姓名或代号；
——报告日期。

附　录　A
（资料性附录）
几种常用深冷处理设备类型

A.1　基于辐射换热的深冷处理设备系统

利用液氮在盘管或深冷箱内壁外的夹套中流动吸收（反向辐射）工件的热量达到冷却目的，其系统示意图见图 A.1。

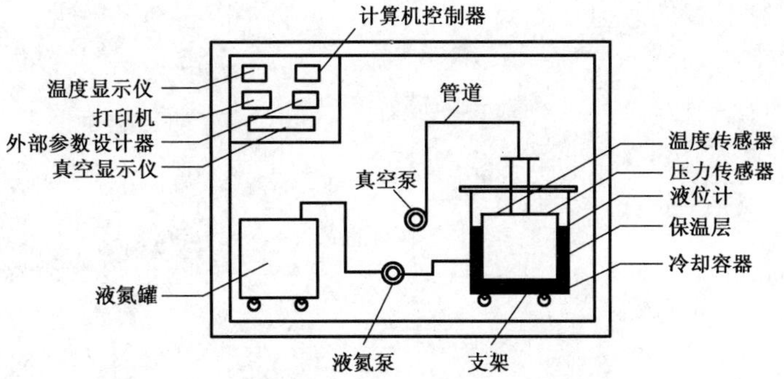

图 A.1　基于辐射换热的深冷处理设备系统

A.2　基于对流换热的深冷处理设备系统

液氮经喷管喷出后在深冷箱内直接汽化，利用汽化潜热及低温氮化吸热使工件冷却，其系统示意图见图 A.2。

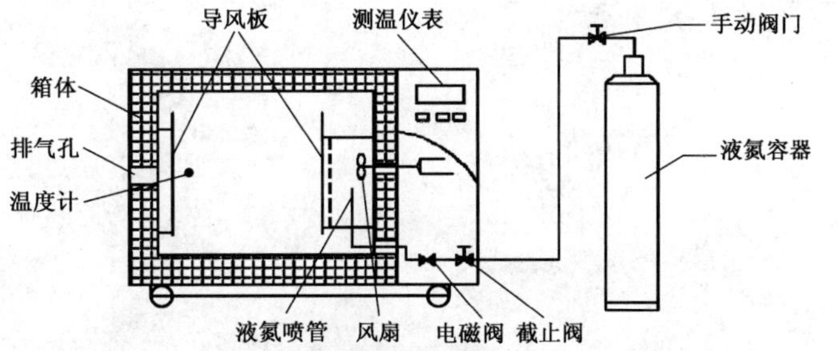

图 A.2　基于对流换热的深冷处理设备系统

A.3　基于辐射换热及对流换热相结合的深冷处理设备系统

通过辐射换热及对流换热相结合的方式在冷却箱内对工件进行冷却，具有温度分布均匀、波动小的优点，其系统示意图见图 A.3。

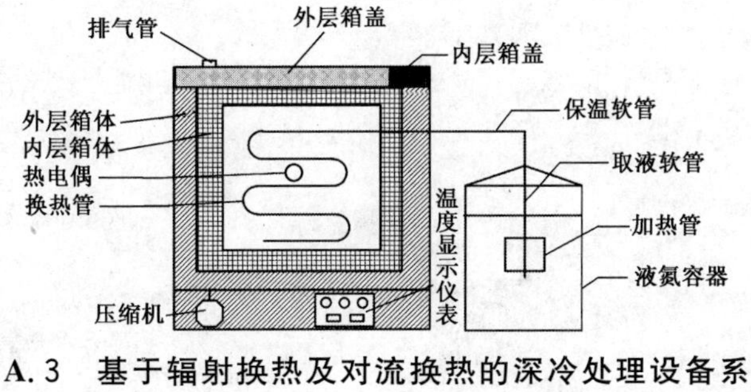

图 A.3　基于辐射换热及对流换热相结合的深冷处理设备系统

ICS 25.200
J 36

中华人民共和国国家标准

GB/T 25744—2010

钢件渗碳淬火回火金相检验

Metallographic examination for carburizing quenching and tempering of steel parts

2010-12-23 发布　　2011-06-01 实施

中华人民共和国国家质量监督检验检疫总局
中国国家标准化管理委员会　发布

前　言

本标准的附录 B、附录 C、附录 E、附录 G 为规范性附录，附录 A、附录 D、附录 F 为资料性附录。

本标准由全国热处理标准化技术委员会(SAC/TC 75)提出并归口。

本标准起草单位：上海市机械制造工艺研究所有限公司、广东世创金属科技有限公司。

本标准主要起草人：陈德华、于晖、任颂赞、叶俭、董小虹、马春霞、苏宇辉、哈胜男。

钢件渗碳淬火回火金相检验

1 范围

本标准规定了钢件渗碳淬火回火金相组织的检验、金相组织级别及渗碳淬火有效硬化层深度的测定方法。

本标准适用于钢件渗碳淬火有效硬化层深度大于0.3 mm的工件。

2 规范性引用文件

下列文件中的条款通过本标准的引用而成为本标准的条款。凡是注日期的引用文件，其随后所有的修改单(不包括勘误的内容)或修订版均不适用于本标准，然而，鼓励根据本标准达成协议的各方研究是否可使用这些文件的最新版本。凡是不注日期的引用文件，其最新版本适用于本标准。

GB/T 7232 金属热处理工艺术语

GB/T 9450 钢件渗碳淬火硬化层深度的测定和校核(GB/T 9450—2005,ISO 2639:2002,MOD)

GB/T 13298 金属显微组织检验方法

3 术语和定义

GB/T 7232中确立的以及下列术语和定义适用于本标准。

3.1

心部组织 core structure

距表面3倍于渗碳淬火有效硬化层深度区域的组织。

4 试样

4.1 工件在有代表性服役区截取试样，或取相应大小的随炉试样。随炉试样的表面粗糙度应与工件相同。

4.2 试样材料应与工件同一牌号，具有相同的预处理状态；对于要求严格的工件，试样需与工件同一冶金炉号的材料。

4.3 检测面应垂直渗层表面。

4.4 对于特殊要求的试样，由供需双方协商确定。关于齿形试样的要求，参见附录A。

5 检验项目及检验方法

5.1 检验项目及检验方法见表1所示。

表1 检验项目及检验方法

检验项目	检验部位	制样条件	评定方法
马氏体	距渗层表面0.05 mm～0.15 mm之间区域[a]	浸蚀后	500倍视野下，比较法评级
残留奥氏体	距渗层表面0.05 mm～0.15 mm之间区域[a]	浸蚀后	500倍视野下，比较法评级
碳化物	近渗层表层区	深浸蚀后	500倍视野下，比较法评级

表 1（续）

检验项目	检验部位	制样条件	评定方法
表层内氧化层深度	渗层表层	未浸蚀	500 倍视野下，根据内氧化层深度评级
心部组织	试样心部	浸蚀后	500 倍视野下，比较法评级
有效硬化层深度	按 GB/T 9450 规定执行		
[a] 应考虑热处理后表面磨削去除因素。			

注：齿形试样的检验部位规定参见附录 A。

5.2 金相检验试样按 GB/T 13298 制样，浸蚀剂均采用 4%硝酸乙醇溶液。

5.3 金相组织的检验、评定，应在级别最高处评定。若超出最高级别，可用大于 6 级表示。

5.4 金相组织评定不采纳中间（半级）级别。

6 金相组织级别评定

6.1 马氏体的级别

根据马氏体针体的大小评定级别，对照附录 B 中图 B.1 系列级别图片进行评定，评级说明见表 2。

表 2 马氏体的级别评定

图 B.1 所列级别	特 征 说 明
1 级	隐针及细针马氏体，马氏体针长≤3 μm
2 级	细针马氏体，马氏体针长>3 μm～5 μm
3 级	细针马氏体，马氏体针长>5 μm～8 μm
4 级	针状马氏体，马氏体针长>8 μm～13 μm
5 级	针状马氏体，马氏体针长>13 μm～20 μm
6 级	粗针马氏体，马氏体针长>20 μm～30 μm

6.2 残留奥氏体的级别

根据残留奥氏体含量的多少评定级别，对照附录 C 中图 C.1 系列级别图片进行评定，或参考附录 D 中图 D.1 系列级别图片评定，评级说明见表 3。

表 3 残留奥氏体的级别评定

图 C.1 及图 D.1 所列级别	特 征 说 明
1 级	残留奥氏体含量≤5%
2 级	残留奥氏体含量>5%～10%
3 级	残留奥氏体含量>10%～18%
4 级	残留奥氏体含量>18%～25%
5 级	残留奥氏体含量>25%～30%
6 级	残留奥氏体含量>30%～40%

6.3 碳化物的级别

根据碳化物形态、数量、大小及分布情况评定级别，对照附录 E 中图 E.1 系列级别图片进行评定，评级说明见表 4。

表 4 碳化物的级别评定

图 E.1 所列级别	特征说明	
	网系	粒块系
1 级	无或极少量细颗粒状碳化物	
2 级	细颗粒状碳化物加趋网状分布的细小碳化物	细颗粒状碳化物加稍粗的粒状碳化物
3 级	细颗粒状碳化物加呈断续网状分布的小块状碳化物	细颗粒状碳化物加较粗的碳化物
4 级	细颗粒状碳化物加呈断续网状分布的块状碳化物	细颗粒状碳化物加粗块状碳化物
5 级	细颗粒状碳化物加网状分布的细条状、块状碳化物	细颗粒状碳化物加角块状碳化物
6 级	颗粒状碳化物加网状分布的条块状碳化物	颗粒状碳化物加大量粗大角块状碳化物

6.4 表层内氧化层深度的级别

在显微镜下，根据渗层表层内氧化的最深处深度进行评定，评级说明见表 5。

表 5 内氧化层的级别评定

级别	特征说明
1 级	表层未见沿晶界分布的灰色氧化物，无内氧化层
2 级	表层可见沿晶界分布的灰色氧化物，内氧化层深度≤6 μm
3 级	表层可见沿晶界分布的灰色氧化物，内氧化层深度>6 μm～12 μm
4 级	表层可见沿晶界分布的灰色氧化物，内氧化层深度>12 μm～20 μm
5 级	表层可见沿晶界分布的灰色氧化物，内氧化层深度>20 μm～30 μm
6 级	表层可见沿晶界分布的灰色氧化物，内氧化层深度>30 μm，最深处深度用具体数字表示

注：内氧化形貌参见附录 F 所示。

6.5 心部组织的级别

根据心部组织形貌及铁素体的大小、形状和数量评定级别，对照附录 G 中图 G.1 系列级别图片进行评定，评级说明见表 6。

表 6 心部组织的级别评定

图 G.1 所列级别	特征说明
1 级	低碳马氏体，允许有贝氏体
2 级	低碳马氏体加不明显的游离铁素体，允许有贝氏体
3 级	低碳马氏体加少量游离铁素体，允许有贝氏体
4 级	低碳马氏体加较多量游离铁素体，允许有贝氏体
5 级	低碳马氏体加多量游离铁素体，允许有贝氏体
6 级	低碳马氏体加大量游离铁素体，允许有贝氏体

7 检验用仪器

7.1 维氏硬度计及标准块应经检定合格，并在检定周期内使用。

7.2　金相显微镜或相关测微标尺应经检定合格，并在检定周期内使用。

8　检验报告

检验报告一般应包括下列内容：

a）　本标准编号；

b）　试样(产品)名称；

c）　试样标识；

d）　试样材料牌号及工艺；

e）　若非随炉试样，则说明取样位置及试面方向；

f）　检验结果及特殊说明；

g）　检验及复核人员签名、检验日期。

附 录 A
（资料性附录）
钢制齿轮渗碳淬火回火金相组织检验的一般规定

A.1 试样

A.1.1 齿形工件截取至少一个完整齿形，也可使用圆柱试样或模拟齿厚试样。圆柱试样尺寸：最小直径为6倍模数，但不小于16 mm；最小长度为试样直径的2倍。经用户同意也可采用小型试样：最小直径为3倍模数；最小长度为试样直径的2倍。模拟齿厚试样的厚度应等于1.57倍齿的模数，其宽度与长度应为2.5倍齿的模数。

A.1.2 齿形试样的检测面应在齿的法向截面。

A.1.3 除上述说明外，其他均按本标准正文第4章执行。

A.2 检验项目及检验方法

A.2.1 齿轮的有效硬化层深度测定部位一般在齿宽中部法向截面上，在分度圆处沿垂直齿面方向，或按具体工艺文件规定。

A.2.2 马氏体、残留奥氏体检验部位均在齿分度圆处距渗层表面0.05 mm～0.15 mm之间。

A.2.3 碳化物检验部位在渗层尖角（齿角）处，或根据工艺要求。

A.2.4 表层内氧化层深度检验部位在齿轮的齿根表层。

A.2.5 心部组织检验在齿宽的中心线与齿根圆相交处。对于大型齿轮推荐检验部位见图A.1。

A.2.6 除上述说明外，其他均按本标准正文第5章执行。

A.3 除上述两项规定外，其他均按本标准正文执行。

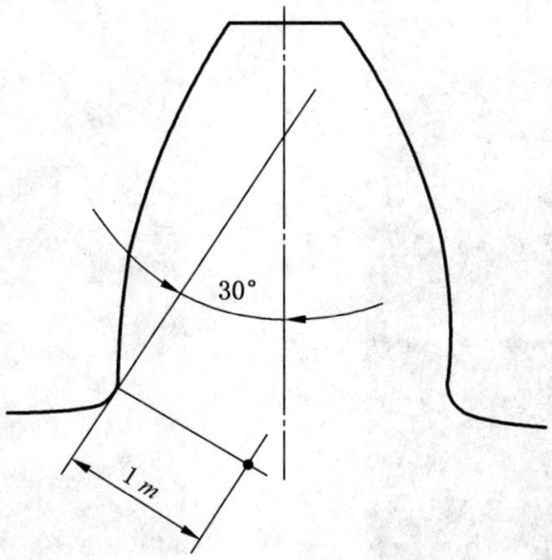

图 A.1 大型齿轮心部组织检验位置示意

附 录 B
（规范性附录）
马氏体级别图

马氏体级别图(500×)见图 B.1。

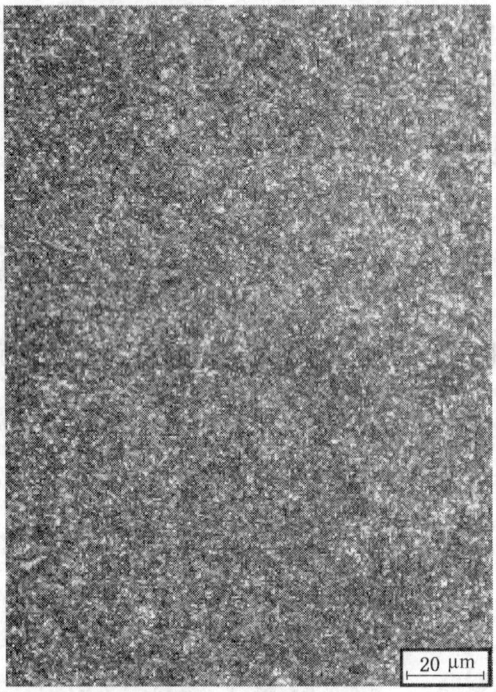

1 级

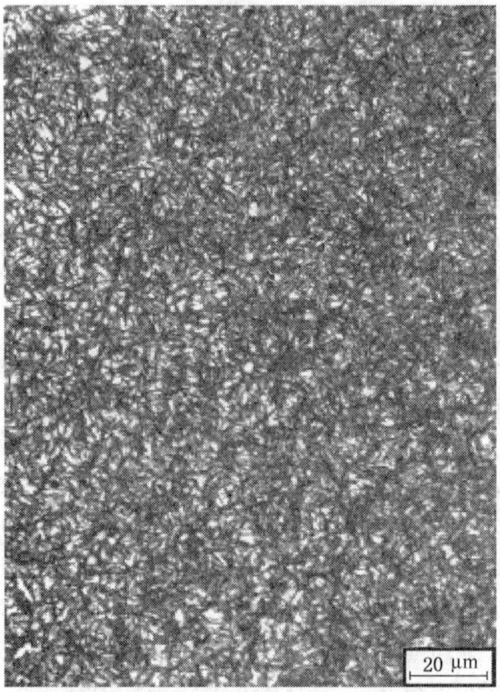

2 级

3 级

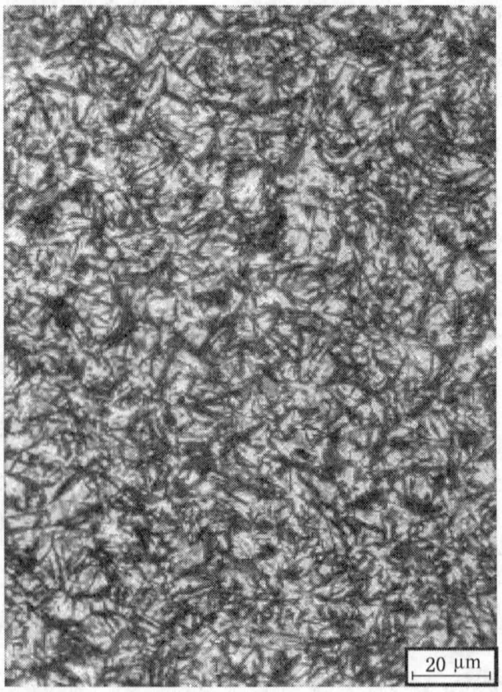

4 级

图 B.1　马氏体级别图(500×)

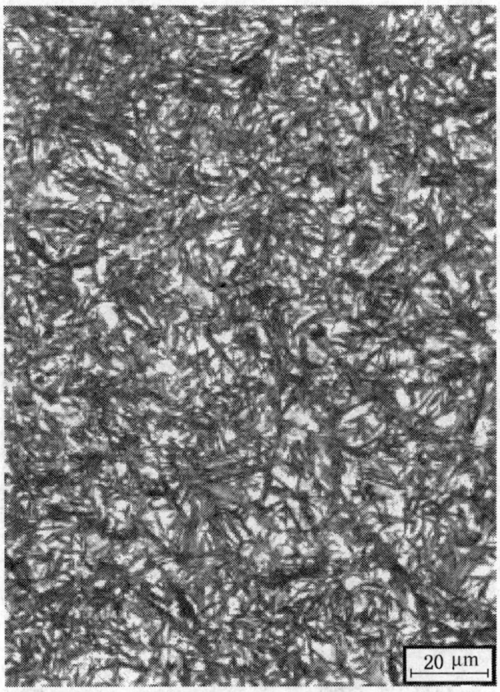

5 级

6 级

图 B.1（续）

附　录　C
（规范性附录）
残留奥氏体级别图（500×）

残留奥氏体级别图（500×）见图 C.1。

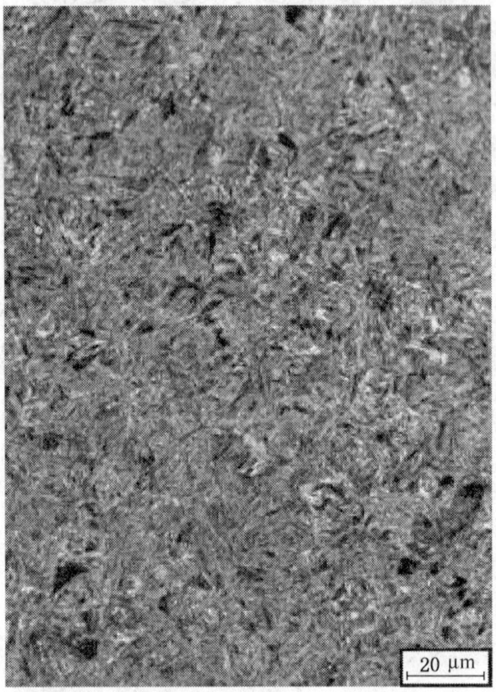

1 级

2 级

3 级

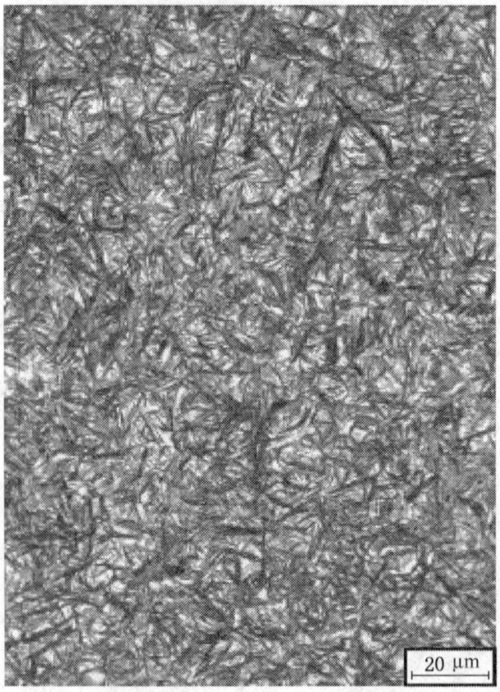

4 级

图 C.1　残留奥氏体级别图（500×）

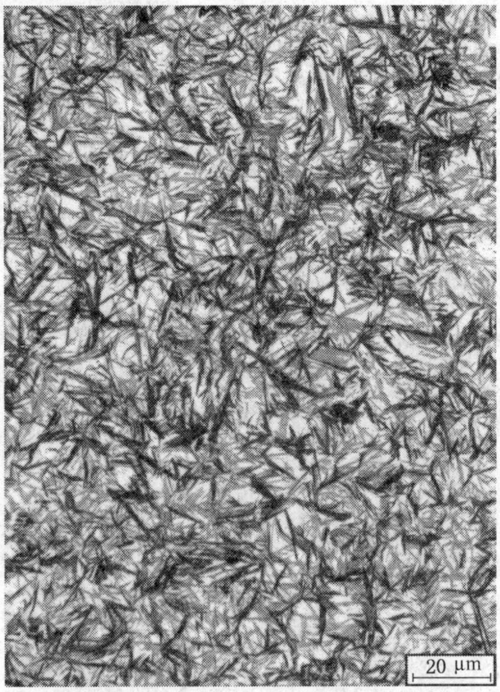

5级

6级

图 C.1（续）

附 录 D
（资料性附录）
残留奥氏体级别图（1 000×）

残留奥氏体级别图（1 000×）见图 D.1。

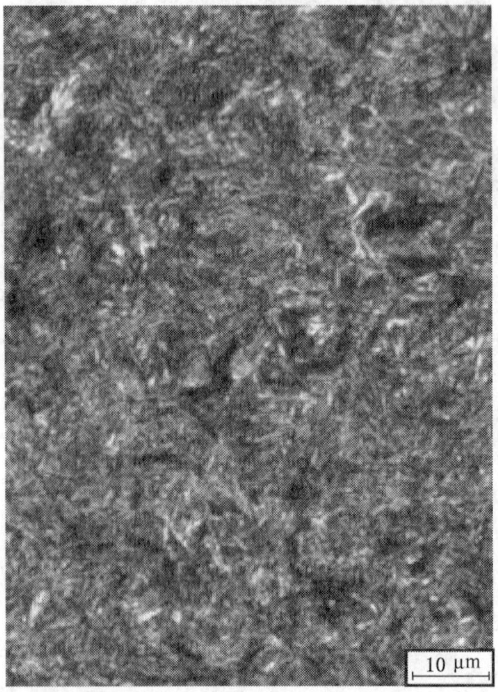

1 级

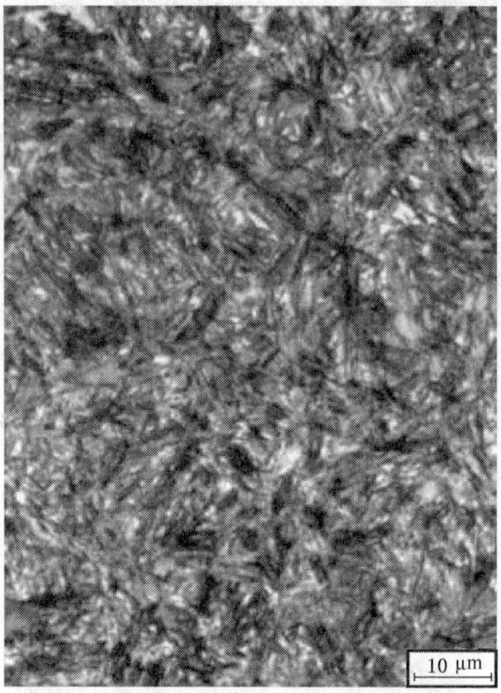

2 级

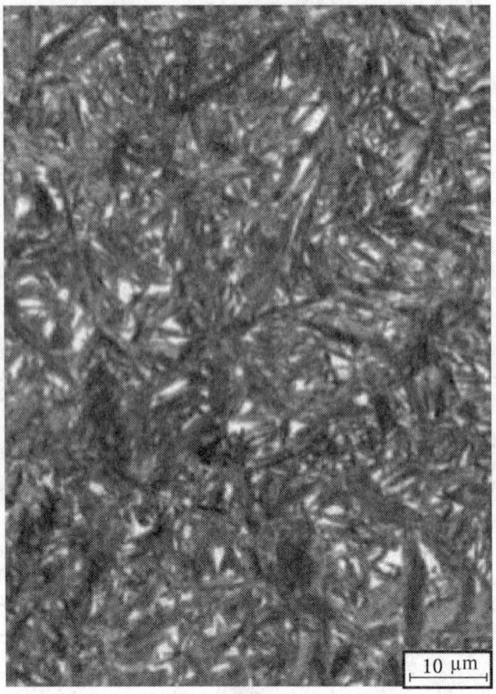

3 级

4 级

图 D.1 残留奥氏体级别图（1 000×）

5 级

6 级

图 D.1(续)

附　录　E
（规范性附录）
碳化物级别图

网状及粒块状分布的碳化物级别图(500×)见图E.1。

1级

2级(网系)

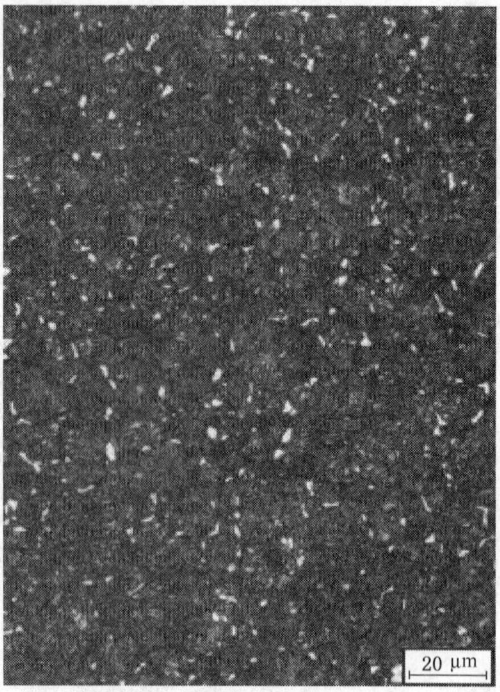

2级(粒块系)

图E.1　网状及粒块状分布的碳化物级别图(500×)

3 级(网系)

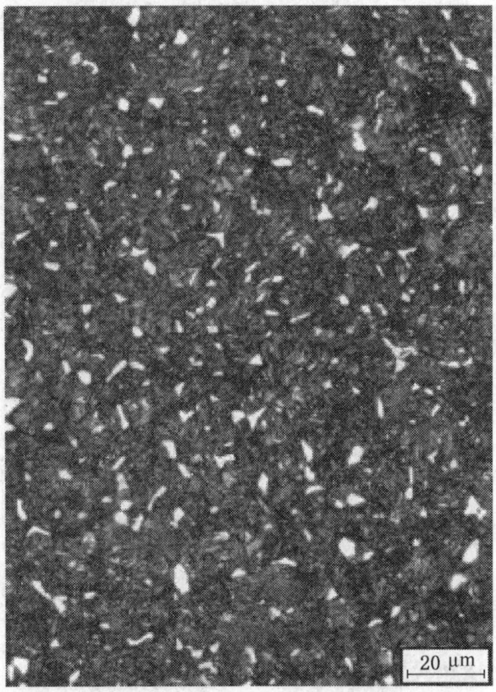

3 级(粒块系)

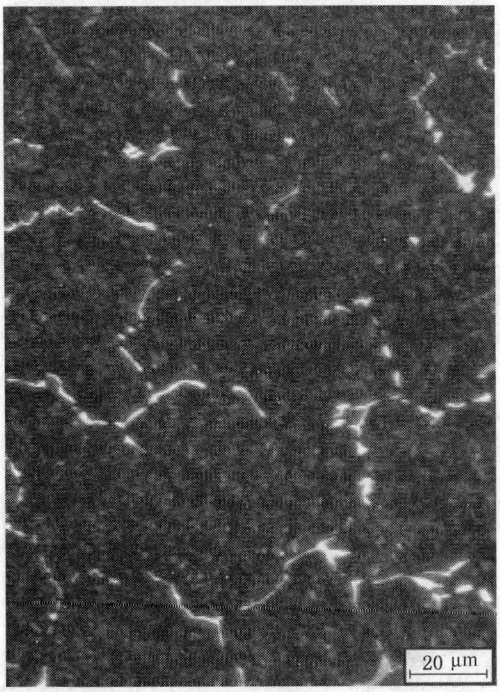

4 级(网系)

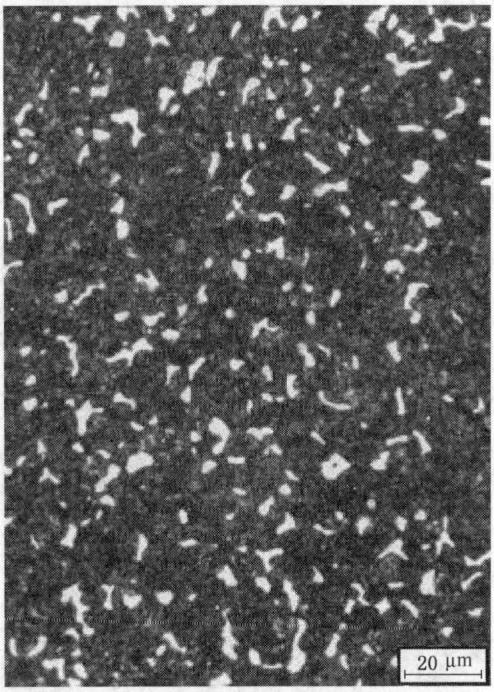

4 级(粒块系)

图 E.1(续)

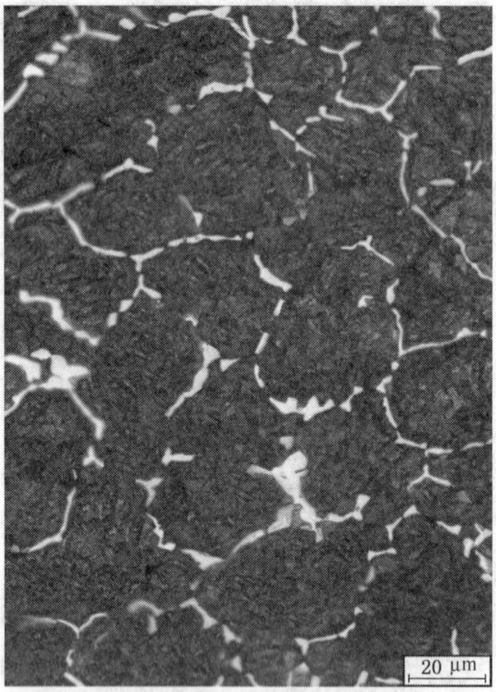

5 级(网系)

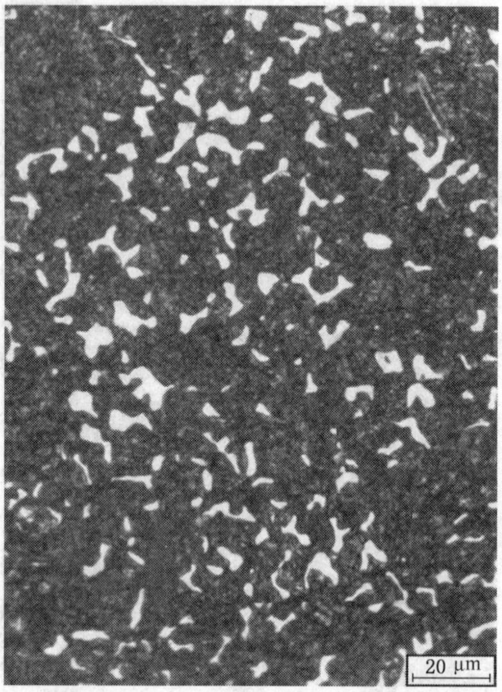

5 级(粒块系)

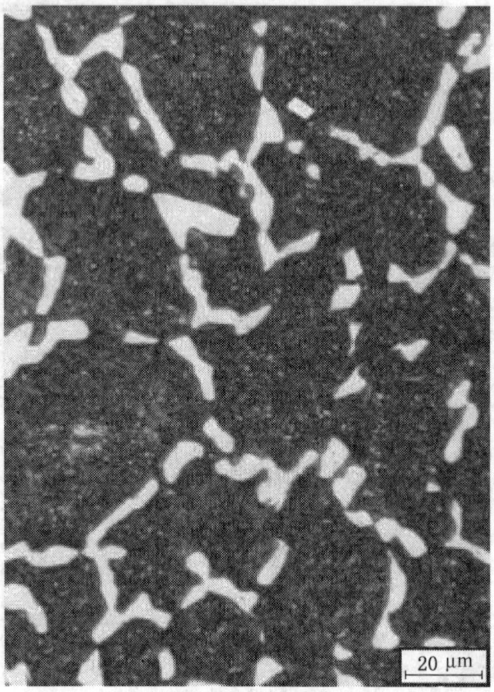

6 级(网系)

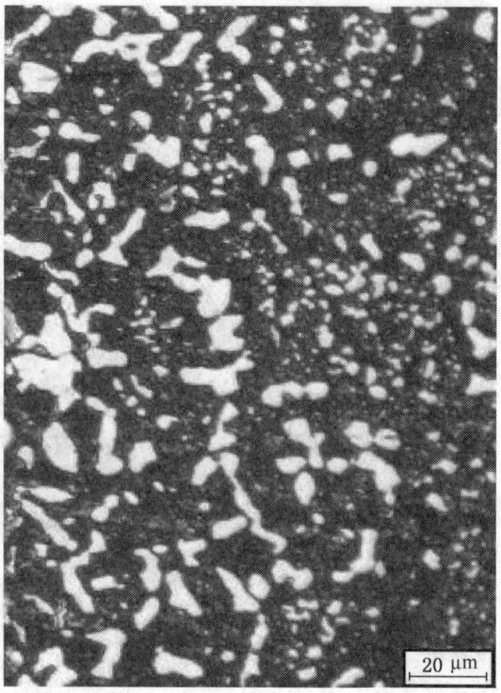

6 级(粒块系)

图 E.1(续)

附 录 F
（资料性附录）
内氧化形貌

内氧化形貌(500×)见图 F.1。

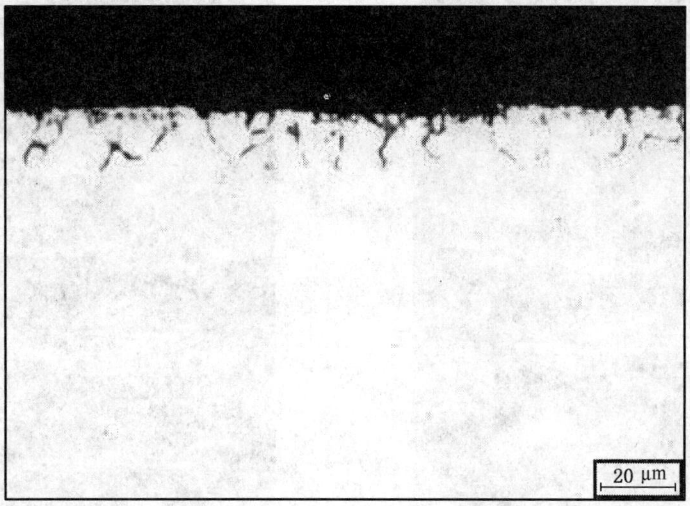

图 F.1 内氧化形貌(500×)

附　录　G
（规范性附录）
心部组织级别图

心部组织级别图(500×)见图 G.1。

1 级

2 级

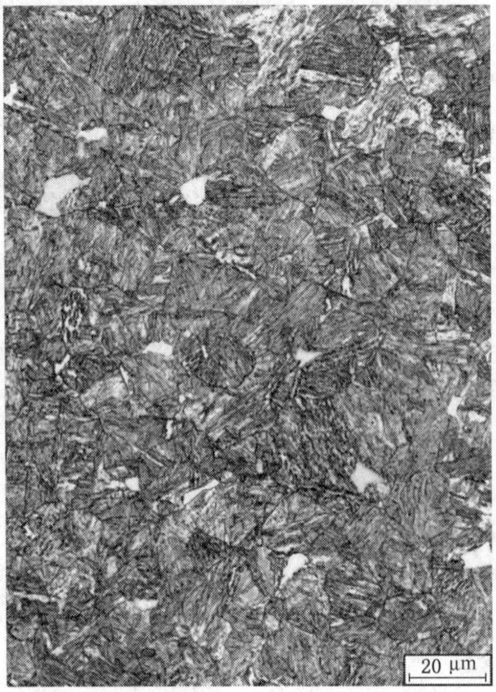

3 级

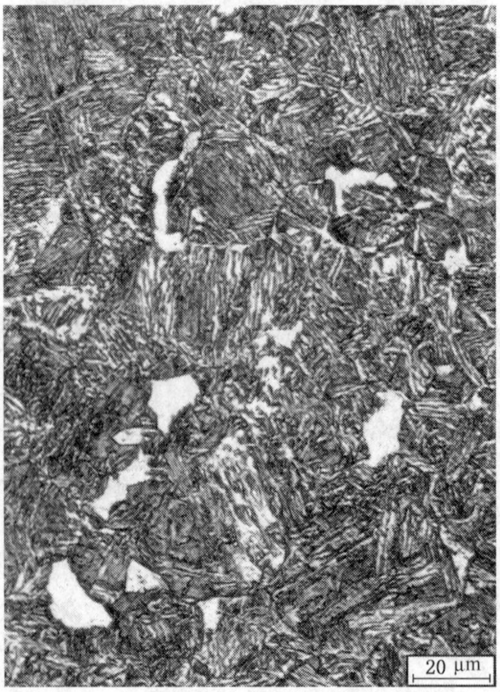

4 级

图 G.1　心部组织级别图(500×)

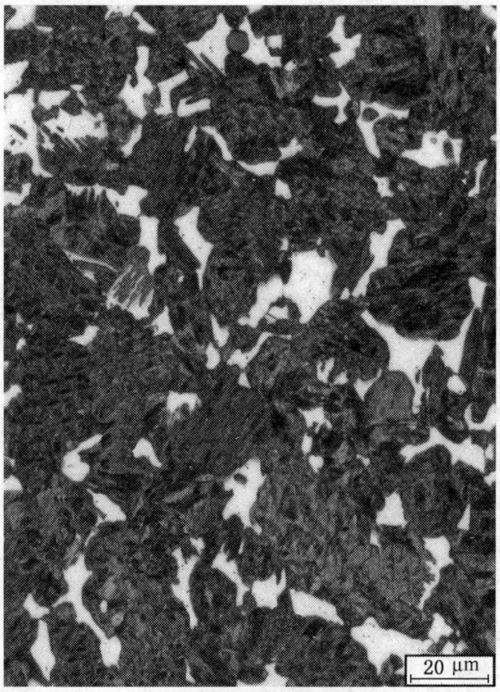

5 级

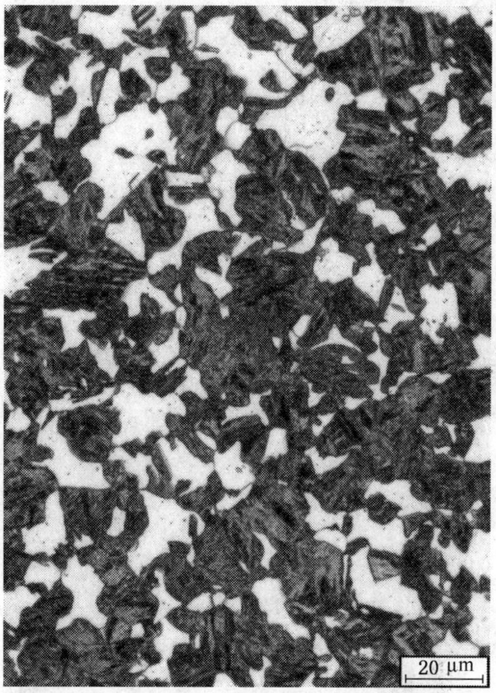

6 级

图 G.1（续）

ICS 25.200
J 36

中华人民共和国国家标准

GB/T 25745—2010

铸造铝合金热处理

Heat treatment of cast aluminium alloys

2010-12-23 发布 2011-06-01 实施

中华人民共和国国家质量监督检验检疫总局
中国国家标准化管理委员会 发布

前　言

本标准的附录 A 为资料性附录。

本标准由全国热处理标准化技术委员会(SAC/TC 75)提出并归口。

本标准负责起草单位:江苏丰东热技术股份有限公司。

本标准参加起草单位:北京航空材料研究院、盐城丰东特种炉业有限公司、广东世创金属科技有限公司。

本标准主要起草人:向建华、王广生、董小虹、王勇、王松明、施剑峰、韩志春、苏宇辉、顾琳琳。

铸造铝合金热处理

1 范围

本标准规定了铸造铝合金热处理状态、热处理设备、热处理工艺、质量控制与检验、安全卫生和环境保护要求。

本标准适用于铸造铝合金工件热处理。

2 规范性引用文件

下列文件中的条款通过本标准的引用而成为本标准的条款。凡是注日期的引用文件，其随后所有的修改单(不包括勘误的内容)或修订版均不适用于本标准。然而，鼓励根据本标准达成协议和各方研究是否可使用这些文件的最新版本。凡是不注日期的引用文件，其最新版本适用于本标准。

GB/T 228 金属材料 室温拉伸试验方法

GB/T 231.1 金属材料 布氏硬度试验 第1部分:试验方法

GB/T 1173 铸造铝合金

GB 5959.1 电热装置的安全 第1部分:通用要求

GB 5959.4 电热设备的安全 第4部分:对电阻加热装置的特殊要求

GB/T 7232 金属热处理工艺术语

GB/T 9452 热处理炉有效加热区测定方法

GB 12348 工业企业厂界环境噪声排放标准

GB/T 13324 热处理设备术语

GB 15735 金属热处理生产过程安全卫生要求

GB/T 16839.2 热电偶 第2部分:允差

GB/T 18851.1 无损检测 渗透检测 第1部分:总则

3 术语和定义

GB/T 7232、GB/T 13324 确定的以及下列术语和定义适用于本标准。

冷热循环处理 cold-heat circulating treatment

铸造铝合金工件通过室温以上某个温度加热保持并空冷的正温处理，室温以下某个温度冷却保持并回复至室温的负温处理，加再次室温以上某个温度加热保持并炉冷的正温处理，以提高其尺寸稳定性。

4 分类

4.1 铸造铝合金热处理状态代号按 GB/T 1173 铸造铝合金的规定，特性见表1。

表1 铸造铝合金热处理状态的类别代号及特性

热处理状态类别	热处理状态代号	特性
人工时效	T1	对湿砂型、金属型特别是压铸件，由于固溶冷却速度较快有部分固溶效果，人工时效可提高强度、硬度，改善切削加工性能

表 1（续）

热处理状态类别	热处理状态代号	特　　性
退火	T2	消除铸件在铸造和加工过程中产生的应力，提高尺寸稳定性及合金的塑性
固溶处理加自然时效	T4	通过加热、保温及快速固溶冷却实现固溶，再经过随后时效强化，以提高工件的力学性能，特别是提高工件的塑性及常温抗腐蚀性能
固溶处理加不完全人工时效	T5	时效是在较低的温度或较短的时间下进行，进一步提高合金的强度和硬度
固溶处理加完全人工时效	T6	时效在较高温度或较长时间下进行，可获得最高的抗拉强度，但塑性有所下降
固溶处理加稳定化处理	T7	提高铸件组织和尺寸稳定性及合金的抗腐蚀性能，主要用于较高温度下工作的零件，稳定化温度可接近于铸件的工作温度
固溶处理加软化处理	T8	固溶处理后采用高于稳定化处理的温度进行处理，获得高塑性和尺寸稳定性好的铸件
冷热循环处理	T9	充分消除铸件内应力及稳定尺寸。用于高精度铸件

4.2　铸件的热处理状态应在图样中注明。

5　热处理设备

5.1　加热设备

5.1.1　铸造铝合金热处理一般应采用带风扇的空气循环电阻加热炉，也可以使用燃料炉，用燃烧产生的气体或燃气辐射管加热，禁止火焰直接加热，采用设置隔热屏等措施，防止直接对工件加热。

5.1.2　加热炉应采用Ⅰ、Ⅱ类炉，其控温精度、仪表精度和记录纸刻度等要求如表 2 所示。

表 2　加热炉技术要求

加热炉类别	有效加热区保温精度 ℃	控温精度 ℃	记录仪表指示精度 %	记录纸刻度（分辨力） ℃/mm
Ⅰ	±3	±1	0.2	≤2
Ⅱ	±5	±1.5	0.5	≤4
注：允许用修改量程的方法提高分辨力。				

5.1.3　加热炉的每个加热区至少有两支热电偶，一支接记录仪表安放在接近有效加热区，另一支接控温仪表。其中一个仪表应具有报警功能。

5.1.4　每台加热炉必须定期检测有效加热区，检测周期见表 3，检测方法按 GB/T 9452 规定，其保温精度应符合表 2 要求。应在明显位置悬挂带有有效加热区示意图的检验合格证。加热炉只能在有效加热区检验合格证规定的有效期内使用。

表 3　加热炉有效加热区检测周期及仪表检定周期　　月

加热炉类别	有效加热区检测周期	仪表检定周期
Ⅰ	1	3
Ⅱ	6	6

5.1.5　现场使用的温度测量系统，在正常使用状态下定期做系统校验。校验时，检测热电偶与记录仪表热电偶的热端距离应靠近。校验应在加热炉处于热稳定状态下进行。系统校验允许温度偏差为

±1 ℃。当超过该温度偏差时,应查明原因排除或进行修正。

5.2 温度控制设备

5.2.1 现场检测设备的精度应高于被检测设备的精度。

5.2.2 现场使用的控温和记录仪表等级应符合表 2 要求,检定周期按表 3 执行。

5.2.3 现场系统校验的标准电位差计精度应不低于 0.05 级,分辨率不低于 1 mV,检定周期为 6 个月。

5.2.4 测量室温用的水银温度计,分辨率 0.1 ℃,检定周期为 1 年。

5.2.5 热电偶应符合 GB/T 16839.2 的规定,现场常用的热电偶技术要求见表 5。

表 4 现场常用的热电偶技术要求

名称	分度号	等级	使用温度 ℃	允许偏差 ℃	检定周期 月
检测镍铬-镍硅热电偶	K	Ⅰ等标准	0~400	±1.6	3
			400~1 100	±0.47%t	
镍铬-镍硅	K	Ⅱ	−40~333	±2.5	6
		Ⅱ	333~1 200	±0.75%t	
铜-康铜	T	Ⅱ	−40~+350	±1.0 或±0.75%t	6
		Ⅲ	−200~+40	±1.0 或±1.5%t	
镍铬-康铜	E	Ⅰ	−40~800	±1.5 或±0.4%t	6
		Ⅱ	−40~+900	±2.5 或±0.75%t	

注 1:t 为测量温度,℃。

注 2:允许按实际需要缩短检定周期。

5.3 固溶冷却槽

5.3.1 固溶冷却槽应尽量设在紧靠加热炉的位置,以保证加热铸件快速浸入固溶冷却槽,固溶冷却转移时间应符合表 5 规定。

5.3.2 固溶冷却槽应有足够容量,保证固溶冷却铸件全部浸入固溶冷却介质中的同时能迅速固溶冷却。

5.3.3 固溶冷却槽应设有冷却循环和搅拌装置及温度测量装置,必要时可配置加热装置,以保证冷却介质温度及其均匀性。

5.3.4 固溶冷却槽应备有槽盖,固溶冷却槽中的冷却介质应根据需要定期检验更换。

6 热处理工艺

6.1 热处理前的准备

6.1.1 对加热炉、温度控制设备、固溶冷却槽等的状况进行使用前的检查,确保设备完好。

6.1.2 清理铸件表面油污及脏物,保持入炉前铸件干净。

6.1.3 对容易产生畸变的铸件,应配置专用的热处理工装夹具。

6.1.4 检查工艺文件及工装夹具,确保齐全。

6.2 装炉

6.2.1 按合金牌号、铸件几何尺寸和热处理制度分类装炉。

6.2.2 铸件应装在加热炉有效工作区内。

6.2.3 铸件装炉时不应密集堆放,各铸件之间、框架各层之间、铸件与隔热屏之间均应留有适当的空间,以防止变形,获得满意的加热和固溶冷却效果。

6.2.4 检查铸件力学性能的单铸或附铸试样,应与同熔炼炉批的铸件同炉热处理。

6.3 热处理制度

6.3.1 铝合金铸件固溶处理的温度应符合表5规定。

表5 铸造铝合金热处理制度

序号	合金牌号	合金代号	热处理状态	固溶处理				时效处理		
				温度 ℃	保温时间 h	冷却介质及温度 ℃	最长转移时间 s	温度 ℃	保温时间 h	冷却介质
1	ZAlSi7Mg	ZL101	T2	—	—	—	—	290～310	2～4	空气或随炉冷
			T4	530～540	2～6	60～100,水	25	室温	≥24	—
			T5	530～540	2～6	60～100,水	25	145～155	3～5	空气
			T6	530～540	2～6	60～100,水	25	195～205	3～5	空气
			T7	530～540	2～6	60～100,水	25	220～230	3～5	空气
			T8	530～540	2～6	60～100,水	25	245～255	3～5	空气
2	ZAlSi7MgA	ZL101A	T4	530～540	6～12	60～100,水	25	—	—	空气
			T5	530～540	6～12	60～100,水	25	室温 再150～160	不少于8 2～12	空气
			T6	530～540	6～12	60～100,水	25	室温 再175～185	不少于8 3～8	空气
3	ZAlSi12	ZL102	T2	—	—	—	—	290～310	2～4	空气或随炉冷
4	ZAlSi9Mg	ZL104	T1	—	—	—	—	170～180	3～17	空气
			T6	530～540	2～6	60～100,水	25	170～180	8～15	
5	ZAlSi5Cu1Mg	ZL105	T2	—	—	—	—	175～185	5～10	空气
			T5	520～530	3～5	60～100,水	25	170～180	3～10	
			T7	520～530	3～5	60～100,水	25	220～230	3～10	
6	ZAlSi5Cu1MgA	ZL105A	T5	520～530	4～12	60～100,水	25	155～165	3～5	空气
7	ZAlSi8Cu1Mg	ZL106	T1	—	—	—	—	175～185	3～5	空气
			T5	510～520	5～12	60～100,水	25	145～155	3～5	
			T6	510～520	5～12	60～100,水	25	170～180	3～10	
			T7	510～520	5～12	60～100,水	25	225～235	6～8	
8	ZAlSi7Cu4	ZL107	T6	510～520	8～10	60～100,水	25	160～170	6～10	空气
9	ZAlSi12Cu2Mg1	ZL108	T1	—	—	—	—	190～210	10～14	空气
			T6	510～520	3～8	60～100,水	25	175～185	10～16	
			T7	510～520	3～8	60～100,水	25	200～210	6～10	
10	ZAlSi12Cu1Mg1Ni1	ZL109	T1	—	—	—	—	200～210	6～10	空气
			T6	495～505	4～6	60～100,水	25	180～190	10～14	
11	ZAlSi15Cu6Mg	ZL110	T1	—	—	—	—	195～205	5～10	空气

表 5（续）

序号	合金牌号	合金代号	热处理状态	固溶处理				时效处理		
				温度 ℃	保温时间 h	冷却介质及温度 ℃	最长转移时间 s	温度 ℃	保温时间 h	冷却介质
12	ZAlSi9Cu2Mg	ZL111	T6	分段加热 500～510 再 530～540	4～6 6～8	60～100,水	25	170～180	5～8	— 空气
13	ZAlSi7Mg1A	ZL114A	T5 T8	530～540 530～540	4～6 6～10	60～100,水	25	155～165 160～170	4～8 5～10	空气
14	ZAlSi8MgBe	ZL115	T4 T5	535～545 535～545	10～12 10～12	60～100,水	25	室温 145～155	≥24 3～5	— 空气
15	ZAlSi8MgBe	ZL116	T4 T5	530～540 530～540	8～12 8～12	60～100,水	25	室温 170～180	≥24 4～8	空气
16	ZAlCu5Mn	ZL201	T4	分段加热 525～535 再 535～545	5～9 5～9	60～100,水		室温	≥24	—
			T5	分段加热 525～535 再 535～545	5～9 5～9	60～100,水	20	170～180	3～5	空气
17	ZAlCu5MnA	ZL201A	T5	530～540 再 540～550	7～9	60～100,水	20	155～165	6～9	空气
18	ZAlCu4	ZL203	T4 T5	510～520 510～520	10～16 10～15	60～100,水 60～100,水	25 25	室温 145～155	≥24 2～4	— 空气
19	ZAlCu5MnCdA	ZL204A	T6	533～543	10～18	室温～60,水	20	170～180	3～5	空气
20	ZAlCu5MnCdVA	ZL205A	T5 T6 T7	533～543 533～543 533～543	10～18 10～18 10～18	室温～60,水 室温～60,水 室温～60,水	20 20 20	150～160 170～180 185～195	8～10 4～6 2～4	空气
21	ZAlRE5Cu3Si2	ZL207	T1	195～205	5～10	195～205	5～10	195～205	5～10	空气
22	ZAlMg10	ZL301	T4	425～435	12～20	沸水或 50～100 油	25	室温	≥24	—
23	ZAlMg5 Si1	ZL303	T1 T4	— 420～430	— 15～20	— 沸水或 50～100 油	— 25	170～180 室温	4～6 ≥24	空气
24	ZAlMg8Zn1	ZL305	T4	分段加热 430～440 再 425～435	8～10 6～8	沸水或 50～100 油	25	室温	≥24	—
25	ZAlZn11Si7	ZL401	T1	—	—	—	—	195～205	5～10	空气
26	ZAlZn6Mg	ZL402	T1	—	—	—	—	175～185	8～10	空气

6.3.2 时效处理的温度及固溶和时效处理保温时间一般按表5规定。也可根据铸件的化学成分、铸造方法、铸件壁厚和力学性能要求等因素调整，一般含镁或含铜量较高或大截面的铸件，可取较长的保温时间和较低的时效温度。

6.3.3 同一热处理炉次中装有不同厚度的铸件时，应按最大厚度确定加热保温时间。保温时间从加热设备工作区温度最低一只记录热电偶达到规定温度下限时开始计算。

6.3.4 铸件固溶处理应在低于处理温度下进炉，其升温速度一般小于200 ℃/h或采取阶段加热。

6.3.5 固溶冷却介质，一般可采用表5中规定的水，对于形状复杂容易产生畸变和裂纹的铸件，可在沸水或热油中固溶冷却。

6.3.6 为得到满意的固溶处理效果，应尽量缩短固溶冷却转移时间，要求固溶冷却前充分做好准备工作，铸件从炉门开启到完全浸入固溶冷却介质中的时间一般不超过表5的规定。

6.3.7 铸件在固溶冷却介质中停留的时间，以铸件最大厚度为确定依据，但不应少于2 min。

6.3.8 对于尺寸精度和尺寸稳定性有较高要求的铸件可按表6规定进行冷热循环处理(T9)，具体工艺如下：

a) 对有较高精度要求的铸件，在固溶处理或时效处理后进行粗加工，按照表6的制度1进行冷热循环处理后再精加工。

b) 对于尺寸稳定性有更高要求的铸件，可将其于固溶处理或时效处理后进行粗加工，按照表6的制度1进行冷热循环处理后进行半精加工，半精加工后再按照表6的制度2进行冷热循环处理后进行精加工。

表6 冷热循环处理制度

制度号	制度名称	温度/℃	时间/h	冷却方式
1	正温处理	135～145	4～6	空冷
	负温处理	≤－50	2～3	在空气中回复到室温
	正温处理	135～145	4～6	随炉冷至≤60 ℃取出空冷
2	正温处理	115～125	6～8	空冷
	负温处理	≤－50	6～8	在空气中回复到室温
	正温处理	115～125	6～8	随炉冷至室温

6.3.9 固溶处理时因故中断加热，在短时间内不能恢复工作时，已达到固溶处理温度的铸件应进行固溶冷却；未达到固溶处理温度的铸件可以进行空冷。再次装炉热处理保温时间一般与第一次保温时间累计计算，其点保温时间可延长。

6.3.10 时效处理时因故中断保温，在短时间内不能恢复工作时，应出炉空冷。再次进炉热处理的保温时间可与中断前的保温时间累计计算，其有效保温时间应等于或稍长于原来规定的保温时间。

6.3.11 铸造铝合金热处理后的力学性能参见附录A。

6.4 重复热处理

6.4.1 当铸件热处理后力学性能不合格时，可进行重复热处理，重复热处理的保温时间可酌情减少，固溶处理重复次数一般不超过二次，时效处理重复次数不受限制。

6.4.2 固溶处理为分段加热的铸件，在重复热处理时，固溶处理已加热温度可以不采用分段加热工艺。

7 质量控制与检验

7.1 质量控制

7.1.1 人员要求

热处理操作人员、仪表员、检验员应按规定进行培训，经过考核取得合格证后方可上岗。

7.1.2 热处理过程控制

7.1.2.1 待处理件控制

确认铸件热处理前的所有工序全部按工艺文件的要求进行完毕。

7.1.2.2 设备控制

设备应根据本标准有关要求进行检查确认,并应有合格标识。

7.1.2.3 工艺过程控制

工艺过程按本标准有关要求检查确认,加热温度、保温时间、固溶冷却转移时间、冷却介质温度等工艺参数应确保符合工艺文件要求,操作过程和品质符合要求。

7.1.3 记录

a) 每台加热炉应备有专门的记录,内容包括:
   1) 炉子编号和类型;
   2) 使用温度范围;
   3) 温度均匀性检查周期及结果;
   4) 热电偶的编号及位置;
   5) 大修后的状况等。
b) 在完成热处理及检验后,操作人员及检验员应填写工艺流程卡、热处理生产记录卡和热处理记录图表,并签名或盖章,应注明异常情况。
c) 所有原始记录应随铸件一同交检,最后归档,归档原始记录按规定保存期保存完好。

7.2 检验

7.2.1 外观检验

热处理后的铸件应无裂纹、表面起泡、氧化变黑和变形。

外观检查采用目视(或使用10倍以下放大镜)观察。

7.2.2 渗透检验

渗透检查应无表面裂纹。

渗透检验按GB/T 18851.1或其他相应的标准进行。

7.2.3 力学性能

力学性能应符合图样或相应技术文件的规定,参见附录A。

拉伸试验按GB/T 228进行;布氏硬度试验按GB/T 231.1进行。

7.2.4 金相检验

热处理后的金相组织不允许存在过烧组织。

金相检查项目及要求由供需双方确定。

8 安全卫生及环境保护要求

8.1 设备、生产过程、安全卫生等应符合GB 15735、GB 5959.1、GB 5959.4、GB 12348等有关规定。

8.2 整条生产线运行中所有相关动作都应设置电气安全联锁装置和相关程序互锁,特别是炉内循环搅拌和加热互锁;固溶冷却槽搅拌和工件固溶冷却互锁;工件转移动作和炉门、升降机动作互锁、加热元件损坏与停电保护等。

附 录 A
（资料性附录）
铸造铝合金热处理后力学性能

A.1 铸造铝合金热处理后力学性能见表 A.1

表 A.1 铸造铝合金热处理后力学性能

序号	合金牌号	合金代号	铸造方法	合金状态	力学性能 不低于		
					抗拉强度 σ_b MPa	伸长率 δ_s %	布氏硬度 HBW (5/250/30)
1	ZAlSi7Mg	ZL101	S、R、J、K	T2	135	2	45
			JB	T4	185	4	50
			S、R、K	T4	175	4	50
			J、JB	T5	205	2	60
			S、R、K	T5	195	2	60
			SB、RB、KB	T5	195	2	60
			SB、RB、KB	T6	225	1	70
			SB、RB、KB	T7	195	2	60
			SB、RB、KB	T8	155	3	55
2	ZAlSi7MgA	ZL101A	S、R、K	T4	195	5	60
			J、JB	T4	225	5	60
			S、R、K	T5	235	4	70
			SB、RB、KB	T5	235	4	70
			JB、J	T5	265	4	70
			SB、RB、KB	T6	275	2	80
			JB、J	T6	295	3	80
3	ZAlSi12	ZL102	SB、JB、RB、KB	T2	135	4	50
			J	T2	145	3	50
4	ZAlSi9Mg	ZL104	J	T1	195	1.5	65
			SB、RB、KB	T6	225	2	70
			J、JB	T6	235	2	70
5	ZAlSi5Cu1Mg	ZL105	S、J、R、K	T1	155	0.5	65
			S、R、K	T5	195	1	70
			J	T5	235	0.5	70
			S、R、K	T6	225	0.5	70
			S、J、R、K	T7	175	1	65
6	ZAlSi5Cu1MgA	ZL105A	S、B、R、K	T5	275	1	80
			J、JB	T5	295	2	80

表 A.1（续）

序号	合金牌号	合金代号	铸造方法	合金状态	力学性能　不低于		
					抗拉强度 σ_b MPa	伸长率 δ_s %	布氏硬度 HBW (5/250/30)
7	ZAlSi8Cu1Mg	ZL106	JB	T1	195	1.5	70
			SB	T5	235	2	60
			JB	T5	255	2	70
			SB	T6	245	1	80
			JB	T6	265	2	70
			SB	T7	225	2	60
			J	T7	245	2	60
8	ZAlSi7Cu4	ZL107	SB	T6	245	2	90
			J	T6	275	2.5	100
9	ZAlSi12Cu2Mg1	ZL108	J	T1	195	—	85
			J	T6	255	—	90
10	ZAlSi12Cu1Mg1Ni1	ZL109	J	T1	195	0.5	90
			J	T6	245	—	100
11	ZAlSi15Cu6Mg	ZL110	S	T1	145	—	80
			J	T1	165	—	90
12	ZAlSi9Cu2Mg	ZL111	SB	T6	255	1.5	90
			J、JB	T6	315	2	100
13	ZAlSi7Mg1A	ZL114A	SB	T5	290	2	85
			J、JB	T5	310	3	90
14	ZAlSi5Zn1Mg	ZL115	S	T4	225	4	70
			J	T4	275	6	80
			S	T5	275	3.5	90
			J	T5	315	5	100
15	ZAlSi8MgBe	ZL116	S	T4	255	4	70
			J	T4	275	6	80
			S	T5	295	2	85
			J	T5	335	4	90
16	ZAlCu5Mn	ZL201	S、J、R、K	T4	295	8	70
			S、J、R、K	T5	335	4	90
			S	T7	315	2	80
17	ZAlCu5MnA	ZL201A	S、J、R、K	T5	390	8	100
18	ZAlCu4	ZL203	S、R、K	T4	195	6	60
			J	T4	205	6	60
			S、R、K	T5	215	3	70
			J	T5	225	3	70

表 A.1（续）

序号	合金牌号	合金代号	铸造方法	合金状态	力学性能　不低于		
					抗拉强度 σ_b MPa	伸长率 δ_s %	布氏硬度 HBW (5/250/30)
19	ZAlCu5MnCdA	ZL204A	S	T5	440	4	100
20	ZAlCu5MnCdVA	ZL205A	S S S	T5 T6 T7	440 470 460	7 3 2	100 120 110
21	ZAlRE5Cu3Si2	ZL207	S J	T1 T1	165 175	— —	75 75
22	ZAlMg10	ZL301	S、J、R	T4	280	10	60
23	ZAlMg8Zn1	ZL305	S	T4	290	8	90
24	ZAlZn11Si7	ZL401	S、R、K J	T1 T1	195 245	2 1.5	80 90
25	ZAlZn6Mg	ZL402	J S	T1 T1	235 215	4 4	70 65
注：S—砂型铸造，J—金属型铸造，R—熔模铸造，K—壳型铸造，B—变质处理。							